Geschichte der Biologie

- Theorien, Methoden, Institutionen, Kurzbiographien -

Herausgegeben von **Ilse Jahn**, Berlin

unter Mitwirkung von Erika Krauße, Rolf Löther, Hans Querner, Isolde Schmidt und Konrad Senglaub

Bearbeitet von 21 Fachwissenschaftlern

3., neubearbeitete und erweiterte Auflage

Mit 227 Abbildungen und 238 Porträts

Spektrum Akademischer Verlag Heidelberg · Berlin

1. Auflage Jena 1982
2. Auflage Jena 1985
3. Auflage Jena 1998

Die Deutsche Bibliothek – CIP-Einheitsaufnahme

Geschichte der Biologie : Theorien, Methoden, Institutionen, Kurzbiographien / hrsg. von Ilse
Jahn unter Mitw. von Erika Krauße … Bearb. von 21 Fachwissenschaftlern. - 3., neubearb. und
erw. Aufl. - Heidelberg ; Berlin : Spektrum, Akad. Verl., 2000
    ISBN 3-8274-1023-1

1. korrigierte Sonderausgabe, 2000 der 3. Auflage 1998
2. korrigierte Sonderausgabe, 2002 der 3. Auflage 1998

© 2000 Spektrum Akademischer Verlag GmbH   Heidelberg · Berlin

Gesamtherstellung: druckhaus köthen GmbH
Umschlaggestaltung: WSP Design, Heidelberg

Mitarbeiterverzeichnis

Dr. Vera Eisnerova
394 62-Libkova Voda 41
CR

Professor Dr. rer. nat. Armin Geus
Hirschberg 5
35037 Marburg

Dr. phil. Sabine Hackethal
Historische Arbeitsstelle des
Museums für Naturkunde
Zentralinstitut der Humboldt-Universität
zu Berlin
10099 Berlin

Professor Dr. phil. nat. Brigitte Hoppe
Geschichte der Naturwissenschaften
Ludwig-Maximilians-Universität
priv. Iblherstr. 18 a
81739 München

Dr. rer. nat. habil. Ekkehard Höxtermann
Lehrbeauftragter der FU Berlin
für Geschichte der Biologie
Märkische Allee 326
12689 Berlin

Univ.-Doz. i. R. Dr. sc. nat. Ilse Jahn
Bergaustraße 38
12437 Berlin

PD Dr. Thomas Junker
Zum Laurenburger Hof 12
60594 Frankfurt am Main
Tel. 069-96 12 17 41
E-mail: Thomas.Junker@uni-tuebingen.de

Professor Dr. Dr. Dr. h. c. Werner Köhler
Institut für Experimentelle Mikrobiologie
Winzerlaer Straße 10
07745 Jena

Dr. sc. phil. Jutta Kollesch
Berlin-Brandenburgische Akademie der
Wissenschaften
(Corpus Medicorum Graecorum)
priv. Albertinenstr. 17
13086 Berlin

Dr. Erika Krausse
Institut für Geschichte der Medizin, Naturwissenschaft und Technik, Ernst-Haeckel-Haus
priv. Georg-Büchner-Str. 18
07749 Jena

Professor i. R. Dr. sc. phil. Günther Leps (†)
Fliederweg 16
14469 Potsdam

Professor i. R. Dr. sc. phil. Rolf Löther
Schmollerpl. 17
12435 Berlin

Priv.-Doz. Dr. med. habil. Rainer Nabielek
Humboldt-Universität zu Berlin
Würmseestraße 8
12527 Berlin

Professor em. Dr. rer. nat. Heinz Penzlin
Institut für Allgemeine Zoologie und
Tierphysiologie
Erbertstraße 1
07743 Jena

Professor em. Dr. rer. nat. Hans Querner
Sägemühlengasse 17 a
38855 Wernigerode

Professor Dr. rer. nat. Hans-Jörg Rheinberger
Max-Planck-Institut für Wissenschaftsgeschichte
Wilhelmstraße 44
10117 Berlin

Dipl.-Päd. Isolde Schmidt (Jahn)
Stephan-Jantzen-Ring 25
18106 Rostock

Dr. phil. Jörg Schulz
priv. Krossener Str. 26
10245 Berlin

Professor em. Dr. rer. nat. Konrad Senglaub
Falkenberger Straße 160
13088 Berlin

Dr. sc. nat. Brigitte Steyer
Binzer Straße 3
18107 Rostock

Dr. phil. habil. Ulrich Sucker
priv. Wiesenstr. 43
16548 Glienicke

Vorwort

Wer die Geschichte der Biologie, eines so umfangreichen und differenzierten Wissensgebietes, darstellen will, geht nur zögernd an ein solches Unternehmen heran. Je mehr einem der bis in unsere Tage anhaltende Wechsel in Urteilen und historischen Gewichtungen einzelner Zeitabschnitte und Ereignisse – die oft von philosophischen und ideologischen Theoremen überlagert waren – bewußt wird, weiß man um das Wagnis, welches man auf sich nimmt. Daß solche Zögerlichkeiten überwunden wurden, ist mit ein Verdienst von Johanna Schlüter, der langjährigen Leitenden Lektorin des Gustav Fischer Verlages in Jena, die sowohl die Herausgeber wie auch deren Mitschaffende seit 1971 beharrlich zu einer „Geschichte der Biologie" ermunterte. Der ersten Auflage (1982) folgten 1985 eine korrigierte, aber insgesamt wenig veränderte zweite Auflage und 1989 eine spanische Übersetzung. Beide deutsche Auflagen waren rasch vergriffen; sie hatten neben einem sehr positiven Echo auch viele Vorschläge und kritische Hinweise ausgelöst. Es ist nun besonders wiederum Frau Dr. Schlüter zu danken, daß sie 1991 eine überarbeitete Neuauflage in das Verlagsprogramm aufnahm und bis zur Fertigstellung begleitete, die mit viel Geduld und hilfreichen Korrekturen von der Lektorin Frau Ina Koch und Frau Dr. Alrun Schmiedeknecht sowie der Herstellerin Frau Erika Czauderna betreut wurde.

Der Stuttgarter Verlagsleitung, den Herren Dr. Arne Schäffler und Joachim Radmer, danken wir für die Beibehaltung dieses Titels im neuen Verlagsprogramm und für ihre Unterstützung bei der traditionell guten Ausstattung.

Dank gilt auch dem Förderungs- und Beihilfefonds Wissenschaft der VG WORT GmbH für die Bewilligung eines Druckkostenzuschusses sowie dem Max-Planck-Institut für Wissenschaftsgeschichte Berlin.

Diese neue „Geschichte der Biologie" enthält grundlegende Neufassungen fast aller Kapitel sowie die Erweiterung der Teile IV (20. Jahrhundert) und V (Kurzbiographien) um fast das Doppelte. Drei der früheren Autoren sind inzwischen verstorben (die Professoren L. J. Blacher, A. Gaissinovitsch und Georg Harig); ihre Biographien wurden in Teil V aufgenommen, ebenso wie die des gleichfalls verstorbenen einstigen Mitherausgebers Wolfgang Heese. An ihrer Statt sowie für die detaillierte Darstellung des 20. Jahrhunderts konnten zwölf Autoren gewonnen werden. Da diese die alten Konzepte nicht übernahmen, sondern um eine grundsätzliche Neufassung bemüht waren, die auch neue Forschungen erforderten, differierte der Manuskripteingang einzelner Kapitel zwangsläufig; die dadurch unterschiedlich aktuellen Literaturzitate konnten nicht in jedem Falle nachträglich ausgeglichen werden.

Aus der Neukonzeption der meisten Kapitel ergab sich eine erhebliche Vermehrung der Kurzbiographien auf rund 1 650. Sie wurden nicht nur überarbeitet, sondern durchweg neugestaltet, indem nun für jeden der 1 650 Namen bibliographische Quellen angefügt wurden mit einem speziell für diesen Teil erstellten biographisch-lexikalischen Literaturverzeichnis. Daß dieses Vorhaben konsequent durchgeführt werden konnte, ist in erster Linie meiner Tochter, der wiss. Dokumentarin Isolde Schmidt, Rostock, und ihrem Ehemann Wolfgang Schmidt zu verdanken, der die Recherchen unterstützte und die Registerarbeit übernahm.

Insbesondere dieser Teil erforderte zahlreiche Helfer in den uns nahestehenden Institutionen, denen für ihre geduldige und wichtige Beratung und Zuarbeit zu danken ist (s. auch Vorwort zu Teil V!):

- den Mitarbeiterinnen und Mitarbeitern von Archiv und Bibliothek der Leopoldina Halle/S.
- der Universitäts-Bibliothek Rostock mit den Fachbibliotheken des Botanischen und Zoologischen Institutes
- den Kolleginnen und Kollegen des Museums für Naturkunde und des Medizinhistorischen Institutes der Humboldt-Universität Berlin

– dem Ernst-Haeckel-Haus der Friedrich-Schiller-Universität, Jena
– dem Herbarium Haussknecht in Jena.

In Jena wurde auch die Endredaktion des Gesamtmanuskripts durchgeführt.

Wie bereits bei den zwei vorausgegangenen Auflagen ausgeführt, entsteht ein solches Werk in ständigem wissenschaftlichen Austausch mit Fachkollegen. Diesmal möchte ich an erster Stelle meinen Kollegen Marianne und Horst Heinicke in Jena, mit deren permanenter Unterstützung ich die letzte Bearbeitung vornahm, für ihre zahlreichen wertvollen fachlichen Ratschläge danken. Weiterhin verdanke ich vielen Mitgliedern der Deutschen Gesellschaft für Geschichte und Theorie der Biologie und einigen Kollegen des Max-Planck-Instituts für Wissenschaftsgeschichte fördernde Gespräche und Hilfe; hierbei gedenke ich auch dankbar der Korrespondenzpartner und Rezensenten, die sich nach der 2. Auflage (1985) mit Hinweisen meldeten; sie alle seien hier in alphabetischer Reihenfolge genannt:

Hermann Autrum (München), Heinz Balmer (Zürich), Heike Baranzke (Essen), Peter Beurton (Berlin), A. Bhattacharya (Calcutta), Francois Bouyssi (Paris), Olaf Breidbach (Jena), William Coleman † (New York), Xose A. Fraga Vazquez (A Coruña), Christiane Groeben (Neapel), Bernhard Hassenstein (Freiburg), Uwe Hoßfeld (Jena), Christian Hünemörder (Hamburg), Eduard I. Kolchinsky (Petersburg), Otto Kraus (Hamburg), Dorothea Kuhn (Marbach), Hannelore Landsberg (Berlin), Wolfgang Lefèvre (Berlin), Hermann Manitz (Jena), Karl Mägdefrau (München), Ernst Mayr (Cambridge), Renato Mazzolini (Trento), Hans Moeller † (Braunschweig), Gerhard Müller (Saarbrücken), Irmgard Müller (Bochum), Staffan Müller-Wille (Bielefeld), Heidi Muggelberg (Berlin), Klaus Musfeld (Tübingen), Elena Musrukova (Moskau), Günther Natho (Berlin), Oleg Pilipčuk (Kiew), Hans Jörg Rheinberger (Berlin), Christa Riedl-Dorn (Wien), Torsten Rüting (Hamburg), Klaus Sander (Freiburg), Joachim-Hermann Scharf (Halle/S.), Conner Sorensen (Wuppertal), Günter Tembrock (Berlin), Erich Thenius (Wien), Richard Toellner (Münster), Annette Vogt (Berlin), Herbert Weidner (Hamburg), Paul Weindling (Bonn), Michael Weingarten (Mainz), Friedrich Wiedemann (Frankfurt/M.) und Bernhard Zepernick (Berlin).

Ihre Hinweise und Kritiken nahmen wir sehr ernst.

Ein besonderer Dank gilt Vera Heinrich, der Photographin des Institutes für Systematische Zoologie (Museum für Naturkunde) der Humboldt-Universität zu Berlin, die mit unendlicher Geduld den größten Teil aller Abbildungsvorlagen durch Reproduktionen aus alten Quellenwerken anfertigte.

Berlin, im Frühjahr 1998   Ilse Jahn

Zum Nachdruck im Jahr 2000

Dem Spektrum Akademischer Verlag und seinem Biologie-Lektor, Herrn Dr. Ulrich G. Moltmann, danken wir für diesen Nachdruck der schnell vergriffenen dritten Auflage (Jena 1998). Es waren uns kurz nach Erscheinen einige Hinweise zugegangen, die wir weitgehend zu berücksichtigen suchten. Insbesondere möchten wir Herrn Professor em. Dr. Th. Butterfaß, Frankfurt am Main für zahlreiche Berichtigungen und Vorschläge zu fast allen Kapiteln danken. Ebenfalls gebührt Herrn Diplomingenieur Günther Lämmel, Neuburg/Donau, Mitglied des Fördervereins für das dortige „Biohistoricum", Dank für Korrekturen zu Kurzbiographien sowie Frau Dr. Heike Menz, Köln, (langjährige Geschäftsführerin des Vereins) für Hinweise zu Heinrich Rathke und Herrn Professor Dr. Klaus Schönitzer, München, zur Zoologischen Staatssammlung und J. B. von Spix. Im jetzigen Rahmen sind keine tiefgreifenden Verbesserungen möglich. So konnte wenig neue Literatur aufgenommen werden (s. Nachtrag S. 1030). Das bleibt einer eventuellen Neuauflage vorbehalten.

Berlin, im Frühjahr 2000   Ilse Jahn

Inhaltsverzeichnis

Einführung über Gegenstand, Methodik und Traditionen der Biologiegeschichtsschreibung

Ilse Jahn, Berlin

> „Die Aufgabe des Geschichtsschreibers ist
> die Darstellung des Geschehenen. Je reiner
> und vollständiger ihm diese gelingt, desto
> vollkommener hat er jene gelöst …
> Das Geschehene aber ist nur zum Teil in
> der Sinnenwelt sichtbar, das übrige muß hinzu
> empfunden, geschlossen, erraten werden …"
>
> (Wilhelm von Humboldt 1821)

Die Biologiegeschichte ist als Forschungsdisziplin seit etwa 70 Jahren Bestandteil einer allgemeinen Wissenschaftsgeschichte, die in der 1929 in Paris gegründeten *Académie internationale d'Histoire des Sciences* eine institutionelle Organisation fand und in der Zeitschrift *Archives internationales d'histoire des sciences* (Paris) ein wichtiges Kommunikationsorgan erhielt.

Als Forschungs- und Lehrfach behandelt sie die Formen, Methoden und Inhalte der Erkenntnisgewinnung und Erkenntnisvermittlung über Organismen und über Lebensprozesse, also einer Naturwissenschaft. Ein Biologiehistoriker sollte mit den relevanten naturwissenschaftlichen Arbeitsprozessen vertraut sein. Als Geschichtsforscher aber bedient er sich spezifisch geschichtswissenschaftlicher Methoden, Hilfsmittel und Theorien, die im Laufe der Geschichte und je nach dem philosophischen Standort wechseln (Rossmann 1959, S. IX–IC).

Denn seine Untersuchungsobjekte sind nicht die Organismen und ihre Lebensäußerungen selbst, sondern diejenigen historischen Quellen, in denen sich die Erkenntnisse über Lebewesen in der Vergangenheit niederschlugen, Bild- und Schriftquellen, gedruckte und gegenständliche Originalarbeiten der Naturforschung, soweit sie erhalten blieben. In ihrer Isoliertheit und Zufälligkeit der Überlieferung sind sie zunächst nur Fragmente, ähnlich denen archäologischer Forschung, und bedürfen der interpretierenden Ergänzung, um den Zusammenhang eines historischen Ereignisses oder Tatbestandes zu erschließen. Bereits das Auffinden aussagekräftiger „Quellen" ist Teil des historischen Forschungsprozesses, das von entsprechenden Vorkenntnissen und geschichtstheoretischen Konzeptionen abhängig ist. Die „Entdeckung" eines alten Schriftstückes, Aktenvorganges oder Bildwerkes, die einen historischen Tatbestand erhellen, kann ein ebensolches Erfolgserlebnis sein wie die Entdeckung einer neuen Tierart oder einer noch nicht bekannten Lebensfunktion.

Daraus ergibt sich auch die Verpflichtung, bei der Mitteilung von Forschungsergebnissen deutlich nachzuweisen, was die Frucht eigener Ermittlungen und Interpretationen ist, oder welche Aussagen bereits gedruckten sekundären Quellen entnommen sind. Wissenschaftshistorische Publikationen bedürfen deshalb – zur Nachprüfbarkeit des Forschungsweges und der interdisziplinären Kommunikation – eines wissenschaftlichen Apparates (Fußnoten oder Anmerkungen, Literatur- und Quellennachweis, Bild- und Standortnachweis bei Unikaten wie Briefen, Manuskripten, Archivalien). Auch die Herkunft von Zitaten oder abweichende Textwiedergaben und veränderte Schreibweisen müssen genau gekennzeichnet sein. Das sind Arbeitsmethoden, die in der Regel nicht während eines Biologiestudiums erworben werden, sondern der geisteswissenschaftlichen Tradition folgen. Die Biologiehistoriker unterliegen wie alle Historiker der Naturwissenschaften der Notwendigkeit eines Doppelstudiums über enge Fachgrenzen hinweg.

Die analoge Bedingung der Wissenschaftshistoriker unterschiedlicher Herkunft führte national und international zu ihrem institutionellen Zusammenschluß. Neben der historisch älteren Medizingeschichte ist die Wissenschaftsgeschichte auch seit etwa einem halben Jahrhundert an zahlreichen deutschen Universitäten durch Lehrstühle vertreten, die – mehr oder weniger – auch die Biologiegeschichte mit berücksichtigen (z. B. die Universitäten Göttingen, Hamburg, Leipzig, Lübeck, München oder Regensburg) oder – in wenigen Fällen – vorrangig vertreten (z. B. Jena). An den meisten übrigen Universitäten werden biologichistorische Lehrveranstaltungen im Rahmen der Lehrstühle und Institute für Medizingeschichte angeboten (Berlin, Bochum, Freiburg/Br., Gießen, Greifswald, Heidelberg, Kiel, Mainz, Marburg oder Rostock), oder aber sie werden – wie schon im 19. Jh. – im Rahmen einzelner biologischer Disziplinen durch individuelle Initiativen gefördert.

So ist es für Nachwuchswissenschaftler oft schwer, in das Gesamtgebiet der Biologiegeschichte durch einen mit Inhalt und Methodik erfahrenen Hochschullehrer eingeführt zu werden, geschweige Einblick in verschiedene Geschichtstheorien zu erhalten. Meist wird zu einem biologiehistorischen Forschungsthema ein individueller Zugang gesucht und von den verschiedensten Ausbildungsfächern aus der Einstieg in die Biologiegeschichtsschreibung autodidaktisch gefunden. Wie die Erfahrung zeigt, ist dadurch kaum eine Akkumulation von bereits gesicherten Erkenntnissen und Forschungswegen gegeben und mancher junge Forscher beginnt mit Untersuchungen auch dort von Neuem, wo er auf schon vorliegende Ergebnisse aufbauen könnte.

Unser Buch versucht in dieser Hinsicht eine Lücke zu schließen, weshalb es außer der chronologischen problemgeschichtlichen Darstellung in einzelnen Kapiteln auch Informationen über relevante Periodika und Nachschlagewerke sowie über biografische Quellen vermittelt. Es liegt seiner Konzeption die Absicht zugrunde, für die einzelnen Zeitabschnitte und Kapitelthemen Fachvertreter zu Wort kommen zu lassen, die – zumindest in Teilaspekten – auf eigener Quellenforschung basieren. Die daraus resultierende individuelle Sicht und spezifische Schwerpunkte entsprechen in gewisser Hinsicht mehr einem Forschungsbericht, als einer Lehrbuchdarstellung. Die Texte verzichten deshalb nicht auf Anmerkungen und Quellennachweise und nehmen auch einzelne Wiederholungen in Kauf. In der unterschiedlichen Auffassung der Kapiteldarstellungen spiegeln sich nicht nur verschiedene geschichtstheoretische Ausgangspositionen, sondern auch heterogene Zugänge zur Biologiehistoriographie, die bei unseren Autoren von so unterschiedlichen Ausbildungsrichtungen wie Botanik und Zoologie, Medizin und Pharmazie, Biochemie und Molekularbiologie, Philosophie und Philologie erfolgten. So ist die verschiedenartige Behandlung der Kapitelthemen – auch wenn sie sich einem einheitlichen Konzept unterordnen – fast symptomatisch für unser Fachgebiet. Zwar sah die Konzeption der Herausgeberin eine primär chronologische, querschnittartige Darstellung vor (nicht eine disziplinäre wie bei MAYR 1982/84, eine biographische wie bei MÄGDEFRAU 1973 oder eine werkgeschichtliche wie bei BÄUMER 1988–1996), doch ist in einigen Fällen die ideengeschicht-

liche Längsdarstellung über größere Zeiträume deutlich bevorzugt worden, was vor allem durch die Disziplinentwicklung der Biologie im 20. Jh. mitbedingt ist.

Mit gutem Grund forderten auf der ersten Jahrestagung der 1991 gegründeten *Deutschen Gesellschaft für Geschichte und Theorie der Biologie* in Marburg (1992) Biologiehistoriker wie NEUSER, RHEINBERGER, WEINGARTEN eine stärkere Berücksichtigung der **Methodendiskussion** für die künftige Biologiegeschichtsschreibung (*Biol. Zentralbl. 112*, 1993), und RHEINBERGER erläutert im *Jahrbuch für Geschichte und Theorie der Biologie 1* (1994) neue Konzepte für wissenschaftsgeschichtliche Forschung und Darstellung, „die sich auf die empirischen Details einläßt", wie sie im realen biologischen Forschungsprozeß zu Erkenntnissen führen. Man kann sich seinem Plädoyer voll anschließen wenn er fordert:

„Wir brauchen die Geschichte des Details, der lokalen Experimentalkulturen und ihrer Elemente, der Experimentalsysteme, aber wir brauchen auch den reflexiven Mut, uns vom epistemologischen Detail, als Historiker, über das eigene Vorgehen belehren zu lassen. Und wir brauchen den Mut, unsere Geschichten nicht konsistenter, kohärenter und kommensurabler zu machen als sich, bei Nähe besehen, die Unternehmungen der Wissenschaftler selbst darstellen, wenn man sich darauf einläßt, mehr zu untersuchen, wie sie produzieren, und weniger, was sie dozieren" (RHEINBERGER 1994, S. 81).

Wenn RHEINBERGER seine Forderung nach der historischen Mikroanalyse von Ereignissen, Abhängigkeiten und Diskontinuitäten, die einem Erkenntnisschritt zugrunde lagen, am Beispiel von Claude BERNARD und seinem Zuckernachweis in der Leber demonstriert (a. a. O. S. 71–76), so schließt er sich der in Frankreich entstandenen Richtung an, die Gaston BACHELARD (1934) mit seiner *Philosophie des epistemologischen Details* einleitete, und die Michael FOUCAULT (1969) mit seiner *Archäologie des Wissens* ausbaute. In dieser Methodologie der Wissenschaftsgeschichte ist die historische Analyse mit wissenschaftstheoretischer Reflexion eng verknüpft und verfolgt nicht isoliert von der Forschungspraxis die Theorien- und Paradigmenbildung als logische Abfolge in einer Zeitachse, als „Logik einer Idee". RHEINBERGER zeigt vielmehr am Beispiel von „Experimentalsystemen" auf, wie diese kleinsten wissenschaftlichen Arbeitseinheiten zugleich einen lokalen, sozialen, institutionellen, technischen, instrumentellen und epistemischen Charakter haben und eher als globale Paradigmen und disziplinäre Schemata „die treibenden Momente der Dynamik empirischer Forschung" und Theorienbildung darstellen (RHEINBERGER 1993, S. 128). Das Zutreffende dieser Betrachtungsweise kann auch am Beispiel der Entstehung der Schleiden-Schwannschen Zellentheorie bestätigt werden (JAHN 1989).

WEINGARTEN (1993) bezieht sich ebenfalls auf die aktuelle Praxis biologischer Forschung, wenn er betont, daß die Biologiehistoriographie „ohne einen Bezug auf die gegenwärtige Biologie und ihre Forschungsinteressen und Problemstellungen" nicht auskomme. Denn da der heutige Forscher überzeugt ist, daß wissenschaftliche Fakten „weniger gefunden als hergestellt" werden durch die Art der Fragen, die er an die ihm vorliegenden Probleme stellt, dürfe auch der Historiker nicht an den „überholten Vorstellungen von Objektivität" festhalten und Fakten so behandeln, als seien sie „gegeben" (a. a. O. S. 122).

Olaf BREIDBACH betont die Wechselbeziehung von Geschichtsforschung, biologischer Spezialforschung und Philosophie für die Theorienbildung.

So zeigt BREIDBACH im Verfolg der geschichtlichen Entwicklung der Neurowissenschaften und der damit verknüpften „Neurophilosophie" vom 18. Jh. bis zur modernen Theorie der „neuronalen Netze", welche Konsequenzen sich für die Wissenschaftsgeschichtsschreibung ergeben, und er verdeutlicht auch die Rückwirkung der Historiographie auf die gegenwärtige Theorienbildung, wenn er sagt:

„Es zeigt sich also auch in der Moderne, daß verschiedene Denkrichtungen, verschiedene Diskurse ineinandergreifen. Damit verfugen sich unterschiedliche Konzeptionen, werden differente Begriffstraditionen[1] angeglichen. Klarheit kann, gerade in einer Umbruchsituation, die versucht, über die aus den Experimentalwissenschaften gewonnenen Bestimmungen ‚alte', das heißt in anderen Traditionen gewonnene Begriffe wie ‚Ich' oder ‚Person' neu zu füllen, nur in einem Aufweis der verschiedenen Denklinien, und damit nur in den Ideengeschichten der Einzeldisziplinen gefunden werden" (BREIDBACH 1997, S. 20).

Sein Anliegen ist demzufolge, auch „Wissenschaftsgeschichte als Wissenschaftstheorie" darzustellen (a. a. O. S. 20 ff.).

Ein in der Wissenschaftsgeschichte oft vernachlässigter Aspekt ist die angemessene Darstellung von Fehlschlägen und Irrwegen, von denen manche Naturforscher selbst gestehen, daß sie lehrreicher waren als Erfolge. Nicht nur in der individuellen Lebenssphäre, sondern selbst in breiten Wissenschaftsbewegungen gibt es gewisse Umwege, Abwege und Sackgassen, die nicht schlechthin als Mängel (von einem modernistischen Standpunkt aus) abzutun oder als nebensächlich ganz aus der historischen Darstellung zu eliminieren sind. Man kann überzeugt sein, daß auch für den angehenden Forscher biologischer Disziplinen wie biologiehistorischer Richtungen das Wissen um Widersprüchlichkeiten, um Fehlentwicklungen und absonderliche Wege, die die Erkenntnissuche in der Vergangenheit eingeschlagen hat, recht nützlich sein kann, meint Konrad SENGLAUB. Auch solche Aspekte gehören zu einer mikroanalytischen Behandlung der Biologiegeschichte, wie sie RHEINBERGER fordert (s. o.) und selbst auch anwendet (vgl. Kap. 22).

Diese Problemsicht wissenschaftshistorischer Prozesse ist noch relativ jung und schließt sich an den Wandel des Wissenschaftsverständnisses in den aktuellen Naturwissenschaften an, den Lorrain DASTON auf dem *Deutschen Wissenschaftshistorikertag* in Berlin (1996) charakterisierte. Sie zeigte am Beispiel der Physik, wie in den Naturwissenschaften bis zur Mitte des 19. Jh. ein Fortschrittsdenken vorherrschte, das ein „Wachstum ohne Wandel" vorsah und überzeugt war, der „Wahrheit" auf einem untersuchten Forschungsfeld immer näher zu kommen und dieses Ziel eines Tages zu erreichen. Man glaubte, wie es J. HERSCHEL 1830 und MILL 1831 formuliert hatten, daß neue Erkenntnisse die alten nur ergänzen, nicht aber, sie ersetzen könnten, so, wie man wußte, daß die Erforschung noch unbekannter Territorien den Erkenntnishorizont erweitern würde. Im letzten Drittel des 19. Jh. veränderte sich diese Auffassung grundlegend und wich der Gewißheit, daß alte Theorien durch neue abgelöst werden können. Es kam dem Naturforscher zum Bewußtsein, was schon A. VON HUMBOLDT 1845 (Bd. 1, S. XXIV) angedeutet hatte, daß Wissenschaft nicht kontinuierlich weiterwächst, sondern sich im Fortschreiten verändert, so daß sein Kenntnisstand in 20–30 Jahren überholt sein würde und Lehrbücher schnell „veralten" (Max WEBER 1918). So wandelte sich um 1900 in den Naturwissenschaften die Suche nach „Wahrheit" in das Streben nach „Objektivität". Während noch um 1830 die wissenschaftliche Arbeit im Zeichen einer Wahrheit stand, die bis ans Ende der Zeiten gültig schien – was sich auch im „Dreistadiengesetz" von A. COMTE (1830) niederschlug (vgl. 7.1.3.) –, verwandelte der wissenschaftlich-technische Fortschritt das Bewußtsein der Naturforscher seit 1900 dahin, daß die gefundenen wissenschaftlichen „Wahrheiten" zunehmend als relativ empfunden wurden.

---

[1] Gemeint sind hier speziell die Neurowissenschaften; doch sind diese Phänomene auch in anderen Disziplinen nachweisbar wie z. B. in der Evolutionsbiologie (vgl. Kap. 18) oder der Taxonomie (vgl. JAHN, 1980).

Einen Anteil an diesem Bewußtseinswandel hatte auch die gegenwartsorientierte Wissenschaftshistoriographie des 19. Jh., die im letzten Drittel des 19. Jh. alte Theorien der Vergangenheit kritisch zu reflektieren begann und wie POGGENDORFF (1879) die Frage aufwarf, ob der wissenschaftliche Fortschritt wirklich kontinuierlich sei.

Hatte der Naturforscher zu Beginn des 19. Jh. die Geschichte seines Faches in sein aktuelles Wissen integriert und GOETHE (1810) zu der Aussage veranlaßt, „man kann dasjenige, was man besitzt, nicht rein erkennen, bis man das, was andere vor uns besessen haben, zu erkennen weiß", so stellte die Wissenschaftsgeschichte am Jahrhundertende die Vergangenheit dar, um den W a n d e l in den Naturwissenschaften bewußt zu machen (MACH 1896; POGGENDORFF 1879).

Die Darstellung von DASTON (1996) trifft auch auf die Biologiegeschichte zu. Die **Traditionen** der Biologiehistoriographie reichen bis ins 18. Jh., in Teilbereichen noch weiter, zurück. Zunächst waren es die Taxonomen („Naturhistoriker"), die an vorangegangene Klassifikationssysteme anknüpften und ihre Geschichte aufarbeiteten (LINNÉ 1737; BUFFON 1749; MERREM 1788; SPIX 1811; K. SPRENGEL 1817–1818; KIRBY & SPENCE 1826; F. S. LEUCKART 1826; EISELT 1836; ZUNCK 1840). Ein weiterer Anlaß für problemgeschichtliche Studien war die neue Rezeption antiker „klassischer" Schriftsteller durch Editionen und Übersetzungen ihrer Werke (J. G. SCHNEIDER 1788–89; K. SPRENGEL 1821–22; G. CUVIER 1827–28; J. B. MEYER 1855). Sie alle suchten die früheren Erkenntnisse für die gegenwärtige Forschung verfügbar zu machen; für G. CUVIER, Joh. MÜLLER oder H. M. LICHTENSTEIN waren die antiken zoologischen Schriften als Informationsquelle für den aktuellen Erkenntnisgewinn wichtig (MAZZOLINI 1992). Schließlich bedingten auch methodische, philosophische und theoretische Streitfragen biologiehistorische Exkurse (z. B. GOETHE 1810, 1830; CUVIER 1841–45; I. GEOFFROY SAINT-HILAIRE 1854; Ch. DARWIN 1860; HAECKEL 1869, 1882; SCHLEIDEN 1863, DU BOIS-REYMOND 1870).

Die Entstehung der Botanik und der Zoologie als selbständige Disziplinen und die Herausbildung der „Biologie" als ein spezifisches Problemfeld in Abgrenzung gegen die anorganischen Naturwissenschaften riefen die ersten größeren Übersichtswerke hervor wie die über die Geschichte der Botanik (E. H. F. MEYER 1854–57; JESSEN 1864; Alph. DE CANDOLLE 1873; SACHS 1875), der Entomologie (LACORDAIRE 1834–38), der Vergleichenden Anatomie (O. SCHMIDT 1855) und der Zoologie (V. CARUS 1872), die euphorisch den „Fortschritt" der Biologie dokumentieren.

Die Kritik an der historiographischen Literatur des 19. Jh. beginnt etwa um 1900 parallel zur Selbstbesinnung der allgemeinen Geschichtswissenschaften und ihrer Auseinandersetzung mit jenen Historikern und Soziologen, die die Geschichte „biologisch" behandeln wollten und die „Höherentwicklung" mit biologischer Evolution analogisierten (vgl. dazu MANN 1975; MIKULINSKIJ 1982). Für die Biologiegeschichte beginnt sie mit Rudolf BURCKHARDTS Artikelserie über *Geschichte und Kritik der biologiehistorischen Literatur* (1904) in den von Max BRAUN als *Jahrbuch für Geschichte der Zoologie* 1904 begründeten *Zoologischen Annalen*. Er analysiert darin kritisch die Werke von SPIX, O. SCHMIDT und V. CARUS (s. o.), bevor er seine eigene *Geschichte der Zoologie* (1907) vorlegte. Schon 1905 umriß er die Aufgaben, Methoden und Ziele einer „Zoologiegeschichte" in ihrem Verhältnis zur Zoologie, die „in ihrer Doppelstellung zwischen Biologie und Geschichte" geeignet sei, die disziplinäre Spezialisierung auszugleichen und auch zwischen Naturwissenschaft und Geschichtsphilosophie zu vermitteln. Ein analoges Programm entwickelte er 1909 auch für eine „Biologiegeschichte", das den neuen Tendenzen zur Objektivierung in den Naturwissenschaften nach 1900 entspricht, gleichzeitig das Streben kennzeichnet, der Biologiegeschichte eine Eigengeltung zu verschaffen, wie sie die Geschichte der Medizin kurz nach 1900 durch Gründung von Fachgesellschaften und Fachzeitschriften erreichten (1901 in Deutschland durch Karl SUDHOFF, 1902 in Frankreich und Österreich, 1907 in Italien). Durch Gründung von Universitätsinstituten wurde die Institutionalisierung der Medizingeschichte weiter gesichert (1906 in Leipzig, 1914 in Wien, 1930 in Berlin, wo 1932 auch die Biologiegeschichte durch eine Privatdozentur von Julius SCHUSTER vertreten wurde). Aber insgesamt ist die institutionelle Verankerung der Biologiegeschichte als Universitätsdisziplin von wechselndem Erfolg gewesen. Zwar war das Ernst-Haeckel-Haus in Jena schon 1918 als „Phyletisches Archiv" begründet und von der Carl-Zeiss-Stiftung erworben, seit 1939 als „Anstalt für Geschichte der Zoologie, insbesondere der Entwicklungslehre" geführt worden, aber erst nach 1945 der Universität angegliedert. Es wurde vor allem durch das Wirken von Georg USCHMANN ab 1951 zu einer Lehr- und Forschungsstätte für Biologiegeschichte ausgebaut und 1965 mit einem Lehrstuhl für Geschichte der Naturwissenschaften besetzt, ab 1969 zu einem „Institut für Geschichte der Naturwissenschaften und Medizin" erweitert (KRAUSSE 1995).

Die erste Professur für Geschichte und Philosophie der Biologie wurde 1946 für A. *Meyer-Abich*, in Hamburg geschaffen, wo seitdem kontinuierlich die Biologieschichte vertreten wird, während die von R. *Zaunick* ab 1927 in Dresden und ab 1952 in Halle gepflegte Lehrtradition für Biologiegeschichte mit seiner Emeritierung wieder erlosch (vgl. die Kurzbiographien in Teil V!). Auch an der Humboldt-Universität Berlin wurden zeitweilig Lehrveranstaltungen für Geschichte der Biologie angeboten, insbesondere am Museum für Naturkunde (s. Biographien SCHUSTER, STRESEMANN), wo seit 1990 eine „Historische Abteilung" als Forschungsstätte für Biologiegeschichte existiert. Nach Einführung obligatorischer Lehrveranstaltungen gab es ab 1976 an allen Universitäten und Hochschulen der ehemaligen DDR Initiativen zur Entwicklung von Lehrkräften für Biologiegeschichte, die 1990 abbrachen. Doch wurde 1991 durch die Gründung der *Deutschen Gesellschaft für Geschichte und Theorie der Biologie* (s. o.) für die deutschsprachigen Gebiete eine neue Phase der Institutionalisierung eingeleitet. In Italien entstand die *Gruppo italiano di Storia delle Scienze biologiche* (1988), und in Frankreich wurde 1993 eine *Société d'Histoire et d'Epistémologie de la science de la vie* begründet. Daß ein allgemeines Bedürfnis nach einer breiteren Entwicklung der Biologiehistoriographie besteht, nachdem sich im 20. Jh. die Biowissenschaften mit einer Vielzahl von Einzeldisziplinen zu führenden Naturwissenschaften entfaltet haben, zeigt die Entstehung einer internationalen Gesellschaft, der *International Society of the History and Philosophy of Biology* in den USA (1995).

Der Spezialisierungsprozeß in den biologischen Disziplinen wurde am Ende des 19. Jh. entscheidend unterstützt durch aufblühende Verlagsunternehmen wie den 1878 in Jena neubegründeten *Gustav Fischer Verlag*. Seine Entwicklung ist charakteristisch für die Verzahnung von Wissenschaft, Industrie und Unternehmertum im letzten Drittel des 19. Jahrhunderts.

Welche maßgebliche Rolle der *Gustav Fischer Verlag* gerade auch für die biologischen Wissenschaften (und der Medizin) nicht nur in Deutschland gespielt hat, wird deutlich, sobald man die **Geschichte der Biologie in den letzten 100 Jahren** behandelt. Es gibt kaum ein maßgebliches Lehr- und Handbuch der Biowissenschaften, kaum Periodika, Reiseberichte und Sammelwerke auf den Gebieten der Zoologie, Botanik, Mikrobiologie und medizinisch-biologischer Einzeldisziplinen, die nicht im *Gustav Fi-*

scher Verlag der ersten 50 Jahre erschienen sind wie aus dem Gesamtverzeichnis *Gustav Fischer Jena 1878–1928* zu ersehen ist. In seiner Verlagsproduktion spiegeln sich die Prozesse der Differenzierung und Integration, der Entstehung neuer Spezialfächer, der Einführung neuer Techniken und Methoden, die theoretischen Auseinandersetzungen um die Grundlagen der Biologie wie auch die praktische Anwendung biologischer Forschungsergebnisse in Medizin und Landwirtschaft wider. Man kann sagen, daß dieses Verlagsunternehmen durch den Charakter seiner Zeitschriften wie auch der fachübergreifenden Handbücher und Reihen die Zersplitterung der Fachgebiete durch verbindende Titel noch in überschaubare Bahnen lenkte wie zum Beispiel durch die *Zoologischen Jahrbücher* mit ihren Unterabteilungen, auch den Integrationsprozeß von Spezialrichtungen förderte wie durch das *Archiv für Protistenkunde* ab 1902, die *Zeitschrift für Allgemeine Physiologie* ab 1902, das *Handbuch der Biochemie* 1909–1911, das *Handwörterbuch der Naturwissenschaften* 1912–1915, *Archiv für experimentelle Zellforschung* ab 1925.

Zu diesen Bestrebungen gehört auch die permanente Berücksichtigung der *Geschichte der Medizin und Biologie* in der Verlagsproduktion vom ersten Jahrzehnt bis zur Gegenwart. Bereits die Medizingeschichten von HAESER 1875–82, NEUBURGER & PAGEL 1901–1903, von MEYER-STEINEG & SUDHOFF 1921 wurden von *Gustav Fischer* in Jena verlegt. Die Verlagserzeugnisse für „Theorie und Geschichte der Biologie" erhielten schon im Gesamtverzeichnis von 1928 einen eigenen Anhang und werden im Verlagsverzeichnis bis zur Gegenwart aufgelistet. Vielfach ging die Anregung zur Erarbeitung von Biographien und Disziplingeschichten oder die Publikation von Übersetzungen von den Verlagsleitern selbst aus.

Mit der internationalen Geltung der Verlagsschöpfung mehrten sich die Beiträge ausländischer Autoren und deutscher Übersetzungen ausländischer Werke auch zu historischen und theoretischen Themen, so daß diese Verlagskataloge repräsentativ für die Entwicklung der Biowissenschaften und ihrer Geschichte im 20. Jh. – über die nationalen Grenzen hinaus – geworden sind. So wurde zum Beispiel das epochemachende Werk *Genetics and the origin of species* von Th. DOBZHANSKY (1937), das die Synthetische Theorie der Evolution einleitete (vgl. Kap. 18), bereits 1939 in deutscher Übersetzung durch den *Fischer Verlag* verbreitet.

Diese internationale Wirksamkeit war dem Weitblick und dem Initiativreichtum des Gründers Gustav FISCHER (1845–1910) und seinem

Nachfolger, dem Neffen Gustav Adolf Fischer (1878–1946) zu danken. Günther Schmidt (1995) vergleicht den Firmengründer mit einem „Baumeister", der Pläne und Konzeptionen entwickelt und dann die Handwerker verpflichtet. Entsprechend entwarf Fischer die Ideen und Konzeptionen für Sammelwerke, Reihen, Jahrbücher, Zeitschriften, die „einer leitenden Idee dienen". Danach suchte er dann die „Handwerker des Geistes, die seine Pläne ausführen sollten" (Stier 1953, S. 10).

Die biologiehistorischen Publikationen des Gustav Fischer Verlags von 1875–1993 (einschl. relevanter medizin-historischer Titel) zeigen die jeweilige Aktualität biologiegeschichtlicher Themen:

Aurivillius, Chr.: Carl von Linné als Entomologe. Jena 1909.

Böhme, G.: Medizinische Porträts berühmter Komponisten, Bd. 1 (Mozart), Bd. 2 (Bach). Stuttgart 1981, 1987.

Bretschneider, H. (Hrsg.): Der Streit um die Vivisektion im 19. Jahrhundert. Stuttgart 1962.

Dilg-Frank, Rose (Hrsg.): Kreatur und Kosmos. Int. Beiträge zur Paracelsusforschung. Stuttgart 1981.

Enigk, Karl: Geschichte der Helminthologie im deutschsprachigen Raum. Stuttgart 1986.

Franz, Victor: Das heutige geschichtliche Bild von Ernst Haeckel. Jena 1934.

Gaupp, Ernst: August Weismann. Sein Leben und Werk. Jena 1917.

Geus, Armin, & Querner, Hans: Deutsche Zoologische Gesellschaft 1890–1990. Dokumentation und Geschichte. Stuttgart 1990.

Haeckel, Ernst: Ueber die Biologie in Jena während des 19. Jahrhunderts (Vortrag). Jena 1905.

– Alte und neue Naturgeschichte (Festrede). Jena 1908.

Haecker, Valentin: Goethes morphologische Arbeiten und die neuere Forschung. Jena 1927.

Heberer, G.: Der gerechtfertigte Haeckel. Stuttgart 1968.

– & Schwanitz, W.: Hundert Jahre Evolutionsforschung. Stuttgart 1960.

Hertwig, Oscar: Die Entwicklung der Biologie im neunzehnten Jahrhundert (Vortrag). 2. erw. Aufl. Jena 1908.

Hofmann, F. B.: Ludimar Hermann (1838–1914). Jena 1914.

Jahn, Ilse: Grundzüge der Biologiegeschichte. Jena 1990 (UTB 1534).

– Löther, R., & Senglaub, K.: Geschichte der Biologie. Jena 1982, 2. Aufl. 1985.

Jost, Ludwig: Zum 100. Geburtstag Anton de Barys. Jena 1930.

Klieneberger-Nobel, E.: Pionierleistungen für die Medizinische Mikrobiologie. Stuttgart 1977.

Korschelt, Eugen: Aus einem halben Jahrhundert biologischer Forschung. Jena 1940.

Krömecke, Franz: Friedrich Wilhelm Sertürner, der Entdecker des Morphiums. Jena 1925.

Küster, Ernst: Hundert Jahre Tradescantia. Jena 1933.

Lang, Arnold: Zur Charakteristik der Forschungswege von Lamarck und Darwin. Jena 1889.

– Aus dem Leben und Wirken von Arnold Lang. Dem Andenken des Freundes und Lehrers gewidmet. Jena 1916.

Lindmann, C. A. M.: Carl von Linné als botanischer Forscher und Schriftsteller. Jena 1909.

Locy, William A.: Die Biologie und ihre Schöpfer. Jena 1915.

Lönnberg, Einar: Carl von Linné und die Lehre von den Wirbeltieren. Jena 1909.

Löther, Rolf: Die Beherrschung der Mannigfaltigkeit. Jena 1972.

Lohff, Brigitte (Hrsg.): Die Suche nach der Wissenschaftlichkeit der Philosophie in der Zeit der Romantik. Stuttgart 1990.

Lorenzen, Harald (Hrsg.): Beiträge zur neueren Geschichte der Botanik in Deutschland. Stuttgart 1988.

Mägdefrau, Karl: Geschichte der Botanik. Stuttgart 1973. 2. Aufl. 1992.

Mann, Gunter, Benedum, Jost, & Kümmel, Werner F. (Hrsg.): Soemmering-Forschungen, Beiträge zur Naturwissenschaft und Medizin der Neuzeit. Bd. 1–8. Stuttgart 1983–1990 (Bde. 1–3, 6–7 hrsg. von Mann, G., & Dumont, F.).

– & Kümmel, Werner F. (Hrsg.): Samuel Thomas Soemmering. Werke. Bd. 13 (Schriften zur Physik und Chemie, hrsg. von Wenzel, M.) Stuttgart 1993, Bd. 14 (Schriften zur Paläontologie, hrsg. Wenzel, M.) Stuttgart 1996.

– & Kümmel, H. (Hrsg.): Forschungen zur neueren Medizin- und Biologiegeschichte. Bd. 1, Stuttgart 1985.

Matthaei, Ruprecht: Die Farbenlehre im Goethe-Nationalmuseum. Jena 1939.

Maurer, Fritz: Carl Gegenbaur (Rede). Jena 1926.

Meyer-Abich, Adolf: Krisenepochen und Wendepunkte des biologischen Denkens. Jena 1935.

Meyer-Steineg, Th., & Sudhoff, Karl: Illustrierte Geschichte der Medizin. Jena 1921, 5. Aufl. hrsg. von Herrlinger, R., Stuttgart 1965.

Mikulinskij, S. R., Markova, L. A., & Starostin, B. A.: Alphonse Decandolle (1806–1893). Jena 1980 (Biographien bedeutender Biol. Bd. 3).

Mocek, Reinhard: Wilhelm Roux – Hans Driesch. Zur Geschichte der Entwicklungsphysiologie der Tiere. Jena 1974 (Biographien bedeutender Biologen, Bd. 1).

Möbius, Martin: Geschichte der Botanik von den ersten Anfängen bis zur Gegenwart. Jena 1937. (Nachdr. Stuttgart 1968).

Möller, Adolf: Fritz Müller. Werke, Briefe und Leben. Bd. 1–3. Jena 1915–1921.

Moltmann, Ulrich G. (Red.: 100 Jahre Strasburgers Lehrbuch der Botanik für Hochschulen 1894–1994. Stuttgart, Jena 1994.

Moritz, Karl B.: Theodor Boveri (1862–1915), Pionier der modernen Zell- und Entwicklungsbiologie. Stuttgart 1993.

Nordenskiöld, Erik: Die Geschichte der Biologia.

Ein Überblick. (dt. übers. von Guido Schneider). Jena 1926.

PRINGSHEIM, Ernst G.: Julius Sachs, der Begründer der neueren Pflanzenphysiologie, 1832–1897. Jena 1932.

RICHTER, Werner: Goethe und der Staat (Kieler Vorträge Nr. 36). Jena 1932.

ROTHSCHUH, Karl Eduard: Physiologie im Werden. Stuttgart 1969.

– Von Boerhaave bis Berger. Stuttgart 1964 (Medizin in Geschichte und Kultur Bd. 5).

– & TOELLNER, Richard (Hrsg.): Medizin in Geschichte und Kultur, Bd. 1, S. 1–17. Stuttgart 1962–1990 (s. auch BRETSCHNEIDER, LOHFF, ROTHSCHUH, TOELLNER).

SPENGEL, J. W.: Charles Darwin (Rede). Jena 1910.

STOMPS, Theo J.: Fünfundzwanzig Jahre Mutationstheorie. Jena 1931.

STUBBE, Hans: Kurze Geschichte der Genetik bis zur Wiederentdeckung der Vererbungsregeln Gregor Mendels. Jena 1963, 2. Aufl. 1965.

SUCKER, Ulrich: Philosophische Probleme der Arttheorie. Jena 1978.

TISCHLER, Wolfgang: Ein Zeitbild vom Werden der Ökologie. Stuttgart 1992.

TOELLNER, Richard: Karl Christian von Klein (1772–1825). Stuttgart 1965.

TSCHULOK, Sinai: System der Biologie in Forschung und Lehre. Eine historisch-kritische Studie. Jena 1910.

UHLMANN, Eduard: Entwicklungsgedanke und Artbegriff in ihrer geschichtlichen Entstehung und sachlichen Beziehung. Jena 1923.

USCHMANN, Georg: der morphobiologische Vervollkommnungsbegriff bei Goethe und seine problemgeschichtlichen Zusammenhänge. Jena 1939.

– Geschichte der Zoologie und der zoologischen Anstalten in Jena 1779–1919. Jena 1939.

VEIL, Wolfgang H.: Goethe als Patient. Jena 1939.

WALTER, Heinrich: Bekenntnisse eines Ökologen. Stuttgart 1981, 6. Aufl. 1989.

WEISMANN, August: Charles Darwin und sein Lebenswerk (Rede). Jena 1909.

WINKLE, Stefan: Johann Friedrich Struensee. Arzt, Aufklärcr und Staatsmann. Stuttgart 1983, 2. Aufl. 1989.

WUNDERLICH, Klaus: Rudolf Leuckart. Weg und Werk. Jena 1978 (Biographien bedeutender Biologen Bd. 2).

ZIEGLER, Heinrich Ernst: Der Begriff des Instinktes einst und jetzt. Jena 1904. 2. Aufl. 1920.

ZEISS, Heinz: Elias Metschnikow. Leben und Werk. Jena 1932.

Waren die ersten Verfasser biologie- und medizinhistorischer Schriften auch Autoren fachwissenschaftlicher Publikationen des Gustav Fischer Verlages, so wandte sich dieser auch zunehmend an professionelle Wissenschafts- und Medizinhistoriker.

Im historischen Rückblick auf die Bemühungen um die Entwicklung und Pflege der **Biologiehistoriographie im 20. Jh.** fordert das Jahrhundertende abermals eine **Standortbestimmung** heraus, wie sie von DASTON (1992, 1996) für die Physikgeschichte des 19. Jh. versucht wurde. Während sie die Vermutung aussprach, daß um 1900 das einstige Ideal der Suche nach „*Wahrheit*" durch das Streben nach *Objektivität* ersetzt worden war und daß der von Auguste COMTE (1830–1842) zum Ideal erhobene *Positivismus der Fakten* (vgl. Kap. 7) um 1900 zu einer „Askese der Objektivität, beschränkt auf Fakten von Bestand", geführt hatte, die die „Leidenschaft für Wahrheiten, die aus kurzlebigen Theorien bezogen waren, dauerhaft zu ersetzen" drohte (DASTON 1996, S. 142), was sich in den Arbeiten zur Wissenschaftsgeschichte wiederspiegelte, so ist zu beobachten, daß sich am Ende des 20. Jh. in der Methodendiskussion von neuem eine Revision der bislang mehr oder weniger positivistisch verstandenen Biologiegeschichte anbahnt.

Es zeigt sich deutlich, daß nunmehr auch das Ideal einer *Objektivität* in Frage gestellt wird, indem „Fakten" nicht mehr als „gegeben", sondern als eher subjektiv, durch bestimmte Fragestellungen ermittelt, aufgefaßt werden. Das gilt nicht nur für den naturwissenschaftlichen Objektbereich, sondern auch für die Historiographie, wenn THIEL (1992) ausführt:

„Vielmehr gewinnen die in wissenschaftsgeschichtlichen Darstellungen beschriebenen Forschungsprozesse ihren Charakter als historische Gebilde erst durch die konstruktive Tätigkeit des Wissenschaftstheoretikers, der diese Handlungszusammenhänge bearbeitet" (S. 133–134).

Eine etwas andere Alternative gibt RHEINBERGER in seiner epistemologischen Biologiegeschichte. Er formuliert als Konsequenz dieser spezifischen Sichtweise als Aufgaben:

„Es geht dann nicht mehr um eine Genealogie bahnbrechender Ideen, ebensowenig wie es um die Biographie großer Frauen und Männer geht. Es geht dann nicht mehr um eine Geschichte sich bildender Disziplinen und Institutionen, ebensowenig wie es um eine Sozialgeschichte der Biologie unter der Fragestellung geht, wie sogenannte extreme politische, ökimische, religiöse Faktoren eine sogenannte interne Entwicklung der Biologie beeinflussen, verbiegen, behindern oder fördern" (RHEINBERGER 1993, S. 127); (s. o. S. 18!).

In allen diesen Äußerungen, die neue Ansätze einer Biologiehistoriographie signalisieren, geht es um eine prinzipielle Absage an kausallineare Konstruktionen wissenschaftlicher Erkenntnisprozesse auf einer historischen Zeitachse. Damit begann bereits 1962 Thomas S. KUHN mit seiner Theorie über die *Paradigmenwechsel*, die sich in vieler Hinsicht als fruchtbar erwies und die überholten Vorstellungen von einer logischen Fortentwicklung von Theorien durch den Wechsel und Wandel von Lehrmeinungen ersetzte. Zweifellos zeigt sich am Ende des 20. Jh. nicht nur die zunehmende Skepsis an dem, was im 19. Jh. als „Objektivität" des Naturforschers gegenüber den wissenschaftlichen „Fakten" postuliert wurde, nicht nur der Zweifel an einem Nutzen der Naturwissenschaften und auch der biologischen Forschung für den Fortbestand der Menschheit überhaupt und die Tendenz, die Wissenschaftsentwicklung der Neuzeit generell zu kritisieren oder ganz in Frage zu stellen, sondern es wird auch dem Wissenschaftshistoriker die Möglichkeit zur nachträglichen Rekonstruktion wissenschaftlicher Entwicklungsprozesse anhand fragmentarischer Quellen abgesprochen (MITTELSTRASS 1984; WEINGARTEN 1993). Demgegenüber gewinnen historische Analysen von Mikrostrukturen verbunden mit „methodologischer Reflexion und empirischer Detailforschung" (RHEINBERGER 1993) an Akzeptanz. In gewissem Sinne führt das zu höherer individueller Verantwortung des Historiographen, zu stärkerer Subjektivität und zu der von Wilhelm VON HUMBOLDT 1821 umrissenen „Aufgabe des Geschichtsschreibers" (s. o.), der der „Darstellung des Geschehenen" durch erkennende Reflexion den Wert des Symptomatischen verleihen kann.

Wie in allen Wissenschaften und Erkenntnisbereichen kann man auch in der Biologiegeschichtsforschung für eine Methodenvielfalt plädieren, die sich an ihrem jeweiligen Gegenstand orientiert. So wird für die Biographik eine andere Methodik zu wählen sein als für die Ideen- und Problemgeschichte oder die Institutionen- und Sozialgeschichte in ihrer engen Verflechtung mit der politischen Geschichte. Doch sollte letztlich eine klare Definition des angestrebten Erkenntnisfeldes gegeben werden, zum Beispiel auch klar zwischen Historiographie und Philosophie unterschieden werden. Eine Verquickung beider ist in der Biologiegeschichte häufig erkennbar, zumal die Biologie selbst im Verlauf ihrer Entwicklung viele Bezüge zu philosophischen Systemen aufweist; doch gilt es, diese ebenfalls historisch zu erschließen.

Eine weitere notwendige Unterscheidung erfordern die Formen der „Chronik" und der „Zeitgeschichte" gegenüber der quellenorientierten Historiographie. In prägnanter Weise charakterisieren L. und H. SPRUNG (1994) die verschiedenen „Modelle der Geschichtsforschung und der Geschichtsschreibung" und fordern mit Recht die Beachtung der differenten Rolle der „Zeitzeugen", der „Chronisten" und der „Historiker", wenn sie ausführen:

„Je näher ein Historiker seiner eigenen Gegenwart kommt, desto mehr muß er beachten, daß ein *Zeitzeuge* und ein *Chronist* noch keine Historiker sind. Geschichtsschreibung braucht Abstand, einen distanzierend-vermittelnden Abstand zum historischen Objekt. Die Art dieses Abstandverhältnisses unterscheidet den Zeitzeugen von einem Chronisten und diesen wiederum von einem Historiker. Und insofern ist ‚Zeitgeschichte' eine andere Form der Geschichte, wenn auch eine sehr notwendige Form." (L. und H. SPRUNG 1994, S. 245 f.)

Das sei darin begründet, daß ein Zeitzeuge n a c h t r ä g l i c h über eine selbst erlebte historische Entwicklung reflektiert, ein Chronist schon als Teilnehmer eines historischen Geschehens g l e i c h z e i t i g „mit den Augen eines Zeitzeugen und den Augen eines Historikers zu beobachten" versucht, während ein Historiker seine Analysen nur „auf der Basis der Dokumente" über ein Geschehen durchführt und seine Distanz „mit dem Verlust an der Unmittelbarkeit" erkauft:

„Ein Zeitzeuge ist daher nur sehr eingeschränkt ein Chronist und ein Chronist ist nur sehr eingeschränkt ein Historiker." (a. a. O. S. 246).

Bei unserer „Geschichte der Biologie", die nahe bis an die Gegenwart herangeführt wird, kann der Leser in der Behandlung der Themen des 20. Jh. Beispiele für diese Unterschiede finden.

Die nachfolgende **Grafik** versucht, die wechselnde Zuordnung biologischer Forschungsrichtungen und den Zeitpunkt ihrer „Institutionalisierung" im Rahmen europäischer Universitäten und Fakultäten bzw. von Fachgesellschaften darzustellen, wobei auch das oft komplizierte interdisziplinäre Beziehungsgefüge (Pfeile!) verdeutlicht werden sollte. Die Fächer innerhalb von Kästchen kennzeichnen lediglich den Beginn der Etablierung als Fachdisziplin, diejenigen ohne rechteckige Umgrenzung außerinstitutionelle Forschungsaktivitäten, wie sie sich in Publikationen niederschlugen. Gleichzeitig spiegelt die Darstellung auch den subjektiven Erkenntnisstand aus dem historiografischen Forschungsprozeß der Herausgeberin wider, die darauf aufmerksam machen will, daß mit der Bildung des Begriffes „Biologie" um 1800 noch keine Disziplin dieses Namens entstand, sondern eine jahrzehntelange getrennte Entwicklung botanischer und zoologischer Disziplinen folgte.

Wenn dieser Versuch wie auch das ganze Buch Anregungen zur Verbesserung auslösen würde, so wäre das zu begrüßen, im Sinne der brieflichen Äußerung von Alexander VON HUMBOLDT zu Charles DARWIN (1839): „Die Werke sind nur gut, so weit sie bessere entstehen lassen."

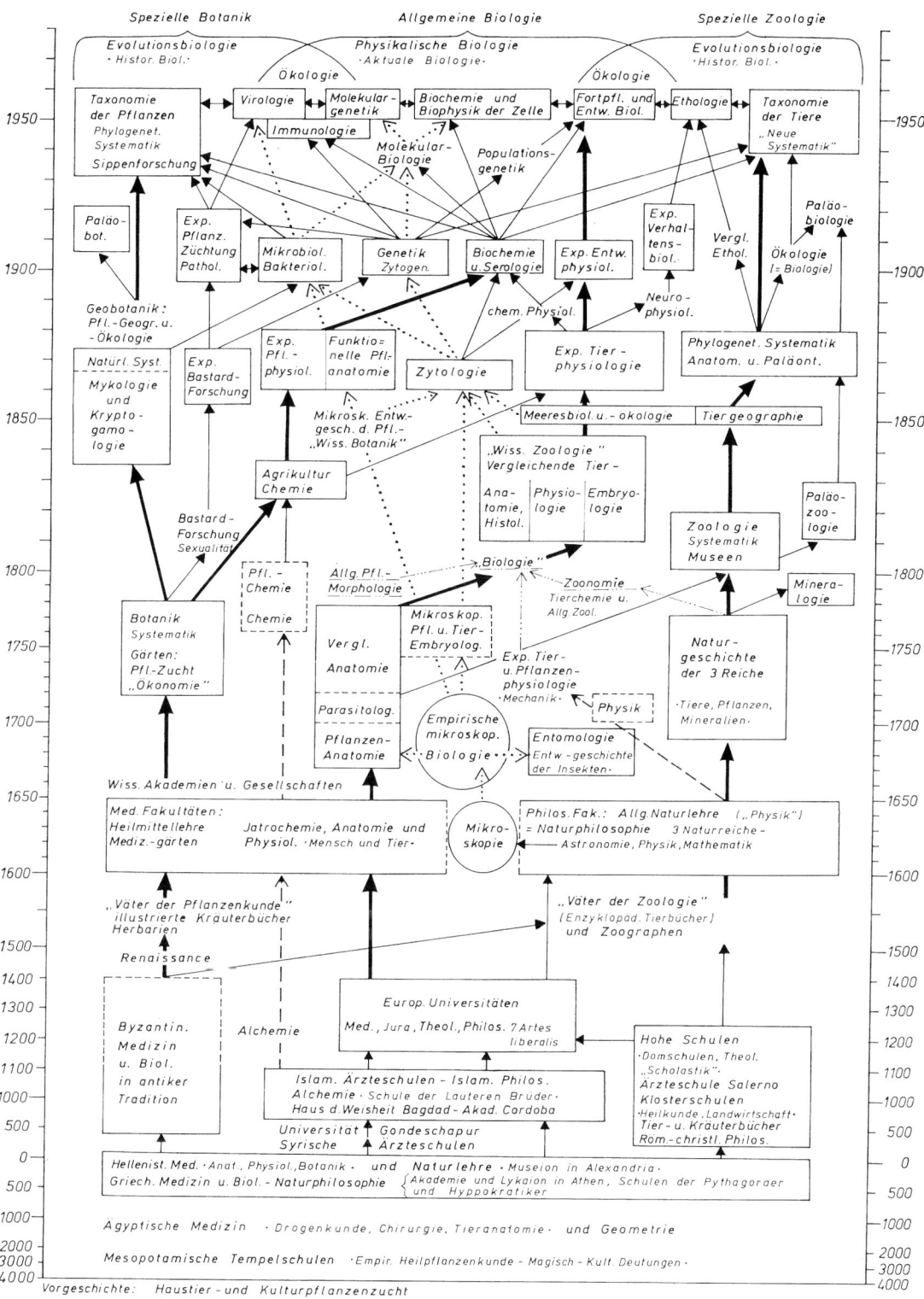

Teil I. Vorwissenschaftliche biologische Kenntnisse und Traditionen

1. Kenntnisse und Vorstellungen über Lebewesen und Lebensprozesse in frühen Kulturen

Rolf LÖTHER, Berlin

1.1. Vorgeschichtliche Zeugnisse

Kenntnisse und Vorstellungen über das Pflanzen- und Tierleben und über den Bau und die Lebensvorgänge des menschlichen Organismus besaßen die Menschen lange vor jeder schriftlichen Überlieferung, also in der konventionell so bezeichneten Vorgeschichte. Es ist die Zeit von den ersten nachweisbaren Zeugnissen menschlicher Kultur in der Evolution der Gattung *Homo* in Gestalt von Steinwerkzeugen, deren älteste bekannte ca. 2,5 Millionen Jahre alt sind, bis zu den ältesten schriftlichen Dokumenten, die zuerst vor ca. 5000 Jahren entstanden. Die vorwissenschaftlichen Kenntnisse jener Zeit beruhten auf den Beobachtungen, die die Menschen in ihrer Praxis als Sammler, Jäger, Fischer, Heilkundige, Ackerbauer, Viehzüchter und Seefahrer gemacht hatten. Durch Lehren und Lernen wurde das Wissen mündlich von Generation zu Generation tradiert. Die Divergenz und zeitliche Ungleichmäßigkeit sozialer und kultureller Entwicklungen der Menschheit in den verschiedenen Erdgegenden bedingen, daß auch urtümliche Gesellschaftsformen des *Homo sapiens* und ihre materielle und geistige Kultur in Überresten lebendig geblieben sind. Sie lassen sich mit den ausgegrabenen Spuren der Vergangenheit in Verbindung bringen und vergleichen. Paläoanthropologie, Archäologie, Völkerkunde und Sprachwissenschaft ermöglichen zumindest fragmentarisch die Rekonstruktion der Vorgeschichte.

Das Leben der vorgeschichtlichen Menschen war von der Notwendigkeit beherrscht, die Mittel zur Erhaltung ihrer Gemeinschaften und jedes ihrer Mitglieder gemeinsam zu beschaffen. Als Jäger und Sammler waren sie von dem abhängig, was sie in der Natur vorfanden, erlangen konnten und zu verwerten gelernt hatten. Kooperation und Arbeitsgeräte waren dafür entscheidend. Aufgrund der Herstellungstechnik von Arbeitsgeräten werden als große Entwicklungsstufen die Altsteinzeit (Paläolithikum), die Mittlere Steinzeit (Mesolithikum) und die Jungsteinzeit (Neolithikum) unterschieden, an die sich dann Bronzezeit und Eisenzeit anschließen. Diese Entwicklungsstufen materieller Technik sind mit wirtschaftlichen und sozialen Entwicklungen verbunden, wobei Hordengesellschaft, Stammesgesellschaft und schließlich die Dorfgemeinschaft der Ackerbauer aufeinanderfolgen. Für die zeitliche Periodisierung der Vorgeschichte sind die Entwicklungsstufen materieller Technik von relativer Bedeutung, da ihre Dauer in verschiedenen Gebieten unterschiedlich ist. Endete doch beispielsweise das Neolithikum in Ägypten im 4. Jahrtausend v. Chr., in Mitteleuropa zu Beginn des 2. Jahrtausends v. Chr. und dauert in Neuguinea zum Teil heute noch an.

Im Altpaläolithikum kam es bei Horden des *Homo erectus* in Afrika vor mehr als 1 Million Jahren zur Nutzung und Kontrolle des Feuers. Vertreter des *Homo sapiens neanderthalensis* erfanden Speer und Stoßlanze für die Jagd auf Großwild. Ihre Spitzen wurden im Feuer gehärtet und möglicherweise vergiftet. Frühe Vertreter des *Homo sapiens sapiens* schufen Speerschleuder sowie Pfeil und Bogen und konstruierten sinnreiche Tierfallen. Mit Ackerbau und Tierzucht schließlich nahmen Menschen Teile ihrer Umwelt unter ständige Kontrolle, regulierten sie und gestalteten sie ihren Bedürfnissen gemäß um.

Das Gewinnen des Lebensunterhaltes durch Jagen und Sammeln und später durch Ackerbau und Tierzucht lehrte den beobachtenden und problemlösenden vorgeschichtlichen Menschen, die Natur seines Lebensraumes zu erkennen, die Lebewesen zu unterscheiden und sie ihrer Eigenschaften halber zu nutzen oder zu meiden.

Primär interessierte die praktische Verwertbarkeit von Tier und Pflanze, sei es als Nahrung, Rohstoff für Werkzeuge, Wetterschutz und Wohnung, Kleidung und Schmuck, als Heilmittel, empfängnisverhütendes und schwangerschaftsunterbrechendes Mittel, Aphrodisiakum, rauscherzeugende Droge oder Gift zum Präparieren von Speer und Pfeil, um nur einiges anzuführen.

Knochenfunde der Jagdbeute und kunstvolle Tierdarstellungen lassen auf Nahrungs- und Rohstoffquellen schließen, sagen aber wenig über die vermutlich wesentlich umfangreicheren Kenntnisse der Fauna und Flora und ihre Nutzung aus. Darauf verweisen Angaben über die Formenkenntnis noch bestehender Gemeinschaften von Jägern und Sammlern. Von den Stämmen der australischen Ureinwohner in Nordqueensland werden 240 verschiedenartige Pflanzen, 93 Arten von Mollusken und 23 Arten von Fischen als Nahrung genutzt; auch zentralaustralischen Stämmen dient eine große Zahl unterschiedlicher Pflanzen- und Tierarten als Nahrung. Die australischen Ureinwohner von Grotte-Eylandt verspeisen 234 Arten von Tieren und 75 Arten von Pflanzen. Fische sind für sie besonders wichtig; ihr Wort für „Fleisch" bedeutet ursprünglich nur „Fisch" (DAMM 1959; ROSE 1976). Der im Urwald der Arfak-Berge auf Neuguinea hausende Jägerstamm der Fore unterscheidet, wie Ornithologen ermittelten, von den 137 Vogelspezies seines Gebiets 136 namentlich und hält nur zwei nicht namentlich auseinander (MAYR 1963, S. 17; BERLIN 1992, S. 6). In der westlichen Zivilisation verfügen heute nur Fachornithologen über eine solche Artenkenntnis ihres Gebiets.

Über Kenntnis und Nutzung der Pflanzenwelt in der Tundra Nordostasiens durch arktische Jäger berichtet USPENSKI (1979, S. 21):

„Weit verbreitet ist die Ansicht, daß früher die Nahrung der Eskimos und Tschuktschen nur aus Fleisch bestanden habe. Das trifft jedoch nicht ganz zu. Die Bewohner des Nordostens von Asien nehmen genau wie wohl überhaupt die Bewohner der Arktis gern und bei jeder Gelegenheit auch Pflanzenkost zu sich. Manche Pflanzen werden frisch genossen, andere eingesäuert und im Winter als Beilage gereicht. Heute essen die Bewohner des Nordens neben dem üblichen Brot und Grütze auch Obst und Gemüse sowie verschiedene einheimische eßbare Pflanzen (nach Angaben von Prof. TICHOMIROW verwenden die heutigen Tschuktschen in den Tundren im Nordostzipfel von Asien regelmäßig fünfzig Arten von Gräsern, Zwergsträuchern und Algen für Speisezwecke). Bei der Zurichtung der Häute und Felle gebrauchen sie Pflanzen zum Gerben und Färben. Deshalb gehen die Frauen an schönen Sommertagen, mit speziellen Haken [Werkzeugen] versehen, in die Tundra. Wenn sie zurückkehren, sind sie mit Läusekraut und Steinbrech, mit Weidenzweigen und verschiedenen Wurzeln schwer beladen."

Die Sprachen heutiger urtümlicher Gesellschaften geben wichtige Anhaltspunkte für deren Kenntnisse von der lebenden Natur. Mit ihren Bezeichnungen für Tiere und Pflanzen enthalten diese Sprachen wie alle Sprachen Klassifikationen der Lebewesen. Auf umfangreiches Material aus verschiedenen Teilen der Erde gestützt, hat BERLIN (1992) herausgearbeitet, daß diese Gesellschaften die jeweilige Organismenmannigfaltigkeit ihrer natürlichen Umwelten unbewußt aufgrund der dieser Mannigfaltigkeit innewohnenden Ordnung im Prinzip überall auf die gleiche Weise erfassen. Und zwar so, wie es letztlich auch die natürliche Systematik der Biologie bewußt mit wissenschaftlichen Methoden tut. Das geschieht unabhängig von der aktuellen oder potentiellen Nützlichkeit oder der symbolischen Bedeutung der Pflanzen und Tiere für die Menschen jener Gesellschaften. Ähnlichkeiten und Unterschiede von Gestalt und Verhalten zwischen verschiedenen Pflanzen- und Tiergruppen kommen in einer hierarchisch-enkaptischen Klassifikation zum Ausdruck, die in den Beziehungen zwischen den Pflanzen- und Tiernamen enthalten ist. Diese lassen sich immer wieder sechs Ebenen (Rangstufen) zuordnen: Reich, Lebensform (z. B. Baum, Kletterpflanze, Vogel, Säugetier), eine mittlere Stufe zwischen Lebensform- und Gattungsebene, Artebene und Ebene der Varietäten.

„Ein Salesianerpater hatte den Versuch gemacht, die Indianer auf ihre Naturkenntnisse zu prüfen: Er legte ihnen die ‚Fauna und Flora Venezuelas' vor, das Lebenswerk eines berühmten Biologen aus Caracas. Die Yanomami kannten für jedes abgebildete Tier und jede Pflanze einen Namen, sie hatten darüber hinaus noch spezielle Bezeichnungen dafür, ob es ein tragendes Tier, eine weibliche oder männliche Pflanze, ein eßbarer oder ungenießbarer Fisch war", heißt es in einer Reportage über die im Quellgebiet von Orinoko und Amazonas lebenden Yanomami (FREVEL & ESCHER 1992, S. 22).

Das hier erwähnte Hervorheben von für die praktische Auseinandersetzung mit der Natur wichtigen Eigenschaften und tierlichen Verhaltensweisen durch spezielle Bezeichnungen ist wie die genaue Kenntnis der Tier- und Pflanzenwelt des Lebensraumes bei urtümlichen Gesellschaften allgemein. So gibt es z. B. in der Sprache der Eskimos besondere Benennungen für „Walroß, das nach Westen schwimmt", „Walroß, das mal in die eine, mal in die andere Richtung schwimmt", „Nahrung aufnehmendes Walroß", „Walroß, das auf dem Wasser schläft" usw. Ähnlich ist es um die Benennungen für Robben und Wale bestellt. Allgemein werden Walroß, Robben und Wale sowie weitere im Meer lebende Tiere als „Meerestiere" bezeichnet. Die Nenzen, westsibirische Rentierzüchter, benennen Moose und Flechten, die Nahrung der Rentiere, sehr differenziert, während sie die im Sommer in der Tundra blühenden verschiedenartigen Pflanzen alle nur als „Blumen" bezeichnen (PANFILOV 1974, S. 50).

Das Überschreiten der unmittelbaren Lebenspraxis durch die sich in der sozio-kulturellen Evolution des vorgeschichtlichen Menschen entwickelnde gedankliche Reflexion führte zu religiösen Glaubensvorstellungen, in denen sich auf phantastische Weise die Abhängigkeit der urtümlichen Gemeinschaften von der umgebenden Natur und den Natureigenschaften des Menschen widerspiegelt. Mit dem Glauben an die objektive Existenz übernatürlicher Eigenschaften, Kräfte und Wesen entstanden emotionale Beziehungen zum Übernatürlichen, wurden Ängste, Sehnsüchte und Hoffnungen an sie gerichtet und mit Riten und Kulten praktische Beziehungen zu ihnen eingegangen.

Die ältesten bisher gefundenen archäologischen Indizien für eine primitive gedankliche Reflexion über Probleme des Lebens sind Spuren von Manipulationen an den Körpern Verstorbener aus dem Paläolithikum. So wurden am 300 000–400 000 Jahre alten Rastplatz von *Homo erectus* in der Höhle von Choukoutien bei Peking zusammen mit Tierknochen längs aufgespaltene Extremitätenknochen und an der Basis geöffnete Schädel gefunden. Aus derartigen Befunden ist auf einen kultischen Kannibalismus bei *Homo erectus* geschlossen worden, bei dem Menschenfleisch, Knochenmark und Gehirn verzehrt wurden. An *Homo erectus* und häufig auch an fossilen *Homo-sapiens*-Resten sind aber Schnittmarken gefunden worden, die darauf hindeuten, daß Muskelpartien im Kopf- und Körperbereich gewaltsam abgetrennt wurden. Sie lassen darauf schließen, daß es bei den Manipulationen am Körper Verstorbener offenbar in erster Linie um die Gewinnung von Knochenbruchstücken, vorwiegend des Schädels, für kultische Zwecke ging. ULLRICH resümiert den derzeitigen Forschungsstand:

„Für den fossilen *Homo sapiens* läßt sich mehr als wahrscheinlich machen, daß die Manipulationen am Körper Verstorbener mit bestimmten Totenritualen für auserwählte Individuen in engstem Zusammenhang standen. Auch für *Homo erectus* könnte, obwohl bisher nur wenige Funde unter diesem Gesichtspunkt eingehend untersucht worden sind, ein solcher Zusammenhang zu vermuten sein. Dabei dürfte *Homo erectus* noch weitaus stärker als der archaische und anatomisch moderne *Homo sapiens* für diese Totenrituale

Bruchstücke von Schädeln auserwählt haben. Daß bei diesen auf Leben und Tod bezogenen Handlungen auch gewisse kannibalische Aspekte mit eine Rolle, allerdings wohl nur in sehr untergeordneter Bedeutung, gespielt haben dürften, ist zu vermuten, aber weder zu beweisen noch zu widerlegen."[1]

Seit den Zeiten des *Homo sapiens neanderthalensis* ist Totenbestattung belegt, die auf Bestattungsriten und ihnen zugrunde liegende Vorstellungen verweist. So legen die Beigabe von Geräten und Nahrung, ersichtlich aus Tierknochen, und Indizien für eine Fesselung von Toten nahe, daß an eine Fortexistenz nach dem Tode, verbunden mit möglichen und abzuwehrenden Einwirkungen auf die Lebenden, geglaubt wurde. Vermutlich gingen solche Vorstellungen auf Traumerlebnisse zurück, in denen die Toten agierten. Die Spuren einer Neandertaler-Bestattung in der Shanidar-Höhle im nördlichen Irak enthielten eine solche Menge des Blütenstaubs von Malven, Lichtnelken, Traubenhyazinthen und einigen anderen Pflanzen, daß an der Beigabe der blühenden Pflanzen bei der Bestattung kaum zu zweifeln ist. Zu den Gesichtspunkten weitergehender Vermutungen gehört, daß die Pflanzen heute noch im Irak und anderswo als Heilkräuter verwendet werden. In Höhlen der Alpen wurden Indizien für einen von Neandertalern mit Höhlenbären betriebenen Kult entdeckt, in der Höhle von Teschik-Tasch (Usbekistan) für einen Kult, dessen Gegenstand der Sibirische Steinbock war – Tiere, deren Jagd offenbar zu den besonderen Ereignissen im Leben jener Menschen gehörte.

Über das Verhalten zu den Körpern Verstorbener hinausgehende erste Einblicke in die geistige Welt des späten *Homo erectus* erbrachten die Ausgrabungen auf dem altpaläolithischen Rastplatz von Bilzingsleben. Der Lagerplatz mit den vorgefundenen Hinterlassenschaften läßt darauf schließen, daß sich dort eine Gemeinschaft von 30–40 Individuen vor 300 000–350 000 Jahren während einer pleistozänen Warmzeit wiederholt für gewisse Zeit aufgehalten hat. Sie ernährte sich durch Sammeln und besonders durch Jagen, wobei vorwiegend kooperativ Großwild erlegt wurde, wie zerschlagene Skelett- und Gebißreste der Beutetiere und andere Nahrungsüberreste bezeugen. Weiter wurden bisher u. a. elf menschliche Schädelteile und sechs Zähne von zwei (oder drei) Individuen, Grundrisse von drei kleinen zeltartigen Hütten mit Feuerstellen vor dem Eingang, Werk- und Arbeitsplätze, verschiedenartige Steingeräte sowie Rohmaterial und Abfälle, Ge-

---

[1] HERRMANN & ULLRICH 1991, S. 248; vgl. ULLRICH 1989.

räte aus Knochen, Geweih und Elfenbein und Spuren von Holzbearbeitung gefunden.

Besonders hervorzuheben sind Knochengeräte mit eingravierten linearen Ornamenten, andere mit bestimmten Zeichen, zu denen u. a. Dreiecke, Malkreuze und einfache und doppellinige Rechtecke gehören, die einzeln, zu zweit und in Gruppen auftreten und insgesamt ein System von etwa 17 Zeichen bilden, sowie eine mit solchen Zeichen kombinierte Tiergravierung, eine Großkatze, ganz offensichtlich einen Löwen darstellend (vgl. auch Abb. 1 b). Zu dieser schreibt BEHM-BLANCKE:

„Der altpaläolithische Künstler von Bilzingsleben empfing sehr wahrscheinlich seine Inspiration für die Anfertigung der Gravierung von der allgemeinen Vorstellungswelt der mit ihm lebenden Jäger-Sammler-Gemeinschaft. Er machte die Ideenwelt mit Hilfe des Tierbildes und durch Anwendung eines semiotischen Systems als ‚Botschaft‘ sichtbar. Diese vermutlich rituell durchgeführte Aktion muß für die Lebenserhaltung der alt- und jungpaläolithischen Gemeinschaften wichtig gewesen sein: Sie bedeutete psychische Hilfe bei der Ausübung von Handlungen, die z. B. bei der Durchführung der Jagd starke Konzentration und physische Kraft erforderten. Das Gefühl des Erfolges beherrschte die Jäger bei ihren Unternehmungen" (HERRMANN & ULLRICH 1991, S. 290).

BEHM-BLANCKE sieht in der Löwendarstellung den Ausdruck einer besonderen Stellung des Löwen (der in Überlieferungen aus späterer Zeit als „Herr der Tiere" galt) in der Vorstellungswelt der altpaläolithischen Jäger von Bilzingsleben. In ihr scheinen auch Bär und Hirsch eine besondere Rolle gespielt zu haben, wurden doch Indizien für eine besondere Bärenzeremonie sowie ein Hirschschädel gefunden, der so bearbeitet war, daß er von einem Jäger auf dem Kopf getragen werden konnte, sei es als Tanzmaske oder beim Anschleichen auf der Jagd. Die gefundenen Fragmente menschlicher Schädel verweisen auf die erwähnte Problematik der Manipulation an den Körpern Verstorbener.

Das Zeichensystem und die Löwengravierung von Bilzingsleben lassen die Archäologie u. a. fragen, in welchem Zusammenhang sie mit späteren Zeichensystemen und den seit 37 000–27 000 Jahren erhaltengebliebenen Werken bildender Kunst stehen. Das waren zunächst auf Steintafeln gravierte und mit Farben bemalte Darstellungen von Tieren und Menschen. Vor 35 000–20 000 Jahren entstanden die ersten Darstellungen an Höhlenwänden in Südwesteuropa (Abb. 1). Seit jener Zeit haben viele Jäger- und Sammlergemeinschaften, aber auch urtümliche

Abb. 1. Urgeschichtliche Darstellungen des europäischen Wisent; a rezentes Tier zum Vergleich, b Reliefschnitzerei auf Knochenstab von Isturitz (Kopf 5 cm), c polychrome Malerei in der Höhle von Altamira (Länge 2,05 m), d schwarze Malerei in Niaux (Länge 90 cm), e dunkelbraune und etwas polychrome Malerei über Gravierung in Font-de-Gaume (Länge 1,10 m), f Gravierung in La Grèze (Länge 60 cm). Aus E. SCHMIDT: Das Tier in der Kunst des Eiszeitmenschen. Basel 1973.

Ackerbauer- und Tierzüchtergemeinschaften auf allen Kontinenten Zehntausende mehr oder minder kunstvoller Felsbilder auf Höhlenwänden und im Freien hinterlassen.[1])

LEROI-GOURHAN weist darauf hin, und das dürfte auch für Bilzingsleben gelten, daß die bildende Kunst an ihrem Ursprung unmittelbar mit der Sprache verbunden war und der Schrift im weitesten Sinne sehr viel näher steht als dem Kunstwerk im heutigen Verständnis. Symbolische Umsetzung der Realität, nicht ihr Abbild, seien die bildlichen Darstellungen, „graphische Pflöcke ohne deskriptiven Bezug, Stützpunkte eines mündlichen Kontextes, der unwiederbringlich verloren ist" (LEROI-GOURHAN 1988, S. 240). Angesichts dieses Umstandes ist die mehr oder minder plausible Sinndeutung der prähistorischen Kunst im Zusammenhang mit Mythen, Riten und Magie ein weites Betätigungsfeld für an der Erforschung der Vorgeschichte beteiligte Wissenschaftsdisziplinen. Unabhängig davon, was die Tierdarstellungen symbolisieren mögen, geben sie vielfach einen lebendigen Eindruck von ausgewählten Vertretern der Tierwelt jener Zeit und jenes Territoriums, in denen sie entstanden sind. Bei ausgestorbenen Spezies des Pleistozäns, z. B. Höhlenlöwe, Mammut oder Wollnashorn, vermitteln sie auch dem heutigen Paläozoologen Kenntnisse, die er den Fossilien nicht abgewinnen kann.

Interkulturelle Vergleiche, die die bildende Kunst einbeziehen, zwischen rezenten und prähistorischen Jäger- und Sammlergemeinschaften legen jedenfalls nahe, daß sich bei den zum *Homo sapiens sapiens* gehörenden jungpaläolithischen Jägern und Sammlern die religiösen Glaubensvorstellungen entfalteten, in denen die erfahrene und gefühlte Abhängigkeit von der umgebenden Natur und den Natureigenschaften des Menschen zum Ausdruck kam. Die Naturdinge wurden mit psychischen Eigenschaften und Charaktermerkmalen des Menschen ausgestattet und personifiziert, die Welt mit guten und bösen Geistern und Gottheiten als Bestimmern des Geschehens erfüllt. Von Pflanzen und Tieren abhängig, galt es, sich mit ihren Geistern zu verständigen und zu versöhnen, wenn der Mensch sie nutzt. Streng verpönt war in der Regel das Töten von Tieren über den Bedarf der Gemeinschaft hinaus, auch wenn sie im Überfluß dazusein schienen. Magische Praktiken sollten die natürliche Umwelt und die menschliche Natur beeinflussen. Besonderes Interesse besaßen dabei der Jagderfolg und die Fruchtbarkeit, d. h. die Vermehrung des Jagdwildes und der

Nachwuchs für die eigene Gemeinschaft, auch Krankheit und Tod.

Lange Zeit blieb anscheinend undurchschaut, daß zwischen Geschlechtsverkehr und Fortpflanzung ein Zusammenhang besteht (Abb. 2). Es wurden durch magische Zeremonien beeinflußbare Geister angenommen, die in bestimmten Gegenständen der Umwelt, z. B. Bäumen und Steinen, ihren Sitz haben und in den weiblichen Körper eingehen. Vielfach wurden Krankheit und Tod über ihre unmittelbaren Ursachen hinaus auf magische Einflüsse zurückgeführt, deren Abwehr bei der Krankenheilung eine große Rolle spielte.

Bei Medizinmännern, Zauberern und Schamanen sowie ihren weiblichen Pendants konzen-

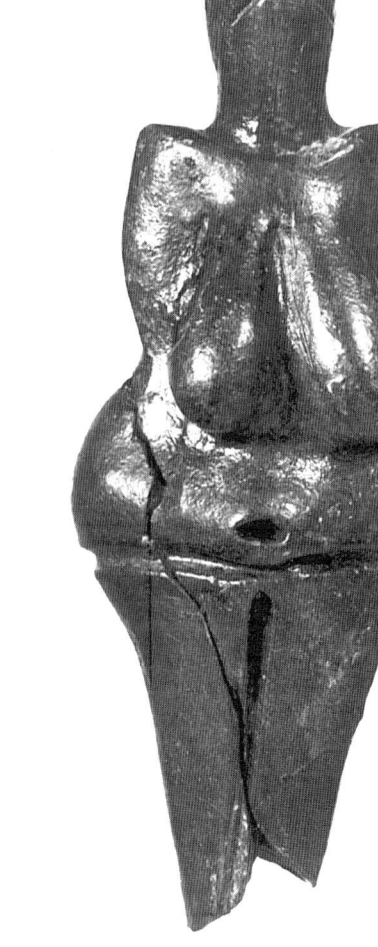

Abb. 2. Die Venus von Věstonice. Sammlung Anthropos des Mährischen Museums Brno.

---

[1]) Vgl. BIEDERMANN 1984; EVERS 1991; FROLOW 1980; SAWWATEJEW 1984; NOUGIER 1992.

trierte sich das reale wie das eingebildete Wissen der Gemeinschaft. Personen, bei denen außergewöhnliche Bewußtseinszustände und Verhaltensweisen auftraten, für die heute die Psychiater zuständig sind, erschienen vielen Gemeinschaften als besonders disponiert für diese Aufgabe. Totemistische Anschauungen sowie mit ihnen verbundene Ge- und Verbote (Tabus) reflektierten und regelten die Beziehungen der Menschen untereinander und zur Natur. Im Totemismus werden Zusammenhänge zwischen der Gesellschaftsordnung und der Naturordnung erfaßt, die bei der Gewinnung des Lebensunterhaltes aus der Natur und im Austausch von Naturprodukten zwischen Gemeinschaften erscheinen. Nach THOMSON geht er darauf zurück, daß sich mit der Entstehung des Austausches zwischen Gemeinschaften jede sich speziell mit derjenigen Tier- oder auch Pflanzenart identifizierte, die ihren besonderen Beitrag zum gemeinsamen Lebensunterhalt bildete. Daraus resultieren auch eigentümliche Einteilungen der Lebewesen. Von den Verhältnissen bei den australischen Ureinwohnern ausgehend, schreibt THOMSON (1961, S. 34):

„Mit dem Totem eines bestimmten Stammes sind gewöhnlich eine Anzahl Untertotems verbunden, die in vielen Fällen Unterteilungen innerhalb des Clans entsprechen. So war in dem Aranda-Stamm das Känguruh mit einer bestimmten Kakaduart verbunden, weil diese Tiere oft zusammen angetroffen wurden, und der Frosch mit dem Gummibaum, in dessen Höhlen er nistet. Dem entspricht, daß nach einer Überlieferung des Unmatjera-Stammes die ersten Stammväter des Käferlarven-Clans von Käferlarven gelebt haben, weil es zu dieser Zeit nichts anderes in der Welt gab als Käferlarven und einen kleinen weißen Vogel von der Art, die unter dem Namen ‚Thippa-Thippa‘ bekannt ist. Die Anwesenheit des kleinen weißen Vogels wird verständlich, wenn wir feststellen, daß die Eingeborenen ihn bei der Larvensuche als Führer verwandten. Aus diesen und anderen Beispielen, die hier angeführt werden könnten, geht klar hervor, daß die ursprüngliche Grundlage für totemistische Klassifizierung ökonomischer Natur war. Verschiedene Tier- und Pflanzenarten wurden in Gruppen zusammengefaßt, weil sie auf der Nahrungssuche zusammen angetroffen wurden.“

Als Beleg für eine spätere Stufe solchen Verhaltens, die bereits mit dem Ackerbau verbunden war, ist anzusehen, wenn vom nordmexikanischen Indianerstamm der Huicholen in gewissen Vorstellungen und Zeremonien Hirsch und Mais sowie Hirsch und Vogelfeder identifiziert werden (LEVY-BRÜHL 1921, S. 98 ff.). LEVY-BRÜHL interpretiert das, wie die Bewußtseinsstrukturen urtümlicher Gemeinschaften generell, als „prälogisch“ und „mythisch“. LEONTJEW (1963, S. 192 ff.), der diese Deutung begründet verwirft,

sieht die urtümliche Bewußtseinsstruktur bis zur Herausbildung der Stammesgesellschaft dadurch bestimmt, daß der subjektive Sinn, d. h. die bewußt gewordene Beziehung zwischen dem Motiv und dem Ziel einer Handlung, und deren objektive Bedeutung, der Inhalt der menschlichen Tätigkeit, noch zusammenfallen. Daraus folgt, daß die sinnliche Erfahrung im Konnex der Tätigkeit gedanklich verarbeitet wird und nicht in der Abstraktion vom Subjekt, wie dies beim wissenschaftlichen Denken am ausgeprägtesten ist. Er verweist darauf, daß die Huicholen völlig rational ihren Mais anbauen und Hirsche jagen. Mais und Hirsch aber sei gemeinsam, daß von ihnen die Existenz der Gemeinschaft abhängt, erst vom gejagten Hirsch und später vor allem vom angebauten Mais. Wenn die Huicholen glauben, der Mais sei erst Hirsch gewesen und ihn in einer besonderen Zeremonie auf den Hirsch legen, worauf sie mit ihm verfahren wie mit einer Maisgarbe, wird darin nach LEONTJEW eine Sinnübertragung bewußt. In ihr kommt der Übergang von den Beziehungen der Gemeinschaft vom Hirsch auf den Mais, von der Jagd zum Ackerbau zum Ausdruck; in der Zeremonie ist die Sinnübertragung kultisch fixiert. Im gedanklichen Verbinden von Hirsch und Feder aber komme das Wissen um die notwendige Beschaffenheit des Pfeiles zum Ausdruck, mit dem der Hirsch erlegt werden kann. Um seine Treffsicherheit magisch zu steigern, band man noch Hirschhaare an die Federn am Pfeilende. Die Jagd und der hinzugekommene Ackerbau waren Tätigkeiten gleicher Funktion, gleichen Sinns, jedoch unterschiedlichen Inhalts.

1.2. Frühe Hochkulturen und ihre Überlieferungen

Vor etwa 10 000–12 000 Jahren begann, offenbar zuerst im Nahen Osten, die neolithische oder agrarische Umwälzung: Sammler- und Jägergesellschaften entwickelten Ackerbau sowie Tierhaltung und -zucht als neue Nahrungs- und Rohstoffquellen, die schließlich für ihre Existenz grundlegend wurden, und wurden in Dorfgemeinschaften seßhaft. Die landwirtschaftliche Nahrungsmittel- und Rohstofferzeugung erbrachte mehr Produkte, als von der Dorfgemeinschaft verbraucht wurden. Aufgrund dieses Mehrprodukts konnten arbeitsteilige und sozial differenzierte Gesellschaften entstehen, mit Mitgliedern, die neue Vollzeitbeschäftigungen ausübten und aus dem landwirtschaftlichen Mehrprodukt ihren Lebensunterhalt erhielten: Handwerker und Handelsleute. Besondere Bedeutung bekamen die Schmiede, denen die Metallgewinnung und -verarbeitung (Kupfer, Bronze, Eisen, Silber, Gold) zu Werkzeugen, Waffen und Schmuck oblag. Die ersten Städte und Staaten entstanden; an großen Strömen, so am Nil, an Euphrat und Tigris, am Indus und am Gelben Fluß (Huanghe), entstanden die ersten Hochkulturen.

In den Bewässerungsbereichen der großen Flüsse lagerten Überschwemmungen alljährlich neue Schichten fruchtbaren Schlammes ab und ermöglichten, das Ackerland kontinuierlich zu nutzen. Mittels künstlicher Be- und Entwässerungsanlagen wurde es erweitert. Damit bestanden relativ dauerhafte Bedingungen, um Mehrprodukt zu erzeugen, während der Boden andernorts nach einigen Jahren urtümlichen Akkerbaues gewöhnlich erschöpft war und neues Land urbar gemacht werden mußte. Grundlegend für die Nutzung dieser Bedingungen war das organisierte Zusammenwirken der Menschen. Sowohl die unmittelbaren Produzenten (Bauern und Handwerker) als auch die soziale Oberschicht waren kollektiv organisiert und unterstanden einer einheitlichen Leitung, um die für die Gesellschaft notwendigen Vorhaben (Bau von Be- und Entwässerungsanlagen, Deichen und Verteidigungsanlagen, Tempeln und Palästen) durchführen zu können. Dabei verringerte sich die Zahl der Gemeinwesen, während ihre Bevölkerung zunahm. In diesen größeren Gemeinwesen konzentrierte sich die wirtschaftliche, politische und militärische Macht. Städte und Residenzen entwickelten sich als Zentren der Macht, die in den Händen einer Priester-, Krieger- und Beamtenaristokratie lag und sich in theokratischen Herrschern personifizierte. Diese Macht diente der Organisation der gesellschaftlich erforderlichen kooperativen Arbeiten, der eigenen Erhaltung und Entfaltung und der Ausbeutung der anderen sozialen Schichten, insbesondere der Dorfgemeinschaften. Auch patriarchalische Sklaverei gab es in den frühen Hochkulturen.

Im Niltal setzte diese Entwicklung im 4. Jahrtausend v. Chr. ein. Am Ende dieses Jahrtausends gab es bereits ein oberägyptisches Reich, das Unterägypten unterwarf und so den ägyptischen Einheitsstaat schuf, der durch die Pharaonen repräsentiert wurde. In Mesopotamien, dem Zwischenstromland zwischen Euphrat und Tigris, schufen die Sumerer im 3. Jahrtausend v. Chr. die ersten Stadtstaaten, an deren Spitze Priesterfürsten standen; ihnen folgten die Staaten der Akkader, Babylonier und Assyrer. Auf dem indischen Subkontinent bildete sich in der ersten Hälfte des 3. Jahrtausends v. Chr. die In-

dustal- oder Harappa-Kultur heraus, deren Verbreitungsgebiet von Afghanistan bis in die Gegend von Delhi und von den Siwallik-Bergen bis zur Narbada reichte. Als etwa um 1500–1200 v. Chr. die Aryas einwanderten und kulturelle Traditionen der Industalkultur übernahmen, befand sich diese bereits im Niedergang, und ihre großen Städte verfielen. In China werden im 2. Jahrtausend v. Chr. im Shang-Reich am Huanghe soziale Ungleichheit und Staat in ihren Anfängen faßbar. Zwischen Ägypten, Mesopotamien, Indien und China sowie Hellas und dem römischen Reich vermittelten Karawanen und Schiffahrt im Altertum rege Handelsbeziehungen und damit auch kulturelle Einflüsse.[1]

In den altorientalischen Städten mit ihren prächtigen Tempeln und Palästen konzentrierten sich Bevölkerung und gesellschaftliches Leben, entwickelte sich die Kultur, welche die Anfänge von Naturwissenschaft und Mathematik einschloß. Zur mündlichen Überlieferung des Wissens kamen Schriftsprache und Literatur sowie Schulen und Lehranstalten, Archive und Bibliotheken. Mit der schriftlichen Überlieferung von Wissen beginnen auch literarische Dokumente Kenntnisse und Vorstellungen über Lebewesen und Lebensprozesse zu belegen. Mit „ma'at" im alten Ägypten, „rta" im alten Indien und „dao" oder „li" im alten China entstanden Auffassungen über eine regelhafte Ordnung allen Geschehens in Natur und Gesellschaft, die als erste Annäherungen an die Konzeption objektiver Naturgesetzlichkeit angesehen werden können. Im alten Indien und im alten China kam es wie in der griechischen Antike zur Verbindung des Erfahrungswissens von der Natur mit einer der Religion gegenüber neuen Form von Weltanschauung, mit der Philosophie.[2]

1.2.1. Erfahrungswissen und religiöses Weltbild im alten Ägypten

Seit alters wurden im Niltal Gerste und Weizen, Durrha-Hirse, Hülsenfrüchte, Flachs sowie für die Ölgewinnung Rizinus angebaut. Weiter gehörten u. a. Knoblauch, Porree und Zwiebeln, Melonen und Kürbisse, Kohl, Rettich, Artischocken und Spargel, Anis und Fenchel sowie Dattelpalmen, Feigen- und Granatapfelbäume

---

[1]) Vgl. Asimow & Chin Keh-Muh in Chattopadhyaya 1982, Vol. II; Heimberg 1981; Lamberg-Karlovský 1985.
[2]) Vgl. Mall & Hülsmann 1989; Moritz, Rüstau & Hoffmann 1988; Needham 1979; Ruben 1979.

und Weinreben zu den Kulturpflanzen der alten Ägypter. Vielfältig nutzten sie die Papyrusstaude: Mit den Stengeln wurden Hütten und Boote gebaut, aus dem Mark der Stengel wurde das Schreibmaterial hergestellt, zudem wurde es gegessen. Auch die Wurzeln und Samen der Lotospflanzen dienten der Ernährung; ihre Blüten waren der bevorzugte Blumenschmuck. Neben dem ägyptischen und dem blauen Lotos wurde um die Mitte des letzten Jahrtausends v. Chr. der indische Lotos eingebürgert. Zu den Haustieren gehörten Rind, Schaf, Ziege, Schwein, Hund, Esel, Ente und Gans. Altägyptischen Ursprungs sind die Hauskatze und die Bienenzucht. Pferde wurden seit der ersten Hälfte des 2. Jahrtausends v. Chr. gehalten, desgleichen die der Kreuzung von Pferd und Esel entstammenden Maultiere und Maulesel. Für zum religiösen Totenkult gehörende Speiseopfer wurden neben Haustieren auch Wildtiere genutzt. Zu diesem Zweck wurden u. a. Antilopen verschiedener Arten, Gazellen, Steinböcke und Streifenhyänen in Gefangenschaft gehalten und gemästet.

Stark ausgebildet waren bei den alten Ägyptern religiöse Beziehungen zu Tieren und Pflanzen, phantastisch ausgeformte Überreste uralter totemistischer Traditionen. Viele der zahlreichen Gottheiten wurden als Tiere oder Mischwesen aus Tier und Mensch dargestellt, z. B. die Himmelsgöttin Hathor als Kuh, Kuh mit Frauenkopf oder Frau mit Kuhhörnern auf dem Kopf, der Gott der Weisheit und der Schreibkunst Thot als Mantelpavian oder mit Ibiskopf, der Friedhofs- und Totengott Anubis schakalköpfig, der Gott Horus als Falke oder falkenköpfig, der Gott Sobek als Krokodil oder krokodilköpfig und die Göttin Thoueris, Beschützerin der gebärenden Frauen, als Nilpferd. Auch glaubte man an eine Seelenwanderung, bei der sich die menschliche Seele in Sperbern, Reihern, Schlangen, Krokodilen, Lotosblumen u. a. inkarniert. Auf Grund des angenommenen Zusammenhanges zwischen Gottheiten und Tierarten wurden diese als heilig verehrt und beschützt, auch bei den Tempeln gehalten und nach dem Tode einbalsamiert (Abb. 3 a u. b). Heilig waren u. a. die Lotospflanze, mehreren Gottheiten verbunden

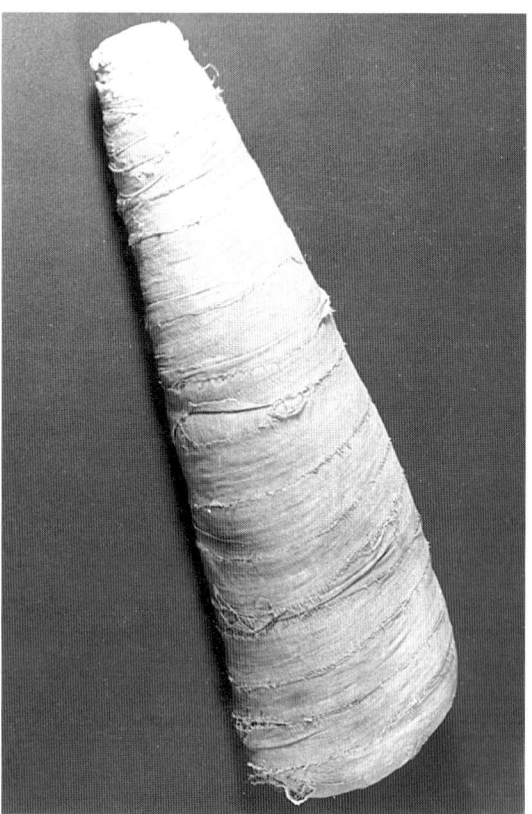 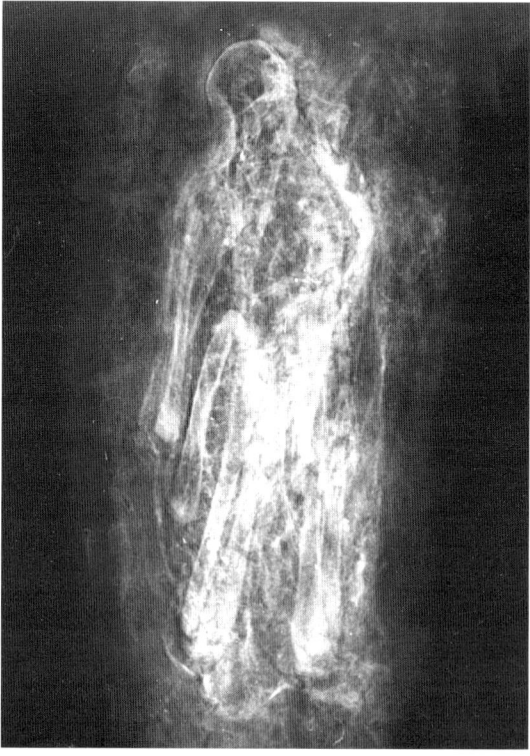

Abb. 3. links: Vogelmumie „Heiliger Ibis" aus den Mumiengrotten bei Sattara (3. Dynastie, IMHOTEP, Altes Reich); ägyptische Sammlung von U. J. SEETZEN (1767–1811) im Schloßmuseum Gotha (Photo: R. BELLSTEDT). rechts: Röntgenaufnahme dieser Mumie.

und Symbol des Nils, der Skarabäus, dem Sonnengott verbunden und Symbol des Werdens und Vergehens, Mantelpavian, Ibis, Krokodil u. a. Anderes galt mit religiöser Begründung als „unrein", z. B. Bohnen.

Aufschlußreich für die Naturbeobachtung und gedankliche Verallgemeinerung bei den alten Ägyptern sind ihre Schriftzeichen (Hieroglyphen), insbesondere die Deutzeichen (Determinative). Diese wurden den nur mit Konsonanten geschriebenen Wörtern beigefügt, um Mehrdeutigkeiten zu vermeiden. Als Ausdruck einer Klassifikation der Tiere und der Naturdinge insgesamt erscheint, daß ein Deutzeichen, das ein abgezogenes Tierfell darstellt, auf vierfüßiges Tier und Erde verweist, die Darstellung einer Gans auf Vogel und auf Luft, eines Fisches auf Wassertier und Wasser und eines Wurmes auf alle niederen Tiere und auf Feuer. Wörter für Bewegungen wie Laufen, Kommen und Gehen haben als Deutzeichen ein Beinpaar. Durch das Bild eines mit dem Schnabel im Schlamm stochernden Ibis wird auf das Wort für „finden" hingewiesen, während das Determinativ für „voraussagen" eine hochaufgerichtete Giraffe wiedergibt und „glänzen" durch den Kopf des Jungfernkranichs mit seinen leuchtend weißen Nackenfedern angezeigt wird.

Verschiedene Beispiele belegen die Bildung von Artbegriffen unter Abstraktion von Polymorphismen. So ist die Mendesantilope „wenigstens in bestimmten Rassen in der warmen Jahreszeit gelblich-weiß und kurzhaarig, in der kalten dagegen langbehaart und grauweiß. Der Unterschied ist so groß, daß man in Europa lange glaubte, zwei verschiedene Antilopenarten vor sich zu haben, die deswegen beide einen besonderen lateinischen Namen bekamen. Die altägyptischen Darstellungen führen das Tier ebenfalls unter zwei Bezeichnungen: als djebnu und als nu-du. In Medum (Totenstadt von Memphis) aber sind beide Farbkleider unter der gleichen Beschriftung nu-du abgebildet; ein Zeichen, daß man die Art im begrifflichen Sinne kannte" (KRUMBIEGEL 1959, S. 209 f.).

Seit dem Ausgang des Mittleren Reiches, das von 1991–1650 v. Chr. bestand, entstanden sogenannte Onomastika, Sammlungen von Begriffen, die nach Sachgebieten geordnet waren, als Hilfsmittel für Lehrzwecke. Im „Namensbuch" des Weisen AMENEMOPE (10. Jh. v. Chr.) beispielsweise werden u. a. Begriffe aus den Bereichen Himmel und Gestirne, Gewässer und Erde sowie Getreidearten aufgezählt. Solche Systematisierungen des Wissens scheinen mit bildlichen Darstellungen der Objekte in Tempeln zu korrespondieren. So befindet sich im Tempel des Pharao THUTMOSIS III. (1490–1436) in Karnak bei Luxor der sogenannte Botanische Garten, eine Art Bilderatlas zu einem sicherlich

auch in den Onomastika berücksichtigten Gebiet. Abgebildet sind Pflanzen und auch Tiere aus eroberten Ländern, aber auch aus dem Niltal, die der Pharao sich hatte bringen lassen. 382 Pflanzen- und 52 Tierdarstellungen hatte er ausführen lassen, darunter auch aufgeschnittene Samenkapseln und keimende Samen. Viele Pflanzen und Tiere Altägyptens sind auch bereits auf Reliefs in der „Weltenkammer" im mehr als 1 000 Jahre älteren Sonnenheiligtum des NE-USER-RE dokumentiert. Auch auf Wandgemälden in den Gräbern der Reichen und Mächtigen wurden in Jagdszenen und Szenen aus der Landwirtschaft häufig Tiere und Pflanzen des alten Ägypten dargestellt.

Ausführlicheren literarischen Ausdruck haben Kenntnisse über Lebewesen und Lebensvorgänge vor allem in medizinischen Texten erhalten, unter denen der Papyrus Ebers (gefunden 1860 von dem Ägyptologen G. EBERS) besonders aufschlußreich ist. Er entstand um 1550 v. Chr. und ist eine Sammelhandschrift früher entstandener Einzeltexte. In ihm wird u. a. erstmalig über die Entwicklung des Skarabäus vom Ei über die Larve bis zum Käfer, der Schmeißfliege aus der Larve und des Frosches aus der Kaulquappe berichtet. Besonders befaßten sich die altägyptischen Ärzte mit Parasiten des Menschen und beschrieben u. a. Bandwürmer, Spulwurm und Hakenwurm.

Medizin und Hygiene waren im alten Ägypten mit der religiösen Vorstellungswelt, mit Dämonologie und Magie, verbunden. Als Ärzte waren Priester tätig, die sich spezialisierten. Der altgriechische Weltreisende und Historiker HERODOT (etwa 484–425) berichtet über die Ägypter seiner Zeit:

„Die Heilkunde wird bei ihnen von Spezialärzten versehen. Jeder Arzt behandelt nur eine Krankheit und nicht mehrere. Ärzte gibt es überall in Menge; es gibt Augenärzte, Ohrenärzte, Zahnärzte, Magenärzte und Ärzte für innere Krankheiten." (HERODOT 1964, S. 159).

Im Papyrus Ebers sind mehr als 900 Behandlungsinstruktionen mitsamt Gebeten und Beschwörungsformeln für eine Vielzahl von Erkrankungen enthalten. Die Arzneimittel der altägyptischen Ärzte stammten von mehr als 70 verschiedenen Tierarten (20 Säugetiere, 20 Vögel, 10 Kriechtiere, 5 Insekten und einige nichtidentifizierte Tiere), etwa 25 Pflanzenarten und 20 Mineralen.

Die Auffassungen über die Anatomie und Physiologie des Menschen waren recht phantasievoll. Der religiös motivierte Brauch des Einbalsamierens der Toten, bei dem z. T. die Eingeweide entnommen wurden, beförderte die

Kenntnis des menschlichen Organismus kaum, wurde er doch von einer besonderen Gruppe von Handwerkern vollzogen, die von der Ärzte-Priesterschaft durch eine tiefe soziale Kluft getrennt war. Die Determinativ-Schriftzeichen für innere Organe bilden Tierorgane ab, das Herz z. B. stammt vom Stier, der Uterus von der Kuh.

Bei der allgemeinen Deutung tierlicher und menschlicher Lebensvorgänge stand das Herz im Mittelpunkt. Es galt als Zentrum des Gefäßsystems und Organ des Erkennens, der Gemütsbewegungen und des Willens. Die Zunge wiederholte, so nahm man an, was das Herz gedacht hatte. Als Grundlage des Lebens galt die eingeborene Lebenswärme, als Grundbedingung seiner Erhaltung die Atemluft, die von der Lunge über das Herz in die Gefäße und von dort auch zum After gelangt. Die eingeatmete Luft nannten die alten Ägypter „Hauch des Lebens", die ausgeatmete „Hauch des Todes".

Die Herkunft der Lebewesen wurde mit Schöpfungsmythen erklärt, dazu gab es Vorstellungen über Urzeugung von Würmern, Fröschen, Kröten, Mäusen und anderem Getier. Der altrömische Dichter OVID (43 v. Chr.–18 n. Chr.) überliefert altägyptische Auffassungen, wenn er in seinen „Metamorphosen" schreibt:

„Also wenn sich verliert von den nassen Gefilden des Nilus
Siebenmündiger Strom und zum früheren Bette zurückkehrt
Und von dem Äthergestirn der frische Morast sich erhitzet,
Trifft zahlreiches Getier in gewendeten Schollen der Landmann
Und siehet manche davon erst eben begonnen, gerade
Während der Zeit der Geburt, und andere in der Entwicklung
Noch nicht fertig gediehn; oft ist an dem nämlichen Körper
Lebend bereits ein Teil, der andere klumpige Erde.
Denn wo Feuchte gewinnt und Wärme die richtige Mischung,
Wird empfangen die Frucht, und alles entsteht von den beiden."[1]

1.2.2. Erfahrungswissen und religiöses Weltbild im alten Mesopotamien

Wie im alten Ägypten zeugen auch im alten Mesopotamien Ackerbau und Gartenbau, Viehzucht, Jagd und Fischerei sowie die Medizin

vom umfangreichen und vielfältigen Wissen über Lebewesen und Lebensprozesse, die auch schriftlich festgehalten wurden. Bis zu den Anfängen der Keilschrift zurück läßt sich die Herausbildung von Listen verfolgen, in denen gelehrte Schreiber die Schriftzeichen bzw. Namen für Materialien und Geräte, Orte und Sternbilder und nicht zuletzt für Pflanzen und Tiere verzeichneten. Einfacheren Listen aus dem 3. und frühen 2. Jahrtausend v. Chr. folgten im ausgehenden 2. und frühen 1. Jahrtausend v. Chr. mehr ins einzelne gehende und kommentierte. Die Listen dienten wahrscheinlich als Vorlage für Schreibübungen und Hilfsmittel bei der mündlichen Überlieferung von Kenntnissen in der Ausbildung der Schreiber sowie als Nachschlagewerke. Im Aufbau und Inhalt der Listen zeichnet sich eine Klassifikation der Dinge und Erscheinungen in Natur und Gesellschaft ab. Bei den Naturdingen werden der Reihe nach Haustiere, Wildtiere, Vögel, Fische, Bäume, andere Pflanzen, Gemüsepflanzen und Steine aufgeführt.

Ein „sumerischer Bauernkalender" benannter Text vom Beginn des 2. Jahrtausends v. Chr., geschrieben in der Form von Ratschlägen eines alten Bauern an seinen Sohn, enthält genaue Hinweise für die Bewässerung der Felder und die Arbeiten auf ihnen. Die Bedeutung des Wassers für das Pflanzenwachstum war ebenso bekannt wie die Gefährdung des Ackerbaus durch das Versalzen der Böden. Im sogenannten „Gartenbuch" des MARDUK-APLAIDDINA II., das gegen Ende des 8. Jh. v. Chr. entstand, werden 64 z. T. exotische Gemüse-, Futter-, Gewürz-, Heil- und Zierpflanzenarten angeführt, die im Garten des babylonischen Herrschers kultiviert wurden. Einige der Pflanzennamen lassen sich zwar übersetzen, z. B. Fischkraut, Sonnenpflanze oder Schlangenohr, aber die Pflanzen nicht identifizieren.

Zu den Kulturpflanzen Altmesopotamiens gehörten u. a. Gerste, Emmer, Weizen und Durrha-Hirse, Bohnen, Erbsen und Linsen, Zwiebeln, Porree und Knoblauch, Rüben und Rettiche, Gurken und Melonen, Dattelpalmen, Feigen- und Granatapfelbäume, Weinreben, Rosen und Lilien. Babylonier und Assyrer kannten die Zweigeschlechtigkeit der (diözischen) Dattelpalme und bestäubten die weiblichen Blütenstände künstlich, indem sie männliche Blütenstände in die Kronen der fruchtbringenden Bäume hängten. Das wurde von Priestern in kultischem Zeremoniell vollzogen (Abb. 4). Damit konnte die Anzahl der männlichen Bäume gering gehalten und zugleich reicher Fruchtansatz der weiblichen Bäume bewirkt werden. Ein babylonischer Hymnus führt 360 Verwen-

---

[1] OVID: Verwandlungen, in: OVID: Werke in zwei Bänden, Berlin 1968, Bd. 1, S. 16.

dungsweisen von Datteln auf. Von den wildwachsenden Pflanzen wurde vor allem das
Schilf stark und vielfältig genutzt.

Der biochemische Vorgang der Gärung wurde
zur Erzeugung berauschender Getränke, vor allem verschiedener Sorten Bier, aus Gerste und
Weizen, weiter Traubenwein und Dattelwein,
und von Essig genutzt.

Zu den Haustieren gehörten seit alters Ziegen
und Schafe, später auch Rinder, Esel und
Schweine sowie Gänse, Enten und Tauben, seit
dem 1. Jahrtausend v. Chr. auch Hühner. Aus
der Gesetzessammlung König HAMMURABIS
(1728–1686) ist die Existenz von Tierärzten mit
genau geregelten Rechten und Pflichten belegt.
Das Pferd verbreitete sich in Mesopotamien in

Abb. 4. Priester mit Vogelmaske bei der künstlichen Bestäubung weiblicher Blütenstände der Dattelpalme mit
männl. Blüten. Teil eines assyrischen Reliefs; Ägypt. Museum Berlin (Photo-Abt. VA 949, VAN 8856).

der zweiten Hälfte des 2. Jahrtausends v. Chr. Es gab verschiedene Rassen, bei der Zucht wurde vor allem auf die Auswahl der Hengste geachtet. Auch Maultiere und Maulesel wurden gehalten. In Fragmenten ist ein Leitfaden für die Haltung und Abrichtung der Pferde im Militärwesen erhalten. Eine ähnliche, auf vier großen Tontafeln niedergeschriebene Anleitung zum Training von Streitwagenpferden besaßen die Hethiter, verfaßt von KIKKULI, der (wahrscheinlich im 14. Jh. v. Chr.) oberster Stallmeister eines Hethiterkönigs war.

Im an Mesopotamien angrenzenden Elam wurde schon vor etwa 6000 Jahren Pferdezucht betrieben. Auf einem Tontäfelchen aus Susa (Abb. 5) sind Pferdeköpfe mit Zeichen einer noch nicht entzifferten Schrift in mehreren horizontalen Reihen angeordnet und stellen wahrscheinlich eine Stammtafel dar. Die Pferdeköpfe zeigen deutlich drei verschiedene Profile (konvex, gerade, konkav) und drei verschiedene Mähnenformen (aufrecht, hängend, mähnenlos). Diese Profile und Mähnenformen sind noch heute in der Pferdezucht geläufig. Seit dem

1. Jahrtausend v. Chr. kamen auch Dromedare zum Haustierbestand des Zweistromlandes; sie wurden hauptsächlich von nomadisierenden Araberstämmen gehalten.

Während der Fischfang für die Ernährung des Volkes wichtig war und in großem Umfang betrieben wurde, war die Jagd eine beliebte Tätigkeit von Herrschern und Aristokraten. Zum Jagdwild gehörten u. a. Löwen, Panther und Wölfe, Antilopen, Gazellen, Steinböcke, Hirsche und Wildschweine, Reiher, Kraniche und Pelikane, Rebhühner und Strauße. Die Herrscher im Zweistromland rühmten sich nicht nur ihrer Jagdbeute, sondern ließen auch Tiere aus nah und fern zur Schau stellen, um ihr Prestige zu erhöhen. Unter SARGON I. (um 2350–2295), dem Gründer des ersten mesopotamischen Großreiches, wurden u. a. Elefanten und Affen aus Indien nach Akkad gebracht. Auf dem „schwarzen Obelisk" des Assyrerkönigs SALMANASSAR III. (858–824) ist eine Tributerhebung von unterworfenen Völkern bildlich dargestellt und beschrieben. Zu den Kontributionen gehörten verschiedene Tiere, teils Nutztiere, teils

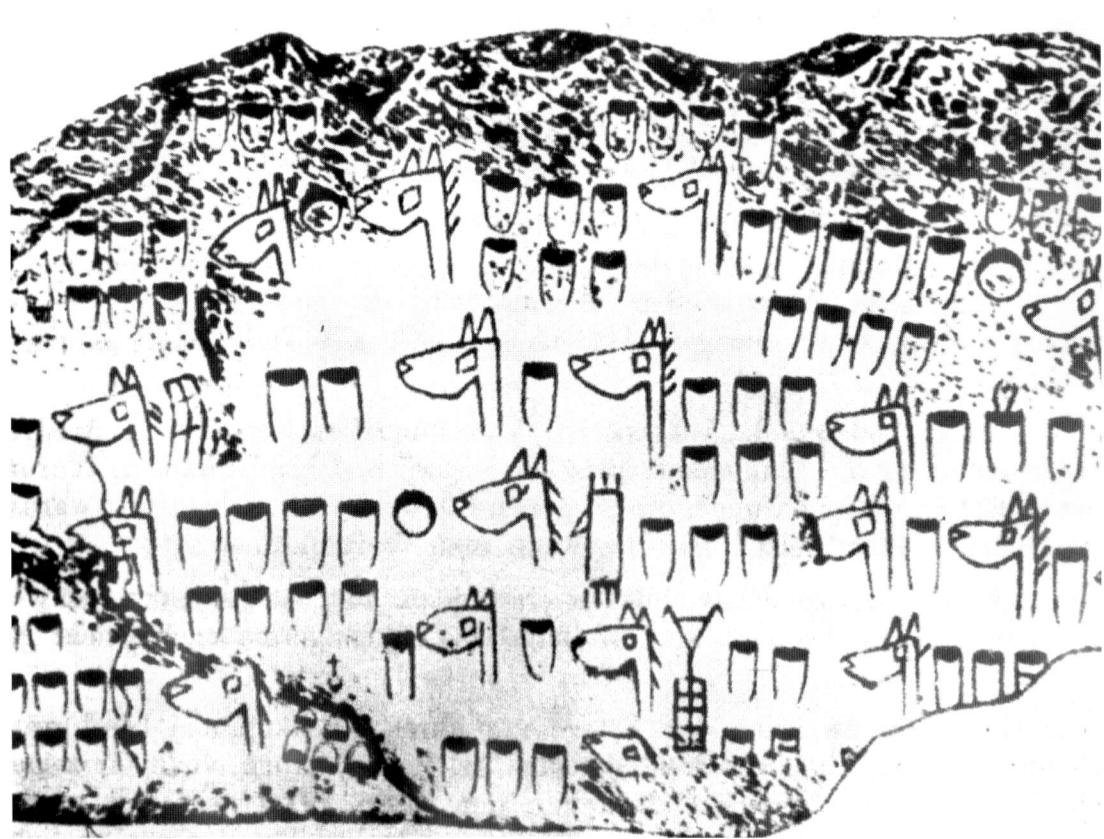

Abb. 5. Tontäfelchen aus Susa, das wahrscheinlich eine Stammtafel für die Pferdezucht zeigt. Nach WINCHESTER, aus A. MÜNTZING 1958, S. 2.

reine Exoten. Darunter befanden sich Trampeltiere aus Zentralasien und ein indischer Elefant. Sie müssen von den tributpflichtigen Staaten auf dem Handelswege erworben und nach Assur gebracht worden sein.

Weltanschauung und Auffassung der Lebensvorgänge im alten Mesopotamien waren von einer polytheistischen Religion bestimmt, in der neben Sterngottheiten böse Dämonen eine große Rolle spielten. Im Zweistromland bildete sich die Auffassung heraus, daß vier Elemente, das trockene und das feuchte, das warme und das kalte, stoffliche Grundlage der Dinge seien, der lebenden wir der nichtlebenden. Neben Schöpfungsmythen stand die Annahme von Urzeugung. In babylonischen Keilschrifttexten wird mitgeteilt, daß sich im Schlamm der Bewässerungskanäle Würmer und andere Tiere bilden. Ziemlich genaue Kenntnisse gab es über die inneren Organe verschiedener Tiere, die als Nahrung, religiöse Opfer und für die Vorzeichenschau zerlegt wurden.

Bei letzterer leiteten Priester aus Merkmalen der Eingeweide, besonders von Leber und Galle, Voraussagen über die Zukunft ab. Zum Erlernen dieser Kunst wurden auch Tonmodelle von inneren Organen angefertigt; die Funktion der Organe blieb ziemlich unklar. Als Quelle des Lebens galt das Blut, das den Körper befruchtet wie die Flüsse das Land. Seine Bewegung sollte durch die Leber in Gang gehalten werden, während man im Herzen das Denken und Fühlen lokalisierte. Beim Blut unterschied man zwischen dem „Blut des Tages" (helles, arterielles Blut) und dem „Blut der Nacht" (dunkles, venöses Blut). Aus der Kenntnis tierischer Organe wurden Schlüsse auf die Anatomie des Menschen gezogen; menschliche Leichen sezierte man nicht.

Chirurgische Eingriffe wurden von einer besonderen Gruppe ärztlicher Handwerker vorgenommen. Bei Mißerfolg drohten ihnen harte Strafen. In HAMMURABIS Gesetzessammlung sind nicht nur Honorare für ihre Leistungen festgelegt, sondern auch z.B. bestimmt: „(§ 218) Gesetzt, der Arzt hat einem Manne mit dem Kupfermesser eine schwere Verletzung beigebracht und den Mann getötet oder er hat die Augenhöhle des Mannes mit dem Kupfermesser geöffnet, so wird man seine Hände abschneiden" (Zit. nach BRENTJES 1963, S. 95). Starb ein Sklave nach der Operation, mußte der Arzt ihn dem Eigentümer durch einen anderen Sklaven ersetzen; verlor er ein Auge, hatte der Arzt dem Eigentümer die Hälfte des Kaufpreises an Silber zu zahlen.

Mit Medikamenten und Magie bemühten sich Priester-Ärzte um die Kranken. Lange Listen äußerer Krankheitssymptome zeugen von gründlicher ärztlicher Beobachtung. Auch auf Anzeichen unheilbarer Krankheiten wurde hingewiesen und von der Übernahme der Behandlung abgeraten. Die Übertragbarkeit von Krankheiten wurde vermutet und die Isolierung der Betroffenen empfohlen. Umfangreiche Rezepturen für Arzneimittel aus mineralischen, pflanzlichen und tierlichen Rohstoffen sind überliefert. Angewandt wurden sie innerlich, z.B. ins Bier gemischt, oder äußerlich. Häufig wurden viele Mittel an einem Patienten ausprobiert. In exemplarischer Weise bringt ein babylonischer Keilschrifttext die Vorstellungswelt von Kosmogonie und Urzeugung bis zur ärztlichen Tätigkeit in ihrer charakteristischen Einheit von Magie und (in diesem Falle schmerzlindernder) Arzneimittelanwendung zum Ausdruck. Er lautet:

„Als Gott Anu schuf den Himmel, / der Himmel schuf die Erde, / die Erde schuf die Flüsse, / die Flüsse schufen die Kanäle, / die Kanäle schufen den Schlamm, / der Schlamm schuf den Wurm. / Da ging der Wurm; beim Anblick der Sonne weinte er. / Vor das Angesicht des Gottes Ea kamen seine Tränen: / (Wurm:) ‚Was gibst du mir zu meiner Speise? / Was gibst du mir zu meinem Trunke?' / (Gott:) ‚Ich gebe dir das Holz, das faul ist und die Frucht des Baumes.' / (Wurm:) ‚Was ist für mich faules Holz und die Frucht des Baumes? / Laß mich nisten im Innern des Zahnes. / Seine Höhlungen gib mir als Wohnung. / Aus dem Zahne will ich saugen sein Blut.' (Therapieempfehlung:) ‚Weil du dies gesagt hast, Wurm, / möge dich schlagen der Gott Ea / mit der Stärke seiner Hände.' / Dies diene zur Beschwörung für den Schmerz der Zähne. / Dabei sollst du Bilsenkraut pulvern und mit Baumharz zusammenkneten. / Dies sollst du in den Zahn bringen, während du die Beschwörung dreimal hersagst" (zit. nach DANNEMANN, Bd. 1, 1922, S. 46 f.).

1.2.3. Erfahrungswissen und Naturphilosophie im alten Indien

In der altindischen Geschichte werden drei Perioden unterschieden: 1. eine Periode, die in der ersten Urbanisation kulminierte, die durch die Industal-Kultur belegt ist und um 1750 v. Chr. endete; 2. die mehr als 1 000 Jahre währende „dunkle Periode" (auch „dunkles Zeitalter" genannt), die dem Ende der ersten städtischen Kultur folgte; 3. die Periode der zweiten Urbanisation, die sich im 6. Jh. v. Chr. abzuzeichnen beginnt.

Von den Kenntnissen von Lebewesen und Lebensvorgängen in der Industal-Kultur ist wenig zu berichten. Alles Wissen über diese Kultur beruht auf archäologischen Funden. Auf Siegeln finden sich Inschriften aus offensichtlich wenigen Worten, wohl vor allem die Namen der früheren Besitzer, in einer noch nicht entzifferten Schrift einer unbekannten Sprache; längere Texte sind bisher nicht bekanntgeworden. Zu den kultivierten Pflanzen gehörten u. a. Weizen, Gerste, Reis, Baumwolle, Gurken und Bananen, zu den Haustieren das indische Buckelrind (Zebu) und Schafe. Auch wurden bereits Elefanten gezähmt und als Reittiere benutzt, vielleicht auch als Arbeitstiere beim Städtebau. Die Anlage der Hauptstädte Mohendscho-Daro (im Pandschab) und Harappa (in Sindh) mit Wasserleitungen und Abwasserkanälen, öffentlichen Bädern sowie Badezimmern und Klosetts in den Häusern und Palästen bezeugt hochentwickelte Hygiene.

Der noch unerklärte Niedergang der Industal-Kultur betraf primär die Städte, mit deren Verfall auch die Schriftkenntnis verlorenging, während die Dorfgemeinschaften überdauerten. Um 1500–1200 wanderten Stämme der Aryas, nomadisierende Viehzüchter und Krieger, aus Zentralasien oder den südrussischen Steppen auf dem indischen Subkontinent ein. Im alten Indien wurden sie seßhaft, verschmolzen mit der alteingesessenen Bevölkerung und übernahmen von ihnen auch die in Dorfgemeinschaften fortbestehenden Elemente der Industal-Kultur. Mit den vier Ständen 1. der Priester (Brahmanen), 2. der Krieger und Herrscher sowie 3. der Kaufleute, Bauern und Viehzüchter, dazu 4. die aus den Vorarjas hervorgegangenen Schūdra (Bauern, Handwerker, sozial niedrigstehende Bevölkerungsgruppen) zeichnen sich die soziale Differenzierung und Ungleichheit in der altindischen Gesellschaft und die Anfänge des indischen Kastenwesens ab. Auf den Landwirtschaft treibenden Dorfgemeinschaften basierte die ökonomische und soziale Struktur des alten Indien. Am Ostrand des Indusgebietes und im Gangesgebiet entstanden die ersten neuen Städte. Seit der Mitte des 1. Jahrtausends v. Chr. wurde die Verwendung von Schrift wieder üblich.

Agrikultur und Gartenbau, die in der altindischen Sanskrit-Literatur widergespiegelt werden, sind durch reiches Erfahrungswissen charakterisiert:

„Gartenbau, Viehzucht und Milchwirtschaft wurden in großem Umfang betrieben. Gärten und Parks waren eine allgemeine Erscheinung; Früchte und Blumen wurden geschätzt. Die Liste der erwähnten Blumen ist lang; zu den beliebtesten Früchten gehörten der Mango, die Feige, die Weintraube, der Pisang und die Dattel. In den Städten gab es offensichtlich viele Gemüseläden und Obstverkäufer wie auch Blumenhändler. Die Blumengirlande war damals wie heute beim indischen Volk beliebt.
Die Jagd war eine regelmäßige Beschäftigung, haupt-

sächlich als Nahrungsquelle. Fleischnahrung, darunter Geflügel und Fisch, war allgemein üblich; Wildbret wurde sehr geschätzt. Es gab Fischfang und Schlachthäuser. Hauptnahrungsmittel bildeten jedoch Reis, Weizen, Hirse und andere Körnerfrüchte. Zucker wurde aus dem Zuckerrohr gewonnen. Milch und verschiedene Milchprodukte waren damals wie heute sehr geschätzt. Es gab Läden für alkoholische Getränke, die wahrscheinlich aus Reis, Früchten und Zuckerrohr hergestellt wurden" (NEHRU 1959, S. 136).

Mit den zwischen 1500 und 1000 in ihre überlieferte Form gebrachten Veden, Sammlungen von Liedern und Gesängen, Opfersprüchen und Beschwörungsformeln, begann die von den Indo-Aryas begründete altindische Literatur. Als Kommentare dazu entstanden etwa um 1000 bis 800 die Brāhmanas. Zu deren ergänzender Interpretation wurden etwa um 800–600 die Upanischaden verfaßt. Viele Jahrhunderte wurden all diese als heilig geltenden Texte von speziellen Priestergemeinschaften durch Auswendiglernen von einer Generation an die andere überliefert. In dieser Literatur zeichnet sich die geistige Entwicklung von der religiösen Vorstellungswelt der Stammesgesellschaft bis hin zur Herausbildung der Philosophie einerseits und der hinduistischen Religion einer in Stände und Kasten differenzierten Gesellschaft andererseits ab. Letzteres zeigt sich im Aufkommen der Lehre von der Seelenwanderung und Tatvergeltung für frühere und in späteren Inkarnationen der Seele, zu denen auch die Inkarnation in Tieren gehörte. In tiergestaltigen Göttern und Tierverehrung zeichnen sich totemistische Traditionen ab. Auf Ursprünge im Schamanentum gehen die Doktrinen und Praktiken des Yoga zurück.

In diesem Konnex entwickelten sich auch die allgemeinen Auffassungen vom Leben der Pflanzen, Tiere und des Menschen, deren Inhalt wie die Genese der Philosophie im alten Indien wesentlich mit landwirtschaftlichem und medizinischem Erfahrungswissen und daraus resultierenden Fragen verbunden war. In Hymnen des Athavarveda findet sich der Atem mit dem Wind, speziell auch mit dem regenbringenden Monsun, gleichgesetzt. Der Atem wird als Quell und Träger des Lebens von Pflanze, Tier und Mensch und als schöpferisches Element des Kosmos gepriesen. Daran knüpften kosmogonische Mythen an, in denen Urstoffe wie Atem, Wind und Wasser vorkommen. Sie bereiteten die Emanzipation des Denkens von der Religion vor, das keines Schöpfergottes mehr bedurfte. In der Chandogya-Upanischad beginnt mit dem Text des Brahmanen UDDÁLAKA, der etwa zwischen dem 7. und dem 5. Jh. v. Chr. gelebt hat, die Geschichte der indischen Philosophie.

UDDÁLAKA schuf eine urwüchsige hylozoistisch-materialistische Naturphilosophie. Danach war das Seiende, das er als materiell-stofflich, lebendig-bewegt, denkend und wünschend auffaßte, ursprünglich Eines und wurde zu Vielem: es gebar die Glut, diese brachte das Wasser hervor, aus ihm entstand die Nahrung. In Glut, Wasser und Nahrung sah UDDÁLAKA die drei Grundelemente, in die das eine Seiende aufging und aus denen alles besteht. Weiteres Werden stellte er u. a. im Verdauungsprozeß des Menschen fest: Aus der Nahrung wird Kot, Fleisch und Denken, aus dem Wasser wird Urin, Blut und Atem, aus der Glut wird Knochen, Mark und Rede. Für seine Lehren berief sich der Philosoph auf Beobachtung, Experiment und folgerichtiges Denken. So prüfte er die Entstehung des Denkens aus der Nahrung bei einem Fastenden; bei ihm zeigte sich, wie ohne Nahrungsaufnahme das Denken nachläßt und mit dem Abschluß des Fastens wieder in Gang kommt. Weiter erschloß UDDÁLAKA, daß das sichtbare Seiende aus unsichtbar feinem Seienden bestehe: Spalte man einen Feigenkern immer wieder, bekomme man schließlich Teilchen, die nicht mehr sichtbar sind.

Nach UDDÁLAKA entstanden bis zur Mitte des 1. Jahrtausends n. Chr. eine ganze Reihe philosophischer Systeme, in denen sich materialistisches Denken entfaltete und vervollkommnete. Sie überwanden den Hylozoismus und entwarfen Konzeptionen über die Elemente des Seienden, in denen bis zu sieben Elemente vorkamen, unter ihnen Erde, Feuer, Glut, Luft, Wind und Wasser. Vielfältige Ideen über das Werden und Vergehen der Dinge und kosmogonische Entwicklung entstanden. Energisch widersprachen die materialistischen Philosophen dem Glauben an eine unsterbliche substantielle Seele und die Seelenwanderung.

Um 500 v. Chr. stellte PÁYÁSCHI, Herrscher eines kleinen Staates, Experimente mit wegen Verbrechen verurteilten Menschen an, um die damaligen religiösen Vorstellungen von der Seele zu überprüfen. So ließ er einen Dieb in einen großen tönernen Topf stecken und diesen mit feuchtem Ton verschließen; der Dieb starb, ohne daß man nach seinem Tode eine Seele aus dem vorsichtig geöffneten Topf entweichen sah.

Aus der Auseinandersetzung zwischen materialistischer Philosophie und Religion erwuchsen idealistische Philosophien, die versuchten, das philosophische Denken mit der Religion zu versöhnen, die Religion zu reformieren und die Philosophie der Religion dienstbar zu machen. Unter starkem Einsatz von philosophischem Denken und seiner bisherigen Errungenschaften

entstanden im Ergebnis antibrahmanischer Reformbestrebungen neue Religionen: der im 6. Jh. v. Chr. geborene VARHADMÁNA MAHÁVĪRAS begründete die Dschaina-Religion (Dschinismus) mit Glaubensinhalten, die vermutlich bis in die Industal-Kultur zurückgehen, sein jüngerer Zeitgenosse GOTAMA BUDDHA den Buddhismus. Von Brahmanen wurde die Samkhya-Philosophie geschaffen. Der Dschinismus enthielt die Annahme letzter unsichtbarer und unteilbarer Teilchen (Atome), die Samkhyaphilosophie umfassende Vorstellungen über kosmische Entwicklung. Dazu kam noch um 200 v. Chr. die stark auf Probleme der Grammatik und Logik orientierte Vaischeshika-Philosophie. Die philosophischen Schulen des Materialismus, Dschinismus, Buddhismus, Samkhya und Vaischeshika wirkten neben- und gegeneinander. Zwischen ihnen und den gleichzeitigen Auffassungen von Lebewesen und Lebensvorgängen gab es vielfältige und intensive wechselseitige Beziehungen und Einflüsse.

Vom Standpunkt der verschiedenen philosophischen Schulen wurden die Probleme des Wesens des Lebens und des Psychischen erörtert. Der Materialismus TSCHARVAKAS im 6. Jh. v. Chr. erklärte das Leben als Eigenschaft und Ergebnis einer besonderen Kombination nichtlebender Materie, der Elemente Erde, Feuer, Luft und Wasser, vergleichbar den berauschenden Eigenschaften alkoholischer Getränke, die aus nichtberauschenden Stoffen wie Reis und Melasse entstehen. Ein empirisches Argument war auch die Urzeugung, die im alten Indien allgemein für bestimmte Tiergruppen angenommen wurde. Die angeborenen Lebensäußerungen Neugeborener, wie Saugen und Greifen, Freude und Angst, verglich TSCHARVAKA mit dem Öffnen und Schließen der Lotosblüten und anderer Blumen im Verlauf des Tages oder der Bewegung von Eisen unter dem Einfluß von Magneten. Die dualistische Samkhyaphilosophie, die Anstoß und Richtung der materiellen Bewegung auf ein unbewegtes immaterielles Prinzip zurückführte, erklärte Leben und Bewußtsein als dessen Äußerungen auf bestimmten Stadien der von ihr gelehrten kosmischen Evolution. Als immaterielles Prinzip vor allem Lebendigen, das die Lebewesen durchdringt und die Richtung der materiellen Prozesse bestimmt, deutete die brahmanische Védanta-Philosophie, die im 1. Jh. n. Chr. entstand, das Leben.

Im Großreich des Herrschers ASHOKA (268–232) wurde der Buddhismus Staatsreligion. In ASHOKAS Reich wurden Krankenhäuser für Menschen und Tiere gebaut und an allen größeren Handelsstraßen Raststationen eingerichtet, die häufig mit Ärzten und Tierärzten besetzt waren.

Der rationellen Nutzung der Naturreichtümer und dem Schutz der Ansiedlungen diente Ashokas Verbot, Wälder für die Brandrodung von Ackerland und Weiden oder zum Zwecke der Treibjagd niederzubrennen.

In der altindischen Medizin begannen seit der zweiten Hälfte des letzten Jahrtausends v. Chr. rationale Begriffe immer mehr eine Rolle zu spielen, nachdem seit einigen Jahrhunderten Ärzte tätig waren, die nicht zur Priesterschaft gehörten und, wie aus den Brāhmanas hervorgeht, von dieser als Konkurrenz bekämpft wurden. Unter den Ärzten bildete sich die Lehre heraus, daß Krankheiten auf Störungen der drei Dosas (Atem-)Wind, Galle und Schleim zurückzuführen seien. Diese wurden zwar zunächst noch magisch-animistisch als erzürnbar und versöhnbar aufgefaßt, doch entwickelte sich daraus später auch rational-kausales Denken. Praktische ärztliche Erfahrung und über sie hinausgehende gezielte Beobachtung in Verbindung mit materialistischer Philosophie kennzeichneten die Auffassungen von Leben, Gesundheit und Krankheit und ließen Gebete und Beschwörungen der Priester und Zaubermedizin zurücktreten, wie sie (neben der Kenntnis von Heilpflanzen) in Rigveda und Atharvaveda überliefert ist. Eine umfangreiche medizinische Literatur entstand, die bei der Abhandlung von Krankheitsursachen, Heilmitteln und Diätvorschriften auch vielfältiges Wissen über Pflanzen und Tiere enthielt. In den Werken der Ärzte Tscharaka (1.–2. Jh. n. Chr.), Suschruta (etwa 4. Jh. n. Chr.) und Vāgbhata (etwa 5.–6. Jh. n. Chr.) wurde das klassische System der altindischen Medizin, „Ayurveda" (Lebenswissen) genannt, umfassend dargestellt. An den meisten indischen Universitäten wird Ayurveda bis heute neben der modernen westlichen Medizin gelehrt.

Pflanzen werden im Ayurveda nicht nur unter therapeutischen und diätetischen, sondern auch unter botanischen Gesichtspunkten betrachtet. Zu den Aufgaben im Examen, das die Ausbildung der altindischen Ärzte abschloß, gehörte es, die auf einer angegebenen Fläche wachsenden Pflanzen zu sammeln, zu beschreiben, zu bestimmen und ihre Eigenschaften zu nennen.

„Das erste Symposium der Welt über Heilpflanzen in ihrer Beziehung zu Krankheiten wurde während des 7. Jh. v. Chr. irgendwo im Himalayagebiet abgehalten und wurde von Sage Bharadwaja präsidiert. Ein Bericht über dieses Symposium wird bei Tscharaka gegeben ..." (Sivarajan 1984, S. 75).

In der medizinischen Literatur werden vielfältige pflanzenphysiologische Erscheinungen vermerkt. Von einigen Pflanzen wird mitgeteilt, daß sie schlafen, d. h. nachts ihre Blätter kontrahieren. Ferner wird Wachstum in Richtung auf Reize, z. B. Heliotropismus, Empfindlichkeit gegen Hitze und Kälte sowie Gerüche, Verschluß von Verwundungen u. a. notiert. Phantastische Vorstellungen bestanden über eine Sexualität der Pflanzen. Tscharaka hielt bei ähnlichen Pflanzen weißblühende mit großen Früchten für männlich, gelb- oder rotblühende mit kleinen Früchten für weiblich. Ein anderer Autor unterschied nach Merkmalen der Blüten und Stengel männliche, weibliche und hermaphroditische Pflanzen. Weithin wurde den Pflanzen ein schwaches, latentes oder dunkles Bewußtsein zugeschrieben. Tscharaka erwähnt insgesamt 341 verschiedene Pflanzenarten. Er und ihm generell folgend auch Suschruta teilten die Pflanzen hauptsächlich in folgende vier Gruppen ein: 1. Bäume, die Früchte, aber keine Blüten tragen (z. B. *Ficus*-Arten mit ihren versteckten Blüten); 2. Bäume, die sowohl Blüten als auch Früchte tragen (z. B. *Citrus*-Arten); 3. Kräuter, die absterben, nachdem ihre Früchte gereift sind; 4. Kräuter mit verbreiterten Stengeln. Bei letzteren werden zwei Untergruppen genannt: Kletterpflanzen und Sukkulenten.

An Tieren werden bei Tscharaka und Suschruta insgesamt an die 230 Arten erwähnt, die meisten auch in klassifizierenden Listen, 15 Arten nur außerhalb. In den Listen werden die Tiere in 11 Gruppen aufgeteilt: 1. Tiere, die ihre Nahrung ergreifen und abreißen wie Pferd, Maultier u. a. (29 Namen); 2. grabende Tiere wie Frosch, Stachelschwein u. a. (13 Namen); 3. Tiere, die in sumpfigem und feuchtem Gelände leben wie Büffel u. a. (9 Namen); 4. Tiere, die unter Wasser leben wie Tümmler, Krabben u. a. (10 Namen); 5. Tiere, die an oder auf Gewässern leben wie Kranich, Schwan u. a. (29 Namen); 6. pflanzenfressende Tiere, die auf Grasland oder im Wald leben wie Hirsche, Hasen u. a. (17 Namen); 7. Vögel, die ihre Nahrung aufscharren wie der Pfau u. a. (19 Namen); 8. Vögel, die ihre Nahrung aufnehmen und verschlingen wie der Specht u. a. (30 Namen); 9. Parasiten, die den lebenden Körper bewohnen wie die Laus u. a. (20 Namen); 10. Tiere mit Giftzähnen oder -stacheln wie der Skorpion u. a. (13 Namen); 11. Schlangen (9 Namen).

Bei Suschruta wird überliefert, wie für die ärztliche Ausbildung nach einem originellen Verfahren menschliche Leichen zergliedert wurden. Es umging religiöse Vorurteile und Verbote gegen Sektionen, war jedoch nicht sonderlich erkenntnisträchtig. Man legte die Leichen sieben Tage in ein ruhig fließendes Gewässer und bearbeitete sie dann mit speziellen Bürsten aus harten und elastischen Fasern von frischem Bambus, um Organe, Gewebe, Sehnen, Gefäße usw. bloß-zulegen. Aus Leichen von Schwangeren und ge-legentlich durch gynäkologisch-chirurgische Ein-griffe gewann man Material für embryologische Erkenntnisse. Anatomie und Embryologie des Menschen waren mit einer Physiologie verbun-den, die auf der Lehre vom Stoffwechsel be-ruhte. Sie stellte den Menschen als Mikrokos-mos im Makrokosmos dar, mit ihm verbunden durch die Nahrung.

Die Lehre vom Stoffwechsel ging davon aus, daß in der Nahrung fünf Arten von Bestandtei-len enthalten sind, gemäß den fünf Elementen Erde, Feuer, Wind, Wasser und Äther, wie sie die Samkhya-Philosophie vertrat. Mit der Ver-dauung im Magen beginne der Prozeß, durch den aus erdigen Bestandteilen die fest geform-ten Stoffe, aus den feurigen die animalische Wärme, aus den windigen die bewegenden Kräfte und aus den wäßrigen das Flüssige im Körper werden, während auf den ätherischen das Bewußtsein beruhe. Ein Gewebe aus Erdi-gem sei das Fleisch, aus Erdigem und Wäßrigem bestehe das Fett, Erdiges, Windiges und Feuri-ges sei in den Knochen vereint. Rätselvoll sind die Beschreibungen des Gefäßsystems. Man un-terschied drei Klassen von Gefäßen, die Arte-rien, Venen, Lymphgefäße, Nerven u. a. umfaß-ten. Insgesamt wurden mehrere hundert Gefäße gezählt, deren Verzweigungen schätzte Tscha-raka auf Millionen. Bei Tscharaka und Su-schruta galt das Herz als zentrales Organ und Sitz des Bewußtseins. Spätere Autoren verlegten den Sitz des Bewußtseins ins Gehirn bzw. in Ge-hirn und Rückenmark. Vom Herzen meinte man, daß es sich während des Schlafes zusam-menziehe und während des Wachseins aus-weite.

Suschruta beschrieb ausführlich die Embryo-nalentwicklung des Menschen. Danach wird das Ei vom Sperma befruchtet und entwickelt sich unter dem Einfluß der animalischen Wärme auf Grund des Stoffwechsels. Lagen von Fasern, vergleichbar denen des Holzes, entstehen und bilden Gewebe, aus denen die Organe werden. Suschruta meinte, daß im zweiten Monat aus der Gestalt des Embryos sein Geschlecht zu er-sehen sei: männliche Embryonen seien rundlich, weibliche länglich. Er berichtet, daß Kopf und Gliedmaßen im dritten Monat sichtbar werden und im vierten ausgebildet sind, im sechsten Monat Knochen, Bänder, Haare und Nägel da sind. Allgemein war die Annahme, daß der aus-geformte Organismus bereits unsichtbar klein im befruchteten Ei präformiert sei, ebenso wie der sprossende Bambus im Samen oder die Mangofrucht in der Blüte sich nach einer be-stimmten Ordnung entfalte.

Bereits seit den Brāhmanas wurde die Frage aufgeworfen, warum die Nachkommen zur glei-chen Art gehören wie die Eltern, aus Menschen wieder Menschen, aus Rindern wieder Rinder und aus Feigen Feigenbäume hervorgehen und Kinder ihren Eltern in besonderen Merkmalen ähnlich sind. Die Art wurde mit einer Gußform verglichen, das Ei mit dem Metall, das in ihr ge-formt wird. Die Herkunft des Miniaturorganis-mus im befruchteten Ei sowie die Vererbung elterlicher Merkmale erklärte man mit Pangene-sis, als Entstehung aus winzigen Teilchen der Gewebe und Organe der Eltern. Tscharaka lehrte, daß Teilchen für Strukturen wie Haare, Nägel, Zähne, Knochen, Nerven, Adern, Seh-nen und Bänder sowie für das Sperma vom Va-ter kommen, während die Teilchen z. B. für Haut, Blut, Fleisch, Fett, Herz, Leber, Milz, Nieren, Magen und Gedärm von der Mutter stammen. Auch setzte er sich mit dem Problem auseinander, daß Krankheiten und angeborene Mißbildungen und Leiden der Eltern manchmal bei den Kindern ebenfalls auftreten und manch-mal nicht.

Die von Tscharaka vorgelegte und dem sagen-haften Weisen Ātreya zugeschriebene Lösung des Problems besagt, daß nicht die ausgebilde-ten elterlichen Organismen mit ihren Leiden und Deformationen im befruchteten Ei reprä-sentiert sind, sondern nur ein besonderer Teil der Körpersubstanz, „Vija" genannt, der den el-terlichen Organismus der Möglichkeit nach im Kleinen enthält. Dieses spezielle stoffliche Sub-strat der Vererbung sei unabhängig von der auf ihm beruhenden Ausbildung der Gewebe und Organe und den bei ihnen auftretenden Störun-gen. Jedoch könne es auch beschädigt werden, was zu erblichen Krankheiten und Mißbil-dungen führe, z. B. bestehe auch für Lepra-kranke die Möglichkeit gesunder Kinder; sei aber auch das Vija geschädigt, werde sie ver-erbt. Die Tscharakas Vererbungskonzeption innewohnende Konsequenz einer Kontinuität der Vererbungssubstanz in der Generationen-folge wurde nicht ausdrücklich formuliert. Ei-nen günstigen Einfluß auf das Vija schrieb man bestimmten Nahrungsmitteln zu: Butterschmalz und Milch beim Manne, Öl und Bohnen bei der Frau.

Ein bunter Vorstellungskranz rankte sich um die Bestimmung von Geschlecht und Hautfarbe der Nachkommen. So hielt man bestimmte Tage des weiblichen Zyklus zur Zeugung von Knaben bzw. Mädchen für günstig. Als ein weiterer Fak-tor der Geschlechtsbestimmung galt ein Über-gewicht des Einflusses von Sperma oder Ei, wo-bei der überwiegende Einfluß des Spermas männliches, des Eies weibliches Geschlecht be-

wirken sollte. Große Bedeutung wurde der Ernährung der Schwangeren beigemessen. Um
z. B. große und temperamentvolle Mädchen mit
hellem Teint zu gebären, sollte die werdende
Mutter viel Weizenbrei mit Honig, Butterschmalz und Milch essen. Nach einer anderen
Vorstellung sollte das Geschlecht während der
ersten Zeit der Embryogenese noch unbestimmt
und durch Ernährung und Drogen zu beeinflussen sein, ebenso die Hautfarbe.

Solche Auffassungen über den Einfluß von Nahrung und Drogen während der intrauterinen
Entwicklung auf Geschlecht und Hautfarbe der
Kinder hingen mit der Lehre vom Stoffwechsel
zusammen. Als Ursache der Hautfarbe galt die
animalische Wärme. Man nahm an, daß sie eine
helle Hautfarbe erzeuge, wenn in der mütterlichen Nahrung Wäßriges und Ätherisches überwiege. Herrsche in ihr Erdiges und Windiges
vor, werde die Haut schwarz. Gleicher Anteil
der vier Komponenten ergebe einen dunklen
Teint. In späterer Literatur führte man helle
Haut auf von der Mutter während der Schwangerschaft gewohnheitsmäßig gegessenes Butterschmalz, dunklen Teint auf Reis oder Weizen
und Salate zurück. Die charakterlichen Eigenschaften der Nachkommen sah TSCHARAKA in
hohem Maße durch geistige Erlebnisse der Eltern bestimmt.

Als eigener Gegenstand wurde die Sexualität
im *Kamasutra* von VATSYAYANA dargestellt, das
wohl zwischen dem 1. und dem 3. Jh. entstanden ist.

„Alle Aspekte des Geschlechtslebens sind frei und
wissenschaftlich behandelt; sozial, individuell, phy-
sisch, psychologisch; die Familie und die außerehe-
lichen Liebesbeziehungen … bei all der offenen Sinnlichkeit liegt ein Hauch von Einfachheit über dem
Buch, die charakteristisch ist für das Land und die
Zeit" (KOSAMBI 1969, S. 215).

1.2.4. Erfahrungswissen und Natur-philosophie im alten China

In der chinesischen Mythologie wird die Vorgeschichte Chinas bis ins 3. Jahrtausend v. Chr. rei-
chend dargestellt. In ihr gilt FUXI, der ursprünglich mit einem Menschenkopf auf einem
Schlangenleib dargestellt wurde, als Erfinder
des Netzes zum Fangen von Fischen und Landtieren sowie der Viehzucht. HUANG-DI, der
„Gelbe Kaiser", ursprünglich ausgestattet mit
Menschenkörper und Drachengesicht, soll
Schmied gewesen sein und weiter u. a. die Lehre
von den Krankheiten und ihrer Behandlung, besonders mit Akupunktur, begründet haben. Die

Daoisten nahmen ihn als Urheber ihrer Weltanschauung in Anspruch. Auf seine Frau XILIN
sollen Seidenraupenzucht und Seidenherstellung
zurückgehen. Sein Bruder, der „Göttliche Landmann" SHEN-NUNG, auch YEN-DI (Roter oder
Feuerkaiser) genannt und ursprünglich mit
Menschenkörper und Stierkopf vorgestellt, soll
gelehrt haben, sechs verschiedene Arten von
Haustieren für die Nahrung und als Opfergaben
zu züchten. Auch soll er Ackerbaugeräte und
den Ackerbau erfunden und die Arzneimittellehre begründet haben.

In einem Werk mit dem Titel *Huai-nan-tzu*,
verfaßt von einem Anhänger des Fürstensoh-
nes, daoistischen Philosophen und Naturforschers LIU-AN (179–122), der auch als HUAI-
NAN-TZU bekannt ist, wird über die Entstehung
des Ackerbaus und der Arzneimittellehre berichtet:

„Im Altertum ernährte sich das Volk von Kräutern
und trank Wasser. Es sammelte die Früchte der Bäume und aß das Fleisch der Muscheln. Oftmals litt es
unter Krankheiten und Vergiftungen. Da lehrte SHEN-
NUNG das Volk erstmals, die fünf Kornarten zu säen
und das Land danach zu betrachten, ob es trocken
oder feucht, fett oder steinig, in Höhen oder Niede-
rungen gelegen sei. Er probierte die Geschmacksrich-
tungen aller Kräuter und (untersuchte) die Wasser-
quellen, ob sie süß oder bitter seien. Auf diese Weise
ließ er das Volk wissen, was es vermeiden müsse und
wo es sich hinwenden könne. Zu jener Zeit traf
(SHEN-NUNG) an einem einzigen Tag auf 70 (Kräuter,
Wässer etc.) mit arzneilicher Wirkkraft."[1]

Legendär sind nicht nur FUXI, der Gelbe Kaiser
und XILIN sowie der Rote Kaiser, sondern auch
die Xia-Dynastie, das erste Herrscherhaus, von
dem die traditionelle chinesische Geschichtsschreibung berichtet, wobei nicht ausgeschlossen ist, daß die Sagen Widerschein realer historischer Persönlichkeiten und Vorgänge sind.
Gesichert ist, daß im Stromgebiet des Huanghe
von alters her Landwirtschaft und Gewässerre-
gulierung betrieben wurden. Seit der Mitte des
2. Jahrtausends v. Chr. bestand hier das Shang-
Reich, das auf Dorfgemeinschaften und Skla-
venhaltung basierte und dessen Herrscher und
Aristokratie zusammen mit für sie arbeitenden
Handwerkern in Städten lebten.

Schriftlich Überliefertes aus dem Shang-Reich
ist mit Inschriften auf Bronzegefäßen sowie auf
Bruchstücken von Schildkrötenpanzern und auf
Schulterblättern und Brustbeinen von Rindern
und Hirschen, Überresten eines Knochenora-
kels, beschränkt. Doch soll auch auf Bambus-

---

[1] Zit. nach UNSCHULD 1980, S. 80. Die erwähnten fünf
Kornarten sind Hirse, Gerste, Mohrenhirse, Weizen
und Reis.

plättchen und Stücke von Seidenstoff geschrieben und diese auch zu Büchern verbunden worden sein. Für das Knochenorakel gravierten wahrsagende Priester auf die Orakelknochen Fragen nach Zukünftigem ein, dann wurden sie im Feuer gebrannt. Dabei entstandene Risse und Sprünge deuteten die Priester als Antwort. Später vermerkte sie noch, was tatsächlich geschehen war. Die Zahl der Schriftzeichen pro Knochen reicht von rund einem Dutzend bis über hundert. Die Orakelknochenschrift ist die älteste bekannte Form der chinesischen Schrift. Zeichenform und Grammatik der Inschriften lassen auf eine lange vorausgegangene Entwicklung schließen. Viele der Fragen an das Orakel galten Landwirtschaft und Jagd, z. B. wie die Ernte oder die Jagdbeute ausfallen werden, und im Zusammenhang damit dem Wetter, ob es bald regnen werde u. ä.

Als Haustiere hielten die Shang-Bauern Rinder, Schafe, Schweine, Hunde, Enten und Hühner. Sie bauten mehrere Hirsearten, Gerste, Weizen, Bohnen, Buchweizen, Sojabohnen und Hanf, in günstigen Lagen auch Reis, an und kultivierten den Maulbeerbaum und den Seidenspinner. Aus Hirse und Reis wurden alkoholische Getränke bereitet. Für Aristokratie und Krieger wurden Pferde gezüchtet. Vielfältig wurde Bambus genutzt. Kaurimuscheln dienten als Schmuck und später als Zahlungsmittel. Bevorzugte Beschäftigung der Herrscher und Aristokraten war die Jagd. Die wichtigsten Beutetiere waren Elefanten, Tiger, Antilopen, Hirsche, Wildschweine, Nashörner und Füchse.

Um die Mitte des 11. Jh. v. Chr. unterwarf das benachbarte Zhou-Volk das Shang-Reich und übernahm seine Kultur – ein Vorgang, der sich später mit anderen Eroberern noch mehrfach wiederholte. Seit den Zeiten der Shang-Dynastie ergab sich in der wechselvollen Geschichte Chinas mit ihren Kriegen und Eroberungen, Bauernaufständen, Spaltungen und Vereinigungen der Reiche, Veränderungen in den sozialökonomischen Strukturen und der Aufeinanderfolge der Dynastien eine große Kontinuität von Kultur und literarischer Überlieferung, einschließlich Religion und Philosophie sowie der Kenntnisse und Vorstellungen über Lebewesen und Lebensvorgänge.

Seit dem 3. Jahrtausend v. Chr. entstanden die Grundlagen eines Bauernkalenders, der Beobachtungen über den Wandel von Flora und Fauna im Wechsel der Jahreszeiten mit astronomischen und meteorologischen Beobachtungen kombinierte, um die günstigsten Zeiten für landwirtschaftliche Arbeiten zu bestimmen. Das erste ausführliche Werk darüber ist das „Xiao Xiao Zheng" (Kleiner Kalender der Xia-Dynastie), das wohl aus dem 1. Jahrtausend v. Chr. stammt und am Anfang der reichen altchinesischen Literatur über Landwirtschaft steht. Viele solcher Beobachtungen finden sich auch im klassischen *Shi Jing* (Buch der Lieder), in dem übrigens mehr als 200 verschiedene Pflanzennamen vorkommen. Eines seiner Lieder, das vor mehr als 3000 Jahren entstanden sein mag und auf die Seidengewinnung Bezug nimmt, lautet (in der Übertragung von V. VON STRAUSS):

„Im siebten Monat sinkt der Feuerstern,
im neunten Monat teilt man Kleider aus.
Die Frühlingstage bringen Wärme mit,
der gelbe Vogel (Pirol) hebt zu singen an.
Die Mägdlein nehmen schön gewölbte Körbe
und gehen damit die engen Pfad' entlang,
um zarte Maulbeerblätter auszusuchen.
Verlängern sich die Frühlingstage dann,
so pflücken sie den Wermuth scharenweis.
Des Mägdleins Herz ist weh vor Leid,
bald soll sie sich vermählen mit des Fürsten Sohn.

Im siebten Monat sinkt der Feuerstern;
im achten Monat gibt es Schilf und Rohr.
Im Seidenwurmmond ästet man den Maulbeer.
Da greift man zu dem Beil und zu der Axt,
um abzukappen, was zu weit und hoch.
Die jungfräulichen Maulbeer'n blattet man.
Im siebten Monat singt der Würgevogel (Neuntöter).
Im achten Monat hebt das Spinnen an,
da webt man blaues, webt man gelbes Zeug;
und unser rotes, das am meisten glänzt,
gibt Unterkleider für die Fürstensöhne"
(zit. nach BERGER 1988, S. 130 f.).

Spätestens in der Zhou-Dynastie entstanden die kaiserlichen Jagdparks, in denen die Regierenden alle ihnen bekannten Pflanzen- und Tierarten ihres Reiches versammelten, um damit Herrschaftsanspruch und Schutzverpflichtung zu dokumentieren, aber auch exotische Tiere und Pflanzen. In einem Gedicht von BAN-GU (32–92) heißt es:

„Im Park gibt es Einhörner aus Jiuzhen,
Edle Rosse aus Dayuan,
Nashörner aus Huangzhi
Und Strauße aus Tiazhi.
Das Kulun-Massiv überwindend,
Das große Meer überquerend,
Kommen seltsame Tiere fremder Länder
Dreißigtausend Meilen weit her."[1]

Im letzten Jahrtausend v. Chr. bildete sich in China ein naturphilosophisch-kosmologisches Weltbild heraus, das als allgemein akzeptierte

---

[1] Zit. nach LI ZEHOU 1992, S. 141. Dazu merkt der Autor an: „Jiuzhen lag im Gebiet des heutigen Vietnam, Dayuan in Usbekistan, Huangzhi im Südwesten von Madras (Indien) und Tiaozhi in Syrien oder Mesopotamien."

und verschieden ausgedeutete Bezugsbasis für die sich hauptsächlich entfaltende Moral- und Sozialphilosophie ebenso diente wie als bestimmendes Denkschema für die Ordnung und Deutung des reichen empirischen Wissens von der Natur. Eine Fünfgliederung der Welt mit Entsprechungen auf den verschiedensten Gebieten, angefangen bei fünf Elementen oder Wandlungsphasen des Naturgeschehens, und ein die Welt durchdringendes und sie bewegendes Paar von Gegensätzen prägten das Weltbild.

„Die Fünf Elemente sind in ihrer Reihenfolge: Wasser, Feuer, Holz, Metall, Erde. Das Wasser ist feuchter Natur und fließt hinab. Das Feuer ist brennender Natur und strebt hinan. Das Holz ist seiner Natur nach krümmbar und streckbar. Das Metall ist schmelzbar und umformbar. Die Erde ist ihrer Natur nach samenaufnehmend und ertragbringend. Das Feuchte und Hinabfließende ist salzig von Geschmack, das Brennende und Hinanstrebende ist bitter von Geschmack, das Krümm- und Streckbare ist sauer von Geschmack, das Schmelz- und Umformbare scharf, das Samenaufnehmende und Ertragbringende süß von Geschmack", heißt es bereits im „Buch der Urkunden" (*Shang Shu*) (zit. nach SCHWARZ 1981, S. 88 f.).

Entsprechend unterschied man auch fünf Planeten (Mars, Jupiter, Saturn, Venus und Merkur), fünf Himmelsrichtungen (Süden, Osten, Zentrum, Westen und Norden), fünf Klimate (heiß, windig, feucht, trocken und kalt) und fünf Tierklassen (geschuppte Tiere, gefiederte Tiere, Felltiere, Pelztiere und Schaltiere). In der traditionellen chinesischen Medizin ist von fünf Sinnesorganen des Menschen die Rede (Augen, Zunge, Mund, Nase und Ohren), desgleichen von fünf inneren Hauptorganen (Milz, Lunge, Herz, Leber und Nieren), dazu fünf inneren Hilfsorganen (Dünndarm, Dickdarm, Harnleiter, Gallenblase und Magen).

Man nahm an, daß der Organismus durch die fünf Elemente gebildet wird, die sich in ihm in ständigem Prozeß befinden, und daß gleichzeitig den Elementen bestimmte Organe entsprechen: das Feuer dem Herzen, die Luft der Leber und der Gallenblase, das Wasser den Nieren, das Metall der Lunge und die Erde der Milz und dem Magen. Die bewegende und sich durchdringende Polarität in allem Geschehen in der Welt und im Menschen waren Yang – das Prinzip des Männlichen, Hellen, Warmen, Trockenen, Harten und Aktiven – und Ying – das Prinzip des Weiblichen, Dunkeln, Kalten, Feuchten, Weichen und Passiven. Aus den Beziehungen der Elemente untereinander und mit Yang und Ying im Organismus folgt u. a., daß Gesundheit die harmonische Mischung der Elemente und die Harmonie der beiden Prinzipien und jede Krankheit eine Disharmonie in irgendeiner Hin-

sicht ist. Aus ihr folgte auch, was die chinesische Medizin konsequenterweise anerkannte, daß die Frauen dunkle und die Männer helle Knochen haben. Zur Wiederherstellung der Gesundheit setzten die altchinesischen Ärzte Akupunktur, Moxibustion, Massage und Arzneien pflanzlicher, tierlicher und mineralischer Herkunft ein. In dem grundlegenden Werk „Shennung Bencao Jing", dem „Klassiker des SHEN-NUNG zur Kräutermedizin", als dessen Autor der legendäre Rote Kaiser gilt, wurden 365 Heilmittel und ihre Wirkung auf den menschlichen Organismus beschrieben, davon 240 pflanzliche. Traditionelle chinesische Medizin wird bis heute neben der modernen westlichen Medizin in China gelehrt und praktiziert.

Bedeutsame Denkansätze für das Begreifen von Lebewesen und Lebensvorgängen entstanden in philosophischen Schulen des alten China, so im Konfuzianismus, Mohismus und Daoismus. MO-ZI (um 470–391), in Altchina ähnlich einflußreich wie KONFUZIUS (551–479), bestimmte die körperlich-produktive Arbeit als das Merkmal, das den Menschen von den Tieren unterscheidet:

„Heutzutage unterscheiden sich die Menschen durchaus von den Tieren, den Vögeln, den Hirschen, den Reptilien. Diese benutzen ihr Gefieder oder ihre Haare als Kleid, ihre Beine, Krallen und Klauen als Hosen und Schuhe; sie haben Wasser und Gras als Speise und Trank. Deshalb brauchen die Männchen nicht zu pflügen, nicht zu säen und nicht zu pflanzen und die Weibchen nicht zu spinnen und zu weben. Kleidung und Nahrung hält die Natur für sie bereit. Beim Menschen hingegen ist es heutzutage ganz anders. Der Mensch muß sich auf seine (Arbeits-)Kraft stützen, um zu überleben; tut er dies nicht, vermag er auch nicht zu überleben" (zit. nach MORITZ 1990, S. 68).

Der Konfuzianer HSÜN-DSE (um 286–238) konzipierte eine Stufenleiter des Seienden, in der die Stellung des Menschen in der Welt anders bestimmt wurde:

„Wasser und Feuer haben Kraft, aber kein Leben. Gräser und Bäume haben Leben, aber kein Empfinden. Vögel und Vierfüßer haben Empfinden, aber kein Pflichtbewußtsein. Der Mensch allein hat Kraft, hat Leben, hat Empfinden und dazu noch Pflichtbewußtsein. Darum ist er auch das edelste aller Wesen unter dem Himmel."[1]

Nicht nur die Idee der Stufenleiter, die in späteren Jahrhunderten weiter ausgeführt und diskutiert wurde, war in Altchina präsent, sondern auch evolutionäres Denken zeichnet sich ab, dieses im Daoismus. Davon zeugt ein Kapitel in einem der grundlegenden Werke dieser Schule,

---

[1] Zit. nach SCHWARZ 1981; vgl. NEEDHAM 1988, S. 108 ff.

im Buch des HUANG-ZI (um 370–280). Es beginnt:

„Alle Arten enthalten (bestimmte) Keime (chi, winzige Samen). Diese Keime, so sie im Wasser sind, werden chüeh (winzige Organismen). An einer Stelle, wo Wasser und Land aneinander grenzen, werden sie (Flechten oder Algen, was wir bezeichnen als) ‚die Kleider von Fröschen und Austern‘. Am Ufer werden sie zu ling-hsi (wohl eine Pflanzenart)" (zit. nach NEEDHAM 1988, S. 132).

Das Kapitel geht dann, wie NEEDHAM mitteilt, von den Pflanzen zu den Insektenlarven über, von diesen zu den Schmetterlingen und Krabben, dann zu den Vögeln und Pferden, bis es schließlich zum Menschen gelangt, und alles dargestellt als eine kontinuierliche Aufeinanderfolge von Umbildungen der Formen des Lebens.

2. Naturforschung und Naturphilosophie in der Antike

Georg Harig † und Jutta Kollesch, Berlin

Rein äußerlich drückt sich die Rolle, die die griechisch-römische Antike bei der Entstehung der modernen Naturwissenschaften, darunter auch der Biologie, gespielt hat, in der wissenschaftlichen Terminologie dieser Disziplinen aus, die in ihrem Kern allgemein griechisch-lateinischen Ursprungs ist. Dieser Tatbestand resultiert aus der ungebrochenen Tradition, die von der Antike bis in die Neuzeit reicht und sich aus dem Umstand erklärt, daß es die antiken griechischen Theorien über die Natur und die in ihr ablaufenden Prozesse waren, die zur Quelle und zur wissenschaftlichen Grundlage der modernen Naturwissenschaften wurden.

Die historische Leistung der Griechen bestand nicht so sehr im Sammeln und Fixieren von einzelnen empirischen Beobachtungen – das haben auch andere Völker vor ihnen getan. Im Gegensatz zu diesen waren die Griechen jedoch die ersten, die nach der Assimilation des Wissensgutes der ihnen benachbarten Völker versuchten, hinter die Gesetzmäßigkeit der Naturerscheinungen zu kommen. Dieses Suchen nach den Ursachen verband sich bei ihnen mit einer Fähigkeit zur Abstraktion, die den entscheidenden Ansatzpunkt für die Möglichkeit einer rationalen Naturbeobachtung und einer wissenschaftlichen Begriffsbildung darstellte. Erst die Fähigkeit, von einem bestimmten, konkret vorliegenden Einzelding oder Einzelvorgang stoffliche, qualitative, quantitative und artspezifische Merkmale zu lösen und sie im Zusammenhang mit den Merkmalen anderer einzelner Dinge und Prozesse zu betrachten, diese Merkmale als eigene Begriffe zu sehen (Lebewesen, Wärme, Feuchtigkeit usw.) und sie als gesonderte Denkkategorien aufzufassen, bedeutete die Geburtsstunde der Naturbetrachtung als Wissenschaft. Denn dieser Abstraktionsprozeß bot die Möglichkeit, Bereiche, die bis dahin nicht faßbar waren, gedanklich zu fixieren. Einzeldinge und Einzelvorgänge konnten so unter immer neuen Aspekten verglichen und erkannt werden, bestimmte Betrachtungsweisen und Begriffe, die sich als brauchbar erwiesen hatten, konnten weiterbenutzt, andere verworfen werden, um später vielleicht wieder zur Anwendung zu gelangen.[1] Gerade durch die Entstehung dieser Denkweise, die das wissenschaftliche Vorgehen schlechthin kennzeichnet, konnte die Naturbetrachtung der Griechen zur Grundlage für die nachfolgende Entwicklung werden.

Ein weiterer wichtiger methodologischer Aspekt griechischer Naturforschung bestand in dem Bemühen, Theorie und Praxis miteinander zu verbinden, genauer gesagt, die Ergebnisse des geschilderten Abstraktionsprozesses an der allgemeinen Erfahrung zu messen. Die Überprüfung der Theorie in der Praxis erfolgte allerdings vorwiegend an Hand logisch-deduktiver Kriterien, während das quantifizierende Experiment nur selten Anwendung fand;[2] seine Bedeutung als wichtigstes Mittel der induktiven Forschung wurde erst in der Renaissance erkannt.

2.1. Biologisches Wissen in den homerischen Dichtungen

Die frühesten uns überlieferten biologischen Kenntnisse der Griechen finden sich in den beiden im 8. und 7. Jh. v. Chr. entstandenen homerischen Epen, in der *Ilias* und *Odyssee*, die die Kultur der griechischen Adelsgesellschaft widerspiegeln. Mitteilungen biologischen Inhalts erscheinen in den Epen naturgemäß nur am Rande, so daß wir in bezug auf die uns interessierende Thematik zumeist auf indirekte Schlüsse aus beiläufigen Bemerkungen und Gleichnissen angewiesen sind, so z. B. aus dem Speisezettel der homerischen Helden auf das Niveau der griechischen Landwirtschaft dieser Zeit oder aus den Vergleichen der Helden und ihres Auftretens mit dem Verhalten der Tiere auf das zoologische Wissen des Dichters.

---

[1] S. Krafft 1971 a, S. 35 ff.
[2] Vgl. Lloyd 1964 und 1979, S. 126 ff.

Die biologischen Kenntnisse HOMERS sind aber auch von der mythologischen Überlieferung geprägt. Da tauchen Fabelwesen wie Harpyen (*Od.* I 241; XX 77) und Sirenen auf (*Od.* XII 39–45. 182–192), da wird das menschenverschlingende, zwölffüßige und sechsköpfige Seeungeheuer Skylla beschrieben, dessen Geschrei einem neugeborenen Hündchen gleicht und das alles, was ihm naht, auffrißt (*Od.* XII 85–100. 245–256), und es wird endlich auch noch von dem Abenteuer des ODYSSEUS mit dem einäugigen Riesen Polyphem (*Od.* IX 187 ff.) berichtet.[1] Der Umstand, daß alle diese Ungeheuer und Riesen nur in den Beschreibungen der märchenhaft ausgeschmückten Erlebnisse des ODYSSEUS erwähnt werden, während die alltägliche Umgebung im großen und ganzen durchaus nüchtern geschildert wird, weist darauf hin, daß sich trotz des Glaubens an die reale Existenz derartiger Wesen bereits in dieser Zeit die Anfänge einer rationalen Erfassung und Interpretation der erlebten Umwelt durchgesetzt zu haben scheinen.

Die rational geprägten biologischen Kenntnisse HOMERS beruhen auf der täglichen Beobachtung und auf der Erfahrung in der landwirtschaftlichen Praxis. So erlaubt z. B. die Durchsicht der beiden Epen ohne weiteres die Schlußfolgerung, daß das Wissen der Griechen auf dem Gebiet der Tierzucht in dieser Periode schon recht umfangreich gewesen sein muß, da die in ihnen enthaltenen Mitteilungen über die Haustiere breiten Raum einnehmen und bei den Pferden ebenso wie etwa bei den Hunden und Rindern bereits mehrere Arten unterschieden werden. Darüber hinaus lassen sich bei HOMER neben einer sorgfältigen Beobachtung und ziemlich weitgehenden Kenntnissen der anatomischen und physiologischen Merkmale der Tiere auch Anfänge einer gewissen Einteilung der Tierwelt nachweisen. Die Gesamtheit der untereinander völlig übereinstimmenden Individuen wird in den homerischen Dichtungen nämlich mit einem eigenen Begriff, dem des γένος, bezeichnet und so z. B. vom *Genos* der Rinder (*Od.* XX 212) oder dem der Menschen (*Il.* XII 23) gesprochen. Mehrere solche Genera werden sogar schon zu übergeordneten Gruppen zusammengefaßt, etwa zur Gruppe der Vögel, der Fische, der Raubtiere, der Einhufer, der Paarhufer usw., wobei allerdings ein eigener Begriff zur Kenn-

zeichnung einer derartigen Gruppe noch fehlt.[2]

Die botanischen Kenntnisse in den homerischen Epen entsprechen den zoologischen. Insgesamt werden in ihnen sowie in den sog. homerischen Hymnen 63 einzelne Pflanzennamen erwähnt.[3] Bemerkenswert ist in diesem Zusammenhang neben der Anführung und Beschreibung einzelner Arten der mediterranen Flora vor allem die Rolle, die, Wein, Obst (bes. Feigen) und Brot neben Fleisch als Grundnahrungsmittel im Leben der homerischen Helden spielen, was darauf schließen läßt, daß sich bereits damals Anpflanzungen von Obstbäumen sowie der Wein- und Getreideanbau (es werden Weizen, Spelt und Gerste genannt) auf eine alte Tradition gründeten.[4] Auffälligerweise werden von HOMER, was jedoch auch durch den Stoff bedingt sein mag, bis auf das Zauberkraut Moly (*Od.* X 302–306) keine medikamentös wirkenden Pflanzen namentlich erwähnt, obwohl Behandlungen mit Pharmaka pflanzlicher Herkunft mehrmals geschildert werden. Der Bericht, daß HELENA durch die Ägypterin POLYDAMNA in der Zubereitung von Arzneien unterrichtet worden sei, besonders in der Herstellung eines Tranks, der allen Groll und jedes Leid vergessen macht (*Od.* IV 219–232), wahrscheinlich eines Opiumpräparats,[5] legt jedoch ebenso wie die erwähnten medikamentösen Behandlungen den Schluß nahe, daß der pflanzliche Arzneischatz zu HOMERS Zeiten größer war, als die Texte es zunächst vermuten lassen.

2.2. Frühgriechische Naturlehren

Zu einem eigenständigen Wissensgebiet wurde die Biologie erst durch ihre Eingliederung in die gesamtwissenschaftliche Konzeption des ARISTOTELES; die wissenschaftliche Behandlung biologischer Fragestellungen setzte allerdings wesent-

---

[1] Zu den antiken Vorstellungen von diesen Fabelwesen und zu ihrer biologiehistorischen Interpretation s. PETIT & THÉODORIDÈS 1962; vgl. auch SCHATZ 1901 und RÖSSLE 1942. – Zur Deutung der Sirenen in der griechischen Mythologie s. LATTE 1951.

[2] Entgegen der Auffassung von KÖRNER 1917, S. 22–30; 1930, S. 3 f., handelt es sich dabei jedoch um eine rein empirische Einteilung und nicht um die Anfänge einer bewußten Systematik; vgl. RAHN 1968, S. 10–12. KÖRNER 1930 und MOULÉ 1909 bieten übersichtliche Zusammenstellungen der bei HOMER erwähnten Tiere.

[3] S. MIQUEL 1836, S. 5 ff.

[4] S. FELLNER 1897, S. 61 ff., 70 ff. und 74 ff., sowie HEHN 1911, S. 65 ff. – Zur Verwendung des Olivenöls in dieser Zeit s. FELLNER, S. 13, und HEHN, S. 104 ff.

[5] Vgl. SCHMIEDEBERG 1918, bes. S. 9 ff., und KÖRNER 1929, S. 65 ff.

lich früher ein, und zwar im Rahmen der frühen griechischen Philosophie. Bevor wir jedoch im folgenden den Versuch machen, eine Sichtung der biologischen Fragestellungen in der frühen griechischen Philosophie und in der von ihr beeinflußten Medizin vorzunehmen, wollen wir zunächst kurz auf die empirischen Quellen eingehen, die nicht unwesentlich zur Herausbildung der wissenschaftlichen Biologie beigetragen haben.

2.2.1. Empirische Quellen

Zu den Quellen dieser Art müssen wir zunächst die Erfahrungen rechnen, die sich aus dem täglichen Leben selbst ergaben (Abb. 6). Gemeint ist das sich in Literatur und Kunst widerspiegelnde Wissen, das durch Getreide- und Obstbau, Fischfang[1]) und Jagd, Tierzucht und über-

haupt jegliche Beobachtung von Tieren[2]) sowie durch das Kennenlernen biologischer Funktionen bei Verletzungen im Krieg oder in der Palästra gewonnen wurde. Als vielleicht besonders wichtig für die Kenntnis der Pflanzenwelt müssen in diesem Zusammenhang außerdem die Erfahrungen der griechischen Volksmedizin genannt werden, und zwar die Erfahrungen derjenigen ihrer Vertreter, die sich mit dem Sammeln und Verarbeiten von Heilkräutern beschäftigten. Man darf nicht vergessen, daß bis in die Neuzeit hinein die Botanik als Wissenschaft eigentlich nur im Hinblick auf ihre medizinische Nützlichkeit betrieben wurde, und es nimmt deshalb nicht wunder, daß die Anfänge dieser Disziplin bei den griechischen Wurzel-

[1]) Vgl. WIESNER 1959, der an Hand von Zeugnissen spätmykenischer und spätminoischer Kunst zeigt, daß bereits damals z. B. genaue Kenntnisse von der Paarung der Cephalopoden vorlagen. – In ähnlicher Weise vermitteln uns die Fragmente des Komödiendichters EPICHARM (um 550–460 v. Chr.), die das vor allem aus

Meerestieren zubereitete Hochzeitsmahl für Herakles und Hebe schildern, eine Vorstellung über den Umfang des Fischfangs und das Wissen der Griechen seiner Zeit von den eßbaren Meerestieren (s. SCHMID & STÄHLIN 1929, S. 641).
[2]) Sehr schöne Beispiele für derartige Tierbeobachtungen finden sich bes. in der Lyrik und in der Komödie, vor allem bei ARISTOPHANES, s. dazu DOUGLAS 1928, JANSSENS 1932/1933, S. 374 ff., und GOSSEN 1938.

 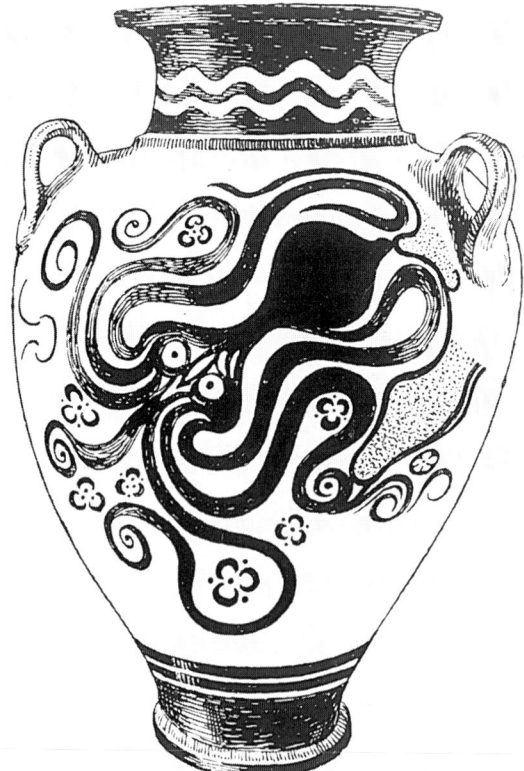

Abb. 6. Palaststilamphoren aus Knossos mit Darstellungen männlicher „Polypen" (Cephalopoden): links: zur Laichzeit; rechts: mit Begattungsarm (Hectocotylus). Aus WIESNER 1959, S. 35 und S. 51.

sammlern ($\dot{\varrho}\iota\zeta o\tau\acuteo\mu o\iota$) und Arzneiverkäufern ($\varphi\alpha\varrho\mu\alpha\varkappa o\pi\tilde\omega\lambda\alpha\iota$) zu suchen sind.

Neben dem, was wir als Erfahrungen des täglichen Lebens bezeichneten, wurde die Ansammlung biologischen Tatsachenmaterials vor allem auch durch die frühe ionische Geschichtsschreibung gefördert, die aus der schriftlichen Fixierung der infolge intensiver Handels- und ausgedehnter Kolonisationstätigkeit gemachten geographischen und ethnographischen Beobachtungen hervorging.[1] Zwar wurden auch bereits zu dieser Zeit Reisen unternommen, die von vornherein nur dem Erwerb von Wissen dienten – die Reisen DEMOKRITS und HERODOTS (um 484–425 v. Chr.) bezeugen das zur Genüge –, so daß die Griechen ihre Kenntnisse von der Tier- und Pflanzenwelt anderer Länder auch an Hand der publizierten Ergebnisse dieser Reisen ergänzen konnten; als Hauptquelle des biologischen Wissenszuwachses sind aber, schon wegen der seltenen Gelegenheit, die sich für Reisen aus rein wissenschaftlichen Interessen bot, die sog. Periplusschriften (Küstenbeschreibungen) anzusehen, in denen vor allem die vom Schiff aus beobachteten Eigentümlichkeiten der Küste, ihre Häfen, Flußmündungen, Entfernungen usw. in der durch die Fahrt bestimmten Reihenfolge notiert wurden.[2] Außer derartigen durch die Bedürfnisse der Praxis bestimmten Angaben enthielten diese Schriften, die eine Art Reisejournal darstellten, jedoch auch Berichte über alle möglichen sonstigen Reiseerlebnisse. Von den uns überlieferten Resten der Periplusschriften ist die des Karthagers HANNO über seine Umschiffung der westafrikanischen Küste im 6. Jh. v. Chr. vielleicht besonders instruktiv,[3] wird doch dort ausführlich von einer recht abenteuerlichen Begegnung mit unbekannten Tieren erzählt, die man mit einiger Wahrscheinlichkeit als Gorillas identifizieren kann.[4] Diese Schrift ıst erst in hellenistischer Zeit ins Griechische übersetzt worden, die dort geschilderten Erlebnisse sind jedoch ein gutes Beispiel dafür, wie man damals die Fremde erlebte und darüber berichtete. Die praktischen Bedürfnisse, die diese Literaturgattung hervorriefen, haben auch später immer wieder derartige Schriften entstehen lassen, und es leuchtet ein, daß sie bis zum Ausklang der Antike eine der Hauptquellen für den Wissenszuwachs auf biologischem Gebiet blieben.

---

[1] S. A. LESKY 1971, S. 256.
[2] Vgl. GÜNGERICH 1950, bes. S. 6; s. auch A. LESKY 1947, S. 154, 188 f., 242.
[3] Zusammenstellung und Übersetzung der in Frage kommenden Texte bei HENNIG 1944/1950; zur Reise des HANNO s. Bd. 1, S. 86 ff.
[4] S. STECHOW 1948.

2.2.2. Biologische Fragestellungen in Philosophie und Medizin

Die Entstehung der griechischen Philosophie und die damit zusammenhängende Entwicklung der wissenschaftlichen Biologie fanden in einer Periode der griechischen Geschichte statt, die etwa Ausgang des 7. Jh. v. Chr. in Ionien an der kleinasiatischen Küste einsetzte und im 5. Jh. v. Chr. im Athen des PERIKLES ihren Höhepunkt erreichte. Die diese Periode kennzeichnenden Umwälzungen, die mit dem Aufschwung von Handel und Handwerk, der Entstehung einer Waren- und Geldwirtschaft und der immer mehr zunehmenden führenden Rolle der Stadt als eines ökonomischen und kulturellen Zentrums verbunden waren, führten zur Ablösung der aristokratisch regierten Gentilgesellschaft und zur Entstehung von Stadtstaaten (Poleis), in denen, wenn sie eine demokratische Verfassung hatten, allen freien Bürgern formal die gleichen politischen Rechte und Pflichten zugesichert waren.

Die Bürger dieser Poleis, die als Einzelpersonen in der Volksversammlung auftreten und dort ihre persönliche Meinung mit rationalen Argumenten vortragen lernten, entwickelten eine zuvor unbekannte Form des Selbstgefühls und des Persönlichkeitsbewußtseins, die einen so hohen Grad an menschlicher Subjektivität beinhaltete, daß dem Menschen die Welt zum erstenmal als Objekt, als Gegenstand seiner Erkenntnis, gegenübertrat. Daraus resultierte eine neue Denkweise, die im Unterschied zur mythischen Wirklichkeitserfassung die Welt in ihrer Natürlichkeit zu verstehen suchte. Die Grundlage für die Versuche, die Frage nach der Zusammensetzung und dem Ursprung des Kosmos auf rationale Weise zu beantworten, bildeten die Vorstellungen von der materiellen Zusammensetzung der Welt aus den vier Urelementen Feuer, Wasser, Luft und Erde, die zwar bereits im mythisch-religiösen Denken nicht nur der Griechen, sondern auch ihrer östlichen Nachbarn ihren Platz hatten, nunmehr aber, den neuen Zielsetzungen entsprechend, grundlegend umgestaltet wurden.[5]

Wichtig erscheint in diesem Zusammenhang vor allem die Annahme einer den vier Elementen eigenen verändernden Bewegung. Sie dürfte durch die für die ionische Philosophie kennzeichnende Überlegung veranlaßt worden sein, daß eines dieser Elemente das ursprüngliche sein müsse, aus dem sich die anderen entwickelt haben, während alle vier zusammen durch ihre

---

[5] Vgl. LLOYD 1982, S. 6 ff.

Umwandlung ineinander die Grundlage alles Seienden darstellen. Wenn es nun auch das Ziel dieser Philosophen war, das materielle Prinzip zu ergründen, d. h. das Urelement, „woraus alles Seiende besteht und woraus es ursprünglich entsteht und in das es letzthin vergeht, indem die Substanz zwar beharrt, sich aber in ihren Zuständen verändert" (ARIST.: *Metaphys.* I 3: 983b6-10[1])), so bedeutete das keineswegs, daß sie die Welt nicht als Ergebnis eines göttlichen Schöpfungsaktes angesehen hätten. Das Neue in ihren Lehren bestand vielmehr darin, daß sie das Göttliche mit der Materie gleichsetzten und daß sie dieser lebenden Materie die Eigenschaft der Bewegung und Veränderung zuschrieben.

Es würde den Rahmen unserer Darstellung sprengen, wollten wir in allen Einzelheiten auf die Lehrmeinungen der Vertreter der ionischen Naturphilosophie eingehen. Es genügt festzustellen, daß sie die Entstehung der Dinge aus einem jeweils anderen Urstoff durch Ausscheidung oder durch Verdichtung und Verdünnung erklärten. Biologiehistorisch besonders bedeutungsvoll ist die Lehre des ANAXIMANDROS VON MILET (geb. um 610/9 v. Chr.), der u. a. die Ansicht vertrat, daß die ersten Lebewesen, deren Lebensraum das Wasser war, aus der durch die Sonne verdunsteten Feuchtigkeit entstanden und die Menschen ursprünglich von den Fischen hervorgebracht worden seien.[2]) Mit Hilfe dieser Lehre des ANAXIMANDROS, die man mit Recht als die erste rationale Entwicklungstheorie in der Biologiegeschichte bezeichnet hat, erklärte etwa eine Generation später auch XENOPHANES VON KOLOPHON (um 570–480 v. Chr.), der Begründer der philosophischen Schule von Elea in Süditalien, die in den Bergen und Steinbrüchen gefundenen Abdrücke von Muscheln, Meerestieren und Pflanzen: In einer früheren kosmischen Zeit wären diese Plätze von Wasser bedeckt gewesen, bei dessen Verdunstung die Abbildungen im Ton entstanden wären.

Während die ionische Naturphilosophie durch einen konsequenten Monismus gekennzeichnet ist, entwickelte in dem griechisch besiedelten Teil Süditaliens die auf PYTHAGORAS (um 540–490 v. Chr.) zurückgehende Philosophenschule unter dem Einfluß orphischer Vorstellungen von dem Gegensatz zwischen Körper und Seele eine dualistische Konzeption, wonach das Wesen des Seins durch die aus der mathematischen Analyse der Tonleiter gewonnenen Zahlen und durch deren Prinzipien bestimmt sei, die die Pythagoreer mit einer Reihe von Gegensatzpaaren (z. B. gerade – ungerade, begrenzt – unbegrenzt, männlich – weiblich, rechts – links, warm – kalt usw.) charakterisierten.[3]) In unserem Zusammenhang entscheidend ist ihre Lehre vom Kampf der Gegensätze und deren Verschmelzung in Harmonie, die noch lange in der Biologie nachgewirkt hat.

Der Orphik entstammt sicherlich auch die Vorstellung von der Seelenwanderung, die sich noch auf PYTHAGORAS selbst zurückführen läßt. Sie erklärt, warum die in einer Art religiösen Vereinigung lebenden Pythagoreer, die bestimmte religiöse und ethische Vorschriften ihres Schulgründers befolgten, sich des Fleischgenusses enthielten, glaubten sie doch, daß bei der Tötung eines Tieres auch dessen Seele vernichtet würde, wodurch die Seelenwanderung unterbrochen worden wäre. Neben den auf diese Weise entstandenen diätetischen Vorschriften, die die diesbezügliche Erfahrung der Griechen bereicherten und zu der Herausbildung der wissenschaftlichen Diätetik der hippokratischen Ärzte beitrugen, wirkte sich der Glaube an die Seelenwanderung auch auf die Einstellung gegenüber den Tieren aus, er bildete eine der Grundlagen für die wissenschaftliche Beobachtung der Tiere und für das Studium ihres Verhaltens.

Wie weit sich die pythagoreischen Anschauungen im medizinisch-biologischen Bereich auswirkten, wird deutlich, wenn der Philosoph ALKMAION VON KROTON, ein jüngerer Zeitgenosse des PYTHAGORAS (um 500 v. Chr.), in Anlehnung an den Harmoniebegriff der Pythagoreer die Gesundheit als Isonomie, als Gleichgewicht der verschiedenen im Körper wirkenden Kräfte, und dessen Störung als Krankheit ansah. ALKMAION war ein typischer Vertreter der frühen griechischen Naturforschung: Die von ihm behandelten Themen reichen von der Kosmologie und Astronomie über Erkenntnistheorie und Sinnesphysiologie bis zur Zeugungsphysiologie und Embryologie. Auf Grund neuerer Untersuchungen[4]) darf es zwar als erwiesen gelten, daß ALKMAION keine Sektionen durchgeführt und demzufolge die Existenz von sog. Gängen zwischen den vier im Kopfbereich angesiedelten Sinnesorganen und dem Gehirn auch nicht an Hand von Sektionen aufgezeigt, sondern theoretisch-spekulativ erschlossen hat, ihm bleibt aber das Verdienst, als erster das Gehirn als Sitz der Verstandestätigkeit und der Sinnes-

[1]) ARISTOTELES wird hier und im folgenden nach der Ausgabe von I. BEKKER, Bd. I–II, Berlin 1831 (Nachdr. Darmstadt 1960), zitiert.
[2]) S. JANSSENS 1932/1933, S. 372 ff.

[3]) Hierzu und zum Folgenden s. BURKERT 1962, bes. S. 30 ff., 45 f., 102 ff.
[4]) MANSFELD 1975 und LLOYD 1975; vgl. auch KOLLESCH 1986, S. 143.

wahrnehmung bestimmt und mit dieser Erkenntnis einen fruchtbaren Boden für die weitere Entwicklung der Medizin bereitet zu haben.

Aus der Stadt Akragas auf Sizilien stammte EMPEDOKLES (um 495–435 v. Chr.). Im Gegensatz zu den monistischen Interpretationen der ionischen Naturphilosophen räumte er allen vier Elementen einen gleichberechtigten Platz ein; keines der Elemente überwiege ein anderes, und über ihre, von ihm mechanistisch durch Verbindung und Aneinanderlagerung gedeutete, Vermischung, durch die alle Dinge entstehen, regierten – im Sinne eines Naturgesetzes verstanden – die Liebe und der Haß. Bei einer günstigen Vermischung der Elemente und beim Überwiegen der Liebe bildeten sich zweckmäßige Lebewesen heraus, und der einzelne Körper sei gesund. Im entgegengesetzten Falle entstünden dagegen Mißbildung, z. B. Kentauren und Najaden, und Krankheit. Interessanterweise interpretierte er diese Prozesse historisch, insofern nämlich, als er lehrte, daß es im Laufe der Zeit zum Vorherrschen der Liebe und somit zur Entstehung von immer schöneren Lebewesen komme.

Die Elementenlehre des EMPEDOKLES ist für die Biologiegeschichte aus zweierlei Gründen wichtig. Zum einen stellt sie eine weitere (rationale) Entwicklungstheorie dar, mit deren Hilfe die Entstehung der in der griechischen Mythologie überlieferten Fabelwesen erklärt und deren Verschwinden in historischer Zeit gedeutet wurde, und ist damit ein weiteres instruktives Beispiel für das Vorgehen der frühen griechischen Philosophen: sie lehnten die Überlieferung nicht rundweg ab, sondern setzten sich mit ihr auseinander, indem sie sie rational und kritisch umdeuteten. Zum anderen war mit ihr die wesentliche Voraussetzung für die Herausbildung der humoralpathologischen Konzeption der Hippokratiker gegeben, die bis in die Neuzeit hinein zur wichtigsten theoretischen Grundlage sowohl in der Medizin wie in der gesamten Biologie werden sollte (vgl. 2.2.2.1., 2.3.1.1. und 2.5.1.).

Eine Generation jünger als EMPEDOKLES war DEMOKRIT VON ABDERA in Thrakien (um 460–371 v. Chr.), der mit seinem Lehrer LEUKIPPOS VON MILET die Atomistik begründete, eine Lehre, die unter Ausschluß jedes dualistischen Prinzips die Entstehung der Welt und aller Dinge auf eine streng mechanistische Weise erklärte. Danach existierten in der Welt von Ewigkeit her das Volle und das Leere, das Etwas und das Nichts, wobei das Volle aus nicht weiter teilbaren Partikeln (= Atomen) zusammengesetzt sei. Die Atome unterschieden sich untereinander durch ihre Lage, Gestalt und Anordnung; infolge einer im Sinne eines Naturgesetzes wirkenden Notwendigkeit käme es zur Wirbelbewegung der Atome und damit zu ihrer Verflechtung, wodurch zusammengesetzte Körper und ganze Welten entstehen können. Die zusammengesetzten Körper wiesen daher untereinander keine qualitativen, sondern nur quantitative Unterschiede auf. Die auf diese Weise postulierte prinzipielle Gleichheit in der Zusammensetzung sowohl der Lebewesen wie des gesamten Kosmos bildete die theoretische Voraussetzung für die Annahme, daß der Mensch nur die Widerspiegelung des Kosmos im kleinen sei. DEMOKRIT wurde damit neben EMPEDOKLES, dessen Lehren dieselbe Vorstellung auf eine andere Weise begründeten, zum Ahnherrn der berühmten Theorie von der Identität des Makro- und des Mikrokosmos, die die weitere biologische Forschung nachhaltig beeinflussen sollte (vgl. 4.1.3., 5.2.1., 7.2.2.).

Überlieferte Schriftentitel und Fragmente bezeugen die erstaunliche Vielseitigkeit DEMOKRITS, dessen Interessen sich auch auf biologisch-medizinische Fragestellungen erstreckten. So lehrte er, daß die Seele aus besonders kleinen, glatten und runden Atomen bestehe, die im ganzen Körper verbreitet wären. In besonderen Organen sei ihre Wirkung mit bestimmten Funktionen verbunden, im Gehirn seien sie die Ursache der Denktätigkeit, während ihre Wirksamkeit im Herzen dieses zum Sitz des Mutes und ihre Aktivität in der Leber diese zu dem der Begierde werden lasse.[1] Bei der Atmung werden seiner Ansicht nach die Seelenatome aus der Luft aufgenommen bzw. an sie abgegeben, das Leben sei deshalb an den Fortbestand der Atmung gebunden, während der Schlaf durch eine Art Erschlaffung der Seele zustande komme. Embryologische und zoologische Lehrmeinungen DEMOKRITS sind uns vor allem bei ARISTOTELES überliefert, der sich in seinen Schriften kritisch mit ihnen auseinandersetzt. Interessant ist, daß die moderne Forschung hier manchmal DEMOKRIT recht gibt, so z. B. wenn er meint, daß der Faden der Spinne im Inneren des Tieres gebildet werde, während ARISTOTELES ihn für eine Art abgeworfene Rinde hält (ARIST.: *Hist. anim.* IX 39: 623a30 ff.), oder wenn er die Ansicht vertritt, daß auch die blutlosen Tiere Eingeweideorgane haben, die man nur ihrer Kleinheit wegen nicht sehen könne, während ARISTOTELES deren Existenz bei diesen Tieren bestreitet (z. B. ARIST.: *De part. anim.* III 4: 665a30 ff.).

Nach dem bisher über die biologischen Aspekte der frühen griechischen Philosophie Gesagten dürfte es deutlich geworden sein, daß mit der

---

[1] S. UEBERWEG & PRAECHTER 1958, S. 108.

Entstehung der wissenschaftlichen Naturforschung auch der Grund für die wissenschaftliche Biologie gelegt wurde. Die verschiedenen naturphilosophischen Systeme befaßten sich alle notwendigerweise auch mit biologischen Fragestellungen, sie lieferten neben der Methode zu ihrer Erkenntnis auch das Material, mit dessen Hilfe biologische Konzeptionen aufgestellt und, von dem ausgehend, neues Material gesammelt und geordnet werden konnte.

Für die Biologie in der Antike ist nun vor allem die Entwicklung auf zwei theoretischen Gebieten entscheidend geworden. Die Ergebnisse dieser Entwicklung gipfelten in der Herausarbeitung des humoralpathologischen Viererschemas und in den verschiedenen Zeugungs- und Vererbungslehren. Auf beiden Gebieten sind die Grundgedanken bereits in der frühen griechischen Philosophie und in der von ihr beeinflußten Medizin formuliert worden, an ihrem Ausbau arbeitete man die ganze Antike über, und ihr Einfluß sollte bis weit in die Neuzeit hinein reichen.

2.2.2.1. Das Viererschema in der Humoralpathologie

Die Entstehung des Viererschemas hängt mit dem oben angeführten Gedanken von der Identität der Zusammensetzung alles Seienden zusammen, d. h. mit der Lehre von der Analogie zwischen Makro- und Mikrokosmos, die, weil sie auch den Gedanken von der Identität der Zusammensetzung alles Lebenden einschloß, zur Grundlage des biologischen Denkens werden konnte. Da die griechische Naturforschung, wie bereits gesagt, im wesentlichen einen spekulativ-deduktiven Charakter aufwies, hatte die Übernahme dieser Lehre in die Biologie zur Folge, daß man den Unterschied zwischen Tier und Mensch als unwesentlich ansah und somit die allgemeine Gültigkeit der biologischen Erkenntnisse, waren sie nun am Menschen oder am Tier gewonnen, für unbestritten hielt.

Diese theoretische Ausgangsposition macht es ihrerseits verständlich, warum wesentliche Beiträge für die Herausbildung des für den Geltungsbereich der gesamten Biologie übernommenen Viererschemas von der Medizin kommen konnten, die im 5. und 4. Jh. v. Chr. unter dem Einfluß der Naturphilosophie und der von ihr entwickelten Denkweise begann, sich mit physiologischen Fragestellungen beim Menschen auseinanderzusetzen und damit zur ersten wissenschaftlichen Medizin in der Geschichte der Menschheit wurde.

Die mit HIPPOKRATES VON KOS (um 460–375 v. Chr.) und den zeitgenössischen koischen und knidischen Ärzten verbundene Entwicklung der Medizin, von der das unter dem Namen des HIPPOKRATES überlieferte Schriftencorpus ein eindrucksvolles Zeugnis ablegt, ist wie die Philosophie selbst ein spezifisch griechisches Phänomen. Das Ergebnis dieser Entwicklung bestand in der Herausbildung der Humoralpathologie auf der Grundlage des Viererschemas.

Wie schon dargelegt, haben bei EMPEDOKLES die vier Elemente Feuer, Wasser, Luft und Erde einen gleichberechtigten Rang erhalten. Ob er ihnen darüber hinaus bereits konstante Qualitäten zuordnete, ist unsicher, da die vier sich aus den Eigenschaften der Elemente ergebenden Grundqualitäten Warm, Kalt, Trocken und Feucht von ihm zwar schon erwähnt werden, ihre Verbindungen mit den Elementen aber variieren.[1] Die Einbeziehung von Primärqualitäten lag jedoch nahe, und es ist wahrscheinlich, daß der Eleate ZENON (um 490–430 v. Chr.), ein jüngerer Zeitgenosse des EMPEDOKLES, als der eigentliche Begründer der Lehre von den vier Grund- bzw. Primärqualitäten anzusprechen ist, die bei ihm an die Stelle der Elemente traten und aus deren Umwandlung er die Natur aller Dinge entstehen ließ.[2]

Die Durchsetzung der Anschauung von den vier in der Natur wirkenden Grundstoffen wird auch in der fast gleichzeitig in der Medizin entstandenen Lehre von den vier im Körper wirkenden und das körperliche Geschehen bestimmenden Säften Blut, Schleim, gelbe und schwarze Galle spürbar, wenn auch von einer Zuordnung Elemente/Säfte in den hippokratischen Schriften noch nicht die Rede ist.[3] In der in diesem Zusammenhang wichtigsten hippokratischen Schrift, in *De natura hominis* (Über die Natur des Menschen), die POLYBOS, dem Schwiegersohn des HIPPOKRATES, zugeschrieben wird und um 400 v. Chr. entstanden sein dürfte, findet sich aber eine Verbindung der Viersäftelehre mit der Theorie von den vier Primärqualitäten. Hier wird durch diese Verbindung ein Viererschema aufgebaut, in welchem dem Blut die Eigenschaften des Warm–Feuchten, der gelben Galle die des Warm–Trockenen, der schwarzen Galle die des Kalt–Trockenen und dem Schleim die des Kalt–Feuchten zugeordnet werden. Weitere Zuordnungen in diesem Schema sind Blut/ Frühling, gelbe Galle/Sommer, schwarze Galle/

---

[1] Zur Entwicklung des Viererschemas s. HARIG 1974, S. 38 ff.
[2] S. SCHÖNER 1964, S. 7.
[3] Ebd., S. 20.

Herbst und Schleim/Winter. Ergänzt durch die Erkenntnisse des ALKMAION VON KROTON hinsichtlich der für die Gesundheit notwendigen Isonomie der im Körper wirkenden Kräfte und durch die Lehre des EMPEDOKLES von der richtigen Zusammensetzung der Körper bei gleichmäßiger Vermischung der Elemente, d. h. also durch die Vorstellung, daß die richtige Mischung dieser vier Säfte, die Eukrasie, Gesundheit und deren pathologische Veränderung, die Dyskrasie, Krankheit bedeutet, konnte diese Lehre von den Körpersäften und ihren Qualitäten zur Arbeitsgrundlage der Medizin werden, da sie damit alle im gesunden wie im kranken Körper ablaufenden Prozesse in ihrer Abhängigkeit von den klimatischen Veränderungen berücksichtigt hatte.

Obwohl es sich dabei um eine rein spekulative Konzeption handelt, hat die weitere Entwicklung der Medizin und der Biologie gezeigt, daß diese Tatsache weniger wichtig war, als man zunächst vermuten möchte. Denn die von uns skizzierte Theorie, die von der Vorstellung ausging, daß die Mischung der Körpersäfte von klimatischen Bedingungen abhängig ist und darüber hinaus auch durch die Lebensweise des einzelnen Menschen verändert werden kann, war streng individualisierend ausgerichtet, so daß sie einen einengenden Schematismus ausschloß. Mit der Berücksichtigung der individuellen Variation aber war der theoretische Rahmen weit genug gespannt, um neue Erkenntnisse aufnehmen zu können.[1]

Aus der Formulierung der humoralpathologischen Theorie ergab sich, wissenschaftshistorisch gesehen, um 400 v. Chr. folgende Situation: Im philosophisch-naturwissenschaftlichen Bereich wurde die Lehre von den vier Elementen bzw. von den vier Primärqualitäten vertreten, im medizinisch-biologischen Bereich dagegen die Vorstellung von den vier Säften und den ihnen zugeordneten Qualitätenpaaren. Eine Verschmelzung dieser beiden Vorstellungen innerhalb eines Lehrsystems fand nicht statt, sie bestanden vielmehr nebeneinander weiter, wie etwa im Werk PLATONS, wo man neben der Elementen- und der Vierqualitätenlehre auch den Ansätzen einer Säftelehre begegnet.[2] Es ist wichtig, diesen Tatbestand festzuhalten, da seine Beachtung erst das Verständnis für die weitere Entwicklung und den Beitrag des ARISTOTELES zur Lösung dieses Problems liefern wird.

2.2.2.2. Zeugungs- und Vererbungslehren

Zusammengefaßt läßt sich mit E. LESKY die Problematik der Zeugung und Vererbung in der Antike auf folgende drei Fragestellungen zurückführen: Erstens handelt es sich dabei um die Frage nach dem Ursprung und Wesen des Zeugungsstoffes und des in ihm enthaltenen Erbgutes. Sie fand vor ARISTOTELES in der enkephalo-myelogenen Samenlehre und in der Pangenesislehre ihren Niederschlag. Zweitens ist es die Frage nach der Entstehung des Geschlechts, die uns in der Wärmelehre des EMPEDOKLES und in der Rechts-Links-Theorie des PARMENIDES und des ANAXAGORAS entgegentritt. Die dritte Frage betrifft schließlich die Entstehung von Ähnlichkeiten zwischen Eltern und Kindern, d. h. das Vererbungsproblem im engeren Sinne.[3]

Die enkephalo-myelogene Konzeption ist die älteste Samentheorie bei den Griechen überhaupt, sie geht auf ALKMAION VON KROTON zurück und bezeichnet mit der in ihr enthaltenen Fragestellung nach der Herkunft des Samens gleichzeitig eine qualitativ neue Stufe im biologischen Denken; denn hier wird ein konkretes biologisches Problem als solches angegangen. In Abhängigkeit von der zentralen Stellung, die er dem Gehirn als Körperorgan zuweist, hat ALKMAION den Samen als Teil des Gehirns definiert. In ähnlicher Weise wurde diese Frage auch von HIPPON VON RHEGION, einem anderen der pythagoreischen Schule nahestehenden Philosophen aus dem 5. Jh. v. Chr., beantwortet, der die Herkunft des Samens mit dem Rückenmark verband.[4] Möglicherweise sind beide Erklärungsversuche Ausdruck einer unter den Pythagoreern verbreiteten Lehre, die in ihrem Ursprung altorientalischer Herkunft sein dürfte.[5]

Die Erklärung für den Wirkungsmechanismus der enkephalo-myelogenen Samentheorie liefert eine Aderlehre, von der sich Reste im hippokratischen Schriftencorpus finden und deren wichtigstes Kennzeichen in der Annahme bestand, daß Kopf bzw. Gehirn Ursprung und Zentrum der Gefäße sind (ARIST.: *Hist. anim.* III 3: 513a8 ff.). Den dieser Lehre entsprechenden Verlauf der Adern, die man auch als Samenleiter auffaßte, schildert die schon erwähnte Schrift des POLYBOS *Über die Natur des Menschen*, in der eine Gefäßverbindung zwischen

---

[1] Zur Humoralpathologie im einzelnen s. auch HARIG 1968, S. 55 f.

[2] S. SCHÖNER 1964, S. 62 ff.

[3] E. LESKY 1951, S. 4 f. – Unsere Darstellung dieser Thematik beruht auch im weiteren weitgehend auf den Ergebnissen dieser Arbeit. Ergänzend wurden außerdem NEEDHAM 1959, BALSS 1936 und BLERSCH 1937 herangezogen.

[4] Vgl. dazu auch E. LESKY 1952.

[5] Vgl. GRAPOW 1954, S. 20; s. dagegen S. 86.

Kopf und Hoden über Ohren, Nacken, Wirbelsäule und Lendenmuskulatur angenommen wird.[1]) Der Einfluß dieser Aderlehre läßt sich z.B. auch in der berühmten hippokratischen Schrift *De aere aquis locis* (Über Luft, Wasser und Örtlichkeiten) nachweisen, in der als Ursache für die bei den Skythen auftretende Impotenz ein Heilverfahren angegeben wird, bei dem die erkrankten Männer an den hinter den Ohren verlaufenden Gefäßen zur Ader gelassen wurden. Nach Ansicht des hippokratischen Autors war damit der Weg des Samens zu den Hoden unterbrochen und die Impotenz die notwendige Folge.

Die Geschlechtsbildung und die Vererbung selbst sah ALKMAION als das Ergebnis eines Kampfes zwischen dem männlichen und weiblichen Samen an, wobei er mit der Postulierung des weiblichen Samens einer allgemein von der Naturphilosophie und später auch von der hippokratischen Medizin vertretenen Anschauung folgte. Den Ausgang dieses Kampfes entschied für ihn in erster Linie die Quantität des jeweiligen Samenstoffes, in gewissem Ausmaß aber wohl auch seine Qualität, da ALKMAION den männlichen Samen als dicht und den weiblichen als dünn bezeichnete und in diesem Zusammenhang die Sterilität der Maulesel mit der dünnen und kalten, also an sich weiblichen Eigenschaft ihres Samens erklärte. Eine interessante Weiterentwicklung dieser Vorstellung bietet wiederum HIPPON, der zur Charakterisierung des Samens noch das Gegensatzpaar Stark/Schwach einführte, dem weiblichen Samen die Zeugungsfähigkeit absprach und das Spezifikum der weiblichen Leistung in der Ernährung des Keimes erblickte.

Im Gegensatz zu den Auffassungen der Pythagoreer entwickelte EMPEDOKLES eine von K. BLERSCH (1937, S. 30 ff.) als Wärmetheorie bezeichnete Sexuslehre, in der er der Wärme des Uterus die entscheidende Rolle zuwies. Er soll die Ansicht vertreten haben, daß sich der Samen, der in einen warmen Uterus kommt, zu einem männlichen, der in einen kalten Uterus gelangende dagegen zu einem weiblichen Wesen entwickelt, wobei der Temperaturzustand des Uterus, der den demnach geschlechtsindifferenten Samen aufnimmt, von der Wärme und Kälte sowie vom Zeitpunkt der Menstruation abhänge.

Man kann, K. BLERSCH (S. 32) folgend, mit großer Wahrscheinlichkeit sagen, daß die Bestimmung und Erklärung der allgemeinen Körperkonstitution für EMPEDOKLES den Ausgangspunkt seiner Überlegungen darstellten. Denn er

hat den Versuch unternommen, das sich bei größerer Wärme entwickelnde männliche Geschlecht seinem äußeren Erscheinungsbild nach zu charakterisieren und dem weiblichen Geschlecht gegenüber abzugrenzen. Die von ihm beschriebenen Kennzeichen – dunklere (Haut)farbe, kräftigere Glieder und stärkere Behaarung – erfassen im wesentlichen all das, was wir heute als sekundäre Geschlechtsmerkmale bezeichnen und was bis weit über die Antike hinaus seine Gültigkeit behalten sollte. Damit, daß EMPEDOKLES gleichzeitig einerseits das männliche Geschlecht als warm und das weibliche als kalt charakterisierte und andererseits die Fruchtbarkeit auf die warme und die Sterilität auf die kalte Qualität zurückführte, lieferte er außerdem einen wichtigen Beitrag zur Konstitutionslehre der hippokratischen Medizin, die seine Unterscheidungen zusätzlich um die Eigenschaften trocken = männlich und feucht = weiblich bereicherte und mit dem Viererschema in Verbindung brachte. Diese Konstitutionslehre erhielt allgemeine Gültigkeit, noch heute sind ihre Reste in der europäischen Volksmedizin nachweisbar.

Von der im menschlichen Denken allgemein vertretenen Wertunterscheidung zwischen der rechten und linken Körperseite, bei der die rechte Seite als die kräftigere und geschicktere empfunden wird,[2]) ging die Rechts-Links-Theorie aus, die zuerst von PARMENIDES VON ELEA (um 540–480 v. Chr.) vertreten wurde. Danach sollten in den rechten Abschnitten des zweiteilig gedachten Uterus – der am Tier beobachtete *Uterus bicornis* wurde im Analogieverfahren auch auf die Verhältnisse beim Menschen übertragen – männliche und in den linken Abschnitten weibliche Nachkommen entstehen. Im Hinblick auf die Weiterwirkung dieser Theorie ist es wichtig hervorzuheben, daß sie in späterer Zeit insofern eine Verbindung mit der Sexuslehre des EMPEDOKLES einging, als man seit HIPPOKRATES die rechten Körperabschnitte als wärmer und die linken als kälter ansah und diese Ansicht mit der besseren Blutversorgung der rechten Körperseite begründete.

Wie ALKMAION glaubte auch PARMENIDES, daß beide Elternteile Samen beitragen. In Verbindung mit der Rechts-Links-Theorie bildete die Zweisamenlehre die Grundlage für eine Theorie des Vererbungsmechanismus, die uns zwar unter dem Namen des PARMENIDES überliefert wurde,[3]) in ihrer endgültigen Formulierung aber aus späterer Zeit stammen dürfte. Nach dieser Theorie bringt der aus der rechten Seite des

---

[1]) S. dazu auch HARRIS 1973, S. 44 ff.

[2]) S. BLERSCH 1937, S. 42 ff., und LLOYD 1962 a.
[3]) S. dazu auch KEMBER 1971 und LLOYD 1972.

männlichen Körpers stammende Samen Kinder männlichen Geschlechts hervor, während der aus den rechten Uterusabschnitten der Frau ausgeschiedene Samen Ähnlichkeit mit dem Vater bedingt. Im umgekehrten Fall werden Kinder weiblichen Geschlechts gezeugt, die der Mutter ähnlich sehen.

Als der eigentliche Vertreter der Rechts-Links-Theorie gilt ANAXAGORAS VON KLAZOMENAI, der zur Zeit des PERIKLES in Athen wirkte. In Weiterentwicklung der Gedanken des PARMENIDES lehrte er, daß das Sperma vom männlichen Individuum stamme und daß das weibliche Individuum nur als Ort diene, an dem der Keim ernährt wird und zur Entwicklung gelangt. Diese Anschauung stimmt, wie wir sahen, mit der des HIPPON VON RHEGION überein; man darf annehmen, daß sie als Reaktion auf die in die zeitgenössische hippokratische Medizin zusammen mit der Pangenesislehre übernommene Auffassung vom gleichwertigen Beitrag beider Elternteile formuliert wurde.

ANAXAGORAS war weiterhin der Ansicht, daß das Geschlecht des Kindes allein vom Samen bestimmt werde, der, wenn er von der rechten, männlichen Seite des männlichen Körpers stammt, einen männlichen, und wenn er von der linken, weiblichen Seite stammt, einen weiblichen Nachkommen zeuge. In diesem Zusammenhang äußerte er einen Gedanken, der sich als sehr fruchtbar erweisen sollte. Ausgehend von der Vorstellung der eleatischen Philosophenschule, die das Werden und Vergehen sowie die Umwandlung des einen Stoffes in einen anderen bestritt und statt dessen die Zusammensetzung der Dinge aus bereits vorliegenden Dingen lehrte, gelangte ANAXAGORAS zu der Auffassung, daß im Samen des Vaters alle Körperteile des Kindes, in einem für das Auge nicht mehr wahrnehmbaren kleinen Zustand präformiert, enthalten sein müßten, könne doch nicht „aus Nicht-Haar Haar und aus Nicht-Fleisch Fleisch werden" (ANAX. B 10: II, S. 37,6 f. DIELS-KRANZ). Damit aber war zum erstenmal in der Naturforschung der Präformationsgedanke artikuliert worden,[1] der im 17. und 18. Jh. die Theorienbildung in der Biologie wesentlich mitbestimmen sollte (vgl. 6.3.2.).

Trat in der Lehre des ANAXAGORAS die Frage nach der Herkunft des Samens in den Hintergrund, da sie auf dem Boden der Rechts-Links-Theorie eine nur allgemeine Beantwortung erfahren konnte, so steht sie bei den Atomisten wiederum im Mittelpunkt ihrer Pangenesislehre. Nach DEMOKRIT wird der Samen vom gesamten Körper, und zwar von seinen wichtigsten Teilen wie Knochen, Fleisch und Muskeln produziert. Er wird sowohl vom Mann wie von der Frau gebildet und stellt eine unendlich kleine Abbildung seines Elternteiles dar, wobei seine einzelnen Atomverbindungen jeweils dem Teil des Körpers entsprechen, dem sie entstammen. Wie man sieht, erwies sich die Einführung des Atombegriffs in die Biologie als sehr fruchtbar, da mit seiner Hilfe der Präformationsgedanke auf eine völlig neue und gleichzeitig überraschend modern anmutende Weise interpretiert werden konnte.

Von atomistischen Vorstellungen leitete DEMOKRIT auch seine Erklärung der Geschlechtsbildung ab. Seiner Vorstellung nach ist für das Geschlecht des Kindes ausschlaggebend, von welchem der beiden Elternteile der aus den jeweiligen Geschlechtsorganen kommende Samen das Übergewicht erlangt. Differenzierter als bei anderen Zeugungs- und Vererbungslehren war die Ansicht DEMOKRITS über den Vererbungsmechanismus. Da er die Herkunft des Samens vom ganzen Körper annahm, kam er zu der Vorstellung vom Samen als einer Mischflüssigkeit, in der bald die einen, bald die anderen Anteile je nach Zufall überwiegen. Der Nachkomme gleiche deswegen immer demjenigen Elternteil, dessen Samenanteil am größten ist. Die atomistische Vererbungslehre erklärt somit im Gegensatz zu den anderen Lehren nicht nur die Vererbung erworbener Eigenschaften der Eltern auf die Kinder, sondern auch das Problem, wie es zum gekreuzt-geschlechtlichen Erbgang kommen kann, d. h. zu einem Erbgang, bei dem die körperlichen Merkmale unabhängig von der Geschlechtsvererbung übertragen werden.

Alle von uns betrachteten Zeugungs- und Vererbungslehren haben bis weit über die Antike hinaus das biologische Denken beeinflußt. Das trifft besonders für die Pangenesislehre zu. Nach ihrer Übernahme in die hippokratische Medizin, wo sie allerdings insofern entscheidend verändert wurde, als man sie hier vom Atombegriff löste und mit den vier Körpersäften verband, wurde sie zur wichtigsten Sexuslehre der voraristotelischen Zeit, wobei sie die Grundlage für die erste Diskussion von Problemen wie Erbkrankheiten oder den Beziehungen zwischen Konstitution und Vererbung bzw. Umwelt und Vererbung abgab.[2] Die Ergebnisse dieser Diskussion flossen dann in die hämatogene Samentheorie des ARISTOTELES ein. In der Neuzeit fand sie eine auffallende Entsprechung in der

---

[1] Zu dieser Problematik in der Antike s. bes. BALSS 1923.

[2] S. dazu auch HOMMEL 1927 und NICKEL 1978.

Pangenesistheorie von Ch. Darwin[1]), der ebenfalls von der Annahme ausging, daß das Keim-
gut aus allen Teilen des Körpers stammen
müsse, und der als Träger dieses Keimgutes die
gemmules bzw. die *cell-gemmules* ansah, die, in
jeder Zelle des Körpers gebildet und im Ei bzw.
in der Samenzelle vereinigt, auf die Nachkommen übertragen und vererbt werden[2])
(vgl. 9.2.).

2.2.3. Zoologische und botanische Kenntnisse

Wie bereits erwähnt (2.2.1.), haben sich die empirischen biologischen Kenntnisse der Griechen
schon in früher Zeit in vielfältiger Weise in der
zeitgenössischen Literatur widergespiegelt.[3])
Das aus der täglichen Erfahrung resultierende
Wissen wurde jedoch sehr bald auch in einer
speziellen Fachprosa verarbeitet, von deren Umfang und Charakter wir infolge der unglück-
lichen Überlieferungssituation zwar nur annähernde Vorstellungen haben, von der wir aber
auf jeden Fall sagen können, daß sie als Anfang
der griechischen biologischen Fachliteratur anzusehen ist, die nicht nur empirisch gewonnenes
Tatsachenmaterial zur Diskussion stellte, sondern auch zur Auseinandersetzung mit zoologischen und botanischen Fragestellungen als solchen genutzt wurde.

Als Ahnherr der griechischen Zoologie tritt uns
Simon von Athen (1. Hälfte des 5. Jh. v. Chr.)
entgegen, dessen Schrift *De re equestri* (Über
die Reitkunst) noch in der Spätantike sehr geschätzt wurde. Das uns erhaltene Fragment
Über das Aussehen und die Auswahl der Pferde
läßt kein Urteil darüber zu, ob Simons Interessen über die Pferdezucht hinausgingen: Als
Pferdezüchter und Kavallerieoffizier, der er
wahrscheinlich war, mag er immerhin auch gewisse Kenntnisse über Pferdekrankheiten gehabt haben.[4]) Jedenfalls dürfen wir mit gutem

Grund seine Schrift als charakteristisch für die
erste, sozusagen empirische Stufe dieser Fachprosa ansehen.[5])

Das empirische Element beherrscht auch noch
eine Generation später die einschlägige Schriftstellerei des vielseitigen Historikers und Sokra-
tes-Schülers Xenophon (um 430–355 v. Chr.),
der u. a. mehrere Schriften verfaßt hat, die für
uns von Interesse sind. In seiner Schrift *Hippar-
chikos* (Reiterführer) findet man die Kennzeichen eines guten und brauchbaren Pferdes zusammengestellt; *De re equestri* (Über die
Reitkunst) handelt von den Qualitäten, die ein
Pferd aufweisen muß, von Stallhygiene, von der
allgemeinen Wartung des Pferdes, darunter von
der Hufpflege, und schließlich noch von der
Dressur des Pferdes. In einer weiteren Schrift,
dem *Cynegeticus* (Jagdbuch), dessen Echtheit allerdings umstritten ist, spricht Xenophon ausführlich über Zucht, Pflege und Äußeres der
Jagdhunde. Ein eigenes Kapitel dieser Abhandlung ist der Lebensweise und den Gewohnheiten der Hasen gewidmet. Diesen drei Schriften,
die die Beobachtung und die Erfahrungen des
Soldaten und Jägers Xenophon wiedergeben,
läßt sich auch noch die Schrift *Oeconomicus*
(Über die Verwaltung eines Gutes) an die Seite
stellen, die den Landwirt Xenophon zeigt, der
über die Zucht von Haustieren, besonders von
Pferden und Hunden, gut unterrichtet ist.[6]) Neben dem rein empirischen Element findet man
bei Xenophon aber auch schon die erste Wertung des von ihm benutzten Schrifttums, d. h.
eine Wertung der Schrift des Simon, die er zwei-
mal anführt – ein Kennzeichen für die sich an-
bahnende wissenschaftliche Bearbeitung des
Materials in dieser Literaturgattung.

In ihrer weiteren Entwicklung verfolgte diese
Fachliteratur neben der Befriedigung des aus
der Praxis der Tierzucht geborenen Bedürfnisses nach Zusammenfassung und Sichtung des
empirisch gewonnenen Materials aber auch wissenschaftliche Interessen, die ganz anderen Erfordernissen der Praxis entgegenkamen. Ein
Beispiel dafür ist Leophanes (Ende des
5. Jh. v. Chr.), der sich mit landwirtschaftlichen
Fragen beschäftigte und gleichzeitig die aus der
Rechts-Links-Theorie abgeleitete Vorschrift formulierte, man solle, wenn man männliche Nachkommen bei den Tieren zu bekommen wünsche,
den linken, und wenn man weibliche Nachkom-

---

[1]) „I wish I had known of these views of Hippocrates
before I had published, for they seem almost identical
with mine – merely a change of terms – and an application of them to classes of facts necessarily unknown to
the old philosopher" (Brief an W. Ogle vom 6. März
1868, in: F. Darwin (ed.), vol. 3, 1888, S. 82; dt. Ausg.,
Bd. 3, 1887, S. 80 f.).
[2]) Vgl. E. Lesky 1951, S. 70 f.
[3]) Ein späteres Beispiel ist Archestratos von Gela
(4. Jh. v. Chr.), der in seinem gastronomischen Gedicht
Hedypatheia auch die diätetischen Eigenschaften
verschiedener Tiere bespricht.
[4]) S. Froehner 1938/1939.

[5]) S. den Kommentar in der Ausgabe dieses Fragments
von J. Soukup, *De libello Simonis Atheniensis De re
equestri*, Commentationes Aenipontanae, hrsg. v.
E. Kalinka, VI, Innsbruck 1911.
[6]) Vgl. A. Lesky 1971, S. 695 f., und Bodenheimer
1952.

men haben möchte, den rechten Hoden des väterlichen Tieres abbinden (ARIST.: *De gen. anim.* IV 1: 765a21–25). Diese auf intimer Kenntnis der zeitgenössischen wissenschaftlichen Theorien beruhende Vorschrift hatte offensichtlich allgemeine Anerkennung erlangt, findet man sie doch sowohl in der um die Mitte des 4. Jh. v. Chr. entstandenen hippokratischen Schrift *De superfetatione* (Über die Überfruchtung), wo sie aus denselben Gründen für die Anwendung bei Menschen empfohlen wird (s. Kap. 31), als auch in der landwirtschaftlichen Literatur der römischen Periode, in der sie als eine feststehende Erfahrung in der Praxis der Tierzucht angeführt wird (COL.: *De re rustica* VI 28).

Die Behandlung von wissenschaftlichen zoologischen Fragestellungen in voraristotelischer Zeit beweist besonders augenfällig die im II. Buch der hippokratischen Schrift *De diaeta* (Über die Lebensweise) enthaltene Aufzählung von 52 Tieren. Der Autor dieser um 400 v. Chr. entstandenen Abhandlung[1]) stellte sich die Aufgabe, ein System der Diätetik zu entwerfen, unter der er, wie die gesamte Antike, die allseitige Regelung der Lebensweise eines Menschen verstand. Da darunter auch Vorschriften über die Ernährung fielen, enthält die Schrift u. a. eine Zusammenstellung aller damals bekannten eßbaren Tiere, die von dem hippokratischen Autor in einer einem gewissen System unterliegenden Reihenfolge aufgezählt werden. Diese Reihenfolge, die man etwas unglücklich als das „koische Tiersystem" bezeichnet hat – die neutrale Bezeichnung „hippokratisches Tiersystem" wäre zutreffender –, ist für uns das älteste Zeugnis für die systematische zoologische Literatur der Griechen. In ihm finden wir die wahrscheinlich auf DEMOKRIT zurückgehende und später auch von ARISTOTELES wieder benutzte grundsätzliche Unterscheidung zwischen blutführenden und blutlosen Tieren (ἔναιμα bzw. ἄναιμα ζῷα) sowie eine Aufzählung von großen Tiergruppen, von denen die meisten ebenfalls später bei ARISTOTELES wiederkehren.[2])

Eine über die systematisierenden Bemühungen in *De diaeta* hinausgehende Tiereinteilung begegnet uns bei dem von den diairetischen Bemühungen PLATONS (s. S. 66 f.) beeinflußten Arzt MNESITHEOS VON ATHEN (Mitte des 4. Jh. v. Chr.). In einem uns erhaltenen diätetischen Fragment findet sich eine Aufzählung von eßbaren Fischen und Meerestieren, bei der die systematisierende Tendenz evident ist und deren Formenreichtum die entsprechende Übersicht bei dem Autor von *De diaeta* bei weitem übersteigt.[3])

Einen Einfluß PLATONS lassen auch die diätetischen Fragmente des Arztes DIOKLES VON KARYSTOS (um die Mitte des 4. Jh. v. Chr.)[4]) erkennen, der in der Antike einen außerordentlichen Ruf genoß und in seiner Bedeutung mit HIPPOKRATES verglichen wurde (PLIN.: *Nat. hist.* XXVI 6). DIOKLES, der in seiner schriftstellerischen Tätigkeit bemerkenswert vielseitig gewesen sein muß, verfaßte u. a. eine größere diätetische Schrift, in deren erhaltenen Bruchstücken uns ebenfalls eine Klassifikation der eßbaren Meerestiere begegnet. Diese Klassifikation weist Ähnlichkeiten mit der Einteilung des MNESITHEOS und der des PLATON-Schülers SPEUSIPPOS (vgl. 2.3.1.3.) auf, die so weit gehen, daß sie einen gemeinsamen geistigen Ursprung für diese drei Einteilungen wahrscheinlich machen, der möglicherweise in der zu dieser Zeit geführten lebendigen Diskussion derartiger Fragestellungen zu suchen ist.[5])

Soweit wir das bei dem Mangel an einschlägigen Texten beurteilen können, hat es also in voraristotelischer Zeit keine spezielle zoologische wissenschaftliche Literatur gegeben; die zoologischen Fragestellungen wurden vielmehr im Zusammenhang mit naturphilosophischen, landwirtschaftlichen oder medizinischen Belangen erörtert. Doch dürfen wir diese Tatsache für eine Periode der Entwicklung der Naturwissenschaft, in der ihre einzelnen Wissensgebiete noch keinen selbständigen Charakter hatten, nicht als das wesentliche Kriterium ansehen. Entscheidend war allein der Umstand, daß überhaupt zoologische Fragestellungen auf wissenschaftlicher Grundlage behandelt wurden, denn nur so konnte die Zoologie als Wissenschaft entstehen.

Das, was wir über die zoologische Literatur der voraristotelischen Zeit gesagt haben, trifft auch für die botanische Schriftstellerei dieser Periode zu. Auch hier ist der Ursprung in der Empirie zu suchen, in einer Empirie, deren Bedürfnisse und Interessen in diesem Falle von der Medizin und der Landwirtschaft bestimmt wurden.

Von denen, die sich aufgrund ihrer landwirtschaftlichen Interessen auch mit der Pflanzenzüchtung beschäftigt haben, sind uns namentlich

---

[1]) S. HIPPOCRATE: Du régime, hrsg., übers. u. erl. von R. JOLY, Corpus Medicorum Graecorum I 2,4, Berlin 1984, S. 49.

[2]) S. BURCKHARDT 1904, bes. S. 394, und PALM 1933, S. 5 ff., bes. S. 38 ff.

[3]) Vgl. BERTIER 1972, S. 34 ff., bes. S. 47 f.

[4]) Zur kontroversen Datierung des DIOKLES s. JAEGER 1963; KUDLIEN 1963; VON STADEN 1992 a.

[5]) S. HARIG & KOLLESCH 1974; vgl. auch VON STADEN 1992 a, S. 240 ff., und KULLMANN 1974, S. 350 ff.

ARCHYTAS, ANDROTION, APOLLODOROS VON LEM-
NOS, CHARES VON PAROS, HIPPON, KLEIDEMOS und
der bereits erwähnte LEOPHANES bekannt, deren
Lebenszeit wir nur annähernd mit dem 4. Jh.
v. Chr. als dem *terminus post quem non* bestimmen können. Immerhin lassen diese Namen mit
Sicherheit erkennen, daß in voraristotelischer
Zeit eine reiche landwirtschaftliche Spezialitera-
tur existiert haben muß, da ihre Träger ausdrücklich als Verfasser von Spezialschriften erwähnt
werden. Die erhaltenen Fragmente deuten darauf hin, daß es sich dabei in erster Linie um die
Zusammenstellung und Fixierung von empirischem Wissensgut handelte, so daß diese Literatur als Beginn der botanischen Fachschriftstellerei angesehen werden kann, und das um so mehr,
als uns unter dem Namen des sonst nicht näher
zu identifizierenden KLEIDEMOS Bruchstücke
überliefert sind, in denen erstmalig das Problem
der Pflanzenkrankheiten berührt wird, das auch
wissenschaftlich von Bedeutung ist.

Noch fragmentarischer ist unser Wissen hinsichtlich derer, die auf medizinischem Gebiet
botanisch interessiert waren, d. h. hinsichtlich
der Rhizotomen und Pharmakopolen, die auf
empirische Weise das Wissen von der medizinischen Wirkung der Pflanzen sammelten. Uns
sind kaum mehr als ihre Namen vor allem in
den Werken des ARISTOTELES-Schülers THEO-
PHRAST überliefert. Zu ihnen gehören ARISTO-
PHILOS VON PLATAIAI, THRASIAS VON MANTINEIA,
sein Schüler ALEXIAS, EUDEMOS VON ATHEN und
EUDEMOS VON CHIOS, die alle spätestens im 4. Jh.
v. Chr. gelebt haben können. Die spärlichen
Nachrichten, die mit diesen Namen verbunden
sind, sowie das generelle, abschätzige Urteil, das
THEOPHRAST über die Aussagen der Rhizotomen
in bezug auf die Gewinnung von medizinisch
wirksamen Pflanzen fällt (*Hist. pl.* IX 8,5–8:
148,36–149,23[1])), lassen die Schlußfolgerung zu,
daß in ihrer Tätigkeit das mystisch-magische
Element stark ausgeprägt war und daß somit
das von ihnen vertretene Wissen, das sicherlich
auf uralte Traditionen der Volksmedizin zurück-
ging, noch keinen wissenschaftlichen Charakter
aufwies. Es wäre jedoch falsch, alle diese Männer als Scharlatane abzustempeln, zum einen
deswegen, weil die relative Hilflosigkeit der wissenschaftlichen Medizin in der damaligen Zeit
den Glauben der Menschen an allerlei Wunder-
drogen wenn nicht hervorrufen, so doch verstärken mußte, und zum anderen, weil gerade die
bei THEOPHRAST erhaltenen Zeugnisse deutlich
machen, daß diese Männer auch über ein be-
trächtliches empirisches Wissen verfügt haben

müssen. Ob dieses Wissen sich auch in einer
speziellen Literatur niederschlug, erscheint
zweifelhaft, wahrscheinlicher ist hier eine münd-
liche Überlieferung, die THEOPHRAST noch
kannte.[2]) Mit weit größerer Bestimmtheit können wir aber sagen, daß dieses empirische Wissen die Grundlage der pharmakologischen
Kenntnisse der hippokratischen Medizin gebildet hat.[3])

Den Ursprung aus dem empirischen Wissen sowie die Art der Weiterentwicklung der pharmazeutisch-botanischen Kenntnisse in der wissenschaftlichen Medizin machen besonders die
erhaltenen Fragmente aus den Schriften des bereits erwähnten Arztes DIOKLES VON KARYSTOS
deutlich. Auch diese Bruchstücke mit ihren Angaben von Synonyma für die einzelnen Pflanzen
deuten auf den systematisierenden Einfluß der
Platonischen Akademie hin, im übrigen enthalten sie Beschreibungen von Pflanzen, die Darstellung ihrer medizinischen Wirkungen und
Vorschriften über die Methode zur Gewinnung
der betreffenden Pflanzen. Diese auf die praktischen Bedürfnisse der Medizin ausgerichteten
botanischen Untersuchungen des DIOKLES sind
für die Medizin bis zum Ausklang der Antike
beispielgebend geworden, ja man kann sagen,
daß sie aus Gründen, die wir noch darzulegen
haben werden, die Entwicklung der botanischen
Kenntnisse in der Antike entscheidend geprägt
haben.[4])

Daß in dieser Zeit aber auch schon rein wissenschaftliche botanische Fragestellungen behandelt worden sind, beweisen ein botanischer Exkurs in der hippokratischen Schrift *De natura
pueri* (Über die Natur des Kindes) und einige,
ebenfalls bei THEOPHRAST erhaltene Fragmente
des Pythagoreers MENESTOR VON SYBARIS.

MENESTOR, wahrscheinlich ein jüngerer Zeitgenosse des EMPEDOKLES, war offensichtlich der
erste, der sich der Pflanzenphysiologie zuwandte. Seiner Theorie, mit deren Hilfe er die
Lebensbedingungen der Pflanzen zu erklären
versuchte, legte er die pythagoreische Anschauung vom Gegensatz Warm–Kalt zugrunde, die
bereits EMPEDOKLES in die Zoologie eingeführt
hatte (vgl. 2.2.2. und 2.2.2.1.). Er unterschied
warme und kalte Pflanzen, wobei er diejenigen
Pflanzen für warm erklärte, die auch unter kalten Lebensbedingungen (etwa im Wasser) gedeihen. Die warme Natur der Pflanzen bedinge

---

[1]) THEOPHRAST wird nach der Ausgabe von F. WIMMER,
Paris 1866, zitiert.

[2]) Dafür spricht die Zitierweise des THEOPHRAST, die
KIRCHNER 1874 näher untersucht hat.

[3]) Zur hippokratischen Pharmakologie vgl. bes. VON
GROT 1889; ARTELT 1937; HARIG 1980; SCARBOROUGH
1983.

[4]) Vgl. WELLMANN 1898.

auch ihre Fruchtbarkeit und die Erhaltung des Laubes bei immergrünen Bäumen, die kalte dagegen die Unfruchtbarkeit und den Blattfall. Ebenso hingen auch die Unterschiede in der Reifezeit der Früchte von der jeweiligen Natur der Pflanzen ab.[1])

Die Theorie des MENESTOR hat lange nachgewirkt. Wenn auch seine Erklärungsversuche seit THEOPHRAST als überholt galten, seine Unterscheidung zwischen warmen und kalten Pflanzen wurde beibehalten und in das humoralpathologische Konzept übernommen. In der wissenschaftlichen Medizin bildete sie zusammen mit dem neu hinzugekommenen Gegensatzpaar Trocken–Feucht eine der Grundlagen für die rationale diätetische und medikamentöse Behandlung, so daß sie ihre Bedeutung erst in der Neuzeit einbüßte, als auch die humoralpathologische Konzeption selbst durch andere medizinische Konzeptionen abgelöst wurde. Die Tatsache, daß MENESTOR für uns der erste namentlich faßbare Autor ist, der von den wissenschaftlichen Positionen seiner Zeit aus botanische Fragestellungen aufgriff und zu beantworten versuchte, berechtigt uns, in ihm den Ahnherrn der wissenschaftlichen Botanik der Griechen zu sehen.

Mit pflanzenphysiologischen Problemen beschäftigte sich auch der Verfasser der im 5. Jh. v. Chr. entstandenen hippokratischen Schrift *De natura pueri*. In einem botanischen Exkurs behandelt er die Keimung des Samens, das Wachstum der Stecklinge, die Fruchtbildung und das Phänomen der Pfropfung. Für uns ist vor allem der theoretische Ausgangspunkt dieses hippokratischen Autors von Bedeutung, nämlich die Vorstellung, daß jede Pflanze im Boden eine für sie spezifische Nährflüssigkeit finde und daß zwischen den unteren und oberen Teilen der Pflanze unterschieden werden müsse. Denn das Wachstum und Gedeihen der Pflanze hingen vom wechselnden Einfluß der Wärme und Kälte auf die oberen und unteren Teile der Pflanze ab sowie vom Austausch dieser Teile untereinander, wobei Wärme und Kälte nicht als Temperaturunterschiede, sondern als substantielle Nahrung der Pflanzen aufzufassen seien. Man hat in dieser Theorie Einflüsse verschiedenster Art gesehen, wesentlich dürfte dabei aber der Umstand sein, daß diese Einflüsse hier zu einer durchaus eigenständigen Interpretation der physiologischen Vorgänge verarbeitet worden sind, einer Interpretation, die ein weiteres Mal die Intensität der wissenschaftlichen Auseinandersetzung in dieser Zeit bezeugt.[2])

Unsere Übersicht über die voraristotelische Biologie zeigt, daß die wichtigste Errungenschaft in ihrer theoretischen Grundlegung bestand, die ihr einen wissenschaftlichen Charakter verlieh. Im Verlauf der weiteren Entwicklung erwies es sich als weniger wichtig, daß diese theoretische Grundlage weitgehend spekulativ war, entscheidend wurde die wissenschaftliche Denk- und Arbeitsweise, die damit verbunden war und die die Verarbeitung des empirisch gewonnenen Wissensgutes möglich machte. Weiterhin konnte deutlich gemacht werden, daß die wissenschaftliche Biologie im Rahmen der Philosophie entstand, da die Formulierung und Beantwortung von biologischen Fragestellungen stets auf dem Boden der jeweiligen gesamtphilosophischen Konzeption erfolgte. Von einer speziellen biologischen Fachliteratur in dieser Zeit können wir aus diesem Grund nur dann sprechen, wenn wir diesen Begriff ausweiten und diejenige Literatur mit hinzurechnen, die das empirisch gewonnene biologische Wissensgut verarbeitete. Dieser Umstand ist indessen nicht als Mangel zu bewerten, da in dieser Zeit weder von ausgebildeten naturwissenschaftlichen Disziplinen noch von ihrer Spezialisierung im modernen Sinne gesprochen werden kann. Die Verhältnisse änderten sich in der nachfolgenden Periode, die auf naturwissenschaftlichem Gebiet in erster Linie durch das Werk des ARISTOTELES geprägt worden ist.

2.3. Theoretische Konzeptionen und die Entwicklung biologischer Disziplinen

Wie bereits oben (2.2.) vermerkt, ist die Verselbständigung der Biologie als das Ergebnis einer Entwicklung zu sehen, die durch die von ARISTOTELES geschaffene und alle wissenschaftlichen Disziplinen umfassende Konzeption der Wissenschaft inauguriert wurde. Das 4. Jh. v. Chr., in dem ARISTOTELES gelebt hat (384–322 v. Chr.), war eine Zeit, in der Restaurationsbestrebungen und Neuentwicklungen nebeneinander herliefen, besonders auf dem Gebiet der Philosophie und der Wissenschaft, die in dieser Periode so bedeutende Vertreter wie PLATON (427–347 v. Chr.) und vor allem dessen Schüler ARISTOTELES hervorbrachten. Während die Auflösung bisher gültiger Normen PLATON zum Verzicht auf die Erkennbarkeit der materiellen Prozesse führte und ihn in seiner Gesellschaftstheorie zu einem Vertreter der aristokratischen Restaurationsbestrebungen machte, bil-

---

[1]) Vgl. bes. CAPELLE 1910, S. 277 ff., und STEIER 1931.
[2]) S. LONIE 1969 und 1981, S. 211 ff.

dete sie für ARISTOTELES die Voraussetzung für eine intensive und unvoreingenommene geistige Auseinandersetzung mit dem gedanklichen Erbe der Vergangenheit,[1]) wodurch es ihm gelang, die wissenschaftliche Forschung auf neue Grundlagen zu stellen und damit das antike Denken auf die nachhaltigste Weise zu beeinflussen.

2.3.1. Theorien des ARISTOTELES über Lebensprozesse und seine Zoologie

ARISTOTELES war der erste große Enzyklopädist. Das von ihm und von den Anhängern der von

ihm in Athen gegründeten peripatetischen Schule[2]) geschaffene Lehrgebäude zeichnet sich durch den Versuch aus, alle Erscheinungen des menschlichen Lebens und alle Erscheinungen der Natur unter einheitlichen Gesichtspunkten zu analysieren und einzuordnen (Abb. 7).

Es wurde bereits angedeutet, daß PLATON die Erkenntnisfähigkeit des Menschen negiert hat. Für ihn ist das Bild, das der Mensch von den realen Gegenständen und ihrem Verhältnis zueinander gewinnt, nur ein flüchtiger Schatten der Ideen, die das wahre Wesen der Dinge ausmachen. Diese Grundthese der Platonischen

---

[1]) Vgl. REGENBOGEN 1931, der den Quellen der Aristotelischen Naturwissenschaft nachgegangen ist.

[2]) Der Name „Peripatos" bezeichnet die Lehrstätte dieser Schule, den Wandelgang im Gymnasium des Heiligtums des Apollon Lykeios. Nach dem Beinamen des Apollon wurde sie auch *Lykeion* (davon Lyzeum) genannt.

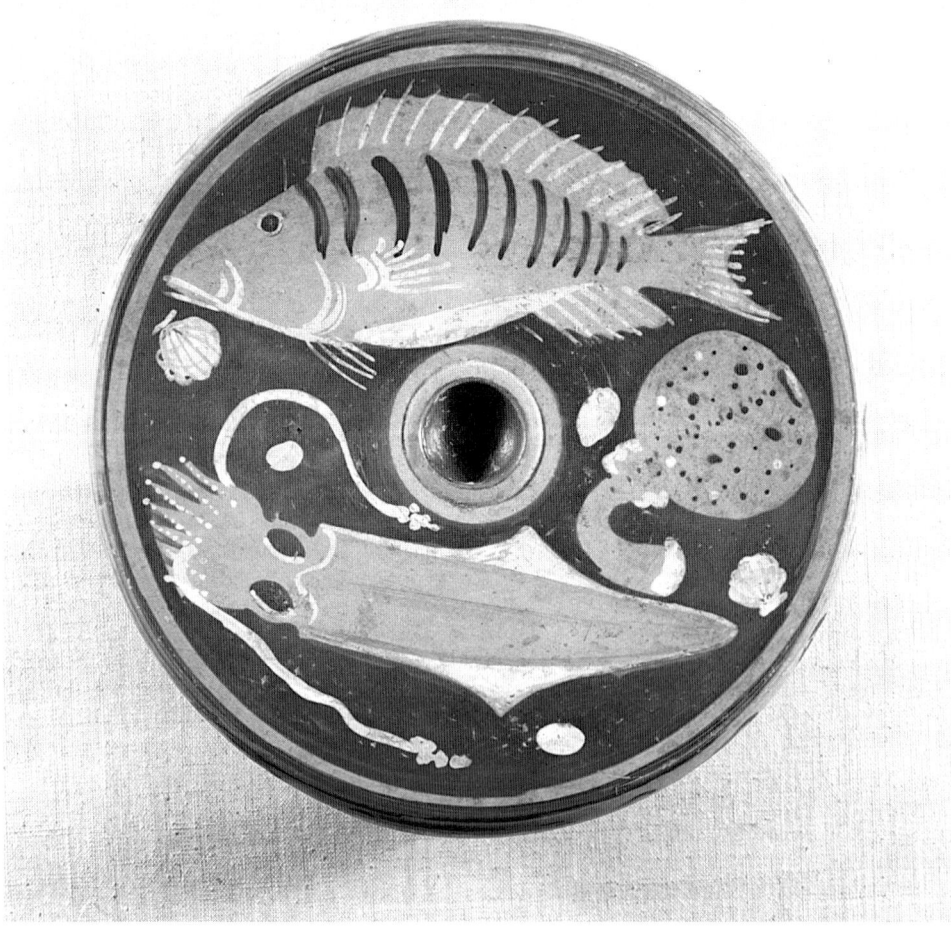

Abb. 7. Kampanisch-rotfiguriger Teller (Ende 4. Jh. v. Chr.) mit Darstellungen von Marmorbrasse, Zitterrochen, Tintenfisch und Muscheln (Antiken-Sammlung des Kunsthistor. Museums Schwerin, Inv.-Nr. 744. Photo Thomas HELMS, Schwerin); vgl. auch K. ZIMMERMANN 1967, S. 563 f.

Philosophie lehnte ARISTOTELES ab, da sie seiner Meinung nach weder die Ursachen des Entstehens noch die des Vergehens in der Natur zu erklären imstande sei. Für ihn waren die Elemente, die Grundbestandteile alles Seienden, sinnlich wahrnehmbare Dinglichkeiten, und so war es denn nur folgerichtig, wenn er die sinnliche Wahrnehmung als Quelle objektiver Erkenntnis ansah.[1]

Das zweite Kernstück der Aristotelischen Lehre bildete seine Theorie von der Materie und der Bewegung. Danach stehen sich in bezug auf das Werdende Materie und Form als Möglichkeit (*Potentialität*) und als Verwirklichung (*Entelechie*) gegenüber. Den Übergang von der Potentialität zur Verwirklichung der in der Materie präformierten Form bezeichnete ARISTOTELES als Aktivierung (*Aktualität*), wodurch es ihm möglich wurde, zwischen den potentiellen und aktuellen Eigenschaften der Materie zu unterscheiden. Da aber die Form von ihm sowohl als Ursache wie als Ziel der als Bewegung gedeuteten Veränderung der Materie zur *Entelechie* hin gesehen wurde, mußte er, weil jede Bewegung eine in Gang setzende Ursache voraussetzt, zur Annahme eines selbst unbewegten Bewegers, d. h. eines göttlichen Prinzips, gelangen, das er als stofflose, ewige Form, als die reine, mit keiner Potentialität behaftete Aktualität umschrieb.

Wenn der potentielle Zustand der Materie als Vorstufe ihrer aktuellen Form betrachtet wird, dann ergibt sich daraus, daß das niedere Entwicklungsstadium als Potentialität im Verhältnis zum höheren Entwicklungsstadium, das dessen Verwirklichung darstellt, gesehen werden muß. Auf diese Überlegung gründete ARISTOTELES seine Vorstellung von dem gegenseitigen Verhältnis zwischen der unbelebten und der belebten Natur einerseits und den einzelnen Formen der belebten Natur zueinander andererseits. Diese Vorstellung entspricht dem Bild einer Stufenleiter, deren niedrigste Sprosse die unbelebte Natur darstellt, bei der die Materie noch über die Form herrscht, und deren höhere Sprossen die belebte Materie versinnbildlichen, bei der die Materie von der Form beherrscht wird. Als Ausgangspunkt für die Klassifikation der belebten Wesen diente ihm die Überlegung, daß die Form der belebten Wesen die Seele sein müsse, die ihre *Entelechie* darstellt und sich als *Principium formans* in Gestalt, Lebensäußerungen und körperlichen Veränderungen manifestiert. Das bedeutete nun seinerseits, daß ARISTOTELES in Anwendung der von ihm von PLATON übernommenen Lehre von der Dreitei-

lung der Seele in einen Seelenteil für Vernunft, einen weiteren für Gemütsbewegungen und einen dritten für Stoffwechselprozesse zu einer Einteilung nach verschiedenen Vollkommenheitsgraden gelangen mußte. Er unterschied folgerichtig zwischen Pflanzen, die nur die Fähigkeit der Assimilation und Reproduktion hätten, den Tieren, die darüber hinaus die Fähigkeit der Empfindung, der Bewegung und des Begehrens aufwiesen, und dem Menschen, der außerdem noch über die Vernunft verfügte und deshalb als das höchste Lebewesen angesehen werden müßte. Eine derartige Klassifikation hat aber mit dem Gedanken an die generelle Entwicklungsmöglichkeit niederer Lebensformen zu höheren hin im Sinne der Deszendenztheorie nichts gemein, da der Besitz bzw. der Nichtbesitz eines bestimmten Seelenteils die jeweiligen Lebensäußerungen der Pflanzen, der Tiere und des Menschen für immer determinierte. Bei der Unterscheidung zwischen den potentiellen und aktuellen Formen der Materie hatte ARISTOTELES somit nur die Entwicklung innerhalb einer bestimmten, in sich selbst gleichbleibenden Art im Sinn,[2] und es ist daher nicht zufällig, daß gerade diese, im Mittelalter kanonisierte Lehre die Entwicklung der Evolutionsvorstellungen lange Zeit hemmte (vgl. 3.3.3.).

Aus der Aristotelischen Lehre von der Materie und Bewegung ergibt sich auch die letzte wichtige Eigentümlichkeit seines Systems. Da das göttliche Prinzip, das die Bewegung in Gang setzt, zugleich die Verkörperung des reinen Geistes ist, müssen die von ihm ausgelösten Bewegungen sowohl vernünftig, d. h. sinnvoll, als auch zweckgerichtet sein. Daraus folgt, daß die Natur nach einem vernünftigen Prinzip aufgebaut sein, jede *Entelechie* einen bestimmten Zweck verfolgen muß, daß, mit anderen Worten, die Natur nichts umsonst tut. In der Biologie führte diese teleologische Anschauung (von τέλος = Zweck) zu der Vorstellung, daß die Morphologie eines Organs allein durch dessen Funktion bestimmt werde, wodurch die eigentliche morphologische Forschung, d. h. die Anatomie, bestenfalls als Hilfsdisziplin der Physiologie fungierte. Die Teleologie findet ihren vielleicht deutlichsten Ausdruck in der von ARISTOTELES – im Gegensatz zu ANAXAGORAS – vertretenen Ansicht, „der Mensch sei nicht deshalb das verständigste unter den Lebewesen, weil er Hände hat, sondern umgekehrt, er habe Hände, weil er das verständigste Lebewesen ist" (*De part. anim.* IV 10: 687a5–b25, bes. a5–10). Die Teleologie als wissenschaftliches Prinzip lieferte aber auch die Grundlage für ein scheinbar sicheres

---

[1] Vgl. HARIG 1983 b, S. 164.

[2] S. H. MEYER 1909, S. 84 ff., und LÖTHER 1983, S. 177 f.

System des Wissens, da die erkennbare bzw. ableitbare funktionelle Zweckgerichtetheit die Notwendigkeit einer kausalen Untersuchung leicht übersehen ließ.[1])

Wir haben oben (2.2.2.1.) gesagt, daß die Entwicklung des Viererschemas ebenso wie die der Zeugungs- und Vererbungslehren für die antike Biologie entscheidend geworden ist. Zu beiden Themen hat ARISTOTELES wesentliche Beiträge geliefert.

2.3.1.1. Das Viererschema

Die Elementenlehre des ARISTOTELES unterscheidet sich grundlegend von der seiner Vorgänger. In Weiterentwicklung der Platonischen Vorstellungen trennte er die göttliche Welt von der irdischen. Während jene seiner Ansicht nach vom Äther erfüllt ist, besteht diese aus den vier Elementen des EMPEDOKLES, denen – und das ist besonders wichtig – von ARISTOTELES die vier Qualitätenpaare zugeordnet wurden. Entstanden nach EMPEDOKLES die Dinge aus einer mechanischen Vermengung der Elemente, die dabei selbst unverändert bleiben, so gehen die Elemente ARISTOTELES zufolge eine Mischung ein, in der sie durch ihre entgegengesetzten Qualitäten aufeinander wirken, wodurch ein Element in ein anderes übergehen bzw. aus einem anderen entstehen kann. Die Mischung der Elemente und die bei dieser Mischung stattfindenden Veränderungen liefern für ARISTOTELES die Ursache für das Entstehen und Vergehen in der Natur.

Damit hat ARISTOTELES einen der Entwicklung der medizinischen Theorie analogen Schritt vollzogen. Nunmehr bestanden gleichberechtigt nebeneinander zwei Lehrmeinungen: in der Medizin die durch die Verbindung der Viersäftelehre mit der Vierqualitätenlehre entstandene Lehre von den Doppelqualitäten der Säfte und in der Philosophie die Lehre von den Doppelqualitäten der Elemente, wobei in der Medizin die Säfte und in der Philosophie die Elemente als Grundbestandteile der Körper galten. Zu einer Verschmelzung der beiden Lehrmeinungen kam es bei ARISTOTELES nicht, diese wurde erst rund 500 Jahre später von GALEN vollzogen (s. unten S. 78).

2.3.1.2. Die Zeugungs- und Vererbungslehre

Den Ausgangspunkt der Aristotelischen Zeugungstheorie bildet die hämatogene Samenlehre, die ebenfalls im naturphilosophischen Denken ihre Wurzeln hat und nach ihrem Ausbau durch ARISTOTELES im Bereich der Biologie die Pangenesislehre von ihrer beherrschenden Stellung verdrängte. Ihre zentrale Frage betrifft die Herkunft des Samens. Die Antwort darauf lautet: Der Samen ist ein Produkt des Blutes, das im Verlauf eines Umwandlungsprozesses in einen dünnen, warmen und schaumigen Zustand versetzt und auf diese Weise zum Samen wird. Diese Vorstellung, die, wie gesagt, ihren Ursprung bereits in der Naturphilosophie, besonders bei DIOGENES VON APOLLONIA (499–427 v. Chr.), einem Vertreter der jüngeren ionischen Schule, hat, stellt für ARISTOTELES den ersten Ausgangspunkt für sein, vor allem teleologisch gedeutetes, allumfassendes System der Zeugung und Vererbung dar.

Den zweiten Ausgangspunkt findet ARISTOTELES in der von ihm vorgenommenen begrifflichen Bestimmung der Geschlechter. Er sieht im männlichen Geschlecht das Prinzip der Bewegung und der Zeugung und im weiblichen Geschlecht das Prinzip des Stoffes verkörpert. Anders ausgedrückt, das männliche Lebewesen ist für ihn dasjenige, welches in ein anderes zeugt, und das weibliche dasjenige, welches in sich selbst zeugt.

Darauf aufbauend, untersuchte ARISTOTELES mit Hilfe von Analogieschlüssen zunächst die Funktion der Hoden. Aufgrund von anatomischen und physiologischen Beobachtungen bei Fischen und Schlangen, bei denen er keine Hoden, sondern nur Samengänge feststellen zu können glaubte, die er dem *Ductus deferens* der Säugetiere gleichsetzte, gelangte er zu der Überzeugung, daß die Hoden für die Samenproduktion keine Bedeutung hätten, daß sie vielmehr lediglich den zeitlichen Ablauf des Zeugungsaktes insofern beeinflussen, als sie ihn verlangsamen.[2]) In Übereinstimmung mit der Grundthese der hämatogenen Samenlehre definierte er weiterhin den Samen als ein $περίττωμα$, d. h. als einen Nahrungsrückstand bzw. Nahrungsüberschuß, der, wie er meinte, im Stoffwechselprozeß aus der unter Einwirkung von Wärme in Blut umgesetzten Nahrung gebildet wurde. Ungenaue, weil nur makroskopische, anatomische Untersuchungen, die ihn zu der Annahme veranlaßten, daß die *Aa.* und *Vv. spermaticae* in den *Duct. def.* einmünden, waren schließlich der Grund für seine Behauptung, daß der Samen im *Duct. def.* gebildet werde. Beim weiblichen Geschlecht fand er das Analogon zum Samen in den Katamenien, deren Entstehung er in Anlehnung an die Sexusdifferenzierung des EMPEDOKLES durch den Unterschied Warm–Kalt mit der

---

[1]) Zur Teleologie vgl. bes. EUCKEN 1872, S. 67 ff.; THEILER 1925; KULLMANN 1979.

[2]) Vgl. BALSS 1936, S. 9.

Kälte des weiblichen Geschlechts erklärte, das infolge dieser seiner konstitutionell bedingten Kälte nicht imstande sei, die Nahrung bis zum Stadium des Samens zu verarbeiten, sondern nur bis zu dessen unmittelbarer Vorstufe, dem Blut. Da er dabei gleichzeitig diese konstitutionell bedingte Unfähigkeit als Schwäche wertete, stufte er die Frau niedriger ein als den Mann, die ihm auf diese Weise gewissermaßen als eine Verstümmelung des Mannes erschien.

Die teleologische Interpretation der Naturvorgänge sowie die Festlegung, daß das männliche Geschlecht das Prinzip der Zeugung und Bewegung und das weibliche das des Stoffes verkörpere, lieferten ARISTOTELES die Grundlage für seine Darstellung der Entwicklungsvorgänge. Danach leitet der Samen die Entwicklung des Keimes ein, indem er auf den weiblichen Katamenienstoff Form und Bewegung überträgt. Diese Übertragung erfolgt nun so, daß von der körperlichen Substanz des Spermas selbst nichts in den Keim übergeht, sondern daß diese sich verflüchtigt und zu Pneuma wird. Der Samen wirkt also als Bewegungsimpuls auf die von den Katamenien gebildete Materie ein, die von dessen Wirkprinzipien durchdrungen und gestaltet wird. Den ganzen Vorgang machte ARISTOTELES u. a. am Beispiel der Herstellung eines Stuhles deutlich, bei der die vorher im Geist des Tischlers vorhandene Vorstellung von der Stuhlform, die die Tätigkeit seiner Hände leitet, ebenfalls nicht als stofflicher Anteil in das Endprodukt einginge.

Für ARISTOTELES wird also unter Zuhilfenahme der Form-Materie-Antithese die im Erzeuger verwirklichte Form zum Ausgangspunkt und zum Ziel des Entwicklungsvorganges. Wenn ARISTOTELES diesen selben Vorgang jedoch unter dem Aspekt der Potentialität und Aktualität analysiert, so stellt der Keim, der durch das unter Einwirkung der Wärme sich vollziehende Zusammentreten und Sich-Verfestigen der ursprünglich flüssigen Katamenien entstanden ist und gleichsam als das Werkstück des Erzeugers erscheint, für ihn die im Samen enthaltene potentielle Anlage dar, während das fertige Individuum die Verwirklichung dieser Anlage ist.

Die Entwicklung des Keimes selbst deutete ARISTOTELES als einen epigenetischen Vorgang, d. h. als einen Vorgang, bei dem die einzelnen Teile nacheinander unter der Einwirkung des durch den Samen übertragenen Bewegungsimpulses entstehen.[1]) Als Ursprung der Organgenese sah er das Herz an, dieses sei das Zentrum, von dem die geordnete Gliederung des Körpers aus-

geht, und es könne deshalb diese Funktion erfüllen, weil es zum Sitz der Wärme und des Formprinzips, d. h. der Seele, wird. So konnte ARISTOTELES behaupten, daß der Körper des Keimes von der Mutter, die Seele aber vom Vater stamme, da die Seele die Wesensform des Körpers bzw. sein *Principium formans* ist, das die weitere Entwicklung des Keimes bestimmt.

Die dargestellten Gedankengänge bilden die Voraussetzung für das Verständnis der Aristotelischen Vererbungstheorie. Die *Entelechie* des vom Samen auf die Katamenien wirkenden Prinzips der Form und der Bewegung konnte ARISTOTELES nach dem, was gesagt wurde, nur dann als verwirklicht ansehen, wenn im gezeugten Nachkommen nicht nur die Art, z. B. die Art Mensch, sondern auch die Individualität des Erzeugers, d. h. neben den individuellen Eigenschaften des Vaters auch sein Geschlecht vererbt wurde. Einen weiblichen Nachkommen mußte er daher folgerichtig als das Resultat einer verhinderten *Entelechie* und somit als eine Art Mißbildung werten. Diese Verhinderung könne logischerweise, wie er weiter ausführt, nur aufgrund einer Schwächung des formbildenden Prinzips eintreten, einer Schwächung, die durch die Katamenien, also den Stoff, auf den das Prinzip wirkt, bedingt sein müsse, etwa so wie ein Schneidewerkzeug durch das, was geschnitten wird, stumpf wird. Da es nun nach ARISTOTELES denkbar ist, daß die Verhinderung der *Entelechie* in verschiedenen Abstufungen erfolgt, müssen zwangsläufig auch die Auswirkungen der Hemmung auf die Vererbung sehr unterschiedlich sein. Während bei einer vollständigen Hemmung die Eigenschaften der Mutter vererbt werden müßten, könne z. B. in einem anderen Fall entweder die Individualitäts- oder die Geschlechtskomponente des Samens völlig unterdrückt sein, woraus die gekreuzt-geschlechtliche Ähnlichkeit zwischen Vater und Tochter bzw. Mutter und Sohn resultiert. In einem weiteren Fall könnten beide Komponenten abgeschwächt sein, dann wiese der Sohn zwar nicht mehr die Eigenschaften des Vaters, dafür aber die des Großvaters usw. auf. Den Erbgang in der mütterlichen Vorfahrenreihe erklärt ARISTOTELES dagegen widersprüchlicherweise mit der Abschwächung der Bewegungskomponente in den Katamenien, obwohl diese an sich seiner Theorie nach kein aktives formbildendes Prinzip enthalten.

Abschließend sei noch vermerkt, daß ARISTOTELES die geschlechtliche Zeugung zwar für die weitaus wichtigste und für die in der Natur vorherrschende hielt, daß er aber daneben noch drei weitere Arten der Zeugung kannte: die

---

[1]) S. H. MEYER 1909, S. 54 f., und NICKEL 1983; vgl. auch KULLMANN 1979, S. 42 ff., und ALTHOFF 1992.

hermaphroditische bzw. parthenogenetische bei einigen Pflanzen, Bienen und Fischen, die Knospung bei niederen Tieren und die Urzeugung, die sog. *Generatio aequivoca*. Die Vorstellung von der spontanen Entstehung einiger Lebewesen hatte im griechischen Denken eine alte Tradition, begründet wurde sie von ARISTOTELES, der wie seine Vorgänger bei gewissen Insekten wie Flöhen, Läusen, Mücken usw. den Ort und den Stoff, in dem sie sich entwickelten, als das Entstehungsprinzip ansah, aus dem die Bildung vor sich gehen sollte. Die Entstehung selbst sollte nach ARISTOTELES durch die Fäulnis der betreffenden Stoffe begünstigt werden, d. h. durch das Vorherrschen der warmen und feuchten Primärqualität.[1]) In dieser Interpretation wurde die Lehre von der Urzeugung zum allgemein anerkannten wissenschaftlichen Gut, ihre endgültige Widerlegung erfolgte erst im 19. Jh. durch L. PASTEUR (vgl. 9.4. u. Abb. 125).

2.3.1.3. Zoologische Schriften und methodische Grundsätze

Im I. Buch seiner Schrift *De partibus animalium* (Über die Teile der Tiere) äußert sich ARISTOTELES zur Methode der biologischen Forschung. Er geht dabei von der Frage aus, ob es für die Biologie zweckmäßiger sei, zuerst das Gemeinsame jeder Tiergattung zu untersuchen und danach die Besonderheiten zu behandeln, oder ob man sich sogleich an die detaillierte Beschreibung eines jeden Lebewesens machen müsse. Nach der ersten Methode gingen die Mathematiker bei der Darstellung astronomischer Probleme vor, in der Biologie bedeute dieses Verfahren, daß der Naturforscher sich zunächst über die Erscheinungen in der Tierwelt und über die einzelnen Teile eines jeden Tieres, d. h. über seinen anatomischen Aufbau, Klarheit verschaffen müsse und sich erst in einem zweiten Arbeitsgang der Erforschung der Ursachen dieser Erscheinungen widmen könne. ARISTOTELES hält dieses Vorgehen für richtiger. Mit anderen Worten, die Grundlage der biologischen Forschung sieht er in der Darstellung der Erscheinungen, von denen ausgehend er die theoretischen Fragen nach den Ursachen und nach dem Entstehen behandelt wissen möchte. Allerdings bedeutet das nach Aristotelischem Verständnis nicht die Entscheidung für eine bloße Darlegung des Tatsachenmaterials, ihm geht es vielmehr um theoretische Erfassung und Interpretation dieses Materials unter dem Blickwinkel seiner teleologischen Betrachtungsweise, um eine Interpreta-

tion also, für die diesces Material die Beweise liefern soll. Wenn ARISTOTELES somit auch in der Biologie die Gültigkeit theoretischer Verallgemeinerungen und den entscheidenden Stellenwert der logischen Deduktion nicht prinzipiell in Frage gestellt hat, so gelangte er doch durch sein von den von ihm gemachten Beobachtungen bestimmtes methodisches Vorgehen im biologischen Bereich zumindest ansatzweise zu einer Relativierung des theoretisch-spekulativ vorgegebenen Ausgangspunktes.[2])

Diese theoretische Grundhaltung liegt allen zoologischen Schriften des ARISTOTELES zugrunde, zu denen neben der bereits angeführten Schrift *De part. anim.* noch die Schriften *Historia animalium* (Tierkunde), *De generatione animalium* (Über die Zeugung der Tiere), *De motu animalium* (Über die Bewegung der Tiere), *De incessu animalium* (Über die Fortbewegung der Tiere) und die Schrift *De anima* (Über die Seele) gehören.[3]) In diesen Werken wurde das gesamte zoologische Wissen seiner Zeit, das durch eigene Beobachtungen, auch bei Tiersektionen,[4]) sowie durch Untersuchungen seiner Schüler ergänzt wurde, unter einheitlichem Gesichtspunkt analysiert und auf diese Weise zu einem imponierenden Lehrgebäude ausgebaut.

Wenn die Forderung nach Erfassung der äußerlichen Erscheinungen der Tierwelt auf der einen Seite das Sammeln von Beobachtungen und Tatsachen voraussetzte, so hatte sie auf der anderen Seite zur Folge, daß die wissenschaftliche Bearbeitung dieses Materials gleichzeitig ein wie auch immer geartetes Ordnen beinhalten mußte. Bei diesem Ordnen, dessen Ziel in der vergleichenden Erfassung der Unterschiede (*differentiae*) der einzelnen Tiere bestand und dessen erstmalige systematische Anwendung durch ARISTOTELES zwei neue wissenschaftliche Forschungsgebiete, die vergleichende Anatomie und Physiologie, entstehen ließ, konnte ARISTOTELES sich zum einen auf Erfahrungen seiner Vorgänger stützen – wir haben oben (S. 59) gezeigt, daß man sich auch schon in voraristotelischer Zeit mit den Fragen der Systematisierung der Tiere beschäftigt hatte – und zum anderen von PLATON ausgehen, der, wie GALEN (*Meth. med.* IX 7: X 659 K[5])) es später formulierte, die Methode der Zusammensetzung einer jeden wissenschaftlichen Disziplin gelehrt und dabei

---

[1]) Vgl. dazu bes. RODEMER 1928 und VON LIPPMANN 1933, S. 5–20.

[2]) S. HARIG 1983 b.
[3]) Vgl. den Überblick über das zoologische Werk des ARISTOTELES bei DÜRING 1966, S. 506 ff., und PREUS 1975, S. 43 ff.
[4]) S. EDELSTEIN 1932, S. 145.
[5]) Zitiert nach der GALEN-Ausgabe von C. G. KÜHN, Leipzig 1821–1833 (Nachdr. Hildesheim 1964/1965).

gezeigt hatte, daß man durch fortschreitende Teilung (*diairesis*) vom Allgemeinen zum Einzelnen kommen kann, das nicht mehr teilbar ist. Der diairetischen Methode PLATONS lag der von ihm geprägte Satz vom Widerspruch zugrunde, dem zufolge ein Objekt nicht gleichzeitig unter das Seiende und das Nichtseiende subsumiert werden kann.[1]) Ihre Kennzeichen bestanden deshalb erstens in der *Dichotomie*, der Zweiteilung, die sich nach dem Prinzip der Position und Kontradiktion richtete, und zweitens in dem Verfahren, ein Objekt nach fehlenden Eigenschaften zu definieren. Bei den Bemühungen, mit Hilfe der Klassifizierung zur letzten, unteilbaren Art (εἶδος – Spezies) eines belebten oder unbelebten Objektes zu gelangen, führte die *Diairese* bei PLATON und in der von ihm begründeten Akademie dazu, die Art als systematisch-logischen Ordnungsbegriff aufzufassen und dem gelegentlich auch schon übergeordneten Begriff Gattung (γένος – Genus) entgegenzusetzen. Diese Begriffsdeutung, die für jede naturwissenschaftliche Systematik einen ungeheuren Fortschritt bedeutete und die Grundlage für jede enkaptische Gliederung darstellte, setzte sich sofort allgemein durch. Bezeichnenderweise wurde das Platonische diairetische Verfahren bereits von SPEUSIPPOS, dem Nachfolger PLATONS in der Leitung der Akademie, bei der Klassifizierung der Tier- und Pflanzenwelt angewandt, um damit eine möglichst lückenlose Systematik aufzubauen.[2])

Aufgrund seiner biologischen Kenntnisse kam ARISTOTELES zu der Ansicht, daß die beiden Kennzeichen der Platonischen *Diairese* zumindest in der Biologie erweiterungsbedürftig oder sogar falsch sind. Denn man könne etwa mit der Teilung einer Tiergattung in zwei Arten weder alle zu einer Gattung gehörenden Arten erfassen noch diese Gattung als systematische Kategorie erhalten, da man sie mit der *Dichotomie* spalten würde. Anstelle der *Dichotomie* führte er deshalb *Diairesen* mit mehreren Untergruppen ein. Ebenso sah er auch in dem Fehlen einer Eigenschaft, in der Privation, keine Möglichkeit zur positiven Unterscheidung, da die Negation im Gegensatz zur Position nicht mehr weiter unterteilt werden kann und somit im Rahmen der *Diairese* lediglich in der letzten Etappe der Unterteilung als systematische Kategorie benutzbar ist.[3])

Möglicherweise waren es gerade diese Fehler in der Logik seiner Vorgänger,[4]) die ARISTOTELES veranlaßten, das induktive Vorgehen stärker zu betonen. Das führte ihn allerdings nicht dazu, seine Bestrebungen auf die Einführung irgendeiner Art von Systematik auszurichten. Ihm kam es vielmehr, wie oben gezeigt wurde, darauf an, durch Erfassen und durch immer neuen Vergleich der verschiedenen *Differentiae* miteinander eine neue theoretische Grundlage der Biologie zu schaffen. Daß er dabei notwendigerweise unter Weiterverwendung der im Gegensatz zur modernen Taxonomie nicht fixierten, sondern fließenden Begriffe Gattung und Spezies[5]) auch zur Aufstellung von bestimmten Tiergruppen mit entsprechenden Unterteilungen kommen mußte, ist offensichtlich; die Widersprüche zwischen den von ihm postulierten Gruppen untereinander einerseits sowie das Fehlen einer systematischen Zusammenstellung dieser Gruppen in Form einer Übersicht andererseits – das unter seinem Namen bekannte tabellarisch geordnete System ist von anderen nach seinen Schriften zusammengestellt worden – beweisen aber, daß man ihn weder als den Schöpfer eines natürlichen noch als den eines künstlichen Systems bezeichnen kann.[6])

Seine Verdienste liegen woanders. Das von ihm unter Mitwirkung seiner Schüler erstmalig systematisch angewandte induktive Verfahren versetzte ihn in die Lage, ein ungeheures Tatsachenmaterial wissenschaftlich durchzuarbeiten. Dabei sind für die weitere Entwicklung der Zoologie neben der Menge des von ihm bear-

---

[1]) S. SOLMSEN 1929, S. 118. Zur Platonischen Diairese vgl. auch HERTER 1978.
[2]) S. LANG 1911, S. 7 ff., und STENZEL 1929; vgl. auch JAEGER 1923, S. 18 f., und 1963, S. 178 ff.
[3]) Zur Aristotelischen Kritik der Platonischen Diairese und zum diairetischen Verfahren des ARISTOTELES

selbst s. bes. VON FRAGSTEIN 1967; BALME 1961, S. 198 f.; KULLMANN 1974, S. 197 ff.; PELLEGRIN 1982, S. 25 ff.
[4]) Vgl. ALLAN 1955, S. 38. – Die logischen Unzulänglichkeiten der Platonischen Diairese illustriert auch sehr hübsch die Geschichte, die DIOGENES LAERTIOS von dem Kyniker DIOGENES VON SINOPE erzählt, der als Antwort auf PLATONS Definition des Menschen als eines federlosen, zweifüßigen Lebewesens einen Hahn rupfte und ihn mit den Worten: „Das ist Platons Mensch." in die Akademie brachte (*Leben und Meinungen berühmter Philosophen* VI 40, übers. von O. APELT, Berlin 1955, Bd. I, S. 314).
[5]) Vgl. LOUIS 1955, LLOYD 1961 und 1962 a, BALME 1962, KULLMANN 1974, S. 255 ff., 342 ff., PELLEGRIN 1982, S. 73 ff., sowie KRAFFT 1971 b und 1974. – Zur Verwendung dieser Begriffe in der modernen Biologie s. GRENE 1972, S. 408 ff., bes. S. 415 ff.
[6]) Die Auffassung von J. B. MEYER 1855, daß man ARISTOTELES zwar nicht als Begründer der künstlichen Systematik ansehen dürfe, daß ihm aber das Verdienst zugesprochen werden kann, die natürliche Systematik geschaffen zu haben, wurde von BALME 1961 widerlegt, der nachwies, daß bei ARISTOTELES auch von einer natürlichen Systematik nicht die Rede sein kann.

beiteten Materials – man hat rund 500 von ihm beschriebene Tierarten identifiziert – besonders die Ergebnisse wichtig geworden, die sich eben aus der theoretisch untermauerten und damit über eine rein empirische Tatsachensammlung hinausgehenden Anwendung des induktiven Verfahrens ergaben. Erst dieses wissenschaftliche Vorgehen machte ARISTOTELES zum Begründer der vergleichenden Anatomie und Physiologie (hier besonders auf dem Gebiet der Fortpflanzungslehre[1])) und, obwohl er sich diese Aufgabe selbst nicht stellte, auch zum Ahnherrn der Systematik, da er sich zur Feststellung der *Differentiae* der aus der Lebensweise, den Gewohnheiten und dem Körperbau der Tiere abgeleiteten Kategorien bediente – ein Vorgehen, das sich als bahnbrechend erweisen sollte. Diese grundlegenden Verdienste wiegen, historisch gesehen, seine spekulative Interpretation der durch Induktion gewonnenen Ergebnisse auf, da sie den Weg aufzeigten, auf dem neue Erkenntnisse gewonnen werden konnten.

2.3.2. Die peripatetische Schule und die Botanik des THEOPHRAST

Wir haben bereits mehrmals die von ARISTOTELES gegründete peripatetische Schule erwähnt und darauf hingewiesen, daß die von ihm erzielten Ergebnisse zweifellos unter Mitwirkung seiner Schüler entstanden sind. So ist es nur natürlich, daß die naturwissenschaftlichen Interessen des ARISTOTELES auch nach seinem Weggang aus Athen die Forschungsrichtung seiner Schüler beeinflußt haben. In unserem Zusammenhang wäre zunächst PHANIAS VON ERESOS zu nennen. Seine große Schrift über die Pflanzen ist verlorengegangen. Die wenigen erhaltenen Fragmente lassen erkennen, daß er die induktive Methode seines Lehrers übernommen und sich besonders für Samen und Fortpflanzung der Pflanzen interessiert hat.

Der unmittelbare Nachfolger des ARISTOTELES in der Leitung der Schule war THEOPHRAST VON ERESOS (371–287 v.Chr.), der als echter Schüler seines Lehrers in seinen wissenschaftlichen Interessen eine fast bewunderungswürdige Vielseitigkeit zeigte. Man kann mit großer Wahrscheinlichkeit annehmen, daß er sich noch unter der unmittelbaren Anleitung des ARISTOTELES seinen botanischen Studien zu widmen begann. Die Ergebnisse dieser sicherlich langjährigen

Studien sind in seinen beiden großen, vollständig erhaltenen Schriften, in der *Historia plantarum* (Pflanzenkunde) und in *De causis plantarum* (Über die Ursachen der Pflanzen) niedergelegt worden. Sie haben für die Entwicklung der Botanik dieselbe Bedeutung gewonnen wie die zoologischen Schriften des ARISTOTELES für die Entwicklung der Zoologie.

Eine Durchsicht der beiden Schriften zeigt, daß THEOPHRAST bei der Behandlung seiner Thematik dem methodischen Weg folgt, der von ARISTOTELES vorgezeichnet worden war. Mit anderen Worten, auch bei ihm findet man induktives Herangehen vereint mit deduktiv-spekulativer Erklärung der beobachteten Tatsachen. Wenn THEOPHRAST im Verlauf seiner Studien auch ganz offensichtlich zu der Erkenntnis kam, daß die Sinneswahrnehmung und damit das induktive Verfahren höher bewertet werden muß, so berechtigt uns das noch nicht zu der Annahme, daß er methodisch entscheidend über seinen Lehrer hinausgelangt war.[2]) Dagegen spricht ebenfalls die Tatsache, daß er ebensowenig wie ARISTOTELES die grundsätzliche Bedeutung des quantifizierenden Experiments erkannt hatte, das die wichtigste Voraussetzung für das in der Renaissance entwickelte induktive Vorgehen in modernem Sinne bildet. Seine Interessen waren demzufolge auch in der Botanik immer in erster Linie durch seine den Lehren des ARISTOTELES verpflichtete philosophische Anschauung bestimmt. Trotzdem ist für ihn und sein Verfahren eine gewisse gezügelte methodische Vorsicht charakteristisch. Diese möglicherweise aus der Betonung der Induktion resultierende Vorsicht ließ ihn bewußt einerseits nach der Bildung relativer Begriffe suchen, die, ohne eine scharfe Grenze zu ziehen, den Übergang zum nächsthöheren Begriff gestatteten, und andererseits methodische Grundbegriffe mit Fragezeichen versehen, ohne sie deswegen aufzugeben, wie z.B. den Aristotelischen Satz, die Natur mache nichts umsonst, dessen allgemeine Gültigkeit er zwar bezweifelte, den er aber dennoch nicht ablehnte.[3])

Die Aufgabe, die THEOPHRAST sich in der Botanik stellte, bestand entsprechend der von ihm angewandten Methode weniger im Entdecken neuer Pflanzen als vielmehr im Sammeln, Ordnen und in der Interpretation des ihm vorliegenden Materials – es läßt sich nachweisen, daß die weitaus meisten der von ihm beschriebenen etwa 550 Pflanzen schon vor ihm bekannt wa-

---

[1]) Vgl. dazu das von BALSS 1936 zusammengetragene Material.

[2]) Diese Ansicht wurde von G. SENN vertreten, s. vor allem SENN 1933.

[3]) S. REGENBOGEN 1940, Sp. 1469 f., vgl. auch CAPELLE 1949, S. 80, und WÖHRLE 1984.

ren.[1]) Er ging hierbei in der wissenschaftlichen Art seines Lehrers vor, die, wie gezeigt wurde, letztlich in der Feststellung und Auswertung der *Differentiae* bestand, und richtete so sein besonderes Augenmerk auf die konstitutiven Teile der Pflanze und deren Funktion, wodurch er zum Begründer der botanischen Morphologie und Physiologie wurde. Da er in diesem Zusammenhang auch das von KLEIDEMOS aufgeworfene Problem der Pflanzenkrankheiten aufgriff und wissenschaftlich darstellte, schuf er außerdem noch die Grundlage der wissenschaftlichen Pflanzenpathologie. Angesichts dieses Vorgehens wird es verständlich, daß er ebenso wie ARISTOTELES gewisse systematische Gruppen bildete, die für ihn die Grundlage seiner Pflanzenbetrachtung darstellten. Ob man jedoch in diesem methodischen Verfahren eine Art natürlicher Pflanzensystematik sehen kann,[2]) erscheint nach dem Gesagten zweifelhaft, obwohl nicht zu bestreiten ist, daß THEOPHRAST, wie auch schon ARISTOTELES in der Zoologie, durch die Bildung systematischer Kategorien zum Ahnherrn der botanischen Systematik geworden ist.

Zweifellos hat THEOPHRAST die gesamte botanische und landwirtschaftliche Literatur sowohl der voraristotelischen wie seiner eigenen Zeit gekannt und in seinen Schriften ausgewertet. Das dürfte ebenso für die genannte botanische Abhandlung des PHANIAS wie für die pharmazeutisch-botanischen Schriften des Arztes DIOKLES VON KARYSTOS (s. oben S. 60) zutreffen, in dessen Werken, wie wir zeigten, der Einfluß der Platonischen Akademie spürbar wird. Historisch besonders eindrucksvoll sind aber doch wohl die von ihm verwerteten Erkenntnisse der Griechen bei dem Zug ALEXANDERS D. GROSSEN nach dem Osten. Die dadurch bedingte Erweiterung des geistigen Horizonts und die dabei gemachten neuen Erfahrungen schlugen sich auch auf dem Gebiet der Botanik nieder: die Beschreibung und Deutung etwa der indischen Vegetation bei THEOPHRAST, die im übrigen den Beginn einer neuen botanischen Disziplin, den der wissenschaftlichen Pflanzengeographie, anzeigen, bezeugen das.[3])

Abschließend sei noch vermerkt, daß THEOPHRAST auch zoologische Studien betrieben hat. An den uns erhaltenen Fragmenten zu diesem Thema läßt sich zunächst bedeutsamerweise

eine gewisse Skepsis gegenüber der Annahme einer Urzeugung ablesen, die durch dieselben Überlegungen bestimmt worden sein dürfte, wie sie bereits oben besprochen wurden. Bemerkenswert ist vor allem, daß THEOPHRAST offensichtlich durch den Vergleich zwischen Pflanzen und Tieren zu der Erkenntnis kam, daß der bei der Caprifikation der weiblichen Feigenbäume und Dattelpalmen stattfindende Prozeß dem der Befruchtung der Fischeier durch den Samen männlicher Fische analog ist (*De caus. pl.* II 9, 5–15: 203,41–205,53; vgl. 4.2.2.).

Weiterhin finden sich bei THEOPHRAST Andeutungen für sein Interesse an Tierpsychologie. Die Hauptfrage, um die es ihm dabei ging und die seitdem die ganze Antike über eine große Rolle spielte, betraf das Problem der geistigen Begabung der Tiere. Während THEOPHRAST dieses Problem in Übereinstimmung mit ARISTOTELES in der Weise gelöst zu haben scheint, daß er den Tieren Empfindungsfähigkeit und eine gewisse Klugheit zugestand, das Vorhandensein von Vernunft aber bestritt, wurde bereits eine Generation später vom Peripatos unter der Schulleitung des STRATON VON LAMPSAKOS (vgl. S. 71) die Ansicht vertreten, daß auch die Tiere über Vernunft verfügten. Denn nach der Vorstellung des STRATON stellte die Seele etwas Einheitliches dar und die Vernunft somit eine Äußerung der Seele als eines Ganzen und nicht nur eines besonderen Teiles von ihr. Daraus ergab sich aber folgerichtig die Ansicht, daß alle Lebewesen der Vernunft teilhaftig sein müßten (s. dazu auch 2.5.1.).[4])

2.4. Biologie im Hellenismus

Mit der Aneignung der während des Alexanderzuges gewonnenen botanischen Kenntnisse durch die Griechen, wie sie uns bei THEOPHRAST begegnet, wird der Geist einer neuen Zeit spürbar, die mit der Unterwerfung der griechischen Staaten unter die makedonische Herrschaft sowie mit den nachfolgenden Eroberungen ALEXANDERS D. GROSSEN im Osten einsetzte und deren erste Phase THEOPHRAST noch bewußt miterlebte. Diese mit einem Terminus des 19. Jh. als Hellenismus bezeichnete Periode der griechischen Geschichte mit ihren nach dem Tode ALEXANDERS D. GROSSEN unter der Führung seiner Nachfolger, der Diadochen, entstandenen Territorialstaaten ist gekennzeichnet durch die Ausbreitung des politischen und kulturellen Ein-

---

[1]) Vgl. KIRCHNER 1874, S. 483 ff.

[2]) So STRÖMBERG 1937, der hierbei bezeichnenderweise von den ARISTOTELES-Untersuchungen von J. B. MEYER 1855 (vgl. oben S. 67, Anm. 6) ausgeht.

[3]) S. dazu BRETZL 1903, und die neuere Darstellung dieser Problematik bei REGENBOGEN 1940, Sp. 1459 ff.

[4]) S. JOACHIM 1892, S. 12 f.; REGENBOGEN 1940, Sp. 1432; ZELLER 1921, S. 917 ff.; WEHRLI 1950, S. 71.

flusses der Griechen und durch ihre Auseinandersetzung mit der Kultur und dem Wissen der von ihnen unterworfenen Völker, was auch den Naturwissenschaften zugute kam. Der Schwerpunkt der politischen und kulturellen Entwicklung verlagerte sich in die neuen Hauptstädte, in denen die Könige, ihr Hof und ihre Armeen als Träger der politischen Macht fungierten.

Die Erweiterung des geistigen Horizonts durch das Erleben fremder Länder, das gründliche Kennenlernen wenig bekannter Kulturen und die nunmehr gegebene Möglichkeit, sich mit dem traditionsreichen orientalischen Wissen eingehend auseinanderzusetzen, kamen dem aus der peripatetischen Schule stammenden Anstoß zum Sammeln, Ordnen und zur Interpretation des Wissens unter einheitlichen Gesichtspunkten entgegen. Diese Situation erwies sich als so fruchtbar, daß die wichtigsten Entdeckungen der Griechen auf dem Gebiet der Mathematik, der Physik, der Astronomie und zu einem großen Teil auch auf dem der Medizin gerade in dieser Periode der griechischen Geschichte gemacht wurden. Gefördert wurde diese Entwicklung außerdem durch die staatliche Unterstützung der Wissenschaft im Ptolemäischen Ägypten, wo mit der Gründung des *Museions*, einer Institution mit Akademiecharakter, der Versuch unternommen wurde, im Sinne des Peripatos das Wissen zu sammeln, zu katalogisieren und zu erweitern.

Trotz dieser Entwicklung kam es im Hellenismus nicht zu einer völligen Loslösung der Naturwissenschaft von der Philosophie und zu einem grundsätzlichen Zweifel am Primat des deduktiv-spekulativen Denkens, und so wird auch der Einfluß des im 2. Jh. v. Chr. entstandenen Neupythagoreismus verständlich, der mit seiner Kosmos-Spekulation die wissenschaftlich-exakte Denkweise hintansetzte und die Ausbreitung von Magie und Gnosis begünstigte. Negativ wirkten sich weiterhin die unsichere politische Lage, die ständigen Kriege und der fortschreitende politische Zusammenbruch der hellenistischen Welt aus, da sie die zunehmende Flucht des hellenistischen Menschen in die Religion und in persönlich-emotionale Werte förderten. Sie machen auch die skeptische Einstellung gegenüber der Wissenschaft und die auffällige Bindung an die literarische Überlieferung, vor allem an HOMER, begreiflich, den man auf allen Gebieten häufig als höchste Autorität anführte. Als nachteilig erwies sich schließlich auch die allzu große Hochschätzung des Katalogisierens, das man besonders in Alexandria überbewertete. Viele Gelehrte meinten, mit dem Katalogisieren sei die wissenschaftliche Arbeit getan, und diese Ansicht wurde um so gefährlicher, je

mehr man dazu überging, nur die älteren Autoren auszuschreiben und lediglich lexikographisch zu arbeiten. Um so erstaunlicher ist es, daß trotz aller dieser Umstände die griechische Wissenschaft im Hellenismus große Fortschritte machen konnte. Der kurze Zeitraum, der ihre Entwicklung begünstigte, reichte aus, um einen Fundus an geordnetem Wissen zusammenzutragen, der für die folgenden 1700 Jahre, d. h. bis zur Renaissance, als ausreichend empfunden wurde.[1]

2.4.1. Medizinische und philosophische Traditionen in Anatomie, Physiologie und Zoologie

Äußere Umstände, z. B. die Förderung der Wissenschaften durch die ersten ptolemäischen Könige oder die Tatsache, daß die traditionellen ethischen Werte in der neu entstandenen Stadt Alexandria erst allmählich wieder ihre volle Geltung erlangten, ebenso wie wissenschaftsimmanente Faktoren, z. B. die von PLATON inaugurierte Abwertung der Materie, die aus der Ansicht resultierte, daß die Seele den wichtigsten Teil des Körpers ausmache, und der gerade für die erste Phase des Hellenismus kennzeichnende Zweifel an der allgemeinen Gültigkeit des Analogieschlusses, der von der Möglichkeit der Übertragung der anatomischen Befunde bei Tiersektionen auf den Menschen ausging, dürften dazu beigetragen haben, daß in Alexandria zu Beginn des 3. Jh. v. Chr. für eine kurze Zeit Sektionen am Menschen vorgenommen werden konnten.[2] Der dadurch erfolgte Aufschwung der Anatomie, der aufs engste mit den Namen des HEROPHILOS VON CHALKEDON und des ERASISTRATOS VON KEOS (beide 3. Jh. v. Chr.) verbunden ist, steht im Vordergrund der medizinischen Entwicklung dieser Epoche.

Die Schriften dieser beiden Ärzte sind verlorengegangen. Aus den uns überlieferten Fragmenten und Testimonien wissen wir,[3] daß HEROPHILOS sich mit der Anatomie des Gehirns und des Nervensystems beschäftigte und den anatomischen Aufbau des Auges untersuchte. Auf ihn gehen weiterhin die Bestimmung der einzelnen Darmabschnitte sowie Gefäßbeschreibungen zurück.

[1] Vgl. SCHNEIDER 1969, S. 339 ff., und SARTON 1959.
[2] S. EDELSTEIN 1932; KUDLIEN 1969; VON STADEN 1989, S. 139 ff., und 1992 b.
[3] Zum Folgenden s. SIMON 1906, S. XXXII ff., und VON STADEN 1989, S. 153 ff.

Besonders interessant ist in unserem Zusammenhang seine anatomische Untersuchung des Genitalapparates. Es zeigt sich, daß HEROPHILOS als erster eindeutig zwischen Hoden, Nebenhoden und *Ductus deferens* unterschied, daß er über den Verlauf der zu den Hoden ziehenden Gefäße weitgehend richtige Vorstellungen hatte und daß er offensichtlich auch bereits die Prostata bzw. die Samenblase kannte. Unter dem Einfluß der Aristotelischen Samenlehre zog er daraus jedoch nicht den Schluß, daß der Samen in den Hoden gebildet wird, er vertrat vielmehr die Ansicht, daß der eigentliche Ort für die Bildung des Samens im *Duct. def.* zu sehen sei, während den Hoden dabei nur eine sekundäre Bedeutung zukäme. Eine gewisse samenbildende Funktion schrieb er schließlich in Übereinstimmung mit ARISTOTELES auch den zu den Hoden führenden Gefäßen zu, enthielten sie doch bei der Sektion eine weißliche, samenartige Flüssigkeit. Verraten also somit einerseits die Vorstellungen des HEROPHILOS von der Bildung des männlichen Samens trotz der von ihm gemachten anatomischen Entdeckungen noch deutlich den Einfluß des ARISTOTELES, so läßt sich andererseits feststellen, daß auch seine Erklärung der Funktion der weiblichen Genitalorgane in wesentlichen Punkten über das reine Analogiedenken nicht hinausgekommen war. Zwar hatte er bei seinen anatomischen Studien die Ovarien entdeckt und in Analogie zum Befund am männlichen Körper auch weibliche Samengänge postuliert, die er den Hoden bzw. den Samenleitern des Mannes gleichsetzte und denen er demzufolge auch die Funktionen der Bereitung und Ableitung des Samens zuschrieb, infolge seiner irrtümlichen Annahme, daß die Samengänge in die Blase mündeten, folgerte er jedoch, daß der weibliche Samen durch die Blase nach außen ausgeschieden werde und somit nichts zur Keimbildung beitrage – eine Vorstellung, die letzten Endes die Theorie des ARISTOTELES bestätigte.

Während HEROPHILOS in seinen physiologischen Anschauungen weitgehend der hippokratischen Humoralkonzeption verpflichtet blieb, dabei aber aufgrund einer gewissen Skepsis gegenüber der Theorie weniger die theoretische Spekulation als vielmehr die Untersuchung der sinnlich wahrnehmbaren Phänomene betont zu haben scheint,[1]) ging ERASISTRATOS, dessen anatomisches Interesse wohl vorwiegend dem Gehirn galt, in der Physiologie einen entscheidenden Schritt weiter.[2]) Er lehrte u. a., daß die Gewebe

des Körpers aus einem Geflecht von Nerven, Venen und Arterien bestehen, die übrigbleibenden Hohlräume aber von einer geronnenen Blutaufschwemmung, die er Parenchym nannte, ausgefüllt sind. Die miteinander verflochtenen Nerven und Gefäße, die so fein zerteilt sind, daß sie dem Auge als eine einheitliche Masse erscheinen, bilden die Grundbestandteile der verschiedenen Körperstrukturen, die aus der Nahrung ergänzt werden. Wichtig an dieser Lehre ist, daß sie der erste, wahrscheinlich durch morphologische Untersuchungen angeregte Versuch ist, die letztlich spekulative Säftetheorie durch eine Vorstellung zu ersetzen, in der die festen Bestandteile des Körpers und damit auch ihre physiologischen oder pathologischen Veränderungen in den Vordergrund gerückt wurden. Damit darf aber auch diese Auffassung als Ausdruck einer skeptischen Haltung gegenüber der deduktiv-kausalen Denkweise in der Biologie verstanden werden. Dieser Versuch und diese Skepsis machen das historische Verdienst der Erasistrateischen Lehre aus.

Die von ARISTOTELES initiierten zoologischen Studien fanden in hellenistischer Zeit ihre Fortsetzung zunächst in den Kreisen der peripatetischen Schule selbst. Die in der antiken Literatur überlieferten Schriftenverzeichnisse des STRATON VON LAMPSAKOS (1. Hälfte des 3. Jh. v. Chr.) und des LYKON VON TROAS (Mitte des 3. Jh. v. Chr.), die nach THEOPHRAST hintereinander das Amt des Schulleiters bekleideten, zeigen, daß auch noch in dieser Zeit ganz im Sinne des ARISTOTELES über die Entstehung der Tiere, über ihre Teile und artspezifischen *Differentiae* weitergeforscht wurde.

Besser als über die zoologischen Schriften selbst sind wir über den Einfluß unterrichtet, den der Peripatos auf dem Gebiet der Zoologie im Hinblick auf das Ordnen und Katalogisieren von bekanntem Material ausübte. In diesem Zusammenhang wäre zunächst der bekannte Dichter und Mitarbeiter der Bibliothek am alexandrinischen Museion KALLIMACHOS VON KYRENE (um 300–240 v. Chr.) zu nennen. Zu dem umfangreichen und in der Spannweite seiner Interessen ausgesprochen peripatetisch wirkenden Werk dieses Dichters und Gelehrten gehören neben der Erarbeitung des Bibliothekskatalogs, des ersten Katalogs dieser Art überhaupt, auch zwei zoologische Schriften, *De piscium appellatione* (Über die Benennung der Fische) und *De avibus* (Über die Vögel), in denen KALLIMACHOS seinen Gegenstand wahrscheinlich in Anlehnung an die *Hist. anim.* des ARISTOTELES abgehandelt hat. Ebenfalls an der Bibliothek des Museions wirkte ARISTOPHANES VON BYZANZ

---

[1]) S. VON STADEN 1989, S. 115 ff., 242 ff.; vgl. KUDLIEN 1964.
[2]) Vgl. GAROFALO 1988, S. 31 ff.

(um 257–180 v. Chr.), dessen Verdienste in erster Linie in der Herausgabe von Texten der klassischen griechischen Literatur bestehen. Er exzerpierte aber auch die von Aristoteles angelegte und von seinen Nachfolgern, besonders von Theophrast, vervollständigte Sammlung von Tierbeschreibungen, die sog. *Zωïκά* (Tierbücher), die er zu einer Schrift mit dem Titel *De animalibus* (Über die Tiere) vereinigte.[1])

Wenn sich auch, wie die angeführten Schriften des Kallimachos und des Aristophanes zeigen, der Einfluß des Peripatos schon sehr bald im Katalogisieren des überlieferten Wissens erschöpfte, da die selbständige Forschung nicht weitergeführt wurde, so ist doch diesen Werken ein wissenschaftlicher Wert nicht abzusprechen, denn das im Frühhellenismus betriebene Katalogisieren des im Rahmen des Peripatos angesammelten ungeheuren Materials bedeutete zunächst durchaus einen Fortschritt, und zwar im Hinblick auf die Systematisierung dieses Materials, die zugleich auch bessere Möglichkeiten für seine Weiterverwendung bot. Im weiteren Sinn mag das auch noch für eine im Hellenismus sehr geschätzte literarische Gattung, das Lehrgedicht, zutreffen, dessen Beliebtheit man einerseits auf die leichtere Einprägsamkeit im Unterricht und andererseits auf die typisch hellenistische Freude am Gegensatz zwischen gelehrtem Wissen und kunstvoller Form zurückführen kann. Zu den Verfassern solcher Lehrgedichte gehört Nikandros von Kolophon (Mitte des 2. Jh. v. Chr.). Aus seinem umfangreichen Dichtwerk sind die u. a. auch Tierbeschreibungen enthaltenden *Theriaca* (Heilmittel gegen den Biß giftiger Tiere) und *Alexipharmaka* (Gifte und Gegengifte) auf uns gekommen. In den beiden Lehrgedichten hat man mehrfach lediglich in Verse gekleidete Fassungen der nur in wenigen Fragmenten erhaltenen Schriften *De animalibus* (Über die Tiere) und *De mortiferis medicamentis* (Über die tödlichen Heilmittel) des Arztes Apollodoros von Alexandria (Anfang des 3. Jh. v. Chr.) sehen wollen, der als Begründer der iologischen Literatur gilt; der in ihnen dargebotene Stoff setzt jedoch eine umfassendere Kenntnis einschlägiger zoologischer, botanisch-pharmakologischer und iologischer Werke aus der Zeit von Aristoteles bis zum Beginn des 2. Jh. v. Chr. bei Nikandros voraus.[2]) Umfangreiche Fragmente besitzen wir auch noch aus seinen *Georgica* (Über die Landwirtschaft) und *Melissurgica* (Über die Bienenzucht), die recht interessante Einblicke in dieses spezielle Wissensgebiet vermitteln.

Weit geringeren wissenschaftlichen Wert haben die sog. paradoxographischen Schriften, die im Hellenismus sehr verbreitet waren und in denen unerklärliche und eigenartige Erscheinungen in der Welt der belebten wie der unbelebten Natur zusammengetragen wurden. Ihr Nachteil beruht auf der mangelnden Kritik am Wahrheitsgehalt des überlieferten Materials, wodurch ihr Inhalt zum großen Teil auf die Wiedergabe von allerlei Wundergeschichten reduziert wird. Ihre Bedeutung für uns erhalten sie durch die in ihnen enthaltenen Berichte über das Verhalten von verschiedenen Tieren und durch die Zitate aus zoologischen Schriften, deren Originale verloren sind. Die bekanntesten derartigen Sammlungen mit zoologischem Inhalt waren die Schrift *Historiae mirabiles* (Wundergeschichten) des Antigonos von Karystos (3. Jh. v. Chr.) und die Schrift *Mirabilia* (Wunderbare Begebenheiten) des Apollonios (2. Jh. v. Chr. ?).

Zu der uns erhaltenen zoologischen Literatur des Hellenismus gehören schließlich noch neben der nur in Auszügen überlieferten, offenbar aber recht gründlichen Kompilation des Dorion (1. Jh. v. Chr. ?) *De piscibus* (Über die Fische)[3]) und einigen Fragmenten aus den beiden zoologischen Schriften des alexandrinischen Arztes Sostratos (1. Jh. v. Chr.) *De animalibus* (Über die Tiere) und *De aculeatis et mordentibus animalibus* (Über die stachligen und beißenden Tiere), für die sich die Benutzung des Apollodoros und des Nikandros nachweisen läßt, die Abhandlungen des Alexandros von Myndos (1. Jh. v. Chr.). Auch sie tragen rein kompilatorischen Charakter. Ihren Einfluß verdanken sie dem Umstand, daß Alexandros das aristotelisch-peripatetische *Zωïκά*-Material durch Zusätze paradoxographischer und mythologischer Art sowie durch literarische Belege für die Erwähnung der betreffenden Tiere bei den verschiedensten Schriftstellern zu umfassenden Kompendien erweiterte, die den Aristoteles in der Folgezeit fast völlig verdrängten.[4])

Der Abstand zwischen der Zoologie des Aristoteles und des frühen Peripatos auf der einen und den Schriften des Alexandros von Myndos auf der anderen Seite läßt den Wandel erkennen, der sich in der Zoologie vollzogen hat. Denn während im Frühhellenismus eine mit induktivem Herangehen verbundene Forschung im Vordergrund stand, deren Ergebnisse dann noch einmal in den Schriften des Kallimachos

---

[1]) Vgl. Düring 1966, S. 513.
[2]) S. dazu Jacques 1979 und Knoefel & Covi 1991.

[3]) Vgl. Wellmann 1888.
[4]) Zur Zoologie im Hellenismus s. Susemihl 1891/ 1892; A. Lesky 1971; Schmid & Stählin 1929, S. 760 f. – Zu Alexandros von Myndos vgl. auch Wellmann 1891.

und des Aristophanes von Byzanz zusammengefaßt wurden, war im Späthellenismus aus der Zoologie eine reine Buchgelehrsamkeit geworden, in der sich die Grenzen zwischen Wissenschaft und literarisch-mythologischer Überlieferung völlig verwischten, da jeglicher Anstoß zu einer Weiterentwicklung des induktiven Herangehens fehlte.

Diese Interessenverlagerung schloß ein dem Frühhellenismus analoges Herangehen aus, obwohl die Anlage von Menagerien und die Bekanntschaft mit der außerhalb des Mittelmeerraumes heimischen Fauna dazu reichlich Gelegenheit geboten hätten.[1]) Sie bewirkte aber auch ein bis dahin unbekanntes persönliches Verhältnis des hellenistischen Menschen zum Tier, dessen Ausbreitung die vom Peripatos gestellte Frage nach den geistigen Fähigkeiten der Tiere ebenso wie die vom Neupythagoreismus verkündete Wesensgleichheit zwischen Mensch und Tier und auch die Betonung der privaten Sphäre im Hellenismus begünstigt haben mögen. Seinen Ausdruck fand dieses Verhältnis u. a. in der Tierepikedie, in der Totenklage um Tiere, deren auf uns gekommene Zeugnisse zu den schönsten Beispielen der griechischen Poesie zählen.[2])

2.4.2. Botanik in der Pharmakologie und Landwirtschaft

Die Entwicklung der Botanik im Hellenismus entspricht weitgehend der der Zoologie. Eine theoretische Weiterentwicklung über Theophrast hinaus fand nicht statt. An die Stelle der wissenschaftlichen botanischen Literatur, in der eigene Beobachtungen mitgeteilt wurden, traten das Lehrgedicht, z.B. die bereits genannten Werke des Nikandros von Kolophon, der dort auch die bekannten Giftpflanzen behandelte, und Schriften in Form von Kompilationen, wie die pseudoaristotelische, aus dem Arabischen rückübersetzte und dem Historiker Nikolaos von Damaskos (1. Jh. v. Chr.) zugeschriebene Schrift *De plantis* (Über die Pflanzen), in der pflanzenphysiologische Fragen an Hand von Auszügen aus den Werken von Aristoteles und Theophrast abgehandelt werden.[3]) In der Botanik fand also ebenso wie in der Zoologie sehr bald eine Interessenverlagerung statt, die das induktive Herangehen und eine theoretische Interpretation des neuen Materials aus-

schloß. Diese Interessenverlagerung dürfte auch die Entstehung und Ausbreitung der botanischen Paradoxographie begünstigt haben, deren Früchte uns in den Schriften des Bolos von Mendes (3. Jh. v. Chr. ?) entgegentreten. Seine Schriften, die als Werke Demokrits in Umlauf gesetzt wurden, leiteten die Tradition der naturwissenschaftlich-medizinischen Geheimwissenschaften ein, eine Tradition, die bis in die Neuzeit hineinreichte. All das hatte zur Folge, daß die Botanik als Wissenschaft in der Antike auf dem Stand der Botanik Theophrasts stehenblieb, auch wenn die einzelnen botanischen Kenntnisse im Laufe der Zeit eine nicht unwesentliche Erweiterung erfuhren. Zu den Quellen des Wissenszuwachses auf diesem Gebiet wurden die Medizin und die Landwirtschaft, da botanische Untersuchungen nur noch im Rahmen dieser Disziplinen betrieben wurden.

Das Interesse der hellenistischen Medizin an der Botanik erklärt sich aus dem Aufblühen der Pharmakologie. Nach einer antiken Überlieferung soll Herophilos die Pharmaka und ihre Wirkung auf den menschlichen Körper mit den Händen der Götter verglichen haben. Eine ähnliche Hochschätzung genoß die Pharmakologie auch bei den Vertretern der im Hellenismus entstandenen empirischen Ärzteschule, die jede theoretische Spekulation in der Medizin ablehnten, statt dessen allein die Empirie gelten ließen und sich u. a., wie wohl auch schon Herophilos, aus dieser skeptischen Grundhaltung heraus der Beobachtung der Wirkung der Pflanzen auf den menschlichen Körper widmeten. Neben diesen medizinischen Erwägungen haben auch die allgemeinen politischen Ereignisse mit ihren dynastischen Kämpfen die Entwicklung der hellenistischen Pharmakologie begünstigt. Nur so lassen sich jedenfalls die Studien der Könige Attalos III. von Pergamon (138–133 v. Chr.) und Mithridates VI. von Pontos (132–63 v. Chr.), die sich auf die Wirkung von Giften bezogen und beide Könige veranlaßten, botanische Gärten anzulegen, befriedigend erklären. Die auf diese Weise entstandene umfangreiche einschlägige Literatur enthielt manche wertvolle botanische Beobachtung, um botanische Literatur im eigentlichen Sinne handelte es sich dabei jedoch nicht. Das dürfte auch für die berühmte, mit Illustrationen versehene medizinisch-botanische Schrift des Krateuas, des Hofarztes des Mithridates VI., gelten, die in der botanischen Pharmakologie bis weit über die Antike hinaus lebte.[4]) Unsere Feststellung über den botanischen Charakter der pharmakologischen Literatur läßt

---

[1]) S. Schneider 1969, S. 378 f.
[2]) S. Herrlinger 1930, S. 4 f.
[3]) Vgl. E. H. F. Meyer 1854, S. 324 ff.; s. auch Düring 1966, S. 514.

[4]) S. bes. Wellmann 1897.

sich ohne Einschränkung auch auf die landwirt- schaftliche Schriftstellerei übertragen. Sie konnte im Hellenismus bereits auf eine alte Tra- dition zurückblicken, und die uns überlieferten etwa 50 Namen hellenistischer Schriftsteller, die diesen Gegenstand behandelt haben, zeigen, daß sie auch in dieser Epoche weiter blühte.[1]) Diese Literatur hat aber kaum Nachwirkungen gehabt, da sie im 1. Jh. v. Chr. durch die von CASSIUS DIONYSIUS VON UTICA angefertigte Übersetzung des klassischen Werkes über die Landwirtschaft von MAGO VON KARTHAGO (um 250 v. Chr.) ersetzt wurde. Bei dieser Übertra- gung ins Griechische, der bereits eine Über- setzung in die lateinische Sprache vorausging, handelte es sich mehr um eine Bearbeitung, die das punische Original einerseits gekürzt und an- dererseits durch Zusätze aus der griechischen Literatur erweitert wiedergibt. Das so bearbei- tete Werk, das den Charakter der landwirt- schaftlichen Literatur in der Antike entschei- dend geprägt hat,[2]) dürfte auch die Grundlage für die Entwicklung der angewandten Botanik mit ihren Bemühungen um Ertragssteigerung, Veredelung und Neuzüchtung geliefert haben, Bemühungen, denen in der uns erhaltenen römi- schen landwirtschaftlichen Literatur so große Beachtung geschenkt wird.

2.5. Biologie in der römischen Periode

Bei unseren Betrachtungen haben wir dem rö- mischen Teil der antiken Welt bisher keine Be- achtung geschenkt. Die Entstehung des römi- schen Weltreichs sollte indessen für den weiteren Fortgang der Wissenschaft von ent- scheidender Bedeutung werden.
Nach einem jahrhundertelangen Expansions- kampf gelang es Rom, sich in der 1. Hälfte des 3. Jh. v. Chr. ganz Italiens zu bemächtigen. Die neue Großmacht zerschlug in den drei Puni- schen Kriegen die bis dahin führende Handels- macht des westlichen Mittelmeergebietes, die phönizische Stadt Karthago, brachte um die Wende vom 3. zum 2. Jh. v. Chr. das östliche Mittelmeergebiet unter ihre Herrschaft und er-

oberte in den darauf folgenden Kriegszügen auch noch das jeweilige Hinterland. Das auf diese Weise entstandene Weltreich reichte vom Atlantischen Ozean im Westen bis zu dem Par- therreich im Osten und von der Nordsee bis zu den Nilkatarakten im Süden.
Die Vormachtstellung Roms, das damit verbun- dene gesteigerte Selbstbewußtsein der Römer und die unmittelbaren Kontakte mit der griechi- schen Kultur ließen die Erkenntnis heranreifen, daß die alte bäuerliche Kultur den neuen Be- dürfnissen nicht mehr entsprach. Der allenthal- ben spürbare kulturelle Nachholebedarf wurde gegen alle anfänglichen Widerstände in den konservativen Kreisen der römischen Nobilität durch die Aneignung der als überlegen erkann- ten kulturellen Errungenschaften der Griechen gedeckt. Diese Rezeption führte zwar über die reine Kopie hinaus zu einer produktiven Aus- einandersetzung mit der griechischen Tradition, sie war jedoch, zumal auf dem Gebiet der Wis- senschaften, in erster Linie auf das gerichtet, was im weitesten Sinne nützlich zu sein schien, während man die theoretische Forschung, die freilich auch im Späthellenismus kaum noch be- trieben wurde, als überflüssig ablehnte. Der Stillstand in der Entwicklung der Wissenschaft und ein weitgehender Verzicht auf naturwissen- schaftliche Denkweise und rationale Beurtei- lung der Naturphänomene waren die Folge. Un- ter dem Einfluß der Zweiten Sophistik und eines philhellenischen Klassizismus besonders in der Antoninenzeit führte das sogar zu einer Mißachtung der Erkenntnisse der hellenisti- schen Wissenschaft, so daß die von ihr aufge- worfenen Fragestellungen nicht nur nicht aufge- griffen, sondern als unnütz beiseite geschoben wurden.[3])
Die Entwicklung auf dem Gebiet der Biologie und vor allem auf dem der Medizin war von die- sen negativen Trends jedoch weniger betroffen. Die Notwendigkeit einer theoretischen Fundie- rung der Heilkunde und der praktische Nutzen einer solchen Medizin waren zu augenschein- lich, als daß man auf sie und damit zugleich auf die theoretische Grundlage der Biologie hätte verzichten können. Es ist deshalb bezeichnend, daß gerade in der Medizin und darüber hinaus auch in der angewandten Biologie (Landwirt- schaft, Viehzucht), für die dasselbe gilt, die hellenistische Tradition keine Unterbrechung er- fuhr.[4]) Immerhin war es auf diese Weise mög- lich, den Wissensschatz der hellenistischen Bio- logie quantitativ beträchtlich zu erweitern. Die historische Analyse der römischen Biologie bil-

---

[1]) Wenn es auch nicht möglich ist, einen direkten Be- zug herzustellen, so ist es vielleicht doch nicht zufällig, daß der Dichter THEOKRIT (1. Hälfte des 3. Jh. v. Chr.) speziell in seinen Hirtengedichten eine Fülle von Pflan- zen erwähnt, deren Zahl weit über das hinaus geht, was sich sonst in der griechischen Dichtung findet; s. dazu LEMBACH 1970.
[2]) S. SARTON 1959, S. 379 ff.; HENTZ 1979, S. 155 f.

[3]) S. KAHRSTEDT 1958, S. 281 ff.
[4]) Vgl. HARIG & KOLLESCH 1975.

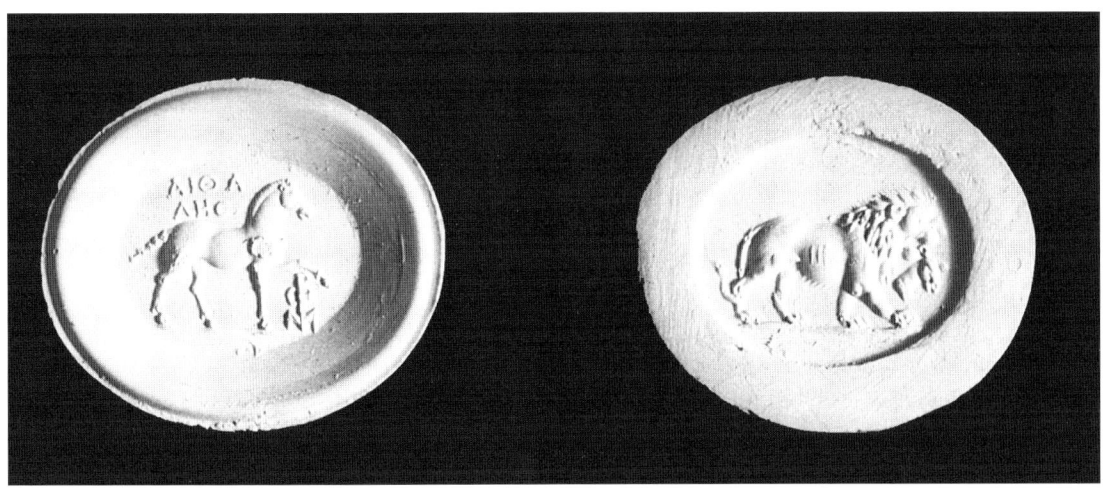

Abb. 8. Tierdarstellungen der hellenistisch-römischen Zeit. Antiken-Sammlung des Pergamon-Museums Berlin (Photo Waltraut HARRE).

det darum nicht nur die Voraussetzung für das Verständnis der mittelalterlichen Biologie, sie zeigt zugleich den Ansatzpunkt, an den die Biologie der Renaissance anknüpfen konnte (Abb. 8).

2.5.1. Allgemeine theoretische Konzeptionen

Nachdem Rom zum politischen Zentrum des Mittelmeerraumes geworden war, wurde es allmählich auch zum kulturellen Mittelpunkt und zur Heimstätte der wissenschaftlichen Forschung, wo nunmehr auch die neuen wissenschaftlichen Konzeptionen in der Biologie entwickelt werden sollten.

Als erstes bedeutendes Ergebnis der geschilderten Entwicklung müssen wir die Verarbeitung der Anregungen ansehen, welche die Epikureische Philosophie für die Biologie bot. In Weiterentwicklung der Vorstellungen DEMOKRITS hatte EPIKUR (341–270 v. Chr.) gelehrt, daß alles, was entsteht, seine natürlichen Ursachen habe. Nichts werde aus dem Nichtseienden und nichts vergehe in das Nichtseiende, denn von Ewigkeit her existierten die Atome und das Leere. Die Atome hätten eine bestimmte Gestalt, Größe und Gewicht. Das Schwere bedinge ihre Bewegung nach unten, dabei könne es jedoch zu Abweichungen (Deklinationen) von der senkrechten Fallinie und dadurch zu Atomrepulsionen, Atomwirbeln und Atomkollisionen kommen. Aus derartigen Wirbeln entstünden dauerhafte Verbindungen und Verflechtungen und damit alle uns umgebenden Dinge und Lebewesen, die

nach Ablauf einer bestimmten Zeit wieder in die sie zusammensetzenden Atome zerfallen.

Diese atomistische Lehre bot für die Interpretation biologischer Probleme neue Möglichkeiten, die von ASKLEPIADES VON BITHYNIEN (um 120–50 v. Chr.), dem Ahnherrn der methodischen Ärzteschule, aufgegriffen wurden. Er übernahm die Korpuskulartheorie des EPIKUR und lehrte u. a., daß der menschliche Körper aus den sog. ἄναρμοι ὄγκοι (lose verbundenen Masseteilchen – dieser Begriff geht auf HERAKLEIDES PONTIKOS zurück) aufgebaut sei, die durch einen leeren Raum voneinander getrennt sind. Diese Teilchen seien teilbar, wobei sie in die sie zusammensetzenden Atome zerfielen, und bildeten ein bald dichteres, bald lockereres Gewebe, das von Poren (leeren Gängen) durchzogen wird.[1])

Aus dieser Grundkonzeption ergaben sich auch seine physiologischen und pathologischen Vorstellungen. In der Verdauung sah ASKLEPIADES einen rein mechanischen Vorgang, bei dem die Speisen als rohe Materie im Körper verteilt und in zerkleinerter Form in die durch Abbau entstandenen Lücken eingefügt werden. Die Gesundheit beruht nach seiner Auffassung auf der normalen Größe und Bewegung der Korpuskeln sowie auf der normalen Breite und Durchlässigkeit der Poren, d.h. auf der Symmetrie dieser beiden Komponenten, während die Krankheit

[1]) S. HARIG 1983 a; vgl. dagegen VALLANCE 1990, der zu zeigen versucht, daß die Korpuskulartheorie des ASKLEPIADES weder mit EPIKUR noch mit HERAKLEIDES PONTIKOS etwas zu tun hat, sondern eher Berührungspunkte mit den Lehren des ERASISTRATOS aufweist.

durch eine Stockung der Korpuskelbewegung in den Poren zustande kommt. Einen Schritt weiter ging in seiner nosologischen Theorie der Schüler des ASKLEPIADES, THEMISON VON LAODIKEIA (2. Hälfte des 1. Jh. v. Chr.). Er machte die Entstehung der Krankheiten allein von den verschiedenen Zuständen der Porenwände abhängig, die sich in ihrer Erschlaffung (*Status laxus*), in ihrer abnormen Anspannung (*Status strictus*) oder in der Vermischung beider Zustände (*Status mixtus*) äußern könnten.

Wenn sich diese biologische Konzeption in der Antike auch nicht durchsetzen konnte, da ihre Erklärungen die biologischen Vorgänge zu sehr vereinfachten, so muß dennoch hervorgehoben werden, daß ihr ein wissenschaftshistorisch sehr bedeutsames Verdienst gebührt: mit dieser Konzeption wurden im Gegensatz zu den jahrhundertealten humoralpathologischen Auffassungen zum erstenmal konsequent die festen Bestandteile des Körpers in den Mittelpunkt des biologischen Geschehens gestellt. Der auf diese Weise begründete solidarpathologische Gedanke sollte nie mehr aus dem biologischen Denken verschwinden.

In der von der Epikureischen Philosophie beeinflußten Biologie läßt sich auch eine Weiterentwicklung der Demokritischen Pangenesislehre nachweisen. Oben (S. 57) wurde ausgeführt, daß diese Lehre als erste eine Erklärung für den gekreuzt-geschlechtlichen Erbgang zu liefern imstande war. Das Problem der Vererbung von der Generation der Großeltern auf die der Enkel ließ sie jedoch außer acht, ein Versäumnis, das von ARISTOTELES nachdrücklich hervorgehoben wurde. In dem berühmten Lehrgedicht *De rerum natura* (Über die Natur der Dinge) des Römers TITUS LUCRETIUS CARUS (98–55 v. Chr.), das die Lehren EPIKURS, in poetische Form gekleidet, zum Inhalt hat, findet man einen Passus, in dem auf die Aristotelische Kritik eingegangen und erklärt wird, daß die Körper der Eltern viele Generationen hindurch verborgene Atome mit sich führen können, die bei der Zeugung eines Tages wirksam werden und damit auf das Kind Eigenschaften der Ahnen übertragen (IV 1218–1226).[1]

Um die Mitte des 1. Jh. v. Chr. wurde in Rom eine weitere medizinische Schulrichtung ins Leben gerufen, die den Versuch unternahm, den humoralpathologischen Schematismus der Dogmatiker, d. h. derjenigen Ärzte, die das Dogma, die Lehre des HIPPOKRATES, zu erhalten und weiterzuentwickeln trachteten, zu erweitern. Diese Erweiterung erfolgte unter dem Einfluß der

Lehren der in Athen von ZENON VON KITION (um 336–264 v. Chr.) begründeten stoischen Philosophie, deren physikalische Komponenten geeignet waren, die Grundlage für eine von den atomistischen Theorien abweichende biologische Konzeption abzugeben. Oberste Prinzipien der stoischen Physik sind Kraft und Stoff, d. h. Gott und Materie, die als eine dialektische Einheit aufzufassen sind, da auch Gott materiell gedacht wurde. Gott wirke auf die Materie als gestaltende und formende Kraft ein, er durchdringe alles mit dem allverbreiteten Hauch, dem Pneuma, und er sei seinem Wesen nach den aktiven Primärqualitäten Warm und Trocken verwandt, denen die passiven Primärqualitäten Feucht und Kalt gegenüberstünden. In der auf diesen Vorstellungen aufgebauten biologischen Konzeption mußte folgerichtig die entscheidende Rolle dem Pneuma zufallen. Die aus diesem Grund als Pneumatiker bezeichneten Vertreter der neuen medizinisch-biologischen Richtung lehrten, daß das Pneuma das lebensregelnde Prinzip schlechthin sei, es gelange mit der Atmung in den Körper, vermische sich hier mit dem angeborenen Pneuma und erzeuge dabei durch Reibung die innere Wärme. Insgesamt müsse man drei Arten des Pneumas unterscheiden: das gröbste halte den Körper zusammen, das feinere bewirke das Wachstum und die Zeugung, und das feinste vermittle die Sinnesempfindungen und das Denken.

Auf die Unterscheidung zwischen den verschiedenen Pneumaarten läßt sich letztlich auch die Auffassung der Stoiker von den geistigen Fähigkeiten der Tiere zurückführen. Im Gegensatz zu THEOPHRAST und in entschiedener Ablehnung der Ansicht STRATONS (s. oben) vertraten sie die Meinung, daß den Tieren keine Vernunft zugesprochen werden könne. Denn die Pflanzen und Tiere seien um des Menschen willen geschaffen worden[2] und stellten die niederen Daseinsformen im Vergleich zu der höchsten Daseinsform, dem Menschen, dar. Die Pflanzen versinnbildlichten das Wachstum, während die Tiere darüber hinaus über die triebhafte Fähigkeit verfügten, für die Erhaltung des eigenen Organismus zu sorgen, sich ihres eigenen Ichs bewußt zu sein und dieses Ich, auch durch die Sorge um den Nachwuchs, zu erhalten und zu fördern. Zwar sei dieser Selbsterhaltungstrieb wie manches andere, was das Tier charakterisiert, auch dem Menschen eigen, dennoch seien die Ähnlichkeiten zwischen Tier und Mensch nur äußerlicher Natur, da die Eigenschaften der

---

[1] S. BLERSCH 1937, S. 90 ff.; vgl. dazu unten Kap. 9.3. und 11.1.

[2] Diese Ansicht vertrat auch schon ARISTOTELES, vgl. *Polit.* I 8: 1256 b15 ff. THEOPHRAST urteilte auch hier zurückhaltender, s. BERNAYS 1866, S. 81.

Tiere ihrem Wesen nach mit der Vernunftbetätigung des Menschen nicht gleichgesetzt, sondern nur als Vorstufen der entsprechenden Eigenschaften und Aktivitäten des Menschen angesehen werden könnten. So stelle etwa die stimmliche Äußerung der Tiere bestenfalls eine „Gleich-als-ob-Sprache" dar, und ebenso könne man bei den Tieren auch nicht von der Fähigkeit zur Begriffsbildung, z. B. der Unterscheidung von Gut und Böse, sprechen.[1]

Der apodiktische Charakter dieser stoischen Vorstellungen reizte zum Widerspruch. Am entschiedensten wurden die Stoiker von den Anhängern der neueren Akademie unter der Führung von KARNEADES VON KYRENE (214–129 v. Chr.) angegriffen, deren Argumente uns vor allem in der mit den platonischen Auffassungen vertrauten und griechisch nicht mehr erhaltenen Schrift des jüdischen Philosophen PHILON VON ALEXANDRIA (1. Hälfte des 1. Jh. n. Chr.) mit dem Titel *De ratione quam habere etiam bruta animalia dicebat Alexander* (Alexander über die Vernunft der wilden Tiere)[2] und in zwei Dialogen des platonischen Philosophen und Schriftstellers PLUTARCH VON CHAIRONEIA (um 45–125), in *De sollertia animalium* (Über die Schlauheit der Tiere) und im *Gryllos*[3] überliefert sind. Unter dem Einfluß dieser die Vernunft der Tiere bejahenden Argumente scheint POSEIDONIOS VON APAMEIA (1. Jh. v. Chr.), der Begründer der mittleren Stoa, eine mehr vermittelnde Stellung eingenommen zu haben, indem er auf die Ansichten THEOPHRASTS zurückgriff.[4] Die Auffassungen der Platoniker haben sich in der Spätantike durchgesetzt und damit manches Richtige an den tierpsychologischen Vorstellungen der Stoiker bis in die Neuzeit hinein verdrängen können.

Bei den medizinisch-biologischen Lehren der pneumatischen Ärzteschule handelte es sich im Grunde nur um eine Variation und Weiterentwicklung der dogmatischen Richtung. Auch in der folgenden Zeit sollten keine neuen medizinischen Konzeptionen mehr entstehen, die Entwicklung ging vielmehr dahin, daß die bedeutendsten Ärzte etwa seit dem 2. Jh. n. Chr. den Anschluß an eine bestimmte Schule bewußt ablehnten, weil sie angesichts der Einseitigkeit der bestehenden Schulen einen solchen Anschluß als zu beengend empfinden mußten. Statt dessen versuchten sie, die fruchtbaren Ergebnisse

der verschiedenen Richtungen miteinander zu verbinden und auf dieser eklektischen Grundlage ein eigenes System aufzubauen. Den schlagenden Beweis für die Richtigkeit eines solchen Vorgehens liefert uns GALENOS VON PERGAMON (129–um 200).

Diesem Arzt gebührt das Verdienst, auf eklektischer Grundlage ein alle Teildisziplinen umfassendes Gesamtsystem der Medizin geschaffen zu haben, in dem er das gesamte antike medizinische Wissen unter einheitlichen, vor allem der peripatetischen Philosophie entlehnten theoretischen Gesichtspunkten zusammenfaßte. Die dadurch erreichte Geschlossenheit dieses Systems und seine medizinische Vollständigkeit bewirkten, daß die Galenische Medizin den Höhepunkt und zugleich den gewissermaßen krönenden Abschluß der antiken wissenschaftlichen Medizin darstellt. Eben deswegen, weil GALEN am Ende einer fruchtbaren Entwicklung stand und aus diesem Grunde imstande war, all das, was an der antiken Medizin wissenschaftlich wertvoll war, zusammenzutragen und auszuwerten, konnte er und konnte sein System mit der antiken Medizin schlechthin gleichgesetzt und die antike Medizin in Gestalt des Galenischen Systems von der folgenden Zeit übernommen werden. Das aber hatte zur Folge, daß GALEN die Entwicklung der Medizin und damit auch der Biologie bis in die Neuzeit hinein entscheidend prägte.

Für die Geschichte der Biologie sind vor allem die anatomischen und physiologischen Forschungen GALENS von Bedeutung geworden. Wenn GALEN entsprechend seiner teleologischen Grundeinstellung die Anatomie auch nicht als Grundlage der Physiologie betrachtete, so wurde er dennoch nicht müde, die Wichtigkeit der anatomischen Kenntnisse für das Verständnis der physiologischen Funktion und für die praktische Ausübung der Medizin zu betonen. Er selbst hat sich aus diesem Grunde viel mit anatomischen Untersuchungen beschäftigt, und zwar gezwungenermaßen mit Tiersektionen, da in Rom die Sektion menschlicher Leichen aus religiösen und rechtlichen Gründen nicht möglich war.[5] Die Galenische Anatomie ist deshalb eine Säugetieranatomie, deren Ergebnisse vor allem auf Sektionen von Affen, Schweinen und Wiederkäuern beruhen.[6] Gegenüber der alexandrinischen Anatomie bedeutet sie einen gewaltigen Schritt nach vorn, da GALEN die Anatomie um genaue Beschreibungen des Periosts, des Knorpels, der Bänder, der Gelenke sowie des gesamten Muskel- und Ge-

---

[1] S. POHLENZ 1964, Bd. 1, S. 83 ff.; vgl. auch DYROFF 1897 a.

[2] S. TAPPE 1912.

[3] S. DYROFF 1897 b.

[4] S. REGENBOGEN 1940, Sp. 1433, und JAEGER 1914, S. 117 ff.; vgl. auch DIERAUER 1977.

[5] S. WOLF-HEIDEGGER & CETTO 1967, S. 20 f.

[6] S. SIMON 1906, S. XIII ff.

fäßapparats bereicherte. Den Glanzpunkt seiner Anatomie bildet die Untersuchung des Nervensystems und hier besonders der Hirnnerven, von denen er sieben Paare unterschied (*Olfactorius* und *Abducens* blieben ihm unbekannt). Seine Kenntnis der Hirnnerven gewann er durch Sektionen an schwanzlosen Affen, wahrscheinlich an der damals in Nordafrika heimischen *Macaca sylvana*,[1] die er für das dem Menschen ähnlichste Tier gehalten hat. Zusammenfassend läßt sich somit sagen, daß durch GALEN die Tieranatomie, die er, wie gesagt, zwar nur unter dem Zwang der Umstände betrieb, deren Ergebnisse er aber dem Analogiedenken entsprechend auf die Verhältnisse beim Menschen übertragen zu können glaubte, auf ein solides wissenschaftliches Fundament gestellt wurde.

In der Physiologie bestand eine der wichtigsten Leistungen GALENS darin, die in der Medizin seit HIPPOKRATES gültige Vorstellung von den Säften und ihren Qualitäten mit der in der Philosophie seit ARISTOTELES anerkannten Theorie von den Elementen und deren Primärqualitäten vereinigt zu haben. Da die Zuordnung zu den Qualitätenpaaren sowohl in der Medizin wie in der Philosophie zu denselben Resultaten führen mußte, brauchte GALEN, um diese Vereinigung zu vollziehen, nur die Elemente und Säfte mit den gleichen Qualitäten zusammenzustellen, um zu seinem neuen Viererschema zu kommen. Dabei übernahm er auch die von ARISTOTELES entwickelte Vorstellung von der Umwandlung der Elemente untereinander, die je nach dem vorliegenden Mischungsverhältnis der Primärqualitäten erfolgte. Dieser Schritt hatte weitreichende Folgen. Denn der menschliche Körper, der auf diese Weise durch eine Mischung der ihn zusammensetzenden Elemente, Primärqualitäten und der ihnen entsprechenden Säfte gekennzeichnet wurde, konnte dadurch, je nach Vorherrschaft einer der vier Primärqualitäten oder der vier möglichen Doppelqualitäten, durch acht grundsätzliche Mischungsunterschiede charakterisiert werden, zu denen als die neunte die Eukrasie, die gleichmäßige Mischung aller Qualitäten, hinzukam. Da auf die jeweilige Mischung neben den bereits vom Verfasser von *De nat. hom.* in das Viererschema aufgenommenen Jahreszeiten nach GALENS Vorstellung auch das Geschlecht, das Alter, der Aufenthaltsort, die Lebensgewohnheiten usw. einwirken und sie verändern konnten, ergaben sich damit für jeden Menschen und für jeden tierischen Körper höchst individuelle Mischungsunterschiede.

Man sieht, hier war ein Viererschema entstanden, das nicht nur die bisher miteinander nicht

kongruenten medizinischen und philosophisch-naturwissenschaftlichen Lehrmeinungen vereinte, sondern darüber hinaus auch allen Bedürfnissen der damaligen Medizin und Biologie entsprach, ein Schema, dessen Rahmen so weit gespannt war, daß es die weitere Entwicklung nicht behinderte, und das aus all diesen Gründen die theoretische Grundlage für die kommenden Jahrhunderte zu liefern imstande war.[2]

Soweit wir das beurteilen können, war GALEN der erste, der in seiner Zeugungs- und Vererbungslehre, die ebenfalls eklektische Züge aufweist, der Entdeckung des Tubenverlaufs eine entscheidende Bedeutung beimaß. Wenn diese Entdeckung auch nicht von ihm stammte, so hielt er sie doch deswegen für wichtig, weil seiner Meinung nach mit dem auch von ihm erhobenen Befund, daß die Tuben, die er in Anlehnung an HEROPHILOS mit den Samenleitern beim Mann gleichsetzte, in den Uterus einmünden, der Beweis für die Existenz eines an der Zeugung beteiligten weiblichen Samens und damit auch für die Richtigkeit der von den hippokratischen Ärzten vertretenen Zweisamenlehre erbracht worden war. Er teilte mit den Hippokratikern die Auffassung, daß sich der männliche und weibliche Samen bei der Konzeption im Uterus miteinander vermischen, und sah in dem Vorhandensein dieses Samengemischs die Voraussetzung für den Anfang der Keimbildung. Gleichzeitig stellte GALEN jedoch die von ARISTOTELES postulierten geschlechtsspezifischen Unterschiede in der Zeugungsleistung der beiden Geschlechtspartner nicht prinzipiell in Frage, und er übernahm auch dessen Lehre von der Bildung des Samens aus dem Blut. In dem Bemühen, die hippokratische Zweisamenlehre mit der dualistischen Geschlechtsauffassung des ARISTOTELES zu verbinden, erklärte er die Unterschiede in der Zeugungsleistung auf die Weise, daß der weibliche Samen weniger funktionstüchtig sei als der männliche, weil er kälter und feuchter sei und in geringerer Menge produziert werde, was er damit begründete, daß durch den konstitutionell bedingten Mangel an Wärme im weiblichen Körper erstens der Umwandlungsprozeß des Blutes in Samen weniger intensiv ist und zweitens nur ein geringerer Teil des Blutes zum Endprodukt Samen verarbeitet und mit dem weniger verarbeiteten Teil des Blutes ein weiteres Geschlechtsprodukt in Form von Menstrualblut bereitgestellt wird. Abweichend von ARISTOTELES vertrat er darüber hinaus die Auffassung, daß der männliche Samen in gewissem Umfang als Material an der Keimbil-

---

[1] S. SAVAGE SMITH 1971.

[2] S. HARIG 1974, S. 45 ff.

dung beteiligt ist. Diese Vorstellung fand ihren Ausdruck in seiner Lehre von den spermatogenen und hämatogenen Körperteilen, der zufolge alle hautartigen und festen Bestandteile des Körpers (z. B. Gefäße, Nerven, Sehnen, Knorpel, Knochen) aus dem männlichen Samen, alle fleischartigen aber aus dem vom weiblichen Individuum beigesteuerten Blut entstehen.[1])

Eine bedeutende Leistung GALENS besteht weiterhin in seiner Deutung der Funktion der Testes. Mit ihr überwand er ebenso die falsche Vorstellung des ARISTOTELES wie die nicht konsequenten Überlegungen des HEROPHILOS. Zwar zeigt er sich auch hier wieder als Eklektiker, da er mit ARISTOTELES in den Windungen der zu den Ovarien und Testes ziehenden Gefäße einen Umbildungsprozeß von Blut zu samenartiger Flüssigkeit annehmen zu müssen glaubte, mit seiner Lehre aber, daß die eigentliche Samenbildung in den Hoden bzw. in den Ovarien stattfinde, kam er dem wirklichen Tatbestand sehr nahe. Wichtig ist in diesem Zusammenhang die von GALEN bei der Erforschung des Eunuchieproblems festgestellte Tatsache, daß bei einer Kastration nicht nur die Libido und Zeugungsfähigkeit verlorengehen, sondern auch all das nicht zur Ausbildung kommt, was er im Tierreich mit dem Begriff der „späteren Teile" umschrieb und worunter er Mähne, Kamm, Hauer, Hörner, breitere Thoraxbildung bei männlichen Tieren, Sekundärbehaarung beim Menschen usw. verstand. Mit dieser Feststellung, durch die von ihm die Ausbildung der sekundären Geschlechtsmerkmale von der Funktionsfähigkeit der Testes bzw. der Ovarien abhängig gemacht wird, erweist sich GALEN als Vorläufer der modernen Hormonforschung.[2])

2.5.2. Die enzyklopädische Literatur

Wie gezeigt wurde, geht die Tradition des Sammelns und Katalogisierens des Wissens auf das Wirken alexandrinischer Gelehrter zurück, es blieb aber den Römern mit ihrem Sinn für die Erfordernisse der Praxis vorbehalten, eine Form der Darstellung von wissenschaftlichen Sachverhalten zu finden, mit der man das Bedürfnis nach Information durch eine allgemeinverständliche und übersichtliche Zusammenstellung des Wissens befriedigen konnte. Den Gegenstand dieser als Enzyklopädien bezeichneten Werke bildeten die sieben freien Künste, die sog. Artes

liberales (Grammatik, Dialektik, Rhetorik, Geometrie, Arithmetik, Astronomie und Musik), die bei den Griechen den Inhalt der jedem freien Menschen offenstehenden ἐγκύκλιος παιδεία (Allgemeinbildung) ausmachten. Aber bereits in der ersten von MARCUS TERENTIUS VARRO (117–26 v. Chr.) verfaßten Enzyklopädie wurden die sieben Artes liberales um die Fächer Medizin und Architektur erweitert, deren Darlegung ebenfalls aus rein praktischen Gründen als notwendig empfunden wurde.

Schon allein aus der Zielstellung der römischen enzyklopädischen Literatur ergibt sich, daß ihr Inhalt in einem Bericht über die Forschungsergebnisse früherer Jahrhunderte bestehen mußte. Die Verarbeitung eigener Untersuchungen war aber auch deswegen nicht möglich, weil die enzyklopädischen Schriftsteller keine Forscher, sondern gebildete Laien waren, die sich in ihren freien, von Staatsgeschäften nicht in Anspruch genommenen Stunden aus Büchern ein möglichst umfangreiches und vielseitiges Wissen angeeignet hatten, um dadurch der Allgemeinheit zu nützen[3]).

Diese für die enzyklopädische Literatur charakteristische Grundtendenz kennzeichnet auch das große Werk des CAIUS PLINIUS SECUNDUS D. ÄLTEREN (23–79), der als hoher kaiserlicher Offizier wirkte und bei dem berühmten Ausbruch des Vesuvs sein Leben verlor. Seine *Naturalis historia* stellt eine Zusammenfassung alles dessen dar, was man in dieser Zeit über die Natur wußte. Die geistige Gesamthaltung des PLINIUS und die von ihm getroffene Auswahl des Stoffes sind durch die Interessenverlagerung in der wissenschaftlichen Arbeit des Späthellenismus beeinflußt, ein Umstand, der dazu führte, daß man in seinem Werk auf ein Nebeneinander von wissenschaftlichen und rein paradoxographischen Nachrichten stößt. Eigene Beobachtung kommt bei ihm nur gelegentlich zu Worte, z. B. wenn er vermerkt, daß der sterbende Schwan entgegen der allgemein verbreiteten Ansicht nicht singe, er habe das selbst feststellen können (X 32), und ebenso selten findet man eine skeptische Einstellung gegenüber der Überlieferung, so etwa, wenn er die Existenz des Werwolfs bestreitet (VIII 34). Das Normale sind dagegen Berichte, in denen wissenschaftliche und unwissenschaftliche Nachrichten vermischt sind.

Vier Bücher seiner Naturgeschichte widmet PLINIUS der Zoologie (Buch VIII–XI), in denen er nacheinander die *Animalia terrestria*, *Aquatilia*, *Volucres* und *Insecta* bespricht. Dieser Einteilung in Landtiere, Wassertiere, fliegende Tiere

---

[1]) Zu diesem Komplex s. KOLLESCH 1987 und NICKEL 1989, bes. S. 29 ff., 83 ff.
[2]) S. E. LESKY 1950/51.

[3]) S. KÜHNERT 1961, S. 50 f.

und Insekten liegt kein systematisches Prinzip zugrunde, da von einer konsequenten Systematik bei ihm noch weniger zu spüren ist als bei ARISTOTELES. Eine gewisse systematisierende Tendenz äußert sich lediglich in der Anlehnung an die großen Tiergruppen des ARISTOTELES, jedoch bleibt auch das im rein Äußerlichen stecken, da PLINIUS auf jedes vergleichende Herangehen verzichtete. Dennoch ist ihm ein gewisses Verdienst auf dem Gebiet der Systematik nicht abzusprechen: er erkannte als erster die Sonderstellung der Schwämme und der Actinien auf der Grenze zwischen dem Pflanzen- und Tierreich, die er im Gegensatz zu ARISTOTELES, der einige Lebewesen zwar als Übergänge von der Pflanze zum Tier auffaßte, sie aber nicht näher bestimmte, zu einer besonderen Gruppe der Pflanzentiere zusammenfaßte (IX 68).
Wissenschaftshistorisch sind die zoologischen Bücher des PLINIUS besonders dadurch interessant, daß in ihnen Tierformen angeführt werden, die der peripatetischen Zoologie unbekannt waren. Denn die Expansion der antiken Welt gab den Römern die Möglichkeit, neue Tiere kennenzulernen und zu beobachten.[1] Das Bewußtsein, über größeres zoologisches Material zu verfügen als ARISTOTELES, ließ PLINIUS den Vorsatz fassen, die Aristotelische Zoologie aufgrund der neuen Erkenntnisse zu ergänzen. Wie der Vergleich der Tierbestände bei beiden Autoren zeigt, bestand diese Ergänzung in der Einführung neuer Tierarten, besonders von Säugetieren aus Afrika und Asien.[2] Der Vergleich läßt aber auch erkennen, daß PLINIUS den ARISTOTELES nicht im Original gelesen, sondern nur Zusammenstellungen seiner Schriften gekannt hat, so daß bei ihm viele Tierarten, die von ARISTOTELES beschrieben worden sind, fehlen – ein Umstand, der den Niedergang der zoologischen Forschung nach ARISTOTELES, in der die Kenntnis dieser Tierformen verlorengegangen ist, deutlich vor Augen führt. Die Tatsache, daß PLINIUS nicht direkt an ARISTOTELES, sondern an die aristotelische Überlieferung aus zweiter und dritter Hand anknüpft, sowie der Umstand, daß die induktive Forschung im Hellenismus nur in sehr beschränktem Umfang fortgesetzt wurde, machen es verständlich, daß die Fortschritte der Plinianischen Zoologie gegenüber der des ARISTOTELES nur gering sind und lediglich einige anatomische und physiologische Einzelheiten betreffen, so etwa die Feststellung, daß Gehirn und Rückenmark die gleiche Substanz haben. Dem gegenüber steht der Verlust von den ARI-

STOTELES bekannten Sachverhalten: hatte dieser die Fortpflanzung der Bienen schon weitgehend richtig erklärt, so wird sie von PLINIUS wiederum als rätselhaft bezeichnet, weil er die Bienenkönigin für ein Männchen hält (XI 16). Das von seinem älteren Zeitgenossen, dem Philosophen LUCIUS ANNAEUS SENECA (um 1–65) geprägte Wort, die Wissenschaft sei in Gefahr, Gelerntes wieder zu vergessen, wird damit in sinnfälliger Weise bestätigt.[3]
Die der gesamten *Nat. hist.* zugrunde liegende, infolge ihres teleologischen Ausgangspunktes letzten Endes peripatetische Vorstellung des PLINIUS, die Natur scheine alle Dinge des Menschen wegen geschaffen zu haben (VII 1) – eine Vorstellung, die dadurch, daß sie den Menschen in den Mittelpunkt stellt, eine unvoreingenommene Betrachtung der Natur als solcher gefährdet –, wird besonders in den Büchern XII–XXVII deutlich, in denen die Botanik abgehandelt wird. Das Schwergewicht der Darstellung liegt hier nicht auf der Erörterung von botanischen Fragestellungen; PLINIUS sieht seine Aufgabe vielmehr darin, alle ihm bekannten Pflanzenformen zu beschreiben und ihre dem Menschen nützlichen Produkte aufzuführen. Das Ganze macht deshalb einen eher lexikalischen Eindruck, d. h. es findet sich nirgends ein durchgehendes ordnendes Prinzip, statt dessen werden in der Art späthellenistischer Werke bei der Beschreibung der einzelnen Pflanzen alle merkwürdigen Begebenheiten, die sich in der Literatur oder in der römischen Geschichte an diese Pflanze knüpfen mochten, sorgfältig aufgeführt. Daß es sich dabei häufig um rein paradoxographisches Material handelt, das zudem nicht selten ohne jede kritische Stellungnahme vorgetragen wird, ist nach dem Gesagten kaum noch verwunderlich.
Der Wert der Darstellung des PLINIUS beruht auch in diesen Abschnitten auf ihrer Vollständigkeit, die uns einen Eindruck von der botanischen Formenkenntnis der frühen Kaiserzeit vermittelt.[4] Da PLINIUS dieser Vollständigkeit und der auf die praktischen Bedürfnisse des Menschen ausgerichteten Darstellungsweise wegen neben allen damals als Arzneimittel verwandten Pflanzen und neben den aus diesen Pflanzen hergestellten Medikamenten bei der Besprechung der in der Landwirtschaft kultivierten Pflanzen auch das für deren Anbau Wissenswerte mitteilt, wurde sein Werk auf eine fast ideale Weise allen Ansprüchen gerecht, die man in der Antike an eine solche Übersichtsdarstellung knüpfte. Daß dieses Werk darüber

---

[1] (s. Abb. 9). Vgl. dazu z. B. JENNISON 1937, S. 42 ff.
[2] Zum Tierbestand bei PLINIUS s. LEITNER 1972 und SCARBOROUGH 1977; vgl. auch BODSON 1986.

[3] Vgl. bes. STEIER 1913.
[4] Vgl. STANNARD 1965 und MORTON 1986.

Abb. 9. Römisches Tier-Mosaik von Heraclea (Lynkestis/Mazedonien; 2.–3. Jh.).

hinaus durch die in ihm gebotene Zusammenfassung des antiken Wissens über die Natur auch bis weit in das 18. Jh. hinein als Nachschlagewerk gültig blieb, beweist die hohe Zahl seiner Auflagen – die *Nat. hist.* des Plinius gehört zu den erfolgreichsten Büchern aller Zeiten.[1])

2.5.3. Zoologische und botanische Schriften

Nach unseren einleitenden Bemerkungen über den Charakter der antiken Wissenschaft in der römischen Periode ebenso wie nach unseren Ausführungen über die römische enzyklopädische Literatur im allgemeinen und über die *Nat. hist.* des Plinius im besonderen dürfte es verständlich sein, daß im Bereich der Zoologie eine Fortsetzung der induktiven Forschung im peripatetischen Sinne weder angestrebt wurde noch möglich war. Die zoologische Literatur setzte daher im wesentlichen die späthellenistische Tradition des Sammelns und erneuten Verarbeitens von bereits bekanntem Material fort. Bei

diesen Schriften handelt es sich um Übersetzungen aus dem Griechischen, um Lehrgedichte, um medizinische und tiermedizinische Schriften sowie um paradoxographische Werke im weitesten Sinne dieses Wortes.

Übersetzungen bzw. Bearbeitungen griechischer Originale gehören naturgemäß in die frühere Zeit, so z.B. die Schriften *De animalibus* (Über die Tiere) und *De hominum natura* (Über die Natur der Menschen) des enzyklopädisch interessierten Publius Nigidius Figulus (1. Jh. v. Chr.) oder die Abhandlung *De animalibus* des Philosophen Papirius Fabianus aus Augusteischer Zeit (30 v. Chr.–14 n. Chr.), bei denen wir annehmen dürfen, daß sie auf griechische Vorlagen zurückgingen. Dasselbe gilt mit Sicherheit auch für die Schrift *De animalibus* des Historikers Pompeius Trogus, ebenfalls aus Augusteischer Zeit, die, wie die überlieferten Fragmente bei Plinius zeigen, auf einer Übersetzung der Aristotelischen *Hist. anim.* beruhte.

Die im Hellenismus entwickelte Form des Lehrgedichts erfreute sich in Rom besonderer Beliebtheit. So verfaßte Aemilius Macer aus Verona (gest. 16 v. Chr.) Nachdichtungen der *Theriaka* Nikanders und ein Lehrgedicht mit dem Titel *Ornithogonia* (Über die Entstehung der Vögel); unter dem Namen des Dichters Publius Ovidius Naso (43 v. Chr.–17/18 n. Chr.) ist ein Gedicht *Halieutica* (Über den

---

[1]) S. Gudger 1924.

Fischfang) überliefert, dessen Echtheit jedoch umstritten ist.[1]) Dieses Thema wurde im 2. Jh. n. Chr. auch von OPPIANOS VON ANAZARBOS in Kilikien in seinem dem Kaiser MARC AUREL gewidmeten Lehrgedicht behandelt. In der Form des Lehrgedichts wurden auch die Jagd und die mit ihr zusammenhängenden Kenntnisse von den gejagten Tieren, den Jagdhunden und Pferden dargestellt, so in Augusteischer Zeit von GRATTIUS und im 3. Jh. in dem CARACALLA gewidmeten Werk des OPPIANOS VON APAMEIA in Syrien sowie von MARCUS AURELIUS OLYMPIUS NEMESIANUS VON KARTHAGO. Thematisch gehört auch die nach dem Vorbild des entsprechenden Werkes von XENOPHON in griechischer Sprache verfaßte Schrift *Kynegetikos* (Jagdbuch) des Historikers FLAVIUS VON NIKOMEDIEN (um 95–175) hierher.

Die Verfasser der genannten Lehrgedichte waren keine Wissenschaftler, sondern mehr oder weniger gebildete Laien. Ergebnisse eigener Beobachtung oder Forschung wird man deshalb in diesen Werken kaum finden. Sie spiegeln vielmehr das zoologische Wissen ihrer Zeit und die Haltung der Gebildeten diesem Wissen gegenüber wider, und das ist es, worauf die wissenschaftshistorische Bedeutung dieser Werke beruht. Zum einen findet man in ihnen, je nach der behandelten Thematik, Angaben über die verschiedensten Land- und Wassertiere – z. B. über deren Verhaltensweisen und Krankheiten – oder Ratschläge für die Zucht von Jagdtieren, Informationen also, die uns auch eine Vorstellung von der Erweiterung der zoologischen Kenntnisse in der nachhellenistischen Periode vermitteln. Zum anderen wird auch in diesen Lehrgedichten die schon für den Späthellenismus charakteristische Verlagerung der wissenschaftlichen Interessen spürbar, und das um so deutlicher, je mehr die Tradition der wissenschaftlichen Forschung in Vergessenheit geriet. Mit anderen Worten, das wissenschaftliche Niveau dieser Dichtungen sank im Laufe der Zeit immer mehr ab, während sich mythologische Erzählungen und Berichte paradoxographischen Inhalts immer stärker in den Vordergrund schoben.[2])

Daß sich zoologische Notizen auch in mehreren medizinischen Schriften finden, ist kaum verwunderlich, mußten doch die Ärzte bei der Behandlung der Arzneimittel aus dem Tierreich und bei der Darlegung der Therapie von Bißwunden, die durch giftige Tiere verursacht waren, notwendigerweise auch auf die jeweiligen Tiere selbst kurz eingehen. Als Beispiele seien in diesem Zusammenhang das umfangreiche Werk über die Arzneimittel des DIOSKURIDES

(Abb. 10) und die Schrift *De venenatis animalibus eorumque remediis* (Über die giftigen Tiere und die gegen sie geeigneten Heilmittel) des PHILUMENOS (Mitte des 2. Jh. n. Chr.) genannt, in der u. a. ausführlich die Tollwut besprochen wird.[3])

Angewandter Zoologie begegnen wir in dieser Zeit vor allem in den der Tierzucht und der Behandlung von erkrankten Nutztieren gewidmeten Kapiteln der landwirtschaftlichen Literatur, auf die wir noch ausführlicher eingehen wollen (s. S. 86 f.). Tiermedizinische Fachschriftstellerei im strengeren Sinne ist ein Produkt der Spätantike; es handelt sich dabei in erster Linie um die hippiatrische Literatur des 4. Jh., die auf Befehl des byzantinischen Kaisers KONSTANTINOS VII. PORPHYROGENNETOS im 10. Jh. gesammelt wurde, so daß ihre Besprechung im Rahmen der Darstellung dieser Periode ihren Platz haben wird (vgl. Kap. 3.1.4.).

Die paradoxographische zoologische Literatur wird in römischer Zeit wesentlich durch zwei Autoren vertreten. Ende des 2. Jh. n. Chr. schrieb ATHENAIOS VON NAUKRATIS in Ägypten seine *Dipnosophistae* (Sophistengastmahl), Tischgespräche von 29 gelehrten Männern, in denen u. a. auch zoologische Themen berührt werden. Für uns ist diese Schrift wegen ihrer zoologischen Formenkenntnis von Bedeutung,[4]) ihr wissenschaftlicher Wert ist relativ gering, da ATHENAIOS sein zoologisches Wissen vor allem aus den Werken des ALEXANDROS VON MYNDOS schöpfte. Ein jüngerer Zeitgenosse des ATHENAIOS war CLAUDIUS AELIANUS AUS PRAENESTE bei Rom (um 175–235), der ein umfangreiches, in griechischer Sprache geschriebenes Werk mit dem Titel *De natura animalium* (Über die Natur der Tiere) hinterließ. ALEXANDROS VON MYNDOS ist auch für ihn die wichtigste Quelle, daneben zitiert er jedoch auch ARISTOTELES, diesen allerdings kaum häufiger als HOMER. Die Schrift selbst, in der über nahezu 1000 Tiere berichtet wird,[5]) stellt eine Sammlung von Tiergeschichten dar, in denen vorzugsweise Verhaltensweisen der Tiere und Absonderlichkeiten aus dem Tierleben geschildert werden. Der Leitgedanke, dem AELIAN bei der Abfassung seines Werkes folgte, besteht darin, tierisches und menschliches Verhalten im Sinne PLUTARCHS miteinander zu vergleichen und gegenüberzustellen.[6])

Schließlich müssen wir noch einer Sammlung von erbaulichen Geschichten gedenken, die in ihrer ältesten Form im 2. Jh. n. Chr. in Alexan-

[1]) Vgl. RICHMOND 1976.
[2]) Zur römischen Jagdliteratur s. AYMARD 1951, zu den *Halieutica* des OPPIAN vgl. ORY 1985.

[3]) Vgl. bes. FROEHNER 1926 und DILLER 1941.
[4]) S. GOSSEN 1939.
[5]) S. GOSSEN 1935.
[6]) Vgl. HÜBNER 1984.

Abb. 10. Darstellung des Hippo-
krates, Galen, Dioskurides,
Apollonios, Nikandros, An-
dreus, Rufus. Byzanz um 512
(*Codex Vind. Med. Gr.* 1, fol. 5 v).
Dt. Fotothek Dresden.

dria entstanden sein dürfte und unter dem Titel
Physiologus durch ihre christliche Symbolik
nach ihrer Übersetzung ins Lateinische die Vorstellungswelt des Mittelalters nachhaltig beeinflußte. Diese Sammlung besteht aus etwa
48 Geschichten über wirkliche oder mythische
Tiere, Pflanzen und Steine, deren wunderbare,
größtenteils fabelhafte Eigenschaften am Schluß
der einzelnen Geschichten mit Christus, dem
Teufel, der Kirche, den Menschen usw. in Beziehung gebracht werden.

So heißt es darin z. B. vom Löwen, daß ihn folgende
drei Eigenschaften auszeichneten: Der Löwe verwischt seine Spuren mit dem Schweif, damit er nicht
vom Jäger entdeckt wird, ebenso hat auch der mystische Löwe, Christus, seine mystischen Spuren verwischt, um seine Gottheit zu verhüllen. Der Löwe
schläft mit offenen Augen, ebenso hat auch der Leib
Christi am Kreuz geschlafen, während seine Gottheit
zur Rechten des Vaters wachte. Die Löwin endlich
wirft immer tote Welpen, die am dritten Tage vom Lö-
wenvater angehaucht und dadurch lebendig werden,
ebenso ist auch Christus am dritten Tage nach der
Kreuzigung auferstanden.

Der *Physiologus* wurde zur Hauptschrift der
christlichen Natursymbolik, seine außerordentliche Verbreitung und sein zunehmender Einfluß

bezeichnen das Ende der wissenschaftlichen
Zoologie in der Antike.[1])
Ähnlich wie in der Zoologie läßt sich auch in
der Botanik der römischen Zeit eine Stagnation
der induktiven Forschung, etwa auf dem Gebiet der Pflanzenphysiologie, beobachten. Das
schließt jedoch nicht aus, daß sich die Situation
für diesen Zweig der Biologie, insgesamt gesehen, wesentlich günstiger darstellt. Die Ursachen dafür liegen in der Entwicklung, die die
angewandte Botanik in der Medizin und in der
Landwirtschaft erfuhr, für die sich, wie auch für
die Zoologie, die Expansion des römischen Imperiums und vor allem die verbesserten Handelsbeziehungen mit den Ländern Asiens günstig ausgewirkt haben, die den Römern die
Kenntnis von neuen Pflanzen und Pflanzenprodukten vermittelten.
Bei den ältesten römischen Werken der pharmazeutischen Botanik, über die wir Nachrichten
besitzen, dürfte es sich ebenfalls um Übersetz-
zungen bzw. Kompilationen aus älteren griechischen Vorlagen gehandelt haben. Als Verfasser
derartiger Schriften sind zu nennen Caius Val-

---

[1]) Vgl. bes. Wellmann 1930; Perry 1941; Seel 1960,
bes. S. 53 ff.; Riedinger 1973, bes. S. 298 ff.

GIUS RUFUS (Konsul im J. 12 v. Chr.) – sein Kräuterbuch führt PLINIUS unter seinen Quellen für medizinische Botanik an –, die bereits oben (S. 81) erwähnten PAPIRIUS FABIANUS und POMPEIUS TROGUS sowie vor allem SEXTIUS NIGER (1. Hälfte des 1. Jh. v. Chr.), dessen griechisch abgefaßtes Werk *De materia medica* von großem Einfluß gewesen sein muß. SEXTIUS NIGER hat offensichtlich nicht nur die pharmazeutisch-botanischen Schriften des DIOKLES VON KARYSTOS und die wichtigsten Werke der hellenistischen Botanik seit THEOPHRAST gut gekannt, er hat wahrscheinlich auch das bei DIOKLES angedeutete methodische Vorgehen, zuerst die botanischen Kennzeichen einer Pflanze und im Anschluß daran ihre medizinischen Wirkungen zu verzeichnen, konsequent weiterentwickelt und durchgesetzt, so daß diese Art der Darstellung in den entsprechenden Werken seitdem allgemein üblich wurde. Er darf daher als eine der hauptsächlichsten Quellen für PLINIUS und DIOSKURIDES angesehen werden.[1]

Etwa um das Jahr 50 n. Ch. verfaßte SCRIBONIUS LARGUS, der möglicherweise Leibarzt des Kaisers CLAUDIUS gewesen ist, seine Compositiones (Arzneimittelzusammenstellungen). Diese Rezeptsammlung beruht ebenfalls auf griechischen Vorlagen, für die Geschichte der Botanik ist sie u. a. deswegen bedeutsam, weil sie die erste Definition des Opiums und die erste Darstellung der Gewinnung von reinem Opium enthält (Kap. 22).[2]

In den 70er Jahren des 1. Jh. n. Chr. entstand die *Materia medica* des PEDANIOS DIOSKURIDES VON ANAZARBOS in Kilikien, das bedeutendste Werk der pharmazeutischen Botanik in der Antike.[3] Ebenso wie für die anderen naturwissenschaftlichen Schriftsteller dieser Zeit steht auch für DIOSKURIDES eine weitgehende Benutzung älterer Autoren fest, er hat sich vor allem auf THEOPHRAST, KRATEUAS und SEXTIUS NIGER gestützt.

[1]) S. WELLMANN 1889.

[2]) S. SCHONACK 1912.
[3]) Eine umfassende Würdigung hat das Werk des DIOSKURIDES bei RIDDLE 1985 gefunden.

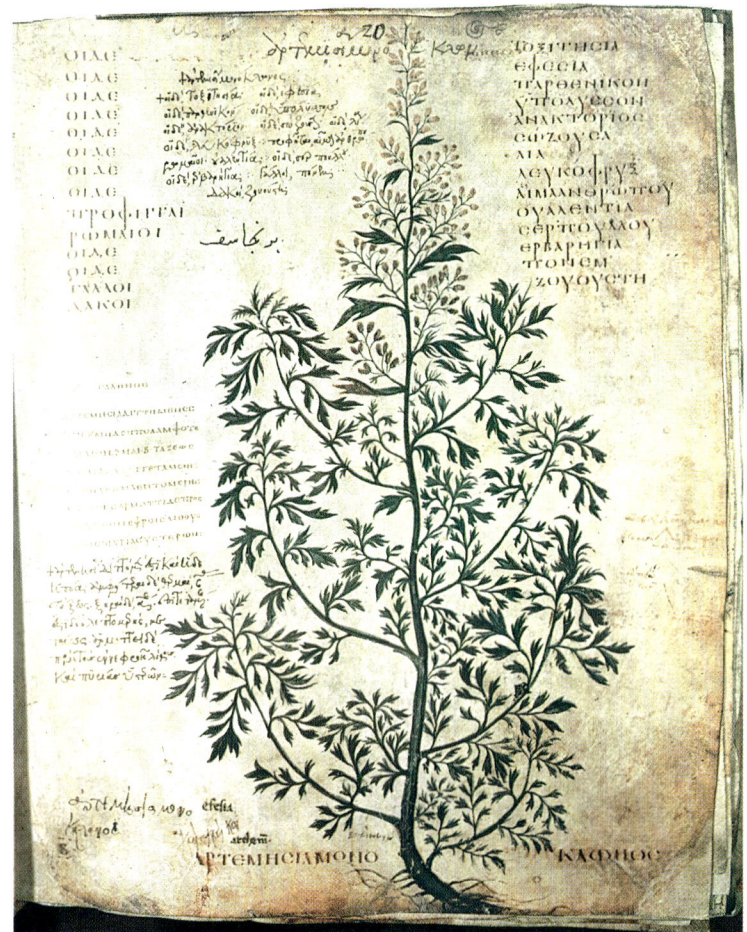

Abb. 11. Heilpflanze aus DIOSKURIDES: Beifuß (*Artemisia arborescens* L.) aus dem *Codex Vind. Med. Gr.* 1, fol. 20 r. Byzanz um 512. Dt. Fotothek Dresden.

Im Gegensatz zu den meisten seiner Zeitgenossen zeichnen ihn jedoch daneben seine eigenen Studien der Heilmittel aus den verschiedensten Ländern der antiken Welt aus, die er, wahrscheinlich als Arzt im römischen Heer, zu besuchen die Gelegenheit hatte. Seine Aufgabe sah DIOSKURIDES in der Beschreibung der einfachen Heilmittel aus allen drei Naturreichen, wobei verständlicherweise die *Simplicia* aus dem Pflanzenreich im Vordergrund standen. Sein methodisches Vorgehen entspricht dem des SEXTIUS NIGER: dem Namen des jeweiligen Mittels folgen eine Zusammenstellung synonymer Bezeichnungen, deren Notwendigkeit sich aus dem Fehlen einer einheitlichen wissenschaftlichen Terminologie ergab, darauf die Angaben über Land und Ort, wo das einzelne Mittel zu finden ist, weiterhin seine Beschreibung und schließlich Ausführungen über seine medizinischen Wirkungen und Eigenschaften. Das selbständige Urteil, das diesem Werk zugrunde liegt, sowie seine Vollständigkeit und Gründlichkeit in deskriptiver und pflanzengeographischer Hinsicht erklären das Ansehen, das die Schrift des DIOSKURIDES schon bald nach ihrem Erscheinen genoß. Im Mittelalter wurde sie zum grundlegenden Lehrbuch der pharmazeutischen Botanik, im Orient ist sie bis in die Neuzeit hinein benutzt worden (Abb. 11 u. 12).

Aus der unmittelbar nachfolgenden Zeit sind uns keine Schriften mit pharmazeutisch-botanischer Thematik überliefert worden. Die Behandlung der *Simplicia* bei GALEN verfolgt rein medizinische Zielsetzungen und enthält demzufolge kaum botanische Angaben. Eine erneute Beschäftigung mit diesem Gegenstand läßt sich erst wieder seit dem 3. Jh. nachweisen. Spätestens zu Beginn dieses Jahrhunderts verfaßte QUINTUS SERENUS sein Lehrgedicht *Liber medicinalis* (Arzneibuch); die darin enthaltenen Rezepte stammen zum größten Teil aus dem Werk des PLINIUS.

Aus dem 4. und 5. Jh. sind einige Rezeptsammlungen erhalten, deren Niveau den Niedergang der antiken Medizin widerspiegelt. Es handelt sich dabei um Zusammenstellungen von Rezepten, die auf die Bedürfnisse der täglichen Praxis zugeschnitten waren und auf jede wissenschaftliche Grundlegung verzichteten. Außerdem zeigen diese Rezeptarien bereits Einflüsse des medizinischen Aberglaubens und der sog. Dreckapotheke. Zu ihnen gehören der *Herbarius*, der unter dem Namen des APULEIUS PLATONICUS überliefert ist, und der fälschlich dem ANTONIUS MUSA, dem Leibarzt des Kaisers AUGUSTUS, zugeschriebene *Liber de herba vettonica* (Buch über die Betonie).[1] Diese Schriften behandeln einzelne Pflanzen und deren Anwen-

---

[1] S. HOWALD & SIGERIST 1927, S. XVIII ff.

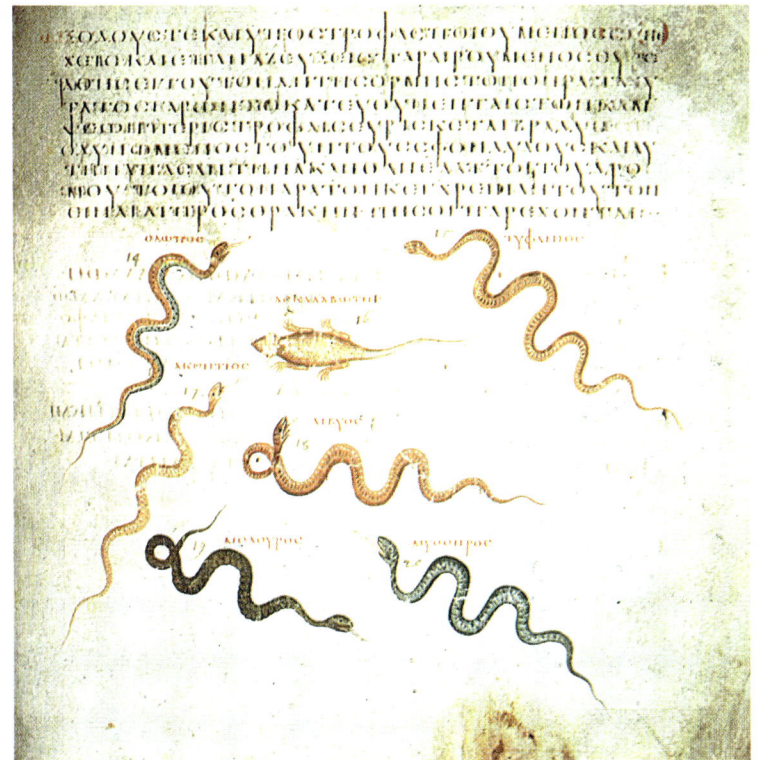

Abb. 12. Eidechse und verschiedene Schlangen aus DIOSKURIDES, *Codex Vind. Med. Gr.* 1. fol. 411 r, Byzanz um 512. Dt. Fototek Dresden.

dungsmöglichkeiten in der Therapie, sie hatten Erfolg und erfuhren in den folgenden Jahrhunderten noch mehrere Bearbeitungen. Vertreter dieser Schriftengattung sind auch die sog. *Medicina Plinii*, eine von einem Laien vorgenommene Zusammenstellung der medizinischen Kapitel aus der *Nat. hist.* des PLINIUS,[1]) und das um 400 entstandene Buch *De medicamentis* (Über Heilmittel) des MARCELLUS, der aus Bordeaux stammte und hoher Beamter am Hofe der Kaiser THEODOSIUS I. und ARCADIUS war. Interessant sind die in diesem Buch vorkommenden Erwähnungen alter keltischer Pflanzennamen.

Bereits oben bei der Darstellung der Quellen der wissenschaftlichen Biologie sind wir auf die Bedeutung der Periplusliteratur eingegangen (S. 51), und wir haben dabei betont, daß derartige Reiseberichte bis zum Ausklang der Antike ihre Bedeutung für den Wissenszuwachs auf dem Gebiet der Biologie unverändert beibehielten. Es ist naheliegend, daß die Erweiterung der antiken Welt im Hellenismus und die danach allmählich zunehmenden Handelsbeziehungen mit Asien ihren Niederschlag auch in dieser Literaturgattung fanden. Das bezeugt der wahrscheinlich aus dem 1. Jh. n. Chr. stammende, anonym überlieferte *Periplus maris Erythraei*, in dem erstmals die beiden Hälften des Indischen Ozeans und der Seeweg nach China ausführlicher besprochen werden.[2]) In diesem sicherlich von einem griechischen Kaufmann verfaßten Reisebericht werden auch die Handelsartikel der beschriebenen Gegenden sorgfältig vermerkt, von besonderem historischem Interesse ist dabei die erste Erwähnung einer Rohrzuckerart in der antiken Literatur.[3])

Die Tatsache, daß das ökonomische Leben Italiens sowohl in der Frühzeit wie in der späteren Periode maßgeblich durch die Entwicklung bzw. den jeweiligen Stand der Landwirtschaft bestimmt wurde, erklärt das besondere Interesse der Römer für die theoretische Literatur auf diesem Gebiet.[4]) Frühester Ausdruck dafür ist die bereits erwähnte lateinische Übersetzung der berühmten Schrift des Karthagers MAGO zu diesem Thema (s. S. 74), der sich als erste original lateinische Schrift das Werk *De agricultura* (Über den Ackerbau) des Censors MARCUS PORTIUS CATO (234–149 v. Chr.) an die Seite stellt, das zugleich zu den ältesten erhaltenen lateinischen Prosatexten gehört. Das Ziel, das

CATO mit dieser Schrift verband, entspricht demjenigen, das XENOPHON mit seinem *Oeconomicus* verfolgte: er beabsichtigte die Darstellung seiner Erfahrungen als Landwirt. Diese Schrift ist somit ein Beispiel für die frühen römischen Kenntnisse auf dem Gebiet der angewandten Botanik, wobei es sich zeigt, daß diese Kenntnisse kaum über die einfache Empirie hinausreichten. Von Bedeutung für die weitere Entwicklung der landwirtschaftlichen Literatur in Rom wurde die Tatsache, daß CATO ebenso wie XENOPHON sich in seinem Werk nicht auf die Agronomie selbst beschränkte, sondern alle Fragen behandelte, die für die Verwaltung eines Landgutes von Belang sein konnten, also Tier- und Pflanzenzucht ebenso wie die Haltung von Sklaven. Darin sind ihm fast alle späteren Schriftsteller gefolgt – ein weiterer Hinweis auf die rein praktische Zielsetzung dieser Literaturgattung.

Die von CATO begründete Tradition der landwirtschaftlichen Fachschriftstellerei wurde bis zum Ausklang der Antike eifrig weitergepflegt.[5]) Zu ihren Vertretern gehören in der 1. Hälfte des 1. Jh. v. Chr. Vater und Sohn SASERNA,[6]) nach dem Zeugnis des VARRO dürften ihre eigenen praktischen Erfahrungen in der Landwirtschaft den Gegenstand ihrer Schrift ausgemacht haben, so daß wir annehmen können, daß in ihr, wie auch im Werk des CATO, theoretische Fragen kaum behandelt wurden.[7]) In der 2. Hälfte dieses Jahrhunderts traten CN. TREMELLIUS SCROFA und MAMILIUS SURA als Verfasser derartiger Schriften hervor, von denen SCROFA, der die Notwendigkeit einer umfassenden Kenntnis der hellenistischen landwirtschaftlichen Literatur unterstrich und für großen Landbesitz eintrat, bei den späteren landwirtschaftlichen Schriftstellern hohes Ansehen genoß.[8])

Den Einfluß der griechischen wissenschaftlichen landwirtschaftlichen Literatur spiegelt die im Jahre 37 v. Chr. verfaßte Schrift *Res rusticae* (Über die Landwirtschaft) des Enzyklopädisten MARCUS TERENTIUS VARRO (s. oben) wider. Diese fast vollständig erhaltene Schrift leitet damit, jedenfalls soweit wir das an Hand der Überlieferung beurteilen können, die wissenschaftliche landwirtschaftliche Literatur der Römer ein. In

---

[1]) S. ÖNNERFORS 1963, S. 11.

[2]) S. HENNIG 1944/1950, Bd. 1, S. 388 ff.

[3]) Vgl. E. H. F. MEYER 1855, S. 88 f.; s. dazu auch VON LIPPMANN 1929, S. 155 ff.

[4]) Vgl. dazu R. MARTIN 1971.

[5]) Zur landwirtschaftlichen Literatur der Römer und ihren griechischen Quellen vgl. HENTZ 1979.

[6]) S. die Zusammenstellung der Fragmente dieser und anderer verlorengegangener lateinischer landwirtschaftlicher Schriften bei REITZENSTEIN 1884, KOLENDO 1973, S. 73–80, und *Scriptorum Romanorum De re rustica*, hrsg. von F. SPERANZA 1974.

[7]) S. KOLENDO 1973, S. 62 ff.

[8]) S. SERGEENKO 1947 und R. MARTIN 1971, S. 237 ff.

drei Büchern handelt sie den Ackerbau, die Viehzucht sowie die Vogel- und Fischzucht ab.

Wissenschaftliches Niveau läßt auch die poetische Darstellung dieses Themas durch den berühmten Dichter der Augusteischen Zeit PUBLIUS VERGILIUS MARO (70–19 v. Chr.) erkennen, der in seinen *Georgica* (Der Landbau) den Ackerbau und die Baumzucht ebenso wie die Vieh- und speziell die Bienenzucht behandelt hat. Wenn es VERGIL auch nicht so sehr darauf ankam, in seinem Gedicht eine praktische Anleitung für den Landwirt zu geben, so steht es doch zweifellos fest, daß er bei der Abfassung seines Werkes die gesamte griechische und lateinische Literatur auf diesem Gebiet bis hin zu der *Hist. anim.* des ARISTOTELES zumindest indirekt verarbeitet hat.[1])

Über die landwirtschaftlichen Schriften *De agricultura* (Über den Ackerbau) und *De apibus* (Über die Bienen) des unmittelbaren Vorgängers des VERGIL, des gelehrten Bibliothekars CAIUS IULIUS HYGINUS (um 60 v. Chr.–10 n. Chr.), sind wir ebenso wie über die Schrift *Cepuricon* (Über den Gartenbau) des SABINUS TIRO aus der Augusteischen Zeit lediglich durch einige Fragmente bei späteren Autoren, vor allem bei COLUMELLA und PLINIUS, unterrichtet. Dasselbe gilt auch für die Weinbauschriften des IULIUS ATTICUS und des IULIUS GRAECINUS sowie für das große Werk *De re rustica* (Über die Landwirtschaft) des Enzyklopädisten AULUS CORNELIUS CELSUS aus der Zeit des TIBERIUS. Die wenigen Nachrichten, die wir über diese Schriften besitzen, erlauben uns jedoch die Feststellung, daß ihre Verfasser ganz offensichtlich an die beste wissenschaftliche Tradition des Hellenismus anknüpften und zugleich das frühere Wissen um eigene Beobachtungen auf diesem Gebiet bereicherten.

In vollem Maße trifft das für die zwölf Bücher *De re rustica* (Über die Landwirtschaft) des LUCIUS IUNIUS COLUMELLA aus Gades in Spanien (1. Jh. n. Chr.) zu. Mit seinem Werk, das vollständig überliefert wurde, ist COLUMELLA so etwas wie ein Klassiker auf dem Gebiet der landwirtschaftlichen Literatur geworden. Es sollte nach den Vorstellungen seines Autors eine Art Lehrbuch für den allgemeingebildeten Leser sein und zur gleichen Zeit als Anleitung für eine nach wissenschaftlichen Gesichtspunkten gestaltete Bewirtschaftung eines Gutes dienen. Wie schon bei CATO findet man darin deshalb alles,

was ein Landwirt wissen mußte, der Themenkreis reicht von der Viehzucht bis zum Ackerbau und von der Züchtung von Obst- und Olivenbäumen bis zur Haltung von Sklaven. Die durch ihre thematische Vielfalt und durch ihre Verbindung von theoretischem und praktischem Wissen überraschend modern anmutende Schrift ist eine Fundgrube für jeden, der sich über die Entwicklung der Landwirtschaft in der römischen Kaiserzeit informieren will. Sie wurde nicht nur im Mittelalter viel gelesen, sondern erstreckte ihren Einfluß bis weit in die Neuzeit hinein.[2])

Mitte des 2. Jh. n. Chr. schrieben die beiden Brüder QUINTILII AUS TROIA über die Landwirtschaft; ihre Schrift ist nicht erhalten geblieben. Bei den Späteren galten ihre Autoren vor allem als Spezialisten für Obstzucht. Da sie in den in byzantinischer Zeit entstandenen *Geoponica* häufiger zitiert werden, muß man annehmen, daß diese Schrift von Belang gewesen ist. Aus dem 3. Jh. n. Chr. sind uns Fragmente des großen Werkes des QUINTUS GARGILIUS MARTIALIS aus Mauretanien überliefert, in dem die Behandlung landwirtschaftlicher Probleme mit der Darstellung der Heilwirkung von verschiedenen Kulturpflanzen verknüpft wurde. GARGILIUS MARTIALIS zeigt eine große Belesenheit, seine wichtigste Quelle ist jedoch die *Nat. hist.* des PLINIUS.

Am Ende der antiken landwirtschaftlichen Literatur steht im 4. Jh. n. Chr. PALLADIUS RUTILIUS TAURUS AEMILIANUS, der in seiner 14 Bücher umfassenden Schrift *De re rustica* (Über die Landwirtschaft) den Versuch unternahm, die Lehren seiner Vorgänger, hauptsächlich die des GARGILIUS MARTIALIS, zusammenzufassen. Den weitaus größten Teil macht die Aufzählung der ländlichen Verrichtungen aus (Buch II–XIII), die nach Monaten geordnet ist. Die eigenen Erfahrungen spielen in der Schrift des PALLADIUS kaum eine Rolle, statt dessen finden sich in diesem Werk erstmals Andeutungen von Aberglauben – ein Anzeichen für den Verfall der wissenschaftlichen Tradition auch in dieser Literaturgattung, die von den Römern zuvor um so wesentliche Beiträge bereichert wurde. Wegen der übersichtlichen Anordnung des Stoffes und wegen seiner Knappheit wurde das Werk des PALLADIUS im Mittelalter häufig benutzt.

---

[1]) Vgl. dazu ABBE 1965; JAHN 1903; MITSDÖRFFER 1938.

[2]) S. COLUMELLA: Über Landwirtschaft, übers., eingef. u. erl. von K. AHRENS. Schriften z. Gesch. u. Kultur d. Antike, Bd. 4, Berlin 1972, S. 11 ff.

3. Biologische Kenntnisse und Überlieferungen im Mittelalter (4.–15. Jh.)

Rainer NABIELEK, Berlin

3.0. Einleitung

Im folgenden Abschnitt werden die biologischen Kenntnisse in Byzanz, im arabisch-islamischen Kulturgebiet sowie im lateinisch-christlichen Europa zwischen dem 4. und 15. Jh. unter dem Epochenbegriff „Mittelalter" zusammengefaßt. Diese Bezeichnung hat relativen Charakter, da sie genaugenommen nur auf die westliche Weltgeschichte zutrifft. Sie geht auf die Humanisten des ausgehenden 15. und beginnenden 16. Jh. zurück. Diese empfanden den Abschnitt zwischen der Antike und der von ihnen mit der Wiedergeburt (Renaissance) der antiken Kultur im 15. Jh. als Beginn einer neuen Zeit angesehenen Epoche als Zwischenzeit (*media tempestas*) bzw. mittleres Zeitalter (*medium aevum*). Obwohl lange Zeit populär, wurde „Mittelalter" zunächst kein Schema, nach dem man Geschichte schrieb, sondern blieb eine Geschichtsauffassung, in der man lebte[1]. Erst im 17. Jh. kam in der Geschichtswissenschaft das Periodisierungsschema Antike – Mittelalter – Neuzeit in Gebrauch[2]. Die bereits von den Humanisten auf das Mittelalter angewandte Metapher der Finsternis, mit der von vornherein eine Abwertung verbunden war[3], fand in der klassisch gewordenen Phrase „Dark Ages" durch Autoren wie die englischen Historiker William ROBERTSON (1721–1793)[4] und Edward GIBBON (1721–1794) Eingang in die wissenschaftliche Literatur. Der Begriff „Dark Ages" hat trotz gelegentlicher Einwände bis in die jüngere Zeit hinein gewirkt. Die Vorstellung vom „finsteren Mittelalter" findet sich auch noch in der 1931 erschienenen Biologiegeschichte von Charles SINGER. Sein präjudizierendes Urteil, „daß man nach GALEN für viele Jahrhunderte keine biologische Aktivität verzeichnen kann" (s. SINGER 1931, S. 62), wird immer noch unkritisch übernommen (vgl. MAYR 1984, S. 75). Diese Sicht, die, wie zu zeigen sein wird, nicht einmal für Europa zutrifft, muß aber auch in bezug auf das arabisch-islamische Mittelalter entschieden zurückgewiesen werden. Wir müssen uns überhaupt angewöhnen, wenn wir vom Mittelalter sprechen, die durch den Islam geprägten Zivilisationen im muslimischen Spanien, in Nordafrika, im Nahen und Mittleren Osten, ja sogar in Zentralasien mit ins Auge zu fassen (vgl. auch FLASCH 1987, S. 94 ff.).

Zwar läßt sich nicht leugnen, daß im Bereich der von uns hier betrachteten drei großen Kulturgebiete das Mittelalter sowohl auf biologischem als auch medizinischem Gebiet keine prinzipiell neuen theoretischen Konzepte hervorgebracht hat, doch war seine Leistung insgesamt trotzdem eine gewaltige. Dies trifft uneingeschränkt auch darauf zu, was lange Zeit als „Naturgeschichte" verstanden wurde und den Teil davon, der heute unter dem Begriff „Wissenschaft vom Lebendigen" oder kurz „Biologie" bekannt ist.

Während des Mittelalters kam es zu einer synoptischen Gesamtschau des bis dahin bekannten Wissens. Dieser gesamtmittelalterliche Prozeß, bei dem es vor allem um die Rezeption und Auseinandersetzung mit dem antiken Wissensgut ging, fand seinen Ausdruck in zahlreichen enzyklopädischen Werken[5]. Waren diese

---

[1]) Vgl. HEUSSI 1921, S. 9.
[2]) Der deutsche Historiker Georg HORN (1620–1670) hatte in seinem *Orbis politicus* (1667) das Medium aevum deutlich von der Neuzeit geschieden. Der Hallenser Geschichtsprofessor Christoph CELLARIUS 1638–1704) war schließlich der erste, der ein historisches Lehrbuch chronologisch in Altertum, Mittelalter und Neuzeit eingeteilt hat.
[3]) Zu diesem ganzen Komplex der Unterbewertung des Mittelalters s. DOVE 1916 und VARGA 1932.
[4]) Siehe die Einleitung zu seinem Werk The History of the Reign of the Emperor Charles V. (ROBERTSON 1769).

[5]) Zu den Enzyklopädien im lateinischen Mittelalter siehe ausführlich COLLISON 1964, s. a. HÜNEMÖRDER 1981. Eine Gesamtsicht und zusammenfassende Wertung der enzyklopädischen Literatur des arabisch-islamischen Mittelalters steht noch aus.

auch stark durch Autoritätenhörigkeit geprägt, so erfolgte die Tätigkeit des Sammelns, Ordnens und Bewahrens doch nicht ohne Reflexion. Relativ früh kam es im arabisch-islamischen Mittelalter zu einer äußerst lebendigen Rezeption und kritischen Auseinandersetzung mit dem Wissensgut der Antike. Das empirische Wissen wurde quantitativ noch enorm dadurch bereichert, daß Kenntnisse aus Persien, Zentralasien, Indien und China einflossen. Im Verhältnis zwischen Orient und Okzident, deren kulturelle Kontakte keineswegs erst über die Kreuzzüge zustande kamen, war man sich im Abendland lange der kulturellen Überlegenheit der vom Islam beherrschten Gebiete bewußt. Der lateinische Westen erhielt im geistig-kulturellen Bereich etwa ab dem 11. Jh. durch das aus dem arabisch-islamischen Kulturkreis strömende und am Neuplatonismus und an Aristoteles geschulte Wissen starke Impulse[1]). Diese Art der geistig-kulturellen Befruchtung hatte wesentlichen Anteil an dem als „Renaissance des 12. Jahrhunderts" bezeichneten Aufschwung (s. HASKINS 1927; s. a. WEIMAR 1981). Nach Ansicht des französischen Sinologen und Wissenschaftshistorikers Jacques GERNET ist es nicht übertrieben zu sagen, daß der Beginn der Neuzeit die indirekte Folge der Blüte der Stadt- und Handelszivilisationen ist, deren Bereich sich vom Mittelmeer bis zum Chinesischen Meer erstreckte (s. GERNET 1988, S. 297).

Die polytheistische Antike kannte noch keinen eigentlichen Gegensatz von Gott und Welt und Natur, da die Götter gewissermaßen „innerweltlich" waren (vgl. NESTLE 1975, S. 11). Die Entstehung und Ausbreitung der monotheistischen Religionen Christentum und Islam und die damit verbundene Annahme eines einzigen, transzendenten Gottes, der die Welt aus dem Nichts geschaffen hat, brachte eine neue Sichtweise mit sich. Damit wurden auch die Ansichten über die Natur berührt. Weder die Bibel noch der Koran enthielten aber eine ausgearbeitete Lehre über die Natur[2]). Damit war Raum gegeben für unterschiedliche Interpretationen zu Werden und Vergehen der die Sinnenwelt konstituierenden Phänomene. Von weitreichender Bedeutung für das lateinische Mittelalter wurden die Lehren des Kirchenvaters AUGUSTINUS (354–430). Seine Schriften waren über Jahr-

hunderte *die* Quelle für die christliche Philosophie und Theologie. AUGUSTINUS faßte die Bibelstelle Gen. 1,1 im Sinne des ersten Aktes einer permanenten Schöpfung auf. Nachdem Gott den Kosmos aus dem Nichts (*creatio ex nihilo*) erschuf (s. De civ. dei XIV 11; Confess. XII 7) bedarf dieser seiner ständig schaffenden Wirksamkeit (*operatio*), um nicht wieder ins Nichts zu zerfallen (vgl. De civ. dei XII 25; vgl. dazu auch MITTERER 1956, S. 242 f.). Die Lehre von der permanenten Schöpfung ist später auch im orthodoxen Islam von AL-AšꜤARĪ (873/74–935) in einer ganz extremen Form entwickelt worden. Seine Gedanken hat der bedeutende Theologe AL-ĠAZĀLĪ (1058–1111), dessen einflußreiche Stellung innerhalb der islamischen Theologie mit der des AUGUSTINUS innerhalb der christlichen verglichen werden kann, in etwas abgeminderter Weise aufgegriffen (vgl. 3.2.2.).

Den Naturprozeß betrachteten die christlichen und islamischen Theologen nicht mehr, wie etwa ARISTOTELES gelehrt hatte, von der Notwendigkeit bestimmt (s. De part. anim. I 5: 645b28–646a1; An. post. II 11: 94a35–37). In der Natur wurde nicht mehr das Prinzip der Erzeugung und Veränderung gesehen, sondern sie erschien als *voluntas dei*, als Wille Gottes. Die Rückführung der Natur auf den Willen Gottes bedeutete, daß sich die Welt letztlich nicht nach eigenen, ihr innewohnenden Gesetzen entfaltet. Wenn der Kirchenvater AUGUSTINUS dennoch vom „gewöhnlichen" Lauf der Dinge gemäß den „Gesetzen" der Natur spricht (s. De Gen. ad litt. IX 18,32), so schließt dies jedoch niemals das direkte Eingreifen Gottes in die Natur aus. Hinter dem Umstand, daß viele Vorgänge in der Natur immer wieder in gleicher Weise ablaufen, sah man nicht das Wirken eines Naturgesetzes im streng deterministischen Sinne. Der sich aus Erfahrung stets wiederholende Vorgang sei lediglich durch das Walten der Gewohnheit Gottes bedingt, in der es normalerweise keine Veränderung gibt. In gleicher Weise argumentierten später islamische Theologen (s. 3.2.2.).

Sowohl für die christlichen Kleriker als auch für die muslimischen Gelehrten und Theologen standen zunächst weniger die Phänomene der Natur im Mittelpunkt als vielmehr ihre symbolische Interpretation. Dies wird insbesondere in der von AUGUSTINUS entwickelten Konzeption deutlich, die die Natur als ein von Gott geschriebenes Buch auffaßt. Neben dem *legere in libris sanctis* („Lesen in den heiligen Schriften) ist für den Gläubigen das *legere in libro naturae* („Lesen im Buch der Natur") *der* Weg zur Gotteserkenntnis (vgl. AUGUST. De gen. ad litt. I 1; En. in Ps. 45,7; s. a. Nobis 1971). Die Naturerkenntnis ist daher nicht Selbstzweck, sondern

---

[1]) Siehe dazu den von führenden ägyptischen Gelehrten verfaßten Sammelband „Islamic and Arab Contribution to the European Renaissance", Cairo 1977.

[2]) Das trifft weitgehend auch für die Schriften der mittelalterlichen Gelehrten zu. Da sie meist ihre Anschauungen nicht systematisch, sondern exegetisch entwickelt haben, muß man sie erst aus ihrem Werk herausarbeiten.

dient ausschließlich der Ergründung, dem Lob und Preis Gottes (vgl. GLOY 1995, S. 146 f.). Alles unterliegt der Weisheit, dem letztlich unergründlichen Ziel des Schöpfers. Die Betrachtung der Welt geschieht dabei von oben nach unten. Alles geht vom Urgrund alles Seins, von der letzten Einheit, von Gott, aus. Die Welt zeugt durch ihre Ordnung und Schönheit für ihre Erschaffung durch Gott (vgl. AUGUST. De civ. XI 4) und erscheint somit als dessen Selbstoffenbarung. Das aristotelische τέλος (s. o. 2.3.1.) geht in Gott auf und dient als heuristische Methode. War es bei dem Stagiriten die ungeschaffene Natur, die nichts Unnützes tut (s. ARIST., De part. anim. 658a8), so liegt nun allem Geschehen der weise Plan des einen Schöpfergottes zugrunde. Alles ist von ihm wohl bedacht. AUGUSTINUS erkennt daher den aufrechten Gang des Menschen nicht etwa als Folge einer Höherentwicklung. Er deutet ihn vielmehr als dessen Bestimmung, sich vom Irdischen zu lösen (s. AUGUST., De gen. litt. VI 12,22) und den Blick nach oben zu richten (s. AUGUST., Doctr. chr. 5), um die *aeterna spiritualia* („ewigen Spiritualien") zu schauen (s. AUGUST., Gen. adv. Man. 1,28; ders., De trinit. 12,1; ders., De gen. litt. VI 12,22). Auch die auf den ersten Blick für den Menschen nutzlose, ja nicht selten sogar schädliche Existenz bestimmter Lebewesen hat ihren tieferen Sinn. AUGUSTINUS legt dar, daß auch sie für die Ordnung und Schönheit des Weltganzen notwendig und von Nutzen sind (s. De gen. advers. Man. 1,25 f.; De civ. dei XI 22; XII 4)[1]). Die gleiche Argumentationsbasis findet sich bei den Gelehrten des arabisch-islamischen Mittelalters. So weiß AL-ĞĀḤIẒ (777–869) zu berichten, daß die giftigen Tiere nicht ins Dasein gerufen wurden, um den Menschen zu schaden, sondern um sie zur Geduld zu bringen (s. AL-ĞĀḤIẒ, Ḥayawān III 301,11 ff.). Nach AL-QAZWĪNĪ (1203–1283) schuf Gott das Ungeziefer aus schlechten Substanzen und faulenden Stoffen, um die Luft zu reinigen (s. ᶜAǧāᵓib, S. 427,24 f. = Übs. GIESE, S. 225). Damit steht Natur, verstanden als Wesenheit, graduell unter Natur als Äußerung Gottes. Da die Natur aus religiöser Sicht ursächlich nicht aus sich selbst heraus handelt, fungieren, wie zu zeigen sein wird, sowohl im Christentum (vgl. etwa Cosm. INDICOPL., Top. christ. II 97: I 417; s. a. THORNDIKE 1923, II 407) als auch im Islam die Engel als „Transmitter" zwischen dem transzendenten Gott und seiner Schöpfung (s. FRANK 1992,

S. 18). An einer Stelle der berühmten Enzyklopädie der „LAUTEREN BRÜDER" aus Basra (s. 3.2.3.) heißt es, daß die Natur nichts anderes sei als einer der Gott dienenden und unterstützenden Engel (s. Rasāᵓil XVIII: II 127,16 f.). Kurz, religiöses Dogma und Naturforschung gehen eine Synthese ein.

Wenn Peter ABAELARD (1079–1142) sowohl die Schöpfung (*creatio*) als auch die Entstehung (*generatio*) des Universums noch ganz unmittelbar auf Gott bezog und die Natur einfach als dessen Wille (*voluntas dei*) begriffen hatte (s. Expos. in hexaem.: MPL 178, 746), kam es im Verlaufe des Mittelalters aber auch zur Aufwertung der Natur. Am Ende des Mittelalters kann man sogar deutlich eine Tendenz zur Desakralisierung der Natur erkennen. Diese Aufwertung erfolgte zuerst im arabisch-islamischen Mittelalter. Dort hatte sich im Ergebnis der umfassenden Rezeption antiken Gedankengutes (s. 3.2.3.) bereits früh ein physiologisch-physikalischer Begriff von Natur entwickelt. Autoren wie AL-FĀRĀBĪ (873–950) und IBN SĪNĀ/ lat. AVICENNA (980–1037) unternahmen den Versuch, aristotelische und neuplatonische Philosophie miteinander in Einklang zu bringen. Mit PLATO und ARISTOTELES standen sich nämlich zwei z. T. ganz unterschiedliche Betrachtungsweisen der realen Welt gegenüber. PLATO sah alle Vorgänge in der Welt durch einen göttlichen Demiurgen beherrscht. Er unterschied zwischen der Natur als etwas gegenständlich Konkretem und der wahren Natur aller Dinge, der Idee, die stets auf ein göttliches Wesen zielt[2]). ARISTOTELES hingegen, der gegen den Dualismus seines Lehrers auftrat, ging von der realen Welt, der Welt des steten Werdens und Vergehens aus. Von hier aus gelangte er schließlich zum „ersten Beweger". Er lehnte eine Subordination des Naturbegriffs unter eine göttlich inspirierte τέχνη (Kunst) und damit das Walten demiurgischer Kräfte ab. Damit schrieb er der Natur eine Eigengesetzlichkeit zu. Mit anderen Worten, für PLATO stellte Natur etwas dar, das geschaffen wurde, ARISTOTELES hingegen betrachtete sie als etwas, das selbst schafft. Die Scholastik hat mit den Begriffen *natura naturata* und *natura naturans* die unterschiedliche

---

[1]) Diese Denkungsart findet sich bereits bei dem Stoiker CHRYSIPP (um 280–204 v. Chr.). Er führt als Beispiel die Flöhe an, die deshalb erschaffen wurden, damit der Mensch kein Langschläfer werde.

[2]) Mit PLATO ging der ursprüngliche Sinn des Begriffs φύσις (Natur), der mit Werden und Wachsen (> griech. φύω = werden, wachsen) zusammengehört, verloren. Natur wurde in die Transzendenz verlagert: das Wesen der Dinge liegt jetzt nicht mehr in ihnen, sondern außer und gleichsam über ihnen. Physis ist nicht mehr schaffende, erzeugende Kraft, sondern Vorbild, nach dem der Demiurg die Dingwelt geschaffen hat (s. SIMON & SIMON 1956, S. 49).

Sichtweise zum Ausdruck gebracht[1]). ARISTOTE-
LES denkt grundlegend von unten nach oben.
PLATO und der Neuplatonismus hingegen dachten von oben nach unten. Alles geht vom Urgrund alles Seins, der Idee bzw. von Gott aus.
Im Neuplatonismus geht alles durch Emanation
von der letzten Einheit (Gott) aus. Die Welt erscheint als Selbstoffenbarung Gottes. Die reale
Welt ist Differenzierung und Evolution der
göttlichen Idee.

AL-FARĀBĪ und IBN SĪNĀ entkleideten den koranischen Gottesbegriff seiner personalen Züge;
aus dem Einen, der nach undurchschaubarem
Ratschluß schafft und vernichtet, wurde das im-
personale Eine, das notwendige Seiende, aus
welchem von Ewigkeit her das potentiell Seiende, die Welt emaniert (s. NAGEL 1990, S. 2).

Im lateinischen Westen erfolgte eine entsprechende Entwicklung erst, nachdem man mit den
Texten arabisch schreibender Autoren, vor allem aber mit dem antiken und spätantiken Gedankengut in Berührung gekommen war. Auch
hier übernahm die philosophische Schultradition
die aristotelische Betrachtungsweise von unten
nach oben (s. dazu ausführlich HEIMSOETH
1965). Den Anfang machten Vertreter der Ka-
thedralschule von Chartres und des Klosters
Saint-Victor (s. 3.3.2.). Wilhelm VON CONCHES
(gest. 1145) schränkte das Werk der Schöpfung
Gottes auf die Erschaffung der Elemente und
die menschliche Seele ein. Im Ergebnis dessen
blieb es der relativ selbsttätig wirkenden Natur
vorbehalten, alles das hervorzubringen, wovon
im biblischen Schöpfungsbericht (Gen 1,1–2,4 a)
die Rede ist. Auf diese Weise erlangte die Natur
folglich einen höheren Stellenwert. Man konnte
den Bibeltext umgehen und schuf somit die Basis für eine Art „profaner Exegese" (vgl. GRE-
GORY 1973, S. 295). In den *Quaestiones* (s. 3.3.3.)
des Adelard VON BATH (um 1070–nach 1146) finden wir das Bestreben, nach natürlichen Ursachen zu forschen und dabei die Vernunft als
Kriterium einzusetzen (vgl. Quaest. nat. VI–
VII). Wie vor ihm die Vertreter der mittelalterlichen arabisch-islamischen Kultur AL-FARĀBĪ
und IBN SĪNĀ bestimmt ALBERTUS MAGNUS (um
1200–1280) im Anschluß an ARISTOTELES die
Natur der Dinge dadurch, daß sie eine gewisse
Fähigkeit oder Kraft in sich haben, „die Prinzip
der Bewegung und der Ruhe ist" (s. ALBERT.
MAGN. Phys. II 1.2). Auch THOMAS VON AQUIN
(1205–1274), für den ebenfalls Natur ein inneres
Prinzip darstellt, das die Ordnung der natürli-

chen Dinge bestimmt (s. THOMAS AQUIN. In II
Phys. lect. 1,145; lect. 2,152), geht von der Eigengesetzlichkeit der Natur aus.

Im arabisch-islamischen Mittelalter war mit IBN
RUŠD / lat. AVERROES (1126–1198) der Höhepunkt philosophisch-naturwissenschaftlichen
Denkens erreicht worden. Während seine Gedanken im lateinischen Westen schließlich in
Gestalt des lateinischen Averroismus Fuß fassen konnten (s. NIEWÖHNER & STURLESE 1994),
fand bereits die Metaphysik von ihm vorangehenden Denkern wie AL-FARĀBĪ und IBN SĪNĀ
in AL-ĠAZĀLĪ (1058–1111), dem vielleicht größten Theologen des Islam, einen heftigen Gegner. Mit seinem Werk *Tahāfut al-falāsifa* („Die
innere Unstimmigkeit [der Lehren] der Philosophen")[2]) suchte er zu zeigen, daß die Beweise
der aristotelisch argumentierenden Philosophen
nicht stichhaltig sind. Im Zentrum seiner Angriffe stand das philosophische System des AVI-
CENNA, das er dafür als am meisten repräsentativ hielt. Der darin von AL-ĠAZĀLĪ in bezug auf
das Geschehen in der Natur vertretene reine
Okkasionalismus (s. 3.2.2.) stand im schroffen
Gegensatz zur Auffassung von einer selbstwir-
kenden Natur. Die Kritik, die später AVERROES
in seinem *Tahāfut at-tahāfut* („Die innere Unstimmigkeit [des Werkes] ‚Die innere Unstimmigkeit [der Lehren der Philosophen]'") an AL-
ĠAZĀLĪ übte[3]), war eine arabische Variante des
Universalienstreites, der den Westen seit Ausgang des 11. Jh. beschäftigte (s. 3.3.2.) AVERROES
nahm dabei die Position des „Realismus" ein,
d. h. die Wesenheiten mußten real existieren.
Mit der Vertreibung des AVERROES und dem
Sieg des orthodoxen Islam erlitt die wissenschaftliche Naturforschung im arabisch-islamischen Mittelalter einen so schweren Schlag, daß
sie sich nicht wieder davon erholt hat.

In Ermangelung induktiver Verfahren, namentlich des Experiments, das auch den Griechen
nur in äußerst beschränktem Maße als Methode
diente (vgl. REGENBOGEN 1934; STÜCKELBERGER
1988, S. 135 ff.), wurden die Vorstellungen über
die Natur im wesentlichen spekulativ im Sinne
einer Naturphilosophie begründet. Den Übergang von der kontemplativen zur produktiven
Wissenschaft vollzog der auch als *doctor mirabilis* bezeichnete englische Theologe und Naturphilosoph Roger BACON (um 1214–um 1292). Er
bekämpfte die scholastische Methode, indem er
für eine *scientia experimentalis* eintrat. Dabei hat
experimentum hier die Bedeutung von „Erfahrung", so daß man von einer „Erfahrungswis-

---

[1]) Die Termini entstanden aus der Übersetzung der
arabischen Kommentare zu ARISTOTELES, besonders
desjenigen von IBN RUŠD. Siehe dazu HEDWIG 1984,
Sp. 504.

[2]) Zur Übersetzung des Buchtitels s. NAGEL 1994,
S. 193.

[3]) Vgl. dazu FAKHRY 1958, S. 42 ff.

senschaft" bzw. von einer „experimentierenden Kontrolle des deduktiven Denkens" (s. THORN-DIKE 1923, II 649 ff.; s. a. GRUNDMANN 1960, S. 30 ff.; MENSCHING 1992, S. 238 ff.) sprechen kann. Das Experiment im modernen Sinne kam erst in der Renaissance auf (s. 4.2.2., vgl. auch Kap. 12!).

Trotz unterschiedlicher Ausprägungen der verschiedenen Kulturen finden sich jedoch mehr Gemeinsamkeiten. Das betrifft solche Grundlagen wie die Viersäftelehre, die teleologische Betrachtungsweise des Naturgeschehens, die Auffassung von der Artkonstanz etc. Charakteristisch für die mittelalterlichen Kulturräume war die jeweilige Prädominanz *einer* Wissenschaftssprache. Dies war für Byzanz das Griechische, für das arabisch-islamische Mittelalter das Arabische und den lateinisch-christlichen Westen das Lateinische. Alle drei Kulturgebiete zeichnen sich darüber hinaus durch einen ausgeprägten Hang zum Superstitiellen aus. So kannte das arabisch-islamische Mittelalter die Entstehung von Lebewesen aus Bäumen[1]. Im lateinischen Abendland war die Sage vom „Enten- bzw. Gänsebaum" verbreitet (s. STEINER 1891, S. 245; HOFFMANN-KRAYER 1927; LIPPMANN 1933, S. 36–41), die sich noch bei PARACELSUS (1495–1541) findet.

Während das arabisch-islamische Mittelalter den Typus des spezialisierten Gelehrten in großem Umfang hervorgebracht hat, wird der Bildungsträger im lateinischen Mittelalter lange Zeit fast ausschließlich durch den Kleriker repräsentiert. Er stellt den Geistlichen und Gelehrten in Personalunion dar (vgl. LEGOFF 1991, S. 9). Wir gehen in 3.3.1. ausführlicher darauf ein. Der Wissenschaftsbetrieb im Mittelalter wurde entscheidend dadurch gefördert, daß nach der Schlacht bei Atlah am Talas[2] im Jahre 751 chinesische Kriegsgefangene den Muslimen das Geheimnis der Papierherstellung verrieten, worauf in Samarkand die erste Papiermühle entstand (s. SANDERMANN 1992, S. 85 f.). Im lateinischen Mittelalter hat schließlich die Erfindung des Buchdruckes mit beweglichen Lettern durch Johannes GUTENBERG (ca. 1400–1468) die Verbreitung wissenschaftlicher Erkenntnisse ungeheuer gefördert.

An dieser Stelle muß unbedingt auf den eingeschränkten Begriffsumfang des Wortes „Lebewesen" hingewiesen werden, wie er für die ältere Zeit allgemein typisch ist. Während der moderne Leser mit dem Begriff „Lebewesen" ganz selbstverständlich die Mikroorganismen, die Pflanzen, die Tiere und den Menschen assoziiert, ist der Antike und dem Mittelalter eine entsprechende Zusammenfassung von Pflanze und Tier unter *einem* Sammelbegriff noch völlig fremd. Ursprüngliches Denken begreift Leben in erster Linie konkret als etwas, das „lebendig" ist, also sich frei bewegen kann. Von der Bedeutung des „Lebendigen" geht der Begriff ohne Schwierigkeit zu dem des Lebens über. Eine solche Sichtweise begegnet noch im Alten Testament, wo die ortsgebundene Pflanze zum Bereich des Unbelebten gerechnet wird (s. 3.1.1.). Die Fähigkeit zum Leben wird durch den Besitz einer inneren Bewegungskraft erklärt, die im Alten Testament *näfäš* bzw. *rūᵃḥ*, bei den griechisch und lateinisch schreibenden Autoren der Antike und des Mittelalters ψυχή oder *anima* sowie im arabischen Schrifttum mit den Termini *nafs* und *rūḥ* bezeichnet wird[3]. Von weitreichender Bedeutung für die Auffassung vom Leben wurde die Lehre des ARISTOTELES, die auf der Annahme verschiedener Seelenvermögen beruht. Sie hat nicht nur die naturphilosophisch-biologische Vorstellung vom Leben während des Mittelalters (s. VENNEBUSCH 1980, Sp. 59–62) nachhaltig beeinflußt, sondern bis in die Mitte des 17. Jh. ihre Wirksamkeit entfaltet (vgl. TOELLNER 1980, Sp. 99). Mit der Unterscheidung von *anima vegetativa*, *anima sensitiva* und *anima rationalis* gelang es ihm, das Belebte bruchlos in sich zu gliedern und in die Stufenleiter des Lebendigen in die *scala naturae* einzuordnen (s. o. 2.3.1.). Gleichzeitig wurde aber auch begrifflich die Distinktion des Lebenden in τὸ φυτόν (das Gewächs, d. h. Pflanze) und τὸ ζῷον (das ζωή [Leben] aufweisende Wesen, d. h. „Lebewesen") festgeschrieben. Der Begriff „Lebewesen", dem im Alten Testament, *näfäš ḥayyāh* bzw. *ḥayyāh*, in der antiken und mittelalterlichen Literatur in griechischer und lateinischer Sprache ζῷον und *animal* bzw. *animans* sowie im Schrifttum des arabisch-islamischen Mittelalters *ḥayawān* entsprechen, bezeichnet jeweils nur das, was eine Seele bzw. nach ARISTOTELES eine *anima sensitiva* besitzt. Der Begriffsumfang von „Lebewesen" beschränkte sich also auf die Tiere, den Menschen und Dämonen. Die Pflanzen, denen

---

[1]) Die arabische Überlieferung weiß von einer *Wāqwāq* genannten Insel, auf der Menschen ungeschlechtlich entstehen. Nach AL-QAZWĪNĪ (s. K. Āṯār al-bilād, S. 21,27–22,6) gibt es dort einen Baum, der Früchte hervorbringt, die wie Frauen aussehen; vgl. dazu auch FERRAND 1934.

[2]) Fluß in Mittelasien.

---

[3]) Die Begriffe gehen alle auf die Bedeutung „Lufthauch" bzw. „Atem" zurück. Leben wurde also ursächlich auch mit der Fähigkeit zur Atmung gleichgesetzt. Auch der Begriff „Tier" (> indoeurop. *dhus* = atmen; altslav. *duša* = Geist, Seele; vgl. anima) bedeutet ursprünglich ein atmendes, lebendes Wesen. Seine Bedeutung schränkt sich aber ein auf den Begriff *fera*, d. h. wildes Tier. Siehe GRIMM & GRIMM 1935, 11. Bd. I. Abtlg. I Teil, Sp. 373.

man, wie im Alten Testament, keine bzw. nach aristotelischer Lehre nur eine *anima vegetativa* zuschrieb, zählte man nicht dazu. Um Unschärfen zu vermeiden, benutzen wir daher jeweils dort, wo im Original ζῷον, *ḥayawān*, animal u. dgl. steht, die Begriffe „animalische Lebewesen" bzw. „Animalien". Den Besitz einer Seele sprachen den Pflanzen ebenfalls die Stoiker ab, deren Auffassung auch im Mittelalter eifrig diskutiert wurde. Wir kommen darauf weiter unten (s. 3.2.3.) zurück. Seine Auffassung vom Leben erlaubte es ARISTOTELES darüber hinaus, dem Menschen als Lebewesen eine Sonderstellung zu geben, ohne ihn aus dem Tierreich auszuschließen (vgl. TOELLNER 1980, Sp. 98). Die „biologische" Verwandtschaft von Tier und Mensch fand auch begrifflich ihren Ausdruck. Sowohl für das Tier als auch den Menschen werden nämlich die gleichen Bezeichnungen, d. h. ζῷον bzw. *ḥayawān* und *animal* benutzt. Um den Unterschied zwischen Tier und Mensch hervorzuheben, den man in der nur dem Menschen eigenen Vernunft erkannte, sprach man vom „vernünftigen Lebewesen". Diese Definition des Menschen geht ebenfalls bereits auf die Antike zurück. Schon der oben (s. 2.2.2.2.) erwähnte ALKMAION bezeichnete den Menschen als ein Lebewesen, das den *logos* (in der Doppelbedeutung von Sprach- und Vernunftvermögen) habe (ζῷον λόγον ἔχων; Fragm. 1 a)[1]).

Erst seit Beginn des 19. Jh. setzte sich die Bezeichnung „Lebewesen" als Oberbegriff sowohl für das Naturreich der Pflanzen als auch das der Tiere einschließlich des Menschen durch (vgl. 7.1.).

Ein letzter Punkt, der hier kurz zu erörtern ist, stellen die Periodenbezeichnungen „arabisch-islamisches Mittelalter" sowie „lateinisch-christliches Mittelalter" dar. In beiden wird der zu behandelne Zeitabschnitt primär durch die jeweils vorherrschende Wissenschaftssprache definiert. Gleichzeitig kommt aber auch der dominierende Einfluß der Religion in den Zusatzbezeichnungen islamisch und christlich zum Ausdruck. Die Perioden nur als „islamisch" bzw. „christlich" oder „arabisch" oder „lateinisch" zu charakterisieren, würde voraussetzen, daß Kultur mit Religion bzw. Sprache konform gehen[2]).

---

[1]) Vgl. auch ARIST., Pol. 1253 a ff.; s. a. GALEN, In Hipp. de nat. hom. comm. III: CMG V 9, 1, S. 60,5; ders., De san. tuend. VI 14: CMG V 4,2, S. 197,5.

[2]) Daher scheinen uns auch die in der russischen Orientalistik verbreitete Bezeichnung арабоязычная культура („arabischsprachige Kultur") sowie der von dem amerikanischen Historiker G. S. Marshall HODGSON (1922–1968) geprägte Begriff *islamicat culture* („islamitische Kultur") für den zu behandelnden Kulturraum nicht mehr Klarheit zu bringen.

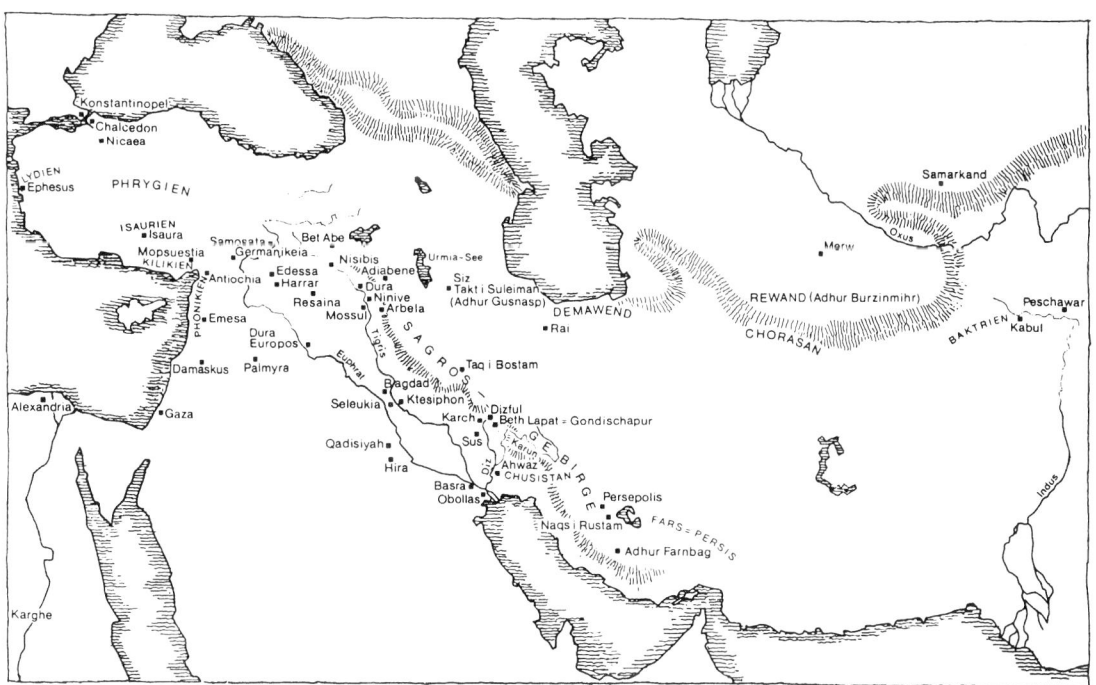

Abb. 13. Karte des Mittelmeerraumes (Karte von Vorderasien mit dem Einflußbereich der Akademie von Gondischapur. Aus H. H. SCHÖFFLER 1980.

Dies war aber für die von uns hier behandelten multireligiösen, multilingualen und polyethnischen Kulturgebiete niemals der Fall[1]).

3.1. Biologie der byzantinischen Periode

Im 3. Jh. begann sich innerhalb des römischen Imperiums die allgemeine Krise der auf Sklaverei beruhenden Produktionsweise spürbar auszubreiten. Infolge dieses Geschehens, das die ökonomischen und politischen Strukturen tiefgreifend berührte, trat das sich seit längerem abzeichnende Gefälle zwischen den wirtschaftlich stärkeren Provinzen im Osten und den sich in zunehmendem Rückgang befindlichen westlichen Provinzen noch deutlicher zutage. Politisch fand das unterschiedliche Kräfteverhältnis schließlich seinen Ausdruck in der 395 vollzogenen Teilung des Reiches in eine östliche und eine westliche Hälfte. Während die gesellschaftliche Entwicklung im Westen mehr und mehr in Stagnation geriet und zu guter Letzt mit dem völligen Niedergang Westroms endete, lagen die Bedingungen im oströmischen Reich günstiger. Hier verfügte man über eine vergleichsweise hochentwickelte Warenproduktion. Außerdem bestand ein reger, bis nach China reichender Handelsverkehr. Die großen Städte, denen dabei eine wichtige Rolle zukam, erfuhren in ihrer Bedeutung als ökonomische, politische und kulturelle Zentren keine Einschränkung. Aufgrund der intakt gebliebenen Ware-Geld-Beziehung kam es nur in beschränktem Maße zur Herausbildung von geschlossenen, völlig auf der Basis der Naturalwirtschaft beruhenden Gutsbetrieben. Dadurch blieben die Kräfte der Dezentralisation gering und der Machtapparat des Kaisertums blieb unerschüttert. Alles das sind wesentliche Gründe dafür, daß die Krisenerscheinungen hier nicht so kraß auftraten und der scharfe Bruch mit den alten Strukturen verhindert wurde. Trotz zunehmender Stabilisierung des oströmischen Reiches, das im 6. Jh. annähernd das Territorium des alten Imperium Romanum unter seiner Herrschaft hielt, ließen sich letztlich jedoch auch hier die Zerfallserscheinungen der Sklavereiordnung nicht aufhalten.

Die einschneidenden Veränderungen brachte das 7. Jh. mit sich, das gewissermaßen einen Wendepunkt in der Entwicklung von Byzanz darstellt. Zum einen setzten sich in dieser Zeit mit dem Verfall der spätantiken Wirtschaftsform nunmehr endgültig feudale Produktionsverhältnisse durch. Zum anderen sah sich das durch die Wirren des ökonomischen und sozialen Umbruchprozesses allseitig geschwächte byzantinische Reich außerstande, gegenüber dem Ansturm des inzwischen zu einer Weltmacht herangewachsenen arabischen Kalifats genügend Widerstand zu leisten, und mußte den Verlust riesiger Gebiete in Afrika und Asien hinnehmen. Von einigen Wissenschaftlern wird deshalb nicht ohne Grund der Beginn der eigentlichen Geschichte des byzantinischen Feudalstaates in diesen Zeitraum gelegt (vgl. z. B. Kashdan 1967, S. 111). Die weitere Entwicklung der feudalen Verhältnisse zeigte ein wechselvolles Geschehen. Trotz innerer Konflikte und beständiger Bedrohung von außen, stellte Byzanz lange eine ökonomische, politische und kulturelle Großmacht dar. Vom 14. Jh. an machten aber die zunehmende feudale Zersplitterung im Inneren und die damit einhergehende Schwächung der Zentralmacht die Entwicklung neuer, frühkapitalistischer Produktionsverhältnisse unmöglich. Zersplittert und damit politisch wie militärisch ohne Kraft, fiel das byzantinische Reich im Jahre 1453 in die Hände der Osmanen und hörte damit auf zu existieren (s. Udal'cova 1983, S. 11–56).

Die Wirkung der sozialen Widersprüche innerhalb der byzantinischen Gesellschaft spiegelte sich auch in der geistig-kulturellen Sphäre des gesellschaftlichen Lebens wider. In der frühbyzantinischen, bis zum 7. Jh. reichenden Zeit (vgl. Irmscher 1971, S. 33; Beck 1978, S. 29–32), hatten sich sowohl im Bereich des materiellen als auch in dem des geistigen Lebens größtenteils die spätantiken Verhältnisse erhalten. Die durch die allgemeine Krise im 3. Jh. verursachte passive Einstellung gegenüber der gesellschaftlichen Wirklichkeit, die ihren Ausdruck besonders in der Philosophie des Neuplatonismus fand, griff weiter um sich und äußerte sich im ideologischen Bereich vor allem in religiös-mystischer Spekulation, deren weitere Ausbreitung durch das im 4. Jh. zur Staatsreligion erhobene Christentum unterstützt wurde[2]). Damit war z. T. eine gewisse Bildungsfeindlichkeit gegenüber dem profanen Wissen verbunden. Sehr radikal war diesbezüglich der Kirchenvater Tertullian (2. Hälfte 2. Jh.). Selbst von hoher Bildung, bestritt er deren Wert für den Christen. So heißt es bei ihm: „Wir indes bedürfen seit Jesus Christus des Forschens nicht mehr, auch

---

[1]) Siehe dazu auch Rodinson 1981, S. 37 ff.

[2]) Die Einführung des Christentums in Byzanz wird oft mit Kaiser Konstantin d. Gr. (reg. 306–337) in Verbindung gebracht. Im eigentlichen Sinne hat aber erst Kaiser Theodosius I (reg. 379–395) das Christentum zur Staatsreligion von Ostrom erklärt.

nicht des Untersuchens, seitdem die Evangelien verkündet wurden" (s. De praescript. haeretic. 7)[1]). Während man in der Antike zu einer Auffassung von der Natur gelangt war, die diese als selbständig wirkendes Prinzip verstand, tauchen nunmehr Meinungen auf, wonach die Äußerungen der Natur Verrichtungen der einem göttlichen Gesetz gehorchenden Engel sind (vgl. etwa Cosm. INDICOPL., Top. christ. II 84–99: I 402–418). Zwar bewegt sich die Kritik des christlichen Gelehrten MICHAEL PSELLOS (1020–1076) am Naturbegriff des ARISTOTELES auf einer etwas anderen Ebene, doch bleibt allerdings das Ergebnis, wonach nämlich die Natur das Werkzeug göttlicher Allmacht sei, im Grunde gleich (s. dazu BENAKIS 1963). Folglich sah man in allen Erscheinungen der Natur die Wirkung der göttlichen Vorsehung, die Illustration religiöser und moralischer Wahrheiten (s. SAMODUROVA 1989, S. 311).

Mit der Erhebung des Glaubens über das Wissen erfuhren rationales Denken und unabhängige naturwissenschaftliche Forschung eine erhebliche Einschränkung. Jedoch konnte, obwohl theologisches Denken zum größten Teil an die Stelle der antiken Philosophie getreten war, auch in der Folgezeit weder diese noch ein von christlichen Dogmen freies Studium der Natur jemals ganz ausgeschaltet werden (vgl. IRMSCHER 1971, S. 61), und beide lebten in den Lehrstätten antiker Wissenschaft fort, bis diese unter dem Druck der Kirche geschlossen wurden. 529 verfügte Kaiser JUSTINIAN (reg. 527–565) die Schließung der von PLATO gegründeten Akademie in Athen. Doch selbst dadurch wurde die antike Tradition nicht völlig zum Versiegen gebracht, sind uns doch noch aus den letzten Jahrhunderten der byzantinischen Geschichte wichtige naturwissenschaftliche Schriften überliefert.

Als im 7. Jh. Alexandria, das bis dahin den Mittelpunkt byzantinischer Gelehrsamkeit darstellte, an die Araber verlorenging, verlagerte sich das Zentrum der wissenschaftlichen Forschung nach Konstantinopel und Athen. Im Zuge der sich entwickelnden Produktivkräfte der feudalistischen Periode von Byzanz sind auf den verschiedensten Gebieten beachtliche Leistungen vollbracht worden. So erlebten die Naturwissenschaften während des 10. und 11. Jh. eine Art „Renaissance". Kaiser KONSTANTINOS VII. PORPHYROGENNETOS (reg. 913–959), der sich selbst wissenschaftlich-literarischen Studien widmete[2]), scharte eine Reihe von bedeutenden Gelehrten um sich, denen er den für die wissenschaftlichen Interessen dieser Zeit charakteristischen Auftrag erteilte, in Form von Exzerptwerken das antike und frühbyzantinische Wissen zusammenzufassen. Es entstanden auf diese Weise u. a. Sammelwerke auf den Gebieten der Medizin, der Zoologie, der Landwirtschaft (im Rahmen der sog. *Geoponika*) und der Veterinärmedizin (im Rahmen der sog. *Hippiatrika*), Werke, auf die später noch ausführlicher eingegangen wird. Als um die Mitte des 11. Jh. unter KONSTANTINOS IX. MONOMACHOS (reg. 1042–1055) eine Art Universität[3]) in Konstantinopel eröffnet wurde, kam es auch zur Wiederbelebung des Hochschulwesens. Dieses Ereignis ist auf das engste mit der Person des universell gebildeten MICHAEL PSELLOS[4]) verbunden, der als Haupt der philosophischen Fakultät einen großen Schülerkreis um sich scharte. Zu diesen zählten neben Byzantinern auch Kelten, Araber, Ägypter, Perser und Äthiopier[5]). Das 14. Jh. brachte einen erneuten Aufschwung in der Literatur, Gelehrsamkeit und Kunst, der sich im Rahmen des ökonomisch und politisch allmählich niedergehenden byzantinischen Reiches fast wie ein Paradoxon ausnimmt.

Alles in allem wirkte sich der Charakter der gesellschaftlichen Verhältnisse im byzantinischen Reich weder unter den Bedingungen der Sklavereiordnung noch unter feudalen Produktionsverhältnissen stimulierend auf das Studium der Natur aus, da in der ersten Periode die spätantiken gesellschaftlichen Formen weitgehend übernommen wurden und in der zweiten die neuen feudalistischen Verhältnisse sich viel zu langsam und zu widerspruchsvoll entwickelten. Es kam deshalb auch zu keinen prinzipiell neuartigen Entdeckungen oder Theorien. Gewisse Ansätze zur induktiven biologischen Forschung, wie sie bei ARISTOTELES und seinen Schülern zu finden sind (s. 2.3.), waren bereits im Späthellenismus aufgegeben worden. Um etwa an sie anknüpfen zu können und sie auszubauen, bedurfte es jedoch völlig neuer Grundlagen, die erst von den sich Jahrhunderte später herausbildenden Wissenschaften der Physik und Chemie gelegt wurden. Unter den gegebenen Bedingungen hat das aus der Antike überlieferte Wissen verständlicherweise den Eindruck einer relativen Abgeschlossenheit erweckt, und man schien damit zufrieden, die Entdeckungen der Vergangenheit zu sammeln und zu kommentieren.

---

[1]) Im krassen Gegensatz dazu stand später die Haltung eines THOMAS VON AQUIN. S. 3.3.3.

[2]) Zur literarischen Tätigkeit von KONSTANTINOS VII. PORPHYROGENNETOS siehe KRUMBACHER 1897 , S. 253 ff.

[3]) Es handelt sich um die sog. konstantinopolische Universität, d. h. eigentlich um zwei separate Schulen: eine juristische und eine philosophische. Siehe FUCHS 1964, S. 24 ff.

[4]) Siehe zu diesem LJUBARSKIJ 1978.

[5]) Siehe KYRIAKIS 1975, S. 385.

In unserer Darstellung der Geschichte der Biologie der byzantinischen Periode sollen im folgenden zunächst die biologischen Kenntnisse in der Bibel dargestellt werden. Daran schließen sich Ausführungen über die theoretischen biologischen Ansichten in Byzanz an. Schließlich gehen wir auf die damals vorhandenen Kenntnisse über die Tier- und Pflanzenwelt ein.

3.1.1. Die biologischen Kenntnisse in der Bibel

Die Einführung des Christentums als Staatsreligion in Byzanz hatte weitreichende weltanschauliche Folgen. Davon wurden auch die Ansichten über die Natur berührt. Für die Anhänger des neuen Glaubens stellten die Schriftensammlungen des Alten und Neuen Testaments, die man als „die Bücher" (griech. *ta biblia*) zusammengefaßt hatte, die Offenbarungsurkunde Gottes (s. Röm 1,2) und damit das Zeugnis absoluter Wahrheit dar. Bis heute hat die Bibel wie kein anderes Buch insbesondere den abendländischen Kulturkreis auf nahezu allen Gebieten des geistigen und kulturellen Lebens beeinflußt[1]). Da Naturgeschichte des Mittelalters zu einem großen Teil nichts anderes als Bibelexegese ist, erscheint auch in unserem Zusammenhang ein Eingehen auf dieses Werk notwendig.

Im deutlichen Gegensatz zur Ontologie der antiken Griechen, die von einem immerwährenden, ewigen Sein ausgeht (s. GLOY 1995, S. 73–133), lehrt die Bibel, daß die Welt weder zufällig entstanden ist noch das sie bewegende Prinzip in sich selbst trägt. Unter dem Einfluß altorientalischer Mythen behauptet die Bibel, daß die Welt das planvolle Tun des einen Gottes ist, der sein Werk um des Menschen willen erschuf. In dieser zentralen Aussage stimmen die zwei um Jahrhunderte voneinander entfernten Schöpfungsberichte des Alten Testaments überein[2]).

Der Bericht des Priesters (Gen 1,1–2,4 a), der sich von dem des Jahwisten (Gen 2,4–3,24) in der Anordnung von Kosmogonie, Zoogonie und Anthropogonie unterscheidet, bringt das gesamte Schöpfungswerk in sechs Tagen unter. Während nach ARISTOTELES die Organismen nicht nacheinander geschaffen wurden, sondern von Ewigkeit an da sind (s. ARIST., De gen.

anim. II 1: 731b35 f.; vgl. auch ders., De caelo I 12: 282a31), geht die Bibel von einer bestimmten Reihenfolge aus, mit der sie ins Dasein treten. Sie wurde für die christlichen Autoren kanonisch[3]). Im einzelnen sieht die Schöpfung folgendermaßen aus: Aus dem Chaos vollzog Gott in den ersten drei Tagen die Schaffung von Lichtraum, Luftraum und Trockenland bzw. schuf er die drei Weltsphären Himmel, Erde und Wasser einschließlich (!) der Pflanzen. Mit der Einteilung von Zeit und Raum und der Bereitstellung von Nahrung war die Erde für ihre Bewohner, die lebenden Wesen, vorbereitet. Bis hierher handelte es sich nämlich nur um unbeweglich Lebloses[4]), die durch das befehlende Wort Gottes entstanden waren. Biologiehistorisch interessant ist die Tatsache, daß die Pflanzen zum Bereich des Unbelebten gerechnet werden. Wie etwas später noch zu erörtern sein wird, hängt dies mit den Vorstellungen über den Anteil an Seele zusammen. Mit dem vierten Schöpfungstag begann die Bevölkerung der zuvor geschaffenen Räume durch die lebenden Wesen, die am sechsten Tag mit der Anthropogenese ihren Abschluß fand. Dazu war es notwendig, daß zur mittelbaren Schöpfung durch das Wort („es werde", „es sei" etc.) nunmehr die Tatschöpfung, d. h. die unmittelbare Beziehung zwischen Geschöpf und Schöpfer, hinzutrat[5]). Da Taxologie und Terminologie des Alten Testaments nicht mit der uns heute geläufigen Nomenklatur übereinstimmen, macht es sich notwendig, im folgenden teilweise mit den originären hebräischen Termini zu operieren. Dadurch lassen sich sonst unvermeidliche Unschärfen umgehen. Als erstes wurden ein Gewimmel (*šäräṣ*) von lebenden Wesen (*näfäš ḥayyāh*) im Wasser sowie die geflügelten Tiere (*ᶜōf*)[6]) erschaffen (Gen 1,20). Am sechsten Tag erteilte Gott der Erde erneut den Befehl, lebendige Wesen (*näfäš ḥayyāh*) aus ihr hervorzubringen, und zwar diesmal Vieh (*bᵉhēmāh*)[7]), *rämäš* (Reptilien, Insekten und im Meer lebende Säugetiere)[8]) und Tiere der Erde (*ḥaitō äräṣ*),

---

[3]) So weicht etwa THOMAS VON AQUIN in dieser Hinsicht von ARISTOTELES ab. Siehe Summa theol. 1,65.1–1,74.3; vgl. auch MITTERER 1947, 219.

[4]) Die Sterne bewegen sich zwar, sind aber leblos. Die Pflanzen leben zwar, haben aber keine Ortsbewegung.

[5]) Dies kommt auch sprachlich zum Ausdruck. Die Schöpfung des Leblosen wird mit *ᶜāsāh*, der Lebewesen aber mit *bārā* bezeichnet; vgl. RABAST 1951, S. 54; VON RAD 1972, S. 36.

[6]) Der Begriff *ᶜōf* umfaßt sowohl Vögel als auch Insekten. Siehe STIGLMAIR 1986, Sp. 1178.

[7]) Siehe eingehender zum Begriff *bᵉhēmāh* BOTTERWECK 1973.

[8]) Siehe eingehender zum Begriff *ræmæš* CLEMENTS 1993.

---

[1]) Die Bibel wurde auch von muslimischen Gelehrten zitiert. Vgl. etwa IBN QUTAIBA, der im tierkundlichen Kapitel seines Werkes ᶜ*Uyūn al-aḫbār* (s. u. 3.2.4.2.) auf Ps 147,9 und Mt 10,16 verweist. Siehe dazu BODENHEIMER 1949, S. 14; vgl. auch AL-QAZWĪNĪ, ᶜ*Aǧāᵓib* S. 9,11 = Übs. GIESE 1988, S. 34.

[2]) Zum Schöpfungsbericht s. JACOB 1955, S. 110–147.

d. h. Wildtiere. Schließlich erschuf Gott den Menschen.

Die alttestamentliche Urgeschichte der Erde entspricht dem Weltbild, wie es etwa in der Zeit des 9. bis 5. Jh. v. Chr. in Israel verbreitet war. Im Neuen Testament, das wesentlich auf die Eschatologie ausgerichtet war, fehlen Aussagen über Entstehung der Welt und des Menschen völlig. Seine Autoren sahen offensichtlich keine Veranlassung, die alttestamentliche Darstellung zu ergänzen oder gar zu revidieren. Brachte sie doch die ihnen ebenfalls wesentliche Aussage, wonach hinter der gesamten Schöpfung das planvolle Handeln Gottes steht, voll zum Ausdruck. Wie in den folgenden Kapiteln zu zeigen sein wird (vgl. insbes. 3.1.2.1.), stellte die Exegese des Sechstagewerkes (Hexaemeron) einen bedeutenden Teil der Auseinandersetzung mit biologischen Fragestellungen sowohl im byzantinischen Reich als auch im lateinisch-christlichen Mittelalter dar. Die Aussage des Jahwisten, wonach Gott die lebendigen Wesen in der Reihenfolge Mensch (Mann = Adam), Tiere des Feldes, Flugtiere des Himmels, Frau (Eva) schuf (Gen 2,4–3,24), hat in bezug auf die Naturhistorie wirkungsgeschichtlich keine Rolle gespielt.

Die im Alten Testament entwickelte Schöpfungslehre schließt das Wirken von Gesetzen einer selbsttätigen Natur im Bereich des Lebenden und Unbelebten prinzipiell aus. Wenn auch der Wortlaut Gen 1,2 *tōhū wā-bōhū* („wüste und leer") die Annahme eines vorweltlichen ungeordneten Stoffes, also ein Sein ohne Anfang (*creatio ab aeterno*), zuläßt (vgl. ROELLENBLECK 1949, S. 33), so hat doch Gott aus dem vorweltlichen Chaos die Ordnung der Welt hervorgebracht. Wie aus 2 Makk 7,28 zu entnehmen ist, erfolgte nach allgemeinem Konsens die Schöpfung aus dem Nichts (*creatio ex nihilo*). Das Neue Testament spricht sich dann auch ziemlich eindeutig für diese Annahme aus (s. Hebr 11,3; vor allem Röm 4,17), die im 2. Jh. durch den Kirchenlehrer IRENAEUS VON LYON (um 140–um 200) zum christlichen Dogma erhoben wurde.

Aus einer bestimmten Perspektive betrachtet wirkt die Natur in gewisser Weise autonom. So etwa, wenn nach einem Regenguß aus der Erde Pflanzen sprießen oder infolge des Einbringens von Zeugungsstoff (Sperma) in den weiblichen Organismus neues Leben zu keimen beginnt. Doch ist sie nach biblischem Verständnis keineswegs autark. Die Natur erhält vielmehr von Gott ihre innere Wirksamkeit. Wenn auch der Mensch pflanzt und gießt, so läßt allein Gott wachsen (vgl. 1 Kor 3,6–7). Gott ist es auch, der Leben gibt (Gen 2,7; 6,17; 7,15.22) und Leben nimmt (Sir 11,14). Er ist Quelle des Lebens (Ps 36,10) sowohl für Pflanzen und Tiere

(Gen 1,24; Gen 10,14) als auch für den Menschen. Da für Gott kein Ding unmöglich ist (Luk 1,37), kann er sogar Toten das Leben zurückgeben (Joh 5,21) und Frauen auch außerhalb des fruchtbaren Alters noch gebären lassen (Luk 1,15). Maria wurde ohne geschlechtlichen Verkehr ausgeübt zu haben schwanger, da der Heilige Geist über sie kam (Luk 1,35; 2,5; Mt 1,18 ff.). Die Erklärung der Jungfrauengeburt Marias hat u. a. die Beschäftigung der Kirchenväter mit Fragen der Zeugung induziert (s. 3.1.2.1.). Da alles vom Willen Gottes abhängt, ist der Gedanke an eine „Mutter Erde" der Bibel fremd. Daher ist nach biblischem Verständnis die aus dem Schlamm vorgestellte Entstehung der Urzeitwesen (Frösche = Götter und Schlangen = Göttinnen), wie sie etwa die ägyptische (s. SAUNERON & YOYOTTE 1991; BRUNNER 1975, S. 31 ff.) Kosmogonie kennt, undenkbar. Das Problem der nach dem Schöpfungsakt entstehenden Pflanzen und Tiere löste später AUGUSTINUS mit der Lehre von den „Keimkräften" (s. 3.1.2.1.).

Leben wird in der Bibel (s. Gen 25,7; 47,28; Deut 32,39) nicht primär biologisch, d. h. als ein naturwissenschaftliches Phänomen, sondern in erster Linie existenziell, in seiner zeitlichen Dimension (= Lebensdauer) gesehen (s. LINK 1972, S. 840–844; PIPER 1980). Das hebräische Wort für Leben, *ḥayyīm*, stammt von einer Wurzel (*ḥ-y-y* bzw. *ḥ-w-y*), zu deren Grundbedeutungen die Fähigkeit zur (freien Orts)Bewegung gehört. (s. a. RINGGREN 1977). Daher wird auch von „lebendigem" Wasser (*mayīm ḥayyīm*), d. h. frischem, fließendem Wasser (Gen 4,15) im Gegensatz zum stillstehenden Wasser der Zisternen (Lev 14,5 f.; 50.52 u. ö.) gesprochen. Mit dem Begriff *ḥayyāh* wird sowohl „Leben" im abstrakt naturhaften Sinne als auch „Tier" im konkreten Sinne bezeichnet.

Die Fähigkeit der freien Ortsbewegung, die für das alttestamentliche Denken als Unterscheidungsmerkmal zwischen dem Belebten und Unbelebten gilt, erwirbt ein Wesen durch den Besitz eines ihm von außen eingehauchten Stoffes. Er wird im Alten Testament wechselnd mit den Begriffen *rūᵃḥ* bzw. *nᵉšāmāh* bezeichnet (s. TENGSTRÖM 1993). Den *rūᵃḥ ḥayyīm* („Atem des Lebens") bzw. die *nišmat ḥayyāh* („lebendiger Atemhauch") erhalten die Tiere und der Mensch allein von Gott (Gen 6,17; 7,22). Nach Gen 1,30 ist in den Tieren eine *näfäš ḥayyāh* („lebendige Seele" = „Lebensseele"), ein Begriff, der pars pro toto auch das lebendige Wesen als Ganzes bezeichnet. Der vieldeutige Begriff *näfäš* (s. SEEBASS 1986) hat mit *rūᵃḥ* die Bedeutungen „Leben" und „Atem" gemeinsam. Während *rūᵃḥ* aber etwas ist, dessen alle lebendigen Wesen teilhaftig werden (= „Lebenskraft"), und wir es mit einem „theoanthropologischen Begriff" (s. WOLFF 1977, S. 39) zu tun haben, bezeichnet *näfäš* das individuelle Leben. Mit dem Besitz der Lebenskraft wird das Geschöpf zu einer *näfäš ḥayyāh* (Gen 1,20; 9,10.12.15.16; Lev 11,10.46; Ez 47,9), d. h. zu einem lebendigen Wesen. Über die Identifikation von Blut und Leben wird die *näfäš* auch dem Blut gleichgesetzt (vgl. Gen 9,4; Lv 17,10 f.; Dtn 12,23).

Da aus dem Text des Alten Testaments nicht klar hervorgeht, ob das Einhauchen des Lebensodems bei jedem lebendigen Wesen direkt erfolgt oder das Lebensprinzip mit dem Zeugungsstoff übertragen wird, sahen sich spätere Exegeten vor die Aufgabe gestellt, die Aussagen der Bibel mit dem jeweils aktuellen wissenschaftlichen Erkenntnisstand ihrer Zeit in Übereinstimmung zu bringen. In diesem Zusammenhang entwickelte man etwa die unten zu behandelnden Lehren des Kreatianismus und Generatianismus bzw. Traduzianismus (s. 3.1.2.1.).

Die Vegetation entsteht mit der Scheidung von Land und Meer. Sie ist also bereits ohne Sonnenlicht vorhanden. Auf Gottes Befehl gehen Weidegras (*däšē*), Kraut (*ᶜēšäb*), das Samen bringt, und Fruchtbäume (*ᶜēṣ pᵉrī*), die Früchte auf Erden tragen, in denen ihr Samen ist, aus der Erde hervor (Gen 1,11 f.). Es handelt sich um keine botanische Klassifikation. Ganz deutlich steckt eine Einteilung dahinter, die auf die praktische Verwertbarkeit für Tiere und Menschen zielt (vgl. RABAST 1951, S. 51). Im Unterschied zu den Tieren, die des Segensspruchs Gottes zur Fruchtbarkeit teilhaftig werden, wurden die Pflanzen also gleich so erschaffen, daß sie Samen und Frucht hervorbringen. Die Pflanzen haben auch keine *näfäš*, was bedeutet, daß sie nach alttestamentlicher Ansicht keine lebendigen Wesen im eigentlichen Sinne darstellen. Zur Pflanze und ihren Teilen nach biblisch-hebräischem Sprachgebrauch s. RÜTHY 1942.

Das Alte Testament zeigt eine lebendige Verbundenheit der Hebräer mit den Bäumen, die im Alten Testament oftmals als Sitz der Gottheit dienen (s. BERNHARDT 1956, S. 60; vgl. auch ROELLENBLECK 1949, S. 58–70; FREHEN 1969). Als Ausdruck des Baumkultes ist die Annahme von einem „Baum des Lebens" (*ᶜēṣ haḥayyīm*; Gen 2,9) oder einem „Baum der Erkenntnis des Guten und Bösen" (*ᶜēṣ hadaᶜat ṭōb wārāᶜ*; Gen 2,17) zu betrachten. Zahlreiche Pflanzen besitzen symbolische Bedeutung. So gilt etwa die Palme als Sinnbild der Gerechtigkeit (Ps 92,13).

Von einer zoologischen Systematik kann in der Bibel, die weder eine naturwissenschaftliche Schrift darstellt noch vorgibt eine solche sein zu wollen, keine Rede sein. Man betrachtete und teilte die Tiere nach leicht wahrnehmbaren Kennzeichen ein. Die Terminologie ist nicht fachwissenschaftlich, sondern volkstümlich, also nicht scharf umrissen und wechselnd (s. FREHN & LANG 1969; BODENHEIMER 1980). Der Begriff *ḥayyāh* bezeichnet im allgemeinen Vierfüßler. Als Basis der Einteilung dienen die Art der Fortbewegung sowie die Beziehung zu den drei Lebensräumen Wasser, Luft und Erde. Fünf Klassen kennt der priesterliche Schöpfungsbericht, und zwar: Fische (*dāgāh*) des Meeres (Gen 1,26.28), von denen keine einzelnen Arten unterschieden werden[1]), geflügelte Tiere (*ᶜōf*) des Himmels (Gen 1,20 ff.26.28), Vieh (*bᵉhēmā*), *rämäš* (s. o.) und Tiere der Erde (*ḥaitō äräš*), d. h. Wildtiere. (Gen 1,24 ff.). Die Erzählung von der Sintflut (Gen 6,1–8,22) nennt vier Klassen von lebenden Geschöpfen: Menschen, Vieh, *rämäš* und geflügelte Tiere. Vier Klassen, und zwar geflügelte Tiere/Vögel (*ᶜōf*; *ṣippōr kānāf*), Vieh (*bᵉhēmā*), Fische (*dāgāh*; *dāgīm*) und *rämäš* begegnen an anderer Stelle (s. Dtn 4,17 f.; 1 Kön 5,13; Ez 38,20).

Die Tiere[2]) kommen vor allem in den poetischen Texten des Alten Testaments vor, wo sie für bildhafte Vergleiche dienen. So erscheint mehrfach die Ameise als Beispiel für den Fleiß (Prov 6,6; 30,25). Fast ein Drittel der etwa 130 in der Bibel vorkommenden Tierarten werden im Katalog reiner und unreiner Tiere (Lev 11; Dt 14) aufgeführt.

Als „Krone der Schöpfung" schuf (*bārāʾ*) Gott mit Adam den ersten Menschen (Gen 1,27). Dieser tritt zum einen als Glied in der Natur in Erscheinung, zum anderen wird aber seine Sonderstellung unterstrichen. Die Tatsache, daß er am gleichen Tag (6. Tag) nach den Landtieren geschaffen wurde, rückt ihn dicht neben das Tierreich. Die Nähe von Mensch und Tier wird besonders dadurch unterstrichen, daß 1. beide vom gleichen Werkstoff, der Ackererde (*adāmā*), stammen, 2. beide die Ermächtigung zur Vermehrung auf der Erde erhalten und 3. den Landtieren und dem Menschen die gleiche Nahrung zugewiesen wird. Die „biologische" Verwandtschaft kommt auch darin zum Ausdruck, daß Mensch und Tier mit dem Begriff *kōl*

---

[1]) Das hebräische Wort *tannīn* (Gen 1,21), das LUTHER mit „Walfisch" übersetzt, bezeichnet eigentlich den Drachen der mythischen Vorzeit (vgl. Jes 51,9). Der gleiche Begriff steht auch für „Krokodil" (Ez 29,3) und die „Schlange" (Ex 7,9–12).

[2]) Zum Tier in der Lebenswelt des alten Israel s. JANOWSKI & NEUMANN-GORSOLKE & GLESSMER 1993.

bāsār („alles Fleisch") zusammengefaßt werden (Gen 6,17; 9,16). Allerdings liegt der entscheidende Unterschied im Schöpfungsmodus. Wie erwähnt, gehen die Landtiere durch göttlichen Befehl an die Erde aus dieser hervor (Wortschöpfung). Die aus assyrischen Texten bekannte Vorstellung, wonach auch der Mensch „wie Korn aus der Erde sproß" (s. GRESSMANN 1926, S. 135 f.), schimmert noch in den Worten „als ich gebildet wurde im Dunkel, gewoben in den Tiefen der Erde" des Psalmisten (Ps 139,15) durch. Die Schöpfungsberichte der Genesis kennen diese archaische Auffassung allerdings nicht mehr. Lediglich der für „Sperma" gebrauchte Begriff *zāraʿ* („Saat, Aussaat, Same, Saatgut") sowie die Bezeichnung des Keimlings als *pᵉrī* („Frucht") weisen auf georgomorphe Vorstellungen hin. Das Bild der Frau als Acker, wie es in Form des Ackergleichnisses in verschiedenen Kulturkreisen verbreitet war, wird im Talmud aufgegriffen (s. Ketubot 2 b und Tosafot 2 b) und gelangte von dort wahrscheinlich in den Koran (s. NABIELEK 1998). Gott selbst nimmt die Schöpfung des ersten Menschen in die Hand (Tatschöpfung), indem er ihn aus Ackererde wie ein Töpfer formte (*yāsar*) (Gen 2,7). Der hebräische Urtext bringt den Zusammenhang von Mensch (*ādām*) und Ackererde (*adāmā*) auch sprachlich klar zum Ausdruck, da beide Begriffe von der gleichen Wurzel (*ʾ–d–m* = rot sein) gebildet sind[1]. Ein weiterer Unterschied besteht darin, daß Gott nur dem Menschen den Odem des Lebens (*nišmat hayyāh*) einhauchte, wodurch dieser zu einem lebendigen Wesen (*näfäš hayyāh*) wurde. Die anatomischen Angaben in der Bibel beschränken sich fast ganz auf sichtbare körperliche Gegebenheiten. Zur Benennung und Funktion der Körperteile im hebräischen Alten Testament s. OELSNER 1960.

Daß den Hebräern als Kleintierzüchtern selbstverständlich der Zusammenhang zwischen Befruchtung und Zeugung klar war, geht aus dem Text des Alten Testaments deutlich hervor. So ließ beispielsweise Onan den Samen (*zāraʿ*) zur Erde fallen, um keine Nachkommenschaft zu erzielen (Gen 38,9). Die weitere Fortpflanzung vollzieht sich geschlechtlich, indem der Mann sein Glied (*bāsār*) in die Frau einführt und durch Ejakulation (*zirmā*; Ez 23,19) seinen Zeugungsstoff in sie einbringt. Obwohl sich die Entstehung der Leibesfrucht[2] (*pᵉrī bāṭän*;

Gen 30,2) bzw. einfach Frucht (*pᵉrī*; Klgl 2,20) dem menschlichen Auge entzieht (Pr 11,5), gewann man aus Fehlgeburten etc. gewisse Kenntnisse. Formulierungen, wie „hast du denn nicht wie Milch mich hingegossen und mich wie Käse fest gerinnenlassen?" (Hi 10,10) bzw. „im Blut geronnen aus Mannessamen" (Weish 7,2), lassen vermuten, daß wir es hier mit dem später bei ARISTOTELES (s. ARIST., De gen. anim. I 20: 729a-11 f.) auftauchenden Vergleich von der Rolle des männlichen Samens im Generationsprozeß mit dem Lab, das die Milch zum Gerinnen bringt und die Dickmilch entstehen läßt, sowie der von ihm vorgenommenen Gleichsetzung des weiblichen Samens bzw. Menstruationsblutes mit der Milch, die durch das Lab zu Dickmilch wird, zu tun haben (vgl. PREUSS 1911, S. 448; DIEPGEN 1937, S. 45; WOLFF 1977, S. 95; KOTTEK 1981, S. 301). Die Entwicklung erfolgt im Leib (*bäṭän*) der Mutter (s. Ps 139,13) bzw. genauer in deren Uterus (*rähäm*; Gen 29,31; Hi 3,11; u. ö.), wo das keimende Leben zu Fleisch (*bāsār*) gebildet wird (Weish 7,1). An den Anfang der Keimesentwicklung setzt der Psalmist den *gōläm*[3], eine formlose (Fleisch)Masse (Ps 139,15). An anderer Stelle (Ex 21,22) steht für Embryo die Pluralform von Kind (*yᵉladīm*). Der *gōläm* verändert seine Form und Größe, indem Gott Knochen und Sehnen wirkt und webt und das ganze mit Haut und Fleisch „bekleidet" (Ps 139,11.13; vgl. auch Ez 37,5 f.). Bekannt ist auch die Dauer der Schwangerschaft einer Frau. Neben einem indirekten Hinweis (Hi 39,1 f.) wird sie mit neun (2 Makk 7,28) bzw. zehn Monaten (Weish 7,2) angegeben. Dem Menschen wird von Gott eine bestimmte Zahl von Tagen und eine bestimmte Frist zugeteilt (Sir 17,3), die 70 oder 80 (Ps 90,10), maximal 120 Jahre betragen soll (Gen 6,3).

Das in Gen 30,37 f. geschilderte Verfahren Jakobs, verschiedenfarbige Jungtiere zu erzielen, beruht auf der Annahme, daß sich die zum Zeitpunkt der Begattung auf die Muttertiere einwirkenden äußeren Eindrücke auf die Nachkommen auswirken. Das als „Versehen der Schwangeren" bekannte Phänomen (s. KAHN 1912; DIEPGEN 1937, S. 29; 70; 289) hatte ubiquitäre Verbreitung. Nach Lev 19,19 besteht Kreuzungsverbot von Tieren verschiedener Art; an gleicher Stelle wird die Mischsaat (*kilʾayim*) untersagt. Dieses Verbot wird in Dt 22,9 noch genauer ausgeführt.

---

[1] In den lat. Wörtern *homo* („Mensch") und *humus* („Mutterboden") kann man das hebräische Wortspiel *adām – adāmā* nachempfinden.
[2] Der Begriff „Leibesfrucht" hat übrigens hier seinen Ursprung.

[3] Davon stammt der Begriff „Golem", unter dem man in der jüdischen Mystik einen künstlich gebildeten stummen Menschen verstand, den ein Meister gebildet hatte.

3.1.2. Theoretische Grundlagen der byzantinischen Biologie

3.1.2.1. Die biologischen Anschauungen bei den Kirchenvätern

Um sich behaupten zu können, brauchte das Christentum eine theologisch begründete Lehre. Dieser Aufgabe suchte eine Reihe von christlichen Schriftstellern, die auch als Kirchenväter (Patristiker) bekannt sind[1]), gerecht zu werden. Es handelte sich bei ihnen ausnahmslos um hochgebildete Gelehrte, die mit dem Wissen ihrer Zeit auf das beste vertraut waren. Die Bewertung der heidnischen Literatur und Wissenschaft durch die Kirchenväter war unterschiedlich. Während für den bereits erwähnten TERTULLIAN Philosophie „Verführung" war (s. De praescript. haeretic. 7), hat KLEMENS VON ALEXANDRIA zum erstenmal die kirchliche Lehre mit den Anschauungen und Errungenschaften der Zeit auszugleichen gesucht und die providentielle Bedeutung der griechischen Philosophie hochgeschätzt (s. BARDENHEWER 1914, S. 43). Für ihn ist Philosophie „ein Werk göttlicher Vorsehung" (s. Stromat. I 1.18). Obwohl das Augenmerk in der Hauptsache auf dogmatische Probleme gerichtet war, zwang die Bibelexegese – besonders die Erklärung des Schöpfungsberichtes (Gen 1,1–2,4) – zur Auseinandersetzung auch mit biologischen Fragen. Allen Erörterungen der Patristiker über die belebte Natur lag das gemeinsame Anliegen zugrunde, das weise und planvolle Tätigsein eines Schöpfergottes nachzuweisen und künftig auch auf naturwissenschaftlichem Gebiet der Kirche als Lehrerin volle Geltung zu verschaffen. Von Ausnahmen wie der Person BASILEIOS' D. GR. (um 330–379) einmal abgesehen, der nach gründlichem Studium der Medizin wahrscheinlich auch praktisch medizinisch tätig war (s. BUSCH 1957), oder LACTANTIUS (s. u.) sind dabei die meisten anderen Kirchenväter nicht über eine rein literarische Bearbeitung biologischer Themen hinausgegangen (s. HARNACK 1892; FRINGS 1959; SCHWANITZ 1975; SCHWEIGER 1983; NAGEL 1970; LEVEN 1987). In ihren Theorien sind sie ganz von den Leistungen älterer Autoren, besonders des ARISTOTELES und GALEN, abhängig.

Von den Kommentaren zum Schöpfungsbericht sind die Homilien über das Sechstagewerk (He-xaemeron) von BASILEIOS D. GR. und AMBROSIUS VON MAILAND (um 335–397) am bedeutendsten. Das Exaemeron[2]) (latinisiert aus griech. Ἑξαήμερον) des AMBROSIUS, das trotz gewisser Selbständigkeit im einzelnen auf den Homilien des BASILEIOS beruht, erfreute sich im Mittelalter als eine der am meisten gelesenen Schriften unter allen Werken der Kirchenväter größter Beliebtheit (s. DE WULF 1913, S. 65 f.). Die Homilien 7, 8 und z. T. 9 stellen das klassische lateinische Dokument frühchristlicher, das Tier als exemplum („Beispiel") und Typus verstehender Tierkunde dar. Sowohl BASILEIOS als auch AMBROSIUS behandeln ziemlich ausführlich die Pflanzen- und Tierkunde und gehen in diesem Zusammenhang ebenfalls auf Fragen der Entstehung und Fortpflanzung ein. Während die gute Naturbeschreibung des BASILEIOS kein Geringerer als Alexander VON HUMBOLDT hervorgehoben hat (s. HUMBOLDT 1847, S. 29), steht die Einteilung der Tiere auf recht niedrigem Niveau. So werden etwa die in der Antike bereits bekannten Unterschiede zwischen Fischen, Reptilien, Robben, Walen und Weichtieren ignoriert und diese als Wassertiere zusammengefaßt (s. ZÖCKLER 1877, S. 193). Neben zahlreichen Wundergeschichten, die den Einfluß der Schriften von PLINIUS, AELIAN und OPPIAN VON ANAZARBOS sowie des Physiologus (s. o. 2.5.3.) verraten, sind in diesen Schriften auf Schritt und Tritt die christlich-apologetischen Absichten zu spüren. So betrachtet BASILEIOS den Umstand, daß weibliche Geier zur Empfängnis scheinbar nicht der Begattung durch das Männchen bedürfen (vgl. ARIST., Hist. anim. V1: 539 a30–539b6), als Präzedenzfall für die Richtigkeit der Jungfrauengeburt Marias (s. Comm. in Isaiam VII: MPG 30, Sp. 465,14 ff.; vgl. ders., In Hexaem. Homil. VIII 6: S. 139,7–16). Die Seidenraupe diente als Zeugnis für die Auferstehung.

In der Auslegung des Schöpfungsberichtes bestanden bei den Kirchenvätern unterschiedliche Auffassungen. Grob formuliert läßt sich sagen, daß bei den griechischen Kirchenvätern die allegorische Interpretation in Gestalt der Simultanschöpfungstheorie[3]), wonach die Welt durch einen einmaligen Schöpfungsakt entstanden ist, die vorherrschende war (s. MEYER 1914, S. 141; ZIMMERMANN 1953, S. 67 ff.). Lediglich in der späteren griechischen Patristik trat unter dem Einfluß der antiochenischen Schule, die die Bibelüberlieferung wörtlich auffaßte und die deshalb eine realhistorische, d. h. über sechs Tage

---

[1]) Der Ausdruck „Väter" geht auf 1 Kor 4,15 zurück. Wir benutzen den Begriff „Kirchenväter" (patres ecclesiae) im erweiterten Sinne. Streng genommen gibt es nur vier östliche und vier westliche Kirchenväter. Siehe ausführlich STUIBER 1961.

[2]) Ed. MPL 14, col. 133–288.

[3]) Diese Lehre läßt sich erstmals bei dem hellenistisch-jüdischen Philosophen PHILON VON ALEXANDRIEN (um 25 v. Chr.–50 n. Chr.) nachweisen. Siehe dazu auch ZIMMERMANN 1953, S. 73 f.

verteilte Entstehung der Welt lehrte, der homo-chronistische Gedanke in den Hintergrund. Unter den lateinischen Schriftstellern hatte sich die Vorstellung von der Simultanschöpfung zunächst überhaupt wenig verbreiten können, da hier die realistische Bibelexegese vorherrschte. Kurze Zeit später wurde jedoch die allegorische Interpretation des mosaischen Schöpfungsberichtes von dem wohl bedeutendsten lateinischen Kirchenvater Augustinus von Hippo (354–430) aufgegriffen (s. De gen. ad litt. IV 26) und setzte sich fortan durch.

Der aus einer solchen Auffassung resultierenden Schwierigkeit, wie das auf göttlichen Befehl plötzliche Ins-Daseintreten pflanzlicher und tierischer Organismen zu erklären sei[1]), begegnete man in Anlehnung an die stoischen λόγοι σπερματικοί (Keimkräfte; Urkeime). Augustinus unterschied grundsätzlich zwischen sichtbaren oder empirischen *semina* (Samen), wie man sie als Samenkörner, Setzlinge oder männliches Sperma wahrnehmen konnte, und unsichtbaren, hypothetischen *semina seminum* („Ursamen"). Letztere habe Gott beim ersten Schöpfungsakt gewissermaßen als *rationes seminaliter insitae* („keimhaft eingepflanzte Vernunftsgründe") in die Welt gelegt. Nach Auffassung des Augustinus waren und sind sie *vor* und *neben* den Organismen in den Elementen der irdischen Welt vorhanden[2]). Auf diese Weise seien Wasser und Erde potentiell befähigt worden, Lebewesen zu ihrer Zeit (*acceptis opportunitatibus*) hervorzubringen (s. De gen. ad litt. V 23,45; VII 28,41). Was äußerlich als Leistung der Natur erscheine, gehe in Wirklichkeit auf die innere und daher unsichtbare Wirksamkeit Gottes zurück. So ließen sich Entwicklungsprozesse begreifen, ohne die absolute Schöpfertätigkeit Gottes verneinen zu müssen.

Sein im wahrsten Sinne des Wortes Entwicklungsmodell ist treffend als georgomorphe Pflanzungsbiologie bezeichnet worden (s. Mitterer 1956). Augustinus dachte sich nämlich den Samen phytomorph und immer einzählig. Augustinus spricht zwar auch vom Samen beider Geschlechter (s. De nupt. et concupisc. II 13,16), jedoch war für ihn allein der männliche Same Fortpflanzungskörper. Analog dem Samen im Erdreich, entwickelt sich der Organismus aus innerer Kraft vom Samen zum Samenprodukt. Dieses Modell unterscheidet sich grundsätzlich von der technomorphen Erzeugungsbiologie, wie wir sie bereits von Aristoteles kennen (vgl. 2.3.1.2.) und der wir später wieder bei Thomas

von Aquino begegnen werden (s. 3.3.5.). Durch die von Augustin auf der Grundlage älterer Anschauungen entwickelte Seminaltheorie wurde auch der Aristotelische Gedanke von der Artkonstanz stark unterstrichen. Da man weiterhin annahm, daß die dem Wasser und der Erde einmal verliehene Zeugungskraft ewig erhalten bliebe, ließ sich ebenfalls die weitverbreitete Theorie von der Urzeugung, ohne Preisgabe christlicher Grundsätze, bequem aufrechterhalten[3]). Augustinus zeigte überhaupt reges Interesse an der Tierkunde (vgl. Marrou 1958, S. 139; Lau 1994, Sp. 361–374), die bei ihm ganz auf das Wort der Bibel hin geordnet ist. Ausgehend von der Überzeugung, daß mangelnde Kenntnis der Tiere das Verständnis der Schrift behindere (s. De doct. christ. 2,24), finden sich zu über 100 Tieren Angaben über sein gesamtes Œuvre verstreut.

Ebenfalls stoischer Einfluß zeigt sich bei Augustinus, wenn er der Pflanze keine Seele zuschreibt. Während nämlich Plato und Aristoteles auch bei den Pflanzen von der Existenz einer Seele ausgingen, erkannten die Stoiker aufgrund schärferer Differenzierung der Pflanze nur φύσις (Natur), nicht aber ψυχή (Seele) zu (s. Stoicorum Veterum Fragmenta [SVF] II 530 ff.; 458 ff.; vgl. auch Stein 1886, S. 91)[4]). Auch Augustinus führt das Leben der Pflanzen nicht kausal auf eine Seele zurück. Seele war für ihn nur der sensitive und intellektive, nicht der vegetative Teil der Seele. Das, was die Pflanze auszeichnet, sei lediglich *vita* (Leben) (s. De gen. ad litt. imp. I 5,24).

Viele Kirchenväter gehen in ihren Schriften auch auf Fragen der Fortpflanzung, Keimesentwicklung und Vererbung ein. Allerdings sind ihre Angaben nicht immer präzise. War es doch nicht ihre Absicht, medizinische oder biologische Kenntnisse zu vermitteln, sondern aus der Schönheit und Zweckmäßigkeit des menschlichen Körpers die Fürsorge und Vorsehung Gottes zu preisen und zu beweisen (vgl. Euseb., Praep. ev. XIV 26,4). Die Darstellung des göttlichen Schöpfungswerkes und die Verteidigung der Lehre von der Auferstehung des Leibes erforderte von ihnen jedoch, daß sie auf die Anatomie und Physiologie des Menschen eingingen. Meist werden nur die gängigen Theorien referiert, ohne daß eine eigene Meinungsäußerung erfolgt. Eine Ausnahme bildet dagegen Lactantius (um 250–nach 317), der zum Beispiel die Ansicht des Aristoteles ablehnt, wonach sich während der embryonalen Entwicklung zuerst

---

[1]) Nach Augustinus wurde auch der erste Mensch der Anlage nach wie die anderen Dinge miterschaffen. Er trat aber erst später mit eigenem Leben fertig ins Dasein, und zwar gleich als erwachsener Mann (s. De gen. ad litt. VI 14,25).

[2]) Zur gesamten Problematik siehe die sehr ausführlichen Darlegungen bei Mitterer 1956, S. 48 ff. vgl. auch Meyer 1914; Kelber 1986.

[3]) Eine durch zahlreiche Beispiele illustrierte Darstellung des Problems in der Patristik findet sich bei Lippmann 1933, S. 22–24.

[4]) Auch Galen übernahm diese Auffassung (s. Gal., De nat. fac. I 1: Script. min. 101,1–15; ders., De placit. VI 3,7: CMG V 4,1,2:, S. 374,18 f.).

das Herz herausbilde (s. 2.3.1.2.). Nach Lactantius beginnt die Entwicklung mit dem Kopf, genauer gesagt mit den Augen, was sich angeblich aus der Beobachtung an Vogelembryonen erkennen lasse (s. Lact., De opif. dei XII 7)[1]). Hinsichtlich der Entstehung des Embryos finden sich bei den *Patres ecclesiae* sowohl Belege für die Auffassung des Aristoteles (s. Lact., De opif. dei XII 6; Clem. Alex., Paed. I 6; Joh. Chrysost., In epist. ad Coloss. cap. IV homil. 12: MPG 62,388; ders., In epist. I ad Thessal. cap. V homil. 10: MPG 62,437), der bekanntlich von der Existenz nur eines Samens ausging (s. 2.3.1.2.), als auch für die Zweisamenlehre (s. Joh. Chrysost., In epist. ad Ephes. cap. V homil. 20: MPG 62,139), wie wir sie bei den Hippokratikern und Galen kennen. In bezug auf die Herkunft des Zeugungsstoffes fehlen ebenfalls klare Entscheidungen. So wird die enkephalo-myelogene Samentheorie unkommentiert neben die Pangenesistheorie gestellt (s. Lact., De opif. dei XII 12), während die modernere und im Prinzip richtige Auffassung des Galen, wonach der Same in den Hoden produziert werde[2]) (s. 2.5.1.), keine Erwähnung findet. Typisch für das mittelalterlich-religiöse Denken ist es[3]), wenn Johannes Chrysostomos (zw. 344 u. 354– 407) schreibt, daß die Fruchtbarkeit nur möglich ist, wenn zur körperlichen Vereinigung der Wille Gottes hinzukommt (s. Homil. in Gen. XXI 5: MPG 53, Sp. 178). Im Gegensatz zur Mehrheit der Kirchenväter, die lehrten, daß die menschliche Seele von Gott bei der Geburt des Leibes jeweils neu erschaffen und diesem eingegeben wird (Kreatianismus; > lat. *creāre* erschaffen), entwickelte Tertullian von der Stoa inspiriert die Vorstellung von dem *tradux animae* (s. De an. 36). D. h., er versteht die Fortpflanzung der Seele wie die Fortpflanzung eines Weinstocks durch einen *tradux* (Ranke) bzw. er betrachtet die Seele als *surculus* (Ableger) aus dem Stamm Adam. Dafür geht Tertullian von der Existenz eines leiblichen (*semen corporis*) und seelischen Samens (*semen animae*) aus, die

aber untrennbar miteinander verbunden sind und wie Lehm und Lebensodem bei der Erschaffung Adams zusammenwirken (s. De an. 27). Im Zeugungsakt reproduziere sich der Mensch daher sowohl in somatischer als auch psychischer Hinsicht. Nach der Vorstellung, wonach die Seele des Menschen erzeugt (lat. *generare*) bzw. übertragen (lat. *traducere*) wird, ist die Theorie später als Generatianismus bzw. Traduzianismus bezeichnet worden (s. Karpp 1950, S. 41–91; Riedlinger 1974). Der Kreationismus setzte sich endgültig erst mit Thomas von Aquin (s. 3.3.5.) durch.

Zur Erklärung der Geschlechtsentstehung war die Rechts-Links-Theorie (s. 2.2.2.2.) bei den Kirchenvätern allgemein anerkannt (vgl. Lact., De opif. dei XII 5). Die Vererbung erklärte man nach dem Epikrateia-Prinzip (vgl. z. B. Lact., De opif. dei XII 12). Einige Patristiker haben sich in ihren Schriften schließlich auch eingehender mit der Anatomie und Physiologie des menschlichen Körpers beschäftigt. Dazu gehörten u. a. Lactantius sowie Gregorios von Nyssa (um 335–nach 394). Großer Beliebtheit als philosophische Doxographie erfreute sich die Schrift Περὶ φύσεως ἀνθρώπου („Über die Natur des Menschen“)[4]) des Bischofs Nemesios von Emesa (um 400) bei den Kirchenvätern (s. Weisser 1980, S. 64). Der Autor, der sein Werk ursprünglich als rein philosophische Anthropologie konzipiert hatte (s. Telfer 1962, S. 351 ff.), fußt weitgehend auf Galen (s. Skard, Nemesiosstudien 2–5). Sein Werk diente auch als Quelle für Pseudo-Apollonius' *K. Sirr al-ḫalīqa* (s. 3.2.3.).

Die Kirchenväter haben mit ihren Schriften nicht nur die Anschauungen ihrer Zeit, sondern die des gesamten Mittelalters im christlichen Europa entscheidend beeinflußt. Ihre Bedeutung auf biologischem Gebiet liegt daher nicht in der Originalität, sondern in ihrer sammelnden Aktivität (vgl. D'Irsay 1927). Der gewissermaßen von „oben“ geförderte Prozeß einer systematischen Abkehr vom rationalistischen Denken fand in der durch soziale Unsicherheit des Menschen bedingten allgemeinen religiösen Haltung mit ihren Randerscheinungen, wie Glaube an Magie, Zauberei u. ä., einen günstigen Nährboden. Diese Tendenz findet sich auch bei den Ärzten. So nennt etwa Aëtius von Amida (s. u.) Beschwörungsformeln, um Fremdkörper aus dem Rachen zu entfernen (s. Aet. Amid. Libr. medicinal. VIII 50: CMG VIII 2).

3.1.2.2. Die großen medizinischen Kompilatoren

Trotz des wachsenden Einflusses der Kirche, den sie auch auf die biologischen Anschauungen

---

[1]) Needham (1959, S. 76) folgert aus dieser Textstelle, daß Lactantius systematisch Hühnereier in verschiedenen Entwicklungsstadien geöffnet habe, und stellt ihn deshalb, obwohl diese Methode in der antiken Literatur oft beschrieben worden ist und nichts Neues darstellte und die Ausführungen des Lactantius im übrigen sogar falsch sind, auf embryologischem Gebiet über (!) Galen.

[2]) Obwohl Galen mit seiner Ansicht der Wahrheit sehr nahe gekommen ist, wurzelt seine Auffassung noch tief in den von Aristoteles übernommenen Vorstellungen der hämatogenen Samenlehre. Siehe dazu Lesky 1950, S. 181.

[3]) Vgl. 3.2.2. die Auffassung im Koran.

[4]) Ed. Morani 1987.

gewann, ging, wie wir oben schon kurz andeuteten, ein auf Erfahrung und Vernunft beruhendes Studium der Natur nicht gänzlich verloren. Gerade die in der Medizin und in der Tier- und Pflanzenkunde gesammelten Kenntnisse gehören zu denjenigen, die von unmittelbarer gesellschaftlicher Bedeutung sind und das tägliche Leben direkt beeinflussen: denken wir nur an die Notwendigkeit einer funktionablen medizinischen Betreuung der Bevölkerung und an die Wichtigkeit biologischer Kenntnisse für die Landwirtschaft und Viehzucht.

Wie schon oben gesagt wurde, wird die Entwicklung der byzantinischen Wissenschaft neuerdings in zwei Perioden eingeteilt (s. TEMKIN 1962, S. 97; HARIG 1968, S. 118), von denen die erste durch die dominierende Stellung Alexandrias in der Wissenschaft charakterisiert wird. Diese Stadt blieb, obwohl im Laufe des 3. Jh. das *Museion*, die bedeutendste Unterrichtsstätte der Antike, zu Verfall kam, das maßgebliche wissenschaftliche Zentrum der frühen Periode der byzantinischen Geschichte.

Da die gesellschaftliche Situation eine weitere Entwicklung der exakten Naturwissenschaften, genauer gesagt, der induktiven naturwissenschaftlichen Forschung, weitgehend ausschloß, mußten die in der klassischen Epoche erzielten Erkenntnisse als ein non plus ultra erscheinen, konnten sie doch durch keinerlei neue grundlegende Ergebnisse ergänzt oder umgestoßen werden. Die wissenschaftliche Tätigkeit der alexandrinischen Gelehrten beschränkte sich deshalb auf das Exzerpieren und Kompilieren, wobei sie sich neben vielen anderen berühmten Autoren der Antike vorwiegend auf GALEN (s. 2.5.1.) stützten. Im Ergebnis entstand eine Reihe noch teilweise erhaltener Hand- und Lehrbücher, die eine wichtige Quelle für unsere Kenntnis der antiken Medizin und Biologie selbst darstellen.

Zu den herausragendsten Ärzten dieser Periode zählen OREIBASIOS VON PERGAMON (um 325–um 400), AETIOS VON AMIDA (Anfang des 6. Jh.), ALEXANDROS VON TRALLEIS (um 525–um 605) sowie PAULOS VON AIGINA (1. Hälfte des 7. Jh.), deren Werke im folgenden hinsichtlich ihrer Bedeutung für die Entwicklung der Biologie kurz untersucht werden sollen[1]).

Die erste uns erhaltene und zugleich umfangreichste medizinische Kompilation wurde von OREIBASIOS, dem Leibarzt des Kaisers JULIANOS (reg. 361–363), angefertigt. Es handelt sich hierbei um ein ursprünglich 72 Bücher umfassendes Sammelwerk, Συναγωγαὶ ἰατρικαί ("Ärztliche Sammlungen"), von dem leider ein großer Teil verlorengegangen ist[2]). Den gesamten Stoff der Συναγωγαί, der alle Gebiete der Medizin einschloß, hat OREIBASIOS später in einer 9 Bücher umfassenden Σύνοψις ("Übersicht") und einer für gebildete Laien gedachten Schrift Εὐπόριστα ("leicht anzuschaffende Heilmittel") zusammengefaßt.

Die Schriften des OREIBASIOS enthalten umfangreiche Ausführungen theoretischer Art, wodurch sie sich von den späteren Kompilationen unterscheiden. Auch er referiert in den speziell dafür gewidmeten Kapiteln im wesentlichen die Ansichten GALENS.

Obwohl OREIBASIOS gelegentlich auch selbst anatomische Untersuchungen angestellt zu haben scheint (vgl. z. B. ORIB., Coll. med. VII,5: CMG VI 1,1, S. 203–207)[3]), hat er sich im allgemeinen mit der Auswahl und Zusammenstellung von Texten älterer Autoren begnügt. Ein Beispiel für die OREIBASIOS, darüber hinaus aber auch die anderen byzantinischen Kompilatoren charakterisierende Arbeitsweise liefert die Gegenüberstellung der unterschiedlichen Ansichten des GALEN und des SORAN VON EPHESOS (Anfang des 2. Jh.) über die Anatomie des Uterus. OREIBASIOS setzt nämlich die Ansicht des GALEN, der die Form der Gebärmutter mit der Harnblase vergleicht (s. ORIB., Collect. med. XXIV 29: CMG VI 2,1, S. 40,27 f.), ohne Kommentar und ohne eigene Stellungnahme neben die des SORAN VON EPHESOS (Anfang 2. Jh.), dessen Vergleich des Uterus mit einem medizinischen Schröpfkopf (s. ORIB., Collect. med. XXIV 29: CMG VI 2,1, S. 42,30 f.) der Wirklichkeit viel näher steht (vgl. auch LACHS 1903, S. 17). Die uns heute merkwürdig anmutende Vorgehensweise erklärt sich dadurch, daß OREIBASIOS seine Aufgabe darin sah, die wichtigsten Aussagen von maßgeblichen Autoritäten zu bringen und nicht darin, diese Aussagen um eine neue zu vermehren. Auch seine physiologischen Abschnitte stehen mit der durchweg anerkannten Qualitäten-Säfte- und Pneumalehre ganz auf dem Boden Galenischer Vorstellungen (s. 2.5.1.). Auf embryologischem Gebiet gibt OREIBASIOS die von GALEN vertretene Zweisamenlehre (s. Coll. med. libri inc. 15: CMG VI 2,2, S. 103,16 ff.) sowie dessen Auffassung von der hämatogenen Entstehung des Samens wieder (ibid. 9: CMG VI 2,2, WS. 90 ff.). In einem zitierten EMPEDOKLES-Fragment scheinen schließlich deutliche Züge der Rechts–Links-Theorie durch (ibid. 16: CMG VI 2,2, S. 106,5 f.).

Bei AETIOS, ALEXANDROS und PAULOS trat das ausgesprochene Interesse der damaligen Ärzte am rein Praktischen deutlicher als bei OREIBASIOS hervor. In ihren Schriften, die auf OREIBASIOS aufbauen und die von ihren Verfassern als reine Lehrbücher konzipiert waren, werden theoretische Grundlagen als bekannt vorausgesetzt und nur noch nebenbei erwähnt (s. TEMKIN 1932,

---

[1]) Zur Bedeutung der Kompilatoren für die Entwicklung der Medizin siehe HARIG 1968, S. 119–124.

[2]) Die erhaltenen Teile hat RAEDER (1928/33) ediert.

[3]) Siehe dazu auch I. BLOCH 1902, S. 517 f.

S. 36). Deshalb finden sich in den *Bιβλία ἰατρικὰ ἑκκαίδεκα* („Sechzehn medizinische Bücher")[1]) des AETIOS VON AMIDA lediglich vereinzelte Angaben über Anatomie, Physiologie und Embryologie, die durchweg Galenischen Vorstellungen entsprechen. Am wenigsten gehen ALEXANDROS VON TRALLEIS, der Verfasser einer elf Bücher umfassenden Kompilation und PAULOS VON AIGINA, Autor einer *Epitome medicinalis* („Medizinischer Abriß"), auf allgemeine biologische Anschauungen ein.

Ein charakteristisches Merkmal der meisten byzantinischen Kompilationen sind die darin enthaltenen, in lexikalischer Form angelegten Zusammenstellungen von *Simplicia* (einfache Heilmittel). Der praktische Nutzen, der den Ärzten aus solchen Listen erwuchs, ist unschwer erkennbar, wenn man sich das theoretische Niveau der damaligen Medizin im allgemeinen und das von GALEN entwickelte System der theoretischen Pharmakologie (s. HARIG 1974) im besonderen vor Augen führt. Da es sich bei den *Simplicia* vorwiegend um Pflanzen handelte, ge-

---

[1]) Ed. OLIVIERI 1935 und 1950.

währen die Listen Einblick in den Entwicklungsstand der byzantinischen speziellen Botanik, die nur im Zusammenhang mit ihrer medizinisch-lexikographischen Ausrichtung verstanden werden kann (vgl. THOMSON 1955, S. 127 ff.; STANNARD 1971, S. 169).

Eine Wertung der wie schon bei GALEN zugunsten von Angaben über die physiologischen und pharmakologischen Eigenschaften der Pflanzen stark in den Hintergrund gerückten botanischen Details ergibt sich bereits insofern, als die Kompilatoren durchweg von älteren Quellen abhängig sind. So hat OREIBASIOS neben den Originalschriften von DIOSKORIDES und GALEN wahrscheinlich auch uns bisher unbekannte pharmakologische Quellen benutzt (s. HARIG 1966, S. 26), AETIOS und PAULOS stützten sich bei der Abfassung ihrer Arzneipflanzenverzeichnisse vorwiegend auf GALEN und OREIBASIOS (vgl. AET., Libri medicinal. Buch I und PAUL., lib. VII). BEI ALEXANDROS VON TRALLEIS fehlt ein entsprechendes Verzeichnis von Pflanzen. In seinem Werk, das ein Lehrbuch der inneren Krankheiten darstellt, werden sie bei den jeweiligen therapeutischen Maßnahmen aufgeführt.

Wo es für medizinische Belange vonnöten ist, werden auch zoologische Probleme gestreift. In einer speziellen Schrift *Περὶ ἑλμίνθων* („Über

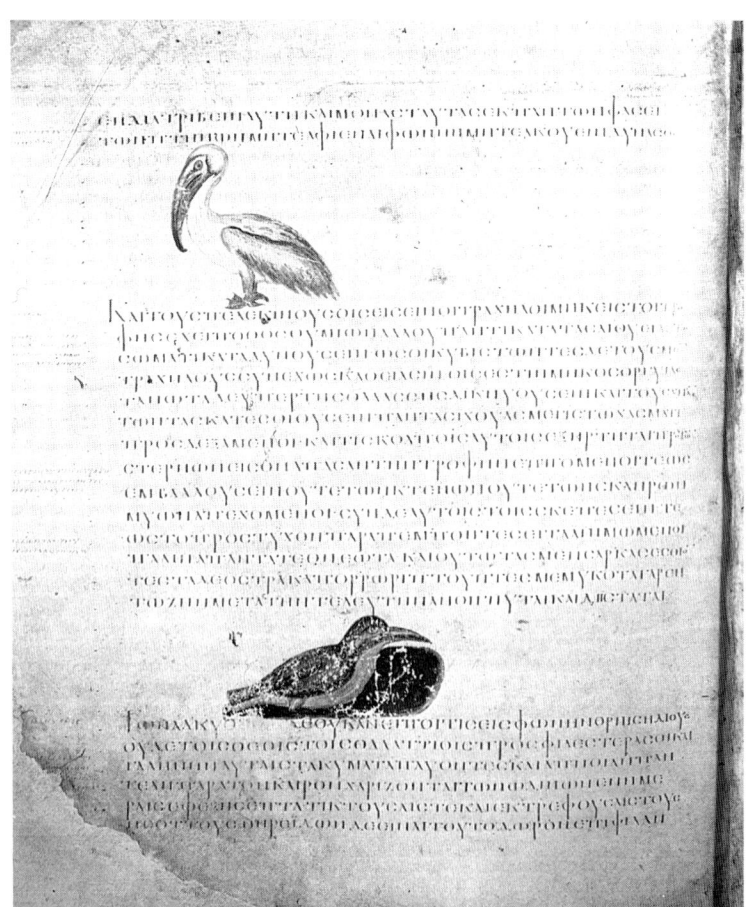

Abb. 14. DIOSKORIDES, Pelikan und Eisvogel aus dem *Codex Vind. Med. Gr.* 1, fol. 479 v, Byzanz um 512 (Dt. Fotothek Dresden).

die Würmer") handelt Alexandros von Tralleis, gestützt auf ältere Quellen[1]), die Eingeweidewürmer nach folgender Einteilung ab: Madenwurm, Spulwurm und Bandwurm. Für die Entstehung dieser im Menschen lebenden Enterozoen nimmt er die Urzeugung aus unverdauten und in Fäulnis übergegangenen Speisen und Säften an. Ebenfalls auf Wurmkrankheiten kommt Paulos von Aigina zu sprechen. Bei ihm findet sich u.a. eine Beschreibung des Medinawurms (IV 58: CMG IX 1, S. 387,26–388,23)[2]). Von allgemeinem zoologischen Interesse ist auch das dreizehnte Buch der Schrift des Aetios von Amida. Darin läßt sich der Autor über die Behandlung von Bißwunden durch giftige Tiere (Kap. 1–60) aus, wobei viel zoologisches Material angeführt wird (Abb. 14). Die zahlreichen Tierbeschreibungen gehören zu den ältesten ihrer Art im Mittelalter. Von den insgesamt 52 aufgezählten Tieren lassen sich 41 Arten bzw. Tiergruppen bestimmen; drei der erwähnten Tiere gehören dem Bereich der Fabel an (s. Théodoridès 1958, S. 236). Die Quellen für diesen Abschnitt sind vor allem Nikandros, Philumenos und Aristoteles (ebd. S. 224).

Die medizinischen Kompilatoren hatten auch großen Einfluß auf die hippiatrische Literatur (s. 3.1.3.5.) ausgeübt, zu der sie z.T. selbst Beiträge geliefert haben (s. Oder & Hoppe 1927, S. 356ff.; vgl. Froehner 1952, S. 105), vorwiegend dienten ihre Schriften jedoch als Quelle (s. Hoppe 1933, S. 99). Einige der Kompilatoren gingen u.a. auf die in der Antike schon seit langem bekannte Schweinefinnenkrankheit, die Tollwut und die Rinderpest ein. Vielfach finden sich auch therapeutische Maßnahmen der byzantinischen Ärzte bei den Hippiatern wieder (s. Hoppe 1933, S. 102f.).

3.1.3. Tierkunde

Obgleich während der gesamten byzantinischen Periode die objektiven Bedingungen für eine prinzipielle Weiterentwicklung der theoretischen Grundlagen der Medizin fehlten, konnten sich die byzantinischen Ärzte in der praktischen Ausübung ihres Berufes auf ein – gemessen an den Verhältnissen der Spätantike – wissenschaftlich fundiertes System, das in der Bearbeitung des Galen seine Krönung gefunden hatte, stützen. Demgegenüber war auf zoologischem Gebiet bereits in späthellenistischer Zeit die induktive wissenschaftliche Forschung aufgegeben worden (s. 2.4.1.), an deren Stelle von nun an eine paradoxographische Bearbeitung der Zoologie trat. Da sich bei fehlender selbständiger Forschung die von Aristoteles und seinen Schülern inaugurierten Elemente des wissenschaftlichen methodischen Studiums der belebten Natur bald verloren hatten, nimmt es nicht wunder, daß eine die Aristotelischen Prinzipien nicht beachtende Tierkunde dazu prädestiniert war, irrationale Züge in sich aufzunehmen. Davon legen die paradoxographischen Zusätze in den Werken von Plinius, Aelian, Oppian von Anazarbos und Oppian von Apameia u.a. (vgl. 2.5.2.) ein beredtes Zeugnis ab. An diese Tendenz, die durch den Einfluß des Christentums verstärkt wurde, knüpfte im wesentlichen die Tierkunde der byzantinischen Periode an. In diesem Zusammenhang sei noch einmal an das frühchristliche Werk, den $Φυσιολόγος$ (Physiologos) (vgl. 2.5.3.), erinnert, dessen Inhalt bezeichnend für die damals nicht nur im Volke lebendigen Anschauungen über die Natur, besonders die Tierwelt, ist. Die an Symbolik und moralisierenden Momenten reichhaltige Schrift entfaltete als „naturwissenschaftliches Haus- und Handbuch des Mittelalters" (s. Krumbacher 1897, S. 874) eine enorme Wirkung. Diese ist nicht nur in der theologischen Literatur, wie beispielsweise bei den Kirchenvätern, sondern fast überall dort, wo man auf tierkundliche Probleme zu sprechen kam, deutlich spürbar.

Im folgenden soll die Entwicklung zunächst anhand der uns überlieferten tierkundlichen Schriften untersucht werden. Anschließend werden die in den Werken gemischten Inhalts, in den Tierepen und in der Jagdliteratur aufgeführten zoologischen Tatsachen in Betracht gezogen, und zum Schluß folgt eine Auseinandersetzung mit der praktischen Anwendung dieser Kenntnisse in der Tierzucht.

3.1.3.1. Tierkundliche Spezialschriften

Die Zahl der sich speziell mit der Tierwelt befassenden Schriften war, gemessen an der Literatur aus anderen Wissensgebieten, während der gesamten byzantinischen Periode äußerst gering. Dabei setzten sie die Tradition der rein literarischen Behandlung der zoologischen Thematik fort, da ihre Autoren keine eigene Forschung betrieben, sondern sich mit dem Studium der literarischen Überlieferung zufrieden gaben. Das früheste Beispiel für diese Schriftengattung scheint mit der dem Patriarchen Kyrillos von Alexandria (gest. 444) zugeschriebenen Schrift *De plantarum et animalium*

---

[1]) Siehe die Übersicht bei Ghinopoulo 1930, S. 66ff.
[2]) Vgl. die erste ausführliche Beschreibung bei Rufus Eph., Quaest. med., 12: CMG Suppl. IV, S. 44, 22–25. Zur Auffassung, ob der *Dracunculus medinensis* ein Tier sei oder nicht, s. Ullmann 1978, S. 81ff.

proprietate („Über die Eigenschaften der Pflanzen und Animalien") vorzuliegen. Die Abhandlung ist in der Art der einschlägigen Werke von Aristoteles, Aelian und Plinius abgefaßt. Sie enthält viel über Anatomie und Physiologie der Tiere sowie auch einiges über deren Krankheiten und Methoden der Selbstbehandlung[1]).

Eine weitere, sich speziell mit Tieren beschäftigende Schrift Περὶ ζῴων τετραπόδων („Über vierfüßige Animalien") verfaßte Thimotheos von Gaza, der um 500 in Alexandrien lebte (s. Wellmann 1927; Steier 1937). Das Werk, welches ursprünglich aus vier Büchern bestand, ist nur unvollständig überliefert. Die verbliebenen Auszüge enthalten Angaben über etwa 60 Landwirbeltiere, deren größter Teil in Indien beheimatet ist. Den Inhalt der Fragmente[2]) bildet eine „Mischung aus Aberglauben und kuriosen ‚Tatsachen', die Beobachtung und Urteil vermissen lassen" (s. Bodenheimer 1998, S. 96). Die Schrift ist lediglich eine Kompilation aus Werken von Aristoteles, Oppianus von Apameia – den er möglicherweise aber nur indirekt benutzt hat – Aelian, Plutarch u. a. Auf die arabische Tierkunde (s. 3.2.4.) hat das Buch einen nachhaltigen Einfluß ausgeübt.

Im 10. Jh. entstand auf Veranlassung des Konstantinos VII. Porphyrogennetos eine Sammlung (Συλλογή) von tiergeschichtlichen Exzerpten. Sie beruhte auf der von Aristophanes von Byzanz (s. 2.4.1.) aus Schriften des Aristoteles verfaßten *Epitome*, und diese Zusammenfassung des Aristophanes wurde durch Auszüge aus späteren, darunter auch byzantinischen, Autoren ergänzt. Diese byzantinische Redaktion der *Epitome* enthält auch die meisten Fragmente aus der verlorenen Schrift Περὶ ζῴων τετραπόδων des Timotheos von Gaza.
Im 12. Jh. schrieb Ioannes Tzetzes (um 1110–um 1180) Scholien zu den *Theriaca* (Mittel gegen den Biß giftiger Tiere) und *Alexipharmaca* („Gegengifte") des Dichters Nikandros (s. 2.4.1.)., in denen sich zahlreiche zoologische Angaben finden. Seine Scholien zu dem Lehrgedicht Ἁλιευτικά („Fischfang") des Oppianos von Anazarbos hat er in Versen und Prosa verfaßt.
Besonders stark von den Tiergeschichten des Aelian beeinflußt ist das aus 120 Einzelgedichten bestehende zoologische Lehrgedicht Περὶ ζῴων ἰδιότητος („Über die Eigenschaften der Tiere") des Manuel Philes (um 1295–1345), in dem verschiedene Vögel, Land- und Wasser-

tiere beschrieben werden[3]). Gelegentlich kommen bei ihm auch Fabeltiere vor. Der Verzicht auf moralisierende Erörterungen sowie die Tatsache, daß er sich nicht auf einen bestimmten Kreis von Tieren beschränkt hat, dürfte dabei gegen die Verwendung des Φυσιολόγος (Physiologos) als Quelle sprechen. In einem anderen Lehrgedicht, einer Σύντομος ἔκφρασις („Kurze Beschreibung [des Elefanten]") gibt Manuel Philes ein mit mythologischen Zusätzen versehenes Bild vom äußeren Aussehen und den Lebensgewohnheiten dieses Tieres (s. Hunger 1978, S. 266 f.).
In die Gruppe der zoologischen Spezialschriften gehören auch zahlreiche, vorwiegend im 10. und 11. Jh. verfaßte Kommentare zu den Tierbüchern des Aristoteles. Sie enthalten z. T. sehr wertvolles Material, das bisher noch kaum biologiehistorisch ausgewertet worden ist. Auch dem bereits erwähnten Johannes Tzetzes wird ein Kommentar zu Περὶ ζῴων μορίων des Aristoteles zugeschrieben (s. Vogel 1967, S. 285).

3.1.3.2. Tierkundliches in Werken gemischten Inhalts

Den wichtigsten Zweig des byzantinischen Handwerks bildete die Herstellung und Verarbeitung von Stoffen. Da der Rohstoffbedarf nur in beschränktem Maße aus eigenen Ressourcen gedeckt werden konnte, war man auf Importe aus dem Ausland angewiesen (s. Haussig 1966, S. 61 f.; Kashdan 1973, S. 18). Das betraf vor allem chinesische Rohseide und Baumwolle aus Indien. Infolge der zahlreichen wirtschaftlichen Verbindungen und der zur Sicherung des Zugangs zu jenen Ländern aufgewandten diplomatischen und militärischen Aktivitäten waren Indien und die auf dem Wege nach dort liegenden Länder stark in das Blickfeld der Byzantiner gerückt. Neben Nachrichten allgemeinen Charakters über Indien drangen auch solche geographischen und naturkundlichen Inhalts in das byzantinische Reich ein. In diesem Zusammenhang sei hier noch einmal an die von Thimotheos von Gaza abgefaßte Monographie (s. 3.1.3.1.) über die Tierwelt Indiens erinnert.
Zoologisches findet sich deshalb besonders auch in den geographischen Schriften byzantinischer Autoren. Am bekanntesten ist die Τοπογραφία χριστιανική („Christliche Ortsbeschreibung")[4]) des nestorianischen Mönchs Kosmas Indikopleustes (6. Jh.), der in seiner Schrift den Ver-

---

[1]) Die Schrift De plant. et anim. prop. ist m. W. bisher nur von R. Froehner erwähnt und beschrieben worden, dessen Urteil über sie ich übernommen habe, ohne in die mir nicht zugängliche Edition, Rom 1590, einsehen zu können. Siehe Froehner 1952, S. 49.
[2]) Übs. und Kommentar Bodenheimer & Rabinowitz 1949.

[3]) Ed. Dübner & Lehrs 1862.
[4]) Eine ausführliche Analyse des Werkes gibt Wolska 1962; vgl. auch Pigulewskaja 1969, S. 110–129 sowie Udal'cova 1984, S. 467–477.

such unternahm, eine mit christlichen Dogmen in Einklang stehende Geographie zu schreiben, wobei er, um dieses Ziel zu erreichen, die Erkenntnisse der antiken Astronomie zugunsten einer unwissenschaftlichen christlichen Interpretation aufgab und so u. a. die Erde wieder zu einer Scheibe erklärte. Das Werk hat großen Einfluß auf die mittelalterlichen Vorstellungen gehabt. Biologiehistorisch ist die Schrift des KOSMAS, mit der er die uralte Tradition der *Periplus*-Literatur[1]) fortsetzte, insofern von Bedeutung, als sie wertvolle Darstellungen seiner größtenteils eigenen Reisebeobachtungen enthält. Ob er allerdings tatsächlich Indien besucht hat, wie sein Beiname Indienfahrer vorzugeben scheint, ist fraglich: seine Kenntnisse über Indien soll er mündlichen Berichten anderer Reisender verdanken (s. KRUMBACHER 1897, S. 412; WECKER 1922, Sp. 1 487 ff.)[2]). Gesichert ist hingegen, daß der ehemalige Kaufmann ausgedehnte Reisen nach Ostafrika und Arabien unternommen hat.

Im 11. Buch seines kosmographischen Werkes schildert er die Tierwelt von Äthiopien, Indien und Ceylon und führt dabei u. a. folgende Tiere an: Rhinozeros, indischer Büffel, Giraffe, Yak, Moschusochse, Einhorn, Schweinehirsch, Flußpferd, Seehund, Delphin und Schildkröte, Löwe, Pferd und Elefant (s. Top. christ. XI: III S. 314–357). Seine Beschreibungen sind für die damalige Zeit außerordentlich genau und objektiv, größtenteils ohne erdichtete Details (s. PETIT & THÉODORIDES 1962, S. 185). Natürlich kehrt bei ihm auch einzelnes im Stile des *Φυσιολόγος* wieder (z. B. Taurelaphos; Kamelopardalis). Bei der Besprechung des Einhorns machte er aber die immerhin durchaus nüchtern wirkende Bemerkung, er habe dieses Tier nur als Erzstandbild zu Gesicht bekommen (s. Top. christ. XI 7: III 327).

MICHAEL ATTALIATES (2. Hälfte des 11. Jh.), der unter mehreren Regenten hohe öffentliche Ämter innehatte, berichtet in seinem dem Kaiser NIKEPHOROS BOTANEIATES gewidmeten Geschichtswerk darüber, wie eine Giraffe und ein Elefant nach Konstantinopel gebracht und den Einwohnern der Hauptstadt gezeigt wurden (s. MICHAEL. ATT. Historiae 48-5).
Schließlich muß an dieser Stelle auch noch das Lehrgedicht über die Erschaffung der Welt (*Ἑξαήμερον*) des GEORGIOS PISIDES (7. Jh.) angeführt werden. Es enthält zahlreiche Auslassungen über die Tierwelt, bei denen der Autor hauptsächlich auf die zoologischen Schriften des ARISTOTELES zurückgriff. Daneben benutzte er jedoch auch fleißig die Tierbücher des AELIAN. Unter anderem findet sich bei GEORGIOS auch

eine Passage über die Seidenraupe (s. Hexaem., MPG 92, Sp. 1 532 f.), die Mönche damals heimlich aus Nordindien oder Innerasien nach Byzanz mitgebracht hatten (s. PIGULEWSKAJA 1969, S. 158).

3.1.3.3. Tierepen

Etwa im 13./14. Jh. entstand, ähnlich wie in Westeuropa zu dieser Zeit, in der byzantinischen Volksliteratur eine Reihe von Dichtungen, die sich mittels einer satirischen Handlung oder eines Streitgesprächs von Tieren mit gesellschaftlichen Schwächen auseinandersetzten (s. BECK 1971, S. 173; SEIBT 1980). Das vielleicht älteste Gedicht dieser Art ist der aus 670 reimlosen Versen bestehende *Πουλολόγος* („Vogelbuch")[3]. Den äußeren Rahmen der Handlung bildet eine Vogelhochzeit, zu welcher der Vater des Bräutigams, König Adler, sämtliches Federvieh eingeladen hatte. Im Verlaufe der Festlichkeit kommt es alsbald zu mannigfaltigen Streitigkeiten, die jeweils zwischen zwei der anwesenden Gäste ausgefochten werden, bis schließlich der König mit der Drohung, den Habicht oder den Falken auf sie loszulassen, Frieden stiften kann (s. KRUMBACHER 1897, S. 879). Obwohl die in diesem Epos vorkommenden Vögel lediglich als Tarnung für die Kritik an den Verhältnissen in Byzanz dienten und in keiner Weise unter wissenschaftlichen Gesichtspunkten beschrieben wurden, fiel ihre Schilderung z. T. recht präzise aus. Aus der Vielzahl der ornithologischen Beobachtungen konnten daraufhin 40 verschiedene Vogelarten identifiziert werden (s. APOSTOLIDES 1897).
Eng verwandt mit dem *Πουλολόγος* ist die Geschichte von den Vierfüßlern, in der eine Versammlung von Vierbeinern unter Vorsitz des Löwen und des Elefanten geschildert wird. Ein weiterer Vertreter dieser Gedichtgattung ist die Versgeschichte vom Esel, vom Wolf und dem Fuchs. Beide Epen repräsentieren ebenfalls das tierkundliche Wissen des Volkes und beanspruchen deshalb zoologiehistorisches Interesse.

3.1.3.4. Jagdliteratur

Die bereits in der klassischen Antike als Sport betriebene Jagd war auch bei den Byzantinern eine beliebte Beschäftigung, bei der sie Hunde, Geparden und Falken als Gehilfen benutzten. Die wahrscheinlich aus Gallien stammende Falkenbeize (s. FROEHNER 1952, S. 156) war auch in Rom nicht unbekannt geblieben (s. MARTIAL XIV, 216). Da sie dort aber nur wenig Verbrei-

---

[1]) Periplus: griech. *περίπλους* = „umschiffend", d. h. Reiseliteratur.
[2]) Vgl. dagegen HENNIG 1937, S. 49.

[3]) Ed./Übs. KRAWCZYNSKI, Berlin 1960.

tung gefunden hatte (s. PAOLI 1961, S. 276), entstanden auch keine speziellen Schriften darüber. Während sich die übrige byzantinische Jagdliteratur auf antike Autoren stützen konnte, kam mit der Falknereiliteratur eine neue Gattung innerhalb dieses Genres auf, die keine Vorbilder hatte. Von den frühen Schriften über Falken ist bisher wenig bekannt. Lediglich aus arabischen Quellen wissen wir, daß dem Kalifen AL-MAHDI (reg. 775–785) ein byzantinisches Falkenreibuch geschenkt worden ist (s. MÖLLER 1965, S. 34). Die bekannteste byzantinische Abhandlung über Falken und Falkenheilkunde (*Περὶ τῆς τῶν ἱεράκων ἀνατροφῆς τε καὶ θεραπείας*) stammt erst aus dem 13. Jh., ihrem Autor, DEMETRIOS PEPAGOMENOS, wird außerdem auch ein Buch über Hunde (*κυνοσόφιον*) zugeschrieben. Neuere Untersuchungen (s. MÖLLER 1965, S. 121 f.) beweisen, daß DEMETRIOS, der seinem Werk das Aussehen einer originalen Schöpfung verliehen hat, zu Unrecht den Titel eines „Begründers der Vogelheilkunde" (s. KRAENNER 1925) erhielt. Der Textvergleich mit einem arabischen Falknereibuch aus dem 8. Jh. ergab, daß DEMETRIOS seine Kenntnisse aus den gleichen griechischen (byzantinischen) Quellen bezog, die dem arabischen Autor fünfhundert Jahre vorher auch vorgelegen hatten. Dieses Beispiel zeigt wieder sehr deutlich den konservativen Charakter byzantinischer Gelehrsamkeit.

3.1.3.5. Tierzucht und Tierheilkunde

Die Beschäftigung mit der Landwirtschaft ließ bereits bei den Römern eine breite landwirtschaftliche Literatur über dieses Thema entstehen. Diese Literatur, in der u. a. der Zielstellung dieser Schriften gemäß selbstverständlich auch Probleme der Tierzucht behandelt wurden (s. 2.5.3.), diente vielen byzantinischen Kompilatoren als Grundlage, die damit auch auf diesem Gebiet, im Gegensatz zu den Verhältnissen in Rom, zu einer rein literarischen Bearbeitung des Gegenstandes übergingen. Beispiele dafür sind die nur im Arabischen erhaltene *Συναγογή* („Sammlung") des VINDANIOS ANATOLIOS AUS BERYTOS (4. Jh.) in 12 Büchern, die offensichtlich einen rationalen Charakter aufwies (s. ODER 1922, Sp. 1 223), sowie die mystisch–magisch gefärbten und ebenfalls verlorengegangenen *Γεωργικά* („Bücher über Landwirtschaft") des DIDYMOS VON ALEXANDRIA (4. Jh.) in 15 Büchern (ebd., Sp. 1 223). Das bekannteste byzantinische Werk über Landwirtschaft ist die uns erhaltene, im 10. Jh. durch KONSTANTINOS VII. PORPHYROGENNETOS veranlaßte Überarbeitung älterer landwirtschaftlicher

Werke, die sogenannten *Γεωπονικά* (Geoponika), die u. a. auch ausführliche Fragmente der beiden frühbyzantinischen Autoren enthalten (s. 3.1.5.2.).

Im Gegensatz zur Literatur über Landwirtschaft sind spezielle tierärztliche Schriften ein Produkt der ausgehenden Antike (vgl. VON DEN DRIESCH 1989, S. 31–39). Was bis dahin über Tierheilkunde vorhanden war, trat in zoologischen oder medizinischen Schriften nur am Rande in Erscheinung (s. FROEHNER 1952, S. 96). Die wichtigsten tiermedizinischen Schriften der Antike, die im 1.–5. Jh. entstanden sind, wurden in byzantinischer Zeit in mindestens vier Redaktionen[1] zu einem Sammelwerk, den sogenannten *Ἱππιατρικά* („Tierärztliche Schriften") zusammengefaßt. Die letzte und uns heute noch vorliegende Redaktion geht ebenfalls auf eine Anregung des KONSTANTINOS VII. PORPHYROGENNETOS zurück.

Es handelt sich um ein aus 130 Kapiteln bestehendes Sammelwerk, das die Arbeiten vieler Tierärzte oder solcher Gelehrter, die über Tiermedizin geschrieben haben, in sich vereinigt. Unter den nahezu 50 erwähnten Autoren treten einige besonders hervor. Hier ist vor allem der wohl berühmteste Veterinär der Spätantike, APSYRTUS, zu nennen, dessen Schriften mehr oder weniger das Fundament des ganzen *Corpus Hippiatricorum* bilden (s. ODER 1926). Über seine genaue Lebenszeit herrscht allerdings Ungewißheit. Man hat sowohl die Zeit zwischen 300–360 als auch zwischen 150 und 250 wahrscheinlich gemacht (s. BJÖRCK 1944, S. 8–12). Neben APSYRTUS verdienen EUMELOS VON THEBEN (um 200), der bereits oben als Verfasser eines geoponischen Werkes angeführte VINDANIOS ANATOLIOS VON BERYTOS, THEOMNESTOS VON MAGNESIA (4. Jh.), HIPPOKRATES (4. Jh.), PELAGONIUS (4. Jh.) und HIEROKLES (5. o. 6. Jh.) Erwähnung. Da man bestrebt war, in die *Hippiatrika* alles aufzunehmen, was überhaupt an griechischen Überlieferungen über die großen Haustiere vorhanden war; wurden auch Exzerpte aus der Tiergeschichte des ARISTOTELES sowie einschlägige Kapitel aus den *Geoponika* dem Sammelwerk beigefügt.

Die *Hippiatrika* haben für unsere Kenntnis über den Stand der Tierheilkunde im römischen Reich während der ersten fünf Jahrhunderte eine unschätzbare Bedeutung (s. SIMON 1929, S. 1). Recht deutlich läßt sich der Einfluß der in der damaligen Humanmedizin herrschenden Ansichten auf die Tierheilkunde erkennen. Neben zahlreichen Entlehnungen aus dem Bereich der Theorie (Galenische Physiologie, Ätiologie der Krankheiten u. a.) wurden vor allem aber auch praktische Errungenschaften, die z. Z. der Verpflanzung der Medizin nach Rom gemacht wurden, in die Tierheilkunde übernommen. Es muß aber auch erwähnt werden, daß manche

---

[1]) Siehe DOYEN-HIGUET 1984, S. 115 ff.

Dinge aus der ärztlichen Literatur völlig kritiklos auf die Veterinärmedizin übertragen wurden (vgl. Björck 1932, S. 103).

3.1.4. Pflanzenkunde

Bei den Byzantinern wurde das Interesse an Pflanzen in noch stärkerem Maße von praktischen Gesichtspunkten bestimmt als jenes, das man den Tieren entgegenbrachte. Wie uns die überlieferte Literatur zeigt, kommen deshalb die meisten botanischen Angaben in medizinischen und landwirtschaftlichen Schriften vor. Daneben findet sich aber auch manches in Werken gemischten Inhalts sowie in Pflanzenepen. Obwohl der wissenschaftliche Beitrag der Byzantiner zur Botanik sehr gering war, kann trotzdem die Bedeutung ihrer Schriften hoch eingeschätzt werden. Durch sie wurde das antike Wissen gesammelt, systematisch aufbereitet und ergänzt. Durch Vermittlung des arabisch-islamischen Mittelalters wirkte die byzantinische Pflanzenkunde auch auf Westeuropa (vgl. dazu z. B. Brunet 1937).

3.1.4.1. Medizinische Botanik

Eine gesonderte Darstellung der medizinisch-botanischen Kenntnisse in der alexandrinischen Periode der byzantinischen Medizin kann hier ausbleiben, da auf ihre Hauptvertreter, die großen medizinischen Kompilatoren, bereits oben (s. 3.1.1.2.) ausführlich eingegangen worden ist. Es soll lediglich noch auf die Kommentare zur *Materia medica* des Diokorides hingewiesen werden. Zahlreiche Scholien und Kommentare enthält der Anikia Juliana-Kodex (s. Gerstinger 1970; Mazal 1981), auf den gleich noch näher eingegangen wird. Überhaupt entwickelte sich in der Folgezeit eine reiche Kommentarliteratur zum Werk des Dioskorides. Sie lieferte Korrekturen und Ergänzungen zum ursprünglichen Text. Einiges davon geht auf antike Autoren zurück, ist also rein literarischer Natur. Das meiste dürfte jedoch der persönlichen Erfahrung ihrer Autoren entstammen (vgl. Riddle 1984, S. 102). Von den in der zweiten, d. h. nachgalenischen Periode verfaßten medizinischen Werken, in denen auch pflanzliche Heilmittel aufgeführt werden, muß an erster Stelle die ebenfalls im Auftrag des Konstantinos VII. Porphyrogennetos entstandene Epitome *De curatione morborum* („Abriß über die Heilung der Krankheiten") des Arztes Theophanos Nonnos (10. Jh.) genannt werden, die u. a. auch eine umfassende Darstellung des damals bekannten und benutzten Arzneimittelschatzes enthält. Einige botanische Angaben über Heil-

pflanzen führen in ihren Schriften auch Michael Psellos und Ioannes Aktuarios (13. Jh.) an. Besonders bemerkenswert erscheint noch die Schrift Περὶ τροφῶν δυνάμεων („Über die Heilkräfte der Nahrungsmittel") des Simeon Seth (2. Hälfte des 11. Jh.), der als erster byzantinischer Autor nachweisbar arabische Quellen benutzt hat (s. Harig 1967). Rein botanische Angaben erfolgen auch bei ihm – der Zielstellung seiner Schrift entsprechend – nur sehr vereinzelt.

In den letzten Jahrhunderten wurde darüber hinaus in Byzanz eine Reihe uns meist anonym überlieferter lexikalischer Werke auf dem Gebiet der medizinischen Botanik verfaßt. Wir kennen lediglich einen Autor eines derartigen Lexikons mit Namen, Neophytos Prodomenos (14. Jh.), von dem jedoch kaum mehr als seine ungefähre Lebenszeit gesichert ist. Da sich diese Gelehrten beim Sammeln und Anordnen des Materials über Pflanzen aber auch weiterhin fast ausschließlich auf ältere literarische Vorlagen stützten und eine unmittelbare Kenntnis der Pflanzen aus der Naturbeobachtung nur in den seltensten Fällen besessen haben dürften, erreichte die Buchgelehrsamkeit auf diesem Gebiet einen solchen Grad, daß man sich oft völlig in der Aufzählung von Pflanzensynonyma verlor und deskriptive Angaben über die erwähnten Pflanzen – soweit sie überhaupt noch gemacht wurden – auf ein Minimum reduzierte (vgl. Stannard 1971, S. 169). Es muß jedoch hinzugefügt werden, daß genauere Studien über die botanischen Lexika aus der spätbyzantinischen Zeit bisher noch ausstehen (ebd. S. 179), so daß ein abschließendes Urteil über ihren Wert und ihren Inhalt noch nicht gefällt werden kann.

Einen ausgesprochen wichtigen Beitrag zur Botanik leisteten die Byzantiner dagegen mit ihren zahlreichen Pflanzenillustrationen, deren berühmteste sich in dem bereits erwähnten Anikia Juliana-Kodex befinden. Diese Handschrift, die wahrscheinlich im Jahre 512 entstand, ist Anikia, der Frau des byzantinischen Gegenkaisers Olybrus, gewidmet. Sie ist inzwischen auch in zwei prachtvollen Faksimileausgaben zugänglich[1] Neben den Illustrationen zu dem pharmakologisch-botanischen Werk des Dioskorides (s. 2.5.3.), das den Grundstock des deshalb in der Fachwelt auch als „Wiener Dioskorides" bekannten Kodex bildet, enthält die Handschrift noch eine Reihe reich bebilderter zoologischer Schriften (s. Kádár 1973, S. 91).

---

[1] Ed. de Karabacek 1906; Ed. Graz 1965–70.

3.1.5. Pflanzkultur und Landwirtschaft

3.1.5.1. Gartenkultur

In Byzanz knüpfte man z. T. nahtlos an die Gartenkultur der Antike an. Die Gärten wurden sowohl zur Kultivierung von Nutzpflanzen als auch zur Erholung angelegt und gepflegt. Nicht selten stellen sie ein Statussymbol dar. Wie man aus MICHAEL PSELLOS' Χϱονογϱαφία („Chronographie")[1] erfährt, hat man, um schnell und wirksam Gärten entstehen zu lassen, ganze fruchttragende Bäume verpflanzt sowie Rasenplatten verlegt (s. Chron. VI 174). Ganz ähnlich klingen die später bei ALBERTUS MAGNUS in *De vegetabilibus* gemachten Ausführungen (s. 3.3.7.). Die genauesten Kenntnisse über die Gärten im byzantinischen Reich vermitteln die Liebesromane aus der Zeit der Herrschaft der KOMNENEN sowie der PALAIOLOGEN (s. SCHISSEL 1942; LITTLEWOOD 1979; vgl. auch CUPANE 1989).

3.1.5.2. Die Geoponika

Das bedeutendste landwirtschaftliche Werk der Byzantiner stellt die Γεωπονιϰά bzw. αἱ πεϱὶ γεωϱγίας ἐϰλογαί („Eklogen [= Ausgewähltes] über die Landwirtschaft"), wie der Titel eigentlich korrekt heißt (vgl. ODER 1890, Bd. 45/1, S. 58, bes. Anm. 1), genannte Überarbeitung älterer landwirtschaftlicher Schriften von etwa 30 Autoren dar, die auf Veranlassung des KONSTANTINOS VII. PORPHYROGENNETOS im 10. Jh. verfaßt worden ist. Als Grundlage für diese Sammlung diente die im Original leider verlorene landwirtschaftliche Enzyklopädie des KASSIANUS BASSUS VON BITHYNIEN (6. Jh.), von der aber eine arabische Übersetzung vorliegt (s. 3.2.5.4.). KASSIANUS hatte sich auf die Schriften des VINDIANUS ANATOLIUS VON BERYTOS (s. o.) und des DIDYMOS VON ALEXANDRIA gestützt (s. ODER 1893, Bd. 45/2, S. 212 ff.; ODER 1893, S. 35).

In den aus insgesamt 20 Büchern bestehenden *Geoponika* werden folgende Gebiete behandelt: astrologische Wetterkunde (Buch I), Ackerbau (Buch II), Landwirtschaftlicher Monatskalender (Buch III), Weinbau und Weinbehandlung (Bücher IV–VIII), Ölbaum (Buch IX), Obstbäume (Buch X), Ziergewächse (Buch XI), Gemüse (Buch XII), Rezepte gegen Ungeziefer (Buch XIII), Federvieh (Buch XIV), Bienen (Buch XV), Pferde (Buch XVI), Rinder (Buch XVII), Kleinvieh (Buch XVIII), Hunde und Jagdwild (Buch XIX) sowie Fische (Buch XX).

---

[1]) Ed. RENAULD 1926/28.

Die *Geoponika* enthalten neben vielen kulturhistorisch weniger oder z. T. völlig wertlosen Dingen auch manche Nachricht, die Beachtung verdient. Dazu gehören neben den Exzerpten über die Kultur des Ölbaumes besonders die interessante Schilderung von Treibhäusern für den Zitronenbaum (s. Geop. sive Cassiani Bassi scolast. de rust. eclog. X 7: S. 270–272 Beckh). An dieser Stelle sei auch noch erwähnt, daß die Bücher XVI und XVII der *Geoponika* in die Sammlung der sog. *Hippiatrika* Eingang gefunden haben. Die *Geoponika* haben sowohl auf das arabisch-islamische (s. 3.2.6.2.) als auch auf das lateinische Mittelalter (s. 3.3.8.2.) gewirkt.

Zahlreiche Bemerkungen über Pflanzen finden sich auch in Werken gemischten Inhalts. Ein Beispiel dafür ist die schon erwähnte Christliche Topographie des KOSMAS INDIKOPLEUSTES, in der er u. a. als erster den Pfefferbaum und die Kokospalme beschreibt (s. Top. christ. XI 15: III 345 f.).

Schließlich muß man noch die Schrift Διήγησις τοῦ Πωϱιϰολόγου („Geschichte über den Fruchtbaum") erwähnen, der – wenn darin auch Pflanzen agieren – ganz in der Art der Ticrepen gesellschaftliche Mißstände aufgreift und in scherzhafter Weise anprangert (s. KRUMBACHER 1897, S. 883 f.).

3.2. Biologie der arabisch-islamischen Periode

Gegen Ende des 6. Jh. begannen sich auf der arabischen Halbinsel Veränderungen abzuzeichnen, die schließlich im 7. Jh. zur Entstehung einer neuen Religion, des Islam, führten. Den Hintergrund dieses evolutionären *und* revolutionären Prozesses, der das weitere Schicksal der Araber und der von ihnen in der Folgezeit unterworfenen Völker unmittelbar beeinflußte, bilden tiefgreifende ökonomische, soziale und geistig-kulturelle Umwälzungen der gesamten Region. Sie sind vielgestaltig und bei weitem noch nicht zufriedenstellend aufgeklärt. Eine entscheidende Rolle dürften dabei aber die Ausbreitung des arabischen Kamelnomadismus (Halbnomadentum), die Konkurrenzsituation zwischen Byzanz und dem sassanidischen Persien sowie die mit dem vorislamischen Heiligtum, der Kaaba, verbundene wirtschaftliche Sonderstellung von Mekka gespielt haben (ENDRESS 1991, S. 139).

Der nach islamischer Auffassung durch göttliche Verbalinspiration des Propheten MOHAMMED (um 570–632) den Menschen vermittelte Koran gab den Muslimen die Grundlage ihrer Glaubenslehre und der gesetzlichen Bestimmungen des Islam in die Hand[1]). Einen in mehrfacher Hinsicht großen Fortschritt stellte insbesondere die vom Islam verkündete Kernbotschaft[2]), das Prinzip des *tauḥīd* dar, d. h. der Einsheit (sc. Gottes). Es bedeutete nicht nur, daß in bezug auf das religiöse und soziale Bewußtsein eine höhere Stufe erreicht worden war, der *tauḥīd* wirkte sich auch positiv auf die theoretische Aneignung der objektiven Realität, den Erkenntnisprozeß, aus.

Der beduinische Araber der vorislamischen Zeit dürfte sich noch weitgehend im Sinne einer *participation mystique* (LEVY-BRUHL 1910) als Teil eines Ganzen empfunden haben, mit dem er organisch verbunden ist. Die ihn umgebende Natur stellt nicht Objekt der Betrachtung an sich dar, sondern wird als Subjekt empfunden. Ihren undurchsichtigen Mächten schrieb man in Übereinstimmung mit ursprünglichen animistischen Vorstellungen Attribute des Menschen, also Wille, Bewußtsein etc. ganz im Sinne eines psychologischen Parallelismus zu. Die Übertragung menschlicher Verhältnisse auf die Sternenwelt ist bis zu wirklichen Sternenmythen fortgeschritten (s. dazu JACOB 1897, S. 160; GROHMANN 1963, S. 81).

Die durch den Koran vermittelten Kenntnisse, die den Menschen Antwort auf die Frage nach dem Ursprung ihrer selbst und darüber hinaus des Universums überhaupt, der Erde und der auf ihr existierenden Lebewesen gaben, prägten ein qualitativ neues Bewußtsein der Araber jener Zeit (vgl. MURŪWA 1980, S. 18 ff.).

Dem Islam ist eine prinzipiell positive Einstellung gegenüber der Erforschung der Natur eigen. Sie resultiert aus der Überzeugung, daß die Einheit des Schöpfers aus der Vielfalt der Natur zu erkennen sei. Von den ca. 6 200 Versen des Korans mahnen nicht weniger als 50 den Muslim, die Natur zu studieren[3]). Die Erforschung der Natur wird im Islam geradezu als Gottesdienst betrachtet. Die Vielzahl der existierenden Dinge (*mauǧūdāt*) soll auf die Einheit (*waḥdānīya*) Gottes hinweisen, ihre Stufenfolge (*tartīb*) und Ordnung (*niẓām*) die Weisheit des Schöpfers zeigen (s. IḪWĀN, Rasāʾil XXXII: III 201,2–5). Der Autor einer der bekanntesten Naturgeschichten im Islam, AL-QAZWĪNĪ (1203–1283) schreibt, daß in jedem Detail seiner Schöpfung Zeichen sind, die auf sein Einssein (*waḥdānīya*) hinweisen (s. AL-QAZWĪNĪ, ʿAǧāʾib

Abb. 15. Darstellung von Fabelwesen (Drache, Einhorn und Wassermann) in der Qazwini-Handschrift (*Ms. orient. A 1507*, Bl. 78 r). Forschungs- und Landesbibl. Gotha.

S. 13,4 f. = Übs. GIESE, S. 43.) (Abb. 15). Dies ist auch der Grund dafür, daß Betrachtungen der unbelebten und belebten Natur regelmäßig im Kontext religiöser Ausführungen zum Topos geworden sind. Ein herausragendes Beispiel ist die detaillierte Beschreibung der Morphologie und Lebensweise von Insekten (Ameise; Heuschrecke) und Kleintieren (Fledermaus) in der unter dem Titel *Nahǧ al-balāǧa* („Pfad der Beredsamkeit") zusammengefaßten Sammlung von Reden, Predigten und Aussprüchen, die dem vierten Kalifen ʿALĪ IBN ABĪ ṬĀLIB (gest. 661) zugeschrieben wird (s. Nahǧ al-balāǧa II 271 f.; 334 ff.)[4]). Ebenso nehmen Ausführungen zu den

---

[1]) Die Aussagen des Koran werden ergänzt durch die sog. Sunna, d. i. die „gewohnte Handlungsweise" des Propheten MOHAMMED.

[2]) Sie findet in der Bekenntnisformel (*šahāda*) „Ich bezeuge, daß es keinen Gott außer Allah gibt" ihren Ausdruck.

[3]) Vgl. dazu Abdus SALAM 1991, S. 7 f.

[4]) Die Schrift *Nahǧ al-balāǧa* hat ihre endgültige Form durch die Redaktion des ŠARĪF AR-RĀḌĪ (gest. 1015) erhalten; s. MADELUNG 1987, S. 364. Zu den tierkundlichen Abschnitten s. ABU L-ḤABB 1965; ʿALĪ AŠ-ŠAIḪ 1978. Dem Kalifen ʿALĪ wird auch ein Buch über die Physiognomie der Pferde zugeschrieben. Siehe Ms. Berlin, Ahlwardt 6 187.

Mineralien, Pflanzen und Tieren einen nicht geringen Platz in der Hauptschrift *Iḥyā᾽ ᶜulūm ad-dīn* („Wiederbelebung der Wissenschaften von der Religion") des vielleicht größten Theologen des Islam, AL-ĠAZĀLĪ (1058–1111), ein (s. Iḥyā᾽ IV 9: IV 435–448). Aber auch die noch zu besprechenden zoologischen Schriften von AL-ĠĀḤIẒ, AD-DAMĪRĪ u. a. Autoren (s. 3.2.4.2.) sind letztlich verfaßt worden, um die Größe und Allmacht Gottes zu beweisen. Ganz in diesem Sinne äußerte sich auch IBN RUŠD/AVERROES. Von ihm ist überliefert, daß derjenige, der sich mit der Anatomie beschäftigt, Stärke im Glauben an Gott gewinnt (s. Ibn abī Uṣaibiᶜa, ᶜUyūn: II 77.13 f.)[1]).

Mit dem Übergang breiter Teile der Bevölkerung Arabiens vom Beduinentum zur Seßhaftigkeit, der damit verbundenen Änderung der Produktionsweise, dem Eindringen jüdischen und christlichen Gedankengutes, um nur einige der zahlreichen Faktoren zu nennen, ging auch eine Bewußtseinsveränderung einher. Die von einem großen Teil der Bewohner der Arabischen Halbinsel anfänglich als etwas relativ Ungeschiedenes empfundene Welt der natürlichen Erscheinungen ließ im Verlaufe des immer komplexer werdenden sozialen Lebens zunehmend Unterschiede erkennen. Dies gipfelte schließlich darin, daß der Mensch sich seiner besonderen Stellung innerhalb der ihn umgebenden Welt gewahr wurde. Der Islam stellte den Menschen endgültig über die restliche Kreatur. Mit dem aus der jüdisch-christlichen Vorstellungswelt entlehnten Schöpfungsmythos wird dem Menschen die Rolle eines Stellvertreters Gottes auf Erden übertragen (Koran 2:30) und damit eine Vorrangposition eingeräumt (s. BOUMAN 1989, S. 184 ff.). Diese in bezug auf die Schöpfung deutliche Anthropozentrik hat selbstverständlich das Verhältnis der Menschen zur übrigen Schöpfung Gottes insgesamt verändert.

Mit der Herrschaft des Menschen über die Schöpfung und dem Recht, sie sich dienstbar zu machen, sind aber keine unbegrenzten Freiheiten verbunden. Der Islam geht – wie übrigens auch das Judentum (vgl. Lev 24,18; Ex 23,4; Dtn 22,4.6; s. a. VETTER 1993, S. 118 f.) – davon aus, daß die gesamte Schöpfung dem Menschen gegenüber gewisse Rechte hat. Dies bedeutet, daß der Schutz der Umwelt, einschließlich Pflanzen und Tiere, dem Muslim zur Pflicht gemacht werden (s. MAUDOODI 1971, S. 171 f.; s. a. LINDGREN 976, S. 271–287).

---

[1]) Ähnlich argumentierte noch der berühmte französische Renaissancechirurg Ambroise PARÉ (um 1510–1590); s. dazu JACOB 1983, S. 43.

3.2.1. Die biologischen Kenntnisse vor dem Islam

Sieht man von den nur skizzenhaften und im Ganzen fragmentarischen Beschreibungen der Weltschöpfung einschließlich der des Menschen einmal ab, wie sie uns in den Gedichten einiger altarabischer Poeten begegnen, die eindeutig durch das in Arabien verbreitete Juden- und Christentum beeinflußt sind (s. HIRSCHBERG 1939, S. 41 ff.), so ist nichts überliefert, was auf bestimmte kosmogonische oder anthropogonische Vorstellungen der Beduinen zu deuten scheint. Daraus allerdings den Schluß ex silentio zu ziehen, daß diesbezüglich überhaupt keine Mythen existiert hätten, dürfte problematisch sein, läßt doch etwa die Untersuchung von Bezeichnungen altarabischer Beduinenstämme gewisse Rückschlüsse auf Vorstellungen von der Herkunft des Menschen zu (s. GRJAZNEVIČ 1982, S. 83 f.). Die systematische Zusammenstellung von Stammesnamen zeigt uns nämlich, daß wir es mit drei Hauptarten von Ethnonymen zu tun haben, und zwar solchen, die 1. mit der Erde, 2. mit pflanzlichen Gewächsen sowie 3. mit Tieren verbunden sind. Stammesnamen wie „Söhne des Felsen", „Söhne des Baumes", „Söhne des Löwen" etc., die als Eponyme fungieren, sind im Kontext von Schöpfungsmythen, Stein- und Ahnenkult sowie Totemismus als Beginn einer jeweils gegebenen genealogischen Reihe aufzufassen. Derartige Benennungen, die eine Ranggleichheit der drei Naturreiche offenbaren und damit die für einen antropomorphen Naturalismus typische Distanz zwischen Mensch, Pflanze, Tier und unbelebter Natur vermissen lassen, repräsentieren älteste Schichten mythologischer Ansichten. Im Gegensatz zur islamischen Schöpfungslehre, die an solche Vorstellungen anknüpft (s. 3.2.2.), ist bei den vorislamischen Arabern allerdings kein gestaltender Gott mit ihm Spiel.

Da die vorislamische arabische Kultur nur punktuell zu einer philosophischen Sicht und Erklärung der Welt gelangt ist (vgl. ŠIDFAR 1974, S. 18), sind Pflanzen- und Tierwelt, die einen wesentlichen Teil der Lebenssphäre der Nomaden darstellen, nicht zum Gegenstand der Betrachtung als solcher, sondern immer nur in ihrer Bedeutung für den Menschen geworden.

Die Dichtung der vorislamischen Araber, die überhaupt unsere wichtigste und überzeugendste, manchmal aber auch trügerische Quelle für die Rekonstruktion des materiellen Lebens und der Gedankenwelt der alten Araber darstellt (vgl. GABRIELI 1963, S. 12), legt Zeugnis von der achtungsvollen Verbundenheit der Wüstenaraber zu den Tieren ab. Dies findet nicht zuletzt darin seinen Ausdruck, daß der Vergleich mit Tieren auch in der Selbstrühmung einen anerkannten Platz einnimmt (vgl. VON GRÜNEBAUM 1937, S. 133). Die vorislamische Poesie liefert uns auch die wichtigsten Zeugnisse über die biologischen Kenntnisse der Araber dieser Zeit. Die detailgetreue Beschreibung von Pflanzen und Tieren, besonders solcher, die durch Züchtung oder Jagd in den unmittelbaren Gesichtskreis der Araber traten, zeugt von einer scharfen Beobachtungsgabe, wie sie für die Literatur nomadisierender Völkerschaften insgesamt bezeichnend ist. Die sachliche Detailtreue bei der Beschreibung der belebten und unbelebten Natur in der vorislamischen Poesie wird durch den Konkretismus des Altarabischen noch unterstrichen[1]). Sie zielt aber nicht in erster Linie auf das beschriebene Naturobjekt, sondern dient dem Dichter allein dazu, sich selbst in das rechte Licht zu rücken (s. VON GRÜNEBAUM 1937, S. 148 f.; ders. 1955, S. 29 ff.). Gleichwohl vermittelt uns die Dichtung, gewissermaßen nebenbei, einen ziemlich guten Eindruck von den Kenntnissen der vorislamischen Araber über Tier- und Pflanzenwelt (s. AL-QAISĪ 1970).

Das Leben der Nomaden bedingt in mehrfacher Hinsicht ein starkes Interesse an der sie umgebenden Natur. Neben Erfahrungen über Witterung, Sternbilder, Wasserläufe etc. ist es besonders die Tier- und Pflanzenwelt, der unmittelbare Bedeutung für die Beduinen zukommt. Die enorme Abhängigkeit der Nomaden vom Tier, sei es das Kamel oder Schaf, deren Haltung und Zucht das Rückgrat ihrer Ökonomie bildeten, oder die Jagd wilder Tiere, hat zwangsläufig zu einer intimen Kenntnis über den körperlichen Bau, über Eigenschaften und Lebensgewohnheiten zahlreicher Tierarten geführt. Einzelne Schilderungen von Tieren und Menschen offenbaren darüber hinaus auch nicht geringe anatomische Kenntnisse. Sie beschränken sich nicht nur auf die sichtbaren Teile von Mensch und Tier, sondern umfassen die wichtigsten inneren Organe. Sorgfältige Beobachtung dürfte dazu beigetragen haben, wichtige physiologische Grundfunktionen zu erkennen. Wie bei Viehzüchtern nicht anders zu erwarten, nehmen Probleme der Fortpflanzung einen besonders wichtigen Platz ein.

Zu den Animalien zählten die vorislamischen Araber ebenfalls eine Reihe von Dämonen, die unter der Sammelbezeichnung Dschinn (ǧinn) bekannt sind. Sie leben wie die Menschen in sozialen Gemeinschaften, bleiben aber im Unterschied zu ihnen normalerweise unsichtbar. Häufig treten sie als Tiere in Erscheinung bzw. leben in ihnen (s. FREYTAG 1861, S. 167; WELLHAUSEN 1961, S. 148 ff.; ZAITŪNĪ 1986; HENTSCHEL 1997, S. 20–94). Da ihre Existenz später vom Islam anerkannt wurde (s. 3.2.2.), ist die Tierkunde im Islam manchmal ein gutes Stück Dämonologie (s. VAN VLOTEN 1893/94; insbes. 1893, S. 239 f.). Das vorislamische Arabien kannte auch eine kultische Verehrung von bestimmten Bäumen, da sie als Sitz von Göttern und Dämonen galten (s. OSIANDER 1853, S. 481; 486).

3.2.2. Die biologischen Kenntnisse im Koran

Im Koran, der nach islamischer Auffassung die gesammelten göttlichen Offenbarungen an den Propheten MOHAMMED enthält, wird die Natur in ihrer Gesamtheit als Ergebnis göttlicher Schöpfung betrachtet. Dabei umfaßt die Schöpfertätigkeit (ḫalq) Gottes nicht nur die Urschöpfung aus dem Nichts (Creatio ex nihilo)[2]), sondern auch die Bildung der unbelebten und belebten Welt, ja überhaupt alles, was ist und geschieht (vgl. DE BOER 1976). Gott schafft, was er will (Koran 5:17; 30:54; 42:49), schafft über das Geschaffene hinaus, was er will (Koran 35:1), ja, er wird Dinge erschaffen, die die Menschen noch nicht kennen (Koran 16:8). Gott tut überhaupt, was er will (Koran 11:107; 14:27), denn er hat Macht über alle Dinge (Koran 5:40 u. ö.).

Wie nach den Lehren des Alten Testaments (s. 3.1.1.) schließt auch der Schöpfungsgedanke im Islam das Wirken von Gesetzen einer selbsttätigen Natur im Bereich des Lebenden und Unbelebten prinzipiell aus. Wirkt die Natur zwar in gewisser Weise autonom, so ist sie jedoch keinesfalls autark. Gott ist es, der jedes einzelne Samenkorn keimen läßt und so das Lebendige aus dem Toten hervorbringt (vgl. Koran 6:95). Überhaupt sind seinem Willen Werden und Vergehen, Leben und Tod bedingungslos untergeordnet. Dabei stellte man sich vor, daß die physiologischen Vorgänge im Körper von Engeln auf Gottes Geheiß bewerkstelligt werden (vgl. z. B. AL-ĠAZĀLĪ, Iḥyāʾ IV 2: IV 120 f.). Nach dem auch durch seine embryologischen Arbeiten (s. 3.2.3.) bekannten hanbalitischen Theologen IBN QAYYIM AL-ĠAUZĪYA (1292–1350) wird die Entwicklung des Menschen vom Samentropfen bis zum Tode und darüber hinaus durch die Engel bewerkstelligt

---

[1]) Siehe dazu KRONASSER 1952, § 79 ff.

[2]) So kann Koran 36:82 „Bei ihm ist es so: Wenn er etwas will, sagt er dazu nur: sei !, dann ist es" (innamā amruhū iḏā arāda šaiʾan an yaqūla lahū kun fa-yakūnu) im Sinne der Creatio ex nihilo aufgefaßt werden.

(s. Iǧata II 130,10 ff.). Sehr eindrucksvoll bringt der Koran die uneingeschränkte Souveränität Gottes im Bereich der unbelebten und belebten Natur zum Ausdruck. So etwa Koran 25:45, wo es heißt: „Hast du denn nicht gesehen, wie dein Herr den Schatten (in der Frühe) lang werden läßt? Wenn er wollte, könnte er machen, daß er sich nicht verändert (sondern immer gleich lang bleibt")[1]).

Die im Koran sehr knapp skizzierte Kosmogonie schließt sich an ältere Mythen an. Wie im Alten Testament (vgl. Gen. 1,1 ff.) hat Gott „Himmel und Erde und (alles), was dazwischen ist, in sechs Zeiteinheiten (wörtl. Tagen) geschaffen" (Koran 32:4; vgl. 7:54). Die Vertreter des orthodoxen Islam gehen von einer unmittelbaren Schöpfertätigkeit (ḫalq) Gottes aus, die nicht mit der einmaligen Erschaffung alles Seienden erledigt war, sondern permanent und auf Ewigkeit fortwirkt. Kurz, die Naturvorgänge werden in isolierte Ereignisse aufgelöst. Als eine mögliche Konsequenz dieser Vorstellung führte dies zu der jede empirische Gesetzmäßigkeit leugnenden Kausalitätslehre, wie sie in der Schule des Begründers der orthodoxen Scholastik (kalām), AL-AŠʿARĪ (873/874–935) entwickelt worden war (s. PINES 1936, S. 26 ff.). An Stelle das Wirken von Naturgesetzen zu konstatieren, vertrat man einen reinen Okkasionalismus. Hinter dem Umstand nämlich, daß viele Vorgänge in der Natur immer wieder in gleicher Weise ablaufen, sah man nicht das Wirken von Gesetzmäßigkeiten. Der sich aus Erfahrung stets wiederholende Vorgang sei allein durch das Walten der Gewohnheit (iǧrāʾ al-ʿāda) Gottes bedingt, in der es normalerweise keine Veränderung gibt (vgl. AL-ĠAZĀLĪ, Elixier, S. 184).

Wenn man auch Koran 36:82 „Bei ihm (sc. Gott) ist es so: Wenn er etwas will, sagt er dazu nur: sei!, dann ist es" im Sinne der *Creatio ex nihilo* auslegen kann, so ist die koranische Kosmogonie jedoch nicht eindeutig kreationistisch (vgl. AL-ALOUSI 1968, S. 11 ff.). In Koran 21:30 wird auf eine zusammenhängende, ungeteilte Masse (ratq) hingewiesen, die hinter/vor dieser Weltordnung liegt. Damit war Raum gegeben für evolutionistische Deutungen, wie sie vor dem Hintergrund der aus dem Neuplatonismus entlehnten Emanationslehre später von Vertretern der Ismāʿīlīya[2]) und zahlreichen Philosophen unternommen wurden (s. u.).

Anders als in der Bibel (s. 3.1.1.) läßt der Koran keine feste Reihenfolge bei der Schöpfung von Himmel und Erde erkennen (vgl. Koran 32:4 mit 20:4). Allerdings lehrt auch er, daß nach den Pflanzen zunächst die Tiere und schließlich der Mensch zur Existenz gelangt sind. Die gesamte Schöpfung erfolgte nach dem Prinzip der

Komplementarität[3]) oder wie es im Koran heißt: „Und von allem haben wir ein Paar erschaffen" (Koran 51:49). Dies bedeutet auf die belebte Welt angewandt, daß außer dem Menschen auch die Pflanzen (Koran 13:3; 20:53; 55:52 u. ö.) und Tiere (Koran 11:40) jeweils paarweise erschaffen wurden. Die bereits apostrophierte Sonderstellung des Menschen im Rahmen der Schöpfung findet darin ihren Ausdruck, daß Gott alles, was es auf der Erde gibt, für ihn geschaffen hat (Koran 2:29).

Neben der Tatsache, daß sechs Suren[4]) des Korans mehr oder weniger zufällig nach Tieren benannt sind, werden Pflanzen und Tiere an verschiedenen Stellen des Koran erwähnt (s. AMBROS 1990). Wie beim Menschen (Koran 25:54) wird Ihre Entstehung ursächlich mit dem Wasser in Verbindung gebracht. „Haben denn diejenigen, die ungläubig sind, nicht gesehen, daß Himmel und Erde eine zusammenhängende Masse waren, worauf wir sie getrennt (oder gespalten) und alles, was lebendig (hayy) ist, aus Wasser gemacht haben?" (Koran 21:30)[5]). So lehrt der Koran aus der empirisch gewonnenen Einsicht in den Zusammenhang von Niederschlag und Vegetation, daß Gott Wasser vom Himmel herabsendet, um die leblose Erde zum Sprießen zu bringen (Koran 22:5; s. a. 6:99; 16:10 f.; 20:53; 50:9–11). Ebenso sei auch jede Art von Animalien (dābba) aus Wasser geschaffen worden (Koran 24:45). Das Wort dābba bezeichnet alles, was sich auf der Erde fortbewegt, sei es kriechend, auf zwei oder vier Beinen (Koran 24:45). Der Begriffsumfang von dābba ist damit weitgefächert. Er reicht von Würmern, Kleinreptilien, Huftieren bis hin zum Menschen. Tatsächlich schließt das Wort in verschiedenen Versen die Bedeutung „Mensch" mit ein (s. Koran 8:22; 8:55)[6]). Damit kommt dābba eine gewisse generalisierende Bedeutung zu[7]), die es in die Nähe des Begriffs „Lebewesen" im Sinne des griech. ζῷον rückt. Wie dieses setzt es die Fähigkeit der freien Ortsbewegung voraus. Allerdings ist sein Bedeutungsumfang insofern eingeschränkt, als es nur für Lebewesen Anwendung findet, die sich auf der Erde fortbewegen. Die Vögel und Flugtiere (s. AMBROS 1990, S. 305 ff.) zählen

---

[1]) Vgl. auch Koran 21:69 und 11:44.
[2]) Schiitische Gemeinschaft, s. MADELUNG 1987, S. 368 ff.

[3]) Vgl. das Yin-Yang-Prinzip als Urprinzip des Seins bei den Chinesen. Das Prinzip der Komplementarität bzw. Polarität findet sich später bei PARACELSUS und Johann Wolfgang VON GOETHE; s. dazu DOMANDL 1981.
[4]) Der Koran besteht aus 114 Abschnitten, die mit dem koranischen Begriff „Sure" (arab. sūra) bezeichnet werden.
[5]) Vgl. später IḪWĀN, Rasāʾil 13: III 31: *inna hayāta kulli šayʾin min nabtin wa hayawānin bi-l-māʾ* (das Leben jeder Pflanze und jeden Lebewesens beruht auf dem Wasser).
[6]) An anderen Stellen nimmt er ihn aber explizit aus (s. Koran 23:18; 35:28).
[7]) Dies kommt sehr schön in der Bildung *dābbatu l-arḍ* („Tier der Erde"; s. dazu EISENSTEIN 1989) zum Ausdruck, wo das allgemeine *dābba* durch das im Genitiv dazutretende Nomen *arḍ* näher bestimmt wird. Zu *dābba* s. a. AMBROS 1990, S. 294 f.; 297 ff.

nicht dazu. Der Begriff ḥayawān, der später und bis heute im Arabischen in der Bedeutung von „Animalien" (s. dazu 3.2.3.) gebraucht wird, hat im Koran (29:65) die Bedeutung „jenseitiges Leben" und steht in Opposition zu ḥayāt, dem diesseitigen Leben.

Wasser als Prinzip des Lebenden findet schließlich darin seinen Ausdruck, daß auch der männliche Same als „Wasser" bezeichnet wird (Koran 32:8; 77:20; 86:6). Der Koran erwähnt die Befruchtung der Pflanzen durch den Wind (Koran 15:22).
Die koranische Terminologie spiegelt deutlich den Kenntnisstand der damaligen Zeit über die belebte Welt wider. Das Lebende (s. z. B. Koran 19:30; 27:3; 31:10; 27:3) wird prinzipiell wie in der Antike gegliedert. Und zwar in das, was wächst, wofür das Kollektivum nabāt (Pflanzen) verwendet wird, sowie in das, was im engeren und zugleich höheren Sinne lebt, d. h. Tiere, Mensch, Dämonen (ǧinn). Letztere Form des Lebens ist zuallererst durch die Fähigkeiten der Empfindung und der freien Ortsbewegung charakterisiert. Diese kommt, wie wir oben gesehen haben, im Begriff dābba zum Ausdruck. Ansonsten werden im Koran unvollständig und keineswegs auf der Grundlage biologischer Kriterien verschiedene Tiere unter den Begriffen anʿām[1] („Herdentiere", „Vieh"), dawābb („Getier") und ṭair („Vögel") zusammengefaßt (vgl. AMBROS 1990).
Obwohl der Koran nur vereinzelte Äußerungen zur Entstehung des Menschen enthält, geben sie doch ein recht genaues Bild über die Ansichten zu seiner Zeugung und Entstehung, wie sie im 6./7. Jh. auf der Arabischen Halbinsel bekannt waren. Dabei zeigt sich ein deutlicher Einfluß hippokratischer (s. BELGUEDJI 1975) und galenischer Theorien. So kann man aufgrund von Koran 76:2, wo von einer Samenmischung (nuṭfatu amšāǧ) die Rede ist, oder Koran 86:5–8, wo ebenfalls ein männlicher und weiblicher Samen angenommen werden, davon ausgehen, daß die Zweisamenlehre (vgl. 2.3.1.2.) bekannt war[2]. Recht genau werden im Koran verschiedene Stadien der Entwicklung des Keimlings beschrieben.

Wenn es dort heißt, „... daß wir (sc. Gott – R. N.) euch aus Erde, dann aus einem Samentropfen, dann aus einem Blutgerinnsel, dann aus einem Blutklumpen (ʿalaqa), dem ungeformten Fleischklumpen (muḍġa ġair muḫallaqa) bis zum geformten Fleischklumpen (muḍġa muḫallaqa), erschaffen haben" (Koran 22:5; 23:vgl. auch 12–14) und „er euch hier-

auf als Kind (aus dem Mutterleib) herauskommen äßt" (Koran 40:67), dann erkennt man unschwer die bei GALEN genannten Entwicklungsstufen wieder[3].
Über die Länge der einzelnen Entwicklungsphasen erfährt man aus dem Koran selbst nichts. Allerdings sollen sie nach zwei als echt betrachteten Überlieferungen (ḥadīt)[4] des Propheten (s. dazu WEISSER 1981, S. 232 f.) jeweils 40 Tage dauern. Danach erhält der Fötus durch Einhauchung des göttlichen Geistes (rūḥ)[5] Leben (s. Koran 15:29; 21:91; 32:9 u. ö.)[6]. Da die islamische Überlieferung hinsichtlich der Keimesgliederung im Vergleich zu den Angaben antiker Autoren mit 120 Tagen einen längeren Zeitraum annimmt, ergaben sich hier Reibungspunkte zwischen Vertretern der islamischen Orthodoxie einerseits und der säkularen Wissenschaft andererseits. Als scharfer, aber intelligenter Kritiker erwies sich der bereits erwähnte IBN QAYYIM AL-ǦAUZĪYA (s. dazu WEISSER 1981; MUSALLAM 1983, S. 56 f.).

Nach dem Koran gibt es neben den Tieren und den Menschen noch Engel, Dschinne und Satane[7] als Animalien, die alle, bis auf die Engel, Verantwortung tragen (mukallaf) und sexuelle Wesen sind. Die Engel handeln nur auf Weisung Gottes (muwakkal). Die bereits in vorislamischer Zeit bekannten ǧinn betrachtete man als Mittelwesen zwischen Mensch und Engel (s. EICHLER 1928; ZBINDEN 1953; HENNINGER 1963, S. 141 ff.; HENTSCHEL 1997), die aus Feuer geschaffen wurden (Koran 15:27; 55:15). Desweiteren kennt der Koran die Metamorphose (masḫ) von Animalien (s. PELLAT 1991). So hat Gott die Frevler in Schweine und Affen verwandelt (Koran 2:65; 5:60; 7:166).

---

[1]) Der Begriff anʿām im Koran bedeutet in erster Linie „Kamele"; vgl. WATT & BELL 1990, S. 5.
[2]) Die Zweisamenlehre wird auch im Talmud vorausgesetzt. Siehe dazu KOTTEK 1981, S. 301 f.

---

[3]) In seiner Schrift Περὶ γονῆς („Über den Samen") unterscheidet GALEN vier Entwicklungsperioden des Keimlings in utero. Dabei handelt es sich um die Stufen 1. Samen, 2. eine Art Blutklumpen, 3. noch weitgehend ungeformte Fleischmasse sowie 4. geformte Fleischmasse (s. GAL., De semine I 9: CMG V 3,1, S. 92,19–94,11). Vgl. auch MUSALLAM 1983, S. 54.
[4]) Den außerkoranischen Äußerungen des Propheten MOHAMMED wird ebensolche Bedeutung wie dem Koran selbst beigemessen, da auch sie durch Gott inspiriert sein sollen. Allerdings stellt ihre Echtheit ein Problem dar.
[5]) Was es im einzelnen mit dem Wesen jenes Leben spendenden Prinzips, dem rūḥ, auf sich hat, geht aus dem Koran nicht hervor. Diesem Umstand ist es allerdings geschuldet, daß eine reichhaltige Kommentarliteratur zum rūḥ entstand (s. dazu SCHIMMEL 1955, S. 143 ff.; STIEGLECKER 1959 ff., S. 657 ff.).
[6]) Den Tieren, die wie der Mensch zu den Animalien (ḥayawān) gehören, liegt ebenfalls der rūḥ als Lebensprinzip zugrunde. Vgl. Koran 3:49.
[7]) Die Zuordnung des Teufels im Koran ist schwankend. Einmal wird er zu den Engeln gezählt (Koran 2:34; 7:11), ein anderes Mal zu den Ǧinn (Koran 18:50).

3.2.3. Die Entwicklung theoretischer biologischer Ansichten

Solange die Araber nur gelegentlich mit den biologischen Anschauungen kulturell höher entwickelter Völker in Berührung kamen, dürften ihre Kenntnisse von der Pflanzen- und Tierwelt sowie vom menschlichen Körper vor allem auf sichtbare Gegebenheiten beschränkt und somit rein empirischer Natur gewesen sein. Freilich kannte man nicht zuletzt aus der Jagd und Tierhaltung, aus Verletzungen, durch den Schlachtvorgang oder die Opferpraxis die wichtigsten inneren Organe von Tier und Mensch und manche ihrer Grundfunktionen. Tiefere Einblicke in physiologische Zusammenhänge waren jedoch bestenfalls in Ansätzen vorhanden.

Die Situation änderte sich grundlegend, als sich die Araber nach den ausgedehnten Eroberungen des 7. und 8. Jh. vor die Notwendigkeit gestellt sahen, die eroberten Gebiete zu verwalten, die Produktion dieser Gebiete aufrechtzuerhalten und ihre eigene ideologische Grundlage, den Islam, theologisch so auszubauen, daß er in der Auseinandersetzung mit den religiösen und philosophischen Vorstellungen der unterworfenen Völker bestehen konnte (vgl. ROSENTHAL 1965, S. 17). Man sah sehr schnell ein, daß das alles Kenntnisse verlangte, die im Koran als solche selbst nicht enthalten waren, und deshalb ging man immer mehr dazu über, fremdes Wissen systematisch zu übernehmen. Im Ergebnis weitreichender Eroberungen, die solche alte Kulturgebiete wie Ägypten, Palä-

stina, Syrien und Persien unter ihre Herrschaft brachten, wurden die Araber mit dem Wissensgut der dort lebenden Völker bekannt. Wichtig war dabei der Umstand, daß der spätantik-christliche Wissenschaftsbetrieb durch die arabische Eroberung nicht zum Erliegen gekommen war, sondern weiter funktionierte (vgl. KUNITZSCH 1975, S. 272). Zu den Pflegstätten griechischen Wissens zählte zum einen Alexandria, das seit der Ptolomäerzeit eine Hochburg wissenschaftlicher Forschung und Lehre darstellte. Zum anderen befanden sich in Vorderasien, genauer im byzantinischen und sassanidischen Persien, d. h. im ostaramäischen und mittelpersischen Sprachgebiet, Zentren gelehrter Studien in Edessa, Nisibis, Gondēšāpūr, Antiochia und Amida, die von christlichen Syrern unterhalten wurden (Abb. 16).

Die Syrer dürften überhaupt die wichtigste Rolle bei der Vermittlung des griechischen und persischen Wissens an die Araber gespielt haben. Zur Präsenz syrischer Gelehrter im Sassanidenreich war es infolge theologischer Auseinandersetzungen innerhalb der Christenheit um die Person und Natur von Jesus Christus im 5. Jh. gekommen, in deren Folge der Syrer NESTORIUS (gest. nach 451) seinen Patriarchenstuhl in Konstantinopel 431 verlor und mit seinen Anhängern vertrieben wurde. Die Kirche in Persien, die ohnehin schon seit eh und je in ihrer Entwicklung von der Reichskirche abgesondert war, nahm die Nestorianer auf und ihren Glauben an, so daß sich der Nestorianismus jetzt von Syrien bis nach Indien erstreckte und die Ausbreitung der syrischen Sprache enorm

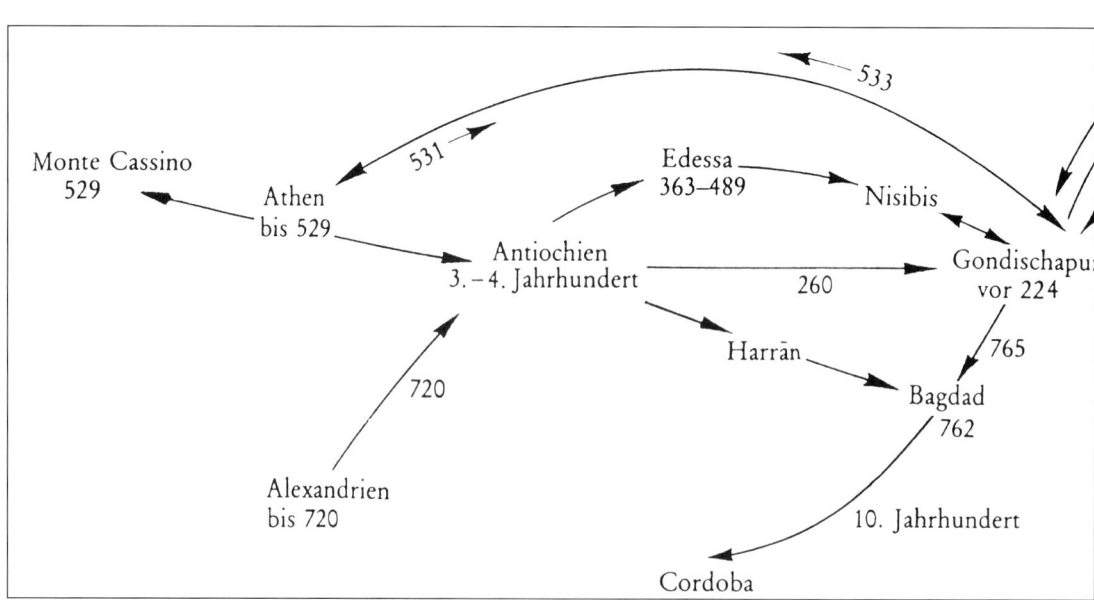

Abb. 16. Die geistigen Einflußströme um die Akademie Gondischapur. Aus H. H. SCHÖFFLER 1980, Abb. 5.

befördert wurde (vgl. LOHSE 1963, S. 101; s. a. WINKELMANN 1994, S. 125 ff.; ENDRESS 1987, S. 407–412).

Es kann keinem Zweifel unterliegen, daß innerhalb des jungen Kalifats den arabischen Eroberern gegenüber das christliche Bevölkerungselement zunächst in seinen verschiedenen nationalen und konfessionellen Schattierungen das kulturell überlegene war (vgl. BAUMSTARK 1911, S. 29). Von ungeheurer Tragweite beim Prozeß der Akkulturation war nun die Tatsache, daß die Unterworfenen im Laufe der Zeit zu ihrer eigenen die Sprache der Eroberer, das Arabische, hinzuerlernten. Auf diese Weise entwickelte sich die in hohem Maße aufnahme- und bildungsfähige arabische Sprache rasch zu einem Ausdrucksmittel, das auch den neuen kulturellen Anforderungen bestens entsprach (s. dazu STROHMAIER 1969; SUWAISI 1986). Nur vor dem Hintergrund der so entstandenen bilinguen Gesellschaft wird die relativ rasche und umfassende Übernahme fremden Wissensgutes verständlich.

Das Machtzentrum des arabischen Kalifats lag während der von 661–750 während Omaijadendynastie bekanntlich in Damaskus, einer Stadt mit jahrhundertealter hellenistischer Vergangenheit. Trotz der dadurch entstandenen räumlichen Nähe zwischen islamischem Arabertum und spätantik-byzantinischer Kultur blieb auf Seiten der Moslems der beduinische Lebensstil vorherrschend und es scheint die Beschäftigung mit den ehemaligen Nachbarkulturen nur sehr sporadisch gewesen zu sein. Jedenfalls ist die Zahl der Übersetzungen noch sehr gering. Erwähnenswert ist jedoch, daß es unter dem Kalifen ᶜUMAR II. IBN ᶜABD AL-ᶜAZĪZ (reg. 717–720) zur Verlegung der Schule von Alexandria nach Antiochia und von dort später nach Ḥarrān (Südostanatolien), also ins syrische Sprachgebiet gekommen sein soll (s. MEYERHOF 1930, S. 21 ff.; ENDRESS 1987, S. 411 f.; s. a. STROHMAIER 1987).

Obwohl die Anfänge der Übersetzertätigkeit, wie erwähnt, bereits in die Zeit der Omaijadenherrschaft zurückgehen, nahm die Rezeption der geistigen kulturellen Güter der Nachbarvölker erst unter den ABBASIDEN (749–1258) systematische Züge an. Mit der Gründung Bagdads im Jahre 762, das fortan zum politischen und kulturellen Zentrum der neuen Regentschaft wurde, rückte das Zentrum der arabischen Macht im 8. Jh. ganz in die Nähe der persischen Stadt Gondēšāpūr, einer Hochburg christlich-hellenistischer Bildung (s. HAU 1979; SCHÖFFLER 1980). Das vitale Interesse der Abbasidenherrscher an der von syrischen Ärzten aus Gondēšāpūr praktizierten Medizin führte dazu, daß HĀRŪN AR-RAŠĪD (reg. 786–809) einige von ih-

nen an das von ihm begründete Krankenhaus verpflichtete. Neben ihrer ärztlichen Tätigkeit fertigten sie auch Übersetzungen antiker Werke an. Die ebenfalls von HĀRŪN AR-RAŠĪD (reg. 786–809) geschaffene Ḫizānat al-ḥikma (Bibliothek der Wissenschaft), die im folgenden auch als Bait al-ḥikma (Haus der Wissenschaft) bekannt wurde, baute sein Sohn AL-MAʾMŪN (reg. 813–833) zu einer akademischen Institution ersten Ranges aus. Dort wurden mit staatlicher Förderung nicht nur medizinische, sondern auch philosophische und naturwissenschaftliche Schriften teils direkt aus dem Griechischen teils über das Syrische in die arabische Sprache übertragen. Von den damals entstandenen Übersetzerschulen erlangte vor allem der Kreis um den Arzt ḤUNAIN IBN ISḤĀQ (808–873) hervorragende Bedeutung, da hier besonders sorgfältige Übersetzungen aus dem Griechischen angefertigt wurden (s. STROHMAIER 1971). Im Ergebnis dieses Übersetzungsprozesses lagen nach einigen Jahrzehnten die wichtigsten Schriften der Antike, darunter auch solche biologischen Inhalts, in arabischer Sprache vor und wurden zur Grundlage für die wissenschaftlichen Anschauungen bei den Gelehrten des arabisch-islamischen Kulturkreises.

Besaßen die Araber selbst immense empirische Kenntnisse über die lebendige Natur, die im Zuge ihrer Eroberungen, der weitreichenden Handelsbeziehungen und dgl. mehr stetig an Umfang gewannen, ist die theoretische Durchdringung der Vorstellungen über die Lebewesen zweifelsfrei durch die Bekanntschaft mit dem antiken Wissen angeregt worden. Dabei haben vor allem die Anschauungen des ARISTOTELES auf die wissenschaftliche Naturbetrachtung bei den Autoren des arabisch-islamischen Mittelalters große Wirkung gezeigt. Allerdings erfuhr der Aristotelismus die eine oder andere Modifikation. So wurde der schroffe Gegensatz zwischen dem Dogma der Theologen von der Schöpfung der Welt ex nihilo auf der einen und der Ansicht des Stagiriten über die Ewigkeit der Welt auf der anderen Seite mit dem neuplatonischen Konzept der Emanation abgemindert. In der vor allem durch ABŪ NAṢR AL-FARĀBĪ (873–950) entwickelten islamisierten Variante der Emanationslehre (s. NETTON 1994, S. 114 ff.) konnte das Gros der islamischen Philosophen die Ewigkeit der Welt behaupten. Gleichzeitig konnte man sie trotzdem als Werk Gottes betrachten, aus dem die gesamte unbelebte und belebte Natur, als geordneter Kosmos bzw. als ein Gefüge abgestufter Allgemeinheit gedacht, durch Emanation (faiḍ) hervorgeht.

Eine der frühesten und vielleicht wichtigsten Quellen für die theoretische Untermauerung biologischer Ansichten stellte die als Kosmogonie konzipierte Enzyklopädie *Sirr al-ḫalīqa wa-ṣanˁat aṭ-ṭabīˁa* („Über das Geheimnis der Schöpfung und die Darstellung der Natur")[1]) des BALĪNŪS, d. i. PSEUDO-APOLLONIOS VON TYANA (1. Jh.) dar. Die im griechischen Original verlorene Schrift dürfte, im folgenden redaktionell bearbeitet und ergänzt, wahrscheinlich schon im 8. Jh. in arabischer Übersetzung zur Verfügung gestanden haben (s. WEISSER 1980). Es handelt sich im wesentlichen um den Versuch einer umfassenden rationalen Welterklärung, und zwar unter Berücksichtigung der zeitlichen Abfolge bei der Weltschöpfung. In dem letztlich auf die aristotelische Elementenlehre, die jedem Element zwei Qualitäten zuordnet (vgl. ARIST., De gen. et corr. II 3: 330 a–331 a), zurückgehenden naturphilosophischen Werk tritt deutlich die ätiologische Betrachtungsweise hervor, die dem Buch auch den Untertitel *Kitāb al-ˁilal* („Buch der Ursachen") eingebracht hat. Insgesamt trägt das Buch kompilatorischen Charakter und enthält u. a. in den anthropologischen Abschnitten umfangreiches Material aus der oben (s. 3.1.1.1.) erwähnten Schrift *Περὶ φύσεως ἀνθρώπου* des NEMESIOS VON EMESA (s. KRAUS 1942, S. 278; WEISSER 1980, S. 63 ff.). Im Unterschied zu älteren Kosmogonien, die in bezug auf die irdischen Dinge nur die organischen, d. h. Pflanze, Tier und Mensch in Betracht ziehen, schließt Balīnūs den Bereich des Anorganischen (Mineralien) ein. Hier wird der Einfluß der spätantiken Sympathielehre des Stoikers POSEIDONIOS VON APAMEIA (um 135–51 v. Chr.) deutlich sichtbar (s. dazu REINHARDT 1953, S. 653 ff.; s. a. STEINMETZ 1994, S. 686–690). Die gleichberechtigte Behandlung der drei Naturreiche Unbelebtes (ǧamād) – Pflanzen (nabāt) und zur Wahrnehmung und freien Ortsbewegung befähigte Lebewesen (ḥayawān) in den kosmogonischen Lehren findet sich praktisch bei allen Autoren und kann daher als typisch für die arabisch-islamische Periode des Mittelalters insgesamt gelten. Eine Ausnahme bildet allerdings AL-ĠAZĀLĪ mit seiner Schrift *al-Ḥikma fi l-maḫlūqāt* („Die Weisheit [Gottes] in den Geschöpfen"). Er beschreibt dort die Schöpfung angefangen von den Himmeln bis hin zu den Pflanzen, ohne dabei auf die Mineralien einzugehen. Da die Vorstellung einer qualitativen Stufung des Seienden, wie sie bereits ARISTOTELES entwickelt hatte (vgl. DÜRING 1966, S. 528 ff.) und die durch seine Schriften den Arabern vermittelt worden war, ohne weiteres in Einklang mit der bereits erwähnten Kosmogonie des Korans (s. 3.2.2.) zu bringen war, fand

das Bild einer *scala naturae* leicht Eingang in die arabisch-islamische Kultur.

Am ausführlichsten wird der Gedanke einer kontinuierlichen Stufenfolge der Natur innerhalb der als Enzyklopädie angelegten *Rasāˀil* („Sendschreiben")[2]) der sog. LAUTEREN BRÜDER (IḪWĀN AṢ-ṢAFĀˀ) ausgearbeitet. Dabei handelt es sich um Mitglieder einer im 10. Jh. in Basra entstandenen Geheimorganisation, die der zum Rationalismus neigenden ismailitischen Sekte nahestand. Das sie hauptsächlich auszeichnende Charakteristikum war ihr neuplatonisch gefärbter Aristotelismus (s. DIWALD 1975, S. 1–30; GIESE 1990, S. XVII ff.; NETTON 1991; NASR 1993, S. 25–43).

Neuplatonischer Einfluß bei den „LAUTEREN BRÜDERN" wird etwa deutlich, wenn sie den „biologischen Kreislauf der Natur" mit dem Rotieren eines Räderwerks (*dawarān dūlāb*) vergleichen (s. Rasāˀil XXXIV: III 222,19). Dieses Bild geht nämlich auf den Neuplatoniker PROKLOS (412–485) zurück (s. PROKLOS, Komment. zum ersten Buch von EUKLIDS „Elementen", Übs. SCHÖNBERGER & STECK, S. 270). Mineralien, Pflanzen und Tiere bilden eine dauernde, ununterbrochene Kette des Entstehens und Vergehens (s. Rasāˀil XXXIX: III 328,2 ff.) Das Bild der *scala naturae* wurde von vielen anderen Autoren übernommen. Es findet sich u. a. bei AL-MASˁŪDĪ (gest. 956), AL-QAZWĪNĪ (1203–1283) (s. ˁAǧāˀib, S. 202,15–18 = Übs. GIESE, S. 112 ff.), IBN ḪALDŪN (1332–1406) (*al-Muqaddima*, S. 106,3 ff. = Übs. ROSENTHAL I 195). Wir haben es hier mit der Vorstellung zu tun, daß die von Gott zur Existenz gebrachten Dinge (*al-kāˀināt*), kurz die Schöpfung (*ḫalq*), vom Einfachsten zum Kompliziertesten reicht. Während die Mineralien (*maˁādin*) als unbeseelte Materie (*mawāt*) betrachtet werden (s. IḪWĀN, Rasāˀil XLI: III 391,16) und damit zur Kategorie des Unbelebten (*ǧamād*) gehören (s. QAZWĪNĪ, ˁAǧāˀib, S. 245,15 = Übs. GIESE, S. 144), ist das Leben (*ḥayāt*) mit dem Besitz von Seele verbunden.

Der Umstand, daß der Koran keine eindeutigen Angaben zu Seele (*nafs*) und Geist (*rūḥ*) macht, also keine eigentliche Psychologie entwickelt hat, begünstigte auch auf diesem Gebiet die Übernahme antiker Lehren. Grundlage der von den Gelehrten des arabisch-islamischen Mittelalters entwickelten psychologischen Systeme wurde die auf der Dreiteilung der Seele basierende Psychologie des PLATON (s. PLAT. Polit. 439 D ff.; 580 D; Phaidr. 246 A; Tim. 69 C ff.) und deren Weiterentwicklung durch ARISTOTELES. Die fortschreitende Vervollkommnung der Lebewesen im Sinne eines Progressionismus wird nach ARISTOTELES mit dem zunehmenden Anteil an dem Seelenvermögen erklärt (vgl. De anim. II 2: 413 b 7 ff.). Danach verfügen die Pflanzen über die Kraft der vegetativen Seele (*an-nafs*

---

[1]) Ed. WEISSER 1979; Teilübs. WEISSER 1980.

[2]) Ed. Beirut o. J. [1957]; Teilübs. DIETERICI 1878, S. 220–228; DIWALD 1975.

an-nabātīya), die sich in Wachstum und Fortpflanzung äußert (vgl. ARIST., De anim. II 2: 413b7). Als allgemeinstes Wesensmerkmal des Lebens, das allen Lebewesen eignet, wurde daher sowohl in der Antike (vgl. ARIST., De anim. II 1: 412a13) als auch im arabisch-islamischen Mittelalter (AVICENNA, Šifā᾽, Ṭabī῾īyāt VII, Nabāt 1: S. 3,15 f.) die ernährende Kraft betrachtet. Die Animalien (*ḥayawān*) besitzen darüber hinaus noch die animalische Seele (*an-nafs al-ḥayawānīya*) und somit die Fähigkeit der Wahrnehmung und freien Ortsbewegung. Wie AL-ĠAZĀLĪ betont, ist diesen allen der Tastsinn obligatorisch (s. AL-ĠAZĀLĪ, Iḥyā᾽ IV 2: IV 109,27). Als Animalien (*ḥayawān*) definieren daher die IḪWĀN AṢ-ṢAFĀ᾽ einen Körper, der sich fortbewegen, sich ernährt, wächst und Sensibilität besitzt (s. Rasā᾽il XXII: II 184,1 f.). Dem Menschen schließlich eignet noch die Kraft der vernünftigen Seele (*an-nafs an-nāṭiqa*), die ihm rationales Denken ermöglicht.

Nach dem Dictum des Korans war es klar, daß sowohl den Pflanzen als auch den Animalien (Tiere/Mensch) Leben zukam. Unter dem Einfluß der das Problem differenzierter betrachtenden antiken Wissenschaft waren aber Fragen aufgetaucht, die auch von den arabisch schreibenden Philosophen diskutiert wurden. Während PLATO und ARISTOTELES auch bei den Pflanzen von der Existenz einer Seele ausgingen, erkannten etwa die Stoiker aufgrund schärferer Differenzierung der Pflanze nur φύσις (Natur), nicht aber ψυχή (Seele) zu (s. Stoicorum Veterum Fragmenta [SVF] II 530 ff.; 458 ff.; vgl. auch STEIN 1886, S. 91). Der von der Stoa beeinflußte GALEN, dessen Schriften sich bekanntlich im arabisch-islamischen Mittelalter höchster Wertschätzung erfreuten, vertrat die gleiche Auffassung (s. GAL., De nat. fac. I 1: Script. min. 101,1–15; ders., De placit. VI 3,7: CMG V 4,1,2:, S. 374,18 f.). Wie GALEN macht AVICENNA die Entscheidung von bestimmten definitorischen Prämissen abhängig, d. h. er betrachtet dies als ein begriffliches Problem. Leben (*ḥayāt*) äußert sich im Verhalten zur Nahrung. Ist ein Wesen in der Lage, seine Existenz durch Nahrung(saufnahme) zu erhalten, kommt ihm Leben zu. Insofern kann man davon sprechen, daß Pflanzen Leben besitzen. Knüpft man Leben jedoch an die Fähigkeit der Wahrnehmung und freien Ortsbewegung, dann könne man den Pflanzen kein Leben zuschreiben (s. AVICENNA, Šifā᾽, Ṭabī῾īyāt VII, Nabāt 1: S. 3,15–4,1).

Die sich bereits im Koran (s. 3.2.2.) und später bei den Autoren des arabisch-islamischen Mittelalters (vgl. z. B. QAZWĪNĪ, ῾Aǧā᾽ib, S. 202,7–9 = Übs. GIESE,

S. 112) findende begriffliche Distinktion des Lebenden in Pflanzen (*nabāt*) sowie zur Wahrnehmung und freien Ortsbewegung fähige Lebewesen (*ḥayawān*) entspricht im übrigen ganz der aus der griechischen Antike bekannten Einteilung in τὸ φυτόν („Pflanze") und in τὸ ζῷον („Animalien"). Kurz, auch die Terminologie des arabisch-islamischen Mittelalters bezeichnet, obwohl man sich wie in der Antike darüber einig ist, daß auch der Pflanze Leben zukommt, mit dem Begriff „lebende Wesen" (*ḥayawān*) allein die Tiere und den Menschen (vgl. AVICENNA, Šifā᾽, Ṭabī῾īyāt VII, Nabāt 1: S. 4,1; IḪWĀN, Rasā᾽il XXII: II 184,2 f.). Ebenfalls ARISTOTELES folgend (s. ARIST., De hist. anim. VIII 1: 588b4 ff.), stellte man sich die Naturreiche Mineralien, Pflanzen und Tiere untereinander dadurch in Verbindung stehend vor, daß die letzte Stufe eines Reiches mit der ersten Stufe des nächstfolgenden durch Zwischenglieder verbunden ist. So rangieren Flechten am untersten Ende des Pflanzenreiches am Übergang von den Mineralien zu den Pflanzen. An der Nahtstelle von den Pflanzen zu den Animalien stehen in Anlehnung an den Stagiriten Zwischenstufen wie die Dattelpalme (*naḫl*) und die (Rohr)Schnecke (*ḥalazūn*)[1]. Während die Palme als Phytozoon (*nabāt ḥayawānī*) angesehen wurde, da sie körperlich als Pflanze und seelisch als Animalien wahrgenommen wurde, stellte die Schnecke einen Zoophyten (*ḥayawān nabātī*) dar (vgl: FARĀBĪ, Risāla fī a῾dā᾽ al-ḥayawān, S. 91,4). Einige Animalien reichen bis an die Stufe des Menschen heran. Sie verfügen über die fünf Sinne, feines Unterscheidungsvermögen und Lernfähigkeit (s. IḪWĀN, Rasā᾽il XXII: II 184,4 f.). Allerdings bezieht sich die Ähnlichkeit jener Lebewesen jeweils nur auf einen ganz bestimmten Aspekt. So gleichen dem Menschen der Affe im Aussehen, das Pferd in Hinblick auf gewisse psychische Eigenschaften, der Elefant in bezug auf den Verstand, der Papagei und verschiedene Singvögel hinsichtlich der Lautbildung und die Bienen in bezug auf die Ausführung subtiler Tätigkeiten (s. IḪWĀN, Rasā᾽il XXI: II 170). Der Mensch schließlich stellt den Höhepunkt der Schöpfung dar. Dies findet darin seinen Ausdruck, daß er auch als *ḥayawān nāṭiq*, als sprachbegabtes und folglich vernunfttragendes Lebewesen bezeichnet wird[2].

Allein die hier angeführten Vergleiche machen bereits den Unterschied zwischen der traditionellen Idee der Abstufung, die auf den inneren Qualitäten und den ontologischen Status gegründet ist, und den modernen Theorien der Evolution, die auf das physische Verhalten und die äußeren Ähnlichkeiten der Lebewesen beruhen, deutlich[3]. Daß an keine kontinuierliche Höherentwicklung im biologischen Sinne zu

---

[1]) Wahrscheinlich handelt es sich hier um eine Wurmart.
[2]) IBN QAYYIM AL-ĠAUZĪYA unterscheidet *ḥayawān nāṭiq* und *ḥayawān bahīm* (s. Zād al-ma῾ād III 97,11 = aṭ-Ṭibb an-nabawī, S. 4,3 f.). AN-NUWAIRĪ handelt unter *ḥayawān ṣāmit* (schweigende Lebewesen) die Tiere ab (s. Nihāyat al-arab 3: Bd. 9, S. 224 ff.).
[3]) Siehe NASR 1993, S. 70.

denken ist, wird auch sehr schön dadurch deutlich, daß dem Rang des Menschen in der Stufenleiter der der Engel folgt (s. Iḫwān, Rasāʾil XXII: II 178,15 f.). Diese sind nicht nur zeitlich vor dem Menschen geschaffen worden[1]), sondern wurden darüber hinaus auch aus einem anderen Stoff, nämlich Licht, geformt. Diese Annahme stützt sich allerdings lediglich auf eine Überlieferung des Propheten (s. Muslim, Ṣaḥīḥ, Zuhd 60; s. Ibn Ḥanbal, Musnad VI, 153 u. 168).

Als völlig überzogen müssen schließlich solche Auffassungen gelten, wonach man im arabisch-islamischen Mittelalter zu darwinistischen oder prädarwinistischen Auffassungen gelangt sein soll (vgl. etwa Dieterici 1878; Haschmi 1971, S. 16; Būmilḥim 1980, S. 89 ff.). Für die Theologen war und ist der Gedanke an Evolution, verstanden als Veränderung der Arten in der Zeit (vgl. Wuketits 1988, S. 7), ohnehin unannehmbar, da die islamische Religion die Vorstellung von einer in der Materie selbst liegenden Kraft ausschließt. Die Entstehung neuer Arten setzt nach islamischer Vorstellung jeweils einen göttlichen Schöpfungsakt voraus[2]). Aber auch die Philosophen und Naturforscher sind zu keiner Theorie der Evolution im strengen Sinne des Wortes gelangt, denn die Stufenleiter stellt eine statische Hierarchie der Gattungen und Arten dar. Was den Artbegriff bei Tier und Pflanze betrifft, so hat man in der von uns hier behandelten Periode noch keine klare Vorstellung. Der Terminus „Art" wurde in einem unbestimmten Sinne gebraucht (vgl. auch Ullmann 1972, S. 56 ff.; Eisenstein 1991, S. 188 f.). Die Lauteren Brüder haben in ihrer Enzyklopädie (s. Iḫwān, Rasāʾil XXI: II 153,10 ff.) eine Veränderung der pflanzlichen und tierischen Arten *expressis verbis* geleugnet (vgl. dazu auch Nasr 1993, S. 71 f.). Daß die Natur die Gattungen und Arten in ihrem ursprünglichen Zustand bewahrt, behauptet auch Al-Bīrūnī in seiner „*Chronologie*" (s. K. al-Āṯār al-bāqiya, S. 298,17 f. = Übs. Sachau, S. 295; vgl. auch Wiedemann 1920)[3]). Andere Vertreter des arabisch-

islamischen Mittelalters räumen die Möglichkeit eines Artenwandels ein. Dies hat allerdings nichts mit einer Höherentwicklung zu tun. So macht Ibn Qutaiba darauf aufmerksam, daß sich eine Pflanzenart in eine andere umwandeln kann (s. ʿUyūn al-aḫbār IV: II 107,5 f.). Derartige Transmutationen diskutierte man bereits in der Antike (vgl. Theophr., Hist. plant. II 2.9; VIII 7,1). Der Autor des pseudoaristotelischen *Liber de plantis* (s. 3.2.5.) postulierte die Umwandlung von wildem Thymian (*nammām*) in Minze (*naʿnāʿ*) (s. Ps. Arist., Fī n-nabāt 123: S. 165,15), eine Annahme, die später Ibn Sīnā wörtlich übernahm (s. Šifāʾ, Ṭabīʿīyāt VII, Nabāt 7: S. 33,3 f.). Wie dieser an anderer Stelle zu bemerken weiß, sollen auch in Abhängigkeit von der geographischen Lage bzw. Bodenqualität aus dem gleichen Samen unterschiedliche Pflanzen entstehen können. Blumenkohl (*qunnabīṭ*) in die Erde von Khorasan[4]) eingepflanzt, wandelt sich zu einfachem Kohl (*kurunb*) und bleibt dort so (s. Šifāʾ, Ṭabīʿīyāt VIII, Ḥayawān XVI 1: S. 404,14–405,1).

Recht geläufig ist die Idee, daß sich Lebewesen ihrer Umwelt anpassen bzw. durch äußere Umstände morphologische Veränderungen erfahren. Das Konzept steht in engster Beziehung zur Viersäftelehre, die mit der hippokratischen Medizin sowie den Namen von Aristoteles und Galen verbunden ist (s. 2.3.1.1.). Al-Ǧāḥiẓ weist darauf hin, daß sich die Farbe von Kopfläusen der der Haare ihres Wirts angleicht (s. K. al-Biġāl, in: Rasāʿil al-Ǧāḥiẓ II 313,8 ff.; Ḥayawān III 71,6 ff.). Schlangen, die für Al-Ǧāḥiẓ ihrer eigentlichen Natur nach Wassertiere sind, nehmen auf dem Lande eine schlankere Körperform an als im feuchten Milieu (s. Ḥayawān IV 128,7 ff.)[5]). Daß die Umwelt auf die Gestalt von Mensch, Tier und Pflanze Einfluß nehmen kann, wird auch von Al-Masʿūdī (gest. 957) thematisiert (s. Murūǧ I 172,7 ff.). Ebenso weiß Ibn Ḫaldūn davon zu berichten, daß Schwarze hellhäutigen Nachwuchs bekommen, wenn sie in kalten Gebieten wohnen (s.

---

[1]) Gott befahl ihnen nach der Erschaffung des Menschen (Adam), vor ihm niederzufallen (s. Koran 20 : 116; 15 : 28–35 u. ö.).

[2]) Zum Verhältnis von Islam und Deszendenztheorie s. Šaltūt 1959, S. 369 ff; Mabud 1986; Ziadat 1986, S. 82–122.

[3]) Dies ist besonders deshalb wichtig zu betonen, da ihm verschiedentlich zugeschrieben wurde, das Prinzip der natürlichen Auslese erkannt zu haben (s. Šapirov 1972, S. 90). Bei der betreffenden Stelle in seinem „Indienbuch" (s. Fī taḥqīq mā li-l-Hind 298,18 = Übs. Strohmaier 1988, S. 226) handelt es sich ebensowenig um praedarwinistische Anschauungen (s. a. Wilczyns-

ki 1959; Strohmaier 1988, S. 299) wie im Falle der bei Al-Ǧāḥiẓ beschriebenen, durch den Einfluß der Umwelt auf die Gestalt lebender Organismen bedingten Veränderungen. Der Versuch, die Theorie der natürlichen Auslese vor Darwin anzusetzen, wurde auch in bezug auf die Verse V 846–877 des Lehrgedichts *De rerum natura* („Über die Natur der Dinge") des Lucretius Carus (s. 2.5.1.) unternommen. Siehe dazu Mayr 1984, S. 244.

[4]) Provinz in Iran.

[5]) Vgl. dazu auch Haschmi 1971, S. 15 f. und Wiedemann 1915 b. Die Abschnitte über Schlangen liegen in englischer Übersetzung vor; s. Wilson 1965.

Muqaddima, S. 94,7 ff. = Übs. ROSENTHAL, I 171). Zu weiteren Beispielen s. KRUK 1990, S. 270 ff. Ganz dem ARISTOTELES folgend (vgl. De anim. hist. 5.1: 539a15 ff.; De gen. anim. I 1: 715b2 ff. u. ö.) sind die Anschauungen über die Zeugung und Fortpflanzung der Animalien. Dieser hatte gelehrt, daß ein Teil der Tiere durch Zeugung aus Gleichem (*generatio univoca*) entstehe, d. h. aus der Paarung von Weibchen und Männchen. Ein anderer Teil entstehe durch Zeugung aus Ungleichem (*generatio aequivoca*). Beide Arten der Entstehung bedürfen einer Art Lebensprinzip, das er in der (seelischen) Wärme sah[1]). Diese sei sowohl im Samen als auch im Blut und in der Sonnenwärme enthalten (s. De gen. an. II 3: 736b29 ff.). Wie es bei dem Stagiriten an anderer Stelle heißt, finde sie sich sogar überall, weil im gewissen Sinne alles voller Seele sei (s. De gen. an. III 11: 762a20 f.). Während bei der Zeugung aus Gleichem das Lebensprinzip durch den Zeugungsstoff an das Gezeugte weitergegeben werde, könne die Entstehung von Leben aber auch spontan durch den Einfluß der seelischen Wärme auf unbelebte Materie bewirkt werden. Allerdings komme nach ARISTOTELES eine solche Entstehungsmöglichkeit nur bei niederen Tieren in Frage (s. BALME 1962).

In den Schriften der arabisch schreibenden Autoren finden sich genau die gleichen Prinzipien wieder. So werden laut Darstellung der LAUTEREN BRÜDER die Animalien der ersten Gruppe vollständig ausgebildete (*tāmm al-ḫilqa*), die der zweiten unvollständig ausgebildete (*nāqis al-ḫilqa*) genannt (s. IḪWĀN, Rasāʾil XXII: II 187). Ebenso spricht AVICENNA (s. Šifāʾ, Ṭabīʿīyāt VIII, Ḥayawān XV 1: S. 384,13–385,1) von Animalien mit vollständiger (*wilāda tāmma*) bzw. unvollständiger Geburt (*wilāda ġair tāmma*). Zu den vollständig ausgebildeten Animalien gehören solche, die sich durch Sprung bzw. Tritt fortpflanzen, trächtig werden, säugen bzw. Eier legen und brüten. Die unvollständig ausgebildeten Tiere entstehen durch *generatio aequivoca* immer wieder neu (s. Rasāʾil XXII: II 192). Selbstverständlich ist auch die Vorstellung von der Urzeugung (*generatio spontanea*) dem arabisch-islamischen Mittelalter ganz geläufig[2]). Interessanterweise griff man sogar den alten Gedanken wieder auf, daß selbst

höhere Animalien, den Menschen eingeschlossen, durch Urzeugung ins Dasein treten können. Bekanntlich hatte auch ARISTOTELES die Möglichkeit, wonach Menschen und Vierfüßler durch Urzeugung entstehen können, gedanklich durchgespielt, sie aber gleich wieder verworfen (s. De gen. an. III 11: 762b28 ff.; s. a. DÜRING 1966, S. 532 f.). Die IḪWĀN AṢ-ṢAFĀʾ gingen dagegen davon aus, daß alle vollständig ausgebildeten Animalien ursprünglich einmal als männliches und weibliches Exemplar durch Urzeugung entstanden seien, bevor sie sich dann auf natürliche Weise fortgepflanzt haben. Als Erklärung dient ihnen die bereits aus der Antike bekannte Vorstellung, wonach Animalien, einschließlich des Menschen unter Einfluß von Sonnenwärme aus etwas Feuchtem (Urschlamm) entstanden seien (vgl. ANAXIMANDER 12 A 11.30 D.-K.; DEMOKRIT, Fragm. Nr. 168; DIODOROS VON SIZILIEN 1,7,3 f.; LUCRETIUS CARUS, De rerum natura V 796 f.). Die Bedingungen für die Biogenese aus Lehm seien unterhalb des Äquators vorhanden gewesen, wo Tag und Nacht gleich sind sowie Hitze und Kälte miteinander im Gleichgewicht stehen. Dort, d. h. auf der Erde, sei auch der erste Mensch, Adam, entstanden. Da aber die dafür notwendigen Umweltbedingungen sonst auf der übrigen Erde nirgendwo vorhanden sind, seien die Uteri der weiblichen Animalien mit dem entsprechenden Mikroklima ausgestattet worden (s. IḪWĀN, Rasāʾil XXII: II 181)[3]).

Die Idee der Spontanzeugung des Menschen haben auch andere Gelehrte des arabisch-islamischen Mittelalters vertreten. Zu ihnen gehört IBN SĪNĀ, der deswegen später von IBN RUŠD mehrfach angegriffen wurde (s. z. B. IBN RUŠD, Tafsīr mā baʿd aṭ-ṭabīʿa II: S. 46,19–47,4)[4]). Des weiteren ist der andalusische Arzt und Philosoph IBN ṬUFAIL (um 1100–1185) zu nennen. Ganz im Gegensatz zu seinem Schüler, IBN RUŠD, griff dieser die Idee der Spontanzeugung des Menschen aus gegorenem Lehm (*ṭīna mutaḫammira*) auf und stellte sie ausführlich in seinem Roman *Ḥayy b. Yaqẓān* („Der Lebende, Sohn des Wachen") dar (s. Ḥayy II 1: S. 29,12 ff.; vgl. auch GOODMAN 1972; ḤĀWĪ 1974). Von ihm übernahm sie schließlich auch IBN AN-NAFĪS (um 1210–1288). In seiner Schrift *ar-Risāla al-kāmilīya fi-s-sīra an-nabawīya* („Das Sendschreiben, überliefert von al-Kāmil, über die Lebensgeschichte des Propheten"; auch bekannt u. d. T. „Theologus autodidactus") stellt IBN AN-NAFĪS dar, wie der durch Spontanzeugung entstandene Kāmil (d. h. der Vollkommene), einsam auf einer Insel durch bloßes Nachdenken die islamische Heilsgeschichte erschließt (s. ar-Risāla al-kāmilīya 1: S. 103–105 = Übs. MEYERHOF & SCHACHT 1968).

---

[1]) Zur seelischen Wärme s. ARIST. De gen. an. 732a18; b32; 752a2; 755a20. Sie ist offenbar dasselbe wie die natürliche Wärme, s. De gen. an. 766a35.

[2]) Nach AL-ĠĀḤIẒ wurde die Idee der Urzeugung von einigen gewöhnlichen Leuten (ʿawāmm) geleugnet, da sie angeblich der Religion (des Islam) Schaden zufüge (s. Ḥayawān III 361,4 ff.). Zur Urzeugung allgemein vgl. auch RODEMER 1928; LIPPMANN 1933. Speziell zum

arabischen Mittelalter s. a. die ausgezeichnete Arbeit von KRUK 1990.

[3]) Vgl. zu dieser Stelle aber auch KRUK 1990, S. 274.

[4]) Siehe auch GAUTHIER 1936, S. X f. Anm. 2.

Bei allen genannten Autoren erreicht die Selbstorganisation der Materie aber jeweils nur einen solchen Grad, der sie zur Aufnahme des letztlich erst menschliches Leben ermöglichenden göttlichen Geistes (*rūḥ*) befähigt. Wie bereits erwähnt, polemisiert AVERROES energisch gegen die Urzeugung des Menschen, indem er sich ARISTOTELES anschließt (s. dazu ausführlich GENEQUAND 1984, S. 24–32; DAVIDSON 1992, S. 233 ff.). Die Diskussion um die Urzeugung des Menschen wurde später von ALBERTUS MAGNUS und THOMAS VON AQUIN unter ausdrücklicher Bezugnahme auf AVICENNA und AVERROES fortgeführt (s. 3.3.5.).

Daneben hatte sich aber auch im Volksglauben die bereits bei den Babyloniern verbreitete Ansicht erhalten, wonach es zu geschlechtlichen Verbindungen zwischen Menschen und Dämonen (*ğinn*) kommen kann. Darüber berichten etwa AL-BĪRŪNĪ (s. al-Āṯār al-bāqīya, S. 40, 12 ff.), AL-ĞĀḤIẒ (s. Ḥayawān I 188 f.) und AD-DAMĪRĪ (s. Ḥayāt al-ḥayawān II 25–27), die allerdings z. T. derartige Nachrichten als Aberglauben zurückweisen (vgl. dazu GOLDZIHER 1963, S. 319 Anm. 131).

Auf dem Gebiet der Anatomie findet man das für die vorvesalische Anatomie typische Nebeneinanderbestehen disparater Ansichten. So entsprach es durchaus der Norm, wenn die historisch jüngeren und vielfach präziseren Erkenntnisse des GALEN auf anatomischem Gebiet zugunsten der Anschauungen des ARISTOTELES aufgegeben wurden[1]). Dies erklärt sich insbesondere dadurch, daß die Anatomie in der hier zu behandelnden Periode fast ausschließlich spekulativ betrieben wurde und damit die unmittelbare Anschauung als Korrektiv fehlte[2]). Zwar finden sich in der neueren Literatur Meinungen, wonach man im arabisch-islamischen Mittelalter systematische Sektionen an menschlichen Leichen durchgeführt habe und dadurch zu besseren Einsichten in den menschlichen Körperbau gekommen sei als die Griechen, doch halten sie einer kritischen Prüfung nicht stand[3]). Es sei lediglich ein Beispiel erwähnt. So wurde die Beschreibung der menschlichen Augenmuskulatur im Kanon des AVICENNA als derart präzise aufgefaßt, daß man den Schluß zog, er müsse trotz Verbots[4]) Sektio-

nen durchgeführt haben (s. TERNOVSKIJ 1969, S. 52 ff.). Tatsächlich geht diese Argumentation aber ins Leere. AVICENNA gibt nämlich lediglich die galenische Anatomie wieder (s. Qānūn I 1.2: I 40, 16–22). Dabei übernimmt er unreflektiert auch den bei dem Pergamener erwähnten *M. retractor* (s. GAL., De usu part. X 8: II 82, 12–16), der nur bei Säugetieren vorkommt, bei denen die Augenhöhle nach der Schläfenseite hin offen ist. Hätte AVICENNA tatsächlich selbständig an der menschlichen Leiche seine Untersuchungen betrieben, wäre ihm der Unterschied aufgefallen.

Die wiederholte Kritik an GALEN im arabisch-islamischen Mittelalter ist sehr oft nichts anderes als die Verteidigung aristotelischer Standpunkte (s. dazu BÜRGEL 1967). In bezug auf die Anatomie hat der bereits erwähnte AL-FĀRĀBĪ als einer der ersten diesen Schritt getan. Der Titel seiner Schrift *Fi-r-radd ⁽alā Ğālīnūs fī mā nāqada fīhī Arisṭūṭālīs li-a⁽ḍāʾ al-insān* („Widerlegung GALENS, worin er ARISTOTELES hinsichtlich der menschlichen Körperteile widerspricht") bringt dies deutlich zum Ausdruck[5]). Auch AVICENNA sah sich veranlaßt, in einem speziellen Kapitel seiner Schrift *al-Ḥayawān* („Über die Animalien") GALENS Kritik an ARISTOTELES zurückzuweisen und als falsch zu deklarieren[6]). Anleihe aus dem anatomischen Wissensgut des ARISTOTELES findet sich aber nicht nur bei ihm, sondern auch bei anderen Aristotelikern, wie IBN ZUHR/lat. AVENZOAR (um 1091–1162), IBN ṬUFAIL (um 1100–1185) und dessen berühmtem Schüler IBN RUŠD. Dabei ging es nicht um ein Entweder – Oder. AVICENNA, der sich auf einem bestimmten Gebiet der Anatomie völlig auf GALEN stützt, folgt anderswo ganz selbstverständlich dem Stagiriten. So übernimmt er beispielsweise die im Vergleich zu dem Pergamener rückständige Anatomie des Herzens von ARISTOTELES, was später IBN AN-NAFĪS heftig kritisiert (s. K. Šarḥ tašrīḥ al-qānūn, Teil 2: S. 388,16 ff. = Übs. MEYERHOF 1935, S. 81). Im ganzen trägt die Anatomie jener Zeit allerdings den deutlichen Stempel des GALEN. Wie die Angaben bei AR-RĀZĪ (s. al-Manṣūrī I 2: s. DE KONING 1903, S. 16,6 ff.) und IBN SĪNĀ (s. Qānūn I 1.1.5: I 28,6; Ḥayawān XIII: S. 270,7) zeigen, verwarf man die falsche Annahme des ARISTOTELES, wonach die Frauen

---

[1]) Zum Aristotelismus auf dem Gebiet der Anatomie im mittelalterlichen Orient siehe ABDULLAJEV 1988, S. 220–271.

[2]) Zur Anatomie im arabisch-islamischen Mittelalter s. SAVAGE-SMITH 1995.

[3]) Vgl. auch WEISSER 1983, S. 112; diess. 1981, S. 235.

[4]) Die verschiedentlich zu findende Behauptung, der Koran verbiete Sektionen, entbehrt jeglicher Grundlage. In Wirklichkeit geht der Koran darauf überhaupt nicht ein.

[5]) Ausführlich ergreift AL-FĀRĀBĪ in seinen Schriften *Risāla fī a⁽ḍāʾ al-insan* („Über die Körperteile des Menschen"; Ed. BADAWI 1973) und *Risāla li-l-Fārābī fī a⁽ḍāʾ al-ḥayawān wa-af⁽ālihā wa-quwāhā* („Über die Körperteile, Funktionen und Kräfte der Lebewesen"; Ed. BADAWI 1973) Position für ARISTOTELES.

[6]) Die Kapitelüberschrift lautet: *Fī iḥtiğāğ Ğālīnūs ⁽alā al-failasūf wa-naqḍ ḍālika al-iḥtiğāğ wa-tasḫīfihi* („Über die Einspruchnahme des GALEN gegen den Philosophen [d. i. ARISTOTELES – R. N.] sowie deren Widerlegung und Erklärung derselben als Unsinn"); s. IBN SĪNĀ, K. aš-Šifāʾ, ḥayawān VIII 9.2: S. 147–157. Trotz solcher Einwände gegen GALEN ist AVICENNA als bedeutendster Vermittler galenischen Wissensgutes an den lateinischen Westen zu betrachten. Vgl. auch WEISSER 1985, S. 305.

weniger Zähne als die Männer haben (s. Arist., De hist. anim. II 3: 501b19 f.). Bis auf geringe Ausnahmen[1]) orientierte man sich auch hier durchweg an Galen (s. De usu part. XI 8: II 132,5 f. Helmr.) bzw. an der gesunden Alltagserfahrung.

Auch auf dem Gebiet der Physiologie, deren Grundlage nach wie vor die Humoral- und Qualitätenlehre bildete, blieb das Viersäfteschema Galens unangefochten bestehen. Erst sehr spät werden einzelne – und kaum gehörte – Stimmen laut, die etwa wie Ibn Sallūm (17. Jh.) Gedanken des Schweizer Arztes Paracelsus (s. 4.1.3.) aufgriffen (vgl. Seidel 1913). Wie in Byzanz wurde das übernommene Wissen sorgfältig gesammelt und z. T. in sehr übersichtlicher Weise gegliedert dargestellt. In der Subtilität der Distinktionen ging allen anderen insbesondere Avicenna voran (s. Rothschuh 1978, S. 200 f.). In viel stärkerem Maße jedoch als die byzantinischen Gelehrten haben die Autoren des arabisch-islamischen Mittelalters das antike Wissensgut kritisch durchleuchtet und bearbeitet. Am bekanntesten sind die Zusammenstellungen der antiken anatomischen und physiologischen Lehren in den medizinischen Enzyklopädien *al-Kitāb al-Manṣūrī* („Das dem Manṣūr gewidmete Buch“)[2]) von Ar-Rāzī / lat. Rhazes (gest. 923 o. 932)[3]), *al-Kitāb al-malakī* („Liber regius“ [„Das königliche Buch“]) des ʿAlī ibn al-ʿAbbās al-Maǧūsī / Haly Abbas (gest. 994) und *al-Qānūn fi-ṭ-ṭibb* („Canon medicinae“ [„Kanon der Medizin]) des Ibn Sīnā (980–1037). Insbesondere letzteres Werk hat über Jahrhunderte an den mittelalterlichen Universitäten Europas als Grundlage des Medizinstudiums gedient (s. Siraisi 1987). Das enzyklopädischen Charakter aufweisende Riesenwerk *al-Ḥāwī fi-ṭ-ṭibb* („Liber continens“ [„das umfassende Buch“]) von Ar-Rāzī enthält weder Anatomie noch eine systematische Darstellung der Physiologie. Seine große Wirkung, die ebenfalls bis ins lateinische Mittelalter und darüber hinaus reichte, entfaltete der *Continens* als klinisches Lehrbuch.

Allerdings gab es unter den arabischen Gelehrten auch bemerkenswerte Ausnahmen, die, gestützt auf eigene Beobachtung und Erfahrung, manche überkommene anatomische Ansicht einer kritischen Analyse unterzogen und gegebenenfalls korrigierten (vgl. Bürgel 1967). Typisch für jene Periode ist jedoch, daß die Berichtigungen niemals das Ganze in Frage stellen, sondern auf den Einzelfall beschränkt blieben. Ein eindrucksvolles Beispiel dafür bietet das Vorgehen des vielseitig gelehrten ʿAbd al-Laṭīf al-Baġdādī (1162–1231 o. 1232). Dieser nahm Gelegenheit, in Alexandria Überreste von mehr als 20 000 zu einem Berg angehäuften menschlichen Skeletten zu dem Zweck zu inspizieren, seinen Studenten am Objekt die Gestalt der Knochen, die Gelenkverbindungen und dgl. mehr anschaulich zu demonstrieren. Dabei konnte er sich an etwa 2 000 untersuchten Schädeln davon überzeugen, daß der Unterkiefer nicht wie bis dahin beschrieben, aus zwei Knochen zusammengesetzt ist, sondern nur aus einem Stück besteht. Obwohl ʿAbd al-Laṭīf die bemerkenswerte Feststellung trifft, daß die Beweise, welche die eigenen Sinneswahrnehmungen liefern, denen weit überlegen sind, die sich nur auf die Autorität, d. h. im gegebenen Falle Galen, gründen (s. Ifāda II 3: S. 272 ff.), hat sein Vorgehen keine Wirkung gezeigt. Die glänzende Idee, Galens Darstellungen systematisch mit der Wirklichkeit zu vergleichen, wurde nicht aufgegriffen. Im Gegenteil, die von Ar-Rāzī, Ibn ʿAbbās und Ibn Sīnā vertretene galenische Anatomie fand Eingang in die Medizin des lateinischen Mittelalters. Erst mit Andreas Vesalius (1514 o. 1515–ca. 1564), dem Begründer der modernen Anatomie (s. 4.1.3.) sollte es zum endgültigen Bruch mit der falschen Ansicht kommen (s. Artelt 1955).

Ebenso beeindruckend ist die von Ibn an-Nafīs in seinem Kommentar zum Kanon der Medizin des Avicenna geübte Kritik an der auf Galen zurückgehenden Annahme, wonach das Blut durch angeblich im *Septum interventriculare* vorhandene unsichtbare Poren von der rechten in die linke Herzkammer gelange. Damit war erstmals die Überleitung des Blutes durch die Lungengefäße postuliert worden (s. Ibn an Nafīs, K. Šarḥ tašrīḥ al-qānūn IV 2: S. 292 ff. = Übs. Meyerhof 1935, S. 73 ff.). Wir betonen, postuliert, denn bereits Max Meyerhof (1874–1945) hatte festgestellt, daß Ibn an-Nafīs seine Entdeckung theoretischen Erwägungen, nicht aber dem Experiment verdankt (s. Meyerhof 1935, S. 88)[4]). Diese Auffassung wird u. a. dadurch gestützt, daß Ibn an-Nafīs die ihm zu Ohren gekommene (richtige!) Ansicht, daß die Mandibula aus einem Knochen bestehe, verwirft und – ebenfalls rein theoretisch – das Gegenteil begründet (s. Ibn an-Nafīs, K. Šarḥ tašrīḥ al-qānūn I 4,3: S. 87 f.). Ohne die Leistung von Ibn an-Nafīs in irgend einer Weise geringschätzen zu wollen, verbietet es sich jedoch strenggenom-

---

[1]) Siehe unten (Kap. 3.2.4.2.) die Angaben bei Ibn Qutaiba.

[2]) D. i. der persische Fürst von Kirmān, Al-Manṣūr.

[3]) Die anatomischen Kapitel liegen als Edition und franz. Übersetzung vor; s. de Koning 1903.

[4]) Vgl. dagegen Chéhadé 1955, S. 44 f., der davon ausgeht, daß Ibn an-Nafīs Sektionen durchgeführt hat.

men, von der Entdeckung des kleinen Kreislaufs zu sprechen, denn seinen zwar richtigen anatomischen Schlußfolgerungen fehlte noch jegliche neue physiologische Deutung. Dies war auch der Grund, warum die Beschreibung des IBN AN-NAFĪS ohne Wirkung blieb. Erst der italienische Anatom Matteo Realdo COLOMBO (1516–1560) zog in seinem 1559 erschienenen Werk *De re anatomica* („Über das Zergliedern") den entscheidenen und weiterführenden Schluß (s. ASCHOFF 1938, S. 18–28)[1].

Daß arabische Gelehrte allein auf dem Wege der Überlegung und nicht durch naturwissenschaftliche Untersuchungen zu neuen Erkenntnissen auf den Gebieten Anatomie und Physiologie gelangen konnten, zeigt auch das Beispiel des AVERROES. In seinem Kommentar zu Περὶ αἰσθήσεως καὶ αἰσθητῶν („Über die Wahrnehmung und ihre Gegenstände") des ARISTOTELES formuliert er klar, daß die Netzhaut der sensible Teil des Auges sei (s. IBN RUŠD, Talḫīṣ al-ḥiss wa-l-maḥsūs 1: S. 11,4 f.; s.a. LINDBERG 1987, S. 105 ff.). Was die Kritik des IBN RUŠD an GALEN hinsichtlich dessen Ansichten zur Physiologie der Atmung betrifft, so hat er freilich z. T. nur GALEN durch ARISTOTELES, also eine andere Autorität, ersetzt (vgl. BÜRGEL 1967).

Schließlich verdient hier IBN AL-QUFF (1233–1286) Erwähnung. Der christliche Arzt und Schüler des IBN AN-NAFĪS hat in seiner Monographie über Chirurgie *K. al-ʿumda fī ṣināʿat al-ǧirāḥa* („Die Stütze betreffs der Kunst der Chirurgie") die Verbindung von Arterien und Venen, d. h. die Existenz von Kapillaren, postuliert (s. HAMARNEH 1962; ULLMANN 1970, S. 177). Allerdings liegt seinen Überlegungen keineswegs die Idee eines Kreislaufs zugrunde.

Auch auf dem Gebiet der Embryologie trat die Abhängigkeit des arabisch-islamischen Mittelalters von antiken Quellen deutlich zutage. Bereits früh entstand die – übrigens einzige – rein embryologische Monographie *Maqāla fi l-ǧanīn wa-kaunihī fi r-raḥim* („Traktat über den Embryo und seine Entwicklung im Uterus") von dem schon erwähnten IBN MĀSAWAIH (s. WEISSER 1980). Während dieser seine Darlegungen vor allem auf der Basis hippokratischer und galenischer Lehren entwickelte, hat im folgenden aber auch aristotelisches Gedankengut eine herausragende Rolle gespielt. Was die Herkunft des Zeugungsstoffes betrifft, so sind die archaische enkephalo-myelogene Samenlehre sowie

die Pangenesis-Theorie aber keinesfalls vergessen.

Das zeigen deutlich die Werke zahlreicher prominenter Gelehrter (vgl. etwa AṬ-ṬABARĪ, Firdaus II 1.1: S. 30,21–31,9; AL-KINDĪ, K. al-Bāh I: S. 21,13 f.; ʿARĪB B. SAʿĪD, Ḫalq 2: S. 13,16–27; IḪWĀN, Rasāʾil XXXII: III 195,9 f.; IBN MAIMŪN, Treatise on Asthma X 9; IBN AN-NAFĪS, K. Šarḥ tašrīḥ al-qānūn V1: S. 328,10 ff.; AL-QAZWĪNĪ, ʿAǧāʾib, S. 322,21 f. = Übs. GIESE, S. 165). Obwohl detailliertere Angaben über die Spermatogenese aus dem Blut scheinbar nur IBN AL-ʿABBĀS (s. Kāmil aṣ-ṣināʿa I 3.36: I 122,25–123,1) und IBN SĪNĀ (s. Qānūn III 20.1.1: II 532,5–14; ders., Ḥayawān XV 1: 390,10–12) machen, ist von der Mehrzahl der arabisch schreibenden Autoren der hämatogene Ursprung des Samen vertreten worden. Ebenso allgemein anerkannt wurde die von GALEN wieder aufgegriffene Anschauung über die Existenz eines weiblichen Samens. Hier trafen sich, wie bereits erwähnt, Koran und säkulare Wissenschaft.

Was allerdings die Rolle des weiblichen Zeugungsstoffes beim Zeugungsprozeß betrifft, so wurde sie sehr unterschiedlich beurteilt. Es finden sich Positionen, die von der hippokratischen Paritätshypothese bis hin zu einem extrem dualistischen Standpunkt mit der Leugnung jeglichen Nutzens der Samenflüssigkeit der Frau reichen (s. WEISSER 1983, S. 119; MUSALLAM 1983, S. 43.–52; NABIELEK 1998). Zur Erklärung der Geschlechtsentstehung diente in der Hauptsache die oben erwähnte Rechts-Links-Theorie (s. z. B. AṬ-ṬABARĪ, Firdaus II 1,3: S. 35,21 ff.; IBN SĪNĀ, Qānūn III 20,1,3: II 534,6 ff.; ʿARĪB IBN SAʿĪD, Ḫalq 4: S. 24,25 ff.). Daneben findet sich aber auch noch die Kälte-Wärme-Theorie (vgl. IBN AN-NAFĪS, as-Sīra al-kāmilīya II 7: S. 129,5 ff.). Autoren wie AL-QAZWĪNĪ referieren verschiedene Ansichten, ohne selbst eine Wertung zu treffen (s. QAZWĪNĪ, ʿAǧāʾib, S. 327,2–21). Nach AVICENNA binden die Befruchter (*mulaḥḥiqūn*) den linken Hoden des Hengstes ab, damit er weibliche Nachkommen zeugt (s. Qānūn III 21.1: II 569,5 f.). Wie man den Angaben bei AL-ǦĀḤIẒ entnehmen kann, wurde diese Ansicht offensichtlich auch von der breiten Masse vertreten (vgl. Ḥayawān I 123,10; ders. Bayān I 330,6 ff.)[2].

Was die Fetalentwicklung anbelangt, so standen bei frühen Autoren, von denen IBN MASAWAIH ein typisches Beispiel ist, zunächst Fragen wie die Dauer der Schwangerschaft und die Länge der einzelnen pränatalen Entwicklungsstadien im Vordergrund. Später hat

---

[1] Es gibt gute Gründe für die Annahme, daß Miguel SERVETO (1511–1553), der 1553 die alte Galenische Vorstellung von der Durchlässigkeit des Septum interventriculare verwarf, Kenntnis vom Inhalt der Schrift des IBN AN-NAFĪS erhalten hat, so daß letzterer in der Tat am Anfang der in Europa weiter entwickelten Schlußfolgerung stand. Siehe dazu MEYERHOF 1935, S. 87.

[2] AL-ǦĀḤIẒ vermerkt übrigens in seinem K. al-Ḥayawān (I 123,9 ff.) als Kuriosität einen ihm zu Ohren gekommenen Fall, wo ein Mann einen Jungen gezeugt hat, obwohl er vorher seinen linken Hoden verloren hatte. Schlußfolgerungen theoretischer Art zieht er allerdings bezeichnenderweise daraus nicht.

man sich – wie bereits in der Antike - verstärkt physiologischen Problemen zugewandt. In bezug auf die Reihenfolge bei der Organogenese war natürlich auch während des arabisch-islamischen Mittelalters eine auf induktiv-experimenteller Basis gegründete Antwort nicht möglich. An die Stelle der Beobachtung trat hier deshalb die Deduktion aus philosophischen Prämissen. Welchem Teil das Primat bei der Bildung zukommt, wurde kontrovers diskutiert. Der Großteil arabisch schreibender Autoren, darunter solche Namen wie Aṭ-Ṭabarī (s. Firdaus II 1.1: S. 32,14–18), Al-Fārābī (s. K. Ārāʾ ahl al-madīna al-fāḍila 21: S. 96,11), Ibn Sīnā (s. Šifāʾ, Ṭabīʿīyāt VIII, Ḥayawān XVI 1: S. 401,9–402,1) und Ibn Ṭufail (s. Ḥayy II 1: S. 31), schloß sich Aristoteles an, der bekanntlich einen Kardiozentrismus vertrat (s. 2.3.1.).

Interesse beansprucht in diesem Zusammenhang die von Ibn Sīnā in seinem *al-Qānūn fī ṭ-ṭibb* entwickelte Drei-Blasen-Theorie (s. Qānūn III 21.1.2: II 557,15–25). Diese Theorie ist in ihrer Art insofern typisch für den Wissenschaftsbetrieb der hier behandelten Periode, als sie weder auf neuer empirischer Evidenz ruht, noch tatsächlich neue Erklärungsmodelle in die Diskussion bringt (vgl. Weisser 1983, S. 244 f.). Ibn Sīnā greift nämlich auf das von Galen in *De semine* („Über den Samen") entwickelte Bläschenmodell zurück (s. De sem. I 8: CMG V 3,1, S. 90,19 ff.) und interpretiert es im aristotelischen Sinne um. Er läßt im Gegensatz zu Galen, für den die Leber das Primat besitzt, als erstes das Herz entstehen. Das Verdienst des Ibn Sīnā besteht darin, daß er eine zwar spekulative, aber geschlossene und in sich stimmige Hypothese der Embryogenese lieferte. Sie hat bis ins 17. Jh. hinein ihre Wirkung auf die europäische Wissenschaft gehabt (vgl. Adelmann 1966 II 750 f.).

Die Meinung, wonach „die Araber die Physiologie der Pflanzen unberührt ließen" (s. Meyer 1856, S. 146; vgl. auch 198 u. 326), läßt sich auf grund unseres heutigen Kenntnisstands nicht mehr halten. Auch auf diesem Gebiet haben die Gelehrten des arabisch-islamischen Mittelalters nicht nur Bekanntes referiert, sondern sich eigene Gedanken gemacht. Eine völlig andere Frage ist es allerdings, ob und inwieweit sie dabei wirklich prinzipiell Neues entwickeln konnten. Avicenna, dessen Neigung zu subtilen Distinktionen bereits oben Erwähnung fand, betonte etwa entgegen Aristoteles (s. De an. II 2: 413b1; II 3: 414a32 f.), daß die ernährende Kraft nicht allein schon die Lebenskraft ausmacht. Neben der ernährenden postuliert er daher noch eine wachstumsbewirkende und eine erzeugende Kraft (s. Šahrastānī, K. al-Milal wa n-niḥal II 217,12–19; vgl. auch Diwald 1975, S. 88). Noch feiner differenzierten die Lauteren Brüder, die sieben Kräfte der Pflanzenseele unterschieden (s. Iḥwān, Rasāʾil XXXII: III 193, 15–18 = Übs. Diwald 1975, S. 87). Davon ausgehend haben sie eine interessante Pflanzenphysiologie entwickelt (s. Iḥwān, Rasāʾil XXXII: III 193, 18–195, 2 = Übs. Diwald 1975, S. 88–90). Auf den Iḥwān aṣ-Ṣafāʾ fußen die pflanzenphysiologischen Ausführungen des Geographen Al-Idrīsī (1100–1165) in dessen pharmakologisch-botanischer Schrift (s. 3.2.5.3.).

Im Gegensatz zur Annahme des Aristoteles, wonach die Pflanze bereits die zubereitete Nahrung durch die Wurzeln aus der Erde aufnimmt (s. De part. animal. II 3: 650a20 f.; II 10: 655b32 ff.), gehen die Lauteren Brüder davon aus, daß die Nahrung erst in der Pflanze zubereitet und gar wird (s. Iḥwān, Rasāʾil XXXII: III 194,8 f. = Übs. Diwald 1975, S. 89). Der Beurteilung der Passage durch Susanne Diwald, der wir eine musterhaft kommentierte Übersetzung der entsprechenden Abschnitte der Enzyklopädie der Lauteren Brüder verdanken (s. Diwald 1975), kann man nur zustimmen. Sie stellte fest, daß, selbst wenn man berücksichtigt, daß die aristotelische Phytologie nur fragmentarisch erhalten ist, sich doch aus den erhaltenen Resten und Bemerkungen in seinen anderen Schriften eindeutig schließen läßt, daß die bei den Lauteren Brüdern vorgetragenen Lehren über Aristoteles und auch über die Vorstellungen der alexandrinischen und römischen Botaniker hinausgehen (s. Diwald 1975, S. 88).

Zusammenfassend kann man sagen, daß sich die Beschäftigung mit der lebenden Natur während des arabisch-islamischen Mittelalters nicht in steriler Nachahmung erschöpfte, sondern eine kritische Sichtung des antiken Materials erfolgte. Der Entwicklung neuer Konzepte waren jedoch objektive Grenzen gesetzt.

3.2.4. Tierkunde

Wie auf den meisten anderen Gebieten, hat das arabisch-islamische Mittelalter auch zur Tierkunde eine reiche Literatur hervorgebracht. Eine relativ geschlossene Übersicht bieten die Darstellungen von Sezgin (1970, S. 343–380) und Ullmann (1972, S. 5–61). Das tierkundliche Wissen hat kürzlich Eisenstein (1991) ausführlich dargestellt[1]).

Die Tatsache, daß die tierkundliche Literatur der hier zu behandelnden Periode bis jetzt in einem nur geringen Ausmaß kritisch ediert wurde,

---

[1]) Zur arabischsprachigen Tierkunde des Mittelalters siehe auch die Übersichten von Pellat 1971; Sourdell-Thomine 1971 und Endress 1992.

läßt selbst ein annähernd abschließendes Urteil über den Charakter und die wissenschaftliche Leistung der Tierkunde im arabisch-islamischen Mittelalter noch nicht zu. Allerdings zeichnen sich einige Konturen bereits klar und deutlich ab. So muß die von verschiedenen älteren und neueren Autoren vertretene Meinung, die arabische Tierkunde als Wissenschaft weise eine eigenständige Entwicklung auf (vgl. LECLERC 1876, S. 229; VAN VLOTEN 1915, S. 22 ff. und SEZGIN 1970, S. 343 f.), zurückgewiesen werden. Dem widerspricht keinesfalls die Tatsache, daß die altarabische Dichtung einen riesigen Fundus an Beschreibungen der äußeren Gestalt verschiedenster Tiere und deren Verhaltensweise darstellte. Nicht von ungefähr betont daher der Verfasser des ältesten uns erhaltenen tierkundlichen Werkes, AL-ĞĀḤIẒ (s. 3.2.4.2.), daß er nur selten eine Mitteilung über Tiere gehört oder gelesen habe, die nicht schon in der einen oder anderen Form in den Gedichten seiner arabischen Landsleute enthalten gewesen sei (s. Hayawān III 83,6 ff.). Allerdings mangelt es den bis in die Einzelheiten gehenden Deskriptionen fast gänzlich an theoretischer Abstraktion. Die eigentliche Bearbeitung zoologischer Probleme bei den Arabern begann daher erst, nachdem sie mit dem theoretischen Wissen solcher Kulturen in Berührung kamen, die schon einen höheren Grad der Reflexion über die Natur erreicht hatten. Dazu gehörte neben den zoologischen Kenntnissen der Antike vor allem das tierkundliche Wissen der Byzantiner, Inder und Perser.

Eine Schlüsselrolle spielten ohne Zweifel die zoologischen Schriften des ARISTOTELES, die in der arabischen Tradition zu 19 Büchern zusammengefaßt, als „Buch der Animalien" die arabische Tierkunde nachhaltig geprägt haben. Die zoologischen Schriften des ARISTOTELES sind unter dem Kalifen AL-MAʾMUN durch IBN AL-BITRĪQ aus dem Griechischen ins Arabische übertragen worden. Um 1220 übersetzte sie MICHAEL SCOTUS (gest. 1235) aus dem Arabischen ins Lateinische (s. 3.3.3.). Die übersetzten Tierbücher des ARISTOTELES bildeten die Grundlage sowohl für die zoologischen Schriften eines ALBERTUS MAGNUS (s. 3.3.5.) als auch die anderen bedeutenden Vertreter der lateinischen Scholastik (s. WINGATE 1931; THÉODORIDÈS 1958; ULLMANN 1972, S. 26 f.; vgl. auch SCHIPPERGES 1964, S. 74–77). Gleichzeitig waren jedoch die Araber imstande, das zoologische Einzelwissen der Antike durch eine kaum überschaubare Fülle von z. T. sehr interessanten Nachrichten über verschiedenste Tiere zu bereichern. Diese Nachrichten entstammten dem Erfahrungsschatz der vom Islam unterworfenen Völker und vermittel-

ten der europäischen Zoologie Kenntnissse über bis dahin z. T. völlig unbekannte Tiere.

Eine Reihe von Tiernamen, wie Zebra (>[ad-dābba] az-zabrāʾ), Marabu (>murābit), Elaphur (>al-yaʿfūr)[1], Giraffe (>zirāfa) oder Gazelle (>ġazāl) stammen direkt aus dem Arabischen (s. LOKOTSCH 1927; LITTMANN 1924). In deutlicher Anlehnung an ARISTOTELES betrachtete man den ʿilm al-ḥayawān („Lehre von den Animalien") als Teilgebiet der Naturkunde, die wiederum einen Zweig der Philosophie bildete[2]. Die zoologischen Schriften des ARISTOTELES wurden daher auch von Philosophen wie IBN SĪNĀ, IBN BĀĞĞA, IBN RUŠD u. a. kommentiert.

Entgegen der noch häufig anzutreffenden Auffassung, wonach die antiken Lehren von den Arabern lediglich übersetzt und bewahrt worden seien (vgl. MAYR 1984, S. 75), zeigt die nähere Beschäftigung mit den Quellen oftmals eine durchaus kritische Auseinandersetzung mit dem Wissensgut der Antike. Dafür bietet AL-ĞĀḤIẒ in seinem K. al-Ḥayawān („Buch der Animalien") mehrere Beispiele (s. dazu NĀĞĪ 1977, S. 431 ff.). In einem konkreten Fall wirft er ARISTOTELES vor, Dinge zu behaupten, die nicht auf eigener Anschauung beruhen (s. Hayawān V 503,2). Das philosophische Hauptwerk des AVICENNA, der K. aš-Šifāʾ („Buch der Genesung") enthält ebenfalls ein Buch über die Animalien, den K. Ṭabāʾiʿ al-ḥayawān[3]. Das umfangreiche Werk[4] läßt die sonst bei AVICENNA gewohnte Klarheit der Gliederung des Stoffes etwas vermissen. Die Abhängigkeit von ARISTOTELES, den er wie kaum anderswo so oft zitiert, ist ganz groß. Dennoch stellt seine Abhandlung keinen bloßen Kommentar zu ARISTOTELES dar.

AVICENNA behandelt vor allem vier Problemkreise: vergleichende Zoologie; Anatomie; Physiologie sowie Zeugungslehre und Embryologie. Streckenweise geht es fast ausschließlich um die Anatomie und Physiologie des Menschen (s. a. MADKOUR 1970, Introduction). Das Werk ist in lateinischer Übersetzung von ALBERTUS MAGNUS stark benutzt worden (s. 3.3.6.).

Unter philosophischen Apekten haben auch die LAUTEREN BRÜDER in ihrer Enzyklopädie die Animalien behandelt (s. Rasāʾil XXII: II 178–377). Bei aller Kritik an ARISTOTELES im Detail, wurde jedoch dessen induktive Methode, die bereits nach ihm aufgegeben worden war, nur in Ansätzen aufgegriffen. Deshalb war die arabische Tierkunde insgesamt auch nicht imstande, über die paradoxographische Tradition der Spätantike wesentlich hinauszukommen. Wir haben

---

[1]) eine Gazellenart.
[2]) Zur Stellung der Tierkunde im Rahmen der Wissenschaften s. EISENSTEIN 1990, S. 199–202.
[3]) Edd. MUNTAṢIR, ZĀYID, ISMĀʿĪL, Kairo 1965; 1970.
[4]) Es ist umfangreicher als seine Metaphysik!

es nicht mit Zoologie nach Anlage und Ordnungsbegriffen der aristotelischen Bücher über Entstehung, Teile, Bewegung und Phänomenologie der Animalien zu tun, sondern im großen und ganzen mit Zoographie zur unterhaltsamen Belehrung, Erbauung und zur Sicherung des sprachlichen Inventars (vgl. ENDRESS 1992, S. 140).

Dies alles findet auch in Hinblick auf die Systematik des Tierreichs seinen Ausdruck, wo man hinter ARISTOTELES zurückblieb. Während jener die Tiere bereits nach anatomischen und physiologischen Kriterien zu klassifizieren suchte (s. 2.3.1.3.), orientierten sich die Einteilungsschemata der arabisch schreibenden Autoren vorrangig an bestimmten äußeren Merkmalen (s. dazu ausführlicher ULLMANN 1972, S. 50–54; EISENSTEIN 1990; ders. 1991, S. 188–198).

Der Grund dafür, daß die Tierkunde im arabisch-islamischen Mittelalter nicht über die paradoxographische Tradition der Spätantike hinauszugelangen vermochte, lag wesentlich an den fehlenden gesellschaftlichen Voraussetzungen für die Entwicklung einer induktiven Forschung. Eben dieser Umstand erklärt auch die Tatsache, warum die schon recht früh übersetzten zoologischen Schriften des ARISTOTELES im Hinblick auf die Entwicklung einer wissenschaftlichen Methodik ohne wirklich spürbare Nachwirkung geblieben sind. Er macht auch das Vorgehen der arabischen Aristoteleskommentatoren verständlich. Diese beschränkten sich nämlich in ihren Werken bezeichnenderweise auf die Erläuterung einzelner von ARISTOTELES angeführter Nachrichten zu bestimmten Tieren und auf die Besprechung der allgemeinen Grundlagen des aristotelischen philosophischen Systems. Auf die für die Zoologie bahnbrechenden methodischen Intentionen des Stagiriten ging man jedoch so gut wie nicht ein. Nicht wenig Raum innerhalb der tierkundlichen Literatur nehmen die für jene Zeit typischen paradoxographischen Nachrichten ein, für die vor allem der *Physiologus* und das Werk des THIMOTHEOS VON GAZA (s. 3.1.3.1.) die Quelle bilden. Daneben blieb in dieser Hinsicht auch die bei den Arabern verbreitete Reiseliteratur nicht ohne Wirkung, da dieses Genre natürlich keinen wissenschaftlichen Charakter aufwies und viele rein märchenhaft gefärbte Nachrichten brachte. Als bekanntestes Beispiel derartiger Literatur mag hier die Schrift *ʿAǧāʾib al-Hind* („Die Wunder Indiens") des Kapitäns BUZURG IBN ŠAHRIYĀR AR-RĀMHURMUZĪ (10. Jh.) genannt werden[1]. Im folgenden wollen wir das tierkundliche Wissen der Araber anhand der uns überlieferten

literarischen Zeugnisse etwas näher untersuchen. Nach einer kurzen Charakteristik der philologischen Tierkunde sollen die tierkundlichen Tatsachen, die in den Werken gemischten Inhalts, in den medizinischen Schriften und in der Jagdliteratur aufgeführt sind, beleuchtet und abschließend die Tierzucht und Tierheilkunde betrachtet werden.

3.2.4.1. Philologische Tierkunde

Im 8. Jh. entstand, wahrscheinlich ohne fremde Vorbilder, eine Reihe von Tierbüchern, die auf das engste mit der bereits früh aus der Beschäftigung mit dem Koran hervorgegangenen Philologie verbunden waren. Diese Schriften stellen eine Sammlung aller bis dahin gebrauchten Benennungen von Tieren, ihrer einzelnen Körperteile, der bei ihnen vorkommenden Krankheiten sowie der verschiedenen Ausdrücke für Laufarten, Verhaltensweisen u. ä. dar. Das heißt, es handelt sich um keine zoologischen Schriften im engeren Sinne. Zu den ältesten Werken dieses Genres zählt das Buch *K. Mā ḫalafa fīhi l-insān al-bahīma fī asmāʾ al-wuḫūš wa-ṣifātihā* („Wodurch sich der Mensch vom Tier unterscheidet in bezug auf die Namen der Wildtiere und deren Eigenschaften") des Grammatikers und Lexikographen QUTRUB (gest. 821)[2]. Als weitere Verfasser von philologischen Tierbüchern sind vor allem noch AL-AṢMAʿĪ (740–828), ABŪ ʿUBAIDA (gest. um 825), ABŪ ḤĀTIM AS-SIǦISTĀNĪ (gest. um 864) und IBN SĪDA (gest. 1066) zu nennen (s. Ullmann 1972, S. 6–8; SEZGIN 1970, S. 343 ff.; Eisenstein 1991, S. 54–68). Die philologische Tierkunde hat großen Einfluß auf die zoologische Literatur der Araber ausgeübt. In vielen späteren Werken wurde auf die in diesen Schriften enthaltenen Tierbeschreibungen direkt oder indirekt zurückgegriffen. Daneben haben sie für die Terminologie Bedeutung gehabt.

3.2.4.2. Tierkundliches in Werken gemischten Inhalts

Teilweise recht umfangreiche Ausführungen über die Tierwelt enthalten einige Werke der sog. *adab*-Literatur. Dabei handelt es sich um eine Schriftengattung, in der in einer belehrenden, vor allem aber gleichzeitig auch unterhaltsamen und sprachlich kunstvollen Weise die verschiedensten, die feine Bildung (*adab*) ausmachenden Wissensgebiete dargeboten wurden (vgl. auch HORST 1987, S. 208). In einer Reihe

---

[1]) Ed. SCHEFER, Leiden 1883–1886.

[2]) Ed. GEYER 1888.

von Fällen erlaubt die Art ihrer Darstellung, die *adab*-Werke der wissenschaftlichen Literatur zuzuordnen (s. GABRIELI 1960, S. 175–176), wobei man allerdings wieder betonen muß, daß ihre Autoren in der Regel eigene Forschungen nicht betrieben haben und lediglich eine literarische Tradition fortsetzten.

Hierher gehört das älteste uns erhaltene und zugleich bekannteste arabische Werk zoologischen Inhalts, der *K. al-Ḥayawān* („Buch der Animalien")[1]) des schon mehrfach erwähnten AL-ǦĀḤIẒ. Zwar werden in seiner sieben Bücher umfassenden Schrift 397 Tierarten aufgezählt und behandelt, doch haben wir es mit keiner speziellen zoologischen Abhandlung im modernen Sinne zu tun. Es handelt sich um eine ungeordnete Sammlung von die Tierwelt, den Menschen und Dämonen (*ǧinn*) betreffenden Gedichten und Anekdoten, die von meist sehr weitschweifigen Kommentaren des Autors zusammengehalten werden (vgl. PALACIOS 1930, S. 21; PELLAT 1967, S. 39 ff.). Des öfteren betont AL-ǦĀḤIẒ, daß er manche von ihm beschriebene Gegebenheit mit eigenen Augen gesehen habe. Der Gelehrte berichtet in seinem Werk auch über Tiere, die eindeutig der Fabelwelt angehören (s. MCDONALD 1991). Aufgrund seiner kritischen Einstellung gegenüber im Volke kursierenden Erzählungen distanzierte er sich jedoch von derartigen Nachrichten.

Da anthropologische Probleme einen großen Anteil des Werkes ausmachen (s. PALACIOS 1930, S. 32), verbietet es sich, den Titel wie bisher allgemein üblich[2]) mit „Buch der Tiere" wiederzugeben. Ihr Autor benutzt das Wort *ḥayawān* vielmehr als Oberbegriff, das sowohl das nicht mit Verstand begabte animalische Lebewesen (*ḥayawān ġair nāṭiq*), d. h. das Tier, als auch das mit Verstand begabte (*ḥayawān nāṭiq*), d. h. den Menschen, umfaßt (vgl. 3.0.). Das Anliegen der Schrift bestand wie bei den byzantinischen Autoren in erster Linie darin, am Beispiel der vielgestaltigen Erscheinungen der belebten Natur die Existenz eines Schöpfergottes herauszustellen (s. Ḥayawān III 92 ff. u. ö.)[3]).

Der *K. al-Ḥayawān* enthält manche Notiz über Entstehung und Fortpflanzung der Animalien. Sehr ausführlich wird auf die Kreuzungen zwischen verschiedenen Tierarten und Menschenrassen eingegangen (s. Ḥayawān I 63 ff.). Ganz energisch wendet er sich gegen solche Leute, die die Möglichkeit einer ge-

schlechtlichen Verbindung von Mensch und Ǧinn anerkennen und sogar die Existenz von Nachkommen postulieren (s. Ḥayawān I 185,13 ff.). Verschiedene von AL-ǦĀḤIẒ beschriebene Beobachtungen an Tieren, wie etwa die Wirkung des Einflusses von Alkohol auf Haus- und Wildtiere (s. Ḥayawān II 228 ff.), gehen auf seinen Lehrer AN-NAẒẒĀM (gest. 835) zurück. Wie AL-ǦĀḤIẒ zu berichten weiß, war AN-NAẒẒĀM Mitinitiator und Augenzeuge eines interessanten Versuches, der bereits Elemente eines naturwissenschaftlichen Experiments enthält. Anlaß dafür war die sich bereits in der Antike findende Nachricht, wonach der Strauß die wunderbare Eigenschaft hat, alles ohne Auswahl zu verschlucken und zu verdauen (vgl. PLINIUS, Nat. hist. X 1). Besonders aber die durch die byzantinische Redaktion des *Physiologos* noch erfolgte Ergänzung, wonach der Strauß zu den Schmieden gehe, um glühendes Eisen zu fressen und es sofort durch den Darm wieder herauszugeben, und zwar glühend wie vorher, erregte seine Neugier. AN-NAẒẒĀM ließ einem Strauß heiße Eisenstücke vorlegen, die er fraß. Dann plante er, ihn nach ein paar Tagen zu schlachten, um dann seinen Bauch und Magen zu untersuchen, ob das Eisen noch vorhanden sei. Durch eine kurz darauf erfolgte Verletzung mit einem Messer kam der Vogel aber zu Tode, so daß der Versuch nicht wie geplant zu Ende geführt werden konnte (s. PARET 1939). Ganz ähnliche Geschichten sind aus dem lateinischen Mittelalter überliefert, u. a. von ALBERTUS MAGNUS. Wir werden unten (s. 3.3.6.) noch einmal darauf zurückkommen.

Außer zahlreichen arabischen Quellen, über welche bisher keine ausreichenden Untersuchungen vorliegen, hat AL-ǦĀḤIẒ auch die Tierbücher des ARISTOTELES benutzt und an mehreren Stellen seines Werkes zitiert (vgl. LEWIN 1952, S. 237 ff.; AL-ḤĀǦIRĪ 1952/53). Dabei wird von ihm die eine oder andere Aussage des großen Stagiriten in Frage gestellt oder berichtigt (s. NĀǦĪ 1978, S. 431 ff.). So wirft er ARISTOTELES u. a. vor, daß er von Dingen spricht, die er nicht mit eigenen Augen gesehen hat (s. Ḥayawān V 503,2). Das Buch der Animalien hat einen großen Einfluß auf spätere Autoren, besonders AL-QAZWĪNĪ (gest. 1283) und AD-DAMĪRĪ (1344–1405) ausgeübt. Ein weiteres Buch von AL-ǦĀḤIẒ, das vor allem viel Material über Zeugung, Fortpflanzung und Kreuzungen enthält ist der *K. al-Biġāl* („Buch über die Maultiere")[4]) (Abb. 17 u. 18).

Die von AL-ǦĀḤIẒ eingeleitete Richtung wurde zunächst von IBN QUTAIBA (gest. 889) fortgesetzt. Sein Hauptwerk, der aus zehn Büchern bestehende Thesaurus *K. ʿUyūn al-aḫbār* („Quellen der Nachrichten")[5]), enthält ein *K. aṭ-Ṭabāʾiʿ wa-l-aḫlāq al-maḏmūma* („Buch der natürlichen Eigenschaften und der tadelnswerten Charaktere") überschriebenes Hauptka-

---

[1]) Ed. HĀRŪN 1988. Teilübs. PELLAT 1967, S. 210–298.
[2]) So auch noch EISENSTEIN in seiner kürzlich erschienenen „Einführung in die arabische Zoographie", wo er mehrfach von einem „Tierbuch" spricht; s. EISENSTEIN 1991, S. 121 ff.; 142 f.).
[3]) Zu den naturphilosophischen Anschauungen des AL-ǦĀḤIẒ vgl. bes. LEWIN 1952, S. 216 ff.

[4]) Ed. HĀRŪN 1965; Teilübs. PELLAT 1965, S. 299–304.
[5]) IBN QUTAIBA, Ed. Kairo 1925–1930.

Abb. 17. Tierdarstellungen (Maultier und Kamel) aus der Qazwini-Handschrift (*Ms. orient. A 1507*, Bl. 226 v). Forschungs- und Landesbibl. Gotha.

Abb. 18. Pflanzendarstellung (Bäume) in der Qazwini-Handschrift (*Ms. orient. A 1507*, Bl. 135 v.). Forschungs- und Landesbibl. Gotha.

pitel. Der Autor geht dort auf die natürlichen Eigenschaften der Menschen (IV 62,1–69,9), der Tiere (IV 69,10–105,6), der Pflanzen (IV 105,7–108,5), der Steine (IV 108,6–109,11) sowie der Dschinn (IV 109,12–114,7) ein. Diese Abschnitte liegen komplett in englischer Übersetzung nebst einer ausführlichen Analyse vor (s. KOPF & BODENHEIMER 1949). Wenn IBN QUTAIBA dabei auch nichts Neues bot, so hat er doch bereits bekanntes Wissen in etwas übersichtlicherer Form zusammengefaßt. Bei ihm findet sich noch die Ansicht des ARISTOTELES, wonach Frauen weniger Zähne als die Männer haben.

Von IBN ABI L-AŠᶜAT (gest. 970), der vor allem als Autor medizinischer Werke bekannt ist (s. ULLMANN 1970, S. 138 f.), stammt ebenfalls ein *K. al-Ḥayawān* („Buch der Animalien"). Die bisher nur in einer einzigen unvollständigen Handschrift erhaltene Abhandlung[1], deren Edition noch aussteht, war von der Forschung lange Zeit unbeachtet geblieben. Erst jetzt liegen erste Untersuchungen darüber vor (s. AS-SARAF

1992, S. 233–257; KRUK 1986). Der Autor betrachtet die Tiere unter einem letztlich utilitaristischen Gesichtspunkt, was das Werk in die Nähe der weiter unten zu behandelnden *Manāfiᶜ al-ḥayawān*-Schriften bringt (s. 3.2.4.3.). Er liefert eine äußerst originelle und detaillierte Einteilung der Animalien. Diese bedeutet aber biologiehistorisch insofern keinen Fortschritt, als auch ihr keine anatomischen oder strenggenommen physiologischen Kriterien zugrunde liegen.

Ebenfalls ein nur kleiner, aber nicht ganz unbedeutender Abschnitt über Tiere findet sich bei ABŪ ḤAYYĀN AT-TAUḤĪDĪ (gest. um 1009). Er ist in seinem *Adab*-Werk *K. al-Imtāᶜ wa-l-muᵓānasa* („Buch der Anregung und der guten Gesellschaft")[2] enthalten (I 159,15–195,8) und liegt ebenfalls in englischer Übersetzung vor (s. KOPF 1956; 1976). Den Angaben von TAUḤĪDĪ kommt deshalb ein spezieller Wert zu, weil sie sich auf uns bisher unbekannte Quellen stützen. Zum Teil erfährt man Einzelheiten, die bei keinem der uns

---

[1] Ms. Bodleian Library, Oxford MS Hunt, No. 534, B 9038.

[2] Ed. A. AMĪN und A. AZ-ZAYYIN, Beirut, Ṣaidā 1953.

bekannten früheren oder späteren arabischen Autoren nachzuweisen sind (s. KOPF 1956, S. 397 f.). AT-TAUḤĪDĪ, der die ihm vorgelegenen Quellen nicht nennt, scheint sowohl die Tierbücher des ARISTOTELES als auch den *Φυσιολόγος* benutzt zu haben (s. KOPF 1956, S. 398 ff.).

Eine dritte umfassende Schrift über die Animalien, der *K. Ṭabāʾiʿ al-ḥayawān* („Die natürlichen Eigenschaften der Animalien"), die allerdings weit weniger Berühmtheit als das entsprechende Werk von AL-ǦĀḤIẒ erlangte, stammt von dem Geographen ṬĀHIR AL-MARWAZĪ (11./12. Jh.). Ihr Autor behandelt in fünf Kapiteln 1. den Menschen, 2. Haus-, Wild- und Raubtiere, 3. Land- und Wasservögel, 4. Kleinsäuger, Kleinreptilien und Insekten sowie 5. Meerestiere (s. EISENSTEIN 1989; ders. 1991, S. 127 ff.; s. a. ISKANDER 1981). In diesem Werk sind deutliche Einflüsse des THIMOTHEOS VON GAZA (s. 3.1.3.1.) zu spüren.

Ganz im Stile einer Enzyklopädie ist schließlich auch das vierte umfangreiche Buch über Animalien, der von dem bereits oben angeführten AD-DAMĪRĪ verfaßte *K. Ḥayāt al-ḥayawān al-kubrā* („Das Leben der Animalien"), gehalten. Das nachmals sehr verbreitete Buch, von dem auch eine vollständige englische Übersetzung vorliegt (s. JAYAKAR 1906/08), wurde an Berühmtheit nur noch vom dem seines Vorbildes AL-ǦĀḤIẒ übertroffen (s. SOMOGYI 1950, S. 33 ff.). Der Autor handelt die Animalien in alphabetischer Reihenfolge ab, wobei auch der Mensch entsprechend eingeordnet ist. Überhaupt spielen anthropologische Themen auch bei ihm eine große Rolle. In den Text sind zahlreiche Nachrichten über merkwürdige Dinge sowie Anekdoten eingestreut, die der Schrift einen ausgesprochen paradoxographischen Charakter verleihen.[1]

Eingehende Darstellungen der Tierwelt enthält weiterhin auch die geographische und kosmographische Literatur. In seinem bereits erwähnten Werk *ʿAǧāʾib al-maḫlūqāt* („Wunder der Geschöpfe etc.") handelt AL-QAZWĪNĪ das Tierreich in einer von ihm nach äußeren Gesichtspunkten geordneten Weise ab (s. dazu ULLMANN 1972, S. 32 f.; 52). Der Autor, der sich besonders auf die Darstellungen bei AL-ǦĀḤIẒ stützte, hat völlig kritiklos auch zahlreiche Wundergeschichten in seine Schrift aufgenommen. Die Abschnitte über die Tiere liegen z. T. in deutscher Übersetzung vor (s. WIEDEMANN 1916/17 c und GIESE 1986).

Stark von der Mirabilia-Schrift des AR-RĀHMURMUZĪ (s. 3.2.4.) beeinflußt sind die über den ganzen Text

verstreuten tierkundlichen Nachrichten in der Kosmographie *Nuḫbat ad-dahr fī ʿaǧāʾib al-barr wa-l-baḥr* („Auslese der Ewigkeit in den Wundern des Festlandes und des Meeres") des AD-DIMAŠQĪ (gest. 1327). Auch diese Schrift hat trotz ihrer vielen wundersamen Geschichten das tierkundliche Wissen mit neuen Nachrichten bereichert.

Des weiteren finden sich zahlreiche Angaben über Tiere in großen enzyklopädischen Werken, von denen hier wiederum nur die für uns wichtigsten genannt werden sollen.

Der bereits oben genannte ʿABD AL-LAṬĪF AL-BAĠDĀDĪ hat ein ganzes Kapitel seines Hauptwerkes *al-Ifāda wa-l-iʿtibār fi-l-umūr al-musāhada wa-l-ḥawādiṯ al-muʿāyana bi-arḍ miṣr* („Die Denkwürdigkeiten Ägyptens") den Tieren des Landes am Nil gewidmet (s. PROVENÇAL 1992). Die Beschreibungen sind recht genau und weichen aufgrund autoptischer Befunde vielfach von früheren Autoren ab. Dies geschieht ohne jegliche Polemik. So berichtigt er stillschweigend einige Angaben des ARISTOTELES, dessen zoologische Schriften er übrigens gut kannte, weil er davon Kompendien gefertigt hat. Jener hatte bekanntlich dem Hippotamos eine Mähne angedichtet, eine Stimme wie ein Pferd zugeschrieben sowie den Organsitus mit dem eines Pferdes oder Esels verglichen (s. Hist. anim. II 7: 502a9–15). Von der angeblichen Ähnlichkeit mit einem Pferd ist bei ʿABD AL-LAṬĪF nur noch das Kriterium der Stimme geblieben. Ansonsten weist er auf die Ähnlichkeit des Flußpferdes mit einem Schwein hin (s. Ifāda I 3: S. 96,12 ff.), ein Befund, der den tatsächlichen Gegebenheiten entspricht.[2] Neben der Beschreibung von Tieren geht er auch auf die Tierhaltung ein. Er beschreibt u. a. ausführlich die künstliche Ausbrütung von Hühnern in Ägypten (s. Ifāda I 3: S. 79 f.), die übrigens schon der griechische Historiker DIODORUS SICULUS (gest. nach 36 v. Chr.) in seiner „Historische Bibliothek" genannten Weltgeschichte erwähnt (s. DIODOR., Hist. 1,74).

Schließlich sei noch IBN ABĪ AL-ḤAWĀFIR (gest. 1301) genannt, der in einer recht speziellen Abhandlung über die Tierwelt auch auf eigene Beobachtungen zurückgegriffen zu haben scheint (s. ULLMANN 1972, S. 29 f; 33 f.).

Hierher gehört auch die umfangreiche Enzyklopädie *Nihāyat al-arab fī funūn al-adab* („Das höchste Ziel des Strebens in den Künsten der li-

---

[1] Eine ausführliche Inhaltsangabe gibt EISENSTEIN 1991, S. 132–142; über die namentlich zitierten Quellen informiert SOMOGYI 1928.

[2] Nach AMMIANUS MARCELLINUS (4. Jh.) kam das Flußpferd zu seiner Zeit schon nicht mehr in (Unter)Ägypten vor (s. Amm. Marc., Res gestae XXII 15.21: III 54,24 ff.). Heute findet sich das ägyptische Nilpferd nur noch südlich von Dongola zwischen dem zweiten und dritten Katarakt.

terarischen Bildung") des ägyptischen Armeeinspektors und Kanzleivorstehers ŠIHĀB AD-DĪN AN-NUWAIRĪ (1279–1332).

Sein Werk ist in die Bereiche (*fann*) 1. Himmel und Erde, 2. Mensch, 3. Tierwelt, 4. Pflanzenwelt und 5. die Geschichte der Araber und der islamischen Welt geteilt. Seine z. T. ausführlichen Darlegungen (s. Nihāya 3: IX 224–X 354)[1]), bei denen er sich breit auf ältere Quellen stützt, werden – ganz in Art der *Adab*-Werke – immer wieder durch passende Einschübsel aus der Poesie und Prosaliteratur untermalt. Desweiteren soll noch ein längerer Abschnitt über Tiere Erwähnung finden, den das für Regierungsbeamte bestimmte Handbuch *K. Ṣubḥ al-aᶜšā fī ṣināᶜat al-inšāʾ* ("Morgendämmerung des Nachtblinden in der Kunst der literarischen Komposition") seines Landsmannes, des ägyptischen Historikers und Literaten AL-QALQAŠANDĪ (1355–1418), enthält (s. Ṣubḥ, Bd. 2, S. 17 ff.). Seine Ausführungen sind in der Regel aus anderen Autoren zusammengetragen und behandeln kaum biologisch-theoretische Fragen.

Das Material zeugt aber von dem relativ hohen Bildungsniveau, das man unter der ägyptischen Mamelukenherrschaft (reg. 1250–1517) von einem Sekretär auch auf dem Gebiet der Tierkunde erwartete. Sowohl bei AN-NUWAIRĪ als auch ALQALQAŠANSDĪ treten insbesondere praktische Interessen hervor, wie das an Pferden und Tauben. Einen größeren, alphabetisch geordneten Abschnitt über Haustiere, wilde Tiere, Vögel sowie Insekten und Kriechtiere enthält das 62. Kapitel des *Adab*-Werks *al-Mustaṭraf fī kull fann mustaẓraf* ("Ausgewähltes aus jeder geistreichen Kunst") des ägyptischen Autors al-Ibšīhī (1388–1446). Die insgesamt 101 Lemmata (s. Mustaṭraf 62: S. 338–366 = franz. Übs. RAT II 217–313) stützen sich insbesondere auf AL-ĞĀḤIẒ, ALQAZWĪNĪ und DAMĪRĪ (s. a. WIEDEMANN 1916/17 c, S. 240; ULLMANN 1972, S. 42 f.; EISENSTEIN 1991, S. 44).

Angaben zur Tiergeographie finden sich im *K. Futūḥ al-buldān* ("Die Eroberung der Länder")[2]) des Historikers AL-BALĀḎURĪ (gest. 892) sowie in der reichen geographischen Literatur in arabischer Sprache (s. EISENSTEIN 1991, S. 71 ff.). Neben den erwähnten Schriften, in denen die Tierwelt insgesamt abgehandelt wird, gab es auch spezielle Werke zu einzelnen Tierarten. Aus der großen Zahl (s. dazu Eisenstein 1991, S. 142–148) sei hier lediglich der Traktat über die Bienen *K. Naḥl ᶜibar an-naḥl* ("Das Geschenk der Belehrung über die Bienen")[3]) des

Historikers AL-MAQRĪZĪ (1364–1441) erwähnt. Er enthält die vielleicht ausführlichste Beschreibung eines Tieres in der arabischen Literatur überhaupt (s. ULLMANN 1972, S. 42; EISENSTEIN 1991, S. 14).

3.2.4.3. Die Gattung der *manāfiᶜ al-ḥayawān*-Schriften

Die aus der Antike bekannte Verwendung von magisch-sympathetischen Mitteln aus dem Reich der Tiere[4]) fand ihre Fortsetzung auch im arabisch-islamischen Mittelalter. Bekannt sind etwa die Schrift *Manāfiᶜ al-ḥayawān* ("Nutzen der Animalien") bzw. *Manāfiᶜ aᶜḍāʾ al-ḥayawān* ("Nutzen der Körperteile der Animalien") des ᶜĪsā B. ᶜAlī (9. Jh.), in der ihr Autor die sympathetische Wirkung der menschlichen und tierischen Organe und Substanzen auflistet. Nur in lateinischer Übersetzung ist die kurz als *Liber sexaginta animalium* ("Buch sechzig der Animalien") bekannte und AR-RĀZĪ zugeschriebene Schrift *De facultatibus partium animalium* ("Über die Kräfte der Teile der Animalien") erhalten[5]). Sie wurde von ALBERTUS MAGNUS (s. 3.3.3.) ausgiebig benutzt. Zu erwähnen ist hier noch der *K. al-Ḫawāṣṣ* ("Buch über die spezifischen Eigenschaften") des ABU L-ᶜALĀʾ IBN ZUHR (gest. 1131). Das Werk, das von AD-DAMĪRĪ stark benutzt worden zu sein scheint, enthält in alphabetischer Folge Angaben über die spezifischen Eigenschaften von vierfüßigen Tieren und Vögeln in bezug auf Gesundheit und Krankheit des Menschen (s. ULLMANN 1972, S. 28). Schließlich ist hier der *K. Ṭabāʾiᶜ alḥayawān* ("Buch über die Naturen der Animalien") des ᶜABD AL-LAṬĪF AL-BAĠDĀDĪ zu nennen.

3.2.4.4. Tierkundliches in medizinischen Schriften

Soweit medizinische Gesichtspunkte es erforderlich machten, wurden Tiere auch in den Schriften vieler Ärzte erwähnt (s. dazu THÉODORIDÈS 1956, S. 619 ff.). Allerdings tritt das rein Zoologische in den meisten dieser Schriften, deren eigentliche Zielstellung auf die Darlegung therapeutischer Maßnahmen, wie sie etwa nach Biß- oder Stichverletzungen vorzunehmen waren, sowie auf die Bekämpfung bestimmter im oder am menschlichen Körper lebender tieri-

---

[1]) Eine kurze Übersicht der behandelten Themen bietet ULLMANN 1972, S. 35.
[2]) Das Werk liegt in englischer und deutscher Übs. vor; s. HITTI 1968; MURGOTTEN 1969 und RESCHER 1917/1923.
[3]) Ed. ŠAYYĀL 1946.

[4]) Vgl. z. B. XENOKRATES VON APHRODISIAS (um 70 v. Chr.), DIOSKORIDES, BOLOS DEMOKRITOS (3. Jh. v. Chr.) u. a.
[5]) Ps. RHAZES, De facultatibus partium animalium, in: Abubetri [...] Rhazae opera exquisitoria, Basiliae 1544, S. 566–590.

scher Parasiten gerichtet war, stark in den Hintergrund, weshalb aus ihnen nur bedingt Aufschluß über das tierkundliche Wissen ihrer Autoren gewonnen werden kann.

Genauere Angaben über Größe, Farbe, Gestalt und Einteilung der Giftspinnen (s. Qānūn IV 6.5.7: III 285,1 ff.) und Giftschlangen (s. Qānūn IV 6.3.20–56: III 240–248) finden sich im Kanon der Medizin des Ibn Sīnā, der sich auf ein pseudogalenisches Giftbuch stützte, dessen Autor wiederum die entsprechenden Passagen aus den Schriften des Philumenos und Nikandros wiedergegeben hat (s. Ullmann 972, S. 13). Von Ibn Sīnā erfahren wir auch einiges über Eingeweidewürmer, von denen er vier Arten, nämlich sehr große, runde, breite und kleine unterscheidet, die wie bei früheren Autoren durch Urzeugung im Menschen entstehen sollen (s. Qānūn III 6.5.1: II 473,2 f.). In diesem Sinne erklärte man sich auch die Entstehung des Medinawurms (s. Qusṭā B. Lūqā, Risāla fī tadbīr safar al-ḥaǧǧ 13 (430 ff.): S. 72,10 ff.), den übrigens Avicenna nicht für ein Tier gehalten hat (s. Qānūn IV 3.2.17: III 138 f.)[1].

Einen Abschnitt über Giftschlangen enthält auch die Hygieneschrift *Ǧāmiᶜ al-ġaraḍ fī ḥifẓ aṣ-ṣiḥḥa wa-dafᶜ al-maraḍ* („Kompendium dessen, was auf die Erhaltung der Gesundheit und die Abwehr der Krankheit gerichtet ist") des bereits oben (s. 3.2.3.) erwähnten Ibn al-Quff)[2]. Schließlich sei noch erwähnt, daß auch Ibn Zuhr in verschiedenen seiner medizinischen Werke zahlreiche tierkundliche Angaben gemacht hat (s. Théodorides 1955, S. 137–145).

3.2.4.5. Jagdliteratur

Nicht wenige tierkundliche Tatsachen, insbesondere was den praktischen Umgang mit Tieren betrifft, enthält die Jagdliteratur der Araber (s. die Zusammenstellung bei Āʾīnah Wand 1988), die, aufbauend auf die einschlägige Literatur der griechischen und byzantinischen Periode, die antike Tradition im großen und ganzen fortsetzte (s. Ullmann 1972, S. 43 f.). Die Jagd mit dressierten Tieren war bereits im vorislamischen Arabien bekannt (s. Haeuptner 1966, S. 32 f.). Sie findet im Koran (s. Sure 5:4) und der frühis-

lamischen Dichtung Erwähnung (vgl. Wagner 1988, S. 46–58; Aṣ Ṣāliḥī 1981).

Innerhalb dieser Schriftengattung sind es vor allem die Werke über Falkenbeize, die unsere besondere Aufmerksamkeit verdienen. Sie enthalten ein ornithologisches Fachwissen, das aus dem lebendigen Umgang mit den Tieren erwachsen ist und auf genauer Beobachtung beruht (vgl. Ullmann 1972, S. 43). Obwohl in den der arabischen Halbinsel benachbarten Gebieten von Byzanz und Persien die Jagd mit Raubvögeln seit dem 3. Jh. als Sport betrieben wurde, scheint sie bei den arabischen Nomaden, denen die Jagd immer nur als Nahrungserwerb diente, bis auf wenige Ausnahmen (s. Möller 1965, S. 106) keinerlei Resonanz gefunden zu haben. Erst im 8. Jh. gewann diese Art der Beschäftigung bei der städtischen Bevölkerung, insbesondere aber am Hofe der Kalifen, in ständig zunehmendem Maße an Popularität. Mit der praktischen Ausübung der Falkenbeize setzte auch eine rege literarische Tätigkeit darüber ein, für die eine Reihe von Übersetzungen aus dem Griechischen, Persischen und Türkischen den Ausgangspunkt bildeten. Das erste arabische Buch über Falknerei, in dem das Wissen der Perser, Türken, Byzantiner und Araber zusammengetragen wird, hat ein gewisser Adham ibn Muhriz al-Bāhilī im Auftrag des Kalifen Al-Mahdī (reg. 775–785) verfaßt (s. Möller 1965, S. 26 ff.). Ihm lag dafür auch ein Buch über Raubvögel vor, das angeblich aus der Feder des Arztes Archigenes (Endes des 1. Jh.) stammt. Michael, der Sohn des byzantinischen Kaiser Leon III. (reg. 717–741), hatte es dem Kalifen geschenkt. Das Falkenbuch des Adham wurde in der Folgezeit mehrfach von verschiedenen Autoren, unter denen Al-Ġiṭrīf B. Qudāma al-Ġassānī (8. Jh.) herausragt, bearbeitet. Es entstand auf diese Weise ein ganzer Komplex an Schriften, die unter der Bezeichnung *Adham/al-Ġiṭrīf-Werk* bekannt wurden. Er hat vielen späteren Autoren als Vorlage gedient (vgl. Ullmann 1972, S. 44 f.). Der Hohenstauferkaiser Friedrich II. hat für sein berühmtes Vogelbuch ebenfalls aus diesen Quellen geschöpft (s. 3.3.6.2.).

Während die Schrift von Al-Bāhilī fast ausschließlich auf fremden Erkenntnissen fußte, begann sich schon zur Zeit des Kalifen Hārūn ar-Rašīd (reg. 786–809) eine selbständige Jagdliteratur bei den Arabern zu entfalten (s. Möller 1965, S. 108). Eines der berühmtesten Jagdbücher der arabisch-islamischen Periode ist der *K. al-Maṣāyid wa-l-maṭārid* („Buch der Fallen und Spieße")[3] des Poeten Kušāǧim (gest. 961 o.

---

[1]) Insofern ist die pauschalierende Feststellung Ullmanns, wonach die Araber „were not even aware of the animal nature of the disease" (sc. der Dracunculose) nicht richtig. Siehe Ullmann 1978, S. 83.

[2]) Ibn al-Quff, Ǧāmiᶜ al-ġarad 47: S. 374–376. Zur Übersetzung dieses Abschnitts s. Wiedemann 1916/17, S. 61–64, der auch den Versuch einer Identifizierung der darin aufgeführten Schlangen unternahm. Siehe ebenfalls Eisenstein 1991, S. 101 f.

[3]) Ed. Talas 1954.

971), welches allerdings noch von dem im 13. Jh. verfaßten, aber leider nicht mehr auffindbaren *K. Ġunyat al-qāriʾ fī ʿilm al-ğawāriḥ wa-ḍ-ḍawārī* („Reichtum des Lesers hinsichtlich der Wissenschaft von den Raubvögeln und Raubtieren") des IBN QUŠTIMUR übertroffen worden zu sein scheint. Dies läßt zumindest die davon erhaltene, vom Autor selbst erstellte, Kurzfassung *al-Qānūn al-wāḍiḥ fī muʿālagāt al-ğawāriḥ* („Der klare Kanon über die Behandlung der Raubvögel") vermuten[1].

3.2.4.6. Tierzucht und Tierheilkunde

Aufgrund der bedeutenden Rolle, welche Schafe, Ziegen, Pferde und besonders Kamele im Leben der Nomaden spielen (vgl. STEIN 1967, S. 47 ff.), gab es bei den Arabern seit altersher ein umfangreiches empirisch erworbenes Wissen über deren Zucht. So hatten die Beduinen durch sorgfältige Zuchtwahl z. B. verschiedene Varianten des Dromedars hervorgebracht, die den unterschiedlichsten Bedürfnissen ihrer nomadischen Lebensweise entsprachen (s. STEIN 1967, S. 48). Gleichzeitig bildeten sich im Umgang mit kranken Tieren auch gewisse veterinärmedizinische Kenntnisse heraus, über die uns die vorislamische Poesie manche Nachricht vermittelt (s. ULLMANN 1970, S. 217).

Da das die Tierzucht und Tierheilkunde betreffende Wissen der Araber aber auf relativ wenige Tiere beschränkt war, ergaben sich unter den veränderten Verhältnissen im arabisch-islamischen Kulturgebiet, wo der Ackerbau den dominierenden Wirtschaftszweig darstellte, auch neue und bis dahin oft unbekannte Probleme, wie sie vor allem der Umgang mit Tieren mit sich brachte, deren Haltung und Zucht die Bedingungen der Seßhaftigkeit zur Voraussetzung hatten, so daß man sich auch hier das antike Wissen zu eigen machte.

Die Übernahme praktischer Erfahrungen durch den Kontakt mit der Bevölkerung der ehemals römischen bzw. byzantinischen Gebiete darf schon sehr früh angenommen werden (s. ULLMANN 1970, S. 218)[2]. Demgegenüber wurde man mit den theoretischen Kenntnissen über Tierzucht und Tierheilkunde erst auf dem Wege der Übersetzung antiker landwirtschaftlicher und veterinärmedizinischer Schriften bekannt,

auf deren Grundlage sich eine breite eigenständige Literatur entwickelte.

Großen Einfluß auf die arabische Tierheilkunde hat die nur noch in arabischer Übersetzung erhaltene Schrift des THEOMNESTOS VON MAGNESIA, den wir bereits als einen der wichtigsten Autoren der sog. Hippiatrika (s. 3.1.3.5.) kennengelernt haben, ausgeübt[3]. Seine Schrift, durch welche die Araber auch mit APSYRTOS VON BITHYNIEN bekannt wurden, hat der Autor des *K. al-Ḫail wa-l-baiṭara* („Buch der Pferde und der Pferdeheilkunde")[4], IBN AḤĪ ḤIZĀM (2. Hälfte des 9. Jh.), ausgiebig benutzt (s. dazu ERK 1976). Aus dem Werk des IBN AḤĪ ḤIZĀM hat dann der berühmte Verfasser einer Schrift über die Landwirtschaft, IBN AL-ʿAWWĀM (12./13. Jh.), auf welche wir weiter unten (s. 3.2.6.2.) noch speziell einzugehen haben, für sein die Tierheilkunde behandelndes Kapitel die Ansichten des THEOMNESTOS und des APSYRTOS übernommen.

Auch ABŪ BAKR IBN AL-MUNDIR (14. Jh.) hat sich in seinem bekannten hippologischen Werk, AN-NĀṢIRĪ[5], auf die Schrift des THEOMNESTOS gestützt. Die Schrift, die mehrfach zum Gegenstand von Untersuchungen wurde (s. FROEHNER 1929; ders. 1931; vgl. auch VON DEN DRIESCH 1989, S. 55), liegt in französischer Übersetzung vor (s. PERRON 1852/59/60).

Neben speziellen Werken über Tierzucht und Tierheilkunde finden sich Angaben darüber in den verschiedensten, sich irgendwie mit Tieren beschäftigenden Schriften. Wie es für die Tierheilkunde im allgemeinen gesagt worden ist, kann auch hier aufgrund der nur z. T. vorliegenden Editionen kein abschließendes Urteil gegeben werden. Sie scheinen aber kaum über die Kenntnisse der Antike hinausgekommen zu sein.

3.2.5. Pflanzenkunde

Für die Entwicklung der Pflanzenkunde bei den Arabern trifft im allgemeinen dasselbe zu, was wir bereits über die Tierkunde der arabisch-islamischen Periode gesagt haben. Auch für dieses Gebiet erweist sich u. E. die verschiedentlich vertretene Auffassung, daß die arabische Pflan-

---

[1] Über den Inhalt der genannten Werke informiert sehr gut MÖLLER 1965, s. besonders S. 64 ff. u. 97 ff.

[2] So findet sich schon in der vorislamischen Dichtung das Partizip *mubaiṭir*, das von dem Verb *baiṭara* gebildet ist, welches selbst auf den Begriff *baiṭār* (Veterinär) zurückgeht. Dieser ist wiederum aus dem griech. ἱππίατρος (Pferdearzt) abgeleitet (s. Nābiġa aḍ-Ḍubyānī, Diwān 5,15; vgl. auch FRAENKEL 1886, S. 265).

[3] Über den Einfluß des Werkes auf die hippiatrische Literatur der Araber siehe BJÖRCK 1936, S. 1–12; vgl. auch ders. 1932, S. 45–53.

[4] Wie mir der inzwischen verstorbene NŪRI AL-QAISI (1932–1994) persönlich mitteilte, hat er eine Edition des Werkes veranstaltet, die aber noch nicht gedruckt ist. Vgl. auch NĀĞĪ 1995, S. 180.

[5] benannt nach dem Sultan NĀṢIR IBN QALĀWŪN (1220–1290), dem es gewidmet ist.

zenkunde primär eine eigenständige Entwicklung genommen habe (s. LECLERC 1876, Bd. I, S. 229; NASR 1963, S. 1326 Anm. 31; SEZGIN GAS IV 305), als nicht haltbar. Denn, obwohl die Araber schon seit altersher über einen durch seine Fülle an empirischen Einzelfakten imponierenden Erfahrungsschatz vefügten, liefern sowohl die Nachrichten über Pflanzen in den vor- und frühislamischen Gedichten als auch die sich in der Hauptsache auf die dort erwähnten Gegebenheiten stützenden pflanzenkundlichen Abhandlungen der Philologen keinerlei Anhaltspunkte für verallgemeinernde wissenschaftliche Einsichten. Darüber können auch solche Tatsachen wie z. B. die äußerst differenzierten Bezeichnungen für die einzelnen Entwicklungsstadien der Pflanzen (s. SILBERBERG 1911, S. 66) oder die genaue Beobachtung nyktitropischer Bewegungen bei bestimmten Pflanzenarten, wie sie etwa AD-DĪNAWARĪ in seinem *K. an-Nabāt* (s. S. 185,6; 162,10 Ed. LEWIN) erwähnt, nicht hinwegtäuschen, da wir es hierbei mit keiner eigentlichen Entwicklungslehre oder Pflanzenphysiologie zu tun haben, über deren Charakter bereits oben gesprochen worden ist. Die schriftlichen Zeugnisse beweisen, daß die eigentliche Bearbeitung botanischer Probleme bei den Arabern erst begann, nachdem sie mit dem Wissen der Antike, sei es direkt auf dem Wege der Übersetzerliteratur des 8. und 9. Jh. oder indirekt über die Schule von Gondēšāpūr (s. 3.2.3.), bekannt geworden waren. Zu Schlüsselwerken wurden der pseudo-aristotelische *Liber de plantis* („Buch über die Pflanzen") sowie die bereits mehrfach erwähnte Schrift *Sirr al-ḫalīqa wa-ṣanʿat aṭ-ṭabīʿa* („Buch über das Geheimnis der Schöpfung und die Darstellung der Natur") des BALINAS, d. i. APOLLONIOS VON TYANA. Was zunächst *De plantis* betrifft, so dürfte sein wirklicher Verfasser bzw. Kompilator NIKOLAOS VON DAMASKUS (s. 2.4.2.) gewesen sein.

Zu den Arabern gelangte die Schrift wie manches andere griechische Werk über eine syrische Zwischenstufe. Aus dem Syrischen übertrug sie der oben (s. 3.2.3.) genannte ḤUNAIN IBN ISḤĀQ ins Arabische. Sowohl das griechische Original als auch die davon gefertigte syrische Übersetzung müssen als verloren gelten. Die sehr verwickelte Überlieferungsgeschichte des Werkes ist inzwischen weitgehend geklärt und in vorbildlicher Weise dargestellt worden (s. DROSSAART LULOFS & POORTMAN 1989).

Obwohl das Niveau der Schrift weit unter echtem aristotelischen Gedankengut steht, kam ihr eine exzeptionelle Bedeutung zu. Sie bestand darin, daß *De plantis* für den Zeitraum zwischen der *Historia plantarum* des THEOPHRAST (s. 2.3.2.) bis hin zu dem *Sirr al-ḫalīqa* des BALINŪS, d. h. für etwa 900 Jahre, die einzige Abhandlung über

dic Physiologie der Pflanzen blieb (vgl. ULLMANN 1972, S. 72). Der den Pflanzen gewidmete Abschnitt im Werk des APOLLONIOS VON TYANA (s. Sirr al-ḫalīqa IV 309–391) liegt auch in deutscher Übersetzung nebst Kommentar vor (s. WEISSER 1980, S. 116–127; 207–212).

Offensichtlich ohne Einfluß auf das arabisch-islamische Mittelalter blieb Περὶ φυτικῶν ἱστοριῶν des THEOPHRAST, die wahrscheinlich gar nicht ins Arabische übersetzt worden ist. Lediglich die von NIKOLAUS in seinem *De plantis* verarbeiteten Materialien aus der Schrift des Schülers des ARISTOTELES scheinen den Arabern von THEOPHRASTS Pflanzenkunde zur Verfügung gestanden haben (vgl. ULLMANN 1972, S. 74). Lediglich die zweite botanische Hauptschrift des THEOPHRAST, Περὶ φυτικῶν αἰτίων, wurde ins Arabische übersetzt (s. IBN AN-NADĪM, Fihrist VII 7.1: 252,10 = Übs. DODGE II 607).

Die botanischen Untersuchungen der Araber wurden dann aber auch durch die ihnen bekanntgewordene Flora Persiens, Indiens und des Fernen Ostens angeregt, von der die Antike bis auf einzelne Gewürz- und duftverbreitende Pflanzen nahezu keine Kenntnis besaß und die in wissenschaftshistorischer Hinsicht die arabische Botanik ausgesprochen interessant macht.

Der erwähnte pseudoaristotelische *Liber de plantis* hat einen starken Einfluß auf die botanischen Abschnitte im Werk der IḪWĀN AṢ-ṢAFĀʾ (s. Rasāʾil XXI: II 150–177), auf die Schriften *K. an-Nabāt* („Über die Pflanzen")[1] des AVICENNA und die des IBN AṬ-ṬAYYIB (gest. 1043)[2] sowie auf den *K. Fi n-nabāt* („Über die Pflanzen")[3] des IBN BAǦǦA/lat. AVEMPACE (gest. 1138) ausgeübt. Eingehendere Angaben zu diesen Werken finden sich bei ULLMANN (1972, S. 77–81).

Die bereits oben erwähnte kosmogonische Schrift des BALĪNŪS (s. 3.2.3.) enthält ebenfalls einen größeren Abschnitt über die Pflanzen (s. Sirr al-ḫalīqa IV: S. 309–391 = Übs. WEISSER 1980, S. 116–127). Ihr Autor entwickelt auf der Grundlage der Vier-Elemente-Lehre Gedanken darüber, wie sich das Pflanzenreich herausgebildet hat. Im Gegensatz zum pseudoaristotelischen *Liber de plantis*, der in bezug auf die Entstehung der Pflanze als Wirkursachen nur die Elemente Wasser, Erde und Feuer erwähnt (s. Ps. ARIST., Fi n-nabāt, S. 172), hebt BALĪNŪS auch die Bedeutung der Luft hervor (s. Sirr al-ḫalīqa IV 3–7 = Übs. WEISSER 1980, S. 117 f.).

---

[1]) Edd. MUNTAṢIR, ZĀYID, ISMĀʿĪL, Kairo 1965.
[2]) Ed. DROSSAART LULOFS & POORTMAN 1989; 219–231; s. a. S. 124 f.
[3]) Ed. und span. Übs. ASÍN PALACIOS 1940.

Neben naturphilosophischen Erörterungen, wie sie die Werke der hier genannten Autoren enthalten, ist die Botanik in erster Linie aber unter praktischen Gesichtspunkten, d. h. im Rahmen der medizinischen Botanik und der Landwirtschaft, betrieben worden. Zwar überwog dabei insgesamt gesehen auch hier das rein paradoxographische Interesse, das u. a. dazu führte, daß durch die ständige Abschreiberei manche Pflanzennamen völlig entstellt wiedergegeben wurden, daneben findet sich aber auch eine Reihe von Autoren, die auf diesem Gebiet selbständige Forschung betrieben haben.

Das sehr umfangreiche pflanzenkundliche Wissen der Araber wurde außer in naturphilosophischen Werken noch in den verschiedensten literarischen Gattungen entwickelt und tradiert. Neben den ausführlichen Übersichten bei SEZGIN (1971, S. 301–346) und ULLMANN (1972, S. 62–94) bietet KRUK (1993) eine kurze aber nützliche Zusammenfassung des gesamten Komplexes. Wie im Falle der Tierkunde wollen wir nun an Hand der philologisch-lexikalischen Schriften, der Werke gemischten Inhalts sowie der mediko-botanischen Abhandlungen das pflanzenkundliche Wissen des arabisch-islamischen Mittelalters betrachten.

3.2.5.1. Philologische Pflanzenkunde

Wie die Tierwelt wurde auch das Reich der Pflanzen von den Philologen lexikalisch bearbeitet (s. ULLMANN 1972, S. 63–70; KRUK 1993). Bekannte Autoren von philologischen Pflanzenbüchern sind ABU ZAID AL-ANṢĀRĪ (739–830), ABU NAṢR AL-BĀHILĪ (gest. 845), IBN AS-SIKKĪT (gest. um 857) sowie die als Verfasser von entsprechenden Tierbüchern bereits bekannten ABŪ ᶜUBAIDA, AL-AṢMAᶜĪ[1]) und AS-SIĞISTĀNĪ. Das umfangreichste und beste Werk dieser Schriftengattung überhaupt, den *K. an-Nabāt* („Pflanzenbuch"), schrieb ABŪ ḤANĪFA AD-DĪNAWARĪ (gest. 895). Von dieser Schrift, die bis vor einigen Jahrzehnten noch als verloren galt, wurden große Teile wiedergefunden und inzwischen ediert[2]). Inzwischen liegt Literatur vor, mit deren Hilfe man sich über Inhalt, Aufbau und Quellen des Werkes ausreichend informieren kann (s. BAUER 1988). Von den noch vorhandenen alphabetischen Abschnitten gibt es auch eine englische Übersetzung (s. BRESLIN 1986). Die Beschreibungen der vor allem in Arabien vorkommenden Pflanzen im Werk von AD-DĪNAWARĪ zeichnen sich durch sehr große, an DIOSKORIDES und THEOPHRAST erinnernde Ge-

nauigkeit aus (s. SILBERBERG 1911, S. 67 f.). Daneben finden sich bei diesem Autor auch bereits genaue Detailbeobachtungen einzelner Pflanzen, so etwa die von uns oben bereits erwähnte Nyktitropie. Die Schrift wurde deshalb von vielen späteren Autoren immer wieder benutzt. Zusammenfassend kann man sagen, daß das wichtigste Verdienst dieser Pflanzenkunde neben der Sammlung und schriftlichen Fixierung früherer empirisch gewonnener Kenntnisse in ihrem Beitrag zur botanischen arabischen Nomenklatur bestand.

3.2.5.2. Pflanzenkundliches in Werken gemischten Inhalts

Wie die Tiere, so wurden auch Pflanzen in den *adab*-Werken, in den Enzyklopädien, in Werken der Geographie, der Reiseliteratur, der Geschichte u. dgl. m. behandelt. Einen größeren Abschnitt enthält die naturkundliche Enzyklopädie von AL-QAZWĪNĪ (s. ᶜAğāᵓib, S. 245,14–301,19), der auch in Übersetzung vorliegt (s. WIEDEMANN 1916/17). Bei seinen Ausführungen zur Pharmakognosie folgt er dem *Kanon der Medizin* des AVICENNA (s. 3.2.3.). Die Mitteilungen über magische Wirkungen der von ihm behandelten Pflanzen gehen auf die „nabatäische Landwirtschaft" (s. 3.2.6.2.) sowie Ps.-APPOLONIUS zurück (s. ULLMANN 1972, S. 82). Nicht so umfangreich wie sein Kapitel über die Animalien (s. 3.2.4.2.) ist das über die Pflanzen bei IBN QUTAIBA (s. ᶜUyūn al-aḫbār IV: II 105,7–108,5). Neben viel Superstitiellem (s. ULLMANN 1972, S. 75) gibt es nur wenig, was im eigentlichen Sinne als pflanzenkundlich zu betrachten ist. Hierher gehört das beschriebene Phänomen der Nyktitropie bei Malven (s. ᶜUyūn al-aḫbār IV: II 106,7).

Der bereits mehrfach erwähnte ᶜABD AL-LAṬĪF AL-BAĠDĀDĪ hat in seinem Buch über Ägypten (s. 3.2.4.2.) auch ein Kapitel über Pflanzen. Dabei handelt es sich in der Hauptsache um Nutzpflanzen, die zu seiner Zeit in Ägypten heimisch waren, oder solche, die durch Handel mit anderen Regionen auf die Märkte des Landes gelangten (s. Ifāda I 2: S. 30–79,4). Beschrieben werden z. B. verschiedene Gemüsesorten, der Balsambaum, die Kolokasie, Zitrusfrüchte, die Dattelpalme und Obstbäume. Eine besonders lange Passage ist dem Bananenbaum gewidmet. Wie ᶜABD AL-LAṬĪF zu berichten weiß, glaubten einige, daß der Bananenbaum eine Kombination aus zwei völlig verschiedenen Pflanzen sei. Er soll entstehen, wenn man einen Dattelkern in einen Kolokasie pflanzt. Er weist diese Behauptung jedoch als naiv und unbewiesen zurück, ob-

---

[1]) AL-AṢMAᶜĪ, K. an-Nabāt, Ed. AL-ĠANĪM 1972.
[2]) Ed. LEWIN 1953, 1974; HAMIDULLAH 1973.

wohl, wie er betont, der Augenschein eine solche Annahme nahelege (s. Ifāda I 2: S. 54, 5, 6 ff.). Der Autor macht in der Regel Angaben zu den Verbreitungsgebieten der von ihm besprochenen Pflanzen, so daß wir es hier mit einer Art Pflanzengeographie zu tun haben (s. auch ULLMANN 1972, S. 92 ff.).

IBN AN-NAFĪS beschreibt in seinem *Theologus autodidactus* (s. 3.2.3.), wie aus dem Samenkorn, wenn es mit der aus der Erde stammenden nährenden Materie in Berührung kommt, in mehreren aufeinanderfolgenden Schritten schließlich die Pflanze (*nabāt*) entsteht (s. ar-Risāla al-kāmilīya I 2: S. 108,17 ff.).

Recht ausführlich sind die Darlegungen über die Pflanzen bei AN-NUWAIRĪ (s. Nihāya IV: II 1–330). Wie im Falle seiner Tierbeschreibungen (s. 3.2.4.2.), bestand auch hier seine Intention nicht darin, Wissen für den Spezialisten zu vermitteln. Seine Absicht war es, in das öffentliche Leben eingebundene Personen, wie Redner oder Schreiber, mit den für sie nötigen Informationen zu versorgen. Dementsprechend anspruchslos ist der pflanzenkundliche Gehalt (s. WIEDEMANN 1916/17 a; ULLMANN 1972, S. 82). Sein jüngerer Landsmann AL-QALQAŠANDĪ hat in seinem Handbuch für Regierungsbeamte (s. 3.2.4.2.) die Pflanzen nur ganz kurz und summarisch behandelt (s. Ṣubḥ II 180–182).

3.2.5.3. Medizinische Botanik

Die große therapeutische Bedeutung, die einfachen Heilmitteln (*Simplicia*) in der auf den Prinzipien der antiken humoralpathologischen Vorstellungen basierenden Medizin des arabisch-islamischen Mittelalters zukam, ließ bei den Arabern eine ungeheure Vielzahl an pharmakognostischen Werken entstehen[1]. Da es sich bei den Drogen vorwiegend um Pflanzen handelte und die Pflanzenwelt als solche auch während der arabisch-islamischen Periode kaum Objekt wissenschaftlicher Forschung gewesen ist, stellen diese Schriften gleichzeitig den stärksten Exponent einer speziellen Botanik dar (s. ULLMANN 1970, S. 257). Als Hauptquellen dienten den Arabern, die die antike Tradition der Simplicia-Zusammenstellungen fortsetzten, die Schriften Περὶ ὕλης ἰατρικῆς des DIOSKORIDES (s. 2.4.2.), die mehrfach ins Arabische übersetzt wurden (s. MEYERHOF 1933, S. 72–84; AL-MUNAǦǦID 1965; SADEK 1983), sowie die Schrift Περὶ κράσεως καὶ δυνάμεως τῶν ἁπλῶν φαρμάκων des GALEN (s. 2.5.1.).

Durch die große Ausdehnung des arabisch-islamischen Kulturgebietes begünstigt, konnten die Araber den pflanzlichen Arzneischatz der Antike, der in der Hauptsache auf die Flora des Mittelmeerraumes beschränkt war, um eine Menge neuer Pflanzen bereichern. Bereits in einem ihrer frühesten selbständig verfaßten medizinischen Werke, dem *Firdaus al-hikma* („Paradies der Weisheit") des RABBAN AṬ-ṬABARĪ (um 810–um 855), findet sich eine Reihe von Pflanzen des nordpersischen und afghanischen Berglandes sowie des nördlichen Teils von Indien einschließlich des Himalaya (s. SCHMUCKER 1969, S. 25). AṬ-ṬABARĪ, der sich dabei auf ältere, in Hinblick auf die darin erwähnten Drogen nur wenig erforschte syrische und persische Quellen stützt, gibt allerdings fast keine botanischen Beschreibungen an. Wie er haben z. B. auch die oben (s. 3.2.3.) erwähnten Autoren medizinischer Enzyklopädien AR-RĀZĪ, AL-MAǦŪSĪ und IBN SĪNĀ in speziellen Kapiteln das durch die antike Literatur vermittelte Wissen gesammelt, verarbeitet und durch neue aus dem Osten eindringende Nachrichten ergänzt.

Besonders reich an bis dahin unbekannten Pflanzen ist die Schrift *K. aṣ-Ṣaidana fi-ṭ-ṭibb* („Die medizinische Drogenkunde")[2] des mittelasiatischen Gelehrten AL-BĪRŪNĪ (973–1048). Ihr Autor – einer der größten Naturwissenschaftler der arabisch-islamischen Periode überhaupt (vgl. MEYERHOF 1932, S. 3; STROHMAIER 1988, S. 5 ff.) – hat auf der Grundlage der von ihm während ausgedehnter Reisen durch Mittelasien und Indien persönlich erworbenen Kenntnisse, besonders aber durch das Studium einer riesigen Zahl von älteren und zeitgenössischen Quellen[3] etwa 750 Pflanzenarten beschrieben (s. MEYERHOF 1932, S. 14; KARIMOV 1974). Seine Angaben erstrecken sich außer auf die Pflanzenwelt der um das Mittelmeer gelegenen Gebiete auch auf die Flora fast ganz Asiens. Daß die Schrift praktisch keine Verbreitung gefunden hat, läßt sich in erster Linie durch das Fehlen von Angaben über die medizinische Wirkung der von ihm beschriebenen Drogen erklären (vgl. ROZENFEL'D, ROŽANSKAJA & SOKOLOVSKAJA 1973, S. 236).

Eine alphabetisch geordnete Darstellung der *Simplicia*, deren Hauptanteil pflanzliche Drogen ausmachen, enthält das zweite Buch des Kanon der Medizin von IBN SĪNĀ (s. Qānūn II: I 222–470). Es hat große Wirkung auf die pflanzenkundliche Literatur des lateinischen Mittelal-

---

[1]) Die arabischen Bibliographen IBN AN-NADĪM, IBN AL-QIFṬĪ und IBN ABI UṢAIBIʿA verzeichnen über 100 derartiger Schriften. Vgl. auch ULLMANN 1972, S. 257.

[2]) Ed. SAID 1973; russ. Übs. mit ausführlichen Kommentaren (KARIMOV 1974).

[3]) AL-BĪRŪNĪ zitiert ungefähr 100 Autoren. Zahlreiche Werke sind bisher kaum oder überhaupt nicht bekannt; s. MEYERHOF 1932, S. 20 f.

ters, namentlich auf ALBERTUS MAGNUS (s. 3.3.7.), gehabt. Noch im 17. Jh. fertigte der holländische Arzt Vopiscus Fortunatus PLEMP (1601–1671) eine kommentierte lateinische Übersetzung der Simplicia-Schrift an, die 1658 in Löwen erschien (s. PLEMP 1658).

Während von allen bisher genannten Autoren die Pflanzenkunde vornehmlich paradoxographisch betrieben wurde, gab es auch einige Gelehrte, die selbständig botanisiert haben. Hierzu gehört der andalusische Arzt und Autor einer verlorenen Pflanzenschrift MUḤAMMAD FARAḤ (1165–1239). Er soll Kräuter in den unzugänglichsten Gegenden Südandalusiens gesammelt haben (s. ŠAṬṬĪ 1977, S. 248). Außerordentlich wertvoll scheint auch die bisher als verloren zu geltende Schrift des RAŠĪD AD-DĪN AṢ-ṢŪRĪ (1187–1241) *K. al-Adwiya al-mufrada* („Über einfache Heilmittel") zu sein[1]. Wie sein jüngerer Zeitgenosse, der Bibliograph IBN ABĪ UṢAIBIᶜA (gest. 1270) berichtet, hat AṢ-ṢŪRĪ botanische Exkursionen durchgeführt, bei denen er sich von einem Maler begleiten ließ, um die Pflanzen während ihres Wachstums, bei voller Reife sowie im welken Zustand zeichnen zu lassen. Das reich bebilderte Werk habe daneben die Beschreibung einer Reihe bis dahin unbekannter Pflanzen enthalten (s. IBN ABĪ UṢAIBIᶜA, ᶜUyūn XV 703,12 ff.).

Besondere Verdienste um die Sammlung des pflanzenkundlichen Wissens ihrer Zeit haben sich verschiedene Gelehrte Nordafrikas und Spaniens erworben, von denen im folgenden die wichtigsten genannt werden sollen. Der Autor zahlreicher medizinischer Werke IBN AL-ĠAZZĀR (gest. um 1004) verfaßte das Drogenbuch *K. al-Iᶜtimād fī l-adwiya al-mufrada* („Die Zuverlässigkeit betreffs der einfachen Heilmittel")[2], das Beschreibungen der als Drogen benutzen Pflanzen enthält. Die Schrift hat sowohl in freier Bearbeitung als auch in Übersetzung (s. 3.3.7.1.) eine große Wirkung im lateinisch-christlichen Mittelalter entfaltet (s. SCHIPPERGES 1955, S. 89 f.; ders. 1964, S. 21; s.a. ULLMANN 1970, S. 268). Weiterhin ist IBN WĀFID AL-LAḤMĪ (999–um 1068) zu erwähnen, dessen Abhandlung *K. al-Adwiya al-mufrada* („Über die einfachen Heilmittel") in der lateinischen Übersetzung des GERHARD VON CREMONA (s. 3.3.3.) mehrere Auflagen erlebte (s. ULLMANN 1970, S. 273). Im 12. Jh. verfaßte AL-ĠĀFIQĪ (1. Hälfte des 12. Jh.) den *K. al-Adwiya al-mufrada* („Buch der einfachen Heilmittel"), der noch immer als wertvollstes arabisches Werk dieses Genre gilt

(vgl. ULLMANN 1970, S. 277). Der Autor kritisiert in seinem Vorwort die Methode früherer Gelehrter, Kenntnisse über Drogen ohne Überprüfung von anderen übernommen zu haben (s. MEYERHOF & SOBHY 1932). Das AL-ĠĀFIQĪ des öfteren als selbständigen Forscher ausweisende Werk ist besonders durch die darin beschriebene Flora Andalusiens sehr interessant. Es wurde von IBN AL-BAITAR weitgehend ausgeschrieben (s. MEYERHOF & SOBHY 1932, S. 33).

Ebenfalls im 12. Jh. verfaßte der bereits oben (s. 3.2.3.) erwähnte AL-IDRĪSĪ das Werk *K. al-Ǧāmiᶜ li-ṣifāt aštāt an-nabāt* („Das die Eigenschaften der verschiedenen Pflanzen enthaltende Buch"). Der weitgereiste Autor, der im übrigen für den Normannenkönig ROGER II. VON SIZILIEN (reg. 1130–1154) ein berühmtes geographisches Werk schrieb[3], war von dem Bestreben erfüllt, die bei DIOSKORIDES fehlenden Drogen zu ergänzen. Seine Schrift, die analysiert und in Auszügen übersetzt wurde (s. MEYERHOF 1929/30) enthält viele eigene botanische Beobachtungen. In seiner Pflanzenphysiologie folgt AL-IDRĪSĪ ganz der Enzyklopädie der LAUTEREN BRÜDER (s. 3.2.3.).

Von dem bekannten jüdischen Arzt und Theologen MOSES MAIMONIDES stammt die Schrift *Šarḥ asmāʾ al-ᶜuqqār* („Die Erklärung der Drogennamen")[4], bei der es sich um ein alphabetisch geordnetes Glossar von Synonymen medizinischer Drogen handelt. Sie stützt sich auf zahlreiche ältere Werke.

Ein weiteres Beispiel für selbständiges Forschen auf dem Gebiet der Pflanzenkunde liefert uns die Person des ABU L-ᶜABBĀS AN-NABĀTĪ (um 1166 oder 1172–1240). Neben einem Kommentar zu den Pflanzennamen des DIOSKORIDES hat er viele interessante Beobachtungen über Pflanzen in dem Werk *K. ar-Riḥla al-maġriqīya* („Die Orientreise") festgehalten. Manches aus der leider verlorengegangenen Schrift ist uns durch Zitate in dem im folgenden zu besprechenden Werk seines Schülers IBN AL-BAITAR bekannt.

Von IBN AL-BAITAR (Ende des 12. Jh.–1248) stammt die berühmteste aber keineswegs originelle arabische Schrift über einfache Heilmittel, der *K. al-Ǧāmiᶜ li-mufradāt al-adwiya wa-l-aġḏiya* („Das die einfachen Drogen und Nahrungsmittel enthaltende Buch")[5]. Grundlage

---

[1]) Ein bebildertes Exemplar der Hs. soll sich in der Šāh-in-Šāh Bibliothek/Teheran befinden.
[2]) Faksimile-Edition Frankfurt a. M. 1985.

[3]) Es handelt sich um die bedeutendste geographische Schrift des Mittelalters *Nuzhat al-muštāq fi ḫtirāq al-āfāq* („Das Vergnügen dessen, der die Horizonte [d. h. Länder] durchquert").
[4]) Zur Problematik der Übersetzung des Titels s. ULLMANN 1970, S. 290 Anm. 4.
[5]) Ed. Kairo [Būlāq] 1291 H./1875; Eine sehr schlechte dt. Übs. (s. DOZY 1869) lieferte SONTHEIMER 1840–42; franz. Übs. LECLERC 1877–1883.

seines Werkes bilden, wie er selbst im Vorwort hervorhebt (I: S. 2,13 ff. = Übs. SONTHEIMER I, S. XIV), die Schriften Περὶ ὕλης ἰατρικῆς des DIOSKORIDES sowie die *Simplicia*-Schrift des GALEN. Die beiden antiken Autoren werden durch Angaben über mineralische, pflanzliche und tierische Heilmittel von „Neuen" (*muḥdaṯūn*), ergänzt, deren Zahl über 260 beträgt. Einige ihrer Schriften, wie etwa die oben erwähnte von AL-ĠĀFIQĪ, hat er ebenfalls stark benutzt. Allerdings fügt er manchmal Verbesserungen hinzu. Obwohl es sich bei dieser Schrift im wesentlichen um eine Kompilation handelt, darf die wissenschaftliche Leistung des IBN AL-BAIṬĀR, die in der sachkundigen Auswahl und Zusammenstellung des Stoffes bestand, nicht unterschätzt werden. War er doch bemüht, nur solche Heilmittel aufzunehmen, von deren Wirksamkeit er durch eigene Erfahrung und Beobachtung überzeugt war (s. I: S. 3,1 ff. = Übs. SONTHEIMER S. XIV). Die Schrift des IBN AL-BAIṬĀR fand große Verbreitung und diente vielen späteren Autoren als Quelle. Ausgiebigen Gebrauch machte u. a. der armenische Naturforscher und Arzt AMIRDOWLAT[c] AMASIATS[c]I (1420/25–1496) für seine Pharmakognosie *Angitats[c] anp[ɔ] et[ɔ]* („Das Unnötige für Ignoranten")[1]) (s. DUBLER 1956; VARDANIAN 1987; S. 84; VARDANIAN 1990, S. 520 u. 876). IBN AL-BAIṬĀR hat außerdem noch einen Kommentar zur *Materia medica* des DIOSKORIDES (s. ŠIHĀBI 1957) und eine Schrift, in der er einfache Heilmittel nach therapeutischen Gesichtspunkten geordnet abhandelt, geschrieben (s. ULLMANN 1970, S. 281).

Eine erste botanische Klassifikation und Terminologie von Gattungen und Familien versuchte IBN [c]ABDŪN AT-TŪĠĪBĪ (um 1100) in seiner Schrift *[c]Umdat aṯ-ṯabīb fī ma[c]rifat an-nabāt likulli labīb* („Stütze des Arztes beim Erwerb von Wissen über die Pflanzen, für jeden Einsichtigen") (s. COLIN 1940; ASÍN PALACIOS 1943; vgl. auch ULLMANN 1970, S. 274; DIETRICH 1988, S. 30,37).

3.2.6. Pflanzkultur und Landwirtschaft

3.2.6.1. Gartenkultur

Das arabisch-islamische Mittelalter kannte auch eine hochentwickelte Gartenkultur (s. MARÇAIS 1957; LEISTEN 1989; DICKIE 1992; PETRUCCIOLI 1997). Der Garten gilt den Muslimen als Inbegriff des Angenehmen und Schönen, als irdisches Abbild des für das Jenseits verheißenen (Paradies) Gartens (*ǧanna*). Er wird als Ort mit üppiger Vegetation, reich an Quellen und Wasserläufen beschrieben (vgl. z. B. Koran 55 : 48–54; 56 : 27 ff. u. ö.). Die (Baum)Gärten von Damaskus (sog. *ġūṭa*), die man zu den vier[2]) irdischen Paradiesen zählte (s. AN-NUWAIRĪ, Nihāya IV4.1), und die Gärten Andalusiens sind vielfach Gegenstand poetischer Beschreibungen gewesen. Der Omayyade [c]ABD AR-RAHMĀN I. (reg. 756–788) soll in Cordoba weitflächige hängende Gärten errichtet haben, für die er seltene Setzlinge und edle Bäume aus aller Herren Länder zusammentragen ließ (s. MAQQARĪ, Nafḥ aṭ-ṭīb, Bd. 1, S. 466 f.; vgl. auch Analectes I, S. 304; 359; SAMSÓ 1981/82). IBN WĀFID, der uns bereits als Mediko-Botaniker bekannt ist (s. 3.2.5.2.) legte unter YAHYĀ AL-MA[ɔ]MŪN (reg. 1037–1074) im Tagustal in Toledo einen botanischen Garten an und stand ihm als Direktor vor. Ihm folgte in diesem Amte IBN BASSĀL, auf den im nächsten Kapitel noch näher eingegangen wird. IBN LŪYŪN (1282–1349), der in erster Linie landwirtschaftlicher Autor ist (s. 3.2.6.2.), beschreibt in seiner *Urǧūza*[3]) die Anlage eines Mustergartens.

3.2.6.2. Landwirtschaft

Wie neuere Untersuchungen zeigen, sind die frühen Jahrhunderte arabisch-islamischer Herrschaft in den östlichen (*mašriq*) und westlichen (*magrib*) Gebieten, in Ägypten und Iran durch eine rasche Wachstumsphase der Landwirtschaft gekennzeichnet. Dieser Umstand gab Anlaß, von einer „arabischen Agrarrevolution" zu sprechen (s. WATSON 1974, S. 8 ff.; ders. 1981, S. 29 ff.; ders. 1983, 123 ff.; vgl. auch FELDBAUER 1995, S. 54–65). Mit ihrer landwirtschaftlichen Literatur setzten die Araber die Tradition der Spätantike fort, deren geoponisches Schrifttum z. T. schon sehr früh in Übersetzungen vorlag (s. ULLMANN 1972, S. 431). Neben einer großen Zahl von Zitaten aus den Werken griechischer bzw. byzantinischer Geoponiker, die uns ein ungefähres Bild darüber vermitteln, in welchem Umfang die antiken Schriften den Arabern bekannt gewesen sind, hat uns die arabische Tradition darüber hinaus auch noch einige im Original verlorene Schriften erhalten, wie z. B. die berühmten Sammlungen des VINDANIOS ANATOLIOS AUS BERYTOS (s. 3.1.3.5.) und des KASSIANUS

---

[1]) Ed. BASMADJIAN 1926. Das Werk liegt jetzt auch in einer kommentierten russischen Übersetzung vor; s. VARDANIAN 1990.

[2]) Die anderen drei waren der *sugd* von Samarkand, *šī[c]b Buwwān* in Persien sowie *nahr ubulla* in Basra (s. ALŪSĪ o. J. I, S. 186).

[3]) d. i. ein im Raǧaz-Rhythmus abgefaßtes [Lehr-]Gedicht. Ed. und span. Übs. EGNARAS IBÁÑEZ 1975.

Bassus Scholastikos aus Bithynien (s. Ruska 1914, S. 174–179; Nallino 1922), die nach ihrer kritischen Edition möglicherweise ein völlig neues Licht auf die geoponische Literatur der Byzantiner werfen werden (vgl. Ullmann 1972, S. 427 u. 431).

Eine der ältesten arabischen Schriften über die Landwirtschaft ist der *K. al-Filāḥa an-nabaṭīya* („Die nabatäische Landwirtschaft")[1].

Über die Herkunft des Buches konnte bisher keine endgültige Klarheit erreicht werden. Aus der Einleitung der Schrift geht hervor, daß es sich bei dem umfangreichen Werk um eine Übersetzung aus dem Chaldäischen[2] handeln soll, die ein gewisser Ibn Waḥšīya im Jahre 903 angefertigt hat. Von ihm erfährt man des weiteren, daß das Werk in der Ursprache von drei chaldäischen Weisen Daġrīṯ, Yanṭūšār und Qūṯāmā verfaßt worden ist, die nacheinander lebten und ihren Vorgänger jeweils ergänzt haben (s. al-Filāḥa an-nabaṭīya, Bd. I, S. 5). Wie neuere Untersuchungen ergaben (s. Ullmann 1972, S. 440 ff.; Fahd 1978), handelt es sich sehr wahrscheinlich dabei um eine Fälschung des Ibn Waḥšīya, der diese Schrift, gestützt auf hellenistisches und orientalisches Gedankengut, im Sinne der *šuʿūbīya*-Bewegung[3] verfaßt hat, um zu beweisen, daß die Kultur der alten Babylonier der der damaligen Araber überlegen sei.

Die stark mit Magie und Zauber durchsetzte Schrift, deren Inhalt[4] kürzlich eingehend analysiert worden ist (s. El-Faʾiz 1995) enthält eine Menge sehr ausführlicher und genauer Pflanzenbeschreibungen (vgl. Meyer 1856, S. 58) und wurde sehr oft von späteren Autoren als Quelle benutzt.

Die bedeutendsten landwirtschaftlichen Werke der Araber entstanden in Spanien. Nachdem die Andalusier das Wissen des abbasidischen Ostens assimiliert hatten, begannen sie im 10. Jh. eigene Beiträge zur Wissenschaft zu liefern. Neu war z. B. die Einrichtung botanischer Gärten, in denen mit Wurzeln und Samen von Pflanzen experimentiert wurde. Man schrieb Werke, in denen Theorie und Praxis kombiniert wurden. Überhaupt galt das Interesse weniger der magisch-okkulten Seite als nüchternen Regeln für die Praxis (vgl. auch Endress 1992, S. 150). Diese neuartige Herangehensweise der

westarabischen Gelehrten rechtfertigt es, von einer „spanischen Schule der Agronomie" zu sprechen (s. García Sánchez 1992, S. 987 f.), die zu einer „landwirtschaftlichen Revolution" im 11. Jh. geführt haben soll (s. Bolens 1978; Bolens 1981).

Den Auftakt der andalusischen Schule der Agronomie bildet die Schrift *Muḫtaṣar kitāb al-filāḥa* („Kompendium des Buches über Landwirtschaft") des vor allem als Autor eines chirurgischen Werkes bekannten Abu l-Qāsim az-Zahrāwī (gest. nach 1009) (s. Vernet & Samsó 1981). Ein *Maǧmūʿ fi l-filāḥa* („Corpus der Landwirschaft") betiteltes Buch über Landwirtschaft, in dem verschiedene griechische Geoponiker zitiert werden, verfaßte der bereits mehrfach erwähnte Ibn Wāfid al-Laḫmī. Seine Schrift, die ins Kastilische und Katalanische übersetzt wurde (s. Millás-Vallicrosa 1943; Mettmann 1980), hat der Spanier Gabriel Alonso de Herrara (um 1480–um 1560) für seine *Agricultura generale* („Allgemeine Landwirtschaft") benutzt, ein Werk, das noch im 19. Jh. in mehreren Auflagen gedruckt wurde (s. Jessen 1864, S. 244). Von dem als Gartenarchitekten erwähnten Ibn Baṣṣāl (11. Jh.) wissen wir, daß er einen *Diwān al-filāḥa* („Landwirtschaftliche Sammlung") verfaßt hat. Davon ist jedoch nur noch eine kürzere Fassung, nämlich der *K. al-Qaṣd wa-l-bayān* („Buch des Zwecks und der Erläuterung"), erhalten[5].

Auch diese Schrift ist ins Kastilische übertragen worden (s. Millás-Vallicrosa 1948). In den ersten der insgesamt 16 Kapitel dieses Buches werden allgemeine Fragen wie z. B. die Arten des Wassers, des Bodens und des Düngers behandelt. Daran schließen sich Ausführungen über das Anpflanzen von Obstbäumen sowie Hinweise für das Propfen und Beschneiden der Bäume an. Nach mehreren Kapiteln, in denen vorwiegend auf verschiedene Gemüsesorten eingegangen wird, schließt das Werk mit allgemeinen landwirtschaftlichen Ratschlägen.

Die Darlegungen des Ibn Baṣṣāl sind sehr sachlich gehalten und weisen – typisch für die andalusischen Autoren – keine magischen oder astrologischen Zusätze auf. Vieles läßt auf ein hohes Maß an eigener Erfahrung schließen und so erinnert sein Werk unwillkürlich sowohl in Hinblick auf die Geisteshaltung des Autors wie in Hinblick auf die nüchtern-sachliche Darlegung des Stoffes an die berühmte Schrift des Columella (s. 2.5.3.). Obwohl Ibn Baṣṣāl keine Quellen nennt, wird auch er sich auf ältere Autoren gestützt haben (s. Ullmann 1972, S. 445). Ebenfalls im 11. Jh. schrieb Ibn Ḥaǧǧāǧ al-Išbīlī verschiedene landwirtschaftliche Schrif-

---

[1] Inzwischen liegt der erste von insgesamt drei Teilen einer textkritischen Edition vor. Siehe Fahd 1994.

[2] Chaldäisch ist die veraltete Bezeichnung für die westaramäische, nachbiblische Sprache. Die Chaldäer sind eine Gruppe aramäischer Stämme, deren Existenz seit dem 9. Jh. v. Chr. im südlichen Babylonien nachgewiesen ist.

[3] Bewegung, die nach sozialer und politischer Gleichberechtigung der Nichtaraber strebte; siehe dazu Enderwitz 1996.

[4] Ein detailliertes Inhaltsverzeichnis findet sich bei Fahd 1978.

[5] Ed. Millás Vallicrosa & Aziman 1955.

ten, deren bedeutendste, der *K. al-Muqni[c] fi l-filāḥa* („Das überzeugende [Buch]" über Landwirtschaft"), nur teilweise erhalten ist[1]). Ibn Ḥaǧǧāǧ scheint neben griechischen insbesondere auch lateinische Autoren als Quelle benutzt zu haben (s. Bolens 1981, S. 44 ff.; Sezgin 1971, S. 309; vgl. auch Meyer 1856, Bd. 3, S. 248 ff.). Weitere Vertreter der spanischen agronomischen Schule im 11. Jh. sind der Literat und Poet At-Tiǧnārī und Abu l-Ḥair al-Išbilī, die beide wie Ibn Ḥaǧǧāǧ aus Sevilla stammen (s. Ullmann 1972, S. 444–447). Das umfangreichste arabische Werk über Agrikultur ist der *K. al-Filāḥa* („Landwirtschaftsbuch") des bereits im Zusammenhang mit der Tierheilkunde (s. 3.2.4.6.) genannten Ibn al-[c]Awwām[2]).

In 35 Kapiteln handelt der Autor folgende Probleme ab: Bodenbeschaffenheit, Düngemittel, Wasser, Baumzucht, Anbau von Getreide, Hülsenfrüchten und anderen Feldfrüchten, Gartenbau sowie allgemeine Fragen über Ernte und Aufbewahrung von Früchten. Die letzten Kapitel sind der Tierzucht und Tierheilkunde gewidmet (s. Meyer 1856, Bd. 3, S. 262 ff.). Obwohl die Schrift sehr berühmt ist, stellt sie nicht viel mehr als eine Kompilation aus älteren Schriften dar (zu den Quellen s. Attié 1982). Insofern erinnert sie an das oben (s. 3.2.5.3.) angeführte *Simplicia*-Werk des Ibn al-Baiṭār (vgl. Ullmann 1972, S. 447). Das Werk liegt in spanischer (s. Banqueri 1802), französischer (s. Clément-Mullet 1864/67) und partiell in englischer Sprache (s. Lord 1979) vor. Mit der Urǧūza des bereits erwähnten Ibn Luyūn (s. 3.2.5.3.) findet die spanische Schule im 14. Jh. ihren Abschluß.

Im Gegensatz zum Westen der arabischen Welt tauchen im Osten erst spät größere Abhandlungen über Landwirtschaft auf. Von Andalusien verlagerte sich der Schwerpunkt vorübergehend nach Südarabien. Dort entstanden während der mamelukisch-türkischen Dynastie der Rasuliden (1233–1454) im Jemen mehrere Werke zur Agrikultur. Ihre Autoren waren die Regenten selbst. Zu den wichtigsten zählt die Schrift *Buġyat al-fallāḥīn li-l-asǧār al-muṯmira wa-r-rayāḥīn* („Das erstrebte Ziel der Ackerbauern in bezug auf die fruchtbringenden Bäume und Duftpflanzen") von dem Sultan Al-Malik Al-Afḍal Al-Ġassānī (gest. 1364). Es liegt in englischer Übersetzung vor (s. Serjeant 1974). Wenig Beachtung, da bisher nur als Handschrift vorliegend, fand der *K. al-Malāḥa fī [c]ilm al-filāḥa* („Anmut in der Wissenschaft des Landbaus")[3] von Raḍīaddīn Al-Ġazzī (1457–1529). Sein aus Damaskus stammender Autor war

hauptberuflich als Jurist tätig, besaß aber ein ganz offenkundiges Interesse für Acker- und Gartenbau. Die aus acht Kapiteln bestehende Schrift behandelt u. a. Bodenarten und Düngung (1. Buch), Bewässerung vermittelst Kanalsystemen (2. Buch), Pflanzung und Pflege von Bäumen und Sträuchern (3. Buch), Veredlung durch Pfropfen (4. Buch), Anbau von Getreide und Nutzpflanzen (5. Buch), Gewürzpflanzen und medizinische Botanik (6. Buch), Anwendung magischer Mittel zur Erzielung guter Erträge sowie Einsatz von Schädlingsbekämpfungsmitteln (7. Buch) sowie Haltbarmachung und Aufbewahrung von Nahrungsmitteln (8. Buch). In die Abhandlung von Al-Ġazzī sind zahlreiche Kenntnisse eingeflossen, die er während ausgedehnter Reisen nach Ägypten, Palästina und auf der Arabischen Halbinsel gewann (s. Hamarneh 1978).

Ein großes Verdienst haben sich die Araber dadurch erworben, daß sie zahlreiche Nutzpflanzen neu angebaut und z. T. nach Europa eingeführt haben. Hier ist etwa der Reis zu erwähnen, den die Araber nach der Eroberung Ägyptens zunächst im Nildelta und später in Spanien anbauten. Weitere Kulturpflanzen, die erst durch die Araber zum bleibenden Besitz Europas wurden, sind Safran, Pomeranze, Zukkerrohr, Dattel, Zitrone, Aprikose, Pfirsich, Birne und Wassermelone (s. Heyd 1879; Hehn 1911).

3.3. Biologie der lateinisch-christlichen Periode

In Byzanz, das im 4. Jh. die Nachfolge Ostroms angetreten hatte, war es nicht zuletzt aufgrund der Tatsache, daß das Griechische weiterhin Verkehrs- und Wissenschaftssprache blieb, zu keinem äußerlichen Bruch mit der antiken Wissenschaftstradition gekommen. Zwar lagen die Verhältnisse in den vom Islam beherrschten Gebieten anders, doch gelang es auch dort sehr schnell, an das Erbe des antiken Wissensgutes anzuknüpfen. Demgegenüber entstand durch den im 5. Jh. endgültig erfolgten Zusammenbruch des römischen Weltreiches und die infolgedessen auftretenden Begleiterscheinungen, wie das Vorwalten weitgehend schriftloser Kulturen, im Westen des ehemaligen Imperium Romanum ein merklicher Riß. Es bedurfte eines über mehrere Jahrhunderte dauernden Prozesses, bis die neue feudale Gesellschaft Westeuropas die Höhe benachbarter Kulturen erreicht hatte.

Bis zum Ende des 8. Jh. verharrten die Wissen-

---

[1]) Ed. Ǧarrār & Abū Ṣāfīya 1982; span. Übs. Carabaza Bravo 1988.
[2]) Ed. Banqueri 1802.
[3]) Das Werk liegt bisher nur handschriftlich vor. Siehe Hamarneh 1978, S. 228 Anm. 1.

schaften im christlichen Europa im ganzen gesehen auf einem außerordentlich niedrigen Niveau. Ein Aufschwung konnte erst einsetzen, als auch die wirtschaftliche und technische Entwicklung einen bestimmten Stand erreicht hatte. Seit dem 8./9. Jh. wurden Neuerungen eingeführt, die es gestatteten, langsam, aber durchgreifend die Produktivität im Agrarsektor zu steigern. Dazu gehörten etwa der Übergang zur Dreifelderwirtschaft, die Anwendung der Fruchtwechselfolge sowie der Einsatz von Egge und Pferd. Alles dies führte neben weitreichenden Rodungen dazu, daß die landwirtschaftliche Produktion stieg. Die Fläche der zu bestellenden Ländereien nahm zu und ermöglichte es, mehr Menschen zu ernähren. Allmählich bildeten sich trotz vorherrschender Naturalwirtschaft Wirtschaftsräume heraus, die einen meßbaren Überschuß ermöglichten und schrittweise den Austausch von Produkten begünstigten. Das Handwerk löste sich aus der Dorf- oder Fronstruktur. Mit dem Nahhandel wuchs schließlich auch der Fernhandel. Die steigenden Ansprüche, besonders an den Höfen des Adels, begünstigten diesen Prozeß. Sichtbares Zeichen dafür waren die Stadtbildungen an den Wohnsitzen geistlicher und weltlicher Fürsten. Mit dem Handel wuchs auch die Rolle des Geldes als Tauschobjekt. Man mußte zählen, rechnen und schreiben können. In den Städten entstanden erste weltliche Schulen (vgl. WERNER 1975, S. 6 ff.; LE GOFF 1991, S. 33 f.; MENSCHING 1992, S. 129 f.).

Drei Ereignisse, von denen zwei mit dem Namen des byzantinischen Kaisers JUSTINIAN D. GR. (reg. 527–565) verbunden sind, haben für die Herausbildung der mittelalterlichen europäischen Zivilisation prägende Bedeutung gehabt. Sie werden im allgemeinen für das Jahr 529 angenommen[1]), mit dem übrigens Georg Friedrich Wilhelm HEGEL (1770–1831) das Mittelalter beginnen läßt (s. HEGEL, Ed. GLOCKNER 1971, Bd. 19, S. 99). Damals kam es nämlich 1. zur Schließung der philosophischen Schule (Akademie PLATONS) in Athen, 2. zum Erscheinen des ersten Teils des *Corpus Iuris Civilis* sowie 3. zur Begründung des Benediktinerordens auf dem Stammkloster von Monte Cassino in Süditalien. Durch den Übertritt des Frankenkönigs CHLODWIG (um 466–511) zum katholischen Christentum wurden christliche Traditionen und Dogmen für einen großen Teil Westeuropas verbindlich. Damit verbunden war der Anschluß an das Latein der Bibel und Liturgie. Vergleichbar mit der Rolle von Islam und arabischer Sprache im

Orient trugen Christentum und Latein im Okzident zur Schaffung eines gemeinsamen kulturellen Raumes bei (vgl. LEGOFF 1991, S. 173). Es ist die lateinische Sprache, die der Periode ihren Namen gegeben hat (vgl. auch CURTIUS 1961, S. 37). Das lateinische Mittelalter wird im allgemeinen in ein Frühmittelalter (4./5. Jh.–12. Jh.), ein Hochmittelalter (13.–14. Jh.) und ein ausgehendes Mittelalter (14.–15. Jh.) eingeteilt.

3.3.1. Der Klerus als Bildungsträger

Während die Fähigkeit des Lesens und Schreibens bei den Laien weitgehend geschwunden war, setzte das Studium der Bibel eine derartige Bildung voraus. Es waren daher gerade die Geistlichen, die noch Zugang zu den antiken Wissenschaften hatten und in den Klöstern durch Aufbewahren und Abschreiben antiken Gedankengutes einen Beitrag zur geistig-kulturellen Bildung leisteten.

Eine Klammer zwischen der Antike und dem lateinischen Mittelalter bildet der gemeinhin als „letzter Römer" und „erster Scholastiker" apostrophierte Anicius Manlius Severinus BOËTHIUS (um 480–524). Der unter dem Ostgotenkönig THEODERICH (471–526) als Magister officiorum („Hofkanzler") tätig gewesene Philosoph schrieb 523 im Gefängnis das Werk *De Consolatione Philosophiae* („Trost durch die Philosophie"), mit dem er die antike Philosophie und Mythologie mit der christlichen Theologie zu versöhnen suchte. BOËTHIUS hinterließ überhaupt ein umfangreiches Werk aus lateinischen Übersetzungen und Kommentaren zu ARISTOTELES und PORPHYRIUS (um 233–um 300)[2]), Traktaten zur Logik, Arithmetik, Musik und theologischen Problemen. Er billigte der Naturwissenschaft Eigenständigkeit neben der Theologie zu. Sein Ziel war es, das *Corpus Platonicum* und *Corpus Aristotelicum* vollständig ins Lateinische zu übersetzen und mit Kommentaren zu versehen, um schließlich die Einheit beider Denker aufzuzeigen (vgl. SCHENK & WÖHLER 1980; GRUBER 1983, Sp. 309; s. a. UKOLOVA 1987, S. 58–74; WÖHLER 1990, S. 19 ff.).

3.3.1.1. Die enzyklopädische Literatur

Dem jüngeren Zeitgenossen und Nachfolger im Staatsamt des BOËTHIUS, Flavius Magnus Aurelius CASSIODORUS (ca. 490–ca. 585), schwebte vor, eine Akademie nach dem Beispiel des spät-

---

[1]) Die Jahreszahl gilt nicht als absolut sicher.

[2]) griech. Philosoph, Schüler und Biograph PLOTINS (204–270), Vertreter des Neoplatonismus.

antiken Alexandrien und des syrischen Nisibis[1]) zu begründen. Nachdem es Papst AGAPETS I. (reg. 535–536) nicht gelungen war, in Rom eine theologische Hochschule zu errichten, schuf CASSIODOR 555 bei Scylaceum (heute Squillace) in Kalabrien das Monasterium Vivariense. Das Kloster hat lange Zeit im Mittelalter nachgewirkt (s. THIELE 1932; LUDWIG 1967). 544 verfaßte CASSIODOR(US) zur Belehrung seiner Mönche die in zwei Büchern angelegte Enzyklopädie *Institutiones divinarum et De artibus ac disciplinis liberalium litterarum* („Lehrbuch der göttlichen und weltlichen Wissenschaften“)[2]). Sie stellt das erste eigenständige Lehrbuch des frühen Mittelalters dar. CASSIODOR sammelte Handschriften antiker Werke, die er – zumeist handelte es sich um vulgärlateinische Übersetzungen – den Mönchen zur Lektüre empfahl. Dabei ging es ihm, wie allgemein typisch für das Mittelalter, um ein besseres Verständnis der göttlichen Offenbarung. CASSIODOR stellte die heilige Schrift über das Quadrivium. Im Vorwort heißt es: „Das, was seinen Anfang von der heiligen Schrift nimmt, versuchen wir tiefer mit Hilfe des Wissens zu verstehen“ (s. CASSIOD., Inst. Praefat., MPL 70, Sp. 1108). Wie in Byzanz und bei den Arabern geht es in erster Linie darum, am Beispiel der vielgestaltigen Erscheinungen der belebten Natur die Existenz eines Schöpfergottes herauszustellen.

Auf BOËTHIUS fußt die Schrift *Etymologiae*[3]) („Etymologien“) des Bischofs von Sevilla, ISIDOR HISPALENSIS (um 560–636). Dabei handelt es sich um ein Werk, das eine Art Realenzyklopädie aller Wissenschaften darstellt. Es war eines der meistgelesenen Bücher überhaupt (s. BISCHOFF 1961; DIESNER 1973, S. 25 ff.; ders. 1977, S. 84 ff.). ISIDOR wurde zu einem der wichtigsten Vermittler des in der Antike angelegten Konzepts der *Septem artes liberales* („Sieben freien Künste“)[4]), die im Mittelalter zu den propädeutischen Fächern jeder höheren wissenschaftlichen Betätigung wurden. Dabei handelt es sich um die drei formalsprachlichen Künste des *Triviums* („Dreiweg“) Grammatik, Rhetorik und

Dialektik sowie die vier mathematischen Wissenschaften des *Quadriviums* („Vierweg“) Arithmetik, Musik, Geometrie und Astronomie. Daneben geht er auf Wissensgebiete ein, die auch als *artes mechanicae* („mechanische Künste“) bezeichnet wurden, bei denen es sich um die angewandten und technischen Wissenschaften handelte. Hierzu zählten die Heilkunde (lib. IV), die Anatomie des Menschen (lib. XI), die Zoologie (lib. XII), die allgemeine Naturlehre (lib. XIII), die Steine und Metalle (lib. XVI), der Acker- und Gartenbau (lib. XVII)[5]).

ISIDOR stützt sich, wie er selbst ausführt, auf Quellen, die er wörtlich ausschreibt (s. SCHMEKEL 1914, S. 30), aber im einzelnen nicht nennt. Wie die Forschung ergab, handelt es sich im wesentlichen um den römischen Schriftsteller Gajus Julius SOLINUS (3. Jh.), der mit seinen um 250 verfaßten *Collectanea rerum memorabilium* („Sammlung wissenswerter Dinge“)[6]) einen Auszug aus der *Historia naturalis* des PLINIUS d. Ä. (s. 2.5.2.) gemacht hatte. Daneben benutzte er die römischen Dichter HORAZ (65–8 v. Chr.), VERGIL (70–19 v. Chr.) und LUKREZ (um 96–55 v. Chr.).

Aus den Werken von PLINIUS d. Ä. und ISIDOR VON SEVILLA stellte der angelsächsische Benediktiner BEDA VENERABILIS (um 673–735) seine kurze kosmologische Schrift *De natura rerum* („Über die Natur der Dinge“)[7]) zusammen (s. BLAIR 1970). Als weiterer Autor einer Enzyklopädie ist der Mainzer Bischof HRABANUS MAGNENTIUS MAURUS (um 780–856) zu nennen. Er zählt als ein Hauptvertreter der von den Benediktinern gepflegten Naturgeschichte. Seine aus 22 Büchern bestehende Schrift *De rerum naturis* („Über die Naturdinge“)[8]) war als Hilfsmittel für die Bibelexegese gedacht. Inhaltlich stützt sie sich vorwiegend auf PLINIUS (s. 2.5.2.) und den eben erwähnten ISIDOR VON SEVILLA (vgl. auch FELLNER 1879; HEYSE 1969).

Neben dieser ersten Periode im Frühmittelalter, in der naturwissenschaftliche Enzyklopädien verfaßt wurden, entstanden in einer zweiten im Hochmittelalter weitere große enzyklopädische Werke. Sie haben dem 13. Jh. auch die Bezeichnung „Jahrhundert der Enzyklopädien“ eingebracht. Dabei handelte es sich um das von dem Franziskanermönch BARTHOLOMAEUS ANGLICUS (vor 1200–nach 1250) verfaßte, 19 Bücher um-

---

[1]) heute Nisibin in Mesopotamien (Irak).
[2]) Ed. MPL 70, Sp. 1105–1218; MYNORS 1937; engl. Übs. JONES 1946.
[3]) Die Schrift ist auch unter dem Titel „Origines“ bekannt, eine Bezeichnung, die aber erst auf neuere Editionen zurückgeht; vgl. dazu FONTAIN 1991, Sp. 678.
[4]) Die Vorstellung der Zusammengehörigkeit der Disziplinen des Trivium und ihrer propädeutischen Funktion für die Philosophie findet in Anfängen in der Stoa, deutlicher dann im Platonismus ab dem 2. Jh. ihren Ausdruck. Die Bewertung der vier mathematischen Fächer des Quadrivums als Vorstudium der Philosophie geht auf PLATON zurück.

[5]) Zu den *artes mechanicae* s. RÜEGG, Themen etc., 1993, S. 41 f.
[6]) Ed. MOMMSEN 1895. In einer *Polyhistor* betitelten Neubearbeitung im 6. Jh. ist das Buch im Mittelalter viel benutzt worden.
[7]) Ed. MPL 90, Sp. 187–278.
[8]) Ed. MPL 111, Sp. 9–614. Der Titel *De universo*, unter dem das Werk ebenfalls bekannt wurde, taucht erst in den gedruckten Ausgaben auf; vgl. KOTTJE 1991, Sp. 146.

Abb. 19. Tierdarstellungen (Miniaturen) zu der mittelalterl. Handschrift „Über die Eigenschaften der Dinge" von Bartholomäus Anglicus (Anf. 13. Jh.) aus einer französ. Abschrift (Anf. 15. Jh.). Univ. Bibl. Jena. Aus I. Kratzsch (Hrsg.) 1982, S. 99.

fassende Handbuch *De proprietatibus rerum* („Über die Eigenschaften der Dinge")[1]. In ihm ist das gesamte Wissen seiner Zeit in systematischer und allgemeinverständlicher Form zusammengefaßt (s. se Boyar 1920). Eine gewisse Einheit bilden die Bücher 8–18. Sie sind der sichtbaren Welt gewidmet. Steine und Metalle (Buch 16), Pflanzen (Buch 17) und Landtiere (Buch 18). Bartholomaeus erwähnt auch viel Wundersames, wie etwa Satyrn (Abb. 19).

Aus der Zeit um 1225 stammt die im wesentlichen naturkundlich und literarisch anspruchslose fünfteilige Enzyklopädie *De finibus (bzw. floribus) rerum naturalium* („Über die Grenzen der Naturdinge")[2] aus der Feder des Arnold von Sachsen/Arnoldus Saxo (13. Jh.). In ihr werden Kosmologie, Tier- und Pflanzenkunde, Edelsteine sowie ethische Fragen erörtert. Der Autor hat eine Reihe von mit Autorennamen gekennzeichneten Zitaten ohne eigenen Kommentar zusammengetragen, die u.a. aus lateinischen Übersetzungen des Corpus Aristotelicum stammen (s. Hünemörder 1980 a, Sp. 1008; s.a. Stange 1885). Die Enzyklopädie ist von Albertus Magnus für *De animalibus* und Vinzenz von Beauvais für sein *Speculum naturale* benutzt worden (s. Sturlese 1990, S. 298–306).

Thomas von Cantimpré/lat. Cantimpratensis (1186–1270 o. 1272), ein Schüler des Albertus Magnus, schrieb die Enzyklopädie *Liber de natura rerum* („Über die Natur der Dinge")[3]. Das Werk ist in drei Hauptversionen bekannt, von

denen die ersten beiden (Thomas I/II in 19 bzw. 20 Büchern) vom Autor selbst stammen und ca. 1244 vorlagen. Die volkssprachige Wirkung erstreckte sich vor allem auf den flämischen Raum durch eine handschriftlich weit verbreitete gereimte mittelniederländische Bearbeitung (von Buch 1–15 mit Auslassungen) als *Der naturen bloeme* („Blume der Natur")[4] (s. Nischik 1986, S. 69–229) von Jacob van Maerlant (um 1235–um 1300)[5].

Zwei deutsche Übertragungen durch den schwäbischen Schulmeister Peter Königschlacher aus dem Jahre 1472 und den Zisterzienser Michael Baumann (von Buch 1–18) aus dem Jahre 1478 blieben ohne Nachwirkung. Die sog. 3. Fassung von einem unbekannten, wahrscheinlich in Wien wirkenden Bearbeiter ist ihrerseits in zwei Redaktionen bekannt (s. Ulmschneider 1992; diess. 1994). Die erste davon (Thomas III[a]) in nur wenigen Handschriften beginnt mit den Vierfüßlern (= Buch 4 von Thomas I/II) und enthält Zusätze, welche später ausgeschieden wurden. Die zweite Redaktion (Thomas III[b]) wurde dadurch bekannt, daß sie mit den Himmelsregionen (= Buch 16 von Thomas I/II) beginnt und daß sie die Hauptvorlage des „Buches der Natur" (1348/50) des Konrad von Megenberg wurde[6]. Wie kürzlich nachgewiesen werden konnte, wurden vor 1299 die Tierbücher von Thomas III[a] ebenso wie *De proprietatibus rerum* des Bartholomaeus Anglicus von dem Zisterzienser Heinrich von Schüttenhofen zur naturkundlichen Grundlage für seine in mehreren Handschriften verbreiteten *Moralitates de naturis animalium* („Lehrreiches über die Natur der Animalien") gewählt (s. Hünemörder 1994).

Der französische Dominikaner Vinzenz von Beauvais/lat. Vincentius Bellovacensis (um 1190–1264) verfaßte im Auftrage des Königs Ludwig IX. (reg. 1226–1270) das Werk *Speculum majus* („Großer Spiegel")[7]. Es umfaßte ursprünglich nur zwei Teile: *Speculum naturale* und *Speculum historiale*. Erst später kam ein *Speculum doctrinale* hinzu. Zu dem *Speculum majus tripartium* hat dann schließlich ein anonymer Autor das *Speculum morale* hinzugefügt, das vorwiegend auf der *Summa Theologiae* (s. u.) des Thomas von Aquin fußt. Aufgrund der Breite seiner Darstellung wurde er zum „Plinius" seiner Zeit (vgl. Guzman 1989).

In die Reihe der enzyklopädischen Werke gehört auch die *Summa Theologiae* („Summe der Theologie")[8] des Thomas von Aquino (1205–1274).

---

[1]) Ed. Pontanus von Braitenberg 1601 (Neudruck Frankfurt/M. 1964).
[2]) Ed. Stange 1905/07.
[3]) Ed. Boese 1973.

[4]) Ed. Verwijs 1878 (1980) und Gysseling 1981.
[5]) Zu diesem s. Gerritsen 1991.
[6]) Eine kritische Edition des lat. Textes von Thomas III[b] wird von Benedikt Vollmann/München vorbereitet.
[7]) Ed. Dovai 1624.
[8]) Die *Summa* wurde ins Mittelhochdeutsche übersetzt. Siehe Morgan & Strothman 1950.

KONRAD VON MEGENBERG (um 1309–1374) verfaßte in (mittelhoch-)deutscher Sprache das *Puch von den naturleichen dingen* („Buch von den natürlichen Dingen"). Es stellte eine systematische Darstellung der Naturgeschichte dar (s. NISCHIK 1986, 231–328; WEBER 1986)[1]). Die acht Bücher sind wie folgt gegliedert: 1. Der Mensch und seine Natur, 2. Der Himmel und die Planeten, 3. Die Tiere (geordnet nach Vierfüßlern, Vögeln, Meerwundern, Fischen, Schlangen und Würmern), 4. Die Bäume, 5. Die Kräuter, 6. Die Edelsteine, 7. Die Metalle, 8. Die wunderbaren Brunnen[2]). Die Schrift ist praktisch eine deutsche Bearbeitung des erwähnten *Liber de natura rerum* von THOMAS CANTIMPRATENSIS (vgl. BRÜCKNER 1961). Die Anschauungen sind insgesamt rein aristotelische, doch bleibt er hinter diesem zurück. So sind seine Vorstellungen über die anatomischen Verhältnisse z. T. noch ganz verworren, wenn er beispielsweise kaum Unterschiede zwischen Blutgefäßen und Nerven macht (s. SCHULZ 1897, S. VI). KONRAD übersetzte nicht einfach, sondern war bestrebt, seine Vorlage kritisch zu bearbeiten. Ihre Bedeutung liegt nicht so sehr in ihrem wissenschaftlichen Wert als vor allem in ihrer Breitenwirkung (s. EIS 1967, S. 4).

3.3.2. Die Scholastik

Die Intention des CASSIODOR, das antike Wissen aufzubereiten, zu pflegen und zu mehren, fiel insbesondere bei den Benediktinern, denen er innerlich verbunden war, auf fruchtbaren Boden. Ihre Klöster stellten für lange Zeit den geistigen Mittelpunkt Westeuropas dar. BENEDICTUS, der Vater des Mönchstums in Westeuropa, gründete 529 auf dem Hügel von Monte Cassino (ca. 140 km südlich von Rom) das berühmte Mutterkloster der Benediktinermönche. Die fast ausschließliche Beschränkung des Wissens auf den Klerus erwies sich für die allgemeine gesellschaftliche Entwicklung aber immer mehr als unzureichend. Kaiser KARL D. GR. (reg. 768–814), der selbst wahrscheinlich nicht richtig lesen und schreiben konnte[3]), erkannte

die mangelnde Bildung seiner Untertanen. Er rief deshalb 781 den irischen Benediktinermönch Mönch ALKUIN (um 730–804) nach Aachen, wo er der neu gegründeten „Hofschule" (*Schola palatina*) vorstand. Als Berater des Kaisers in kirchlichen und kulturellen Fragen wurde ALKUIN einer der Exponenten der „karolingischen Renaissance", die vor allem durch eine tiefgreifende Bildungsreform gekennzeichnet ist. Bildung wurde im wahrsten Sinne des Wortes „hoffähig". Für den Kirchenvater TERTULLIAN (s. 3.1.) oder andere Vertreter der Geistlichkeit früherer Jahrhunderte hatte es noch genügt, „zu wissen, daß alle Dinge durch Gottes Geist geordnet sind und durch einen Willen, den man nicht ergründen kann" (vgl. AGATHIAS MYRINAEUS, Histor. II 15,13: II 11 f.). Nunmehr galt die Devise: Man muß verstehen, was man glauben soll. Von weitreichender Bedeutung wurde es, daß die *Sieben Freien Künste* in den Bildungsplan aufgenommen wurden. Zum *Quadrivium* kamen nach und nach neue Disziplinen hinzu. Erweitert um Astronomie, Mechanik und Medizin wurde das *Quadrivium* nun als *Physica* („Naturkunde") gelehrt. Die Lehrer der *Artes liberales* an den Kathedral und Klosterschulen wurden von jetzt an *Doctores scholastici* oder einfach „Scholastiker" genannt, eine Bezeichnung, die später auf alle, die sich schulmäßig mit den Wissenschaften beschäftigten, überging. Gemeinsam mit den Klöstern, unter denen besonders das Kloster SaintVictor vor Paris herausragende Bedeutung erlangte, bildeten auch die Kathedralen das intellektuelle Zentrum im mittelalterlichen Europa. Hier ist vor allem die **Schule von Chartres**, die ein geistiges Zentrum im 12. Jh. darstellte, zu nennen. Sie war durch die Hinwendung zu einem platonisch gefärbten Rationalismus und Naturalismus gekennzeichnet. Dies äußerte sich u. a. darin, daß man der physikalischen Erklärung des Universums vor der theologischen den Vorzug gab (vgl. KLIBANSKY 1961; WERNER 1976, S. 29; LEGOFF 1991, S. 57). Daneben spielten die Schulen von Tours und Reims eine herausragende Rolle. Überall herrschte der Geist eines humanistischen Rationalismus, zu dem die Übersetzungen aus dem Arabischen entscheidend beigetragen haben.

Die Aneignung des Wissens der griechisch-römischen Antike sowie der christlichen Kirchenvätertheologie stellte einen sich über Jahrhunderte erstreckenden Lernvorgang dar. Als frühester Scholastiker ist der bereits erwähnte BOËTHIUS anzusehen. Er hatte formuliert: *Et fidem si poteris rationemque coiuunge* „Verknüpfe, so viel du vermagst, den Glauben mit der Vernunft" (s. Utrum Pater et Filius etc.: MPL 64, Sp. 1302 C).

---

[1]) Das Werk gilt als erste Naturgeschichte in deutscher Sprache. Es gab aber bereits davor naturgeschichtliche Abhandlungen, wie *Aurea gemma, Lucidavius, Physiologus* und die *Meinauer Naturlehre*, die aber kaum weite Verbreitung fanden.

[2]) Ed. PFEIFFER 1861. Eine Übersetzung ins Neuhochdeutsche lieferte SCHULZ 1897.

[3]) KARL D. GROSSE beherrschte nach seinem Biographen EINHARD das Lateinische wie das Fränkische. Griechisch konnte er besser verstehen als sprechen; s. EINHARD, Vita Karoli Magni 25: S. 49.

Diese Maxime ist von den Scholastikern nicht selten bis an die Grenze des Rationalismus befolgt worden. Nicht ohne Grund ist die Meinung entstanden, wonach Scholastik vor allem den Anspruch bedeute, die Wahrheiten des Glaubens mit rationaler Argumentation beweisen zu können. Die angestrebte Verbindung und Übereinstimmung von Glauben und Wissen zeigte in der Spätscholastik Zeichen einer Art „Auflösung". Es kam im Rahmen einer skeptisch-kritischen Betrachtung der bisherigen Theologie, Metaphysik und Erkenntnistheorie zu einer gewissen Verselbständigung des philosophischen Denkens. Damit bestand ein Ansatz in Richtung auf eine neue Methode der Weltbetrachtung. Die Scholastik war, wie es im Namen zum Ausdruck kommt (lat. *schola* = Schule), gewissermaßen „eine durch mehrere Jahrhunderte durchgehaltene schulische Veranstaltung von ungeheurem Ausmaß" (s. PIEPER 1960, S. 28). Der Geist der Scholastik kam zum einen in der *auctoritas* (Autorität), zum anderen in der *ratio* (Verstand) zum Ausdruck. Anders formuliert, in der Tradition und dem sie durchdringenden Denken, wobei der *ratio* die Aufgabe zufiel, die unterschiedlichen Überlieferungen in Übereinstimmung zu bringen. Unter scholastischer Methode wird demnach der Versuch verstanden, alle Probleme der Weltanschauung und Wissenschaft deduktiv mittels bloßer Durchdenkung zu lösen und zwar zum großen Teil auf (begriffs)dialektischer Grundlage. Das sah im einzelnen so aus, daß man zuerst aufgestellt hat, was für und was gegen eine Behauptung einer theologischen, philosophischen oder medizinischen Autorität spricht. Aus beiden Urteilen wird daraufhin ein Schluß abgeleitet und dann werden die Widersprüche in logischer Manier beseitigt. Es versteht sich, daß diese Methode eine ambivalente Bedeutung hatte. Für die wissenschaftliche Bearbeitung des Wissensstoffes mittels begrifflichen Denkens war sie positiv. Für eine unbefangene Beobachtung war sie negativ.

3.3.2.1. Die Herausbildung der Universitäten

Das gestiegene Bildungsbedürfnis des Klerus war anfangs durch die Existenz von Kloster- und Kathedralschulen befriedigt worden. Bald entstanden auch nichtkirchliche Schulen. Einer der Begründer solcher Einrichtungen wurde PETRUS ABAELARDUS (1079–1142). Mit ihm hatte die scholastische Bewegung jenen Punkt erreicht, von dem aus sie in Richtung Universität weiterschritt (vgl. WERNER 1976, S. 14 f.). An verschiedenen Orten formierten sich zunftartige Verbindungen von Lehrern und Studierenden. Das Wort „Zunft" und *Universitas* wurden im 11. Jh. synonym zur Kennzeichnung handwerklicher Verbände benutzt, in denen die *Universitas magistrorum et scholarium* (Gemeinschaft der Lehrenden und Lernenden) üblich war. Im 13. Jh., dem Jahrhundert der Universitäten, wurde der Name *Universitas* als *Universitas literaris* nur noch für die gelehrten Vereinigungen gebraucht, die bestimmte institutionelle Strukturen entwickelt hatten (vgl. VERGER 1993, S. 50 f.).

In dieser Zeit entstanden drei Hauptformen von Hohen Schulen:

– Kirchliche Gründungen: z.B. Paris um 1200; Oxford 1249; Cambridge 1284;
– Staatliche Gründungen, die (mit päpstlicher Zustimmung) von Monarchen gegründet wurden: z.B. Neapel 1224 durch Kaiser FRIEDRICH II; Salamanca 1250; Prag 1348 durch König KARL IV.; Wien 1365;
– Weltlich bürgerliche Gründungen, die von einem Rektor geleitet wurden, den die Studenten selbst wählten: z.B. Bologna 1119; Padua 1222.

Am Ende des 13. Jh. bildeten die Universitäten für das europäische Kulturleben die grundlegenden Institutionen zur Produktion und Distribution des Wissens und zur Ausbildung der geistlichen *und* weltlichen Eliten. Neben dem *sacerdotium* (Priesteramt) und dem *regnum* (Königtum) stellte das *studium* die eigentliche „geistige Gewalt" des lateinischen Mittelalters dar (s. GRUNDMANN 1952), (Abb. 20).

Die Studienrichtungen waren in vier *Facultates* (Fakultäten) eingeteilt. Bevor man sich in einer der drei übrigen Fakultäten, nämlich 1. Theologie, 2. Jurisprudenz und 3. Medizin, einschreiben konnte, mußte man die Artistenfakultät absolvieren. Hier wurde der Kanon der *Septem artes liberales* („Sieben Freien Künste") gelehrt, der in ein *Trivium* („Dreiweg"), d.h. Grammatik, Rhetorik und Dialektik sowie ein *Quadrivium* („Vierweg"), d.h. Arithmetik, Geometrie, Astronomie und Musik geteilt war. Das Studium an der Artistenfakultät[1] wurde mit dem Erwerb des Grades eines *Baccalaureus*[2] abgeschlossen.

---

[1] Die Artistenfakultät wurde ab dem 18. Jh. vom Gymnasium übernommen; der Grad des *Baccalaureus* entsprach nunmehr dem Abitur. Die Abiturientenprüfung wurde erstmals 1788 an den höheren Schulen in Preußen eingeführt.
[2] Der Begriff *baccalaureus* scheint auf die arabische Phrase *bi-haqq ar-riwaya*, d.i. *venia legendi*, zurückzugehen. Siehe dazu EBIED & YOUNG 1975. Vgl. aber auch VERGER 1980.

Abb. 20. Verteilung der mittelalterlichen Universitäten in Europa, mit Gründungsdaten. Nach DIEPGEN 1949, ergänzt von I. JAHN 1990.

3.3.3. Rezeption des arabisch-islamischen Wissensgutes und die Bekanntschaft mit den naturwissenschaftlichen Schriften des ARISTOTELES

Die Basis des Wissens in Westeuropa blieb zunächst schmal, da nur ein geringer Teil des antiken Wissens zugänglich war. Die Lücken, die das lateinische Erbe in der abendländischen Kultur gelassen hat, wurden zunächst einmal und in der Hauptsache durch Übersetzungen aus dem Arabischen ausgefüllt (s. KUNITZSCH 1994; vgl. auch LEGOFF 1991, S. 25). Dabei sind zwei Kategorien zu unterscheiden. Zum einen

handelt es sich um die Übersetzung griechischer Autoren ins Arabische, die man nun in einem weiteren Schritt ins Lateinische übertrug. Zum anderen waren es aber auch Originaltexte arabischsprachiger Gelehrter, die man rezipierte. Gleichzeitig entstanden aber auch schon, wenngleich vereinzelt, Übersetzungen aus dem Griechischen.

Ein erstes Zentrum für Übersetzungen aus dem Arabischen war Italien, insbesondere Salerno. Der Abt des dortigen Klosters und spätere Erzbischof, ALFANUS (um 1015–1085), hatte sich zunächst als Arzt ausgebildet und zwei medizinische Abhandlungen verfaßt. Er war übrigens einer der wenigen, die in der damaligen Zeit das Griechische beherrschten (s. BAADER 1980). Von ihm stammt die lateinische Übersetzung[1]) der oben erwähnten Schrift *De natura hominis* des NEMESIOS (s. 3.1.1.). ALFANUS förderte den zum Christentum konvertierten Nordafrikaner CONSTANTINUS AFRICANUS (1018–1087), der eine Schlüsselrolle bei der Rezeption der Medizin des arabisch-islamischen Mittelalters durch Europa spielen sollte (s. SCHIPPERGES 1984). Die Übersetzungen und Schriften CONSTANTINUS' haben der Medizin des lateinischen Mittelalters einen enormen Impuls verliehen. Sie wirkten zunächst insbesondere auf Salerno, wo die neue Medizin des Abendlandes von Ende des 11. Jh. an ihre erste große Heimstätte fand.

Ein weiteres Übersetzerzentrum stellte Toledo dar, das im Zuge der Reconquista im Jahre 1087 zurückerobert wurde. Zur Phase des Früh-Toledo zählt der Archidiakon von Toledo, DOMINICUS GUNDISSALVILIS/lat. GUNDISSALINUS (um 1150). Er gilt als „der erste Apostel des neuplatonisch gefärbten Aristotelismus" (s. BÜLOW 1925, S. VII), der den Umschwung im abendländischen Denken angebahnt hat (s. a. SCHIPPERGES 1955, S. 79). Hierher gehört gleichfalls der Übersetzer und Philosoph ADELARD VON BATH (um 1070–nach 1146). Unter der Formel *arabum studia scrutari* („die Studien der Araber durchforschen") nahm er breite Kontakte zu arabischen Quellen auf und vermittelte den Geist antiker Naturforschung im arabischen Gewande an die hochmittelalterlichen Schulzentren (s. BURNETT 1987; s.a. SCHIPPERGES 1980, Sp. 144). ADELARD erklärte, daß er von seinen arabischen Lehrern gelernt hatte, auf dem Gebiet der Naturforschung die *ratio* (Verstand) über die *auctoritas* (Autorität) zu stellen, da ja die Alten, die jetzt die Autorität besitzen, sie auch nur erworben haben, in dem sie ihren eigenen Verstand gebrauchten (s. Quaest. natural. 11,23; vgl. auch THORNDIKE II 28; DIJKSTERHUIS 1956, S. 130). Aus der Feder dieses Exponenten eines platonischen Rationalismus stammt die große wissenschaftliche Enzyklopädie *Quaestiones naturales* („Fragen über die Natur")[2]), in der er sich u. a. mit menschlicher Anatomie und Physiologie beschäftigt (s. BLIEMETZRIEDER 1935; SCHIPPERGES 1955, S. 70; s. a. JOLIVET 1974). Pflanze, Tier und Mensch unterliegen ein und demselben Naturgesetz. Zwar steht auch bei ihm Gott an der Spitze des Kosmos, doch erfolgt seine Schöpfung mittels der *ratio*, die alles durchdringt (s. Quaest. natural. 8,29 f.; 6;6 f.).

Zum Haupt der Übersetzerschule in der Phase des Hoch-Toledo wurde GERHARD VON CREMONA (um 1114–1187). Mit der Übersetzung der Werke von AR-RĀZĪ, ABU L-QĀSIM AZ-ZAHRĀWĪ und IBN SĪNĀ gelan-

gen Hauptwerke der arabischen Medizin und damit zahlreiche biologische Kenntnisse in die Hände des lateinischen Mittelalters. An dieser Stelle muß ALFRED VON SARASHEL (um 1160–um 1225) genannt werden. Über das Leben des aus England stammenden Gelehrten[3]) ist kaum Gesichertes bekannt (s. OTTE 1972; DROSSAART LULOFS & POORTMAN 1989, S. 470–473). Er übersetzte den pseudoaristotelischen *K. Fi n-nabāt* („Über die Pflanzen") ins Lateinische und gab ihm den Titel *De vegetabilibus et plantis* („Über das Pflanzenreich und Pflanzen"). Der später verwendete kürzere Titel *De plantis* geht auf die Zeit des Humanismus zurück (s. DROSSAART LULOFS & POORTMAN 1989, S. 1). Die Schrift ist von ALBERTUS MAGNUS intensiv benutzt worden (s. 3.3.7.).

Neben dem spanischen Toledo tat sich Unteritalien, insbesondere das normannische Sizilien als weiteres Übersetzerzentrum hervor. MICHAEL SCOT(T)US, der zunächst in Toledo als Übersetzer arabischer Werke tätig war, übertrug an dem mit einer dreisprachigen Kanzlei, nämlich griechisch, lateinisch und arabisch, ausgestatteten Hofe des Hohenstauferkaisers FRIEDRICH II. (1194-1250) in Palermo die zoologischen Schriften des ARISTOTELES aus dem Arabischen ins Lateinische (s. THORNDIKE 1965). Die lateinische Übersetzung des MICHAEL SCOTUS diente später ALBERTUS MAGNUS als Vor- und Grundlage seiner Schrift über die Animalien. Auf ihr fußte auch die spanische Übersetzung des PETER GALEGO (um 1250). Eine griechisch-lateinische Fassung wurde erst um 1260 durch den Dominikanermönch WILHELM VON MOERBEKE (ca. 1215/ 1235–ca. 1286) erstellt.

Die Übersetzungen aus dem Arabischen, deren Qualität im übrigen in keiner Weise an die Präzision der Übersetzungen der Araber aus dem Griechischen heranreichten (s. 3.2.3.), bildeten Voraussetzungen für die Renaissance der Wissenschaften im 12. Jh. (s. SCHIPPERGES 1981; LE-GOFF 1991, S. 24 ff.). Der Impuls ging weitgehend von Ärzten und naturwissenschaftlich Interessierten (*naturalistes*) aus.

Mit dem Eindringen platonischer bzw. neuplatonischer und aristotelischer Schriften nahm die Kenntnis der antiken Philosophie kontinuierlich zu. Zunächst kann man von einem Überwiegen platonischen Gedankenguts sprechen. Im 11. und 12. Jh. dominierte im naturwissenschaftlichen Denken des lateinischen Mittelalters das von PLATO im Timaios entwickelte Modell (vgl. auch ASHLEY 1980, S. 74; GLOY 1995, S. 79 ff.). Ein Zentrum des Platonismus war Chartres. Etwa ab dem 12. Jh. gewann jedoch das Werk des ARISTOTELES an Einfluß. War es zunächst der arabisierte ARISTOTELES, den man rezipierte, so gewinnen mit dem beginnenden 13. Jh. mehr

---

[1]) Ed. BURKHARD 1917.
[2]) Ed. MÜLLER 1934.

[3]) Daher auch als ALFREDUS ANGLICUS bekannt.

und mehr auch direkte Übersetzungen aus dem Griechischen an Bedeutung.

Als „Propagandist" des ARISTOTELES wirkte ALBERT D. GR. Dieser war von der Idee geleitet, „das ganze aristotelische Schrifttum der lateinischen Scholastik zugänglich und mundgerecht zu machen" (s. GRABMANN 1939, S. 40). Getreu seinem Plan, „der Ordnung und dem Gedanken des ARISTOTELES zu folgen und ihn zur Erklärung heranzuziehen" (s. ALBERT. MAGN. Phys. I 1,1), schuf er ein immenses Werk. In der Ende des 19. Jh. in Paris veranstalteten Edition füllen seine Werke 38 Quartbände[1]).

Die Eingliederung aristotelischer Philosophie in das Lehrgebäude des Christentums gestaltete sich aber nicht so ohne weiteres. So standen einerseits die These des ARISTOTELES von der Ewigkeit der Welt und andererseits seine Ablehnung des Glaubens an die individuelle Unsterblichkeit der Seele den Dogmen des Christentums entgegen. Schließlich ließ sich auch die christliche Lehre von der göttlichen Vorsehung nicht so leicht mit der Philosophie des Stagiriten in Übereinstimmung bringen. Der Aufgabe einer Harmonisierung nahmen sich Denker wie ALBERTUS MAGNUS und sein Schüler THOMAS VON AQUIN (1225–1274) an. Sie erkannten, daß es am besten ist, wenn man das aristotelische Denken mit dem christlichen in Übereinstimmung bringt. Einer der bedeutendsten *Conciliatores* (>lat. *conciliare* = vereinigen, verbinden) war ALBERTUS MAGNUS. Er war der erste mittelalterliche Denker, der die aristotelische und arabisch-jüdische Philosophie und Naturwissenschaft in breitem Maße in das scholastische Denken eingebracht hat. Allerdings ist er nur bedingt als Promotor des Aristotelismus zu betrachten, da sein Denken noch stark von neoplatonischen Elementen durchsetzt war. ALBERT D. GR. zog den bemerkenswerten und folgenreichen Schluß, daß Theologie und Philosophie nicht mehr gleichzusetzen seien. Allerdings war er stets bemüht, diesen Unterschied nicht zum Gegensatz werden zu lassen. Die dem ALBERT lange Zeit zugeschriebene *Summa naturalium* oder *Philosophia pauperum* stammt in Wirklichkeit von dem Dominikaner ALBERT VON ORLAMÜNDE (geb. um 1230) (s. Geyer 1938).

Die Verbindung der Philosophie des ARISTOTELES mit der Heiligen Schrift gelang jedoch THOMAS VON AQUINO vermittels seiner „Interpretatio christiana". Damit wurde ARISTOTELES zum maßgeblichen Philosophen und *Praecursor Christi in rebus naturalibus* („Vorläufer Christi in bezug auf die Naturkunde") des Mittelalters.

Der mit THOMAS erreichte Höhepunkt in bezug auf die Verbindung von Theologie und Philosophie erwies sich aber in der Folgezeit als zweifelhaft. Repräsentant einer neuen Richtung in der mittelalterlichen Philosophie, die stärker die Unterschiede von Theologie und Philosophie betont, ist der Franziskaner JOHANNES DUNS SCOTUS (1270–1308).

Neben dem *Platonismus* und *Aristotelismus* gab es die Strömung des *Averroismus*. Dabei handelte es sich um die auf ARISTOTELES basierende Philosophie des IBN RUŠD/lat. AVERROES. Als ihr wichtigster Vertreter fungierte SIGER VON BRABANT (um 1240–um 1283) an der Artistenfakultät in Paris. Der lateinische Averroismus vertrat eine Naturlehre, in der alle Phänomene ohne jedes Wunder auseinander hervorgingen (vgl. MENSCHING 1992, S. 233). Er wurde von ALBERTUS MAGNUS und THOMAS VON AQUIN bekämpft (s. NIEWÖHNER & STURLESE 1994).

Durch diese und weitere Übersetzungen des *Corpus Aristotelicum* gewann der Aristotelismus an Boden in Westeuropa. An die Stelle einer Vorschulung zum Bibelstudium *deo duce* tritt in den Wissenschaften ein zweckfreies Studium *ratione duce* auf. Die Allegorisierung symbolisch-liturgischer Manier weicht einer Rationalisierung nach induktiver Methodik. In den Lehrmethoden setzen sich die *Naturalia* des ARISTOTELES an die Stelle des *Quadriviums*. Der Bildungscharakter der Wissenschaft selbst verliert sich in einem Spezialistentum, wo die *Artes* nur noch technische Bedeutung behalten, die *Ars* lediglich als *recta ratio factibilium* noch gelten kann (s. SCHIPPERGES 1958, S. 81). Zentren der Eingliederung des arabisch-islamischen Beitrages in die christliche Kultur des lateinischen Mittelalters waren Chartres, Paris und Reims.

Durch die Begegnung mit den durch die Übersetzungen aus dem Arabischen wieder zugänglichen Schriften des ARISTOTELES hat das lateinische Mittelalter nicht nur den philosophischen Blick geschult, sondern vielfache Informationen über die Natur gewonnen. Diese wurden wiederum in zahlreichen Enzyklopädien, meist naturkundlicher Art, zusammengestellt und für den Unterricht, aber auch die Predigt, für die historische und moralisierend-allegorische Bibelauslegung genutzt. Man darf sie also durchaus als Schriften zur Popularisierung naturkundlichen Wissens begreifen (vgl. dazu HÜNEMÖRDER 1981; ders., 1987). Wie in Byzanz und im arabisch-islamischen Mittelalter steht die geistliche Auslegung der Natur im Vordergrund. Wenn allerdings aus dem Verhalten eines Tieres moralisierende Schlußfolgerungen gezogen werden, dann muß dafür jeweils eine empirische Grundlage geistlicher Naturdeutung angenommen werden (s. HÜNEMÖRDER 1993).

---

[1]) Ed. BORGNET 1890–99.

3.3.4. Naturphilosophie und Naturlehre an den mittelalterlichen Universitäten

Der als Lehrer der *Artes liberales* in der Umgebung KARLS DES KAHLEN (823–877) tätig gewesene JOHANNES SCOTUS bzw. JOHANNES ERI(U)GENA (810–um 877)[1] ist Autor der christlichen Kosmologie *Periphyseon* bzw. *De divisione naturae* („Über die Einteilung der Natur")[2]. In diesem seinen Hauptwerk setzt er sich mit der neuplatonischen Emanationslehre auseinander und sucht darzustellen, wie alles Sein sich entfaltet (s. SCHRIMPF 1982). Dabei ging er auf die sich daraus ergebende „absteigende Stufenleiter" ein (von Gott bis zur irdischen Kreatur hinab), die scheinbar im Gegensatz zur „aufsteigenden Stufenleiter" des biblischen Schöpfungsberichtes stand. Die Schrift wurde wiederholt von der Kirche verurteilt, weil man sie wegen ihres Inhalts des Monismus verdächtigte. Sein Kommentar zu *De nuptiis philologiae et Mercurii* („Über die Hochzeit der Philologie mit Merkur") des römischen Schriftstellers MARTIANUS CAPELLA (um 400) wurde *das* Lehrbuch der *Artes liberales* in den Schulen des lateinischen Mittelalters.

Typisch für das Mittelalter war der im 13. Jh. entbrannte **Universalienstreit** (s. WÖHLER 1992/ 94). In ihm kam die Auseinandersetzung zwischen der platonischen und aristotelischen Linie der Philosophie zum Ausdruck. Die *Realisten* folgten PLATON, d. h. sie nahmen die reale Existenz der von ihm postulierten εἴδη (Urbilder, Ideen) an. Die *Nominalisten* hingegen folgten ARISTOTELES, der die Ideenlehre und damit den Dualismus seines Lehrers verworfen hatte (s. Met. 990 a 33 ff.) und nur die Existenz der realen, sinnlich erfaßbaren Dinge gelten ließ. Das Problem hatte der Neuplatoniker PORPHYRIUS (um 233–um 300) in seiner *Εἰσαγογή* („Einführung" [sc. in die Kategorienlehre des ARISTOTELES – R. N.]) auf das Tapet gebracht, als er schrieb:

„Was, um gleich mit diesem anzufangen, bei den Gattungen und Arten die Frage angeht, ob sie etwas Wirkliches sind oder nur auf unseren Vorstellungen beruhen, und ob sie, wenn Wirkliches, körperlich oder unkörperlich sind, endlich, ob sie getrennt für sich oder in und an dem Sinnlichen auftreten, so lehne ich es ab, hiervon zu reden, da eine solche Untersuchung sehr tief geht und eine umfangreichere Erörterung

fordert, als sie hier angestellt werden kann" (s. Isagog. 1 = Übs. ROLFES 1974, S. 11).

Er selbst hatte die Frage, ob Gattungen (*genera*) bzw. Arten (*species*) real seien oder nur Produkte des Denkens sind, offen gelassen. *Realismus* geht von der Realität, d. h. der vorgängigen Existenz des Allgemeinbegriffs vor den veränderlichen Einzeldingen aus (*universalia ante rem*). Für den *Nominalismus* sind die *Universalien* eine bloße Abstraktion des menschlichen Verstandes (*universalia post rem*). Durch die von BOËTIUS besorgte lateinische Übersetzung und Kommentierung der *Isagoge* wurde der Universalienstreit im Mittelalter initiiert (s. GRABMANN 1909, S. 152). Während seit dem 9. Jh. Gattungen und Arten vorwiegend im Sinne des „Realismus" aufgefaßt wurden, kam es in der 2. Hälfte des 11. Jh. zu einer Verschiebung zugunsten des Nominalismus. Unter dem Einfluß des WILHELM VON OCKHAM (um 1280– um 1348) wurde die Eigenschaft der Universalität nicht den Dingen, sondern Begriffen zugeschrieben. In der Naturphilosophie rückte man von den kosmologischen Lehren des ARISTOTELES ab, deren uneingeschränkte Geltung die Ausbildung eines auf unmittelbarer Beobachtung beruhenden wissenschaftlichen Weltbildes verhinderte. Man entwickelte Methoden des wissenschaftlichen Denkens, deren Fruchtbarkeit sich später zeigen sollte. Bei OCKHAM gelangten Momente der Moderne zu einer ersten Konzeption (s. MENSCHING 1992, S. 318). Diese Züge bezeichnete man schon damals als *via moderna* („neuer Weg"), der im Thomismus[3] und Scotismus[4] zum Ausdruck kam. Im Gegensatz zur *via antiqua* („alter Weg") nahm man die „göttliche Fügung" aus den weltlichen, vom Menschen eingerichteten Institutionen heraus. Ein weiterer bekannter Vertreter der nominalistischen Auffassung war der französische Philosoph und Theologe ROSCELIN DE COMPIÈGNE (um 1045–nach 1120). Für ihn waren die Universalien nur *flatus vocis* („Laute"). Da er mit seiner Haltung zentrale Fragen der christlichen Doktrin berührte, wurde der Universalienstreit zu einem Kernproblem bei der Sicherung zentraler Bestandteile der christlichen Lehre (Abb. 21).

Der Nominalismus scheint während des Mittelalters keinen Einfluß auf das biologische Denken ausgeübt zu haben. Seine Anhänger be

---

[1]) Die Epitheta SCOTUS und ERI(U)GENA wurden promiscue gebraucht, da man die irischen Benediktiner im Volksmund auch Schotten nannte.

[2]) Ed. SHELDON-WILLIAMS 1968 ff.; dt. Übs. von NOACK 1872/76.

[3]) Der Thomismus ist durch Realismus (= Essentialismus) gekennzeichnet.

[4]) Im Lehrgebäude des DUNS SCOTUS, dem Scotismus, werden die Allgemeinbegriffe (Universalien) als reine Denkabstraktionen betrachtet. Daher nahm man für jedes Einzelding eine besondere Form an.

Abb. 21. Lehrszene in einer mittelalterlichen Universität über Mineralogie. (Miniatur in der französ. Abschrift von BARTHOLOMÄUS ANGLICUS „Über die Eigenschaften der Dinge" (Anf. 13. Jh.), Univ. Bibl. Jena, hrsg. von I. KRATZSCH 1982, S. 94).

haupteten, daß es lediglich Individuen gibt, die durch Namen in Klassen zusammengefaßt sind. Möglicherweise war er aber eine erste Sufe des Populationsdenkens (vgl. MAYR 1984, S. 77; 246; 687).

3.3.5. Die Entwicklung theoretischer biologischer Ansichten

Durch die enge Bindung des Wissens an den Klerus waren die Vorstellungen über die Welt und die auf ihr existierenden Lebewesen ganz von der Idee der Schöpfung beherrscht. Wie in Byzanz gab es unterschiedliche Interpretationen der Genesis. Für THOMAS VON AQUIN ist die von den Kirchenvätern diskutierte Frage, ob die Lebewesen im Schöpfungsakt nur der Möglichkeit nach (*in potentia*) oder tatsächlich (*in actu*) hervorgebracht wurden (s. 3.1.2.1.), belanglos. Gestützt auf die bei ARISTOTELES vorgezeichnete und von den Gelehrten des arabisch-islamischen Mittelalters aufgegriffene Unterscheidung von *generatio univoca* und *generatio aequivoca* geht der Aquinate davon aus, daß auch nach der Schöpfung neue Arten entstehen können.

Was die Ansichten über Zeugung betrifft, so folgte man den antiken und arabischen Autoren. Daher war den Autoren des lateinischen Mittelalters neben der Reproduktion durch Begattung

auch die Urzeugung ganz selbstverständlich und zwar auch für Pflanzen. Nach ALBERTUS MAGNUS können diese *ex seminibus* (aus Samen), *ex radicibus* (aus Wurzeln) und *sua sponte* (von selbst) entstehen (vgl. Etymol. XVII 7,73).

In diesem Zusammenhang griff ALBERTUS MAGNUS auch die im arabisch-islamischen Mittelalter diskutierte Frage auf (s. 3.2.3.), ob alle Animalien, einschließlich der Mensch, durch Urzeugung entstehen können (s. De XV problem.: XVII 38,30–82). Seines Erachtens sei diese Frage philosophisch nicht zu beweisen. Von der Wahrscheinlichkeit her scheint es aber einen ersten Menschen gegeben zu haben, der von der Erstursache gebildet worden ist und nicht auf einem anderen Weg (s. dazu ausführlich MITTERER 1956, S. 269). THOMAS VON AQUIN hat die Frage nach der Möglichkeit der *generatio aequivoca* in bezug auf den Menschen ebenfalls behandelt (s. Summa theol. I, q. 91, a. 2) und verneint.

Das physiologische Denken wurde während des gesamten Mittelalters weiterhin von der Humorallehre und ihren Implikationen bestimmt. Wir haben es also grundsätzlich mit den hippokratisch-galenischen Vorstellungen von der Ernährung zu tun, wonach die aufgenommene Nahrung in das allein zur Ernährung dienende Blut umgewandelt wird. Die im *Corpus Hippocraticum* vertretene enkephalo-myelogene Samenlehre (s. 2.2.2.2.) taucht noch im Micrologus-Text der „Anatomie"[1] des RICARDUS ANGLICUS

---

[1]) Ed. v. TÖPLY 1902.

aus dem 13. Jh. auf (s. Sudhoff 1927, S. 230). Selbst Albertus Magnus hängt noch der Auffassung an, wonach vor allem das Gehirn an der Spermaproduktion beteiligt sei (vgl. etwa De animal. I 2.9: I 82,2 f.; XVI 2.9: II 1135,7 ff.; XVI 2.11: II 6ff.). Allerdings verschmilzt bei ihm diese Theorie mit der hämatogenen Samenlehre, wo er ganz Aristoteles bzw. Avicenna folgt. Die im Zusammenhang mit der Zeugung stehende und von Aristoteles vermittelst der Form-Stoff-Antithese begründete biologische Minderwertigkeit des weiblichen Organismus (s. Horowitz 1976) haben sowohl Albertus Magnus, ganz besonders aber Thomas von Aquin unterstrichen (s. Mitterer 1947, S. 148 f.). Für Thomas sind es, wie für Aristoteles, äußere Faktoren, die aus Samen Organismen machen. Genauer gesagt, vermittelst eines nicht lebendigen Werkzeugs (Sperma, pflanzliche Stecklinge etc.)[1]) wird aus einem ebenfalls nicht lebendigen Werkstoff (Menstrualblut, Erde, Fäulnisstoff) ein neuer lebendiger Organismus erzeugt. Man kann daher im Gegensatz zur *georgomorphen* Pflanzungsbiologie des Augustinus (s. 3.1.2.1.) von einer *technomorphen* Erzeugungsbiologie sprechen (s. dazu ausführlich Mitterer 1947, S. 65 ff.).

Was die Ansichten über Geschlechtsentstehung und Vererbung betrifft, so folgt man auch hier der aus der Antike bekannten Rechts-Links-Theorie sowie der Pangenesislehre. Letztere wird etwa in der Gynäkologie des Thomas Brabantinus (von Cantimpré) dargelegt (s. Ferckel 1912) und sie findet sich ebenfalls bei Albertus Magnus (s. De animal. III 2.8: I 348,17 f.).

Relativ breit handelt dieser auch die Rechts-Links-Theorie ab (s. De animal. X 2.3: I 757,7 ff.; XXII 1.3: II 1351,25 ff.). Bei Konrad von Megenberg, der sich in diesem Punkt einmal nicht dem Thomas anschließt, sondern Avicenna folgt (s. Ferckel 1912, S. 40), finden sich sowohl die Rechts-Links-Theorie als auch das auf Alkmaion zurückgehende, Epikrateia-Prinzip (s. 2.2.2.2.). Die mehrfach aufgelegte und vielgelesene Schrift des Konrad dürfte überhaupt die Hauptquelle gewesen sein, von der aus die antike Theorie ihre Verbreitung im Mittelalter und darüber hinaus fand (vgl. auch Lesky 1951, S. 1290 [66]).

Auf die aristotelische *anima vegetativa* (Wachstumsseele) berufen sich Thomas von Cantimpré (s. Thorndike 1923, II 386; Bodenheimer I, 169,170) und Thomas von Aquin (s. Summa Theologiae III 26; 477; 483). Hrabanus Maurus erwähnt noch wie die Kirchenväter (s. 3.1.1.1.) die Parthenogenese der Geier, eine Annahme,

die Albertus Magnus kraft seines empirischen Ansatzes widerlegt hat (s. De animal. XXIII 24: II 1513,26-32; vgl. auch Hünemörder 1994, S. 132).

3.3.5.1. Die ersten Keime einer neuen Anatomie

Das anatomische und physiologische Wissen der sog. Mönchs- oder Klostermedizin ging in seinen theoretischen Grundlagen nicht über das der Antike hinaus. Oftmals lag es sogar darunter. Die Begriffe über anatomische Verhältnisse sind z. T. noch ganz verworren. So kannte man kaum den Unterschied zwischen Blutgefäßen und Nerven (s. Schulz 1897, S. VI). Man fußte weiterhin noch ganz auf Galen, der im übrigen zumeist Tieranatomie betrieben hatte. Nach dem Pergamener sind bis zum 13. Jh. Sektionen im großen und ganzen nicht mehr systematisch durchgeführt worden (vgl. Artelt 1940). Auch danach blieben sie äußerst selten und hatten bis in das 16. Jh. hinein vorwiegend den Charakter von Demonstrationen. Das Schwein galt als beliebtes Objekt für anatomische Studien. Dem salernitanischen Arzt und Magister Copho oder Cophon (1. Drittel 12. Jh.) wird irrtümlich die Autorschaft einer *Anatomia porci* („Anatomie des Schweins") zugeschrieben. Dabei handelt es sich um den frühesten erhaltenen salernitanischen Begleittext zu anatomischen Demonstrationen am Schlachttier (s. Creutz 1941; Bauer 1986), in dem die Eingeweide, die Brust und der Bauch behandelt werden (s. O'Neill 1970, S. 115 ff.; Saffron 1975, S. 80–83).

Nachdem man über Jahrhunderte überhaupt keine Sektionen an der menschlichen Leiche mehr durchgeführt hatte, kam dieses Verfahren im frühen 14. Jh. in Bologna wieder auf. Der Professor an der dortigen Universität, Mondino de' Liuzzi (um 1275–1326), erwähnt in seiner 1361 erschienenen *Anatomia* („Anatomie"), daß er Frauenleichen seziert habe. Das entstandene Bedürfnis nach Sektionen wurde durch die 1299 erlassene Verfügung *De testande feritatis* („Über das Bezeugen der Rohheit")[2]) des Papstes Bonifatius VIII. (reg. 1294–1303) allerdings insofern behindert (nicht verboten!), als er die Zerstückelung und Abkochung von Leichen verbot (s. Artelt 1940, S. 23; Jacquart 1996, S. 242 ff.).

Der ebenfalls in Bologna lehrende Berengario da Carpi (1470–1550) hat 1514 eine verbesserte Neuauflage der Anatomie des Mondino veranstaltet, in die er bereits eigene anatomische Entdeckungen (u. a. die Beschreibung der *Appendix*

---

[1]) Der Same ist nach Thomas nicht beseelt, auch nicht von der vegetativen Seele. Er hat daher kein tatsächliches Leben (s. De an. 2,10).

[2]) Abgedruckt bei Artelt 1940, S. 21 f.

vermiformis und der Keilbeinhöhlen) einfließen ließ. Neuartig waren die von ihm verwendeten Illustrationen zur Verdeutlichung des Textes.

Erst das mit dem Renaissance-Humanismus aufkommende experimentelle Denken und der Wandel im Weltbild vom Theozentrismus zum Anthropozentrismus brachten eine Wende. Mit den systematischen Sektionen menschlicher Leichen durch Andreas VESALIUS (s. u.) begann die moderne anatomische Forschung. Die Gründe für die über mehr als ein Jahrtausend währende Stagnation anatomischer Forschung liegen nicht, wie leider noch sehr oft zu lesen ist, primär in einem angeblichen Verbot der Kirche begründet, Leichen zu sezieren. Die fehlende Beschäftigung mit dem anatomischen Bau des Menschen war weit weniger durch äußere, denn durch in der Gesamtstruktur der Medizin liegende Ursachen bedingt.

3.3.6. Tierkunde

Wie bei den Byzantinern und Arabern kennt auch das lateinische Mittelalter noch keine eigentliche Zoologie, deren Anfänge erst mit dem Namen von Konrad GESSNER (1516–1565) verbunden sind (s. 4.4.1.). Das Interesse an Tieren rührte zunächst vor allem daher, daß sie sichtbares Zeichen der Schöpfung Gottes sind. Von daher erklärt sich die im *Physiologus* klar zum Ausdruck kommende christlich-allegorische Deutung der Tiere. Mit anderen Worten, es geht im *Physiologus* noch nicht um die Tiere als solche, sondern um ihre symbolische Bedeutung in der christlichen Heilslehre.

Beim damaligen Wissensstand ging man z. B. tatsächlich davon aus, daß die Löwin ihre Jungen tot zur Welt bringe und daß diese erst nach drei Tagen durch das Gebrüll des Vaters zum Leben erweckt werden (s. 2.5.3.). Als wichtig wurden aber nicht etwa die sich aus dieser Annahme ergebenden biologischen Implikationen erachtet. Entscheidend war lediglich, daß dieser Vorgang „bedeutete", Christus habe drei Tage tot im Grabe geruht, bis ihn die Stimme Gottvaters erweckte (vgl. auch GERNENTZ 1979, S. 363 f.). Die Bibel selbst, wo z. B. auf den Fleiß der Ameise hingewiesen wird (s. Spr 6,6 und 30,25), diente für Allegorien als Vorbild. Daneben wurden die Tiere, die nach der Heiligen Schrift (Gen 1,26) dem Menschen unterworfen sind, aber auch unter dem Aspekt ihres Nutzens betrachtet. Tierhaltung brachte es wiederum mit sich, daß auch Krankheiten behandelt werden mußten. Daraus entstand der Zweig der Tierheilkunde. Erst später kam es, nicht zuletzt durch das Eindringen aristotelischen Gedankengutes, zu Ansätzen einer zoologischen Betrachtungsweise.

In den *Etymologiae* des ISIDOR, der im Buch XII die Tiere abhandelt, findet sich noch deutlich

jene soeben apostrophierte Neigung zum Allegorisieren und Symbolisieren. Die Einteilung ist daher auch nur wenig gegliedert. Er unterscheidet 1. zahme, 2. wilde, 3. kleine Tiere, 4. Schlangen, 5. Würmer, 6. Fische, 7. Vögel, 8. kleine Flugtiere.

Wie der Titel seines Werkes besagt, geht es ihm in erster Linie um etymologische Erörterungen. Diese sind aber vielfach inkorrekt, weil sie an christlichen Allegorien und Legenden orientiert sind. Erwähnt seien etwa der Begriff *agnus* (Lamm), den er vor dem Hintergrund des Bibeltextes (vgl. etwa Joh 1,29.36) vom griech. ἀγνός (keusch) herleitet (s. Etymol. XII 1.12). Das Wort *cattus* (Katze) soll von *captare* (fangen) kommen (s. Etymol. XII 2.38). Der Biber heißt *castor*, was ISIDOR auf *castrando* (Kastrieren) zurückführt (s. Etymol. XII 2.21) und mit der bei PLINIUS erwähnten Ansicht erhärtet, wonach sich die Biber bei drohender Gefahr die Geschlechtsteile abbeißen sollen. Sie tun das, weil sie wissen, daß man sie wegen des in ihnen enthaltenen Bibergeils[1]) jagt (s. PLINIUS, Nat. hist. VIII 47; XXXII, 26).

VINZENZ VON BEAUVAIS behandelte in seinem *Speculum naturale* die Anatomie der Tiere (lib. XXII) und des Menschen (lib. XXIX). Während seine Quellen für die Tiere insbesondere PLINIUS, ISIDOR und ARISTOTELES sind, überwiegen bei der Darstellung der Humananatomie deutlich arabische Autoren, namentlich die oben (s. 3.2.3.) erwähnten AVICENNA, RHAZES und HALY ABBAS. GALEN wird gar nicht erwähnt (s. FERCKEL 1913, S. 79). Bei der Identifizierung der Tiere miteinander griff VINZENZ ebenfalls nur auf die philologische Methode zurück. In für seine Zeit typischer Manier ging er auf den Wahrheitsgehalt vieler Berichte nicht ein.

Die Tierkunde behandelt auch KONRAD VON MEGENBERG, der sich neben THOMAS VON CANTIMPRÉ (s. BRÜCKNER 1961) besonders auf ARISTOTELES und PLINIUS stützt (s. RASCHKE 1898). Spezieller untersucht sind seine Ausführungen zu den Fischen (s. KRÜGER 1967).

Die zweifellos reifste Leistung auf dem Gebiet der Tierkunde wurde von ALBERTUS MAGNUS erreicht. Dieser betonte ausdrücklich, ARISTOTELES folgen zu wollen. Da sich aber der Stand der wissenschaftlichen Erkenntnisse verändert habe, seien Ergänzungen notwendig geworden (s. PELSTER 1935, S. 234). Im Ergebnis entstand schließlich sein *De animalibus* („Über die Animalien"). Wir ziehen auch hier anstelle des häufig verwendeten Begriffs „Tiere" die Übersetzung „Animalien" vor (vgl. 3.2.4.2.), weil neben den eigentlichen Tieren anthropologische Frage-

---

[1]) Beim Bibergeil handelt es sich um eine salbenartige Masse, die sich in zwei Drüsensäcken befindet, die in der Nähe des Afters münden. Es wurde früher sehr als Heilmittel geschätzt. Siehe WELLMANN 1897.

stellungen keinen geringen Raum einnehmen[1]). Das Werk fußt auf der von MICHAEL SCOTUS angefertigten Übersetzung des arabischen ARISTOTELES ins Lateinische (s. dazu RUDBERG 1908). Sie besteht aus 26 Büchern, die sich in drei Bereiche gliedern lassen:

Der erste Bereich umfaßt die Bücher 1–19 und stellt die lat. Übersetzung der im arabisch-islamischen Mittelalter zu einem Buch zusammengefaßten drei aristotelischen zoologischen Schriften aus dem Arabischen dar (s. 3.2.4.). Der Text ist aber mit zahlreichen eigenen Auslassungen ALBERTS sowie Passagen aus AVICENNA durchsetzt, dessen „Buch der Animalien" ihm ebenfalls in der lat. Übersetzung des MICHAEL SCOTUS vorlag. Der zweite Bereich enthält die Bücher 20–21, die aus der Feder ALBERTS stammen und die Natur des Körpers der Animalien (Buch 20), die vollkommenen (animalia perfecta) und die unvollkommenen Tiere (animalia imperfecta) und den Grund der Vollkommenheit und Unvollkommenheit (Buch 21) behandeln. Sie sind als eigenständiger Versuch einer vergleichenden Anatomie der Tiere und des Menschen anzusehen (vgl. HÜNEMÖRDER 1994, S. 114). Als dritter Bereich setzen sich schließlich die Bücher 22–26 ab. In ihnen werden die einzelnen Animalien gesondert dargestellt, und zwar zunächst der Mensch (homo) und die vierfüßigen (quadrupeda) Tiere (Buch 22). Es folgen Ausführungen über die Vögel (Buch 23), wobei den Falken soviel Raum geschenkt wird, daß man fast von einem „Falkenbuch" sprechen kann (s. OGGINS 1980). Schließlich handelt ALBERTUS die Wassertiere (aquatica), d.h. die schwimmenden (natatilia) Tiere, (Buch 24), die kriechenden (serpentes) Tiere (Buch 25) sowie die Kleinsäuger, Reptilien und Insekten (vermes), ab (Buch 26). Die Bücher 21–26 fußen auf THOMAS VON CANTIMPRÉ (vgl. AIKEN 1947), dessen Enzyklopädie ALBERTUS ausgeschrieben hat. Allerdings geht er dabei kritisch vor und unterscheidet zwischen Berichten, die lediglich in historiis („in den Historien") stehen bzw. zur theologica mystica („theologische Mystik") gehören, und solchen, die per physicam („durch die Natur") bzw. experimento („durch die Erfahrung") bestätigt werden (s. die Beispiele bei HÜNEMÖRDER 1994).

Allerdings kann man trotz dieser seiner distanzierten Haltung gegenüber der Überlieferung schwerlich schon von einer unwiderruflichen Abkehr von der Buchgelehrsamkeit zur Beobachtungswissenschaft sprechen. Zweifellos hat aber die Erkenntnis, daß dem Erfahrbar-Möglichen auf rein logischer Grundlage erhebliche Grenzen gesetzt sind, die allmähliche Ausbildung einer scientia experimentalis, wie sie vor allem von ROGER BACON vertreten wurde (s. o. Einleitung zum Abschnitt Mittelalter), erleichtert (vgl. NISCHIK 1986, S. 18 f.).
ALBERTUS' Leistung war gewiß eine gewaltige. Er hat insbesondere auf dem Gebiet der beschreibenden Zoologie und Ethologie für die

Zeit des lateinischen Mittelalters einzigartige Beobachtungen angestellt (vgl. HÜNEMÖRDER 1980 b). Seine Leistung, die oft überschwenglich als einzigartig für das Mittelalter gelobt wird, relativiert sich aber dann, wenn man sie am Gesamtœuvre arabischsprachiger zoologischer Literatur mißt. Das betrifft vor allem Fragen der Verhaltensbiologie. Interessant ist in diesem Zusammenhang auch ein Vergleich zwischen dem oben erwähnten Vorgehen von AN-NAZZĀM (s. 3.2.4.2.) und ALBERTUS MAGNUS in bezug auf die angeblich grenzenlose Verdauungsfähigkeit des Straußes. Während sich ALBERT D. GR. hier bei der Nachprüfung eines überlieferten Sachverhaltes allein auf genaue Beobachtung beschränkt (s. De animalib. XXIII: II 1510,23–25), weist die Herangehensweise von AN-NAZZĀM bereits Züge echten experimentellen Geistes auf (vgl. auch PARET 1939, S. 231 f.). In seinen Auffassungen über die Physiologie der Ernährung folgt ALBERTUS ganz dem GALEN (s. CADDEN 1980). Was Zeugung und Fortpflanzung betrifft, so schließt er sich im großen und ganzen seinen Vorgängern an. ALBERTUS MAGNUS entwickelt aber auch manche originelle Idee (s. dazu BALSS 1928, S. 50–78; SHAW 1975; DEMAITRE & TRAVILL 1980; JACQUART & THOMASSET 1981; VINATY 1981; WEISSER 1985).
Der Schüler ALBERTS D. GR., der aus Italien stammende THOMAS VON AQUIN, geht in seinem Œuvre auch auf die Tiere ein. Er benutzte den ARISTOTELES in der Übersetzung des MICHAEL SCOTUS (s. 3.3.3.). Der Aquinate zeigte allerdings nur insofern Interesse an ihnen, als er diese „Motive" theologisch verwenden konnte (s. HÜNEMÖRDER 1988). Seine Auffassungen zur Zeugung der Organismen sind bereits Gegenstand einer ausführlichen Studie gewesen, auf die hier verwiesen sein soll (s. MITTERER 1947).
Wie zu Beginn des Kapitels angedeutet, gab es am Ende des Mittelalters erste Anzeichen dafür, daß man Tiere auch ohne den Gedanken an ihren Nutzen, ihre Krankheiten oder die gelehrte Symbolik betrachtete. So brachte um 1480 der Freisinger Domherr DIEPOLD VON WALDECK rein zoologische Beobachtungen über seine Haustiere und Stubenvögel zu Papier (s. EIS 1967, S. 32).

3.3.6.1. Bestiarien

Eine spezielle Art von Tierbüchern stellen die sog. Bestiarien (< lat. bestia = wildes Tier) dar. Bei diesem etwa im 10. Jh. aufkommenden Genre handelt es sich um eine Kompilation von Tiergeschichten, die in moralisierender Absicht tasächliche Merkmale oder Verhaltensweisen von Tieren zu Inhalten der christlichen Heils-

---

[1]) So übrigens auch LESKY 1951, S. 1288 (64).

lehre in Beziehung bringt (vgl. HENKEL & HÜNEMÖRDER 1980; ROWLAND 1983). Ausgangspunkt und wichtigste Quelle der Bestiarien wurde der lateinische *Physiologus*[1]). Daneben flossen Nachrichten aus den Enzyklopädien des PLINIUS, SOLINUS und ISIDOR VON SEVILLA ein. Die typisch christlich-moralischen Aspekte schöpfte man vor allem aus dem *Exaemeron* des AMBROSIUS, den *Enarrationes in Psalmos* von AUGUSTINUS sowie aus den als Handbuch der Moral betrachteten *Moralia* des GREGOR D. GR. (um 540–604).

Seit Mitte des 12. Jh. finden sich mehrere altfranzösische Versionen des lat. *Physiologus*. Dabei handelt es sich um ein Bestiarium aus der Feder des PHILIPPE DE THAUN (1. Hälfte des 12. Jh.), den *Bestiaire divin* („Göttliches Bestiarium")[2]) des GUILLAUME LE CLERC (um 1210) des GERVAISE DE FONTENAY (13. Jh.) sowie das *Bestiaire d'amour* („Bestiarium der Liebe")[3]) von RICHARD DE FOURNIVAL (nach 1240).

Bestiarien finden sich neben lateinischen Fassungen in zahlreichen europäischen Nationalsprachen des Mittelalters (s. MERMIER 1980; HENKEL 1980; GERRITSEN 1980; HANNICK 1980). Ihre letzten Ausläufer führen bis ins 17. Jh. Die ersten bebilderten Tierbücher stammen aus karolingischer Zeit. Ihren Höhepunkt erlebte die Illustration der Bestiarien zwischen dem 12. und 15. Jh. (s. PLOTZEK 1980).
Der ursprünglich griechische Physiologus wurde im 11. Jh. unter dem Titel *Reda umbe diu tier* in deutsche Prosa übersetzt und im 12. Jh. einmal in Versform und ein zweites Mal in Prosa bearbeitet[4]) (s. EIS 1967, S. 29; HENKEL 1993, Sp. 2 119. Vgl. auch 2.5.3.).

3.3.6.2. Jagdliteratur

Das lateinische Mittelalter kannte eine reiche Jagdliteratur. Aufgrund der Tatsache, daß in Westeuropa der Hirsch ein beliebtes Jagdobjekt war, gab es mehrere Werke für die Hirschjagd. Hierher gehört die Schrift „Lehre von den Zeihen des Hirsches", dessen älteste Fassung von HUGO WITTENWILLER stammt und von der mehrere Derivattexte zwischen dem 15. und 17. Jh. bekannt sind.
Ein weiteres Gebiet der Jagd stellte die Fischerei dar. Ihre Darstellung setzt im 15. Jh. ein. Zwischen 1440 und 1470 stellt ein Alemanne ein Fischbüchlein (Donaueschinger Cod. 792) auf-

grund seiner Erfahrungen am Bodensee zusammen. Der römische König bzw. spätere Kaiser MAXIMILIAN I. (1459–1519) ließ 1504 durch den Innsbrucker Jagdschreiber Wolfgang HOHENLEITNER (gest. 1507) sämtliche Fischgewässer in Tirol und Görz und die dort üblichen Fangarten in dem bebilderten und als *Tiroler Fischereibuch* bekannten Werk behandeln[5]). Das älteste gedruckte deutsche Fischbüchlein erschien 1498 in Erfurt (s. ZAUNICK 1916; ZAUNICK 1933; EIS 1965, S. 107 ff.).
Wie bereits in früheren Perioden spielte auch die Beizjagd in Westeuropa eine große Rolle. Den Germanen war sie etwa seit der Völkerwanderung bekannt geworden. Das bekannteste Werk der Falknereikunde ist das von Kaiser FRIEDRICH II. verfaßte *De arte venandi cum avibus* („Über die Kunst des Jagens mit Vögeln")[6]) (Abb. 22). Die 1250 entstandene Schrift geht weit über eine „Jagdliteratur" hinaus (vgl. auch STRESEMANN 1951, S. 8–11). Sie enthält nämlich viele eigene Beobachtungen über die Fortpflanzungs- und Brutbiologie der Vögel, über das Gefieder (Zahl und Anordnung der Flug- und Schwanzfedern), über die Mauser als jährlich wiederkehrendes Phänomen, über die Ernährung verschiedener Vogelarten und über den Vogelzug (s. WILLEMSEN [1964], Bd. 1, S. 38–134).

Die im 1. Buch vorgenommene Einteilung der Vögel erfolgte in Wasser-, Land- und Sumpfvögel sowie in Raubvögel, für die jeweils ihre spezifische Nahrungssuche geschildert wird (a. a. O., S. 13–27). Ebenso artspezifisch werden über das Paarungs- und Nistverhalten sowie über die Jungenaufzucht berichtet und „Nestflüchter" und „Nesthocker" unterschieden. In einem kurzen Abschnitt „Wie die Jungen sich im Ei entwickeln" (a. a. O., S. 66) wird auf die ausführliche Darstellung in *De animalibus* des Artistoteles verwiesen, das wohl auch der Beschreibung „Vom Nutzen der Körperteile und ihrer Verschiedenheit bei den einzelnen Vogelarten" zugrunde lag (a. a. O., S. 73–102), aber in vielen Details ergänzt wird, so z. B. durch die Beschreibung der Nieren. Zur Ernährungsweise werden auch experimentartige Versuche geschildert. FRIEDRICH beschreibt etwa, daß Geier, selbst wenn sie hungrig sind, lebende Beute verweigern, da sie auf Kadaver spezialisiert sind (Bd. 1, S. 92; vgl. auch WILLEMSEN, Bd. 5, S. 18 ff.). In Buch 2 werden die Beize und ihre Besonderheiten (Bd. 1, S. 137–270) behandelt. Die übrigen Bücher 3 bis 6 sind den Jagdvögeln, ihrer Aufzucht, Dressur, Krankheiten und speziellen Jagdtechniken gewidmet, wobei gesondert über die „Beize mit dem Gerfalken auf Kraniche" (s. Bd. 2, S. 75–136), mit dem „Sakerfalken auf Reiher" (S. 140–206) und mit dem „Wanderfalken auf Wasservögel" (S. 209–283) berichtet wird und viele biologische und verhaltensbiologische Beobachtungen der Jagdvögel und Beutetiere mitgeteilt werden.

---

[1]) Einen guten Überblick mit zahlreichen Literaturhinweisen zur Physiologus-Tradition gibt NISCHIK 1986, S. 10–16; s. a. HENKEL 1993.
[2]) Ed. REINSCH 1967.
[3]) Ed. BIANCIOTTO 1980.
[4]) Ein Ausschnitt daraus findet sich bei GERNENTZ 1979, S. 204–211.

[5]) Ed./Übs. UNTERKIRCHER 1968.
[6]) Ed. WILLEMSEN 1942.

Abb. 22. Vogeldarstellungen zu FRIEDRICH II. *Ms. De arte venandi cum avibus* (Vatikan. Manuskript). Aus STRESEMANN 1951, Tafel I.

Dieses außergewöhnliche Zeugnis mittelalterlicher Tierbeobachtung gründet sich nicht nur auf die Rezeption des von MICHAEL SCOT(T)US übersetzten ARISTOTELES, sondern auf die von THEODOR VON ANTIOCHIEN übersetzten arabischen Schriften des MOAMIN[1]) und das Buch des GATRIF (d. i. AL-ĠIṬRĪF; s. 3.2.4.5.) über Falkenkrankheiten (vgl. WILLEMSEN, Bd. 5), aber auch auf empirisch erworbenes Wissen, worauf bereits Autoren des 18. Jh. hingewiesen haben (s. SCHNEIDER 1788).

3.3.6.3. Tierzucht und Tierheilkunde

Die Haltung von Nutztieren brachte bald eine eigene mittelalterliche Literatur zur Tierzucht und Tierheilkunde hervor. Obwohl Aufzeichnungen zu den meisten Haustieren vorliegen (vgl. EIS 1967, S. 32), entstanden insbesondere Schriften zur Rinder- (s. BRUNSING 1961) und Pferdeheilkunde. Das Hauptinteresse galt aber

zweifellos dem Pferd. Einen starken Impuls erhielt die Pferdezucht durch das von Kaiser KARL D. GR. erlassene *Capitulare de villis vel curtis imperatoris* („Kaiserliche Hof- und Landgüterordnung")[2]). Dort wird die Haltung der Beschälhengste (Cap. 13 15), der Mutterstuten (Cap. 14) und der Fohlen (Cap. 15) ausführlich dargestellt. Am Hofe KARLS wirkte als Gestütsmeister JOHANNES APPOLONIUS. Der Spezialist für Zucht, Haltung und Behandlung von Pferden (vgl. DURANT 1952, S. 499) schrieb eine Abhandlung zur Hippologie (s. MOULÉ 1900). Die Pferdeheilkunde wurde auch sehr durch FRIEDRICH II. gefördert, der mehrere Hippologen an seinen Hof rief. Bekannt sind Meister ALBRANT (ALBRECHT), der das erste deutsche Roßarzneibuch[3]) verfaßte (s. FROEHNER 1954 II 41 f.; PLOSS 1955; EIS 1966). Wohl auf Anregung FRIEDRICHS II. hin entstand *De medicina equorum* („Über Pferdemedizin") aus der Feder seines Oberstallmeisters JORDANUS RUFFUS (s. ROTH

---

[1]) Möglicherweise Verschreibung aus ḤUNAIN (ibn Isḥāq); vgl. dazu VIRÉ 1967, S. 175.

[2]) Ed. WIES 1992.
[3]) Ed. RIECK 1931; SCHMUTZER 1933.

1928; KLEIN 1969; VON DEN DRIESCH 1989, S. 56). Es wurde u. a. von dem noch zu erwähnenden PETRUS DE CRESCENTIIS (s. 3.3.7.2.) bearbeitet und in dessen Schrift über den Landbau eingefügt. Im 15. Jh. erfolgte die Übersetzung ins Deutsche (s. EIS 1967, S. 31). In Rom schrieb LAURENTIUS RUSIUS (um 1350) *Marescalcia*[1]) („Über Pferdeheilkunde") (s. dazu SCHNIER 1937). ALBERTUS MAGNUS hat in seinem zoologischen Werk (s. De animalib. XXII 52–83) auch einen *Tractatus de equis* („Traktat über Pferde") (s. dazu WIEMS 1938). Im Hoch- und Spätmittelalter kommt neu auf, krankhafte Zustände, Heilverfahren oder Operationen auch bildlich darzustellen (vgl. VON DEN DRIESCH 1989, S. 57).

3.3.7. Pflanzenkunde

Auch für das lateinische Mittelalter blieb Περὶ ὕλης ἰατρικής des DIOSKORIDES eine wichtige Quelle der Pflanzenkunde. Der Text wurde wahrscheinlich schon im 6. Jh. in Italien von einem anonymen Übersetzer unter Beibehaltung der ursprünglichen Anordnung, aber mit einigen Auslassungen ins Lateinische übertragen. Er ist als *Dioscorides langobardus* bekannt geworden (s. RIDDLE 1986, Sp. 1 096). Aus dem 11. Jh. stammt die salernitanische Bearbeitung *Dyascorides alphabeticus*.

Angaben über Pflanzen finden sich im Buch XVII der Etymologien des ISIDOR VON SEVILLA (vgl. dazu SCHMEKEL 1914, S. 58–78; FISCHER 1929, S. 7–9).

Es enthält Angaben über den Landbau und die Pflanzen. Wie bei den Tieren steht auch hier weniger das Objekt als solches als vielmehr seine etymologische Ableitung im Vordergrund. Dabei geschah es, daß falsche Ableitungen zu abstrusen Vorstellungen führten. Der Begriff *nux* (lat. Nuß[baum]) erkläre sich daher, „weil sein Schatten oder die tropfenweise von seinen Blättern herabfallende Feuchtigkeit den in der Nähe stehenden Bäumen schaden (*noceat*)" (s. Etymol. XVII 7.21). Man war folglich im Mittelalter der Meinung, daß auch der Aufenthalt unter Nußbäumen für die Gesundheit des Menschen schädlich sei.

Die von den Mönchen betriebene Pflanzenkunde war weniger stark von der Neigung zur Etymologisierung und Symbolisierung gekennzeichnet. Der starke Einfluß des Glaubens fand aber auch darin seinen Ausdruck, daß man viele Pflanzen mit Namen wie *Oculus Christi* („Christusauge"), *Rosa St. Mariae* („Rose der Hl. Maria") u. dgl. mehr benannte (vgl. FISCHER 1929, S. 12; s. a. GRIMM 1992 III 350 f.). HRABANUS MAURUS behandelt in Buch XIX seines Werkes *De rerum naturis* den Feldbau und die Pflanzen, von denen er etwa 100 nennt. Die

Art und Weise seiner Gliederung zeigt deutlich, daß praktische Gesichtspunkte im Vordergrund standen (s. FISCHER 1929, S. 10 f.). Gleichzeitig ging es ihm natürlich aber immer wieder darum, Bezüge zur Bibel herzustellen.

Relativ selbständig, weil auf die eigene Tradition gestützt, sind die Ausführungen zur Pflanzenwelt bei HILDEGARD VON BINGEN (1098–1179), Äbtissin des Klosters Rupertsberg (bei Bingen am Rhein). Im ersten Buch ihres Werkes *De physica* behandelt sie ausführlich die Pflanzen (*De plantis*), das dritte Buch ist den Bäumen (*de arboribus*) gewidmet. Das Interesse an den Pflanzen, von denen sie etwa 300 Arten beschreibt (s. BÄUMER 1991, S. 134), ist auch bei ihr noch wesentlich ein medizinisches.

Die Absicht des ALBERTUS MAGNUS, das gesamte *Corpus Aristotelicum* seinen Glaubensbrüdern nahezubringen, schloß selbstverständlich auch die unter dem Namen des ARISTOTELES kursierende Schrift *De plantis* ein. Denn wie allgemein im Mittelalter (s. STANNARD 1980, S. 353–355), hielt auch ALBERT D. GR. den pseudoaristotelischen Traktat noch für eine echte Schrift des Stagiriten. *De plantis* wurde so zum Ausgangspunkt für das aus sieben Büchern bestehende umfangreiche Werk *De vegetabilibus* („Über die Pflanzen") des ALBERTUS MAGNUS. Seine Darstellung der Pflanzenwelt stellte einen qualitativen Sprung gegenüber dem dar, was das lateinische Mittelalter bisher zu bieten hatte. In den Kräuterbüchern und Rezeptariensammlungen seiner Zeit (s. 3.3.7.1.), die das Gros der pflanzenkundlichen Literatur ausmachten, ging es ihren Autoren fast ausschließlich um die Frage der Nutzanwendung. Bei ALBERTUS ist dagegen deutlich die Tendenz zu erkennen, die Pflanzen um ihrer selbst willen zu beschreiben und zu untersuchen. Dies kommt u. a. darin zum Ausdruck, daß ALBERTUS die das pflanzliche Leben bestimmenden Grundprinzipien in den Vordergrund seiner Betrachtung stellt. Erscheinungen wie die *Nyktotropie* werden daher nicht einfach als Phänomen beschrieben, sondern zu erklären gesucht. Es sei die nächtliche Kälte, die die Säfte in den Pflanzen zusammenpreßt, so daß sich die Blumen schließen (s. De vegetabil. I 1,11,81). Damit vollzog er ebenfalls einen entscheidenden Schritt in Richtung einer allgemeinen Botanik, deren Anfänge bereits auch bei einigen arabisch schreibenden Autoren zu verzeichnen waren (s. 3.2.5.). Es ist daher nicht ganz richtig, die Schrift *De vegetabilibus* als „*the first major contribution to general botany since the time of Theophrastus*" zu apostrophieren (s. STANNARD 1980, S. 346). In solchen Urteilen kommt das bis heute leider noch häufig anzutreffende Bild vom Mittelalter zum Ausdruck,

---

[1]) Ed. DELPRATO & BARBIERI 1867.

in dem die außereuropäischen Kulturen ausgespart werden (s. dazu auch 3.0.). Zu dem bedeutenden Werk liegen zahlreiche Arbeiten und z. T. ausführliche Analysen vor (s. z. B. FELLNER 1881; WIMMER 1908; SPRAGUE 1933; BALSS 1947, S. 79–187; REEDS 1980; STANNARD 1980).

ALBERTUS liefert zunächst in den Büchern I–V eine „Philosophie" der Pflanzenwelt, also eine Abhandlung über Naturphilosophie pflanzlichen Lebens (s. STANNARD 1980, S. 348–352). In seinem Kommentar lehnte er sich teilweise so weitgehend an die zu erläuternde Vorlage, daß man bei den Büchern I und III seines *De vegetabilibus* direkt von einer durch zahlreiche Digressionen erweiterten Paraphrase des *Liber de plantis* sprechen kann[1]). In Buch VI und VII beschäftigt sich ALBERT mit der speziellen Pflanzenkunde. Er führt insgesamt 390 Pflanzenarten in alphabetischer Reihenfolge auf (s. die ausführliche Analyse bei WIMMER 1908). Zwischen die Beschreibung der Pflanzenspecies (zur Identifikation s. STANNARD 1979) sind zahlreiche Auslassungen über deren medizinische Wirkungen eingestreut. Sie stammen fast wörtlich aus dem zweiten Buch der lateinischen Übersetzung des *Canon medicinae* von AVICENNA, das den *Simplicia* gewidmet ist (s. 3.2.5.3.). Ein Teil ist aber auch aus der dem MATTHAEUS PLATEARIUS zugeschriebenen Schrift *Circa instans* entnommen[2]).

Obwohl ALBERTUS weitgehend von anderen Autoren abhängig ist, weist er expressis verbis darauf hin, daß er so manches neben den Berichten zuverlässiger Autoritäten „aus eigener Erfahrung" (*ipsi nos experimento probavimus*) kennengelernt habe (s. De vegetabil. VI 1: S. 340,1). Buch VI wurde später von einigen Autoren sogar als eigenständiges Kräuterbuch angesehen (s. STANNARD 1980, S. 353). Neben den Nutzpflanzen widmet sich ALBERTUS aber ebenso den Blumen, die allein wegen ihres schönen Aussehens oder ihres Geruchs gezogen wurden. Nach der Darstellung der zumeist wild wachsenden Pflanzen in Buch VI geht er schließlich im letzten Buch, das den Untertitel *De mutatione plantae ex silvestritate in domesticationem* („Von der Umwandlung der wilden in die zahme Vegetation") trägt, zur Beschreibung der Kulturpflanzen über. Dieses Buch VII gliedert sich in die Traktate *De quatuor, quae faciunt domesticam* und *De plantis in speciale, quae usibus hominum domesticantur*. Bei seinen Ausführungen zur Pflanzenzucht, zur Landwirtschaft und zum Gartenbau findet sich einiges aus PALLADIUS. Dieses Buch ist von PETRUS DE CRESCENTIIS, auf den unten noch einzugehen sein wird (s. 3.3.8.2.), ausgeschrieben worden.

Das Problem der großen Verschiedenheit der Pflanzen führte auch ALBERTUS MAGNUS noch nicht zu einer neuen Taxonomie. Er folgte diesbezüglich der Einteilung seiner Vorlage, *De plantis*, die von den „vollkommenen" Pflanzen, den Bäumen, bis zu den „unvollkommeneren" Kräutern reichte (s. REEDS 1980; STANNARD 1980, S. 362 f.).

Das empirische Moment bildete ein wesentliches Charakteristikum seiner gesamten Arbeitsweise. Damit trat er in direkte Opposition zu der Meinung, wonach allein die Zurkenntnisnahme des göttlichen Willens eine ausreichende Erklärung von Naturvorgängen sei (vgl. auch SHAW 1975; S. 56 f.). Auf die Genauigkeit und Originalität der Beobachtungen hat vor allem der große Historiker der Botanik Ernst Heinrich Friedrich MEYER (1791–1858) hingewiesen (s. MEYER 1835/36).

Pflanzenkundliche Abschnitte finden sich auch in den Enzyklopädien des 13. Jh., wie in *De proprietate rerum* („Über die Eigenschaft der Dinge") des BARTHOLOMAEUS ANGLICUS (lib. XVII) oder *De natura rerum* des THOMAS VON CANTIMPRÉ (lib. X–XII).

3.3.7.1. Die pflanzenkundlichen Lehrgedichte/Kräuterbücher

Am Anfang der pflanzenkundlichen Literatur des lateinischen Mittelalters stand der *Liber de cultura hortorum* („Über die Gartenkultur"), besser bekannt als sog. *Hortulus* („Gärtchen") des Reichenauer Abtes WALAHFRID STRABUS bzw. STRABO (809–849). In ihm werden 23 Pflanzen nach ihrer Natur und Heilkraft beschrieben (s. SUDHOFF, MARZELL & WEIL 1926; GENEWEIN 1947; STOFFLER 1978). Das kleine Werk diente einem aus 2269[3]) Versen bestehenden botanisch-pharmakologischen Lehrgedicht *De viribus [naturis] herbarum* („Über die Kräfte der Pflanze")[4]) als Vorbild und Quelle. Es ist unter dem Verfassernamen *Macer Floridus* in die Literatur eingegangen. Tatsächlich verbirgt sich aber dahinter der Arzt und mittellateinische Dichter ODO VON MEUNG (um 1070). Sein Verfasser erwähnt in 77 Kapiteln ebensoviele Arzneipflanzen, wobei er 23 griechische und lateinische Autoren zitiert. Darunter befinden sich die jeweils voneinander abhängigen Autoren DIOSKORIDES, PLINIUS, GARGILIUS MARTIALIS, PALLADIUS (s. 2.5.3.) und ISIDOR VON SEVILIA (ŠUL'C 1976, S. 7–98; s. a. KEIL 1993).

In Salerno entstand das aus 102 Kapiteln be-

---

[1]) Über den stofflichen Aufbau der Pflanzen nach ALBERTUS MAGNUS s. HOPPE 1976, S. 176–179.
[2]) Carl JESSEN hat in seiner 1867 veranstalteten Edition von *De vegetabilibus* den Text beider Autoren durch Sperrdruck hervorgehoben.

[3]) Die Zahl schwankt in den verschiedenen Mss. und Drucken.
[4]) Ed. CHOULANT 1832.

stehende *Regimen sanitatis Salernitanum* („Salernitanisches Gesundheitsregimen")[1], in dem 46 Pflanzen Erwähnung finden. Obwohl das *Regimen* pflanzenkundlich als äußerst dürftig einzuschätzen ist (vgl. FISCHER 1929, S. 19), soll es hier aber wegen seiner großen Wirkung genannt werden.

Ebenfalls aus der Salernitanischen Medizinschule stammt der *Liber simplicium medicinarium* („Einfache Heilmittel"), der als *Circa instans* bekannt ist. Die Bezeichnung geht, was nicht selten der Fall ist (vgl. SCHUSTER 1926, S. 205 und THORNDIKE & KIBRE 1963), auf den Incipit des Werkes zurück. Der schwer verständliche Anfangssatz (vgl. WÖLFEL 1939, S. 119, Anm. 1.) lautet: *circa instans negotium de simplicibus medicinis nostrum versatur propositum* („Im Hinblick auf das vordringliche Problem, die einfachen Drogen betreffend, wird hiermit unser Vorschlag [nämlich einer Synthese des ererbten Arzneigutes mit dem Zuwachs im europäischen Sinne] dargestellt").

Das *Circa instans* entstand im Zusammenhang mit dem sich im 13. Jh. in Salerno verselbständigenden Apothekerstand und wurde rasch zur Standard-Drogenkunde des lateinischen Mittelalters. Es wird etwa seit dem 15. Jh. MATTHAEUS PLATEARIUS (gest. 1161)

zugeschrieben (s. HOMMEL 1926). Der Inhalt des *Circa instans* fußt weitgehend auf dem von CONSTANTINUS AFRICANUS verfaßten *Liber de gradibus* („Buch über die Grade [der Intensität]"). Dabei handelt es sich um nichts anderes als um eine freie Bearbeitung des *Kitāb al-iᶜtimād* von dem oben (s. 3.2.5.3.) erwähnten IBN AL-ĠAZZĀR (s. STEINSCHNEIDER 1866). Das arabische Original hat schließlich 1233 STEPHANUS VON SARAGOSSA unter dem Titel *Adminiculum* („Stütze") bzw. *Liber fiduciae* („Buch des sicheren Vertrauens")[2] ins Lateinische übertragen. Neben arabischem Wissen, das im folgenden immer intensiver rezipiert wurde, haben aber auch ältere drogenkundliche Abhandlungen, wie etwa die bereits erwähnten Schriften *Dioscorides langobardus* und *Macer floridus*, ihre Spuren im *Circa instans* hinterlassen (vgl. KEIL 1983).

Im Ergebnis der Übersetzungen aus dem Arabischen entstanden auch medizinisch-botanische Wörterbücher. SIMON VON GENUA (2. Hälfte des 13. Jh.), Leibarzt des Papstes NICOLAUS IV. (reg. 1288–92), vollendete um 1290 ein griechisch-arabisch-lateinisches Wörterbuch zur Materia medica. Das Werk trägt den Titel *Clavis sanationis* („Schlüssel der Heilung") und enthält etwa 6 000 Lemmata (s. a. LAUER 1995). Ganz in der Tradition dieser Schrift steht das lexikographische Werk *Liber Pandectarum medicinae* („Medizinische Pandekten [>griech. ὁ πανδέκτης =

---

[1] Ed. Rom, Salerno 1954; dt. Übs. SCHOTT 1954.

[2] Ed. VOLGER 1941.

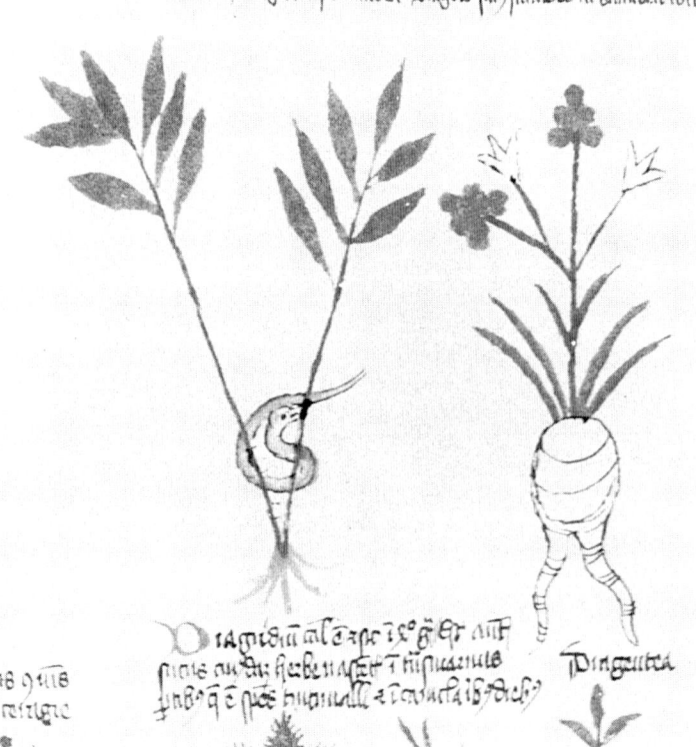

Abb. 23. Pflanzendarstellungen in einer Kräuterbuch-Handschrift aus dem 14. Jh. der Univ.-Bibl. Basel (Faksimile-Druck „*De simplici medicina*", hrsg. von A. PFISTER, Basel 1960).

das alles in sich enthaltende Buch]") des spätsalernitanischen Arztes MATTHAEUS SILVATICUS (um 1280–1342). Der Autor scheint nicht nur pharmakobotanische Reisen unternommen zu haben, auf denen er Nachrichten über bestimmte Pflanzen sammelte. Er besaß auch einen eigenen Garten, wo er fremdländische Pflanzen zog (s. FISCHER 1929, S. 73; KEIL 1993). Mit diesem und ähnlichen Wörterbüchern wurde der Grundstein für die im folgenden entstehende literarische Gattung der sog. Kräuterbücher gelegt (Abb. 23). Man versteht darunter Schriften, in denen Pflanzen aufgeführt werden, die medizinische Bedeutung haben. Die in der Regel alphabetisch angeordneten Heilpflanzen werden nach Aussehen, Vorkommen und Anwendungsbereich beschrieben (s. STANNARD 1980, S. 356; ders., 1974). Ihren eigentlichen Beginn nahm die Kräuterbuchliteratur im 9. Jh. mit dem gerade erwähnten *Hortulus* des WALAHFRID STRABO. Durch die Übersetzungen aus dem Arabischen wurde dann das kräuterkundliche Wissen erheblich angereichert. Ab dem 12. Jh. floß schließlich Material aus den naturkundlich-botanischen Werken einer HILDEGARD VON BINGEN oder eines ALBERTUS MAGNUS hinzu. In dieser Zeit gewannen auch landessprachliche Kräuterbücher zunehmend an Bedeutung. Die Kräuterbücher im engeren Sinne entstanden mit den Inkunabeln. Sie kamen insbesondere unter dem Namen *Herbarius* („Pflanzenbuch") oder *Hortus sanitatis* („Garten der Gesundheit") in Umlauf. Dabei unterschied man einen großen und einen kleinen. Letzterer erschien unter dem Titel *Gart der Gesundheit* 1485 in Mainz. In ihm werden 382 Pflanzen aufgezählt. Der große Hortus, der auf eine französische Bearbeitung des *Circa instans* zurückzugehen scheint, erschien 1491 ebenfalls in Mainz in lateinischer Sprache (vgl. KEIL & DILG 1991).

3.3.8. Pflanzkultur und Landwirtschaft

3.3.8.1. Gartenkultur

Die Nachricht, daß der Ostgotenkönig THEODERICH (471–526) schon Obstbäume veredelt haben soll, ist sicher auf seine italienische Residenz in Ravenna zu beziehen. Für Italien, wo die römische Gartenkultur eine lange Geschichte hat, stellt dies daher nichts besonderes dar. Aber bald danach erwähnt GEORGIUS FLORENTIUS, besser bekannt als Bischof GREGOR VON TOURS (538 o. 539–594), mehrere Kulturpflanzen. Dabei handelt es sich um Weinrebe, Lorbeerbaum, Ölbaum, Pflaumenbaum, Birnbaum, Salbeistrauch u. a. Gemüsearten sowie Blumen. Durch

die Angaben des „Geschichtsschreibers der Franken" wird daher der Gartenbau in der Merowingerzeit klar belegt (vgl. JANSSEN 1989, S. 234 f.). Ab 800 setzte sich in Mitteleuropa der Gartenbau allgemeiner durch. Eine Liste von Kulturpflanzen findet sich im letzten Kapitel des bereits erwähnten *Capitulare de villis* (s. 3.3.5.3.). Dort wird u. a. die Anregung gegeben, Weinberge anzulegen und Obstbäume zu pflanzen. Als empfehlenswert galten der Apfel, von dem man schon 7 Arten unterschied und nach Dauer- und Frühäpfeln trennte. Desweiteren wird zur Anpflanzung von Birne, Pflaume, Pfirsich, Kirsche sowie Nußbaum geraten. Von Gemüse und Gartenkräutern fanden 73 Arten Erwähnung. FRIEDRICH II. ließ auf den Zinnen seiner Hofburg in Palermo hängende Gärten anbringen.

Der in der Praxis durchgeführten Gartenkultur tritt eine ausgedehnte Literatur theoretischer Abhandlungen zum Gartenbau an die Seite, die z. T. auf antike Vorbilder wie DIOSCURIDES, GALEN, PALLADIUS, COLUMELLA oder VARRO zurückgreift[1]). Bekannte Autoren sind der Reichenauer Abt WALAHFRID STRABUS bzw. STRABO (809–849), in dessen *Liber de cultura hortorum* („Über die Gartenkultur") 23 Pflanzen nach ihrer Natur und Heilkraft beschrieben werden (s. SUDHOFF, MARZELL & WEIL 1926; GENEWEIN 1947; STOFFLER 1978). Der St. Gallener Klosterplan sieht drei Arten von Gärten vor: einen Gemüsegarten, einen medizinischen Kräutergarten und einen Baumgarten[2]).

Die Pflanzenschrift des ALBERTUS MAGNUS (s. De vegetabil. VII 1,14) enthält ebenfalls ein Kapitel *De plantatione viridariorum* („Über das Pflanzen von Grünpflanzen"). Nachdem bis dahin der Rasen- und Baumgarten streng vom Kräuter- und Blumengarten geschieden war, kommt es bei ALBERT zur Kombination beider Typen (s. OTT 1989, Sp. 1 121). Auf die Gartenkultur geht auch PETRUS DE CRESCENTIIS/ital. PIERO CRESCENZIO (um 1233–um 1320) im 8. Buch seines berühmten landwirtschaftlichen Werkes ein, (s. 3.3.8.2.). PETRUS widmet sich zunächst, weitgehend auf ALBERTUS MAGNUS gestützt, den kleinen Kräutergärten und kommt dann über große und mittlere Gärten schließlich zu den Gärten der Notabeln und Regenten. Dabei liefert er Anleitungen, wie man künstlich Lustgärten (*vividaria*) mit darin enthaltenen Ergötzlichkeiten (*res delectabiles*) aus Bäumen, Kräutern und Früchten einrichten kann (vgl. auch JESSEN 1864, S. 162).

In der Republik Venedig wurde 1333 ein öffentlicher medizinischer Garten eingerichtet. Einige der dort gezogenen Pflanzen sind von dem Maler ANDREAS AMADEI im Bild festgehalten worden. Als ältester botanischer Garten Europas gilt der von Padua, wo der Professor für Phar-

---

[1]) Siehe JANSSEN 1989.
[2]) Zum St. Gallener Klosterplan s. HECHT 1983.

makognosie FRANCESCO BUONAFEDE 1545 einen Garten für Heilkräuter (*Orto dei semplici*) anlegen ließ.

Im Mittelalter entstanden auch spezielle Abhandlungen über den Wald, die sog. Nemus (lat. = Wald, Baumpflanzung)-Literatur (s. EIS 1967, S. 29).

3.3.8.2. Landwirtschaft

Der Inhalt des Begriffs „Landwirtschaft", der hier für *agricultura* steht, weicht von dem des Wortes „Landwirtschaft" im heutigen Sprachgebrauch ab. Er ist wesentlich enger zu fassen. Da weder Viehzucht noch bäuerliche Hauswirtschaft dazugehören, läßt er sich vielleicht am besten mit „Bodenkultur" umschreiben. Die Übersetzung von *agricultura* mit „Ackerbau" paßt deshalb nicht, weil damit Forstwirtschaft und Weinbau ausgeschlossen bleiben würden (s. SUDHOF 1956, S. 131).

ISIDOR widmete das 17. Buch seiner Etymologie dem Landbau und den Pflanzen. In 11 Kapiteln behandelt er 1. die landwirtschaftlichen Schriftsteller, 2. den Feldbau, 3. die Getreidearten, 4. Hülsenfrüchte, 5. den Weinstock, 6. Bäume, 7. besondere Namen der Bäume, 8. aromatische Bäume, 9. aromatische und andere Kräuter, 10. Gemüse und 11. wohlriechende Gemüsepflanzen.

Im 12. Jh. übersetzte BURGUNDO VON PISA (um 1110–1193) Auszüge aus den *Geoponika* (s. 3.1.5.2.).

Um die Mitte des 14. Jh. verfaßte Meister GOTTFRIED VON FRANKEN (15. Jh.) ein Fachbuch zum Gartenbau, zur Obstverwertung, zur Rebenzucht und zur Kellermeisterei. Es gilt als Hauptwerk der altdeutschen Agricultura-Literatur. Seine übersichtlich dargestellten agrartechnischen Kenntnisse hatte der Autor sowohl aus der antiken und zeitgenössischen Fachliteratur als auch während ausgedehnter Reisen nach Holland, Italien und Griechenland erworben. Das zunächst in lateinischer Sprache abgefaßte Werk erlangte vor allem in seiner unter dem Titel „Pelzbuch"[1] bekannt gewordenen deutschen Fassung große Berühmtheit. Rasch breitete es sich über ganz Europa aus und wurde in manchen Gegenden bis ins 19. Jh. benutzt (s. EIS 1944; ders., 1951; SUDHOF 1954).

Der Senator aus Bologna, PETRUS DE CRESCENTIIS (s. o.) wurde mit seinem gegen 1305 vollendeten Hauptwerk *Ruralia commoda* („Das Wissen des vollkommenen Landwirts")[2] zum

Erneuerer der italienischen landwirtschaftlichen Literatur. CARL VON LINNÉ hat nach ihm die Pflanzengattung *Crescentia* L. (Kürbisbaum) benannt. Die Schrift des PETRUS fußt im wesentlichen auf antiken (PALLADIUS, VARRO, GEOPONIKA) und zeitgenössischen Autoren bzw. Werken (AVICENNA, ALBERTUS MAGNUS, *Circa instans*, GIORDANO RUFFO). Doch hat ihr Autor auch eigene Erfahrungen eingebracht. Er behandelt angefangen von der Anlage eines Wirtschaftshofes bis hin zur Bereitung von Essig und Klären des Weines alles, was mit Agrikultur zu tun hat. Im einzelnen liefert er eine Beschreibung der Natur der Pflanzen (lib. II), von denen er etwa 300 nennt. Als Vorlage wird leicht das Werk von ALBERTUS MAGNUS (s. 3.3.7.) erkennbar.

Darüber hinaus beschreibt PETRUS die Feldfrüchte (lib. III), den Weinbau (lib. IV) und die Nutzbäume (lib. V). Hier geht er ausführlich auf das Veredeln von Hölzern ein. Bei den Gemüsekräutern (lib. VI) beschrieb er erstmals den Anbau von Spinat, den man von den Arabern kennengelernt hatte. Schließlich folgen Ausführungen zum Wiesen- und Waldbau (lib. VII). Ein ganzer Abschnitt ist dem Gartenbau gewidmet (lib. VIII) (s. 3.3.8.1.).

Die Originalität des Werkes besteht in der geglückten Verbindung von dialektischer scholastischer Methode universitären Ursprungs mit dem naturwissenschaftlichen Realismus dominikanischer Prägung (s. ANDREOLLI 1993, Sp. 1969). Nach der Erfindung der Buchdruckerkunst gehörte die Schrift zu den ersten gedruckten Werken (Augsburg 1471; Strasburg 1471). Es folgten Übersetzungen ins Italienische (Florenz 1478) und Deutsche (Strasburg 1494).

In der Humanistenzeit erwachte auch neu das Interesse an den zwölf Büchern *De re rustica* von COLUMELLA (s. 2.5.3.). Im Jahre 1491 wurden sie im Auftrage des Herzogs EBERHARD V. IM BART von dem Abt Heinrich OESTERREICHER zum ersten Male ins Deutsche übertragen. Es folgten weitere Übersetzungen 1538 und 1612 (s. AHRENS 1976, S. 40; vgl. auch EIS 1967, S. 26 f.).

Der große Zeitraum von 1 000 Jahren, den wir als Mittelalter bezeichnen und in den drei Kulturkreisen – der byzantinischen, der arabisch-islamischen und der lateinisch-christlichen Periode – dargestellt haben, erscheint für die Wissenschaftsgeschichte und auch für die Biologiegeschichte nicht mehr so erkenntnisleer, wie noch bis in die jüngere Vergangenheit angenommen wurde. Die philologische und wissenschaftshistorische Erschließung des immensen mittelalterlichen Schrifttums zeigt, daß erst die Beschäftigung mit seinen vielseitigen Inhalten ein volles Verständnis für die Erkenntnisbestrebungen der Renaissance und der frühen Neuzeit vermittelt.

---

[1] Unter einem Pelzbuch versteht man eine Schrift, in der gelehrt wird, wie man pelzen, d. h. pfropfen oder auch pflanzen soll. Siehe dazu GRIMM & GRIMM 1889, Bd. 7. Sp. 1 536.

[2] Ed. RICHTER 1995.

Teil II. Die biologischen Wissenschaften im Einflußbereich der sich entwickelnden neuzeitlichen Naturwissenschaften

4. Botanik und Zoologie in der Zeit der Renaissance und des Humanismus

Brigitte HOPPE, München

4.1. Grundlegende politische und kulturelle Wandlungen in der frühen Neuzeit

Seit dem 14. bis 15. Jh. fanden vom Mittelmeerraum ausgehend weitreichende Veränderungen in Europa in politischen Systemen und stellenweise im traditionellen sozialen Gefüge statt. Sie führten in der Lebenseinstellung von sozial höher Gestellten und Gelehrten sowie auf allen Gebieten des kulturellen Schaffens zu deutlich unterscheidbaren Neuerungen. Die vielfältigen Ereignisse und Wandlungen betrafen oder erfaßten auch die Wissenschaften. Nach der Zerstörung des byzantinischen Kaiserreichs durch die Türken 1453 flohen viele Gelehrte nach dem Westen und brachten mit ihrer Gelehrsamkeit Schriften sämtlicher Wissensgebiete nach Italien, wo schon 50 Jahre zuvor ein systematisches Sammeln und philologisches Studieren von Manuskripten verstärkt eingesetzt hatte. Von dort breitete sich die Auseinandersetzung mit der griechisch-byzantinischen Tradition der Wissenschaften in Europa aus. Die großen Städte Norditaliens (Venedig, Florenz, Bologna, Padua, Mailand) hatten sich zu begüterten Handelszentren und durch einzelne mächtige Familien regierten Stadtstaaten entwickelt, in denen Wissenschaften und Künste blühten (Universitäten in Bologna und Padua), die mit ihren Anwendungsgebieten der Erhaltung der Macht dienen sollten (mechanische Künste, Ingenieurwesen). Zu deren Unterstützung und aufgrund persönlicher Neigungen förderten kluge Regenten die Gelehrsamkeit und Künste, worin sich jahrhundertelang die Familie der MEDICI hervortat.[1]) Eine vergleichbare politische und kulturelle Bedeutung kam seit dem 13. Jh. der Hanse und den Hansestädten, in denen die Bürgerschaften ziemlich volksnah regierten, im Ostsee- und Nordseeraum zu, was sich auf frühe Universitätsgründungen im Norden auswirkte (1419 Rostock, 1456 Greifswald) (Vgl. Abb. 20).

Neben den weltlichen Herrschern und oft mit diesen persönlich verflochten hatte im Mittelalter die Geistlichkeit eine große Macht ausgeübt, die besonders vom 14. bis 16. Jh. oft mißbraucht wurde (Eintreiben von „Ablaß"-Geldern zum Loskauf von Sünden u. a.) und einen sittlichen Verfall begünstigte. Gegen solche Übelstände traten Bußprediger wie Jan HUS aus Böhmen (auf dem Konzil zu Konstanz 1415 verbrannt) und G. SAVONAROLA in Florenz (1498 verbrannt) in ganz Europa auf. Erst Martin LUTHER in Deutschland (1517), H. ZWINGLI und Johann CALVIN in der Schweiz und den Niederlanden (mit Wirkung in Frankreich und den angelsächsischen Ländern) drangen unter harten, sich in der „Gegenreformation" fortsetzenden Kämpfen zu Reformationen durch, die aber zur Abspaltung der neuen Kirchen führten. Da vor allem LUTHER als Humanist sein Ziel mit Schriften und in Auseinandersetzung mit Gelehrten wie MELANCHTHON und Erasmus VON ROTTERDAM verfolgte, übten seine Lehren auf die zeitgenössische Gelehrsamkeit einen Einfluß aus. Die durch ihn und in Westeuropa durch CALVIN entfachte religiöse Bewegung bewirkte schließlich auch Reformen innerhalb der römisch-katholischen Kirche und brachte vor allem eine Vertiefung des Christentums mit sich, die sich ebenfalls auf die Wissenschaften auswirkte. Sie führte zu der die empirische Naturforschung im 17. und 18. Jh. begünstigenden Physikotheologie, die durch Beobachtung der Natur und ihrer Erscheinungen dem Wirken des Schöpfergottes

---

[1]) Ein Ergebnis dieser Förderung war die Gründung einer neuen Platonischen Akademie 1459 unter Cosimo DE'MEDICI in Florenz, deren Leiter der bedeutende Frühhumanist Marsilio FICINO 1462 wurde.

nachspüren wollte. Die religiösen Bewegungen erwuchsen aus einem Boden sozialer Spannungen, da die sozialen Unterschiede zwischen den Ständen groß waren und die niedrig gestellten Personen ohne Entwicklungsmöglichkeiten unterdrückt und oft ausgebeutet wurden. Hinzu kamen grassierende Seuchen (Pest, Syphilis) und häufige Hungersnöte. Daher erhoben sich in Mitteleuropa seit dem 15. Jh. wiederholt Bauernaufstände, und 1524–1526 kam es zum Bauernkrieg in Mittel- und Süddeutschland.

In den viele Lebens- und Kulturbereiche durchdringenden Bestrebungen nach Neuerungen, die hervorragende Persönlichkeiten durchzusetzen vermochten, kamen ein erstarkendes, mit Kritik an Autoritäten gepaartes Selbstbewußtsein und ein Wille zur eigenverantwortlichen Welt- und Lebensgestaltung zum Ausdruck. Diese Eigenschaften entwickelten auch die Gelehrten in höherem Maß als zuvor, was sie zu Entwürfen veränderter (COPERNICUS) oder neuer Theorien (KEPLER, GALILEI, HARVEY) und zur empirischen Naturforschung anregte. Neue Ideen konnten sich mittels der Erfindungen der Papierherstellung und des Drucks mit beweglichen Lettern (1447) in kürzerer Zeit als zuvor weit verbreiten. Das neue Medium diente nicht nur der Verbreitung deutscher Bibelübersetzungen, sondern auch von Reisebeschreibungen mit naturkundlichen Berichten[1] und von Pflanzen, Tiere und Mineralien mit ihren Heilanwendungen beschreibenden Werken, die als Hausbücher die familiäre Heilmittelversorgung ermöglichen sollten (*Herbarius*, Mainz 1484, 1485 u. ö.). Diese frühen Druckwerke enthielten Texte mit vielen Zitaten aus mittelalterlichen Schriften und zusätzlich Abbildungen einzelner Naturgegenstände, von denen etwa 30–50% der Pflanzen annähernd naturgetreu aufgrund eigener Beobachtung wiedergegeben waren.[2] Die weiterentwickelte Holzschnittkunst ermöglichte die Vervielfältigung der Bilder. Während in den Abbildungen solcher Werke die Kenntnis der Pflanzen der Kräutergärten vorherrschte (Weiße Lilie, Erdbeere, Primel, Rose, etc.), erschienen in dem Kräuterbuch des Hieronymus BRUNSCHWIG vereinzelt[3] und seit den Kräuterbüchern des Otto BRUNFELS (Tl. 1–3, 1530–1536) in größerer Anzahl wild wachsende einheimi-

sche Pflanzen. Desgleichen finden sich von neuem beobachtete exotische Tiere wie Giraffe, Kamel und affenartige Tiere in frühen Reisebeschreibungen (B. BREYDENBACH 1486). Der Drang zur selbständigen Erkundung der Umwelt entfachte die Erforschung der einheimischen und exotischen Floren und Faunen (Pierre BELON).[4] Deren Kenntnis wurde infolge der Landung des Kolumbus in Amerika 1492 um in Europa vorher gänzlich unbekannte Naturgegenstände erweitert. Die mit Hilfe verbesserter Transport- und Navigationsmittel (Kompaß, Chronometer, See- und Weltkarten, seit dem 17. Jh. Fernrohr) gelungenen Entdeckungsreisen eröffneten der Naturforschung nach und nach eine höchst folgenreiche Erweiterung ihres Erfahrungsbereichs.

Eine Anregung zur Ermittlung mannigfacher Wahrnehmungen über unbekannte Naturobjekte und -erscheinungen ging von der im 14. Jh. in Italien eingeleiteten umfassenden Bildungsbewegung des Humanismus aus. Dessen akademische und pädagogische Bildungsideale, die sämtliche Bereiche der höheren Bildung und Gelehrsamkeit erfaßten, prägten auch die Naturwissenschaft. Die in Anlehnung an CICERO verfolgten Ziele der *studia humanitatis*, durch die vor allem sprachwissenschaftliche, mathematische und literarische Studien gefördert wurden, galten auch für die Naturbetrachtung. Diese vergewisserte sich mittels philologischer und literaturwissenschaftlicher Verfahren ihrer gesamten, besonders jedoch der griechisch-römischen antiken Tradition. Da aber ein sklavisches Nachäffen wenigstens bei führenden Humanisten verpönt war und statt dessen eine selbständige Aneignung und eine schöpferische Weiterentwicklung überkommener Gelehrsamkeit und Kunstwerke gefordert und verfolgt wurden, bildeten die naturwissenschaftlichen Texte und Lehren der Antike den Ausgangspunkt, von dem aus die Methoden, Wissensinhalte und Theorien weiterentwickelt wurden. Die Bestrebungen der *studia humanitatis*, die viele philologisch, mathematisch und medizinisch-naturkundlich ausgebildete Humanisten (COPERNICUS) in ihren Werken verwirklichten, führten zu einer einheitliche Grundzüge aufweisenden Naturwissenschaft.

---

[1] Ein solcher naturkundlicher Bericht über eine Reise ins Heilige Land war: Bernhard VON BREYDENBACH: *Peregrinatio in terram sanctam*, 1486.

[2] Das auf den Arzt Johann WONNECKE VON CAUB zurückgehende Kräuterbuch *Gart der Gesundheit* von 1485 (u. ö.) enthielt naturgetreue Abbildungen von im Frühling blühenden Kräutern.

[3] Hieronymus BRUNSCHWIG: *Liber de arte distillandi de simplicibus*, Straßburg 1500.

[4] Der deutsche Arzt Leonhard RAUWOLF (1535/40–1596) legte auf einer Reise in den Vorderen Orient ein umfangreiches Herbarium an, das noch heute in Leiden aufbewahrt wird, und publizierte eine Beschreibung der Reise mit vielen naturhistorischen Beobachtungen 1582–1583. – Über Pflanzen (1553) und Tiere aus dem östlichen Mittelmeerraum berichtete der französische Naturforscher Pierre BELON.

4.1.1. Grundzüge der Naturwissenschaft und ihrer philosophischen Voraussetzungen

Aus der mittelalterlichen Naturwissenschaft erwuchs seit dem 15. Jh. in Europa eine nach Erneuerung und grundsätzlicher Umwandlung strebende Naturwissenschaft, welche die biologischen Fachrichtungen einschloß. Obwohl sich die in der Antike begonnene Spezialisierung in die Einzelwissenschaften Zoologie, Botanik und ihre Zweige, wie Entwicklungsgeschichte, Ornithologie, Ichthyologie etc., fortsetzte, lassen gleiche, in mehreren Teilgebieten wirksame methodische Grundsätze und Erklärungsmodelle für Naturerscheinungen die Einheitlichkeit der Naturwissenschaft deutlich hervortreten (vgl. die Darlegungen im folgenden).[1]) Die frühneuzeitlichen Richtungen der Naturdeutung und Naturforschung waren seit etwa dem 12. Jh. vorbereitet worden. Besonders durch die damals einsetzende verstärkte Hinwendung zu naturphilosophischen Lehren aristotelischer Prägung begann sich der die Einzelforschung begünstigende *Nominalismus* auszubreiten. Er lag den Beobachtungen an einzelnen Pflanzen, Tieren und Mineralien bei ALBERTUS MAGNUS ebenso zugrunde wie denjenigen über einzelne physikalische Erscheinungen bei Roger BACON, während nominalistische Grundsätze im 14. Jh. durch William OCKHAM gefördert wurden. Daneben unterstützte die bald mehr bald weniger wirksame platonische Naturphilosophie eine Mathematisierung naturwissenschaftlicher Aussagen etwa in der Optik (Robert GROSSETESTE, 13. Jh.) und zur Deutung des Sehvorgangs. Vom Platonismus ausgehend förderte der in Heidelberg, Padua und Köln ausgebildete Frühhumanist Nikolaus VON KUES (lat. CUSANUS, 1401–1464) die mathematische und quantitativ-experimentelle Denk- und Forschungsweise in der rationalen Naturbetrachtung (*De docta ignorantia* 1440, *Idiota de staticis experimentis* 1450).

Außer den genannten, mittels der Editionen der antiken Originalwerke durch die Humanisten verstärkt verbreiteten, teilweise einander entgegengerichteten naturphilosophischen Lehren gewannen vom 14. bis zum 17. Jh. weitere Strömungen, besonders der Neoplatonismus, die stoische Naturphilosophie, der Averroismus etc. an Einfluß. Die traditionellen Lehren galten nun nebeneinander und oft synkretistisch miteinander und wurden im lateineuropäischen Kulturbereich zudem häufig mit der christlichen Religion verwoben. Die Verflechtung und teilweise Umformung verschiedener philosophischer Strömungen gab auch den naturwissenschaftlichen Theorien ein eigentümliches Gepräge. Solche hoben etwa Analogien zwischen dem *Makrokosmos* und dem *Mikrokosmos* hervor, als welcher der menschliche Organismus gedeutet wurde (PARACELSUS). Ein Netz von wechselseitigen, durch „Sympathie" vermittelten Beziehungen sollte den Kosmos von den Gestirnen bis zu den Organismen, Pflanzen und Mineralien durchziehen. Durch Einwirkungen der Gestirne auf irdische Substanzen sollte eine *Urzeugung* von Lebewesen möglich sein (PARACELSUS). Die enge Verbindung naturwissenschaftlicher mit christlichen Lehren, wie sie etwa PARACELSUS pflegte (er bezog sich außerdem auf Neoplatonismus, Gnosis und Kabbala), trat bei manchen Humanisten zurück, drängte sich aber unter dem Einfluß der religiösen Bewegungen besonders als ein christlicher (Neo-) Platonismus wieder in den Vordergrund (J. KEPLER, J. B. VAN HELMONT).

Die gemeinsame, tragende Grundlage für die verschiedenen philosophischen und weltanschaulichen Strömungen bildete das Bildungs- und Wissenschaftsideal des *Humanismus*. Seine Forderung nach möglichst sorgfältig philologisch-literarisch begründeten wissenschaftlichen Aussagen verfolgten die Gelehrten in drei Schritten, die nebeneinander oder nacheinander vollzogen werden konnten. In der ersten Phase der Aneignung antiken Wissens wurde durch Herausgabe, Übersetzung, Kommentierung und Bearbeitung naturwissenschaftlicher Texte nach sprach- und literaturwissenschaftlichen Richtlinien eine *Integration* erzielt, die teilweise eine Kritik und Ergänzung der empirischen Inhalte einschloß. Auf den Ergebnissen der grundlegenden Textstudien aufbauend erstrebten humanistisch-philologisch gebildete Mediziner und Naturforscher in der zweiten Phase eine umfassende Darstellung des gesamten bis zu ihrer Zeit angesammelten Wissens über Naturphänomene. Dabei stellten sie einerseits Textzitate aus antiken naturwissenschaftlichen Schriften und aus weiteren literarischen Quellen zusammen, erörterten etymologische Fragen, schufen neue Fachwörter, Ordnungs- und Klassifikationsschemata der Aussagen und stellten zudem eine Fülle eigener empirischer Forschungen an. Ein hervorragender Vertreter, der in seinem Lebenswerk beide Formen der Antike-Rezeption pflegte, war der Enzyklopädist Conrad GESSNER mit seinen naturkundlichen Schriften über Tiere, Pflanzen, Gesteine, Mineralien und Fossilien (1565) und

---

[1]) Nähere Ausführungen zur Einheitlichkeit der Naturwissenschaft in der Renaissance sind bei KRAFFT 1991 zu finden; dagegen hat BÄUMER 1991, S. 7 die Eigenständigkeit der Teilgebiete betont.

mit seinem Kommentar zu physikalischen aristotelischen Schriften und zu *De anima*.[1]) Er bearbeitete außerdem eine Ausgabe mit lateinischer
Übersetzung griechischer Kirchenväter (1546)
und als Herausgeber und Kommentator die
durch den Baseler Verleger FROBEN herausgebrachte lateinische Übersetzung der Werke von
GALENOS (5 Bde, 2. lat. Ausg. 1549 und 3. Ausg.
1562). Nach der *„innovativen Restauration"* erstrebte die dritte Phase humanistischer Naturwissenschaft, von den antiken Forschungsmethoden, Theorien und Philosophemen ausgehend,
eine selbständige Erweiterung der empirischen
Grundlagen und Erneuerung der Theorien. Dabei drangen in die Naturforschung experimentelle und quantitative Methoden ein, die etwa
bei GALILEI, HARVEY, JUNGIUS zu einer theoretischen Neubegründung einzelner Wissenschaftszweige führten. In dieser dritten Phase setzte die
Wissenschaftliche Revolution ein.

In den Schriften der zweiten und dritten Phase
der nach Erneuerung strebenden humanistischen Naturwissenschaft wurden die Methoden
der Forschung und der Darstellung des Wissens
eingehend erörtert. Die vorrangige Beachtung
der Methodologie, welche die sich nach und
nach von einer ontologischen Begründung lösen-
de neuzeitliche Naturwissenschaft prägte, förderte schon vor DESCARTES eine Vereinheitlichung der Struktur der Naturwissenschaften,
wenn sie sich auch in der Naturkunde im 15.–
16. Jh. noch weitgehend auf die Klassifikation
von Einzelbefunden erstreckte. Durch den Humanismus erhielt die Naturwissenschaft nicht
nur eine stark didaktisch-pädagogische Ausrichtung, sondern sie wurde auch durch die dynamische Denkweise erfaßt, welche die erneuerte
ciceronische Rhetorik als *ars movendi* verkündete. Man bevorzugte dialogische Denkformen
(G. AGRICOLA 1530, Euricius CORDUS 1534, GALI-
LEI 1632), um das Für und Wider verschiedener
Ansichten aufzuzeigen und um eine Erkenntnis
schrittweise zu entwickeln. Wie die Erkenntnisgewinnung durch die nie abgeschlossene Forschung den Charakter eines fortlaufenden Prozesses annahm,[2]) deutete man schließlich auch
die Naturphänomene selbst als prozeßhafte Gegebenheiten, die in ihrem Werden und in ihrer
Entwicklung zu erfassen sind.

---

[1]) Conrad GESSNER: *Physicarum Meditationum, Anno-*
tationum et Scholiorum Libri V, hrsg. von Caspar WOLF,
Zürich 1586.

[2]) Das deutsche Wort *forschen* taucht erst im 14. Jh.
bei Konrad VON MEGENBERG auf, während das Wissenschaftsideal des Suchens nach neuer Erkenntnis
über Naturerscheinungen dann durch PARACELSUS
nachdrücklich vertreten wurde; vgl. HOPPE 1978,
S. 114–122.

4.1.2. Naturbeobachtung und -darstellung in der Kunst und Buchillustration

Das Bestreben, die Mitwelt und Umwelt des
Menschen möglichst eingehend zu erkunden,
trat zuerst seit dem 14. Jh. in der bildenden
Kunst in Erscheinung (Miniaturen in Gebetbü-
chern, Stundenbüchern) und breitete sich dann
auch in der Naturwissenschaft aus.[3]) In der religiösen Tafelmalerei wurden der Goldhinter-
grund und die abstrakte Ornamentik des
Beiwerks aufgelöst und durch naturalistische
Darstellungen von Pflanzen, Tieren, Menschengruppen, Landschaften, Szenen aus dem täglichen Leben und Architekturteilen ersetzt. Mehr
und mehr befleißigte man sich der perspektivi-
schen Darstellung. Die hier wie in der religiösen
Plastik dargestellten sorgfältig beobachteten Naturgegenstände bildeten nicht nur eine neue
Form des Schmucks religiöser Motive, sondern
sie sollten auch deren Aussage kraft ihres Sym-
bolwerts vertiefen und verdeutlichen.[4]) Die symbolische Bedeutung wurde nicht nur aus Erwähnungen in der Bibel, aus naturgeschichtlichen
Einzelheiten wie Gestalten, Farben, jahreszeitli-
chem Auftreten, Vorkommen und Verbreitung
der Pflanzen und Tiere abgeleitet, sondern auch
aus der Verwendung als Heilmittel. Die daraus
eigentlich erwachsende Beziehung zur wissenschaftlichen Literatur der Natur- und Heilkunde,
deren Texte jedoch kaum Ergebnisse eigener
Naturstudien enthielten, wirkte sich erst seit
dem 16. Jh. in größerem Umfang auf deren Illustrationen aus. Zuvor entzündete sich in der
Kunst der Renaissance die Neigung zur Naturbeobachtung und -darstellung an dem nach griechi-
schem Vorbild erneuerten Ideal, die Gestalt des
Menschen und seiner Umgebung möglichst naturgetreu wiederzugeben. Auf religiösen Bildta-
feln tauchen naturalistische Darstellungen von
Menschen, Tieren (Pferde, Hunde, Rindvieh, Affen, Vögel) und Landschaften auf, wie in einer
„Anbetung der Könige" von Gentile DA FABRIA-

---

[3]) Als spätmittelalterliche Kräuterbuchmanuskripte
mit naturalistischen farbigen Pflanzendarstellungen ra-
gen hervor: MS. Egerton 2020 der British Library in
London enthaltend die Schrift *Herbolario volgare*, Padua 1390–1400; und der Pflanzencodex des Benedetto
RINIO um 1420 mit 441 Bildern, aufbewahrt in der
Marciana-Bibliothek in Venedig; BLUNT 1979, S. 68–73.

[4]) Ein hervorragendes Exemplar eines spätmittelalter-
lichen religiösen Tafelgemäldes, das eine große Anzahl
von naturgetreuen Pflanzenstudien wiedergibt, ist das
um 1410 entstandene *Paradiesgärtlein* im Städelschen
Kunstinstitut in Frankfurt a. M.; vgl. ferner BEHLING
1957 und 1964.

Abb. 24. Albrecht DÜRER: Federzeichnung eines Storchs (W. 240), Ixelles/Brüssel. Aus Fritz KORENY: *Albrecht Dürer und die Tier- und Pflanzenstudien der Renaissance* [zur 306. Ausstellung der Graph. Sammlung Albertina, Wien …], München 1985, S. 20, Abb. 14 (Photo Deutsches Museum München).

NO (um 1370–1427) von 1423 (Uffizien in Florenz) und wie auf einem Fresko in Sta. Anastasia in Verona („Der Hl. Georg befreit die Königstochter", zwischen 1430–1450) von Antonio PISANELLO (vor 1395–1455), dessen Porträtmedaillen und Tierstudien hervorragten.

Aus der Zeit um 1500 erhielten sich die naturalistischen Landschafts-, Tier- und Pflanzenaquarelle des deutschen, in Italien gebildeten Malers Albrecht DÜRER (1478–1528)[1] (Abb. 24). Seine schematisierende Zeichnung eines Nashorns

wurde in die Tierbücher von C. GESSNER aufgenommen. Wie die perspektivische Darstellung (*Underweysung der messung …*, 1525) betrachtete er die menschlichen Körperproportionen (in verschiedenen Lebensaltern gemessen) wissenschaftlich.[2] Über Vorbilder aus Dürers Werkstatt gelangte der Maler Hans WEIDITZ zur naturalistischen Darstellungsweise von Pflanzen in den Aquarellen (um 1530), die als Vorlagen für die Holzschnitte in den Kräuterbüchern von Otto BRUNFELS dienten. Die naturkundlichen Einzelstudien wirkten weiter in mehreren hundert Aquarellen von Vögeln, Insekten, Lurchen des aus einer Nürnberger Humanistenfamilie stammenden Malers Lazarus RÖTING, 1549–1614 (Abb. 25) (Museum für Naturkunde der Humboldt-Universität in Berlin).

Als ein Vollender der durch viele bildende Künstler bis zu Michelangelo BUONAROTTI (1475–1564) und einzelne Ingenieure (Filippo BRUNELLESCO, Erbauer der Kuppel von Sta. Maria Fiore in Florenz (1420–1436); Leon Battista ALBERTI als Gelehrter) gestifteten Beiträge zur Wiedergabe von Renaissance-Idealen kann der Künstler-Ingenieur LEONARDO DA VINCI (1452–1519), der „umfassende" Meister, gelten. Auch ihn führten künstlerische Aufgaben zur Beobachtung einzelner Naturgegenstände: Vorder- und Hintergründe von Gemälden waren als perspektivisch wiedergegebene Landschaften zu gestalten; diese strukturierte er in seiner eine stilisierende Linien- und Schraffurführung bevorzugenden Manier durch gestaffelte Gebirgszüge, Baumkronen, Pflanzenrosetten und Rasen; die Darstellung einer „Leda mit dem Schwan" (nur in Kopien erhalten) erforderte Einzelstudien an Sumpfpflanzen (1503–04); zur Wiedergabe von Menschengruppen (Kampfszenen) wurde die Physiognomie von bestimmten Typen ergründet; die Errichtung eines Reiterstandbildes setzte Studien der Körperbewegung und der Statik voraus (ZAMATTIO u. a. 1981; PEDRETTI & CLARK 1983; BAUR u. a. 1984; LADENDORF 1984). Über diese üblichen künstlerischen Anlässe hinaus verselbständigte sich bei LEONARDO der Drang zur Ergründung der Eigenschaften der Naturgegenstände: Er begann, sie um ihrer selbst willen als Naturforscher zu erkunden. In seiner umfangreichen menschlichen Anatomie (zusammen mit dem Anatomen Marcantonio DELLA TORRE 1473–1511 aus Pavia ausgeführt) studierte er Skelett-, Muskel-, Gefäß-,

[1]) Als Naturstudien von DÜRER, die als Vorarbeiten zu Beiwerk von Tafelgemälden dienten, aber nicht alle zu datieren sind, haben sich u. a. erhalten: Eichhörnchen von 1512 in London, Großes und Kleines Rasenstück, einzelne Pflanzen wie Päonie und Blaue Iris sowie Ma-

donna mit den vielen Tieren in der Sammlung *ALBERTINA* in Wien.
[2]) Die Körperproportionen wurden in verschiedenen Lebensaltern gemessen; A. DÜRER: *Vier Bücher von menschlicher Proportion.* 1528.

Abb. 25. Aquarell nach der Natur von dem Nürnberger Maler Lazarus RÖTING (1549–1614) aus dem „Theatrum Naturae", um 1610 (Historische Bild- und Schriftgutsammlungen, Museum für Naturkunde, Humboldt-Universität zu Berlin). Ohrenlerche (Blatt 339) – Ansicht des Vogels von rechts und Detailskizze des Kopfes von vorn. Wie RÖTENBECK schreibt, wurde dieser Vogel im Monat Januar 1610 in Nürnberg zum ersten Mal beobachtet und gefangen. Photo: Vera HEINRICH, Berlin. (Vgl. HACKETHAL 1994, Abb. 155).

Nervensystem, Herz, Lunge, Gehirn, Sinnes-, Sexualorgane und Foeten. Dabei entdeckte er viele Einzelheiten wie Vorhöfe des Herzens, Gewebestrukturen und erörterte im Gegensatz zu Zeitgenossen die möglichen Funktionsweisen der morphologischen Strukturen (O'MALLEY 1952; BRAUNFELS-ESCHE 1961). LEONARDO verknüpfte die Naturstudien mit seinem weiteren Arbeitsfeld, mit den Ingenieurskünsten. Diese Verbindung führte ihn über die seinerzeit geübte Betrachtungsweise, die gegebenen Strukturen und Gestalten mehr oder minder oberflächlich zu beschreiben, hinaus zu Fragen nach der Funktionsweise und dem Zusammenwirken einzelner Teile der natürlichen Konstruktionen zur Erbringung bestimmter Leistungen. Menschliche und tierische Organe mit ihren Einzelteilen sowie ein bewegungsfähiger Organismus in seiner Umgebung wurden als Maschinen mit ihren Teilen gedeutet; eine durch LEONARDO auch in die Maschinenkunde erstmals eingeführte Betrachtungsweise. In der Auseinandersetzung mit den Lehrmeinungen von wissenschaftlichen Autoritäten wie ARISTOTELES und GALENOS (z. B. mit dessen Lehre der *Spiritus*, die in drei Organgruppen lokalisiert sein sollten) gelangte LEO-NARDO zu Kritik, wie aus seinen schriftlichen Notizen auf Skizzenblättern hervorgeht, und neuen Einsichten (Annahme GALENS, daß das Septum des Herzens durchlöchert sei, so daß das Blut hindurchtreten könne, hat er widerlegt). Von gründlichen anatomischen Studien – mit Ansätzen einer vergleichend anatomischen Betrachtung wie der Extremitäten mehrerer Säugetiere (Abb. 26) – ausgehend, die er durch einzelne Experimente (Herzbewegung mittels Nadel sichtbar gemacht) und Modellversuche (gläsernes Herzmodell) ergänzte, drang LEONARDO zu einer Deutung des tierischen und menschlichen Organismus mittels mechanischer, physikalischer Prinzipien vor. Die Gliedmaßen des Menschen und höherer Tiere sollten sich nach den Hebelgesetzen um Drehpunkte bewegen, wobei die bewegenden Muskeln und Sehnen auf Kraftwirkungslinien reduziert gezeichnet wurden. Da LEONARDO die Bewegungen von Vögeln beim Flug auch hinsichtlich einer möglichen Nachahmung für die Konstruktion eines Flugapparats für den Menschen (Fallschirm, Hubschrauber, Tragflügelapparat) zu analysieren versuchte, kann er als ein früher „Vorläufer" der *Bionik* gelten. Besonders als Naturforscher und

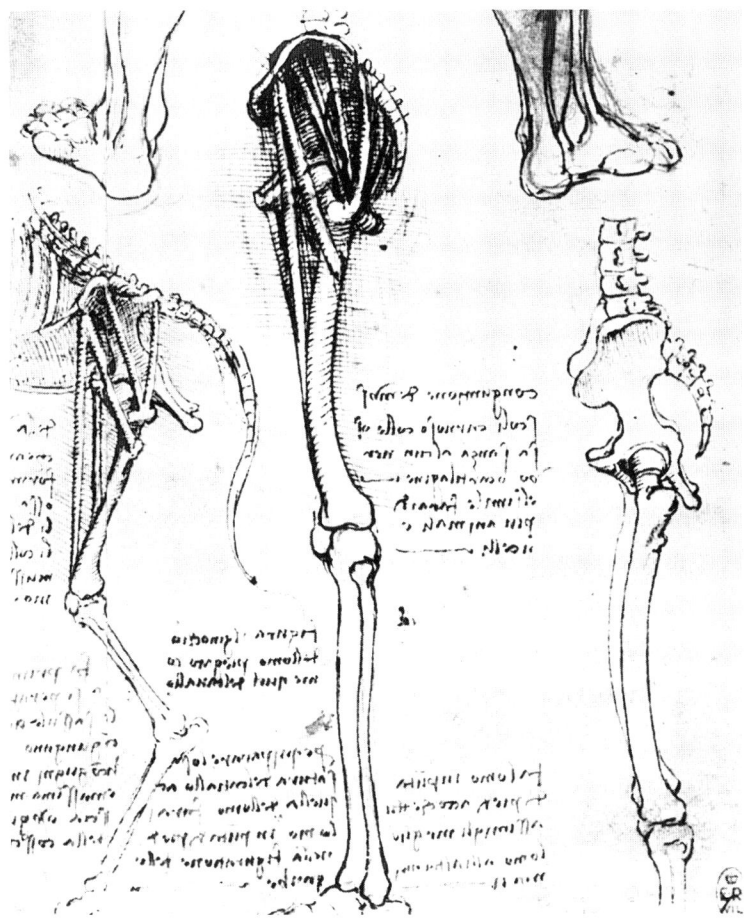

Abb. 26. LEONARDO DA VINCI: Vergleich des Skeletts einer hinteren Extremität von Pferd, Mensch und vermutlich Affe. Aus *Anatomische Zeichnungen*, hrsg. von Jean MATHÉ, Stuttgart 1984, S. 102 f. (Photo Deutsches Museum München).

Ingenieur wies LEONARDO über seine Zeit hinaus auf einen Weg, der teilweise von seinem Werk abzweigend seit dem 17. Jh. der Hauptpfad der Naturwissenschaft wurde (Abb. 27).

4.1.3. Aus der Medizin erwachsene neue biologische Anschauungen

Die Medizin hatte als eine auf die Anwendung ihres Wissens bezogene Wissenschaft im Mittelalter empirische Züge bewahrt. Sie galt bei ISIDOR VON SEVILLA im 7. Jh. als *philosophia secunda* und wurde seit dem 10. Jh. in *medicina theorica* (mit den naturwissenschaftlichen Grundlagen und Theorien etc.) und *medicina practica*, zu der Diätetik, Pharmazie, Therapie und Chirurgie gehörten, unterteilt (SCHIPPERGES 1976). Vor allem diese Fachrichtungen waren seit dem 12. Jh. empirisch erweitert worden (Beobachtungen über nützliche Heilpflanzen und -tiere und chirurgische Verfahren), während

in der Anatomie kaum Sektionen zu Forschungszwecken angestellt wurden und sich die Physiologie mit naturphilosophisch begründeten Theorien begnügte. Die spätmittelalterliche Entwicklung setzte sich besonders an den in dieser Zeit gegründeten Universitäten fort. Ein Bruch mit dem Arabismus und der Scholastik, wie ihn der leidenschaftliche Humanist Leonhart FUCHS (um 1540) forderte, vollzog sich selten (SCHIPPERGES 1976, S. 144–148). Nur der dadurch ins Abseits gedrängte PARACELSUS (1493–1541) versuchte Neuerungen polemisch durchzusetzen. In seinem zu Lebzeiten erschienenen Hauptwerk *Große Wundartzney* (1536 und mehrere Ausgaben) begründete er eine theoretische Aufwertung der eigene Erfahrungen einbeziehenden Chirurgie, die Teil einer umfassenden Therapeutik sein sollte. Als Heilmittel empfahl er noch viele pflanzliche Drogen, aber zusätzlich die in seinem gesamten Werk stark beachteten mineralischen Wirkstoffe (Mineralsalze, Antimontinktur). Nach der *Signaturenlehre* sollten qualitative (Farbe, Konsistenz, etc.) und gestaltliche (herz-, nierenförmig) Merkmale der Naturob-

Abb. 27. LEONARDO DA VINCI: Federzeichnung eines Doldigen Milchsterns (*Ornithogalum umbellatum* L.), daneben zwei Anemonen, darunter die kennzeichnenden Blütenstände oder Pseudanthien (*Cyathium*) einer mitteleuropäischen Wolfsmilchart (*Euphorbia* species). Aus *Nature Studies from the Royal Library at Windsor Castle*, Catalogue by C. PEDRETTI, New York 1981, Plate IV [13] (Photo Deutsches Museum München).

jekte auf die verborgenen Heilwirkungen hinweisen. Aufgrund seiner Kenntnisse chemischer Prozesse verwarf er die alleinige Gültigkeit der peripatetischen Lehre der vier Elemente, Elementarqualitäten und Kardinalsäfte und führte statt dessen die natürlichen Stoffumwandlungen auf die Wirksamkeit von drei Prinzipien zurück: das brennbare, flüchtige Prinzip *Sulfur*/Schwefel, das flüssige *Mercurius*/Quecksilber, das feste, kristallisierbare *Sal*/Salz. Die stofflichen und physiologischen Veränderungen – sowohl in der anorganischen Natur als auch im Organismus und in jedem Organ – sollten durch eine jeweils eigentümliche Wirkkraft, *Archeus* genannt, verwirklicht werden. Dementsprechend wurde der Verdauungsprozeß, eine Verfeinerung und Assimilation der Nahrungssubstanzen, als ein mehrstufiges Werk der *alchemia microcosmi* aufgefaßt. Durch die Einführung derartiger Metaphern der Alchemie zur Deutung physiologischer Vorgänge als stofflich-substantielle Umsetzungen wurde PARACELSUS zum Begründer der anschließend im 16.–17. Jh. vorherrschenden *Iatrochemie* (vgl. 5.2.1.).

Kenntnisse der Medizin, Naturkunde, Mineralogie, des Berg- und Hüttenwesens verband der vielseitige Arzt im Erzgebirge Georg AGRICOLA (1494–1555) mit der philologischen Gelehrsamkeit des Humanisten (Studien in Leipzig, Bologna, Padua und Venedig). Er trug zur Verbreitung der Lehren antiker Autoren wie GALENOS, PLINIUS und DIOSKURIDES in Deutschland bei und begann den Bergbau wissenschaftlich zu begründen, indem er das naturwissenschaftliche und technische Wissen seiner Zeit beschrieb. Dabei beachtete er auch Berufskrankheiten und die Arbeitsphysiologie (*De re metallica*, 1556). Unter den aus der Erde ausgegrabenen natürlichen Gebilden (*fossilia*) deutete er zutreffend Bernsteineinschlüsse wie Insekten und Baumblätter, während er Versteinerungen zwar als organische Gestalten betrachtete, aber deren Entstehung auf die schöpferische Gestaltungskraft der Erde oder der Natur zurückführte.

Die wirkungsreichste Anregung zur Überprüfung und nach einigen Jahrzehnten auch Erweiterung und Erneuerung ihrer Theorien erhielten

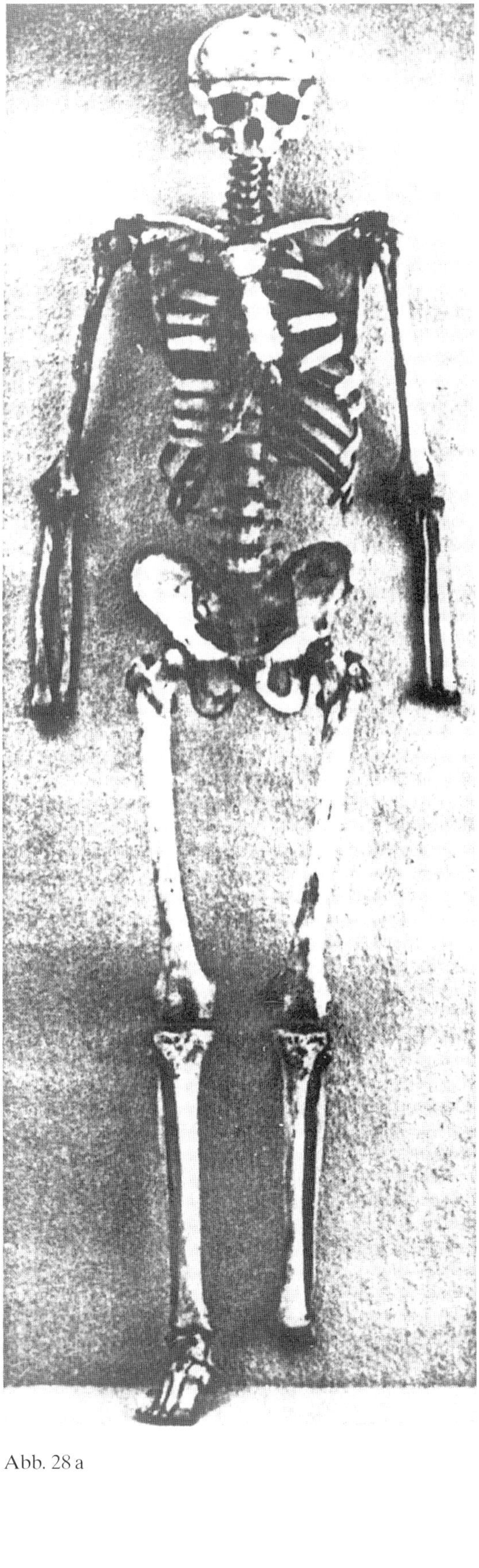

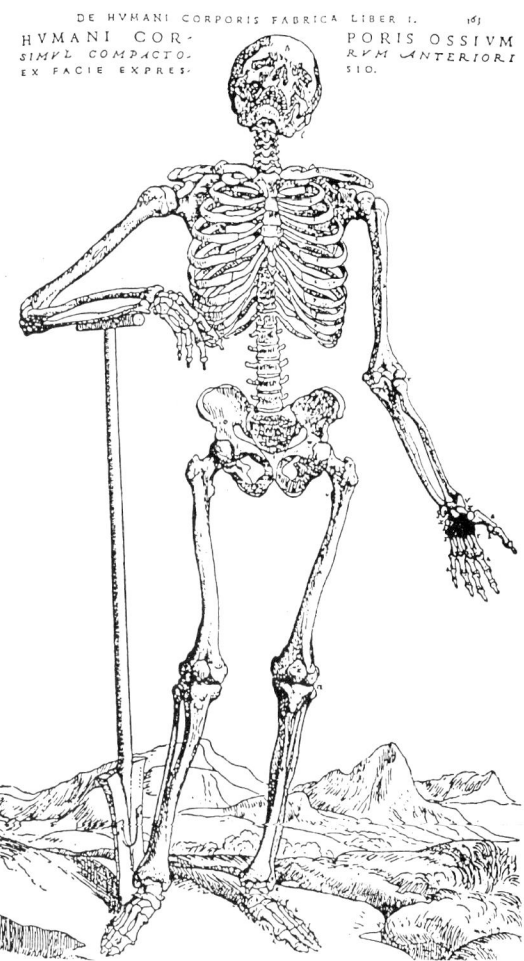

Abb. 28 b

Abb. 28. a Von VESAL präpariertes Menschenskelett (1543) im Naturhistorischen Museum Basel. b Abbildung aus Andreas VESAL 1543.

Medizin und Tierkunde im Lauf des 16. Jh. infolge des Aufblühens der anatomischen Forschung. Während in der Schulmedizin der Universitäten das Anfang des 14. Jh. entstandene Lehrbuch der menschlichen Anatomie von Henri DE MONDEVILLE[1]) und die *Anathomia* (1316) von Mondino DE'LUZZI bis ins 16. Jh. hinein verwendet wurden, erwuchsen aus der durch eigene Studien gestützten Auseinandersetzung mit den Werken von GALENOS (erste griechische Werkausgabe 1525 in Venedig) ausgedehnte anatomische Forschungen. Ein auch durch die künstlerische Qualität seiner Holzschnitte in Großfolio, die auf TIZIAN zurückgeführt werden,

---

[1]) Henri DE MONDEVILLE war in Bologna, Montpellier und Paris tätig; ein auf ihn zurückgehendes Manuskript von 1314 hat sich in Paris in der BN erhalten.

Abb. 28 a

hervorragendes Werk der Hauptteile der menschlichen Anatomie schuf Andreas VESALIUS aus Brüssel (1514–1564): *De humani corporis fabrica libri septem*, 1543. Als Professor in Padua ließ er sich selbstbewußt in dem neu errichteten *Theatrum anatomicum*, selbst öffentlich sezierend, abbilden. Er beschrieb über hundert anatomische Abweichungen von GALENOS. Bei der Sektion der Herzscheidewand konnte er zutreffend zwar „kleine Vertiefungen", aber keine Poren, durch die Blut von der rechten in die linke Kammer hätte hindurchtreten können, wahrnehmen. Dieser für die Physiologie GALENS grundlegenden Annahme wagte er dennoch nicht zu widersprechen, sondern nahm zur Bewunderung des „göttlichen Werks" Zuflucht. VESALIUS erkannte, daß viele Irrtümer GALENS durch die willkürliche Übertragung der Befunde der Tieranatomie auf den menschlichen Organismus zustande gekommen waren (O'MALLEY 1964). Das Bestreben, die materiellen, morphologischen Gegebenheiten des Organismus durch Autopsie zu ergründen und den biologisch-physiologischen Theorien zugrunde zu legen, wurde wegweisend für die neuzeitliche Biologie (Abb. 28). Die wissenschaftliche Leistungsfähigkeit dieser Betrachtungsweise ließ sich in der folgenden Zeit erweisen. Eine Reihe von Anatomen fand Einzelteile des Gefäßsystems, welche eine Grundlage für die neue Deutung der Blutbewegung durch W. HARVEY am Anfang des 17. Jh. bildeten. Schon im 13. Jh. hatte der muslimische Kommentator IBN AN-NAFIS des Kanons der Medizin von AVICENNA den Lungenkreislauf des Bluts vermutet (seit 1547 in lat. Übersetzung bekannt) (vgl. 3.2.3.). Dann beschrieb der physiko-theologische[1]) Ideen vertretende Arzt und Theologe Miquel SERVETO (1511–1553) aufgrund des anatomischen Befunds 1553 den Kleinen Kreislauf, während VESALS Nachfolger in Padua Realdo COLOMBO seit 1545 (publiziert 1559 in *De re anatomica*) dieselbe Ansicht lehrte. Dieser stützte seine Behauptung auf die Beobachtung, daß das von der Lunge zur linken Herzkammer führende Gefäß stets mit Blut gefüllt sei, wogegen es nach GALENS Lehre nur Luft enthalten sollte. Das noch fehlende morphologische Beweisstück für den Lungenkreislauf erbrachte Marcello MALPIGHI mit der Entdeckung der Lungenkapillaren 1661. Ein weiterer anatomischer Beweis für einen regulierten, gerichteten Bluttransport war die Feststellung der Venenklappen. Diese Gefäßteile demonstrierte Giambattista CANANO 1546 vor VESALIUS. In einer eigenen Schrift *De venarum ostiolis* be-

schrieb Girolamo Fabrizio AB AQUAPENDENTE (1537–1619) 1603 die ventilartigen Klappen. Er lehrte seit 1565 als Professor der Anatomie und Chirurgie in Padua, prägte 1561 die Bezeichnungen *Plazenta* und *Epiphyse*. Zu dessen Schülern zählte W. HARVEY. Die Anschwellung der Venen auf der distalen (von der Körpermitte abgewandten) Seite einer Ligatur sowie die Arbeitsweise der Herzklappen beschrieb Andrea CESALPINO 1571, der den Lungenkreislauf eine *circulatio* nannte (vgl. 5.1.1.). Diese anatomischen Beobachtungen wurden Voraussetzungen für die neuzeitliche Physiologie. Darüber hinaus bahnten die anatomischen Studien des holländischen, zeitweilig in Nürnberg tätigen Arztes Volcher COITER (1534–1576), vornehmlich zur Skelettanatomie, der Vergl. Anatomie den Weg.[2])

4.2. Antike Tradition und neue Empirie in der Botanik und Zoologie

Die Anwendung des humanistischen Bildungsideals auf die fachwissenschaftliche Literatur ließ umfangreiche, die Schriften der hervorragendsten Autoren naturwissenschaftlicher und naturphilosophischer Werke möglichst vollständig zusammen mit lateinischen Übersetzungen wiedergebende Editionen entstehen und brachte die Möglichkeiten von Forschungsmethoden, Forschungsergebnissen und Deutungen von Lebenserscheinungen eindringlicher, als es seit vielen Jahrhunderten geschehen war, von neuem zu Bewußtsein. Anfangs erstreckte sich die humanistische Aneignung der Tradition und die Auseinandersetzung mit der Überlieferung antiken Wissens auch in den Naturwissenschaften auf die Erschließung möglichst vollständiger, originalgetreuer Texte der für vorbildlich erachteten Autoren der Antike. Zuerst wurden Editionen griechischer Texte und erste frühneuzeitliche Werkausgaben, die alsbald von neuen lateinischen Übersetzungen begleitet waren, erstellt. Den überwiegend philologischen Bearbei-

---

[1]) Der Begriff *Physikotheologie* kam erst um 1700 auf; vgl. Kap. 6.2.1.

[2]) Volcher COITER führte außerdem Vivisektionen zur Untersuchung der Eingeweide durch; er widmete sich der Anatomie der Muskeln, des Auges, des Ohrs mit Erörterung der Funktionen, studierte die Entwicklungsgeschichte des Hühnchens und stellte ein Programm für eine Pathologische Anatomie auf. Durch ihn sezierte Objekte waren: Säugetiere mit Affen und Fledermaus, menschliche Foeten und Kinder, Vögel, Kriechtiere, Lurche; erstmalig beschrieb er den Giftapparat der Schlangen; vgl. HERRLINGER 1952.

tungen folgten kommentierende Arbeiten, in die nach und nach Ergebnisse der selbst aufgenommenen empirischen Einzelforschungen einflossen. Neue Erkenntnisse wurden zuerst auf den Gebieten der Morphologie, Anatomie, Klassifikation und Systematik gewonnen. In dem Maß, wie sie anwuchsen und in den Vordergrund des Interesses traten, löste man sich von den überkommenen Texttraditionen und schuf eigene Formen der Darstellung des Wissens. Eine inhaltliche Spezialisierung ließ Monographien über einzelne Gegenstände und Teilprobleme entstehen. Gleichzeitig wurden die Bereiche der Heil- und Nutzanwendungen von den naturgeschichtlichen Darlegungen getrennt.

4.2.1. Humanistische Aneignung antiker Texte

Neben einzelnen der hervorragendsten Werke der Naturkunde des lateinischen und des muslimischen Hochmittelalters wie der Tierkunde des ALBERTUS MAGNUS, die zur Aristoteles-Renaissance des 12.–13. Jh. beigetragen hatte und seit 1478 mehrmals nach Handschriften als Frühdruck herausgegeben wurde,[1] wurden als Inkunabeln die *Naturalis Historiae Libri XXXVII* des PLINIUS 1469 sowie die zoologischen Werke des ARISTOTELES 1476 und die botanischen Schriften des THEOPHRASTOS 1483, letztere beide in lateinischer Übersetzung von Theodor GAZA, in Italien herausgebracht. Ihnen folgten die griechischen Editionen in der ersten Gesamtausgabe der Werke des ARISTOTELES, die 1495–1498 in Venedig erschien und im vierten Band (1496–1497) auch die Schriften des THEOPHRASTOS enthielt. Die erste Gesamtausgabe (*Editio princeps*) der medizinischen Enzyklopädie *De re medica libri VIII* des zur Zeit des Kaisers TIBERIUS schaffenden A. Cornelius CELSUS, die in einer Diätetik und Heilmittelkunde viele Nutzpflanzen und -tiere betrachtete, wurde 1478 in Florenz gedruckt. Von der ersten umfassenden griechisch-römischen Arzneimittellehre (*Materia Medica*) des Pedanios DIOSKURIDES (um 70 n. Chr. entstanden) erschien der Erstdruck 1499 in Venedig. In demselben Jahr wurde die *Editio princeps* der Lehrgedichte über Gifte und Gegengifte (*Theriaka, Alexipharmaka*) des NIKANDROS aus Kolophon (etwa im 2. Jh. v. Chr.) veröffentlicht. Auch die Schriften der römischen Schriftsteller über die Landwirtschaft CATO,

VARRO, COLUMELLA und PALLADIUS wurden in einem Sammelband von 1533 (Venedig: Verlag Aldus) zur Verfügung gestellt. Eine Erstausgabe der Tiergeschichten des AELIANOS (um 200 n. Chr.) mit lateinischer Übersetzung besorgte Conrad GESSNER 1556 nach Manuskripten. Als sprachkundiger Humanist erstellte er auch philologische Hilfsmittel für die Einzelwissenschaften. Wie zu derselben Zeit der englische Naturhistoriker William TURNER (gestorben 1568) ein kurzes 1538 und ein ausführlicheres mehrsprachiges Pflanzenglossar 1548 veröffentlichte, stellte GESSNER 1542 ein umfangreicheres Wörterbuch der Pflanzennamen, *Namenbuch aller Erdgewächsen/Latinisch/Griechisch/Teütsch/ vnd Frantzösisch* (*CATALOGVS PLANTARVM LATINE*, …), zusammen. Die in der 2. Hälfte des 15. Jh. begonnenen Arbeiten wurden über 100 Jahre lang bis ins 17. Jh. hinein fortgesetzt, ergänzt und erweitert. 1644 brachte der niederländische Mediziner Ioannes BODAEUS À STAPEL eine Ausgabe der Pflanzenkunde des THEOPHRASTOS in Amsterdam heraus, die den griechischen Text, eine lateinische Übersetzung und eigene Kommentare sowie solche des 16. Jh. enthielt.[2]

Neben den Editionen antiker Werke entstanden Kommentare, die, wie die gerade erwähnten, oft zusammen mit den Editionen veröffentlicht wurden, in denen philologische, nach und nach auch naturkundliche Einzelfragen ihres Inhalts erörtert wurden. Obwohl manche dieser Schriften nur wenige Seiten zählten, bekundet ihre große Anzahl doch die rege Auseinandersetzung mit den antiken Schriftstellern. Einen kritischen und erläuternden Kommentar zur Naturgeschichte des PLINIUS, besonders zu Identität und Synonymen von Pflanzen veröffentlichte der italienische Humanist Ermolao BARBARO in zwei Teilen 1492 und 1493 (*Castigationes Plinianae*), von dem 1516 posthum (und öfter) *Corollaria* zur Heilmittellehre des DIOSKURIDES herausgebracht wurden. Ebenfalls zu PLINIUS verfaßte der aus Vicenza stammende humanistische Mediziner Niccolo LEONICENO einen ausführlichen kritischen Kommentar, der seit 1509 wiederholt erschien.[3] Derselbe Autor widmete den in der Antike viel beachteten Schlangen 1518 eine eigene Abhandlung, indem er sich hauptsächlich an NIKANDROS, GALENOS und AVICENNA anlehnte. Als Gegenspieler des kritischen LEONICENO glaubte der Gesandte Pandolfo COL-

---

[1] Vgl. u. a. *Diui Alberti Magni De Anima=/libus Libri vigintisex No=/uissime impressi*, hrsg. von Marcus Antonius ZIMARA. Venedig 1519.

[2] Die durch Ioannes BODAEUS À STAPEL 1644 besorgte Ausgabe des THEOPHRASTOS enthielt die Kommentare des Julius Caesar SCALIGER 1566 und 1584.

[3] Niccolo LEONICENO: *De Plinii et aliorum erroribus novum opus*. Ferrara 1509.

LENUTIO die Autorität des PLINIUS gegen LEONI-CENO verteidigen zu müssen (um 1500). Zur Arzneimittellehre des DIOSKURIDES und ihren Pflanzen verfaßte der auch in der Pflanzenkunde bewanderte Florentiner Humanist Marcellus VERGILIUS (†1521) eine alsbald verbreitete (Köln 1529) und viel zitierte lateinische Übersetzung mit einem ausführlichen Kommentar (Florenz 1518 und 1523). Der über philologische und botanische Kenntnisse in etwas geringerem Maß verfügende Arzt Ioannes MANARDO aus Ferrara (1462–1536) setzte sich hauptsächlich in Form von drei Briefen an Marcellus VERGILIUS 1519–1523 mit dessen Kommentar und zugleich mit der pflanzlichen Arzneimittelkunde des DIOSKURIDES auseinander. Zu 28 Pflanzen dieses Werks verfaßte der als Kanzler an der Universität Köln wirkende Graf Hermann VON NEUENAR (gestorben um 1530) bis 1529 *Annotationes aliquot herbarum*, die vor allem den Synonymen und der Identifikation der Pflanzen gewidmet waren. Dieselben Probleme behandelte der Humanist und Mediziner Euricius CORDUS (1486–1535) ausführlicher und mit mehr Sachkenntnis in einem Dialog zur Pflanzenkunde 1534, der 1532 die Schriften des NIKANDROS aus Kolophon in lateinische Verse übertragen hatte. Eine Kompilation zur Arzneimittelkunde nach DIOSKURIDES, THEOPHRASTOS und PLINIUS stellte der Mediziner Antonio Musa BRASAVOLA aus Ferrara in Form eines Dialogs 1536 (u. ö.) zusammen (*Examen omnium simplicium medicamentorum*, Rom). Außer durch eine lateinische Übersetzung der *Materia Medica* des DIOSKURIDES 1516, Ausgaben der Schriften des Scribonius LARGUS (1. Hälfte des 1. Jh. n. Chr.) 1528 (erschienen 1529) und des A. Cornelius CELSUS (1529) und anderer trat der Mediziner und Kleriker in Paris Ioannes RUELLIUS (Jean RUEL, 1474–1537) mit einer Naturgeschichte der Pflanzen hervor.[1]) Dieses Werk war eine mit großer, durch Zeitgenossen wie Leonhart FUCHS gerühmter Gelehrsamkeit zusammengestellte Kompilation aus THEOPHRASTOS, DIOSKURIDES u. a. mit ergänzenden eigenen Pflanzenbeobachtungen.

Die zoologische Kommentarliteratur, die an die umfangreichsten Texte der Antike anknüpfte, wandte sich häufig Teilgebieten der Tierkunde zu. Sie bezog sich auf Tierklassen, wie sie im Anschluß an ARISTOTELES besonders PLINIUS als Klassifikation dargestellt hatte. Während sich die erwähnte Schrift über die Schlangen von N. LEONICENO 1518 noch ausführlich mit den Medikamenten aus Schlangen und gegen

Schlangengifte befaßte, trat der medizinische Aspekt in weiteren tierkundlichen Schriften zurück, die statt dessen außer den fachwissenschaftlichen zusätzlich Texte der Diätetik, Poesie und Reisebeschreibungen heranzogen. Eine weitgehend ohne eigene Anschauung aus griechischen und lateinischen Texten der Fachschriftsteller und Dichter kompilierte Schrift über naturgeschichtliche und für den Menschen nützliche Eigenschaften der Wassertiere gab der humanistisch gebildete Jurist Nicolaus MARE-SCALCUS (dt. MARSCHALCK, † 1525 in Rostock) 1517–1520 in Rostock heraus. Viele eigene Beobachtungen an Wassertieren des Mittelmeers brachte der italienische Geistliche Paolo GIOVIO (1483–1552) in seine Schrift über Wassertiere (*De Romanis piscibus libellus*, Rom) von 1524 ein. Hierin vermochte er vor allem einige durch PLINIUS angeführte „Fische" zutreffend zu identifizieren und zu beschreiben, die er um einige neu beobachtete Arten ergänzte. Einen kritischen, sachkundigen Kommentar zu den in der Tierkunde des PLINIUS beschriebenen Wassertieren (Buch 9) und zu einigen Arzneipflanzen veröffentlichte der in Venedig tätige humanistische Mediziner Francesco MASSARI 1537 (*Castigationes et annotationes*). Eine Erörterung über die mögliche Identität von etwa 20 in der Mosel vorkommenden Fischen und des *mustella* genannten Seefischs (wohl bei antiken Autoren ursprünglich ein Hai) mit einer Zusammenstellung ihrer Namen in verschiedenen Sprachen veröffentlichte Carolus FIGULUS 1540 in Köln (*Ichthyologia sev Dialogvs De Piscibvs; Mvstella Caroli Figvli*). Über die Namengebung von durch antike Autoren erwähnten verbreiteten Hühnervögeln wie Fasan, Eichelhäher, Rebhuhn, Pfau und einer Reihe von weiteren Vögeln hinterließ der 1543 in Köln verstorbene Arzt Gilbertus LONGOLIUS einen Dialog, den der englische, in Europa weit gereiste Naturforscher William TURNER 1544 posthum herausbrachte. Derselbe veröffentlichte 1544 selbst eine umfangreiche Schrift über die Identifizierung von durch ARISTOTELES und PLINIUS beschriebenen Vögeln. Sein Kommentar stützte sich auf beachtliche eigene Beobachtungen an in England und auf dem Kontinent heimischen Vögeln.

Sowohl die vergleichenden philologischen Erörterungen über die Auslegung von Namen und Textstellen über einzelne Pflanzen und Tiere bei verschiedenen antiken Autoren als auch die naturkundlichen Feststellungen über einzelne Eigenschaften bestimmter Naturgegenstände und über ihren Nutzen für den Menschen wurden bis weit ins 17. Jh. hinein fortgeführt, wie sich aus zahlreichen handschriftlichen Zusätzen in den frühen Druck-

---

[1]) Ioannes RUELLIUS: *De Natura stirpium libri III.* Paris 1536.

werken ersehen läßt.[1]) Obwohl die in allen westeuropäischen Ländern durch die an der Naturkunde interessierten Humanisten herausgebrachten, die antiken Texte kommentierenden Schriften nur wenige eigene, neue Beobachtungen an höheren Pflanzen und Tieren enthielten, vermochten sie doch nach und nach die Beschäftigung mit diesen Naturgegenständen selbst anzuregen. Gleichzeitig bahnte sich eine weitere Phase der Auseinandersetzung mit der Überlieferung aus der Antike an: Eine innovative Aneignung wissenschaftlicher Inhalte schuf eine neuartige, die Originaltexte erweiternde Darstellung des Wissens und antiker Theorien, die sich zugleich mit den nach und nach anwachsenden, eigenen empirischen Einzelkenntnissen herausbildete.

4.2.2. Erneuerung der Forschungsgrundsätze

Während in den Editionen und in frühneuzeitlichen kommentierenden Arbeiten die Strukturen und Inhalte der antiken Werke als solche nicht verändert, sondern nur hinsichtlich der Exegese und möglichen Interpretationen betrachtet wurden, bildeten sich anschließend (bis jetzt seit 1530 nachweisbar) neue, eigenartige Formen der Assimilation und Ergänzung der antiken, als vorbildlich erachteten Schriften heraus. In einer großen Anzahl von Publikationen wurden inhaltliche Bestandteile der antiken Zoologie und Botanik aufgegriffen und mit Ergänzungen erläutert in einer Form dargelegt, wie sie in der Antike nicht gegeben war. Durch die gesonderte Darstellung der Aussagen und Textstücke, die durch die antiken Autoren nur beiläufig verstreut oder hauptsächlich in einleitenden Kapitelteilen erwähnt worden waren, in eigenen Veröffentlichungen und in umfangreicheren Einführungskapiteln zu Tier- und Kräuterbüchern wurde die Bedeutung der Betrachtungen hervorgehoben: Es ging um die Wiedergabe, Erläuterung und übersichtliche Darstellung der Fragestellungen und Forschungsgrundsätze in der Tier- und Pflanzenkunde. Die in der Antike hauptsächlich durch ARISTOTELES (*De p.a.*) und THEOPHRASTOS (*H.pl.*) (vgl. 2.3.1. und 2.3.2.) aufgestellten, nur beiläufig erwähnten und mehr oder minder folgerichtig angewandten Grundsätze der Naturforschung wurden nunmehr logisch geordnet zusammengestellt und unter Nennung von Exempeln, d. h. wahrnehmbaren Merkmalen und Eigenschaften bestimmter Pflanzen und Tiere, als die Grundregeln einer vorbildlichen Botanik und Zoologie dargelegt. Diese ohne Bildmaterial auskommenden Schriften über die theoretischen Grundlagen der empirischen Naturwissenschaft waren in lateinischer Sprache, durchsetzt mit einzelnen griechischen Fachausdrücken, abgefaßt. Daher trugen sie auch zur Ausbildung und Festigung der lateinischen botanischen und zoologischen Fachsprache bei, zumal mehrere Autoren wie Otto BRUNFELS und Conrad GESSNER außerdem die ersten frühneuzeitlichen verbreiteten floristischen und faunistischen Werke schufen. Einzelne der theoretischen Abhandlungen waren in humanistischer Manier in die Form eines Dialogs gekleidet (C. FIGULUS Köln 1540). Häufig enthielten die Schriften, die „Forschungsanleitungen" entsprachen, tabellarische Übersichten über Systeme von Grundbegriffen und ihre Interpretationsmöglichkeiten (C. FIGULUS 1540, über die möglichen Farben von Blüten; L. FUCHS 1542, über die Hauptorgane der höheren Pflanzen; C. GESSNER 1552), welche Darstellungsform die Anwendung der Regeln sicherlich förderte. Die frühneuzeitlichen Naturwissenschaftler machten nicht nur auf die Gegebenheit solcher Richtlinien bei ihren antiken Vorbildern aufmerksam, sondern eigneten sich diese in eingehender Weise an und wandten sie selbst an. Angesichts dieser Schriften und ihrer Wirkung können die Hauptteile der frühneuzeitlichen Naturforschung nicht mehr nur als ein zielloses, unbestimmtes Suchen, Sammeln und Beobachten von Einzelobjekten ohne bewußte theoretische Voraussetzungen gedeutet[2]) und damit gegenüber der späteren positivistisch-empirischen biologischen Forschung entwertet werden, sondern sie sind als theoretisch begründete Beiträge zur Herausbildung der neuzeitlichen Naturwissenschaft anzusehen und anzuerkennen (HOPPE 1990).

---

[1]) In einem Exemplar des lateinischen Kräuterbuchs des Otto BRUNFELS von 1530–1536, das im Stadtarchiv von Hof an der Saale aufbewahrt wird, ließen sich viele lateinische Marginalien aus dem frühen 17. Jh. nachweisen, welche die Nomenklatur und Identifizierung der Pflanzen in der antiken Literatur erörtern; HOPPE 1992.

[2]) Vgl. das Urteil bei Theodor BALLAUFF: Die Wissenschaft vom Leben, Bd. 1 (Orbis Academicus, II/8). Freiburg i. Br., München 1954, S. 126: „Das reine Sammeln im Sinne eines Zusammenstellens … muß daher den Anfang auch der neuen Biologie machen. Die gigantischen „Summen" der Kräuter- und Tierbücher entstehen. Für die Biologie erwächst von hier aus die Grundlage der späteren Systematik im Sinne einer summativen Deskription. Denn ein Maßstab, ein Prinzip, das systematische Ordnung stiftet und so in Wahrheit „sammelt", fehlt noch; wo sollte es auch am Beginn zu finden sein? … Kenntnis und Erkenntnis identifizieren sich so zunächst".

Methodologische Schriften von Humanisten zur Pflanzen- und Tierkunde

Selbständig erschienene Schriften (chronologisch geordnet):

Otto BRUNFELS: *Appendix: De usu et administratione simplicium, per eundem Othonem Brvnnfelsivm, ... De differentiis HERBARVM ex historia plantarum THEOPHRASTI.* Straßburg 1530.

Benedictus TEXTOR SEGUSIANUS: *Stirpivm Differentiae ex Dioscoride secvndvm locos communes, opus ad ipsarum plantarum cognitionem admodum conducibile.* Paris 1534.

Otto BRUNFELS: *Epitome Medices svmmam totius Medicinae complectens, ... (... DE DIFFERENTIIS Herbarum, ex historia plantarum THEOPHRASTI.).* Paris 1540.

Carolus FIGULUS: *DIALOGVS qvi inscribitvr Botanomethodus siue herbarum methodus.* Köln 1540.

Conrad GESSNER: *De Partibvs et Differentiis Plantarum Physica Synopsis, secundum Theophrastum, Plinium et Dioscoridem: in tabulas methodice digesta ...* Zürich 1552.

Adam ZALUZIANSKY à ZALUZIAN: *Methodi herbariae, Libri tres.* Prag 1592.

Einführende Kapitel in:

Leonhart FUCHS: *De historia stirpium commentarii ...* Basel 1542.

Conrad GESSNER: *Historiae Animalivm Liber Primvs De Quadrupedibus viuiparis.* Zürich 1551; [Einleitung] VII. *Ordinis ratio, qvem per singvlas fere animalivm Historias secuti sumus.*

Edward WOTTON: *De differentiis animalivm libri decem.* Paris 1552.

Pierre BELON: *De aquatilibus: libri duo* (1552). Paris 1553.
– *L'Histoire de la Nature des Oysseaux.* Ibidem 1555.
– *La nature et diversité des poissons.* Ibidem 1555.

Guillaume RONDELET: *Libri de Piscibus Marinis; Vniversae aquatilium historiae pars altera.* Leiden 1554–1555.

Ulysse ALDROVANDI: *De animalibus Insectis Libri Septem.* Bologna 1602.

Merkmalsunterscheidung in der Pflanzen- und Tierkunde aufgrund der aristotelischen Kategorien

Die Prädikate der Unterscheidungsmerkmale, *differentiae*, der Pflanzen und Tiere (HOPPE 1976, S. 49 f.):

Kategorie	Naturgeschichtliche Deutung mit Prädikat
ousia	NATURA, Gesamtheit der Eigenschaften, Lebensweise
substantia	PARTES, Körperteile:
	similares: humores, sanguis, fibra, vena, nervus, caro, ossa, cartilago, etc.
	dissimilares:
	radix, Wurzel *caput*, Kopf
	caulis, Sproßachse *sensus*, Sinnesorgane
	folia, Laubblätter *part. exteriores*, äußere T.
	flores, Blüten *part. interiores*, innere T.
	fructus, Frucht (*cor, pulmones, hepar,*
	semen, Samen *intestinae, renes*, etc.)
quantitas	*numerus*, Anzahl, *quantitas*, Menge, *magnitudo*, Größe
qualitas	FIGURA, Gestalt
	color, Farbe; *lenitas*, Glätte; *odor*, Geruch
	sapor, Geschmack; *crasis*, Mischung
	vis, Wirksamkeit (bes. bezügl. d. menschl. Organismus)
relatio	*situs*, Lage; *ordo*, Anordnung; *positio*, Stellung
locus	*regio*, geographische Verbreitung
	locus particularis, Standort, Lebensraum
	solum, Bodenbeschaffenheit
tempus	*tempus*, Jahreszeit, Lebenszeit, -dauer, Blütezeit
	aetas, Altersstufe
passio	*affectiones*, weitere Beschaffenheiten
actio	*mores*, Lebensgewohnheiten, Charaktereigenschaften

Als die die Organismen konstituierenden substantiellen Gegebenheiten wurden die hauptsächlichen wahrnehmbaren Körperteile, Organe und Organsysteme (*partes*), betrachtet. Die Kategorien erlaubten zusätzlich, gezielt nach deren grundlegenden Eigenschaften wie Habitus, Gestalt, Umriß, Größe, Höhe, Länge, Oberflächenbeschaffenheit, Farbe, Dichte, Ort und Zeit des Auftretens usw. zu fragen. Besonders bemerkenswert ist dabei, daß die Kategorie der *quantitas* von Anfang an beachtet wurde, derzufolge nach Möglichkeit die Größe, Anzahl und Menge der Organe und ihrer Bestandteile ermittelt werden sollten. Zudem wurde entsprechend der Relation nach der Lage und Anordnung der Teile gefragt. Auch die Qualitäten, welche damals die Nutzanwendungen der pflanzlichen und tierischen Naturprodukte ermöglichten, waren in das Schema der Kategorien einzuordnen. Damit war der Katalog der Fragestellungen, nach denen Pflanzen und Tiere mittels eigener Beobachtung erforscht werden sollten, vorgegeben. Diese Grundsätze bildeten während der folgenden Jahrhunderte bis zur Zeit von Carl VON LINNÉ (1751 *Philosophia Botanica*) die theoretische Grundlage der Naturforschung, die sich besonders auf die

Morphologie, Anatomie und Systematik erstreckte. Nur die Bewertung der Bedeutung der
Hauptkategorien wurde etwa seit dem Werk
des Joachim JUNGIUS verändert. Seit seinen
ebenfalls von den aristotelischen Kategorien
abgeleiteten Grundzügen der Pflanzenmorphologie (entstanden um 1635) wurden die Eigenschaften, die als substantielle galten, nämlich
hauptsächlich die *figura*, Gestalt der Körperteile, und entsprechend den Kategorien *quali-
tas, quantitas, relatio* zu ermitteln und zu beschreiben waren, in ihrer Bedeutung für die
wissenschaftliche Botanik und Zoologie betont,
während die übrigen Eigenschaften in der daneben weiterentwickelten Literatur über die
Anwendungsgebiete wie die Pharmazie, Drogenkunde und z. T. auch die Naturaliensammlungen beschrieben wurden (vgl. auch 5.3.2.).
Daß und in welchem Umfang während der Frühen Neuzeit bis ins 17. Jh. hinein das meist auf
etwa 10 aristotelischen Kategorien beruhende
Frageschema verwendet wurde, geht aus dessen
Wiedergabe in Kapitelüberschriften und aus den
einzelnen Ausführungen in den Kräuter- und
Tierbüchern des 16.–17. Jh. hervor. Eine vom
16. bis ins 17. Jh. hinein veröffentlichte Reihe
derselben setzte sich zum Ziel, sowohl über
die natur- als auch über die kulturgeschichtlichen Eigenschaften und Bedeutungen sowie
über Nutzanwendungsmöglichkeiten umfassend
in enzyklopädischer Breite zu unterrichten.
Gleichzeitig entstanden floristische und faunistische Werke, die möglichst viele und bis dahin
unbekannte oder unbeachtete Pflanzen und Tiere nennen und kennzeichnen wollten. Da die
Autoren bald auf pflanzen- und tiergeogra-
phisch bedingte Eigenheiten der Naturprodukte
stießen, begannen sie einerseits, die einheimischen Organismen selbständig zu erforschen
und andererseits Objekte und Nachrichten über
die belebte Natur bestimmter Regionen – sowohl in Mitteleuropa als auch in fremdländi-
schen Gegenden der Erde – zu sammeln. Außerdem führte die fortlaufend zunehmende
Menge an Kenntnissen über unterschiedliche
einzelne Objekte dazu, daß ausgewählte Tier-
und Pflanzengruppen, die mitunter schon früher
als Klassen aufgefaßt wurden, in eigenen Monographien gesondert betrachtet wurden: Schlangen, Vögel, Wassertiere usw. Nachdem bereits in
die kommentierende, antike Texte auslegende
und die Nomenklatur zu klären suchende Fachliteratur mehr und mehr Ergebnisse einzelner
Wahrnehmungen eingeflossen waren, und der
Drang der Gelehrten nach Autopsie der Naturgegenstände angewachsen war, nahmen die Darstellungen der durch sie gewonnenen Einsichten
an Umfang zu. Diese Darlegungen wurden zu-

nächst, etwa zwischen 1525 und 1575, noch mit
der mehr oder minder kritischen Auswertung
der traditionellen Texte verknüpft. Sie lösten
sich schließlich von den Formulierungen der
überlieferten Texte und behielten höchstens die
Grundlagen und den theoretischen Überbau
bei. Schließlich entstanden selbständige neue
naturkundliche Werke.

4.3. Die Pflanzenkunde

Obwohl die Urheber der frühneuzeitlichen
Pflanzenkunde oft Mediziner waren und daher
die Pflanzen auch als Lieferanten von Arznei-
drogen betrachteten, untersuchten sie mehr und
mehr deren botanische Eigenschaften als solche.
Dazu bildeten sie im Mittelalter weitgehend
vernachlässigte Hilfsmittel aus. Von aufschluß-
reichen botanischen Exkursionen in der Nähe
seines Wohnorts berichtete Euricius CORDUS
1534 in seinem „Kräutergespräch"; Hieronymus
BOCK dehnte seine Fußwanderungen von der
Pfalz über das Elsaß bis nach Bad Pfeffers in
der Schweiz aus, während Conrad GESSNER als
einer der ersten besonders entlegene Gegenden
wie den Zürichsee mit seiner Wasserflora und
höhere Berge wie den Pilatus in der Schweiz
und den Monte Baldo am Gardasee aufsuchte.
Der Züricher Arzt GESSNER machte wie gleichzeitig der Nürnberger Apotheker und Material-
warenhändler Georg OELLINGER (1487–1557),
der Arzt Johann ECHT um 1550 in Köln und der
Arzt William TURNER in London auf die Nützlichkeit von Studien im eigenen botanischen
Garten aufmerksam. Diese Botaniker pflegten
unter Erweiterung der mittelalterlichen Kräutergärten eigene Hausgärten und Topfpflanzen
(H. BOCK, L. FUCHS). Zu derselben Zeit wurden
an Universitäten von Italien ausgehend botanische Gärten, die der Forschung und dem Unterricht besonders angehender Mediziner dienten,
gegründet, von denen sich einige an denselben
Orten erhalten haben: Padua 1545, Pisa 1545,
Bologna 1567 durch Ulysse ALDROVANDI. Nördlich der Alpen folgten botanische Gärten in Leiden 1577 (durch Carolus CLUSIUS ab 1593 gefördert), Leipzig 1580, Jena 1586, Breslau 1587,
Heidelberg 1597 u. a.
Neben getrockneten Früchten, Samen, Wurzeln
und holzigen Teilen begannen die Botaniker seit
etwa 1530 gepreßte Kräuter zu sammeln. Das
wohl ungefähr 1554–1559 angelegte *Herbarium
vivum* des Arztes Caspar RATZENBERGER wird in
Kassel aufbewahrt. Der Ulmer Schulmeister
Hieronymus HARDER stellte seit den sechziger
Jahren mehrere Herbarien einheimischer Pflan-

zen, die er an Sammler verkaufte, zusammen (DREHER 1986). Wissenschaftliche Pflanzenstudien betrieb der Basler Mediziner Felix PLATTER seit etwa 1560 mittels eines Herbariums.

4.3.1. Enzyklopädische Kräuterbücher

Die Ergebnisse der vielseitigen botanischen Forschungen wurden zuerst in umfangreichen Kräuterbüchern veröffentlicht. Sie bauten auf der traditionellen Literatur auf, enthielten wie die *Materia medica* des DIOSKURIDES und die mittelalterlichen „Herbarien" das Material nach einzelnen Pflanzen angeordnet (mitunter alphabetisch nach griechischen oder lateinischen Pflanzennamen aneinandergereiht) und teilten außer den Synonymen und den Erwähnungen in der Literatur die nützlichen Verwendungsmöglichkeiten sowie eigene und zeitgenössische Erfahrungen über naturgeschichtliche Eigenschaften der Gewächse mit. Entsprechend dem oben in 4.2.2. erwähnten Fragenkatalog wurden mit unterschiedlicher Ausführlichkeit die hauptsächlichen Organe und Organsysteme nach ihrer Existenz und Beschaffenheit bei den Arten und Varietäten höherer Pflanzen genannt und beschrieben. Das Arbeitsprogramm der Pflanzenforschung beschrieb H. BOCK in der *Vorrede* zu seinem Kräuterbuch 1539 folgendermaßen:

„In disem Buch werden die Einfache Erd Gewächs / Simplicia genannt / so vil derselben im Teutschen land mir zu handen gestossen / als nemlich Kreutter / Stengel / Wurtzel / Blumen / Samen / Frücht / Obs / zam vnnd wild / deßgleichen alle Fruchtbare vnd Unfruchtbare Stauden / Hecken vnd Beume / so vil mir zu bekommen möglich / auffs aller fleissigst / wie / wo / vnd wann sie wachsen / sampt jren gegründten namen beschriben vnd gehandelt. Zum andern hab ich ein jedes seiner art nach mit sonderm fleiß wöllen anzeigen / vnd für die augen stellen / wann es im jar am besten zu finden vnd auff zu pflantzen / auch was ein jedes für erden oder grundt gewonet sey / haben wölle. Zum dritten ist nicht vnderlassen / wie ein jedes zu Teutsch heisse / vnd darneben / vmb viler vrsach willen / der gegründten Latinischen / Griechischen / Arabischen / vnd anderer vnbekanten namen nicht verschwigen. Zum letsten hab ich auch eines jeden Gewächs Natur / Qualitet vnd Eigenschafft / sampt jhrer Krafft vnd Würckung / wie das selbig zur Artzney inn Leib oder auch Ausserhalb zu geniessen / auß den Hochgelehrten Galeno / Dioscoride / Theophrasto / vnd fürnemlich was ich selbs auß langer Erfarung erkündiget / auffs einfaltigst / trewlichst vnd kürtzest ordentlicher weiß beschriben vnd an Tag gegeben".

Diese auch durch Zeitgenossen wie FUCHS verfolgte Zielsetzung hatte BOCK 1539 zusätzlich erweitert, indem er über BRUNFELS, FUCHS und

andere hinausgehend, die nur wenige einander gestaltlich oder durch ihre Namen ähnliche Pflanzenarten in kleinen Gruppen nacheinander abhandelten, insgesamt möglichst naturbegründete Gruppen von ähnlichen Pflanzen zu bilden strebte, wie er im Vorwort seines Kräuterbuchs schrieb:

„Vnd hab inn gedachten Büchern gemeinlich disen Proceß vnd Ordnung gehalten / Nemlich das ich alle Gewächß / so ein ander verwandt vnd zu gethon / oder sonst einander etwas ähnlich sein vnd vergleichen / zusamen / doch vnderschiedlich gesetzt. Vnd den vorigen alten brauch oder Ordnung mit dem A.B.C. ... hindan gestellt. ... Wie kan man die Gewächß / so offt ein ander nahe verwandt / wann sie inn ein frembde vnordnung dem A.B.C. nach gestelt / recht gründtlich vnd eigentlich lehrnen erkennen / vnderscheiden / oder wol wissen ausser einander zu lesen?"

Die durch BOCK in seinem Kräuterbuch verfolgten Ziele machten sich bald auch weitere Botaniker wie die Niederländer M. LOBELIUS und C. CLUSIUS zu eigen. Die meist nur einzelne Merkmale nennenden Beschreibungen wurden oft durch Abbildungen einzelner Pflanzen im Holzschnittverfahren ersetzt oder begleitet. In die Bilder vom gesamten Pflanzenhabitus wurden seit den Kräuterbüchern von O. BRUNFELS ab 1530, L. FUCHS 1542/1543 und H. BOCK 1546 nach und nach Darstellungen von Einzelteilen wie Früchten und Blüten vergrößert eingefügt (Abb. 29). Zu welch eingehender Darstellungsweise die Kräuterbuchillustratoren unter der Anleitung der Botaniker fähig waren, zeigen neben den veröffentlichten Holzschnitten vor allem deren Vorlagen, farbige Pflanzenaquarelle, wie sie von den Kräuterbüchern des BRUNFELS und FUCHS sowie in den unveröffentlichten Werken von G. OELLINGER (ein Codex mit über 600 Pflanzenbildern von 1553 in der UB Erlangen, zu dem außer OELLINGER und anderen selbst der Museologe Samuel QUICCHELBERG Aquarelle beitrug) und C. GESSNER erhalten sind. Auch die restlichen großformatigen Druckstöcke der im Verlag Plantin in Antwerpen erschienenen Kräuterbücher der niederländischen Botaniker DODONAEUS, CLUSIUS und LOBELIUS künden davon. Die naturgetreuen Illustrationen, auf denen sich die Pflanzen meist unmittelbar erkennen ließen, erhöhten die Brauchbarkeit und damit den Absatz der umfangreichen Kräuterbücher. Hauptsächlich aus verlegerischen Gründen kamen daher bald im Format verkleinerte, in der Regel nur Abbildungen und Pflanzensynonyme enthaltende Ausgaben mit Bildern von H. WEIDITZ (z. T. nach dem Kräuterbuch des Otto BRUNFELS: *In Dioscoridis historiam herbarum certissima adaptatio*, …, Straßburg: Ioannes SCHOTT, 1543) vom Kräuterbuch des

Gauchblům.

Abb. 29. Otto BRUNFELS: Bild der verbreiteten einheimischen „Gauchblum" (*Cardamine pratensis* L., Wiesen-Schaumkraut), die kaum arzneilich angewandt wurde. Aus *Herbarvm vivae eicones*, Straßburg 1530, Tl. 1: S. 218.

FUCHS (1545), von dem des LOBELIUS 1581 und 1591 u. a. auf den Markt. Aus einigen erhaltenen Exemplaren, die handschriftliche Zusätze, ausgemalte Pflanzenbilder und sogar weitere Aquarelle enthalten, geht hervor, daß diese tragbaren Pflanzenatlanten als Bestimmungsbücher verwendet wurden. In ihnen wurden zusätzlich eigene Beobachtungen über besondere Wuchsformen von Gartenpflanzen, Standorte und das Datum einer Beobachtung aufgezeichnet (HOPPE 1968).

Da nicht sämtliche der in Mitteleuropa heimischen Pflanzen den antiken, hauptsächlich mediterrane Arten beachtenden Naturhistorikern bekannt waren, konnten nur für wenige Pflanzen wie den Eschenbaum ausführliche Beschreibungen von THEOPHRASTOS oder PLINIUS übernommen werden (HOPPE 1978). Zur Feststellung der Organe mit ihrer Gestalt und Beschaffenheit mußte neue Forschungsarbeit erbracht werden. Da diese nicht sogleich in vollem Umfang durch die wenigen einzelnen Botaniker geleistet werden konnte und zudem ihre aus den antiken Vorbildern abgeleitete Methode der Erforschung der Unterscheidungsmerkmale (*diffe-*

rentiae) eine verkürzte Form der Beschreibung der einzelnen Pflanzen begünstigte, wurden nicht für sämtliche erfaßten Objekte sofort planmäßig alle wahrnehmbaren, sondern eben nur einzelne, sie von ähnlichen Gewächsen unterscheidende Eigenschaften festgestellt. Nur etwa für jeweils die Hälfte oder gar nur für ein Drittel der erwähnten Pflanzenformen wurden einigermaßen vollständige Beschreibungen oder Diagnosen dargeboten. Dennoch wiesen die erkannten möglichen Fragestellungen auf die zukünftigen Forschungsfelder hin. Da diese sich bald als an sich recht umfangreich erwiesen, war in den frühneuzeitlichen Methodenlehren und Kräuterbüchern auch die Aufspaltung der Pflanzenkunde in ihre Zweige angelegt, welche die zukünftige botanische Forschung bestimmte.

Nur einzelne hervorragende Ergebnisse eigener Naturstudien einbringende Vertreter der enzyklopädisch angelegten Kräuterbücher können hier genannt werden, wobei jeweils der eigentümliche Beitrag eines Werkes hervorgehoben wird. Eine größere Menge von naturgetreuen Pflanzenabbildungen, die nach feinen, teilweise erhaltenen Aquarellen des aus der Dürer-Schule stammenden Malers Hans WEIDITZ in sorgfältig ausgearbeiteten Holzschnitten eigens angefertigt wurden, veröffentlichte erstmals der Prediger und Arzt Otto BRUNFELS 1530–1536. Der gelehrte Text der dicken Folianten mit den meist kurzen, unvollständigen Pflanzenbeschreibungen stellte eine Kompilation nach PLINIUS, THEOPHRASTOS und nach der die Indikationen liefernden Heilmittelkunde des DIOSKURIDES dar; zusätzlich bezog sich BRUNFELS auf zeitgenössische Botaniker, von denen er selbst einige Schriften herausgab. Der wie BRUNFELS hauptsächlich im Oberrheingebiet und außerdem in der Pfalz botanisierende Hieronymus BOCK, latinisiert TRAGUS, brachte von 1539 an ein bis zur Ausgabe von 1551 vermehrtes Kräuterbuch in deutscher Sprache und 1552 dessen lateinische Übersetzung ebenfalls in Straßburg heraus. Es war seit 1546 mit kleinformatigen Abbildungen von David KANDEL geschmückt, die sich teilweise an die Vorbilder der seit 1542 erschienenen ganzseitigen, etwas typisierenden Pflanzendarstellungen des Herbariums von FUCHS anlehnten. Das insgesamt 840 Pflanzen, hauptsächlich mittel- und einige außereuropäische, oft Drogen liefernde Gewächse enthaltende Werk von BOCK ragt durch eine Fülle von neuen Einzelbeobachtungen, neuen Pflanzenbeschreibungen sowie durch Angaben über volksmedizinische und volkskundliche Nutzanwendungen hervor. Dagegen stammten die Mitteilungen über Heilanzeigen aus der Arzneimittelkunde des DIOSKURIDES und aus einer großen Menge traditioneller und zeitgenössischer Autoren (HOPPE 1969). Beinahe ausschließlich auf antike Autoren stützte sich der humanistische Mediziner Leonhart FUCHS in den Texten seines lateinischen Kräuterbuchs von 1542. Er übernahm dann in dessen deutsche Bearbeitung von 1543 einige Pflanzenbeschreibungen von BOCK. Das Werk von FUCHS zeichnete sich durch seine besonders sorgfältige Bearbeitung und die künstlerische Qualität seiner Abbildungen aus. Auch sein bescheidener Ansatz, bei der Pflanzenbeschreibung verwendete Grundbegriffe zu definieren, wurde gerühmt. Doch den ganzen Umfang der Leistung des fleißigen Pflanzensammlers und um Ordnung ringenden Botanikers FUCHS konnte man jahrhundertelang nicht ermessen und kann ihn auch jetzt mangels eingehender vergleichender Einzelstudien noch nicht völlig beurteilen. Erst in der Mitte unseres Jahrhunderts wurden alle seine Manuskripte und Pflanzenaquarelle in Wien wieder entdeckt, von denen er nur etwa ein Drittel abschließend bearbeitet und publiziert hat (GANZINGER 1959). Allerdings hat er den methodischen Grundansatz zur Feststellung von Unterscheidungsmerkmalen der Gewächse beibehalten; er dehnte jedoch seine Naturforschung in der einheimischen süddeutschen, noch weitgehend unbekannten Flora und auf ausländische Gegenstände viel weiter aus als früher angenommen wurde. Welch vielseitige Pflanzenkenntnisse um die Mitte des 16. Jh. möglich waren, wird jetzt aus seinem Nachlaß ersichtlich.

Einen ähnlichen Forscherdrang wiesen nur einzelne weitere zeitgenössische Botaniker auf, während eine ganze Reihe von Kräuterbüchern und naturkundlichen Schriften zusammengestellt wurden, die als familiäre Arzneibücher dienen sollten, und die weniger neue Pflanzenfunde, sondern vielmehr bewährte Arznei- und Nahrungsmittel darbieten wollten wie die Naturgeschichte (lat. 1551–1555) und das in vielen Auflagen herausgebrachte Kräuterbuch des Adam LONITZER von 1557. Er stellte aus den zuvor publizierten Kräuterbüchern verkleinerte Abbildungen und kurze Angaben über die hauptsächlichen Erkennungsmerkmale und mitunter über Standorte von größtenteils bekannten Bäumen, Sträuchern und Kräutern mit ihren Namen in mehreren Sprachen zusammen. Vor allem zeichnete er nach den zeitgenössischen und traditionellen Autoren die Heilanzeigen und weitere Anwendungen auf. Dieser Zug, ein Hausbuch über verbreitete und möglichst zugängliche Naturgegenstände sowie ihre Nutzungsmöglichkeiten darzubieten, läßt sich außerdem aus den inhaltlichen Zusätzen ablesen: Ein kurzer Auszug aus dem Destillierbuch des

H. BRUNSCHWIG lehrte die damals beliebte Arzneiform eines „gebrannten Wassers" zuzubereiten; eine Anleitung zum Gartenbau aus Pietro DE CRESCENTIIS lehrte die Aufzucht und Pflege von Gewächsen. Dem Hauptteil des Kräuterbuchs folgten weitere Kapitel über die Landtiere einschließlich einzelner Invertebraten wie Schnecken, Insekten und Eingeweidewürmer, ferner Vögel und Fische. An die Tiere schlossen sich Metalle, einige Mineralien und Edelsteine sowie schließlich pflanzliche Harze, Gummi und tierische Ausscheidungen wie Moschus, die arzneilich genutzt wurden, an. In ähnlicher Weise kompilierte und bearbeitete Kräuterbücher wurden in größerer Anzahl besonders durch Ärzte (Theodor DORSTEN 1540, Peter UFFENBACH bis 1635, u. a.) im 16. und 17. Jh. herausgebracht.

Daneben trieben einzelne humanistische Gelehrte die Naturbeobachtung voran. Obwohl die Arbeit als botanischer Kommentar zur *Materia medica* des DIOSKURIDES angelegt war, enthielt die Pflanzenkunde des weitgereisten Valerius CORDUS, der als die erste amtliche Pharmakopöe sein *Dispensatorium* (1535 und 1546) herausgab, das sich von der Stadt Nürnberg aus über ganz Süddeutschland als verbindlich ausbreitete, viele neue botanische Beobachtungen. Sein etwa 500 Pflanzen umfassendes botanisches Werk gab Conrad GESSNER posthum 1561 heraus, indem er Abbildungen nach BOCK und FUCHS, aber auch unveröffentlichte seiner eigenen Sammlung hinzufügte. Er ließ die Grundstruktur der durch V. CORDUS hinterlassenen Schriften unverändert; so daß dabei erstmals die der botanischen Identifizierung der Gewächse gewidmeten Texte von den Aussagen über ihre arzneilichen Anwendungen getrennt zusammengestellt wurden. Obwohl V. CORDUS (1561) besonders in seinen *Historiae stirpium libri IIII posthumi* und in seiner naturkundlichen Schrift *Sylva, qua rerum fossilium in Germania plurimarum, metallorum, lapidum et stirpium aliquot rariorum notitiam brevissime persequitur,* … viele eigene pflanzenkundliche Beobachtungen mitteilte, waren ihm doch die Arzneizubereitungen und die medizinischen Wirkungen nicht gleichgültig, wie aus weiteren Schriften in diesem Sammelband hervorgeht.

Ein noch umfang- und inhaltsreicheres wissenschaftliches Feld bestellte der Züricher Universalgelehrte Conrad GESSNER, der außer den erwähnten methodischen Einführungen pharmakologische Untersuchungen über die Wirksamkeit von Pflanzenprodukten und viele Ergebnisse eigener Naturstudien vorlegte (Abb. 30). Seine *Historia plantarum*, eine Sammlung von naturgetreuen, von ihm selbst gemalten Pflanzenaquarellen, mit mehr oder minder umfang-

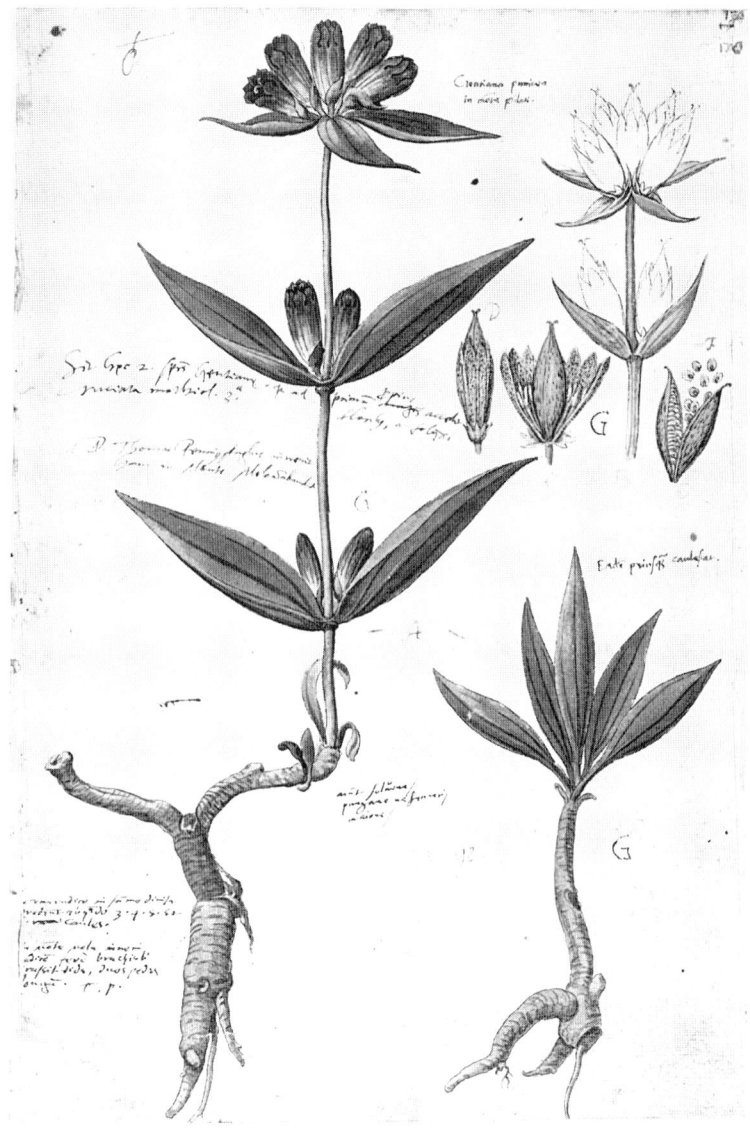

Abb. 30. Conrad GESSNER: Kolorierte Federzeichnung aus dem Manuskript seiner *Historia plantarum*, links: Purpur-Enzian (*Gentiana purpurea* L.); rechts oben: Getüpfelter Enzian (*Gentiana punctata* L.); rechts unten: Erdstock mit grundständiger Blattrosette eines Enzians, die GESSNER selbst bei einer Exkursion ins Gebirge am Pilatus beobachtete; er untersuchte auch die inneren Teile von Blüten und Früchten. Ergänzende und kritische Zusätze fügte der englische Naturforscher Thomas PENNY hinzu, der 1565 noch vor dem Tod GESSNERS am 13. Dezember für mehrere Monate in Zürich weilte. Aus Conrad GESSNER: *Historia plantarum*, Faksim.-Ausg., hrsg. von Heinrich ZOLLER u. a., Folge 5, Zürich 1978, Tafel 8, Bl. 170 r (Photo Deutsches Museum München).

reichen, nicht redigierten schriftlichen Zusätzen, wurde erst im 18. Jh. als spärlicher, verkleinerter, verkürzter Auszug herausgebracht (2 Bde., durch C. C. SCHMIEDEL 1751–1771). Das erhaltene großformatige Manuskript vermag aber auf die hervorragende Leistung des Botanikers hinzuweisen, aus dessen Werk auch einige Zeitgenossen, die sich selbst darin verewigt haben, Nutzen zogen. Wie zuvor BOCK und CORDUS, aber eingehender und an einer größeren Anzahl von Pflanzen hat GESSNER morphologische Analysen auch von unscheinbaren Organen wie Blüten, Früchten, verschiedenen unterirdischen Teilen und feineren Strukturen der Laubblätter und Sprosse vorgenommen. Durch Zerlegen untersuchte er die inneren Bestandteile von Blü

ten und Früchten. Er botanisierte in noch unerforschten Gegenden seiner Heimat, bei Lausanne und von Zürich aus im Alpenvorland, bei Auslandsaufenthalten in Südfrankreich und am Gardasee. Nur eine eigene Klassifikation seiner Pflanzensammlung zu entwickeln, gelang dem viel beschäftigten, früh vollendeten Gelehrten nicht.

Gleichzeitig trat der aus England stammende, lange Jahre auf dem Kontinent zubringende Freund GESSNERS, der Theologe und Mediziner William TURNER, der sich früh zur Reformation bekannte, als vielseitiger Naturforscher hervor. Seine langjährigen Literatur- und Feldstudien zur mitteleuropäischen Flora veröffentlichte er in kürzeren Schriften seit 1538 und faßte sie in

seinem in drei Teilen von 1551 bis 1568 erschienenen botanischen Hauptwerk zusammen. Während dessen Illustrationen nur Kopien nach
FUCHS (1542) waren, die Pflanzen in alphabetischer Anordnung dargeboten wurden und die
arzneikundlichen Angaben noch einen breiten
Raum einnahmen, enthielten die Beschreibungen viele eigene Beobachtungen. Ähnliche wissenschaftliche Ziele, unter denen die Kenntnis
der arzneilich verwendbaren mitteleuropäischen
und mediterranen Simplizien hervorragte, verfolgte der italienische Arzt Pietro Andrea MAT-
TIOLI (auch MATTIOL, latinisiert MATTHIOLUS) mit
seinem ausführlichen, in mehreren Ausgaben erschienenen Kommentar zur Arzneikunde des
DIOSKURIDES. Nach einer italienischen Ausgabe
von 1544 kamen ab 1554 erweiterte lateinische
Ausgaben und ab 1562 eine Ausgabe in Großfolio mit größeren Bildern zuerst in böhmischer
und dann in deutscher Sprache heraus. Dieses
Werk wurde ferner ins Französische übersetzt
und an vielen Orten bis zur Mitte des 18. Jh.
verbreitet. Darin teilte MATTIOLI außer eigenen
Erfahrungen über Arzneimittelwirkungen sowohl eigene als auch ihm übermittelte pflanzenkundliche Beobachtungen besonders zur Flora
von Tirol und zu der von Kleinasien mit. Der
zeitweilig in ganz Europa höchst angesehene humanistische Botaniker MATTIOLI hielt sich selbst
für den besten Pflanzenkenner seiner Zeit und
polemisierte in sogar damals grob erscheinender
Weise über die Identität von Pflanzen mit Zeitgenossen wie GESSNER und MARANTA. Besonders gehässig begegnete er auch seinem jüngeren Landsmann Luigi AUGUILLARA († 1570).
Von diesem italienischen Botaniker, der von
Südfrankreich über Italien und Griechenland
einschließlich größerer Inseln bis Zypern die
Mittelmeerflora erforscht hatte und gleichermaßen über humanistische Kenntnisse der Fachliteratur wie der arzneilichen Anwendung von
Pflanzen verfügte, sind viele Wahrnehmungen
an mehreren hundert Pflanzen überliefert worden (1561).
Die selbständige Erforschung der europäischen
und der in wenigen Vertretern bekannt werdenden außereuropäischen Pflanzen, wie sie BOCK,
FUCHS, GESSNER und Valerius CORDUS begonnen
hatten, drängte sich während der zweiten Hälfte
des 16. Jh. trotz des sich erhaltenden Interesses
an den Anwendungsmöglichkeiten pflanzlicher
Produkte mehr und mehr auch in den enzyklopädischen Kräuterbüchern in den Vordergrund.
Nachdem sich zuerst Autoren aus Süd- und Mitteleuropa hervorgetan hatten, traten mehrere
niederländische Botaniker auf den Plan. Da einige ihrer Werke in demselben Verlag, bei Christoph PLANTIN in Antwerpen herauskamen, ent-

standen auch inhaltliche Beziehungen zwischen
ihren Produkten, in denen besonders Pflanzenabbildungen ausgetauscht wurden. Der zeitweilig in Wien, Prag, Köln, Antwerpen und Leiden
wirkende Arzt Rembert DODOENS (lat. DODO-
NAEUS) gab ab 1554 ein niederländisches, dann
ins Lateinische (1566), Französische und Englische übersetztes *Cruydeboeck* heraus, in dem
hauptsächlich Gemüse-, Zierpflanzen und durch
abführende Wirkung bekannte Pflanzen mit ihren Anwendungen beschrieben wurden. Sein
umfangreiches Hauptwerk von 1583 enthielt
erstmals eine größere Anzahl von Vertretern
der niederländischen Flora, zudem kultivierte
Gartenpflanzen; insgesamt wurden darin etwa
100 zuvor unbekannte Pflanzen geschildert. Als
ein durch Europa von Ungarn bis Portugal und
England weit gereister und bekannter, u. a. in
Wittenberg und Montpellier ausgebildeter Humanist, Arzt und Naturforscher erweiterte Charles DE L'ECLUSE (lat. Carolus CLUSIUS), der
schließlich den botanischen Garten der Universität Leiden zu seiner ersten Blüte brachte, das
botanische Wissen, indem er sich entschieden
der selbständigen Erforschung der Pflanzen in
freier Natur zuwandte. Die Fülle seiner Sammlungen und Einsichten legte er in Werken über
besondere Themen nieder, von denen die Spe-
zialfloren   anschließend   aufgeführt   werden.
Während diese weitgehend eigene Forschungsergebnisse enthielten, brachten die *Exoticorum
libri decem* von 1605 auch Mitteilungen von
Dritten über fremdartige, ausländische Naturgegenstände aus dem Pflanzen-, Tier- und Mineralreich. Dieses die frühere und vor allem die
zeitgenössische Literatur auswertende, zusätzlich eigene Beobachtungen an eingeführten
Drogen und Naturalien ergänzende Werk enthielt im 7. und 8. Kapitel des CLUSIUS verkürzte
Übersetzungen der Naturgeschichte amerikanischer Gewürze des Garcia AB HORTO aus dem
Portugiesischen (*Aromatum … Historia*, 1567),
während Kapitel 9 die Übersetzung der spanischen Schrift des Christobal ACOSTA und Kapitel 10 diejenige der spanischen Abhandlung
über amerikanische Arzneipflanzen und -drogen
des Nicolaos MONARDES wiedergaben, denen einige kleinere übersetzte Schriftstücke folgten.
Weitere pflanzen- und tierkundliche Beobachtungen wurden noch aus dem Nachlaß des CLU-
SIUS 1611 herausgebracht. CLUSIUS überlieferte
also vor allem Nachrichten über seltene, damals
weitgehend unbekannte Naturalien. Außer solchen und arzneilich nutzbaren sammelte auf
Reisen von Oberitalien bis England und Dänemark der flämische, etwa 25 Jahre lang in England wirkende Arzt und Botaniker Matthias DE
L'OBEL (lat. LOBELIUS) eine große Menge west-

europäischer Pflanzen. Er gab sie in mehreren Teilen eines umfangreichen, wiederholt erschienenen Kräuterbuchs in flämischer (1581) und lateinischer Sprache (seit 1570) heraus, dessen erste Teile er zusammen mit Peter PENA bearbeitet hatte. Unter den mit diesem in Südfrankreich gesammelten Pflanzen sind viele erstmals beschrieben worden. Des LOBELIUS botanische Texte sind teilweise noch unvollständig; zusätzlich führte er meistens die Nutzanwendungen der Pflanzenprodukte auf. Er beachtete die Standorte und das regionale Vorkommen der Gewächse. In Weiterführung früherer Ansätze (BOCK) bemühte er sich besonders darum, kleine Pflanzengruppen aufgrund von ähnlichen Gestalten einzelner Organe wie Laubblätter, der Wuchsformen oder weiterer Kennzeichen zu ermitteln, wobei er keine bestimmten Auswahlkriterien festlegte. Erstmalig stellte er deutlich die Gruppen als solche in synoptischen, einzelnen Abschnitten vorangestellten Tabellen dar. In 18 umfangreichen Klassen wurden die Pflanzen in der in Lyon entstandenen *Historia generalis plantarum ...* (auch *Historia plantarum Lugdunensis* genannt) von 1586 angeordnet. Hiermit wollten Jacques DALÉCHAMPS, Jean BAUHIN und Jean DESMOULINS sämtliche bis zu ihrer Zeit erlangten Pflanzenkenntnisse einschließlich der arzneilichen Anwendungen zusammenfassend darlegen. In diesem über 2 700 Exemplare nennenden Werk wurden besonders Pflanzen aus Spanien und Südfrankreich erstmals erwähnt und beschrieben. Ein ähnlich umfangreiches Werk in deutscher Sprache mit etwa 3 000 Pflanzenarten, das vorzugsweise neue Pflanzen aus Südwestdeutschland, aber auch von neuem eingeführte und gezüchtete Gewächse enthielt, veröffentlichte Jakob Theodor aus Bergzabern in der Pfalz, genannt TABERNAEMONTANUS, 1588. Es wurde als umfassendes Übersichtswerk mit ergänzenden Beobachtungen mehrerer Botaniker, hauptsächlich von Nicolaus BRAUN (Marburg) und Caspar BAUHIN (Basel) in mehreren Teilen bis ins 17. Jh. hinein herausgegeben.

4.3.2. Astrologische und magische Pflanzenkunde

Während in den empirisch ausgerichteten enzyklopädischen Kräuterbüchern der humanistischen Arzt-Botaniker nur beiläufig und oft kritisierend magische Praktiken und abergläubische Verwendungen von Pflanzen erwähnt wurden, waren einige Werke deutlich durch Einflüsse von Astrologie und Magie geprägt, welche seit der Spätantike und dem Mittelalter die Natur-

philosophie begleitet hatten und vom 13. bis 17. Jh. unter Anerkennung von hermetisch-neuplatonischen Lehren die Natur- und Heilkunde deutlich beeinflußten (MÜLLER-JAHNCKE 1985). Nachdem PARACELSUS in seiner Frühschrift *Herbarius* (Erstdruck posthum 1570) die Bedeutung der Wirkungen von Gestirnen auf das Leben, Wachstum und die Heilkräfte der Heilpflanzen dargestellt sowie die Signaturenlehre angewandt hatte, bauten besonders einige seiner Anhänger diese Anschauungen aus. Der kaiserliche Leibarzt Bartholomäus CARRICHTER (vermutlich vor 1574 verstorben) stellte ein „astrologisches Kräuterbuch" zusammen, das Michael TOXITES 1575 erstmals herausbrachte, und das bis 1739 neunmal gedruckt wurde. Dem Sympathieglauben folgend wurden grundlegende Lebenserscheinungen und Heilkräfte der Pflanzen zu den Triplizitäten (vier in den ringförmigen Zodiakus einbeschriebene Dreiecke, die sowohl den Planeten als auch den vier Elementarqualitäten der vier peripatetischen Elemente zugeordnet wurden) und den Zodiakalzeichen in Beziehung gesetzt. Die Wirkkräfte der Gewächse sollten durch den Standort, die Jahreszeit, Tag und Stunde des Einsammelns, die vom Stand des Mondes oder der Sonne im Zodiakus abhängig waren, bestimmt sein. Eine die Vegetabilien und ihre Wirkungen gleichermaßen, wenn auch in vereinfachter Form den Tierkreiszeichen und den Planeten zuordnende Schrift *Horn des Heyls menschlicher Blödigkeit oder, Gross Kreutterbuch ...* des CARRICHTER folgte 1576. Ein ähnliches astrologisches Kräuterbuch brachte Johann POPP oder POPPE 1625 in Leipzig heraus.

Weniger deutlich unmittelbar eine astrologische Tradition aufnehmend, sondern mehr der Vermittelung des PARACELSUS folgend legte der Iatrochemiker Leonhard THURNEISSER ZUM THURN 1578 die durch Sympathien und Antipathien bedingten Beziehungen zwischen den Gestirnen und den Heilpflanzen dar. Der *magia naturalis* entsprechend betrachtete er die Vegetabilien als eingefügt in ein System von in dem ganzen Kosmos wirkenden Kräften (*Historia/ und/Beschreibung In/fluentischer, Elementischer vnd/Natürlicher Wirckungen, Aller fremden/vnnd Heimischen Erdgewechsen, ...*; Faksimile der Ausgabe Berlin 1578, München 1922). Der *magia naturalis*, dem Sympathieglauben und der Signaturenlehre folgend, trug besonders der Neapolitanische Gelehrte Giovanni Battista DELLA PORTA seit 1558 zur Verbreitung der Lehren der Magie bei, indem er zur Erklärung von Fernwirkungskräften in den Naturprodukten auch physikalische Erscheinungen wie den Magnetismus heranzog. Außer den bei der Kultivierung der Vegetabilien wirkenden, scheinbar okkulten „wunderbaren" Kräften (Pfropfen, vegetative Vermehrung) fesselten ihn wahrnehmbare äußere Kennzeichen (Signaturen) an Pflanzen, Tieren, Menschen und Metallen, die auf verborgene innere Eigenschaften und Wirkungsfähigkeiten hinweisen sollten. In Anlehnung an die traditionsreiche menschliche Physiognomik schuf er (1588) eine *Phytognomonica … affertvr methodus, / qua plantarum, animalium, metallorum; / abditas vires assequatur.*

4.3.3.   Floristisch ausgerichtete Werke

Während in den enzyklopädischen Kräuterbüchern auch Beobachtungen zu den Gewächsen von Regionalfloren eingestreut worden waren, was sich aus Fundortangaben ersehen läßt, veröffentlichten einige Botaniker entsprechende eigene Forschungsergebnisse in besonderen Abhandlungen. Aufgrund eigener Feldforschungen beschrieb Conrad GESSNER 1555 charakteristische Vertreter der Flora des Pilatus bei Luzern erstmalig (enthalten in der Veröffentlichung *De raris et admirandis herbis …*): *Alchemilla argentea, Dryas octopetala, Gentiana verna, Rhododendron species, Trollius europaeus,* u. a. In ähnlicher Weise stellten sein Freund, der Apotheker Francesco CALZOLARI, in Verona 1566 und dessen Nachfolger Giovanni PONA 1595 die botanische Ausbeute ihrer Wanderungen auf den heimatlichen Berg Monte Baldo zusammen. In die Flora Mittel- und Norditaliens begann Luigi ANGUILLARA einzudringen (1561, ital.). Der osteuropäische Botaniker Anton SCHNEEBERGER erforschte die Vegetation in der Umgebung von Krakau (1557) und sandte dortige Naturalien auch an GESSNER. Ihm eiferte 1595 Marcin URZEDOW mit einem *Herbarium polonicum* nach. Die Flora Ungarns und des Burgenlandes begann Carolus CLUSIUS während seiner Tätigkeit in Österreich zu erforschen (1583). Er machte auch aus der Vegetation Spaniens viele bis dahin unbeachtete Pflanzen bekannt (1576). Eine erste umfangreichere Lokalflora des Harzes mit seinem Vorland erarbeitete Johann THAL 1588: *Sylva Hercynia, sive Catalogus plantarum sponte nascentium in montibus et locis plerisque Hercyniae Sylvae.* Noch mehr auf Nutzpflanzen ausgerichtet war der *Hortus Ulmensis, Ulmischer Paradiss-Garten* des Johann SCHOEPF 1622. In Frankreich untersuchte der Professor der Anatomie und Botanik in Montpellier Pierre RICHER DE BELLEVAL um 1600 die Vegetation der Languedoc.

In denselben Jahrzehnten zogen außereuropäische Regionen die Aufmerksamkeit europäischer Naturforscher auf sich. Pierre BELON begann Naturalien im Vorderen Orient und in Ägypten zu erforschen (1553, 1557). Ebenfalls die „Morgenländer" bereiste der Augsburger Naturforscher Leonhart RAUWOLF 1573–1576 (1583). Besonders die Pflanzen Ägyptens erforschte der italienische Botaniker Prospero ALPINO (1592). Kenntnisse über die mittel- und südamerikanischen Pflanzen gelangten durch spanische Botaniker wie Nicolás MONARDES (1565–1574) und niederländische Naturforscher wie Jacob DE BONDT (*De medicina Indorum libri IV*, 1642, und erweitert 1658) nach Europa, der sich in Ostindien betätigte. Zur Verbreitung der neuen Beobachtungsergebnisse trug CLUSIUS mit seiner Übersichtsdarstellung *Exoticorum libri decem* 1605 bei (s. S. 180).

Als weitere Gattung botanischer Literatur bildete sich die über einzelne Pflanzenklassen im 16. Jh. heraus. Nachdem zuerst – abgesehen von den stets eine Sonderstellung einnehmenden Gartenpflanzen – einzelne Gruppen von Nutzpflanzen wie die Getreide- und Gemüsesorten durch DODOENS 1552 (*De frugum historia …*) und Pflanzen mit demselben Gruppennamen durch den philologisch interessierten GESSNER 1555 (über „Mondpflanzen", *Lunariae,* in *De raris et admirandis herbis*) gesondert betrachtet worden waren, begann man eine systematische Gruppenzusammengehörigkeit durch eine monographische Beschreibung darzustellen. Von der bis dahin weitgehend unbekannten Klasse der Pilze schuf CLUSIUS 1601 (in: *Rariorum plantarum historia*) die erste Monographie und wurde dadurch zum Begründer der Mykologie.

4.3.4.   Erweiterung der Botanik als Wissenschaft

Die Erkenntnisse, welche die neuzeitliche Botanik begründeten und Wege der zukünftigen pflanzenkundlichen Forschung eröffneten, wiesen hauptsächlich in zwei Richtungen. Sie waren sowohl von Ergebnissen induktiv-empirischer Einzelforschung als auch von solchen deduktiv-naturphilosophischer Überlegungen abgeleitet worden.

4.3.4.1. Ergebnisse empirischer Einzelforschung

Das Aufsuchen vieler, bis dahin unbekannter höherer Pflanzen an ihren Standorten in der Heimat oder bei Studienfahrten in entfernten

Gegenden und das sorgfältige Beobachten ihrer einzelnen Bestandteile und Organe in bestimmter Anordnung erbrachten viele neue Einsichten in die mannigfaltigen Gestalttypen der Hauptorgane, bevor ihre Funktionen hinreichend bekannt waren. Mittels Vergleichen zwischen ähnlich erscheinenden Formen wurden sie als Unterscheidungsmerkmale gekennzeichnet. Nach und nach fanden die Botaniker auch eigene Bezeichnungen für ihnen ähnlich erscheinende gestaltliche Typen. H. Bock unterschied seit 1539 schwert-, zungen-, linsen- und haarförmige Laubblätter; eine Unterteilung des Blattrandes oder der Blattspreite ergab ein gering oder tief „zerkerftes" oder „zerspaltenes" Blatt; auch einige zusammengesetzte Blätter wurden erkannt. Als aus Einzelblüten in unterschiedlicher Anordnung zusammengesetzte Blütenstände erkannte er: *Köpfchen, Kätzchen, Ähre* (nicht nur bei *Gramineen*), *Traube, Dolde* u. a.; als Fruchtformen benannte er: Deckelkapsel („Häfelin" mit Deckel), Schote, „Bollen", Beere, Körner und Nüsse, jeweils von unterschiedlicher Größe und Beschaffenheit (Hoppe 1969). Diese deutschen und entsprechende lateinische Termini wurden mehr und mehr verwendet. Da jedoch keine allgemein anerkannten Definitionen der Organformen vor dem Werk von A. Zaluziansky von 1592 eingeführt wurden, blieben die Benennungen bei verschiedenen Autoren lange Zeit unterschiedlich. Eine Vereinheitlichung der Organographie mit Definitionen in größerem Umfang begann J. Jungius seit den dreißiger Jahren des 17. Jh. einzuführen. Aber erst die Werke weiterer Autoren wie John Ray und Carl Linné 1751 brachten diese erste Entwicklungsphase der Morphologie zu einem Abschluß (Hoppe 1976).

Die sorgfältigen vergleichenden Beobachtungen über die Gestalten der Körperteile, die sich auch auf Blütenstände, Blütenteile und Früchte erstreckten, führten dazu, daß einzelne Pflanzenarten zu kleineren systematischen Gruppen zutreffend zusammengefaßt wurden. Neben den Anwendungen, ähnlichen Namen oder von literarischen Vorbildern übernommenen Anordnungen bestimmte in gesteigertem Maß die Übereinstimmung in einem einzelnen oder in mehreren botanischen Merkmalen die Klassifizierung. Die Gestalten der Wurzeln, des Stengels, der Laubblätter, Blüten- und Fruchtformen wurden beachtet. Wie schon bei Dioskurides finden sich häufig Dolden-, Köpfchenblütler, Hülsenfrüchtler, Süßgräser, Liliengewächse u. a. in Gruppen angeordnet. Darüber hinaus erkannten Bock und Fuchs etwa eine Reihe von Orchideen. Wie Gessner vermutlich manche natürlichen Verwandtschaften aufgrund von Blüten- und Fruchtanalysen erfaßte, ermittelte Bock etwa das auffallende Merkmal der zu einer Röhre oder einem „Säulchen" (*columna*, Ordnung der *Columniferae*) verwachsenen Staubblätter bei der Wegmalve und der Stockrose (Hoppe 1969). Aufgrund der während des 16. Jh. fortgesetzten morphologischen Analysen (Gessner, Dodonaeus, Mattioli, Lobelius, Tabernaemontanus) wurden mehr und kleinere natürliche Gruppen erkannt, von denen viele in dem zusammenfassenden Werk von Caspar Bauhin 1623 (*PINAX Theatri Botanici*) dargestellt wurden, das in seiner Haupteinteilung in Kapitel und Sektionen nur wenige natürliche Gruppen enthielt. Als physiologische Erscheinungen wurden seit Brunfels bei einer größeren Anzahl von Pflanzen verschiedene Lebensphasen mit der Ausbildung besonderer Organe wie Knospen, Blüten, Früchte und vegetative Ableger und mit ihren Abhängigkeiten von bestimmten Umweltbedingungen betrachtet. Als solche wurden auch die Gegebenheiten des Standorts beachtet und einige Grundkenntnisse der geographischen Verbreitung erlangt, wenngleich diese Erscheinungen und die Entwicklungsgeschichte noch nicht planmäßig und umfassend erforscht wurden.

4.3.4.2. Dedukto-induktiv begründete Organographie und Systembildung

Die nach und nach erheblich erweiterten empirischen Kenntnisse vermochten einige Botaniker mit naturphilosophischen und logischen Lehren zu verknüpfen und in neue Synthesen einzubringen. Ein selbständiges Werk, das die Botanik als von der Medizin losgelöste Naturwissenschaft neu begründen wollte, veröffentlichte der böhmische Botaniker und in Prag lehrende Universitätsprofessor Adam Zaluziansky à Zaluzian 1592 als *Methodi herbariae libri tres* ... in Prag. Unter Anknüpfung an die aristotelisch-theophrastische Tradition der Naturphilosphie und Botanik und unter Aufnahme von wissenschaftsmethodologischen Grundsätzen, die hauptsächlich auf Platon, Galenos, und Petrus Ramus zurückgingen, schuf er ein Werk über die Grundlagen der Botanik, indem er sowohl die methodologischen Grundsätze als auch ihre inhaltlichen Grundbegriffe von neuem definierte. Er betrachtete die Organographie ausführlich, wobei er nachdrücklich auch die Untersuchung innerer Teile mittels „Sektion" forderte, außerdem die Lebensweisen und einige ihrer Bedingungen, zu denen die Kultivierung und mögliche Transformationen zählten. Eindeutig unterschied er zwischen der vegetativen Vermehrung und der sexuellen Reproduktion. Schließlich legte er auch eine Einteilung der Pflanzen in größere, durch ihn benannte, in tabellarischen Bestimmungsschlüsseln dargestellte Gruppen vor, wobei er hauptsächlich die Gestalt und Beschaffenheit der Laubblätter beachtete und zudem auf den Nutzen und die Schädlichkeiten von einzelnen Pflanzen hinwies (HOPPE 1976, S. 25–32, 53–57). Einzelne Genera und wenige Spezies beschrieb er mit ihren Unterscheidungsmerkmalen und wies auf antike und zeitgenössische Literaturstellen hin.

Ein in ähnlicher Weise grundlegendes Werk, das die Pflanzenkunde reformieren sollte, legte der italienische Professor der Medizin und Botanik Andrea CESALPINO 1583 vor. Als strenger Aristoteliker blieb er einerseits der naturphilosophisch-methodologischen Tradition deutlich verhaftet, leitete aber andererseits unter Einbeziehung vermehrter empirischer morphologischer Kenntnisse eine neuartige Theorie einer seiner Ansicht nach naturbegründeten systematischen Ordnung der Pflanzen ab. Traditionelle Naturphilosophie und neue empirische Einzelbeobachtungen verschmolz er zu einer originellen zukunftsweisenden Einheit. CESALPINO setzte sich als erster zum Ziel, ein einheitliches Pflanzensystem nach mehreren definierten Kriterien aufzustellen. Die Grundlagen waren aristotelisch: Akzidentelle Eigenschaften der Pflanzenteile wie Farbe oder Geschmack und Nutzanwendungen sollten beiseite gelassen werden; nur essentielle Merkmale der Pflanzen dienten als Einteilungskriterien. Als essentielle Körperteile der höheren Pflanzen wurden diejenigen angesehen, welche nach ARISTOTELES grundlegende Lebensfunktionen der Vegetabilien (gelenkt durch die vegetabilische „Seele"), Ernährung (mittels Wurzel) und Fortpflanzung (mittels Sproß und seinen Organen) ausübten. An einzelnen Stellen zog CESALPINO zur Erklärung von physiologischen Wirkungen der lebenswichtigen Organe sogar zeitgenössische physikalische Erfahrungen heran. Den Vorgang des Auf- und Absteigens von Flüssigkeit in Wurzel und Sproß erklärte er mechanisch als ein Abhebern, ein damaliges Verfahren der „Destillation" (HOPPE 1976, S. 122). Als Mittel der Arterhaltung wurden die Früchte und Samen besonders wichtig. Da über deren mannigfaltige Gestalten, die wie die später stärker beachteten Blütenformen eine gewisse Konstanz aufwiesen, in den vorangegangenen Jahrzehnten eine Menge von Erfahrungen gesammelt worden war, lieferten sie viele Unterscheidungsmerkmale zur Aufstellung eines hierarchisch abgestuften, von den am stärksten differenzierten (angeblich) „vollkommenen" Bäumen zu den

„unvollkommenen" Kryptogamen absteigenden Systems. Die hinsichtlich der Anzahl und Anordnung ihrer Teile oft ziemlich einfach und regulär strukturierten Fruchtformen gaben Anlaß, die aristotelische Kategorie der Quantität bevorzugt zu berücksichtigen. Dieser Anstoß wurde in der Morphologie durch JUNGIUS und in der Systematik durch weitere Autoren bis LINNÉ ausgebaut. Die streng logisch nach der Anzahl der hauptsächlichen Fruchtteile und Samen aufgebaute Klassifikation erfaßte einige Vertreter von bis dahin erkannten natürlichen Gattungen und Familien, zerriß sie aber insgesamt in Bruchstücke. Weniger der Inhalt des Systems, abgesehen von den etwa 1 500 Arten, die CESALPINO mit neuen Beobachtungen beschrieb, als vielmehr das methodische Vorbild wirkten in der Zukunft weiter.

Deutlicher löste sich von der naturphilosophischen Tradition, den überkommenen antiken Vorbildern und der starren Verbindung der Pflanzen- mit der Heilkunde der über eine Fülle von Einzelkenntnissen verfügende Humanist und Arzt-Botaniker Caspar BAUHIN. Er erkannte, daß die in 100 Jahren bis zum Anfang des 17. Jh. angesammelten neuen empirischen Kenntnisse ohne neue Ordnung ziemlich wertlos waren, denn die Botaniker konnten sich allmählich kaum mehr untereinander verständigen, da jeder die Pflanzen und teilweise auch ihre Teile mit eigenen Namen bezeichnete. Die erforderliche Vereinheitlichung der Nomenklatur und eine von möglichst vielen natürlichen Merkmalen abgeleitete Klassifikation begann BAUHIN hauptsächlich in seinen umfangreichen zusammenfassenden Werken zu verwirklichen (1596, 1620, 1623), wobei zeitgenössische Ideale der Wissenschaftslogik sein Anliegen förderten. Aufgrund der klassischen hierarchischen Begriffspyramide bildete er viele kleine Formengruppen von Spezies, Genera und „Gesamtarten" (Zwischeneinheit aus mehreren besonders ähnlichen Arten wie Brennesseln oder alpine Enzianarten und Feldenzian), die er häufig mit einem zweigliedrigen Namen für Gattung und Art bezeichnete. Die binäre Nomenklatur wurde aber noch nicht vollständig durchgeführt; daneben erhielten sich noch drei- bis mehrgliedrige Bezeichnungen; auch Diagnosen der umfangreicheren Gattungen und Gesamtarten wurden aufgestellt. Außerdem lieferte BAUHIN ziemlich viele und ausführliche Pflanzenbeschreibungen. Die Gesamtklassifikation von 1623, welche die engeren Gruppen der Genera sorgfältig in Kapitel und Sektionen „verteilte", traf nur kleinere Gruppen, fügte aber noch viele Vertreter einander fremder Arten zusammen. Eine Gruppe von Monokotylen bildete den Anfang des bis zu den „vollkommenen" Bäumen aufsteigenden Systems; einige davon wie das Maiglöckchen (*Convallaria majalis* L., *Liliaceae*) wurden unter den Dikotylen eingefügt. Kryptogamen wurden in „Buch X" zwischen Dikotylen eingeschoben. Anschließend wurden Bäume und Sträucher sowie deren Ausscheidungen wie Harze, Gummi, etc. angehängt, d. h. noch immer die Großgruppen des Theophrastos mitgeschleppt. Die wenigen Klassenbezeichnungen berücksichtigten die Sproßform (bei windenden, aufrecht oder niederliegend wachsenden Pflanzen), die Gestalt der Früchte, aber auch die Verwendung als Gemüse (Lib. IX, Sect. III–IV).

Bei der Erarbeitung einer eigenen Logik (1638) löste sich Joachim Jung (latinisiert Jungius) von der Tradition besonders des Aristotelismus und in der Botanik auch von der des Theophrastos. Bei der Bestimmung der Unterscheidungsmerkmale der Pflanzen schloß Jung die nur qualitativ, ungenau zu beschreibenden, als „akzidentell" bezeichneten Merkmale wie Farbe, Geruch, Standort u. a. aus, um vorzugsweise als Hauptkennzeichen die *figura*, Gestalt der Organe und ihrer Teile zu betrachten und nach den entsprechend der Kategorie der Quantität zu bestimmenden Eigenschaften zu beschreiben. Dieser Grundsatz erlaubte ihm, dem im 17. Jh. hervortretenden Wissenschaftsideal zu folgen und die Gegenstände und Erscheinungen der Natur *more geometrico* mittels damaliger mathematischer Lehrsätze zu deuten (vgl. 5.1.). Dieses Verfahren wandte er sogar etwa seit den dreißiger Jahren des 17. Jh. in der Pflanzenmorphologie an, der er eine neue wissenschaftliche Form zu geben suchte (1678 posthum) und zwar durch eine streng logisch angeordnete, die Hauptorgane der höheren Pflanzen mit verschiedenen Typen ihrer Gestaltung (unter Nennung der die Merkmale aufweisenden Pflanzenarten) definierende Darstellung. Dabei ermittelte er unter anderem verschiedene Blütenstands- und Blattstellungsformen und aus mehreren Petalen zusammengesetzte Blütenkronen. Außerdem erörterte er die Bildung von kleinen natürlichen Gruppen für viele Pflanzenspezies und kritisierte die Großgruppen der Klassifikation des Theophrastos, nach der die Stockrose (*Althaea* oder *Malva rosea* L.) von den krautigen Malven zu trennen wäre. In seiner fragmentarisch überlieferten Schrift zur Klassifikation (posthum 1662) kamen die hervorragenden Pflanzenkenntnisse von Jung zum Ausdruck, der zugleich die Erarbeitung einer naturbegründeten Klassifikation aufgrund morphologischer Ähnlichkeiten (*Homoidia*) forderte (Hoppe 1976, S. 44, 73–88). Seine Ansätze wirkten über John Ray bis zum Werk von Linné weiter (vgl. 5.3.2.).

4.4. Die Tierkunde

4.4.1. Enzyklopädische Tierbücher

Die ersten frühneuzeitlichen Tierbücher leiteten sich von verschiedenen Vorbildern der Tradition ab, bearbeiteten und ergänzten sie auf ihre Weise. Der Südfranzose Pierre Gilles, der als an der Naturkunde interessierter Humanist zuerst Wassertiere des Mittelmeeres, dann auf abenteuerlichen Reisen in Kleinasien und im Vorderen Orient auch Landtiere untersuchte, stellte nach Aelian unterhaltsame und belehrende Tiergeschichten 1535 zusammen. Dabei ordnete er die Mitteilungen über ein Tier, die bei Aelian an mehreren Stellen der 17 Bücher des Werks verstreut auftauchten, in jeweils ein Kapitel ein. Die anthropomorphe, moralisierende Deutung von Eigenschaften, Verhaltensweisen und auch nur vermeintlichen Eigentümlichkeiten der Tiere prägte das Werk von Gilles. Eigene, naturkundliche Zusätze brachte er wenige, nur Anekdoten aus nacharistotelischen „Dichtern" wie Porphyrios, Athenaios, Heliodor und Oppian fügte er hinzu. Schließlich ergänzte er seine Kompilation um eine Abhandlung von 50 Seiten über die lateinischen und französischen Namen der Wassertiere von Marseille. In die traditionellen Großgruppen wie Land-, Wasser- und Flugtiere ordnete er die einzelnen Vertreter in willkürlicher Folge ein. Unter ihnen finden sich neben einheimischen Haustieren Löwe, Panther, Giraffe, Gazelle, Säbelantilope, Wisent, Elch, Meerkatze, Pottwal, Kröte, etc. sowie teilweise als solche erkannte Fabeltiere (Basilisk, Sphinx, Drache, etc.). Unter den Wasser- und Flugtieren wurden auch Wirbellose betrachtet. Gilles veröffentlichte in diesem Werk kaum eigene naturkundliche Beobachtungen; von der möglichen Ausbeute seiner Reisen, nach denen er nur noch fünf Jahre in Europa lebte, wurde nichts überliefert.

Ähnlich spärliche eigene Beobachtungen, aber eine stärker kritische Haltung gegenüber den Autoritäten brachte der als Humanist und Arzt in Straßburg wirkende Michael Herr in seine deutschsprachige Tierkunde von 1546 ein. Er stützte sich hauptsächlich auf Aristoteles, Plinius und andere, indem er durch Zurückgehen auf die ursprünglichen antiken Autoren die mittelalterliche Tierkunde des Albertus Magnus übertreffen wollte. Gleichwohl wertete Herr auch die Schriften des Albertus und des Vincent von Beauvais aus. Ohne geordnete Reihenfolge betrachtete Herr sechzig Säugetiere, Kriechtiere, Lurche (damals als „vierfüßige Landtiere" zusammengefaßt). Darunter finden sich Einhorn, Lindwurm und Greif als Fabeltiere. Neben nützlichen und belehrenden beschrieb HERR mit unterschiedlicher Ausführlichkeit naturkundliche Eigenschaften der Tiere (etwa beim Pferd). Beachtlich sind die naturgetreuen Abbildungen des Werks, die allerdings aus der ersten deutschen Übersetzung des *Thierbuchs* des ALBERTUS MAGNUS, die Walther RYFF besorgte, von 1545 entlehnt waren (vgl. 4.2.1.). Zu einer Verbreitung von Kenntnissen über bekannte, in- und ausländische sowie besonders nützliche Tiere trug Teil 3 der Naturgeschichte des Adam LONITZER bei, die hauptsächlich ein Kräuterbuch enthielt (lat. 1551–1555, deutsche Ausgabe 1557). LONITZER lehnte sich besonders an PLINIUS, teilweise an ARISTOTELES an. In drei Gruppen wurden Land-, Flug- und Wassertiere durch wenige Eigenschaften und mittels kleiner Abbildungen charakterisiert; vor allem die arzneilichen und diätetischen Verwendungsmöglichkeiten ihrer Produkte wurden neben Fabelgeschichten mitgeteilt. Fabeltiere wie Basilisk, Greif und Phoenix wurden kritiklos eingereiht. Erst in den zahlreichen weiteren Ausgaben des Werks wurden auch die tierkundlichen Teile durch spätere Bearbeiter stark erweitert.

Ein mustergültiges Werk der Renaissance-Zoologie veröffentlichte der englische, in Padua in der Medizin ausgebildete Humanist Edward WOTTON 1552. Die unbebilderte Schrift betrachtete unter Anknüpfung an die Forschungsideale und -methode des ARISTOTELES die „Unterscheidungsmerkmale" der Tiere (*De differentiis animalium libri decem*). WOTTON ordnete die antike Tierkunde deutlicher, als es der Urheber selbst getan hatte, im Sinn des ARISTOTELES, ergänzte dessen Aussagen durch solche des PLINIUS, DIOSKURIDES, CELSUS, AELIANOS, OPPIAN, GALENOS, ORIBASIOS, AETIUS, etc. (Autorenindex 1552, S. [20]–[22]) und eigene Beobachtungen. Durch die Erarbeitung von zwei umfangreichen Indizes – der eine umfaßte ungefähr 2 600 Tierbezeichnungen in lateinischer und griechischer Sprache, der zweite Index enthielt etwa 1 200 lateinische und griechische Fachtermini zu den Körperteilen der Tiere – erschloß er sowohl die antike als auch die zeitgenössische Tierkunde zusätzlich. WOTTON bot die ihm wichtig erscheinenden Kenntnisse in eigener Auswahl und neuer Anordnung dar. Besonders hervorzuheben ist sein neuartiger Versuch, die Tiere innerhalb der traditionellen Hauptklassen nicht nur alphabetisch, sondern nach bestimmten Unterscheidungsmerkmalen zu klassifizieren. Nach der Gestalt der Füße und Zehen wurden mehrspaltige, paarhufige und einhufige Vierfüßer sowie bei den Fischen Knorpel-, Platt- und Felsenfische unterschieden. Er ordnete die Fledermaus den viviparen Vierfüßern zu und trennte die „Zoophyten" als Gruppe ab. Erstmals beachtete WOTTON den Wert der Unterscheidungsmerkmale (morphologische und physiologische) für die Gruppenbildung der Tiere. Einige seiner Ansätze und Ergebnisse wirkten über das Werk von GESSNER weiter (BÄUMER 1990).

Während die bis jetzt besprochenen Werke die Tierwelt oder nur eine einzelne Tierklasse jeweils unter einem gewissen Gesichtspunkt be-

Abb. 31. Conrad GESSNER: Naturgetreues Aquarell einer Kröte von 1563 (vielleicht von Hans ASPER) mit der Beschriftung GESSNERS, das nach der Publikation seiner Tierbücher entstanden ist; er kennzeichnete eigens die beiden „Höcker" am rechten Hinterfuß. Aus Conrad GESSNER, Universalgelehrter [...]., von Hans FISCHER u. a., Zürich 1967, S. 164 f. (Photo Deutsches Museum München).

trachteten wie dem moralisierend-unterhaltsamen (GILLES), dem belehrenden (HERR) und dem humanistisch-wissenschaftlichen (WOTTON) ragten die Werke zweier Autoren als wahrhaft umfassende Enzyklopädien der Tierkunde hervor, die zugleich als Teile einer Naturgeschichte über sämtliche Naturreiche (teilweise einschließlich der Anwendungsgebiete Horti- und Agrikultur sowie Arzneikunde und Anatomie) in einen weiten Horizont eingefügt wurden. Sie beruhten auf einer ausgezeichneten humanistischen Bildung und eingehenden naturkundlichen Studien ihrer Urheber. In mehreren Teilen in lateinischer und deutscher Sprache mit zusätzlichen eigenen Bildbänden, die größtenteils neue, auf Naturbeobachtungen sich stützende Tierbilder enthielten, veröffentlichte Conrad GESSNER in fünf Folianten seit 1551 (bis 1558, posthum 1587, weitere Ausgaben ergänzt) seine Tierkunde *Historia animalium* (Abb. 31). In dem sorgfältig geplanten Werk wurde eine große Fülle von literarischen, sprachlichen, historischen und kulturgeschichtlichen, naturkundlichen und auf Anwendungen bezogene Mitteilungen über einzelne oder kleinere Gruppen von Tieren in monographischen Kapiteln ausführlich ausgebreitet: Dadurch entstand eine wahrhafte Enzyklopädie über das bis zu und in seiner Zeit angesammelte Wissen über etwa 800 Tierformen. Außer den traditionellen Hauptklassen (Tiere in verschiedenen Lebensräumen und Insekten sowie weitere Wirbellose) und einzelnen Kleingruppen von ziemlich ähnlichen Formen wie Huftiere, Vögel mit Schwimmhäuten findet sich in der *Historia animalium* keine eigene Klassifikation. Allein für die im Wasser lebenden Tiere entwickelte GESSNER 1560 (*Nomenclator aquatilium animantium*) frühere Klassifikationsansätze weiter, wobei manche natürlichen Gruppen erfaßt wurden. Doch die Aufteilung in die zwei Hauptklassen der im Meer und der im Süßwasser lebenden Tiere führte zu willkürlichen Abtrennungen; dagegen sind die Meeressäugetiere als Gruppe erkannt worden (BÄUMER, Bd. 2, 1991, S. 61–64). Obwohl er die antiken Autoren für vorbildlich hielt, ließ seine Verehrung des Traditionellen auch Raum für Kritik (u. a. an Fabeltieren) und vor allem für eigene ergänzende Beobachtungen, deren hohe Qualität (neben Ungenauigkeiten) erst neuere Einzeluntersuchungen offenbarten. Er beschrieb erstmalig den Lämmergeier (*Gypaëtus barbatus* L.) für die Schweiz. Als „Waldrapp" beschrieb er den zuvor nur durch William TURNER 1543 erwähnten Verwandten des Schopfibis (*Geronticus eremita* L.), der aber inzwischen in der Schweiz ausgestorben ist, so daß die Angaben von GESSNER bezweifelt wurden (Abb. 32). Der mit Größe, Gestalt, Färbung, Migration, geographischer

Verbreitung um 1555 und sogar Mageninhalt deutlich beschriebene Vogel, von dem auch das zwischen 1603 und 1662 entstandene Gothaer Vogelbuch eine Abbildung enthielt (HACKETHAL 1994, S. 289–291), kommt jetzt nur noch zwischen den Kapverdischen Inseln und Mesopotamien vor (außerhalb der Wüsten), läßt sich aber u. a. im Alpenzoo von Innsbruck wieder züchten. Über die damals kaum erforschten wirbellosen Tiere hinterließ GESSNER ein eigenes Manuskript, das zuerst zusammen mit Aufzeichnungen von WOTTON in den Besitz von Thomas PENNY und nach England gelangte, dann durch Thomas MOFFET (MOUFET) zum Druck bearbeitet wurde, aber erst auch nach dessen Tod 1634 als Schrift über „Insekten" durch Sir Theodore TURQUET DE MAYERNE herausgegeben wurde (*Insectorum sive minimorum animalium theatrum*). Hierin werden u. a. zwei Abbildungen des Alpenschmetterlings Apollofalter (*Parnassius Apollo*) auf GESSNER zurückgeführt, während der größte Teil des naturgeschichtlichen Inhalts PENNY zugeschrieben wird (RAVEN 1947/1968). Viele durch GESSNER begonnene Forschungen, die zu vollenden ihm nicht vergönnt war, wurden durch Zeitgenossen unmittelbar fortgeführt und wirkten in die Zukunft weiter.

DE CORVO SYLVATICO.

Abb. 32. Conrad GESSNER: „Waldrapp, Steinrapp, Clausrapp" (*Geronticus eremita* L., ein ibisartiger Vogel, *Threskiornithidae*). GESSNERS 1555 veröffentlichte Darstellung beweist, daß dieser Vogel seinerzeit in Alpentälern bis zum Donaugebiet oberhalb Kehlheim und im Mittelgebirge bis nach Lothringen verbreitet war, während er jetzt nur noch in Nordafrika und Kleinasien brütet. Er wurde auch im Alpenzoo bei Innsbruck wieder angesiedelt. Aus *Historiae Animalium Liber* III. qui est de Auium natura, Frankfurt a. M. 1585, S. 351.

Als ähnlich umfassender humanistischer Gelehrter, Mediziner und Naturforscher, der sich jedoch eines längeren Lebens und besserer wirtschaftlicher Bedingungen erfreuen konnte, schuf Ulysse ALDROVANDI ein die gesamte Tierkunde enzyklopädisch darstellendes Werk, das Bestandteil von die ganze Naturgeschichte umspannenden Veröffentlichungen war. Nachdem er selbst die Ornithologie (3 Bände 1599–1603) und den Band über Insekten (1602) herausgebracht hatte, veröffentlichten mehrere Schüler von 1606 (weitere Wirbellose) bis 1642 (Monstren und Fabeltiere) hauptsächlich die Bände über die verschiedenen Klassen der Wirbeltiere aufgrund des umfangreichen Materials von ALDROVANDI (Abb. 33). Er übernahm die Vorarbeiten von GESSNER, BELON, RONDELET, TURNER und anderen und ergänzte sie um weitere aus der Literatur gewonnene Berichte, die teilweise unkritisch aufgenommen wurden, sowie um Mitteilungen über außereuropäische Tiere aus Amerika, Afrika und Indien und um Ergebnisse eigener Anschauung. Diese gewann er auf weiträumigen Exkursionen in Europa, als Naturaliensammler und als Anatom (Muskulatur des Steinadlers, Luftröhre des Schwans und Zunge des Grünspechts). Bei Insekten wurde die Aufzucht aus Larven und Puppen verfolgt und wurden Parasiten aufgeführt. Seine Klassifizierungsansätze etwa nach der Schnabelform bei Vögeln und nach Fußformen oder Lebensräumen bedeuteten keine wesentliche Neuerung. Nur für die „Insekten" entwickelte er ein eingehendes, dichotom gegliedertes, erstmals auch graphisch dargestelltes System (BÄUMER, Bd. 2, 1991, S. 90–95). Insgesamt wirkte sein die zoologischen Kenntnisse um 1600 zusammenfassendes Werk als literarisches Vorbild zur Erstellung entsprechender Enzyklopädien und regte die empirische Naturforschung auf den betrach-

Abb. 33. Ulysse ALDROVANDI: Monströses Kalb mit einem Lamm-ähnlichen Kopf und zwei zusätzlichen Extremitäten auf dem Rücken. Aus *Qvadrvpedvm omnivm bisvlcorvm historia*. Bologna 1621, S. 138.

teten Teilgebieten an. Unter Aufnahme zusätzlicher faunistischer Mitteilungen über überseeische Gebiete stellte der in Polen geborene, hauptsächlich in England, Deutschland und den Niederlanden erzogene Mediziner und Naturhistoriker John JONSTON (1603–1675, schottischen Ursprungs) eine umfangreiche Tierkunde 1650–1653 zusammen. Sie war im wesentlichen ein Auszug aus den Schriften des ALDROVANDI, denen besonders *Exotica* hinzugefügt waren. Die Fledermäuse erschienen noch unter den Flugtieren, auch Fabeltiere wie das in der Nähe des Elefanten abgehandelte Einhorn wurden wiederum aufgeführt. Dieses Werk konnte nicht die Forschung anregen, diente aber der weiteren Verbreitung zoologischer Kenntnisse.

4.4.2. Tierbücher unter dem Einfluß der christlichen Religion

In der Tierkunde zur Zeit der Renaissance tauchte ein Aspekt der Tierbetrachtung selbst bei strengen Humanisten auf, der nicht von den Vorbildern der klassischen Antike, besonders von ARISTOTELES abgeleitet war, sondern an die moralisierend-religiöse Tierdeutung der Spätantike, wie sie durch die Aelian- und Physiologus-Tradition überliefert worden war (vgl. 2.5.3.), anknüpfte. Wie in den Fabeln dienten wirkliche oder vermeintliche Eigenschaften der Tiere dazu, die Lehren der Bibel und der christlichen Moral zu verdeutlichen. Nachdem Conrad GESSNER häufig physikotheologische Gedanken einfließen ließ, indem er seine Naturforschung grundsätzlich als einen Weg zur Erkenntnis des Schöpfergottes verstand, erschienen seit dem ausgehenden 16. Jh. mehrere überwiegend durch christliche Motive geprägte Tierbücher, die durch Theologen und gelehrte Literaten verfaßt worden waren. Eine ausgeprägt physikotheologische Interpretation der Tierkunde veröffentlichte der englische Priester Edward TOPSELL in zwei Bänden 1607–1608, indem er sich auf die beste Fachliteratur stützte, nämlich auf Conrad GESSNER und weitere, auch antike Autoren. Den Hauptteil der Darstellung bildeten naturhistorische Mitteilungen nach GESSNER, die mitunter durch Angaben über Nutzen und Zitate von Bibelstellen ergänzt wurden. Besonders im zweiten Band über „Schlangen" und sonstige schädliche Tiere (Insekten, parasitäre Würmer) trat deutlich die religiöse Naturanschauung hervor. Die theologischen Auslegungen über die in der Bibel erwähnten Tiere von den Kirchenvätern bis zu zeitgenössischen Protestanten stellte der Prediger Hermann

Heinrich FREY in seinem *Biblisch Thier-, Vogel-
und Fischbuch* auf über 1 300 Seiten 1595 zusammen. Nur die Symbolwerte von wenig mehr
als 100 Tieren ohne naturkundliche Einzelheiten legte der Autor dar. Ein Lehrbuch für Prediger über die in der Heiligen Schrift vorkommenden Tiere veröffentlichte der protestan-
tische Theologe Wolfgang FRANZ als *Historia
animalium sacra* erstmalig 1612, welches Werk
mehrmals, auch in englischer Übersetzung bis
ins 18. Jh. hinein aufgelegt wurde. Außer den
Deutungen der Kirchenväter zu den Bibelstellen gab FRANZ knappe naturkundliche Erläuterungen zu einzelnen Tieren und entwarf ein
eigenes, dichotom gegliedertes, umfassendes
Tiersystem, in das er Insekten und sonstige Wirbellose einbezog, wobei er sich wohl besonders
auf ALDROVANDI stützte. Auch naturgeschichtliche Probleme bewegten den Autor wie die Bedingungen der Entstehung von Bastarden, die
Zeugungsweisen der Fische unter Ablehnung einer Urzeugung und die systematische Stellung
der Fledermaus als Wesen zwischen Flugtier
und Maus. Fabeltiere wurden kritisch betrachtet. Ausschließlich den christlichen Symbolwer-
ten der Eigenschaften der Tiere (Land-, Flug-
und Wassertiere, jeweils einschließlich Wirbelloser) widmete der gelehrte Edelmann Heinrich
VON HOEVEL 1601 ein Kompendium. Ebensowenig wie HOEVEL beachtete der gelehrte Diplomat und Hofarzt Caspar DORNAU (oder DORNA-
RIUS) naturgeschichtliche Einzelheiten. In seiner
der Belehrung und Unterhaltung dienenden Enzyklopädie von 1629, die überwiegend Naturgegenstände betrachtete, zitierte er einige zoologische Stellen nach ALDROVANDI. Sein einziger
eigener Beitrag über die Käfer rühmte nur die
den Menschen belehrenden Tugenden, die auf
die Vorsehung Gottes hinweisen sollten (BÄU-
MER, Bd. 2, 1991, S. 156–168). Obwohl diese
Schriften der christlichen oder „biblischen Zoologie" keine neuen Forschungsergebnisse darboten, trugen sie ihren Teil zu einer weiten Verbreitung naturkundlicher Grundkenntnisse bei
und vermochten besonders die Achtung auch
gegenüber unscheinbaren Naturobjekten zu
wecken und deren Erforschung anzuregen (vgl.
6.3.1.).

4.4.3. Faunistisch ausgerichtete Werke

Schon in den enzyklopädischen Tierbüchern
wurden Ergebnisse eigener faunistischer Studien
oder Berichte von solchen aus Mitteleuropa und
überseeischen Ländern mitgeteilt. Über ein-

zelne fremdländische Tiere gelangten zuerst
durch Reisebeschreibungen und Darstellungen
auf geographischen Karten seit dem ausgehenden 15. Jh. Nachrichten nach Europa. Seit den
Fahrten des COLUMBUS wurden auffallende
Tiere aus Mittel- und Südamerika wie Meeres-
schildkröten, Kaimane, Manati, Leguane und
wohl auch das Nagetier Hutia bekannt. Vertreter der Papageiengattung Ara und der Tukan
wurden Symbole für die Neue Welt. Von den
„westindischen" Affen wurde der Kapuzineraffe
lebend nach Europa gebracht. Die Beutelratte
Opossum aus Venezuela, Lamas aus Peru, Nan-
dus und Pinguine aus dem südlichen Teil Südamerikas wurden beschrieben. Als auffallende
Vertreter der südamerikanischen Fauna beobachtete der Spanier Martin Fernandez ENCISO
1510–1513 (publiziert 1518) Kolibris, einen Tapir
und ein Neunbindengürteltier, das GESSNER in
seiner Tierkunde abbilden ließ. Dort findet sich
auch der um 1525 neben dem „langsamsten Tier
der Welt", dem Faultier, beobachtete Ameisen-
bär aufgeführt. Auf die unterschiedliche Verbreitung der Verwandten des Lamas, nämlich
Alpaka, Vikuña und Guanaco machte der Jesuitenmissionar José DE ACOSTA 1589 aufmerksam.

Die reichen Bestände der Tierwelt Nordameri-
kas an teilweise aus Europa bekannten Arten
fielen frühen Reisenden und Siedlern auf: Ren-
tierherden, Eisbären, Pumas, Zobel und Wanderfalken wurden um 1500 gesichtet. Der Mee-
resvogel Alk beeindruckte die europäischen
Ankömmlinge. Den zuerst in Mexiko, dann
auch in Nordamerika in verschiedenen Formen
beobachteten Truthahn bildete GESSNER in seinen *Icones avium* ab. Um die Mitte des 16. Jh.
wurden in Herden lebende Gabelböcke, außerdem Schwarzbären, Erdhörnchen, neue Hirsch-
arten und Schildkröten beschrieben. Im 17. Jh.
berichteten Reisende von Moschusochsen, Flug-
hörnchen und *Opossum* aus Grönland. Ferner
wurden das Stinktier, der Waschbär und der wilde Nerz bekannt.

Aus Afrika und Asien wurden erst seit dem
Ausgang des 16. Jh. vereinzelt neue Tiere be-
kannt. Geistliche beschrieben das Erdferkel aus
Ostafrika, Herden von Elefanten, Affen, Lö-
wen, Gazellen, Zibetkatzen, Stachelschweinen,
Straußen und ferner Guinea-Hühner aus
Äthiopien. Über den auffallenden, inzwischen
ausgestorbenen flugunfähigen Vogel Dodo der
Insel Mauritius berichtete der niederländische
Admiral Jacob VAN NECK 1598. Der Niederlän-
der J. H. LINSCHOTEN beschrieb als asiatische
Art ein Tannenzapfentier, das CLUSIUS abbilden
ließ. Das Panzernashorn und der indische Elefant wurden häufig erwähnt. Seit dem 16. Jh.

überbrachten die Eingeborenen der indonesischen Inseln Bälge von Paradiesvögeln den Europäern, denen aber die unversehrte Gestalt und die Lebensweise der Träger des prächtigen Gefieders lange verborgen blieben. Als weitere Vögel wurden der Kakadu und der Kasuar entdeckt. Mitteilungen über die Existenz größerer Beuteltiere wurden lange bezweifelt bevor James COOK 1770 ein lebendes Känguruh mitbrachte. Eine Reihe von Tieren aus Rußland beschrieb der österreichische Gesandte Sigismund HERBERSTEIN 1549 aus eigener Anschauung: Rentiere, Eisbären, wilde Pferde und Schafe, den Wisent, den Auerochsen und den Elch (GEORGE 1980).

Während über besonders typische Tiere fremder Länder beiläufig in Reisebeschreibungen berichtet wurde, widmeten sich einzelne Naturforscher verstärkt dem Studium der Fauna bestimmter Regionen und brachten eigene Schriften darüber heraus. Als Forschungsreisender trat Pierre BELON hervor, der 1546–1549 Griechenland, Kleinasien, den Vorderen Orient und Nordafrika besuchte, worüber er 1553 in einer Schrift in französischer Sprache berichtete. Als Apotheker und humanistisch gebildeter Naturforscher, dessen Leistungen durch Verleihung des Lizentiats für Medizin 1560 anerkannt wurden, strebte BELON zuerst danach, die Naturgegenstände der antiken Klassiker in ihrer Heimat kennenzulernen und zu identifizieren. Wie das Vorbild DIOSKURIDES teilte er auch Nutzanwendungen mit. Er suchte nicht nur nach auffälligen Neuerungen sondern trachtete danach, einen – selbstverständlich verbesserten und ergänzten – Überblick über die Naturgeschichte der bereisten Länder zu geben. Zu einzelnen Tieren berichtete er über deren Gestalt, Verbreitung und die Gegenden, in denen er sie selbst beobachtet hatte. Neben Vögeln wurden eine große Spinne (*Phalangion*), ein Steinbock, ein Schaf von Kreta und das in seiner Existenz nicht bezweifelte Einhorn beschrieben. Einige Fische von Lemnos und von Saloniki, Schlangen, die Pferde-Auster und die Languste sowie der Flußkrebs des griechischen Festlandes wurden angeführt. Listen der Säugetiere der griechischen Berge und von Flußfischen, etc. folgten. In der Menagerie von Konstantinopel begegnete BELON als einer der ersten Europäer der Ginsterkatze. In Ägypten fielen ihm neben Schafen, Ziegen, Rindern und Büffeln der Pelikan, die Zornnatter, die Zibethkatze, das Ichneumon und die gleichnamige Wespengattung auf. Am und im Nil lebende Tiere wurden beschrieben wie Krokodil, Flußpferd, Stelzenläufer, Kormoran, Ibis, Hecht und Mondfisch. Weitere Tiere wie Chamäleon, Giraffe, Gazellen, Pavian und Meerkatze, Hornvi-

per, Fische aus dem Roten Meer und ägyptische Greifvögel schlossen sich an. Den Hunden und Schlangen aus der Türkei fügte BELON eine Beschreibung des gerade entdeckten Gürteltiers an. Seine auf eigenen Beobachtungen beruhenden Darstellungen trugen auch zur Vereinheitlichung der zoologischen Nomenklatur bei (BÄUMER, Bd. 2, 1991, S. 178–181) (Abb. 34).

Ein größere Anzahl von Tieren aus Peru lernte der spanische Jesuitenmissionar José DE ACOSTA 1571–1587 kennen. Er betrachtete drei Gruppen von Tieren. Als von den Spaniern mitgebrachte Tiere führte er Kühe, Schafe, Ziegen, Schweine, Pferde, Esel, Hunde und Katzen auf. Unter den auch in Europa heimischen Tieren, die aber nicht durch die Spanier in Südamerika eingeführt worden waren, nannte er Bären, Wildschweine, Füchse u. a. Mit dem Löwen verglich er wohl den Puma; der gefleckte Jaguar schien einem Tiger zu gleichen. Unter den Haustieren fiel ihm die Ähnlichkeit zwischen den europäischen und überseeischen Hühnern auf. Die Hauptgruppe bildeten die in Europa unbekannten Tiere. An Vögeln erwähnte er den Paradiesvogel, den Kolibri, Kondor, Truthahngeier und Ara. Jagdtiere waren Tapir, Peccari, Gürteltier, Meerschweinchen u. a. Die geschwänzten Affen, Vicuna und das Lama sowie Fische, Krokodile und Kaimane fehlten nicht. Der von den Indianern mit großer Geschicklichkeit betriebene Walfang wurde eingehend geschildert. Der Beobachtungsgabe des José DE ACOSTA entgingen einige unbekannte Arten nicht.

Kaum von Auslandsreisen sondern von Menagerien und Präparaten sowie aus Berichten bezog Charles DE L'ECLUSE seine Kenntnisse über teilweise noch unbekannte *Exotica* (1605), die er in Buch 5–6 und in einer „Erweiterung" ihren Gestalten nach beschrieb (mit Größenangaben). Beinahe sämtliche der oben erwähnten und einige weitere Tiere aus drei außereuropäischen Erdteilen wurden ziemlich deutlich geschildert; hinzu kamen exotische Wassertiere und darunter Invertebraten wie Krebse, Schwämme, Miesmuscheln, ferner Igelfischarten, Haie und eine Seekuh. Eine kleine, kompilatorisch zusammengetragene Spezialschrift widmete Jean BAUHIN 1598 den Insekten Frankreichs. Neben weit verbreiteten Formen nahm er Skorpione und verschiedene Schmetterlinge auf und berichtete von Heuschreckenschwärmen bei Arles.

Nur dem Titel nach legte der Arzt Caspar SCHWENKFELD als „Tiergarten Schlesiens" (*Theriotropheum Silesiae*) 1603 eine Lokalfauna vor. In diesem von dem religiösen Bestreben getragenen Werk, die Spuren des Schöpfergottes in seinen Geschöpfen wahrzunehmen, wurde eigentlich nur eine weitgehend auf Kompilation beruhende Übersicht über die hauptsächlichen, damals aus Mitteleuropa bekannten Tiere, ergänzt um einige Exoten wie Elefant, Leopard, Affen, Krokodil, Meerschweinchen, Strauß und Papagei sowie Fabelwesen geboten. Die klar aufgebaute, die Tiere nach den traditionellen Hauptklassen einteilende Schrift (wobei selbstverständlich unter den Wassertieren auch Invertebraten auftauchten), stellte in aphoristischer Form Stichwörter mit kurzen Erläuterungen zu den wichtigsten Unterscheidungsmerkmalen, den Körperteilen, physiologischen Leistungen wie Atmung und Reproduktion und hauptsächlich zu Nutzungsmöglichkeiten zusammen. Zu den einzelnen Tieren beschrieb SCHWENKFELD deren Gestalt, Färbung, Merkmale, Organe, Aufenthaltsort, Lebensweise und die Verwendung als Heil- und Nahrungsmittel. Das faunistisch keine Neuerungen bietende Werk konnte mittels der Definitionen die zoologische Terminologie (etwa 190 Termini) und die Tierbezeichnungen (deutsche) vereinheitlichen (BÄUMER, Bd. 2, 1991, S. 186–189) sowie als übersichtliches Nachschlagewerk zur Verbreitung der Tierkenntnisse beitragen. Insgesamt haben diese meist die Aufmerksamkeit auf Tiere bestimmter Regionen richtenden Schriften die Erforschung einzelner Faunen in den folgenden Jahrhunderten gefördert.

4.4.4. Studien über einzelne Tierarten, -klassen und zoologische Teilgebiete

Die in der Frühen Neuzeit stark anwachsenden neuen Naturbeobachtungen und Einzelkenntnisse förderten eine Spezialisierung der Darstellung der Ergebnisse. Einem seit der Antike in der Tierkunde beschriebenen Tier, dem Elefanten, widmete der humanistische Zoologe Pierre GILLES 1562 eine Monographie von etwa 30 Seiten; denn er konnte das Tier auf seinen Reisen kennenlernen und neue eigene Erfahrungen mitteilen. Die mit humanistischer Kunstfertigkeit in Briefform gekleidete Schrift berichtete über das Verhalten eines selbst gerittenen Elefanten und vor allem über den Sektionsbefund des verendeten Tiers. Seine inneren Organe wurden mit Größenangaben geschildert. Als weitere exotische Tiere wurden dem Elefanten ein Wal, ein Nilpferd, die Giraffe und andere zugesellt. Noch 20 Jahre nach der Spezialschrift von GILLES legte der italienische Arzt Apollonio MENABENO 1581 eine kompilatorische Monographie über den Elch (unter Erwähnung des Rentiers und des Vielfraßes) vor,

in der frühere Autoren von der Antike bis zu dem Zeitgenossen Olaus MAGNUS herangezogen wurden. Die Angaben zur Naturgeschichte traten noch hinter denen zu arzneilichen Anwendungen einzelner Körperteile des Elchs zurück. Ebenfalls unter überwiegend medizinischen Gesichtspunkten wurden Monographien über einzelne Tiergruppen zusammengestellt. Zur Verbesserung der Behandlung von durch parasitäre Würmer verursachten Krankheitsbildern versuchte Geronimo GABUCINI durch Zusammenstellung von Nachrichten hervorragender Autoritäten wie HIPPOKRATES, ARISTOTELES, PLINIUS, GALENOS und AVICENNA 1547 beizutragen, die aber nur wenig über die Naturgeschichte berichtet hatten. Wesentliche eigene Zusätze vermochte er nicht zu liefern. Selbstverständlich ließ er die Lehrmeinung, die Würmer entstünden durch Urzeugung (*generatio spontanea*), als deren Ort er den Magen annahm, gelten. Aus medizinischem Interesse wurden auch die Vipern in Spezialschriften durch Baldo Angelo ABBATI (1589) und Marco Aurelio SEVERINO (1651) betrachtet. Die aus der Antike überlieferten naturhistorischen Mitteilungen wurden übersichtlich geordnet, die Nutzungsmöglichkeiten der Schlangen und die Gegenmittel gegen ihre Gifte ausführlich dargelegt. Als eigenen Zusatz fügte ABBATI Beschreibungen zur Anatomie und sogar Abbildungen über die Eingeweide von Vipern an, während SEVERINO seine Beschreibung der Anatomie durch die Abbildung eines Uterus mit Embryonen erweiterte. Nicht einmal Neuerungen zur Anatomie, sondern eine Kompilation aus der Fachliteratur, an der nur die Wahl der Thematik bemerkenswert ist, legte der italienische Arzt Giovanni AEMYLIANO 1584 vor: eine Monographie über Wiederkäuer. Neben etymologischen Erläuterungen wurden aus der Literatur entnommene naturgeschichtliche Angaben über Rinder, Nashorn, Kamel und andere, wobei das Einhorn nicht fehlte, dargeboten. Mehr Ergebnisse eigener Naturstudien und inhaltliche Neuerungen enthielt die Schrift über die britischen Hunde des John CAIUS von 1570, die formal teilweise an die Jagdliteratur anknüpfte. Von den 16 beschriebenen Hunderassen waren 15 Arbeitshunde. Er klassifizierte die Hunde in drei Hauptgruppen, von denen die der *Generosi* (edle Hunde) ebenfalls in drei Gruppen unterteilt wurde. Für sämtliche Rassen beschrieb er die Kennzeichen und Unterscheidungsmerkmale aus eigener Anschauung, ferner die für den Menschen nützlichen Eigenschaften (BÄUMER, Bd. 2, 1991, S. 194–197, 199–211).
Ein die früheren dürftigen Ansätze zur Anatomie einzelner Tiere übertreffendes, zukunftswei-

sendes Werk zur Anatomie und über die Krankheiten des Pferdes schuf der Bologneser Senator Carlo RUINI 1598. Es wurde in mehreren italienischen Ausgaben und 1603 in einer deutschen Übersetzung verbreitet. Obwohl RUINI die physiologischen Grundauffassungen des GALENOS übernahm, brachte er die erste umfassende Pferdeanatomie, die zuvor weitgehend unbekannt war, mit sorgfältigen Abbildungen zustande. Selbstverständlich ließ er sich von den in seiner Zeit stark vermehrten Erkenntnissen der Anatomie des Menschen zur Entdeckung neuer Strukturen beim Tier leiten. Trotz mancher Ungenauigkeiten erfaßte er viele Einzelheiten wie die Sinnesorgane, Gehirnmembranen, Blutgefäße und den Lungenkreislauf zutreffend (COLE 1949, S. 83–97).

Während in den enzyklopädischen Tierbüchern der Renaissance die hauptsächlichen Tierklassen in verschiedenen Kapiteln oder Bänden schon äußerlich sichtbar voneinander getrennt in Erscheinung traten, arbeiteten einige Autoren ihre Studien zu den Teilgebieten zu umfassenden Monographien aus. Damit leiteten sie die Spezialisierung der Zoologie in Teilgebiete ein. Nach den oben erwähnten kleinen Beiträgen der Humanisten LONGOLIUS und W. TURNER fügte der weitgereiste Pierre BELON seine eingehenden Forschungen zu einer Monographie der Ornithologie mit naturgetreuen Abbildungen zusammen (1557) (Abb. 34). Richtschnur blieben ihm die antiken Texte, die er um viele eigene Beobachtungen zu einzelnen Formen erweiterte. Obwohl er Vögel selbst sezierte und einige Skelette abbildete, machte er anatomisch

unkorrekte Angaben, indem er z. B. den Vögeln Nieren und Harnblase absprach. Sein erster Versuch, die Einzelteile des Skeletts eines Vogels mit dem eines Menschen durch entsprechende Montage, Abbildung und Beschriftung unmittelbar zu vergleichen, war zwar nicht in allen Einzelheiten geglückt, war aber grundsätzlich ein weiterer Schritt zur Vergleichenden Anatomie. BELON erörterte die Bedeutung von Unterscheidungsmerkmalen für die Kennzeichnung und Einteilung der Arten, wobei er die Gestalt von Schnabel und Füßen, die Verhaltens- und Bewegungsweisen, die Lautäußerungen, die Paarungs- und Nistzeit hervorhob. In der Ausführung der Vogelbeschreibungen benutzte er nicht immer diese Kriterien; innerhalb seiner, die Lebensräume berücksichtigenden, Einteilung in sechs Klassen traf er viele kleinere Gruppen, die sich später als natürlich verwandt erwiesen. Auch die Nutzungsmöglichkeiten der Vögel als Nahrung, Heilmittel und in der Weissagekunst legte er ausführlich dar. Für seine etwa 170 europäischen und einige exotische Vögel machte er zutreffende biogeographische Angaben. Viele Einzelheiten der Darstellung von BELON wirkten über die Werke von ALDROVANDI und JONSTON in die Zukunft weiter.

Mit einem zu seiner Zeit ähnlich umfassenden und an Gelehrsamkeit und empirischen Ergebnissen reichen Werk über die Wassertiere trug Pierre BELON zur Ausbildung der neuzeitlichen Ichthyologie bei. Nach einer Einführung zu dieser Tiergruppe, die 1551 in französischer Spache erschien, brachte er 1553 sein Hauptwerk in Latein heraus. Hierin beschrieb er 110 Fischarten, die in ziemlich naturgetreuen, wenn auch etwas schematischen Abbildungen dargestellt wurden. Die erste Schrift berichtete überwiegend über frühere Aussagen in der Fachliteratur und über die Naturgeschichte des Delphins, dessen äußere Merkmale und innere Anatomie mit den Säugetierkennzeichen weitgehend zutreffend erfaßt wurden. In seiner, antike Vorbilder (PLINIUS u. a.) weiterführenden Klassifikation unterschied er andere im oder am Wasser lebende Tiere wie „Amphibien"[1]), Reptilien und die „Blutlosen" Weich-, Krusten-, Schalentiere und Zoophyten deutlich von den Fischen. Als Einsprengsel befinden sich darunter das Chamäleon und eine Eidechse. Bei den Einzelbeschreibungen berücksichtigte er hauptsächlich die Gestalt, Größe, Farbe, Lebens- und z. T. Entwicklungsweise, den Aufenthaltsort und die Nützlichkeit. Bemer-

Abb. 34. Pierre BELON: Alpenkrähe (*Pyrrhocorax pyrrhocorax*), beobachtet im Gebirge von Kreta, im Schweizer Jura, in der Auvergne und in der Bretagne u. a. Aus *L'Histoire de la Nature des Oyseaux*, Paris 1555, S. 288.

---

[1]) Der Terminus „Amphibien" bedeutete im 16. und 17. Jh. ganz allgemein „Wassertiere", also auch im und am Wasser lebende Säugetiere; er wurde erst im 19. Jh. zur taxonomischen Bezeichnung für Lurche.

kenswert sind seine sorgfältigen Mitteilungen über Sektionsbefunde an Meeressäugetieren, an deren Atmungsorganen und Gehirn er zuvor unbekannte Strukturen entdeckte und zutreffend interpretierte.

Gleichzeitig veröffentlichte Guillaume RONDELET seine eingehenden empirischen Forschungsergebnisse unter Auseinandersetzung mit den antiken Autoritäten in zwei Bänden (1554 und 1555) über mehr als 200 Mittelmeer- und Süßwassertiere (Abb. 35). Grundsätzlich folgte auch er der Methode, den Leitgedanken, der Klassifikation und den Kenntnissen der antiken Vorbilder, die er besonders um anatomische Einzelheiten ergänzte. Noch deutlicher als BELON grenzte er die Hauptklassen der Fische, Meeressäugetiere, Amphibien und Reptilien gegeneinander ab (Abb. 36). Auch bei den Wirbellosen trennte er kleinere Gruppen zutreffend voneinander, von

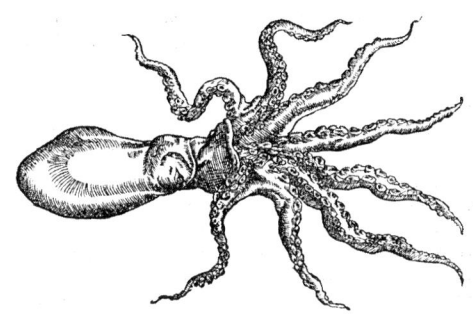

De prima & secunda Polyporum specie.

Abb. 35. Guillaume RONDELET: Krake (*Octopus vulgaris* Lam.). Aus *Libri de Piscibus Marinis*, Bd. 1, Leiden 1554, S. 513.

De Ranis fluuiorum & riuorum.

Abb. 36. Guillaume RONDELET: Frösche am Teich, in dem Kaulquappen schwimmen – frühe entwicklungsgeschichtliche Beobachtung. Aus *Libri de Piscibus Marinis*, Bd. 2, Leiden 1555, S. 217.

denen er teilweise bis zu einem Dutzend verschiedener Formen beschrieb. Bei der Untersuchung der Atmungsorgane der Fische erkannte er auch die Funktion der Kiemen. Die durch ihn bei Meeres- und Süßwasserfischen entdeckte Schwimmblase hielt er jedoch für ein Atmungsorgan (COLE 1949, S. 64–72). Durch Entdeckung mancher anatomischer Einzelheiten, einiger neuer Arten und durch Beobachtungen über Lebens- und Verhaltensweisen förderte der an der Mittelmeer- und Atlantikküste forschende RONDELET die Begründung der neuzeitlichen *Ichthyologie*. Ein weniger umfangreiches, dabei erstmals ausschließlich Fische betrachtendes Werk brachte der italienische Mediziner Hippolyto SALVIANI 1554–1558 in mehreren Teilen heraus. Seine 99 Kupferstiche boten die Fischbilder in gegenüber den zeitgenössischen Holzschnitten bedeutend verfeinerter, lebensnaher Form dar. Im Text ging SALVIANI gleichfalls von den antiken Fachschriftstellern aus, deren Hauptaussagen zu den einzelnen Formen samt deren Fischnamen in mehreren Sprachen er in einer tabellarischen Übersicht zusammenstellte. In seinen Beschreibungen einzelner Fische, die er um eine Gruppe Wirbelloser, hauptsächlich Mollusken, ergänzte, brachte er Angaben zu Gestalt, Färbung, Aufenthaltsort, Lebens- und Entwicklungsweise und vieles über die Nutzung. Seine eigenen Zusätze waren einige anatomische Einzelheiten. Inhaltlich blieb der Text des SALVIANI hinter den Ausführungen von BELON und RONDELET zurück, da er mehr Zitate als eigene Beobachtungen enthielt. Insgesamt trugen alle drei, zu Lebzeiten miteinander konkurrierenden Naturforscher zur Förderung der *Ichthyologie* bei.

Die Vorbilder der Tiergeschichte von ARISTOTELES und der von PLINIUS regten auch ein eingehendes Studium der an Land lebenden Wirbellosen, die in der Klasse der „Insekten" zusammengefaßt wurden, an. Tiere wie die Bienen, deren Produkte man stets gerne nutzte, oder gefürchtete Feinde wie Skorpione und Spinnen oder Schmarotzer wie Flöhe hatten immer wieder die Aufmerksamkeit erregt, so daß sie im arabisch-muslimischen Kulturkreis im Hochmittelalter schon in kleinen Abhandlungen zum Thema „Was da kreucht und fleucht" (in der Enzyklopädie des AL-QAZWINI) auftauchten (vgl. 3.2.4.). Im Rahmen der enzyklopädischen Naturgeschichte der Renaissance hatte sich ALDROVANDI besonders der Insekten angenommen (1602). Angesichts der großen Menge der Vertreter dieser artenreichen Klasse wuchs die Aufgabe für die sorgfältig beobachtenden Zoologen der frühen Neuzeit. Daher ist es verständlich, daß der von GESSNER geplante entsprechende

Teil seiner Tierkunde bei der Materialsammlung stecken blieb. Nach dem oben (4.4.1.) geschilderten Weg über mehrere Naturforscher, von denen Thomas PENNY zusätzliche Beobachtungen beisteuerte, arbeitete Thomas MOFFET bis 1603 ein Manuskript aus, das schließlich posthum 1634 veröffentlicht wurde. Dem inhaltlich die Insektenkunde von ALDROVANDI nicht übertreffenden *Theatrum Insectorum* kommt eine fachhistorische Bedeutung vor allem als erste entomologische Monographie zu (s. o.).

Der Leitstern ARISTOTELES hatte Erscheinungen eines Teilgebiets der Zoologie an mehreren Stellen seiner Tiergeschichte und in einer umfangreichen Schrift gesondert unter Anknüpfung an Untersuchungen der Hippokratiker betrachtet: die Entstehung und individuelle Entwicklung der Tiere und insbesondere der Hühnervögel. Diese wurden seit dem 16. Jh. in zwei Richtungen erforscht: im Bereich der Anatomie der Sexualorgane, derjenigen von trächtigen Tieren

und von Foeten sowie hinsichtlich des Verlaufs der Entwicklungsvorgänge selbst. Daher beachteten die frühneuzeitlichen Zoologen diese Erscheinungen aufmerksam. In den umfangreichen Tier- und Vogelkunden berichteten die Humanisten über die überlieferten Kenntnisse und Theorien. Während GESSNER und BELON nur die traditionellen Lehren in ihren Schriften zur Naturgeschichte der Vögel wiedergaben, führte ALDROVANDI in seiner Ornithologie von 1599– 1603 deren Überprüfung durch eigene empirische Studien zur Hühnchenentwicklung weiter, indem er diese systematisch während 22 Tagen der Bebrütung untersuchte. Dabei sezierte er sogar den Embryo. Er beobachtete wahrscheinlich die erste Bildung der Keimscheibe, beschrieb die Gefäßbildung sorgfältiger als ARISTOTELES und entdeckte den Eizahn. Doch erkannte er die Funktionen der wahrgenommenen Strukturen kaum. Bei seinen wenigen Abbildungen waren erste Darstellungen der Ge-

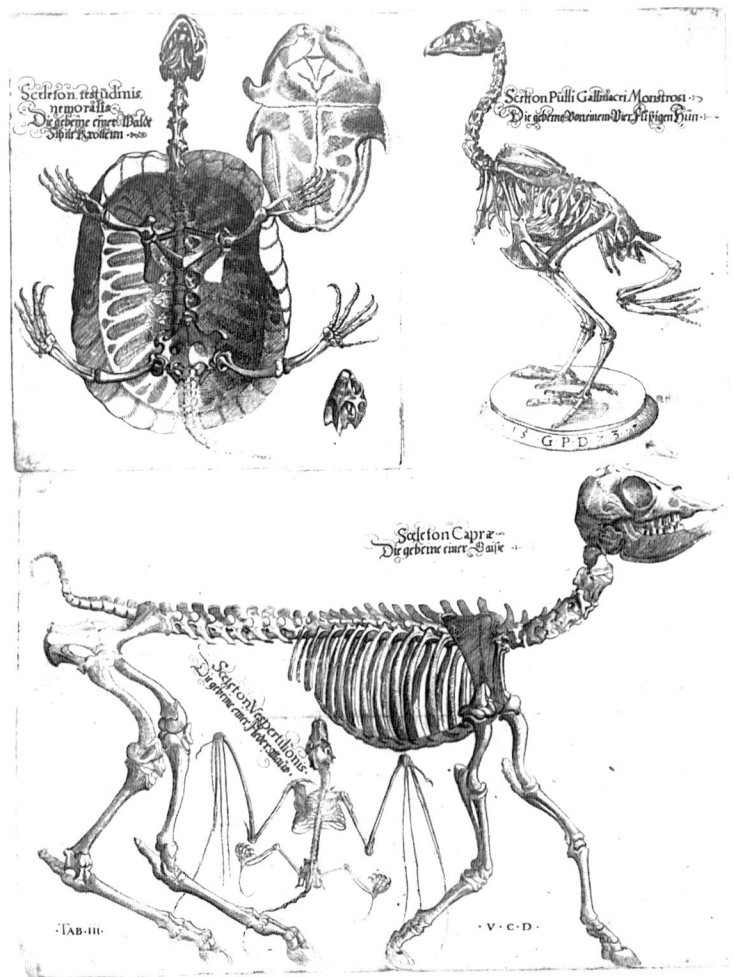

Abb. 37. Volcher COITER: Skelette von mehreren Wirbeltieren: Waldschildkröte, Ziege, Fledermaus und monströser, vierbeiniger Hahn (von 1573). Aus Volcher COITER, *Lectiones Gabrielis Fallopii* [...], *His accessere diversorvm animalivm sceletorvm explicationes iconibvs* [...], Nürnberg 1575, Tafel III.

schlechtsorgane der Henne. Diese erstmals angemessen darzustellen, gelang dem hervorragenden Anatomen Volcher COITER (1572), der während seines Studiums in Italien durch den Naturforscher ALDROVANDI angeregt worden war (Abb. 37). COITER untersuchte die bebrüteten Eier täglich und beobachtete erstmals deutlich die Keimscheibe mit der *Zona pellucida* und der *Zona opaca*, die äußere und innere Schalenhaut mit der dazwischenliegenden Luftkammer, das Herz als pulsierenden Punkt, den extraembryonalen Gefäßhof, die Bildung der Gehirnbläschen und des Auges, erste Bewegungen des Embryos, das Hervortreten der Federn und der Eingeweide sowie weitere Einzelheiten. Die Fülle seiner neuen empirischen Einsichten erreichte der italienische Anatom Girolamo Fabrizio AB AQUAPENDENTE nicht, obwohl dieser mehrere Schriften mit vielen Abbildungen zur Embryologie veröffentlicht hat (posthum 1621). Er erörterte die Struktur und Funktion der Geschlechtsorgane der Henne, die Funktion des Samens, die Bildung und Entwicklung des Embryos und den „ausgebildeten Foetus". Als Humanist referierte er wieder sämtliche antiken Lehrmeinungen und legte seine Beobachtungen vor allem in einer großen Anzahl von fein ausgeführten Illustrationen und deren teilweisen Beschriftungen nieder. Er prägte u. a. den Terminus *ovarium* und deutete erstmals die Funktion des Ovars und des Eileiters zutreffend. Vor allem die Abbildungen gaben die Hühnchenentwicklung etwa vom 3. Tag an deutlich wieder. Sein 1604 erschienenes Werk *De formato foetu* begründete die Vergleichende Embryologie der Wirbeltiere, die gleichfalls in den Abbildungen niedergelegt wurde. Da seine Deutungen der Physiologie GALENS verpflichtet blieben, wurden sowohl Strukturen als auch deren Tätigkeiten und Leistungen nur unzulänglich erfaßt. Doch gab die Einführung der vergleichenden Betrachtungsweise der Embryologie eine neue Richtung (BÄUMER-SCHLEINKOFER 1993).

5. Naturphilosophie und Empirie in der Frühaufklärung (17. Jh.)

Ilse JAHN, Berlin

5.1. Der Einfluß der Philosophien von Francis Bacon und René Descartes auf die Methoden der Forschung

Erst in der Mitte des 17. Jh. machte sich der Methodenwandel, der in Physik und Mathematik zu neuen Erkenntnissen in der Astronomie geführt (KEPLER 1609) und die Ablösung der Aristotelischen Mechanik bedingt hatte (GALILEI 1632, 1638), auch in den Lebenswissenschaften und der sie begleitenden Naturphilosophie geltend. GALILEI führte das physikalische Experiment ein, um die Übereinstimmung zwischen beobachteten Phänomenen und mathematischer Berechnung zu prüfen (DINGLER 1928). Die Zuverlässigkeit dieser mathematisch-experimentellen Methode erwies sich durch vorhersagbare Ergebnisse noch nicht untersuchter Erscheinungen, so daß GALILEI folgern konnte:

„Die Erkenntnis einer einzigen Tatsache nach ihren Ursachen eröffnet uns das Verständnis anderer Erscheinungen ohne Zurückgreifen auf die Erfahrung" (GALILEI 1638, zit. nach der dt. Übers. von STRAUSS, Ostw. Klass Bd. 11, 24–25).

Das Abstrahieren mathematischer „Gesetze" aus physikalischen Vorgängen wurde zum Ziel naturwissenschaftlicher Forschung und ihrer technischen Anwendungsgebiete und gab dieser Zeitepoche den Charakter einer „wissenschaftlichen Revolution" (HALL 1954). Es begann bald auch zum Ideal biologischer Forschung (durch Mediziner wie „Physiker") zu werden, zumal auch schon GALILEI in seinen *Discorsi* (1638), die die klassische Mechanik begründeten, Beispiele für die Gültigkeit der Gesetze aus dem Tierreich einbezog wie zum Beispiel die Statik hohler Tierknochen oder die Proportiona-lität großer und kleiner Tierkörper. Die theoretische Fundierung der Naturerkenntnis galt allgemein als Philosophie, wie in der Antike, nach deren Vorbild auch GALILEI für seine Lehrschriften die Dialogform griechischer Philosophen wählte (1632). So wurde er als „Philosoph" und oberster Mathematiker 1610 an den Hof nach Florenz berufen, wo er sich mit Gesetzen der Optik zur Konstruktion von Fernrohren durch Linsenkombinationen befaßte, um durch astronomische Beobachtungen das heliozentrische Weltsystem zu verteidigen. Aus seiner Arbeit mit Teleskopen erwuchs sein Interesse für die Konstruktion von Mikroskopen, die unter GALILEIS Mitwirkung bald auch für die biologische Forschung eine „Revolution" auslösten (vgl. 5.1.2.).

Von weitreichendem Einfluß wurde – besonders in Holland, Italien und Deutschland – die philosophische Begründung der mathematisch-mechanischen Methode durch René DESCARTES (CARTESIUS) mit seiner in Leiden 1637 erschienenen Abhandlung *Über die Methode, die Vernunft richtig zu leiten*. Wie GALILEI reduzierte er die erforschbaren Erscheinungen der physischen Welt auf die meßbaren und die Vielzahl möglicher Theorien auf eine mathematisch faßbare. Er gründete seine Theorie auf drei fundamentale „Prinzipien": die Bewegung, die Ausdehnung (der Körper) und die Idee Gottes als deren Urheber. Er bezeichnete sie als intuitiv erkennbare Prinzipien, als „angeborene Ideen". Das physische Sein (*res extensa*, das Ausgedehnte) unterschied er von dem geistigen Sein, dem Denken (*res cogitans*), und trennte die Inhalte der „Physik", die alle Naturerscheinungen einschließlich der Pflanzen, Tiere und der menschlichen Physis umfaßte, von der „Metaphysik", die sich auf die Denkprozesse im Menschen und die ihm eingeborene Gottesidee beschränkte. Dieser philosophische Dualismus kennzeichnet einen entscheidenden Wandel im Organismusbegriff, der damit der uneingeschränkten kausal-analytischen Forschung und der mathematisch-mechanischen Interpretation zugänglich wurde. ROTHSCHUH (1968, S. 18) spricht von diesen durch DESCARTES inaugurierten Vorstellungen als einem „mechanomorphen Modell" des Organismus, das die Lebenserscheinungen in Analogie zu den Vorgängen in der Physik aus mathematisch-physikalischen Naturgesetzen „erklären" will.

Beispiele dafür, wie Organismen und ihre physiologischen Prozesse nach Gesetzen der Mechanik zu erklären sind, gab DESCARTES in drei Arbeiten über den Menschen (1633), den menschlichen Körper (1647) und die Gestaltung des Tieres (1648), die erst *postum* erschienen sind (DESCARTES 1662, 1664, 1677) und erst im letzten Drittel des 17. Jh. wirksam und auch umstritten wurden. So beschrieb er den Automatismus der Reflexbewegung und den Reflexbogen. Um alle Bewegungsprozesse, auch die des Herzens, des Blutes, der Nahrung im Darmkanal und die Funktion der Nerven bei der Reizübertragung als rein mechanisch-automatische Abläufe in der tierischen „Maschine" beschreiben zu können, konstruierte er eine komplizierte Organismuslehre, aber mit mangelhaften anatomischen Erfahrungen; so wurde sie zwar im einzelnen bestritten und korrigiert (STENSEN 1665), insgesamt aber bis weit ins 18. Jh. hinein übernommen. Es wurden Tier- und Pflanzenkörper als „hydraulische Maschinen" betrachtet und als seelenlose Automaten ohne weiteres vivisektorischen Experimenten ausgesetzt, z. B. bei der Temperaturmessung innerer Organe (Herz, Leber, Lunge, Eingeweide) in einem lebenden Hirsch durch BORELLI 1656 in Pisa (ROTHSCHUH 1968, S. 111).

Die Prinzipien von DESCARTES (1644) und seine deduktive Methode wurden in ihren Auswirkungen nicht nur durch GALILEIS mathematisch-experimentelle Methode ergänzt, sondern auch durch die induktive Methode der englischen Empiriker (*Sensualisten*). Auch Francis BACON (1561–1626) wollte – basierend auf seinen staatsmännischen Erfahrungen – eine Erneuerung der Wissenschaften (*Instauratio magna scientiarum*), indem er der menschlichen Vernunft durch neue Erkenntnismethoden zur Herrschaft über die Natur und die Naturgesetze verhalf. Nach dem Vorbild handwerklich-technischer Erfindungen betonte er vergleichende Sinnesbeobachtung und Experiment als zentrale Methoden, die von der Analyse der Einzelerscheinungen zu allgemeinen Gesetzen führen sollen (BACON 1620). Daraus seien planvoll und systematisch neue Erfindungen und Entdeckungen zum Wohle der Menschheit möglich, im Unterschied zu einer bloßen Naturbeschreibung der bereits existierenden Naturobjekte, ihrer bloßen Aufzählung – *enumeratio* (BACON 1620,

Aph. 105). Er kennzeichnet als das wahre und rechte Ziel der Wissenschaften, das menschliche Leben mit neuen Erfindungen und Mitteln zu bereichern, in weiterführender Erkenntnis (*axioma*) (PEREZ-RAMONS 1988, 239–269), und konzipierte in vorausschauender, utopischer Weise die Bedingungen für eine so produktive Naturforschung. Seine Pläne umfaßten die Gründung von botanischen Gärten, in denen durch Züchtung *neue* Pflanzen entstehen, Laboratorien, um aus den Naturdingen die ihnen inhärenten geheimen Kräfte (*res invisibilis*) herauszudestillieren, Sammlungen von Gesteinen, Instrumenten, geographischen Karten, und Akademien, in denen dogmenunabhängige Forschung betrieben werden kann. Darüber hinaus sollte ein internationaler Gelehrtenkreis eine *Enzyklopädie* verfassen, die alle bisherigen Resultate menschlichen Erfindergeistes enthält. Er konzipierte in einem „*Haus Salomonis*" eine diese Aktivitäten fördernde Institution (BACON 1626) und gab damit Impulse für die Einrichtung von Museen (R. BRANDT, in: GROTE 1994, S. 21–33),[1] die Gründung der *Royal Society for the Improvement of Natural Knowledge* in London (1662)[2] und der *Académie Royal des sciences* in Paris (1666), die schließlich auch das große Projekt einer *Encyclopédie* realisierte (ORNSTEIN 1928). In Opposition zur bisherigen Tradition der Philosophie und Buchgelehrsamkeit (vgl. auch 4.1.) entwickelte er ein neues Wissenschaftsideal, ein *novum organon* mit einem Programm, das – ohne einseitigen Rationalismus oder Empirismus – neue Erkenntnisse gewinnt, „daß aus ihnen bekannte Phänomene reproduzierbar und neue einbeziehbar werden" (BRANDT 1994, S. 30). Das Methodenideal BACONS, das im Gegensatz zu dem Dualismus von DESCARTES auf einer Synthese von Natur und Geist beruhte, kam in der methodischen Erneuerung von Botanik und Zoologie im 19. Jh. nochmals zum Tragen (vgl. 8.2.).

Während die neue Physik von GALILEI und DESCARTES in der – im 17. Jh. die biologischen Forschungen vorwiegend tragenden – Medizin ihren besonderen Ausdruck in der neuen Richtung der *Iatrophysik* oder *Iatromechanik* fand, förderte BACONS Methodologie den Wandel von einer Alchemie zur Chemie in der medizinischen Heilmittellehre und die Begründung der neuen Richtung einer *Iatrochemie*.

---

[1] Vgl. auch weitere Beiträge in *Macrocosmos in Microcosmo*, hrsg. von A. GROTE 1994.
[2] Chr. SCRIBA 1987 untersuchte in einer vergleichenden Studie die Intentionen der frühen Akademien in den ersten Jahren.

5.1.1. Vergleichende Anatomie und Iatromechanik – Erkenntnis organismischer Strukturen und Funktionen

Die Fortschritte biologischer Erkenntnis erfolgten auch im 17. Jh. weitgehend im Rahmen der Medizin bzw. durch Mediziner, wenngleich sich spezifisch-biologische Grundfragen und ihre Sonderbehandlung herauskristallisierten (Sexualität, Keimesentwicklung, Stoffwechsel, Nervenprozesse), die später zu konstitutiven Elementen der Spezialdisziplin „*Biologie*" wurden (7.1.3.).

Die Voraussetzung zur Anwendung der neuen naturwissenschaftlich-mechanischen Interpretationsweise auf organismische Prozesse war die genaue Kenntnis der Skelett- und Organanatomie, für die bereits Andreas VESAL die neuzeitlichen Grundlagen gelegt hatte (s. 4.1.3.). Im Verlauf des 17. Jh. wurde die bisher zumeist mehr auf den Menschen orientierte deskriptive anatomische Untersuchung zu einer auf Tiere selbst bezogenen „vergleichenden Anatomie", ein Begriff, der sich vom letzten Drittel des 17. Jh. an einzubürgern begann (COLE 1913). So bezeichnete schon Walter CHARLETON (1668) die *Anatomia comparata* als Zweig der Zoologie, Thomas WILLIS (1672) ging bei der Behandlung der Seele der Tiere ebenfalls von einer *anatomia comparata* aus, und Nehemia GREW (1675 und 1682) verwendete den Begriff „*Comparative Anatomy*" im Titel zweier Bücher.

Das systematische Studium einzelner Organe und Organsysteme verschiedener Tierarten, das durch FABRICIO AB AQUAPENDENTE in dem von ihm 1594 gegründeten „Anatomischen Theater" in Padua durch ihn und seine Schüler gepflegt wurde, erfolgte nicht nur zur Erkenntnis artspezifischer struktureller Organisationen, sondern vor allem auch zur Klärung funktionell-physiologischer Fragen, wobei sich FABRICIO (stärker als vor ihm COITER, vgl. 4.2.4.) noch auf die antiken Autoren, bes. ARISTOTELES und GALEN stützt (BÄUMER 1991, S. 234 ff.). FABRICIO hatte vergleichende Beobachtungen an Säugetieren, Vögeln, Reptilien und Fischen im Vergleich zur menschlichen Anatomie durchgeführt und seine Sektionsergebnisse auf künstlerischen Zeichnungen festgehalten,[1]) die in seinen Veröffentlichungen jedoch nicht oder nur unzulänglich erläutert wurden, so daß seine originären

Leistungen unter der Fülle traditioneller Literaturdiskussionen zurücktreten (a. a. O.).

In den Arbeiten über Sinnes-und Stimmorgane der Säugetiere und Vögel (1600) beruhen vor allem die Abbildungen auf eigenen Beobachtungen. In Arbeiten über Muskeln und Gelenke und die Art der Fortbewegung (1614, 1621) werden erstmals auch Wirbellose (Insekten, Spinnen, Krebstiere und Würmer) in die vergleichende Betrachtung einbezogen, über den Verdauungstrakt von Mensch, Vierfüßern, Vögeln und Fischen (1618) wird erstmals der Wiederkäuermagen beschrieben, und die Schrift über die Bedeckungen der Tiere (1618) gibt vorwiegend eigene Beobachtungen über Haut, Haare, Stacheln, Borsten, Federn, Schuppen sowie Krusten, Schalen und Flügel der Wirbellosen wieder. Einen besonderen Rang nehmen die Arbeiten über die Bildung des Eies und Hühnchens (1621) ein, worin erstmals die Kükenentwicklung nicht nur beschrieben ist wie bei COITER (vgl. 4.2.4.), sondern in 24 Stadien abgebildet ist (vgl. BÄUMER 1991, S. 298–301), sowie die mit Abbildungen versehene kurze Beschreibung seiner Entdeckung der Venenklappen (1603), die ein wichtiger Schritt auf dem Wege zur Entdeckung des Blutkreislaufs durch seinen Schüler William HARVEY war (vgl. 4.1.3.).

Von den älteren Schülern FABRICIOS verdienen die vergleichend-anatomischen Untersuchungen über den Stimm- und Gehörapparat von Mensch und Säugetieren im Vergleich mit Vögeln, Fröschen und sogar Fischen von Giulio CASSERIO (1600–1601) Beachtung, der Wirbellose einbezog und erstmals das Stimmorgan von Zikaden beschrieb und abbildete. In seinem umfangreichen Werk über die 5 Sinne als Wahrnehmungsorgane (1609) geht er vom Menschen als *Archetyp* aus und vergleicht die Organe anderer Säugetiere, der Vögel und Fische und ihre spezifischen Leistungen, wobei er auf Nerven und Gehirn als eigentliches Wahrnehmungsorgan hinweist (BÄUMER 1991, S. 254).

Ebenso wie FABRICIO und CASSERIO führte auch der Chirurg Gaspare ASELLI seine Beobachtungen durch Vivisektionen verschiedener Säugetiere durch, entdeckte dabei im Bauchraum von Hunden die Lymphgefäße (*Vasa lactea*), prüfte seine Beobachtung in Experimenten an Katzen, Lämmern, Schweinen, Kühen und Pferden und verallgemeinerte sie in seiner Schrift über die „Milchgefäße" (1627), die die spätere Aufklärung des ganzen Lymphgefäßsystems durch PECQUET, Th. BARTHOLINUS und Olaf RUDBECK vorbereitete (s. u.).

In Anknüpfung an die berühmte Paduaner Schule gelang William HARVEY die bedeutendste

---

[1]) Nach STEFANUTTI (1957) werden noch über 50 Zeichnungen mit der Bezeichnung „*Anatomia animalium*" in Venedig aufbewahrt.

Entdeckung des 17. Jh. durch Aufklärung des großen Blutkreislaufs.

Auch HARVEY ging in seinen medizinisch-physiologischen Theorien wie sein Lehrer zunächst von ARISTOTELES aus, der dem Herzen eine zentrale Rolle für die Erwärmung des Blutes zuschrieb. Er konnte bei seinem Bemühen, die Lehren GALENS über die Funktion der Leber für die Blutbewegung zu widerlegen, an die älteren Anatomen, Realdo COLOMBO und dessen Schüler Andrea CESALPINO anknüpfen (vgl. 4.2.), die beide bereits 1559 bzw. 1571 den kleinen Blutkreislauf durch die Lungen beschrieben, wobei CESALPINO (1571) die Bezeichnung *circulatio* für diesen Blutweg prägte und die Aufgaben des Herzens, der Herzklappen und der Aorta richtig interpretierte.[1]) Wie für den Aristoteliker CESALPINO so war auch für HARVEY

„... das Herz der Urquell des Lebens und die Sonne der ‚kleinen' Welt (Mikrokosmos), so wie die Sonne im gleichen Verhältnis den Namen Herz der Welt (Makrokosmos) verdient. Durch sein Kraftvermögen und durch seinen Schlag wird das Blut bewegt, zur Vollkommenheit gebracht und ernährt und vor Verderbnis und Zerfall bewahrt. Durch Ernährung, Warmhaltung und Belebung leistet es seinerseits dem ganzen Körper Dienste" (HARVEY 1628, zit. nach Sudhoffs Klassiker der Medizin Bd. 1. S. 55)

Nach aristotelischer Methodik reflektierte HARVEY über den „Zweck" der Herzbewegung, die er durch Tasten und Beobachtungen – auch bei Vivisektionen am lebenden Tier – genau feststellte. Aus der Folgerung, daß das Herz ein Muskel ist, dessen Kontraktionen aus *beiden* Kammern das Blut in die Arterien preßt, wodurch der Puls entsteht und das Blut schließlich aus den Organen durch die Venen zum Herzen zurückkehrt (statt – wie bisher vermutet – an der Körperperipherie verbraucht werde), *deduzierte* HARVEY, daß das Blut im Körper eine Kreisbewegung ausführt:

„Es sei gestattet, diese Bewegung im selben Sinne einen Kreislauf zu nennen, wie Aristoteles das Wetter und den Regen mit einer Kreisbewegung der oberen Regionen verglichen hat ..."
Wie durch die Wärme der Sonne der Kreislauf des Wassers zur Erhaltung und Belebung der Lebewesen auf der Erde erfolge, „... so dürfte es wahrscheinlich auch im Körper zustande kommen, daß alle Teile durch die Blutbewegung mittels eines erwärmten ... nährkräftigen Blutes genährt, durchwärmt und belebt werden ..." (HARVEY 1628, zit. nach der dt. Übers. in Sudhoffs Klassiker der Medizin, 1, S. 54)

---

[1]) Die Beschreibung des kleinen Kreislaufs durch Miguel SERVET (1553) wurde rein theologisch (nach Genesis 9,4) begründet, diejenige von Robert FLUDD (1623) mystisch-alchemistisch (BÄUMER 1991, S. 278).

Seine Hypothese von der Rückführung des Blutes durch die Venen zum Herzen demonstrierte er (wie schon CESALPINO beschrieb) durch Abbinden der Venen und ihre Anschwellung unterhalb der Abbindung. Sie wurde außerdem gestützt durch die Messung des Herz-Schlag-Volumens und Berechnung der pro Herzschlag vom Herzen ausgepreßten Blutmenge und derjenigen, die halbstündlich das Herz passiert, verglichen mit der Gesamtblutmenge, die z. B. beim Töten eines Schafes ausfließt. Aus der Berechnung und der daran geknüpften Überlegung, daß pro Stunde mehr Blut durch das Herz gepreßt werden müßte, als der Körper insgesamt enthält bzw. nach der herkömmlichen Theorie durch die Nahrung neu gebildet werden könnte, widerlegte er die bisherige Lehrmeinung, was keineswegs von den Ärzten leicht angenommen wurde. Zur Prüfung der neuen Theorie, von deren Richtigkeit HARVEY *a priori* überzeugt war, unternahm er noch eine Reihe von Experimenten mit einer Vielzahl von Tieren (Hund, Schwein, Schaf, aber auch Fische, Kröten, Schlangen sowie Schnecken, Muscheln, Hummer und Seekrebse, was insofern bemerkenswert ist, da im 17. Jh. die Wirbellosen als „blutlose Tiere" aufgefaßt wurden).

HARVEYS Vorgehen kennzeichnet sowohl die Fruchtbarkeit der seit der Renaissance wiederbelebten aristotelischen Prinzipien und Methoden einer kritischen Naturbeobachtung und -erfahrung, als auch das Wirksamwerden der Galileischen Prinzipien des messenden analytischen Forschens und evtl. auch schon der Baconschen Grundsätze eines reflektierenden Beobachtens und Experimentierens.

Diese führten in der Folgezeit zur weiteren experimentellen Bestätigung der Kreislauflehre durch Jan DE WALE (1641), Niels STENSEN (1665), Caspar BARTHOLINUS (1676) (Abb. 38) und Thomas BARTHOLINUS (1653) in seiner Arbeit über das Lymphgefäßsystem sowie Robert BOYLE (1663) und Frederic RUYSCH (1704) durch Injektionen von farbigem Wachs zur Sichtbarmachung der Kapillargefäße, die MALPIGHI (1660) mikroskopisch in der Froschlunge entdeckt hatte (vgl. 5.1.2.).

Durch HARVEYS Kreislauflehre war die von GALEN postulierte Funktion der Leber als blutbildendes Organ, von dem die Venen ihren Ursprung nehmen sollten, in Frage gestellt und bedurfte neuer anatomischer Untersuchungen, wie sie von HARVEYS Anhänger Francis GLISSON (1654) in einer vergleichend-anatomischen Spezialarbeit durchgeführt wurden. Auch er untersuchte Struktur und Funktion des Herzmuskels wie des gesamten Muskelsystems und begründete eine Gewebelehre, wonach die „Faser" als

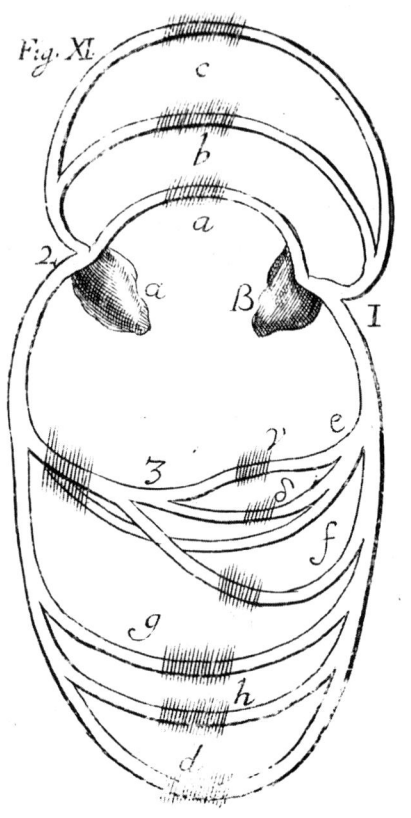

Abb. 38. Schema zur Darstellung des großen Blut-kreislaufes von Caspar BARTHOLINUS 1676. Aus HAL-LER, A. VON 1774. α rechter, β linker Herzventrikel, a Lungenkreislauf, b Kopf-, c Arm-, d Beingefäße, e–f Boucharterien, g Nieren-, h Unterleibsgefäße; 1 Arte-rie, 2 Vene, 3 Pfortader.

Grundelement der Muskeln bezeichnet wird, die durch Kontraktion auf „Reize" reagiert, da ihr die Kraft zur Bewegung „eingeboren" sei (GLISSON 1672).

Das Muskelsystem war in der *Iatrophysik* ein beliebtes Forschungsobjekt, da es die Deutung von Bewegungsabläufen im Tierreich mit Hilfe mechanischer Methoden und Modelle ermög-lichte. Der Cartesianer Niels STENSEN behan-delte eingehend Anatomie und Funktion des Herzmuskels als „Pumpe", die Interkostalmus-keln und ihre Funktion bei der Atmung sowie die Zunge als Muskel und hielt die Muskelfa-sern für die Ursache der Muskelkontraktion. Sein vergleichendes Studium tierischer Gehirn- und Nervenfunktionen war ebenfalls motiviert durch DESCARTES' Auffassung vom Tier als Au-tomaten, der durch materiell gedachte „Ner-venströme" (*Spiritus animales*) gesteuert wird. Bei vivisektorischen Studien an Tieren in Lei-den begann STENSEN allerdings an der These

vom seelenlosen Tierautomaten zu zweifeln und revidierte auch falsche Aussagen von DESCARTES über Zirbeldrüse und Gehirnfunktion (STENSEN 1669); bei vergleichenden Untersuchungen an Säugern, Vögeln und Fischen machte er auf wichtige Unterschiede in der Hirnstruktur die-ser Tiere und des Menschen aufmerksam und entwarf ein Programm zur systematischen ver-gleichenden Hirnforschung mit Hinweis auf die beispielhafte Gehirnanatomie von Thomas WIL-LIS (RAFAELSEN, in: POULSEN & SNORRASON 1986, S. 135–152).

Dieser hatte im Rahmen der *Royal Society* in London zusammen mit dem Architekten Chri-stopher WREN (1632–1723) den Bau verschie-dener Wirbeltierhirne bildlich dargestellt und generell die Notwendigkeit vergleichend-anato-mischer Studien zur Erkennung von Organfunk-tionen betont (WILLIS 1664). Unter Einbezie-hung experimenteller Methoden, z. B. Ab-schnürung bestimmter Nerven, hatte er am le-benden Hund die Wirkung des Vagusnerven auf Herz und Lunge erkannt. In seinem späteren umfassenden Werk über die Seele der Tiere (1672), in dem er auch die Anatomie der Wir-bellosen behandelte, beschrieb er das Bauch-mark der Krebse als analoges Nervenzentrum sowie das Außenskelett der Gliedertiere als Grundunterschied zu den Wirbeltieren und suchte auf vergleichend-anatomischer Basis durch weitere Analogien nach einheitlichen Klassifizierungskriterien für das gesamte Tier-reich (vgl. 5.3.3.).

Die iatromechanische Vorstellung vom Organis-mus als einem „Uhrwerk" lag auch den bemer-kenswerten tieranatomischen Schriften des süd-italienischen Arztes Marc Aurel SEVERINO zugrunde, der programmatisch eine subtile Ana-tomie (*anatomia artificiosa, anat. subtilis*) als „Auftrennungskunst" (*ars dissutrix*) forderte, um – in Anlehnung an die „Atomisten" – bis zu den „unteilbaren" Organen den Organismus kunst-gerecht zu zerlegen (BELLONI 1963). In seiner an-tiaristotelischen Schrift *Zootomia Democritica* (1645) begründet er ausführlich den Nutzen von Tiersektionen für Medizin und Physiologie und grenzt die *Zootome* von der *Andratome* (Hu-mananatomie) und der *Dendrotome* (Pflanzen-anatomie) ab. In allgemeinem Vergleich zu den Unterschieden der menschlichen Anatomie be-schreibt er eine Fülle von Sektionen an Haus-tieren und Maulwurf, an Kriechtieren und Vö-geln, an Kopffüßern (*Sepia*) und Schnecken, Krebs- und Spinnentieren und Insekten,[1]) ohne

---

[1]) Ausführl. Beschreibung des gesamten Inhaltes bei BÄUMER 1991, S. 257–266, sowie der einzelnen Arten bei COLE 1944 (Repr. 1949, 1975) S. 138 f.

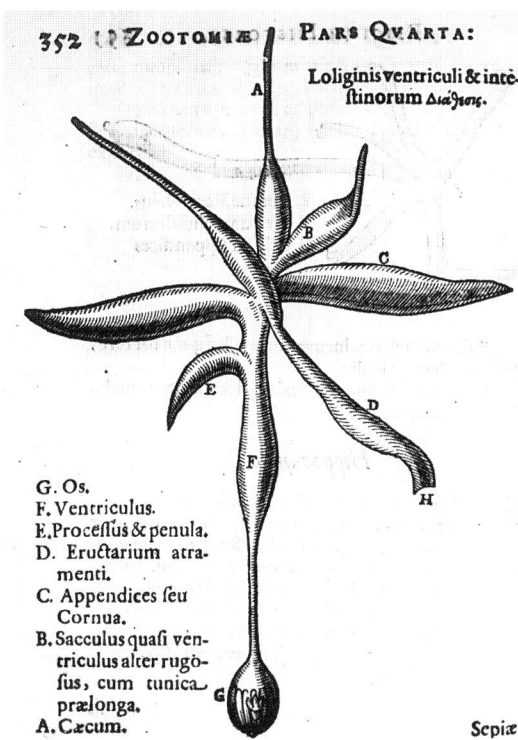

352 | ZOOTOMIÆ | PARS QVARTA:

Loliginis ventriculi & intè-
ftinorum Διαθεσις.

G. Os.
F. Ventriculus.
E. Proceffus & penula.
D. Eructarium atra-
    menti.
C. Appendices feu
    Cornua.
B. Sacculus quafi vén-
    triculus alter rugò-
    fus, cum tunica
    prælonga.
A. Cæcum.

Sepiæ

Abb. 39. Organanatomie von M. A. SEVERINO aus *Zootomia Democritea* 1645. Verdauungstrakt einer Tintenschnecke (*Loligo*).

systematisch Vergleiche anzustellen, obwohl er besonders die inneren Organe von Wirbeltieren und Wirbellosen – erstmals die einer Tintenschnecke (Abb. 39) – darstellte. In einer Sammlung kleiner „antiperipatetischer" Schriften (postum 1659) widerlegt er anhand eigener Sektionen antike Theorien über die Atmung von „Wassertieren", wozu er außer Fischen (deren Atemorgane er beschreibt) auch Frösche, Enten und vor allem Delphine und Robben wegen ihrer Atemtechnik unter Wasser untersucht. Bei der Sektion der Robbe im Jahre 1646 widmete er sich besonders den Atemorganen, dem Herz und den Blutgefäßen, um die Anastomosen zwischen Arterien und Venen zu finden, und bestätigte aufgrund der tieranatomischen Befunde ausdrücklich HARVEYS Blutkreislauflehre. Sein Kapitel „über den Gebrauch der Venen nach der Theorie Harveys" (S. 43–66) zeigt seine Überzeugung von der Richtigkeit der Theorie; er ist somit der erste, der die dem Blutkreislauf zugrunde liegenden Körperstrukturen bei einem Tier untersuchte (nach BÄUMER 1991, S. 378). Mit der Zuordnung der „*Zootomie*" (neben der „*Zoographie*") zur Philosophie statt zur Medizin markiert er eine in der Mitte des 17. Jh. vorhan-

dene Tendenz,[1]) wie sie in besonderer Weise der Wittenberger Mediziner und Schüler des Atomisten Daniel SENNERT, Johannes SPERLING, in seiner Abhandlung *Zoologica physica* (postum 1661) verbreitete. Er warb damit um die akademische Anerkennung des Faches Zoologie. Indem er die „physische Zoologie" gegen die medizinische (*Zoologia medica*) und die theologische (*Zoologia sacra*) abgrenzte, definierte er sie als „Wissenschaft von den Tieren" (*Scientia brutorum*), insofern sie natürliche Körper sind. Er gliederte sie bereits in einen *allgemeinen* und einen *speziellen* Teil, wie es für die Botanik schon ZALUZIANSKY in Prag vorschlug (vgl. 4.3.4.2.).
Wie SEVERINUS so verfaßte auch sein Schüler, der dänische Arzt Thomas BARTHOLINUS, eine ähnliche Sammlung anatomischer Tierbeschreibungen (1654–1657); er stellte – teilweise mit Abbildungen – die Organanatomie von Zibetkatze, Löwe, Vielfraß und Walen sowie des Kranichs und Schwans kritisch dar und identifizierte auch erstmals den Zahn des Narwales Grönlands als Lieferanten des „Einhorns" der Apotheker. Er wie auch sein Sohn Caspar trugen durch weitere Aufklärung der Herzanatomie, des Lymphgefäßsystems und der Flüssigkeitsbewegung im menschlichen und tierischen Körper zur Stützung von HARVEYS Kreislauftheorie bei.
Sie hatte die organanatomischen Forschungen im 17. Jh. europaweit angeregt, sei es zur Widerlegung, Nachprüfung oder Bestätigung. Zu den Gegnern gehörten zunächst die Pariser Anatomen, die sich im Auftrag der königlichen Akademie der Wissenschaften in einer Gemeinschaftsarbeit der vergleichenden Anatomie ausländischer Tiere zuwandten, die sie aus der Königl. Menagerie von Versailles erhielten. Es ist das erste gut dokumentierte Projekt für die wissenschaftliche Nutzung von Tiergärten und stand ursprünglich im Rahmen eines Auftrages zur Schaffung einer umfassenden Naturgeschichte der Tiere. Leiter war zunächst der Arzt Jean PECQUET (1622–1674), der sich bereits in Arbeiten über den Blutkreislauf (1551) und die Darmlymphdrüsen (1661, 1662) mit HARVEY auseinandergesetzt hatte, dann Claude PERRAULT (1613–1688), der schon 1667 die Sektion eines Löwen (in der *Bibliothèque du Roy*) im Vergleich mit Hund und Katze in Briefen an LA CHAMBRE beschrieben hatte.

[1]) Wohl eher in Anknüpfung an die Antike als eine Antizipation der Moderne. In der frühneuzeitlichen Univ.-Bibliothek Jena waren – wie zool. Schriften des Aristoteles – auch die neuzeitlichen zool. Werke der Philosophie zugeordnet (vgl. JAHN 1963, T. 1).

Er hob die Ähnlichkeit der Zähne letzterer mit dem Löwen hervor, ebenso auch der Pfoten, der Augen, der Zunge und inneren Organe: „... qui ont une si grande conformité avec le Lion" (Hist. l'Acad. Roy. T. 2, S. 13–27).

Er publizierte dann 1669 fünf Tierbeschreibungen (Chamäleon, Biber, Dromedar, Bär und Gazelle) separat (PERRAULT 1669) und nahm diese nochmals in den ersten Band der Akademieschriften mit auf, in dem (in der Reihenfolge, in der die Kupfertafeln fertig wurden) rund 90 Tiersektionen von 1669 bis 1685 beschrieben werden, darunter neben exotischen Tieren (Abb. 40) auch viele Haustiere.[1]) Nach dem Tod von PERRAULT führte G.-Joseph DUVERNEY (1648–1730) anatomische Studien weiter durch, wobei er vor allem die Anatomie von Herz und Kreislaufsystem der Reptilien (Schildkröten) im Vergleich zum menschlichen Foetus untersuchte, jedoch von HARVEYS Lehre abweichende Ergebnisse vertrat und in jahrelange Kontroversen mit Louis LEMERY (1677–1743) geriet (LEMERY 1703), der ebenfalls subtile Beobachtungen an verschiedenen Land- und Wasserschildkröten durchführte.

---

[1]) *Histoire de l'Académie Royale des Sciences, T.* I 1666–1686 (Paris 1733), S. 82–431; *T.* II 1686–1699 mit anatom. Abhandl. von DUVERNEY; *T.* III = *Mémoires pour servir à l'Histoire naturelle des Animaux, dressés par Perrault*; nach dieser Zusammenstellung von 32 Tiersektionen entstand die deutsche Übers. *Der Herren Perrault, Charras und Dodarts Abhandlungen zur Naturgeschichte der Thiere und Pflanzen.* Leipzig 1757. – Nach der Reorganisation der Akademie (1699) erschienen die Abhandlungen des *T.* IV als *Mémoires de l'Acad. Roy. des Sciences.* Von den ersten 3 Bänden gab Jean-Baptiste DU HAMEL auch eine latein. Übers. heraus: *Regiae scientiarum Academiae Historia.* Paris 1699 (2. Aufl. 1701).

DUVERNEY hatte Sektionsprotokolle und ein Manuskript von 16 Tiersektionen aus dem Nachlaß von PERRAULT erhalten, aber weder diese noch eine geplante Neuausgabe der ersten Beschreibungen veröffentlicht, wie es im Vorwort zur deutschen Ausgabe (1757, s. Anm. 1) heißt. Durch den französischen Herausgeber wird dort über die Sorgfalt der Abbildungsmethode während der Präparation der inneren Organe informiert:

„Diese Theile sind, nachdem sie betrachtet, und wenn es nöthig gewesen, mit Hülfe der Vergrößerungsgläser untersuchet worden, meistenteils auf der Stelle selbst von einem aus der Gesellschaft abgezeichnet worden; und sie sind nicht eher gestochen worden, als bis alle diejenigen, welche bey den Zerschneidungen gegenwärtig gewesen, gefunden haben, daß sie demjenigen völlig gleichkommen, was sie gesehen haben ..."

Außerdem wird betont, daß man nicht, wie bisher üblich, die vergleichende Anatomie „auf die Kenntnis des menschlichen Körpers bezieht" und auch nicht die Befunde an e i n e m Individuum verallgemeinerte. Im ersten Band der „Histoire ..." werden die Namen von 7 Gelehrten genannt, die sich zu gemeinsamen Untersuchungen in Mathematik und Physik, Chemie und Anatomie ab Juni 1666 in der Bibliothek trafen[2]) (Abb. 41). Aus späteren Jahren werden auch Thomas GOUYE (1650–1725) und Philippe DE LA HIRE (1640–1718) als Teilnehmer genannt. Im Vorwort zum Abschnitt „Physique" des Jahres 1667 wird betont, daß die anatomischen Beobachtungen von zweierlei Art seien, einmal die Bildung der Organe, zum anderen ihren Gebrauch beträfen:

---

[2]) *Histoire de l'Académie Royale des Sciences*, T. I (Paris 1733, S. 7); dort werden die Herren CARCAVY, HUYGENS, ROBERVAL, FRENICLE, ANZOUT, PICARD und BUOT als Mitgl., „cette Compagnie", genannt.

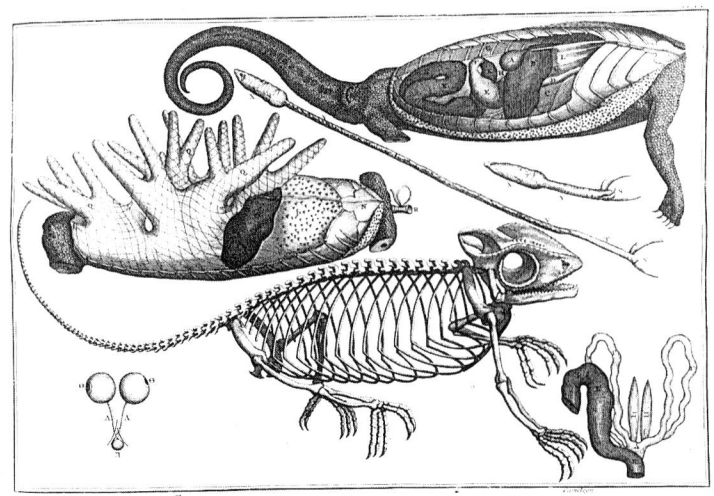

Abb. 40. Skelett- und Organanatomie eines Chamäleons von Claude PERRAULT 1669. Aus: *Mémoires pour servir à Histoire Naturelle des Animaux*. Paris 1733.

Abb. 41. Abbildung der Bibliothèque du Roy in Paris, in der seit 1667 auch die Tiersektionen stattfanden. Aus PERRAULT, CHARRAS & DODARTS: *Abhandlungen zur Naturgeschichte der Thiere und Pflanzen.* Leipzig 1757.

Abb. 42. Titelblatt zu Règnier DE GRAAFS Abhandlung über den Pankreas-Saft 1671, das das Experiment mit einem Hund zur Gewinnung von Bauchspeicheldrüsensekret zeigt.

„Il fit remarquer que les Observations Anatomiques étoient de deux espèces; les unes sur la construction des Organes qui composent le corps des Animaux, les autres, sur l'usage de ces organes; que quelquefois certains organes fort connus, comme la Ratte, le Pancreas, les Glandules atrabilaires, avoient des fonctions assez cachées ...‟ (a. a. O. S. 18)
[Es ist darauf aufmerksam zu machen, daß die anatomischen Beobachtungen von zweierlei Art sind: die einen über die Konstruktion der Organe, die den Tierkörper zusammensetzen, die anderen über den Gebrauch dieser Organe, da manchmal gewisse sehr bekannte Organe wie die Milz, der Pankreas, die Gallenblasen, eine ziemlich verborgene Funktion haben]

Zur Aufklärung strittiger funktioneller Fragen wurden auch Experimente angestellt, wie im fast 50 Seiten langen Protokoll über das Chamäleon und die Fähigkeit seiner Haut zum Farbwechsel zu lesen ist. (PERRAULT 1669, S. 3–50, spez. S. 9–12). In einer Spezialschrift *Essais de Physique* setzte sich PERRAULT (1680) mit DESCARTES' Mechanik auseinander und entwickelt aufgrund seiner zahlreichen Beobachtungen und Tierexperimente eine alternative „Mechanik" mit Einbeziehung der animalischen Seele als Antriebskraft.

Die Verknüpfung von anatomischen und experimentellen Methoden lag durchaus in der iatromechanischen Tradition und wurde auch von der cartesischen Philosophie herausgefordert. So untersuchte der holländische Mediziner Regnier DE GRAAF (1664) experimentell den Verdauungsprozeß bei Wirbeltieren und die von den französischen Akademikern erwähnte „verborgene" Funktion des Pankreas (s. o.). Durch Anlage einer Speichel- und Pankreasfistel beim Hund (Abb. 42) gewann er separat die Verdauungssekrete aus Maul und Bauchspeicheldrüse und analysierte Natur und Nutzen des Pankreassaftes. Seine vergleichenden Beobachtungen an Eierstöcken von Säugetieren und Vögeln (1672) führten zur Entdeckung der Eifollikel und zum Ovismus (5.1.2.).
Ein berühmtes, allerdings spezielles Beispiel iatrophysikalischer Interpretation stammt von Al-

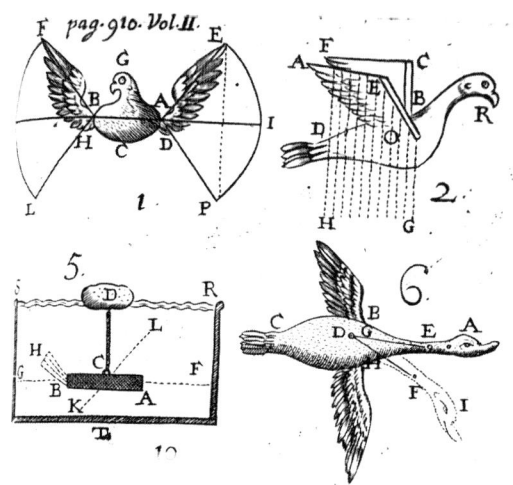

Abb. 43. Alfonso BORELLIS Konstruktionen der Flugbewegung von Vögeln. Aus: *De motu animalium* ... 1680.

fonso BORELLI (postum 1680–1681), der in zwei Bänden Muskelbau und -funktion (nach den Prinzipien von GALILEI und DESCARTES) des menschlichen Körpers und vieler Tierarten exemplarisch darstellte.[1]) Er konstruierte grafisch die Bewegungsabläufe von Pferd, Hund und Katze, von Vögeln und Fischen, indem er verschiedene Stadien des Gehens, Fliegens, Schwimmens modellhaft wiedergab, dabei den Ansatz der Muskeln am Skelett, ihre Funktion beim Einhalten des Gleichgewichtes u. a. m. berücksichtigend (Abb. 43). Ebenso behandelte er innere Organbewegungen, die Funktion des Herzens, der Atmung, der Verdauung und Ausscheidung als automatisch-mechanische Abläufe und erklärte die Nervenimpulse durch das „Nervenfluidum", das eine „Fermentation" auslösen soll. Die Ansichten HARVEYS und DESCARTES vom Herzen als Quelle der Körperwärme widerlegte er durch Temperaturmessungen in Herz, Leber, Lunge und Eingeweide eines lebend geöffneten Hirsches (ROTHSCHUH 1968, S. 111).
Einen gewissen Höhepunkt der mechanistischen Auffassung der Lebewesen erreichte der einflußreiche holländische Anatom und Mediziner Hermann BOERHAAVE mit seiner Rede über die Anwendung des mechanischen Denkens (1703,

publ. 1709) und durch seine Lehrbücher (1708 und 1724). Nach ihm besitze der Körper nichts, was über das Zeugnis der Sinne und das Urteil des Verstandes hinausgehe;

er sei lediglich „aus mehreren, verschiedenen Maschinen, die durch das Einströmen von Säften getrieben werden, verfertigt" und dazu bestimmt, verschiedenartige Bewegungen hervorzurufen, „die, wie es mechanisch ganz evident ist, aus der Masse, der Form, der Festigkeit und der Verbindung der Teile untereinander hervorgehen" (BOERHAAVE 1709, zit. nach ROTHSCHUH 1968, S. 118).

Die bis zur Konsequenz eines physikalisch-mechanischen Menschenbildes praktizierte Iatrophysik hatte im 18. Jh. zahlreiche Anhänger. Sie fand einen philosophischen Niederschlag in den Werken der französischen Materialisten wie Etienne DE CONDILLAC (1714–1780), Denis DIDEROT (1713–1784), Pierre CABANIS (1757–1808) und dem BOERHAAVE-Schüler Julien-O. LAMETTRIE (1709–1751), der nachzuweisen suchte, daß auch der Mensch keine spezifische „Seele" besitzt, sondern die Gedanken vom Gehirn abgesondert werden wie Gallensaft von der Leber (1748).

5.1.2. Die Entwicklung der Mikroskopie und ihre Konsequenzen für biologische Theorien

Als Ergebnis physikalischer und wirtschaftlicher Interessen entwickelte sich die Mikroskopie im 17. Jh. als neue, für die Biologie folgenreiche Untersuchungsmethode. Sie führte die „subtile Anatomie" noch weiter ins Innere der Organe und weiterer Organismen wie der Insekten und Pflanzen und zur Entdeckung einer bislang unbekannten Welt von „Kleinlebewesen", die der Naturgeschichte wie auch der Physiologie neue Aufgaben stellte.
Aus mechanischen Werkstätten in England und Holland, die optische Geräte für die Schiffahrt und Lupen für den Textilhandel herstellten, erhielt GALILEI konkav und konvex geschliffene Linsen, die er nach Hinweisen aus Holland 1609 selbst zu Teleskopen für astronomische Beobachtungen zusammensetzte.[2]) Er soll später auch den Vergrößerungseffekt von Linsenkombinationen „entdeckt" haben, doch gibt es keinen Beleg dafür, daß bis 1618 ein „Mikro-

---

[1]) Über die Wiedergabe von BORELLIS Bewegungsmechanik in den *Miscellanea* der Leopoldina ab 1684 vgl. BERG 1987, S. 15–23, der auch das Schema eines mechanischen Modells zur Demonstration des Blutkreislaufs von Salomon REISEL (1625–1702) in den *Miscellanea* 1680 zeigt.

[2]) Als Erfinder des Fernrohres gilt Hans LIPPERHEY (ca. 1570–1619); vgl. dazu GLOEDE 1986, S. 25, der ausführlich den Bericht GALILEIS von 1610 über diesen Vorgang zitiert.

skop" in Italien bekannt war, wenngleich einfache Vergrößerungsgläser (Lupen, Brillen) schon vorher in Gebrauch waren (GLOEDE 1986, S. 25 ff.). Die Urheberschaft des zusammengesetzten Mikroskops liegt also – trotz mancher zählebiger „Legenden" wie die über Hans und Zacharias JANSEN[1]) – im Dunkel. Nach ROOSEBOOM (1956) stammt die erste sichere Nachricht von Constantijn HUYGENS, der in der Londoner Werkstatt des „Hoferfinders" Cornelis DREBBEL (1572–1633) 1621 ein Instrument sah, wie es später (1624) von der 1603 gegründeten *Accademia dei Lincei* in Rom den Namen *microscopium* erhielt. Wie GLOEDE (1986, S. 27–29) detailliert darstellt, hatte DREBBEL von 1610 bis 1613 am Kaiserhof in Prag gearbeitet und blieb dann bis 1633 in London, von wo aus er mehrere Instrumente an europäische Gelehrte geschickt hatte. Das Aussehen ist durch eine Skizze im Tagebuch des Dordrechter Schulrektors Isaac BEECKMANN (1580–1637) vom Jahre 1631 unter dem Namen „*Instrumentum Drebbelianum*" überliefert. Der Pariser Astronom und Gründer eines Gelehrtenzirkels, Nic. Claude Fabri DE PEIRESC (1580–1637), besaß einige Drebbelsche Instrumente und sandte 1622 eines nach Rom, mit dem zunächst niemand etwas anfangen konnte (da der Überbringer nach seiner Ankunft verstarb). In 10 Briefen an Hieronymus ALEANDRO in Rom gab PEIRESC von 1622–1624 Hinweise zu ihrem Gebrauch, und GALILEI zeigte Mitte 1624 praktisch, wie damit zu arbeiten sei; er baute noch 1624 mit selbstgeschliffenen Linsen einige solcher Mikroskope und sandte sie an seine Freunde Federigo CESI (1585–1630) und Francesco STELLUTI (1577–1646), die sie für die erste Veröffentlichung darüber nutzten. Das *Apiarium* (1625) zeigt die erste mikroskopische Darstellung einer Biene, ihrer Beine, Fühler und der Zunge, des Stachels und des Kopfes von mehreren Seiten, auf einem Einblattdruck von STELLUTI (Abb. 44) sowie einige *Tabulae phytosophicae* (mikroskopische Abbildungen von Pflanzenteilen), Fragmente eines von CESI, Gründer der *Accademia dei Lincei*, geplanten *Theatrum totius naturae,* dessen nachgelassenes Manuskript mit biologischen Notizen und einem Bestimmungsschlüssel für Bienenrassen noch in Rom aufbewahrt wird

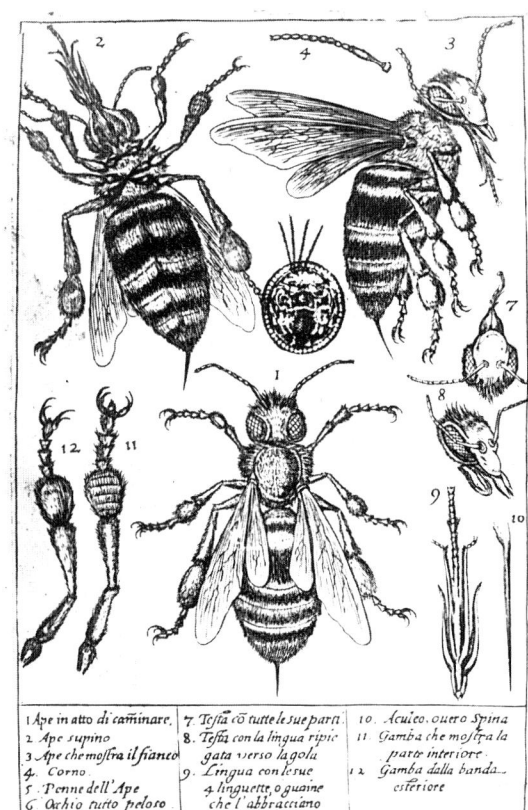

Abb. 44. Erste Darstellung der mikroskopischen Untersuchung einer Biene und ihrer Organe von Francesco STELLUTI. Einblattdruck, *Apiarium* 1625.

(BODENHEIMER Bd. 1, 1928, S. 415–549). Diese ersten zusammengesetzten (eigentlichen) Mikroskope waren rein handwerklich-empirisch konstruiert, noch ohne optische Berechnungen, und hatten bei mehr als 100facher Vergrößerung eine mangelhafte Bildqualität. Erst die Bekanntmachung des Brechungsgesetzes durch DESCARTES (1637 b) ermöglichte die Berechnung der Strahlengänge in optischen Geräten (GLOEDE 1986).

Deshalb wurden zunächst für wissenschaftliche Beobachtungen bevorzugt „einfache Mikroskope" (Lupen) benutzt, wie sie auch Athanasius KIRCHER in Rom verwendete und nach den Beschreibungen von DESCARTES abbildete (KIRCHER 1646) (Abb. 45). Der u. a. auch an CUSANUS anknüpfende Priester, Philosoph und Mathematiker am Jesuitenkolleg in Rom repräsentierte in seinen Schriften und Sammlungen (*Museum Kircherianum*) die „Universalwissenschaft" des 17. Jh. „vermutlich konkurrenzlos" bis in die Wissenschaftspraxis und „noch bis in die einzelwissenschaftlichen Spezialanalysen" – auf der Basis des neuplatonischen Prinzips *omnia in*

---

[1]) Die Version der „Erfindung" hat Z. JANSEN selbst in die Welt gesetzt; sie wurde von dem Leibarzt Pierre BOREL (1655) publiziert und in Pieter HARTINGS anerkanntes Buch *Het Mikroskoop* (1860, dt. 1866) aufgenommen und weit verbreitet, obwohl eine gut dokumentierte Widerlegung bereits WAARD (1906) veröffentlichte.

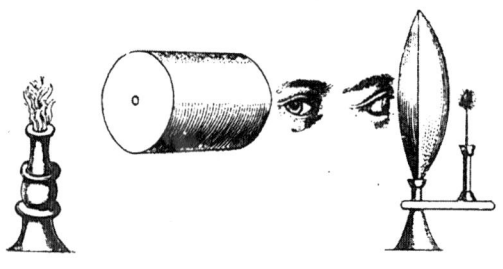

Abb. 45. Darstellung einer zusammengesetzten Lupe (rechts). Aus: Andreas KIRCHER: *Ars magna lucis et umbrae* 1646.

omnibus (Alles in Allem).[1]) In diesem philosophischen Kontext beobachtete KIRCHER wohl als erster mit Hilfe der mikroskopischen Technik Kleinlebewesen („Würmer") in Milch und Essig und beschreibt später in seinen Pestschriften (1658, 1659):

„Dass die Luft, das Wasser und die Erde von unzählbaren Insecten wimmelt, ist so sicher, dass der Beweis dafür sogar dem Auge vorgeführt werden kann. Bekannt war es auch bisher aller Welt, dass Würmer aus faulenden Körpern entstehen; aber erst nach der bewundernswerthen Erfindung des Mikroskopes hat man erkannt, dass alle faulenden Stoffe von einer zahllosen Brut mit dem nicht bewaffneten Auge nicht wahrnehmbarer Würmer wimmeln: was auch ich niemals geglaubt haben würde, wenn ich nicht durch häufige, viele Jahre hindurch wiederholte Versuche die Ueberzeugung davon gewonnen hätte" (KIRCHER 1671, zit. nach LOEFFLER 1887, S. 1).

Auch in Blut und Eiter sah KIRCHER „Würmchen" und konnte das *contagium animatum*, die vermeintlichen belebten Krankheitserreger, den Ärzten *ad oculum* demonstrieren, da „der hohe Scharfsinn dieser Zeiten mit Hülfe des bewaffneten Auges" viele verborgene Dinge der Natur entdeckt habe (a. a. O. S. 2).
Wenngleich KIRCHER damit nicht den Pesterreger entdeckt hatte und seine „Würmchen" nicht identifizierbar sind, so waren sie doch nach LOEFFLER (a. a. O.) keineswegs Phantasiegebilde und leiten über zu LEEUWENHOEKS Beschreibungen einiger Mikroorganismen (s. u.).
In der Forschungs- und Sammelpraxis KIRCHERS dokumentiert sich ein Übergang in der Methodik des 17. Jh. Besonders die Mikroskopie repräsentiert einen Umschwung des deduktiven Erkenntnisweges vom Allgemeinen zum Einzelnen – wie er in der Renaissance noch vorlag – hin zu

einer induktiven Methode, die vom Einzelnen zum Allgemeinen führte, wie es in der vergleichenden Anatomie schon praktiziert wurde.
Ein prägnantes Beispiel für die Fortsetzung der Anatomie mit Hilfe mikroskopischer Methoden geben die Untersuchungen des Bologneser Anatomen Marcello MALPIGHI, Mitglied der von 1651 bis 1667 in Florenz existierenden *Accademia del Cimento*, der 1661 in zwei Briefen an BORELLI seine mikroskopischen Studien über die Lunge mitteilte. Darin werden erstmals die Lungenbläschen, die Verzweigungen der Bronchien und beim Studium der Froschlunge auch das Kapillarsystem der Venen und Arterien und deren Verbindungen beschrieben (Abbildung bei GLOEDE 1986, S. 24), der definitive Beweis der Blutkreislauftheorie. So ergänzte MALPIGHI die vergleichende Organanatomie durch Erkenntnisse über die Feinstruktur der Organe und begründete die mikroskopische Anatomie, wobei allerdings oft die physiologische Deutung der optischen Beobachtungen noch spekulativ bzw. von traditionellen Lehrmeinungen abgeleitet war.

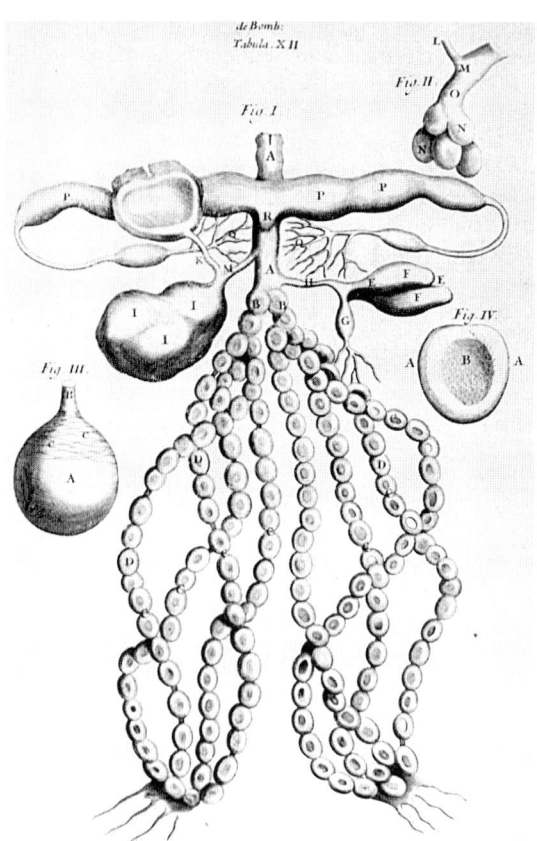

Abb. 46. Exkretionsorgane der Hummel. Aus Marcello MALPIGHI 1669 (später als „Malpighische Gefäße" bezeichnet).

---

[1]) LEINKAUF, Th.: *„Mundus combinatu"* und *„ars combinatoria"* als geistesgeschichtlicher Hintergrund des Museum Kircherianum in Rom. In: GROTE (1994), S. 535–553, spez. 543. Vgl. auch LEINKAUF 1993.

Er sah 1665 die Blutkörperchen, die er für Fetttröpfchen hielt, und die Gehirnzellen, die er als Drüsen deutete, die das „Nervenfluidum" ausscheiden. Es folgten Untersuchungen der Leber, der Nieren mit Harnkanälchen und Nierenkörperchen, deren Filterfunktion richtig erkannt wurde, und der Milz mit den Lymphfollikeln (*Malpighische Körperchen*); bei vergleichenden Studien über die Haut wurden die Tastkörperchen (*corpusculi tactilii*) und bei einer monographischen Studie über die Zunge die Geschmackspapillen mit den Nervenenden entdeckt. Die sukzessive in den *Philosophical Transactions* der *Royal Society* London erschienenen Arbeiten wurden schon bald als *Opera omnia* (London 1686) zusammengefaßt.

Im Auftrag der *Royal Society* entstand durch MALPIGHI die erste mikroskopisch-anatomische Darstellung eines Insekts, eine Monographie des Seidenspinners (*De Bombyce*, 1669), in der die Exkretionsorgane der Insekten beschrieben werden, die später nach ihrem Entdecker als *Malpighische Gefäße* bezeichnet wurden (Abb. 46). Weitere Studien über Insekten, ihre Entwick-

lungsstadien und über parasitische Insekten (1688) sind nur in Tagebüchern MALPIGHIS überliefert (BODENHEIMER 1931).

MALPIGHI war ein Anatom und Mediziner, der im Studium der Organe und ihrer Struktur vor allem die Erkenntnis ihrer physiologischen Funktion suchte, die *res invisibiles* nach BACON (S. 197), und deshalb vergleichende Anatomie im weitesten Sinne – unter Einbeziehung der Pflanzen – betrieb. In seinem berühmtesten Werk, der zweibändigen Anatomie der Pflanzen (1675–1679), motivierte er selbst diese Studien mit dem Grundsatz von BACON, von „einfachen" Erscheinungen auszugehen, und gesteht:

Er habe zuerst die Anatomie der höheren Tiere studiert, da sie aber „von eigentümlichem Dunkel umhüllt" sei, bedürfe sie „der Vergleichung mit einfacheren Verhältnissen", und so habe er dann die Insekten untersucht; da aber „auch diese ihre Schwierigkeiten" hatten, habe er sich schließlich „auf die Erforschung der Pflanzen gelegt, um nach langer Beschäftigung

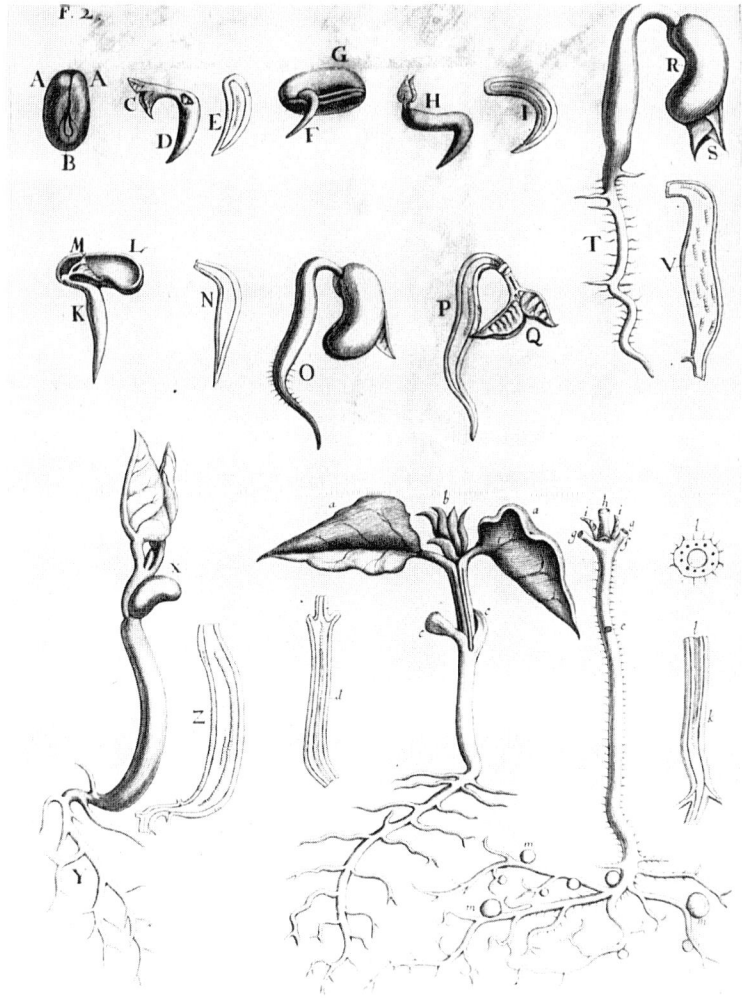

Abb. 47. Darstellung von Bohnenkeimlingen und der für Leguminosen typischen „Wurzelknöllchen" (rechts unten). Aus M. MALPIGHI 1675, Tafel II.

mit diesem Reich ... über die Stufe der Pflanzenwelt den Weg zu den früheren Studien zu gewinnen" (MALPIGHI 1675, Bd. 1, zit. nach der Übers. v. M. MÖBIUS 1901, S. 3).

Die daraus resultierende systematische Darstellung der Pflanzenanatomie, die als bedeutendste Pionierleistung gewertet wird, beanspruchte ihn 10 Jahre lang (FORNI 1954). Er schilderte, mit subtilen Abbildungen illustriert, den Feinbau der Rinde und des Holzes mit ihren verschiedenen Gewebeschichten und -elementen (*Epidermis, Bast, Fasern, Gefäßbündel*), unterschied den Stengelbau von mono- und dicotylen Pflanzen und verglich verschiedene Wurzelsysteme. Dabei entdeckte er die „Wurzelknöllchen", ohne ihre Herkunft und Funktion zu deuten (vgl. 8.3.), und erkannte, daß Rhizome und Knollen keine „Wurzeln" sind (Abb. 47). Ausführliche Studien widmete er dem Bau der Blätter, Blüten, Früchte und den Keimlingen sowie der Struktur der Stengel. Da er von der Einheitlichkeit aller Lebensprozesse der Organismen ausging, suchte er bei Pflanzen analoge Organe der Ernährung, Atmung und Fortpflanzung wie bei Tieren, wobei ihm Fehlinterpretationen der mikroskopisch-anatomischen Bilder unterliefen; er analogisierte den Samen mit dem tierischen Ei und den Keimling mit einem Embryo, woraus er Schlußfolgerungen über die „Präformation" zog (s. u.); die Leitungsröhren bezeichnete er analog zum Tier als *Gefäße*, die spiralförmig verdickten aber als *Tracheen* und schrieb diesen wie in Analogie zu Insekten eine Atmungsfunktion zu. Diese Deutungen beschäftigten die Botaniker bis ins 19. Jh., wo akademische Preisaufgaben zur Klärung der Saftbewegung und der Funktion der „Spiralgefäße" ausgeschrieben wurden (vgl. 8.2.1.). An die vergleichenden Untersuchungen der Atemorgane aller Organismen knüpfte er Betrachtungen über eine „Stufenfolge" der Entwicklungshöhe und wies der Atemfunktion auch eine Rolle in seiner Ernährungstheorie zu, die die *„Gärung"* der Nahrungssäfte, die er im Blattgewebe lokalisierte, fördern solle. Dazu stellte er auch einfache Versuche an (FORNI 1954).

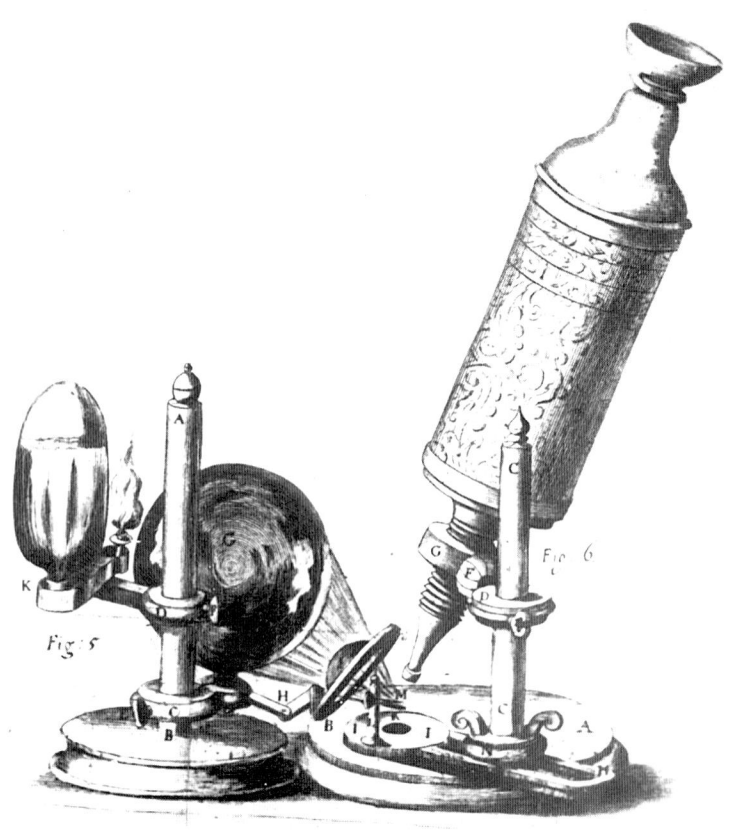

Abb. 48. Erste Abbildung eines zusammengesetzten Mikroskops und der nach dem Vorbild einer Schusterkugel gefertigten Beleuchtungseinrichtung von Robert HOOKE 1665.

Die mikroskopischen Beobachtungen Malpighis wurden von der *Royal Society* London gefördert, deren Sekretär Robert Hooke (1635–
1703) seit 1664 Kurator der physikalischen Geräte und selbst Meister der Mikroskopie war. In
seiner *Micrographia* (1665) publizierte er erstmals die Abbildung eines zusammengesetzten
(doppellinsigen) Mikroskops mit einer Beleuchtungseinrichtung (Abb. 48) sowie zahlreiche damit beobachtete Objekte. Als Physiker interessierten ihn vor allem die optischen Leistungen
der Instrumente, so daß vor allem diesem
Zweck die bemerkenswerten Untersuchungen
an biologischen Objekten dienten. Sein gut illustriertes Werk regte zu ähnlichen Studien an wie
z. B. diejenigen von Leeuwenhoek (s. u.). Von
nachhaltiger Bedeutung war seine Entdeckung
der Pflanzenzellen an dünnen Schnitten des Flaschenkorks, wo er nur die einen Hohlraum um-
schließenden Zellwände sah und diesen Gebilden den Namen *cellula* (Kämmerchen) gab
(Abb. 49). Er beschrieb diese Zellen auch in
Blättern von Farnen und Sonnentau sowie in
Pflanzenstengeln. Auch Malpighi sah den zelligen Aufbau von Blättern und hielt sie für Bläschen (*utriculi*), in denen der „Pflanzensaft" zubereitet wird. Bei Hooke beeindruckt die
Exaktheit der bildlichen Wiedergabe der mikro-

skopischen Objekte, bei denen oft der Maßstab
der natürlichen Größe mit angegeben ist, wie
bei der Abbildung einer Vogelfeder mit Häk-
chen am Hakenstrahl und dem „Mechanismus"
der Verzahnung der Fahne.

Ein weiterer bedeutender Mikroskopiker war
der englische Arzt Nehemia Grew (1641–1712),
der ab 1672 Vorträge vor der *Royal Society* in
London hielt und ab 1677 deren Sekretär war.
Auch er pflegte vergleichend-anatomische Untersuchungen und verwendete den Begriff im
Titel seiner Schrift über die Vergleichende Anatomie der Mägen und Eingeweide verschiedener
Tiere (1682), vermied aber – im Unterschied zu
Malpighi (s. o.) – so weitgehende Vergleiche
zwischen Tier und Pflanze. Stattdessen wandte
er die vergleichend-anatomische Methode innerhalb des Pflanzenreiches an und benutzte als
einer der ersten den Begriff für seine „Vergleichende Anatomie" der Stämme (1675), die
Querschnittsdarstellungen verschiedener Hölzer
mit charakteristischen Gefäßbündelstrukturen
enthält. Mit der aus seinen Vorlesungen hervorgegangenen Anatomie der Pflanzen gehört
Grew mit Malpighi zu den Begründern der mikroskopischen Pflanzenanatomie. Die Vorträge
erschienen schon vor der englischen Gesamtausgabe (London 1682) 1678 und 1680 in der Zeit-

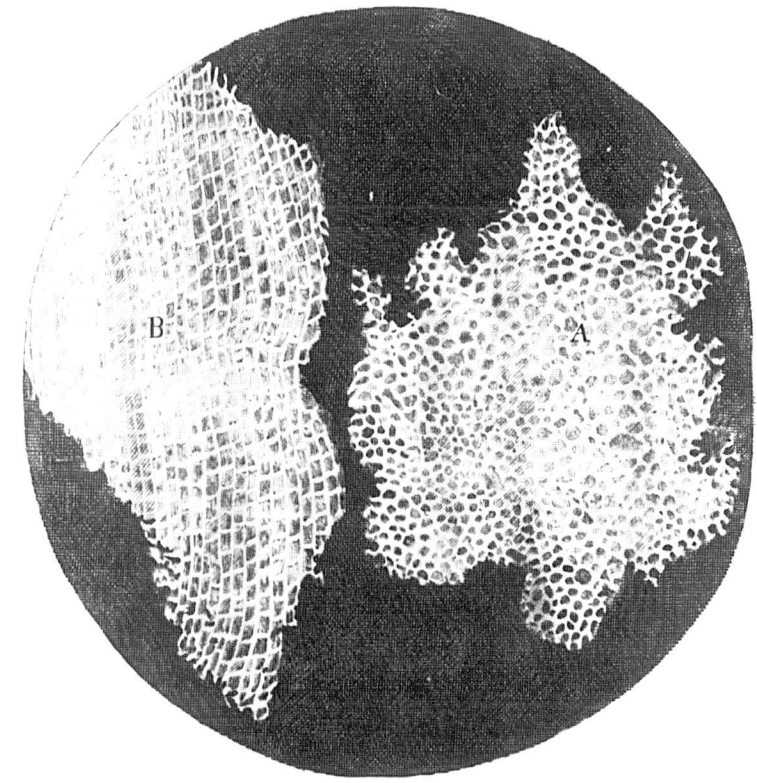

Abb. 49. Hookes Darstellung der
Zellen eines Flaschenkorks, wonach der Terminus „cellula" in
die Botanik eingeführt wurde.
Aus R. Hooke 1665.

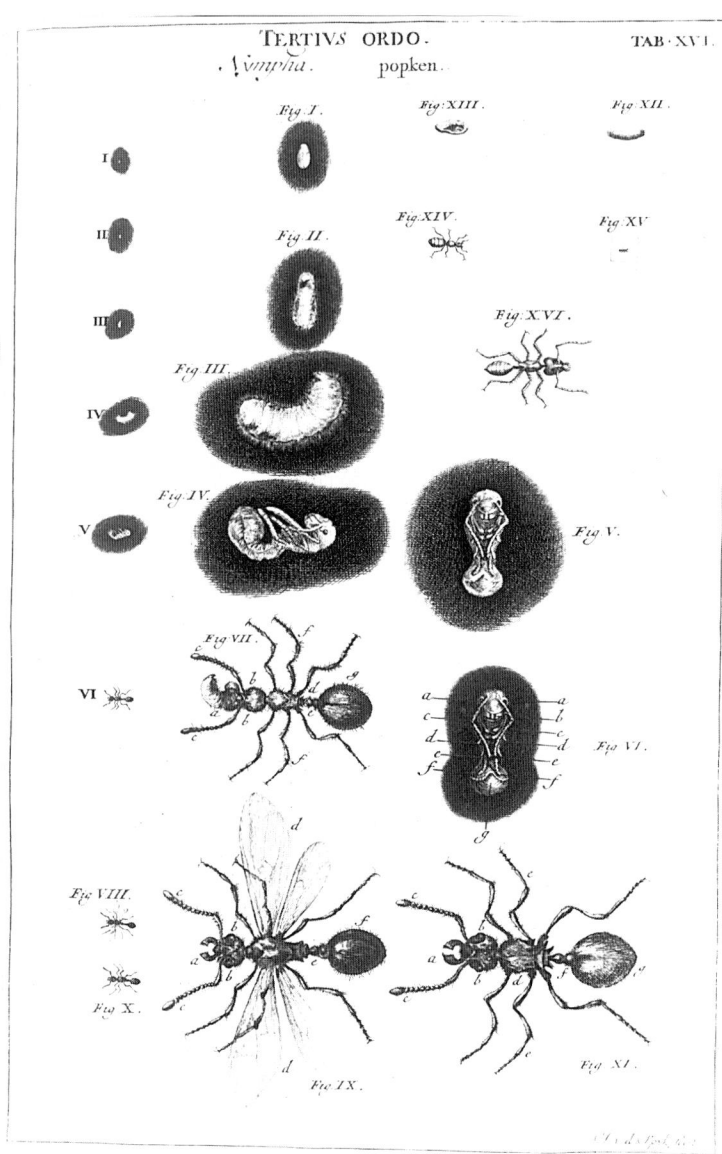

Abb. 51. Darstellung der Amei-
senentwicklung vom Ei bis zur
Imago, wodurch SWAMMERDAM die
bisher falsche Deutung der Puppen als „Eier" widerlegte. Aus:
Biblia naturae, Bd. 2, 1738, Tafel
XVI.

Spermatozoen brach aus, als der holländische
Physiker Nicolas HARTSOEKER (1656–1725) in
seiner Schrift über Dioptrie (1694) auf seine
Erstveröffentlichung (*Journal des Savans* 30,
1678) die Priorität beanspruchte, was LEEUWEN-
HOEK in einem langen Brief vom 9. 12. 1698
durch Wiedergabe der Zeichnungen HAMS widerlegte. Die phantasievollen Abbildungen kleiner, scheinbar *präformierter* „Menschlein" im
Sperma (Abb. 52 a u. b) (statt – wie bisher von
Anatomen wie GRAAF angenommen – im Ei)
begründeten die zunehmende und im 18. Jh.
gipfelnde Kontroverse der Präformisten, die
sich gegen Ende des 17. Jh. gegen die ursprünglich epigenetische Vorstellung HARVEYS (1651)
und DIGBYS (1644) durchgesetzt hatten (NEED-

HAM 1934). Sie bildeten zwei opponierende
Gruppen: 1. die *Animalkulisten*, die, wie LEEU-
WENHOEK, HAM, HARTSOEKER und die Philosophen MALEBRANCHE (1672) und LEIBNIZ (vgl.
6.2.), die neu entdeckten Spermatozoen für Träger des präformierten Keims hielten, und 2. die
Ovulisten (oder *Ovisten*), die aus guten Gründen vielfältiger Beobachtungen den vorgebildeten Keim im Ei gesehen zu haben glaubten, wie
GRAAF und MALPIGHI (s. o.), SWAMMERDAM bei
Insekten, VALLISNIERI und REDI an Parasiten-
eiern oder auch Giuseppe AROMATARI (1625) im
Pflanzensamen; er hatte an die antike Präformationslehre (vgl. 2.2.2.) angeknüpft, um die Urzeugung zu widerlegen und die artgerechte Reproduktion zu erklären.

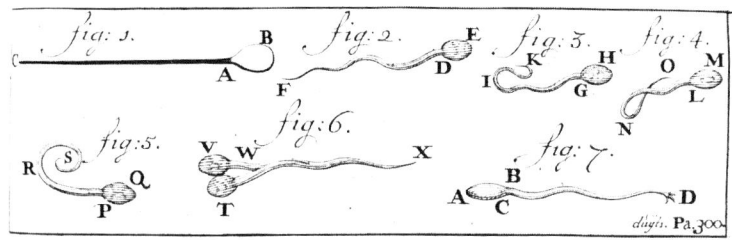

Abb. 52. Zeichnungen von Spermatozoen des Schafes durch A. van Leeuwenhoek (unten) und von Menschen-Spermien durch Jan Ham 1677 (oben). Aus Leeuwenhoek: *Opera omnia* 1722.

Als Leeuwenhoek seine lateinische Gesamtausgabe (1722) *Arcana naturae* (Geheimnisse der Natur) betitelte, war er sich bewußt, daß seine Entdeckungen – durchweg mit leistungsfähigen Einlinsen-Mikroskopen mit bis zu 270facher Vergrößerung und einem Auflösungsvermögen von 1–1,4 µm (Ford 1981) und nach originellen Herstellungsverfahren (Zuylen 1981) – Grundfragen der Biologie berührten, die nicht nur die Lebensprozesse, sondern auch Klassifikations- und Artfragen umfaßten, und im 18. Jh. Forschungsschwerpunkte bildeten.

5.2. Die Verbindung empirischer Handwerkskultur mit Bacons Methodenideal zur chemisch-physiologischen Untersuchungstechnik

Schon im 16. Jh. wurden die engen Schranken handwerklich-technischen Erfahrungswissens, das durch die Zunftgeheimnisse nur in einem privilegierten Personenkreis tradiert worden war, durch Teilveröffentlichung durchbrochen und von Gelehrten aufgegriffen, die es erkenntnisfördernd nutzten und theoretisch auswerteten, wie im Falle der Entdeckung des Magnetismus durch den Kompaßmacher Robert Norman (1581) und die erste Theorie darüber durch den englischen Arzt William Gilbert (1600) überliefert ist (Mason 1961, S. 166–169).
Auch der für die Entwicklung empirischen biologischen Wissens bedeutsame Personenkreis

der Apotheker, Kräutersammler und Arzneimittelhändler stand dem Handwerkerstand näher als dem Gelehrtenstand und hatte empirische und experimentelle Methoden zur Heilmittelbereitung entwickelt.
Bacon erkannte die Unfruchtbarkeit der Kluft zwischen Buchgelehrsamkeit (Philosophie) und handwerklichem Erfahrungswissen und bemühte sich in einer neuen Methode, „die wahre und rechtmäßige Ehe der empirischen und der vernünftigen Möglichkeiten" zu stiften (Bacon 1620, Buch 1, Art. 98; zit. nach Mason 1961, S. 171). Seine „wissenschaftliche Methode war ihrem Wesen nach experimentell, qualitativ und induktiv", und „er mißtraute der Mathematik" und der aus ihr folgenden „deduktiven Logik" (a. a. O. Art. 75, zit. nach Mason 1961, S. 175 f.). So stand sie in gewissem Gegensatz zu der experimentellen Methodik von Galilei, die quantitative Ergebnisse anstrebte, die von isolierten Naturerscheinungen gewonnen wurden. Die qualitativ-induktive Methode erwies sich vor allem bei biologischen Phänomenen hilfreich und kam erst im 19. Jh. voll zur Geltung (vgl. 8.2.), während sie im 17. Jh. dem Stand der pharmazeutischen und chemischen Praxis entsprach und ihren wissenschaftlichen Fortschritt förderte. Nach Klein (1994, S. 245) liegt dem methodischen Unterschied zwischen den „klassischen" mechanischen und den „baconischen Wissenschaften" im Hinblick auf die Chemie „eine Differenz der Begrifflichkeit zugrunde", was an der Formulierung „eines Gesetzes stofflicher Beziehungen" demonstriert wird. In bezug auf die Untersuchung und Deutung von Lebensprozessen und Organismen im 17. Jh. wird diese Differenz in den medizinisch-biologischen Prinzipien der *Iatrochemie* im Unterschied zur *Iatrophysik* (vgl. 5.1.1.) deutlich.

5.2.1. Die Iatrochemie als Weg zu einem chemisch-physiologischen Organismuskonzept

Ihren Ursprung hatte die medizinische Chemie (*Iatrochemie*) schon im 16. Jh., als der Arzt PARACELSUS eine neue Heilmittellehre abweichend von der bisherigen mittelalterlichen Tradition einführte, neben den pflanzlichen Drogen auch mineralische, mit chemischen Methoden aufbereitete Medikamente empfahl und aus seinen chemischen Kenntnissen die Physiologie des menschlichen Körpers nach drei Wirkprinzipien beurteilte statt nach der antiken Viersäftelehre (vgl. 4.1.3.). Die Prinzipien – nach chemischen Substanzen benannt (*Sulfur, Mercur, Sal*) – waren Metaphern aus der Alchemie und bedeuteten bei PARACELSUS dynamische Prozesse der Verbrennung, Verflüssigung und Verdichtung[1]) als Ausdruck der Stoffumwandlung, die im Körper durch die Kraft des *Archeus* bewirkt werde. Er faßte den Organismus als chemisches System oder Labor auf (*alchemia microcosmi*) (vgl. auch 3.1.1.), den er jedoch nicht isoliert betrachtete, sondern – zusammen mit Pflanzen und Tieren – in Beziehung zum gesamten *Macrocosmos* und seinen Kräftewirkungen dachte (1525). Daraus ergab sich die Auffindung von wirksamen Heilkräutern für bestimmte Krankheiten aus kennzeichnenden Gestaltmerkmalen und Qualitäten, die man erkunden mußte (PARACELSUS postum 1570), wobei individuelle Erfahrung nicht nur aus sinnlicher und experimenteller, sondern auch aus geistiger Erkenntnis – gefordert wurde.

Besonders diese *Signaturenlehre* fand zahlreiche Anhänger unter den Ärzten, die mit pflanzlichen Heilmitteln arbeiteten, wie Leonhardt THURNEYSSER (vgl. 4.2.3.2.), der im „Grauen Kloster" zu Berlin ein chemisches Laboratorium hatte und eine umfassende Darstellung aller pflanzlichen Heilkräfte bzw. aller „influentischer, elementischer und natürlicher Wirkungen" plante (1578), die Beziehungen zwischen Gestirnen und Pflanzen als *Sympathien* oder *Antipathien* beschrieb. Aus der paracelsischen Naturphilosophie über den lebendigen „Allzusammenhang" im Kosmos wurde die Wirkung eines Systems „verborgener innerer Kräfte" abgeleitet, die durch chemische Operationen erkannt werden sollten (KLEIN 1994, S. 113).

Einflußreicher in der Verbreitung und Modifizierung der *Signaturenlehre* wurde der Neapler Gelehrte Giambattista DELLA PORTA (vgl. 4.2.3.2.), der außer einem Museum auch einen botanischen Garten besaß und eine methodische Darstellung des Pflanzensystems auf der Grundlage der *Signaturenlehre* veröffentlichte (1588). Darin wurden nach äußeren morphologischen Kennzeichen (*Signaturen*) die verborgenen Heilkräfte bestimmt, was im 17. Jh. in der Chemiatrie vielfach nachgeahmt und formalisiert wurde (JAHN 1963, S. 70 ff). Als vielseitiger Naturforscher suchte er die „Geheimnisse der Natur" auch durch physikalische und optische Studien zu ergründen, konstruierte eine *Camera obscura* mit Linse[2]), beschrieb Linsenkombinationen und Spiegelungsgesetze (1589) und war Mitglied der *Accademia dei Lincei* von CESI (vgl. 5.1.2.). Er hatte selbst 1560 eine – vom Papst bald wieder geschlossene – *Academia secretorum Naturae* gegründet, deren Programm der Arzt Johann Lorenz BAUSCH (1605–1665) auf seiner Bildungsreise durch Italien (1628–1630) kennenlernte und zum Vorbild der Gründung der ersten deutschen Naturforscher-Akademie – der *Academia Naturae Curiosorum* (Leopoldina) – im Jahre 1652 nahm. In ihrem Programm und den Arbeiten der ersten Mitglieder spiegelt sich paracelsische Tradition, aber auch das Ideal BACONS wider, eine enzyklopädische Darstellung der *Simplicia* zu schaffen (s. u.). BAUSCH selbst widmete sich der monographischen Bearbeitung des als Heilmittel im Sinne der *Signaturenlehre* benutzten „Blutsteines" (*Haematit*) und des Adler- oder Klappersteins (*Aetit*), wobei er den Wahrheitsgehalt der Signaturenlehre kritisch und mit Experimenten hinterfragte und sich gegen die Überspitzung magischer Traditionen wandte (BERG 1987, S. 17).

Um 1600 bahnten sich in kritischer Auseinandersetzung mit den paracelsischen Lehren pflanzenphysiologische Einzeluntersuchungen an, die Fragen nach dem realen Zusammenhang zwischen äußerem Erscheinungsbild, Heilkraft, chemischen Bestandteilen und „Verwandtschaft" klären, aber auch Probleme der Pflanzenkultur (z. B. exotischer Gewächse) in den Medizinergärten lösen sollten.

Die chemiatrische experimentelle Praxis verfolgte also zwei Richtungen: zum einen die der Analyse und Gewinnung von Arzneimitteln, zum anderen die der Erkenntnisse von Lebensprozessen von Pflanze, Mensch und Tier in alternativer Deutung zur physikalisch-mechanischen Sichtweise.

---

[1]) KLEIN 1994, S. 38–46; vgl. auch DAEMS 1990 in: THOMSON S. 190. Die unterschiedlichen Deutungen entspringen meist aus dem verschiedenartigen Zugang zu den paracelsischen Erkenntnismethoden.

---

[2]) Die schon seit LEONARDO DA VINCI bekannten waren einfache Lochkameras ohne Linse; vgl. GLOEDE 1986, S. 13.

Zur Heilmittelherstellung erschienen schon frühzeitig pharmazeutische iatrochemische Lehrbücher wie die *Alchymia* (1597) des Halleschen Arztes Andreas LIBAU (1540–1616), die *Basilica chymia* (1609) des anhaltischen Leibarztes Oswald CROLL (1580–ca. 1609) oder das *Trocinium Chymicum* (1610, französ.: *Elemens de Chymie*, 1615) des Iatrochemikers Jean BEGUIN (1550–1620). Zur chemisch-technologischen Literatur gehörig, enthielten sie (in Anlehnung an bergbautechnische Schriften des 16. Jh.)[1]) zunächst eine Geräte- und Feuerkunde, eine Lehre der chemischen Operationen sowie Rezepturen zur Herstellung von Medikamenten für die gewerbliche Praxis der Apotheker und Ärzte (KLEIN 1994, S. 115 f.). Die Übertragung der alchemistisch-chemischen Experimentaltechnik auf biologische Objekte erklärt LIBAU (1597) zu Beginn seines Werkes, in dem es heißt, sie habe

„ehedem in der Metallurgie die größte Bedeutung gehabt. Jetzt dient sie mehr der Medizin und erstreckt ihre Bemühungen nicht nur auf das Mineral-, sondern auf das Tier- und Pflanzenreich, zum Nutzen des Menschen und zum Schutze seiner Gesundheit, obwohl sie auch sehr viel zur Annehmlichkeit des Lebens (*ornamenta vitae*) beiträgt (LIBAVIUS, deutsche Übers. 1964, S. 1; zit. nach KLEIN 1994, S. 115).

Auch BEGUIN (1610) beschreibt als Ziel der Chemie,

„de préparer les médicamens en telle sorte, qu'ils soient plus agréables au goust [!], plus salubres au corps, et moins dangéreux en leur operation" (BEGUIN, franz. Übers. 1615, S. 3; zit. nach KLEIN 1994, S. 116)
[Das Ziel der Chemie ist es, Medikamente solcher Art zuzubereiten, daß sie am angenehmsten für den Geschmack, am zuträglichsten (heilsamsten) für den Körper und am wenigsten gefährlich in ihrer Wirkung sind.]

Eine der frühesten Stätten chemisch-pharmazeutischer Arbeiten und Ausbildung waren botanische Gärten und mit ihnen verknüpfte Laboratorien, wie sie schon PORTA in Neapel und THURNEYSSER in Berlin besaßen. Eine solche Lehrstätte außerhalb der traditionellen Universitäten wurde der 1635 in Paris auf Initiative der königlichen Leibärzte gegründete *Jardin du Roy*, der schon bald auch über ein chemisches Labor verfügt haben muß, da bereits das Gründungsedikt als Aufgaben der „*Demonstrateurs et Operateurs Pharmaceutiques*" neben der Demonstration „exterieure du Plantes", der äußeren

[1]) z. B. die metallurgischen „Probierbüchlein" (vgl. KLEIN 1994, S. 104–109), wie auch die Destillierbücher, z. B. von C. GESSNER 1552, oder P. A. MATTHIOLI: Del modo di distillare le aque da tutte la Piante, Venetia 1623.

Pflanzenkunde, auch die *innere Pflanzenkunde* vorsah:

„… la Demonstration de l'intérieur des Plantes et de tous autres médicamens qui consistent en l'essence, proprieté et usage d'icelles (CONSTANT 1952, s. 16; zit. nach KLEIN 1994, S. 118)
[die Demonstration des Inneren der Pflanzen und aller anderen Heilmittel, die im Aufzeigen des Wesens, der Eigenschaften und Anwendungsgebiete besteht.]

Als Demonstratoren in diesem Sinne wirkten u. a. die Apotheker und Ärzte, meist auch bekannte Lehrbuchautoren, wie William DAVISSON (1593–1669) und Nicolas LE FÈVRE (1615–1669), Louis LEMERY und Etienne Francois GEOFFROY (1672–1731) (vgl. KLEIN 1994, S. 117–120).
Ähnliche Bedingungen waren schon vor 1600 an der Medizinischen Schule in Montpellier geschaffen worden, wo seit 1593 ein großer Botanischer Garten existierte. Große Bedeutung als Lehrstätte für *Iatrochemie* erhielt die Universität Leiden, wo Carolus CLUSIUS (Charles de L'ECLUSE) 1593 den Medizinergarten neu anlegte und wo später Iatrochemiker wie Werner ROLFINCK und François DE LE BOË (SYLVIUS) studierten (s. u.).
Die zweite Richtung der Chemiatrie, die sich auch mit den physiologischen Prozessen der Organismen experimentell befaßte, vertrat z. B. der belgische Privatgelehrte, Jan Baptiste VAN HELMONT (1579–1644), der ein eigenes Laboratorium und einen Heilkräutergarten besaß. In seinem berühmten „Versuch mit dem Weidenbaum" führte er ein quantitatives ernährungs-physiologisches Experiment (um 1600) durch, indem er das Gewicht einer jungen Weide (2,5 kg) und eines Gefäßes mit trockener Erde (91 kg) registrierte und nach fünfjähriger Kultur feststellte, daß der Baum um 75 kg schwerer geworden war, die Erde aber nur um 57 g („2 Unzen") leichter war. Er folgerte daraus, daß die Pflanze die Nahrung nur aus dem täglich zugeführten Regenwasser, nicht aus den festen Erdsubstanzen entnommen habe.
In Auseinandersetzung mit der traditionellen Elementen- und Prinzipienlehre, nach der die antiken vier „*Elemente*" und/oder die paracelsischen drei *Prinzipien* die Naturkörper der drei Naturreiche konstituieren sollten, nahm VAN HELMONT nur zwei Grundelemente der Körper und ihrer Lebensprozesse an, „das Element des Wassers als materiellen und das *Ferment* oder *Samenhafte* als dynamischen Urgrund" (zit. nach BALLAUF 1954, S. 193). Das dynamische immaterielle Prinzip (*Archeus* oder *Urheb*) soll aus dem materiellen Substrat ein gasförmiges *Fermentum* erzeugen und die physiologischen Vorgänge durch „*Fermentation*" (eine spezifi-

sche Gärungskraft) bewirken. So habe es sich die Magensäure als „Werkzeug" für die Verdauung geschaffen. Die Keimesentwicklung und Vererbung werden durch den im Samen vorhandenen „inwendigen Werck-Meister", den *Archeus*, gesteuert:

„Ich sage, dieser Werckmeister hat das Bild seines Vorfahren in sich, wie das Gezeugte werden soll, nach dessen Anleitung füget er sich selbst und ordnet alles, was gethan werden muß ... Diß Bild in der lebenden Lufft des Archei ist der wahre Samen ... Der sichtbare Samen aber ist nur gleichsam wie die Hülse und Schale ... Diß inwendige Bild dieses sämlichen Geistes nun weil es aus der Gestalt und dem Vorbilde der Eltern ... herabfleust ... ist nicht etwan ein todtes Bild, sondern mit völliger wissenschafft ausgerüstet und hat alle nothwendigen Kräffte der Dinge, so ihrer Art und Ordnung nach dabey vorgehen sollen, in sich: Und ist also der vornehmste Werckzeug des Lebens und der Sinnlichkeit ..." (HELMONT 1683, S. 40 ff., zit. nach BALLAUF 1954, S. 194 f.).

Dieser innere „Steuermann" erkenne die ihm freundlichen „Sam-Geister" anderer Naturkörper und verwandele sie „in sein eigen Wesen", wodurch er sich selbst verstärke. Darin bestehe also „die ganze Haushaltung der Verwandlungen und der Nahrung in allen Dingen" (a. a. O.), wobei noch jedes Organ „einen gewissen Verwalter" habe, während der „allgemeine Archeus" quasi die Oberaufsicht über die speziellen Regenten der Glieder habe.

In diesen Bildern werden im einzelnen die spezifischen Stoffwechselprozesse wie die Bildung von Fettgewebe bei Nahrungsüberschuß, von Milch aus Blut bei weiblichen Tieren oder von Öl in Pflanzen (zum einen im Fruchtfleisch bei Oliven, zum anderen in Kernen bei Mandeln) erklärt, um nachzuweisen, wie „aus dem bloßen Regen-Wasser alles Hartz, Holtz und Gewächse sein leiblich Wesen bekommt" (a. a. O. S. 199). Wie PARACELSUS suchte auch VAN HELMONT die Ganzheitlichkeit des Organismus mit diesem den Körper durchdringenden „Geist des Lebendigen" zu erläutern, der auch als „Feuer", als „Gas" oder Pneuma bezeichnet wird, selbst aber nicht materiell gedacht ist, sondern nur materielle Substanzen „zu ihrem Dienst sich heranziehe" (wie die Magensäure).

Im Rahmen der *Iatrochemie* wird im Verlauf des 17. Jh. und der fortschreitenden Zuwendung zur experimentellen Praxis die spirituelle Interpretation chemisch-physiologischer Prozesse ersetzt, und ernährungsphysiologische Vorgänge werden als rein chemischer Prozeß erklärt, bei dem aus Säuren und Basen Salze entstehen. So bezeichnete der einflußreiche Hochschullehrer in Leiden, Franz DE LE BOË (SYLVIUS, 1614–1672), die chemischen Umsetzungen im Organismus als *Fermentation*. Bei allen Lebensprozessen, die als *Fermentation* interpretiert werden, wird den sauren und alkalischen Bestandteilen beim Abbau der Nahrung durch Verdauungssäfte große Bedeutung zugeschrieben und zur chemischen Analyse von Speichel, Magensaft, Galle, Pankreassaft aufgerufen (SYLVIUS 1659). Hypothetisch wird die Frage erörtert, wie im einzelnen die Verdauungssäfte bei der Umwandlung der Speisen, die zuerst aufgelöst und dann neu zusammengesetzt werden, agieren, was die Trennung von „*Chylus*" (der in das Blut verwandelt wird) und von Ausscheidungsprodukten bewirkt (vgl. ROTHSCHUH 1968, S. 85–88).

In diese Bestrebungen reihen sich die Experimente von Reignier DE GRAAF zur Gewinnung von Pankreassaft ein (vgl. 5.1.1.).

Die holländischen Universitäten gehörten neben den italienischen im 17. Jh. zu den von deutschen Medizinstudenten am meisten besuchten Hochschulen, wodurch auch die iatrochemischen Lehren und Praktiken weit verbreitet wurden. Der vielseitige Gießener „Hofapotheker" und Autodidakt Rudolph GLAUBER (1604–1668) lernte nicht nur auf seinen Bildungsreisen chemisch-pharmazeutische Techniken in Amsterdam kennen, sondern ließ sich 1656 dort definitiv nieder und gründete neben einem Laboratorium einen Versuchsgarten, wo er nicht nur paracelsische Medikamente herstellte, sondern auch Pflanzenzucht mit Mineraldünger und verschiedene technische Verfahren für die Landwirtschaft erprobte. In seiner fünfbändigen technologischen Schrift *Furni novi philosophici* (1646–1649) sind alle chemischen Verfahren seiner Zeit zusammengestellt und zum Beispiel auch Destillationsapparate für hitzeempfindliche pflanzliche und tierische Objekte beschrieben (Bd. 2, S. 3–183), im 3. Band speziell die Destillation von Vegetabilien dargestellt (KLEIN 1994, S. 121 f.) (Abb. 53). Seine Schriften (auch die *Pharmacopoea spagyrica* 1654–55) waren wichtige Handbücher für die allmählich auch an deutschen Universitäten heimische Iatrochemie, wofür die Universität Jena ein gutes Beispiel ist. Dort waren bereits seit 1612 chemiatrische Vorlesungen angekündigt und ab 1634 ein chemisches Labor neben dem Heilkräutergarten durch Werner ROLFINCK (1599–1673) eingerichtet worden, der u. a. in Leiden, Paris und Padua studiert hatte. In seinem botanischen Lehrbuch (1670) setzte er sich zwar kritisch mit den antiken Autoritäten wie auch mit der Signaturenlehre des PARACELSUS und PORTA auseinander, orientierte jedoch wie jener auf eine Verbindung von Medizin und Chemie und auf individuelle Erfahrung mit *Pharmaca*, was sich in vielen Dissertationen

Abb. 53. Einrichtung zur Destillation von Pflanzensäften. Destillierstube. Aus Eucharius Roesslin, *Kreuterbuch*.

widerspiegelt. Besonders konsequent kam bei seinen Nachfolgern auf dem Jenaer Lehrstuhl die iatrochemische Richtung zur Geltung. So verteidigte Rud. Wilhelm Krausse (1642–1718), der in Leiden durch Sylvius (s. o.), in Montpellier durch Riverius und in Padua durch Petrus Pontanus für die Chemiatrie gewonnen wurde, noch 1691 in einer Dissertation *De signaturis Vegetabilium* die Signaturenlehre, und Georg Wolfgang Wedel (1645–1726) führte nach seinem Lehrbuch (1678) Vorlesungen und Übungen zur Erkenntnis und Anwendung der Eigenschaften pflanzlicher Heilmittel auf chemiatrischer Basis durch (Jahn 1963, S. 27–75). Bereits 1669 war die medizinische Fakultät von den fürstlichen Visitatoren offiziell aufgefordert worden, moderne Methoden anstelle traditioneller Behandlung antiker Schriftsteller einzuführen und naturwissenschaftliche Spezialkenntnisse durch Demonstration von Pflanzen, Tieren und Mineralien in Garten und Kabinett zu vermitteln, und sogar

„ob sichs nicht thun ließe, daß die Studiosi Med. bey denen Demonstrationibus Chymicis nicht allein bey einsetzung der Materialien oder Gläser, sondern auch bey wehrender Distillation und dergleichen arbeiten und außnehmung der Sachen [zugegen] seyn oder auff und abgehen könnten", was die Fakultätsmitglieder bejahten (Jahn 1987).

Während der Professor Physicis, der in der Philosophischen Fakultät die Botanik und Zoologie zu lehren hatte, die Einführung cartesianischer (mechanischer) Lehren ablehnte, stimmte er der Baconschen Lehre eher zu und meinte, daß aus der „chemischen Lehre" den Ärzten nichts Nachteiliges erwachsen könne:

„... allermaßen ein Chymicus nicht weitergehen mag noch darff, alß soweit seine Operationes zeigen," aber die „principis und naturae rerum dem Physico allein zu explicieren" verbleiben (a. a. O.).

Diese Stellungnahme erklärt, warum die iatrochemische Richtung mit einer Orientierung auf die experimentelle Praxis der Analysetechniken nach Abstreifen alchemistisch-magischer Deutungen einen progressiven naturwissenschaftlichen Zugang auch zur Untersuchung und Beurteilung biologischer Objekte und ihrer physiologischen Prozesse vermittelte. Aus dem Jenaer Unterricht gingen u. a. Friedrich Hoffmann (1660–1742) und Georg Ernst Stahl (1660–1734) hervor (6.1.2.).

Ein gutes Bild der vielfältigen biologischen (pharmakologischen) Untersuchungen, die durch die iatrochemische Richtung angeregt wurden, vermittelt die erste medizinisch-naturwissenschaftliche Zeitschrift im deutschen Sprachraum, die 1670 von der Deutschen Naturforscher-Akademie begründete *Miscellanea curiosa medico-physica Academiae Naturae Curiosorum*; in ihrem ersten Jahrgang hatte ihr Initiator, der Breslauer Stadtarzt Johann Philipp Sachs von Lewenhaimb (1622–1672), die wichtigsten Fortschritte der zeitgenössischen Medizin, Physiologie und Naturwissenschaft vorgestellt, zum Beispiel die neuen mikroskopischen Beobachtungen (vgl. 5.1.2.). Als G. W. Wedel 1672 Mitglied geworden war, engagierte er sich über 15 Jahre lang mit mehr als 100 Publikationen und Zuführung neuer Mitglieder für die Belange der Akademie, in der dementsprechend zunächst die *Iatrochemie* bei der Behandlung pharmakologischer, botanischer und zoologischer Themen dominierte (Berg 1987, S. 21 f.).

5.2.2. Die korpuskulartheoretische Richtung in der Iatrochemie und ihr Einfluß auf das mechanische Organismuskonzept

Die Zuwendung der Mediziner als vorwiegende Träger biologischer Forschung und Theorienbildung zur *Iatrochemie* (oder *Chemiatrie*) war gradweise unterschiedlich und oft paradigmatisch nicht eindeutig. Es gab vielfach Versuche, in die *Iatrochemie* paracelsischer Prägung Prinzipien der cartesischen oder galileischen Mechanik zu integrieren. Dazu bestand dann eine gewisse Notwendigkeit, wenn über die zur Heilmittelherstellung üblichen chemisch-technologischen Verfahren hinaus nach theoretischen Erklärungen für die chemischen und physiologischen Prozesse gesucht wurde. Gegen die aristotelische *Materietheorie*, die auf einem geschlossenen kosmologischen Weltbild beruhte und durch die heliozentrische Astronomie in Frage gestellt war (HEIDELBERGER 1994, S. 12 f.), hatte PARACELSUS seine iatrochemische Lehre von den verborgenen Wirkkräften und der Einheit von Materie und Geist entwickelt, die von den „Chemisten“ des 17. Jh. modifiziert, aber in gleichem Sinne spiritualistisch weiter gepflegt wurde. Eine gewisse Synthese von aristotelischen, galenischen, paracelsischen Erklärungsmustern für die materiellen Vorgänge in Naturkörpern entstand im 17. Jh. – in Anlehnung an den antiken Atomismus des DEMOKRIT und EPIKUR (vgl. 2.2.) – durch den Wittenberger Arzt Daniel SENNERT (1572–1637), der die Eigenschaften der Naturkörper (pflanzlicher und tierischer Heilmittel) auf grundlegende Eigenschaften (*primäre Qualitäten*) von „Atomen“ zurückführte. Mit der Annahme verschieden gestalteter kleinster Materieteilchen (*minima naturalia*), die jedoch nicht unmittelbar wahrnehmbar sind, wurden die beobachtbaren Eigenschaften der Körper (*sekundäre Qualitäten*) erklärt; durch chemische Verfahren sind jene „*primären Kongretionen*“ trennbar. Korpuskulartheoretisch also sind nicht nur die W i r k u n g e n der „okkulten Qualitäten“ von Heil- oder Giftpflanzen erkennbar, sondern diese Wirkungen beruhen auf körperlichen Eigenschaften von Korpuskeln, so daß man „ein Wissen über die Ursachen dieser okkulten Eigenschaften erlangen“ und somit davon ausgehen könne, daß die wahrnehmbaren physischen Erscheinungen auf verborgenen materiellen „Mechanismen“ beruhen. Mit der Annahme von kleinen Partikeln bestimmter Gestalt und Geschwindigkeit, die z. B. die Wärmeempfindung

hervorrufen, wären chemische Operationen nicht nur qualitativ erklärbar, sondern mit der Bewegungslehre der klassischen Mechanik GALILEIS vereinbar. Die Korpuskulartheorie versuchte zu zeigen, daß die Gesetze der Mechanik universell im Großen wie im Kleinen gelten und für die Sinneserfahrungen generell eine neue Erklärungsgrundlage boten (HEIDELBERGER 1994, S. 15 f.), auch für die chemisch-physiologischen „Verbindungen“, Trennungen und Umwandlung von Stoffen mehr Erklärungswert hatten als die Begriffe von „Sympathien“ und „Antipathien“ in den stofflichen Beziehungen (KLEIN 1994, S. 242 ff.)

Einflußreiche Vertreter der Atom- bzw. Korpuskulartheorie waren auch die für biologische Fragen wichtigen Naturforscher Joachim JUNGIUS (1587–1657) und Robert BOYLE, die wohl beide von SENNERTS atomistischen Anschauungen beeinflußt waren, jedoch konsequenter als dieser von aristotelischen und paracelsischen „Elementen“ und „Prinzipien“ absahen. JUNGIUS bekannte sich mit seiner *Societas Ereunetica* in Rostock (1622–1625) in einem Wahlspruch zu BACONS Idealen der induktiven und experimentellen Methodik (*per inductionem et experimentum omnia*) und führte quantitative Aspekte in die chemischen Operationen ein, als er experimentell nach den letzten Zerlegungsprodukten der Naturstoffe suchte. Er sah sie in „unveränderlichen“ Stoffen wie Gold, Silber, Quecksilber, Schwefel, von deren Art auch die unveränderlichen „Atome“ als Komponenten der zusammengesetzten Stoffe (*synthetica*) gedacht waren. Nur durch meßbares Hinzutreten oder Abscheiden derselben seien Veränderungen letzterer möglich, nicht durch Stoffumwandlung im Sinne der *Transmutation* der Alchemisten; nicht qualitativ, sondern auch mittels der Waage sei eine chemische Veränderung feststellbar (KANGRO 1968).

Auch Robert BOYLE (1627–1691) setzte sich kritisch mit den „vier Elementen“ und den „drei Prinzipien“ auseinander (BOYLE 1661), ließ nur das Experiment zur Entscheidung darüber zu, was „Element“[1]) sei, und dachte die Stoffe aus kleinsten „Korpuskeln“ verschiedener Größe, Gestalt, Textur und Bewegung aufgebaut. Aus deren Zusammensetzung und Struktur ergeben sich die Eigenschaften eines Körpers. Mit Hilfe der Korpuskulartheorie erklärte BOYLE die spezifische Wirkung von Pharmaka auf den Organismus (1666), analysierte Blut und führte die Farbänderung von venösem zu arteriellem Blut auf das Hinzutreten von Luftteilchen zurück

---

[1]) Über die Begriffe „Element“ und „Mixtum“ bei BOYLE vgl. KLEIN 1994, S. 56–59.

(1684). Zusammen mit dem Arzt Thomas BROWNE (1605–1682), der Experimente über die Wirkung verschiedener Chemikalien (Öl, Essig, Salze) und Bedingungen wie Hitze und Kälte auf die Embryonalentwicklung von Vögeln, Fröschen und Schlangen durchführte (NEEDHAM 1934), untersuchte BOYLE die Frage, ob aus der chemischen Zusammensetzung des Keimmaterials ein Aufschluß über den Bildungsmodus des Kückens zu gewinnen sei, und verglich die täglich untersuchten Bildungsstadien. Zur Konservierung von Tierembryonen, die er als Vergleichsmaterial benötigte, benutzte BOYLE vermutlich erstmalig Alkohol als Konservierungsmedium (1666). BROWNE und BOYLE begründeten damit eine „qualitative chemische Embryologie" (NEEDHAM 1934, Kap. 3).

Im Verlauf des 17. Jh. entwickelte sich aus den verschiedenen Richtungen der *Iatrochemie* eine chemisch-physiologische Experimentaltechnik mit Pflanzen und Tieren zur Klärung der Fragen nach den stofflichen Grundlagen der Keimungs-, Ernährungs- und Wachstumsprozesse sowie der Heil- und Giftwirkungen von Pharmaka. Durch neue, auch quantitative Analysemethoden und die mechanisch-korpuskular-theoretische Interpretationsweise BOYLES setzten sich in England, Holland und Frankreich rationale Erklärungen für Lebensprozesse immer mehr durch und kennzeichnen auch für die Biologie den neuzeitlichen Bewußtseinswandel, der mit GALILEIS mathematischer Mechanik für die Physik begonnen hatte (STEINER 1948).

Der Einfluß BOYLES reicht ins 18. Jh. hinüber. Sein Londoner Kollege in der *Royal Society*, der Arzt John WOODWARD (1665–1728), experimentierte mit Pflanzenkeimen in Wasserkultur und widerlegte die ernährungsphysiologische Hypothese VAN HELMONTS (vgl. 5.2.1.), als er fand, daß sie in Regenwasser nicht gedeihn, sondern mit Erde vermischtes Wasser benötigen (1714). Der Pariser Physiker Edme MARIOTTE (1620–1684) hatte zuvor vermutet, daß Pflanzen ihre Nahrung durch einen chemischen Prozeß selbst erzeugen (1679), und MALPIGHI schrieb diese Leistung den Blättern zu (vgl. 5.1.2.). Die hydrostatischen Experimente von MARIOTTE über den Saftdruck der Pflanzen als Ursache des Wachstums und die quantitativen Experimente von Stephen HALES (1677–1761) über die Saftbewegung in Pflanzen, die Wasseraufnahme und -abgabe sowie den Mengenanteil der von Pflanzen „eingeatmeten" Luft (1727) markieren eine neue Form „chemisch-statischer" (*chymio statical*) Experimente mit Organismen, die bereits die Newtonsche Mechanik einbeziehen (vgl. 6.1.2.).

5.3. Die Ordnung und Systematik der „drei Naturreiche"

5.3.1. Voraussetzungen und Hilfsmittel (Gärten, Museen, Kataloge)

Die neue physikalisch-mechanische Betrachtungsweise hatte auch neue, meist spekulative theoretische Konzeptionen über die Lebensfunktionen der Organismen hervorgerufen, die eine Abkehr von antiken Theorien und einem aristotelischen Weltbild bedeuteten. Demgegenüber blieb jedoch bei der Erforschung und Darstellung der organismischen Vielfalt noch lange das aristotelische Grundkonzept über Wesen und Struktur der „drei Naturreiche" (Mineral-, Pflanzen- und Tierreich) in Gebrauch und diente gewissermaßen als Leitfaden bei der im 16. Jh. begonnenen globalen Artenbestandsaufnahme (vgl. 4.2.2.). Nach der dreifachen Großgliederung richtete sich besonders die Heilmittellehre (*Materia medica*), sofern sie die „einfachen Heilmittel" (*Simplicia*), die Minerale, Pflanzen und Tiere beschrieb. Dieser Gliederung folgten die seit dem 17. Jh. eingerichteten Naturalienkabinette, für deren Anlage Apotheker eine Pionierrolle spielten (DILG 1994), und auch die Handbücher über *Simplicia*. Die an der Naturerfahrung orientierte *Pharmacologia* (1693) des englischen Arztes Samuel DALE (1659–1739) ist in die Teile *Mineralogia*, *Phytologia* (mit den Unterkapiteln *Botanologia* und *Dendrologia*), *Zoologia* und *Anthropologia* gegliedert und bringt neben der Artenbeschreibung auch Sammel- und Konservierungstechniken, so daß sie noch im 18. Jh. von Forschungsreisenden lieber benutzt wurde als die enzyklopädischen Tier- und Pflanzenbücher (vgl. 4.2.3. u. 4.2.4.). Auch die Stoffverteilung der Hochschullehrer für Naturgeschichte und ihre Lehrbücher folgten noch bis zum 19. Jh. diesem Modell der „drei Reiche", obwohl daneben auch schon im 17. Jh. Spezialforschungen und -schriften zu einzelnen Tier- und Pflanzengruppen entstanden, für die Anlage botanischer Gärten Mediziner zu Spezialisten in der Botanik wurden, die Vergleichende Anatomie (Zootomie) zu einem Fachstudium der Zoologie führte (vgl. 5.1.1.) und im Schrifttum sich infolge der Rezeption der Zoologie des ARISTOTELES (vgl. 2.3.1.) schon Spezialgebiete wie *Ornithologie*, *Ichthyologie*, *Entomologie* herausdifferenziert hatten (BÄUMER 1991, S. 395 f.).

Nach dem Vorbild aristotelischer Untersuchungsmethoden wurde die deskriptive und literarisch-philologische Naturbetrachtung im 17. Jh. zunehmend von der empirisch vergleichenden Naturbeobachtung abgelöst, um zu einer „wesensmäßigen" Klassifizierung der Naturobjekte zu kommen. BACON hatte die bloß deskriptive Bestandsaufnahme der herkömmlichen Naturgeschichte, die Naturerscheinungen „um ihrer selbst willen" registrierte, als unproduktiv charakterisiert (vgl. 5.1.) und zur Erkundung des inneren „Wesens" der Naturobjekte aufgefordert. Nicht nur in seiner Utopie eines „Hauses Salomonis" war die Anlage von Vergleichssammlungen vorgesehen. Auch in anderen Utopien dieser Zeit wie in der *Christianopolis* (1619) von Johann Valentin ANDREAE (1586–1654) wurde zur Erkenntnisförderung und -vermittlung eine Apothekensammlung (*pharmacopolium*) als ein „Kompendium der ganzen Natur" postuliert (DILG 1994, S. 455). Die Anlage von Naturaliensammlungen begleitete vom 17. Jh. ab die Fortschritte in der Klassifizierung der Pflanzen und Tiere über die Zwecke der Medizin hinaus, zumal diese frühen Kabinette nicht nur der Aufbewahrung getrockneter Naturalien dienten, sondern auch *Laboratorien* mit Untersuchungsgeräten, Orte vergleichend-anatomischer Sektionen (auch Vivisektionen) und Diskussionsraum über Klassifizierungsprobleme waren, „Ort für die wichtigsten wissenschaftlichen Kontroversen des Tages" (FINDLEN 1994, S. 199). Ein Museum des 17. Jh. verdichtete Erfahrung, indem es sie an einem Ort konzentrierte und – nach ALDROVANDI – „deutlich vor Augen stellte" (a. a. O. S. 197). Die Experimentierfreude auf chemischem und physikalischem Gebiet kam auch der Entwicklung von Konser-

vierungsmethoden für biologische Objekte zugute, zumal sie – wie die Sammlungen selbst – von den neuen wissenschaftlichen Gesellschaften und Akademien gefördert wurden. Bald nach der Gründung hatte die *Royal Society* in London ein Naturalienkabinett im *Gresham College* eingerichtet, für die Robert BOYLE ab 1663 die Alkoholkonservierung tierischer Präparate erprobte und Nehemia GREW, der Verwalter dieser Sammlungen, die Mumifizierungstechnik ägyptischer Mumien untersuchte und nachahmte (GREW, *Journal des savans* 1682, S. 132). Kaum 20 Jahre nach Bestehen erschien sein Katalog *Musaeum Regalis Societatis …* (1681). Auch für die Sammlungen der Pariser Akademie der Wissenschaften und das *Cabinet du Roy* beschrieb Jean Baptiste DU HAMEL (1623–1706) schon 1696 in den Akademieschriften (*Regiae scientiarum academiae Historia* T. 1) verschiedene afrikanische Mumifizierungstechniken zur Konservierung von Tiersammlungen, worüber später auch BUFFON (1749) rückblickend referierte (Abb. 54).

Die Naturalienkabinette des 17. Jh. waren in der Regel private Sammlungen von Universalgelehrten und kennzeichnen ein „enzyklopädisches Vergegenwärtigungsstreben", wie das berühmte *Museum Kircherianum* (1678) in Rom, das in repräsentativen Einzelobjekten das Weltganze ohne disziplinäre Einengung repräsentierte. Hinter Anlage und „etikettierender Ordnung" eines solchen Museums stand ein wissenschaftliches Programm, und KIRCHER als Organisator des Museums und Sammler legte dem Totalitätsstreben den Begriff der „Arche Noah" zugrunde. Er, wie auch Daniel Georg MORHOF (1639–1691), verstand die *historia naturalis* im Geiste BACONS jedoch als „Gegen-

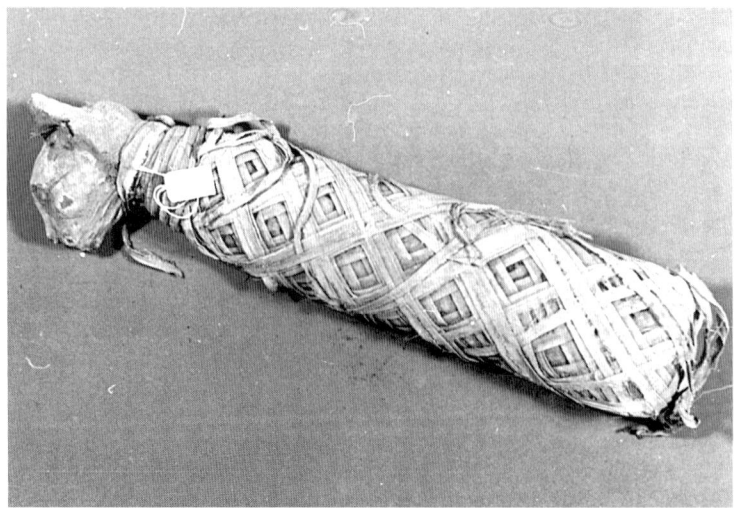

Abb. 54. Mumie einer Katze. Ägyptische Sammlung des Schloßmuseums Gotha. Photo: Ronald BELLSTEDT (Museum der Natur Gotha).

programm zur aristotelisch-scholastischen Naturphilosophie", und um „das Mammutprogramm ... in den Griff zu bekommen", forderte MORHOF „die Anlegung von Kompendien, Sammlungen und Einrichtungen wissenschaftlichen Experimentierens (LEINKAUF 1994, S. 542 f.). Auch für den Kieler Arzt Johann Daniel MAJOR (1634–1693) war die „Ordnung" ein konstitutives Element des Kabinetts, die bereits *a priori* das Sammelkonzept bestimmte. Sollten die *Naturalia* die Gesamtheit der „drei Naturreiche" repräsentieren, so die *Artificialia* (z. B. Bibliothek, Antiquitäten, mathematische Instrumente, „chymische Kunstsachen") das Menschenreich. Für die *Naturalia* verwarf er die übliche grobe Gruppierung nach „*Mineralia* oder *Vossilia*, *Vegetabilia* und *Animalia*. Es gelte, die Einzelobjekte (*Species*) nicht nach dem Alphabet zu ordnen,

„sondern Methodice, nach ihrer Natur in richtige Classes einzutheilen, anfangend von Corporibus Meteoribus ... bis zu den Terras, den Salzen, Schwefel, Lapides, Petrefacta, Metallae, Herbas ... Animalia ... mit ihren Subdivisiones oder ferneren Special-eintheilung der dinge ..." (MAJOR 1674, Kap VIII, S. 16).

Die damaligen Museums-Kataloge oder *Thesauri* spiegeln eine solche „Ordnung" wider, sind aber ebenso wenig auf die bereits vorhandenen Museumsobjekte beschränkt wie die Gartenkataloge dieser Zeit. Sie verstanden sich als „Universal-Catalog", als ein methodisch geordnetes Verzeichnis der damals bekannten „Raritäten" und damit gleichzeitig Richtschnur zum gezielten Erwerb noch fehlender Objekte (Abb. 55). So ist der 1590 erschienene Katalog des Neapler Apothekenmuseums von Ferrante IMPERATO (1550–1615) *Historia naturale* betitelt. Die zweite Auflage von 1672 zeigt sein Kabinett als Demonstrationsobjekt (JAHN 1994), zuglich mit zusätzlichen Naturalien.
Mit ihrer reichen Bebilderung und systematischen Ordnung stellten die Kataloge eine neue Publikationsform als Zeugnis der intellektuellen Aneignung der Naturphänomene dar (JAHN 1994, S. 478 ff.). Sie spiegeln gleichzeitig die Auseinandersetzung um ein System wider wie die Gartenkataloge des 17. Jh. und gaben Anweisungen und Anregungen zur Sammlung und Konservierung von Naturalien.
Stand die nach MAJORS museologischer Schrift (*Unvorgreiffliches Bedencken von Kunst- und Naturalien-Kammern insgemein*, 1674–75) 1688 erfolgte Gründung des *Museum Cimbricum* in enger Beziehung zur Kieler Universität und war ebenso wie der von MAJOR gegründete Botanische Garten vor allem auch zur Unterweisung der Studierenden vorgesehen (STECKNER 1994,

Abb. 55. Titelblatt zu G. E. RUMPFS *Amboinische Rariteit-Kammer* 1705, mit der Darstellung eines wissenschaftlichen Naturalienkabinetts des 18. Jh.

S. 608), so war das botanische Lehrbuch von Werner ROLFINCK (1669–1670) ebenfalls zugleich ein Katalog seiner zur Lehre benutzten Privatsammlung und Anleitung zur Anlage und Konservierung von Herbarien. Sein Schüler Günther Christoph SCHELHAMMER (1649–1716) demonstrierte dann in gleicher Weise an der Universität Helmstedt seine Pflanzensammlung zur Erläuterung eines neuen Pflanzensystems und legte in seinem *Catalogus plantarum maximam partem rariorum* (1683) 700 Pflanzenarten und die Konservierungstechnik für Herbarien vor. In seinem Katalog schlug sich ebenso wie in seinem Briefwechsel die zeitgenössische Auseinandersetzung um ein neues Pflanzensystem nieder (SCHEFFEL 1740).
Wie diese auch für den Unterricht publizierten Kataloge und Lehrbücher zeigen, war die Bemühung um ein neues Klassifizierungssystem auch von didaktischen Aspekten motiviert, für die die peripatetische Philosophie (in den Ordnungskriterien von ARISTOTELES und THEOPHRAST) nicht mehr allein ausreichte. Sowohl

SCHELHAMMER als auch MAJOR folgten den Kernsätzen der Logik des Hamburger Pädagogen Joachim JUNGIUS:

„Höchstes Gesetz der didaktischen Ordnung ist dies, daß sie die Methode (ratio) unseres Erkennens erleichtere" (zit. nach STECKNER 1994, S. 617, bzw. R. MEYER 1957, Kap. 17).

Er hatte in zwei botanischen Schriften (postum 1662 und 1678) durch eine einheitliche Terminologie neue Grundlagen für die Klassifizierung geschaffen (s. u.).
Darauf baute vor allem der englische Systematiker John RAY auf (vgl. 5.3.2.), der außer seinen eigenen Sammlungen für die Revision des gesamten Tier- und Pflanzenreiches die damals berühmten Londoner Kabinette von Martin LISTER (1639–1712), Hans SLOANE (1660–1753) und James PETIVER (1663–1718) neben dem der *Royal Society* benutzen konnte. Die Kataloge des *Museum Petiverianum* (1696–1703) und PETIVERS *Gazophylacium naturae et artis …* (1702–1709) dokumentieren auch die Möglichkeiten und Kenntnisse des Apothekerberufes zur Erprobung verschiedenster Konservierungstechniken, wie z. B. der Alkoholkonservierung für anatomische Präparate, deren Rezepte PETIVER publizierte, im Unterschied zu seinem holländischen Kollegen Frederik RUYSCH, der in seinen Katalogen (1691, 1704, 1710) teilweise auch farbig erhaltene Flüssigkeitspräparate abbildete, aber seine Verfahren zunächst geheimhielt. Als „*Praelector*" der Anatomie und ab 1685 auch als Hochschullehrer für Botanik am *Atheneum* in Amsterdam dienten seine Kabinette dem medizinischen und pharmazeutischen Unterricht und waren (wie damals in den *Theatri anatomici* der Universitäten üblich) mit religiös-moralischen Mahnungen an Tod und Vergänglichkeit ausgestattet, boten keine Klassifikationsmethoden an, aber hervorragende Demonstrationen des Blutgefäßsystems, die durch besondere, zusammen mit dem befreundeten SWAMMERDAM entwickelte Injektionstechniken farbig sichtbar gemacht wurden. Seine Korrosions- und Balsamierungstechniken kamen auch für Pflanzenpräparate zur Anwendung, jedoch nur zu dekorativen, nicht zu systematisch-wissenschaftlichen Zwecken.[1])

---

[1]) Eine ausführliche Darstellung von RUYSCHS anatomischen und zoologischen „Thesauri", seiner Kataloge zwischen 1691 und 1724 und der Geschichte des Sammlungsankaufs durch Zar PETER I. gibt LUYENDIJK-ELSHOUT 1994, S. 643–660. Zum jetzigen Bestand vgl. MANN 1961.

5.3.2. Botanische Klassifikationssysteme

Zu Beginn des 17. Jh. existierten schon in kritischer Auseinandersetzung mit der von THEOPHRAST überlieferten Botanik und mit der durch PARACELSUS und PORTA eingeführten *Signaturenlehre* verschiedene Klassifikationsmethoden, die mehr oder weniger „künstliche" Pflanzensysteme ergaben (vgl. 4.3.2.). Mit der Formulierung von methodischen Prinzipien setzte im 17. Jh. mehr und mehr auch Kritik an der einen oder anderen „Methode" ein. Insbesondere mehrten sich Auseinandersetzungen über die Wahl dieses oder jenes „wesentlichen" Merkmals zur Bildung von Untergruppen (*Klassen*, *Gattungen*), die sich in die philosophische Methodendiskussion des 17. Jh. einreihen (ENGFER 1981; WOLLGAST 1984).
Die zunehmende Zahl botanischer Gärten (Abb. 56), die auch an Universitäten zur Unterweisung der Studenten gegründet wurden, und die damit verbundene Pflicht zur Publikation von Gartenkatalogen förderten nicht nur die empirische Beschäftigung mit der einheimischen und exotischen Pflanzenwelt und ihren Kulturbedingungen, sondern auch die praktische und theoretische Auseinandersetzung mit Methoden der Determination und Klassifikation. Das wird in der Gelehrtenkorrespondenz wie derjenigen von Günther Christoph SCHELHAMMER oder Johann Christoph VOLCKAMER (1644–1720) deutlich, deren Publikation vor Gründung von Fach- oder Akademiezeitschriften die wissenschaftliche Kommunikation über den Kreis der Korrespondenten hinaus bewirkte.
So kritisierte der englische Botaniker Robert MORISON (1620–1683), Vorsteher des Gartens der Universität Oxford, in seinem *Praeludium Botanicorum* (1669) die Methoden von C. BAUHIN und RAY (s. u.) und schloß sich CAESALPIN bei der Wahl der Klassifikationskriterien an. Wie dieser wählte er nur Samenanlage und Früchte als Gruppierungsmerkmal in seiner Monographie der Doldengewächse (*Plantarum umbelliferum distributio*, 1672) und in seiner Allgemeinen Naturgeschichte der Pflanzen (*Plantarum historia universalis*, 1680).
Dem widersprach Pierre MAGNOL (1638–1715), Vorsteher des Gartens von Montpellier, der so formale Grundsätze ablehnte und die Pflanzen eher wie C. BAUHIN nach dem als „Verwandtschaft" gedeuteten Gesamthabitus zu gruppieren suchte (MAGNOL 1689). Er verwendete für eine solche Verwandtschaftsgruppe erstmals den genealogisch definierten Begriff *Familie*, „vergleichbar den Familien bei den Menschen", und

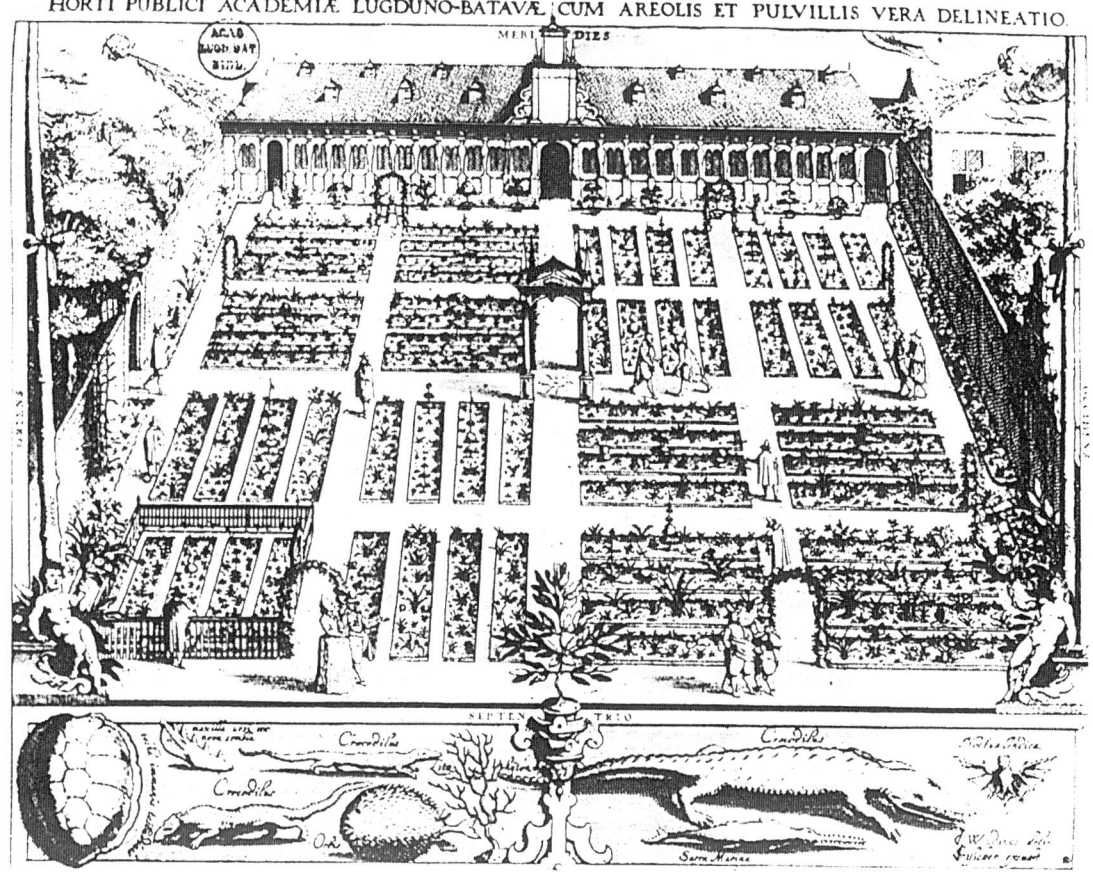

HORTI PUBLICI ACADEMIÆ LUGDUNO-BATAVÆ CUM AREOLIS ET PULVILLIS VERA DELINEATIO.

Abb. 56. Botanischer Garten mit Naturalienkabinett der Universität Leiden 1610. Aus P. SMIT.

verglich dazu „Hauptmerkmale" der Pflanzen (Wurzeln, Stengel, Blütenorgane und Samen).

Der nachhaltige Einfluß der aristotelisch-peripatetischen Methoden in der empirischen Naturforschung und die allmähliche Revision der dieser zugrunde liegenden Theorien werden deutlich erkennbar im Lebenswerk des wohl einflußreichsten Systematikers des 17. Jh., John RAY (RAJUS, 1628–1705). Seine frühen botanischen Arbeiten spiegeln gleichzeitig die im Umfeld von Universitäten erkennbare Tendenz zur Anfertigung von Lokalfloren, oft in Verbindung mit der Anlage und Katalogisierung botanischer Gärten, wie etwa durch Pierre RICHER DE BELLEVAL (1558–1623) in Montpellier, der um 1600 die Pflanzen der Languedoc aufnahm, um sie im Heilkräutergarten zu kultivieren und zu demonstrieren (vgl. 4.3.3.), oder Johann Theodor SCHENCK (1619–1671) in Jena, der ebenfalls bei Einrichtung des neuen (Wilhelminischen) Botanischen Gartens zugleich mit dem Katalog eine Lokalflora der Umgebung Jenas publizierte (*Catalogus Plantarum horti medici et agri Jenen-*

sis, 1659), wobei er der Nomenklatur von C. BAUHIN (1623) folgte (vgl. 4.3.4.2.).

So erarbeitete RAY zunächst während seines Theologiestudiums in Cambridge eine Lokalflora der Umgebung (*Catalogus plantarum Cantabrigiam*, 1660) und bald darauf eine Regionalflora Englands (*Catalogus Angliae*, 1670), die ebenfalls von C. BAUHIN sowie dessen Bruder Jean BAUHIN (1541–1612) beeinflußt waren, dessen *Historia plantarum universalis* erst 1650–1651 erschien. Zusammen mit seinem Schüler und Freund F. WILLUGHBY (5.3.3.) führte RAY Sammelexkursionen in England und 1663–1666 eine Sammel- und Studienreise durch Holland, Österreich, Italien, die Schweiz und Frankreich durch, um ein umfassendes neues Natursystem zu schaffen. Aufgrund seines empirischen Wissens und der frühzeitigen Kenntnis der nachgelassenen botanischen Manuskripte von JUNGIUS (RAVEN 1986, S. 105 f.) erarbeitete er zunächst eine neue Bestimmungsmethode für Pflanzen in Form von Tabellen (*Methodus plantarum nova*, 1682). In der nachfolgenden allgemeinen Naturgeschichte der Pflanzen (*Historia generalis plantarum*, 1686) legte er seine Grundsätze der vergleichenden Morphologie, Organologie und Terminologie nach JUNGIUS dar sowie die Pflanzenanatomie nach GREW und MALPIGHI (vgl. 5.1.2.), aber auch physiologisch-funktionelle Deutungen nach ARISTOTELES und THEOPHRAST, von denen er die Großgliederung des Pflanzenreichs nach Bäumen, Sträuchern, Stauden und Kräutern übernahm, was zeitgenössische Kritiken und Kontroversen nach sich zog. In Auseinandersetzung damit gab er diese Klassifizierung in der zweiten Auflage des *Methodus* (1703) auf.

Von eminent praktischer Bedeutung für die subtile Analysearbeit war die Verwendung regelhafter Artdiagnosen nach dem Vorbild von BAUHIN und die Einführung von zusätzlichen Gattungscharakteristiken, was über BAUHIN hinaus den Weg zu einem „System" wies (vgl. auch 8.1.1.). Vor allem definierte er den Artbegriff nicht mehr relativ im Rahmen eines logischen Systems, wie er aus der antiken Begriffslogik überliefert war, sondern eindeutig genealogisch, nämlich als Gruppe von Pflanzen,

„die vom gleichen Samen abstammen und ihre Eigenart durch Aussaat weiter fortpflanzen" (zit. nach MÄGDEFRAU 1992, S. 51).

Damit wurde die Artkonstanz wissenschaftlich definiert, wenngleich sie RAY auch auf die Schöpfung zurückführte und ihre gleichbleibende Anzahl damit begründete. Daraus ergab sich ihm eine Richtlinie für echte Artkriterien, von denen er *accidentelle* Merkmale ausschloß. Demzufolge bezeichnete er Zuchtformen von Blumen, Gemüse und Obst nicht als „Art" im taxonomischen Sinne, sondern als Varietät (*varietas*) und schloß sie „vom Grad und der Würde der Arten aus" (zit. nach ZIMMERMANN 1953, S. 140).

Nach den 1682 aufgestellten Regeln, „die in der heutigen Systematik noch volle Geltung haben" (MÄGDEFRAU 1992, S. 50), legte RAY (1686–1704) in drei Bänden ein Pflanzensystem vor, in dem er die Arten nach einem Komplex von Merkmalen a l l e r Pflanzenorgane (Wurzel, Stengel, Blätter, Blüten, Früchte, Samen) gruppierte und zunächst zu „Gattungen" (*genus*) zusammenfaßte. Diese vereinte er zu nächsthöheren Gattungen (*genus subalternum*) und höchsten Gattungen (*genus summum*), verwendete den Gattungsbegriff also nicht als Taxon im heutigen Sinne, schuf jedoch ein echtes Klassifikationssystem, indem eine Beziehung zwischen den Gruppierungen – nach morphologischen Ähnlichkeiten – bestand, die „natürliche Gruppen" auch im Sinne der „Verwandtschaft" bilden. So unterschied er *Mono-* und *Dicotylen*, und er vereinigte z. B. die *Umbelliferen* (Dol-

dengewächse), die Lippenblütler und andere natürliche Gruppen, die er auch benannte. In dem speziellen Teil der *Historia plantarum* werden etwa 6100 Arten (im heutigen Sinne) behandelt (MÄGDEFRAU 1992, S. 50)

Da RAY mit zahlreichen englischen Gelehrten in Verbindung stand und ihre Sammlungen benutzte (vgl. 5.3.1.), waren ihm vermutlich auch die Bestäubungsversuche von Jacob BOBART im Oxforder Medizinergarten bekannt, von denen GREW 1682 berichtete, denn er verglich schon 1686 die Pollenkörner mit männlichem Sperma, die bestrebt seien, den Samen zu befruchten. RAY war mithin von der Bisexualität der Pflanzen überzeugt, schon bevor Rudolf Jacob CAMERARIUS (1694) durch gezielte Kreuzungsexperimente den Nachweis dafür erbrachte und sie mitteilte.

Grundsätze für eine neue Systematik formulierte auch der Leipziger Botaniker August Quirin RIVINUS (BACHMANN, 1652–1725), der sich den Prinzipien von Joachim JUNGIUS (1662) anschloß (vgl. 4.3.4.2.). Wie dieser lehnte er die antike Großgliederung des Pflanzenreichs in Bäume, Sträucher, Stauden und Kräuter ab und beeinflußte durch seine Kontroversen darüber die intensive Auseinandersetzung von John RAY (s. u.) mit den theoretischen Grundlagen der Klassifikation und die Neufassung seiner „Methode". RIVINUS schuf ein umstrittenes Pflanzensystem, das nur auf Merkmale der Blütenhülle gegründet war, und benutzte dafür die von JUNGIUS eingeführte einheitliche Terminologie für die Teile der Blumenkrone und Blütenstandsformen, die erst 1678 (postum) gedruckt worden war und eine neue Qualität der vergleichend-morphologischen Methode als Grundlage der Klassifikation herbeiführte. RIVINUS formulierte in seiner allgemeinen Einführung in die Pflanzenkunde (*Introductio generalis in rem herbariam*, 1690) schon Vorschläge für eine binäre Nomenklatur, wandte sie aber selbst nicht an, so daß ihre Einführung erst LINNÉ vorbehalten blieb (vgl. 6.2.1.).

Der Vorsteher des Pariser Botanischen Gartens, Joseph Pitton DE TOURNEFORT (1656–1708), kritisierte ebenfalls RAYS Klassifizierung nach antiken Vorbildern und veranlaßte diesen zu wiederholter genauer Formulierung seiner methodischen Grundsätze in ihrer Neufassung als *Methodus emendatus et aucta* (RAY 1703), worin er durch Bestimmungstabellen „ein Höchstmaß an Übersicht" vermittelte, „wie es von späteren Autoren nicht mehr erreicht worden ist" (MÄGDEFRAU 1994, S. 50). Dennoch war TOURNEFORT mit seinen Hauptwerken zu seiner Zeit einflußreicher und wurde zum Vorbild des jungen LINNÉ (vgl. 6.2.1.). Auch er sammelte zunächst auf Reisen in die Pyrenäen, nach Spanien, Portugal,

Holland und England (später auch Griechenland und Kleinasien) Pflanzen und reiche Erfahrungen. Die französische Ausgabe seiner *Elemente der Botanik oder Methode zum Erkennen der Pflanzen* (1694) enthält seine Klassifikationsprinzipien, in denen die Gestalt der Blütenhülle (Verwachsungsgrad der Blumenblätter) als Hauptmerkmal diente. Danach wählte er für die Bezeichnung der Blüten lateinische Termini wie lippenförmig (*labiati*), kreuzförmig (*cruciformes*), doldenförmig (*umbellati*) oder schmetterlingsartig (*papilionacei*), die durch die weit verbreiteten lateinischen Ausgaben (1700, 1719) in der botanischen Systematik eingebürgert wurden. Wie Ray benutzte er präzise Gattungsdiagnosen und eine hierarchische Gliederung des Ordnungssystems, deren Großgruppen er als Klassen, Sektionen, Gattungen und Arten (*Classis, Sectio, Genus, Species*), als feststehende taxonomische Kategorien, bezeichnete und benannte. Gute Illustrationen, die alle Einzelheiten des Blütenbaues wiedergaben, unterstützten die weite Verbreitung seines Systems.

Tourneforts Schüler Sébastien Vaillant (1669–1722) intensivierte die Blütenanalyse und lenkte in seiner Veröffentlichung über die Struktur der Blüten (*Sermon de structura florum ... 1718*) die Aufmerksamkeit auf die Sexualstrukturen und ihre Bedeutung für die Befruchtung, was Linné zu seinem „Sexualsystem" der Pflanzen anregte (6.2.1.).

Die Bemühungen der Botaniker des 17. Jh. um ein gleichermaßen praktisch handhabbares und „philosophisch"-logisch fundiertes Pflanzensystem fanden im 18. Jh. durch Linné einen gewissen Abschluß. In ihnen spiegelten sich die Erkenntnisbestrebungen nach dem „inneren Wesen" der vielfältigen Formen und seiner Wiedergabe in einem adäquaten Ordnungssystem, dessen Ursprung man im Weltenplan Gottes vermutete. John Ray begründete mit seiner Schrift *The Wisdom of God in the Works of Creation* (1691) gleichzeitig eine physikotheologische Strömung der Naturforschung, die als antimechanistische Bewegung der Aufklärung ebenfalls im 18. Jh. spezielle Früchte – vor allem für die Zoologie – trug (vgl. 6.3.1.).

5.3.3. Zoologische Klassifikationssysteme

Noch stärker als die Botanik wirkte die Zoologie des Aristoteles in den Klassifizierungsbemühungen des 17. Jh. nach, um so mehr, als er kein Tiersystem überlieferte, sondern lediglich morphologische, anatomische und physiologi-

sche Organisationsmerkmale für einzelne Tiergruppen mitgeteilt hatte. Daran orientierten sich zunächst die vergleichend-anatomischen Untersuchungen (vgl. 5.1.1.) ebenso wie die Tierbeschreibungen in der Renaissance (vgl. 4.2.2.). Die späten Ausläufer, die zoologischen Schriften des Aldrovandi, die von seinen Schülern noch bis zur Mitte des 17. Jh. ediert wurden, bildeten die Ausgangsbasis für neue empirische Untersuchungen. Besonders seine noch selbst herausgegebenen Spezialwerke über Vögel (1599–1603) und über Insekten (= Gliedertiere, 1602) lösten weitere Impulse und Erörterungen zu Klassifizierungsversuchen aus.

Das Wirken Aldrovandis zeigt sowohl typische Züge eines Gelehrten der Renaissance (vgl. 4.4.1.) als auch eines Empirikers des 17. Jh., der in kritischer Auseinandersetzung mit Aristoteles nach eigenen Klassifizierungskriterien aufgrund von vergleichenden Naturbeobachtungen suchte und bewußt – aus wissenschaftlich-philosophischen Gründen – von der bis dahin meist üblichen alphabetischen Darstellungsfolge der Tierarten innerhalb der antiken Großgruppen abging. Als Hochschullehrer für Naturgeschichte an der Universität Bologna, der auch Botanik lehrte, legte er nicht nur einen botanischen Garten an, sondern auch ein Herbarium und Naturaliensammlungen, wobei er die im 16. Jh. noch schwer museal zu repräsentierende Tierwelt in Form künstlerischer Tierabbildungen sammelte, die von Malern in seinem Auftrag nach der Natur angefertigt waren. Die in seinem Museum gezeigten Naturobjekte galten ihm als konservierte Originale (*conservati in pittura et al vivo*) und dienten ebenso wie der Garten als Lehrsammlung, um den Studenten die Natur (*cose di natura*) unmittelbar vor Augen zu führen (*ob oculos ponere*), wie er dem Nürnberger Humanisten Joachim Camerarius (1500–1574) schrieb (Olmi 1994, S. 175).[1] Auch für Aldrovandis Tiersystem trifft wie für die Botaniker zu (vgl. 5.3.2.), daß der Versuch seines Ordnungssystems zunächst didaktische Motive hatte und von der „Lehranordnung" bestimmt war, wie der von ihm gebrauchte Begriff „*metodo*" unter anderem nahelegt.[2] Als „wahre Philosophie" bezeichnete Aldrovandi in einem *Discorso naturale* „das Wissen über Zeugung, Wärme, Natur

---

[1]) Über die noch heute in Bologna aufbewahrten Sammlungen, Herbarien, Tierbilder und Manuskripte vgl. Olmi 1976, Pattaro 1977. Über die Maler von Aldrovandis Tierbildern vgl. auch Riedl-Dorn 1989.

[2]) Nach Pattaro hatte sie dreifache Bedeutung, auch als Erkenntnishilfe nach Aristoteles und als Gedächtnishilfe (s. auch Linné, 6.2.1.). Die didaktische Ordnung folgte „kompositiven, resolutiven und definitiven" Aspekten (Bäumer 1991, S. 76).

und Vermögen jedes Dinges mit Hilfe der Erfahrung" (zit. nach BÄUMER 1991, S. 77), was ihn den Bestrebungen des 17. Jh. nahebringt.

Sein Tiersystem enthält die traditionelle Großeinteilung in „Bluttiere" und „Blutlose" nach ARISTOTELES und in jeder dieser Gruppen fünf Untergruppen (Ordnungen): zum einen *Lebendgebärende Vierfüßer, Eierlegende Vierfüßer, Vögel, Fische* (einschließlich Meeressäuger), *Schlangen* und „*Drachen*", zum anderen *Weichtiere, Schaltiere, Krustentiere, Insekten* und *Zoophyten*. In dem ersten Teil seiner zoologischen Enzyklopädie (12 Bände, 1599–1642), der *Ornithologia* (3 Bde. 1599–1603), legt ALDROVANDI eine über das traditionelle Schrifttum hinausgehende, originelle Klassifikation vor. Er gliedert sie in Tag- und Nachtraubvögel, in Körner- und Würmerfresser und in Wasservögel, wobei zum einen die Schnabelbildung, zum anderen die Lebensgewohnheiten zu Einteilungskriterien herangezogen wurden, was STRESEMANN (1951, S. 23) nicht als Fortschritt gegenüber ARISTOTELES und GESSNER bewertete. Indessen enthält die enzyklopädische Darstellung der einzelnen Arten eine Fülle neuer Fakten und anatomischer Beobachtungen, die teilweise von Paduaner Anatomen stammen und diese wiederum zu eingehenden Untersuchungen anregten, wie seinen Schüler Volcher COITER (vgl. BÄUMER 1991, S. 222–233), der vor allem die Anregung zur Untersuchung der Embryonalentwicklung des Hühnchens aufgriff, mit der sich auch ALDROVANDI beschäftigt hatte (BÄUMER 1993, 54–60). Detaillierte Darstellungen von ALDROVANDIS *Ornithologia* gibt BÄUMER (1991, S. 80–89), die den Inhalt der drei Bände und die Art- und Gruppencharakteristiken in deutscher Übersetzung zugänglich macht.

ALDROVANDIS Band über die „Insekten" (*De insectis*, 1602) widmet sich noch eingehender systematischer Einteilung und gibt erstmalig eine grafische Bestimmungstabelle nach der diairetischen Methode des PLATON, die dichotomisch von den Hauptgruppen zu den Untergruppen und zu den einzelnen Arten führt. Erstmalig charakterisierte er die Haupt- und Untergruppen nach Morphologie und Lebensweise (in Anlehnung an ARISTOTELES) und nennt die gewählten Einteilungs- bzw. Unterscheidungskriterien (Lebensraum, Körperbeschaffenheit, Anzahl der Füße), wobei wie bei den Wirbeltieren („*Bluttieren*") zunächst in Land- und Wasser-Insekten gruppiert wurde. Die 7 Untergruppen enthalten nicht „Insekten" im heutigen Sinne, sondern auch Spinnentiere und Gliederwürmer, gute Abbildungen von Raupen, Maden und Puppen, auch Nackt-Schnecken und Stachelhäuter, während den Krebstieren, Weichtieren (Mee-

resmollusken), Schaltieren (Muscheln und Schnecken) und Zoophyten ein eigener Band gewidmet ist („übrige blutlose Tiere", 1606). Nach BODENHEIMER (1928, Bd. 1, S. 325) ist „ALDROVANDI der Begründer der Entomologie überhaupt und der systematischen Entomologie im besonderen", was nicht zuletzt seine zahlreichen, noch in Bologna aufbewahrten Originalaquarelle zeigen.

Auch der Band über die Fische und Wale (postum 1612–1613)[1] gibt neue Aspekte einer zoologischen Klassifikation, indem er nicht mehr (wie z. B. RONDELET) alle wasserlebenden Tiere unter dem Oberbegriff „Fische" erfaßte, sondern nur die Wirbeltiere, und den Walen auch eine begründete Sonderstellung am Ende des Bandes zuweist.

Die Werke von ALDROVANDI, GESSNER und JOHNSTON (vgl. 4.4.1.) waren die Grundlagen zoologischer Einzel- und Regionalforschung, die im 17. Jh. große Ausdehnung – nicht zuletzt durch die Westindische Kompanie – erfuhren. So wurden bald ALDROVANDIS Tierkenntnisse durch neue exotische Tierbeschreibungen erheblich erweitert. Aus der Brasilienexpedition von Georg MARCGRAF (1611–1644) und Willem PISO (1611–1678) gingen die gut illustrierten Werke der beiden Mediziner mit detaillierten Beschreibungen brasilianischer Tiere hervor, die *Historia Naturalis Brasiliae* (1648, nach MARCGRAFS Notizen hrsg. von Johannes DE LAET) und PISOS Werk *De Indiae utriusque re naturali et medica* (1658), auf deren Mitteilungen sich 150 Jahre lang die Naturforscher stützten (STRESEMANN 1951, S. 34 ff.).

Die Tropentierwelt Südostasiens konnte mit Hilfe der Ostindischen Kompanie Georg Eberhard RUMPF (RUMPHIUS, 1628–1702) erforschen, der 1653 nach Batavia reiste und ab 1657 auf der malaiischen Insel Amboina weilte und seine zoologischen Sammlungen in einem *Ambonsch Dierboek* und seiner *Amboinsche Rariteitkamer* beschrieb, die jedoch erst aus den nachgelassenen Manuskripten ausgewertet wurden (1705–1745) (vgl. Abb. 55).

Insbesondere die Insektenwelt rückte aufgrund der Vorleistungen ALDROVANDIS und durch Importe aus überseeischen Ländern in den Interessenkreis von Naturforschern und Malern, die die Entwicklung der Insekten aus dem Ei bis zur Imago studierten. So lieferte der holländische Maler Jan GOEDAERT (1617–1668) mit ca. 140 nach dem Leben illustrierten Artbeschreibungen über die Verwandlung der Insekten ein dreibändiges Werk mit genau protokollierten Beobachtungen über die einzelnen Metamor-

---

[1] Die Edition erfolgte nach ALDROVANDIS „Zettelkartei" (OLMI 1876).

phosestadien, über Zeit und Art der Verwandlung, über Lebensweise und Schadwirkungen, das mit Hilfe des Arztes DE MEY ergänzt und ediert wurde (1662–1669), dann, nochmals überarbeitet von Martin LISTER (1685), John RAY zur Klassifizierung diente (Abb. 57).

Stephan BLANKAART (1650–1704) bot in seinem reichhaltigen *Theatrum insectorum Belgiae* (1688) einen Überblick über die Insektenfauna Belgiens, und Maria Sybilla MERIAN (1647–1717) wurde durch ihre subtilen Beobachtungen und Abbildungen über die Metamorphose der Insekten aus der Umgebung Nürnbergs (1679–1683) bekannt, noch bevor ihr Aufsehen erregendes Werk über die Metamorphose der Surinamesischen Insekten (1705) erschien, in dem sie viele noch unbekannte Insekten und ihre Futterpflanzen darstellte.

Die Individualentwicklung als Klassifizierungsmerkmal wählte dann Jan SWAMMERDAM aufgrund seiner mikroskopischen Insektenstudien (vgl. 5.1.2.). Danach teilte er die Gliederfüßler in vier Großgruppen ein:

1. Skorpione, Spinnen, Krebstiere, die fertig gebildet schlüpfen,
2. Grillen, Zikaden, Schaben, die vollkommen, aber flügellos schlüpfen,
3. Ameisen, Bienen, Käfer, Schmetterlinge, die als „Maden" (Raupen) aus dem Ei schlüpfen und sich nach Häutungen verpuppen,
4. Insekten mit abweichender Entwicklung, z. B. fußlose Maden, die sich ohne Häutung verpuppen (wie Fliegen).

Für den Systematiker John RAY war SWAMMERDAMS Werk (1669) das beste Buch, das über diesen Gegenstand geschrieben worden ist (RAVEN 1986, S. 392) (Abb. 58).

Auch die übrigen „blutlosen Tiere", insbesondere die noch ganz undifferenziert unter dem Begriff der „Würmer" zusammengefaßten Wirbellosen, wurden kritischen Analysen unterzogen, zumal durch die vermehrten tieranatomischen Untersuchungen (vgl. 5.1.1.) auch viele parasitische „Würmer" neu entdeckt wurden. Der Florenzer Arzt Francesco REDI (1626–1697), Mitglied der das Experiment besonders fördernden *Accademia del Cimento*, beobachtete sowohl die Individual-Entwicklung parasitischer „Würmer" als auch der Insekten und konnte erstmals prä-

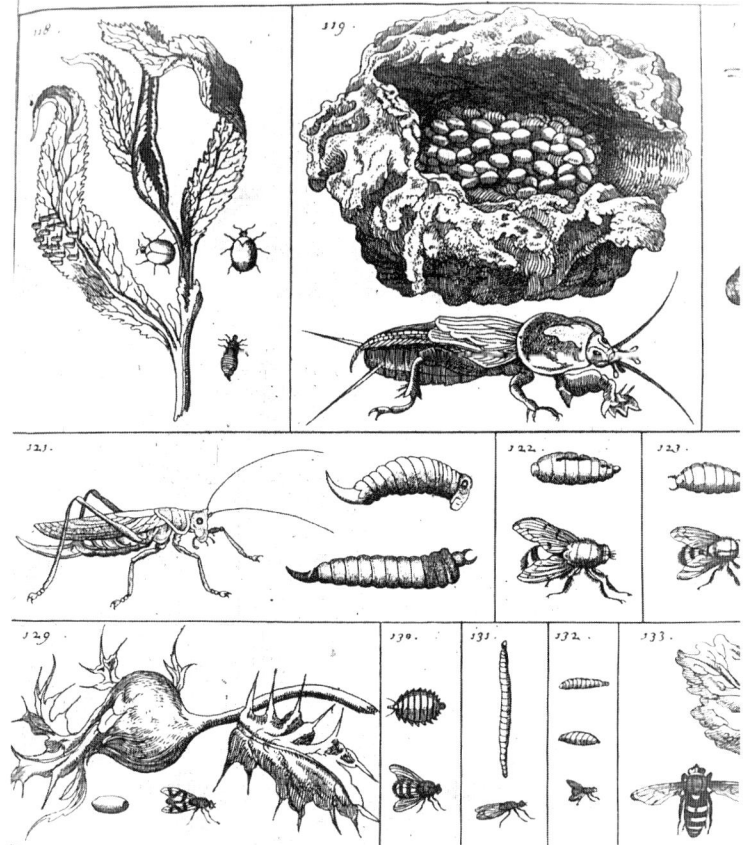

Abb. 57. Insekten-Darstellung von Jan GOEDAERT 1662, mit den Entwicklungsstadien (Eiern, Larven und Puppen) von Maulwurfsgrille (oben), Heuschrecke (Mitte) und Zweiflüglern. Aus: *De insectis* 2. Ausg. von M. LISTER 1685.

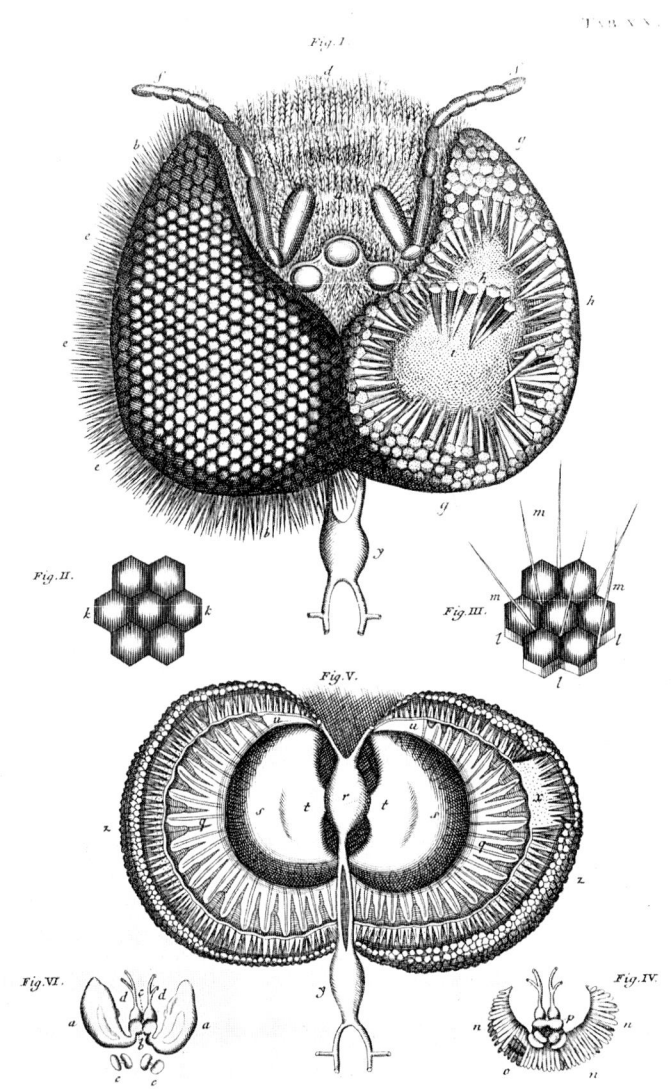

Abb. 58. Anatomie des Facettenauges der Honigbiene von Jan SWAMMERDAM. Aus: *Biblia naturae*, Bd. 2, 1738, Tafel XX.

zise die Entstehung der Fliegenmaden aus Eiern nachweisen, wodurch dem Paradigma der „Urzeugung" der Boden entzogen wurde (Abb. 59). Seine Feststellung, daß a l l e s Lebende aus einem Ei (nicht aus Fäulnis und Schlamm) entsteht (*ex ovo omnia*, 1668), ging als „Redisches Prinzip" in die Geschichte ein und wurde vielfach modifiziert.[1]) Von nicht geringerer Bedeutung war die Beschreibung von mehr als 100 parasitischen Organismen, die REDI bei Tiersektionen in Wirbeltieren und auch Wirbellosen

(Krebstieren, Kopffüßern) fand, sowohl im Eingeweide, als auch in Nieren und Luftwegen. „Es war dies der Beginn planmäßiger faunistischer Untersuchungen" auf dem Gebiet der *Helminthologie*, als deren Begründer er gilt (ENIGK 1986, S. 12 f.). Er beschrieb in seinem Hauptwerk (1684) Entwicklungsstadien von Spul- und Bandwürmern und widmete sich speziell der Untersuchung des Leberegels (1698), von dessen erster Entdeckung im Hasen er schon 1668 erstmals eine gute Abbildung veröffentlichte (a. a. O.).
Während REDI die Herkunft der Gallinsekten aus Eiern noch unklar blieb, klärte sie sein Schüler Antonio VALLISNIERI auf und schuf ein System der tierischen Parasiten nach ihrem Entwicklungsmedium (1712).
Im Zuge der vergleichend-anatomischen Untersuchungen kam auch der Londoner Arzt Edward

---

[1]) z. B. v. SIEBOLD (1845): *Omne vivum ex ovo*, VIRCHOW (1855): *Omnis cellula e cellula*, PASTEUR (1861): *Omne vivum e vivo*, FLEMMING (1880): *Omnis nucleus e nucleo*, ALTMANN (1890): *Omne granulum e granulo*. Auch BOVERI (1887): Jedes Chromosom von einem Chromosom.

TYSON (1651–1708) zu bemerkenswerten Beobachtungen über parasitische Würmer, besonders über die Entwicklungsstadien von Band- und Spulwürmern und zur Ablehnung von „Urzeugung" in den Eingeweiden von Tieren (1683 b). Auch erkannte er die grundlegenden anatomischen Unterschiede zwischen Spulwurm (*Ascaris*) und Regenwurm (*Lumbricus*), die damals noch zu einer Gattung gestellt wurden.

Solche genauen Unterscheidungen waren aber die Voraussetzung für Fortschritte in der Klassifikation, so daß auch im 17. Jh. nicht die Leistungen der Zootomen von denen der Naturhistoriker streng getrennt werden können. War doch eine der maßgeblichen Motivationen der Pariser Anatomen (vgl. 5.1.1.) die Schaffung einer umfassenden „Naturgeschichte der Tiere".

Zu der traditionellen Gruppe der „Würmer" wurden lange Zeit auch Schnecken und Muscheln gezählt, deren Studium sich der englische Arzt Martin LISTER (1639–1712), Präsident der *Royal Society*, speziell widmete. Nach regionalfaunistischen Forschungen und Sammlungen über die Tierwelt Englands (1678) veröffentlichte er eine mehrbändige Naturgeschichte der „Conchylien" (1685–1692), jedoch keineswegs nur auf der Basis seiner Conchyliensammlung, die später das *Ashmolean Museum* erhielt, sondern nach Lebendbe-

obachtungen. Er beschrieb die Sexualorgane der Schnecken und den Hermaphroditismus bei *Helix pomatia* (1694) und die Embryonen von Muscheln (*Anodonta*) 1696, 1697.

Für die Geschichte der zoologischen Klassifikation ist John RAY die bedeutendste Autorität im 17. Jh. geworden, nachdem sein Schüler und Reisegefährte Francis WILLUGHBY (1635–1672), der den zoologischen Teil in dem gemeinsam geplanten Natursystem übernommen hatte, so früh verstarb. Nach gemeinsamen Exkursionen an der Westküste Englands (1662) führte sie die von WILLUGHBY finanzierte Studien- und Sammelreise durch Europa (vgl. 5.3.2.), von Neapel aus aber WILLUGHBY 1664 allein noch über Rom und Rousillon nach Spanien. Nach der Rückkehr entstanden zunächst drei Bücher über Vogelkunde (1676), die in kritischer Auseinandersetzung mit den antiken Vorläufern und auch mit ALDROVANDIS *Ornithologia* ein neues System der Vögel boten, das die Großgruppen nicht mehr nach Funktion und Lebensweise, sondern nach morphologischen Kriterien, nach Schnabelform, Fußbau und Körpergröße aufstellte. Die Klassifizierung erfolgte nach dem platonisch-aristotelischen Diairese-Prinzip der Begriffslogik, aber nicht streng *dichotomisch*, sondern bedarfsweise auch *trichotomisch*, und

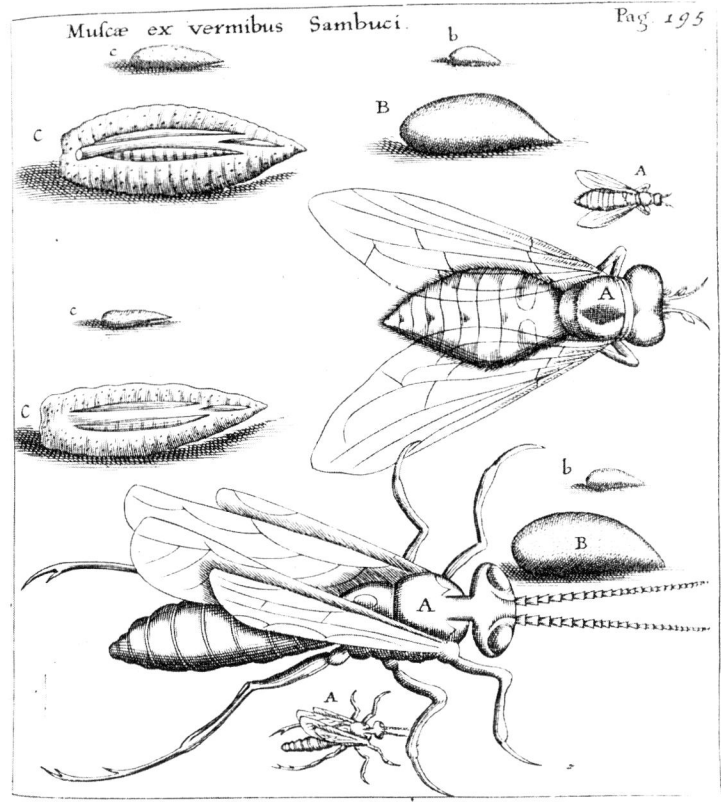

Abb. 59. Darstellung der Entwicklung einer Fliege (*Musca*) aus den Larven. Aus Francesco REDI 1668, S. 195.

führte zu Endgruppen (Gattungen oder Familien im heutigen Sinne), die mit kurzen lateinischen „Diagnosen" charakterisiert sind (z. B. Tauben, Möwen, Hühnervögel, Gänse- und Entenvögel, Rabenvögel, Papageien etc.). „Lange Zeit blieb dieses System unübertroffen", da es „die wahre Verwandtschaft" abbildete, urteilt STRESEMANN (1951, S. 43). Es wurde nach WILLUGHBYS Tod nach dessen Skizzen von RAY (mit Hilfe von Thomas BROWNE) in druckreife Form gebracht und spiegelt vermutlich auch dessen theoretische Grundsätze der Klassifikation.

Das gleiche gilt zweifellos auch für die Naturgeschichte der Fische von WILLUGHBY (1686), für deren Klassifikation durchweg anatomische Kriterien gewählt wurden, statt, wie bisher, Lebensraum und Lebensweise. Neben Körperform und Beschuppung wurden der Bau des Herzens und der Atemorgane, des Knorpel- oder Knochenskelettes, Zahl und Lage der Flossen der Einteilung zugrunde gelegt, wobei die Anatomen Martin LISTER, Edward TYSON und Thomas WILLIS zu Rate gezogen wurden (RAVEN 1986). Durch eine allgemeine Charakteristik von Körperbau und innerer Organisation (Bau des Auges, des Gehirns, der Seitenlinie, der Kiemen und Schwimmblase, des Herzens, der Nieren, der Verdauungs- und Reproduktionsorgane) wird die Tiergruppe der „Fische" neu definiert als

„Tiere mit Blut, einkammerigem Herzen, Kiemenatmung und nackter oder beschuppter Haut"

und damit in morphologisch-taxonomischem Sinne von den bisher ökologisch definierten Wassertieren abgetrennt, wofür bereits ALDROVANDI (1613) Vorarbeit leistete (s. o.). Wie dieser bezog aber auch RAY noch die Wale in das System der Fische ein, obwohl er sie „im streng philosophischen Sinne" nicht für „Fische" hielt (RAY 1703). Das entsprang einem seiner Grundsätze, einen zu heftigen Bruch mit der Konvention zu vermeiden (RAY 1703). So hielt er – bei allen Reformen im Detail – an der traditionellen aristotelischen Großgliederung des Tierreiches in „Bluttiere–Blutlose Tiere", der Vierfüßer in „lebendgebärende" und „eierlegende" fest.

Doch führte RAY in seiner Synopsis der Vierfüßer und Schlangen (1693), die seine Grundsätze einer Klassifikation des gesamten Tierreichs und kurze Charakteristiken aller Großgruppen enthält, in der Untergliederung Reformen aufgrund eigener, 1663 in Padua erworbener anatomischer Kenntnisse durch und gruppierte die Schlangen gemeinsam mit den Kriechtieren unter den Tieren ein, die als „Tiere mit Blut, Lungenatmung, einkammerigem Herzen und eierlegend" charakterisiert wurden. Die Fledermäuse wurden definitiv zu den „lebendgebä-

renden Vierfüßern" gestellt (nicht mehr zu den Vögeln) und generell die bisherige Klassifizierung nach dem Lebensraum (Wasser, Luft, Land) verworfen.

Diese Synopsis (1693) enthält in 10 einleitenden Kapiteln auch Äußerungen zu damals aktuellen theoretischen Streitfragen wie Urzeugung, Präformation des Keimes in Ei oder Sperma und Rolle der Sexualität (bzw. der Geschlechter):

Die „Urzeugung" lehnte er ab, was sich zum einen aus seinem genealogischen Artbegriff ergab (vgl. 5.3.2.), zum anderen aus den Experimenten von REDI und MALPIGHI bewiesen schien.

Eine „Präformation" der Keime seit Erschaffung der Welt verneinte er ebenfalls und sah ihren Ursprung vielmehr in der von Gott einst verliehenen Zeugungskraft der Eltern selbst.

Daraus leitete er auch seine Skepsis über den Streit zwischen Animalkulisten und Ovulisten (vgl. 5.1.2.) ab, schrieb zwar dem Ei die Hauptfunktion bei der Bildung des Keimlings zu, hielt es aber für möglich, daß Spermien die Eier irgendwie „imprägnieren", neigte also auch hierin der Philosophie des ARISTOTELES zu.

In einem nachgelassenen Werk behandelte RAY auch die Naturgeschichte der Insekten (1710), um die er sich erst ab etwa 1690 bemühte, obwohl er schon 1660–1662 begonnen hatte, Insekten, besonders Schmetterlinge, zu beobachten und zu sammeln. Sein Insektensystem baute er nach dem Vorbild von SWAMMERDAMS Werk (1669) nach dem Entwicklungsmodus bzw. der Metamorphose auf und nutzte die Sammlungen der Royal Society sowie die seiner Freunde LISTER, PETIVER und SLOANE (RAVEN 1986, S. 392). Es regte zahlreiche physikotheologische Insektenstudien im 18. Jh. an, zumal sich RAYS Schüler William DERHAM, der das Manuskript herausgab, in seinen physikotheologischen Schriften darauf bezieht (vgl. 6.3.1.).

In den zoologischen Schriften des 17. Jh., die sich mit den „Methoden" der Klassifikation und der Formulierung eines Tiersystems befaßten, wird zum einen der Zuwachs an Artenkenntnis durch Sammelreisen, anatomische und mikroskopische Studien deutlich, zum anderen die nur partielle Auseinandersetzung mit den aus Antike und Mittelalter tradierten Einteilungsprinzipien. Die philosophische Problematik der Scholastik um Realismus und Nominalismus (vgl. 3.3.) wirkte in der Systematik der Naturreiche noch lange nach. Während empirische Naturstudien bei Artbeschreibung und -vergleich die nominalistische Behandlungsweise förderten, haftet den Klassifizierungsversuchen noch lange das Modell der „Begriffspyramide" und eines Gruppierungsmodus „von oben her" an (MAYR 1975, 1984).

6. Biologische Fragestellungen in der Epoche der Aufklärung (18. Jh.)

Ilse JAHN, Berlin

Die Wende vom 17. zum 18. Jh. bildet bei der Betrachtung der biologischen Fragestellungen und der zugrunde liegenden Theorien keinen scharfen Einschnitt, der erst von der Mitte des 18. Jh. ab erkennbar ist. Zunächst werden die Lehrsätze von DESCARTES weiterhin in iatromechanischen Interpretationen der Organismen, ihrer Strukturen und Prozesse angewandt (vgl. 5.1.). Doch waren am Ende des 17. Jh. alternative philosophische Konzepte entstanden, die erst im Verlauf des 18. Jh. in biologischen Fragestellungen wirksam wurden. Sie sollen zunächst behandelt werden, da sie auf alle Bereiche der Wissenschaften um so mehr Einfluß hatten, als die Epoche der „Aufklärung" auch dadurch gekennzeichnet ist, daß die paradigmatische Rolle der Theologie für die Naturwissenschaften, die sie in den traditionellen Universitätssytemen besaß, durch die zunehmende Verselbständigung der „Philosophie" in ihrer erkenntnistheoretischen Bedeutung für die Naturerkenntnis gegen Ende des 17. Jh. abgelöst und teilweise aus dieser selbst entwickelt wurde. Das stellt eine der markanten neuen Charakteristiken der Aufklärung als historischer Epoche dar (s. SCHNEIDERS 1990, S. 21 ff.).

6.1. Philosophische Konsequenzen und alternative Konzepte der neuen Naturforschung

6.1.1. Für biologische Fragen des 18. Jahrhunderts relevante Philosophien

Dem Dualismus von DESCARTES (vgl. 5.1.) stellte der holländische Philosoph Baruch SPINOZA (1632–1677) seinen „mechanischen Pantheismus", eine Lehre von der „Einheit der Substanz" entgegen – der Substanz, die durch sich selbst existiert, Natur und Geist (Gott) zugleich ist. Hatte DESCARTES drei „Substanzen" angenommen, eine unendliche (Gott) und zwei endliche (Denken und Ausdehung), so gibt es für SPINOZA nur **eine** Substanz, die unendlich, unteilbar, ewig und notwendig ist. Als erzeugende Natur (*natura naturans*) wirkt das Unendliche nicht von außen auf die Dinge, sondern in ihnen. Es ist „jenes ewige und unendlich Seyende, welches wir Gott oder Natur nennen (*deus sive natura*)". Alles andere sind „Attribute", worunter SPINOZA das versteht, „was der Verstand von der Substanz als ihr Wesen ausmachend erkennt" (SPINOZA 1677, 4. Lehrsatz, zit. nach SPIERLING, S. 179). Der menschliche Verstand kann von den unendlich vielen Attributen Gottes nur „Denken" und „Ausdehnung" erfassen. Danach ist Gott ebensowohl „ein denkendes Wesen" (*Deus est res cogitans*) als auch „ein ausgedehntes Wesen" (*Deus est res extensa*). Deshalb sind Geist und Materie (*Denken* und *Ausdehnung* nach DESCARTES) in der „Substanz" identisch und Ausdruck des **einen** Gottes (a. a. O.)

SPINOZA rückte mit dieser Weltanschauung von der jüdischen Glaubenslehre ab und wurde 1656 aus der israelitischen Gemeinde in Amsterdam ausgestoßen. Sein Hauptwerk *Ethica, ordine geometrica demonstrata* (1677) erschien in seinem Todesjahr und zeigt schon im Titel den Anspruch an eine streng mathematische, rationalistische Methode, die nur die Logik des Verstandes zum Maßstab der Welterkenntnis gelten läßt. Sein *Substanzgesetz* wurde im 19. Jh. (z. B. durch HAECKELS „*Monismus*") neu belebt.

Unmittelbar wirksam wurden die philosophischen Ansichten des Physikers Isaak NEWTON (1643–1727), der auf der Basis seiner mathematisch-physikalischen Untersuchungen die Grundgesetze (*Axiome*) der klassischen Mechanik formulierte (*Philosophia naturalis principia mathematica*, 1687), eine neue Theorie des Lichtes und der Farben entwickelte (*Opticks*, 1704) – die später den Widerspruch GOETHES hervorrief – und, im Gegensatz zu DESCARTES (der die Existenz eines „leeren Raumes" für unmöglich hielt und alle Bewegungen der Himmelskörper wie auch der irdischen Körper durch Übertragung materieller Impulse erklärte), alle Bewegungen einer nicht-materiellen „Kraft" zuschrieb. Diese *Gravitations-* oder *Schwerkraft* war aus dem Verhältnis von Körpermasse und Anziehungskraft berechenbar, mithin mathematisch beweisbar. Nach NEWTON spricht der Kosmos die Sprache der „göttlichen Vernunft", deren Spuren der Naturforscher in der materiellen und lebenden Welt nachgehe, um „die göttliche Handschrift zu entziffern" (NEWTON 1687). Seine Erkenntnistheorie gewann im 18. Jh. auch auf die biologischen Theorien Einfluß, als er die *Gravitationskraft* und andere nicht aufgeklärte „Kräfte" auch auf chemische und biologische Erscheinungen anwandte (1706, 1717).

Das gilt auch für die Philosophie von Gottfried Wilhelm LEIBNIZ (1646–1716), aber in alternativer Weise zur Mechanik. Auch er knüpfte an ein *Substanzgesetz* an, betonte aber die Selbsttätigkeit und „tätige Kraft". Für ihn besitzt *Substanz* vor allem die Fähigkeit zum Handeln (*la substance est un être capable d'action …*", LEIBNIZ 1714), als eine der lebendigen Substanz innewohnende *Kraft*. Mit dieser Vorstellung wandte er sich endgültig von den aristotelischen Prinzipien, der Gegenüberstellung von *Stoff* und *Form* (als gestaltendes Prinzip) ab. Die „tätige Kraft" wirke individualisierend, und jede Individualität repräsentiere in gewisser Weise das Ganze, ist ihrerseits zurückführbar auf letzte, einfache unteilbare Einheiten (*In-dividua*) nicht-materieller Natur, die er *Monaden* nannte und definierte als „eine einfache Substanz, die als Element in das Zusammengesetzte eingeht …" (zit. nach BUCHENAU 1924, S. 430). Die *Monaden* haben unterschiedliche Qualität, sind am Weltenbeginn geschaffen und ewig und können nicht auf natürlichem Weg entstehen oder vergehen. Alle Organismen sind Komplexe solcher *Monaden*, bestehen aus „präformierten Keimchen", die ihre Entwicklungshöhe bestimmen, und wenn ein Lebewesen stirbt, verlassen die *Monaden* den Leibesverband und können in einen anderen eintreten. Dadurch ist Höherentwicklung möglich. Das Zusammenwirken der verschiedenartigen *Monaden* wird durch eine von Urbeginn an festgelegte „*prästabilierte Harmonie*" bedingt, die auch die zweckmäßigen Anpassungen im Organismenreich erklärt. Aus der *Monadologie* leiteten sich drei Prinzipien ab, denen auch mathematische Vorstellungen zugrunde lagen:

- die *Gradation* (abgestufte Entwicklungshöhe, *Scala naturae*)
- die *Kontinuität* aller Formen (wie Punkte auf einer *Kurve*)

- die *Fülle* (Mannigfaltigkeit der Formen als lückenlose Realisierung aller Möglichkeiten).

Das monadologische Weltbild von LEIBNIZ findet sich in vielen Erklärungsversuchen biologischer Phänomene und in naturgeschichtlichen Ordnungssystemen (*Stufenleiter-System*) des 18. Jh. In seinen *Betrachtungen über das Prinzip des Lebens* (1705) äußert er sich zu den damals aktuellen biologischen Streitfragen der *Präformationstheorie*, nahm an den mikroskopischen Entdeckungen Antony VAN LEEUWENHOEKS regen Anteil (vgl. 5.1.2.) und erklärte das Weltganze als „ideale exakte Uhr", die – einmal geschaffen – keines göttlichen Eingreifens mehr bedarf (MCLAUGHLIN 1994, S. 446).

An LEIBNIZ knüpfte der Hallesche Philosoph der Aufklärung, Christian VON WOLFF (1679–1754) an, der – ebenfalls Mathematiker und Physiker – die Philosophie von LEIBNIZ systematisierte und popularisierte. Für WOLFF war „die Philosophie die exakte Basiswissenschaft … die Wissenschaft schlechthin". WOLFF erstrebte mit der „Grundlegung einer wissenschaftlichen Philosophie" eine konsequente „Anwendung der Vernunft in allen Lebensbereichen" (SCHNEIDERS 1990, S. 43). WOLFFS „Systemphilosophie", die aber auch philosophische Traditionen in moderner Form, „sozusagen Scholastik *more geometrico*" nochmals erneuerte und ein metaphysisches, religiöses Bedürfnis befriedigte, „beeindruckte die Zeitgenossen durch ihren Inhalt und ihre Form, durch ihre Methodik und ihre Universalität" (a. a. O. S. 44), rief aber auch Kritik hervor, einesteils durch Pietismus und Theologie, andernteils durch den vorwiegend von englischen Philosophen (F. BACON, J. LOCKE) vertretenen „Empirismus", der im 18. Jh. von David HUME (1711–1776) neu formuliert wird. Nach ihm gibt es – mit Ausnahme der Mathematik – keine Erkenntnis außer der Erfahrung, denn Wissen über Ursache-Wirkung-Beziehungen gibt es nicht *a priori*. In seiner *Untersuchung über den menschlichen Verstand* (1748) weist er alle Metaphysik zurück und betont:

„Ursachen und Wirkungen sind nicht durch Vernunft, sondern durch Erfahrung zu entdecken" (HUME 1748, IV, 1, zit. nach der dt. Übers. von HERRING 1967, S. 44).

6.1.2. Alternative Organismustheorien zur Mechanik

Gegen das „mechanomorphe Organismusmodell", das seine Zuspitzung in der Iatromechanik fand, entstanden am Ende des 17. Jh. Alternativen. Nachdem im 17. Jh. die neuzeitliche

Zuwendung zu antiken und mittelalterlichen Theorien über die Organismenwelt zurückgedrängt war, hatten theologische Richtungen des Protestantismus ihren Einfluß auf die neuen Naturwissenschaften geltend gemacht und wirkten vielfach als *Paradigma* (z. B. Alter der Erde, Sintfluttheorien). Sie verbanden sich zeitweilig mit den Strömungen der Aufklärung, die nicht generell zu einem konsequenten „Atheismus" geführt haben, wohl aber zur Ablehnung der Offenbarungsreligion der dogmatischen Schultheologie. Religiöse Überzeugungen äußerten sich bei vielen Naturforschern (BOYLE, LEIBNIZ, NEWTON) in der Form des „*Deismus*", der einen Schöpfergott bekannte, aber seine Rolle auf die E r s c h a f f u n g der Welt und ihrer Naturgesetze beschränkte, eine permanente Einwirkung auf Naturprozesse und Menschenwelt aber negierte. In diesem Weltbild spielten Begriffe wie *Providentia* (Vorsehung) und *Zweckmäßigkeit* alles Geschaffenen eine neue Rolle und regten zur Erforschung des göttlichen Weltenplans an, standen aber im Gegensatz zur Offenbarungsreligion des „Theismus" in allen konfessionellen Theologien. Indem die Natur selbst als Offenbarung Gottes neben der Bibelüberlieferung betrachtet wurde, bemühten sich nicht nur Naturforscher (Physiker, Mediziner), sondern auch Theologen (Pfarrer, Lehrer), das „Buch der Natur" zu lesen und zu entziffern, so daß auch im 18. Jh. wichtige naturwissenschaftliche und biologische Erkenntnisse dieser Motivation entsprangen. Auch verfügten Theologen (und Altphilologen) über die gleiche intellektuelle Bildung wie Mediziner, um die lateinische Fachliteratur zu verfolgen. Eine weitere Voraussetzung dieser physikotheologischen Naturforschung war der Glaube an die Unveränderlichkeit der Schöpfung, also ein *statisches Weltbild*, in dem Entwicklungsprozesse mit vorherbestimmter Ziel- und Zwecksetzung (*teleologisch*) erklärt wurden. Darin bestand der metaphysische Inhalt von Chr. VON WOLFFS Philosophie, der in seiner Schrift *Vernünfftige Gedanken von dem Gebrauche der Theile in Menschen, Thieren und Pflanzen, den Liebhabern der Wahrheit mitgetheilet* (1725, 2. Aufl. 1753) als eine „Hauptabsicht" Gottes bezeichnete,

daß man aus der Betrachtung der Zweckmäßigkeit dieser Organisation „Gründe ziehen kann, daraus sich seine Eigenschaften ... mit Gewißheit schließen lassen" (WOLFF 1753, § 13) (nach KROLZIK 1980; vgl. auch WASCHKIES 1988).

Ähnliche Argumente enthalten fast alle physikotheologischen Schriften (vgl. dazu BÜTTNER, M. 1994, S. 3–58).

Zu den für die Biologie relevanten Werken gehören die grundlegenden botanischen und zoologischen Schriften des Theologen John RAY (vgl. 5.3.), dessen wiederholt aufgelegtes Werk über *die Weisheit Gottes, offenbart in den Werken der Schöpfung* (RAY 1691, 1692, 1701, 1704), das Anliegen der Physikotheologie gut charakterisiert. Sein Freund und Nachlaßverwalter William DERHAM hielt 1711–12 Vorlesungen über *Physico-Theology* (DERHAM 1713) und begründete damit und mit seiner Schrift *Astro-Theology* (1714) eine naturwissenschaftliche Modeströmung, die mit ähnlichen Buchtiteln das gleiche Anliegen verfolgte, durch subtile Naturbeobachtung und Darstellung der zweckmäßigen Anpassung der Organismen an ihre Lebensweise die „göttliche Weisheit, Allmacht und Vorsehung" zu dokumentieren (LESSER 1735). So verfaßte der Thüringer Pfarrer Friedrich Christian LESSER, der u. a. von J. L. FRISCH in Berlin, J. A. FABRICIUS (Hamburg) und A. SEBA angeregt war, eine *Lithotheologia* (1735), *Insecto-Theologia* (1738) und *Testaceo-Theologia, ... Betrachtung der Schnecken und Muscheln* (1744). Er stand in diesem Zusammenhang schon 1736 mit dem jungen Carl LINNAEUS in Holland in Briefwechsel (SCHROETER 1986, 1987) (vgl. 6.3.1.).

Neben diese, ein statisches Weltbild der Naturkonstanz vertretende Weltanschauung stellte sich eine *dynamische Welt- und Organismustheorie*, die den biologischen Phänomenen besser Rechnung zu tragen versuchte. Sie knüpfte teilweise an die Philosophie von NEWTON und von LEIBNIZ an, entwickelte aber recht unterschiedliche und untereinander nicht verknüpfte Richtungen. Im Mittelpunkt der Vorstellungen stand die Erkenntnis, daß Organismen in ihrem Individualleben ständigen Einflüssen und Veränderungen ausgesetzt sind, auf Einwirkungen der Außenwelt reagieren und sich „zweckmäßig" anpassen können, ohne daß alles schon von Geburt an vorherbestimmt sein kann. Die Prozesse der Keimesentwicklung und Gestaltbildung, der Regeneration und Reproduktion (die zunehmend auch experimentell erforscht wurden), sowie Mißbildungen, Erkrankungs- und Heilungsprozesse wurden mit dem Wirken *inhärenter Kräfte* erklärt. Über die Art dieser Kräfte und ihrer Einwirkung auf körperliche Prozesse gab es unterschiedliche Vorstellungen, die von physikalischen Theorien (in Anlehnung an NEWTONS Gravitationstheorie) bis zu metaphysischon Anschauungen reichten (E.-M. ENGELS 1994). Von dem Iatrochemiker Georg Ernst STAHL, der die Phlogistontheorie zur chemischen Erklärung aller Verbrennungsprozesse entwickelte (STAHL 1718), ging der

Animismus oder *Psychovitalismus* aus, der in der alle Lebensprozesse steuernden Seele (*Anima*) die immaterielle Ursache der „Belebtheit" des Organismus sah und für seine Veränderung wie für seine artgemäße „Einheit" verantwortlich ist.

Die Grundsätze seiner antimechanistischen Lehre waren schon 1695 in dem Satz zusammengefaßt:

„Die Seele selbst baut sich den Körper, bewahrt ihn und handelt in allem in ihm und mit ihm auf ein bestimmtes Ziel hin, wenn sie zuweilen auch von ihm abirrt" (dt. Übers. J. GOTTLIEB 1961; zit. nach ROTHSCHUH 1968, S. 152).

Ausführlich legte STAHL seine philosophischen Vorstellungen dann in seiner *Theoria medica vera* (1708) dar, worin er ablehnt,

„die Gesetze von Maschinen pneumatischer, hydraulischer, chemischer, mechanischer oder optischer Wirkweise" auf den lebenden Körper anzuwenden. Zwar hätten alle Teile des Organismus (*Fasern, Bänder, Gelenke, Pumpen, Kanäle, Katarakte, Klappen* usw.) eine „mechanische Disposition"; aber wie die Bewegungen einer Maschine von einem „intelligenten Prinzip" auf ihren nützlichen „Endzweck" hin dirigiert werden, so würden die „vitalen Bewegungen" – auch wenn sie die „Folge eines mechanischen Effektes" seien – nicht durch „innere physiko-mechanische Notwendigkeit" determiniert sein, sondern „aktiv und von der Seele selbst gesteuert" werden. Die Seele nutze die körperlichen Werkzeuge, um spezifische, nicht nur artgemäße, sondern auch an veränderliche, zufällige äußere Ursachen genau angepaßte Wirkungen hervorzubringen" (zit. nach ROTHSCHUH 1968, S. 154).

Gegen dieses – nach ROTHSCHUH (a. a. O.) – „*psychomorphe Organismusmodell*" argumentierten LEIBNIZ, HALLER und andere, daß die Seele gar nicht direkt auf Körperstrukturen einwirken könne.

Es wurde jedoch in die medizinische *Schule von Montpellier* übernommen, wo F. B. DE SAVAGE (1706–1767) in einem Kommentar zur Übersetzung von Steven HALES' *Haemostaticks* (1744) seine antimechanistische Haltung mit STAHLS Theorie unterstreicht und sagt,

„unstreitig" besitze der Mensch eine Seele, welche eine intelligente und bewegende Macht ist … Zu bestimmen, w i e die Seele den Körper bewege, sei ebenso schwierig, wie zu bestimmen, auf welche Weise der Magnet das Eisen bewegt; es genüge uns zu wissen, d a ß er es bewegt (a. a. O. S. 157).

In Montpellier wurde der *Psychovitalismus* von Théophile BORDEU (1722–1776), besonders aber von P. J. BARTHEZ weiterentwickelt und dahingehend modifiziert, daß er die Lebensäußerungen auf z w e i verschiedene nicht-mechanische Prin

zipien zurückführte, die Seele und ein der Natur zugehöriges „Lebensprinzip" (BARTHEZ 1772, 1774). Im Unterschied zur „denkenden Seele" äußere sich das *Lebensprinzip* innerhalb der Organisation und läßt sich an ihren Lebensäußerungen studieren (a. a. O.).

Dieser modifizierte Vitalismus war nicht mehr im Sinne STAHLS „animistisch". Er schloß in seine Theoria die inzwischen von Albrecht VON HALLER entwickelte *Theorie der Irritabilität und Sensibilität* ein (HALLER 1753) und erschloß ein „*principe de vie*" aus diesen „in besonderem Maße spezifisch lebendigen Lebensäußerungen" der Reizbarkeit und Empfindlichkeit der Organe (ROTHSCHUH 1968, S. 159; vgl. bes. Eva-Maria ENGELS 1994).

HALLER war von seinen anatomischen und zootomischon (auch vivisektorischen) Untersuchungen zur Feststellung solcher spezifischen Lebensäußerungen nicht nur des Gesamtorganismus, sondern seiner einzelnen Organe und Gewebe, Fasern und Gefäße gekommen und unterschied nach der Art ihrer Reaktion auf äußere Reize zwei heterogene lebensspezifische Eigenschaften der Fasern und Gewebe:

„Denjenigen Teil des menschlichen Körpers, welcher durch ein Berühren von außen kürzer wird, nenne ich reizbar …
Empfindlich nenne ich einen Teil des Körpers, dessen Berührung sich die Seele vorstellt; und bei den Tieren, von deren Seele wir nicht so viel erkennen können, nenne ich diejenigen Teile empfindlich, bei welchen, wenn sie gereizt werden, ein Tier offenbare Zeichen eines Schmerzes oder einer Unruhe zu erkennen gibt" (HALLER 1753, deutsche Übers. von SUDHOFF 1922; zit. nach ROTHSCHUH 1968, S. 143).

Mit dieser Zuweisung lebensspezifischer Eigenschaften an T e i l e des Körpers, ja an Knochen, Muskelfasern und „zelliges Gewebe", begann sich in der zweiten Hälfte des 18. Jh. der Begriff des „*Lebens*" oder *Lebensprinzips* als Forschungsgegenstand herauszubilden und die Wandlung des „*mechanomorphen*" zum „*biomorphen Organismuskonzept*" vorzubereiten. HALLERS Lehre induzierte ein neues Forschungsprogramm.

Aus dem durch BARTHEZ modifizierten Vitalismus gingen die Arbeiten von Xavier BICHAT (1802) hervor, der die Gewebe nach ihren spezifischen lebendigen Kräften und Leistungen klassifizierte und die „vitalen Eigenschaften" lebender Körper den mechanischen Eigenschaften „toter Körper" gegenüberstellte. Aus dem Bemühen um „eine richtige Vorstellung von den vitalen Eigenschaften" (BICHAT 1801, dt. Übers. 1802, S. 6) gingen experimentelle Studien gegen Ende des 18. Jh. hervor (vgl. 7.1.2. und 9.4.).

6.2. Der Wandel der Naturgeschichte – Neue botanische und zoologische Systeme und Artenbestandsaufnahme

Die inhaltliche Bedeutung, die die Naturgeschichte (*Historia naturalis*) seit der Antike hatte und die die Beschreibung der „Naturreiche" nach ihrem äußeren Erscheinungsbild, aber im Rahmen eines ganzheitlichen integrativen Weltbildes darstellte, wandelte sich im Zuge der empirischen isolierten Betrachtung einzelner Naturkörper oder Organismengruppen mit Beginn der neuzeitlichen Naturforschung, die zunächst an ARISTOTELES anknüpfte. Der Begriff der deskriptiven Naturgeschichte wurde auch auf einzelne Objektgruppen angewandt, so daß von einer Naturgeschichte der Tiere (*Historia animalium*) und der Pflanzen (*Historia plantarum*) – wie bei ARISTOTELES und THEOPHRAST – gesprochen wurde, oder auf Tiergruppen bezogen wie zum Beispiel die Vögel (*Historia avium*) oder Fische (*Historia piscium*) oder gar auf einzelne Arten bzw. Gattungen wie die Dattelpalme (*Historia palmae dactyliferae*). Der Naturgeschichte lag noch im 17. Jh. und bis zum Ende des 18. Jh. ein *methodischer Aspekt* zugrunde, der die deskriptive Behandlung empirischer Naturbeobachtungen einzelner Arten und traditioneller *Klassen* (Artengruppen) meinte. Als die im 16. und 17. Jh. angewachsene Kenntnis neuer Tiere und Pflanzen aus den durch Reisen und Regionalforschungen neu erschlossenen Territorien zunahm und die Zuordnung zu den traditionellen „*Klassen*" keine Übersicht und Identifikation mehr gewährleistete, wurde nach Ordnungssystemen mit unterschiedlichen Kriterien gesucht (s. 4.3., 4.4. und 5.3.). Die praktischen Nutzer der Pflanzen- und Tierwelt und ihrer Klassifizierung waren – auch noch im 18. Jh. – vorwiegend Mediziner, aus deren Reihen zunehmend Spezialisten, meist als Vorsteher von Medizinergärten, hervorwuchsen. So bildete sich im Verlauf des 18. Jh. auch ein *disziplinärer Aspekt* der Naturgeschichte heraus, und es entstanden an Universitäten Lehrstühle für *Naturgeschichte*. An dieser Entwicklung, die der Ausdruck der sukzessiven Emanzipierung der Naturwissenschaften von Theologie und Philosophie war, ist die Epoche der Aufklärung maßgeblich beteiligt, die durch „Empirie und System" charakterisiert ist und neue theoretische Probleme zu lösen hatte, wie die des „systematischen und historischen Zusammenhangs der

Natur" (ENGELHARDT 1988, S. 82). An einer der Lösungen war Carolus LINNAEUS entscheidend beteiligt.

6.2.1. Das Reformwerk Carl von LINNÉS und seine Folgen

Der neue Ansatz zur Lösung des Ordnungsproblems, den LINNAEUS (ab 1762 Carl VON LINNÉ) im 18. Jh. einbrachte, betraf zunächst auch alle „*drei Naturreiche*" und knüpfte an eigene Erfahrungen auf seinen ersten naturhistorischen Erkundungsreisen nach Lappland (1732) und dem nordschwedischen Bergbaugebiet Dalarna (1733–34) an. Dort standen neben botanischen und zoologischen Beobachtungen vor allem auch geologische, mineralogische und klimatologische Studien im Mittelpunkt (MIERAU 1977). Dieser naturgeschichtliche Gesamtaspekt kennzeichnet seine ganze Lebenszeit und Lehrtätigkeit an der Universität Uppsala, wo in akademischen Reden und zahlreichen Dissertationen die Beziehungen zwischen Erde, Pflanzen, Insekten und Klima, zwischen Tieren und Menschen und ihrer „Ökonomie" thematisiert worden sind. Auch seine Naturforschung war – wie diejenige zeitgenössischer Physikotheologen (vgl. 6.3.1.) – primär religiös motiviert: Er sah in der Erhellung des göttlichen Schöpfungsplanes seine Lebensaufgabe. So betrachtete er die „Naturgeschichte" geradezu als „göttliche Wissenschaft" von höchstem Rang (*De curiositate naturalis* 1748), was sich auch in seinen Reden „über den Nutzen der Naturgeschichte" (1740) oder über „das Wachstum der bewohnten Erde" (1743) sowie in Dissertationen wie *Oeconomia naturae* (1749) oder *Politia naturae* (1750) widerspiegelt, in denen vorrangig naturgesetzliche Zusammenhänge der „drei Naturreiche" mit dem Menschen behandelt werden (JAHN/SENGLAUB 1978) (Abb. 60). Auch seine Forschungsreisen nach Öland und Gotland (1741), nach Westgotland (1746) und Schonen (1749) galten vorrangig ökologischen[1]), geologischen und paläontologischen Studien, die in den Reiseberichten (1745, 1748, 1752) zu einer Gesamtschau der erdgeschichtlichen Schichtenfolgen und ihrer Verknüpfung mit der Organismenwelt verarbeitet wurden und zum Zweifel an der Sintfluttlehre und der Altersberechnung der Erde anhand der Bibel führten (NATHORST 1909; s. auch 6.2.2.).

LINNÉS Verdienst um ein neues *Pflanzensystem*,

---

[1]) Über LINNÉS ökologische Erkenntnisse vgl. QUERNER, in GOERKE 1980.

Abb. 60. Titelblatt der ersten deutschen Ausgabe von LINNÉS *Systema naturae*, 12. Aufl. (1767–1768) mit Illustrationen.

für das er primär in die Geschichte der Botanik einging, resultieren aus seinen Lehrverpflichtungen über *Materia medica* (Arzneimittellehre), in der zwar auch alle drei Naturreiche zu behandeln waren, in der aber die Pflanzen den größten Raum einnahmen und im Botanischen Garten anhand lebender Objekte demonstriert wurden. Die „Methode" zu ihrer Erkennung und zweifelsfreien Bestimmung spielte im Lehrsystem der Mediziner eine große Rolle und mußte von LINNÉ schon ab 1730 bei Demonstrationen im Universitätsgarten angewandt werden. Er benutzte zunächst das Pflanzensystem von TOURNEFORT (1719), wurde durch seinen Freund ARTEDI bald auch auf die Veröffentlichung von Sébastien VAILLANT über die „Struktur der Blütenorgane" (1718) und deren Bedeutung für die Befruchtung aufmerksam (GOERKE 1989, S. 31) und verfaßte schon 1730 einen Entwurf für ein neues Pflanzensystem für den Gartenkatalog (*Hortus Uplandicus*) mit 21 bzw. 24 Klassen seines späteren Sexualsystems (a. a. O. S. 108–110). Der Grundgedanke seiner neuen Bestimmungsmethode beruhte auf einem Gruppierungsprinzip nach Anzahl und Struktur der Blütenorgane, die für ihn das biologisch „wesentliche Merkmal" zur Fortpflanzung und Erhaltung der Arten darstellte, die er – wie RAY – als konstante naturgegebene Einheiten definierte (vgl. 5.3.2.).

Die wenig später während seines Studienaufenthaltes in Holland ausgearbeitete Druckfassung seines Hauptwerkes *Systema naturae* (1735) enthält neben seinem neuen Sexualsystem der

Pflanzen auch ein Tier- und Mineralsystem, die im Zuge der weiteren Auflagen ergänzt, bis ins Detail der Klassifizierung der Arten ausgebaut wurden und zu seinen Lebzeiten 12 Auflagen (1767–68) erlebten.

Damit brachte LINNÉ in gewissem Sinne die 150jährigen Bemühungen der neuzeitlichen Botaniker um ein dem Pflanzenreich adäquates Ordnungssystem zum Abschluß, die in der Suche nach den „wesentlichen" (*essentiellen*) Merkmalen bestanden.[1] Gleichzeitig leitete er mit seiner Reform der regelhaften Klassifizierung der Organismen in einem *enkaptisch-hierarchischen System* mit festen Benennungen und regelhaften Charakteristiken der Klassen, Ordnungen, Gattungen und Arten eine neue Epoche der empirischen Naturforschung ein (CONDORCET 1778), die aus dem Geist der Aufklärung geboren und weniger als früher vermutet (D. L. HULL 1965) dem aristotelischen „*Essentialismus*" verpflichtet war, als den *mechanischen Prinzipien* von GALILEI und DESCARTES, auf die sich LINNÉ selbst in seinem zweiten Hauptwerk *Genera plantarum* (1737) beruft. Damit wird verständlich, daß LINNÉ seine wichtigsten Reformschriften 1735 bis 1738 in Holland veröffentlichte und dort – dem Heimatland der Aufklärung – auch die erste Anerkennung z. B. durch BOERHAAVE erhielt (AFZELIUS 1826, S. 32). Seine *Organismustheorie* basierte, auf den neuen Erkenntnissen des 17. Jh. über die Entstehung der Organismen aus Eiern, (*Omne*

---

[1]) Vgl. dazu bes. Ernst MAYR 1984, Teil 1.

vivum ex ovo), nicht durch *Urzeugung*, was RE-
DI (1668) experimentell bewiesen hatte, sowie
auch der Pflanzen durch geschlechtliche Fortpflanzung, was CAMERARIUS (1694) ebenfalls experimentell festgestellt hatte. Das waren wichtige Unterscheidungsmerkmale der Lebewesen
gegenüber den unbelebten Naturkörpern.
Arten sind daher als lückenlose Reihen von
Nachkommen aufzufassen, die ihren Eltern in
bestimmten wesentlichen Merkmalen ähnlich
sind (*generatio continuata*). Nur die akzidentiel-
len Merkmale können durch äußere Einflüsse
verändert werden (*variieren*) (RAY 1682).
Dieser Artbegriff von RAY gewann für LINNÉ
aber erst dadurch volle Bedeutung, daß durch
die Erkenntnis der Fortpflanzungsorgane und
ihrer „mechanischen und räumlichen Konstitution" die erbkonstante Produktion von Nachkommen einer Art nachgewiesen werden konnte
und somit für LINNÉ zum „essentiellen" Merkmal wurde (MÜLLER-WILLE 1994). Darin war für
LINNÉ der göttliche Schöpfungsplan manifestiert
und somit die Erkenntnis desselben auf die genaue und umfassende Analyse der Naturobjekte
und ihrer Beziehungen gegründet. Für LINNÉS
Reformwerk und seine organismustheoretischen
Konzeptionen waren vergleichende Studien an
vielen einheimischen und ausländischen Pflanzenarten in den großen *Botanischen Gärten* in
Uppsala, Leiden und Hartekamp (bei Haarlem)
– auf kürzeren Reisen auch in Oxford (bei DIL-
LENIUS) und Paris (bei A. DE JUSSIEU) entscheidend: Seine grundlegenden methodischen
Schriften erschienen in diesen Jahren von 1735
bis 1738 in Holland, von wo aus sie schnell Verbreitung fanden:

– *Methodus botanicus* (1736), Regeln zur monogra-
  phischen Beschreibung neuer Arten,
– *Fundamenta botanica* (1736), Grundsätze seiner
  Methode und ihrer Anwendung (die im Keim bereits die späteren Werke enthält: Bedeutung der
  richtigen Anordnung (*Dispositio*) und Benennung
  (*Denominatio*); „Theoretische Eintheilung", als
  Hauptaufgabe der „Systematiker, in Klassen, Ordnungen, Gattungen (*enkaptisches System*), und die
  „praktische Eintheilung", die Subsummierung der
  Arten und Varietäten,
– *Bibliotheca botanica* (1736), Bibliographie von Arbeiten zur botanischen Systematik,
– *Critica botanica* (1737), Kommentare zu den Thesen der *Fundamenta* mit Regeln für eine feststehende Nomenklatur der Gattungen,
– *Genera plantarum* (1737), Anwendung dieser Regeln, Hauptwerk (s. u.),
– *Classes botanica* (1738), Vergleich von 29 Pflanzensystemen.

Beispiele für die „praktische" Anwendung des
neuen Regelwerkes gab LINNÉ selbst auch
schon in Holland, und zwar einmal mit dem

– *Hortus Cliffortianus* (1737), dem Katalog des Botanischen Gartens seines Gönners George CLIFFORD
  (1685–1760) in Hartekamp (zwischen Haarlem und
  Leiden) mit vielen exotischen Gewächsen, die der
  deutsche Maler Georg Dionysius EHRET (1708–
  1770) für den Katalog zeichnete,
– und der *Flora Lapponica* (1738) mit der Beschreibung von Arten und Varietäten dieses von ihm
  1732 besuchten Florengebietes.

Als seine Hauptleistung betrachtete LINNÉ die
Genera plantarum (1737), mit den Gundsätzen
zur Auffindung der natürlichen *Gattungen*, die
nur durch Beobachtung a l l e r Merkmale der
Blumenkrone festzustellen sind. Während also
die *Klassen* und *Ordnungen* als übergeordnete
Kategorien – als Notbehelf „künstlich" nur
nach den Sexualorganen – aufgestellt wurden,
sind *Gattungen* und *Arten* nicht künstlich zu
ordnen, sondern nach 26 Einzelcharakteren (an
Kelch, Krone, Staubfäden, Stempel, Frucht und
Blütenboden) zu analysieren, mit denen der
Schöpfer die Pflanzen wie mit Buchstaben des
Alphabetes gezeichnet habe, die nur richtig
„gelesen" werden müssen. Sie sind also objektiv nach einem bestimmten Plan (d. h. gesetzmäßig) in der Natur vorhanden. Nach diesen
Regeln stellte LINNÉ in dem Werk alle ihm damals bekannten *Gattungen* neu zusammen und
gab ihnen teilweise neue lateinische Namen
nach einheitlichen Prinzipien, ohne auf Prioritäten Rücksicht zu nehmen, was nicht bei allen
Autoren (z. B. DILLENIUS) Zustimmung erfuhr.
Dennoch setzte sich das Prinzip bald durch.
Hier wird deutlich, daß LINNÉS Klassifikationsmethode nicht mehr auf einer qualitativen
Charakteristik beruhte, sondern nach den *Prinzipien der Mechanik*, nach quantitativen Kriterien wie Anzahl, Größenverhältnis und Lage
der Teile zueinander, verfuhr, also auch
Axiome durch Zählen, Messen und Vergleichen
ableitete wie GALILEI.
Die Kennzeichnung des Pflanzensystems als
Sexualsystem bezieht sich auf die „künstliche"
Gruppierung von 24 *Klassen* nach Zahl und
Stellung der Staubgefäße und der *Ordnungen*,
die durch Anzahl und Lageverhältnisse der
„Staubwege", also Griffel oder Narben, bestimmt wurden (Abb. 61) (vgl. LARSON
1971).
Allerdings sah auch LINNÉ als ein erstrebens-
wertes, aber noch sehr fernes Ziel die Aufstellung eines *natürlichen Systems* an und legte
schon 1738 einen Entwurf dafür mit 67 natürlichen „*Ordnungen*" vor, war aber der Meinung,
daß nur eine globale *Artenbestandsaufnahme*
und die Kenntnis aller Pflanzen der Erde dem
Systematiker erlauben würde, den ursprünglichen Schöpfungsplan im Ganzen zu erkennen

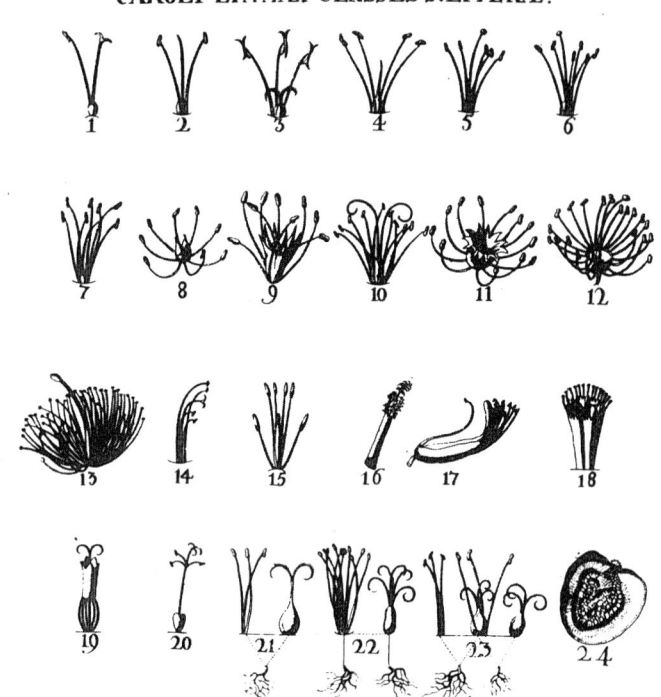

CAROLI LINNÆI CLASSES S.LITERÆ.

Abb. 61. Einblattdruck der Zeichnungen zu LINNÉS Sexualsystem des deutschen Malers G. D. EHRET (1708–1770), Leiden 1736.

und danach ein definitives natürliches System zu schaffen (vgl. 6.2.2.). Er regte damit Schüler und Reisende zu systematischem Sammeln an und entwickelte dafür *Instruktionen* für Reisende (1759) und für die Anlage von Herbarien und Museen (1753) mit Regeln für die Angabe von Fundort und Daten. Damit wurden erste Grundlagen für die Entstehung wissenschaftlicher Naturaliensammlungen gelegt, deren Durchsetzung allerdings erst im 19. Jh. Platz griff (ENNENBACH 1966).

Das erstrebte Ideal und die Motivation nach vollständiger Aufsammlung des globalen Artenbestandes setzte allerdings den Glauben an die *Konstanz der Arten* voraus, die für LINNÉ durch den Vermehrungmodus gegeben schien. Dieses Paradigma war zunächst gegenüber den aus der Antike überkommenen Vorstellungen von möglicher *Urzeugung* oder *Transmutation* von einer Art in eine andere ein rationaler Fortschritt, wenngleich LINNÉ im Verlauf seines Forscherlebens seine ursprünglich kategorische Äußerung

„Es gibt so viele Arten, wie das unendliche Wesen von Anfang an verschiedene Formen geschaffen hat

(*Species tot sunt, quot diversas, formas ab initio produxit Infinitum Ens*; *Genera plantarum* 1737, Ratio operis 5)

nach Kenntnis abweichender Formen (*Peloria*) des Leinkrauts dahingehend modifizierte, daß er 1751 wohl eingeschränkt äußerte:

„Wir zählen so viele Arten, wie im Prinzip geschaffen worden sind (*Species tot numeramus, quot diversae formae in principio sunt creatae*; *Philosophia botanica* 1751, Aphorismus 157).

Diese Formulierung scheint schon einen „zeitlichen Aspekt" zu implizieren (GEUS 1994, S. 735). Bald vermutete LINNÉ, daß aus einer Mutterpflanze durch Befruchtung mit artfremdem Pollen äußerlich verschieden gestaltete Nachkommen entstanden sein könnten; aber er zweifelt zunächst, ob diese „Töchter der Zeit" (*temporis filiae*) zu nennen oder vom Schöpfer zu Anfang selbst vereinigt worden seien (*Theses medicae* 1760, § VI). Nach ähnlichen Andeutungen in der Dissertation *Fundamentum fructificationis* (1762) wird erst in der 6. Auflage der *Genera plantarum* (1764) explicit die Auffassung ausgesprochen, daß die „*natürlichen Ordnungen*" aus einer Kreuzung von Prototypen hervorgingen und aus diesen ebenso die *Gattungen* und später die *Arten*.[1])

In einer Preisschrift der Petersburger Akademie der Wissenschaften (*Disquisitio de Sexu Plantarum*, 1760), die u. a. KOELREUTER begutachtete, beschreibt LINNÉ ein Kreuzungsexperiment durch künstliche Befruchtung von *Tragopogon*-Arten im Botanischen Garten von Uppsala (ein Jahr vor KOELREUTERS berühmten Versuchen 1761–1762, s. 6.3.1.) (vgl. E. MAYR 1986).

Zum Verständnis der Hybridisierung entwickelte LINNÉ eine Theorie, wonach die Rinde (*Cortex*) von der väterlichen Pflanze, das Mark (*Medulla*) von der mütterlichen stammt. LINNÉ hatte die einzelnen Blütenorgane physiologisch den anatomischen Gewebeschichten (*epidermis, cortex, liber, lignum, medulla*) zugeordnet und daraus auch eine Befruchtungstheorie entwickelt. Für LINNÉ waren mithin die *Klassifikation, Merkmalsmorphologie, Physiologie* und Theorie der Entstehung von Pflanzen (einschließlich ihrer Individualentwicklung durch „*Metamorphose*") und die (historische) Entstehung der Taxa (s. o.) eine Einheit[2]) (STEVENS und CULLEN 1990).

Ein großes Verdienst LINNÉS war neben der regelhaften Klassifizierungsmethode die Festlegung der *Merkmalsterminologie* für die eindeutige und einheitliche Beschreibung der 26 Merkmale der Blumenorgane, nach denen die Gattungen zu determinieren sind und die ihren festen Platz in der botanischen Fachsprache gefunden haben:

– am Kelch: 1. Hülle, 2. Scheide, 3. Blumendecke, 4. Kätzchen, 5. Bälglein, 6. Haube
– an der Krone: 7. Röhre oder Nägel, 8. Mündung, 9. Honigbehälter
– an Staubfäden: 10. Träger, 11. Staubbeutel
– am Stempel: 12. Fruchtknoten, 13. Griffel, 14. Narbe
– die Früchte: 15. Kapsel, 16. Schote, 17. Hülse, 18. Nuß, 19. Steinfrucht, 20. Beere, 21. Kernfrucht.
– der Samen (22) und dessen Krone (23)
– Boden der Blume (24), der Staubfäden (25) und Fruchtknoten (26) (*Philosophia botanica* 1751, nach der dt. Übers. 1775) (Abb. 62).

Ein drittes großes Verdienst war die Stabilisierung der *Nomenklatur* der Arten in regelhafter Form, die zunächst sporadisch als Kurzbezeichnung praktiziert, darin aber in seinem Lehrbuch (1751) zum „Gesetz" erhoben und in den *Species plantarum* 1753 erstmals für alle be-

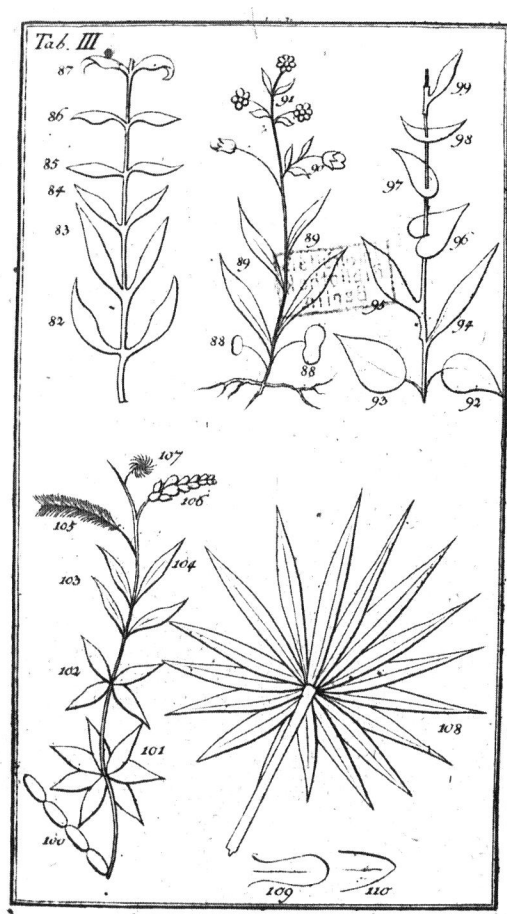

Abb. 62. Illustrationen LINNÉS zur Erläuterung der Terminologie der Blattorgane, -formen und -stellungen, die für die Pflanzenbestimmung benötigt wird. Aus: *Philosophia botanica* 1751.

kannten Arten angewandt wurde. Diese *binäre Nomenklatur* bestand in der stabilen Benennung einer Art durch einen Doppelnamen, dem der *Gattung* und einem charakterisierenden Beiwort,

„gleich dem menschlichen Familiennamen und dem Vornamen des täglichen Lebens – *nomina trivialia*" (LINNÉ 1751).

Dadurch wurde die umständliche Beschreibung durch viele Adjektive und lange Phrasen abgelöst, die eine Identifizierung und internationale Kommunikation erschwert hatten. Sie setzte sich schnell auch bei denjenigen durch, die LINNÉS künstliche Klassifizierung ablehnten, und blieb bis zur Gegenwart als Grundprinzip der Taxonomie erhalten.[3])

---

[1]) Diese Hinweise sowie die Übersetzung von LINNÉS *Theses medicae* (1760) verdanke ich Herrn Staffan MÜLLER-WILLE (Brief 25. 6. 1994).
[2]) Vgl. dazu die ausgezeichnete ausführliche Dissertation von MÜLLER-WILLE 1997.

[3]) Nach internationaler Übereinkunft gilt für Pflanzennamen der 1. Mai 1753 (für Tiere 1758) als früheste Prioritätsgrenze (vgl. 8.1.).

Obwohl LINNÉS Reformstreben hauptsächlich der Botanik zugute kam, noch im 18. Jh. von zahlreichen Botanikern aufgegriffen und fortgeführt wurde (vgl. 6.2.2.) und in gewisser Hinsicht ihre Entwicklung zur selbständigen Disziplin förderte, blieb sein Wirken keineswegs darauf beschränkt. So, wie sein *Systema naturae* (1735) alle drei Naturreiche umfaßte, widmete sich LINNÉ auch dem weiteren Ausbau des *Tiersystems* in den nachfolgenden Auflagen mit großer Intensität. Hatte er in seinen ersten Entwurf (1735) noch die Großgruppen und Namen vorwiegend aus den Arbeiten von RAY und WILLUGHBY (vgl. 5.3.) übernommen, so veränderte er in den späteren Auflagen Grundsätzliches und hat an der Verbesserung des Tiersystems selbst tiefgreifender gearbeitet als an seinem Pflanzensystem, das in den Grundzügen schon bis 1738 vorlag (GOERKE 1989, S. 117).

Schon in Holland war LINNÉ genötigt, sich mit der Systematik der Fische selbst eingehend zu befassen, als er das Manuskript seines verunglückten Freundes Petrus ARTEDI vollendete und herausgab. Die *Ichthyologia …* (1738) basierte auf den großen Sammlungen von Sir Hans SLOANE, die LINNÉ 1736 in London bewunderte und die 1759 zum Grundstock des *British Museum* wurden, sowie auf dem Amsterdamer Kabinett von Albert SEBA, um dessentwillen ARTEDI aus England nach Holland gekommen war.

LINNÉS Tiersystem umfaßte 1735 die traditionellen 6 Klassen mit den herkömmlichen Namen (Vierfüßer, Vögel, Amphibien, Fische, Insekten, Würmer), denen LINNÉ kurze Charakteristiken beigab. So wurden die Vierfüßer (*Quadrupedia*) mit

„Körper behaart, Füße vier, Weibchen lebendgebärend" gekennzeichnet und enthielten in der ersten Ordnung *Anthropomorpha* die Gattung Mensch (*Homo*) mit der Kennzeichnung *Nosce te ipsum* (Erkenne dich selbst)[1])

Die Ordnungen sind durch mehrere Merkmale charakterisiert, wie Anzahl und Form der Zähne, Füße und Zehen, und ihnen waren die *Gattungen* nach dem gleichen hierarchisch-enkaptischen Prinzip untergeordnet wie im Pflanzensystem, erstmals mit einem *fixierten Namen* und einer kurzen *Diagnose* versehen, also als eine konstante taxonomische Kategorie (nicht als variable logische Ordnungskategorie wie bisher). *Arten* wurden 1735 nur exemplarisch zugeordnet. Erst nachdem LINNÉ für seine *Fauna svecica* (1746) die „praktische" systematische Arbeit abgeschlossen hatte, löste er für die 6. Auflage der *Systema naturae* (1748) die Ein-

gliederung aller bekannten *Arten* in die *Gattungen* und versah sie mit exakten *Art-Diagnosen*. Während der erste Entwurf (1735) nur 549 Artbeispiele enthalten hatte, führte LINNÉ 1758 schon rund 4 390 Arten auf und 1766 (12. Auflage) rund 5 890 Arten (HOFSTEN 1959).

Die 10. Auflage (Bd. 1, 1758, Bd. 2, 1759: *Insekten*) brachte dann auch die *binäre Nomenklatur* für alle Tierarten durch einen festgelegten, im Gesamtsystem nur einmal vorhandenen Doppelnamen sowie weitere grundsätzliche Namensänderungen:

– Die erste Klasse (*Quadrupedia*) ist in *Mammalia* (Säugetiere) umbenannt, was endlich die sinngemäße Eingliederung der Wale (*Cetacea*) ermöglichte,
– Die erste Ordnung heißt statt *Anthropomorpha* nun *Primates* (Herrentiere) und enthält den Menschen, für den vier *Varietäten* angeführt werden.

Damit beginnt die „naturgeschichtliche" Beschreibung der *Menschen* (PITTELKOW 1991), für die die Expeditionen des 18. Jh. (vgl. 9.1.) reiches Material sammelten, zu einer Spezialaufgabe zu werden, der sich Johann Friedrich BLUMENBACH (1777, 1790) widmete. Er behandelt 5 durch morphologische Merkmale und durch Kultur gut unterscheidbare Formen als *Varietäten* einer einzigen Art, die durch Klima, Nahrung, Lebensbedingungen und -weise verschieden wurden (MANN & DUMONT 1990, Bd. 6).

Der Anteil LINNÉS an der Vermehrung der zoologischen Artenkenntnis, die sich in der 10. Auflage (1758–59) eindrucksvoll spiegelt, beschränkte sich auf die Fauna Schwedens (1746), die Arten aus allen Tierklassen umfaßt. Doch war LINNÉ für die Zoologie auf vorliegende Schriften angewiesen wie zum Beispiel die Insektenwerke der physiko-theologisch motivierten Naturforscher J. L. FRISCH (1721–38) oder ROESEL (1746) mit guten Abbildungen, besonders über die *Metamorphose*, von VALLISNIERI (1712) über parasitische Insekten (Abb. 63) und RÉAUMUR (1734–1742) über biologische Phänomene wie *Entwicklung* und *Parthenogenese*. Den Beziehungen zwischen Pflanzen und Insekten und ihren Anpassungen an den Blütenbesuch widmete auch LINNÉ spezielle Studien, die er ebenso wie die tagesrhythmischen Blütenbewegungen protokollierte (1744–1750). Aus seiner Kenntnis der Insektenentwicklung resultierte die Übertragung des Begriffes *Metamorphose* auf die Individualentwicklung der Pflanze (*Subeunt plantae metamorphosin uti insecta … Theses medicae* 1760, § IV).

Dennoch blieben für die fünfte und sechste Klasse, die Systematik der Insekten und der „Würmer", viele Fragen offen und regten zu in-

---

[1]) Spruch von der Mysterienstätte in Delphi.

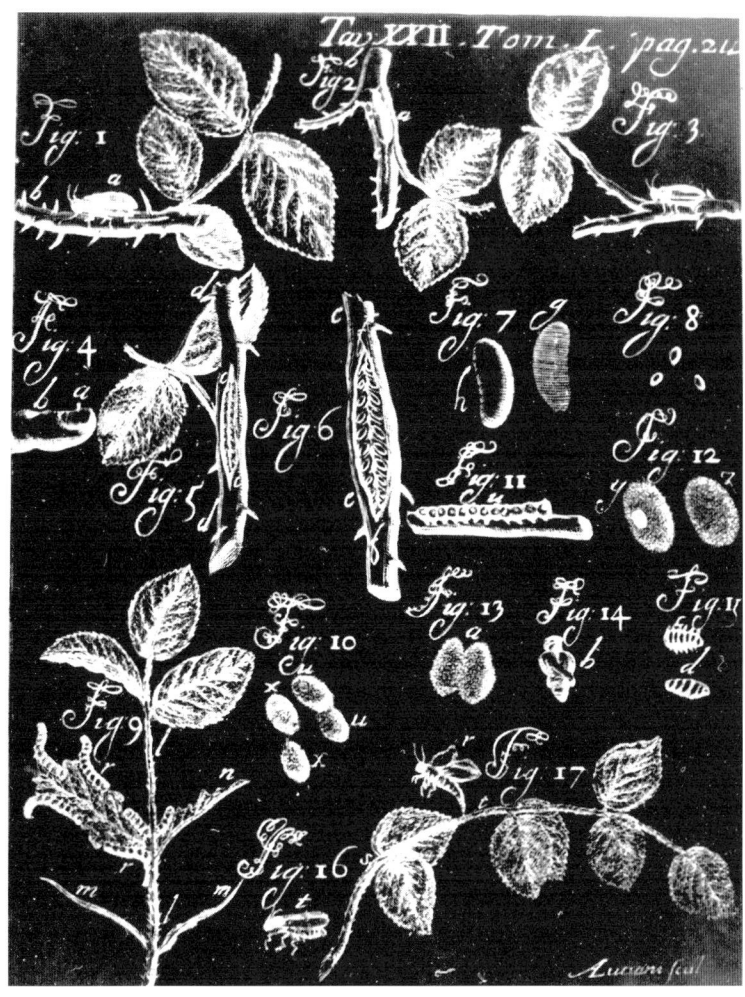

Abb. 63. Darstellung von Entwicklungsstadien der an Pflanzen parasitierenden Insekten von Antonio VALLISNIERI 1710. Aus BODENHEIMER 1928.

tensivem Studium dieser „blutlosen" (wirbellosen) Tiere an. Der direkte Schüler LINNÉS, Johann Christian FABRICIUS (1745–1808), widmete sich (als Professor für Kameralistik in Kiel) besonders der taxonomischen Untersuchung der Insekten und begründete sein *Insektensystem*, das die Weiterentwicklung der Entomologie stark beeinflußte, auf der Morphologie der Mundwerkzeuge (1775, 1792). Er verglich LINNÉS Methode mit historischen und zeitgenössischen Systemen der Entomologie in einer speziellen Arbeit (1781).

Einer der ersten Zoologen, die LINNÉS Methode zur Revision der sechsten Klasse, der sogenannten „*Würmer*", anwandte, in die LINNÉ alle übrigen Wirbellosen (auch Infusorien und Meerestiere wie Medusen, Stachelhäuter und Kopffüßler) eingegliedert hatte, war der Berliner Mediziner und Naturforscher Peter Simon PALLAS (1741–1811), der schon während seines Medizinstudiums den parasitischen Würmern taxonomische Spezialstudien widmete. Nach lebendem

Material und nach Benutzung großer holländischer Sammlungen, z.B. von RUYSCH, entstand seine Dissertation über feindliche Lebewesen in Organismen (1760), die damals außergewöhnlich durch ihre Methode und Zielsetzung war (JAHN 1993). Entgegen bisherigen medizinischen Gepflogenheiten klassifizierte PALLAS die parasitischen Würmer nicht nach ihren Wirten oder deren Organen, sondern nach biologisch-morphologischen Prinzipien. Zum Beispiel legte er seinem System anatomische und embryologische Beobachtungen zugrunde, wies die noch immer kursierende Meinung über die Entstehung von Parasiten aus Körpersäften des Wirtes zurück, die Leonhard FRISCH noch angenommen hatte, beschrieb die Entwicklung von Eiern, Larven oder Cysten und vermutete ihre Aufnahme durch den Wirt mit der Nahrung; er verfaßte überhaupt „die erste einwandfreie Beschreibung von *Fasciola hepatica* (Großer Leberegel) und der Brutkapseln in Echinococcenblasen aus dem Menschen" (ENIGK 1986,

S. 19) und kritisierte die Unzulänglichkeit von Linnés Gruppe „*Intestina*". Pallas suchte nach einem „Leitfaden der Verwandtschaft unter den Arten" und bildete 7 Gattungen unter Berücksichtigung der Summe aller Ähnlichkeiten, nachdem er Parasiten von Haus- und Wildsäugetieren, Vögeln, Fröschen und Fischen vergleichend untersucht hatte. Er strebte offenbar die totale Revision von Linnés Klasse „Würmer" an, was dann erst 50 Jahre später durch Lamarck und Cuvier erfolgte (s. 9.1.), als deren Vorgänger er bezeichnet wurde (Rudolphi 1812).

Auch das zweite Jugendwerk von Pallas behandelt eine Tiergruppe aus Linnés Klasse *Würmer*, die sogenannten *Zoophyten* (Tierpflanzen), die von Vertretern der Stufenleiterordnung als Übergangsformen zwischen Pflanzen und Tieren aufgefaßt wurden (vgl. 6.2.3.).

Wie Pallas setzten sich viele Naturforscher mit dem Problem der „künstlichen" und „natürlichen" Systeme und der *Scala naturae* auseinander (vgl. 6.2.3. und 9.1.).

6.2.2. Kontroversen über künstliche und natürliche Systeme

Die Auseinandersetzung der Botaniker und Zoologen mit Linnés Klassifikationsmethode im 18. Jh. ging Hand in Hand mit Kontroversen über „künstliche" oder „natürliche" Systeme, die ursprünglich ja von ihm selbst durch seinen Versuch, „natürliche Ordnungen" zu finden (Linné 1737), eingeleitet wurden, später hin und wieder aber auch gegen ihn geführt wurden (z. B. durch Buffon oder A. von Haller). Die Ansicht Linnés, daß erst die gesamte Organismenwelt bekannt sein müsse, bevor man die Kriterien (den Schöpfungsplan) eines „natürlichen" Systems erkennen könne, wurde nicht von allen Naturforschern geteilt. Die Ablehnung richtete sich meist gegen sein botanisches „Sexualsystem", in dem er die Großgruppen (*Klassen* und *Ordnungen*) aufgrund nur weniger Merkmale „künstlich" gebildet hatte, um möglichst schnell die Arten auffinden zu können (er sprach von „Notbehelf" aus praktischen Gründen), die teilweise auch wegen seiner humorvollen anthropomorphen Erläuterung der „pflanzlichen Hochzeiten" abgelehnt wurde, wenn er zum Beispiel im Bestimmungsschlüssel die Klasse *Polyandra* beschrieb:

„20 Männer und mehr im Bett mit einer Frau",

was die Schrift auf den päpstlichen Index verbotener Bücher brachte.

Die Alternative zu künstlichen Systemen – zu denen auch das Tiersystem des Danziger Zoologen und Linné-Gegners Jacob Theodor Klein (1685–1759) gehörte, das nur auf Zahl, Stellung und Form der Gliedmaßen aufgebaut war (Goerke 1989, S. 103 f.) – war die Bildung von Großgruppen anhand möglichst v i e l e r übereinstimmender Merkmale, die die „natürliche Ordnung" widerspiegeln sollten (d. h. den Schöpfungsplan). Nur in wenigen Fällen wurde bereits im 18. Jh. von „Verwandtschaft" im Sinne genealogischer Beziehungen gesprochen wie von Pierre Magnol (vgl. 5.3.2.). Die französische Tradition setzten die Brüder Antoine und Bernard Jussieu fort, die sich in Paris um ein „natürliches" Pflanzensystem bemüht hatten, als Linné sie 1738 vor seiner Rückkehr nach Schweden besuchte (Mägdefrau 1992, S. 78).

Der erste, der sich theoretisch mit den Möglichkeiten und Problemen zur Schaffung eines realen Verwandtschaftssystems auseinandersetzte, war Michael Adanson, der ein Werk über „Pflanzenfamilien" (*Les familles des plantes*, 1764–65) herausgab, in dem erstmals *Diagnosen* für diese die Gattungen zusammenfassenden natürlichen Großgruppen enthalten sind. Anstelle von künstlichen *Klassen* und *Ordnungen* sollten sie die genealogischen Zusammenhänge der ihnen subsumierten *Gattungen* ausdrücken. Linné scheint einige der Gruppen von Adanson in spätere Auflagen der *Genera plantarum* (1778, hrsg. von J. J. Reichard) für die neue Ordnung *Conifera* übernommen zu haben, die Adanson als *Familie* der Pinien (*Les Pins*) aufführte (Möbius 1937, S. 138). Sein Versuch setzte sich damals nicht durch, wenngleich Linné seine Veröffentlichungen kannte und den von ihm aus Senegal beschriebenen *Baobab* (1757) *Adansonia* nannte (a. a. O. S. 49).

Diese frühen Versuche brachten für die praktische Anwendung wohl kaum Fortschritte gegenüber Linnés Prinzipien der „theoretischen und praktischen Eintheilung", die partiell auch von Befürwortern eines natürlichen Systems übernommen wurden, wie von A. L. Jussieu (s. u.) oder von G. Cuvier (vgl. 9.1.). Sie standen oft theoretisch hinter Linnés Organismuskonzept zurück, das dieser seit der Mitte des 18. Jh. auch im Zusammenhang mit seinen Hybridisierungsversuchen immer weiter präzisierte. Sein Lebens-, Art- und Verwandtschaftsbegriff, der sich auf die generelle geschlechtliche Fortpflanzung als Charakteristikum aller Lebewesen gründete, war explicit schon in der *Philosophia botanica* (1751) enthalten. Es konstituiert auch den „Ordnungszusammenhang" eines Systems, der in den biologisch aufgefaßten „gesetzmäßigen Beziehungen zwischen Organismen" liegt, wie er in den Thesen im *Fundamentum fructificationis* (1762, § VII–XIII) nochmals ausführt. Sie enthalten auch seine Erkenntnis über die Entstehung der Artenmannigfaltigkeit durch Hybridisierung anfänglich nur weniger Arten, sowie die Erweiterung des genealogischen Artbegriffs von RAY; dieser erklärte die Konstanz der Arten durch einen Artbegriff als „Fortpflanzungsgemeinschaft". LINNÉ hatte bereits beobachtet, daß es Varietäten mit Eigenschaften gibt, die in der Nachkommenschaft konstant bleiben und echte Abänderungen (*alterationes*) darstellen (*Metamorphoses plantarum* 1755), worin sich u. a. bereits Erfahrungen aus der Pflanzenzucht (*Hortikultur*) widerspiegeln[1] (vgl. auch 11.1.). Diese theoretische Grundlegung für ein natürliches System, das gleichwohl mit dem physikotheologischen Weltbild vereinbar war (vgl. 6.1.2.), ging über andere im 18. Jh. praktizierte Modelle hinaus, die sich von dem „künstlichen" Sexualsystem nur darin unterschieden, daß sie durch eine Vielzahl von Merkmalskombinationen und die Gruppierung aufgrund ähnlicher Merkmalskomplexe zu natürlichen *Taxa* kamen. Ein erstes Pflanzensystem, bei dem die „Pflanzengattungen nach natürlichen Ordnungen aufgestellt" waren, stammt von Antoine-Laurent DE JUSSIEU (1789) nach dem Vorbild seines Onkels Bernard. In ihm sind die Ordnungen durch Merkmalskombinationen der Blüten, Früchte und vegetativen Organe charakterisiert und mit ausführlichen *Diagnosen* versehen. Er übernahm dabei die von LINNÉ (1751) festgelegte *Merkmalsterminologie* und die *binäre Nomenklatur* der Arten und gruppierte dann die 100 natürlichen Ordnungen in 15 Klassen nach der Stellung der Staubblätter und der Blumenkrone (also letztlich künstlich).

Als erster deutscher Botaniker versuchte wohl A. J. G. Carl BATSCH, der Berater GOETHES in Jena, 1786 ein natürliches Pflanzensystem nach der Form der Blüten (*Klassen*) und dem Verhältnis zwischen Blüte und Frucht (*Familien*) aufzustellen. Er hatte zunächst zwei Großgruppen mit insgesamt 9 Klassen und 77 Familien gebildet, wobei die zweite Gruppe nur die 9. Klasse mit „verborgenen Geschlechtsorganen" (*Cryptogamen*) umfaßte und folgende 7 Familien enthielt: Laub- und Lebermoose, Algen Pilze und Flechten (*Byssi*) sowie „*Peltiflorae*" und „*Dorsiflorae*". Während JUSSIEU bei der Anordnung der Familien dem Prinzip der „Stufenleiter" – vom Einfachen zum Vollkom-

menen – folgte, wählte BATSCH das Prinzip eines netzförmigen Aufbaues (vgl. 6.2.3.). BATSCH ließ sich dabei „nur von der äußeren Ähnlichkeit" leiten, schloß sich keinem Vorbild an und suchte einen eigenen neuen Weg. Wenn er dabei auch nicht glücklicher war als seine Vorgänger, meint ZUNCK (1840), so müsse man aber die Pionierleistung in Deutschland anerkennen, zumal sein System „wegen der leichten Übersicht der Charaktere der Classen und Familien und wegen einzelner guter Beobachtungen nicht gering zu schätzen" sei (a. a. O. S. 65).

Für die vorphylogenetischen Systeme ist die Ansicht über die Bildung eines „natürlichen Systems" kennzeichnend, die ZUNCK darüber äußert, wenn er sagt:

„Nicht nach Willkühr, sondern nachdem die Pflanzen ihren äusseren und inneren Theilen nach untersucht sind, muß sich das Bild derselben uns so imprimiren, dass, wenn wir ein System bilden wollen, wir gleichsam durch jenes Bild gezwungen werden, die gemachten Beobachtungen beim Ordnen der Pflanzen wiederzugeben. Denn die N a t u r , o b j e c t i v b e t r a c h t e t , i s t a l l e n e i n u n d d i e s e l b e , nicht aber, wie sie die Naturforscher oft nach ihren vorgefäßten Meinungen aufzufassen pflegen" (ZUNCK 1840, S. 9).

Dem Vorbild von JUSSIEU schlossen sich in Frankreich zunächst R. L. DESFONTAINE (der Mitbegründer des *Muséum nationale d'histoire, naturelle*), L.-C. RICHARD und L'HERITIER an.

Den bedeutendsten Beitrag leistete Auguste-Pyrame DE CANDOLLE (1813) mit der *Théorie élémentaire de la Botanique*, worin er die „Grundsätze der natürlichen Klassifikation" darlegte, die er als *Taxonomie* bezeichnete und gegen die Beschreibung (*Phytographie*) und die Terminologie (*Glossologie*) abgrenzte (dazu 8.1.).

Die zunächst weder mit dem Sexualsystem noch mit den „natürlichen Systemen" lösbaren Klassifizierungsprobleme betrafen die 24. Klasse LINNÉS, die Kryptogamen, auf die sich die Botaniker der zweiten Hälfte des 18. Jh. konzentrierten. Noch zu Lebzeiten LINNÉS begann die Ergänzung und Verbesserung seiner *Species Plantarum* (1753), die zusammen mit dem Lehrbuch (1751) die praktikablen Methoden einer weltweiten Artenbestandsaufnahme vorgaben. Den allgemeinen Aufschwung botanischer Forschung vermerkte LINNÉ mit den Worten:

„Nun ist alle Welt besessen, auf dem Gebiet der Botanik zu schreiben … mir gelingt es nicht, so schnell zu lesen, wie sie sie herausbringen; alles muß ich dann in mein System einfügen" (LINNÉ, 2. 10. 1862, zit. nach GOERKE 1989, S. 117)

---

[1]) MÜLLER-WILLE, 1995.

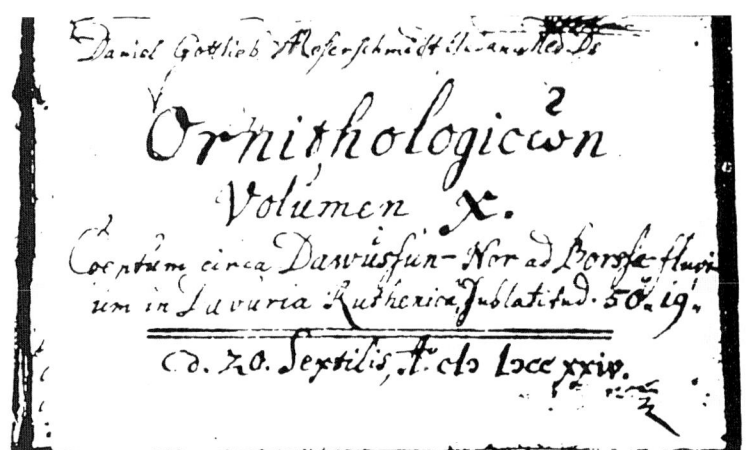

Abb. 64. Teil des Titelblattes von D. G. MESSERSCHMIDTS Manuskript „Ornithologicon" Vol. X. 1724 (Archiv der Akad. d. Wiss. St. Petersburg).

Die Kryptogamenforschung wurde schon im 18. Jh. zu einem Spezialzweig der Botanik. So bemühte sich Johann Gottlieb GLEDITSCH (1753) um die Analyse und Klassifikation der Pilze. Das setzte Christian Hendrick PERSOON fort, dessen „methodischer Überblick der Pilze" (1801) zur nomenklatorischen Richtschnur für Rost-, Brand- und Bauchpilze wurde. Johannes HEDWIG benutzte das Mikroskop zur Erkennung der Fortpflanzungsorgane der Moose und entdeckte die *Antheridien* und *Archegonien* der Laubmoose als männliche und weibliche Sexualorgane (1782). Er gründete darauf eine Theorie der Zeugung und Befruchtung der Kryptogamen (1784) und Klassifizierte die Laubmoosarten (1801). Carl Ludwig WILLDENOW widmete sich den Moosen und Farnen (1792), gab 1797–1810 eine neue Auflage von LINNÉS *Species plantarum* heraus und begeisterte den jungen A. VON HUMBOLDT für die Kryptogamenforschung (JAHN 1966), der in den Freiberger Bergrevieren einen Beitrag dazu leistete (HUMBOLDT 1793). Nach einem „natürlichen System" – im Geiste der Naturphilosophie – suchten für die gesamten Pilze Elias FRIES (1821–1832) und Christian Gottfried NEES VON ESENBECK (1816–1817), der auch die erste Monographie der europäischen Lebermoose (1833–1838) schrieb (vgl. 8.1.), sowie A. J. G. C. BATSCH (1783–1789).

Für die *Tiersystematik* spielten die Auseinandersetzungen über „künstliche" oder „natürliche" Systeme nicht die gleiche gravierende Rolle, da LINNÉS Tiersystem in den letzten Auflagen (1758–1766) schon viele natürliche Gruppen enthielt. Doch auch hierin blieben die zwei letzten Klassen (*Insekten* und „*Würmer*") unbefriedigend klassifiziert und regten immer wieder zu neuen Revisionen an (vgl. 9.1.1.). Natürliche „Verwandtschaftsbeziehungen" suchte für das gesamte Tierreich Johann HERMANN (1777) in

netzförmigen Verwandtschaftstafeln darzustellen (1777, 1783). A. J. G. C. BATSCH führte auch in sein zoologisches System die natürliche Methode ein, indem er zwischen die traditionellen Kategorien *Klasse* und *Ordnung* die natürliche Gruppe *Familie* eingliederte und die 5. und 6. Klasse LINNÉS (*Insekten* und *Würmer*) als „knochenlose Tiere" den „Knochentieren" gegenüberstellte (BATSCH 1788), lange bevor die Pariser Zoologen die Begriffe *Wirbellose* und *Wirbeltiere* einführten (vgl. 9.1.). Unter Berufung auf BATSCH führte auch Karl ILLIGER die Kategorie *Familie* in sein Insektensystem ein, aber als Zusammenfassung verwandter Arten (quasi als Untergattung), und definierte die Begriffe *Art* und *Gattung* unter genealogisch-biologischem Aspekt neu (MUGGELBERG 1975–1976). Vor allem suchte er nach einer einheitlichen „*vollständigen Terminologie für das Thierreich und Pflanzenreich*" (1800), die sich aber nicht durchsetzte (vgl. GLASS 1967).

Auch für die Zoologie brachten die großen Expeditionen des 18. Jh. reichen Artenzuwachs und neue Gesichtspunkte für ein natürliches System der Tiere, wobei bereits tiergeographische Aspekte einflossen (vgl. 9.1.). Probleme bestanden in der oft langen Verzögerung der taxonomischen Auswertung der Reiseergebnisse oder der gar nicht im 18. Jh. erfolgten Publikation, wie im Falle der Sibirienreise von D. G. MESSERSCHMIDT (1720–1727), der ein Vogelsystem entwarf, aber nicht publizierte (JAHN 1989) (Abb. 64), von Georg und J. R. FORSTER, die ihre botanischen und zoologischen Entdeckungen nie zusammenhängend veröffentlichten (HOARE 1975; G. STEINER 1977; WAGENITZ 1994), oder auch Peter Simon PALLAS, dessen *Zoographia rosso-asiatica* (1811–1835) nicht zu seinen Lebzeiten und nicht komplett erschien (WENDLAND 1992; JAHN 1993) (Abb. 65).

Abb. 65. Saiga-Antilope aus *Spicilegia zoologica*, Fasc: I, 1767, S. 253, von Peter Simon PALLAS.

Nach 1800 bekam der Begriff des „natürlichen Systems" einen neuen Inhalt durch die Ganzheitsideen der SCHELLING-OKENschen *Naturphilosophie*, die die Entstehung der Organismenwelt spekulativ in die Kriterien einbezogen (*genetische Methode*) (vgl. 7.2. und 9.1.). Einen historischen Überblick gaben bereits SPIX (1811) und ZUNCK (1840).

6.2.3. Die Stufenleiterordnung der Natur (*Scala naturae*)

Während es zwischen LINNÉS Klassifikationsmethode mit der „enkaptischen Hierarchie", der Eingliederung der niederen (natürlichen) *Taxa* in jeweils höhere (künstliche) Gruppen, und den Systemen von JUSSIEU und anderen Verfechtern von d u r c h w e g natürlichen systematischen Einheiten keinen prinzipiellen Gegensatz gab, unterschieden sich die Auffassungen über eine „natürliche" Weltordnung durch die Vertreter der *Scala naturae* grundsätzlich.

Sie lehnten einen natürlichen *Artbegriff* ab, hielten auch ihn für ein Konstrukt des menschlichen Verstandes und sahen nur *Individuen* als natürliche Realitäten an. Für sie bestand die ursprünglich geschaffene Weltordnung in einer linearen abgestuften Folge von Wesenheiten nach Vollkommenheitsgraden, in der der Mensch als

höchstes, die Gesteine als niedrigste Naturobjekte rangierten und durch allmähliche Übergänge miteinandar verbunden sind. Die Ablehnung diskreter Arten, die durch Fortpflanzungsprozesse ihre Einheit erweisen, verwischte auch die Spezifik der organischen gegenüber den unorganischen Naturkörpern und ließ die Entstehung von Organismen durch „*Urzeugung*" möglich erscheinen. Stufenleiterideen gab es in der Antike ebenso wie im arabischen und christlichen Mittelalter, wo die *Leiter* bis zu den Hierarchien der Engel ins Übersinnliche fortgeführt wurde. Auch dieser Schöpfungsplan wurde als konstante Weltordnung gedacht (vgl. LOVEJOY 1985). ALBERTUS MAGNUS gliederte die Tierwelt nach der Vollkommenheit der Seelenfähigkeiten und ihrem Ausdruck in den Bewegungsformen (vgl. 3.3.1.). In dem „kosmischen Determinismus" von SPINOZA (vgl. 6.1.1.) ist der Gedanke der „Fülle" und „Kontinuität" der Schöpfung ebenso vorhanden, wie – in abgewandelter Form – in den Philosophien von John LOCKE und LEIBNIZ, die im 18. Jh. wirksam wurden. In LOCKES klarer Formulierung heißt es:

„Wir sehen in der gesamten sichtbaren Körperwelt keine Unterbrechungen oder Lücken. Bis auf die allerunterste Stufe hinab führt von uns eine Stufenleiter von kleinen Übergängen und in einer fortgesetzten Reihe von Dingen, die sich von Stufe zu Stufe nur ganz wenig voneinander unterscheiden. Es gibt Fische, die Flügel besitzen und denen auch die Luft kein fremdes Element ist … Es gibt Tiere, die sowohl Vögeln als auch Vierfüßlern so eng verwandt sind, daß sie zwischen beiden in der Mitte stehen; die Amphibien bilden das Zwischenglied zwischen Land- und Wassertieren, … ich will gar nicht davon reden, was über Seejungfern und Wassermänner berichtet wird …" (LOCKE um 1789; zit. nach LOVEJOY 1985, S. 222).

Deutlich wird hierin die langlebige Vorstellung über eine reale Existenzmöglichkeit der Fabelwesen, wie sie auch noch in Sammlungskatalogen des 18. Jh. erschienen (SEBA 1731; vgl. SMIT 1986) und denen erst LINNÉS Bestimmungsmethoden ein Ende bereiteten.[1]

Das Kontinuitätsgesetz von LEIBNIZ beruht auf der gleichen Idee und wird anhand des mathematisch-geometrischen Modells der Kurve plausibel gemacht:

„Ich habe gute Gründe für die Annahme, daß alle die vielen verschiedenen Arten von Wesen, die zusammen das Universum bilden, im Denken Gottes, der ihre Wesensabstufungen genau kennt, nur wie die Ordinaten einer einzigen Kurve enthalten sind, die so

---

[1] LINNÉ erkannte den „siebenköpfigen Drachen" eines Hamburger Sammlers als Fälschung (LINNÉ 1826, S. 24; vgl. JAHN/SENGLAUB 1978, S. 33).

nahe beieinander liegen, daß keine weitere dazwischen liegen kann, weil dies Unordnung und Unvollkommenheiten bedeuten würde. So sind auch die Menschen mit den Tieren verbunden, diese mit den Pflanzen und diese wiederum mit den Fossilien, welche ihrerseits sich an die Körper anschließen, die unsere Sinne und unsere Vorstellung uns als tot und unbelebt darbieten … Die Annahme von Zoophyten oder Pflanzentieren … hat also nichts Absurdes an sich; im Gegenteil, ihr Dasein ist ganz in Übereinstimmung mit der natürlichen Ordnung" (zit. nach LOVEKOY 1985, S. 177).

Da LEIBNIZ zum Ausdruck brachte, er sei von der Existenz aller möglichen Übergangsformen „überzeugt … und daß die Naturgeschichte sie vielleicht eines Tages kennenlernen wird" (a. a. O.), motivierte dieses Stufenleitermodell die Naturforscher nicht weniger zur globalen Artenbestandsaufnahme und zur Suche nach fehlenden „Kettengliedern", als die Überzeugung LINNÉS von der Realexistenz eines natürlichen Ordnungssystems. Diese Suche nach morphologischen „Zwischengliedern" schien durch die Existenz von Korallen oder durch die Entdeckung des Süßwasserpolypen *Hydra* (TREMBLEY 1744) oder auch von Pflanzenfossilien (SCHEUCHZER 1709; vgl. BARTHEL 1994) bestätigt.

Das Modell der Stufenleiterordnung verfocht konsequent der Schweizer Gelehrte Charles BONNET seit 1745 bei seinen Insektenstudien, und in seinem „*Essai*" über Psychologie (1754) stellte er allgemeine Betrachtungen über die organisierten Körper an (1762), wo der Konstanzgedanke noch ausdrücklich betont wird:

„Die Jahrhunderte übergeben eines dem anderen dieses großartige Schauspiel, und sie übergeben es so, wie sie es erhielten. Keinerlei Wechsel, keinerlei Veränderung, völlige Identität. Die Arten bleiben erhalten, indem sie die Naturkräfte, die Zeiten und Gräber besiegen, und die Grenze ihrer Existenz ist unbekannt" (nach BONNET 1779, t. 5, S. 90; übers. von I. JAHN).

In seiner *Contemplation de la nature* (1764) veröffentlichte er eine grafische Darstellung der Stufenleiterordnung (Abb. 66), die mannigfache Widersprüche und Gegenkonzepte hervorrief, wie zum Beispiel die Entwürfe verzweigter Stufenleitern, die der Tatsache Rachnung tragen sollten, daß diese Ordnung nur für Teilbereiche

Abb. 66. Darstellung der *Scala naturae* von Charles BONNET, die den geradlinigen Aufstieg und Übergang von den „Elementen", Gesteinen zu den Pflanzen, Tieren und Menschen zeigt. Aus: *Oeuvres d'histoire naturelle et de philosophie*, T. 1, 1779.

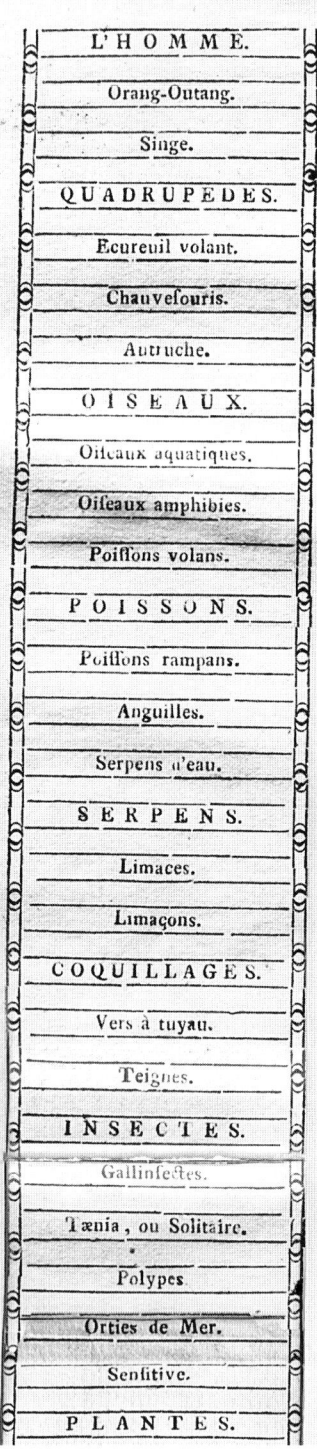

der Natur oder innerhalb von Organismengruppen anzutreffen ist, so daß nur innerhalb des Pflanzenreichs oder dessen Großgruppen eine lineare Reihe oder „Serie" abgestufter Ähnlichkeiten zu finden ist (vgl. DAUDIN 1926). So entwarf der Botaniker Johann Philipp RÜLING in einer Abhandlung über „natürliche Ordnungen der Pflanzen" (1766) eine solche verzweigte Verwandtschaftstafel (USCHMANN 1967, S. 10) (Abb. 67). PALLAS (1766) wandte sich in seiner Arbeit über die „*Zoophyten*" gegen die lineare Abfolge der Naturkörper von den Steinen über Pflanzen zu den Tieren und gegen die Behandlung der „Pflanzentiere" als „Zwischenformen" und entwarf stattdessen ein „baumförmiges" Beziehungsmodell (A. THIENEMANN 1910). JUSSIEU versuchte, im Botanischan Garten von Paris die Arten und Gattungen innerhalb der Großgruppen in linearen Reihen vorzustellen, und LAMARCK bemühte sich ebenfalls um eine partielle Stufenleiterordnung in seiner *Flora von Frankreich* 1778. Als Gegenentwürfe können auch die netzförmigen Verwandtschaftstafeln gelten, wie sie der Straßburger Mediziner Johann HERMANN (1777) für das ganze Tierreich entwarf und innerhalb der Verbindungslinien eine lineare und vielfach verzeigte Stufenfolge von Ähnlichkeiten ausdrückte.

Insbesondere trat Georges BUFFON (der LAMARCK beeinflußte) gegen LINNÉS Natursystem und seine Klassifizierungsmethode auf (SLOAN 1976). In seiner einflußreichen „Naturgeschichte der Tiere" (ab 1749) lehnte er Artbeschreibungen LINNÉS ab, da er nur *Individuen* als naturgegeben betrachtete und sie nur mit e i n e m (französischen) Namen als Individuum kennzeichnete. Auch er bekannte sich zu der Stufenleideridee. Gegen die herkömmliche enkaptische Klassifikation wendet er ein,

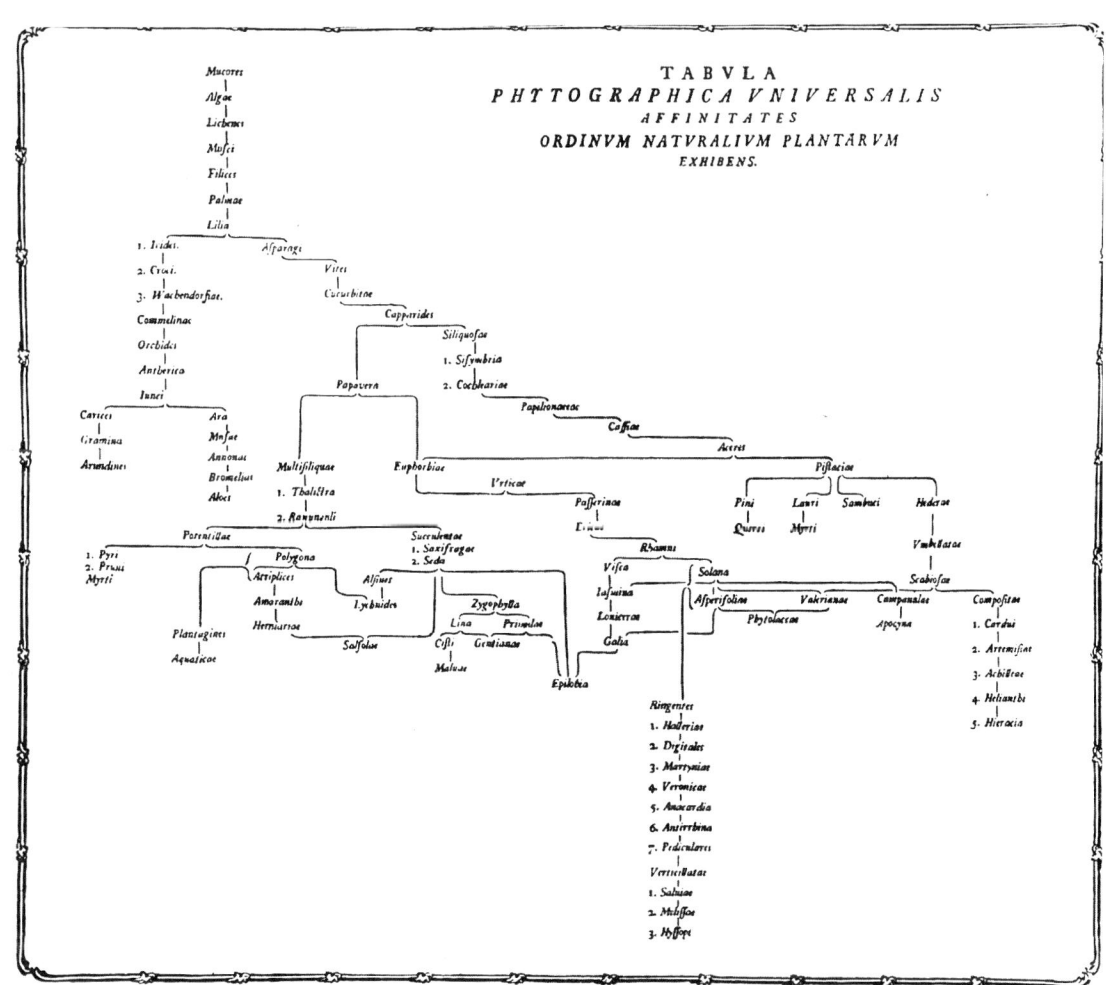

Abb. 67. Graphische Darstellung eines „natürlichen Pflanzensystems" (Verwandtschaftstafel) von Johann Philipp RÜLING 1766.

„... jedoch macht weder die Zahl noch die Ansammlung ähnlicher Individuen die Art aus, sondern die beständige Aufeinanderfolge und die nicht unterbrochene Erneuerung dieser Individuen; ... Art ist demnach ein abstraktes und allgemeines Wort; die Sache, die es meint, existiert nur, sofern man die Natur in der Aufeinanderfolge der Zeiten und der beständigen Zerstörung sowie ebenso beständigen Erneuerung der Wesen betrachtet: indem wir die Natur von heute mit der verflossener Zeiten und die heutigen Individuen mit den vergangenen vergleichen, gelangen wir zu einer deutlichen Vorstellung dessen, was man als Art bezeichnet ..." (Buffon, Bd. 4, 1753).

Er betrachtete die Art also als „Kette aufeinanderfolgender Individualexistenzen", als „organische Naturkonstante", nicht aber als „Ansammlung von Individuen im Raum" (Rheinberger 1990, S. 206).
In gewissem Sinne setzte er das Anliegen der Pariser Königlichen Akademie der Wissenschaften und ihrer Anatomen aus dem 17. Jh. fort (vgl. 5.1.1.) und schuf anstelle eines Tiersystems mit *Klassen*, *Ordnungen*, *Gattungen*, das er für nicht naturgemäß hielt, monographische, umfassende Lebensbeschreibungen einzelner Tier- und Haustierarten (12 Bände Säugetiere, 10 Bände Vögel, 5 Bände Mineralien), wobei er die Ergebnisse von Forschungsreisen (Pallas, Forster etc.) nutzte und 200 Säuger-Arten beschreiben konnte. Nach seiner Überzeugung könne man vom Menschen bis zum rohesten Mineral „auf fast unmerklichen Stufen hinabsteigen" und erkennen, daß diese leisen Übergänge das große Werk der Natur sind" (1749). Die „Übergänge" faßte er nicht allein morphologisch auf, sondern auch anatomisch (durch Mitarbeit des Anatomen Daubenton) und physiologisch (z. B. die Zeugungsformen und Fortbewegungsarten) und führte alle Naturprozesse – auch die der Tier- und Pflanzenwelt – auf die zwei „Urkräfte" der *Gravitation* und der *Wärme* zurück (vgl. 6.3.2.). In der Stufenleiteridee – der abgestuften Ordnung der Lebewesen – wurde Buffon durch das epochenweise Auftreten von Fossilien in der Erdgeschichte bestärkt, die er in 7 Epochon von insgesamt 78000 Jahren einteilte (Buffon 1778). In Analogie zur Kulturgeschichte führte Buffon die Geschichtsforschung in das Naturstudium ein und meinte:

auch der Naturforscher müsse „die Archive der Welt durchwühlen" und aus der Erde die alten Denkmäler der Natur herausholen, „alle Spuren der physischen Veränderungen ... in eine Sammlung von Beweisen vereinigen" (Buffon 1749, Bd. 2).

Den ständigen Wandel der Erdennatur führte er auf die Abnahme der Wärme im Lauf der Erdgeschichte zurück, wozu er ab 1767 Experi-

mente in seinen Bergwerken durchführen ließ (Rheinberger 1990, S. 214); er erkannte auch bei der Beschreibung amerikanischer Arten (Bd. 9, 1761) die Veränderlichkeit von Tierarten, deren Ursache er in Klima und Nahrung,[1] vor allam abar durch „Kombinationsmöglichkeiten der Individuen" im Reproduktionsprozeß und durch Hybridisierung sah. Er faßte Veränderungen aber im allgemeinen als *Degeneration* auf (Buffon, Bd. 14, 1766), nicht im Sinne einer Höherentwicklung (vgl. 6.5.1.).

6.3. Beobachtungen und Experimente zur allgemeinen Biologie (Physiologie) im 18. Jahrhundert

Außer dem praktischen Bemühen um eine regionale und globale Artenbestandsaufnahme durch Sammler und Forschungsreisende und dem theoretischen Anliegen einer naturgemäßen Klassifikation der drei Naturreiche beanspruchten auch allgemein-biologische Beobachtungen und daraus resultierende Fragestellungen die Naturforscher des 18. Jh. Den vielfältigen Erscheinungen der zweckmäßig angepaßten Lebensweise und Gestaltung näherte man sich auf zweierlei Weise: *einmal* wurden (neben der Aufsammlung toten Materials) die Feldstudien an lebenden Objekten intensiviert, wobei – außer den traditionell interessierenden Vogelstudien – mehr und mehr die Lebensvielfalt der wirbellosen („blutlosen") Tiere („Insekten" und „Würmer") in den Vordergrund rückten. Die mikroskopischen Entdeckungen ganz neuer Lebensformen durch Swammerdam und Leeuwenhoek (vgl. 5.1.2.) wurden erst durch ihre Publikationen im 18. Jh. breiter bekannt ((Swammerdam 1737–38, 1752, 1758; Leeuwenhoek 1715–1722) und regten zur Nachahmung und Nachprüfung an, wobei sich natürlich auch die Artenkenntnis vermehrte, aber vor allem die Vielfalt der Lebens-, Vermehrung- und Wachstumsprozesse ins Bewußtsein rückte und Fragen auslöste. Sie wurden *zum anderen* durch experimentelle Methoden zu klären versucht, die nicht einfach aus Physik oder Chemie (wie im 17. Jh.) übernommen, sondern für lebende Organismen einfallsreich erfunden wurden, um den Lebensprozeß zu beobachten, z. B.

---

[1] Dieser Lehrmeinung folgte zunächst Ch. Darwin beim Studium der amerikanischen Tierwelt, widerlegte sie dann aber (vgl. 10.1.2.).

beim Studium der künstlichen Befruchtung, Keimung und Regeneration (vgl. 6.3.2.). Orte des Experimentierens wurden die *Botanischen Gärten*, vereinzelt auch *Menagerien* wie in Versaille (später im *Jardin des Plantes* zu Paris) oder Montpellier, vor allem aber die *Kabinette*, die die Funktion von Gerätesammlungen und Laboratorien (neben der der Naturaliensammlung) erhielten (BUFFON 1749; M. SPALLANZANI 1994).

6.3.1. Empirische Studien zur allgemeinen Biologie (besonders der „Insekten") unter physikotheologischer Motivation

Für die physikotheologische Motivation zu subtilen Naturstudien hatten naturwissenschaftliche Autoritäten des 17. Jh. ein Vorbild gegeben. Nicht nur NEWTON (1687) oder LEIBNIZ (1685–86) hatten sich in dieser Richtung geäußert (vgl. 6.1.1.), auch Robert BOYLE (1664) ermunterte nachdrücklich dazu, als er schrieb:

„Das nächste Attribut Gottes, das in seinen Geschöpfen aufleuchtet, ist seine Weisheit, die, wie es einem intelligenten Beobachter erscheinen muß, sehr deutlich in der Welt zum Ausdruck kommt, ob man sie nun als ein Aggregat oder System aller natürlichen Körper betrachtet oder die Geschöpfe, aus denen sie besteht, ebenso in ihren besonderen und unterschiedenen Naturen anschaut, wie in ihrer Beziehung zueinander und zum Universum, das sie bilden." In vielen Geschöpfen sei diese Weisheit auffällig und in deutlichen Zeichen eingeschrieben. Aber in vielen anderen seien die „Linien und Spuren davon so fein … oder so in Körperlichkeit eingewickelt … daß sie einen aufmerksamen Prüfer erfordern. Eine solch grenzenlose Menge und solch große Verschiedenheit von Vögeln, wilden Tieren, Fischen, Kriechtieren, Gräsern, Sträuchern, Bäumen und Steinen, Metallen, Mineralien, Sternen etc., von denen jeder in großer Fülle mit all den Eigenschaften ausgestattet ist, welche zum Erreichen der jeweiligen Ziele seiner Schöpfung erforderlich …" (zit. nach ROTHSCHUH 1968, S. 126).

Doch BOYLE markiert nachdrücklich den Unterschied zwischen einer „nur allgemeinen, unklaren und trägen Idee", die wir gewöhnlich von seiner Macht und Weisheit haben,

und den klaren, rationalen und treffenden Vorstellungen über diese Attribute … die sich formen durch eine aufmerksame Betrachtung der Geschöpfe, in denen sie am stärksten sichtbar werden und die vor allem für gerade dieses Ziel geschaffen wurden (BOYLE 1664, S. 52, zit. nach ROTHSCHUH 1968, S. 126, 127).

Eben das war auch die Motivation derjenigen Naturforscher, die sich dem genauen Studium der kleinsten und unscheinbarsten Vertreter der

Tierwelt widmeten, die im 18. Jh. unter dem unspezifischen Oberbegriff der „Insekten" und „Gewürme" zusammengefaßt wurden.

Auch die paläontologische Erkundung und Sammlung wurde unter physikotheologischem Aspekt intensiviert und führte zu ersten umfassenden Regionalsammlungen, die einen Formen- und Artenvergleich ermöglichten, wie am Beispiel von Gottlieb Friedrich MYLIUS (1675–1726) deutlich wird, dessen Werk *Des Unterirdischen Sachsens seltsame Wunder der Natur* (1709 und 1718) mit über 5 000 Pflanzenfossilien und ihrem Vergleich mit rezenten Pflanzen einen Versuch zur Klassifizierung fossiler biologischer Objekte, allerdings mit unsicherer Interpretation der Natur der Fossilien, enthält (BARTHEL 1994). Er stand im Meinungs- und Sammlungsaustausch mit dem Schweizer Arzt und Fossiliensammler Johann Jacob SCHEUCHZER, (1672–1733), dessen *Herbarium diluvianum* (1709) „die erste große geschlossene Darstellung einer Sammlung fossiler Pflanzen" war (a. a. O.). Seine physikotheologische Motivation und Interpretation wird besonders in der *Physica sacra* (1731) deutlich, worin er seine Funde als Beweise für Aussagen der Bibel (Sintflutlehre) heranzieht und sie teleologisch „überhöht" (BÜTTNER 1995, S. 15 f.).

Das Anliegen der meisten Physikotheologen war nicht die Klassifikation oder Artbeschreibung, sondern die genaue Beobachtung und Beschreibung der vielfältigen Formen der Lebensweise, Nahrungssuche, Fortpflanzungsverhalten und Brutpflege und ihrer Beziehungen im Naturhaushalt (z. B. *Parasitismus*). Exemplarisch für die Fülle neuer Erkenntnisse über bisher vernachlässigte Tiergruppen ist das umfangreiche Insektenwerk von Johann Leonhard FRISCH (1666–1743), *Beschreybung von allerley Insecten in Deutschland* (1720–1738), das in Einzellieferungen erschien, dessen sporadische und unsystematische Erscheinungsfolge FRISCH mit den Bedingungen der Feldforschung begründet, wenn er im Vorbericht zum 2. Teil schreibt:

daß „die Materie, wovon ich schreibe, in lauter Experimenten bestehe, die man nicht an der Schnur haben kann, sondern diese Creaturen haben ihre gewisse, und oft sehr kurze Zeit," einige erscheinen „nur einmal jährlich, einige nur des Nachts, welches dem Nachsuchenden unbequem ist, oder sie sind in solchen Materien, die man selten findet, oder in einem Ort, der ungemächlich, ja manchmal nicht möglich zu erreichen oder lang darinnen auf so kleine Thierlein acht zu geben …".

Diese nur nebenberuflich durchgeführten Naturstudien (FRISCH war seit 1699 Rektor des Berliner Gymnasiums zum Grauen Kloster und seit 1706 aktives Mitglied, 1731 Sekretär der Hi-

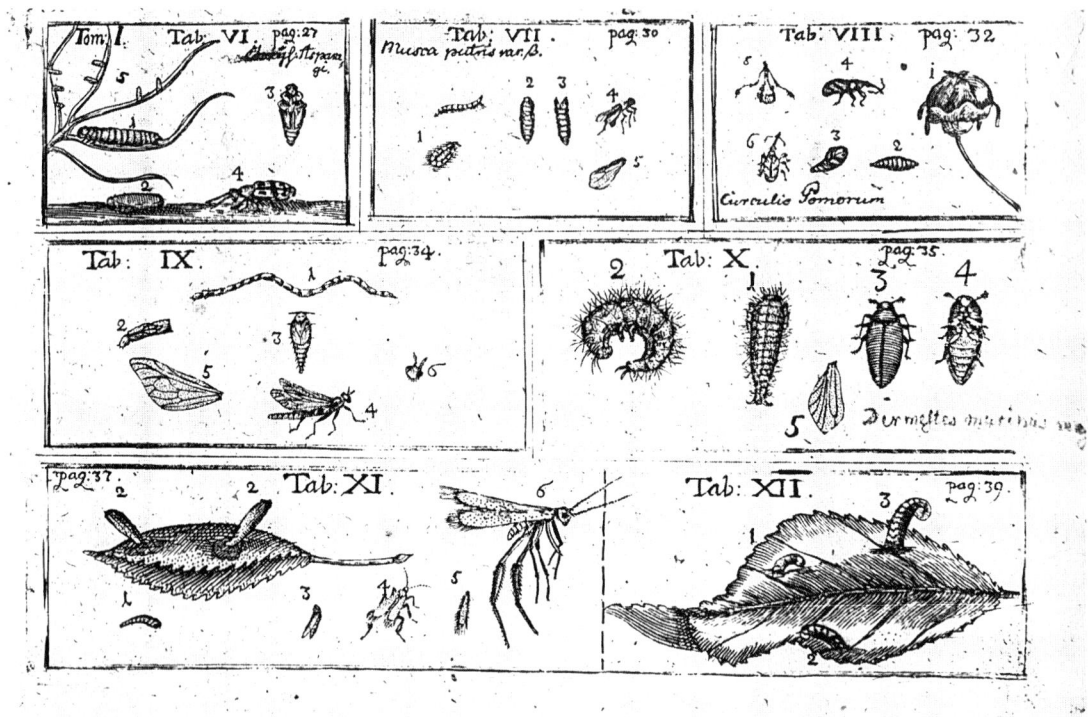

Abb. 68. Insektendarstellungen des Physikotheologen Johann Leonhard FRISCH 1720, die Entwicklungsstadien verschiedener parasitischer Insekten zeigen.

stor.-philologischen Klasse der Berliner Akademie der Wissenschaften) bedurften einer starken Motivation, wie FRISCH eingangs darstellt, nämlich

daß ihn „die beständige Begierde, diese Werke göttlicher Weisheit zu betrachten", dazu veranlaßten. „Sie ziehen mich nicht minder auf die Erde, als die Sterne ihre Messer (z.B. NEWTON) an den Himmel. Wenn diese mit ihrem Fernglas die Allmacht Gottes betrachten, wie sich dieselbe in Erschaffung des unermeßlich großen Gestirns und dessen Lauf geoffenbaret hat, so sehe ich mit meinen Vergrößerungsgläsern, wie eben dieses an dem unermäßlich-kleinen Erden- und Wassergewürme geschehen."

So also suchte er „dieser Geschöpfe Natur, von ihrem Ursprung in der Fortpflanzung an, bis zu ihrem Tod zu erforschen, zum Preise des allewigen Schöpfers, zu Nachricht derjenigen, so solches zu wissen verlangen … und endlich zu meinem Eigenen Vergnügen" (a. a. O. …)

FRISCH zitiert alle einschlägigen Insektenwerke und widmete jede Lieferung einem Vorgänger oder Kollegen, stützt sich auf die Arbeiten von REDI (vgl. 5.3.3.) und war besonders von SWAMMERDAM und LEEUWENHOEK (vgl. 5.1.2.) beeindruckt, zumal er das Glück hatte, „ein von seiner Hand verfertigtes Microscopium zur

Verehrung zu bekommen" (a.a.O. 11. Teil, 1734).[1]

Da er viele parasitische Tiere (Schlupfwespen aus Schmetterlingsraupen, Gallwespen und -mücken, Blattläuse und Tierläuse, Mehlmotte, Rüsselkäfer etc.) und ihre Entwicklungsstadien beschrieb (Abb. 68), selbst zeichnete und auch feststellte, „daß insekten- und wurmbefallene Pflanzen und Tiere in ihrer Entwicklung nachteilig beeinflußt werden", gilt er als „Begründer der naturwissenschaftlich orientierten Parasitologie" (HIEPE & WEIDAUER 1985, S. 291), durch seine helminthologischen Beobachtungen (Nematoden, Bandwürmer) als Pionier von Geländeuntersuchungen (ENIGK 1986, S. 16, 291).

Auch in der *Insecto-Theologia* von Fr. Chr. LESSER, die im Geiste der Äufklärung deutsch geschrieben ist, wurden alle historischen und zeitgenössischen Insektenwerke ausgewertet und mit eigenen Beobachtungen ergänzt, z.B. über die Metamorphose von Schmetterlingen. Doch stützte er sich vorwiegend auf die Mitteilungen anderer Naturforscher wie Maria Sybilla MERIAN, Jan SWAMMERDAM und Johann Leonhard

[1]) Wie FRISCH schreibt, habe er es durch Joh. Hermann REUSSE, Mitgl. der Berliner Akad. d. Wiss. (seit 1729), erhalten.

FRISCH (JAHN 1989). Obwohl LESSERS Insektenwerk zunächst nicht illustriert war,[1] erlebte es drei deutsche Auflagen (1738, 1740, 1758), 4 französische (1742, 1743, 1745, 1751) eine italienische (1751) und eine englische (1799). Sein Anliegen war – wie in einer 1735 an A. SEBA gerichteten lateinischen *Epistola* konzipiert –

die Erarbeitung einer „*allgemeinen Biologie der Insekten*", keine Artbeschreibung. Er wollte das bis dahin bekannte Wissen über Körpergegestalt, Organisation und Lebensweise der „Insekten"[2] in einer „gantz anderen Lehr-Art als andere" darstellen, und zwar nicht bloß „eine natürliche Historie" verfertigen, sondern „die Betrachtung derselben zur Ehre ihres Schöpfers aus der natürlichen und geoffenbarten Gottesgelahrtheit" anwenden (LESSER 1738, § 13, S. 31).

Er beschrieb die vielfältig verschiedenen äußeren und inneren Organe und ihre Funktionen, die Sinnesleistungen und Fortpflanzungsformen, die trotz der großen Verschiedenartigkeit „gehörige Ordnung, Anordnung und Funktion" besitzen, was von der künstlerischen „Freiheit ihres Schöpfers" zeuge (a. a. O. 1. Th., 2. Buch, 2. Cap. § 172, S. 305). Gegen die cartesische Metapher von der Welt als einem „Uhrwerk" wendet er ein, daß Unordnung an einem einzigen Rädchen das ganze Werk zum Stehen brächte, die Natur aber trotz Willkür ihrer Kreaturen in keine Unordnung verfalle, da Gott alles „in seinem Wesen, Kräfften und Ordnung erhält" (a. a. O. 1. Th. 1. Buch, 10. Cap, § 105, S. 148 ff.). LESSER fügte nicht nur jedem Kapitel eine Art Predigt an, sondern belegte auch manche Naturbeobachtungen mit Bibelstellen, über die es ein Register gibt (JAHN 1996).
Der als Illustrator und Bearbeiter von LESSERS *Insecto-Theologia* genannte Pierre LYONET (1706–1789) war selbst ein Entomologe, der (aus einer französischen Calvinistenfamilie stammend) in Leiden Naturwissenschaften und Jura studierte und ab 1731 als Advokat in Den Hague wirkte. Besonders durch die Schriften von SWAMMERDAM (1669, 1737) und RÉAUMUR (1734) angeregt, führte er ab 1736 selbst systematische Insektenbeobachtungen durch, die ihm die sachkundige Berichtigung und Annotation seiner französischen Übersetzung von LESSERS Werk (1742) erlaubte, in die er eigene Ideen über die Klassifikation und Entwicklung der Insekten einbrachte. Er widmete subtile Studien besonders der Anatomie und der Metamorphose der Insekten (*Traité anatomiques de la chen-*

ille 1760; und *Recherches sur l'anatomie et les métamorphoses de différentes espèces d'insectes*, postum 1832), die ihm ebenfalls Ausdruck der Zweckmäßigkeit einer Schöpfung waren.
Der gleiche Impuls führte den als Maler ausgebildeten August Johann ROESEL VON ROSENHOF (1705–1759) zu seinen verbreiteten Abbildungswerken. Angeregt von den Insektenwerken der Maria Sybilla MERIAN (1705), begann er in den 30er Jahren mit dem Studium und der Präparation von Insekten aus der Nürnberger Lokalfauna, die ab 1740 in monatlichen Lieferungen erschienen und mit dem Titel *Insecten-Belustigungen* vier Bände voller exakter Beobachtungen füllten (1740–1761), die das Lob von Joh. Ph. BREYNE und von RÉAUMUR ernteten. Als Ziel hatte er im Vorwort zum ersten Band (1746) vorgesehen, Insekten als systematische Einheit zu definieren und sie in Klassen, Ordnungen und Familien zu gliedern;

Der erste Band umfaßte nur „die in 6 Classen eingetheilte Papilionem mit ihrem Ursprung, Verwandlung und allen wunderbaren Eigenschaften …" der zweite (1749) Käfer, Heuschrecken, Grillen, Mücken, Fliegen und Libellen, der dritte (1755) Krebse, auch Seesterne und Polypen. Der vierte Band (1761), der die Spinnentiere enthielt, wurde von seinem Schwiegersohn und Mitarbeiter Carl KLEEMANN postum herausgegeben, der auch seine Biographie schrieb (1761).

So speziell diese biologischen Studien auch erscheinen, so sollten sie doch die Plan- und Zweckmäßigkeit der Gesamtschöpfung repräsentieren, was in dem Widmungsgedicht (von D. G. HULT) zum Ausdruck kommt, wo es abschließend heißt:

„Lies dieses Buch und lern dabey, wie groß Gott auch im Kleinsten sey" (ROESEL 1746, Frontispiz).

Trotz der Bemühung ROESELS um eine systematische Einteilung, die hinter derjenigen LINNÉS zurücksteht, wird doch das Interesse für die Lebensäußerungen und Anpassungsphänomene deutlich, das dann noch stärker in seinem Werk über *Die natürliche Historie der Frösche … hiesigen Landes* (1758) zum Ausdruck kommt, das ein Vorwort von Albrecht VON HALLER enthält und die genauen Beobachtungen ROESELS über die Individualentwicklung der einzelnen Arten in Abbildungen wiedergibt. Dadurch wurde der für die Insektenentwicklung geprägte Begriff der *Metamorphose* auch für die Gestaltumwandlung der *Amphibien* allgemein verbreitet, der auch die Aufmerksamkeit GOETHES erregte. Durch genaueste Beobachtung der Paarung, Begattung, Ei- (bzw. Laich-) Ablage, Schlüpfen der Larven und ihre Verwandlung widerlegt er energisch alle Gerüchte von der Entstehung von Insekten und Fröschen aus Schlamm (oder

---

[1] Nur die französ. Ausgabe (1742) enthält Abb. von P. LYONET. Nach LESSER (1746) fertigte auch ROESEL VON ROSENHOF welche an.

[2] „Insekten" im damaligen Sinne umfaßten alle Gliedertiere, auch Würmer.

„Froschregen") und erklärt die Ursache solcher Irrtümer. Auch er ist (wie Ray) überzeugt,

daß sich gerade „in den Werken der Erschaffung" (Zeugung) der „Spiegel der Weisheit und Allmacht Gottes" offenbart, wodurch die Erblichkeit und Konstanz der Artcharaktere gewährleistet bleibt.

Die gleichen Argumente kehren bei anderen Physikotheologen wieder und werden auch von Hermann Samuel Reimarus (1694–1768) geäußert. Beeinflußt von der *Theologia naturalis* von Chr. Wolff (1724) hatte er zunächst die philosophischen Schriften über *Die vornehmsten Wahrheiten der natürlichen Religio* (1755) und *über die Vernunftlehre …* (1756) als Auseinandersetzung mit den zeitgenössischen erkenntnistheoretischen Streitfragen (*principia cognitionis*) herausgegeben, bevor er die „*Allgemeinen Betrachtungen über die Triebe der Thiere …* (1760) „zur Erkenntnis des Zusammenhanges der Welt, des Schöpfers und unser selbst" schrieb. Sie enthalten nicht nur ausführliche Erörterungen über den Ursprung der Tierarten und des Menschengeschlechts, sondern sie haben im Ganzen eine Erkenntnistheorie zum Ziel, wozu ihm die subtile Analyse der unterschiedlichen Fähigkeiten der Tierarten dient. Weder begnügte er sich mit allgemeinen Deklarationen über die Weisheit des Schöpfers, noch hält er es für ausreichend, viele neue *Tierarten* zu entdecken, zu beschreiben, abzubilden und zu klassifizieren: Damit sei der „Verstand" nicht befriedigt. Vielmehr will er

„hauptsächlich jedes Thieres innere Natur, Eigenschaft und Art zu leben, das Verhältnis einer Thierart zu der anderen und zu uns, die ganze Haushaltung und Verfassung in dem Thierreiche und dessen Zusammenhang mit der Welt und ihrem Schöpfer wissen" (a. a. O. § 149).

Unter Benutzung vorliegender Schriften (z. B. Swammerdam 1737–38, Roesel 1746–1761 und Lyonet 1742) und eigener Beobachtungen wollte Reimarus alle Bewegungsformen der Tiere in Luft, Wasser und Erde klassifizieren, und um die „Mannigfaltigkeit der Bewegungskünste" in deutscher Sprache zu beschreiben, neue „Worte suchen, den vielfachen Unterschied zu benennen" (a. a. O. S. 86). Um die „Werkzeuge" der Tiere zu begreifen, muß man den Bau des tierischen Körpers kennen, das heißt

„man muß 1. die bewegten Glieder und Theile der Thiere nebst ihrer Verbindung mit dem übrigen kennen, 2. Fibern und Muskeln, wodurch die Bewegung geschehen kann, 3. Ort und Art der Befestigung der Muskeln und Fibern an den bewegten Gliedern" (a. a. O. S. 77).

Demzufolge beginnt Reimarus mit „dem Sichtbaren, was die sinnliche Erfahrung lehrt" (der *Anatomie*), vermeidet aber Spekulationen über

„die kleinsten Ursachen" (z. B.: nach Descartes) und meint,

„Laßt uns also nicht fragen, ob gewisse unsichtbare Lebensgeister, d. i. ein feines flüssiges und flüchtiges Wesen in die Fibern und Muskeln wie in hohle Röhren dringe …" (a. a. O. S. 76).

Reimarus unterscheidet die Bewegungsarten nach den „Trieben", die seiner Klassifikation zugrunde liegen, also

– „mechanische Triebe der Thiere", die vom jeweiligen Bau des Körpers abhängig sind, der die Regeln der Bewegungskräfte bestimmt,
– „Vorstellungstriebe", die durch Gewohnheiten, Neigung, Abneigung geprägt sind, auch der Arterkennung dienen und dem menschlichen Gedächtnis nur „analog" sind, aber kein begriffliches Denken sind,
– „willkürliche Triebe", und zwar „natürliche", die der Selbst- und Arterhaltung dienen, und „abartende" durch Dressur (was aber nur im Rahmen der artspezifisch determinierten Triebe möglich ist).
– „Kunsttriebe", die „zur Erhaltung jedes Thieres und seiner Art" dienen.

Indem er die Spezifik der Lebensräume und der Lebensweise der in ihnen lebenden Tierarten betrachtet, folgert er, daß

„die verschiedenen Orte des Aufenthaltes (Schlamm, Holz, Wasser etc.) machen, daß desto mehr Arten der Lebendigen seyn können, die sich also zertrennet, einander nicht im Wege sind, noch ihre Speise andern vor dem Maule wegfischen können" (a. a. O. S. 73),

aber auch, daß die arterhaltenden Triebe zwar nicht das einzelne Tierleben garantieren (von denen tausende vor der Zeit untergehen), sondern die Erhaltung „aller möglichen Arten der Lebendigen in geziemender Proportion" zur Aufrechterhaltung der Ordnung und Harmonie der Natur.
Eine weitere Schlußfolgerung betraf die Konstanz der Arten und ihrer Triebhandlungen „nach einerlei bestimmten Weise, Regel und Modell."

„Sie ändern sich nicht, die Spinnen weben heute nicht besser als im Paradies, die Bienen bauen nicht anders als zu Vergils Zeit. Jedes Thier äußert die Kunsttriebe seiner Art gleich mit völliger Fertigkeit von Geburt an, ohne äußere Erfahrung oder Unterricht (§ 92). Doch sind sie nicht gänzlich determiniert, denn einige Arten lernen ihr Verhalten erst durch die Brutpflege (§ 97).

Aus der Verschiedenheit der Arten des Lebens und ihrer Bedürfnisse folgert Reimarus,

„daß alle Kunsttriebe auf die Erhaltung und Wohlfahrt jedes Thieres und seines Geschlechtes zielen, und die geschicktesten Mittel für die Bedürfnisse jeder Lebensart zu diesem Zwecke in sich halten ..."

also vererben, nicht durch Vernunft aneignen wie die Menschen. Entschieden wendet sich REIMARUS gegen Chr. WOLFF und einen anthropozentrisch definierten Zweckbegriff, ebenso wie gegen die Auffassung mancher utilitaristisch eingestellten Aufklärer, der Mensch könne die Tiere zu seinem eigenen Nutzen verändern. Es läge in keines Menschen Macht, irgendeinem Dinge eine Naturkraft zu geben, die es vermöge seines angeborenen, vererbten Wesens nicht habe. Er könne die tierischen Triebe nur dämpfen, lenken oder zu seinem Nutzen abrichten. Hier ist kein anthropozentrischer Zweckbegriff mehr erkennbar, wenn REIMARUS sagt:

„Man kann daher die gegenseitige Beschaffenheit der Thiere von nichts anderem herleiten, als weil ihre Leibes- und Seelenkräfte von der Natur selbst auf was Gewisses und Besonderes determiniert sind" (§ 102).

Er verteidigt aber die Betrachtung der „Endursachen" in natürlichen Dingen; sie gehören wie die „wirkenden Ursachen" zur philosophischen Naturerkenntnis, weil diese nur „diejenigen Mittel sind, wodurch der Endzweck zur Wirklichkeit gebracht wird" (§ 151).[1] An „determinierten Naturkräften der Thiere" unterscheidet REIMARUS

– determinierten Mechanismus besonderer Werke zu besonderen Verrichtungen,
– determinierte innere Empfindung,
– determinierte blinde Neigung der Seele selbst,

im Unterschied zu den undeterminierten Kräften des Menschen, die dazu antreiben sollen, Künste, Wissenschaften und Tugend zu erwerben.

Wenn REIMARUS als weitere Folgerung aus seinen Forschungsergebnissen den Schluß zieht,

daß sich der Mensch nur „als das allergefräßigste Raubtier" zeige, wenn er „die Thiere aller Elemente überwältiget, um eine Mannigfaltigkeit von Speisen zu bekommen" oder andere leibliche Bedürfnisse zu befriedigen. Auch wenn Naturforschung nur um des Nutzens betrieben werde, um „nach dem jetzigen ökonomischen Geiste noch mehr Vortheile aus dem Thierreich" zu ziehen, so bleibe man noch „in den thierischen Schranken" und gewinne dadurch nichts mehr, „als was die übrigen Thiere auch und mit weniger Mühe haben: Nahrung, Kleidung, Reize". Menschlicher sei reines Erkenntnisstreben (§ 144).

Einer solchen Motivation folgte auch der Theologe und Naturforscher Johann Reinhold FORSTER (1729–1798), als er den Pfarrerberuf aufgab, um sich zusammen mit seinem Sohn Georg

ganz der Naturforschung zu widmen. Vor seiner Weltumseglung, die beide berühmt machte (vgl. 6.2.2.), lehrte er – als Nachfolger Joseph PRIESTLEYS – an der *Dissenters Academy* in Warrington Naturgeschichte und gebrauchte in seiner Vorlesung über *Entomology* (1768)[2] die gleichen physikotheologischen Argumente über den Zweck des Naturstudiums, wenn er sagt:

„... the more a Man has studied and was initiated in the Mysteries of Nature, the more he was penetrated with the Belief of an eternal and supreme Prime cause of all Beings. No Newton, no Boyle, no Leibniz, no great Natural Historian and Philosopher was ever a Non-believer ... Nature is the great book, into which the Deity ... has written in immense and adorable Attributes and teaches us the Principles of Religion" [Je mehr ein Mann in die Mysterien der Natur eingeweiht war, desto mehr war er von dem Glauben an eine ewige und erste Ursache aller Wesen durchdrungen. Kein Newton, kein Boyle, kein Leibniz, kein großer Naturhistoriker und Philosoph war jemals ein Ungläubiger ... Natur ist das große Buch, in das die Gottheit sich mit unendlichen und verehrungswürdigen Eigenschaften eingeschrieben hat und uns die Prinzipien der Religion lehrt.] (vgl. JAHN 1995, 220 f.)

Auch FORSTER schildert anhand der Insekten die große Schönheit und Perfektion auch der kleinsten Naturobjekte, die unendliche Variabilität der Lebewesen in der Kette der Natur, die konstante Ähnlichkeit in der Fortpflanzung der gleichen Art, die Wechselbeziehungen aller Naturerscheinungen und die zweckmäßige Anpassung aller Organe an Nahrungserwerb und Naturökonomie als Beweis dafür, daß kein Zufall diesen Grad von Regelhaftigkeit, Eleganz und Ordnung hervorgebracht haben könnte.

Ein besonders markantes Beispiel für den Erkenntnisgewinn durch diese physikotheologische Fragestellung nach dem „Zweck", den der „weise Urheber der Natur" mit den vielgestaltigen Formen verfolgt hat, bieten die Beobachtungen über das Zusammenspiel von Blütenformen und Insekten zum Zweck der Befruchtung, die der Theologe und Pädagoge Christian Konrad SPRENGEL (1750–1816) in seinem – von Ch. DARWIN bewunderten – Buch über *Das entdeckte Geheimnis der Natur im Bau und in der Befruchtung der Blumen* (1793) veröffentlichte. Als er 1787 die Bestäubung von Geranienblüten beobachtet hatte, ließ ihn die Frage nicht mehr los,

„In welchem Zusammenhange stehen alle Theile der Blume, welche Beziehungen haben sie auf die Frucht, welche aus derselben entstehen soll, und wie vereinigt sich alles, was wir an ihr während ihrer ganzen Blüte-

---

[1] Über die Auffassungen über die Tierseele im 18. Jh. vgl. INGENSIEP 1995, spez. S. 107, der auch ein Werk von J. H. WINKLER (1745) analysiert.

[2] Manuskript Handschr. Abt. Staatsbibl. Berlin II, Ms.germ.octav 22 a, Bl. 17–18 (Introductory Lectures 1767–1768).

Auch A. von Haller ging von den anatomischen zu experimentell-physiologischen Untersuchungen an lebenden Tieren über, um seine neue Lehre der *Irritabilität* und *Sensibilität* der *Fasern* zu prüfen (vgl. 6.1.2.) und die ihnen innewohnende (*insita*) Eigenschaft der Reizbarkeit oder Empfindung als unabhängig von der „Seele" (nach Stahl) nachzuweisen. Auch in die Streitfragen der Präformationslehre schaltete er sich mit Experimenten ein (s. u.), da er nach der Entdeckung Trembleys (1744) zeitweilig an der Präformation zweifelte (Roe 1981). Zahlreiche Forscher widmeten sich dem Problem der Keimesentwicklung. Réaumur, der die Beobachtungen von Swammerdam über Insektenentwicklung wiederholte, hielt ungeachtet dessen, daß er einige Unterschiede im Bau der Raupen und Puppen fand, eine spontane Entwicklung von Teilen des Keimes aus homogener Materie für unmöglich:

„Wenn man versucht, sich klare Vorstellungen von der ersten Entstehung einiger organisierter Körper zu machen, spürt man bald, daß unsere Urteilsfähigkeit und der Umfang der uns zur Verfügung stehenden Kenntnisse uns nie zu dieser Erkenntnis führt; wir müssen mit der Entwicklung und dem Wachstum der bereits ausgebildeten Wesen anfangen, ohne zu wagen, weiter zu gehen.[1])

Zu diesem agnostischen Schluß wurden bald auch „wissenschaftliche Beweise" der Präformation hinzugefügt.

Im Jahre 1740 gelang es Ch. Bonnet zu zeigen, daß sich die Weibchen der Blattläuse auch ohne Männchen, d. h. parthenogenetisch, fortpflanzen können. Diese Entdeckung wurde als glänzende Stütze der Möglichkeit der Präformation im Ei betrachtet.[2]) 1753 wurden von J. Ch. Kuhlemann unter der Leitung von A. Haller durchgeführte Beobachtungen über die Entwicklung des Schafes veröffentlicht, in denen er feststellte, daß der Keim am 19. Tag nach der Empfängnis schon vollständig formiert zu beobachten ist. Schließlich publizierte 1758 Haller selbst seine Arbeit *Sur la formation du coeur dans le poulet* (Über die Bildung des Herzens im Hühnchen), in der er aufgrund von Beobachtungen die Gemeinsamkeit der Hüllen um Dotter und Keim feststellte und daraus schloß, daß der Keim nur ein Auswuchs dieser Hülle ist und somit schon im Dotter vor der Befruchtung vorhanden war. Alle diese scheinbaren Beweise der Präformation festigten die damals herrschende Überzeugung, daß die Bildung kompliziert gebauter Lebewesen auf mechanischem Wege nicht erklärt werden kann:

„Wenn den vortrefflichen Bau eines thierischen Körpers weder der Zufall noch irgendeine blinde Kraft hervorzubringen vermag, vermöge welcher sich die unorganischen Theile einander anziehen sollen, so bleibt uns nur noch das einzige übrig, daß die Frucht in dem Geschäft der Empfängnis ihren Bau und Zusammensetzung bekommen haben muß", äußert A. Haller, 1766 (Zit. nach Haller 1776, Bd. 8, S. 245).

Die unweigerliche Folge der Verneinung der spontanen Entwicklung der Organismen war die Annahme, daß alle Keime schon von Anbeginn bei der Erschaffung der Welt geschaffen worden waren. Dann wurde es notwendig, zu erklären, auf welche Weise sie bis heute erhalten blieben, obwohl jede Pflanzen- und Tierart in jeder Generation immer neue Individuen hervorbringt. Wie schon dargestellt (vgl. 5.1.2.), schlugen bereits im 17. Jh. Swammerdam und Malebranche als Erklärung hierfür die Theorie der Präformation der Keime aller künftigen Generationen „in den Körpern Adams und Evas" vor. Diese Theorie wurde auch von den Präformisten des 18. Jh. angewandt. Andry (1710) führte den Terminus *emboîtement*, „Einschachtelung", ein, und Bonnet und Haller führten als Beweise der Einschachtelung die parthenogenetische Fortpflanzung der Blattläuse im Verlaufe einer Reihe aufeinanderfolgender Generationen, die Knospung bei der *Hydra* (bei der an einem Individuum die durch Knospung hervorgegangenen Tochterindividuen von 5 bis 6 Generationen sitzen)[3]) und schließlich die Vermehrung des koloniebildenden Einzellers *Volvox* an, in dessen kugligem Körper man drei und mehr ineinandergeschachtelte Generationen beobachten kann. Auf diese Weise herrschte zumindest in der ersten Hälfte des 18. Jh. die *Theorie der Präformation* als einzig mögliche Erklärung der Entwicklungsprozesse der Organismen, die vom Standpunkt der Gesetze der Mechanik nicht zu verstehen waren. Diese Theorie ließ sich wunderbar mit den allgemeinen Schöpfungslehren vereinbaren und befriedigte Theologen und Deisten gleichermaßen.

---

[1]) Übersetzt nach Réaumur 1734, t. 1., S. 360; Orig.: „Si on essay de se faire des idées claires de la première formation de quelques corps organisés, on sent bientôt que la force de notre raisonnement, et l'etendue des connoissances qu'il nous est permis d'avoir, ne sauroient nous y conduire; il nous faut commencer au développement, à l'accroissement des etres déjà formés, sans tenter de remonter plus haut".

[2]) Brief von Bonnet an Réaumur v. 5. 8. 1740, in: Bonnet 1948, S. 59.

[3]) Brief von Bonnet an Trembley v. 24. 3. 1741, in: Correspondance inédite entre Réaumur et Trembley. Genf 1943, S. 66, sowie Bonnet 1779, t. 3, S. 266.

Ungeachtet dessen häuften sich während dieser ganzen Zeit Fakten, die der Lehre von der Präformation widersprachen und eine andere oder zusätzliche Erklärung forderten. Sie waren Anlaß für Experimente.

So war vor allem die relative Rolle beider Geschlechter in der Nachkommenschaft unverständlich. Vom Standpunkt der *Ovisten*, d. h. der Präformisten, die im Ei den präformierten Keim suchten, wurde die Rolle des männlichen Samens als *Stimulus* der Entwicklung oder als Nahrung dieses Keimes angesehen. Das war um so leichter anzunehmen, wenn, wie man damals meinte, der männliche Samen nicht in direkten Kontakt mit dem Ei tritt, sondern nur als eine Art *aura seminalis* einwirkt. Die Rolle der Spermatozoen bei der Befruchtung erkannten die *Ovisten* gewöhnlich nicht an, sie hielten die „Spermatierchen" für irgendwelche parasitischen „Würmer" oder „Infusorien". Vom Standpunkt der *Animalkulisten*, d. h. der Präformisten, die annahmen, daß im Spermatozoon der bereits formierte Keim enthalten sei, dient das Ei nur als Ort der Ernährung und endgültigen „Entwicklung" (*evolutio*) des Keimes (seiner Vergrößerung und der Verdichtung seiner Teile).

Aber diesen Erklärungen widersprachen die Fakten der Vererbung der Merkmale sowohl der Mutter als auch des Vaters und auch der fernen Vorfahren in der Nachkommenschaft. Diese Fakten waren schon damals gut bekannt. So untersuchte Réaumur (1749) die Vererbung der Fünfzehigkeit und Schwanzlosigkeit bei Hühnern und führte speziell für die Lösung der Frage nach der relativen Rolle beider Geschlechter in der Nachkommenschaft Versuche der reziproken Kreuzung von Männchen und Weibchen durch, die Träger dieser Eigenschaften waren. Leider publizierte er die Resultate dieser Versuche nicht, weil sie widersprüchlich waren. Die Vererbung der Sechsfingrigkeit beim Menschen war damals ebenfalls gut bekannt, und die Vererbung dieses Merkmals sowohl durch den Vater als auch durch die Mutter wurde von Réaumur beschrieben, der daraufhin sogar gezwungen war; anzuerkennen, daß „der Anfang der Entstehung sowohl in dem einen als auch in dem anderen Geschlecht liegen kann" und „daß diese Fakten offenbar ungünstig für die Präexistenz der Anlagen sind" (1749, T. 2, S. 377).

Ebenso schwer erklärbar waren die Ergebnisse der Hybridisierung verschiedener Tier- und Pflanzenarten. Maultiere, d. h. die Hybriden aus der Kreuzung von Pferdestute und Eselhengst, waren aus dem Altertum bekannt. Bei ihnen kommen immer Merkmale des Vaters vor (Ohren, Schwanz und Stimme). 1761 beschrieb Köl-reuter Hybriden von Tabakarten, die ebenfalls Merkmale beider Elternformen zeigten. Darum nannte man sie gewöhnlich „Maultierpflanzen".[1]

Weit bekannt waren die zu allen Zeiten die allgemeine Aufmerksamkeit auf sich ziehenden Mißbildungen, die von Zeit zu Zeit bei normalen Eltern geboren wurden. Während man im Altertum bis zum 17. Jh. geneigt war, das Auftreten von Mißbildungen der Kreuzung von Menschen mit Tieren zuzuschreiben, die sehr weit voneinander entfernt sind, und ihre Geburt beim Menschen manchmal sogar dem Einfluß des Teufels zuschrieb, so lenkten die Fälle von Mißbildungen im 18. Jh. die schärfste Aufmerksamkeit seitens der Wissenschaftler auf sich und wurden einer ernsthaften Untersuchung unterzogen, z. B. auch von C. F. Wolff in Petersburg (Raikow 1964).

Das Auftreten von Mißgeburten und überhaupt aller mehr oder weniger von der Artform abweichenden Organismen bereitete der *Präformationstheorie* große Schwierigkeiten. Da entsprechend dieser Theorie alle Keime seit Erschaffung der Arten schon präformiert waren, mußten auch die mißgebildeten Keime schon von Anfang an präformiert gewesen sein. Das war sehr schwer mit den allgemeinen teleologischen und theologischen Ansichten der Epoche in Einklang zu bringen. Im Zusammenhang damit unternahm man Versuche, die Entstehung von Mißgeburten durch „zufälliges" Quetschen oder Zusammenkleben der Keime oder ihrer Teile zu erklären. Einen solchen Standpunkt vertrat der französische Anatom Louis Lemery (1677–1743). Ihm trat Jakob Winslow (1669–1760) entgegen, der hervorhob, daß man so zahlreiche Fälle von Doppelbildungen und Mißbildungen nicht erklären kann. Winslow verwies auf das Vorhandensein „angeborener" Mißbildungen (Anomalien des Skelettes und seiner Teile, *Situs inversus* u. a.) und lehnte auf dieser Grundlage die *Zufallstheorie* ab. Die Polemik zwischen Lemery und Winslow, die in den Memoiren der Pariser Akademie der Wissenschaften veröffentlicht wurde, dauerte 20 Jahre (1724–1743) und blieb ungelöst (vgl. Hagner 1995, S. 84 f.; s. Lit.-Verz. zu Kap. 7).

Schließlich stellten auch die Regenerationserscheinungen die Präformisten vor nicht geringe Schwierigkeiten. Die Regeneration einzelner Teile von Tieren, wie z. B. des Schwanzes

---

[1] Er setzte die Experimente viele Jahre fort und beschrieb sie regelmäßig in den Petersb. Akademieschriften (vgl. Mayr 1986).

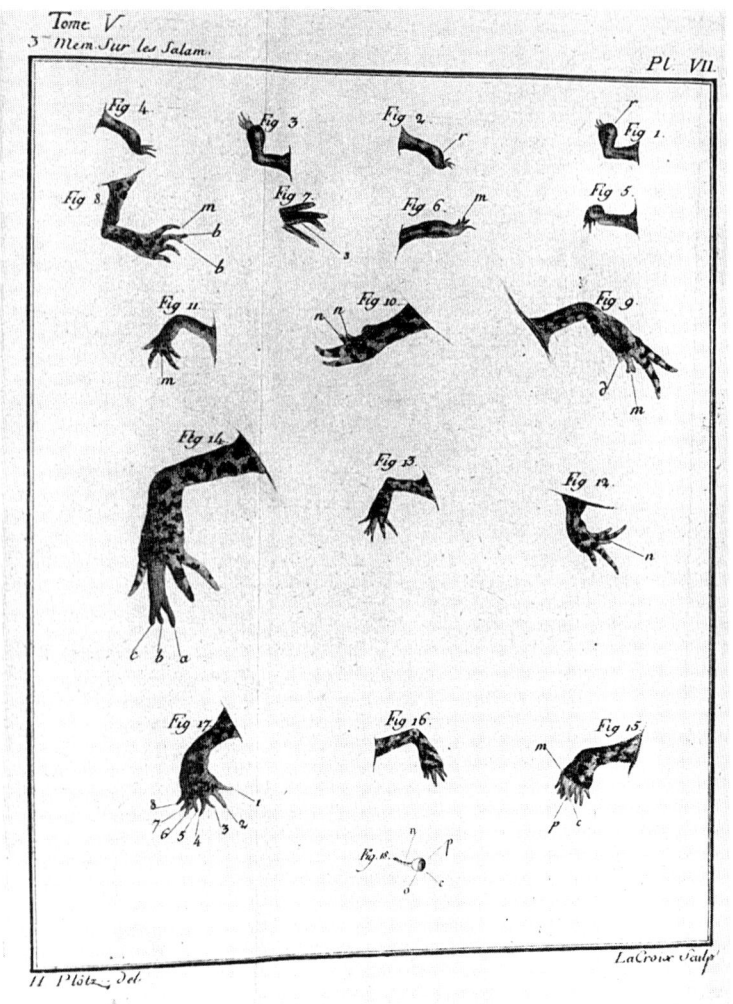

Abb. 71. Experimente von René-Antoine Ferchault DE RÉAUMUR über die Regeneration der Extremitäten bei Amphibien und Reptilien. Aus: *Mémoire sur les Salamandres* 1777.

von Eidechsen oder der Scheren bei Krebsen, wurde mehrfach Ende des 17. Jh. bis Anfang des 18. Jh. beschrieben (Abb. 71). RÉAUMUR publizierte 1712 seine Beobachtungen und Versuche zu diesem Thema. Er beschrieb zahlreiche Regenerationsbeobachtungen an Extremitäten verschiedener Krebse. Indem er die erstaunlichen Fähigkeiten zur Regeneration zu erklären versuchte, zeigte RÉAUMUR die Schwierigkeiten für die Annahme der Existenz von „kleinen Eiern" in jedem Teil des Tierkörpers, in denen die regenerierenden Teile präformiert sind, weil man dabei annehmen müßte, daß ähnliche Eier sowohl für den ganzen Teil als auch für beliebige Bruchteile seiner Abschnitte vorhanden sind. Dennoch lehnte er diese Erklärung nicht kategorisch ab.

Eine Sensation bedeuteten die Versuche von TREMBLEY (1744) über das Regenerationsvermögen der *Hydra* (Abb. 72). Ihm gelang es, durch das Zerschneiden eines Tieres in viele Teile, die Bildung neuer *Hydren* aus jedem dieser Teile hervorzurufen. Diese Versuche wurden von vielen Forschern an *Hydra*, aber auch an Würmern, Seesternen, Mollusken und anderen Tieren wiederholt und bestätigt. Für die Präformisten, die es ablehnten, in der *Hydra* eine „einfache Maschine" zu sehen, und die darüber hinaus ihr noch eine Seele zusprachen, erhob sich die zusätzliche Frage, wie sich die Seele beim Zerschneiden der *Hydra* teile. Ch. BONNET fand einen spitzfindigen Ausweg aus dieser Schwierigkeit, indem er das Vorhandensein einer besonderen „Anlage" für jeden regenerierenden Teil und für jede dieser Anlagen eine selbständige Seele annahm.

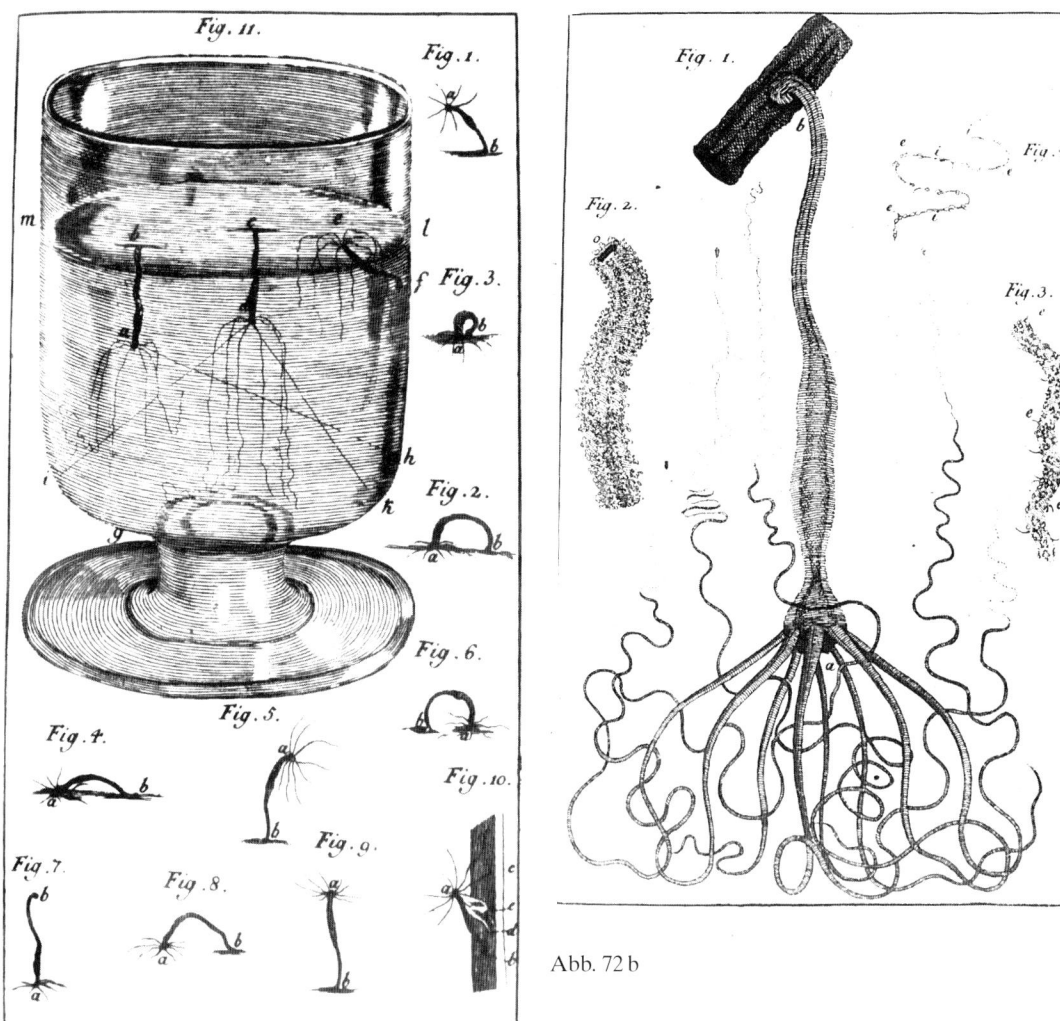

Abb. 72 a

Abb. 72 b

Abb. 72. Darstellung des Süßwasserpolypen *Hydra* von Abraham Trembley 1744.

Aber welche Fertigkeiten die Präformisten bei der Erklärung der sich vor ihnen auftürmenden Schwierigkeiten auch erlangten, diese Erklärungen vermochten Gelehrte und Philosophen, die von den neuen Ideen über das Vorhandensein spezifischer *Kräfte* in den Körpern, darunter auch den lebenden, erfaßt waren, nicht mehr zu befriedigen. Einen großen Einfluß übte die *Lehre von der Gravitation* aus, und es ist deshalb nicht verwunderlich, daß unter den Anhängern einer neuen Art des Herangehens an die Lebenserscheinungen die Verfechter der Newtonschen Ideen die ersten Theoretiker waren.

6.4. Beobachtungen und Hypothesen über Zeugung und Keimesentwicklung[1])

6.4.1. Hypothesen über „Epigenese"

Fast gleichzeitig mit Maupertuis trat J. T. Needham (1713–1781) gegen die Lehre von der Präformation auf. Sich auf seine mikroskopischen

[1]) Kap. 6.4. wurde aus der 1. Aufl. (1982), Kap. 5.3–5.5. von Gaissinovitch † übernommen.

Beobachtungen an den *Animalkulen* (Spermatozoen, Pollenkörnern, Schimmelpilzen, Mehlwürmern u. a.) stützend, behauptete Needham, daß sie alle nicht aus Keimen entstehen, die, wie die Präformisten zur Urzeugungsfrage annahmen, aus der Luft herabfallen, sondern aus kleinsten „lebenden Atomen" oder *semences universelles*. Er bewies das durch spezielle Versuche mit Aufgüssen tierischer und pflanzlicher Gewebe, die er erhitzte und vor möglichem Eindringen von „Eiern" und „Keimen" von außen isolierte. Dennoch entdeckte er im weiteren in diesen Aufgüssen alle möglichen *Animalkulen*. Auf dieser Grundlage kam Needham zur Überzeugung, daß sie aus „Anlagen" oder „Atomen" in dem bei der Verwesung zerfallenden tierischen und pflanzlichen Gewebe entstehen. Needham behauptete, daß

„diese Uranfänge, obwohl sie von gleichartigem Aussehen und unveränderlich sind, eine unzählige Vielfalt immer komplizierter und verschiedenartiger werdenden Arten in dem Maße hervorbringen, wie sie sich von dieser Quelle der organisierten Körper entfernen". (Übers. nach J. T. Needham 1750, S. 242 f.)

Dabei lehnte Needham kategorisch die *generatio aequivoca* der Alten ab, unter der er das Hervorbringen organischer Körper aus anorganischer Materie verstand.
Für die Erklärung aller dieser Umwandlungen ließ Needham das Vorhandensein besonderer Kräfte in den „lebenden Atomen" gelten:

„Es gibt eine vegetative Kraft in jedem mikroskopischen Punkt der Materie und in jeder sichtbaren Faser, woraus die tierischen und pflanzlichen Gewebe zusammengesetzt sind."[1]

Diese vegetative Kraft besteht nach Needham aus der Wechselwirkung zweier antagonistischer Kräfte – Ausdehnungs- und Widerstandskraft (*expansive* und *résistante*). Sie stehen in ständiger Wechselwirkung, denn

„wenn die Ausdehnungskraft allein und frei wirken würde, ohne eine antagonistische Macht zu erfahren – die Materie augenblicklich in ihre Urbestandteile (*ses premiers principes*) zurückgeführt und infolge keinerlei Bindung in unermeßliche Sphären zerstreut würde."
Umgekehrt würde die Materie (bei alleiniger Wirkung der Widerstandskraft) „zu einer dichten Masse zusammengezogen und vielleicht sogar auf einen einzigen Punkt konzentriert werden." [.... *si la force expansiv agissoit seule et librement sans éprouver aucune puissance antagoniste, et dispersée par conséquent sans aucune liaison dans une sphère immense.*"

Umgekehrt „... seroit resserrée en une masse dense, et peut-être même eoncentrée en un seul point" Needham, a. a. O., S. 221].

Auf diese Weise baute Needham, die Ideen von Leibniz und Newton nutzend, ein rein epigenetisches System der Bildung der Lebewesen auf, das er Buffon vorführte (Abb. 73).
Eine Weiterentwicklung erhielt dieses System durch Buffon. In seiner „Naturgeschichte" (*Histoire naturelle générale et particulière*), die Buffon 1749 zu publizieren begann, ist der zweite Band den Fragen der Fortpflanzung und Entwicklung der Tiere gewidmet. Ähnlich Needham gelangte Buffon zu dem Gedanken, daß alle lebenden Körper aus mikroskopisch kleinen „organischen Molekülen" bestehen. Eben aus diesen Molekülen bilden sich die Körper der Pflanzen und Tiere in den Prozessen der Ernährung, des Wachstums und der Vermehrung. Aber zur Erklärung der Fähigkeit dieser Moleküle, Teile und Organe von Lebewesen zu formen, nahm Buffon das Vorhandensein von irgendwelchen *moules interieures* (inneren Formen) in. den Körpern an, die aus den „organischen Molekülen" diese Teile und Organe und in den Geschlechtsorganen sodann auch die Keime zukünftiger Organismen „modellieren". Diese Prozesse der Bildung werden unter der Einwirkung irgendeiner „durchdringenden Kraft" (*force pénétrante*) verwirklicht, die in allen organischen Körpern wirkt. Buffon analogisierte diese Kraft kühn mit der Schwerkraft:

„Denn auf eben die Art, wie die Kraft der Schwere in das Innerste aller Materien dringt, pflegt auch die Kraft, welche die organischen Theile der Nahrung forttreibet oder anziehet, in das Innere der organischen Körper einzudringen und sie durch ihre Wirkung dahinein zu führen." (Buffon 1749, T. 2, S. 46.)[2]

Buffon tritt als Gegner der *Präformationstheorie* auf, sowohl in ihrer animalkulistischen wie in ihrer ovulistischen Interpretation. Das Vorhandensein von Eiern verneinte er überhaupt, indem er sich auf die erfolglosen Versuche stützte, sie bei Tieren mit intra-uteriner Entwicklung zu entdecken. Hinsichtlich der eierlegenden Tiere behauptete er, daß die von ihnen abgelegten „Eier" eine Gebärmutter mit dem eingeschlossenen Keim darstellen. Den Anteil der Spermatozoen („Spermatierchen") an der Befruchtung verneinte Buffon ebenfalls. Ähnlich Maupertuis hielt Buffon an der Lehre von den *zwei Samenflüssigkeiten* fest, die er sowohl beim Männchen als auch scheinbar bei Weibchen festgestellt hatte. Diese Samenflüssigkeiten würden

---

[1] „Il y a une force vegetative dans chaque point microscopique de matière, et dans chaque filament visible, dont toute la contexture animale et végétale est composée." Needham, a. a. O., S. 241.

[2] Zit. nach d. dt. Übers. d. französ. Ausgabe von 1749. T. 4, Berlin 1772, S. 196–197.

Abb. 73. George BUFFON und John Toberville NEEDHAM bei mikroskopischen Beobachtungen über die Keimesentwicklung im Muséum d'Histoire naturelle in Paris. Aus BUFFON 1749, Bd. 2.

aus überschüssigen Nahrungsstoffen gebildet, die in den Organismen zirkulieren, nachdem von ihnen die „groben Teile der Materie", besonders Fette und Salze, abgeschieden wurden. Aus ähnlichen gereinigten organischen Teilchen bilden sich in einem Aufguß mikroskopisch kleine bewegliche Körperchen. Aber damit sich aus ihnen richtige Pflanzen und Tiere bilden können, sei die entsprechende „innere Form" (*moule interieure*) unbedingt erforderlich.

Mit der Teilnahme zweier Samenflüssigkeiten an der Befruchtung erklärte BUFFON (ähnlich MAUPERTUIS) die Erscheinungen der Vererbung. Aber die Erklärung der Ähnlichkeit der Kinder mit beiden Eltern gab BUFFON etwas anders wieder. Die in den Samenflüssigkeiten enthaltenen Teilchen seien den Teilen des erwachsenen Organismus deshalb ähnlich, weil sie unter Teilnahme der „inneren Formen" (*moules interieures*) der entsprechenden Organe gebildet worden sind. In jedem Organ gäbe es eine „Anziehungssphäre", einen „Mittel- oder Unterstützungspunkt", um den herum sich „nach den Gesetzen der Verwandtschaft" die sich bewegenden organischen Moleküle sammeln; indem sie sich vereinigen, bilden sich Teile des Keimes, die den elterlichen Teilen entsprechen (BUFFON 1749, T. 2, Kap. 10).

So war die Theorie von BUFFON, wenn sie auch der Lehre von präformierten Keimen feindlich gegenüberstand, nicht rein epigenetisch. Schon

der Begriff der „inneren Formen" hatte einen präformistischen Beigeschmack.[1] Die Bildung des Keimes stellte sich BUFFON als eine gewisse gleichzeitige *Kristallisation* aller Teile des künftigen Organismus vor, die nach der Befruchtung als Ergebnis der Mischung der Samenflüssigkeit entsteht. Aber zur damaligen Zeit waren diese Nuancen dem Verständnis noch nicht zugänglich, und BUFFON wurde als ebensolcher Gegner der Lehre von der Präformation betrachtet wie auch MAUPERTUIS und NEEDHAM. Jedenfalls verkündete BUFFON am Schluß seiner „Allgemeinen Naturgeschichte der Thiere" nachdrücklich:

„Hieraus ist begreiflich, daß es keine vorher vorhandenen, keine bis ins Unendliche ineinander verborgenen Keime gibt, sondern eine organische Materie, die beständig wirksam, beständig bereit ist sich zu formen, sich andere, ihr ähnliche Theile ganz eigen zu machen und Wesen hervorzubringen, wie diejenigen sind, die sie annehmen. Die Gattungen der Thiere und Pflanzen sind folglich unerschöpflich." (BUFFON 1749, T. 2, S. 426, zit. nach d. dt. Übers. 1772, T. 4, S. 312).

So wurde auf der Grundlage der Übertragung der Idee von den Anziehungs- und Abstoßungskräften in die organische Welt in der zweiten Hälfte des 18. Jh. die Lehre von der epigenetischen Entwicklung der Organismen ins Leben gerufen.

---

[1] Vgl. dazu die moderne Genetik (22.3.2.).

MAUPERTUIS (1698–1759) trat schon 1732 als Anhänger der Lehre NEWTONS auf und war darin der Lehrer VOLTAIRES. Obwohl seine Hauptinteressen auf den Gebieten der Astronomie und Mechanik lagen, widmete MAUPERTUIS auch den Prozessen der Vermehrung und Entwicklung der Lebewesen große Aufmerksamkeit. 1744 wurde von ihm anonym die *Dissertation physique à l'occasion du negre blanc* veröffentlicht, in der er erstmals die Präformationslehre bestritt und kritisierte. Später (1745) wurde sie in einer vervollkommneten Ausgabe unter seinem Namen und mit der veränderten Bezeichnung *Venus physique* herausgegeben. In diesen Schriften unterzog MAUPERTUIS die *Präformationstheorie* einer Kritik und lehnte sowohl den *Animalkulismus* als auch den *Ovismus* ab. Indem er die gleichwertige Rolle von Männchen und Weibchen bei der Befruchtung unterstrich, kehrte er zur antiken Lehre von den zwei Samenflüssigkeiten zurück (vgl. 2.2.2.2.). In seiner Kritik stützte sich MAUPERTUIS auf die Daten von der Vererbung der Merkmale beider Eltern an die Nachkommenschaft (Mulatten beim Menschen, Maultier bei den Tieren). Er untersuchte die Vererbung der Sechsfingrigkeit beim Menschen und kreuzte verschiedene Rassen von Hunden, Hühnern und Papageien. Bei seinen Versuchen, den Entwicklungsprozeß der Keime zu erklären, benutzte MAUPERTUIS das Prinzip der Anziehung und Abstoßung der Teile des künftigen Keims zur Begründung des Bildungsprozesses; er schreibt:

„Wenn es in jeder der Samenflüssigkeiten bestimmte Teile gibt, um das Herz, den Kopf, die Eingeweide, die Arme und Beine zu bilden; und wenn jeder dieser Teile eine größere Anziehungskraft auf denjenigen Teil ausübt, der zur Bildung des Tieres ihm benachbart sein muß, als auf alle anderen, dann wird sich der Foetus bilden, und wäre der bei der Bildung noch 1 000 Mal organisierter als er es wirklich ist." (Übers. nach MAUPERTUIS: Oeuvres, T. 2, S. 95, Lyon 1756.)

Auf diese Weise ließ MAUPERTUIS das Vorhandensein von vorgebildeten Anlagen aller Teile des Organismus im Samen zu, der sich aus dem Zusammenfluß der Säfte aus allen Körperteilen bildet. Das entsprach einer Ansicht, die im Altertum entstanden var (ANAXAGORAS, HIPPOKRATES, DEMOKRIT) und unter den Ärzten und Naturforschern der Neuzeit herrschte (DIGBY 1644; HIGHMORE 1651, VENETTE 1683; MALPIGHI 1687; RAY 1693; DIONIS 1690, 1718) und von Ch. DARWIN (1868) unter der Bezeichnung *Pangenesis* eine Wiedergeburt erlebte (vgl. 11.5.).

Auf der Grundlage der Prinzipien der *Pangenesis* und der Anziehung der Teile erklärte MAUPERTUIS sowohl die Erscheinungen der normalen Entwicklung als auch ihre Störungen. Im Falle einer mangelhaften Anziehung der Teile wird eine Mißgeburt zur Welt gebracht, der diese Teile fehlen (*monstre par defaut*). Im Falle der Anziehung einer Überzahl gleicher Teile wird eine Mißgeburt mit einer Überzahl dieser Teile geboren (*monstre par excés*).

Seine Ansichten entwickelte MAUPERTUIS auch in seinen späteren Werken (1750 bis 1754). Dabei führte er als zusätzliche Annahme die Existenz von Teilen ein, die sich bei der Entwicklung vereinigen, und mit denen „irgendwelche Eigenschaften, ähnlich dem, was wir Begierde, Abneigung, Gedächtnis nennen", verbunden sind.[1]

Die Zeitgenossen von MAUPERTUIS betrachteten seine Ansichten als atheistisch und materialistisch. So charakterisierte sie DIDEROT als „die verführerischste Art des Materialismus …, indem er den organisierten Molekülen Begierde, Abneigung, Gefühl und Denken zuschrieb."[2]

6.4.2. Die Entwicklung einer „Theorie der Epigenese" durch C. F. WOLFF

Die Auseinandersetzungen zwischen MAUPERTUIS und VOLTAIRE vollzogen sich in Berlin, wo WOLFF zu dieser Zeit (1753–55) am *Collegium medico-chirurgicum* studierte, das unter Aufsicht der Akademie der Wissenschaften stand. Es ist nicht auszuschließen, daß er von den Argumenten MAUPERTUIS' beeinflußt war, als er 1755 nach Halle ging, wo seine Dissertation erst im Todesjahr von MAUPERTUIS (1759) fertig wurde (USCHMANN 1955).[3]

Die epigenetischen „Theorien" von MAUPERTUIS, NEEDHAM und BUFFON waren in bedeutendem Maße hypothetisch aufgebaut und stützten sich nicht auf empirische Beobachtungen der tatsächlichen Entwicklung der Organismen. Der erste, der den Weg zur Erkenntnis der realen Entwicklungsprozesse frei machte, war Caspar Friedrich WOLFF (1734–1794). Aber auch WOLFF, dem Geist der Zeit folgend, wollte sich nicht auf einfache Beobachtungen beschränken. In

---

[1] „… quelque chose de semblable à ce que nous appelons désir, aversion, mémoire." MAUPERTUIS 1755, Bd. 2, S. 146–147.

[2] „… l'espèce de matérialisme la plus seduisante, ea attribuant aux mólecules organique le désir, l'aversion, le sentiment et pensée." DIDEROT, *Pensées philosophiques, 1754, LI; deutsches Zitat nach d. Übers. v. Theodor* LÜCKE. Reclams Universal-Bibliothek, Bd. 57, S. 78.

[3] Vgl. dazu MAUPERTUIS 1745 und bes. 1752 (GAISSINOVITCH 1961).

seiner Dissertation versuchte er, die *Theoria generationis* (1759) zu formulieren, die sich auf die Erkenntnis der „Gesetze des organischen Körpers" gründete. Er ging dabei von antimechanistischen Positionen aus, die durch die Kritik von STAHL hervorgerufen worden waren. WOLFF begrenzte mit seinem Fortschreiten in der empirischen Forschung der Entwicklungsprozesse mehr und mehr seine „philosophische" Erkenntnis der „Gesetze des organischen Körpers". Er verkündete im ersten Teil seiner Dissertation, die der Entwicklung der Pflanzen gewidmet ist:

„Es war auch nicht mein einziger und Hauptzweck, die philosophische Erkenntnis der Pflanze zu begründen, sondern es kam mir vor allem darauf an, die Principien und allgemeinen Gesetze der Entwicklung *a posteriori* zu finden, außerdem aber zu zeigen, daß die ausgebildete Pflanze nicht ein Gebilde sei, zu dessen Hervorbringung die Naturkräfte durchaus unzureichend seien und welches die Allmacht des Schöpfers bedürfe; haben wir dies einmal gesehen, so steht nichts im Wege, dasselbe auch für die übrigen organischen Naturkörper zuzugeben." (zit. nach SAMASSA, in *Ostw. Kl.* 84/85, 1896, S. 44).

Ausgehend von der Überzeugung, daß der Prozeß des Wachstums und der Entwicklung der Pflanzen der Erkenntnis weiter zugänglich ist, legte WOLFF dem Herangehen an diese Prozesse seine Beobachtungen an Pflanzen zugrunde. Er erklärte:

„der ganze erste Theil der Dissertation, die von den Pflanzen handelt, wurde nur zu dem Zwecke ausgeführt, um in demselben die Richtschnur klarzulegen, an die man sich bei Behandlung der viel schwierigeren Verhältnisse bei den Thieren zu halten habe und um bis zu einem gewissen Grade die Grundlage zu legen ..." (zit. nach a. a. O. s. 3 f.).

Als Grundlage einer jeden Entwicklung betrachtete WOLFF die Ernährungsprozesse und versuchte deshalb, an Pflanzen das Wesen dieser Prozesse aufzudecken. Für dieses Ziel untersuchte er den mikroskopischen Bau des Stengels von Leguminosen (*Vicia faba*) und das Fruchtfleisch von Äpfeln und Birnen. Obwohl WOLFF dabei Zellen und Gefäße der Pflanzen sah, machte er zwischen ihnen keinen prinzipiellen Unterschied. Die einen wie die anderen sind nach WOLFF dazu da, im festen Substrat Hohlräume für die von außen eindringenden Säfte zu sein. Unterschiede gibt es nur im Grad der Fortbewegung dieser Säfte in der Pflanze, da „die Bläschen von abgelagerten, die Gefäße aber von hindurchgehenden Flüssigkeiten gebildet werden" (a. a. O. S. 18). WOLFF ahnte nicht den genetischen Zusammenhang zwischen Gefäßen und Zellen und meinte sogar, daß die einen Teile der Pflanzen (die runden) vollkommen aus Zellen und die anderen (die langgezogenen)

vollkommen aus Gefäßen und nur einige sowohl aus diesen wie aus jenen bestehen. Solcherart waren die recht primitiven Vorstellungen WOLFFS vom Bau der Pflanzen (vgl. 8.2.1.).

Der Prozeß der Ernährung der Pflanzen besteht nach WOLFF in dem Eindringen von Säften und ihrer Verfestigung durch Verdampfen der Wasseranteile. Darum scheint WOLFF für die Erklärung dieses Prozesses auch das unbedingte Vorhandensein zweier Faktoren ausreichend, von Kräften nämlich, die das Eindringen und den Fluß der Säfte in den Pflanzen und die Erstarrungsfähigkeit (*solidescibilitas*) gewährleisten. Eine solche Kraft nannte WOLFF „wesentliche" (*Vis essentialis*), legte aber in sie keinerlei vitalistischen Inhalt hinein; erst nach ihm wurde es üblich, sie so zu deuten. WOLFF unterstrich immer wieder, daß dies eine rein physikalische Kraft ist – „bewegende Kraft" –, die von vielen, wenn auch nicht als Entwicklungsprinzip, längst bekannt sei, eine Kraft, „durch die Flüssigkeiten durch die Pflanze vertheilt und ausgeschieden werden" (a. a. O. § 233). Aber in der Dissertation entschloß sich WOLFF noch nicht, diese Kraft mit den damals bekannten Kräften der Anziehung und Abstoßung gleichzusetzen. Das tat er später in der Abhandlung *Von der eigenthümlichen und wesentlichen Kraft* (1789).

Nachdem WOLFF, wie es ihm schien, den Prozeß der Ernährung der Pflanzen geklärt hatte, ging er dazu über, die Erscheinung des Wachsens (*vegetatio*) zu untersuchen; er untersuchte sie am Beispiel des Wachstums und der Entwicklung des Stengels, des Blattes und der Blüte. WOLFF fand mit Hilfe der Lupe an der Spitze einer jeden wachsenden Knospe einen „Punkt oder Oberfläche des Wachstums" (*punctum sive superficies vegetationis*). An Kohl und Kastanie die Vegetationspunkte untersuchend, zeigte WOLFF, daß in ihnen keinerlei fertig zusammengerollte Teile vorhanden sind (*Partes involutae*), wie das die Anhänger der Präformation annahmen, sondern zuerst „die Substanz" der künftigen Teile entsteht, die noch keinerlei „innere organische Struktur" enthält, und erst dann bilden sich in letzteren die Gefäße und Bläschen (*Vesicula*).[1]) (Abb. 74).

Den Prozeß der Blütenbildung untersuchte WOLFF an Leguminosen und Sonnenblumen. Er nahm an, daß sich die Bildung von Blüten anstelle von Blättern aus der Knospe durch verminderte Zufuhr von Nahrungssäften in die Knospe erklärt. Hier hielt er an Ansichten fest, die Ch. LUDWIG (1742) und C. VON LINNÉ (1751) formuliert hatten. Unter dem Mikroskop die

---

[1]) C. F. WOLFF: a. a. O., p. 20/§ 33 (dt. Übers. in *Ostw. Kl.* 84/85, hrsg. von P. SAMASSA 1896, Theil I. S. 21).

Geschichte der Blüte (*Historia floris*) verfolgend, konstatierte WOLFF die Entstehung „durchsichtiger und glasartiger Kügelchen und Höckerchen", die mehr und mehr aufhören, den

Anlagen der Blätter zu ähneln. Hierauf stützte sich WOLFF, als er seine Vorstellungen über die Entwicklung der Blüte als Prozeß der Umwandlung von Blättern formulierte. Diese seine

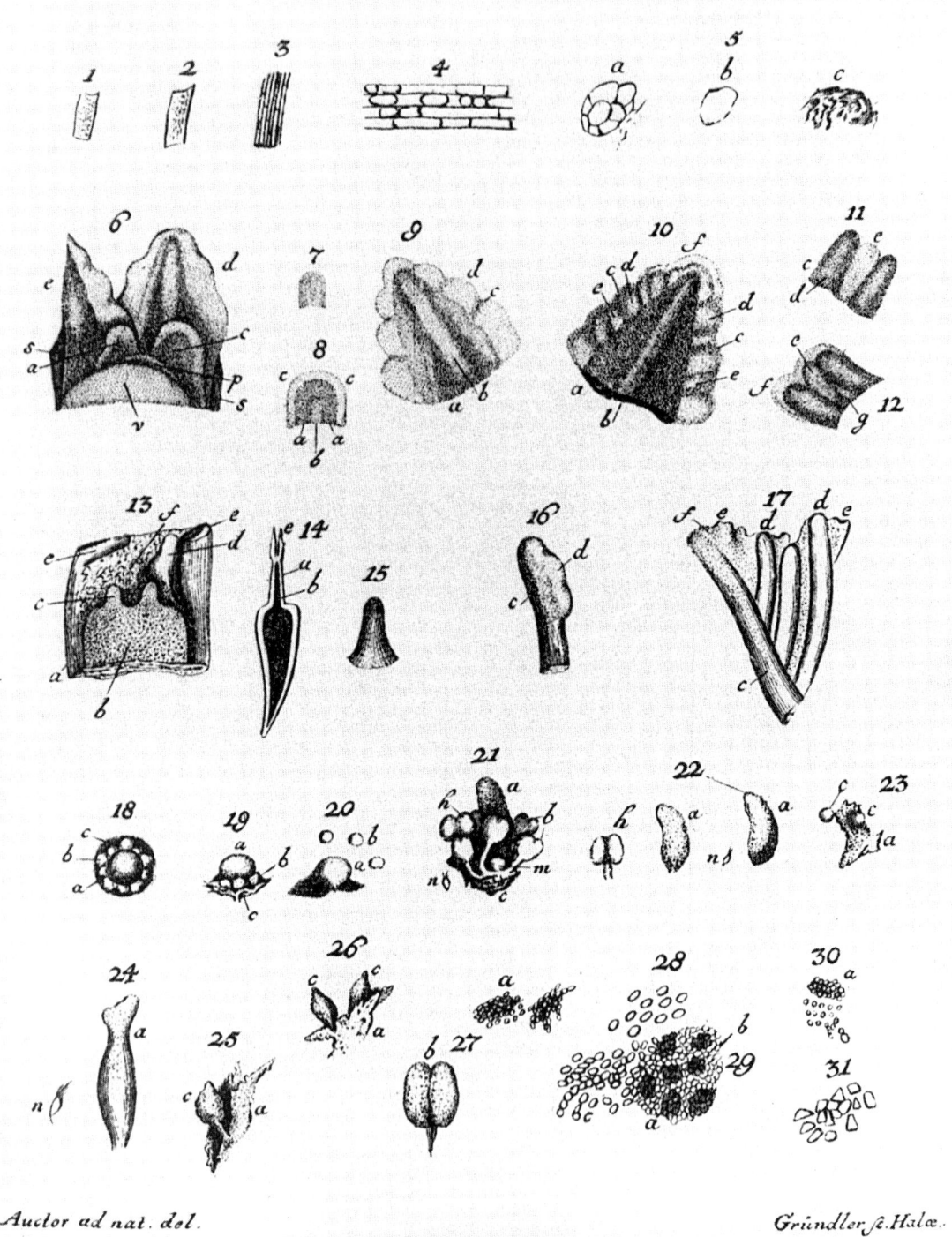

Auctor ad nat. del.   *Gründler ſc. Halæ.*

Abb. 74. Zeichnungen von Caspar Friedrich WOLFF der Entwicklung von Pflanzenkeimlingen aus einfachem ungegliederten Substrat. Aus WOLFF 1759, Tafel I. Fig. 1–3.

Theorie führte WOLFF schon 1759 in seiner Dissertation an, aber bestimmter formulierte er sie im deutschen Lehrbuch von 1764. Dort schreibt er:

„wodurch sind also nun die Blätter in der Fructification modificiert? Durch die Unvollkommenheit! Die Theile der Fructification sind weiter nichts als unvollkommene Blätter … diese Unvollkommenheit immer je länger je mehr zunimmt. Die Blätter, woraus die Blume besteht, sind unvollkommener, als die Blätter des Kelchs; die Blätter des Pistills sind unvollkommener, als die Blätter der Blume, und die Blätter des Saamens sind die schlechtesten" (WOLFF 1764, S. 232).

Endgültig formulierte WOLFF seine Lehre von der Metamorphose von Pflanzenteilen aus Blättern 1768 in seinen Untersuchungen über die Entwicklung des Darms bei Küken:

„… in der ganzen Pflanze deren Theile auf den ersten Anblick so außerordentlich von einander abweichen sieht man, wenn man alles reiflich erwägt, nichts als Blätter und Stengel, indem die Wurzel zu diesem gehört … also alle Theile der Pflanze, den Stengel ausgenommen, auf die Form des Blattes zurückgeführt werden können, und nichts als Modification derselben sind …" (WOLFF 1768, S. 406).[1]

Der grundsätzliche Unterschied der Lehre WOLFFS über die Metamorphose der Pflanzen von der seiner Vorgänger (CESALPINO, MALPIGHI, LINNAEUS) besteht darin, daß diese auf der Grundlage des Vergleichs der schon ausgebildeten Teile der Blüte mit den Blättern, deren echte Entwicklung sie nicht erkannten, unvollständige Vorstellungen bildeten, während WOLFF die tatsächliche Entwicklung dieser Teile verfolgte. Damit widerlegte seine Theorie die Lehre von der Präformation der Pflanzenteile.

Nachdem er die Untersuchung der Entwicklungsprozesse bei Pflanzen abgeschlossen hatte, wandte sich WOLFF der Untersuchung der Entwicklung bei Tieren am Beispiel der Entwicklung des Kükens aus dem Hühnerei zu. Im Unterschied zu seinen Vorgängern (ARISTOTELES, FABRICIUS, HARVEY, MALPIGHI u. a.) begnügte sich WOLFF nicht mit der Beobachtung des „ersten" im Keim entstehenden Teils, des „schlagenden Blutpunktes" (d. h. dem Herzen), sondern war bemüht, den Zustand des Keims so früh wie möglich zu erfassen. Er untersuchte den „Keimfleck" im Ei vor dem Beginn des Bebrütens. Es gelang ihm dabei, zu zeigen, daß auf diesem Stadium nichts außer einer Masse von „wenig zusammenhängenden und einfach auf

einander gehäuften Kügelchen" erkennbar ist, die also „weder Herz noch Gefäße noch Spuren von rothem Blut erkennen läßt". WOLFF war überzeugt, daß es nichts noch Kleineres als die Kügelchen und noch Verborgeneres mit stärkerem Mikroskop zu entdecken gibt, denn „Niemand hat noch mit Hilfe einer stärkeren Linse Theile entdeckt, die nicht auch mit Hilfe einer schwächeren Vergrößerung wahrzunehmen waren … Daß also Theile wegen ihrer unendlichen Kleinheit verborgen sind und dann erst allmählich hervortreten, ist eine Fabel" (WOLFF 1759, S. 72, § 166).[2]

Die weitere Entwicklung des Hühnerembryos erklärte WOLFF durch das Hinzutreten von unter dem Einfluß der Wärme sich lösenden Nahrungsstoffen des Dotters und des Eiweißes. Analog dem Wachstum und der Entwicklung bei Pflanzen hielt WOLFF auch hier für die Verwirklichung des Wachstums und der Entwicklung des Keims die „wesentliche Kraft" und die „Erstarrungsfähigkeit" für ausreichend. In der Dissertation beschreibt WOLFF die Bildung der Blutinseln, die sich im weiteren in Blut und Blutgefäße umwandeln, sowie die Bildung des Herzens. Es gelang WOLFF, die Bildungsweise der Extremitäten und der Nieren zu beobachten (Abb. 75).[3]

Im Ergebnis kam WOLFF zu dem allgemeinen Schluß, daß „die Bildung der Theile des thierischen Körpers durch Ausscheidung geschieht", und er scheut sich nicht von „einzigartigen Wundern" zu sprechen.[4] In seinen späteren Publikationen ergänzte und vertiefte WOLFF seine Beobachtungen über die Entwicklung des Hühnerembryos. Besonders genau untersuchte er die Entwicklung des Darms, der er eine große Arbeit widmete, die er 1768–1769 in den „Novi commentarii" der Petersburger Akademie der Wissenschaften veröffentlichte, deren Mitglied er damals wurde. In dieser Arbeit, die fast völlig frei von spekulativen naturphilosophischen Urteilen und Annahmen ist, enthielt sich WOLFF der Suche nach „Ursachen" und „Kräften", die die Entwicklung bestimmen, und beschränkte sich auf die genaue Beschreibung des Entwicklungsprozesses selbst. Die einzige Analogie zwischen der Entwicklung des Tieres und der Pflanze fand WOLFF nur in der Art der Bildung der embryonalen Anhängsel, Schichten und Hohl-

---

[1] Zit. nach d. dt. Übers. von J. F. MECKEL: Über die Bildung des Darmkanals im bebrüteten Hühnchen. Halle 1812, S. 60–61, durch die GOETHE auf WOLFFS Ideen aufmerksam wurde (GOETHE: Zur Morphologie, Bd. 1, Heft 1, 1817–1822).

[2] Zit. nach d. dt. Übers. von P. SAMASSA, 2. Theil, S. 3.
[3] A. a. O., § 217; WOLFF ist unbekannt geblieben, daß er die nur in Embryonen funktionierenden Urnieren (*mesonephros*) gesehen hatte; sie heißen heute nach ihm *corpora Wolffii*, ihre Gänge *ductus Wolffii*.
[4] Zit. nach der dt. Übers. v. P. SAMASSA, 2. Theil, § 228, S. 38.

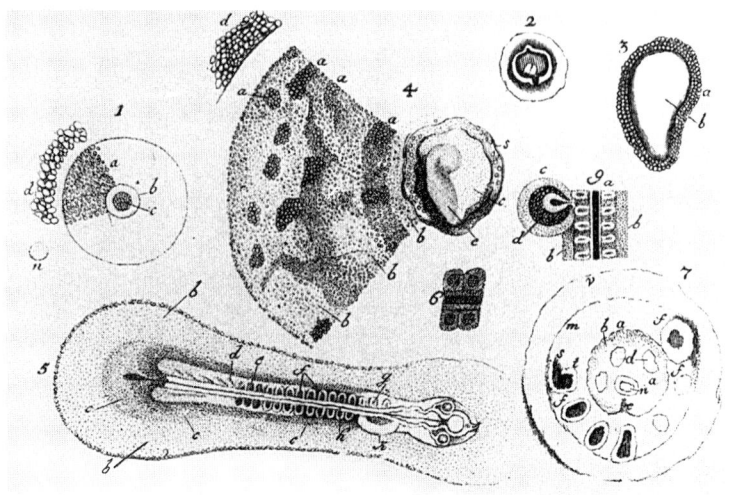

Abb. 75. Die Epigenese des Hühnerembryos. Ausschnitt aus Tafel II, WOLFF 1759.

räume. Alle diese Bildungen verglich er mit Blättern, aber er hatte stets nur die Ähnlichkeit der Art ihrer Bildung im Auge, er begriff sie als flache Schichten, Platten und Häutchen (*Membranae*).[1] Nachdem er die Art der Bildung des Darms und anderer Teile des Keims untersucht hatte, kam WOLFF zu dem Schluß: „bei der Zeugung der Thiere scheint daher derselbe Act mehrmals wiederholt zu werden".[2] Dieser Act besteht nach WOLFF darin, daß

„ein Theil, der im vollkommenen Zustande inwendig hohl ist und entweder ein Rohr oder einen Behälter darstellt, in seinem uranfänglichen Zustande offen und nach Art einer einfachen Membran ausgedehnt gewesen sey, deren Seiten zusammenzuschlagen genöthigt gewesen wären, um einen vollstendigen Kanal zu bilden." (WOLFF 1768, S. 468.)[3]

Im Ergebnis aller dieser Beobachtungen kam WOLFF zu der endgültigen Überzeugung vom epigenetischen Charakter der Entwicklung der Lebewesen und lehnte die Lehre von der Präformation der Teile ab, die angeblich „in fertiger Form vom Schöpfer geschaffen" wurden (WOLFF 1768, S. 454–456).[4]
Später führte WOLFF weiter bedeutsame Arbeiten über Mißgeburten durch und kam zu bemerkenswerten Erkenntnissen über Formenwandel und Vererbung, die er aber nicht mehr publizierte (RAJKOW 1964) (6.4.3.).

---

[1] So spiegelt die Einführung des Begriffes „Keimblatt" durch PANDER und BAER dessen Herkunft von WOLFF wider (vgl. 9.2.1.).
[2] C. F. WOLFF: De formatione intestinorum … Novi comm. Acad. Petrop. T. XII, 1768, p. 473; dt. Übers. MECKEL 1812, S. 149.
[3] Zit. nach MECKEL 1812, S. 144.
[4] Originaltext: „summo Creatore Ipso immediste productae". MECKEL 1812, S. 125, übersetzt statt „Schöpfer": schaffende Natur.

6.4.3. Die Auseinandersetzung über Präformation und Epigenese am Ende des 18. Jahrhunderts

Die Entdeckung von C. F. WOLFF wurde zu seinen Lebzeiten nicht voll anerkannt. Das erklärt sich durchaus nicht daraus, daß seine Publikationen seinen Zeitgenossen unbekannt geblieben wären, wie das gewöhnlich die Wissenschaftshistoriker erklären. Seine Arbeiten werden in vielen Büchern, Publikationen und Artikeln der damaligen Zeit erwähnt und zitiert. So trat schon 1760 die große Autorität HALLER mit einer kritischen Rezension der Dissertation WOLFFS hervor, und im weiteren unterzog er in seinen *Elementa physiologiae* T. 8 (1766) die Ansichten WOLFFS einer weiteren Kritik und veröffentlichte schließlich in seiner *Bibliotheca anatomica* T. 2 (1777) eine vollständige Bibliographie der Arbeiten WOLFFS. BONNET wußte ebenfalls von den Arbeiten WOLFFS, aber er hielt es nicht einmal für nötig, gegen ihn zu polemisieren. Aber in ihrem Briefwechsel urteilten HALLER und BONNET über die Arbeiten WOLFFS, und HALLER führte 1765 sogar neue Beobachtungen über die Entwicklung des Hühnerembryos zur Widerlegung der Forschungen Wolffs durch.[5] Natürlich gingen diese Koryphäen der Lehre von der Präformation nicht von ihren Ansichten ab. Dazu kommt noch, daß gerade in diesen Jahren der italienische Wissenschaftler Abbé L. SPALLANZANI (1729–1799) mit neuen Argumenten zugunsten der Präformation auftrat.

---

[5] Eingehender s. A. E. GAISSINOVITCH 1961, Kap. VII und VIII.

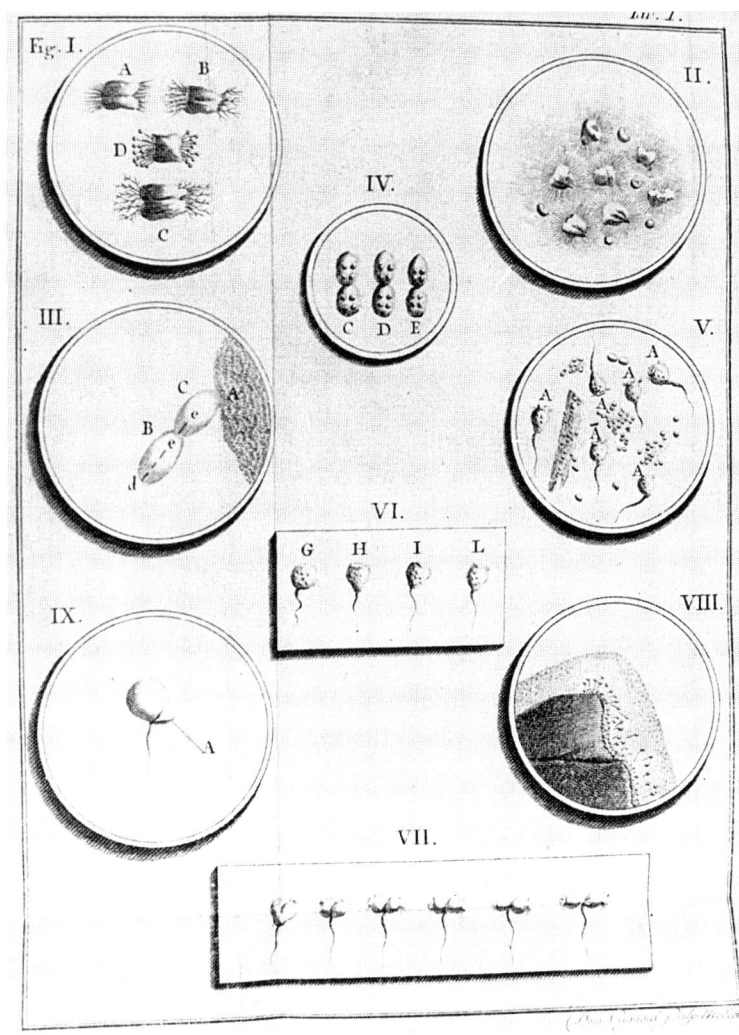

Abb. 76. Infusorien-Studien von Lazzaro SPALLANZANI (Glockentierchen und ihre Vermehrung durch Teilung, statt durch „Urzeugung"). Aus SPALLANZANI 1776, Bd. 2.

SPALLANZANI zweifelte an den Resultaten der Versuche von NEEDHAM über die Existenz von *Animalkulen* in durchgeglühten und durchgekochten Zerfallsprodukten pflanzlicher und tierischer Gewebe in hermetisch abgeschlossenen Gefäßen und wiederholte dessen Versuch mit veränderten Methoden. Er bewies, daß nicht nur nach dem Kochen, sondern auch nach dem Erhitzen von zugelöteten Gefäßen keinerlei Animalkulen aus den Aufgüssen mit Zerfallsprodukten entstehen. Hieraus zog er den Schluß, daß die *Animalkulen* in den Aufgüssen nicht aus „Atomen" oder „organischen Molekülen" entstehen, wie NEEDHAM und BUFFON annahmen, sondern aus „Eiern" oder „Samen, die in der Luft schweben. Auf diese Weise entstehen die „Aufgußtierchen" oder *Infusorien*, wie sie LEDERMÜLLER (1763) genannt hatte, ähnlich allen Lebewesen, aus präformierten Anfän-

gen, die in der Umwelt vorher existieren (Abb. 76).

Nachdem er 1765 die Ergebnisse seiner Versuche veröffentlicht hatte, die den Versuchen von NEEDHAM widersprachen, widerlegte SPALLANZANI in weiteren Publikationen (1768, 1776) auch die Einwände NEEDHAMS.

In seinen weiteren Untersuchungen wandte sich SPALLANZANI der Frage über die Rolle der Samenflüssigkeiten bei der Befruchtung zu. Beim Vergleich befruchteter und unbefruchteter Eier von Fröschen und Kröten fand er keinerlei Unterschiede zwischen ihnen. Daraus schloß er, daß auch in den unbefruchteten Eiern die „konzentrierten" und „zusammengerollten" Kaulquappen" enthalten sind, ähnlich wie sie in befruchteten Eiern gefunden werden.

„Also existieren die Kaulquappen schon vor der Befruchtung und warten nur auf die Hilfe der Samenflüs-

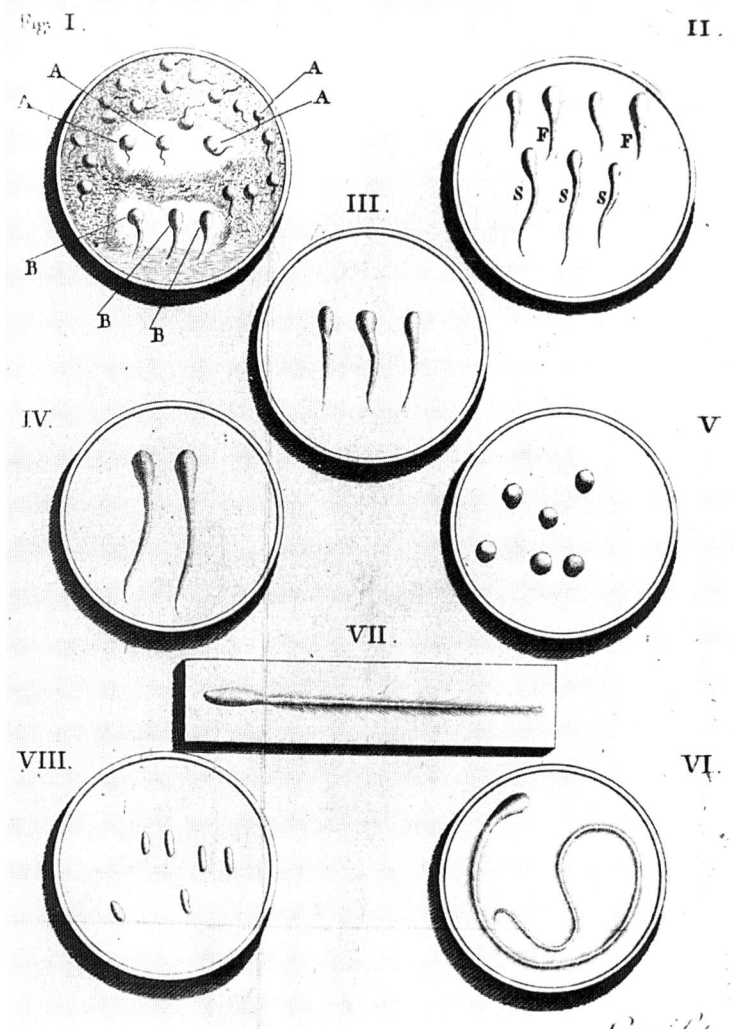

Abb. 77. Mikroskopische Beobachtungen von Spermatozen. Aus SPALLANZANI 1776, Bd. 2.

sigkeit des Männchens, um sich zu entwickeln", folgerte SPALLANZANI (1768).[1]

Indem er weiter die Samenflüssigkeit vieler Tiere untersuchte, fand SPALLANZANI bei allen *Spermatozoen* und widerlegte die Meinung von BUFFON, daß die „Samen-Animalkulen" Tiere sind, die nach ihrem langen Aufenthalt außerhalb des Organismus in der Samenflüssigkeit entstehen. Dennoch kam SPALLANZANI in seinen Versuchen über die künstliche Befruchtung von Amphibieneiern (1777–1780) (in denen er zeigte, daß die verdünnte oder filtrierte Samenflüssigkeit mehr und mehr ihre befruchtende

Fähigkeit verliert) zu dem fehlerhaften Schluß, daß die *Spermatozoen* bei der Befruchtung keinerlei Rolle spielen. Befangen in seiner festen Überzeugung vom Dogma des *Ovismus*, schrieb SPALLANZANI die befruchtende Bedeutung ausschließlich dem flüssigen Teil des Samens zu, der den im unbefruchteten Ei eineschlossenen Keim „weckt" (Abb. 77).

Die Untersuchungen von SPALLANZANI festigten die Lehre von der Präformation und hielten die Abkehr von ihr ungeachtet allen sich verstärkenden Druckes der gegen sie sprechenden Fakten noch für einige Jahrzehnte auf. Dieser Lehre war nichts entgegenzusetzen, weil sich Ende des 18. Jh. die Vorstellung bildete, daß die Ansichten und Beobachtungen von MAUPERTUIS, NEEDHAM und BUFFON sowie auch WOLFF endgültig als unbewiesen und unwissenschaftlich widerlegt seien.

[1]) Nach d. französ. Ausgabe 1768, S. 51, übers. v. I. JAHN. Vgl. dazu DOUGHERTY, Frank W. P.: „Die behosten Frösche" – Lararro Spallanzani und die experimentelle Biologie des 18. Jahrhunderts. In: Gesammelte Aufsätze ... 1996, S. 125–134.

Dennoch fanden sich noch zu Lebzeiten von C. F. WOLFF Anhänger und Verteidiger der *Theorie der Epigenese.* Da gab es Vertreter der neuen Generation, die die Spezifik der Lebewesen in einer spezifischen „Kraft" suchten.

Am bekanntesten wurde in dieser Hinsicht J. F. BLUMENBACH (1752 bis 1840). In seiner Schrift „Über den Bildungstrieb und das Zeugungsgeschäfte", die eine Reihe von Nachauflagen erlebte (1781, 1789, 1791), unterzog BLUMENBACH sowohl die Ansichten über die Urzeugung der Lebewesen als auch die verschiedenen Aspekte der Präformation einer Kritik. Als erfahrener Anatom und Anthropologe war BLUMENBACH überzeugt, daß die Scheinfakten von den von Anfang an formierten Keimen eine „unglaubliche Faselei" darstellen. Er erklärte:

„Kein vorsichtiger und zuverlässiger Beobachter wird vor der dritten Woche der Schwangerschaft einen ungezweifelt wahren Embryo, oder im bebrüteten Hühnerey in den ersten zwölf Stunden auch nur eine dunkle, und vor Ende des zweyten Tages eine deutliche Spur des Küchelgens gesehen haben" (BLUMENBACH 1781, S. 41).

Er beschrieb die Entwicklung des menschlichen Embryos auf der Grundlage der von ihm beobachteten abortierten menschlichen Früchte (Fehlgeburten).

Ferner legte BLUMENBACH seine Beobachtungen über die Fortpflanzung und Entwicklung der fadenförmigen Alge *Conferva fontinalis* dar, beschrieb seine Versuche zur Regeneration und zum Zusammenwachsen von *Hydren* und legte seine Gedanken über die Mißbildungserscheinungen dar, darunter künstlich hervorgerufener, deren Vererbung er für möglich hielt, und ebenso Daten über „Bastarde" und „Mischlinge" bei der Kreuzung menschlicher Rassen. Alle diese Fakten müßten nach BLUMENBACH „auch die eingenommensten Verfechter der Evolutionstheorie von ihrem Vorurtheil zurückbringen".[1])

Aber wie überzeugend auch die von BLUMENBACH gesammelten Fakten waren, darin war er nicht neu und originell. Neu war die Annahme des Vorhandenseins eines besonderen „Bildungstriebes" (*nisus formativus*) in jedem lebenden, wachsenden und sich entwickelnden Wesen, den alle lebenden Körper benötigen, um

„ihre bestimmte Gestalt anfangs anzunehmen, dann zu erhalten und wenn sie ja zerstört worden, womöglich wieder herzustellen. Dieser Trieb (oder Tendenz

oder Bestreben, wie man's nur nennen will), der sowol von den allgemeinen Eigenschaften der Körper überhaupt, als auch von den übrigen eigenthümlichen Kräften der organisierten Körper insbesondere, gänzlich verschieden ist, der eine der ersten Ursachen aller Generation, Nutrition und Reproduktion zu seyn scheint" (BLUMENBACH 1781, S. 12).

Auf diese Weise, indem er dem „Bildungstrieb" besondere, nur den lebenden Körpern eigene Fähigkeiten zuschrieb, lehnte es BLUMENBACH ab, ihn mit physikalischen Kräften, die in allen materiellen Körpern wirken, gleichzusetzen oder zu analogisieren. Deshalb lehnte er auch die von NEEDHAM und WOLFF in Anlehnung an die Gravitationskraft angenommenen „Kräfte" der Anziehung und Abstoßung ab. Damit eröffnete BLUMENBACH eine neue Tradition der vitalistischen Auffassung der „Kräfte" und Fähigkeiten, die nur den lebenden Körpern eigen sind (vgl. 7.1.).

Daß sie bei der Annahme des epigenetischen Charakters der Entwicklung nicht unausweichlich war, zeigt das Beispiel eines anderen Anhängers der Epigenese, der fast gleichzeitig mit BLUMENBACH zu ihrer Verteidigung auftrat. Das war der tschechische Physiologe G. PROCHASKA (1749–1820). Unter den Arbeiten von PROCHASKA, die hauptsächlich der Physiologie des Nervensystems gewidmet sind, in denen er analog zu der Newtonschen Kraft der Gravitation den Begriff „Nervenkraft" einführt, gibt es eine Reihe von Arbeiten, die menschliche Mißgeburten beschreiben. In den verallgemeinernden „Kommentaren über die Systeme der Bildung und der Ursachen der Entstehung von Mißgeburten" tritt PROCHASKA (1781) als Anhänger der Epigenese auf, indem er die Hauptbedeutung für ihre Begründung den Arbeiten von C. F. WOLFF zuschreibt. Hierüber spricht er auch 1784 in seinem „Traktat über die Funktionen des Nervensystems". Dort schreibt er:

„... schon längst ist die Evolutionstheorie[2)] von Bonnet und Haller in bedeutendem Maße durch Wolff in seinem Buch ‚Theoria generationis' widerlegt, und an Stelle dieser Theorie ist wiederum die Theorie der Epigenese der alten Autoren getreten ..." (PROCHASKA 1784, Anm. 117.)

Zur Verteidigung der Epigenese traten ebenfalls der Professor der Königsberger Universität J. D. METZGER (1778, 1782), J. G. Herder (1784), L. PATRIN (1788 a),[3)] G. FORSTER (1789)[4)] und

---

[1]) BLUMENBACH 1781, S. 61; wie oben dargestellt, bezeichnete man damals mit *Evolution* (*evolutio*) den Prozeß des „Sichentfaltens" des präformierten Keims. Deshalb nannte man die Präformationstheorie im 18. Jh. auch gewöhnlich *Evolutionstheorie.*

[2]) „Evolutionstheorie" hier noch im Sinne von „Präformationstheorie".
[3]) Eingehender über diese Autoren vgl. GAISSINOVITCH 1961, Kap. XII
[4]) Über G. FORSTERS Äußerungen in seinem Lehrbuchentwurf vgl. JAHN 1995.

viele andere auf. Sie zitierten fast alle die Arbeiten von C. F. WOLFF. Dennoch herrschte am Ende des 18. Jh. die Theorie der Präformation weiterhin, und ihre endgültige Widerlegung wurde erst im 19. Jh. auf der Grundlage der Arbeiten von Chr. PANDER (1817) und K. E. v. BAER (1828 und später) möglich, die die beschreibend-embryologische Tradition von C. F. WOLFF fortsetzten (vgl. 9.2.).

WOLFF selbst arbeitete ab 1766 in Petersburg an neuen Themen, die die Anatomie und Entstehung von Mißbildungen betrafen. Auch im Zusammenhang mit Pflanzenkultur und -kreuzungen im Botanischen Garten (wie sie KOELREUTER dort bis 1761 durchführte) kam er zu Schlußfolgerungen über Erbkonstanz und Veränderlichkeit von Arten, die er auf eine *materia qualificata* im Innern der Organismen zurückführte, während er Außeneinflüsse (Klima, Lebensweise) als Ursache für dauerhafte (erbkonstante) Abänderungen ebenso ablehnte, wie einen Bildungstrieb (*Nisus formativus*) nach BLUMENBACH. In seinen nachgelassenen Manuskripten (*Objecta meditationum* § 36–42) findet sich eine Theorie über natürliche Klassifikation (*Theoria ordinationis naturalis*) und eine Theorie über die Bildung von Arten und Gattungen (*Theoria generationis spiecerum generumque vera*), die vermuten lassen, daß er letztlich die „*epigenesis*" auch der historischen Entwicklung zugrunde legte, da er die Entstehung neuer Pflanzenarten annahm (*possunt species plantarum novae omni respectu verae et constantes producei*; Collect. bl. 2). Doch sind aus den handschriftlichen Notizen und „Collectaneen" kaum sichere Aussagen darüber zu erzielen (RAJKOV 1964). Von ROE (1981) werden so weitgehende Schlußfolgerungen bezweifelt.

6.5. Vorstellungen über die Entwicklung der organischen Welt in der Spätaufklärung

In der zweiten Hälfte des 18. Jh. entstanden in dem Bemühen zur Auffindung eines natürlichen Ordnungssystems der Organismen vereinzelt Hypothesen über einen möglichen Artenwandel und über eine Veränderung der Organismenwelt im Laufe der Erdgeschichte. Mit der zunehmenden Sammlung von Tier- und Pflanzenfossilien (wozu schon LEIBNIZ in einem Programm die Akademien und Fürstenhöfe aufgefordert hatte;

vgl. ENNENBACH 1978) entstanden Hypothesen über die Ursachen des Formenwandels, wofür Naturkatastrophen im Sinne globaler „Erdrevolutionen" (BUFFON 1779) angenommen wurden, nach denen jeweils Neuschöpfungen oder Neuentstehung von Organismen aus „organischen Keimen" und deren unendlichen Kombinationsmöglichkeiten vermutet wurden (BUFFON 1779; DIDEROT 1749). Ähnlich BUFFONS *Typus* (1766) stellte DIDEROT (1754) die Hypothese auf, es habe

„immer nur ein Urtier gegeben ... ein Urbild (*Prototyp*) aller Tiere, und daß die Natur nichts weiter getan hat, als gewisse Organe desselben zu verlängern, zu verkürzen, umzugestalten, zu vermehren oder wegzulassen? ... Wenn man sieht, wie die aufeinanderfolgenden Metamorphosen der äußeren Gestalt des Urbilds – wie immer dieses auch gewesen sein mag – ein Reich durch unmerkliche Stufen einem anderen Reich annähern ... wer wäre da nicht geneigt, zu glauben, daß es immer nur ein Urwesen, ein Urbild aller anderen Wesen gegeben hat?" (DIDEROT 1754, Übers. vgl. LÜCKE 1965, S. 35–36).

Als Argument beruft sich DIDEROT auf den Prozeß der Individualentwicklung im Tier- und Pflanzenreich, wo „ein Individuum sozusagen doch einen Anfang" nimmt, „wächst, dauert, verfällt und vergeht". Sollte es bei ganzen Arten nicht ebenso sein?" (a. a. O. S. 88).

Obwohl auch BUFFON für die Individualentwicklung einen epigenetischen Prozeß anerkannte und im genealogischen Kontinuum der Art der Zeitfaktor eine Rolle spielt – auch mit der Konsequenz möglicher *Variationen* des (an sich unveränderlichen) *Typus* –, so gab es für ihn dennoch „keine Geschichte der Organismen in dem Sinne, wie es eine Geschichte der Erde gibt. Was es gibt, sind degenerative Anpassungen an sich verändernde klimatische Bedingungen" (RHEINBERGER 1990, S. 221; vgl. auch LOVEJOY 1985, S. 292, wo die erkenntnistheoretischen Gründe ausführlich analysiert werden).

Auch Jean Baptiste ROBINET bediente sich des philosophischen Begriffs von einem „Urbild", jedoch im Sinne der Präformationstheoretiker als eines vollkommen geformten Organismus, der in jedem Samen eines jeden Lebewesens enthalten ist, gleichzeitig am Weltenbeginn geschaffen wurde, sich in vielen Variationen „entfaltet" und dadurch das *Prinzip der Fülle* zur Geltung bringt. Dieses philosophische Prinzip stand im 18. Jh. einer Vorstellung von einer erst sukzessiven Neu-Entstehung von Naturkörpern entgegen (LOVEJOY 1985). Seine Vorstellung von einem *Prototyp* betraf nicht einen bestimmten Organisationstyp, etwa den der Säugetiere, sondern „einen einzigen Plan einer möglichen Organisation" (einschließlich aller Tiere, ja sogar Pflanzen)" ... Alle Wesen differieren untereinander, aber alle diese Differenzen sind natürliche Variationen des Prototyps, den man als elementaren Erzeuger aller Wesen betrachten muß. Er erzeugt sie wirklich auf dem Weg der Entwicklung" (*Tous les Etres different les uns des autres, mais toutes ces differences sont des variations naturelles veritablement par voie de developpement* (ROBINET; *De la Nature*, Bd. 4, 1766, S. 17–18).

Als Anhänger der Stufenleideridee betrachtete er die einzelnen Stufen als Lernversuche der Natur auf dem vorbestimmten Ziel zur Schaffung des Menschen. Nach dem Prinzip der Kontinuität sieht er

„die Natur und ihre Erzeugnisse alle im Hinblick auf eine einzige Idee ... aus der die Welt entsprungen ist ..." Alle Teile dieses großen Ganzen seien miteinander verknüpft und arbeiten alle zusammen „auf das Endziel hin; und hier betrachten wir den Menschen als dieses Endziel ... (ROBINET 1768; zit. nach LOVEJOY 1985, S. 338).

In Anlehnung an den Vervollkommnungsgedanken von ROUSSEAU (1755) betrachtete ROBINET die Stufenleiter nicht mehr statisch, sondern mit Vervollkommnungsmöglichkeiten aller Teilglieder und kraft

„eines inneren Entwicklungsgesetzes, welches sie durch eine lange Reihe von Metamorphosen führt, mit deren Hilfe sie auf der ‚universalen Leiter‘ nach oben steigen" (LOVEJOY 1985, S. 329).

Wenn nach ROBINET (Bd. 3, 1766)

„der Gedanke der Aufeinanderfolge ... notwendig zum Begriff der Natur" gehört, und „die Natur ... die sukzessive Gesamtheit der Erscheinungen, die aus der Entfaltung der Keime hervorgehen ..." ist (S. 143),

so liegt auch dieser Form der *Verzeitlichung der Stufenleiter* kein Entwicklungsbegriffs von niederen zu höheren Organismenformen zugrunde (LOVEJOY 1985, S. 330 ff.), der eher noch in BONNETS *Palingénésie* (1770) zum Ausdruck kommt, als er seine Ideen über den vergangenen und zukünftigen Zustand der Lebewesen vorlegt (a. a. O. S. 341). Dort beruft sich BONNET auf die Stadien der Embryonalentwicklung, die er in Parallele zu den Lebewesen in früheren Erdepochen setzt (a. a. O. S. 343), ohne indessen an eine „epigenetische" Entwicklung zu denken, sondern an eine „Entfaltung".

Ein echter Geschichtsbegriff tritt im 18. Jh. zuerst in Bezug auf die Menschheit auf, wohl ursprünglich durch Johann Gottfried HERDERS *Ideen zur Philosophie der Geschichte der Menschheit* (1784–1791) ausgelöst, in dessen

dritten Band (1787) HERDER der Entfaltung eines *Typus* durch die Metamorphose einer Tierreihe bis zum Menschen nachgeht und die Frage nach den „Grundkräften" dieser Entwicklung in Anlehnung an HALLERS Irritabilitäts-Sensibilitäts-Lehre (vgl. 6.1.2.) aufwirft. Diese Anregungen griff Carl Friedrich KIELMEYER (1793) auf, als er aus dem „Verhältnisse der organischen Kräfte untereinander in der Reihe der verschiedenen Organisationen ..." das unterschiedliche Organisationsniveau der Tiergruppen erklärt und Parallelen zu den Stadien der Individualentwicklung und schließlich zum Auftreten der Tiergruppen in der Erdgeschichte zog, als er sagte:

So, wie ein Organismus und sein „System von Organen" sich „in jedem Punkt der Zeitbahn ändern, wobei „eins aus dem anderen wie aus der Ursache" hervorgehe, ebenso schreite auch „das Leben der Gattung" als größeres System von Wirkungen „langsam in größeren Zeitepochen in einer Entwicklungsbahn" fort. Die Kraft, die die „Reihe der Gattungen" hervorbrachte, sei ihren Gesetzen nach identisch mit der, die die individuellen Entwicklungszustände bewirke. Durch vorsichtige Analogien könne man wirklich zeigen, daß die gleiche „materielle Ursache" die Individualentwicklung erkläre, die man sich „bei der ersten Hervorbringung der Organisation auf unserer Erde wirkend" vorstellen könne (KIELMEYER 1793, S. 36–39).

Die fünf Kräftewirkungen, durch die KIELMEYER die physiologischen Funktionen erklärte (vgl. 9.4.), waren von ihm in Anlehnung an die mechanischen „Kräfte" NEWTONS konzipiert und entsprachen eher der *vis essentialis*, womit C. F. WOLFF die Saftbewegung und Ernährungsprozesse erläuterte, als dem „Bildungstrieb" (*nisus formativus*), durch den BLUMENBACH (1780) die Keimesentwicklung erklärte (DOUGHERTY in KANZ 1994, S. 50–80).

Wie KIELMEYER befaßte sich auch der englische Arzt Erasmus DARWIN mit den Kräftewirkungen nach HALLERS Lehre (vgl. 6.1.2.) auf die physiologischen Prozesse aller Organismen, betrachtete die Keimesentwicklung *epigenetisch* und schildert nach eigenen mikroskopischen Beobachtungen die allmähliche Entstehung des Organismus aus einem einfachen „*lebenden Filament*" sowie die zunehmend komplizierte Embryonalentwicklung in den verschiedenen Tiergruppen. Auch er leitete aus der Formwandlung in der Embryogenese Analogien über die Wandlung der Tier- und Pflanzengenerationen in der Erdgeschichte aus einem ursprünglich einfachen „*Filament*" ab. Die Höherentwicklung und Artenvielfalt erklärte er durch Umweltreize, Triebverhalten und Bastardierung (E. DARWIN 1794–1796). In seinem letzten Werk

(1803) führte er den Entwicklungsgedanken durch „stufenweise Bildung und Veredelung" bis zur menschlichen Gesellschaft fort. Diese Ideen wurden seinerzeit als *Darwinizing* spöttisch reflektiert und um 1800 weit verbreitet (auch durch Übersetzungen). Sie beeindruckten noch den Enkel (vgl. 10.1.).

Die den Naturkörpern inhärenten Kräfte HALLERS, HERDERS oder KIELMEYERS hatten hierarchischen Charakter und bestimmten den Vollkommenheitsgrad, indem die *Sensibilität* als „höhere" Eigenschaft bewertet wurde als die *Irritabilität*. Das kommt auch in der großen *Geographischen Geschichte des Menschen und der allgemein verbreiteten vierfüßigen Thiere ...* (1778–1783) von E. A. W. ZIMMERMANN zur Geltung, als er aus der Erkenntnis der Artenvielfalt der Organismen gleichsam ein Naturgesetz ableitete, das KIELMEYER beeinflußte (vgl. PROLL, in KANZ 1994, S. 91).

Bei seinen tiergeographischen Studien hatte ZIMMERMANN festgestellt, daß es kaum organismenleere Räume gibt und man nicht nur „aller Orten Leben findet," sondern er hatte auch ein „merkwürdiges Gesetz" entdeckt:

„Leben ist der große Endzweck der Schöpfung", sie zeige „im Hervorbringen organisierter belebter Körper die grenzenloseste Freygebigkeit ... Die Summe der Arten organisierter Körper wächst wie die Grade der Empfindung und des Lebens. Die organisierte lebende Pflanzenwelt läßt das todte Mineralreich an Verschiedenheit der Arten weit hinter sich zurück, da sie selbst wiederum von dem deutlicher empfindenden Thierreiche hierin unermeßlich übertroffen.
Es ist der Mühe werth, diese merkwürdige Stuffenfolge [!] diesen Drang der Naturkräfte zur Hervorbringung des Besseren, höher Organisirten genauer darzustellen" (ZIMMERMANN 1783, S. 8; zit. nach PROLL a. a. O.).

Die Ausgangsfrage für ZIMMERMANN betraf die Wanderung und Verbreitung des Menschen (und der Tierwelt) von einem Schöpfungszentrum aus über den Erdraum und die nachfolgenden Veränderungen unter dem Einfluß neuer Lebensräume und Klimabedingungen. Diese durch die biblische Schöpfungsgeschichte induzierte Fragestellung ergab also eine bedingt historische Darstellung in geographischer Dimension (Abb. 78).

Sie macht deutlich, was sich im 18. Jh. allgemein hinter „historischer" Naturbetrachtung verbirgt;

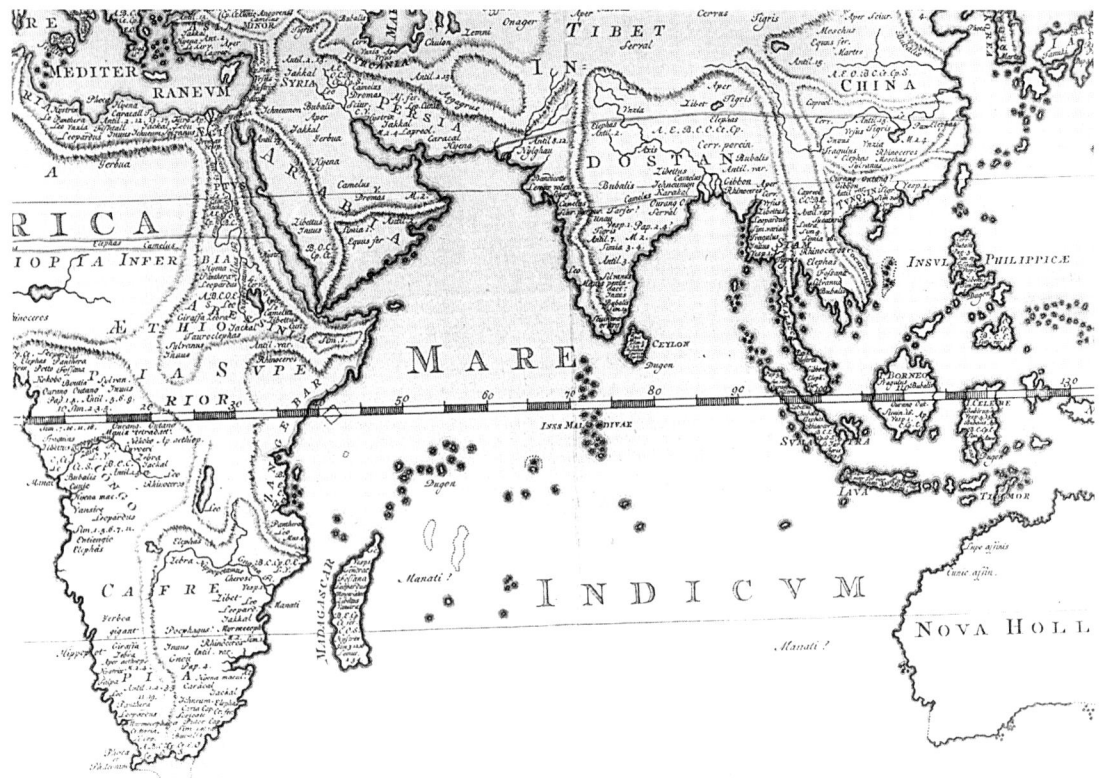

Abb. 78. Karte des Indischen Ozeans und der angrenzenden Kontinente mit der Verbreitung der Tiere. Von Eberhard Aug. Wilh. ZIMMERMANN 1778.

auch dort, wo sie sich auf „Erdgeschichte" bezog und durch Fossilfunde einen Wandel in der Flora und Fauna konstatiert, wurde dieser meist räumlich-geographisch durch Wanderungen erklärt. Auch die *Physische Geographie* von I. KANT (1775), in der der neue Inhalt der „Naturgeschichte" mit der Veränderung der Erdgestalt definiert wird, forderte noch keine weitergehende „historische" Interpretation der Organismenwelt heraus. Erst nach 1800 tritt der Faktor „Zeit" in Bezug auf die Organismenwelt

ins Bewußtsein, wohl auch verbunden mit dem Begriffswandel in der Chemie. Vor LAVOISIER war der Begriff *Transmutation* noch durch chemisch-alchemistische Vorstellungen besetzt und stoffliche Umwandlungen der *Mixta* (wozu auch Pflanzen und Tiere gehörten) in dem Sinne gemeint, daß Würmer aus faulenden Pflanzen odor Nahrungsmittel (Milch, Pflanzen) in tierische Körpersubstanz „transmutiert" werden, indem sich das „Mischungsverhältnis" der herkömmlichen „Elemente" ändert.

Teil III. Konsolidierung und Neubildung von Disziplinen und Theorien im 19. Jahrhundert

7. „Biologie" als allgemeine Lebenslehre

Ilse JAHN, Berlin

Aus den Tendenzen der Aufklärungszeit mit einer teilweise schon recht spezialisierten Naturforschung, der erstrebten Umsetzung von Naturerkenntnissen in praktische Anwendungsbereiche wie Medizin, Land- und Volkswirtschaft sowie den damit einhergehenden Bildungsreformen an Universitäten und propädeutischen Lehreinrichtungen waren gegen Ende des 18. Jh. disziplinäre Entwicklungen hervorgegangen, die zur Institutionalisierung drängten. Für die biologischen Lehr- und Forschungsinhalte bewirkten neue Bedürfnisse der Medizin (Militärmedizin, Krankenhausmedizin, Veterinärmedizin, Pharmazie) die Spezialisierung ihrer Fachvertreter (EULNER 1970; SCHNECK/LAMMEL 1995), wobei schon frühzeitig die Emanzipierung der Botanik von der Heilmittellehre erfolgte. Um 1800 entstanden aus oder neben den Medizinergärten – teilweise durch Abtretung von Fürstengärten – Botanische Gärten mit wissenschaftlichen Aufgaben, die den Spezialisierungprozeß beschleunigten und in Verbindung mit Universitäten zur Disziplinbildung führten. In Paris erfolgte schon vor 1800 eine Aufgabenteilung am *Jardin du Roy*, wo neben dem Taxonomen A. L. DE JUSSIEU noch R.-L. DESFONTAINES als Pflanzenanatom und André THOUIN als Spezialist für Pflanzenkultur wirkten und nach der französischen Revolution und Neubegründung als *Jardin des Plantes* (1793) auch Lehraufgaben wahrnahmen. Für die Zoologie und Mineralogie spielte die Gründung von Kabinetten und Spezialsammlungen (oft in Verbindung mit lokalen und regionalen naturhistorischen Gesellschaften) und die damit verknüpften Verwaltungsaufgaben die gleiche Rolle wie die Botanischen Gärten für die Botanik und bildeten den Anlaß für eine Disziplinbildung in der Zoologie, insbesondere für die taxonomischen Richtungen (vgl. 9.1.2.). Auch hierfür wirkte das Pariser *Muséum d'Histoire naturelle*, an dem bei seiner Gründung (1793) vier Professuren für Zoologie eingerichtet wurden (CORSI 1988), als Vorbild für andere europäische Lehrstätten (vgl. 9.1.2.). Oftmals ging die Gründung von Fachgesellschaften der Einrichtung von Lehrstühlen voraus. Im Verlauf des 19. Jh. wurden sukzessive aus der bisher integralen Disziplin *Naturgeschichte* deren Einzelkomponenten Mineralogie, Botanik, Zoologie ausgegliedert und die Sonderentwicklung der biologischen Disziplinen eingeleitet, die sich ihrerseits jedoch erst am Ende des 19. Jh. und im 20. Jh. in weitere Richtungen aufsplitterten; dies spiegelt sich zwangsläufig auch bei ihrer historischen Darstellung in den folgenden Kapiteln wider (vgl. Teil IV).

Die Disziplingenese wirkte sich auch auf die philosophischen Reflexionen über die Lebenswissenschaften aus, was sich in den Einflüssen verschiedener Richtungen der Philosophie auf die Theorienbildung zeigt.

Weitreichenden Einfluß auf die Naturwissenschaften gewannen die späteren Schriften von Immanuel KANT in unterschiedlicher Weise. Er negierte in Opposition zu David HUME (vgl. 6.1.1.) die objektive Möglichkeit wissenschaftlicher, auf Sinneserfahrung beruhender Erkenntnisbemühung und kennzeichnete die Begrenztheit menschlicher Erkenntnis als subjektiv und relativ. Er setzte sich dabei auch mit Methoden und Strukturen der Wissenschaftsdisziplinen auseinander und gab damit weitere Impulse für disziplinäre Entwicklungen.

In der Schrift *Metaphysische Anfangsgründe der Naturwissenschaft* (1786) unterschied er die „mechanische" von der „dynamischen" Naturphilosophie; er grenzte die im 17. Jh. vorherrschende mechanisch-atomistische (korpuskuläre) Materieinterpretation von der im 18. Jh. eingeleiteten dynamischen Erklärungsweise ab, die auf die den Körpern und Teilen innewohnenden, spezifischen, anziehenden und abstoßenden Kräften beruhte. Er formulierte als einheitliche Ursache materieller wie auch organismischer Erscheinungen die Wechselwirkung gegensätzlicher Kräfte, von „Attraktion" und „Repulsion", was von den Physiologen aufgegriffen und zu Organismustheorien weiterentwickelt wurde (vgl. 7.1.2 und 7.2.1.). In seiner *Kritik der Urteilskraft* (1790) unterscheidet KANT scharf zwischen anorganischer und organischer Natur und teilte danach die Naturlehre in *Physiographie* (Naturbeschreibung), *Physiologie* und *Historia naturalis* (Naturgeschichte) ein, wobei er letztere auch historisch auffaßt und in das Tiersystem, das „dem Erzeugungsprinzip nach" aufzustellen sei, auch die ausgestorbenen Tierformen einbezogen wissen wollte. Denn

die Übereinkunft so vieler Thiergattungen in einem gewissen gemeinsamen Schema läßt die „wirkliche Verwandtschaft derselben in der Erzeugung von einer gemeinschaftlichen Urmutter" vermuten, „durch die stufenartige Annäherung einer Tiergattung zur anderen…" (KANT 1790, § 80).[1])

Schon in der *Kritik der reinen Vernunft* (1781) hatte KANT ein neues philosophisches System entwickelt, das sowohl gegen HUMES Skeptizismus als auch gegen Chr. WOLFFS Dogmatismus und seinen Zweckmäßigkeitsbegriff gerichtet war, das seinerseits aber auch zwei Entwicklungstendenzen in sich barg. Es gab in der Folgezeit Anregungen zur Interpretation der Naturforschung in verschiedenen Richtungen.

7.1. Biologische Konzeptionen der Goethezeit

Als einer der ersten Hochschullehrer übernahm der Jenaer Theologe Carl Christian Erhard SCHMID (1761–1812) die Philosophie KANTS und machte sie in einem Lehrbuch *Critik der reinen Vernunft im Grundrisse* (1786) populär. Nach dem Vorbild seines Kollegen K. L. REINHOLD wandte er sie in seiner *Empirischen Psychologie* (1791) an, hielt ab 1796 eine Vorlesung über „Zoonomie oder Philosophie über die Gesetze

der organischen und tierischen Natur". In seinem Lehrbuch *Physiologie, philosophisch betrachtet* (3 Bde., 1798–1801) und in dem Handbuch *Allgemeine Encyclopädie und Methodologie der Wissenschaften* (1810) wandte er sich gegen FICHTES transzendentale Wissenschaftslehre und die – auch auf KANT fußende – Naturphilosophie SCHELLINGS (vgl. 7.2.). Er bereitete das Wirken des Kantianers Jakob Friedrich FRIES (1773–1843) vor, der mit seiner *Mathematischen Naturphilosophie* (1822) die Naturwissenschaften des 19. Jh. maßgeblich beeinflußte (vgl. 8.2.1., S. 313).

Jedoch gewann in den biologischen Disziplinen für mehr als drei Jahrzehnte die Naturphilosophie von Friedrich Wilhelm Joseph SCHELLING (1775–1854) vorrangigen Einfluß, der anstelle des Primats der Philosophie (FICHTE 1794) die „Naturphilosophie" als die „Wissenschaft der Wissenschaften" setzte und in den *Ideen zu einer Philosophie der Natur* (1797) und der Schrift *Von der Weltseele* (1798) mit seiner „Identitätsphilosophie" die Differenzierung zwischen Geistes- und Naturwissenschaften und die weitere Aufspaltung der naturwissenschaftlichen Disziplinen in einer neuen Einheitsidee aufzuhalten suchte. In sein *System der Naturphilosophie* (1799, 1801) integrierte er die zeitgenössischen Erkenntnisse der Physik (Elektrizitätslehre, Magnetismus), Chemie (chemische Verbindungen und „Affinitäten"), Physiologie (Keimesentwicklung) und Naturgeschichte (natürliche Systeme) und zeigte die wechselseitigen Verknüpfungen dieser Einzelerkenntnisse. (Zu HEGELS Auffassungen vom Organischen vergleiche besonders BREIDBACH 1982).

In Frankreich spiegelte sich die Auseinandersetzung mit den naturwissenschaftlichen Methoden und Erkenntnisprinzipien in dem Lebenswerk von Auguste COMTE (1798–1857), der in seinem *Cours de Philosophie Positive* (1830–1842) die „Realia" allen metaphysischen Gegenständen als einzig nützliche Erkenntnisinhalte gegenüberstellt und mit seinen Thesen, daß nur die empirischen Phänomene und ihr gesetzmäßiger Zusammenhang der Forschung in allen Wissenschaften von Wert sind, zum Begründer des „Positivismus" in Wissenschaft und Philosophie wurde. Er leitete diese Charakterisierung von seinem Geschichtsverständnis ab, wonach in der Menschheitsentwicklung (wie in der Embryonalentwicklung) drei „Stadien" erkennbar seien: im ersten „theologischen Stadium" wurden die Naturphänomene dem Wirken von Göttern zugeschrieben, im zweiten „metaphysischen" oder „abstrakten Stadium" wurden die Naturerscheinungen auf unpersönliche „Kräfte" oder Wesenheiten, die den Dingen innewohnen, zurückge-

---

[1]) Zit. nach W. ZIMMERMANN 1953, S. 333, der auch die „Anmerkung" KANTS wiedergibt, wonach eine solche „Hypothese … ein gewagtes Abenteuer der Vernunft" sei. Die Frage, warum KANT für Organismen keine real-historische Evolutionstheorie vertreten hat, erklärt er selbst damit, daß die Erfahrung keine *generatio heteronima* (nur *homonima*) kennt.

führt. Im letzten Stadium der reifen Menschheit wird die Beobachtung des wirklich Vorhandenen („positiv" gegebenen) der Einbildung untergeordnet, die Forschung auf nachprüfbare Tatsachen beschränkt. In seinem schon 1822 formulierten „Plan" der wissenschaftlichen Arbeiten, „die für eine Reform der Gesellschaft notwendig sind", entwarf COMTE außer der Drei-Stadien-Theorie auch eine Reihenfolge der Disziplinen nach ihren Erkenntnisgegenständen, wobei die Disziplinen in Form einer „Stufenleiterordnung" (vgl. 6.2.3.) nach zunehmender Komplexität ihres Forschungsgegenstandes in der Reihe aufgestellt wurden: Mathematik – Astronomie – Physik – Chemie – Biologie – Soziologie (neu geschaffener Begriff für eine „positive Wissenschaft der Gesellschaft"). Die *Biologie* gliederte er nach der statischen und der dynamischen Interpretationsweise in eine statische Disziplin (*Anatomie*) und eine dynamische Disziplin (*Physiologie*), ein Gliederungsprinzip, das noch in Ernst HAECKELS *Genereller Morphologie* (1866) als Unterabteilungen von Botanik und Zoologie als „Biostatik" (= organische Morphologie) und „Biodynamik" (= Physiologie) erscheint.

Hierbei ist zu bemerken, daß zur Zeit von COMTE zwar der Begriff „Biologie" schon existierte (vgl. 7.1.3.), aber als Disziplin im ganzen 19. Jh. noch nicht eigentlich vorhanden war.

Im deutschen Sprachraum vollzog sich die disziplinäre Spezialisierung erst nach der Zurückdrängung naturphilosophischen Denkens etwa vom Beginn der 40er Jahre an, während in anderen Ländern wie Frankreich, Holland oder England schon früher biologische Disziplinen entstanden. Der in der Literaturgeschichte als „deutsche Klassik" gekennzeichnete Zeitraum brachte in der Entwicklung der Naturwissenschaften eine neue Erkenntnishaltung gegenüber Organismen und ihren Lebensäußerungen, was insbesondere im deutschen Sprachraum zu spezifischen Organismustheorien führte. In der Auseinandersetzung mit dem cartesischen „mechanomorphen" und dem Stahlschen „psychomorphen" Organismusmodell waren vor allem in der zweiten Hälfte des 18. Jh. die spezifischen Phänomene lebender Körper zum Gegenstand experimenteller und mikroskopischer Untersuchungen geworden und die Erscheinungen sexueller Fortpflanzung und der Embryogenese, der Regeneration, Miß- und Bastardbildung in ihren vielfältigen Formen beschrieben worden (vgl. 6.3.2., 6.4.). Dabei standen der Gestaltenvergleich und die Gestaltbildung im Mittelpunkt der Beobachtungen und legten Vorstellungen über den Gestaltenwandel nahe (vgl. 6.5.).

7.1.1. Begründung der „Morphologie" als Morphogenese

Von den aktuellen Fragen der Naturforschung am Ende des 18. Jh. angeregt, wandte sich schon der junge GOETHE der Beobachtung verschiedenartiger Naturphänomene zu und suchte – in einer Zeit beginnender Spezialisierung – nach einheitlichen, die Einzelphänomene verbindenden Naturgesetzen. Aus den konkreten amtlichen Aufgaben in der herzoglich Weimarer Regierung für den Ilmenauer Bergbau resultierten ab 1776 GOETHES geologisch-mineralogische Naturstudien. Die Methodik seiner Naturbetrachtung erwuchs aus seinem künstlerischen Schaffensprozeß. In frühen Landschaftszeichnungen kommt sein Ringen um das Erfassen der „räumlich-körperlichen Gestaltung der Landschaft" und der Bildungsgesetze der Gebirge und Gesteine zum Ausdruck (W. VON ENGELHARDT/KUHN 1989). In einem Brief (3. 10. 1779) äußerte er:

„Man ahndet im Dunkeln die Entstehung und das Leben dieser seltsamen Gestalten. Es mag geschehen sein wie und wann es wolle, so haben sich diese Massen nach der Schwere und Ähnlichkeit ihrer Teile groß und einfach zusammengesetzt …, man fühlt tief, hier ist nichts Willkürliches, alles langsam bewegendes Gesetz" (zit. a. a. O., S. 229).

Zu der zeitgenössischen Literatur, aus der sich GOETHE um 1780 vorrangig informierte, gehörten neben A. G. WERNERS Schriften (1784) auch G. BUFFON (1778), Joh. GESSNER (1780) und H. B. DE SAUSSURE (1779). WERNERS erdgeschichtliche Theorie von der Gesteinsbildung aus dem Wasser der Weltmeere („Neptunismus")[1] entsprach GOETHES Auffassung von einer kontinuierlichen Entwicklung der Erdepochen, die sich ihm in der durch Übergänge verbundenen Abfolge von Gesteins t y p e n repräsentiert. Diese Erkenntnisse waren das Ergebnis von eigenen Naturstudien im Harz (1783 und 1784), im Erz- und Fichtelgebirge und in Böhmen (1813), die ihren Niederschlag in spät oder nicht publizierten Aufsätzen fanden.[2] Das Ganze der anorganischen Natur bezeichnete er (wie 400 Jahre vor ihm LEONARDO DA VINCI) als „Knochengerüst der Erde", das die „Physio-

---

[1] Er stand damit in Gegensatz zu Theorien, die vulkanischen Feuerkräften und Erdrevolutionen die Hauptbedeutung beimaßen („Vulkanismus").
[2] Sie sind vollständig ediert in der Leopoldina-Ausg. von GOETHES Naturwissenschaftl. Schriften, (LA) I, Bd. 8 (1962) und 11 (1970), II, 7 (1989), Bd. 8 A und B (1997–98), hrsg. von W. VON ENGELHARDT und D. KUHN.

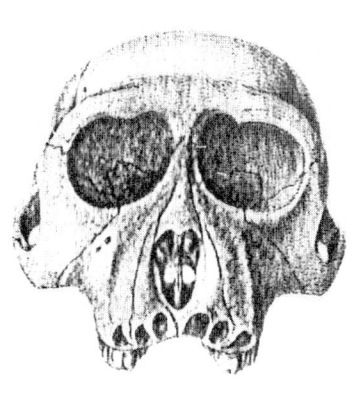

Abb. 79. Zeichnung im Auftrag GOETHES vom Zwischenkieferknochen eines Affen (1784). Aus Schriften zur Naturwissenschaft (LA) Abt. I, Bd. 9.

gnomie" einer Landschaft bestimmt,[1]) und die Erdgeschichte faßte er als gesetzmäßig-organischen Entwicklungsprozeß auf, bei dem chemische Kräfte eine größere Rolle spielen als mechanische (W. VON ENGELHARDT/KUHN 1989). Parallel zu den geologischen Studien der 80er Jahre erfolgte die Mitwirkung GOETHES an Joh. Gottfried HERDERS Werk *Ideen zur Philosophie der Geschichte der Menschheit* (vgl. 6.5.), an die er sich rückblickend errinnert:

„Unser tägliches Gespräch beschäftigte sich mit den Uranfängen der Wasser–Erde, und der darauf von altersher sich entwickelnden organischen Geschöpfe" (GOETHE 1817; zit. nach LA I, Bd. 11, 3, S. 42).

Ebenfalls seit dem Beginn seiner Weimarer Amtstätigkeit und bis zu seinem letzten Lebensjahr sind GOETHES Studien an Organismen nachzuweisen, die kurz nach 1780 mit den anatomischen Beobachtungen an Schädeln verschiedener Wirbeltiere begannen und ihren ersten Niederschlag in einer an verschiedene Fachleute verschickten Handschrift „*Versuch aus der vergleichenden Knochenlehre daß der Zwischenknochen der oberen Kinnlade dem Menschen mit den übrigen Tieren gemein sei* (1784)[2]) fanden (Abb. 79). Diese „Entdeckung" des menschlichen Zwischenkiefers war das Resultat seiner Suche nach einem allgemeinen „Typus" der Wir-

beltiere (wohl abgeleitet von dem durch BUFFON postulierten „Prototyp"), und sie wurde gefolgt von weiteren vergleichend-osteologischen Studien, die er in Tabellen zum Skelettbau verschiedener Wirbeltierarten erfaßte, um daraus den „osteologischen Typus" abzuleiten (GOETHE: *Versuch über die Gestalt der Tiere*, 1790. LA I, 10, S. 78 und II, 9A, S. 566–567). Als „Typus" verstand GOETHE einen „allgemeinen Leitfaden durch das Labyrinth der Gestalten", ein „allgemeines Fachwerk" oder „ein allgemeines Schema" (LA I, Bd. 10, S. 76) als Frucht des Nachdenkens über die empirisch gefundenen Tatsachen. Nach Friedrich SCHILLER, der diese Arbeiten GOETHES seit 1794 mit Anteilnahme und Vorschlägen begleitete, war diese Methode GOETHES als „rationale Empirie" zu bezeichnen (KUHN 1987, zit. nach KUHN 1988, S. 193). Er wollte mit dieser systematisierten vergleichenden Osteologie die herkömmliche anatomische Praxis mit willkürlichen Einzelvergleichen zwischen Tieren und Mensch ablösen, diktierte 1795 eine Einleitung in die „vergleichende Anatomie",[3]) veröffentlichte jedoch alle diese Vorarbeiten erst 1820, als bereits durch Georges CUVIER in Paris die *Vergleichende Anatomie* als neue zoologische Methode und Disziplin begründet worden war (vgl. 9.1.1.); (zum Zwischenkieferproblem vgl. auch FRANZ 1933).

Auch an den botanischen Forschungen seiner Zeit und seiner unmittelbaren Umgebung über die „natürliche" Ordnung der Artenvielfalt nahm GOETHE aktiven Anteil, ebenso wie ihn die zeitgenössischen Auseinandersetzungen über die Keimesentwicklung (*Epigenese* oder *Präformation*) beschäftigten (vgl. 6.4.3.). Noch während seiner anatomischen Studien begann er 1785 mit mikroskopischen Beobachtungen, zu denen ihn die illustrierten Werke von Wilhelm Friedrich VON GLEICHEN-RUSSWURM (1764, 1777, 1778) anregten. Er übernahm seine Methoden und Bezeichnungen, protokollierte die Formenvielfalt der „Infusorien", unter deren Sammelnamen sich sowohl Tiere als auch Pflanzen (z. B. die Alge *Tremella*) befanden, und war von dem Gestaltwandel beeindruckt (LA I, Bd. 10, S. 40). Auch die „feine Materie" des Pollenstaubes und der Inhalt der „Staubkügelchen" wurden studiert,[4]) und die Intensität der mikroskopischen Studien spiegelt sich in vielen Briefen (vgl. GER-

---

[1]) GOETHES Analogie resultierte aus seiner Mitarbeit an J. K. LAVATER: *Physiognomische Fragmente zur Beförderung der Menschenkenntnis und Menschenliebe.* 4 Bde. Leipzig und Winterthur 1775–1778. (vgl. LA II, Bd. 9 A, S. 463 ff.)
[2]) Ediert und kommentiert von D. KUHN, LA I, Bd. 10, S. 6–22 und II, Bd. 9 A, S. 493–499.

[3]) Auf Bitten von A. und W. VON HUMBOLDT, datiert „Jena, im Januar 1795": *Erster Entwurf einer allgemeinen Einleitung in die vergleichende Anatomie, ausgehend von der Osteologie*, in: LA I, Bd. 9, S. 119–151.
[4]) GLEICHEN-RUSSWURM hatte 1777 den Pollenschlauch entdeckt, ohne aber seine Funktion zu verstehen.

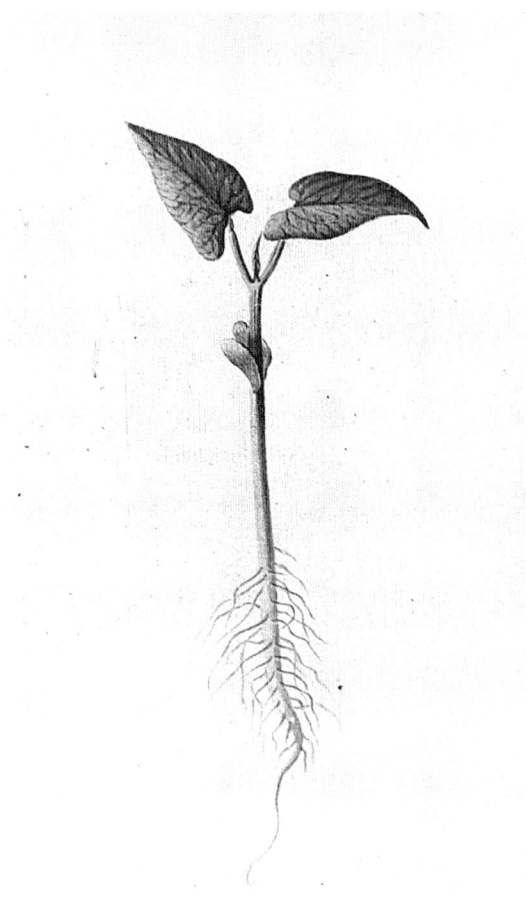

J. W. von Goethe

Herzoglich Sachſen - Weimariſchen Geheimenraths.

V e r ſ u c h

die Metamorphoſe

der Pflanzen

zu erklären.

Gotha,

bey Carl Wilhelm Ettinger.

1 7 9 0.

Abb. 80. GOETHES Zeichnung einer keimenden Boh-
nenpflanze. Aus GOETHE (LA) Abt. I, Bd. 10.

Abb. 81. Titelblatt von GOETHES erster botanischer
Veröffentlichung, die mit der Metamorphosenlehre
ein neues Entwicklungsprinzip in die Betrachtung von
Organismen einführte. Aus GOTHE (LA) Abt. I, Bd. 9.

MANN, KNÖLL & OTTO 1975). Sie spielten eine
nicht unwesentliche Rolle bei der Herausbildung der Metamorphosenlehre und der Morphologie (DAHL 1927; KUHN in LA II, Bd. 9 A,
S. 502–508). Nachdem sich ihm während der Ita-
lienreise (1786–88) Ideen für die „Bildung und
Umbildung" der Pflanzengestalten in ihren Beziehungen zu Klima, Landschaft, Geologie und
zum Naturganzen erschlossen hatten, wofür
GOETHE seit 1784 durch die Lektüre von LINNÉ
(1736, 1751), N. J. JACQUIN (1785), die Gespräche mit BATSCH und eigene Keimversuche mit
Bohnen, Erbsen, Dattelkern und Getreide vorbereitet war (Abb. 80), entwickelte er den Begriff eines Urtypus der Pflanze analog zu dem
der Gesteine und der Säugetiere (s. o.), prägte
dafür die Bezeichnung „Urpflanze" (1787) und
die Vorstellungen über das Blatt als Grundform
der Pflanze (KUHN 1997). Als erste Publikation
über seine biologischen Studien erschien 1790
sein *Versuch, die Metamorphose der Pflanze zu
erklären* (Abb. 81), in dem er die Verwandlung

der Blattgestalten von den Keimblättern bis zu
den Blüten anschaulich als allgemeines Wachstumsgesetz beschrieb („Gesetz der periodischen
Ausdehnung und Zusammenziehung" – *Diastole*
und *Systole*). Er unterscheidet eine regelmäßige,
unregelmäßige und zufällige Metamorphose und
beschreibt die „Stufenfolge des Pflanzen-Wachs-
tums" als Entwicklungsvorgang, bei dem *sich
eine Organbildung aus der vorhergehenden* und
ihre Verwandtschaft mit der Grundform des
Blattes erkennen läßt (Abb. 82). In der Ableitung der komplizierten Organe von einfachen
Anfängen und der Zurückführung aller Pflanzenteile auf die Grundform des Blattes („alles
ist Blatt") entdeckte er in C. F. WOLFF „einen
trefflichen Vorarbeiter", der „längst auf der
Spur gewesen, die ich nun auch verfolge" (LA I,
Bd. 9, S. 73–77) (Vgl. 6.4.2., Abb. 74).
Analog zu der Individualentwicklung der Pflanzengestalt studierte GOETHE 1796 die Metamorphose von Schmetterlingen, deren Organe und
ihre Verwandlung er von der Raupe über die

Abb. 82. Zeichnung GOETHES von Blattfolgen, die die Metamorphose-Idee veranschaulichen. Aus KUHN 1964. (Goethe, LA, Abt. I, Bd. 10).

Puppe bis zur Imago genau protokollierte (LA I, Bd. 10, S. 168–193). Zusammen mit den Beobachtungan über die „Gestalt der Tiere" (s.o.) und dem aus der Empirie gewonnenen Begriff des „Typus", der aus der Gestaltenvielfalt durch vergleichende Analyse gedanklich „auf eine genetische Weise" als allgemeines Bild abstrahiert ist, wurde erstmals 1796 der neue Begriff M o r p h o l o g i e entwickelt und als Disziplin in den Rahmen der Wissenschaftszweige eingeordnet, die der Erforschung der Lebewesen dienen (KUHN 1978). Er definierte *Morphologie* als „Verwandlungslehre" und erläuterte:

„Die Gestalt ist ein bewegliches, werdendes, ein vergehendes. Gestaltenlehre ist Verwandlungslehre. Die Lehre der Metamorphose ist der Schlüssel zu allen Zeichen der Natur" (a.d. Nachlaß: LA I, Bd. 10, S. 128).

Diese Gedankengänge GOETHES wurden von der um diese Zeit durch F. W. SCHELLING in Jena entwickelten Naturphilosophie aufgegriffen, mit der GOETHE „nur eine kurze Wegstrecke ... gemeinsam zurücklegen" konnte, deren spekulative, empiriefremde Überspitzungen (vgl. 7.2.) er aber nicht mehr teilte (W. VON ENGELHARDT/ KUIIN 1989, S. 238 ff.). Erst 1817 publizierte er in der Schriftenreihe *Zur Morphologie* seine Ansicht zur „Bildung und Umbildung organischer Naturen", nachdem der Terminus bereits durch K. F. BURDACH (1800) eingeführt worden war. Wohl auch in Abgrenzung dazu betonte GOETHE, daß die Lehre, die er begründen und „Morphologie" nennen wollte,

„nicht abgeschlossene Gestalten und ihre Einzelteile" (die die Anatomie und Chemie erforsche) behandele, sondern die lebendigen Bildungen im Zusammenhang und in ihrer steten Bewegung begrifflich zu erfassen suche. „Bildung" bedeute doppelsinnig zugleich Hervorgebrachtes und Hervorgebrachtwerden (KUHN 1980).

Diese Goethesche Gestalt- und Verwandlungslehre ist eng mit dem Entwicklungs- und Vervollkommnungsgedanken verbunden, wenn er ihn auch nicht explizit äußerte (USCHMANN 1939). Sie trat im letzten Jahrzehnt vor 1800 für die Erkenntnis der spezifischen Phänomene des Lebens in Erscheinung und kennzeichnet den

Wandel vom „mechanomorphen" zum „biomorphen" Organismusmodell (ROTHSCHUH 1968). Er fand im Fortgang des 19. Jh. seine disziplinäre Ausprägung in der botanischen „Organographie" und „Entwicklungsgeschichte" eines A.-P. DE CANDOLLE, Alexander BRAUN oder Karl VON GOEBEL (vgl. 8.2.1.) oder in der vergleichenden Embryologie von Ignaz DÖLLINGER, Christian I. PANDER und Karl Ernst VON BAER bis zu Johannes MÜLLER und Ernst HAECKEL (und seiner klassischen *Generellen Morphologie*) (vgl. 9.2.).

Als sich in den 90er Jahren des 18. Jh. die Notwendigkeit abzeichnete, für das Forschungsfeld über „organische Körper" einen Begriff zu bilden, skizzierte GOETHE in einer *Betrachtung über Morphologie* und der „Bezeichnung und Absonderung des Feldes" das gesamte disziplinäre Umfeld dieser Zeit, in das sich die „Morphologie" einordnen sollte, wie folgt:

„a) Kenntnis der organischan Naturen nach ihrem Habitus und nach dem Unterschied ihrer Gestaltverhältnisse: *Naturgeschichte*.

b) Kenntnis der materiellen Naturen überhaupt als Kräfte und in ihren Ortsverhältnissen: *Naturlehre*.

c) Kenntnis der organischen Naturen nach ihren innern und äußern Teilen, ohne aufs lebendige Ganze Rücksicht zu nehmen: *Anatomie*.

d) Kenntnis der Teile eines organischen Körpers in so fern er aufhört organisch zu sein, oder in so fern seine Organisation nur als Stoffhervorbringend und als Stoffzusammengesetzt angesehen wird: *Chemie*.

e) Betrachtung des Ganzan in so fern es lebt und diesem Leben eine besondere physische Kraft untergelegt wird: *Zoonomie*.

f) Betrachtung des Ganzan in so fern es lebt und wirkt und diesem Leben eine geistige Kraft untergelegt wird: *Physiologie*.

g) Betrachtung der Gestalt sowohl in ihren Teilen als im ganzen, ihren Übereinstimmungen und Abweichungen ohne alle anderen Rücksichten: *Morphologie*.

h) Betrachtung des organischen Ganzen durch Vergegenwärtigung aller dieser Rücksichten und Verknüpfung derselben durch die Kraft des Geistes." (Aus dem Nachlaß, in: LA I, Bd. 10, S. 139 f.).

Zu h) nannte GOETHE keine Disziplin; in diese Lücke ordnet sich wenig später der Begriff „Biologie" ein (vgl. 7.1.3.).

Zur „Morphologie" aber heißt es erklärend, sie könne „als eine Lehre für sich und als eine Hülfswissenschaft der Physiologie angesehen werden." Sie ruhe im ganzen auf der *Naturgeschichte* ... auf der *Anatomie* aller organischer Körper und besonders der *Zootomie* (a.a.O.). Da er sie „überall als Dienerin der Physiologie und mit den übrigen Hülfswissenschaften koordiniert" ansieht, sie dennoch aber als „neue Wissenschaft aufzustellen" gedachte, begründete er ihre Abgrenzung mit der neuen „Methode", die der Lehre eine eigene Legitimation gibt. Da sie „nur darstellen und nicht erklären" wolle, grenze sie sich von den übrigen Hilfswissenschaften der *Physiologie* ab (a. a. O., S. 140).

7.1.2. Die Konzeption einer „allgemeinen vergleichenden Physiologie"

Bereits bis zum Ende des 18. Jh. hatte sich ein gewisser Bedeutungswandel in der methodischen Auffassung dessen vollzogen, was die Mediziner unter „Physiologie" verstanden. Hatte man bisher die Lebensfunktionen vorwiegend aus den Befunden der Anatomie des Menschen und einiger Wirbeltiere abgeleitet, so wurde seit Ende des 17. Jh. vereinzelt auch das Tierexperiment herangezogen, insbesondere in Holland, Italien und England, wo man die Vorstellung vom Tierkörper als einer seelenlosen „Maschine" vertrat (vgl. 5.1.1., 6.3.2.). Gegen Ende des 18. Jh. konnte A. VON HUMBOLDT feststellen:

„Wir sehen die Physiologie auf dem Wege des Experimentirens dahin gelangen, wohin sonst nur theoretische Speculationen uns führen" (1797).

Vor allem die Fragen nach der Befruchtung und Keimesentwicklung regten zum Experimentieren an, und die Versuche des Italieners L. SPALLANZANI mit Hunden, Fröschen und Kröten, der durch künstliche Befruchtung die Rolle der männlichen Spermien untersuchte (vgl. 6.3.2.), sind bemerkenswert und wurden durch französische und deutsche Übersetzungen (1780, 1786) bekannt. Im Blick auf die beliebtesten Versuchstiere äußerte HUMBOLDT:

„Die Frösche zogen durch die Leichtigkeit, sie in Menge zu sammeln, durch ihren starken Nervenbau, ihre fast unzerstörbare Reizbarkeit, ihr reinliches Muskelfleisch, ihre fast durchsichtigen Körper, zu ihrem Unglück, die Hauptaufmerksamkeit der Physiologen auf sich. Das Blutbad, welches Haller, Rösel, Spallanzani und 30 Jahre früher Abt Nollet ... unter ihnen anrichtete ... war nur ein schwacher Vorbote von dem, was am Ende des achtzehnten Jahrhunderts in allen Theilen Europens, ja im nördlichen America, sie erwartete" (HUMBOLDT 1797, Bd. 1, S. 290).

HUMBOLDT reihte sich unter die Experimentatoren mit zeittypischen Fragestellungan ein, die durch die physikalischen (GALVANI, VOLTA) und chemischen Entdeckungen (LAVOISIER, INGENHOUSZ) mit Organismen angeregt wurden und

Aufschlüsse über den Prozeß und das Wesen des „Lebens" versprachen. Nach galvanischen und chemischen Experimenten über das Keimen und das Wachstum von Pflanzen (HUMBOLDT 1793, 1794) führte HUMBOLDT rund 4 000 galvanische Versuche und vergleichende Beobachtungen an ca. 300 Tierarten und vielen Pflanzenarten durch (1797); er protokollierte die Reaktionen von Mollusken, Würmern und Gliedertieren, von Fischen, Amphibien und Reptilien (Eidechsen, Schildkröten), Hühner- und Singvogelarten, allen Haussäugetieren, Mäusen und Fledermäusen und ihrer Organe auf elektrische und chemische Reize und verglich sie mit Moosen, Pilzen und Blütenpflanzen (Abb. 83). Durch diese auch in Jena in Anwesenheit GOETHES durchgeführten Versuchsreihen wollte er – beeinflußt von A. VON HALLERS Irritabilitätslehre – „belebte" Materie von unbelebter genauer abgrenzen und ihre chemischen Prozesse vergleichen. Sein Fazit war:

„... unbelebte Materie nennen wir diejenige, deren Bestandteile nach den Gesetzen der chemischen Verwandtschaft gemischt sind, belebte (organisierte) Körper hingegen diejenigen, welche ... durch eine gewisse innere Kraft gehindert werden, ihre erste ihnen eigenthümliche Form zu verlassen..." und er folgerte daraus 1793:
„Diejenige innere Kraft, welche die Bande der chemischen Verwandtschaft auflöst und die freie Verbindung der Elemente in den Körpern hindert, nennen wir Lebenskraft" (HUMBOLDT 1794).

In dieser „chemischen Physiologie" vor 1800 wurde mit allerlei chemischen, mechanischen, elektrischen Reizmitteln an Körper- und Organteilen experimentiert, um die Zustandsänderung der den Organismen eigenen „Materie" und Gewebe zu beschreiben, ohne die „Lebenskraft" als Ursache der „Ganzheit" eines Organismus in Frage zu stellen. Die Fragestellung lautete eher: „Woraus besteht der organisierte Körper, mit welchem Material operiert die Lebenskraft?, als daß man in den Reaktionen selbst die Lebensgesetze suchte. Hatte HUMBOLDT dieser *Lebenskraft* – einem von F. C. MEDICUS 1774 geprägten Begriff[1] – noch 1795 eine spezielle Abhandlung über *Die Lebenskraft oder der Rhodische Genius* für SCHILLERS *Horen* gewidmet, die die „Entwicklung einer physiologischen Idee in einem halb mythischen Gewande" darstellt, so hoffte er dann mit seinen umfangreichen galvanischen Versuchsserien eine Identität von „Lebenskraft" mit „tierischer Elektrizität" nachweisen zu können (HUMBOLDT 1797).

---

[1] Vgl. dazu W. BOTSCH: Die Bedeutung des Begriffs Lebenskraft für die Chemie zw. 1750 und 1850. Diss. phil. Stuttgart 1997.

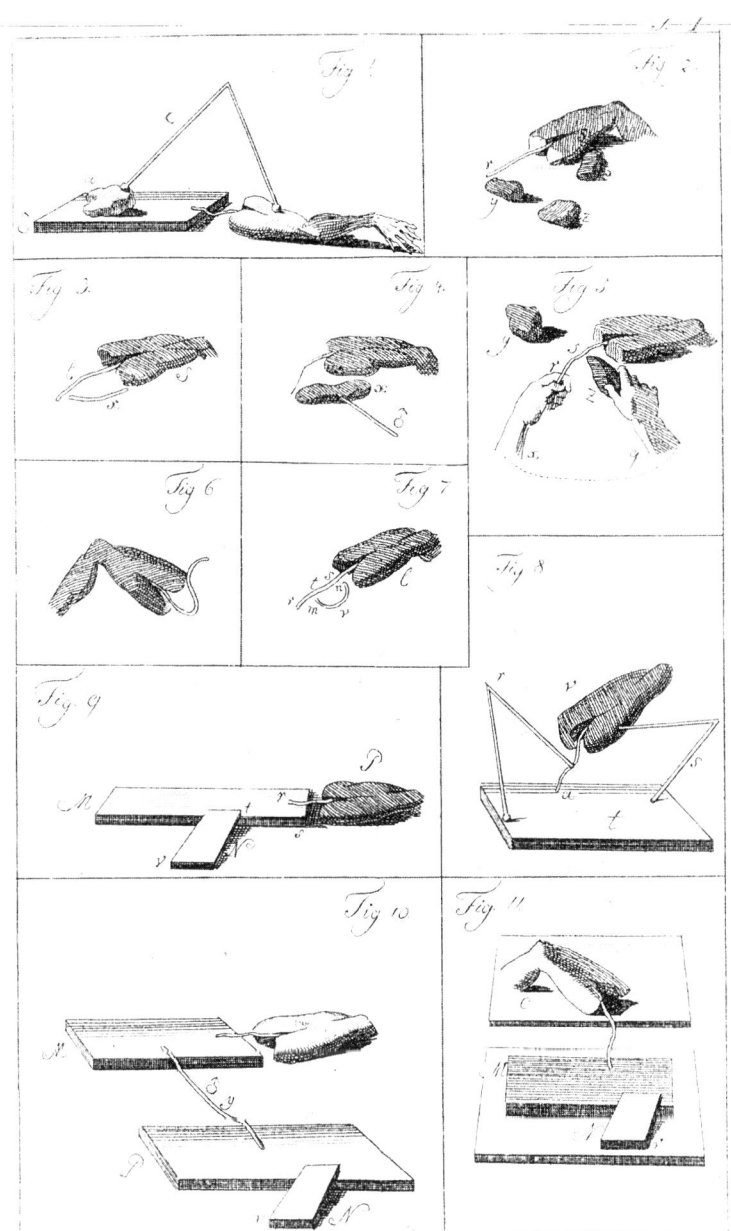

Abb. 83. Elektrische Reizversuche A. VON HUMBOLDTS mit Froschmuskelpräparaten, die die Eigenschaften der „lebenden Materie" demonstrieren sollten. Aus HUMBOLDT 1797.

HUMBOLDTS Versuche werden deshalb hervorgehoben, weil er nicht als Mediziner mit human-physiologischen Fragen diese Forschungen vornahm, sondern sie von vornherein unter gesamtbiologische Gesichtspunkte stellte und insofern damals eine Sonderrolle einnahm. Fast gleichzeitig mit ihm verfaßte der Arzt Christoph Heinrich PFAFF (1773–1823) sein Buch *Über thierische Elektrizität und Reizbarkeit* (1795), in dem er zu ähnlichen Ergebnissen kam, und der Mainzer Mediziner Carl Caspar CRÈVE (1769–1853) hatte in einer Edinburgher Preisschrift *Beiträge zu Galvanis Versuche[!] über die Kräfte*

der thierischen Elektrizität auf die Bewegung der Muskeln (1793) vorgelegt.

Die zeitgenössischen Interpretationen dessen, was als „Lebenskraft" oder ähnlich bezeichnet wurde und was nur durch ihre Wirkungsweise erkennbar war, beruhten auf unterschiedlichen Überzeugungen. Sie reichten von der Vorstellung einer *vis occulta* (geheimen Kraft) als Ursache der spezifischen Lebensprozesse, wie sie der Arzt Joachim Diterich BRANDIS (1762–1846) in seinem *Versuch über die Lebenskraft* (1795) beschreibt, bis zur Deutung als naturgesetzliche Erscheinung, die nicht als Ursache, sondern als

Wirkung eines bestimmten „Mischungsverhältnisses" der Substanzen im Organismus auftritt,
wie die Anziehungs- und Bindungskräfte der
chemischen Elemente selbst.

So hatte HUMBOLDTS Studienfreund, der in England lebende Arzt Christoph GIRTANNER (1760–
1800), als früher Anhänger von LAVOISIER schon
1792 das „Leben" mit Oxidations- und Reduk-
tionsprozessen identifiziert und die Erregbarkeit
(*Irritabilität*) der pflanzlichen und tierischen
„Faser" (Gewebe) auf solche chemischen Reaktionen bezogen.

In ähnlichem Sinne leitete der Hallesche Mediziner Johann Christian REIL (1759–1813) eine
neue Zeitschrift *Archiv für die Physiologie* 1796
mit einem Aufsatz über die „Lebenskraft" ein, in
dem er metaphysische, vitalistisch-idealistische
Deutungan zurückweist und argumentiert, daß
„die Kräfte des menschlichen Körpers Resultate
seiner eigenthümlichen Materie" sind, die den
allgemeinen Naturgesetzen unterworfen und entsprechend auch analysierbar seien. Er sieht den
Grund aller Lebenserscheinungen in der

„thierischen Materie, in der ursprünglichen Verschiedenheit ihrer Grundstoffe und in der Mischung und
Form derselben" (zit. nach MOCEK 1995, S. 132).

REIL formulierte schließlich fünf Naturgesetze
des tierischen Körpers und der Dynamik ihrer
Kräfte:

1. Die Kräfte des tierischen Körpers ändern sich durch
   eigene Tätigkeiten ab.
2. Die Wirkungen der Lebenskraft haben eine eigene
   Periodizität.
3. Die Organwirkungen sind korrelativ aufeinander
   bezogen.
4. Die Tätigkeit der Lebenskraft „und die Veränderung ihrer Temperatur können durch innere und
   äußere Ursachen zu bestimmten Organen hin- oder
   von ihnen weggelenkt werden".
5. Die Reizbarkeit der Organe steht in Relation zur
   Anstrengung bzw. Ruhestellung der Organe (nach
   MOCEK, a. a. O.).

Nach MOCEK (1995) sprach REIL damit vor allem ein neues Forschungsprogramm aus, indem
er die „analysefähigen Beziehungen" dieser
Kräftedynamik betonte, die auch mit quantitati-
von Methoden empirisch überprüfbar sind, so,
wie LAVOISIER (1789) die Atmung und die tierische Wärme als chemische Prozesse ermittelt
hatte.

Mit REIL stand HUMBOLDT während seiner Experimente in Verbindung und empfahl seine
Schriften an den Anatomen SOEMMERING, der
auch galvanische Versuche durchführen ließ
(MANN 1977) und an GOETHE als neue physiologische Arbeiten (JAHN & LANGE 1973, S. 449).
Vermutlich hat er die ersten Lieferungen von

REILS *Archiv* noch vor Abschluß seiner *Versuche über die gereizte Muskel- und Nervenfaser,
nebst Vermuthungen über den chemischen Prozeß des Lebens in der Thier- und Pflanzenwelt*
(1797) erhalten. Denn er kommt am Schluß seines Werkes zu ähnlichen Folgerungen, als er
seine „Erfahrungen aus der Experimental-Phy-
siologie" in einer neuen Definition des „Lebens" zusammenfaßte, die besagt:

„Der große Prozeß des Lebens bestehe in einem per-
petuierlichen Wandel von Zersetzungen und Bindungen..."

In einem Schlüsselerlebnis hatte sich ein Umschwung
in seiner Auffassung über die „Lebenskraft" vollzogen, als er erkannte, daß „Stoffe, der belebten Materie
nach Willkür beigemischt oder entzogen, die Thätigkeit der Organe bald herabstimmen, bald erheben
können". Er wage deshalb nicht, „eine eigene Kraft zu
nennen, was vielleicht bloß durch das Zusammenwirken der – im einzelnen längst bekannten – materiellen
Kräfte bewirkt wird" (HUMBOLDT 1797, Bd. 2).

Er hatte erkannt, daß in Pflanzen und Tieren
stets mehrere „Systeme" miteinander vereinigt
sind, „von denen bald diese, bald jene, bald alle
zugleich affiziert werden", und er konstatierte,
daß es in der Physiologie bisher an einer Analyse des kausalen Zusammenhanges von Veränderungen unter zusammengesetzten Bedingungen, wie sie im Organismus herrschen, fehle.
Unter Bezugnahme auf REILS *Archiv* schlug er
die vergleichende Forschung an Pflanzen und
Tieren vor, „um die genaueste Kenntnis der
thierischen Stoffe, ihres Mischungsverhältnisses,
ihrer Form und davon abhängigen Erregbarkeit" zu ermitteln, was aber von einem einzelnen Menschen allein nicht durchführbar sei. Er
entwarf somit einen Plan für eine Experimentalphysiologie und nannte eine solche noch nicht
existierende Wissenschaft eine

„allgemeine vergleichende Physiologie und Anatomie" (Bd. 2).

Mit dem zweiten Band seines Buches, in dem
vorwiegend chemische Experimente geschildert
werden, wollte er eine neue Disziplin begründen, die er „*Vitale Chemie*" nannte. Ihr Forschungsobjekt sollte der „chemische Prozeß des
Lebens" sein, und er erläutert:

„Damit bezeichne ich die bestimmte Folge von Veränderungen, welche in den Bestandteilen der erregbaren
Materie vorgehen und in welchen die Lebensäußerungen begründet sind" (a. a. O.; vgl. JAHN 1994 a).

Aus den zeitgenössischen Bemühungen um die
Lebensprozesse von Pflanzen und Tieren ist die
Suche nach einem adäquaten Namen für eine
solche Forschungsdisziplin zu erkennen, da für
Viele der Begriff „Physiologie" zu einseitig mit

der Humanmedizin und in dieser mit spekulativen Erklärungen verknüpft war. Das sprach der Kantianer C. Chr. E. SCHMID in seiner Schrift *Physiologie, philosophisch betrachtet* (1798–1801) aus:

„Der Name Physiologie bezeichnet seiner Abstammung nach eine Naturwissenschaft überhaupt". Er mache deshalb „den bestimmten Gegenstand, den die von den Ärzten so benannte Wissenschaft" behandeln wolle, „auf keine Weise kenntlich." Es wäre deshalb für die Wissenschaft nicht undienlich, „diese unbestimmte Benennung allmählich eingehen zu lassen und einer andern den Platz einzuräumen."
„Dieses Wort ist *Zoonomie,* d. i. Wissenschaft der Gesetze einer thierischen Natur" (Bd. 1. 1798).

Eine solche existiere jetzt so wenig wie eine *Physiologie,* „welche der wahren Idee von dieser Wissenschaft vollkommen entspräche." Schon 1794–1796 war unter dem Titel *Zoonomia or the laws of organic life* (dt. 1795–1797) ein Buch von Erasmus DARWIN erschienen, in dem nach A. VON HALLERS Irritabilitätslehre die physischen und psychischen Prozesse der gesamten Organismenwelt dargestellt werden (vgl. 6.5.). SCHMID kündigte 1796 in Jena eine Vorlesung mit gleichem Titel an, und es ist gewiß kein Zufall, daß auch Christoph Wilhelm HUFELAND (1762–1836), damals noch Arzt in Weimar und Jena, 1798 eine Schrift mit dem Titel *Grundlagen zu einer zukünftigen Zoonomie* herausgab und GOETHE eine Disziplin *Zoonomie* in seine Aufzählung der Forschungsfelder zur Abgrenzung seiner *Morphologie* aufnahm (vgl. 7.1.1.).
Auch in Frankreich bemühten sich Mediziner vor 1800 um die Spezifik der Lebensphänomene und ihre Abgrenzung gegen die anorganische Natur. Ebenfalls in Opposition zu rein mechanischen Deutungen des Organismus entwickelte sich aus der Medizinerschule von Montpellier in Anknüpfung an Georg Ernst STAHL (vgl. 6.1.2.) eine von dessen „Animismus" differenzierte physiologische Lehre (vgl. auch 9.4.). Der aus dieser Schule stammende Franz Xavier BICHAT (1771–1802) untersuchte die Spezifik tierischer Organe und analysierte in seinen *Recherches physiologiques sur la vie et la mort* (1800, dt. 1912) die signifikanten Unterschiede zwischen belebten und toten Körpern. Er begründete dann in seiner *Anatomie générale* (1802), einer *Allgemeinen Anatomie, angewandt auf die Physiologie und Arzneiwissenschaft,* ein Lehrsystem über die „Bauelemente" des menschlichen (und tierischen) Körpers, das richtungweisend für alle weiteren tierphysiologischen Experimente im 19. Jh. wurde. Er ordnete die Organe nach ihren Lebensfunktionen zu spezifischen „Organsystemen" zusammen und unterschied

– das Verdauungs-, Zirkulations- und Atmungssystem (vegetative Funktionen der Ernährung und des Wachstums),
– das Muskel- und Nervensystem (das nach traditionellen Anschauungen den „animalen" Funktionen der Empfindung und Bewegung entsprach),
– das Gehirn für die Verstandesfunktion.

BICHAT unterschied vier „vitale Eigenschaften":

– organische Sensibilität,
– organische Kontraktilität,
– animalische Sensibilität,
– animalische Kontraktilität.

Im Gegensatz zu den „physischen" Gesetzen und Erscheinungen der anorganischen Natur seien vitale Verrichtungen ständigen Veränderungen unterworfen und nicht vorausberechenbar. Es sei deshalb falsch, die Phänomene der lebenden Körper durch die Gesetze der toten zu erklären. BICHAT stellte deshalb die sogenannten Physischen Wissenschaften den Physiologischen Wissenschaften als zwei getrennte Disziplinen gegenüber (vgl. 9.4.).
Eine andere physiologische Richtung, die spezifische „vitale Kräfte" als Erklärung ablehnte, repräsentierte Balthasar-Anthelme RICHERAND (1779–1840), der sich in seinem Werk *Nouveaux élémens de physiologie* (Paris 1801) auf A. VON HALLERS Irritabilitäts-Sensibilitäts-Lehre stützte. Es wurde bevorzugt von LAMARCK (1802, 1809) für seine physikalische Interpretation der Lebensprozesse herangezogen (s. 7.1.3.).

7.1.3. Die Entstehung der Bezeichnung „Biologie"

Im gleichen Jahr wie HUMBOLDTS Buch (1797) erschien die Schrift *Grundzüge der Lehre von der Lebenskraft* (1797) von dem Braunschweiger Arzt Theodor Gustav August ROOSE, in dessen Vorwort zum ersten Mal das Wort „*Biologie*" auftaucht (Abb. 84). Es heißt dort:

„Ich habe bei der Herausgabe dieses Entwurfs einer Biologie wenig an die Leser desselben vorzuerinnern.
Rechtfertigt die dermalige Lage der Wissenschaft eine Schrift, wie die gegenwärtige? Und wenn dieses der Fall ist, füllt der vorliegende Versuch die Lücke aus, zu deren Ausfüllung er bestimmt ist?"

Verblüffend ist, daß das Wort „Biologie", das wirklich eine Lücke schloß, außer auf der ersten Seite des Vorwortes (Abb. 85) im gesamten Buch (das in nüchtern-sachlicher Weise eine Organismustheorie behandelt) nicht wieder vor-

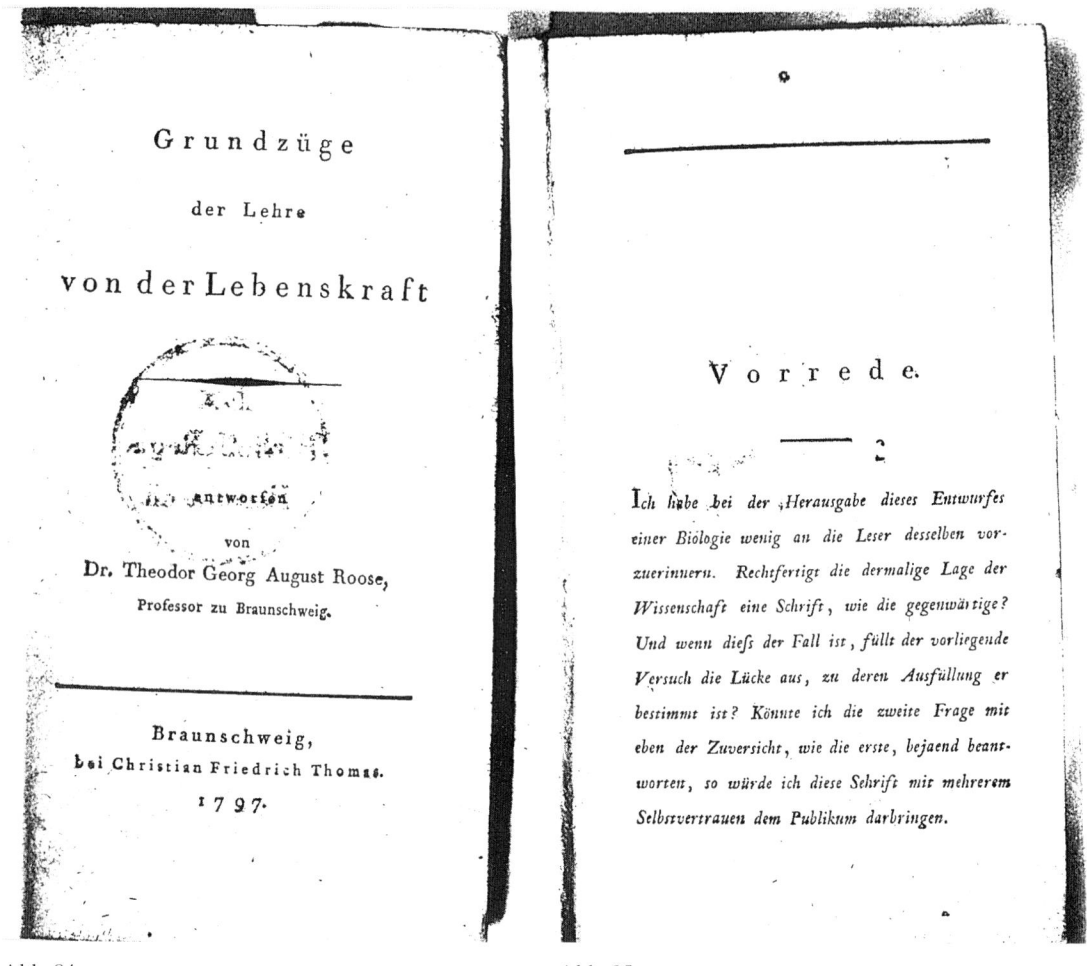

Abb. 84   Abb. 85

Abb. 84. Titelblatt der Arbeit von G. T. August ROOSE (1797), in deren „Vorrede" bereits der Terminus „Biologie" verwendet wird.   Abb. 85. „Vorrede", S. 1, Zeile 2 „Biologie".

kommt und auch später nicht erklärt wird. Anscheinend hat er den Begriff aus der zeitgenössischen Literatur übernommen. Wie Kai T. KANZ (1999) nachwies, wurde schon 1771 über „botanische Biologie" publiziert (vgl. Verh. Gesch. u. Theorie d. Biol. Bd. 5, 2000). Der Arzt ROOSE ist in diesem Zusammenhang kaum bekannt geworden, trotz seiner vor über 20 Jahren erfolgten Entdeckung (DITTRICH 1974). Er hatte in Göttingen studiert und 1793 bei BLUMENBACH promoviert, so daß es möglich wäre, das Wort sei im Umkreis dieses Gelehrten bereits verwendet worden. ROOSE war sehr belesen und zitiert alle relevanten zeitgenössischen Autoren; in seinen Anschauungen stützte er sich vor allem auf REIL, Erasmus DARWIN, John HUNTER, HUFELAND und PFAFF und knüpft philosophisch an KANT (1786) und dessen Ausführungen über die Reduktion verschiedenster Kräfte auf wenige „Grundkräfte" an. Zu diesen gehöre auch die

Lebenskraft, denn „alle Erscheinungen der organischen Welt lassen sich zurückführen auf das Grundvermögen Lebenskraft" (S. 80).

In der 2. Auflage (1800) werden in einem langen Vorwort (1799) die inzwischen erfolgten Entwicklungen zur Lebensfrage und die neuen Hypothesen vorsichtig und kritisch diskutiert. Über die Anwendung der neuen Chemie als Deutungsmöglichkeit für Lebensvorgänge heißt es:

„die jetzige chemische Behandlungsart der Physiologie hat bereits eine reiche Ausbeute an neuen Ansichten und Entdeckungen gegeben; doch solle man nicht weiter gehen, „als chemische und mechanische Prozesse" damit zu bezeichnen. „Nur mit Vorsicht dürfen wir aus chemischen Analysen in der Physiologie erklären" und uns erlauben, „chemische Worte einer Erklärung ... einer Lebensoperation beizulegen".

Möglicherweise zielt diese Warnung auch auf A. VON HUMBOLDTS „Vitale Chemie", dessen Buch er zitiert und in dem Kapitel über „Nervenreize" auf die „bewundernswerten Versuche Humboldts" hinweist, der experimentell nachweisen konnte, daß es kein „Nervenfluidum" in Form von Flüssigkeit gebe, wie früher angenommen wurde (vgl. 5.1.).

ROOSE verfaßte viele medizinische (meist gerichtsmedizinische) Schriften und übersetzte relevante englische, zum Beispiel THORNTONS *Über die Natur der Gesundheit und die Gesetze des Nerven- und Muskelsystems* (1801), dem er das neue System der Chemie beifügte und bei seinen Lesern „die Bekanntschaft mit Humboldt's vortrefflichem physiologischen Werke voraussetzt …" (S. VII).

Ähnlich beiläufig wie ROOSE brachte der Leipziger Mediziner Karl Friedrich BURDACH (1776–1847) den Begriff „Biologie" in seiner *Propädeutik zum Studium der gesammtem Heilkunst* (1800) in die Öffentlichkeit, wo es in einem Kapitel über die „Grundwissenschaften der Heilkunst" heißt:

„Die Erscheinungen an dem lebenden Menschen können sich beziehen auf seinen Körper oder auf seinen Geist, die ersteren auf seine Form, oder seine Mischung, oder seine eigenthümlichen Kräfte.
Diese Kenntnisse können unter dem Namen der Biologie oder Lebenslehre des Menschen begriffen werden", wonach dann ein Hinweis auf die Ableitung des Wortes *Biologie* aus dem Griechischen folgt (S. 62, § 195).

Die inhaltliche Gliederung der *Propädeutik* aber ist ganz traditionell und an den naturgeschichtlichen Gliederungen orientiert. Auch in seiner Gesamtübersicht aller Wissenschaften maß er der „Biologie" keinen Platz als Disziplin zu, sondern nur als Teil bzw. als Synonym für *„Organologie, Organonomie"*.

Diese kleine Frühschrift BURDACHS zeigt auch, wie unspezifisch von ihm der Begriff „Organismus" verwendet wird, der unter den Anhängern der romantischen Naturphilosophie für den gesamten „Erdorganismus" verwendet wurde (vgl. 7.2.). Deshalb wird in manchen Darstellungen die Bildung des Begriffes „Biologie" überhaupt mit naturphilosophischen Ideen in Verbindung gebracht (vgl. F. SCHALLER, in: Lexikon der Biologie, Bd. 10, 1992, S. 511, irrtüml. auch JAHN 1985, S. 319 f.).

Diese Pauschalierung ist gewiß ebenso unzutreffend wie die generelle Gleichsetzung, des Begriffes „Lebenskraft" mit vitalistisch-idealistischen Vorstellungen, da das Anliegen typischer Vertreter der Naturphilosophie nicht in der disziplinären Abgrenzung einer Biologie gegen die anorganischen Wissenschaften bestand, wie es die zwei folgenden „Begründer", LAMARCK und G. R. TREVIRANUS, auffaßten, die 1802 den Begriff definierten.

Gottfried Reinhold TREVIRANUS (1776–1837) widmete dieser zunächst nur physiologischen Disziplin erstmals ein ganzes Lehrbuch. Im ersten Band seiner *Biologie oder Philosophie der lebenden Natur* (1802) setzt er sich eingehend mit dem Zustand des „Lebens" und dem davon abgeleiteten „Gegenstand der Biologie" auseinander, den er folgendermaßen interpretiert:

„Die Gegenstände unserer Nachforschungen werden die verschiedenen Formen und Erscheinungen seyn, die Bedingungen und Gesetze, unter welchen dieser Zustand stattfindet, und die Ursachen, wodurch derselbe bewirkt wird. Die Wissenschaft, die sich mit diesen Gegenständen beschäftigt, werden wir mit dem Namen der *Biologie* oder Lebenslehre bezeichnen" (a. a. O., S. 4).

Weiterhin heißt es, daß man die Materialien dazu aus den verschiedensten Disziplinen sammeln muß, aus der *Naturgeschichte* nur die Botanik und Zoologie (während die Mineralogie zur Physik gehöre). Doch könne man aus der Naturgeschichte nur die „Formen" kennenlernen, unter denen sich das Leben äußere, während die „Bedingungen, Gesetze und Ursachen des Lebens" bislang fast nur von Ärzten erforscht wurden, aus deren Schriften man sie nehmen müsse. Dennoch behandele er nicht nur bekannte Dinge unter einer neuen Form, da schon diese von Nutzen sein könne, indem sie helfe, „große Wahrheiten unter einen allgemeinen Gesichtspunkt zu bringen", denn „Leben" sei „das „Einzige auf Erden, was Reiz für den Menschen" habe (a. a. O., S. 5).

Indem der Titel „Biologie" mit „Philosophie" gleichgesetzt wird, zeigt TREVIRANUS, daß er Biologie als „allgemeine" oder „theoretische" Biologie nach heutigem Sprachgebrauch meint.

Als „Fundamentalsatz der Biologie" bezeichnet er, daß alle Lebensbewegungen „Produkte einer Wechselwirkung" sind und „Reizbarkeit" gegenüber Außeneinflüssen zeigen. Im folgenden stellt er dar, wie das ganze Reich der lebenden Organismen ein Glied des „allgemeinen Organismus" ausmacht und jedes Individuum zur Erhaltung das Seinige beitragen müsse. Die Unterschiede liegen im „Grad" ihres Lebens, und ob „Sterben" der Übergang zur leblosen Natur oder zu anderen Formen des Lebens sei, müsse unentschieden bleiben, „da die Organisation der Natur mit beyden Voraussetzungen bestehen" könne (a. a. O., S. 72). Als Anhänger der Stufenleiter-Idee denkt sich TREVIRANUS die Gesamt-Natur als „Gradation" und zeigt in weiteren Ausführungen auch den Einfluß der Frühschriften SCHELLINGS und seines Lebensbegriffes in der *Weltseele* (1798) (vgl. KÜPPERS 1992, S. 90 ff.). Dementsprechend diskutiert TREVIRA-

NUS drei mögliche biologische „Systeme" (d. h. Interpretationsmöglichkeiten) lebender Körper:

– Primat der Materie, die sich mit Lebenskraft verbindet,
– Primat einer Lebenskraft, die die lebensfähige Materie erzeugt,
– ein „allgemeiner Organismus", der zugleich mit Materie ihre Lebenskraft erhielt (Bd. 1, S. 82 ff.).

Er vertrat letzteres und unterscheidet verschiedene „Stufen des Lebens" von einer „*Vita minima*" bis zur „*Vita maxima*", die ineinander übergehen können. Seine Hypothese vom „Kreislauf des Lebens" nimmt verschiedene Vorstellungen des 18. Jh. auf, neben Elementen von LEIBNIZ' Philosophie (vgl. 6.1.1.) bis zu BUFFONS Vorstellungen über ein „*Moule interieur*" (vgl. 6.5.). Nach der theoretischen Einleitung „über die Interpretation der lebenden Natur", der auch einen „Plan des empirischen Theils der Biologie" (S. 103–118) enthält, folgt in 10 „Büchern" die „Geschichte des physischen Lebens", die – auf sechs Bände (1802–1822) verteilt, nach dem „Plan" (s. o.) den empirischen Teil für das ganze Organismenreich behandelt.

Nachdem in Bd. 1 (1802) die „Gränzen der lebenden Natur" gegen die anorganische abgesteckt und dann die Klassifikation aller Tier- und Pflanzenklassen und der „Zoophyten" in absteigender Stufenleiterordnung behandelt wurden, beschäftigt sich Bd. 2 (1803) mit der „physischen Verbreitung", der Pflanzen- und Tiergeographie, und mit der damit verbundenen Darstellung der Lebensweise, („Organisation"), Bd. 3 (1805) mit Verwandlungen in der Erdgeschichte („Revolutionen") und der Individualgeschichte (Erzeugungsart und Keimesentwicklung der verschiedenen Organismengruppen). Nach neunjähriger Unterbrechung folgen in Bd. 4 (1814) die Darstellung der „Ernährung" bei Pflanze, Tier und Mensch (einschließlich einer „Theorie der Ernährung"), wozu auch Atmung und Blutkreislauf gehören, in Bd. 5 (1818) „Wärme, Licht und Elektrizität der lebenden Körper" (mit ausführlicher Diskussion der „thierischen Elektricität", S. 141–182), sowie „automatische Bewegungen" bei Pflanzen und Tieren, und das Nervensystem, im 6. Bd. (1822) schließlich eine vergleichende Darstellung der intellektuellen Leistungen und der Sinnessysteme, wobei die jeweils „neuern Erfahrungen" eingeflossen sind.

TREVIRANUS legte mit diesem Werk eine „allgemeine Biologie" vor, als Ergänzung zu den damals vorherrschenden Arbeiten zur Pflanzen- und Tiersystematik, mit dem Ziel, den Zusammenhang der Organismenwelt darzustellen. Er hatte zwar die Orientierung auf dieses Ziel von SCHELLING entlehnt, stützte sich aber in seinen Darstellungen weitgehend auf empirisches Material und vermied spekulativ-naturphilosophische Analogien (vgl. 7.2.1.).
Empirisches Material über Pflanzenanatomie

und -physiologie erhielt er auch von seinem Bruder Ludolph Christian TREVIRANUS, der Experimente über den Stofftransport und mikroskopische Untersuchungen über Gefäße, Zellen und Saftbewegung anstellte (1804, 1811, 1816), sowie dem als Mikroskopebauer in England arbeitenden Ludwig Georg TREVIRANUS.
In Paris befaßte sich in den Jahren, in denen dort BICHAT sein neues Konzept für die „Physiologischen Wissenschaften" entwickelte (vgl. 7.1.2.), der Zoologe Jean Baptiste DE LAMARCK (1744–1829) mit der Konzeption einer „Physik der Erde", worin er – unter dem Einfluß von Pierre-Jean-Georges CABANIS (1757–1808) und E. B. DE CONDILLAC (1714–1780)[1]) – die Lebensprozesse naturgesetzlich und im Zusammenhang mit den physikalischen Naturerscheinungen zu erklären suchte. Diese *Physik der Erde* sollte drei Teile umfassen:

– die Meteorologie
– die Hydrogeologie
– und die Biologie.

Den Begriff „Biologie" verwendete LAMARCK zuerst in seinem Werk *Hydrogéologie* (1802) im Sinne einer Disziplin und meinte wohl etwas ähnliches wie BICHAT mit „Physiologischer Wissenschaft". Im Anhang der Schrift erläutert LAMARCK den Inhalt der Disziplin in Verbindung mit seinem Gesamtkonzept, wo es heißt, er wolle zunächst in der *Hydrogéologie* den Einfluß des Wassers auf die Erde, ihre Veränderungen und alles, was es auf der Erdoberfläche bewirkt, darstellen. Der erste Teil seiner *Physique terrestre* (*Météorologie*) betreffe alles, was er in seinen meteorologischen Jahresberichten veröffentlichte. Der dritte Teil seiner Physik der Erde werden schließlich die Beobachtungen sein, die er über die lebenden Körper gemacht und bereits in seiner Eröffnungsvorlesung (1801) vorgetragen habe. Über den Gegenstand seiner Biologie heißt es im Anhang zu seiner *Hydrogéologie* ausführlich (s. Abb. 86):

Man werde neben anderen wichtigen Betrachtungen eine große Zahl von Beobachtungen finden, die beweisen,
– daß die Organisation der lebenden Körper, die innere Bildung dieser Körper und ihrer Teile, allein das Resultat der Bewegungen von „Fluida" ist, die sie enthalten,
– daß der Zustand dieser Organisation nach und nach entstanden ist durch Fortschritte dieser Bewegungen,

---

[1]) L. & R. MARTINS 1996 analysierten auch die Unterschiede von LAMARCKS Konzeptionen zu denen von CONDILLAC und vor allem zu CABANIS und den „Idéologes", die sie in einer „metaphysischen" Erklärung der Evolutionsprozesse sehen.

188   APPENDICE.

corps vivans, et dont j'ai exposé les principaux résultats dans le discours d'ouverture de
mon cours de l'an 9 au Muséum, feront le
sujet de ma *Biologie*, troisième et dernière
partie de la Physique terrestre.

On y trouvera, parmi d'autres considérations importantes, un grand nombre d'observations qui attestent que l'organisation des
corps vivans, c'est-à-dire, que la conformation interne de ces corps et de leurs parties
est uniquement le résultat des mouvemens
des fluides qu'ils contiennent, et des circonstances qui ont concouru à l'extension et à la
diversité de ces mouvemens;

Que l'état de cette organisation dans chaque corps vivant a été obtenu petit à petit
par le progrès de l'influence des mouvemens
de ses fluides;

Que les formes acquises furent conservées
et transmises successivement par la génération,
jusqu'à ce que de nouvelles modifications
eussent été de nouveau acquises par la même
voie et par de nouvelles circonstances;

Enfin, que, du concours non interrompu de
ces causes ou de ces lois de la Nature et d'une
série incalculable de siècles qui ont fourni
les circonstances, les *corps vivans* de tous les
ordres ont été successivement formés.

Abb. 86. Textstelle im Anhang zu Jean-Baptiste DE
LAMARCKS Hydrogéologie (1802), in der die „Biologie" als dritter Teil einer „Physik der Erde" angekündigt wird (Zeile 4).

– und daß die Formen sukzessive erworben und verändert und durch die Fortpflanzung („Generation")
  weitergegeben wurden,
– schließlich, daß die Organismen aller Ordnungen
  auf diese Weise durch ununterbrochenes Wirken
  dieser Ursachen und Naturgesetze im Verlauf einer
  unberechenbaren Serie von Jahrhunderten allmählich aufeinanderfolgend gebildet worden sind
  (a. a. O., S. 188).

LAMARCK entwarf also für sein geplantes Werk
über „Biologie" den Inhalt dessen, was er sieben Jahre später in seiner *Philosophie zoologique* (1809) veröffentlichte – eine hydromechani-
sche Entwicklungslehre, die aus der Bewegung
und der mechanischen Wirkung von Gasen und
Flüssigkeiten in Zellen und Geweben hypothetisch erklärt wird (vgl. CORSI 1989; TSCHULOK
1936; JAHN 1994 b).
Ebenso wenig wie ROOSE, BURDACH oder TREVI-
RANUS bezieht sich LAMARCK auf einen Vorgänger im Gebrauch des Wortes Biologie, der sich
für sie aus dem Bedürfnis ergab, für die Be-

schäftigung mit den Lebensprozessen aller Organismen (nicht allein des Menschen) einen
adäquaten umfassenden Begriff zu bilden. Er
führte jedoch nicht sofort zur Konstituierung einer gleichnamigen Disziplin. Bemerkenswert ist,
daß er von Anbeginn mit Beobachtungen über
Entwicklungsprozesse als Charakteristikum der
Lebewesen verknüpft war, einem Phänomen,
das durch die Naturphilosophie in der Romantik besonders betont wurde. (vgl. 7.2.1.).
Dieser „historico-genetische" Aspekt war bei
LAMARCK vor 1800 jedoch noch nicht erkennbar,
da er zunächst der Kritik an BUFFONS *Epoques
de la nature* (1778) folgte, die M.-A.-J.-N. DE
CONDORCET (1743–1794) in seiner *Éloge* (1790)
äußerte. LAMARCK befaßte sich in den Jahrzehnten vor 1800 – neben seinen botanisch-naturge-
schichtlichen Arbeiten – mit einer Synthese der
Naturgesetze (CORSI 1988, S. 47–54). Sie gipfelten in den *Recherches sur les causes des principaux faits physiques* ... (1794), in denen er u.a.
die Gültigkeit der 4-Elementen-Theorie gegen
die neue Chemie von LAVOISIER behauptete[1]
und allgemeine physikalisch-chemische Gesetze
der einheitlichen Natur ableitete, die auch
als erklärende Ursachen organischer Phänomene wie Organentwicklung und Wachstum dienen können (Bd. 2, S. 184–270). Mit seinem chemischen System (einem System „nahe verwandter Prinzipien", Bd. 2, S. 12 ff.) erklärte er
unter anderem auch die Entstehung der mineralischen und aller zusammengesetzten anorganischen Substanzen durch die Lebensprozesse der
Organismen, über deren Ursprung und Entwicklung er sich zunächst nicht geäußert hat. Die De-
batten über eine Reform der Naturgeschichte
zwischen den Pariser Gelehrten (u. a. G. CUVIER,
BICHAT, LACÉPÈDE, HAÜY, Jean-Joseph SUE 1797),
die die Überwindung bloß vereinzelter Artbeschreibungen zugunsten einer beziehungsreichen
Systematik forderten, bewirkten LAMARCKS Bemühungen um eine Theorie der Beziehungen
zwischen Mineral-, Pflanzen- und Tierreich, die
ihn erst 1799 zu einer scharfen Unterscheidung
zwischen Lebewesen und anorganischen Körpern führten. Die Schaffung des Begriffes „Biologie" war ein Ausdruck dafür, der jedoch in
engem Zusammenhang mit seiner „Hydrogéologie" und der darin entwickelten Theorie über
die kontinuierlichen Veränderungen der Erdoberfläche im Zusammenspiel der vier „Elemente" verstanden werden muß, bei denen die
„*Fluida*" eine Hauptrolle spielten. Er verstand
darunter nicht nur Wasser, sondern auch Licht,

---

[1] Er lehnte diese wegen der aus ihr folgenden Verviel-
fachung elementarer Grundstoffe, Benennungen und
Gesetze ab (CORSI 1988, S. 55 ff.).

Wärme, Elektrizität und deren Bewegungen als Ursachen für die Dynamik der Wandlungs- und Entwicklungsprozesse auf der Erdoberfläche, in deren Wirkungen die Organismenwelt einbezogen war. Aus ihnen wird die Entstehung einfachster Lebensformen (belebter Moleküle) erklärt und der Begriff *generatio spontanea* 1801 erstmals verwendet (CORSI 1988, S. 127).

Zwar legte LAMARCK nicht – wie TREVIRANUS – ein Buch mit dem Titel „Biologie" vor, aber im gleichen Jahr wie die Hydrogéologie erschienen die zweibändigen *Recherches sur l'organisation des corps vivans* (1802) (Untersuchungen über die Organisation der lebenden Körper), in denen er die in den Eröffnungsvorlesungen 1801 und 1802 sowie in der *Hydrogéologie* angekündigte Konzeption (s. o.) ausführte. Dort definierte er prägnant:

> „Biologie. C'est une des trois parties de la physique terrestre; elle comprend tout ce qui a rapport aux corps vivans" (1802 b, S. 202)
> [Biologie ist einer der drei Teile der irdischen Naturlehre; sie enthält alles, was sich auf lebende Körper bezieht].

Diese Definition bezeichnet die Biologie als einen Zweig der terrestrischen Physik, nicht aber als Disziplin, die der Chemie oder Physik gegenübergestellt wird. Indem sich LAMARCK den Auffassungen von Jean-Claude DELAMETHERIE (1743–1817) und seinen *Vues physiologiques sur l'organisation animale et végétale* (1780) anschloß, bezeichnete er das

> „Leben" als eine bestimmte Ordnung und den Zustand der Dinge in den Organen und Organismen, die organische Bewegungen ermöglichen, als kein besonderes „Prinzip" oder ein unerkennbares spezifisches Wesen, vielmehr als ein ganz natürliches Phänomen, eine physikalische Tatsache, die in allen Aspekten erforschbar ist (1802 b, S. 70 f.).

In seinen Studien über die Transformation der Erdoberfläche (*Hydrogéologie*) hatte er ein aktualistisches „Modell" für Wandlungsprozesse durch das Wirken der *Fluida* geschaffen, das er dann auf Organismen anwandte und das ihn zu der Lehre von der allmählichen Umbildung der Lebewesen führte (CORSI 1988, S. 126). Bereits in diesem Werk (1802 b) entwickelte LAMARCK seine mechanische bzw. hydrodynamische[1]) Interpretation der Umwandlung der Lebewesen von einfachster zur immer komplexeren Organisation und der „Tendenz" der organischen Bewegung zur Höherentwicklung (1802 b, S. 47 f.). Es enthält bereits seine Entwicklungslehre, wie sie dann in der *Philosophie zoologique* (1809)

---

[1]) Nach BARSANTI 1983 handelt es sich um eine „antimechanistische" Organismuskonzeption.

(Abb. 87) auf die Erklärung eines natürlichen Tiersystems angewandt und durch die Erläuterungen über die allmähliche Entwicklung des Nervensystems und der daran geknüpften Verstandesprozesse ergänzt wurde (1809, Teil 3). Dieses bildete dann den Schlüssel für seine Klassifikation (vgl. 9.1.1.), die er in seinem Werk über wirbellose Tiere (1817–22) grafisch darstellte (Abb. 88).

Bereits 1809 hatte er seine Vorstellungen über den „Ursprung der verschiedenen Tierklassen" als eine zusammenhängende, aber verzweigte Reihe wiedergegeben. Für ihn resultierte die „Gradation" der Organismen aus dem dynamischen Prinzip der Höherentwicklung, und die graduelle Ähnlichkeit der Lebewesen aus ihrer allmählichen Veränderung in der Zeit. Dementsprechend kritisiert er den herkömmlichen Artbegriff, dem er ein eigenes Kapitel widmet, und setzt seine Überzeugung dagegen:

> „1. daß alle Organismen unseres Erdkörpers wahre Naturerzeugnisse sind, die die Natur ununterbrochen seit langer Zeit hervorgebracht hat;
> 2. daß die Natur in ihrem Gange mit der Schöpfung der einfachsten Organismen begonnen hat und dies noch heute wiederholt und daß sie unmittelbar nur diese, d. h. nur diese ersten Anfänge der Organisation erzeugt, was man mit dem Namen Urzeugung bezeichnet;
> 3. daß die ersten, an passenden Orten und unter günstigen Umständen gebildeten tierischen und pflanzlichen Anlagen, ausgestattet mit dem Keime des beginnenden Lebens und der organischen Bewegung, mit Notwendigkeit allmählich die Organe entwickelt und mit der Zeit dieselben, sowie ihre Teile vervielfältigt haben;
> 4. daß das von den ersten Wirkungen des Lebens unzertrennliche Wachstumsvermögen in jedem Teil des Organismus die verschiedenen Arten der Vermehrung und Fortpflanzung der Individuen verursacht hat und daß dadurch die in dem Bau der Organisation und in der Gestalt und Verschiedenheit der Teile erworbenen Fortschritte erhalten wurden;
> 5. daß mit Hilfe erstens genügender Zeiträume, zweitens notwendig günstiger Umstände, drittens der Veränderungen, die der Zustand aller Punkte der Erdoberfläche ununterbrochen erlitten hat, mit einem Wort, mit Hilfe der Wirkung, welche die neuen Standorte und die neuen Gewohnheiten auf die Veränderung aller Organe aller Lebewesen ausüben, alle jetzt existierenden Organismen unmerklich so gebildet worden sind, wie wir sie jetzt wahrnehmen;
> 6. daß endlich, da ja alle Organismen in ihrer Organisation und in ihren Teilen mehr oder weniger große Veränderungen erlitten haben, das, was man bei der Art nennt, nach einer ähnlichen Ordnung der Dinge unmerklich und ununterbrochen so gebildet wurde, eine nur relative Konstanz hat und nicht so alt wie die Natur sein kann." (LAMARCK 1809, Teil 1, Kap. 3; zit. nach der dt. Übers. von S. KOREF-SANTIBANEZ. Leipzig 1990, S. 91 f. – Ostw. Kl. Bd. 277).

PHILOSOPHIE
ZOOLOGIQUE,

o u

EXPOSITION

Des Considérations relatives à l'histoire naturelle
des Animaux ; à la diversité de leur organisation
et des facultés qu'ils en obtiennent ; aux causes
physiques qui maintiennent en eux la vie et
donnent lieu aux mouvemens qu'ils exécutent ;
enfin , à celles qui produisent , les unes le sentiment , et les autres l'intelligence de ceux qui en
sont doués ;

Par J.-B.-P.-A. LAMARCK,

Professeur de Zoologie au Muséum d'Histoire Naturelle , Membre de
l'Institut de France et de la Légion d'Honneur , de la Société Phi-
lomatique de Paris , de celle des Naturalistes de Moscou , Membre
correspondant de l'Académie Royale des Sciences de Munich , de
la Société des Amis de la Nature de Berlin , de la Société Médicale
d'Emulation de Bordeaux , de celle d'Agriculture, Sciences et Arts
de Strasbourg , de celle d'Agriculture du département de l'Oise ,
de celle d'Agriculture de Lyon , Associé libre de la Société des
Pharmaciens de Paris , etc.

TOME PREMIER.

A PARIS,

Chez ⎰DENTU, Libraire, rue du Pont de Lodi, N°. 3;
       ⎱L'AUTEUR, au Muséum d'Histoire Naturelle (Jardin
          des Plantes).

M. DCCC. IX.

Abb. 87. Titelblatt von LAMARCKS berühmten Werk, in
der eine Theorie der Evolution ausgearbeitet wurde
(1809).

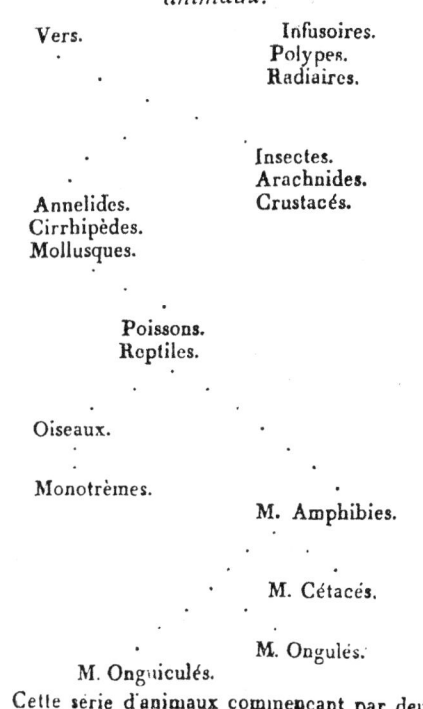

ADDITIONS. 463

TABLEAU
*Servant à montrer l'origine des différens
animaux.*

Abb. 88. Skizze der mutmaßlichen Abstammungsli-
nien der Tierwelt in LAMARCK 1809.

LAMARCK bezeichnete deshalb die systematischen Kategorien (Klassen, Ordnungen, Gattungen etc.) als „künstliche Hilfsmittel" der Klassifikation, ebenso wie die Nomenklatur, obwohl
er die Möglichkeit einer „natürlichen Ordnung"
anerkennt, die in den nach der „ursprünglichen
Bildung" geordneten „Reihen" bestünde.
Während der erste Teil der *Philosophie zoologique* seine „Klassifikation der Tiere nach der
naturgemäßen Ordnung" enthält, die *Reihen*
der Tiergruppen nach „Organisationsstufen"
von den unvollkommensten („Infusorien") bis
zu Säugetieren und Menschen aufführt, sowie
als deren Grundlage seine Entwicklungslehre
skizziert, bringt erst der zweite und dritte Teil
die detaillierte Erläuterung der Faktoren und
Mechanismen, die durch zunehmende „Ver-
wicklung" der Organisation die natürliche Entwicklung bedingen. Ausgehend vom „Zellgewebe" als der „Prägematrize aller Organisation" würden durch die Bewegung der verschiedenen „Fluida" (Luft, andere Gase, Flüssigkeiten) und eine „erregende Ursache" (Licht,
Wärme, Elektrizität oder Magnetismus); die Or-

gane gebildet und umgebildet, woraus sich die
äußere Gestalt ergäbe (a. a. O. Teil 2, Leipzig
1991, Ostw. Kl. Bd. 278, S. 14 ff., vgl. auch JAHN
1994 b). Lebensweise und Gewohnheiten resultieren für LAMARCK also nicht aus der gegebenen Gestalt, sondern diese folgt erst aus der
durch Gewohnheiten (Gebrauch oder Nichtgebrauch) gebildeten oder umgebildeten Organisation. LAMARCKS Entwicklungskonzept ergab
sich also nicht aus morphologischen Beobachtungen, sondern aus physiologischen bzw. physikalischen Theorien, die er schon 1794 (s. o.) publiziert hatte und die seit dieser Zeit im Pariser
Gelehrtenkreis zurückgewiesen oder ignoriert
wurden. Das betraf nun auch seine darauf aufgebaute Entwicklungslehre, die nicht vorrangig
wegen der Transformationsidee auf Ablehnung
stieß.[1]

---

[1] Nach CORSI 1988 wurden solche Ideen damals schon
von mehreren Gelehrten in Paris vertreten.

7.2. Die Spezifik der romantischen Naturphilosophie

In anderer Weise als LAMARCK und die ihn beeinflussende philosophische Richtung der französischen Materialisten (wie P.-J.-G. CABANIS, E. B. DE CONDILLAC, M.-J.-A. CONDORCET oder J.-C. DE LAMETHERIE) assimilierte F. W. SCHELLING die zeitgsnössischen neuen Erkenntnisse der Physik (Elektrizität und Magnetismus), Chemie (Affinität der chemischen Verbindungen,) der Physiologie (Keimesentwicklung, Metamorphosenlehre) und Naturgeschichte (natürliches System). Nachdem er an den galvanischen Experimenten A. VON HUMBOLDTS und Johann Wilhelm RITTERS in Jena teilgenommen hatte (s. o. 7.1.2.), erschien seine Schrift „*Beweis, daß ein beständiger Galvanismus den Lebensprozeß im Tierreich begleite*" (1798). Sein System der Naturphilosophie (1799) gewann im ersten Drittel des 19. Jh. besonders auf deutsche Biologen großen Einfluß und schuf eine spezifische Richtung der Naturinterpretation, die der literarischen Strömung der deutschen Romantik nahestand. SCHELLINGS Abstraktion eines allgemeinen Begriffes des „Lebens" verwischte zunächst die im Verlauf des 18. Jh. herausgearbeitete Unterscheidung zwischen organischer und anorganischer Natur. Aus dem gemeinsamen Ursprung der Naturerscheinungen und der menschlichen Erkenntnisfähigkeit aus einem „Allorganismus" leitete er die Überzeugung von der Gültigkeit deduktiver Vernunftschlüsse ab, was seine Anhänger zu spekulativen Konzeptionen und Konstruktionen über die „natürliche Ordnung" der Naturreiche und die Lebensprozesse verleitete. Seine „Identitätsphilosophie" verlieh unter dem Aspekt der Identität von Geist und Materie, von Weltseele und Erscheinungswelt, den Gedankenexperimenten die gleiche Beweiskraft wie sinnenfälligen Experimenten, die in der biologischen Forschung in den Hintergrund traten, ja verachtet wurden. SCHELLINGS metaphysische Definition des „Organismus" hob den Gegensatz zwischen vitalen und physikalischen Prinzipien durch ein ideelles Verständnis der Gesamtnatur auf und führte zu spekulativer Gleichsetzung zwischen organischen Funktionen und anorganischen Phänomenen. So wurde die in Magnetismus und Elektrizität erkannte Polarität als Ursache von Anziehung und Abstoßung auf die Geschlechter, die Fortpflanzungs- und Befruchtungsprozesse übertragen, oder die wärmeabhängigen Erscheinungen von Ausdehnung und Zusammenziehung wurden mit Entwicklungs- und Wachstumsprozessen analogisiert. Analogienbildung spielte auch bei der Aufstellung von Tier- und Pflanzensystemen eine Rolle (vgl. 7.2.2.), wobei sich die Geschichtlichkeit der Natur aus der Geschichte des Geistes ergab.

7.2.1. Die Prinzipien der naturphilosophischen „Physiologie"

Die Anwendung von SCHELLINGS System der Naturphilosophie auf biologische Sachverhalte erfolgte kurz nach 1800 durch den Mediziner Lorenz OKEN, der während seines Studiums in Freiburg (Br.) mit SCHELLINGS *Weltseele* (1798) und mit der Schrift des Mediziners Franz BAADER (1765–1841) *Beyträge zur Elementar-Phisiologie* (1797)[1] bekannt wurde, die seine spätere Richtung bestimmten.

Zunächst hielt ihn sein philosophisches Interesse nicht von gründlichen empirischen Untersuchungen ab, die er in Göttingen zusammen mit Dietrich Georg KIESER über die Keimesentwicklung des Hühnchens und auch über die *vergleichende Zoologie, Anatomie und Physiologie* (1806–1807) durchführte. Daraus gingen einige bedeutende Ergebnisse und neue Erkenntnisse hervor: er erkannte die Homologie des Dottersacks der Vögel mit dem „Nabelbläschen" der Säugetiere, den Zwischenkieferknochen am embryonalen Menschenschädel (unabhängig von GOETHE, der seinen Befund noch nicht veröffentlicht hatte, s. o. 7.1.1.) und er entwickelte wie dieser die „Wirbeltheorie des Schädels" (BRÄUNING-OCTAVIO 1954) (Abb. 89). Die Erkenntnisse der epigenetischen Embryonalentwicklung, die auch BLUMENBACH in Göttingen in sein Lehrsystem aufgenommen hatte, gewannen für OKEN Modellcharakter, wonach er eine Entwicklungstheorie der gesamten Erde und ihrer Lebewesen konzipierte. Eine grundlegende Rolle spielte dabei die aus der Antike in die Naturphilosophie übernommene Vorstellung, daß die Erde als Ganzes von inhärenten Lebenskräften (wie ein „Mutterschoß") durchsetzt ist und noch fortgesetzt auch Lebewesen erzeugen könne (OKEN 1805). Angeregt von meeresbiologischen mikroskopischen Studien, bei denen er „Infusorien" beschrieben hatte, glaubte er den Ursprung allen Lebens im „Meeresschleim" zu finden. Aus solchem „Urschleim" sollten durch kosmische Einflüsse zunächst einfache, zellenähnliche Organismen („Infusorien") entstanden

---

[1] A. VON HUMBOLDT (1797) charakterisierte sie als eine Mischung von „kritischer Philosophie, mystischer Phantasie und Symbolik des Mittelalters".

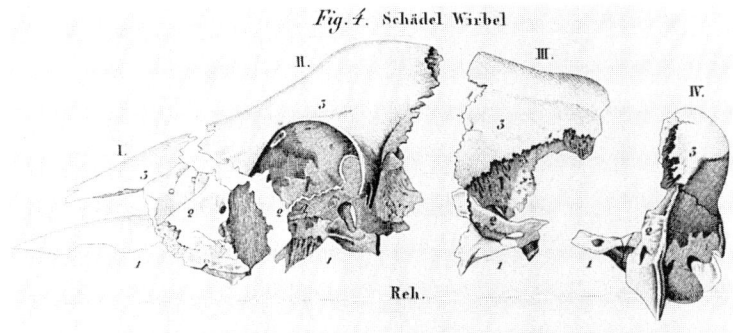

Abb. 89. Lorenz OKEN: Darstellung der „Wirbeltheorie" des Schädels an einem Rehkopf. Aus *Allgemeine Naturgeschichte* 1843, Bd. 11.

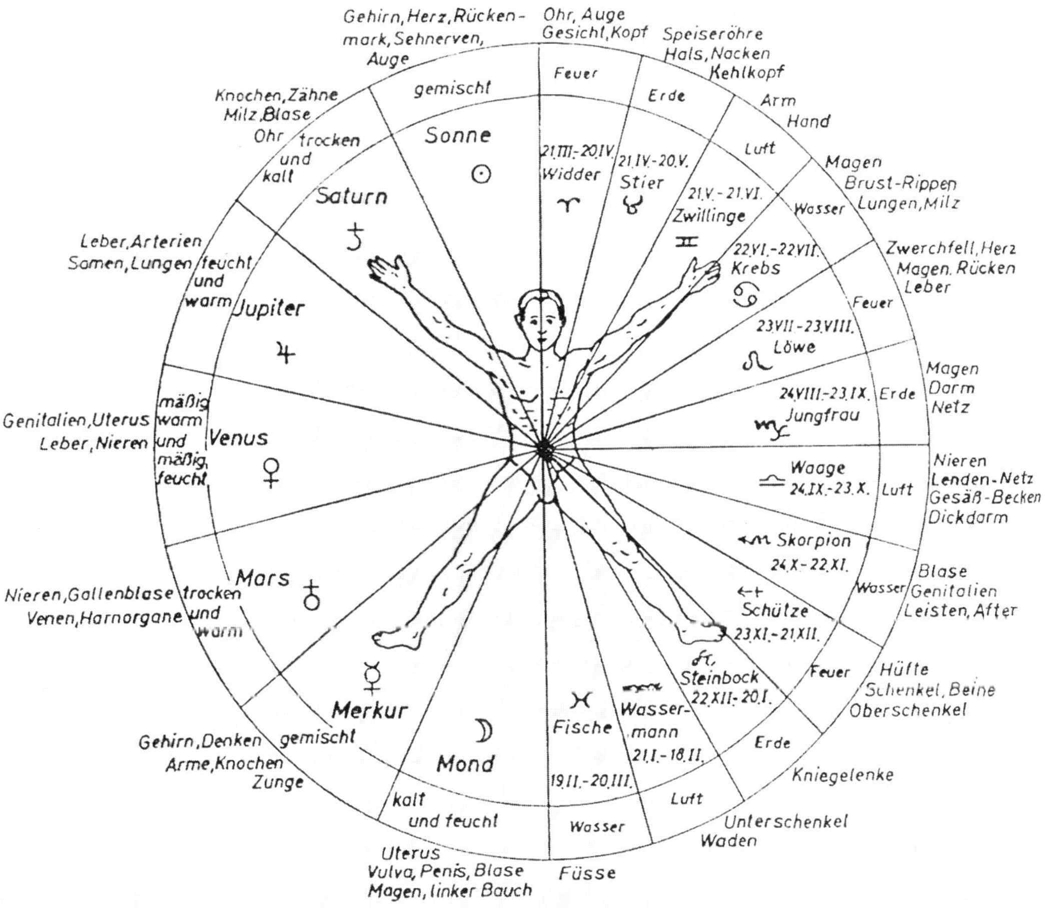

Abb. 90. Darstellung der Idee vom Zusammenhang des Makrokosmos (Tierkreis) mit dem Mikrokosmos (Mensch und seine Organe). Aus ROTHSCHUH 1968, S. 98.

sein, die sich zu Aggregaten oder „Kolonien" zusammenfügten und unter Aufgabe ihres Eigenlebens einen Organismus höherer Ordnung bildeten. Dieser Prozeß könnte nach OKEN auch in der Gegenwart noch stattfinden.

OKEN nahm an, daß „höhere" Organismen durch Entstehung neuer Organe oder Organsysteme zustande kommen, so daß die Komplexität eines Lebewesens Ausdruck für dessen Entwicklungshöhe ist. Der Mensch repräsentiere das gesamte Tierreich. In dieser Konzeption wiederholte sich in modifizierter Weise die in der Antike übliche Vorstellung von einer *Mikrokosmos-Makrokosmos-Parallele* (Abb. 90), wie sie bei vielen Naturphilosophen vorhanden war.[1]) Karl Friedrich BURDACH begründete diese Vorstellung in seiner *Anthropologie* (1837) mit der „Periodizität" als allgemeinem Charakter des Lebens, die er in Analogie zum Planetensystem und seiner Periodik setzte (a. a. O., S. 124).

Bei OKEN entsprang dieser Vorstellung in Verknüpfung mit seinen embryologischen Studien und einer generellen Entwicklungsidee die erstmals genau umrissene „Rekapitulationstheorie". Sie besagte, daß die menschlichen und tierischen Embryonen morphologische Stadien durchlaufen, die den adulten Formen jeweils niederer Tiere ähneln und die Entwicklungsfolge kennzeichnen (vgl. GOULD 1977, S. 40–45). Aus dieser Konzeption entwickelte OKEN neue Pflanzen- und Tiersysteme (vgl. 7.2.2.). Sein quaternäres Tiersystem war abgeleitet von seiner Gliederung des menschlichen Körpers in vier Organsysteme als Entsprechung zu den vier antiken „Elementen". Es entsprachen:

Erde: Eingeweide,
Wasser: Gefäßsystem,
Luft: Atmungssystem,
Feueräther: Nerven-Muskelsystem.

Da sich die „physiologischen" Deutungen vorrangig auf vergleichende Morphologie und Phänologie stützten, enthielten sie viele spekulative Elemente, wie aus OKENS Vorlesung über *Physiologie* (nach einer Nachschrift 1815) ersichtlich wird (JAHN 1994 c). Danach bestanden die Ausführungen vorwiegend in vergleichenden Betrachtungen anatomischer und chemischer Befunde an Pflanzen und Tieren, die mit der „Zelle" als Elementarorgan beginnen und Betrachtungen über die Bildung spezifischer geometrischer Formen und Funktionen bei Pflanzen- oder Tierzellen enthalten (Abb. 91), mit spekulativen Erörterungen über das unterschiedliche „Wesen" von Pflanzen und Tieren.

Diesem Thema widmete OKENS Kollege D. G. KIESER eine spezielle Veröffentlichung (1818), in der die naturphilosophischen Anschauungen ebenso prägnant zum Ausdruck kommen wie in seinen *Aphorismen aus der Physiologie der Pflanzen* (1808) und in den *Grundzügen der Anatomie der Pflanzen* (1815). Wie bei OKEN sind sie eine Mischung aus subtiler Beobachtung und naturphilosophischer Interpretation. In den *Aphorismen* verknüpfte KIESER mikroskopische und experimentelle Unter-

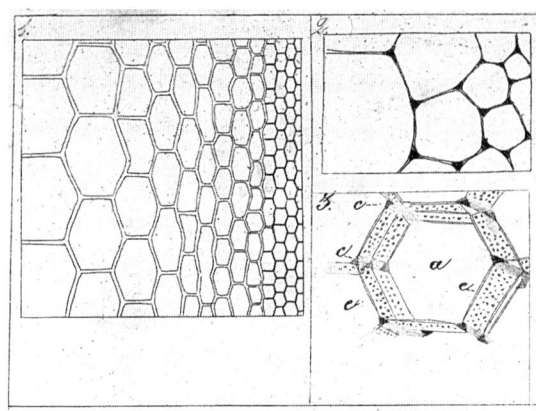

Abb. 91. OKENS Darstellung sechseckiger Pflanzenzellen im Kürbisstengel (Fig. 1: Längsschnitt durch den Stengel, Fig. 2: Querschnitt, mit saftgefüllten Interzellulargängen, Fig. 3: Parenchymgewebe). Aus Allg. Naturgeschichte 1843, Atlas, T. 1.

suchungen über Blatt-, Stengel- und Blütenbildung mit den Prinzipien von GOETHES *Metamorphosenlehre* (7.1.1.).

So deutet er die Kürbisranken als „Mittelform zwischen Blatt und Blume", ihre „Expansion und Contraction" als „Analogon des Entfaltens der Blume und der Blätter", bezeichnet sie in einer weiteren Analogisierung als „die ohne Geschlecht wachsende Pflanze, wie das Arbeitstier die ohne Geschlecht sterbende Biene" (KIESER 1808, S. 50 ff.).

In seiner bemerkenswerten Abhandlung *Über die ursprüngliche und eigenthümliche Form der Pflanzenzelle* (1818) setzt KIESER der herkömmlichen Definition der „Zelle" als Höhlung im Parenchym (HOOKE 1665; MALPIGHI 1675; vgl. 5.1.2.) seine neue Auffassung der Zelle „als vollkommen organisierter und individualisierter Körper" entgegen. Dieser damals neuartige Begriff von der Zelle, den OKEN schon 1809 gebrauchte und als ursprünglich kugeliges „Urbläschen" seiner Organismenentstehung zugrunde legte, bedingte die Frage nach der sekundären Entstehung der typischen Zellenform in einem Gewebe, wie sie sich in Pflanze oder Tier vorfindet. OKEN (1809) hatte aus philosophischen Gründen ein Rhombendodekaeder als Idealform deduziert und KIESER bestätigt,

daß nach „mathematischen Gesetzen" eben diese Form mit den meisten Flächen (12) und meisten Ekken (14) sowie dem größten Inhalt bei geringstem Umfang durch wechselseitigen Druck im Zellenverband entstehen müsse. Diese „Urform" aber verändere sich nach der „Grundidee der Pflanze", die von der Erde zum Licht wachse, in vertikaler Richtung und werde durch „Metamorphosen" in Holz-, Bast-, Mark- und Rindenzellen umgewandelt, während tierische Zellen nach der Grundidee des Tieres in horizontaler Richtung umgebildet werden.

---

[1]) Die auffällige Übereinstimmung der aus okkulten Quellen stammenden biologischen Konzeptionen in der Anthroposophie Rudolf STEINERS läßt vermuten, daß OKENS Anschauungen aus ähnlichen Quellen, z. B. einer Freimaurerloge, gespeist wurden, der er in Weimar angehörte (LENNHOFF & POSNER 1942, S. 1146).

Die so verstandene Physiologie hatte im System der romantischen Naturphilosophie nicht nur für biologische Disziplinen im engeren Sinne, sondern für die gesamte Naturlehre Bedeutung. So definierte der Berliner Mediziner Friedrich Ludwig AUGUSTIN (1776–1854) in seinem *Lehrbuch der Physiologie des Menschen mit vorzüglicher Rücksicht auf neuere Naturphilosophie und comparative Physiologie* (1809) die Physiologie des Menschen als Teil der *Zoonomie* (der Wissenschaft „vom Offenbarwerden des Lebens an der tierischen Natur"), diese als Teil der *Organonomie* (der Wissenschaft „von der Manifestation des Lebens an den Organismen überhaupt") und diese wiederum als „Teil der Biologie, der Wissenschaft vom Leben überhaupt und seinem Offenbarwerden an jenem großen Organismus, den wir Natur nennen" (S. 1–5).

Von der allgemeinen „Idee des Lebens" ausgehend wurden von den einzelnen Naturforschern dessen „Manifestationen" recht verschieden gedeutet, indem jeweils die Einzelfunktionen aus unterschiedlichen naturphilosophischen Grundsätzen deduziert wurden. Das sei am Beispiel des Blutkreislaufs verdeutlicht.

Der Mediziner Philipp Franz VON WALTHER (1782–1849) leitete in seiner „*Physiologie des Menschen mit durchgängiger Rücksicht auf die comparative Physiologie der Tiere*" (2 Bde. 1807–1808) in Analogie zum Gesetz der Planetenbewegung den Kreislauf des Blutes aus dessen eigener „Beseelung" (statt aus der Kraft des Herzmuskels) ab, da „das Kreisige ... die Darstellung der vollkommenen Immanenz der Idee" sei (Bd. 2, S. 3–5).

Gänzlich negierte der Gießener Anatom und Physiologe Johann Bernhard WILBRAND (1779–1846) die Kreisbewegung des Blutes. Er deutete stattdessen die Blutbewegung nach den Prinzipien der Polarität und Metamorphose dahingehend,

daß das Blut nur vom Herzen zur Körperperipherie ströme, wo es sich in lebendiges Gewebe verwandle, und umgekehrt dieses sich verflüssige und zum Herzen zurückströme. Diese beiden Bewegungen verhielten sich wie positive und negative Elektrisierung und machen die Bewegung erst möglich (Erläuterungen der Lehre vom Kreislauf ... 1825).

Eine dritte Version deduzierte J. Heinrich OESTERREICHER (1805–1843) in seinem *Versuch einer Darstellung der Lehre vom Kreislauf des Blutes* (1826), in dem er das Nervensystem als Bestimmendes für die Kreisbewegung ansah und aus der Analogie des Rückenmarks mit der Sonne als „Zentralorgan" ableitete.

Von WILBRAND wurde auch die Atmung als Metamorphoseprozeß interpretiert, durch den das Blut zu Lungengewebe und dieses wieder zu Blut umgewandelt werde, während er Sauerstoffaufnahme und Kohlensäureabgabe für unwesentliche Begleiterscheinungen hielt. Er stellte die „eigentliche Bedeutung des Respirationsprozesses" schon in seiner Abhandlung über *das Verhalten der Luft zur Organisation* (1807) dar und verlieh seiner Skepsis über den Erklärungswert der Chemie und der chemischen Analyse für das Wesen des Lebens in seiner Arbeit *Was ist Physiologie?* (1827) energischen Ausdruck (vgl. Kap. 9.4.).

Wenn hier einige der äußersten Konsequenzen naturphilosophischen Denkens nach ROTHSCHUH (1968) dargestellt wurden, so handelt es sich nur um eine exemplarische, nicht um eine umfassende Wiedergabe der physiologischen Schriften, in denen romantisches Gedankengut erkennbar ist, zumal die Vertreter der „Physiologie", ihre Forschung und Lehre, hauptsächlich zum Gegenstand der Medizingeschichte gehören und in deren Kontext behandelt werden müssen. Hierbei ist zu betonen, daß zu Beginn des 19. Jh. „Physiologie" nur von der Anatomie abgeleitet wurde und als physiologische Interpretationen aus der vergleichenden Anatomie vorgenommen wurden wie bei den großen Anatomen SOEMMERING, CAMPER, K. A. RUDOLPHI, BLUMENBACH, Joh. F. MECKEL jun., deren Deutungen teilweise in die Nähe naturphilosophischer Formulierung rückten, ohne daß sie das spekulative Lehrsystem insgesamt annahmen (Abb. 92). So sind die Bemühungen von G. R. TREVIRANUS (s. o. 7.1.2.) oder K. F. BURDACH um die Analyse allgemeiner Lebensgesetze nur in Einzelaspekten der SCHELLINGschen Philosophie verpflichtet und differenziert zu beurteilen. Bei BURDACH ist es vor allem die Konzeption des „Allorganismus", die er seinen Schriften zugrunde legt, wie in seiner Schrift *Der Organismus menschlicher Wissenschaft und Kunst* (1809), in der mit dem Begriff alle Wissenschaftsdisziplinen nach dem damaligen Stand der Spezialisierung zu einer großen Einheit zusammengefaßt werden. (Zum Organismusbegriff vgl. auch BREIDBACH 1982!)

Zu diesen Gelehrten, die, ohne die empirische Basis naturwissenschaftlicher Studien zu negieren, von exakten vergleichend-anatomischen Untersuchungen ausgingen, gehört Carl Gustav CARUS. Er war, seiner eigenen Aussage zufolge, zunächst von OKENS Naturphilosophie angezogen worden, hatte sich dann aber von den spekulativen Tendenzen dieser Strömung gelöst, ohne die Prinzipien, die der idealistischen Naturforschung schon vor 1800 eigneten, aufzugeben. So griff er zum Beispiel GOETHES Konzeption der *Metamorphose* als Schlüssel zu einer

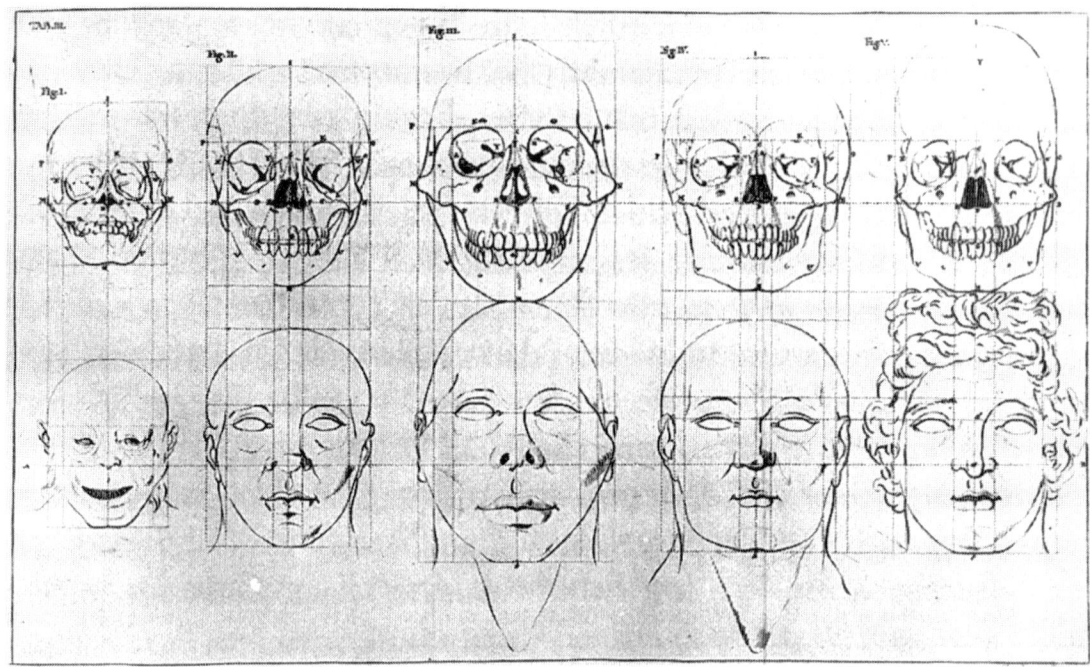

Abb. 92. Peter CAMPER: Schädelformen und Physiognomie vom Affen bis zum Apollo von Belvedere (als höchstentwickelter Mensch). Aus CAMPER 1792.

„genetischen" Morphologie auf und wandte die Metamorphosenlehre konsequent im GOETHEschen Sinne auf die Tierwelt an, indem er – wie GOETHE – von der Sinnesbeobachtung einzelner Fakten ausging und dann zu Verallgemeinerungen kam. Seine Beziehung zur romantischen Naturphilosophie spiegelt sich u. a. darin, daß auch er von der Idee des lebenden „Erdorganismus" ausging und „Wechselwirkungen" der Naturobjekte und -prozesse in seiner Definition des „Lebens" betonte:

„So sollten wir es demnach fest im Auge behalten, dass Leben seinem Wesen nach Wechselwirkung sey, und seine Erscheinung folglich nie als Attribut eines Objects allein, sondern als Product aller Objecte zu betrachten ist, welche zu dieser Wechselwirkung beitragen." Boden, Pflanzen, Tiere, alle leben in und durcheinander.
„Und so folgern wir: Alles ist lebendig, so lange es in jenem Kreise allgemeiner Wechselwirkung der Natur selbstkräftig eingreift, allein nichts ist lebendig, sobald es aus jenem Kreise völlig heraustritt", heißt es in seiner Abhandlung *Über die verschiedenen Begriffsbestimmungen des Lebens*, in: *Dt. Archiv für die Physiologie* 4 (1818), S. 50 f.).

Diese Charakteristik eines „Organismus" findet sich bereits in SCHELLINGS *Erstem Entwurf eines Systems der Naturphilosophie* (1799) und findet sich bei vielen Naturforschern der Romantik wieder (TREVIRANUS 1802; Carl RITTER 1804), wie Gerhard H. MÜLLER (1994) im einzelnen

ausführt. Aus diesen Ideen gingen die Konzeptionen über das „Erdleben" von CARUS (1831, 1841) hervor, die seiner Landschaftsmalerei zugrunde lagen. Sein *System der Physiologie* (1838–1840) umgreift in der „Allgemeinen Physiologie" eine Begriffsbestimmung des Lebens „im Sinne reiner Beobachtung" und „im metaphysischen Sinne", mit der Folgerung:

„Allgemeines Leben und fortwährendes Werden der Welt sind Eins und Dasselbe" (1838, S. 19) sowie „der Unterschied zwischen organischen und physikalischen Vorgängen und Formen ist in sich nichtig" (S. 35). Die „spezielle Physiologie" beginnt demzufolge mit einem „Rückblick auf kosmisches, tellurisches und epitellurisches Leben im Allgemeinen", und der Behandlung der Entstehung und Entwicklung der „Menschheit" im Ganzen, bevor der Einzelmensch, seine Entwicklung und die Funktionen seiner Organe dargestellt werden. Stets geht CARUS dabei vom Allgemeinsten aus und behandelt sozusagen das Leben in der Physis, z. B. „Vom Leben im System der Sinne" (T. 3, 1840, S. 145 ff.) oder „im System der Bewegung" (a. a. O., S. 353 ff.).

Kennzeichnend ist die Berücksichtigung der „Periodizität" vom tellurischen bis zum Sinnen- und Geschlechtsleben. Am Schluß skizziert er die „höchste Lebenssphäre – das Seelenleben" von der Entstehung bis zu seinem Verhältnis zum Organismus (a. a. O., S. 469–510), ein Thema, dem sein besonderes Interesse galt und dem er sein Buch *Psyche* (1846) widmete; in seiner

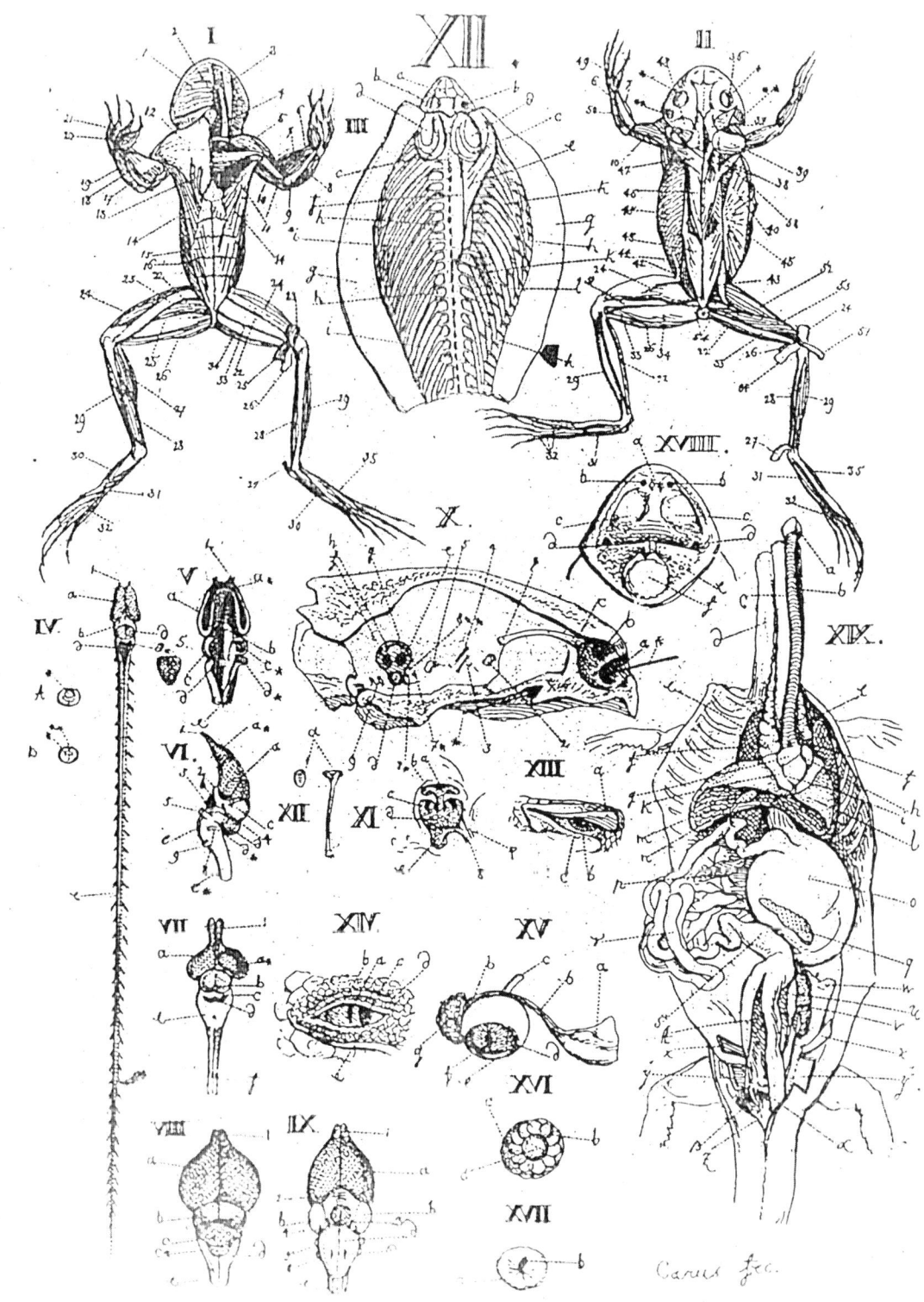

Abb. 93. Carl Gustav Carus, Anatomie eines Frosches. Carus 1818, Tafel XII.

dien und Monographien sind vorwiegend der systematischen Bearbeitung einzelner Gattungen oder Familien gewidmet, enthalten aber gelegentlich Beobachtungen von großer allgemeiner Bedeutung. Zu diesen gehören die Entdeckung des Zellkerns bei den *Orchidaceen* (1831), die einen Einfluß auf den Beginn der Zellenstudien von M. J. SCHLEIDEN hatte (vgl. 8.2.), und die Beschreibung der Gymnospermie der *Koniferen* und *Cycadeen*, die die Unterscheidung der Angio- und Gymnospermen und später die Trennung der Koniferen von den dikotylen Blütenpflanzen durch HOFMEISTERS Untersuchungen ermöglichte – taxonomische Unterscheidungen, die A. P. DE CANDOLLE noch nicht berücksichtigt hatte. BROWNS Studien über die Entwicklung des Samens und der Samenanlage erbrachten wertvolle Erkenntnisse über die Lage des Embryos im Samen und über den Unterschied zwischen *Endosperm* und *Perisperm* als wichtige taxonomische Merkmale. BROWN empfahl wiederholt entwicklungsgeschichtliche Untersuchungen der Organe für eine tiefere Erkenntnis der Verwandtschaft.

BROWN verstand es, die Ergebnisse seiner morphologischen Studien so klar und allgemein darzustellen, daß zugleich auch auf weitere Gebiete des Pflanzensystems neues Licht fiel. Für die Suche nach Verwandtschaftsbeziehungen fand er eine Methode zur weiteren Ausbildung des natürlichen Systems, die später SACHS würdigte:

„... aus dem bereits Feststehenden und Unzweifelhaften leitete er den Wert gewisser Merkmale ab, um dadurch Regeln zur Bestimmung unbekannter Verwandtschaftsverhältnisse zu gewinnen. Auf diesem Wege fand er auch, daß Merkmale, welche innerhalb gewisser Verwandtschaftskreise von großem classificatorischen Wert sind, sich in anderen Abteilungen als wertlos erweisen können" (SACHS 1975, S. 154).

Die allgemeine Anerkennung, die BROWN in Europa genoß, drückte A. VON HUMBOLDT mit seiner Charakteristik als „Botanicorum facile princeps" [Fürst der Botaniker] aus, und M. J. SCHLEIDEN (1838) nannte ihn ein „auf alles achtendes Naturgenie" (S. 140).

In dem Zeitraum von 1825 bis 1845 entstanden 24 Pflanzensysteme, die sich als „natürliche" be-

Abb. 98 a

Abb. 98 b

Abb. 98 a Titelblatt eines Werkes von ZUNCK (1840), das die Vielfalt „natürlicher Systeme" zeigt. b Gegenüberstellung zweier natürlicher „enkaptischer" Pflanzensysteme: DE CANDOLLES System mit 8 Klassen und BATSCHS mit 9 Klassen.

zeichneten und an JUSSIEU, DE CANDOLLE und BROWN anknüpften (MÖBIUS 1968, S. 52) (Abb. 98 a + b). Unter ihnen wurde in Österreich und Deutschland besonders das System des Wiener Botanikers Stephan ENDLICHER bekannt, in England das *Vegetable Kingdom* (1846) von John LINDLEY (1799–1865) und in Frankreich das von Adolphe BRONGNIART (1843). Die Großgliederung dieser Systeme war jedoch noch weitgehend „künstlich", und auch ihre theoretischen Voraussetzungen waren unzulänglich. Aber die Begrenzung der niederen taxonomischen Einheiten und „ein natürlicher systematischer Takt" (a. a. O.), mit dem diese Botaniker arbeiteten, erklärt die Beliebtheit dieser Systeme für die praktische Arbeit und den Nutzen für spätere stammesgeschichtliche Interpretationen.

Die Fortschritte in der natürlichen Klassifikation betrafen zunächst vor allem die Blütenpflanzen. Trotz der Bemühungen um die Systematik der Kryptogamen durch J. G. GLEDITSCH oder Joh. HEDWIG im 18. Jh. (vgl. 6.2.) und deskriptiver Analysen zu Beginn des 19. Jh. wurden die eigentlichen Erfolge um ein natürliches System der Kryptogamen erst in der zweiten Hälfte des 19. Jh. erzielt.

Der detaillierten Artbeschreibung und ihrer systematischen Einordnung der niederen Kryptogamen widmeten sich in der ersten Hälfte des 19. Jh. vor allem Chr. G. Nees VON ESENBECK mit seinen Arbeiten über Pilze (1816–1817) und Lebermoose (1833–1838), Karl August CORDA (1837–1854) und Elias FRIES (1836–1838) über Pilze. Das dreibändige *Systema mycologicum* (1821–1829) von FRIES bildete eine der Grundlagen für die Nomenklatur der Pilze. Auch für die *Algologie* fanden sich Spezialisten – besonders in den Küstenländern von England oder Skandinavien –, die zu Beginn des 19. Jh. die ersten Abhandlungen über die Systematik der Algen lieferten. Zu den herausragenden Algologen gehören Carl Adolph AGARDH mit seinem *Systema Algarum* (1824) und den *Species Algarum* (1823–1828) sowie sein Sohn Jakob Georg AGARDH mit seinem dreibändigen Werk *Species, Genera et Ordines Algarum* (1848–1901). Auch Traugott KÜTZING reihte sich mit seiner Schrift *Species Algarum* (1849) in diese Bemühungen ein und vertrat einen prädarwinistischen relativen Artbegriff (vgl. 11.3.). Seine taxonomischen Diatomeen- und Algenwerke, die *Phycologia generalis* (1843) oder die *Phycologia Germanica* (1845) „spielten als systematische Standardwerke" bis zum Ende des 19. Jh. und teilweise bis zur Gegenwart für Spezialisten „eine unentbehrliche Rolle" (ZAUNICK 1960, S. 18).

Erst in der zweiten Hälfte des 19. Jh., als die deskriptiv-analytischen Ergebnisse durch neue, auch experimentelle Methoden ergänzt wurden, die zur Erkenntnis der komplizierten Lebenszyklen und der verschiedenen Formen der Vermehrung führten, konnte die Kryptogamen-Systematik ein wissenschaftliches Niveau erreichen, das dem der natürlichen Systematik der Blütenpflanzen entsprach. Durch die Arbeiten von Anton DE BARY (1866) und Simon SCHWENDENER (1868) wurde das Wesen der Flechten als Doppelorganismen aus Pilzen und Algen aufgeklärt.

Trotz aller Bemühungen der Botaniker bei der Suche nach der natürlichen Verwandtschaft der Pflanzengruppen beherrschte die Vorstellung von der Konstanz der Arten das Denken der meisten Biologen und stand einer stammesgeschichtlichen Interpretation der natürlichen „Verwandtschaft" im Wege. Verwandtschaft wurde nach dem Grad der morphologischen Ähnlichkeit definiert, und die „natürliche Methode" unterschied sich von der linnéschen „künstlichen" vor allem durch die Anzahl der für die Bildung der höheren Taxa im Range der Ordnung oder Klasse verwendeten Merkmale (ZUNCK 1840), aber sie stand nicht prinzipiell im Gegensatz zur Methode LINNÉS. Die Auffassung von der Konstanz der Erbeigenschaften der Arten und von der davon abgeleiteten Diskontinuität der Pflanzengruppen im System wurde durch die Annahme eines Schöpfungsplanes erklärt, der im natürlichen System abgebildet werden sollte. In der Naturphilosophie der Romantik wurde die Verwandtschaft einer systematischen Gruppe mit der Annahme einer Idee oder einem idealen Grundtypus gedeutet, der den gemeinsamen oder ähnlichen Formen zu grunde liegt (vgl. auch 7.2.2.). Für die Konzeption einer Kontinuität der Formen wurde die im 18. Jh. entwickelte Idee einer *Scala naturae* (vgl. 7.2.3.) aufgegriffen, bei der die nach dem Grad der Komplexität oder der Vollkommenheit der Formen abgestufte Folge für ein natürliches Ordnungssystem verwendet wurde. Im Zusammenhang damit betrachtete man nur „Individuen" als natürliche Gegebenheiten und lehnte die reale Existenz von „Arten" sowie erst recht von höheren systematischen Kategorien ab. Das „natürliche System" sollte im Idealfall dann eine lineare Stufenleiter lebender Wesen darstellen, doch wurde es nur teilweise innerhalb von Großgruppen in dieser Weise realisiert, nach dem Vorbild von LAMARCK (1778–1779) oder A. L. DE JUSSIEU (1789). In dieser Weise wurden zum Beispiel die naturphilosophischen Systeme von Chr. G. NEES VON ESENBECK (1820–1821), L. OKEN (1825) oder L. REICHENBACH (1828) gestaltet (vgl. 7.2.2.).

Der Artbegriff war für die botanische Systematik ein theoretisches Schlüsselproblem, das während des ganzen 19. Jh. kontrovers diskutiert wurde (vgl. 11.3.). Trotz der theoretischen Negierung der Realität der Art blieb in der praktischen Arbeit der Pflanzenbeschreibungen ein Artbegriff im linnéschen Sinne anwendbar, der breit genug interpretierbar war, daß er auch abweichende Formen als „Varietäten" berücksichtigen konnte. Die Folge war eine Zersplitterung der sogenannten *Linnéone* in viele kleine Varietäten bzw. Unterarten mit nur geringen Abweichungen, was besonders in Böhmen unter dem Einfluß von Philipp Maximilian Opiz und seines Periodikums *Naturalientausch* verbreitet war. Der dadurch angeregte Austausch von Exsiccaten beschränkte sich nicht auf böhmische Botaniker, sondern wurde durch die „Pflanzentauschanstalt" (1819) von Opiz in der ersten Hälfte des 19. Jh. auch auf ausländische Sammler ausgedehnt; dieser Verein hatte am Ende des 19. Jh. 900 Teilnehmer. Die Aufsplitterung bekannter Arten erfolgte u. a. nach der Idee permanenter Metamorphosen. Solchen Auffassungen standen Chr. G. Nees von Esenbeck und L. Reichenbach nahe. Sie setzten sich dann in den Schulen des österreichischen Botanikers Anton Kerner und in Frankreich durch Alexis Jordan fort. Sie verfolgten einen eingeengten Artbegriff und bildeten sehr kleine Artengruppen, sogenannte „elementare Arten", später *Jordanone* genannt (Lotsy 1909), die sich in nur geringsten Abweichungen unterscheiden, aber durch viele Generationen hindurch konstant bleiben müssen.

Über den Artbegriff entwickelte sich in der zweiten Hälfte des 19. Jh. auch unter den Botanikern eine heftige Polemik über die Frage, ob die *Jordanone* besser der Deszendenztheorie entsprechen oder die *Linnéone*, deren Subspezies oder Varietäten beginnende neue Arten sein können (vgl. dazu 11.3.).

8.1.2. Botanische Gärten und Herbarien: neue Forschungsinstitutionen

Die Entwicklung der Botanik zu einer selbständigen Disziplin, ihre Emanzipierung von den medizinischen Aufgaben, die im 18. Jh. begonnen hatte (vgl. 6.2.1.), setzte sich im 19. Jh. zunächst in Paris, dann in ganz Europa fort. Dieser Prozeß wurde vor allem durch die taxonomischen Arbeiten oft in Verbindung mit der Gründung botanischer Gärten gefördert. An Universitätsorten wandelten sich die Medizinergärten zu wissenschaftlichen Institutionen, in Residenzstädten wurden um 1800 Fürstengärten zu Forschungszentren überlassen (Gothein 1926).

Für die Verwaltung und wissenschaftliche Nutzung dieser neuen Botanischen Gärten wurden zunehmend spezialisierte Fachleute benötigt, die sich ausschließlich der Botanik widmeten. Die Anzahl solcher Berufsbotaniker vergrößerte sich auch durch Veränderung der Universitätsstudien und -strukturen, indem vom Ende des 18. Jh. ab die Philosophischen Fakultäten anstelle des früher propädeutischen zunehmend auch spezialwissenschaftlichen Charakter annahmen und neue Lehrstühle schufen, z. B. für *Naturgeschichte* und *Kameralistik*. Im Rahmen der Naturgeschichte wurden noch bis zur Mitte des 19. Jh. neben Botanik auch Zoologie und Mineralogie – die „drei Naturreiche" der Antike – gelehrt. Wenn mit dem Ordinariat die Verwaltung eines Botanischen Gartens verbunden war, rückte die botanische Tätigkeit ins Zentrum des Interesses, bis es zur Gründung spezieller Lehrstühle für Botanik kam (s. u.). Für die praktischen Bedürfnisse der Land- und Forstwirtschaft förderten die Landesherren den Unterricht der Kameralistik und gründeten dafür spezielle Lehrstühle und „ökonomische Gärten" (z. B. in Halle/Saale), was die Bedeutung der Botanik auch in diesem Rahmen unterstreicht. So waren die Botanischen Gärten ein konstitutives Element für die Herausbildung der Botanik als Disziplin, wofür die Gründung des Pariser *Jardin des Plantes* (1792) mit mehreren Professuren für Botanik ein Vorbild für europäische Wissenschaftszentren im 19. Jh. wurde. Welche zentrale Rolle dabei die Pflanzensystematik spielte, illustriert ein Urteil A. von Humboldts, der selbst mehr als 20 Jahre lang in Paris blieb, um mit Hilfe der Sammlungen und Gelehrten am *Jardin des Plantes* seine Expeditionssammlungen aus Mittelamerika bearbeiten zu können (Biermann 1983, S. 53 ff.). Als er 1850 von der Berliner Universität um eine Stellungnahme zur Neubesetzung eines Lehrstuhls für Botanik an der Philosophischen Fakultät[1]) gebeten wurde, betonte er die Rolle der Taxonomie; als er folgende Spezialdisziplinen unterschied:

„a) die physiologische, bald auf den so mannichfaltigen Wunderbau der Cryptogamen, bald auf den der Phanerogamen (Palmen, Gräser, Liliaceen, Nymphaeaceen) eingeschränkt; bald, was am fruchtbarsten ist, beides umfassend, weil beide Theile sich befruchten (Mohl),

---

[1]) als Nachfolger für F. S. Kunth, den Bearbeiter seiner amerikan. Sammlungen; über weitere Vertreter der Botanik in Berlin vgl. Höxtermann et al. 1985, S. 360–384.

b) die systematische, durch Reisen in Gegenden, wo alle Gestaltungen (Typen) am mannichfaltigsten ausgebildet sind, durch Besuch großer Gärten, durch Leben in großen Herbarien und Bücher-Kenntniß gestärkt; Bestimmung der Pflanzenfamilien, ihrer Verwandtschaft (Jussieu),

c) die pflanzengeographische, räumliche Verbreitung, horizontal und senkrecht ...

d) die fossile Reihung verschiedener aufeinanderfolgender Floren im Zusammenhang mit Gebirgsformationen in Altersfolge, ein wichtiger Theil der Geschichte des Organismus, selbst fruchtbringend für Morphologie,

e) Richtung nach dem Nutzen; pharmaceutische Produkte für Industrie (Färbung, Gewerbe) in steter Zurückführung der chemischen Beschaffenheit und der Medicinal Kräfte auf den Zusammenhang mit gewissen natürlichen Familien, Einfluß der Gestaltung auf chemische und physische Eigenschaften,

f) agronomische Richtung, Einfluß der Meteorologie (des Klimas und der Mischung des Bodens); Ersatz der chemischen Bestandtheile der Culturpflanzen durch künstliche Mittel; Agriculturchemie.

Diese 6 Richtungen führen zusammen zur Begründung derselben Wissenschaft. Sie können nie alle von einem vertreten werden. Sie stehen alle in Abhängigkeit voneinander. Fünf dieser Richtungen aber bedürfen der systematischen. Ohne Benennung (Einreihung in die bestimmte Pflanzenfamilie, ohne Bestimmung des genus, der Species) kann nichts festgehalten werden, was nach den anderen Richtungen beobachtet, aufgefunden worden ist. Die Bedürfnisse für die Hochschule sind zuerst die höhere Auffassung der Wissenschaft nach dem geistigen inneren Zusammenhange aller ihrer Theile, dann Befriedigung specieller Bedürfnisse des geselligen Lebens. Robert Brown hat ein treffliches Beispiel gegeben, wie die feinste und umfassendste Systematik der natürlichen Familien und der Species mit tiefem physiologischen Wissen verbunden sein kann ..." (Brief A. von Humboldts an H. Lichtenstein vom 21. Februar 1851; zit. nach Jahn 1972, S. 141).

Neben den Lebendsammlungen in den botanischen Gärten wurden stets auch Herbarien angelegt, die als Vergleichssammlungen die wichtigste Grundlage für taxonomische Arbeiten und die Neubeschreibung von Arten bildeten. Die großen Expeditionen, die schon im 18. Jh. oft auch aus wirtschaftlichen Interessen von Regierungen und Akademien unterstützt wurden, aber auch private Sammelexpeditionen, die im 19. Jh. für den Naturalienhandel durchgeführt wurden, vermehrten den Artenreichtum der Herbarien, deren Verwalter für die Bearbeitung, Ordnung und Katalogisierung taxonomische Spezialkenntnisse und wissenschaftliche Konnexionen benötigten und meist weltweite Kommunikation sowie Sammlungstausch pflegten (Jessen 1864; Stafleu 1969). Im 19. Jh. bekamen die großen Herbarien in England, Holland, Frankreich, Österreich und Rußland den Charakter wissenschaftlicher Zentren der Taxonomie, die einerseits die Belege für die Charaktere der neubeschriebenen Spezies enthielten, die in ein Gesamtsystem eingegliedert worden waren, zum anderen Belege floristischer und pflanzengeographischer Forschungen nach einer regionalen Ordnung. Viele Privatsammlungen gingen in den Besitz der großen Universitäts- oder Zentralherbarien über[1]) und haben bis zur Gegenwart großen wissenschaftlichen Wert, der mit der zunehmenden Veränderung der Landschaften im globalen Maßstab auch für die Zukunft zunimmt. Der heutige Zustand der größten Herbarien der Welt weist eine riesige Anzahl an Exsiccaten aus, wobei die einzelnen Arten durch große Individuenserien vertreten sind, so daß der Umfang nach Bögen gezählt wird. So befinden sich in Kew (England) 6 Millionen Bögen, in St. Petersburg 5 Millionen, in Genf 4 Millionen, in New York 3 Millionen. (Vgl. dazu auch die Verzeichnisse des Petersburger Botanikers Ferdinand von Herder 1862–1872, 1893, 1894).

Auch in den USA begann sich die Botanik in der ersten Hälfte des 19. Jh. durch starke regionale Sammeltätigkeit schnell zu entwickeln, gefördert von dem amerikanischen Utilitarismus und den Vorstellungen über Reichtum und Macht des jungen Staates, der vor allem die praktischen Bedürfnisse der amerikanischen Gesellschaft zu berücksichtigen hatte. Die mit Hilfe der Staatsverwaltungen durchgeführten wissenschaftlichen Expeditionen erbrachten nicht nur Erkenntnisse über den Naturhaushalt des Kontinents sowie der angrenzenden Ozeane und ihrer Inseln, sondern auch viel Sammlungsmaterial, für das Museen und Herbarien gegründet und Spezialisten für deren Bearbeitung ausgebildet wurden. Die Entwicklung der Botanik begann auch dort mit der floristischen und taxonomischen Arbeit, die den Artenreichtum und die Verschiedenheit der amerikanischen Flora bekannt machte, z. B. durch Asa Gray, der 1836 Mitglied der *US Exploring Expedition*, 1838 Prof. für Botanik an der neugegründeten *University of Michigan* und 1842–73 an der *Harvard University* sowie Direktor deren Botanischen Gartens und Herbariums war. Im Staate Michigan bestand seit 1837 ein *Geological and Biological Survey* und seit 1879 ein überstaatlicher *United States Geological and Geographical Survey* zur Koordinierung der einzelnen landes-

---

[1]) Der Pflanzengeograph A. Grisebach überließ sein ca. 40 000 Arten umfassendes Privatherbar der Universität Göttingen, an der er bis zu seinem Tod 1879 Botanik lehrte (Mägdefrau 1992, S. 133).

kundlichen Unternehmungen. Die biologischen Forschungen gingen meist von der 1846 gegründeten und dem Kongreß der USA direkt unterstellten *Smithsonian Institution* aus, unter deren Leitung 1875 ein *US National Museum in Washington* entstand. Dort wurde 1880 die *Biological Society*, 1893 die *Botanical Society of America* gegründet (vgl. JAFFE 1944).

Zur **Institutionalisierung** trugen auch in Europa schon seit Ende des 18. Jh. die Gründung von wissenschaftlichen und regionalen Gesellschaften und Periodika bei, die um die Mitte des 19. Jh. spezialwissenschaftliche Profile erhielten. Die sogenannten linnéschen Gesellschaften und Zeitschriften setzten LINNÉS Tradition der deskriptiven Botanik fort. Im Laufe des 19. Jh. sind weltweit über 20 Periodika der linnéschen Gesellschaften und zahlreiche Periodika für theoretische Botanik entstanden, die meisten davon in Europa, wo sich bereits seit den 80er Jahren des 18. Jh. diese speziell botanische Publikationsform für die wissenschaftliche Kommunikation herausgebildet hatte; in den USA begann dies erst seit den 60er Jahren des 19. Jh. So existierten am Ende des 19. Jh. ca. 100 botanische Zeitschriften in Europa und 30 in den USA. Während die Herausgeber spezieller Periodika in den USA meist staatliche Institutionen waren und eine lange Lebensdauer gewährleisteten, waren die europäischen Initiatoren und Herausgeber vorwiegend wissenschaftliche Gesellschaften und deren ehrenamtliche Mitglieder, die oft nur eine kurze Erscheinungsdauer ermöglichen konnten (vgl. EISNEROVA 1973).

Zur methodisch-technischen Entwicklung der Taxonomie gehört die Verständigung der Botaniker über die Nomenklatur der verschiedenen taxonomischen Einheiten des Systems (*Taxa*). Die Notwendigkeit einer einheitlichen Nomenklatur artikulierten schon seit Beginn des 19. Jh. Botaniker wie C. L. WILLDENOW, H. F. LINK und A. P. DE CANDOLLE. Besonders letzterer behandelte bereits 1813 die nomenklatorische Problematik so eingehend, daß seine Arbeit die Grundlage für die Formulierung der ersten Regeln der botanischen Nomenklatur bilden konnte. Sie wurden in der Mitte des 19. Jh. von Adolphe DE CANDOLLE ausgearbeitet und auf dem Internationalen Botaniker-Kongreß in Paris 1867 vorgelegt und angenommen. Diese *Lois de la nomenclatur botanique* betrafen die Anerkennung von Prioritäten bei der Neubeschreibung von Arten und die Grundsätze bei der Neuaufstellung oder Veränderung höherer Taxa, wobei als zeitlich früheste Grenze zur Berücksichtigung von Artnamen der 1. Mai 1753 (Publikation von LINNÉS *Species plantarum*) als „starting point" festgelegt wurde. Diese Regeln

wurden fortlaufend ergänzt und modernisiert, 1905 als *International Rules of Botanical Nomenclature* (seit 1952 als *International Code*) auch von den amerikanischen Botanikern als verbindlich angenommen und 1910 dahingehend erweitert, daß als „starting point" für die Pilzordnungen *Uredinales*, *Ustilaginales* und *Gasteromycetes* der 31. Dezember 1801 (nach dem Erscheinen der *Synopsis methodica fungorum* von PERSOON) und für andere Pilze der 1. Januar 1821 (nach dem *Systema mycologicarum* Bd. I von E. FRIES) in Brüssel (1910) beschlossen wurde. Später wurden weitere Festlegungen für Bakterien und für parasitische Formen getroffen (vgl. Jahn 1985, S. 526 ff.).

In der Zoologie begannen die Bemühungen um international verbindliche Richtlinien, die auch ein Sympton für die allgemeine Anerkennung der selbständig gewordenen Disziplinen und die Bedeutung der Systematik war, erst 40 Jahre später (vgl. 9.1.).

8.1.3. Die Entwicklung der Pflanzengeographie

Die Abhängigkeit der Pflanzenverbreitung von klimatischen Faktoren beobachteten die Botaniker schon während des 18. Jh., wofür neben TOURNEFORT und LINNÉ auch H. B. DE SAUSSURE erwähnt werden muß, der 1779 die Höhengrenzen von Alpenpflanzen beobachtete. Vor allem umriß dann C. L. WILLDENOW (1792) erstmals den Inhalt einer Pflanzengeographie. Er behandelt die Ausbreitung der Pflanzen über die Erde und den Einfluß des Klimas auf die Vegetation sowie die Veränderungen, die die Pflanzen bei den Verwandlungen der Erdoberfläche (wie sie BUFFON annahm) erlitten haben und wie die Natur für die Erhaltung der Arten gesorgt hat.

Der erste Naturforscher, der die Pflanzengeographie als eine neue Disziplin behandelte und alle mit der Verbreitung der Pflanzen zusammenhängenden Fragen aufgezeigt hat, war WILLDENOWS Freund Alexander von HUMBOLDT. Von WILLDENOW beeinflußt, begann VON HUMBOLDT schon frühzeitig (1789), ein großes botanisches Werk zu planen, dessen Konzeption er 1791 dem Schweizer Botaniker Paul USTERI mit den Worten beschrieb, er beginne,

„auf eine Geschichte der Pflanzenwanderungen zu sammeln, ja Proben zu Karten für die gesellschaftlich lebenden Pflanzen, z. B. die fast in ganz Europa zusammenhängenden *ericeta*, die afrikanischen Euphorbien zu entwerfen". Die ursprünglich auf 20 bis 30 Jahre berechnete Arbeit hoffe er durch die Zusammenarbeit mit Georg FORSTER verkürzen zu können (zit. nach JAHN & LANGE 1973, S. 163 f.).

Sein Interesse an einer so umfassenden Forschung resultierte aus seiner integrativen Betrachtungsweise der lebenden und der leblosen Natur, die von der klassischen Naturgeschichte eines BUFFON oder BLUMENBACH geprägt und durch seine Erkundungsreisen gefördert wurde. Er selbst begründete sein Projekt damit, daß er „Geographie, Geschichte des Feldbaus mit Botanik immer zusammen studierte" (a. a. O.).

Aus diesem überschauenden Gesichtspunkt sind seine wissenschaftlichen Arbeiten auf fast allen Gebieten der damaligen Naturwissenschaft als eine Einheit zu betrachten, wie er es in der Einleitung zum Kosmos aussprach, wo es heißt:

„Was mir den Hauptantrieb gewährte, war das Bestreben, die Erscheinungen der körperlichen Dinge in ihrem allgemeinen Zusammenhange, die Natur als ein durch innere Kräfte bewegtes und belebtes Ganzes aufzufassen" (HUMBOLDT 1845, Bd. 1 *Vorrede* S. VI).

So beobachtete er als Geologe, Physiker und Meteorologe, als Botaniker und Forschungsreisender vergleichend die Phänomene der Verbreitung der Pflanzen und ihrer Abhängigkeit von geologischen, geographischen und – mit modernen Meßmethoden erfaßten – klimatischen Verhältnissen. Die Erscheinungen der „Konvergenz" in der Pflanzenwelt, die verschiedensten Arten und Familien ein ähnliches Aussehen – eine ähnliche „Physiognomie" – gibt, hat ihn ohne Rücksicht auf das botanische System zu einer physiognomischen Klassifikation geführt. Er unterschied danach 18 Vegetationstypen wie z. B. Palmen- oder Kaktus-Formen, Gräser oder Farne, Lilien-Gewächse, Nadelhölzer usw. Damit legte er den Grund für die Unterscheidung der Begriffe „*Flora*" oder „*Vegetation*" und für die Idee der „*Pflanzengesellschaften*". Die Abfolge der Vegetationszonen in den Hochgebirgen sowie vom Äquator zu den Polen erklärte er durch die klimatischen Bedingungen, besonders durch die Temperatur und Luftfeuchtigkeit in verschiedenen Höhen der Berge und in verschiedenen geographischen Breiten. Unmittelbar nach der Rückkehr von seiner Amerikareise veröffentlichte er seine pflanzengeographischen Erkenntnisse in zwei Abhandlungen, den *Ideen zu einer Geographie der Pflanzen* (1807)[1] und den *Ideen zu einer Physiognomie der Gewächse* (1808) sowie eine erweiterte Zusammenfassung aller Studien als Vorrede zu seinen *Genera et species plantarum* (1815) mit dem ausführlichen Titel „*De distributione geographica plantarum secundum coeli temperaturem et altitudinem montium*"

[über die geographische Verteilung der Pflanzen nach der Temperatur des Himmels und der Höhe der Berge], worin er seine Meßergebnisse den Ursachen der Pflanzenverbreitung zugrunde legt.[2]) Umfangreiche Statistiken über den Anteil einzelner Pflanzenfamilien in Florengebieten der Alten und Neuen Welt, eine vergleichende Darstellung über die Vegetations- und Temperaturverteilung auf der Erdoberfläche und eine instruktive Abbildung von Bergprofilen mit Vegetationszonen der Anden im Vergleich mit denen in Mexiko, den Alpen, Pyrenäen und von Lappland (Abb. 99) ergänzen die früheren Schriften und würden nach dem Urteil des Berliner Botanikers A. ENGLER „genügen, um A. VON HUMBOLDT als den Schöpfer der physikalischen Pflanzengeographie erscheinen zu lassen" (ENGLER 1899, S. 9, zit. nach DOBAT 1985, S. 191).

Nicht nur durch seine Schriften, auch durch persönliche Förderung junger Botaniker hatte HUMBOLDT auf die weitere Entwicklung der Pflanzengeographie zu einer selbständigen Disziplin Einfluß, wie sie in der ersten Hälfte des 19. Jh. mit den Lehrbüchern von Joachim Frederik SCHOUW, Franz Julius Ferdinand MEYEN und Adolph DE CANDOLLE in Erscheinung tritt. Sie umfaßte stets neben floristisch-taxonomischen auch ökologische und physiologische Aspekte, wie es schon A. P. DE CANDOLLE gefordert hatte (s. o.). SCHOUW teilte in seinem Buch *Grundzüge einer allgemeinen Pflanzengeographie* (1823) und in einem Atlas mit pflanzengeographischen Karten (auf die sich der Geograph Heinrich BERGHAUS für seinen *Physikalischen Atlas* 1845–1848 stützte) die Erdoberfläche in 22 „Reiche" nach floristisch-taxonomischen Gesichtspunkten ein und charakterisierte die Vegetationsgebiete nach vorherrschenden Familien, zum Beispiel das Mittelmeergebiet als „Reich der Labiaten und Caryophyllaceen". MEYEN dagegen, dessen Reisen von HUMBOLDT gefördert wurden (JAHN 1972, S. 140), setzt in seinem *Grundriß der Pflanzengeographie* (1836) dessen physiognomische Gliederungsprinzipien fort und behandelt die Abhängigkeit der Vegetation von Klima und Boden, die Vegetation der verschiedenen Zonen und die „physiognomischen Typen". Die *Géographie botanique raisonnée* von A. DE CANDOLLE (1856) ist – wie der ausführliche Unterti-

---

[1]) Die französische Abhandlung *Essai sur la géographie des plantes* war in Paris schon 1805 ausgedruckt, wurde aber erst 1807 ausgegeben (DOBAT 1985, S. 311).

[2]) HUMBOLDT (1807, S. 58 f.) beschreibt sein Vorgehen: „Da wir zu gleicher Zeit astronomische, geodätische und barometrische Messungen angestellt, können wir nach den Journalen … fast für jede gesammelte Pflanze Breitengrad, Maximum und Minimum der Standhöhe über der Meeresfläche, Temperatur der Luft und Beschaffenheit des Bodens … angeben …" (zit. nach DOBAT 1985, S. 191).

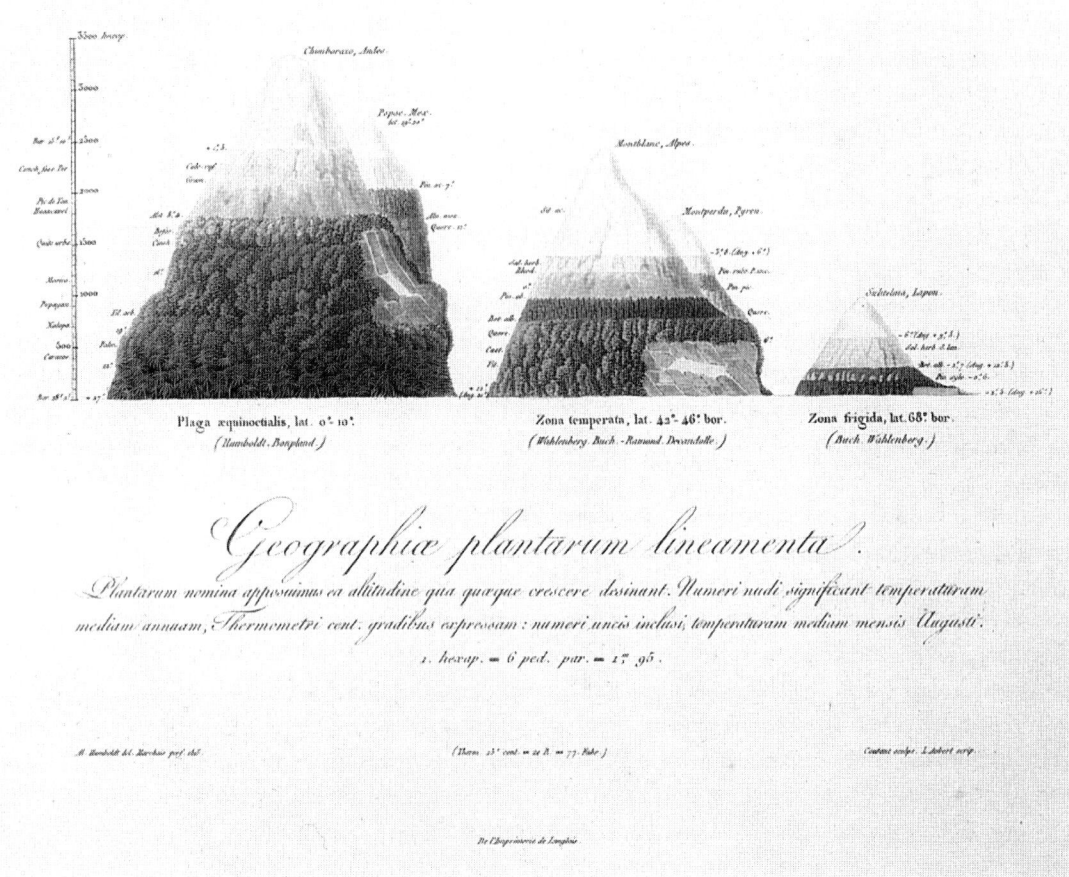

Abb. 99. A. VON HUMBOLDT: Darstellung der Vegetationsprofile bedeutender Berge Amerikas und Europas (nach Zeichnungen von P. A. MARCHAIS). Aus *Nova Genera et Species Plantarum* 1815, Tafel zur Vorrede.

tel sagt – auf die prinzipiellen Fakten und Gesetze begrenzt, die die geographische Verbreitung der gegenwärtigen Pflanzenwelt bestimmen und ausschließlich den physiologischen Ursachen der heutigen Verbreitung der Arten gewidmet. DE CANDOLLE unterscheidet 6 Gruppen von Pflanzen nach dem Bedürfnis an Wärme und Feuchtigkeit, beschäftigt sich aber nicht mit Vegetationstypen oder mit der Flora einzelner Regionen (vgl. MIKULINSKIJ et al. 1980).

Eine umfassende Darstellung der Pflanzendecke der Erde nach physiognomischen und klimatischen Faktoren legte erstmals August GRISEBACH (1872) vor, der in Göttingen Pflanzengeographie lehrte. Er unterschied 24 Florengebiete, in denen er „Vegetationszentren" ermittelte. Sein klassisches Werk *Die Vegetation der Erde nach ihrer klimatischen Anordnung* (2 Bde. 1872) basiert auf der vergleichenden Morphologie der Vegetationstypen in ihrer Abhängigkeit von den äußeren Umweltbedingungen. Es hatte Vorbildwirkung auf weitere, ökologisch definierte pflanzengeographische Untersuchungen wie das *Hand-*

buch der Pflanzengeographie von Oskar DRUDE (1890), das *Lehrbuch der ökologischen Pflanzengeographie* von Johannes WARMING (1896; dänisch: *Plantesamfund* 1895) oder Andreas F. W. SCHIMPERS *Pflanzengeographie auf physiologischer Grundlage* (1898) (vgl. auch 8.3.2.).

8.2. Neue methodische Programme für eine „wissenschaftliche Botanik"

8.2.1. Die Pflanzenanatomie und M. J. SCHLEIDENS Zellbildungstheorie

Seit Erfindung des Mikroskops und seit den großen pflanzenanatomischen Werken im 17. Jh. (vgl. 5.1.2.) gehörten Lupe und Mikroskop zum

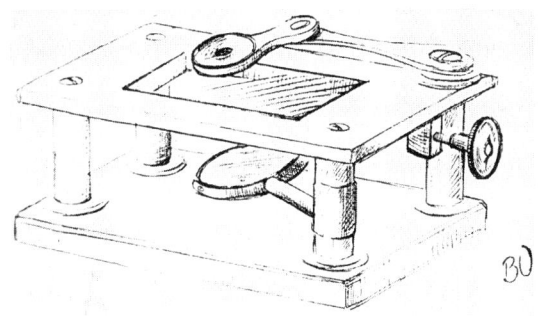

Abb. 100. Lupe des Botanikers Robert Brown, der M. J. Schleiden 1837 auf den Zellkern in embryonalen Pflanzenzellen aufmerksam machte.

Handwerkszeug der Botaniker, die sich ihrer im 18. Jh. auch zur Determination der Arten, zur Analyse der Feinstrukturen der Sexualorgane und zur vergleichend-morphologischen Untersuchung pflanzlicher Mikroorganismen bedienten (Abb. 100). So hatte der Jenaer Botaniker A. J. G. K. Batsch in seinem großen Werk *Elenchus fungorum* (1783–1789) zahlreiche neue Pilze mit Hilfe des Mikroskops beschrieben, und Johannes Hedwig hatte seine Kryptogamenforschungen und den Beweis für die sexuelle Vermehrung der Kryptogamen ebenfalls mikroskopisch durchgeführt. Von ihm hatte auch A. von Humboldt die Anregung zur mikroskopischen Untersuchung pflanzlicher Gewebe erhalten, deren Ergebnisse er in der *Einleitung über einige Gegenstände der Pflanzenphysiologie* zu Jan Ingenhousz' Schrift *Über Ernährung der Pflanzen...* (1798) veröffentlichte, vor allem auch in seinem großen Werk über die gereizte Muskelfaser (1797) verwendete. Aus diesen Äußerungen und aus den Diskussionen von Hedwig (1793), Humboldt (1798) und Franz von Paula Schrank (1796) über die Funktion der Spaltöffnungen („Spaltgefäße") wird das Motiv für den neuen Aufschwung pflanzenanatomischer Untersuchungen um 1800 erkennbar. Die Neuorientierung auf die Suche nach den Lebensprinzipien und auf die Spezifik tierischer Gewebe und Grundelemente durch A. von Hallers Reizbarkeitstheorie (vgl. 6.3.2.) regte zu vergleichenden Studien entsprechender pflanzlicher Gewebe und Elementarorgane an, wobei deren physiologische Funktionen im Zentrum des Interesses standen. Humboldt kennzeichnete treffend diesen Zusammenhang mit den Worten:

„Es geht mit dem vegetabilischen Körper wie mit dem animalischen. Die genaue Kenntnis der Gestalt der Organe geht der ihres Nutzens (ihrer Lebensverrichtungen) voraus. Ob ein Organ vorhanden, so oder so gebildet ist, läßt sich daher apodiktisch entscheiden,

nicht aber, ob es zur Ausdünstung, oder Einsaugung, zur luft- oder dampfförmigen Respiration bestimmt ist." (Humboldt 1798, S. 21).

Diese neuen Fragestellungen nach den strukturellen Grundlagen der Lebensfunktionen wurden auch durch einen Aufschwung des Mikroskopbaues in den europäischen Industrieländern – vor allem England und Holland – begleitet, deren Manufakturen sich nach 1800 der Serienherstellung handlicher Mikroskope annahmen (vgl. 9.2.). Durch Preisfragen wissenschaftlicher Akademien und Gesellschaften entstanden erste anatomische Untersuchungen. So hatte die Kgl. Gesellsch. der Wissenschaften zu Göttingen 1804 eine Preisfrage nach Bau, Funktion und Entstehung der „Gefäße" gestellt, die die strittigen Ansichten über die „Spiralgefäße" und ihre Vergleichbarkeit mit tierischen „Gefäßen" klären sollte. In den Preisschriften von K. A. Rudolphi (*Anatomie der Pflanzen* 1806), von H. F. Link (*Grundlehren der Anatomie und Physiologie der Pflanzen* 1807) und von L. Chr. Treviranus (*Vom inwendigen Bau der Gewächse*, 1806) werden unterschiedliche Ansichten über den ursächlichen Zusammenhang zwischen Zellgewebe und „Gefäßen" geäußert, von denen nur Treviranus ihre Herkunft aus „Zellreihen" richtig vermutete. Ebenfalls einem Göttinger Preisausschreiben verdankten die *Beiträge zur Anatomie der Pflanzen* von Paul Moldenhawer (1812) ihre Entstehung, dem es gelang, durch Einführung der Mazerationsmethode Zellen aus dem Gewebeverband zu isolieren und zu erkennen, daß die Einzelzellen von einer Wand umgeben sind. Auch sein Hauptinteresse galt den „Gefäßen", und er führte den Begriff „*Gefäßbündel*" für die Strukturen des Mais-Stengels ein, die er später auch bei den *Dikotylen* erkannte. Bei seinen subtilen histologischen Studien entdeckte er auch die *Schließzellen* neben den *Spaltöffnungen* (Mägdefrau 1992, S. 175–177).

Auch das Lehrbuch über *Grundzüge der Anatomie der Pflanzen* (1815), das D. G. Kieser seiner Vorlesung über „Anatomie und Physiologie der Pflanzen" zugrunde legte, basierte auf einer Preisaufgabe der Teylerschen Gesellschaft zu Haarlem (1812) und der gekrönten Schrift *Mémoire sur l'organisation des plantes...* (1814). In ihr sind aber ebenso wie in seiner Abhandlung über die Pflanzenzelle (1818), die die bemerkenswerte Charakteristik der Zelle als „vollkommen organisierter und individualisierte Körper" enthält (a. a. O., S. 63), vorwiegend naturphilosophische Deutungen von Formen und Funktionen enthalten (vgl. 7.2.1.).

Doch ist gewiß, daß bereits seit Beginn des 19. Jh. Kenntnisse vom zelligen Aufbau der Pflanzen und von der Zelle als Elementareinheit im morphologisch-anatomischen Sinne bei den Botanikern vorlagen und in Lehrbüchern als Selbstverständlichkeit behandelt wurden (MEYEN 1830). Folgerichtig führten diese Kenntnisse und die funktionellen Fragestellungen zu Überlegungen über die Rolle der Zellen als Baustein im morphogenetischen Sinne, vor allem im Zusammenhang mit der Entstehung der „Gefäße" (s. o.), und sie wurden zu Fragen nach den Entstehungsgesetzen der Zelle erweitert, die in der vergleichend-deskriptiven Weise zu lösen versucht wurden. Im Rahmen der naturphilosophischen Biologie entstand durch Anwendung der „Metamorphosenlehre" auf die Individualentwicklung als neues methodologisches Element die ontogenetische Betrachtungs- und Deutungsweise, die die Erkenntnis von der Zelle als Grundeinheit im morphogenetischen Sinne vorbereitete (L. Chr. TREVIRANUS 1806; KIESER 1818; OKEN 1825–26; MEYEN 1828). Doch scheinen die vorrangig physiologischen Fragestellungen im ersten Drittel des 19. Jh., die für unterschiedliche Funktionen von Geweben, Gefäßen und Zellen auch verschiedene Bildungsmodi erwarten ließen, zunächst einer rein anatomischen Untersuchung hinderlich gewesen zu sein (vgl. JAHN 1987; S. 11 ff.).

Das wird besonders deutlich in MEYENS Lehrbuch *Phytotomie* (1830), in dem mit guten Abbildungen der zelluläre Aufbau der Pflanzenorgane dargestellt ist. Vor allem aber beschreibt er ausführlich verschiedene Arten von „Zellgewebe" und unterscheidet nach der Form der Zellen darin das *Merenchym* und das *Parenchym*, das *Prosenchym* und das *Pleurenchym*, nach deren unterschiedlicher Funktion er fragt. SCHLEIDEN kritisierte gerade an diesem Lehrbuch seines Berliner Kollegen den ungenügenden Zustand der zeitgenössischen Pflanzenanatomie, die nicht nach der Entwicklung dieser differenzierten Gewebe frage (1838).

Die ersten Erkenntnisse in dieser Richtung waren Beobachtungen über die Vermehrung der Zellen durch Teilung bei Algen durch B. C. DUMORTIER (1832–1835), Ch. MORREN (1836) und H. VON MOHL (1836), sowie bei höheren Pflanzen durch F. UNGER (1846), die aber durch den zeitweiligen Erfolg von M. J. SCHLEIDENS irrtümlicher Auffassung der Neubildung von Zellen innerhalb der Zellflüssigkeit (1838) zunächst wenig beachtet wurden (vgl. 8.2.2.). Bis in die 70er Jahre des 19. Jh. ließ man verschiedene Formen der Zellbildung gelten: neben der Teilung auch die endogene Bildung, die Sprossung und ein spontanes Entstehen. Erst durch STRASBURGERS Untersuchungen (1879) wurde klar erkannt, daß Zellen nur durch Teilung entstehen, der eine Teilung des Zellkerns vorangeht.

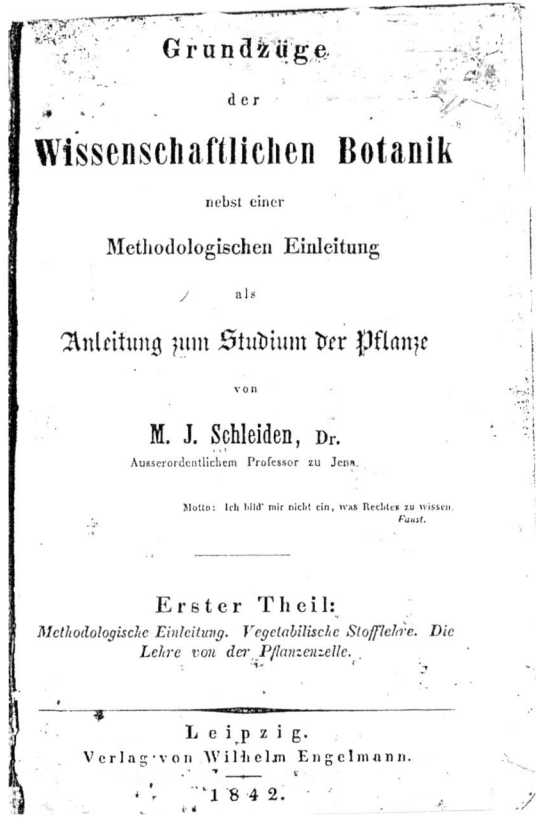

Abb. 101. Titelblatt der ersten Auflage von M. J. SCHLEIDENS Lehrbuch, das in der zweiten Auflage (1845) den Titel *Die Botanik als inductive Wissenschaft . . .* erhielt.

Durch das Übermaß spekulativer Betrachtungen über Form und Funktion und das Überwiegen vitalistischer Auffassungen der Lebensfunktionen und Bildeprozesse im ersten Drittel des 19. Jh. wurden schließlich Kritik und Ablehnung sowohl gegen die klassische deskriptive, als auch gegen die romantische naturphilosophische Betrachtungsweise hervorgerufen und die Tendenz zur Reform der methodologischen Grundlagen der Botanik ausgelöst, die das zweite Drittel des 19. Jh. bestimmte. In der Botanik war das neue methodische Programm mit dem Wirken von M. J. SCHLEIDEN verbunden, der die bloß deskriptiven Artanalysen in der linnéschen Tradition und den spekulativen Apriorismus sowie die naturphilosophischen Deduktionon einer strengen Kritik unterzog. Er forderte dagegen das unmittelbare Studium der Strukturen, der Individualentwicklung und des Pflanzenlebens auf der Grundlage breiter Kenntnisse der exakten Naturwissenschaften. Für ihn war die „induktive Methode" von Francis BACON – das Vorgehen vom allseitigen Beobachten zur Verallgemeinerung, Hypothese und Theorie – das erstrebenswerte Ziel. Seine *Grundzüge der wissenschaftlichen Botanik* (1842–1843) (Abb. 101) – in der zweiten Auflage noch deutlicher *Botanik als inductive Wissenschaft* (1845–1846) betitelt – kennzeichnen sein neues (seit Mitte der 30er Jahre unter dem Einfluß der Philosophie des Kantianers J. F. Fries entwickeltes) Programm, das in präzisen Forderungen in der ausführlichen „methodologischen Einleitung“ den „kindlichen und kindischen Tändeleien“ der bisherigen „*scientia amabilis*“ entgegenstellt wird (vgl. auch 12.1.):

„Jede Hypothese, jede Induktion ist unbedingt zu verwerfen, welche nicht darauf abzielt, die an der Pflanze vorgehenden Prozesse als Resultat der an den einzelnen Zellen vor sich gehenden Veränderungen zu erklären...“ (Schleiden 1842, Bd. 1, S. 102)

Die Entschiedenheit seiner Polemik und seiner programmatischen Forderungen schufen Schleiden manchen Gegner, aber auch zahlreiche Anhänger und Schüler, die seine Ideen zur methodologischen Erneuerung der botanischen Forschung und Lehre aufgriffen und weitertrugen. So konnte z. B. Carl Naegeli in konsequenter Anwendung von Schleidens methodischen Forderungen die falsche Zellbildungstheorie (s. u.) in seiner neuen mit Schleiden herausgegebenen *Zeitschrift für wissenschaftliche Botanik* (Bd. 1, 1844) berichtigen, und Wilhelm Hofmeister wurde durch Schleidens Schrift überhaupt erst zu seinen exakten mikroskopischen Untersuchungen angeregt, durch die er 1849 die irrtümliche Befruchtungstheorie Schleidens widerlegen konnte (Jahn 1991). Schleidens methodische Schriften führten letztlich zum Materialismus in der Biologie, indem er die Lebensprozesse mechanistisch auf Prozesse in der anorganischen Natur reduzierte, die nach mathematischen Regeln ablaufen. Um aber die spezifischen Lebensprozesse der Bildung und Vermehrung erklären zu können, nahm er den imaginären Begriff eines *nisus formativus* (Bildungstrieb, Bildungskraft) wieder auf, der sich inhaltlich kaum von der durch ihn bekämpften vitalistischen „Lebenskraft“ unterschied. Er schildert spekulativ, wie diese in der organischen Natur anwesende Kraft sich im „Keimzustand“ mathematischen Gesetzen unterordnet, auf der Stufe der „Kindheit“ wie im Spiel in der Freude am Sein eine Reihe vielfältiger Pflanzenformen hervorbringt, bis sie schließlich im Zustand der „Reife“ – auf der Stufe der Tierwelt – zielstrebig zur Bildung komplizierter Organsysteme gelangt sei (Schleiden 1842, S. 44).
Da Schleiden in sein einflußreiches Werk bereits die gesamte Zellentheorie von Schwann (1839) mit aufgenommen hat, in der dieser die

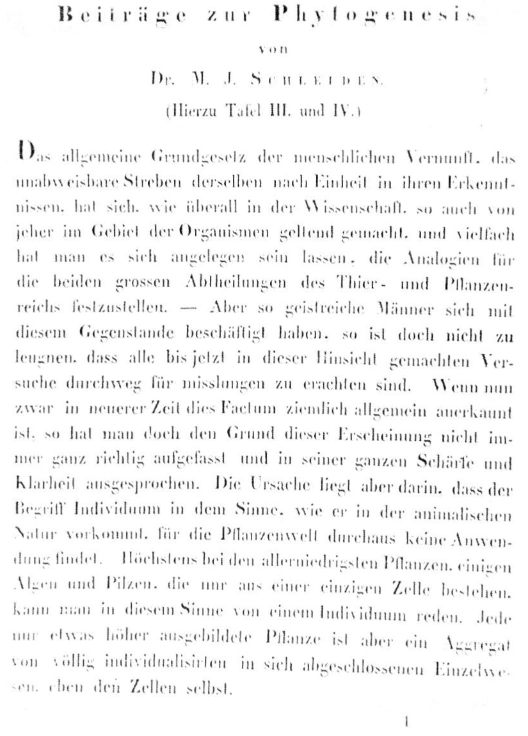
Beiträge zur Phytogenesis

von

Dr. M. J. Schleiden.

(Hierzu Tafel III. und IV.)

Das allgemeine Grundgesetz der menschlichen Vernunft, das unabweisbare Streben derselben nach Einheit in ihren Erkenntnissen, hat sich, wie überall in der Wissenschaft, so auch von jeher im Gebiet der Organismen geltend gemacht, und vielfach hat man es sich angelegen sein lassen, die Analogien für die beiden grossen Abtheilungen des Thier- und Pflanzenreichs festzustellen. — Aber so geistreiche Männer sich mit diesem Gegenstande beschäftigt haben, so ist doch nicht zu leugnen, dass alle bis jetzt in dieser Hinsicht gemachten Versuche durchweg für misslungen zu erachten sind. Wenn nun zwar in neuerer Zeit dies Factum ziemlich allgemein anerkannt ist, so hat man doch den Grund dieser Erscheinung nicht immer ganz richtig aufgefasst und in seiner ganzen Schärfe und Klarheit ausgesprochen. Die Ursache liegt aber darin, dass der Begriff Individuum in dem Sinne, wie er in der animalischen Natur vorkommt, für die Pflanzenwelt durchaus keine Anwendung findet. Höchstens bei den allerniedrigsten Pflanzen, einigen Algen und Pilzen, die nur aus einer einzigen Zelle bestehen, kann man in diesem Sinne von einem Individuum reden. Jede nur etwas höher ausgebildete Pflanze ist aber ein Aggregat von völlig individualisirten in sich abgeschlossenen Einzelwesen, eben den Zellen selbst.

1

Abb. 102. Erste Seite von M. J. Schleidens Arbeit über die Zellenbildung, die den Anstoß zur „Zellentheorie“ gab. Aus Arch. Anat. Physiol. und wiss. Med. 5 (1838).

Zellenbildung mit einem Kristallisationsprozeß analogisierte (vgl. 9.3.), muß man Schleidens Originalarbeit *Beiträge zur Phytogenesis* (1838) (Abb. 102) zugrunde legen, um seinen Anteil an dieser neuen Theorie zu erkennen. Sein Ausgangsprojekt war keine deskriptive Pflanzenanatomie, sondern die Fragestellung seines Onkels Johannes Horkel in Berlin über Befruchtung und Keimesentwicklung der Phanerogamen. Als Nebenprodukt dieser Studien am Pflanzenembryo entstand die wichtige neue Erkenntnis, daß die Entstehung und Weiterentwicklung der Zelle der Schlüssel für die Entstehung aller Gewebe und Organe und für die Gestaltbildung der gesamten Pflanze ist. Obwohl die Kenntnis der Zellen als Strukturelement der Gewebe sowohl bei Pflanzen als auch bei Tieren (A. von Haller 1757) seit langem vorlag und Meyen bereits mit seinem Lehrbuch über den Bau der Pflanzen aus „Zellgewebe“ (Meyen 1830) eine „Zellenlehre“ publiziert hatte (s. o.), erkannte doch erst Schleiden die *morphogenetische* Bedeutung der Zelle und ihres Kerns, worauf sich dann die neue „Zellentheorie“ von Schwann als Basis der Entwicklungsgeschichte der Organismen insgesamt gründete (vgl. 9.3.).

Den entscheidenden Impuls für diese neue Ge-
dankenrichtung erhielt SCHLEIDEN durch Robert
BROWN, der schon 1831 den Zellkern beschrieben, als *nucleus cellulae* bezeichnet und seine
Rolle im embryonalen Zellgewebe der Orchideen beobachtet hatte (BROWN 1833). Deshalb
betrachtet MÄGDEFRAU (1992, S. 187) BROWNS
Entdeckung als den eigentlichen Ausgangspunkt
der neuen *Zellentheorie*. Als er auf seiner Rund-
reise durch Europa im Herbst 1836 vor Berliner
Persönlichkeiten im Hause von SCHLEIDENS Onkel HORKEL mikroskopische Präparate über Em-
bryobildung demonstrierte, machte er SCHLEIDEN
auf die Bedeutung des *nucleus* aufmerksam, den
dieser ebenfalls am Bildungsort jungen Zellge-
webes konstant beobachtet hatte. Nach SCHLEI-
DENS eigenem Bericht hätte er den Wert dieser
Entdeckung ohne BROWNS Hinweis nie erkannt
(JAHN 1987, S. 20). SCHLEIDEN hatte zusätzlich
auch das Kernkörperchen (*nucleolus*) entdeckt
und vermutete darin den Ausgangspunkt der Zellbildung. Den Zellkern nannte er deshalb *Cyto-
blast* (Zellbildner) und glaubte in ihm die neue
Zelle zu sehen, die sich in der Zellflüssigkeit der
alten Zelle bilde. Er untersuchte deshalb auch die
physikalische Beschaffenheit und die chemische
Zusammensetzung des Zellinhalts, den er für eine
Gummi- und Zuckerlösung hielt (SCHLEIDEN
1838) und *Cytoplasma* nannte (1842).

8.2.2. Entwicklungsgeschichte und Fortpflanzungsbiologie

Fast bis zur Mitte des 19. Jh. hielten sich die
Zweifel an der Existenz zweigeschlechtlicher
Fortpflanzung bei Pflanzen, die durch Vertreter
der naturphilosophischen Richtung (SCHELVER
1812; HENSCHEL 1824) wieder aufgelebt waren
(vgl. 7.2.1.). Obwohl schon gute Mikroskopiker
wie der Italiener AMICI, der Engländer
R. BROWN und der Franzose Adolphe BRONG-
NIART die wichtigsten Fakten über den Bau des
Eies – aus dem *Nucellus* und zwei *Integumenten*,
die die *Mikropyle* bilden – und über die Keimung des Pollenkornes in den Pollenschlauch,
der den Fruchtknoten durchwächst und zur Ei-
Mikropyle durchdringt, erkannt hatten, blieb
die Deutung dieser Beobachtungen unsicher. So
entstanden durch falsche Interpretation mikroskopischer Bilder Ansichten wie die des Physiologen Johannes HORKEL (1836) und seines Neffen M. J. SCHLEIDEN (1837), denen zufolge der
Embryo in dem Ende des Pollenschlauches nach
dessen Eindringen in die Mikropyle (statt im
Ei) entstehen sollte (Abb. 103). Vertreter dieser
Theorie hielten den Pollen für das weibliche
Prinzip und wurden deshalb „Pollinisten" genannt. Sie blieben mit ihrer Auffassung nicht allein; Stefan ENDLICHER und Franz UNGER in
Wien stützten diese Hypothese, und einige Anhänger dieser Hypothese wie WYDLER und VA-
LENTIN stellten die Existenz der Sexualität bei
Pflanzen überhaupt in Frage, da es sich eigentlich nur um die Implantierung des ungeschlechtlich im Keimschlauch entstehenden Embryos in
den Fruchtknoten handele und keineswegs um
die Verschmelzung männlicher und weiblicher
Geschlechtselemente (VALENTIN 1835).

Den definitiven Beweis für die Existenz zweigeschlechtlicher Fortpflanzung lieferte in den
40er Jahren des 19. Jh. – aufgrund einer Preis-

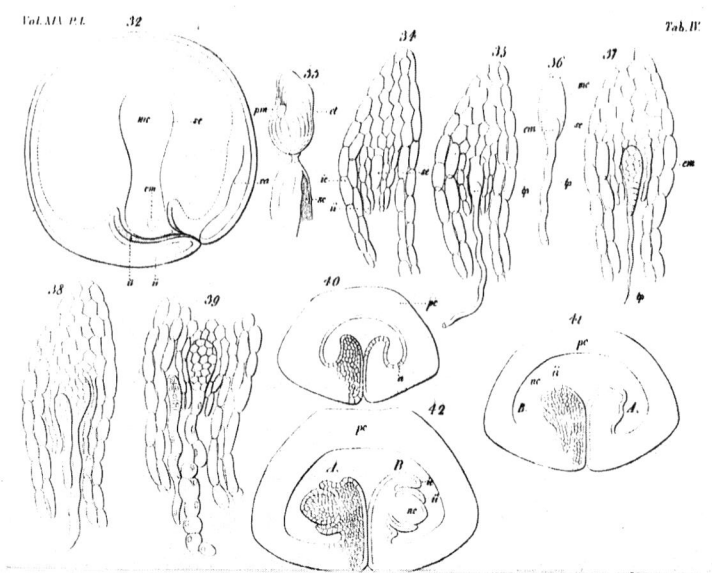

Abb. 103. Abbildungen 34–39 zu
SCHLEIDENS falscher Befruchtungshypothese, die die Spitze des
Pollenschlauches nach Eindringen
in die Mikropyle zeigen; die Zellen des Embryo wurden irrtümlich innerhalb des Pollenschlauches dargestellt. Aus Nova Acta
Leopoldina 19, P. 1 (1839),
Taf. IV.

aufgabe der Holländischen Akademie der Wissenschaften – Karl Friedrich Gärtner (1844, 1849) durch Bastardierungsversuche (Graepel 1978). Gleichzeitig verschärfte sich die Polemik der Pflanzenanatomen und führte zu einer Reihe berichtigender Arbeiten über die Beziehungen und die Entwicklung der Inneren Strukturen des Pollenkorns und des Eies (Naegeli 1842; Unger 1846; Amici 1847; Hofmeister 1849; Mohl 1851; Pringsheim 1854).

Vor allem die klassische Arbeit Hofmeisters über *Die Entstehung des Embryo der Phanerogamen* (1849) brachte neue Aufschlüsse. Er hatte die Entwicklung der Eizelle und ihrer Typen, den Aufbau des Embryosackes und die Bildung des Eiapparates an 38 Pflanzenarten studiert und die Eizelle mit den *Synergiden* und 3 *Antipoden* entdeckt. Dann verfolgte er die Entwicklung von Staubbeutel und Pollen und das Durchwachsen des Pollenschlauches durch den Fruchtknoten zur Eizelle. Er vermutete jedoch irrtümlich, daß sein Inhalt durch Diffusion zum Embryosack durchdringt. Die befruchtete Eizelle bezeichnete er als Beginn der Entwicklung des Embryos. Die Ansichten Hofmeisters bestätigten eine Reihe von Forschern, aber die „Pollinisten" gaben ihre Deutung nicht auf. Eines ihrer Hauptargumente war die falsche Analogie zwischen dem Pollenkorn der Samenpflanzen und den Sporen der Moose und Farne, die überhaupt für asexuell gehalten wurden. Deshalb wurde auch die Arbeit J. Lesczyc-Suminskis (1848) angefochten, der die *Antheridien* und *Archegonien* an den *Prothallien* der Farne entdeckte und zwei Phasen der ontogenetischen Entwicklung der Farne unterschied: die geschlechtliche und die sporogene. Hofmeister hatte seit 1849 den Lebenszyklus der Moose, Farne und Gymnospermen studiert und ihn mit den Verhältnissen bei den Angiospermen verglichen (Hofmeister 1851). Er zeigte, daß die Individualentwicklung dieser verschiedenen Gruppen einem einheitlichen Gesetz unterliegt – dem Gesetz des Generationswechsels, d. h. des regelmäßigen Wechsels des geschlechtlichen und des ungeschlechtlichen Stadiums (Hofmeister 1851). Er beobachtete auch, daß diese biologisch gleichwertigen Stadien sich jedoch morphologisch in den einzelnen Pflanzengruppen nach der Stufe ihrer Selbständigkeit unterscheiden:

Während die geschlechtliche Generation – der *Gametophyt* – bei den Moosen durch das beblätterte Stengelchen repräsentiert ist, das die *Archegonien* und *Antheridien* trägt, und die ungeschlechtliche Generation – der *Sporophyt* – in Form eines einfachen *Sporogons* aus dem befruchteten *Archegonium* direkt auf der geschlechtlichen Generation wächst, ist bei den Farnen die geschlechtliche Generation morphologisch zum einfachen, undifferenzierten *Prothallium* reduziert, zwar selbständig lebensfähig, aber es herrscht im Lebenszyklus ein morphologisch differenzierter *Sporophyt* vor, der die *Sporangien* und *Sporen* trägt, die während der Reifezeit den *Sporophyten* verlassen und zu einem neuen *Gametophyten* keimen.

Hofmeister konstatierte, daß bei den Farnen heterogene Sporen existieren, die morphologisch nach dem Geschlecht unterschieden werden können:

Die sogenannten *Makrosporen* keimen zum weiblichen und die *Mikrosporen* zum männlichen *Prothallium* aus. Dieser sexuelle Unterschied wird in der Gruppe der Samenpflanzen durch die Reduktion des *Gametophyten* deutlicher. Bei den *Gymnospermen* ist der weibliche *Gametophyt* nicht mehr zur selbständigen Existenz fähig; er verläßt nicht mehr die *Makrospore* und den *Sporophyten* und existiert im Ei als ein sogenanntes primäres *Endosperm*, das das *Archegonium* trägt. Bei den *Angiospermen* ist es zur maximalen Reduktion gekommen; bei ihnen ist der *Gametophyt* durch den *Embryosack* repräsentiert, der die Eizelle mit den *Synergiden* – d. h. mit dem reduzierten „Archegonium" – einschließt.

Ähnlich homologisierte Hofmeister das Pollenkorn mit der *Mikrospore*, und den Pollenschlauch bezeichnete er als männlichen *Gametophyten*.

Die Entdeckung des Generationswechsels und zugleich auch die Lösung der Frage nach der Bisexualität der Pflanzen und der Entstehung des Embryos aus der befruchteten Eizelle, was Radlkofer (1856) bestätigte, wiesen die Übereinstimmung in der Ontogenese aller Pflanzen nach und beeinflußten die weitere Entwicklung der Anatomie und Embryologie, der Morphologie und Taxonomie und antizipierten den phylogenetischen Zusammenhang der Pflanzengruppen einige Jahre vor Darwin.

Sie entfachten vor allem das Interesse an der detaillierten Aufklärung der eigentlichen Befruchtungsprozesse bei den Samenpflanzen und der Entwicklung ihrer Geschlechtsorgane. Es war das Verdienst von Eduard Strasburger, I. N. Gorozankin, V. J. Beljaev, M. Treub, L. Guignard, bis zum Ende des 19. Jh. allmählich die Kenntnisse über die Verhältnisse im Embryosack des Eies, im Pollenkorn und Pollenschlauch, über die Art seines Durchdringens zum Embryosack und zum Eiapparat präzisiert zu haben. Eine der wichtigsten Erkenntnisse war die, daß ein großer, vegetativer Kern und zwei kleine generative Kerne im Pollenschlauch der Angiospermen existieren (Strasburger 1884) und daß einer der beiden generativen Kerne des Schlauches mit dem Kern der Eizelle verschmilzt.

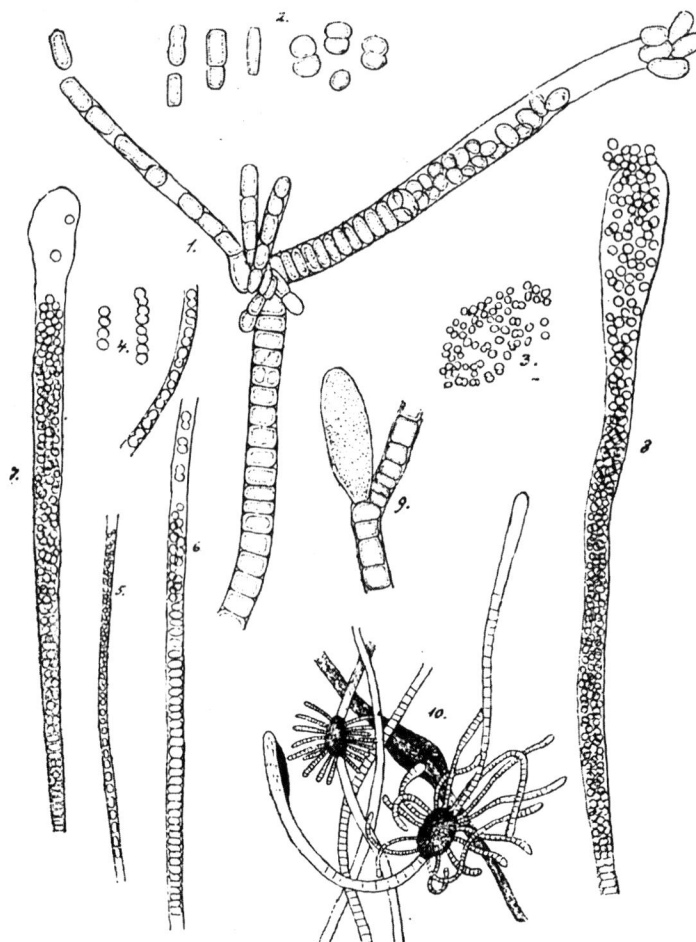

Abb. 104. Entwicklungsgeschichte
der Algen (Schwärmzellen und
Gonidienbildung bei *Crenotrix
polyspora*). Aus Cohn 1875.

Diese Feststellung war die Voraussetzung für die Entdeckung der sogenannten „doppelten Befruchtung" durch S. G. Navašin (1898), der zeigte, daß bei den Blütenpflanzen in den Embryosack noch ein zweiter generativer Kern aus dem Pollenschlauch tritt, der mit dem sekundären Kern des Embryosackes verschmilzt und das Nährgewebe – das *Endosperm* – im künftigen Samen bildet. Nicht nur die Entstehung des neuen Pflanzenkeims ist bei den Angiospermen das Ergebnis des Geschlechtsaktes, sondern auch die Bildung der Nährstoffvorräte für den ersten Zeitabschnitt seiner Existenz.

Diese Erkenntnis schließt die erste Phase der Suche nach den Fortpflanzungsprozessen bei den Blütenpflanzen ab und hatte große Bedeutung für die Pflanzengenetik des 20. Jh. (vgl. 17.1.).

Unter dem Einfluß Darwins wurde beim Studium des Blütenbaues und der Sexualstrukturen die Aufmerksamkeit besonders auf die Anpassung der Blütenorgane und die Art der Bestäubung mit Hilfe von Insekten und anderer Tiere gelenkt, worüber bereits Christian Konrad Sprengel (1793) eine von Darwin bewunderte Schrift publiziert hatte (sie wurde 1894 neu gedruckt). Diese Forschungsrichtung entwickelte sich seit den 60er Jahren des 19. Jh. zu einem besonderen Zweig der Botanik, der Blütenbiologie (E. Stahl 1881, 1888).

Der Erfolg der entwicklungsgeschichtlichen Methode beim Studium der höheren Pflanzen verstärkte auch wieder das Interesse an den niederen Kryptogamen, was nicht zuletzt durch die Fortschritte in der Mikroskoptechnik bedingt war. Ausgangspunkt war ebenfalls das Studium der verschiedenen Arten der Vermehrung und der Typen der Befruchtungsprozesse bei Algen und Pilzen. Einzelne Erkenntnisse aus der ersten Hälfte des 19. Jh. wurden seit dem Beginn der 50er Jahre durch mikroskopische Untersuchungen vermehrt. Bedeutende Beiträge zur Aufklärung der komplizierten Lebenszyklen niederer Kryptogamen leisteten N. Pringsheim

(1857–1873), L. R. Tulasne (1861–1865), Cohn (1875), A. de Bary (1875, 1884), M. S. Voronin (1865–1881) und viele andere (Abb. 104). Die Natur der Flechten als Organismen, die aus der Symbiose zwischen Pilzen und einzelligen Algen entstehen, wurde von S. Schwendener (1869) durch entwicklungsgeschichtliche Studien geklärt.

Carl Naegeli, der den methodischen Forderungen Schleidens nach induktiver Forschung und Verbindung der Morphologie mit der Embryologie und Histologie konsequent gefolgt war und die Entstehung der Gewebe und Organe auf die Entstehung der Zellen reduziert hatte, wählte ebenfalls die Kryptogamen als Ausgangspunkt morphogenetischer Forschung, von denen er dann zu den höheren Pflanzen überging. Die Individualentwicklung faßte er als eine Serie gesetzmäßiger Prozesse analog physikalischer Prozesse auf, deren Beginn in der Vermehrung der Zellen liegt. Um jedoch die planmäßige Weiterentwicklung zur Pflanzengestalt und die innere Organisation und ihre Vervollkommnung von einfachsten zu komplizierteren Strukturen erklären zu können, ergänzte er seine Vorstellungen mit der Annahme eines „Vervollkommnungstriebes", einer Kraft, die das Leben zu höheren Formen führt (Naegeli 1884) (vgl. auch 11.3.).

Von der Mitte des 19. Jh. an zeigte sich als Haupttendenz die Verbindung des Studiums über den Bau der Pflanzen mit ihren Zellstrukturen, was im Aufbau der Lehrbücher für Botanik erkennbar ist, die nicht mehr mit der Morphologie der Pflanze beginnen, sondern mit der Darstellung der Zelle und ihrer Funktionen (Strasburger 1894).

Da die Grundfrage nach der Bildung und Vermehrung der Zelle noch lange nicht eindeutig gelöst war, verlagerte sich der Schwerpunkt der morphologischen Forschung auf den Zellbereich und führte zu einer weiteren Spezialdisziplin, der Zytologie. Sie erlebte erst mit der Entwicklung spezifischer Färbetechniken im letzten Drittel des 19. Jh. und mit der von Zeiss vervollkommneten Mikrophotographie (R. Koch 1876–1877; N. Pringsheim 1877; R. Neuhaus 1887, 1907) ihren Aufschwung (vgl. Cremer 1985).

8.2.3. Weitere Zellen- und Organlehren

Im Verfolg der Schwann-Schleidenschen Zellentheorie führten die morphogenetischen und histogenetischen Studien in der neuen „anato-misch-ontogenetischen" Richtung der Botanik zu neuen Fragen und Lösungen.

Im Zusammenhang mit dem Studium der Differenzierungsprozesse beim Wachstum trat die Frage nach der Funktion der primären und sekundären Meristeme in den Mittelpunkt von Untersuchungen.

Sie führten in den 40er Jahren des 19. Jh. zur Theorie der Scheitelzelle von Naegeli (1842) und zur Histogentheorie von Hanstein (1868), der in der Scheitelzone des Sprosses drei histologische Schichten unterschied: Dermatogen, Periblem und Plerom als Basis der Epidermis, der Rinde und des Zentralzylinders. Auch die Bildung des Holzes, des Korkes, der Borke, der Luftkanäle und anderer Gewebe waren Gegenstände spezieller Forschungen. Naegeli (1858) versuchte, die Klassifizierung der Gewebe auf ontogenetischer Basis durchzuführen, und Sachs (1874) verband sie mit morphologischen Aspekten und legte ihre Lage in der Pflanze als Kriterium zugrunde. Einen rein morphologischen Standpunkt behielt de Bary (1877) bei, der verschiedene Typen der Gefäßbündel nach Form und Anordnung beschrieb. Die Stelärtheorie van Tieghems (1870–1872, 2. Aufl. 1891) spiegelt dagegen die Tendenz wider, die verschiedenen Typen auf Grundformen zurückzuführen. Diese Theorie besagte, daß der Zentralzylinder – die Stele – bei Gefäßpflanzen trotz aller Unterschiede in den taxonomischen Gruppen ein universeller Bestandteil des Stengels und der Wurzel ist. Durch ihre Vermittlung entstanden später in der Pflanzenanatomie phylogenetische Betrachtungsweisen über Ursprung und Abstammung der verschiedenen Steletypen.

Die klassischen Methoden der Pflanzenanatomie ergänzte Simon Schwendener (1874) durch Anwendung experimenteller Methoden der Physiologie, indem er auf das Verhältnis des Charakters des Gewebes zu seiner Funktion aufmerksam machte. Er ging vor allem von den Elementen mit festigender Funktion in der Pflanze aus, an denen er gut nachweisen konnte, daß diese mechanischen Gewebe und ihre Lokalisierung zwar morphologischen Gesetzen widersprechen, aber immer so gruppiert sind, daß sie den entsprechenden Organen die größtmögliche Festigkeit geben.

Haberlandt (1884) und seine Schule beschäftigte sich in Weiterführung der morphophysiologischen Richtung Schwendeners mit dem bestimmenden Einfluß der Funktion auf die zweckmäßige Bildung der Gewebe (vgl. 17.2. und 17.4.1.) (Abb. 105).

Auch die alten Probleme aus der klassischen vergleichenden Morphologie wurden nun aus

der Agrochemie als von der theoretischen Botanik experimentell bestätigt, überarbeitet und
von den LIEBIGschen Irrtümern befreit. Beson-

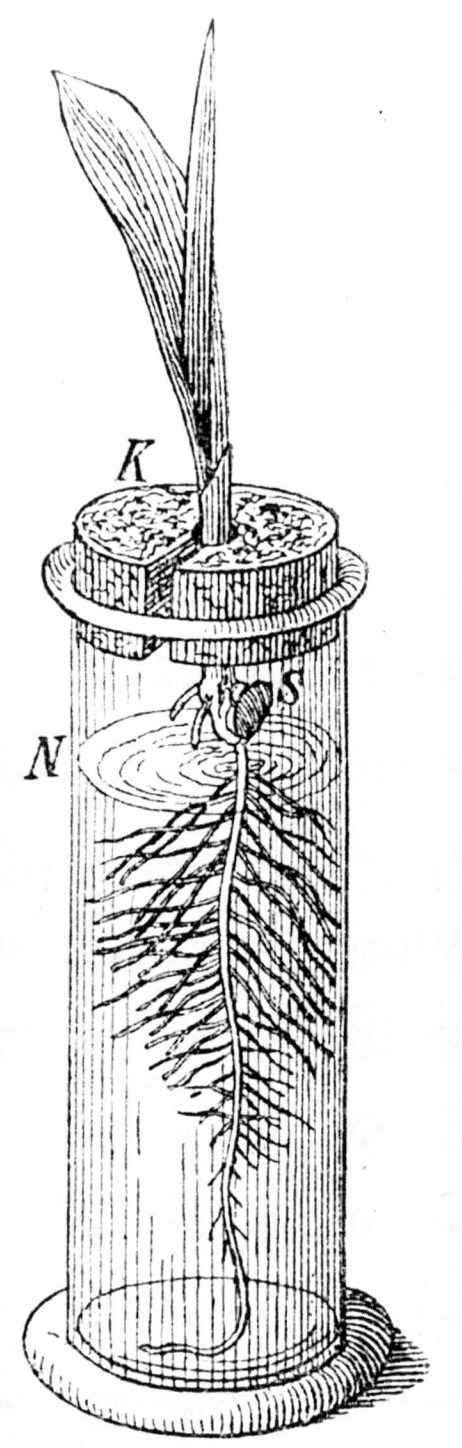

Abb. 107. Kulturversuch von Pflanzen in künstlicher
Nährlösung (Maispflanzen in Wasserkultur). Aus
J. SACHS 1865.

ders Jean-Baptiste BOUSSINGAULT (1843–1844)
zeigte durch Anwendung quantitativer Methoden, zum Beispiel durch genaues Wägen, durch
Analyse der Düngemittel und Pflanzenerträge,
daß die Pflanzen den Stickstoff aus seinen Verbindungen im Boden entnehmen. Feldversuche
bewiesen, daß der größte Stickstoffzuwachs in
den Pflanzen derjenigen Parzellen gefunden
wurde, auf denen im vorhergehenden Jahr Leguminosen angebaut worden waren. Durch Gefäß-
versuche (*in vitro*) stellte er fest, daß die Leguminosen – im Unterschied zu Getreidepflanzen
– fähig sind, Luftstickstoff zu assimilieren. Erst
1866 entdeckte VORONIN die Knöllchenbakterien
an den Wurzeln der Schmetterlingsblütler, und
1888 zeigten HELLRIEGEL und WILFAHRT erstmals deren Fähigkeit, Luftstickstoff zu assimilieren. Definitiv wurde dann dieser Fragenkreis in
den 90er Jahren geklärt, als VINOGRADSKIJ die
Bodenbakterien entdeckte, die Ammoniak in
Nitrite und Nitrite in Nitrate umwandeln.

Die Methoden der Feldkultur und der Gefäß-
versuche setzten sich bald in den sich ständig
mehrenden agrochemischen Stationen durch.
Für die exakte Lösung weiterer pflanzenphysiologischer Probleme entstanden auch in den wissenschaftlichen Laboratorien der Universitäten
und Landwirtschaftlichen Hochschulen immer
mehr Möglichkeiten. Julius SACHS erarbeitete
1859 für die genaue Ermittlung weiterer bioge-
ner Elemente die Methode der exakt definierten Nährlösung und später – zusammen mit
J. A. KNOP – die Methode der Wasserkultur und
der vollständigen und partiellen Nährlösung
(Abb. 107). Sie trug wesentlich zur Verbreitung
der Kenntnisse über die Zahl und die Bedeutung der biogenen Elemente und der Spurenelemente in der Ernährung der Pflanzen bei. Auch
dem Problem der **Photosynthese** wurden von
verschiedenen Gesichtspunkten aus viele Untersuchungen gewidmet. Nach der Entdeckung der
Stärkekörnchen im Chlorophyll (MOHL 1845,
1855) zeigte SACHS (1862–1864), daß diese Stärke ein Produkt der Tätigkeit des Chlorophylls
unter Lichteinfluß ist, also eine direkte Abhängigkeit zwischen Assimilationsprodukten und
Licht besteht. Dabei betonte er, daß das unmittelbare Produkt dieses Prozesses auch ein der
Stärke analoger Stoff – der Zucker – sein kann.
Durch sein Verdienst entstand die klassische
Gleichung der Photosynthese:

$$6\,CO_2 + 6\,H_2O + \text{Sonnenenergie} \rightarrow C_6H_{12}O_6 + 6\,O_2$$

Nach dem definitiven Nachweis, daß der Prozeß der Photosynthese in kausalem Zusammenhang mit der grünen Farbe des Chlorophylls
steht, verstärkte sich im letzten Drittel des
19. Jh. das Interesse am inneren Aufbau des

Chlorophylls und seinen physikalisch-chemischen Eigenschaften sowie an der Abhängigkeit der Photosynthese von den äußeren Bedingungen, also an ökologisch-physiologischen Problemen. Bereits bis zum Ende des Jahrhunderts waren einzelne Farbkomponenten aus Extrakten grüner Blätter isoliert worden. Zu ihrem Studium trug besonders die Methode der Spektralanalyse bei, die neben anderen besonders von K. A. TIMIRJAZEV angewendet wurde.[1]) Er ermittelte durch die Spektralanalyse im Bereich der sichtbaren Strahlung auch das Verhältnis der Menge der Sonnenenergie, die vom Blattchlorophyll absorbiert wird, d.h. die Intensität der Photosynthese. Auf der Grundlage des Gesetzes von der Erhaltung der Energie (Robert MAYER 1842) zeigte er die Rolle der Photosynthese in der Kette der energetischen Umwandlungen auf der Erde und wies auf die Bedeutung der grünen Pflanzen im gesamten Stoff- und Energiekreislauf hin (TIMIRJAZEV 1869, 1871; vgl. HÖXTERMANN 1995).

Parallel zu den Untersuchungen über die Pflanzenernährung wurde in der zweiten Hälfte des 19. Jh. die Arbeit auf dem Gebiet des **Wasserhaushaltes** der Pflanze intensiviert, dessen Kenntnis auf der Entdeckung der Osmose durch DUTROCHET (1826–1828) beruhte und die sich nunmehr auf Detailkenntnisse der Zelle und der Zellmembran stützen konnte. So wurden im letzten Jahrhundertdrittel die Erscheinung der *Diosmose* entdeckt, die *Semipermeabilität* der Membran erkannt und ihre Bedeutung für den Stoffwechsel sowie die Erscheinung der *Plasmolyse* aufgeklärt, Erkenntnisse, die mit dem Wirken von Thomas GRAHAM (1862), Moritz TRAUBE (1867–1874), Wilhelm PFEFFER (1877) und Hugo DE VRIES (1878–1888) verbunden sind. Im Rahmen der Fragestellungen über die Aufnahme der Nährlösungen und ihres Weges in der Pflanze wurde auch das Problem des Wurzeldruckes wieder aufgeworfen (SACHS 1865) und der *Imbibitionstheorie* erneut Aufmerksamkeit zugewandt (vgl. 6.3.2.).

Mit dem eingehenden Studium der Anatomie und der Funktion der verschiedenen Pflanzenorgane wie der *Epidermis*, der Spaltöffnungen und der *Cuticula* wurde auch wieder die Frage nach den Funktions- und Regulationsmechanismen bei der Transpiration sowie ihrer Beeinflussung durch äußere Faktoren aktuell, die schon am Ende des 18. Jh. diskutiert worden war (vgl. 8.1.). Die Problematik wurde von MOHL (1846), UNGER (1855) und SACHS (1865) behan-

delt und trat am Ende des Jahrhunderts in Rußland in den Mittelpunkt des Interesses, und zwar im Zusammenhang mit den Folgen der Dürrejahre unter den klimatischen Bedingungen Rußlands. Die biologischen Grundlagen der Widerstandsfähigkeit der Pflanzen gegenüber der Trockenheit untersuchte TIMIRJAZEV und klärte den wechselseitigen Einfluß der Ernährung der Pflanzen und ihrer Transpiration auf, wobei er erstmals auf den Antagonismus beider Prozesse hinwies (TIMIRJAZEV 1901).

Der Vorgang der **Atmung**, den L. GARREAU (1851) bereits klar als ununterbrochenen Prozeß in allen Pflanzenteilen von der Photosynthese unterschieden hatte, wurde zunächst ganz mit der tierischen Atmung und der Verbrennung identifiziert. Zweifel an der Richtigkeit dieser Vorstellung entstanden erst gegen Ende des 19. Jh., die viel später zu der Erkenntnis führten, daß es zur eigentlichen Oxidation der organischen Verbindungen bei der Atmung erst nach ihren Umwandlungen in einer Reihe anaerober Prozesse („Krebszyklus") kommt (vgl. 16.4.4.).

In Verbindung mit dem wachsenden Interesse am Bau der Zelle und am anatomischen Aufbau der Pflanze und seiner Entwicklung wurden seit Mitte des 19. Jh. auch die Voraussetzungen zum Studium des Wachstums und der **Pflanzenbewegungen** vom physiologischen Standpunkt aus geschaffen. Für die genaue Messung der Wachstumsgeschwindigkeit konstruierte SACHS 1872 das erste Auxanometer, nachdem die Frage nach den inneren Ursachen des Wachstums (die er im erhöhten Turgor vermutete) und des Zellwachstums aufgeworfen worden war.

Der Erfindungsgabe von SACHS verdankte die junge Disziplin der Pflanzenphysiologie eine Reihe von Methoden und Techniken, die in ihrer Weiterentwicklung unentbehrlich wurden:

Außer dem *Auxanometer* zur Anzeige, Messung und Selbstregistrierung des Längenwachstums an Pflanzen entwickelte er die *Blasenzählmethode* zur Messung der Sauerstoffabgabe von Wasserpflanzen in Abhängigkeit vom Licht, ein *Potometer* zur Messung der Wasseraufnahme und -abgabe zur Feststellung des Wurzeldruckes, einen *Klinostat* zur Untersuchung der Schwerkraft und anderer Bewegungsreize, einen *Wurzelkasten* zur Beobachtung des Wurzelwachstums in Erdkultur, die sogenannten „*Glocken*" (doppelwandige, mit Farblösungen zu füllende Glasflaschen) zur Untersuchung von wellenlängenabhängiger Photosynthese. Er führte die *Jodprobe* zur Bestimmung der Stärkeproduktion in belichteten Blättern und die *Blatthälftenmethode* zur Wägung der Stoffproduktion u.a.m. ein und machte sie in seinem *Handbuch der Experimentalphysiologie der Pflanzen* (1865) bekannt (vgl. GIMMLER 1984).

---

[1]) Vgl. dazu auch MÖBIUS 1968, S. 234, der noch J. REINKE, Th. W. ENGELMANN und W. PFEFFER nennt.

8.3.2. Evolutionstheorie und Ökologie in der Botanik

Die Beobachtungen über die Abhängigkeit des Wachstums der Pflanzen, ihrer Bewegungen und ihrer Reizbarkeit von äußeren Faktoren wie Licht und Wärme, Schwerkraft und Zusammensetzung der Atmosphäre, die seit Beginn des 19. Jh. von Botanikern gemacht wurden, hatten die komplizierte Bedingtheit morphologischer wie physiologischer Erscheinungen nicht nur durch den inneren Zustand der Pflanze, sondern gleichzeitig durch die ökologischen Faktoren bewußt gemacht. Das physiologische Experiment begann sich auch in Verbindung zur Pflanzenökologie durchzusetzen, die ursprünglich von den empirischen Forschungsmethoden der Phytogeographie ausgegangen war. HUMBOLDTS physiognomische Richtung der Pflanzengeographie, die die Verschiedenartigkeit der Vegetation als Ergebnis der Umwelteinflüsse verstand, fand ihre physiologische Begründung eigentlich erst durch Alphonse DE CANDOLLE (1855). Allerdings war die ökologisch-physiologische Seite der Vegetationsbeziehungen schon früher bei Botanikern in den Mittelpunkt des Interesses gerückt, die sich seit den 30er Jahren des 19. Jh. in Rußland mit Vegetationsstudien im Zusammenhang mit Expeditionen in die östlichen Gebiete des Landes und mit praktischen Erfordernissen der Landwirtschaft in den Steppengebieten beschäftigten. Auch für die Forstwirtschaft spielte schon frühzeitig die praktische Seite der ökologischen Aspekte eine Rolle, wie es durch Heinrich COTTA (1832) gezeigt wird (vgl. A. RICHTER 1952). In der Mitte des 19. Jh. bildete sich die Vorstellung vom wechselseitigen Einfluß zwischen einzelnen Arten und dem Einfluß der Vegetation auf den Boden heraus, die ihren Ausdruck in der Entstehung der *Phytozönologie* (Wissenschaft von den Pflanzengemeinschaften) fand. Für diese Arbeitsrichtung waren die Arbeiten von SENDTNER (1854), J. R. LORENZ (1858) und KERNER VON MARILAUN (1862) maßgeblich; sie schufen die Grundlagen für die *Geobotanik*, die sich seit den 80er Jahren entwickelte.

Die Ökologie selbst wurde ursprünglich als „Biologie der Pflanzen" bezeichnet. Die Benennung *Ökologie* stammt erst von Ernst HAECKEL (1866, Bd. 2, S. 286–289), der unter diesem Terminus die „Wissenschaft von den gesamten Beziehungen des Organismus zur umgebenden Außenwelt" verstand (HAECKEL 1868, S. 539), ihn mehrfach präzisierte (USCHMANN 1970) und ihm unter dem Aspekt des Darwinismus eine besondere Bedeutung beimaß. Nach OEHSER (1959)

wurde dieses Wort aber unter Botanikern bereits vor 1866 verwendet.

Unter dem Einfluß SCHWENDENERS (s. o.) wurden die Zusammenhänge von histologischer Struktur und Lebensbedingungen der Pflanzen besonders von Alexander TSCHIRCH, Emil HEINRICHER, Georg VOLKENS und Heinrich SCHENCK studiert. Diese Botaniker wählten als Forschungsobjekte ökologische Typen, die den extremen Lebensbedingungen angepaßt sind wie die Xerophyten oder die Wasserpflanzen. Sie wiesen gemeinsam mit HABERLANDT (1884) nach, daß die innere Struktur der Pflanzen ganz wesentlich durch die Lebensbedingungen geformt ist (vgl. 16.1.).

Die physiologische Seite dieser Anpassungen begann Ernst STAHL durch die Einführung experimenteller Methoden in die Ökologie zu untersuchen. Zuerst war die Einwirkung des Lichtes auf die Pflanze (STAHL 1882), dann das Problem der Schutzmittel der Pflanzen gegen Tierfraß (STAHL 1888) Gegenstand seiner experimentellen Arbeiten, die in Jena, der Hochburg des Darwinismus, ausgeführt wurden. Zu seinen bedeutendsten Forschungsergebnissen gehört die Aufklärung der *Mycorrhiza* der Waldbäume, einer Symbiose zwischen Pilzen und den Wurzeln der Pflanzen (STAHL 1900).

Beide Richtungen der Ökologie – die histologische und die physiologische – vereinigte KERNER VON MARILAUN in seinem zweibändigen Werk *Pflanzenleben* (1890). Diese in Europa damals berühmte erste Gesamtschau über die Pflanzenökologie enthält zahlreiche Beobachtungen und Resultate der Experimente, die die Vegetationsorgane, die Blütenökologie, die Frucht- und Samenverbreitung betreffen.

Die Beobachtungen über den Zusammenhang von Lebensbedingungen und Lebensbedürfnissen der Pflanzen, ihre Anpassungen an die Umwelt und über die Veränderlichkeit ihrer Organisation unter der Wirkung der äußeren Einflüsse schufen die Voraussetzungen für eine evolutionistische Interpretation der Pflanzenwelt und des natürlichen Systems. Aufgrund solcher Beobachtungen gab es auch manche Botaniker, die die Deszendenztheorie antizipierten. So betrachtete der Mitbegründer der *Phytopaläontologie*, Caspar Graf VON STERNBERG, die Pflanzenwelt in ihrer Abhängigkeit von den Umweltbedingungen, besonders vom Klima und von chemischen Stoffen. Er setzte voraus, daß die Erdoberfläche Veränderungen erlitten hat, die dann zu den klimatischen und chemischen Veränderungen führten und damit auch die Pflanzenformen in der Zeitenfolge wandelten. Er betrachtete die Verwandtschaft der Pflanzenarten und -gattungen nicht in einem *a priori* gegebenen Typus, der Idee, die sich im Raum realisiert, sondern als Veränderungen der Arten selbst in der Zeit:

„Man mag sich die Pflanzenwelt wie eine Kettenfolge, oder wie ein Netz noch so vollkommen vorstellen, so muß man doch zugeben, daß nicht alle Pflanzenformen, die von der klimatischen Einwirkung und chemischen Mischung der Stoffe hauptsächlich abhängen, zu gleicher Zeit vorhanden waren" (*Abhandlungen über die Pflanzenkunde in Böhmen*. 1817, 1. Abt. S. 160).

Auch Franz UNGER hat bei der Analyse paläontologischen Materials mit Rücksicht auf die klimatische und historische Bedingtheit der gegenwärtigen Pflanzenverbreitung in seinem *Versuch einer Geschichte der Pflanzenwelt* (1852) die Evolutionsidee ausgesprochen, wenn er sagt: „… eine Pflanzenart muß aus der andern hervorgehen" (S. 345). Auch M. J. SCHLEIDEN vertrat schon in seiner *Physiologie der Pflanzen und Tiere* und *Theorie der Pflanzenkultur* (1850) im Zusammenhang mit der landwirtschaftlichen Forschung und Lehre die Entstehung neuer Arten durch Selektion, und W. O. FOCKE, HAECKELS Studienfreund, hatte schon 1856 in der Variabilität der Wildformen von *Rubus*, *Lotus* und *Silene* einen Beweis für die „Wandelbarkeit der Arten" gesehen (Brief an E. HAECKEL; JAHN 1965, S. 13).

Schließlich hatten auch HOFMEISTERS Entdeckung des Generationswechsels und die Methode der Homologisierung (HOFMEISTER 1851) (vgl. 8.2.2.) in der Botanik den Boden für die Deszendenztheorie vorbereitet. Das vorphylogenetische „natürliche System" fand dann durch sie seine Erklärung. Da sich unter dem Einfluß der Evolutionstheorie viele Botaniker verstärkt der ökologischen, ökogeographischen und ökomorphologischen Forschung zuwandten, wurden ihre Ergebnisse für den weiteren Ausbau des natürlichen, auf Stammesbeziehungen beruhenden Pflanzensystems genutzt.

Die verschiedensten Richtungen der Botanik vereinigten sich in dem Bestreben, im gesamten System die wechselseitige phylogenetische Stellung der Taxa (A. BRAUN 1862; J. SACHS 1870) sowie die Entwicklungsfolge der Hauptgruppen von den einfachsten Algen zu den höheren Pflanzen zum Ausdruck zu bringen (A. W. EICHLER 1883; A. ENGLER 1879–1882).

Die Erkenntnisse vom Artenwandel wurden in monographischen Arbeiten über Familien, Gattungen und Arten sowie bei floristischen Untersuchungen einzelner Gebiete berücksichtigt, und zwar unter Anwendung der neuen mikroskopischen und experimentellen Methodik. So nutzte RADLKOFER (1883) zum Beispiel mikroskopisch-anatomische Kriterien zur Determination oder SOLEREDER (1899) pflanzengeographische Aspekte für die taxonomische Bewertung. Das Studium der Artenzusammensetzung der Vegetation einzelner Gebiete und deren Vergleich führte unter anderem zu der Erkenntnis, daß die Arten ihre spezifischen Areale haben, die als charakteristisch und als Folge der historischen Entwicklung zu betrachten sind.

Auf dieser Grundlage stabilisierte sich in der Taxonomie die Arbeitsweise, die mit Hilfe morphologischer Methoden die Taxa unterscheidet, aber ihren phylogenetischen Wert nach der geographischen Verbreitung bestimmt (KERNER VON MARILAUN, R. WETTSTEIN). Die neuen Kriterien beeinflußten auch die Auffassungen von den taxonomischen Einheiten, insbesondere von der Kategorie „Art" (vgl. auch 11.3.). So wurde z. B. ein *Taxon*, das bisher als Unterart betrachtet wurde, dann als selbständige Art anerkannt, wenn neben der morphologischen Differenz auch ein bestimmtes Areal für das *Taxon* festgestellt wurde. Gegen die sehr engen Artdefinitionen von KERNER VON MARILAUN oder JORDAN (vgl. 8.1.1.) trat der Darwinist ČELAKOVSKY (1873) auf. Er verstand die Art nur als relativ beständig, indem innerhalb derselben die Unterarten als beginnende neue Arten in allen Übergangsformen anzusehen sind. Er erkannte demnach umfangreiche Artpopulationen an. Seine Auffassung von einer „Reduktionstendenz" (der Artenzahl) deckte sich mit den Ansichten NEILREICHS und der Schule ENGLERS.

Die Kenntnisse über die Beziehungen der Pflanze zur Umwelt, die ursprünglich auf empirischem Wege gewonnen worden waren, mündeten um 1900 ein in exakte Problemlösungen einer ökologischen wie auch der physiologischen Forschungen (vgl. Kap. 16.4.6. und 20.2.).

Der Gegenstand der Botanik erweiterte sich im Verlauf des 19. Jh. und differenzierte sich zunächst in Forschungsrichtungen, im 20. Jh. dann zu Spezialdisziplinen. Neben Systematik (Taxonomie), Morphologie, Anatomie und Physiologie kann man schon von der Mitte des 19. Jh. an auch von Embryologie, Zytologie, Phytogeographie, Ökologie und dem Anfang einer Geobotanik sowie Genetik (vgl. Kap. 11) sprechen.

9. Zoologische Disziplinen

Armin GEUS, Marburg (Lahn)

9.1. Die Revision der Tier-systematik

In der Nachfolge LINNÉS, teilweise auch schon zu dessen Lebzeiten, kam es zu einer regelrechten Inventarisierung der organischen Welt. Einige seiner zahlreichen Schüler sandte er noch selbst mit ausführlichen Anweisungen zum Sammeln und Präparieren von Pflanzen und Tieren in fremde Länder, so Pehr KALM (1715–1779) nach Nordamerika, Peter LÖFLING (1729–1756) nach Spanien und Fredrik HASSELQUIST (1722–1752) nach Palästina. Carl Peter THUNBERG (1743–1828) bereiste das Kapland, Südasien und Japan; nach neunjähriger Abwesenheit traf er mit umfangreichen Sammlungen wieder in Uppsala ein.

Auf Veranlassung der russischen Regierung wurde bereits 1733 unter der Leitung des dänischen Kapitäns Vitus BERING (1680–1741) eine erste *Große Nordische Expedition* ausgerüstet, an der die deutschen Naturforscher J. G. GMELIN und Georg Wilhelm STELLER (1709–1746) teilnahmen. Die von STELLER im Jahre 1741 vor den Kommandeurinseln entdeckte Riesenseekuh war schon dreißig Jahre später vollständig ausgerottet (Abb. 108). Für eine Forschungsreise unter dem Protektorat der Zarin KATHARINA D. GR. nach Zentralasien und Sibirien wurden außer P. S. PALLAS auch Samuel Gottlieb GMELIN (1744–1774), Johann Anton GÜLDENSTAEDT (1745–1781) und Iwan LEPECHIN (1737–1802) ge-

wonnen. PALLAS erwarb sich dabei nicht nur große Verdienste um die Kenntnis der Tierwelt jenseits des Ural, sondern seine anthropologischen Studien über die Volksstämme der Mongolei gelten seither als methodische Grundlage der wissenschaftlichen Ethnographie.

Im Auftrag der britischen Admiralität und der Königlichen Geographischen Gesellschaft segelte James COOK (1728–1779) im Jahre 1768 in den Pazifik, um dort im Juni 1769 den Durchgang der Venus vor der Sonne zu beobachten. Mit an Bord seines Schiffes, der *Endeavour*, befanden sich die beiden Botaniker Joseph BANKS (1743–1820) und Daniel Carl SOLANDER (1736–1782). Auf der zweiten, gründlich vorbereiteten Weltreise von 1772 bis 1775, die klären sollte, ob es tatsächlich eine noch unbekannte *Terra australis* gibt, wurde er von J. R. FORSTER und dessen Sohn Georg begleitet. Für die dritte Expedition hatte sich COOK die Mitreise von Wissenschaftlern ausdrücklich verbeten.

Fast gleichzeitig setzte die faunistische Erschließung einzelner Länder ein. Erik Ludvigsen PONTOPPIDAN (1698–1764) begann mit einer Naturgeschichte Norwegens, Eggert OLAFSEN (1721–1768) fuhr mit seinem Landsmann Biarne POVELSEN im Namen der *Königlichen Societät der Wissenschaften* in Kopenhagen nach Island, der Italiener Francesco CETTI (1726–1778) katalogisierte die vierfüßigen Tiere Sardiniens und O. F. MÜLLER schrieb eine für lange Zeit vorbildliche Monographie über die Tierwelt Dänemarks.

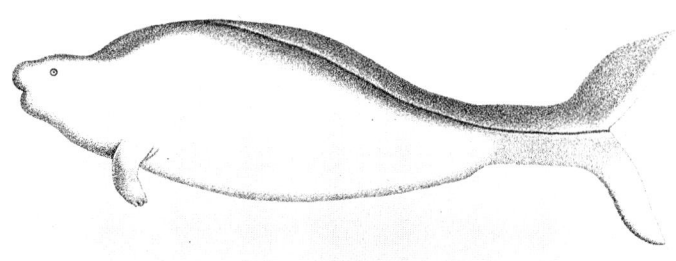

Abb. 108. Darstellung der im 18. Jh. ausgerotteten „Stellerschen Seekuh". Aus P. S. PALLAS: *Zoographia Rosso-Asiatica* Bd. V. 1 (1811) S. 272.

Frühe Beiträge zur regionalen Faunistik veröffentlichten William Borlase (1695–1772) für Cornwall, Giovanni Antonio Scopoli (1723–1788) für Oberitalien, Vitaliano Donati (1717–1763) für die Adria und E. Geoffroy St. Hilaire für die Länder des Nil. Die Fülle der Nachrichten über das Vorkommen und die Verbreitung einzelner Tierarten veranlaßte den deutschen Naturforscher E. A. W. Zimmermann zu einer ersten biogeographischen Synopse; er übertrug alle Angaben und Daten auf eine *Zoologische Weltkarte*, wandte sich unter Hinweis auf die Verschiedenartigkeit der Fauna im Bereich der nördlichen bzw. südlichen Hemisphäre entschieden gegen Buffons Theorie, die Tierwelt habe sich infolge von Abkühlung an den Polen jeweils in Richtung Äquator zurückgezogen, und versuchte, die *Geschichte der Erde* in erster Linie aus chorologisch-ökologischen Befunden zu erklären (vgl. 6.5.). Die meisten der bereits von Zimmermann erörterten Fragen und Probleme wurden an der Wende zum 19. Jh. durch A. von Humboldt erneut aufgegriffen und während seiner mit dem Botaniker A. Bonpland von 1799 bis 1804 durchgeführten Reise nach Mittel- und Südamerika weitgehend geklärt (vgl. 8.1.3.).

Andere Naturforscher richteten ihren Blick in die nicht weniger unerschlossenen Lebensräume des Mikrokosmos. Mit mechanisch und insbesondere optisch verbesserten Instrumenten – seit 1775 standen achromatische Linsensätze zur Verfügung – entdeckten sie zahlreiche neue Formen, die zwar ausführlich als *Infusionstierchen* beschrieben, hinsichtlich ihrer systematischen Stellung aber kaum näher klassifiziert werden konnten. Wichtige Beiträge aus dieser Zeit stammen von Martin Frobenius Ledermüller (1719–1769), Wilhelm Friedrich von Gleichen gen. Rusworm (1717–1783), George Adams (1720–1773), Ambrogio Soldani (1733–1808) und Jean Senebier (1742–1809) (vgl. auch 6.2.).

9.1.1. Vergleichende Anatomie und neue Klassifikationen

Als die Anzahl der neuentdeckten Arten gegen Ende des 18. Jh. geradezu sprunghaft gewachsen war, wurde auch die Tauglichkeit der künstlichen Systeme zunehmend in Frage gestellt. Ein natürliches System, erklärte Linné in der *Philosophia botanica*, werde es erst dann geben, wenn „alles festgestellt ist, was sich auf unser System bezieht" (Linné 1751, Aph. 12). Das Natürliche, bei Linné noch gleichbedeutend mit dem nicht zufällig Entstandenen, sollte den Schöpfungsplan Gottes und zugleich die ratio-

nale Ordnung der organismischen Vielfalt bekunden. Sichtbarer Ausdruck dieser Ordnung war das Bild der Stufenleiter, der *scala naturae*, auf der die lebenden wie die toten Körper, mit dem Menschen an höchster Stelle, in ununterbrochener Reihenfolge angeordnet sind; sie sollten keiner Abänderung und keinem Wandel unterliegen, vielmehr den ewigen Willen des Schöpfers bezeugen, der, so sagte Bonnet, „mit einer einzigen Tat alles verwirklicht, was je möglich war" (zit. nach W. Zimmermann 1953, S. 207) (vgl. 6.2.2. und 6.2.3.).

Diese Vorstellung beherrschte das wissenschaftliche Denken bis weit in das 19. Jh., obgleich auch Linné die Kontinuität der belebten Welt weniger als eine lineare denn als eine räumliche Ordnung auffaßte, weshalb er die Klassen mit den Provinzen einer Landkarte verglich, die Ordnungen mit Territorien, die Gattungen mit Kirchspielen, die Arten mit Dörfern und Individuen mit einzelnen Häusern. Ähnliche Überlegungen hatte auch J. Hermann, als er die im Sinne einer ideellen Verwandtschaft gedachten Beziehungen von Tiergruppen auf netzförmig konzipierten Tafeln darstellte. P. S. Pallas, der sich auf entsprechende Äußerungen Donatis bezog, plädierte ebenso dafür, daß „die Geschlechter der organischen Körper" nicht wie bei einer „Leiter einander folgen", sondern daß sie „gleichsam den Maschen eines Netzes zusammenhängen". Allerdings wäre es „unter allen übrigen bildlichen Darstellungen des Systems" sicher die beste, betonte er, „wenn man an einen Baum gedächte, welcher gleich von der Wurzel an einen doppelten, aus den allereinfachsten Pflanzen und Thieren bestehenden, also einen thierischen und vegetabilischen … Stamm hätte" (Pallas 1766 a, zit. nach der dt. Übers. von C. F. Wilkens 1787, Bd. I, S. 48). Das Erscheinen von Cuviers *Mémoire sur la structure interne et externe, et sur les affinités des animaux, auxquels on a donné de les vers* im Jahre 1795 zeigte der Systematik des Tierreichs völlig neue Wege.

„Ich habe dieses Essay über die Aufteilung nicht zu dem Zweck vorgelegt", erklärte er, „daß es als Ausgangspunkt für die Bestimmung des Namens von Arten dient; dafür wäre ein künstliches System leichter, und das ist auch richtig. Mein Ziel war es, die Natur und die wahren Verwandtschaftsbeziehungen der Tiere mit weißem Blut besser bekannt zu machen, indem ich das, was über ihre Struktur und ihre allgemeinen Eigenschaften bekannt ist, auf allgemeine Prinzipien reduziere" (Cuvier 1795, S. 387).

Dieses Ziel verfolgte der junge Cuvier schon während seines Aufenthaltes in der Normandie von 1788 bis 1794, wo er als Hauslehrer des Grafen d'Héricy auf Schloß Fiquainville bei

Caen tätig war und reichlich Gelegenheit hatte, entsprechende Untersuchungen an marinen Wirbellosen durchzuführen. Er stellte recht bald fest, daß sich eine natürliche Klassifikation nicht auf äußere, willkürlich ausgewählte Merkmale stützen darf, sondern in erster Linie nach den spezifischen anatomischen Verhältnissen erfolgen muß. Anatomie und Zoologie, das heißt „die Zerlegung und die Classification", sollten gewissermaßen „parallel mit einander gehen", schrieb er 1817 rückblickend, damit aus der „wechselseitigen Befruchtung zweier Wissenschaften ein zoologisches System entsteht", das geeignet ist, als „Führer und Einleiter im Felde der Anatomie zu dienen, und ein anatomisches Lehrgebäude zur Erläuterung und Entwickelung des zoologischen Systems abzugeben" (CUVIER 1817; dt. Übers. v. F. S. VOIGT, Bd. 1, S. XVIII).

Auf Anraten von Alexandre Henri TESSIER (1741–1837) hatte CUVIER einige seiner unveröffentlichten Manuskripte und Aufzeichnungen an GEOFFROY SAINT-HILAIRE gesandt, der 1793, gerade einundzwanzigjährig, Amtsnachfolger seines Lehrers Louis Jean-Marie DAUBENTON (1716–1799) am *Muséum d'Histoire Naturelle* in Paris geworden war. Beeindruckt von dessen ungewöhnlichen Fähigkeiten setzte er sich sehr dafür ein, daß CUVIER im Frühjahr 1795 als Mitarbeiter des Museums nach Paris berufen wurde.

Den ersten Versuch, das gesamte Tierreich nach den Grundlagen der neuen vergleichenden Ana-tomie zu ordnen, veröffentlichte CUVIER 1798 im *Tableau élémentaire d'histoire naturelle des animaux*. Die *animaux à sang blanc* (d. h. die wirbellosen Tiere) teilte er in drei Klassen ein, in Mollusken, Insekten und Zoophyten. Seesterne, Seeigel und Holothurien wurden als Echinodermen zusammengefaßt und mit den Aktinien, den Medusen, den Polypen und den Infusorien zu den beweglichen Zoophyten gestellt. Die festsitzenden Zoophyten hingegen bestanden nach wie vor aus Korallen und Schwämmen.

In den zwei Jahre später erschienenen *Leçons d'anatomie comparée* (Abb. 109) hatte CUVIER die von LAMARCK eingeführte Bezeichnung „*animaux sans vertèbres*" anstelle von „*animaux à sang blanc*" übernommen und in Abänderung der ersten Fassung seines Systems die Aufteilung der Wirbellosen in fünf Klassen vorgenommen: Mollusca, Vermes, Crustacea, Insecta und Zoophyta. Zur Charakteristik der Zoophyten, der „*animaux rayonnés*", stellte er den radiären Bau in den Vordergrund, obgleich auch mehrere bilateral symmetrische Gruppen zu ihnen gehörten, wie Eingeweidewürmer, Turbellarien, Rädertiere und Infusorien.

„Malgré quelques irrégularités", meinte CUVIER zuversichtlich, „ou retrouve toujours des traces de la forme rayonante" (CUVIER 1817, Bd. 4, S. 2).

Nach Auffassung CUVIERS darf sich der vergleichende Anatom nicht mit dem Besonderen der Erscheinungen aufhalten, er muß vielmehr das erkennen, was sie allgemein charakterisiert.

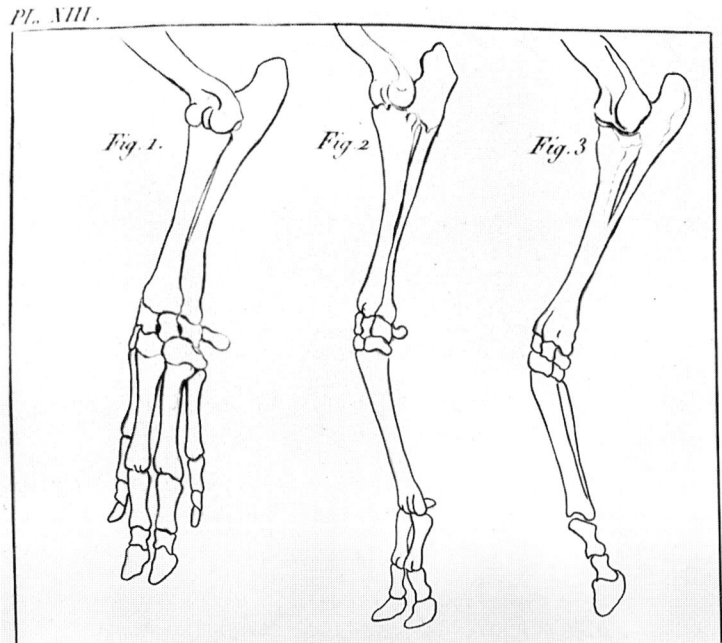

Abb. 109. G. CUVIERS vergleichend-anatomische Darstellung der Vorderextremitäten verschiedener Wirbeltiere, aus seinen Lecons d'anatomie comparée, Bd. 5 (1805).

„Zu diesem Behuf muß er sie in allen Modificationen untersuchen, welche ihre Zusammensetzung mit anderen Phänomenen veranlassen kann", sagte er in den Vorlesungen zur vergleichenden Anatomie; „er muß ferner von allen Nebenumständen, die ihre wahre Natur verhüllen, trennen und entblößen; mit einem Worte, er muß sich nicht auf eine Art von belebten Körpern einschränken, sondern alle vergleichen und das Leben und die Erscheinungen, woraus es besteht, in allen Wesen, denen ein Funke daran zu teil ward, untersuchen" (CUVIER 1798–1805; dt. Übers. v. F. L. FRORIEP und J. F. MECKEL 1809–1810, Bd. 1, S. V).

Untersuchungen an Wirbeltieren, die CUVIER schon kurz nach seiner Ankunft in Paris aufgenommen hatte, bestärkten ihn in der Überzeugung, daß sich ein sinnvoller Vergleich von Organen hauptsächlich auf deren Form beziehen muß, weniger auf die Funktion bzw. auf ihre physiologischen Leistungen. Die Tatsache, daß Stoffwechselvorgänge und Bewegungsabläufe in verschiedenen Tiergruppen von Organen ausgeführt werden, die einander so unähnlich sind, daß ein solcher Vergleich gar nicht mehr möglich ist, führte schließlich zur Ablehnung des traditionellen Kontinuitätsdenkens, wie es das Bild der *scala naturae* seit Jahrhunderten vermittelte.

„Welche Anordnung man auch den rückgratlosen Thieren geben mag", versicherte er, „man wird doch nicht dahin gelangen, an das Ende der einen oder zu Anfang der anderen dieser großen Abtheilungen zwei Thiere zu bringen, welche sich so gleichen, daß sie als Verbindungsglieder zwischen ihnen dienen können" (CUVIER 1798–1805; dt. Übers. v. G. FISCHER 1800–1802, T. 1, S. 50).

Nach CUVIER bestand das Tierreich aus vier solchen großen Abteilungen, aus Wirbeltieren, Mollusken, Gliedertieren und Zoophyten; er nannte sie *embranchements*. Henri-Marie Ducrotay DE BLAINVILLE (1777–1850) führte stattdessen 1816 den Begriff *Typus* ein. In der ersten Auflage des *Règne animal* von 1817 wird deutlich, daß CUVIER mit dem Typusbegriff die Idee eines bestimmten Bauplanes verband, der sich im abgestuften Rang von Merkmalen einzelner Organsysteme darstellt (Abb. 110). In den frühen Arbeiten stützte er sich diesbezüglich auf die Ernährungsorgane und diejenigen der Blutbewegung, nach 1807 begründete er die gegenseitige Abgrenzung der Baupläne mit der Ausbildung des Nervensystems.

Die beiden wichtigsten morphologischen Prinzipien CUVIERS sind das Gesetz des abgestuften Ranges der Merkmale, demzufolge verschiedene Teile eines Organismus taxonomisch unterschiedlich zu bewerten sind, und zum anderen das *Korrelationsgesetz*, das er folgendermaßen formulierte:

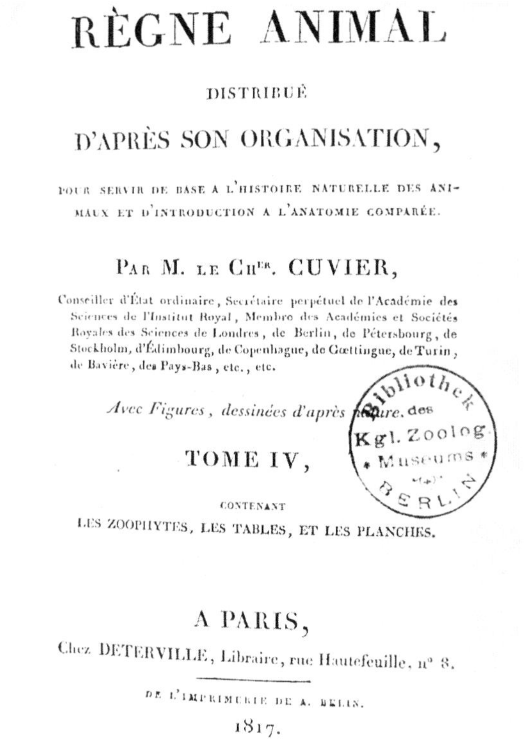

RÈGNE ANIMAL

DISTRIBUÉ

D'APRÈS SON ORGANISATION,

POUR SERVIR DE BASE A L'HISTOIRE NATURELLE DES ANIMAUX ET D'INTRODUCTION A L'ANATOMIE COMPARÉE.

PAR M. LE CHᵉᴿ. CUVIER,

Conseiller d'État ordinaire, Secrétaire perpétuel de l'Académie des Sciences de l'Institut Royal, Membre des Académies et Sociétés Royales des Sciences de Londres, de Berlin, de Pétersbourg, de Stockholm, d'Édimbourg, de Copenhague, de Gœttingue, de Turin, de Bavière, des Pays-Bas, etc., etc.

Avec Figures, dessinées d'après nature.

TOME IV,

CONTENANT

LES ZOOPHYTES, LES TABLES, ET LES PLANCHES.

A PARIS,

Chez DETERVILLE, Libraire, rue Hautefeuille, nº 8.

DE L'IMPRIMERIE DE A. BELIN.

1817.

Abb. 110. G. CUVIERS Werk über das Tierreich, nach seiner Organisation eingeteilt (1817), womit die Vergl. Anatomie in die Zoologie eingeführt wurde.

„Jedes Lebewesen bildet ein Ganzes, ein einheitliches und geschlossenes System, in welchem alle Teile einander gegenseitig entsprechen und zu derselben bestimmten Tätigkeit durch wechselseitige Gegenwirkung beitragen. Keiner dieser Teile kann sich verändern, ohne daß sich auch die übrigen verändern, und folglich bezeichnet und gibt jeder Teil für sich genommen alle übrigen" (CUVIER 1812; dt. Übers. v. J. NÖGGERATH 1822, Bd. 1, S. 72).

Die Anwendung des Korrelationsgesetzes war vor allem für die Beurteilung fossiler Wirbeltiere sehr hilfreich, denn

„die kleinste Knochenfläche, die geringste Apophyse hat einen bestimmten Charakter in bezug auf die Klasse, auf die Ordnung, die Gattung und Art, der sie angehört, und dieses geht soweit, daß man, mit der erforderlichen Geschicklichkeit und mit etwas gewandtem Zuhilfekommen durch Analogie und wirkliche Vergleichung, aus jedem wohlerhaltenen Endstück eines Knochens ebenso sicher alle übrigen Teile bestimmen kann, als wenn man das Tier selbst vor sich hätte" (CUVIER 1812; a. a. O., S. 72).

Die artenreiche Fauna der Eozänkalke des Pariser Beckens, die CUVIER zusammen mit Alexandre BRONGNIART (1770–1847) über einen Zeitraum von fünfundzwanzig Jahren planmäßig durchforschte, lieferte das notwendige Material, den heuristischen Wert des Korrelationsgesetzes überzeugend zu beweisen. Gleichzeitig schuf er die methodischen Grundlagen der heutigen Paläozoologie, die in den *Recherches sur les ossemens fossiles* von 1812 veröffentlicht wurden. Die konsequente Eingliederung ausgestorbener Wirbeltiere in das System der rezenten Fauna machte auch taxonomische Revisionen erforderlich, die bisher nicht oder nur unzureichend hätten begründet werden können. Nachdem CUVIER erkannt hatte, daß der indische und der afrikanische Elefant zwei getrennte Arten sind, stellte er außerdem fest, daß das Mammut näher mit dem indischen als mit dem afrikanischen Elefanten verwandt war (vgl. auch USCHMANN 1982).

LAMARCK hingegen kam durch seine Beschäftigung mit Wirbellosen, insbesondere fossilen Mollusken, zu völlig anderen Einsichten. Sie bestärkten ihn in der Überzeugung, daß es eine lineare Kontinuität der Formen gibt, zumal er viele fossile Muscheln in chronologischen Reihen anordnen konnte, an deren Ende jeweils rezente Arten standen; in anderen Fällen allerdings reichten rezente Arten bis weit in das Tertiär zurück. Über Fragen der Klassifikation dachte er ähnlich wie CUVIER.

„Man hat sich jetzt mit Recht überzeugt", heißt es in der *Philosophie zoologique* (1809), „daß die natürlichen Beziehungen der Tiere nur nach ihrer Organisation festgestellt werden können; die Zoologie wird also hauptsächlich der vergleichenden Anatomie alles entlehnen, was die Bestimmung dieser Beziehungen aufklären kann" (LAMARCK 1809; dt. Übers. v. A. LANG, neu bearb. v. S. KOREF-SANTIBAÑEZ, eingel. v. D. SCHILLING, komment. v. I. JAHN 1990, T. 1, S. 81).

Auf diese Weise habe er erkennen müssen, schrieb LAMARCK,

„daß die Infusorien nicht mehr mit den Polypen in ein und dieselbe Klasse vereinigt werden können; daß auch die Strahltiere nicht mit den Polypen verschmolzen werden dürfen und daß die gallertartigen unter ihnen, wie die Medusen und andere verwandte Gattungen, die LINNÉ und selbst BRUGUIÈRES unter die Mollusken gestellt hatten, sich wesentlich den Echiniden nähern und mit ihnen eine besondere Klasse bilden müssen. Ferner habe ich mich durch das Studium der Beziehungen überzeugt, daß die Würmer eine ganz gesonderte Abteilung bilden, die Tiere umfaßt, die von den Strahltieren und umso mehr von den Polypen ganz verschieden sind, daß Arachniden nicht mehr in der Klasse der Insekten vereinigt werden können und daß die Cirripedien weder Anneliden noch Mollusken sind" (LAMARCK 1809; a. a. O., S. 83).

Demzufolge ergaben sich für die Wirbellosen zehn Klassen, nämlich Infusorien, Polypen, Radiaten, Würmer, Insekten, Arachniden, Crustaceen, Anneliden, Cirripedien und Mollusken, die den vier Wirbeltierklassen, den Fischen, Reptilien, Vögeln und Säugetieren, gegenüberstanden. In der siebenbändigen *Histoire naturelle des animaux sans vertèbres* (1815–1822) nannte LAMARCK die Wirbeltiere auch *animaux intelligens*, während er für die Wirbellosen zwischen *animaux apathiques*, d. h. Infusorien, Polypen, Radiaten und Würmer, und *animaux sensibles* mit den übrigen sechs Klassen, zu unterscheiden vorschlug (LAMARCK 1815–1822) (vgl. 7.1.2.; Abb. 111 a u. b).

Die Auflösung der *animaux rayonnés* CUVIERS durch LAMARCK bereitete die späteren Änderungen im System vor. Zunächst trennte Karl Theodor Ernst VON SIEBOLD die bilateral symmetrischen Gruppen von den echten Radiaten ab und errichtete für Einzeller die neue Klasse der *Protozoen*; Tausendfüßler, Spinnen, Insekten und Krebstiere faßte er als Gliederfüßler bzw. Arthropoden zusammen (VON SIEBOLD 1845). Um die Mitte des 19. Jh. hatte sich dann die Ansicht durchgesetzt, daß die innere Organisation der Echinodermen, ungeachtet ihres radiärsymmetrischen Körperbaues, erheblich komplizierter ist als die von Korallen, Medusen und Rippenquallen, letztere also einen eigenen Typus vorstellen, dessen gemeinsames Merkmal ein Hohlraumsystem ist, das als Einheit von Darm und Leibeshöhle aufgefaßt wurde. Rudolph LEUCKART, der diesen Typus 1847 begründete, vereinigte in ihm Polypen (*Polypi*), Schirmquallen (*Acalephae*), Rippenquallen (*Ctenophorae*) und Staatsquallen (*Siphonophorae*) und nannte sie *Coelenteraten* (LEUCKART 1848).

„Was sie besonders charakterisiert", betonte LEUCKART, „ist theils die völlig radiäre Form des Körpers, theils auch die eigenthümliche Anordnung der Leibeshöhle, die von der Centralachse nach der Peripherie zu hinstrahlt und durch eine weite Öffnung im Grunde des einfachen Magenrohres, wenn ein solches überhaupt vorhanden ist, mit dem Verdauungsapparat zusammenhängt. Nervensystem, Sinnesorgane und Genitalien zeigen dieselbe radiäre Gruppierung, die in der Form des Körpers äusserlich sich ausspricht" (LEUCKART 1848, S. 14).

Inzwischen war es auch bei den Wirbeltieren zu einer wichtigen Veränderung im System gekommen. Der Marburger Naturforscher Blasius MERREM (1761–1824) gruppierte die Amphibien in zwei Klassen, in die *Pholidoten* oder Kriechtiere und die *Batrachier* oder Lurche. In der Vorrede seines Werkes teilt er mit, daß die Untersuchungen zur Systematik der Amphibien eigentlich schon um das Jahr 1800 abgeschlossen waren (MERREM 1820, S. VII) und der in einer deut-

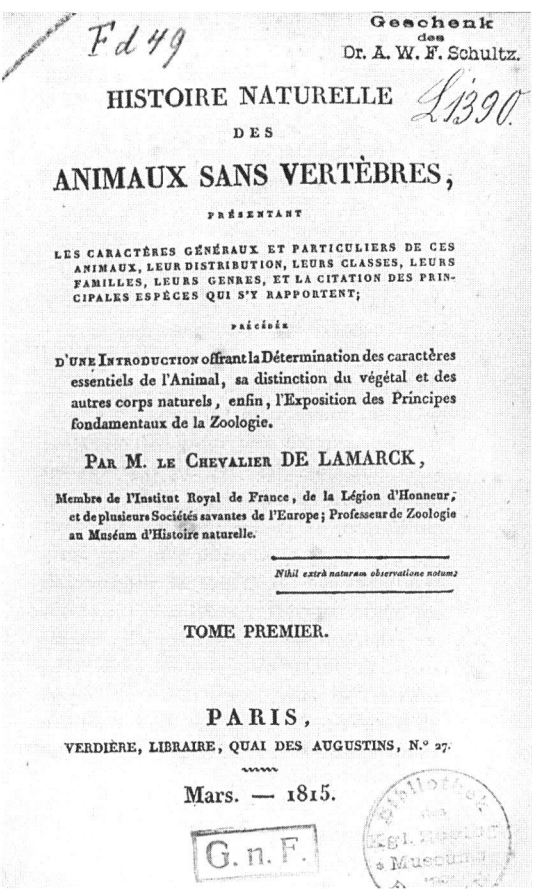

Abb. 111 a. Titelblatt des ersten Bandes von LA-MARCKS wichtigstem taxonomischen Werk über die Naturgeschichte der Wirbellosen (1815–1822).

Abb. 111 b. Übersicht über die 14 Klassen von LA-MARCKS Tiersystem und ihre Großgliederung in Wirbeltiere und wirbellose Tiere. Aus: LAMARCK: *Histoire naturelle des animaux sans vertèbres*, 1815.

schen Übersetzung erschienenen Monographie von Bernard Germain Étienne DE LACÉPÈDE (1756–1825) beigefügt werden sollten (LACÉPÈDE 1800–1802; dt. Übers. v. J. M. BECHSTEIN).

Für die Notwendigkeit eines natürlichen Systems sprachen sich auch die spekulativen Naturforscher der deutschen Romantik aus, denn in allen künstlichen, schrieb Johann SPIX (1781–1826),

„wird willkürlich ein beliebiger Theil zur Vergleichung durch alle Individuen hindurch herausgehoben und alle werden nach diesem Standpunkt geordnet" (SPIX 1811, S. 9–10), wohingegen die natürliche Methode „alle Theile und Eigenschaften derselben beobachten, ihre Rangordnung und Edelheit nach ihrem Baue und ihrer Bestimmung abmessen, und in der nämlichen Ordnung, wie die Organe dieses einzigen Thieres, eben so alle Thiere untereinander als zerstreute Glieder eines einzigen colossalen organischen Körpers artikulieren soll" (SPIX 1811, S. 11).

Demnach wird das ganze Tierreich als „die allmähliche Entwicklung und selbständige Darstel-

lung der Organe des höchsten Thieres oder des Menschen" verstanden, das in „so viele Stuffen, Classen, Ordnungen, Zünfte und Geschlechter zerfällt, als im Menschen anatomische Systeme, Organe und Abstuffungen vorhanden sind" (OKEN 1835, Bd. 5, Abt. 1, S. 3).

Die romantische Idee, daß der Mensch „die gesamte Welt im Kleinen" darstellt und mit ihm „die Vernunft oder der Geist hervortritt", erklärte OKEN, verlangt von der Naturphilosophie, „daß die Gesetze des Geistes nicht verschieden seyen von den Gesetzen der Natur, daß beyde nur Abbilder voneinander seyen" (OKEN 1802, § 66). Nach dem Muster der antiken Lehre von den vier Elementen: Erde, Wasser, Luft und Feuer sowie ihren primären Qualitäten: Trockenheit, Feuchtigkeit, Kälte und Wärme, gliederte OKEN das Tierreich zunächst in vier Kreise, denen wiederum vier Organsysteme, nämlich Eingeweide, Gefäße, Atmungsorgane und Muskulatur bzw. Nerven zugeordnet wurden. Der Dresdener Anatom und Naturforscher Carl Gustav CARUS (1789–1869) übernahm das Viererschema OKENS, bezeichnete die Großgruppen als „Eithiere, Rumpfthiere, Kopfthiere und Mensch", schuf insgesamt acht Klassen und versuchte zu zeigen, wie „die Mannigfaltigkeit der Formen, welche die einzelnen Klassen umfassen, mit der Entfernung von dem Menschen [....] immer mehr zunimmt" (CARUS 1834, S. 21) (Abb. 112, vgl. auch 7.2.2.).

Sein Landsmann Ludwig REICHENBACH (1793–1879), Direktor des Zoologischen Museums in Dresden, behauptete sogar, daß die „Viertheilung" als Instrument der systematischen Arbeit, „in der Natur selbst begründet" sei, so wie es „schon der geistreiche und für alle Zeiten unsterbliche Oken empfunden" und als „nothwendige und einzig wahre" Methode „dictiert hat". Geradezu emphatisch mahnte er seine Leser:

„Und sollte noch Einer vergessen, daß Himmel und Erde und alle Wissenschaften und Künste, selbst die Musik in ihren Accorden und Stimmweisen viertheilig sind, so wie alles Lebendige viertheilig ist, so würde derselbe doch zugeben müssen, daß diese quarternäre Eintheilung, welche ihren Anklang überall in der Natur zum lebendigen Wiederhall bringt, wenigstens keine willkührliche, unablässig veränderliche oder

eine individuell und tumultuarisch confusionäre, sondern eine sich selbst, wie diejenigen, welche sie sachkundig prüfen, beruhigende genannt werden kann" (REICHENBACH 1853; zit. nach E. STRESEMANN 1951, S. 183–184).

Mit Hilfe des „relatorischen Verwandtschaftsgesetzes", das REICHENBACH daraus ableitete, wollte er beispielsweise die „Verwandtschaft der Vögel algebraisch bestimmen" und durch „mathematische Gleichungen nachweisen, wie groß der Anteil einer jeden Gattung an den Eigenschaften anderer vorausgegangener oder nachfolgender Gattungen" ist, um mit „Bestimmheit den Platz aufzufinden, auf den die Natur selbst sich eine fragliche Gattung gestellt hat" (REICHENBACH 1852; zit nach E. STRESEMANN 1951, S. 184).

REICHENBACHS Kollege am Naturhistorischen Museum in Darmstadt, Johann Jakob KAUP (1803–1873), verstand sich zwar als Anhänger der Naturphilosophie, kam aber nach langjährigen Studien dennoch zu dem Ergebnis, daß nicht das Viererschema OKENS, sondern die Fünfzahl der Sinne als „die Blütenorgane der fünf anatomischen Systeme" – dies waren Gehirn, Lunge, Knochen, Muskel und Haut – zu betrachten sind. In den einzelnen Klassen, Ordnungen, Familien und Gattungen sollte seiner Ansicht nach jeweils eines dieser „anatomischen

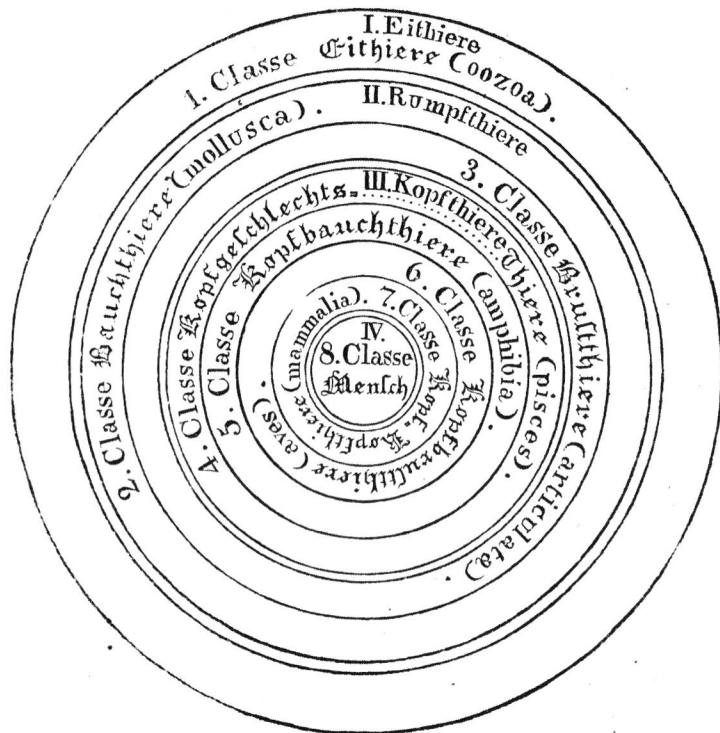

Abb. 112. Kreisdiagramm von C. G. CARUS (1834), in dem das Tierreich in 4 Großgruppen und 8 Klassen eingeteilt wurde und die Lage auf den konzentrischen Kreisen die Artenzahl symbolisieren sollte.

Systeme", eines der fünf Sinnesorgane und eine der entsprechenden Körperregion stärker entwickelt sein als die übrigen (REICHENBACH 1854; zit. nach E. STRESEMANN 1951, S. 185–186). Die Abstammungslehre DARWINS und die bereits von der zeitgenössischen Forschung in Gang gesetzte Kritik an den absurden Spekulationen der romantischen Systematik beendeten eine Entwicklung, die für die Biologie in der zweiten Hälfte des 19. Jh. kaum Nachwirkungen hatte und nicht einmal mehr von historischem Interesse war.

9.1.2. Museen und Zoologische Gärten

Die revolutionären Ereignisse in Frankreich, die mit dem Sturm auf die Bastille am 14. Juli 1789 begannen, gefährdeten zwangsläufig auch den Fortbestand wissenschaftlicher Institutionen, insbesondere der Königlichen Sammlungen und Gärten in Versailles, Paris und Trianon. LA-MARCK, der erst seit 1788 als besoldeter Kustos am Herbarium des *Jardin du Roi* in Paris beschäftigt war, setzte alles daran, seine bevorstehende Entlassung abzuwenden. In einer 1790 veröffentlichten Denkschrift erläuterte er, wie die bisherigen *Cabinets d'histoire naturelle und der Jardin des plantes* zu einem naturgeschichtlichen Nationalmuseum umgestaltet werden könnten. Gleichzeitig schlug er als wissenschaftliche Mitarbeiter Barthélemy FAUJAS DE SAINT-FOND (1741–1819) für die Mineralogie, DAUBEN-TON für Säugetiere und Vögel sowie LACÉPÈDE für Reptilien und Fische vor. Zwei weitere, namentlich nicht genannte Naturforscher, vermutlich waren es Guillaume Antoine OLIVIER

(1756–1814) und Jean Guillaume BRUGUIÈRES (1750–1799), sollten die Insekten bzw. Würmer und Zoophyten bearbeiten (BURKHARDT 1977). Er selbst wollte die Botanik übernehmen. Nachdem der Königliche Garten von 1791 bis 1793 vorübergehend geschlossen blieb, entschied der Nationalkovent am 10. Juni 1793, ein *Muséum national d'histoire naturelle* nach den Plänen LA-MARCKS und seines letzten Intendanten Jacques Bernardin Henri DE SAINT-PIERRE (1737–1814) zu gründen und mit neun gleichberechtigten Lehrstühlen auszustatten (Abb. 113). Erster Direktor des neuen staatlichen Museums, zu dem auch ein Botanischer und ein Zoologischer Garten gehörten, wurde der Anatom DAUBENTON. Zusammen mit den reorganisierten Sektionen des *Institut de France* und der 1794 eröffneten *École Polytechnique* wurde Paris in kürzester Zeit das führende Wissenschaftszentrum Europas. Die fruchtbare Zusammenarbeit von Gelehrten unterschiedlichster persönlicher Genese ist ein außerordentlicher Glücksfall gewesen; CUVIER schildert die damalige Situation in der Vorrede seines systematischen Hauptwerkes, des *Règne animal*, folgendermaßen:

„Ein solches Unternehmen wäre aber, nach der ungeheuren Entwicklung der Wissenschaft seit den letzten Jahren, in seiner Umfassung für jeden Einzelnen unausführbar gewesen [....] und ich selbst wäre nicht einmal im Stande gewesen, den einfachsten Abriß, den ich hier vorlege, zu entwerfen, wäre ich allein auf meine Mittel beschränkt gewesen. Allein die Hülfsquellen meiner Lage schienen mir Ersatz für das bieten zu können, was mir an Zeit und Talent abging. In der Mitte so vieler geschickter Naturforscher lebend, aus ihren Werken, so wie sie erschienen, schöpfend; mit gleicher Freiheit wie sie selbst die Sammlungen benutzend, die sie zusammengebracht; und selbst im Besitz einer sehr ansehnlichen, eigens zu diesem Zweck gebildeten; brauchte ein großer Theil meiner

Abb. 113. Ansicht des Muséum d'histoire naturelle in Paris im Jahre 1827, die sowohl die Ausstellungs- u. Arbeitsgalerien (links) als auch den öffentl. zool. Garten (rechts) zeigt. Aus COLE-MAN 1964.

Arbeiten nur in der Benutzung so vieler reichhaltiger Materialien zu bestehen. So z. B. war es unmöglich, daß mir nach den Beschreibungen des Hrn. Lamarck über die Conchylien, und des Hrn. Geoffroy über die Säugethiere, viel zu tun übrig blieb; die zahlreichen neuen Bezüge, welche Hr. v. Lacépède aufgefaßt, galten mir ebenso viele Winke für meine Anordnung der Fische. Hr. Le Vaillant hatte unter den vielen schönen, aller Orten her zusammengebrachten Vögeln Einzelheiten ihres Baues aufgefaßt, die ich sogleich meinem Plane anpassen konnte. Ja meine eigenen Untersuchungen, von anderen Naturforschern benutzt und befruchtet, trugen für mich selbst Früchte, die ihnen unter meinen eigenen Händen nicht gereift wären. So haben die Hrn. von Blainville, Oppel usw., indem sie die anatomischen Präparate, welche ich zur Begründung meines Systems der Reptilien bestimmt hatte, benutzen, im voraus und vielleicht besser als ich, Resultate gezogen, die ich erst noch flüchtig gewahr worden war" (Cuvier 1817, Bd. 1, Vorrede; dt. Übers. v. F. S. Voigt 1831, Bd. 1, S. XX–XXI) (Abb. 114).

In den Zoologischen Garten, der unter der Aufsicht von Geoffroy Saint-Hilaire stand, wurden zunächst die Tiere der aufgelassenen *Ménagerie Royale de Versailles* verbracht, danach folgten 1795 zwei Elefanten, als Kriegsbeute nach der Besetzung Hollands von französischen Truppen requiriert, und 1827 eine Giraffe, die der ägyptische Vizekönig Mehmet Ali (1769–1849) dem König von Frankreich als diplomatisches Geschenk schickte. Sie wurde auf einem Schiff von Alexandria bis Marseille transportiert und anschließend mit großem Geleit auf dem Landweg über Lyon nach Paris geführt (Abb. 115). Der Tierpark war für Besucher ganztägig und unentgeltlich geöffnet; seine Hauptaufgabe bestand darin, „eine lebendige Illustration der Naturgeschichte" und damit „eine notwendige Ergänzung des zoologischen Museums zu sein" (Weinland 1861, 1862; Jahn 1994).

Nach dem Vorbild der institutionellen Verbindung von musealer Sammeltätigkeit mit Forschung und Lehre, die in Paris so erfolgreich praktiziert wurde, kam es in den europäischen Nachbarstaaten bald zur Neugründung ähnli-

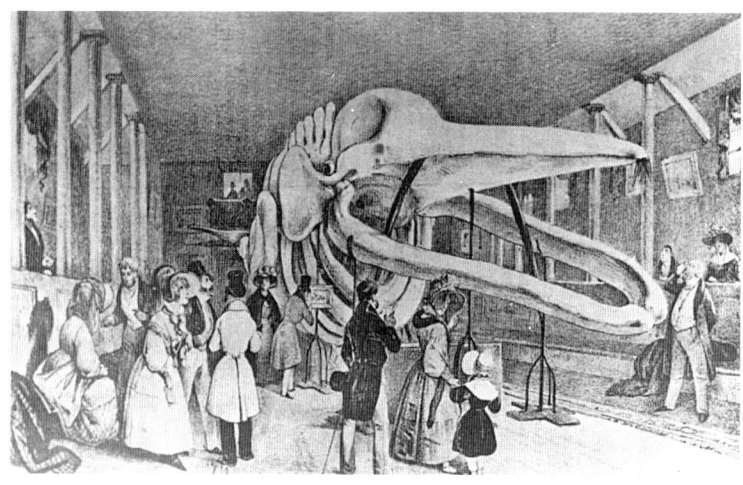

Abb. 114. Großer Wal in der Galerie für Vergl. Anatomie des Pariser Museums (um 1830), der durch Cuvier präpariert und aufgestellt wurde. Aus Coleman: *Georges Cuvier zoologist.* 1964.

Abb. 115. Die Giraffe in der Menagerie des Pariser Museums. Aus Coleman 1964.

cher Einrichtungen. Alexander von HUMBOLDT, der Gelegenheit hatte, die besonderen Möglichkeiten des Pariser Museums für Naturgeschichte bei der wissenschaftlichen Bearbeitung der Ergebnisse seiner Forschungsreisen zu nutzen, setzte sich nachdrücklich dafür ein, daß mit der Gründung der Berliner Universität im Jahre 1809, deren Struktur weitgehend von den Vorstellungen seines Bruders Wilhelm von HUMBOLDT (1767–1835) geprägt war, vergleichbare Voraussetzungen geschaffen wurden. In einem Memorandum von 1810 hieß es,

daß die „Hauptabsicht" eines Zoologischen Museums darin bestehe, „die Kenntnis und das Studium eines so wichtigen Theils der Naturkunde zu fördern", zum Nutzen der Forschung ebenso wie zur Förderung der allgemeinen Bildung. Dabei sei „möglichste Vollständigkeit" anzustreben und auf den fortgesetzten Ausbau der Sammlungsbestände zu achten (JAHN 1985).

Den Grundstock des Berliner Zoologischen Museums, als dessen erster Leiter der Braunschweiger Entomologe Johann Karl Wilhelm ILLIGER (1775–1813) berufen wurde, bildeten neben einigen wertvollen Stücken aus der Königlichen Kunstkammer vor allem die Nachlässe von Mitgliedern der 1773 gestifteten *Gesellschaft naturforschender Freunde zu Berlin*, wie des Ichthyologen Marcus Elieser BLOCH (1723–1799), des Konchyliologen Friedrich Heinrich Wilhelm MARTINI (1729–1778), des Entomologen Johann Friedrich Wilhelm HERBST (1743–1807) und des Herpetologen Johann David SCHOEPF (1752–1800).

Erster ordentlicher Professor der Zoologie in Berlin wurde Hinrich Martin LICHTENSTEIN (1780–1857), der nach ILLIGERS frühem Tode auch die Direktion des Museums übernahm und 1844 auf dem Gelände der ehemaligen Königlichen Fasanerie einen Zoologischen Garten gründete (FRÄDRICH/KLÖS 1994). Schwerpunkte der wissenschaftlichen Arbeit des Berliner Museums waren Taxonomie und Tiergeographie; dies gilt auch für das 1832 eröffnete Zoologische Museum der Kaiserlichen Akademie der Wissenschaften in St. Petersburg und für das Leidener *Rijksmuseum van Natuurlijke Historie*. Nach dem Abzug der französischen Besatzungstruppen beauftragte WILHELM I. (1772–1843), seit 1814 König der Vereinigten Niederlande, den Zoologen Sebald Justinus BRUGMANS (1763–1819), das größtenteils nach Paris verschleppte Naturalienkabinett seines Vaters zurückzuholen und in Leiden unterzubringen. Dort wurde es 1820 mit dem von Louis BONAPARTE (1778–1846) in Amsterdam eingerichteten *Rijkskabinett* und der Vogelsammlung des Amsterdamer Ornithologen Coenraad Jacob TEMMINCK (1778–1858),

damals der größten in ganz Europa, vereinigt und der Öffentlichkeit zugänglich gemacht (SMIT 1986).

In London war es der Kolonialbeamte und Forschungsreisende Sir Stamford RATTLES (1781–1826), der die Gründung eines Zoologischen Gartens vorantrieb; er sollte noch großartiger und bedeutender werden als der *Jardin des Plantes* in Paris. Sir Joseph BANKS, Präsident der *Royal Society*, unterstützte seinen Plan, eigens zu diesem Zweck eine Trägergesellschaft ins Leben zu rufen, die das wirtschaftliche Risiko übernehmen und für die wissenschaftliche Leitung verantwortlich sein sollte. Die *Zoological Society of London* konstituierte sich im April 1826, genau zwei Jahre später im April 1828 konnte der Zoo bereits feierlich eröffnet werden. König GEORG IV. (1762–1830), der große Teile des Regent's Park für die Anlage zur Verfügung gestellt hatte, löste 1830 die Menagerie in Windsor und wenig später auch den seit dem 13. Jh. bestehenden Raubtierzwinger vor dem Londoner Tower auf. Der unverändert wissenschaftlichen Zielsetzung des Zoologischen Gartens dienen die ab 1830 bis heute erscheinenden *Proceedings of the Zoological Society*; zur Veröffentlichung umfangreicherer Arbeiten werden seit 1833 außerdem die *Transactions of the Zoological Society* herausgegeben (vgl. DESMOND 1985).

Die beiden letzten Neugründungen in der ersten Hälfte des 19. Jh. waren der Amsterdamer Zoo *Natura Artis Magistra* im Jahre 1838 und der *Jardin Zoologiques* der *Société Royale de Zoologie* in Antwerpen im Jahre 1843 (s. SMIT 1986).

9.1.3. Institutionalisierung der Zoologie

Die Verankerung der Zoologie als selbständige Disziplin im Rahmen des akademischen Unterrichts erfolgte schrittweise und auf sehr unterschiedlichen Wegen. Soweit nach 1800 Lehrstühle für Naturgeschichte vorhanden waren, wurde Zoologie abwechselnd mit Botanik und Mineralogie gelesen, häufig blieb die Zoologie aber auch weiterhin die „niedere Magd im Dienste der Medizin". Beispielsweise erhielt die 1788 eröffnete Vieharzneischule an der Universität in Marburg ein Zootomisches Theater, in dem der Mediziner Johann David BUSCH (1755–1833), ab 1782 Professor für Physiologie, Chirurgie und Pharmazie, später auch gleichzeitiger Direktor der Entbindungsanstalt, theoretische und praktische Veterinärmedizin vortrug. Naturforscher, die in Philosophischen Fakultäten lehr-

stalten der Thiere gewissen Gesetzen unterworfen sind, die sich in ihrer inneren Organisation weit entschiedener aussprechen, daß man folglich, um das Äußere eines Thieres richtig beurtheilen zu können, auch seinen inneren Bau kennen muß. Die Zoologie war daher genöthigt, das so weite Gebiet der vergleichenden Anatomie in ihren Kreis zu ziehen. Aber auch dabei durfte sie nicht stehen bleiben; die Gestalt eines Thieres wechselt nach den Entwicklungsstadien, die seine ganze Organisation durchmachen muß; in dem schwierigen Studium der Entwicklunggeschichte erkennen wir also eine neue Abtheilung ihres so umfangreichen Gebietes. Kurz, die Zoologie ist heute genöthigt, sich allen jenen Studien hinzugeben, die Jahrhunderte hindurch die Geister beschäftigten, um Einsicht in die verwickelten Formen der thierischen Organisation zu gewinnen und um diese Gesetze zu ermitteln, die hier mehr als bei irgend einem anderen Zweig der Naturwissenschaft, unter dem Scheine des Zufalls, der Willkür, des Wunderbaren verborgen sind" (H. Buff; zit nach J. W. Spengel, in: Verhdl. Dt. Zool. Ges. 1902, S. 11).

Die Berufungskommission entschied sich damals für Carl Vogt (1817–1895), der aber aus politischen Gründen schon im Juni 1849 wieder entlassen wurde.

9.2. Vergleichende Entwicklungsgeschichte

9.2.1. Die embryonale Entwicklung der Wirbeltiere

Trotz der zahlreichen Beweise, die C. F. Wolff (1759) gegen die Präformationslehre vorgelegt hatte, beherrschte sie das naturgeschichtliche Denken des 18. Jh. (vgl. 6.4.3.). Erst nach dem Erscheinen von J. F. Blumenbachs Abhandlung über den *Bildungstrieb*, „der eine der ersten Ursachen aller Generation, Nutrition und Reproduction zu seyn scheint" (J. F. Blumenbach 1781, S. 12), begannen sich epigenetische Vorstellungen zunehmend durchzusetzen. Unter dem Einfluß seines Göttinger Lehrers Blumenbach und angeregt durch die Geschichtsphilosophie J. G. Herders, der darauf setzte, daß es „ein philosophischer Zergliederer übernähme, eine vergleichende Physiologie mehrerer, insonderheit den Menschen naher Tiere, nach diesen Erfahrungen unterschiedenen und festgestellten Kräften im Verhältnis der ganzen Organisation des Geschöpfs zu geben" (J. G. Herder 1784–1791; Hrsg. v. M. Bollacher, Frankfurt am Main 1989, S. 94), verband Carl Friedrich Kielmeyer (1765–1844) in seiner berühmten Rede von 1793 die „organischen Kräfte" Herders mit dem Entwicklungsgedanken und untersuchte

diese „in der Reihe der verschiedenen Organisationen" (C. F. Kielmeyer 1793; zit. nach Kanz, Marburg 1993, S. 26). Dabei zeigten sich Gesetzmäßigkeiten, aus denen er folgerte, daß „die Parallelität zwischen der (physiologischen) Individualentwicklung und dem Auftreten derselben physiologischen Grundkräfte in der (von ihm hypothetisch angenommenen) Stammesentwicklung nicht zufällig sein könne" (a. a. O., S. 27). Weil aber die Reproduktionskraft den Verlauf der Ontogenese bestimmt, nahm er eine ihm noch unbekannte Kraft als Ursache der Phylogenese an. Kielmeyers Überlegungen zur Rekapitulation der Stammesgeschichte entsprechen damit durchaus der später als *Biogenetisches Grundgesetz* bekannt gewordenen Regel, wonach die Ontogenese eines Organismus gleichsam als seine verkürzte Phylogenese aufgefaßt wird, ohne sie allerdings evolutionistisch im Sinne Darwins oder Haeckels zu verstehen (vgl. Kanz 1994) (vgl. auch 6.5.).

Karl Ernst von Baer (1792–1876) hingegen gelangte zu ganz anderen Ergebnissen. Er war zwar davon überzeugt, daß die Verwandtschaftsverhältnisse der Tiere durch embryologische Untersuchungen weitgehend aufgeklärt und somit die Grundlagen für ein natürliches System geschaffen werden können, lehnte aber einen Parallelismus zwischen Embryonalentwicklung und Organisationshöhe entschieden ab, indem die

„höheren Thierformen in den einzelnen Stufen der Entwickelung des Individuums vom ersten Entstehen an bis zur erlangten Ausbildung der bleibenden Formen in der Thierreihe entsprechen, und daß die Entwickelung der einzelnen Thiere nach denselben Gesetzen, wie die der ganzen Thierreihe, erfolgte, das höher organisierte Thier also in seiner individuellen Ausbildung dem Wesentlichen nach die unter ihm stehenden bleibenden Stufen durchläuft" (K. E. von Baer 1828–1837, Scholion V, S. 199).

Vor ihm hatte sich Christian Heinrich Pander (1794–1865), der dem Rat seines Studienfreundes von Baer folgend zu Ignaz Döllinger (1770–1841) nach Würzburg gegangen war, mit der Entwicklung des Hühnchens im Ei befaßt und in der deutschen Fassung seiner 1817 veröffentlichten Dissertation erstmals die Entstehung der beiden Keimblätter, C. F. Wolff nannte sie blattförmige Anlagen, ausführlich beschrieben. Von diesen mit einer, wie er schrieb, schier „unerschöpflichen Fülle des Bildungstriebes begabten Membranen strahlt das ganze Leben aus" und auf sie „zieht es sich konzentrierend zurück" (C. H. Pander 1817, S. 5). Offen gebliebene Fragen in der Arbeit Panders hinsichtlich des „Faltungssystems" und danach, wie sich der „Typus der Wirbelthiere allmählich im Embryo ausbildet" (K. E. von Baer 1828–1837, S. VI u. VII),

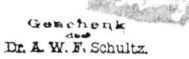

ÜBER

ENTWICKELUNGSGESCHICHTE

DER

THIERE.

BEOBACHTUNG UND REFLEXION

VON

DR. KARL ERNST v. BAER.

ERSTER THEIL.

MIT DREI COLORIRTEN KUPFERTAFELN.

KÖNIGSBERG 1828.
BEI DEN GEBRÜDERN BORNTRÄGER.

G. n. F.

Abb. 118 a

Taf. III.

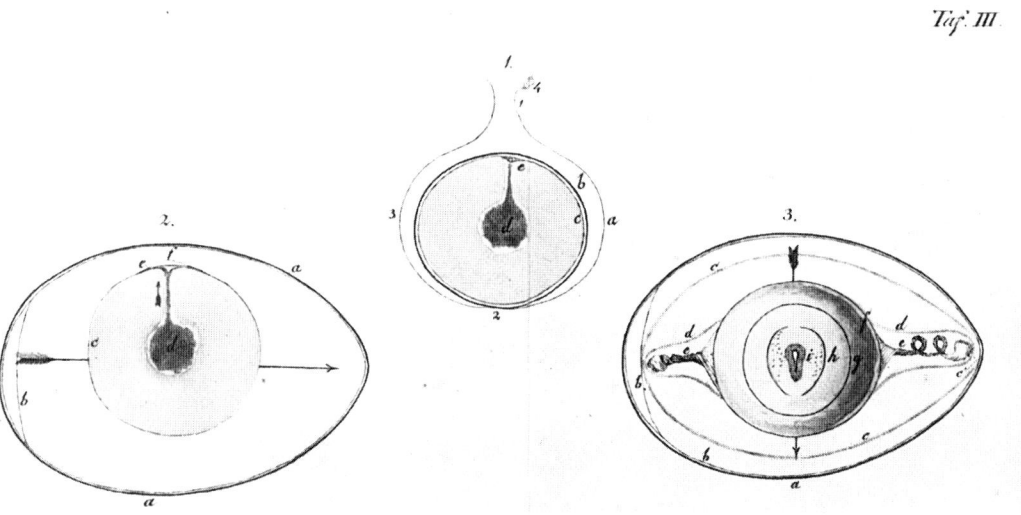

Abb. 118 b

Abb. 118. a Titelblatt von Karl Ernst VON BAERS berühmtestem Werk (1828). b Tafel III dieses Werkes, Fig. 1: Ein Kelch aus dem Eierstock eines Vogels mit reifem Dotter (senkrecht). „ideale Abbildung" zur Versinnbildlichung der Verhältnisse im Hühnerei. Fig. 2 u. 3: Beginn der Bebrütung und 24 Std. bebrütet.

veranlaßten VON BAER, die Untersuchungen zwei Jahre später selbst noch einmal aufzugreifen. Er bestätigte die Bedeutung der Keimblätter, verfolgte ihre Funktion beim Aufbau von Geweben und Organen, und erkannte in ihnen ein für alle Metazoen gültiges Entwicklungsprinzip, demzufolge immer „aus einem Homogenen, Gemeinsamen allmählich das Heterogene und Spezielle" (a. a. O., Scholion III, S. 153) hervorgeht. Außerdem entdeckte VON BAER die *Chorda dorsalis* sowie die vorübergehende Anlage von Kiembogen und Kiemenspalten, die er als charakteristische Merkmale des Wirbeltiertypus bezeichnete. Gestützt auf die kurz zuvor begründete Zellenlehre (1839) identifizierte REMAK (1845) die bereits von PANDER beobachtete Gefäßhaut als das dritte, mittlere Keimblatt. Schließlich führte George James ALLMAN (1812–1898) im Jahre 1853 die noch heute gültigen Begriffe *Ektoderm*, *Entoderm* und *Mesoderm* ein. Das embryologische Wissen, das sich in den ersten Jahrzehnten des 19. Jh. angesammelt hatte, konnte jedoch nicht darüber hinwegtäuschen, daß es nach wie vor strittig war, ob sich auch die Säugetiere und der Mensch aus Eiern entwickeln oder nach Ansicht VON HALLERS infolge eines Gerinnungsprozesses der Menstrualflüssigkeit. Im Jahre 1827 fand VON BAER das lange gesuchte Säugetierei, zunächst bei Hunden, dann auch beim Menschen (Abb. 118 a u. b). „Wie vom Blitz getroffen", entdeckte er es als ein winziges Dotterbläschen im GRAAFschen Follikel an dessen Wand liegend, „gehalten von einem Kranz größerer Zellen, der sich in einem ganz zarten Überzug des Bläschens verliert" (K. E. VON BAER 1864, S. 427). Nicht unerheblich für diesen Erfolg war die zwei Jahre zuvor gelungene Entdeckung des Keimbläschens im noch nicht bebrüteten Hühnerei durch Jan Evangelista PURKYNĚ, das von Theodor SCHWANN als Kern der Eizelle erkannt wurde. Fast gleichzeitig mit Jean COSTE (1807–1873) in Paris, aber unabhängig von ihm, haben Adolph BERNHARDT und Gabriel Gustav VALENTIN, zwei Schüler PURKYNĚS, um das Jahr 1834 die Existenz des Keimbläschens auch im Säugetierei nachgewiesen (vgl. H. VON KNORRE 1971).

Als Nachfolger VON BAERS in Königsberg verfaßte Heinrich RATHKE (1793–1860) eine erste größere Gesamtdarstellung zur *Bildungs- und Entwicklungsgeschichte der Thiere* (1832–1833),

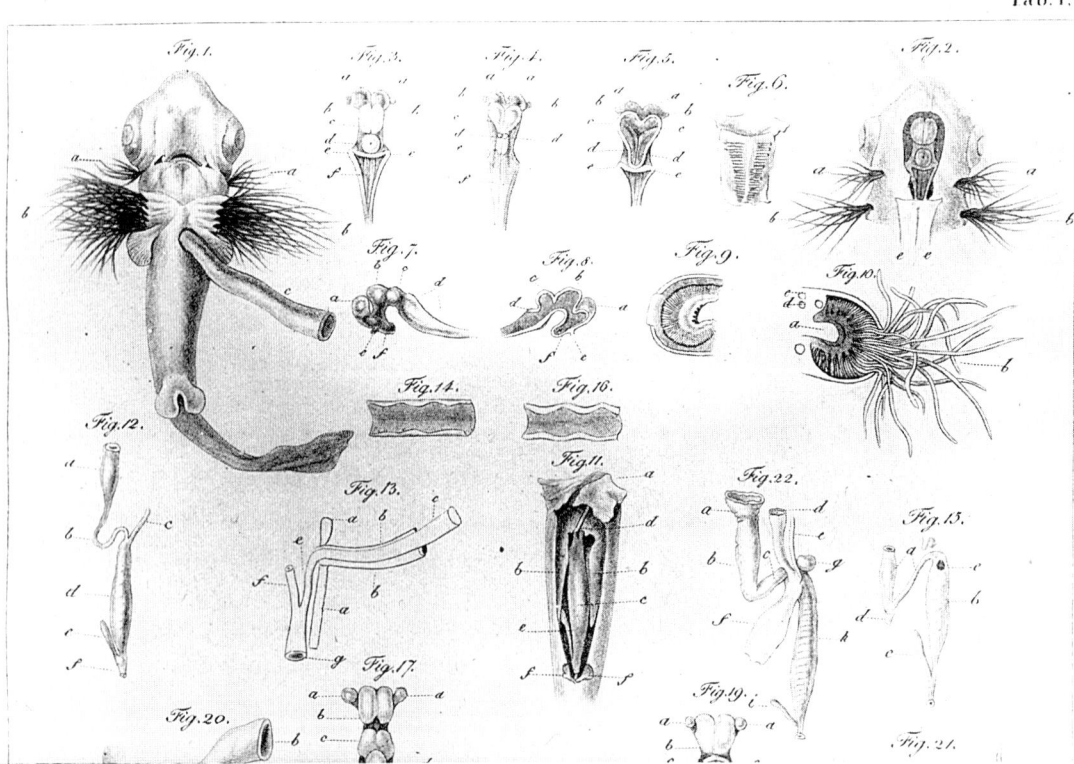

Abb. 119. H. RATHKE: Die Kiemenregion eines Hai-Embryos. Aus: *Beiträge zur Geschichte der Thierwelt*, 4. Abtlg. 1827, Tafel I.

worin er die Beziehung der Urniere zu den Geschlechtsorganen behandelte und die Funktion des WOLFFschen Körpers als embryonales Exkretionsorgan aufklärte; dessen Ausführungsgang und seine Verwandlung zum Samenleiter hatte J. MÜLLER bereits 1830 beschrieben. Außerdem erläuterte er das Auftreten embryonaler Schlundspalten bei Säugetieren und anderer höherer Vertebraten. Viel bewundert wurde seine Abhandlung zur vergleichenden Entwicklungsgeschichte des Viszerokraniums der Wirbeltiere (1832). J. MÜLLERS *Vergleichende Anatomie der Myxinoiden* (1835–1845) verband entwicklungsgeschichtliche Methoden und systematische Aspekte in klassischer Weise. Das Werk enthält „Excurse über die ganze Classe der Fische", betonte Theodor Ludwig Wilhelm BISCHOFF (1807–1882) in seiner Festrede auf J. MÜLLER, „Spe-

cialarbeiten über die merkwürdige Abtheilung der Ganoiden und die Aufstellung eines neuen, wohl schwerlich je abzuändernden natürlichen Systemes" (T. L. W. BISCHOFF 1858, S. 33).

9.2.2. Ontogenese und Larvenentwicklung bei Wirbellosen

Die vergleichend-morphologische Arbeitsweise J. MÜLLERS und seiner Schule bewährte sich erwartungsgemäß auch bei den Untersuchungen zur Larvalentwicklung wirbelloser Tiere. Nachdem er zusammen mit TROSCHEL das System der *Asteriden* (1842) bearbeitet und die ersten Pluteuslarven aus dem Meeresplankton geholt hatte, klärte er schrittweise die äußerst komplizierte Metamorphose auf, die alle primären

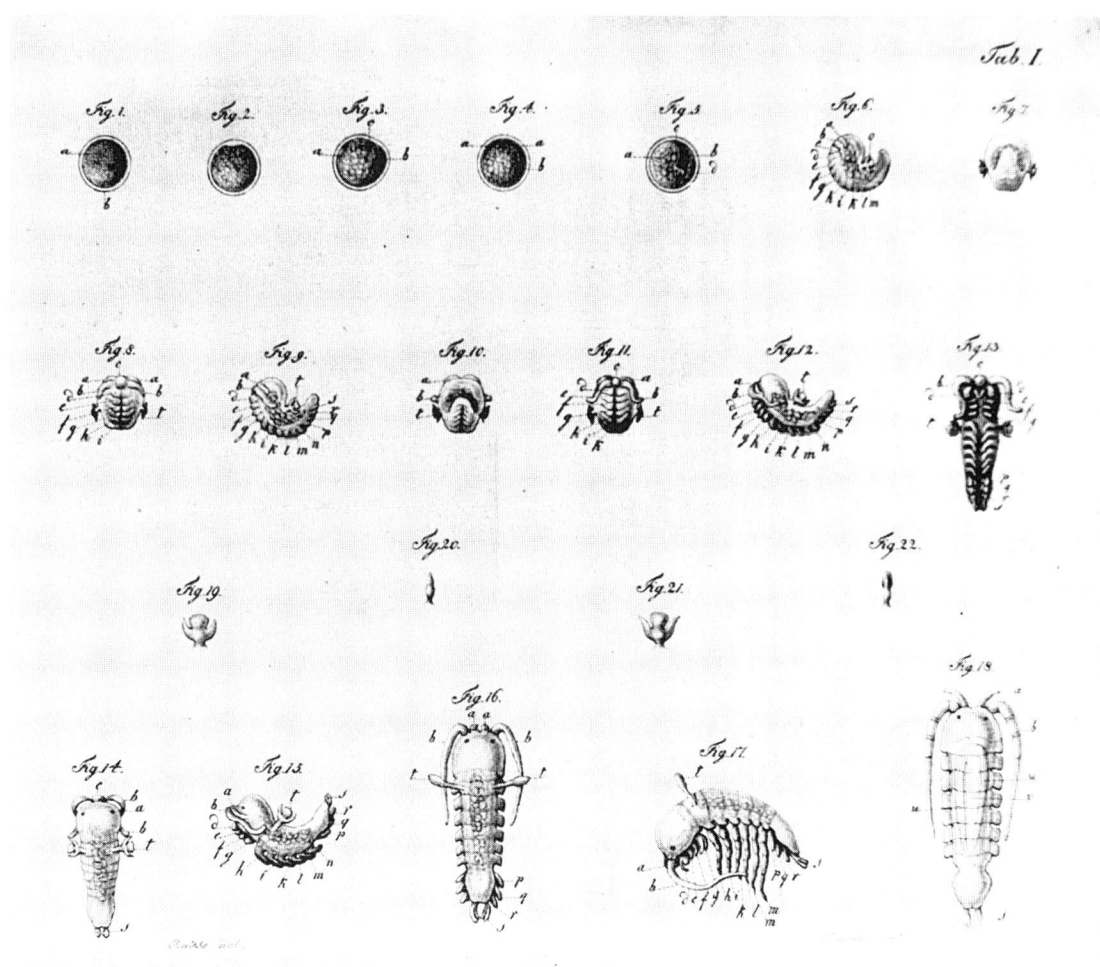

Abb. 120. Die Entwicklung von Crustaceen. Aus RATHKE 1832, T. 1, Tafel I.

Echinodermenlarven bei der Umwandlung von der bilateralen zur radiären Symmetrie durchlaufen (1848–1852). Zur gleichen Zeit veröffentlichte auch August David KROHN (1804–1891) in St. Petersburg eine Studie über die Larven der Seeigel (1849), später befaßte er sich außerdem mit der Entwicklungsgeschichte der *Pteropoden* und der *Heteropoden* (1860). Adolf Eduard GRUBE (1812–1880) in Dorpat untersuchte die Keimesentwicklung der *Clepsinen*, brutpflegender *Hirudineen* (1844), und beobachtete dabei erstmals eine totale inaequale Furchung sowie die Ausbildung von *Teloblasten*, aus denen *Ektoderm* und *Mesoderm* hervorgehen.

Die frühesten Beiträge zur Embryologie der Arthropoden stammen von dem zu Unrecht vergessenen Marburger Zoologen Johann Moritz David HEROLD (1790–1862), der feststellte, daß Schmetterlingsraupen schon beim Verlassen der Eihülle jeweils über männliche oder weibliche Geschlechtsanlagen verfügen (1815). Im gleichen Jahr, als CUVIER die Cirripedien erneut zu den Mollusken stellte, konnte John Vaughan THOMPSON (1779–1847) nachweisen, daß es sich bei ihnen um festsitzende Krebstiere mit freischwimmenden *Nauplien* und *Cyprislarven* handelt (1830). Zehn Jahre später hat der Finne Alexander VON NORMANN (1803–1866) die lange Zeit für Eingeweidewürmer gehaltenen und infolge ihrer parasitischen Lebensweise stark abgeänderten *Lernaeiden* ebenfalls als *Crustaceen* identifiziert.

Das marine Untersuchungsmaterial, das für einige der genannten Arbeiten ebenso erforderlich war wie etwa für KOELLIKERS Entwicklungsgeschichte der Cephalopoden (1843) oder RATHKES Crustaceenstudien (1844) (Abb. 120), konnte über einen längeren Zeitraum und in der notwendigen Menge nur unmittelbar an der Küste beschafft werden. Regelmäßige Exkursionen gehören daher seitdem zum festen Bestandteil von Forschung und Lehre. Voraussetzung dafür war die Gründung meeresbiologischer Stationen mit entsprechend ausgerüsteten Laboratorien, Aquarienanlagen und geeigneten Arbeitsplätzen. In der zweiten Hälfte des 19. Jh. standen solche Institutionen in Concarneau (1859), Arcachon (1863), Roscoff (1872), Neapel (1872) und auf Helgoland (1893) zur Verfügung (vgl. Kap. 13.)

J. MÜLLER und seine Mitarbeiter konstruierten neuartige, mit sogenannter *Müllergaze* bespannte Planktonnetze, sie führten verbesserte Methoden der Fixierung und Färbung ein und erprobten den Gebrauch von Karminsäure und Methylenblau zur Vitalfärbung konstrastarmer Objekte.

9.2.3. Generationswechsel, Parasitismus und Parthenogenese

Durch Vermittlung LICHTENSTEINS erhielt Adelbert VON CHAMISSO (1781–1838), der ab 1819 als Kustos am Botanischen Garten in Berlin tätig war, die Gelegenheit, eine in russischem Auftrag unter der Leitung des Kapitäns Otto VON KOTZEBUE (1787–1846) von 1815 bis 1818 durchgeführte Erdumseglung als Naturforscher zu begleiten. Schiffsarzt war der junge Johann Friedrich ESCHSCHOLTZ (1793–1831), später Professor der Medizin und Direktor des Zoologischen Kabinetts der Universität in Dorpat. Zwischen England und den Kanarischen Inseln geriet das Forschungsschiff am 13. Oktober 1815 in eine mehrtägige Windstille.

„Hier beschäftigten mich und Eschscholtz besonders die Salpen", heißt es in der Reisebeschreibung, „und hier war es, wo wir an diesen durchsichtigen Weichtieren des hohen Meeres die uns wichtig dünkende Entdeckung machten, daß bei denselben eine und dieselbe Art sich in abwechselnden Generationen unter zwei sehr wesentlich verschiedenen Formen darstellt; daß nämlich eine einzeln freischwimmende *Salpa* anders gestaltete, fast polypenartig aneinander gekettete Junge lebendig gebiert, deren jedes in der zusammen aufgewachsenen Republik wiederum einzeln freischwimmende Tiere zur Welt setzt, in denen die Form der vorvorigen Generation wiederkehrt. Es ist, als gebäre die Raupe den Schmetterling und der Schmetterling hinwiederum die Raupe" (A. VON CHAMISSO 1898, Bd. 3, S. 35).

Die weitere Analyse des merkwürdigen Phänomens ergab, daß ungeschlechtliche Solitärsalpen, VON CHAMISSO nannte sie *Ammentiere*, an einem ventralen Fortsatz, dem *Stolo prolifer*, gestreckte oder ringförmig geschlossene Ketten männlicher oder weiblicher Tochtertiere hervorbringen, aus deren Eiern wiederum asexuelle Solitärsalpen werden. Jedes Individuum kann daher nur entweder geschlechtlich oder ungeschlechtlich tätig werden. Ähnliche Vorgänge beobachtete der Norweger Michael SARS (1805–1869) an marinen Polypen, von denen sich nach horizontaler Abschnürung sogenannte *Strobilatiere* lösen, die sich schließlich zu Medusen entwickeln (1835). Die Erfahrungen VON SIEBOLDS während seiner Jahre in Königsberg und Danzig, daß die Medusen getrenntgeschlechtlich sind und aus freischwimmenden Stadien festsitzende, achtarmige Polypen entstehen, stützen die Vermutung, der Generationswechsel sei keineswegs nur eine Sonderform der Metamorphose.

„Es ist umso wesentlicher", schrieb Johannes Japetus Smith STEENSTRUP (1813–1897) in der deutschen Ausgabe seiner Monographie über den Generationswechsel, „daß man den Unterschied zwischen einer Wechselgeneration und einer Metamorphose gleich auffasst, da eine Metamorphose sehr gut innerhalb der einzelnen miteinander wechselnden Generationen stattfinden kann, [....] es giebt aber keinen Übergang von einer Metamorphose zu einem Generationswechsel, und eine begonnene Metamorphose kann nicht über die Generation, nicht über das lebende oder todte Individuum hinaus zu einem anderen Individuum übergehen" (J. J. S. STEENSTRUP 1842, S. XI u. XII).

Er hielt den Generationswechsel vielmehr für eine „eigenthümliche Form der Brutpflege in den niederen Thierclassen" weil „ein Thier eine Brut gebärt, die nicht dem Mutterthiere ähnlich ist oder wird, sondern, diesem unähnlich, selbst eine Brut hervorbringt, die zur Form und ganzen Bedeutung des Mutterthieres zurückkehrt, so dass also ein Mutterthier nicht in seiner eigenen Brut, sondern erst in seinen Nachkommen des zweiten, dritten usw. Gliedes oder Generation seines Gleichen wiederfindet" (a. a. O., S. V u. VI). STEENSTRUPS eigener Forschungsbeitrag betraf den Generationswechsel von Hydrozoen der Gattung *Coryne* und den Entwicklungszyklus digener Trematoden, der aus zahlreichen Einzelbefunden und widersprüchlichen Deutungen zusammengefügt werden mußte. Er ging von freilebenden *Cercarien* aus, die als selbständige Arten beschrieben und für Infusionstierchen gehalten wurden, verfolgte ihr aktives Eindringen in Schnecken und ihre „merkwürdige Verwandlung", bevor sie als „echte Eingeweidewürmer in dem gewöhnlichen Sinne des Wortes hervorkommen" (a. a. O., S. 57). Die Frage nach der Herkunft der *Cercarien* hatte der Veterinärmediziner Ludwig Heinrich BOJANUS (1776–1827) bereits im zweiten Band der *Isis* (1818, S. 729) beantwortet; er beobachtete nämlich, wie sie aus schlauchförmigen Gebilden schlüpfen, die er „königsgelbe Würmer" nannte. Diese fand er häufig in der Leibeshöhle von Spitzhornschnecken, wo sie seiner Meinung nach durch Urzeugung entstanden sind. Neue Probleme tauchten auf, als größere Exemplare solcher „lebendigen Keimschläuche" gesichtet wurden, deren Körperinneres mehrere kleine Ammen beziehungsweise Redien enthielt, weshalb er sie als Großammen beziehungsweise Sporocysten bezeichnete. „Ich kann nicht bezweifeln", bekannte STEENSTRUP, „daß es ganz normal ist, wenn Ammen aus Wesen entstehen, welche ihnen gleichen und welche also Ammen der Ammen sind. Diese Großammen (*albatrices*) waren von den eigentlichen Ammen ungeachtet der großen äußeren Ähnlichkeit nicht schwer zu unterscheiden" (a. a. O., S. 72).
Neben den bisherigen Fällen von Generationswechsel, auch *Metagenese* genannt, gibt es außerdem Fälle, in denen regelmäßig Generationen mit zweigeschlechtlicher Fortpflanzung und eingeschlechtlicher Vermehrung, d. h. *Parthenogenese*, abwechseln. Die Tatsache, daß weibliche Blattläuse auch ohne Männchen für reichlich Nachwuchs sorgen, war durch BONNET seit 1740 bekannt, eine genauere Untersuchung der *Parthenogenese* oder Jungfernzeugung erfolgte aber erst 1856 durch VON SIEBOLD, nachdem er in Breslau zusammen mit dem schlesischen Pfarrer und Bienenzüchter Johannes DZIERZON (1811–1906) die Fortpflanzungsverhältnisse der Honigbiene studiert hatte (K. T. E. VON SIEBOLD 1856). DZIERZON konnte durch Kreuzungsversuche zwischen deutschen und ligurischen Bienen seine Hypothese beweisen, daß die Drohnen männliche Bienen sind und aus unbefruchteten Eiern hervorgehen (1845). Diese Art des Generationswechsels heißt *Heterogonie*.
Die meisten Helminthologen vertraten bis in die Mitte des 19. Jh. die Auffassung, daß die Eingeweidewürmer ihren Wirten angeboren sind, also durch Urzeugung entstehen. RUDOLPHI, dessen systematische Revision der parasitischen Würmer (RUDOLPHI 1808–1809, 2 Bde.) bis zum Erscheinen des *Systema Helminthum* von Karl Moritz DIESING (1800–1867) im Jahre 1850 maßgeblich blieb, äußerte sich als erklärter Gegner naturphilosophischer Spekulationen etwas vorsichtiger. „Die Generatio aequivoca ist ein Wort, worauf der Bannstrahl ruht", schrieb er im Jahre 1801, „trotzdem rede ich dieser Hypothese das Wort" (zit. nach K. ENIGK 1986, S. 65). Die Würmer sollten „unter dem Einfluß der Lebenskraft" in einer „*Diathesis verminosa*" unmittelbar aus Darmzotten und Bindegewebsfasern aufgebaut werden. Ähnlich dachte der Arzt Johannes Gottfried BREMSER (1767–1827); ein „Teil des Darmschleimes" sollte zu einer „festen Masse" gerinnen, sich „mit Epidermis überziehen" und „nun sein eigenes Leben führen" (zit. nach K. ENIGK 1986, S. 66).

„Ärzte und Naturforscher glauben sich zu der Annahme berechtigt", so kennzeichnete VON SIEBOLD die damalige Situation, „daß Eingeweidewürmer im Darmkanale des Menschen und der Thiere aus nicht gehörig verdauten Nahrungsstoffen entstehen, oder sich innerhalb der verschiedensten Organe aus verdorbenen Säften hervorbilden könnten; man nahm an, daß gewisse krankhafte Processe in irgend einem Organe als Producte Helminthen erzeugen könnten, indem dabei Elementarbestandtheile eines krankhaft afficirten Organs sich aus ihrem naturgemäßen Zusammenhange mechanisch trennten, nicht um abzusterben oder unterzugehen, sondern um sich durch Umformung zu einem selbständigen Organismus, zu einem Schmarotzerthier zu erheben. Man hatte gelernt, diese Idee mit schönen Worten auszuschmükken, wodurch sie von allen Seiten mit Beifall aufgenommen wurde, und in den Gemüthern so tiefe Wurzeln schlug, daß jetzt nur mit der größten Mühe dieser bei vielen zu einer fixen Idee gewordene Glaube an die Urzeugung ausgerottet werden kann, um an die Stelle dieser Fantasiegebilde haltbare, den Naturgesetzen entsprechende Erfahrungssätze zu pflanzen" (K. T. E. von SIEBOLD 1854, S. 2).

Die bevorzugte Behandlung systematischer Probleme drängte das Forschungsinteresse an der Biologie der Eingeweidewürmer in den Hintergrund. Obwohl P. S. PALLAS und der Quedlinburger Pastor Johann August Ephraim GOEZE (1731–1793) überzeugt waren, daß adulte Bandwürmer und bestimmte Finnen zusammengehören, wurden letztere weiterhin als selbständige Blasenwürmer beschrieben und einer eigens hierfür errichteten Ordnung, den *Cystica*, zugewiesen. Sogar von SIEBOLD ist zeitweise der Meinung gewesen, es handle sich bei den Finnen um hydropische Degenerationen, die vom Hinterende des Wurmkörpers ausgehen und bis auf den Kopf alle inneren Organe, insbesondere den Geschlechtsapparat, zerstören. LEUCKART hielt an seiner Behauptung, daß die *Echinococcusblasen* krankhaft veränderte Cestoden sind, auch dann noch fest, als Gottlob Friedrich Heinrich KÜCHENMEISTER (1821–1890) in Dresden im Jahre 1851 durch Fütterungsversuche zweifelsfrei nachweisen konnte, daß Finnen nichts anderes als die Entwicklungsstadien von Bandwürmern sind. Später experimentierte er selbst mit der Verfütterung von Wurmeiern und Finnen, bestätigte KÜCHENMEISTERS Untersuchungsergebnisse zur Entwicklung des Schweinebandwurmes, ermittelte das Rind als Zwischenwirt von *Taenia saginata* (1856) und das Schwein als Überträger der gefürchteten *Trichinose* (1860). Schließlich gelang ihm mit der Beobachtung, daß die bewimperten Larven des Leberegels aktiv in Schlammschnecken eindringen, um hier über *Sporocysten* und *Redien* zu *Cercarien* heranzureifen, die vollständige Aufklärung des Entwicklungszyklus von *Fasciola hepatica* (vgl. auch WUNDERLICH 1978).

Die Nachrichten von der Entdeckung getrenntgeschlechtlicher und auffällig sexualdimorpher Trematoden in der Pfortader des Menschen sowie in den Venen von Harnleiter und Harnblase durch Theodor BILHARZ (1825–1862) im Jahre 1851, über die er aus Kairo seinem Lehrer von SIEBOLD in mehreren Briefen ausführlich berichtete, hörten sich an wie ein „Ammenmärchen im Vaterlande von Tausendundeiner Nacht" (zit. nach K. ENIGK 1986, S. 99). Die Wurmparasiten, die heute *Schistosoma haematobium* heißen, leben paarweise zusammen, wobei das stielrunde Weibchen in einer hüllenartig geformten Ventralfalte des stark abgeflachten Männchens zu liegen kommt. Ihre Bedeutung als Verursacher der seit dreitausend Jahren als eine der Plagen Ägyptens bekannten *Haematurie* wurde von BILHARZ allerdings noch nicht erkannt.

9.3. Entstehung und Konsequenzen der „Zellentheorie"

9.3.1. Zellen- und Morphogenese-Lehre

Die Formulierung der „Zellentheorie" durch Theodor SCHWANN (1839), die eigentlich eine neue Organismustheorie war und nach Johannes MÜLLER „die Fundamente der Physiologie" berührte[1]), leitete eine neue Epoche in der Biologie ein, indem sie die Morphogenese nach kausalmechanischen Prinzipien erklärte. Diese „Theorie der Zellen" (SCHWANN 1839, S. 220–257) entstand durch die vorangegangenen pflanzenanatomischen Forschungen (vgl. auch 8.2.) und durch die Wechselbeziehungen zwischen den Berliner Gelehrten, besonders zwischen SCHWANN und SCHLEIDEN, so daß diese nochmals rekapituliert werden müssen. Die Fehlinterpretationen in der Biologiehistoriographie sind oft auf mangelhafte Kenntnisse über die Vorgeschichte zurückzuführen. Weder haben SCHWANN und SCHLEIDEN die Zellen „entdeckt", noch haben sie die Zellenlehre „begründet". Die Pflanzenzellen waren seit dem 17. Jh. bekannt (vgl. 5.1.2.), und es gab – zumindest in der Botanik – bereits seit Beginn des 19. Jh. eine ausgeprägte Zellenlehre (vgl. 8.2.1. und JAHN 1987, S. 16 f.).

Den Beginn des 19. Jh. kennzeichnet ein ganz neues Interesse an der Feinstruktur pflanzlicher Gewebe, die nach damaliger Ansicht aus Zellen, Fasern und Gefäßen aufgebaut waren. Letztere, insbesondere die Spiralgefäße, sollten zu peristaltischer Bewegung fähig sein und ähnlich dem Blutkreislauf der Tiere eine ständige Zirkulation der Pflanzensäfte gewährleisten. Auf die strittigen Fragen ihrer Herkunft und ihrer Funktion reagierte die *Königliche Gesellschaft der Wissenschaften zu Göttingen* mit der Ausschreibung einer Preisfrage, den „eigentlichen Gefäßbau der Gewächse" (zit. nach K. MÖBIUS 1968, S. 164, Anm. 4) zu untersu-

---

[1]) Vgl. MÜLLERS „Bericht über die Fortschritte der anatomisch-physiologischen Wissenschaften" in: Archiv für Anatomie, Physiologie und wiss. Med. 1838, S. XCVI.

chen. Von den drei eingereichten Abhandlungen wurden RUDOLPHIS *Anatomie der Pflanzen* und Heinrich Friedrich LINKS (1767–1851) *Grundlehren der Anatomie und Physiologie der Pflanzen* preisgekrönt, während die Arbeit von Ludolph Christian TREVIRANUS (1779–1864) *Vom inwendigen Bau der Gewächse und von der Saftbewegung in denselben* nur das „accessit" erhielt. RUDOLPHI bezweifelte, daß sich faserige Elemente und Gefäße aus dem Zellgewebe entwickeln können, wohingegen LINK die Auffassung vertrat, daß Fasern durch Streckung der Bläschen entstehen und TREVIRANUS erkannte, daß Gefäße aus Zellreihen zusammengesetzt sind, deren Querwände aufgelöst wurden, unterschiedliche Gefäßformen aber nicht ineinander übergehen können.

Nachhaltigeren Einfluß auf die weitere Entwicklung der Zellenlehre als der literarische Ertrag des Göttinger Preisausschreibens hatten die 1812 veröffentlichten *Beiträge zur Anatomie der Pflanzen* von Johann Jakob MOLDENHAUER (1766–1827), der durch vorsichtiges Mazerieren von Gewebsstücken eine Vielzahl einzelner Zellen und Gefäße zu isolieren vermochte und die Pflanzenzelle auf diese Weise als ein selbständiges, allseits von einer Membran umschlossenes Gebilde vorstellte. Für die auffallende Gruppierung von Faserzellen und Gefäßen, die er im Parenchym von Maispflanzen entdeckte, führte er den Begriff Gefäßbündel ein (vgl. 8.2.1.).

Die Untersuchungen MOLDENHAUERS wurden zunächst von dem Arzt und Naturforscher Franz Julius Ferdinand MEYEN (1804–1840) fortgesetzt, der die Zelle ebenfalls als einen „von der vegetabilischen Membran vollkommen umschlossenen Raum" (MEYEN 1830, S. 47) charakterisierte und betonte, daß das Wachstum der Pflanzen ausschließlich auf Zellteilung beruht. Hierin konnte er sich nicht nur auf die beiden französischen Botaniker Barthélemy Charles Joseph DUMORTIER (1797–1878) und Charles François Antoine MORREN (1807–1858) stützen, die bei Faden- und Schmuckalgen schon mehrfach Zellteilungen beobachtet hatten, sondern auch auf Hugo von MOHLS (1805–1872) Dissertation *Über die Vermehrung von Pflanzenzellen durch Theilung* (1835), in der am Beispiel von Algen der Gattung *Cladophora* erstmals alle Phasen der Teilung lückenlos beschrieben sind. VON MOHL schildert,

wie sich „aus einer kleinen, höckerartigen Protuberanz ein seitlicher Auswuchs bzw. ein Ast von größerer Länge entwickelt, bis an der Stelle der Abzweigung von der ursprünglichen Zelle durch eine konzentrisch wachsende Scheidewand der Zusammenhang zwischen Ast und Stammzelle völlig unterbrochen wird und aus der vorher ästigen Zelle zwei völlig

voneinander abgeschlossene Zellen entstanden sind" (zit. nach W. PELZ 1987, S. 107).

Die Entdeckung des Zellkerns durch Robert BROWN (1773–1858) im Jahre 1831 (vgl. 8.2.1.) brachte Matthias Jacob SCHLEIDEN (1804–1881) auf den Gedanken, „daß dieser Zellkern in einer näheren Beziehung zur Entstehung der Zelle selbst stehen müßte" (M. J. SCHLEIDEN 1838, S. 139). Im Zellkern, den er deswegen *Cytoblasten* nannte, d. h. Zellbildner, befanden sich in der Regel auch noch ein oder mehrere kleine Kerne (die *Nucleoli* nach heutigem Sprachgebrauch). SCHLEIDEN glaubte, daß die Entstehung neuer Zellen mit der Verdichtung winziger Schleimpartikel beginnt, die sich durch „granulöse Coagulation" zu Kernkörperchen und schließlich zu vollständigen Kernen verdichten:

Sobald ein Kern seine normale Größe erreicht habe, entwickele sich ein Bläschen, das ihm „wie ein Uhrglas" aufliege, eine Zellanlage also, „die anfangs ein sehr flaches Kugelsegment darstellt, dessen plane Seite vom Cytoblasten, dessen Konvex-Seite von der jungen Zelle gebildet wird … Allmählich wächst die ganze Zelle über den Rand des Cytoblasten hinaus, und wird rasch so groß, daß endlich der letztere nur als ein kleiner in einer der Seitenwände eingeschlossener Körper erscheint" (SCHLEIDEN 1838, S. 145–146).

Die Funktion des Zellkerns schien damit erfüllt zu sein, häufig schien er sogar aufgelöst und resorbiert zu werden.

Neu war also bei SCHLEIDEN, daß er den Blick nicht auf die fertigen Zellen als strukturelle Bauelemente der Pflanzenorgane lenkte, sondern auf die Entstehung der Zellen selbst und auf ein einheitliches Bildungsprinzip a l l e r Zellen, unabhängig von ihrer späteren physiologischen Funktion. Es bleibt das große Verdienst SCHLEIDENS, den Zellkern in den Mittelpunkt des Geschehens gerückt und klar ausgesprochen zu haben, daß jede „etwas höher ausgebildete Pflanze ein Aggregat von völlig individualisierten, in sich abgeschlossenen Einzelwesen, den Zellen" ist (SCHLEIDEN 1838, S. 137), und daß alle strukturellen Elemente notwendigerweise aus ihnen hervorgehen.

Obwohl SCHLEIDEN die Zellbildung in seiner ersten Arbeit (1838) noch nicht mit einer „Kristallisation" verglich,[1] legte seine ausführliche Schilderung der chemischen und physikalischen Beschaffenheit des Zellinhalts (Gummi- und Zuckerlösung), den er mit Hilfe des befreundeten Chemikers Heinrich ROSE (1795–1864) analysiert hatte, diese Analogie wohl nahe, die dann SCHWANN aufgriff.

---

[1] SCHLEIDEN übernahm aber SCHWANNS Hypothese später in sein Lehrbuch (SCHLEIDEN 1842), so daß sie ihm oft fälschlich selbst zugeschrieben wird.

Im Oktober 1837 hatte SCHLEIDEN seinem Berliner Studienfreund Theodor SCHWANN, einem Schüler und Mitarbeiter Joh. MÜLLERS, von den Ergebnissen seiner Untersuchungen berichtet und entsprechende Präparate vorgelegt. Die auffällige Ähnlichkeit der Kerne pflanzlicher Zellen mit denjenigen in den Knorpelzellen der *Chorda dorsalis* von Kaulquappen bestärkte SCHWANN in der Überzeugung, daß trotz beträchtlicher Unterschiede auch alle tierischen Gewebe aus Elementarteilen bestehen, die mit pflanzlichen Zellen grundsätzlich übereinstimmen. Dies nachweisen zu können, würde den „innigsten Zusammenhang beider Reiche der organischen Natur" aufzeigen (SCHWANN 1839, Vorrede S. 111). In seinen berühmten *Microscopischen Untersuchungen über die Übereinstimmung in der Structur und dem Wachsthume der Thiere und Pflanzen*" (1839) schrieb er zusammenfassend:

„Die Entwicklung des Satzes, daß es ein allgemeines Bildungsprinzip für alle organischen Produktionen gibt, und daß die Zellenbildung dieses Bildungsprinzip ist, und die aus diesem Satz hervorgehenden Folgerungen, kann man mit dem Namen der Zellentheorie im weiteren Sinne belegen, während wir im engeren Sinne unter Theorie der Zellen dasjenige verstehen, was sich aus diesem Satze über die – diesen Erscheinungen zu Grunde liegenden – Kräfte schließen läßt" (SCHWANN 1839, S. 197) (Abb. 121).

Sein Vorgehen richtete sich deshalb in erster Linie darauf, die Allgemeingültigkeit der SCHLEIDENschen Zellbildungshypothese für a l l e Organismen zu prüfen; allerdings änderte sie SCHWANN insofern ab, als er meinte, Zellen könnten mit Ausnahme des Kambiums nicht nur innerhalb schon vorhandener Zellen, sondern auch im Cytoblastem entstehen, einem strukturlosen Material, das die Zellen erfüllt oder als Interzellularsubstanz existiert. Außerdem entwickelte er ausführlich eine Art Kristallisationshypothese[1]), um nachzuweisen, daß eine teleologisch wirkende spezifische „Lebenskraft" entbehrlich ist. Während sich SCHLEIDEN noch zu einer „Bildekraft" im Sinne BLUMENBACHS bekannte (vgl. 6.2.1.), war SCHWANN überzeugt,

„daß die Grundkräfte der Organismen ... wesentlich mit den Kräften der anorganischen Natur übereinstimmen, ... daß es Kräfte sind, die ebenso mit der Existenz der Materie gesetzt sind, wie die physikalischen Kräfte" (SCHWANN 1839, S. 221–222).

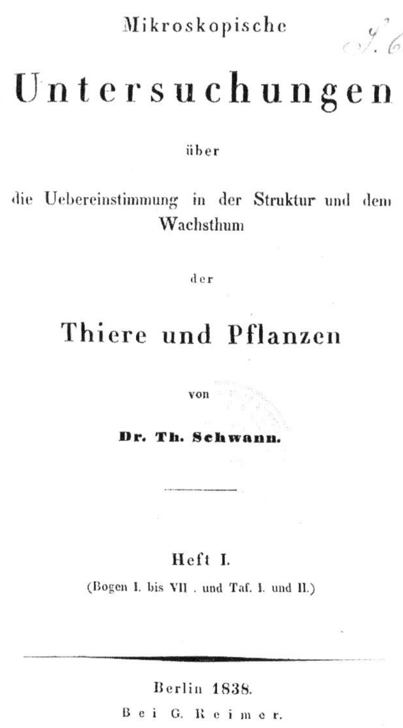

Mikroskopische

Untersuchungen

über

die Uebereinstimmung in der Struktur und dem Wachsthum

der

Thiere und Pflanzen

von

Dr. Th. Schwann.

Heft I.

(Bogen I. bis VII . und Taf. I. und II.)

Berlin 1838.
Bei G. Reimer.

Abb. 121. Titelblatt des Werkes, in dem Th. SCHWANN die „Zellentheorie" entwickelte.

Nach eingehender Diskussion des physikalischen und chemisch-physiologischen Zustands der tierischen Zellen im Unterschied zu den physikalischen Bedingungen einer Kristallbildung[2]) konstatiert er „wie sehr verschieden die Erscheinungen der Zellenbildung und der Kristallbildung sind." Aber er fährt fort:

„Indessen darf man doch auch die Momente nicht übersehen, worin beide Prozesse ähnlich sind. Sie stimmen in dem Hauptpunkte überein, daß sich auf Kosten einer in einer Flüssigkeit aufgelösten Substanz nach bestimmten Gesetzen feste Körper von einer bestimmten regelmäßigen Form bilden ..." (SCHWANN 1839, S. 241).

Schließlich werden nochmals die Unterschiede und Ähnlichkeiten von Kristall- und Zellenbildung verglichen (a. a. O., S. 242–256) und dann das Fazit gezogen:

---

[1]) Es dürfte von Bedeutung gewesen sein, daß zur gleichen Zeit in Berlin die Kristallbildungsprozesse durch die Mineralogen C. S. WEISS und Gustav ROSE untersucht und in Versammlungen eifrig diskutiert wurden (JAHN 1987, S. 30).

---

[2]) Als Unterschied wird der Umstand gekennzeichnet, daß Kristalle solide, aus übereinandergelagerten Schichten derselben chemischen Substanz bestehende Körper sind und ihr Wachstum durch „*Apposition*" geschieht, während die Zellen „ineinandergeschachtelte hohle Bläschen" seien und ihr Wachstum durch Flüssigkeitsaufnahme (*Imbibition*) erfolge (SCHWANN 1839, S. 240 f.).

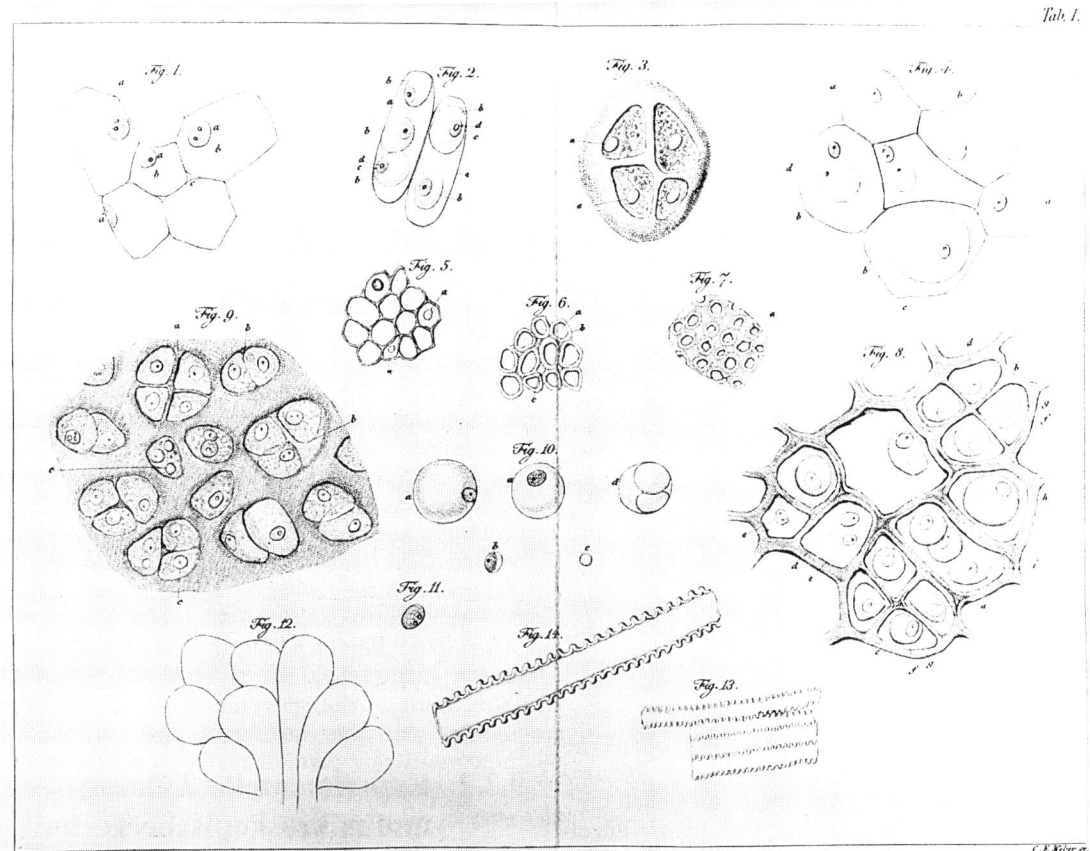

Tab. I.

Abb. 122. Zellen aus dem Kiemenknorpel von Froschlarven (*Rana esculenta*) mit Zellkernen, intra- und extrazellulärer Zellbildung. Ausschnitt von Taf. I, Fig. 1–14, aus SCHWANN 1839.

„Nach alledem scheint die Ansicht, daß die Organismen nichts sind als die Formen, unter denen imbibitionsfähige Substanzen kristallisieren, mit den wichtigsten Erscheinungen des organischen Lebens vereinbar, und insofern als eine mögliche Hypothese, als ein Versuch zur Erklärung dieser Erscheinungen, zulässig." (SCHWANN 1839, S. 257).

Die Idee von der Einheit des Organischen wurde durch SCHWANN von allen spekulativen Elementen befreit und mit naturwissenschaftlichen Methoden begründet, auch wenn er die „Entwicklungsgeschichte der tierischen Zelle, welche er suchte", nicht gefunden hat, betonte Rudolf VIRCHOW (1821–1902) in der Gedenkrede auf Theodor SCHWANN (Abb. 122).

„Weshalb sollte man noch Schleiden und Schwann lesen", fragte VIRCHOW „nachdem die Uhrglastheorie und mit ihr die cytoblastischen Stoffe begraben worden sind? Und doch sollte man es tun, schon um sich selbst in die Lage zu versetzen, die wunderbare Tatsache zu begreifen, daß trotz so großer Irrtümer in diesen Schriften die Grundlagen der wissenschaftlichen Fortschritte der späteren auch unserer und sicher auch

der kommenden Zeit enthalten sind" (R. VIRCHOW 1882, S. 391).

VIRCHOW war selbst ein überzeugter Anhänger SCHWANNS, als er mit eigenen Untersuchungen zur Pathohistologie des Menschen begann. Der Hinweis seines Lehrers J. MÜLLER auf die zelluläre Struktur von Geschwülsten und die Ähnlichkeit ihrer Entstehung mit derjenigen embryonaler Gewebe (J. MÜLLER 1838) veranlaßte ihn, ein Forschungskonzept zu planen und durchzuführen, das mit dem Erscheinen der *Cellularpathologie* (R. VIRCHOW 1858) einen glanzvollen Höhepunkt erreichte. „Nachdem einmal das Gesetz von der Identität der embryonalen und pathologischen Entwicklung festgestellt war", erklärte er, „lag darin die Überzeugung implicite gegeben, die verschiedenen krankhaften Erzeugnisse nicht mehr als gegebene, sondern als in der Entwicklung begriffene Gewebe zu betrachten" (R. VIRCHOW 1847, S. 213). Ähnlich äußerte sich REMAK später, als er feststellte,

Im Rahmen seiner nerven- und hirnanatomischen Studien (1836–1845) beschrieb er die nach ihm benannten multipolaren Ganglienzellen in der mittleren Schicht der Kleinhirnrinde und ihre Synapsen. Das von ihm 1839 an der Universität in Wrocław, damals Breslau, gegründete Physiologische Institut wurde zum Vorbild entsprechender Einrichtungen in Rostock, Göttingen und Jena (Abb. 124).

In ähnlicher Weise experimentierte der junge Johannes Müller. Überzeugt, „daß die Sinnesorgane und ihre Zentralapparate selbst die Quelle bestimmter Gesichtserscheinungen als Ausdruck ihrer ‚spezifischen Sinnesenergie‘ sind" (K. E. Rotschuh 1968, S. 221), versuchte er durch Selbstbeobachtung die Gesetzmäßigkeiten *phantastischer Gesichtserscheinungen* zu ermitteln (J. Müller 1826). Zwei Jahre zuvor hatte er in seiner Bonner Antrittsvorlesung den totalen Anspruch der Naturphilosophie entschieden zurückgewiesen; die Physiologie könne sich nicht, betonte er, wie die Philosophie, nur mit den Begriffen zufrieden geben; „ihre Elemente sind sowohl der Begriff als die Erfahrung" (J. Müller 1824, S. 7). Die spekulativen Naturforscher spielen seiner Ansicht nach gerne mit „den Gegensätzen des Verstandes ohne eine lebendige Durchdringung des Geistes. Ohne Anschauung des lebendigen Prozesses schweben sie in einer unseligen Zweideutigkeit, einer lebendigen Betrachtung der Natur unfähig, zu gemächlich und vornehm, um mit der schlichten Erfahrung auszukommen" (J. Müller 1824, S. 12).

Der richtige „Umgang mit der lebenden Natur geschieht durch Beobachtung und Versuch. Die Beobachtung schlicht, unverdrossen, fleißig, aufrichtig, ohne vorgefaßte Meinung, – der Versuch künstlich, ungeduldig, emsig, abspringend, leidenschaftlich, unzuverlässig". Experimente um ihrer selbst willen erscheinen ihm fragwürdig, schließlich ist nichts leichter, „als eine Menge sogenannter interessanter Versuche zu machen. Man darf die Natur nur auf irgendeine Weise gewalttätig versuchen, sie wird immer in ihrer Not eine leidende Antwort geben" (J. Müller 1824, S. 21).

Die kritische Haltung gegenüber experimentellen Methoden ist auch darin begründet, daß J. Müller als später Anhänger der Irritabilitätslehre Hallers der Auffassung war, „jede Lebensäußerung, auch jene, die man im Experiment beobachtet", sei eine spezifische Antwort auf Reize.

„Reize aber erzeugen Reaktionen, die nur und in erster Linie Sache des reagierenden Organismus sind und nur in untergeordneter Weise von der Art der physikalischen oder chemischen Beeinflussung abhängen. Deren Art ist also mehr oder weniger belanglos

für das Ergebnis und daher relativ uninteressant für die Physiologen. Für Müller ist alles Reiz-Reaktions-Analyse, nicht Ursachen-Wirkungs-Analyse" (Rotschuh 1968, S. 228).

Obwohl J. Müller am Vorhandensein einer spezifischen Energie der Organe festhielt und deshalb selbst nur wenig Verständnis für die methodischen Probleme der experimentellen Forschung aufbringen konnte, gingen aus seiner Schule die bedeutendsten Physiologen des 19. Jh. der chemisch-analytischen wie der physikalisch-mechanischen Richtung, hervor. Unter den älteren Schülern J. Müllers sprach sich erstmals Schwann (vgl. 9.3.) gegen die Annahme teleologischer Kräfte aus, die seiner Meinung nach nur dann widerlegt werden müßten, wenn die Unmöglichkeit ihrer physikalischen Erklärung nachgewiesen werden konnte.

„Wir gehen also von der Voraussetzung aus", schrieb er, „einem Organismus liegt keine nach einer bestimmten Idee wirkende Kraft zugrunde, sondern er entsteht nach blinden Gesetzen der Notwendigkeit, durch Kräfte, die ebenso durch die Existenz der Materie gesetzt sind, wie die Kräfte in der anorganischen Natur" (T. Schwann 1839, S. 188).

Bei seinen verdauungsphysiologischen Untersuchungen hatte Schwann das Pepsin entdeckt, dann führte er den experimentellen Nachweis, daß es keine Urzeugung geben könne (1836), „daß die Hefen pflanzliche Organismen sind und die alkoholische Gärung eine Folge ihres Stoffwechsels ist (1837)". Die endgültige Widerlegung der Urzeugung gelang erst Louis Pasteur (1861) mit überzeugenden Methoden (Abb. 125).

Nach der von Schleiden und Schwann begründeten Zellenlehre (vgl. 9.3.) gewann das Mikroskop auch als physiologisches Arbeitsinstrument zunehmend an Bedeutung.

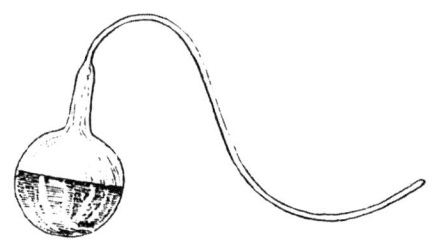

Abb. 125. Versuchsgefäß von H. Hoffmann und L. Pasteur (1861) zur Widerlegung der Urzeugung. Comptes rendues 50 (1861) S. 306. Aus Loeffler 1887, S. 5.

„Was für den Chemiker die Waage, für den Astronomen das Fernrohr ist", schrieb Rudolf WAGNER (1805–1864) im Vorwort seines Lehrbuches der speziellen Physiologie, „das ist das Mikroskop für den Physiologen, indem es ihn mit der Struktur und Bewegung der feinsten Elementarteile des Körpers bekannt macht" (R. WAGNER 1845, S. X).

Neben seinen eigenen entwicklungsgeschichtlichen und histologischen Studien (R. WAGNER 1839) sind von KOELLIKERS Arbeit über Bau und Funktion der Sehelemente in der *Retina* (R. von KOELLIKER 1852), die Entdeckung der *Inselzellen* (1869) durch Paul LANGERHANS (1847–1888) und Rudolf HEIDENHAINS (1839–1897) Beschreibung von *Haupt-* und *Belegzellen* der Magenschleimhaut (R. HEIDENHAIN 1870) wichtige Beispiele hierfür.

Zwischen 1820 und 1840 vollzog sich auch in der Chemie ein entscheidender Wandel. Obwohl Jöns Jakob BERZELIUS (1779–1848) die Gesetze der anorganischen Chemie nicht auf organische Körper anwenden wollte (J. J. BERZELIUS 1815), mußte die Ansicht, daß organische Stoffe dem Wirken der Lebenskraft ihre Entstehung verdanken, wenig später gründlich revidiert werden. Dem englischen Chemiker William PROUT (1785–1850) war es gelungen, die Magensäure als freie Salzsäure zu identifizieren (1824) und durch quantitative Analyse von Zucker, Fett und Eiweiß für die jeweiligen Anteile von Wasserstoff, Kohlenstoff und Sauerstoff das Verhältnis von 1:6:8 zu ermitteln (W. PROUT 1827). Schließlich berichtete Friedrich WÖHLER (1800–1882) von der Synthese des organischen Harnstoffs aus dem anorganischen Ammoniumcyanat (F. Wöhler 1828).

Justus von LIEBIG (1803–1873), der während seines Studiums in Bonn auch Schüler J. MÜLLERS gewesen ist, konnte sich damit auf eine Reihe wichtiger Vorarbeiten stützen, als er die Theorie des Stoffkreislaufs in der Natur begründete und zu ihrer praktischen Anwendung die Düngelehre daraus ableitete (J. von LIEBIG 1842). Die Zeiten seien vorüber, bemerkte er in den *Chemischen Briefen*, als der Naturforscher noch gewohnt war, offene Fragen an sich zu richten, an seinen eigenen Geist; jetzt stellt er sie

„an die Erscheinung, an den Zustand selbst. Der heutige Naturforscher, wenn er eine Erscheinung klären will, fragt, was geht dieser Erscheinung voraus, was ist es, das darauf folgt? Was vorausgeht, nennt er Ursache oder Bedingung; was ihr folgt, nennt er Wirkung oder Effekt" (J. von LIEBIG 1865, S. 16).

Fast gleichzeitig mit dem Erscheinen der *Organischen Chemie* LIEBIGS war Claude BERNARD (1813–1878) während seiner Tätigkeit als Assistent MAGENDIES an zuckerkranken Patienten

aufgefallen, daß die im Organismus der Tiere und des Menschen vorkommende Glukose nicht nur mit zuckerhaltiger Nahrung aufgenommen wird, sondern offensichtlich auch im Körper produziert werden kann. Zur Kontrolle des Zuckerabbaus prüfte er Blut aus den Lebervenen eines Hundes, der mit Kohlehydraten ernährt wurde. Da es stark zuckerhaltig war, also in der Leber kein Glukoseabbau stattfand, wiederholte er das Experiment mit einem weiteren Hund, der kohlehydratfreies Futter erhalten hatte. Die Blutprobe enthielt abermals erhebliche Zuckermengen. Demnach mußte die Leber eine doppelte Funktion haben, nämlich die Ausscheidung von Gallensekret in den Darm und die Produktion von Glykogen nach innen in das Blut; für letztere schuf BERNARD den Begriff der *inneren Sekretion* (1855). Aus den Systemeigenschaften der Organe und den Mechanismen ihrer Steuerung folgerte er, daß das Zusammenwirken aller Körperfunktionen von regulierenden Systemen abhängig ist. Blut und Nervensystem erfüllen diese Aufgabe; insbesondere die chemisch-physikalischen Eigenschaften des Blutes seien geeignet, ein von äußeren Einflüssen weitgehend uabhägiges *milieu intérieur* zu schaffen.

„Die wesentliche Aufgabe des Physiologen ist demnach", erklärte BERNARD, „die elementaren Bedingungen der physiologischen Vorgänge zu determieren und ihre natürliche Rangordnung zu erkennen, um dann die verschiedenen Verknüpfungen in den vielgestaltigen tierischen Organismen zu verstehen und zu verfolgen" (C. BERNARD 1865, dt. Übers. v. K. E. ROTSCHUH 1961, S. 95).

Mit der Koordinationstätigkeit des Gehirns hatte sich bereits der Anatom Marie-Jean-Pierre FLOURENS (1794–1867) befaßt. Er lokalisierte die Regulierung von Bewegungsabläufen im Kleinhirn, beobachtete unwillkürlich verlaufende Muskelkontraktionen, die über das Rückenmark durch äußere Reize ausgelöst werden, und entdeckte das Atemzentrum in der *Medulla oblongata* (M.-J. P. FLOURENS 1824 und 1826). Für das Zusammenwirken von Nervensystem, Leber und Blut lieferte BERNARD ein glänzendes Beispiel: Mit dem Stich in den Boden des vierten Gehirnventrikels kam es zu einer gesteigerten Glykogenolyse in der Leber und danach zur Ausscheidung von Zucker im Harn. Schließlich klärte er die vasomotorischen Funktionen des Halssympathikus und die sekretorischen Eigenschaften der *Chorda tympani*.

Mit der Wirkung körpereigener, in endokrinen Drüsen gebildeter Stoffe, die über das Blut verteilt werden, beschäftigte sich erstmals Arnold Adolph BERTHOLD (1803–1861). Seine Kastrationsexperimente mit Hähnen markieren den Be-

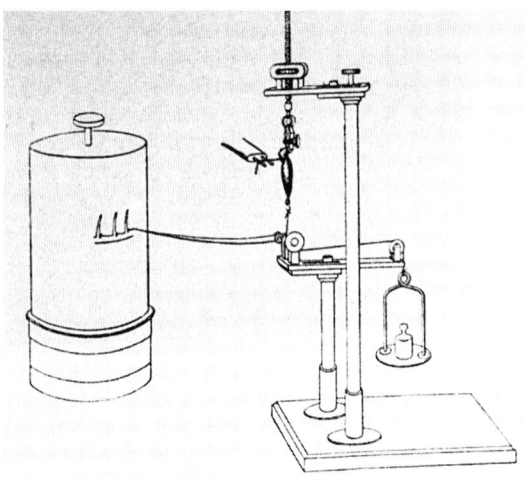

Abb. 126. Kymographion, wie es von Carl LUDWIG 1846 zur Anwendung grafischer Methoden in der experimentellen Physiologie eingeführt wurde. Aus M. VERWORN: Allgemeine Physiologie 1895.

ginn der Hormonforschung (A. BERTHOLD 1849) (vgl. 13.1.2.).

Als J. MÜLLER seinem Schüler und späteren Amtsnachfolger Emil DU BOIS-REYMOND (1818–1896) empfohlen hatte, die Experimente des italienischen Physikers Carlo MATTEUCCI (1811–1858) zu überprüfen,[1] ahnte er wohl kaum, daß er damit den Anstoß zur Entwicklung der modernen Elektrophysiologie gab. DU BOIS-REYMOND konstruierte zu diesem Zweck verbesserte Meßinstrumente, entdeckte unter anderem den Ruhe- oder Verletzungsstrom des Muskels, die negative Schwankung bzw. Stromminderung bei Muskelerregung und den elektronischen Effekt als Begleitphänomen stromdurchflossener Nerven. Wichtig war ihm vor allem, die ursächlichen Zusammenhänge natürlicher Erscheinungen in mathematischen Funktionen zu erfassen und in Kurvenbildern graphisch darzustellen. Obwohl er vitalistische Erklärungsmodelle ablehnte und zusammen mit Ernst Wilhelm VON BRÜCKE (1819–1892), Hermann VON HELMHOLTZ (1821–1894) und Carl LUDWIG (1816–1895) zu den Exponenten einer physikalisch-mechanisch orientierten Physiologie gehörte, wollte er Geist und Bewußtsein nicht auf materielle Bedingungen reduzieren.

LUDWIG grenzte die neue physikalische gegen die vitale Richtung der Physiologie klar ab,

sie „verlangt in Übereinstimmung mit dem Kausalgesetz, an das wir uns halten müssen, wenn wir überhaupt denken wollen", heißt es in der Einführung seines Lehrbuches, „daß ein Ding die Ursachen seiner Wirkungen in sich enthalte und in Übereinstimmung mit den so oft berührten Grundsätzen der Erfahrungslehren, daß man nur die mittel- oder unmittelbar nachgewiesenen Existenzen mit in das Fundament der Schlüsse aufnehme" (C. LUDWIG 1854, Bd. I, S. 1).

Kennzeichnend für die Arbeitsweise LUDWIGS ist die Beschreibung des ersten in der Physiologie eingesetzten Registrierinstruments, des *Kymographion* (Abb. 126), das er zur Aufzeichnung von Luftdruck und Blutumlauf, d. h. zweier unabhängiger Größen des Thorax, benutzte (C. LUDWIG 1847).

Auch VON HELMHOLTZ arbeitete an Problemen der Nerven- und Muskelphysiologie, insbesondere über den Zusammenhang von Muskeltätigkeit und Wärme sowie die Umwandlung von Energie. Als Resultat seiner diesbezüglichen Überlegungen veröffentlichte er 1847 die kurze Abhandlung über die Erhaltung der Kraft, in der er das von Julius Robert MAYER (1814–1878) und James Prescott JOULE (1818–1889) formulierte Prinzip von der Erhaltung der Energie theoretisch begründete. Es gelang ihm erstmals die Messung der Ausbreitungsgeschwindigkeit von Nervenreizen (1850), er erfand den Augenspiegel zur Inspektion der Netzhaut (1850), das *Ophthalmoskop* (1851) und das *Telestereoskop* (1857). Die auf Vorarbeiten des englischen Physiologen Thomas YOUNG (1773–1829) zurückgreifende Dreikomponententheorie der Farben, nach der es nur Rot, Grün und Blauviolett als ursprüngliche Farbempfindungen gibt, wurde in jüngster Zeit bei der Herstellung von Farbfernsehgeräten wieder aufgegriffen. In Zusammenarbeit mit ABBE in Jena bestimmte er die Leistungsgrenze des Lichtmikroskopes. Für den Bereich der Akustik entwickelte VON HELMHOLTZ eine Theorie der Kombinationstöne, untersuchte die Klangfarbe mit Hilfe von Resonatoren und verfaßte eine Harmonielehre (H. VON HELMHOLTZ 1855–1867, 1863).

Die Arbeiten BRÜCKES behandelten sehr unterschiedliche Themen. Er begann mit Untersuchungen über die Bewegungen von *Mimosa pudica* (BRÜCKE 1848), wobei er feststellte, daß die infolge äußerer Reize eintretende Erschlaffung der Gelenkpolster eine Folge des Wasseraustrittes aus den Zellen in die Interzellularen ist, die Schlafstellung hingegen durch Turgoränderung herbeigeführt wird; er erkannte die generelle Übereinstimmung des pflanzlichen Protoplasmas und der tierischen Sarkode (BRÜCKE 1861), veröffentlichte grundlegende Studien zur

---

[1] Entscheidend war der Hinweis A. VON HUMBOLDTS auf die in Paris durchgeführten Experimente von MATTEUCCI (1840) (vgl. JAHN 1967)

Physiologie der Lautbildung (BRÜCKE 1856) und setzte sich mit theoretischen Fragen der Farbgestaltung auseinander (BRÜCKE 1866).

Einer der letzten Schüler J. MÜLLERS war Eduard PFLÜGER (1829–1910), dessen Untersuchungen über die Physiologie des *Electrotonus* (1872) von DU BOIS-REYMOND angeregt wurden.

Anschließend befaßte er sich mit Blutgasen und Oxidationsprozessen im Tierkörper. Für physiologische Regelmechanismen als Ausdruck einer organischen Zweckmäßigkeit führte er den Begriff *teleologische Mechanik* ein (E. PFLÜGER 1872).

10. Charles Darwin und die Evolutionstheorien des 19. Jahrhunderts

Thomas JUNKER, Tübingen[1]

Das Interesse an der Geschichte der Evolutionstheorie hat sich seit dem Darwin-Jubiläum von 1959 sehr stark auf die Person und die Theorien von Charles DARWIN konzentriert. Vor allem in den angelsächsischen Ländern wurden seither eine Vielzahl detaillierter Untersuchungen zu DARWINS Leben, zur Entwicklung seiner Theorien und zur Rezeption seiner Ideen veröffentlicht – die sogenannte „Darwin-Industrie" entstand (zur Darwin-Literatur der letzten Jahre vgl. GREENE 1975; REGELMANN 1982; WASSERSUG & ROSE 1984; HOPPE 1985; LA VERGATA 1985; LENOIR 1987; GLICK 1988; CORSI 1989). Zum Teil wurde dieses Interesse von Richtungen der modernen biologischen Forschung angeregt, die sich explizit auf DARWIN berufen, wie die Synthetische Theorie und die Soziobiologie (MAYR & PROVINE 1980; WILSON 1975). Einen wichtigen Anreiz bildete auch die Entdeckung einer Vielzahl handschriftlicher Quellen von DARWIN: seiner Manuskripte, Notizbücher, Briefe und Randbemerkungen. Ein Teil dieser Materialien wurde in den letzten Jahren publiziert, und es werden weiter große Anstrengungen unternommen, um diese Quellen allgemein verfügbar zu machen (BURKHARDT, F., et al., 1985–1997; BARRETT et al. 1987; DI GREGORIO 1990; JUNKER & RICHMOND 1996).

Die Konzentration auf DARWIN und den Entdeckungskontext seiner Theorien hat in den letzten Jahren aber auch Kritik hervorgerufen. Angemahnt wird statt dessen eine Geschichte der Evolutionstheorie, in der DARWIN nicht die zentrale Rolle einnimmt (BOWLER 1988). Trotz dieser Einwände soll in unserer Darstellung den theoretischen Konzepten DARWINS aus verschiedenen Gründen eine hervorgehobene Bedeutung zukommen. Es ist zwar unstrittig, daß die Selektionstheorie bis in die ersten Jahrzehnte des 20. Jh. mit einer starken, obschon heterogenen Strömung von Alternativtheorien konfrontiert war (vgl. RÁDL 1909; ALLEN 1975; BOWLER 1983; JUNKER 1989; JAHN 1994; ENGELS 1995). Diese Beobachtung scheint dem erwähnten Ansatz einer nicht von DARWIN geprägten Geschichte der Evolutionstheorie zusätzliches Gewicht zu geben. Fraglich ist jedoch nur der Erfolg der Selektionstheorie, nicht aber der Siegeszug der Theorie der gemeinsamen Abstammung aller Organismen und des Konzeptes der graduellen Evolution. Beide Vorstellungen wurden durch DARWINS Arbeit zu wissenschaftlich anerkannten Positionen, während sie vor der Publikation DARWINS (1859) als naturphilosophische Spekulationen abgewiesen worden waren. Dieser radikale Wandel im Denken der Biologen des 19. Jh. ist als erste Darwinsche Revolution bezeichnet worden (MAYR 1991). Doch auch die Kontroverse um den Mechanismus des Artenwandels wurde von DARWINS Thesen dominiert: Es gab zwar eine Vielzahl von alternativen Theorien zur Selektionstheorie, aber diese Theorien sind als Reaktionen auf die Selektionstheorie ohne diese nicht zu verstehen.

10.1. Charles Darwins Wirken

Für die Biographen DARWINS war es immer eine besondere Herausforderung, die Ursachen seiner wissenschaftlichen Kreativität zu bestimmen. Welche Umstände und Bedingungen, welche Erziehung, Ausbildung, Interessen, Erlebnisse, gesellschaftliche wie familiäre Traditionen und welche charakterlichen Eigenschaften ließen DARWIN zu einem geistigen Revolutionär

[1]) Dieses Kapitel entstand während eines Forschungsaufenthaltes an der Harvard University in Cambridge (Massachusetts), der mir durch ein Feodor-Lynen-Stipendium der Alexander-von-Humboldt-Stiftung ermöglicht wurde. Der Humboldt-Stiftung sei an dieser Stelle für die finanzielle Unterstützung, meinem Gastgeber in Harvard, Ernst MAYR, für die Einladung und die anregenden Diskussionen gedankt. Ein Teil der Recherchen wurde in der Cambridge University Library (England) durchgeführt, wobei mir die Mitarbeiter der „Correspondence of Charles Darwin" von großer Hilfe waren. Auch ihnen sei an dieser Stelle für die erwiesene Unterstützung gedankt.

werden? Diese Fragestellung wurde noch reiz-
voller, als die Analyse der Notizbücher Darwins (Barrett et al. 1987) Antworten in greif-
barere Nähe zu rücken schien und als zugleich
deutlich wurde, wie außerordentlich komplex
und differenziert Darwins Denkweise war. Im
folgenden sollen verschiedene Aspekte der aktuellen Diskussion angesprochen werden; der
begrenzte Umfang des Kapitels bringt es allerdings mit sich, daß sich die Darstellung oft mit
Andeutungen begnügen muß (zur Biographie
Darwins vgl. F. Darwin 1887; Barlow 1958;
Wichler 1961; De Beer 1963; Hemleben 1968;
Ruse 1979; Jahn 1982 a; Zirnstein 1982; Bowler 1990; Bowlby 1991; Desmond & Moore
1991; Mayr 1991; Browne 1995).

10.1.1. Darwins Reise auf der *Beagle* (1831–1836)

Charles Darwin hatte sich in der Schul- und
Studienzeit schon autodidaktisch mit entomologischen und ornithologischen Beobachtungen
und Sammlungen beschäftigt, während seines
Medizinstudiums in Edinburgh (1825–1827)
auch meeresbiologische Studien betrieben, im
Naturhistorischen Museum Vögel präpariert
und durch den Zoologen Robert Grant (1793–
1874) auch Lamarcks Theorien kennengelernt
(Secord 1991 a). Als Student der Theologie in
Cambridge (1828–1831) befaßte er sich auch intensiv mit der Naturtheologie von William Paley, mit Botanik durch seinen Lehrer John Steven Henslow und mit Geologie durch Adam

Sedgwick, der seinen Blick für naturhistorische
Zusammenhänge schärfte. In seiner Autobiographie erwähnt Darwin den Einfluß von A. von
Humboldts Reisebeschreibung (1805–1824), die
er in englischer Übersetzung (1814–1829) las,
und von John Herschels *Preliminary discourse
on the study of natural philosophy* (1830) (Darwin, Autobiogr. Hrsg. Barlow 1958; dt. Senglaub 1982) (vgl. auch Egerton 1970; Ruse
1975 a; Schweber 1977, 1989; Manier 1978).
Als Darwin im April 1831 mit dem Bakkalau-
reus sein Theologiestudium erfolgreich abschloß, war er – was für seinen weiteren Lebensweg sehr viel wichtiger werden sollte – auch ein
fähiger Naturforscher (Burkhardt 1985–1997,
Bd. 1, S. 128 f.).
Der entscheidende Wendepunkt in Darwins Leben war die Weltreise mit der *Beagle*
(Abb. 127). Wenige Monate nach dem Ende des
Theologiestudiums wurde Darwin angeboten,
Kapitän Robert Fitzroy (1805–1865) als Naturforscher und *gentleman companion* zu begleiten (Burkhardt 1985–1997, Bd. 1, S. 127–135).
Nach dem Ende der spanischen Herrschaft über
die südamerikanischen Kolonien konnte England seine militärischen und wirtschaftlichen Interessen auch auf diesem Kontinent vertreten.
Die Aufgabe der *Beagle* bestand in der Vermessung der Küsten von Südamerika, um die See-
karten der englischen Admiralität zu verbessern. In den letzten Jahren mußte die vertraute
Ansicht, daß Darwin der offizielle Naturforscher an Bord der *Beagle* gewesen sei, revidiert
werden. Darwins Position war nicht eindeutig
definiert; er galt als Gast und standesgemäße
Begleitung des Kapitäns (J. W. Gruber 1969;

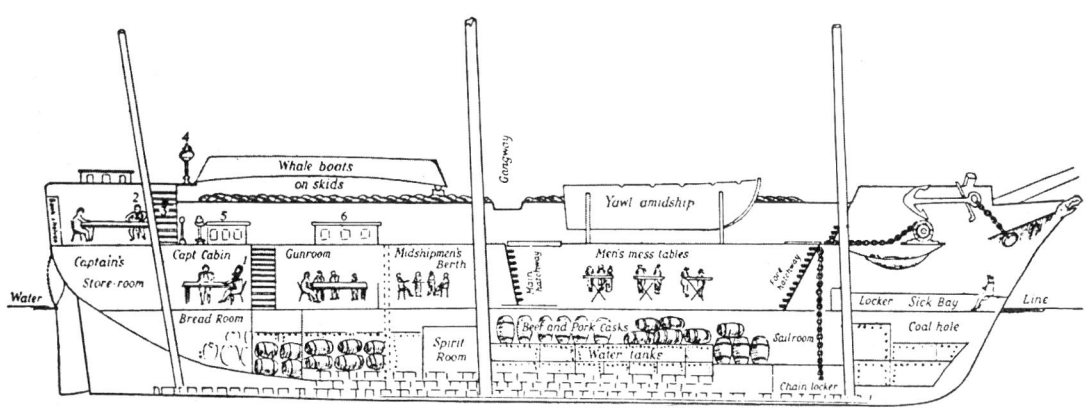

Abb. 127. Längsschnitt durch das englische Forschungsschiff „Beagle", mit Darwins Arbeitsplätzen in „Capt.
Cabin" und „Captain's Storeroom" für die Sammlungen.

BURSTYN 1975). Am 27. Dezember 1831 verließ die *Beagle* Plymouth und kehrte am 2. Oktober 1836 nach England zurück. DARWIN konnte die fünf Jahre intensiv nutzen, zumal er einen großen Teil seiner Zeit an Land verbringen konnte. Er sammelte Exemplare verschiedenster lebender wie fossiler Organismen und machte reiche geologische Beobachtungen. Von besonderer Bedeutung für DARWINS geistige Entwicklung während der Reise war die Lektüre von Charles LYELLS *Principles of geology* (1830–1833). LYELLS *Principles* gaben DARWIN nicht nur eine Einführung in die uniformitarianistische Geologie, sondern sie konfrontierten ihn auch mit LYELLS Argumenten gegen LAMARCKS Evolutionstheorie (DARWIN 1839; BARLOW 1933; HERBERT 1974; SULLOWAY 1985).

Als DARWIN mit der *Beagle* England verließ, glaubte er – wie die meisten seiner Zeitgenossen –, daß jede Art unabhängig erschaffen wurde, mit Eigenschaften, die sie an eine vorherbestimmte Umwelt anpaßten. Akzeptierte man diese Vorstellung, dann stellte sich als zentrales Problem, wie es den Organismen möglich war, in Anbetracht der ständigen geologischen Veränderungen, die LYELL postuliert hatte, mit ihrer Umwelt in einem Zustand des Gleichgewichts zu bleiben. LYELL selbst vertrat die Ansicht, daß Arten aussterben, sobald sich die äußeren Bedingungen ändern, und daß dann neue, besser angepaßte Arten durch eine Naturkraft oder ein unerklärliches Ereignis entstehen (LYELL 1830–1833; RUDWICK 1990; vgl. auch BRONN 1858 b). Der erste vorsichtige Zweifel an der Konstanz der Arten läßt sich bei DARWIN im Sommer 1836, d. h. auf den letzten Etappen der Reise, nachweisen (BARLOW 1963, S. 262; vgl. auch KOHN 1989). Zu seinem späteren Bedauern hatte DARWIN, während er sich auf den Galápagosinseln aufhielt, die besondere Signifikanz dieser Inseln und ihrer Flora und Fauna nicht erkannt. Erst später, als in England seine Funde von Systematikern analysiert wurden, die Zugang zu großen Museumssammlungen hatten, wurde deutlich, daß es sich bei den Schildkröten, Finken und Spottdrosseln der verschiedenen Galápagosinseln um jeweils unterschiedliche Arten handelt (SULLOWAY 1982 a, 1982 b, 1983).

10.1.2. Die Entstehung der Theorie (1836–1839)

Als die *Beagle* im Oktober 1836 nach England zurückkehrte, war DARWIN besser qualifiziert als die meisten anderen zeitgenössischen Wissenschaftler, er konnte auf einen reichen Schatz an Beobachtungen und Erfahrungen zurückgreifen, und die Konfrontation mit einer fremden Umgebung ließ ihn für die Relativität der Traditionen seiner eigenen Heimat sensibler werden. Nach der Ankunft in England begann DARWIN seine Sammlungen zu sortieren und an verschiedene Spezialisten zu verschicken (PORTER 1985). Die wissenschaftliche Bearbeitung der reichen Funde seiner Weltreise sollte in den nächsten Jahren DARWINS hauptsächliche Beschäftigung sein (Abb. 128). Mehrere Monate nach seiner Rückkehr begann er auch, seine Spekulationen über die Entstehung neuer Arten in einer Reihe von Notizbüchern niederzuschreiben. Diese *Notebooks on transmutation* (BARRETT et al. 1987) geben uns einzigartige Einblicke in die Genese einer wissenschaftlichen Theorie und halfen, eine Reihe von biographischen Allgemeinplätzen über DARWIN als Legenden zu erkennen. Die zum Teil außerordentlich detaillierten Abhandlungen, in denen DARWINS frühe geistige Entwicklung analysiert wird, haben eine große Vielfalt von empirischen und theoretischen Einflüssen aus den verschiedensten Bereichen von Wissenschaft, Philosophie, Religion und politischer Ökonomie nachgewiesen, die an dieser Stelle nur in groben Zügen nachvollzogen werden können.

Abb. 128. Darwin-Strauß (*Rhea Darwinii*), eine von DARWIN 1833 in Patagonien entdeckte Nandu-Art. Aus DARWIN 1839–43, Bd. 2.

DARWINS Eintragungen in den *Notebooks* zeigen, daß er zwischen März und Juni 1837, also ein halbes Jahr nach seiner Ankunft in England, von der allmählichen Entstehung neuer Arten durch geographische Speziation und von der gemeinsamen Abstammung der Organismen überzeugt war. Zwei verschiedene Gruppen von Beobachtungen waren entscheidend für DARWINS Wende zur Evolutionstheorie. Die erste wichtige Beobachtung betraf die zeitliche Abfolge von Arten: Richard OWENS Untersuchung von DARWINS südamerikanischen Fossilien hatte ergeben, daß die heute existierenden Arten dieses Kontinents enge anatomische Verwandtschaft zu den ausgestorbenen Arten Südamerikas zeigen. Der zweite entscheidende Anstoß zur Evolutionstheorie läßt sich auf Mitte März 1837 datieren, als der Ornithologe John GOULD DARWIN mitteilte, daß er die Spottdrosseln, die DARWIN auf drei verschiedenen Galápagosinseln gesammelt hatte, als drei verschiedene Arten bestimmt hatte. DARWIN war ursprünglich davon ausgegangen, daß es sich um Varietäten handelt (Abb. 129). Neue Arten, so schien es nun, können dann entstehen, wenn Populationen geographisch von der Elternart isoliert werden (vgl. LIMOGES 1970; GRINNELL 1974; KOTTLER 1978; RICHARDSON 1981; SULLOWAY 1982 b).

Nachdem DARWIN sich überzeugt hatte, daß die Idee der Evolution die organischen Phänomene besser widerspiegelt als das Modell statischer Arten, versuchte er, die Gesetze dieser Veränderungen zu ergründen. Er sammelte Beobachtungen und Fakten über die unterschiedlichsten Probleme, entwickelte verschiedene Hypothesen und verwarf sie wieder, immer in der Hoffnung, den Schlüssel zum Geheimnis der Entstehung der Arten zu finden. Bereits im Juli 1837 hatte er eine konsistente Theorie des Artenwandels ausgearbeitet (Abb. 130). Diese vorselektionistische Evolutionstheorie DARWINS erinnert in einigen Punkten an die LAMARCKS. Wie LAMARCK postuliert er eine Wirkung von Gebrauch und Nichtgebrauch, die Vererbung erworbener Eigenschaften und einen direkten Einfluß von Verhaltensweisen, nicht jedoch eine innere Tendenz zur Höherentwicklung wie LAMARCK (HERBERT 1977; KOHN 1980, 1989; OSPOVAT 1980; SHEETS-JOHNSTONE 1982; HODGE 1983, 1985, 1990; LEFÈVRE 1984; OLDROYD 1984; GRINNELL 1985; SLOAN 1986). Der entscheidende theoretische Durchbruch ereignete sich dann im September 1838, als DARWIN MALTHUS' *Essay on the principle of population* (1826) las. Diese Lektüre regte DARWIN zu einem völlig neuen Mechanismus, der *natürlichen Auslese*, an:

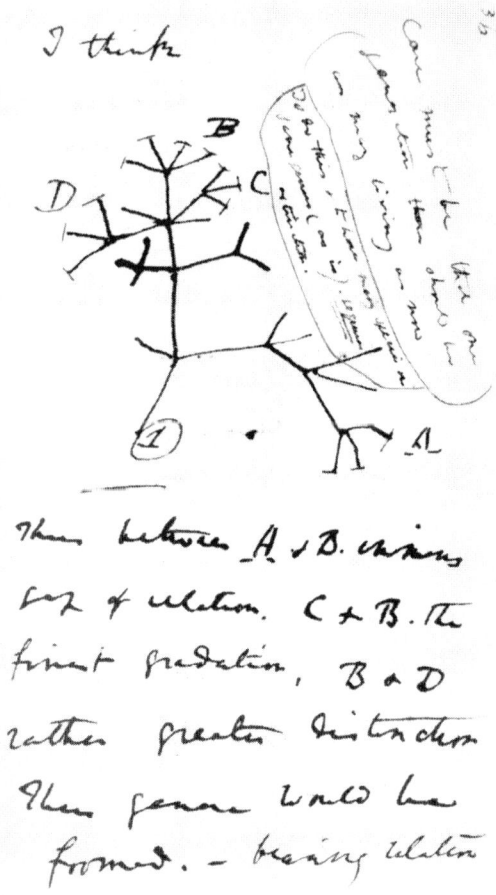

Abb. 130. Ch. DARWINS erste „Stammbaum-Skizze" in einem *Notebook* (1837) nach dem Modell eines Korallenstocks entworfen. Aus GRUBER 1974.

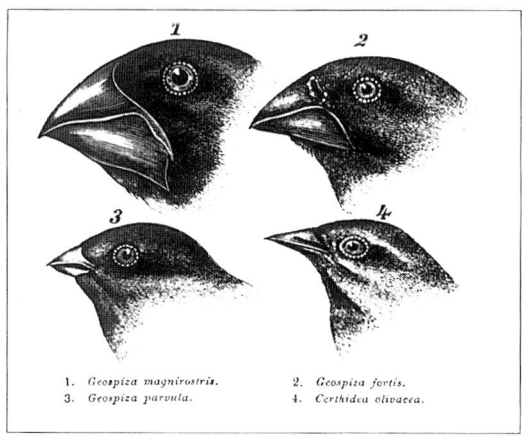

Abb. 129. Zeichnung DARWINS von 4 Erdfinken-Arten der Galápagosinseln mit extrem unterschiedlichen Schnabelformen. Aus *Charles Darwin's Naturwiss. Reisen* (dt. Ausgabe von E. DIEFFENBACH, Bd. 2. 1844).

"In October 1838, that is, fifteen months after I had begun my systematic enquiry, I happened to read for amusement MALTHUS on *Population*, and being well prepared to appreciate the struggle for existence which everywhere goes on from long-continued observation of the habits of animals and plants, it at once struck me that under these circumstances favourable variations would tend to be preserved, and unfavourable ones to be destroyed. The result of this would be the formation of new species. Here, then, I had at last got a theory by which to work." (BARLOW 1958, S. 120; vgl. auch BARRETT et al. 1987, *Notebook D*, S. 134ᵉ–135ᵉ).

Was war das Besondere an DARWINS Selektionsprinzip? Handelte es sich tatsächlich nur um die Übertragung der Gesellschaftstheorie von MALTHUS auf die Natur? Bei der Diskussion um die gesellschaftlichen Bedingungen, die DARWINS Theorie möglich machten, sollte nicht vergessen werden, daß er ein außergewöhnlich vielseitiger Wissenschaftler war, der in der Geologie, der Zoologie und der Botanik wegweisende Arbeiten veröffentlichte. Seine Leidenschaft, Daten und Fakten zu sammeln, ist ebenso wichtig wie seine Fähigkeit, nach Ursachen zu fragen und allgemeine Schlußfolgerungen abzuleiten. Diese Fähigkeiten waren unentbehrliche Voraussetzungen bei der Entwicklung seiner Theorien und sie machten möglich, daß DARWIN sich mit seinen unorthodoxen Ideen in der wissenschaftlichen Gemeinschaft durchsetzen konnte. Nur wenn man die wissenschaftliche Dimension von DARWINS Arbeit im Auge behält, ist es möglich, die Bedeutung der verschiedenen äußeren Einflüsse zu bewerten.

Die Theorie von MALTHUS stellte in der ersten Hälfte des 19. Jh. in England eine der populärsten und politisch einflußreichsten Ideen dar. MALTHUS vertrat eine pessimistische Theorie, die auf die Erhaltung des Status quo in Natur und Gesellschaft ausgerichtet war (MALTHUS 1789, 1826; vgl. VORZIMMER 1969; YOUNG 1969; LIMOGES 1970; GALE 1972; SCHWARTZ 1974; BOWLER 1976b; GREENE 1977; SCHWEBER 1977, 1980, 1985; MAYR 1977; H. E. GRUBER 1985; GORDON 1989). Als wesentlichen Gedanken übernahm DARWIN von MALTHUS, daß jede biologische Art eine starke Tendenz zur Vermehrung hat, die größer ist als die mögliche Vermehrung der Nahrungsmittel. Zusammen mit der allgemeinen Beobachtung, daß sich die Zahl der Individuen in Populationen auf lange Sicht meist nur wenig verändert, läßt sich aus diesen Beobachtungen schließen, daß es zwischen den Mitgliedern einer Population zu einem Kampf ums Dasein kommen muß (HERBERT 1971; MAYR 1991). Die Vorstellung, daß eine Auslese existiert, um kranke Individuen von der Fortpflan-

zung auszuschließen oder, wie bei MALTHUS, um die Stabilität der Natur zu bewahren, war auch vor DARWIN weit verbreitet. Es handelt sich dabei aber um einen einstufigen Prozeß, der zur Stabilisierung der Artcharaktere führt und der Veränderungen ausschließt, da er die Vererbung abweichender Merkmale (sogenannte Monstrositäten) verhindert.

DARWINS origineller Gedanke bestand nun darin, daß er dieses statische Prinzip mit einer anderen Vorstellung kombinierte: der *Einzigartigkeit der Individuen*. Für DARWIN ist die natürliche Auslese ein zweistufiger Prozeß. Die erste Stufe, die Produktion genetisch unterschiedlicher Individuen, führt im Zusammenhang mit dem zweiten Schritt, dem unterschiedlichen Überleben bzw. Reproduktionserfolg, zur Veränderung einer Art. Es ist ein interessantes Phänomen, daß DARWINS Prinzipien (Kampf ums Dasein, Individualität) zwar mit den allgemeinen geistigen Ideen seiner Zeit in Wechselbeziehung standen, daß aber seine Kombination dieser Ideen auf seine Zeitgenossen so fremd gewirkt hat, daß selbst viele Wissenschaftler sie nicht verstanden haben und sich nur eine Minderheit überzeugen ließ. Der Vorteil des Prinzips der natürlichen Auslese bestand darin, daß für viele der Phänomene, die früher nur teleologisch erklärbar zu sein schienen, eine mechanistische Deutung möglich geworden war. Das Prinzip der Einzigartigkeit der Individuen hat verschiedene Quellen. Wichtig waren zunächst DARWINS Erfahrungen als Naturforscher. Später sollten ihn seine Kontakte zu Tier- und Pflanzenzüchtern von der großen Variabilität der Organismen überzeugen. Das Bewußtsein von der Einzigartigkeit der Individuen korrespondiert aber auch mit der allgemeinen Betonung der Individualität in der bürgerlichen Gesellschaft des 19. Jh. Bei DARWINS Weg zur Selektionstheorie waren unterschiedliche Einflüsse von Bedeutung, und es scheint sich herauszukristallisieren, daß monokausale Erklärungsversuche internalistischer oder externalistischer Provenienz gleichermaßen unzulänglich sind.

Es wurde gezeigt, wie DARWIN die statische Theorie von MALTHUS benutzte und umformte. Eine weitere Bedeutung hatte DARWINS Stellung zur Naturtheologie (vgl. SCHWEBER 1977; MANIER 1978; GILLESPIE 1979; OSPOVAT 1980, 1981; MOORE 1979, 1985; BROOKE 1985; CORNELL 1987). Es läßt sich kaum bestreiten, daß DARWIN vom Weltbild der traditionellen englischen Naturtheologie beeinflußt war. Aber es gibt auch einen fundamentalen Widerspruch zwischen diesem Konzept und DARWINS Umdeutung. DARWIN übernimmt zwar die teleologische Sprache der Naturtheologie, aber er gibt ihr durch seine Interpretation der Anpassungen als Folge eines natürlichen (teleonomen) Prozesses eine völlig neue Bedeutung. Auch in seinen späteren Werken stellten die Aussagen und Belege der Naturtheologen wichtige Diskussionspunkte für DARWIN dar, Beispiele, deren Relevanz er anerkannte, um sie zu diskutieren und schließlich in seine Theorie zu integrieren. Besonders deutlich wird das in DARWINS Orchideenschrift (1862), die sich als antiteleologische Satire interpretieren läßt (F. DARWIN & SEWARD 1903, Bd. 1, S. 202–203; GHISELIN 1969). Die zahlreichen Studien zur Entwicklung von DARWINS Theorie haben trotz verbleibender Unsicherheiten und Unwägbarkeiten eines klargemacht: Der radikale Bruch, den DARWINS Weltbild gegenüber traditionellen Vorstellungen darstellt, ist nicht das Ergebnis eines genialen Gedankens, sondern eines langsamen Prozesses, der auf eben diesen Traditionen aufbaut.

10.1.3. Die Entwicklung der Theorie (1840–1858)

Im September 1842 zog sich DARWIN nach Down (Kent) zurück, einen kleinen ländlichen Ort 16 Meilen südlich von London. Diese Entscheidung war zum Teil durch DARWINS angegriffene Gesundheit begründet. Die genaue Ursache seiner Krankheit ist immer noch umstritten (COLP 1977; BOWLBY 1991; SMITH 1990, 1992; DESMOND & MOORE 1991, S. 343–345, 371–377). Sicher ist, daß DARWINS Krankheit verstärkt in den Jahren 1837–1842 auftrat, als er seine revolutionäre Theorie zu entwickeln begann. DARWIN wußte sehr wohl, wie sehr diese Theorie mit ihren Konsequenzen für Wissenschaft und Religion seine wissenschaftliche Laufbahn gefährden konnte, ebenso wie sie ihn seiner gesellschaftlichen Klasse und nicht zuletzt seiner Frau entfremden könnte (BURKHARDT, F. et al. 1985–1997, Bd. 3, S. 2; BARRETT et al. 1987, *Notebook M*, S. 144). Trotz seiner Krankheit war DARWIN ein außerordentlich kreativer und produktiver Wissenschaftler. Sein selbstgewähltes Exil in Down erlaubte es ihm, ohne Rücksicht auf gesellschaftliche Verpflichtungen seinen Studien nachzugehen.

DARWIN selbst beschrieb sein Leben in Down als fast isoliert von anderen Naturforschern (BARLOW 1958, S. 115). Diese Schilderung gibt indes einen falschen Eindruck, denn auch wenn DARWIN relativ wenig unmittelbare Kontakte hatte, so war sein Leben doch nicht das eines isolierten Gelehrten, sondern das eines Forschers, der durch zahlreiche Medien wie Briefe oder über Publikationen mit seinen wissenschaftlichen Kollegen interagierte (BURKHARDT, F. et al. 1985–1997; SHEETS-PYENSON 1981; DI GREGORIO 1990). DARWINS Fragestellung erforderte, daß er sich mit den wichtigsten Erkenntnissen der Biologie seiner Zeit auseinandersetzen und evolutionäre Erklärungen für sie finden mußte. Ähnlich wie er die Behauptungen und Beispiele der Naturtheologie nicht einfach ablehnte, sondern umdeutete, so versuchte er, auch andere zeitgenössische Theorien in modifizierter Form in sein System aufzunehmen. Er konnte beispielsweise zeigen, daß Theorien, die unter anderen theoretischen Voraussetzungen entwickelt worden waren, wie die Rekapitulationstheorie oder die Theorie der Einheit des Typus, im Lichte der Evolutionstheorie sinnvoll interpretierbar waren.

DARWIN hat nach der Entdeckung des Selektionsprinzips im September 1838 stetig weiter an seiner Theorie des Artenwandels gearbeitet. Im Sommer 1842 fühlte er sich sicher genug, seine Erkenntnisse in Form einer Skizze niederzuschreiben (KOHN, SMITH & STAUFFER 1982). Es sollte indes noch weitere siebzehn Jahre dauern, bis er 1859 *On the origin of species* publizierte, aber die allgemeine Struktur seiner Theorie war bereits in seinem *Sketch von 1842* präsent. Zwei Jahre später verfaßte DARWIN eine erweiterte Version, den *Essay von 1844*, der veröffentlicht werden sollte, falls DARWIN früh sterben würde (F. DARWIN 1909). Die Frage, warum DARWIN seine Theorie nicht zu diesem Zeitpunkt veröffentlichte, sondern sich statt dessen acht Jahre (1846–1854) morphologischen und taxonomischen Forschungen über Cirripedien zuwandte, hat einige Diskussionen verursacht (HERBERT 1977; SCHWEBER 1977; JAHN 1982 a; RICHARDS 1983; PRETE 1990). Es sollte im Auge behalten werden, daß diese Verzögerung zu wesentlichen Modifikationen führte. Seine Theorie veränderte sich während dieser Zeit, sie reifte, und die Studie der Cirripedien gab DARWIN unschätzbare Erfahrungen in Taxonomie, Morphologie und Embryologie (GHISELIN 1969; OSPOVAT 1981). DARWINS Briefe aus den Jahren 1846–1854 zeigen, daß die Untersuchung der Cirripedien zwar oft ermüdend und trocken war (JAHN 1982 b), daß DARWIN sich aber mit mehreren Problemen auseinandersetzte, die von hoher theoretischer Relevanz für die Evolutionstheorie waren (RICHMOND 1988). Die Tatsache, daß DARWIN die Jahre zwischen 1844 und 1856 sinnvoll nutzen konnte, ist aber noch keine hinreichende oder gar zwingende Erklärung für sein Zögern. Wir haben bereits angedeutet, daß sehr viel dafür spricht, daß DARWIN die Konfrontation mit seiner sozialen Klasse ebenso fürchtete wie die Reaktion seiner wissenschaftlichen Kollegen (H. E. GRUBER 1981).

Von September 1854, als er die Arbeit an den Cirripedien abgeschlossen hatte, bis Juni 1858 widmete DARWIN seine ganze Arbeitskraft wieder der Artentheorie. In dieser Periode modifizierte und verbesserte er seine Theorie in wichtigen Punkten und führte zahlreiche spezielle Untersuchungen durch. Um Informationen zu den verschiedensten Fragen zu erhalten, unterhielt DARWIN einen regen Briefwechsel mit einem weltweiten Netz von Spezialisten, insbesondere mit Züchtern, um Wissenswertes über Enten, Kaninchen und Tauben zu erfahren. DARWINS Kontakte zu Tier- und Pflanzenzüchtern hatten ihn nicht nur von der großen Variabilität aller Arten überzeugt, sondern er hoffte auch, daß die Züchtungspraxis als experimentelle Basis seiner Evolutionstheorie dienen würde und daß er damit einer wichtigen methodologischen Forderung der Wissenschaftstheorie seiner Zeit entsprechen könne (HERBERT 1971; RUSE 1975 c; KOHN 1980; SECORD 1981;

McLAUGHLIN & RHEINBERGER 1982; CORNELL 1984; EVANS 1984; YOUNG 1985; BARTLEY 1992). Die natürliche Variabilität der Organismen war außerordentlich wichtig für DARWIN, denn die natürliche Auslese kann sich nur entfalten, wenn es Variationen gibt, die selektiert werden können. In diesem Zusammenhang sei auch DARWINS statistische Untersuchung über die Häufigkeit von Varietäten in Pflanzenfamilien erwähnt. Indem er Floren-Kataloge von Ländern, die besonders gut erforscht waren, analysierte, versuchte er zu zeigen, daß Varietäten überdurchschnittlich häufig in Arten und Gattungen vorkommen, die weit verbreitet sind (STAUFFER 1975, S. 145–146; BROWNE 1980; PARSHALL 1982).

Ein anderes zentrales Problem, bei dem DARWIN verschiedene Möglichkeiten durchspielte, war die Frage, wie sich Arten in mehrere Unterarten spalten können, das Problem der *Speziation*. DARWIN hat auf diese Frage verschiedene Antworten gegeben, die auch den Wandel seines Artbegriffes widerspiegeln (vgl. auch 18.2.1.). In den *Notebooks* hatte DARWIN einen sehr moder-

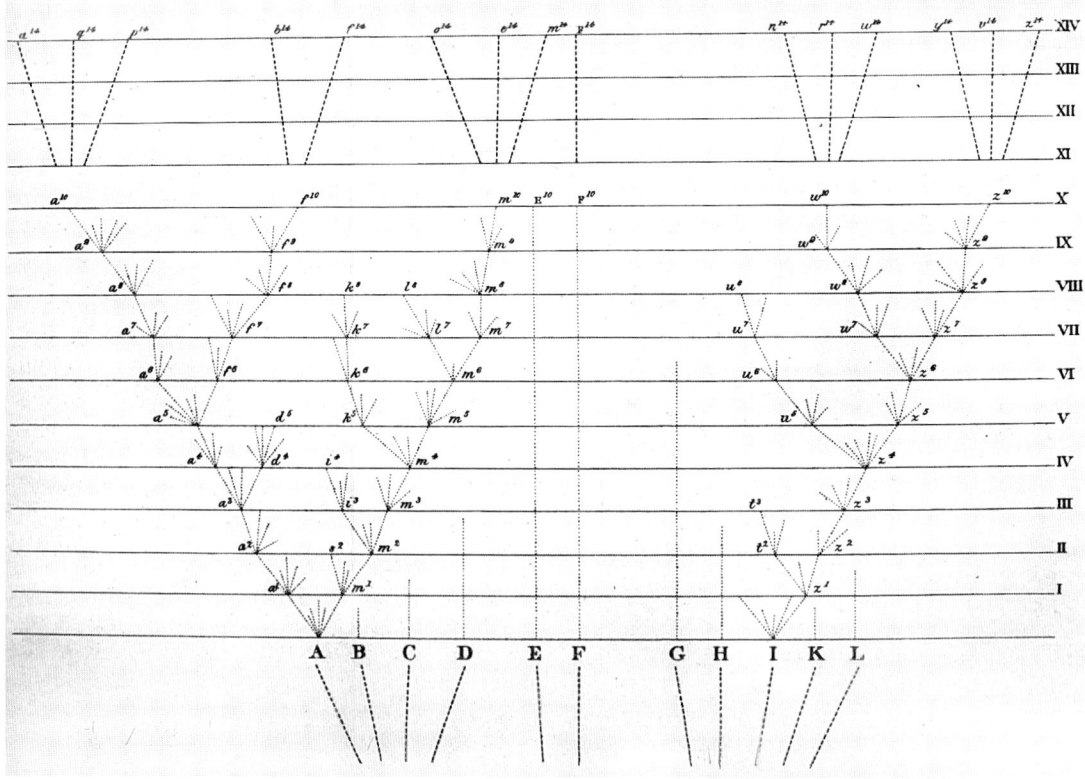

Abb. 131. „Divergenz-Schema" DARWINS zur Veranschaulichung seiner Theorie über Artbildung durch „Divergenz" im Verlauf geologischer Epochen (I–XIV), wobei A bis L Ausgangsarten darstellen, von denen B, C, D, E, G, H, K, L früher oder später ausstarben, F bis zur Gegenwart unverändert blieb, während die Nachkommen von A und I aufspalteten und 6 bzw. 8 neue Arten entwickelten, die in der Gegenwart (XIV) zu neuen Gattungen oder Ordnungen, Familien, Klassen etc. gruppiert werden können. Aus DARWIN 1859, S. 116–117.

nen biologischen Artbegriff vertreten, gab dieses Konzept aber in den 50er Jahren des 19. Jh. zugunsten eines mehr traditionellen typologisch-nominalistischen Artbegriffes wieder auf (SULLOWAY 1979; MAYR 1992). Eine Ursache für diesen Sinneswandel war, daß DARWIN mit der *Divergenz der Charaktere* ein Prinzip erkannt zu haben glaubte, das ihm ein sympatrisches Speziationskonzept ermöglichte. Das Prinzip der Divergenz der Charaktere besagt,

"that the more diversified the descendants from any one species become in structure, constitution, and habits, by so much will they be better enabled to seize on many and widely diversified places in the polity of nature, and so be enabled to increase in numbers." (DARWIN 1859, S. 112) (Abb. 131).

DARWIN glaubte, daß er mit dem Prinzip der Divergenz nicht nur die ökologische Vielfalt erklären konnte, sondern auch die Speziation. Er nahm an, daß die natürliche Auslese die am stärksten spezialisierten Varietäten und Arten bevorzugen würde, diejenigen Gruppen, die am wenigsten miteinander konkurrieren. Da die weniger spezialisierten Mittelformen in der Folge aussterben, entstehen getrennte Arten. Das Prinzip der Divergenz der Charaktere hat, ähnlich wie das der natürlichen Auslese, eine Analogie im Bereich der politischen Ökonomie, die ihm zusätzliches Gewicht zu geben schien: das Prinzip der Arbeitsteilung (BROWNE 1980; SCHWEBER 1980; DESMOND & MOORE 1991, S. 419–421; TAMMONE 1995).

10.1.4. Wallace und die Publikation *On the origin of species*

Am 18. Juni 1858 wurde DARWIN in der Arbeit an seinem „Big species book" jäh unterbrochen. Er hatte bereits einen großen Teil seines Buches vollendet (STAUFFER 1975), als ihn ein Brief des Naturforschers Alfred Russel WALLACE erreichte, der sich zu dieser Zeit auf den Molukken aufhielt. Als DARWIN das Manuskript las, war er bestürzt (BEDDALL 1968, 1972, 1988; KOTTLER 1985). WALLACE sprach sich nicht nur für die Evolutionstheorie und die Theorie der gemeinsamen Abstammung aus, sondern er präsentierte auch eine Hypothese, die fast identisch mit DARWINS Prinzip der natürlichen Auslese war. Diese Koinzidenz ist erstaunlich, zumal vor dem Hintergrund, daß die Selektionstheorie nur zögernd rezipiert wurde. Welche biographischen Parallelen zwischen DARWIN und WALLACE waren für diese geistige Konvergenz von Bedeutung? Sowohl DARWIN als auch WALLACE waren Engländer, beide hatten längere Forschungsrei-

sen unternommen, beide haben ähnliche Bücher, vor allem LYELLS *Principles of geology* und MALTHUS' *Essay on the principle of population* gelesen, und sowohl DARWIN als auch WALLACE waren begeisterte Naturforscher. Es gab aber auch wichtige Unterschiede, vor allem im sozialen Hintergrund der beiden Entdecker des Prinzips der natürlichen Auslese. Während DARWIN ein ausgesprochen wohlhabender Mann war, der an einer der führenden Universitäten Englands ausgebildet worden war und der nun zur wissenschaftlichen Elite Londons gehörte, ist WALLACE als Sohn verarmter Kleinbürger aufgewachsen, hat keine höhere Schule besucht und mußte sich seinen Lebensunterhalt als Sammler von Vögeln und Insekten in tropischen Ländern verdienen (McKINNEY 1972).

Im April 1848 war WALLACE zusammen mit Henry Walter BATES als Forschungsreisender ins Amazonasgebiet aufgebrochen (MARCHANT 1916). Bereits zu dieser Zeit war WALLACE, beeinflußt auch von CHAMBERS *Vestiges of the natural history of creation* (1844), von der Veränderlichkeit der Arten überzeugt. Bei der Heimreise sank das Schiff und WALLACE verlor seine ganze Sammlung. Anfang Mai 1854 verließ er England wieder, diesmal, um den Malaiischen Archipel zu bereisen. Bereits weniger als ein Jahr später verfaßte er seinen ersten wichtigen Artikel, „On the law which has regulated the introduction of new species" (1855). In diesem Artikel postulierte WALLACE eine Evolutionstheorie, die auf der zeitlichen und räumlichen Nähe von verwandten Arten aufbaute (McKINNEY 1966; BEDDALL 1968, 1988; BROOKS 1984). Die inhaltliche Übereinstimmung der Evolutionstheorien von DARWIN und WALLACE ist auch auf die Tatsache zurückzuführen, daß beide versuchten, die sehr detaillierten Argumente, die LYELL gegen die Evolution der Arten vorgebracht hatte, zu widerlegen (McKINNEY 1972, S. 54–57). Aber noch hatte WALLACE keinen Evolutionsmechanismus. Ähnlich wie für DARWIN war auch für WALLACE die Lektüre von MALTHUS' *Essay on the principle of population* der entscheidende Auslöser (WALLACE 1905, Bd. 1, S. 361–363).

WALLACES Selektionstheorie, wie er sie in seinem Aufsatz „On the tendency of varieties to depart indefinitely from the original type" (1859) darstellte, ist der Darwinschen in der Tat sehr ähnlich, aber beide Theorien sind nicht identisch. Während bei DARWIN die menschliche Züchtungspraxis von großer Bedeutung war, hielt WALLACE diese Analogie nicht für aussagekräftig. In späteren Jahren gab es noch weitere theoretische Meinungsverschiedenheiten zwischen DARWIN und WALLACE. So begann sich

Wallace Ende der 60er Jahre des 19. Jh. gegen eine Vererbung von Organveränderung durch Gebrauch und Nichtgebrauch auszusprechen, und in den 80er Jahren war er einer der energischsten Verfechter von Weismanns Kritik an der Vererbung erworbener Eigenschaften. Wallace hielt nichts vom Prinzip der sexuellen Selektion und vertrat im Gegensatz zu Darwin die Ansicht, daß reproduktive Isolation zwischen Populationen durch Selektion entstehen kann. Auch Darwins Versuch, mit dem Selektionsprinzip die Entstehung des menschlichen Geistes zu erklären, widersprach Wallace. Noch 1858 hatte Wallace mit der Selektionstheorie die Entwicklung aller Organismen, einschließlich des Menschen, erklärt. Mitte der 60er Jahre des 19. Jh. wurde er dann vom Spiritismus beeinflußt und sprach sich nun gegen eine natürliche Entstehung des menschlichen Geistes aus (Schwartz 1984). Im Jahre 1858 ließ sich Darwin von Hooker und Lyell überzeugen, daß eine gemeinsame Veröffentlichung seiner eigenen Darstellung zusammen mit dem Manuskript von Wallace dessen Prioritätsrechte nicht verletzen würde. Bei der Versammlung der *Linnean Society* am 1. Juli 1858 wurde durch Lyell und Hooker das Manuskript von Wallace zusammen mit Ausschnitten aus Darwins Manuskripten und Briefen vorgetragen. Rückblickend ist es erstaunlich, wie gering die öffentliche Reaktion auf diese gemeinsame Ankündigung war, die in keiner Weise mit dem Aufsehen, das dann sein Buch *On the origin of species* erregte, zu vergleichen ist.

Die in den letzten Jahren veröffentlichte Korrespondenz Darwins macht deutlich, daß er ausgesprochen klug vorging, um den Erfolg seines Buches zu sichern. Seiner Theorie blieb das

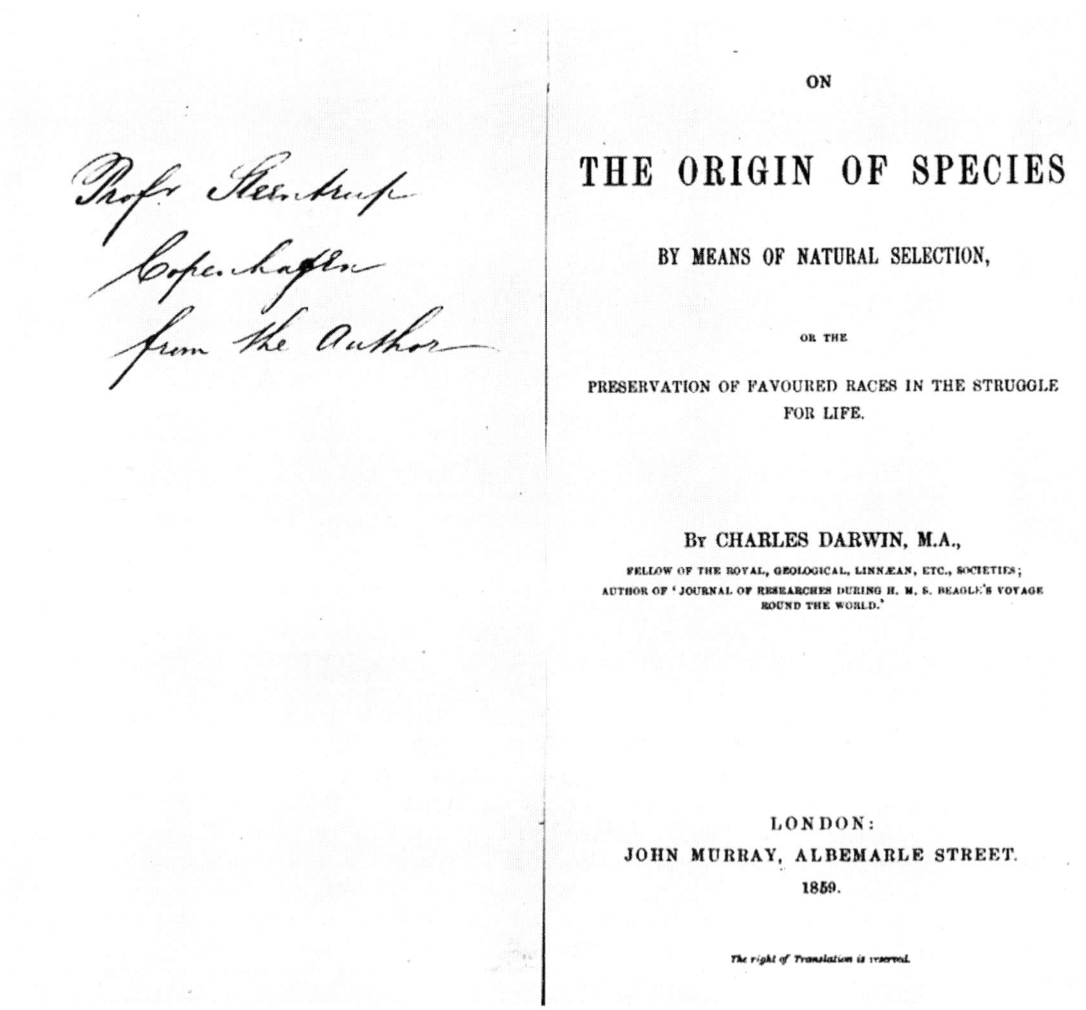
Prof^r Steenstrup
Copenhagen
from the Author

ON

THE ORIGIN OF SPECIES

BY MEANS OF NATURAL SELECTION,

OR THE

PRESERVATION OF FAVOURED RACES IN THE STRUGGLE FOR LIFE.

By CHARLES DARWIN, M.A.,

FELLOW OF THE ROYAL, GEOLOGICAL, LINNÆAN, ETC., SOCIETIES;
AUTHOR OF 'JOURNAL OF RESEARCHES DURING H. M. S. BEAGLE'S VOYAGE ROUND THE WORLD.'

LONDON:
JOHN MURRAY, ALBEMARLE STREET.
1859.

The right of Translation is reserved.

Abb. 132. Titelblatt von Darwins berühmtem Werk, dessen erste Auflage im gleichen Jahr vergriffen war (Widmungsexemplar für Steenstrup in der Bibliothek des Zool. Museums Berlin).

Schicksal der Theorien von LAMARCK oder CHAMBERS erspart. Bereits als junger Medizinstudent war DARWIN in Edinburgh mit der öffentlichen Verdammung und Zensur eines materialistischen Vortrags konfrontiert worden. Später konnte er nicht nur beobachten, wie sein ehemaliger Lehrer Robert GRANT für seine unorthodoxen lamarckistischen Gedanken von seinen Fachkollegen lächerlich gemacht wurde (DESMOND 1989; DESMOND & MOORE 1991, S. 274–276), sondern er sah auch, wie 1844 die *Vestiges of the natural history of creation* von den führenden Wissenschaftlern seiner Zeit abgelehnt wurden. Um trotz dieser ungünstigen Situation jeden Mißerfolg auszuschließen, verfolgte DARWIN eine äußerst geschickte Strategie: Zum einen machte er einen engen Kreis von wissenschaftlichen Kollegen langsam und geduldig mit seinen Ideen vertraut. 1859 waren dies vor allem LYELL, HOOKER, HUXLEY und GRAY (HULL 1985; BURKHARDT, F. et al. 1985–1997, Bd. 6, S. xiv; CAMPBELL 1989; PORTER 1993). Zum andern war DARWINS wissenschaftliches Renommee von großer Hilfe. Seit den 40er Jahren des 19. Jh. galt er als einer der führenden Naturforscher Englands, und zwar nicht nur als Forschungsreisender, sondern auch als Zoologe und Geologe. Mit seinem großen Werk über die Systematik der Cirripedien schließlich hatte er sich eine Art Freibrief erworben, um über biologische Arten zu sprechen. Zusätzlich versuchte DARWIN, seine Ideen durch eine immense Anzahl von Einzelbeobachtungen abzusichern. In *On the origin of species* vermied er zudem jede Fachsprache, so daß auch Nicht-Biologen in der Lage waren, seine Theorie zu verstehen (ROGER 1985).

Nach mehr als zwanzig Jahren intensiver gedanklicher Arbeit an seiner Theorie über die Entstehung biologischer Arten und nach oft mühsamen Vorbereitungen erschien schließlich DARWINS Buch *On the origin of species* im November 1859 (zur Struktur von DARWINS Theorie vgl. RUSE 1975 b; SOBER 1985; OLDROYD 1986; MAYR 1991) (Abb. 132). Der Eindruck, den das Buch auf die Öffentlichkeit in England machte, war enorm. Das Werk war für ein wissenschaftliches Buch ein außerordentlicher Verkaufserfolg. Allein in den ersten zwölf Monaten wurden 3 800 Exemplare verkauft, und innerhalb weniger Jahre erschienen Übersetzungen in die wichtigsten europäischen Sprachen (FREEMAN 1977). *On the origin of species* wurde in den ersten Jahren vor allem in England und den Vereinigten Staaten, später auch auf dem europäischen Kontinent, hier in erster Linie in den deutschsprachigen Ländern, umfassend rezensiert und rezipiert. Im Sommer 1860 schließlich,

als die britischen Gelehrten sich in Oxford zu ihrer Jahrestagung versammelten, wurde deutlich, daß DARWINS Buch mehr als rein wissenschaftliches Interesse hervorrufen würde (HULL 1973 a; BURKHARDT, F. et al. 1985–1997, Bd. 8, S. 598–603, Appendix VI).

10.1.5. Darwins weitere wissenschaftliche Arbeiten

Nach der Veröffentlichung von *On the origin of species* war DARWIN weiter außerordentlich produktiv. Im Vertrauen auf die Richtigkeit seiner Theorie wandte er sich bereits 1860 neuen evolutionstheoretischen Projekten zu, die illustrieren sollten, in welcher Weise seine Theorie dazu dienen konnte, grundlegende biologische Probleme zu lösen.

In diesem Sinne begann DARWIN, verschiedene adaptive Mechanismen bei Primeln, Orchideen und fleischfressenden Pflanzen zu untersuchen. Diese botanischen Studien beherrschten seine wissenschaftliche Arbeit zunehmend und bildeten im Laufe des nächsten Jahrzehnts die Basis für zahlreiche Veröffentlichungen (DARWIN in: BARRETT 1977). Sein erstes größeres Werk nach 1859 war *On the various contrivances by which British and foreign orchids are fertilised by insects* (1862). Mit dieser botanischen Schrift, der die These zugrunde liegt, daß es in der Natur eine starke Tendenz zur Fremdbefruchtung gibt, begründete DARWIN eine neue Forschungsrichtung, die Blütenökologie (10.2.6.).

Wenige Monate nach der Veröffentlichung der amerikanischen und der deutschen Ausgabe von *On the origin of species* nahm DARWIN auch die Arbeit an seinem „Big species book" wieder auf. In diesem Buch sollte Material über die Variabilität von Pflanzen und Tieren mitgeteilt werden, das er in mehr als 20 Jahren gesammelt hatte. Als einziger Teil erschien 1868 *The variation of animals and plants under domestication*. In diesem Werk versuchte DARWIN, die Phänomene und Ursachen der Variabilität zu beschreiben und mit der schon zu seiner Zeit wenig populären Pangenesishypothese zu erklären (vgl. Kap. 11.5.). Außerordentlich lebhaftes Interesse schließlich rief *The descent of man, and selection in relation to sex* (1871) hervor, in dem DARWIN die Frage der menschlichen Evolution diskutierte, ein Problem, das er 1859 noch nicht angesprochen hatte, wohl, um die Widerstände gegen seine Theorie nicht noch weiter zu verstärken (10.2.4.). Die zweite Hälfte dieses Werkes gibt eine eingehende Beschreibung der sexuellen Auslese, ein Prinzip, das es DARWIN

auch LYELLS extrem gradualistisches Modell nicht bestätigt und vor allem auf eine progressive Entwicklung hingedeutet (BRONN 1858 b). Weitgehende Übereinstimmung herrschte unter den Paläontologen darüber, daß in der Erdgeschichte festumschriebene biologische Arten existierten, die genau an ihre jeweilige Umgebung angepaßt waren. Deutlich war auch, daß die fossilen Quellen eine allmähliche Veränderung der Tier- und Pflanzenwelt zeigen, die in vielen Bereichen, aber nicht durchgängig progressiv ablief. Unterschiedliche Vorstellungen herrschten darüber, wie vollständig die fossilen Organismen erhalten und bereits entdeckt worden seien (RUDWICK 1972, S. 218–230).

Zwei größere Problembereiche konnten in der vor-Darwinschen Paläontologie nur beschrieben, nicht aber erklärt werden: Die Entstehung neuer biologischer Arten und die Tatsache der abgestuften Verwandtschaft zwischen den fossilen Organismen. So sind beispielsweise die Fossilien benachbarter Schichten näher verwandt als die entfernterer Formationen. Die Theorie der gemeinsamen Abstammung konnte nun genau diese geologischen Phänomene befriedigend erklären (DARWIN 1859, S. 333–334). Die Zwischenformen, die *missing links*, die unter der theoretischen Voraussetzung der Konstanz der Arten den Status von Anomalien hatten, wurden im Rahmen der Abstammungstheorie zum erwarteten Normalfall, während nun umgekehrt die Lücken in der fossilen Überlieferung erklärungsbedürftige Ausnahmen darstellten. Falls die fossile Überlieferung einigermaßen vollständig wäre, dann ließe sich eine gradualistische Evolutionstheorie nicht aufrechterhalten. DARWIN war also gezwungen, eine extreme Unvollständigkeit der fossilen Überlieferung anzunehmen. In dieser Situation verhielten sich die meisten Paläontologen zunächst abwartend der Abstammungstheorie gegenüber, und vor allem ältere Paläontologen artikulierten ihre Ablehnung (A. WAGNER 1861; GÖPPERT 1864–1865; HEER 1865). Aber auch in der Paläontologie wurde DARWINS materieller Verwandtschaftsbegriff im Laufe des ersten Jahrzehnts nach 1859 weitgehend akzeptiert, und es entstand ein evolutionistisches Forschungsprogramm, in dessen Rahmen die Rekonstruktion phylogenetischer Sequenzen unternommen wurde.

Der Nachweis phylogenetischer Reihen gelang sehr unterschiedlich, und zwar abhängig von der taxonomischen Ebene der Untersuchungen. Während es auf der Ebene der Art und der Stämme zu Schwierigkeiten kam, ließen sich phylogenetische Reihen zwischen ähnlichen Gattungen und Familien sehr erfolgreich nachweisen. Ein erster Versuch, eine phylogenetische Sequenz auf der Ebene der Spezies zu beschreiben, wurde in den 60er Jahren des 19. Jh. von F. HILGENDORF (1867; 1879) am Beispiel der tertiären Süßwasserschnecke *Planorbis multiformis* unternommen. Die Relevanz dieser Darstellung blieb indes zweifelhaft, da nicht klar war, ob es sich nicht um eine ungewöhnlich variable Population handelt. Erst 1875 konnten M. NEUMAYR und C. M. PAUL eine ununterbrochene ‚Formenreihe‘ von tertiären Süßwasserschnecken bzw. Muscheln und damit eine evolutionäre Sequenz rekonstruieren (NEUMAYR & PAUL 1875). Die Rekonstruktionen mikroevolutionärer Phylogenien wurden indes kaum beachtet, möglicherweise, weil viele Paläontologen unter dem Eindruck scheinbar absolut sicherer physikalischer Berechnungen (durch William THOMSON, später Lord KELVIN) für das Alter der Erde einen viel zu kleinen Wert (ca. 100 Millionen Jahre) annahmen, der eine sprunghafte Entwicklung erfordert hätte (vgl. PULTE 1995).

Besonders große emotionale Beachtung fand, wie kaum anders zu erwarten, die phylogenetische Herkunft des Menschen (HUXLEY 1863; HAECKEL 1863, 1868; DARWIN 1871). Zwar waren bereits vor 1850 fossile menschliche Knochen gefunden worden, aber diese ließen sich ebensowenig wie der 1856 gefundene Neanderthaler-Schädel eindeutig als Relikte eines Vorfahren heutiger Menschen identifizieren. Das erste scheinbare Verbindungsglied zwischen Mensch und tierähnlichem Vorfahren, der Java-Mensch, wurde erst 1891 entdeckt (RUDWICK 1972, S. 242–244; MAYR 1984, S. 499–501; BOWLER 1986) und erwies sich schließlich nicht als solches.

Die größte Bedeutung für die Entwicklung der evolutionistischen Paläontologie hatten die Arbeiten über die Phylogenie der Pferde. Nach wichtigen Vorarbeiten von A. GAUDRY (1862–1867) konnte V. O. KOVALEVSKI Anfang der 70er Jahre des 19. Jh. zeigen, daß ein dreizehiges Pferd aus dem Miozän, *Anchitherium aurelianense*, als Verbindungsglied zwischen CUVIERS *Palaeotherium* aus dem Eozän und dem *Hipparion* aus dem Pliozän aufgefaßt werden kann. V. O. KOVALEVSKI ging in seinen Darstellungen über einen rein morphologischen Ansatz hinaus und kombinierte die Ergebnisse der vergleichenden Anatomie mit funktionellen und ökologischen Betrachtungen, um zu zeigen, wie die Evolution des Pferdes durch *Adaptation* an das Leben in den Grassteppen erfolgt ist (Abb. 135) (V. O. KOVALEVSKI 1873, 1876; vgl. USCHMANN 1955/56, 1978). Wenig später konnte der amerikanische Paläontologe O. C. MARSH den Stammbaum der Pferde durch die Einbeziehung amerikanischer Fossilien wesentlich modifizieren und erweitern (MARSH 1879; vgl. MACFADDEN 1992). DARWIN hatte aber auch die Entdeckung von *missing links* zwischen den Tierstämmen prognostiziert, und tatsächlich wurden Anfang der 60er Jahre des vorigen Jh. ein Vogel mit Merkmalen eines Reptils (*Archaeopteryx*) und ein Reptil mit Vogeleigenschaften (*Compsognathus*) gefunden. Akzeptierte man diese Charakterisierungen, so bedeutete dies, daß es auch keine unüberbrückbaren Grenzen zwischen den verschiedenen Klassen von Organismen gab (RUDWICK 1972, S. 249–252).

Im ersten Jahrzehnt nach 1859 hatte sich die Theorie der gemeinsamen Abstammung der Organismen in der Paläontologie weitgehend durchgesetzt, aber DARWINS Behauptung, daß der Evolutionsprozeß sehr langsam und graduell ablaufe und daß die natürliche Auslese ungerichteter Variationen der wesentliche Mechanismus sei, war in der Paläontologie wenig populär. Trotz der zweifellosen Erfolge in Teilbe-

reichen gab es weiterhin große ungeklärte Probleme für die evolutionistische Paläontologie. Rätselhaft war beispielsweise das scheinbar unvermittelte Auftreten reichhaltiger und diversifizierter Artengruppen in manchen geologischen Ablagerungen, zum Beispiel das plötzliche Auftreten der großen Tierstämme in den untersten fossilienhaltigen Schichten oder die Massenentfaltung der Angiospermen zu Beginn der Kreidezeit. In dieser Situation gewannen – wie in anderen Bereichen der Biologie auch – lamarckistische, orthogenetische und vor allem saltationistische Theorien an Beliebtheit. Die Fossilien schienen, wenn man nicht mit DARWIN von einer sehr lückenhaften fossilen Überlieferung ausging, einen sprunghaften Wandel zu bestätigen. Bereits kurz nach der Publikation von *On the origin of species* wurde von Paläontologen, die mit DARWINS Theorie sympathisierten, darauf hingewiesen, daß die Zeit, während der eine biologische Art entsteht, meist sehr kurz ist im Vergleich zu der Zeit, während der

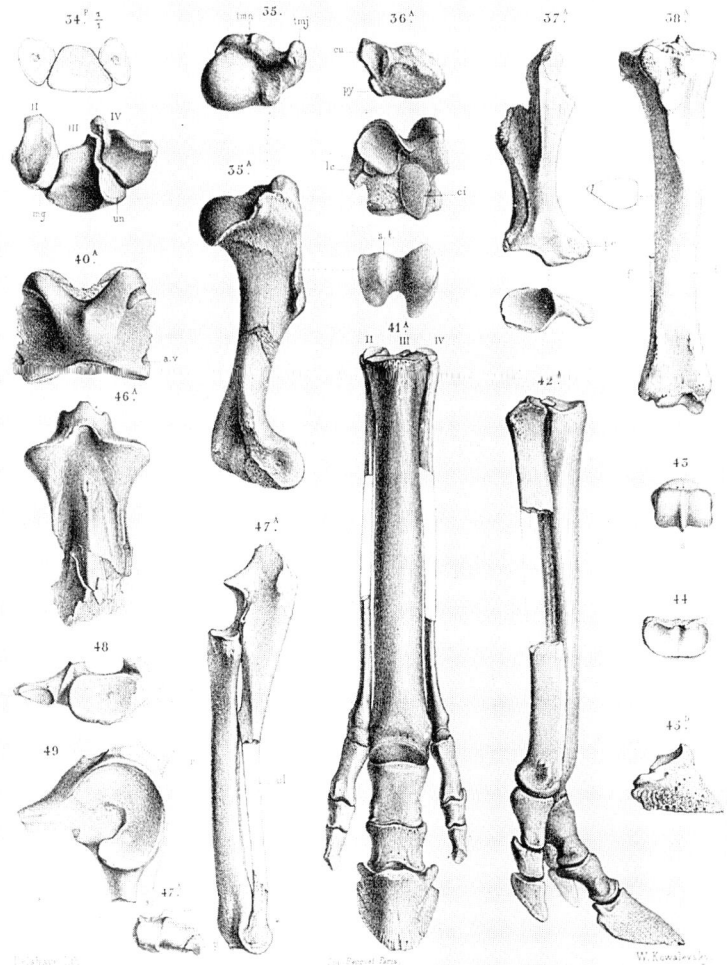

Abb. 135. V. O. KOVALEVSKIS Studien zur Stammesentwicklung der Pferde. Extremitätenknochen des ausgestorbenen Palaeotherium aus seiner klassischen Arbeit 1873.

sie mit mehr oder weniger konstanten Merkmalen existiert (HEER 1855–1859, Bd. 3, S. 256; SUESS 1863, S. 330–331; REIF 1986). Vor wenigen Jahren wurde versucht, dieser Beobachtung mit der Theorie der *Punctuated equilibria* gerecht zu werden (ELDREDGE & GOULD 1972; RHODES 1987; SOMIT & PETERSON 1992).

Große Bedeutung gewannen lamarckistische und orthogenetische Theorien in der Paläontologie der Jahrhundertwende. In den USA gab es mit E. D. COPE, A. HYATT und H. F. OSBORN eine Gruppe von antidarwinistischen Paläontologen, die Konzepte wie die Vererbung erworbener Eigenschaften, nichtadaptive Evolution und die Analogie zwischen Evolution und Individualentwicklung (ontogenetisches Paradigma) vertraten (PFEIFER 1965, 1988; GOULD 1977, S. 85–96; BOWLER 1988). In Deutschland entstand noch im 20. Jh. mit der Typostrophenlehre SCHINDEWOLFS (1947, 1948) eine ähnliche eklektische Theorie (REIF 1986). Eine Ursache für die weite Verbreitung antiselektionistischer Theorien in der Paläontologie ist wohl darin zu sehen, daß die Stammesgeschichte zahlreiche langandauernde evolutionäre Trends zeigt. Diese Trends schienen sich mit Evolutionsmechanismen, die eine Richtung vorgeben (orthogenetische Theorien), besser erklären zu lassen als mit der ‚zufälligen‘ Selektionstheorie (MAYR 1984, S. 422–429).

10.2.2. Die vergleichende Anatomie und die Morphologie

Kein Bereich der Biologie, mit Ausnahme vielleicht der Biogeographie, lieferte DARWIN mehr Argumente für die Theorie der gemeinsamen Abstammung als die Morphologie. Die Morphologie war für ihn „the most interesting department of natural history, and may be said to be its very soul" (DARWIN 1859, S. 434). Die Evolutionstheorie profitierte indes nicht einseitig von der Morphologie, sondern mit der Theorie der gemeinsamen Abstammung als Forschungsprogramm sollte die Morphologie in der zweiten Hälfte des 19. Jh. eine außerordentliche Blüte erleben. Bereits in der ersten Hälfte des 19. Jh. war in der Morphologie unter idealistischen Vorzeichen ein machtvolles Forschungsprogramm entstanden. Das Ziel der idealistischen Morphologie war es nicht, den Bau der Organismen zu erklären, sondern die zugrundeliegenden Strukturgesetze nachzuweisen (BRAUN 1835; BRONN 1858a). Einen bedeutenden Fortschritt stellte die Erkenntnis der idealistischen Morphologie dar, daß sich die Baupläne der Orga-

nismen nicht durch die Funktion der jeweiligen Organe erklären lassen.

Auf Richard OWEN, der als letzter bedeutender idealistischer Morphologe der vor-Darwinschen Periode in der Zoologie gilt, geht die erste klare Unterscheidung zwischen analogen und homologen Merkmalen zurück:

"Analogue – A part or organ in one animal which has the same function as another part or organ in a different animal. *Homologue.* – The same organ in different animals under every variety of form and function." (OWEN 1848, S. 7).

Bei dieser Definition blieb indes die Frage offen, was der Grund der Identität der verschiedenen homologen Organe sei. Sowohl in der Zoologie als auch in der Botanik wurde diese Gemeinsamkeit im Sinne einer ideellen Gemeinsamkeit aufgefaßt (OWEN 1848; BRAUN 1854, S. 43–44). Alles in allem war die Blütezeit der idealistischen Morphologie in der Zoologie recht kurz (MAYR 1984, S. 366), während sie in der Botanik bis ins 20. Jh. ausgesprochen einflußreich blieb. Die morphologisch verschiedene Ausbildung homologer Merkmale durch Anpassung an unterschiedliche Funktionen nannten die Botaniker *Metamorphose* (MÄGDEFRAU 1973, S. 120–128).

Aus der Tatsache, daß sich die Begriffe der idealistischen Morphologie im Kontext der Evolutionstheorie reinterpretieren ließen, läßt sich nicht schließen, daß der Übergang zur neuen Doktrin problemlos oder ohne Widerstand abgelaufen wäre (BRAUN 1872; WIGAND 1874–1877; HULL 1973a). Es wurde aber selbst von vielen Gegnern der Evolutionstheorie anerkannt, daß die Theorie der gemeinsamen Abstammung es ermöglicht, einige der wichtigsten vorevolutionistischen Probleme der Morphologie zu lösen. So konnte die idealistische Morphologie beispielsweise weder eine befriedigende Erklärung für die Einheit des Typus geben, noch hatte sie eine geeignete Methode, um die verschiedenen Arten von Ähnlichkeiten (Homologien bzw. Analogien) zu unterscheiden. Indem DARWIN die idealistische Einheit des Planes materiell als gemeinsame Abstammung auffaßte, wurde aus dem ideellen *Archetypus* ein realer Vorfahre, und homologe bzw. analoge Merkmale konnten durch Vererbung und Anpassung erklärt werden (DARWIN 1859, S. 434; vgl. auch SACHS 1875, S. 10).

Obwohl DARWIN der Morphologie große Bedeutung beimaß, hat er sich selbst nur wenig mit der Weiterentwicklung seiner Theorie in der Morphologie beschäftigt. 1859 hatte er in erster Linie versucht, den schwierigsten Teil seiner Theorie, das Prinzip der natürlichen Auslese, plausibel zu machen. Für ihn und für andere Darwinisten, die sich mit der Begründung der Selektionstheorie befaßten, war die natürliche Variabilität der Organismen das primäre Problem. Die Rekonstruktion der Morphologie nach evolutionären Prinzipien wurde vor allem von Ernst HAECKEL und Carl GEGENBAUR in Deutschland sowie von T. H. HUXLEY, E. R. LANKESTER und F. M. BALFOUR in England durchgeführt (RUSSEL 1916).

Im folgenden wird näher auf die Entwicklung der zoologischen Morphologie in Deutschland eingegangen und die Frage diskutiert, warum sich mit GEGENBAUR der führende Wirbeltier-Morphologe seiner Zeit für eine evolutionistische Morphologie einsetzte. Um diese Frage zu beantworten, ist es wichtig zu wissen, daß sich die Morphologie in den 50er Jahren des 19. Jh. in einer Krise befand. Zentrale theoretische Konzepte der Morphologie waren unter naturphilosophischem und idealistischem Vorzeichen entwickelt worden, mit der allgemeinen Tendenz zur Empirie; zur Geschichte und zum Materialismus im zweiten Drittel des 19. Jh. galten diese Vorstellungen als fragwürdig. Bereits ab 1840 war eine reduktionistische Schule in der Physiologie entstanden, die zukunftsweisende Konzepte entwickelte. Zur selben Zeit wurde versucht, den Bau der Organismen im Rahmen der Zellentheorie und der mikroskopischen Methode reduktionistisch als Aggregat von Zellen aufzufassen (ROTHSCHUH 1953; HALL 1975; CREMER 1985; JAHN 1987). Die makroskopisch arbeitenden Morphologen wie GEGENBAUR waren nun in einer schwierigen Situation: Auf der einen Seite mußten sie versuchen, sich von den idealistisch-naturphilosophischen Wurzeln ihrer Wissenschaft zu distanzieren, auf der anderen Seite würden aber sowohl der banale Empirismus der medizinischen Anatomie als auch der physikalisch-chemische oder zelluläre Reduktionismus eine theoretische Erklärung der makroskopischen Form überflüssig machen (GEGENBAUR 1875, 1901; COLEMAN 1976). Mit der Theorie der gemeinsamen Abstammung gewann die Morphologie eine dem neuen Wissenschaftsverständnis entsprechende materialistische Basis und mit dem dreifachen Parallelismus zwischen Ontogenie, Phylogenie und vergleichender Anatomie eine zukunftsweisende heuristische Grundlage. Damit war sie der „zusammenhangslosen Einzelforschung" der medizinischen Anatomie enthoben, und die Eigenständigkeit und Bedeutung der Morphologie waren behauptet. Nach GEGENBAUR hat die Morphologie als zentrale Wissenschaft der Form folgende Aufgabe:

Sie „zeigt der Anatomie die wechselseitigen Beziehungen der Organisationen, und lehrt sie in der Entwickelungsgeschichte die niederen Zustände erkennen, aus denen die höheren phylogenetisch hervorgingen, und der Entwickelungsgeschichte wiederum verleiht sie Verständniss für die mannigfachen, auf der Bahn der Ontogenie sich folgenden Stadien, indem sie jedes einzelne derselben als Vererbung aus einem niederen Zustande nachweist." (GEGENBAUR 1875, S. 16).

Wie die Interaktion zwischen embryologischen und vergleichend-anatomischen Untersuchungen in der Morphologie konkret aussah, soll ein Blick auf die Geschichte der *Wirbeltheorie des Schädels* verdeutlichen (RUSSELL 1916; STARCK 1980). Bereits GOETHE und OKEN hatten unabhängig voneinander die Idee vertreten, daß das Kopfskelett keine singuläre Bildung darstelle, sondern ein modifizierter Abschnitt der Wirbelsäule sei (vgl. 7.2.1. Abb. 89). Nach DARWINS Ansicht läßt sich nun diese Reihenhomologie auf die Abstammung von einer gemeinsamen Urform zurückführen:

„Naturalists frequently speak of the skull as formed of metamorphosed vertebræ ... Naturalists, however, use such language only in a metaphorical sense: they are far from meaning that during a long course of descent, primordial organs of any kind ... have actually been modified into skulls or jaws ... On my view these terms may be used literally". (DARWIN 1859, S. 438–439).

Bereits in den Jahren nach 1850 hatten embryologische Untersuchungen eine Revision der Wirbeltheorie notwendig gemacht, da sie zeigten, daß ein Teil des Schädels in der Embryonalentwicklung nicht aus Segmenten entsteht (HUXLEY 1858; GEGENBAUR 1864–1872, Bd. 3, S. 6). GEGENBAUR hält aber die einseitige Betonung embryologischer Ergebnisse für problematisch und fordert ihre Ergänzung durch die Resultate der vergleichenden Anatomie:

„Ein Organismus in seine niederen ontogenetischen Zustände zurückverfolgt bietet ebensoviele Probleme als einzelne Stadien auf jenem Wege sich darstellen. Zu dem einen Probleme des ausgebildeten Organismus bringt die Ontogenie nur noch zahlreiche neue hinzu. Das Unzulängliche liegt in der Beschränkung der empirischen Grundlagen. Wendet man den Blick von der Ontogenie eines Säugethieres auf die Organisation niederer Wirbelthiere [Selachier und Amphioxus], so tritt bei letzteren eine auffallende Uebereinstimmung mit einzelnen bei den Säugethieren nur vorübergehenden Stadien hervor. ... Auf niederen Stufen Dauerndes wird auf höheren vergänglich, indem es anderen daran anknüpfenden Platz macht." (GEGENBAUR 1875, S. 11–12).

Embryologische und vergleichend-anatomische Untersuchungen zeigen nach GEGENBAUR, daß ein Teil des Kopfskelettes tatsächlich aus Segmenten entsteht, wie dies in der idealistischen Wirbeltheorie des Schädels postuliert worden war (GEGENBAUR 1888). Verschiedene Modifikationen seien aber notwendig, um aus der idealistischen Wirbeltheorie eine Theorie zu machen, die den neuen empirischen und theoretischen Anforderungen gerecht werden kann. Der wichtigste Unterschied bestehe darin, daß die idealistische Wirbeltheorie versuche, differenzierte Gebilde (Schädelknochen bzw. Wirbel) auseinander abzuleiten, statt sie auf eine gemeinsame embryologische bzw. phylogenetische Urform zurückzuführen. Trotz im Detail abweichender Ergebnisse über Anzahl und Bereich der Segmente, der unterschiedlichen Methode und der anderen theoretischen Grundlage haben die Wirbeltheorie der idealistischen Morphologie und die „Metamerentheorie" GEGENBAURS ein gemeinsames Ziel:

„Bei dieser Verschiedenheit der Wege ist das Endziel doch das gleiche geblieben: die Erkenntniss nämlich, dass im Kopfskelet der Wirbelthiere keine absolut neue, dem übrigen Organismus fremde Bildung vorliege, sondern dass dasselbe durch Umformung derselben Theile entstanden sei, wie sie minder verändert das übrige Axenskelet als Wirbel zusammensetzen. –" (GEGENBAUR 1864–1872, Bd. 3, S. 304–305).

Der Kampf um die theoretische und institutionelle Eigenständigkeit der Morphologie hatte für GEGENBAUR die Konsequenz, daß die Morphologie sich in ihrer Analyse auf homologe Merkmale beschränken und sowohl Analogien als auch die Ursachen und Mechanismen der Evolution aussparen sollte (GEGENBAUR 1859, S. 1; COLEMAN 1976). GEGENBAURS Ziel, die evolutionistische Morphologie als einheitliche Metatheorie von vergleichender Anatomie, Embryologie und Paläontologie zu etablieren, ließ sich nur für eine begrenzte Zeit durchführen. Gegen Ende des 19. Jh. nahmen die zentrifugalen theoretischen, methodologischen und institutionellen Tendenzen wieder zu, und es kam zu einer Krise der evolutionistischen Morphologie (vgl. STARCK 1966; NYHART 1995).
Die einseitige Betonung homologer Strukturen in der Morphologie und die damit verbundene Ausblendung funktioneller Gesichtspunkte wurde von verschiedenen Seiten kritisiert. Im Zusammenhang mit seiner Theorie über den Ursprung der Wirbeltiere stellte A. DOHRN ein wichtiges Prinzip vor, daß er das „Princip des Functionswechsels" nannte und mit dessen Hilfe er auch funktionelle Elemente in die Morphologie einführen wollte:

„Es war bisher die gefährlichste Klippe genealogischer Untersuchungen, dass sie auf einseitig morphologischer Basis geschahen, ohne anders als gelegentlich und durch den sehr allgemein gehaltenen Ausdruck ‚Anpassung' an physiologische Elemente zu erinnern." (DOHRN 1875, S. 70).

Jedes Organ habe neben seiner primären Funktion noch weitere sekundäre Aufgaben, die unter Umständen zur Hauptfunktion werden können.
Mit der Theorie des Funktionswechsels hoffte DOHRN auch ein von MIVART (1871) vorgebrachtes Argument zu entkräften, demzufolge die Selektionstheorie die Entstehung neuer Organe nicht erklären könne, da entstehende Organe in den frühen Stadien nutzlos im Kampf ums Dasein seien. Auch in der Botanik entstand in den Jahren nach 1870 ein Forschungsprogramm, das anatomische und physiologische Fragestellungen zu integrieren versuchte (SCHWENDENER 1874, 1887). Während SCHWENDENER selbst den Theorien DARWINS, vor allem der Selektionstheorie, wenig abgewinnen konnte, betonten die mehr pflanzengeographisch und ökologisch orientierten Schüler SCHWENDENERS die Wechselbeziehung von Struktur und Funktion als Resultat der Anpassung im Darwinschen Sinne (CITTADINO 1990) (vgl. 8.3.2.).
Die institutionelle und theoretische Trennung zwischen der Physiologie und der Morphologie war auch eine der Ursachen für den großen Erfolg orthogenetischer Theorien. DARWIN hatte versucht, auch homologe Merkmale durch die Wirkung der natürlichen Auslese zu erklären (DARWIN 1859, S. 437). Viele dieser Merkmale, beispielsweise die Stellungs- und Zahlenverhältnisse der Pflanzenorgane, scheinen nun keinen direkten Nutzen zu haben, gleichzeitig sind sie aber sehr konstant. Der auffälligen Beständigkeit vieler Strukturmerkmale versuchte der Botaniker C. NÄGELI mit einem eigenen morphologischen Prinzip gerecht zu werden:

„Das Nützlichkeitsprincip [d. h. die Selektionstheorie] hat auf die Ausbildung der physiologischen, das Vervollkommnungsprincip vorzugsweise auf die Umgestaltung der morphologischen Eigenthümlichkeiten Einfluss." (NÄGELI 1865, S. 30; vgl. auch DARWIN 1871, Bd. 1, S. 152).

NÄGELIS Vervollkommnungsprinzip hat seine historischen Wurzeln in der Teleologie der romantischen Naturphilosophie, NÄGELI war sich aber bewußt, daß er das teleologische Prinzip im Sinne des Empirismus und Materialismus in eine orthogenetische Theorie umformen mußte. In ihrer entwickelten Form besagt NÄGELIS Theorie, daß das genetische Material ähnlich wie ein Kristall notwendig und gesetzmäßig wächst (vgl. 11.3.). Damit soll eine fortschreitende Vervollkommnung der Individuen im Laufe der Phylogenie einhergehen, was zur Folge hat, daß die Evolution eine auf inneren Ursachen beruhende, gesetzmäßig ablaufende Entwicklung ist, in der die Selektion höchstens einen Nebeneffekt darstellt (NÄGELI 1884). NÄGELIS orthogenetisches Prinzip war außerordentlich erfolgreich, und bis ins 20. Jh. hatte NÄGELI in der Botanik mehr Anhänger als DARWIN mit der Selektionstheorie (BOWLER 1983; JUNKER 1995 a; vgl. 10.2.7.).

10.2.3. Die Embryologie

Das Verhältnis der Ontogenie zur Phylogenie ist eines der vielschichtigsten und faszinierendsten Themen in der Geschichte der Biologie des 19. Jh. Bereits in der romantischen Naturphilosophie wurde die Idee vertreten, daß zwischen den ontogenetischen Stadien und den Stufen der *scala naturae* eine Parallele besteht, das sogenannte Meckel-Serrèssche Gesetz (KOHLBRUGGE 1911; RUSSEL 1916; COLEMAN 1973; GOULD 1977, S. 37; PETERS 1980; MAYR 1984, S. 377–378; RICHARDS 1992). So schreibt MECKEL, daß

„die Entwicklung des einzelnen Organismus nach denselben Gesetzen als die der ganzen Thierreihe geschieht, d. h. das höhere Thier in seiner Entwicklung dem Wesentlichen nach die unter ihm stehenden, bleibenden Stufen durchläuft" (MECKEL 1821, S. 396).

Es ist zu beachten, daß MECKEL hier zwei unterschiedliche Aussagen verbindet, die nach 1859 auseinandertraten: Der erste Halbsatz besagt, daß die Entwicklungsgesetze von Ontogenie und Phylogenie identisch sind (ontogenetisches Paradigma), der zweite Halbsatz, daß höhere Tiere bleibende Stadien niederer Tiere durchlaufen (phylogenetisch interpretiert wurde daraus die Rekapitulationstheorie). Diese beiden Prinzipien sind logisch unabhängig, denn die nach beiden Prinzipien existierende Ähnlichkeit von Ontogenie und Phylogenie entsteht durch unterschiedliche kausale Vorgänge. Auch historisch hatten sie ein anderes Schicksal (vgl. auch 7.2.1.).
Die Rekapitulationstheorie in der vor allem von darwinistischen Morphologen vertretenen Form (ROLLE 1863, S. 269; Fritz MÜLLER 1864; HAEKKEL 1866) besagt in ihrer Kernaussage lediglich, daß die Organismen ihren Vorfahren ähneln, weil sie aus ihnen entstanden sind. Damit ist die Rekapitulationstheorie nur auf historische Vorgänge anwendbar und läßt keine Aussagen über die zukünftige Entwicklung zu. Falls die ontogenetische und die phylogenetische Entwicklung aber denselben Gesetzen gehorchen würden, wie im *ontogenetischen Paradigma* angenommen wird, ließen sich aus der notwendige Fortschritt

oder auch das Aussterben einer phylogenetischen Gruppe prognostizieren. Ebenso wie jedes Individuum eine mehr oder weniger feststehende Lebensspanne hat, würde dies auch für eine biologische Sippe gelten. Es liegt nahe, daß sich bei der Vielgestaltigkeit der Phänomene, mit der die Ontogenie im Tier- und Pflanzenreich einhergeht, auch eine Vielzahl verschiedener Evolutionstheorien so begründen läßt (BRAUN 1872; WIGAND 1872; NÄGELI 1884). Eine gemeinsame Überzeugung aller Vertreter des ontogenetischen Paradigmas war, daß die Evolution nicht zufällig ist, wie von der Selektionstheorie postuliert, sondern wie die Individualentwicklung festen Gesetzen folgt:

„Hätten DARWIN und seine Anhänger, denen doch der Parallelismus in der Entwicklung der gesammten Thierreihe und der einzelnen Organismen wohl bekannt war, der letzteren nur einige Aufmerksamkeit geschenkt, so hätten sie zur Einsicht kommen müssen, dass wenn die Entwicklung eines jeden Geschöpfes Regeln folgt, es von vornherein unmöglich ist, anzunehmen, dass das Thierreich anderen Gesetzen gehorche. Wenn dort die Nothwendigkeit regiert, so kann hier nicht der Zufall walten, und braucht es in der That gar keiner anderen Erwägung, um zur Ueberzeugung zu gelangen, dass der Grundgedanke von DARWIN, der alle Umwandlungen an die zufällige Entstehung nützlicher Varietäten kettet, ein verfehlter ist." (KÖLLIKER 1872, S. 26–27; vgl. auch 10.2.7.).

Bevor wir auf die konkrete Anwendung der *Rekupitulationstheorie* in der evolutionistischen Embryologie zu sprechen kommen, soll noch die wichtige Kritik an diesem Konzept durch Karl Ernst VON BAER erwähnt werden. Für VON BAER ist die Embryonalentwicklung eine reine Differenzierung, ein Prozeß, der vom Homogenen allmählich zum Heterogenen und Speziellen führt:

„Die Entwickelungsgeschichte des Individuums ist die Geschichte der wachsenden Individualität in jeglicher Beziehung." (VON BAER 1828, S. 263).

Die durch VON BAER postulierte reine Differenzierung läßt sich indes nicht nachweisen, sondern in der Embryonalentwicklung treten oft Strukturen, Funktionen und Verhaltensweisen auf, die später wieder zurückgebildet werden. So legen beispielsweise zahnlose Säuger (Bartenwale und Schnabeltier) als Embryonen Zähne an, und luftatmende Wirbeltiere haben als Anlagen Kiementaschen. Diese Merkmale werden in der Evolutionstheorie als historische Relikte erklärt, wobei sich der konkrete Nachweis schwierig gestalten kann, da die evolutionistische Morphologie die Ähnlichkeit von Merkmalen sowohl durch Vererbung (*Homologien*) als auch durch Anpassung (*Analogien*) erklärt.

DARWIN war in dieser Beziehung optimistisch. Bei der Untersuchung der *Cirripedien* hatte er beispielsweise entdeckt, daß sich in diesem Falle die Larven ähnlicher sind als die erwachsenen Organismen (DARWIN 1859, S. 440; vgl. RICHMOND 1988). Dieses Phänomen kann zustandekommen, wenn sich evolutionäre Veränderungen spät in der Embryonalentwicklung ereignet haben, so daß frühere Stadien unberührt blieben. In diesem Falle gilt: „Thus, community in embryonic structure reveals community of descent" (DARWIN 1859, S. 449). Inwieweit es sich bei Ähnlichkeiten in der Embryonalentwicklung tatsächlich um Relikte der Stammesgeschichte, also Homologien, handelt oder ob diese Ähnlichkeiten nur Parallelentwicklungen bzw. Anpassungen an das embryonale Leben darstellen, ist nur am einzelnen Fall zu entscheiden (DARWIN 1859, S. 440–442).

DARWIN selbst hat seine Ergebnisse nur sehr vorsichtig verallgemeinert. Den nächsten Schritt zu einer allgemeinen Theorie über das Verhältnis von Ontogenie und Phylogenie unternahm der in Brasilien lebende deutsche Naturforscher Fritz MÜLLER Anfang der 60er Jahre des 19. Jahrhunderts. MÜLLER hatte am Beispiel der Entwicklungsgeschichte von Crustaceen festgestellt, daß die Ontogenie zwar von der evolutionären Entwicklung geprägt werde, daß dieser Zusammenhang aber gestört sei:

„Die in der Entwicklungsgeschichte erhaltene geschichtliche Urkunde wird allmählich *verwischt*, indem die Entwicklung einen immer geraderen Weg vom Ei zum fertigen Thiere einschlägt, und sie wird häufig *gefälscht* durch den Kampf ums Dasein, den die freilebenden Larven zu bestehen haben." (F. MÜLLER 1864, S. 77). Ob eine Parallele zwischen Ontogenie und Phylogenie entstehe, sei auch vom Entwicklungsstadium abhängig, in dem neue Variationen erfolgen: „Die Nachkommen gelangen also zu einem neuen Ziele entweder indem sie schon auf dem Wege zur elterlichen Form früher oder später abirren, oder indem sie diesen Weg zwar unbeirrt durchlaufen, aber dann statt stille zu stehen noch weiter schreiten." (F. MÜLLER 1864, S. 75).

Im ersten Fall werden neue Merkmale in jedem Stadium der Ontogenie angefügt, was zur Folge hat, daß keine Parallele zwischen Ontogenie und Phylogenie entsteht. Im zweiten Falle werden Merkmale am Ende der Ontogenie angefügt, und es kommt zu einer Rekapitulation der Phylogenie in der Ontogenie (vgl. GOULD 1977, S. 213–214).

Fritz MÜLLER Überlegungen zeigen, daß in der frühen evolutionistischen Embryologie differenziertere Vorstellungen über die Beziehung zwischen Ontogenie und Phylogenie existierten, als dies HAECKELS apodiktisches *biogenetisches*

Grundgesetz vielleicht vermuten läßt. Dieses Gesetz besagt, „dass die Ontogenie weiter nichts ist als eine kurze Recapitulation der Phylogenie" (HAECKEL 1866, Bd. 2, S. 7). Den Begriff *biogenetisches Grundgesetz* prägte HAECKEL 1872 (Bd. 1, S. 471; vgl. USCHMANN 1953; RINARD 1981; KRAUSSE 1984). Auch HAECKEL selbst wies darauf hin, daß das biogenetische Grundgesetz nur dann anwendbar ist, wenn es sich um eine *Palingenese* (Wiederholung der Stammesgeschichte) handelt. In diesem Falle gilt:

„Das organische Individuum ... wiederholt während des raschen und kurzen Laufes seiner individuellen Entwickelung die wichtigsten von denjenigen Formveränderungen, welche seine Voreltern während des langsamen und langen Laufes ihrer paläontologischen Entwickelung nach den Gesetzen der Vererbung und Anpassung durchlaufen haben." (HAECKEL 1866, Bd. 2, S. 300).

Die vollständige und getreue Wiederholung der Stammesgeschichte durch die ontogenetische Entwicklung wird aber nach HAECKEL durch sekundäre Zusammenziehung und Anpassung gefälscht (*Cänogenese*). Falls es ein Mittel zur Unterscheidung von palingenetischen und cänogenetischen Merkmalen gibt, versprach die Analyse der Entwicklungsgeschichte ein wichtiges heuristisches Mittel zu werden, um die Phylogenie der Organismen und die Homologien nachweisen zu können:

"Embryology rises greatly in interest, when we thus look at the embryo as a picture, more or less obscured, of the common parent-form of each great class of animals." (DARWIN 1859, S. 450).

Mit dem Segen DARWINS und HAECKELS Begeisterungsfähigkeit wurde die Rekapitulationstheorie im letzten Drittel des 19. Jh. außerordentlich populär.

Das Interesse an phylogenetischen Fragestellungen führte zu vielen spektakulären Entdeckungen in der Embryologie, beispielsweise über den Ursprung der Wirbeltiere. A. KOVALEVSKI konnte zeigen, daß die Hauptorgane des primitiven Lanzettfischchens (*Amphioxus*) im wesentlichen in derselben Weise gebildet werden, wie dies bei den Wirbeltieren der Fall ist (A. KOVALEVSKI 1867, 1877; vgl. USCHMANN 1957). Die Entwicklungsgeschichte von *Amphioxus* wurde durch diese Arbeiten zum Schlüssel für die Embryologie der Wirbeltiere, zur typischen Ontogenie, mit der alle anderen verglichen wurden (RUSSEL 1916, S. 269–270). Noch größeres Interesse riefen A. KOVALEVSKIS Untersuchungen über die Entwicklung der Ascidien (Seescheiden) hervor. Die systematische Stellung der Ascidien war zu dieser Zeit noch unsicher, und sie wurden in der Regel zu den Mollusken gestellt.

A. KOVALEVSKI konnte zeigen, daß die Ascidien ein Larvenstadium durchlaufen, in dem sie ähnlich wie *Amphioxus* eine Rückensaite (Chorda) entwickeln (A. KOVALEVSKI 1866, 1871 a, 1871 b). Von HAECKEL (1872), GEGENBAUR, DARWIN und vielen anderen wurde dieses Ergebnis als überzeugender Beweis für die Entstehung der Wirbeltiere aus einer Form, die den Larven der Ascidien ähnlich ist, aufgefaßt (DARWIN 1871, Bd. 1, S. 205–206). Die Bedeutung dieser Funde wurde auch von Gegnern der Darwinschen Theorie gesehen und VON BAER und andere unternahmen große Anstrengungen nachzuweisen, daß es sich nicht um Homologien handelt (VON BAER 1873 a; vgl. auch RUSSEL 1916, S. 271–274; LENOIR 1982, S. 257–261). A. KOVALEVSKIS Theorie über den Ursprung der Wirbeltiere wurde aber auch innerhalb des evolutionistischen Lagers in Zweifel gezogen. Anton DOHRN beispielsweise entwickelte eine andere Theorie über den Ursprung der Wirbeltiere, der zufolge die Vorfahren der Wirbeltiere unter den Anneliden (Ringelwürmer) zu suchen sind, während es sich bei *Amphioxus* und Ascidien nicht um ursprüngliche, sondern um „degenerierte" Formen handelt (DOHRN 1875).

Die ausgedehnteste Anwendung des biogenetischen Grundgesetzes unternahm HAECKEL mit der *Gastraea*-Theorie. Bei der Gastraea handelt es sich um die hypothetische Urform aller Metazoen. Die Gastraea läßt sich nicht paläontologisch, sondern laut HAECKEL nur in der Embryonalentwicklung vieler Tiere als Gastrula-Stadium nachweisen:

„Aus dieser Identität der Gastrula bei Repräsentanten der verschiedensten Thierstämme, von den Spongien bis zu den Vertebraten, schliesse ich nach dem biogenetischen Grundgesetze auf eine gemeinsame Descendenz der animalen Phylen von einer einzigen unbekannten Stammform, welche im Wesentlichen der Gastrula gleichgebildet war: Gastraea." (HAECKEL 1872, Bd. 1, S. 467).

HAECKEL hoffte mit der Gastraea-Theorie den monophyletischen Ursprung aller Metazoen nachzuweisen (Abb. 136). Falls die beiden primären Keimblätter tatsächlich bei allen Metazoen homolog sind, wie HAECKEL postulierte, dann hätte er den frühesten und wichtigsten embryologischen Vorgang, die Entstehung der Keimblätter, evolutionistisch erklärt (HAECKEL 1874, 1875; GRELL 1979). Auch wenn HAECKELS weitgehende Verallgemeinerungen nicht allgemein anerkannt wurden, galt die Embryologie doch bald als unverzichtbares Werkzeug, um ansonsten unsichere Homologien zu erkennen (10.2.2.). Die meisten Evolutionisten vertraten allerdings nicht die Ansicht, daß Organismen während der Ontogenie die Erwachsenenstadien ihrer Vorfahren wiederholen, sondern nur die abgeschwächte Form, daß der Embryo während seiner Entwicklung durch Stadien geht, die auch schon seine Vorfahren erlebten.

In Konkurrenz zur evolutionistischen Embryologie entwickelte Wilhelm HIS (1831–1904) in den

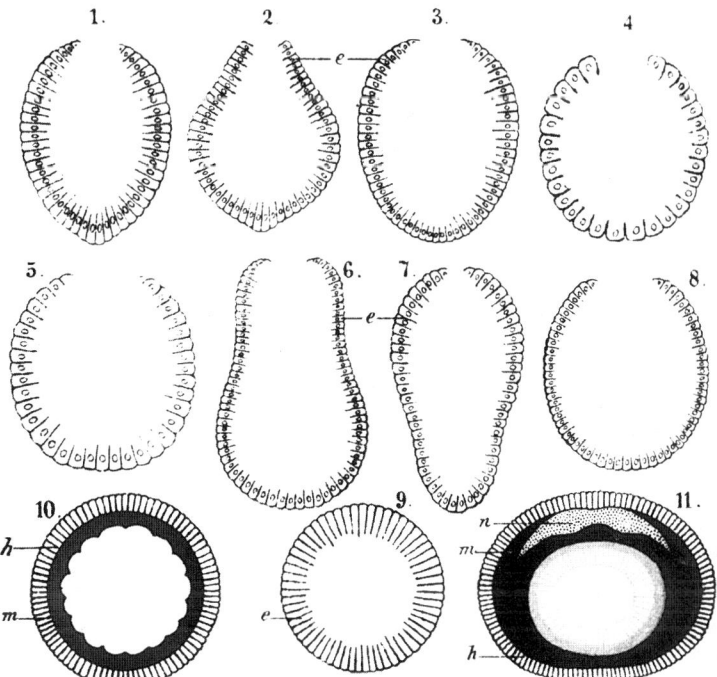

Abb. 136. Ernst HAECKELS „Gastraea-Theorie" 1874, Fig. 1–8: Gastrula-Stadien verschiedener Tierformen, die die Ähnlichkeit aller Anfangsformen demonstrieren sollen.

70er Jahren des 19. Jh. eine reduktionistisch ausgerichtete Embryologie. HIS wandte seine Aufmerksamkeit vom Problem der phylogenetischen
Begründung der organischen Formen ab und befaßte sich mit den direkten, zunächst vor allem
mechanischen Einflüssen auf die Entwicklung
der organischen Formen. HIS wollte die Entwicklung der Organismen nicht aus der Phylogenie
verständlich machen, sondern die Embryologie
durch rein mechanische Vorgänge erklären. Die
Gestaltung des Embryos soll sich auf die Formveränderungen einer sich ungleich dehnenden,
elastischen Platte zurückführen lassen (HIS 1874).
Vgl. weiterführend auch O. BREIDBACH: Entphy-
siologisierte Morphologie – Vergleichende Entwicklungsbiologie in der Nachfolge Haeckels.
*Theory in Bioscience*s (1997) 116, S. 328–348.

10.2.4. Die Systematik und die Abstammung des Menschen

Im letzten Satz von *On the origin of species*
machte DARWIN seine Leser auf die ästhetischen
Vorzüge seiner Theorie der gemeinsamen Abstammung aller Organismen aufmerksam:

„There is grandeur in this view of life, with its several
powers, having been originally breathed into a few
forms or into one; and that ... from so simple a beginning endless forms most beautiful and most wonderful
have been, and are being, evolved." (DARWIN 1859,
S. 490).

Die Ansicht, daß alle Organismen aus einer
oder wenigen Urformen entstanden seien, ist
keine zwingende Konsequenz der Evolutionstheorie. LAMARCKS Evolutionstheorie beispielsweise ist wesentlich auf die Vorstellung der Stufenleiter begründet, und polyphyletische
Theorien durchbrechen in wechselndem Grad
die Einheit der Abstammung (NÄGELI 1884,
S. 468; SACHS 1894; LEFÈVRE 1984, S. 38).
Seit LINNÉ waren die Systematiker auf der Suche nach dem natürlichen System (vgl. 8.1.).
Während vor DARWIN das natürliche System
meist als Ausdruck eines idellen Zusammenhanges gesehen wurde (als göttlicher Schöpfungsplan beispielsweise), interpretierte DARWIN
es materialistisch als genealogisches System.
Diese Umdeutung korrespondiert mit dem
Übergang vom idealistischen „*Typus*" zum *Vorfahren*, wie wir es am Beispiel der Morphologie
beschrieben haben. Wenn man davon ausgeht,
daß die systematische Anordnung der Organismen weder willkürlich noch abhängig von den
Lebensgewohnheiten der jeweiligen Arten und
auch nicht mit der Klassifikation von Elemen-
tarstoffen und Mineralien vergleichbar ist, dann

kommt nach DARWINS Ansicht als Ursache des
natürlichen Systems nur die gemeinsame Abstammung in Frage:

„If we extend the use of this element of descent, – the
only certainly known cause of similarity in organic
beings, – we shall understand what is meant by the natural system: it is genealogical in its attempted arrangement, with the grades of acquired difference marked by the terms varieties, species, genera, families,
orders, and classes." (DARWIN 1859, S. 456).

DARWIN war mit dieser theoretischen Neube-
stimmung des biologischen Verwandtschaftsbe-
griffes sehr erfolgreich. Ähnlich, wie wir das für
die Morphologie beschrieben haben, waren
auch viele Systematiker erleichtert, die im zweiten Drittel des 19. Jh. als obsolet empfundene
idealistische durch eine materialistische Theorie
ersetzen zu können, „aus der figürlich angenommenen Verwandtschaft wurde echte Blutsver-
wandtschaft, das natürliche System wurde ein
Bild des Stammbaumes des Pflanzenreichs"
(SACHS 1875, S. 12). Im Gegensatz zur Zoologie,
wo erst nach 1870 HAECKEL den Versuch wagte,
die monophyletische Entstehung des Tierreichs
konkret nachzuweisen, lagen die Verhältnisse in
der Botanik durch die Vorarbeiten von
W. HOFMEISTER (1851) günstiger (vgl. SACHS
1875, S. 217) (vgl. 8.3.2.).
DARWINS Theorie der gemeinsamen Abstammung konnte sich trotz gewisser Widerstände
im Laufe der 60er Jahre des 19. Jh. weitgehend
durchsetzen. Selbst ein überzeugter Vertreter
des Prinzips der Konstanz der Arten wie der
Botaniker A. WIGAND (1872) sah sich gezwungen, das genealogische Prinzip anzuerkennen
(JUNKER 1993). Seit dieser Zeit wurde in der Systematik zumindest als theoretisches Ziel akzeptiert, daß jedes Klassifikationssystem auf der
Theorie der gemeinsamen Abstammung aufbau-
en müsse. Die Anerkennung der genetischen
Einheit des Tier- oder Pflanzenreichs läßt noch
keine Aussage über den Mechanismus des Artenwandels zu, und entsprechend haben auch
die Systematiker, ähnlich wie Paläontologen
und Morphologen, eine Vielzahl unterschiedlicher Theorien über die kausalen Faktoren der
Evolution vertreten.
Die Theorie der gemeinsamen Abstammung
ließ sich nicht nur auf die großen Stämme des
Tier- und Pflanzenreiches ausdehnen, sondern
auch – emotional war das besonders relevant –
auf den Menschen. Die Theorie der gemeinsamen Abstammung, die Evolutionstheorie, bis zu
einem gewissen Maße sogar die Theorie der natürlichen Auslese, ließen sich mit religiösen Vorstellungen vereinbaren. Die Tatsache aber, daß
der Mensch, sein Geist und moralisches Gewis-

sen Produkte eines Naturprozesses seien, mußte auf erbitterten Widerstand stoßen. DARWIN hatte wohlweislich versucht, dieser Diskussion auszuweichen und hatte nur mit einem Satz auf dieses Problem hingewiesen: „Light will be thrown on the origin of man and his history." (DARWIN 1859, S. 488). Wie sehr dics taktisch begründet war, geht aus einer Aussage DARWINS vom Januar 1860 hervor:

„With respect to man, I am very far from wishing to obtrude my belief; but I thought it dishonest to quite conceal my opinion. – Of course it is open to everyone to believe that man appeared by separate miracle, though I do not myself see the necessity or probability. –" (BURKHARDT, F. et al. 1985–1997, Bd. 8, S. 25).

Trotz dieser Vorsichtsmaßnahme begann sich die Diskussion unmittelbar nach der Publikation von *On the origin of species* um dieses Thema zu drehen. Bereits die berühmte Kontroverse

zwischen Samuel WILBERFORCE und T. H. HUXLEY von 1860 war von dieser Frage geprägt (HERBERT 1963, S. 3–4; YOUNG 1985, S. 3–9). Auch in Deutschland rückte dieser Punkt für Anhänger wie Gegner des Darwinismus bald ins Zentrum der Aufmerksamkeit und wurde hier als Fortsetzung des sogenannten *Materialismus-Streites* der 50er Jahre aufgefaßt (GREGORY 1977; ENGELHARDT 1980; BAYERTZ 1985; JAHN 1994; JUNKER 1995 b). Wie so oft stand HAECKEL auch bei dieser Frage an vorderster Front:

„Was uns Menschen selbst betrifft, so hätten wir also consequenter Weise, als die höchst organisirten Wirbelthiere, unsere uralten gemeinsamen Vorfahren in affenähnlichen Säugetieren, weiterhin in känguruartigen Beutelthieren, noch weiter hinauf in der sogenannten Secundärperiode in eidechsenartigen Reptilien, und endlich in noch früherer Zeit, in der Primärperiode, in niedrig organisirten Fischen zu suchen." (HAECKEL 1863, S. 17).

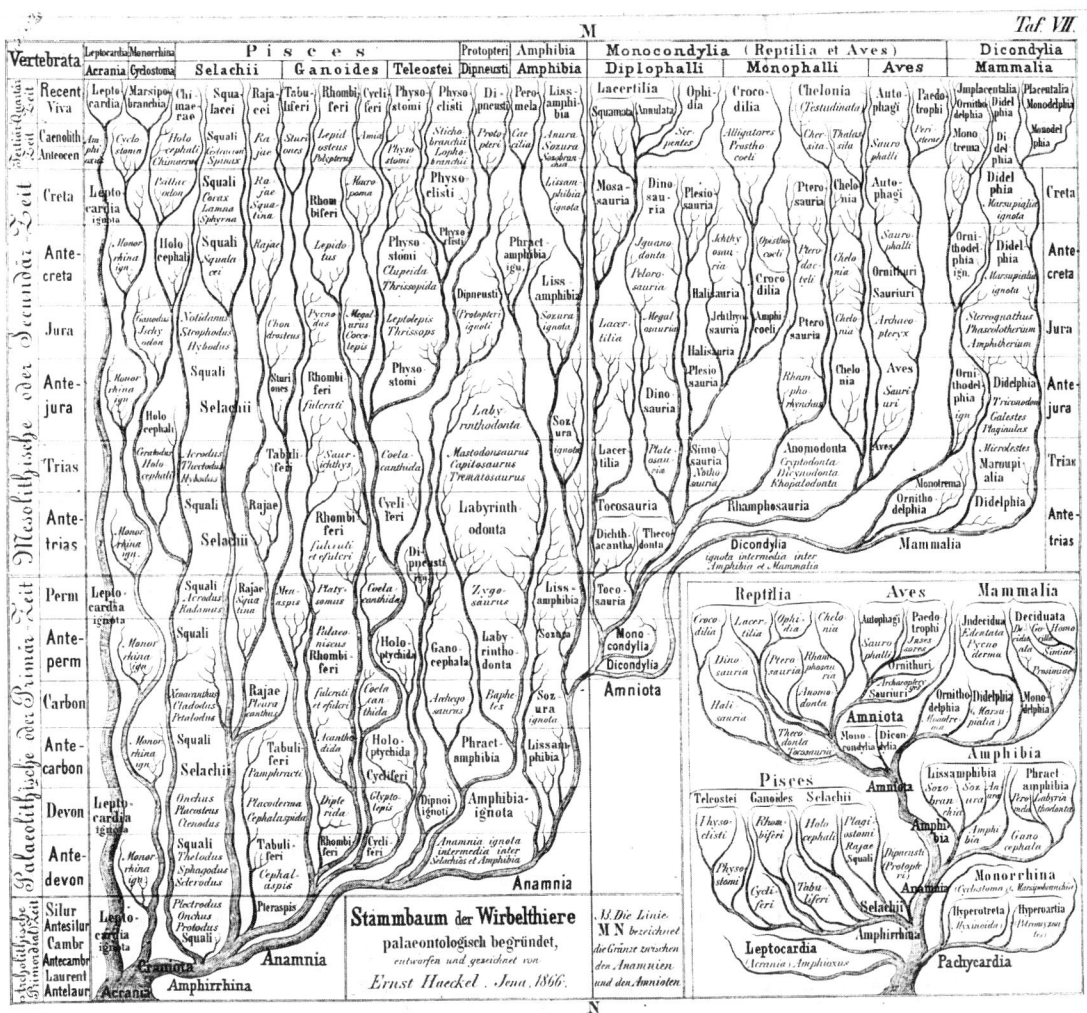

Abb. 137 a

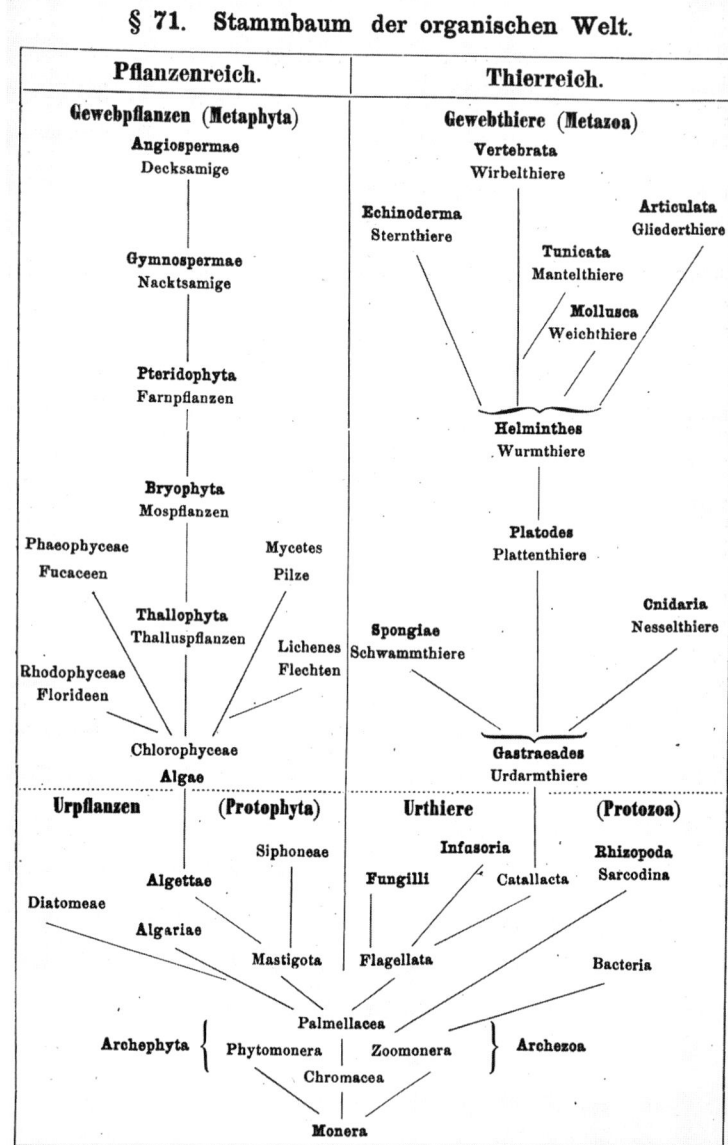

§ 71. Stammbaum der organischen Welt.

Abb. 137. Stammbaum-Entwürfe Ernst HAECKELS. a Stammbaum der Wirbeltiere mit Einschluß des Menschen (Paläontologisch begründet). Aus *Generelle Morphologie* 1866, Bd. II. Tafel VII. b Stammbaum der organischen Welt. Aus *Systematische Phylogenie* 1896, § 71.

Ernst HAECKEL, der primär Systematiker war, hatte schon in seiner ersten wissenschaftlichen Arbeit über *Die Radiolarien* (1862) DARWINS Deszendenztheorie für die Aufstellung eines natürlichen Systems angewandt und konstruierte in den folgenden Jahren (1866, 1868, 1874) Stammbaum-Grafiken für das gesamte Organismenreich, für die „Stämme" des Tier- und Pflanzenreichs und für einzelne Taxa mit Einschluß des Menschen (Abb. 137 a u. b). Die Anregung dazu hatte er von seinem Jenaer Kollegen, dem Sprachforscher August SCHLEICHER (1821–1868), erhalten, der – in der Tradition der Linguistik – der Ableitung der Sprachformen schon vor DARWIN den Sinn des Deszendenzgedankens zu-

grunde gelegt und grafisch ausgedrückt hatte. Schließlich entwarf HAECKEL in der 3bändigen *Systematischen Phyologenie* ein „natürliches System der Organismen auf Grund ihrer Stammesgeschichte" (1894–1896) mit einer Vielzahl von Stammbaumgrafiken, die wiederholt angegriffen wurden (USCHMANN 1967). Es ist bemerkenswert, daß DARWINS flüchtige Skizze eines Stammbaums der Primaten im Brief an T. H. HUXLEY den modernen Auffassungen über die Verwandtschaftsbeziehungen der Primaten viel näher kam als diejenigen HAECKELS (Abb. 138).

Auch von anderen Anhängern DARWINS wurde die Abstammung des Menschen im Rahmen der

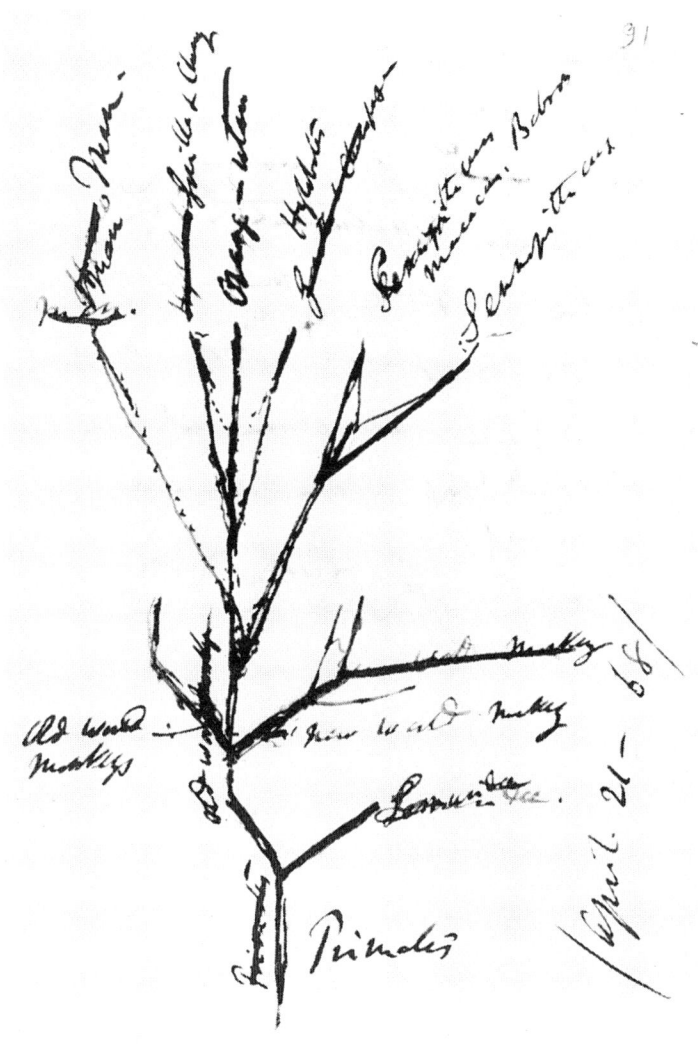

Abb. 138. Eine Skizze DARWINS vom Stammbaum der Primaten und der Verwandtschaft des Menschen von 1868, die er nicht publizierte. Aus GRUBER 1974.

Evolutionstheorie diskutiert (T. H. HUXLEY 1863; VOGT 1863; ROLLE 1866; s. HEBERER 1963), aber DARWIN selbst schien zur Erleichterung vieler Zeitgenossen die Sonderstellung des Menschen nicht anzutasten (PESCHEL 1867). Als dann schließlich 1871 DARWINS Werk über die Abstammung des Menschen erschien, erregte dies noch ein weiteres Mal großes Aufsehen. So mußte beispielsweise DARWINS prosaische Diskussion des religiösen Gefühls des Menschen in Analogie zur Liebe, die ein Hund seinem Herrn gegenüber fühle, auf viele Leser provokativ wirken (DARWIN 1871, Bd. 1, S. 68). Es ist ein Indiz für das große Ansehen, das DARWIN zu dieser Zeit genoß, daß sich nun zahlreiche Gegner der Evolutionstheorie, die HAECKELS Schriften noch ignoriert hatten, zu Wort meldeten (MIVART 1871; VON BAER 1873 b; WIGAND 1872, 1874–1877; vgl. auch BOWLER 1986; MONTGOMERY 1987).

10.2.5. Die Biogeographie

DARWINS biogeographische Beobachtungen auf der Reise mit der *Beagle* waren von größter Bedeutung für die Entstehung seiner Theorie der gemeinsamen Abstammung (DARWIN 1859, S. 1; vgl. 10.1.2.). Zwei Gruppen von biogeographischen Tatsachen hatten DARWIN besonders beeindruckt. Wichtig war zunächst die Beobachtung, wie sich nahe verwandte Arten geographisch ersetzen, „the manner in which closely allied animals replace one another in proceeding southwards over the Continent" (BARLOW 1958, S. 118). Die zweite Beobachtung war, daß die Fauna von Inselgruppen meist mit der des benachbarten Kontinents verwandt ist. DARWIN war beeindruckt „by the South American character of most of the productions of the

Galapagos archipelago, and more especially by the manner in which they differ slightly on each island of the group" (a. a. O., S. 118). Beide Phänomene schienen darauf hinzudeuten, daß die Verwandtschaft von Arten einer Region weniger durch den Einfluß der Umwelt als durch eine gemeinsame Geschichte bedingt werde. Die mangelnde Differenzierung zwischen den verschiedenen Arten von Ähnlichkeiten (Homologien bzw. Analogien) und die theoretische Unsicherheit über die Ursachen dieser Unterschiede, die wir im Zusammenhang mit der Geschichte der Morphologie sahen, verhinderte auch in der Biogeographie ein besseres Verständnis der Phänomene. Solange Ähnlichkeiten aufgrund gemeinsamer Abstammung bzw. aufgrund von Anpassung nicht begrifflich unterschieden waren, war eine Lösung dieses Problems nicht möglich. Obwohl die idealistische Morphologie mit der Unterscheidung zwischen Homologie und Analogie bzw. Bauplan und Metamorphose hier entscheidend vorgearbeitet hatte, bestand weitgehende Unsicherheit über die Ursachen dieser Phänomene.

DARWINS Diskussion war sowohl gegen die Schöpfungstheorie als auch gegen die Milieutheorie, die die Verbreitung der Organismen allein aus der Umwelt zu erklären versuchte, gerichtet (DARWIN 1859, S. 346–410). Gegen die These multipler Schöpfungsakte argumentiert er, daß die relative Verwandtschaft benachbarter Arten in der Regel ihrer räumlichen Entfernung entspreche. So ähnelt die Flora von Inseln meist der des nächstgelegenen Kontinents, z. B. die Vegetation Englands der Europas (DARWIN 1859, S. 397–406). Dieses Muster in der Besiedlung von Meeresinseln wäre nur durch einen sehr launenhaften Schöpfer zu erklären. Nach der Milieutheorie anderseits sollte man erwarten, daß die tropische Fauna und Flora Südamerikas der Afrikas oder Australiens ähnelt. Dies ist indes nicht der Fall, sondern die Organismen eines Kontinents sind, unabhängig von ihrer Lebensweise, enger miteinander verwandt als mit den Organismen, die unter ähnlichen äußeren Bedingungen auf einem anderen Kontinent leben. Aus diesen Beobachtungen läßt sich nun nach DARWIN trotz zahlreicher verbleibender Schwierigkeiten folgern, daß jede Art ursprünglich nur an einem geographischen und zeitlichen Punkt entstanden ist (DARWIN 1859, S. 346–352). Der hohe Erklärungswert der Theorie der gemeinsamen Abstammung für die Biogeographie ist auf diese Betonung der historischen und räumlichen Kontinuität der Arten zurückzuführen.

Die Verbreitung der Arten ist aber nicht nur von Kontinuität gekennzeichnet, sondern zahl-

reiche Arten bewohnen diskontinuierliche Areale (HOFSTEN 1916). Nach der Schöpfungs- bzw. Milieutheorie können Arten mehrfach entstehen, und damit stellt sich dieses Problem nicht. Aber diese Theorien sind aus den erwähnten Gründen wenig aussagekräftig. Unter der Voraussetzung der Theorie der gemeinsamen Abstammung kann die disjunkte Verbreitung einer Art das Resultat der sekundären Trennung eines zuvor kontinuierlichen Areals sein oder durch eine Kolonisierung über große Entfernungen entstehen. DARWIN nimmt an, daß beide Mechanismen von Bedeutung waren. Anhand zahlreicher Beispiele, die er durch experimentelle Versuche und Beobachtungen stützt, kann er nachweisen, daß viele Arten eine große Ausbreitungsfähigkeit besitzen (DARWIN 1859, S. 356–365). DARWIN betont auch, daß die Ansiedlung von Organismen in einem bereits bewohnten Gebiet neben der Fähigkeit, an den neuen Ort zu gelangen, den erfolgreichen Kampf ums Dasein mit den Ureinwohnern voraussetzt. Wie wir das bei den bereits besprochenen anderen Spezialgebieten der Biologie festgestellt haben, wurde auch in der Biogeographie die Theorie der gemeinsamen Abstammung weitgehend akzeptiert, und im Anschluß an DARWINS Pionierarbeit entstanden fruchtbare Forschungsprogramme in der Biogeographie. DARWIN wurde damit zum Begründer der modernen, kausalen Biogeographie (vgl. MAYR 1984, S. 356–363). 1882 konstatierte der Geobotaniker Oscar DRUDE, daß eine Betrachtung geographisch-systematischer Arbeiten zeige,

„dass keine irgendwie nützliche, geschweige denn hervorragende Arbeit, auf diesem Gebiete erscheint, welche nicht voll und ganz auf dem Boden der Descendenztheorie, auf dem Boden des Transformismus steht" (DRUDE 1882, S. 136).

WALLACE, der seine Descendenztheorie vorwiegend von Beobachtungen über die geographische und paläogeographische Verbreitung der Tiere abgeleitet hatte, wandte seine Forschungen später den Faunenunterschieden in den Verbreitungsgebieten zu und konstatierte die charakteristischen Unterschiede zwischen der alt- und neuweltlichen Fauna und der Vogel- und Säugetierfauna der Inseln Bali und Lombok (WALLACE 1876). Die Trennung zwischen diesen zwei unterschiedlichen zoogeographischen Regionen ging als „Wallace-Linie" in die tiergeographische Terminologie ein. Mit seiner biogeographischen Theorie begründete er die Verbreitung der Tiere in definierten Lebensräumen evolutionstheoretisch. Unter diesen Aspekten schlug er eine Gliederung in eine paläarktische, neoarktische, äthiopische, orientalische, australische und neotropische Region vor, die im wesentlichen gültig blieb und später nur in weitere Subregionen untergliedert wurde.

Die biogeographischen Beobachtungen Darwins waren nicht nur für die Theorie der gemeinsamen Abstammung von großer Bedeutung, sondern auch für seine Theorie der *Speziation*. Mit der Frage der Speziation hängen Darwins Artbegriff und seine Bewertung der Rolle der geographischen Isolation eng zusammen. Wir können diese Punkte nur in groben Zügen andeuten, da sich – abgesehen von der beträchtlichen Komplexität dieser wissenschaftlichen Fragestellung – auch Darwins Ansichten zwischen 1838 und 1859 geändert haben. Zwischen 1838 und Mitte der 40er Jahre ging Darwin davon aus, daß getrennte Arten durch räumliche Trennung entstehen; sympatrisches Zusammenleben eng verwandter Arten erklärte er durch vergangene klimatische und geologische Isolation (Kottler 1978; Sulloway 1979). In *On the origin of species* ließ Darwin dann in begrenztem Maße auch die Möglichkeit zu, daß Arten ohne vorherige geographische Isolation, d. h. sympatrisch, durch verhaltensbiologische oder ökologische Isolation entstehen können (Darwin 1859, S. 105). Diese Vorstellungen Darwins verwickelten ihn in eine Kontroverse mit Moritz Wagner (1813–1887). In den 30er Jahren des 19. Jh. hatte M. Wagner Nordafrika, den Orient und Amerika bereist und viele Beobachtungen über die Verbreitung von Organismen gesammelt. Er glaubte, daß zahlreiche Probleme der Selektionstheorie gelöst werden können, wenn diese durch *Migrationsgesetze* ergänzt würde:

„Die Migration der Organismen und deren Colonienbildung ist nach meiner Ueberzeugung die *nothwendige Bedingung der natürlichen Zuchtwahl*. Sie bestätigt dieselbe, beseitigt die wesentlichsten dagegen erhobenen Einwürfe und macht den ganzen Naturprocess der Artenbildung viel klarer und verständlicher, als es bisher gewesen." (M. Wagner 1868, S. VII).

Bereits Bronn hatte es in seinen Anmerkungen zur deutschen Übersetzung von *Origin of species* als die „grösste Schwierigkeit für die Anerkennung dieser Theorie" bezeichnet, daß sie die Abgrenzung der Arten nicht erkläre und deshalb „Formen-Gewirre" entstehen müßten (vgl. Bronn 1860, S. 503, 519; vgl. Junker 1991). Wagner nimmt Bronns Argument ernst, wendet es aber nicht gegen die Selektionstheorie, sondern zeigt, daß durch die Isolation eines Teiles einer Population Isolationsmechanismen entstehen und das von Bronn angenommene „Formen-Gewirre" verhindert werden kann

(M. Wagner 1868, S. 19–20). Um seine Ansicht zu belegen, nimmt Wagner in sehr geschickter Weise Darwins Analogie zwischen natürlicher und künstlicher Zuchtwahl ernst. Ebenso wie bei der Züchtung durch Menschen entsteht auch in der Natur nur dann eine eigene Rasse, wenn die freie Kreuzung verhindert wird (Wagner 1868, S. 50–51). Diese theoretischen Erwägungen Wagners waren nicht nur sehr zukunftsweisend – die weitgehende Notwendigkeit der geographischen Isolation für die Speziation wurde in den 40er Jahren unseres Jahrhunderts von E. Mayr (1942) nachgewiesen –, sondern ähneln auch Darwins eigenen Überlegungen aus den 30er und 40er Jahren: „With respect to original creation or production of new forms, I have said, that isolation appears the chief element" F. Burkhardt et al. 1985–1997, Bd. 3, S. 61).

Wagners *Migrationsgesetze* wurden aber von den Anhängern Darwins und später auch von Wagner (1870) selbst nicht als Ergänzung, sondern als Alternative zur Selektionstheorie gesehen (Haeckel 1868; Weismann 1868, 1872; Schleiden 1869). Zum Teil lag das daran, daß Wagner noch weitere und auch unzutreffende Vorstellungen über die Wirkung der natürlichen Auslese vertrat. So glaubte Wagner, daß *nur* bei Migration Veränderungen möglich sind: „Wo keine Migration stattfindet, keine isolirte Colonie sich bildet, kann wie gesagt, auch keine Zuchtwahl thätig sein." (M. Wagner 1868, S. 44). Darwin sah sehr wohl, daß es sich bei der Speziation und bei der Weiterentwicklung von Arten um zwei unterschiedliche Phänomene handelt und daß Wagner mit dieser Einschränkung keinen Raum für evolutionäre Transformation ohne Aufspaltung ließ:

„There are two different classes of cases, as it appears to me, viz. those in which a species becomes slowly modified in the same country ... and those cases in which a species splits into two or three or more new species; and in the latter case, I should think nearly perfect separation would greatly aid in their 'specification', to coin a new word." (F. Darwin 1887, Bd. 3, S. 160).

Es ist eigenartig, daß die ganze Diskussion um die Berechtigung von Wagners *Migrationsgesetzen*, die er ab 1870 *Separationstheorie* nannte, von zahlreichen Mißverständnissen auf beiden Seiten geprägt wurde, obwohl Darwin die Ursache hierfür genau erkannt hatte. Es kam zu einer zunehmenden Radikalisierung beider Positionen, und Wagner stand mit seinem Beharren auf der Notwendigkeit der Isolation zu Unrecht bald völlig allein (Weismann 1868, 1872; vgl. Mayr 1985 b).

ökologische Richtungen sowohl in der Botanik als auch in der Zoologie, die die Beziehungen zwischen Organismen und unorganischen Umweltfaktoren wie Wasser, Licht und Temperatur untersuchten. Den ökologischen Forschungsprogrammen allgemein wurde im 19. Jh. weder institutionell noch im öffentlichen Bewußtsein die Bedeutung der klassischen Spezialgebiete der Biologie zugemessen. Ihre Existenz zeigt aber, daß die Darwinsche Revolution nicht auf die Theorie der gemeinsamen Abstammung oder die Evolutionstheorie beschränkt war, sondern daß auch die Selektionstheorie von großer heuristischer Bedeutung war. Die stärkste Konkurrenz der Selektionstheorie im Bereich der Ökologie ging von lamarckistischen Theorien aus. So hat beispielsweise Karl SEMPER (1832–1893) in seinem 1880 erschienenen Werk *Die natürlichen Existenzbedingungen der Thiere* zu zeigen versucht, daß Umweltbedingungen erbliche Veränderungen direkt hervorrufen können (vgl. auch WALLACE 1889) (Vgl. 20.3.1.).

10.3. Anti-Selektionismus und Neo-Darwinismus

Im Laufe unserer Untersuchung sind wir immer wieder mit der Frage nach dem Mechanismus der Evolution konfrontiert worden, und wir haben darauf hingewiesen, daß vor allem lamarckistische, orthogenetische und saltationistische Theorien für die Mehrzahl der Biologen attraktiver waren als die Selektionstheorie. Bis in die ersten Jahrzehnte des 20. Jh. gab es eine große Vielfalt unterschiedlichster Evolutionstheorien, die sich auf verschiedene Vorstellungen über den Evolutionsmechanismus beriefen (GOLDSCHMIDT 1940; MAYR & PROVINE 1980), wie z. B. diejenige von Karl SNELL, die u. a. A. DOHRN beeinflußte (JAHN 1994). Eine Ursache für diese Unsicherheit war die weitgehende Unklarheit über die Gesetze der Vererbung. DARWIN selbst hatte lamarckistische Mechanismen zugelassen, um die Entstehung der Variabilität zu erklären (DARWIN 1859, S. 8–11). Die Vererbung erworbener Eigenschaften diente ihm aber nur als Ergänzung zur Selektionstheorie. In NÄGELIS orthogenetischer *Vervollkommnungstheorie* von 1865 sollte die Selektionstheorie die funktionellen Anpassungen, der Vervollkommnungstrieb dagegen die morphologischen Merkmale erklären (NÄGELI 1865).

In den letzten Jahrzehnten des 19. Jh. wurden dann zunehmend lamarckistische und orthogenetische Mischtheorien populär, die die Selek-

tionstheorie ausschlossen. Als typisches Beispiel kann NÄGELIS *Idioplasmatheorie* von 1884 dienen. Diese Theorie gewinnt ihre Plausibilität aus der Übertragung der Gesetzmäßigkeiten, die bei der Individualentwicklung erkannt wurden, auf die Phylogenie. Jedes Individuum wird sowohl von einer inneren Kraft (seinem genetischen Programm) als auch von den Bedingungen, unter denen es aufwächst, geprägt. In analoger Weise soll auch die Entwicklung einer phylogenetischen Sippe wesentlich von einem inneren Prinzip (von NÄGELI mit der Kristallisation verglichen) bestimmt werden. Die äußeren Bedingungen modifizieren diese phylogenetische Entwicklung über einen lamarckistischen Mechanismus. Da NÄGELI jede phylogenetische Sippe analog einem Individuum auffaßt, sind für ihn wichtige Prinzipien von DARWINS Theorie, die in der typischen Ontogenie keine Entsprechung finden, wie unbegrenzte Variabilität, Populationsdenken und die Aufspaltung von Arten, nicht nur entbehrlich, sondern störend. Konsequenterweise lehnt er die Selektionstheorie völlig ab und postuliert statt der Theorie der gemeinsamen Abstammung aller Organismen eine „Unzahl von phylogenetischen Stämmen" ohne genetische Verwandtschaft (NÄGELI 1884, S. 468). Die möglichst vollständige Analogisierung der Phylogenie mit ontogenetischen Phänomenen, das ontogenetische Paradigma, sieht NÄGELI als den großen Vorteil seines theoretischen Konzepts:

„Die Hypothese, welche ich bezüglich der phylogenetischen Entwicklungsgeschichte … aufgestellt habe, hält sich lediglich an Erscheinungen, welche in den Ontogenien der Organismen vorkommen. Ich habe kein Moment angeführt, das nicht in einem ontogenetischen Vorgange seine Analogie fände." (NÄGELI 1884, S. 127).

Das ontogenetische Paradigma, wie wir es am Beispiel von NÄGELIS *Idioplasmatheorie* dargestellt haben, war durchaus kein obskures Produkt eines Außenseiters, sondern stellte, zumindest in Deutschland, eine sehr einflußreiche Richtung dar (RÜTIMEYER 1863; BAER 1864–1876, Bd. 2, S. 425; HUBER 1871; BRAUN 1872, S. 19; WIGAND 1872; KÖLLIKER 1872, 1887; SACHS 1896; vgl. dazu REIF 1986; JUNKER 1989, S. 324–325, 1995 a).

Die Ursachen für die Bevorzugung dieser ‚biologistischen' gegenüber DARWINS ‚soziologistischer' Interpretation der Evolution sind vielfältig und können nur angedeutet werden. Viele der Biologen, die das ontogenetische Paradigma vertraten, erfuhren ihre wissenschaftliche Ausbildung in der Blütezeit der Embryologie, und was schien näher zu liegen, als deren Ergebnisse auf die Phylogenie zu übertragen. Einen wichtigen Einfluß übten auch außerwissenschaftliche Beweggründe aus. Im ontogenetischen Paradigma sind Geburt, Wachstum und schließlich der Tod sinnvolle Prozesse, die in einen großen Zusammenhang eingebunden sind, während diese für jeden Menschen bewegenden Ereignisse im Rahmen der Selektionstheorie nur mehr oder weniger zufällige Episoden darstellen. Auch der Lamarckismus schien optimistischere gesellschaftspolitische Konsequenzen zu haben als die Selektionstheorie (z. B. der politisch geprägte Lamarckismus von Oscar HERTWIG und Paul KAMMERER) (vgl. WEINDLING 1991 bzw. KOESTLER 1971, s. auch Kap. 18.1.3.).

Einer der wenigen Biologen, die sich unter dem Eindruck dieser breiten antiselektionistischen Bewegung für die Selektionstheorie aussprachen, war August WEISMANN (1834–1914). Bereits Ende der 60er Jahre des 19. Jh. begann WEISMANN die Widersprüche in den orthogenetischen und saltationistischen Theorien aufzudecken (WEISMANN 1868; MAYR 1985 b). In den 70er und 80er Jahren des 19. Jh. führte er dann detaillierte Studien über die Wirkung der natürlichen Auslese durch. WEISMANN war einer der ersten, der die Wirkung der Selektion auf experimentelle Weise überprüfte, indem er beispielsweise verschieden gefärbte Raupen auf unterschiedlich gefärbten Untergrund setzte, um sie dann möglichen Räubern auszusetzen (WEISMANN 1876). Bis Anfang der 80er Jahre des vorigen Jh. hat WEISMANN noch, ähnlich wie DARWIN, die Vererbung erworbener Eigenschaften in bestimmtem Rahmen für möglich gehalten. 1883 veröffentlichte er dann seine provokative Abhandlung *Über Vererbung* (1883), die ganz der Widerlegung der Vererbung erworbener Eigenschaften gewidmet war. Er legte nicht nur die Schwierigkeiten der lamarckistischen Position dar, sondern bemühte sich auch zu zeigen, daß sich viele der lamarckistischen Paradebeispiele mit der Selektionstheorie erklären ließen (CHURCHILL 1985). Wenige Jahre später erfuhr WEISMANN in dieser Hinsicht volle Unterstützung durch A. R. WALLACE (1889). G. J. ROMANES (1848–1894), der in der Ablehnung des lamarckistischen Mechanismus eine Abkehr von DARWINS eigentlicher Theorie sah, prägt für WEISMANNS Darwinismus ohne Vererbung erworbener Eigenschaften 1895 den Begriff ‚Neo-Darwinismus‘ (ROMANES 1892–1897, Bd. 2, S. 7). Viele der spekulativen Ansichten von WEISMANN haben sich nicht bestätigt, aber mit einigen zukunftsweisenden Experimenten und Theorien legte er die Grundlagen für die Renaissance, die DARWINS Theorien im 20. Jh. erlebten. WEISMANN war nicht nur der konsequenteste Vertreter der Selektionstheorie im 19. Jh., sondern er hatte auch den größten Einfluß auf die weitere Entwicklung der Evolutionstheorie nach DARWIN (GAUPP 1917; CHURCHILL 1968, 1985; LÖTHER 1990; MAYR 1985 b) (Vgl. auch Kap. 11.5. und 18.3.).

11. Das Aufkommen der Vererbungsforschung unter dem Einfluß neuer methodischer und theoretischer Ansätze im 19. Jahrhundert

Brigitte Hoppe, München

11.1. Empirische Züchtungsforschung über Erscheinungen der Variabilität in der ersten Jahrhunderthälfte

Während die wichtigsten Zweige der biologischen Wissenschaften bis zum Anfang des 19. Jh. wenigstens ansatzweise begründet worden waren – auch die Frage nach den kleinsten Struktur- und Aufbaueinheiten eines Organismus wurde im Bereich der entwicklungsgeschichtlichen Forschung gestellt (C. F. Wolff) – und evolutionistische Vorstellungen seit der Mitte des 18. Jh. aufgekommen waren, hatte sich noch keine empirisch begründete Vererbungslehre herausgebildet. Die vereinzelten Wahrnehmungen über Erscheinungen der Vererbung wurden seit der klassischen Antike im Rahmen naturphilosophischer Lehren erklärt (E. Lesky 1951). Erst die unter Einbeziehung mikroskopischer Wahrnehmungen sich ausdehnenden entwicklungsgeschichtlichen, teilweise auch teratologischen (Reaumur 1749) Studien des 18. Jh. rückten Fragen des Vererburgsgeschehens ins Blickfeld (C. F. Wolff). Diese tauchten nur beiläufig in dem Entwurf einer Evolutionstheorie von J. B. Lamarck auf (1809). Die hauptsächlichen Wurzeln der empirischen Erforschung von Erscheinungen der Vererbung erwuchsen aus den seit dem 18. Jh., besonders unter dem Einfluß des Wirkens von Linné aufblühenden Forschungen der Taxonomie und Systematik der Pflanzen und Tiere. Er hatte die Pflanzensystematik auf eine neue Entdeckung, die der Sexualität der Pflanzen, und der anschließend ausgearbeiteten Morphologie (J. Jungius, J. Ray) der verhältnismäßig konstant gestalteten Blüten- und Fruchtorgane gegründet. Da diese seit Jahrtausenden übergangene grundlegende Eigenschaft der Pflanzen mit den entsprechenden Organen nicht sofort in ihrer Bedeutung anerkannt wurde, begannen einzelne Botaniker im 18. Jh. empirische Beweise beizubringen. Im Berliner Botanischen Garten wies der Botaniker J. G. Gleditsch mit dem seinerzeit viel beachteten *Experimentum Berolinense* die sexuelle Differenzierung von Palmen durch Bestätigung nach (an *Chamaerops humilis* L.). Linné selbst beteiligte sich mit Kreuzungsversuchen anläßlich einer Preisaufgabe der Akademie der Wissenschaften von St. Petersburg, bei denen er Artbastarde des Bocksbarts (*Tragopogon pratensis* L. + *T. porrifolius* L.) erzielte (1760), die seine Zeitgenossen als „erste botanische Maulesel", die „durch Kunst hervorgebracht worden" sind, bezeichneten. In umfangreichen, *das Geschlecht der Pflanzen betreffenden Versuchen und Beobachtungen* (1761–1766) wies J. G. Koelreuter die Sexualität mittels Bastardierung nach. An seinen Bastarden von Tabakarten und vielen weiteren Spezies beobachtete er durch mehrere Generationen hindurch das Auftreten und die Erscheinungsweise einzelner kennzeichnender Merkmale wie Gestalt und Größe von Früchten, Samen, Blütenteilen, Stengeln, Laubblättern und die Fruchtbarkeit der hybriden Formen, wobei er einen Austausch einzelner elterlicher Merkmale und das „Zurückschlagen" einzelner Formen feststellte. Das Vorbild dieser Arbeiten regte J. Gärtner zu Studien der Fruchtmorphologie (1788–1807), später vor allem dessen Sohn K. F. Gärtner zu Bastardierungsexperimenten und Ch. K. Sprengel zur Untersuchung der Mitwirkung der Insekten beim Bestäubungsvorgang (1793) an. Die Bedeutung der Sexualität und die Wirkung einer Befruchtung beim Bastardierungsvorgang der Pflanzen wurden um 1800 weitgehend anerkannt, wie aus einem von C. L. Willdenow 1802 abgegebenen Gutachten über die Ergebnisse von Kreuzungsversuchen mit Kartoffelpflanzen im Berliner Botanischen Garten hervorgeht:[1]

---

[1]) Zentralarchiv der Berlin-Brandenburgischen Akademie der Wissenschaften, Berlin, Acta betr. Botan. Garten, Sign. I: XIV, Nr. 44, B. 196–197 (Schreiben vom 2. 11. 1802). Vgl. Jahn (1966).

„Wenn Bastarde im Pflanzenreiche erzeugt werden, so kann dieses nur durch den Saamen geschehen, welcher, wie bekannt, das Resultat der Begattung der Gewächse ist. Die Pflanzen selbst können aber nicht durch solche Bastardmischungen Veränderungen erleiden. Wer würde es nicht lächerlich finden, wenn ich behaupten wollte: ein weiblicher gelber Canarienvogel, der mit einem männlichen Stieglitzen in einer Hecke lebt, sey durch die Begattung ganz verändert worden und habe die Farbe des Stieglitzen erhalten? Der Fall mit der Erdtoffel ist gerade derselbe. Die Erdtoffel oder vielmehr der Knollen der Erdtoffelpflanze ist eben so gut nur Theil des Individui wie es die Federn des Canarienvogels sind und kann mithin durch keine Begattung mit anderen Individuis verändert werden. [...] Als ein Axiom wird von den Botanikern angenommen, daß eine Pflanze, die man anbaut, sobald sie aus Saamen gezogen wird, mannigfaltig abändern könne; daß aber jede Abänderung dieser Pflanze unverändert dieselben Eigenschaften behält, die sie von Anfang an hatte. Es mag daher eine solche Abart durch Zweige, Wurzeln oder Knospen vermehrt werden, so bleibt sie doch unverändert dieselbe [...]" (zit. nach JAHN 1966, S. 809).

Während WILLDENOW hiernach die Befruchtung als Grundlage der Bastardierung anerkannte, lehnte er doch die durch LINNÉ zudem vorgebrachte Annahme ab, daß durch Bastardierung die Arten wesentlich verändert und neue erzielt werden könnten. Dieses seinerzeit mit der Bastardforschung vorzugsweise verknüpfte Problem lenkte bis gegen Ende des 19. Jh. immer wieder mit wenigen Ausnahmen die Aufmerksamkeit der Naturforscher von einer genügend eingehenden Untersuchung der Merkmalsvererbung ab. Daher soll diese Problematik im Zusammenhang mit den Wandlungen des Artbegriffs noch ausführlicher erörtert werden (vgl. 11.3.).

Zunächst wurde jedoch, – oft als Kritik an LINNÉS Lehren, die besonders durch Einflüsse der deutschen idealistischen Philosophie und der romantischen Naturphilosophie gefördert wurde, vorgebracht – wiederum die Gegebenheit der Sexualität der Pflanzen in Frage gestellt. Vor allem F. J. SCHELVER (1812) und sein Schüler A. HENSCHEL (1820) verbreiteten die Ansicht, daß die Möglichkeit einer künstlichen Bestäubung keinen Schluß auf einen Vorgang der Befruchtung zulasse. Die von HENSCHEL selbst geforderten neuen Versuche zur Lösung der Streitfrage, die aufgrund ihrer engen Verknüpfung mit den damals viel erörterten Problemen der Entstehung und taxonomischen Einordnung von „Bastarden"[1]) gleichzeitig durch mehrere

europäische wissenschaftliche Akademien in Preisaufgaben aufgeworfen wurde, wurden alsbald in mehreren Arbeiten zur „Bastardbefruchtung" und zur Bildung von Hybriden in Angriff genommen; sie erstreckten sich über mehrere Jahrzehnte bis in die sechziger Jahre.

Gleichzeitig wurde das Problem des Befruchtungsvorgangs der Pflanzen nach und nach mittels mikroskopischer, entwicklungsgeschichtlicher Forschungen geklärt, so daß mit diesem auch die Sexualität der Pflanzen etwa bis um die Mitte des 19. Jh. anerkannt wurde. Bei mikroskopischen Untersuchungen beobachtete G. B. AMICI erstmals 1823–1824 die Bildung und das Wachstum des Pollenschlauchs an *Portulaca oleracea* L. Nachdem HORKEL und SCHLEIDEN (1837) diesen fehlgehend als weibliches Organ gedeutet hatten, wurde die Bedeutung der Befruchtungsorgane durch NAEGELI (1842), W. HOFMEISTER (1851) und N. PRINGSHEIM (1855) weitgehend geklärt, wobei NAEGELI (1842) und PRINGSHEIM (1864) auch das Wachstum und das Vordringen des Pollenschlauchs bis zur Eizelle beschrieben. Da aber noch keine zutreffenden Ansichten über den Anteil der männlichen und weiblichen Keimzellen beim Befruchtungsprozeß bestanden, konnten einige Biologen noch annehmen, daß dem männlichen Samen nur eine auslösende Funktion zukäme (WUNDT 1873; HIS 1874). Die meisten Botaniker meinten, daß mehrere Pollenkörner zur Befruchtung nötig seien, deren Substanz mit der weiblichen Keimsubstanz vermischt würde und dadurch bei der Merkmalsausbildung der Nachkommen wirksam werde. Diese der allgemeinen „Vermischungshypothese" der Vererbung (blending inheritance) Vorschub leistende Auffassung beeinflußte oft bereits die Versuchsanordnung. Erst als diese Vorstellung von vornherein in Zweifel gezogen wurde wie durch MENDEL, wurde sie überwunden. Endgültig wurde die Problematik dann durch die fortschreitende zytologische Forschung nach 1870 gelöst, nachdem die mikroskopische Anatomie und Embryologie sowohl an pflanzlichen als auch an tierischen Objekten die Ei- und Samenstrukturen und die Ausgangsstadien der Embryonalentwicklung deutlicher erkannt und zutreffend interpretiert hatten.

Auf die durch die Preußische Akademie der Wissenschaften auf Anregung von H. F. LINK 1819 und 1822 gestellte Frage „Gibt es eine Bastardbefruchtung im Pflanzenreich?" wies A. F. J. WIEGMANN 1828 mittels Kreuzungsversu-

---

[1]) Der Terminus „Bastard" war im 18. und 19. Jh. noch nicht eindeutig definiert worden und wurde unpräzise gebraucht. Jetzt bezeichnet er ein durch Kreuzung genetisch unterschiedlicher Elternformen entstandenes heterozygotes Individuum; in neuerer Zeit wird der synonyme Ausdruck „Hybrid" (englisch „hybrid") verwendet.

chen an Arten vieler Gattungen (u. a. auch *Pisum*, *Phaseolus* und *Nicotiana*) nach, daß der „Einfluß des Vaters durch Übertragung des Blütenstaubes auf die Narbe" im Auftreten entsprechender Merkmale in der ersten Bastardgeneration in Erscheinung trete, was ihm als Beweis der Sexualität galt. Außerdem ermittelte er, daß Bastarde „verschiedener Varietäten und Arten", vor allem solche von Arten derselben Gattung, fruchtbaren Samen hervorbrachten, und daß sowohl Merkmale des männlichen als auch solche des weiblichen Elternteils in den folgenden Generationen wahrzunehmen waren, ohne daß dabei die in Anlehnung an antike Lehren von LINNÉ angenommene Regelmäßigkeit, daß Bastarde in Habitus und Belaubung dem Vater und in den Befruchtungsorganen der Mutter ähnlich seien, zutraf.

Die durch WIEGMANN beobachteten, aber nicht eingehend untersuchten Erscheinungen der Merkmalsübertragung und -verteilung über mehrere Generationen erkannte der französische Pflanzenzüchter M. SAGERET (1826) bei der Kreuzung von Melonenrassen, bei denen er deutlich unterscheidbare Merkmalspaare beachtete. Während WIEGMANN die Hybriden noch undeutlich als „Mittelformen" zwischen den Eltern beschrieb, stellte SAGERET fest, daß sich die Merkmale nicht vermischen, sondern eindeutig entweder dem einem oder dem andern Elternteil gleichen. Für das bevorzugte Auftreten von Merkmalen eines Elternteils verwendete er den Begriff der *Dominanz* oder der *dominierenden* Eigenschaften, den schon 1816 der italienische, Zitrusgewächse und Nelken bastardierende Naturforscher G. GALLESIO geprägt hatte.

Indem SAGERET beobachtete, daß die einzelnen elterlichen Merkmale in unterschiedlicher Weise kombiniert werden können, deutete er die freie „Vereinigung und Verteilung von Merkmalen" als natürliche Ursache der Bildung der „unendlich zahlreichen" Varietäten. Zur eingehenderen Beobachtung der im Anschluß an LINNÉ anerkannten Hervorbringung „neuer Arten und Abarten durch künstliche Befruchtung von Blüten mit dem Pollen der anderen" wollte die Holländische Akademie der Wissenschaften zu Haarlem mit einer Preisaufgabe 1830 anregen, wobei vor allem für die Züchtung von „Nutz- und Zierpflanzen" nützliche Erfahrungen gesammelt werden sollten. Der bereits auf diesem Gebiet eingearbeitete deutsche Botaniker K. F. GÄRTNER erhielt aufgrund umfangreicher Versuchsreihen neue Ergebnisse, die sieben Jahre danach mit dem Preis ausgezeichnet wurden (erstmals 1838 in niederländischer Übersetzung publiziert). Anschließend setzte GÄRTNER seine langwierigen Untersuchungen

noch ein Jahrzehnt lang fort und veröffentlichte schließlich die vielen Einzeldaten seiner Lebensarbeit 1849 in einer umfangreichen Monographie. Indem er sich mit den Arbeiten und Ergebnissen seiner Vorgänger seit KOELREUTER auseinandersetzte, entwickelte er bei seinen über 9 000 Versuchen die experimentelle Methode deutlich weiter. Er erkannte, daß bei den Blütenpflanzen die Möglichkeit, fruchtbare Hybriden hervorzubringen und dabei Varietäten zu erzeugen, viel stärker ausgeprägt war als bei den höheren Tieren. Grundsätzlich betrachtete er die Bastarderzeugung nicht mehr als einen „chemischen Prozeß, wie Koelreuter annahm", sondern als einen der tierischen Zeugung analogen Vorgang. Aber im Gegensatz zu tierischen Würfen mit mehreren individuellen Typen werden bei Pflanzen nie mehrere Embryonen mit unterschiedlichen Kennzeichen aus einem „Ei" gebildet. Durch die gleichzeitige Bestäubung mit gemischten Pollen wurde „keine Vermischung der Charaktere in den Produkten" bewirkt, niemals verschmolzen mehrere väterliche Typen bei einer Bestäubung mit ein und demselben mütterlichen Typus. Die sogenannten „unvollständigen" Hybriden entstehen nicht durch gemischten Pollen, sondern sind Produkte einer auf die erste Bastardgeneration folgenden Filialgeneration. Dagegen erscheinen die durch Kreuzung reiner Spezies entstandenen Hybriden stets untereinander gleich (uniform), oft auch mehr oder minder konstant. Bei der Bastarderzeugung kreuzen und vermischen sich die einzelnen Charaktere der Eltern, die in den folgenden Generationen wieder voneinander getrennt auftreten können. Aber genaue Gesetzmäßigkeiten des Vermischens und der unterschiedlichen Kombination der Merkmale blieben noch verborgen. Angesichts der beim „Zurückschlagen" in weiteren Bastardgenerationen bei Selbstbefruchtung entstehenden „Varianten und Varietäten" drängte sich GÄRTNER „die Lebensfrage" der systematischen Botanik auf, ob diese Varietäten als neue Arten zu bewerten wären und damit durch sie die Konstanz der Arten widerlegt sei. Doch gerade aus der Erscheinung des „Rückschlags" von Hybriden in die elterlichen Formen ließ sich entgegen der Vermutung von LINNÉ, daß Pflanzenhybriden neue Arten seien (*Plantae hybridae*, 1760), folgern, daß durch Bastardierung in wenigen Generationen nur Veränderungen innerhalb fester Grenzen der Pflanzenspezies erzielt würden[1]:

---

[1] GÄRTNER, K. F. 1849, S. 446; zur Biographie vgl. GRAEPEL 1978.

„Sollte diese Neigung der Bastarde zur Trennung ihrer Faktoren in den weiteren Generationen in Rück- und Vorschläge nicht als ein directer Beweis für die innere Nothwendigkeit, die Selbstständigkeit und Eigenthümlichkeit, d. i. für die Stabilität der Pflanzenart angesehen werden können, wodurch sich das Stabilwerden der Bastarde und ihre Erhebung zur Art von selbst widerlegt?" (GÄRTNER 1849, S. 446).

Zunächst hob GÄRTNER hiernach die Stabilität und Begrenztheit der Arten hervor. Zugleich nahm er eine Artumwandlung an (vgl. 11.3.). Die empirischen Beobachtungen über die Eigenschaften und das Verhalten der Hybriden in einer größeren Anzahl von Generationen und unter bestimmten Versuchsbedingungen waren jedoch noch nicht allgemein verbreitet und anerkannt, um zwingend nachzuweisen, daß auch konstante Hybridformen entstehen können. Noch war die Beurteilung der Kreuzungsergebnisse allzusehr dem Belieben einzelner Empiriker anheimgestellt. Diese waren eigentlich gerade an der Züchtung neuer, nutzbarer Formen interessiert, d. h. an deren Stabilisierung. Mit ihren Arbeiten trugen viele Züchter in ganz Europa zur Erörterung der Veränderlichkeit der Arten und von deren „Variabilität" sowie andererseits der Konstanz und Stabilität bei. Zugleich erarbeiteten sie Beobachtungen und viele empirische Daten über Gesetzmäßigkeiten der Vererbungsvorgänge.

Mit seinen von europäischen Obstsorten erzielten Varietäten erlangte der englische Züchter Th. A. KNIGHT Anerkennung bis nach Nordamerika; ihm gelangen auch methodisch vorbildlich ausgeführte Erbsenkreuzungen, wobei er an den Erbsensamen die Erscheinungen der Dominanz und der Merkmalsspaltung als einer der ersten beobachtete (1823). Beobachtungen bei der Züchtung von landwirtschaftlichen Nutzpflanzen und bei der Hybridisation von Amaryllisgewächsen führten seinen Landsmann W. HERBERT (1847), der besonders über die genealogische Verwandtschaft von Varietäten Aufschluß suchte, zu der Feststellung,

daß alle entstandenen Bastarde die gemeinsame Herkunft der fraglichen, eine Kreuzung eingehenden Varietäten von derselben Gattung („I consider that I have shown them to be one kind")[1]) beweisen.

Umgekehrt sollten, wie HERBERT unter Anlehnung an die frühere Vermutung LINNÉS annahm, durch Hybridisation auch neue Arten erzielt werden können. (Vgl. 6.2.2.).

Vor die im Hintergrund weiterhin wirksame Frage nach der Variabilität der Arten schob sich seit der Jahrhundertmitte die in ihrem Eigen-

wert deutlicher erkannte Problematik des Erbgangs der wesentlichen Kennzeichen und der darin in Erscheinung tretenden Wirkungsweise der weiblichen und männlichen Keimsubstanzen. Dementsprechend forderte die 1861 durch die Akademie der Wissenschaften in Paris gestellte Preisfrage dazu auf, „die pflanzlichen Hybriden unter dem Gesichtspunkt ihrer Fruchtbarkeit und der Erhaltung oder Nicht-Erhaltung ihrer Charaktere zu untersuchen".[2]) Neben der Analyse der Merkmalsverteilung legten beide Bearbeiter auch Vermutungen über die Wirkungsweise der Pollen vor.

Die durch D. A. GODRON erzielten Spezieshybriden aus den Gattungen *Verbascum, Primula, Nicotiana, Digitalis, Antirrhinum, Linaria* und *Aegilops* waren steril, was der Unwirksamkeit des Pollens zugeschrieben wurde. Zutreffend beobachtete er wiederholt das Luxurieren der Hybriden der ersten Kreuzungsgeneration. Diese Hybriden wurden erst fertil, wenn er sie mit dem Pollen eines Elternteils oder einer verwandten, geeigneten Art bestäubte. Bei ihrer weiteren Reproduktion beobachtete er, daß die Nachkommen wieder zum Merkmalstypus einer Ausgangsform zurückkehrten. Die Sterilität der einfachen Hybriden betrachtete er als Beweis dafür, daß sie echte Speziesbastarde sind. Dagegen wurde die Fruchtbarkeit von der ersten Kreuzungsgeneration an als ein Kennzeichen der Hybriden von zwei Rassen oder Varietäten derselben Spezies erkannt. Jedoch war eine Bastardierung zwischen Spezies verschiedener Gattungen überhaupt nicht zu erzielen.

Während GODRON den Blick wiederum besonders auf die Speziesproblematik gerichtet hatte, betrachtete der den Preis erringende Botaniker Charles NAUDIN vorzugsweise die Merkmalsverteilung. Dabei kam er den späteren Aussagen MENDELS bereits recht nahe, beschränkte sich aber wie alle Vorgänger auf qualitative Feststellungen ohne eine numerisch ausgedrückte statistische Grundlage.

NAUDIN beschrieb „eine große Einförmigkeit im Aussehen unter den Individuen der ersten, aus derselben Kreuzung hervorgehenden Generation".[3]) Außerdem wies er die Identität reziproker Kreuzungen nach. Dabei erschienen die Hybriden der ersten Kreuzungsgeneration in der Regel intermediär; daneben wurde eine Dominanz von elterlichen Merkmalen beobachtet. In der zweiten Kreuzungsgeneration traten verschiedene Varietäten auf, von denen einige den inter-

---

[1]) Zitiert nach STUBBE 1965, S. 94.

[2]) „Etudier des hybrides végétaux au point de vue de leur fécondité et de la perpétuité ou non-perpétuité de leurs caractères".

[3]) „[…] une grande uniformité d'aspect entre les individus de première génération provenant d'un même croisement, […]"

mediären Hybriden, andere einem der elterlichen Typen mehr oder minder glichen. Insgesamt schien das Erscheinungsbild der „Kollektion der Hybriden" dieser zweiten Generation keinerlei Regelhaftigkeit, sondern „eine ungeordnete Variation" (*une variation desordonnée*) aufzuweisen. Von der zweiten Generation an konnte NAUDIN nur eine allgemeine Neigung aller Hybriden, zu den elterlichen Typen zurückzuspringen, beobachten.

Um diese Erscheinungen zu deuten, schloß NAUDIN Überlegungen über die bestimmende Bedeutung von Pollen und Eizellen für die Merkmalsausprägung an. Dabei nahm er bestimmte, voneinander in spezifischer Weise getrennte „Essenzen" in diesen Organen als Grundlage der nach Befruchtung und Entwicklung in Erscheinung tretenden Merkmale an. Diese sowohl in den Pollen als auch in den Samenanlagen enthaltenen „Essenzen" entsprachen den Erbanlagen und sollten bei der Befruchtung kombiniert werden. In der zweiten Kreuzungsgeneration schienen die Verteilung der Merkmale väterlicher und mütterlicher Herkunft sowie die Anzahl der verschiedenen Formen allein vom Zufall abhängig zu sein. Die Erkenntnis der zahlenmäßigen Anteile der unterschiedlichen Formen wurde in den Arbeiten von NAUDIN durch den Mangel einer sorgfältigen quantitativen Analyse der Merkmalsverteilung und zusätzlich durch ungünstige Objekte verhindert. Er betrachtete nämlich Artbastarde der Kürbisgewächse (NAUDIN 1856) und solche der Gattungen *Papaver, Mirabilis, Primula, Datura, Nicotiana, Petunia, Digitalis, Linaria, Ribes, Luffa* und *Coccinia*. Zudem beobachtete er bei den natürlichen Hybriden von *Salix* und *Rubus*, die tatsächlich eine schwer durchschaubare Variabilität aufweisen, eine fortwährende Aufspaltung der Hybriden. Vom Standpunkt seiner Bastardierungsergebnisse lehnte NAUDIN daher die Vermutung LINNÉS, daß dabei „neue Arten" entstünden, ab; denn den variabeln Hybriden fehlte gerade das seinerzeit wichtigste Kennzeichen einer „Art", die Konstanz. Auch in diesen Arbeiten wirkte sich wie in den Werken vieler zeitgenössischer Botaniker (NAEGELI, KERNER, FOCKE) die Verknüpfung der Speziesproblematik mit der Bastardierungsforschung dahingehend aus, daß sie überwiegend Speziesbastarde untersuchten. Sie waren schon vor und erst recht nach dem Erscheinen von DARWINS Hauptwerk (1859) an den Vorgängen und Ursachen der Bildung neuer Arten interessiert. Sowohl dieses Problem als auch das Ziel, die Eigenschaften von natürlichen und künstlichen Hybriden zu vergleichen, leiteten Max WICHURA bei umfangreichen Untersuchungen an Speziesbastarden der ziemlich ungeeigneten Gattung

Salix. In seiner Veröffentlichung von 1865 hob er besonders die Mittelstellung der Hybriden hervor, wobei er in seine Erklärungen die Grundbegriffe der damals allmählich gefestigten Zellentheorie einbezog. Auf deren Grundlage hielt er es für notwendig, daß eine „Mittelbildung" eintritt; denn

„jede der beiden Zellen, gleichviel ob Keimbläschen oder Pollenschlauch, trägt den Typus des Individuums an sich, dem sie entnommen, und jede der beiden Spezies liefert zu der Neubildung einen numerisch gleichen Theil, nämlich Eine Zelle. [...] Die Geschlechtszellen [der Bastarde], unter welchem Namen ich Keimbläschen und Pollenschlauch zusammenfassen will, haben daher nicht blos die Funktion das Individuum fortzupflanzen, sondern es liegt in ihnen auch die Fähigkeit, abweichende Neubildungen hervorzubringen".[1])

Wiederum fielen die Varietätenbildung und die Möglichkeit der Neukombination von Merkmalen auf, ohne daß dabei Regelmäßigkeiten erkannt wurden.

Die frühe Vererbungsforschung war hauptsächlich auf die Bearbeitung zweier Gruppen von Fragestellungen ausgerichtet:

1. Die Züchtungsforschung oder Hybridisierung, die auch für Gartenbau und Landwirtschaft bedeutsam war, experimentierte vorwiegend mit Kulturpflanzen und ermittelte Kenntnisse über die Gesetzmäßigkeiten der Merkmalsverteilung, -trennung und -neukombination bei den Nachkommen in mehreren Kreuzungsgenerationen. Hieraus leiteten einige Züchter Hypothesen über die in den Keimzellen lokalisierten Erbfaktoren ab.
2. Die Bastardforschung, die sich hauptsächlich mit der Merkmalsanalyse „natürlich" vorkommender Bastarde befaßte, erörterte die Fragen der Abgrenzung und Umwandlung der Arten hinsichtlich ihrer taxonomischen Einordnung. Dabei war es auch wichtig, die Wirkungen der Umwelteinflüsse auf die „Variabilität" von denen der Kreuzbefruchtungen zu unterscheiden.

Außer Pflanzenzüchtern arbeiteten auch Tierzüchter über entsprechende Fragen. Die Probleme erwuchsen aus der Haustierzucht. Bei ihrer Bearbeitung wurden früher genauere Kenntnisse über die Merkmalsspaltung und -verteilung in den Hybridgenerationen ermittelt als bei der Pflanzenzüchtung. Besonders bemerkenswerte Ergebnisse erzielte J. DZIERZON (1846, 1854) mit Honigbienen. Als er deutsche mit italienischen Bienen kreuzte, erhielt er von den Bastardköniginnen zwei Sorten von Drohnen etwa im Verhältnis 1:1. Daraus folgerte er, daß auch die Drohnen zwei Sorten von Spermien produzieren werden und in der darauffolgenden Generation eine Spaltung der Merkmale im

---

[1]) Zitiert nach STUBBE 1965, S. 110.

Verhältnis 1 : 2 : 1 oder 3 : 1 (bei Dominanz) auftreten müsse. Diese Aussagen setzten sorgfältige Beobachtungen über den Erbgang einzelner Merkmale und die Kenntnis, daß Drohnen aus unbefruchteten, Königinnen und Arbeiterinnen aus befruchteten Eiern hervorgehen, voraus. Diese Einsichten waren für die Praxis, zur Erzielung eines guten Honigertrags von beachtlicher Tragweite. Zudem wirkten sie in der Forschung weiter, da sie vermutlich MENDEL, der sich selbst auch eingehend mit der Bienenzucht befaßte und wohl einen Erfahrungsaustausch mit DZIERZON pflegte, zu seinen Züchtungsexperimenten anregten.

In späteren Jahrzehnten setzte sich vor allem Ch. DARWIN mit Ergebnissen der Tierzüchter auseinander und führte selbst Züchtungsexperimente, besonders an Taubenrassen durch. Abgesehen von den einzelnen Resultaten deutete er die Erfahrungen aus der Tierzucht als einen Beweis dafür, daß die Wirksamkeit des „Prinzips der Zuchtwahl" keineswegs nur hypothetisch war. Um stabile Varietäten zu erlangen und „Rückschläge" zu vermeiden, genügte es freilich nicht, wiederholt verschiedene Rassen zu kreuzen, sondern die geeigneten Varietäten mußten nach einer Kreuzung sorgfältig ausgewählt und durch mehrere Generationen hindurch isoliert weitergezüchtet werden. Aus den Erfahrungen der „künstlichen Zuchtwahl" über die Wirkung der Hybridenspaltung schloß er, daß nur das „accumulative Wahlvermögen des Menschen" stabile, veränderte Rassen erzielen könne. Das dynamische Artkonzept DARWINS, durch das auch die Grenzen zwischen Rassen und Arten fließend wurden, wurde schließlich durch die Ergebnisse der empirischen Züchtungsforschung gestützt und führte außerdem zwingend zur Beachtung des Vererbungsgeschehens und zur Erstellung neuer Theorien der Vererbung.

11.2. Die Experimente über Pflanzenhybriden und die Entdeckung der Vererbungsregeln durch Gregor Johann MENDEL

Die mannigfaltige Variabilität der Erscheinungskennzeichen wie Blütenfarbe, -gestalt, Frucht- und Samenformen von Kulturpflanzensorten sowie die Entstehung sprunghafter Rückschläge in frühere Ausgangsformen erregten die Aufmerk-

samkeit des aufgeschlossenen Naturkundelehrers und Augustinermönchs Gregor Johann MENDEL aus Mähren. Von seiner Kindheit in der kleinbäuerlichen Landwirtschaft her war er mit der Praxis der Pflanzen- und Bienenzucht vertraut. Eine naturwissenschaftliche Grundausbildung hatte er an der Universität Wien, u. a. bei dem Botaniker Franz UNGER, erhalten. Zusätzlich bot die Mitgliedschaft in der österreichischen Zoologisch-botanischen Gesellschaft und im Naturforschenden Verein in Brünn fachliche Anregung. Außerdem wurde er durch den Abt Franz Cyrill NAPP, der das Kloster in Brünn, in das MENDEL 1843 eintrat, leitete, verständnisvoll gefördert, so daß er schon 1853 nach der Rückkehr von dem zweijährigen Universitätsstudium in Wien mit der Planung seiner Erbsenversuche beginnen konnte; denn er erhielt bald Gelände im Prälatengarten (Abb. 141) und einen Teil des neu errichteten großen Gewächshauses des Klosters zur Verfügung gestellt (Abb. 142). Später konnte er noch ein größeres Stück Ackerland außerhalb für seine Versuche bebauen und auf dem Klostergelände ein großes Bienenhaus mit einem Platz für den Beobachter erstellen. Während etwa zwei Jahrzehnten widmete sich MENDEL hier neben seinen vielfältigen beruflichen Pflichten der Züchtungsforschung.[1]

Die bis dahin veröffentlichten Arbeiten, die MENDEL sorgfältig studiert hatte, erschienen ihm hinsichtlich ihrer Methodik, und ihrer Ergebnisse unbefriedigend, so daß er nach einem neuen Ansatz suchte (MENDEL 1866, S. 1 f.).

„Wenn es noch nicht gelungen ist, ein allgemein gültiges Gesetz für die Bildung und Entwicklung der Hybriden aufzustellen, so kann das niemanden wundernehmen, der den Umfang der Aufgabe kennt und die Schwierigkeiten zu würdigen weiß, mit denen Versuche dieser Art zu kämpfen haben. Eine endgültige Entscheidung kann erst dann erfolgen, wenn *Detailversuche* aus den verschiedensten Pflanzenfamilien vorliegen. Wer die Arbeiten auf diesem Gebiete überblickt, wird zu der Überzeugung gelangen, daß unter den zahlreichen Versuchen keiner in dem Umfange und in der Weise durchgeführt ist, daß es möglich wäre, die Anzahl der verschiedenen Formen zu bestimmen, unter welchen die Nachkommen der Hybriden auftreten, daß man diese Formen mit Sicherheit in den einzelnen Generationen ordnen und die gegenseitigen numerischen Verhältnisse feststellen könnte. Es gehört allerdings einiger Mut dazu, sich einer so weit reichenden Arbeit zu unterziehen; indessen scheint es

---

[1] In mehreren neueren Arbeiten, besonders von V. OREL, WEILING, WUNDERLICH, G. ALLEN, MATALOVA u. a., die überwiegend in der Zeitschrift *Folia Mendeliana* (Brno 1970 bis 1992) erschienen sind, wurden viele intellektuelle und soziale Beziehungen als Hintergrund und Umfeld, aus denen die Forschungen MENDELS erwuchsen, geschildert.

Abb. 141. Versuchsgarten Mendels am Augustinerkloster in
Brno (Ansicht um 1965; Postkarte
des Mährischen Museums Brno,
nach einem Photo von Milŏs Bu-
dik).

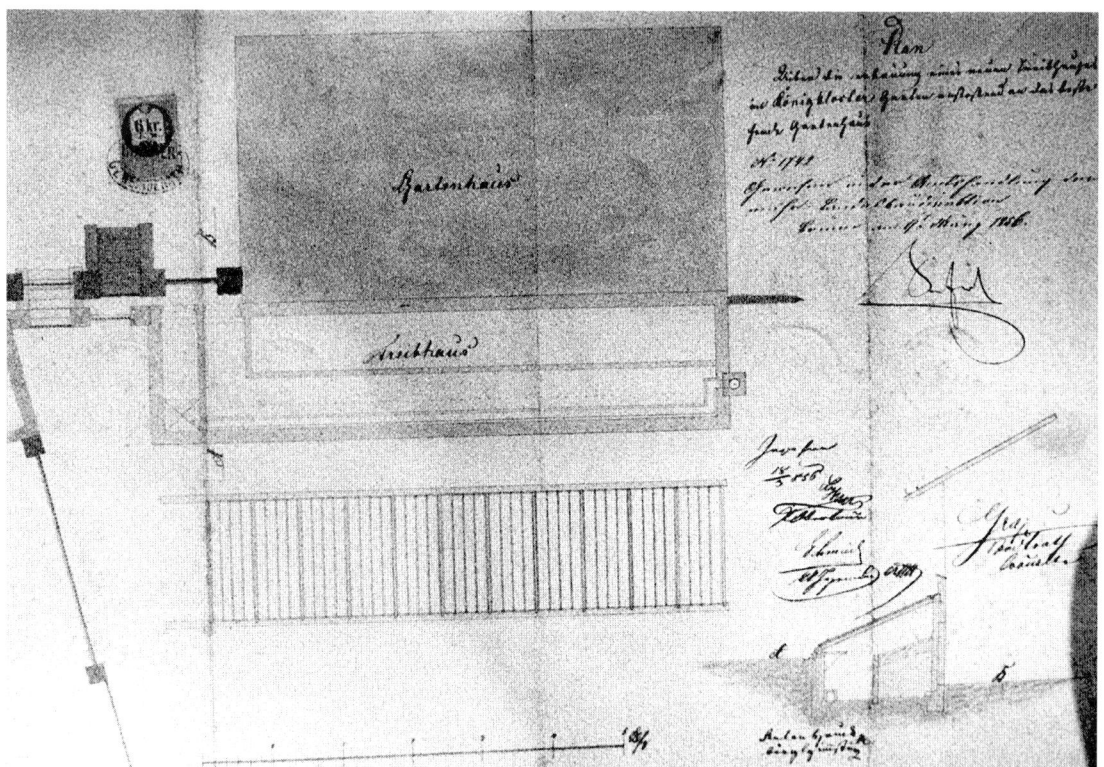

Abb. 142. Unter der Anleitung von Johann Gregor Mendel entstandener Plan von 1856 zum Anbau eines heizbaren Treibhauses an das Gartenhaus, der, wie neuerdings durch Ausgrabungen bestätigt wurde, im Garten des
Augustinerchorherrenstifts in Brünn verwirklicht worden war, damit Mendel seine umfangreichen Züchtungsversuche auch im Winter fortsetzen konnte. Original (koloriert) im Archiv des Mendelianums in Brno
(Aufnahme von Brigitte Hoppe mit freundlicher Genehmigung der Leitung des Mendelianums).

der einzig richtige Weg zu sein, auf dem endlich die
Lösung einer Frage erreicht werden kann, welche für
die Entwicklungsgeschichte der organischen Formen
von nicht zu unterschätzender Bedeutung ist".

Die aus den Samen gebildeten Pflanzen züchtete er weiter und sortierte die in jeder Generation erhaltenen Samen jeweils nach bestimmten
äußeren Merkmalen, zählte die einzelnen Typen

aus und kreuzte die herangezogenen Pflanzen wieder miteinander. In dieser Weise führte MENDEL ungefähr 355 künstliche Befruchtungen an Erbsen durch und zog 12 980 Bastardpflanzen heran, so daß er eine genügend umfangreiche Grundlage an Einzeldaten für eine statistische Auswertung erhielt.

Insgesamt war seine Versuchsanordnung neuartig und entsprach Grundsätzen, die bis heute die experimentelle Methodik auszeichnen: eine möglichste Vereinfachung der Fragestellung durch Beschränken auf die wesentlichen Gesichtspunkte, Isolierung einzelner signifikanter Phänomene, Variieren der Versuchsbedingungen (um zufällige Beeinträchtigungen der Ergebnisse auszuschalten), Ausführung von Vorversuchen und von gleichzeitigen Kontrollversuchen. Hervorzuheben ist außerdem, daß MENDEL eine neuartige Auffassung vom Organismus zugrunde legte, wodurch er sich von allen Vorgängern unterschied, die stets – auch beim Experimentieren – eine ganzheitliche Organismusdeutung vorausgesetzt hatten. Aber nicht nur die Gesamtgestalt der Ursprungspflanzen, sondern Kreuzungspartner, die gleichsam wie ein Mosaik aus deutlich abgrenzbaren, frei und unabhängig voneinander kombinierbaren Merkmalen bestanden, betrachtete MENDEL. Nachdem er zunächst Erbsensorten mit einem Unterscheidungsmerkmal gekreuzt hatte, verfolgte er nach und nach bis zu sieben unterschiedliche Merkmalspaare. Bei diesen Merkmalen der Erbsenhybriden stellte er dann fest, daß es – im Unterschied zur Blütenfarbe bei Bohnenkreuzungen – keine „Mischformen" in Gestalt und Farbe unter den Hybriden gab. Das dabei allein hervortretende Merkmal bezeichnete er wie zuvor GALLESIO und SAGERET als „dominirend" und das nicht erscheinende als „rezessiv" welche Begriffe durch die spätere Genetik übernommen wurden. Neben den dominierenden Merkmalen traten dann in der „ersten" Generation der Hybriden (heute als $F_2 = 2$. Filialgeneration bezeichnet) die rezessiven wieder rein auf, im Verhältnis 3:1. In der „zweiten" Generation der Hybriden (jetzt F_3) blieben die rezessive Kennzeichen tragenden Formen konstant ohne zu „spalten". Von den Formen mit dominierenden Charakteren blieb ein Drittel mit den dominierenden Merkmalen konstant, während zwei Drittel der Nachkommen in der darauffolgenden Generation wiederum im Verhältnis 3:1 „aufgespaltet" wurden. Die seit KOELREUTER wiederholt beschriebene Beobachtung, daß Hybriden dazu neigen, zu den Stammformen „zurückzuschlagen", war nunmehr quantitativ erfaßt worden. Mit seiner neuartigen Vorgehensweise gelangte MENDEL zu quantifizierbaren Er-

gebnissen. Die wichtigsten Bestandteile seines Verfahrens seien nochmals hervorgehoben:

– die Auswahl einzelner kennzeichnender Merkmale, d. h. die isolierte Betrachtung einer begrenzten Anzahl von Phänomenen im Erbgang;
– die vollzählige Berücksichtigung und Weiterzucht der aus den erhaltenen Samen erzielten Pflanzen;
– die Anwendung statistischer Methoden beim Vergleich der Merkmale in der Nachkommenschaft, d. h. eine quantitative Auswertung anstelle der bis dahin üblichen nur qualitativen Beschreibung;
– die eindeutige Erkenntnis von der Trennung oder Aufspaltung (*Segregation*) der Erbanlagen.

Dadurch haben die Ergebnisse MENDELS regelhafte Gültigkeit erhalten:

1. Die erste Bastardgeneration erscheint stets gleichförmig – *uniform* – im Aussehen (sie kann durch ein „dominirendes" Merkmal geprägt sein wie die Erbsenbastarde oder eine Mittelform darstellen wie die Blütenfarbe der Bohnenhybriden).
2. In den nachfolgenden Bastardgenerationen treten die elterlichen Merkmale bei Dominanz im Verhältnis 3:1 wieder auf, wenn sich die Stammformen in e i n e m Merkmalspaar unterschieden haben, oder im Verhältnis 9:3:3:1, wenn z w e i Merkmale im Erbgang betrachtet wurden; d. h. es tritt eine g e s e t z m ä ß i g e Trennung auf.
3. Bei Kreuzung mehrerer unterschiedlicher Merkmale entstehen so viele neue Formen, wie Kombinationsmöglichkeiten gegeben sind. Das bedeutet, daß jedes Merkmal unabhängig von anderen und ohne sich zu „vermischen" von den Stammformen auf die Nachkommen übertragen wird. Diese Grundsätze bilden seit 1900 als „Mendelsche Regel" (CORRENS) oder „Mendelsches Gesetz" (TSCHERMAK) die Grundlagen der Vererbungswissenschaft.

Aus der Beobachtung daß „*constante Merkmale, welche an verschiedenen Formen einer Pflanzensippe vorkommen, auf dem Wege der wiederholten künstlichen Befruchtung in alle Verbindungen treten könnten, welche nach den Regeln der Combination möglich sind*", folgerte MENDEL, daß sich vorher berechnen ließe, wieviele verschiedene Bastardformen sich ergeben würden:

„Bezeichnet n die Anzahl der charakteristischen Unterschiede an den beiden Stammpflanzen so gibt 3^n die Gliederzahl der Kombinationsreihe, 4^n die Anzahl

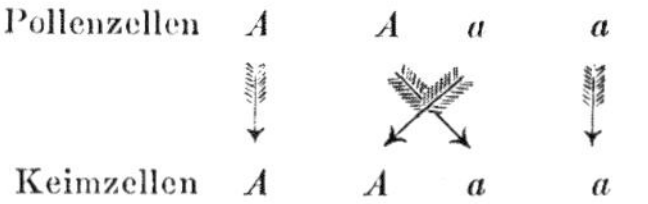

Pollenzellen A A a a

Keimzellen A A a a

Das Ergebniss der Befruchtung lässt sich dadurch anschaulich machen, dass die Bezeichnungen für die verbundenen Keim- und Pollenzellen in Bruchform angesetzt werden, und zwar für die Pollenzellen über, für die Keimzellen unter dem Striche. Man erhält in dem vorliegenden Falle:

$$\frac{A}{A} + \frac{A}{a} + \frac{a}{A} + \frac{a}{a}$$

Abb. 143. Schema der Erbsenkreuzungen aus MENDELS Originalarbeit in: *Verhandlungen des naturf. Vereins zu Brünn* 4 (1865/1866), S. 30, das MENDELS Hypothese über die Verteilung der Merkmale auf männl. Pollen- und weibl. Keimzellen veranschaulicht.

der Individuen, welche in die Reihe gehören, und 2^n die Zahl der Verbindungen, welche constant bleiben […]
Alle constanten Verbindungen, welche bei *Pisum* durch Kombinirung der angeführten 7 charakteristischen Merkmale möglich sind, wurden durch wiederholte Kreuzung auch wirklich erhalten. Ihre Zahl ist durch $2^7 = 128$ gegeben" (MENDEL 1866, S. 22 f.).

Als Grundlagen der Blumenzucht, von denen MENDEL ausgegangen war, konnte er klären, wie im Verlauf eines Erbgangs die Varianten von Blütenfarben und Rückschläge in die Stammformen zustande kommen. Er hob hervor, daß zu beachten sei, daß eine Farbe nicht unbedingt ein einheitliches Merkmal sei, sondern aus verschiedenen Komponenten zusammengesetzt sein könne, die sich im Erbgang trennen und anders verbinden können. Auch für die allgemeine Variabilität mancher Sorten der Kulturpflanzen machte MENDEL im Gegensatz zu vielen Botanikern des 19. Jh. weniger die Kulturbedingungen als vielmehr die Komplexität ihres Merkmalsbestandes verantwortlich.
Schließlich stellte MENDEL auch Vermutungen über die physiologischen Vorgänge im Innern eines Organismus beim Vererbungsgeschehen an, indem er damals neue Erkenntnisse über die zellulären Grundlagen der Reproduktion und den Befruchtungsvorgang (u. a. nach Arbeiten von N. PRINGSHEIM über Kryptogamen[1])) einbezog. Er ging davon aus, daß sich bei der Fortpflanzung von Phanerogamen „je eine Keim- und Pollenzelle zu einer einzigen Zelle" vereinen, die sich dann zum selbständigen Organismus entwickelt. MENDEL vermutete in den Keimzellen eine Art materiell strukturierter Erbanlagen. (Abb. 143).

„Diese Entwicklung erfolgt nach einem constanten Gesetze, welches in der materiellen Beschaffenheit und Anordnung der Elemente begründet ist, die in der Zelle zur lebensfähigen Vereinigung gelangten" (MENDEL 1866, S. 41 f.).

Seine an *Pisum* gewonnenen Ergebnisse betrachtete MENDEL als Beweise für die Hypothese, „daß die Hybride so vielerlei Keim- und Pollenzellen erzeugt, als constante Kombinationsformen möglich sind. Die unterscheidenden Merkmale zweier Pflanzen können zuletzt doch nur auf Differenzen in der Beschaffenheit und Gruppierung der Elemente beruhen, welche in den Grundzellen derselben in lebendiger Wechselwirkung stehen" (MENDEL 1866, S. 42). Mit diesen Folgerungen ging MENDEL einen weiteren wichtigen Schritt über seine Zeitgenossen hinaus: Mit seinen Forschungen erreichte er nicht nur eine Quantifizierung der *Merkmalsgenetik* sondern begründete er auch die *Faktorengenetik*. Er war sich dessen bewußt, daß er damit ein neues Forschungsfeld erschlossen hatte, das durch weitere Experimente gefestigt werden sollte; denn er schrieb 1867 an C. W. NAEGELI:

„Diese und ähnliche Versuche über die Befruchtungszellen scheinen mir wichtig zu sein, […] Diese Versuche würden vor allen anderen Controlirung durch Wiederholung verdienen" (CORRENS 1905, S. 212).

MENDEL selbst begann schon vor der Veröffentlichung seiner Ergebnisse an *Pisum*, mit der er auch Kontrollversuche bei andern Fachgenossen anregen wollte, mit Versuchen an weiteren Arten und Rassen, die sich aber nicht einfach den Regeln unterordnen ließen, so daß er diese nicht zu verallgemeinern wagte.[2]) Er lernte das Problem des Auffindens geeigneter Versuchspflanzen kennen; denn die ihm durch NAEGELI zur Unterstützung von dessen eigener Bastardierungsforschung empfohlenen Hieracien, von denen MENDEL zwar einzelne Hybriden erzielen

[1]) OREL 1975, S. 77 f.

[2]) MENDEL schrieb in einem Brief vom 18. 04. 1867 an C. W. NAEGELI (nach CORRENS 1905, S. 212): „Bei einer grösseren Anzahl von Befruchtungen, welche 1863 und 1864 vorgenommen wurden, überzeugte ich mich, daß es nicht leicht gelinge, Pflanzen aufzufinden, welche für eine umfassende Versuchsreihe geeignet wären, und daß im ungünstigsten Falle Jahre vergehen können, ohne den gewünschten Aufschluß zu erhalten".

konnte, störten durch ihre Fähigkeit zu einer asexuellen Vermehrung (*Apomixis*) die Beobachtung. Bei den durch Zeitgenossen vielfach herangezogenen Arthybriden gelang auch MENDEL die Nachzucht nicht. Weitere Experimente mit *Pisum* wurden MENDEL durch die Vernichtung seiner Freilandkulturen durch den Käfer *Bruchus pisi* vereitelt. Schließlich nahmen ihn seine wachsenden Aufgaben als Abt des Klosters derart in Anspruch, daß er seine Forschungsarbeiten aufgeben mußte.

Unter den Fachbotanikern, an die MENDEL seine Abhandlung sandte (Abb. 144), fand sich keiner, der geeignete Kontrollversuche unternahm. Sie verstanden die Bedeutung seiner Ergebnisse nicht, da viele von ihnen unter dem Eindruck des wenige Jahre zuvor veröffentlichten Werks *On the Origin of species* (1859) von C. R. DARWIN an Arthybriden und wild wachsenden Varianten als mögliche Formen von abgeänderten Arten interessiert waren. Der Botaniker, der sich in einem über 10 Jahre geführten Briefwechsel und mit dem Austausch von Materialien am eingehendsten mit MENDELS Anliegen auseinandersetzte, C. W. NAEGELI, begegnete MENDEL keineswegs als überhebliche Autorität, sondern erkannte seine Leistung an. Er verstand und billigte auch die quantitativen

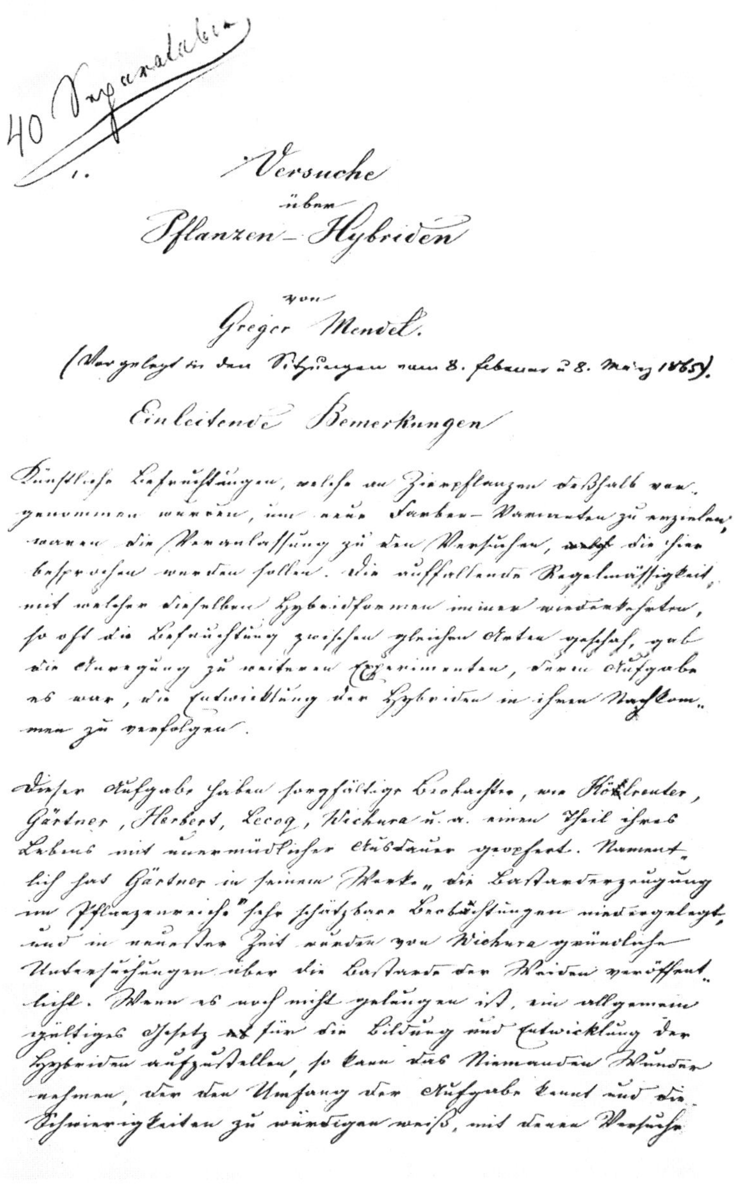
1. Versuche über Pflanzen-Hybriden von Gregor Mendel.
(Vorgelegt in den Sitzungen vom 8. Februar u. 8. März 1865.)
Einleitende Bemerkungen

Künstliche Befruchtungen, welche an Zierpflanzen deshalb vorgenommen wurden, um neue Farben-Varianten zu erzielen, waren die Veranlassung zu den Versuchen, die hier besprochen werden sollen. Die auffallende Regelmässigkeit, mit welcher dieselben Hybridformen immer wiederkehrten, so oft die Befruchtung zwischen gleichen Arten geschah, gab die Anregung zu weiteren Experimenten, deren Aufgabe es war, die Entwicklung der Hybriden in ihren Nachkommen zu verfolgen.

Dieser Aufgabe haben sorgfältige Beobachter, wie Kölreuter, Gärtner, Herbert, Lecoq, Wichura u. a. einen Theil ihres Lebens mit unermüdlicher Ausdauer geopfert. Namentlich hat Gärtner in seinem Werke „die Bastarderzeugung im Pflanzenreiche" sehr schätzbare Beobachtungen niedergelegt, und in neuester Zeit wurden von Wichura gründliche Untersuchungen über die Bastarde der Weiden veröffentlicht. Wenn es noch nicht gelungen ist, ein allgemein giltiges Gesetz für die Bildung und Entwicklung der Hybriden aufzustellen, so kann das Niemanden Wunder nehmen, der den Umfang der Aufgabe kennt und die Schwierigkeiten zu würdigen weiss, mit denen Versuche

Abb. 144. Erste Seite von MENDELS Originalmanuskript „Versuche über Pflanzen-Hybriden von Gregor Mendel. (Vorgelegt in den Sitzungen am 8. Februar und 8. März 1865)". (Original im Moravske Museum, Brno, Botanicke Oddeleni (Mit freundl. Genehmigung des MM).

Ergebnisse MENDELS, die er als „empirische" anerkannte, die er aber wie MENDEL selbst nicht als allgemein gültige Gesetzmäßigkeit ansehen und daher nicht als „rationelle" Resultate deuten konnte. Da NAEGELI bei Erhalt des Artikels von MENDEL schon über ein Jahrzehnt die Bastardbildung zu ergründen suchte, ist es verständlich, daß er MENDELS Vorhaben, Kontrollversuche anzustellen, zu fördern suchte. Dabei empfahl er ihm aber vor allem die Pflanzengattung, die ihn selbst seit seiner Jugend in der Schweiz, seit über 25 Jahren besonders eingehend fesselte, *Hieracium*, als Untersuchungsgegenstand. Sogar die Nachzucht aus Samen und lebenden Pflanzen von durch MENDEL gewonnenen Hybriden von *Hieracium, Cirsium, Geum* und *Linaria* nahm NAEGELI in München vor.[1] Wie hoch er MENDELS Methodik und Arbeitseifer einschätzte, geht schon aus seinem ersten Schreiben hervor, in dem er MENDEL, den er später „Herr und Freund" und seinen „geschickten und erfolgreichen Mitarbeiter" nannte, anbot, Samen aus Hybridbefruchtungen in München zu kultivieren.[2] Der von gegenseitiger Hochachtung getragene Gedankenaustausch mußte zunächst wegen der beiderseitigen ungünstigen Arbeitsbedingungen und -ziele und wegen der grundsätzlich unterschiedlichen Interpretationsansätze – NAEGELI dachte noch mehr an einen diffusen „Vermischungsvorgang" von Erbsubstanzen, also nicht genau der Merkmalsgenetik entsprechend, wenn er auch spezifische Erbsubstanzen in den Keimzellen im Sinn von Erbfaktoren annahm – scheitern. Über NAEGELI wirkte jedoch das Werk MENDELS weiter und führte bei dessen Schüler und teilweise wissenschaftlichem Erben Carl Erich CORRENS schließlich zur Durchsetzung der Regeln MENDELS.

11.3. Wandlungen des Artbegriffs

Die in großer qualitativer Mannigfaltigkeit auftretenden Pflanzen- und Tierformen regten die Naturforscher seit der Antike dazu an, dem äußeren Erscheinungsbild nach mehr oder minder ähnliche Gestalten in Gruppen einzuteilen. Dabei ließen sich innerhalb von umfassenderen Gruppen, deren Vertreter wie sämtliche Vögel oder Fische nur in wenigen, aber kennzeichnenden Eigenschaften übereinstimmten, Untergruppen unterscheiden wie Raubvögel, Singvögel und Wasservögel, die deutlich, meist durch eine größere Anzahl von Merkmalen voneinander abwichen. Innerhalb dieser Klassen wurden wiederum Untergruppen wie Adler und Geier unterschieden bis man zu einfach erscheinenden, nicht mehr weiter unterteilbaren Formen, die als Spezies betrachtet wurden, gelangte. Auf diese Weise entstand eine nach Ober- und Unterbegriffen gegliederte, hierarchisch angeordnete Klassifikation, deren Einheiten wie selbstverständlich als naturbegründet angesehen wurden. Daß der Artbegriff aber nicht als eine eindeutig definierbare Grenze betrachtet wurde, zeigt eine Fülle von Aussagen über Möglichkeiten des vorübergehenden oder dauernden „Ausartens", mögen die aufgeführten Fälle auf wirklicher Variabilität oder auf mangelhafter empirischer Einsicht wie bei den Ackerunkräutern beruht haben (DITTRICH 1959). Erst unter dem Einfluß der naturgeschichtlichen Erörterungen in den *Genesis*-Kommentaren der Kirchenväter wurde die unbedingte Konstanz der natürlichen Arten aus theologischen Gründen seit dem Mittelalter gefordert. Neben dieser Annahme wurden die antiken Vorstellungen weiterhin überliefert. In Auseinandersetzung mit denselben begannen humanistische Gelehrte die hauptsächlichen, für ontologisch begründet gehaltenen Einheiten einer Klassifikation unter Einbeziehung aristotelischer naturphilosophischer Grundbegriffe zu definieren (CESALPINO 1583).

Durch die gleichzeitig einsetzenden, in den folgenden Jahrhunderten weltweit ausgedehnten floristischen und faunistischen Feldforschungen wurden die bis dahin quantitativ verhältnismäßig gering gebliebenen Kenntnisse über auffallende höhere Pflanzen und Tiere in ungeahnter Weise erweitert. Dadurch wurden immer mehr einander ähnliche, teilweise nur geringfügig voneinander abweichende Formen entdeckt, die gegeneinander abzugrenzen schwierig wurde. Die Bemühungen zur Unterscheidung der grundlegenden klassifikatorischen Einheiten und um die Aufstellung von Pflanzen- und Tiersystemen, in welche die neuen Funde eingeordnet werden konnten, nahmen seit dem 17. Jh. zu. Den Übergang von der Auffassung der Begriffe Gattung und Art als logische Ordnungsbegriffe zu ihrer Deutung als taxonomische Kategorien mit bestimmten Eigennamen vollzog Caspar BAUHIN 1620, 1623, der entsprechende botanische Artdiagnosen einführte. Ihnen ließen John RAY und J. P. de TOURNEFORT am Ausgang des 17. Jh. Gattungsdiagnosen folgen. Bei RAY findet sich ein eindeutig genealogisch definierter Artbegriff für die Gruppe von Pflanzen, „die vom gleichen

---

[1] HOPPE 1971, S. 124 f.
[2] HOPPE 1971, S. 123–138, bes. 136 und 138.

Samen abstammen und ihre Eigenart durch Aussaat weiter fortpflanzen" (nach MÄGDEFRAU, 2. Aufl. 1992, S. 51). RAY hielt an der Annahme der Konstanz der Arten fest, indem er die ihm durchaus bekannten Varietäten und Rassen als unwesentliche, vorübergehende Veränderungen von Arten deutete. Aufbauend auf diesen Vorarbeiten, besonders aber die Botanik durch Definieren sämtlicher Grundbegriffe und der Forschungsgrundsätze beträchtlich weiterführend, betonte LINNÉ um die Mitte des 18. Jh. die genealogische Beziehung zwischen Individuen einer Art, zwischen den Arten einer Gattung und betrachtete die Pflanzenfamilie in Analogie zu einer menschlichen Sippe. Nachdem er zuerst als ordnungsliebender Systematiker die Konstanz der Arten vorausgesetzt hatte, gelangte er nach und nach zu einem dynamischen Artkonzept. Die sowohl aus der freien Natur als auch aus der Züchtungsforschung in wachsender Anzahl bekannt werdenden Varietäten faßte LINNÉ als Untereinheiten der Art auf. Die heutigen Arten sollten aus Archetypen mittels natürlicher Hybridisation hervorgegangen sein. Demzufolge war nicht auszuschließen, daß sich der Prozeß der Artumbildung und -neubildung auch in der Gegenwart fortsetze. Da die Züchtungsforschung lehrte, daß nur eng verwandte Formen fruchtbare Hybriden hervorbrachten, wurde das Kriterium der Fähigkeit zur „Erzeugung fruchtbarer Nachkommen" zusätzlich zu anderen Merkmalen zur Abgrenzung einer „Art" herangezogen (PALLAS 1766, 1780; ILLIGER 1800; CUVIER 1817).[1]) Die Ergebnisse von Hybridisationsversuchen wertete schließlich W. HERBERT 1847 dazu aus, die Zugehörigkeit von ähnlichen Formen zu einer Art oder Gattung festzustellen; denn er nahm an, daß sämtliche, fruchtbare oder unfruchtbare Hybriden „die gemeinsame Abkunft der Kreuzungspartner aus der gleichen Gattung beweisen". Seiner Ansicht nach sollten „keine festen Grenzen zwischen Varietäten und Spezies" bestehen.[2])

Die sich seit der Mitte des 18. Jh. verbreitende Einsicht in die Variabilität der Arten rief aber auch Zweifel an deren Realität – und erst recht an der höherer Gruppenkategorien – hervor. Nur den Individuen wurde eine naturbegründete Realität zuerkannt. Anknüpfend an das Leibnizsche Ideal eines kontinuierlichen Zusammenhangs und einer graduellen Vollkommenheit der Naturgegenstände wurden diese aufgrund oft nur oberflächlich bestimmter Kennzeichen in einer linearen Stufenleiter angeordnet. Dabei konnten gerade Varietäten als „Mittelformen"

dazu dienen, eine möglichst lückenlose Reihe aufzustellen (BONNET 1745, 1764). Ohne eine starre *Scala naturae* als Ordnungsschema für sämtliche Naturgegenstände, von den Elementen bis zum Menschen, anzunehmen, hob BUFFON bei der Klassifikation hauptsächlich der Vögel die eigenständige Bedeutung der Individuen vor den Arten hervor. Er erkannte den genealogischen Artbegriff als eine historisch gewordene Einheit mit gewissen physiologischen Grenzen an (ein Hund kann nicht in ein Pferd „entarten"). Sein Konzept der die Eigenart eines Organismus bestimmenden *moule intérieur* erlaubte ihm, eine Variabilität der Arten, verursacht durch dem Organismus eigene innere Faktoren zusammen mit äußeren Einflüssen wie Lebensraum und Klima, innerhalb von Grenzen anzunehmen und Rassen bzw. Varietäten als Untereinheiten anzuerkennen. Die Möglichkeiten solche durch Kreuzung von Arten und Rassen hervorzubringen, hatte er selbst durch viele – gelungene und mißlungene – Hybridisationsversuche mit Wirbeltieren erprobt. Die Einsicht in das zeitliche Werden der Arten ermöglichte BUFFON schließlich, die Arten als reale Strukturen der Natur zu deuten (BUFFON 1753, 1766).[3]) Das Konzept einer Verwandlung der Arten im Lauf der Erdgeschichte verfolgte Erasmus DARWIN, der Großvater von Charles R. DARWIN, in seiner *Zoonomia* weiter (1794–1796; *The temple of nature* 1803, dt. 1808). Er sah als Wirkfaktoren für die im Lauf der Zeit erfolgte Herausdifferenzierung der Artenvielfalt Umwelteinflüsse, Triebe und Bastardierung an. Die Möglichkeit der Artveränderungen durch veränderte Lebens- und Umweltbedingungen im Lauf längerer Zeiträume nahm G. R. TREVIRANUS 1800 hauptsächlich aufgrund der sich mehrenden Kenntnisse über ausgestorbene fossile Tierformen an. Der anfangs vor 1800 der Taxonomie und Systematik zugewandte LAMARCK betrachtete als Naturhistoriker die Arten als naturgegebene Einheiten, die durch Unterscheidungsmerkmale taxonomisch gegeneinander abzugrenzen sind, und deren empirische Erforschung die Hauptaufgabe der Naturgeschichte des 18. Jh. war. Im Verlauf seiner sich anschließend auf fossile Tiere, besonders Conchylien, und die noch kaum erforschten Wirbellosen ausweitenden empirischen Studien gelangte vor allem die zeitliche Variabilität der Arten in seinen Blick. Seit 1800 vertrat er ein breit angelegtes Konzept, das die spontane Erzeugung der einfachsten Lebensformen einschloß, der Transmutation der Organismen während langer Zeiträume von nicht lebender Materie über die einfacheren bis zu den

---

[1]) Vgl. auch MUGGELBERG 1975–1976.
[2]) Zitiert nach STUBBE 1965, S. 94.

[3]) Vgl. zu BUFFON ROGER 1989, S. 405–441.

der Lebewesen" angenommen werden.[1]) Die Einzelheiten der Erklärung des Geschehens waren freilich noch nicht zu beantworten. Unter andern war ein großes Gebiet noch ins Dunkel gehüllt: „Wir kennen das Geheimnis der Zeugung der Lebewesen nicht", stellte GÉRARD 1847 zu Recht fest.[2]) In diesem Geheimnis waren auch die Einzelheiten der Erscheinungen der Vererbung noch verborgen.

Überlegungen über entsprechende empirische Gegebenheiten veranlaßten den Anatomen Hermann SCHAAFHAUSEN, die Veränderlichkeit der Arten zu betonen, die nicht einmal durch Kreuzung und Feststellung der Fruchtbarkeit der Nachkommenschaft mit Sicherheit zu unterscheiden waren. „Jede genaue Beobachtung über das Entstehen von Spielarten, ihre Verwandtschaft, ihre Erhaltung oder ihr Verschwinden" konnte auch zum Verständnis der Stammesgeschichte beitragen; denn die belebte Natur war „als eine durch Fortpflanzung und Entwicklung zusammenhängende Reihe von Organismen" zu betrachten (SCHAAFHAUSEN 1853). Aufgrund eingehender Einzelforschungen zur Entwicklungsgeschichte, Systematik und Physiologie der Kryptogamen gelangte der Botaniker F. T. KÜTZING 1851/52 und 1856[3]) zur Einsicht in die Wandelbarkeit der Arten und die nur relative Gültigkeit einer Artbeständigkeit. Auch er schloß daraus auf die Stammesgeschichte der Organismen, die er als Glieder „einer ungeheuren Entwicklungsreihe" betrachtete (KÜTZING Bd. 2, 1852, S. 1–4, 306 f., 324). Die Bedeutung des Artproblems und seinen Zusammenhang mit dem Entwicklungsgedanken erörterte der Botaniker C. W. NAEGELI seit 1856 wiederholt. Als Schüler des Phytopaläontologen Oswald HEER[4]), erfahrener Feldforscher und Experi-

mentator, kannte er die Möglichkeiten der vielen individuellen Unterschiede der Bildung von Varietäten und konstanten Rassen. Die Arten waren nur während verhältnismäßig kurzen Zeiträumen beständig und dabei innerhalb gewisser Grenzen veränderlich. Während der langen Zeiträume der Erdgeschichte starben zwar frühere Arten aus, aber aus vielen früheren Formen sind neue Arten entstanden.

„Wir werden also beinahe mit unwiderstehlicher Macht auf die Annahme hingewiesen, daß nicht etwa j e d e A r t f ü r s i c h u n d o h n e k a u s a l e n Z u - s a m m e n h a n g mit der übrigen organischen Natur entstanden sei, und ebenfalls spurlos und fruchtlos verschwinde, sondern daß die Organismen, wie sie anatomisch und physiologisch verwandt sind, auch in genetischer Beziehung zueinander stehen" (NAEGELI 1856, S. 37).[5])

NAEGELI sah wie die Vorgänger LAMARCK und E. GEOFFROY St.-HILAIRE in verkürzter Deutung der Erscheinungen die Umwelteinflüsse als wirksame Faktoren für die Entstehung von Abweichungen und Varietäten an. Zusätzlich nahm er aber deutlicher als seine Zeitgenossen wahr, daß die Vererbung zur Erhaltung von Abänderungen notwendig war (NAEGELI 1856, S. 32–41). Beide für die stammesgeschichtliche Entwicklung der Arten grundlegenden Ereignisfelder betrachtete NAEGELI 1865 in einer umfangreichen Auseinandersetzung mit DARWINS neuer Lehre der Entstehung der Arten von 1859 als Bereiche der Reproduktionsbiologie und stellte den Lehrsatz auf:

„Damit ist das allgemeine Prinzip der Fortpflanzung gegeben: das Gesetz der E r b l i c h k e i t , b e - s c h r ä n k t d u r c h d i e i n d i v i d u e l l e V e r ä n - d e r l i c h k e i t " (NAEGELI 1865, S. 15).

NAEGELI stellte als einer der ersten deutlich und zutreffend die wesentlichen Neuerungen von DARWINS Hypothese unter der Bezeichnung *Darwinismus*[6]) heraus, dessen Grundsätze er anerkannte, indem er zugleich die DARWIN durch Zeitgenossen wie A. KÖLLIKER unterstellte teleologische Anschauung abwies (a. a. O., S. 17 f.,

---

[1]) a. a. O., S. 30 f., 31: „[…] la transformation successive des êtres primitifs: idée difficile à établir d'une manière expérimentale dans tous les développements, […], mais qui me semble pourtant la seule explication complète du phénomène de la variété des êtres".

[2]) a. a. O., S. 32: „Nous ne connaissons pas le mystère de la génération des êtres".

[3]) F. T. Kützing: *Historisch-kritische Untersuchungen über den Artbegriff bei den Organismen und dessen wissenschaftlichen Wert.* Programm der Realschule zu Nordhausen, 1856; diese seltene Schrift stand nicht zur Verfügung; die Grundzüge der darin dargelegten Ansichten vertrat KÜTZING bereits 1851–1852.

[4]) O. HEER vertrat früh die Annahme des Transformismus der Arten, die er aber für in ziemlich langen Zeiträumen konstant hielt, und unter Ablehnung der Katastrophentheorie von CUVIER die Deszendenztheorie; er versuchte nach 1859 den Darwinismus mit christlichem Gedankengut zu verbinden, ohne die Vorstellung eines teleologisch das Naturgeschehen steuernden Schöpfers zu verteidigen; HEER kritisierte DAR-

wins Selektionshypothese, indem er selbst den oder die Mechanismen der Artbildung für noch nicht erkannt betrachtete; vgl. HOPPE 1984.

[5]) Der Ausdruck genetisch entspricht 1856 noch nicht genau dem modernen, etwas verengten Fachbegriff; er bedeutet in NAEGELIS Aussage eigentlich phylogenetisch.

[6]) Der Ausdruck „Darwinismus" taucht schon 1865 in der Originalpublikation von NAEGELI auf. Später wurde er besonders durch das Buch von A. R. WALLACE *Darwinism* […] von 1889 (dt. Übers. 1891) verbreitet.

Anm.). NAEGELI stellte fest, daß die Annahme der Entstehung der Arten auseinander „auf dem langsamen Wege der Racenbildung [...] lange vor DARWIN ausgesprochen wurde" (a. a. O., S. 16, Anm.), was sich inzwischen auch aus der historischen Analyse, wie sie oben dargelegt wurde, ergibt. Der eigentliche Kern des *Darwinismus* war die Annahme der natürlichen Züchtung, „welche durch den Kampf um das Dasein geleitet werde", als Mechanismus der Artbildung. Da nach DARWIN aus einer großen Menge, teilweise dem Untergang geweihten Arten nur die den jeweiligen Lebensbedingungen am besten angepaßten Formen überleben konnten, nannte NAEGELI diesen Entwurf „die Nützlichkeitstheorie", die sich auf ein konsequent durchgeführtes, durch NAEGELI anerkanntes „Causalverhältniss" stützte, und die sich durch eine Reihe von botanischen Beobachtungen bestätigen ließ (a. a. O., S. 16–24, 47–53). Da NAEGELI zutreffend Lücken in den Erklärungsmöglichkeiten der Theorie DARWINS erkannte, die eine nach allen Richtungen offene Evolution, hauptsächlich physiologisch bedeutsame Funktionsänderungen und die Wirkungen von Außeneinflüssen beachtete, aber viele morphologische Eigentümlichkeiten pflanzlicher Organismen, das Nebeneinander zahlreicher nah verwandter Arten auf engem Raum sowie von Arten unterschiedlicher Organisationshöhe, deren genealogischen Zusammenhang NAEGELI mit dem Bild des verzweigten Stammbaums beschrieb, nicht erfaßte, führte er zusätzlich ein „Vervollkommnungsprincip" ein, das in den materiellen und strukturellen Eigentümlichkeiten eines sich evoluierenden Organismus selbst begründet sein sollte. Dieses sicherlich ebenfalls noch unzulängliche Erklärungsmuster zielte unter anderm darauf ab, eine mögliche materielle Selbstorganisation und die Rassenbildung nicht nur durch Außeneinflüsse und vorteilhafte Anpassung zu erklären (a. a. O., S. 24–35). NAEGELI umschrieb durch seine Hypothese eines „inneren" Ursachenkomplexes auch die mögliche Bildung von Abänderungen – modern gesagt von Mutanten – bei der sexuellen Reproduktion. Diese Erscheinungen wurden aber erst Jahrzehnte später erkannt.

Nachdem vor C. R. DARWIN noch A. R. WALLACE einen dynamischen Artbegriff und das Selektionsprinzip zur Erklärung der stammesgeschichtlichen Entwicklung der Arten (1855, 1858) eingeführt hatte, wurde die Diskussion des Artproblems besonders im Zusammenhang mit der Deszendenztheorie durch DARWINS Buch von 1859 heftig entfacht. Neben den genannten Vertretern eines genealogischen und schließlich auch dynamischen Art-

begriffs hielten nämlich besonders Systematiker, Embryologen und Anatomen noch an der Artkonstanz fest, wie etwa der Zoologe und Zoopaläontologe Louis AGASSIZ auch nach DARWIN noch eine von CUVIER abgeleitete Typentheorie der unabhängig voneinander, nacheinander entstandenen und bestehenden Tierreihen vertrat.

Der in der speziellen Zoologie und in der Paläontologie noch umfassender gebildete Zoologe H. G. BRONN hat sich in einer durch die Pariser Akademie der Wissenschaften gekrönten Preisschrift 1858 mit den „Bildungsgesetzen der organischen Welt" im Verlauf der Erdgeschichte auseinandergesetzt. Die ihm bekannten individuellen Veränderungen, durch Nahrung, Zucht, Klima und anderes hervorgerufen, hielt er für ziemlich unbedeutend und sich nur innerhalb verhältnismäßig enger Grenzen bewegend; er hielt an einem morphologisch-typologischen Artbegriff fest und lehnte einen genealogischen ab. Aber auch gegen den streng creationistischen Standpunkt, daß alle Arten mindestens als konstante, bis zur Gegenwart wirkende Archetypen am Anfang der Welt durch den Schöpfergott geschaffen worden seien, wandte sich BRONN aufgrund seiner paläontologischen Einzelkenntnisse. Seiner Ansicht nach sollten die zeitlich nacheinander folgenden, Reihen von fortlaufend „höher" differenzierten, „vervollkommneten" Formen bildenden Typen durch eine unergründete Natur- und Schöpferkraft nach dem Aussterben von Arten neu hervorgebracht worden sein. Die Zusammenhänge zwischen der Organisation der Lebensformtypen und den Lebensbedingungen deutete BRONN als „planmäßig". Obwohl er die Hypothese DARWINS als ungenügend begründet kritisierte, trug er durch seine erste deutsche Übersetzung von 1860 zur Verbreitung bei. Wie BRONN verstanden wohl noch manche der DARWIN kritisierenden, hervorragenden Biologen der Zeit wie etwa K. E. von BAER einen grundlegend neuen Gedanken DARWINS nicht; sie übersahen, das dessen Art- und Variabilitätskonzept sich auf Sippen und Populationen, d. h. auf Gendurchmischungsgemeinschaften, bezog.

Jedenfalls rief DARWINS Werk von 1859 anhaltende Erörterungen über den Wert und die Bedeutung des Speziesbegriffs hervor. Der Mitarbeiter von NAEGELI und Moosforscher P. G. LORENTZ verglich in der Antrittsrede anläßlich seiner Habilitation 1864 den dynamischen biologischen Artbegriff mit einem „Integral" der Mathematik, da die Merkmale einer Art nicht mehr als absolut, sondern nur als relativ konstant galten und „lauter variable, stetig veränderliche Größen" seien.[1]) Wie DARWIN selbst den Unterschied zwischen Varietät und Art verwischt hatte, hielten auch weitere Biologen die Art nicht für eine qualitativ eigentümliche Kategorie. HAECKEL betonte etwa die Bedeutung des Stamms (*Phylon*) als die die Anpassungsfähigkeit der Individuen begrenzende Organisationseinheit (1868). Unter den Botanikern nahm der Prager Darwinist L. CELAKOVSKY mit seinen Schülern umfangreiche Artpopulationen an (1873). Das Bestreben, die Anzahl der unterschiedenen Arten möglichst klein zu halten, verfolgten auch die Systematiker A. NEILREICH und über seinen großen Schülerkreis bis weit ins 20. Jh. hinein wirkend A. ENGLER. Die Taxonomen und Systematiker wurden durch den Darwinismus dazu angeregt, die Taxa nicht mehr nur nach den morphologisch-anatomischen Unterscheidungsmerkmalen zu bestimmen, sondern besonders auch die geographische Verbreitung zur Deutung des phylogenetischen Werts der Taxa heranzuziehen (A. KERNER, R. WETTSTEIN). Zunächst begannen DARWIN selbst und viele weitere Biologen an pflanzlichen und tierischen Objekten den biologischen Artbegriff und die Bedeutung der Kategorien Spezies und Varietät empirisch zu erforschen.

11.4. Empirische Forschungen über die Variabilität der Arten unter dem Einfluß der Darwinschen Selektionstheorie

Als Folge der Selektionstheorie DARWINS zur Erklärung der Umwandlung und „Entstehung der Arten" (1859) kam der offen gebliebenen Frage nach den Ursachen der individuellen Variabilität und den möglichen Mechanismen zur Erhaltung von Varianten immer mehr Bedeutung zu. DARWIN selbst setzte sich mit diesen Problemen 1859 ansatzweise und in folgenden Schriften (1868, 1872, 1876) aufgrund eigener Forschungen eingehend auseinander. Er teilte eine Fülle von Beobachtungen und Versuchsergebnissen mit, um die beiden empirisch nachgewiesenen Gegebenheiten, nämlich die konstante Vererbung von Merkmalen in der Generationen-

folge und das Auftreten von Varianten sowie deren erbliche Erhaltung untereinander einleuchtend zu verknüpfen. Da er als Modell für die natürliche Selektion die durch den züchtenden Menschen vorgenommene „Auslese" herangezogen hatte (er unterschied die „methodische Zuchtwahl" von der „unbewußten Zuchtwahl"), betrachtete er vorrangig Rassen von Haustieren und Kulturpflanzen und ließ die Frage nach der Definition und Abgrenzung der systematischen Kategorie der „Art" offen,[2]) die viele zeitgenössische Systematiker bewegte. Bisher war gerade die Gegebenheit der Vererbung von Eigenschaften auf die Nachkommen als Kriterium für die Realität der Art als einer naturbegründeten systematischen Kategorie und als Beweis für ihre Konstanz angesehen worden. Nun erwies sich die Aufklärung der Vererbungsmechanismen besonders für die Darwinisten zum Nachweis der Vererbbarkeit von neuem entstandener Eigenschaften als notwendig, zumal inzwischen die durch LINNÉ vermutete Hybridisierung als Mechanismus für die Entstehung neuer Arten bezweifelt und auch durch DARWIN selbst hintangestellt worden war. Dagegen riefen die vermehrten Kenntnisse über die Befruchtung und die Individualentwicklung, bei der auch spontane Abänderungen an Keimlingen beobachtet worden waren,[3]) neue Vermutungen bei DARWIN selbst und bei seinen Anhängern hervor.

DARWIN hatte in seinem, schließlich in wenigen Monaten niedergeschriebenen Entwurf der Selektionstheorie von 1859 weder alle ihm bekannten Beobachtungsmaterialien noch eigene Versuchsergebnisse zur Tier- und Pflanzenzüchtung mitteilen können, sondern widmete diesen Problemen anschließend eigene Arbeiten: *Das Variiren der Thiere und Pflanzen im Zustande der Domestication* (1868) und *Die Wirkungen der Kreuz- und Selbstbefruchtung im Pflanzenreich* (1876).[4]) Zuerst stellte er 1868 die bis dahin erlangten Kenntnisse über zahlreiche Haus-

---

[1]) Die Antrittsrede von P. G. LORENTZ wurde nicht veröffentlicht; das Manuskript erhielt sich vermutlich durch Vermittlung von NAEGELI im Nachlaß von Carl E. CORRENS im Archiv der Max-Planck-Gesellschaft in Berlin-Dahlem.

[2]) DARWIN 1859, Chap. II *Variation under Nature*; Chap. XIV *Conclusion*. – Nach DOBZHANSKY (1958, S. 191) ist es „keineswegs paradox, zu sagen, daß dann, wenn es jemandem gelänge, eine allgemein anwendbare, statistische Definition der Art aufzustellen, er damit die Gültigkeit der Evolutionstheorie ernsthaft in Frage stellen würde". Eben die Unmöglichkeit, eindeutige Grenzen zwischen Rassen und Arten für alle Organismen zu ziehen, sei wohl auch für DARWINS Überzeugung, daß eine Evolution stattfindet, entscheidend gewesen.

[3]) 1864 durch KÖLLIKER, S. 188 als „Heterogenesis" bezeichnet.

[4]) DARWIN 1868: *The Variation of Animals and Plants under Domestication*, 2 Vols. – 1876: *The Effects of Cross and Self Fertilisation in the Vegetable Kingdom*.

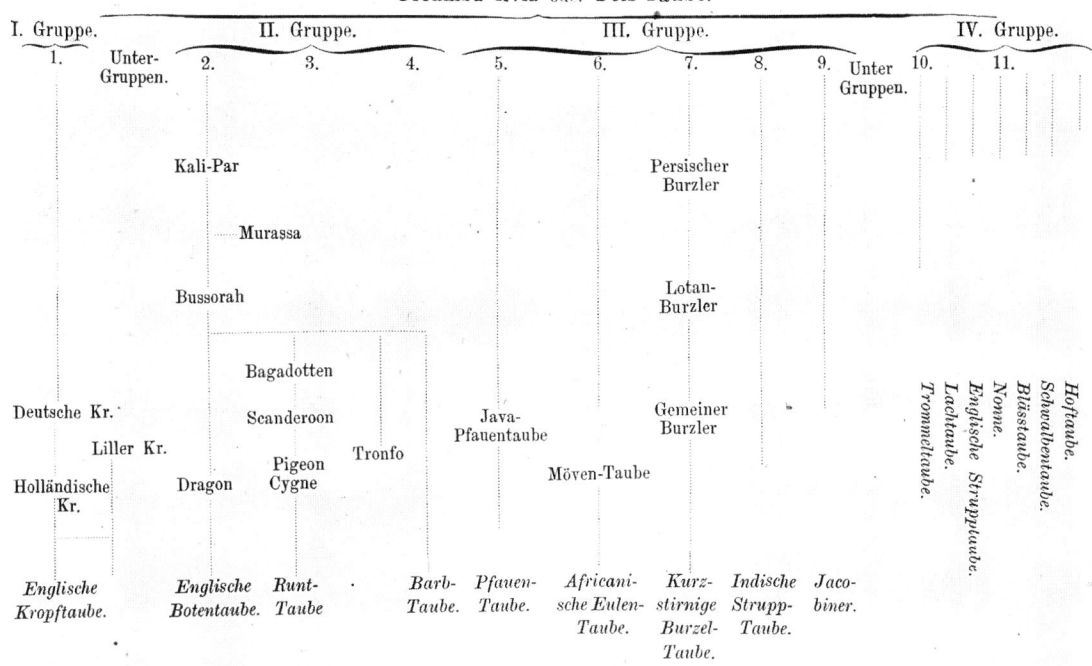

Abb. 145. Charles R. Darwin: Hypothetischer Stammbaum aufgrund von Zuchtergebnissen mit Taubenrassen, die von der wilden Felsentaube herstammten. Aus: Das Variiren der Thiere und Pflanzen im Zustande der Domestication, dt. Übers. von J. V. Carus, Bd. 1, Stuttgart 1873, S. 150 (Photo Deutsches Museum München).

tierrassen[1]) und Kulturpflanzen sowie über deren vermutete wilde Stammformen zusammen. Dabei beachtete er besonders die Materialien, die „den Betrag und die Natur der Veränderungen" der kultivierten Formen erläutern konnten oder sich „auf die allgemeinen Gesetze der Variation" bezogen. Seine eigenen umfangreichen Experimente mit Rassen von Tauben, Kaninchen und Enten, bei denen er mittels metrischer Verfahren Individuenserien von Haustierrassen mit wilden Formen verglich, beschrieb er ausführlich:

„Bei meinen Messungen habe ich mich nie auf das Auge allein verlassen; und wenn ich von einem Theile als gross oder klein spreche, so beziehe ich mich immer auf die wilde Felstaube (*Columba livia*) als den Maassstab der Vergleichung" (Darwin 1868; dt. Ausgabe von J. V. Carus, Bd. 1, 1873, S. 147).

Als Gründe für die experimentellen Züchtungsstudien zur Stammesgeschichte und für die Wahl des Objekts führte Darwin die Feststellung an, „daß die Beweise für die Abstammung aller domesticirten Rassen von einer einzigen bekannten Stammform viel klarer sind, als bei irgend einem anderen seit Alters her domesticirten Thiere", und daß alte schriftliche Urkunden über ihre Züchtungsgeschichte überliefert sind[2]) (Abb. 145).

Darwin stellte über 150 verschiedene Formen fest, die er in 11 distinkte Rassen und mehrere Unterrassen gruppierte, wobei ihm die „individuelle Variabilität" besonders auffiel. Über die durch sorgfältige gestaltliche Einzelvergleiche und Messungen ermittelten Varianten vermutete er, daß sie durch „das Zuchtwahlvermögen des Menschen fixirt und gehäuft werden können". Dadurch schien eine bestehende Rasse beachtlich modifiziert oder „eine neue gebildet" werden zu können.

---

[1]) Darwin 1868, Vol. 1, zitierte reichlich Literatur über Tierzüchtung; diese wurde bisher noch nicht ausführlich hinsichtlich der dort angesammelten Kenntnisse der Spaltungsgesetze in der Zeit vor Mendel – entsprechend den besser bekannten Veröffentlichungen über Pflanzenzüchtung – analysiert.

[2]) Darwin 1868; dt. Ausgabe von J. V. Carus, Bd. 1, 1873, S. 144. – a.a.O., S. 145 schrieb Darwin über den Umfang und das induktive Vorgehen bei seinen Versuchen: „Ich habe alle die verschiedensten Rassen lebendig gehalten, welche ich in England oder vom Continent mir verschaffen konnte, und habe von allen Skelette präparirt. Ich habe Bälge von Persien, eine grosse Zahl von Indien und andern Theilen der Erde erhalten. Seit meiner Aufnahme in zwei der Londoner Taubenclubs habe ich von vielen der ausgezeichnetsten Liebhaber die freundlichste Unterstützung erfahren".

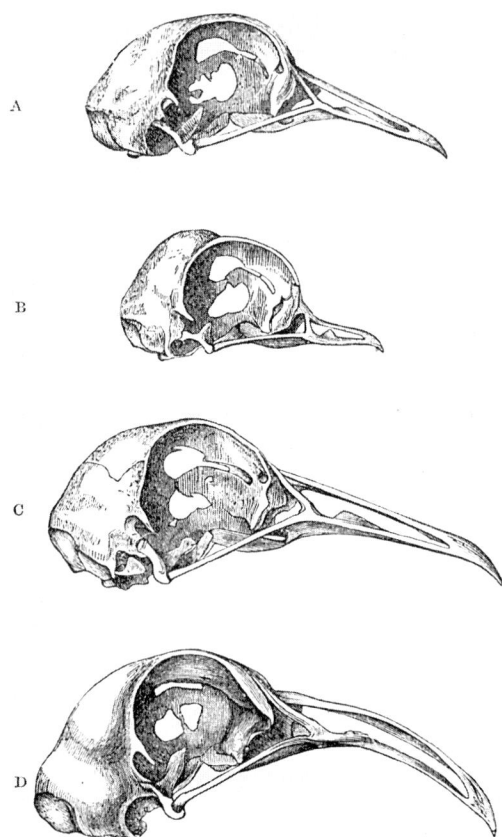

Abb. 146. Charles R. Darwin: Vergleich der unterschiedlichen Strukturen der Schädel von domestizierten Taubenrassen. Aus *Das Variiren der Thiere und Pflanzen im Zustande der Domestication*, dt. Übers. von J. V. Carus, Bd. 1, Stuttgart 1873, S. 182 (Photo Deutsches Museum München). A Wilde Felstaube, B kurzstirniger Burzler, C Englische Botentaube, D Bagadotte.

Außerdem wies er auf die Korrelation einzelner Merkmale im Organisationsverband hin, derzufolge „eine Veränderung in einem Theile häufig von anderen Veränderungen begleitet wird".[1] Den durch den Züchter herbeigeführten beachtlichen Abweichungen (etwa im Verhältnis der Schnabellänge zur Nasenöffnung) bis zu einer Veränderung des gesamten Habitus sollten schon zunächst geringfügige Varianten der wilden Felstaube (solche in der Größe des Schnabels und des ganzen Körper stellte er fest) vorausgegangen sein, die dann aufgrund „unbewußter Zuchtwahl" als deutliche Divergenz auftreten könnten, wenn die selektierten Zuchtformen getrennt weitergezüchtet würden[2]) (Abb. 146).

[1]) a. a. O., S. 176.
[2]) a. a. O., S. 239: „Wenn ein Züchter zur Zeit Aldrovandi's im Jahre 1600 seine eigenen Jacobiner, Kröpfer

Darwin stellte selbst viele Kreuzungsversuche mit verschiedenen Taubenrassen an, wobei er das Wiederauftreten von zeitweilig verborgenen Merkmalen, etwa sogar eine deutliche blaue Färbung und Zeichnungen wie die der wilden Felstaube[3]), und besonders die Erscheinung des „Rückschlags" zu bereits bekannten Formen beobachtete.

„Warum die Kreuzung eine so starke Neigung zum Rückschlag hervorruft, wissen wir nicht mit Sicherheit [...] Es ist wahrscheinlich, dass ich selbst ein Jahrhundert hindurch reine schwarze Barb-Tauben, Blässtauben, Nonnentauben, weisse Pfauentauben, Trommeltauben usw. hatte züchten können, ohne einen einzigen blauen oder mit Querbinden versehenen Vogel zu erhalten; und doch erhielt ich bei der Kreuzung dieser Rassen in der ersten und zweiten Generation, im Verlauf von nur drei oder vier Jahren, eine beträchtliche Anzahl junger Vögel, welche mehr oder weniger deutlich blau gefärbt waren und die meisten der characteristischen Zeichnungen an sich trugen" (Darwin 1868; dt. Ausgabe von J. V. Carus, Bd. 1, 1873, S. 224).

Diese Beobachtungen regten Darwin zu eingehenden Überlegungen über Möglichkeiten der Vererbung an, wobei er erwähnte, daß das „Princip der Vererbung" bei Landwirten schon allgemein anerkannt sei. Zur Bezeichnung der bei Rückschlägen, von denen er verschiedene Möglichkeiten unterschied, wieder auftretenden Merkmale von Stammformen benützte er wie schon frühere Naturforscher des 19. Jh.[4]) den Begriff *Atavismus* (abgeleitet von „Atavus, ein Vorfahre", a. a. O., Bd. 2, S. 32). Es sollten atavistische Merkmale bei einer Varietät erscheinen

oder Botentauben bewunderte, so überlegte er sich nicht, was aus deren Nachkommen im Jahre 1860 geworden sein könne; er würde erstaunt sein, [...]"
[3]) a. a. O., S. 222 f.: „Der letzte Fall, den ich anführen will, ist der merkwürdigste. Ich paarte einen weiblichen Barb-Pfauentauben-Bastard mit einem männlichen Barben-Blässtauben-Bastard. Keiner von beiden hatte auch nur das geringste Blau an sich. [...] – nichtsdestoweniger waren die Nachkommen der obigen beiden Bastarde von genau derselben blauen Färbung über den ganzen Rücken und die Flügel, wie die wilden Felstauben von den Shetland-Inseln. [...] Zwei schwarze Barben, eine rothe Blässtaube und eine weisse Pfauentaube, als die vier reingezüchteten Grosseltern, erzeugten daher einen Vogel von derselben allgemeinen blauen Färbung in Verbindung mit allen characteristischen Zeichnungen, wie die wilde *Columba livia.*"
[4]) Gärtner 1849 gebrauchte den Begriff mit derselben Bedeutung als bereits eingeführten Ausdruck, indem er sich auf die früheren französischen Botaniker A. N. Duchesne (1747–1827) und Augustin Sageret (1763–1851) bezog; vgl. Gärtner 1849, S. 438: „Französische Naturforscher, wie Duchesne und Sageret, haben diese Rückschläge, welche bei den Thierrassen nicht selten vorkommen, A t a v i s m u s genannt".

können, die nicht aus einer Kreuzung hervorgegangen war, oder bei einer Kreuzung mit einem
Individuum mit einem unterscheidbaren Merkmal konnte ein „hergeleiteter Character, nachdem er während einer oder mehrerer Generationen verschwunden war, plötzlich wieder"
auftreten (a. a. O., Bd. 2, S. 33). Diese durch eigene und fremde Experimente (von K. F. Gärtner u. a.) festgestellte Form des Rückschlags
betrachtete Darwin als anerkannnte Gegebenheit, an der er regelhafte Erscheinungen wahrnahm.

„Der allgemeinen Regel nach stehen gekreuzte Nachkommen in der ersten Generation nahezu mitten inne
zwischen ihren Eltern; aber die Enkel und spätern Generationen schlagen beständig in einem grösseren
oder geringeren Grade auf einen oder auf beide ihrer
Urerzeuger zurück. Mehrere Autoren haben behauptet, dass Bastarde und Mischlinge alle Charactere beider Eltern nicht mit einander verschmolzen, sondern
bloss in verschiedenen Theilen des Körpers in verschiedenen Verhältnissen gemischt besitzen; oder wie
Naudin es ausgedrückt hat, ein Bastard ist ein lebendiges Mosaikwerk [...] Wir können kaum zweifeln,
dass dies in einem gewissen Sinne richtig ist [...]"
(a. a. O., Bd. 2, S. 55).

Außerdem waren Darwin ähnliche Beobachtungen über die Vererbung von Krankheiten und
Mißbildungen sowie deren Latentbleiben in
manchen Generationen und Individuen bekannt. Die möglichen Grundlagen solcher Erscheinungen der Erhaltung bestimmter Merkmale umschrieb Darwin dadurch, daß er annahm, daß „die Urerzeuger der meisten Pflanzen und Tiere, [...], einen der Wiederentwicke-
lung fähigen Eindruck im Keim ihrer Nachkommen zurückgelassen haben", wenn diese auch
seitdem tief modifiziert worden sind (a. a. O.,
Bd. 2, S. 69).
Mit seinen ausgedehnten Experimenten zur Bastardforschung suchte Darwin das Ausmaß der
Variabilität der „Arten", die Bedeutung von
Umwelteinflüssen für die Entstehung der modifizierten Merkmale und ihre Selektion sowie
die Bedingungen für die Vererbung neu auftretender Merkmale zu ergründen. Auch der
Rolle der Bastardierung im Geschehen der
Vererbung und vor allem der Artumwandlung
galten seine Fragen. Da besonders an Keimen
und überhaupt am Reproduktionssystem Einflüsse der Umwelt und der Zuchtbedingungen
wahrnehmbar wurden, vermutete Darwin, daß
Vererbung und Veränderung von Merkmalen
über die Keime bei der Reproduktion vermittelt würden. Doch zunächst konnte er die Erscheinungen nur staunend bewundern, indem er
schrieb:

„Es ist zuverlässig eine staunenerregende Thatsache,
dass die männlichen und weiblichen Sexualelemente,
dass Knospen und selbst erwachsene Thiere bei gekreuzten Rassen mehrere Generationen hindurch und
bei reinen Rassen tausende von Generationen hindurch Charactere gewissermaassen mit unsichtbarer
Tinte eingeschrieben beibehalten, die aber doch bereit
sind, unter den nöthigen Bedingungen zu irgend einer
Zeit sich zu entwickeln. Was diese Bedingungen sind,
wissen wir in vielen Fällen durchaus nicht; [...]"
(a. a. O., Bd. 2, S. 95).

Ferner beobachtete Darwin Erscheinungen der
Dominanz und Rezessivität. Bei der Kreuzung
von verschiedenen Individuen, Rassen oder Arten konnte ein Typus sich dadurch auszeichnen,
daß er im Erbgang während mehrerer Generationen „ein Übergewicht in der Überlieferung
seiner eigenen Charactere" zeigte. Doch durch-
schaute Darwin die Erscheinungen der Merk-
malstrennung und -übertragung nicht stets deutlich genug, indem er meinte, daß „derselbe
Character in dem einen Erzeuger vorhanden
und sichtbar, in dem andern latent oder nur po-
tenziell vorhanden ist" (Darwin 1873, Bd. 2,
S. 96). Daneben bemerkte Darwin eine Bindung
bestimmter „Charactere" an eines der beiden
Geschlechter. Daher konnte ein „Vater durch
seine Tochter hindurch irgend einen Character
auf seinen Enkel überliefern und umgekehrt die
Mutter auf ihre Enkelin". Aus dieser Beobachtung und aus der Erscheinung des „Rückschlags" folgerte Darwin zutreffend, daß
„Überlieferung und Entwickelung distincte Vermögen sind" (a. a. O., S. 96). Damit war eigentlich die Erkenntnis der Diskretheit der Erbfaktoren ausgesprochen. Seine regelhaften Ergebnisse der Bastardierungsforschung deutete Darwin im Schlußsatz des 14. Kapitels (1873, Bd. 2,
S. 97) als empirische Grundlage der Evolutionstheorie:

„In diesen Gesetzen der Vererbung, wie sie sich im
Zustande der Domestication darbieten, sehen wir ge-
nügendes Material zur Hervorrufung neuer specifischer Formen durch Variabilität und natürliche Zuchtwahl".

Zur Frage der Abgrenzung der „Varietäten"
von Arten und dieser von Gattungen mittels
empirischer Kriterien wie Kreuzbarkeit und
Fruchtbarkeit der Kreuzungsprodukte führte
Darwin viele Versuchsserien durch, die auch
die Bedeutung der „Sexualelemente" bei der geschlechtlichen Reproduktion erhellen sollten.

Er prüfte 57 Spezies aus 52 Gattungen von 30 natürli-
chen Familien, wobei er intra- und interspezifische
Kreuzungen mit dem eigenen Pollen (Selbstbefruch-
tung) und mit fremdem Pollen (Kreuzung) vornahm.
Die Abkömmlinge verglich er sorgfältig hinsichtlich
Wuchshöhe, Blütezeit und Anzahl der Früchte. Bei

der Gegenüberstellung von 1 076 selbstbefruchteten und 1 101 gekreuzten Pflanzen ließ sich ein deutlicher Vorteil der durch „Kreuzbefruchtung" entstandenen Gewächse wahrnehmen. Diese Bevorzugung wurde schon damals zusätzlich durch Beobachtung der mannigfaltigen Einrichtungen nachgewiesen, die der „Sicherung gelegentlicher Kreuzung von Individuen mit verschiedenen Sexualelementen" dienen können wie bestimmte Körperbildungen bei hermaphroditischen Tieren, Generationswechsel bei Tieren und Pflanzen, sowie Proterandrie, Proterogynie und Heterostylie bei Pflanzen (DARWIN 1873, Bd. 2, S. 479).

Der Vorteil der sexuellen Reproduktion war nach DARWIN in einem gewissen Grad von „Verschiedenartigkeit in den Sexualelementen" begründet, die unter gleichartigen Lebensbedingungen erhalten bleiben können, wenn Kreuzbefruchtung gesichert ist (a. a. O., S. 161–165). Veränderungen der Lebensbedingungen sollten vor allem das „Reproductivsystem" beeinflussen (bei Tieren auch die entsprechenden Verhaltensweisen; a. a. O., S. 181–184). Eine Beeinträchtigung desselben wurde besonders auch durch Isolation ursprünglich verwandter Arten hervorgerufen, so daß sie sich schließlich nicht mehr kreuzen lassen (a. a. O., S. 478–482, 486 f.). Die zunächst geringfügigen morphologischen und physiologischen Veränderungen können sich durch viele Generationen hindurch erhalten und ansammeln. Über die Veränderungen im Reproduktionssystem wird das Prinzip der „natürlichen Zuchtwahl" wirksam; denn nur die am besten angepaßten Organismen mit der höchsten Reproduktivität überleben (a. a. O., S. 476–489).

Mit dem Selektionsprinzip, „der Zuchtwahl als der ausschlaggebenden Kraft", welche „die Natur zur Erzeugung von Species angewendet" habe (a. a. O., S. 486 f.), hatte DARWIN ohne Annahme eines teleologischen Prinzips (a. a. O., S. 488 f.) einen bedeutenden Faktor für das Angepaßtsein und die Anhäufung lebensbegünstigender Merkmale im Verlauf der Evolution entdeckt. Daneben erschlossen ihm seine Forschungen zur Hybridisation die Gegebenheit der individuellen „Variabilität", der „Plasticität" der „ganzen Organisation" als eine „der bedeutungsvollsten Thatsachen" (a. a. O., S. 460). Jedoch fehlte ihm noch eine ausreichend gesicherte Erklärung für die Ursache der „Variabilität". Die durch ihn 1859 (S. 74) vermuteten Faktoren sah er zunächst durch seine weiteren Forschungen bestätigt (a. a. O., S. 473–476):

1. veränderte Lebensbedingungen, die direkt die einzelnen miteinander korrelierten Organe und damit schließlich die gesamte Organisation oder indirekt das Fortpflanzungssystem beeinflussen,
2. Gebrauch oder Nichtgebrauch von Organen (in Anlehnung an LAMARCK),
3. in geringem Maß die Kreuzung,
4. als vorherrschender Faktor die andauernde, anhäufende Wirkung der Auslese.

Dabei beachtete DARWIN vor allem, daß es unbedingt erforderlich ist, daß die geringfügigen, vorteilhaften Abänderungen durch Vererbung erhalten und gehäuft werden, da die natürliche Zuchtwahl nur dadurch wirksam wird. Den Vorstellungen einer absoluten Determiniertheit der Organismen und von plötzlich auftretenden großen Modifikationen der natürlichen Formen erteilte er eine Absage (a. a. O., S. 486–489). An dem Problem der „erblichen Veränderungen" setzten alsbald die zeitgenössischen Zweifel und Erörterungen an. Die anregende Wirkung von DARWINS Werk beschrieb der Botaniker FOCKE 1863 gegenüber HAECKEL folgendermaßen:

„Man muß neue morphologische und physiologische Gesetze der organischen Welt aufsuchen, und der Reiz von D.'s Werk liegt für mich hauptsächlich darin, daß es zeigt, wie so viel Naheliegendes übersehen ist".[1]

Ein vertieftes Verständnis der Evolutionsgrundlagen zu ermöglichen, war damit der zeitgenössischen Vererbungsforschung als Aufgabe gestellt.

Unter den Botanikern hofften besonders Taxonomen und Systematiker, die Variabilität der Arten durch Aufsuchen von Varietäten, die sie für morphologisch erkennbare, abweichende Formen hielten, der wild wachsenden Pflanzen nachweisen zu können. Derartige Formen begann man seit den zwanziger Jahren zu erforschen: C. J. W. SCHIEDE († 1836) (1824 in: *Flora oder Allgemeine botanische Zeitung 7* (1824), S. 97–108), A. BRAUN, ZUCCARINI, L. REICHENBACH, A. P. DECANDOLLE (1832 *Physiologie végétale*) und andere hatten natürlich entstandene hybride Pflanzen beschrieben. Auf solche Formen achtete der im Voralpen- und Alpengebiet botanisierende A. KERNER (1862, 1869). In schweizerischen Alpenländern suchte C. W. NAEGELI während etwa vier Jahrzehnten nach Hybriden von Hieracien, Piloselloiden und andern Gewächsen (1866, 1885). Neben experimentell erzeugten sammelte Max WICHURA auch natürliche Weidenbastarde (1865). Der zu den Begründern der Taxonomie und Systematik in Rußland zählende I. T. SCHMALHAUSEN, der in seiner Dissertation MENDELS Experimente und Ergebnisse 1874 ausführlich geschildert, aber dennoch ihre wissenschaftliche Bedeutung wohl nicht genügend verstand, beschrieb wild wach-

---

[1] Brief von W. O. FOCKE an E. HAECKEL vom 22. April 1863; Archiv des Ernst-Haeckel-Hauses Jena, Bestand A. zit. in JAHN 1957/58.

sende Hybriden (von *Ranunculus*, *Epilobium* species) der Lokalflora von St. Petersburg nach ihren morphologischen Kennzeichen und der unterschiedlichen Fertilität (diese Beschreibungen erschienen 1875 in deutscher Übersetzung in der *Botanischen Zeitung*). Manche Botaniker hielten aber begründetermaßen die Aussagekraft solcher Feldbeobachtungen für unzulänglich und forderten Experimente. Etwa seit der Mitte des Jahrhunderts wurde die experimentelle Bastardforschung, wie die erwähnten Arbeiten von NAUDIN und GODRON zeigen, verstärkt betrieben. Auch WICHURA experimentierte zusätzlich mit den *Salix*-Bastarden (1865).

Nachdem die bisher erwähnten Arbeiten einschließlich des Werks von GÄRTNER (1848) und nach dem Urteil der Zeitgenossen auch der Studien von MENDEL als ziemlich spezielle Forschungsprobleme der systematischen Botanik betrachtet – oft auch abgetan – wurden, trat seit 1865 C. W. NAEGELI mit grundsätzlichen programmatischen Erörterungen auf den Plan, welche die wissenschaftliche Bedeutung der Bastardierungsforschung als grundlegende Beiträge zur Erforschung der Erscheinungen der Vererbung herausstellten. Er erkannte die Möglichkeit der Bildung erblicher Varianten, deutete aber diese und die Erscheinungen des „Zurückschlagens" der Abänderungen in die Stammformen im Sinn der durch ihn angenommenen Hypothese der „Vermischung" der gesamten Merkmale (blending inheritance). NAEGELI glaubte, daß alle Varianten in der Regel nach einer verhältnismäßig geringen Anzahl von Generationen wieder verschwinden würden. Daher versuchte er, den Grad der Ähnlichkeit der Hybriden mit den Stammformen als „Bastardierungsäquivalent" zahlenmäßig darzustellen, indem er eine „typische Kraft" der Stammformen annahm, die aus der Anzahl der zur Rückverwandlung erforderlichen Generationen zu berechnen sein sollte. Aber die Streuung der abgeänderten Merkmale konnte er dadurch nicht erfassen. Obwohl sich die inhaltlichen Aussagen NAEGELIS als unhaltbar erwiesen, verfehlten seine grundsätzlichen Ausführungen ihre Wirkung bei den Botanikern nicht. Sie und die beginnende Auseinandersetzung mit dem Darwinismus förderten nun die experimentellen Hybridenforschungen in der Botanik nicht nur mit züchterischen, sondern vielmehr mit grundsätzlich wissenschaftlichen Fragestellungen, die wie bei NAEGELI als genealogische Studien zur Erforschung der „Vererbung der elterlichen Merkmale" (1865) angelegt wurden. Bei den meisten Botanikern stand jedoch zunächst die Frage, die H. HOFFMANN 1869 (*Untersuchungen zur Bestimmung des Werthes von Species und Varietät*, Gießen, S. 1 f.) deutlich äußerte, im Vordergrund des Interesses: „Umfang der Species-Variation und Entstehung neuer Species durch Fixirung derselben" zu ermitteln. Dabei suchten sie auch die Ursachen der Erscheinungen zu ergründen. Gerade diese blieben aber den meisten Empirikern wie HOFFMANN nach langen Versuchsreihen von 1855 bis 1880 „völlig dunkel", und ihre eigentlichen Fragen konnten auch Befürworter des Darwinismus nicht lösen. Einige erkannten immerhin, daß sich durch ihre Versuche empirisches Material zur Bestätigung der Hypothese der Vererbung erworbener Eigenschaften nicht beibringen ließ. Wie HOFFMANN hielten viele die Problematik für noch nicht entscheidbar. Bei der Bearbeitung der Systematik verwendete man den typologisch-morphologischen Artbegriff und hielt die Arten für nur „innerhalb beschränkten Umfangs veränderlich" (a. a. O., S. 46).

Dennoch trugen auch diese Variabilitätsexperimente zur Begründung der Vererbungslehre bei: Einige Autoren ermittelten bis um 1890 Ergebnisse, welche die von MENDEL erkannten Regeln wenigstens qualitativ an vielen weiteren Objekten bestätigten. Wie NAUDIN (1863) und MENDEL (1865) beobachtete NAEGELI (1865) die Uniformität von Hybriden und auch die mögliche Dominanz einzelner Merkmale. In seiner umfassenden Übersichtsdarstellung *Die Pflanzen-Mischlinge* von 1881 stellte W. O. FOCKE den Lehrsatz auf, daß alle durch Kreuzung erzeugten Hybriden von Arten oder Rassen, die auf dieselbe Weise erhalten und unter denselben Bedingungen aufgewachsen seien, im allgemeinen untereinander gleichförmig erscheinen. Diese Feststellung wurde jeweils aufgrund eigener Experimente durch Friedrich HILDEBRAND 1889 und A. KERNER 1891 bestätigt. Ergänzend führten KERNER und NAEGELI (1885) einige Ausnahmen an, die letzterer zutreffend an Hieracium-Bastarden beobachtet hatte, ohne eine Begründung dafür angeben zu können. Bei ihren Bastardierungsversuchen beobachteten die Botaniker nach und nach, daß einzelne Merkmale im Erbgang unabhängig voneinander weitergegeben werden können. Während NAEGELI 1865 forderte, diese Erscheinung und das Verhalten einzelner Kennzeichen möglichst über mehrere Generationen hinweg zu untersuchen, berichtete gleichzeitig sein Mitarbeiter LORENTZ über entsprechende Beobachtungen bei Kreuzungsversuchen. Nach FOCKE war die Feststellung, daß bei Hybriden von Rassen die Charaktere der Stammformen unabhängig voneinander übertragen werden, 1881 allgemein verbreitet und anerkannt. Die Methode, einzelne gegensätzliche Merkmale in der Elterngeneration und bei Hybriden miteinander zu vergleichen und ihre Vererbung zu betrachten, wandte F. HILDE-BRAND 1889 bei einer Reihe von Bastardierungs-versuchen an; aber er versäumte es, die Merkmale mehrere Generationen hindurch zu verfolgen. Bei seinen ausführlichen Beschreibungen von Varietäten erwähnte KERNER 1891 Hybriden, bei denen die elterlichen Merkmale „unverändert nebeneinander gesetzt" erscheinen. HILDEBRAND und KERNER stellten schließlich ausdrücklich fest, daß die einzelnen Charaktere in den Nachkommen frei und unterschiedlich kombiniert auftreten können.

Die Experimentatoren, die das Verhalten einzelner Merkmale während mehrerer Generationen beobachteten, gelangten wenigstens zu der qualitativen Feststellung, daß nach der ersten Bastardgeneration einzelne elterliche Merkmale voneinander getrennt auftreten können (Segregation), welche Erscheinung MENDEL in seiner Spaltungsregel quantitativ erfaßte. Eindeutige qualitative Beschreibungen des Phänomens veröffentlichte NAEGELI 1865 und 1866, wobei er das Verbum „spalten" verwendete. Er beobachtete nach der ersten Hybridengeneration das Auftreten von drei Typen: neben dem Hybridtyp zwei den beiden Ausgangsformen ähnliche Typen. Wie NAEGELI beschrieben auch weitere Beobachter die Erscheinung, daß nach mehreren Generationen die beiden ursprünglichen Stammformen wieder auftreten können; sie nannten wie schon GÄRTNER (1848) dieses Phänomen das „Zurückschlagen" oder den „Rückschlag" in die elterlichen Formen. 1881 führte FOCKE sogar abgeschätzte quantitative Beziehungen über die Mengenverhältnisse der drei bei Phaseolus beobachteten, nachfolgenden Typen an. Die elterlichen Typen traten jeweils nur in geringer Anzahl auf, während sich Hybriden in größerer Anzahl erhielten. FOCKE vermutete, daß die einzelnen getrennten Merkmale auf besonderen materiellen Einheiten, die auf einen Keim übertragen werden, beruhen. Aber FOCKE erwähnte die durch MENDEL bestimmten Verhältniszahlen nicht. Wenigstens die Frage nach solchen quantitativen, numerischen Bestimmungen über die Übertragung einzelner Merkmale durch mehrere Generationen warf H. HOFFMANN 1869 auf, der selbst Spezies- und Rassenkreuzungen durchgeführt hatte. Er forderte, die variierenden Merkmale in mehreren Hybridgenerationen im einzelnen zu beobachten und festzustellen, „in welchen Verhältnis- und Prozentzahlen" die Abänderungen der Merkmale auftreten. Wenngleich er gewisse Regelmäßigkeiten wahrnahm, verfolgte er die numerische Methode doch nicht genügend sorgfältig. Ob-

wohl sich eine Reihe von Botanikern mit Bastardierungsexperimenten zwischen etwa 1860 und 1890 befaßte, erreichte keiner die deutliche Erkenntnis von Regeln in der Vererbung von Merkmalen, wie sie MENDEL gelang. Zunächst erfaßte auch keiner die einzigartige Bedeutung seiner Arbeit; immerhin erwähnte FOCKE seine Ergebnisse. Zuvor hielt wie MENDEL selbst NAEGELI es für erforderlich, die an Pisum gewonnenen Ergebnisse auf ihre Allgemeingültigkeit zu überprüfen. Er wirkte zusätzlich als ein direkter Übermittler der wissenschaftlichen Fragestellung und eines beträchtlichen empirischen Untersuchungsmaterials an die folgende, schließlich die Lösung der Problematik herbeiführende Generation, indem er seinen zeitweiligen Mitarbeiter Carl E. CORRENS mit den Problemen vertraut machte und ihm große Teile seines wissenschaftlichen Nachlasses (einschließlich seiner Korrespondenz mit MENDEL) hinterließ. Sicherlich trugen auch die zahlreichen Hybridisationsexperimente, die qualitative Einsichten in die Merkmalsvererbung auf einer breiten empirischen Grundlage vermittelten, dazu bei, daß die Bedeutung der Regeln am Ende des Jahrhunderts schließlich erkannt werden konnte.

11.5. Vererbungshypothesen unter dem Einfluß der Evolutionstheorie DARWINS und der Zellentheorie

Die Verfechter von DARWINS Evolutionstheorie entwarfen alsbald rein hypothetisch deduzierte Erklärungsversuche des Vererbungsgeschehens. Natürlich erkannten auch die erwähnten Botaniker, die mit Züchtungsexperimenten das Speziesproblem untersuchten, die entscheidende Rolle der Vererbung und dabei die der sexuellen Reproduktion. Obwohl sie die Übertragung einzelner getrennter Merkmale beobachtet hatten, aber dabei keine allgemeinen Regeln feststellen konnten, glaubte eine Reihe dieser Autoren an eine Art „Mischungsvererbung" der gesamten Eigenschaften der elterlichen Stammformen. Diese allgemeine Vorstellung verknüpften sie mit dem zeitgenössischen mechanistisch-dynamistischen Konzept der Naturdeutung. Dementsprechend nahmen sie eine individuelle „Vererbungskraft" an, welche die Übertragung des Erbmaterials bei der Reproduktion und angeblich eine unterschiedliche Dauer der wahrnehmbaren Veränderungen während mehrerer Generationen verursachen sollte. Diese durch NAEGELI seit 1865 vorgebrachten Annahmen vertraten auch H. HOFFMANN 1869 und 1881 sowie A. KERNER 1891. NAEGELI und KERNER erweiterten dieses Konzept, indem sie zudem eine gerichtete „innere Vervollkommnungskraft" für eine Differenzierung der Organismen bei der Evolution verantwortlich machten. Diese Annahmen wurden zeitweilig eingehend erörtert, verflüchtigten sich aber gegen Ausgang des Jahrhunderts.

Dann erwiesen sich nämlich die Hypothesen, wenngleich sie zuerst auch reichlich spekulativ waren, als fruchtbarer, die empirische Ergebnisse der aufblühenden Zellenforschung berück-

sichtigten. Die mögliche Rolle der hauptsächlichsten Zellbestandteile bei der Vererbung und zugleich bei der Veränderung der Organismen versuchte E. HAECKEL schon 1866 zu deuten. Da Zell- und Kernteilung beobachtet worden waren, so daß dem Nukleus offenbar eine wesentliche Bedeutung für die Reproduktion zuzuschreiben war, deutete HAECKEL „den Kern der Zellen als das hauptsächliche Organ der Vererbung". Da in der Evolutionstheorie ein Zusammenhang zwischen Ernährung und Anpassung herausgestellt worden war, meinte HAECKEL, „das Plasma als das hauptsächliche Organ der Anpassung betrachten" zu können (HAECKEL 1866, Bd. 1, S. 289). Nachdem DARWINS Pangenesis-Hypo-

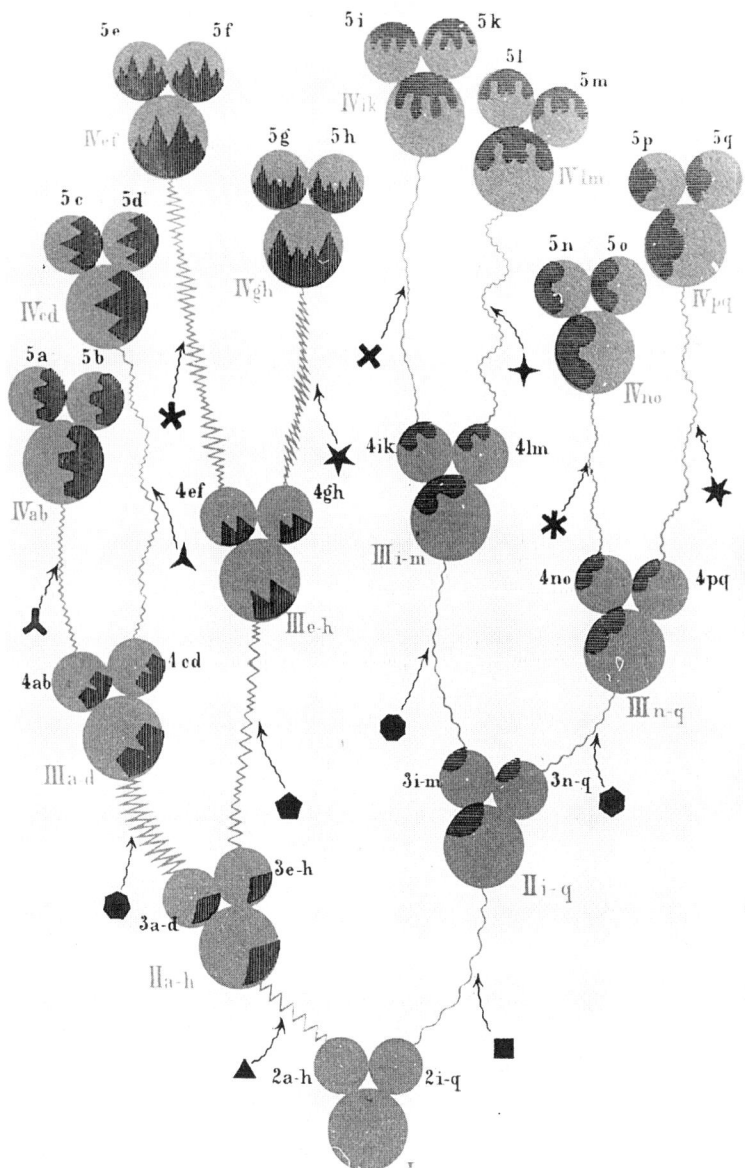

Abb. 147. Von Ernst HAECKEL entworfenes Schema der „Perigenesis der Plastidule", das die Weitergabe von Erbanlagen durch molekulare Wellenbewegungen zeigen soll. Aus HAECKEL 1876.

these bekannt geworden war, entwarf HAECKEL seine Hypothese der *Perigenesis der Plastidule* 1876, die auf seiner hylozoistischen Deutung des Organismus beruhte (Abb. 147). Als zelluläre „Lebensteilchen" nahm er *Plastidule* an, von denen jede sämtliche Eigenschaften des Organismus gleichsam mittels eines „Gedächtnisses" speichern sollte. Bei der Zellteilung sollten mittels einer Art Molekularbewegung – hiermit knüpfte er auch an die erwähnten mechanistischen Vorstellungen einer „Vererbungskraft" an – diese Informationen von der Mutterzelle auf die Tochterzellen übertragen werden. Durch Umlagerung der Atome sollte eine *Plastidule* verändert werden können. Die wellenartige „Plastidulbewegung" eines Nachkommen sollte die „Resultante" der elterlichen Bewegungsformen sein.

Da DARWIN die Vererbung als Schlüsselproblem der Evolution erkannt hat, widmete er der „wunderbaren Natur der Vererbung" wiederholt eingehende Überlegungen. Dabei entwarf er die entscheidenden Fragestellungen, für die er selbst aber keine gültigen Antworten fand. Schon 1868 stellte er eine „provisorische Hypothese der Pangenesis" auf, die den durch MAUPERTUIS, BONNET und BUFFON im 18. Jh. geäußerten Vorstellungen ähnlich war, doch zudem neueste entwicklungsgeschichtliche Betrachtungen (H. MILNE-EDWARDS, QUATREFAGES u. a.), zytologische Ergebnisse (VIRCHOW) und die Hypothesen von HAECKEL (*Generelle Morphologie* 1866) einbezog; dagegen knüpfte DARWINS Hypothese nur dem Namen nach an antike Vorstellungen an. Außerdem stützte sich DARWIN auf die empirischen Ergebnisse der Züchtungsforschung, wobei er wie seine Zeitgenossen die Erscheinung des „Rückschlags" besonders beachtete. Er nahm an, daß jede Eigenschaft eines Organismus als Anlage in einem sehr kleinen stofflichen Teilchen repräsentiert sei. Jede Zelle sollte zahllose „Keimchen" (*gemmules*), „kleine Körnchen oder Atome" verschiedener Größe hervorbringen können, „welche durch den ganzen Körper frei circuliren". Diese sollten bei der Reproduktion über die Keimbahn überliefert werden und entweder in der unmittelbar folgenden Generation oder nach „einem schlummernden Zustande" erst nach vielen Generationen entwickelt werden („Atavismus"). Bei der Individualentwicklung sollten sie sich durch Teilung vervielfältigen und „später zu Zellen" entwickeln, „gleich denen, von welchen sie herrühren", so daß die Organe in spezifischer Weise ausgebildet werden (DARWIN 1868, Bd. 2, Kap. 27).

DARWIN stellte fest, daß seine Hypothese eine Reihe von Vererbungserscheinungen erklären könne, wenn er auch eingestehen mußte, daß sie „ohne Zweifel äusserst complicirt" sei. Dasselbe galt mit Recht von den Gegenständen der Betrachtung: „Aber sicher sind es auch die Thatsachen" (a. a. O., dt. Übers. von J. V. CARUS, Bd. 2, 1873, S. 455). Besonders für ein Gebiet, das DARWIN wichtig war, für „den Hybridismus" leistete die Hypothese wenig (a. a. O., S. 436). Hauptsächlich Erscheinungen der artspezifischen Formbildung bei verschiedenen Vermehrungsarten wie geschlechtliche und ungeschlechtliche Fortpflanzung, Pfropfung oder Regeneration von Organen ließen sich erfassen. Die Hypothese erklärte u. a.:

„[…], dass die ganze Organisation, und zwar in dem Sinne, dass hiermit jedes einzelne Atom oder jede Einheit gemeint wird, sich reproducirt. Eichen und Pollenkörner, der befruchtete Samen oder das befruchtete Ei, ebensogut wie Knospen, enthalten danach eine Menge von Keimen oder bestehen aus solchen, welche von jedem einzelnen Atom des Organismus abgegeben werden" (a. a. O., S. 406).

DARWIN wies in die Zukunft, indem er die Entwicklungsphysiologie mit Lehren der zeitgenössischen Zytologie verknüpfte und wie VIRCHOW atomistische Vorstellungen damit verband. Damit übertraf er die meisten Biologen, die entwicklungsgeschichtliche Erscheinungen allein durch empirische Betrachtungen zu ergründen suchten:

„Die Physiologen nehmen meist an, dass die Zellen oder Einheiten des Körpers gleich einer Knospe auf einem Baum autonom seien, aber in einem geringeren Grade. Ich gehe einen Schritt weiter und nehme an, dass sie reproductive Keimchen abgeben. Es erzeugt daher ein Thier nicht als ein Ganzes seine Art durch die alleinige Thätigkeit seines Reproductionssystems, sondern jede separate Zelle erzeugt ihre Art. Es haben Naturforscher oft gesagt, dass jede Zelle einer Pflanze die factische oder potenzielle Fähigkeit hat, die ganze Pflanze zu reproduciren. Sie hat dieses Vermögen aber nur kraft des Umstandes, dass sie von jedem Theil herrührende Keimchen enthält" (a. a. O., S. 456).

Zur Deutung der Ursachen der Variabilität glaubte DARWIN aufgrund seiner Pangenesis-Hypothese „zwei distincte Gruppen von Ursachen" unterscheiden zu können (a. a. O., S. 449):

1. Eine Gruppe von Ursachen, bei der die Keimchen selbst nicht modifiziert wurden: Eine „stark fluctuirende Variabilität" sollte durch den Mangel, den Überschuß, die Verschmelzung und Umstellung von Keimchen sowie durch die Wiederentwicklung von solchen, die „lange im ruhenden Zustande gelegen haben", verursacht werden können.

2. Eine Gruppe von Ursachen, bei der „die von den modificirten Einheiten des Körpers abge-

worfenen Keimchen selbst modificirt" wurden. Solche Keimchen, „die sich anschließend vervielfältigen und zu neuen und veränderten Gebilden" entwickeln sollten, stammten von Körperteilen, deren Organisation durch veränderte Bedingungen, den vermehrten Gebrauch oder Nichtgebrauch oder andere Ursachen verändert worden sein sollte.

Die spekulative Hypothese DARWINS über die Vererbungsvorgänge und die möglichen Ursachen der Variabilität, die als solche nicht bestätigt wurde, erzeugte einerseits theoretischen Widerspruch (DELPINO 1869; MIVART 1871), vermochte andererseits aber experimentelle Nachprüfungen anzuregen. Dadurch förderte sie sowohl die experimentelle Züchtungsforschung als auch die mikroskopische Zellforschung und die gerade verstärkt experimentelle Methoden ausbauende Entwicklungsphysiologie.

Als Gegner der Pangenesis-Hypothese trat DARWINS Vetter GALTON auf (1877). Er prüfte die Annahme eines Keimchentransports im ausgewachsenen Organismus durch Bluttransfusionen bei Kaninchenrassen nach. Aber er konnte keinerlei Wirkung wie etwa eine angenommene Abänderung der Nachkommen feststellen. Daraufhin bildete GALTON eine abgewandelte Hypothese, nach der ebenfalls winzige physiologische Einheiten die Erbanlagen übertragen sollten, die aber davon absah, diese im Körper zirkulieren und zu den Keimzellen zurückkehren zu lassen. Diese Einheiten, *stirp* genannt, sollten bei der Bildung der Körperzellen, jedoch nicht bei derjenigen der Keimzellen verbraucht werden. GALTON versuchte außerdem Regularitäten von Vererbungsvorgängen im menschlichen Bereich empirisch zu ergründen. Er untersuchte die Vererbung geistiger Anlagen innerhalb von Verwandtschaftsgruppen, d. h. bei namhaften englischen Familien, statistisch und führte die quantitative Messung der individuellen Variabilität in „Populationen", an QUETELET (1871) anknüpfend, ein. Dabei ist es bemerkenswert, daß er als erster die Populationen als genealogische Einheiten betrachtete (GALTON 1889).[1] GALTON glaubte, ein „Regressionsgesetz" feststellen zu können, indem er behauptete, „daß Nachkommen von Selektanten immer wieder auf den Sippentyp der Variation zurückschlagen".[2] Die scheinbar induktiv ermittelte Gesetzmäßigkeit war aber eine unzulässige Verallgemeinerung, durch die ein statistisch festgestelltes Verhalten

des gesamten Genotyps auf die Art und Weise der Vererbung einzelner individueller Merkmale übertragen wurde. Außerdem blieben GALTONS Feststellungen, auch nach den durch PEARSON eingeführten Abwandlungen (1898, 1900, 1903) rein beschreibend, ohne eine kausale Erklärung anzustreben; ferner ermöglichte GALTONS „Vererbungsgesetz" keinerlei Vorhersagen. Schließlich wurde dabei, obwohl GALTON zuvor eine Hypothese materieller Partikel als Träger der Erbanlagen aufgestellt hatte, die Vorstellung einer „Vermischung" des Erbguts bei der Reproduktion (blending inheritance) zugrunde gelegt. Da die Vererbungslehre um 1900 erst über wenig anerkannte Grundlagen verfügte, wurde nach der Bekanntmachung und Bestätigung der Regeln MENDELS nach 1900 besonders in England eine heftige Auseinandersetzung zwischen den Anhängern der Hypothese GALTONS und den Vertretern des Mendelismus entfacht.

Zuvor strebten auch im deutschsprachigen Gebiet noch weitere Biologen nach Vererbungshypothesen, die auch die sich fortlaufend erweiternden zytologischen Kenntnisse einbezogen. Materielle Träger der Erbeinheiten versuchte C. W. NAEGELI im Rahmen seiner *Mechanisch-physiologischen Theorie der Abstammungslehre* (1884) zu bestimmen. NAEGELI unterschied grundsätzlich zwischen dem Erscheinungsbild eines ausgewachsenen Organismus mit seinen wahrnehmbaren Merkmalen und dem einzelligen Anfangsstadium, in dem das gesamte Erbgut in der Form von spezifisch bestimmten materiellen Strukturen, Erbanlagen, enthalten sein mußte (später *Genotypus* genannt). An der befruchteten Eizelle unterschied er ein den Hauptteil des Protoplasten ausmachendes *Stereoplasma* oder „Ernährungsplasma" und einen Plasmaanteil, der „wirkliche Anlagen" enthält, den er *Idioplasma* nannte. Auch die individuellen Unterschiede waren darin angelegt. In jeder Keimzelle „sind die Merkmale aller Vorfahren als Anlagen eingeschlossen" (NAEGELI 1884, S. 23–29), aber sie werden nicht stets und in allen Lebensphasen gleichmäßig entwickelt, auch sollten sie sich gegenseitig beeinflussen können. Nicht die Masse, sondern „nur die Beschaffenheit einer kleinen wirksamen Partie von Idioplasma", die mikroskopisch nicht wahrnehmbar ist, ist das Entscheidende. Dem Kenntnisstand der damaligen Biochemie entsprechend nahm NAEGELI an, daß sämtliche Plasmasubstanzen „aus den verschiedenen Modifikationen der Albuminate" bestünden. Deren Moleküle sollten „zu krystallinischen Molekülgruppen (Micellen) vereinigt, in löslicher und unlöslicher Form gemengt, eine meist halbflüssige schleimartige Masse bilden". NAEGELI nahm als Mindestgröße

---

[1]) Vgl. die ausführliche Darstellung bei PROVINE 1971 und HILTS 1975.
[2]) WARTENBERG, H.: Genetik und Evolution. In: Gesammelte Vorträge über moderne Probleme der Abstammungslehre. Bd. 2, Jena 1967, S. 169 f.

einer Micelle die eines einzigen Eiweißmoleküls an, von dem man damals annahm, daß es 72 C-Atome enthalte. Damit bewegten sich seine Schätzungen etwa im Bereich der Oligopeptide (mit weniger als 10 Aminosäuren); d. h. er nahm ein ziemlich niedriges Mindestvolumen für eine aus einem kleinsten Eiweißmolekül bestehende Micelle an. Während NAEGELIS Hypothese der Sekundärstruktur sich in der Vererbungslehre nicht erhalten hat, dient sie inzwischen, unterstützt durch elektronenmikroskopische Beobachtungen, zur Erklärung der durch Cellulose-Makromoleküle gebildeten Feinstrukturen der pflanzlichen Zellwand (AMBRONN 1905; FREY-WYSSLING 1938, 1959).

Da sich die komplexe Vielgliedrigkeit eines jeden Organismus und die gesamte Mannigfaltigkeit sämtlicher Lebewesen in der jeweiligen Zusammensetzung und Struktur der seinerzeit der Beobachtung unzugänglichen Idioplasmen widerspiegeln mußte, war zu vermuten, daß diese in jedem Individuum in eigentümlicher Weise in kleinste Teilchen und mehrere übereinander geordnete Einheiten strukturiert seien. Die „bestimmte Anordnung" mit „ziemlich festem Gefüge" mußte bei der Reproduktion im wesentlichen erhalten bleiben. Für die Steuerung der Ontogenese war natürlich das Idioplasma verantwortlich zu machen. Da aber über die Vielfalt der die Entwicklungsvorgänge vermittelnden Substanzen und biochemischen Umsetzungen nichts bekannt war, vermutete NAEGELI geordnete, reversible stoffliche Umbildungen im Bereich der Micellen des Idioplasmas (a. a. O., S. 31–37). Bei der geschlechtslosen Vermehrung sollte das Idioplasma „genau seine Anordnung bis ins Einzelne" behalten. Für diese Anordnung entwarf NAEGELI ein Modell, nach dem die Micellen in Längsreihen angeordnet sein sollten (ähnlich Perlen auf Schnüren), so daß Einlagerung oder Anlagerung von Substanzteilchen unter Erhaltung der Grundordnung möglich war; zudem sollten die Längsreihen untereinander „in dynamischer Verbindung stehen" (a. a. O., S. 38–46). Er postulierte also schon einzelne, für Biomoleküle grundlegende Eigenschaften. Bei der sexuellen Reproduktion konnten individuelle Unterschiede dadurch zustande kommen, daß einzelne Micellen in die Längsreihen eingelagert würden, wobei „die Configuration des Querschnitts" der Längsreihen, in welcher „die specifische Beschaffenheit des Idioplasmas enthalten" sein sollte, unverändert bleiben sollte. Nur wenn „die Zahl der Längsreihen beim Wachsthum zu- oder abnehmen" würde, „wäre dadurch eine Aenderung in der Configuration des idioplasmatischen Systems und damit auch eine Veränderung in den Merkmalen verur-

sacht". Durch NAEGELIS Hypothese ließ sich auch die Variabilität bei der stammesgeschichtlichen Entwicklung erklären:

„Die Veränderung der Merkmale bei der phylogenetischen Entwickelung erfordert dagegen eine Vermehrung oder auch eine Umbildung der Micellreihen, ohne welche eine neue Anlage nicht in das idioplasmatische System sich einordnen kann" (a. a. O., S. 38).

NAEGELI vermutete, wir hätten „die Lösung des größten Rätsels der Abstammungslehre gewonnen, wenn wir jene Configuration zu erkennen vermöchten". Phylogenetische Veränderungen sollten auf inneren Ursachen, die das gesamte Idioplasma umbildeten, oder auf äußeren Einflüssen, die nur einen Teil veränderten, beruhen (a. a. O., S. 54). NAEGELI unterschied erstmalig deutlich zwischen „dauernden" und „vorübergehenden" Veränderungen, die er als „Standortsmodificationen" bezeichnete (a. a. O., S. 103). Die eigentlichen Vorgänge der möglichen Veränderungen aus „inneren Ursachen" blieben NAEGELI, der ein Anhänger der „Vermischungstheorie" der Vererbung war, verborgen.[1] Nachdem der Grundvorgang der Befruchtung, die Kernverschmelzung der sexuell differenzierten Keimzellen 1875 beobachtet worden war, und die hauptsächlichen Zellteilungsphasen bei der Mitose beschrieben worden waren, war das Feld zur experimentellen Erforschung der zytologischen Vorgänge, insbesondere des Verhaltens der Chromosomen, in den frühesten Phasen der Keimesentwicklung erst eröffnet worden.

Eine weitere Hypothese der Vererbung, genannt *Intracellulare Pangenesis* veröffentlichte Hugo DE VRIES 1889. In Auseinandersetzung mit DARWINS „provisorischer" Theorie lehnte er dessen Transporthypothese ab. DE VRIES nahm ebenfalls an, daß die einzelnen erblichen Anlagen an materielle Keimchen, die er *Pangene* nannte, gebunden seien. Aus ihnen sollte das ganze lebende Protoplasma bestehen. Einzelne der *Pangene* konnten unabhängig von den übrigen variieren. Jedes *Pangen* dachte sich DE VRIES aus zahlrei-

---

[1] Wie unklar und auch für ihn selbst lückenhaft NAEGELIS Kenntnisse waren, geht aus folgender Äußerung hervor; NAEGELI 1884, S. 136: „Die innere Veränderung, welche die neuen Anlagen hervorbringt, erfolgt nicht mit der Zeugung, denn diese ist eigentlich nur ein Augenblick, welcher den Beginn eines neuen Daseins bezeichnet. Das Idioplasma bildet sich während der ganzen Lebensdauer um, und bloss weil dasselbe in den Eltern mit der Zeit etwas anders geworden ist, sind auch die Keime etwas anders angelegt als die Keime der Eltern. Bei geschlechtlicher Zeugung ist es nicht so leicht, sich eine klare Vorstellung von diesem Vorgang zu machen, wie bei der ungeschlechtlichen Fortpflanzung".

chen Molekülen zusammengesetzt; es sollte das Vermögen zu wachsen und sich zu vermehren haben. Bei jeder Zellteilung sollte eine regelmäßige Verteilung auf die sich von neuem bildenden Zellen stattfinden. Die *Pangene* wirkten aktiv oder blieben passiv, konnten sich aber in beiden Zuständen vermehren. Sie waren am Anfang der Entwicklung eines Keimes in den chromatischen Fäden der Kerne enthalten, wobei ihre meisten Eigenschaften latent blieben. Durch eine Übertragung vom Kern auf das Zytoplasma wurden sie aktiv; hierin sollten sie sich auch vermehren können und mußten im Gegensatz zu DARWINS Hypothese nicht mehr zum Kern zurückkehren. Die „artenbildende" Variabilität sollte dadurch ermöglicht werden, daß einzelne *Pangene* bei der Teilung nicht wie üblicherweise zwei den ursprünglichen gleiche neue *Pangene* bilden, sondern daß die neuen *Pangene* ausnahmsweise ungleich sind (DE VRIES 1889, S. 148). Diese Hypothese der in qualitativ bestimmten, einzeln veränderlichen Partikeln verteilten Erbanlagen ermöglichte DE VRIES sowohl die Deutung der Verteilung einzelner, voneinander unabhängiger Merkmale nach einfachen Regeln der Wahrscheinlichkeitsrechnung, wie er sie bei seinen etwa gleichzeitig einsetzenden Kreuzungsexperimenten beobachtete, als auch ein Verständnis für das durch Mutation verursachte plötzliche Auftreten neuer, erblicher Merkmale.

Unter Aufnahme des Darwinismus und der neuen Erkenntnisse der Zellforschung entwickelte der Zoologe A. WEISMANN seit dem Anfang der achtziger Jahre eine Hypothese der Vererbung. Er ging von entwicklungsgeschichtlichen Studien an niederen Tieren (Hydrozoen) aus, die er als Schüler LEUCKARTS durchgeführt hatte. Aufgrund seiner Beobachtungen der Vermehrung durch Zellteilung bei Einzellern stellte er zum Grundprinzip der Vererbung 1883 fest (S. 5 f.):

„Bei solchen einzelligen Organismen begreifen wir also bis zu einem gewissen Grad, warum der Sproß dem Vorfahren ähnlich ist, er ist eben ein Stück von ihm […] Die Vererbung beruht bei diesen einzelligen Organismen auf der Kontinuität des Individuums, […] Bei den vielzelligen Tieren bildet die sexuelle Fortpflanzung die Grundlage ihrer Vermehrung […] Hier ist nun die Fortpflanzung an bestimmte Zellen gebunden, die man als Keimzellen den Zellen, welche den Körper selbst bilden, gegenüberstellen kann und wohl auch muß, denn […] sie allein erhalten die Art […]".

Obwohl ihm die Beziehung zwischen Keim- und Körperzellen, welche die Merkmale des spezifischen Organismus realisieren, schwer erklärlich erschien, nahm WEISMANN an, daß bei den Vielzellern grundsätzlich derselbe Vorgang gegeben

sein müsse wie bei den Einzellern, nämlich „eine fortgesetzte Teilung der Keimzelle", wobei aber diese bei den Vielzellern „nicht schon das ganze Individuum ausmacht". Daher erhob sich die Frage (1883, S. 8 f.):

„[…] wie kommt es, daß das Plasma der Keimzellen bei den höheren Tieren Körperplasma (oder genauer: solches Plasma, welches sich zu den Körperzellen zu entwickeln fähig ist […]) *potentia* enthält, und zwar solches von ganz spezifischer Qualität?"

Nachdem die arteigentümliche Konstanz der Chromosomenzahl und die Individualität der Chromosomen entdeckt (E. STRASBURGER 1880–1882, T. BOVERI 1888) sowie ihre Längsteilung bei der Kernteilung beobachtet worden waren (W. FLEMMING 1878–1879, 1882), betrachtete WEISMANN wie O. HERTWIG (1884) und BOVERI den Kern als Träger der Erbanlagen. Die Kernsubstanz sollte aus verschiedenen Arten von *Biophoren* bestehen, die als „chemische Moleküle" die „Eigenschaftsträger" der Zellen sein sollten. Durch die Keimzellen wurden sie als *Keimplasma* von Generation zu Generation übertragen. Dessen Kontinuität war die Grundlage der Vererbung (1885). Um eine bei der Vereinigung der Kerne der sexuell differenzierten Keimzellen (*Amphimixis*) zu erwartende Verdoppelung der „Masse des Keimplasmas" zu vermeiden, forderte WEISMANN zunächst hypothetisch eine „in jeder Generation sich wiederholende Reduktion der Zahl der Ahnenplasmen" (1885, 1887), d. h. die Reduktionsteilung der Chromosomen bei der Mitose. Da der Begriff *Chromosom* noch nicht allgemein eingeführt war (s. S. 347), nannte WEISMANN die färbbare Kernsubstanz die *Idanten*, die aus einzelnen Teilstücken, den *Iden*, bestehen sollten. In jedem *Id* wurden *Determinanten*, Anlagen oder Erbeinheiten angenommen, deren Veränderung zog jeweils nur die Abänderung einzelner Teile des Organismus nach sich (1902). Da die *Determinanten* im Keim untereinander in Konkurrenz stehen sollten, sollte hier eine Selektion derselben möglich sein, die *Germinalselektion*. Die Hypothesen WEISMANNS ließen sich teilweise bestätigen, mußten aber abgewandelt und verfeinert werden. Jedenfalls wirkten sie höchst anregend, riefen auch heftige Kontroversen (mit H. SPENCER u. a.) hervor, zumal WEISMANN die damals durch viele Biologen vertretene lamarckistische Hypothese der „Vererbung erworbener Eigenschaften" ablehnte.

Im Gegensatz zu WEISMANN, den zu dieser Zeit ein Augenleiden an der Durchführung von Experimenten und eigenen mikroskopischen Beobachtungen hinderte, versuchte der

Schüler von HAECKEL, Wilhelm HAACKE, der nach einem mehrjährigen Aufenthalt in Neuseeland fünf Jahre lang den Zoologischen Garten in Frankfurt a. M. geleitet hatte, seit 1892 die Zoologie an der Technischen Universität in Darmstadt lehrte und sich gegen WEISMANNS Hypothesen wandte, Vererbungsprobleme mittels Züchtungsexperimenten und zytologischen Überlegungen 1893–1895 zu klären. HAACKE kreuzte zwei Mäuserassen mit einzelnen deutlich gegensätzlichen Merkmalen, weiße Klettermäuse und japanische farbige Tanzmäuse, womit er ein Kreuzungsschema, das dem MENDELS recht ähnlich war, zugrunde legte. Er rechnete mit der freien Kombinationsmöglichkeit der Eigenschaften und erhielt ähnliche Zahlenwerte wie MENDEL; aber er wertete nicht die notwendige hohe Anzahl an Experimenten und Individuen aus, so daß er nicht dieselben Zahlenverhältnisse aus der Beobachtung von mindestens drei bis vier Generationen deutlich erkannte. Außerdem zog er die Möglichkeit der freien Kombination von drei oder mehr Merkmalen nicht in Betracht. Besonders die zytologische Interpretation HAACKES war aber fehlgehend. Er lokalisierte die Anlagen für die Färbung der Mäuse in den Kern und die für ihr Bewegungsverhalten in das Zytoplasma. Dabei stellte er die Hypothese auf, daß die Erbanlagen in bestimmten Einheiten, *Gemmarien* genannt (1893), die aus *Gemmen* in einem festen Gefüge bestehen sollten, im Plasma des befruchteten Eis enthalten sein sollten. Dagegen interpretierte G. VON GUAITA 1898, der in WEISMANNS Institut arbeitete, ähnliche, nur unvollständig bei der fortgesetzten Kreuzung ausgeführte Versuche mit Mäusen, bei denen sich nur die Segregation der Merkmale, nicht aber die Zahlenverhältnisse beobachten ließen, mittels der Determinantenlehre WEISMANNS. Auf vorausberechenbare Zahlenverhältnisse bei der Spaltung von Merkmalen stießen dagegen die schwedischen Forscher P. K. W. BOLIN (1865–1943) und H. TEDIN (1860–1930) bei Kreuzungsversuchen an Gersten-, Erbsen- und Wickensorten (1890–1897) und der amerikanische Pflanzenzüchter W. J. SPILLMAN (1863–1931) an Winter- und Sommerweizen (1899–1901).[1] Das Problem der Merkmalsvererbung wurde also weltweit untersucht. Doch nur sorgfältige Versuche der Züchtungsforschung und weniger spekulative, mehr an Beobachtung und experimenteller Forschung orientierte Hypothesen auf zytologischem Gebiet brachten nach und nach haltbare Erkenntnisse.

11.6. Erneute Bestätigung und endliche Anerkennung der Mendelschen Regeln

Die im Anschluß an DARWINS Evolutionstheorie postulierten Vererbungshypothesen hoben die Bedeutung dieser Problematik für das Verständnis grundlegender biologischer Erscheinungen hervor, was durch die Einbeziehung neuer entwicklungsgeschichtlicher und zytologischer Erkenntnisse erhärtet wurde. Die gleichzeitig durch den Darwinismus angeregte Züchtungsforschung, die das Problem der Artveränderung und -bildung untersuchen wollte, drang bei der Ausführung ihrer Versuche nach und nach von der Betrachtung des Arttypus als Gesamtheit zur Beobachtung der erblichen Übertragung einzelner Merkmale vor. Die Vielzahl der seit der Mitte des Jahrhunderts ausgeführten züchterischen Experimentalstudien in der Pflanzen- und Tierkunde weist auf das große Interesse an den Fragen hin (eine Zusammenstellung der Arbeiten in der Botanik brachte das umfangreiche Werk von W. O. FOCKE 1881; eine solche für die zoologische Bastardforschung veröffentlichte Karl ACKERMANN 1897 für die Invertebraten und 1898 für die Vertebraten[2]). Obwohl zuerst einzelnen Botanikern die Originalpublikation (1866) von MENDEL und dann einer größeren Anzahl von Forschern über die Erwähnung der *Pisum*-Experimente durch FOCKE (1881) einige Ergebnisse MENDELS bekannt waren, setzten sie sich doch nicht eingehend genug mit diesen auseinander. Auch die deutschsprachigen sogenannten „Wiederentdecker" gingen nicht unmittelbar von der Veröffentlichung MENDELS aus. Nur C. E. CORRENS, dem der wissenschaftliche Nachlaß von C. W. NAEGELI und damit dessen Korrespondenz mit Mendel zugänglich war, kann daraus Anregungen bezogen haben. Aber die Probleme der Merkmalsübertragung und der Vererbung drängten als solche in den letzten Jahrzehnten des 19. Jh. zu einer Bearbeitung. Bleibende Lösungen, d. h. die Feststellung von Regelmäßigkeiten im Erbgang und ihrer Übereinstimmung mit den neuen entwicklungsgeschichtlichen, zytologischen und evolutionstheoretischen Er-

---

[1] Vgl. STUBBE 1965, S. 220 f.

[2] ACKERMANN, Karl: *Thierbastarde.* Zusammenstellung der bisherigen Beobachtungen über Bastardirung im Thierreich nebst Litteraturnachweisen. In: Abhh. Bericht XXXXII des Vereins für Naturkunde zu Kassel über das 61. Vereinsjahr 1896–97, Kassel 1897, S. 103–121; Idem: ibidem. In: Abhh. Bericht XXXXIII des Vereins für Naturkunde zu Kassel über das 62. Vereinsjahr 1897–1898, Kassel 1898, S. 1–79.

kenntnissen, konnten nur Forschern gelingen, die sowohl empirisch als auch theoretisch kenntnisreich waren und sorgfältig experimentell arbeiteten. Einzelne oder mehrere dieser Eigenschaften vereinigten die Autoren in sich, denen die Einsichten gelangen, die schließlich die Regeln MENDELS endgültig bestätigten.

In Auseinandersetzung mit den Lehren DARWINS begann der niederländische Botaniker Hugo DE VRIES, nachdem er sich mit pflanzenphysiologischen Problemen befaßt hatte, um 1880 die Möglichkeiten und Bedingungen der Variabilität zu erforschen. Seine Kreuzungsexperimente führten ihn bald zu der Einsicht, daß „Selbständigkeit und Mischbarkeit [...] die wesentlichsten Eigenschaften der erblichen Anlagen aller Organismen" seien (DE VRIES 1889, S. 26). Im Zusammenhang mit seiner Hypothese der *intracellularen Pangenesis* (1889) waren ihm die Annahme materieller Einheiten als Erbanlagen und die Zerlegung des Arttypus in einzelne Merkmale selbstverständlich geworden. Für solche konnte er auch das Auftreten „discontinuirlicher Variation" oder „Einzelvariation" wahrnehmen (1894). Nach mehrjährigen quantitativ ausgewerteten Kreuzungsversuchen mit verschiedenen Pflanzenrassen und -arten (*Phaseolus, Oenothera* u. a.) erhielt er schließlich dieselben gesetzmäßig auftretenden Zahlenverhältnisse bei der Vererbung antagonistischer Merkmale wie zuvor MENDEL, ohne daß er sich unmittelbar an dessen Arbeit angelehnt hatte (Abb. 148). Nachdem DE VRIES in seiner ersten kurzen Mitteilung vom Anfang des Jahres 1900 („*Sur la loi de disjonction des hybrides*", in den Berichten der Pariser Akademie der Wissenschaften) MENDELS Namen nicht erwähnt hatte, zitierte er ihn in der eingehenden Darstellung seiner Ergebnisse als seinen Vorläufer, die er an die *Berichte der Deutschen Botanischen Gesellschaft*, Bd. 18, am 14. März 1900 eingereicht hatte. Seine Versuchsergebnisse ließen ihn nun MENDELS frühere Feststellungen anerkennen:

„Aus diesen und zahlreichen weiteren Versuchen folgere ich, daß das von MENDEL für Erbsen gefundene Spaltungsgesetz der Bastarde im Pflanzenreich eine sehr allgemeine Anwendung findet, und daß es für das Studium der Einheiten, aus denen die Artcharaktere zusammengesetzt sind, eine ganz principielle Bedeutung hat." (DE VRIES 1900, S. 90).

In dieser Arbeit über *Das Spaltungsgesetz der Bastarde* beschrieb DE VRIES auch deutlich die Folgerungen für die Bastardforschung und Systematik; denn über die grundlegenden systematischen Einheiten Art, Unterart und Varietät wurde „eine vollständige Umwandlung der Ansichten" notwendig.

A. Nach künstlicher Kreuzung:

Dominirend	Recessiv	Rec.	Jahr der Kreuzung
Agrostemma Githago	nicaeensis . .	24 Proc.	1898
Chelidonium majus	laciniatum . .	26 „	1898
Hyoscyamus niger	pallidus . . .	26 „	1898
Lychnis diurna	L. vesp. (weiss)	27 „	1892
„ vespertina (behaart) . . .	glabra . . .	28 „	1892
Oenothera Lamarckiana	brevistylis . .	22 „	1898
Papaver somnif. Mephisto	Danebrog . .	28 „	1893
„ „ nanum (einfach) . .	gefüllt	24 „	1894
Zea Mays (stärkehaltig)	saccharata . .	25 „	1898

B. Nach freier Kreuzung z. B.:

Dominirend	Recessiv	Rec.	Versuchs- Jahr
Aster Tripolium	album	27 Proc.	1897
Chrysanthemum Roxburghi (gelb) .	album	23 „	1896
Coreopsis tinctoria	brunnea . . .	25 „	1896
Solanum nigrum	chlorocarpum .	24 „	1894
Veronica longifolia	alba	22 „	1894
Viola cornuta	alba	23 „	1899

Im Mittel aller dieser Versuche 24,93 Proc.

Die Versuche umfassten gewöhnlich einige hundert, bisweilen etwa 1000 Exemplare. Mit vielen anderen Arten erhielt ich entsprechende Resultate.

Abb. 148. Hugo DE VRIES: Quantitativ ausgewertete Züchtungsversuche an einer Reihe von Pflanzenarten und -rassen mit deutlich unterscheidbaren Merkmalen in dominierenden Erbgängen aus den neunziger Jahren. Er fand ebenfalls die Regeln der „Aufspaltung" von Merkmalen aus Bastarden nach bestimmten Zahlenverhältnissen. Aus H. DE VRIES: *Das Spaltungsgesetz der Bastarde*. In Berichte Dt. Botan. Gesellsch. *18* (1900), 83–90: S. 87 (Photo Deutsches Museum München).

„Es verlangt, daß das Bild der Art gegenüber seiner Zusammensetzung aus selbständigen Factoren in den Hintergrund trete. Die jetzige Bastardlehre betrachtet die Arten, Unterarten und Varietäten als die Einheiten, aus deren Combination wieder Bastarde erzielt und studirt werden sollen. Man unterscheidet zwischen Blendlingen der Varietäten und den echten Hybriden der Arten. Je nach Anzahl der elterlichen Typen spricht man von diphylen bis polyphylen Bastarden, von Tripel-, Quadrupel-Hybriden usw. Diese Betrachtungsweise ist nach meiner Ansicht für die physiologische Forschung aufzugeben. Sie genügt für systematische und gärtnerische Zwecke, nicht aber für eine tiefere Erkenntnis der Arten. An seine Stelle ist das P r i n c i p d e r K r e u z u n g d e r A r t m e r k m a l e zu stellen. Die Einheiten der Artmerkmale sind dabei als scharf getrennte Größen zu beachten und zu studiren [...]" (a. a. O., S. 84).

Aus den verschiedenen Organismenformen, die bis dahin unterschiedslos als „Varietäten" bezeichnet wurden, konnte nun die große Gruppe der Hybriden aus dem phylogenetischen Fragenkreis ausgeschlossen werden, nachdem sich die Biologen über ein Jahrhundert lang auf ihrer Suche nach den Mechanismen der Umwandlung der Arten und der Bildung neuer Arten durch sie hatten täuschen lassen.

Zugleich erhob sich damit die Frage nach der Form der Variabilität der Organismen, die das

Ausgangsmaterial für den natürlichen Selektionsprozeß liefert, umso eindringlicher. Auch hierauf glaubte DE VRIES bei seinen Studien eine deutliche Antwort gefunden zu haben. Mittels statistischer Registrierung von etwa 1885 bis 1895 beobachtete er als „neu entstehende Einzelvariation" einzelne, spontan entstandene, in Anzahl, Gestalt und/oder Größe vom Artcharakter sich unterscheidende Merkmale bei einer Reihe sowohl wild wachsender (*Caltha palustris, Potentilla anserina, Trifolium repens, Weigelia amabilis, Acer pseudo-platanus*) als auch durch ihn kultivierter Arten (*Oenothera Lamarckiana, Helianthus annuus, Coreopsis tinctoria, Anethum graveolens*). Durch Selektion und Weiterzüchten stellte er bei einer größeren Anzahl solcher „discontinuirlicher" Varianten ihre Konstanz durch mehrere Generationen hindurch fest (DE VRIES 1894, S. 197–207). Nach einer großen Menge von Versuchen nannte er die spontan auftretende erbliche Variabilität *Mutation* und beschrieb in seiner *Mutationstheorie* 1901–1903 einige Gesetzmäßigkeiten über den Mutationsmechanismus, durch den neue elementare Arten entstehen können. Seine Vorstellungen behielten Gültigkeit, obwohl nicht alle durch ihn beschriebenen Varietäten auch nach heutiger Auffassung Mutanten waren und *Oenothera* sich für die Kreuzungsversuche eigentlich nicht eignete.[1]

Gleichzeitig untersuchte ein weiterer holländischer Botaniker, der später als Mikrobiologe hervorgetretene Martinus Willem BEIJERINCK zwischen 1876 und etwa 1890 die Probleme des Ursprungs der Kulturweizensorten und der Verbesserung der Nutzungsmöglichkeiten von Kulturpflanzen mittels Kreuzungsexperimenten. Er stieß dabei bald auch auf MENDELS Arbeit, auf die er nach dessen eigener Aussage Hugo DE VRIES in den neunziger Jahren aufmerksam machte.[2] Seine Versuchsergebnisse ließen ihn die Regelhaftigkeit der Merkmalsspaltung bei der Bastardzüchtung ebenfalls wahrnehmen (BEIJERINCK 1884, 1888). Seit 1885 studierte er Variabilitäts- und Vererbungserscheinungen hauptsächlich an Mikroorganismen. Dabei beobachtete er gleichfalls das spontane Auftreten erbkonstanter Veränderungen, die er 1895 als „Variation" bezeichnete, und deren Bedeutung für die Artbildung er hervorhob. In seinen anschließenden Arbeiten stellte er wiederholt fest, daß die Mikroorganismen viel günstigere Objekte zur Erforschung der grundlegenden Probleme der Erblichkeit seien als höhere Organismen (BEIJERINCK 1895, 1900, 1912). Diese

Einsicht drang erst seit der Mitte des 20. Jh. in größerem Umfang in die genetische Forschung ein.

Das Scheitern vieler Autoren um die Jahrhundertwende war sicherlich auch durch die verwendeten ungeeigneten Objekte bedingt, bei denen die große Menge der sich verändernden Merkmale den Erbgang verhältnismäßig unübersichtlich machte, auch ein besonders sorgfältiges Vorgehen beim Experimentieren und eine große Anzahl von Versuchen erforderte. Aber noch immer waren nicht nur theoretisch begründete Fragestellungen der Vererbungserscheinungen der oder wenigstens der vordringlichste Gesichtspunkt, sondern vielmehr boten züchterische Probleme Anlaß zu Experimenten über die Veränderlichkeit der Eigenschaften höherer Pflanzen und Tiere.

Um die Wirkung von Kreuzungen zu untersuchen, über die DARWIN berichtet hatte (1868, 1876), daß sie einzelne Teile der Mutterpflanze zu verändern vermögen, und die FOCKE 1881 als „Xenien" beschrieben hatte, begann Carl Erich CORRENS 1894 mit Mais, anschließend auch mit Bohnen, Erbsen und weiteren Kulturpflanzen mehrjährige Versuche anzustellen. Die bei der fortgesetzten Züchtung der Hybriden schließlich aufgefallene gesetzmäßige Aufspaltung der Merkmale, die dann statistisch erfaßt wurde, wurde zuerst nur beiläufig beobachtet (CORRENS 1922). Erst bei der Ausarbeitung der Veröffentlichung stieß CORRENS (nach eigenen Worten) über die Zitate bei FOCKE (1881) auf MENDELS frühere Publikation über *Pisum*-Bastarde; wobei er feststellte, daß sie „zu dem Besten" gehört, „was jemals über Hybride geschrieben wurde [...]" (CORRENS 1900). Er übernahm MENDELS Bezeichnungen „dominierend" und „recessiv" und führte die Bezeichnung „MENDEL'sche Spaltungsregel" ein. In Weiterführung der die Grundlagen der Keimesentwicklung beachtenden Deutung MENDELS erklärte CORRENS die Aufspaltung der Erbanlagen durch die Verschmelzung der Kerne beider sexuell differenzierter Zellen und die nachfolgende Kernteilung bei der durch WEISMANN 1887 postulierten „Reduktionsteilung".[3] In einer „Nachschrift bei der Korrektur" des am 24. April 1900 ebenfalls zur Veröffentlichung in den *Berichten der Deutschen Botanischen Gesellschaft* (Bd. 18) eingereichten Artikels hob CORRENS die beschränkte

---

[1] Vgl. RENNER 1917, STUBBE 1965.
[2] Vgl. JAHN 1957/58 und STUBBE 1965, S. 229.

[3] Eine der Reduktionsteilung WEISMANNS ähnliche Hypothese hatten E. VAN BENEDEN 1883 und T. BOVERI 1888 (*Zellen-Studien*, H. 2, Jena, S. 5–7, 113) aufgestellt. Die mikroskopische Beobachtung der Reduktion des Chromosomensatzes bei der Reifeteilung gelang BOVERI schließlich 1903.

Gültigkeit der Spaltungsregel hervor. Damit grenzte er seine Auffassung gegen diejenige von DE VRIES ab, „der die Regeln sogleich als allgemeingültiges" Gesetz betrachtet hatte, welche Deutungsweise im Zeitalter des Positivismus in den Naturwissenschaften oft voreilig vorgenommen wurde.[1]) Möglicherweise erinnerte sich CORRENS, der die wissenschaftlichen Arbeiten und den Nachlaß NÄGELIS gut kannte und 1899 auch auf dessen Korrespondenz mit MENDEL gestoßen sein konnte, dann auch des vorsichtigen Urteils NÄGELIS gegenüber den empirischen Ergebnissen MENDELS und der von MENDELS Regeln abweichenden Resultate der *Hieracium*-Versuche. Wie es MENDELS Ziel gewesen war, die Allgemeingültigkeit der Regeln durch Experimente mit weiteren Objekten zu überprüfen, so widmete sich auch CORRENS anschließend der Erforschung der Reichweite der Regeln für die Bastardierungsvererbung (Abb. 149). Sein ganzes, bis 1927 ausgebautes Lebenswerk galt der näheren Untersuchung der Erscheinungen, die sich nach MENDELS Prinzipien erklären lassen, und auch der möglichen Deutung von Erscheinungen der „nicht-mendelnden" Vererbung. CORRENS erörterte u. a. das Problem der Geschlechtsbestimmung mittels Experimente mit Arten der Zaunrübe (*Bryonia alba* und *B. dioica*). Nachdem er zunächst Zweifel an der Möglichkeit, auch für eine Geschlechtsvererbung Gesetzmäßigkeiten erkennen zu können, äußerte (in seinem Kommentar zu entsprechenden Vermutungen, die MENDEL in einem Brief an NAEGELI 1870 in dem durch CORRENS 1905 herausgegebenen Briefwechsel andeutete), welche Möglichkeit ebenfalls STRASBURGER aufgrund zytologischer Beobachtungen annahm (1900), konnte CORRENS bis 1907 nachweisen, daß auch die Geschlechtsbestimmung „ein einfacher Vorgang" ist, der sich „den von MENDEL entdeckten Vererbungsgesetzen fügt [...]".[2]) Fragen der anwendungsbezogenen Pflanzenzüchtung führten den in der landwirtschaftlichen Botanik tätigen Österreicher, E. VON

Abb. 149. Carl Erich CORRENS in seinem Versuchsgarten in Berlin-Dahlem. Aus STUBBE 1965, Abb. 40.

TSCHERMAK-SEYSENEGG, zur Bastardierungsforschung. Angeregt durch DARWIN (1876) wollte er die Wirkungen der Kreuzung unterschiedlicher Individuen und verschiedener Varietäten untersuchen. Er nahm sich seit 1898 eine der Pflanzengruppen vor, bei denen DARWIN nur abweichende, unregelmäßige Ergebnisse erhalten hatte, während MENDEL gerade die Regelhaftigkeit festgestellt hatte: Varietäten von *Pisum sativum*. TSCHERMAK überprüfte ein viel umfangreicheres Hybridenmaterial als DARWIN hinsichtlich der Veränderungen der Samenproduktion, Farbe und Form der Samen und Hülsen, der Wuchshöhe der Pflanzen im Erbgang und verglich dieselben Merkmale bei aus Selbstbefruchtung hervorgegangenen Abkömmlingen unter Anwendung statistischer Methoden. Indem er wie weitere zeitgenössische Bastardforscher die Literatur aus dem Standardwerk von FOCKE (1881) ermittelte, stieß er auf MENDELS *Pisum*-Versuche und fand dessen Originalpublikation sofort in der Wiener Universitätsbibliothek. Seine eigenen, entsprechenden Ergebnisse ließen ihn die Bedeutung von MENDELS Methode und Folgerungen erkennen und würdigen. Daher betrachtete er seine Resultate, die er am

---

[1]) Nachdem nach wenigen Jahren viele Biologen in Deutschland MENDELS Regeln anerkannt und eine große Anzahl verschiedener Fachvertreter sie bestätigt hatten, bezeichnete auch CORRENS in seinem Hauptvortrag bei der Versammlung deutscher Naturforscher und Ärzte in Meran 1905 die Regeln als die drei „Mendelschen Gesetze" und überschrieb die ausführliche Publikation seiner Darstellung mit „Über Vererbungsgesetze" (1905 und 1912). Da er aber daneben den Ausdruck Regel wie ein Synonym gebrauchte, darf man der Verwendung des damals häufig benutzten Terminus „Gesetz" nicht zu viel Gewicht beimessen.
[2]) CORRENS 1907; zitiert nach BARTHELMESS 1952, S. 243 f.

12. Die Methodenfrage in der Biologie des 19. Jahrhunderts: Beobachtung oder Experiment?[1])

Hans QUERNER, Wernigerode

Das letzte Jahrzehnt des 19. Jh. ist gekennzeichnet durch eine besonders lebhafte Beschäftigung mit der Frage nach der „richtigen" Forschungsmethode in der Biologie. 1824 hatte der junge Johannes MÜLLER in seiner Antrittsvorlesung als Dozent in Bonn gesagt:

„Der Umgang mit der lebenden Natur geschieht durch Beobachtung und Versuch. Die Beobachtung, schlicht, unverdrossen, fleißig, aufrichtig, ohne vorgefaßte Meinung; – der Versuch künstlich, ungeduldig, emsig, abspringend, leidenschaftlich, unzuverlässig ..."
„Es ist nichts leichter, als eine Menge sogenannter interessanter Versuche zu machen. Man darf die Natur nur auf irgendeine Weise gewaltsam versuchen, sie wird in ihrer Not immer eine leidende Antwort geben [...] Entweder experimentiert man ins Geradewohl und fängt hinterher zu betrachten an, oder zum Wohl einer vorgefaßten Meinung wird so lange experimentiert, bis die Erfahrung [...] mit der Theorie zusammenstimmt." (MÜLLER 1825, zit. Nachdruck 1949, S. 269/70, 273)

MÜLLER hatte seinem Vortrag den Titel „Von dem Bedürfnis der Physiologie nach einer philosophischen Naturbetrachtung" gegeben. Der Text erschien gedruckt 1825 und auch 1826 als Einleitung zu dem Werk „Zur Physiologie des Gesichtssinnes des Menschen und der Thiere".[2])
Die oben angeführten Zitate benutzte Oskar HERTWIG mehr als 70 Jahre später in seiner Streitschrift „Mechanik und Biologie" – Heft 2 der „Zeit- und Streitfragen der Biologie" (1897). Er sah in den Worten MÜLLERS ein Argument für seine – HERTWIGS – Kritik an einem neuen Gebiet der Biologie, dem sein Begründer, der Anatom Wilhelm ROUX, den provozierenden Namen „Entwicklungsmechanik" gegeben hatte (vgl. 14.1.). – ROUX begann Mitte der 80er Jahre damit, die Frühentwicklung der Tiere mit

Hilfe von Experimenten zu untersuchen.[3]) Das erste „kausale Experiment", das er selbst durchführte, war die Aufhebung der Schwerkraft auf das sich entwickelnde Froschei. Bereits mehrere Jahre vorher forderte er immer wieder, experimentell nach den Ursachen der Entwicklung der Tiere, der Formbildung, zu suchen. Er stellte Thesen auf, die kaum Verständnis und Beachtung fanden, wie etwa die folgenden:

„Die kausale Forschungsmethode κατ᾽ ἐξοχὴν ist das Experiment"[4]) (ROUX 1895 a, S. 10)
„Mit den deskriptiven Forschungsmethoden sind überhaupt keine sicheren Beweise für ursächliche Zusammenhänge zu erbringen"[5]) (ROUX 1895 b, S. 75)
„Die Universalmethode des causalen Anatomen wird ebensowenig die Anwendung des Messers wie des Farbstoffes oder des Maßes, sondern einzig die Geistesanatomie, das analytische, causale Denken sein (das sich des analytischen Experiments bedient)"[6]) (ROUX 1895 b, S. 23)

Sehen wir vom Pathos und den merkwürdigen Begriffen „Geistesanatomie" und „causaler Anatom" ab, so verstehen wir ohne weiteres, daß hier dem Experiment die absolute Priorität bei der Erforschung der Ursachen in der Biologie zugesprochen wird. Die meisten Biologen des 20. Jh. werden dieses Postulat für selbstverständlich halten und sich darüber wundern, daß es je

---

[1]) Diesem Kapitel liegen zwei überarbeitete und ergänzte Vorträge von QUERNER (1975 und 1980) zugrunde.
[2]) Vgl. dazu auch KOLLER 1958, S. 46.

[3]) ROUX benutzte bei seinen wenigen Experimenten Frösche und verallgemeinerte die Ergebnisse, die er an dieser Art gewonnen hatte. DRIESCH dagegen hatte nur mit Seeigeln experimentiert und übertrug seine Ergebnisse ebenfalls auf „die Tiere". s. u. S. 426 und Kap. 14.1.! Vgl. dazu R. MOCEK 1974 und H. QUERNER 1977.
[4]) Aufgaben der Entwicklungsmechanik. In: Archiv der Entwicklungsmechanik der Organismen. Bd. I, 1895, S. 10. (hier zitiert nach Oscar HERTWIG 1897, S. 62.)
[5]) Gesammelte Abhandlungen über die Entwicklungsmechanik der Organismen. Bd. II, 1895, S. 75. (hier zitiert nach Oscar HERTWIG 1897, S. 63.)
[6]) Gesammelte Abhandlungen über die Entwicklungsmechanik der Organismen. Bd. II, 1895, S. 23. (hier zitiert nach Oscar HERTWIG 1897, S. 62.)

Erfolg. Wie später SCHLEIDEN, so hatte auch er unter Berufung auf KANT (1804)[1] gefordert, die Naturgeschichte auf den Stand der mathematischen Beweisführung zu heben, wie sie für die Bewegungslehre kennzeichnend ist. Man suchte den NEWTON der belebten Natur. CUVIER unterscheidet die Mechanik (Bewegungslehre) als eine bereits vollkommen mathematische Wissenschaft, die Chemie als eine des Experiments – die Naturgeschichte aber werde in großen Teilen noch für lange Zeit eine Wissenschaft der Beobachtung bleiben (CUVIER 1817, I, S. 5). – Während die bisherige meist physiologisch, d. h. auf Funktionen hin orientierte vergleichende Anatomie (vgl. 5.1.1. und 6.3.2.) noch nicht zum Erkennen von Gesetzmäßigkeiten für ein natürliches System geführt hatte, entwickelte CUVIER sie zu solcher Perfektion, daß aus dem anatomischen und morphologischen Vergleich „Verwandtschaften" im Tierreich erkannt werden konnten und CUVIER in der Lage war, aus einem einzelnen Körperteil auf die Gestalt und Organisation des Gesamtorganismus zu schließen. Er nutzte diese Möglichkeit, um anhand eines fossilen Bruchstückes, z. B. eines Kiefers, auf die Art des Gebisses und damit auf die innere Organisation des Verdauungstraktes und auf die Gestalt der Extremitäten zu schließen und ein Fossil in eine Verwandtschaftsgruppe des „natürlichen Systems" einzuordnen (CUVIER 1812, Bd. 1: *Grundsätze der Bestimmung fossiler Knochen*; nach d. dt. Übers. von NÖGGERATH 1830).

Schon früh hatte CUVIER die Idee, von den am Skelet erkennbaren Ansatzstellen der Muskulatur auf deren Ausbildung zu schließen, sie im Geiste zu rekonstruieren und mit Haut zu überziehen, so daß er aus einem einzelnen Knochen das ganze Tier hervorzuzaubern konnte. Mit der Methode des Vergleichs hatte CUVIER das erste Gesetz der Morphologie unmittelbar entdeckt: Die *Korrelation der Teile* innerhalb eines Organismus.[2]

Damals war die Methode des Vergleichs und die Anwendung des Prinzips der Korrelation neuartig und besonders bedeutungsvoll für die Entste-

hung der Paläontologie. Die Methode CUVIERS ermöglichte es V. O. KOVALEVSKIJ nach seinem Studium bei HAECKEL und GEGENBAUR in Jena, die fossilen Pferde zu analysieren und – indem er die für die typologische Morphologie erfundene Methode mit der Deszendenztheorie verband – einen Stammbaum der Pferde aufzustellen (V. O. KOVALESKIJ 1873; vgl. dazu USCHMANN 1955/56).

Die vergleichende Anatomie und Morphologie der ersten 60 Jahre des 19. Jh. und die damit verknüpfte Artenfrage erhielt durch die Deszendenztheorie eine „mechanistische" Erklärung, die dem Kausalbedürfnis in der Mitte des 19. Jh. entsprach. Dadurch wuchs die Bedeutung der Gestaltlehre, der *Morphologie*, erneut; sie wurde die bevorzugte Methode der jungen Evolutionstheorie und fachte zugleich mit der Auseinandersetzung um diese erneut die Methodendiskussion an, die bereits vor der Jahrhundertmitte in der Auseinandersetzung zwischen dem Physiologen Carl LUDWIG und dem Zoologen Rudolf LEUCKART eskaliert war, als dieser die Berechtigung der morphologischen Methode gegen LUDWIGS Abwertung verteidigte (s. QUERNER 1980, S. 118).

Als Ernst HAECKEL seine „Generelle Morphologie der Organismen" (1866) verfaßte, war er dem kritischen Standpunkt der Physiologen gegenüber der idealistischen Morphologie durchaus nahe und bestätigte, daß die Physiologie nach „wahren, bewirkenden, mechanischen Ursachen" suche und „monistisch" sei, während die bisherige Morphologie dualistisch, teleologisch und vitalistisch sei. HAECKEL wollte diesen Zustand ändern und für eine neu zu begründende Morphologie eine Methodenlehre vorlegen. Der Untertitel seines großen Werkes weist den Weg dazu: *„Allgemeine Grundzüge der organischen Formen-Wissenschaft, mechanisch begründet durch die von Charles Darwin reformierte Descendenz-Theorie"*. Der Schüler von Johannes MÜLLER und Verehrer von M. J. SCHLEIDEN zitiert in seinem programmatischen Frühwerk zwar häufig Passagen aus SCHLEIDENS „*Grundzügen einer wissenschaftlichen Botanik*" (s. o.) – von der zweiten Auflage an unter dem Titel *„Die Botanik als inductive Wissenschaft"* (1845) – aber die Standorte von SCHLEIDEN und HAECKEL unterscheiden sich deutlich voneinander. HAECKEL betonte die Notwendigkeit der Philosophie neben der Empirie weit mehr als SCHLEIDEN und forderte stärker eine Ergänzung von Induction und Deduction. In seiner „kritischen und methodologischen Einleitung in die Generelle Morphologie der Organismen" fragt er nach den „morphologischen Naturgesetzen" (HAECKEL 1866, S. 4f). Als Antwort auf diese

---

[1] KANT 1804: „In beiden [rationale Naturlehre und rationale Seelenlehre] kann nur soviel Wissenschaft sein, als darin Mathematik, d. i. Konstruktion der Begriffe, angewandt werden kann." (Zitat nach der Ausgabe Darmstadt 1966, Hrsg. Wilhelm WEISCHEDEL Bd. III, S. 621)

[2] s. dazu vor allem die Einleitung zu dem Werk „Recherches sur les ossemens fossiles des quadrupèdes", „Discours sur les révolutions de la surface du globe, et sur les changemens qu'elles ont produits dans le règne animal". Die „Discours …" sind später gesondert gedruckt und ins Deutsche und Englische übersetzt worden. (s. J. NÖGGERATH, Bonn 1822 und 1830)

Frage gibt er das *Biogenetische Grundgesetz* an, das besagt: Die Indivualentwicklung ist die abgekürzte Rekapitulation der Stammesgeschichte (vgl. 10.2.3.). Zu diesem *Gesetz*, das eine bemerkenswerte Vermengung von Empirie und Spekulation darstellt, fügte er später seine *Gastraea-Theorie* hinzu, in der er ein bestimmtes frühes Entwicklungsstadium vieler Tiere, den Becherkeim oder die Gastrula, als Ahnenform aller mehrzelligen Tiere ansieht (s. dazu GRELL 1979).

Kennzeichnend für diese Art der Morphologie ist es, daß HAECKEL die *Gastraea-Theorie* unter dem Titel *Philosophie der Kalkschwämme* (1872)[1] erscheinen ließ, was einen Widerstand gegen HAECKELS Beweisführung hervorrief. In diesem Zusammenhang prägte Carl SEMPER den Begriff *Haeckelismus*, was bedeutet,

„unsere Wissenschaft [die Zoologie] durch speculative Ausbeutung des Darwinismus und Verfolgung desselben in die, über die momentan bestehenden Gränzen hinausliegenden Gebiete zu einer deductiven Wissenschaft, also zu Naturphilosophie oder Metaphysik zu machen" (SEMPER 1876, S. 25).

Der methodische Ansatz, der im „Biogenetischen Grundgesetz" enthalten ist, verweist auf die Entwicklungsgeschichte der Tiere. Die Embryologie war ein Teilgebiet der Anatomie und wurde durch die Methode des Vergleichens seit den 20er Jahren des 19. Jh. außerordentlich erfolgreich. Diese Methode gab der These von der Verwandtschaft der Formen, der Zurückführung der Mannigfaltigkeit auf wenige Typen, eine allgemein anerkannte Begründung. Die Entdeckung der Keimblätter zunächst bei den Wirbeltieren (VON BAER 1828; REMAK 1855), dann die Homologisierung entsprechender Primäranlagen bei Wirbellosen (SIEBOLD 1845; Th. H. HUXLEY 1858), haben die Entwicklungsgeschichte zu einem besonders wichtigen Teil für die vordarwinistische und spätere Morphologie gemacht.

K. E. VON BAER hatte im Untertitel seines Hauptwerkes (1828) einen Hinweis auf die anzuwendende Methode gegeben: *Beobachtung und Reflexion*, nachdem er sich schon sieben Jahre zuvor allgemein zur Methodenfrage geäußert hatte:

„Zwei Wege sind es, auf denen die Naturwissenschaft gefördert werden kann, Beobachtung und Reflexion. Die Forscher ergreifen meistens für den einen von beyden Parthei. Einige verlangen nach Thatsachen; andere nach Resultaten und allgemeinen Gesetzen, jene nach Kenntnis, diese nach Erkenntniß, jene möchten für besonnen, diese für tiefblickend gelten …" (VON BAER 1821, S. 31).[2]

SCHLEIDEN hatte in seiner Methodologie der Botanik die Entwicklungsgeschichte als wichtigstes Forschungsgebiet angegeben (s. o.); sie wurde dies durch die von SCHWANN (1839) formulierte Zellentheorie auch für die Zoologie und führt noch deutlicher zur eigentlichen Methodenfrage in der Biologie des 19. Jh. In dem damals viel beachteten Werk von Carl BERGMANN und Rudolf LEUCKART heißt es über die Morphologie:

„Wird es einst gelungen sein, aus dem uns noch unauflöslichen Knäuel von bewirkenden Ursachen, welche der Formentwicklung der Thiere zu Grunde liegen, irgend ein Fädchen hervorzuziehen, dann wird auch die Morphologie zu einem Theile der Physiologie werden […], so wird man einst Wege zu eröffnen suchen, um die bewirkenden Ursachen der Anordnung der Organe zu ermitteln: man wird eine Physiologie der Plastik dereinst anstreben" (BERGMANN & LEUCKART 1852, S. 35/36).

Von diesen Autoren wurde also eine Physiologie der Formbildung vorausgesagt, aber ein Weg, eine Methode wurde nicht gewiesen. Noch 24 Jahre später schrieb Otto BÜTSCHLI in seiner ersten bedeutenden Arbeit:

„Die Morphologie begreift nur eine Seite des gesammten Wesens organischer Gestalten, da diese auch einzeln, aus den gegebenen Grundlagen und Bedingungen ihres Hervorgehens sich erklären lassen müssen. Nur diese Auffassung der Morphologie der organischen Wesen, jetzt noch ein nebelhafter Traum der fernsten Zukunft, würde das leisten können, was sich die heutige Morphologie meiner Ansicht nach mit Unrecht zuschreibt: nämlich die kausale mechanische Erklärung der organischen Gestalten" (BÜTSCHLI 1876, S. 213).

Diese Forderung nach einer mechanischen Erklärung der Formbildungsprozesse war damals nicht neu, schon Hermann LOTZE hatte in seiner *Allgemeinen Physiologie des koerperlichen Lebens* eine „Mechanik der Gestaltbildung" skizziert und darzustellen versucht, wie durch mechanische „Verschiebungen, Dehnungen und Verwachsungen" die Teile des Keims „allmählich in die Lageverhältnisse" gerückt werden, „die sie später einnehmen sollen" (LOTZE 1851,

---

[1] Das Werk „Die Kalkschwämme" besteht aus zwei Textbänden und einem Bild-Atlas. Der erste Band, „Genereller Teil", trägt den Titel „Biologie der Kalkschwämme". Er ist in vier Abschnitte gegliedert: Einleitung in die Biologie der Kalkschwämme, Morphologie der Kalkschwämme, Physiologie der Kalkschwämme, Philosophie der Kalkschwämme. Hier ist unter dem Titel „Die Keimblätter-Theorie und der Stammbaum des Thierreiches" die Gastraea-Theorie dargestellt, noch ohne Verwendung dieses Namens.

[2] Anlaß für die kleine Schrift „Zwei Worte über den jetzigen Zustand der Naturgeschichte", Königsberg 1821, war die Eröffnung des Zoologischen Museums. Das Zitat steht am Anfang des zweiten Vortrages (vgl. RAIKOV 1968, S. 49 f.).

S. 342–343). Diese „Mechanik" aber „kausal" zu erklären, versuchte der Anatom Wilhelm His (1874) durch ein „Wachstumsgesetz". Von der Vorstellung ausgehend, daß die Gestaltungen im Hühnerembryo durch ein ungleiches Wachstum der Keimscheibe – eines unvollkommen elastischen Körpers – bedingt sind, was rein mechanisch, durch Bewegungsvorgänge, durch Faltungen hervorgerufen werden müsse, suchte er eine mathematische Analyse dieser Bewegungsvorgänge durchzuführen. Damit scheiterte er jedoch, wies aber den Vorschlag eines Physiologen, diese Bewegungsvorgänge (z. B. die Entstehung des ersten Primitivorgans, der Medullarrinne) experimentell zu untersuchen, weit von sich.

Auch der Zoologe Alexander Goette postulierte ein „Formgesetz" und forderte eine kausale, nicht die phylogenetische Deutung der Formen (1875). Gegen diese beiden kausalmechanischen Erklärungsversuche der tierischen Gestalt wandte sich Haeckel scharf in seiner polemischen Schrift *Ziele und Wege der heutigen Entwicklungslehre* (1875), in der er die methodisch nicht auf der phylogenetischen Deutung beruhenden Tendenzen zurückweist. Wie er waren viele Zoologen der Meinung, daß die phylogenetische die gesuchte kausale Erklärung darstelle.

Wenig später erklärte auch der Anatom August Rauber in seiner Schrift *Formbildung und Formstörung in der Entwicklung von Wirbeltieren* (1880), es müsse eine neue Wissenschaft begründet werden, die „Zellenmechanik"; mit ihrer Hilfe solle die Entwicklungsgeschichte in Mechanik aufgelöst werden. Diese Forderungen leiten unmittelbar zur Begründung der Entwicklungsmechanik durch Wilhelm Roux und damit zur „experimentellen Biologie" über.

In der Botanik gab es ähnliche Entwicklungen (z. B. Kontroversen zwischen Sachs und Schwendener; vgl. 16.2.), wenn auch nicht in so polemischer Form. In den 90er Jahren erschienen mehrere Werke der Botanik, die für die Frage nach der Stellung und Methode der Morphologie interessant sind, 1890 eine „Allgemeine Morphologie der Pflanzen" von F. Pax, 1892/93 ein 2bändiges „Lehrbuch der Botanik" von A. Frank; beide vertreten den Standpunkt der idealistischen Morphologie. 1897 erschien die 2. Auflage der Pflanzenphysiologie von Wilhelm Pfeffer. In der Definition der Aufgaben der Physiologie nennt er die „Entwicklungsmechanik", die er allerdings als ein Spezialgebiet nicht in einem Lehrbuch abhandeln will. Das bedeutendste Werk dieser Jahre ist die „Organographie der Pflanzen", dessen erster Teil 1898 herauskam. Der Verfasser, Karl Goebel (1855–

1932), versuchte, die Formen weder vorwiegend phylogenetisch noch idealistisch noch auch rein physiologisch zu erklären. Im Vorwort heißt es:

„Wenn der Teil der Botanik unserer Tage, den man gewöhnlich als Morphologie bezeichnet, einst einen Geschichtsschreiber finden sollte, so wird dieser die letzten Jahrzehnte unseres Jahrhunderts wahrscheinlich als eine Übergangsperiode bezeichnen. Solche Übergangszeiten sind dadurch gekennzeichnet, daß die früher herrschend gewesenen Richtungen, nachdem das geleistet haben, was ihnen eigentümlich war, sich ausgelebt haben. Die neuen Bestrebungen, naturgemäß mit den alten und untereinander oft im Kampfe, haben noch keine allgemeine Anerkennung gefunden. Man sieht aber, daß die Dinge nicht so einfach liegen, wie man früher glaubte, daß das alte Schema vielfach nicht mehr passen will."

12.2. Der Übergang zur experimentellen Methode in der Biologie des 19. Jahrhunderts

Das Wort Experiment hatte bis in die Renaissance die Bedeutung von Erfahrung, unser Experiment hieß *manum industria* (Werk der Hände). In der Neuzeit ist es Francis Bacon, der in seinem *Novum Organum* die bewußt herbeigeführte Erfahrung fordert, die *experientia quaesita*. Er entwirft Pläne für experimentelle Forschungen. Ende des 17. Jh. unterscheidet der Philosoph Christian Wolff das *experimentum* von der *observatio* als eine Erfahrungsweise, zu der es methodischer Veranstaltungen des Menschen bedarf. Kant hat sich in der *Kritik der reinen Vernunft* mit der Methode der Naturforschung beschäftigt:

„Sie [die Naturforscher] begriffen, daß die Vernunft nur das einsieht, was sie selbst nach ihrem Entwurfe hervorbringt, daß sie mit den Prinzipien ihrer Urteile nach beständigen Gesetzen vorangehen und die Natur nötigen müsse, auf ihre Fragen zu antworten, nicht aber sich allein gleichsam am Leitbande gängeln lassen müsse [...] Die Vernunft muß mit ihren Prinzipien in der einen Hand und mit dem Experiment [...] in der anderen an die Natur gehen, zwar um von ihr belehrt zu werden, aber nicht in der Qualität eines Schülers, der sich alles vorsagen läßt, was der Lehrer will, sondern eines bestallten Richters, der die Zeugen nötigt, auf die Fragen zu antworten, die er ihnen vorlegt." (Kant 1787. Vorrede zur 2. Auflage) Hier zitiert nach der Ausgabe Darmstadt 1966, Bd. II der Werke in sechs Bänden (S. 23).

Etwa in der gleichen Zeit schrieb Goethe seinen Aufsatz *Der Versuch als Vermittler von Ob-*

jekt und Subjekt (1793). Er warnt darin, nichts sei „gefährlicher als irgendeinen Satz unmittelbar durch Versuche beweisen zu wollen". Denn – so begründet er seine Warnung:

„Eine jede Erfahrung, die wir machen, ein jeder Versuch, durch den wir sie wiederholen, ist eigentlich ein isolierter Teil unserer Erkenntnis, durch öftere Wiederholung bringen wir diese isolierte Kenntnis zur Gewißheit." (hier zitiert nach der Hamburger Ausgabe, Band XIII, 5. Aufl. 1966, S. 15).

Im 18. Jh. benutzte man übrigens die Begriffe „natürliche Wahrnehmung" und „künstliche Beobachtung" als Bezeichnung für die beiden Verfahren der empirischen Erfahrung. Das Experiment wurde damals weitgehend als ein Weg im Bereich der Naturlehre, also in Physik und Chemie angesehen. Obwohl zu dieser Zeit mithin nicht bewußt über experimentelle Methoden in Anwendung auf die organische Natur reflektiert wurde, sind Experimente in großem Umfang ausgeführt worden (vgl. 6.3.2.). So wurden viele Jahre hindurch unzählige Regenerationsexperimente durchgeführt, man denke nur an TREMBLEY, RÉAUMUR, BONNET und SPALLANZANI. Sie liegen uns scheinbar fern mit ihren Spekulationen über den Unterschied von Pflanze und Tier, über Präformation oder Epigenese und über Lebenskraft und Bildungstrieb. Bemerkenswert ist es, daß noch 100 Jahre später Wilhelm ROUX die Ergebnisse seiner Versuche am Froschei als Beweis für eine Präformation des Keimes ansah und die alte Frage wieder zur Diskussion stellte, daß ferner die „Lebenskraft" von DRIESCH in seinem Neovitalismus postuliert wurde, eine Denkrichtung, die ihren Ausgangspunkt unmittelbar in den Experimenten über die Potenz der ersten Blastomeren des Seeigels hat. Der Gestalt der Organismen und ihrer Entstehung haftet offenbar mehr noch als der Funktion des Lebendigen etwas an, das zu spekulativer Deutung nötigt (s. QUERNER 1977).

Im 18. Jh. wurde das Experiment vor allem zunächst in der Botanik mit Gewinn benutzt, wobei es kaum ein Zufall ist, daß dies zunächst von Physikern und Chemikern ausging, die die Pflanzen als Mittel zur Prüfung der Luftqualität oder zur Reaktion auf elektrische Reize verwendeten, wie PRIESTLEY und LAVOISIER oder GIRTANNER und A. VON HUMBOLDT (vgl. 7.1.2.). Zur experimentellen Methode verfaßte bereits der von BONNET zum Experimentieren angeregte Jean SENEBIER eine detaillierte Anleitung in seinem *Essai sur l'art d'observer et de faire des experiences* (1775).

In der Tierphysiologie, die ihre Erkenntnisse mehr durch Beobachtung aus der funktionell aufgefaßten Anatomie gewann, wurde erst im 19. Jh. die Frage nach der Bedeutung und der Methode des Experimentes explizit gestellt. So heißt es in einem Aufsatz von Ignaz DÖLLINGER, *Von den Fortschritten welche die Physiologie seit Haller gemacht hat*:

„Eine Naturforschung, die auf den Zufall warten muß, welcher ihr das Beobachten gestattet, kann nur langsame Fortschritte machen; die Höhe, zu welcher alle Naturwissenschaften gelangen, verdanken sie dem gewaltsamen Herbeiführen der zu beobachtenden Erscheinungen, dem Experimente" (DÖLLINGER 1824, S. 15).

Die führenden Physiologen wie Johannes MÜLLER, Jean Evangelista PURKYNÈ oder Rudolf WAGNER sahen in der Physiologie nicht eine experimentelle Wissenschaft, sondern eine höhere Anatomie, wenngleich auch Experimente durchgeführt wurden. Im *Handwörterbuch der Physiologie*, herausgegeben 1842–1853 von R. WAGNER, findet sich kein Artikel über „Methoden" oder über das „Experiment".

In Frankreich dagegen hatte schon zu Beginn des 19. Jh. die experimentelle Methode Geltung erlangt. In Paris führte der Nachfolger von BICHAT, François MAGENDIE, im großen Umfang Experimente zur Ernährungs- und Nervenphysiologie am lebenden Tier durch. Seine Grundsätze und Ziele hat er in den *Précis êlementaire de physiologie* (1816–1817) mit vielen Einzelergebnissen dargestellt, aber keine methodischen oder theoretischen Verallgemeinerungen mitgeteilt (ROTHSCHUH 1953). Die entscheidende programmatische Schrift für die experimentelle Physiologie verfaßte der Schüler und Nachfolger von MAGENDIE, Claude BERNARD, mit seiner *Introduction á l'étude de la médicine expérimentale* (1865), in der auf vielen Seiten das Lob der experimentellen Methode zum Ausdruck kommt (zu BERNARD s. a. RHEINBERGER 1994). Für BERNARD ist es nur das Experiment, das über die Vorgänge in der belebten Natur etwas aussagt:

„Die experimentelle Methode ist die Methode der Wissenschaft; sie verkündet die Freiheit des Geistes und des Gedankens. Sie wirft nicht nur das Joch der Philosophie und der Theologie ab, sie duldet auch nicht die persönliche Autorität in der Wissenschaft. Das ist nicht Stolz und Hochmut; im Gegenteil, der Experimentator erweist sich als demütig, wenn er die Autorität der Person ablehnt, denn er zweifelt an seinen eigenen Erkenntnissen und stellt die Autorität der Menschen weniger hoch als die der Erfahrung und der Naturgesetze." (BERNARD 1865, S. 69; s. u. S. 427, Anm. 2!

In der Experimentalwissenschaft, so sagt er, sind zwei Dinge zu unterscheiden, die Methode und die Idee.

„Die Methode hat die Aufgabe, die Idee zu lenken, die vorwärts drängt zur Deutung der Naturvorgänge und zur Erforschung der Wahrheit [...] Man muß in dem Bekenntnis seiner Idee kühn und frei sein, seinem Gefühl folgen und sich nicht zu sehr durch kindliche Furcht vor Widersprüchen mit der Theorie hemmen lassen. Wenn man von den Grundsätzen der experimentellen Methode durchdrungen ist, hat man nichts zu fürchten" (a. a. O., S. 65).

Eng verbunden mit der „experimentellen Methode" ist die Überzeugung von der Determiniertheit der Naturvorgänge.[1])
Thesenartige Kapitelüberschriften lassen die enge Verknüpfung der Anschauung von der experimentellen Methode mit allgemeinen Vorstellungen über die Wissenschaft erkennen. In prägnanten Sätzen bringt BERNARD seine diesbezügliche Überzeugung zum Ausdruck:

„Die Bedingungen für das Auftreten der Naturvorgänge sind absolut determiniert, sowohl bei lebenden als auch bei unbelebten Körpern" (BERNARD 1865, S. 101). „Um zum Determinismus der Vorgänge in den biologischen Wissenschaften wie in den physikalisch-chemischen zu gelangen, muß man die Vorgänge auf definierte und möglichst einfache Versuchsbedingungen zurückführen" (a. a. O., S. 106). „In den biologischen Wissenschaften ist der Determinismus ebenso wie in den physikalisch-chemischen möglich, denn in den lebenden Körpern wie in den unbelebten kann die Materie keinerlei Spontaneität haben" (a. a. O., S. 114). „Der Grundsatz des experimentellen Determinismus läßt keine Widersprüche zu" (a. a. O., S. 245).[2])

In den 60er Jahren des 19. Jh. wirkten im deutschsprachigen Raum die großen Physiologen Carl LUDWIG (1816–1896), Emil DU BOIS-REYMOND (1818–1896), Ernst BRÜCKE (1819–1892) und Hermann HELMHOLTZ (1821–1894); für sie war die Anwendung der experimentellen Methode in der Physiologie selbstverständlich. Warum verstand man 20 Jahre später Wilhelm ROUX nicht, als er die experimentelle Anatomie forderte?
Diese Frage führt wieder zur Morphologie und ihrer Stellung im System der Wissenschaften. Bei BERNARD ist ein ganzes Kapitel der These gewidmet, daß die Anatomie nur eine Hilfswissenschaft der Physiologie sei, für sich allein unzulänglich. Die Anatomie habe die Wissenschaft von Anfang an beherrscht, und der anatomische Aspekt zähle noch jetzt viele Anhänger. Dabei sei die Anatomie eine viel einfachere Wissenschaft als die Physiologie und müsse ihr schon deswegen untergeordnet werden. „Die Anatomie ist für sich allein eine unfruchtbare Wissenschaft; sie hat nur Existenzberechtigung, weil

[...] sie für Physiologie und Pathologie nützlich sein kann" (a. a. O., S. 152 ff.).
Als ROUX die oben zitierten Gedanken aussprach, interessierte sich die Mehrheit der Biologen und der Anatomen für die neue Wissenschaft der Entwicklungsmechanik, d. h. für die experimentelle Embryologie oder experimentelle Biologie, wie es bald verallgemeinernd hieß, nicht. Das, was ROUX wollte, die Entwicklung des einzelnen Organismus kausal, d. h. experimentell erforschen, das verstanden die meisten seiner Kollegen schon von der Fragestellung her nicht. Die vergleichende Morphologie war doch seit Jahrzehnten mit bestem Erfolg auf dem Wege, die Gestaltungen zu erklären, ein volles Verständnis für sie zu schaffen. Wozu sollte die Entwicklungsmechanik dienen? Nicht nur Ernst HAECKEL sah sie als etwas völlig Unnützes an. Wie wenig die Fragestellung verstanden wurde, ersieht man aus der Argumentation von Oscar HERTWIG. HERTWIG hatte zwar selbst experimentell gearbeitet, z. B. über die Frühentwicklung des Seeigels, und er weist auch darauf hin, schreibt jedoch:

„Es kann nicht genug betont werden, daß Beobachtung das allgemeine und einzige Mittel ist, durch welches sich unser Geist in bewußter Weise mit der Außenwelt in Verbindung setzt. Ihr verdanken wir das unendliche Material von Vorstellungen, welche uns unsere verschiedenen Sinne von den uns umgebenden Dingen übermittelt haben, und welche uns für weitere Denkprozesse zum Ausgang dienen" (O. HERTWIG 1897, S. 63/64).

Er ist der Ansicht, daß die Beobachtung nicht nur Material vermittelt, sondern ursächliche Erkenntnis. Allerdings könnten die Dinge nur Gegenstand kausaler Erkenntnis sein, soweit sie sich verändern. Darin sieht O. HERTWIG den grundsätzlichen Unterschied der Methodik der anorganischen Wissenschaften gegenüber den organischen:

„Hier bietet sich unserer Beobachtung ein grosser Unterschied zwischen der unorganischen und der organischen Natur dar. Im Gegensatz zu letzterer sind die unorganischen Körper verhältnismäßig unveränderlich. [...] Hier hat sich der mit Bewusstsein beobachtende, d. h. der die Natur erforschende Geist des Menschen ein mächtiges Hilfsmittel in dem Experiment bereitet. Er zwingt die Stoffe, sich zu verändern, und gewinnt so die Möglichkeit, eine ganz neue Welt von Erscheinungen und gegenseitigen Beziehungen zu entdecken." (a. a. O., S. 65).

Aber auch dabei verhalten sich „Experiment und Beobachtung wie Mittel zum Zweck". Das Experiment ist das Mittel, das neue Wege zur Beobachtung erschließt. Es gäbe daher manche, die zwar experimentieren, aber nichts entdecken, eben weil es ihnen an der Gabe der Beobachtung fehle.

---

[1]) Zu diesen erkenntnistheoretischen Voraussetzungen experimenteller Methoden vgl. ROTHSCHUH 1976.
[2]) Alle Zitate nach der deutschen Übersetzung von Paul SZENDRÖ in: Sudhoffs Klassiker der Medizin, Bd. 35. Leipzig 1961.

Für die organische Natur liegen die Voraussetzungen zur Erkenntnis ganz anders. Der Beobachter findet „eine unerschöpfliche Fülle von Veränderungen, die ein ergiebiges Feld für Entdeckungen darstellen". Im Bereich des Biologen „ist es gar nicht notwendig, erst einen spröden Stoff durch das Experiment gewaltsam zu Veränderungen zu zwingen. Daher kann die Biologie in ausgedehntem Maße eine nur unmittelbar beobachtende Wissenschaft sein". Das gilt besonders für die Embryologie, denn vom befruchteten Ei zum fertigen Organismus folgt ja eine Veränderung auf die andere! Und diese Stadien stehen immer im Verhältnis von Ursache und Wirkung zueinander. Im Entwicklungsprozeß „legt die Natur dem Forscher ihre Geheimnisse offen vor", biete ihm eine Quelle unermeßlicher Erkenntnis, die nicht erst durch das Experiment erschlossen zu werden brauche (*Biogenesis*).

Zwei Beispiele führt O. HERTWIG an zum Beweis für die Unzulänglichkeit des Experimentes und für die Zuverlässigkeit der Beobachtung. SPALLANZANI und später LEUCKART hätten die Frage der Befruchtung mit Hilfe des Experiments untersucht; sie filtrierten die Samenflüssigkeit. Mit dem Filtrat konnten sie die Entwicklung des Eies in Gang setzen. Der Schluß, daß die Samenfäden das befruchtende Prinzip seien, wäre jedoch unsicher, es könnten ja auch anhaftende Stoffe anderer Art wirksam sein. Aber die direkte Beobachtung des Befruchtungsvorganges bewies dann, daß die Befruchtung eine Verschmelzung zweier Zellen darstellt. Und vorher hatte KÖLLIKER durch Beobachtung festgestellt, daß die Samenfäden nicht Parasiten, sondern umgewandelte Zellen sind.

Schließlich habe man durch Beobachtung erfahren, daß in Ei- und Samenkern äquivalente Mengen von Chromatin enthalten sind und daß dieses Chromatin jeweils in gleichen Mengen auf die Furchungszellen verteilt wird. So sei allein mit Hilfe nichtexperimenteller Methoden ein großes Gebiet der Entwicklungslehre in kurzer Zeit aufgeklärt und ein sicheres Fundament geschaffen, auf dem die Lehre der Vererbung bauen könne.

Das zweite Beispiel ist der Physiologie entnommen, obwohl HERTWIG für dieses Gebiet das Experiment als nützliches Hilfsmittel der Beobachtung ansieht. Er weist auf die großen Schwierigkeiten hin, die die älteren Forscher bei der Untersuchung des Blutkreislaufs hatten, während die geschulte Beobachtung an einem geeigneten Objekt dem Auge direkt das ganze Geheimnis enthüllt habe (vgl. 5.1.1.).

Nicht nur der aggressive Oscar HERTWIG, sondern auch der durch seine zurückhaltende Art in wissenschaftlichen Fragen bekannte und durchaus moderne Zoologe Otto BÜTSCHLI (1848–1920) in Heidelberg gab seiner Skepsis gegenüber der Methode des Experimentes bei der Erforschung der Entwicklung Ausdruck, als er 1896 vor der Deutschen Zoologischen Gesellschaft „Betrachtungen über Hypothese und Beobachtung" zum Gegenstand seines Vortrages wählte. Er sagte dabei:

„Ob zwar gerade das Streben der Entwicklungsmechanik, den Entwicklungsgang durch Einführung neuer Reize zu beeinflussen, das gewünschte Resultat herbeiführen wird, scheint mir etwas zweifelhaft, indem hierdurch eine noch größere Komplikation geschaffen wird, aus der erfolgreiche Schlüsse doch meist nur dann gezogen werden können, wenn die Mechanik des normalen Entwicklungsganges in den Grundzügen bekannt wäre. Letzteres möglichst aufzuklären, erschiene mir daher das erstrebenswerte Ziel" (BÜTSCHLI 1896, S. 13).

Das Experiment verändert also das Normalgeschehen, es erklärt es nicht! Es ist offensichtlich, daß mit der Auseinandersetzung um die Methode zwei Begriffe eng verbunden sind: Experiment und Kausalität. Es ist ferner die Morphologie, in deren Bereich Ende des 19. Jh. die Methode umstritten ist.

Sicher ist es richtig, GOETTE und vor allem HIS als Vorläufer der Entwicklungsphysiologie und damit auch einer „experimentellen Biologie" anzusehen. Aber Mitte der 70er Jahre dachten beide und die wenigen, die sich für die Fragestellung interessierten, nicht daran, ein Form- und Wachstumsgesetz mit Hilfe von Experimenten zu beweisen. Die Frage, warum der Anatom, der Morphologe damals nicht zum Experiment griff, selbst dann nicht, wenn er bereits die phylogenetische Fragestellung als Weg zum Verständnis verlassen hatte, sie, die Methode des Experiments, für unzureichend, für inkompetent hielt und eine „kausale" Erklärung forderte, ist schwer zu beantworten. Man muß es als ein Faktum hinnehmen, daß auch in dieser Situation zunächst an eine experimentelle Analyse nicht gedacht wird, daß ferner ROUX's Entwicklungsmechanik, diese neue experimentelle Embryologie, die von ROUX selbst weit mehr propagiert als praktiziert wurde, auf wenig Verständnis stieß, und daß sie auch noch 30 Jahre nach der Postulierung eines mechanisch bedingten Wachstumsgesetzes heftig bekämpft wird. Vielleicht findet sich ein Motiv für diese Zurückhaltung in dem mehrmals mitgeteilten Bekenntnis von ROUX in Erinnerung an sein erstes Experiment am Froschei, die Ausschaltung einer der beiden Zellen des 2-Zellstadiums:

„Zu diesem Zweck versenkte ich [...] eine spitze Nadel in das Froschei, nicht ohne ein geheimes Grauen darüber zu empfinden, daß ich es wagte, in solcher Weise in den geheimnisvollen Komplex aller Bildungsvorgänge eines Lebewesens einzugreifen" ... „Ich war mir der Rohheit dieses Eingriffes in die geheimnisvolle Werkstätte aller Kräfte des Lebens wohl bewußt, und ich verglich ihn selber mit dem Einwurfe einer Bombe in eine neu gegründete Fabrik, welcher in der Absicht vorgenommen sei, um an der Änderung der Production und an dem Verlaufe der weiteren Entwicklung der Fabrik nach der angerichteten Zerstörung einen Rückschluß auf die innere Organisation zu machen." (ROUX 1905, S. 34 und 1895, Bd. II, S. 154/155)

ROUX forderte in seinem Programm der Entwicklungsmechanik nicht nur das Experiment überhaupt, sondern das „analytische" oder „kausale" Experiment. Zuerst hatte er – und lange vor ihm andere – das „deskriptive" Experiment angewendet, z. B. Farbmarkierungen. Das Wort „Entwicklungsmechanik", das soviel Anstoß erregte, war von ihm eingeführt worden, um damit das Ziel der „kausalen Erforschung" zu betonen. Er habe KANTS Definition des mechanischen Geschehens als des streng gesetzmäßigen Geschehens kennengelernt und deswegen den Begriff „Entwicklungsmechanik" gewählt. Gerade die These, daß nur die experimentelle Methode eine kausale Erklärung des Geschehens liefere, war es, die ROUX nicht abgenommen wurde. Für HAECKEL und andere phylogenetisch orientierte Morphologen war die stammesgeschichtliche Erklärung einer Gestalt auch die kausale. O. HERTWIG wirft ROUX eine völlig falsche Verwendung des Begriffes „Ursache" vor; wenn ROUX die Ursachen jeden Geschehens als Kräfte bezeichnet, dann müsse man ihm entgegenhalten, daß das Wort Ursache nichts weniger als gleichbedeutend mit dem Worte Kraft ist! Wichtiger aber war es HERTWIG zu betonen, daß die Beobachtung ebensogut, ja vielleicht besser „kausale Zusammenhänge" erkennen lasse.

Es ist dies nicht das erste Mal in der zweiten Hälfte des 19. Jh., daß der Versuch einer kausalen Erklärung nicht verstanden, vielmehr als falsch oder schädlich abgewiesen wird: DARWINS Deszendenztheorie wurde leicht angenommen, gab sie doch der vergleichenden Morphologie eine Basis, aber das postulierte Prinzip der Selektion als die kausale Erklärung des Artenwandels stieß auf großen Widerstand. Das Prinzip der „Nützlichkeit" wurde geradezu als teleologisch angesehen. DARWIN suchte nach Faktoren für die ständige Veränderung der Arten. Diese Suche erscheint vielen Zeitgenossen unnötig, ja unverständlich. Der Stammbaum, der die Verwandtschaft zeigt, erklärte für sie die Formen kausal. In dieser Einstellung liegt eine echte

Parallele zur Situation der Entwicklungsphysiologie um 1890. So kann man feststellen, daß die Forderung und der Wunsch nach kausaler Erklärung nicht ständig neue Wege sucht, sondern daß ein neues heuristisches Prinzip als Befriedigung des Kausalbedürfnisses empfunden wird. Die „experimentelle Biologie", wie die Entwicklungsmechanik oder Entwicklungsphysiologie bald verallgemeinernd genannt wurde, setzte sich langsam durch. Jüngere Biologen, vor allem in Amerika, nahmen die Anregungen von ROUX auf. Er selbst aber, als ein typischer Vertreter seiner Zeit, hat bald aufgehört, Experimente zu machen. Programmatische und theoretische, z. T. polemische Schriften beschäftigten ihn weitgehend. Das durch ihn neu in die Morphologie eingeführte Experiment hatte durch die Versuche von DRIESCH auch dem Neovitalismus Auftrieb gegeben. Das brachte neue Auseinandersetzungen rein theoretischer Art; sie sind zwar eng verknüpft mit der Entwicklungsmechanik, wirkten sich aber auch in anderen Bereichen der Biologie aus.

Auf dem Zoologenkongreß 1906 in Marburg sprach Richard HERTWIG als damaliger Vorsitzender „Über die Methoden der zoologischen Forschung". Er greift nicht an, wie sein Bruder es getan hatte, sondern er fühlt sich eher in der Defensive, wenn er sagt:

„Aufs neue erleben wir auf dem Gebiet der Zoologie den Ansturm einer jugendlichen Forschungsrichtung, welche für sich allein das Privileg der Wissenschaftlichkeit in Anspruch nimmt und der alten Forschungsweise eine sehr minderwertige Stellung einräumt. Ich meine die Entwicklungsphysiologie oder Entwicklungsmechanik" (R. HERTWIG 1906, S. 11).

Noch bezeichnet er die Resultate der vergleichend-anatomischen und -entwicklungsgeschichtlichen Untersuchungen als die „kursierende Münze der modernen Zoologie", aber diese Währung scheint ihm doch bedroht. R. HERTWIG weist darauf hin, daß jetzt die morphologische Richtung das am eigenen Leibe erfahren müsse, was sie 60 Jahre früher der systematischen Zoologie angetan habe. Im Jahre 1848 war die „Zeitschrift für wissenschaftliche Zoologie" begründet worden. Ihr Titel sei nicht ohne polemischen Akzent gewählt worden und habe viel böses Blut erregt, wie HERTWIG mitteilt. Mit „wissenschaftlicher Zoologie" war in erster Linie die vergleichende Morphologie gemeint; ausgeschlossen sollte die taxonomische Zoologie werden; sie wurde von den modernen Zoologen damals, eben den Morphologen, als unwissenschaftlich bezeichnet.

R. HERTWIG ging nicht darauf ein, daß auch der Systematik einmal eine neue Methode zugrunde lag. Die ersten Versuche, die Gestalten zu ordnen, wurde ohne bestimmte oder zureichende Prinzipien, ohne „Methodus", also einen vorgezeichneten Weg, unternommen. Erst LINNÉ gab die Methode und machte die Systematik zur Wissenschaft. Auch er hielt sich für einen Neuerer, für den größten der Naturhistoriker, weil er die neue, die wahre Methode gefunden habe. Der Systematiker sah nun in der passenden Einfügung in ein System, nach einer bestimmten Methode, das Ziel nicht nur der Systematik, sondern der Naturgeschichte erreicht. Als die vergleichende Morphologie Ende des 18. Jh. entstand, wiederum durch eine Methode, nämlich die des morphologischen Vergleichs, da wurde sie zunächst von vielen als unnütz angesehen; die Vertreter der neuen Morphologie aber waren davon überzeugt, daß mit ihrer Methode erst die eigentliche Wissenschaftlichkeit in der Botanik, Zoologie und Anatomie beginne. Einige Jahrzehnte später bemühte sich dann ROUX darum zu zeigen, daß erst die auf der Methode des Experimentes beruhende *Entwicklungsmechanik* die eigentliche Wissenschaft der Biologie sei[1]).

---

[1]) Zur Entwicklungsmechanik von Wilhelm ROUX und ihre Wirkung auf die Zeitgenossen vgl. QUERNER 1977. Nach Manuskriptabschluß erschien von R. MOCEK die umfangreiche Monographie „Die werdende Form. Eine Geschichte der Kausalen Morphologie". Marburg a. d. Lahn 1998.

Schon in den 90er Jahren des 19. Jh., als sich ROUX noch vergeblich bemühte, sich gegenüber seinen etwa gleichaltrigen Kollegen in Deutschland durchzusetzen, begann eine jüngere Generation ohne weltanschauliche Skrupel und ohne Polemik sich der experimentellen Methode zu bedienen. Eine bedeutende Rolle in diesem Prozeß spielte die 1872 gegründete Zoologische Station in Neapel (vgl. 13.2.). In den Laboratorien dieses Institutes waren die Bedingungen für experimentelle Arbeiten geschaffen worden; außerdem war ein Ort für internationalen Erfahrungsaustausch entstanden (vgl. Irmgard MÜLLER 1975). Zu den jungen Zoologen, die sich der modernsten Richtung der zoologischen Forschung verschrieben hatten, gehörte Hans SPEMANN. Er beherrschte die neue Methode bald so meisterhaft, daß ihm für seine damit gewonnenen Erkenntnisse auf dem Gebiet der Entwicklungsphysiologie 1935 der Nobelpreis zuerkannt wurde (vgl. 14.5.).

Teil IV Die weitere Differenzierung der Biowissenschaften und die Suche nach allgemeinen theoretischen Grundlagen

13. Die theoretische und institutionelle Situation in der Biologie an der Wende vom 19. zum 20. Jh.

Heinz PENZLIN, Jena

Das 19. Jh. brachte auf allen Gebieten der Naturwissenschaft, Medizin und Technik enorme Fortschritte in der wissenschaftlichen Erkenntnis sowie in den Möglichkeiten der praktischen Nutzbarmachung dieser Erkenntnisse. Die Naturwissenschaften verselbständigten sich und trennten sich endgültig von der Philosophie, die ihre Rolle als „Universalwissenschaft" unwiederbringlich verlor und sich selbst neu zu bestimmen hatte. Ein Prozeß, der bis in die Gegenwart anhält.

Der deutsche Idealismus verlor in den vierziger Jahren ziemlich abrupt an Einfluß. Gleichzeitig wuchs das Ansehen der „positiven" Wissenschaften, insbesondere der Naturwissenschaften, was den Boden sowohl für den Materialismus als auch für den Positivismus aus Frankreich (Auguste COMTE) und England (John Stuart MILL, Herbert SPENCER) bereiten half (vgl. 7.1.). Hatten SCHELLING und HEGEL noch versucht, Fragen der Naturwissenschaften im Rahmen ihrer naturphilosophischen Spekulationen zu entscheiden (vgl. 7.2.), so sind es jetzt Vertreter der Naturwissenschaft, die weltanschauliche Fragen zu beantworten versuchen: der Physiologe Jacob MOLESCHOTT („Der Kreislauf des Lebens" 1852), der Zoologe Carl VOGT („Köhlerglaube und Wissenschaft" 1854) und insbesondere der Arzt und Philosoph Ludwig BÜCHNER, dessen Buch „Kraft und Stoff" (1855) zur „Bibel des Materialismus" wurde und bis 1904 21 Auflagen erreichte. Dieser naturwissenschaftlich motivierte Materialismus herrschte zwischen 1840 und 1870 nahezu uneingeschränkt. Eine zweite Welle des Materialismus unter dem Schlagwort des „Monismus" setzte Ende des 19. Jh. ein und ist mit dem Zoologen Ernst HAECKEL und dem Physikochemiker Wilhelm OSTWALD verbunden.

Im Verlaufe des 19. Jh. etablierte sich auch die Biologie als die umfassende „Wissenschaft vom Lebendigen" inhaltlich und institutionell als autonome Disziplin im Kanon der Naturwissenschaften. Der Begriff „Biologie" zur generellen Kennzeichnung der Wissenschaft vom Lebendigen, der Wissenschaft von den „verschiedenen Formen und Erscheinungen des Lebens", von den „Bedingungen und Gesetzen, unter welchen dieser Zustand stattfindet", und von den „Ursachen, wodurch derselbe bewirkt wird" (G. R. TREVIRANUS 1802), wurde mehrfach gleichzeitig und unabhängig voneinander geprägt (vgl. 7.1.3.).

Es setzten sich Erkenntnisse und Forschungsprogramme durch, die stärker das Gemeinsame alles „Organischen" und das Trennende gegenüber dem „Anorganischen" in das Zentrum der Aufmerksamkeit verlagerten. Innerhalb der drei klassischen „Naturreiche" rückten Pflanzen- und Tierwelt näher zueinander bei gleichzeitiger schärferer Abtrennung von dem „Reich der Mineralien". Es dauerte allerdings noch ein gutes halbes Jahrhundert, bis sich die Bezeichnung „Biologie" als übergeordneter Begriff für botanische und zoologische Disziplinen allgemein durchsetzte, woran Thomas Henry HUXLEY und Herbert SPENCER („The classification of the sciences", 1864) großen Anteil hatten.

Am Ende des 19. Jh. ist die Emanzipation der Biologie und ihrer wichtigsten Teildisziplinen im wesentlichen vollzogen. Als äußeres Zeichen dieses Prozesses kann die Einrichtung selbständiger Botanischer und Zoologischer Lehrstühle und schließlich von Instituten an den Universitäten außerhalb der Medizinischen Fakultäten angesehen werden. Den Anfang machte in Deutschland 1810 die Universität Berlin (vgl. 9.1.3.). Gießen verfügte mit „ministeriellem Dekret" im Jahre 1846, daß „die Professuren über Botanik und Zoologie zukünftig als zur philosophischen Facultät gehörig betrachtet werden" (SPENGEL 1902). Der erste Inhaber eines solchen Lehrstuhls in Gießen wurde Carl VOGT, aber erst seinem Nachfolger im Amt, Rudolf LEUCKART, gelang es 1850, das „Zoologische Cabinet" in ein „Zoologisches Institut" zu überführen. In Jena wurde auf Betreiben Ernst HAECKELS mit Unterstützung Carl GEGENBAURS 1865 ein Zoologisches Institut gegründet. Es folgten 1868 die Universität Kiel mit Karl August MÖBIUS als erstem Direktor, 1878 die Universität Heidelberg mit Otto BÜTSCHLI und 1884 die Universität Berlin mit Franz Eilhard SCHULZE, nachdem derselbe bereits 1871 an der Universität Rostock das „Zoologisch-Zootomische Institut" begründet hatte.

Diese Institutionalisierung und Professionalisierung der Biologie, wie sie sich im 19. Jh. vollzog, ging mit einer starken Zunahme der Anzahl von Fachleuten einher. Das Bedürfnis, sich ohne zeitliche Verzögerung mitzuteilen, wuchs in dem Maße, wie die Zahl der „Konkurrenten" zunahm. Bis 1830 hatte es in der Hauptsache neben Sammeljournalen für „Naturgeschichte" oder „Naturkunde" nur die Veröffentlichungen der verschiedenen Akademien, wie z. B. der Royal Society, der Deutschen Akademie der Naturforscher Leopoldina und der französischen Akademie, gegeben. In Deutschland waren die „Göttingischen Gelehrten Anzeigen" von Bedeutung. Nun wurden eine Reihe wichtiger wissenschaftlicher Fachzeitschriften, die in regelmäßiger Folge wissenschaftliche Originalarbeiten veröffentlichten, auf den verschiedensten Gebieten ins Leben gerufen. Im Jahre 1834 übernahm Johannes MÜLLER das VON REIL 1796 begründete (vgl. 7.1.2.) und von J. F. MECKEL ab 1815 weitergeführte „Archiv für Physiologie" (ab 1826 als „Archiv für Anatomie und Physiologie") und profilierte es zu einem „Archiv für Anatomie, Physiologie und wissenschaftliche Medizin", dem 1846 die von Carl Wilhelm VON NAEGELI herausgegebene „Zeitschrift für wissenschaftliche Botanik" und 1849 die „Zeitschrift für wissenschaftliche Zoologie" folgten. Die Herausgeber der letzteren Zeitschrift waren Carl Theodor VON SIEBOLD und Rudolf Albert VON KÖLLIKER. Es ist das älteste Journal für Zoologie überhaupt. Im Jahre 1865 begründeten Max SCHULTZE sein „Archiv für mikroskopische Anatomie" und 1868 Eduard PFLÜGER sein „Archiv für die gesamte Physiologie des Menschen und der Tiere". Es folgten im Jahre 1878 der „Zoologische Anzeiger", herausgegeben von Victor CARUS, 1884 die „Zeitschrift für wissenschaftliche Mikroskopie" und 1886 die „Zoologischen Jahrbücher", herausgegeben von Johann Wilhelm SPRENGEL (PENZLIN 1986). Botanik und Zoologie waren jetzt nicht mehr

ausschließlich morphologisch-taxonomisch-entwicklungsgeschichtlich, vergleichend-deskriptiv ausgerichtet, sondern versuchten in zunehmendem Maße, durch das Experiment in die kausalen Abhängigkeiten der Lebensfunktionen vorzudringen, zu erklären und nicht nur zu beschreiben. Das war in der Botanik in stärkerem Maße der Fall als in der traditionellen Zoologie. Die „neue" Pflanzenphysiologie wurde von Julius SACHS in der zweiten Hälfte des vergangenen Jahrhunderts begründet. 1865 erschienen sein „Handbuch der Experimentalphysiologie der Pflanzen" und 1868 das „Lehrbuch der Botanik", das innerhalb von sechs Jahren vier beträchtlich erweiterte Auflagen erlebte. Diese außerordentlich fruchtbare Entwicklung der Pflanzenphysiologie, die bis heute anhält, fand mit Wilhelm PFEFFER in Leipzig ihre Fortsetzung (vgl. 16.1.).

Die Zoologie blieb in wesentlich stärkerem und umfassenderem Maße der traditionellen vergleichenden Anatomie und Embryologie verhaftet, wozu die Darwinsche Lehre noch ihren Beitrag lieferte. Die Physiologie blieb bis weit in das 20. Jh. hinein ausschließlich an der Medizinischen Fakultät institutionell verankert. Sie machte in Deutschland, Österreich und Frankreich in der zweiten Hälfte des 19. Jh. eine sehr erfolgreiche Periode durch, die mit den Namen Claude BERNARD, Carl LUDWIG, Emil DU BOIS-REYMOND, Ernst VON BRÜCKE, Hermann VON HEMHOLTZ und anderen verbunden ist (vgl. 9.4.). Diese Physiologie war in ihrem Kern mechanistisch-reduktionistisch geprägt, nahm von der Darwinschen Theorie praktisch keine Notiz und entfremdete sich sowohl von der praktischen Medizin, aus der sie einmal hervorgegangen war, als auch von der Anatomie inklusive Entwicklungsgeschichte und der Zoologie. Eine vergleichende Tierphysiologie, die nicht nur „den Hund, das Kaninchen, das Meerschweinchen, den Frosch und einige andere höhere Tiere" (VERWORN 1895, S. 54), sondern die Vielfalt der Funktionen im gesamten Tierreich ins Blickfeld des Interesses rückte, wie es bei Johannes MÜLLER noch geschah, entstand erst wieder an der Wende zum 20. Jh., nun aber verstärkt im Rahmen der inzwischen institutionalisierten Zoologie (vgl. 15.).

Um die Jahrhundertwende kam es an verschiedenen Hochschulen auch zur Verselbständigung der aufstrebenden „Physiologischen Chemie" als wissenschaftliche Disziplin und zu ihrer vollständigen Abtrennung von der Physiologie. Es begann der so überaus erfolgreiche Siegeszug dieser Fachrichtung, für die sich später der Begriff „Biochemie" allgemein durchsetzte, der in der zweiten Hälfte des 20. Jh. in die Molekularbiologie einmünden sollte. An dieser Entwicklung hatte in Deutschland Felix HOPPE-SEYLER hervorragenden Anteil. Er wurde 1872 Ordinarius für Physiologische Chemie in Straßburg und bereicherte unsere Kenntnisse auf sehr verschiedenen Gebieten dieses neuen Feldes. 1877 begründete er die *„Zeitschrift für physiologische Chemie"*. Von seinen vielen Schülern seien Friedrich MIESCHER jun. und der aus Rostock stammende Albrecht KOSSEL (Nobelpreis 1910) erwähnt. Als Nachfolger von HOPPE-SEYLER kam 1896 Franz HOFMEISER nach Straßburg. Sein Schüler, Carl NEUBERG, wurde 1908 erster Direktor des Instituts für Biochemie in Berlin. 1905 wurde der erste derartige Lehrstuhl auch in England, in Liverpool, begründet. Parallel zur Institutionalisierung der Biochemie verlief die Begründung eigenständiger Fachzeitschriften auf diesem sich schnell entwickelnden Gebiet: nach der bereits erwähnten *„Zeitschrift für physiologische Chemie"* (1877) folgten 1902 das *„Biochemische Centralblatt"* und 1906 die *„Biochemische Zeitschrift"*.

Im letzten Drittel des vergangenen Jahrhunderts begann durch die bahnbrechenden Untersuchungen Theodor BOVERIS, Wilhelm ROUXS und Hans DRIESCHS auch die experimentelle, kausalanalytische Erforschung der Embryonalentwicklung (Ontogenie). Die *Entwicklungsmechanik* (ROUX) bzw. *Entwicklungsphysiologie* (DRIESCH) wurde begründet und sollte schnell zu einer der wichtigsten Disziplinen der Allgemeinen Biologie heranreifen. Die Genetik als „Physiologie der Vererbung" folgte wenig später mit der Wiederentdeckung der Mendelschen Regeln im Jahre 1900 (vgl. 11.6.). Sechs Jahre später auf dem 3. Internationalen Kongreß für Pflanzenzuchtung und Bastardierung in London (1906) prägte William BATESON den Begriff *Genetik* für die neue Wissenschaft. Er sagte zur Begrüßung:

„Die Wissenschaft hat noch keinen Namen, wir können die Art unserer Arbeit nur durch umständliche und oft mißverständliche Umschreibungen wiedergeben. Um diese Schwierigkeit zu beseitigen, schlage ich dem Kongreß den Ausdruck *Genetik* vor, der hinreichend zu erkennen gibt, daß unsere Arbeiten der Aufhellung der Erscheinungen der Vererbung und Variation gewidmet sind" (zit. nach CREMER 1985, S. 191).

Schließlich entwickelte sich im 19. Jh. die *Cytologie* zu einer zentralen Disziplin innerhalb der Biologie. Die weiter vervollkommnete mikroskopische Technik ermöglichte die Entdeckung der Phasen der Mitose (Walter FLEMMING, Otto BÜTSCHLI) und Meiose (Walter FLEMMING, Oscar HERTWIG) sowie der Chromosomen, Centrosomen, Mitochondrien und des Golgi-Körpers

als universelle „Zellorganellen". Die Lehre von den Zellen als „Elementarorganismen" (BRÜCKE) fand viele Anhänger. Die Cytologie lieferte neben der an Bedeutung stark zugenommenen Physiologie und Biochemie eine wesentliche Grundlage zur Herausbildung einer „Allgemeinen Biologie". Im Jahre 1894 erschien die „Allgemeine Physiologie" von Max VERWORN, der sich das Ziel einer „Zellularphysiologie" gestellt hatte:

„Will die Physiologie sich nicht bloß damit begnügen, die bisher gewonnenen Erkenntnisse von den groben Leistungen des menschlichen Körpers noch weiter zu vertiefen, sondern liegt ihr daran, die elementaren und allgemeinen Lebenserscheinungen zu erklären, so wird sie das nur erreichen als Zellularphysiologie."

In den Jahren zwischen 1899 und 1906 gab M. KASSOWITZ die vier Bände seiner *„Allgemeinen Biologie"* heraus, und 1906 veröffentlichte Oscar HERTWIG eine *„Allgemeine Biologie"*. Nicht mehr die Vielfalt, das Trennende, sondern das allem Lebendigen Gemeinsame trat in den Mittelpunkt des Interesses.

Das 19. Jh. kann als diejenige Periode gekennzeichnet werden, in der sich die Biologie als die umfassende Wissenschaft vom Lebendigen in ihren wichtigsten Teildisziplinen herausdifferenzierte. Am Ende dieser Epoche machen sich bereits deutliche Zeichen des Auseinanderdriftens, der Verselbständigung und Entfremdung einzelner biologischer Disziplinen bei gleichzeitigem Bemühen der Zusammenführung im Rahmen einer „Allgemeinen Biologie" bemerkbar. Vor der Wiederentdeckung der Mendelschen Regeln bildeten z. B. Entwicklungsbiologie und Genetik noch eine Einheit. Man war gewohnt, die stoffliche Natur der Erbfaktoren und ihre Wirkungsweise während der Ontogenese als *ein* Problem zu sehen. Weismanns Werk *„Das Keimplasma. Eine Theorie der Vererbung"* (1892) oder WILSONS Buch *„The Cell in Development and Inheritance"* (1896) hatten noch beide Aspekte gleichermaßen zu ihrem Gegenstand. Mit Recht beklagte der englische Physiologe Michael FOSTER an der Jahrhundertwende:

"Anatomists, zoologists, physiologists, have ... become ... more and more estranged from each other. Instead of working hand in hand to build together the common tower of biology, each has been constructing his own chambers, not only without reference to, but in more or less complete ignorance of, what the others are doing. And now they are so far apart, that even when they wish to call to each other, they can rarely be understood" (FOSTER 1899, p. 216).

Diese Tendenz sollte sich im 20. Jh. noch verschärfen.

13.1. Die theoretischen Auseinandersetzungen über das Lebensproblem

Um die Mitte des vergangenen Jahrhunderts waren sich nahezu alle Physiologen, darunter auch die berühmten Schüler Johannes MÜLLERS, des letzten Vertreters des „älteren" Vitalismus, wie Emil DU BOIS-REYMOND, Hermann VON HELMHOLTZ und Carl LUDWIG, mit dem Philosophen Rudolph Hermann LOTZE in der Ablehnung einer Lebens-„Kraft", also einer vitalistischen Lebenstheorie, einig.

Besonders in der zweiten Hälfte des 19. Jh. war unter dem Eindruck der aufstrebenden Chemie die spekulative Annahme „letzter Lebenseinheiten" sehr verbreitet. Diese *Verbindungstheorien* waren in sich sehr vielfältig und keineswegs einheitlich. Jene letzten Lebenseinheiten hießen „physiologische Einheiten" bei Herbert SPENCER (1864), „Gemmulae" (dt. „Keimchen") bei Charles DARWIN (1867, Kap. 26), „lebendiges Eiweiß" bei Eduard PFLÜGER (1875, S. 251), „Pangene" bei Hugo DE VRIES (1889), „Biophoren" bei August WEISMANN (1892), „Plasome" bei J. WIESNER (1892), „Isoplasson" bei Wilhelm ROUX (1905, S. 112), „Plastidulen" bei Ernst HAECKEL (1876), „Bioplasten" bei Oscar HERTWIG (1906, S. 53), „Protomeren" bei Martin HEIDENHAIN (1894) und „Biogene" bei Max VERWORN (1895, S. 468; 1903). Alle diese Theorien bestanden im wesentlichen nur darin, daß sie die zu erklärenden Eigenschaften lebendiger Systeme auf die hypothetischen Einheiten, Moleküle oder Molekülgruppen übertrugen. Plasma war für Ernst HAECKEL „die lebendige Substanz", und er stellte sie sich als „eine stickstoffhaltige Kohlenstoffverbindung in festflüssigem Aggregat-Zustand" „von sehr verwickelter Zusammensetzung" vor (PENZLIN 1985, S. 14/15). Wir wissen heute, daß es keine lebendigen Moleküle, mögen sie noch so komplex aufgebaut sein, gibt. Jede einzelne Substanz im Protoplasma, die Eiweiße und Enzyme ebenso wie die Nukleinsäuren, sind für sich genommen nicht lebendig. Die These von der vitalen Alleinbedeutung der Eiweiße hatte lange Zeit viele berühmte Anhänger (E. PFLÜGER, F. ENGELS, E. HAECKEL u.a.). Sie lebt heute mancherorts – offen oder versteckt – in der erweiterten These von der vitalen Alleinbedeutung der Nukleinsäuren fort: „Leben begann mit dem ersten Strang, der sich selbst replizieren und mutieren konnte und dadurch der Selektion unterworfen war" (H. KUHN & J. WASER 1982, S. 866).

Es waren zwei Ereignisse, die den Boden für die Ablehnung des Vitalismus bereiten halfen: Erstens, wichtige Ergebnisse der zeitgenössischen Physik, insbesondere die Entwicklung der Thermodynamik und die damit verbundene Entdeckung des Energieerhaltungssatzes durch den Heilbronner Arzt Julius Robert MAYER (1842) und den Physiologen Hermann VON HELMHOLTZ (1847). Zweitens, die großen Erfolge bei der physikalisch-chemischen Analyse einzelner Lebensfunktionen. Der Energieerhaltungssatz, dessen uneingeschränkte Gültigkeit auch im Organischen durch umfangreiche Meßreihen von Max RUBNER exakt nachgewiesen worden ist, ließ die weitere Annahme der Existenz und Wirksamkeit einer „Kraft" außerhalb der physikalischen Gesetzlichkeit nicht mehr zu. Der Physiologe Max VERWORN meinte in seiner „Allgemeinen Physiologie" im Hinblick auf Johannes MÜLLER:

Er „hat, obwohl ihm noch nicht das Gesetz von der Erhaltung der Energie bekannt war, doch diese Schwierigkeit gefühlt und zu vermeiden gesucht, indem er die Lebenskraft nach chemisch-physikalischen Gesetzen wirken ließ. Aber damit ist eben eine spezifische Lebenskraft, die etwas anderes ist als chemisch-physikalische Kräfte, im Grunde schon beseitigt, denn der Begriff Lebenskraft ist dann nur ein Sammelwort für die komplizierten chemisch-physikalischen Verhältnisse, welche die Lebensvorgänge bedingen. ... Wäre Johannes MÜLLER bereits mit dem Gesetz von der Erhaltung der Energie bekannt gewesen, so hätte er das Wort Lebenskraft sicherlich auch noch vermieden" (VERWORN 1909).

Damit waren alle Hypothesen, wie unterschiedlich sie im einzelnen auch ausgesehen haben mögen, über eine Lebens-„kraft" außerhalb der physikalisch-chemischen Gesetzlichkeit, aber in sie eingreifend, nicht mehr haltbar. Das bedeutete aber noch nicht, daß vitalistische Lebenstheorien nun der Geschichte angehörten. Um die Jahrhundertwende traten neue vitalistische Systeme auf, die heute in Abgrenzung gegen den älteren Vitalismus, einem Vorschlag Emil DU BOIS-REYMONDS folgend, allgemein als Neovitalismus bezeichnet werden. Max HARTMANN stellte 1936 sogar fest, daß „die heutige allgemeinbiologische Literatur zum größten Teil vitalistisch eingestellt sei" (HARTMANN 1937, S. 40).

Der hervorragendste Vertreter dieses Neovitalismus war zweifellos Hans DRIESCH. Er begann als experimenteller Embryologe und entdeckte, daß durch kräftiges Schütteln voneinander isolierte Blastomeren des 2- oder 4-Zellstadiums des Seeigels einen zwar verkleinerten, aber dennoch vollständigen Pluteus zu bilden vermögen. Das bedeutet, daß das Bildungsvermögen der

Blastomeren, ihre *prospektive Potenz*, umfassender ist als ihr normales Entwicklungsschicksal, ihre *prospektive Bedeutung*. Dieses Ergebnis stand im Widerspruch zu der Entwicklungshypothese WEISMANNS über eine erbungleiche Teilung während der Furchung. Dasselbe gilt für die Ergebnisse seiner „Preßversuche". DRIESCH führte den *Systembegriff* in die Biologie ein, der sich bis auf den heutigen Tag als außerordentlich fruchtbar erweisen sollte. In seinem „*Fundamentalsatz*" (1894) formulierte er, daß der Seeigelkeim ein *harmonisch-äquipotentielles System* sei, in dem die prospektive Bedeutung jeder Blastomere nicht von Anfang an festgelegt sei, sondern erst durch die Position im Ganzkeim bestimmt werde. Eine Feststellung, die heute im Rahmen des von Lewis WOLPERT eingeführten Begriffs der Positionsinformation (1969) wieder hochaktuell ist.

DRIESCH folgerte, daß die Existenz harmonisch-äquipotentieller Systeme nicht mechanistisch, d. h. im Sinne der „Maschinentheorie" des Lebendigen erklärt werden könne und entwickelte seine „Lehre von der Autonomie, der Eigengesetzlichkeit, des organischen Geschehens". Er postulierte einen „teleologischen Naturfaktor", den er in Anlehnung an ARISTOTELES *Entelechie* nannte, das bedeutet: „das, was das Ziel in sich trägt". Von ihr sagte er, daß sie keine „Energieart" sei, daß ihr überhaupt „alle quantitativen Kennzeichen" fehle, sie sei vielmehr „ein elementarer Faktor der Natur", „keine Substanz", sie habe keine Ausdehnung und keinen Sitz im Raum". Sie eröffne auch keine neuen Reaktionswege, sie sei nicht katalytisch wirksam. Sie sei auch „nicht psychischer Natur" (DRIESCH 1909). Über die Art und Weise, wie die Entelechie in das anorganische Geschehen einzugreifen vermag, der springende Punkt bei der Akzeptanz bzw. Ablehnung jedes Vitalismus, schreibt DRIESCH:

Die Entelechie ist „fähig, diejenigen Reaktionen, welche zwischen den in einem System vorhandenen Verbindungen möglich sind und ohne die Dazwischenkunft von Entelechie geschehen würden, so lange zu suspendieren, wie sie es nötig hat. Und zwar kann sie diese Suspension von Reaktionen bald in dieser und bald in jener Richtung regulieren, indem sie mögliches Geschehen sistiert oder zuläßt, wie es ihren Zwecken entspricht" (DRIESCH 1909).

DRIESCH verbindet mit dieser *Suspensionstheorie* die Vorstellung, daß „in der Bildung und Aktivierung von Fermenten … die eigentliche fundamentale Rolle, welche die Entelechie spielt", bestünde. Das heute aktuelle Verständnis des Differenzierungsprozesses als „differentielle Genaktivierung" klingt hier bereits an. Nach DRIESCH kann allerdings die Entelechie gleich

dem Maxwellschen Dämon die Energiezerstreuung „suspendieren" und die Suspension auch wieder aufheben. Dadurch schaffe sie entgegen dem Entropiesatz extensive Mannigfaltigkeit. Ohne Entelechie, so DRIESCH weiter, „würde es" im Organismus „zum Chaos chemischer Prozesse kommen und Organisation wie Funktion würden bald zerstört werden".

Hans DRIESCH mußte im Prinzip dieselben Kardinalfehler machen wie alle Vitalisten vor und nach ihm, weil sie vitalismus-immanent sind: 1. Er muß seinen hypothetischen „Vitalfaktor" (*Entelechie*) mit Eigenschaften ausstatten, die in irgendeiner Weise in die physikalischen Gesetzlichkeiten gezielt eingreifen können, und sei es auch nur in Form einer „temporären Suspension anorganischen Geschehens". – 2. Er muß seiner *Entelechie* ein Vermögen zugestehen, selbständig beurteilen und entscheiden zu können, was „ihren Zwecken entspricht" und was nicht. Es gibt also einen energetisch-physikalischen und einen psychologisch-teleologischen Aspekt grundsätzlicher Kritik am Vitalismus. Das trifft auf alle vitalistischen Lebenstheorien zu, ganz gleich, wie das wirksame „vitale" Prinzip genannt wurde und wie man sich sein Walten im Organischen vorstellte. Johannes REINKE nannte seine „formgebenden Kräfte" „Dominanten" und sah darin „die letzten, einem Lebewesen (Protoplasma) immanenten Ursachen" (REINKE 1911, S. 195). Alexander GURWITSCH ging von einem „Feld"-Begriff, Jacob VON UEXKÜLL von der „Planmäßigkeit als Naturmacht" (v. UEXKÜLL 1928, S. 198) und Richard WOLTERECK von einer „Vielheit unräumlicher Mächte" (WOLTERECK 1940, S. 424) aus, die gemäß „geltenden" „So-Determinanten" oder „Ideen" wirken sollen. Ein moderner Vertreter einer vitalistischen Position zum Lebensproblem ist der bekannte Neurophysiologe John ECCLES, der dem „selbst-bewußten Geist" die Fähigkeit zuspricht, „die Aktivität jedes Moduls des Liaisongehirns" „abzutasten", aus den Modulaktivitäten „auszuwählen", zu „integrieren", „Erfahrungen aufzubauen", „leichte zeitliche Anpassungen vorzunehmen" und zu „korrigieren" (ECCLES 1982, S. 227).

Es wäre falsch, die historische Rolle des Vitalismus nur negativ zu sehen, wie es z. B. John Scott HALDANE tut:

„Der Vitalismus stand vor allem auch deshalb der Erforschung des Lebens, soweit sie mit physikalischen und chemischen Methoden möglich ist, hinderlich im Wege, weil er stets die Tendenz hatte, alles, was zeitweilig noch dunkel erschien, auf Wesenheiten zurückzuführen, die ganz offensichtlich nicht weiter erforscht werden konnten, während es doch tatsächlich keine Grenze in der Erforschung des Lebens gibt" (HALDANE 1936, S. 29).

Abgesehen davon, daß sich wohl kaum ein Forscher durch vitalistische Positionen davon abhalten ließ, seine Analyse der Lebenserscheinungen weiter voranzutreiben, und sei es auch nur, um den Vitalismus zu widerlegen, muß positiv vermerkt werden, daß durch die Vitalisten die Aufmerksamkeit der Forscher immer wieder auf die das Lebendige kennzeichnenden, für das Lebendigsein charakteristischen Wesenszüge gelenkt worden ist. In Gegenreaktion zu den reduktionistisch orientierten mechanistischen Lebenstheoretikern wurden die wesentlichen Aspekte und Eigenschaften lebendiger Entitäten klar herausgearbeitet und die Unzulänglichkeit der Erklärungsversuche im Rahmen der *zeitgenössischen* Physik und Chemie bloßgestellt. DRIESCHS Argumentation ist eine glänzende Widerlegung der damaligen *Maschinentheorie des Lebens* (SCHULTZ 1929), die viele Anhänger hatte. Wenn auch die Antworten der Vitalisten unbefriedigend waren oder gar falsch ausfielen, so waren die Fragen, die sie immer wieder aufwarfen, voll berechtigt. „Die Betonung des Ganzheitlichen" kann, so der Antivitalist Max HARTMANN, „in der Biologie, richtig angewandt, zur richtigen Kennzeichnung und zum Finden der richtigen Probleme nicht entbehrt werden" (HARTMANN 1936). So betrachtet hat der Vitalismus eher den wissenschaftlichen Erkenntnisfortschritt beschleunigt als gehemmt.

Der Streit um die *Mechanismus-Vitalismus-Frage* in der Biologie ist in der Vergangenheit über weite Strecken ein fruchtloser gewesen, weil beide Parteien aneinander vorbeiredeten. So, wenn von mechanistischer Seite die für das lebendige System so charakteristischen ganzheitlichen Ordnungszüge, denen das Attribut des Zweckmäßigen (PENZLIN 1987) – zweckmäßig im Sinne der aktiven Systemerhaltung – eigen ist, einfach negiert oder als bedeutungslos beiseitegeschoben werden oder wenn von vitalistischer Seite mit der berechtigten Feststellung dieser Wesenszüge das Postulat seiner Unauflösbarkeit im Rahmen der anorganischen Gesetzlichkeit verbunden wird.

Mechanistische Positionen zum Lebensproblem sind in unseren Tagen physikalistisch und reduktionistisch im Sinne eines „ontologischen Reduktionismus" (Donald MACKAY), der postuliert, daß die Lebewesen „nichts anderes als" Aggregationen von Atomen und Molekülen und den sich zwischen ihnen abspielenden Wechselwirkungen seien. Mit anderen Worten: Alle Eigenschaften und Leistungen der Lebewesen lassen sich auf die molekulare Ebene, d. h. auf Eigenschaften und Interaktionen der sie zusammensetzenden Atome und Moleküle zurückführen („reduzieren"). In diesem Sinne äußerte

sich z. B. Emil DU BOIS-REYMOND am 14. August 1872 vor der *Versammlung Deutscher Naturforscher und Ärzte* in Leipzig. Er sagte:

„Naturerkennen ist Zurückführen der Veränderungen in der Körperwelt auf Bewegungen von Atomen … oder Auflösen der Naturvorgänge in Mechanik der Atome" (DU BOIS-REYMOND 1927, S. 5).

Moderne Vertreter eines solchen reduktionistischen Physikalismus sind z. B. die Molekularbiologen Francis CRICK und François JACOB:

„So komplex er auch sein mag, ein Organismus stellt nie mehr als die Summe seiner Elementarteile dar" (JACOB 1972, S. 199).

Die „Mechanisten" vermeiden zwar – aus gutem Grunde – die vitalistische Hypothese, können aber ebenfalls keine zufriedenstellende Antwort auf die von den Vitalisten immer wieder mit Recht ins Bewußtsein gerückten zentralen Fragen der Biologie liefern. Es gibt zwei „Lager" der Mechanisten. Die einen kümmern sich nicht um eine Antwort oder verweisen lediglich auf zukünftige Erkenntnisfortschritte, die, so deren optimistische Meinung, eine „mechanische" Erklärung im Rahmen der physikalischen Gesetzlichkeit möglich machen werden. Die anderen ziehen voreilig aufgrund oberflächlicher Ähnlichkeiten zwischen Lebenserscheinungen einerseits und physikalischen Prozessen andererseits unzulässige Schlußfolgerungen, die einer genaueren Analyse nicht standhalten. In der bisherigen Geschichte war jede Formulierung im Sinne des ontologischen Reduktionismus, daß ein Lebewesen „nichts anderes als" eine Aggregation von Atomen und Molekülen und den sich zwischen ihnen abspielenden Wechselwirkungen, „nichts anderes als" eine Maschine, „nichts anderes als" eine „Verstärkeranordnung", Biologie „nichts anderes als" Physik und Chemie der Lebewesen, biologische Strukturbildung „nichts anderes als" Selbstorganisation sei, wenig hilfreich, weil nicht zutreffend.

In unserem 20. Jh. wird die Zahl derjenigen Biologen und Philosophen immer größer, die versuchen, „jenseits von Mechanismus und Vitalismus" einen dritten Weg zu beschreiten (O. HERTWIG, M. HARTMANN, L. VON BERTALANFFY, K. LORENZ, E. MAYR u. v. a.). In seiner bekannten Rede am 17. September 1900 vor der *Versammlung deutscher Naturforscher und Ärzte* in Aachen sagte Oscar HERTWIG:

„Ebenso unberechtigt wie der Vitalismus ist das mechanische Dogma, dass das Leben mit allen seinen komplizierten Erscheinungen nichts anderes sei als ein chemisch-physikalisches Problem, unberechtigt wenigstens so lange, als man unter Chemie und Physik nicht ganz anders geartete Wissenschaften versteht, als sie uns jetzt nach Inhalt und Umfang auf Grund ihrer historischen Entwicklung entgegentreten" (O. Hertwig 1900, S. 24). „Was ein Lebewesen und was Leben ist, lässt sich in einer kurzen Definition kaum zum richtigen Ausdruck bringen. Nur das lässt sich sagen, dass das Leben auf einer besonderen eigentümlichen Organisation des Stoffes beruht und dass mit dieser Organisation wieder besondere Verrichtungen und Funktionen verknüpft sind, wie sie in der leblosen Natur niemals angetroffen werden" (O. Hertwig 1900, S. 4).

Es geht darum, weder dem Ziel eines Physikalismus zuliebe die für das Lebendige so kennzeichnende „biologische Organisation" negieren, wegdeuten zu wollen, noch durch Betonung dieser Sonderordnung der physikalisch-chemischen Analyse der Lebenserscheinungen eine Grenze zu setzen. Die Anerkennung der zweckmäßigen, planmäßigen Ordnung, der dynamischen, selbsterhaltenden, selbstreferentiellen Organisation, der „Teleonomie" aufgrund eines internen Programms lebendiger Systeme steht nicht im Gegensatz zur Kausalforschung, sondern fordert sie, im Gegenteil, erst heraus. Es wird mit Recht betont, daß „lebendig" stets eine Eigenschaft von Systemen ist, von Systemen besonderer Art, die von den Theorien der zeitgenössischen Physik nicht oder in noch sehr unvollkommener Weise erfaßt werden.

„Der Physiologe treibt nicht Physik und Chemie aufs Biologische angewandt. Was er erforschen will, ist die spezifische Art des Zusammenwirkens physikalischen und chemischen Geschehens, die für das Lebensgeschehen charakteristisch und wesenhaft ist" (M. Hartmann 1937, S. 37).

Hier reihen sich die Überlegungen Ludwig von Bertalanffys im Rahmen seiner „organismischen" Auffassung und der Schaffung einer Allgemeinen Systemtheorie sowie die theoretischen Ausführungen der chilenischen Neurobiologen Humberto R. Maturana und Francisco J. Varela mit ihrem Autopoiese-Konzept ein.

13.2. Die Suche nach neuen Forschungsinstitutionen außerhalb der Universität

Mit der Etablierung der Disziplinen und Institute im ausgehenden 19. Jh. wuchs auch die Zahl der Studierenden an den Instituten. Die Professoren wurden in zunehmendem Maße durch Lehraufgaben gebunden. Hinzu kam, daß die Vielfalt der Forschungsgebiete und -methoden stark zugenommen hatte. Die Forschung wurde apparativ aufwendiger und damit teurer.

Der Forscher benötigte für seine Untersuchungen ein Labor mit einer gewissen apparativen Grundausstattung. Der Ruf nach stationären Forschungslaboratorien außerhalb der Universität, abseits vom Lehrbetrieb, wurde deshalb immer stärker.

In der ersten Hälfte des 19. Jh. fuhren viele Zoologen ans Meer, um die dortige reichhaltige Fauna zu studieren. Besonders beliebt war das Mittelmeer. Diese Reisen verliefen aber nicht immer so erfolgreich, wie man es erhoffte. So blieben z. B. die Resultate der Aufenthalte Karl Ernst von Baers 1845 und 1846 in Triest zum Studium der Echinodermenlarven eher dürftig. Wesentlich erfolgreicher war einige Jahre später Johannes Müller in dem nahe Triest gelegenen Fischerstädtchen Muggia. Die Voraussetzungen für erfolgreiche Studien am Meer verbesserten sich in der zweiten Hälfte des 19. Jh. durch die Gründung von Forschungslaboratorien an den Küsten (s. Steuer 1926). Vorher gab es solche Stationen entweder gar nicht oder nur temporär, wie z. B. die von P. J. van Beneden 1843 in Ostende eröffnete (Kofoid 1910).

Die erste permanente Biologische Meeresstation wurde 1859 von J. J. Coste in Concarneau an der französischen Atlantikküste gegründet (Paul Mayer 1915). Es folgten, ebenfalls in Frankreich, 1863 die Station in Arcachon am Atlantik, an der die Wissenschaftler unentgeltlich arbeiten konnten, und in demselben Jahr das Laboratoire ARAGO in Banyuls-sur-mer am Mittelmeer nahe der spanischen Grenze. Letzteres wurde von H. Lacaze-Duthiers begründet, der 1872 eine weitere Station in Roscoff am Atlantik einrichtete, die der Sorbonne angeschlossen war. Noch eine Station entstand in Frankreich 1873 in Wimereux (Pas de Calais) durch A. Giard (Paris).

Andere Länder zogen nun nach: A. Kovalevsky gründete 1871 eine Station der Petersburger Akademie der Wissenschaften in Sewastopol auf der Halbinsel Krim am Schwarzen Meer, 1875 entstand die österreichische Station in Triest durch Franz Eilhard Schulze, der 1873/74 das Ordinariat für Zoologie an der Universität Graz innehatte. Die Schweden gründeten 1877 in Kristineberg durch S. Lovén eine Station. Der Schweizer Zoologe H. Fol rief 1880 in Villefranche-sur-Mer an der französischen Mittelmeerküste nahe Nizza ein Forschungslaboratorium ins Leben, das später von den Russen übernommen (Laboratoire Russe de Zoologie) und von A. Korotnev (Kiew) und M. v. Davidov geleitet wurde. In den USA wurde Woods Hole am Kap Cod/Massachusetts 1884 gegründet. Die erste spanische Station entstand 1886 in Santander, die erste englische 1887 in Plymouth an der Kanalküste unter maßgeblicher Beteiligung von Th. H. HUXLEY, E. R. LANKESTER und A. FLOWER und die erste norwegische 1891 in Bergen auf Anregung von F. NANSEN. Dann erst folgten (1892) die Königlich Biologische Anstalt auf Helgoland, wo schon zuvor EHRENBERG (1835), Joh. MÜLLER (seit 1845), PRINGSHEIM (1852) und HAECKEL (1854) längere Forschungsaufenthalte absolviert hatten (WERNER 1994), und die Zoologische Station des Berliner Aquariums in Rovigno (Adria). Das Ozeanographische Institut und Museum in Monaco wurde 1899, die ungarische Station in Fiume (Adria) 1905, die bulgarische Schwarzmeerstation in Varna 1906 und schließlich die spanische Station in Palma auf Mallorca ebenfalls 1906 gegründet.

Doch die erfolgreichste Einrichtung sollte die im Februar 1874 von Anton DOHRN in Neapel gegründete „Stazione Zoologica" werden (I. MÜLLER 1976), „the Mecca of biologists in every quarter of the globe" (JUDAY 1910) (Abb. 150). DOHRN verwirklichte seine Pläne „auf eigene Rechnung, ohne andere Ressourcen als meinen Kopf und meine Hände", wie er sich in einem Brief an Berliner Freunde ausdrückte (A. KÜHN 1950, S. 35). Zwölftausend Taler aus seinem Erbteil vom Vater bildeten den einzigen finanziellen Grundstock für das große Unternehmen. Es waren in erster Linie zwei Ideen DOHRNS, die für das Gelingen seines Vorhabens entscheidend wurden: Ein großes Schauaquarium sollte der Station angegliedert werden und als Haupteinnahmequelle dienen, und die verschiedenen „Arbeitsplätze" der Station sollten an verschiedene Regierungen und wissenschaftliche Kooperationen vermietet werden, um eine jährliche Rente zu sichern. Anton DOHRN hoffte, daß

„die Emancipation, welche die Wissenschaft durch solche freie wissenschaftliche Stationen erfährt, die geistige Ausweitung, die dem Einzelnen zuteil wird, der auf eine Zeit lang seinen akademischen Kreisen entrückt wird, der unzünftige Charakter des ganzen Unternehmens" dahin führen werde, dass der „Palast der Zoologie ... ein tätiges Organ wissenschaftlicher Forschung sein wird" (Brief v. 26. 9. 1872 an F. A. LANGE),

und er sollte recht behalten.

In der Folgezeit haben die berühmtesten Zoologen seiner Zeit an der Station, zu der auch eine hervorragend ausgestattete Bibliothek gehörte, gearbeitet und in anregender wissenschaftlicher Atmosphäre bleibende Forschungsergebnisse erzielt. Waren es zunächst hauptsächlich morphologisch-systematisch bzw. faunistisch ausgerichtete Arbeiten, die dort durchgeführt wurden, so folgten bald vergleichend-anatomische und entwicklungsgeschichtliche und schließlich entwicklungsphysiologische Untersuchungen. BOVERI, DRIESCH, HERBST und WILSON, um nur einige zu nennen, führten ihre grundlegenden Experimente an Echinodermenkeimen in Neapel durch. Der Entwicklung der experimentellen Zoologie Rechnung tragend, wurden bald ein physiologisches und ein chemisches Laboratorium neu eingerichtet. Jacob VON UEXKÜLL arbeitete dort, BETHE studierte das Nervensystem der Krabben, PÜTTER die Ernährung der Meerestiere, WINTERSTEIN den Chemismus des Blutes und HESS den Farbensinn. Nachmittags trafen sich die Forscher regelmäßig in der Loggia der Station zum „congrès permanent de zoologie" (FRANCOTTE 1905). Die Station wurde zum internationalen Treffpunkt der Biologen, nicht nur der Zoologen. Auch die Botaniker, wie z. B. J. REINKE, K. v. GOEBEL, SOLMS-LAUBACH und G. KLEBS, haben dort gearbeitet (s. I. MÜLLER

Abb. 150. Die Zoologische Station in Neapel zur Zeit ihrer Fertigstellung (Originalabb. im Zoologischen Institut in Jena).

1976). Die Station hat beide Weltkriege über-
standen und untersteht jetzt dem italienischen
Unterrichtsministerium. Das Wohnhaus der Familie DOHRN wurde allerdings im zweiten Weltkrieg ein Opfer der Bomben: „Its destruction
marked the end of an era in European science
and culture" (J. OPPENHEIMER 1978).
Dem Beispiel mariner Forschungsstätten folgend wurden um die Jahrhundertwende auch
die ersten limnologischen Stationen eingerichtet, bis 1910 waren es bereits etwa neunzig
(KOFOID 1910). Die erste dieser Art war die
„Biologische Station zu Plön" in Holstein
(1891). Sie war zunächst eine private Gründung
(mit staatlicher Unterstützung) von Otto ZA-
CHARIAS (vgl. 20.1.2.). Dasselbe gilt für die von
K. KUPELWIESER 1905 gestiftete alpine limnologische Station in Lunz/Oberösterreich unter Leitung von Franz RUTTNER. Beide Einrichtungen
wurden nach dem Ersten Weltkrieg von der
Kaiser-Wilhelm-Gesellschaft übernommen. In
Verbindung mit der Berliner Universität entstand 1893 die Biologische und Fischerei-Ver-
suchsstation Müggelsee in Friedrichshagen bei
Berlin. Dem Kuratorium dieses Institutes gehörten Franz Eilhard SCHULZE, Karl August MÖ-
BIUS und P. W. MAGNUS an. Erwähnt sei noch
die von F. DOFLEIN und B. HOFER 1897 aufgebaute Bayerische Biologische Versuchsanstalt.
Vom Naturhistorischen Museum in Brüssel ging
die Initiative zur Gründung einer belgischen
limnologischen Station am See Overmeire aus,
die von dem Zoologen E. ROUSSEAU mit privaten Mitteln aufgebaut wurde (vgl. 20.1.).
Andere Einrichtungen außerhalb der Universität wurden mit dem Ziel gegründet, der experimentellen Biologie bessere Arbeitsbedingungen
zu bieten. Eine traurige Berühmtheit erlangte
z. B. die von Hans PRZIBRAM viele Jahre sehr erfolgreich geleitete, 1903 gegründete Privatinsti-
tution „Biologische Versuchsanstalt" im Prater
von Wien durch die umstrittenen Experimente
Paul KAMMERERS über die „Vererbung erworbener Eigenschaften" (vgl. 18.1.3.). Im Jahre 1912
hatte ein zweiter Vorstoß Max ROTHMANNS bei
der Königlich Preußischen Akademie der Wissenschaften zur Errichtung einer Anthropoiden-
Station auf Teneriffa Erfolg. Sie wurde mit Mitteln aus der Samson-Stiftung unterstützt und
schließlich getragen. Erster Direktor wurde am
1. 1. 1913 der Psychologiestudent Eugen TEUBER.
Dem verantwortlichen Komitee gehörten neben
ROTHMANN der Berliner Anatom WALDEYER, der
Philosoph und Psychologe Carl STUMPF und die
Biologin Margarete SELENKA an. Ab 1. 1. 1914
übernahm Wolfgang KÖHLER die Stationsleitung,
die er bis 1920 innehatte. Hier führte er seine
weltberühmten „Intelligenzprüfungen an An-

thropoiden" durch. Nach dem Kriege (1920)
mußte die Station aus Geldmangel wieder aufgegeben werden. Die Schimpansen wurden dem
Berliner Zoo übergeben. Eine Station mit vergleichbarer Zielsetzung entstand 1925 auf Initiative von YERKES am Institut für Psychologie der
Yale-Universität in New Haven. Sie hat sich in
Orange Park/Florida nahe Jacksonville bis heute
erhalten. Die Anthropoiden-Station des Pasteur-
Instituts in Kindia (Franz. Guinea) (1923–1960)
und die „Suchumer Affenzucht" (1927 bis heute)
dienten vornehmlich medizinischen Forschungen
(HEINECKE & JÄGER 1993) (vgl. 19.1.1.).
Zur Beobachtung der Vogelwelt und insbesondere zum Studium des Vogelzuges entstanden
Anfang des 20. Jh. die ersten „Vogelwarten" als
ständige Einrichtungen: So die Vogelwarte Helgoland durch den Maler H. GÄTKE und die Vogelwarte Rossitten der Deutschen Ornithologischen Gesellschaft (1901) unter der langjährigen
Leitung Johann THIENEMANNS.
Adolf VON HARNACK, der Inaugurator der Kaiser-Wilhelm-Institute in Deutschland, beklagte
1910, daß „die Einrichtung von Forschungsinsti-
tuten … im 19. Jh. in Deutschland" gegenüber
anderen Ländern zurückgeblieben sei. Gleichzeitig warnte er davor, daß „den Privatgründun-
gen in Amerika durch einzelne Groß-Kapita-
listen die Gefahr innewohne, daß die Wissenschaft in Abhängigkeit vom Kapital gerät und
selbstsüchtigen und tendenziösen Zwecken
dient" (HARNACK 1910). Zusammen mit dem
Chemiker Emil FISCHER und dem Mediziner
VON WASSERMANN hatte er ein Jahr zuvor in
einer Denkschrift dem Kaiser Vorschläge zur
Gründung einer „Gesellschaft zur Förderung
der Wissenschaften" in Deutschland unterbrei-
tet. Eine solche Organisation kam am 11. Januar
1911 tatsächlich zustande, Kaiser Wilhelm II.
selbst übernahm das Protektorat.
Schon 1911–1912 entstanden die ersten drei Institute, nämlich je eines für Chemie, Physikalische Chemie und Physik in enger Nachbarschaft
in Berlin-Dahlem. Die Geschäfte wurden in der
Regel von einem Kuratorium geleitet, das sich
aus Wissenschaftlern, Vertretern der Fachbehör-
den und der Regierung zusammensetzte. Mit
diesen Gründungen verfolgte man das Ziel, für
Gelehrte durch zeitweilige oder dauerhafte Entlastung von den wachsenden Anforderungen des
Unterrichts an den Universitäten gute Arbeitsbedingungen für die Forschung auf wichtigen
Spezialgebieten zu schaffen.
Als viertes Dahlemer Institut kam 1913 das
„Institut für Biologie" hinzu (SUCKER 1987). Der
Gründung gingen heftige und kontroverse Dis-
kussionen über inhaltliche und struktururelle
Fragen eines solchen Instituts voraus, an der

sich viele namhafte Biologen der Zeit beteiligten. Unter Federführung von Th. BOVERI,
P. EHRLICH, G. HABERLANDT, O. HERTWIG,
W. ROUX und M. RUBNER wurden in dem Institut folgende Arbeitsrichtungen angesiedelt:

1. Abteilung für Vererbungslehre und Biologe der
   Pflanzen (Leiter: C. CORRENS)
2. Abteilung für Entwicklungsmechanik und kausale
   Morphologie (Leiter: H. SPEMANN)
3. Abteilung für Vererbungslehre und Biologie der
   Tiere (Leiter: R. GOLDSCHMIDT)
4. Abteilung für Protistenkunde (Leiter: M. HART-
   MANN)
5. Abteilung für Physiologie (Leiter: O. WARBURG)

Mit dem Bau des Institutsgebäudes wurde 1914
begonnen, schon Anfang 1915 konnten die ersten Abteilungen ihre Arbeit aufnehmen.

Die *Kaiser-Wilhelm-Gesellschaft* unterstützte
weitere Forschungen außerhalb Berlins, so diejenigen von J. v. UEXKÜLL, W. HIS (Leipzig) und
E. ABDERHALDEN (Halle). Schon 1911 übernahm
sie die Finanzierung der Zoologischen Station
in Rovigno und 1917, nach dem Tode von
O. ZACHARIAS, auch der in Plön, deren Leitung
August THIENEMANN übertragen wurde. Die
Kaiser-Wilhelm-Institute entwickelten sich nach
dem Ersten Weltkrieg außerordentlich erfolgreich und wurden durch weitere Abteilungen
bzw. Institutsneugründungen ausgebaut.
Schließlich spielten auch die Museen im Prozeß
der weiteren Profilierung, Spezialisierung und
Institutionalisierung der Biologie beim Übergang vom 19. zum 20. Jh. eine nicht zu unter-
schätzende Rolle. Sie entwickelten sich von Naturalienkabinetten zu wissenschaftlichen For-
schungseinrichtungen (vgl. 9.1.2.). Die wachsenden Anforderungen an die Lehr- und Forschungsarbeit an den Universitätsinstituten auf
allgemein-zoologischem Gebiet einerseits und
die durch die vielfältige Expeditionstätigkeit andererseits rapide zunehmenden Museumsbestän-
de, die dringend der taxonomischen Aufarbei-
tung bedurften, führten in vielen Fällen zur
institutionellen Abtrennung der Museen von
den Universitätsinstituten, wie z. B. beim Reichs-
museum in Leyden, oder auch zu Museumsneu-
gründungen außerhalb der Universität.
Im Jahre 1886 faßte Wilhelm HAACKE in seiner
Schrift *„Bioekographie, Museenpflege und Kolonialtierkunde"* seine Gedanken über die „Auf-

gabe und Einrichtung der naturkundlichen Museen und die Organisation des Museumswesens"
zusammen. Er forderte die Abtrennung der
Schausammlungen für Unterrichtszwecke von
den Hauptsammlungen, die der wissenschaftlichen taxonomischen Forschung zu dienen hätten. Ähnlich äußerte sich etwa zur gleichen Zeit
der Berliner Zoologe H. DEWITZ (1888):

Die Museen „müssen selbstverständlich auf eigenen
Füßen stehen und aufhören, die Bediensteten anderer
Institute, seien es Universitäten oder Akademien, zu
spielen."

Diese sich hier bereits abzeichnende Krise verschärfte sich nach dem ersten Weltkrieg noch.
Der Konflikt „zwischen den speziellen naturwissenschaftlichen Forschungsaufgaben und den
komplexen pädagogischen, technischen und
künstlerischen Aufgaben bei der Gestaltung"
der Schausammlungen war nicht geklärt. Dringend warnte DREVERMANN 1931 davor, „daß die
Trennung der Schausammlung von der Wissenschaft das Naturkundemuseum zur ‚toten
Schaubude' degradieren würde" (JAHN 1979,
S. 240).
In Deutschland werden in den Dekaden zwischen 1900 und 1910 sowie 1920 und 1930 die
meisten Museen gegründet, darunter nur wenige
„Hochschulmuseen". In Österreich liegt diese
Periode zwischen 1900 und 1909, in England
zwischen 1920 und 1927 (Jahn 1979, S. 237).
Während die botanischen Museen in ihrer An-
zahl stets gering blieben, gibt Walter ARNDT für
das Jahr 1930 allein für Deutschland 28 Museen
für Tierkunde an: 13 an Universitäten bzw.
Hochschulen, 1 Provinzialmuseum, 1 Städtisches
Museum, 8 Museen in Vereinsbesitz und 3 in
Privatbesitz (ARNDT 1930, S. 152).
Die Museen wurden zum Teil aus privater Hand
finanziert, wie z. B. das von dem Entomologen
G. KRAATZ 1871 gegründete „Entomologische
Museum" in Berlin, das von dem Kaufmann
J. C. GODEFFROY 1861 in Bremen gegründete
„Südsee-Museum" oder das von W. v. ROTH-
SCHILD in Tring bei London aufgebaute Mu-
seum, das bald mit seinen umfangreichen Vogel-
und Schmetterlingssammlungen zu einem ernst-
zunehmenden Konkurrenten des „British Mu-
seum" heranwuchs (STRESEMANN 1951, S. 258/
259).

14. Die Entwicklungsphysiologie

Heinz PENZLIN, Jena

Bereits sieben Jahre vor dem Erscheinen von DARWINS Hauptwerk forderten Carl BERGMANN, Professor für Anatomie in Rostock, und Rudolf LEUCKART, Professor für Zoologie in Gießen, in ihrem bekannten Werk „Anatomisch-physiologische Uebersicht des Thierreichs – Vergleichende Anatomie und Physiologie" (Stuttgart 1852):

„Wird es aber gelungen sein, aus dem uns noch unauflöslichen Knäuel von bewirkenden Ursachen, welche der Formentwicklung der Tiere zugrunde liegen, irgend ein Fädchen hervorzuziehen, dann wird auch die Morphologie zu einem Teile, zu einem neuen Teile der Physiologie werden" (S. 36).

Unter dem starken Einfluß der Abstammungslehre HAECKELscher Prägung verband sich die Morphologie zunächst nicht mit der Physiologie, sondern mit der Ontogenie. „Mit Beziehung auf seine ursächliche oder causale Bedeutung" wurde das „Biogenetische Grundgesetz" von HAECKEL in die Kurzfassung „Die Phylogenesis ist die mechanische Ursache der Ontogenesis" gebracht (HAECKEL 1891, S. 64), der sich nicht wenige seiner Zeitgenossen anschlossen. Dazu bemerkte Wilhelm ROUX:

„Das … biogenetische Grundgesetz bezeichnet … bloß die Tatsache der Wiederholung und ihre allgemeine Notwendigkeit, also den Kausalzusammenhang im allgemeinsten. Nicht aber lehrt es uns etwas über die Art des Geschehens, über die dabei beteiligten determinierenden und ausführenden Wirkungsweisen und ihre Wirkungsgrößen. Diese Kenntnisse kann erst die experimentelle ontogenetische und proontogenetische Entwicklungsmechanik uns bringen, soweit dies überhaupt möglich sein wird" (ROUX 1905, S. 253).

Solche kritischen Äußerungen konnte HAECKEL, jeder experimentellen Forschung mit Unverständnis begegnend, keinesfalls tolerieren. Der Abbruch engerer Beziehungen zu seinem Schüler war die unausweichliche Folge. Das gleiche Schicksal hatten vor ihm schon Oscar HERTWIG und Hans DRIESCH erfahren. Später mußte Julius SCHAXEL die gleiche Erfahrung machen (PENZLIN 1988). Von Carl GEGENBAUR und

Ernst HAECKEL wurde Ursachenforschung mit der Aufklärung des historischen Werdeganges in der Phylo- und Ontogenese gleichgesetzt, bedeutete Beschreibung bereits kausale Erklärung.

Es hat nicht an Versuchen gefehlt, das von BERGMANN und LEUCKART aufgeworfene Programm umzusetzen. Hier ist in erster Linie Wilhelm HIS, Professor für Anatomie in Leipzig, zu nennen. Er machte in Opposition zu HAECKEL, dem ein kausalanalytisches, experimentelles Vorgehen in der Biologie zutiefst wesensfremd war, mit Nachdruck darauf aufmerksam, daß man in der ontogenetischen Entwicklung in erster Linie einen *physiologischen* Vorgang zu sehen habe, bei dem jedes spätere Stadium aus dem nächst vorhergehenden ursächlich bedingt werde:

„Die Entwicklungsgeschichte ist ihrem Wesen nach eine physiologische Wissenschaft, sie hat den Aufbau jeder einzelnen Form aus dem Ei nach den verschiedenen Phasen nicht allein zu beschreiben, sondern derart abzuleiten, daß jede Entwicklungsstufe mit allen ihren Besonderheiten als nothwendige Folge der unmittelbar vorangegangenen erscheint" (HIS 1874, S. 2).

Rein mechanisch sah er in der ontogenetischen Entwicklung in erster Linie eine Abfolge von Erhebungen, Faltungen und Verwachsungen bereits in der „Keimschicht" vorgebildeter „organbildender Keimbezirke": W. HIS' „**Faltungstheorie**" (1874, 1894), die von HAECKEL in scharfer Form als „Schneider-Theorie" diskreditiert wurde (HAECKEL 1891, S. 53).

In ähnliche Richtung wie HIS wies Alexander Wilhelm GOETTE, Professor der Zoologie in Rostock, später in Straßburg. Auch er versuchte, eine „mechanische" Entwicklungstheorie auszuarbeiten (1875). Schließlich sei in diesem Zusammenhang noch Nicolai KLEINENBERGS, der mit allem Nachdruck betonte (1886), daß die Form eines Organs auf seiner Funktion und nicht auf seiner Herkunft beruhe, und August RAUBERS gedacht, der die dem „Zeitgeist" widersprechende These formulierte, daß nicht aus der Beschaffenheit einzelner Zellen der Organismus zu begreifen sei, daß vielmehr das Ganze die Teile beherrsche und nicht umgekehrt (1883) (vgl. 12.2.).

14.1. Die Anfänge in Deutschland: Wilhelm Roux

Diesen von His, Goette und anderen geäußerten Modellvorstellungen über die der Entwicklung zugrunde liegenden „Mechanismen" hätte die experimentelle Überprüfung am lebenden Objekt folgen müssen, gerade das aber geschah – leider – nicht. Diesen entscheidenden Schritt tat erst Wilhelm Roux, Professor für Anatomie in Innsbruck und später Halle. Bei Roux laufen viele Traditionslinien zusammen, die hier, in kreativer Weise verarbeitet, zu neuen, fruchtbaren Ansätzen führten. Er hatte seinerzeit bei Haeckel in Jena, aber auch bei Goette in Straßburg studiert und stand unter dem starken Einfluß der Keimplasmatheorie August Weismanns, der seinerzeit durch die Schule Leuckarts gegangen war und den „Idioplasma"-Begriff von Carl Wilhelm von Naegeli übernommen hatte. Naegeli verstand unter Idioplasma „gleichsam das mikroskopische Abbild des makroskopischen Individuums" (Naegeli 1884). Eine Quelle weiteren Einflusses kam von Julius Sachs und der Pflanzenphysiologie, die

„vor der jetzigen Einseitigkeit der Thierphysiologie bewahrt geblieben" ist; „sie ist, Dank den Forschungen eines Jul. von Sachs, Wiesner, Pfeffer, Strasburger, Berthold, de Vries, Voechting, Klebs u. a., zum großen Theile bereits Entwicklungsmechanik im vollen Sinne des Wortes und der thierischen Entwicklungsmechanik weit vorausgeeilt" (Roux 1895, S. 30).

Auf diesen Einfluß geht der Begriff „Cytotropismus" bei Roux zurück, mit dem er die „Bewegung der Furchungszellen gegeneinander" (Roux 1895, S. 51) bezeichnete.
Roux begann seine Karriere mit einer darwinistischen Broschüre „Der Kampf der Teile im Organismus" (1881), die Darwin als „die zur Zeit bedeutendste Abhandlung über die Entwicklung" (Radl 1909, S. 408) kennzeichnete und die auch von Haeckel und Weismann günstig aufgenommen wurde. Er stellte in dieser Schrift – nach seinen eigenen Angaben die Ideen Ernst Haeckels und Thierry William Preyers vertiefend – der natürlichen Zuchtwahl

Darwins einen inneren Kampf der Teile eines Organismus zur Seite und versuchte damit die „feineren Zweckmäßigkeiten" der funktionellen Anpassung im Darwinschen Sinne zu erklären.
Seine ersten *entwicklungsphysiologischen* Untersuchungen betrafen grundlegende Fragen der Entwicklung des Froscheies. Mit seinem „Rotationsversuch" (1884) widerlegte er die Behauptung des Physiologen Eduard Pflüger, daß, wie bei der wachsenden Pflanze auch, die Schwerkraft das Entwicklungsgeschehen entscheidend mitbestimme. Roux ließ in seinem Experiment die Froscheier rotieren und erhielt dennoch normale, bilateral-symmetrische Entwicklungen, die zu ihrer Ausprägung also offenbar solcher richtenden Kräfte aus der Außenwelt nicht bedürfen. Entwicklung ist also, so Roux, **„Selbstdifferenzierung"** und nicht **„abhängige Differenzierung"**. Die Frage, ob das nicht nur für das ganze Ei im Hinblick auf Umweltfaktoren, sondern auch für Teile des Eies im Hinblick auf die anderen Keimteile gelte, versuchte er mit seinem berühmten „Anstichversuch" (1888) am Froschei zu beantworten. Mit Hilfe einer heißen Nadel tötete er eine der beiden Blastomeren auf dem Zweizellenstadium ab. Das Ergebnis war die Ausbildung eines Halbembryos. Roux deutete deshalb die Frühentwicklung als „Mosaikarbeit".
Dieses Ergebnis stand in Übereinstimmung mit der von August Weismann aufgestellten „Keimplasmatheorie", in der eine erbungleiche Teilung während der Entwicklung postuliert wurde (Abb. 151). Die „Rezepte" für alle Teile des späteren Organismus sollten nach dieser Hypothese als Anlagen („Determinanten") molekular im Keimplasma der Eizelle präformiert sein. Während der Entwicklung soll es dann zu einer gesetzmäßigen Zerlegung des „Idioplasmas" in seine Komponenten, die „Determinanten", kommen, die somit ungleich auf die Tochterzellen verteilt werden, bis schließlich nur noch eine einzige übrigbleibt. Damit wäre die betreffende Zelle endgültig und irreversibel differenziert. Mit dieser Keimplasmatheorie, die eine modifizierte Präformationstheorie darstellte, befand sich Weismann ganz im Trend der „Atomistik" seiner Zeit, wie er von Dalton und Avogadro in der Chemie ausging („Molekulartheorien des Lebens", s. Penzlin 1986). Im Gegensatz zu Weismann sah Roux in der differentiellen Kern- und Zellteilung aber nur *eine* Möglichkeit der Musterbildung neben anderen. Er schloß keineswegs abhängige Differenzierungen („differenzirende Correlationen") während der Entwicklung prinzipiell aus:

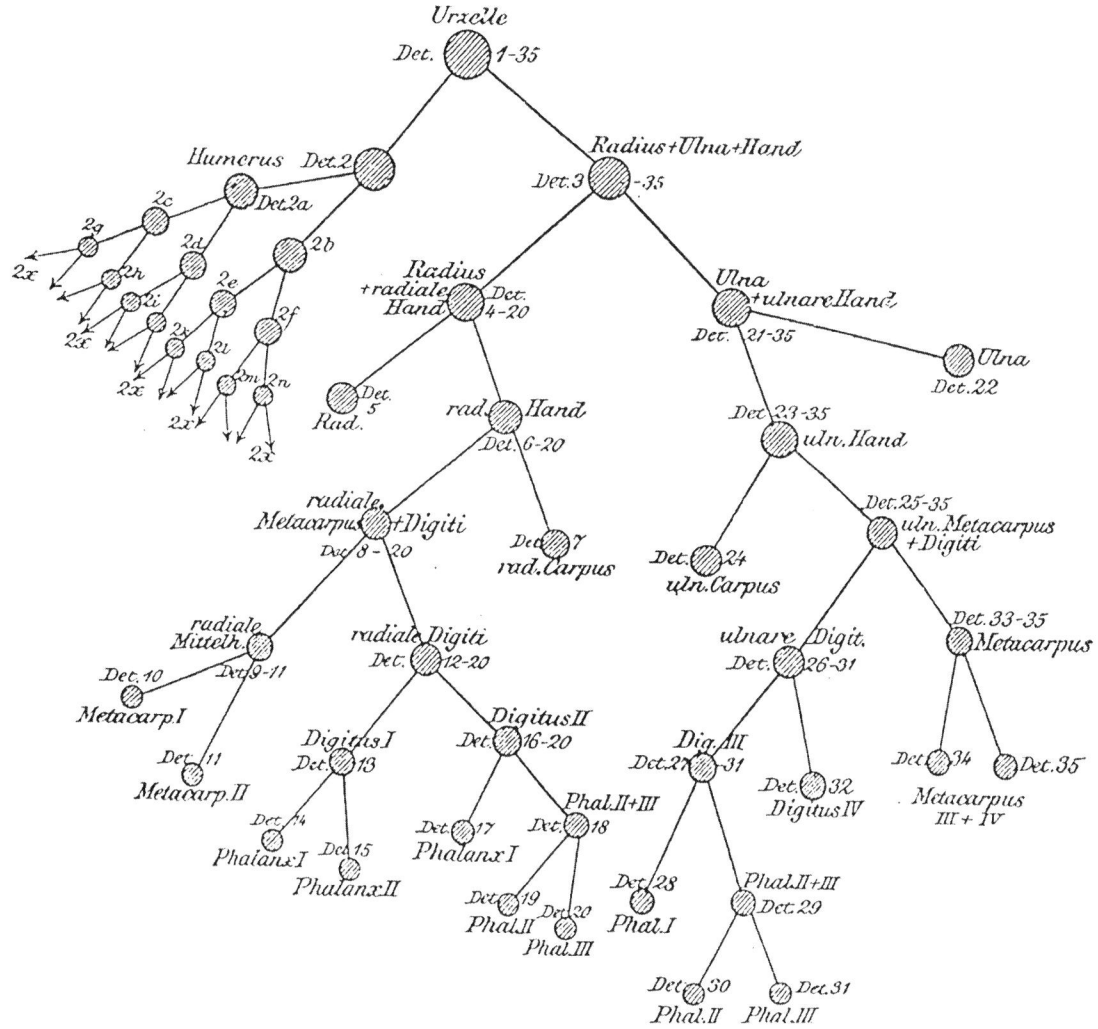

Abb. 151. Die Keimplasmatheorie Weismanns am Beispiel der Entwicklung der vorderen Extremität erläutert. Die „Ur-Knochenzelle" hat ein Idioplasma, das die Determinanten 1–35 für alle folgenden Knochenzellen enthält. Bei den Zellteilungen werden die Determinanten gesetzmäßig verteilt. Aus A. Weismann *Das Keimplasma, eine Theorie der Vererbung.* Jena 1892, S. 136.

„Selbstdifferenzirung und abhängige Differenzirung können sich gleichzeitig oder nach einander in der verschiedensten Weise kombiniren" (Roux 1895, S. 17).

Deshalb ist es nicht gerechtfertigt, wie es besonders in der angelsächsischen Literatur oft geschehen ist, von der „Roux-Weismann"-Hypothese zu sprechen (Sander 1990).
In den 80er Jahren des vergangenen Jahrhunderts begründete Roux die „Entwicklungsmechanik" (vgl. 12.2.), deren Programm und Forschungsmethodik er wiederholt klar umriß (1892, 1895, 1897). Ausgehend von der Tatsache, daß wir nicht wissen,

„welche Kräfte im befruchteten Ei vorhanden sind und in welcher Anordnung sie sich befinden, daß sie

es vermögen, die Entwicklung des Individuums einzuleiten, … warum aus dem einfach geformten Ei ein hochkomplizierter, typisch gebauter Organismus hervorgeht" (1897, S. 15),

leitete er die Forderung nach der *experimentellen* (kausalanalytischen) Analyse des Entwicklungsvorganges ab. Es galt, „die Gestaltungsvorgänge auf die ihnen zu Grunde liegenden Naturgesetze zurückzuführen" (1895). Die „Entwicklungsmechanik" oder „causale Morphologie" definierte Roux als die

„Lehre von den Ursachen der organischen Gestaltungen, somit die Lehre von den Ursachen der Entstehung, Erhaltung und Rückbildung dieser Gestalten" (Roux 1895, S. 1).

Wilhelm ROUX, streitbar und selbstbewußt, stellte nicht nur diese Forderungen auf, sondern versuchte sie auch durch sinnvolle Experimente praktisch umzusetzen. Er begründete 1895 die weltweit erste entwicklungsbiologische Zeitschrift, das 1919 nach ihm benannte und heute noch fortgeführte „Archiv für Entwicklungsmechanik". ROUX konnte auf 112 Forscherpersönlichkeiten verweisen, die ihm alle zugesagt haben, das „Archiv" zu unterstützen, darunter Otto BÜTSCHLI, Karl HEIDER, Richard HERTWIG, Rudolf Albert VON KOELLIKER, Eugen KORSCHELT, Jacque LOEB, Thomas Hunt MORGAN, Wilhelm VON WALDEYER, August WEISMANN und Heinrich Ernst ZIEGLER. Der Name HAECKELS fehlte! Er hatte für die Entwicklungsmechanik nur die Attribute „überflüssig" und „thöricht" übrig.

Die experimentelle Entwicklungsforschung, wie sie von ROUX in vielen Schriften und Vorträgen enthusiastisch gefordert wurde, fand in Deutschland und Amerika des ausgehenden 19. Jh. und danach – weniger in Frankreich, England und Italien – begeisterte und erfolgreiche Bearbeiter. Es seien genannt: Theodor BOVERI (1862–1915), Hans DRIESCH (1867–1941) und Curt Alfred HERBST (1866–1946) in Deutschland sowie Edmund Beecher WILSON (1856–1939), Charles Otis WHITMAN (1842–1910), Edwin Grant CONKLIN (1863–1952), Thomas Hunt MORGAN (1866–1945), Charles Manning CHILD (1869–1954) und Ross Granville HARRISON (1870–1959) in den USA. So wie sich in Europa die von dem HAECKEL-Schüler Anton DOHRN gegründete Zoologische Station in Neapel zum Zentrum dieser Arbeiten profilierte, so war es in den USA die Station in Woods Whole, der WHITMAN als Direktor vorstand. Aus der Schule BOVERIS gingen Hans SPEMANN, Fritz BALTZER und Leopold VON UBISCH hervor.

14.2. Hans DRIESCH und die „harmonisch-äquipotentiellen Systeme"

Einen entscheidenden Stoß erhielt die WEISMANNsche Entwicklungstheorie durch die „Entwicklungsmechanischen Studien" von Hans DRIESCH, der durch die Lektüre der abgedruckten Festrede ROUXS „Die Entwicklungsmechanik, eine anatomische Wissenschaft der Zukunft" (Wien 1890) angeregt worden war, selbst Experimente in dieser Richtung durchzuführen. DRIESCH trennte die Blastomeren des Seeigel-

keimes durch heftiges Schütteln. Eine so *isolierte* Blastomere des Zweizellenstadiums furchte sich zunächst wie im Verband und bildete auch nur eine Halbblastula, die sich dann aber zu einer Kugel schloß und einen *vollständigen* Pluteus aus sich hervorgehen ließ (DRIESCH 1892) (Abb. 152). Das Schütteln war eine recht grobe Trennungsmethode, die bereits vorher die Gebrüder Oscar und Richard HERTWIG bei der Herstellung von Fragmenten aus unbefruchteten Seeigeleiern angewandt hatten. Sie beobachteten 1887, daß man kernlose Fragmente besamen kann und daß sich diese „halbkernigen Merogone" zu normalen Plutei entwickeln können. Später wurde die Schüttelmethode zur Trennung von Blastomeren durch die von Curt HERBST (1900) eingeführte, wesentlich elegantere Methode des Ca^{2+}-freien Seewassers ersetzt.

In einem zweiten Experiment ließ DRIESCH die Furchung des Seeigelkeims unter Druck zwischen zwei Glasplatten ablaufen, wodurch die dritte Furchungsebene – wie bereits die ersten beiden – nicht äquatorial, sondern meridional (longitudinal) verlief. Erst die vierte Teilung erfolgte (nach Aufheben des Druckes) äquatorial. Trotz der mit dem Experiment verbundenen ungewöhnlichen Verteilung der Kerne im ursprünglichen Eiplasma erhielt DRIESCH völlig normale Plutei (DRIESCH 1893).

Aus den Versuchen ergaben sich für DRIESCH folgende Konsequenzen:

1. Im Gegensatz zu WEISMANN und ROUX ist die „**prospektive Potenz**" einer isolierten Blasto-

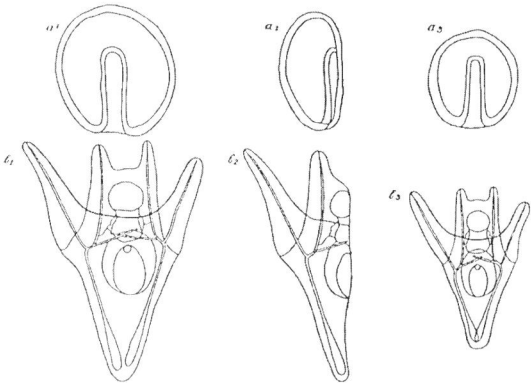

Abb. 152. Erläuterung der Versuche an *Echinus*. a_1 und b_1 Normale Gastrula und normaler Pluteus. – a_2 und b_2 „Halb"-Gastrula und „Halb"-Pluteus, wie sie nach der „Evolutions"-Theorie aus einer isolierten Blastomere des zweizelligen Stadiums hervorgehen sollten. a_3 und b_3 Kleine Ganz-Gastrula und kleiner Ganz-Pluteus, wie sie wirklich aus isolierten Blastomeren hervorgehen. Aus DRIESCH Philosophie des Organischen, 1. Band, S. 61.

mere nicht gleichgroß, sondern größer als ihre **„prospektive Bedeutung"**.

2. Der Seeigelkeim verhält sich wie ein **„har-monisch-äquipotentielles System"**: Äquipotentiell, weil jedes Element des Systems gleiche Potenzen hat und einen vollständigen Pluteus zu bilden vermag; harmonisch, weil trotz der unterschiedlichen Ausgangssituationen stets vollständige, in sich harmonische Larven entstehen.

3. Das Schicksal des Kerns hängt allein von seiner Lokalisierung im Embryo ab. Sein **„Fundamentalsatz"** (DRIESCH 1894) lautete: „Die prospektive Bedeutung jeder Blastomere ist eine Funktion ihrer Lage im Ganzen".

Diese Einsichten – hinzu kamen Regenerationsexperimente – führten DRIESCH bereits 1895 „auf einem einsamen Spaziergang in den Wäldern Zürichs" (DRIESCH 1951, S. 108) zu Ansichten, die er in den folgenden Jahren zu seiner „Lehre von der Autonomie, der Eigengesetzlichkeit, des organischen Geschehens" ausbaute und die die Grundlage seines „Neovitalismus" bildeten. Das war bekanntlich mit der Einführung eines in Anlehnung an ARISTOTELES als **„Entelechie"** bezeichneten „Faktors der Natur", eines „ganzmachenden Faktors", der weder Kraft noch Stoff sei, verbunden. Nur ein Jahr zuvor hatte er in seiner „Analytischen Theorie der Entwicklung" (1894) noch einen mechanizistischen Weg der Interpretation versucht, wobei er an die „Teleomechanisten" des 18. Jh. (LENOIR 1982), und hier besonders an Immanuel KANT, anknüpfte. Jetzt ging DRIESCH fortan ganz eigene Wege und trennte sich vollständig von den mechanistischen Anschauungen ROUXS. Statt des Begriffes „Entwicklungsmechanik" schlug er den passenderen Begriff „Entwicklungsphysiologie" vor, der sich auch weitgehend durchsetzte. Die Meinungsverschiedenheiten zwischen ROUX und DRIESCH führten nicht zu einer persönlichen Feindschaft, was für die Größe dieser beiden so verschiedenen Forscherpersönlichkeiten spricht. In seinen „Lebenserinnerungen" schrieb DRIESCH darüber mit Dankbarkeit:

„Erst 1901, auf dem Internationalen Zoologenkongreß in Berlin, haben Roux und ich uns persönlich kennengelernt. Wir haben uns gleich menschlich sehr gut verstanden und später oft über unseren ‚Krieg' … gelacht; wieder ein Zeichen dafür, daß schärfste theoretische Differenzen, wenn sie nur auf beiden Seiten ehrlicher Überzeugung entstammen, rein menschliche Beziehungen nicht zu trüben brauchen" (DRIESCH 1951, S. 97).

„ROUXS Ehrenplatz in der Geschichte der biologischen Wissenschaft", so DRIESCH anerkennend in seinem Hauptwerk „Philosophie des Organi-

schen", „ist gesichert, mag die Wissenschaft ihren Weg nehmen, wie sie will" (DRIESCH 1909, S. 57).

Später verließ DRIESCH die experimentelle Biologie und wechselte ganz zur Naturphilosophie über. 1907 hatte er den Lehrstuhl für „Natürliche Theologie" in Aberdeen inne (hier entstand sein Hauptwerk: *Philosophie des Organischen*), 1909 wurde er Privatdozent für Naturphilosophie in Heidelberg, 1911 ao. Professor, 1920 o. Professor für Philosophie zunächst in Köln, dann in Leipzig (vgl. auch MOCEK 1974).

Daß sich isolierte Blastomeren des Zweizellenstadiums des Amphibienkeimes unter bestimmten Umständen nicht anders verhalten als die Seeigelblastomeren im Drieschschen Versuch, wurde schon 1895 von H. ENDRES gezeigt. Im Gegensatz zu ROUX trennte er die beiden Blastomeren des Zweizellenstadiums von *Triturus taeniatus* durch eine Haarschlinge *vollständig* voneinander und erhielt so normale Embryonen. Auch der zweite Versuch DRIESCHS, die Erzeugung abnormer Kernverteilungen durch Ausübung eines Druckes auf das Ei während der ersten Furchungsteilungen („Pressungsversuch", s. o.), ist mit Froscheiern mit dem gleichen Resultat durchgeführt worden. Auch hier entstanden – wie beim Seeigel – normale Embryonen (O. HERTWIG 1893).

Der erste, der eine echte **„Mosaikentwicklung"** nachgewiesen hat, war der Franzose Laurant CHABRY im Jahre 1887 am Tunicatenembryo. Er war jedoch als Mediziner nicht an der Entwicklung selber interessiert, sondern lediglich an der künstlichen Erzeugung von Mißbildungen („Terata") und stand dabei in einer großen französischen Tradition mit Vater und Sohn Geoffroy St. HILAIRE – von ihnen stammt auch der Begriff **„Teratologie"** und Camille DARESTE an der Spitze. CHABRY tötete ohne Kenntnis der Rouxschen Befunde eine Blastomere des Tunicatenkeims auf dem Zweizellenstadium ab und erhielt Halbembryonen. Der Befund blieb in Kreisen der Entwicklungsbiologen weitgehend unbekannt. Spätere Untersuchungen anderer Autoren haben nachgewiesen, daß sich der Tunicatenkeim tatsächlich wie „ein Mosaik aus selbstdifferenzierenden Teilen" verhält. Edwin Grant CONKLIN (1905) beschreibt die sich im Anschluß an die Besamung und während der ersten Furchungsvorgänge abspielenden Substanzumordnungen im Ei der Ascidie *Styela (Cynthia) partita*, die sich wegen der verschiedenen Färbungen der Plasmaregionen am lebenden Objekt besonders gut verfolgen lassen und zu einer bilateralsymmetrischen Anordnung führen.

Daß das Konzept des harmonisch-äquipotentiellen Systems selbst für den Seeigelkeim in der Konsequenz nicht zutrifft, wie es sich DRIESCH vorstellte, zeigte der schwedische Entwicklungsbiologe Sven HÖRSTADIUS in den dreißiger Jahren. Ihm gelang es, das unbesamte Ei mit einer feinen Glasnadel in zwei Hälften zu teilen. Geschah das längs des Äquators, so konnten die animalen Hälften nach Befruchtung im Gegensatz zu den vegetativen weder gastrulieren noch Skelettelemente ausbilden. Es zeigte sich also, daß bereits das Plasma der *unbefruchteten* Eizelle entlang der animal-vegetativen Hauptachse nicht „äquipotentiell" ist.

In den Jahren 1928–1935 führte Sven HÖRSTADIUS eine Reihe weiterer eleganter Experimente am Seeigelkeim aus, von denen Scott F. GILBERT einmal sagte, sie seien „some of the most exciting experiments in the history of embryology" überhaupt (S. F. GILBERT 1985, S. 249). HÖRSTADIUS trennte die verschiedenen Zellkränze früher Entwicklungsstadien des Seeigels mit einer feinen Glasnadel und beobachtete deren weiteres Schicksal einzeln und in verschiedenen Kombinationen. Die vielen am Seeigelkeim erzielten Ergebnisse HÖRSTADIUS' (HÖRSTADIUS 1935, 1939) ließen sich überzeugend mit der Vorstellung zweier gegenseitig wirkender formbildender Gradienten erklären: Gefälle-Hypothese (John RUNNSTRÖM 1929). Der eine Gradient hat sein Maximum am animalen Pol und nimmt zum vegetativen Pol hin ab. Er wirkt „animalisierend" auf die Entwicklung. Der andere Gradient ist entgegengesetzt gerichtet und wirkt „vegetativisierend". Zu einer Normalentwicklung kommt es immer dann, wenn ein gewisses Gleichgewicht beider Tendenzen in der isolierten Schicht bzw. in den Schichtenkombinationen herrscht.

14.3. Theodor BOVERI

Neben ROUX und DRIESCH war es – drittens – insbesondere Theodor BOVERI (WILSON 1918, BALTZER 1962, MORITZ 1993), der, durch Richard HERTWIG angeregt, der aufstrebenden experimentellen Entwicklungsbiologie in Deutschland und Übersee um die Jahrhundertwende durch eigene, musterhaft sorgfältig durchgeführte Experimente am *Ascaris*-Ei und Seeigelkeim sowie durch seine klaren theoretischen Schlußfolgerungen wesentliche und nachhaltige Impulse verliehen hat. Richard GOLDSCHMIDT meinte in seinem lesenswerten Buch „Erlebnisse und Begegnungen" (1958) zu BOVERI:

„Es will mir scheinen, daß je mehr die Jahre vergehen und die moderne Biologie erfolgreich fortschreitet, Boveris Ruhm nicht nur nicht verblaßt, sondern noch strahlender leuchtet denn je zuvor."

GOLDSCHMIDT hatte mit dieser Einschätzung völlig recht. Es ist unglaublich, was dieser Mann, er ist nur 53 Jahre alt geworden, uns an profunden Erkenntnisfortschritten auf den jungen Gebieten der Zell- und Entwicklungsbiologie geschenkt hat. Seine „Werke stehen da wie Meilensteine, jeder für sich einheitlich und abgerundet, mit grundlegenden Tatsachen und zugleich tiefgründigem Gedankenwerk, wie es nur ein Meister geben kann" (BALTZER 1963, S. 385). Er wurde als der letzte der großen „Beobachter" und als der erste der großen Experimentatoren in der Embryologie bezeichnet. Er gilt mit Walter S. SUTTON (1903) als der Begründer der „Allgemeinen Chromosomentheorie der Vererbung" (vgl. 17.1. u. 17.2.1.).

Auch BOVERI stand zunächst unter dem Einfluß WEISMANNS. Am Ei des Pferdespulwurms (*Ascaris megalocephala*) hatte er die durch riesige „Sammelchromosomen" ausgezeichneten Zellen der Keimbahn und die „Chromatindiminution" in den somatischen Zellen entdeckt. Die Frage, ob die Diminution autonom gesteuert (WEISMANN) oder vom umgebenden Cytoplasma ausgelöst werde, versuchte er durch abnorme Furchungsabläufe, ausgelöst durch Dispermie (Abb. 153) oder durch Zentrifugieren, zu beantworten. Er kam zu dem eindeutigen Ergebnis, daß das Auftreten beziehungsweise Ausbleiben der Chromatindiminution davon abhängt, in welche Eicytoplasmazone die Chromosomen bei der Teilung gelangen. In seiner „Relativitätshypothese" (1910) formulierte er, „daß irgendein Etwas in der Richtung vom animalen zum vegetativen Pol an Konzentration zu- oder abnimmt". Verallgemeinernd führte er über die wechselseitige Beeinflussung von Kern und Cytoplasma aus:

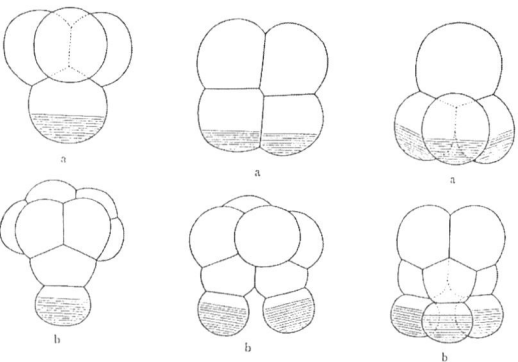

Abb. 153. Schema zur Erläuterung der drei „Typen", wie sie bei der simultanen Vierteilung dispermer *Ascaris*-Eier auftreten können. Aus BOVERI 1910.

„So scheint mir der Fall von *Ascaris* ein einfachstes Paradigma dafür darzustellen, wie die Wechselwirkung von Protoplasma und Kern in der Ontogenese zu denken ist und auf welche Weise aus der äußerst geringen Ungleichartigkeit des Eiprotoplasmas, durch Auslösungswirkungen auf den Kern und Rückwirkungen vom Kern auf das Protoplasma, die schließlich so gewaltigen Verschiedenheiten der entstehenden Zellen hervorgehen können" (BOVERI 1910, S. 191).

Eine frühe, wichtige Einsicht von allgemeiner Bedeutung, die in der Folgezeit manchmal aus dem Auge verloren wurde, sich im Rahmen moderner molekularbiologischer Forschung jedoch vielfach bestätigen sollte.

Die Nematoden sind bis heute beliebte Objekte entwicklungsbiologischer Untersuchungen geblieben. Von *Caenorhabditis elegans*, einem nur 1 mm langen Wurm, kennt man heute dank der gründlichen Untersuchungen von S. BRENNER und seinen Mitarbeitern den ganzen weitverzweigten Baum von Zellinien vom Ei bis zum adulten Wurm, der aus 995 Zellen besteht und sich innerhalb von $3^1/_2$ Tagen aus dem Ei entwickelt (SULSTON et al. 1983). Die Vorstellung, die S. BRENNER, als er mit der umfangreichen Arbeit begann, und mit ihm viele Embryologen seiner Zeit vertraten, daß nämlich die Entwicklung nach einem genetisch fixierten Plan ablaufen müsse, mußte allerdings aufgegeben werden zugunsten der Einsicht, daß Entwicklung als „ein Netzwerk von Ereignissen ohne ein festes Programm" (DUSPIVA 1989, S. 162) zu betrachten ist.

14.4. Die Anfänge in Amerika

In Edmund Beecher WILSON müssen wir denjenigen Entwicklungsbiologen sehen, der der entwicklungsmechanischen Forschungsrichtung in den USA maßgebliche Impulse verliehen hat. Während in Frankreich und auch in England die Entwicklungsmechanik nur zögerlich Fuß faßte, entwickelte sich diese Disziplin in den USA sehr schnell. WILSON hatte viele Monate in Deutschland bei LEUCKART, Carl LUDWIG und auch bei BOVERI gearbeitet. Er beschäftigte sich am Marine Biological Laboratory in Woods Hole mit der Isolierung von Blastomeren aus frühen Entwicklungsstadien der Schnecke *Patella* und stellte fest, daß im Gegensatz zum Seeigel- oder Amphibienkeim und in Übereinstimmung mit den Befunden an Tunicaten (s. o.)

"the history of these cells gives indubitable evidence that they posses within themselves all the factors that determine the form and rhythm of cleavage, and the characteristic and complex differentiation that they undergo wholly independently of their relation to the remainder of the embryo" (WILSON 1904).

An der Elefantenzahn-„Schnecke" *Dentalium* konnte er weiter zeigen, daß die „Determinanten" für das charakteristische Teilungsmuster sowie die mesodermale Differenzierung der D-Blastomere im „vegetativen Polplasma" (nach A. C. CLEMENT, 1968, im nichtdiffusiblen Anteil des Plasmas) verankert sein müssen. Dieses Plasma sondert sich unmittelbar nach der Befruchtung ab und wird bei jeder Furchungsteilung vorübergehend als „Pollappen" abgeschnürt.

Woods Whole wird zum Zentrum der amerikanischen entwicklungsbiologischen Forschung. Der Direktor dieser Einrichtung, Charles Otis WHITMAN, ist durch seine gründlichen Untersuchungen über die Furchung des Egels *Clepsine (Glossiphonia)* und Edwin Grant CONKLIN durch diejenigen über die Furchung der Ascidie *Styela (Cynthia) partita* (1905, s. o.) weltbekannt geworden. In diesem Zusammenhang muß auch Thomas Hunt MORGAN erwähnt werden, der seine Karriere ebenfalls als Entwicklungsbiologe begann, woran seine Bekanntschaft mit Hans DRIESCH während des Aufenthaltes an der Zoologischen Station in Neapel wohl nicht ganz „unschuldig" war. Zwei gemeinsame Publikationen (1895) über die Furchung des Ctenophoreneies sind aus dieser Gemeinschaft zweier so verschiedener Forscherpersönlichkeiten hervorgegangen. MORGAN untersuchte u. a. die Regeneration verschiedener mariner Organismen (1901). Obwohl MORGAN in gewissem Rahmen auch in Betracht zog, daß „the reaction of the genes is affected by the changes in the cytoplasma" (1927, S. 8), so ging er doch im wesentlichen davon aus, daß die Differenzierung allein durch die Gene verursacht werde, womit er den berechtigten Widerspruch vieler Embryologen, unter ihnen WILSON, hervorrief. Das komplexe Zusammenspiel von Kern und Cytoplasma während der Embryogenese hat Waldemar SCHLEIP sehr schön wie folgt zusammengefaßt:

„Vererbungsforschung und Entwicklungsphysiologie haben gezeigt, daß – durch den Genotypus – streng präformiert ist, was entstehen kann, daß aber alles, was wirklich entsteht – von den ersten Differenzierungen im Eiplasma angefangen bis zu den Eigenschaften des entwickelten Körpers –, das Reaktionsergebnis der Gene auf die Entwicklungsbedingungen darstellt, also etwas epigenetisch Gewordenes ist" (SCHLEIP 1927).

14.5. Hans SPEMANN und seine Schule

In Deutschland bildete sich unter Hans SPEMANN (Nobelpreis 1935) ein neues Zentrum entwicklungsphysiologischer Arbeiten. Er war

Schüler Boveris und 1919 als Nachfolger Franz Dofleins auf den Lehrstuhl in Freiburg gekommen. Auf Erfahrungen Gustav Borns aufbauend entwickelte Spemann ab 1901 eine Methode, an Amphibienembryonen Transplantationen von Keimstücken vorzunehmen.

Zunächst – noch in Würzburg – widmete er sich dem Problem der Induktion der Linsenbildung im Wirbeltierembryo. Gleichzeitig mit Warren H. Lewis in den USA konnte er im Jahre 1904 die bereits von Karl Ernst von Baer vermutete Auslösung der Linsenbildung durch den Augenbecher experimentell belegen. Es gelang ihm durch Transplantationsexperimente, Linsenbildungen im Bauchektoderm auszulösen.

Bedeutungsvoller sollten die vielen Schnürungs- und Transplantationsexperimente werden. Zunächst konnte Spemann durch Schnürungsversuche an Molchkeimen die Befunde von H. Endres (s. o.) bestätigen: Es entstehen Zwillinge nach Trennung der beiden Blastomeren des Zweizellenstadiums. Noch interessanter war die Frage, ob auch noch Kerne späterer Furchungsstadien Ganzbildungen zu gewährleisten vermögen. Dazu schnürte er *Triturus*-Eier kurz nach der Befruchtung mit einer Haarschlinge ein. Es furchte sich daraufhin zunächst nur diejenige Eihälfte, in der die Eikern lag. Die andere Hälfte blieb solange ungefurcht, bis sie von einem späteren Furchungskern über die noch vorhandene Plasmabrücke versorgt wurde (Abb. 154). Dann entwickelte sie sich nach Schnürung zu einem vollständigen Embryo (Spemann 1914, 1928). Heute kann man mit Kerntransplantationsexperimenten, wie sie von Robert Briggs und Thomas J. King (1952) sowie von John B. Gurdon (1974) in großer Zahl durchgeführt worden sind, viel eleganter die Omnipotenz der Kerne späterer Entwicklungsstadien am Amphibienembryo zeigen.

In den Schnürungsexperimenten fiel auf, daß Zwillingsbildung nur dann eintrat, wenn die erste Furchungsebene so lag, daß beide $^1/_2$-Blastomeren einen Teil der zukünftigen dorsalen Urmundlippe (an der besamten, noch ungefurchten Eizelle als „grauer Halbmond" kenntlich) mitbekamen. Die Schnürungsexperimente zeigten weiterhin, daß die Fähigkeit zur Zwillingsbildung auf dem Stadium der späten Gastrula erlischt, d. h. mit anderen Worten, daß die Determination der axialen Differenzierung während der Gastrulation erfolgt.

Durch Transplantation kleiner Stücke aus einer Gastrula an einen anderen Ort einer anderen Gastrula wurden die Zusammenhänge weiter analysiert. Dabei setzte Spemann seine „Transplantationspipette" (Abb. 155) mit großem Erfolg ein. Mit ihr konnten gleichgroße Transplantate ausgetauscht werden. Dadurch, daß *Triturus*-Keime unterschiedlich starker Pigmentierung benutzt wurden, konnte das Transplantat am neuen Ort weiter verfolgt werden (Abb. 155). Transplantate der prospektiven Neuralplatte bzw. Epidermis der frühen Gastrula verhielten sich stets „ortsgemäß". Entsprechende Transplantate der späten Gastrula verhielten sich dagegen „herkunftsgemäß". Daraus wurde der Schluß gezogen, daß die Determination der Neuralplatte während der Gastrulation erfolgen muß und irreversibel ist, wenn die Platte sichtbar wird.

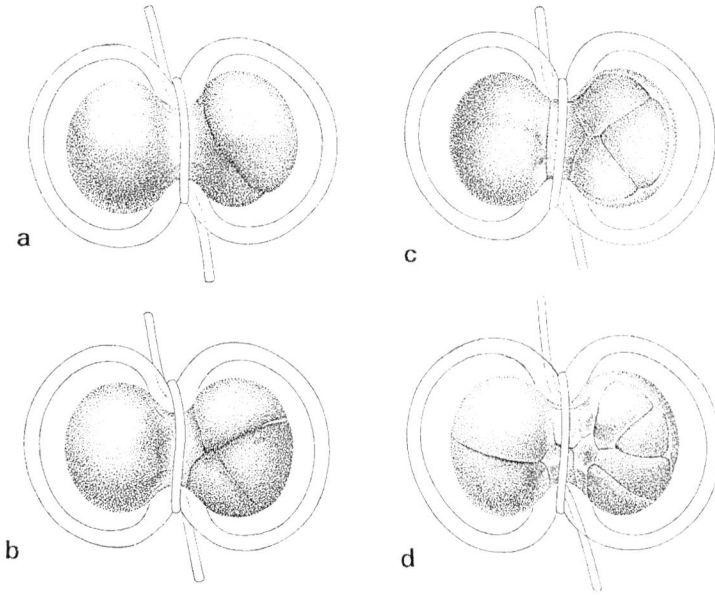

a   b   c   d

Abb. 154. Verzögerung der Kernversorgung bei *Triton taeniatus*: In der befruchteten Eizelle wurde der Kern durch Schnürung auf die eine Seite verlagert. Nur diese Hälfte furcht sich. Rutscht ein späterer Furchungskern unter der Ligatur hindurch in die kernlose Hälfte, so schnürt diese sich ab und beginnt verspätet auch mit der Furchung. Aus beiden Hälften werden vollständige Embryonen. Aus Spemann 1928, S. 112/113.

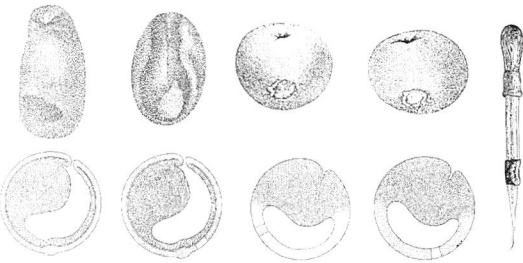

Abb. 155. Mikropipette. Materialaustausch von prä-
sumptiver Epidermis und Medullarplatte zwischen unterschiedlich stark pigmentierten Keimen (frühe Gastrulae) von *Triturus taeniatus*. Aus SPEMANN 1918.

Gegenüber diesem – erwarteten – Ergebnis war
die Beobachtung, daß sich ein Transplantat der
dorsalen Urmundlippe einer frühen Gastrula, in
die Flanke eines anderen, gleichaltrigen Embryos verpflanzt, dort nicht ortsgemäß verhielt,
sondern ein zweites Achsensystem hervorrief,
schon überraschender. Dieses Ergebnis führte
SPEMANN zur Kennzeichnung der dorsalen
Urmundlippe als **„Differenzierungszentrum"**
(1918). Ein Jahr später (1919) führte er dafür
den Begriff **„Organisationszentrum"** ein.
Das entscheidende Experiment wurde auf Anregung SPEMANNS von seiner Doktorandin Hilde
MANGOLD (geb. PRÖSCHOLDT) 1924 durchgeführt
(SPEMANN & MANGOLD 1924). Sie hatte, inzwischen war die heteroplastische (interspezifische)
Transplantation als Methode ausgereift, Material der dorsalen Urmundlippe aus der Gastrula
des unpigmentierten *Triturus cristatus* in die
Bauchregion der pigmentierten Gastrula von
Triturus taeniatus verpflanzt. Das Ergebnis war,
daß auf der Bauchseite des Wirtes nicht nur ein
zusätzliches Neuralrohr, sondern ein vollständiges Achsensystem entstand (Abb. 156). Während das Neuralrohr aus dem pigmentierten
Wirtsgewebe gebildet worden war, war die
Chorda unpigmentiert. Die Somiten waren teils

chimärisch, teils vollständig aus Wirtszellen oder
vollständig aus Transplantatzellen aufgebaut.
Spemann sprach vom „Organisatoreffekt". Hilde MANGOLD konnte den großen Erfolg ihrer
Arbeit nicht mehr genießen. Sie kam 1924 auf
tragische Weise ums Leben.
Aus der SPEMANN-Schule sind eine ganze Reihe
hervorragender Schüler hervorgegangen, die die
weitere Entwicklung der experimentellen Embryologie in Deutschland und den USA wesentlich mitbestimmt haben. Hier sind besonders
Otto MANGOLD, der Nachfolger SPEMANNS sowohl am Kaiser-Wilhelm-Institut in Berlin-Dahlem (1924) als auch auf dem Lehrstuhl in Freiburg (1937), Johannes HOLTFRETER und Viktor
HAMBURGER (14.8.3.) zu nennen. Letzterer siedelte bereits 1932 in die Vereinigten Staaten
über. HOLTFRETER verließ 1938 das Hitler-
Deutschland als *persona non grata* und kam
über Cambridge (England) und Kanada schließlich auch in die USA.
Hermann BAUTZMANN (1926) und Otto MAN-
GOLD (1929) stellten fest, daß die Induktionsfähigkeit des „Organisators" mit der fortschreitenden Gastrulation erst auftritt und auf dem
Neurulastadium ihren Höhepunkt erreicht, um
dann wieder zu verschwinden. Die Induzierbar-
keit des Ektoderms, die „neuronale Kompe-
tenz" (WADDINGTON & NEEDHAM 1936), ist zeitlich noch stärker begrenzt. Sie erreicht ihren
Höhepunkt zu Beginn der Gastrulation (HOLT-
FRETER 1938).
Otto MANGOLD wies 1933 die regionalspezifische Induktivität des Organisators nach. Er entfernte von frühen Neurulen von *Triturus* die
Neuralplatte im vorderen, mittleren oder hinteren Viertel des Keimes. Das darunterliegende
Stück Urdarmdach wurde isoliert und in das
Blastocoel früher Gastrulae gesteckt (**Einsteck-
methode**, Abb. 157). Die Implantate induzierten
– je nachdem, aus welcher Region sie entnommen worden waren – Vorderkopforgane (Vor-

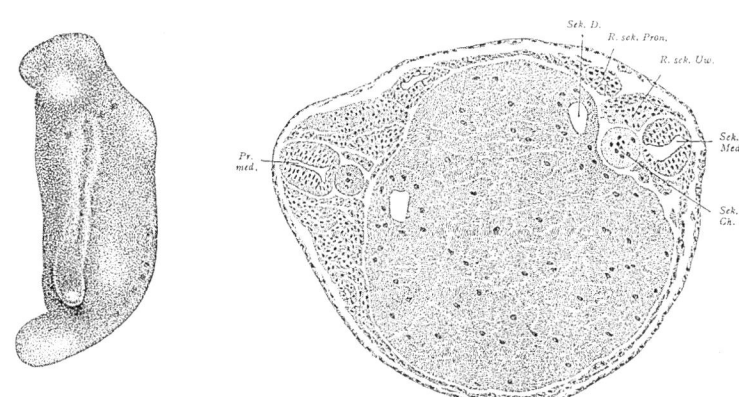

Abb. 156. Das „klassische" Experiment Hilde MANGOLDS: Ein Embryo von *Triton* auf der linken
Seite mit einer sekundären Embryonalanlage nach Transplantation eines Stückes der dorsalen
Urmundlippe ins seitliche Ektoderm der Gastrula. Rechts: Ein
histologischer Schnitt durch den
Embryo. Aus SPEMANN & MAN-
GOLD 1924.

derhirn, Nasen, Haftfäden etc.) bzw. Hinter-
kopforgane (Rhombencephalon, Hörblase) oder
Organe des hinteren Körperabschnittes (Somite,
Vornieren, Rückenmark, Schwanz).

Zusammen mit Oscar SCHOTTÉ (er war in Ruß-

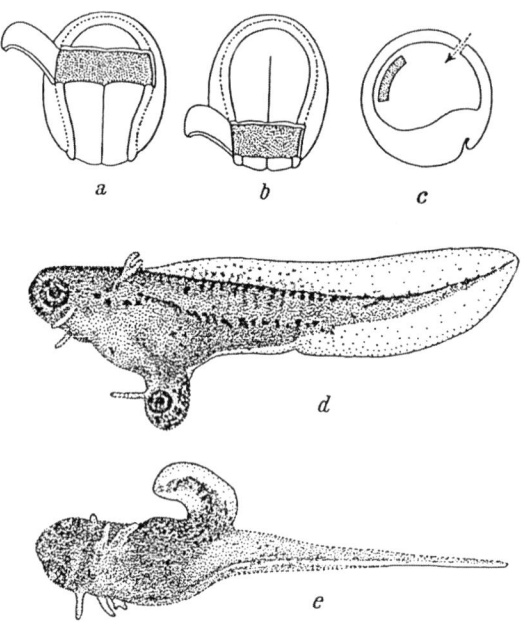

Abb. 157. Regionalspezifische Induktionen vom Ur-
darm-Dach, das aus verschiedenen Bereichen des *Triturus*-Keimes entnommen wurde. d: Kopfindukt nach
Operation a–c, e: Schwanzindukt nach Operation b–c.
Nach MANGOLD 1933, aus KÜHN 1955.

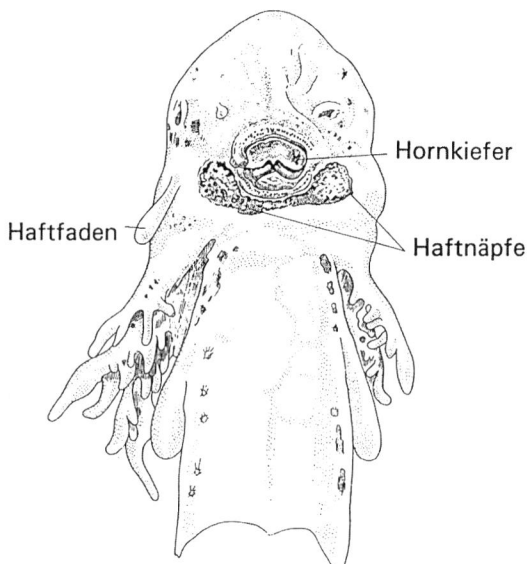

Abb. 158. Molchlarve mit Hornkiefer und Haftnäpfen
nach Transplantation von Anurenepidermis in die
Mundregion. Nach SCHOTTÉ, aus SPEMANN 1936.

land und Polen aufgewachsen und hatte bei
E. GUYÉNOT in Genf über Regeneration bei
Amphibien promoviert) gelang SPEMANN eines
der spektakulärsten Experimente (SPEMANN &
SCHOTTÉ 1932). Sie transplantierten ventrales
Ektoderm der Frosch-Gastrula in die Mundregion einer Molchgastrula und umgekehrt („xenoplastische" Transplantationen). Schon 1925
hatte Bruno GEINITZ gezeigt, daß ein Anuren-
Organisator eine Embryonalanlage im Urode-
lenkeim zu induzieren vermag. Sie erhielten
Molchlarven mit froschtypischen Hornkiefern
und Haftnäpfen (Abb. 158) und Kaulquappen
mit molchartigen Dentinzähnen und Haftfäden.
Diese Experimente zeigten zweierlei: 1. Das
ventrale Ektoderm reagiert ortsgemäß auf den
Induktor und bildet Organe der Mundregion.
2. Der Induktor wirkt wie ein „Auslöser". Er aktiviert die für das Reaktionsgewebe typischen,
artspezifischen Potenzen. Die Untersuchungen
über xenoplastische Transplantationen zwischen
Anuren und Urodelen wurden in den vierziger
und fünfziger Jahren von dem Schweizer Fritz
BALTZER – wie SPEMANN ein Schüler BOVERIS in
Würzburg (s. o.) – und seinen Doktoranden am
Zoologischen Institut in Bern weitergeführt.
Unter seinen Schülern ragt Ernst HADORN besonders hervor.

Johannes HOLTFRETER führte die sog. **Sandwich-
Methode** zum Studium der Induktorwirkung
ein. Er entwickelte außerdem ein Kulturverfah-
ren für embryonale Zellverbände (HOLTFRETER
1929). Dabei setzte er ein besonderes Kulturme-
dium ein, heute bekannt als Holtfreter-Lösung.
Die Methode zur *in-vitro*-Kultivierung von Ex-
plantaten geht wesentlich auf Ross G. HARRISON
und A. CARRELL zurück. An steril gezüchteten,
isolierten Fragmenten von Amphibienkeimen
analysierte HOLTFRETER die komplexen Gastru-
lationsbewegungen bei *Amblystoma* (HOLTFRE-
TER 1943, 1944). Zusammen mit P. L. TOWNES
(1955) entwickelte er eine Methode, Zellsuspen-
sionen der verschiedenen Keimblätter oder des
Neuralgewebes herzustellen und beliebig zu
kombinieren. Die spontane Reaggregation der
Zellen war mit einer örtlichen Absonderung der
verschiedenen Zelltypen verbunden („selektive
Affinitäten").

Da die dorsale Urmundlippe sich etwa mit dem
Areal des „grauen Halbmondes" deckt, nahm
man an, daß die dorsale Urmundlippe ihre Fähigkeit, die Gastrulation einzuleiten, besonderen cytoplasmatischen Komponenten des grauen
Halbmondes verdanke. Transplantationen des
corticalen Cytoplasmas dieser Region ließen zunächst eine corticale Verankerung dieser Faktoren vermuten (A. S. G. CURTIS 1960, 1962).
Ältere Beobachtungen wiesen dagegen auf eine

Lokalisation der Faktoren im internen Cytoplasma hin: G. BORN (1885) und J. PASTEELS (1948) konnten die Lage des Blastoporus durch Rotation der Eier verändern. O. SCHULTZE (1894) sowie A. PENNERS & W. SCHLEIP (1928) konnten auf diese Weise Embryonen mit doppeltem Urmund erzeugen. Die Klärung der Frage lieferten schließlich die Versuche von M. W. KIRSCHNER und J. C. GERHART (1981). Sie belegten eindeutig, daß die für die Initiierung der Amphibiengastrulation verantwortlichen Faktoren im internen Cytoplasma liegen. Pieter NIEUWKOOP belegte 1969 durch Experimente, daß das Mesoderm durch das polar gelegene Entoderm induziert wird.

14.6. Chemische Embryologie

Als am Ende des Sommers 1890 Curt HERBST mit seinem Freund Hans DRIESCH in Lesina erstmalig die Befruchtung und Entwicklung der herrlich durchsichtigen Seeigeleier verfolgt hatte, beschloß er, sich im chemischen Experimentieren zu vervollkommnen (SEIDEL 1955). So vorbereitet, begann er im nächsten Jahr mit seinen bekannten Untersuchungen über die Bedeutung verschiedener Salzionen für die Entwicklung des Seeigelkeims (1892–1904). Er entdeckte die blastomerentrennende Wirkung Ca^{2+}-freien Meerwassers und die vegetativisierende Wirkung (Erzeugung einer „Exogastrula", Abb. 159) von $LiCl_2$. Der letztere Effekt

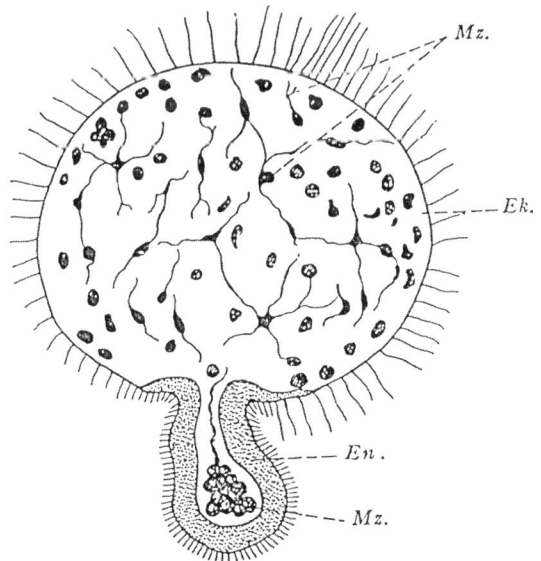

Abb. 159. Exogastrula beim Seeigel *Sphaerechinus*. Ek: Ektoderm, En: Entoderm, Mz: Mesenchymzellen. Aus C. HERBST 1893.

ist von Leopold VON UBISCH, John RUNNSTRÖM, P. E. LINDAHL, Sven HÖRSTADIUS u. a. intensiv weiter analysiert worden.

Der Anfang war gemacht. Es dauerte aber noch viele Jahre, bis die Untersuchungsmethoden soweit verfeinert waren, daß auf diesem Wege zügig fortgeschritten werden konnte. Ein Meilenstein auf diesem Wege war die Messung der Atmungsintensität des Seeigeleies während der Befruchtung durch Otto WARBURG (1908). In den zwanziger Jahren bestimmten B. EPHRUSSI und L. RAPKINE (1928) den Gehalt an Fetten und Kohlenhydraten im unbefruchteten Ei, in der Blastula und im Pluteus. Ein erster Höhepunkt war mit der Veröffentlichung von Joseph NEEDHAMS dreibändiger *„Chemical Embryology"* (1931) erreicht. Mit diesem Werk wurde nicht nur der Name für den neuen Wissenschaftszweig erstmals eingeführt, sondern das gesamte, zu der Zeit vorliegende Wissen über die chemischen Grundlagen der Keimesentwicklung zusammengetragen und kritisch gesichtet.

Jean BRACHET in Brüssel, der Chemiker F. Gottwald FISCHER und G. HARTWIG in Freiburg, J. BOELL und Joseph NEEDHAM in Cambridge (England) u. a. führten umfangreiche mikromanometrische Atmungsmessungen, der Holländer M. W. WOERDEMANN, der Schwede P. E. LINDAHL u. a. Glykogenbestimmungen am Amphibienkeim durch. Die Gruppe um John RUNNSTRÖM in Stockholm (P. E. LINDAHL, Sven HÖRSTADIUS u. a.) begann in den dreißiger Jahren, die von Curt HERBST und Otto WARBURG eingeleiteten stoffwechselphysiologischen Untersuchungen am Seeigelkeim im großen Stil mit wesentlich verfeinerter Technik wieder aufzunehmen und erfolgreich fortzuführen. P. E. LINDAHL (1936) maß die Atmungsintensität während der ersten 24 Stunden der Entwicklung und stellte einen charakteristischen Verlauf fest. John RUNNSTRÖM (1933) beobachtete, daß zwischen dem mitotischen Zyklus und der Atmungsintensität enge Beziehungen bestehen. Schon Jacques LOEB hatte festgestellt, daß Seeigelkeime unter anaeroben Bedingungen ihre Teilungen einstellen. Charles Manning CHILD zeigte, daß die Empfindlichkeit gegenüber KCN und anderen Giften am animalen Pol von Anneliden- und Seeigelembryonen ebenso wie am apikalen Pol von Hydroidpolypen und Medusenknospen am größten ist. Robert CHAMBERS, Josef SPEK (1934), Erich RIES (1937) und andere versuchten in den 30er Jahren, mit Hilfe von Vitalfärbungen den pH-Wert bzw. das Redoxpotential in Eizellen und frühen Embryonalstadien zu bestimmen. Diese Untersuchungen erhielten einen neuen Aspekt durch den Nachweis von Ionenströmen an Oocyten und Eiern durch

JAFFE und seine Schüler (JAFFE & NUCCITELLI 1977, JAFFE 1979).

Als man im Jahre 1932 entdeckte, daß abgetötete „Organisatoren" ihre Induktorwirkung nicht verlieren (BAUTZMANN et al. 1932), bedeutete das einen Wendepunkt (HAMBURGER 1988, S. 99 f.). Zuvor hatte SPEMANNS Schüler Alfred MARX (1930) dasselbe bereits für narkotisierte Organisatoren gezeigt. Else WEHMEIER (1934) und Johannes HOLTFRETER (1935) wiesen nach, daß die „Induktorsubstanz" bzw. „evocating substance" (WADDINGTON) sehr weit im Tierreich verbreitet ist. Es zeigte sich weiterhin, daß eine Vielzahl verschiedenster Substanzen, darunter auch solche nichtbiologischen Ursprungs, wie Methylenblau und Neutralrot, die Induktion auszulösen vermögen. Die Analyse der Induktion verlagerte sich jetzt von der experimentell-histologischen in eine biochemische Richtung. Gleichzeitig ist festzustellen, daß die Induktionsforschung auf jüngere Forscher in verschiedenen Laboratorien Europas und Japans überging. Es setzte eine intensive Suche nach der „Induktorsubstanz" ein.

Im Jahre 1938 wurden erstmalig regionalspezifische, „unnatürliche" Induktoren beschrieben. Sulo TOIVONEN, ein Schüler G. EKMANS, der eine Zeit lang in Deutschland bei dem Anatomen Hermann BRAUS und bei SPEMANN gearbeitet hatte, berichtete, daß Meerschweinchen-Nieren in Molchgastrulae Rückenmark und angrenzende Strukturen zu induzieren vermögen. Hsiao-Hui CHUANG (1938, 1939), ein Doktorand bei HOLTFRETER in München, beobachtete, daß Mäuse-Nieren Vorderhirnstrukturen, *Triturus*-Leber aber Rumpf- und Schwanz-Strukturen induzieren. Fritz Erich LEHMANN, Schüler und späterer Nachfolger von BALTZER auf dem Zoologischen Lehrstuhl in Bern, führte in diesem Zusammenhang die Begriffe „archencephaler" (Vorderhirn, Nase, Auge) und „spinokaudaler" Induktor (Rumpf, Schwanz) ein. Während der erstere hitzestabil ist und primär Nervengewebe (ektodermal!) induziert (neuronaler Induktor), aktiviert der hitzelabile spinokaudale Induktor primär mesodermale Strukturen (mesodermaler Induktor). Im Jahre 1950 entwickelten TOIVONEN und LEHMANN unabhängig voneinander die Vorstellung der Existenz zweier entgegengesetzter Induktorgradienten auf der Dorsalseite der Gastrula (**Doppelgradiententheorie**). Das neuralisierende Prinzip hat seine stärkste Ausbreitung in der Vorderhirnregion, das mesodermalisierende in der Rumpf- und Schwanzregion. HOLTFRETER (1947) konnte schließlich allein durch einen kurzen, subletalen Säure- oder Alkalischock in einem hohen Prozentsatz die Bildung von Neuralgewebe induzieren.

Der erwartete Durchbruch blieb aus, dem Enthusiasmus folgte eine Phase der Desillusionierung (HAMBURGER 1988). Am längsten wurden die Untersuchungen in der Cambridge-Gruppe (England) mit Joseph NEEDHAM und Conrad WADDINGTON fortgeführt. Sie fanden in der großartigen Monographie NEEDHAMS „Biochemistry and Morphogenesis" (1942, reprint 1968) gleichzeitig ihren Höhepunkt und Abschluß. NEEDHAM ging nach China und widmete sich fortan der Geschichte der chinesischen Wissenschaft und Technologie. WADDINGTON wechselte zur Entwicklungsgenetik. Der Freiburger Chemiker F. Gottwald FISCHER und der Holländer M. W. WOERDEMAN wandten sich anderen embryologischen Themen zu. Else WEHMEIER erkrankte und Johannes HOLTFRETER verließ 1938 Deutschland. Otto MANGOLD als Nachfolger SPEMANNS in Freiburg war ohnehin nicht biochemisch interessiert und setzte die Traditionslinie SPEMANNS fort.

Nach dem zweiten Weltkrieg nahmen Sulo TOIVONEN und Lauri SAXÉN in Helsinki, Jean BRACHET in Brüssel und Tuneo YAMADA in Nagoya (Japan) den Faden der biochemischen Embryologie wieder auf. Zu ihnen gesellte sich in den fünfziger Jahren Heinz TIEDEMANN in West-Berlin.

Im Jahre 1963 berichtete Heinz TIEDEMANN über die chemische Charakterisierung von zwei Stoffen aus Hühnerembryonen, die das regionale Induktions- und Differenzierungsmuster des Urdarmdaches auszulösen vermögen. Bis heute sind alle Bemühungen, eine Induktorsubstanz zu identifizieren, erfolglos gewesen, und das trotz enorm verfeinerter Methoden, die uns heute zur Verfügung stehen. Im Jahre 1978 – fünfzig Jahre Induktionsforschung waren vergangen – resümierten Lauri SAXÉN, Sulo TOIVONEN und Osamu NAKAMURA:

"Can it be that the pioneering work of one great scientist (SPEMANN) has led his successors ... along a pathway that will come to a dead end, despite the superb methods and wealth of information available today? Scientific odysseys are by no means unknown in the history of biology, and this name would perhaps fittingly describe some of the work performed by embryologists in the 1930's. They hunted unremittingly for the magic molecule that would transmit embryonic induction, the 'organizin' or 'evocator', being convinced that a single active compound was responsible for primary induction."

Sie endeten mit den Worten:

"We are convinced that future projects should still be based on the fundamental ideas of SPEMANN and his school, and we do not consider that this way of thinking will lead us down the wrong track or into a blind alley."

14.7. Insekten als Objekt entwicklungsphysiologischer Forschung

Die Insekten sind im Vergleich zu den Echinodermen, Amphibien, Mollusken, Anneliden und Ascariden erst relativ spät in das Blickfeld der Entwicklungsphysiologen getreten. R. W. HEGNER (1911) schaltete mit einer heißen Nadel einzelne Regionen des Kartoffelkäfereies (*Leptinotarsa decemlineata*) aus und beobachtete, daß in den unverletzten Teilen des Keimes die Entwicklung unbeeinflußt weiterging, also nur das gebildet wurde, was auch beim unbehandelten Ei aus der Region geworden wäre. Er schloß daraus, daß im Insektenei ein Mosaik aus verschiedenen cytoplasmatischen Bereichen existiere, deren spätere Entwicklungsleistungen bereits irreversibel festgelegt seien. Ebenfalls die Untersuchungen von Ferdinand REITH (1925) und Margarete E. PAULI (1927) – beide Schüler von W. SCHLEIP in Würzburg – an der Stubenfliege zeigten eine frühzeitige Determination der einzelnen Eibezirke.

R. W. HEGNER zeigte, daß die Tiere steril bleiben, wenn man das basophile „Polplasma" am hinteren Ende des Eies vor oder während der Polzellenbildung koagulierte. R. GEIGY (1931) bestätigte das bei der Taufliege *Drosophila*: Bestrahlung des Polplasmas mit UV-Licht erzeugt sterile Fliegen. M. OKADA und Mitarbeiter (1974) machten die ergänzende Beobachtung, daß durch Transplantation kleiner Mengen des Polplasmas von unbehandelten Tieren dieser Effekt bei bestrahlten Eiern wieder aufgehoben werden konnte.

Deutlich gegen die Hypothese HEGNERS vom „Anlagenmosaik" sprachen die Ergebnisse von Kauterisierungs- und Schnürungsversuchen (Abb. 160), die Friedrich SEIDEL (1929, 1934) am Ei der Libelle *Platycnemis pennipes* durchgeführt hatte. Als unentbehrlich erwies sich der Hinterpol des Eies, das sog. „**Bildungszentrum**" (SEIDEL), von dessen Unversehrtheit die Bildung der Keimanlage nach dem „Alles-oder-Nichts-Prinzip" abhängen solle. Schon in seiner Dissertation bei Alfred KÜHN (er war dessen erster Doktorand) über die Embryonalentwicklung der Feuerwanze (1924) hatte Seidel im Grenzbereich zwischen Kiefer- und Thorakalregion ein zweites Zentrum, das „**Differenzierungszentrum**", definiert. Hier beginnen die Segmentierung und andere histologische Differenzierungen. „Einer Welle gleich pflanzen sich die Differenzierungsprozesse vom Differenzierungszentrum aus nach allen Seiten hin fort".

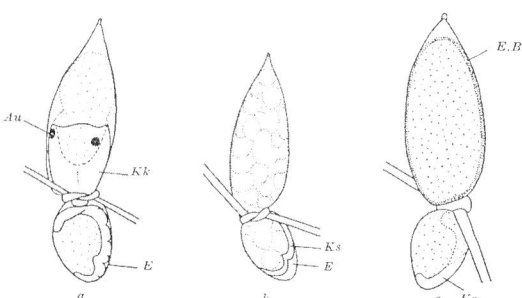

Abb. 160. Schnürungsexperimente von Friedrich SEIDEL am Ei der Libelle *Platycnemis*. Nach unvollkommener Durchschnürung (a) vor dem *Bildungszentrum* Entwicklung der Keimanlage vor und hinter der Schnürung. Nach vollkommener Durchschnürung (b) am gleichen Ort Entwicklung eines Keimstreifs (Ks) nur im hinteren Eiteil. Im vorderen Eiteil bildet sich später (c) extraembryonales Blastoderm (E. Bl.) anstelle eines Keimstreifs. Au = Auge; E = Einrollungsstelle des Keimstreifs; Kk = Kopfkapsel. Aus F. SEIDEL 1934, S. 144.

Das interpretierte er in seinem Modell nicht nur morphologisch, sondern auch physiologisch. Ein drittes Zentrum, das „**Furchungszentrum**", kam von seinem Schüler Gerhard KRAUSE noch hinzu. Letzterer (1934) konnte durch Anstich mit einer spitzen Glasnadel bei der Heuschrecke *Tachycines* Doppel- und Mehrfachbildungen erzeugen. Die erste Entwicklung des Eies der Honigbiene wurde von M. SCHNETTER (1934) eingehend studiert.

Die SEIDELsche Modellvorstellung verlor nach dem Kriege durch das Bekanntwerden neuer Befunde an Überzeugungskraft. Klaus SANDER (1960), Doktorand bei Gerhard KRAUSE, demonstrierte am Ei der Kleinzikade *Euscelis plebejus*, daß der Hinterpolbereich weder als spezifischer Induktor des Abdomenendes noch als Bildungszentrum nach dem Alles-oder-Nichts-Prinzip fungiere. Seine Funktion, so SANDER, müsse vielmehr im Sinne eines Gefälles mit dem Höhepunkt am hinteren Eipol quantitativ gedeutet werden. Aus anderen Beobachtungen ging hervor, daß ein zweiter Gradient existieren müsse, der entgegengesetzt gerichtet ist: Zwei-Gradienten-Hypothese, die zunächst unabhängig von derjenigen am Seeigelkeim (s. o.), der sie ähnelt, formuliert wurde.

Für die extremen „**Langkeimer**", wie sie die Dipteren (*Drosophila* u. a.) darstellen, hielt sich die Mosaikvorstellung noch lange Zeit. Sie wurde erst in den 60iger Jahren durch die Zentrifugierungs- und UV-Bestrahlungsexperimente an Chironomiden von Hideo YAJIMA (1960, 1964) definitiv fallengelassen. Für die Brachyceren wies Werner HERTH die epigenetische Natur der embryonalen Musterbildung nach (W. Herth & K. Sander 1973).

Als besonders günstiges Objekt zum Studium der Stabilität des determinierten Zustandes erwiesen sich die **Imaginalscheiben** von Fliegenlarven. Ernst Hadorn, ein Schüler Fritz Baltzers, in Zürich entwickelte 1963 eine Methode, Imaginalscheiben „in vivo" zu kultivieren. Er entdeckte an den Imaginalscheiben das Phänomen der „**Transdetermination**" (Hadorn 1968). Antonio Garcia-Bellido in Madrid ersann eine elegante Methode, die Zellinien während der Entwicklung von Imaginalscheiben zu markieren. Die Studien führten zur Entdeckung nichtüberlappender „Kompartimente" und zu der Erkenntnis, daß die Entwicklung mit einer sukzessiven, gesetzmäßigen Kompartimentierung der Imaginalscheibe einhergeht (Garcia-Bellido 1972).

14.8. Experimentelle Regenerationsforschung

Die experimentelle Regenerationsforschung hat ihre Wurzeln bereits bei René-Antoine Ferchault de Reaumur, Abraham Trembley, Charles Bonnet und Lazzaro Spallanzani im 18. Jh. Mit der Etablierung der „Entwicklungsmechanik" stieg am Ende des vergangenen Jahrhunderts auch das Interesse an der experimentellen Analyse von Regenerationsvorgängen wieder sprunghaft an. Eine Serie von Monographien im ersten Jahrzehnt unseres Jahrhunderts sind ein beredtes Zeugnis dafür: Thomas Hunt Morgan (1901), Eugen Korschelt (1907) und Hans Przibram (1909).

14.8.1. Versuche an Wirbellosen

Das bereits von Trembley nachgewiesene außergewöhnlich hohe Regenerationsvermögen der *Hydra* ist auf das Vorhandensein besonderer Zellen zurückzuführen, die N. Kleinenberg (1872) als „interstitielle Zellen" (kurz: I-Zellen, E. R. Downing 1905) bezeichnete und M. Nussbaum (1887) bereits als omnipotente Reservezellen ansprach. Deren Fähigkeit zur Wanderung wurde aufgrund histologischer Bilder schon von E. R. Downing (1905) vermutet. J. Kanajew (1926) beobachtete, daß Hydren, die unmittelbar aufeinander regenerieren, stark an I-Zellen verarmen. Durch Röntgenbestrahlung können die Zellen selektiv abgetötet werden. Dauerhafter Regenerationsverlust ist die Folge

(A. A. Zawarzin 1929). Die Fähigkeit zur Regeneration des oralen Komplexes nimmt im Rumpf der *Hydra* zur Fußscheibe hin ab (F. Peebles 1897). Dieser Gradient hat seinen Höhepunkt unmittelbar unterhalb der Tentakeln. Eine parallele gradientenartige Verteilung zeigen die I-Zellen (Pierre Tardent 1952).

Jacques Loeb (1892) beobachtete, daß isolierte Hydrocaulus-Stücke von *Tubularia* an beiden Enden neue Hydranthen bilden, allerdings am apikalen Ende schneller als am basalen. Verhindert man die apikale Regeneration, so läuft die basale schneller ab. Dasselbe konnte man durch Schnürung des Hydrocaulusstückes in seiner Mitte erreichen (J. Loeb 1904, T. H. Morgan & Stevens 1904). Loeb versuchte, seine Ergebnisse mit der Annahme „formativer Substanzen" zu erklären, während Morgan von einem hemmenden Einfluß des apikalen über das basale Ende ausging.

L. G. Barth zeigte 1938, daß benachbarte Regenerate am gleichen Tier sich gegenseitig hemmen. G. Webster (1966) beobachtete, daß Gewebe aus der subhypostomalen Region von *Hydra* nach Transplantation in die Gastralregion nur dann zur Ausbildung einer sekundären Knospe führte, wenn man beim Wirt zuvor Hypostom und Tentakelkrone entfernt hatte. Vertiefende, quantitative Analysen dieses Befundes durch Wolpert (1971), MacWilliams (1983), Bode & Bode (1984) u. a. führten zu der Vermutung zweier gradientenartig verteilter Faktoren, eines „Kopfaktivators" und eines Inhibitors. Alfred Gierer und Hans Meinhardt (1972) entwickelten auf der Grundlage dieser und anderer Befunde ein Reaktions-Diffusionsmodell, das den Regenerationsprozeß bei *Hydra* zu erklären versucht. Inzwischen sind auch ein „Kopfaktivator" von H. Chica Schaller chemisch identifiziert und drei weitere „Morphogene" isoliert worden (H. C. Schaller et al. 1979).

Das große Regenerationsvermögen der **Planarien** wird bereits 1791 von G. Shaw beschrieben. Aus dem Jahre 1814 liegen umfangreiche experimentelle Untersuchungen von J. G. Dalyell vor. Thomas Hunt Morgan führte 1900 zur Kennzeichnung der an der Wiederherstellung der früheren Organisation beteiligten umfangreichen Umgestaltungsvorgänge den Begriff der „**Morpholaxis**" (heute üblicher: „Morphallaxis") ein. Auch bei den Planarien existieren „mesodermale Zellen" (O. Zacharias 1886), die das Regenerationsblastem mit aufbauen. Man gab ihnen die verschiedensten Namen, bis sich schließlich die Bezeichnung „**Neoblasten**" durchsetzte. Frühzeitig (Wagner 1890, Morgan 1900 u. a.) wurde vermutet, daß diese Zellen zur Wundfläche wandern, um dort das Regenerationsblastem aufzu-

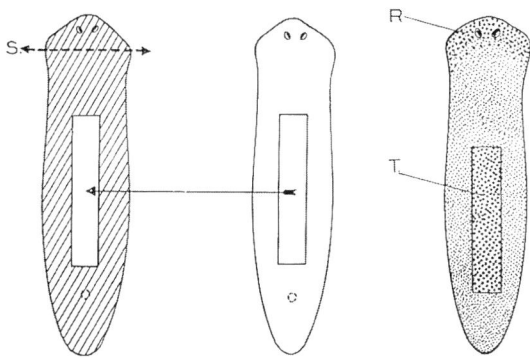

Abb. 161. Der bestrahlten Planarie (links) wurde der Kopf amputiert und ein rechteckiges Stück einer unbestrahlten Planarie eingepflanzt. Das Kopfregenerat (R) entsteht aus Neoblasten, die aus dem Transplantat (T) zum Wundort gewandert sind. Nach DUBOIS, aus WOLFF & LENDER 1962.

bauen. Endgültig bewiesen wurde diese Vermutung allerdings erst durch Françoise DUBOIS in der Schule um Etienne WOLFF in Straßburg mit Hilfe einer ebenso einfachen wie genialen Technik zur lokalen Röntgenbestrahlung (DUBOIS 1948, WOLFF & DUBOIS 1948, Abb. 161).
Schon im vergangenen Jahrhundert erzeugten J. van DUYNE (1896) und Harriet RANDOLPH (1897) bei Planarien experimentell Doppelbildungen und „Heteromorphosen" (der Begriff war von Jacques LOEB 1891 eingeführt worden). Thomas Hunt MORGAN beobachtete 1901, daß ein unmittelbar hinter den Augen abgeschnittener Kopf von *Planaria* an der Schnittfläche oft einen zweiten Kopf, aber nicht die postcephalischen Regionen regeneriert.

Bei Planarien nimmt die Potenz zur Regeneration des Kopfes entlang der Längsachse vom Vorder- zum Hinterende des Tieres kontinuierlich ab. Der Höhepunkt dieses Gradienten liegt unmittelbar hinter den Augen. Die Erscheinung des „Kopffrequenz"-Gradienten ist von Charles Manning CHILD (1906 und später) gründlich untersucht und von seinem Schüler P. B. SIVICKI und anderen weiter analysiert worden. Unsere Kenntnisse über die Regeneration bei Planarien bis zum Jahre 1969 sind von H. V. BRONDSTED, der selbst mit seiner Schule in Kopenhagen viele wertvolle Beiträge geliefert hat, zusammengetragen worden (BRONDSTED 1969).
Bei **Anneliden** fielen C. SEMPER bereits 1876 im Zusammenhang mit der ungeschlechtlichen Vermehrung und von Regenerationsprozessen besonders große Zellen auf. Sie wurden von Harriet RANDOLPH (1892) als „Neoblasten" bezeichnet. Thomas HUNT MORGAN (1902) wies in seinen klassischen Experimenten mit dem Regenwurm *Eisenia foetida* nach, daß für die Regeneration das Vorhandensein des ventralen Nervenstranges am Wundniveau Voraussetzung ist. Dieser Befund hat eine große Zahl weiterführender Untersuchungen angeregt (A. J. GOLDFARB, Victor JANDA sen., J. NUSBAUM, M. AVEL, L. P. BAILEY u. v. a.).
Das Regenerationsvermögen bestimmter **Crustaceen** und **Insektenlarven** ist ebenfalls schon lange bekannt. C. HEINEKEN berichtete 1829 über den Antennenersatz und G. NEWPORT (1847) über die Regeneration der Extremitäten bei Schaben. Umfangreiche Untersuchungen von H. H. BRINDLEY (1897, 1898) schlossen sich an. E. BORDAGE (1898, 1905) beschrieb bei Phas-

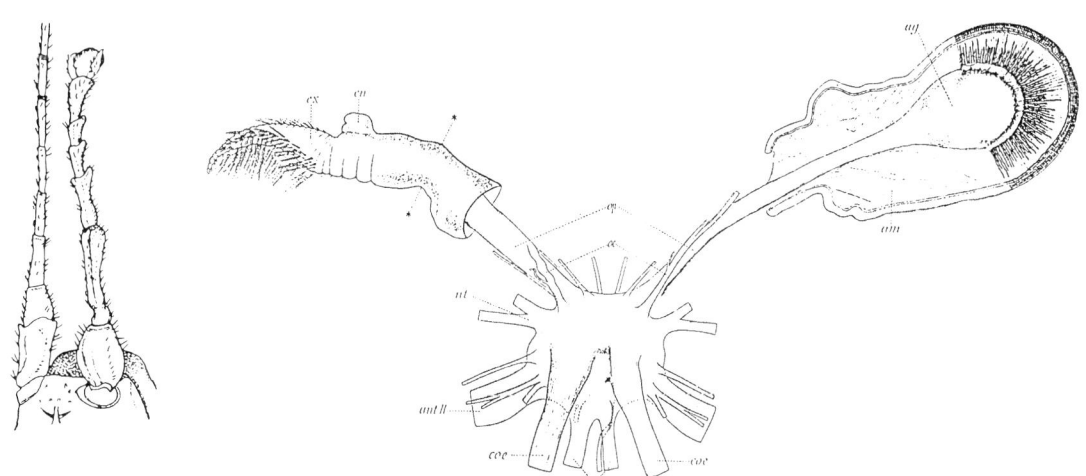

Abb. 162. Heteromorphosen: Anstelle der vollständig abgeschnittenen Antenne ist bei *Dixippus morosus* (links) ein „heteromorphes" Bein (aus CUÉNOT 1921), anstelle des zusammen mit dem optischen Ganglion (Ag) entfernten Augenstiels bei *Palinurus vulgaris* (rechts) eine „heteromorphe" Antennula regeneriert. Aus C. HERBST 1900.

miden und anderen Insekten die Regeneration von Extremitäten. Stefan KOPEĆ (1923) zeigte an *Lymantria*-Raupen, daß die Regeneration der Extremität auch noch nach Exstirpation des zugehörigen Ganglions ablaufen kann, was W. GIESBRECHT breits 1910 für Crustaceen beschrieben hatte. Curt HERBST (1900) erhielt bei verschiedenen dekapoden Krebsen statt des abgeschnittenen Augenstiels ein antennenartiges Regenerat, wenn er das optische Ganglion mit entfernt hatte (Abb. 162, rechts). Dieselbe Beobachtung konnte W. GIESBRECHT (1910) bei Stomatopoden machen. Solche Fälle von „Homöosis" (W. BATESON 1894) sind auch von den Insekten bekannt geworden: Hans PRZIBRAM (1917, 1919) erhielt bei *Sphodromantis* und G. CUÉNOT (1921) bei *Dixippus* anstelle des amputierten Fühlers ein Vorderbein (Abb. 162, links).

14.8.2. Versuche an Wirbeltieren

Unter den **Wirbeltieren** weisen die Amphibien bei weitem die größten Regenerationsfähigkeiten auf. Insbesondere fand die Regeneration der Beine viele Bearbeiter. G. TORNIER (1906) und Emil GODLEWSKI jun. (1929) zeigten, daß die Regeneration unterbleibt, wenn man die frische Amputationswunde sofort wieder mit einem Epidermistransplantat verschließt. G. WOLFF (1910) wies die Abhängigkeit der Extremitätenregeneration von der Nervenversorgung nach. Dieses Phänomen wurde später in vielen Arbeiten von Marcus SINGER (ab 1942) eingehend studiert. Es wird vermutet, daß die Nervenendigungen einen mitosestimulierenden Faktor freisetzen (SINGER & CASTON 1972). A. L. MESCHER und D. GODSPODAROWICZ (1979) isolierten eine solche Substanz, den „fibroblast growth factor".

In einem eleganten Experiment mit Molchlarven konnte Günther HERTWIG (1927) zeigen, daß das Material, aus dem sich das Beinregenerat aufbaut, aus der unmittelbaren Nachbarschaft der Amputationswunde stammen muß. Er transplantierte Beine einer haploiden Larve auf Beinstümpfe einer diploiden. Nach dem Anheilen amputierte er das Transplantat bis auf eine schmale Scheibe. Das Regenerat wies anschließend – mit Ausnahme eingewanderter Blutgefäßzellen – nur haploide Zellen auf. B. M. CARLSON (1972) zeigte, daß das Beinregenerat eine normal entwickelte Muskulatur aufwies, wenn zuvor 99% der Muskelzellen aus dem Amputationsstumpf entfernt worden waren. Es müssen also Nicht-Muskelzellen in der Lage sein, Muskulatur im Regenerat zu bilden.

Eine überraschende Entdeckung machte Gustav WOLFF im Jahre 1895. Urodelen können ihre Augenlinse regenerieren. Die Regeneration geht aber nicht vom Wundrand, sondern von der unverletzten Iris aus. Er sah darin eine „primäre Zweckmäßigkeit", die er als Argument gegen DARWINS Selektionstheorie benutzte und auf der er sein vitalistisches Gedankengebäude aufbaute, das er in seinem Buch „Leben und Erkennen" (München 1933) zu begründen versuchte. Dieses als „Wolffian regeneration" in die Literatur eingegangene Beispiel einer „Metaplasie", d. h. einer Transformation von einem differenzierten Zelltyp in einen anderen, ist von Tuneo YAMADA und seinen Mitarbeitern in Japan gründlich weiter untersucht worden (YAMADA 1966, DUMONT & YAMADA 1972).

14.8.3. Die Entwicklung und Regeneration der Extremitäten

Borivoje Dim. MILOJEVIĆ (1924) transplantierte Regenerationsblasteme des Vorderbeins von *Triturus* auf frisch amputierte Hinterbeine und umgekehrt. Waren die Transplantate jünger als 12 Tage, differenzierten sie sich ortsgemäß, waren sie älter, differenzierten sie sich herkunftsgemäß. Paul WEISS (1927) transplantierte Schwanzblasteme auf die Beinstümpfe und erhielt ähnliche Resultate. Er sprach davon, daß junge Regenerationsblasteme „gestaltlich multipotent", aber „differenzierungsomnipotent" seien, und folgerte weiter, daß der Gliedmaßenstumpf Erzeuger eines „Feldes" sei, durch welches in dem omnipotenten Regenerationsblastem die ortsgemäßen Potenzen aktiviert werden. In einem weiteren Experiment (1925) entfernte er aus der Extremität von *Triton* das Skelett und amputierte anschließend in der Höhe des knochenlosen Abschnittes. Das Ergebnis war, daß proximal von der Schnittfläche der Knochen nicht regeneriert wurde, wohl aber distal im neu gebildeten Regenerat. Paul WEISS (1926) zeigte schließlich auch, daß auf einem längshalbierten Extremitätenstumpf ein vollständiges Regenerat entsteht. Die Regenerationsknospe zeigte also – so Paul WEISS – Eigenschaften eines „harmonisch-äquipotentiellen Systems".

Dasselbe gilt für die sich entwickelnde Extremitätenknospe am Amphibienembryo, die von dem amerikanischen Embryologen Ross G. HARRISON (1917, 1918 und später) von der Yale-Universität in New Haven (Connecticut) hinsichtlich ihrer morphogenetischen Potenzen vorbildlich untersucht worden ist. HARRISON faßte seine Befunde dahingehend zusammen, daß die Gliedmaßenanlage als ein „sich selbst differenzierendes harmonisch-äquipotentielles System" aufgefaßt werden könne (HARRISON 1918). Viktor HAMBURGER (1938), ein Schüler SPEMANNS, der in die USA emigrierte (s. o.), hat die Festlegung der anterior-posterioren bzw. dorsal-ventralen Achse in der Flügelanlage des Hühnchens genauer untersucht. Es existiert ein genau umrissenes „Extremitäten-Feld", das alle Zellen umfaßt, die in der Lage sind, die betreffende Extremität zu bilden. Es ist in seiner Ausdehnung etwas größer als das „prospektive Extremitätenareal". Solche Felder lassen sich auch aus Regenerationsexperimenten erschließen. E. GUYÉNOT (1927, 1930) sprach von „**Regenerationsterritorien**". Solange ein Teil dieses Territoriums nach der Amputation zurückbleibt, kann eine Regeneration erfolgen. Nach Totalexstirpation unterbleibt dagegen jede Regeneration.

Vernon FRENCH, Peter J. BRYANT und Susan V. BRYANT haben 1976 gezeigt, daß viele der an Extremitäten von Amphibien und Schaben sowie an Imaginalscheiben von *Drosophila* nach chirurgischen Eingriffen beobachteten Neubildungsprozesse („Bruch- und Dreifachbildungen", „interkalare" Regeneration) einheitlich interpretiert werden können im Rahmen ihres „**Polarkoordinatenmodells**". Sie gingen dabei von Lewis WOLPERTS (1971) Vorstellungen zur Bedeutung von „**Positionsinformationen**" bei der Herausbildung von Mustern aus.

HARRISON und HAMBURGER hatten schon beobachtet, daß Amphibienlarven bzw. Kükenembryonen in der Lage sind, transplantierte Extremitätenknospen zu innervieren. HARRISON wies nach, daß die Nervenfasern aus einzelnen Neuroblasten auswachsen. HAMBURGER zeigte, daß die Entfernung der Extremitätenknospe das weitere Auswachsen motorischer Neuronen in dem betreffenden Körperbereich sofort stoppt. Die Motoneuronen degenerieren. Umgekehrt wird durch Implantation einer zusätzlichen Extremitätenknospe die Zahl der auswachsenden Fasern stark erhöht. Im Jahre 1948 machte Elmer D. BUEKER von der Georgetown-Universität eine wichtige Beobachtung: Auch transplantiertes Sarkom-180-Tumorgewebe wird intensiv sensorisch innerviert. Rita LEVI-MONTALCINI und Viktor HAMBURGER am Zoologischen Institut der Washington-Universität in St. Louis zeigten ergänzend, daß auch sympathische Fasern einwachsen, ohne allerdings synaptische Kontakte auszubilden. Weiterführende Untersuchungen von Frau LEVI-MONTALCINI (1965) führten zum Nachweis eines Nervenwachstumsfaktors (englisch: nerve growth factor, NFG), der von Stanley COHEN von der Washington-Universität in St. Louis Missouri isoliert und 1969 chemisch aufgeklärt wurde. Inzwischen sind eine ganze Reihe solcher Wachstumsfaktoren bekannt geworden. LEVI-MONTALCINI und Stanley COHEN erhielten 1987 für ihre bahnbrechenden Leistungen den Nobelpreis (PENZLIN 1987).

14.9. „Gradienten" und „Felder"

Viele entwicklungsphysiologische Experimente und Beobachtungen an den verschiedensten Objekten haben beim Versuch ihrer Erklärung wiederholt Vorstellungen von der Existenz von „Gradienten" nahegelegt. Als erster hat wohl Theodor BOVERI solche Ideen entwickelt, wenn er auch keine Angaben über die Natur der Gefälle machte. Er nahm 1901 im Gegensatz zu DRIESCH einen „Schichtenaufbau" im Seeigelei an, für den er 1910 die Bezeichnung „Gefälle" einführte. Auch das *Ascaris*-Ei solle sich durch ein solches Gefälle auszeichnen.

Zu einer umfassenden Theorie baute Charles Manning CHILD (ab 1907), hauptsächlich aufgrund seiner Untersuchungen über die Regeneration bei Hydrozoen und Planarien (s. o.), den Gradienten-Gedanken aus. CHILD (1929) ging in seinen Überlegungen davon aus, daß die „physiologische Korrelation … ihrem Wesen nach aus Beziehungen von Dominanz … und Subordinierung … zwischen den Teilen des Organismus" bestehe. Dominanz und Subordinierung sollen „primär von quantitativen, nicht von spezifischen Unterschieden im physiologischen Zustand abhängig" sein. Sie stellen „Beziehungen in einem physiologischen Gradienten dar". „Im Laufe der Entwicklung werden die Beziehungen von Dominanz und Subordination zunehmend komplizierter; es können neue dominante Gebiete … entstehen" (Zusammenfassung bei CHILD 1941).

Die erste Differenzierung innerhalb eines zunächst isotropen Plasmas ist nach den Vorstellungen CHILDS ein durch äußere Reizeinwirkung entstandener Polaritätsgradient, dessen Natur stoffwechselphysiologischer, also quantitativer Art sein soll: „Stoffwechselgradienten". Diese Stoffwechselintensitäten veranlassen anschließend die Differenzierung. Das bedeutet – und hier liegt ein wesentlicher Schwachpunkt der Theorie –, die Stoffwechselintensität, ein quantitativer Faktor, entscheidet über die Spezifität der eintretenden Differenzierungen! Eine

Erweiterung hat die Theorie CHILDS durch die „Feld-Gradiententheorie" von J. S. HUXLEY (1924) und G. R. DE BEER (1927) erfahren (HUXLEY & DE BEER 1934). Hier wird davon ausgegangen, daß das zunächst allein vorliegende System quantitativer Gradienten später durch „Felder" ergänzt wird, die zwar auch gradientenartig strukturiert sind, aber von einem „Gipfelpunkt" nach allen Seiten hin abfallen.

A. DALCQ und Jean PASTEELS vereinigten in ihrer „Feld-Gradiententheorie" (1938) die Gradienten- und die Feldhypothese miteinander. Sie gingen von zwei Hauptfaktoren aus: von einem „polaren Plasmagradienten" und von einem „dorsoventralen kortikalen Feld". Da sie praktisch nur Daten berücksichtigten, die am Amphibienkeim erzielt wurden, kommt ihrem Ideengebäude kaum eine allgemeinere Bedeutung zu. Die Theorie ist von Eckhard ROTMANN (1943) einer kritischen Sicht unterzogen worden.

Die Idee der Existenz von „embryonalen Feldern" wurde erstmalig von Alexander GURWITSCH (1922, 1927) und Paul WEISS (1925) entwickelt und eingehend erörtert. Innerhalb der Felder kann das Schicksal bestimmter Areale durch chirurgische Eingriffe noch verändert werden, es sind embryonale Regulationen möglich. Paul WEISS entwickelte die Vorstellung, daß zunächst „primäre" Felder gebildet werden, die im Laufe der Entwicklung durch zahlreichere „sekundäre" Felder abgelöst werden.

Zusammenfassend kommt Leopold VON UBISCH, wie SPEMANN ein Schüler BOVERIS, in seiner eingehenden Kritik der verschiedenen Gradienten- bzw. Feldtheorien zu folgendem, auch heute noch weitgehend richtigen Schluß:

„Hinreichend sichergestellt" ist: „1. Es existieren im Ei, im Keim, in einer Knospe, ja selbst im fertigen Organismus Gradientensysteme. 2. Diese Gradientensysteme sind von entscheidender Bedeutung für die Differenzierung." „Im wesentlichen noch ungeklärt" ist dagegen: „1. Worin bestehen die Gradienten? 2. Wie entstehen sie?" (L. v. UBISCH 1953, S. 185)

Leopold von UBISCH (1953, S. 172/173) kritisierte mit Recht, daß „alle Versuche als unbefriedigend angesehen werden" müssen, „die Differenzierung lediglich auf Grund der Plasmaverhältnisse unter Vernachlässigung der Mitwirkung des Genoms analysieren" wollen. Es könne das Differenzierungsproblem auch nicht „auf Grund reiner Faktorenanalyse gelöst werden". Es müsse vielmehr „der plasmatische Umgebungsfaktor ... in Betracht gezogen werden". Er wirft dann „die Frage der generellen Zuordnung zwischen Genen und Plasmabezirken" auf und geht davon aus, daß die Aktivierung der Gene „stufenweise im Laufe der Entwicklung" erfolgen müsse, wobei er Gedankengängen Conrad H. WADDINGTONS (1940) folgte. „Gewisse Gene werden früher, andere später aktiviert". Wir sprechen heute von der „differentiellen Genaktivierung", eine Vorstellung, die wir schon 1934 bei MORGAN finden.

Ein erster Versuch, das komplexe Geschehen der Musterbildung mit Hilfe mathematischer Modelle besser zu verstehen, stammt von dem britischen Mathematiker Alan TURING (1952). Er lieferte seinerzeit den Beweis, daß zwei Substanzen mit auto - und kreuzkatalytischer Wechselwirkung unter bestimmten Bedingungen spontan stabile räumliche Konzentrationsmuster zu bilden vermögen. Seine Gedanken blieben allerdings ohne großes Echo bei den Biologen. Erst 20 Jahre später wurde von Alfred GIERER und Hans MEINHARDT (1972) in Tübingen der Faden wieder aufgenommen. Sie simulierten eine Vielzahl von Regenerations- und Transplantationsexperimenten an dem Süßwasserpolypen *Hydra* mit Hilfe eines „kybernetischen" Modells, das die „Bildung räumlicher Strukturen durch Autokatalyse und laterale Inhibition" leistete.

14.10. Entwicklungsphysiologie und Genetik

Führenden Entwicklungsphysiologen, wie z. B. Frank LILLIE, Charles M. CHILD, Ross G. HARRISON, Albert DALCQ u. a., lag – mit wenigen Ausnahmen, wie z. B. Theodor BOVERI – die Frage nach den genetischen Grundlagen der Entwicklung und Differenzierung im Rahmen ihrer Arbeiten fern (HAMBURGER 1988, S. 44). Das scheint aus der Sicht der intellektuellen Situation, wie sie in der Biologie der 20er Jahre vorherrschte, verständlich. Ernst W. CASPARI (1980) charakterisierte die Situation einmal sehr treffend wie folgt:

"Genetics was at that time a somewhat esoteric, isolated part of biology whose relationship to developmental and biochemical processes was suspected, but by no means clear. Geneticists were endeed convinced that the gene held the secret of life, but most of biology was still dominated by morphological and developmental studies ... In genetics itself the linear arrangement of genes in the chromosomes had been established, but the relation of genotype to phenotype was mostly studied on the descriptive level, and explained by interactions of genes with each other" (CASPARI 1980, S. 20).

In dieser Situation war Richard GOLDSCHMIDTS spekulatives Buch „Physiologische Theorie der

Vererbung" (1927) wenig hilfreich. Ausgehend von seinen eigenen Untersuchungen zur Vererbung des Geschlechts versuchte er, ein allgemeines entwicklungsphysiologisches Schema zu entwickeln. Die Gene werden als Enzyme („Autokatalysatoren"), Mutationen als quantitative Änderungen in der Enzymmenge und damit die Allele desselben Gens in ihrer Verschiedenheit nur quantitativ, aber nicht qualitativ interpretiert. Die Sicht der Gene als Autokatalysatoren hatte er von A. L. HAGEDOORN übernommen, der diese Ansicht erstmalig 1911 äußerte. Zur Entwicklung führte GOLDSCHMIDT im Rahmen seiner „Theorie der abgestimmten Reaktionsgeschwindigkeiten", die er durch eine Vielzahl von Beobachtungen zu untermauern suchte, aus, daß sie aufgelöst werden könne

„in eine Reihe nebeneinanderhergehende Abläufe, die zu bestimmten, aber verschiedenen Zeitpunkten zu einer chemischen Situation führen, die sich allgemein als das Auftreten der formativen Stoffe, Determinationssubstanzen oder, nach unserer spezielleren Annahme, Hormone der definitiven Gestaltung in wirksamer Quantität bezeichnen läßt. Der richtige Ablauf der normalen Differenzierung erfordert es, daß diese Determinationspunkte in genau richtiger Reihenfolge erscheinen und daß die determinierenden Substanzen am richtigen Ort, lokalisiert, auftreten" (GOLDSCHMIDT 1927, S. 40).

Er sah also in der Erzeugung „formbildender Stoffe" und ihrer Lokalisation im Ei („Chemodifferenzierung") den ersten Vorgang zur Musterbildung.

Alfred KÜHN verglich in seiner Rezension das GOLDSCHMIDTsche Buch mit WEISMANNS „Keimplasmatheorie" und bemerkte dazu weiter:

„Die Auseinandersetzungen über Erbanlagen und Entwicklungsphysiologie sind gewachsen und zugespitzt worden durch den Kampf für und wider WEISMANNsche Ideen. ... Vielleicht wird es GOLDSCHMIDTS Gedankenbau ähnlich ergehen. ... Gefährlich wäre es nur, wenn die geniale Konstruktion als bereits im ganzen gefestigter Erkenntnisbesitz angesehen und dogmatisiert würde" (KÜHN 1928).

Das Buch von GOLDSCHMIDT hat niemals das Echo gefunden und auch nicht die befruchtende Wirkung auf die Folgenden ausgeübt wie WEISMANNS „Keimplasmatheorie". In den 30er Jahren gab GOLDSCHMIDT selbst seine Theorie auf und ersetzte sie durch eine neue.

Zur gleichen Zeit, nämlich 1927, setzte sich Waldemar SCHLEIP, Ordinarius für Zoologie in Würzburg und Schüler August WEISMANNS, vehement für eine Synthese von Entwicklungsphysiologie und Genetik ein. Beide Wissenschaften, so SCHLEIP,

„unterscheiden sich wesentlich nur durch die Methode ihrer Experimente, nicht durch ihre Probleme". Es

könne „die Entwicklungsphysiologie die Vererbungsforschung als einen Teil ihres eigenen Arbeitsgebietes in Anspruch nehmen und umgekehrt, und damit ist eine Theorie der Vererbung zugleich auch eine Theorie der Ontogenese" (SCHLEIP 1927, S. 1).

SCHLEIP versuchte auch, auf diesem Wege mit der Vereinigung beider Disziplinen voranzukommen, und schlug vor, den auf Hans DRIESCH zurückgehenden Begriff der „prospektiven Potenz" (s. o.) mit dem des „Genotypus" und den Begriff der „prospektiven Bedeutung" mit dem des „Phänotypus" zu identifizieren (SCHLEIP 1927, S. 2), was sich verständlicherweise nicht durchsetzen konnte.

So entwickelten sich beide Disziplinen, die Entwicklungsphysiologie und die Genetik, auch in der nächsten Zeit noch weitgehend unabhängig voneinander. Selbst Thomas Hunt MORGAN, der in Neapel durch den freundschaftlichen Verkehr mit Hans DRIESCH zum experimentellen Morphologen geworden war (ALLEN 1978) und später mit seinen Schülern als „Genetiker" an *Drosophila* die Grundlagen der heutigen Vererbungswissenschaft erarbeitete, wofür er 1933 den Nobel-Preis erhielt, lieferte keine wesentlichen Beiträge zum besseren Verständnis der genetischen Grundlagen der Entwicklung und Differenzierung. Auch er hielt sich an den bekannten Satz, daß für einen Genetiker die Kernhülle als Demarkationslinie zu betrachten sei, die nicht überschritten werden dürfe. Der Titel seiner Monographie „Embryology and Genetics" (1934) ist deshalb etwas irreführend. Das heißt nicht, daß er das Problem nicht sah. Im Hinblick auf SPEMANNS große Entdeckung führte er in seiner Nobel-Vorlesung mit vollem Recht aus:

"The evidence from the organizer has not as yet helped to solve the more fundamental relation between genes and differentiation, although it certainly marks an important step forward in our understanding of embryonic development" (MORGAN 1935).

Noch in den 50er Jahren mußte Ernst HADORN in seinem Vortrag vor der Gesellschaft Deutscher Naturforscher und Ärzte am 22. September 1952 in Essen feststellen, daß die Genetik und die Entwicklungsphysiologie „weitgehend unabhängig voneinander zu Wissenschaften ausgewachsen" seien, „von denen jede ein imponierendes Erkenntnisgut vorweisen kann". Er erklärt diese Situation wie folgt:

„Die wichtigsten Erkenntnisse der Entwicklungsphysiologie werden an Amphibien, Echinodermen, Mollusken und Nematoden gewonnen. ... Zu einer Genetik der Amphibien gibt es aber nur spärlichste Ansätze, und Seeigel sind für genetische Untersuchungen so ungeeignet, daß bis heute noch kein Seeigel-

Gen bekannt oder auch nur postuliert wurde. Andererseits sind die Hauptobjekte der zoologischen Genetik, wie die Fruchtfliege *Drosophila* oder die Maus, für entwicklungsphysiologische Arbeiten in mancher Hinsicht sehr ungünstig. So wurden bei diesen Tieren wohl Hunderte von Genen nachgewiesen, ohne daß die Materialeigenschaften ihres Wirkungssubstrates entwicklungsphysiologisch untersucht werden konnten" (HADORN 1953).

Die Beziehungen zwischen Genen und Differenzierung sind erst in unseren Tagen auf der Grundlage molekularbiologischer Erkenntnisse und Methoden zum Gegenstand intensiver, erfolgreicher Forschung geworden, und wieder ist es *Drosophila*, die als Objekt in „vorderster Front" steht. Die gründliche Analyse des *Bithorax*-Genkomplexes von *Drosophila melanogaster* durch den Genetiker Edward B. LEWIS (1978) am „California Institute of Technology" (CalTech) in Pasadena hat deutlich gemacht, daß die Ausprägung der Segmente durch die Aktivitäten spezifischer **„homöotischer Gene"** bestimmt wird. Die erste homöotische Mutante („bithorax", bx) wurde schon 1923 von C. B. BRIDGES beschrieben. Bei ihr ist der vordere Teil der Halteren zum Flügel umgeformt.
Weiterführende Untersuchungen durch Christiane NÜSSLEIN-VOLHARD (Nobelpreis 1997) und ihren Mitarbeiterkreis in Tübingen u. a. wiesen nach, daß der *Drosophila*-Embryo durch eine überschaubare Anzahl von **„Segmentie-**

rungsgenen" in zunehmend kleinere, metamere Einheiten unterteilt wird, die anschließend durch die Aktivität homöotischer Gene spezifiziert werden. Es konnten drei Klassen zygotischer Segmentierungsgene unterschieden werden (NÜSSLEIN-VOLHARD & WIESCHHAUS 1980): Gap-, Paar-Regel- und Segment-Polaritätsgene. Während die Segmentierungsmutanten einen Segmentausfall verursachen, bewirken homöotische Mutanten eine Transformation von Segmentqualitäten. Die Realisierung des Bauplans erfolgt bei *Drosophila* in drei Stufen:

1. Maternaleffektgene: Sie bestimmen die Eipolarität und die räumliche Koordination des zukünftigen Embryos.
2. Segmentierungsgene: Sie bestimmen die Anzahl und Polarität der Körpersegmente.
3. Homöotische Gene: Sie bestimmen die Identität und Reihenfolge der Körpersegmente.

Walter J. GEHRING vom Biozentrum in Basel, ein Schüler Ernst HADORNS, entdeckte, daß die meisten homöotischen Gene eine charakteristische DNA-Sequenz von 180 Nukleotiden, die sog. **Homöobox** (McGINNIS et al. 1984), besitzen. Die Homöobox ist nicht auf Insekten beschränkt, sondern findet sich auch bei Hefen, Nematoden, Anneliden bis zu den Wirbeltieren (Frosch, Vogel, Maus, Mensch) in weitgehend identischer Sequenz (GEHRING 1985).

15. Die vergleichende Tierphysiologie

Heinz PENZLIN, Jena

Historisch gesehen ist die Physiologie aus den Bedürfnissen der praktischen Medizin heraus entstanden (vgl. auch 9.4.). Noch bis in die Mitte des vergangenen Jhs. bildeten Anatomie und Physiologie an den deutschen Hochschulen eine untrennbare Einheit. Die vergleichende Methode verhalf der Anatomie zu ihren großen Erfolgen und übertrug sich auch auf die Physiologie, die in jenen Jahren, wie Max VERWORN es einmal ausdrückte, „universal-biologisch" war (VERWORN 1902, S. 6). Die Physiologen jener Zeit waren gleichzeitig auch Zoologen. Als die Exponenten dieser Zeit können Karl Asmund RUDOLPHI, Jan Evangelista PURKYNĚ und besonders der Schüler und Nachfolger RUDOLPHIS in Berlin, Johannes MÜLLER, genannt werden, die die Physiologie ebenso wie die Zoologie und vergleichende Anatomie durch zahlreiche wichtige Beiträge so unglaublich bereichert haben (vgl. 9.1.).

Diese Situation änderte sich in der zweiten Hälfte des vergangenen Jhs. grundlegend. Anatomie und Physiologie trennten sich voneinander und gingen seither eigene Wege. Als Johannes MÜLLER im Jahre 1858 in Berlin starb, entstanden aus seinem Lehrstuhl vier neue Ordinariate: eines für menschliche Anatomie, eines für pathologische Anatomie, eines für Physiologie und eines für vergleichende Anatomie nebst Entwicklungsgeschichte. Zum Nachteil der Physiologie verschwand die vergleichende Methode fast völlig aus der Physiologie. Es trat eine Entfremdung nicht nur gegenüber der Anatomie und Zoologie, sondern auch gegenüber der praktischen Medizin ein. Das Gebiet der Entwicklungsgeschichte wurde vollständig der Anatomie überlassen, was dazu führte, daß die am Ende des Jahrhunderts daraus hervorgehende Entwicklungs-„physiologie" von Anbeginn eine Domäne der Anatomie und Zoologie und nicht der Physiologie wurde und bis heute blieb (vgl. 12.1.).

Unter dem starken Eindruck der großen Fortschritte in den anorganischen Naturwissenschaften Physik und Chemie, für die die Namen FRAUNHOFER, GAUSS, BUNSEN, WÖHLER, LIEBIG, LAGRANGE, LAPLACE, CARNOT, YOUNG, FARADAY, MAXWELL und THOMSON stellvertretend genannt seien, entstand in Deutschland in der zweiten Hälfte des 19. Jh. eine Richtung in der Physiologie, die stark physikalistisch-reduktionistisch ausgerichtet war. Ihre hervorragendsten Vertreter waren Carl Friedrich Wilhelm LUDWIG, Emil DU BOIS-REYMOND, Ernst Wilhelm Ritter VON BRÜCKE und Hermann VON HELMHOLTZ. Sie verband nicht nur die gleiche Einstellung zur Zielsetzung physiologischer Forschung, sondern auch eine Freundschaft. Bis auf LUDWIG waren sie aus der Schule Johannes MÜLLERS hervorgegangen. Ihr Ziel war die Begründung einer „organischen Physik". Carl LUDWIGS Ausführungen zur Bestimmung der Aufgaben der wissenschaftlichen Physiologie in seinem *Lehrbuch der Physiologie des Menschen*" (1852), das er „seinen Freunden E. BRÜCKE (Wien), E. DU BOIS-REYMOND (Berlin) und H. HELMHOLTZ (Königsberg)" widmete, kennzeichnen diese Zielsetzung in sehr treffender Weise. Er schrieb:

„So oft nun eine Zergliederung der leistungserzeugenden Einrichtungen des thierischen Körpers geschah, so oft stiess man schliesslich auf eine begrenzte Zahl chemischer Atome, die Gegenwart des Licht(Wärme)-Aethers und diejenige der electrischen Flüssigkeiten. Dieser Erfahrung entsprechend zieht man den Schluss, dass alle von thierischen Körpern ausgehenden Erscheinungen eine Folge der einfachen Anziehungen und Abstossungen sein möchten, welche an jenen elementaren Wesen bei einem Zusammentreffen derselben beobachtet werden (LUDWIG 1852, S. 2)."

In Frankreich hatte die romantische Naturphilosophie bei weitem nicht den Einfluß auf die Physiologie wie Anfang des 19. Jh. mit ihrem Höhepunkt um 1810/15 in Deutschland. Die Begründung einer empirisch-experimentell arbeitenden, streng mechanistischen Physiologie geht in Frankreich auf Francois MAGENDIE zurück. Er wirkte als Professor und Leiter eines Krankenhauses in Paris und begründete das erste physiologische Forschungslaboratorium. Seine schonungslosen Vivisektionen waren berühmt-

berüchtigt. Sein berühmtester Schüler und spä-
terer Nachfolger wurde Claude BERNARD, der in
Frankreich eine ähnliche Stellung einnahm wie
Carl LUDWIG in Deutschland.

Die Engländer und Amerikaner hatten zu dieser
Zeit in der Physiologie nichts Vergleichbares
aufzuweisen. England hatte vorübergehend
durch eine distanzierte Haltung gegenüber den
Naturwissenschaften an den Universitäten Oxford und Cambridge den Anschluß verloren (vgl.
dazu BRETSCHNEIDER 1962; RUPKE 1987), Amerika hatte ihn noch gar nicht erreicht. Die Erneuerung der Physiologie in England ging von William SHARPEY aus. Selbst Anatom förderte er die
Physiologie nachhaltig. Mit Michael FOSTER und
John BURDON-SANDERSON entwickelten sich in
der zweiten Hälfte des 19. Jh. leistungsfähige
Zentren in Cambridge bzw. London, aus denen
hervorragende Physiologen hervorgegangen
sind, wie die FOSTER-Schüler Walter Holbrook
GASKELL, John Newport LANGLEY und Frederick
Gowland HOPKINS sowie die miteinander befreundeten BURDON-SANDERSON-Schüler William
Maddock BAYLISS und Ernest Henry STARLING.
Am Ende des Jahrhunderts war der Vorsprung
Frankreichs und Deutschlands wieder aufgeholt
(vgl. GEISON 1978).

Die oben skizzierte Entfremdung der Physiologie, die zu der Zeit noch ausschließlich an den
Medizinischen Fakultäten lehr- und forschungs-
mäßig verankert war, von der zoologisch-ver-
gleichenden Betrachtung in der zweiten Hälfte
des vergangenen Jh. hatte natürlich auch den
positiven Effekt, daß der Mangel einer solchen
eingeschränkten Betrachtungsweise deutlicher
als in der Vergangenheit zutage trat. An mah-
nenden Aufrufen hat es nicht gefehlt. In seiner
Antrittsrede bei der Übernahme des neu errichteten Lehrstuhls der Zoologie in Jena im Jahre
1868 beklagt HAECKEL:

„Noch heute beschäftigen sich weit mehr Naturforscher mit dem Sammeln, Aufbewahren, Ordnen und
Benennen der Tier- und Pflanzenformen, als mit ihrer
anatomischen und physiologischen Untersuchung
oder mit ihrer Entwicklungsgeschichte. ... Eine vergleichende Physiologie existiert auch heute noch nur
dem Begriff und der Aufgabe nach, und die Einseitigkeit der menschlichen Wirbeltierphysiologie trägt daran vielleicht nicht geringere Schuld als die Gleichgül-
tigkeit der systematischen Zoologen" (HAECKEL
1869).

Es überrascht bei diesem klaren Bekenntnis,
wie wenig HAECKEL in seinem eigenen Forschen
und Lehren diese durchaus richtige Erkenntnis
beherzigt hat. Er blieb, „ganz und gar ein Kind
des 19. Jhs." (HAECKEL 1899), der systematischen Phylogenie verhaftet.

Auch der HAECKEL-Schüler Anton DOHRN forderte „die Schöpfung einer vergleichenden Physiologie", die „mehr und mehr in den Vordergrund der gesamten biologischen Wissenschaften treten muß" (DOHRN 1872). Er verweist in dem Zusammenhang auf das Buch
„Anatomisch-physiologische Uebersicht des Tierreichs" (Stuttgart 1852) von Carl BERGMANN und
Rudolf LEUCKART sowie auf die 1857 bis 1881
von Henri MILNE-EDWARDS herausgegebenen
14 Bände der „Lecons sur la physiologie et
l'anatomie comparée de l'homme et des animaux". Er läßt aber – im Gegensatz zu seinem
Lehrer – auch Taten folgen und richtete 1886 in
seiner 1872 gegründeten Zoologischen Station
in Neapel im Obergeschoß des gerade fertigge-
stellten Neubaus ein physiologisches Laboratorium ein. Die Notwendigkeit dafür sah er in folgendem:

„Dem Morphologen ist es kein Geheimnis, dass nicht
jede Frage an jedem Material gleich gut zur Lösung
zu bringen ist, und wer die Physiologie für etwas mehr
hält, als die Dienerin der Medicin, der wird mir bereit-
willig zustimmen, dass ihr Forschungsgebiet nur zeitweilig auf Hund, Katze, Kaninchen und Frosch eingeschränkt bleiben darf. ... Es wird der Physiologie
wohl nicht anders gehen als der Anatomie und Embryologie, die erst als sie ,vergleichend' wurden, in
den vollen Besitz ihrer gesamten Probleme und aller
Möglichkeiten gelangten, dieselben zu lösen" (DOHRN
1886, S. 94).

Den letzten großen Anbau der Station, durch
den das Gebäude nochmals fast auf das Doppelte vergrößert wurde, sah DOHRN nahezu ausschließlich für die Physiologie vor.

Zu dieser Zeit wuchs bei verschiedenen Physiologen das Interesse an der vergleichenden Betrachtung. Hier ist an erster Stelle Max VER-
WORN, der in Jena bei Ernst HAECKEL und
William Thierry PREYER studiert und bei Wilhelm BIEDERMANN gearbeitet hatte, zu nennen.
In seiner bekannten „Allgemeinen Physiologie"
schätzte er ein:

„Die vergleichende Methode wurde seit Johannes
MÜLLER in der Physiologie nicht mehr angewandt,
man müsste denn die wenigen Arbeiten, welche hin
und wieder an anderen Versuchstieren als dem üblichen Hund, Kaninchen oder Frosch ausgeführt wurden, als vergleichende betrachten. ... Wie wenigen
sind die vielen, herrlichen Versuchsobjekte bekannt,
welche die ungeheure Formenfülle der niederen Thiere dem offenen Auge bietet. Und gerade unter diesen
Objecten finden sich diejenigen, die in so verblüffen-
dem Maße geeignet sind für die ... Lösung der elementarsten physiologischen Fragen" (VERWORN 1894,
S. 25 u. 54).

Das, was VERWORN als Ziel der vergleichenden
Physiologie vor Augen hatte, nämlich „die elementaren Lebenserscheinungen wirklich zu er-

klären" (VERWORN 1894, S. 53), „die allgemeinen Fragen nach dem Wesen des Lebens ... durch die Methode der Vergleichung ihrer Beantwortung näher" zu bringen (PÜTTER 1911, S. III), unterschied sich doch deutlich von den Vorstellungen DOHRNS. Für diesen war die Frage entscheidend, „nicht nur das *Be*stehen der Funktionen, sondern ihr *Ent*stehen ins Auge" zu fassen und zu erklären (DOHRN 1872), also einen Beitrag zur Phylogenetik zu liefern. Ihm schwebte eine Physiologie vor, von der Carl Wilhelm VON NAEGELI einmal sagte, „daß in ihr innerstes Heiligtum die Entstehung der organischen Welt gehöre" (BOVERI 1910).

Die Zoologische Station in Neapel (Abb. 150) (vgl. auch Kap. 13) entwickelte sich zu einem wichtigen Zentrum vergleichend-physiologischer Forschung. 1890 weilten Max VERWORN, Sigmund EXNER und Jaques LOEB zu Forschungsaufenthalten dort. Letzterer verließ ein Jahr später Deutschland, um in die USA zu gehen. Er kann als „einer der Begründer der modernen experimentellen Biologie" (HERBST 1924) angesehen werden. Er war neben VERWORN einer der ersten „Allgemeinen Physiologen". Sein Programm war wie das von VERWORN extrem physikalistisch-mechanistisch: „Biology will be scientific only to the extent that it succeeds in reducing life phenomena to quantitative laws". Während VERWORN in Deutschland 1902 die *„Zeitschrift für Allgemeine Physiologie"* begründete, gehört LOEB zu den Begründern der Zeitschrift *„Journal of General Physiology"* in den USA.

1892 kam erstmalig Jacob VON UEXKÜLL an die Station, der „für Neapel eigentlich der Hauptpionier physiologischer Forschung an Seetieren" wurde, denn er „sah die reiche Fauna des Golfs nicht mit den Augen des Fachphysiologen, sondern vom allgemein biologischen Standpunkt an" (BETHE 1940, S. 821). Jacob VON UEXKÜLL stand bis 1902 der physiologischen Abteilung der Station vor. Er verkörperte bereits eine neue Generation von Physiologen (vgl. auch 19.3.1.), zu der sich ab 1896 als regelmäßiger Gast in Neapel der um acht Jahre jüngere Albrecht BETHE gesellte. Beide Forscherpersönlichkeiten können, ebenso wie Hermann Jacques JORDAN und Wilhelm BIEDERMANN, zu den Begründern der vergleichenden Tierphysiologie im heutigen Sinne gezählt werden.

JORDAN hatte einige Zeit im Labor Wilhelm BIEDERMANNS in Jena gearbeitet und wurde Ende der 90er Jahre DOHRNS Privatassistent. Später ging er nach Utrecht und gründete dort das erste vergleichend-physiologische Institut. Wilhelm BIEDERMANN war von seinem Lehrer Ewald HERING in Prag, der sich ursprünglich für

Zoologie habilitiert hatte, für vergleichend-physiologische Fragestellungen interessiert worden. Er erhielt später einen Ruf als Physiologe an die Universität in Jena. In seinem Institut haben viele Forscher vorübergehend gearbeitet, die sich später in der Vergleichenden Physiologie bleibende Verdienste erworben haben: Neben dem bereits erwähnten Max VERWORN und Hermann Jacques JORDAN sind hier August PÜTTER (später Heidelberg), der ein vielbeachtetes Buch über *„Vergleichende Physiologie"* (Jena 1911) geschrieben hat, Ernst MANGOLD und Hans WINTERSTEIN, der ein achtbändiges *„Handbuch der vergleichenden Physiologie"* (Jena 1910–1925) herausgegeben hat, zu nennen. Auch Jerzy Stanislaw ALEXANDROWICZ, dem wir unter anderem eine genaue Beschreibung des Muskelrezeptor-Organs (MRO) der Crustaceen verdanken, hat bei BIEDERMANN in Jena promoviert, der sein Interesse für die Crustaceen weckte. In seiner autobiographischen Skizze (1928) ein Jahr vor seinem Tode gab BIEDERMANN „dem Wunsche Ausdruck ..., daß auch weiterhin das Physiologische Institut in Jena eine Pflanzstätte der vergleichenden Physiologie bleiben möge, denn ich bin überzeugt", so fügte er hinzu, „daß nur auf diesem Wege eine fruchtbare Weiterentwicklung möglich ist" (Fr. N. SCHULZ 1930, S. XIX).

DOHRN plante zur Unterstützung und Förderung der vergleichend-physiologischen Forschungsarbeiten die Herausgabe von Sammlungen der sehr weit verstreut publizierten Befunde auf diesem jungen Gebiet sowie „topographischer Atlanten" unbekannter Tiergruppen für den experimentell arbeitenden Biologen und erörterte das Vorhaben mit BEER, UEXKÜLL und BIEDERMANN. Es ist in dem Umfange nicht zustandegekommen. Wir verdanken dieser Initiative aber Victor BAUERS *„Einführung in die Physiologie der Cephalopoden"* (1908/09) und Otto VON FÜRTHS *„Vergleichende chemische Physiologie der niederen Tiere"* (Jena 1903). Man könnte in WINTERSTEINS Handbuch (s. o.) gewissermaßen eine späte Verwirklichung des DOHRNschen Planes sehen.

Die Notwendigkeit, die vergleichende Tierphysiologie an Zoologischen Instituten fest zu verankern und in die Ausbildung der Biologen zu integrieren, wurde immer häufiger angesprochen (Ludwig REISINGER 1916). Daß „die wissenschaftliche Bearbeitung der Lebenserscheinungen der Tiere bisher ganz den Physiologen der medizinischen Fakultäten und der tierärztlichen Hochschulen überlassen wurde, ... liegt ... allein daran", so Albrecht BETHE (1917), „daß die nächst Berufenen, die Zoologen, sich ganz in morphologische Fragen verloren hatten und fast vergessen zu haben schienen, daß die Tiere leben", womit er sicherlich recht hatte. Noch im Jahre 1916 kommt Walter STEMPELL zu folgendem Gesamturteil:

„Obgleich sich schon seit den neunziger Jahren des vorigen Jhs. bei vielen, besonders jüngeren Zoologen die Erkenntnis Bahn gebrochen hatte, daß die vergleichende Anatomie, Entwicklungsgeschichte und Systematik, so wertvoll und unentbehrlich sie sind, doch unmöglich den einzigen Inhalt der Wissenschaft vom Leben ausmachen können, ja, daß die letzten, mit naturwissenschaftlichen Methoden lösbaren Probleme dieser Forschungsrichtung verschlossen bleiben müssen, so ist doch der praktische zoologische Unterricht auch heute noch an den meisten Hochschulen in der Hauptsache ein morphologisch-systematischer geblieben" (STEMPELL & KOCH 1923).

Die Tierphysiologie setzte sich in Deutschland an den Zoologischen Instituten im Rahmen der Ausbildung von Biologen als Lehr- und Forschungsdisziplin nur sehr zögerlich durch. Ab 1909 bot JORDAN in Utrecht als erster den Studenten regelmäßig einen Kurs zur Tierphysiologie an (JORDAN & HIRSCH 1927, S. III). In Deutschland richtete Walter STEMPELL im Wintersemester 1913/14 eine erste Physiologische Abteilung an einem Zoologischen Institut, und zwar in Münster, ein und hielt seitdem regelmäßig physiologische Praktika für Zoologen ab (STEMPELL 1917). Es folgte Alfred KÜHN in Freiburg/Br. mit einem erstmals im Frühjahr 1914 angebotenen Ferienkurs „Tierphysiologische Übungen" für Lehrer der Mittelschulen und später auch für Studierende der Naturwissenschaft. Durch den Krieg verzögert erschien erst 1917 seine „Anleitung zu tierphysiologischen Grundversuchen", die aus diesem Kurs und den dort gesammelten Erfahrungen hervorgegangen ist und eine erste Anregung war, an Zoologischen Instituten tierphysiologische Kurse abzuhalten (KÜHN 1917).

Karl HEIDER, 62jährig als Nachfolger von Franz Eilhard SCHULZE auf den vakanten Zoologie-Lehrstuhl in Berlin berufen, trat 1918 sein dortiges Amt mit der festen Absicht an, eine vergleichend-physiologische Arbeitsrichtung in Unterricht und Forschung durch Gewinnung junger Mitarbeiter aufzubauen. In seiner Antrittsrede vor der Berliner Akademie der Wissenschaften (1919) führte er dazu begründend aus:

„Wenn auch naturgemäß die Morphologie die Grundlage für die Betrachtung ... tierischer Formen abgeben muß, so ist doch nur von der Einführung vergleichend-physiologischer Gesichtspunkte eine Vertiefung unseres Wissens zu erwarten. Auf diesem Wege nähern wir uns dem Ziele, das der unendlichen Mannigfaltigkeit tierischer Formen Gemeinsame zu erfassen." (TEMBROCK 1959/60, S. 118)

Im Frühjahr 1918 wurde KÜHN erster Assistent bei Karl HEIDER in Berlin, wo er dem Wunsche HEIDERS entsprechend eine physiologische Abteilung aufbaute (KOEHLER 1965). Nach der Berufung KÜHNS nach Göttingen (1920) setzten Wolfgang VON BUDDENBROCK, der schon im Sommersemester 1919 und 1920 in Heidelberg ein mehrstündiges Kolleg über „Vergleichende Physiologie" gelesen hatte, bis 1922 und dann Konrad HERTER dieses wichtige Vorhaben am Berliner Zoologischen Institut fort. In Breslau (1920) und später in München (1921) bot Otto KOEHLER erstmalig einen Kurs und eine Vorlesung zur Tierphysiologie an. Um die gleiche Zeit (Wintersemester 1920/21 und später behandelte Friedrich ALVERDES als Privatdozent in Halle vergleichend-physiologische Themen (Ortsbewegung, Ernährung, Bau und Funktion der Sinnesorgane) im Hochschulunterricht.

Die Situation begann sich in den zwanziger Jahren deutlich weiter zu verbessern. Insbesondere durch die Arbeiten der Zoologen Karl VON FRISCH, Alfred KÜHN und Wolfgang VON BUDDENBROCK und ihrer zahlreichen Schüler in Deutschland, durch Hermann J. JORDAN in Holland sowie durch August KROGH in Kopenhagen wurde die Vergleichende Physiologie auf ein breiteres Fundament gestellt und erhielt ihr heutiges Profil. Als äußeres Kennzeichen dieser positiven Entwicklung kann die Begründung der „Zeitschrift für vergleichende Physiologie" im Jahre 1924 durch Karl VON FRISCH und Alfred KÜHN angesehen werden. Im gleichen Jahr erschien auch erstmalig die „Vergleichende Physiologie" von Wolfgang VON BUDDENBROCK, die sich im Laufe der zwei weiteren Auflagen zu einem Standardwerk entwickelte.

August KROGH war Schüler von Christian BOHR. Für ihn wurde bereits 1908 in Kopenhagen eine Stelle als Zoophysiologe geschaffen. Aus seiner Schule ging der Norweger Knut SCHMIDT-NIELSEN hervor. Die bekanntesten Schüler JORDANS sind Cornelius Adrianus Gerrit WIERSMA und Anthonie VON HARREVELD, die – einem Ruf Thomas Hunt MORGANS an die von ihm neu gegründete meeresbiologische Station in Corona del Mar in der Nähe von Los Angeles folgend – in den Vereinigten Staaten der neurobiologischen Forschung an Crustaceen wesentliche Impulse verliehen haben. Aus der Schule BETHES ist – schließlich – Erich VON HOLST, der, ebenso wie Hansjochem AUTRUM bei Richard HESSE in Berlin promoviert hatte, hervorgegangen.

15.1. Die Weiterentwicklung der Stoffwechselphysiologie

15.1.1. Ernährung, Verdauung, Fermente und Enzyme

Im Jahre 1827 hatte der englische Arzt William PROUT Zucker, Fette und Proteine als die wesentlichen Bestandteile der Nahrung erkannt. Justus VON LIEBIG unterschied 1842 zwischen den „plastischen" Nahrungsbestandteilen und „respiratorischen Substanzen". Zu den ersteren zählte er die N-haltigen Proteine, die zum Aufbau der Körpersubstanz nötig sind, zu den letzteren hauptsächlich Zucker und Fette, die dem Energiestoffwechsel und der Wärmeproduktion dienen. 1848 erkannte er, daß nicht nur Fette und Zucker, sondern auch Eiweiße im respiratorischen Stoffwechsel verbraucht werden.

Durch die Einführung des Begriffs der Katalyse durch Jacob BERZELIUS (1835) wird ein neues Kapitel der Stoffwechselphysiologie aufgeschlagen. Er vermutete bereits, daß die chemischen Vorgänge in den Pflanzen und Tieren katalytischer Natur sind. Im gleichen Jahr war das Pepsin von Theodor SCHWANN entdeckt worden. Die Einwirkung des Speichels auf die Stärke hatte LEUCHS bereits 1831 studiert. Wertvolle Beiträge zur Verdauungsphysiologie verdanken wir, neben vielen anderen Leistungen, Claude BERNARD. Er entdeckte die Speicherung des Glykogens sowie die Zuckerbildung in der Leber (1855), beschrieb das Auftreten von Zucker im Harn bei zu hohem Blutzuckerspiegel und beobachtete die Wirkung des Pancreassaftes auf Fette und Stärke. Schließlich studierte er die Resorption von Eiweiß, Zucker und Fett sowie die Verdauung im Magen.

TRAUBE vermutete 1858, daß alle von Lebewesen hervorgerufenen Gärungen durch „Fermente" in den Zellen veranlaßt werden und Louis PASTEUR stellte 1860 die These auf, daß die Gärung untrennbar an die lebende Zelle gebunden sei. Den Begriff „Enzym" führte Willy (Friedrich Wilhelm) KÜHNE 1878 für lösliche, nicht organisierte Fermente, wie sie z. B. in den Verdauungssäften vorhanden sind, ein. Von ihm stammt auch die Bezeichnung „Trypsin" für das eiweißspaltende Pancreasenzym. Er beobachtete lebende Pancreaszellen unter dem Mikroskop.

Von größter Bedeutung wurde die Zufallsentdeckung von Hans und Eduard BUCHNER (Nobelpreis 1907) aus dem Jahre 1897. Sie stellten zellfreie Extrakte aus Hefe für therapeutische Zwecke her und wollten diese ohne den Einsatz von Antiseptika, wie z. B. Phenol, konservieren. Sie probierten es, wie allgemein im Haushalt üblich, mit Rohrzucker und stellten überrascht fest, daß der Rohrzucker sehr schnell in Alkohol umgewandelt wurde. Damit war Louis PASTEURS These von 1860 endgültig widerlegt und der Weg zu einer „Chemie des Stoffwechsels" offen. Gleichzeitig wurde die Unterscheidung von Enzymen und Fermenten überflüssig. Beide Begriffe werden heute synonym gebraucht.

Den nächsten wichtigen Beitrag lieferten Arthur HARDEN und William YOUNG im Jahre 1905. Sie stellten fest, daß die Gärung von der Gegenwart anorganischen Phosphats abhängig ist und daß dieses Phosphat während der Gärung verschwindet, weil es als Hexosediphosphat eingebaut wird. Die Glykolyse wurde in den Jahren zwischen 1930 und 1940, vornehmlich durch Otto Fritz MEYERHOF (Nobelpreis 1922) und Gustav EMDEN, vollständig aufgeklärt und die beteiligten Enzyme entdeckt. Der Citratzyklus wird von Hans Adolf KREBS 1940 analysiert (Nobelpreis 1953).

Im Jahre 1902 veröffentlichte Wilhelm OSTWALD seine Definition des Katalysators als eines Stoffes, der die Gleichgewichtseinstellung einer chemischen Reaktion zwar beschleunigt, aber selbst nicht in das Gleichgewicht der Endprodukte eingeht. Im gleichen Jahr äußerte A. BROWN die Vermutung, daß das Enzym mit seinem Substrat vorübergehend eine Komplexbindung eingeht, worauf V. HENRI seine kinetische Theorie der enzymatischen Reaktion aufbaute. Diese Theorie wurde 1913 von Leonor MICHAELIS und Maud MENTEN weiterentwickelt und auf die Invertase angewandt. Das erste Enzym, das in reiner kristalliner Form dargestellt wurde, war die Urease im Jahre 1926 durch James B. SUMNER. Er wies deren Proteinnatur nach. Es folgte 1930/31 die Kristallisation des Pepsins und des Trypsins durch John Howard NORTHROP.

15.1.2. Vitamine

Die Entdeckung der lebenswichtigen Bedeutung der später (1911) von dem polnischen Biochemiker Casimir FUNK als *Vitamine* bezeichneten Stoffe begann mit der Zufallsbeobachtung des niederländischen Kolonialarztes Christiaan EIJKMAN auf Java. Er stellte bei seinem Geflügel das Auftreten von typischen Symptomen der „Beri-Beri" fest. Als Ursache dieser Erkrankung, die man bis dahin als ansteckend betrachtete, erkannte er die Verfütterung „polierter" Reiskörner. Er ging davon aus, daß die Reiskörner ein für Mensch und Geflügel gleichermaßen schädliches Gift enthalten, das durch ein in der Schale vorkommendes „Gegengift" unschädlich gemacht werde.

Im Jahre 1905 unternahm der Physiologe Gustav von Bunge umfangreiche Ernährungsversuche an Mäusen. Er fütterte seine Tiere ausschließlich mit reinem Eiweiß, Fett, Kohlenhydraten und Salzen, also mit den zuvor von Justus von Liebig und Carl von Voit als lebensnotwendig erkannten Bestandteilen unserer Nahrung, im richtigen Mengenverhältnis. Nach einiger Zeit kränkelten die Tiere und starben schließlich. Mit gleichen Resultaten wiederholte W. Stepp 1909 die Versuche, indem er seine Mäuse mit natürlicher Nahrung aufzog, die aber zuvor einer gründlichen Extraktion mit Alkohol und Ether unterzogen worden war.

Diese Beobachtungen von von Bunge und Stepp sowie diejenigen von Stephan Moulton Babcock aus Wisconsin, der seine Ernährungsexperimente mit Kühen ausführte, fanden jedoch kaum Beachtung. Das änderte sich sehr langsam, insbesondere als der englische Physiologe Frederick Gowland Hopkins mitteilte, daß seine unter reiner Eiweiß-, Fett-, Kohlenhydrat- und Mineraldiät dahinsiechenden weißen Ratten schlagartig gesundeten, wenn man nur ein paar Tropfen Milch dem Futter beimischte. Er folgerte 1912, daß zu der kalorisch ausreichenden Ernährung noch „accessory food factors" hinzukommen müßten, um die Gesundheit zu erhalten. Jetzt erst setzte die systematische Suche nach diesen „Faktoren" in aller Welt ein. Im Jahre 1926 gewannen Barend Jansen und Willem Frederik Donath aus unpoliertem Reis das Vitamin B_1 (Thiamin, Aneurin) und 1928 isolierte Albert von Szent-György das Vitamin C. Eijkman und Hopkins erhielten 1929 den Nobelpreis für Medizin.

15.1.3. Atmung und Energetik

Die wahre Natur der Atmung begann man erst mit dem Auftreten Antoine Laurent Lavoisiers Ende des 18. Jh. zu verstehen. Im Jahre 1777 berichtet er vor der Pariser Akademie, daß die Verbrennung ebenso wie die Atmung mit einer Bindung „brennbarer Luft", als „Oxygène" bezeichnet, einhergehe. Zusammen mit seinem Freund Pierre Simon de Laplace sieht er in der Atmung eine langsam ablaufende Verbrennung (Oxidation) des Kohlenstoffs, die in der Lunge unter Wärmebildung abläuft. Beide bestimmten an Meerschweinchen in einem „Eiskalorimeter" den Zusammenhang zwischen der Verbrennung von Nahrung und der Erzeugung tierischer Wärme. Lavoisier fand auch bereits heraus (1785), daß das bei der Atmung verschwindende Sauerstoffvolumen größer ist als das im gleichen Zeitraum entstehende Kohlensäurevolumen. Er vermutete, daß ein Teil des Sauerstoffs zur Oxidation des Wasserstoffs zu Wasser verbraucht wird. Jean Henry Hassenfratz, ein Schüler des Mathematikers Lagrange, kritisierte die Auffassung Lavoisiers 1791 dahingehend, daß unmöglich der Ort der Oxidation und Verbrennung auf die Lunge beschränkt sein könnte, weil in dem Falle die Lungen sich viel stärker erhitzen müßten. Er vermutete, daß die Oxidation im gesamten *Blut* vor sich gehe.

Es folgte eine Stagnation von über einem halben Jh., die ihre Ursache in den noch zu unscharfen Begriffsbestimmungen für Energie, Arbeit und Wärme in der Physik hatte. Leibniz bezeichnete die kinetische Energie (damals noch mv^2) als „lebendige Kraft". Den Begriff „Energie" hatte Thomas Young 1807 benutzt. Der Gebrauch dieses Wortes als „Arbeitsvermögen" oder „Arbeitsvorrat" geht auf den schottischen Ingenieur W. J. M. Rankine zurück. Der Begriff der Arbeit als Produkt aus Kraft und Weg wurde um 1826 von dem französischen Mathematiker J. V. Poncelet in die Physik eingeführt. Obwohl die Wesensgleichheit von Wärme und Bewegung im Gegensatz zur (bis in die neunziger Jahre des 18. Jh.) allgemein vorherrschenden Phlogiston-Theorie, die in der Wärme einen Stoff sah („Wärmestoff"), wiederholt in Erwägung gezogen worden war, so z. B. durch Francis Bacon (1665), Boyle, Huygens, Newton, Bernoulli, Euler, Lomonossow, Lavoisier, Laplace und besonders dann durch Benjamin Thompson (Graf Rumford) (1798) und Sir Humphry Davy (1799), gebührt dem Heilbronner Arzt Julius Robert Mayer das große Verdienst, zuerst 1842 in aller Klarheit gefolgert zu haben, daß zwischen Wärme und Arbeit eine *feste* Beziehung bestehen müsse. Der zahlenmäßige Wert dieser Beziehung („das mechanische Äquivalent der Wärme", 1851) wird von ihm auch bereits berechnet und, unabhängig von Mayer, von James Prescott Joule ab 1843 in einer Reihe von Experimenten exakt bestimmt. Die Jouleschen Versuche lieferten Hermann von Helmholtz die Grundlagen für seine berühmte Schrift „*Über die Erhaltung der Kraft*" (1847), in der er das Prinzip der Erhaltung der Energie verallgemeinerte, ohne die Verdienste Robert Mayers zu erwähnen.

Im Jahre 1845 wurde die Frage des Zusammenhanges zwischen Atmung und Energieumsatz durch Julius Robert MAYER aufgegriffen. Die gewaltige Umwälzung im Denken, die durch MAYERS Veröffentlichungen eingeleitet worden ist, kann man sich am besten vor Augen führen, wenn man sich vergegenwärtigt, wie unklar vor MAYER die Kenntnisse über die Beziehungen zwischen Ernährung, körperlicher Leistung, Atmung und „tierischer Wärme" noch waren. In dem bekannten Lehrbuch der Physiologie des PURKYNĚ-Schülers und späteren Physiologieprofessors in Bern, Gabriel Gustav VALENTIN (1835), war noch zu lesen:

„Ein Mensch, welcher einen Berg besteigt, atmet mühselig, weil er behufs der Korrektion der Veränderung seines Schwerpunktes seinen Oberkörper nach vorn beugen muß, und weil auf diese Weise, indem zugleich Gehbewegungen vollführt werden, die Tätigkeit seiner Atemmuskeln auf bedeutende Schwierigkeiten stößt. Aus ähnlichen Gründen verstärkt sich auch die Respiration eines Menschen, welcher springt, läuft, tanzt u. dergl."

In seiner Schrift „*Die organische Bewegung in ihrem Zusammenhange mit dem Stoffwechsel*" (1845) hieß es dagegen bei Robert MAYER:

„Bei dem Studium der Lehre von den auf organischem Wege erzeugten Bewegungen wird die Kluft zwischen mathematischer Physik und Physiologie, welche auch die trefflichen Untersuchungen eines SCHWANN und VALENTIN nicht ausgefüllt haben, lebhaft empfunden, weshalb der Versuch, eine Methode aufzustellen, durch welche beide Wissenschaften in Beziehung auf den fraglichen Punkt sich näher gerückt werden sollen, für den Physiologen nicht ohne Interesse sein wird."

Und weiter:

„Das lebende Tier nimmt fortwährend aus dem Pflanzenreiche stammende brennbare Stoffe in sich auf, um sie mit dem Sauerstoff der Atmosphäre wieder zu verbinden. Parallel diesem Aufwande läuft die das Tierleben charakterisierende Leistung: die Hervorbringung mechanischer Effekte, die Erzeugung von Bewegungen, die Hebung von Lasten. ... Um die Verwandlung von chemischer Kraft in mechanischen Effekt bewerkstelligen zu können, dazu sind die Tiere mit spezifischen Organen ausgerüstet. ... Es sind dieses die Muskeln. ... Der Muskel ist nur das Werkzeug, mittels dessen die Umwandlung der Kraft erzielt wird, aber er ist nicht der zur Hervorbringung der Leistung umgesetzte Stoff."

Als Ort der Oxidation im Organismus sieht MAYER allerdings immer noch, ebenso wie der berühmte Carl LUDWIG, – fälschlicherweise das Blut in den Kapillaren an. LUDWIG meinte, daß die Geschwindigkeit der Diffusion für den Gasaustausch im Kapillargebiet nicht ausreiche, und ging deshalb davon aus, daß eine leicht oxidable Substanz aus den Geweben in das Blut übertrete, um sich dort mit dem Sauerstoff zu

verbinden. Erst in der zweiten Hälfte des 19. Jh. erkennt man die wahre Bedeutung der Atmung. Felix HOPPE-SEYLER weist 1866 das Gewebe als den Ort der Oxidation nach, was übrigens schon Lazzaro SPALLANZANI ein Jh. zuvor vermutet hatte und was von Eduard PFLÜGER (1875) nachdrücklich bestätigt wurde. Auf der Grundlage der neu entstandenen Zellenlehre formulierte PFLÜGER:

„Die absolute Notwendigkeit der Sauerstoffaufnahme und Kohlensäurebildung durch die lebendige Materie, resp. die Zelle, ist eine Fundamentaleigenschaft des gesamten organischen Reiches."

Es ist interessant, daß PFLÜGER zur Untermauerung seiner These von der Zellatmung auf die Insekten verweist:

„Keine Gruppe im Thierreich gibt aber den Zweiflern an der vorwiegenden Bedeutung der Zelle für die Oxydationsvorgänge ein lehrreicheres Beispiel als die ... Insekten. Die Entwicklung des Zirkulationsapparates steht hier auf einer sehr niederen Stufe. ... Bei diesen mit intensiver Oxydation begabten Thieren begibt sich deshalb die Luft nicht zum Blut, sondern direkt in das Innere des Organs mit Hilfe der sich immer feiner verästelnden und dicht an die Zelle herantretenden Luftgänge der Tracheen. ... Die Insekten sind also ein unschätzbares Experiment der Natur, deren Bedeutung niemand verkennen kann, der nicht für jede Thierart besondere allgemeine Prinzipien der Lebensprozesse für denkbar hält."

Der englische Zoologe Charles Alexander McMUNN entdeckte 1886 im Rahmen seiner spektroskopischen Untersuchung tierischer Gewebe die von ihm als „Histohämatine" (Myohämatin, Cytochrome) bezeichneten Substanzen. Er vermutete auch schon zutreffend deren Bedeutung für die Atmung. Diese Beobachtungen wurden allerdings von HOPPE-SEYLER bestritten und gerieten deshalb wieder in Vergessenheit, bis 1925 David KEILIN den Faden wieder aufnahm. Er entdeckte die „Histohämatine", die er als „Cytochrome" bezeichnete, neu und erfaßte ihre zentrale Bedeutung für die Atmung. Ein Jahr zuvor (1924) war Otto WARBURG (Nobelpreis 1931) die Charakterisierung des Atmungsfermentes (Cytochromoxydase) als Häminverbindung gelungen. Er erkannte als erster die Bedeutung des Eisens für die Atmung und entdeckte, daß der Sauerstoff nicht direkt mit den organischen Stoffen der Zelle reagiert, sondern mit dem Eisen des „sauerstoffübertragenden Ferments" (1928/29), das später als WARBURGsches Atmungsferment bezeichnet wurde und das er bereits 1913 aufgrund der Wirkung von Cyanid auf die Atmung postuliert hatte. Ein weiterer großer Fortschritt war mit der Erkenntnis Heinrich Otto WIELANDS verbunden, daß die biologische Oxidation mit einer Dehydrierung der organischen Substanzen in der Zelle beginnt. 1932/33 entdeckte WARBURG den ersten Vertreter der sog. „gelben Fermente" (Flavoproteine) und 1935/36 eines der „Pyridincofermente" ($NADP^+$). 1937 postulierte Hans Adolf KREBS (Nobelpreis 1953) den Citratzyklus.

Die Geschichte der *oxidativen Phosphorylierung* beginnt im Jahre 1930 mit der Beobachtung des russischen Biochemikers V. A. ENGELHARDT, daß in Vogelerythrozyten die Atmung mit dem Pyrophosphatumsatz gekoppelt ist. Herman KALCKAR war es, der 1937 an zellfreien Nierenpräparaten nachwies, daß die mit dem Elektronentransport verbundene ATP-Bildung auf der einen und die glykolytische Phosphorylierung auf der anderen Seite physikalisch getrennte Prozesse seien. Das Adenosintriphosphat war schon 1929 durch Karl LOHMANN entdeckt worden. V. A. BELITSER und E. T. TSIBAKOVA (1939) gelang die erste quantitative Bestimmung des P/O-Quotienten. Sie stellten bereits fest, daß er größer als 1 ist. Severo OCHOA (1943) schlußfolgerte richtig, daß der P/O-Quotient bei vollständiger Oxidation von Pyruvat zu CO_2 und H_2O den Wert drei annimmt. Albert L. LEHNINGER (1951, 1955) sowie Feodor LYNEN und HOLZER (1949) verdanken wir die Erkenntnis, daß die Phosphorylierung im wesentlichen mit der Oxidation der reduzierten *Pyridincofermente*, d. h. mit der „Atmungskette" verknüpft ist. Im Jahre 1961 stellte der englische Biochemiker Peter MITCHELL (Nobelpreis 1975) erstmalig seine bahnbrechende „chemiosmotische Theorie der Phosphorylierung" vor, die davon ausging, daß entgegen den älteren Vorstellungen ATP nicht über ein energiereiches Zwischenprodukt entsteht, das Phosphat auf ADP überträgt, sondern vielmehr Oxidation und Phosphorylierung über einen Protonengradienten direkt miteinander gekoppelt seien, was inzwischen durch viele Tatsachen bestätigt ist.

Als Ort der aeroben Energiegewinnung (Atmung) in der Zelle hat man die *Mitochondrien* (der Name stammt von BENDA, 1898) erkannt. Sie wurden 1886 von R. ALTMANN entdeckt, der bereits vermutete, daß sie „irgendwie" mit dem Zellstoffwechsel in Beziehung stünden. BATELLI und STERN stellten 1912 fest, daß die Oxidationsfermente an die Zellstruktur gebunden sind und nicht in Lösung gebracht werden können. Im Jahre 1913 fand Otto WARBURG, daß der Hauptteil der Atmung mit unlöslichen Partikeln, die er aus Leberzell-Suspensionen erhalten hatte, verbunden ist. 1949 konnten E. P. KENEDY sowie A. L. LEHNINGER den Citratzyklus dem Kompartiment *Mitochondrium*

in der tierischen Zelle zuordnen. Die Feinstruktur der *Mitochondrien* wurde 1952/53 von George Emil PALADE (Nobelpreis 1974) und F. S. SJÖSTRAND elektronenmikroskopisch aufgeklärt. 1960 löst Efraim RACKER die „knopfartigen" Gebilde von der Matrixseite der inneren Mitochondrienwand mechanisch ab und zeigt, daß deren Funktion in der ATP-Synthese besteht.

Mit den Arbeiten der „VOITschen Schule" in München beginnt eine neue, *quantitative* Phase der Stoffwechselphysiologie. Durch die Entwicklung zuverlässiger Methoden und neuartiger Apparaturen wird weit über die Anfänge bei Friedrich Heinrich BIDDER und Carl SCHMIDT in Dorpat („*Die Verdauungssäfte und der Stoffwechsel, eine physiologisch-chemische Untersuchung*", Leipzig 1852) hinausgehend eine genaue Bilanz der Stoffumsätze im menschlichen Organismus aufgestellt. So wird z. B. festgestellt, daß der gesamte mit der Nahrung aufgenommene Stickstoff im Harn und in den Exkrementen wieder erscheint. Unter den Schülern VOITS war Max RUBNER derjenige, der diese Untersuchungen am erfolgreichsten fortsetzte. Ihm verdanken wir das „Isodynamiegesetz" (1883), das „Oberflächengesetz" (1883) sowie durch kombinierte direkte und indirekte Kalorimetrie und Messung der Stoffbilanz den exakten Nachweis der vollen Gültigkeit des Energieerhaltungssatzes im Rahmen des organismischen Stoffwechsels. Für den menschlichen Organismus haben die amerikanischen Mitarbeiter VOITS, WILBURG OLIN ATWATER und Francis BENEDICT, diesen Nachweis in überzeugender Weise geführt. Die Gültigkeit des von RUBNER zunächst für Warmblüter aufgestellten Oberflächengesetzes wurde von A. PÜTTER (1911) auch für kaltblütige Tiere (Fische, Krebse) nachgewiesen. Für Insekten mit einem Tracheensystem fand SLOVTZOFF (1909) davon abweichend eine direkte Proportionalität zwischen Sauerstoffverbrauch und Körpergewicht.

Die Untersuchungen zur *Regulation der Atmung* beginnen mit der Beobachtung LEGALLOIS' (1811), daß die Zerstörung eines bestimmten Ortes in der *Medulla oblongata* Atemstillstand und Tod zur Folge hat. 1868 entdecken Ewald HERING und Josef BREUER den später nach ihnen benannten Reflex und weisen die Bedeutung des *Vagus* in diesem Zusammenhang nach. Isidor ROSENTHAL und DU BOIS-REYMONDS stellen fest (1862), daß durch künstliche Hyperventilation beim Tier *Apnoe* ausgelöst werden kann, und kommen zu dem Schluß, daß die Aktivität des Atemzentrums in erster Linie durch den Sauerstoffgehalt des Blutes bestimmt wird

(1882). Demgegenüber findet Friedrich MIE-
SCHER (1885) in seinen Experimenten am Menschen, daß nicht der Sauerstoff, sondern der Gehalt an Kohlendioxid in der Luft die chemische
Regulation der Atmung bedingt. Schließlich
kommen J. GEPPERT und N. ZUNTZ (1888) zu
dem Schluß, daß weder der Sauerstoff noch die
Kohlensäure, sondern eine „saure Substanz",
die im Muskel entsteht, für die *Hyperpnoe* bei
Muskelarbeit verantwortlich zu machen sei.

Für Cephalopoden (*Eledone*) wies Jacob VON
UEXKÜLL 1891 dem Hering-Breuer-Reflex vergleichbare reflektorische Steuermechanismen
der Atmung nach und lokalisierte die Inspira-
tions- und Exspirationszentren im Gehirn.
Ähnliche Ergebnisse hatte vorher bereits FRE-
DERICQ (1878, 1879) an *Octopus* erzielt.

Im 20. Jh. verdanken wir insbesondere Christian
BOHR in Kopenhagen und seinen Schülern viele
wichtige Erkenntnisse über den Gastransport,
die O$_2$- und CO$_2$-Bindung im Blut („Bohr-Ef-
fekt": C. BOHR, HASSELBACH u. A. KROGH 1904)
sowie über die O$_2$-Aufnahme in der Lunge.
Sein berühmtester Schüler, Schack August
Steenberg KROGH (Nobelpreis 1920), legte die
Grundlagen unserer heutigen Kenntnisse über
die beim Gasaustausch in der Lunge wirksamen
Kräfte.

15.1.4. Exkretion

Die sich in der Niere der Säugetiere abspielenden Vorgänge bei der Harnbereitung konnten
erst dann richtig erkannt werden, als die notwendigen histologischen Befunde vorlagen. Der
erste, der auf dieser Grundlage eine Theorie der
Harnbildung ausarbeitete, war William Bow-
MAN. Er sah (1842) in den *Glomeruli* den Sitz
der sekretorischen Ausscheidung des Harnwas-
sers und vielleicht auch der Salze. Die anderen
Stoffe, wie Harnsäure, Harnstoff usw., sollten
dagegen in den Harnkanälchen durch die epithelialen Drüsenzellen sezerniert werden (Philipp ELLINGER 1929).

Dieser „Sekretionstheorie" stellt Carl LUDWIG
1844 seine „mechanische Theorie der Harnabsonderung" gegenüber. Er führt die Harnab-
scheidung auf Filtration ohne Beteiligung aktiver Zelltätigkeit zurück. Seine endgültige
Konzentration soll der Harn dann durch Rückdiffusion des Wassers aus dem Tubuluslumen in
die Tubuluskapillaren infolge *Endosmose* erhalten. Gegen diese Theorie erhebt Rudolf HEI-
DENHAIN in HERMANNS „*Handbuch der Physiologie*" (1883) prinzipielle Bedenken und kehrt
zu Auffassungen BOWMANS zurück. Er unter-

scheidet zwei Sekretionsgewebe: 1. die Glome-
rulizellen, welche Wasser und Salze (hauptsächlich Kochsalz) absondern, und 2. die Tubulus-
zellen, die spezifische Harnbestandteile absondern.

A. N. RICHARDS und O. H. PLANT (1922) sowie
E. H. STARLING und E. B. VERNEY (1922) wiesen
an der isolierten Niere nach, daß die Harnabsonderung in sehr viel stärkerem Maße vom
Blut*druck* als von der die Niere durchströmen-
den Blut*menge* abhängt, was für die Filtration
im Sinne LUDWIGS sprach. Nicht länger aufrechtzuerhalten war dagegen die zweite These
LUDWIGS, daß der definitive Harn aus dem Glo-
merulusfiltrat durch Rückdiffusion von Wasser
entstehen solle. A. R. CUSHNY stellte eine „*modern theory*" (1917) auf, die von einer „Filtration der Nichtkolloidanteile durch die Kapsel
und Rückresorption einer ‚Lockeschen Lösung'
in den Kanälchen" ausging (Philipp ELLINGER
1929, S. 486). Diese Vostellungen CUSHNYS erhielten durch Wilhelm von MÖLLENDORFF (1920,
1922) Unterstützung und Ergänzung. Er konnte
nachweisen, daß die Farbstoffspeicherung in den
Hauptstückepithelien tatsächlich durch Rückresorption des Glomerulusfiltrates zustande
kommt.

Einen Durchbruch im Sinne einer Bestätigung
der CUSHNYschen Theorie erzielten J. T. WEARN
und A. N. RICHARDS (1924). Ihnen gelang beim
Frosch erstmalig eine direkte Analyse des Glo-
merulusfiltrats. Sie stellten fest, daß es im Gegensatz zum definitiven Harn beträchtliche
Mengen an Zucker und Kochsalz aufwies, während der Harnstoff dort in wesentlich geringeren Konzentrationen auftrat als im definitiven
Harn. Eine Ergänzung erhielt die „*modern
theory*" insofern, daß zusätzlich auch eine Sekretion bestimmter Substanzen – nach den Untersuchungen von J. G. EDWARDS (1927) z.B.
des Phenolrots – in den Tubuli angenommen
wird. Der breit angelegte Versuch August PÜT-
TERS (1926), aufgrund vergleichend-physiologischer Betrachtungen doch noch die Bowman-
Heidenhainsche Sekretionstheorie zu „retten",
mußte fehlschlagen. PÜTTER sah in der Bow-
manschen Kapsel eine „Wasserdrüse" und in
den Tubuli eine „Stickstoffdrüse". In sorgfältigen Experimenten haben A. N. RICHARD und
seine Mitarbeiter (1929/30) zeigen können, daß
alle untersuchten Substanzen, wie Kochsalz,
Phenolrot, Indigocarmin und Harnstoff, im Pri-
märharn von Fröschen und *Necturus* in gleicher
Konzentration vorkommen wie im enteiweißten
Plasma.

15.2. Die Entstehung der Hormonphysiologie und Neuroendokrinologie

15.2.1. Die Anfänge im 19. Jahrhundert

Die ersten Beobachtungen und Vermutungen einer „inneren Sekretion" lassen sich bis in das 18. Jh. zurückverfolgen. Der französische Arzt Theophile DE BORDEU aus der Schule von Montpellier sprach die Ansicht aus, daß „jedes Organ als Bereitungsstätte einer spezifischen Substanz dient, die in das Blut gelangt, und daß diese Stoffe für den Organismus nützlich und für seine Integrität notwendig" seien (BORDEU 1775). Es war dann kein geringerer als der große Johannes MÜLLER, der 1830 vermutete, daß die „Drüsen ohne Ausführungsgänge (Blutgefäßdrüsen)" – und dazu zählte er unter anderem die Milz, die Schilddrüse und die Nebennieren – „einen plastischen Einfluß auf die in ihnen kreisenden und durch sie zirkulierenden und in den allgemeinen Kreislauf zurückkehrenden Säfte ausüben".

Erst zwanzig Jahre später (1849) kam A. A. BERTHOLD in Göttingen auf die Idee, die seit langem beim Hahn praktizierte Entfernung der Geschlechtsdrüsen („kapaunisieren") zwar durchzuführen, aber anschließend die Hoden sofort wieder an anderer Körperstelle in das Tier zurückzupflanzen. Das überraschende Ergebnis war, daß die bekannten, auffälligen Veränderungen im Verhalten und im äußeren Aussehen nach erfolgter Sterilisation nicht mehr auftraten. BERTHOLD schloß daraus völlig richtig, daß von den Hoden ein „Drüsenstoff" ins Blut abgesondert werde. Ihm gebührt das Verdienst, als erster das Vorkommen einer inneren Sekretion experimentell nachgewiesen und seine Bedeutung erkannt zu haben. A. ECKER schreibt 1853 im „Handwörterbuch der Physiologie" von R. WAGNER, daß die Funktion dieser Organe (gemeint sind die Schilddrüse, Nebenniere, Thymusdrüse und Hirnanhangsdrüse) „in der Bildung eines Sekretes aus dem Blute und Überlieferung desselben in die Blutmasse besteht".

Der Begriff „sécrétion interne" wurde 1855 von Claude BERNARD geprägt, als er entdeckte, daß die Leber Glucose ins Blut abgibt. Er nahm noch an, daß jedes einzelne Gewebe Stoffe abgibt, die mittels des Blutstroms alle anderen Zellen des Organismus zu beeinflussen vermögen. Durch diesen Mechanismus würde eine „Solidarität", ein consensus partium, zwischen allen Zellen eines Organismus hergestellt, wie sie außerdem über das Nervensystem gewährleistet werde. Der große Physiologe und Nachfolger BERNARDS in Paris, Charles Edouard BROWN-SÉQUARD, bereicherte sowohl durch Experimente als auch gedanklich den Begriff der inneren Sekretion. Insbesondere wies er auf die physiologische Bedeutung der „Inkrete" hin. Er lehrte, daß alle Drüsen – mit oder ohne Ausführungsgang – Stoffe in das Blut abgeben. Beim Fehlen eines solchen Stoffes treten „Ausfallerscheinungen" auf. Insbesondere war er der Meinung, daß durch Injektion von Geschlechtsdrüsenextrakten bei Tieren und Menschen Verjüngungseffekte erzielt werden können und machte diesbezügliche Selbstversuche indem er sich Hodensaft subkutan injizierte, worüber er am 1. Juni 1889, 72jährig, in einer Sitzung der Pariser Société de Biologie berichtete. 1894 ist er in Paris verstorben. Seine Ansichten fanden in Frankreich und Amerika, teilweise auch in England Beachtung, wurden aber in Deutschland mit großer Skepsis aufgenommen.

Im Jahre 1902 wurde der Hormonbegriff durch die englischen Physiologen William Maddock BAYLISS und Ernest Henry STARLING im Rahmen ihrer Entdeckung der Sekretinbildung in der Dünndarmschleimhaut in die Wissenschaft eingeführt. Auf der Grundlage der bahnbrechenden Arbeiten von E. A. SCHÄFER (später: Sir Edward SHARPEY-SCHÄFER), einem Schüler Carl LUDWIGS, und anderen Wissenschaftlern des ausgehenden 19. Jh. verlieh STARLING der Endokrinologie wesentliche Impulse.

Mit dem 20. Jh. begann nicht nur eine intensive Beschäftigung mit der Physiologie der verschiedenen Hormonwirkungen, sondern auch eine systematische Erforschung der Chemie der Hormone. Die schnell fortschreitenden Erkenntnisse und Einsichten führten zu neuen Konzepten sowie zu Versuchen, den Hormonbegriff präziser zu fassen. Wenig förderlich war der Vorschlag Hans VON EULERS (um 1935), Vitamine und Hormone als Ergone zusammenzufassen. Noch einen Schritt weiter gingen Robert AMMON und Wilhelm DIRSCHERL in ihrer bekannten Monographie (1938), indem sie auch noch die Enzyme einbezogen und den Sammelbegriff Ergine (Wirkstoffe) vorschlugen.

W. FELDBERG und E. SCHILF hatten 1930 den Begriff der „Gewebshormone" für Wirkstoffe – wie z. B. Histamin – eingeführt, die in vielen Geweben zu finden sind. Später wurden auch die Hormone des Magen-Darmtraktes zu den Gewebshormonen gerechnet. Friedrich FEYRTER entwickelte 1938 aufgrund histologischer Kriterien sein Konzept der „diffusen endokrinen epithelialen Organe" und führte 1946 den Begriff der *Parakrinie* für die Abgabe hormonartiger Substanzen in den Interzellularraum (*Parahormone*) ein. Diesem Begriff, wie dem der *Endokrinie*, wurde in neuerer Zeit die *Autokrinie* zur Seite gestellt, die Abgabe von Wirkstoffen, die auf Rezeptoren der Bildungszelle selbst zurückwirken (Sporn, M. B. & Todaro, G. J. 1980).

Wenig hilfreich war auch der Versuch Albrecht Bethes (1932), den Hormonbegriff auf solche Stoffe zu erweitern, die vom Organismus nach außen abgegeben werden und der interindividuellen Kommunikation dienen, wie z.B. die Sexuallockstoffe der Schmetterlinge. Der von ihm vorgeschlagene Begriff des *Ektohormons* für diese Stoffe hat sich aus guten Gründen nicht durchgesetzt. Er wurde durch den Begriff des *Pheromons* (Peter Karlson & Martin Lüscher 1959) ersetzt.

15.2.2. Entdeckung, Isolierung und Synthese von Vertebraten-Hormonen

Das erste Hormon, daß unabhängig voneinander von Jokichi Takamine und Thomas Bell Aldrich (1901/02) in reiner Form isoliert worden ist, war das *Adrenalin*, dessen blutdrucksteigernde Wirkung aus Nebennierenmark-Extrakten zuvor von Oliver und E. A. Schaefer (1895) nachgewiesen worden war. Seine chemische Aufklärung ließ nicht lange auf sich warten, und 1905 wurde es von dem Chemiker Stolz synthetisiert. Dieses erste synthetische Hormonpräparat erhielt den Namen *Suprarenin*.

Schon 1889 hatten die deutschen Kliniker Joseph von Mering und Oscar Minkowski den Zusammenhang zwischen Bauchspeicheldrüse und Zuckerkrankheit aufgedeckt. Sie zeigten, daß die Entfernung des *Pancreas* beim Hund *Diabetes mellitus* zur Folge hat. Vier Jahre später (1893) vermutete Laguesse, daß die Zellhaufen, die der Medizinstudent Paul Langerhans im Rahmen seiner Dissertation 1869 im Pancreas beschrieben hatte, endokrine Funktion erfüllen und den Ausbruch der Zuckerkrankheit verhindern. Der englische Physiologe Edward Schaefer zeigte dann 1895, daß man bei Hunden den Ausbruch des *Diabetes* verhindern kann, wenn man den Tieren Bauchspeicheldrüsengewebe implantiert. Die Suche nach dem Wirkstoff war 1920 erfolgreich. Der orthopädische Chirurg Frederick G. Banting und sein Doktorand Charles Best hatten im Labor von John J. R. Macleod in Toronto einen Stoff isolieren können, der sich im Tierversuch als sehr wirksam gegen die Zuckerkrankheit erwies und, einem schwer zuckerkranken Knaben in kleinen Mengen injiziert, das Leben rettete. Banting und Macleod erhielten 1923 dafür den Nobelpreis, Best ging leer aus. 1927 hatte John Abel das *Insulin* schließlich in kristalliner Form in der Hand. Die Aufklärung der chemischen Natur des menschlichen *Insulins* gelang erst 1953. Seit es mit Hilfe rekombinierter DNA möglich ist, Bakterien *Insulin* produzieren zu lassen, ist man nicht mehr darauf angewiesen, das *Insulin* für therapeutische Zwecke aus Bauchspeicheldrüsen zu gewinnen.

Der Physiologe Moritz Schiff studierte an verschiedenen Tierarten die schwerwiegenden Folgen einer *Thyreoidektomie* (1854). Daß dabei auch die Epithelkörperchen mit entfernt wurden, blieb damals noch unberücksichtigt. Diese Befunde blieben allerdings weitgehend unbeachtet. Erst dreißig Jahre später (1884) unternahm Schiff den Versuch, die Ektomiefolgen durch Transplantation frischen Schilddrüsengewebes in die Bauchhöhle der Hunde zu mildern. 1891 zeigten Pisenti, G. Vassale und E. Gley unabhängig voneinander, daß auch durch intravenöse Injektion von wäßrigen Extrakten der Schilddrüse die tetanischen Symptome, wie sie nach Schilddrüsenentfernung regelmäßig auftraten, behoben werden können. Erst nach der Jahrhundertwende setzte sich die Erkenntnis langsam durch, daß die Ursache der Tetanie nicht auf den Wegfall des Schilddrüsengewebes, sondern der Epithelkörperchen, die Sandström (1880) und Gley (1891) als selbständiges Organ beschrieben hatten, zurückzuführen sei. Die Beziehung zwischen *Hyperthyreoidismus* und gesteigertem Grundumsatz arbeitete Friedrich von Müller (1893) heraus. F. Baumann stellte bereits 1895 fest, daß die normale Schilddrüse sehr viel Jod in organischer Bindung enthält. E. C. Kendall verdanken wir die Isolierung (1919) und Harington die Synthese des *Thyroxins*, nachdem er bereits ein Jahr zuvor die richtige Formel vorgeschlagen hatte. Die Wirkung der Extrakte der Epithelkörperchen auf den Ca-Spiegel im Blut von Hunden wies der kanadische Forscher J. B. Collip 1926 nach, nachdem bereits 1908 W. G. McCallum und C. Voegtlin den Zusammenhang zwischen einer Unterfunktion der Epithelkörperchen und einem niedrigen Ca^{2+}-Spiegel im Blut erkannt hatten. Von B. M. Allen (1919) kam der erste Hinweis, daß die Metamorphose der Kaulquappe zum Frosch von der Schilddrüsenaktivität abhängt.

Die von den männlichen Geschlechtsdrüsen ausgehenden hormonalen Wirkungen sind bereits durch Berthold und Brown-Séquard im vergangenen Jh. bekannt geworden, aber erst 1931 gelang Adolf BUTENANDT (Nobelpreis f. Chemie 1939) die Isolierung des *Androsterons*, eines wichtigen Vertreters der männlichen Geschlechtshormone (*Androgene*), aus mehreren tausend Litern Harn, nachdem er bereits zwei Jahre zuvor (1929) als erstes Geschlechtshormon das *Östron* zusammen mit Edward Adalbert DOISY isoliert hatte. An der Isolierung des Schwangerschaftshormons *Progesteron* waren gleich vier Arbeitsgruppen beteiligt, neben BUTENANDT waren es SLOTTA, ALLEN und WINTERSTEINER sowie HARTMANN und WETTSTEIN. Die chemische Charakterisierung dieser Hormone konnte auf den Fortschritten in der Steroidchemie aufbauen, die zuvor von Adolf WINDAUS (Nobelpreis f. Chemie 1928), dem Lehrer BUTENANDTS, Heinrich WIELAND und anderen erzielt worden waren und 1932 in der Strukturaufklärung des *Cholesterins* und der *Cholsäure* gipfelten. BUTENANDT gab bereits 1932 eine Formel für das *Androsteron* in Vorschlag, die von Leopold RUŽIČKA (Nobelpreis f. Chemie 1939) 1934 bestätigt werden konnte. Das wichtigste Hodenhormon ist das *Testosteron*. Es wurde von LAQUEUR isoliert und nur wenige Monate später von BUTENANDT und RUŽIČKA synthetisiert.

Thomas ADDISON hatte bereits 1855 das von ihm am Menschen beobachtete Krankheitsbild („Addisonsche Krankheit") aufgrund anatomisch-pathologischer Befunde mit der Zerstörung der Nebennieren in Verbindung gebracht. Nachdem 1930 bekannt wurde, daß die Überlebenschance von Tieren nach Nebennierenektomie durch Verabreichung von Nebennierenrinden-Extrakten wesentlich verlängert werden kann (F. A. HARTMANN & K. A. BROWNELL; W. W. SWINGLE & J. J. PFEIFFNER), setzte eine hektische Suche nach den wirksamen Faktoren ein. Im Jahre 1937 waren bereits vier einander nahestehende, biologisch wirksame Steroide (*Corticosteron, 11-Dehydrocorticosteron, Cortison, Cortisol*) aus den Extrakten bekannt, denen sich später noch zwei weitere Derivate und 1952 das *Aldosteron* zugesellten.

Die Bedeutung der *Hypophyse* als innersekretorisches Organ ergab sich zunächst aus klinischen Beobachtungen. Die „*Akromegalie*" wurde 1887 von Oscar MINKOWSKI als Hypophysenstörung erkannt. Die vielen Exstirpations- und Transplantationsexperimente hatten naturgemäß eine Fülle von Ausfallerscheinungen zur Folge. Leo ADLER beschrieb bereits 1914 nach Hypophysenvorderlappen-Exstirpation Atrophien der Schilddrüse. B. A. HOUSSAY beobachtete 1921/22 bei Hunden nach Hypophysektomie Wachstumsstörungen. Philip E. SMITH registrierte im gleichen Jahr das Ausbleiben der Metamorphose bei Kaulquappen. Für die Erforschung der gonadotropen Hormone wirkte sich sehr positiv aus, daß durch Bernhard ZONDEK und S. ASCHHEIM 1926 infantile weibliche Mäuse als leicht handhabbares und günstiges Testobjekt eingeführt worden waren. Implantationen kleinster Mengen des Hypophysenvorderlappens genügen, um eine Frühreife der Ovarien, starke Entwicklung der Uteri und Brunsterscheinungen bei den Tieren hervorzurufen. Die chemische Identifizierung der verschiedenen Hypophysenhormone bereitete aus verständlichen Gründen große Schwierigkeiten.

15.2.3. Neurohormone

Neurosekretorische Zellen sind bereits Ende des vergangenen Jh. mehrfach beobachtet und beschrieben worden, ohne daß man etwas von „Neurosekretion" wußte. Das betrifft insbesondere Evertebraten. So beschrieb G. BELLONCI (1882) das X-Organ bei *Sphaeroma* (Isopoda) und *Squilla* (Stomatopoda), NANSEN (1886) „Drüsenzellen" im Pedalganglion von *Patella*, M. M. METCALF (1899) eine aus dem embryonalen Nervensystem hervorgehende „Neuraldrüse" bei Tunicaten, METALNIKOFF (1900) Granula in Vakuolen von Riesenneuronen bei *Sipunculus* und BRETSCHNEIDER (1914) Körnerzellen im Cerebralganglion von *Blattella* und *Tenebrio*.

C. C. SPEIDEL (1919) vermutete bereits, daß die schon von DAHLGREN (1914) beschriebenen Riesenneuronen im caudalen Rückenmark von Selachiern „Drüsennatur" hätten. Dieselben Zellen konnte er später (1922) auch bei Teleosteern feststellen. Die Befunde blieben weitgehend unbeachtet. Im Jahre 1928 berichtete dann Ernst SCHARRER im Rahmen seiner bei Karl VON FRISCH in München angefertigten Dissertation über „Die Lichtempfindlichkeit blinder Elritzen" darüber, daß man zwischen den Zellen des *Nucleus magnocellularis praeopticus* „sehr auffällige Vakuolen" finde, und schrieb weiter:

„Ihre Deutung als innere Sekretion, für die auch die reiche Vaskularisierung des Gebietes und mancherlei Zusammenhänge mit der Hypophyse sprechen, ist möglich, aber noch nicht genügend begründet" (E. SCHARRER 1928, S. 33).

Das war die Geburtsstunde der *Neuroendokrinologie*, die zunächst allerdings auf verbreitete Skepsis bis zur schroffen Ablehnung stieß und erst nach dem zweiten Weltkrieg in den fünfziger Jahren begann, sich zu einer wichtigen Forschungsrichtung zu entwickeln. Es zeigte sich nämlich durch die umfangreichen vergleichenden Studien von Ernst und Berta SCHARRER, daß neurosekretorische Zellgruppen nicht auf den *Hypothalamus* der Wirbeltiere beschränkt, sondern im gesamten Tierreich weit verbreitet sind.

Der erste morphologische Nachweis einer *Neurosekretion* bei einem Evertebraten stammt von Bertil HANSTRÖM (1931) am Beispiel des später nach ihm benannten X-Organs der höheren Krebse. Es folgten recht bald weitere Befunde durch Berta SCHARRER (1935, 1936) im Nervensystem von Mollusken und Anneliden. WEYER (1935) beschrieb das Phänomen der Neurosekretion erstmalig bei einem Insekt. In der ersten zusammenfassenden Darstellung von Berta SCHARRER aus dem Jahre 1937 zitierte die Autorin 17 Beispiele eindeutiger Neurosekretion bei Evertebraten.

Zwischen 1939 und 1949 machte die Neuroendokrinologie keine großen Fortschritte. Ein neuer Impuls ging von Wolfgang BARGMANN aus. Er zeigte 1949 mit Hilfe von Gomoris Chromalaun-Hämatoxylin-Phloxinfärbung den Verlauf der

neurosekretorischen Fasern von den Kerngebieten im *Hypothalamus* zur *Neurohypophyse* auf, wo die Neurosekrete (*Oxytocin* und *Vasopressin*) gespeichert und ins Blut abgegeben werden. Bereits 1894 hatte RAMÓN Y CAJAL Nervenfaserbündel beschrieben, die vom *Hypothalamus* zur *Neurohypophyse* verliefen. Ihm blieb die besondere Natur dieser Fasern selbstverständlich noch verborgen. Schon 1933 hatte Ernst SCHARRER die klare Vorstellung entwickelt, daß das Neurosekret aus dem *Nucleus praeopticus* über den *Tractus hypothalamo-hypophyseus* in die *Neurohypophyse* gelangt und nicht umgekehrt, wie es COLLIN (1924, 1925) vermutete, aus der *Adenohypophyse* über die *Neurohypophyse* in den *Hypothalamus*, wo es schließlich phagozytiert werden sollte („Kolloidophagie").

D. B. CARLISLE und Francis G. W. KNOWLES führten 1953 den Begriff des *Neurohämalorgans* ein. Wolfgang BARGMANN prägte 1967 den heute sehr gebräuchlichen Begriff des *peptidergen Neurons*, und David DE WIED führte 1974 den

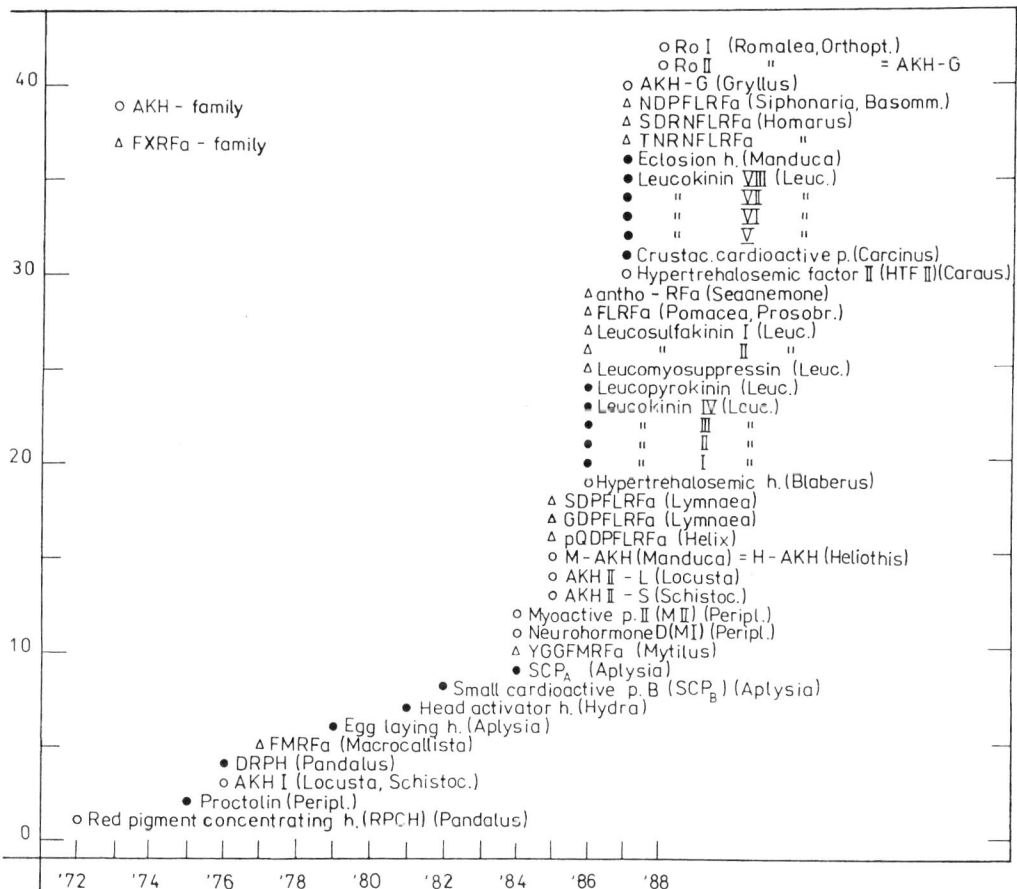

Abb. 163. Die Neuropeptide der Evertebraten und die Zeitpunkte ihrer Identifikation (h. hormone; Leuc. *Leucophaea*; Peripl. *Periplaneta*; Schistoc. *Schistocerca*; Basomm. *Basommatophora*; Orthopt. *Orthoptera*; Prosobr. *Prosobranchia*; Caraus. *Carausius*). Aus PENZLIN, H.: Naturwiss. 76 (1989): 243–252.

Terminus *Neuropeptid* ein. BARGMANN war es auch, der sich nach dem 2. Weltkrieg (1951) an Ernst und Berta SCHARRER wandte und ein erstes internationales Symposium über Neurosekretion anregte. Dieses kam 1953 als viertes Neapler Nachkriegssymposium[1]) dank der Unterstützung durch Reinhard und Peter DOHRN auch zustande und markiert einen wesentlichen Durchbruch auf dem Wege zur allgemeinen Anerkennung der großen Bedeutung des Phänomens der Neurosekretion im Tierreich.

Die chemische Charakterisierung der Neuropeptide begann 1945 mit der Identifikation des *Angiotensins*. Es folgte 1951 die Aufklärung der Struktur des *Oxytocins*. Ein weiterer Meilenstein war die Entdeckung und Identifizierung der endogenen Opiate *Met-* und *Leu-Enkephalin* sowie der hypothalamischen *Liberine* und *Statine*, die die Adenohypophyse kontrollieren. Das erste Neuropeptid der Evertebraten, das *Red pigment concentrating hormone* der Crustaceen, wurde 1972 von R. FERNLUND und L. JOSEFSSON identifiziert, gefolgt vom *Proctolin* aus der Schabe *Periplaneta americana* (1975 durch die Kanadier B. E. BROWN und A. N. STARRAT) und dem *adipokinetischen Hormon* aus den *Corpora cardiaca* der Wanderheuschrecke *Locusta* (1976 durch STONE et al.) (s. Abb. 163).

In den dreißiger Jahren wußte man schon, daß die Ausschüttung der *Gonadotropine* FSH und LH von der *Adenohypophyse* über das Gehirn gesteuert werden kann. Man ging allgemein von einer neuronalen Verbindung zwischen beiden Strukturen aus, konnte diese aber nicht nachweisen. Ein völlig neuer Gesichtspunkt kam Anfang der dreißiger Jahre auf, als durch G. POPA und U. FIELDING (1930) das Pfortadersystem zwischen *Hypothalamus* und *Adenohypophyse* beschrieben wurde. Diese Forscher nahmen aber fälschlicherweise eine Flußrichtung des Blutes von der *Hypophyse* zum *Thalamus* an. Erst WISLOCKI und KING wiesen nach, daß das Blut in umgekehrter Richtung fließt. Geoffrey HARRIS und andere vermuteten daraufhin schon richtig, daß *hypophysiotrope* Hormone von *hypothalamischen* Nervenzellen gebildet und über das Pfortadersystem der *Adenohypophyse* zugeführt werden, wofür sie auch experimentelle Belege erbrachten. Nun setzte ein Wettlauf um die Isolierung dieser hypothalamischen Hormone ein. Am erfolgreichsten waren die Gruppen um Roger C. L. GUILLEMIN in Houston und Andrew

Victor SCHALLY in Montreal (s. WADE 1981). Sie konnten bereits 1955 die Existenz eines hypothalamischen „Faktors" nachweisen, nämlich des die *Corticotropin*-Ausschüttung durch die *Adenohypophyse* kontrollierenden *Corticotropin Releasing Faktors*. Die Isolierung und Identifizierung dieses Faktors erwies sich allerdings als außerordentlich schwierig. Sie gelang erst 26 Jahre später, im Jahre 1981. Aber schon 1969 hatten SCHALLY und GUILLEMIN, wiederum unabhängig voneinander, durch die Identifizierung des *Thyreotropin Releasing Hormons* – es stellte sich als Tripeptid heraus – HARRIS' Theorie der hypothalamischen Releasinghormone bewiesen und damit ein neues und wichtiges Kapitel der Neuroendokrinologie aufgeschlagen.

15.2.4. Evertebraten-Hormone

Die Erkenntnis, daß auch die Evertebraten über ein hormonales System verfügen, ist erst in unserem 20. Jh. gewachsen. Die ersten diesbezüglichen Versuche betreffen Kastrationsexperimente bei Insekten. J. Th. OUDEMANS (1899) nahm bei Schwammspinnerraupen (*Lymantria dispar*) Gonadenexstirpationen vor, ohne auch nur die geringste Abweichung vom normalen männlichen oder weiblichen Habitus zu erzielen. Mit gleichem negativen Erfolg führten Johannes MEISENHEIMER (1908) und Stefan KOPEĆ (1908–1924) sowie andere die Versuche fort, die das Fehlen von Geschlechtshormonen bei Insekten im Gegensatz zu den Wirbeltieren zu beweisen schienen.

Abweichend von diesen negativen Resultaten konnte KOPEĆ (1917, 1922) an *Lymantria dispar* erstmalig eine Beteiligung hormonaler Faktoren an der Steuerung der Insektenmetamorphose nachweisen. Er zeigte, daß eine frühzeitige Gehirnexstirpation (nicht aber eine späte) die Verpuppung verhindert. Wenn er die Raupen vor der kritischen Periode schnürte, verpuppte sich nur das vor der Ligatur gelegene Stück. Diese wichtigen und absolut neuartigen Befunde blieben lange unbeachtet. Über zehn Jahre später griffen E. CASPARI und E. PLAGGE (1935) die Experimente wieder auf. Sie transplantierten Gehirne in vorher enthirnte Schwärmerraupen, die sich daraufhin wieder verpuppen konnten. Alfred KÜHN und H. PIEPHO (1936) unterbanden die Verpuppung von Raupen der Mehlmotte *Ephestia kühniella* durch Kopfligaturen in einer bestimmten Phase.

Sir Vincent Brian WIGGLESWORTH hatte bereits zwei Jahre zuvor (1934) an der Wanze *Rhodnius* ebenfalls gezeigt, daß Dekapitation vor einer „kritischen Periode" die Häutung verhindert,

---

[1]) Das erste Symposium fand 1949 statt zum Thema Embryologie und Genetik, das zweite 1950 zum Thema Mutagene und das dritte 1951 zum Thema submikroskopische Struktur des Protoplasmas.

diese aber nachträglich durch Bluttransfusion aus Larven, die die kritische Periode bereits hinter sich hatten, induziert werden kann. WIGGLESWORTH vermutete zunächst, daß das Hormon aus den *Corpora allata* stamme, deren Drüsennatur GLABER (1913) nachgewiesen hatte. Bertil HANSTRÖM (1938) lenkte WIGGLESWORTHS Aufmerksamkeit auf neurosekretorische Zellen in der *Pars intercerebralis* des Gehirns (*Protocerebrum*) dieser Wanze, und WIGGLESWORTH (1940) wies dann durch Ausschaltungs- und Transplantationsexperimente nach, daß diese Zellen und nicht die *Corpora allata* die Quelle für das vermutete „Häutungshormon" seien.

Diese ursprüngliche Auffassung, daß das Gehirn direkt ein „Häutungshormon" liefere, mußte allerdings wieder aufgegeben werden. Bereits 1931 hatte V. HACHLOW beobachtet, daß zerschnittene und mit einer Glasplatte wieder versiegelte Schmetterlingspuppen sich nur dann entwickeln, wenn sie ein „Thoraxzentrum" enthielten. Parallel zu den Experimenten WIGGLESWORTHS an *Rhodnius* hatte Soichi FUKUDA (1940, 1941, 1944) gefunden, daß sowohl bei den Larven als auch bei den Puppen des Seidenspinners *Bombyx* die Prothoraxdrüse die eigentliche Quelle für das Häutungshormon ist.

Die erste Erwähnung einer Prothoraxdrüse stammt aus dem Jahre 1762 von P. LYONET. Bei Seidenspinnerraupen – nicht aber bei Puppen – beschrieb sie erstmalig E. VERSON (1900). Er nannte sie *cordone gliandolare*. K. TOYAMA (1902) entdeckte, daß diese Drüse durch Einstülpung der Epidermis am zweiten Maxillarsegment entsteht. Er vermutete (1901) aufgrund der Histologie bereits eine Drüsenfunktion (*dermal gland*). Die Bezeichnung als *prothoracic gland* geht auf O. KE (1930) zurück.

Carrol WILLIAMS von der Harvard University zeigte dann 1947 an dem großen Saturniden *Platysamia cecropia*, daß die neurosekretorischen Zellen im Gehirn für die Aktivierung der *Prothorakaldrüse* notwendig sind. In der Folgezeit wurde dieser „Zweischrittmechanismus" an verschiedenen Insektenarten bestätigt, insbesondere bei der Wanze *Rhodnius prolixus* (WIGGLESWORTH 1952) (Abb. 164), der Schmeißfliege *Calliphora erythrocephala* (B. POSSOMPES 1953) und der Schabe *Periplaneta americana* (Dietrich BODENSTEIN 1953). Durch histologische Studien an der Schabe *Leucophaea* konnte Berta SCHARRER (1952) direkt zeigen, daß das Neurosekret aus dem *Protocerebrum* über die Axone zu den *Corpora cardiaca* transportiert und dort gespeichert wird. Mit der Isolierung und Charakterisierung des „prothorakotropen Hormons" (PTTH) aus *Bombyx mori* begann H. ISHIZAKI in Zusammenarbeit mit Mamori ICHIKAWA in

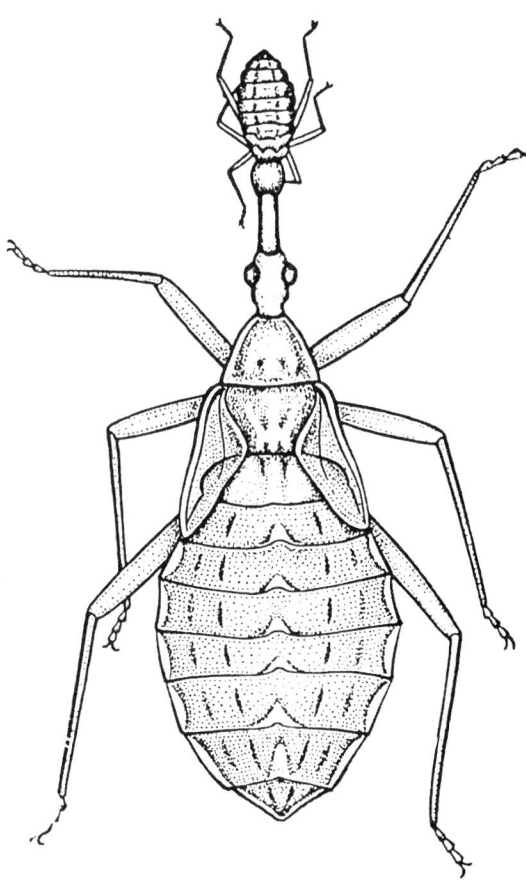

Abb. 164. Die Verbindung (Parabiose) einer Larve des 5. Stadiums der Wanze *Rhodnius prolixus* nach der kritischen Periode mit einer Larve des 1. Stadiums vor der kritischen Periode führt auch bei letzterer zu einer Metamorphose. Nach WIGGLESWORTH. J. microsc. Sci. 77 (1934): 191–222.

Kyoto im Jahre 1959. Sie gelang ihm erst 30 Jahre später unter Beteiligung der Tokyoter Biochemiker Saburo TAMURA und Akinori SUZUKI.

Mit dem Ziel, das Häutungshormon zu isolieren, wurde im Kaiser-Wilhelm-Institut in Berlin-Dahlem unter der Leitung von Alfred KÜHN damit begonnen, einen geeigneten Biotest auszuarbeiten. E. BECKER und E. PLAGGE (1939) entwickelten den *Calliphora*-Test und arbeiteten bereits erste Schritte zur Isolierung des Hormons aus. Der Test wurde von Peter KARLSON und G. HANSER (1953) verfeinert. Aus 500 kg männlicher Seidenspinnerraupen (*Bombyx mori*) wurde schließlich das Häutungshormon *Ecdyson* als erstes Insektenhormon in reiner kristalliner Form erhalten (Adolf BUTENANDT und Peter KARLSON 1954). Carrol WILLIAMS (1954) und WIGGLESWORTH (1955) bestätigten in Injektionsexperimenten

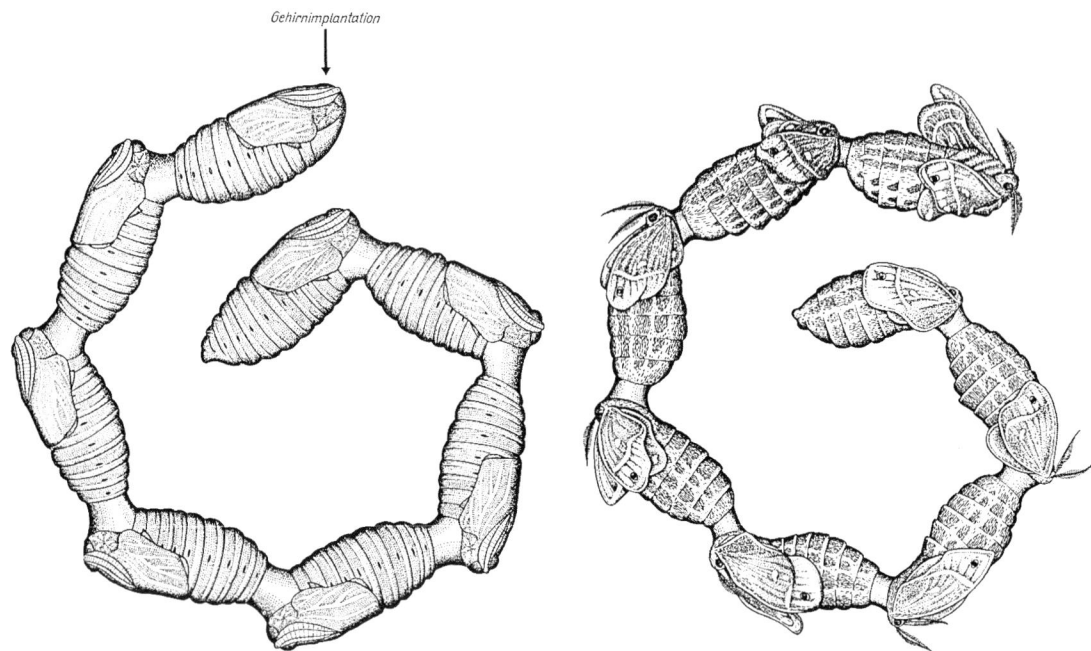

Gehirnimplantation

Abb. 165. Induktion der Metamorphose durch Implantation eines gekühlten (aktivierten) Gehirns in das vorderste Tier (Puppe des Riesenseidenspinners *Hyalophora cecropia*) einer Kette miteinander verbundener, zuvor enthirnter Dauerpuppen. Nach WILLIAMS. Biol. Bull. *103* (1952): 120–138 (aus M. GERSCH: Vergleichende Endokrinologie der Wirbellosen Tiere, Leipzig 1964).

die hohe und spezifische biologische Wirksamkeit des Ecdysons (Abb. 165). WIGGLESWORTH (1957) konnte an *Rhodnius* darüberhinaus zeigen, daß das *Ecdyson* bereits 6 Stunden nach der Injektion die DNA- und Proteinsynthese in den Epidermiszellen aktiviert. U. CLEVER und Peter KARLSON fanden 1960, daß *Ecdyson* das Puffing-Phänomen bei Riesenchromosomen von Mückenlarven auszulösen vermag. Es war der erste Hinweis darauf, daß Steroidhormone bestimmte Gene aktivieren. Die vollständige Strukturaufklärung des *Ecdysons* gelang erst 1965 durch W. HOPPE und R. HUBER. Es war das erste bekannte Steroidhormon bei Evertebraten.

Der experimentelle Nachweis der innersekretorischen Funktion der von R. HEYMONS (1899) und Ch. JANET (1899) als *Corpora allata* bezeichneten und von A. NABERT (1913) in seiner Histologie beschriebenen paarigen Organe der Insekten, hinter den *Corpora cardiaca* gelegen, wurde etwa gleichzeitig durch die Experimente von WIGGLESWORTH (1934, 1936, 1940) an der Wanze *Rhodnius*, von Otto PFLUGFELDER (1937) an der Stabheuschrecke *Carausius* und von J. J. BOUNHIOL (1937, 1938) am Seidenspinner *Bombyx mori* erbracht. Sie fanden übereinstimmend, daß eine Ausschaltung der *Corpora allata* eine vorzeitige Metamorphose zur Folge hatte. Den wirksamen Faktor nannte man *Juvenilhormon*.

Er wurde 1967 von H. ROELLER und Mitarbeitern in seiner Struktur aufgeklärt.

Unabhängig voneinander fanden C. B. COTTRELL sowie Gottfried FRAENKEL und C. HSAIO im Jahre 1962, daß die Sklerotisierung frischgeschlüpfter Schmeißfliegen nicht durch *Ecdyson*, sondern durch ein Neurohormon gesteuert wird, das von FRAENKEL als *Bursicon* bezeichnet wurde.

Inzwischen hat sich die Endokrinologie der wirbellosen Tiere zu einer umfangreichen Spezialdisziplin innerhalb der Vergleichenden Tierphysiologie entwickelt. Neben den Insekten sind es insbesondere die Crustaceen und die Mollusken, die sehr gut untersucht worden sind. Zahlreiche weitere Hormone sind bekannt geworden, die nicht nur die Häutung und Metamorphose steuern, sondern die verschiedensten Funktionen, wie Farbwechsel, Herztätigkeit, Stoffwechsel, Wasserhaushalt, Fortpflanzung usw., im Organismus in spezifischer Weise kontrollieren.

Die endokrinologische Erforschung der **Crustaceen** beginnt in den späten zwanziger Jahren. Von KRÖYER (1842) stammt die erste dokumentierte Beobachtung des Farbwechsels bei einem Krebs (*Hippolyte*), und SARS (1867) beschreibt die *Chromatophoren* bei *Mysis*. F. W. KEEBLE und F. W. GAMBLE (1910) sowie besonders E. DEGNER (1912) zeigen, daß der Farbwechsel auf Pigmentverlagerungen innerhalb der Chromatophoren beruht. Viele Versuche, den Farbwechsel durch Nervendurchtrennungen zu stören, mißlangen. Daraus zog Gottfried KOLLER (1927, 1929) die richtige Schlußfolgerung, daß der Farbwechsel bei Crustaceen hormonal gesteuert werden müsse, was er durch Bluttransfusionsexperimente an *Crangon vulgaris* auch beweisen konnte. Diese „Blutfaktoren" stammen, wie E. B. PERKINS (1928) zeigte, aus dem Augenstiel. Als Quelle der pigmentaktivierenden Substanzen erkannten Bertil HANSTRÖM (1935) in Lund sowie S. Ph. CARLSON (1935) in den USA ein kleines, stark innerviertes, scheibenförmiges Organ im Augenstiel, das HANSTRÖM bereits früher (1933) als Sinusdrüse (oder *Blutdrüse*) bezeichnet hatte. Von Masaki ENAMI (1951) sowie Dorothy E. BLISS und John H. WELSH (1952) kamen die ersten Hinweise, daß manche der Hormone in der Sinusdrüse nicht dort entstehen, sondern vom X-Organ, das 1931 von HANSTRÖM entdeckt worden war, dorthin gelangen. Das sog. *Red-pigment-concentrating hormone* (RPCH) isolierten R. FERNLUND und L. JOSEFSSON 1968 aus 100 g gefriergetrockneten Augenstielen der Garnele *Pandalus* und klärten ihre Struktur auf (1972). Es war das erste Peptidhormon der Evertebraten, das in seiner Struktur bekannt wurde (Abb. 163). Es hat große Ähnlichkeit mit dem von J. V. STONE und Mitarbeitern 1976 aus den *Corpora cardiaca* von *Locusta* isolierten und identifizierten *Adipokinetischen Hormon* (AKH). Vier Jahre später isolierte und identifizierte R. FERNLUND ein zweites pigmentaktives Peptidhormon aus den Augenstielen dieser Krebse, nämlich das *Distalretinal-pigment-dispersing hormone* (DRPH).

M. GABE vermutete 1953, daß bei den Crustaceen das Y-Organ die Quelle des Häutungshormons ist, was dann durch Experimente von G. ECHALIER (1955) auch bestätigt wurde. Die Isolierung und Identifizierung des *Crustecdysons* gelang 1966 durch F. HAMPSHIRE und D. H. C. HORN. Es entpuppte sich als *20-Hydroxyecdyson*.

15.3. Neue Aspekte in der Neurophysiologie

15.3.1. Elektrophysiologie

Aloysius (Luigi) GALVANIS *Commentarius* (1791) hatte, wie Emil DU BOIS-REYMOND einmal schrieb, einen „Sturm ... in der Welt der Physiker, der Physiologen und Ärzte" ausgelöst (DU BOIS-REYMOND 1848). Die Messung dieser „thierischen Elektricität" setzte allerdings physikalische Hilfsmittel voraus, die erst im Verlauf des 19. Jh. schrittweise entwickelt wurden. Eine wichtige Etappe auf diesem Wege war die Einführung des Galvanometers, damals als „Multiplikator" bezeichnet, in den zwanziger Jahren des vergangenen Jh. durch die deutschen Physiker Johann Salomo SCHWEIGGER und J. C. POGGENDORFF. Als Standardwerk dieser ersten Phase der Elektrophysiologie kann das große und unglaublich gründliche dreibändige Werk DU BOIS-REYMONDS, eines Schülers und des späteren Nachfolgers von Johannes MÜLLER in Berlin, „*Untersuchungen über thierische Elektricität*" (1848, 1849, 1884) gelten.

Der italienische Physiker Carlo MATTEUCCI beobachtete, daß an einem quergeschnittenen Muskel ein Strom von der Schnittfläche zur unverletzten Oberfläche des Muskels fließt. Der Querschnitt erwies sich immer als negativ zur Oberfläche. DU BOIS-REYMOND konnte dann zeigen, daß im Zusammenhang mit der Erregung des Muskels dieser Strom abnimmt: „negative Schwankung". Hermann von HELMHOLTZ wies 1850 durch Messungen nach, daß sich die Erregung im Froschnerven nicht mit Lichtgeschwindigkeit, wie ursprünglich angenommen, ausbreitet, sondern mit nur etwa 30 m/s. Julius BERNSTEIN, ein Schüler DU BOIS-REYMONDS und HELMHOLTZ', hat dann 1866 gezeigt, daß sich die „negative Schwankung" mit derselben Geschwindigkeit fortpflanzt wie die von HELMHOLTZ gemessene Nervenerregung. DU BOIS-REYMOND trennte noch den „Nervenstrom" von der „Thätigkeit des Nervenprincips", dem „Bewegung und Empfindung vermittelnden Vorgang" (Abb. 166).

Ludimar HERMANN, der eine Zeitlang im Labor von DU BOIS-REYMOND gearbeitet hatte, sich aber mit seiner Ansicht, daß die Verletzungspotentiale die Folge des Absterbens, der „Alteration" lebender Substanz, seien (*Alterationstheorie*, 1867), in Gegensatz zu DU BOIS-REYMOND gesetzt hatte, stellte fest (1868, 1871), daß der unverletzte Muskel stromlos ist. Erst durch die Verletzung, so HERMANN, würde die betreffende Stelle negativ gegenüber der unverletzten Umgebung: „abmortual" gerichteter Strom, „Demarkationsstrom". Die Negativitätswelle, die bei der Erregung über den Muskel oder Nerven hinwegläuft, führte er auf eine vorübergehende Alteration zurück. Von besonderem Interesse ist in diesem Zusammenhang HERMANNS *Strömchentheorie* der Erregungsleitung (1879) bis auf den heutigen Tag geblieben: Gestützt auf die Untersuchungen PFLÜGERS zum Kat- und Anelektrotonus, ging er davon aus, daß von der erregten Stelle ein Strom im gut leitenden Innern der Nervenfaser zu den noch in

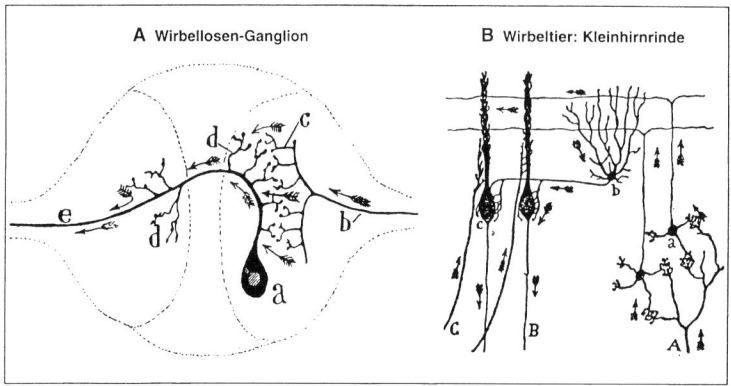

Abb. 167. Illustration RAMON Y CAJALS (1911) zu seinem „Gesetz der dynamischen Polarisation". Aus G. M. SHEPHERD: Neurobiologie. Springer Verlag 1993, S. 43.

achtete 1897 in Embryonen, daß die *Axone* in Form von „Endfüßen" andere Zellen kontaktieren, meinte aber, daß diese Endfüße später mit den Kontaktzellen fusionieren. Der Ungar Istvan APATHY vermutete (1897), daß die von ihm mit besonderen Färbemethoden sichtbar gemachten „Neurofibrillen" über diese „Endfüße" in die andere Nervenzelle übertreten. Auch Albrecht BETHE vertrat noch lange die Auffassung, daß das Nervensystem ein *Syncytium* sei und die Nervenzellen über die Neurofibrillen, die als die eigentlichen „reizleitenden" Elemente angesehen wurden, direkt in Verbindung stehen. Die Neuronentheorie hatte sich also immer noch nicht allgemein durchgesetzt.

Im Dezember 1906 erhielten GOLGI und RAMÓN Y CAJAL gemeinsam den Nobelpreis für Physiologie für ihre bahnbrechenden Arbeiten auf dem Gebiet der Neuroanatomie. Beide Forscher trafen sich in Stockholm erstmalig. GOLGI begann seinen Vortrag „*La doctrine du neurone, théorie et faits*" mit der Behauptung, daß allgemein anerkannt werde, daß diese Doktrin an Zuspruch verliere (GOLGI 1906). RAMÓN Y CAJAL hielt in seinem Vortrag „*Les structures et les connexions des cellules nerveux*" dagegen:

„Während 25 Jahren kontinuierlicher Arbeit an nahezu allen Organen des Nervensystems und an einer großen Zahl zoologischer Arten habe ich nicht eine einzige beobachtete Tatsache angetroffen, die im Gegensatz zu diesen Behauptungen" der Neuronendoktrin gestanden hätte (RAMÓN Y CAJAL 1906).

GOLGI blieb bis zu seinem Tode im Jahre 1926 ein Gegner der Neuronendoktrin. RAMÓN Y CAJAL faßte ein Jahr vor seinem Tode (1933) nochmals alle Argumente für die Neuronentheorie in einer umfassenden Schrift „*Neuronismo o reticularismo?*" überzeugend zusammen. Der Kampf gegen den „Retikularismus" war aber zu der Zeit praktisch schon gewonnen. Den Forschern standen inzwischen neue Methoden zur Verfügung, die die Golgifärbungen weitgehend abgelöst hatten. Für die Neuronentheorie trifft das zu, was Max PLANCK einmal allgemein wie folgt ausgedrückt hat:

„Eine neue wissenschaftliche Wahrheit pflegt sich nicht in der Weise durchzusetzen, daß ihre Gegner überzeugt werden und sich als belehrt erklären, sondern vielmehr dadurch, daß die Gegner allmählich aussterben und daß die heranwachsende Generation von vornherein mit der Wahrheit vertraut gemacht wird" (PLANCK, 1948, S. 22).

Die Neuronendoktrin erhielt durch die Ergebnisse der Degenerationsexperimente eine weitere starke Stütze, endgültig entschieden wurde die Frage 1954 mit Hilfe der Elektronenmikroskopie von George Emil PALADE und Sanford L. PALAY. S. L. PALAY konnte 1956 feststellen:

„The absence of protoplasmic continuity across the contact surface between the two members of the synaptic apparatus is impressive conformation of the neuron doctrine enuciated and defended by RAMÓN Y CAJAL during the early part of this century" (PALAY 1956).

15.3.3. Synapsenfunktion

Die Physiologen neigten in viel stärkerem Maße als die Neurohistologen zur Annahme der Neuronentheorie. Bereits im Jahre 1897 hatte Charles Scott SHERRINGTON im Rahmen seiner bahnbrechenden Arbeiten zur Anatomie und Physiologie des Rückenmarks und der Spinalnerven den Begriff der *Synapse* eingeführt:

„Nach unserer derzeitigen Kenntnis müssen wir annehmen, daß eine Nervenfaser an ihren Verzweigungsenden nicht in die von ihr versorgten Dendriten oder Zellkörper kontinuierlich übergeht, sondern lediglich mit ihnen in engen Kontakt tritt. Solch eine spezielle Verbindung könnte man eine Synapse nennen" (SHERRINGTON in dem Physiologie-Lehrbuch von FOSTER 1897)

Er verstand diesen Begriff immer funktionell, weniger strukturell. Es war die Meinung weit verbreitet, daß jede beliebige Stelle, an der zwei

Neuronen dicht genug aneinandertreten, als *Synapse* fungieren könne. Bis 1952 gingen manche Neurohistologen noch davon aus, daß an den Synapsen beide Membranen zum *Synaptolemma* fusioniert seien. Demgegenüber hatte SHERRINGTON bereits die Vorstellung einer Doppelmembran an der Kontaktstelle, „selbst wenn eine solche Membran", wie er schrieb, „im Mikroskop nicht sichtbar sein sollte" (SHERRINGTON 1906).

Darüber, wie die Erregungsübertragung an den Synapsen ablaufen könnte, wurde viel spekuliert. Emil DU BOIS-REYMOND hatte gezeigt, daß nicht nur die Muskelkontraktion mit dem Fließen eines elektrischen Stroms verbunden ist, sondern auch die Nervenleitung. Er argumentierte 1877, daß die Erregungsübertragung vom Nerven auf den Muskel entweder chemisch oder auch elektrisch erfolgen könne, neigte aber mehr zu der Annahme einer chemischen Transmission. Demgegenüber sprach sich W. KÜHNE 1888 für eine elektrische Übertragung aus. Gegen eine chemische Transmission schien lange Zeit die Schnelligkeit zu sprechen, mit der dieser Prozeß abläuft. John Newport LANGLEY (1892), ein FOSTER-Schüler, beobachtete die selektive Transmissionsblockade im *Ganglion ciliare* von Säugetieren mit Nikotin und interpretierte sie im Sinne einer chemischen synaptischen Transmission[1]).

Im Jahre 1905 machte T. R. ELLIOTT, seinerzeit „George Henry Lewes student in physiology" in Cambridge, wahrscheinlich, daß an den sympathischen Nervenendigungen an der glatten Muskulatur bei Erregung Adrenalin freigesetzt wird. Er faßte seine Untersuchungsergebnisse wie folgt zusammen (ELLIOTT 1905, S. 466):

1. „In all vertebrates the reaction of any plain muscle to adrenalin is of a similar character to that following excitation of the sympathetic visceral nerve supplying that muscle."
2. „Sympathetic nerve cells with their fibres, and the contractile muscle fibres are not irritated by adrenalin. The stimulation takes place at the junction of muscle and nerve."

Etwas später sprach W. E. DIXON (1906) die Vermutung aus, daß der *Parasympathicus* eine Muscarin-ähnliche Substanz an seinen Endigungen freisetze. Rückblickend schrieb Henry Hallet DALE:

„Such was the position in 1914. Two substances were known, with actions very suggestively reproducing those of the two main divisions of the autonomic system; both ... were very unstable in the body ... and one of them was already known to occur as a natural

hormone. These properties would fit them very precisely to act as mediators of the effects of autonomic impulses to effector cells, if there were any acceptable evidence of their liberation at the nerve endings. ... But only direct and unequivocal evidence could ring up the curtain, and this was not to come till 1921" (DALE 1938).

Im Jahre 1920 wies Otto LOEWI in Graz, einer nächtlichen Eingebung folgend, mit einem einfachen Experiment am Froschherzen erstmalig nach, daß bei Reizung der Herznerven tatsächlich Stoffe freigesetzt werden, die dieselbe Wirkung am Herzen haben wie eine Erregung über den entsprechenden Nerven (K. LEMBECK & W. GIERE 1968, K. UMRATH 1984). Er schrieb:

„Die Versuche lehren, daß unter dem Einfluß der Reizung der herzhemmenden und -fördernden Nerven Stoffe vom gleichen Wirkungscharakter, wie er der Nervreizung eignet, in der Füllflüssigkeit des Herzens nachweisbar werden. Es werden also unter dem Einfluß der Nervenreizung diese Stoffe gebildet oder abgespalten." (LOEWI 1921, S. 242)

Das war der Start in eine neue Phase der Neurobiologie, die durch die Analyse der stofflichen Vorgänge in der Synapse („Neurochemie") gekennzeichnet ist und in unseren Tagen in der molekular ausgerichteten Neurobiologie ihre logische Fortsetzung findet.

Mit Hilfe verschiedener Bioassays wiesen LOEWI und seine Mitarbeiter nach, daß der „Vagusstoff" in allen Beispielen der Wirkung von *Acetylcholin* entspricht. Es folgten in den nächsten Jahren insgesamt 14 Mitteilungen „Über humorale Übertragbarkeit der Herznervenwirkung" im *Pflügers Archiv*. In der XI. Mitteilung (1926) wies er gemeinsam mit E. NAVRATIL nach, daß *Physostigmin* (= *Eserin*) die hemmende Vaguswirkung ebenso wie die Acetylcholinwirkung auf das Herz verstärkt, offenbar, so die Autoren, indem es die Spaltung des Acetylcholins hemmt. Damit war gleichzeitig erstmalig eine Alkaloidwirkung in ihrer Ursache aufgeklärt worden. In ihrer XII. Mitteilung (1927) machten beide Autoren bereits wahrscheinlich, daß der „Acceleransstoff" (Sympathicusstoff) am Herzen *Adrenalin* ist, was in der XIV. Mitteilung (1936) sicher nachgewiesen wurde.

In den 30er Jahren wurde durch FELDBERG und Mitarbeiter auch an anderen Synapsen, insbesondere in den sympathischen Ganglien, *Acetylcholin* als Transmitter nachgewiesen. DALE zeigte 1936, daß an den motorischen Endplatten eine cholinerge Transmission erfolgt. Von ihm wurden auch die Begriffe *cholinerg* und *adrenerg* in die Neurobiologie eingeführt. David NACHMANSOHN entdeckte 1938 im Nerven- und Muskelgewebe das außerordentlich aktive Enzym *Acetylcholinesterase*, durch das das freige-

---

[1]) Von ihm stammt auch der Begriff des „autonomen" Nervensystems.

setzte *Acetylcholin* schnell wieder abgebaut wird.

Weitere Fortschritte wurden mit der elektrophysiologischen Methodik erzielt. Stephen W. KUFFLER gelang 1942 in Sydney mit Hilfe extrazellulärer Ableitungen der Nachweis, daß eine Reizung des zuführenden Nerven ein von der Muskelfaser ableitbares diphasisches Aktionspotential auslöst, dem eine langsame Depolarisation vorausgeht, die durch *Curare*[1]) verringert werden kann.

Ein großer Fortschritt war mit der Erfindung des Gleichspannungsverstärkers mit sehr hohem Eingangswiderstand um 1948 und der damit möglich gewordenen *intrazellulären* Ableitung der postsynaptischen Potentiale mit Hilfe fein ausgezogener und gefüllter Glasmikroelektroden (G. LING & R. W. GERARD 1949) verbunden. P. FATT und Bernhard KATZ (1950–1952) setzten diese neue Technik zur Untersuchung der neuromuskulären Synapse ein. Sie fanden, daß bei Reizung des Motoneurons postsynaptisch lokal an der Endplatte ein Potential entsteht, das sich nur passiv unter Abnahme seiner Höhe auszubreiten vermag („Endplattenpotential"). Sie vermuteten bereits, daß das Acetylcholin eine nichtspezifische Zunahme der Permeabilität der postsynaptischen Membran für kleine Ionen hervorruft. Durch A. und N. TAKEUCHI (1960) konnte dann gezeigt werden, daß die Permeabilität nur für Kationen ansteigt. Zehn Jahre später wurde bekannt, daß im Gegensatz dazu die Depolarisation bestimmter sympathischer und corticaler Neuronen bei Einwirkung von Acetylcholin nicht auf das Öffnen von Kationen-Kanälen, sondern auf das Schließen von K^+-Kanälen zurückzuführen sei (F. F. WEIGHT & Z. VOTAVA 1970; K. KRNJEVIC, R. PUMAIN & L. P. RENAUD 1971).

P. FATT und B. KATZ fanden 1952 weiterhin, daß die Freisetzung des *Acetylcholins* an der neuromuskulären Synapse des Frosches in multimolekularen „Quanten" erfolgt. L. G. BROCK, J. S. COOMBS und J. C. ECCLES untersuchten mit Hilfe intrazellulärer Ableitungen die elektrischen Aktivitäten einzelner Zellen im Rückenmark der Katze, also zentrale Synapsen. Sie entdeckten 1952 das *exzitatorische postsynaptische Potential* (EPSP) sowie das *inhibitorische postsynaptische Potential* (IPSP). Diese Befunde wurden an anderen Synapsen-Beispielen bestätigt und erweitert, z. B. am Streckrezeptor

der Crustaceen durch C. EYZAGUIRRE und S. W. KUFFLER (1955). An dieser Struktur gelang Ernst FLOREY und K. A. ELLIOTT (1956/57) der erste Nachweis der Rolle der *Gamma-Aminobuttersäure* (GABA) als inhibitorischer Transmitter.

Im Jahre 1961 wurde durch J. C. ECCLES und seine Kollegen am Beispiel des Rückenmarks von Säugetieren sowie durch J. DUDEL und S. W. KUFFLER am Beispiel der neuromuskulären Erregungsübertragung bei Krebsen das Vorkommen *praesynaptischer Inhibitionen* nachgewiesen. Als wirksamer Transmitter wurde bei den Crustaceen sowohl für die post- wie auch für die praesynaptische Inhibition die *Gamma-Aminobuttersäure* (GABA) identifiziert (DUDEL & KUFFLER 1961; A. TAKEUCHI & N. TAKEUCHI 1966).

Zusammenfassend kann man feststellen: Ende der 50er Jahre war das Vorkommen einer chemischen Transmission an verschiedenen peripheren und zentralen Synapsen eindeutig bewiesen. In der 11. Auflage des von Hermann REIN begründeten Physiologie-Lehrbuches (1955) kannte man nur zwei Transmitter, das *Acetylcholin* und das *Adrenalin*, und in dem Zusammenhang nur „cholinerge" und „adrenerge" Fasern, wies aber schon darauf hin, daß die sensiblen Fasern keinem dieser beiden Typen zuzuordnen seien. In seiner Monographie über die synaptische Transmission aus dem Jahre 1963 listete H. MCLENNAN bereits sieben Substanzen mit vermutlicher Transmitterfunktion auf, darunter *Acetylcholin*, *γ-Aminobuttersäure* (GABA) sowie die Monoamine *Noradrenalin* und *Dopamin*. In dem bekannten Physiologie-Lehrbuch von V. B. MOUNTCASTLE (1980) wurden neben den „klassischen" Transmittern neun „neuroaktive" Peptide (*Thyreoliberin*, *Enkephaline*, *Angiotensin*, *Vasopressin*, *Oxytocin*, *Gonadoliberin*, *Substanz P*, *Neurotensin* und *Somatostatin*) als potentielle Neurotransmitter in Betracht gezogen. Schließlich umfaßte die Liste „putativer" Transmitter in einem zusammenfassenden Artikel von N. N. OSBORNE aus dem Jahre 1981 schon 51 Substanzen, darunter nicht weniger als 17 Peptide! Heute ist diese Liste schon wieder wesentlich umfangreicher, und sie wächst weiter.

Ende der 60er Jahre wurden erste mit Hilfe der Fluoreszenz-Methode von B. FALCK und Ch. OWMAN (1965) erzielte Befunde bekannt, daß bestimmte Schnecken- (G. A. KERKUT et al. 1967) und Planarien-Neuronen (John H. WELSH & L. D. WILLIAMS 1970) sowohl *Dopamin* als auch *Serotonin*, also zwei mutmaßliche Transmitter, nebeneinander enthalten. Die biochemische Analyse solcher Neuronen bei *Aplysia* schien diese Befunde zu bestätigen

---

[1]) Bereits Claude BERNARD hatte gezeigt, daß das Pfeilgift Curare die über den motorischen Nerven ausgelöste Muskelkontraktion zu blockieren vermag. Er erklärte das mit einer „Paralyse" des motorischen Nerven durch das Curare.

(M. J. Brownstein et al. 1974). Victoria Chan-Palay und ihre Mitarbeiter konnten 1978 durch den kombinierten Einsatz autoradiographischer, fluoreszenzmikroskopischer und immunfluorometrischer Methoden eindeutig nachweisen, daß bestimmte Neuronen im Rattenhirn neben *Serotonin* das Neuropeptid *Substanz P* enthalten. Eine solche „Co-Existenz" zweier und noch mehr neuroaktiver Substanzen in einem Neuron ist heute vielfach belegt. Eine gleichzeitige Freisetzung („Co-release") des *vasoaktiven intestinalen Peptids* (VIP) (Jan M. Lundberg & Tomas Hökfelt) bzw. des *Gonadoliberins* (LH-RH) (Yuh Nung Jan & Lily Yeh Jan) zusammen mit *Acetylcholin* aus Neuronen des autonomen Nervensystems konnte 1983 nachgewiesen werden.

Auf der historischen GABA-Konferenz im Jahre 1959 (E. Roberts et al. 1960) schlug Ernst Florey vor, zwischen Transmitter- und *Modulator*-Substanzen zu unterscheiden. Jack D. Barchas und Mitarbeiter faßten beide Begriffe unter dem Überbegriff *Neuroregulatoren* zusammen. Heute ist der Begriff des *Neuromodulators* – wenn auch wenig präzis definiert – sehr populär.

Wenn auch die chemische Neurotransmission im Nervensystem bei weitem dominiert, so fehlt auf der anderen Seite eine elektrische Neurotransmission keineswegs. Durch E. J. Furshpan und D. D. Potter (1959) wurde am Beispiel der Synapsen zwischen den lateralen und motorischen Riesenfasern im abdominalen Ganglion des Flußkrebses *Cambarus* erstmalig das Vorkommen einer solchen elektrischen Neurotransmission experimentell nachgewiesen. In der Folgezeit wurden weitere Beispiele bekannt. Als das morphologische Substrat dieser Transmission wurden die „gap junctions" von Revel und Karnovsky (1967) entdeckt.

15.3.4. Rückenmark, Rückenmarksreflexe, Gehirn

Das Rückenmark der Wirbeltiere wurde lange Zeit lediglich als Bündel von Nervenfasern angesehen, über die die Peripherie mit dem Gehirn in Verbindung steht. Georg Prochaska, Professor für Anatomie, Physiologie und Ophthalmologie in Wien, führte um 1800, wie bereits vor ihm Alexander Stuart (1739), Robert Whytt (1751) und Joh. Zimmermann (1751), viele Experimente mit „Rückenmarksfröschen" durch und kam zu Anschauungen, die unserem heutigen „Reflexbegriff" schon sehr nahe kamen, ohne daß ihm die dazu notwendigen anatomischen Kenntnisse zur Verfügung standen.

Durch die aufsehenerregenden Experimente Julien Jean César Legallois' (1812) mußte die Meinung, daß das Rückenmark lediglich eine Bündelung peripherer Nerven sei, endgültig aufgegeben werden. Er hatte die Methode der künstlichen Beatmung von Säugetieren entwickelt und gezeigt, daß isolierte Rückenmarksstücke noch erstaunliche sensomotorische Funktionen ausüben können. Er zog daraus den übereiligen Schluß, daß das Rückenmark der Sitz der Empfindungen sei und von ihm die Willkürbewegungen ausgelöst werden. Er erkannte bereits die Bedeutung des verlängerten Marks für die Atmung, den Kreislauf und die tierische Wärme. In der Mitte des Jh. (1853) stritten sich der bekannte Bonner Physiologe Eduard Pflüger und der Göttinger Philosophieprofessor Rudolph Hermann Lotze darüber, ob das Rückenmark Bewußtsein und Gedächtnis besitze oder nicht. Pflüger bejahte diese Frage, Lotze verneinte sie.

Der englische Chirurg und Physiologe Charles Bell arbeitete in seiner Schrift „*Idea of a new Anatomy of the Brain*" (London 1811) die These aus, daß den hinteren und vorderen Rückenmarkswurzeln unterschiedliche Funktionen zukämen, wobei er vermutete, daß die vordere motorisch sei. Aber erst dem großen Geschick Francois Magendies, der von der Chirurgie zur Physiologie gekommen war, verdanken wir 1822 den experimentellen Beweis für diese These, die als „Bell-Magendiesches Gesetz" in die Literatur eingegangen ist und von Johannes Müller am Frosch 1831 bestätigt werden konnte.

Im Laboratorium von Carl Ludwig in Leipzig zeigten C. Eckhardt (1849) an Fröschen und J. Peyer (1853) an Kaninchen, daß die Muskeln von mehreren Rückenmarkssegmenten aus innerviert werden können. Das wurde durch die gründlichen Untersuchungen Charles Scott Sherringtons an Affen vollauf bestätigt, der darüber hinaus 1894 auch die oft beträchtliche Überlappung benachbarter *Dermatome* nachwies und damit die weit verbreitete Ansicht Fedor Krauses aus dem Jahre 1865 endgültig widerlegte, daß die motorischen Fasern eines bestimmten Muskels aus demselben Rückenmarkssegment stammen müssen, das auch den sensorischen Input von diesem Muskel erhält.

Bereits 1823 postulierte Charles Bell *periphere* inhibitorische Einflüsse auf die Muskeln und führte seine Beobachtung an, daß die Kontraktion des Flexormuskels mit der Relaxation des Gegenspielers (*Extensors*) einhergehe. Der zugrundeliegende Mechanismus blieb lange Zeit unbekannt und gab zu verschiedenen Hypothesen Anlaß. Klärung erfolgte erst durch die zahlreichen Untersuchungen Charles Scott Sher-

RINGTONS (Nobelpreis 1932 zusammen mit Edgar D. ADRIAN) und seiner Schüler. Ihm verdanken wir das Konzept der zentralen – und nicht peripheren – Inhibition motorischer Aktivitäten sowie des *plastischen Reflextonus* und der sensiblen Innervation des Muskels. Begriffe wie *synaptische Verknüpfung, zentrale Inhibition* bzw. *Exzitation, extero-* und *propriozeptive Reflexe* u. a., die er in seinem epochalen Werk *„The integrative Action of the Nervous System"* (New York 1906) in die Physiologie einführte, sind heute Allgemeingut.

Die Hemmung des Herzens durch den *Vagus* hatte schon Wilhelm Alfred VOLKMANN 1838 beobachtet, aber selbst als Versuchsfehler betrachtet. Erst die Gebrüder Eduard Friedrich Wilhelm und Ernst Heinrich WEBER wiesen 1845 die inhibitorische Wirkung des *Vagus* am Herzen des Frosches und später auch der Katze experimentell eindeutig nach. 1868 entdeckten Karl Ewald Konstantin HERING und Joseph BREUER den später nach ihnen benannten Reflex im Rahmen ihrer Untersuchungen über *„die Selbststeuerung der Athmung durch den Nervus Vagus"*.

Die Auffassungen über das Gehirn standen Anfang des 19. Jh. unter dem Einfluß der Lokalisationslehre des Franz GALL. Sie fand in Pierre FLOURENS, dem Begründer einer experimentellen Gehirnforschung, einen ihrer hervorragendsten Widersacher. Er führte umfangreiche Hirnoperationen durch und kennzeichnete die Hirnhemisphären als den Ort der sinnlichen Wahrnehmung sowie aller intellektuellen Fähigkeiten. Er hielt eine Taube am Leben, der die Hirnhemisphären entfernt worden waren. Er entdeckte das Atemzentrum (*„le point vital"*) im verlängerten Mark und die Bedeutung des *Cerebellums* für die koordinierten Bewegungen. Er stand 1840 zusammen mit Victor HUGO zur Zuwahl in die französische Akademie und erhielt gegenüber dem berühmten Dichter den Vorzug.

Elektrische Reizungen der Hirnrinde, die von Francois MAGENDIE und Pierre FLOURENS als elektrisch unerregbar angesehen worden war, wurden von den Italienern Felice FONTANA (1757) in Pisa, Leopoldo CALDANI (1784) in Bologna und besonders von Luigi ROLANDO (1809) durchgeführt. Den Durchbruch erzielten aber erst die Experimente (1870) zweier junger Privatdozenten in Berlin, Gustav Theodor FRITSCH und Eduard HITZIG. Auf sie geht die Idee des *Motorcortex* zurück, der in seiner Organisation von C. E. BEEVOR und Victor HORSLEY (1887–1894) am Affen genauer analysiert wurde. Letztere kennzeichneten den *Gyrus praecentralis* als vornehmlich motorisch und den *G. postcentralis* als sensorisch.

Ivan Michailovič SEČENOV, der seine Ausbildung bei Johannes MÜLLER, DU BOIS-REYMOND, Carl LUDWIG, Hermann VON HELMHOLTZ, Robert BUNSEN und Claude BERNARD erhalten hatte, kann als „Vater der russischen Neurophysiologie" bezeichnet werden. Er wendet das Konzept der „Reflexaktivität" auf das Gehirn an und behauptet, daß alle höheren Nervenfunktionen auf Reflexen beruhen, die sich aus einer afferenten (sensorischen), einer zentralen und einer efferenten Komponente zusammensetzen. Der Begriff des Reflex-„Bogens" ist älter und geht auf Marshall HALL (1850) zurück. SEČENOV betont weiter die Existenz zentraler Inhibitionen oder Exzitationen auf das Reflexgeschehen, wobei er meint, daß die Inhibition auch erlernt werden könne. Er bereitete das Konzept des „bedingten Reflexes" vor, das dann im Denken von Ivan Petrovič PAVLOV eine zentrale Rolle spielen sollte. 1904 erhielt PAVLOV den ersten Nobelpreis für Physiologie, allerdings für seine Arbeiten auf dem Gebiet der Verdauungsphysiologie. Er hatte bei LUDWIG in Leipzig und bei HEIDENHAIN in Breslau, wo er die Methode des Anlegens von Fisteln erlernt hatte, gearbeitet.

Die gewonnenen Erkenntnisse über Reflexe, unbedingte wie bedingte, fanden 1913 ihren Niederschlag im Rahmen der *Tropismenlehre* von Jacques LOEB. Sie versuchte, das Verhalten der Tiere als Orientierungsreaktion zu verstehen. Die Reize sollen die entsprechenden Orientierungsbewegungen im wesentlichen in Form chemisch-physikalischer Reaktionsketten über einen Reflex auslösen. Auch Alfred KÜHN, der in seiner Schrift *„Die Orientierung der Tiere im Raum"* (1919) das Tatsachenmaterial grundsätzlich neu ordnete, systematisierte und ergänzte (z. B. durch den *Telotaxis*-Begriff), ging wie LOEB von einem reflektorischen Charakter der tierischen Reizbewegungen aus, diskutierte aber auch schon die Bedeutung „zentraler Dispositionen". Gottfried FRAENKEL und D. L. GUNN (1940) entwickelten das KÜHNsche System nochmals weiter, indem sie die Begriffe *Tropo-* und *Telotaxis* übernahmen und die *Kinesen* als neue Klasse von Orientierungsreaktionen hinzufügten. Die *Tropotaxis* wurde außerdem durch die *Klinotaxis* ergänzt.

Die Erkenntnis, daß die Instinktbewegungen (*Erbkoordinationen*, K. LORENZ) der Tiere nicht als „Ketten unbedingter Reflexe" (*Kettenreflextheorie*) angesehen werden dürfen, verdanken wir insbesondere den grundlegenden Untersuchungen Erich VON HOLSTS (1936, 1937, 1939) an Fischen. Er wies auf die große Bedeutung zentraler Erregungsproduktion und zentraler Koordination in diesem Zusammenhang hin. Die hemmende oder fördernde Beeinflussung gleichzeitig aktivierter Instinkthandlungen untersuchten Erich VON HOLST und Ursula VON SAINT-PAUL (1960) durch elektrische Hirnreizungen an Hühnern (vgl. 19.1.).

15.3.5. Neurobiologie der Crustaceen

Dem Nervensystem der Crustaceen galt sehr frühzeitig das Interesse der Histologen und Physiologen (FLOREY 1990). Kein geringerer als Hermann VON HELMHOLTZ beschäftigte sich in seiner Dissertation (1842) mit dem Nervensystem der Evertebraten und erkannte damals bereits, daß die neun Jahre zuvor von Christian Gottfried EHRENBERG entdeckten Ganglionzellen mit den Nervenfasern zusammenhängen. Gustav RETZIUS schrieb 1890 seine berühmte Monographie über das Nervensystem der Crustaceen.

Charles RICHET (Nobelpreis 1913), ein Schüler Claude BERNARDS in Paris, publizierte 1879 zwei Arbeiten über die Physiologie der neuronalen Aktivierung des Beinmuskels bei Crustaceen. Sigmund FREUD berichtete 1882 über seine im Laboratorium von Ernst VON BRÜCKE in Wien angefertigten Untersuchungen *„Über den Bau der Nervenfasern und Nervenzellen beim Flußkrebs"*. Im Laboratorium von Ewald HERING in Prag beschäftigte sich Wilhelm BIEDERMANN 1887/88 mit der Skelettmuskulatur des Krebses und entdeckte am Öffnermuskel der Krebsschere die doppelte Innervation durch einen exzitatorischen und einen inhibitorischen Nerven.

Von großer Bedeutung für den Streit um die „Neuronendoktrin" (s.o.) sollten die Arbeiten von Albrecht BETHE werden. Er fertigte seine Dissertation *„Studien über das Zentralnervensystem von Carcinus maenas nebst Angaben über ein neues Verfahren der Methylenblaufixation"* (1895) bei dem Zoologen Richard HERTWIG in München an und setzte diese Arbeiten an der Zoologischen Station in Neapel zielstrebig fort. 1898 publizierte er ein Experiment, das er im Sinne einer Ablehnung der Neuronendoktrin glaubte interpretieren zu müssen: Er hatte die oberflächlich gelegenen Zellkörper der Nervenzellen vorsichtig vom Neuropil getrennt und abgetragen und dann beobachtet, daß die (zweite) Antenne trotzdem noch in normaler Weise auf die mechanischen Reize reagierte. Er zog daraus den Schluß, daß die Zellkörper für das normale Funktionieren des Reflexbogens nicht nötig, die Neuronen also keine *funktionellen* Einheiten seien. Die anatomische Einheit eines *Neurons* erkannte er an, sah aber in den Zell-

körpern lediglich nutritive Zentren der Neuronen. Er sah auch, fälschlicherweise, in den Neurofibrillen und nicht in den Axonen die konduktilen Elemente des Nervensystems.

Im Jahre 1905, 18 Jahre nach BIEDERMANNS Publikation (s.o.), lieferte Ernst MANGOLD, Assistent bei BIEDERMANN am Physiologischen Institut in Jena, eine genaue Beschreibung der Innervation des Öffners in der Krebsschere. Ein Durchbruch wurde aber erst 1933 mit der Dissertation von Cornelis Adrianus Gerrit WIERSMA erzielt, die er bei Hermann Jacques JORDAN in Utrecht angefertigt hatte. Ihm gelang die erste Ableitung eines exzitatorischen postsynaptischen Potentials und außerdem der Nachweis, daß es zwei Antworten des Muskels in Abhängigkeit von der Reizstärke und -dauer gibt, eine schnelle und eine langsame. Letzteres hatte allerdings Keith LUCAS auch schon 1917 beobachtet und beschrieben. Zusammen mit Anthony VAN HARREVELD wurde WIERSMA 1933 auf Empfehlung JORDANS von Thomas Hunt MORGAN an die von ihm neu gegründete meeresbiologische Station in *Corona del Mar* in der Nähe von Los Angeles berufen. Jahre fruchtbarer Zusammenarbeit auf dem Sektor der Crustaceen-Neurobiologie folgten. Ein großer Fortschritt war mit der Einführung einer neuen Badlösung durch HARREVELD verbunden, die die Präparate wesentlich länger am Leben erhielt.

15.4. Die Sinnesphysiologie

Die moderne Sinnesphysiologie hat im vergangenen Jh. in erster Linie bei Johannes MÜLLER (1826) ihre Wurzeln. Er prägte das *Gesetz der spezifischen Sinnesenergien*, und sein Schüler Hermann VON HELMHOLTZ führte die Begriffe der *Empfindungsqualitäten* und *Sinnesmodalitäten* ein. Die Grundlagen einer objektiven vergleichenden Physiologie der Sinnesleistungen verdanken wir dem Ophthalmologen und Physiologen Carl VON HESS, einem Schüler Ewald HERINGS. Die vergleichende Sinnesphysiologie erlebte im ausgehenden 19. und beginnenden 20. Jh. mit Vitus GRABER, Sigmund EXNER, Richard HESSE, Karl VON FRISCH und J. REGEN eine erste Blüte.

15.4.1. Gehörsinn

Die *Cochlea* (Schnecke) des inneren Ohres bei Säugetieren einschließlich des Menschen ist erstmalig 1561 von Gabriel FALLOPIO beschrieben worden. Antonio CARPA entdeckte 1789 das im Innern der knöchernen Schneckenkapsel gelegene „häutige Labyrinth". G. BRESCHET sah bereits 1833 das *Helicotrema* und bemerkte durch vergleichende Untersuchungen, daß die Schnecke bei verschiedenen Vertretern der Säugetiere unterschiedlich lang ist. E. REISSNER beschrieb in seiner Dissertation 1851 erstmalig den *Ductus cochlearis* und die später nach ihm benannte „Reissnersche Membran". Im gleichen Jahr lieferte Le Marquis Alphonse CORTI schließlich eine Beschreibung des vom *Nervus acusticus* innervierten Sinnesorgans, des „Cortischen Organs".

Unter den „**Hörtheorien**" hat die *Resonanztheorie* von HELMHOLTZ (1863) lange Zeit die meisten Anhänger gefunden. Während HELMHOLTZ ursprünglich die „Cortischen Pfeilerzellen" als die verantwortlichen Resonatoren ansah, übertrug er später in Übereinstimmung mit V. HENSEN diese Funktion auf die Radialfasern der *Membrana basilaris*, die er als ein „System von gespannten Saiten" ansah, die überall dort „in Mitschwingungen versetzt würden", wo der Eigenton der gespannten Fasern dem erregenden Ton entspräche. HENSEN hatte nämlich 1863 gefunden, daß (1.) der Hörnerv direkt an die Haarzellen herantritt und daß (2.) die Basilarmembran von der Basis bis zum Ende des Schneckenkanals kontinuierlich um das Zwölffache ihrer Breite zunimmt. Außerdem war ausschlaggebend, daß C. HASSE 1867 entdeckt hatte, daß bei Vögeln und Amphibien die Cortischen Pfeilerzellen ganz fehlen. Noch 1926 schrieb E. WAETZMANN zusammenfassend, daß „wirklich schlagende Bedenken gegen" die Resonanztheorie zur Zeit nicht bestünden (WAETZMANN 1926, S. 685).

Kritik an der HELMHOLTZschen Resonanztheorie hatte unter anderen J. Richard EWALD geübt. In seiner *Schallbildertheorie* (ab 1898) ging er davon aus, daß die Basilarmembran bei Erregung durch einen Ton nicht in einer begrenzten Querzone mitschwinge, sondern in ihrer ganzen Längsausdehnung in Mitschwingung versetzt werde, wobei sich stehende Wellen ausbilden sollen. 1914 berichtete J. R. EWALD auf der VI. Tagung der *Deutschen Physiologischen Gesellschaft* in Berlin darüber, daß er auf der Basilarmembran der Meerschweinchenschnecke „*in situ*" Schallbilder beobachtet habe.

In den späten 20er Jahren begann George VON BÉKÉSY mit seinen fundamentalen Untersuchungen über die Cochlea, die in der *hydrodynamischen Theorie des Hörens* ihren glänzenden Niederschlag gefunden haben. Direkte Untersuchungen an Präparaten aus menschlichen Leichen ergaben, daß die Basilarmembran nicht, wie es die Resonanztheorie fordern muß, ge-

spannt ist, sondern mit einer gallertartigen Platte zu vergleichen sei, auf der eine dünne, homogene Faserschicht liegt. 1943 konnte BÉKÉSY direkt beobachten, daß Wanderwellen mit frequenzabhängigen Amplituden-Maxima über die Basilarmembran laufen. Er wurde für seine langjährigen bahnbrechenden Arbeiten, die uns erst das richtige Verständnis über den Hörvorgang im Säugetierohr geliefert haben, 1961 mit dem Nobelpreis ausgezeichnet. Im Jahre 1949 forderte Ernest Glen WEVER in seiner *dualistischen Hörtheorie* eine Ergänzung des *Ortsprinzips* durch ein *Zeitprinzip*.

Das Hörvermögen der **Säugetiere** ist wesentlich intensiver untersucht worden als das anderer Wirbeltiergruppen. G. P. SPELIONYI (1907) stellte fest, daß Hunde nicht nur Töne, sondern auch Tonkombinationen voneinander unterscheiden können. Erste Messungen der absoluten Hörschwelle führte J. H. ELDER 1934 an Schimpansen durch. A. FORBES, R. H. MILLER und J. O'CONNOR (1926) leiteten Potentialschwankungen vom Innenohr der Katze ab, als deren Entstehungsort Edgar Douglas ADRIAN (1931) die Schnecke (*Cochlea*) nachwies. H. DAVIS und L. J. SAUL (1932) registrierten die vom *Nervus acusticus* ableitbaren Aktionsströme, die im Gegensatz zu den Potentialschwankungen nur bis zu 1200 Hz reizsynchron ablaufen. E. M. WALZL und C. WOOLSEY von der John Hopkins Universität gelang 1942 der Nachweis der tonotopischen Organisation des auditorischen Cortex bei der Katze.

Bei Gustav RETZIUS finden wir in seinem klassischen Werk (1884) die erste genaue makroskopische und mikroskopische Beschreibung des Baues des Vogellabyrinths. Die auf K. EWALD (1894) zurückgehende Behauptung, daß **Vögel** ohne Labyrinth genau so gut oder sogar noch besser hören sollen als normale, wurde durch die Experimente von J. Johann SCHWARTZKOPFF (1949) an *Pyrrhula pyrrhula* widerlegt. Von Auguste JELLINECK (1926) wurden erstmalig die Gehörleistungen eines Vogels (Taube) mit Hilfe der Dressur experimentell überprüft. Sie stellte fest, daß im Bestfall ein Halbton, im Durchschnitt eine Terz bis Quarte unterschieden werden kann. Durch Futterdressuren wies Sigrid KNECHT (1940) bei verschiedenen Singvögeln die gut entwickelte Fähigkeit zur Tonunterscheidung nach.

Reaktionen der **Fische** auf Schallwellen wurden unabhängig voneinander von G. H. PARKER (1903) und J. ZENNECK (1903) beschrieben. PARKER (1910) konnte außerdem schon zeigen, daß eine Zerstörung der Bogengänge oder des Utriculus die Schallreaktionen nicht beeinträchtigten, wohl aber eine Fixierung des Sacculus-Statolithen. Das Hörvermögen von Fischen durch Dressuren nachzuweisen, unternahm erstmalig H. M. MEYER. Da er seine Ergebnisse lediglich einmal in Form eines Vortrages anläßlich des internationalen Psychologenkongresses 1909 in Genf mitteilte, blieben sie weitestgehend unbeachtet. In den zwanziger Jahren beschäftigten sich gleich mehrere Forscher mit dieser Frage, am eingehendsten VON FRISCH und seine Schüler (1923 und später), die bewiesen, daß sich Fische vorzüglich auf Töne dressieren lassen. Im Jahre 1923 erschien die erste Arbeit VON FRISCHS mit dem Titel: *„Ein Zwergwels, der kommt, wenn man ihm pfeift"*. VON FRISCH und H. STETTER (1932) zeigten in Übereinstimmung mit PARKER (s. o.), daß die *Pars inferior* (die Sinnespolster von *Sacculus* und *Lagena*) dem Gehörsinn dient, während die *Pars superior* im Dienste des Gleichgewichtssinns steht.

Von der Fähigkeit mancher **Insekten**, Schall zu erzeugen, hat man frühzeitig auf ein Hörvermögen geschlossen, so z. B. Albrecht VON HALLER in seinen *„Elementa Physiologiae"* (1769, S. 292). Viele Forscher, darunter auch Emanuel RÁDL (1905), fanden aber keinen Anhalt dafür, daß Töne oder Geräusche auf Insekten orientierend wirken. Im WINTERSTEINSCHEN *„Handbuch der vergleichenden Physiologie"* hält Ernst MANGOLD (1913) es deshalb noch für äußerst unwahrscheinlich,

„daß der akustische Reiz bei Wirbellosen als spezifischer Sinnesreiz zu bewerten wäre. Spezifische Sinnesorgane (Gehörorgane), für die der akustische Reiz die adäquate Reizform darstellt, sind im Bereiche der Wirbellosen bisher nicht mit Sicherheit nachgewiesen" (MANGOLD 1913, S. 905).

Eine Ausnahme machte man nur hinsichtlich der wegen ihrer Trommelfellbildung von V. GRABER als *Tympanalorgane* bezeichneten Strukturen bei Orthopteren, Zikaden und Schmetterlingen. Ein solches Organ war von Johannes MÜLLER in den Tibien der Laubheuschrecken entdeckt und von C. Th. VON SIEBOLD (1844) genauer beschrieben worden, darunter auch die „stiftführenden Nervenendigungen". Seine „klassische" Anatomie stammt von J. SCHWABE aus dem Jahre 1906. E. G. GRAY untersuchte die *Scolopidien* 1960 elektronenmikroskopisch.

Ausgangspunkt aller Untersuchungen zum Gehör bei Insekten sind die gründlichen Arbeiten von J. REGEN (ab 1912) an Heuschrecken und Grillen. Die erste elektrophysiologische Untersuchung stammt von Ernest Glen WEVER und Charles W. BRAY (1933) in Princeton. Sie leiteten Summenpotentiale vom femoralen Hörnerven ab und bestimmten auf diese Weise die

Hörgrenzen mit dem Ergebnis, daß Laubheuschrecken offenbar viel höhere Töne wahrnehmen können als der Mensch. Hansjochem AUTRUM (1940) untersuchte mit Hilfe elektrophysiologischer Ableitungen die Frage der Schallokalisation bei Heuschrecken durch Bestimmung des „Richtungsdiagramms" der tibialen *Tympanalorgane*. Er wies außerdem nach (1941), daß neben dem Tympanalorgan das *Subgenualorgan* an der Schallwahrnehmung beteiligt ist. Bereits 1875 betonte Vitus GRABER,

„daß die Typanalorgane entweder nicht die eigentlichen Gehörorgane der betreffenden Tiere sind, oder, daß, wenn dies der Fall wäre, außerdem und vermutlich für den gleichen Zweck noch andere akustische Apparate vorhanden sein müssen" (GRABER 1875, S. 110).

Dieser Ansicht schlossen sich J. REGEN (1914) und F. EGGERS (1928) an.

V. GRABER (1882) und später W. NAGEL (1892) hatten bereits beobachtet, daß der Gelbrandkäfer *Dytiscus*, der keine Tympanalorgane besitzt, sehr deutlich auf Töne reagiert. H. AUTRUM wies 1936 an Ameisen eindeutig nach, daß sie Luftschall wahrnehmen können, aber maximal auf den Wechsel der „Schall*schnelle*" und nicht auf den des „Schall*drucks*" reagieren. Als Empfangsstruktur nahm er die Antenne an. Stridulationsorgane und die mit ihnen erzeugten Laute waren von Ameisen lange bekannt (GOUREAU 1837; Charles DARWIN 1871 u. a.), ein Hörvermögen aber wiederholt in Zweifel gezogen worden (A. FOREL 1874, 1910; Sir J. LUBBOCK 1877, 1883). Chr. JOHNSTON beschreibt 1855 das später nach ihm benannte „Gehörorgan" im zweiten Antennenglied der Mücken. Er vermutete bereits richtig, daß die Tiere damit nicht nur die Intensität, sondern auch die Einfallsrichtung des Schalles wahrnehmen können. Reaktionen auf

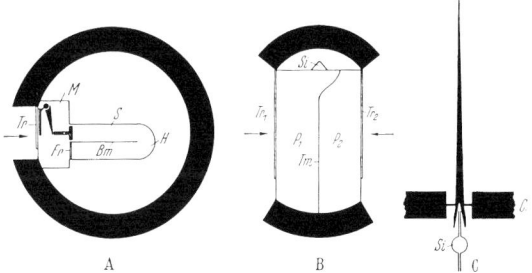

Abb. 168. Einteilung der Gehörorgane in Druck- (A), Druckgradienten- (B) und Schnelleempfänger (C) nach H. AUTRUM. Tr = Trommelfell, M = Mittelohr, Fr = Foramen rotundum, S = Scala vestibuli, Bm = Basilarmembran, H = Helicotrema, P_1, P_2 = Tracheenhohlräume, Tm = Tracheenmembran, Si = Sinneszellen, Ch = Chitin. Aus AUTRUM Die Naturwiss. *30* (1942): 69–85.

Schallreize bei Raupen beobachtete erstmalig M. Rothke (1902). Von Autrum (1942) stammt die Einteilung der Gehörorgane in Druck-, Schnelle- und Druckgradientenempfänger (Abb. 168).

15.4.2. Echoortung der Fledermäuse

Bereits im Dezember 1793 berichtete Lazzaro Spallanzani in einem Brief an Vasalli in Turin über seine Beobachtungen, daß Fledermäuse sich auch dann noch in einem geschlossenen, dunklen Raum zu orientieren und Hindernisse geschickt zu umfliegen vermögen, wenn sie zuvor geblendet worden waren (Robert Galambos 1942; Sven Dijkgraaf 1949). Charles Jurine, Chirurg, Entomologe, Ornithologe und Botaniker in Genf, prüfte diese Angaben nach und konnte sie bestätigen. Er führte sie der Genfer Naturhistorischen Gesellschaft auf ihrer Zusammenkunft im Februar 1794 vor und machte darüberhinaus die Beobachtung, daß ein Verstopfen der Ohren die Orientierung stark beeinträchtigte, was Spallanzani wiederum bestätigen konnte. Er trug 1794 in sein Tagebuch ein:

„... so können also geblendete Fledermäuse die Ohren benutzen, wenn sie nachts Insekten fangen, ... diese Entdeckung ist unglaublich."

Diese aufregenden Beobachtungen gerieten allerdings wieder in Vergessenheit, sie lagen zu der Zeit jenseits jeder Vorstellungskraft, und man ging lieber mit Cuvier davon aus, daß die Fledermäuse einen „sechsten Sinn" in Form eines besonderen „Ferntastsinnes" besäßen.

Fast 150 Jahre später (1938) machte der Biologiestudent Donald Griffin im Labor des Physikers G. W. Pierce an der Harvard-Universität eine überraschende Entdeckung: Dort existierte das erste Ultraschallmikrophon der Welt. Die vorher stumm erschienenen Fledermäuse entpuppten sich plötzlich als „Schreihälse". Nun begann man sich wieder für die Orientierung der Fledermäuse zu interessieren. Donald Griffin und Robert Galambos (1940, 1941) wiederholten die Experimente Spallanzanis und Jurines und erhielten dieselben Ergebnisse. Sven Dijkgraaf (1943) konnte geblendete *Nyctalus* auf 40 kHz (Ultraschall) dressieren. Wenn er die Fledermäuse mit einem Maulkorb daran hinderte, Laute auszustoßen, waren sie ziemlich hilflos und desorientiert. Galambos (1942) leitete das *Mikrophonpotential* von der Schnecke ab und zeigte, daß das Ohr der Fledermaus tatsächlich auf die Ultraschalltöne reagiert.

Damit war die „Echoortung" (Griffin 1944:

echolocation) der Fledermäuse entdeckt, eine Vielzahl von Detailuntersuchungen folgte in verschiedenen Laboratorien der Welt. Während die Fledermäuse, mit denen Griffin und Galambos in den USA experimentierten, kurze frequenzmodulierte Töne (FM) ausstoßen, registrierte Franz Peter Möhres (1953) am Zoophysiologischen Institut in Tübingen bei den Hufeisennasen viel längere, frequenzkonstante Orientierungslaute (CF/FM). Gleichzeitig wies er nach, daß Hufeisennasen mit einem verstopften Ohr sich von beidseitig hörenden Tieren nicht unterschieden, daß aber die Ohrbewegungen für die Richtungsbestimmung wichtig sind. Sein Schüler, Hans-Ulrich Schnitzler, entdeckte 1968 bei diesen Fledermäusen die Fähigkeit zur aktiven Kompensation der Doppler-Verschiebung. Gerd Schuller und George Pollak (1979) beschrieben die sog. *akustische Fovea* in der *Cochlea*.

15.4.3. Gleichgewichts- und Rotationssinn

Am 15. November 1824 durchtrennte Pierre Flourens erstmalig den horizontalen Bogengang bei einer Taube und beobachtete die daraus resultierenden Ausfallerscheinungen (Flourens 1842). Diese interessanten Befunde, die von E. Felix Alfred Vulpian (1866), Johannes Nepomuk Czermak (1869) und Charles Edouard Brown-Séquard (1869) bestätigt wurden, fanden allerdings keine große Beachtung. Die systematische Erforschung der Physiologie des Vestibularapparates begann erst mit F. Goltz (1870). Im Rahmen seiner *hydrostatischen Hypothese* behauptete er eine Gleichgewichtsfunktion der Bogengänge:

„Ob die Bogengänge Gehörorgane sind, bleibt dahingestellt. Außerdem bilden sie eine Vorrichtung, welche der Erhaltung des Gleichgewichts dient."

In der Folgezeit wandte eine Reihe von Forschern, darunter insbesondere Ernst Mach (1875), J. Breuer (1875) und A. Crum-Brown (1874), dem Vestibularapparat ihre Aufmerksamkeit zu. Es wurden sehr viele Experimente an den verschiedensten Wirbeltieren ausgeführt, die in einer unübersehbaren Zahl von Theorien ihren Niederschlag fanden. Fr. Goltz war der erste (1870), der bemerkte, daß neben den Augen und den sensiblen Endorganen der Haut das Labyrinth eine Bedeutung für die Erhaltung der Kopfstellung hat. J. N. Czermak beschrieb 1873, daß bei Hühnern im „hypnoseähnlichen" Zustand, beim sog. *experimentum mirabile* Kirchers, „der Kopf wie von einer unsichtbaren

Hand festgehalten, in seiner ursprünglichen Orientierung im Raum verblieb" (CZERMAK 1879), wenn man die Tiere langsam in Rückenlage drehte. J. BREUER ergänzte 1875 den Befund durch die Feststellung, daß die „kompensatorischen Kopfstellungen" auch bei verdeckten Augen auftreten und somit rein labyrinthärer Herkunft seien. BREUER verdanken wir auch die saubere Trennung zwischen den Reflexen von den Bogengängen, welche auf Bewegung reagieren, und solchen von den Otolithen, die für die Lagereflexe und, wie er noch meinte, auch für die Reflexe auf Progressivbewegungen (Linearbeschleunigungen) verantwortlich seien. Für die Augendrehreaktionen beim Menschen während und nach der Drehung wies er ebenfalls einen labyrinthären Ursprung nach. Kein geringerer als Erasmus DARWIN hatte diese Augenbewegungen durch Betasten der geschlossenen Augen 1801 entdeckt und schon darauf aufmerksam gemacht, daß diese Reaktionen auch bei Blinden auftreten. Eine genauere Beschreibung der Augenreaktionen verdanken wir PURKYNĚ (1820).

A. CRUM-BROWN hatte schon 1874 im Gegensatz zu J. R. EWALD (1892) die Vermutung, daß die Bogengänge jeweils nur auf eine der beiden Strömungsrichtungen der Endolymphe reagieren. An Reptilien auf der Drehscheibe wiesen Wilhelm TRENDELENBURG und Alfred KÜHN 1908 am horizontalen Kanal die Richtigkeit dieser Hypothese nach, daß nämlich nur die *ampullopetale* Strömung eine Bewegung des Tieres auslöst (Abb. 169). Der Beweis, daß die Strömung der Endolymphe die *Cupula* in den Ampullen ablenkt, ist 1933 von Wilhelm STEINHAUSEN erbracht worden.

Während J. BREUER (1891) das „Gleiten" des Statolithen auf der *Macula* als adäquaten Reiz ansah, betonten Rudolf MAGNUS und A. DE KÖEIJN (1926), daß der Reiz am größten sei, wenn der Statolith an der *Macula* hänge. Demgegenüber vertrat F. H. QUIX (1924) die Meinung, daß der Druck auf der *Macula* das Entscheidende sei. Erich VON HOLST konnte 1950 diesen Streit beenden und durch eine ausgeklügelte Versuchsanordnung an Fischen eindeutig belegen, daß die Scherungskomponente der adäquate Reiz für die statische Orientierung ist. Er konnte außerdem zeigen, daß beide Labyrinthe telotaktisch zusammenarbeiten (Abb. 170).

Bis zu den Experimenten A. KREIDLS (1893) war die Funktion des „Hörbläschens" der Krebse völlig umstritten. KREIDL wies an Garneelen mit Statolithen aus Eisenfeilspänen im magnetischen Feld eindeutig die Funktion dieser Struktur als Gleichgewichtsorgan nach. Melvin J. COHEN, Y. KATSUKI und Theodor Holmes

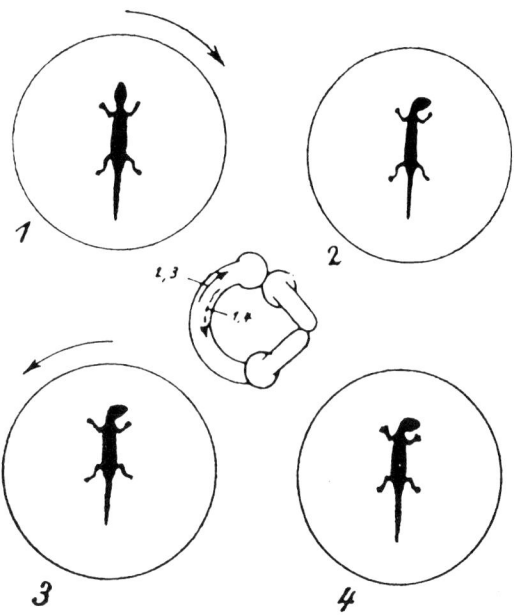

Abb. 169. Nachweis an einer Eidechse, der zuvor das rechte Labyrinth entfernt wurde, auf einer Drehscheibe, daß nur die ampullopetale Strömung im horizontalen Bogengang eine Reaktion des Tieres hervorruft. Nach TRENDELENBURG & KÜHN: Arch. f. Anat. Physiol., Physiol. Abt. 1908 (aus BUDDENBROCK, W. VON: Grundriß der Vergleichenden Physiologie, 1. Bd., 2. Aufl., Berlin 1937).

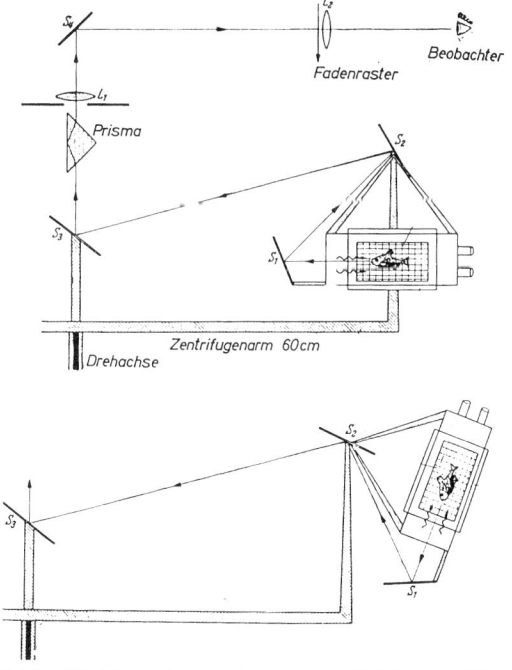

Abb. 170. Versuchsanordnung von Erich VON HOLST zum Nachweis, daß bei Fischen die Sicherungskomponente der adäquate Reiz des Statolithenapparates ist. S = Spiegel, L = Linsen. Aus VON HOLST: Ztschr. vgl. Physiol. *32* (1950): 60–120.

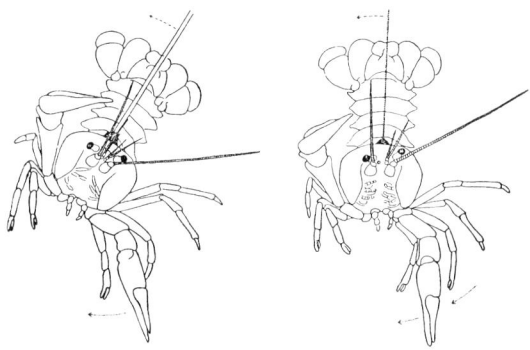

Abb. 171. Der „Drehreflex" beim Flußkrebs (*Potamobius astacus*). Das Tier am Stab nach links geneigt (linkes Bild) zeigt dieselben Ruderbewegungen der linken Extremitäten wie ein am Faden hängendes Tier, das rechts entstatet wurde (rechtes Bild). Aus KÜHN: Verhdlg. der Dtsch. Zool. Gesellsch. 1914.

BULLOCK (1953) leiteten von dem „ruhenden" Organ elektrophysiologisch eine Aktivität ab, die bei Neigung zur einen Seite zu- und bei Neigung zur anderen Seite abnahm. Diese Spontanentladungen blieben auch nach Auswaschen der Statolithen erhalten. Hermann SCHÖNE (1954) wies nach, daß die Abbiegung (Scherung) der Sinneshaare der erregungsauslösende Reiz ist, der in linearer Beziehung zur Reaktion (Augenbewegung) steht. Die Grundprinzipien der Statozystenfunktion bei dekapoden Krebsen erwiesen sich als identisch mit den von VON HOLST an Fischen aufgezeigten (Abb. 171).

15.4.4. Lichtsinn: Linsenauge

Solange die physikalischen Gesetze der Bildentstehung durch Linsen noch nicht bekannt waren, blieben auch die anatomischen Angaben zum Auge sehr vage und unkorrekt. Noch VESALIUS (1543) zeichnete die Linse des menschlichen Auges ins Zentrum des Glaskörpers. Das änderte sich schlagartig mit dem Bekanntwerden der Linsengesetze, die sofort auch auf das menschliche Auge übertragen wurden, so z. B. durch Johannes KEPLER 1604 und – genauer – 1611. Er erkannte, daß durch die Linse nicht auf mystische Weise Licht in Sichtbares überführt, sondern ein Abbild der Umwelt auf der *Retina* entworfen wird. Der Pater Christoph SCHREINER (1619) lieferte experimentelle Beweise, daß dieses Abbild verkleinert und umgekehrt ist.
Mit Johannes MÜLLERS fundamentalem Werk „*Zur vergleichenden Physiologie des Gesichtssinnes des Menschen und der Tiere*" (1826) begann eine neue fruchtbare Phase. Heinrich MÜLLER in Würzburg gibt die erste korrekte histologi-

sche Beschreibung der Retinaschichten und der Anordnung der Stäbchen und Zapfen im Auge. Die *Duplizitätstheorie des Sehens* (VON KRIES) wurde morphologisch von Max SCHULTZE begründet. Ihm war in seinen vergleichend-histologischen Studien aufgefallen (1866), daß die dämmerungsaktiven Tiere überwiegend Stäbchen in ihrer Retina aufwiesen. Allgemeine Beachtung und Anerkennung wie auch ihren Namen fand die Theorie allerdings erst durch die gründlichen und sorgfältigen Arbeiten von Johannes VON KRIES (1896). Sir John PARSONS führte später (1927) in diesem Zusammenhang die Begriffe des *photopischen* und *skotopischen* Rezeptors für das Sehen bei Tageslicht bzw. Dunkelheit ein. H. AUBERT (1865) war der erste, der die Dunkeladaptation in ihrem zeitlichen Verlauf gemessen hat. Für die Vögel (Hühner, Tauben) wies Carl VON HESS (1907) eine Adaptation nach, die an Umfang der des menschlichen Auges nicht nachsteht. Vorher hatte man geglaubt, daß die Vögel nachtblind seien.
Johannes KEPLER (1611) war vermutlich der erste, der einen **Akkommodationsmechanismus** für das menschliche Auge in Erwägung gezogen hat. Er war der Meinung, daß das ruhende Auge *emmetrop* sei und die Akkommodation auf die Nähe dadurch zustandekomme, daß die *Form* des Augapfels verändert, d. h. der Abstand zwischen Linse und Retina vergrößert werde (Ole MUNK 1973). In dieser Ansicht folgten ihm W. DERHAM (1732) und J. ALBERS (1809). Während DERHAM die „Chorioidaldrüse" (*rete chorioidalis*) des Fischauges, die er für einen Muskel hielt, dafür verantwortlich machte, brachte ALBERS den Akkommodationsmechanismus mit der Kontraktion extrinsischer Augenmuskeln in Verbindung.
Thomas YOUNG (1793) hatte bereits die Vorstellung, daß die Linsen*form* bei der Akkommodation verändert werde, und machte die „Linsenfasern" dafür verantwortlich. Bei ihrer Kontraktion werde, so YOUNG, die Linse stärker konvex und damit eine Akkommodation auf die Nähe möglich.
Für das Fischauge postulierte VON HALLER bereits 1764 eine aktive Akkommodation auf die Ferne durch Verlagerung der Linse ins Auge hinein. Verantwortlich sollte dafür die „Chorioidaldrüse" sein, die er – wie vor ihm schon DERHAM – fälschlicherweise als Muskel ansah. W. C. WALLACE (1834, 1835) war der erste, der die Muskelnatur der *Campanula Halleri* richtig erkannte, war aber der Meinung, daß durch seine Tätigkeit sowohl eine Rückwärts- wie auch Vorwärtsbewegung der Linse geleistet werden könne. J. DALRYMPLE (1838) beschrieb den Akkommodationsvorgang im Fischauge bereits

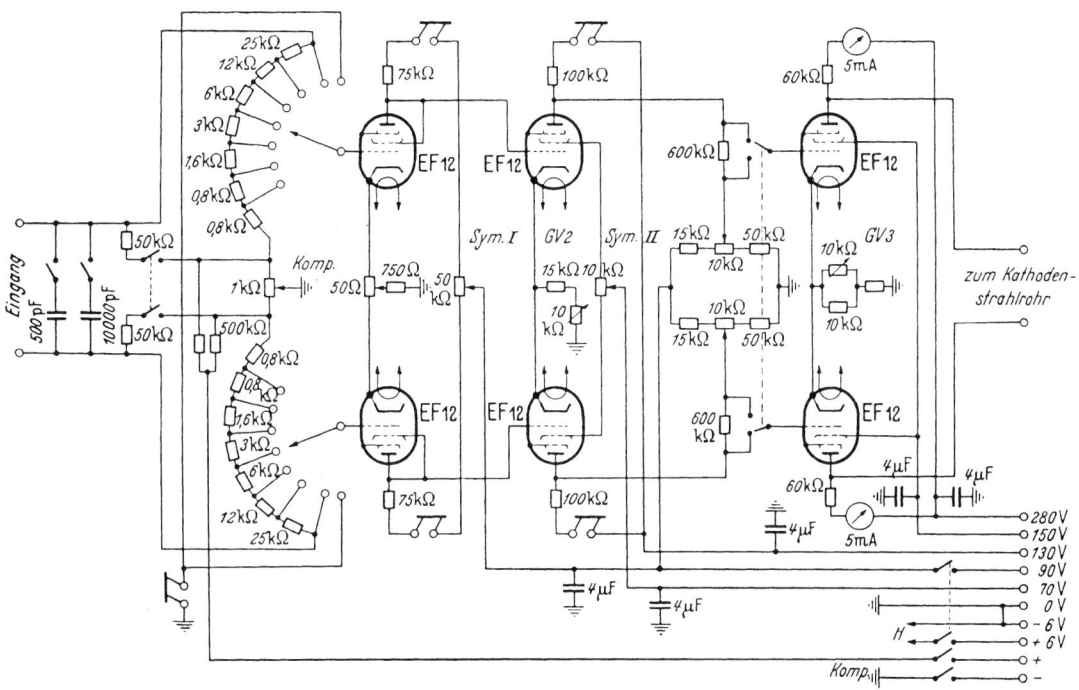

Abb. 172. Der erste Gleichspannungsverstärker (1943), mit dem H. Autrum Elektroretinogramme bei Einwirkung von Einzelreizen bzw. von Flimmerlicht unterschiedlicher Frequenz vom Auge der Fliege (*Calliphora*) und der Stabheuschrecke (*Dixippus*) ableitete. Maximaler Verstärkungsgrad: 3×10^5. Aus Autrum: Ztschr. vgl. Physiol. *32* (1950): 176–227.

richtig als „Rückzug" der Linse ins Auge hinein durch Kontraktion der ventralen *Campanula Halleri* gegen den Zug des elastischen dorsalen *Ligamentum suspensorium*, was Th. Beer (1894) mit sorgfältig durchgeführten Experimenten bestätigen konnte. Von ihm (Beer) stammt auch die Bezeichnung *Musculus retractor lentis* für den in die Akkommodation des Fischauges integrierten Muskel.

Im Jahre 1866 beschrieb der Schwede Frithiof Holmgren erstmalig ein **Elektroretinogramm**. Dieser Befund blieb aber, weil in schwedisch publiziert, weitgehend unbeachtet. So entdeckten 1874 Sir James Dewar und J. Gr. McKendrik unabhängig von Holmgren das *Elektroretinogramm* ein zweites Mal. Ein Jahr später (1874/75) leiteten sie erstmalig auch vom Komplexauge ein *Elektroretinogramm* ab (Abb. 172).

15.4.5. Lichtsinn: Komplexauge

Die erste Beschreibung eines Komplexauges (Fliegenauge) lieferte der italienische Naturforscher D. G. Hodierna im Jahre 1644, kurz nachdem die Mikroskopie bei Untersuchungen biologischer Objekte Eingang gefunden hatte.

Hodierna entwickelte auch die erste Theorie zur Funktion des Komplexauges, die Aspekte der Müllerschen *Mosaiktheorie* (s. u.) vorwegnahm. Es hieß dort (in deutscher Übersetzung):

„Jedes Einzelauge besitzt eine *cornea tunica* einwärts gefolgt von einem Kristallkörper und dann von einer dunklen Schicht. In jedem Einzelauge kann nur dasjenige Licht wirksam werden, das parallel zur Achse eintritt."

Weitere Beschreibungen von Komplexaugen findet man bei Robert Hooke (1665) und Jan Swammerdam (1737), die allerdings keine tieferen Einsichten in die Funktionsweise lieferten. Das erste Experiment zur Bildentstehung im Komplexauge stammt aus dem ausgehenden 17. Jh. von keinem Geringeren als von Antoni van Leeuwenhoek. Er beobachtete ein umgekehrtes, verkleinertes Bild hinter der Cornealinse.

Eine neue Etappe auf dem Wege zum besseren Verständnis der Funktion des Komplexauges begann mit Johannes Müller (1826). Er vermutete in Übereinstimmung mit Hodierna, daß jedes *Ommatidium* nur von solchen Strahlen erregt werde, die parallel zu seiner Achse einfallen. Das bedeutet, daß jedes *Ommatidium* nur einen Helligkeitspunkt zu liefern vermag, aus dem sich das Gesamtbild mosaikartig zusammensetzt. Dieser *Mosaiktheorie des Sehens*, in der jedes *Ommatidium* eines Komplexauges als eine physiologische Einheit aufgefaßt wurde, widersprachen C. GRÜEL (1844) und A. GOTTSCH (1852), die die LEEUWENHOEKsche Beobachtung kleiner umgekehrter Bilder hinter der Cornealinse neu belebten. Franz VON LEYDIG (1855) unterstützte diese These und sah fälschlich den Kristallkegel als den Ort der Perception dieser kleinen Abbilder an, worin ihm Max SCHULTZE (1868) und W. PATTEN (1886) folgten.

Johannes MÜLLERS Theorie setzte sich nur langsam gegen die Widerstände durch. Daran hatte insbesondere Sigmund EXNER in Wien großen Anteil. Im Jahre 1891 veröffentlichte er seine bemerkenswerte Schrift über *„Die Physiologie der facettierten Augen von Krebsen und Insekten"*, die für viele Jahrzehnte bis in die 60er Jahre die Grundlage bleiben sollte. Auf EXNER geht die Unterscheidung von Appositions- und Superpositionsaugen nach dem Strahlengang im Kristallkörper zurück, den er bereits als *Linsenzylinder* erkannte. Die *Rhabdome* betrachtete er als „Lichtfangapparate", während Richard HESSE (1901) in ihnen Strukturen sah, in denen „die Lichtenergie in Nervenenergie umgewandelt" werde.

Die folgenden Jahre lieferten zwar viele weitere morphologische Details, brachten aber kaum tiefere Einsichten in die Physiologie des Komplexauges. S. HECHT und E. WOLF (1929) stellten am Bienenauge fest, daß das Auflösungsvermögen von der Winkelgröße der *Ommatidien* bestimmt wird. Sie prüften auch die Abhängigkeit der Sehschärfe von der Lichtintensität. Mathilde HERTZ, eine Schülerin von Alfred KÜHN, veröffentlichte 1933 ihre bekannten Untersuchungen über die Musterunterscheidung bei Bienen.

Im Jahre 1962 machte J. W. KUIPER die überraschende Entdeckung, daß die Kristallkegel im Flußkrebsauge optisch homogen sind, was der Auffassung EXNERS, daß die Augen dem Superpositionstyp zuzuordnen seien, zu widersprechen schien. Klaus VOGT (1975) und, unabhängig von ihm, Mike LAND (1976) lieferten die Erklärung: Sie entdeckten die besondere *Spiegeloptik* im Flußkrebsauge (*Astacus*).

Im Jahre 1967 beschrieb Kuno KIRSCHFELD das Fliegenauge mit seinen *unfusionierten Rhabdomen* als ein Lichtsinnesorgan mit *neuraler Superposition*. Dieses Prinzip war von dem Franzosen P. VIGIER schon 1909 im wesentlichen richtig erkannt worden. Seine Beobachtungen blieben jedoch völlig unbeachtet.

15.4.6. Elektrophysiologie und Biochemie des Sehvorganges

Die Entwicklung und Anwendung der elektrophysiologischen Meß- und Registriertechnik eröffnete auch für die physiologische Erforschung des optischen Sinnes ganz neue Perspektiven. Es wurde möglich, die Aktivität einzelner Neuronen zu studieren. Pionierarbeit leisteten auf diesem Felde Haldan Keffer HARTLINE (1928) und HARTLINE & C. G. GRAHAM (1932) am lateralen Auge des Pfeilschwanzkrebses *Limulus*, Edgar Douglas ADRIAN (1932, 1937) am Auge des Gelbrandkäfers *Dytiscus* sowie Ragnar Arthur GRANIT am Säugetierauge. HARTLINE und GRANIT wurden 1967 zusammen mit George WALD für ihre hervorragenden Leistungen mit dem Nobelpreis für Physiologie ausgezeichnet. ADRIAN hatte den Preis bereits 1932 zusammen mit Sherrington erhalten. C. G. BERNHARD formulierte 1942 zusammen mit R. GRANIT und C. R. SKOGLUND das Konzept des *Generatorpotentials*. HARTLINE entdeckte 1949 am *Limulus*-Auge die *laterale Inhibition*.

Fortgeführt wurden die elektrophysiologischen Arbeiten insbesondere von H. B. BARLOW und Stephen W. KUFFLER (1952 ff.). Letzterer studierte die rezeptiven Felder einzelner Ganglienzellen der Katzenretina und entdeckte 1952 de-

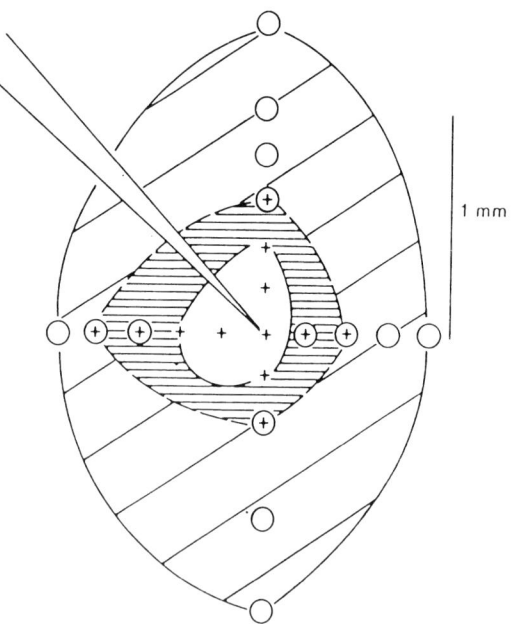

Abb. 173. Die konzentrische antagonistische Organisation des rezeptiven Feldes einer Ganglienzelle aus der Katzenretina. ◯ = „off"-Antworten, ⊕ = „on-off"-Antworten, + = „on"-Antworten. Nach KUFFLER: J. Neurophysiol. *16* (1953): 37–68.

ren konzentrische antagonistische Organisation (*on*- und *off-Zentrum-Neuronen*) (Abb. 173). Davon ausgehend starteten David Hunter Hubel und Torsten Nils Wiesel im Labor von Kuffler mit ihren Untersuchungen im *Corpus geniculatum laterale* (CGL) und im *visuellen Cortex*. Im Jahre 1986 erhielten beide den Nobelpreis für ihre grundlegenden Analysen der Organisation des Sehcortex bei Katzen und Affen.

Intrazelluläre Ableitungen von einzelnen Photorezeptoren der **Insekten** wurden erstmals von M. Kuwabara und K.-I. Naka (1959) sowie Dietrich Burkhardt und Hansjochem Autrum (1960) in München durchgeführt.

Die Erforschung der **Sehfarbstoffe** geht bis auf das Jahr 1842 zurück. Damals beschrieb Krohn erstmalig einen roten Farbstoff in der Netzhaut eines Tintenfisches. Obwohl Krohns Befund verschiedentlich auch an Wirbeltieren wiederholt und bestätigt worden ist, war man weit davon entfernt, diesen Farbstoff direkt mit dem Sehvorgang in Verbindung zu setzen. Das änderte sich erst, als Franz Christian Boll 1876 die Vergänglichkeit dieses Farbstoffs im Licht beobachtete. Jetzt gab man diesem Stoff bereits den seiner funktionellen Bedeutung entsprechenden Namen „Sehrot" (Boll 1877) bzw. „Sehpurpur" oder *Rhodopsin* (Kühne). Es setzte eine intensive Beschäftigung mit diesem Sehfarbstoff ein, wobei die Schule um Willibald Kühne in Heidelberg eine führende Rolle einnahm. Ein wesentlicher Durchbruch gelang ihr, als Ewald und Kühne durch einen Zufall herausfanden, daß durch eine wässrige Lösung gallensaurer Salze das *Rhodopsin* aus den Stäbchen herausgelöst werden kann. Während eines Aufenthaltes an der Zoologischen Station in Neapel (1902) wies Carl von Hess erstmalig an **Evertebraten**, an verschiedenen Cephalopoden, das Vorkommen von *Rhodopsin* nach und äußerte bereits die Vermutung, daß die Bleichung des Sehpurpurs dort anders verlaufe als im Wirbeltierauge, was viel später bestätigt werden konnte. Henri (1911) stellte fest, daß sich die Kurve der spektralen Empfindlichkeit des dunkeladaptierten Auges mit der Absorptionskurve des *Rhodopsins* deckt.

Weiterführende Erkenntnisse verdanken wir insbesondere George Wald (Nobelpreis 1967) und seinen Mitarbeitern an der Harvard Universität. 1935/36 machte er die Entdeckung, daß der Sehpurpur (*Rhodopsin*) bei Belichtung in ein Protein und einen lipoidlöslichen gelben Farbstoff zerfällt, der von Richard Allan Morton (1944) als Aldehyd des Vitamin A_1 identifiziert wurde. Wald entdeckte 1937 das *Porphyropsin* bei Süßwasserfischen. Die von ihm als *Opsin* bezeich-

nete Proteinkomponente wurde 1950 von ihm und Brown rein isoliert. Im Jahre 1958 zeigten Wald und Mitarbeiter, daß das Licht das *11-cis-Retinal* des *Rhodopsins* zu *all-trans-Retinal* isomerisiert.

Bei **Insekten** (Honigbiene) wurde *Retinal* erst 1958 durch Timothy H. Goldsmith nachgewiesen. Kurt Hamdorf und seine Mitarbeiter in Bochum isolierten 1971 das UV-sensitive Sehpigment aus dem Insektenauge. Klaus Vogt und Kuno Kirschfeld vom Max-Planck-Institut für biologische Kybernetik zeigten 1984, daß die chromatophore Gruppe des Sehpigments in den Photorezeptoren der Fliegen (*Calliphora*) *3-Hydroxyretinal* ist und schlugen vor, das neue Sehpigment in Parallele zu *Rhodopsin* und *Porphyropsin* „*Xanthopsin*" zu nennen.

15.4.7. Farbensehen

Aus den Farbmischexperimenten („additive Farbmischung") ergab sich die Erkenntnis, daß man mit drei Farben (z. B. Blau-Violett, Grün und Rot) alle anderen Farben herzustellen vermag. Daraus hat bereits Thomas Young (1802) die Vermutung abgeleitet, daß dem Farbensehen drei Grundprozesse in den Sehzellen zugrunde liegen müssen (*Dreikomponententheorie*). Er schrieb:

„And each sensitive filament of the nerve may consist of three portions one for each principal colour" (Young 1802).

Thomas Young war nicht nur praktizierender Arzt und Physikprofessor, sondern auch ein ausgezeichneter Ägyptologe. Ihm verdanken wir die Entzifferung vieler Hieroglyphen des Rosetta-Steines. Ähnliche Gedanken, wie sie Young hinsichtlich des Farbensehens geäußert hat, findet man auch schon bei Mariotte (um 1650), Lomonossow (1759) und G. Palmer (1777). Hermann von Helmholtz, ein Schüler Johannes Müllers, formulierte auf diesen Grundlagen 1866 seine *trichromatische Theorie des Farbensehens*. Sie nimmt drei Zapfentypen mit unterschiedlicher spektraler Empfindlichkeit in der *Retina* an. Auf F. Boll (1877) und W. Kühne (1878) geht die erste Erwähnung zweier Sinneszelltypen in der Froschretina zurück, solche mit grünlicher und solche mit blaßroter Färbung.

Ihr stellte Ewald Hering seine *Gegenfarbentheorie* (1874) entgegen. Johannes (Adolf) von Kries, ein Schüler Ludwigs, versuchte in seiner *Zonentheorie* die Vorzüge beider Auffassungen miteinander zu vereinigen.

Der Farbensinn bei Fischen und Evertebraten war lange umstritten. In seinem umfangreichen

Übersichtsartikel im WINTERSTEINSCHEN „Handbuch der vergleichenden Physiologie" (1913) faßt Carl VON HESS seine Erkenntnisse wie folgt zusammen:

„Während bisher die Meinung herrschend war, der Farbensinn zeige in der Tierreihe weite Verbreitung, lehren meine Untersuchungen, daß ein dem unsrigen vergleichbarer Farbensinn auf die luftlebenden Wirbeltiere beschränkt, das Vorkommen eines solchen bei allen anderen bisher untersuchten Tieren dagegen auszuschließen ist" (VON HESS 1913, S. 705).

Demgegenüber fehlte es nicht an Beobachtungen und Hinweisen, die auf einen Farbensinn bei Fischen (Vitus GRABER 1884, 1885; ZOLOTNITSKY 1901; WASHBURN & BENTLEY 1906 u. a.), Bienen (Sir John LUBBOCK 1883; Vitus GRABER 1884; Auguste-Henri FOREL 1910 u. a.) und anderen Evertebraten schließen ließen. Durch Dressurversuche gelang VON FRISCH 1913 bei Ellritzen und 1914 bei Bienen der eindeutige experimentelle Nachweis des lange umstrittenen Farbensinns bei diesen Tieren (Abb. 174).

Vertieft wurden die Ergebnisse VON FRISCHS an Bienen durch Alfred KÜHN (1924), der seine Versuche mit reinen Spektralfarben durchführte. Er fand, daß der sichtbare Spektralbereich bei Bienen gegenüber dem Menschen nach der kurzwelligen Seite hin (ins Ultraviolette) verschoben ist. Für Ameisen haben bereits im ver-

gangenen Jh. Sir John LUBBOCK (Lord AVEBURY) (1881) und Auguste-Henri FOREL eine Wahrnehmung von UV-Licht mit den Augen angenommen. LUBBOCK beobachtete, daß Ameisen ihre Puppen aus Regionen forttragen, die mit UV-Licht bestrahlt wurden. Carl VON HESS weist 1918 für niedere Krebse (Daphnien, Polyphemus) und später (1919/20) auch für andere Arthropoden nach, daß sie UV-Licht sehen können. 1920 gelingt ihm der Nachweis auch für Bienen, was dann später, wie bereits erwähnt, von Alfred KÜHN und seinen Mitarbeitern (1921, 1924), Lloyd M. BERTHOLF (1931) sowie von Karl VON FRISCH und seinem Schüler Karl DAUMER vertieft worden ist. Alfred KÜHN demonstrierte 1927 auch das Vorkommen eines farbigen Simultankontrastes für Gelb und Blau bei Bienen.

Hansjochem AUTRUM und Hildegard STUMPF (1953) untersuchten die spektrale Empfindlichkeitskurve des Auges von Calliphora mit elektrophysiologischer Methodik. Karl DAUMER (1956) weist mit einem von ihm entwickelten Spektralfarbmischapparat für Bienendressuren die Existenz eines „Purpurbereiches" nach, durch den die Endbereiche des Bienenspektrums (Gelb und UV) sich zum Farbenkreis schließen. Aus seinen umfangreichen Versuchen schließt er bereits auf die Existenz eines Gelb-, eines Blau- und eines UV-Rezeptors bei der Biene.

Mit Hilfe quantengleichen, monochromatischen Lichtes und intrazellulärer Ableitung der Reizantworten wurde am Beispiel der Bienenarbeiterin von H. AUTRUM und Vera VON ZWEHL (1964) die spektrale Empfindlichkeit einzelner Sehzellen bestimmt und erstmalig das Vorkommen von drei verschiedenen Rezeptortypen in Übereinstimmung mit der HELMHOLTZschen Theorie nachgewiesen. Die Sehzellen der Insekten waren durch ihre relative Größe und andere Vorteile leichter zugänglich als die Sehzellen der Wirbeltiere, an denen 1964 durch Tsuneo TOMITA und seine Mitarbeiter in Tokyo am Beispiel des Karpfens und durch A. BORTOFF in den USA am Beispiel von Necturus die ersten Einzelzellableitungen gelangen. Für die Schicht der Horizontalzellen der inneren Körnerschicht der Fischretina fanden E. F. MACNICHOL und Gunnar SVAETICHIN (1958) ein der Gegenfarbentheorie entsprechendes Verhalten (sog. S-Potentiale) (Abb. 175).

T. HANAOKA und K. FUJIMOTO (1957) bestimmten mit Hilfe eines Mikrospektrophotometers 1957 erstmalig die Lichtabsorption durch das Sehpigment in den Außengliedern einzelner Zapfen und Stäbchen des Karpfens. P. K. BROWN (1961), P. A. LIEBMAN (1962) sowie

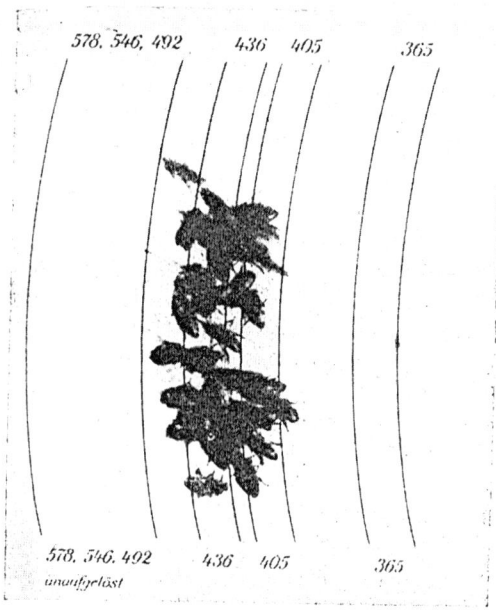

Abb. 174. Der Nachweis der Dressurfähigkeit der Biene auf Spektrallinien durch Alfred KÜHN und R. POHL. Nach Dressur auf 436 nm (blau) sammelten sich die Bienen regelmäßig auf diesem Streifen an. Aus KÜHN & POHL: Die Naturwiss. 9 (1921): 738–740.

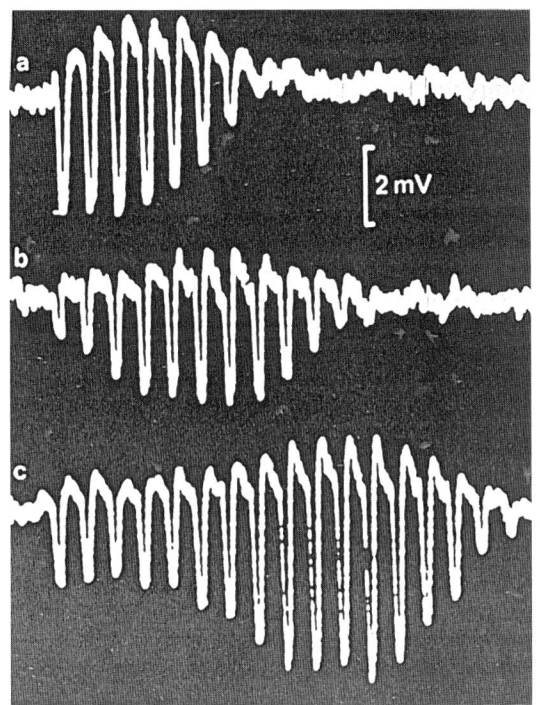

Abb. 175. Tomita und seine Mitarbeiter (1964) leiteten mit intrazellulären Elektroden von einzelnen Zapfen der Karpfenretina die Antworten auf quantengleiche Lichtimpulse unterschiedlicher Wellenlänge ab: Nachweis von drei Zapfentypen. Aus Tomita et al.: Vision Research 7 (1964): 519–531.

W. B. Marks und E. F. MacNichol jr. (1962 und 1963) entwickelten diese Methode weiter, mit der J. K. Bowmaker, H. J. A. Dartnall und andere später die Häufigkeitsverteilung der drei Zapfentypen in der menschlichen *Retina* studierten. 1986 gelang Jeremy Nathans und seinen Mitarbeitern an der Stanford Universität die Klonierung der Gene der drei *photosensiblen Proteine* der menschlichen *Retina*.

15.4.8. Polarisationssehen

Eine besondere Entdeckung gelang Karl von Frisch 1949 mit dem Nachweis, daß die Bienen bei ihrer Kompaßorientierung die Polarisationsebene des Himmelslichtes auszunutzen vermögen. Die erste derartige Beobachtung hatte schon 1923 Felix Santschi gemacht, ohne sie allerdings richtig zu deuten. Er bemerkte, daß Ameisen auch dann noch ihren Weg finden, wenn sie nur einen kleinen Ausschnitt des blauen Himmels sehen können. I. N. Verchovskaja beschrieb schon 1940, daß sich *Daphnia* und *Drosophila* im Zweilichtversuch phototaktisch so verhalten, als ob das polarisierte Licht 2–3mal heller sei als gleichstarkes unpolarisiertes.

Mit der Entwicklung der elektronenmikroskopischen Technik wurde 1957 auch die Feinstruktur der *Rhabdome* bekannt und die Aufmerksamkeit auf die vermutliche Bedeutung dieser Strukturen bei der Detektion des polarisierten Lichtes gelenkt (R. Danneel & B. Zeutschel; T. H. Goldsmith & D. E. Philpott; W. H. Miller u. a.).

Hansjochem Autrum und Hildegard Stumpf (1950) erhielten bei der Biene und bei der Fliege *Calliphora* mit polarisiertem Licht eine um 16–36% höhere Amplitude des Elektroretinogramms als mit unpolarisiertem gleicher Stärke. S. R. Shaw (1969) wies die hohe Empfindlichkeit von Photorezeptoren des Komplexauges gegenüber der Polarisationsebene des Lichtes nach.

15.5. Die Begründung der Biokybernetik

Die Geburtsstunde der Kybernetik wird mit dem Jahre 1948 angesetzt und als ihr „Vater" der amerikanische Mathematiker Norbert Wiener betrachtet. Wiener beschäftigte sich zu Beginn des zweiten Weltkrieges zusammen mit dem Ingenieur Julian H. Bigelow mit Problemen der Flugabwehrartillerie. Es galt, eine Methode zu finden, die zukünftige Position eines Flugkörpers vorherzusagen. Dazu gehörte der „Aufbau einer Theorie der Vorhersage und die Entwicklung von Geräten, die diese Theorie realisierten" (Wiener 1963, S. 32). Im Rahmen dieser Untersuchungen war es nötig, die Funktionscharakteristiken menschlicher Richtschützen – ein wesentlicher Teil der Feuerleitanlage – in die Betrachtungen mit einzubeziehen, um sie mathematisch in die Geräte einbauen zu können. Beide Forscher kamen sehr bald zu der Überzeugung, daß Rückkopplungen ein sehr wesentliches Element bei allen willensgesteuerten Handlungen darstellen. Auf diesem Stadium der Erkenntnisse wandten sie sich an den bekannten Neurophysiologen Arturo Rosenblueth an der *Harvard Medical School*. Die Ergebnisse der gemeinsamen Überlegungen des Mathematikers, Ingenieurs und Physiologen sind in einer 1943 veröffentlichten Arbeit niedergelegt (Arturo Rosenblueth, Norbert Wiener, Julian H. Bigelow 1943).

Seit dieser Zeit riß der Gedankenaustausch zwischen den Vertretern dieser verschiedenen Wissenschaftsdisziplinen über die neuartigen Probleme nicht mehr ab. Ende des Winters 1943/44 wird ein Treffen aller, die an dem, was wir heute *Kybernetik* nennen, interessiert waren, nach Princeton einberufen. Als Physiologen nahmen

Warren McCulloch und R. Lorente de No vom *Rockefeller Institute* und als Mathematiker neben Norbert Wiener, John von Neumann und Walter Pitts an der Konferenz teil.

„Am Ende des Treffens", so schrieb Wiener (1963, S.44), „war es allen klar, daß es eine beträchtliche gemeinsame Denkbasis aller Bearbeiter der verschiedenen Gebiete gab, daß man in jeder Gruppe schon Begriffe gebrauchen konnte, die durch andere schon besser entwickelt waren, und daß ein Versuch gemacht werden sollte, ein allgemeines Vokabular zustande zu bringen".

Vom Frühling 1946 an wurde eine Reihe weiterer Treffen in regelmäßigen Abständen in New York organisiert, zu der nun auch Vertreter der Psychologie, Soziologie und Anthropologie hinzugezogen wurden.

Mit dem Fortschritt der Erkenntnisse machte sich das Fehlen eines Namens für das neue Gebiet immer hemmender bemerkbar. Im Sommer 1947 war es dann so weit, der Begriff der *Kybernetik* wurde geboren. Wiener schreibt darüber in seiner Autobiographie (1965):

„Ich suchte zuerst nach einem griechischen Wort, das ‚Bote' bedeutet, kannte aber nur angelos. Das hat aber im Englischen die spezifische Bedeutung von ‚Engel', Gottesbote, und war damit vergeben. Dann suchte ich ein passendes Wort aus dem Gebiet der Steuerung und Regelung. Das einzige Wort, das mir einfiel, war das griechische Wort für Steuermann, kybernetes. Ich bildete daraus das Wort ‚Kybernetik'."

Wiener wußte damals noch nicht, daß bereits der französische Physiker A. M. Ampère im Jahre 1834 in seinem System aller Wissenschaften unter der Nummer 83 den Begriff der *Cybernétique* benutzt hatte (Ampère 1834–43). In einer Erläuterung heißt es bei Ampère dazu, daß die *Cybernétique* als Kunst zur Lenkung eines Staates dazu diene, „damit die Bürger sich eines sicheren Friedens erfreuen können".

Norbert Wiener gab seinem 1948 veröffentlichten Buch den Titel „*Kybernetik*". Hier faßte er die entwickelten Gedanken erstmalig in umfassender Form zusammen. Es wurde ein wissenschaftlicher Bestseller. Da es sich bei dem Titel um einen neuen Begriff für eine neue Wissenschaft handelte, fügte Wiener im Untertitel hinzu, was unter dem Begriff *Kybernetik* zu verstehen sei: „*Control and communication in the animal and the machine*".

Das Neue dieser Wissenschaft ist die Betrachtung der Regelung und Informationsübermittlung in den Maschinen und in den Lebewesen oder auch in sozialen Strukturen unter einheitlichem Gesichtspunkt. Man abstrahiert von den technischen, biologischen oder sozialen Spezifika der Systeme und analysiert die allen gemeinsamen Prinzipien der Regelung und Nachrichtenübermittlung mit einheitlicher Methodik.

Die Erkenntnis der Regelung als Grundprinzip lebendiger Wesen ist wesentlich älter als die *Kybernetik*. Der Physiologe Eduard Pflüger formulierte bereits 1877 sein *teleologisches Causalgesetz*: „Die Ursache jeden Bedürfnisses eines lebendigen Wesens ist zugleich die Ursache der Befriedigung des Bedürfnisses" (Pflüger 1877). Er erläuterte sein Gesetz unter anderem am Beispiel des Pupillenmechanismus, der erst in neuerer Zeit mit der kybernetischen Methodik einigermaßen analysiert werden konnte.

Der Zoologe Jacob von Uexküll kam bei seinen Überlegungen über die Beziehungen der Tiere zu ihren Umwelten zu folgender interessanten Feststellung: Oft wirkt der von einem Objekt ausgehende Reiz über die *Rezeptoren* und *Effektoren* des Tieres auf das Objekt zurück, wobei durch die Wirkung der Effektoren auf das Objekt die Reizursache vernichtet wird (Abb. 176). In der Terminologie Uexkülls im Rahmen seiner *Umweltlehre* heißt das kurz ausgedrückt: „Vernichtung des Merkmals durch das Wirkmal". Hier wie bereits beim *teleologischen Causalgesetz* (s. o.) Pflügers haben wir es mit Formulierungen zu tun, die wir heute mit dem Begriff der negativen Rückkopplung umschreiben würden.

Im Jahre 1925 veröffentlichte der Physiologe Richard Wagner seine Arbeiten „*Über die Zusammenarbeit der Antagonisten bei der Willkürbewegung*". Er erkannte in diesem Zusammenhang zwar die Bedeutung von Rückkopplungsmechanismen, die qualitativ beschrieben werden. Er dachte jedoch ebenso wie seine Vorgänger noch nicht an mögliche Parallelen zwischen biologischen und technischen Regelkreisen, d. h. daran, beide Phänomene unter einheitlichem Gesichtspunkt zu beschreiben und zu analysieren. Dieses Verdienst gebührt eindeutig den Technikern. Erich von Holst sagte deshalb anläßlich einer Tagung in Essen (1958) mit vollem Recht:

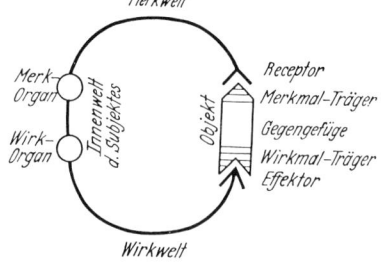

Abb. 176. J. von Uexkülls „Funktionskreis". Aus J. von Uexküll & G. Kriszat: Streifzüge durch die Umwelten von Tieren und Menschen. Springer Verlag 1934, S. 7.

„Wir Biologen haben allen Grund, den Technikern dankbar zu sein, daß sie uns Denkmethoden liefern, die es ermöglichen, systemtheoretische Fragen in der Biologie präzise zu fassen, prüfbare Hypothesen zu entwickeln, Ergebnisse mathematisch zu formulieren und damit endlich zu beweisen, daß auch diese Art der Forschung legitime Wissenschaft ist. Diese Verfahrensweisen sind für uns so wichtig, daß wir sie selbst hätten entwickeln müssen, wenn die Technik sie uns nicht angeboten hätte."

Eine Entwicklung technischer Regler gibt es mindestens seit 200 Jahren. Einer der ältesten Regler ist der Fliehkraftregler, dessen Erfindung fälschlicherweise James WATT zugeschrieben wurde. Bereits im 19. Jh. entstand eine Disziplin *Regelungstechnik*, und schon 1867 entwickelte J. Clerk MAXWELL eine *Theorie der Dynamik von Reglern* (MAXWELL 1867/68). Als erster hat der Darmstädter Professor für Maschinenbau, Felix LINCKE, die Parallelen zwischen technischen und biologischen Regelungsvorgängen klar erkannt und vergleichend beschrieben (LINCKE 1879). Seine Ideen gerieten allerdings wieder in Vergessenheit. Die Wissenschaften – die Regelungstheorie ebenso wie die Biologie - waren damals noch nicht weit genug entwickelt, um einen echten wissenschaftlichen Fortschritt mit den Ideen LINCKES zu verbinden.

In den vierziger Jahren unseres Jahrhunderts, also während des zweiten Weltkrieges, entwickelte sich in Deutschland und in den USA völlig unabhängig voneinander das, was wir heute *Kybernetik* nennen. In den USA war es die Gruppe um Norbert WIENER (s. o.), in Deutschland der Ingenieur Hermann SCHMIDT, der im Oktober 1940 vor Technikern und Biologen einen Vortrag mit dem Titel „*Regelungstechnik – die technische Aufgabe und ihre wirtschaftliche, sozialpolitische und kulturpolitische Auswirkung*" hielt. Dabei betonte er, daß die Regelung „ebenso ein Grundproblem der Technik wie der Physiologie ist" (H. SCHMIDT 1941). Der von ihm in diesem Zusammenhang entwickelte Begriff *Allgemeine Regelkreislehre* deckt sich weitgehend mit dem, was WIENER unter *Kybernetik* verstand.

Die Konzepte, Methoden und Sichtweisen der *Kybernetik* fanden nach dem Erscheinen des *Wiener*schen Buches (1948) in der Biologie relativ schnell Akzeptanz und fruchtbare Anwendung. Bereits in den 50er Jahren begannen der Kreis um K. KÜPFMÜLLER an der TH Darmstadt mit der experimentellen Analyse der visuell gesteuerten Zielbewegung der menschlichen Hand. J. STEGEMANN und andere analysierten das Regelverhalten der „Pupillenreaktion" quantitativ.

Auf zoologischem Gebiet war es insbesondere der Arbeitskreis um Erich VON HOLST am Max-Planck-Institut für Verhaltensphysiologie in Wilhelmshaven und ab 1957 in Seewiesen bei München, der in den fünfziger Jahren damit begann, Verhaltens- und Orientierungsreaktionen von

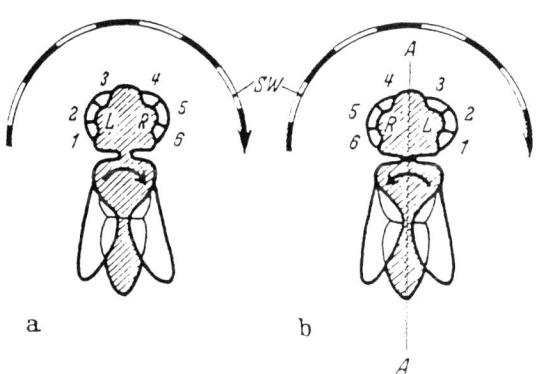
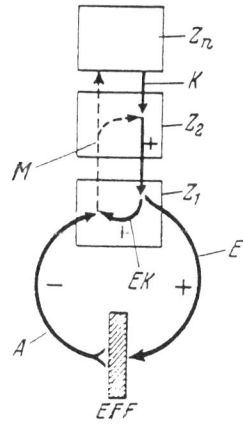

Abb. 177. links: Das optomotorische Verhalten der Schwebfliege *Eristalis* in einem Streifenzylinder (SW), der nach rechts um das Tier bewegt wird. Die normale Fliege (a) wendet sich nach rechts, folgt dem Muster. Die Fliege nach Drehung ihres Kopfes um die Achse A–A um 180° (b) zeigt eine entgegengesetzte Wendetendenz (durch den Pfeil im Thorax angedeutet). R, L rechtes bzw. linkes Auge, in denen jeweils drei Ommatidien numeriert sind. – rechts: Allgemeines Schema in seiner ursprünglichen Fassung zur Erläuterung des Reafferenzprinzips. Ein Kommando K geht vom Zentrum Z_n aus und führt über die Zentren Z_2 und Z_1 zu einer efferenten Impulsfolge (Efferenzstrom E), von der eine „Kopie" (Efferenzkopie EK) im Zentrum Z_1 mit einer gewissen Verzögerung für eine gewisse Zeit aufgebaut wird. Die am Effektor durch den Efferenzstrom ausgelöste Veränderung wird als „Reafferenz" (A) registriert und mit der Efferenzkopie verglichen. Gibt es eine „Entsprechung", löschen sich Reafferenz und Efferenzkopie gegenseitig aus, gibt es sie nicht, kommt es zur „Meldung" (M) an die höheren Zentren. Später (1960) ist dieses Schema von MITTELSTAEDT in einem Punkt korrigiert worden. Aus HOLST, E. v. & MITTELSTAEDT, H.: Die Naturwiss. **37** (1950): 464–476.

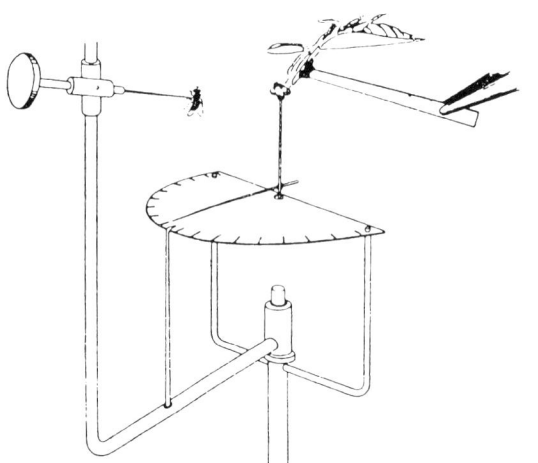

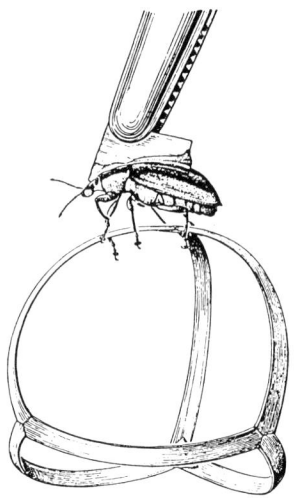

Abb. 178 a. Versuchsanordnung zur Messung der Kopfhaltung bei der Gottesanbeterin *Mantis* bei der visuellen Fixierung einer Fliege und Ausführung des Fangschlages. Aus MITTELSTAEDT (Hrsg.): Regelungsvorgänge in der Biologie. München 1956.

Abb. 178 b. Der aus Stroh gefertigte „Spangenglobus" diente zur quantitativen Erfassung der optomotorischen Wendetendenz beim Rüsselkäfer *Chlorophanus viridus*. Nach HASSENSTEIN, B.: Die Naturwiss. **48** (1961): 207–214.

Evertebraten und Fischen mit dem Instrumentarium der Kybernetik quantitativ zu analysieren (vgl. 19.3.).

Erich VON HOLST formulierte 1950 gemeinsam mit seinem Schüler Horst MITTELSTAEDT das *Reafferenzprinzip* (Abb. 177, rechts), von dem Konrad LORENZ sagte, daß es „als einer der wichtigsten Grundsteine des aus der Synthese biologischer und technischer Vorstellungen entstandenen, so überaus fruchtbaren ... Forschungsgebietes angesehen werden" kann (LORENZ 1964). Ausgangspunkt ihrer Überlegungen war eine Kritik an der vorherrschenden Auffassung der „*Reflextheorie*" (s. 15.3.4.), die behauptete, daß die statischen Lagereflexe (Gleichgewichtsreflexe), durch die die Tiere immer wieder in die Normallage zurückgeführt werden, blockiert seien, solange die Tiere in einer von der Normallage abweichenden Position verharren. In gleicher Weise wurde behauptet, daß bei Tieren mit optomotorischen Reflexen „spontane" Lokomotionen in einem Streifenzylinder dadurch ermöglicht werden, daß diese Reflexe zeitweilig außer Kraft gesetzt werden. Wenn das zuträfe, müßten sich Insekten (z. B. die Schwebfliege *Eristalis*), denen man die Köpfe um 180 °C verdreht und in dieser Position fixiert hat („Vertauschung" der Augen; Abb. 177, links), in einem Streifenzylinder normal verhalten, d. h. keine „Probleme" bei spontanen Ortsveränderungen haben. Das ist aber nicht der Fall. Die Tiere wenden sich nach rechts und links, stocken und bleiben schließlich „wie erstarrt" in atypischer Haltung stehen. Die bei diesen Tieren bei spontanen Ortsveränderungen auftretenden Bildverschiebungen im

Auge in die „falsche", „nicht erwartete" Richtung werden offenbar sehr wohl registriert, sind also keineswegs blockiert und führen zu diesem auffälligen, atypischen Verhalten. Mit dem Reafferenzprinzip lassen sich diese und viele andere Beobachtungen verschiedenster Art zwanglos erklären.

Horst MITTELSTAEDT untersuchte bei der Gottesanbeterin das der Steuerung der Kopfhaltung und des Fangschlages zugrundeliegende Funktionsschema (Abb. 178 a). R. JANDER und Hermann SCHÖNE wendeten ab 1957 die *Kybernetik* erfolgreich auf die Analyse von Orientierungshandlungen und der *Menotaxis* bei verschiedenen Insekten und Garnelen an. Die *Menotaxis* wurde als *Führungsgrößenaufschaltung* im Regelmechanismus der positiven bzw. negativen *Phototaxis* erkannt. Eine umfassende experimentelle und theoretische Systemanalyse der visuellen Wahrnehmung von Bewegungen wurde von Werner REICHARDT, Bernhard HASSENSTEIN und Dezsö VARJU (ab 1958) am Beispiel des Rüsselkäfers *Chlorophanus viridus* vorgelegt (Abb. 178 b).

Im Jahre 1961 führte das wachsende Interesse an kybernetischen Betrachtungen und Analysen zur Begründung einer wissenschaftlichen Zeitschrift „*Kybernetik*" beim Springer Verlag (Berlin, Göttingen, Heidelberg) mit einem international zusammengesetzten Herausgebergremium. Diese Zeitschrift stellte sich das Ziel, Arbeiten zur „Nachrichtenübertragung, Nachrichtenverarbeitung, Steuerung und Regelung im Organismus *und* Automaten" zu veröffentlichen. Sie hat schnell den ihr gebührenden Zuspruch erhalten.

16. Physiologie und Biochemie der Pflanzen

Ekkehard Höxtermann, Berlin

16.1. Anfänge und frühe Richtungen der neueren Pflanzenphysiologie

Die moderne Pflanzenphysiologie wurde durch die herausragende wissenschaftliche, akademische und literarische Wirksamkeit von J. Sachs begründet (vgl. E. G. Pringsheim 1932; Gimmler 1984; Mägdefrau 1992, S. 259 ff.). Sachs formulierte bereits als Privatdozent der Pflanzenphysiologie in Prag (1857–1859) eine Reihe von Fragen „über die allgemeinsten Lebensbedingungen der Pflanzen und die Functionen ihrer Organe", so der Untertitel seines *Handbuches der Experimentalphysiologie der Pflanzen* (1865), die die physiologische Forschung der Botaniker fortan bestimmten (s. a. 8.3.1.). Ziel der neueren Pflanzenphysiologie war es, „die allgemeineren Lebenserscheinungen der Pflanzen in ihre Einzelvorgänge zu zerlegen und sie auf ihre Ursachen zurückzuführen" (Sachs 1865, S. V). Vermochte Sachs noch die gesamte zeitgenössische allgemeine Botanik zu überblicken und die botanische Physiologie in ihrer ganzen Breite zu vertreten, so beschränkten sich viele seiner Schüler bereits auf ausgewählte Richtungen mit Blick auf die „durch solche Einseitigkeit ermöglichte Tiefe" (Fitting 1920, S. 47). Damit zeichneten sich um 1900 schon jene Teilgebiete der experimentellen, insbesondere physiologischen Botanik ab, die die erste Hälfte des 20. Jh. prägten; darunter die experimentelle Morphologie (K. Goebel), die Entwicklungs- und Fortpflanzungsphysiologie (G. Klebs), die Wachstumsphysiologie (J. W. Baranetzky, S. H. Vines), die Reizphysiologie (W. Pfeffer, F. Elfving, F. Noll), die Stoffwechselphysiologie unter besonderer Berücksichtigung der „Kohlensäureassimilation" (A. Hansen, J. Reinke), die Zellphysiologie und -morphologie (Pfeffer, H. de Vries, A. Zimmermann), die Physiologie des Wasserumsatzes (F. Darwin), die experimentelle Ökologie (G. Kraus, E. Stahl) und die

Phytopathologie (O. Appel), um nur die Arbeitsfelder einiger der bedeutenderen Schüler Sachs' zu nennen (vgl. E. G. Pringsheim 1932, S. 210 f.). Besonders nachhaltig beeinflußte Pfeffer die von Sachs inaugurierte Experimentalphysiologie der Pflanzen, als deren Mitbegründer er heute ob seiner weiterführenden, auf die Physiologie der Zelle gerichteten Programmatik gilt (vgl. Bünning 1975; Sucker 1988; Mägdefrau 1992, S. 264 ff.).

„Beide erfüllte in gleicher Weise das Bedürfnis, an Stelle unvorstellbarer mystischer Ideen klare mechanische Erkenntnis der Lebenserscheinungen zu setzen: Sachs erschien eine solche Lösung vieler Lebensrätsel noch mit einfachen physikalischen Vorstellungen leicht; Pfeffer wurde sich zum ersten Male klar bewußt, wie außerordentlich verwickelt die physiologischen Systeme sind." (Fitting 1920, S. 47)
„Sachs hat die experimentelle Physiologie von den Objekten Tier und Mensch auf die Pflanze übertragen ... Pfeffer ging über Sachs hinaus, weil er die Pflanzenphysiologie als ein Mittel zum Vordringen zu allgemein-biologischen Gesetzen sah ... Er sah sich als allgemeiner Physiologe. Sachs hat ihm das ‚Werkzeug' Pflanzenphysiologie geliefert. Vorbild hinsichtlich des Ziels war ihm Hermann von Helmholtz." (Bünning 1975, S. 88, 90)[1]

Pfeffer betrachtete es als „letztes Ziel" der Physiologie, „die Bedeutung und Verwendung der im Weltall gebotenen elementaren Mittel und Kräfte für den Bau und den Betrieb der lebendigen Organismen zu erforschen". Eine Lösung dieses „schwierigsten und verwickeltsten Problems ... auf unserem Planeten" sei aber nur durch das „eingehende Studium einfacher Verhältnisse" und „die thatkräftige Unterstützung von Seiten der Chemie und Physik" möglich (Pfeffer 1897, S. 6). Solche einfachen, chemisch-physikalischen Mitteln zugänglichen, phy-

---

[1] Ein Vergleich der beiden Forscher, Sachs und Pfeffer, drängte sich auch angesichts der Unterschiede in ihrem Wesen, ihrem Arbeitsstil oder ihrer Grundeinstellung zu Wissenschaft, Phantasie und Skepsis immer wieder auf (vgl. Fitting 1920, S. 46 ff.; Pringsheim 1932, S. 256; Bünning 1975, S. 25 f., 88 ff.).

siologischen Verhältnisse biete vor allem der Protoplast als „Elementarorganismus" der Lebewesen.

„Jeder Rückverfolg von Lebenserscheinungen führt unvermeidlich auf den Protoplasten, d. h. auf einen lebendigen Elementarorganismus, und es ist somit Aufgabe der Physiologie, das Walten und Schaffen in diesem Elementarorganismus aus den Eigenschaften und dem Zusammengreifen seiner Theile verständlich zu machen." (PFEFFER 1897, S. 3)

Für diese zellphysiologische Orientierung bei der Suche nach universellen Prinzipien des „Stoffwechsels und Kraftwechsels in der Pflanze", wie PFEFFER sein zweibändiges *Handbuch der Pflanzenphysiologie* (1881) untertitelte, fehlte vielen Zeitgenossen das rechte Verständnis. Sie spöttelten über den einseitigen „Laboratoriumsbotaniker" (vgl. BÜNNING 1975, S. 29). Selbst SACHS empfand angesichts der Arbeiten PFEFFERS zur Osmose, jener habe „sich in eine rein physikalische Geschichte hineingeritten" (Brief an H. THIEL, 1876, zit. in PRINGSHEIM 1932, S. 278). Doch die Ergebnisse der Experimentalarbeiten PFEFFERS von den berühmten *Osmotischen Untersuchungen* (1877) und Forschungen *Über Aufnahme von Anilinfarben in lebende Zellen* (1886) über die *Studien zur Energetik der Pflanze* (1892) und *Die Reizbarkeit der Pflanzen* (1893) bis zu den *Beiträgen zur Kenntnis der Entstehung der Schlafbewegungen* (1915) sprachen für sich. Das Leipziger Botanische Universitätsinstitut wurde zu einem „Mekka der Pflanzenphysiologie" (MÄGDEFRAU 1992, S. 265). Die 1915 zu PFEFFERS 70. Geburtstag erschienene Festschrift nennt weltweit 260 Schüler. Ihr zunehmender Einfluß wurde aber nicht nur mit Beifall bedacht, wie die bekannte, abfällige Bemerkung GOEBELS über die „einseitig orientierten Piperaceen" (Brief an G. KARSTEN, 1920, zit. in BERGDOLT 1940, S. 183) zeigt – ein Ressentiment, das in Anbetracht der starken Zurückdrängung von Morphologie und Anatomie an den Universitäten durch die zellphysiologisch arbeitenden „Pfeffergewächse" verständlich wird, zumal auch morphologische und anatomische Arbeiten den Aufstieg der Physiologie mitbewirkt hatten (vgl. 12.1.).
Die mechanistische Tendenz der Naturwissenschaften hatte im letzten Drittel des 19. Jh. auch Morphologen und Anatomen bewegt, nach ursächlichen Erklärungen für Gestalt und Bau der Pflanzen zu suchen (s. a. 8.2.). Die vergleichende, beschreibende Formenlehre wandelte sich in Teilen zu einer experimentellen Morphologie, die dann in einer Physiologie der pflanzlichen Entwicklung aufging. Nicht minder trug das

Konzept einer physiologischen Anatomie, die Bau und Funktion der Pflanzen in ihrer Einheit sah, zur Herausbildung der Entwicklungsphysiologie bei.
Die ersten Ansätze einer „kausalen Morphologie", die nach den Ursachen der Formbildung fragte, waren bereits in W. HOFMEISTERS *Allgemeiner Morphologie der Gewächse* (1868) zu finden. Dessen entwicklungsgeschichtlichen Studien der Organanlage folgten schon bald „Physiologische Untersuchungen über Wachstumsursachen und Lebenseinheiten", wie H. VÖCHTING sein Werk *Über Organbildung im Pflanzenreich* (1878, 1884) umschrieb. VÖCHTINGS Hauptinteresse galt der Polarität der Blütenpflanzen und ihrer Determiniertheit. G. KLEBS dehnte die Suche nach inneren und äußeren morphogenetischen Faktoren, deren sorgfältige Analyse ihm sogar *Willkürliche Entwicklungsänderungen bei Pflanzen* (1903) gestattete, auf die Thallophyten aus. Mit dem Studium der *Bedingungen der Fortpflanzung bei einigen Algen und Pilzen* (1896) begründete er die Fortpflanzungsphysiologie. Eine erste, umfassende Übersicht über das Gesamtgebiet, eine *Einleitung in die experimentelle Morphologie der Pflanzen* (1908), war schließlich K. GOEBEL zu danken. Er erachtete es als Aufgabe einer *Organographie der Pflanzen* (1898–1901) zu klären, „ob beziehungsweise in welchen Beziehungen die Gestaltungsverhältnisse zu den Lebensbedingungen stehen, und zwar sowohl nach ihren Leistungen als auch den Bedingungen für ihr Zustandekommen" (zit. in NAPP-ZINN 1987, S. 330). Die Analyse physiologischer Grundlagen morphologischer Erscheinungen war mithin ein zentrales Anliegen der Morphologie GOEBELS, deren disziplinäre Trennung von der Physiologie für ihn nicht naturgegeben, sondern nur ein auxiliares Erfordernis für die Orientierung in der Vielfalt pflanzlichen Daseins war. „Morphologisch ist das, was sich physiologisch noch nicht verstehen läßt" (zit. in NAPP-ZINN 1987, S. 331).[1]) So ver-

---

[1]) Das Verhältnis des Morphologen GOEBEL zur Physiologie wird in der Botanikgeschichtsschreibung zu einseitig bewertet. Sein Ärger über „die Verbohrung der Reizphysiologen in ganz irrelevante Kleinigkeiten" (Brief an G. KARSTEN, 1921, zit. in BERGDOLT 1940, S. 184) bedeutete keine Unterschätzung oder gar Mißachtung der modernen Experimentalphysiologie, auch wenn er sich lange Zeit, wie im übrigen anfänglich selbst PFEFFER (vgl. BÜNNING 1975, S. 84), nicht vorstellen konnte, daß die Versuche zur phototropen Reizleitung an Haferkeimscheiden den Durchbruch zu den regulativen Mechanismen von Wachstum und Entwicklung bringen sollten. Seine Verstimmung galt der scheinbaren Überbewertung einer Einzelerscheinung und -richtung.

wundert es nicht, daß sich eine Reihe der mehr als 150 Botaniker der morphologischen Schule GOEBELS, seit 1891 mit München verbunden, besonders auch physiologischen Problemen zuwandte, z. B. B. E. LIVINGSTON (Physiologie des Wasserhaushalts), F. OEHLKERS (Entwicklungsphysiologie), O. RENNER (Physiologie des Wasserhaushalts), Th. SCHMUCKER (Wachstums- und Entwicklungsphysiologie) oder A. SEYBOLD (Wachstumsphysiologie, Biophysik der Pflanzen).

Analog zur Morphologie bildete sich auch in der Anatomie eine progressive Richtung heraus, die nach der Kausalität mikroskopischer Beobachtungen fragte. Von S. SCHWENDENER angeregt, hatte G. HABERLANDT in einem Lehrbuch der *Physiologischen Pflanzenanatomie* (1884) das rein deskriptiv-topographische Gebäude der klassischen Histologie gesprengt und die Anatomie auf eine neue, physiologische Grundlage gestellt. Er unterschied die einzelnen Gewebe der Pflanzen nach funktionellen Gesichtspunkten – ein System, das sich bis heute bewährt hat. Galten die frühen Arbeiten der physiologischen Anatomen der Aufdeckung wechselseitiger Bedingtheiten von physiologischer Funktion und anatomischem Bau, so wuchs schon bald das Interesse an den formgebenden Faktoren. Im Ergebnis mikroskopischer Studien *Zur Physiologie der Zellteilung* (1913–1921) vermochte HABERLANDT eine der ersten Hormontheorien in der Pflanzenphysiologie zu begründen (vgl. HÖXTERMANN 1994 b). Auch aus der Berliner Schule der physiologischen Pflanzenanatomie von SCHWENDENER und HABERLANDT gingen bedeutende Physiologen hervor (vgl. RICHTER 1982; HÖXTERMANN et al. 1978).

Experimentelle Morphologie und physiologische Anatomie begriffen sich ebenso wie die experimentelle Physiologie als „Erklärungswissenschaft" (vgl. MORTON 1981, S. 432). Durch die Persönlichkeit ihrer Begründer, die Perspektive und relative Geschlossenheit der eingeschlagenen Forschungsrichtungen mit ihren spezifischen Methoden und Zielen hatten sich nach 1880 verschiedene pflanzenphysiologische Schulen innerhalb der allgemeinen Botanik herausgebildet, die für ca. 50 Jahre um Anerkennung und Einfluß rangen. Die Bewertung der Leistungen sich entwickelnder Pflanzen anhand gestaltlicher und baulicher Merkmale mußte indes in dem Maße zurücktreten, wie die Zellphysiologie mit ihren neuen biochemischen und -physikalischen Mitteln direkt die zelluläre Basis des Pflanzenlebens erschloß. So kam es bereits in den 30er Jahren des 20. Jh. zu einer ersten Vereinheitlichung physiologischer Subdisziplinen. Hatte F. von WETTSTEIN im Vorwort zum ersten Band der *Fortschritte der Botanik* (1931, S. IV) noch angemerkt, daß Reizphysiologie und Entwicklungsphysiologie nicht mehr scharf zu trennen wären, so bemerkte F. OEHLKERS schon kurze Zeit später an gleicher Stelle (1933, S. 229), daß sich die Entwicklungsphysiologie nun auch zunehmend mit der Wachstums- und Bewegungsphysiologie überschneide.

„For botanists of my generation it was rather fascinating to see old morphological problems becoming more and more integrated into physiology." (BÜNNING 1977, S. 8)

Die Entwicklung der Pflanzenphysiologie im 20. Jh. verlief in den Bahnen, die ihre Begründer vorgezeichnet hatten.

„Much important work was done in plant physiology during the first 30 years of the 20th century, but it was largely an extension of concepts and processes recognized and described in the 19th century." (KRAMER 1973, S. 4)

Eine neue Qualität der Forschung wurde schließlich mit den methodischen und theoretischen Auswirkungen von Biochemie, Biophysik und Molekularbiologie auf die Pflanzenphysiologie erreicht, womit sich auch der Typ des Pflanzenphysiologen wandelte:

„The earlier plant physiologists were botanists. They demonstrated the validity of the biogenetic law: ontogeny repeats phylogeny. They repeated in their life the whole history of botany. As children they collected plants, later on they ordered them in a herbarium according to the rules of taxonomy, they continued with morphology and anatomy, and finally became interested in physiology. Only a few of these botanists were able to fill the gaps in their knowledge of physics and chemistry. This type of plant physiologist was still predominant in my country in the years after the second war …[1])
The new plant physiologist is actually what he should be in the present situation of biology: not primarily botanist or zoologist, but rather a chemist or physicist who succeeds in recognizing the physical and chemical complexity of those special natural structures which we call organisms. Most of the earlier chemists and physicists did not realize this." (BÜNNING 1977, S. 21)

Durch die Schule PFEFFERS hat es „in der Botanik einen gewaltigen Aufschwung und neue Impulse gegeben, während in der Zoologie, jedenfalls in Deutschland, das morphologische Arbeiten viel länger im Vordergrund geblieben ist" (BÜNNING 1975, S. 95) (vgl. 12.1.).

---

[1]) Zu den bekanntesten Pflanzenphysiologen, die noch mit taxonomischen Arbeiten begonnen hatten, zählen PFEFFER, RUHLAND und RENNER.

16.2. Perioden in der Geschichte der jüngeren Pflanzenphysiologie

SACHS und PFEFFER standen mithin am Anfang einer breiten Entfaltung der Pflanzenphysiologie. Umfaßten die Handbücher von SACHS (1865) und PFEFFER (1881) in der Erstauflage noch 514 bzw. 857 Seiten, die sich in der zweiten Auflage von PFEFFER (1897, 1904) mit 1 606 Seiten schon fast verdoppelten, so offenbarte das von PFEFFERS Leipziger Amtsnachfolger W. RUHLAND herausgegebene 18bändige *Handbuch der Pflanzenphysiologie* (1955–1967) mit 22 461 Seiten förmlich eine Explosion der Kenntnisse. Während PFEFFER es noch vermocht hatte, die gesamte pflanzenphysiologische Literatur seiner Zeit kritisch zu durchdringen, sah RUHLAND den einzelnen Forscher bereits außerstande, die ganze Physiologie der Pflanzen auch nur zu überschauen:

Seit der Neuauflage von PFEFFERS Handbuch um die Jahrhundertwende „hat die Physiologie alle anderen Zweige der Botanik in immer wachsendem Tempo überflügelt und immer größere Anziehungskraft auf die Forscher ausgeübt. Ihr Streben, hinter die äußere, symptomatische Erscheinung der Dinge vorzudringen und die bewegenden Zusammenhänge zu suchen, hat ebensosehr unser allgemeines Verständnis für das pflanzliche Lebewesen erstaunlich vergrößert, wie es die Grundlage für erfolgreiches Voranschreiten der Land- und Forstwirtschaft, Pharmakologie, Pharmakognosie, Pathologie und anderer Zweige der angewandten Botanik gefestigt hat. Zur Entwicklung der physiologischen Forschung haben freilich auch Chemie und Physik entscheidend beigetragen, indem sie neue Gesichtspunkte und Methoden zur vertieften Behandlung alter Probleme und zum Angriff auf immer neue Ziele darboten.

Als zwangsläufige Folge dieser stürmischen Entwicklung mußte indessen auch eine ständig wachsende Spezialisierung der physiologischen Arbeitsbereiche in Kauf genommen werden. Heute vermag der einzelne Forscher kaum noch die Nachbargebiete des eigenen Betätigungsfeldes zu überschauen, niemand aber mehr das Ganze." (RUHLAND 1955, Bd. 1, S. V)

Aber auch das neue, voluminöse Handbuch mit seinen Hunderten von Autoren bedurfte schon in den Erscheinungsjahren der Ergänzung und Überarbeitung. Waren einige Kapitel durch die kriegsbedingte Verzögerung im Druck schlichtweg veraltet,[1] so erwies es sich letztenendes als besonders problematisch, daß gerade in den

50er und 60er Jahren, zeitgleich mit der Herausgabe der einzelnen Bände, entscheidende biochemische, biophysikalische und molekularbiologische Grundlagen des Pflanzenlebens entdeckt wurden, die unberücksichtigt bleiben mußten. Als RUHLAND sein Werk konzipierte, genügten ihm zwei einführende Bände für die Darstellung der allgemeinen Konstitution und Physiologie der Pflanzenzelle; und die diversen physiologischen Kapitel ließen sich noch den klassischen Bereichen „Stoff- und Energiewechsel" (11 Bde.) sowie „Wachstum, Entwicklung, Bewegungen" (5 Bde.) zuordnen. In vielen Fällen konnte selbst der gesamte historische Weg der Forschungen noch aufgezeigt werden. In der Publikationsphase des Handbuches änderte sich jedoch binnen kurzer Zeit die Situation grundlegend, als qualitativ neue Zugänge molekularer Dimension möglich wurden. Die völlige Umstrukturierung der gesamten Biologie durch die neue Molekularbiologie wirkte sich besonders einschneidend auf die physiologischen Disziplinen aus (s. a. Kap. 22):

„The new molecular direction of genetics and structural research on biopolymers had an integrating effect on all other biological fields, including plant physiology, and it became increasingly difficult to keep previously distinct areas separated ...
Thus, on the one hand, new methods of studying regulation and adaptation break down old barriers between formerly separate fields such as genetics, physiology and ecology. On the other hand, certain aeras have remained well defined, particularly those concerning functions of the organism as a whole, such as phloem transport." (PIRSON & ZIMMERMANN 1975, S. V)

Die molekulare Basis wie die sich stetig wandelnden Arbeitsfelder der jüngeren Pflanzenphysiologie fanden ihren Niederschlag in einer fortlaufenden „Neuen Serie" der *Encyclopedia of Plant Physiology* (seit 1975), von A. PIRSON und M. H. ZIMMERMANN herausgegeben. Mit Blick auf Neuheit und Dichte der Spezialkenntnisse wurde auf einführende Bände über allgemeine Prinzipien ebenso wie auf historische Konzepte verzichtet. Den bis jetzt vorliegenden 19 Bänden mit ihren 17 201 Seiten werden weitere folgen.
Die Erscheinungszeiten der vier genannten Handbücher bzw. Handbuchreihen markieren zugleich verschiedene Perioden in der Geschichte der neueren Pflanzenphysiologie. Nach ihrer Begründung durch SACHS (1865) und PFEFFER (1881) und der beispielhaften Orientierung auf die Zelle als „Elementarorganismus" des „Stoff- und Kraftwechsels" in der Pflanze (PFEFFER 1897, 1904) folgte eine lange, ein halbes Jahrhundert während Differenzierungs-

---

[1] Seit 1937 mit der Herausgabe befaßt, lagen RUHLAND die ersten Manuskripte noch vor Kriegsausbruch vor (vgl. RUHLAND 1955, Bd. 1, S. V).

und Verifikationsphase, in der sich die Einsicht durchsetzte, „daß alle physiologischen Vorgänge sich in der Zelle abspielen und somit Physiologie und Biologie im wesentlichen Zellphysiologie und Zellbiologie sind" (BOGEN 1956, S. 1). Diese extensive, datenreiche, zellphysiologische Etappe fand ihren sichtbaren Ausdruck in dem umfangreichen Handbuch RUHLANDS (1955–1967), das in großen Teilen aber „nur" summarisch und kompilatorisch sein konnte, bis Biochemie, Biophysik und Molekulargenetik, vor allem dank methodischer Fortschritte (s. w. u.), unzählige Einzelbefunde auf einer molekularen Ebene zusammenführten und erklärten. RUHLANDS Handbuch war damit zeitlich in äußerst fruchtbare Jahre der Synthese und Generalisierung pflanzenphysiologischer Erkenntnisse eingebettet und stand in zweifacher Hinsicht an einer Schwelle: Während sich der Übergang von der speziellen Physiologie der Pflanzen zu einer allgemeinen Physiologie der Organismen, ganz im Sinne PFEFFERS, letztendlich vollzog, begann jener von der **Zellphysiologie** zur Biochemie der Pflanzen.

Die Anerkennung allgemeinbiologischer Prinzipien basierte im wesentlichen auf der Erkenntnis einheitlicher biochemischer wie molekulargenetischer Grundlagen aller irdischen Lebewesen, wie sie sich in ihrer Gesamtheit erstmals in den 50er Jahren darstellte (s. w. u.). Von der universellen **Biochemie**, die sich Mitte der 50er Jahre endgültig als eigenständige Wissenschaftsdisziplin konsolidiert hatte (vgl. HÖXTERMANN 1994 a, S. 108 ff.), ging zugleich ein wirkungsvoller Impetus für die verstärkte „Chemisierung" der Pflanzenphysiologie aus. Die Biochemie der Pflanzen wurde zu einer selbständigen biochemischen Subdisziplin. Umfaßte die erste „Bibel" der Pflanzenbiochemiker, die noch weitgehend spekulative *Plant Biochemistry* (1950) von J. BONNER, nicht ganz 500 Seiten, so hatte die zweite, von BONNER und J. VARNER herausgegebene Auflage (1965) bereits den doppelten Umfang, wohingegen die dritte Auflage (1976) dann schon verschiedene wichtige Teilbereiche ausklammern mußte. *The Biochemistry of Plants* (1980/81), von P. K. STUMPF und E. E. CONN ediert, vereinte schließlich acht Bände (vgl. HATCH 1986). Die pflanzenbiochemische Forschung erhellte insbesondere die intrazellulären Grundlagen und Mechanismen im Stoff- und Energiewechsel der Pflanzen.

Demgegenüber rückten die erweiterten analytischen Möglichkeiten der molekularen Biologie, wie sie sich in den 60er Jahren als neues, experimentelles und theoretisches Paradigma der gesamten Biologie etablierte (s. a. Kap. 22), vor allem regulative Aspekte des Lebens der Pflanzenzellen, ihr „biological engineering" im natürlichen Wortsinn, ins Zentrum der Pflanzenphysiologie. Seither wird versucht, die klassische Frage „what makes (cells) work in a coordinated way on demand" (STEWARD 1971, S. 3) auf molekularbiologischer Ebene zu lösen. Ein sichtbarer Ausdruck des hohen Stellenwertes der **Molekularbiologie** in der heutigen pflanzenphysiologischen Forschung ist, daß die *Annual Reviews of Plant Physiology* seit 1988 auch im Titel die *Plant Molecular Biology* ausweisen.

Versuche, die Physiologie der Pflanzen auf Biochemie und Molekularbiologie zu reduzieren, waren indes zum Scheitern verurteilt.

„Some of the scientists who rather arrogantly claimed in the late 1950s and early 1960s that the only worthwhile approach to biological programs was through molecular biology have now changed their views … one cannot solve all the problems of organisms solely at the molecular level. To fully understand plant growth requires research at all levels, molecular, cellular, organismal, and community, and it is silly to claim that any one approach can do the job alone." (KRAMER 1973, S. 10)

Diese Einsicht bedeutete u. a. eine Renaissance der **Ökophysiologie**, die bereits in den 30er Jahren einen Aufschwung erlebt hatte, mit den „Molekularisierungs"-Strategien aber stark zurückgedrängt worden war.

Die zunehmende Verschmelzung pflanzenphysiologischer Fragestellungen mit biochemischen, molekularbiologischen, ökologischen u. a. Themen ist ein hervorstechendes Merkmal der Pflanzenphysiologie im ausgehenden 20. Jh. Nach der Vereinheitlichung und Verallgemeinerung der Physiologie, wie sie notwendigerweise in den 50er Jahren einsetzte, spielen heute Abweichungen von den allgemeinen physiologischen Prinzipien der Natur wieder eine größere Rolle. Der Antagonismus zwischen Einheit und Vielfalt im Leben der Pflanzen gehört zu den wesentlichen Stimuli der pflanzenphysiologischen Forschung unserer Zeit.

Zusammenfassend lassen sich **drei Perioden** in der Geschichte der neueren Pflanzenphysiologie unterscheiden. Die Phase ihrer Begründung oder Konstituierung zwischen 1865 und 1881, unter Zugrundelegung der einflußreichen Handbücher von SACHS und PFEFFER, zeichnete sich durch eine Empirisierung, Experimentalisierung oder „Szientifikation" (im Sinne ROTHSCHUHS 1969, S. 36) des funktionell orientierten Zweiges der allgemeinen Botanik aus. In der Überzeugung von der Einheitlichkeit der Lebensprinzipien (SACHS) wie der Naturkräfte (PFEFFER) wurden induktiv-experimentelle, kausalanalytische Untersuchungen zur Basis einer naturwissenschaftlich-exakten Physiologie der Pflanzen. Während SACHS mehr an einer Einheit der Physiologie festhielt und an den Leistungen der Organe interessiert war, waren PFEFFERS Bestrebungen auf die Universalität der Naturwissenschaften und die elementaren Leistungen des Protoplasten gerichtet.

Der relativ kurzen Zeit, in der die Physiologie zur Erfahrungswissenschaft wurde, schloß sich eine lange, bis etwa Mitte des 20. Jh. währende Periode ihrer Etablierung und Konsolidierung an, in der sich auch Morphologie und Anatomie zur experimentellen Ursachenforschung bekannten und entwicklungsgeschichtliche Studien eine entwicklungsphysiologische Richtung erhielten. Der anfänglich starken Differenzierung der physiologischen Arbeitsfelder (Reiz- und Bewegungsphysiologie, Wachstums-, Entwicklungs- und Fortpflanzungsphysiologie, Ernährungs- und Stoffwechselphysiologie, Ökophysiologie u. a. m.) folgte eine allmähliche Integration durch die Erkenntnis zellphysiologischer Zusammenhänge, womit letztlich die mechanistische Programmatik PFEFFERS verwirklicht wurde und die physiologische Richtung der allgemeinen Botanik immer mehr über die morphologische und anatomische dominierte.

In den 50er und 60er Jahren bewirkten dann Biochemie, Biophysik und Molekularbiologie eine Generalisierung physiologischer Erkenntnisse, die zu einer Synthese vormals getrennter Forschungsgebiete und damit zu einer Umprofilierung der Pflanzenphysiologie führte. Die Neukonzeptualisierung der Lebenserscheinungen in den Begriffen der molekularen Biologie verstärkte den integrativen Trend. Befürchtungen, die Physiologie könnte von den neuen Disziplinen absorbiert werden, bestätigten sich nicht. In Anbetracht der Komplexität und Variabilität biologischer Systeme und der reduktionistischen Tendenz biochemischer und molekularbiologischer Arbeiten gewannen vielmehr ganzheitlich-physiologische Untersuchungen wieder an Bedeutung.

16.3. Wege der Pflanzenphysiologie im 20. Jahrhundert

16.3.1. Differenzierung und Integration der Richtungen

Die kurz umrissene Genese der experimentellen Pflanzenphysiologie spiegelt sich in der Biologiehistoriographie nur ungenügend

wider.[1] Aussagen über den Weg der pflanzenphysiologischen Forschung im 20. Jh. gestattet die thematische Schwerpunktsetzung der Fachzeitschriften, Jahresberichte und Handbücher.

Die *Fortschritte der Botanik*, 1932 von F. VON WETTSTEIN mit dem Bericht über das Vorjahr begründet, unterschieden fünf botanische Abteilungen:

– die Morphologie, einschließlich der Zellenlehre, Anatomie und Entwicklungsgeschichte;
– die Systemlehre und Stammesgeschichte, einschließlich der Paläobotanik und Pflanzengeographie;
– die Physiologie des Stoffwechsels, einschließlich der Mikrobiologie des Bodens;
– die Physiologie der Organbildung, einschließlich der Vererbungslehre, 1938 um die Zytogenetik ergänzt, und
– die Ökologie als „alle Abteilungen berührender Anhang".

Die beiden physiologischen Abteilungen legten lange Zeit konstante Schwerpunkte fest:

---

[1] In Übersichten zur Geschichte der modernen Biologie spielt die Pflanzenphysiologie keine wesentliche Rolle (z. B. NOWIKOFF 1949; ALLEN 1975; „Meilensteine der Biologiegeschichte" in HERDERS Lexikon der Biologie 10, 1992, S. 329–407) bzw. werden nur wenige, ausgewählte Aspekte erwähnt (z. B. UNGERER 1966, S. 163 ff., 185 f.). Eine bemerkenswerte Ausnahme bildet, unter besonderer Berücksichtigung eigener Landsleute, eine russische Arbeit (GENKEL & SENČENKOVA 1975). Auch in den bekannten wissenschaftshistorischen Zeitschriften finden sich kaum Einzelstudien zur Geschichte der Pflanzenphysiologie im 20. Jh. Speziellere botanikgeschichtliche Werke befassen sich vornehmlich mit den Leistungen der Begründer der neueren Pflanzenphysiologie (z. B. MÄGDEFRAU 1992, S. 259 ff.), heben nur sporadisch einige Leistungen von Physiologen heraus (z. B. MORTON 1981, S. 460 ff.) oder waren durch den Zeitpunkt ihres Erscheinens an einer kritischen Wertung der jüngeren Arbeiten gehindert und blieben dadurch im Summarischen verhaftet (z. B. MÖBIUS 1937; WEEVERS 1949). Der Rückblick von WEEVERS (1949) auf *Fifty Years of Plant Physiology* ist zudem eher als ein, niederländische Autoren bevorzugendes, „Textbook of Plant Physiology on a Historical Basis" anzusehen, wie F. W. WENT im Vorwort hervorhebt. MÄGDEFRAU konnte sich auch in der Neuauflage seiner Botanikgeschichte angesichts der „Schrifttumsexplosion" nicht entschließen, „die Geschichte der Pflanzenphysiologie unseres Jahrhunderts auch nur in großen Zügen darzustellen, (es) würde den Rahmen ... sprengen" (MÄGDEFRAU 1992, S. 267). Persönliche Erinnerungen, vor allem in den *Annual Reviews of Plant Physiology* (seit 1950) festgehalten, Nachrufe, historische Einführungskapitel, hauptsächlich in RUHLANDS Handbuch, und eine Reihe physiologischer Repetitorien und Originalarbeiten bilden mithin die Grundlage dieser Übersicht.

Die „Physiologie des Stoffwechsels" wurde in (1) „Physikalisch-chemische Grundlagen der biologischen Vorgänge", (2) „Zellphysiologie und Protoplasmatik", (3) „Wasserumsatz und Stoffbewegungen", (4) „Mineralstoffwechsel", (5) „Stoffwechsel I. Allgemeiner Stoffwechsel" oder „Stoffwechsel organischer Verbindungen", (6) „Stoffwechsel II. Heterotrophe und Spezialisten" oder „Mikrobiologie des Bodens" und (7) „Ökologische Pflanzengeographie" untergliedert.

Ab 1939 wurde die Photosyntheseforschung als eigenes Kardinalthema aus dem „Stoffwechsel organischer Verbindungen" ausgegliedert. Die „Physiologie der Organbildung" setzte sich aus nur zwei subordinativen Problemkreisen zusammen, aus (1) „Wachstum und Bewegung" sowie (2) „Entwicklungsphysiologie". Diese Gliederung blieb im Grunde bis etwa 1960 erhalten. Erst dann wurde eine grundsätzliche Umstrukturierung unumgänglich.

Bereits in den ersten Berichten waren sich die Berichterstatter der Unschärfe ihrer konservativen Grenzziehung bewußt geworden. In dem Maße, wie in den einzelnen Bereichen die zellphysiologische Ebene erreicht und regulative Aspekte berührt wurden, erwiesen sich Abgrenzung und Zuordnung als immer willkürlicher. Ein besonderer integrativer Effekt ging, um nur eines der übergreifenden Themen zu nennen, von der Wuchsstofforschung aus. Die klassischen Spezialrichtungen der Pflanzenphysiologie entwickelten sich dann auch sehr unterschiedlich. Ihr ungleiches Fortschreiten kann man am stark abweichenden Umfang der thematischen Einzelbände von Ruhlands Handbuch ersehen. Diesbezüglich erweiterten sich bis Mitte des 20. Jh. vor allem die Kenntnisse über die Physiologie von Wachstum, Entwicklung und Bewegung, Atmung, Gärung und Kohlenhydratstoffwechsel, CO_2-Assimilation, Stickstoffumsatz (Eiweißstoffwechsel) und Mineralstoffernährung sowie Wasserhaushalt der Pflanzen. Im Gegensatz dazu blieb besonders das Verständnis des Stoffwechsels der Fette und sekundären Pflanzenstoffe sowie des Stofftransportes in der Pflanze unbefriedigend.[1])

Die weiter oben dargelegten veränderten Rahmenbedingungen pflanzenphysiologischer Forschung nach 1960 führten schließlich zu einem Wandel der klassischen Spezialgebiete und zu einer deutlichen Akzentverschiebung. Unter Be-

zugnahme auf die „Neue Serie" der *Encyclopedia of Plant Physiology* lassen sich als zentrale Themen der 70er und 80er Jahre die „Physiologische Pflanzenökologie", die „Photosynthese", der „Stofftransport in Pflanzen", die „Hormonelle Regulation der Entwicklung", die „Physiologische Pflanzenpathologie", die „Mineralstoffernährung" und die „Photomorphogenese" unterscheiden. Dabei fallen die verschiedenen Erklärungsebenen der einzelnen Problemfelder, von den Molekülen und Organellen bis zu ganzen Pflanzen und Biozönosen, auf, die eine Synthese molekular- und zellbiologischer, physiologischer und ökologischer, biochemischer und biophysikalischer, mikrobiologischer und pathologischer Arbeiten darstellen.

16.3.2. Determiniertheit und Kausalität *versus* „Unbestimmtheit" und „Komplementarität" in der pflanzenphysiologischen Ursachenforschung

Pfeffer hatte es als eine Forderung „jeder gesunden Physiologie" bezeichnet, „dass auch im Organismus alles reale Geschehen dem Causalitätsprincip unterworfen ist" (Pfeffer 1892, S. 254 f.). Das Unvermögen, physiologische Vorgänge vollends mit den bekannten Gesetzen der Physik und Chemie zu erklären, rechtfertige keineswegs das Postulat einer imaginären Lebenskraft; vielmehr gewähre der gegebene „Erfahrungskreis" der Naturwissenschaften einfach noch nicht die Möglichkeit, „die Gesamtheit aller Combinationen, Constellationen und Anwendungen zu uberschauen und zu begreifen, deren Kräfte und Stoffe im Organismus dienstbar gemacht sind" (Pfeffer 1897, S. 6).

„Im Princip steht also die physiologische Forschung auf keinem anderen Boden, als die übrigen Naturwissenschaften, wenn sie auch vielfach complexe Grössen als gegeben und vorläufig nicht weiter zerlegbar hinnehmen muss, also im allgemeinen die vitalen Vorgänge nicht so weit wie Chemie und Physik, auf Atome und einfache energetische Factoren zurückzuführen vermag." (Pfeffer 1897, S. 4)

Die Überzeugung von der grundsätzlichen Erklärbarkeit biologischer Zusammenhänge auf der Basis einheitlicher Naturgesetze äußerte sich eingangs des 20. Jh. in zwei Varianten, inwieweit sich physiologische Prozesse auf physikalische Kräfte und chemische Reaktionen reduzieren lassen. Sah die pragmatische, moderate

---

[1]) Den gleichen Eindruck vermitteln Weevers' (1949) Besprechung der pflanzenphysiologischen Literatur der ersten Jahrhunderthälfte sowie die Jubiläumsausgabe der *Plant Physiology* (1974) zum fünfzigjährigen Bestehen der „American Society of Plant Physiologists", die zentrale Forschungsthemen der Zeit zwischen 1924 und 1974 würdigt.

Seite in der Physik und Chemie vor allem ein „Hilfsmittel", so war die uneingeschränkt reduktionistische Seite bestrebt, die Physiologie durch Physik und Chemie zu substituieren. Zu den bekanntesten Opponenten dieser Kontroverse in der Physiologie gehörten F. CZAPEK und H. EULER:

„Der Grundgedanke meiner Arbeit war: Wie weit gelangt man in der Physiologie mit chemischen Methoden? ... Im Hinblick auf das Ideal der biologischen Forschung, die Lebensvorgänge zu verstehen und alle ihre wechselseitigen Beziehungen aufzudecken, ist auch die Biochemie nur ein Mittel von vielen, allerdings eine der mächtigsten Waffen, die wir besitzen." (CZAPEK 1905, Bd. 1, S. V, 19)
„Mit jedem experimentellen Fortschritt in der Pflanzenphysiologie wird es deutlicher, daß diese Wissenschaft früher oder später mit der Pflanzenchemie zusammenfallen wird. Seitdem es allgemein anerkannt ist, daß ein prinzipieller Unterschied zwischen chemischen Reaktionen außerhalb und innerhalb des lebenden Organismus nicht besteht, muß es die Aufgabe der Physiologie sein, die Lebenserscheinungen als chemische Reaktionen darzustellen." (EULER 1908, Bd. 1, S. 1)

Letztlich differierten beide Positionen aber nur im Grad der Reduzierbarkeit, zeichnet sich die pflanzenphysiologische Forschung doch generell durch ein mechanistisches Vorgehen aus. Die Suche nach grundlegenden Mechanismen zur Deutung pflanzlicher Lebensleistungen erfordert das Studium isolierter Einzelerscheinungen, d. h. die Reduktion komplexer Phänomene auf primäre, ursächliche, stoffliche und energetische Beziehungen (vgl. ALLEN 1975, S. XXI). Eine Gegensteuerung zu mehr holistischen Sichtweisen war hauptsächlich der Genetik zu danken, die den Physiologen ob des lange Zeit nur hypothetischen Charakters der Gene wenig „behagte" (vgl. MELCHERS 1987, S. 379).

„Thus experimentalism and a mechanistic outlook became prominent in biology between 1890 and 1915, borrowed largely from the physical sciences (through physiology) ... In the 1920s a less mechanistic trend became discernible in biology, rejecting the simplistic tendency to reduce all biological phenomena to molecular interactions." (ALLEN 1975, S. XIX)

Einer der Pioniere der Phytohormonforschung, F. W. WENT, hob ausdrücklich hervor, daß „an emphasis on the mechanistic approach towards life" (WENT 1974, S. 4) die kognitive Voraussetzung für die Entdeckung der Auxine darstellte. Die Konzeptualisierung der klassischen Pflanzenphysiologie erfolgte mithin in Begriffen der Physik (Mechanik und Energetik) und Chemie. Determiniertheit und Kausalität physiologischer Vorgänge bildeten die erkenntnistheoretische Grundlage erfolgversprechenden Experimentie-

rens. Die Wandlungen des physikalischen Weltbildes im Ergebnis der Atomphysik in den 20er Jahren wirkten sich folglich auch auf die biologische Forschung aus. Die Unvorhersehbarkeit quantenphysikalischer Elementarereignisse, deren grundsätzliche Unschärfe W. HEISENBERG (1927) mit einer „Unbestimmtheitsrelation" erklärte, die wiederum N. BOHR (1927) zur Beschreibung einander ausschließender und zugleich ergänzender, komplementärer Realitätsbilder veranlaßte, stellte auch die ursächliche Erklärung organischen Lebens in Frage. Vielmehr schien das „Rätsel des Lebens" eine Entsprechung der Akausalität atomarer Verhältnisse zu sein. In der Konsequenz wären auch Lebensvorgänge im Einzelfall nicht determiniert und kausal erforschbar – eine verlockende Aussicht, das Dilemma jahrzehntelangen vergeblichen Mühens, das Leben physikalisch hinreichend zu beschreiben, zu lösen und den Widerstreit zwischen Reduktionisten und Vitalisten beizulegen. Vornehmlich theoretische Physiker propagierten die „Unbestimmtheit" des Lebens. Größere Bedeutung erlangten die „Verstärkertheorie der Organismen" (JORDAN 1932) und die Theorie von der Komplementarität zwischen mikrophysikalischen Grundlagen und makrobiologischen Äußerungen des Lebens (BOHR 1933).

P. JORDAN hatte das unvorhersehbare Verhalten der Elektronen in quantenphysikalischen Versuchen an „etwas gewissermaßen Lebendiges" erinnert. Der mutationsauslösende Effekt von Lichtquanten auf Lebewesen schien die Relevanz eines einzigen, zufälligen, mikrophysikalischen Elementarschrittes für die Steuerung makroskopischer Lebensprozesse zu beweisen. JORDAN folgerte, „daß der lebende Organismus, physikalisch gesprochen, die Struktur eines hochgradigen Verstärkers haben müßte ..." (JORDAN 1947, S. 56). Das Verständnis des Lebens als eine, über die Zellen verstärkte, indeterminierte Schwankung atomarer Mikroereignisse forderte den Widerspruch experimentierender Physiologen heraus. Namentlich E. BÜNNING argumentierte gegen die Preisgabe der Kausalität in der biologischen Forschung. Nach einer ersten Ablehnung der engen Verbindung von Quantenmechanik und Biologie (1935) legte er 1943 ausführlicher dar, daß nicht etwa Zufall und Beliebigkeit, sondern funktionelle Stabilität, auf hochstrukturierten und -organisierten Systemen beruhend, den biologischen Vorgängen und ihrer Regulation zugrunde liegen. Die bekannten zellphysiologischen Mechanismen wären zudem vom Standpunkt der Quantenphysik als Makroereignisse anzusprechen (vgl. MOHR 1987, 1991). Die Auffassung, daß die „Unbestimmtheit" der Quanten keine wesentliche biologische Rolle spielt, wurde von E. Schrödinger (1945) geteilt. Auch die Mutmaßung Bohrs, biologische Experimente seien außerstande, zu den vorgeblich inneratomaren Lebensgrundlagen vorzudringen, bestätigte sich nicht. Mit der Formulierung einer den statistischen Gesetzen folgenden „Quantenbiologie" trug er vielmehr zur Herausbildung der Molekulargenetik bei (vgl. Fischer 1988, S. 42 f., 69 ff.; Tripoczky 1988, S. 69 ff.). Die Entdeckung der DNA und ihrer biologischen Funktion bedeutete schließlich „die Auflösung aller Wunder in Form von klassisch mechanischen Modellen, und keinerlei Verzicht auf unsere gewohnten intuitiven Erfahrungen" (Delbrück 1981; zit. in Fischer 1988, S. 73). Die Befürworter von Determiniertheit und Kausalität in der pflanzenphysiologischen Ursachenforschung sahen sich nicht zuletzt durch die immer exakteren Aussagen der Experimente mit fortgeschrittenen Techniken bestätigt.

16.3.3. Technisierung und Standardisierung der Experimente

Die der Physik und Chemie entlehnten Methoden zur Beschreibung physiologischer Zusammenhänge und zur Analyse der kausalen Mechanismen wurden im Laufe der Geschichte immer mehr den biologischen Fragestellungen und Objekten angepaßt (vgl. Hoppe 1992/93). Der Übergang von beschreibenden zu messenden, von qualitativen zu quantitativen Techniken, von der physiologischen Makro- zur zellphysiologischen Mikroanalytik war dabei ebenso bedeutsam wie die Vereinfachung und Standardisierung der Versuchsanordnungen und die Wahl geeigneter Versuchsobjekte. Die fortschreitende Methodisierung von Wissenschaftsdisziplinen zählt zu den wesentlichen internen Merkmalen ihrer Genese (vgl. von Engelhardt 1978; Guntau & Laitko 1987). Bedeutende Erkenntnisfortschritte waren vielmals erst methodischen Neuentwicklungen zu danken, die zugleich den Ausschlag für Differenzierungen und disziplinäre Spezialisierungen gaben. Auch in der Geschichte der Pflanzenphysiologie spielten methodische Innovationen eine Schlüsselrolle.

„Our increasing knowledge of plant processes results more from improvements in instrumentation and in experimental techniques than from development of new concepts … In general, the history of plant physiology indicates that improvements in research techniques have always been followed by rapid advances in knowledge." (Kramer 1973, S. 4, 10)

Die Begründung der neueren Pflanzenphysiologie ging mit der Schaffung einer großen Anzahl von Methoden einher. Physikalische und chemische Analyseverfahren wurden auf physiologische Belange zugeschnitten. Gravimetrie, Eudiometrie, Kolorimetrie, Spektroskopie, Flammenphotometrie und Osmometrie, um nur einige der bekannteren Methoden zu nennen, wurden schon im 19. Jh. zu pflanzenphysiologischen Studien herangezogen. Nach der Jahrhundertwende sorgte vor allem die junge Biochemie für eine beträchtliche Erweiterung des Methodenspektrums (vgl. Caraway 1981), womit auch die Physiologie der Pflanzenzelle besser analysiert werden konnte. Andererseits fanden Methoden, die aus botanischen Fragestellungen hervorgegangen waren, Eingang in die Biochemie. So führte M. S. Cvet (Tswett 1906) für die Entmischung von Photosynthesepigmenten die Chromatographie ein (Abb. 179), deren Bedeutung als universelles biochemisches Trennverfahren aber erst in den 30er Jahren anerkannt wurde (vgl. Höxtermann 1980). Auch die Tracertechnik mit radioaktiven Isotopen ging von pflanzlichen Studien aus, als G. von Hevesy (1923) den Transport von Ionen in Pflanzen demonstrierte (vgl. Russell 1958). Bis die radioaktive Markierung zellphysiologisch relevanter Stoffe durch den Einsatz künstlicher Isotope nach 1934 auf eine breitere Grundlage gestellt werden konnte, dienten häufig Vitalfarbstoffe als Indikator von Stofftransporten und -umsätzen. Obwohl schon frühzeitig bekannt (Unger 1848; Pfeffer 1886), wurde die Vitalfärbung erst in den 1920er und 30er Jahren zu einer bevorzugten Methode zellmorphologisch-entwicklungsphysiologischer (W. A. Becker, A. Guilliermund, E. Kuster u. a.) wie zellphysiologischer (W. Ruhland, F. Weber, S. Strugger, R. Collander, H. Drawert u. a.) Untersuchungen (vgl. Küster 1939; Drawert 1956). Für quantitative Arbeiten zum Gaswechsel wurden die Manometrie (O. Warburg 1919) und der Ultrarotabsorptionsschreiber (URAS), 1937 für die technische Gasanalyse konstruiert und von Seybold (1942) in die Pflanzenphysiologie eingeführt, zu Methoden der Wahl (vgl. Egle 1960). Die internationale, interdisziplinäre und kommerzielle Basis methodischer Fortschritte hatte zur Folge, daß viele Techniken, obwohl schon Anfang unseres Jahrhunderts entwickelt (vgl. Caraway 1981), wie pH-Messung (R. Höber 1900), Elektrophorese (L. Michaelis 1909) oder Spektrophotometrie (Warburg & E. Negelein 1928), erst nach Ende des Zweiten Weltkrieges, vor allem in den 50er Jahren, breitere Anwendung fanden:

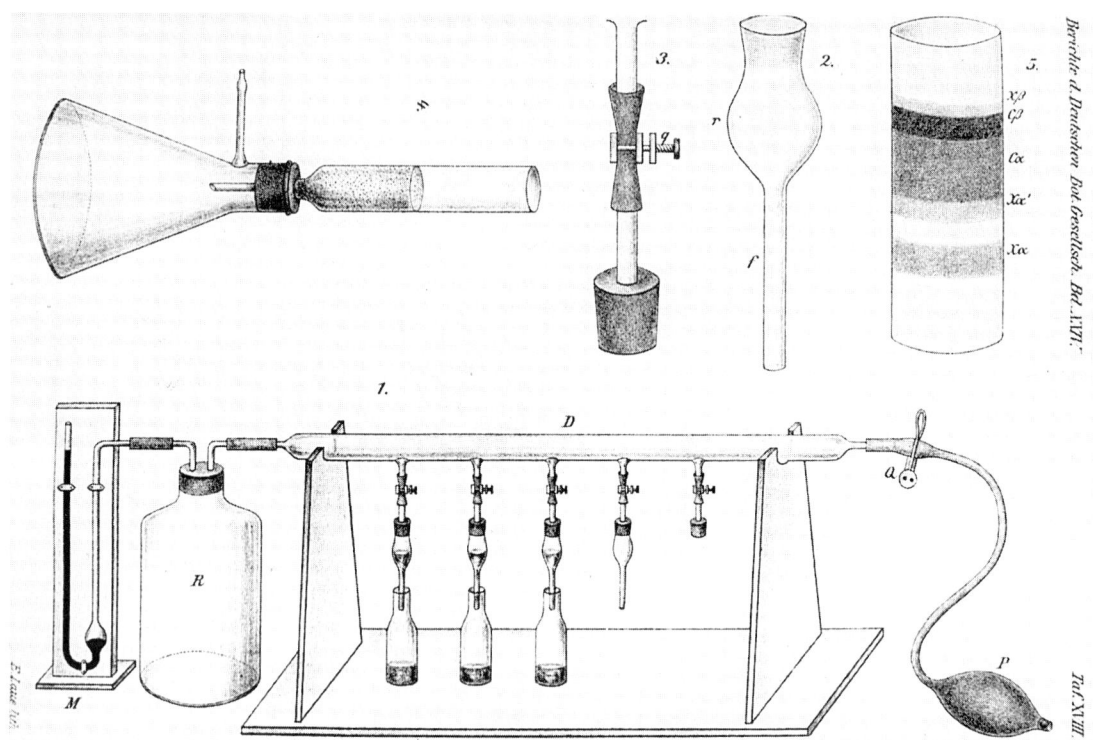

Abb. 179. M. S. Cvet (1906, Tf. XVIII) entwickelte für die Entmischung kleinerer (Fig. 1 bis 3) und größerer Mengen (Fig. 4) von Photosynthesepigmenten die Adsorptionschromatographie, mit deren Hilfe er neben mindestens drei verschiedenen Carotinoiden auch Chlorophyll a und b (Fig. 5: Cα u. Cβ) voneinander zu trennen vermochte.

„Spectrophotometers and pH meters were becoming available just before World War II, but infrared gas analyzers, magnetic and electrode-type oxygen analyzers, radioactive and stable isotopes and the instrumentation to measure them only became commercially available after the War." (Kramer 1973, S. 9)

Daß neue methodische Zugänge auch völlig neue Wege in der Forschung wiesen, zeigte sich wohl kaum so deutlich wie in den 50er Jahren, als Elektronenmikroskopie und Röntgenstrukturanalyse, Differentialzentrifugation, Isotopenindikation, Dünnschicht-, Papier- und Gaschromatographie, Absorptions- und Fluoreszenzspektrophotometrie, Gelelektrophorese u. v. a. m. zu Standardmethoden der Pflanzenphysiologie und -biochemie wurden.

„Die besten physikalischen und chemischen Methoden aber wären nicht imstande gewesen, die Zellphysiologie zu fördern, wenn sie nicht verbunden worden wären mit einer Vereinfachung der physiologischen Versuchsanordnungen." (Warburg 1962, S. 2)

Stützten sich in der Begründungsphase der Experimentalphysiologie der Pflanzen die Methoden vorrangig auf ganze Organismen und Organe, so wurde es erst mit einfacheren Versuchsobjekten und berechenbareren experimen-

tellen Bedingungen möglich, kausale Zusammenhänge auch auf molekularer Ebene aufzuzeigen. Wichtige Schritte hin zu überschaubareren physiologischen Versuchsverhältnissen bedeuteten die Kultivierung von Geweben höherer Pflanzen (Haberlandt 1902; Bonner 1936), die Reinkultur niederer Pflanzen (O. Richter 1911; E. G. Pringsheim 1920), die Einführung großzelliger (*Nitella*, *Valonia* und *Halicystis* – W. J. V. Osterhout 1920–1925, *Acetabularia* – J. Hämmerling 1932) und einzelliger Algen (*Chlorella* – Warburg 1919), dann auch die Nutzung zellfreier Systeme (Chloroplasten – R. Hill 1937, Mitochondrien – A. Millerd und Mitarbeiter 1951) für entwicklungs- und stoffwechselphysiologische Experimente (vgl. Osterhout 1957). Zielte die Untersuchung von Zellen und Organellen auf die Aufklärung zellphysiologischer Zusammenhänge, so wurde für ökophysiologische Themen mit komplexeren Objekten versucht, die äußeren Faktoren mit Hilfe von Klimakammern (1939) unter Kontrolle zu bekommen.[1]

---

[1] Mit den ersten Klimakammern arbeitete F. W. Went am Cal Tech in Pasadena/USA. Ein Arzt im Ruhestand, H. O. Eversole, hatte nach Erfahrungen mit ei-

16.4. Bedeutsame Erkenntnisse der Pflanzenphysiologie zwischen 1900 und 1970

Angesichts der unzureichenden Reflexion der jüngeren Geschichte der Pflanzenphysiologie in der Biologiehistoriographie (s. S. 504, Anm. 1) können im folgenden nur einige der wesentlichen Entwicklungslinien nachgezeichnet werden.

16.4.1. Physiologische Anatomie und Morphologie der Pflanzenzelle

Die physiologische Pflanzenanatomie SCHWENDENERS und HABERLANDTS beeinflußte nachhaltig eine Richtung der mikroskopischen Feinstrukturforschung, die an der Forderung festhielt, „daß Strukturlehre und Funktionslehre nicht voneinander getrennt werden" (FREY-WYSSLING 1976, S. 117). Ihr Hauptaugenmerk galt lange Zeit den „vegetabilischen Zellmembranen", wie man noch um 1930 pflanzliche Zellwände bezeichnete (vgl. HÖXTERMANN 1991/92).

C. NÄGELI hatte aus polarisationsmikroskopischen Untersuchungen doppelbrechender Stärkekörner (1858) und Zellwände (1862) auf die Existenz gerichtet angeordneter, kristalliner Molekülverbände geschlossen, die er 1877 „Micelle" nannte (vgl. FREY 1928). Es handelte sich um das erste Feinbaumodell der Zellforschung (vgl. SITTE 1982), dem jedoch die Anerkennung versagt blieb, bis H. AMBRONN (1916/17) die Realität der Micelle nachwies. AMBRONN hatte sich ganz der vergleichenden Polarisationsmikroskopie doppelbrechender Substanzen, d. h. der indirekten Feinstrukturanalyse, verschrieben, nachdem E. ABBE um 1880 erkannt hatte, daß der Lichtmikroskopie physikalisch bedingte Auflösungsgrenzen gesetzt sind. Die sublichtmikroskopische Aufklärung anisotroper Zellstrukturen mit Hilfe von Polarisationsoptik und Röntgendiffraktion wurde von A. FREY-WYSS-

nem eigenen, automatisierten Orchideenhaus WENT dazu angeregt und das „Clark Greenhouse" (1939), nach der Geldgeberin L. CLARK benannt, gebaut. Weitaus bekannter wurde dann das, auch als „Phytotron" bezeichnete, „Earhart Plant Research Laboratory" (1949), von H. EARHART am Cal Tech finanziert, das man in vielen Ländern nachbaute (vgl. WENT 1974, S. 10, 12).

LING fortgesetzt, der das Micellarschema zum Fibrillenmodell weiterentwickelte (FREY-WYSSLING 1937 a). So wie die Fibrillen der Zellwände wurden auch die Lamellen der Chloroplasten im Polarisationsmikroskop erkannt (FREY-WYSSLING 1937 b; MENKE 1938 a). Für die Matrix des Cytoplasmas formulierte FREY-WYSSLING im Ergebnis physiko-chemischer Überlegungen die bekannte Haftpunkt-Theorie (1938). Nicht disperse, kurze Kolloidteilchen, wie die Kolloidchemiker meinten, sondern Makromoleküle im Sinne H. STAUDINGERS (1922) wurden als Grundelemente des Zellplasmas angesehen.

Mit dem Einsatz der ersten Elektronenmikroskope in der Botanik (MENKE 1940) verlor die *Submikroskopische Morphologie des Protoplasmas* (FREY-WYSSLING 1938) auf der Basis indirekter Ultrastrukturanalysen an Bedeutung. Direkte elektronenmikroskopische Abbilder, aber auch phasenkontrast- und fluoreszenzmikroskopische Beobachtungen bestimmten fortan die *Ultrastructural Plant Cytology* (FREY-WYSSLING & MÜHLETHALER 1965). Die Fortschritte der zellmorphologischen Biologie wurden in erster Linie durch neue Techniken (UV-Mikroskop – A. KÖHLER 1904, Röntgenbeugungsverfahren – W. H. BRAGG & W. L. BRAGG 1913, Elektronenmikroskopie – E. RUSKA 1933, Phasenkontrastmikroskopie – F. ZERNICKE 1935, Rasterelektronenmikroskopie – M. VON ARDENNE 1937, Fluoreszenzmikroskopie – S. STRUGGER 1939) ermöglicht (vgl. SITTE 1982, S. 572; FREY-WYSSLING 1984, S. 78). Mit der Zusammenführung von Elektronenmikroskopie, Zellfraktionierung (Differentialzentrifugation – MENKE 1938 b, CLAUDE 1940) und Enzymologie wurde man in den 60er Jahren auf Zellkompartimente und Metabolitpools aufmerksam. Am Anfang der Kompartimentforschung standen die Entdeckung der pflanzlichen Lysosomen und ihrer allgemeinen Bedeutung (Ph. MATILE 1964) sowie der ungleichen Verteilung von Enzymen und Substraten des Zwischenstoffwechsels im Zellinneren (A. OAKS & R. G. S. BIDWELL 1970). Die Integration von Zellbiologie und Biochemie ist seither ein Kennzeichen der modernen Zellforschung.

16.4.2. Physiologie der Permeabilität

Die „Hautschicht" des Protoplasmas wurde zuerst von W. HOFMEISTER (1867, S. 3) beschrieben, der in ihr aber nur ein diskretes, anatomisches Strukturmerkmal sah. PFEFFER (1877) und DE VRIES (1885) schlossen hingegen aus zellphysiologischen, osmotischen Untersuchungen auf die Existenz äußerer und innerer, halbdurchlässiger „Plasmahäute" (Plasmalemma und Tonoplast). Zusammensetzung und Permeabilität der Plasmagrenzschichten wurden zu einem zentralen Thema pflanzenphysiologischer Forschung.

Studien zur Physik von Flüssigkeitsoberflächen (G. QUINCKE 1888) sowie Experimente mit Pflanzenzellen zum Permeiervermögen fettlöslicher Stoffe (E. OVERTON 1895) machten noch im 19. Jh. eine Lipoidnatur der Z e l l m e m b r a n e n wahrscheinlich. Die Vorstellung bimolekularer Lipidschichten wurde dann aus Versuchen mit roten Blutkörperchen (E. GORTER & F. GRENDEL 1925) abgeleitet und von J. F. DANIELLI und H. DAVSON (1935) zu einem ersten, allgemeinen Membranmodell (Lipiddoppelschichten, von Proteinen umhüllt) erweitert. Das Danielli-Davson-Modell blieb für 30 Jahre bestimmend und wurde auch durch das elektronenmikroskopische Konzept einer „Einheitsmembran" von J. D. ROBERTSON (1959) lediglich modifiziert. Der Nachweis globulärer Membranproteine durch elektronenmikroskopische Gefrierätztechniken und biochemische Untersuchungen mit membranlösenden Detergenzien, aber auch thermodynamische Überlegungen stellten das klassische Membranmodell aber immer mehr in Frage. Mit dem „Fluid Mosaic Model" von J. LENARD und S. J. SINGER (1966) wich das statische Strukturmodell einem dynamischen Funktionsmodell (vgl. FALK & STOCKING 1976, S. 31 ff.; GENNIS 1989, S. 6 ff.).

Ein entscheidendes funktionelles Kriterium bei der Beurteilung der Membranstrukturmodelle bildete die P e r m e a b i l i t ä t , deren Erforschung Arbeiten über passive Diffusionen, Donnan-Membrangleichgewichte, aktive (energiebedürftige) Transportmechanismen und Ionenantagonismen hervorbrachte (vgl. ROBERTSON 1976). Schon eingangs des 20. Jh. standen zwei Theorien einer passiven Stoffaufnahme, die Lipoid- oder Löslichkeitstheorie (OVERTON 1895) und die Adsorptions- oder Haftdrucktheorie (I. TRAUBE 1904) im Widerstreit. W. RUHLAND (1912) versuchte, beider Widersprüche mit einer eigenen Ultrafiltertheorie zu lösen, die er noch 1951 ausbaute (vgl. HÖXTERMANN 1991 b). Diese Theorien gründeten sich auf membranchemische Erkenntnisse und physikochemische Permeationsversuche über die wirksamen Prinzipien (OVERTON: Lipoidlöslichkeit, TRAUBE: Oberflächenaktivität, RUHLAND: Beweglichkeit in kolloidalen Lösungen). Ihrer Überprüfung dienten zumeist klassische Experimente (Vitalfärbung, Deplasmolyse).

Dieser klassischen, deduktiven Richtung vor allem deutscher Botaniker stand eine mehr induktive, elektrochemisch-biophysikalische Richtung britischer, australischer und nordamerikanischer Pflanzenphysiologen gegenüber, die die Aufnahme von Mineralsalzen an Wurzeln (D. R. HOAGLAND 1929; H. LUNDEGÅRDH 1939), Gewebestücken (W. STILES & F. KIDD 1919; G. E. BRIGGS & A. H. K. PETRIE 1928; F. C. STEWARD 1932; R. N. ROBERTSON 1938) und Einzelzellen (W. J. V. OSTERHOUT 1927) studierten (vgl. HIGINBOTHAM 1974; ROBERTSON 1976). Die Arbeiten über die Aufnahme und Akkumulation von Ionen in pflanzlichen Zellen orientierten sich an neuesten Erkenntnissen der anorganischen und physikalischen Chemie. Wurden auf der einen Seite Ionenaustauschmodelle der Permeabilität diskutiert (STILES 1924; H. JENNY & R. OVERSTREET 1938), so regte auf der anderen Seite die Theorie von F. G. DONNAN (1924) über Membrangleichgewichte mit unsymmetrischer Ionenverteilung eine ganze Reihe elektrophysiologischer Untersuchungen „On the application of Donnan's equilibrium to the ionic relations of plant tissues" (BRIGGS & PETRIE 1928) an. Mit den ersten Messungen von Membranpotentialen an Pflanzenzellen (OSTERHOUT 1927; J. GICKLHORN & K. UMRATH 1928) bildete sich eine biophysikalische Zellelektrophysiologie heraus. OSTERHOUT vermutete im übrigen schon 1933, daß niedrigmolekulare „Ionencarrier" für den Membrandurchtritt von Ionen bedeutungsvoll sein könnten. Für die Existenz solcher Trägersysteme sprachen auch kinetische Modelle zur Erklärung der Selektivität bei der Ionenaufnahme durch Wurzeln, wie sie E. EPSTEIN und C. E. HAGEN (1952) in Analogie zur Enzymkinetik entwickelten. Die ersten Ionophoren wurden in den 60er Jahren entdeckt (B. C. PRESSMAN 1965). Ionencarrier stellen aktive Transportsysteme dar. Schon OVERTON (1896) hatte angesichts der Aufnahme von Stoffen entgegen ihrem Konzentrationsgefälle andere Mechanismen als rein osmotische erwartet. Die Energieabhängigkeit der Salzakkumulation in Pflanzenzellen wurde zuerst von D. R. HOAGLAND und A. R. DAVIS (1929) erkannt. In der Folge konnte F. C. STEWARD (1932) den Zusammenhang von Ionenaufnahme und Zellatmung nachweisen. H. LUNDEGÅRDH (1939) formulierte schließlich eine erste elektrochemische Theorie des Membrantransports von Ionen auf der Basis von Redoxprozessen. Die unterschiedlichen Membrantransfervorstellungen bestätigten sich nach 1940 mit dem Einsatz von Radioisotopen und führten zu allgemeinen Definitionen passiver und aktiver Permeationsmechanismen (H. USSING 1949).

16.4.3. Physiologie des Stofftransportes und des Wasserhaushaltes

Die Aufnahme gelöster Nährsalze durch die Pflanzenwurzel erfordert ihre Weiterleitung durch das periphere Rindengewebe zu den zentralen Leitgefäßen. Dieser parenchymatische Nahtransport von Stoffen gehört zu den klassischen Themen der Pflanzenphysiologie (vgl. SCHUMACHER 1967). Der Transportweg im Gewebe blieb lange Zeit spekulativ und wurde erst in den 1950er Jahren im Grundsatz erkannt. In Anlehnung an SACHS' Theorie (1865) von der „Imbibition" der Zellwände als treibende Kraft der Wasserbewegung beschrieb S. STRUGGER (1938) einen Transpirationsstrom über die Zellwände des Grundgewebes (apoplastischer Transport). F. C. STEWARD hatte aber schon 1930 festgestellt, daß die freie Diffusion entlang der Zellwände nur eine untergeordnete Bedeutung für den Parenchymtransport haben kann. A. C. A. KOK (1933) sah daher in den Zellsafträumen mögliche Wanderbahnen. Demgegenüber vermutete Th. WEEVERS (1931), daß Stoffe über kürzere Strecken im Protoplasma transportiert werden und zur Überwindung der Zellwandbarrieren direkt in diese ein- und wieder austreten. Ein interzellulärer Substanzübertritt wurde dann auch von W. SCHUMACHER (1936) beobachtet. Es blieb W. H. ARISZ (1953) vorbehalten, eine essentielle Rolle der Zellwände und Vakuolen für den Nahtransport auszuschließen. Mit dem Nachweis eines plasmatischen Ionentransports über die zellwanddurchziehenden Plasmodesmen (ARISZ 1956) setzte sich die Symplasmatheorie des Parenchymtransports (ARISZ 1945) (Abb. 180) durch.

Die Erforschung der Bewegung von Pflanzensäften über größere Distanzen ist so alt wie die Pflanzenphysiologie selbst (vgl. ZIMMERMANN 1974). Der Ferntransport stand bereits im Zentrum der *Vegetable Staticks* (1727) von St. HALES, dessen experimentell-quantitative Befunde frühe Beweise für die spätere Kohäsionstheorie der Wasserleitung darstellten (vgl. STOKKER 1956, S. 5 ff.). Mitte des 19. Jh. zeigte die physiologische Forstbotanik großes Interesse am „Saftsteigen" der Bäume und Sträucher. Die Bedeutung der Analyse des Saftinhaltes von Sieb- und Gefäßteil der Leitgewebe durch Th. HARTIG (1860) und J. HANSTEIN (1860) wurde freilich erst mit 70jähriger Verzögerung gebührend gewürdigt (E. MÜNCH 1930). Es bereitete erhebliche Schwierigkeiten, die wäßrigen Medien in den Leitbündeln ohne Störung durch äußere Eingriffe zu studieren, so daß die Trans-

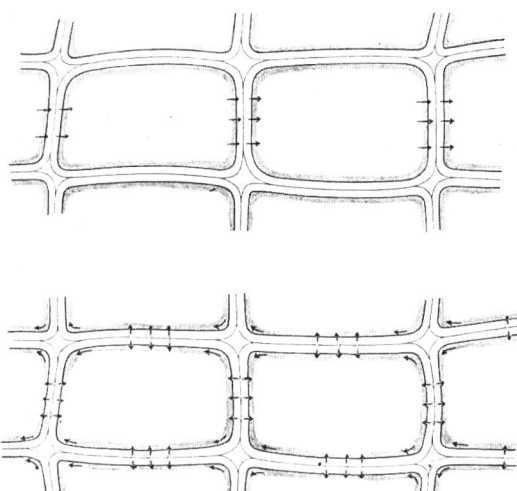

Abb. 180. Modellvorstellungen des parenchymatischen Nahtransports von Stoffen (ARISZ 1956, S. 8). Oben: Aktive, energiebedürftige Ionenaufnahme und -abgabe bei jeder einzelnen Zelle; unten: Symplasmatische Stoffbewegung über die Plasmaverbindungen zwischen den Zellen.

portphysiologie bis Ende des 19. Jh. weitgehend spekulativ blieb. In der Folgezeit divergierte das Verständnis der Transportmechanismen in den Gefäßsträngen (Hadrom, Xylem) und Siebröhren (Leptom, Phloem) stark.

Im Jahre 1891 stellte E. STRASBURGER fest, daß das Steigen des Saftes im Xylem rein physikalische Ursachen hat und nicht von lebenden Zellen abhängt. Mit der Beschreibung von Kapillarkräften in Zweigen (J. BÖHM 1893) und der Einführung von Tongefäßmodellen (E. ASKENASY 1895; H. H. DIXON & J. JOLY 1896) wurde die Kohäsionstheorie von *Transpiration and the Ascent of Sap in Plants* (DIXON 1914) begründet. Auf einige Pflanzenphysiologen wirkte insbesondere die Verbindung von Wasserabsorption, Kohäsionszug und Transpirationssog überzeugend. O. RENNER (1912, 1915), A. URSPRUNG und G. BLUM (1916), D. THODAY (1918), K. HÖFLER (1920) und andere führten die „Mechanik der Wasserversorgung" dann auch auf Saugkräfte und -spannungen und weniger auf osmotische Druckdifferenzen zurück. Ihr Konzept eines Saugspannungsgradienten als Triebkraft der Wasserbewegung wurde jedoch sehr zurückhaltend aufgenommen. Viele Botaniker beharrten auf „biologischen" Theorien, zumal der Wurzeldruck und die Guttation als typische Erscheinungen unerklärt blieben. Dabei hatte RENNER (1915 b) mit der Unterscheidung von schneller und langsamer Transpiration schon den Weg zur Einordnung dieser Phänomene gewiesen, dem aber erst P. J. KRAMER ab 1928 folgte. Kramer wies nach, daß sich der Sog einer stärkeren Transpiration bis in die Wurzeln auswirkt, deren Saugspannung erhöht und damit eine passive Wasseraufnahme zur Folge hat. Mit der Entdeckung des aktiven Zellmembrantransfers der Ionen um 1930 (s. w. o.) wurde klar, daß demgegenüber bei schwacher oder fehlender Transpiration die aktive Ionenakkumulation einen osmotischen Wassereinstrom verursacht, der sich im Wurzeldruck und in der Guttation äußert (vgl. Kramer 1974, S. 465). Die Kritik an der Kohäsionstheorie der Wasserbewegung verstummte indes angesichts experimenteller Probleme nie ganz. Erst quantitative Versuche hatten eine besondere Beweiskraft. Nach ersten thermoelektrischen Messungen der Geschwindigkeit von Saftströmen (B. Huber & E. Schmidt 1937) wurde es in den 60er Jahren möglich, den hydrostatischen Spannungsgradienten im Xylem direkt zu bestimmen (P. F. Scholander und Mitarbeiter 1965). Verglichen mit der Kohäsionstheorie des Xylemtransports fehlte im ersten Viertel des 20. Jh. ein schlüssiges Konzept des Phloemtransports.

„It is very likely that interest which had been so keen during the second part of the preceding century turned to other problems. Plant physiology began to direct its attention from whole plants to specific problems which could be investigated under controlled environmental conditions." (Zimmermann 1974, S. 472)

Einer der wenigen Fortschritte eingangs des Jahrhunderts war der Zufallsbeobachtung eines Entomologen zu danken. O. Schneider-Orelli (1909) hatte bemerkt, daß der nächtliche Abtransport der Assimilationsstärke in Apfelblättern dort ausblieb, wo der Fraßgang einer Miniermottenraupe die Siebröhren kreuzte – ein origineller, indirekter Nachweis des Assimilatexports aus den Blättern im Phloem, der in der Botanik erst etwa 20 Jahre später auch auf direktem Wege erbracht wurde (T. G. Mason & E. J. Maskell 1928; W. Schumacher 1930). Der Entomologie war dann erneut ein entscheidender Impuls zu danken, als J. S. Kennedy und T. E. Mittler (1953) die Aphidentechnik einführten. Das Exsudat abgetrennter Saugrüssel von Blattläusen, die unmittelbar in Siebröhren einstechen, ermöglichte die chromatographische Analyse des Phloeminhalts. Zur Methode der Wahl wurde schließlich die Gewebeautoradiographie (P. Trip & P. R. Gorham 1967). Bezüglich des Transportmechanismus im Phloem sprachen die meisten Befunde für eine direkte „Source-sink"-Korrelation, wie sie die Druckstromtheorie, von E. Münch 1926 auf-, und

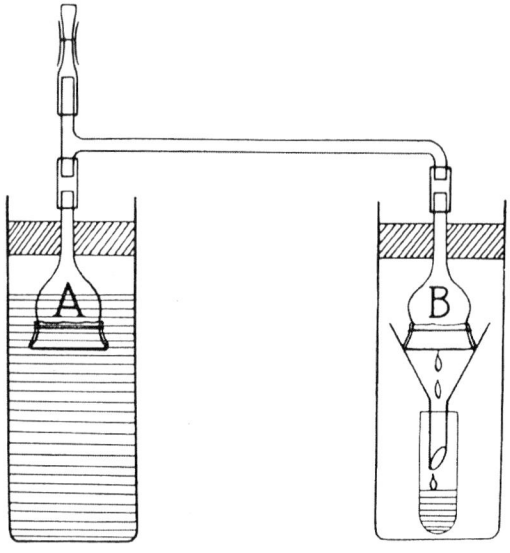

Abb. 181. Modell des Assimilattransportes in den Siebröhren der Gefäßpflanzen – Praktische Anordnung von E. Münch (1930, S. 10) zur Demonstration des Druckstromes zwischen zwei osmotischen Zellen mit Konzentrationsgefälle.

1930 detailliert dargestellt, erklärt, wonach ein Konzentrationsgefälle osmotisch aktiver Substanzen eine Massenströmung hervorruft (Abb. 181). Aber auch andere Ursachen, wie z. B. Protoplasmaströmungen, bereits 1885 von H. de Vries vorgeschlagen und von O. F. Curtis (1935) wieder erörtert, oder elektroosmotische und aktivierte Massenströmungen und peristaltische Pulsströmungen, von D. S. Fensom zwischen 1957 und 1974 beschrieben (vgl. Fensom 1975), stehen noch zur Diskussion.

Das Studium des Nah- und Ferntransports war aufs engste mit der Erforschung des Wasserhaushalts der Pflanzen verbunden. Interessierten sich um 1900 nur wenige Botaniker für den pflanzlichen Wasserumsatz, so erfolgte nach 1945 ein breiter Aufschwung, den P. J. Kramer (1974) auf das Zusammenwirken von acht konzeptionellen und methodischen Faktoren zurückführt, die im einzelnen keineswegs neuartig waren: (1) das Verständnis der besonderen Eigenschaften des Wassers, (2) die Vereinheitlichung der Terminologie für die Wasserzustände von Pflanzen und Böden, (3) die Entwicklung praktikabler Methoden zur Messung des Wasserstatus, (4) die tiefere Kenntnis der Pflanze–Bodenwasser-Wechselbeziehung, (5) das bessere Verständnis der Mechanismen der Wasseraufnahme, (6) die allgemeine Anerkennung der Kohäsionstheorie des Saftsteigens, (7) das fortgeschrittene Wissen um Kontrollmechanismen der Transpirationsrate und (8) die Entwicklung von Konzepten und Modellen für ein Boden–Pflanze-Atmosphäre-Kontinuum.

„Much of the progress that has occurred during the past 50 years consists of increased understanding of existing concepts, improvements in instrumentation, and increased emphasis on quantitative study of physiology phenomena." (KRAMER 1974, S. 463)

Die empirischen Studien der ersten Jahrhunderthälfte hatten immer neue Termini für den Wasserzustand der Zellen und Gewebe hervorgebracht. Beginnend mit dem „Welkekoeffizienten" (L. J. BRIGGS & H. L. SHANTZ 1912) entstand sogar ein eigenes Begriffssystem zur Kennzeichnung der Bodenwasser–Pflanze-Beziehungen. Die steigende semantische Konfusion wurde mit der Vereinheitlichung der Terminologie in Anlehnung an Begriffe der Elektrizitätslehre und Thermodynamik um 1950 überwunden. Schon 1907 hatte E. BUCKINGHAM auf eine Analogie der Wasserbewegung im Boden zum Wärme- oder Stromfluß in thermischen bzw. elektrischen Leitern aufmerksam gemacht und den Begriff „Kapillarpotential" für die Arbeit, die ein Bodenwassertransfer erfordert, eingeführt. Später beschrieben N. E. EDLEFSEN und A. B. C. ANDERSON (1943) sowie T. C. BROYER (1947) die Wasserleitung auf der Grundlage eines Gradienten der freien Energie des Wassers, die P. C. OWEN (1952) als „Wasserpotential" bezeichnete. „However, the intellectual climate of plant science was not ready for the change" (KRAMER 1974, S. 464). Die Konzeptualisierung der Wasserhaushaltsphysiologie in Begriffen der Thermodynamik wurde im weiteren entscheidend durch R. O. SLATYER und S. A. TAYLOR (1960) gefördert. Zudem war es seit 1958 möglich, Wasserpotentiale in Pflanzen mittels thermoelektrischer Psychrometrie auch direkt zu messen (J. L. MONTEITH & P. C. OWEN 1958; L. A. RICHARDS & G. OGATA 1958). In den 60er Jahren kamen andere Meßvarianten hinzu (vgl. BOYER 1969). Besonders produktiv wirkte sich schließlich die Beschreibung des Wasserflusses in einem Boden-Pflanze-Atmosphäre-Kontinuum als Quotient von Wasserpotentialdifferenz (Saugspannung) und Fließwiderstand aus. Diese Idee war im Grunde schon H. GRADMANN (1928) gekommen und von T. H. VAN DEN HONERT (1948) in Analogie zum Ohmschen Gesetz der Elektrizität formuliert worden.

Stofftransport und Wasserhaushalt der Pflanzen gehörten zu den integrativen Themen der modernen Pflanzenphysiologie und führte Bodenkundler, Agrar- und Forstbotaniker, Physiologen, Biochemiker und Biophysiker zusammen. Starke Impulse gingen von den Monographien über *Plant and Soil Water Relationships* von

P. J. KRAMER (1949, 1969), A. S. CRAFTS und Ko-autoren (1949) sowie R. O. SLATYER (1967) aus.

Auch für Morphologen und Ökologen hatte der Problemkreis einen hohen Stellenwert. Für die funktionelle Morphologie waren die unterschiedlichen Prinzipien der thallophytischen und kormophytischen Organisation des Wasserhaushaltes von allgemeinem Interesse, während die experimentelle Ökologie in den Wasserverhältnissen den zentralen Standortfaktor erkannte. Grenzte O. STOCKER (1937) mit Blick auf die Wasserversorgung zwei morphologische Typen, die „Quellkörper-" und die „Spaltöffnungsorganisation", voneinander ab, so stellte H. WALTER (1931) unter ökophysiologischen Gesichtspunkten „poikilohydre" (wechselfeuchte) und „homoiohydre" (eigenfeuchte) Pflanzen gegenüber. WALTER führte zudem *Die Hydratur der Pflanze* (1931) als Kennzeichen von Wasserzuständen ein und kam damit dem Wasserpotentialkonzept schon recht nahe. M. G. STÅLFELT (1939) unterschied dann „hydraturlabile" und „hydraturstabile" „Stoffwechselcharaktere" von Pflanzen. Die Terminologie WALTERS machte deutlich, daß der Übergang von der poikilohydren zur homoiohydren Organisation der Pflanzen für die Erweiterung ihres Lebensraumes gleichrangig dem der Tiere von der Poikilothermie zur Homoiothermie war, mithin die Wasserversorgung der Pflanzen dem Wärmehaushalt der Tiere in seiner biogeographischen Bedeutung vergleichbar ist (vgl. STOCKER 1956).

16.4.4. Physiologie und Biochemie des Stoff- und Energiewechsels[1])

Schon PFEFFER (1881) hatte im Untertitel seines Handbuches den „Stoffwechsel und Kraftwechsel in der Pflanze" zu einem zentralen Thema

---

[1]) Stoff- und Energiewechsel der Organismen folgen einheitlichen Prinzipien, deren Erforschung im Zentrum der Biochemie steht. Die Aufklärung stoff- und energiewechselphysiologischer Mechanismen der Pflanzen im 20. Jh. nimmt daher in der Geschichtsschreibung der Biochemie einen breiten Raum ein und ist, verglichen mit den anderen Teilbereichen der modernen Pflanzenphysiologie, relativ gut dokumentiert (vgl. NEEDHAM 1971; FRUTON 1972; FLORKIN 1972–1979; LEICESTER 1974; SHAMIN 1990, 1993; TEICH 1992; HÖXTERMANN 1994 a). Die günstige Quellenlage rechtfertigt es, den historischen Weg der Physiologie und Biochemie des Stoff- und Energiewechsels der Pflanzen im folgenden nur kurz in ihren Hauptrichtungen zu skizzieren.

der experimentellen Pflanzenphysiologie erhoben. Trotz dieses Anspruchs blieb die Erforschung des Metabolismus der Zellen lange Zeit eine Domäne der physiologischen Chemie innerhalb der mikrobiellen, Tier- und Humanphysiologie. Bis Ende des 19. Jh. herrschte die Vorstellung, daß intrazelluläre Stoffbildungen, -umwandlungen und -zersetzungen ebenso wie die Gärung „organisierter Fermente" (Mikroben) das „lebende" Protoplasma unversehrter Zellen voraussetzten, waren doch die bekannten Wirkungen der „unorganisierten", chemischen Enzyme ausschließlich hydrolytischer und extrazellulärer Natur. Mit der Entdeckung der ersten Oxidase im Milchsaft einer asiatischen Lackbaumart (G. BERTRAND 1895), der zellfreien Alkoholgärung (E. BUCHNER 1897) und der Synthesefunktion einer Maltase (A. C. HILL 1898) wurde jedoch der Nachweis erbracht, daß auch nichthydrolytische und intrazelluläre Enzyme existieren, die biologische Oxidationen und Synthesen, ja sogar ganze physiologische Vorgänge wie Gärungen katalysieren (vgl. KOHLER 1971, 1972). Die Enzymtheorie des Stoffwechsels verdrängte binnen weniger Jahre vollständig die Protoplasmatheorie, womit sich die Biochemie als eine eigenständige Disziplin konstituierte (vgl. HÖXTERMANN 1994 a, S. 92 ff.). In der Diskussion programmatischer Positionen trat seitens der Pflanzenphysiologie vor allem PFEFFERS Schüler F. CZAPEK mit einer *Biochemie der Pflanzen* (1905) hervor. Das Programm der jungen Biochemie legte allen bekannten physiologischen Erscheinungen, von der Verdauung über die Gärung und Atmung bis hin zur Assimilation der Pflanzen, enzymatische Reaktionsfolgen zugrunde. Mit Blick auf den Stoffwechsel der Pflanzen bezeichnete z. B. F. F. BLACKMAN das Protoplasma als „a complicated congeries of katalytic agents, adapted to the metabolic work that the cell has to do" (BLACKMAN 1906, S. 24).

Schwerpunktthemen der Biochemie bis zur Jahrhundertmitte waren die Grundmechanismen der Gärungen, der Muskelkontraktion, der Zellatmung und der Photosynthese. Ihre Erforschung erhellte die universellen enzymkatalysierten und vitaminerfordernden Stoffwechsel- und Energietransferwege; und mit den Hormonen wurde ein umfassendes Regulations- und Korrelationsprinzip der Organismen bekannt. Übereinstimmende Stoffwechselreaktionen schienen ein grundsätzliches Merkmal der Zellfunktion zu sein. Um 1950 war klar, daß die Biochemie der irdischen Lebewesen in ihren Prinzipien gleich ist, wenn auch noch unzählige Teilschritte ihrer Aufklärung harrten. Die E i n - h e i t d e r B i o c h e m i e äußerte sich in:

– der Einheitlichkeit der Zellbausteine,
– der Universalität der Enzyme als Katalysatoren des Zellstoffwechsels,
– der Einheitlichkeit der Glucose als allgemeines Stoffwechselsubstrat,
– der Universalität des Glucoseabbaus wie der Hauptstoffwechselwege,
– der Einheitlichkeit von Adenosintriphosphat (ATP) als Elementarquantum der biologischen Energie und in
– der Universalität der membrangebundenen Elektronentransportketten als Basis der Phosphorylierungen (vgl. HÖXTERMANN 1994 a, S. 135 f.).

Die Einheit biochemischer Grundmechanismen von Pflanzen und Tieren offenbarte sich zuerst bei der Untersuchung von Hefegärung und Muskelkontraktion. Nach einem ersten molekularen Gärungsschema (C. NEUBERG 1913) wurden bis 1939 alle Zwischenschritte der Glykolyse aufgedeckt; und kurz darauf (1942) konnte auch das letzte glykolytische Enzym identifiziert werden. Entscheidenden Anteil daran hatten C. und G. CORI, G. EMBDEN, K. LOHMANN, O. MEYERHOF, C. NEUBERG, J. PARNAS und O. Warburg (vgl. NEEDHAM 1971; FLORKIN 1975, S. 148, 150). Wie H. A. KREBS und W. A. JOHNSON (1937) entdeckten, wird das Endprodukt des Glucoseabbaus im Zitronensäurezyklus weiter zu Kohlendioxid oxidiert.

Mit der Glykolyse hatte man die Quelle der freien Energie gärender Organismen gefunden. Wie aber gewannen die atmenden Lebewesen ihre Energie, wofür sie offenbar über einen ungleich wirksameren Mechanismus verfügten? Die Z e l l a t m u n g war ein weiteres Kardinalthema zellphysiologischer Forschung in der Konsolidierungsphase der Biochemie. Nach der frühen Entdeckung der Atmungssteigerung von Seeigeleiern nach Befruchtung (1908) hatte O. WARBURG schon 1914 Eisen als ein biologisch wirksames Schwermetall nachgewiesen und die Theorie einer Eisenkatalyse der Sauerstoffatmung aufgestellt. Mit der Wiederentdeckung der *Cytochrome* durch D. KEILIN (1925) wurde das Konzept WARBURGS bestätigt, der dann 1933 die Zellatmung als vielfache Eisenkatalyse einer elektronentransportierenden Atmungskette beschrieb. WARBURG entdeckte kurze Zeit später (1935/36) auch die Pyridinnukleotide, die wasserstoffübertragenden Coenzyme der Zellatmung (vgl. HÖXTERMANN & SUCKER 1989, S. 73 ff.). Im gleichen Zeitraum war V. A. ENGELHARDT (1930, 1932) auf die aerobe Phosphorylierung, auf die Bildung von ATP im Verlaufe der Zellatmung, aufmerksam geworden, womit die zentrale bioenergetische Rolle des 1929 von K. Lohmann entdeckten ATP ins Blickfeld rückte. Der Elektronentransport über mehrere Eisenvalenzwechsel, das Auftreten wasserstoffübertragender Coenzyme und die Bildung von ATP während der Atmung in den Zellen wurde von V. A. Belitser und E. T. Tsibakova (1939) sowie S. Ochoa (1940) in dem Konzept einer oxidativen Atmungskettenphosphorylierung zusammengefaßt (vgl. Keilin 1966; Edsall 1974; Florkin 1975, S. 407 ff.).

Die Erforschung der Zellatmung belegt, wie biochemische Grundmechanismen zumeist an mikrobiellen und tierischen Zellen erkannt und erst sekundär auf Pflanzenzellen übertragen wurden:

„For many of the pathways, the establishing of their roles as components of the metabolism of plants usually lagged for several years behind the initial elucidation in the hands of more numerous investigators of microbial and animal cells." (Beevers 1974, S. 437)

Das darf nicht darüber hinwegtäuschen, daß die ersten Hinweise auf einen Zusammenhang zwischen Glykolyse und Zellatmung aus der experimentellen Pflanzenphysiologie kamen. V. I. Palladin und S. P. Kostyčev (1906) sahen in der Respiration eine Fortführung des glykolytischen Zuckerabbaus (vgl. Florkin 1975, S. 196 ff.). In Kenntnis der enzymatischen Grundlage der Hefegärung suchten sie nach den Enzymen der Pflanzenatmung (Kostyčev 1910, 1924). Ferner wurden viele der Säuren, die Krebs (1937) im Zitronensäurezyklus zusammenfügte, zuerst in Pflanzen entdeckt (vgl. K. Wetzel 1934). Gleichwohl führte erst die vergleichende Biochemie der Tiere und der Pflanzen in den 50er Jahren zum molekularen Verständnis der Pflanzenatmung. Zuvor dominierten in der pflanzenphysiologischen Atmungsforschung Gaswechselversuche mit ganzen Organen, wie etwa die in den 20er Jahren beginnenden, klassischen Experimente zur Atmung der Äpfel von F. F. Blackman, die erste Kontrollmechanismen und den zeitweiligen, starken Atmungsanstieg während der Fruchtreifung (Klimakterium) erhellten. Diese Phase fand mit den Monographien über die *Plant Respiration* von W. O. James (1953) und Blackman (1954) einen gewissen Abschluß (vgl. Thomas 1960; Beevers 1985):

„The early 1950's saw a transition in the study of plant respiration that was shared by most other fields of biological research. The increasing availability of research funds, more sophisticated instruments, labeled substrates, coenzymes and other biochemicals, were major contributing factors." (Beevers 1985, S. V)

Nach vereinzelten Arbeiten über Pflanzencytochrome (D. R. Goddard 1944) und Säurebildung in Pflanzen (G. G. Laties 1949) begann mit der erstmaligen Isolierung pflanzlicher Mitochondrien aus Mungobohnen im Labor von J. Bonner (A. Millerd et al. 1951) die eigentliche Biochemie der Pflanzenatmung. Schon bald wurden die Enzyme der Glykolyse (P. K. Stumpf 1952) und des Krebs-Zyklus (D. D. Davies 1953) ebenso wie die oxidative Phosphorylierung (Laties 1953) auch in pflanzlichen Zellen nachgewiesen. Die Arbeiten von B. Axelrod und H. Beevers (1956) führten zur Entdeckung des oxidativen Pentosephosphatzyklus, eines Nebenweges der Glykolyse. Damit wurde der Zusammenhang von Glucoseabbau- und Biosynthesemechanismen erkannt. Die umfangreichen Arbeiten der 50er Jahre über den *Respiratory Metabolism in Plants* spiegelten sich im Handbuch Beevers (1961) wider, das vor allen Dingen die Allgemeingültigkeit der Zellatmungsmechanismen in Pflanzen und Tieren bestätigte. In den 60er Jahren wuchs das Interesse an spezifischen Fragen der intrazellulären Regulation und Kompartimentierung (vgl. Beevers 1974). Besondere Impulse, die bis in die jüngste Zeit fortwirken, gingen von der Entdeckung einer regulativen Funktion der Pyridinnukleotide (Y. Yamamoto 1963) und Adenosinphosphate (Konzept des „Energy Charge", D. E. Atkinson 1968) aus:

„A major challenge now is to understand more precisely how the process of respiration is regulated and integrated into the overall functioning of the plant as a whole." (Beevers 1985, S. VI)

Eines der originären Themen der Pflanzenphysiologie ist die Photosynthese. Die Kenntnis des photosynthetischen Gaswechsels gründete sich um 1900, trotz großer Bemühungen seit der Entdeckung der Lichtwirkung auf grüne Pflanzen (J. Ingen-Housz 1779), noch weitestgehend auf Spekulationen. Zwar schien klar, daß die Chloroplasten, in denen man grüne Grana von farblosem Stroma zu unterscheiden wußte, der Ort der Kohlendioxid(CO_2)-Assimilation sind, als deren erstes sichtbares Produkt Stärke entsteht, aber der Weg des CO_2 zur Stärke und die Art der Chlorophyllwirkung blieben völlig ungewiß. Auf der Suche nach dem wirksamen Prinzip des Lichtes bildete das Wirkungsspektrum der Photosynthese einen Schwerpunkt der Pflanzenphysiologie des 19. Jh. Dennoch wurde um 1900 noch nicht einmal die Übereinstimmung von Aktions- und Absorptionsspektrum des Chlorophylls allgemein anerkannt. Selbst die Anzahl und chemische Natur der photosynthetischen Hauptpigmente blieben unbekannt (vgl. Loomis 1960; Höxtermann 1980, 1992, 1995). Es bedurfte der gemeinsamen Anstrengung von Pflanzenphysiologen, Mikrobiologen, Zellmorphologen und Organikern, besonders aber des Instrumentariums der Biochemie und Biophysik, um bis etwa 1970 die Grundmechanismen der Photosynthese aufzudecken. Vor allem die 50er Jahre gingen als das Dezennium der Photosyntheseforschung in die Geschichte der Biologie ein.

Den Durchbruch in der Chemie der Chlorophylle verdanken wir R. WILLSTÄTTER (1913), der mit klassischen, makrochemischen Verfahren die Summenformeln der Chlorophylle und ihrer Derivate ermittelte und die heutige Terminologie der Chlorophyllchemie einführte. Es währte weitere 26 Jahre, bis H. FISCHER und W. WENDEROTH (1939) die Strukturformeln der wichtigsten Chlorophylle fanden. Den ersten, begründeten Hinweis auf eine mechanistische Trennung vom Chlorophyllwirkung und CO_2-Fixierung lieferten F. F. BLACKMAN und G. L. C. MATTHAEI (1905), die den Einfluß äußerer Faktoren auf die CO_2-Assimilation quantitativ analysierten (Abb. 182) und eine temperaturunabhängige, aber lichtabhängige (d. h.

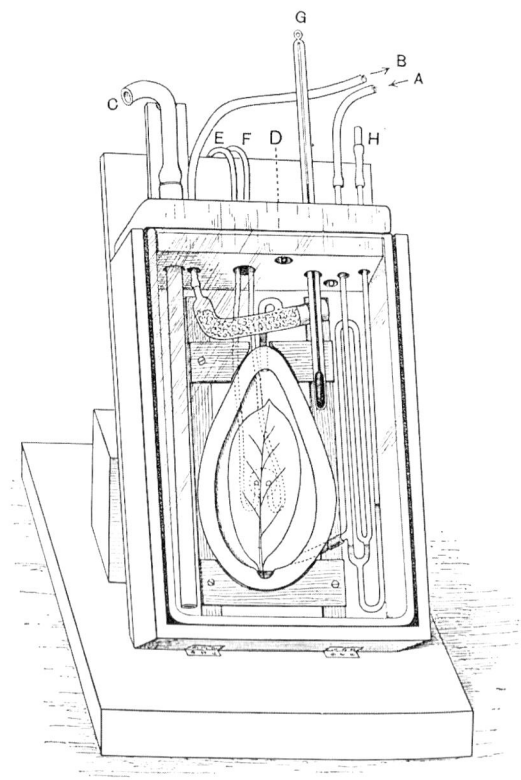

Abb. 182. Meßkammer von F. F. BLACKMAN und G. L. C. MATTHAEI (1905, S. 404) zum quantitativen Studium der CO_2-Assimilation mit Gaszuleitung (A) und -ableitung (B), Wasserbadzufluß (C) und -abflußöffnung (D), Temperaturmeßfühler (E, F), Thermometer (G) und Wasserversorgung (H) des Blattes.

photochemische) Reaktion von einer weiteren, lichtunabhängigen, aber temperaturabhängigen (d. h. enzymatischen) Dunkelreaktion unterschieden. Der Mehrschrittcharakter der Photosynthese blieb aber lange Zeit, vor allem unter dem Eindruck der Arbeiten O. WARBURGS (1919, 1922), fraglich. Ergebnisse der Photochemie hatten WARBURG bestärkt, auch in der photosynthetischen CO_2-Reduktion eine photochemische Ein-Quanten-Primärreaktion am Chlorophyll zu sehen, zumal auch die vieldiskutierte Formaldehydtheorie der CO_2-Assimilation von A. BAEYER (1870) eine direkte CO_2-Chlorophyll-Photolyse forderte (vgl. HÖXTERMANN 1983). Durch die quantitative, zellphysiologische Anlage (manometrische Blitzlichtmethode, *Chlorella*-Suspensionen u. a.) seiner Gaswechselstudien (1919) übte WARBURG letztlich einen äußerst anregenden Einfluß auf die Photosyntheseforschung aus. Das Konzept der Unterscheidung einer photochemischen Lichtreaktion und einer enzymatischen Dunkelreaktion (BLACKMAN & MATTHAEI 1905) erhielt 1930 aus der vergleichenden Physiologie und Biochemie der Mikroorganismen einen starken theoretischen Impuls. C. B. VAN NIEL (1930) folgerte aus langjährigen Untersuchungen an Schwefelbakterien, daß die CO_2-Assimilation der höheren Pflanzen ebenso wie die der Bakterien nur besondere Formen eines allgemeinen lichtgetriebenen Hydrierungsvorganges darstellten. Die Photosynthese sei im Grundsatz als ein biologischer Wasserstoffaustausch zwischen einem Donator (H_2A) und CO_2 als Akzeptor anzusehen. Da bei den höheren Pflanzen nur das Wasser als Wasserstofflieferant in Frage kam, mußte es auch die Quelle des freigesetzten Sauerstoffs sein. Das CO_2 wird demnach erst in einem Folgeschritt reduziert. Die Idee einer primären Wasserphotolyse erhielt durch Versuche mit isolierten Chloroplasten neue Nahrung. R. HILL (1937) nutzte die Sauerstoffaffinität des Blutfarbstoffs für eine quantitative, spektroskopische Messung der Sauerstoffemission isolierter Chloroplasten. Das sensationelle Ergebnis war, daß die Chloroplasten auch in Abwesenheit von CO_2 Sauerstoff bilden, wenn Eisensalze vorliegen (Abb. 183). Wurde mit den Hill-Reaktionen, d. h. der Photolyse von Wasser in Gegenwart künstlicher Elektronenakzeptoren, auch der Ursprung des Sauerstoffs überzeugend nachgewiesen, so nährten sie neuerdings auch Zweifel, ob die Chloroplasten wirklich die Orte der CO_2-Fixierung sind (vgl. ARNON 1987).

Mechanismus und Ort der Licht- und Dunkelreaktionen der Photosynthese wurden in den 50er Jahren in fünf Forschungsrichtungen aufgedeckt (vgl. VAN NIEL 1967; MYERS 1974; HILL 1975;

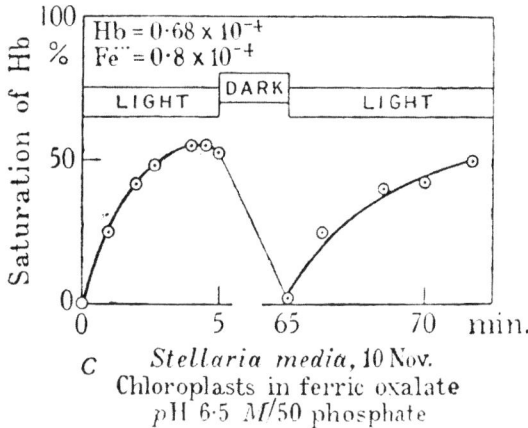

$$Hb = 0.68 \times 10^{-4}$$
$$Fe^{\cdot\cdot} = 0.8 \times 10^{-4}$$

C *Stellaria media*, 10 Nov.
Chloroplasts in ferric oxalate
pH 6.5 M/50 phosphate

Abb. 183. Mit Hilfe eines quantitativen, spektroskopischen Hämoglobin-Sauerstoffnachweises erkannte R. HILL, daß isolierte Chloroplasten in Gegenwart von Ferri-Ionen Sauerstoff abgeben (1937, S. 882). Hill-Reaktionen mit künstlichen Elektronenakzeptoren führten schließlich zur Entdeckung der Photolyse des Wassers, d. h. der Sauerstofffreisetzung aus Wasser in grünen Pflanzen (HILL 1939).

ARNON 1977; AVRON 1989; CALVIN 1989; DUYSENS 1989; MENKE 1990; WITT 1991; HÖXTERMANN 1992). – I. Angeregt von den Resultaten der Atmungsforschung wurde erkannt, daß auch in der Photosynthese das ATP (D. I. ARNON et al. 1954) und wasserstoffübertragende Pyridinnukleotide (A. SAN PIETRO & H. M. LANG 1956) eine Schlüsselstellung einnehmen. Eine Bedeutung von ATP (K. G. VOGLER 1942; S. RUBEN 1943) und Phosphorylierungen (R. L. EMERSON et al. 1944) für die photosynthetischen Primärreaktionen war schon länger vermutet worden. Für die ATP-Synthese postulierte dann P. D. MITCHELL (1961) einen membrangebundenen, chemiosmotischen Mechanismus, den H. T. WITT (1971) experimentell bestätigte. – II. Mit der Einführung der Absorptionsdifferenzspektrophotometrie in die Photosyntheseforschung wurde die Existenz photochemisch aktiver Reaktionszentren in Bakterien (L. N. M. DUYSENS et al. 1956) und höheren Pflanzen (B. KOK 1957), bereits 1932 von R. EMERSON und W. A. ARNOLD wahrscheinlich gemacht, bekannt. Die frühe Annahme von zwei Lichtreaktionen (H. KAUTSKY & A. HIRSCH 1931) bestätigte sich dann mit der Unterscheidung zweier Photosysteme (R. EMERSON et al. 1957) und dem blitzlichtspektroskopischen Nachweis eines zweiten Reaktionszentrums in den Chloroplasten (G. DÖRING et al. 1967). – III. Die Verbindung zwischen den Reaktionszentren und den wasserstoffübertragenden Pyridinnukleotiden wurde durch die Entdeckung verschiedener Elektronenüberträger hergestellt. 1960 ver-

einten R. HILL und F. BENDALL die einzelnen photochemischen, thermodynamischen und kinetischen Befunde in einem vielbeachteten Z-Schema des photosynthetischen Elektronentransportes (Abb. 184). – IV. Die funktionellen Forschungsergebnisse standen im Einklang mit den elektronenmikroskopischen Erkenntnissen über die Ultrastruktur (A. FREY-WYSSLING & K. MÜHLETHALER 1965) und Entwicklungsgeschichte (vgl. W. MENKE 1990) der Chloroplasten. – V. Das von HILL erschütterte Bild von der photosynthetischen Einheit der Chloroplasten wurde von D. I. ARNON und Mitarbeitern (1954) mit dem Nachweis, daß das CO_2 in den Organellen assimiliert wird, wiederhergestellt. Die relative physiologische Autarkie der Chloroplasten bedeutete ebenso wie ihre genetische Eigenständigkeit eine Bestätigung ihrer frühen Kennzeichnung als endosymbiontische Algen (K. S. MEREŽKOVSKIJ 1905), eine der kühnsten Hypothesen der Zellbiologie, die erst in den

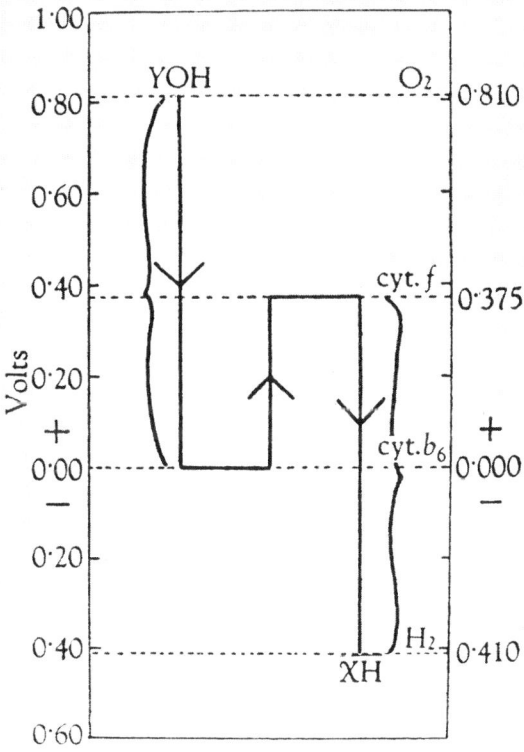

Abb. 184. Die experimentellen Befunde der 50er Jahre über die primären Reaktionspartner der Photosynthese wurden von R. HILL und F. BENDALL (1960, S. 137) in einem hypothetischen Elektronentransfer-Z-Schema, einer Folge von Redoxschritten, zusammengefaßt. Die Redoxpotentialdifferenz der Elektronentransportkette machte eine Energiezufuhr durch zwei hintereinandergeschaltete Lichtreaktionen wahrscheinlich.

70er Jahren ernsthaft diskutiert wurde. Die Entschlüsselung des Hauptweges der CO_2-Reduktion in den Chloroplasten verdanken wir M. CALVIN, der seit 1948 die Tracertechnik mit Radiokohlenstoff, 1939 von S. RUBEN und Mitarbeitern erstmals zur Markierung des CO_2 eingesetzt (Abb. 185), und die Papierchromatographie, 1944 von R. CONSDEN und Mitarbeitern für die Trennung von Aminosäuren entwickelt, kombinierte. 1956 waren ihm alle Intermediate des reduktiven Pentosephosphatzyklus bekannt (J. A. BASSHAM et al. 1956). Zehn Jahre später wurde in tropischen Gräsern ein weiterer, besonders effizienter CO_2-Bindungsmechanismus entdeckt, der dem Calvin-Zyklus vorgeschaltet ist (H. P. KORTSCHAK et al. 1965; M. D. HATCH & C. R. SLACK 1966). Damit erhielt eine schon im 19. Jh. bekannte blattanatomische Besonderheit eine physiologische Erklärung.

Neben der Photosynthese gehören auch die Stickstoffassimilation und der Metabolismus sekundärer Pflanzenstoffe zu den „exklusiven" Forschungsgegenständen der pflanzlichen Stoffwechselphysiologie. Das Studium der autotrophen Stickstoffversorgung der Pflanzen wurde maßgeblich von J. B. BOUSSINGAULT (1838) und J. LIEBIG (1840) beeinflußt und ist eng mit der Geschichte der Agrikulturchemie verbunden (vgl. SCHLING-BRODERSEN 1989). An der Schwelle zum 20. Jh. war die lange Zeit strittige Frage über den Ursprung des Pflanzenstickstoffs im Grundsatz entschieden. Hatten H. HELLRIEGEL und H. WILFARTH (1888) die Bindung von Luftstickstoff durch Bodenmikroben und M. W. BEIJERINCK (1888) deren Beziehung zu den Wurzelknöllchen der Leguminosen nachgewiesen, so erkannte S. N. VINOGRADSKIJ (1893) in der Nitrifikation der Bodenbakterien die Quelle des Nitrats, des von den Pflanzen bevorzugten Bodenstickstoffs.

Nahm man ursprünglich an, daß einzig die Clostridien (VINOGRADSKIJ 1893) und die Azotobacteriaceen (BEIJERINCK 1901) Luftstickstoff assimilieren können, so wurde mit den Blaualgen (K. DREWES 1928), den schwefelfreien Purpurbakterien (M. D. KAMEN & H. GEST 1949) und den Schwefelpurpurbakterien (E. S. LINDSTROM et al. 1950) bekannt, daß die Diazotrophie eine weiter verbreitete Erscheinung freilebender, vor allem photoautotropher Bodenbakterien darstellt. Bei den Knöllchenbakterien hingegen zeigte sich in den 30er Jahren, daß sie nur in Symbiose mit höheren Pflanzen Stickstoff zu binden vermögen. Einen Schwerpunkt der Rhizobienforschung bildete die Entwicklungsgeschichte der Wurzelinfektion (E. B. FRED et al. 1932). Zwei zufällige Beobachtungen, die spezifische Hemmung der Stickstoffixierung durch molekularen Wasserstoff (B. W. WILSON & W. W. UMBREIT 1937) und die Absonderung stickstoffhaltiger Verbindungen aus den Wurzelknöllchen ins Außenmedium (A. I. VIRTANEN & T. LAINE 1939), markieren den Beginn der eigentlichen Biochemie der N_2-Assimilation. 1946 erkannten R. H. BURRIS und WILSON mit Hilfe von Radioisotopen die Schlüsselstellung des Ammoniums. Bis 1960 zeigten sich nur wenige Pflanzenphysiologen und -biochemiker an der biologischen Stickstoffreduktion interessiert. Die Fortschritte auf diesem Gebiet waren großenteils den Arbeitsgruppen von WILSON (Madison/Wisconsin) und VIRTANEN (Helsinki) zu danken. Die Einführung eines zellfreien Systems mit hoher Nitrogenaseaktivität (J. E. CARNAHAN et al. 1960) bedeutete einen Wendepunkt. „In the last decade or so, the study of

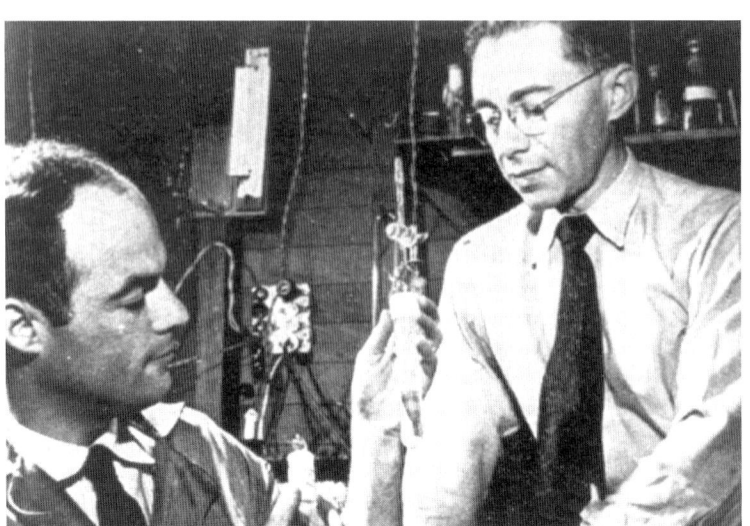

Abb. 185. S. RUBEN (li.) und W. Z. HASSID 1938 im Berkeley Radiation Laboratory bei den ersten Photosyntheseuntersuchungen mit radiomarkiertem Kohlendioxid ($^{11}CO_2$) des Strahlenchemikers M. D. KAMEN. „The untimely death of Dr. Ruben, at the age of 29 while engaged in research in chemical warfare in 1943, was an unmitigated catastrophe for modern biochemistry." (KAMEN 1963, S. 234 u. 239)

biological N_2 fixation first became respectable and then became highly popular" (BURRIS 1974, S. 448). Mit der Entdeckung der elektronenübertragenden Ferredoxine (L. E. MORTENSON et al. 1962) und der beiden Nitrogenaseproteine (MORTENSON 1966) öffnete sich der Weg zum molekularen Verständnis der biologischen Stickstoffbindung. Die Monographien *The Biochemistry of Symbiotic Nitrogen Fixation* (WILSON 1940) und *Nitrogen Fixation in Plants* (W. D. P. STEWART 1966) sind die Eckpunkte einer Entwicklung vom spekulativen Anspruch zur Kenntnis der ersten molekularen Mechanismen (vgl. BURRIS 1974). Demgegenüber konnten D. J. D. NICHOLAS und A. NASON schon 1954 einen Reduktionsmechanismus für die Nitratassimilation vorschlagen, deren Schlüsselenzym, die Nitratreductase, in *Neurospora*-Extrakten als ein Molybdoflavoprotein identifiziert wurde.

Die Überführung des biologisch reduzierten Luft- und Nitratstickstoffs, des Ammoniums, in organische Substanz, vor allem Aminosäuren, ist Teil des Eiweißstoffwechsels (vgl. FLORKIN 1979 b), dessen Untersuchung bei den Pflanzen aufs engste mit der Keimungsphysiologie verbunden war. Von den 20 Aminosäuren der natürlichen Proteine wurde, großenteils noch im 19. Jh., die Hälfte als Hydrolyseprodukt in keimenden Sämlingen gefunden (vgl. HÖXTERMANN 1994 a, S. 148 ff.). Mit Pflanzensämlingen und -keimlingen hatten insonderheit H. RITTHAUSEN und E. SCHULZE gearbeitet. An ihre Studien knüpften im 20. Jh. hauptsächlich D. N. PRJANIŠNIKOV und Th. B. OSBORNE an. Fragen zur Ammoniakentgiftung und Stickstoffspeicherung führten schließlich von den stoffwechselaktiven Keimlingen zu den adulten Pflanzen, deren Eiweißstoffwechsel vor allem K. MOTHES, beginnend 1926, und A. C. CHIBNALL (1939) untersuchten. Die vergleichenden und systematischen Versuche MOTHES', der im Stickstoffmetabolismus der Pflanzen ein Analogon zu dem der Tiere sah, schlossen schon frühzeitig die metabolischen „Exkrete" der Pflanzen, die stoffwechselinaktiven, sekundären Pflanzenstoffe (1928), und Blattalterungsvorgänge (1931) ein. Die *Biosynthese der Alkaloide* (K. MOTHES & H.-P. SCHÜTTE 1969) wurde zu einem Standardwerk der modernen Pflanzenbiochemie (vgl. BUTENANDT 1980; PARTHIER 1983).

Die Bezeichnung „s e k u n d ä r e P f l a n z e n s t o f f e" geht auf F. CZAPEK (1921, S. 220) zurück, der meinte, daß die Bildung der Alkaloide „nicht jedem Zellplasma eigen ...., sondern mehr sekundären Charakters" sei. Den Begriff entlehnte er A. KOSSEL (1891), der vorgeschlagen hatte, zwischen wesentlichen, lebensnotwendigen, „primären" und „zufälligen oder für das Leben nicht unbedingt nöthigen ... sekundären Zellstoffen" zu unterscheiden (vgl. MOTHES 1980, S. 2). Demgegenüber betonte S. KOSTYČEV (1926, S. 390) mehr den biogenetischen Aspekt und nannte solche Pflanzenstoffe sekundär, die sich von den primär aus mineralischen Stoffen gebildeten Kohlenhydraten und Eiweißen ableiten – eine weitgefaßte Definition, die K. PAECH in seiner *Biochemie und Physiologie der sekundären Pflanzenstoffe* (1950) prinzipiell beibehielt. PAECH vermochte die Sekundärstoffe der Pflanzen bereits nach einigen stoffwechselphysiologischen Kriterien zu klassifizieren (vgl. SCHWARZE 1958). Um eine qualitative Bewertung der Stoffwechselprodukte nach einer primären und vermeintlich sekundären Bedeutung zu vermeiden, bevorzugten J. BONNER und A. W. GALSTON (1952) die Differenzierung von „highways and byways of metabolism". Die Abgrenzung von Sekundärstoffen, die z. T. wichtige physiologische und ökologische Funktionen erfüllen, blieb indes aus historischen und didaktischen Gründen erhalten. In den 50er Jahren führte die fortgeschrittene mikrochemische Naturstoffanalyse zur Entdeckung Hunderter neuer sekundärer Pflanzenstoffe, für die sich zunehmend auch die pharmazeutische Industrie auf der Suche nach Antibiotika interessierte (vgl. MOTHES 1980). In der *Plant Biochemistry* von J. BONNER und J. E. VARNER (1965) beanspruchten die sekundären Pflanzenstoffe bereits ein Fünftel des Gesamtumfanges. Überraschenderweise konnten, ausgehend von der Wirkstofforschung an Insekten, auch im Tierreich Sekundärstoffe nachgewiesen werden. Seine hauptsächliche Entsprechung hat der pflanzliche Sekundärstoffwechsel in der tierischen Exkretion (M. LUCKNER 1967; MOTHES & SCHÜTTE 1969).

Eine Stoffgruppe mit fließenden Grenzen zwischen primären und sekundären Produkten stellen die Lipide dar. 1924 betitelten E. F. ARMSTRONG und J. ALLAN ein Sammelreferat über die Biochemie der F e t t e „a neglected chapter in Chemistry: the fats". In der Fettchemie überwogen die chemische Technologie der Nahrungsfette und die rein deskriptive Strukturanalyse neuentdeckter natürlicher Lipide. Eine der wenigen vergleichenden Studien zur Zusammensetzung pflanzlicher Glyceride (T. P. HILDITCH 1938) machte auf die Dominanz gemischter Glyceride im Pflanzenreich aufmerksam. Untersuchungen zum Stoffwechsel der Fette bildeten eine Ausnahme und entstammten zudem fast ausschließlich human- und tierphysiologischen Laboratorien (vgl. STEINER 1957). Nach der frühen Entdeckung der schrittweisen β-Oxidation des Fettsäureabbaus (F. KNOOP 1904) eröffnete erst die Beobachtung einer zellfreien

Fettsäureoxidation in Suspensionen aus Leberpartikeln (L. F. LELOIR & J. M. MUÑOZ 1939), die sich später (1949) als Mitochondrien erwiesen, die Möglichkeit zur Aufklärung der molekularen Zusammenhänge. Die Verbindung zum Citronensäurezyklus (1945) und die Aktivierung der Fettsäuren durch Coenzym A (1953) wurden vor allem von A. L. LEHNINGER, D. E. GREEN und F. LYNEN aufgedeckt (vgl. FLORKIN 1975, S. 299 ff.). Ab 1950 wurde auch der Mechanismus der Biosynthese der Fettsäuren in zell- und partikelfreien Leberextrakten (R. O. BRADY, S. GURIN, S. J. WAKIL u. a.) offengelegt (vgl. FLORKIN 1979 a, S. 173 ff.). Erst die Erkenntnisse des Fettstoffwechsels an Leberpräparaten zogen auch Untersuchungen zum Metabolismus pflanzlicher Fette, die E. H. NEWCOMB und P. K. STUMPF (1953) an Schnitten von Erdnußblättern aufnahmen, nach sich.

Mit der Untersuchung des Zellstoffwechsels trat die herkömmliche Physiologie der M i n e r a l s t o f f e r n ä h r u n g der Pflanzen in eine neue, zellphysiologische Phase ein. Nach der Begründung der Mineraltheorie der Pflanzenernährung durch die Agrikulturchemiker C. SPRENGEL (1826), J. B. BOUSSINGAULT (1838) und J. LIEBIG (1840) hatten J. A. STÖCKHARDT, J. SACHS, W. KNOP, H. HELLRIEGEL u. a. an Sand- und Wasserkulturen die allgemeine Wirkung einzelner Mineralsalze und den Bedarf wichtiger Kulturpflanzenarten ermittelt. Ihr Methodenspektrum erschöpfte sich zumeist in der Analyse von Pflanzenaschen und Mangelsymptomen (vgl. SCHLING-BRODERSEN 1989). Eingangs des 20. Jh. vertiefte E. A. MITSCHERLICH (1905, 1925) die Kenntnisse über den Zusammenhang von Düngung und Pflanzenertrag von der bodenkundlichen Seite her. Er ergründete die Nährstoffverfügbarkeit und Fruchtbarkeit der Böden und erhellte die komplexe, wechselseitige Beziehung zwischen den diversen Wachstumsfaktoren (vgl. MÜLLER & KLEMM 1988). Als MITSCHERLICH *Die Bestimmung des Düngerbedürfnisses des Bodens* (1930) veröffentlichte, blieb die pflanzliche Ernährungslehre letztlich zur stoffwechsel- und zellphysiologischen Seite hin offen (vgl. MICHAEL 1958; BERGMANN 1958). Chemisch-physiologische und biochemische Arbeiten offenbarten nun auch die essentielle Bedeutung und spezifische Wirkung der Spurenelemente. Noch in den 30er Jahren ließ sich bei den Mikronährstoffen nur „vermuten, daß sie zum Aufbau gewisser lebenswichtiger Stoffe erforderlich sind, wenn auch nur in Spuren, aber genaueres läßt sich bis jetzt darüber noch nicht sagen" (MÖBIUS 1937, S. 244). Auf der Suche nach der Rolle der „notwendigen Elemente" im Stoffumsatz der Pflanzen erlangten die „Hoagland-Lösungen",

die D. R. HOAGLAND (1938) als am Minimalbedarf orientierte Standardnährsubstrate einführte, Popularität. Im Gegensatz zu den klassischen Knopschen Nährlösungen (1863, 1865) lagen die Mineralsalze nicht in einem Übermaß, sondern in weit geringeren, den Bodenverhältnissen angepaßten Konzentrationen vor (vgl. HIGINBOTHAM 1974). J. W. STOUT und HOAGLAND bezogen dabei schon sehr früh (1939) radioaktive Mineralstoffe ein. Interessierte sich HOAGLAND besonders für die Verteilung der Mikronährstoffe im Gesamtorganismus, so analysierte K. NOACK in den 30er und frühen 40er Jahren zuvorderst ihren intrazellulären Wirkort und ihre zellphysiologische Funktion (vgl. HÖXTERMANN 1991 a, S. 67 ff.). Den Schwerpunkt bildeten die antagonistischen und gleichsinnigen Ioneneffekte, unter besonderer Berücksichtigung von Kohlenstoff- und Stickstoffassimilation (A. PIRSON 1937, 1939). Den Kenntnisstand der 50er Jahre faßte G. MICHAEL zusammen:

„Aus der Allgemeingegenwart ist eine Allgemeinwirksamkeit geworden, die fördernd oder hemmend, blokkierend, verdrängend und auf andere Wege umschaltend, auf jeden Fall steuernd, wenn auch vielleicht nur über eine Änderung des Ladungs- und Quellungsgrades, also über die Plasmastruktur, die physiologischen Prozesse und damit das gesamte Stoffwechselgeschehen in der Pflanze beeinflußt." (MICHAEL 1958, S. 1 f.)

Die ernährungsphysiologischen Arbeiten, die sich zunehmend spezieller, auf die Zelldimension zugeschnittener Lokalisierungstechniken bedienten (vgl. EPSTEIN 1983, S. VI), konnten in der Regel den Wirkungsbereich der Nährelemente nur eingrenzen. Erst mit den Mitteln der Biochemie wurde es möglich, die molekularen Wirkungsmechanismen der Mineralstoffe, etwa ihre Bedeutung als Chelatbildner in Enzym-Substratreaktionen oder ihre auf Valenzwechsel beruhende Eignung für Redoxketten, im Einzelfall aufzuspüren.

16.4.5. Physiologie des Wachstums, der Entwicklung und der Bewegung

Erfahrungen mit der vegetativen Vermehrung im Gartenbau regten schon im frühen 19. Jh. morphogenetische und entwicklungsphysiologische Untersuchungen zur Regenerationsfähigkeit der Pflanzen an. Zu einer bevorzugten Methode entwickelte sich die K u l t u r p f l a n z l i c h e r O r g a n e , nachdem SACHS (1859) über die gelungene „Aufzucht" isolierter Embryonen aus reifen Bohnen berichtet hatte.

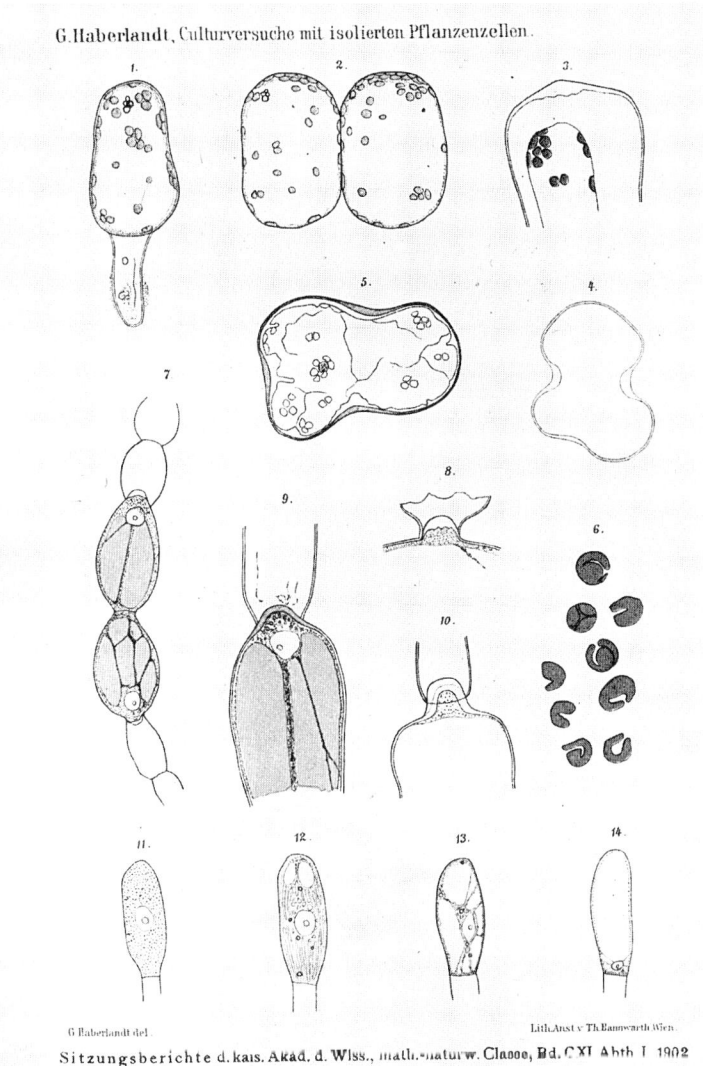

G. Haberlandt, Culturversuche mit isolierten Pflanzenzellen.

G. Haberlandt del.   Lith.Anst.v.Th.Bannwarth Wien.

Sitzungsberichte d.kais. Akad. d. Wiss., math.-naturw. Classe, Bd. CXI Abth I 1902

Abb. 186. HABERLANDTS „Culturversuche mit isolierten Pflanzenzellen" (1902, Tf. im Anhang): Mesophyllzellen (1.–5.) und Chloroplasten (6.) der Taubnessel, Zellen eines Staubfadenhaares (7.–10.) der Dreimasterblume und Endzellen eines Drüsenhaares (11.–14.) des Lungenkrauts in vitro mit typischen Erscheinungen, d. h. Zellwachstum (1., 2., 7.), Zellwandverdickungen (3.–5., 8.–10.) und Vakuolisierung (11.–14.). Zellteilungen traten nicht auf.

SACHS' Versuche zielten auf die Rolle einzelner Samenteile (Keimblätter, Endosperm, Samenschale) bei der Keimung. In der Folgezeit konnten auch Teilorgane des Embryos, vor allem Keimblätter (P. VAN TIEGHEM 1873), aber auch unreife Embryonen (E. Hannig 1904) und Keimachsen (L. H. SMITH 1907) erfolgreich kultiviert werden. Die Organkultur von Embryonen und Embryoteilen wurde sodann um die Kultur von Wurzelspitzen, deren Meristem sich relativ einfach isolieren läßt, erweitert. W. KOTTE (1922) und W. J. ROBBINS (1922) verstanden es erstmals, isolierte Wurzelspitzen auf künstlichen Nährmedien zur Weiterentwicklung zu bringen. Der Nachweis unbegrenzt wachsender Wurzeldauerkulturen nach Zusatz von Hefeextrakten (P. R. WHITE 1934; J. BONNER & F. ADDICOTT 1937) beeinflußte die pflanzliche Organkultur nachhaltig. Als Ende der 40er

Jahre die Hefeextrakte der Dauerkulturen durch definierte Nährsubstrate mit Vitaminen und Hormonen ersetzt werden konnten, wurde die Kultur isolierter Wurzeln zu einer Standardmethode ernährungs-, entwicklungs- und reizphysiologischer Experimente.

Von der Kultur embryonaler Teilorgane war es Ende des 19. Jh. nur ein kleiner Schritt zur Zell- und Gewebekultur. Das Regenerationsvermögen der Organe hatte „Untersuchungen über die Grenzen der Theilbarkeit im Pflanzenreiche" (C. RECHINGER 1893), über den potentiellen Anteil von Geweben und Zellen an der völligen Wiederherstellung von Organen, angeregt. Mit Bestimmtheit ließ sich sagen, daß die Erneuerungsfähigkeit der Zellverbände mit der zunehmenden Spezialisierung und Differenzierung ihrer Ursprungsgewebe abnimmt. „Parenchym- und protoplasmaarme Zellsysteme sind

zur Reproduction minder geeignet" (RECHIN-
GER 1893, S. 333). Ab einer minimalen Schei-
bendicke waren zudem selbst regenerations-
potente, protoplasmareiche Gewebearten nicht
mehr zur Kallusbildung bzw. Zellteilung zu veranlassen. Die Suche nach einem Zellteilungsfak-
tor rückte ins Zentrum der Entwicklungsphysiologie. Das wurde insonderheit G. HABERLANDT
bewußt, als er 1898 (1902 veröffentlicht) zum ersten Male in der Geschichte der Biologie auch
einzelne Zellen zu kultivieren trachtete, um die
Entwicklungspotenzen und Interaktionen der
Einzelzelle als „Elementarorganismus" der
Pflanze zu ergründen. HABERLANDT projizierte
das klassische Problem der Organkorrelation
auf den Zellverband, um Aufschlüsse „über die
Wechselbeziehungen und gegenseitigen Beein-
flussungen, denen die Zellen innerhalb des vielzelligen Gesammtorganismus ausgesetzt sind"
(HABERLANDT 1902, S. 69), zu erhalten. Die Versuche brachten aber nur einen Teilerfolg. Die
isolierten und kultivierten Zellen (zumeist
grüne Assimilationszellen, aber auch farblose
Pflanzenhaarzellen) lebten zwar fort und zeigten sogar weiteres Wachstum, gingen aber nicht
zur Zellteilung über (Abb. 186).

„Es wird nun Aufgabe künftiger Culturversuche sein,
die Bedingungen ausfindig zu machen, unter denen
isolierte Zellen zur Theilung schreiten." (HABERLANDT
1902, S. 88)

HABERLANDT bemühte sich fortan, die „Physiologie der Zellteilung" (1913–1921) auf einer höheren Organisationsebene zu erhellen und
„suchte die Frage zu beantworten, wie klein die
Gewebestückchen sein können, um noch Zellteilungen zu erfahren" (HABERLANDT 1913,
S. 321). Auf diesem Wege entdeckte er 1913 einen zellteilungsauslösenden, chemischen „Reiz",
worauf er 1921 eine der ersten Hormontheorien
in der Pflanzenphysiologie gründete (vgl. HÖX-
TERMANN 1994 b). Es ergaben sich indes keine
unmittelbaren Anstöße für die Zell- und Gewebekultur.[1] Die erfolgreiche Kultivierung sich
teilender Zellen war erst Th. SCHMUCKER (1929)
zu danken, der durch Zugabe von Gewebeextrakten Zellvermehrungen induzierte, den
Zusammenhängen aber leider nicht weiter nachspürte. Auch B. WEHNELT (1927) hatte Zell-

wucherungen nach Zusatz von Bohnenhülsen-
extrakten beschrieben. Eingedenk dessen setzte
J. BONNER (1936) Zellen in Kultur eine alkohol-
lösliche Fraktion des Hülsenextraktes zu und
erreichte damit eine fortgesetzte Zellteilung und
Bildung neuen Gewebes. Das bedeutete den
Durchbruch in der Kultivierung pflanzlicher
Zellen und Gewebe. Weitaus nachhaltiger wirkten aber dann Arbeiten von P. R. WHITE (1939),
R. GAUTHERET (1939) und P. NOBÉCOURT (1939),
die sich in zwei verschiedene Richtungen fortsetzten. Stimulierte WHITE in den USA phytopa-
thologische Untersuchungen pflanzlicher Tumo-
re an Stengel- oder Kallusgewebe des Tabaks
(vgl. STAPP 1947), so beeinflußten GAUTHERET
und NOBÉCOURT in Frankreich entwicklungsphysiologische Studien über Gewebedifferenzie-
rung und -polarität an gesundem Wurzelgewebe der
Karotte und Kambiumgewebe verholzter Gewächse (vgl. FIEDLER 1938/39; KANDLER 1948,
1950; STREET 1959; KRIKORIAN & BERQUAM
1969). Die ersten Fortschritte schlugen sich in
WHITES A Handbook of Plant Tissue Culture
(1943) nieder und leiteten eine neue Etappe der
Entwicklungsphysiologie ein. Schon HABER-
LANDT (1902, S. 90) hatte die Möglichkeit er-
ahnt, „aus vegetativen Zellen künstliche Embryonen zu züchten". Der Grundgedanke einer
„Totipotenz" der Zelle wurde von E. W. SIN-
NOTT (1950, S. 30) wieder aufgegriffen und mit
der Regeneration neuer Pflanzen aus Einzelzellen (F. C. STEWARD et al. 1966; J. REINERT 1968)
experimentell bestätigt. Die großen Probleme in
den Anfängen der pflanzlichen Zell- und Gewebekultur waren auf zu ausdifferenzierte Zellen
und zu einfache Nährmedien zurückzuführen.
Erst die Kenntnis der wachstums- und entwick-
lungsregulierenden Faktoren gestattete optimale
Kulturbedingungen.

Das Verständnis der Steuerung von Wachstum
und Entwicklung ging von reizphysiologischen
Experimenten aus, die die Gegebenheit von
P h y t o h o r m o n e n anzeigten. Um die Jahrhundertwende gab es, zumindest unter den europäischen Pflanzenphysiologen, ein großes Interesse an tropistischen Reizbewegungen. Die
Entdeckung von Ch. und F. DARWIN (1880), daß
die phototrope Krümmung der Gräserkeim-
scheiden (Coleoptilen) von einer Lichtreizung
der Coleoptilspitze ausgeht, hatte Widerspruch
und Fürsprache geweckt. PFEFFER diskutierte
vielschichtigere Mechanismen zur Auslösung
tropistischer Wachstumsreaktionen, wenngleich
er (1881) den ursprünglich eng mit psychischen
Empfindungen verbundenen Reizbegriff quasi
entmystifizierte und auf den klaren mechanischen Begriff der Auslösung zurückgeführt
hatte. PFEFFER anerkannte zwar die Existenz ei-

---

[1] Demgegenüber stellten sich in der Entwicklungsphysiologie der Tiere, nachdem R. G. HARRISON (1907)
das Wachstum isolierter Nervenzellen beobachtet
hatte, recht schnell Erfolge bei der Gewebezüchtung
ein (A. CARREL 1914). Trotz der früheren Inangriffnah-
me der Gewebekultur in der Pflanzenphysiologie blieb
die experimentelle Zellforschung lange Zeit auf die
Tierphysiologie beschränkt (vgl. BUCHER 1940; WYLIE
1967; HOPPE 1989).

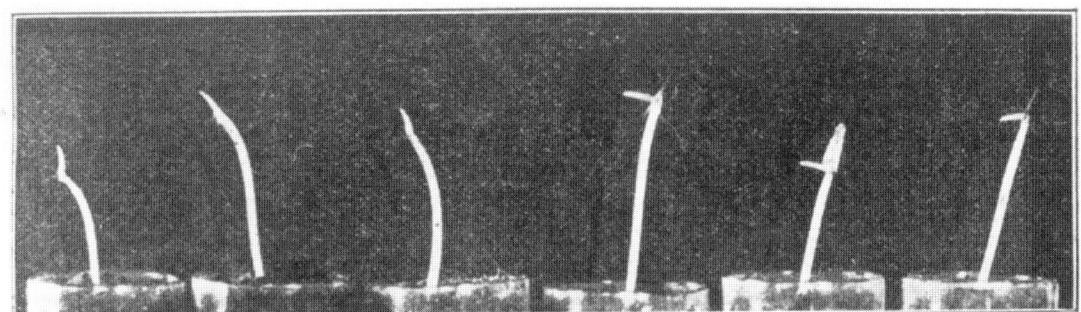

Abb. 187. Die phototrope Krümmung von Haferkeimscheiden wird durch Glimmerplättchen, die auf der Schattenseite quer zur Längsachse in das Gewebe eingesetzt werden (re.), verhindert, während Einschübe auf der Lichtseite (li.) keinen Einfluß zeigen (P. Boysen-Jensen 1913, S. 563). Die Coleoptilspitzen wurden durch das Wachstum der eingeschlossenen Primärblätter stark verschoben – ein störender Effekt, den A. Paál (1914, 1918) durch ihre Herausnahme überwand. „Die Entdeckung der Wuchsstoffe ist … nicht das Verdienst eines einzelnen, sondern viele Forscher sind daran beteiligt. Dabei muß aber doch gesagt werden, daß Boysen-Jensen derjenige gewesen ist, der letzten Endes die Lawine der Wuchsstofforschung ins Rollen gebracht hat." (H. Söding 1961, S. 459).

ner abwärts gerichteten tropistischen Reizleitung, führte diese aber auf Interaktionen zwischen den lebenden Parenchymzellen zurück (W. Rothert 1896). P. Boysen-Jensen, der in Kopenhagen einen Anteil lebender Zellen an der Leitung des phototropen Reizes in Frage gestellt hatte, bestätigte dann in Leipzig in klassischen Experimenten (1913) (Abb. 187), ebenso wie A. Paál (1914, 1919), die Wirkung wachstumsfördernder Stoffe der Coleoptilspitzen. Pfeffer blieb skeptisch, ob eine einfache, lösliche Substanz über die Leitgefäße komplexe Wachstumsbewegungen auszulösen vermag (vgl. Went 1974, S. 3 f.). Weit weniger zurückhaltend war F. A. F. C. Went in Utrecht, wo A. H. Blaauw dem Zusammenhang von „Licht und Wachstum" (1914–1918) nachspürte und eine semiquantitative Beziehung zwischen dem Grad der phototropen Krümmung und der auslösenden Lichtmenge nachwies. Mithin hatte das Studium der phototropen Reizleitung, hauptsächlich an Haferkeimscheiden, auf die Gegebenheit von „Korrelationsträgern" (Paál 1914), „Wachstumsregulatoren" (Paál 1919) bzw. „Wuchshormonen" (H. Söding 1923) aufmerksam gemacht. Letzte Zweifel an der Realität von Wuchsstoffen räumte F. W. Went (1927) aus. Mit der Agartechnik von Went (1928) (Abb. 188), die auf der von P. Stark (1921) eingeführten Manipulation mit Agarwürfeln, in die phytogene Substanzen diffundieren, fußte, stand sodann eine leicht zu handhabende, effektive, quantitative Methode zum Nachweis der Wirkstoffe zur Verfügung, die F. A. F. C. Went (1933) und F. Kögl (1933) „Phytohormone" nannten.
Der Hormonbegriff war in der Medizin entstanden und hatte morphologische und physiologi-

sche Wurzeln. E. H. Starling (1905, S. 340) kennzeichnete empirisch gefundene „innere Sekrete", die über die Blutbahn Organfunktionen koordinieren, als „chemische Botenstoffe" oder „Hormone" (griech. ὁρμάω – ich rege an). H. Fitting (1909) übertrug den Namen erstmals auf einen pflanzlichen Wirkstoff, auf ein „Pollenhormon", das bestäubungsanaloge Reaktio-

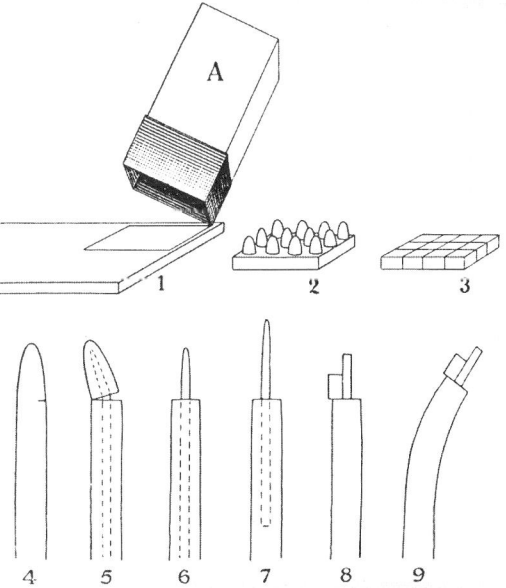

Abb. 188. Prinzip der semiquantitativen Wuchsstoffanalyse nach F. W. Went (1928, S. 23). Ausgestanzte Agarplättchen (1) werden nach dem Aufsetzen von Coleoptilspitzen (2) in Würfel geteilt (3), die wiederum den dekapitierten (4–7) Coleoptilen einseitig aufgesetzt (8) werden. Der Krümmungswinkel der Keimscheide (9) erweist sich in bestimmten Grenze als eine Funktion der Wuchsstoffmenge.

nen an Orchideenblüten hervorrief und sich später als ein Auxin erwies. Es schien sich aber um einen entwicklungsphysiologischen Sonderfall zu handeln. Erst im Zuge der Anerkennung des Hormonkonzepts in der medizinischen Endokrinologie der 20er Jahre wurde auch die hormonale Basis der pflanzlichen Wachstumsregulation transparent und akzeptiert. Das bedeutete die Erneuerung eines Konzeptes „specifischer Bildungsstoffe", von denen in der Botanik bereits mehr als 40 Jahre vor STARLINGS „Botenstoffen" die Rede war (vgl. HÖXTERMANN 1994 c). Im Ergebnis seiner Versuche zur Knollenbildung (1860), Blühinduktion (1863, 1865), korrelativen Wachstumshemmung (Apikaldominanz, 1879) sowie Sproß- und Wurzelbildung (1880, 1882 a) hatte SACHS bei der Organanlage die Wirkung spezifisch organbildender, chemischer Signalstoffe vermutet (vgl. HARTUNG 1984). Die frühzeitige Annahme einer chemischen Wechselwirkung zwischen verschiedenen Pflanzenorganen ist nicht weiter verwunderlich, konnten die Pflanzenphysiologen ihr Studium von Organkorrelationen doch nicht auf ein Nervensystem und neurale Korrelationen, eines der beherrschenden Themen der Tierphysiologie des 19. Jh. (s. a. 9.4.), gründen.

Die Hormontheorie des Wachstums gestattete in den 1930er Jahren die mechanistische Erklärung vieler, seit langem bekannter Erscheinungen. SÖDING (1931) und A. N. J. HEYN (1931) wiesen einen Wuchsstoffeinfluß auf die Zellwände als Wirkprinzip einer „Mechanik" des Zellstreckungswachstums nach, und H. E. DOLK (1936) erkannte im polaren Wuchsstofftransport den Ursprung des morphogenetischen Polaritätsproblems.

Dem endgültigen Nachweis von Wuchshormonen in Utrecht folgte ihre chemische Analyse. F. KÖGL und A. J. HAAGEN-SMIT fanden 1931 im menschlichen Harn eine ergiebige Wuchsstoffquelle, die „Auxine" (griech. auxanomai – wachsen) lieferte.[1] Experimente mit dem nichtphytogenen Auxin erhellten wichtige physiologische Zusammenhänge wie Apikaldominanz (K. V. THIMANN & F. SKOOG 1933) und Wurzelbildung (F. W. WENT 1934). KÖGL und Mitarbeiter glaubten dann 1934, zwischen einem Auxin a

___

[1] Die Suche pflanzlicher Wuchsstoffe in tierischen und menschlichen Ausscheidungen war eine Folge des universalen Wirkstoffverständnisses jener Zeit, wonach nur wenige, allgemein verbreitete, physiologisch aktive „Ergine" (R. AMMON & W. DIRSCHERL 1938, S. XVI) Wachstum und Entwicklung aller Organismen steuerten (vgl. HÖXTERMANN 1994 c). KÖGL nutzte für die Auxinuntersuchungen industriell vorgefertigte Urinpräparate, wie sie die I.G. Farbenindustrie in Elberfeld oder Schering-Kahlbaum in Berlin anboten.

und b höherer Pflanzen und einem Heteroauxin niederer Pflanzen, das als eine Indolessigsäure identifiziert wurde, unterscheiden zu können. Betrügerische Manipulationen, die das realiter nichtexistente Auxin a zum Hauptthormon deklarierten, behinderten dann aber die weitere Wuchsstofforschung über nahezu 20 Jahre (vgl. KARLSON 1982), bis papierchromatographische Untersuchungen (W. TERPSTRA 1953) bewiesen, daß Indolessigsäure das natürliche wachstumsregulierende Hormon der Pflanzen ist, was mit dem Nachweis von Heteroauxin in höheren Pflanzen zuvor bereits vermutet worden war (A. J. HAAGEN-SMIT et al. 1942; S. G. WILDMAN & J. BONNER 1948).

Die Arbeiten zur Chemie der Auxine führten 1935 zu ersten Versuchen mit synthetischen Wuchsstoffen, die besonders von amerikanischen Instituten ausgingen. Im Gegensatz zu den europäischen Studien über wachstumsfördernde Mechanismen spielten in den USA lange Zeit, unter dem Eindruck der Experimente BLACKMANS (1905), wachstumsbegrenzende Faktoren eine größere Rolle, bis 1932 die amerikanische Wuchsstofforschung begann (vgl. SÖDING 1961; THIMANN 1963, 1974; WENT 1974; HÖXTERMANN 1994 c).

Als F. W. WENT und K. V. THIMANN die Ergebnisse der Untersuchungen über *Phytohormones* (1937) zusammenfaßten, reduzierten sie die Pflanzenhormone noch weitgehend auf die Auxine, obwohl schon erste Anzeichen für weitere regulative Wirkstoffe der Pflanzen vorlagen. Zwei Jahre zuvor waren bereits ein „Sekretionsfaktor" (Gibberellin) aus parasitischen Pilzen mit einem breiten Spektrum physiologischer Wirkungen auf höhere Pflanzen isoliert, ein „Keimungshemmstoff" (Abscisinsäure) beschrieben und erste Hinweise auf ein „Reifungshormon" (Ethylen) diskutiert worden. Ihre hormonale Funktion wurde allerdings erst um 1960 anerkannt.

Bestimmte physiologische Effekte der Gibberelline waren schon von SACHS (1863) oder HABERLANDT (1890) unter Verweis auf „blüthenbildende Stoffe" und „Anstöße zur Diastaseproduktion" beschrieben worden. Aber erst die phytopathologischen Untersuchungen einer endemischen Reiskrankheit in Japan führten zu ihrer Entdeckung. Nachdem S. HORI (1898) das *Bakanaé-Syndrom* junger Reispflanzen auf den Befall mit parasitischen *Gibberella*-Schlauchpilzen zurückführen konnte, wurde eine Ausscheidung des Parasiten als Ursache der auffallenden Streckung der Keimlinge angenommen (K. SAWADA 1912) und schließlich auch nachgewiesen (E. KUROSAWA 1926). Die Isolierung der aktiven Substanz setzte, ähnlich wie in der Entdeckungsgeschichte der Auxine, die Entwicklung eines effektiven Nachweistests voraus, woraufhin T. YABUTA 1935 ein erstes und 1938 ein weiteres, längenwachstumförderndes „Gibberellin" des Pilzes gewann.

Die Bedeutung der japanischen Gibberellin-Arbeiten wurde in Europa und Amerika erst nach dem Zweiten Weltkrieg erkannt, was in den 50er Jahren einen sprunghaften Aufschwung der pflanzlichen Wirkstofforschung zur Folge hatte. Die Entdeckung eines dritten, besonders aktiven Gibberellins, der Gibberellinsäure (B. E. CROSS 1954), gestattete die Beobachtung zahlreicher, bedeutsamer, physiologischer Wirkungen der exogen applizierten Substanz: Die Aufhebung von Zwergwuchs (Nanismus, B. O. PHINNEY 1956), die Induktion des Schossens und Blühens wie bei der Kältebehandlung (Vernalisation, A. LANG 1957), die Förderung des Windens bei Kletterpflanzen sowie die Aufhebung der Ruhephase (Dormanz) von Samen und Knospen (S. H. WITTWER & M. J. BUKOVAC 1957, 1958) u. a. m. Diese physiologische Aktivität legte eine hormonale Rolle der Gibberelline nahe (F. LONA 1956; M. RADLEY 1956), die nach dem Auffinden auch nativer Gibberelline höherer Pflanzen (J. MACMILLAN & P. J. SUTER 1958; A. KAWARADA & Y. SUMIKI 1959) bestätigt wurde. N. TAKAHASHI et al. (1955), J. F. GROVE et al. (1958) und P. W. BRIAN et al. (1960) ermittelten die Strukturen der bekannten Gibberelline (vgl. STOWE & YAMAKI 1957; STODOLA 1958; TAMURA 1977; PHINNEY 1983).

Für keimungshemmende Einflüsse pflanzlicher Gewebe, seit dem Mittelalter bekannt, diskutierte J. WIESNER (1894) zum ersten Male eine Wirkung von Hemmstoffen, die H. OPPENHEIMER (1922) in fleischigen Früchten dann auch nachzuweisen vermochte. Ihre Natur blieb aber, abgesehen von einigen chemischen Eigenschaften („Blastokolin", A. KÖCKEMANN 1934), noch unerkannt. Erst Anfang der 60er Jahre klärten verschiedene, unabhängig voneinander arbeitende Gruppen mit unterschiedlichen Forschungszielen innerhalb kurzer Zeit die Struktur und physiologische Bedeutung der Abscisinsäure auf. Die Entdeckung eines Wachstumsinhibitors (T. HEMBERG 1949), der die Knospenruhe begleitet und von T. A. BENNET-CLARK und N. P. KEFFORD (1953) als „Inhibitor β" näher charakterisiert wurde, führte zur Isolation des „Dormins" (lat. dormire – schlafen) aus Ahornblattknospen (P. M. ROBINSON & P. F. WAREING 1964). Nachdem D. J. OSBORNE (1955) des weiteren in alternden Blättern einen abfallbeschleunigenden Stoff gefunden hatte, beobachteten R. F. M. VAN STEVENINCK (1959) auch bei der Fruchtreifung und K. ROTHWELL und R. L. WAIN

(1964) beim Blütenabfall der Gelben Lupine eine wachstumshemmende Substanz. Schließlich konnten W.-C. LIU und H. R. CARNS (1961) den vorzeitigen Abfall junger Baumwollfrüchte auf ein „Abscisin" (lat. abscidere – abfallen) zurückführen. 1963 entdeckten K. OHKUMA und Mitarbeiter ein weiteres, wesentlich aktiveres „Abscisin II". Wie K. OHKUMA et al. (1965), J. W. CORNFORTH et al. (1965, 1966) u. a. herausfanden, waren das „Dormin" der Ahornblattknospen, der Wachstumshemmstoff der Gelben Lupine und das „Abscisin II" der Baumwollfrüchte identisch. Nach einer Übereinkunft aller an der Erforschung beteiligten Gruppen wird der Wirkstoff seit 1968 Abscisinsäure genannt (vgl. WAREING 1982; ADDICOTT & CARNS 1983).

Die Anerkennung des Ethylens als endogener Wachstumsregulator unterscheidet sich von der anderer Pflanzenhormone dadurch, daß die physiologische Wirksamkeit von Ethylen lange bekannt war, bevor das Gas überhaupt als pflanzliches Produkt erkannt wurde. Eine erste Mutmaßung (W. CROCKER et al. 1935), Ethylen könnte als Phytohormon fungieren, wurde rigoros abgelehnt, ließen die Fortschritte der Wuchsstofforschung doch vermuten, daß das Gas lediglich den Auxinspiegel der Pflanzen beeinträchtigte. Die Betrachtung der Auxine als Haupthormone der Pflanzen und methodische Schwierigkeiten, Ethylen mikroanalytisch zu bestimmen, verzögerten die endgültige Bestätigung einer hormonellen Rolle um nahezu 25 Jahre (vgl. ABELES 1973). In der Praxis des Obstbaus hatte man sich über Generationen die blühinduzierende und reifefördernde Ethylenwirkung unbewußt zunutze gemacht. Auf die Spur des Ethylens führten die wachstumsschädigenden Einflüsse undichter Leuchtgasleitungen, die mit der Einführung des Gaslichtes im 19. Jh. bekannt wurden (J. P. GIRARDIN 1864). Als dessen wirksame Komponente entdeckte D. N. NELJUBOV (1901) Ethylen (Abb. 189), woraufhin zwischen 1924 und 1932 zahlreiche physiologische Effekte des exogen dargebotenen Gases beschrieben wurden: Beschleunigung der Alterungs- und Reifungsvorgänge (F. E. DENNY 1924; R. B. HARVEY 1928), Verkürzung der Samen- und Knospenruhe (J. T. ROSA 1925), Förderung des Blattabfalls (P. W. ZIMMERMAN & W. CROCKER 1931), Blühinduktion (A. G. RODRIGUEZ 1932). Mit einer ersten, qualitativen, mikrochemischen Analysevariante wies R. GANE (1934) überraschenderweise nach, daß Ethylen nicht nur auf Pflanzen wirkt, sondern auch von pflanzlichen Organen selbst ausgeschieden wird. Ein früher Hinweis darauf (H. H. COUSINS 1910) war unberücksichtigt geblieben. Erst die Erkenntnis eines phytogenen Ethylenursprungs und die vorangegangene Kenntnis der physiologischen Aktivität des exogenen Gases legten die Vermutung nahe, Ethylen sei ein endogener Wachstumsregulator – eine Annahme, die umstritten blieb, bis die Einführung der Gaschromatographie in die Pflanzenphysiologie einen hochsensitiven, quantitativen Ethylennachweis ermöglichte (S. P. BURG & J. A. J. STOLWIJK 1959; F. E. HUELIN & B. H. KENNETT 1959; D. F. MEIGH 1959).

Die Cytokinine wurden anhand ihrer Eigenschaft, die Zellteilung (Cytokinese) anzuregen, entdeckt und erst sehr spät in die Kategorie der Phytohormone eingestuft. Nach ersten Vermutungen zellteilungsauslösender Substanzen (J. WIESNER 1892) gelang es HABERLANDT, cytokinetisch wirksame „Reizstoffe" der Leitbündel (1913) und „Wundhormone" der Pflanzen (1921) nachzuweisen. Ihrer Entdeckung folgten jedoch weitere 50 Jahre, bis 1963 das erste natürliche Cytokinin isoliert werden konnte. Zuvor hatte man bereits künstliche Zellteilungsfaktoren gefunden. Die Fortschritte der Wuchsstofforschung der 30er Jahre hatten zu angestrengten Bemühungen geführt, pflanzliche Zellen und Gewebe zu kultivieren. J. R. JABLONSKI und F. SKOOG (1954) nutzten vornehmlich Tabakmark-Kalluskulturen als eine effektive Testmethode für zellteilungsfördernde Agenzien. In Anlehnung an HABERLANDT (1913) lösten sie zuerst mit Leitbündelgewebe Zellteilungen aus. Auf der Suche nach analog wirkenden Substraten und Substanzen wiesen SKOOG und Mitarbeiter die cytokinetische Aktivität von Kokosnußmilch, Malz- und Hefeextrakten sowie autoklavierter Nukleinsäure nach. Die aktive Substanz der zersetzten DNA aus Heringssperma

Abb. 189. Nachdem D. NELJUBOV im Jahre 1897 erstmals vermutet hatte, daß das bis dato unerklärliche horizontale Wachstum von Erbsenkeimlingen von Lufteinflüssen abhängig sein könnte, bestätigten Kulturen in Laborluft mit (I, III) und ohne (II) Leuchtgas einen Zusammenhang (NELJUBOV 1901, S. 138). Als besonders effektiv erwiesen sich die Leuchtgasbestandteile Acetylen und Ethylen.

wurde von C. O. MILLER et al. (1955) als ein Adeninderivat identifiziert und „Kinetin" (griech. kinēīn – bewegen) genannt. Die Kinetine zeigten weitere physiologische Wirkungen, wie die Verzögerung der Seneszenz (K. MOTHES 1960) oder die Aufhebung der Apikaldominanz (T. SACHS & K. V. THIMANN 1964). 1956 hatten C. O. MILLER und Mitarbeiter alle strukturanalogen Verbindungen mit Zellteilungsaktivität in der Stoffklasse der „Kinine" zusammengefaßt. Zur Abgrenzung von den gleichnamigen tierischen Hormonen führten SKOOG und Mitarbeiter (1965) dann die Bezeichnung „Cytokinine" ein. Nachdem lange Zeit nur nichtnatürlich in Pflanzen vorkommende Zellteilungsfaktoren bekannt gewesen waren, konnten D. S. LETHAM (1963) schließlich einen ersten phytogenen Wirkstoff aus unreifen Maiskörnern („Zeatin") und K. BIEMANN und Mitarbeiter (1966) ein zweites Cytokinin (Isopentenyladenin) aus Hefe isolieren (vgl. STREET 1959; BEARDER 1980).

Die Phytohormonforschung hatte altbekannte wachstums-, entwicklungs- und reizphysiologische Phänomene auf molekulare Regulationsmechanismen zurückgeführt. Ihre Fortschritte hingen ganz entscheidend von methodischen Voraussetzungen ab. Waren quantitative Bioassays für den Nachweis der physiologischen Aktivität und damit auch für die Isolierung und Reindarstellung der Wirkstoffe ausschlaggebend (Gibberelline: zellfreier *Gibberella*-Extrakt, E. KUROSAWA 1926; Auxine: Agarmethode, F. W. WENT 1928; Cytokinine: Tabakmark-Kalluskultur, F. SKOOG & C. TSUI 1948; Abscisinsäure: Agarmethode, F. T. ADDICOTT et al. 1949), so erforderte die Aufdeckung ihres phytogenen Ursprunges sensitive, mikrochemische Analyseverfahren.[1] Besonders bedeutsam waren dabei in den 50er Jahren die Papier- und Gaschromatographie. Die zeitliche Differenz zwischen der ersten Vermutung einer stofflichen Grundlage der Wachstumsregulation, der Entwicklung effizienter Testmethoden, dem Nachweis ihres natürlichen Vorkommens in den Pflanzen und ihrer erfolgreichen Isolierung und Identifizierung hat folglich methodische Ursachen. Aber auch konzeptionelle und theoretische Gründe, die den

---

[1] Die biologischen und chemischen Analysen wurden, wie auch in anderen Bereichen der sich formierenden Biochemie, ganz wesentlich durch die Industrieforschung gefördert, die standardisierte physiologische Tests ebenso wie großtechnisch erschlossene Rohextrakte und Wirkstoffanreicherungen zur Verfügung stellte. So wurden die Fortschritte der Geschlechtshormonforschung um 1930 maßgeblich durch Walter SCHOELLER, den Leiter des Schering-Hauptlaboratoriums in Berlin, ermöglicht (vgl. KARLSON 1990, S. 37 ff., 58).

Pflanzen zu einfache, mechanistische oder vitalistische Regulationssysteme beimaßen, erklären die lange Verzögerung zwischen der Entdeckung der physiologischen Wirksamkeit exogener Stoffe und der letztendlichen Anerkennung ihrer Rolle als endogene Wachstumsregulatoren (s. Zeittafel). Die sehr verschiedenen Wurzeln der Phytohormonarbeiten (Reizphysiologie: Auxine; Phytopathologie und praktischer Pflanzenbau: Gibberelline, Abscisinsäure, Ethylen; Entwicklungsphysiologie und Gewebekultur: Cytokinine) brachten es mit sich, daß erst die internationale und interdisziplinäre Kommunikation und Kooperation, die durch die Weltkriege empfindlich gestört worden war, den Durchbruch im Verständnis des Hormonsystems der Pflanzen brachten. Die Phytohormonforschung wurde nicht zuletzt maßgeblich durch wirtschaftliche Interessen gefördert. Besondere Bedeutung erlangte sie für den Gartenbau (vgl. CHANDLER 1959; BIALE 1978). Sie verwirklichte damit beispielhaft das Programm einer *Pflanzenphysiologie als Theorie der Gärtnerei*, wie es H. MOLISCH (1916) vorgeschwebt hatte:

„Horticulturists today are plant physiologists or geneticists who work mainly with horticultural species … Such close relationships between horticulturists and plant physiologists did not prevail 50 years ago, partly because physiologists were not making such useful discoveries and partly because horticulturists were less interested in such discoveries." (CHANDLER 1959, S. 1)

Wie die Offenlegung der lichtinduzierten Wuchsstoffbildung beim Studium des P h o t o - t r o p i s m u s zeigte, fungiert Licht nicht nur als Energiequelle assimilatorischer Leistungen der Pflanze, sondern zugleich als morphogenetischer Signalgeber. Die Phytohormonforschung war nur ein Teilgebiet bei der Erkundung der Signalwirkung, von der Lichtrezeption über die Mechanismen der Reizverstärkung bis zur Wachstumsreaktion. Der allgemeinen Wuchsstofftheorie der Tropismen, von N. G. CHOLODNY (1927) formuliert und von F. W. WENT (1927) experimentell erhärtet, war die Blaauwsche Hypothese des Phototropismus (1918) vorausgegangen. BLAAUW, an der Biophysik des Lichteffektes interessiert, hatte „Die Perzeption des Lichtes" (1909) analysiert und an allseitig belichteten *Phycomyces*-Sporangienträgern ein zuerst beschleunigtes und dann wieder gebremstes, sich periodisch einpendelndes Wachstum beobachtet. Haferkeimscheiden reagierten demgegenüber genau diametral mit einer primären Hemmung und sekundären Steigerung der Wachstumsrate nach Lichtreizung. Aufgrund dieser Beobachtung versuchte BLAAUW (1918), die phototrope Krümmung vollends mit einem verminderten Wachstum der lichtzugewandten Organhälfte, also mit unterschiedlichen „Lichtwachstumsreaktionen" der ungleich belichteten Coleoptilseiten, zu erklären. Da Lichtwachstumsreaktionen wieder abklingen, vermochte die Hypothese aber nicht das fortdauernde phototrope Krümmungswachstum zu deuten. Allerdings sprach die gleiche spektrale Abhängigkeit beider Vorgänge für ähnliche, kritische Basismechanismen. Auch allgemeine cytoplasmatische Erscheinungen, wie die Strömung und Viskosität des Protoplasmas, die sowohl durch Licht (H. P. BOTTELIER 1933; M. G. STÅLFELT 1946) als auch durch Wuchsstoffe (K. V. THIMANN & B. M. SWEENEY 1937; STÅLFELT 1946) verändert werden und in ihrer Lichtabhängigkeit dem Aktionsspektrum des Phototropismus entsprechen (BOTTELIER 1933; H. I. VIRGIN 1952), wurden als Ausdruck identischer photoaktivierender Primärreaktionen betrachtet.

Das Studium der Wirkungsspektren wurde zum wichtigsten Versuchsansatz bei der Suche nach den Photorezeptoren der lichtvermittelten Wachstumsbewegungen. Die besondere phototropistische Aktivität kürzerwelligen Lichtes (E. S. JOHNSTON 1934) (Abb. 190) verwies schon bald auf eine mögliche Initialfunktion der blaulichtabsorbierenden Carotinoide, die in Coleoptilspitzen (G. WALD & H. G. DUBUY 1936) und anderen „Reizaufnahmezonen" (E. BÜNNING 1937) nachzuweisen waren. Die lange Zeit uneingeschränkt anerkannte Rolle der Carotinoide als Lichtrezeptoren des Phototropismus mußte in den 50er Jahren wieder relativiert werden, nachdem A. W. GALSTON (1949) eine Rezeptorfunktion des Riboflavins wahrscheinlich gemacht und damit eine Vielzahl von Arbeiten zur Photochemie der Flavine angeregt hatte. Sowohl Carotinoide als auch Flavine können eine essentielle Bedeutung für die phototrope Lichtabsorption haben. Eine eindeutige Festlegung auf eine der beiden Pigmentgruppen war weder mit biophysikalischen noch mit biochemischen und genetischen Lösungsansätzen (Aktionsspektren, Biosyntheseeingriffe und Einsatz von Mutanten) möglich (vgl. GALSTON 1974).

Im Jahre 1957 beschrieben H. W. SIEGELMAN und S. B. HENDRICKS einen weiteren allgemeinen Blaulichteffekt, die Entwicklungssteuerung durch langanhaltende, starke Belichtung. Ein zweites Wirkungsmaximum dieser Hochintensitätsreaktion im dunkelroten Spektralbereich verwies auf die zusätzliche photorezeptorische Funktion eines anderen Pigmentsystems, dessen grundlegende Bedeutung für zahlreiche lichtinduzierte Morphogenesen bereits bekannt war.

Parallel zur kausalanalytischen „Entwicklungsmechanik", die W. ROUX (1885) im Rahmen ei-

Zeittafel zur Entdeckungsgeschichte der Phytohormone

Pflanzenhormon	erste Beschreibung physiologischer Effekte unter Annahme einer stofflichen Grundlage	erster Nachweis der Existenz eines endogenen Wirkstoffs	Entwicklung einer effizienten Testmethode (Bioassay)	Entdeckung exogener Stoffe ähnlicher physiologischer Wirkung	erster Hinweis auf eine mögliche hormonale Funktion	erste erfolgreiche Isolierung aus Pflanzen	Anerkennung der Rolle als endogener Wachstumsregulator	Aufklärung der Grundstruktur	Forschungszentren in der Entdeckungsgeschichte des Hormons
„Wuchsstoff" (Heteroauxin)	1880	1909	1928	1931	1909	1934[a] 1942[b]	1928[c] 1952[d]	1934	Univ. Kopenhagen (Dänemark), Univ. Leipzig (Deutschland), Univ. Utrecht (Niederlande), Boyce Thompson Inst. for Plant Res. Yonkers/New York (USA)
Ethylen	1864[e] 1901[f]	1910	1901[g] 1934[h]	1901	1935	1934	1959	–	Boyce Thompson Inst. for Plant Res. Yonkers/New York (USA)
Gibberelline	1863[i] 1890[j]	1956	1926[k] 1934[l]	1926[m] 1935[n]	1956	1958	1960	1941[o] 1960[p]	Dep. of Agriculture Taipei (Taiwan), Univ. Tokio (Japan), Imperial Chemical Industries, Ltd., Welwyn/Herts (GB), Dep. of Agriculture Peoria/Illinois u. Beltsville/Maryland (USA), Univ. of California Los Angeles (USA)
Cytokinine	1892	1913	1948	1955	1913	1963	1964	1955	Univ. Berlin (Deutschland), Univ. of Wisconsin Madison (USA), Dep. of Scientific and Industrial Res. Auckland (Neuseeland)
Abscisinsäure	1860[q] 1894[r]	1922	1949	–	1949	1953[s]	1965	1965	Univ. of California Davis (USA), Univ. College of Wales Aberystwyth (GB), Wye College, Univ. of London, Ashford/Kent (GB), Shell Res., Ltd., Sittingbourne/Kent (GB)

a) aus niederen Pflanzen (Hefe),
b) aus höheren Pflanzen (Mais),
c) betr. den noch nicht identifizierten „Wuchsstoff",
d) betr. Heteroauxin,
e) betr. Leuchtgaswirkung im allgemeinen,
f) betr. Ethylenwirkung im besonderen,
g) Beobachtung des charakteristischen Ethyleneinflusses auf die Wuchsform von Keimlingen,
h) erste mikrochemische Nachweismethode für pflanzliches Ethylen,
i) betr. blühinduzierende Stoffe,
j) betr. Diastasewirkung bei der Keimung,
k) erster Einsatz eines Filtrates von *Gibberella*-Kulturen,
l) Entwicklung optimaler Kulturbedingungen für die Wirkstoffsynthese des Pilzes,
m) betr. Pilzkulturfiltrat im allgemeinen,
n) betr. Gibberellin aus Pilzen im besonderen,
o) betr. die Grundstruktur „exogener" Gibberelline der Pilzkulturen,
p) betr. die Strukturen der ersten bekannten Gibberelline der niederen und höheren Pflanzen,
q) betr. knollenbildende Stoffe,
r) betr. keimungshemmende Stoffe,
s) betr. „Inhibitor β" unbekannter Struktur.

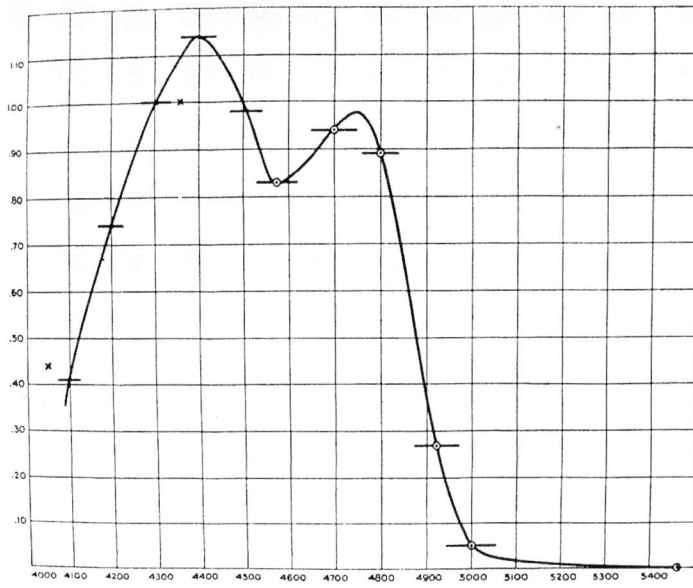

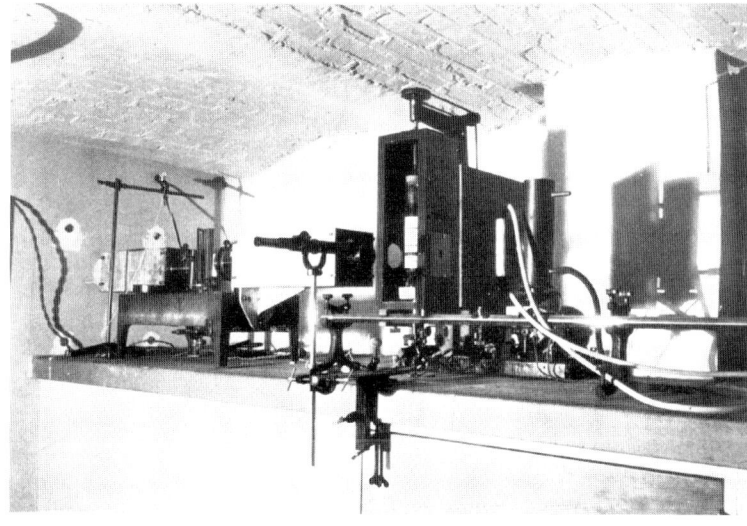

Abb. 190 a und b. Eines der ersten Aktivitätsspektren des Phototropismus von Haferkeimlingen (oben) auf der Basis des „Pflanzenphotometers" (unten, li.: Monochromator, mi.: Objektkammer) von E. S. JOHNSTON (Smithsonian Institution Washington; 1934, S. 13 u. 1f. 1).

ner vergleichenden Evolutionsembryologie der Tiere zum Programm erhoben hatte (vgl. HÖXTERMANN 1994 a, S. 66 f.), war auch in der Botanik eine experimentell-morphologische, entwicklungsphysiologische Richtung entstanden, die auf die qualitative und quantitative Bestimmung der inneren und äußeren gestaltbildenden Faktoren zielte (vgl. UNGERER 1966, S. 175 ff.; JANKO 1993). Mit den ersten Arbeiten über den entwicklungsfördernden Einfluß des Lichtes (1859/ 60) waren die Photomorphogenesen, hauptsächlich das Etiolement, die Samenkeimung und die Blütenbildung, ins Blickfeld der experimentellen Botanik gerückt. Trotz der frühen Aufmerksamkeit für die Lichtabhängigkeit des Vergeilens (SACHS 1859, 1862), der Samen-

keimung (R. CASPARY 1860) und der Blütenbildung (SACHS 1863) wurden die zugrunde liegenden photomorphogenetischen Mechanismen erst Mitte des 20. Jh. erkannt. Eingangs des Jahrhunderts stand die Anlage der Blüten im Zentrum der experimentell-physiologischen Morphologie. Bei kaum einer anderen Erscheinung im Pflanzenleben war der Abstand zwischen morphologischer, entwicklungsgeschichtlicher Beschreibung und physiologischem Verständnis so groß wie bei der Blütenbildung, die zum Gegenstand eines relativ eigenständigen Arbeitsfeldes wurde. Die Fortpflanzungsphysiologie war eng mit dem Wirken G. KLEBS' verbunden und ging nach 1950 gänzlich in der Entwicklungsphysiologie auf (vgl. PAWELZIG 1963; BOPP 1969).

„Früher war die allgemeine Ansicht, daß die Fortpflanzung die notwendige Folge einer rein inneren Entwicklung und deshalb wohl morphologisch zu beschreiben, aber nicht physiologisch zu behandeln sei. Heute gibt es eine Fortpflanzungsphysiologie – wenn sie auch in ihren ersten Anfängen steckt." (KLEBS 1913, S. 277)

Georg KLEBS hatte 1903 die einzelnen entwicklungsphysiologischen Komponenten, über die SACHS (1863: Außengesteuerte Wirkung innerer Organbildungsstoffe) und VÖCHTING (1884: Erbliche Anlagen) in einer Entweder-Oder-Kontroverse gestritten hatten, ins rechte Verhältnis gesetzt:

„Wir haben etwas Konstantes, die spezifischen Fähigkeiten, und zwei Variable, die inneren und äußeren Bedingungen." (G. KLEBS 1903, S. 7)

Unter Anerkennung des Primats der „spezifischen" genetischen Disposition stellte G. KLEBS (1918) SACHS' organbildenden Stoffen „trophische" Faktoren gegenüber und meinte, daß erst ein Überschuß an Assimilaten (Kohlenhydraten der Blätter) im Vergleich zu den Mineralstoffen (besonders anorganischem Stickstoff) zur „Blühreife" führt.

In den Jahren 1918 und 1920 wurden in kurzer Folge zwei grundlegende äußere Bedingungen der Blühinduktion bekannt. G. GASSNER entdeckte 1918 ein Kältebedürfnis keimenden Wintergetreides als Kondition der Blütenbildung. Die Thermoinduktion des Blühens, von R. O. WHYTE und P. S. HUDSON (1933) Vernalisation (lat. ver – Frühling) genannt, wurde zu einem zentralen Thema. Wie F. G. GREGORY und O. N. PURVIS (1936) feststellten, wird der Kältereiz im allgemeinen in den Sproßspitzen (im Meristem) und sogar schon in embryonalen Zellen wahrgenommen. Neben dem eigentlichen Kältefaktor löst aber erst ein sekundäres Signal, eine bestimmte Tageslänge, den Blühimpuls aus, der, wie Pfropfversuche nahelegten, Eigenschaften eines „Blühhormons" aufwies (G. MELCHERS 1937, 1939). Obwohl A. LANG (1956) die Kältewirkung dann auch z. T. durch Gibberelline zu ersetzen vermochte, schlugen alle Bemühungen fehl, das hypothetische „Vernalin" zu isolieren und zu identifizieren. Heute wird eine kälteinduzierte, stabile Determination auf der Ebene der Gene diskutiert.

Mit weitaus besserem Erfolg wurden die Mechanismen der photoinduzierten Blütenbildung aufgeklärt, nachdem W. W. GARNER und H. A. ALLARD (1920, 1923) die Bedeutung der relativen Tages- und Nachtlänge entdeckt und die Prinzipien des Photoperiodismus klar formuliert hatten. Die Charakterisierung einer photoperiodischen Entwicklungssteuerung stellt eines der wenigen, wirklich neuen Konzepte der Pflanzen

physiologie in der ersten Hälfte des 20. Jh. dar (vgl. KRAMER 1973, S. 4). K. C. HAMNER und J. BONNER (1938) machten klar, daß nicht etwa die Lichtdauer, sondern die Länge der Dunkelphase den Ausschlag gibt und der photoperiodische Reiz von den Laubblättern perzipiert wird. Der von den Blättern ausgehende Blühstimulus galt als Beweis einer hormonellen Signalübertragung, wie sie M. Ch. ČAJLACHJAN (1936) artikuliert und an Pfropfversuchen (1938) demonstriert hatte. Bemühungen, des hypothetischen „Florigens" habhaft zu werden, scheiterten indes ebenso wie die Suche nach einem „Vernalin".

Weiterreichende Folgen hatte vielmehr die Entdeckung, daß kurzzeitiges Störlicht während der Dunkelphase deren Effekt wieder rückgängig macht (M. W. PARKER & H. A. BORTHWICK 1942). Über die anhaltende Wirkung selbst kurzer Belichtungsspannen hatte schon C. TRUMPF (1924) am Beispiel dunkelwachsender Pflanzen berichtet, wobei bekannt war, daß das Vergeilen der Pflanzen besonders effektiv durch rotes Licht verhindert wird (H. JACOBI 1914). Auch Samen keimten besonders aktiv in rotem Licht (L. H. FLINT & E. D. MCALISTER 1937). Die spektrale Variation des Störlichtes zeigte nun bei der photoperiodischen Blühinduktion ebenfalls eine Maximalwirkung roten Lichtes (PARKER et al. 1945). Wie die Wirkungsspektren ganz verschiedener Photomorphogenesen offenlegten, hat die Photostimulation des Blühvorganges, bei Kurz- wie bei Langtagpflanzen (BORTHWICK et al. 1948), die gleiche photoregulative Basis wie die Photoinhibition des Etiolements (PARKER et al. 1949), die Lichtförderung der Samenkeimung (BORTHWICK et al. 1954), die Photokontrolle der Chloroplastenentwicklung (R. B. WITHROW et al. 1957) oder die Lichtabhängigkeit der Anthocyanbiosynthese (SIEGELMAN & HENDRICKS 1957). Offenbar existierte eine universelle photomorphogenetische Primärreaktion, die mit der Erkenntnis ihrer Umkehrbarkeit allgemein anerkannt wurde. FLINT und MCALISTER hatten 1937 beschrieben, daß die keimungsfördernde Wirkung hellroten Lichtes durch dunkelrote Belichtung aufgehoben und durch erneutes helleres Rotlicht wieder eingestellt werden kann. H. A. BORTHWICK und Mitarbeiter erkannten die Allgemeingültigkeit dieser Photoreversibilität bei der Samenkeimung (1952a) wie bei der Blütenbildung (1952b). Auch bei der Keimung von Farnsporen (E. BÜNNING & H. MOHR 1955), der Etiolierung (R. J. DOWNS et al. 1957) und der Chloroplastenbewegung (W. HAUPT 1958) wirkte der Hellrot-Dunkelrot-Antagonismus.

Die Photoreversibilität, der offensichtlich zwei Pigmentformen mit geringen Absorptionsdiffe renzen zugrunde lagen, wurde zum Schlüssel für die Entwicklung einer photometrischen Methode zum Nachweis photoregulativer Aktivitäten (W. L. BUTLER et al. 1959), mit deren Hilfe das „Phytochrom", ein wachstumskontrollierendes Chromoprotein, in vitro angereichert und charakterisiert werden konnte (H. W. SIEGELMAN & E. M. FIRER 1964). Seither ist eine steigende Zahl pflanzenphysiologischer, -biochemischer und -biophysikalischer Arbeiten auf die Phytochromlokalisation in den Zellen, die Natur der Photorezeptoren sowie den Mechanismus ihrer Lichtumwandelbarkeit und Signalverstärkerwirkung gerichtet, die sich in einer ersten Monographie über *Phytochrome* (K. MITRAKOS & W. SHROPSHIRE 1972) niederschlugen. Besondere Akzente setzten dabei W. R. BRIGGS, A. W. GALSTON, W. HAUPT, H. MOHR und H. W. SIEGELMAN. Die große Ähnlichkeit des morphogenetischen Wirkungsspektrums mit dem Absorptionsspektrum von Allophycocyanin, des Photosynthesepigments einiger Algen, hatte schon früh zu der sich nun bestätigenden Vermutung geführt, daß der photoregulative Primärrezeptor ein Phycobilin ist (PARKER et al. 1950). Für den Phytochrommechanismus wurden zuerst eine differentielle Genexpression und Enzyminduktion diskutiert (MOHR 1966), was für länger wirkende Wachstums- und Entwicklunssteuerungen wahrscheinlich ist. Schnelle, nichtmorphogenetische Phytochromeffekte, wie Bewegungsreaktionen, wurden demgegenüber auf gerichtete Veränderungen von Membraneigenschaften zurückgeführt (J. C. FONDÉVILLE et al. 1966), worauf MOHR (1972) die Theorie einer dualen Phytochromwirkung gründete.

Mit dem Phytochrom war erstmals ein nichtenzymatisch agierendes Protein mit regulatorischer Funktion bekannt geworden. Die Entdeckung des Photoperiodismus (1920) und übereinstimmende Wirkungsspektren zahlreicher Photomorphogenesen (ab 1945) führten auf seine Spur. Die Aufdeckung der Photoreversibilität der lichtinduzierten Wachstums- und Entwicklungskontrolle (1952) ermöglichte die Entwicklung eines Bioassays (1959), das die Bestimmung der Phytochromaktivität in Gewebeextrakten und damit die Isolierung des Photorezeptorkomplexes (1964) und seine strukturelle und funktionelle Charakterisierung gestattete (vgl. MURNEEK 1948; CHAILAKHYAN 1968; GALSTON 1974; SKRIPČINSKIJ 1975; HENDRICKS & VAN DER WOUDE 1983; MOHR & SHROPSHIRE 1983).

Der Photoperiodismus der Pflanzen warf nicht nur die Frage nach der Rezeption und Primärwirkung des Lichtreizes auf, sondern machte auch auf das Problem der biologischen Registrierung von Zeitperioden aufmerksam.

E. BÜNNING erklärte die intrazelluläre Zeitmessung mit einer oszillierenden physiologischen Uhr, die den rhythmischen Verlauf physiologischer Prozesse steuert. Als er „Die endonome Tagesrhythmik als Grundlage der photoperiodischen Reaktion" (1936) skizzierte, stieß er zunächst auf einhellige Ablehnung. Seine Hypothese wurde sogar in den Bereich der „Mystik und Metaphysik" verwiesen und setzte sich, vor allem gegen den Widerstand amerikanischer Pflanzenphysiologen, erst nach 1958 durch (vgl. BÜNNING 1987, S. 419; MOHR 1987, S. 407). Mit der Aufgabe betraut, unbestimmte atmosphärische Einflüsse auf Pflanzen aufzuspüren, wurde sich BÜNNING schon früh bewußt, daß „Die tagesperiodischen Bewegungen der Primärblätter von *Phaseolus multiflorus*" (1931), die er in diesem Zusammenhang untersuchte, eine endogene Ursache haben. Auf der Suche nach einem Selektionswert der endogenen Tages- oder circadianen Rhythmik stellte er die Beziehung zum Photoperiodismus her (BÜNNING 1936, 1948).

Das Studium tagesperiodischer Blattbewegungen bot schon Ansatzpunkte für die Analyse von Turgorschwankungen und hatte PFEFFER (1873) zu seinen osmotischen Untersuchungen (1877) veranlaßt. Trotz dieser zeitigen Beachtung blieb über viele Jahrzehnte unklar, ob die Tagesperiodizität physiologischer Vorgänge durch äußere Einflüsse konditioniert ist oder von inneren, erblichen Faktoren ausgeht. PFEFFER selbst ließ lange Zeit nur externe, sich wiederholende Anstöße gelten, bis er (1911, 1915) experimentelle Beweise für eine endogene „Tagesautonomie" fand (Abb. 191 a + b) und schlußfolgerte, daß „selbstregulatorisch eine rhythmische Veränderung der Innenbedingungen verursacht (wird), die einen periodischen Gang der Bewegungen oder andere Tätigkeiten zur Folge hat" (PFEFFER 1915, S. 137). PFEFFERS überzeugende „Beiträge zur Kenntnis der Entstehung der Schlafbewegungen" (1915) blieben allerdings ob einiger ungünstiger Umstände (Zeit und Ort der Veröffentlichung) ohne unmittelbare Resonanz und wurden erst von A. KLEINHOONTE (1928) wiederentdeckt und von BÜNNING in ihrer ganzen Tragweite erkannt. Die Arbeiten BÜNNINGS zur Physiologie und Genetik der allen Organismen eigenen, endogenen Rhythmik offenbarten schließlich den allgemeinen Charakter zellinerer Schwingungen, die Ausdruck komplizierter Reaktionsfolgen und Basis für *Die Physiologische Uhr* (BÜNNING 1958) sind. Die Oszillationen dauern, einmal durch externe Zeitgeber in Gang gesetzt und synchronisiert, unabhängig von weiteren Außeneinflüssen an.

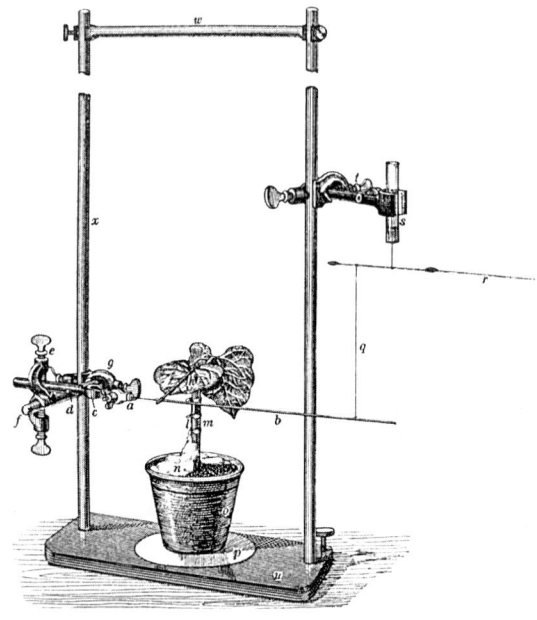

Abb. 191. a und b „Hebeldynamometer" W. Pfeffers (1911, S. 165) zur Aufzeichnung von Blattbewegungen auf berußten Trommeln. Meinte Pfeffer noch 1907, daß die tagesperiodischen Blattbewegungen unmittelbar vom Wechsel der Außenbedingungen gesteuert werden und bei fortdauerndem Licht, einem ausschwingenden Pendel vergleichbar, abklingen, so erkannte er 1910 die Autonomie der Schlafbewegungen. Bohnen-Primärblätter, deren Gelenke mit schwarzer Watte umhüllt sind, schwingen nach einigen Tagen unter natürlichen Lichtverhältnissen auch im Dauerlicht in ungefährer tagesperiodischer, also „circadianer", Rhythmik weiter (Pfeffer 1915, S. 50).

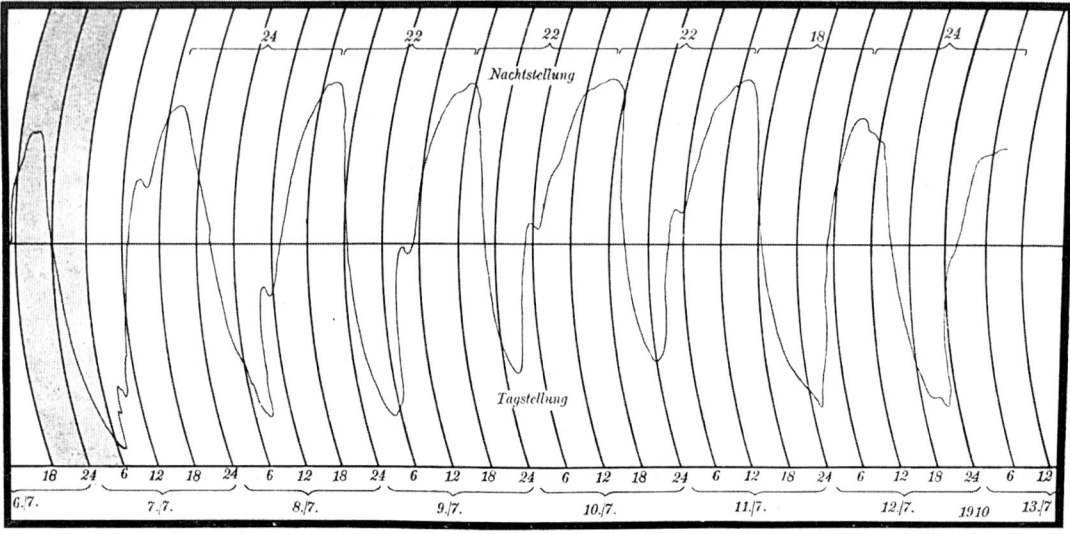

Abb. 191 b

16.4.6. Ökophysiologie und Pathophysiologie

Wie die morphogenetisch-entwicklungsphysiologische Forschung besonders anschaulich herausstellte, hat nahezu jedes physiologische Problem auch eine ökologische Dimension. Die Abhängigkeit physiologischer Vorgänge von der Feuchtigkeit, Helligkeit oder Temperatur, um nur die wichtigsten abiotischen Umweltfaktoren zu nennen, erklärt zugleich ursächliche pflanzengeographische Zusammenhänge bei der Verbreitung der Pflanzen.

Die Abhängigkeit des Pflanzenlebens von klimatischen, edaphischen und topographischen Verhältnissen war in ersten Ansätzen bereits den Botanikern des 18. Jh. bekannt (s. a. 8.1.3.) und wurde von den Pionieren einer floristischen, entwicklungsgeschichtlichen und pflanzensoziologischen Geobotanik, von C. L. Willdenow (1792) und A. von Humboldt (1807/08, 1815) bis A. Grisebach (1872) und O. Drude (1890), in ihrer Bedeutung für die Verbreitung der Pflanzen in Arealen und Gesellschaften erkannt und vergleichend beschrieben (vgl. Mägdefrau 1992, S. 117 ff.). In dem Maße, wie die

Einflüsse der Umwelt auf die Gestalt und Leistung der Pflanzen transparent wurden, entwickelte sich eine kausalanalytische, ökologische Richtung der Geobotanik. Ihr Grund wurde in den 1880er Jahren gelegt, als S. SCHWENDENER und seine Schüler im Rahmen einer funktionellen Histologie die Beziehungen zwischen Standort und Bau der Pflanzen erforschten und E. STAHL sich der exakten, messenden Methodik der experimentellen Pflanzenphysiologie bediente, um den Zusammenhang von Lebensbedingungen und Lebensäußerungen der Pflanzen aufzuzeigen. Ein besonderes Augenmerk richtete STAHL auf interorganismische Korrelationen (vgl. MÄGDEFRAU 1992, S. 271 ff.). Die aus der physiologischen Anatomie und experimentellen Physiologie hervorgegangene „Anpassungslehre", in breiten Kreisen ursprünglich „Biologie" und ausgangs des 19. Jh. dann „Ökologie" genannt (vgl. SCHIMPER 1898, S. IV), wurde, insonderheit durch die Arbeiten von E. WARMING (1895) und A. F. W. SCHIMPER (1898), zum Gegenstand einer „ökologischen Pflanzengeographie" (s. a. 20.2.). Berücksichtigte WARMING histologisch-physiologisch-ökologische Erkenntnisse für die pflanzengeographische Abgrenzung und Beschreibung verschiedener Pflanzengesellschaften, so diskutierte SCHIMPER regional abgewandelte Lebensverhältnisse und -anpassungen als Ausdruck von Klimazonen. Beider ökologische Ansichten beruhten zuvorderst auf Beobachtungen; ihre Deutungen ursächlicher Zusammenhänge mußten vielfach hypothetisch bleiben und bedurften der experimentellen Prüfung:

„Nur wenn sie in engster Fühlung mit der experimentellen Physiologie verbleibt, wird die Oekologie der Pflanzengeographie neue Bahnen eröffnen können, denn sie setzt eine genaue Kenntnis der Lebensbedingungen der Pflanzen voraus, welche nur das Experiment verschaffen kann." (SCHIMPER 1898, S. IV)

Trotz des großen Aufschwungs der Pflanzenphysiologie kamen physiologische Feldversuche aber nicht über Anfänge hinaus:

„For the first quarter century, ecological research remained mainly descriptive, with little serious correlation of plant distribution and habitat factors, and physiological research remained confined to the laboratory." (LANGE et al. 1981, S. 1)

Als einer der ersten verband F. E. CLEMENTS (1904, 1916) ausgedehnte Freilandstudien mit experimentellen Arbeiten im Gewächshaus und Labor. Zur Kennzeichnung der Klima- und Bodenfaktoren führte er messende Methoden ein, wie sie auch J. WIESNER für den *Lichtgenuß der Pflanzen* im Freien (1907) schuf. Um eine „exakte Behandlung des Standorts" zur quantitativen Erfassung der Einflüsse von *Boden und Klima auf*

kleinstem Raum (1911) machte sich vor allem G. KRAUS verdient.

Versuchten CLEMENTS, WIESNER und KRAUS durch exakte Standortmessungen namentlich die äußeren Lebensbedingungen der Pflanzen in der Natur zu quantifizieren, so bemühten sich andere Physiologen, auch die Lebensleistungen der Pflanzen unmittelbar am Standort experimentell zu erfassen. Im Zentrum der frühen e x p e r i - m e n t e l l e n Ö k o l o g i e der Pflanzen stand ihr Wasserhaushalt. Den Auftakt bildeten Wasserbilanzuntersuchungen von Pflanzen der Wüsten (H. FITTING 1911; E. B. SHREVE 1914) und Hochmoore (C. MONTFORT 1918). Das Gros der Arbeiten richtete sich auf die trockenen und salzigen Standorten angepaßten Xerophyten (N. A. MAXI-MOV 1923; O. STOCKER 1923; H. WALTER 1926) und Halophyten (STOCKER 1924). Die Erforschung extremer Lebensverhältnisse, darunter auch von Kälteregionen (W. ULMER 1937), bereitete der Streßphysiologie den Weg. A. PISEK und E. CARTELLIERI (1931–1941) verfolgten zuerst den wechselnden Wasserumsatz größerer Pflanzenvereine im Jahresgang. Neben dem Wasserhaushalt drängte die angewandte Produktionsbiologie auch auf eine ökologische Behandlung der Photosynthese, deren Beeinträchtigung durch Trockenheit und Wärme (H. M. RICHARDS 1915; H. A. SPOEHR 1919; H. LUNDEGÅRDH 1924), Lichtstärke und CO_2-Dargebot (P. BOYSEN-JENSEN 1932) planmäßig studiert wurde. Dank einer Feldmethode zur Bestimmung aktueller Photosyntheseraten (W. HOLDHEIDE et al. 1936) wurden zunehmend komplexere Analysen der wechselseitigen Beeinflussung mehrerer physiologischer Vorgänge möglich (CARTELLIERI 1940).

Abgesehen von vereinzelten, früheren Beiträgen, setzte eine „Verwissenschaftlichung" (TREPL 1987, S. 177) der Ökologie durch die Physiologie verstärkt in den 20er Jahren ein.[1]

---

[1] Förderten die experimentell-ökologischen Standortuntersuchungen auch in besonderem Maße die terrestrische Ökologie, so gab es doch auch beachtliche Einflüsse der Pflanzenphysiologie auf limnologische und meeresökologische Forschungen (s. a. 20.1.). R. KOLKWITZ trug z. B. maßgeblich zur Formulierung eines Leitorganismen- bzw. Leitbiozönosenkonzepts für eine ökologische Indikation der Gewässergüte bei (R. KOLKWITZ & M. MARSSON 1902), während H. KNIEP ab 1909 die zonale Tiefenverteilung mariner Algen im Kontext von Assimilation, Atmung, Licht und Temperatur darstellte (vgl. HÖXTERMANN 1991 a, S. 23 f.). Seine Schülerin H. PLAETZER führte 1917 den „Kompensationspunkt" für gleiche Assimilations- und Atmungsraten von Wasserpflanzen ein – ein prägnantes Beispiel der synergistischen Rückwirkung ökologischer Fragestellungen auf klassische physiologische Themen.

„Die Botanik unserer Hochschulen … ist in den letzt-vergangenen Jahrzehnten nach ihrem Inhalt vorzugs-weise Gesetzeswissenschaft gewesen und nach der Art ihrer Ausübung fast ganz Laboratoriumswissenschaft. Es galt den großen Gesetzmäßigkeiten der Lebenser-scheinungen mit den exaktesten Mitteln nachzuspü-ren, wozu ein paar leicht zu kultivierende Pflanzen als Objekte und ein Gewächshaus oder gar ein Zimmer als Beobachtungsraum genügten. Die Mannigfaltigkeit der Lebenserscheinungen in der Fülle der Gestaltun-gen und in der Abwandlung der physiologischen Lei-stungen wird bei dieser Grundlegung der Erkenntnis geflissentlich übersehen … Die allgemeine Physiolo-gie geht über in die exakte Ökologie, und was mein verewigter Amtsvorgänger Stahl von sich mit Stolz bekannte: ‚Mein Laboratorium ist die Natur‘, das be-ginnt jetzt für eine ganze Anzahl von Forschern zu gelten. Stoffwechselphysiologen werden so zu ökologi-schen Pflanzengeographen …“ (O. Renner 1930, S. (4) f.)

Die von Renner so optimistisch geschilderte Verschmelzung von Ökophysiologie und Aut-ökologie verzögerte sich indes durch kommuni-kative und methodische Schwierigkeiten. Noch 1939 beklagte A. G. Tansley (S. 527), daß die „Physiologie der Vegetation“ vorwiegend von Pflanzenphysiologen, dagegen kaum von Öko-logen untersucht werde. Zudem fehlten über ganze Vegetationsperioden einsetzbare, kontinu-ierlich und quantitativ messende Freilandtechni-ken, wirklichkeitsnahe Simulationsmöglichkei-ten und mathematisch formulierbare, öko-mimetische Modelle (vgl. Lange et al. 1981, S. 2). Mit der allmählichen Überwindung dieser Probleme formierte sich in den 70er Jahren eine allgemeine *Ökophysiologie der Pflan-zen* (K. Kreeb 1974; P. Bannister 1976; J. R. Etherington 1978) als „Wissenschaft von den funktionellen Beziehungen der Organismen untereinander und zu ihrer Umwelt“ (Kreeb 1974, S. 19). Zu ihren aktuellen Hauptproble-men zählt die Frage, ob die Anpassungsstrate-gien der Pflanzen von ihrer Leistung bzw. Pro-duktivität oder aber von ihrer Stabilität bzw. Reproduktions- und Überlebensfähigkeit be-stimmt werden (zur Geschichte der Ökophy-siologie der Pflanzen s. Pisek 1971; Lange et al. 1981; Trepl 1987; Walter 1987, S. 57 f.; Mägde-frau 1992, S. 270 ff.). Sichtbarer Ausdruck des gewachsenen Stellen-wertes ökophysiologischer Themen innerhalb der Pflanzenphysiologie sind die vier Teilbände mit mehr als 2800 Seiten über *Physiological Plant Ecology* (1981–1983) der *Encyclopedia of Plant Physiology*. Einen anderen aktuellen Trend verkörpert der Band *Physiological Plant Pathology* (1976). Wie bereits dargestellt, resul-tierten klassische physiologische Fragestellun-gen, wie die Physiologie der Permeabilität, der

Wachstumsregulation (speziell durch Ethylen, Gibberelline und „Abscisine“) oder der Mikro-nährstoffassimilation, aus Untersuchungen pa-thologischer Zustände. Wurden Störungen des Normalablaufs der Lebensprozesse durch ex-terne, abiotische Defizite vor allem in physiolo-gischen Laboratorien untersucht, so waren pa-thophysiologische Reaktionen auf biotische Außeneinwirkungen Gegenstand der Phytopa-thologie.

Am Anfang der wissenschaftlichen Pflanzenpa-thologie im 19. Jh. stand die Frage, ob innere „fehlerhafte Ausbildungen“ und autogene „Abnormitäten“ (F. Unger 1833) oder äußere, pathogene Einflüsse (L. R. Tulasne & C. Tulasne 1847; M. J. Berkeley 1848; A. De Bary 1853) Pflanzenkrankheiten verursa-chen. Der überzeugende Beweis, daß der Befall höherer Pflanzen von mikroskopischen Pilzen Ursache und nicht Folge ihrer Erkrankung ist (De Bary 1853), wurde zum Grundstein eines allgemeinen parasitologischen Konzepts der Phytopathologie (J. Kühn 1858),[1]) die in der Konsequenz bis ins 20. Jh. hinein fast aus-schließlich als angewandte Mykologie betrieben wurde (vgl. Wilhelm & Tietz 1978; Horsfall & Wilhelm 1982). Die Suche nach pathogenen Pilzen wurde so zu einer allgemeinen Praxis, daß selbst Hinweise auf andere Krankheits-erreger wie Bakterien (T. J. Burrill 1878; P. Sorauer 1886; J. H. Wakker 1889; E. F. Smith 1899, 1905–1914) oder bakterienfilterpassieren-de, ultramikroskopische „Kontagien“ (Viren: D. I. Ivanovskij 1892; M. W. Beijerinck 1898) auf großen, beharrlichen Widerspruch stießen (s. a. 21.5.1.), obwohl sie die parasitologische Ausrichtung der Phytopathologie grundsätzlich stützten. Wieviel Ignoranz mußten dann erst Ar-beiten erfahren haben, die in bestimmten Prä-dispositionen der Pflanzen Krankheitsursachen sahen. Bereits Unger (1847) hatte „causae prae-disponens“ geltend gemacht, die auch von R. Hartig (1874, 1882), Sorauer (1880, 1909) und H. M. Ward (1901, 1902) anerkannt wur-den.

Ward (1890) forderte eine stärkere Beachtung der Wechselbeziehung zwischen Parasit und Wirt und wies damit einer p h y s i o l o g i s c h e n P f l a n z e n p a t h o l o g i e den Weg, die sich an-fangs aber nur schwer neben der vorherrschen-den, Krankheitserreger suchenden, parasito-logisch-ätiologischen Richtung mit ihrem

---

[1]) Die Phytopathologie ging hierin der Humanpatholo-gie um ca. 20 Jahre voraus. Erst mit dem Nachweis der bakteriellen Ursache des Milzbrandes (R. Koch 1876) wurde die mikrobielle Entstehung der Infektions-krankheiten in der Medizin anerkannt.

unmittelbaren Praxisbezug behaupten konnte. Zudem behinderte die Kluft zur experimentellen Grundlagenforschung in der Pflanzenphysiologie die Kennzeichnung „abnormer" physiologischer Vorgänge im Pathologieverständnis WARDS. Wesentliche Anregungen gingen von der vergleichenden *Pathologischen Pflanzenanatomie* (E. KÜSTER 1903), die zu einer *Pathologie der Pflanzenzelle* (KÜSTER 1929, 1937) führte, aus. Wichtige konzeptionelle Impulse waren dann B. M. DUGGAR (1911) zu danken, der auf die grundlegende Bedeutung der Wirt-Parasit-Interaktionen auf der Ebene der Zellen aufmerksam machte und eine engere Zusammenarbeit von Pathologie, Physiologie und Biochemie einforderte.

„Every disease produced by an organism presents the definite problem of certain complex relations between the cells of the host and those of the parasite. This is the essential feature of the physiological plant pathology…" (DUGGAR 1911, S. 74)
Zugleich kritisierte er, daß sich die mikrochemischen Untersuchungen zu einseitig auf den Parasiten konzentrierten. „For a complete study of diseases and the fundamental causes of diseases the physiological study should not halt at the threshold of the host relations." (DUGGAR 1911, S. 73)

DUGGAR erwartete gerade von der sich etablierenden, jungen Biochemie wesentliche Aufschlüsse über krankhafte, „anomale Zellaktivitäten".

Die von WARD und DUGGAR zum Programm erhobene physiologische Phytopathologie gewann ab 1920 in dem Maße an Bedeutung, wie die Mykologie durch die Fortschritte der Bakteriologie und Virologie ihre zentrale Stellung verlor. Damit verbunden vollzog sich ein Wandel von den Krankheitsbildern einer Kulturpflanzenart, die die Pflanzenpathologen des beginnenden 20. Jh. möglichst vollständig zu erfassen trachteten,[1] zu allgemeineren physiopathologischen Prinzipien, deren Stellenwert vor allem H. MORSTATT (1923, 1933), H. H. WHETZEL (1929), F. MERKENSCHLAGER und M. KLINKOWSKI (1933), G. K. K. LINK (1933), Th. ROEMER und Mitarbeiter (1938), E. GÄUMANN (1946) und J. C. WALKER (1950) betonten. Im Ergebnis einer vergleichenden Physiologie und Pathologie der Kulturpflanzen (MERKENSCHLAGER 1927) machten sich MERKENSCHLAGER und KLINKOWSKI um eine *Pflanzliche Konstitutionslehre* (1933) verdient, die die einzelne Kulturpflanze in einen Kontext zu ihrer Art, Kulturgeschichte und Ökologie stellte. Einen nachhaltigen theoretischen Anstoß gab LINK (1933) mit seiner kom-

plexen „Thorough-going Etiology", die innere wie äußere Verhältnisse von Wirt und Pathogen vor der Infektion wie während der Pathogenese berücksichtigte. Schon früh bekannt gewordene, physiologische Reaktionen auf Infektionen, wie Welkeerscheinungen (L. BROEKEMA 1893; G. MASSEE 1895), mit Temperaturerhöhungen („Fieber") einhergehende Atmungssteigerungen (WARD 1901) und erhöhte Photosyntheseraten (L. MONTEMARTINI 1904), wurden auf breiterer Grundlage untersucht, wie etwa durch C. SEMPIO (1939), der die sich verändernde Balance zwischen Glykolyse, Atmung und Photosynthese während des Krankheitsverlaufs analysierte.
Weitere Schwerpunktthemen der physiologischen Phytopathologie waren der Angriffsmechanismus des Parasiten sowie die passive (vorhandene) und aktive (erworbene) Widerstandsfähigkeit des Wirts. Nach ersten Vermutungen (DEBARY 1886) und Beobachtungen (WARD 1888) zellwandzerstörender, enzymatischer Wirkungen von Pilzsekreten (Abb. 192) leitete W. BROWN (1915) das umfassende Studium zellwandauflösender Enzyme ein. BROWN lenkte die Aufmerksamkeit von der Morphologie der Pilzmyzelien und Chemie der Hyphenzellwände auf die Biochemie der Inhaltsstoffe der Hyphen, die er als Enzymtaschen kennzeichnete (vgl. BROWN 1965). Die Resistenz von Wirtsgewebe gegen Pilzbefall wurde zum einen auf präformierte, sekundäre Pflanzenstoffe, von G. KRAUS (1889) frühzeitig postuliert und von M. T. COOK und J. J. TAUBENHAUS (1911) sowie J. C. WALKER (1923) an Tanninen und Phenolen demonstriert, zurückgeführt; zum anderen schien die Möglichkeit einer erworbenen Immunität, d. h. einer parasiteninduzierten Infektionsbarriere, gegeben, wie J. BEAUVERIE (1901) und J. RAY (1901) erwartet und N. BERNARD (1904, 1909) beschrieben hatten. Die aktiven, antipathogenen Abwehrmechanismen von Pflanzenzellen, die K. O. MÜLLER (1931) bestätigte und mit hypothetischen Phytoalexinen (MÜLLER & H. BÖRGER 1940) erklärte, eröffneten ein neues Feld pathophysiologisch-biochemischer Arbeiten. I. A. M. CRUICKSHANK und D. R. PERRIN isolierten 1960 das erste Phytoalexin (vgl. HÖXTERMANN 1991 c).
Die Arbeiten über Angriffs- und Resistenzmechanismen in den Parasit-Wirt-Beziehungen, aber auch die Konsequenzen ungeahnter, pflanzenschädigender und umweltzerstörender, anthropogener Einflüsse, wie der lange Zeit ungehinderte Einsatz chemischer Pflanzenschutzmittel und die fortgesetzte, globale Umweltbelastung durch besonders widernatürliche Wirtschaftsformen, förderten eine physiologische, biochemische wie ökophysiologische Ausrich-

---

[1] „They were concerned more with plants than with pathology" (MCCALLAN 1969, S. 6).

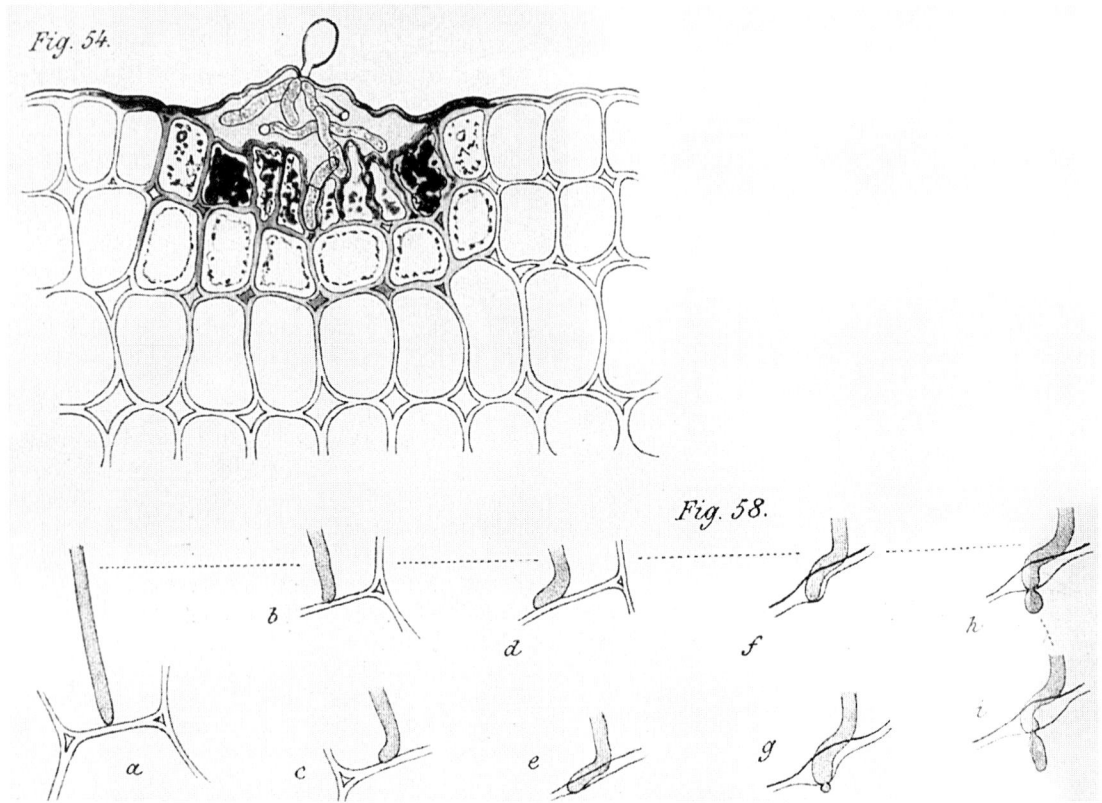

Abb. 192. Mikrochemische Studien machten wahrscheinlich, daß die Hyphen auskeimender Pilzsporen zellwand-auflösende Fermente absondern. Die Zerstörung der Wirtszellwände setzte noch vor einer direkten Berührung durch die Hyphen des Parasiten ein (Fig. 54). Daneben können Hyphenspitzen innerhalb kurzer Zeit (Fig. 58: 29 Minuten zwischen a und g) Zellwände durchdringen (H. M. WARD 1888, Tf. XXIV).

tung der modernen Phytopathologie. „Physiological plant pathology comes of age" (R. K. S. WOOD 1987).

„Perhaps the most significant advance in fundamental plant pathological studies during the last fifty years, and particularly during the past quarter century, has been in the biochemical field." (MUSKETT 1967, S. 9)
„The shift in emphasis reflects our efforts to follow ever farther back along the chain of events in the causation of plant disease. First we asked what organisms produce disease. Then we asked what enzymes are produced by the organisms that produce disease. And now we ask what produces the enzymes that are produced by the organisms that produce disease." (McCALLAN 1969, S. 3)

Die Phytopathologie vereint heute Teilgebiete der Mykologie, Bakteriologie und Virologie, der speziellen, allgemeinen und angewandten Botanik, der Physiologie, Genetik, Biochemie, Molekularbiologie und Ökologie, der Entomologie und Nematologie, von Landwirtschaft und Gartenbau und gibt damit ein anschauliches Beispiel für die integrative Entwicklung biologi-

scher Disziplinen im 20. Jh. (vgl. HOLTON et al. 1959; BRAUN 1965; PARRIS 1968; McCALLAN 1969; FUCHS 1976; BAKER 1980). Die praktische Bedeutung der pflanzenpathologischen Forschung führte schon früh zu ihrer Institutionalisierung. Der programmatische Wandel von der parasitologisch-ätiologischen Phytopathologie zu einer allgemeinen, Pathologie und Physiologie zusammenführenden „Phytomedizin" bestimmte auch den Weg der 1898 gegründeten „Biologischen Abteilung für Land- und Forstwirtschaft" am Kaiserlichen Gesundheitsamt, aus der 1905 die selbständige „Biologische Anstalt für Land- und Forstwirtschaft" in Berlin-Dahlem hervorging.[1])

---

[1]) Zur Vor- und Frühgeschichte, zu den Zielen, Strukturen und Ergebnissen der Anstalt, s. U. SUCKER: Anfänge der modernen Phytomedizin. Die Gründungsgeschichte der Biologischen Bundesanstalt für Land- und Forstwirtschaft (1898–1919) – zugleich ein Beitrag zur Disziplingenese der Phytomedizin. Mitt. aus der Biolog. Bundesanstalt für Land- und Forstwirtschaft Berlin-Dahlem. Heft 334. Berlin 1998. 466 S.

17. Begründung und Entwicklung der Genetik nach der Entdeckung der Mendelschen Gesetze

Jörg SCHULZ, Berlin

17.1. Aspekte der Würdigung von MENDELS Arbeit nach 1900

Neben der Tier- und Pflanzenphysiologie (Kap. 14–16) als experimentell-biologischen Disziplinen entstand im 20. Jh. als neue interdisziplinäre Experimentaldisziplin die Genetik, die ihre Begründung und schnelle Entwicklung der Wiederentdeckung von MENDELS Vererbungsregeln (vgl. 11.6.) um 1900 verdankte und aus den Forschungsergebnissen verschiedener Richtungen gespeist wurde. Waren es einmal die Erkenntnisse der Pflanzenzüchter (vgl. 11.2.), so waren es zum anderen auch die mikroskopisch-histologischen Untersuchungen an wirbellosen Tieren und ihrer Entwicklungsgeschichte und die Erfindung verschiedener Färbetechniken, die nach 1900 unter dem Eindruck der Hypothesen MENDELS zusammengeführt wurden. Schließlich wurden auch bald äquivalente Beobachtungen aus der Tierzucht bekannt, die die Ergebnisse der Pflanzenzüchter bestätigten (vgl. 17.1.2.), so daß neue Theorien über das Erbgeschehen generell zu entwickeln waren, die alle Organismen umfaßten und experimentell überprüft werden konnten.

Eine maßgebliche Rolle bei der Synthese der relevanten Forschungsergebnisse spielte Theodor BOVERI. Zum Zeitpunkt der Wiederentdeckung MENDELS hatte die Zellforschung ein Stadium erreicht, in dem sich die Beobachtungen über das Verhalten und die Struktur von Chromosomen bei der Zellteilung bzw. nach der Vereinigung von weiblichem und männlichem Zellkern mehrten (vgl. JAHN 1985, S. 355 ff. und 463 f.), so daß schon Übersichtsdarstellungen der zytologischen Forschungen erschienen (HAECKER 1898/99 und 1899). Dann hatten MONTGOMERY (1902) die morphologische Ähnlichkeit bestimmter Chromosomen im Ei- und Spermakern und ihr Verhalten beobachtet und BOVERI an befruchteten Seeigel-Eiern die Kor-

respondenz zwischen Chromosomenabweichung und Gestaltabweichung festgestellt und davon abgeleitet, „daß die einzelnen Chromosomen verschiedene Qualitäten besitzen müssen" (BOVERI 1902). Aufgrund des paarweisen Auftretens morphologisch gleicher Chromosomen sprach SUTTON (1902) die Vermutung über ihren qualitativen Zusammenhang mit den Merkmalen der Organismen und ihre Spaltung im Erbgang aus. Schließlich hatte BOVERI (1904) aus den eigenen entwicklungsphysiologischen Befunden an den Kernen von Seeigel-Eiern, den morphologischen Beobachtungen an Insekten-Chromosomen durch MONTGOMERY und SUTTON und den Vererbungsregeln MENDELS für die Merkmalskombination die weitreichende Schlußfolgerung gezogen:

„Ich bin der Meinung, daß wir … befugt sind, … von einer Theorie der Chromosomen-Individualität zu reden. Es gibt keine andere Annahme, um allen Tatsachen gerecht zu werden" (BOVERI 1904, S. 21).

BARTHELMESS (1952, S. 228 f.) hebt das bemerkenswerte Phänomen hervor, daß BOVERI die bekannten „chemischen Verhältnisse" auf der molekularen Ebene bei Analyse und Synthese chemischer Verbindungen heranzieht, um die zytologischen Vorgänge bei der Vereinigung der Erbträger verständlich zu machen:

„Wir machen aus Sauerstoff und Wasserstoff Wasser und könnten aus dem Wasser wieder im gleichen Verhältnis Sauerstoff und Wasserstoff gewinnen. Wie die Chemie auf Grund dieser Tatsache im Wasser Sauerstoff und Wasserstoff enthalten sein läßt, obgleich die Eigenschaften dieser Stoffe völlig verschwunden sind, ganz ebenso und … mit ganz ebenso guten Gründen denkt sich unsere Theorie in dem ruhenden Kern die einzelnen Chromatin-Individuen enthalten" (BOVERI 1904, S. 21, zit. nach BARTHELMESS 1952, S. 229).

BOVERI gelangte somit durch Anwendung der Modellvorstellung chemischer Verbindungen auf zytologische bzw. karyologische Vorgänge zu einem neuen Paradigma in den damals strittigen Fragen der Rolle der Chromosomen und der Chromosomenreduktion, die der Verknüpfung zytologischer Beobachtungen mit den Mendelregeln eine neue Wende gaben.

Sie hing „mit dem Nachweis einer Verschiedenwertigkeit der Chromosomen eines und desselben Kernes" zusammen, aus der folgte, daß nur eine ganz bestimmte Kombination der Chromosomen nach Vereinigung der Geschlechtszellen den normalen Funktionen der Zelle und des Gesamtorganismus gerecht werden konnte. Deshalb müsse

„für die Chromosomenkopulation zum Zwecke der Reduktion eine ganz bestimmte Gesetzmäßigkeit bestehen"; es sei also „selbstverständlich, daß es nur einen Modus geben kann, jeder Sexualzelle die ganze Serie a, b, c, d zu sichern, nämlich den, daß sich immer die homologen Chromosomen miteinander paaren" (BOVERI 1904, S. 70–72, zit. nach BARTHELMESS 1952, S. 229 f.).

Die Synthese zwischen den zytologischen Befunden und den Vererbungsregeln MENDELS wird von BOVERI in der wichtigen Aussage formuliert:

„Die korrespondierenden Qualitäten D und R zweier Varietäten gehen im Bastard ganz selbständig nebeneinander her, sie werden, was schon MENDEL klar erkannt hat (vgl. 11.2.), in den Keimzellen wieder ganz rein voneinander gelöst, und zwar, wie aus den Zahlen der Versuche zu entnehmen ist, in der einfachen Weise, daß die Hälfte der Eizellen D erhält, die andere Hälfte R, und ebenso bei den Samenzellen. Nur unter dieser Voraussetzung nämlich läßt sich die Mendelsche Formel verstehen" (BOVERI 1904, S. 114–115, zit. nach BARTHELMESS 1952, S. 231).

Die Schlußfolgerung aus diesen Ergebnissen der „Kernmorphologie", die die Bedeutung von BOVERIS Synthese unterstreicht, akzentuierte BOVERI mit dem Satz:

„Wir sehen also hier auf zwei Forschungsgebieten, die sich ganz unabhängig voneinander entwickelt haben, Resultate erreicht, die so genau zusammenstimmen, als sei das eine theoretisch aus dem anderen abgeleitet …" (a. a. O. S. 117).

Aus dieser Erkenntnis ergaben sich neue Aufgaben für die Vererbungsforschung, die BOVERI programmatisch formulierte, als er schrieb, es käme nun zu den bisherigen Untersuchungsmethoden

„ein weiteres und vermutlich das aussichtsreichste Experimentalverfahren hinzu: systematische Züchtung und vor allem Bastardierung, verbunden mit Chromatinstudien am gleichen Objekt" (BOVERI 1904, S. 118, zit. nach BARTHELMESS 1952, S. 232).

Diese Erkenntnisschritte von BOVERI, SUTTON und MONTGOMERY kennzeichnen – zusammen mit dem ersten Lehrbuch über MENDELS Prinzipien der Vererbung von W. BATESON (1902 a) – die Geburt der Genetik als neuer experimenteller Disziplin mit künftig zunehmend interdisziplinärem Charakter. Auch die „Wiederentdecker" MENDELS waren an der Weiterentwicklung der Genetik in verschiedener Weise beteiligt, so, wie der Ausgangspunkt der Neuentdeckung der Vererbungsgesetze in ihren eigenen Arbeiten unterschiedlicher Natur gewesen ist (SOSNA 1966; NÜRNBERG 1986) (Vgl. 11.6.).

17.1.1. Weitere botanische Arbeiten

Die Ursache für die Beschäftigung mit Problemen der Vererbung, die zur Neuentdeckung MENDELS führte, lag bei VON TSCHERMAK-SEYSENEGG in der vorwiegend praktischen Orientierung auf die Pflanzenzüchtung, wie sie an der Hochschule für Bodenkultur in Wien erforderlich war. Sein theoretisches Interesse lag weiterhin auf der Erforschung der Kryptomerie und des Kryptohybridismus (TSCHERMAK-SEYSENEGG 1904). Hugo DE VRIES, der von pflanzenphysiologischen Fragen ausgegangen war, widmete sich nach 1900 dem Ausbau seiner „Mutationstheorie" (1901–1903), die er mit den zytologischen Beobachtungen in Einklang zu bringen suchte. Er vertrat die Ansicht, daß alle äußerlichen Merkmale, die isoliert vererbt werden, auch einer isolierten Erbstruktur entsprechen (DE VRIES 1889). Die aus verschiedenen Molekülen sich zusammensetzenden „Pangene" besäßen die Fähigkeit des Wachstums, der Vermehrung und der selbständigen Aufteilung auf die Tochterzellen. Die Pangene (DE VRIES unterschied zwischen „aktiven" und „inaktiven") befänden sich primär in den Chromosomen. Die Variabilität der Organismen wurde von DE VRIES als Folge der Herausbildung unterschiedlicher Strukturen bei der Teilung der Pangene erklärt. Er betrachtete Artmerkmale bei unterschiedlichen Pflanzen, vornehmlich bei *Oenothera lamarckiana*, und sammelte alle mutierten Formen. Nach Gewinnung der Samen prüfte er in Vermehrungsversuchen deren Erbfestigkeit. Seine Hypothese, daß Mutationen generell plötzlich aufträten und erbfest seien, fand er bestätigt. Der Umfang der Varietäten sei dabei jeweils abhängig vom Umfang der Mutation. Die Erkenntnis, daß die Mutationen sich als erbfest erwiesen, führten zu seiner Annahme, die Arten verfügten über eine relative Konstanz, die nur durch das Prinzip der Mutation gebrochen werde. Seine „Mutationstheorie" (Teil 1, 1901) brachte DE VRIES jedoch damit in scheinbaren Widerspruch zu DARWINS Annahme eines allmählichen Wandels durch die Selektion kleiner Merkmalsunterschiede. DE VRIES hielt es für erwiesen, daß aufgrund der von ihm entdeckten, sprunghaft verlaufenden, drastischen Erbänderungen (Mutationen) neue Arten aus den mutierten und sich stark von ihren Eltern unterscheidenden Individuen hervorgingen. Er brach dennoch nicht völlig mit DARWINS Selektionstheorie:

„Die … Sätze und Hypothesen, welche DARWIN … als Stütze seiner Lehre verwandt hat, sollten deshalb jetzt nur als solche und nur im Rahmen der Geschichte seiner Theorie betrachtet werden … Ob sie Unbewiesenes und zum Teil Unrichtiges enthalten, hat dabei nicht geschadet. Aber sie enthalten … bedeutendes Material von Tatsachen, welches auch jetzt noch dazu benutzt werden kann, im Einzelnen auf der von DARWIN geschaffenen Grundlage weiterzubauen. Namentlich gilt das von der Selektionstheorie" (DE VRIES 1901, S. 20).

Dessen ungeachtet unterschätzte DE VRIES die Bedeutung der Selektion für die Evolution.[1]) Sein Beharren auf dem Primat der Mutation trug nicht unwesentlich dazu bei, daß sich – unter anderem auch aufgrund der Ansichten anderer Experimentatoren – die Anhänger der Mendelschen Lehre in eine gegnerische Position zu den „Darwinisten" brachten, die ihrerseits den Experimenten der „Mendelisten" skeptisch gegenüberstanden (vgl. PROVINE 1971, S. 25–89). Später, insbesondere von zoologisch orientierten Genetikern, wurde diese Ansicht durch Erkenntnisse darüber widerlegt, daß die Selektion Mutanten sowohl fördern als auch hemmen kann. Dennoch leistete – trotz seines Irrtums – gerade DE VRIES einen besonderen Beitrag zum späteren Zusammenführen der Vererbungs- und Mutationsforschung, die seit 1906 den Namen „Genetik" trug, mit der Evolutionsforschung. Schon im Band 1 seiner *Mutationstheorie* schreibt er:

„Die Deszendenzlehre ist die wissenschaftliche Erklärung der systematischen Verwandtschaft. Diesen Satz zur allgemeinen Anerkennung gebracht zu haben, ist DARWINS unsterbliches Verdienst. Er hat dadurch die ganze biologische systematische, embryologische und paläontologische Wissenschaft umgeformt, … überall Fundgruben anweisend, wo neue Tatsachen fast nur zu greifen waren. Und diese neuen Entdeckungen haben stets die Theorie bestätigt, zahllose Beweisgründe

für sie beigebracht, und sie so zu einem stattlichen und unerschütterlichen Gebäude erhoben" (DE VRIES 1901, S. 20).

Carl CORRENS widmete sich auch weiterhin der theoretischen Grundlagenforschung und verfolgte experimentell die Phänomene der Merkmalsausbildung im Erbgang (z. B. der Blütenfarben), wobei er auf die quantitative Wirkung von Erbfaktoren aufmerksam wurde; er fand sogar die – von DE VRIES nicht für möglich gehaltene – intermediäre Merkmalsausbildung. CORRENS, der erst 1900 Kenntnis von MENDELS Arbeit erhielt, nachdem er das zusammenfassende Werk von Wilhelm Olbers FOCKE über Pflanzenhybriden (*Die Pflanzenmischlinge*, Berlin 1881) gelesen hatte (vgl. JAHN 1957/58), überprüfte danach die Gültigkeit der Mendelschen Gesetze im Rahmen der Untersuchung verschiedenster Arten aus über sechshundert Gattungen. Eine herausragende Leistung gelang ihm 1907 mit seinen Ausführungen zur Vererbung des Geschlechts. CORRENS wies nach, daß die Geschlechtsbestimmung der Kreuzung eines einfach mendelnden Bastards mit dem rezessiven Elter entspricht. Er erkannte, daß sich die F_1-Generation dabei zu gleichen Teilen in Homozygote und Heterozygote (vgl. 17.1.2.) aufspaltet. Demzufolge mußte eine annähernde zahlenmäßige Gleichheit männlicher und weiblicher Nachkommen zu verzeichnen sein. CORRENS führte Rückkreuzungsversuche bei *Bryonia alba* (Weiße Zaunrübe) und *Bryonia dioica* (Rotbeerige Zaunrübe) sowie eine begleitende Geschlechtsbestimmung durch. Anhand seiner Versuchergebnisse war es ihm möglich, sich mit den bisherigen Theorien wie auch mit seiner eigenen Hypothese zur Erklärung der Geschlechtsbestimmung auseinanderzusetzen. Dabei fand er heraus, daß die Ausprägung des Geschlechts auch noch von anderen Faktoren beinflußt wird. Darüber hinaus entdeckte er bei verschiedenen Erbgängen Abweichungen von den Mendelschen Regeln.

Durch die Arbeit von Carl Erich CORRENS, der 1914 zum Direktor des Forschungsinstitutes für Biologie der Kaiser-Wilhelm-Gesellschaft nach Berlin berufen worden war, wurde diese Stadt zum Zentrum der Vererbungsforschung für Deutschland. Der erste Lehrstuhl für Vererbungs- und Züchtungsforschung entstand ebenfalls dort, nämlich an der Landwirtschaftlichen Hochschule in Berlin, die zu dieser Zeit noch nicht zur Universität gehörte. Auf diesen Lehrstuhl berief man 1914 Erwin BAUR, der 1928 Direktor des Institutes für Züchtungsforschung der Kaiser-Wilhelm-Gesellschaft in Müncheberg wurde. BAUR untersuchte vor allem die Vererbungsverhältnisse an vielen Mutanten von *An-*

---

[1]) „Eine der interessantesten Erscheinungen der Ideengeschichte ist der Widerstand, der sich gegen neue Entdeckungen oder Theorien erhebt. Für einen solchen Widerstand werden oft die Kirche, die Regierung oder andere Institutionen außerhalb der Wissenschaft verantwortlich gemacht. Tatsächlich jedoch sind es … oft gerade die Fachgenossen, von denen der stärkste Widerstand ausgeht." (E. MAYR in: H. MEIER (Hrsg.): *Die Herausforderung der Evolutionsbiologie*, 2. Aufl., München 1989, S. 221).

tirrhinum majus L. (Garten-Löwenmaul), wodurch diese Pflanze in der Folgezeit zu einem der klassischen Versuchsobjekte der Pflanzengenetik wurde. Schon frühzeitig (nach seiner Berufung zum Professor für Botanik im Jahre 1911) bezeichnet BAUR in seinen Vorlesungen die Genetik als die experimentelle Grundlage des Darwinismus (BAUR, 1911). BAURS Mitarbeiterin Emmy STEIN untersuchte als eine der ersten die Auswirkungen von Radiumstrahlen auf *Antirrhinum*. Die Ergebnisse ihrer Versuche trug sie bereits 1921 auf der ersten Tagung der *Deutschen Gesellschaft für Vererbungswissenschaft*[1]) vor, mithin sechs Jahre **vor** MULLERS berühmt gewordenen Versuchen zur Genmutation an *Drosophila* durch Einwirkung von Röntgenstrahlen (vgl. 17.2.2.). Im Umfeld BAURS existierte also keine Beschränkung auf herkömmliche Forschungsgebiete. Sein größtes Verdienst besteht in der Synthese der von der theoretischen Genetik erarbeiteten Kenntnisse mit der praktischen Landwirtschaft, die er in seinem Lehrbuch *Die wissenschaftlichen Grundlagen der Pflanzenzüchtung* (1921) publizierte.

17.1.2. Zoologische Arbeiten mit gleichen Ergebnissen

Die Bestätigung der Mendelschen Regeln erfolgte auch auf dem Gebiet der Zoologie. So versuchte Wilhelm HAAKE, der als Förderer der Einrichtung selbständiger naturkundlicher Museen bekannt wurde, zunächst erfolglos, die Weismannschen Vorstellungen zur Vererbung zu widerlegen, kam bei seinen Kreuzungen mit Mäusen aber zu ähnlichen Ergebnissen, wie MENDEL sie an Pflanzen gefunden hatte. Da HAAKE Zoologe war und zu jener Zeit eine relativ starke Trennung zwischen der Zoologie und der Botanik bestand, stieß er im Rahmen seiner Literaturstudien allerdings nicht auf MENDEL. Neben HAAKE und JOHANNSEN war es vor allem William BATESON, der die Entwicklung der Genetik stark vorantrieb und auch die genetische Terminologie wesentlich erweiterte.

BATESON hatte bereits vor der Wiederentdeckung der Mendelschen Gesetze – nämlich im Jahre 1898 – begonnen, Kreuzungsexperimente an Hühnern vorzunehmen. Doch erst die Wiederentdeckung der durch MENDEL aufgefundenen Gesetzmäßigkeiten lieferte ihm die theoretische Basis für seine Versuche. Deren Ergebnisse legte er 1902 in einem „Geflügel" betitelten Beitrag zu den *„Reports To The Evolution Committee Of The Royal Society, London"* vor. In dieser Arbeit wies BATESON zum ersten Mal die Gültigkeit der Mendelschen Regeln auch für das Tierreich nach. BATESON benutzte eindeutig unterscheidbare Merkmale für seine Kreuzungsversuche: die Form des Kammes, die Anzahl der Zehen, die Farbe des Gefieders sowie die Farben der Füße und des Schnabels. Zunächst entschloß er sich für die Arten „Indisches Wildhuhn" und „Weißes Livorno-Huhn", anschließend wurden Kreuzungsexperimente mit braunen Livorno-Hühnern, weißen Dorking-Hühnern und einer (einzelnen) weißen Wyandotte-Henne durchgeführt. Er untersuchte danach die verschiedenen Merkmale und fand für alle betrachteten Fälle die Segregationsrate 3 : 1, also eine Aufspaltung der Erbfaktoren in dem durch MENDEL aufgestellten Zahlenverhältnis. BATESON fand zeitweilig auch Unterschiede im Grad der Dominanz auf und schuf z. B. den Begriff „*blending*" für den heute als „intermediäre Merkmalsausbildung" bezeichneten Sachverhalt. Im Verlaufe seiner weiteren wissenschaftlichen Tätigkeit konnte er – u. a. gemeinsam mit Reginald Grundall PUNNETT (1905) – noch andere Unregelmäßigkeiten innerhalb des Erbganges experimentell verfolgen. Einige der dabei auftretenden Probleme wurden allerdings erst Jahrzehnte später gelöst, so z. B. das der auftretenden Uneinheitlichkeiten bei der Vererbung von *Polydaktylien* durch HUTT 1949 (der die polygenen Ursachen für die entsprechenden Abweichungen aufdeckte), womit die von BATESON formulierte Hypothese zur Begründung „nichtmendelscher" Vererbung überholt war.

Die Bedeutung der Arbeit BATESONS über die Vererbung bei Geflügel besteht nicht nur im Nachweis der Gültigkeit der Mendelschen Regeln für Tiere. Die Veröffentlichung seiner Ergebnisse initiierte die Anwendung genetischer Erkenntnisse bei der Geflügelzucht, was zu wichtigen ökonomischen Veränderungen führte (vgl. KRIZENECKY 1965, S. 31).

BATESON war – obwohl Zoologe – auch sehr interessiert an botanischen Problemen. So formulierte er bereits 1899 im *Journal of the Royal Horticultural Society* einen Aufsatz über *Hybridisation and Cross-Breeding as a Method of Scientific Investigation* und am 08. Mai 1900 eine Arbeit über *Problems of Heredity as a Subject for Horticultural Investigation*, worin er u. a. auch auf Aussagen von DE VRIES („Das Spaltungsgesetz der Bastarde"), VON TSCHERMAK-SEYSENEGG („Ueber künstliche Kreuzung bei *Pisum sativum*") und CORRENS („G. Mendel's Re-

---

[1]) BAUR war Mitbegründer der *Deutschen Gesellschaft für Vererbungswissenschaft* 1921 (vgl. Teil V).

gel über das Verhalten der Nachkommenschaft der Rassenbastarde") in den *Berichten der deutschen Botanischen Gesellschaft* aus dem gleichen Jahr bezieht. Vor diesem Hintergrund erscheint es folgerichtig, daß BATESON, der als einer der ersten biologischen Wissenschaftler zoologische **und** botanische Fachliteratur zur Kenntnis nahm[1]), 1902 auch das erste Lehrbuch über MENDELS Prinzipien der Vererbung verfaßte (dt.: *Mendels Vererbungstheorien*, Leipzig 1914). Mit den jüngsten Erkenntnissen von Thomas Harrison MONTGOMERY, Walter Stanborough SUTTON und Theodor BOVERI zusammen kann dies als der entscheidende Schritt bei der Entwicklung der Genetik zu einer eigenen biologischen Disziplin angesehen werden (vgl. 17.1.). BATESON sah die Notwendigkeit einer vollständigen Wandlung der bisherigen biologischen Konzeptionen (vgl. BATESON 1902 a, S. 126) und übertrug zunächst frühere Resultate der Züchtungsforschung in den Mendelschen Fachwortschatz bzw. Sprachgebrauch. So bezeichnete er u. a. die zygomorphen Blütenformen von *Antirrhinum* als „*dominant*" und die pelorischen Formen als „*rezessiv*", da frühere Hypothesen seit der Wiederentdeckung der Mendelschen Prinzipien hinfällig geworden seien[2]). BATESON führte auch neue Begriffe für eine adäquate Bezeichnung der zytologischen Vorgänge ein. Diese fanden seither Eingang in die biologische Fachsprache:

„Such characters we propose to call allelomorphs, and the zygote formed by the union of a pair of opposite allelomorphic gametes, we shall call heterozygote. Similarly, the zygote formed by the union of gametes having similar allelomorphs, may be spoken of as a homozygote" (BATESON 1902 a, S. 126)[3]).

Auch die durch BATESON (1902 b) formulierte Notwendigkeit, die Eigenschaften eines jeden Charakters in jedem Organismus bezüglich ihrer Vererbung und Variation separat zu erforschen,

um schließlich zu Verallgemeinerungen zu gelangen, führte in der Folgezeit zur Entstehung verschiedener neuer Richtungen experimenteller biologischer Forschung.

CORRENS vervollständigte 1907/08 bisherige Erkenntnisse bezüglich der Geschlechtsbestimmung anhand von Versuchen an *Abraxas grossulariata* (Stachelbeerspanner). Er deckte den zytogenetischen Mechanismus der diplogenotypischen Geschlechtsbestimmung auf. In seinen Experimenten an *Abraxas* bemerkte er, daß hierbei weibliche Individuen *heterozygot*, männliche dagegen *homozygot* sind, während er bei seinen Untersuchungen an *Bryonia alba* (vgl. 17.1.1.) ein umgekehrtes Verhältnis festgestellt hatte. Mit weiteren Untersuchungen fielen ihm Reziprokenunterschiede auf, die nicht den Mendelschen Regeln folgten. Da er weiterhin beobachtet hatte, daß die weiblichen Merkmale der P-Generation in ihrer Ausprägung überwogen, leitete er die Lokalisation der Erbanlagen außerhalb der Chromosomen ab und schloß auf eine *plasmatische Vererbung* durch die im Zygotenplasma enthaltenen Erbanlagen. Damit war er wesentlich über die experimentelle Bestätigung der Mendelschen Gesetze hinausgegangen. Zur gleichen Zeit gab es auch eine Vielzahl zoologischer Versuchsergebnisse, die MENDELS Regeln bestätigten und dabei doch neue Kenntnisse induzierten, so die Erkenntnis der morphologischen Identität bestimmter Chromosomen im Ei- und Spermakern und ihres Verhaltens bei der Reifeteilung durch MONTGOMERY (1902), die Beobachtung der Korrespondenz zwischen Chromosomenabweichung und Gestaltabweichung bei befruchteten Eiern von *Echinoidea* (Seeigeln) durch BOVERI, woraus er schlußfolgerte, „daß die einzelnen Chromosomen verschiedene Qualitäten besitzen müssen" (BOVERI 1902) und er die Hypothese über den qualitativen Zusammenhang paarweise auftretender morphologisch identischer Chromosomen mit den Merkmalen der Organismen sowie ihrer „Aufspaltung" im Erbgang entwickelte. So war es BOVERI möglich, aufgrund seiner eigenen Ergebnisse entwicklungsphysiologischer Untersuchungen an Echinoidea-Kernen, der morphologischen Chromosomenbeobachtung MONTGOMERYS und SUTTONS an Insekten (1902) und der Mendelschen Vererbungsregeln für die Merkmalskombination die Schlußfolgerung zu ziehen:

---

[1]) Hier wird die von Jonathan HARWOOD (1993, XIII bis XIX) geforderte Notwendigkeit einer vergleichend-historischen Betrachtung der Wissenschaftsentwicklung unter Einbeziehung der Veränderungen im Wissenschaftsverständnis besonders deutlich. Ähnliche Gedanken äußerten bereits MAYR und PROVINE (1980).

[2]) Die neue Terminologie wurde schnell angenommen. So erfolgte (unter Benutzung der entsprechenden Begriffe) die Aufstellung des ersten Beispiels für eine autosomal–dominante Vererbung einer Mißbildung beim Menschen anhand der Aufstellung eines Stammbaumes mit Brachydaktylie durch FARABEE im Jahre 1905.

[3]) BATESON ersetzte mit diesen Begriffen die von CORRENS verwendeten Bezeichnungen „Paarling", „homöogon" und „schizogon".

„Ich bin der Meinung, daß wir ... befugt sind, ... von einer Theorie der Chromosomen-Individualität zu reden. Es gibt keine andere Annahme, um allen Tatsachen gerecht zu werden" (BOVERI 1904, S. 21, zit. n. BARTHELMESS 1952, S. 228).

17.2. Zytologische Erkenntnisse und ihre Synthese mit der Bastardforschung

17.2.1. Die Chromosomentheorie der Vererbung

Beobachtungen an Chromosomen – ohne diese jedoch zu identifizieren – konnten hinsichtlich ihrer morphologischen Struktur erstmalig schon 1842 von Carl Wilhelm VON NAEGELI durchgeführt werden. Im Jahre 1883 hatte Wilhelm ROUX auf ihre mutmaßliche Bedeutung als Träger der Erbinformation hingewiesen. Drei Jahre später wurden von August WEISMANN im Rahmen seiner Theorie der Kontinuität des Keimplasmas *Idanten* als Erbstrukturen hypothetisch beschrieben, und schließlich hatte 1888 Wilhelm VON WALDEYER-HARTZ färbbare morphologische Strukturen entdeckt und als *Chromosomen* benannt. Doch erst 1902 gelang Theodor BOVERI die experimentelle Bestätigung der von Carl RABL siebzehn Jahre früher (1885) aufgestellten Hypothese der *Chromosomen-Individualität*. BOVERI, seit 1893 Professor für Zoologie und vergleichende Anatomie in Würzburg, arbeitete vorwiegend über die Entwicklung von Eizellen und Spermatozoen, Probleme der Vererbung und Entwicklung (14.3.) und wurde zu einem der Väter der Chromosomentheorie der Vererbung (vgl. BARTHELMESS 1952, S. 233). Bei seiner Entdeckung der Unterschiede in den Chromosomen aufgrund der Untersuchung befruchteter Eier von *Echinoidea* (vgl. 14.3. u. 17.1.2.) hatte er erkannt, daß die verschiedenen Chromosomen auch verschiedene Qualitäten besitzen müssen. Zunächst trug diese Feststellung aber noch den Charakter einer Hypothese. Deshalb initiierte BOVERI zur endgültigen Klärung ein experimentelles Vorgehen: die Verbindung verschiedener Verfahren miteinander. Er schlug vor, eine systematische Züchtung und Bastardisierung vorzunehmen und stets mit Chromatinstudien an demselben Objekt zu begleiten. Doch nicht nur BOVERI arbeitete an dieser Problematik. Wie auch bei der Wiederentdeckung der Mendelschen Gesetze und vielen anderen Forschungsergebnissen, die sich letztlich aus dem bis zum jeweiligen Zeitpunkt erreichten aktuellen Wissensstand in den Fachdisziplinen ergaben, führten die vorwiegend mikroskopischen Arbeiten von Walter Stanborough SUTTON zu gleichen Schlußfolgerungen. Die Leistung dieser zwei Biologen bestand neben der Gewinnung neuer Erkenntnisse vor allem in der Verknüpfung von Zell- und Chromosomenforschungen, die auf mikroskopischer Praxis beruhen, mit der traditionellen Hybridenforschung. Damit war die Grundlage für die wesentliche Wissenserweiterung auf dem Gebiet der Genetik im ersten Drittel des 20. Jh. gelegt.

Thomas Hunt MORGANS Vererbungsstudien in den USA an der Taufliege *Drosophila melanogaster*, die ab 1907 als Versuchstier für die Forschung verwendet und durch MORGAN zu einem sehr wichtigen Forschungsobjekt der Genetik wurde, untermauerten die Theorie von der Lokalisation der als eigentliche Erbanlagen vermuteten Gene in den *Chromosomen*. MORGAN hatte sich zunächst voll der *Mutationstheorie* von DE VRIES angeschlossen und entdeckte schließlich um 1910 die Rolle der *Chromosomen* bei der Vererbung, wofür ihm 1933 der Nobelpreis für Physiologie/Medizin verliehen wurde. MORGAN hatte durch die Untersuchung des Erbganges der Weißäugigkeit bei *Drosophila melanogaster* entdeckt, daß es auch zu Ausnahmen von der 1. Mendelschen Regel kommen kann. Die systematische Untersuchung dieser außergewöhnlichen Erscheinung führte zur erstmaligen Wahrnehmung der X-chromosomalen Lokalisation des sogenannten *White-Gens*, welches die Entstehung der Augenfarbe von *Drosophila* überwacht (Geschlechtsgebundene Vererbung) (Abb. 193). Es wurde offensichtlich, daß X-chromosomal lokalisierte Gene in bestimmten Kreuzungsansätzen eine Differenzierung der phänotypischen Merkmale der weiblichen und der männlichen Individuen der F_1-Generation bewirken können. Nach 1910 weitete MORGAN, der sich die Auffassungen CASTLES und MACCURDYS von „modifizierten Genen" (1907) zu eigen gemacht hatte, die Arbeiten zur Klärung der „stofflichen Grundlage der Vererbung" aus, indem er gemeinsam mit Hermann Joseph MULLER, Alfred Harry STURTEVANT und Calvin Blackman BRIDGES eine Verbindung von cytologischen und karyologischen Untersuchungen mit Züchtungsversuchen vornahm (zur Entstehung und personellen Zusammensetzung dieser MORGAN-Arbeitsgruppe vgl. ALLEN 1978, S. 164 ff.).

17.2.2. Die Gentheorie der Morgan-Schule

Weitere wichtige Erfolge in der genetischen Forschung erzielten Thomas Hunt MORGAN und seine Forschungsgruppe (zunächst in New York, ab Ende der zwanziger Jahre in Pasadena) mit ihren um 1910 begonnenen Untersuchungen. MORGAN und seine Mitarbeiter fanden, daß

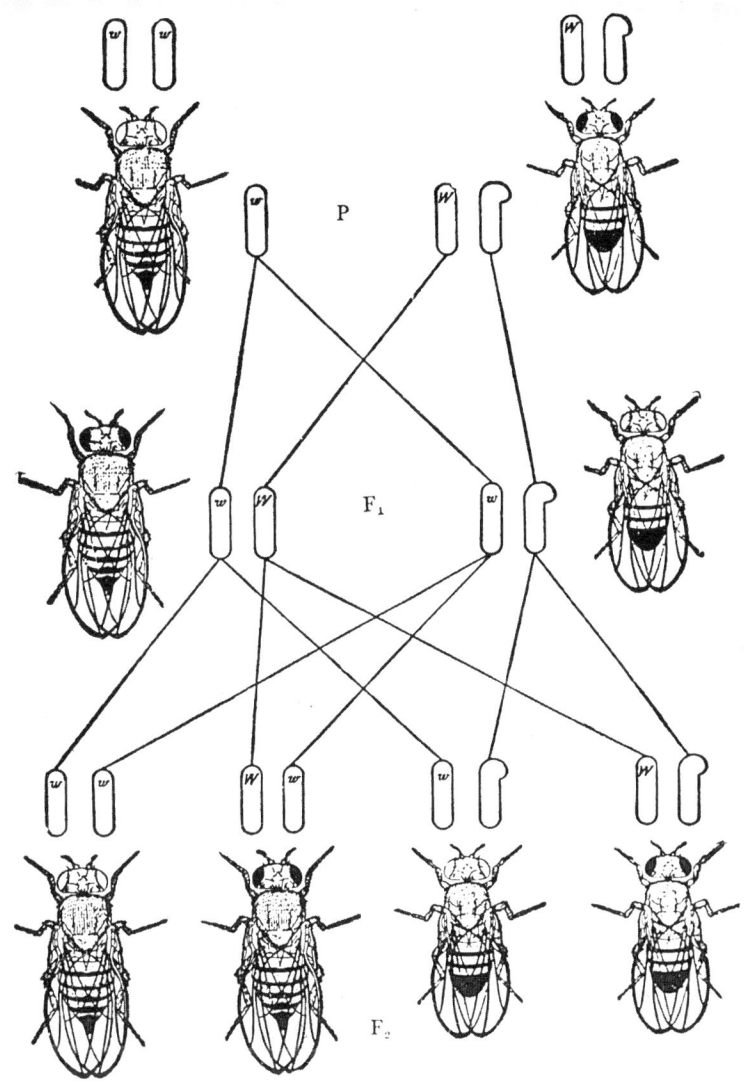

Abb. 193. Schema der geschlechtsgebundenen Vererbung bei Kreuzung von weiß- und rotäugigen Mutanten von *Drosophila*. Aus MORGAN, STURTEVANT, MULLER & BRIDGE: The Mechanism of Mendelian Heredity, 1915.

sprunghafte Erbänderungen nicht immer drastischen Charakter tragen, sondern Mutationen in allen Größenordnungen vorkommen. Dabei wurde an Beispielen belegt, daß vor allem sehr häufige kleine Erbänderungen auftreten, die teils nicht einmal im Rahmen der herkömmlichen Beobachtungsmethoden zu erkennen waren. Die meist letalen Großmutationen seien dagegen selten.

Die Annäherung Darwinscher und Mendelscher Standpunkte ergab sich auf der Basis von Ergebnissen der Versuche, die Wissenschaftler um MORGAN zwischen 1910 und 1912 an *Drosophila*-Populationen durchgeführt hatten und anhand derer die Allgemeingültigkeit der Mendelschen Regeln nachgewiesen werden konnte, die MORGAN selbst noch in der ersten Dekade des 20. Jh. für nur eingeschränkt zutreffend hielt.

Die für Versuchszwecke genutzte Taufliegenart *Drosophila melanogaster* erleichterte die Arbeit der Genetiker wesentlich:

„Selten ist wohl in der Geschichte der Biologie die heuristische Bedeutung eines Objektes so beispielhaft vor Augen geführt worden ... geringster Raumbedarf bei denkbar billigster Haltung in bisher unerreichbaren Zahlen, hochentwickelter Organismus mit reicher Merkmalsbildung, extrem kurzer Generationsdauer, nur vier leicht unterscheidbare Chromosomen ..." (BARTHELMESS 1952, S. 248).

Zu all diesen Vorteilen gesellte sich noch,

„was sich allerdings erst später herausstellte – eine geradezu einzigartige, nur bei Fliegen vorkommende Besonderheit: die Riesenchromosomen der Speicheldrüse" (a. a. O.).

MORGAN war durch die Verknüpfung seiner Chromosomenstudien an *Drosophila* mit einer jeweiligen Merkmalsanalyse bei seinen Untersuchungen auf den zunächst als merkwürdig empfundenen Sachverhalt gestoßen, daß „viel mehr Merkmalspaare als Chromosomenpaare vorhanden sind." MORGAN schlußfolgerte, „daß die Chromosomen nicht die letzten Elemente darstellen", sondern im Keimplasma äußerst zahlreiche „Elemente vorhanden sind, die unabhängig voneinander aussortiert werden":

„Wir nennen diese Elemente Faktoren oder Gene, und, was ich besonders betonen möchte, ist, daß ihre Existenz direkt abzuleiten ist aus den Ergebnissen der Genetik, ganz unabhängig von irgendwelchen weiteren Eigenschaften, die wir ihnen beilegen mögen. Der Nachweis ihrer Existenz ist auch unabhängig von dem Orte ihrer Lokalisation. Gerade diese Tatsache rechtfertigt die Theorie der korpuskulären Vererbung" (MORGAN 1919, zit. n. d. dt. Ausg. v. 1921, S. 199 ff.).

Darüber hinaus konnte MORGAN aufgrund seiner Untersuchungen auch die jüngeren Vorstellungen über die *Gene* als sehr kleine Abschnitte des Chromosomenfadens bestätigen. Die Konkretisierung dieses Begriffes, der 1909 von JOHANNSEN für die ursprünglich rein formale genetische Einheit der Vererbung eines Merkmals von einer Generation auf die nächstfolgende Generation geprägt worden war, führte damit zu seiner, für die weitere Entwicklung der Genetik wesentlichen, molekularen Definition, ohne daß MORGAN bereits Aussagen über die Größenverhältnisse treffen konnte. Seine Untersuchungen des Erbganges der Weißäugigkeit bei *Drosophila melanogaster* (vgl. 16.2.1.) ließen ihn schlußfolgern, daß die Verantwortlichkeit eines einzelnen *Gens* für mehrere (verschiedene) Eigenschaften wahrscheinlich sei und brachten ihn zu der Überlegung,

„daß jeder Wechsel im Keimplasma Wirkungen sehr vielfacher Art am Körper hervorrufen kann … Da die Wirkungen immer Hand in Hand gehen und durch die Annahme erklärt werden können, daß eine einzelne Erbeinheit im Keimplasma verändert worden ist, so ist die besondere Differenz im Keimplasma von größerer Bedeutung als das Merkmal, das als Index dient" (MORGAN 1919, zit. n. d. dt. Ausg. v. 1921, S. 189–205).

Im folgenden ging er in seinen Schlußfolgerungen sogar noch weiter und stellte fest, daß

„äußerlich nicht unterscheidbare Merkmale … das Produkt verschiedener Gene sein können" (a. a. O.).
Der experimentelle Vergleich freier *Drosophila*-Stämme mit künstlichen *Drosophila*-Mutanten erbrachte den Nachweis, daß „zahlreiche Gene … bei der Hervorbringung jedes Körperteils beteiligt sind … (und) … jedes Gen im Keimplasma mehrere oder sogar viele Teile des Körpers beeinflußt" (a. a. O.).

Mit dieser Aussage ging er – trotz des zu dieser Zeit noch geringeren Wissens – in der Verallgemeinerung sogar schon über die *Ein-Gen-Ein-*

Enzym-Hypothese bezüglich der Polypeptidbildung von BEADLE und TATUM (1944) hinaus.
Ab ca. 1911 begann die MORGAN-Arbeitsgruppe mit der Synthese der bis dahin als unvereinbar angesehenen Lehren DARWINS und MENDELS[1]). Die Kopplung von Genen, das *Crossing over* von *Chromosomen* u. a. m. während der meiotischen Vorgänge wurde von MORGAN und seinen Schülern als Ursprung neu entstehender Kombinationen bei der geschlechtlichen Fortpflanzung und Vermehrung sowie Grundlage einer unendlich großen Zahl von erblichen Varietäten bei der Rekombination von Nachkommen einer Paarungsgemeinschaft verstanden.
Die Fusion der Erkenntnisse über die Kopplung von Merkmalen im Erbgang (CORRENS 1900 und BATESON, HURST, PUNNETT, SAUNDERS 1905) mit dem Wissen aus der Chromosomenforschung (vgl. JANSSENS 1909) und die neuen Erkenntnisse aus den *Drosophila*-Versuchen führten MORGAN – besonders aufgrund der Arbeiten von MULLER und STURTEVANT – zu der Erkenntnis, daß die Benutzung dieser Einzelerkenntnisse unter Anwendung der Mendelschen Verfahrensweisen und Methoden auf die Darwinsche Variabilitäts- und Selektionstheorie die Möglichkeit zu einem umfassenderen Verständnis der Problematik der Evolution bieten würde (vgl. MORGAN 1916, S. 162). Damit gelang den Wissenschaftlern aus den USA in dieser Zeit, in der Europa sich im Kriegszustand befand, im Gegensatz zu ihren europäischen Kollegen ein ungehemmter Kenntniszuwachs.
Die Zusammenfassung der Ergebnisse aus den umfangreichen zytologischen und merkmalsgenetischen Vererbungsstudien der Morgan-Forschungsgruppe erfolgte nach fast zehnjähriger Arbeit in MORGANS Buch *The physical basis of heredity* (1919). Seine „Vererbungsgesetze" hatte er in folgende Worte gekleidet:

„Spaltung und freie Kombination sind die beiden Grundprinzipien der Vererbung, die Mendel entdeckte. Seit 1900 sind vier weitere Prinzipien hinzuge-

---

[1]) Es handelt sich hierbei um erste Anfänge der Synthese im engeren Umfeld MORGANS. Eine wahrnehmbare Änderung in der gegnerischen Position von Darwinisten und Mendelisten zueinander setzte laut MAYR erst etwa ab 1920 ein:
„Vor 1920 kenne ich kaum einen Experimentalbiologen, der ein konsequenter Selektionist gewesen wäre. Erst als um 1940, also 80 Jahre nach der Veröffentlichung von „The Origin of Species", die sogenannte Moderne Synthese formuliert wurde, war es endlich soweit, daß wenigstens die meisten Biologen sich darüber einig waren, daß die Selektion der einzige richtunggebende Faktor in der Evolution ist, d. h. der einzige Faktor, der Anpassung verursachen kann …" (E. MAYR in: MEIER. 1988, 1989. S. 222).

kommen. Diese werden bezeichnet als das der **Koppelung**, das des **Faktorenaustausches**, das der **linearen Anordnung der Gene** und das **Prinzip der begrenzten Zahl der Koppelungsgruppen**. In demselben Sinne, in dem man in den physikalischen Wissenschaften die fundamentalen Verallgemeinerungen der Wissenschaft als die ,Gesetze' dieser Wissenschaft zu bezeichnen pflegt, in demselben Sinne können wir die sechs genannten Prinzipien als die bisher bekannten Vererbungsgesetze bezeichnen" (MORGAN 1919, zit. n. d. dt. Ausg. v. 1921, S. 2).

So gab es zu Beginn des dritten Jahrzehnts des 20. Jh. kaum eine Konkurrenz zu der Forschungsgruppe um MORGAN, welche die **Chromosomentheorie** zur **Gentheorie** weiterentwickelte. MORGAN beschrieb diese 1926 in seinem Buch *The theory of the gene* folgendermaßen:

Die Gentheorie „sagt aus, daß die Eigenschaften des Individuums in Beziehung stehen zu Paaren von Elementen (Genen) im Keimmaterial, die in einer bestimmten Zahl von Koppelungsgruppen zusammengehalten werden; sie sagt aus, daß die zu verschiedenen Koppelungsgruppen gehörenden Glieder sich, übereinstimmend mit Mendels zweitem Gesetz, unabhängig voneinander umgruppieren; sie sagt aus, daß zeitweise auch ein ordentlicher Austausch – crossing over – zwischen den Elementen korrespondierender Koppelungsgruppen stattfindet; sie sagt aus, daß die Häufigkeit des crossing over den Beweis für die lineare Anordnung der Elemente in jeder Koppelungsgruppe und für die relative Lage der Elemente zueinander liefert. Diese Grundsätze, die ich, zusammengenommen, die Theorie des Gens zu nennen wagte, ermöglichen uns, genetische Probleme auf streng zahlenmäßiger Basis zu behandeln, und erlauben uns, mit großer Genauigkeit vorherzusagen, was in jeder gegebenen Situation geschehen wird. In dieser Hinsicht erfüllt die Theorie alle Erfordernisse einer wissenschaftlichen Theorie in vollstem Sinne" (MORGAN 1926, zit. n. BARTHELMESS 1952, S. 253).

1927 gelang es wiederum einem Wissenschaftler aus dem Umkreis MORGANS, genetische Untersuchungsmethoden entscheidend zu verbessern. H. J. MULLER veröffentlichte die Ergebnisse seiner Versuche zur artifiziellen Erzeugung von Mutationen durch Röntgenstrahlen[1]) (Abb. 194). Verschiedenste Mutationen wurden ausführlich beschrieben und konnten in das System früherer aus der Morgan-Schule stammender Aussagen eingeordnet werden. So korrelierte z. B. die Erkenntnis, daß die Kurzflügel-Mutation bei *Drosophila melanogaster* neben einer bestimmten Ausprägung der Flügelreduktion auch eine Verkleinerung der Augen sowie der Facetten bedingt[2]), mit MORGANS Aussage aus dem Jahre 1919, daß jedes *Gen* im Keim-

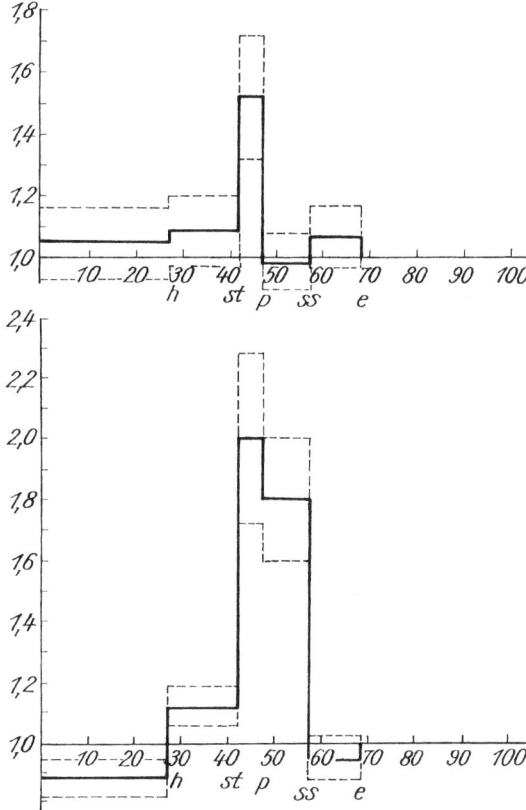

Abb. 194. Grafische Darstellung des Einflusses schwacher (oben) und starker (unten) Röntgenbestrahlung auf den Faktorenaustausch im 3. Chromosom von *Drosophila melanogaster*. Aus MULLER 1925.

plasma mehrere oder sogar eine große Anzahl von Merkmalsausprägungen des Körpers beeinflußt, wobei sich MORGANS Äußerung noch nicht auf das Hervorrufen künstlicher Mutationen beziehen konnte. MULLER hatte auch bereits aus den bis zu diesem Zeitpunkt vorhandenen Kenntnissen geschlußfolgert, daß sich die Richtigkeit der *Gentheorie* bestätigen lassen würde, sobald für einen entsprechenden – mit Hilfe mikroskopischer Untersuchungen anzutretenden – Beweis die geeigneten Objekte gefunden wären. Dafür verwendbare Strukturen wiesen schließlich die von Emil HEITZ (1933) entdeckten *Riesenchromosomen* in den Speicheldrüsen von *Drosophila* und anderen Vertretern der Ordnung *Diptera* (PAINTER 1934) auf. MULLER vertrat in seinem Buch *The gene as the basis of life* (1929) die Ansicht, daß im Gegensatz zu der vorher allgemein verbreiteten Anschauung, das *Protoplasma* bilde die eigentliche Grundlage des Lebens, diese durch die *Gene* gegeben sei.

---

[1]) 1946 wurde ihm dafür der Nobelpreis für Physiologie/Medizin verliehen.
[2]) Was allerdings durch die **Pleiotropie** oder **Polyphä-**

nie, also die Mehrfachwirkung von mutierten Genen, hervorgerufen wird (vgl. NITSCHMANN 1978, S. 615).

Nur die *Gene* seien in der Lage, eine spezifische Autokatalyse durchzuführen, wobei diese Fähigkeit der eigenen Reproduktion auch nach der Mutation erhalten bliebe. Das Wachstum des Protoplasmas sei eine Folge der Aktivität der *Gene*, aber keine Mutation führe vom Protoplasma aus zur Veränderung oder sogar zur Entstehung neuer *Gene* (vgl. MULLER 1929, S. 916/917). Die *Gentheorie* der Morgan-Schule war nunmehr eine in sich schlüssige Lehrmeinung geworden.

Doch es stellte sich ihr eine massive Kritik entgegen – vor allem von jenen Wissenschaftlern, die eine ausschließliche Lokalisierung der Erbfaktoren im Zellkern für unmöglich hielten. Nachdem sich schon in der Frühphase der Diskussion in Deutschland u. a. BOVERI und CORRENS, der ja das Keimplasma als „materiellen Träger der Vererbungskraft" ansah (CORRENS 1904), gegen solche Ansichten gestellt hatten, äußerten später auch der Entwicklungsphysiologe und Naturphilosoph Hans DRIESCH (1908), der Mediziner Carl RABL (1906), der Genetiker und Zytologe Richard GOLDSCHMIDT (1927) sowie in den USA der Embryologe und Philosoph Edwin Grant CONKLIN (1905) und der Mediziner und Physiologe Jaques LOEB (1917) ihre Vorbehalte. Waren sie sich jedoch einig in der Ablehnung einer Theorie, welche die Lokalisierung sämtlicher Erbanlagen im Zellkern postuliert, vertraten sie weit auseinandergehende Standpunkte in ihren Bemühungen um experimentelle Gegenbeweise oder neue Hypothesen. Als hauptsächliche Frage ergab sich letztlich daraus in den zwanziger Jahren des 20. Jh folgender Fragenkomplex: Erfolgt die Steuerung der Ausprägung sämtlicher von den Vorfahren ererbten Eigenschaften eines Einzelwesens in dessen Individualentwicklung ausnahmslos durch die im *Nucleus* befindlichen Erbfaktoren oder agiert auch das *Plasma* als Träger bestimmter Anlagen, vor allem der permanent gleichbleibenden taxonomischen Grundeigenschaften, und wie ist das so fungierende *Plasma* strukturiert? (vgl. WINKLER 1923). Daraus ergab sich die Notwendigkeit, durch Versuche möglichst die genealogisch festgelegten Grenzen zwischen taxonomischen Einheiten innerhalb der biologischen Systematik herauszuheben, weshalb zunächst eine Untersuchung der Arteigenschaften des Zytoplasmas in den einzelnen organismischen Verwandtschaftsgruppen erfolgen mußte. Im Ergebnis derartiger Versuche kamen die an botanischen und zoologischen Objekten arbeitenden Experimentatoren zu einigen wenigen Einschränkungen der „Vorherrschaft" des Zellkerns als Träger der Erbanlagen, so Ernst LEHMANN, Peter MICHAELIS, Otto RENNER u. v. a. bei verschiedenen Arten der Gattung *Epilobium* (Weidenröschen), Friedrich von WETTSTEIN bei einigen Vertretern der Familie *Bryopsida* (Laubmoose) oder Richard GOLDSCHMIDT bei diversen *Lymantria*-Arten (Schadspinner). Eine echte Einbeziehung zyto- und biochemischer Untersuchungen zur Lösung der genannten Probleme konnte jedoch erst nach der Einbeziehung mikrobiologischer Forschungsgegenstände in die Genetik und nach der Vertiefung des Wissens um die Zusammensetzung der Nukleinsäuren erfolgen (vgl. Kap. 22).

Aber auch Vertreter des *Lamarckismus* bezogen Stellung gegen die **Gentheorie** MORGANS und die **Mutationstheorie** von DE VRIES. Die „Lamarckisten" sahen diese Theorien als der Evolutionstheorie diametral an und favorisierten die direkte Einwirkung der Umwelt auf die Individuen als bedeutendsten Faktor der stammesgeschichtlichen Höherentwicklung der Lebewesen. Von dieser Haltung beeinflußt, versuchten u. a. der Österreicher Paul KAMMERER (1925) und der Engländer William MAC DOUGALL (1927), sogenannte „gerichtete umweltinduzierte" Erbänderungen an Tieren vorzunehmen. Doch diese, wie auch gleichartige Experimente im botanischen Bereich, führten nicht zur Verifizierung der aufgestellten Hypothesen und bildeten letzhin nur einen international bald verschwundenen Seitenzweig der „genetischen" Forschung (vgl. 18.1.3.).

Anders verlief die Entwicklung in der UdSSR unter dem Einfluß der lamarckistisch orientierten Botaniker Iwan Wladimirowitsch MITSCHURIN, Kliment Arkadjewitsch TIMIRJASEW sowie vor allem Trofim Dennissowitsch LYSSENKO. Der Pflanzenphysiologe TIMIRJASEW untersuchte die Wirkungen verschiedenfarbigen Lichts auf die Individuen mehrerer Pflanzenfamilien (vgl. 16.1.). Zunächst wirkte er als überzeugter Darwinist und hatte bedeutenden Anteil an der Durchsetzung des Darwinismus in Rußland, hing jedoch später zunehmend lamarckistischen Ideen an. Der Pflanzenzüchter MITSCHURIN wendete die von ihm selbst entwickelte Methode der „vegetativen Hybridisation" an und züchtete durch Kreuzung von Obstsorten geographisch weit voneinander entfernter Gebiete mehr als dreihundert frostfeste Sorten, womit eine erhebliche Ausdehnung der Anbaugrenze für Obstbäume in der UdSSR nach Norden möglich wurde. Aus seinen bei der Beschäftigung mit der wechselseitigen Beeinflussung von Unterlage und Pfropfreis gewonnenen Erkenntnissen leitete er eine lamarckistische Theorie über die Vorgänge ab, die der Züchtung von Pflanzen zugrunde liegen. Aufgrund der damaligen politischen Situation in der UdSSR wurden die Ansichten MITSCHURINS von LYSSENKO

(1898–1976) benutzt, der durch geschicktes politisches Taktieren[1]) die genetische Richtung der biologischen Wissenschaften in der UdSSR während der gesamten Amtszeit STALINS und sogar noch unter CHRUSCHTSCHOW bestimmte, da LYSSENKOS Ideen die Staatslehre des Marxismus/Leninismus naturwissenschaftlich zu fundieren schienen (vgl. ADAMS 1980 und 1990). LYSSENKO stützte sich auf Fehlinterpretationen und sogar auf Fälschungen seiner wissenschaftlichen Untersuchungen, um sein Vorhaben der gezielten Veränderung der Erbanlagen durch die vorherige Änderung der Lebensbedingungen umzusetzen. Die daraus erwachsene extremste Vorstellung galt der Schaffung eines neuen, sozialistischen Menschentypus auf der Grundlage einer radikalen Veränderung der gesellschaftlichen Verhältnisse. Doch LYSSENKOS Aussagen standen im Gegensatz zu sämtlichen gesicherten genetischen Erkenntnissen. HAGEMANN benennt fünf Grundlagen, die es LYSSENKO ermöglichten, seine bereits seit Ende der dreißiger Jahre in der Sowjetunion weit verbreiteten Ansichten ab 1948 gar als allgemeingültig für das Territorium der UdSSR durchzusetzen:

„1. Verwendung von unsauberem Versuchsmaterial: Vorliegen von Verunreinigungen, Heterozygotie …

2. Fahrlässige, leichtfertige, unkritische Versuchsdurchführung: Pfropfungen ohne Individualkontrollen, angebliche Umwandlung von Sommer- in Wintergetreide bei Vorliegen unsauberen Ausgangsmaterials u. ä. …

3. … Es wurde bei vielen Nichtfachleuten der Eindruck erweckt, als ob hier in beispielgebender Weise fachwissenschaftliche Arbeit mit dem richtigen philosophischen und politischen Standpunkt verknüpft würde …

4. Bewußte Fälschungen der Versuchsergebnisse im Sinne der Lyssenkoistischen Auffassungen.

5. Diskriminierung der wissenschaftlichen Gegner, die zu Entlassungen, materieller Not u. ä. führte …" (HAGEMANN 1985).

Mit der zunehmend ideologischen Prägung der Genetik in der UdSSR in Form eines Neolamarckismus und dem Beharren auf dem Primat der Vererbung erworbener Eigenschaften erlitt die dort bislang entwickelte klassische Genetik in der Tradition MENDELS und MORGANS einen Abbruch. LYSSENKO und seine Gewährsleute wandten sich jedoch in der Ära des „schöpferischen Darwinismus" nicht nur vehement gegen die Begründer der klassischen Genetik, sie verwickelten auch deren Vertreter in der UdSSR – unter ihnen DOBZHANSKY, DUBININ und ČETVERIKOV – in anhaltende und auch auf der

persönlichen Ebene geführte heftige Auseinandersetzungen. LYSSENKOS feste Position innerhalb der Machtstrukturen der UdSSR läßt sich u. a. daran ablesen, daß aufgrund seiner Intervention sogar noch im Jahre 1961 das Stattfinden einer Konferenz für experimentelle Genetik im damaligen Leningrad verhindert wurde (vgl. ADAMS). Die Aktivitäten einer 1962 eingesetzten Kommission zur Untersuchung der Tätigkeit LYSSENKOS wurden durch das persönliche Eingreifen CHRUSCHTSCHOWS unterbunden. Nach der Machtübernahme durch BRESCHNEW 1964 ging LYSSENKO zwar seiner Position als Leiter des Institutes für Genetik der Akademie der Wissenschaften der UdSSR (und des Amtes als Vorsitzender der Akademie) verlustig, eine kritische Diskussion seines Wirkens erfolgte jedoch nicht. Während des Einflusses LYSSENKOS verlor der in Leningrad wirkende Nikolai Iwanowitsch VAVILOV (vgl. 17.3.2.) durch die offene Auseinandersetzung mit LYSSENKO 1940 zunächst seine Ämter als Mitglied der Akademie der Wissenschaften der UdSSR und Direktor des Allunions-Institutes für Pflanzenzucht und starb drei Jahre später im Gefängnis Nr. 1 in Saratov (vgl. ADAMS 1980, MEDWEDJEW 1969).

Die Durchsetzung des Lyssenkoismus in der UdSSR wider alle wissenschaftliche Erkenntnis bestätigte die schon 1931 von Richard GOLDSCHMIDT geäußerte Meinung, der Versuch eines regulierenden Eingriffes in die genetische Wissenschaft von außen durch (für diesen Wissenschaftszweig) inkompetente Personen würde katastrophale Auswirkungen zeitigen:

„… bei der Vererbungslehre … hält jeder, der in seinem Fach Gelegenheit hat, sich mit dem Organismus zu beschäftigen, sich für befähigt, über die ihm nur oberflächlich bekannten Ergebnisse der Vererbungslehre zu urteilen und öffentlich zu erklären, daß die gesichertsten Ergebnisse dieser Wissenschaft unrichtig seien …; diejenigen, die für ihre Arbeit die Ergebnisse der Vererbungsforschung benötigen, ohne selbst das Gebiet beherrschen zu können, … kommen dann zu der Überzeugung, daß die längst gesicherten Grundlagen noch umstritten seien und werden dann selbst zu Gedankengängen geführt, die nicht mit den elementarsten biologischen Tatsachen vereinbar sind" (GOLDSCHMIDT 1931).

Dementsprechend führten die Versuche, in die genetische Wissenschaft von außen regulierend einzugreifen, vor allem in den der UdSSR assoziierten Staaten zu schwerwiegenden Folgen für die Wissenschaft. So gab es auf dem Gebiet der DDR nur ein Zentrum der genetischen Forschung, in dem die offizielle Politik die Entfaltung dieses Wissenschaftszweiges nicht behinderte. Es handelte sich um das *Institut für Kulturpflanzenforschung* in Gatersleben, das am

---

[1]) So stellte er z. B. fest, daß „den Führern der kommunistischen Partei auch in wissenschaftlichen Fragen ein letztes Urteil zukommt" (zit. n. CREMER 1985, S. 236).

01. 04. 1943 in Tuttenhof bei Wien als *„Kaiser-Wilhelm-Institut für Kulturpflanzenforschung"* der Kaiser-Wilhelm-Gesellschaft zur Förderung der Wissenschaften gegründet worden war. Direktor des Institutes wurde Hans STUBBE, aus der Schule von Erwin BAUR stammend und bekannt für seine Versuche mit *Antirrhinum majus* L. Es gelang ihm 1930/31, an bestimmten *Antirrhinum*-Sippen erstmals die reproduzierbare Auslösung von Mutationen bei höheren Pflanzen durch Chemikalien unter Verwendung von *Chloralhydrat* zu vollziehen. Unter der Leitung STUBBES, der ab 1930 eng mit Fritz VON WETTSTEIN zusammengearbeitet hatte und weltweit renommiert war, fand die wissenschaftliche Auseinandersetzung mit der Irrlehre LYSSENKOS statt, woraus sich die besondere Stellung des Gaterslebener Institutes innerhalb der DDR-Genetik ergab. In der ab Institutsgründung erfolgten Gliederung in die Abteilungen Genetik, Cytologie, Systematik, Physiologie, Geschichte der Kulturpflanzen und Gartenbau zeigte sich, daß STUBBE, der später Ordinarius für theoretische und angewandte Genetik an der Universität Halle wurde und Präsident der Deutschen Akademie der Landwirtschaftswissenschaften in Berlin war, bereits mit der Aufnahme der Arbeit des Institutes für interdisziplinäre Zusammenarbeit eintrat. Die durch den Direktor STUBBE getragene Konzeption (ausgehend von Pflanzen und später auf Bakterien, Kleinsäuger u. a. erweitert) bewährte sich. So konnte z. B. das Gaterslebener Kulturpflanzenweltsortiment (vom KWI übernommen und durch Samenaustausch ständig erweitert) jeglichem Vergleich in Europa standhalten. Besonders hervorzuheben ist, daß bereits in den fünfziger Jahren an der Universität Halle Genetik-Vorlesungen von STUBBE gehalten wurden, während es analoge Vorlesungen an anderen Universitäten der DDR zunächst kaum gab. Sehr verdienstvoll war auch die von Hans STUBBE begründete, im Fischer Verlag Jena herausgegebene Buchreihe *Genetik – Grundlagen, Ergebnisse und Probleme in Einzeldarstellungen*, beginnend 1963 mit der *Kurzen Geschichte der Genetik*.

Neben der Hauptorientierung der Arbeit in Gatersleben hatten einige Angehörige des Institutes wesentlichen Anteil an der Entwicklung der Humangenetik der DDR, vornehmlich Rigomar RIEGER ab 1966 im Rahmen seiner Mitarbeit im ZAK „Genetik und Züchtungsforschung". Neben STUBBE, der bis zu seinem Ruhestand die entscheidende Person für das Institut in Gatersleben blieb, ergab sich auch durch wesentliche Arbeiten anderer dort wirkender Genetiker eine vielfältige wissenschaftliche Ausstrahlung auf die internationale Gene-

tik, u. a. mit der Herausgabe des Genetischen und zytogenetischen Wörterbuches von RIEGER & MICHAELIS.

17.3. Die Populations- und Züchtungsforschung

Die Genetik hatte mit Beginn des 20. Jh. begonnen, sich als eigenständige Forschungsrichtung zu etablieren. In dem ernsten Zerwürfnis zwischen jenen Wissenschaftlern, die die Auffassung einer allmählichen und kontinuierlichen Veränderung der Art vertraten (den sogenannten „Darwinisten"), und jenen, die das Entstehen nicht kontinuierlicher Veränderungen zur Erklärung der Varietätenentstehung präferierten („Mendelisten"), ergriffen die Anhänger Sir Francis GALTONS für letztere Partei. Der wissenschaftliche Wert der Arbeiten GALTONS – wie z. B. *Hereditary genius, its laws and consequences* (1869) und *Hereditary talent and character* (veröffentlicht 1865, also im gleichen Jahr wie MENDELS *„Versuche über Pflanzenhybriden"*) – konnte sich erst vollkommen mit der zunehmenden Anerkennung der Bedeutung der Vererbungsgesetze MENDELS erweisen. Doch GALTON fühlte sich auch schon vor dieser Zeit geistig mit MENDEL verwandt[1]. GALTON hatte die *Pangenesis-Theorie* und die Meinung seines Vetters Charles DARWIN in bezug auf kleinere individuelle Variationen in bestehenden Populationen als Grundlage für Selektionsmechanismen bekämpft[2]. GALTON gilt auch als Begründer der Eugenik. Der Begriff *Eugenik* wurde seit 1883 von GALTON verwendet. Die positive Eugenik

---

[1] Vgl. F. A. E. CREW: „Mendelism Comes To England". In: M. SOSNA (Ed.): *G. Mendel Memorial Symposium 1865–1965*, Prague 1965.
[2] Einen entscheidenden Beitrag zur Überwindung dieser in England besonders hart geführten Auseinandersetzungen lieferte später Ronald Aylmer FISHER: „British scientists exemplified by HALDANE excelled in the elaboration of variety of statistical techniques required to deal with biased human data. The same period saw the development of the basic principles of population genetics by HALDANE and FISHER in England and by WRIGHT in the United States. This body of knowledge became the foundation of population genetics and is used by current workers in that field. In 1918, FISHER was able to resolve the bitter controversies in England between the Mendelians on the one hand, and followers of GALTON, such as PEARSON, on the other, by pointing out that various biometric phenomena could be explained by the combined action of individual genes" (VOGEL & MOTULSKY 1979, 1982, S. 14).

ist auf die Ausnutzung genetischer Erkenntnisse zur Sicherung des Fortbestandes und der Förderung günstiger Erbanlagen in menschlichen Populationen gerichtet. Ziel der negativen oder präventiven *Eugenik* ist es, die Ausbreitung nachteiliger Gene einzuschränken[1]). Untermauert hatte GALTON (vgl. 11.5.) seine Ansichten in seinem *Regressionsgesetz* (1877) und dem Buch *Natural inheritance* (1889).

Die Anhänger der einen Richtung bezogen die Gewißheit der Richtigkeit ihrer Ansichten aus Beobachtungen an Wildformen in der Natur, die der anderen durch zytologische Erkenntnisse aus Laborexperimenten an Versuchstieren (vgl. 17.1.1.). Zwischen diesen in extrem gegnerischen Positionen zueinander befindlichen Lagern standen noch Züchter, die merkmalsstatistische Methoden bei ihrer Arbeit an Freilandkulturen anwendeten und aufgrund dieser Arbeit schließlich auf die Seite der Darwinisten traten (vgl. 18.1.).

Bemerkenswert sind einige Aspekte der Rezeption dieses vorwiegend in Europa geführten Streites nach der Jahrhundertwende in den USA. So beklagte z. B. 1905 Willet M. HAYS, Professor für Landwirtschaft an der Universität von Minnesota und Mitglied des Züchterverbandes, die Intensität der Kontroverse und die ungenügende Umsetzung der jüngsten Erkenntnisse in der Praxis:

„Science has been content to remain at the task of proving for the ten thousandth time that Darwin's main contention is true but has allowed the great economic problems of evolution guided by man to remain almost a virgin field. Only recently have such man as Galton, Mendel, de Vries, Bateson and a few others, entered upon comprehensive lines of research and many of these have hardly grasped the vast economic interests which are at stake, nor have they seen the open doors of opportunity which might be entered by cooperation with the men who control the breeding herds and the plant-breeding nurseries" (HAYS 1905).

Große Bedeutung in diesen Auseinandersetzungen erlangten die Züchtungs- und Populationsforschungen von Wilhem JOHANNSEN (1903) in Dänemark, Hermann NILSSON-EHLE (1909) in Schweden und Erwin BAUR (1911) in Deutschland[2]), die sich mit der exakten experimentellen und statistischen Bastardforschung beschäftigten.

[1]) Vgl. „1.8. Human Genetics, the Eugenics Movement, and Politics". In: *Human Genetics*, VOGEL & MOTULSKY 1978, S. 14–16, und „Fisher's entrance into evolutionary science: the role of eugenics". In: GRENE, M.: *Dimensions of Darwinism.* Cambridge University Press 1983.

[2]) BAUR gründete 1928 das Institut für Züchtungsforschung der *Kaiser-Wilhelm-Gesellschaft* in Müncheberg.

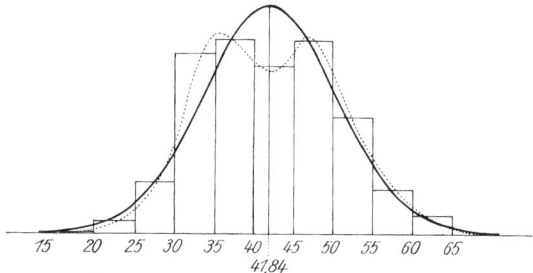

Abb. 195. Darstellung variationsstatistischer Gesetze nach GALTON bei der Maximalselektion von Getreide. Nach JOHANNSEN 1907.

JOHANNSEN behandelte vor allem die Wirksamkeit der „Selektion" und widmete sich neben der „Mutationstheorie" von DE VRIES dem „Regressionsgesetz". Entsprechend dieser durch GALTON postulierten Regelmäßigkeit herrscht in rassereinen Populationen ein genetisches Gleichgewicht (Abb. 195). Die darin vorkommende Selektion kleiner individueller Unterschiede müsse ohne Wirkung auf die Erzielung einer veränderten Nachkommenschaft bleiben. GALTONS Aussagen wurden von JOHANNSEN an „reinen Linien[3]) überprüft. Dabei handelte es sich um Paarungsgemeinschaften von „absoluten Selbstbefruchtern" (*Phaseolus* und *Hordeum*). Die damit am „einfachsten Fall" durchgeführten Kreuzungsversuche dienten der Überprüfung des Verhältnisses zwischen Eltern und Nachkommenschaft und führten zu auf biometrischem Wege ermittelten statistischen Ergebnissen, unter deren Verwendung die Gültigkeit des „Regressionsgesetzes" vollständig bestätigt wurde, wenngleich auch nur für den oben beschriebenen Fall:

„Indem ich aber nicht dabei stehen blieb, die Populationen als Einheiten zu betrachten, sondern mein Material in seine ,reinen Linien' auflösen konnte, hat es sich in allen Fällen gezeigt, daß innerhalb der reinen Linien der Rückschlag sozusagen vollständig gewesen ist: die Selektion innerhalb der reinen Linien hat keine Typenverschiebung hervorgerufen …" (JOHANNSEN 1903, zit. nach BARTHELMESS 1952, S. 302).

Als problematisch erwies sich in der Folge, daß JOHANNSENS Aussage, man hätte es „in den meisten Populationen, vor allem in der menschlichen Gesellschaft, überhaupt nicht mit reinen Linien zu tun", kaum Berücksichtigung erfuhr. Daher schienen die Versuchsergebnisse des dänischen Populations- und Züchtungsforschers die Mutationstheorie von DE VRIES zu stützen

[3]) Neben JOHANNSEN entwickelten auch Herbert Spencer JENNINGS und Raymond PEARL Theorien über reine Linien (vgl. PROVINE 1971, S. 100–104).

und einige Mendelisten meinten, damit den endgültigen Beweis in Händen zu halten, daß DARWINS These von der Selektion kleiner individueller Variationen sich als Irrtum erwiesen habe.

Die Selektion in „reinen Linien" nach Wilhelm JOHANNSEN führte zu einer intensiven Beschäftigung zahlreicher Züchtungsforscher mit seiner Theorie unter Verwendung der von ihm angewandten exakten und mathematisch-statistischen Methodik, wodurch sich ihnen zum Teil wichtige Erkenntnisse über Gesetzmäßigkeiten der Kombinations- und Rekombinationsprozesse von Erbanlagen erschlossen. Unter anderem analysierte Hermann NILSSON-EHLE, ein schwedischer Pflanzenzüchter, während seiner Kreuzungsexperimente mit Hafer- und Weizensorten multiple Faktoren im Erbgang. Er erkannte, daß bereits die freie Kombination von zehn Faktoren zur Entstehung von ca. 60 000 verschiedenen Formen führen kann, die sämtlich voneinander verschiedene Genotypen aufweisen würden (NILSSON-EHLE 1909, S. 116). Mit seiner darauf fußenden Erkenntnis der Bedeutung sexueller Vermehrung für fast unbegrenzte Neukombinationen in Populationen als Ursache allmählicher erblicher Veränderungen einer Art und der Möglichkeiten wirksamer natürlicher Selektion stellte er schon frühzeitig die prinzipielle Vereinbarkeit der Mendelschen Prinzipien mit der Selektionstheorie DARWINS fest (vgl. JAHN 1982, S. 475/476)[1].

Der durch NILSSON-EHLE benutzte Begriff „*Genotyp*" ist auf JOHANNSEN zurückzuführen, der diesen Terminus in die Literatur einführte. Die materiellen Träger der Vererbung wurden von ihm als „Gene" bezeichnet, was aus der Abkürzung des durch DARWIN und DE VRIES verwendeten Begriffes „Pangene" entstand. Das Gen galt JOHANNSEN aber nicht als morphologisches Gebilde, sondern er empfahl die Verwendung desselben lediglich „als eine Art Rechnungseinheit" (JOHANNSEN 1909, zit. n. BARTHELMESS 1952, S. 238). Der Vorstellung, daß jedem einzelnen Gen ein Merkmal des adulten Organismus' entsprechen könnte, widersprach er entschieden. JOHANNSEN prägte 1909 in seinem Lehrbuch „Elemente der exakten Erblichkeitslehre", das in dänischer und deutscher Sprache erschien, auch den Begriff „*Phänotypus*" für das äußere Erscheinungsbild des Organismus und seine in Erscheinung tretenden Eigenschaften (bzw. den statistisch ermittelten Durchschnittswert einer Variationsreihe). Er sah den Phänotypus als Ergebnis des Zusammenwirkens von Anlagen und Umwelt im Verlaufe der Entwicklung des Individuums:

„Deskriptiv läßt er sich sehr weitgehend in Einzelheiten zergliedern … Jedoch ist der lebende Organismus nicht nur im erwachsenen Zustande, sondern während seiner ganzen Entwicklung, stets auch als Totalität, als ein gesamtes System aufzufassen … Der Phänotypus ist nicht nur eine bloße Summe von Einfachcharakteren, sondern drückt das Resultat eines sehr verwickelten Zusammenspiels aus" (zit. n. BARTHELMESS 1952, S. 237–238).

JOHANNSEN selbst bezeichnete den

„statistisch hervortretenden Typus passend als Erscheinungstypus, oder, kurz, als Phaenotypus … Solche Typen sind meßbare Realitäten" (JOHANNSEN 1909, S. 23).

WANSCHER weist darauf hin, daß diese Aussage nicht auf eine konkrete Realität im Sinne eines bestimmten Individuums abzielt, sondern der Ausdruck „Phänotypus" eine „abstrakte Realität" benennt (WANSCHER 1975, S. 145). Die damalige Terminologie ist bis heute unverändert gültig. JOHANNSEN stellte dem „Phänotypus" (Erscheinungstypus) den „Genotypus" („Veranlagungstypus") entgegen. Im Jahre 1909 liefert er noch keine eindeutige Definition, stellte lediglich fest, daß es notwendig sei,

„den Begriff Phaenotypus (Erscheinungstypus) von dem Begriff Genotypus (Anlagetypus …) klar zu trennen – ein Genotypus tritt eben nicht rein in Erscheinung; der abgeleitete Begriff genotypischer Unterschiede wird uns aber vielfach von Nutzen sein" (JOHANNSEN 1909, S. 130).

1911 greift JOHANNSEN das Problem in seinem Werk *The genotype conception of heredity* erneut auf. Mittlerweile waren verschiedene Ergebnisse der Schule von Th. H. MORGAN bekannt geworden, unter deren Eindruck JOHANNSEN seine früheren Ansichten zum Teil revidierte. Nun sah er den „Genotypus" als die Summe der einzelnen Gene und somit als konkrete Ursache für die Realisierung des Phänotypus:

„Der ‚Genotypus‘ bedeutet also den Inbegriff aller in den beiden Geschlechtszellen bzw. deren Vereinigungsprodukt anwesenden ‚Anlagen‘ zu Eigenschaften, die sich als erblich zeigen. So können wir jedenfalls vorläufig den Genotypus definieren" (JOHANNSEN 1911, S. 87–88).

Im weiteren geht JOHANNSEN auf die Übereinstimmung der Forschungsergebnisse der Mendelisten mit seinem „Prinzip der reinen Linien" ein und weist auf die Bedeutung des Genotypus hin:

„Das Feste in der … Mannigfaltigkeit und dem ewigen Wechsel der Organismenwelt sind die Genotypen oder vielmehr die einzelnen Gene, also die einheitlichen Faktoren der organischen Reaktionsnormen"

---

[1]) Die Erkenntnis, daß die evolutive Selektion nicht auf einen Einzelorganismus, sondern auf eine lokale Fortpflanzungsgemeinschaft variierend einwirken kann, begann sich erst nach 1918 durchzusetzen.

(JOHANNSEN 1911, S. 117). „Johannsen ... proposed to distinguish the phenotype, the appearance of the organism, and its genotype, the sum total of the heredity received by the organism from its parent(s). The phenotype is changing as life ... a man's phenotype is obviously different in the embryo, infant, child, adult ... The genotype is said to be constant, or nearly so, during the entire life span" (GRAY 1970, S. 363).

JOHANNSEN ergänzte seine Definition in der zweiten Auflage des von ihm verfaßten Lehrbuches (1913) noch durch die Bezeichnung „Inbegriff aller Gene" für den „Genotypus", die er aber in der dritten Auflage (1926) wieder herausnahm[1]). Daran wird deutlich, wie stark JOHANNSEN neben der praktischen Anwendung seiner exakten Methodik auch an der Entwicklung der Fachtermini im Bereich der Genetik interessiert war, die zum Großteil bis heute ihre Gültigkeit behalten haben.

17.3.1. Populationsstatistik

Zu den Gegnern des Postulats einer allumfassenden Gültigkeit Mendelscher Vererbungsregeln, die darin große Widersprüche zu DARWINS Aussagen über kontinuierliche Veränderungen erkannten, gehörten vor allem die Populationsstatistiker[2]) POULTEN, Karl PEARSON, Walter Frank Raphael WELDON und George Udny YULE (PROVINE 1971). Diese vertraten die Meinung, mit den Mendelschen Regeln wäre die Erklärung kontinuierlicher Variation nicht möglich. Eine der Hauptursachen lag darin, daß kurz nach der Wende zum 20. Jh. noch keine Unterscheidung zwischen Geno- und Phänotyp erfolgte (vgl. EWIG 1992).
Die Vererbungsforschung hatte bereits wesentliche Gesetzmäßigkeiten der Weitergabe der Erbinformationen von der P-Generation auf die F_1-Generation, die F_2-Generation usf. untersucht, bisher aber nur an Versuchstieren und -pflanzen, vereinzelt auch an Stammbäumen des Menschen. Die Gültigkeit der beschriebenen Gesetzmäßigkeiten für natürliche Populationen war damit noch nicht erwiesen. Der Mathematiker und Populationsstatistiker YULE, ein früherer Schüler PEARSONS, versuchte schon in der Zeit der sachlichen und sogar persönlichen Auseinandersetzungen zwischen Darwinisten und Mendelisten (insbesondere von BATESON und WELDON) eine Zusammenführung wesentlicher Teile

der Theorien MENDELS und der Biometriker (1902). Als feste Komponente (und Ausgangspunkt für seine Überlegungen) wählte er sich den Idealzustand einer Population, deren genetische Zusammensetzung sich in einem stabilen Gleichgewicht befindet, und nahm die erforderliche mathematische Berechnung dafür vor. Davon ausgehend versuchte er, wie schon CASTLE in den USA, zu ermitteln, ob die Spaltungsregeln MENDELS auch dann gelten, wenn es zu einer zufälligen und „freien" Paarung der Nachkommen zweier Rassen mit rezessiven und dominanten Merkmalen kommt (YULE 1902). In der Folge bemühte sich PEARSON um den Nachweis der Einstellung eines stabilen Gleichgewichtes und der Weitervererbung der Anlagen in gleichen Zahlen-Verhältnissen im Anschluß an die freie Kreuzung von Hybriden. Die Anlagen der daraus hervorgehenden Nachkommenschaft würden sich also bereits nach der ersten Generation nicht mehr aufspalten (1904). PEARSON folgte jedoch nicht der Argumentation seines Schülers YULE, der für eine Synthese mit den Mendelisten plädiert hatte, sondern polemisierte gegen jene mit Hilfe seiner jüngsten Ergebnisse in der Aussage, es sei unmöglich, neue „Mutationen" auf der Grundlage von Kreuzungen nach Mendelschen Prinzipien zu erzeugen. Auch YULE schloß sich später wieder eher typisch Darwinistischen (d. h. „biometrischen") Positionen an. Dies läßt sich an der 1906 von ihm aufgestellten These belegen, daß die von MENDEL aufgestellten Vererbungsregeln sich anhand der in menschlichen Populationen zu beobachtenden Zahlenverhältnisse als ungültig für diesen speziellen Fall erweisen würden. Damit war die Übereinstimmung zwischen YULE und seinem Lehrer PEARSON wieder hergestellt, der 1903 zu gleichen Schlußfolgerungen kam. Doch YULE gab im Jahre 1908 auch den äußeren Anlaß für die Entdeckung eines Gesetzes[3]) durch den britischen Mathematiker Godfrey Harold HARDY, mit dessen Hilfe die Ansichten PEARSONS und YULES letztlich *ad absurdum* geführt wurden. Auf einer Tagung der *Royal Society of Medicine* hielt Reginald Grundall PUNNETT einen Vortrag über Vererbung nach MENDEL in menschlichen Populationen. Die darin von dem Bateson-Anhänger PUNNETT geäußerten Auffassungen forderten den anwesenden YULE zu einer Diskussion mit dem Referenten über die Häufigkeit rezessiver Merkmale in der Folge mehrerer Generationen heraus, in deren Verlauf YULE darlegte, daß rezessive Allele im Verlaufe einiger Generationen zwangsläufig völlig aus ei-

---

[1]) Ausführliche Entwicklung der Terminologie bei JOHANNSEN (vgl. WANSCHER 1975).
[2]) Die genannten Biologen wurden aufgrund des Namens ihrer speziellen Fachzeitschrift *Biometrika* (ab 1901), der von PEARSON vorgeschlagen worden war, fortan als „Biometriker" bezeichnet.

[3]) Was auch dem deutschen Mediziner und Humangenetiker Wilhelm Robert WEINBERG 1909 gelang.

ner Population verschwinden würden, da sich die dominanten Allele in einer Population immer im Verhältnis 1 : 3 gegenüber den rezessiven Allelen vermehrten. PUNNETT widersprach dem zwar, konnte aber seine Ansicht nicht eindeutig belegen. Daher schilderte er HARDY ausführlich den Streitpunkt der Diskussion mit YULE. HARDY entdeckte eine Formel, nach der in „idealen" Populationen bei gleichzeitigem Vorliegen mehrerer Allele deren relative Häufigkeit, also ihr prozentualer Anteil, in allen folgenden Generationen konstant bleibt (1908). Von der in dieser Formel beschriebenen Regel (q^2 = pr, wobei er für den Genotyp AA = p, Aa = 2q, aa = r einsetzte), mit deren Hilfe die Einstellung eines Gleichgewichtes zwischen den Genotypfrequenzen AA, Aa und aa aus jedem beliebigen Ausgangsverhältnis der Allele A und a eines *Locus* berechnet werden kann, treten in der Natur jedoch Abweichungen auf, da in natürlichen Populationen nie genau die Bedingungen idealer Populationen erfüllt werden können (u. a. aufgrund von Ausleseprozessen), weshalb sich die relative Häufigkeit der Allele hierbei verändert. Diese Veränderungen gelten als Faktoren der Evolution. Die Hardy-Formel wurde erst neun Jahre nach ihrer Entdeckung als *Hardy-Gesetz* in die Populationsforschung eingeführt (PUNNETT 1917). Noch später wurde von STERN (1943) die durch WEINBERG bereits 1908 aufgrund seiner Vererbungsstudien an Zwillingen von den Mendelschen Regeln abgeleitete Gleichgewichtsformel für das Verhalten von dominanten und rezessiven Anlagen wiederentdeckt. STERN war es auch, der die Populationsformel in der heute allgemein verbreiteten Fassung, die erstmals von WEINBERG verwendet worden war ($m^2AA + 2m \cdot nAB + n^2BB = 1$, wobei die Allele als A bzw. B eingehen), nunmehr als „*Hardy-Weinberg-Gesetz*" in die mittlerweile als Populationsgenetik bezeichnete Fachrichtung einführte. Die Ergebnisse der Studien WEINBERGS waren vor allem in Vergessenheit geraten, weil seine mathematischen Berechnungen in die damalige englische Fachliteratur keinen Eingang fanden. Dies ergab sich durch den aufgrund der Ergebnisse WEINBERGS aufkommenden Streit mit den Biometrikern in England. Er hatte nämlich PEARSONS Aussage bezüglich der Nachkommenschaft sich frei kreuzender Hybriden korrigiert, die sich schon nach einer Generation nicht mehr aufspalte und ein stabiles Gleichgewicht erreiche, von dem aus die Anlagen in gleichen Zahlenverhältnissen weitervererbt würden. WEINBERG hatte das Gleichgewichtsprinzip ausgedehnt und auch für *multiple Allele* und verschiedene *Loci* errechnet und kam daraufhin zu der Aussage, daß in sol-

chen Fällen das Gleichgewicht **nicht** in einer einzigen Generation zu erreichen ist. Das Fehlen der Ergebnisse WEINBERGS in der zeitgenössischen Fachliteratur führte sogar dazu, daß der Name WEINBERG bei der theoretischen Begründung der Populationsgenetik keine Rolle spielte. Seine, wie auch die anderen bedeutsamen Einzelerkenntnisse, wurden in den ersten zwei Dekaden des 20. Jh. aufgrund persönlicher Eitelkeit und Zwistigkeiten sowie Mißverständnissen herausragender Forscher untereinander nicht in einer umfassenden Theorie dargelegt[1]. Dies erscheint besonders befremdlich insofern, als gerade die am stärksten in Kontroversen verstrickten Anhänger BATESONS und PEARSONS die Anregung zu ihren Forschungen jeweils von GALTON bezogen hatten. FISHER arbeitete später vorwiegend statistisch und wurde zum Begründer der mathematisch ausgerichteten Statistik. Er entwickelte u. a. eine neue statistische Schätz- und Test-Theorie (*Statistical methods for research workers*, 1925. *Contributions to mathematical statistics*, 1950).

In der Populationsstatistik traten ab Mitte der zwanziger Jahre verstärkt Wissenschaftler aus der UdSSR hervor. Neben ČETVERIKOV (vgl. 17.3.2.) und Nikolai Ivanovitsch VAVILOV (vgl. 17.2.2.) trug Nikolai Petrowitsch DUBININ mit seinen aus der statistischen und zytologischen Analyse geographisch und ökologisch verschiedener Wildpopulationen (zahlreiche Untersuchungen in Zentralrußland und im Kaukasus) gewonnenen Ergebnissen zur Annäherung zwischen Mendelistisch-Morganschen Positionen und Darwinschen Auffassungen bei (vgl. JAHN 1992). Nach dem Aufkommen des Lyssenkoismus in der UdSSR und der damit einhergehenden Unterbindung genetisch begründeter Forschungsrichtungen der Populationsbiologie emigrierte Theodosius DOBZHANSKY in die USA. Dort widmete er sich zunächst der Erforschung individueller und geographischer Varietäten in *Coccinella*-Populationen und anschließend lokalen Polymorphismen und *pleiotropen Genen* (vgl. 17.2.2.) sowie geographischen Variationen bei verschiedenen Populationen von *Drosophila*. Er unterstrich die Bedeutung der cytogenetischen, geographischen und ökologischen Isolationsvorgänge und wies besonders

---

[1]) Heute sind Züchtungen, ob an Pflanzen oder an Tieren, kaum noch denkbar ohne die Anwendung genetischer Grundkenntnisse. Andererseits nimmt die empirische Forschung bei der Züchtung nach wie vor großen Raum ein und ist gehalten, nicht nur vorhandenes Wissen praktisch anzuwenden, sondern verwertbare Erkenntnisse hervorzubringen (vgl. GÜNTHER 1991, S. 471–477).

auf die Wichtigkeit reproduktiver Isolation für die Bildung neuer Arten hin. Seine Ergebnisse bereitete er systematisch auf und veröffentlichte sie 1937 in dem Buch „*Genetics and the origin of species*"[1]), womit er sich als einer der Begründer der Synthetischen Theorie der Evolution neben Julian Huxley u. a. erwies (vgl. Kap. 18.). Neben dem Konzept der „biologischen Art" erwarb sich Dobzhansky Verdienste um die Einführung neuer taxonomischer, biogeographischer, ökologischer und züchterischer Untersuchungen auf der Grundlage populationsbiologischer Erkenntnisse. In der Populationsbiologie wurden fortan neben dem klassischen vergleichend-morphologischen, statistischen und biometrischen Vorgehen zum Erkenntnisgewinn auch zytogenetische und biochemische Verfahrensweisen genutzt, wodurch sich einerseits die experimentelle Arbeit der des Freilandforschers annäherte und zum anderen auch die künstliche Abgrenzung zwischen Populationsstatistik, Populationsgenetik und taxonomischer Populationsforschung nahezu aufgehoben wurde. Seit den fünfziger Jahren bestehen besonders wichtige theoretische Probleme der Populationsforschung im Über- und Unterbevölkerungseffekt, die sich in Konkurrenz und Interferenz bzw. in der ausbleibenden Befruchtung der weiblichen Individuen aufgrund sinkender Begattungshäufigkeit ausdrücken, sowie in der Parasiten-, Biozönose-, Witterungs-, Nahrungs- und Gradozöntheorie und der Suche nach deren Ursachen (vgl. u. a. Nitschmann 1978).

Im Gefolge der Auswertung einer Vielzahl von Freilanduntersuchungen durch Naturforscher, welche die Abgrenzung taxonomischer Einheiten untereinander beschäftigte, ergab sich die taxonomische Populationsforschung. Vor allem die Beobachtungen an Insekten und Vögeln brachten zahlreiche Einzelerkenntnisse, aus denen sich jedoch im ersten Fünftel des 20. Jh. noch keine neue Theorie ergab, wobei aber bereits zwischen individueller Varietät und geographischer Varietät und solchen, die aufgrund der räumlichen Teilung entstanden waren, unterschieden wurde (vgl. Jahn 1992). Erste Vermutungen über die Entstehung neuer Arten aufgrund reproduktiver Isolation aneinander grenzender Varietäten wurden aufgestellt (*Allopatrische Artbildung*). Die ersten systematischen taxonomisch-populationsstatistischen Untersuchungen führte jedoch Četverikov durch. Er hatte seit 1900 Erfahrungen in der empirischen Arbeit mit verschiedenen Insekten gesam-

melt, beobachtete rhythmische Schwankungen der Populationsgröße (1905) und legte 1915 eine Studie über die Evolution der Insekten vor. Als er die Leitung der Abteilung für Genetik im Moskauer Institut für Experimentalbiologie übernommen hatte, stieß er (1921) auf ein 1915 erschienenes Buch über Lepidopteren von Punnett. Für dieses Werk hatte Norton Berechnungen über die Korrelation der Änderung der Genfrequenz zur Selektionsintensität angestellt. Durch diese Lektüre wurde Četverikov zu merkmalsstatistischen Untersuchungen an Wildpopulationen von *Drosophila*-Arten angeregt. Er und die Mitarbeiter seiner Forschungsgruppe fanden eine ausreichende Menge an erblichen Varietäten in den heterozygoten Wildformen vor, auf welche die natürliche Auslese wirken konnte. Četverikov maß

„der Wechselwirkung der Gene in panmiktischen Populationen große Bedeutung bei und nahm an, daß der gesamte *Genotypus* auf einzelne Erbfaktoren (Gene) einwirke (*genotypisches Milieu*). Selektion ändere zwar nicht das Gen, aber evtl. dessen Wirkungsweise" (Jahn 1992, S. 342).

17.3.2. Populationsgenetik

Die ersten Anfänge der in den dreißiger Jahren des 20. Jh. entstandenen Populationsgenetik sind bis 1902 zurückzuverfolgen und schließen sich an die Populationsstatistik an. Großen Anteil daran hatte George Udny Yule (vgl. 17.3.1.).

Die Populationsgenetik entstand im Prozeß der Synthese von Mendelismus, Darwinismus und Biometrie, wozu vor allem Sewall Wright[2]) mit seinem Werk *Evolution in Mendelian Populations* (1931) sowie John Burdon Sanderson Haldane mit einer Sammlung seiner Vorlesungen *The Causes of Evolution* (1932) beitrug, in der er Ronald Aylmer Fisher und Wright zustimmte, die festgestellt hatten, daß es keinen Widerspruch zwischen Darwins Selektionstheorie auf der einen und Mendels Gesetzmäßigkeiten sowie Morgans Gentheorie auf der anderen Seite gäbe[3]). Provine beschreibt die Wichtigkeit

---

[1]) Dieses Werk wird von King & Stansfield als „milestone in evolutionary genetics" bezeichnet (King & Stansfield 1990, S. 359).

[2]) „When Wright's Long Paper, entitled Evolution in Mendelian Populations', appeared in 1931, it not only provided corroboration of Fisher's earlier published mathematical considerations by a different method but also provided a significantly different interpretation of the evolutionary process as a whole. In one basic way Wright's efforts resembled those of Fisher" (Provine 1971, S. 167).

[3]) Provine bezeichnet Mendels Theorie der Vererbung als perfekte Ergänzung zu Darwins Vorstellung der natürlichen Selektion (Provine 1971, S. 130).

der mathematischen Erforschung der durch MENDEL gefundenen Zahlenverhältnisse bei der Vererbung für die Arbeit von FISHER, HALDANE und WRIGHT im Rahmen der Entwicklung der Populationsgenetik:

„Three developments before 1918 in the exploration of the mathematical consequences of Mendelian heredity influenced the work of Fisher, Haldane and Wright. The first of these was the (later named) Hardy-Weinberg equilibrium principle, which was of basic importance for population genetics because it guaranteed that variability was preserved in random breeding Mendelian populations. The second was the work on the mathematical consequences of inbreeding carried out primarily in the United States. This work influenced Sewall Wright, who later supplied a powerful analysis of the quantitative aspects of inbreeding. The third development was the analysis of the effects of selection prepared by the mathematician H. T. J. Norton and published in a book by R. C. Punnett. Norton's work stimulated both J. B. S. Haldane and the Russian geneticist Chetverikov to examine further the mathematical consequences of selection under a variety of assumptions about the constitution of the population. These three developments were independent but are here treated together because they partially formed the foundation for the work of Fisher, Haldane and Wright" (PROVINE 1971, S. 131).

Zu Beginn der zwanziger Jahre beschäftigte sich Sergej Sergejevič ČETVERIKOV in der UdSSR mit den später als „Hardy-Weinberg-Law" in die Literatur eingegangenen Berechnungen von Zahlenverhältnissen in idealen Populationen und konnte ein sehr dauerhaftes Fortbestehen rezessiver Allele, die sich bei Heterozygoten nicht manifestieren, über sehr viele Generationen in der jeweiligen Population nachweisen, sogar trotz der Existenz eines negativen Selektionsdruckes. Von diesem Umstand schloß er auf eine immense, von der Wissenschaft bis zu diesem Zeitpunkt nicht eingeräumte, genetische Vielfalt über große Zeiträume hinweg bestehender Populationen. Die Ergebnisse seiner Arbeit legte er in seinem Werk *Über einige Aspekte des Evolutionsprozesses unter dem Gesichtspunkt der modernen Genetik* (1926) dar. ČETVERIKOV war daran gelegen, seine theoretischen Erkenntnisse möglichst schnell anhand von Untersuchungen in natürlichen Populationen verschiedener Lebewesen *in praxi* bewiesen zu sehen. Es gelang ihm, ein vielfältiges Spektrum der in unterschiedlichster Häufigkeit vorkommenden Mutationen zu beschreiben. Mit solcherart Untersuchungen wurde die Populationsgenetik begründet. Der Forschungsgegenstand dieser neuen Richtung der Vererbungslehre war (und ist) die genotypische Zusammensetzung organismischer Populationen. Untersucht werden die Faktoren, die

diese Zusammensetzung und ihre Veränderung im Raum-Zeit-Kontinuum bedingen.

Einen wesentlichen Beitrag zur Erforschung dieser Verhältnisse bei der Entstehung von Kulturpflanzen leistete Nikolai Ivanovič VAVILOV durch die auf Erkenntnissen DARWINS basierende Schlußfolgerung,

„daß die Entstehungszentren der Kulturpflanzen dort zu suchen sind, wo heute noch die meisten Varietäten einer Art vorkommen" (A. WESSEL in: PLESSE & RUX 1986, S. 312).

Die direkte Beeinflussung der Evolution von Pflanzen und Tieren durch den Menschen mit der Schaffung neuer Formen in einem Prozeß der Lenkung der Veränderlichkeit, Vererbung und künstlichen Selektion erforderte auch eine eindeutige Bestimmung des Verhältnisses von Evolutionslehre und Selektion, die von VAVILOV vorgenommen wurde:

„Im Grunde ist die Selektion die Entwicklung der Evolutionslehre. In den Evolutionsprozeß bringt sie den experimentellen Anfang … Hieraus ergibt sich die Bedeutung der Selektion als ein Glied der Lehre von der Evolution, die vom Menschen reguliert wird. Wenn Darwin die Lehre von der Evolution und die Theorie der natürlichen Zuchtwahl in bedeutendem Maße auf den Daten der Selektion als Kunst des Züchters aufbaute, so muß die Selektion als wissenschaftliche Disziplin zur Erhellung des Evolutionsprozesses umso bedeutender sein" (VAVILOV 1935, S. 8).

VAVILOV, dessen besonderes Interesse der Selektion bei Pflanzen galt, unterschied als wesentlichste Teilgebiete dieser Wissenschaft die Lehre von den Ausgangssorten sowie des Art- und Gattungspotentials – welche er als pflanzengeographische Grundlage der Selektion betrachtete – und die Lehre von den erblichen Veränderungen, die Lehre von der Rolle der Umwelt für die Realisierung der Sortenmerkmale, die Theorie der Hybridisation naher und ferner Arten und schließlich die Theorie des Selektionsprozesses selbst.

Bei der Aufklärung der geographischen Verbreitung verschiedener Kulturpflanzensorten und ihrer Herkunftszentren wurde zunächst die allgemeinbiologisch wesentliche Gesetzmäßigkeit des parallelen Auftretens ähnlicher Mutationen nicht nur bei systematisch nahestehenden Arten, sondern auch bei entfernteren Formen in verschiedenen Gattungen und sogar in unterschiedlichen Familien gefunden. Zu diesen ähnlichen Mutationen zählen der teilweise und völlige Albinismus, Riesen- und Zwergwuchs, ähnliche Färbungen bei Blüten und Früchten und ähnliche Fruchtformen. Mit der Verallgemeinerung seiner Beobachtungen in der Theorie der homologen Reihen der erblichen Variation

(1920), in der er phänotypische Merkmalsähnlichkeiten in (näher oder entfernter) verwandten Populationen auf die Existenz homologer Gene zurückführt, erregte VAVILOV international Aufmerksamkeit. 1926 veröffentlichte er seinen Aufsatz *Die Entstehungszentren der Kulturpflanzen* und benannte elf verschiedene Zentren. In den folgenden Jahren wurden auf der Grundlage seiner Überlegungen in verschiedenen Regionen der Erde neue Getreideformen mit positiven Eigenschaften entdeckt, die vor allem für die praktische Züchtung von Interesse waren. Im Jahre 1927 gelang VAVILOV mit seiner *Theorie der Geographischen Genzentren unserer Kulturpflanzen* eine Zusammenführung pflanzengeographischer Erkenntnisse mit populationsgenetischem Wissen.

Ein weiterer Biologe, der sich (neben zoogeographischen, hydrobiologischen und strahlengenetischen Arbeiten) mit genetischen Populations- und Evolutionsforschungen befaßte, war Nikolai Wladimirowitsch TIMOFEEFF-RESSOWSKY. Er war – gemeinsam mit seiner Ehefrau Helena – Schüler von ČETVERIKOV und Nikolai Konstantinovič KOLTZOV und arbeitete von 1925 bis 1945 in Berlin, zunächst am Kaiser-Wilhelm-Institut für Hirnforschung und ab 1937 am Institut für Genetik und Biophysik (u. a. mit den Physikern Max DELBRÜCK und K. G. ZIMMER). TIMOFEEFF-RESSOWSKY veröffentlichte 1927 erste Arbeiten zur Populationsgenetik, die eine wichtige Grundlage für diesen biologischen Wissenschaftszweig darstellten. Hans STUBBE beschreibt TIMOFEEFF-RESSOWSKYS Darlegungen als

„Beginn einer Arbeitsrichtung …, die der Erforschung von Elementarerscheinungen und Mechanismen der primären Etappen der Artbildung und des Evolutionsprozesses gewidmet war. Da sich Untersuchungen in dieser Art nur in nahe verwandten Sippen experimentell prüfen lassen, nannte TIMOFEEFF diese Prozesse mikroevolutionistisch und sah in den ersten Stufen der Artbildung und der Evolution die Prozesse der Mikroevolution als Voraussetzung für die weitere Differenzierung an. 1969 faßte er seine Erfahrungen im Bereich der Evolution gemeinsam mit VORONTSOV und YABLOKOV in einem Buch ‚Kurzer Abriß der Evolutionstheorie‘ (russisch) zusammen" (STUBBE 1970; deutsche Übersetzung 1975).

Jonathan HARWOOD würdigt das Zusammenführen verschiedener Traditionslinien und bezeichnet in *Styles Of Genetic Thought* (1993) die Veröffentlichung der Arbeiten von TIMOFEEFF-RESSOWSKY als Ergebnis des Einbringens russischer Traditionen der Populationsgenetik in das entsprechende Aufgabenfeld in Deutschland:

„As students of Chetveriков's, N. W. and H. A. Timofeeff-Ressovsky brought the Russian Tradition in population genetics to Germany when they emigrated to Berlin in 1925 and have been called ‚Germany's leading evolutionary theorists in the 1930 … the Timofeeff-Ressovskys had conducted some of the first genetic analyses of variation in wild populations during the 1920s and endorsed a theory of evolution via mutation and selection (see there 1927). Although he increasingly concentrated on mutation genetics over the next decade, N. W. continued to publish in population genetics, and from the early 1930s his assistants – S. R. Zarapkin, Klaus Zimmermann and W. F. Reinig – worked on the genetics of variation in wild populations of Drosophila, beetles and mice. In the late 1930s he designed (with A. Buzzati-Traverso and C. Jucci) a large and systematic study of natural populations of several kinds of organisms in various regions of italy, but the plan had to be abandoned upon the outbreak of war …" (HARWOOD 1993, S. 111).

Mit der Entwicklung der Grundsätze der Populationsgenetik wurden auch tiefgreifende genetische Untersuchungen am Menschen ermöglicht. In der angewandten Humangenetik bzw. medizinischen Genetik erfolgt unter Einsatz populationsgenetischer Verfahren z. B. die Suche nach Bedingungen für das Auftreten des klinischen Polymorphismus genetisch hervorgerufener Krankheiten oder die Erforschung der Heterogenität von Erbkrankheiten (BOCHKOV u. a. 1988). Aber auch die Untersuchung von Genkopplungen, der sich zwischen 1911 und 1918 erstmals MORGAN und seine Mitarbeiter widmeten (vgl. 6.2.2.), führte aufgrund der innerhalb der Populationsgenetik entstandenen neuen methodischen Grundlagen der Kopplungsanalyse etwa seit dem Beginn der siebziger Jahre zu zahlreicheren und besseren Ergebnissen. Neben der Stammbaumanalyse als dem ersten benutzten Untersuchungsverfahren und der indirekten Methode gibt die auf der Analyse von „Beobachtungsgesamtheiten" fußende **Methode des Verhältnisses zweier Wahrscheinlichkeiten** nicht nur die Begründung für die Existenz einer Kopplungsgruppe, sondern auch für die Schätzung des etwaigen Kopplungsgrades (HALDANE & SMITH 1947). Eine weitere Möglichkeit der Kopplungsanalyse beim Menschen ist die Verwendung von *in vitro* hybridisierten Human- und Muridae-Zellen zum Nachweis der Lokalisation einer Kopplungsgruppe (oder eines Gens). Im Ergebnis derartiger Untersuchungen entstanden letztlich – über eine Reihe verschiedener Zwischenstufen – Chromosomenkarten des Menschen, mit deren Verwendung wiederum große Fortschritte der humangenetischen Teildisziplin ermöglicht wurden. Um die Kartierung menschlicher Gene machte sich vor allem MCKUSICK verdient (MCKUSICK 1982, 1983, 1984, 1986). Die daraus abzulesenden Kenntnisse über die Kopplungsgruppen erweisen sich als besonders hilfreich bei der Differentialdiagnostik von Erbleiden und der medizinischen Prognostik (vgl. dazu WEINGART, KROLL & BAYERTZ 1988, S. 622, 652–664).

17.4. Neuorientierung in der Genetik seit Watson und Crick

Fortschritte in der Genetik wurden immer wieder durch den Einsatz neuer Forschungsmethoden ermöglicht, so auch durch die Anwendung biochemischer Erkenntnisse. Die Biochemie, mit diesem Begriff erst 1903 definiert von Carl NEUBERG, beschäftigte sich schon seit der Isolierung von Harnstoff durch ROUELLE im Jahre 1773 mit dem Aufbau von Lebewesen aufgrund der Struktur, der Synthese und des Zusammenwirkens der Moleküle. Erschien eine Abgrenzung von anderen biologischen und chemischen Forschungsrichtungen zunächst noch teilweise möglich, dürfte diese spätestens seit 1940 mit der *Ein-Gen-Ein-Enzym-Hypothese* von BEADLE und TATUM, nach der sie schließlich 1948 darstellten, daß ein Gen ein einzelnes *Protein* codiert, endgültig der Vergangenheit angehören, denn die folgenden Erkenntnisse der Genetik müssen auch gleichzeitig als Erkenntnisse der Biochemie gewertet werden. Bei einer Rückschau aus heutiger Sicht kann man von einem *Paradigmenwechsel* in der Genetik sprechen, da sich gravierende Veränderungen in der Sichtweise dieses Wissenschaftszweiges ergeben haben, seit O. T. AVERY, C. M. MacLEOD &

M. McCARTY 1944 erstmals die DNA als das genetische Material erkannten und den Nachweis der DNA als Träger der genetischen Information durch Transformationsversuche an Bakterien erbrachten. Der Wissenszuwachs wurde erheblich schneller als in der Phase des Etablierens der Genetik in das vorhandene Gesamtwissen eingeordnet, und statt des Prinzips „Entweder-oder" galt „Sowohl als auch". Wie in den Jahren nach 1900 sich der Fortschritt in der Genetik insbesondere durch experimentelle Züchtungsergebnisse und mikroskopische Methoden ergab, folgte nunmehr der Wissenszuwachs innerhalb der genetischen Forschung durch die Anwendung biochemischer Methoden und Verfahren. Herausragende Forschungsergebnisse waren unter anderem die Ermittlung der *Aminosäuresequenz* des *Insulins* (SANGER 1953), und die Aufdeckung der *Doppelhelix*-Struktur der DNA und die Hypothese der semikonservativen DNA-Replikation durch James Dewey WATSON, Francis Harry Compton CRICK und Maurice Hugh Frederick WILKINS (ebenfalls 1953) (Abb. 196). Sie bewiesen damit, daß die DNA prinzipiell die Fähigkeit zur identischen Reduplikation einerseits wie auch zur Verschlüsselung und zur Abgabe von Informationen andererseits besitzt. Ein in der Konsequenz für die Humangenetik wesentlicher Fortschritt bestand in der Einführung spezieller Methoden der Zellbehandlung bei Säugern, deren Chromosomen bislang nur ungern von Zytogenetikern zu Studienzwecken verwendet wurden, durch TJIO und LEVAN. Mit der neuen Methode konnte nicht nur die Zahl der Chromosomen innerhalb der Zelle bestimmt werden, sondern es war sogar möglich, die einzelnen Chromosomen zu identifizieren (TJIO & LEVAN 1956). Wegweisend war

Abb. 196. Luftaufnahme des Instituts für Kulturpflanzenforschung Gatersleben. Aus: Institut für Pflanzengenetik und Kulturpflanzenforschung Gatersleben (Hrsg. W. MÜHLENBERG und U. WOBUS), Gatersleben 1994.

auch die Schaffung des Operon-Modells zur Regulation von Genaktivitäten (Jacob & Monod 1961), die erste Sequenzermittlung einer tRNA (Robert W. Holley & Zachau 1965) sowie schließlich die Ermittlung des genetischen Codes durch Marshall Warren Nirenberg und Har Gobind Khorana im Jahre 1966. Neben jenen waren an der Sequenz aller vierundsechzig Kodons durch in-vitro-Studien noch Crick, J. H. Matthaei und S. Ochoa sowie durch in-vivo-Studien S. Brenner, Crick, H. Fraenkel-Conrat, G. Streisinger, H. G. Wittman und H. Yanofsky beteiligt. 1977 wurde erstmals die Analyse der DNA-Sequenz möglich. Damit war die Aufklärung der Grundstruktur der DNA und der Art und Weise ihrer Replikation im wesentlichen abgeschlossen. Da grundsätzliche Probleme damit geklärt worden waren, ging es in der Folgezeit um Einzelerscheinungen, Anwendungen und erkenntnistheoretische Untersuchungen. Doch trotz häufiger scheinbarer Widersprüche jeweils neuer Entdeckungen zu den bis dahin existenten Kenntnissen fügte sich das neue Wissen letztendlich in einen Gesamtkontext. Ergebnis war immer wieder eine erneute Erweiterung des Genbegriffs. Heutige Molekularbiologen sehen ihr Aufgabenfeld primär im Umbau resp. der Umordnung der DNA und in der Transfektion von DNA (= Einführen von DNA in höhere Zellen). Doch zeitweilig entstehen auch Erkenntnisse, welche die Forschungspraxis revolutionieren. So wurden Untersuchungen von Erbmaterial in großem Umfang erst seit dem Einsatz der durch Kary Mullis ersonnenen Methode der *Polymerase Chain Reaction* (PCR) ermöglicht[1]. Die in-vitro-Mutagenese (nach Michael Smith) erlaubt eine **gezielte** Veränderung der Basenfolge der codierenden DNA im Prozeß der Modifikation von *Liganden* zum Zwecke der Veränderung der Struktur und Funktion von Proteinen[2].

Die Frage nach dem Zusammenhang zwischen den Systemen der Genregulation und Entwicklungsvorgängen der Organismen (vor allem phylogenetisch) bleibt bislang noch unbeantwortet, während ontogenetisch erste Ergebnisse an *Drosophila* erzielt wurden. Sicher werden in den folgenden Jahrzehnten sowohl diese Fragen beantwortet, als auch neue Fragen gestellt, und es ist sehr wahrscheinlich, daß neue Entdeckungen wiederum neue Theorien bedingen. Als ein Beispiel für die Schwierigkeiten bei der Erkenntnis und Einordnung bislang noch unbekannter Entdeckungen mag Barbara McClintocks sensationelle Erkenntnis über die beweglichen Strukturen in der Erbmasse, die sogenannten *„springenden Gene"*, genannt werden. Diese fundamentale Entdeckung gelang ihr bereits 1957, doch zunächst stieß sie auf massive Ablehnung bei ihren Fachkollegen[3].

Die Notwendigkeit solcher Forschungen wie der ethisch bislang als eher bedenklich geltenden Entwicklung transgener Insekten und Kleinsäuger und darauf basierender Folgeuntersuchungen wird überprüft werden[4]. Immerhin wäre die Rückkehr einer solchen Sensibilität in das Denken der Wissenschaftler wünschenswert, wie sie Roux 1882 an sich selbst wahrnahm, als er die Weismannschen Determinationsvorstellungen bei der Furchung eines befruchteten Eies experimentell zu belegen versuchte und meinte:

„Daher versenkte ich, zum ersten Male im Frühjahr 1882, nicht ohne ein geheimes Bangen, die Spitze der Praepariernadel in das seine Furchung beginnende Ei und betrat damit einen neuen Weg der Forschung … Ich war mir der Rohheit dieses Eingriffes in die geheimnisvolle Werkstätte aller Kräfte des Lebens wohl bewußt und verglich ihn selbst mit dem Einwurfe einer Bombe in eine neu gegründete Fabrik" (Roux 1895) (vgl. dazu Kap. 12).

Doch bei aller Eigenverantwortlichkeit der Wissenschaftler für ihre Forschungen kann es in keinem Falle einer auch noch so weit entwickelten genetischen Wissenschaft gelingen, den Sozialwissenschaften die Aufgabe abzunehmen, Lösungsansätze für die globalen Probleme der Menschheit zu liefern.

---

[1] Vor dem Einsatz der PCR-Methode war man gezwungen, die DNA mit Restriktionsenzymen zu verdauen und anschließend in Bakterien oder Viren zu vermehren, um ausreichende Mengen an Ausgangsmaterial für Analysezwecke o. a. herzustellen. Bei der Anwendung der PCR-Methode wird eine erheblich höhere Geschwindigkeit bei der Anreicherung der zu untersuchenden DNA in vitro ermöglicht. Somit kann man auch aus geringen Spuren von DNA in kürzester Frist die für eine Analyse notwendige Menge herstellen. Kary Mullis erhielt aufgrund der Entwicklung der PCR-Methode den Nobelpreis für Chemie 1993.

[2] Michael Smith erhielt (gemeinsam mit Mullis) den Nobelpreis für Chemie 1993. Der Einsatz der in-vitro-Mutagenese könnte in der Zukunft u. a. für die Gentherapie erwogen werden.

[3] Den Nobelpreis für Physiologie/Medizin erhielt Barbara McClintock erst 1983.

[4] Gleiches gilt für Spekulationen über mögliche Gensubstitutionen beim Menschen, die bereits seit mehreren Jahrzehnten immer wieder geäußert werden. Dabei rufen besonders die „unspektakulären" Vermutungen Erschrecken hervor, so z. B. die Ansicht, das Altern könne als eine Krankheit im Sinne zunehmenden Genversagens aufgefaßt werden, deren „Heilbarkeit" in Form einer Substitutionstherapie denkbar wäre (vgl. Gedda 1967).

18. Neue Auseinandersetzungen mit dem Darwinismus

Konrad Senglaub, Berlin

18.1. Konflikte zwischen Mendelismus, Darwinismus, Lamarckismus

18.1.1. Die kritische Periode des Darwinismus

Man kann es ein wissenschaftsgeschichtliches Kuriosum nennen, daß Mendels Wissen um die Grundregeln der Vererbung dreieinhalb Jahrzehnte unbekannt blieb. Was dann folgte, war für die Entwicklung der Evolutionstheorie auch nicht erfreulich. C. L. Stebbins (Dobzhansky et al. 1977) bezeichnet das Schicksal der Theorie der Evolution in den ersten drei oder vier Jahrzehnten des 20. Jh. als eines der bemerkenswertesten Paradoxa der Wissenschaftsgeschichte. Die erneute Entdeckung der Vererbungsgesetze im Jahre 1900 leitete keineswegs den Triumph der Darwinschen Variabilität-Selektions-Theorie ein, sondern eine Phase, die man später die kritische Periode des Darwinismus genannt hat (vgl. 17.1.1.).

Der Kreis wirklich konsequenter Darwinisten (Wallace, Galton, Weismann) war nie sehr groß gewesen. Diese „Neodarwinisten" lehnten im Unterschied zu Darwin die Möglichkeit eines evolutiven Wandels durch die Vererbung erworbener Eigenschaften vollkommen ab. Viele „Darwinisten" behandelten aber die Theorie der Selektion als zweitrangige Angelegenheit. Gefeiert wurde Darwin vor allem als der Mann, der den Gedanken der natürlichen Entwicklung der Organismenwelt, der Deszendenz, der Abstammung der heutigen Formen von früheren, zum Siege geführt hatte. Am 11. Mai 1863 schrieb Charles Darwin an den Professor für Naturgeschichte und Direktor des Botanischen Gartens der Harvard Universität Asa Gray (1810–1888), der die Abstammungslehre engagiert in den USA vertrat, einen Brief mit folgendem Bekenntnis: „Persönlich liegt mir natürlich

sehr viel an der natürlichen Selektion; das ist aber, wie mir scheint, ganz und gar bedeutungslos gegenüber der Frage: Erschaffung oder Abänderung." Und im gleichen Jahr heißt es in einer Zuschrift Darwins an die Zeitschrift „Athenäum":

„Ob der Naturforscher an die Ansichten glaubt, welche Lamarck, Geoffroy Saint Hilaire, der Verfasser der Vestiges[1]) oder Wallace und ich selbst gegeben haben, oder an irgendeine andere derartige Ansicht, hat äußerst wenig zu bedeuten im Vergleich mit der Annahme, daß Spezies von anderen Spezies abstammen und nicht unveränderlich erschaffen worden sind."

Auf diese Äußerungen Darwins haben sich während der kritischen Periode viele Autoren bezogen, wobei ihre Motive durchaus unterschiedlich waren. Die einen holten die Zustimmung Darwins zu der wenig umstrittenen These ein, daß unabhängig von der Kausalfrage bereits die Anerkennung des bloßen Sachverhaltes der Evolution wissenschaftlich wie weltanschaulich von größtem Gewicht ist. Andere zitierten diese Sätze, um der eigenen ablehnenden Position gegenüber der Selektionstheorie die Schärfe zu nehmen. Wieder andere erinnerten sich ihrer, um in der langen Periode, da die Selektionstheorie wissenschaftlich mehr oder minder als erledigt galt, Trost aus der Hand des Meisters zu erlangen. Die sich rasch entwickelnde Genetik kollidierte mit Darwins Variabilität-Selektions-Theorie (vgl. 10.1.3.). Zum Teil bildeten Mißverständnisse, zum Teil konträre Denkhaltungen die Ursachen. de Vries erklärte 1901, daß Arten „durch natürliche Auslese nicht entstehen, sondern vergehen", und der dänische Genetiker W. Johannsen schrieb 1903 und später, Selektion produziere nichts, sie rotte nur aus. Auch der britische Genetiker W. Bateson

---

[1]) Gemeint ist Robert Chambers (1802–1871), in dessen anonym erschienenem Buch *Vestiges of the History of Creation* (Spuren der Geschichte der Schöpfung) dargelegt wurde, daß eine allmähliche Entwicklung der Organismen stattgefunden hat.

äußerte sich immer wieder kritisch gegenüber DARWIN. Wie andere Genetiker entwarf auch er neue Evolutionsmodelle, darunter eines (1914), das die Evolution als den Verlust hemmender Faktoren deutete. Der Niederländer J. P. LOTSY sah (1916) nur in Neukombinationen von Erbanlagen die Quelle evolutiven Wandels, nahm folglich eine Evolution bei konstanten Genen an. Der deutsche Genetiker R. GOLDSCHMIDT äußerte zwar um 1920, daß die Genetik offenkundig zu DARWIN zurückführe, ließ aber alsbald Darwinsche Faktoren nur im innerartlichen Bereich gelten und forderte für Artenentstehung und phylogenetische Abläufe grundsätzlich andere Mechanismen. Der Amerikaner Th. H. MORGAN billigte der Selektion nur die Rolle zu, ganz und gar untaugliche Mutanten auszuschalten.

JOHANNSEN konstatierte 1915:

„In Wirklichkeit ist das Evolutionsproblem eigentlich eine ganz offene Frage."

Nicht ganz so direkt, aber ähnlich äußerte sich E. BAUR in der 4. Auflage seiner *Vererbungslehre* (1919), und ALVERDES resümierte 1921 niederschmetternd:

„Die auf DARWIN folgenden Jahrzehnte waren erfüllt von fröhlichem Optimismus und sorglosem Aufbauen. Aber das Werk, welches heranwuchs, war nicht für die Ewigkeit geschaffen."

Unter dem Eindruck solcher Kritiken und Haltungen schrieb der als Popularisator und Übersetzer Darwinscher Werke wirkende C. W. NEUMANN 1921:

„Der Darwinismus ist tot, es lebe die Entwicklungslehre." „So fest und sicher der allgemeine Entwicklungs- und Abstammungsgedanke marschiert, so schwankend ist alles von DARWIN zu seiner Begründung Herbeigetragene wieder geworden."

Und E. STRESEMANN äußerte sich (1951) über diese Epoche so:

„Kein Wunder, daß nun viele Ornithologen meinten, der klassische Darwinismus sei den widerlegten Theorien beizufügen." (S. 331)

Auch in den USA wurde es Mode, DARWIN für tot zu erklären, noch Mitte der dreißiger Jahre existierten an den Universitäten „textbooks" dieser Tendenz (STEBBINS in: DOBZHANSKY et al. 1977).

Während der kritischen Periode des Darwinismus entwickelten sich auch ausgeprägte Gegensätze zwischen den Genetikern und den meisten übrigen Biologen. Viele sahen in den genetischen Theorie-Ansätzen naturfremde, in Laboratorien, Gewächshäusern und an den Schreibtischen von Mathematikern geborene Ideen, die

vor der Wirklichkeit versagten. Bis gegen Ende der dreißiger Jahre haben sich so zahlreiche Biologen und Paläontologen ausdrücklich zum Lamarckismus bekannt, daß allein ihre Namen Seiten füllen würden. Der Deszendenztheoretiker L. PLATE gehörte ebenso dazu wie der Vertreter der „Biologischen Anatomie", H. BÖKER, der Zoologe J. SCHAXEL oder der Symbioseforscher P. BUCHNER, der Zoologe J. HARMS oder der Botaniker W. ZIMMERMANN. PLATE überschrieb 1931 einen Artikel: *Warum muß der Vererbungsforscher an der Annahme einer Vererbung erworbener Eigenschaften festhalten?*

In einem noch höheren Maß an Geschlossenheit vertraten Paläontologen lamarckistische Positionen. Das illustriert sehr eindrucksvoll eine gemeinsame Tagung der Deutschen Paläontologischen Gesellschaft und der Deutschen Gesellschaft für Vererbungsforschung, veranstaltet im Jahre 1929 in Tübingen. Man hoffte, durch sachliche Darlegungen und sachliche Diskussionen Gegensätze abbauen zu können. Die Tagung endete mit dem gegenteiligen Erfolg, es gab keinerlei Übereinstimmung!

Man muß sagen, daß auch nach den dreißiger Jahren, nach der Formierung der Synthetischen Theorie der Evolution, sehr viele Biologen die Darwinsche Selektions- und Populationstheorie nicht akzeptierten oder noch immer nicht verstanden. Wie hätte sonst H. J. MULLER 1959 einen Artikel provozierend mit dem Titel überschreiben können: *100 Jahre ohne DARWIN sind genug!*

18.1.2. Positionen der „Frühgenetiker" gegen DARWIN

DARWIN hat in der Variabilität die Quelle der Evolution erkannt; über die Ursachen der Variabilität gab es nur Mutmaßungen. Sofern die verbreitete Hypothese vom Blut als Träger der Erbanlagen und der „Blutmischung" in Nachkommen zutraf (vgl. 2.3.1.2. und 6.4.), kann Selektion keine bestimmten Träger von Erbmerkmalen auslesen, da eine Entmischung nicht denkbar ist. Das war 1867 die Kritik des engl. Ingenieurs Fleeming JENKIN (1833–1885) an der Selektionstheorie DARWINS. Die Selektion findet keinen Angriffspunkt, denn die abweichende Variante wird von der Population assimiliert, sie geht durch Mischung und fortschreitende „Verdünnung" ihrer erblichen Anlagen in der Population auf. DARWIN wußte um diesen Mangel der „Bluttheorie" der Vererbung und hatte spekulativ nach Auswegen gesucht.

Die Kreuzungsexperimente von MENDEL, CORRENS, DE VRIES und TSCHERMAK und die Erkenntnisse der Cytogenetiker machten klar, daß Vererbung nicht durch sich mischende Flüssigkeiten, sondern durch diskrete Gene erfolgt (vgl. 11.2.). Mit dem Nachweis der Diskretheit von Erbanlagen waren die Argumente von Fleeming JENKIN und anderen Kritikern ausgeräumt. Erbanlagen verschwinden bei der Weitergabe von Generation zu Generation nicht in homöopathischen Verdünnungsquoten, sondern erhalten sich als diskrete Einheiten – die Selektion hat also Wirkmöglichkeiten. Die Selektion vermag manche Anlagen in der Population zurückzudrängen, andere zu fördern.

Aber diese Gedanken gewannen nicht an Boden. Beherrschend wurden neue Konflikte. JOHANNSEN (1903) arbeitete mit Gartenbohnen und kam zu dem Schluß, daß durch Auslese kleiner, mittler oder großer Samen das Merkmal *Samengröße* in der Generationenfolge nicht zu beeinflussen sei (vgl. 17.3.). Daraus schloß er, daß „fluktuierende" Variationen nicht erblich sind. Da DARWIN die Evolution aus dem Wirken der Auslese auf Gruppen schwach differenzierter Individuen erklärt hatte, stellten sich die Ergebnisse experimenteller genetischer Forschung gegen ihn. Die Bohnensorten, mit denen JOHANNSEN arbeitete, waren Selbstbestäuber und durch jahrzehntelange Selektion genetisch verarmte und vereinheitlichte Kultursorten. Das erklärt seine Resultate. Er wies somit nur nach, daß die Auslese in „reinen Linien", d. h. in der Nachkommenschaft einer selbstbestäubenden Pflanze, die in Hinsicht auf das beobachtete Merkmal *homozygot* ist, keine Wirkung hat. Dieser Sachverhalt steht nicht im Widerspruch zu der Darwinschen Theorie.

DE VRIES (1901) glaubte, in drastischen, sprunghaften Erbänderungen, die er *Mutationen* nannte, einen prinzipiell anderen Modus des Artenwandels, vor allem der Artentstehung, entdeckt zu haben. Er meinte, daß neue Arten sprunghaft aus mutierten, von den Eltern stark unterschiedenen Individuen entstünden, und stellte diesen Mechanismus der Evolution in Gegensatz zu DARWINS Theorie eines allmählichen Wandels durch die Selektion kleiner Unterschiede. Für DARWIN waren Varianten gleichberechtigte Glieder einer Gemeinschaft. Die Mutanten von DE VRIES galten dagegen als Abweichungen vom Typus. Die typologische Denkhaltung stand konträr zum „Populationsdenken" („population thinking", MAYR) DARWINS. Sie wirkte lange fort!

Die Auffassungen von DE VRIES, sprunghafte Erbänderungen seien immer drastisch, erwiesen sich als falsch. (Historisch ist es in diesem Zusammenhang bedeutungslos, daß offenbar nur ein Teil der von ihm als Mutanten aufgefaßten Formen der Nachtkerze überhaupt Mutanten waren.) DARWIN hatte selbst mehrfach Beispiele von *sports*, von plötzlichen größeren Abwandlungen (Haarlosigkeit, Hornlosigkeit, überzählige Zehen, Zwergwuchs) aufgeführt, diese aber als für die Evolution nicht wesentlich angesehen (DARWIN 1859, 1868). Ab 1910 wiesen MORGAN und seine Schüler nach, daß Mutationen aller Größenordnungen vorkommen, daß neben den seltenen und meist letalen Großmutationen viel zahlreichere kleine Erbänderungen auftreten, darunter solche, die sich der flüchtigen Beobachtung entziehen und überhaupt nur mittels sehr subtiler Methoden aufspürbar sind. Deutlich wurde auch, daß Mutationen keine neuen Arten bilden, jedenfalls nicht primär. MORGAN führte vor Augen, daß die in zahlreichen *Drosophila*-Populationen vorkommenden Mutanten Glieder des gleichen Populationsgenoms bleiben.

Aus den Befunden MORGANS konnte gefolgert werden, daß Kleinmutationen dem entsprechen, was die Selektionstheorie DARWINS als Quelle erblicher Variationen fordert. Aber die große Mehrzahl der „Frühgenetiker" (DOBZHANSKY) kehrte nicht zu DARWIN zurück. Evolution schien auf glücklichen Mutanten zu beruhen, die zufällig etwas mehr nützlich als schädlich waren (DOBZHANSKY 1959). Erst später wurden die Bedeutung der in Populationen gespeicherten Variabilität, die Rolle der Rekombination und die der Selektion höher geschätzt als der Selbstlauf aktueller Mutabilität. Und erst später wandte man sich wieder DARWIN und der schöpferischen Kraft der Selektion zu (vgl. 18.3.).

Im Jahre 1926 erschien *The theory of the gene* von MORGAN und 1929 *The gene as the basis of life* von MULLER, in dem dieser die Überzeugung äußerte, daß „Gene die wirkliche Grundlage des Lebens" darstellen, da nur sie die Fähigkeit der „spezifischen Autokalyse" besitzen. MULLER hatte 1927 erstmals die Erhöhung der Mutationsrate bei *Drosophila* durch Röntgenbestrahlung nachweisen können (vgl. 17.2.2.).

Während die Erforschung zytogenetischer Prozesse, die Erforschung der chromosomalen Mechanismen, der Gen-loci und der Mutationen vornehmlich auf Individuen orientiert war, standen im Mittelpunkt der Forschung, die auf der Grundlage der Mendelschen Gesetze den evolutiven Wandel in Paarungsgemeinschaften zu klären suchte, Populationen. Im Jahre 1908 wurde – zweifach und wieder unabhängig voneinander – eine bedeutende Entdeckung formuliert. Das Hardy-Weinberg-Gesetz (oder die Hardy-Weinberg-Formel) kennzeichnet das „genetische Gleichgewicht" (vgl. 17.3.1.). Ein Wandel kann nur durch Faktoren wie Mutationen, Selektion,

Zufallswirkung, Zu- oder Abwanderung von Individuen erfolgen. In Mendel-Populationen, die zugleich die Voraussetzungen erfüllen müssen, daß die Paarung völlig zufällig erfolgt und die Paarungswahrscheinlichkeit für die Individuen gleich ist, findet ein Wandel nur statt, wenn die genannten Faktoren einwirken. Ohne solche Faktoren kann keine Erbanlage aus Mendel-Populationen verschwinden. Sie befinden sich in einem „genetischen Gleichgewicht". Genetischer Wandel bedeutet Störung dieses Gleichgewichts. Damit war, ausgehend vom Konzept diskreter Erbanlagen, bereits im ersten Jahrzehnt des 20. Jh. die Basis der Populationsgenetik gelegt worden (vgl. 17.3.2.).

18.1.3. Lamarckismus und evolutionistischer Dualismus

Der Evolutionsgedanke hatte einst integrierend gewirkt und tat es weiterhin. In der Kausalproblematik gab es Fremdheit und Unverständnis zwischen Disziplinen, vor allem zwischen der Genetik und anderen Richtungen. Immer wieder erörterten Nichtgenetiker lamarckistische, geoffroyistische oder psycho-lamarckistische Mechanismen. Dem Psycholamarckismus nahe kamen die Ansichten, die VON UEXKÜLL vertrat (vgl. 19.3.1.). Vertreter der „biologischen" Anatomie wie H. BÖKER betonten den direkten, kausalen Zusammenhang zwischen Bau, Funktion und Umwelt. Mit Sicht auf den Großablauf stammesgeschichtlichen Wandels traten die meisten Paläontologen (u. a. WEIDENREICH, HENNIG, OSBORN) der Mutation-Selektions-Theorie entgegen. Sie blieben vielfach nicht bei lamarckistischen Vorstellungen stehen, sondern gelangten auf vitalistische Positionen (z. B. BEURLEN, VON HUENE). Solche Positionen wurden auch von Entwicklungsphysiologen (DRIESCH) eingenommen. Man stieß sich am Spiel des Zufalls und verwies darauf, daß Organismen und Organsysteme nicht in eine Vielzahl von Einzelanpassungen aufgelöst werden können.

Der zwischen „eigentlichen" Biologen und den im Labor oder mit der mathematischen Behandlung populationsdynamischer Fragen beschäftigten Genetikern bestehende Gegensatz wird z. B. in Ausführungen deutlich, die P. BUCHNER in seinem Lehrbuch *Allgemeine Zoologie* (1938) über lamarckistische Evolutionsmechanismen macht:

„Nicht nur LAMARCK, sondern auch DARWIN und seine Zeitgenossen waren von vornherein von einer solchen Möglichkeit überzeugt. Heute aber spalten sich die

Biologen in zwei Lager. Die einen – zumeist Genetiker – lehnen sie entschieden, ja manchmal mit Spott ab, die anderen – man ist versucht, zu sagen, die eigentlichen Zoologen – erklären, daß sie auf Schritt und Tritt in der Natur das Walten der Vererbung erworbener Eigenschaften erkennen" (S. 352).

Ähnliche Ansichten vertrat auch J. W. HARMS in seinem 1934 erschienenen Buch *Wandlungen des Artgefüges*. Die ständige Zurhandnahme lamarckistischer Erklärungen, wenn selektionistische Deutungen zu versagen schienen, durch Biologen, die sich dabei auf DARWIN beriefen, vertuschte Schwierigkeiten und behinderte klare Fragestellungen. Die lamarckistischen „Beweise" basierten meist auf Indizien. Es ist verständlich, daß Unternehmungen zum experimentellen Nachweis der „Vererbung erworbener Eigenschaften" nicht abrissen. In den zwanziger Jahren verursachten die Versuche an Amphibien von KAMMERER in Wien und von MACDOUGALL in England mannigfache Erörterungen. Nach KAMMERER ließen sich an Feuersalamandern adaptive, erbliche Veränderungen der Farbe durch Haltung und Züchtung auf hellem bzw. dunklem Untergrund und Verhaltensänderungen, letzteres besonders drastisch bei Geburtshelferkröten durch veränderte Lebensbedingungen erzielen:

Geburtshelferkröten (*Alytes obstetricans*) paaren sich im Unterschied zu anderen Krötenarten nicht im Wasser, sondern an Land; die Männchen besitzen keine Haftschwielen an den Fingern, und die Laichschnüre mit den großen, dotterreichen Eiern wickeln sie sich um die Hinterbeine. Nach einigen Wochen suchen sie Gewässer auf, wo die entwickelten etwa 15 mm langen Larven die Eihüllen verlassen.

Der als Terrarianer und Experimentator lange Zeit geschätzte Paul KAMMERER behauptete, ihm sei es gelungen, durch erzwungenen ständigen Wasseraufenthalt der Tiere zu erreichen, daß Geburtshelferkröten im Wasser kopulieren, die Männchen Haftschwielen ausbilden, das „Fesseln" der Eischnüre unterlassen, und die Eier sich im Wasser entwickeln. Nach einigen Generationen sollen aus den „Wasserzuchten" erblich veränderte Tiere hervorgehen, also die „erworbene" Eigenschaft genetisch fixiert sein. Es gab zunächst freudige Zustimmung von Fachkollegen (u. a. von Richard SEMON), aber auch Skepsis (z. B. von Richard GOLDSCHMIDT). KAMMERER steigerte seinen Triumph noch durch die Mitteilung, der von ihm erzielte abgewandelte Merkmalskomplex folge in der Weiterzucht den Mendelschen Regeln (Abb. 197). R. GOLDSCHMIDT, der einen Vortrag KAMMERERS besuchte, berichtet darüber teils spöttisch, teils empört:

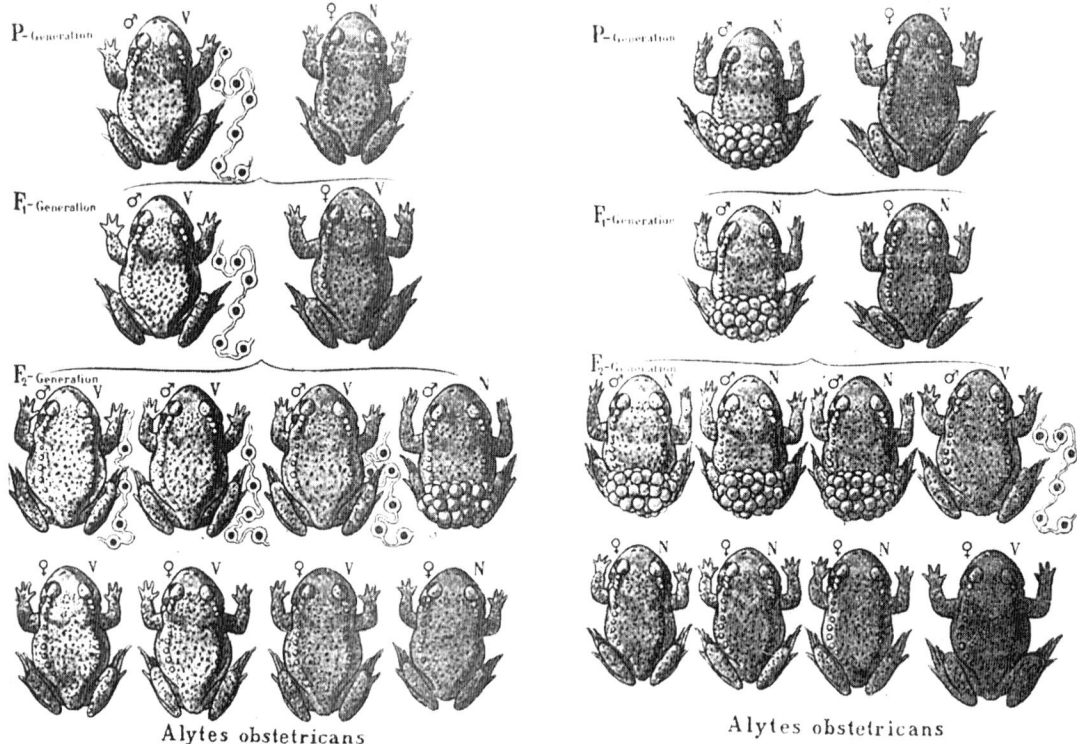

Abb. 197 a   Abb. 197 b

Abb. 197. Darstellung einer angeblich durch Versuche belegten Vererbung erworbener Eigenschaften bei Geburtshelferkröten von Paul KAMMERER (1924) aus Urania *1* (1924/25), S. 132–133. a Phänotypen der F_1 und F_2-
Generation bei Kreuzung von Männchen der Wasserzucht (s. Text) mit einem normalen Weibchen. b Erbgang
der „neu erworbenen Merkmale" bei reziproker Kreuzung (s. Zitat GOLDSCHMIDT!). N = normal, V = verändert

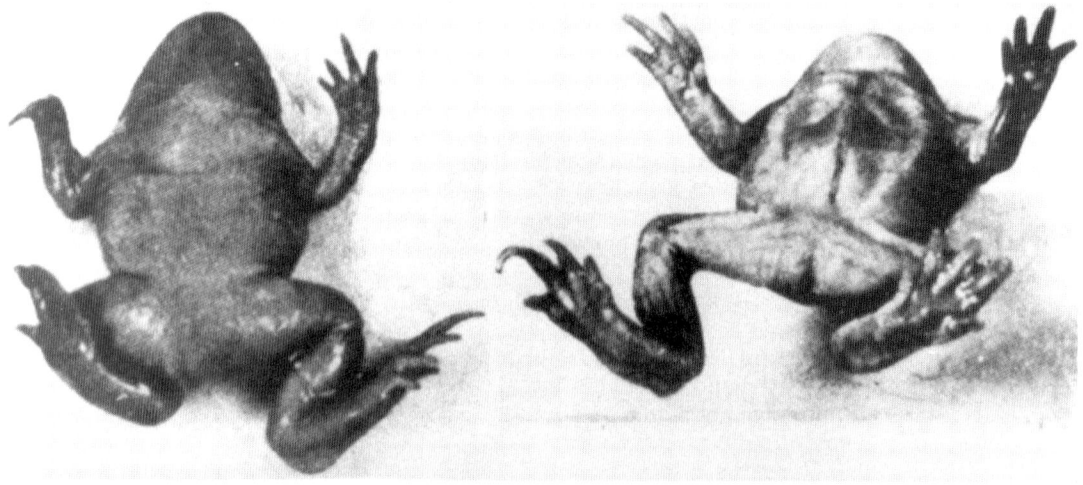

Abb. 198. Angebliche Ausbildung von vererbbaren Haftschwielen bei männlichen Geburtshelferkröten aus
„Wasserzuchten" (s. Text). Links: normales ♂, rechts ♂ aus der 5. Generation der „Wasserzucht" mit dunklen
Haftschwielen an der linken Hand (an der rechten Hand wurden die Schwielen zwecks mikroskopischer Unter-
suchung abgetragen). Aus KAMMERER 1924, S. 54, Fig. 9).

„Während dieses Vortrags und auch später in seinen Veröffentlichungen behauptete er, daß er Kröten, die ihr Geburtshelfer-Merkmal durch Vererbung erworbener Eigenschaften verloren hätten, mit normalen Geburtshelferkröten gekreuzt hätte. Das Ergebnis wäre in der 2. Generation eine 3:1-Aufspaltung des Geburtshelfer-Merkmals, jedoch eine 1:3-Aufspaltung in der reziproken Kreuzung gewesen. Dies war einfach zu viel. Ganz offensichtlich hatte er irgendwo ein paar oberflächliche Kenntnisse der Mendelschen Gesetze aufgegriffen, sie aber mißverstanden und danach diese unmögliche Geschichte ausgebrütet" (GOLDSCHMIDT 1959, S. 151).

Bezüglich der Haftschwielen (Abb. 198) stellte der amerikanische Herpetologe vom American Museum of Natural History, Gladwyn K. NOBLE (1894–1940), an einem Belegexemplar 1926 fest, daß die Schwarzfärbung von einer Tusche-Injektion herrührte (KOESTLER 1971).

Andere Experimentatoren, die lamarckistische Effekte nachzuweisen glaubten, waren BROWN-SÉQUARD, GUTHRIE, GRIFFITH, HARRISON und HARRIET. Eine späte Eskalation erlebten Versuche zum Nachweis einer „Vererbung erworbener Eigenschaften" noch in den fünfziger Jahren, nachdem LYSSENKO 1948 einen breiten Angriff gegen den angeblich „reaktionären Mendelismus-Morganismus" eingeleitet hatte (vgl. 17.2.3.). Anhaltspunkte für die Existenz lamarckistisch zu deutender Effekte brachten auch diese Versuche nicht. Alle angeblichen Nachweise einer „Vererbung erworbener Eigenschaften" waren auf fehlerhafte Interpretation, Selbsttäuschung der Experimentatoren oder fehlerhafte Versuchsanordnung zurückzuführen; aber auch Fälschungen kamen vor: Legt man KAMMERERS eigene Angaben über die Zahl der Generationen von Geburtshelferkröten zugrunde, so müßte er seine Untersuchungen schon als Schuljunge begonnen haben, wie R. GOLDSCHMIDT als erster berechnete.

Gewisse Übereinstimmungen bahnten sich zwischen Auffassungen von Entwicklungsphysiologen und Paläontologen an. Das geht möglicherweise auf Nachwirkungen naturphilosophischer Denkhaltungen zurück, unter dem Überbegriff „Entwicklung" den stammesgeschichtlichen (phylogenetischen) und den individuellen (ontogenetischen) Wandel zusammenzufassen. Demgemäß wurde die Entwicklung von Artengruppen (Familie, Klasse usw.) wie die von Individuen behandelt. Die *Typostrophenlehre* (SCHINDEWOLF 1936) sah in der *Typogenese* eine Jugendphase, der die *Typostase* und schließlich die durch Bildung von Monstren und Artentod gekennzeichnete „senile" *Typolyse* folgte. Aber Analogieschlüsse sind kein wissenschaftlicher Beweis. Die ontogenetische Entwicklung ist die Realisierung einer genetischen Information,

während Evolution auf genetischem Wandel in Populationen beruht. Das sind wesensverschiedene Prozesse.

Mit Blick auf isolierte Mutationen als Grundmaterial der Evolution äußerten Morphologen, Paläontologen, Ökologen immer wieder Zweifel daran, daß die sogenannte *Makroevolution*, die Herausbildung großer „Typenunterschiede", die zwischen hohen Taxa (Familien, Ordnungen usw.) bestehenden morphologischen Divergenzen auf diesem Wege erklärbar seien. Nur mikroevolutive Unterschiede, wie sie zwischen Rassen oder vielleicht noch zwischen eng verwandten Arten vorhanden sind, lassen sich durch Mutationen und Selektion erklären. Wie weit verbreitet diese dualistischen Auffassungen selbst noch nach dem zweiten Weltkrieg waren, erhellt ein Blick in die Lehrbücher. Als Beispiel sei ein von M. HARTMANN gegebenes Urteil zitiert:

„Somit kann heute bereits behauptet werden, daß die Selektionstheorie und ihre neue Begründung durch die experimentelle Genetik den Vorgang der Mikroevolution weitgehend zu klären vermag, und daß auf dem eingeschlagenen Wege die künftigen Untersuchungen noch viele weitere Faktoren aufklären werden. Ob auch die tiefgreifenden Typenmerkmale der „Makroevolution" in derselben Weise zustandekommen, ist möglich, aber bisher nicht bewiesen. Immerhin lassen sich zugunsten dieser Ansicht auch heute bereits einige Mutationsvorgänge heranziehen." (HARTMANN 1947, S. 723).

Ähnlich wie HARTMANN sah REMANE (1952) die Situation (abgefaßt wurde das betreffende Kapitel schon 1945):

„Während viele Genetiker und manche Mikrosystematiker, die die Rassenbildung und die kleinen Einheiten des Systems erforschen, gegen die Anwendbarkeit der Theorie zur Erklärung der gesamten Umbildung der Organisation keinerlei Bedenken haben, wollen die meisten Morphologen und Paläontologen ihr nur einen sehr beschränkten Geltungsbereich zuerkennen."

Auch REMANE hielt seinerzeit das „Mutationsphänomen" für den Schlüssel, verglich „Mutationsphänomene" mit „Evolutionsphänomenen" und diskutierte auffällige Aberrationen, die den Rang von Art- und Gattungscharakteren haben. Wie REMANE weiter ausführte, gibt es solche, und sogar Merkmale, die in der Diagnose von Familien und Ordnungen verwendet werden, können durch Mutationen abgeändert werden. Beispielsweise haben Halbaffen eine offene, Affen eine geschlossene Stirnnaht, aber als Aberration tritt die „Halbaffenstirnnaht" auch bei Affen auf. Dennoch liefern „Realmutationen", folgert REMANE, keine ausreichende Basis, um makroevolutive Wandlungen erklären zu können.

Die Erwartungen lagen weiterhin – und wie das Zitat belegt, nicht nur bei Paläontologen und Morphologen – auf großen Mutationsschritten zur Deutung großer morphologischer Distanzen (GOLDSCHMIDT 1955). Die Alternative zu inneren (*endobiotischen*) Triebkräften, nicht faßbaren organismischen „Ganzheitsgesetzen" oder lamarckistischen Postulaten sahen viele Biologen im Nachweis von Großmutationen.

18.2. Die Korrektur des Darwinschen Artkonzeptes

18.2.1. Darwinscher und Biologischer Artbegriff

Der Gedanke, in Arten mehr oder weniger abgeschlossene Einheiten zu sehen, deren Individuenbestand sich nicht nur durch morphologische Ähnlichkeit auszeichnet, sondern eine Fortpflanzungsgemeinschaft bildet, ist alt, er wurde sowohl von LINNÉ wie auch von BUFFON vertreten. CUVIER (1798) sah in Arten natürliche Fortpflanzungsgemeinschaften bei freier Gattenwahl.

Den meisten Anhängern eines Schöpfungsglaubens galten Arten als durch einen Schöpfungsakt entstandene, stabile Einheiten. Die Tatsache, daß sie leichter zu erfassen und abzugrenzen waren als innerartliche Variationen oder übergeordnete Kategorien, erschien deshalb leicht zu verstehen und bedurfte keiner Erörterung (vgl. 11.3.).

Die frühen Vertreter einer Entwicklungsidee sahen nur die Alternative Schöpfungsakt, Konstanz und Diskontinuität einerseits oder natürlicher Ursprung, Wandelbarkeit und Kontinuität andererseits. Sie meinten, Stetigkeit voraussetzen und alle Formen der Diskontinuität bekämpfen zu müssen. Wenn etwas nicht in einem Schöpfungsakt erschaffen wurde, sondern in langgewährendem Wandel entstand, dann muß diese Stetigkeit sich noch in der heutigen Organismenwelt kundtun und beweisen. Mit dieser Prämisse war der Transformationsgedanke in bemerkenswerter Hartnäckigkeit verklammert.

Auch DARWIN hatte immer wieder betont, daß zwischen Varietät und Art kein prinzipieller Unterschied bestehe, daß die Begriffe *Variation*, *Subspecies*, *Art*, *Gattung* subjektiv seien und letztlich in das Ermessen des betreffenden Bearbeiters fallen. Bei Varietäten und Unterarten – so meinte er – sind die Übergänge fließend, zwischen den sogenannten Arten bestehen gewisse

kleinere oder größere Distanzen, weil die Zwischenglieder ausgestorben sind, aber die Systematiker sollten „nicht mehr von Zweifeln geplagt werden, ob diese oder jene Formen echte Arten seien". Weiter sagte er, wir werden „von dem vergeblichen Suchen nach dem bis heute unentdeckten und wohl auch unentdeckbaren Wesen der ‚Art' befreit sein" (DARWIN 1859). Schließlich geht auf ihn auch die für Taxonomen unerfreuliche und auf Vertreter „moderner Disziplinen" verheerend wirkende Aussage zurück, eine Art sei das, was der der betreffende Gruppe bearbeitende, erfahrene Systematiker dafür hält.

Systematiker, die an DARWIN glaubten, hatten es schwer. Die meisten blieben überzeugt, daß die Kategorie Art gegenüber innerartlichen Einheiten und übergeordneten Kategorien eine Spezifik besitzt. Über das Wesen dieser Besonderheiten gab es seit 1859 ständige Erörterungen. Es ist bemerkenswert, was der Genetiker W. BATESON im Jahre 1922 zu dieser Frage zu sagen hatte:

„Wenn wir auch die Art nicht genau definieren können, so hat sie doch Eigenschaften, die die Varietät nicht hat und ... die Unterscheidung ist nicht bloß eine Gradangelegenheit."

Ganz im Gegensatz dazu hielt beispielsweise E. UHLMANN (1923) unbekümmert an Darwinschen Gepflogenheiten fest (vgl. auch 18.3.1.). Zwischen Arten besteht in der Regel Diskontinuität und nicht Kontinuität, und die Spezifik der Kategorie Art – bei bisexuell reproduzierenden Organismen – ist dadurch bestimmt, daß es sich nicht einfach um Gruppen mehr oder weniger ähnlicher Individuen, sondern um Fortpflanzungsgemeinschaften, um Gendurchmischungsgemeinschaften, um von anderen solchen Gemeinschaften reproduktiv isolierte Evolutionseinheiten, handelt. Die morphologische Ähnlichkeit ist nur ein Nebenprodukt des gemeinsamen Genpools. Jedes Individuum bezieht aus diesem sein individuelles Genom und trägt durch eigene Reproduktion zu dessen Erhalt bei.

„Arten sind Gruppen von wirklich oder potentiell sich kreuzenden natürlichen Populationen, die reproduktiv von anderen solchen Gruppen isoliert sind" (MAYR 1967 a, S. 28).

Wie in dieser von E. MAYR seit 1940 mehrfach publizierten Artdefinition werden von allen Vertretern des biologischen Artbegriffs Gemeinsamkeit des Genpools und reproduktive Isolation betont. Dieser *biologische Artbegriff* gründet sich auf Erkenntnisse verschiedener biologischer Disziplinen, besonders der Genetik, Populationsgenetik, Taxonomie, Ökologie und

Ethologie und steht in engem Zusammenhang mit der Synthetischen Theorie der Evolution, die Ende der dreißiger Jahre entstand.

Der biologische Artbegriff setzt geschlechtliche Fortpflanzung voraus, trifft also nicht auf Formen zu, die sich ausschließlich ungeschlechtlich, ausschließlich parthenogenetisch oder ausschließlich als Selbstbefruchter fortpflanzen. Das völlige Fehlen von genetischen Austauschvorgängen ist bei *Eukaryoten* ein sekundärer Zustand. Bisexuell reproduzierende Gemeinschaften sind offensichtlich die wichtigsten Grundeinheiten der Evolution.

Der biologische Artbegriff begreift den besonderen Charakter der Art („*Biospecies*"), der auf folgenden Sachverhalten beruht (nach DOBZHANSKY, TIMOFEEFF-RESSOVSKY, MAYR u. a.):

1. Die Voraussetzung für den genetischen Zusammenhang bilden Austauschvorgänge von genetischem Material zwischen den Gliedern (Individuen) des genetischen „Systems" Art. Solche Austauschvorgänge sind für Prokaryoten (Bakterien und Blaualgen) nachgewiesen worden. Bei den meisten Eukaryoten (Organismen mit Zellkern) besteht eine Koppelung mit der Fortpflanzung (Reproduktion). Durch die Bildung haploider Gameten (Meiose) und deren Vereinigung zur diploiden Zygote (Befruchtung) erhält jedes Lebewesen Erbanlagen von zwei Artangehörigen. Es bezieht sein individuelles Genom aus dem Genpool der Art und trägt durch eigene Reproduktion zu dessen Weiterbestand bei. Der Genpool der Art (Artgenom) umfaßt die Gesamtheit der in ihren Gliedern zu einem bestimmten Zeitpunkt vorhandenen Erbanlagen. Der potentiell uneingeschränkte Austausch genetischen Materials zwischen den Individuen einer Art bewirkt die ständige Neukombination (Rekombination) der Erbanlagen.

2. Der Genpool einer Art ist keine zufällige, beziehungslose Anhäufung von Erbanlagen. Jede Art besetzt in einem durch zahlreiche abiotische und biotische Faktoren und Verknüpfungen gekennzeichneten Gefüge eine ökologische Nische, d. h., sie nutzt in spezifischer Weise bestimmte, ihr korrelierte Umweltgegebenheiten. Die genetische Adaptation der Art an die gegebenen Umweltverhältnisse beruht auf Variabilität (Mutation, Rekombination) und der Wirkung der Selektion. Die im Genpool einer Art vereinigten Anlagen müssen zueinander passen, d. h. in den Kombinationen lebensfähige und fortpflanzungsfähige Individuen ergeben (Koadaption der genetischen Anlagen). Voraussetzung für die Erhaltung der spezifischen Qualität (Adaptation, Koadaptation) eines Artgenoms ist der Schutz vor dem Eindringen fremder, d. h. aus anderen Artgenomen stammender Erbanlagen. Die auf verschiedenen Mechanismen beruhende reproduktive Isolation sichert die Integrität der Art als geschlossenes genetisches System. Isolationsmechanismen, die eine Bastardierung zwischen nah verwandten und im gleichen Gebiet lebenden Arten verhindern, sind beispielsweise Unverträglichkeit der Gameten, jahreszeitlich verschiedene Fortpflanzungsperioden oder (bei Tieren) Unterschiede im Paarungsverhalten, „sexuelle Aversion".

3. Die innerhalb des geographischen Verbreitungsgebietes (Areal) einer Art mehr oder minder ausgeprägten genetischen Unterschiede zwischen Populationen und Populationsgruppen kennzeichnen das Vermögen des Artgenoms, sich lokal-ökologisch anzupassen. Die Ausbildung lokal-ökologischer Adaptationen wird durch die Gegenwirkung des freien genetischen Austauschs zwischen den Populationen begrenzt. Populationsgruppen, die ein geographisches Gebiet innerhalb des Artareals bewohnen und sich von anderen solchen Gruppen unterscheiden, werden als Unterarten (Subspecies) oder geographische Rassen bezeichnet. Verlaufen Merkmalsänderungen allmählich und ohne scharfe Gradienten von Population zu Population, liegt eine klinale geographische Gradation vor. Meist zeigt sich die selektive Steuerung in einem dem Merkmalsgefälle (z. B. zu- oder abnehmende durchschnittliche Körpergröße) parallellaufenden Umweltgefälle (Temperatur).

4. Die Hauptfaktoren für das Wandlungsvermögen einer Art in der Generationsfolge sind genetische Variabilität des Genpools und Selektion. Das Wechselspiel beider Faktoren ermöglicht dem „System" Art die Existenz in einer sich ändernden Umwelt. Unter natürlichen Bedingungen vollzieht sich der Wandel gewöhnlich als langsame Verschiebung des Häufigkeitsanteils von Erbanlagen und durch die allmähliche Ersetzung vorhandener Anlagen und Anlagenkombinationen durch andere. Neben der Selektion („Darwinsche Evolution") kann auch die genetische Drift („Zufallsfaktor", „Nichtdarwinsche Evolution") die Häufigkeitsanteile von Anlagen verändern, besonders in kleinen und kleinsten Populationen.

Bedenkt man, welche Rolle heute die Begriffe Art, Unterart, individuelle Variabilität, klinale Gradation, Ökotyp usw. in der Evolutionsbiologie spielen, so muß es auf den ersten Blick verwundern, daß DARWIN, der sozusagen alles in einen Topf warf, die Evolutionstheorie begründen konnte. Es funktionierte, weil DARWIN jegliche Gruppierung als Population behandelte. Da auch Arten Populationen oder Populationsgruppen sind (allerdings genetisch geschlossene Einheiten im Unterschied zu innerartlichen, genetisch offenen Strukturen), war eine Analyse vieler wichtiger (nicht aller) Faktoren des evolutiven Wandels möglich. Schwierigkeiten mußte es in der Frage der *Speciation* geben.

18.2.2. Der Beitrag der Taxonomen

E. MAYR – der 1963 das umfassendste Werk zum Thema „*Animal species and evolution*" vorlegte – hat bekundet, daß die Hauptgedanken seines

Buches *Systematics and the origin of species* (1942) aus seiner Berliner Lehrzeit stammen und wesentlich von E. STRESEMANN beeinflußt waren (vgl. SENGLAUB 1989). STRESEMANN arbeitete aus der Sicht des ornithologischen Taxonomen die Grundstrukturen des Biologischen Artbegriffs heraus. Das geschah schon 1919 in einer speziellen Abhandlung zu taxonomisch-nomenklatorischen Aspekten des Species-Subspecies-Problems.

„Wie soll nun die Systematik, welche bemüht ist, den Verwandtschaftsgrad der Formen mit dem Hilfsmittel der Nomenklatur auszudrücken, der Tatsache gerecht werden, daß einander sehr ähnliche Formen die gleichen Gebiete bewohnen können, andere, morphologisch deutlicher unterschiedene, dagegen sich verbastardieren, wo sie zusammenstossen?"
„Der Grad der physiologischen Verwandtschaft gilt als ausschlaggebend. Dann sind die Formen, welche sexuelle Aversion besitzen, als Species zu führen, die in Hinsicht auf die sexuelle Affinität von einander nicht divergierenden Formen dagegen als Subspecies derselben Formengruppe".
„Nur auf diese Weise kann die Nomenklatur noch den Anforderungen gerecht werden, welche die Zoogeographie an sie stellen muss. Sie bleibt dann ein wertvolles Hilfsmittel zur Kennzeichnung verwandter und gleichzeitig vikariierender Formen. Den Grad der morphologischen Aehnlichkeit durch die Benennung auszudrücken, ist ein unlösbares Problem – denn die Färbung ist kein zuverlässiger Gradmesser für die Verwandtschaft. Nur die physiologische Zusammengehörigkeit, der ‚Formenkreise' im weitesten Sinne, ist der nomenklatorischen Klarlegung zugänglich." (STRESEMANN 1919, S. 27 ff.).

Damit war das Kriterium „sexuelle Aversion" zur Trennung von Arten bestimmt, während Unterarten eindeutig als Teile einer umfassenderen Fortpflanzungsgemeinschaft zu gelten hatten.
Zur Vorgeschichte der Subspecies-Frage ist zu bemerken, daß der sehr alte und schon von LINNÉ benutzte Ausdruck „Subspecies" lange Zeit undifferenziert gebraucht wurde, was auch Gleichsetzungen mit Bezeichnungen wie „Nebenart", „Halbart", „Scheinart" oder „dauerhafte Abart" bezeugen (vgl. H. P. FUCHS 1958). Es wurde vor allem nicht klar getrennt zwischen Abänderungen am gleichen Ort (in der gleichen Population = *Polymorphismus*, individuelle Variabilität) und räumlich-geographischen Abänderungen von Ort zu Ort (*Polytypie*). Geographische Abwandlungen haben viele Forscher aufgespürt und meist mit klimatischen Gegebenheiten zu erklären versucht. Nach F. FABER (1796–1828) hatte die Natur ursprünglich nur immer einem oder wenigen Vogelpaaren die spezifischen Merkmale verliehen. Breitet sich die Art dann vom Zentrum her aus, entstanden konstante Abänderungen. Diese dürfen aber nicht als Species aufgefaßt werden (FABER 1825). In dieser Betrachtungsweise war der Aspekt, lokale Abwandlungen bleiben Glieder der gleichen Fortpflanzungsgemeinschaft, enthalten. Eine Bezeichnung führte FABER nicht ein, das tat H. SCHLEGEL (1804–1884), der abgewandelte Lokalformen „Conspecies" nannte. SCHLEGEL benutzte in seinen Veröffentlichungen ab 1844 die ternäre Nomenklatur. Er war ein entschiedener Gegner der Evolution, lehnte später alles ab, was DARWIN vorzubringen hatte, natürlich auch dessen irreführende Artauffassung.

Unter dem Einfluß der Darwinaner waren manche Taxonomen tatsächlich nicht mehr von Zweifeln geplagt, ob diese oder jene Form echte Arten seien (DARWIN 1859). Sie beschrieben willkürlich Arten, wobei neben geographischen durchaus auch individuelle Varianten einen Doppelnamen erzielen konnten. (Der in der Fellzeichnung sehr variable Hyänenhund [*Lycaon pictus*] brachte es um 1910 auf 30 Arten.) Die schon im 19. Jh. erreichte Unterscheidung von Art (*Species*) und Unterart (*Subspecies* oder *Conspecies*) war vergessen. Es triumphierten morphologische Aspekte. Nach diesen wurden geographisch vikariierende Formen zu Species erklärt, sofern sie sich hinreichend auffällig unterschieden, und Arten, die einander ähnlich sahen, wurden zu Subspecies der gleichen Species degradiert (STRESEMANN 1927). Das war natürlich ein bedauerlicher Rückschritt! Es bedarf schon eines gewissen Sinns für die Widersprüchlichkeit von Entwicklungen, um Verständnis dafür aufzubringen, daß die großartigste biologische Theorie, die Variabilität-Selektions-Theorie DARWINS, Steine ins Rollen brachte, die an mancher Stelle besseres Wissen verschütteten.
Die hier geschilderte Entwicklung griff aber nicht überall um sich, und es gab Taxonomen, die auf gefestigten Pfaden voranschritten. Das gilt vor allem für ornithologische Taxonomen in den USA, die an Hand von großen Serien aus allen Teilen von Artverbreitungsgebieten das Studium lokaler Abwandlungen intensivierten (u. a. S. F. BAIRD, J. A. ALLEN, E. COUES). COUES und R. RIDGWAY (1850–1929) praktizierten die ternäre Nomenklatur. Sie waren allesamt Anhänger von DARWINS Deszendenzlehre und sahen in Subspecies auch „nascent species", im Werden begriffene Arten. Deutsche Ornithologen zögerten, die amerikanische nomenklatorische Praxis zu übernehmen. Es gab Auseinandersetzungen. Schließlich setzte sich E. J. O. HARTERT weitgehend durch. Seine Subspecies-Definition lautete:

„Mit Subspecies bezeichnen wir die geographisch getrennten Formen eines und desselben Typus, die zusammengenommen eine Species ausmachen. Es ist also nicht etwa ein geringes Maß von Unterschieden, das uns bestimmen darf, eine Form als Subspecies aufzufassen, sondern Unterschiede verbunden mit geographischer Trennung, natürlich bei allgemeiner Übereinstimmung in den Grundzügen" (HARTERT 1904).

Der Gedanke, daß Arten reproduktiv (sexuelle Aversion gegen andere) isolierte Gemeinschaften sind, Unterarten dagegen (in der Regel) reproduktiv offene (ohne sexuelle Aversion untereinander), fehlt den Definitionen von HARTERT noch. Diese Überlegungen führte vor allem STRESEMANN in die Debatte ein.

So war die Formierung des Biologischen Artbegriffs neben den Erkenntnissen, die von der Populationsgenetik eingebracht wurden, vor allem das Werk der Taxonomen. Die Vögel waren (und sind) die am besten erforschte Tiergruppe. Folglich fungierte die ornithologische Taxonomie auch in evolutionsbiologischen Fragen als Schrittmacher, unterstützt von Teilen der entomologischen und malakologischen Taxonomie.

Auf Seiten der Botanik lieferten KERNER (geographischer Begriff der Kleinarten, 1881) und vor allem R. VON WETTSTEIN (Subspecies als geographisch-morphologische Differenzierungen, 1898) wichtige Beiträge zum Erkenntnisprozeß (vgl. 8.3.2.).

18.2.3. Die Speciationsproblematik

Genetischer Wandel im Artrahmen und Artspaltung sind Grundprozesse der Evolution. Der Unterschied zwischen beiden liegt nicht im Ausmaß der Veränderungen! Die Artbildung ist keine Steigerung des Wandels im Artrahmen. Innerhalb des Artrahmens (intraspezifisch) können sich sehr erhebliche räumliche und zeitliche Wandlungen vollziehen, und das Wesentliche an der Artbildung ist nicht das Ausmaß der morphologischen, ökologischen oder physiologischen Veränderungen, die möglicherweise in ihrem Gefolge auftreten, sondern die Herausbildung der Fortpflanzungsisolation, die den vormals zwischen Populationen einer Art bestehenden genetischen Austausch beendet. Zwillingsarten können einander viel ähnlicher sehen als differenzierte Populationsgruppen ein und derselben Art. Jede Theorie der Artbildung (Speciation) muß im Kern die Frage nach der Entstehung der Isolation beantworten.

DARWIN vollzog im Laufe seines Lebens einen Gesinnungswandel. Unter dem Eindruck der Galapagos-Fauna schrieb er 1844 an J. D. HOOKER, daß in Hinsicht auf die Frage der Herausbildung neuer Formen die räumliche Isolation

das Hauptelement zu sein scheint. Aber dann schränkte er diese Position sehr ein, sprach nicht mehr vom Hauptelement und verknüpfte die Frage nie mit der speziellen Problematik der Artbildung. Seine später entwickelten Vorstellungen über eine sympatrische Speciation, bei der durch selektive Förderung von Extremvarianten am selben Ort, d. h. bei sich überschneidenden Aktionsradien der Individuen, eine Art in zwei zerfällt, haben in der Gegenwart kaum noch Anhänger. Zu bedenken ist, daß DARWINS Speciationstheorie nicht mehr leisten konnte, als sein Artkonzept vorgab. Das einzige „Artkriterium" – wenn man das so nennen kann –, das er gelten ließ, bestand darin, daß Arten weniger durch Übergänge verbunden sind als Unterarten und Varietäten. Seine Artbildungstheorie reduzierte sich folgerichtig auf die Beantwortung der Fragen, was fördert divergentes Variieren und warum verschwinden die Übergänge?

DARWINS generelle Evolutionsfaktoren Variabilität und Selektion reichten unter Hinzunahme des Faktors Konkurrenz (competition) zur Erklärung aus: Je mehr die Abkömmlinge einer Art voneinander abweichen, desto mehr sind sie befähigt, verschiedene Stellen im Haushalt der Natur einzunehmen. Dabei ist die Konkurrenz (am gleichen Ort) geringer, wenn die betreffenden Varianten stark divergieren. Varianten dagegen, die einander morphologisch und in den ökologischen Ansprüchen ähnlich bleiben, stehen in schärfster Konkurrenz. Die Selektion begünstigt somit die „Divergenz der Charaktere", und Zwischenformen haben weitaus geringere Evolutionsaussichten als stärker abwandelnde Varianten. Weichen letztere hinreichend stark voneinander ab, nehmen sie Artcharakter an (vgl. 10.1.3.).

Die ökologisch-evolutionsbiologischen Überlegungen DARWINS über die „Divergenz der Charaktere" von Varianten sind bemerkenswert, aber die entscheidende Frage nach der reproduktiven Isolation – wir würden heute sagen: nach der Genflußdrosselung und dem Entstehen reproduktiver Isolationsmechanismen unter sympatrischen Bedingungen (sympatrische Speciation) – wurde überhaupt nicht gestellt. Es ist in der Tat verwunderlich, daß DARWIN, für den Beobachtungen an Haustieren so große Bedeutung hatten, die Isolation als Voraussetzung der Divergenz übersah. Wie im Falle der Selektion (künstliche Selektion, natürliche Selektion) ging er auch beim Thema Divergenz von der züchterischen Praxis aus, untersuchte aber die Bedeutung der sexuellen Isolierung bei der Züchtung von Rassen nicht, worauf schon HUTTON (1899) hinwies.

Nicht auf Varianten einer Population, sondern auf Angehörige zweier (reproduktiv isolierter) Arten angewandt, bestätigte der russische Mikrobiologe G. F. GAUZE später experimentell (u. a. *Drosophila*-Zuchten) DARWINS gedanklichen Ansatz. Da er ein Buch (1934) in englischer Sprache veröffentlichte, ist „GAUSE's principle" (= zwei in ihren Umweltansprüchen übereinstimmende Arten können auf die Dauer nicht in der gleichen Nische koexistieren) – heute weltweit bekannt.

Viele „Frühgenetiker" orientierten sich in der Artbildungsfrage auf Mutationsschritte, die irgendwie den Artrahmen sprengen. Für die meisten Taxonomen wurde die Speciation dagegen zum Populationsproblem. Beide Richtungen korrespondierten kaum. 1922 äußerte sich BATESON zu dem für ihn noch immer ungelösten Problem der Speciation:

„Die Erzeugung eines [mit seinen Eltern] unzweifelhaft sterilen Nachkommen aus völlig fruchtbaren Eltern, der unter den Augen kritischer Beobachter entstand, ist das Ereignis, auf das wir warten. Von Zeit zu Zeit wird ein Bericht über eine solche Beobachtung veröffentlicht, aber keine hat die Kritik überlebt. Obwohl unser Glaube an eine Entwicklung unerschütterlich dasteht, haben wir bei dieser Sachlage keine annehmbare Darstellung des Ursprungs der Arten."

Immerhin erkannte BATESON im Unterschied zu anderen Anhängern einer sprunghaften sympatrischen Artentstehung, daß die „Mutante" unbedingt reproduktiv isoliert sein muß (Unfruchtbarkeit), um nicht assimiliert zu werden! Aber notwendig sind weitere „gleichartige" Partner, zur gleichen Zeit, am gleichen Ort, und die Partner (bei Tieren) müssen einander erkennen und sich zusammenfinden. (In jüngerer Zeit konnte nachgewiesen werden, daß bei manchen Vogelarten die spätere Partnerwahl durch Prägung auf elterliche Färbungsvarianten während einer sensiblen Jugendphase wesentlich beeinflußt werden kann. Die Prägung auf eine bestimmte Gefiederfarbe vermindert den Genfluß innerhalb einer Art beträchtlich [zusammenfassend darüber IMMELMANN et al. 1978]. Unwahrscheinlich bleibt nach wie vor, daß eine solche Genflußminderung zur Speciation ausreicht.)

Der von BATESON erwartete Modus einer sprunghaften, plötzlichen *Speciation* ist bei *Polyploidie* möglich. Ob es auf anderen Wegen zu einer sympatrischen Speciation kommen kann, wird bis zur Gegenwart erörtert. Dagegen wurde Klarheit gewonnen, daß die *allopatrische Speciation* ein Weg oder der Hauptweg divergierender Evolution ist. So kam die Lösung des Problems von anderer Seite als BATESON erwartet hatte. Sie bereitete sich in Untersuchungen über innerartliche Strukturen vor und war eine Leistung der

Taxonomie, Populationsgenetik, Ethologie, Ökologie und Biogeographie. Verhinderung des Genaustauschs zwischen Populationen einer Art ist die Voraussetzung für das Entstehen reproduktiv isolierender Mechanismen, die nach einem neuen räumlichen Kontakt und Überlappung der Areale wirksam werden. Die *Speciation* kann sich nur vollziehen, wenn der freie genetische Austausch, der den zentrifugalen Tendenzen entgegenwirkt, lokal-ökologische Adaptationen begrenzt und das Artsystem stabilisiert, drastisch eingeschränkt bzw. völlig unterbunden wird (vgl. dazu auch SCHMITT 1991).

Wenn neben die „konventionelle" geographische Speciation eine *„quantum speciation"* gestellt wird, die GRANT (1971) als Bildung einer Tochterart aus einer „semi-isolated peripheral population" kennzeichnet, so handelt es sich in den Grundlagen keineswegs um wesensfremde Vorgänge. Auch die *parapatrische Speciation* (vgl. ENDLER 1977) rechnet in der Einleitungsphase mit räumlicher Segregation und räumlicher Differenzierung, wenn auch BUSH (1975) und ENDLER (1977) die Eigenständigkeit dieses Speciationsmodus herausstellen.

Das Problem der *Speciation* liegt bei bisexuell reproduzierenden Arten nicht in der Frage nach der Entstehung großer morphologischer, physiologischer und weiterer Unterschiede, sondern in der Frage nach der Herausbildung isolierender Mechanismen. Sehr eindrucksvoll hat das die zoologische Domestikationsforschung belegt (HERRE & RÖHRS 1973). Trotz bedeutender morphologischer Unterschiedlichkeit bleiben Haustierrassen Glieder einer Art; sie bilden miteinander und mit den wildlebenden Artvertretern eine Fortpflanzungsgemeinschaft.

18.3. Der Rückgewinn Darwinscher Positionen in der Integrationsphase

Die Entwicklung zu dem, was später die *Synthetische Theorie der Evolution* genannt wurde, vollzog sich vornehmlich auf drei Wegen:

1. Untersuchungen an natürlichen Populationen, innerartlichen Strukturen, Arten (Zwillingsarten, Semispecies usw.); Bemühungen um die Kausalität ökogeographischer Befunde; Mimikry-Studien usw. (sehr viele Autoren, besonders Ornithologen, Entomologen, spezialisierte Genetiker).

2. Genetische Forschung, insbesondere die auf der Basis von Mendelismus und Mutations-

forschung operierende mathematische Modellierung (vor allem WRIGHT, FISHER, HALDANE).

3. Integrierende Bemühungen, Naturbefunde mit denen der Genetik in Einklang zu bringen (ČETVERIKOV, DOBZHANSKY, TIMOFEEFF-RESSOVSKY, DUBININ u. a.).

18.3.1. Ergebnisse naturorientierter Forschung und Konflikte in Kausalfragen

O. KLEINSCHMIDT, der ursprünglich (1897) jeden artlichen Wandel ablehnte und in der Polemik gegen den Subspeciesbegriff Arten für „nicht zerlegbar" erklärte, entwickelte über Jahre hinweg die Formenkreislehre (1926). Es entstand der Eindruck, daß es zwei Sorten von Arten gebe, nämlich „echte" einheitliche (monotypische) und Formenkreise, d. h. Gruppierungen mit ausgeprägten geographischen Unterschieden. Später wurde deutlich, daß zwischen monotypischen und extrem polytypischen Arten alle Übergänge bestehen und daß geographische Variabilität ein verbreitetes Phänomen ist. Besonderes Interesse fanden in der Ornithologie klimaparallele Merkmalsausprägungen. Die Bezeichnung Cline für geographische Merkmalsgradation wurde erst 1939 von J. S. HUXLEY eingeführt. Weiter entstanden in den zwanziger Jahren bedeutende ornithologische Spezialarbeiten, von denen als ein Beispiel nur die bis zum heutigen Tag in jedem evolutionsbiologischen Lehrbuch wiedergegebenen Untersuchungen von W. MEISE (1928) an Raben- und Nebelkrähe genannt seien. Mit den Namen der Autoren, die seit den Tagen von SEEBOHM, HARTERT und JORDAN die geographische Variation studierten, ließen sich Bände füllen. Nahezu alle Taxonomen widmeten lokalen Abwandlungen Aufmerksamkeit, und das angesammelte Faktenmaterial deskriptiv erfaßter geographischer Variation war gewaltig. Unbestreitbar unterschieden sich lokale Populationen einer Art (vor allem auch) graduell voneinander, und in der Regel wuchsen die Unterschiede mit der Entfernung. Zu diesen Befunden paßten die auf DE VRIES und BATESON zurückgehenden zufälligen und umweltunabhängigen Saltationen nicht. Die Anhänger dieser Ansicht bestritten deshalb die Erblichkeit graduellen geographischen Wandels. Damit waren die meisten Taxonomen und Feldbiologen nicht einverstanden. Gegen eine direkte Bewirkung hatten sie aber nichts. Folglich bewahrte und festigte sich die alte Überzeugung, klimatische und andere Umweltfaktoren in lamarckistischem Sinne verantwortlich zu machen.

Kennzeichnend für die Widersprüchlichkeit der Epoche ist, daß auch der Chorus der Taxonomen nicht einstimmig ertönte. Beispielsweise begab sich STRESEMANN an die Seite der „Mutationisten". Wie einst schon HEINROTH (1903) hatten auch spätere Forscher mit Recht bezweifelt, daß alle Abwandlungen umweltparallel und kontinuierlich verlaufen. Außerdem gibt es Merkmale (Färbung), die ohne Übergänge alternativ auftreten. STRESEMANN zog in seinen Mutationsstudien (1926) den Schluß, „daß den großen Mutationen für die Veränderung des Artbildes große Bedeutung zukommt". STRESEMANN untersuchte innerartlich stark differenzierte Vogelarten. Es sei dahingestellt, ob die Merkmale, die er als Mutationen ansah, nicht sehr komplexer Natur waren. Nach STRESEMANNS eigenen Worten (1951) aktivierte er lamarckistische Gegenreaktionen. RENSCH (1929) kam in seiner Arbeit Das Prinzip der geographischen Rassenkreise und das Problem der Artbildung (1929) zu dem Ergebnis:

„Diese weitgehende, meist fein abgestufte Parallelität der Merkmalsausprägung ... läßt sich mit einer Entstehung durch Mutation und Selektion nicht vereinbaren, und zwingt zur Annahme einer direkten klimatischen Bewirkung ..." (RENSCH 1929, S. 160).

Damit war nochmals der Gegensatz zu anderslautenden genetischen Überzeugungen festgeschrieben. Andere Forscher hatten den erblichen Charakter innerartlicher Abwandlungen in einer Reihe von Fällen – z. T. experimentell – nachgewiesen. PUNNETT (Mimicry in Butterflies, 1915) studierte den mimetischen Polymorphismus und fand Erbgänge, die den Mendel-Regeln entsprachen. GOLDSCHMIDT bearbeitete über eine Reihe von Jahren hinweg (ab 1921) die „Genetik der geographischen Variation" an Schmetterlingen (Lymantria dispar). SUMNER begann um 1915 mit geographisch-variabilitätsgenetischen Untersuchungen an Kleinnagern (Peromyscus), über die er zusammenfassend 1932 in der Arbeit Genetic, distributional and evolutionary studies of the subspecies of deer-mice berichtete. Seit Beginn der zwanziger Jahre führten N. I. VAVILOV und seine Mitarbeiter umfassende Untersuchungen an Kulturpflanzen und ihren wilden Stammformen durch, wobei Erkenntnisse und Methoden der Genetik, Taxonomie und Biogeographie wirkungsvoll vereint wurden (vgl. 17.3.2.!).

Da die meisten Genetiker den Lamarckismus experimentell wie theoretisch für erledigt hielten, sahen sie keine Möglichkeit zu Kompromissen. Die Vertreter lamarckistischer Auffassungen waren in der Regel toleranter, da sie gewöhnlich eine partielle Berechtigung von Mutabilität und Selektion anerkannten. In der deutschsprachigen Literatur belebte das Thema *Dauermodifikationen* noch einmal die Diskussion (JOLLOS 1931, 1939). In der zeitgenössischen anglo-amerikanischen Literatur spielten die „persistent modifications" dagegen kaum eine Rolle. Den Begriff führte JOLLOS 1921 ein, gemeint waren durch Umweltbedingungen induzierte Veränderungen, die auch nach Wegfall der verursachenden Faktoren erst über Generationen abklingen und sich nicht auf Kernstrukturen auswirken. Viele Zoologen setzten auf die experimentell belegten Dauermodifikationen (u. a. WOLTERECK) große Hoffnungen, vermuteten den Beginn einer neuen Ära, die den klassischen Lamarckismus-Darwinismus-Streit hinter sich ließ. Eine Abhandlung von HARMS, erschienen in Heft 1 der „Jenaischen Zeitschrift für Naturwissenschaften", Jahrgang 1939, trägt den Titel *Lamarckismus und Darwinismus als historische Theorien – ein Kampf um Überlebtes* und war in erster Linie ein Grabgesang auf den Darwinismus. Der Zufall wollte es, daß im gleichen Heft die deutsche Fassung von DOBZHANSKYS *Genetics and the origin of species* angekündigt wurde. Da begegneten sich Welten! Auch der in der Schweiz lebende Evolutionstheoretiker TSCHULOK erwartete eine Überwindung des alten Gegensatzes und erklärte 1937: „Ein richtiggehender Lamarckismus ist heute ein Ding der Unmöglichkeit genau so wie ein echter Darwinismus".

Neben den zahlreichen Zoologen, Botanikern, Ökologen und Morphologen blieben Paläontologen dem Lamarckismus verbunden, wenn die intensiven Auseinandersetzungen auch gewisse Bemühungen in Gang setzten. So taucht bei SCHINDEWOLF 1936 erstmals das Wort „Synthese" auf: *Paläontologie, Entwicklungslehre und Genetik. Kritik und Synthese*. Mit dem, was sich anderswo in Richtung auf eine Synthese vollzog, hatten diese Überlegungen allerdings wenig zu tun.

18.3.2. Genetik und mathematisch-statistische Modellierungen

Gemessen an der Breite und Intensität genetischer Forschung waren es nur wenige Genetiker, die sich zu Evolutionsfragen äußerten. Autoren, die schon seit Jahren evolutionsbiologischen Fragen verbunden waren, strebten zu „abgerundeten" Darstellungen. Die Wissenschaftsgeschichte kennt Phasen, in denen Erkenntnisse kulminieren, was in Parallelentdeckungen, zumindest aber in Häufungen einander

ähnlicher Anstrengungen deutlich wird. So erschienen Anfang der dreißiger Jahre eine Reihe von Publikationen, deren Titel parallele Bemühungen kenntlich machen. Läßt man die nur scheinbar vielversprechenden Titel von Zoologen (z. B. JOLLOS 1931: *Genetik und Evolutionsproblem*, HARMS 1934: *Wandlungen des Artgefüges*) und Paläontologen (z. B. SCHINDEWOLF 1929: *Ontogenie und Phylogenie*) schon ihrer lamarckistischen oder naturphilosophischen Befangenheit wegen außer Acht und lenkt den Blick auf Genetiker (experimentierende und Mathematiker), so sind chronologisch folgende Arbeiten zu nennen: *The genetical theory of natural selection* (FISHER 1930), eine Auseinandersetzung mit diesem Werk unter dem Titel *Genetics, mathematics and natural selection* (PUNNET 1930), *Evolution in Mendelian populations* (WRIGHT 1931), *The roles of mutation, inbreeding, crossbreeding, and selection in evolution* (WRIGHT 1932), *The scientific basis of evolution* (MORGAN 1932), *The causes of evolution* (HALDANE 1932), *Genetische Grundlagen des Baues der Art und ihrer Evolution* (DUBININ & ROMAŠOV 1932).

MORGAN diskutierte drei Möglichkeiten der Evolutionsursachen, erstens das Erblichwerden modifikativer Wandlungen, was er ablehnte, zweitens die Selektion, die er auf die Beseitigung schädlicher Mutanten beschränkte, und die Mutationen, die er als einzigen relevanten Faktor ansah, verantwortlich für den evolutiven Wandel einschließlich der Entwicklung zu höheren Organisationsformen. Die Arbeit von DUBININ und ROMAŠOV lag auf der Linie dessen, was später „CHETVERIKOV school" genannt wurde (vgl. 17.3.2.) und fand international wenig Beachtung. Die Werke von FISHER, WRIGHT und HALDANE machten deutlich, daß Mendel-Gesetze und Gentheorie mit DARWINS Variabilität-Selektions-Theorie vereinbar sind. FISHERS Buch von 1930 war der erste Versuch in englischer Sprache, die Genetik mit DARWIN in Einklang zu bringen. FISHER unterstrich die weitaus größere Bedeutung von Mutationen mit geringer phänotypischer Wirkung gegenüber den vertrauten Labor-Mutationen. Er wandte sich u. a. auch gegen Ansichten von PUNNETT, der schon 1915 in auffälligen Mutationsschritten den Hauptfaktor evolutiven Wandels gesehen hatte.

WRIGHT ging in seinem Buch (1931) auf FISHER ein, stellte diesem gegenüber vor allem die Verhältnisse in kleinen isolierten Populationen heraus, denen er eine besondere evolutive Bedeutung zumaß. WRIGHTS Buch behandelt das Zusammenspiel von Wandlungsfaktoren in Populationen und ist für Nichtmathematiker schwer verständlich. Wie STEBBINS (DOBZHANS-

KY et al. 1977) schreibt, begegneten die Teilnehmer des *VII. International Congress of Genetics* im Jahre 1932 dem Autor des Buches mit großem Respekt, aber „most of them did not understand its content any better than they would have understood a presentation of CHETVERICOV's work in Russian".

HALDANE, ursprünglich Mathematiker, aber auch in Züchtungsexperimenten (Labormäuse) erfahren wie WRIGHT (Meerschweinchen), bezweifelte die Häufigkeit kleiner isolierter Populationen in der Natur und damit die Bedeutung, die WRIGHT ihnen zumaß. Auch HALDANE wies den Weg der Harmonisierung von Genetik und Darwinschen Ideen.

Die Werke von FISHER, WRIGHT und HALDANE bewirkten unmittelbar wenig, und das geringe Echo, das sie fanden, erklärt sich zum Teil daraus, daß die breite Mehrheit der Zoologen, Taxonomen, Feldbiologen und anderer Nichtgenetiker keinen Zugang zu den zudem schwer verständlichen Ausführungen hatten. Aber es war auch der Geist der Zeit, der Akklamationen in Grenzen hielt. Vor allem gilt das für das Buch, das als erstes erschien, das von FISHER. Es wurde kaum referiert. PUNNETTS Bemerkungen über FISHERS Buch können als typisch für die vorherrschende Denkhaltung gelten:

„Throughout the book one gets the impression that Dr. FISHER views the evolutionary process as a very gradual, almost impalpable one in spite of the discontinuous basis upon which it works. Perhaps this is because he regards a given population as an entity with its own peculiar properties as such, whereas for the geneticists it is a collection of individuals" (PUNNETT 1930).

Auch damit wird illustriert, daß FISHER und die anderen beiden Autoren offenbar zum „Populationsdenken" („*population thinking*", MAYR) DARWINS zurückgekehrt waren. Die Haltung PUNNETTS zu Populationen erscheint sonderbar, wenn man sich erinnert, daß er es war, der seinerzeit den Mathematiker HARDY gebeten hatte, auf die Frage, ob rezessive Anlagen in der Generationenfolge abnehmen oder nicht, eine Antwort zu finden (Hardy-Formel). PUNNETT, Schüler und Mitarbeiter von BATESON, war es auch, der bald darauf den Mathematiker NORTON veranlaßte, in einer Tabelle aufzuzeigen, wie z. B. starker Selektionsdruck eine häufige genetische Anlage in den ersten Generationen drastisch zurückdrängt. Die damit verbundene Arbeit PUNNETTS (1915) gab ČETVERIKOV Anstöße (vgl. 17.3.1.). So hat PUNNETT manches auf den Weg gebracht, aber er blieb wie viele seiner Zeitgenossen Denkweisen verbunden, wie sie zu Beginn des Jahrhunderts bestanden. Zeitgleich mit den genannten Arbeiten erschienen in der UdSSR bedeutende theoretische Beiträge, die international keine oder geringe Beachtung fanden. Sie unterstreichen die Parallelität der Bestrebungen. Wie WRIGHT analysierten auch DUBININ und ROMAŠOV den genetischen Wandel in Populationen einschließlich der nichtselektionistischen Vorgänge. Der von WRIGHT 1921 eingeführte Terminus „*genetic drift*" fehlt bis heute in keiner Aufzählung der Evolutionsfaktoren. DUBININ und ROMAŠOV behandelten die „genetisch-automatischen Prozesse" entsprechend einem von DUBININ 1931 geprägten Begriff.

Kritisch äußerte sich später MAYR (1963) über Rolle und Bedeutung der mathematischen Modelle, indem er darauf hinwies, daß Gene nicht isoliert voneinander wirken. Die Behandlung der Gene als isolierte Einheiten in den mathematisch-statistischen Theorien der Populationen sei irreführend und „reduktionistisch". Schon früher hatte MAYR (1959b) die Frage gestellt, was denn überhaupt die mathematische Behandlung der Probleme zur Evolutionstheorie beigetragen habe. Dagegen wandte sich HALDANE (1964) und betonte den Vorzug mathematischer Fassungen gegenüber der Mißverständlichkeit verbaler Ausführungen.

Wie es scheint, vermochte die Genetik allein und ohne die „Mittlerrolle" der mathematisch-statistischen Ausarbeitungen nicht den Weg zur neuen Theorie der Evolution zu bahnen. DOBZHANSKY hat den historischen Vorgang stets so geschildert.

18.3.3. Integrationsprozesse und Synthese

Der Populationsgenetiker B. WALLACE (1968) bemerkt rückschauend, daß es seltsam erscheint, daß ein Phänomen (*Hardy-Weinberg-Gesetz*), das der realistische Folgesatz von MENDELS Spaltungsgesetz ist, erst acht oder mehr Jahre nach der Wiederentdeckung der Mendel-Regeln entdeckt wurde. Noch seltsamer sei es aber, daß das „*Hardy-Weinberg equilibrium*" keine allgemeine Würdigung fand. Einige Zeit schien es, ihm sei ein ähnliches Schicksal beschieden wie einst den Mendelschen Regeln. WRIGHT entdeckte 1921 das Phänomen neu. Dagegen war ČETVERIKOV (1926) die Arbeit von HARDY bekannt, er sprach vom „Gesetz des Gleichgewichts bei freier Kreuzung". Weiter empfing er Anregungen von PUNNETT (1915), kannte somit auch die Tabelle von NORTON. Aber wer kannte die Arbeiten von ČETVERIKOV? WRIGHT, FISHER und HALDANE kannten sie

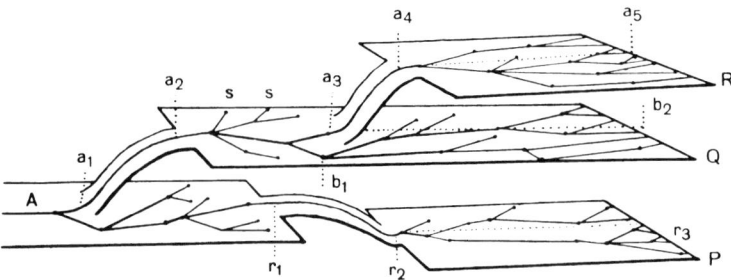

Abb. 199. Schema zur Veranschaulichung der Aromorphose von A. N. Severcov (1931): Die Ebenen stellen die Erhöhung des Organisationsniveaus eines Tieres A dar (Linien a_1 bis a_2 und a_3 bis a_4) mit nachfolgender Entfaltung (s); r_1 bis r_2 bedeutet regressive Entwicklung.

nicht. P. F. Rokitsky (1975) stellt Betrachtungen an, inwieweit Četverikovs Arbeit von 1926 westliche Kollegen zum Studium natürlicher Populationen anregten. Weitere Darstellungen stammen von Adams (1968, 1970) und Provine (1971, 1986). Generell ist zu sagen, daß verschiedene Hemmnisse – zunehmende Spezialisierung, Schwierigkeiten in der Verständlichkeit, sprachliche Barrieren – die Information beeinträchtigten. Sprachliche Barrieren bewirkten, daß beispielsweise der russisch und deutsch publizierende Severcov (Abb. 199) in der einschlägigen anglo-amerikanischen Literatur eine weitaus geringere Rolle spielt als Gauze, Šmalgauzen (Schmalhausen) oder Rensch, die Bücher in Englisch veröffentlichten.

Es ist erstaunlich, welche Leistungen russische Forscher in einem durch Nachkriegsnot, Revolution und Bürgerkrieg zerrütteten Land vollbrachten. In Einrichtungen, die in Moskau von N. K. Kolcov, in Petrograd von J. A. Filipčenko geleitet wurden, entstanden bedeutende Schulen für genetische und evolutionsbiologische Forschungen. In seinen *Portraits of memory* (1958) berichtet Goldschmidt über Probleme der beiden Forscher, die er auch an ihren Arbeitsstätten besuchte.

Zu den Mitarbeitern Četverikovs in Moskau gehörten Dubinin, Romašov, Astaurov und Timofeeff-Ressovsky, der ab 1925 in Berlin-Buch arbeitete. Dobzhansky kam 1924 von Kiew, wo er u. a. Studien über individuelle und geographische Variabilität von *Coccinelliden* (Marienkäfer) betrieben hatte, nach Leningrad zu Filipčenko. 1929 emigrierte er in die USA (*California Institute of Technology*). Als die genetische und evolutionsbiologische Forschung in der UdSSR Pressionen ausgesetzt war, setzten Timofeeff-Ressovsky in Deutschland und Dobzhansky in den USA das begonnene Werk fort. In den ersten Jahren nach dem 2. Weltkrieg kamen Genetik und Evolutionsbiologie in der UdSSR unter dem Druck des Lyssenkoismus nahezu zum Erliegen (vgl. 17.2.3.).

Die prolamarckistischen und antidarwinistischen Wurzeln des Lyssenkoismus sind wahrscheinlich in der Ansicht zu suchen, der Lamarckismus stehe dem Marxismus näher als der Darwinismus. Während beispielsweise Pannekoek (1914) noch erklärte, Darwinismus und Marxismus seien zwei verschiedene Lehren, gültig für zwei getrennte Seinsbereiche und in keiner Weise wechselseitig übertragbar, sahen das manche Autoren anders. Der Darwinismus („Kampf ums Dasein", „Auslese", „Überleben des Tüchtigsten") wurde abgelehnt und im Sinne einer „Milieutheorie" der Lamarckismus bevorzugt. Ein Bild von dieser Denkhaltung liefert K. Schäfer (1925). Auch Kammerer äußerte sich in dieser Richtung. Was der Stalinismus dann in Gang setzte, steht auf einem anderen Blatt! Er bot für den speziellen Fall alles auf, was ihn generell kennzeichnete. Einige Forscher (Dobzhansky) emigrierten oder begaben sich auf längere Zeit ins Ausland (Timofeeff-Ressovsky), verbleibende trafen härtere Schicksale (Vavilov) (s. 17.3.2.). Die Entwicklung eskalierte nach dem 2. Weltkrieg. Ein Dokument, das sie in ihrem Höhepunkt widerspiegelt und nacherlebbar macht, ist das Protokoll der Tagung der W. I. Lenin-Akademie der Landwirtschafts-Wissenschaft (1948) mit dem Referat Lyssenkos (deutsch: 1948 Berlin). (*Zur Geschichte des Lyssenkoismus* s. Joravsky 1970; Medwedjew 1971; Regelmann 1980.)

Da jeglicher Rassismus Wert darauf legt, daß Erbanlagen von Umwelteinflüssen möglichst wenig beeinträchtigt werden, war die im nationalsozialistischen Deutschland zur Staatsdoktrin erhobene Rassenlehre antilamarckistisch (vgl. Querner 1971). Als Buchner in seinem Lehrbuch *Allgemeine Zoologie* (1938) Bekenntnisse zum Lamarckismus ablegte, hielt er es für geboten zu versichern, keine Kritik politischer Gegebenheiten zu beabsichtigen. Zu schwersten Deformationen führte die rassistische Indoktrination vor allem auf den Gebieten Humangenetik und Anthropologie. Eine fundierte Darstellung über *Die Rassenlehre des Nationalsozialismus in Wissenschaft und Propaganda* gibt Saller (1961). Aber Vertreter rassistischer Ideologie übten in Deutschland schon lange vor 1933 einen bedeutenden Einfluß aus. So erschien beispielsweise ab 1922 in mehreren Auflagen die *Rassenkunde des deutsche Volkes* (München) von H. F. K. Günther.

Als F. Boas, Anthropologe an der Columbia-Universität New York, anläßlich seines 50jährigen Doktorjubiläums im Sommer 1931 nach Kiel kam und dort eine Rede zum Thema „Rasse und Kultur" hielt, schloß er mit einer für viele seiner Zuhörer noch unverständlichen Mahnung: „Das Verhalten eines Volkes wird nicht wesentlich durch seine biologische Abstammung bestimmt, sondern durch seine kulturelle Tradition. Die Erkenntnis dieser Grundsätze wird der Welt und besonders Deutschland viele Schwierigkeiten ersparen" (F. Boas, 1932).

Schon eine frühe Arbeit Četverikovs über *Lebenswellen* (1905) hatte Bezug zu Evolutionsfragen, behandelte Schwankungen in der Populationsgröße, einen heute unbestrittenen Evolutionsfaktor. Ab 1919 hielt er Vorlesungen über Biometrie und Genetik. Seine berühmte Arbeit *Über einige Aspekte des Evolutionsprozesses vom Standpunkt der modernen Genetik* erschien 1926 in Russisch, eine Übersetzung ins Englische 1961, eine französische 1970.
Četverikov wies nach, daß jede Population stark heterogen ist, daß sie wie ein Schwamm *genetische Heterogenität* speichert, daß diese Heterogenität die Grundlage des Wandels ist. Er demonstrierte, daß Populationen bei ganz unterschiedlichem Mutationsdruck Heterogenität bewahren, daß ein im homozygoten Zustand schädliches rezessives Allel selbst bei hohem Druck über viele Generationen erhalten bleibt. Hinter dem äußerlichen phänotypischen „*Monomorphismus*" verbirgt sich eine unvermutet starke Heterogenität! Zur damaligen Zeit beunruhigte eine von ihm angesprochene Frage sehr:

„Und haben wir das logische Recht, den gesetzmäßigen Verlauf der Evolution auf der zufälligen Erscheinung der Genvariation aufzubauen?" „Die in diesem Artikel entwickelte Vorstellung über die Wirkung der freien Kreuzung und der natürlichen Selektion ist eine elementare Analyse der Bedeutung dieser Faktoren vom genetischen Standpunkt aus." „Faktisch wissen wir, daß in der Natur die genannten Prozesse lange nicht so glatt und gesetzmäßig verlaufen, wie es eben dargestellt wurde. Doch nichtsdestoweniger liegen eben diese Erscheinungen auf der Grundlage all der Gesetzmäßigkeiten, die wir in der Natur faktisch antreffen."
„Und es ist nichts prinzipiell Verwerfliches daran, wenn wir als Grundlage des gesetzmäßigen Prozesses der Evolution die Zufallserscheinung der Genvariationen annehmen, da uns die Wahrscheinlichkeitstheorie lehrt, daß auch der Zufall den gleichen Gesetzen unterliegt, wie alles andere auf der Welt." (zit. nach der russ. Ausg. 1926).

Noch in den zwanziger Jahren erschienen eine Reihe von Untersuchungen an natürlichen *Drosophila*-Populationen u. a. von Dubinin, Astaurov, Timofeeff-Ressovsky, Romašov. Vor allem ging es um die Häufigkeit von Mutationen, Unterschiede in der Häufigkeit zwischen geographisch entfernten Populationen, Wirkungen der natürlichen Selektion. All das, was sich an evolutionsbiologischen Entwicklungen auf den behandelten Gebieten vollzogen hatte, wurde von der breiten Mehrheit der Biologen verschiedener Richtungen erst zur Kenntnis genommen, als 1937 das Buch *Genetics and the origin of species* von Th. Dobzhansky erschien. Der Titel knüpfte bewußt an Darwins *On the origin of species ...* an (Abb. 200), was übrigens im Titel der deutschen Ausgabe *Die genetischen Grundlagen der Artbildung* (1939) nicht deutlich wurde. Das Werk konnte jeder Nichtgenetiker verstehen. Der die Entwicklung seines Faches über Jahrzehnte hinweg weltweit beeinflussende Berliner Ornithologe E. Stresemann schrieb später, das Buch Dobzhanskys habe „allen lamarckistischen Vorstellungen bei den ornithologischen Systematikern ein sofortiges Ende" bereitet (Stresemann 1951, S. 281).

GENETICS AND
THE ORIGIN OF SPECIES

BY

THEODOSIUS DOBZHANSKY

PROFESSOR OF GENETICS, CALIFORNIA
INSTITUTE OF TECHNOLOGY

NEW YORK : MORNINGSIDE HEIGHTS

COLUMBIA UNIVERSITY PRESS

1937

Abb. 200. Titelblatt des klassischen Werkes von Th. Dobzhansky (1937), das die Widersprüche zwischen genetischen und evolutionsbiologisch-darwinistischen Vorstellungen wesentlich überwinden half, als Markstein der „Synthetischen Theorie der Evolution" gilt und einen Großteil lamarckistischer Erörterungen zum sofortigen Verstummen brachte.

Mehr oder minder ausgeprägt gilt das auch für andere Taxonomen, für Biogeographen, für manche Paläontologen. DOBZHANSKY faßte unterschiedlichste Erkenntnisse zusammen: Ergebnisse der in Laboratorien und Gewächshäusern betriebenen Genetik, Modellvorstellungen, die an den Schreibtischen der Populationsgenetiker entstanden waren, an natürlichen Populationen erhobene Befunde sowie taxonomische, biogeographische und ökologische Sachverhalte. Das Buch machte klar, daß im Mittelpunkt evolutionsbiologischer Forschung Populationen und nicht Individuen zu stehen haben. Es verdeutlichte, daß DARWINS Grundvorstellung eines Wechselspiels von sich ständig erneuernder Variabilität und natürlicher Selektion in Populationen richtig ist. Nicht Großmutationen, sondern kleine und kleinste erbliche Änderungen sind für die Evolution wichtig. Neben Mutationen sind Neukombinationen in panmiktischen Populationen von größter Bedeutung. DOBZHANSKY zeigte, daß das Problem, wie Kreuzungsbarrieren zwischen Populationen entstehen, viel komplizierter und bedeutsamer ist, als man bisher angenommen hatte. Es gehört zum Wesen der Artfrage.

Neben die Selektion trat die genetische Drift (*Sewall Wright effect*), durch Zufall bewirkte Veränderungen in der Häufigkeit von Allelen, wodurch der Satz „Keine Evolution ohne Selektion" korrigiert bzw. eingeschränkt wurde.

Da die Umweltverhältnisse sich zeitlich (schon jahreszeitlich) ändern und von Ort zu Ort (weiträumig oder auf kleinste Distanzen) unterschiedlich sind, pflegen natürliche Populationen genetisch polymorph zu sein und zu bleiben. Selektion und Gegenselektion, eine Vielfalt selektionistischer Trends, Gleichgewichtslagen und Dynamik sind die Charakteristika des Angepaßtseins (Adaptation als Zustand). Darüber hinaus kann Selektion über Generationen hinweg den Genpool einer Population mehr oder minder nachhaltig – und schließlich irreversibel – verändern, was zu dem führt, was wir *evolutiven Wandel* (Adaptation als Prozeß) nennen.

Am Darwinismus interessierte Außenstehende nahmen mit Erleichterung zur Kenntnis, daß eine von dramatischen („Überleben des Tüchtigsten") und mißbräuchlichen („Kampf ums Dasein") Formulierungen befreite Selektionstheorie sich auf DARWIN als dem Manne berief, der die schlichte, aber geniale Idee hatte, daß verschieden ausgestattete Individuen im Fortpflanzungserfolg variieren. Genetische Variabilität, die sich in differenzierten Fortpflanzungsergebnissen äußert, bedeutet *Selektion*.

Die „moderne", „synthetische" oder „biologische" Theorie der Evolution fußt auf der Variation-Selektionstheorie DARWINS, den Erkenntnissen der Genetik (Faktorengenetik, Cytogenetik, Mutationsforschung) und solchen, die aus der mathematischen Behandlung populationsdynamischer Fragen hervorgingen.

„Man hat diese Theorie auch ,synthetische' genannt. Synthetisch ist sie in dem Sinne, daß sie eine Synthese von Tatsachen der Biologie als Ganzes darstellt. Das Wort ,synthetisch' kann jedoch auch künstlich oder imitiert im Gegensatz zu natürlich und echt bedeuten, so daß meiner Meinung nach die Bezeichnung ,biologisch' vorzuziehen ist" (zit. nach DOBZHANSKY 1967, S. 270).

Angesichts der intensiv betriebenen infraspecifischen Forschungen und Erörterungen in der Ornithologie nimmt es nicht wunder, daß es ein Ornithologe war, der bald nach DOBZHANSKY von der Position des Taxonomen einen wichtigen Beitrag zur neuen Theorie der Evolution lieferte. 1942 erschien das Buch *Systematics and the origin of species* von E. MAYR. Dieser weiterführenden Synthese von Genetik, Taxonomie, Ökologie und Biogeographie folgte im gleichen Jahr das Werk von J. S. HUXLEY *Evolution, the new synthesis.* H. BAUER und N. W. TIMOFEEFF-RESSOVSKY veröffentlichten 1943 den Beitrag *Genetik und Evolutionsforschung bei Tieren* (in dem von G. HEBERER herausgegebenen Werk *Die Evolution der Organismen*), und nach dem 2. Weltkrieg war die biologische Theorie der Evolution Gegenstand einer rasch wachsenden Zahl von Schriften.

G. G. SIMPSON und B. RENSCH bemühten sich um den Nachweis, daß zwischen der sogenannten *Mikroevolution* und *Makroevolution* keine prinzipiellen Unterschiede bestehen. Sie wandten die neue Theorie auf die großen morphologischen Wandlungsschritte an und bezogen deren Gesetzmäßigkeiten in die Theorie ein. Der Paläontologe SIMPSON entwickelte seine Gedanken in den Schriften *The principles of classification* (1945), *The meaning of evolution* (1949) und *The major features of evolution* (1953). RENSCHS Buch *Neuere Probleme der Abstammungslehre: Die transspezifische Evolution* erschien 1947.[1])

Die „*Tierpsychologie*" und der „*Behaviorismus*" unterhielten lange Zeit keine Beziehungen zur Evolutionstheorie. Die *Ethologie* hat sich in starkem Maße mit Evolutionsfragen beschäftigt. Grundlegend für die evolutionsbiologischen Beiträge der *Ethologie* wurden vor allem die Arbeiten von K. LORENZ (ab 1935) und Arbeiten von HEINROTH und TINBERGEN. Sie machten

---

[1]) Das Manuskript war bereits 1941 abgeschlossen, aber durch einen Bombenangriff auf Berlin verbrannt (RENSCH 1979).

u. a. deutlich, daß in der tierischen Evolution eine Umstellung im Verhalten oft der erste Schritt ist. Die Selektion wirkt dann fördernd auf strukturelle Abwandlungen (vgl. 19.4.1.). Verhaltensänderungen bewirken unmittelbar keinen Erbwandel; sie verursachen aber neue Selektionsrichtungen:

„Man darf annehmen, daß fast immer die Organumbildung nachhinkt. Verhaltensweisen gehen in der Evolution voran, weil sie das im Dienste der Anpassung variabelste Instrument sind. Deshalb kann das Verhalten, besonders wenn Traditionen mitspielen, die Evolution von Organen und physiologischen Eigenschaften in ganz bestimmte Richtungen lenken, indem es die Richtung des Selektionsdruckes beeinflußt, der auf diese Organe und Eigenschaften wirkt" (WICKLER 1967, S. 461).

KOOPMAN (1950) zeigte in Modellversuchen mit zwei *Drosophila*-Arten, daß sich eine noch unvollständige reproduktive Isolation verstärken kann, wenn man die im Verhalten zur Fremdpaarung neigenden Varianten eliminiert. Daraus leitet sich die für Speciationsprozesse wichtige Hypothese ab, daß auch in der Natur die Isolationsmechanismen zwischen zwei Arten bei Eintritt sympatrischen Zusammenlebens durch Selektion vervollständigt werden. Eine gewisse Eigenständigkeit erlangte die genetische Verhaltensforschung (E. CASPARI 1958; W. C. DILGER 1962). Daß es neben tradierten Verhaltensweisen erblich fixierte gibt, die durch Selektion beeinflußt werden können, hatte bereits DARWIN angenommen. Eine Beweisführung lieferten Experimente an *Drosophila*, die zeigten, wie sich Verhaltensweisen – z. B. negative und positive Geotaxis – durch Selektion ändern lassen (Th DOBZHANSKY, B. SPASSKY: *Selection for geotaxis in monomorphic and polymorphic populations of Drosophila obscura*, Proc. Nat. Acad. Sci. USA *48* [1962]: 1704–1712). STEBBINS legte 1950 das Buch *Variation and evolution in plants* vor. Durch den Zoologen W. HENNIG (1950) wurde im gleichen Jahr eine Diskussion um die theoretischen Grundlagen der Taxonomie in Gang gebracht und die erneute Erörterung traditioneller Begriffe wie „Verwandtschaft" und „Monophylie" erzwungen. Seine „konsequent phylogenetische Systematik" kritisierte die „natürlichen Systeme", weil sie neben dem genealogischen Aspekt immer auch typologische, qualitativ-evolutionäre Gruppierungskriterien benutzen, zudem oft nicht durchgängig das Prinzip der Monophylie befolgen, zwar polyphyletische Konstruktionen auszuschließen bemüht sind, aber paraphyletische Einheiten (durch Ausklammerung von z. B. biologisch aberranten Arten oder Artengruppen trotz erwiesener gemeinsamer Stammform) zulassen. Methodolo-

gisch stützte sich HENNIG auf den biologischen Artbegriff (s. auch D. St. PETERS 1970) und den evolutionsbiologischen Tatbestand, daß Wandlungsvorgänge zum einen unter Wahrung des gegebenen Artrahmens ablaufen, zum anderen Artspaltungsprozesse (Aufspaltung einer Art in zwei Tochterarten) stattfinden. Auf dem Wege einer streng differenzierenden Bewertung von Merkmalen (*plesiomorph, apomorph*) und Merkmalsbeziehungen (*Symplesiomorphien*: Übereinstimmungen in ursprünglichen Merkmalen; *Synapomorphien*: Übereinstimmungen in abgeleiteten Merkmalen) läßt sich die Genealogie von Arten und Artengruppen einschließlich höherer Kategorien mit großer Wahrscheinlichkeit erschließen. Die Auseinandersetzungen nahmen anfangs teilweise heftigere Formen an, auch weil sich im Bereich traditioneller höherer Kategorien erhebliche Konsequenzen abzeichneten, zum Beispiel die mögliche Zusammenfassung von Krokodilen und Vögeln in einer Verwandtschaftsgruppe. Im Zuge dieses Streites bezeichneten Vertreter der „evolutionären Systematik" (z. B. Ernst MAYR) die Methoden ihrer jetzt weitgehend anerkannten Widersacher als „kladistisch" (vgl. dazu u. a. LÖTHER 1972; G. PETERS 1978).

Im Vorwort zu dem Werk *Processes of organic evolution* (1966) schrieb STEBBINS über Stand und Zukunft der Evolutionsforschung:

„Das Gerüst ist solide gebaut und wird kaum durch zukünftige Forschung zerstört oder grundlegend verändert werden … Insbesondere brauchen sie eine neue Synthese zwischen Ökologie und Populationsgenetik einerseits, die jetzt das Rückgrat der Evolutionsforschung sind, und der vergleichenden Molekularbiologie andererseits, die nach meiner Auffassung das Nervenzentrum der Evolutionstheorie der Zukunft sein wird" (zit. nach der dt. Ausg. 1968, S. VII).

Den keinesfalls abschließenden Charakter der „Synthese" stellte auch eine von MAYR initiierte Konferenz heraus (MAYR & PROVINE 1980), die durch Kontroversen der Evolutionstheoretiker veranlaßt war und in den einzelnen, teils auch widersprüchlichen Beiträgen neue Probleme und ungelöste Fragen aufzeigte.

Seit den 60er und 70er Jahren des 20. Jh. – deren Darstellung eigentlich nicht mehr zum Gegenstand dieser „Geschichte der Biologie" gehört – gibt es unter dem Einfluß alternativer Theorien (Selbstorganisation, Konstruktionsmorphologie), vor allem aber auch auf dem Wege theoretischer Vertiefungen und gewisser Akzentverschiebungen „neue Auseinandersetzungen mit dem Darwinismus", an denen sich MAYR mit einer Vielzahl neuer Publikationen aktiv beteiligt.

MAYR gehörte stets zu den Vertretern der „organismic naturalists", anti-reduktionistisch orientierten Naturalisten, die die mathematisch orientierten Populationsgenetiker („reductionist geneticists") ablehnten (vgl. 18.3.2.). Darüber hinaus konstatiert BEURTON (1995) aber eine Verschiebung der Akzente in MAYRS Schriften von 1942 bis 1980, und zwar von einer Überbetonung der Veränderung von Genfrequenzen als Wesen der Evolution (MAYR 1942, 1963) hin zu einer erweiterten Aussage im Jahre 1980, wo es heißt:

"It is simply not true that evolution can be explained as a change in gene frequencies. Falling victim to their own definition of evolution the new geneticists failed to explain the very phenomena that occupied the attention of the most active students of evolution, such as the multiplication of species, the origins of evolutionary novelties and higher taxa, and the occupation of new adaptive zones" (MAYR 1980, S. 12, zit. nach BEURTON a. a. O. S. 117).

BEURTON interpretiert die Akzentverschiebung als ein Symptom der Weiterentwicklung der Synthetischen Theorie selbst, die zunächst – bei der Rückführung der Darwinschen Evolutionstheorie auf eine populationsgenetische Grundlage – um Zurückdrängung der saltationistischen Theorien (mit den Postulaten von sogenannten *Makromutationen*) bemüht war und in diesem Zusammenhang den gradualistischen Charakter der Evolution (DARWINS Theorie) durch Betonung der selektiven Mehrung kleinster genetisch bedingter Variationen unterstrich.

Das Problem des „Reduktionismus" in der Populationsgenetik rückte erst im Verlauf der 60er Jahre ins Bewußtsein, nachdem die Details der Synthetischen Theorie ausgearbeitet waren. Das führte bis zu Beginn der 70er Jahre zu einer unvorhergesehenen Periode offener Meinungsverschiedenheiten („open dissent"), die als „Post-Synthesis-Entwicklung" bekannt wurde (BEURTON 1993 [1995], S. 40). MAYR erklärt diese Dissonanzen rückblickend wie folgt:

"One did not know, whether criticism was absent [in the early years] because everybody had been thoroughly converted by the force of the argument, or whether the opponents merely kept quiet because they did not think they had the strength to battle against a doctrine so well entrenched. That it was the second of these alternatives became apperent as soon the cracks began to appear in the camp of the synthesists" (MAYR 1984, zit. nach BEURTON 1993, S. 40 f.).

Demzufolge habe die „Synthese" von 1936–1947 (= *Princeton Conference, Society for the study of evolution* 1947) in Wirklichkeit wohl nicht verschiedene Disziplinen unter einem neuen Paradigma vereinigt, sondern nur Individuen verschiedener Richtungen zu einer neuen Strategie

verbunden. Erst beginnende historische Studien werden zu analysieren haben, wie breit *de facto* die Akzeptanz oder die Ablehnung der Synthetischen Theorie zu Fragen der Evolutionsmechanismen – speziell unter Paläontologen und Embryologen, trotz der positiven Beiträge von SIMPSON und DE BEER – gewesen ist (BEURTON 1993 S. 43).

In einem jüngsten Kolloquium über Themen und Probleme einer Historiographie der Modernen Synthese (Universität Tübingen 1996)[1]) kamen abermals die unterschiedlichsten Versionen zur Sprache. Von JUNKER wurde betont, daß seinerzeit die „Feldbiologen" (DOBZHANSKY, MAYR, J. HUXLEY) den biometrischen Ansatz der Populationsgenetiker nicht akzeptierten (weil reduktionistisch), sondern den Begriff der „*Interaktion*" einbrachten, bei dem der Phänotyp auch eine Rolle im Evolutionsgeschehen spiele. BEURTON unterstrich schon drei Jahre vorher diesen Aspekt bei der Diskussion von „MAYR'S concept of interaction", wonach „organismic architecture may have a profound effect on any single gene's future fate; slightly different physiologies will cause alternative pathways of selection" (BEURTON 1993, S. 42). In diesem Zusammenhang wird auf MAYRS Aussage hingewiesen:

"Changes in gene frequency are a byproduct of adaptation and of the origine of evolutionary diversity (induced by natural selection) and not the other way around" (MAYR 1980, S. 12).

Bei aller Zustimmung zu dieser Aussage macht BEURTON (1993, wie auch 1996) die Berechtigung des ursprünglich „reduktionistischen" Standpunktes der „Neo-Darwinisten" (Synonym für mathematische Populationsgenetiker) geltend. Thomas JUNKER plädierte (nach MAYR) für die Begrenzung des Begriffes „Synthetische Theorie" auf den konkreten (zwischen 1936–1947 abgeschlossenen) Vorgang, der Zurückdrängung des Lamarckismus und Saltationismus durch die Synthese des Darwinismus mit der Genetik, während der fortlaufende Prozeß neuer Synthesen von Einzelerkenntnissen als neuer Ansatz zu werten sei. RHEINBERGER wies in Tübingen (1996) darauf hin, daß das Aufkommen der Molekularbiologie die Krise bzw. „das Ende" der Synthetischen Theorie bedingte, und diese historische Entwicklung durch „unvorhergesehenes Ineinandergreifen" verschiedener Erkenntnisschritte aus heterogenen Richtungen (technologische Innovationen wie Ultrazentrifuge, Röntgenstrukturanalyse etc., neue „Modellorganismen", biochemisch orientierte tech-

---

[1]) Nach freundl. Mitteilung von Ilse JAHN (Dez. 1996).

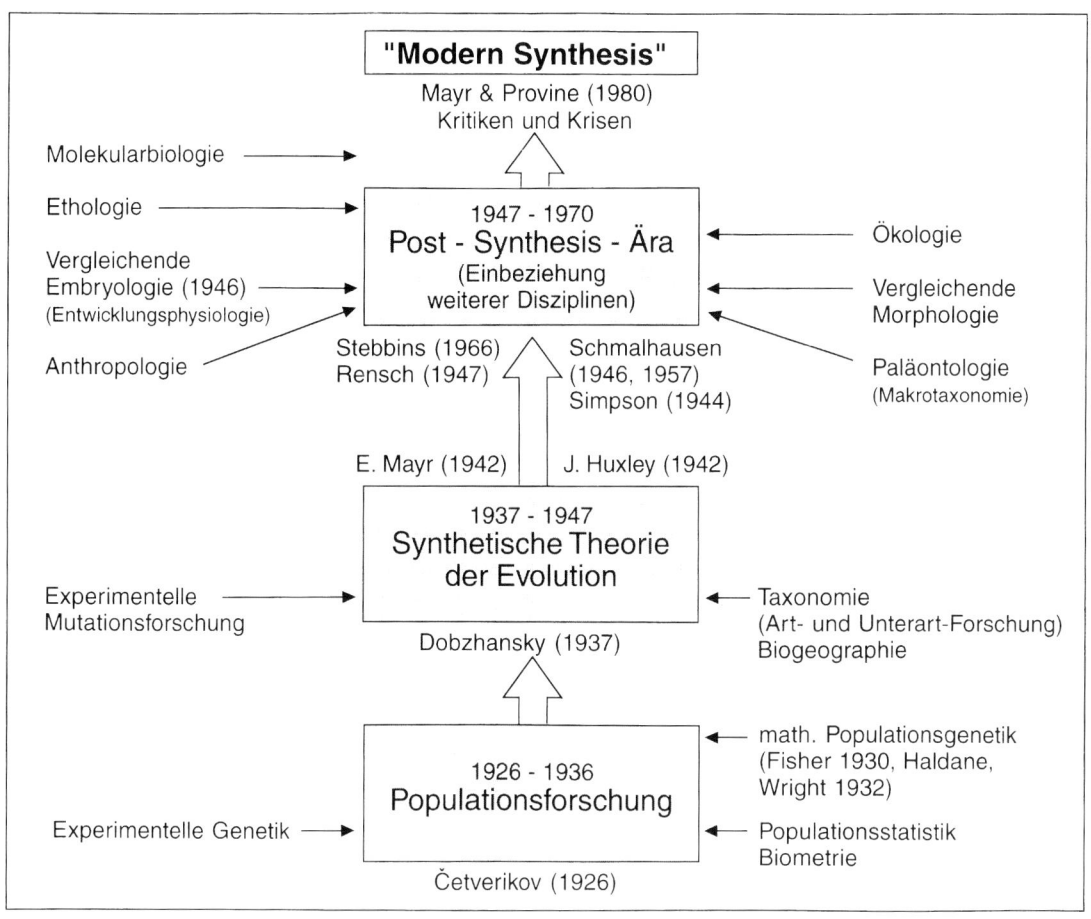

Abb. 201. Versuch einer grafischen Darstellung der fortlaufenden Einbeziehung von Erkenntnissen verschiedener biologischer Disziplinen, die zur „Synthetischen Theorie der Evolution" und ihrer Modifizierung führten (Entwurf JAHN 1982, aktualisiert 1997).

nologische Systeme u. a. m., vgl. auch 22.2.) zustande kam, die erst nachträglich „zu einer rekursiven Synthese" fanden (Abb. 201). Der Dobzhansky-Schüler D. SPERLICH betonte in Tübingen (1996), daß erst unter Aspekten der Molekulargenetik die Weiterentwicklung der „Synthetischen Theorie der Evolution" zu einer „Systemtheorie der Evolution" vollzogen werden kann, und der Paläontologe Wolf-Ernst REIF stellte eine Reihe früher Arbeiten über „biometrische Analysen fossiler Phasen" seit 1921 vor (vgl. auch REIF 1986) und plädierte für die Einbeziehung von Gerhard HEBERER und Walter ZIMMERMANN in die Gruppe der „Architekten" der Synthese, was Uwe HOSSFELD für HEBERER detailliert nachwies (s. HOSSFELD 1996 und 1998).

Die Molekularbiologin Vera HEMLEBEN formulierte aus der Erfahrung ihrer Verwandtschaftsforschung höherer Pflanzen einen Fragenkatalog zur Aufklärung der *Interaktion zwischen*

Genom und Umwelt (zumal der Begriff „Gen" nicht mehr relevant ist), was eine neue Synthese paläontologischer, klimatologischer, morphologischer, zytogenetischer, entwicklungsbiologischer, populationsgenetischer, enzymatischer und nucleotidsequenzanalytischer Daten erfordere.

Dieser Erfahrungsaustausch (gemeinsam von Historikern und Rezentbiologen, dessen Problematik RHEINBERGER mit Recht in der „Vermischung zweier unterschiedlicher Diskurse" sieht, wenn sie unzureichend „historisch verortet" werden), bestätigte im Grunde, was BEURTON zur Zeitsituation der letzten 25 Jahre sagte:

„Dazu muß man berücksichtigen", schreibt BEURTON (1995, S. 119), daß wir seit 1970 mit einer grundsätzlich neuen Wissenschaftssituation konfrontiert werden, die diesmal so ungefähr alle Wissenschaften erfaßt, nicht nur die Biologie: Ich meine den Übergang vom monolithen zum pluralistischen Wissenschaftsverständnis. Für die Biologie heißt das, daß die syntheti-

Significant stages in the modification of Darwinism. Aus Mayr 1988, S. 536.

Dates	Stage	Modification
1883	Weismann's influence	End of soft inheritance
1886		Diploidy and genetic recombination recognized
1900	Mendelism	Genetic constancy accepted and blending inheritance rejected
1918–1933	Fisherism	Evolution considered to be a matter of gene frequencies and the force of even small selection pressures
1936–1947	Evolutionary synthesis	Population thinking emphasized; interest in the evolution of diversity, allopatric speciation, variable evolutionary rates
1947–1970	Post-synthesis	Individual increasingly seen as target of selection; a more holistic approach; increased recognition of chance and constraints
1954–1972	Punctuated equilibria	Importance of speciational evolution
1970s–1980s	Rediscovery of sexual selection	Importance of reproductive success for selection

sche Theorie, die Jahrzehnte gewissermaßen allein-
herrschend war – zwar nicht abgelöst, aber – ergänzt
wird durch eine Reihe distinkter Alternativen im Evo-
lutionsdenken (wobei Mayr allerdings fragt, ob diese
Alternativen wirklich als solche zu verstehen sind
oder ob sie nur legitime Erweiterungen der synthetischen Theorie darstellen). Die synthetische Theorie
wird seitdem besonders von solchen embryologischen
und paläontologischen Theorien tangiert – oder erhält
von ihnen Konkurrenz –, die der organismischen
Form, dem Bauplan, der Morphologie eine weit selb-
ständigere Rolle in den Großabläufen der Evolution
beilegen, als es aus der Sicht der synthetischen Theorie erscheint. Zu gründlich aber ist die Vorleistung
Mayrs, Dobzhanskys, Simpsons und anderer bei der
Verankerung des Darwinismus in der Populationsgenetik gewesen, als daß diese Verankerung auf seriöse
Weise je wieder gelöst werden könnte" (Beurton,
S. 119).

Es wird abzuwarten sein, was die Geschichtsforschung in 50 Jahren über den Erklärungswert
anti-darwinistischer Theorien wie diejenigen der
„Konstruktionsmorphologie"[1]) (Gutmann &
Bonik 1981), der Autopoiesis-Theorien (Prigogine 1971, 1979) oder der übrigen Alternativen
von Eldredge (1979, 1985, 1986) und von
S. J. Gould (1983) in vergleichend-historischen
Studien zu sagen haben wird.

---

[1]) In seinem Buch über *Die Evolution hydraulischer
Konstruktionen. Organismische Wandlung statt altdarwinistischer Anpassung* begründet W. F. Gutmann
(1989) „radikal ... die Konzeption von Evolution in
postdarwinistischer Weise" und zeigt, wie „Evolution
im Transformationsprozeß energiewandelnder hydraulischer Konstruktionen besteht und nur in abstrakten
biomechanischen Termen beschrieben und begründet
werden" könne (Gutmann 1989, S. 15).

Beeindruckend bleibt, wie Mayr sich auch in
der „Post-Synthesis-Ära" um neue Synthesen
zugunsten von Darwins theoretischer Konzeption bemüht. Anläßlich seines 90sten Geburtstages schrieb Beurton:

„Mayrs gesamtes Lebenswerk erweist sich rückblik-
kend als eine einzige durchgehende Synthese: zunächst, Anfang der 40er Jahre, der Taxonomie mit der
Populationsgenetik, dann, Mitte der 60er Jahre, [Syn-
these] des aktuellen Standes der synthetischen Theorie, abermals 20 Jahre später der Taxonomie, der Populationsgenetik und der synthetischen Theorie mit
der Gesamtgeschichte der Evolutionsbiologie. Und
schließlich, Ende der 80er Jahre, mit seinem Buch *Toward a New Philosophy of Biology* (1988), aller dieser
Teildisziplinen mit den wissenschaftstheoretischen und
philosophischen Grundlagen der biologischen Wissenschaften" (Beurton 1995, S. 115).

Dieses Werk Mayrs mit dem kennzeichnenden
Untertitel *Observation of an Evolutionist* ist ein
Versuch, die noch immer „konzeptionelle Kon-
fusion" in der Biologie einer Klärung näherzu-
führen und schließlich eine Brücke zwischen
Biologie und Philosophie zu bauen; denn eine
Philosophie der Naturwissenschaften, die die
Biologie einschließt, müsse berücksichtigen, daß
das Studium von Lebewesen die historischen
Aspekte ihrer Entwicklung nicht ignorieren dürfe; diese Spezifik der Organismen aber fehle in
philosophischen Systemen der Logik und des
Positivismus (S. V–VII). In acht Teilen mit 26
„Essays" (Kapiteln) bespricht Mayr nochmals
die Konzepte biologischer Grundbegriffe wie
Natural Selection, Adaptation, Diversity, Species
und *Speciation, Macroevolution* und *Microevo-
lution, Darwinism* und *Biological Classification*,
ihre Geschichte und ihre Theorien, da er den

Eindruck hat, daß bereits vor Jahren erreichte Erkenntnisschritte wieder verlorenzugehen scheinen. In seinem letzten (28.) Kapitel über *Historical perspectives* werden ausführlich die Kriterien der „Post-Synthesis Developments" dargestellt und gefolgert, daß alle neuen Ergebnisse nur bisher fehlende Teile in dem von der *Synthetischen Theorie* errichteten Gebäude der Evolutionstheorie ausgefüllt haben, aber weder neue Fakten noch neue Konzepte der Artbildung und generischen Variation eine wesentliche Revision des Bildes der Evolution erfordert hätten. Eine Tabelle veranschaulicht die Stadien und ihre Hauptzüge, die die Modifikation des Darwinismus seither charakterisieren, ohne die-

sen aber grundsätzlich in Frage zu stellen. In 13 Punkten listet Mayr Modifikationen von Darwins Theorie auf, die meist in einer präziseren Formulierung statt in einer grundsätzlichen Veränderung bestehen (S. 532). Der Molekulargenetik, die zu einem besseren Verständnis der chemischen und strukturellen Natur des genetischen Materials führt, komme große Bedeutung auch für die Einsicht in Evolutionsursachen, speziell der Entstehung von „generic variation", zu (S. 538).

Mayrs Fazit ist, daß die „Synthesis as Unfinished Business" zu betrachten ist, aber keinesfalls den Ruf nach einer „neuen Evolutionstheorie" rechtfertigt (S. 539).

19. Die Herausbildung der Verhaltensbiologie

Ilse JAHN und Ulrich SUCKER, Berlin

19.1. Von der deskriptiven zur experimentellen Tierpsychologie

Die Entwicklung der Ethologie als eine zoologische Spezialdisziplin erfolgte auch erst im 20. Jh. und schließt sich in gewisser Weise an die Tierpsychologie an, zu der dann Teile der experimentellen, vergleichenden Physiologie kamen, speziell die Nerven- und Sinnesphysiologie (vgl. 15.3. und 19.4.1.), sowie die evolutionäre Taxonomie. Doch hat auch sie eine lange Vorgeschichte und kann wie viele zoologische Teilgebiete bereits mit ARISTOTELES begonnen werden, der die spezifischen Seelenqualitäten der Tiere (*anima sensitiva*) zur theoretischen Grundlage für ihre Einteilung nach Vollkommenheitsgraden machte (vgl. 2.3.1.). Dieses Prinzip war dann übernommen und weiter ausgebaut worden in den mittelalterlichen Enzyklopädien und vor allem in dem *Tierbuch* des ALBERTUS MAGNUS, dessen „Stufenfolge" der Lebewesen auf einer Art „vergleichender Tierpsychologie" beruhte (vgl. 3.3.2.). Die Synthese von antikem Wissen und christlicher Weltanschauung beeinflußte dann die Orientierung neuzeitlicher Forschungen, von denen sich die subtilen Tierbeobachtungen jener Physikotheologen des 17–18. Jh. hervorhoben, die die Vielfalt artspezifischer Verhaltensweisen bei Partnersuche, Nestbau und Brutpflege, ihre differenzierten „Triebe" (Naturtriebe, Kunsttriebe) und ihr unterschiedliches Lernvermögen beschrieben (vgl. 6.3.1.). Vergleiche mit menschlichen Seelenfähigkeiten führten auch im 19. Jh. zu stark vermenschlichenden „tierpsychologischen" Erörterungen (P. SCHEITLIN, C. G. CARUS), die darauf Stufenleiter- und Entwicklungskonzepte gründeten (vgl. 7.2.). Im Zusammenhang mit der methodischen Neuorientierung der biowissenschaftlichen Disziplinen im 19. Jh.–nach dem Vorbild der kausalanalytisch arbeitenden phy-sikalischen Disziplinen – wurde die „Psychologie" zu einer „Problemdisziplin" (vgl. WOODWARD & ASH 1982).

19.1.1. Empirisch-deskriptive und vergleichende Tierpsychologie

Die Problematik der Psychologie bestand nicht zuletzt in ihrer Zwischenstellung zwischen Geisteswissenschaften (Philosophie, Theologie, Soziologie, Völkerkunde) und Naturwissenschaften (Medizin, speziell Psychiatrie und Neurologie, Anthropologie und Sinnesphysiologie), die ihre konzeptionelle und institutionelle Identifikation erschwerte (WOODWARD 1982, S. 1). Die auch die Zoologie berührenden tiefgreifenden Kontroversen waren schon in der Mitte des 19. Jh. in dem „Materialismusstreit" auf den *Versammlungen Deutscher Naturforscher und Ärzte* aufgebrochen, als Rudolph WAGNER in seinem Vortrag über *Seelensubstanz und Menschenschöpfung* (1854) den Versuch kritisierte,

„die Psychologie vollkommen in die Naturwissenschaft aufzulösen", und bezweifelte, daß der Zustand derselben hinreichend reif sei, „um aus deren Mittelpunkt heraus die Frage über die Natur der Seele überhaupt zu entscheiden" (SCHIPPERGES 1976, S. 30).

Naturforscher (Mediziner und Zoologen), die in den Jahrzehnten vorher eine naturphilosophische, Schelling-Okensche Richtung vertraten, bezogen die Tierwelt selbstverständlich in das Paradigma von der „Allbeseeltheit" ein (7.2.1.), doch hatte schon M. J. SCHLEIDEN gegen Gustav Theodor FECHNERS Schrift *Nanna oder ueber das Seelenleben der Pflanzen* (1848) polemisiert, und nach 1854 wurden unter Führung von Rudolf VIRCHOW naturphilosophische Erörterungen mehr und mehr zurückgedrängt (QUERNER & Schipperges 1972). An die Stelle philosophischer Interpretationen über die Leib-Seele-Beziehung traten FECHNERS Werk *Elemente der*

Werk *The expression of the emotions in man and animals* (1872) Grundfragen angeschnitten und vergleichende Beobachtungen beschrieben, die er schon 1837–1842 bei Tierstudien an Primaten im Zoologischen Garten London angestellt hatte (Abb. 202). Er gab Anregungen für vergleichend-empirische Verhaltensstudien unter evolutionstheoretischen Aspekten, als er resümierte:

„Wir haben gesehen, wie das Studium der Theorie des Ausdrucks in einer gewissen beschränkten Ausdehnung die Folgerung bestätigt, daß der Mensch von irgend einer niederen thierischen Form herstammt…" (dt. Übers. von V. Carus 1874, S. 375) (Abb. 203).

Abb. 202. Verhaltensstudien Ch. Darwins (1872) über den Ausdruck der Gemütsbewegungen bei Menschen und Tieren an Affen im Londoner Zool. Garten.

Abb. 203. Vergleichende Verhaltensstudien Ch. Darwins an seinem ersten Kind (um 1844). Aus Darwin 1872.

Psychophysik (1860) und neurophysiologische „Gesetze",[1]) sowie Beobachtung und Beschreibung tierlicher Verhaltensweisen nach naturgeschichtlichen Methoden. Das bedeutete auch die Anwendung vergleichender Beobachtungen, wobei zunächst der Mensch als Vergleichsobjekt fungierte. In dieser Hinsicht hat Ch. Darwins

Diese Ansicht wurde an Beispielen der anatomischen und psychischen Merkmalsübereinstimmung und deren erblicher Bedingtheit gestützt (Ziegler 1910, S. 1009). Aus Anerkennung oder Ablehnung der Deszendenztheorie, die die jahrhundertalte Auffassung von der Kluft zwischen menschlichem „Verstand" und tierlichem „Instinkt" in Frage stellte, entstanden zwei Strömungen der deskriptiv-empirischen Tierpsychologie.

[1]) Weber-Fechnersche Gesetze (vgl. 9.4.).

In der Ablehnung von DARWINS Theorie gipfelten die umfangreichen exakten tierpsychologischen Beobachtungen an Insekten von Jean-Henri FABRE (1823–1915) und Erich WASMANN (1859–1931). Der in Montpellier mathematisch und physikalisch, in Paris anatomisch-physiologisch ausgebildete Pädagoge FABRE führte von 1870 bis 1910 umfangreiche Beobachtungen über Fortpflanzungs- und Ernährungsverhalten von Spinnen und Insekten durch, die er in seinen 10bändigen *Souvenirs entomologiques* minutiös beschrieb. Er sah in den vielfältigen „Instinkten" zur Sicherung des Nachwuchses, zum Auffinden der Nahrungs- und Brutplätze ein nicht lösbares, aber „offenbares Geheimnis". Seine Darstellungen in Form von Lebensbildern einzelner Arten trugen FABRE den Vorwurf der Vermenschlichung des Tierlebens ein. Doch ist sein Werk eigentlich „ein einziger Nachweis der Besonderheit der Insektenwelt, ein einziges Dokument der Lenkung dieses Tierlebens durch ererbte Instinkte" und somit „ein eigenartiges Gegenstück zu unserer Menschenwelt" (PORTMANN 1977, in FABRE 1977, S. 254). FABRE begnügte sich nicht mit bloßer Feldbeobachtung wie die Physikotheologen des 18. Jh., (vgl. Kap. 6.3.1.), sondern stellte in seinem Freiland-„Laboratorium" auch Versuche durch Veränderungen der Lebensbedingungen an und beschrieb die Reaktionen der Insekten darauf (z. B. der Sandwespen). Durch subtile Versuche und Beobachtungen an Mistkäferarten konnte er vermenschlichende Berichte von Emile BLANCHARD über Metamorphose, Sitten, Instinkte der Insekten und von Johann Karl ILLIGER (*Magasin d'entomologique*) über angebliche „Arbeitsgemeinschaften" des *Scarabäus* kritisch widerlegen (FABRE 1977, S. 45–87).

Ebenfalls eingehende Insektenstudien lagen WASMANNS antidarwinistischen Ansichten zugrunde, der den Evolutionsgedanken mit dem Schöpfungsglauben in Einklang zu bringen suchte. Beispielhaft genaue Beobachtungen über den Trichterwickler (1884) und vor allem über Ameisenkolonien (1891) führten ihn zu „vergleichenden Studien über das Seelenleben der Ameisen und der höheren Tiere" (1897) und zu einem Vergleich zwischen *Instinkt und Intelligenz im Tierreich* (1897).

An Wirbeltieren, insbesondere an Vögeln, führten Bernard ALTUM (1824–1900) und Alfred Edmund BREHM (1829–1884) ihre tierpsychologischen Beobachtungen durch, die sie zu unterschiedlichen Schlußfolgerungen leiteten.

Subtile Beobachtungen des Nestbaues, der Reviersuche, des Brut- und Fütterungsverhaltens verschiedenster Vogelarten führten ALTUM zu der Überzeugung, daß ein Vogelnest „ein reines

Naturprodukt und kein Kunstwerk" ist und daß die arttypischen Verhaltensweisen aus einer vorgegebenen Harmonie einer Tierart mit ihrer Umwelt und ihrem Wirkungskreis zu erklären sind:

„Das Thier denkt nicht, reflectiert nicht, setzt nicht selbst Zwecke, und wenn es dennoch zweckmäßig handelt, so muß ein anderer für dasselbe gedacht haben" (ALTUM 1868).

Mit der teleologischen Erklärung der artspezifischen Verhaltensweisen in den gut beobachteten Beziehungen zwischen Individuum und Umwelt stellte ALTUM „den Instinktbegriff in der Ornithologie wieder her" (STRESEMANN 1951, S. 335), der durch die Vermenschlichung der Tierseele, teilweise im Zeichen des Darwinismus, zum Beispiel durch Alfred Edmund BREHM, in Frage gestellt war.

BREHM hatte frühzeitig im Pfarrhaus von Renthendorf durch das Vorbild seines Vaters L. Chr. BREHM angeregt, Vogelbeobachtungen gepflegt, seit seiner Afrika-Expedition lebende Wildtiere gehalten und die Verhaltensstudien an Pavianen in ihrer natürlichen Umwelt sowie an Schimpansen in Gefangenschaft mit Worten aus der Humanpsychologie und -soziologie beschrieben (1855). Seine Darstellung von Wildtieren als Lebenskameraden mit menschenähnlichen Eigenschaften half die trennende Kluft zwischen Tier- und Menschenwelt im Darwinschen Sinne zu überbrücken, zeigte aber in manchen Überspitzungen den Einfluß von Paul SCHEITLINS *Tierseelenkunde* (1840) und von romantisch-naturphilosophischem Gedankengut (vgl. Kap. 7.2.). So charakterisiert er „das Leben der Vögel" (1861) als das „geistig sehr hochstehender Wesen", die edle oder gemeine, redliche oder listige „Charaktere" haben und vielfältige Beweise eines ausgebildeten „Verstandes" und ausgeprägter Lernleistungen liefern (vgl. STRESEMANN 1951, S. 522).

Solche Deutungen gewannen mit der Ausbreitung des Darwinismus Anhänger und Nachahmer, vor allem durch Brehms populäres *Thierleben* (1864–1869), das bis ins 20. Jh. viele Auflagen erlebte, wenngleich sich die Lebensbeschreibungen mehr auf anekdotische Schilderungen zufälliger Beobachtungen als auf systematisch durchgeführte Studien stützten.

Unmittelbar an DARWIN anknüpfend stellte G. J. ROMANES umfangreiches empirisches Beweismaterial zugunsten der Deszendenzlehre zusammen.[1] 1882 publizierte G. J. ROMANES sein Buch *Animal Intelligence*, das der „erste Grund-

---

[1] Autor der folgenden Ausführungen bis Ende 19.1.1. sowie Abschnitt 19.2. ist U. SUCKER.

riß einer stammesgeschichtlich orientierten ‚Comparative Psychology'" war (U. SEIBT & W. WICKLER 1992, S. 355), in der methodisch die Gleichstellung mit der vergleichenden Anatomie vorgenommen wurde. Schon 1858 hatte der Zoologe D. Fr. WEINLAND verlangt, daß für einen Vergleich zunächst die Erstellung des Verhaltensinventars – später als *Ethogramm* bezeichnet – aller Tierarten nötig sei (ibd. S. 354).

Ausgehend von der evolutionistisch argumentierenden Kontinuität zwischen menschlichem und tierlichem Verhalten versuchte G. J. ROMANES den Nachweis zu führen, daß bestimmte tierliche Verhaltensweisen als quasi Vorstufen der menschlichen anzusehen seien (1888). Da im letzten Drittel des 19. Jh. die experimentellen Forschungsmethoden noch nicht ausreichend entwickelt waren, wurden daher als „empirische" Belege anekdotische und laienhafte Berichte über tierliches Verhalten angeführt, die meist sehr stark anthropomorphisierend waren und damit wissenschaftstheoretisch eine Gegenposition provozierten, die das Problem der „tierischen Intelligenz" in der Art, wie es von G. J. ROMANES und anderen verstanden wurde, als obsolet ansahen (vgl. V. SOMMER 1992, S. 92 ff.). Dieser Standpunkt hatte zur Folge, daß das wissenschaftliche Studium der Intelligenz beim Tier für lange Zeit überhaupt gegenstandslos wurde. J. DEMBOWSKI bemerkt dazu:

„Man verlangte vom Tier menschliche Intelligenz, und da es diese nicht aufweisen konnte, sprach man ihm jede Intelligenz ab"(1955, S. 145).

Neben Ch. O. WHITMAN (1899) und M. F. WASHBURN (1908) kritisierte vor allem Conwy Lloyd MORGAN die zwar stammesgeschichtlich orientierte aber psychologisierend-anthropomorphisierende Auffassung von ROMANES und definierte Instinkte als „Reflextätigkeit, in die ein Bewußtseinselement hineingetragen ist" (TEMBROCK 1963, S. 27). C. Ll. MORGAN stellte in seiner 1894 erschienenen *Introduction to comparative psychology*, die später als „Kanon" des induktiven Verhaltensstudiums bezeichnete wurde (G. M. BURGHARDT 1978, S. 25), die Forderung auf, daß man die anekdotische „Methode" konsequent verwerfen muß, und daß die Verhaltenselemente dahingehend geprüft werden müssen, ob sie sich auf das Wirken psychisch einfacherer Strukturen zurückführen lassen, bevor man sie als höhere psychische Eigenschaft wertet.

Die mit dieser programmatischen These initiierte Neuorientierung der empirischen Verhaltensforschung, die gleichzeitig eine Kritik am Begriff „Instinkt" implizierte (C. Ll. MORGAN 1909, S. 28), bewirkte nun ihrerseits in den dar-

auffolgenden Jahrzehnten eine methodologische Übertreibung, so daß man das Verhalten von Tieren jetzt in eine „Zwangsjacke von Tropismen, bedingten Reflexen und Versuch-und-Irrtum-Lernen" preßte, obwohl C. Ll. MORGAN den Terminus „Bewußtsein" als für das tierliche Verhalten durchaus relevant ansah (G. M. BURGHARDT 1978, S. 25).

19.1.2. Experimentelle „Psychophysiologie"

Neben der deskriptiven und vergleichend-empirischen Tierpsychologie entstand eine experimentelle Richtung, die sich an die Reiz- und Sinnesphysiologie anschloß (vgl. 15.4.) und durch Arbeiten von J. LUBBOCK, M. VERWORN, J. LOEB oder PAVLOV charakterisiert ist. In gewissem Sinne hatte bereits C. G. CARUS (1846) einen Forschungsweg für eine „vergleichende Tierpsychologie" mit experimenteller Beweisführung vorgezeichnet, die ohne Spekulation die „Heranbildung der Seele in der Tierreihe" untersuchen sollte, und 1864 einen Wissenschaftspreis für solche Forscher gestiftet, die auf Gebieten der „Vergleichenden Anatomie, Physiologie oder Psychologie" arbeiten, die CARUS als Einheit betrachtete.[1]) Der erste Carus-Preis-Träger wurde 1896 Max VERWORN für seine *Psycho-physiologischen Protistenstudien* (1889), die aus Anregungen in HAECKELS Zoologischem Praktikum unter evolutionstheoretischen Aspekten entstanden waren. Beim Anblick lebender Zellen wurde er überzeugt, daß schon „in der einzelnen Zelle" alle Probleme des Lebens verborgen liegen. Nach einer protozoologischen Dissertationsarbeit bei Franz Eilhard SCHULZE in Berlin kehrte er mit der Ansicht über „die fundamentale Bedeutung der Elementarorganismen für die Erforschung aller Lebensvorgänge der Tiere und Pflanzen" nach Jena zurück und führte reizphysiologische Protistenstudien durch, in der Überzeugung, daß nach HAECKELS „monistischen" Vorstellungen damit die Anfänge psychischer Erscheinungen aufzuklären waren (zit. nach USCHMANN 1959, S. 182). Sein Ziel bestand in der chemisch-physiologischen Aufklärung der Reizreaktionen.

Unter entwicklungsphysiologischen Fragestellungen (vgl. 14.8.1.) untersuchte Jacques LOEB an niederen Meerestieren die chemisch-physiologischen Prozesse von Reiz- und Auslösevorgängen durch Sonnenlicht, Salzkonzentration und Schwerkraft, beschrieb die Reaktionen und

---

[1]) CARUS 1846, S. 140.

stellte Übereinstimmungen zwischen dem Heliotropismus der Tiere und der Pflanzen fest (1890). Das führte zu einer konsequent reduktionistischen Erklärung auch der höheren Hirnprozesse in einer „vergleichenden Hirnphysiologie" (LOEB 1899; vgl. dazu BREIDBACH 1997).

Als VERWORN 1908 zum Mitglied der *Deutschen Akademie der Naturforscher Leopoldina* gewählt wurde, entschied er sich für die Eingliederung in die Sektion „Physiologie", nicht „Zoologie", ebenso wie 1925 PAVLOV und SHERRINGTON, die beide für die „Erforschung physiologischer Vorgänge mittels physikalischer Methoden" geehrt wurden (JAHN 1994).

I. P. PAVLOV, der mit seiner Schule der Physiologie in Rußland diejenige von SETCHENOV ablöste (vgl. YAROSCHEVSKII in WOODWARD & ASH 1982), hatte außerordentlich großen Einfluß auf die Verhaltensforschung durch seine Untersuchungen über Reflexe und Reflexketten mit tierphysiologischen Methoden. Für seine Entdeckungen über die Beziehung zwischen der Hirnrinde und den unwillkürlichen sekretorischen Leistungen durch seine verdauungsphysiologischen Tierversuche erhielt er 1904 als erster Physiologe den Nobelpreis. Die daraus entwickelte Theorie der bedingten und unbedingten Reflexe, bzw. die Unterscheidung der verschiedenen Reflexarten, ermöglichte in der Folgezeit eine naturwissenschaftliche Interpretation des Instinktbegriffes und der Lernprozesse und floß nach 1900 in die in den USA entstandene Richtung des *Behaviorismus* ein (vgl. 19.2.).

Auch Jakob VON UEXKÜLL wurde – wie PAVLOV und SHERRINGTON – 1932 auf Initiative von Emil ABDERHALDEN mit ähnlichen Argumenten in die *Leopoldina* aufgenommen. Er hatte sich zunächst mit der Nervenphysiologie der Wirbellosen befaßt, an Pilgermuschel und Seeigel die Koordination von Reflexen und deren Abstimmung auf äußere Reize untersucht und sich beim Studium der Wechselwirkung zwischen Bauplan und „Umwelt" den Methoden und Erkenntnissen von SHERRINGTON angeschlossen (1909), bevor er sich von der „Tiermechanik" abwandte (vgl. 19.2. und 19.3.1.).

Vergleichend-psychologische Untersuchungen zur Aufklärung menschlicher Nervenprozesse und -krankheiten waren auf Tierexperimente angewiesen und konzentrierten sich um 1900 auf primatologische Studien. THORNDIKE hatte in den USA schon 1901 die Frage erörtert, wie sich Affen gegenüber anderen Tieren und gegenüber erwachsenen Menschen unterscheiden, und hatte Kapuzineraffen als Versuchstiere in die experimentelle Psychologie eingeführt (THORNDIKE 1901). J. B. WATSON (1906) forderte Untersuchungsstationen für das experimentelle

Studium „of certain problems in animal Behavior" und YERKES setzte sich für die Gründung eines Institutes „für psychologische Studien an anthropoiden Affen" (1912) ein, auch als Mittel, um menschliches Verhalten (*human behavior*) zu studieren (YERKES 1914).

Eine ähnliche Initiative ging von dem Berliner Neurologen Max ROTHMANN (1868–1915) aus, der seit 1904 Untersuchungen am Zentralnervensystem von Hunden und niederen Primaten durchgeführt hatte und auch Menschenaffen einbeziehen wollte. Um diese Tiere unter natürlicheren klimatischen Bedingungen über längere Zeit halten und beobachten zu können, gründete er mit Hilfe der Preuß. Akademie der Wissenschaften 1913 eine *Station zur psychologischen und hirnphysiologischen Erforschung der Menschenaffen* auf Teneriffa (HEINECKE & JAEGER 1993, S. 217 f.). Er entwickelte im ersten Jahresbericht ein umfassendes Programm für psychophysiologische Studien, die von dem Psychologie-Studenten Eugen TEUBER begonnen wurden. Zu der Fachkommission gehörten außer dem Anatomen Wilhelm WALDEYER und der Biologin Margarete SELENKA der Psychologe Karl STUMPF (1848–1936), der „tonpsychologische Untersuchungen" durchgeführt hat und der „Mentor des Gestalt-Psychologen Wolfgang Köhler" wurde (SPRUNG 1991, S. 109 und 1994, S. 244).

In jenem Jahresbericht für 1913/14 hatte ROTHMANN als Fernziel für diese Lebendtierhaltung die Hoffnung ausgesprochen, sie könne Forschungen zur „Hirnphysiologie, Psychologie, Anthropologie und Ethologie" befruchten (ROTHMANN & TEUBER 1915, zit. nach HEINECKE & JAEGER 1993, S. 219). Zunächst sollte es Aufgabe von TEUBER sein, die

„Eigenleistungen der Tiere etwa beim Werkzeuggebrauch ohne jede Beeinflussung durch Dressur, das Nestbau-, Sexual-, Spiel-, Nachahmungs- und Sozialverhalten, Ausdrucksbewegungen von Gesicht und Händen, Lautäußerungen und Affektverlauf" zu erforschen (a. a. O. S. 218).

Die Realisierung des Forschungsprogramms oblag ab 1914 dem zum Stationsleiter berufenen Psychologen Wolfgang KÖHLER (1887–1967), der 1909 bei STUMPF mit einer Arbeit über akustische Wahrnehmung promoviert worden war und außer Philosophie und Psychologie auch Physik (Max PLANCK) und Physikalische Chemie (NERNST) studiert hatte.

Auf Teneriffa führte er klassische Experimente über das Problemlösungsverhalten von Schimpansen durch und widerlegte die behavioristische These von E. L. THORNDIKE, daß Tiere nur durch „Versuch und Irrtum" Lernleistungen vollbringen; er zeigte, daß sie Beziehungen zwischen *Mittel* und *Ziel* erkannten, untersuchte das Wahrnehmungsvermögen der Tiere und ihr Sozialverhalten und setzte Filmaufnahmen ein (*Intelligenzprüfungen an Anthropoiden I.* 1917). In vergleichenden Experimenten untersuchte er das Lernverhalten von Schimpansen und Kükken. (Burkhardt Jr. in DSB 17). Bereits in den Jahren zwischen 1914 und 1920 verfaßte er sein grundlegendes Werk über *Die physischen Gestalten in Ruhe und im stationären Zustand* (1920), in dem er Gestalt-Phänomene in der physischen Welt und im Gehirn als „physikalisches System" behandelt. Nachdem infolge des Ersten Weltkriegs die Station aufgelöst werden mußte, setzte Köhler seine Arbeiten im Berliner *Psychologischen Institut* fort, wo er sie mit neurophysiologischen Studien verknüpfte und die Basis für eine Theorie des Organismus als „offenes System" legte (*Gestalt-Psychologie* 1929).

19.2. Der Behaviorismus

Die sich um 1900 durchsetzende Forderung nach Objektivität der Forschungsmethoden, die sich in einer zunehmenden Quantifizierbarkeit, d. h. letztlich Mathematisierung der Tatsachen ausdrückte, wurde in den Verhaltenswissenschaften konsequent von E. L. Thorndike seit 1898 umgesetzt. Er verstand tierliches Verhalten, Bewußtsein, Intelligenz als das Ergebnis eines Lernprozesses, der auf dem Prinzip von Versuch und Irrtum beruht. Er stellt fest:

„The most important of all abilities is the ability to learn". Die dabei gewonnenen Erfahrungen seien die Grundlagen für das Verhalten (*connections*) der Tiere, das „in large measure created by use and disuse, satisfaction and discomfort" (1911, S. 278).

Dieser Ansatz geht wissenschaftstheoretisch auf das *„tabula rasa"*-Konzept von J. Locke zurück, wonach das Verhalten des zunächst völlig ungeprägten und jeglicher Erfahrung baren Organismus durch das Wechselspiel von Versuch und Irrtum unter jeweiliger Bekräftigung (*„reinforcement"*) geprägt wird. Thorndikes Theorie greift aber auch den Ansatz der *„Comparative Psychology"* auf, in der Verhalten („Instinkte") phylogenetisch gewertet wurde, das damit ebenso wie Körperorgane einer vergleichenden Betrachtung zugeführt werden sollte, wie es Ch. O. Whitman (1899) als Methode anwandte bei seinen berühmten Artenvergleichen an

Tauben. Diese Forderung wurde „zum Grundthema der ethologischen Verhaltensforschung" (U. Seibt & W. Wickler, a. a. O., S. 355). Bei J. G. Romanes stand in dieser Hinsicht noch die Frage der tierlichen „Intelligenz" im Mittelpunkt verhaltensphylogenetischer Methodik.

Die induktive Forschungsorientierung wirkte sich unmittelbar auf die Entwicklung von jenen Versuchsapparaten aus, die bis heute als typische Repräsentanten der behavioristischen Lernforschung bzw. Lerntheorie angesehen werden. Das methodologische Grundprinzip dieser Versuchstechniken besteht darin, daß

„jeder Reiz, dessen Wirkung wir bei einem Tier untersuchen wollen, … mit einem anderen Reiz assoziiert sein muß, der für das Tier entweder angenehm ist (Nahrung, Rückkehr ins Nest) oder unangenehm (sogenannte, ‚Strafe‘, wie ein Schlag, eine Erschütterung, elektrische Entladung, Futter, das mit Chinin vermischt ist)" (J. Dembowski 1955, S. 60).

Solche später berühmt gewordenen Versuchsapparate waren die Apparate der doppelten Wahl (*two-alley discrimination box*) von R. M. Yerkes 1907 und von R. M. Yerkes und J. B. Watson 1911 bzw. vierfachen Wahl von G. V. Hamilton 1916, die Methode der *problem box* von E. L. Thorndike (1898) sowie die Methode der „verzögerten Reaktion" von W. W. Hunter 1913. Die wohl bekannteste Versuchsanordnung ist die „Labyrinthmethode" (*Hampton Court-Labyrinth*), die von W. S. Small (1900) entwickelt wurde. Sie galt lange Zeit als die adäquate Methode für die Lösung des die Tierpsychologie dominierenden Lernproblems. Das Lernvermögen der Tiere (meist Ratten) wurde dabei an deren Durchlaufgeschwindigkeit und Geneigtheit durch das Labyrinth unter verschiedenen Bedingungen (Hunger, Gehirnmanipulation, Hormon- und Vitamineinfluß etc.) bestimmt. Die so praktizierte und nach äußerer Objektivität strebende Verhaltensforschung bzw. Psychologie reduzierte sich damit auf die Lernforschung, wobei die im weiteren Sinne biologischen Fragestellungen vernachlässigt wurden. Von besonderm Einfluß waren dabei die Forschungen von I. P. Pavlov, der mit seiner *Theorie der bedingten und unbedingten Reflexe* sowie der *Konditionierung* ein Modell für organismisches Verhalten vorlegte, das den Ansprüchen der Objektivität, der Naturwissenschaftlichkeit, erschöpfend zu entsprechen schien, und mit dem tierliche Intelligenz mittels eines reflexologisch-mechanistischen Vorgangs beschrieben werden konnte (I. P. Pavlov 1927). Die *Reflexlehre* war für die Herausbildung einer nichtintrospektiven Psychologie durchaus von Bedeutung. Für diese gesamte Forschungsrichtung wurde von L. Arnhardt 1899 ursprünglich der Begriff „*objektive Psychologie*" geprägt (J. BROCEK & S. DIAMOND 1976, S. 747). Die experimentelle Durchführung dieses objektivistischen Programms erfolgte zeitgleich durch Th. BEER, A. BETHE und J. von UEXKÜLL, die 1899 feststellten: „Für den Biologen gibt es keine Tierpsychologie" (vgl. U. SUCKER 1987, S. 194 ff.). Sie forderten daher terminologisch die Einführung einer „objektivierenden Nomenklatur", um in der Lebenslehre alles Psychologische zu vermeiden. Beim Studium des Verhaltens der Tiere beschränkt man sich bewußt auf das äußerlich Wahrnehmbare, da man vom Innenleben nichts wissen könne. K. GROOS stellt dazu fest, daß

„sich (hier) die Abneigung der Naturforscher gegen das Hereinwirken von Mächten geltend (macht), die nicht in den Bereich des Sichtbaren, Greifbaren, Meßbaren, ‚Quantifizierbaren' gehören" (K. GROOS 1930, S. 10).

Mit seinen programmatisch wirkenden Arbeiten gab J. B. WATSON dieser Forschungskonzeption schließlich den Namen „*Behaviorismus*" (1930) der damit zu Recht als „Vater des Behaviorismus" bezeichnet wird (H. BALMER 1976, S. 122). Damit brachte er die Psychologie auf den Weg zu einer exakten Wissenschaft. Im Ergebnis seiner empirischen Untersuchungen an Seeschwalben kam J. B. WATSON zu der Feststellung, daß Instinkte ererbte und unveränderliche Reaktionen der Tiere auf entsprechende Reize seien, d. h. nicht durch Lernen erworben. Diese Annahme versuchte er durch Versuche mittels der Methode des Ausschlusses von Umwelteinflüssen (*Kasper-Hauser-Methode*), deren Erfinder er ist, zu stützen. In seiner Arbeit *Psychology as the behaviorist views it* (1913), die als das „behavioristische Manifest" gilt, begründete J. B. WATSON sein Verhaltensforschungsprogramm, das als extreme Form der objektiven Psychologie zu werten ist. Danach wurde das „Bewußtsein", die „Introspektion", als nicht objektivierbar konsequent aus dem Forschungsprogramm gestrichen und das Verhalten – zunächst ausgehend vom Menschen, später auf das Tier erweitert – in den Mittelpunkt des Verhaltensstudiums der „objektiven Psychologie" gerückt. Der Gegenstand dieses Forschungsprogramms ist nun ausschließlich das meßbare und beobachtbare Verhalten von Tieren und Menschen; besonders soll Verhalten als Reaktion auf äußere, der Umwelt geschuldete Reizsituationen zu verstehen sein. Der Organismus wird als „black box"-System verstanden. J. B. WATSON schrieb 1930 über den wissenschaftstheoretischen Kern des *Behaviorismus*, daß er das

„‚Bewußtsein' weder für einen erklärbaren noch brauchbaren Begriff" hält, d. h. „alle subjektiven Bezeichnungen wie Empfindung, Wahrnehmung, Vorstellung, Wunsch, Zweck und selbst Denken und Fühlen wurden aus seinem Wörterbuch gestrichen" (1930, S. 19/24).

Der *Behaviorismus* als „Anti-Instinkt-Revolte" (G. M. BURGHARDT 1978, S. 26) war somit auch eine Gegenreaktion zur Instinkt- und Intelligenzpsychologie (W. WUNDT 1911), die um 1900 den Inhalt der „Tierpsychologie" bestimmten. So definierte W. MCDOUGALL 1908 den Instinkt als „letzte, nicht weiter reduzierbare Triebfeder des menschlichen Handelns"; 1938 gab er den Instinktbegriff jedoch zugunsten des „Triebkraft"-(*propensity*)-Konzeptes auf, in dem das Streben des Tieres nach „bestimmten natürlichen Zielen" zum Gegenstand gemacht wird, „deren Erreichung dann entsprechende Bedürfnisse des Tieres befriedigt" (W. MCDOUGALL 1947, S. 20; vgl.: G. TEMBROCK 1963, S. 29). Diese Instinkttheorie, die er auch als „hormische Psychologie" (*Zielstrebigkeits-Psychologie*) bezeichnet hat, weist Ähnlichkeiten auf mit der „Zweckpsychologie" (*Purposive Psychology*) von E. C. TOLMAN, sowie den Ansätzen von J. A. BIERENS DE HAAN, F. J. J. BUYTENDIJK u. a., „subjektivistische Auffassungen", die versuchten, „die Angepaßtheit" (‚Zweckmäßigkeit') des Verhaltens zu erklären" (G. TEMBROCK 1963, S. 28). Apodiktisch stellt MCDOUGALL fest,

daß „psychische Tätigkeit immer und überall teleologisch ist, ein Vorwärtsstreben auf ein Ende oder ein Ziel hin" (1947, S. 20). Solche dem Tier „angeborenen Tendenzen" wurden bisher treffend als „Instinkte" bezeichnet. „Seitdem man aber dieses Wort nicht mehr gebrauchen kann, ohne Streitigkeiten und unnütze Schwierigkeiten heraufzubeschwören, ist es vielleicht besser, man vermeidet es" (W. MCDOUGALL 1947, S. 20).

Damit war das Problem jedoch nur begrifflich verschoben worden.

Aus empirischer Sicht kam der Entdeckung der bedingten Reflexe durch den russischen Physiologen I. P. PAVLOV für die Stützung des *Behaviorismus* eine herausragende Bedeutung zu. Verhalten wird hier als Ergebnis von Versuch und Irrtum unter beständiger Bekräftigung des jeweiligen Verhaltensmerkmals angesehen, so daß diese

„Pawlowsche Konditionierung ... als einfache mechanistische Erklärung für tierische Intelligenz erschien", die besonders von J. B. WATSON vertreten wurde (G. M. BURGHARDT 1978, S. 26).

Der Höhepunkt des *Behaviorismus* wurde in den 30er Jahren – vor allem durch Psychologen der USA – erreicht. Trotz vertiefender Bearbeitung der von den Klassikern des *Behaviorismus* vorgegebenen Problemsituation durch B. F. SKINNER (1938), E. C. TOLMAN (1932),

C. L. Hull (1943) u. a. blieb das behavioristische Grundkonzept unangetastet, das „die Erforschung der Instinkte in fanatischer Selbstblindheit" (K. Heinroth 1976, S. 853) ausschloß. Auch in Europa blieb die Instinktforschung – soweit sie nicht subjektivistischen und „instinktpsychologischen" Theorien folgte – dem Erklärungsmodell der Reflexe bzw. der *Reflexketten* verhaftet. Auf den Gedanken von H. Spencer fußend, daß Verhalten auf eine komplexe Reflexhandlung („*compound reflex action*") zurückzuführen sei, formulierte 1900 H. E. Ziegler,

„daß „Reflexe und die Instinkte auf ererbten (kleronomen) Bahnen des Nervensystems beruhen" und daß sich die Instinkte aus den Reflexen „durch größere Komplikationen" gebildet haben (H. E. Ziegler 1910, S. 86 und 46).

Auf die Problematik der Begriffe *Instinkt* und *Reflex* wies schon Ch. Darwin hin, der R. Virchows Feststellung, „daß einige Reflexbewegungen kaum von Instinkten unterschieden werden können", als Beispiel dafür anführt (Ch. Darwin 1874, S. 14). Ebenso forderte der Gehirnanatom L. Edinger, den Begriff *Instinkt* zunächst fallenzulassen, denn er habe eine „Betrachtung der eigentlichen psychologischen Erscheinungen bei den Tieren erschwert" (1908, S. 14). Erst mit den ebenfalls in den 30er Jahren begonnenen Forschungen von K. Lorenz und N. Tinbergen, die dem natürlichen Verhalten von Tieren, d. h. dessen Studium im Freiland, gewidmet waren, rückten die vom *Behaviorismus* vernachlässigten biologischen Fragestellungen wieder in den Gesichtskreis der sich nun etablierenden *Ethologie*, die als „vergleichende Verhaltensforschung" verstanden wird. Die Geschichte des Terminus *Ethologie* widerspiegelt wesentliche Phasen antibehavioristischen, d. h. biologischen Denkens (vgl. 19.4.2.). Gegenstand der *Ethologie* waren im besonderen die kognitiven Seiten des tierlichen Verhaltens, die durch die Arbeiten von K. von Frisch über die Bienentänze, Gardner (Zeichensprache bei Schimpansen), W. Köhler (Lernversuche bei Schimpansen, 1921), O. Koehler und K. Lorenz repräsentiert werden. Durch den 2. Weltkrieg unterbrochen, wurden diese Arbeiten erst zu Beginn der fünfziger Jahre wirksam. Hier ist vor allem *The study of instinct* (1951) von N. Tinbergen zu nennen, das paradigmatisch die moderne Verhaltensbiologie (*Ethologie*) begründete (vgl. 19.4.3.). Die klassisch behavioristische Denkrichtung kam ebenfalls erst nach 1945 nach Europa und Deutschland, wobei der *Behaviorismus* hier nicht mehr die dominierende Rolle spielte.

19.3. Alternative Konzepte zu Behaviorismus und Tierpsychologie

19.3.1. Die Umweltlehre Jakob von Uexkülls

Eine Alternative zu dem „mechanizistischen" Konzept des *Behaviorisums* wie auch zu der anthropomorphen *Tierpsychologie* bildete die umwelttheoretische Konzeption tierlichen Verhaltens von Jakob von Uexküll, die auch eine Sonderstellung einnahm zwischen vergleichender sinnesphysiologischer Verhaltensforschung und Ökologie. Sie beruhte auf streng artspezifisch autökologischen Aspekten und enthielt Grundgedanken, die auch Konrad Lorenz beeindruckten (s. u.) und in jüngster Zeit wieder aufgegriffen wurden (Jutta Schmidt 1980). Uexküll schloß alle anthropozentrischen Deutungen aus den tierlichen Verhaltensweisen aus und stellte das Tier als „Subjekt in den Mittelpunkt seiner Umwelt", ein Begriff, den er prägte für „einen streng abgegrenzten Teil seiner Umgebung" (Uexküll 1932).[1] Als „Umweltforschung" versteht er die Erforschung der Eigenwelten der verschiedenartigen Organismen, nicht – wie allgemein üblich – die Analyse der für den Forscher sichtbaren Umgebung eines Organismus als Kausalfaktor für dessen Verhalten. Somit steht sein theoretischer Ansatz in gewissem Gegensatz zur *Synthetischen Evolutionstheorie* (vgl. 18.3.3.), denn er geht davon aus, daß nicht die Lebewesen von der Umwelt bestimmt sind, sondern umgekehrt. Jeder Organismus formt durch seine Leistungen seinen eigenen Lebensraum, der ihn – für andere Organismen unbemerkbar – umgibt (Dau 1994, S. 108). Nach Uexküll (1921) sind die „Umweltdinge eines Tieres" durch eine doppelte Beziehung zum Tier charakterisiert: Sie entsenden einerseits spezielle Reize zu seinen „*Rezeptoren*" (Sinnesorganen, Nervensystem) und bieten andererseits spezielle Angriffsflächen für seine „*Effektoren*" (Wirkungsorgane). Danach gliedert Uexküll die Umwelt jedes Tieres in eine „*Merkwelt*" und in eine „*Wirkwelt*", die Umweltdinge werden zu spezifischen „Merkmals- und Wirkungsträgern" für das Tier und sind gleichsam als „Gegengefüge" in den „Bauplan"

---

[1] Formulierung in seiner eigenhändigen Vita (1932) bei Aufnahme in die *Leopoldina*. Archiv der Leopoldina Halle/S., MM 4065 (Jahn 1994).

eines Tieres einbezogen. Sie schließen sich zu einem „*Funktionskreis*" zusammen, wie es von Uexküll in einem Funktionskreis-Schema darstellt (a. a. O. S. 45) (s. Kap. 15, Abb. 176).

Die „Umwelt" eines Tieres ist erst dann wirklich erschlossen, wenn alle Funktionskreise (des Mediums, der Beute, der Feinde, des Geschlechtes) umschritten sind, wobei die Schwierigkeit für den Beobachter darin besteht, daß

„jede Umwelt eines Tieres … einen sowohl räumlich wie zeitlich, wie inhaltlich abgegrenzten Teil aus der Erscheinungswelt des Beobachters" bildet (Uexküll 1921, S. 218).

Im „Bauplan" eines Tieres und seines Studiums sieht Uexküll den Schlüssel für das Verständnis der „Umwelt und Innenwelt" der Tiere und für seine „Anpassung", die für jede Tierart „gleich vollkommen" ist (a. a. O. S. 4)

Wenngleich Uexküll nicht auf dem Boden des „Darwinismus" nach damaligem Verständnis stand, sondern die „vollkommene Einpassung eines jeden Lebewesens in seine Umwelt" vielmehr als Ausdruck einer „allumfassenden Planmäßigkeit" auffaßte, so nahm er doch auch in gewisser Hinsicht die Konzeption der *ökologischen Nische* vorweg, die das Beziehungsgefüge von Tier und Umwelt evolutionistisch interpretiert (K. Friederichs 1950, S. 73). Mit der Forderung nach dem Studium des artspezifischen „Bauplans" schließt er sich in gewissem Sinne auch an die taxonomische Forschung an, die der Ausgangs- und Zielpunkt von Heinroths verhaltensbiologischen Studien waren (s. u.).

Trotz Uexkülls quasi „vitalistischer" Position[1] sah er die Notwendigkeit einer Kausalanalyse im Rahmen verhaltensphysiologischer Untersuchungen und Experimente ein, wie er sie in Heidelberg und Neapel an Seeigeln, Katzenhai, Moschuspolypen (*Eledone moschata*), Wurzelmundquallen (*Rhizostoma, Sipunculus*), Schlangensternen durchgeführt hatte (I. Müller 1976). Aber er hielt sie nicht für zureichend, da sie nur erlauben, „von einer Bewegung auf eine andere zu schließen" (Dau 1994, S. 110). Nach seinem Modell kann die Fähigkeit zur spezifischen Reaktion als ein „Vorgang der Bedeutungsverleihung und Bedeutungsverwertung" („Merken" und „Wirken") verstanden werden, also in informationstheoretischem Sinne „als

Antwort auf eine aufgenommene Nachricht". Der Biologe habe also den *Code* zu finden, mit dem ein Lebewesen physische Zeichenträger in bedeutungsvermittelnde Nachrichten verschlüsselt habe (Thure von Uexküll 1981).

Unter diesem Aspekt gewann diese „Umwelttheorie" auch für die vergleichende Verhaltensbiologie Bedeutung, die von der Mitte des 20. Jh. ab Methoden und Deutungsmöglichkeiten von der nach 1948 entstandenen Informationstheorie einbezog.

19.3.2. Die Entwicklung biokybernetischer Konzeptionen

Als Beginn informationstheoretischer Konzeptionen gilt das Erscheinen der grundlegenden Arbeit von C. E. Shannon *The mathematical theory of communication* (1948) und das im gleichen Jahr publizierte Werk von Norbert Wiener *Cybernetics or control and communication in the animal and in the machine* (1948).[2] Das schnelle Reifen dieser Theorie, deren Vorgeschichte schon in den 20er Jahren begann, wurde zunächst durch praktische Aufgaben der modernen Fernmeldetechnik bewirkt, als Probleme der Signalübertragung durch Telegraph und andere Nachrichtentechnik zu lösen waren, die auf der Fortpflanzung elektrischer Impulse oder elektromagnetischer Wellen beruhen (Juškevič 1972, S. 72 f.)[3] Die Brücke von dem technischen Vorbild zur Biologie hatte bereits Wiener (1948, dt. 1963) geschlagen, für den die „Information eine fundamentale Charakteristik der Natur ähnlich der Masse oder Energie" ist (zit. nach Juškevič 1972, S. 80). Auch der Begriff der *Selbststeuerung* durch *Rückkopplung* wurde schon in den 20er Jahren durch Richard Wagner (1925) auf physiologische bzw. nervale Prozesse angewandt (vgl. 15.5).

Durch Zoologen, die aus der neurophysiologischen Forschung kamen (wie übrigens auch J. von Uexküll), wurde dieses Prinzip zur Interpretation von Verhaltensmustern einbezogen. Erich von Holst, der in den 30er Jahren zahlreiche Arbeiten über die nervöse Steuerung von Bewegungsabläufen durchgeführt hatte, schuf dann durch Einführung des *Reafferenzprinzips* (1950) eine der Grundlagen der Verhaltensfor-

---

[1] Der vieldeutige Begriff „*Vitalismus*" trifft wohl nicht genau seine Position, die von Kants subjektivem Idealismus ausgeht (vgl. von Uexküll 1920, 1926; Lenoir 1982; Jutta Schmidt 1975). Er selbst beruft sich auf Kant (1786) und den Einfluß Drieschs, suchte aber „die Lehren Joh. Müllers weiterzuführen" (*Vita*, Archiv der Leopoldina Halle/S. MM 4065). Auch Uexküll 1930.

[2] Zur Vorgeschichte der Biokybernetik vgl. Hassenstein 1972 und Rothschuh 1972 in: *Nova acta Leopoldina*, N. F. Bd. 37/1, Nr. 206, S. 91–106.

[3] Vgl. dazu den Kongreßband „*Informatik*" (*Nova Acta Leopoldina* N. F. 37/1) mit weiteren relevanten Beiträgen.

schung am Tier und der Erforschung auch anderer biologischer Systeme (s. u.).

Für die Ethologie bedeutete die Übernahme informationstheoretischer Prinzipien eine neue Möglichkeit, die Phänomene tierlicher Verhaltensformen naturwissenschaftlich zu objektivieren und von subjektiv-menschlichen Deutungen, wie sie in der älteren „Tierpsychologie" üblich waren, zu befreien. Das drückt sich auch in der Verwendung technischer Termini aus, wenn funktionelle biologische Zusammenhänge mit Hilfe von „Funktionsschaltbildern" veranschaulicht werden und sie auch als „Signalfluß- und Datenverarbeitungsprogramme" bezeichnet werden (HASSENSTEIN 1972, S. 303–310).[1] Die Verhaltenswissenschaften sind mit der Einführung der *Biokybernetik* als Denkmethode und Darstellungstechnik für die differenten Beziehungen zwischen exogenem und endogenem Reiz und organismischer Reaktion, die als „Verhalten" registriert werden, eng verknüpft mit der *Neurophysiologie* und *Neurobiochemie* wie auch mit der ökologischen Forschung im Detail (vgl. 15.3. und 20.2.1.).

Das bedingt das hohe Maß an Interdisziplinarität der *Ethologie*, die noch eine Steigerung erfährt bei der Anwendung verhaltensbiologischer Forschung auf den Menschen, zum Beispiel durch O. KOEHLER, LORENZ, EIBL-EIBESFELD oder HASSENSTEIN (vgl. HASSENSTEIN 1989).

---

[1] Vgl. dazu bes. KEIDEL 1972 und TEMBROCK 1972.

19.4. Die Entwicklung der Ethologie zur eigenständigen Disziplin

19.4.1. Pioniere der Vergleichenden Tierphysiologie und Ethologie

Die Brücke von der „vergleichenden Physiologie" und speziell der Sinnesphysiologie zur Verhaltensbiologie schlug in den 20er Jahren des 20. Jh. Karl VON FRISCH (Abb. 204), dessen wissenschaftliche Schule eine Vielzahl neuer Methoden zur Erforschung des Sozialverhaltens und der Orientierungsleistung von Bienen einführte (LINDAUER 1961). Hatte er zunächst bei Untersuchungen des Farbensinnes und Farbwechsels der Fische (1911) Dressurmethoden entwickelt, die sich auch bei den nachfolgenden Studien über das Farbensehen der Bienen (ab 1912) als hilfreich erwiesen (Abb. 205), so dehnte er die Versuche schon bald auf den Geruchs- und Geschmacksinn der Bienen (1915, 1927) und den Gehörsinn bei Fischen (ab 1930) aus und verfaßte 1925 eine *Vergleichende Physiologie des Geruchs- und Geschmacksinnes* für das Handbuch der normalen und pathologischen Physiologie (Bd. 11). Seine besonders berühmt gewordenen Arbeiten (ab 1920) über die „Sprache der Bienen" (Abb. 206), verstand er als „tierpsychologische Untersuchung" (FRISCH 1923) und verfaßte 1922

Abb. 204. Karl VON FRISCH mit seinem Onkel, dem Wiener Physiologen Sigmund EXNER in seinem Sommerhaus und der späteren Versuchsstation in Brunnwinkel. Aus FRISCH 1957.

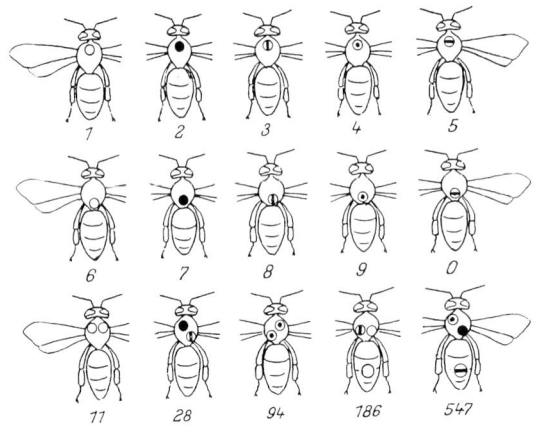

Abb. 205. K. von Frischs Methode der Farbmarkierung an Bienen, zur Ermittlung der Anflugwege und -zeiten bei der Trachtsuche. Aus Frisch 1965, Abb. 12.

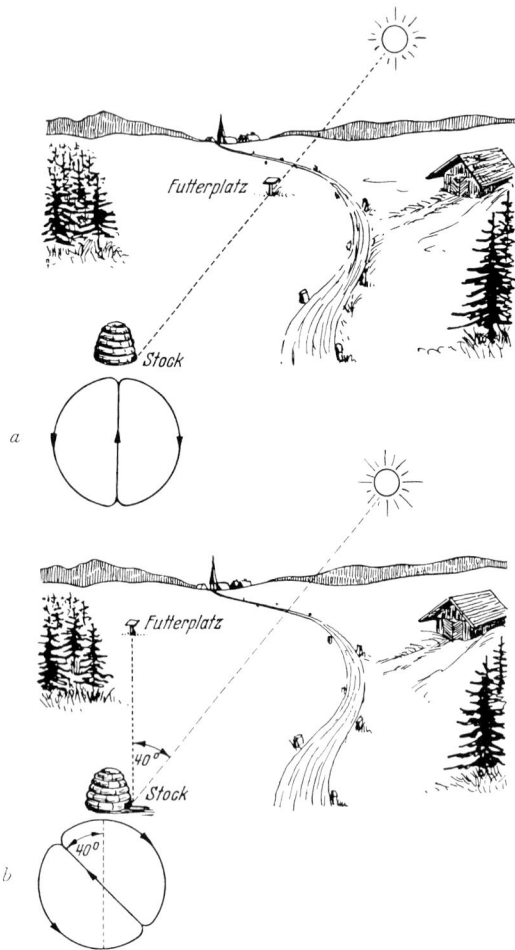

Abb. 206. Darstellung der Orientierung der Bienen nach dem Sonnenstand und der Richtungweisung der heimkehrenden Bienen durch den Winkel des Schwänzeltanzes. Aus Frisch 1957, Abb. 4.

für Abderhaldens Handbuch der biologischen Arbeitsmethoden einen Beitrag über *Methoden sinnesphysiologischer und psychologischer Untersuchungen an Bienen*. Welche Bedeutung er selbst dieser Pionierphase psychophysiologischer Forschungen zumaß, illustriert sein Altersbekenntnis:

„Zu den gesicherten Ergebnissen einer experimentellen Untersuchung ist es ein langer Pfad, gepflastert mit oft mühevoller Suche nach den besten Methoden, mit Irrtümern und Sackgassen, mit Zweifeln über den rechten Weg und Sorgen um übersehene Fehlerquellen, mit Enttäuschungen und Rückschlägen aller Art." (Frisch 1957, S. 48) (Abb. 207 a u. b).

Auch sein Schüler Otto Koehler, der zunächst mit Doflein über Protozoen arbeitete, begann mit sinnesphysiologischen Untersuchungen an Libellenlarven (1924) und führte experimentelle Studien an Paramaecien und vor allem an Planarien durch (1926/1932), die zu den klassischen Arbeiten der experimentellen Verhaltensforschung gehören (Hassenstein 1974). Schon 1927 suchte er mit den *Untersuchungsmethoden der allgemeinen Reizphysiologie und der Verhaltensforschung an Tieren* (1927) nach einer Synthese, die er als Lebensaufgabe betrachtete, bevor er zur ornithologischen Feldforschung überging, für die er dann hauptsächlich bekannt wurde (vgl. 19.4.3.).

In gewisser Hinsicht gehören auch die sinnesphysiologischen Arbeiten von Konrad Herter in dieses Kapitel, der sich 1924 mit „*Untersuchungen über den Temperatursinn einiger Insekten*" in Berlin habilitierte und 1926 einen Lehrauftrag „für vergleichende Physiologie der Sinnesorgane und Tierpsychologie" an der Friedrich-Wilhelms-Universität Berlin erhielt. Er führte Untersuchungen über das Farb- und Formsehen von Fischen durch und beschrieb später zusammenfassend die *Fischdressuren und ihre sinnesphysiologischen Grundlagen* (1953). Diese physiologisch orientierten Arbeiten zur Tierpsychologie wurden von Karl Heider zugleich mit denen von Alfred Kühn und Wolfgang von Buddenbrock in den 20er Jahren gefördert, wobei sich Unterschiede zu den in den USA – z. B. von J. Loeb – herausbildeten (vgl. auch 19.1.2.). Im Gegensatz zu diesem ging es Buddenbrock darum, die Reaktionsunterschiede niederer Tiere auf Lichtreize nicht mechanisch zu deuten, sondern gesetzmäßig von „der Verschiedenheit der Strukturen der Sinnesorgane und der dazu gehörigen Nervenzentren" abzuleiten (Tembrock 1985, S. 304). Hierbei wird die enge Verknüpfung mit neurophysiologischen Arbeiten angesprochen, die – von der Humanmedizin und -psychologie ausgehend – besonders durch die experimentellen

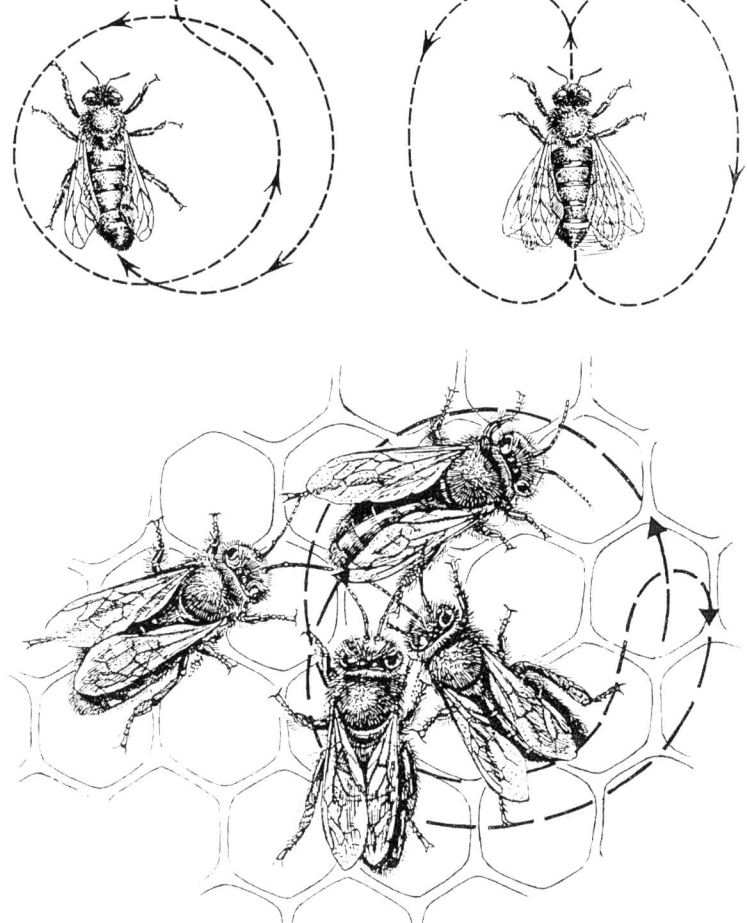

Abb. 207 a. „Rundtanz" (l.)
„Schwänzeltanz" (r.).

Abb. 207 b. Rundtanz der Bienen
auf den Waben. Darstellung der
„Bienensprache" aus *Tanzsprache
und Orientierung der Bienen* von
v. FRISCH 1965.

und programmatischen Arbeiten von SHERRING-
TON ab 1906 für die Tierpsychologie relevant
wurden. Er erhielt 1932 den Nobelpreis „für
seine Entdeckung der Neuronenfunktion", die
manche tierpsychologischen Phänomene (Erregung und Hemmung) erklärbar machte (vgl.
auch 15.3.).
Durch die multidisziplinäre Entwicklung der
Ethologie ist es schwer, einen einzelnen Forscher als „Pionier" zu bezeichnen (SCHURIG
1994; WUKETITS 1995). Mehrere Zoologen, von
verschiedenen Richtungen her kommend, haben
wichtige Bausteine beigetragen. Zweifellos stehen Zoologen wie Karl VON FRISCH, der von der
Sinnesphysiologie ausging und auf experimen-
tellem Wege seine bedeutenden Beiträge zur
Biokommunikation und damit zu einem wichtigen Teilgebiet der *Ethologie* leistete, an der
Wurzel dieser neuen Disziplin, wie auch Oscar
HEINROTH, der von der vergleichenden Morphologie und Taxonomie zu seinen ethologischen
Untersuchungen kam (vgl. 19.4.3.)

Ebenfalls von sinnes- und reizphysiologischen
Themen, die experimentell bearbeitet wurden,
ging Otto KOEHLER aus, wobei er Methoden entwickelte, die er in die Verhaltensforschung einbrachte. Bereits seine vergleichend-reizphysiolo-
gischen Untersuchungen (1926, 1932) an drei
Planarien-Arten sind klassische, beobachtend
und experimentell durchgeführte Studien, und
„es ist schwer verständlich, warum KOEHLERS
Planarienuntersuchungen kaum je als klassische
Arbeiten der vergleichenden Verhaltensforschung zitiert werden" (THIELCKE 1991). Bekannter wurde er durch seine Freilandbeobach-
tungen am Sandregenpfeifer (1935), wofür er
die Farbberingung in die Feldforschung einführte, um bestimmte Individuen zu markieren,
fast zeitgleich mit K. LORENZ, den er damals
noch nicht kannte, den er aber 1938 mit einer
Studentenexkursion in Österreich besuchte
(FESTETICS 1938, S. 145).
Etwa von dieser Zeit an kann die Begründung
der Ethologie datiert werden, die sich an die

Begegnung von K. LORENZ mit Erich VON HOLST 1936 knüpft (s. u.), aber auch an die Begründung der *Zeitschrift für Tierpsychologie* 1937 durch KOEHLER, KRONACHER und LORENZ, die ein erster Schritt zur Institutionalisierung der neuen Disziplin war (vgl. 19.4.4.).

In einer damals richtungsweisenden Arbeit entwarf KOEHLER (1943) vor der *Königsberger Gelehrten Gesellschaft* die „Aufgabe der Tierpsychologie", die als Forschungsprogramm einer Vergleichenden Verhaltensforschung sieben Themenbereiche vorsah, die THIELCKE (1991) wie folgt wiedergibt:

– Sinnesphysiologie,
– Raumorientierung,
– Instinktpsychologie einschließlich stammesgeschichtlicher Vergleiche nahverwandter Arten,
– Angeborene Schemata,
– Lernpsychologie,
– Vorsprachliches Denken („Grundvermögen"),
– Domestikationsforschung (THIELCKE 1991, S. 76).

Aus den Erfahrungen seiner Feldstudien, gekoppelt mit Lernexperimenten, zog KOEHLER in seiner einflußreichen Arbeit über *Das Ganzheitsproblem in der Biologie* (1933) wichtige theoretische Schlußfolgerungen, deren Bedeutung LORENZ (1974) mit den Worten kommentiert:

„Uns Ethologen wurde durch KOEHLERS ‚Ganzheit' mit einem Male klar, daß das, was wir den ganzen Tag trieben, nämlich gesunde Tiere in möglichst natürlichem Lebensraum beobachten, wissenschaftlich genauso legitim war wie jedes exakte Experiment … Die Übersicht über die Ganzheit des Lebendigen war mit der Erforschung einzelner Ursachenketten nicht nur nicht unvereinbar, sie bildete die unabdingbare Voraussetzung dafür, daß man Fragen zu stellen überhaupt lernte, die durch das Experiment beantwortet werden konnten" (zit. nach THIELCKE 1991, S. 75 f.).

Damit faßte LORENZ Grundsätzliches zusammen, was die Ethologen bei der Synthese von Feldforschung mit Experimentalmethoden motivierte, und was Konrad LORENZ von Jugend ab bewegte (vgl. 19.4.3.).

Eine andere Wurzel der Ethologie war die auf der vergleichenden Morphologie beruhende Taxonomie (Verwandtschaftsforschung). Die neuen ethologischen Konzepte von Ch. O. WHITMAN (1889, 1899) und O. HEINROTH (1910, 1911) waren auf der Basis der evolutionistischen, vergleichend-analytischen Verwandtschaftsforschung entstanden. Durch Einbeziehung der „arteigenen Triebhandlungen" (HEINROTH 1910) in die taxonomischen Kriterien hatte sich die Übernahme methodischer Grundelemente aus der vergleichenden Morphologie in die „vergleichende Ethologie" ergeben und die Einführung des Homologiebegriffes auch in die Verhaltensforschung bewirkt. Für diesen Forschungszweig

gewannen die zoologischen Gärten zunehmend wissenschaftliche Bedeutung und bildeten – neben privater Lebendtierhaltung – eine Grundlage der vergleichenden Verhaltensforschung, deren Ergebnisse wiederum die Voraussetzung für Zuchterfolge mit Wildtieren und damit für die Erhaltung und Wiederausbürgerung gefährdeter Tierarten schufen (PETZOLD 1982). So war es auch die Artenvielfalt an Entenvögeln im Berliner Zoologischen Garten, die HEINROTH (1811) unter anderem bei Balzverhalten und Hochzeitsfärbung studierte und so grundlegende Erkenntnisse ableitete, wie die über den Zusammenhang von Farbmustern und spezifischen Verhaltensweisen zwischen Artgenossen. Schließlich ist dem umfangreichen Tierbestand und den technischen Hilfsmitteln dieses großen Zoologischen Gartens auch HEINROTHS „Jahrhundertwerk" zu verdanken, das er mit seiner ersten Frau Magdalena unter dem kennzeichnenden Titel herausgab: *Die Vögel Mitteleuropas, in allen Lebens- und Entwicklungsstufen photographisch aufgenommen und in ihrem Seelenleben bei der Aufzucht vom Ei ab beobachtet …*[1]) (4 Bde. 1924–1931). Nicht nur der Einsatz verbesserter Phototechnik zur objektiven Dokumentation schufen ein einmaliges Standardwerk, sondern vor allem die „über lange Jahre hinweg" gemeinsam bewältigte Aufzucht- und Protokollarbeit, über die der damalige Zoodirektor Ludwig HECK (1892–1983) rückblickend schrieb:

„Ich habe das mit angesehen …" Was dazu gehört, welche Vorkenntnis und Beobachtungsgabe, jede einzelne Vogelart vom Ei an künstlich aufzuziehen, alle Woche zu wiegen, über die Gefieder- und sonstige Entwicklung aufs genaueste Buch zu führen, das könne sich der Außenstehende gar nicht vorstellen. Noch weniger könne er sich vorstellen „welches Einfühlungsvermögen, welche genaue Beobachtung und feinfühlige Erfahrung dazu gehören, alle diese verschiedenartigen Nestjungen wirklich hochzubringen, welche Kniffe und Pfiffe angewendet werden müssen, immer den Fütterungsgewohnheiten der Alten entsprechend, um bei der künstlichen Aufzucht die Jungen überhaupt zum ‚Sperren', freiwilligen Öffnen des Schnabels, und zum Fressen zu bringen" (HECK 1938, zit. nach MAUERSBERGER 1994, S. 150).

Diese Untersuchungsmethode einer vergleichend-verhaltensbiologischen Forschung ist exemplarisch für die neue Richtung und wirkte beispielgebend auf Schüler und Nachfolger, die die Ethologie zu einer eigenen Disziplin weiterentwickelten (vgl. 19.4.3.).

Auch die technischen Hilfsmittel für ethologische Forschungen wurden frühzeitig im Berliner

---

[1]) Ein großer Teil der Eier wurden auch von außerhalb erworben.

Zoologischen Garten angewandt, wie schon der Einsatz der Phototechnik durch HEINROTH zeigte. Seine seit 1929 durchgeführten Schallplattenaufnahmen mit Vogelstimmen (s. u. 19.4.2.) zeigen eine Aufgeschlossenheit für diese Hilfsmittel, wie sie später auch TEMBROCK in einer einzigartigen Tierstimmensammlung auf modernen Tonträgern zu vergleichend-bioakustischen Studien anlegte.

Als einmaliges Dokument existiert von einem der australischen Beutelwölfe, die von 1902–1908 im Zoologischen Garten von Berlin gehalten wurden, ein Photo von 1905 (OPPERMANN 1994). Von dieser in freier Wildbahn ausgerotteten Tierart lebten zwischen 1850 und 1936 rund 50 Tiere in 12 Zoologischen Gärten, im Londoner Zoo allein 22, sonst vorwiegend in australischen Zoos, von wo auch ein Laufbildfilm des letzten Beutelwolfs existiert (MOELLER, Heinz F., in: Zool. Garten N. F. *64* (1994): 2, 97–109).

In gewissem Sinne kann auch E. STRESEMANN dieser Richtung zugeordnet werden, der verhaltensbiologische Beobachtungen im Rahmen seiner umfassenden ornithologischen Forschungen für taxonomische Fragen nutzte, z. B. das Balz- und Brutverhalten (1956), Vogelzucht und Flugbewegungen (1966), und die Institutionalisierung der *Ethologie* in Wien (1932) und Berlin (1957) unterstützte (TEMBROCK 1991; SOMMERFELD 1993).

19.4.2. Wandel und Konsolidierung des Begriffes Ethologie

Wie aus der bisherigen Darstellung erkenntlich, ist das Fachgebiet der *Ethologie* als biologische Disziplin nicht aus e i n e r Wurzel entstanden, sondern knupft an verschiedene Disziplinen an.[1]) Es übernahm zunächst Elemente aus der naturwissenschaftlich orientierten *Humanpsychologie* von W. WUNDT, in der der Begriff der *Assoziation* „zum wichtigsten psychologischen Erklärungsprinzip" wurde (LORENZ 1975, S. 285), folgte Anregungen aus der evolutionistischen vergleichenden *Morphologie* und *Entwicklungsgeschichte* und integrierte später Methoden der experimentellen Tierphysiologie sowie der taxonomischen Feldforschung.

Als Meilenstein in der Vorgeschichte der Verhaltensforschung, der den Wandel von der Tierpsychologie des 19. Jh. zur Verhaltensbiologie des 20. Jh. markiert, gilt Oskar HEINROTHS Schrift *Über bestimmte Bewegungen der Wirbel-*

tiere (1910), in der Bewegungsweisen und damit korrespondierende Verhaltensmuster als erblich erkannt und als taxonomisches Merkmal bewertet wurden. In seinen vergleichenden Untersuchungen über das Fortpflanzungsverhalten von Vogelarten der Familie *Anatidae* (1911) erbrachte HEINROTH den Nachweis, daß spezifische Bewegungsabläufe jeder Tierart den anderen Merkmalen ihrer Biologie entsprechen und ihrer Arterhaltung dienen. Er wandte den Begriff ,*Ethologie*' im Sinne von Lebensgewohnheiten an und erläuterte ihn folgendermaßen:

„Ethos heißt bekanntlich Sitte und Gebrauch im menschlichen Sinne. Für das Tier paßt dieses Wort eigentlich ganz und gar nicht, denn Sprache, Sitten und Gebräuche sind bei uns anerzogen und angelernt, aber die Ente bringt ihre Sprache und ihren Komment – wie ich die Verkehrsformen auch späterhin nennen will – mit auf die Welt und übt beides aus, auch ohne je einen Artgenossen gehört oder gesehen zu haben. Wir sprechen hier also von instinktiven, d. h. angeborenen Sitten und Gebräuchen, meinen demnach mit Ethos etwas ganz anderes, als es eigentlich heißt" (HEINROTH 1911, S. 590).

Die Bezeichnung *Ethologie*, deren neuer Sinngehalt hier erstmals deutlich ausgesprochen wird, ist von HEINROTH nicht geprägt worden. Sie war um 1900 etwa gleichsinnig mit dem Begriff *Ökologie* von E. HAECKEL und *Bionomie* von W. HAACKE verwendet worden und ging letztlich auf Isidore GEOFFROY SAINT-HILAIRE (1854, 1859) zurück, der sich eingehend mit Fragen der *Akklimatisation* von Wildtieren befaßte und das Studium der Beziehungen der Tierarten in den sozialen Gemeinschaften (*dans la famille et la société, dans l'agrégat et la communauté*) darunter verstand (USCHMANN 1970, S. 19). William Morton WHEELER (1865–1937), der das Verhalten von Tanzfliegen studierte, erkannte, daß man den Zweck irgendeines Verhaltens nur im natürlichen Lebensraum erfahren kann, wofür er 1902 ebenfalls die Bezeichnung *Ethologie* verwendete, und der Paläontologe Louis DOLLO nannte das Studium aller morphologischen und physiologischen (biologischen) Anpassungen 1909 *Ethologie* (SEIBT & WICKLER 1992, S. 354). WASMANN verwendete den Begriff *Ethologie* schon in engerem Sinne als „Lehre von den gesamten Lebensgewohnheiten der Tiere", dem F. DAHL in einem speziellen Aufsatz 1901 (Biol. Zbl. *21*, S. 675) zustimmt und ihn 1922 noch weiter in HEINROTHS Sinne einengt, disziplinär als „Zweig der zoologischen Wissenschaft" benutzt (TEMBROCK 1985, S. 300).

In dem Zitat HEINROTHS (s. o.) sind aber bereits charakteristische Fragestellungen enthalten, denen sich die ethologische Forschung in der Folgezeit zuwandte, nämlich die Frage nach den

---

[1]) Vgl. dazu auch SCHURIG 1983, DAWKINS & HALLIDAY 1991, OESER 1992.

„angeborenen", also ererbten Verhaltensweisen, zu deren Lösung auch die erst nach 1900 sich entwickelnde Genetik beitragen konnte, und den „erlernten" Handlungen, bzw. ihrem Verhältnis zueinander. Der Lösung dieser Frage widmete schon der englische Zoologe C. Lloyd MORGAN spezielle Studien an Vögeln, indem er die Modifizierung von Instinkten untersuchte (1896) und den Instinktbegriff von ROMANES kritisierte.

Der Terminus „Ethologie" bürgerte sich besonders zur Kennzeichnung derjenigen Forschungsrichtung ein, die sich neben der umfassenderen „Tierpsychologie" (TEMBROCK 1963, 1982) vor allem dem Studium derjenigen Verhaltensphänomene widmet, die mit naturwissenschaftlich objektivierbaren, meist kausalanalytischen Methoden untersucht und erklärt werden können. Damit grenzte sich die neue Richtung gegen die „ältere Tierpsychologie", die den Instinktbegriff als metaphysisches Prinzip tierlichen „zweckmäßigen" Handelns beibehielt (TEMBROCK 1963, S. 8–32), wie auch gegen eine spekulativ darwinistische Tierpsychologie mit Tendenzen zur Vermenschlichung der Tiere ab, die bei den „denkenden Pferden und Hunden endete" (a. a. O. S. 24. ZIEGLER 1921, S. 63–73).

Den neuen Forschungsansätzen kamen technische Entwicklungen zugute, wie die Verbesserung der Photographie, die HEINROTH nutzte,[1] ihrer Weiterentwicklung zur Serienfotografie zum Studium von Bewegungsabläufen (MUYBRIDGE 1878) und des Vogelflugs (MAREY 1889) und schließlich zum Laufbildfilm (ANSCHÜTZ 1887; EDISON 1895 und LUMIÈRE 1896. Das gleiche gilt für die Erfindung von Tonträgern zum Konservieren akustischer Äußerungen wie des Vogelsanges und anderer tierlicher Laute. Bereits HEINROTH bemühte sich seit 1929 um Schallplattenaufnahmen mit Vogelstimmen und konnte 1935 die erste Sammlung *Gefiederte Meistersänger* vorlegen (TEMBROCK 1985, S. 301). Besonders erfindungsreich beim Einsatz technischer Hilfsmittel war der in Amerika entstandene „Behaviorimus" (vgl. 19.2.).

19.4.3. Die Begründung der Vergleichenden Verhaltensbiologie (*Ethologie*)

Konrad LORENZ hatte in seiner ersten ethologischen Arbeit, die seine Bekanntschaft mit O. HEINROTH begründete, das soziale Verhalten von Dohlen, das Verhältnis von Einzeltieren zur

Gemeinschaft und die Herausbildung ihrer „Rangordnung" untersucht, ab 1926 die Beobachtungen protokolliert und gezeichnet und daran erstmals den Vorgang der „*Prägung*" der Jungtiere auf den „*Elternkumpan*" sowie die Weitergabe erlernter Erfahrungen von Alten auf die Jungen entdeckt (Abb. 208). Die von seiner künftigen Frau „heimlich aus seinem Tagebuch" abgetippten und an HEINROTH gesandten Notizen wurden schon 1927 veröffentlicht (FESTETICS 1983, S. 65) und leiteten eine bis 1940 dauernde Korrespondenz ein. Auch in den nachfolgenden Studien über Kolkraben, Reiher, Gänse und Enten (angeregt durch HEINROTHS Anatidenarbeit (1910) – die LORENZ als die eigentliche „Begründung der Ethologie" ansah (HASSENSTEIN 1990, S. 64) – interessierte ihn vor allem das Sozialverhalten und die Frage, ob die arttypischen Bewegungsabläufe, z. B. bei der Balz, der Paarbildung und Begattung, beim Nestbau und Brutgeschäft, erblich fixiert und einem „angeborenen Verhalten" zuzurechnen sind, die ihrem Körperbau entsprechen, die Umweltreize nur als *Auslösemechanismus* fungieren, die durch die *Reflexketten* der „unbedingten Reflexe" nach PAVLOV (vgl. 15.3.4.) bewirkt werden, oder ob ein Lernverhalten vorliegt.

Abb. 208. Dohlenzeichnungen von Konrad LORENZ 1926. Aus FESTETICS 1983, S. 65.

---

[1] Vgl. TEMBROCK 1985, S. 304.

Den artspezifischen (arterhaltend zweckmäßigen) Bewegungsablauf, den HEINROTH als „*arteigene Triebhandlung*" bezeichnet hatte, nannte LORENZ – entsprechend der inzwischen vorliegenden Erkenntnisse der Genetik – „*Erbkoordination*". Er glaubte ursprünglich,

„daß die Erbkoordinationen Ketten von Reflexen seien; dies war für einen in Sherringtonscher Reflexlehre aufgewachsenen Biologen geradezu selbstverständlich. Aufgrund dieser falschen Prämisse kam ich zu dem falschen Schluß, daß angeborenes und erlerntes Verhalten vicariierende Funktionen seien" (LORENZ 1975, S. 275).

Rückblickend stellte LORENZ dann fest:

„Die physiologische Eigenart des Auslösevorganges trat ... erst dadurch zutage, daß man die Spontaneität der Erbkoordination entdeckte und sich von der Kettenreflextheorie freimachte, was mir persönlich gar nicht leicht fiel" (a. a. O. S. 276).

Er hatte so lange an der Kettenreflextheorie festgehalten, bis er die neurophysiologischen Untersuchungen von Erich VON HOLST über die im Zentralnervensystem zu lokalisierende „endogen-automatische" Entstehung und Koordination von Reizen kennenlernte. Das geschah 1936 anläßlich seines Vortrages im Berliner Harnackhaus der Kaiser-Wilhelm-Gesellschaft, als der erst 27jährige E. VON HOLST ihm nach dem Vortrag sagte, daß die reflextheoretische Vorstellung „von Grund aus falsch gewesen war" und ihn in wenigen Minuten davon überzeugte, daß „instinktives Verhalten ... keine durch Außenreize hervorgerufenen Reaktionen" seien, sondern auf einer spontan entwickelten „Eigenaktivität des Zentralnervensystems" beruhen. – „Hiermit begann die von nun an lebenslange Zusammenarbeit der beiden Forscher, und der 17. Februar 1936 wurde zum Geburtstag nicht nur der Vergleichenden Verhaltensforschung, sondern auch der Verhaltensphysiologie" (HASSENSTEIN 1990, S. 64).
Durch diese neue Erkenntnis konnte LORENZ die von ihm beobachteten Phänomene der „Leerlaufreaktionen" und der Reizschwellenerniedrigung erklären, die bisher in die Reflextheorie nicht einzuordnen waren. HOLST hatte gezeigt, daß „Auslösung" in Wirklichkeit „die Beseitigung einer Hemmung" bedeutet, „die während der Ruhe der Bewegungsweise dauernd wirksam ist und nur durch eine spezifische Kombination auslösender Reize beseitigt wird (LORENZ 1975, S. 276). LORENZ konnte dann experimentell durch Versuche mit Attrappen nachweisen, daß sich der sogenannte *Auslöser* stets durch „Einfachheit und Prägnanz der Signale" auszeichnet, und er nannte ihn „*Schlüsselreiz*". Der auf Schlüsselreize angebo-

renermaßen ansprechende „Reiz-Empfangsapparat" eines Organismus, der selbst auf schematisch vereinfachte Reizdaten art- und situationsspezifische Bewegungsweisen auslöst, nennt LORENZ „*angeborenen Auslösemechanismus*" (AAM). Er hatte das erstmals bei Attacken seiner sonst verträglichen Dohlen auf seine in der Hand getragene schwarze Badehose erlebt, die wohl für eine gefährdete „Dohle" gehalten wurde, was die Angriffsreaktion auf ihn als „Feind" auslöste (HASSENSTEIN 1990, S. 86).
Bei näherer Analyse der von HEINROTH als „arteigene Triebhandlung" beschriebenen Verhaltensfolge konnte LORENZ diese als ein „System" definieren,

„das aus mindestens drei physiologisch voneinander verschiedenen Vorgängen besteht", nämlich einer Folge von Appetenz, AAM und Erbkoordination." Diese aus mehreren Teilsystemen integrierte „Systemganzheit besitzt Eigenschaften, die keinem ihrer Teilsysteme zu eigen ist, solange es unabhängig voneinander funktioniert" (LORENZ 1975, S. 282).

Einen Zusammenschluß präexistenter und unabhängig voneinander funktionsfähiger Teilsysteme zu einer übergeordneten Ganzheit mit neuen Eigenschaften und Fähigkeiten hält LORENZ für den wichtigsten Schritt auf dem Wege der *Evolution*.
Es ist gewiß kein Zufall, daß das „Systemdenken" etwa zur gleichen Zeit in die Verhaltensbiologie Einzug hielt, als auch in der mit der Neurophysiologie eng verknüpften Hormonforschung die Hormonwirkungen als ein hierarchisch organisiertes System erkannt wurden (J. NEEDHAM 1942). Die Verknüpfung dieser Erkenntnisse mit der *Ethologie* liegt nicht fern, zumal LORENZ gleichzeitig auch Mediziner war (übrigens seine Frau als Ärztin praktizierte) und manche Ethologen wie O. KOEHLER und E. VON HOLST von neurophysiologischen Arbeiten ausgingen (vgl. auch DUNCKER 1993 über „hierarchische Funktionsebenen").
Komplexer gebaute Verhaltenssysteme, die aus vielen Gliedern von *Appetenzen, angeborenenen Auslösemechanismen* und *Erbkoordinationen* zusammengesetzt und hierarchisch organisiert sind, entdeckten Nikolaas TINBERGEN (1940) und sein Schüler Gerardus P. BAERENDS (1941). Am Beispiel des Paarungsverhaltens des Stichlingsmännchens zeigte TINBERGEN den hierarchischen Aufbau dieser arterhaltenden Instinkthandlung und ihrer stufenweisen Realisierung und definierte den umstrittenen Instinktbegriff neu unter Einbeziehung der Hormonwirkungen. Er bezeichnete den Instinkt als hierarchischen Mechanismus, der auf vorwarnende, auslösende und richtende Impulse anspricht und sie mit

hierarchisch koordinierten, arterhaltenden Bewegungen beantwortet; ihm entsprechen eine Reihe nervaler funktioneller Zentren verschiedener Ebenen (TINBERGEN 1950). Sein Werk *The study of instinct* (1951) umreißt das Begriffs- und Theoriensystem der *Ethologie* und bestimmte erstmals Gegenstand und Abgrenzung der neuen Disziplin. Es wurde von O. KOEHLER sofort übersetzt (*Instinktlehre* 1952) und wurde von ihm als „grundlegendes Werk" bewertet, „das die von LORENZ und ihm begründete Ethologie in ihrer heutigen Form fundiert und klar umrissen hat" (KOEHLER 1959).[1]) Kurz danach erschienen zwei weitere fundamentale Werke, *Social behaviour in animals* (1953) und *The Hering guls world* (1953, dt. Die Welt der Silbermöwe 1953), beides von KOEHLER übersetzt, der letzteres als „Querschnitt durch die ungeheure Arbeit seiner Schule, vorab seiner selbst, an der Silbermöwe" bezeichnete,[2]) das die vergleichende Analyse des Verhaltens aller zugänglichen Möwen bis Australien und USA enthält und zeigt, wie diese Methode „in den Händen einer ständig wachsenden Schule zu ungewöhnlich erfolgreichen und schönen vergleichenden Ergebnissen" führte (a. a. O. Anm. 13).

Da TINBERGENS Anliegen eine „Synthese mit den klassischen Fächern der Biologie" und er auch „ein gründlicher Kenner" neurophysiologischer Arbeitsweisen war, unterstützte er die Bemühungen E. VON HOLSTS um eine „*Neuro-Ethologie*" (s. u.). Seinem Wirken – zunächst in England, dann auch in den USA – war es zu verdanken, daß ethologische Forschungen im englischsprachigen Raum Eingang fanden und „daß sich die zunächst zerstrittenen Richtungen der europäischen Ethologie und des nordamerikanischen Neobehaviorismus unter dem zusammenfassenden Begriff der *Verhaltensbiologie* zur gemeinsamen Arbeit zusammengefunden haben" (KOEHLER a. a. O.; vgl. auch WUKETITS 1995, S. 135 ff.).

Zur gleichen Zeit wie TINBERGEN wurde auch G. BAERENDS 1959 auf Vorschlag O. KOEHLERS in die Leopoldina gewählt. Er beurteilte ihn als „einen der wertvollsten Theoretiker der modernen Ethologie", was er durch Zusammenfügen dreier Arbeitsbereiche erreichte.[3]) Als Assistent von TINBERGEN in Leiden hatte er zunächst das

Brutverhalten von Grabwespen (*Ammophila campestris*), ihr Fortpflanzungs- und Orientierungsverhalten untersucht und feststellen können, daß „Zwillingsarten" von *Ammophila* sich morphologisch nicht unterscheiden, aber im Verhalten differieren. Danach, als Fischereibiologe, studierte er die Ethologie von *Cichliden* mit experimentellen Methoden und folgte dabei dem Forschungsprogramm von K. LORENZ und dessen vergleichender Verhaltensstudie an Schwimmenten, dem Vergleich nahe verwandter Arten. BAERENDS untersuchte (zusammen mit seiner Frau) das Verhalten von ca. 30 Fischarten, indem er nach homologen Erbkoordinationen suchte und sie taxonomisch und phylogenetisch auswertete (BAERENDS und J. M. BAERENDS–VAN ROON 1950). Das dritte Forschungsgebiet betraf – zusammen mit TINBERGEN – die *Ethologie* der Möwen und Seeschwalben, wofür ausgedehnte Feldstudien erforderlich waren (s. Fußn. 3).

BAERENDS prägte u. a. aufgrund von Beobachtungen des Farbwechsels beim *Guppy*, den er als „Stimmungsausdruck" deutete, den Begriff der *Stimmungshierarchie* (BAERENDS 1941), von TINBERGEN (1942) als „Ausdruckshierarchie" bezeichnet.

Auch BAERENDS hatte mit seinen vergleichend-ethologischen Arbeiten nachgewiesen, was LORENZ (in HEBERER 1959, S. 131–172) besonders hervorhob: Die Kompliziertheit und der Systemcharakter der „automatischen" endogenen Verhaltensabläufe, die durch die stammesgeschichtlich entstandenen Erbinformationen gesteuert und kontrolliert werden, bedingen ihre taxonomische Bedeutung, da Parallelentwicklungen so komplexer Vorgänge unwahrscheinlich sind und Konvergenzentwicklungen mit großer Sicherheit ausgeschlossen werden können.

Diese Erkenntnisse legten Schlußfolgerungen für die Verwandtschaftsforschung über die Stammesgeschichte des Menschen nahe und rückten die vergleichende Verhaltensforschung an Primaten wieder ins Zentrum des Interesses. Sowohl Studien über Menschenaffen, als auch nichtmenschliche Primaten führten zu neuen Einsichten in das tierliche Sozialverhalten in Affenhorden, in die Fähigkeiten zur Werkzeugbenutzung und zur Kommunikation (C. VOGEL 1975, S. 264–267).[4])

Wie W. KÖHLER, der außer Psychologie und Philosophie auch Physik und Physikalische Chemie studiert hatte, waren viele Verhaltensforscher multidisziplinär ausgebildet oder ergänzten post-

---

[1]) Aus dem Gutachten KOEHLERS zur Wahl TINBERGENS in die Leopoldina, von 31. Juli 1959. Archiv der Leopoldina Halle/S., MM 5021.
[2]) Auf Anregung von LORENZ als Parallele zu dessen Anatiden-Arbeit begonnen (Mittlg. von TEMBROCK nach LORENZ 1957).
[3]) Gutachten KOEHLERS vom 13. 8. 1959, Archiv der Leopoldina Halle/S., MM 5022.

[4]) Überblicksreferat zur Jahresversammlung der Leopoldina in Halle/S. 1973, in: Evolution. Nova acta Leopoldina N. F. 42 (1975) Nr. 218.

gradual ihr zoologisches Studium, wie Erich VON HOLST, I. EIBL-EIBESFELDT oder B. HASSENSTEIN. HOLST arbeitete zunächst bei Richard HESSE experimentell-physiologisch über Funktionen des Zentralnervensystems, untersuchte Bewegungsweisen bei Regenwurm und Tausendfüßler, bei Fischen (Aal) und Vögeln, den Gleichgewichtssinn bei Fischen und das Zusammenspiel der Flossen, wozu er Modellapparate konstruierte und Phototechnik einsetzte. Die Ergebnisse über zentralnervöse Koordination führten dazu, gegen die damals übliche Deutung des Bewegungsverhaltens mit der Reflexketten-Theorie angeborene zentralnervöse Automatismen für die artspezifische Fortbewegungsweise anzunehmen (E. VON HOLST 1937). Im Gefolge des Erfahrungsaustausches mit LORENZ in Berlin (s. o.) „nahm die neue Theorie des tierischen Verhaltens Formen an, die dieser Disziplin ein eigenes Profil gaben" (TEMBROCK 1985, S. 306). Wegen dieser „neuartigen Arbeitsweise" wurde VON HOLST als der „originellste und erfolgreichste vergleichende Physiologe" bezeichnet, der „Dinge, die bisher ausschließlich dem Psychologen vorbehalten schienen, dem physiologischen Verständnis" naherückte (O. KOEHLER 1957) und damit auch einen neuen Zugang zu einer Verhaltensbiologie des Menschen öffnete.

So ist es signifikant, daß viele Zoologen ihr vergleichend-ethologisches Lebenswerk mit Arbeiten über *Humanethologie* krönten (vgl. LORENZ und O. KOEHLER, TINBERGEN und EIBL-EIBESFELDT, HASSENSTEIN und TEMBROCK), und bei ihrer Aufnahme in die Leopoldina stets die Frage erörtert werden mußte, ob sie in die Sektionen Zoologie, Physiologie (Medizin) oder Anthropologie einzugliedern wären (JAHN 1994). Das trifft auch für Irenäus EIBL-EIBESFELDT zu, dessen evolutionsbiologische Grundthemen die Frage nach der anpassenden „Information" behandeln, die allem tierlichen u n d menschlichen Verhalten zugrunde liegt. Durch experimentelle Analysen des Nestbauverhaltens der Wanderratte klärte er 1955 „in geradezu beispielhafter Weise das Zusammenspiel von erblich festgelegter und individuell erworbener Information", stellte schon damals die Frage „nach den physiologischen Mechanismen", durch die die ontogenetische Entwicklung des „plastischen, erlernten Verhaltens in arterhaltend zweckmäßge Formen gelenkt wird" und die Frage, „wie sich stammesgeschichtlich entstandene Programme und Lernvorgänge zu einem sinnvollen Wirkungsgefüge vereinen" (LORENZ 1977).[1]) Aus dieser Fragestellung er-

wuchsen seine humanethologischen Untersuchungen an blind- und taubgeborenen Kindern sowie an ursprünglichen Völkergruppen (Buschleuten, Waiki-Indianern), die mit Hilfe von Zeitlupenfilmen die Gewißheit erbrachten, daß es bei a l l e n Menschen identische Ausdrucksbewegungen gibt, die auf echten ,*Erbkoordinationen*' beruhen müssen, und daß nicht – wie bisher angenommen – alle menschlichen Verhaltens- und Kommunikationsweisen ausschließlich kulturell bedingt sind. Diese Erkenntnisse sind die Basis für eine „vergleichende Verhaltensbiologie" (mit Einschluß des Menschen), in seinem *Lehrbuch der Ethologie* (EIBL-EIBESFELDT 1967) niedergelegt, „das mit Abstand als das vollständigste und beste aller bisher geschriebenen betrachtet werden muß", urteilte LORENZ 1977 (a. a. O.).

Die Klärung des Problems der gegenseitigen Beeinflussung von ererbten und erlernten Verhaltenselementen hat vor allem praktische Bedeutung für die „Pathologie des Verhaltens" für die Human- und Veterinärmedizin bekommen und hat zur Erkenntnis der „Frühprägung" auch in der menschlichen Ontogenese, überhaupt der artspezifischen Prägephasen, geführt (LORENZ 1975, S. 289; über LORENZ' abwegige erbbiologische Äußerungen vgl. DEICHMANN 1992, S. 239–266).

Die ersten Begründer der vergleichenden Verhaltensforschung haben längst bedeutende Schüler für die Vertretung der *Ethologie* in allen ihren Facetten in vielen Ländern und Instituten, die dieser Disziplin zum Durchbruch verhalfen und auf ein reiches Lebenswerk zurückblicken. Es fand seinen Niederschlag in Gutachten und Laudationes bei Akademiewahlen wie der Leopoldina, aber auch schon in autobiographischen Rückblicken auf die Geschichte der Verhaltensforschung, wie sie sie selbst erlebten (vgl. auch DEWSBURY 1989).

19.4.4. Versuche zur Institutionalisierung der *Ethologie* (Vergleichende Verhaltensbiologie)[2])

Nach dem Zweiten Weltkrieg (1939–1945), der die stetige Weiterentwicklung der Ethologie in Europa unterbrochen hatte, wurden immer neue Ergebnisse biowissenschaftlicher Nachbardisziplinen in die Verhaltensforschung integriert, wie

---

[1]) Gutachten für die Wahl in die Leopoldina vom 2. 5. 1977; Archiv der Leopoldina Halle/S., MM 5942.

[2]) Für die kritische Durchsicht dieses Abschnittes und wichtige Hinweise danke ich den Herren Prof. HASSENSTEIN (Freiburg) und Prof. TEMBROCK (Berlin).

zum Beispiel die Erkenntnisse einer endogenen Rhythmik der Organismen (*Chronobiologie*) durch Jürgen ASCHOFF (1953) und Erwin BÜNNING (1945, 1958) oder die Methoden der *Kybernetik* (vgl. 19.3.2.). Die experimentellen Forschungen Karl VON FRISCHS über die „Bienensprache" wurden zu vergleichend-verhaltensbiologischen Untersuchungen über die stammesgeschichtlichen Beziehungen verschiedener Bienenarten durch Martin LINDAUER (geb. 1918) erweitert, der auch Studien über Temperaturregelung und Wasserhaushalt im Bienenstaat durchführte, die physiologischen Mechanismen der Orientierung der Bienen zur Schwerkraft klärte, aufsehenerregende Erkenntnisse über die Entscheidungsfindung des Bienenschwarms für ein neues Quartier und über die „innere Uhr" bei Schwarmbienen gewann (LINDAUER 1961).

Die Berliner Tradition der Nerven- und Sinnesphysiologie der Insekten, die durch W. VON BUDDENBROCK eingeleitet worden war, führte durch Anwendung „physikalischer Meßverfahren und Denkweisen auf Probleme der vergleichenden Physiologie", wie sie dann durch Hansjochem AUTRUM in München mit bioakustischen Untersuchungen und weiteren sinnesphysiologischen Forschungen über Insekten weiter ausgebaut wurde (vgl. 15.4.). An BUDDENBROCKS Arbeiten über eine „Tierpsychologie" und deren „Analyseweg" schloß andererseits auch Konrad HERTER in Berlin an, der mit vergleichend-physiologischen Methoden „Fischdressuren" zum Studium des Farb- und Formensehens durchführte (HERTER 1953) und bereits seit 1942 auch chronobiologische Untersuchungen an Nagetieren anregte.

Daran anknüpfend, mehr jedoch angeregt durch Wolfgang KÖHLER (s.o.), K. LORENZ und N. TINBERGEN führte Günter TEMBROCK (geb. 1918) ab 1947 in dem von Katharina HEINROTH geleiteten Zoologischen Garten Berlin erste „tierpsychologische" Untersuchungen an Schimpansen durch (TEMBROCK 1949). Seit Beginn der 50er Jahre war es sein Anliegen, für die vergleichende Verhaltensforschung an Wirbeltieren „objektive Begriffsbestimmungen zu entwickeln" und kombinierte Untersuchungsmethoden einzusetzen, nämlich die Verbindung von Beobachtungen im Freiland und in Gefangenschaft mit experimentellen Arbeiten im Labor, Zoologischem Garten und Freiland (TEMBROCK 1985, S. 306 f.). Seine *Ethologie des Rotfuchses* (1955) enthält schon exemplarisch ein Programm für eine „vergleichende Verhaltensbiologie", in dem die Beziehungen zwischen Organismus und Umwelt einen Schwerpunkt bilden und sein „Drei-Vektoren-Modell des Verhaltens" entwickelt wird, sowie Tages- und Jahresrhythmen (*Chro-*

nobiologie) beobachtet und bioakustische Studien mit Hilfe von *Oszillogrammen* aufgezeichnet worden sind. Auch weiterhin bildet die *Biokommunikation* (TEMBROCK 1971), speziell von Wirbeltieren, einen Forschungsschwerpunkt in Berlin und führte zur Anlage eines „der größten bioakustischen Archive der Welt" (NICHELMANN 1994). Wie bei anderen Verhaltensbiologen (EIBL-EIBESFELDT, HASSENSTEIN, Erich und Dieter VON HOLST, KUMMER und LORENZ) gipfeln auch TEMBROCKS Arbeiten in humanethologischen Studien (TEMBROCK 1991), wobei er betont, daß er „den Brückenschlag zum Menschen" von der Ursachenforschung physiologischer Prozesse aus ansetzt, da die „vergleichende Verhaltensforschung als Teil der Biologie" zu verstehen ist (TEMBROCK 1985, S. 299).

Frühzeitig begannen die Versuche zu einer Institutionalisierung der *Ethologie*, zunächst weiterhin unter der Bezeichnung *Tierpsychologie*. Der Umstand, daß mit dem Beginn des 19. Jh. die *Ethologie* durch bedeutende Arbeiten von Einzelforschern wie HEINROTH, K. VON FRISCH, Otto KOEHLER „begründet" wurde (19.4.3.), erhob sie noch nicht zur Wissenschaftsdisziplin im eigentlichen Sinne (vgl. GUNTAU & LAITKO 1987; SPRUNG 1991). Die meisten Arbeiten entstanden

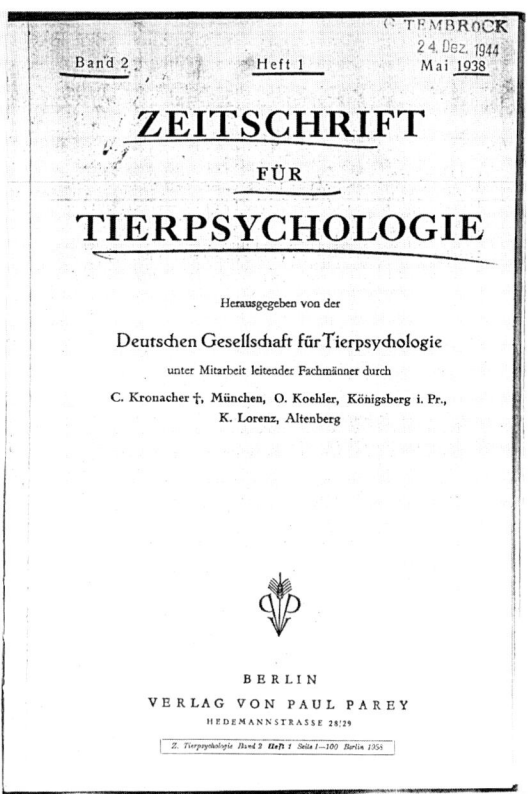

Abb. 209. Titelblatt der ersten Fachzeitschrift für Tierpsychologie.

im Rahmen der allgemeinen und speziellen Zoologie oder der medizinischen und vergleichenden Physiologie (vgl. auch KLOPFER & HAILMAN 1967), ohne daß ein eigenes Lehrsystem entwickelt wurde. Als 1932 die *Deutsche Ornithologische Gesellschaft* in Wien tagte, appellierte ihr Präsident Erwin STRESEMANN vergeblich an die Universität, einen Lehrstuhl für Verhaltensbiologie für Konrad LORENZ einzurichten (FESTETICS 1983, S. 13). Die Gründung einer *Deutschen Gesellschaft für Tierpsychologie* (1936) durch Carl KRONACHER (München), W. KLEIN und J. EFFERTZ (Bonn) erfolgte aus einem Impuls der Tierzuchtpraxis mit dem Ziel, Verhaltensforscher „der reinen und angewandten Wissenschaft und beider mit der Praxis" zusammenzuführen (EFFERTZ 1937, S. 1). Im ersten „Beirat" dominierten Vertreter Zoologischer Gärten, land- und forstwirtschaftlicher Tierzuchtinstitute und Lehranstalten neben O. KOEHLER, K. LORENZ und VON UEXKÜLL (EFFERTZ 1937, S. 4). Die Gesellschaft bestand nur bis 1943. Als ihr Organ gründeten 1937 KRONACHER, O. KOEHLER und LORENZ die *Zeitschrift für Tierpsychologie* (Abb. 209), in deren erstem Heft bedeutende Vorträge der Herbsttagung 1936 von HEINROTH, VON FRISCH, LORENZ, VON UEXKÜLL, ALVERDES, O. KOEHLER veröffentlicht sind und der Münchner Zoologe Bastian SCHMIDT die „Wege und Ziele der Tierpsychologie" umreißt (B. SCHMIDT, 1937, S. 78–81). Wenngleich in seinen Ausführungen und Schlußthesen sich die damaligen Probleme und Mängel der jungen Forschungsrichtung widerspiegeln, war auch diese Gründung ein Versuch zur Institutionalisierung und bildete eine Plattform, auf der sich ein interdisziplinärer Erfahrungsaustausch vollziehen und neue Integrationsfelder gefunden werden konnten. Dieser hoffnungsvolle Ansatz kam in Deutschland durch den Krieg zunächst zum Abbruch. Die englische Zeitschrift *Behavior*, die TINBERGEN 1947 in England gründete, diente dem gleichen Zweck und überbrückte die kriegsbedingte Pause im Erscheinen des deutschen Organs. Das seit 1911 in den USA erscheinende *Journal of Animal Behaviour* diente zunächst nur der Verbreitung des *Behaviorismus* (vgl. 19.2.).
Im Universitätsunterricht hatten O. KOEHLER seit 1925 auf dem Lehrstuhl für Zoologie und K. LORENZ ab 1940 als Professor für Psychologie in Königsberg die Möglichkeit, auch „vergleichende Psychologie" bzw. Tierpsychologie zu lehren und ihre neuen Konzepte einzubringen, wie auch Wolfgang KÖHLER am Institut für Psychologie der Berliner Universität von 1922–1935 seine tierpsychologischen Konzeptionen entwickeln konnte (vgl. 19.4.1.). Auch die Primatensta-

tion der Berliner Akademie der Wissenschaften auf Teneriffa (1913–1920) oder die entsprechenden Forschungsinstitute in den USA (YERKES 1931) können als frühe Versuche zur Institutionalisierung betrachtet werden (vgl. 19.1.2.).
Die Entwicklung der *Ethologie* als Hochschuldisziplin beginnt erst nach dem Zweiten Weltkrieg bestimmte Formen anzunehmen, als TINBERGEN 1949 an der Universität Oxford einen Lehrstuhl für *Animal Behaviour* erhielt, bald darauf sein Lehrbuch (1951) publizierte und LORENZ 1953 eine Honorarprofessur für *vergleichende Verhaltensforschung* in Münster, TEMBROCK 1961 eine Professur für *Verhaltensphysiologie* an der Humboldt-Universität Berlin erhielt. Innerhalb des Zoologischen Institutes leitete er eine seit 1948 bestätigte *Arbeitsstelle für Tierpsychologie*. Sie war das Ergebnis einer im Dezember 1947 an die Berliner Akademie der Wissenschaften gerichteten *Denkschrift zur Begründung eines Institutes für Tierpsychologie*, die bereits die Forschungsschwerpunkte der neuen *Ethologie* enthielt und die Verbindung mit den Lehraufgaben vorsah,[1]) wie es dann in der „Arbeitsstelle" (s. o.) realisiert wurde. Weitere Teilaspekte des Memorandums wurden dann in der *Forschungsstelle für Wirbeltierforschung* verwirklicht, die in dem 1954 gegründeten Berliner Tierpark eingerichtet und der Akademie der Wissenschaften angegliedert war (TEMBROCK 1985, S. 309).
Bereits 1950 war auch für K. LORENZ eine „*Forschungsstelle für Verhaltensphysiologie*" am Max-Planck-Institut für Meeresbiologie, Schloß Buldern (Westf.), begründet worden, die ab 1955 unter dem Namen *Max-Planck-Institut für Verhaltensphysiologie, Abt. Lorenz* geführt wurde; und E. VON HOLST arbeitete ab 1948 am Max-Planck-Institut für Meeresbiologie (ab 1954 für Verhaltensphysiologie) in Wilhelmshaven (HOLST 1954), bis 1958 die Max-Planck-Gesellschaft in Seewiesen bei München ein Institut für E. VON HOLST, K. LORENZ und J. ASCHOFF (*Chronobiologie*) einrichtete. Die österreichischen Privatinstitute von LORENZ in Altenberg, Grünau und Bruck a. d. Murr wurden erst 1981 von der Österreichischen Akademie der Wissenschaften übernommen und als *Konrad-Lorenz-Institut* zusammengefaßt (FESTETICS 1983).
Eine vergleichend-historische Darstellung der Institutionalisierung der *Ethologie* in den Ländern Europas und Amerikas steht noch aus

─────────
[1]) Bundesarchiv, Abteilungen Potsdam DR-2: Ministerium für Volksbildung, Nr. 1492, Diverses 1945–1950 (Tagungen, Schriftwechsel, Forschungsanträge etc.): Bl. 59–62. Herrn Dr. E. HÖXTERMANN danke ich für diese Hinweise.

und scheint auch noch verfrüht, da dieser Prozeß noch sehr dynamisch und personengebunden verläuft. Es ist dabei zu berücksichtigen, daß das erfolgreiche publizistische Wirken von Einzelpersönlichkeiten noch nicht identisch ist mit der Institutionalisierung einer Disziplin *Verhaltensbiologie* (wie sie TINBERGEN nach der Verbindung der europäischen Richtungen mit dem amerikanischen *Neo-Behaviorismus* nannte). An Anerkennung von Einzelleistungen hat es seit der Mitte des 20. Jh. nicht gefehlt. So hatte Berthold KLATT der *Deutschen Akademie der Naturforscher Leopoldina* 1957 vorgeschlagen, neben der Sektion *Zoologie* eine Sektion für „*Verhaltensforschung und Physiologie*" zu begründen, was durch seinen Tod (1958) nicht realisiert wurde (JAHN 1994, S. 213). Mit der Verleihung des Nobelpreises 1973 an VON FRISCH, LORENZ und TINBERGEN schien „die Eigenständigkeit der *Ethologie* endgültig" gesichert zu sein (SCHURIG 1993, S. 225), was jedoch jüngste Entwicklungen fraglich erscheinen lassen.

20. Ökologie und Ökosystemforschung

Günther LEPS, Berlin

Vom Standpunkt ihrer wissenschaftlichen Begründung beginnt die Geschichte der modernen Ökologie in der zweiten Hälfte des 19. Jh. Die Ökologie gehört demnach zu den jüngeren Zweigen der Biowissenschaften.

Ernst HAECKEL gebührt das historische Verdienst, in seinem Werk *Generelle Morphologie* (1866) eine vor ihm unbenannte „bisher meist in hohem Grade" vernachlässigte Disziplin (Bd. 2, S. 286) erstmalig bezeichnet und ihren Gegenstand definiert zu haben.[1]) Dort bestimmte er *Ökologie* zunächst als „Wissenschaft von der Oeconomie, von der Lebensweise, von den äußeren Lebensbedingungen der Organismen zueinander etc." (a. a. O. Bd. 1, S. 8, Fußnote). An anderer Stelle leitete HAECKEL *Ökologie* von dem griechischen Wort „Oikos", „der Haushalt, die Lebensbedingungen" ab (Bd. 2, S. 286). Für jede einzelne Art gebe es nur eine bestimmte Anzahl von Stellen im „Haushalt der Natur" (Bd. 2, S. 287). Wiederholt äußerte sich HAECKEL über den Gegenstand der Ökologie in weiteren Schriften. In *Natürliche Schöpfungsgeschichte* (1868) und *Anthropogonie oder Entwicklungsgeschichte des Menschen* (1874, 2. Aufl.) definierte HAECKEL den Gegenstand

der Ökologie ausdrücklich im Kontext der Darwinschen Entwicklungslehre. Die Bestimmung in *Über Entwicklungsgang und Aufgabe der Zoologie* (1902) ist vorwiegend identisch mit jener in der *Generellen Morphologie*, wenngleich reduziert. HAECKEL differenzierte und interpretierte selbstverständlich im Rahmen des zu seiner Zeit erreichten Erkenntnisstandes. Und so zeigte sich schließlich in der Folgezeit, daß hinter der Heterogenität in den Haeckelschen Auffassungen bereits wesentliche Tendenzen für die Entwicklung der Ökologie des 20. Jh. verborgen waren.

Seit HAECKEL können wir von den zwei wesentlichen Bestandteilen der modernen Ökologie sprechen: *Autökologie* und *Synökologie*.[2]) Diese sind bis heute zugleich als Forschungsebenen und ökologische Erkenntnisstufen charakterisiert. Als Termini waren sie HAECKEL noch unbekannt, da sie erst 1910 von Carl SCHRÖTER in Erkenntnis der Wichtigkeit der Erforschung von Biozönosen als exakte Unterscheidung und Abgrenzung vorgeschlagen wurden (vgl. H. GAMS 1918).

Die Synthese von Aut- und Synökologie, die Ausarbeitung der Ökosystemkonzeption und die Herausbildung einer allgemeinen (theoretischen) Ökologie in der Mitte des 20. Jh. reflektierten im wesentlichen die gleiche wissenschaftstheoretische Problematik, um die sich seit HAECKEL die Ökologen bemühten, nämlich, die moderne Ökologie auf eine einheitliche theoretische Grundlage zu stellen.[3])

---

[1]) – vgl. dazu bes. USCHMANN 1970, der die verschiedenen ausführlichen Definitionen für den Begriff Ökologie durch HAECKEL von 1866–1904 zusammenstellte.

– Die Verwendung der Metapher „Haushalt der Natur" und „ Ökonomie der Natur" läßt sich in der Vorgeschichte der modernen Ökologie mindestens bis K. VON LINNÉ zurückverfolgen (vgl. Kap. 6).

– In gewisser Weise könnte der von Isidore GEOFFROY SAINT-HILAIRE 1859 eingeführte Begriff „Ethologie" für das Studium des Wohnortes, der unregelmäßigen und periodischen Wanderungen sowie der zeitweiligen und dauernden Tiergesellschaften in seinen noch undifferenzierten, tierökologisch eingeschränkten Bestimmungen mit dem Haeckelschen Ökologiebegriff identifiziert werden (vgl. I. ST.-HILAIRE 1859, S. XXII; 285/291).

[2]) Vgl. K. FRIEDERICHS 1957, S. 124. Autökologie beschäftigt sich mit dem Studium der Einzelorganismen oder einzelner Arten. Synökologie untersucht Gruppen von Organismen, die eine Einheit bilden.

[3]) Vgl. auch L. TREPL 1987 (2. Aufl. 1994), der verschiedene Aspekte der Geschichte des Ökologiebegriffs im Kontext einer „ökologischen Weltanschauung" (S. 13; 29) untersucht und insofern dessen außerbiowissenschaftliches, mitunter inflationäres Eindringen in das gesellschaftliche Bewußtsein mit einbezieht.

20.1. Die besondere Stellung der aquatisch-ökologischen Richtungen in der Geschichte der Ökologie

Die Begründung der Ökologie als eigenständige biowissenschaftliche Disziplin in der zweiten Hälfte des 19. Jh. und schließlich die Ausarbeitung der Ökosystemkonzeption in der ersten Hälfte des 20. Jh. war im besonderen mit dem Lebenswerk der deutschen Ökologen Karl August MÖBIUS (1825–1908) und August THIENEMANN (1882–1960) verbunden. Ihr Wirkungszeitraum deckte sich einerseits mit dem Disziplinierungs- und Institutionalisierungsprozeß der aquatisch-ökologischen Zweige *Marine Ökologie[1]*) bzw. *Limnologie,[2]*) deren herausragende Vertreter sie waren, und korrespondierte andererseits mit der Herausbildung und Entwicklung der allgemeinen (theoretischen) Ökologie, die außerdem noch den terrestrisch-ökologischen Zweig, die Ökologie des Menschen[3]) und die Erforschung der urban-industriellen Ökosysteme[4]) einschließt.[5])

Die besondere Stellung, die die aquatisch-ökologischen Richtungen in der Geschichte der Ökologie erlangten, kann auf verschiedene Ursachen zurückgeführt werden (vgl. LEPS 1980).

Erstens ergaben sich aufgrund des technisch-industriellen Fortschritts neuartige meeresbiologische und limnologische Problemstellungen (Abb. 210). So waren dank der transatlantischen Kabellegungen seit 1858 die technischen Voraussetzungen für die Tiefseeforschung geschaffen. Die von Edward FORBES (1815–1859) aufgestellte „Abyssus-Theorie", wonach jegliches Leben im Meere unterhalb der 500-Metergrenze aufhören sollte, erwies sich als unhaltbar. Die mit der Entwicklung des Eisenbahnverkehrsnetzes verbundene Ausweitung des Binnenmarktes zog die Frage nach den theoretischen und praktischen Grundlagen für die Großfischerei nach

sich. Von der Wissenschaft wurde gefordert, daß sie sowohl die theoretische Basis für die Vergrößerung der Fänge liefert als auch die Ursachen für rückläufige Tendenzen ergründet.

Besonders um die Jahrhundertwende verstärkten sich Erscheinungen industrieller und urbaner Gewässerverschmutzung. Die seinerzeit wachsende Schere zwischen dem Bedarf und der Bereitstellung von klarem Wasser warf Fragen auf, die die Binnengewässerforschung stimulierte.

Zweitens gestattete die relativ leichte Durchschaubarkeit der aquatisch-ökologischen Objekte, ihr modellhafter Charakter (Austernbank, Plankton; Binnengewässer), bereits mit einfachen technischen Geräten (Dredsche, Schöpfer) und Methoden (vergleichende Beobachtung, Statistik) sowie geringem Aufwand (Benutzung von Kriegsschiffen) zu Daten zu gelangen, die für Jahrzehnte den theoretischen Vorlauf der aquatisch-ökologischen Zweige bedingten. Auf diesem Hintergrund entstand MÖBIUS' Biozönosekonzeption (1877), S. A. FORBES *See als Mikrokosmos* (1887) und LOHMANNS Trophiestufenkonzeption (1908), die physikalische und chemische Seentypologie (F. A. FOREL 1901; BIRGE & JUDAY 1911). 1897 hatte WINOGRADSKY wesentliche Prinzipien der Mikrobenökologie im Rahmen limnologischer Forschung begründet.

Im Zusammenhang mit dem Ausbau der angewandten Forschung (Limnologie der verunreinigten Gewässer und des Abwassers bzw. der Talsperrenforschung) kam es zu einem weiteren theoretischen Zuwachs aus dieser: z. B. zur Ausarbeitung des Saprobiensystems durch R. KOLKWITZ und M. MARSSON 1901)[6]) sowie zur Ausarbeitung der ökologischen Seentypologie durch THIENEMANN (1915) und Einar NAUMANN (1917). Die Frage nach der Gewässerreproduktion begann eine Schlüsselstellung in der Erforschung aquatischer ökologischer Systeme einzunehmen.

Drittens profitierten die aquatisch-ökologischen Zweige von den politisch-ökonomischen Bestrebungen, wissenschaftliches Potential durch die Schaffung und Beförderung neuartiger Wissenschaftsinstitutionen einem umfassenden praktischen Nutzen zuzuführen. So kam es 1870 in Kiel zur Gründung der *Kommission zur Erforschung der deutschen Meere*, in der die Kieler

---

[1]) Andere Bezeichnungen: Ozeanographie, Meeresökologie, auch Meeresbiologie und Teil der Hydrobiologie.

[2]) Andere Bezeichnungen: Ökologie der Binnengewässer oder Ökologie des Süßwassers, auch Teil der Hydrobiologie.

[3]) Andere Bezeichnungen: Humanökologie oder Anthropoökologie.

[4]) Untersuchungsobjekte der Siedlungs-, Stadt- oder Urbanen-Ökologie.

[5]) Gegenwärtig entwickelt sich rasch das bis vor kurzem vernachlässigte Gebiet der Mikrobenökologie als eigenständiger ökologischer Zweig.

[6]) Klassische Publikation über die biologische Beurteilung des Wassers (E. NAUMANN). Den Kern bildet ein Leitorganismen- bzw. Leitbiozönosenkonzept zur Beurteilung des Gewässerzustandes und der Reproduktionskraft der tierischen, pflanzlichen und Mikroorganismen. Außer Protozoen spielen in diesem System vor allem Bakterien, Algen und Pilze eine wichtige Rolle (vgl. LEPS 1987).

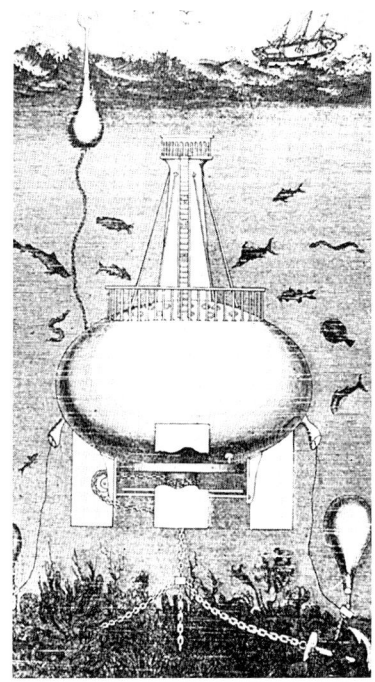

Abb. 210. Vorschlag zur Konstruktion einer Tauchstation für submarine Forschungen 1865. Aus Amtl. Bericht d. 40. Vers. dt. Naturforscher und Ärzte 1866.)

Meeresökologen MÖBIUS, HENSEN und BRANDT exponierte Positionen einnahmen. 1917 übernahm die Kaiser-Wilhelm-Gesellschaft die seitdem von THIENEMANN in der Nachfolge von Otto ZACHARIAS (1846–1916) geleitete Hydrobiologische Anstalt in Plön/Holstein.

Sowohl die *Kieler Kommission* als auch das Plöner Institut sind klassische Beispiele für die Zusammenarbeit zwischen verschiedenen naturwissenschaftlichen Disziplinen (Biologie, Chemie, Physik, Geographie) in der ökologischen Forschung.

20.1.1. Meeresbiologie und der Begriff der Lebensgemeinschaft

MÖBIUS' Werk *Die Auster und die Austernwirtschaft* (1877) ist die Geburtsurkunde von Begriff und Theorie der Biozönose (Abb. 211). Es fand sofort internationale Beachtung. Bereits 1880 erschien eine Übersetzung in *United States Commission of Fish and Fisheries*, Part. 8, p. 683–824.

Bis in die Gegenwart hält die Resonanz unvermindert an. A. THIENEMANN entwickelte in Auseinandersetzung mit MÖBIUS' Werk seine theoretische Basis für Limnologie und allgemeine Ökologie (1918; 1939). Die Konzeption der Biozönotik des russischen Ökologen W. N. SUKAČEV (1928; 1964) hat MÖBIUS' Biozönose-Begriff zur Voraussetzung. A. TANSLEY, der 1935 den Be-

Abb. 211. Titelblatt von Karl MÖBIUS' Werk (1877), in dem er Begriff und Theorie der Biozönose beschrieb.

griff des „ecosystems" (deutsche Diktion: „Öko-system") einführte, integrierte ebenfalls MÖBI-US' „Biozönose" in sein Konzept. ALLEE et al. geben in ihrem klassischen Werk *Principles of Animal Ecology* (1949) einen längeren Auszug aus der *Auster ...* wieder. Der französische Ökologe R. DAJOZ befaßte sich in seinem Buch *Precis d' Ecologie!* (1972) intensiv mit der *Auster*, um Ansätze für die Weiterentwicklung der Theorie der Biozönose zu finden. Auf die *Auster* nahmen in jüngster Zeit solche internationalen Standardwerke Bezug wie das von F. B. CHRISTIANSEN und T. FENCHEL *Theories of Populations in Biological communities* (1977) und von E. P. ODUM *Grundlagen der Ökologie* (1980). Nach NORDENSKIÖLD (1926) schuf

„MÖBIUS durch sein großes Werk, *Die Fauna der Kieler Bucht*' (1865 und 1872) ... das Programm und die Methodik der modernen Ökologie".

Die *Fauna* leitete die Genese des Begriffs der Biozönose ein. Auf den Fortgang der Ausarbeitung der Biozönose-Konzeption wirkten sich äußerst förderlich die Nord- und Ostsee-Expeditionen der Kommission zur Erforschung der deutschen Meere in den Jahren 1871 und 1872 sowie eine Expedition in die Tropen nach Mauritius und den Seychellen (1874–1875) aus. Sie lieferten reichlich Material zum Vergleichen.
Das Studium der Meerestiere hatte MÖBIUS zu Fragen geführt, die neben dem theoretischen Interesse eine praktisch-ökonomische Bedeutung besaßen.
Im Jahre 1869 erhielt er den Auftrag, ein Gutachten über die Austern- und Miesmuschelzucht an den norddeutschen Küsten anzufertigen.[1]) Gleichzeitig wurde er zum Kommissar der Regierung für die Revision der Schleswig-Holsteinischen Austernbänke ernannt. Noch im selben Jahr bereiste er die Küsten von Frankreich und England. Weder in Frankreich noch in England fand MÖBIUS eine rationale Basis für eine künstliche Austernzucht vor, die sich auf die schleswigschen Austernbänke anwenden ließ. Er hielt deshalb eine „wissenschaftliche Begründung" der Fehlschläge für unentbehrlich, wenn man nicht fortwährend beim bloßen, oft recht kostspieligen „Probieren" verbleiben wolle (MÖBIUS 1870, S. 48). Dieser Aufgabe widmete sich MÖBIUS vor allem in seinem Werk *Die Auster und die Austernwirtschaft* (1877).

---

[1]) Im Gefolge des raschen technischen und industriellen Fortschritts jener Zeit zeigten sich erste Anzeichen von Überfischung der Küstengewässer. Die Zahl der Seetiere, vor allem der Austern und Miesmuscheln, verringerte sich. Hilferufe der Seefischerei veranlaßten die preußische Regierung wiederholt, wissenschaftliche Gutachten einzuholen.

Am Beispiel der Austernbank entwickelte MÖBIUS den für die weitere Forschung theoretisch und methodologisch fruchtbar gewordenen ökologischen Grundbegriff der Biozönose:

„Jede Austernbank ist gewissermaßen eine Gemeinde lebender Wesen, eine Auswahl von Arten und eine Summe von Individuen, welche gerade auf dieser Stelle alle Bedingungen für ihre Entstehung und Erhaltung finden, also den passenden Boden, hinreichende Nahrung, gehörigen Salzgehalt und erträgliche und entwicklungsgünstige Temperaturen.
Jede daselbst wohnende Art ist durch die größte Zahl von Individuen vertreten, die sich den vorhandenen Umständen gemäß ausbilden konnten; denn bei allen Arten ist die Zahl der ausgereiften Individuen jeder Fortpflanzungsperiode kleiner als die Summe der erzeugten Keime war. Die Gesamtheit der herangewachsenen Individuen aller in einem Gebiet zusammenwohnenden Arten ist der übriggebliebene Rest aller Keime der vorhergegangenen Brutperioden. Dieser Rest der ausgereiften Keime ist ein gewisses Quantum Leben, welches in einer gewissen Summe von Individuen auftritt und welches, wie alles Leben, durch Fortpflanzung Dauer gewinnt. Die Wissenschaft besitzt noch kein Wort für eine solche Gemeinschaft von lebenden Wesen, für eine den durchschnittlichen äußeren Lebensverhältnissen entsprechende Auswahl und Zahl von Arten und Individuen, welche sich gegenseitig bedingen und durch Fortpflanzung in einem abgemessenen Gebiet dauernd erhalten. Ich nenne eine solche Gemeinschaft Biocoenosis oder Lebensgemeinde. Jede Veränderung irgendeines mitbedingenden Faktors einer Biocoenose bewirkt Veränderungen anderer Faktoren derselben.
Wenn irgendeine der äußeren Lebensbedingungen längere Zeit von ihrem früheren Mittel abweicht, so gestaltet sich die ganze Biocoenose um; sie wird aber auch anders, wenn die Zahl der Individuen einer zugehörigen Art durch Einwirkungen des Menschen sinkt oder steigt, oder wenn eine Art ganz ausscheidet oder eine neue Art in die Lebensgemeinde eintritt (MÖBIUS 1877, S. 75–77).

Wichtige Ergänzungen, die MÖBIUS noch in der *Auster* vornahm, betrafen „Raum und Nahrung gehören zu den ersten Grundlagen jeder Lebensgemeinde" (S. 77). Daß er diese Grundlagen nicht nur äußerlich auffaßte, zeigt die folgende Passage:

„Da ... für die Ausreifung aller im Übermaß erzeugten Keime weder Platz noch Nahrung genug vorhanden ist, so sinkt die Gesamtzahl der Individuen der Lebensgemeinde bald wieder auf ihr früheres Maß zurück. Das Übermaß, welches die Natur durch Steigerung einer der biocoenotischen Kräfte erzeugte, wird also durch das Zusammenwirken aller biocoenotischen Kräfte wieder vernichtet (S. 81).

Drei Seiten nach den einleitenden Bestimmungen folgte erst der Hinweis auf das „biocoenotische Gleichgewicht" (vgl. S. 81). Schließlich ist MÖBIUS' Biozönosebegriff bewußt mit der Vor-

stellung von Ordnung (Organisation) und Gesetzmäßigkeit der lebenden Natur verbunden. Bereits im Vorwort zur *Auster* legte er die Absicht dar, jene Irrtümer zu beseitigen, wonach „sich große Summen von Austern mit wenig Mühe" unter Mißachtung „der allgemein herrschenden biologischen Gesetze" erzielen lassen sollen (MÖBIUS 1877, S. IV).
Die Umgestaltung der Biozönosen erkannte bereits MÖBIUS als gesetzmäßige Folge des „Kampfes ums Dasein": dem biozönotischen Gleichgewicht billigte er deshalb nur einen relativen Ausgleich der Kräfte zu. Evolution und Gleichgewicht bedingten einander im Verständnis von MÖBIUS. Er wies nach, daß jene Faktoren, die den Evolutionsprozeß der Art bestimmen, auch die Bildung, Umgestaltung und Entwicklung von Biozönosen bedingen. Diese Darwinistische Auffassung ist später von nur wenigen Autoren hervorgehoben worden.[1]) Bereits 1860 fertigte MÖBIUS Exzerpte aus Charles DARWINS Hauptwerk „On the origin of species by means of natural selection" (1859) an.[2]) Solche von MÖBIUS und H. A. MEYER seit 1862 im Zusammenhang mit der Erforschung der Lebensbedingungen der Tiere der Kieler Bucht verwendeten Begriffe wie „Ursprung und Veränderlichkeit der Species" und „Verbreitungsgesetze" weisen eindeutig darauf hin, daß DARWINS Lehre von Anfang an auch MÖBIUS' wissenschaftliche Arbeit beeinflußte. Datiert mit März 1868 – in diesem Jahr begann MÖBIUS an der Kieler Universität zu lehren – liegen Notizen vor, in denen MÖBIUS' eigene evolutionstheoretische Überlegungen anstellte. Besonders instruktiv für den Nachweis, daß sich in MÖBIUS Forschungen Ökologie und Evolutionstheorie in zunehmendem Maße wechselseitig befruchteten, sind dessen Vorlesungsmanuskripte (JAHN 1982). Den engsten Konnex zwischen Ökologie und Evolutionstheorie erreichte MÖBIUS, als er aufgrund der Austernbankstudien das klassische Modell für Biozönosen schuf (vgl. LEPS 1986).
MÖBIUS übte schließlich einen bemerkenswerten Einfluß auf die Didaktik des Biologieunterrichts seiner Zeit aus (vgl. DAHL 1905).
Als MÖBIUS 1868 die Professur an der Kieler Universität annahm, hatte er bereits über 20 Jahre als Lehrer gewirkt. So erklärt sich, daß er in Kiel neben der Forschung eine rege Lehrtätigkeit entfal-

tete, die sich auch auf Personen und Institutionen außerhalb der Universität erstreckte. Unter anderem unterrichtete MÖBIUS an der Kieler Marineakademie, und die Lehrer der Kieler Gemeindeschulen bildete er im Fach Zoologie weiter. Hierüber berichtete MÖBIUS später (1904):

„Gelegentlich flocht ich Bemerkungen über Unterrichtsmethoden ein. Ich verwarf die Befolgung der Vorschrift Lübens, die Kinder hauptsächlich mit den systematischen Merkmalen der Tiere bekannt zu machen, sondern empfahl, den Bau und die Lebenstätigkeiten der Tiere und die Übereinstimmung beider mit den äußeren Lebensbedingungen zu schildern ...".

Einer der „eifrigsten Zuhörer" war der Hauptlehrer F. JUNGE. Die Vorträge hatten JUNGE angeregt, einen Aufsatz über den „naturgeschichtlichen Unterricht" zu schreiben, den er MÖBIUS vorlegte. Dieser empfahl ihm daraufhin, die Gedanken ausführlicher darzustellen. So entstand als wertvollste Frucht der Vorträge JUNGES Buch *Der Dorfteich als Lebensgemeinschaft* (1885).
Bis zur Jahrhundertwende hatte die von MÖBIUS in *Die Auster und die Austernwirtschaft* begründete Lebensgemeinschaftskonzeption für den Biologieunterricht an allen Schulgattungen Bedeutung erlangt und „den Anstoß gegeben, zu einer durchgreifenden heute noch andauernden Reform des naturgeschichtlichen Unterrichts", stellte MÖBIUS' Schüler KUHLGATZ (1908) fest (vgl. LEPS 1980, S. 60 ff.). Eine ähnliche Rolle spielte die durch H. MÜLLER – wie MÖBIUS Pädagoge und Naturforscher – wiederbelebte Blütenökologie als Bindeglied zwischen Botanik und Zoologie im Schulunterricht. Obwohl H. MÜLLER als einer der ersten begann, die Ökologie in die Schulbiologie einzuführen, war die Resonanz bei ihm geringer als bei MÖBIUS und Junge. MÜLLER war von einer „eingeschränkten" (morphologisch-physiologischen) Ökologie aus an die Reform herangegangen. Mit der breiteren Grundlage der Lebensgemeinschaftskonzeption gelang erst durch JUNGES Wirken der Durchbruch zum streng naturwissenschaftlichen Biologieunterricht (vgl. DEPDOLLA 1941). Dennoch verebbte die von MÖBIUS, JUNGE und MÜLLER entfachte Reformbewegung nach der Jahrhundertwende, da sie sich offensichtlich im Widerspruch zum Entwicklungsstand der offiziellen zeitgenössischen Biologie-Didaktik befand (vgl. KLAUSING 1968, S. 111; vgl. auch SCHEELE 1981). Die weitere wechselvolle Geschichte der Integration der Ökologie in die Schulbiologie bis hin zum Mißbrauch in der NS-Lebenskunde schildert TROMMER (1989, *Verhandlungen der Gesellschaft für Ökologie*, Bd. XVIII).

---

[1]) B. STUGREN (1972) nennt G. ANTIPA (1933), V. BUKOWSKI (1935), M. S. GILJAROV (1959).
[2]) I. JAHN: *The concepts of Ecology and Evolution in the lectures on Darwinism* by Karl August MÖBIUS (1825–1908) in: NOVÁK, V. J. A., & J. MLIKOVSKÝ (eds.): *Evolution and Environment*, Prag 1982.

20.1.2. Biozönotik und die Grundlagen der Limnologie

Die Entdeckung der ökologischen Seentypen und die Ausarbeitung der ökologischen Seentypenlehre durch August THIENEMANN und Einar NAUMANN zwischen 1910 und 1921 wurden der Ausgangspunkt für die moderne Limnologie und mehr als zwei Jahrzehnte hindurch maßgebliches Prinzip der limnologischen Forschung.

Auf der Suche nach mit Talsperren (künstlichen Seen) vergleichbaren natürlichen Seen, war THIENEMANN auf die Eifelmaare gestoßen,[1]) die einzigen Seen im Westen Deutschlands mit größeren Tiefen (Abb. 212).

Aufgrund einer eingehenden chemischen und biologischen Untersuchung der Eifelmaare entdeckte THIENEMANN im Jahre 1910 zwei Gruppen von Maaren mit unterschiedlichem Sauerstoffgehalt und unterschiedlichem Sauerstoffbedürfnis bestimmter Tiergattungen.

Die Frage lautete, warum in einem Maar *Chironomus*-Larven, in anderen Larven der *Tanytarsus*-Gruppe die Hauptformen der Tiefenbewohner bilden (1915, S. 23).

„Den Hinweis auf die Lösung des Problems", schrieb THIENEMANN, „gaben mir Beobachtungen an den durch die fäulnisfähigen Abgänge der Kultur verunreinigten Gewässern Westdeutschlands" (1915, S. 24),

d. h.: es mußten Besonderheiten in der Zusammensetzung von Wasser und Bodenschlamm sein, die hier nur *Tanytarsus*-Larven und dort nur *Chironomus*-Larven eine Lebensmöglichkeit boten.

Schon der 1910 veröffentlichte vorläufige Untersuchungsbericht verwies darauf, daß der braunschwarze Schlamm der Maargruppe II (die flacheren Maare) von *Chironomus anthracinus*-Larven (*Tendipes bathophilus*) besiedelt war, somit große Ähnlichkeit mit der Bodenfauna der organisch verschmutzten Gewässer aufwies, andererseits der graubräunliche Schlamm der Maargruppe I (die tieferen Seen) von den röhrenbauenden Larven der Zuckmücke *Tanytarsus coracinus* bevölkert war, dem charakteristischen Vertreter für sauerstoffreiches Wasser. Diesem Ergebnis entsprechend, bezeichnete THIENEMANN die Maare der Gruppe I als *Tanytarsus*-Seen und die der Gruppe II als *Chironomus*-Seen (vgl. W. OHLE 1960, S. 5). Die Abwasserbiologie, also die Anforderung der Praxis, hatte hier den Weg gewiesen. Da die *Tanytarsus*-Arten „Reinwassertiere" sind und die Formen der

---

[1]) Kraterseen der Eifel, die den nordwestlichen Teil des niederrheinischen Schiefergebirges bildet.

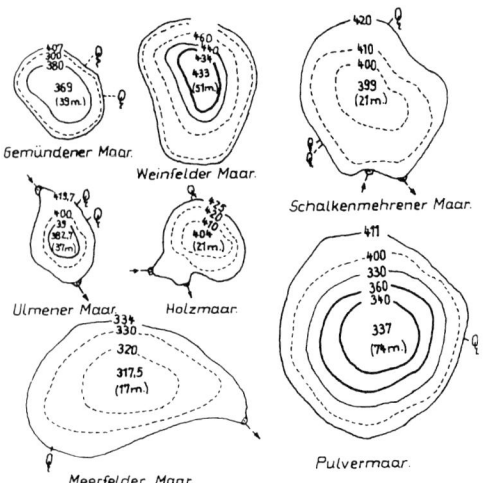

Abb. 212. Darstellung der Eifelmaare mit Tiefenangaben. Aus A. THIENEMANN: Physikalische und chemische Untersuchungen in den Maaren der Eifel. Verh. Naturhist. Ver. Preuß. Rheinlande und Westfalens *70* (1913), S. 253.

Gattung *Chironomus* in faulenden Abwässern ihre stärkste Entwicklung erreichen, folgerte THIENEMANN zunächst hypothetisch, daß sich die *Tanytarsus*-Maare zu allen Jahreszeiten von den *Chironomus*-Maaren stets durch einen höheren Sauerstoffgehalt unterscheiden, der bei letzteren im Tiefenwasser während des Hochsommers weitgehend schwindet. Im August 1913, nachdem geeignete Wasserschöpfer für entsprechende Untersuchungen zur Verfügung standen, wurde der Beweis erbracht.

Der nächste Schritt war dann, ausgehend von den beiden entdeckten Seentypen, ihre Allgemeingültigkeit nachzuweisen. Derartige Studien begann THIENEMANN im Jahre 1916 dank eines von der Preußischen Akademie der Wissenschaften bewilligten Forschungsstipendiums. Diese Untersuchungen leiteten zu THIENEMANNS Plöner wissenschaftlichen Tätigkeit über. Von Plön aus erforschte THIENEMANN die Seen der näheren Umgebung sowie den Selenter See in Holstein, den Schaalsee in Lauenburg und den Madüsee in Pommern (Abb. 213). Die Ergebnisse hat THIENEMANN in der Schrift *Untersuchungen über die Beziehungen zwischen dem Sauerstoffgehalt des Wassers und der Zusammensetzung der Fauna in norddeutschen Seen* (1918) zusammengefaßt. Bereits um 1915 war er von dem hohen Allgemeinheitsgrad der Eifelmaarforschung völlig überzeugt. Seine Seentypisierung hatte sich nicht nur in der eigenen Forschung als tragfähig erwiesen. Bei der Auswer-

Abb. 213. Das erste Gebäude des Plöner Instituts für Limnologie, erbaut (begründet) 1891/92 von O. ZACHARIAS als „Biologische Station zu Plön", unter THIENEMANN „Hydrobiologische Anstalt der KWG/M PG". Thienemanns Arbeitszimmer (mit Blick auf den Gr. Plöner See) befand sich hinter dem dreiteiligen Fenster im ersten Stock. Foto: Dr. HUSTEDT, MPI f. Limnologie, Plön.

tung von Unterlagen anderer Forscher gelang es THIENEMANN, den jeweiligen Seentyp anhand von Beispielen aus fast ganz Europa vorauszusagen (vgl. 1915, S. 31–45).

Unabhängig von THIENEMANN hatte 1917 und 1918 Einar NAUMANN in Südschweden nach

„der Stärke der Entwicklung des Phytoplanktons sowie des Fehlens oder des Vorhandenseins von größeren Mengen von allochthonen Humusstoffen drei Seentypen unterschieden" (THIENEMANN 1956, S. 103).

NAUMANN teilte die Seen nach ihrem Nährstoffgehalt in *oligotroph* (nährstoffarm) und *eutroph* (nährstoffreich) ein und trennte davon noch den *dystrophen* Typ (humusreich aber nährstoffarm) ab. Zwei der Naumannschen fielen mit den beiden von THIENEMANN aufgestellten Typen zusammen. Daraufhin (1920) verallgemeinerte THIENEMANN auf einen subalpinen und einen baltischen Seentypus, wobei er beide Begriffe

ausdrücklich ökologisch, nicht geographisch verstanden wissen wollte. 1921 vereinigten beide Forscher ihre Ergebnisse. Den subalpinen oder den *Tanytarsus*-Typ nannten sie den oligotrophen Seentypus, der baltische oder *Chironomus*-Typ erhielt die Bezeichnung euthropher Seentypus, die Humusseen NAUMANNS wurden als dystropher Seentypus eingeführt (a.a.O. S. 104). Die von THIENEMANN und NAUMANN ausgearbeitete Seentypisierung zeichnete sich gegenüber anderen Versuchen durch eine auf Trophie basierende, nach einem Komplex von biotisch-abiotischen Merkmalen geschaffene Klassifikation aus. Sie ist als die klassische Lehre von den ökologischen Seentypen in die limnologische Literatur eingegangen.

Die ökologische Seentypenlehre war der entscheidende Wendepunkt für den Übergang von der physikalisch und chemisch orientierten Hydrobiologie zur Limnologie (von den Organismen in den Gewässern zu den Beziehungen zwischen den Organismen und den Gewässern), sie war der Ausgangspunkt für die Errichtung des Gebäudes der modernen Limnologie (vgl. SIOLI 1960, S. 3 f.).

THIENEMANNS Beitrag zur Seentypenlehre ist nicht zuletzt durch seine Entdeckung der Beziehungen des Sauerstoffdefizites der Seen zu ihrer Flora und Fauna in den Jahren 1927 und 1928 außerordentlich bedeutsam gewesen (vgl. 1928). Sein Schüler OHLE hält diese Entdeckung THIENEMANNS für „eine der größten Leistungen auf dem Gebiete der Gewässerforschung" (1960, S. 5).

Mit Hilfe der Seentypen gelang es allmählich, die der Lehre vorausgegangenen theoretischen Erkenntnisse laufend zu präzisieren, zu verbessern, der Wirklichkeit immer mehr anzunähern, THIENEMANN selbst erkannte, insbesondere nach seinem Tropenaufenthalt (1928 bis 1929), Unzulänglichkeiten und forderte deshalb, „gewässerphysiologische Untersuchungen unter neuen Aspekten zu beginnen" (vgl. OHLE 1960, S. 5). Ein wichtiger eigener Beitrag hierzu war seine Arbeit *Der Produktionsbegriff in der Biologie* (1931).

THIENEMANNS Seentypologie ist mit der Ausarbeitung der Ökosystemkonzeption verbunden. Man kann sagen, sie hat seinen Ökosystembegriff mit vorbereitet. Wesentliche Seiten, die ein Ökosystem charakterisieren, wie chemisch-physikalische und biotische Struktur und Funktion (stofflich-energetischer Umsatz), Tendenzen der Erhaltung und Veränderung des ganzheitlichen (Öko-)Systems, reversible und irreversible Prozesse (Veratmung und Ablagerung von Stoffen in Abhängigkeit von der pflanzlichen Primärproduktion), schließlich Reproduktionszusammenhänge (Kreislauf der Stoffe) wurden von THIENEMANN erfaßt. Auf seentypologischen Untersuchungen aufbauend, kam THIENEMANN bereits 1918 zur reifen Formulierung ökologischer (biozönotischer) Gesetzmäßigkeiten, 1931 zur Neudefinition des Produktionsbegriffs in der Biologie (Ökologie) und 1956 zur Erkenntnis von grundlegenden Dualismen zwischen Produktion, Konsumtion und Destruktion von Biomasse im Ökosystem.

Die von THIENEMANN im Ergebnis der Untersuchung der Eifelmaare aufgefundenen, gesetzmäßigen ökologischen Zusammenhänge fanden als die „Thienemannschen biozönotischen Regeln" bzw. „*Grundprinzipien der Biozönotik*" Eingang in die ökologische Literatur.

Besondere Aufmerksamkeit schenkte THIENEMANN jenen Gesetzmäßigkeiten, die die Wechselwirkungen zwischen Biotop und Biozönose regelten. So schrieb er:

„Wir haben bisher immer nur die Wirkungen betrachtet, die vom Biotop, vom Lebensraum, auf die Biozönose, die Lebensgemeinschaft ausgehen. Betrachten wir nunmehr das Umgekehrte, die Einwirkung der Lebensgemeinschaften auf ihren Lebensraum." Diese Einwirkungen würden zum Wesen der Biozönose gehören. MÖBIUS habe diesen Fakt in seiner Biozönosedefinition noch nicht berücksichtigt (THIENEMANN 1918, S. 300; vgl. auch LEPS 1980).

Etwa gleichzeitig mit der Entwicklung der Limnologie der Seen und ihrer theoretischen Fundierung durch A. THIENEMANN erfolgten analoge Forschungen über die Lebensgemeinschaften der Flüsse durch R. LAUTERBORN u. a. Vor allem LAUTERBORNS berühmt gewordenen Untersuchungen des Rheines von den Quellgebieten bis zur Mündung wiesen ihm bereits zu Beginn des 20. Jh. einen Platz neben THIENEMANN zu.

20.2. Terrestrische Ökologie und der Begriff des Biotops

Der terrestrisch-ökologische Zweig[1]) findet seine historischen Wurzeln vor allem in den klassischen biologischen Disziplinen Botanik und Pflanzengeographie bzw. Zoologie und Tiergeographie. Pflanzengeographen erkannten relativ früh, daß solche ökologischen Faktoren wie Temperatur, Feuchtigkeit, Licht die geographische Verteilung der Organismen mitbedingen. Zu den Pionieren gehört z. B. Alexander

[1]) Andere Bezeichnungen: Festlandsökologie, Epeirologie (KÜHNELT 1960).

VON HUMBOLDT. Besonders deutlich wurde die Ökologisierung der Pflanzengeographie in dem 1895 von Eugen WARMING (1841–1924) eingeführten Begriff der „*ökologischen Pflanzengeographie*" zum Ausdruck gebracht. Nach der Jahrhundertwende wandten sich in zunehmendem Maße Botaniker pflanzenökologischen Fragen zu. Zu diesen zählte Max Ludwig WITTMACK (1839–1929), der die Moorwiesenanalyse begründete, MOROSOV mit seiner „Lehre vom Walde" und DOKUČAEV, der eine ökologische Bodenkunde beförderte. Die klassische Beschreibung eines terrestrischen Ökosystems verdankt die Ökologie dem russischen Gelehrten MOROSOV. Sie ist in seiner Lehre vom Walde, die er seit 1902 verbreitete und 1912 veröffentlichte, enthalten. Eine andere terrestrisch-ökologische Entwicklungsrichtung ging aus der geographischen Erforschung klimabedingter Bodenzonen in Rußland hervor. Mit seiner „*Lehre von den Landschaftsgürteln*" (1899) begründete der russische Gelehrte V. V. DOKUČAEV die moderne Bodenkunde (*Pedologie*). In Westeuropa etablierte sich die Bodenökologie, nachdem 1921 R. FRANCÉ in seiner Schrift *Das Edaphon* die Mikroorganismen behandelt hatte (vgl. W. TISCHLER 1992, S. 112). Den eigentlichen internationalen Durchbruch erzielte die *Pedologie* als eigenständige terrestrisch-ökologische Forschungsrichtung erst seit den 50er Jahren.[2])

MOROSOVS und DOKUČAEVS Arbeiten waren theoretische Voraussetzungen für die Herausbildung einer eigenständigen terrestrisch-ökologischen Schule in den 20er und 30er Jahren um den russischen Botaniker und Forstbiologen V. N. SUKAČEV. Dieser gründete seine Schule auf dem Begriff „*Biogeozönose*", womit er die wechselseitige Durchdringung und Einheit von Biozönose und Biotop analog dem Begriff „Ökosystem" vorwegnahm. Sein späterer Versuch, dem Terminus „Biogeozönose" einen anderen Sinn zu geben (SUKAČEV 1960; SUKAČEV & DYLIS 1964), hat sich nicht durchgesetzt. Beide Begriffe werden heute meist als Synonyme gebraucht. SUKAČEVS Schule hat vor allem im europäischen Raum nach dem II. Weltkrieg zahlreiche Forscher beeinflußt. SUKAČEVS Schule der *Biogeozönologie* war die einzige terrestrisch-ökologische Forschungsrichtung, die ebenso wie die Schule der Limnologie um A. THIENEMANN einen wesentlichen theoretischen und methodischen Beitrag zur Formierung einer allgemeinen (theoretischen) Ökologie leistete. Ebenso wie

[2]) Vor allem die Bücher von Mercurij GILJAROV (1949), Herbert FRANZ (1949), Wilhelm KÜHNELT (1950) und Claude DELAMARE-DEBOUTVILLE (1951) reflektierten diesen Durchbruch (vgl. W. TISCHLER 1992, S. 112).

von THIENEMANNS Seentypologie gingen von SU-KAČEVS Waldtypenlehre starke Impulse aus, die wichtigste ökologische Grundeinheit, das Ökosystem oder die Biogeozönose, theoretisch zu fundieren.

In der ersten Hälfte des 20. Jh. näherten sich die aquatisch-ökologischen Zweige und die terrestrische Ökologie soweit an, daß schließlich die wichtigsten Vertreter aller Zweige zur Anerkennung einer allgemeinen Ökologie in den 30er Jahren beitrugen.

Den Ausdruck „Ecosystem" führte 1935 der englische Botaniker TANSLEY ein, ohne selbst im heutigen Sinne Ökosystemforschung zu betreiben. Nach seiner Definition sollte ein solches System umfassen „not only the organism-complex, but also the whole complex of physical factors forming what we call environment" (vgl. TANSLEY 1935, S. 284–307).

Die Entwicklung des terrestrisch-ökologischen Zweiges ist außer und neben SUKAČEVS Schule ohne die Schulen der Pflanzenökologie undenkbar.

Schulen der Pflanzenökologie (bzw. Pflanzensoziologie, Phytozönologie oder Phytozönotik) sind:

– Westeuropäische Schule (andere Bezeichnungen: Schweizer-Schule, Züricher Schule, Schule von Zürich-Montpellier, Schule von Montpellier, Charakterartenlehre).
  Vertreter: BRAUN-BLANQUET (1928, 1964), TÜXEN (1937, 1955), KNAPP (1948) (vgl. SCHWENKE 1953; FUKAREK 1964).
– Nordeuropäische Schule (andere Bezeichnungen: Nordische Schule, Skandinavische Schule, Upsalaer Schule, Stockholm-Leningrader Schule).
  Vertreter CAJANDER (1923), DU RIETZ (1920, 1930), GAMS (1918, 1933) SUKAČEV (1928, 1964) (vgl. SCHWENKE a. a. O.; FUKAREK a. a. O.) BLYDENSTEIN
– SCAMONI und seine Schule (Ostdeutschland)
  Vertreter: SCAMONI und PASSARGE (1959) (vgl. FUKAREK a. a. O.)
– Moskauer Schule: ALECHIN (1950) (Begründer)
– Englische Schule (zugleich allgemeinökologische Schule)
  Vertreter: TANSLEY (1923, 1926, 1935), CHIPP (1926), TAYLOR (1927)

1939 hatte J. R. CARPENTER den Begriff des „Bioms" für die gemeinsame Pflanzen- und Tierwelt in großräumigen Landschaftsformationen geprägt. CARPENTER gelang es, durch diese ökologische Einheit große, leicht erkennbare und von regionalen Klimata abhängige Gemeinschaftseinheiten auszuweisen. Ausgehend von den Untersuchungen der nordamerikanischen Prärie, die der Ausgang dieser Begriffsbildung waren, sind inzwischen alle größeren Biome der Welt ökologisch erfaßt und beschrieben, so u. a. die Tundra, Wüsten, der Tropische Regenwald, Gebirge.

Die zweite Säule der terrestrischen Ökologie bildete die Tierökologie. Zwei Berliner Zoologen hatten sich gleichzeitig und unabhängig voneinander die Aufgabe vorgenommen, die Tiergeographie auf eine ökologische Grundlage zu stellen: Friedrich DAHL (1856–1929) und Richard HESSE (1868–1944).

DAHL strebte vor allem die Weiterentwicklung und den Ausbau des Lebenswerkes seines Lehrers MÖBIUS, des Begründers der biozönotischen Forschung (vgl. DAHL 1921) im Hinblick auf Tier- und allgemeine Ökologie, an. Ein Beitrag war DAHLS Werk *Grundlagen einer ökologischen Tiergeographie* (1921). Es gehört zu seinen wichtigsten Arbeiten. In 25 Jahren Vorstudien gereift, theoretisch und vor allem methodisch vergleichbaren Arbeiten seiner Zeit voraus, hat es nicht nur die zeitgenössische ökologische Forschung beeinflußt. Noch heute wird es in den ökologischen Lehrbüchern zitiert.

Bereits 1908 hatte DAHL den Begriff des *Biotops* in die Ökologie eingeführt.[1] DAHL hatte ihn auf logischem Wege im Anschluß an MÖBIUS' Vorleistungen erschlossen. Schon MÖBIUS erkannte, daß die „lebendigen Glieder einer Lebensgemeinde … mit ihrer Organisation" in Beziehungen zu den „physikalischen Verhältnissen" stehen (MÖBIUS 1877).

„Unsere Kenntnisse über die Verbreitung der Seetiere …", stellte MÖBIUS 1876, ein Jahr vor seinem grundlegenden Werk *Die Auster und die Austernwirtschaft* fest, „haben erst in neuerer Zeit eine wissenschaftliche Basis erhalten, seitdem man angefangen hat, verschiedene Wohngebiete von Seetieren auf Salzgehalt, Temperatur, Bodenbeschaffenheit usw. genauer zu untersuchen."

An anderer Stelle verwendete MÖBIUS den Ausdruck „biozönotisches Gebiet", um die Abhängigkeit der Biozönose von einem anorganischen Korrelat zu beschreiben. Gelänge es, das „biozönotische Gebiet" zu vergrößern, führte er weiter aus, könnte „die Menge der Individuen einer Art auf die Dauer steigen".

Dem Begriff *Biotop* ging ferner DAHLS eigene Wortschöpfung „Zootop" voraus (vgl. 1904), mit der er in Anlehnung an die von den Botanikern praktizierte Einteilung in Pflanzenformationen und Pflanzenvereine (Assoziationen) „Gelände- und Gewässerarten" (= Zootope) unterschied.

„Will man nicht nur die Tiere, sondern auch die Pflanzen in die Bezeichnung einschließen, so kann man die deutschen Worte ‚Gewässer- und Geländearten' als

---

[1] Die verschiedenen Auslegungen des von F. DAHL begründeten Begriffs Biotop in der Geschichte der ökologischen Zweige erörtert ausführlich H. SUKOPP im *Handwörterbuch der Raumordnung*, Hannover 1995, S. 110–113.

‚Biotope' wiedergeben", lautete DAHLS nächste Folgerung. Wesentlich war schließlich seine Feststellung: „Ein scharfer Gegensatz zwischen Biotopen und Biocönosen existiert ... nach meinen Erfahrungen nicht." (vgl. 1908, S. 351).

DAHL war zudem der erste Tierökologe, der den Begriff der *Biozönose* in die Erforschung der Landfaunen übertrug.

Richard HESSE und Franz DOFLEIN (1873–1924) verfaßten in 10jähriger Arbeit das zweibändige Werk *Tierbau und Tierleben* (1910–1914). Die beiden Gelehrten hatten damit das erste autökologische Standardwerk geschaffen, in dem „das Verhältnis der Tiere zur Umwelt in solchem Umfang eine einheitliche Darstellung" erfuhr (vgl. HESSE 1925).

1924 erschien HESSES *Tiergeographie auf ökologischer Grundlage*. Diese fußte nach seiner eigenen Mitteilung auf dem 1912 und 1913 erschienenen Aufsatz *Die ökologischen Grundlagen der Tierverbreitung*. 12 Jahre „rastlose Arbeit" wendete HESSE auf, um das Vorhaben zu realisieren. Auch HESSES Zielstellung war, jene Gesetzmäßigkeiten zu erforschen, die die Verbreitung der Tiere regeln. Hierfür schlug er 3 verschiedene Wege (Methoden) vor:

a) die vergleichende Tiergeographie, welche nach homologen und analogen Tiergruppen in wiederkehrenden Lebensgemeinschaften sucht, verbunden mit dem Studium der Anpassungen,

b) die kausale Tiergeographie, die die Verteilung der Tiere und „die Wechselbeziehungen zwischen Lebensstätte und Tierbewohnerschaft" erforscht,

c) die historische (genetische) Tiergeographie, die die Entstehung der heutigen Tierverbreitung im Laufe der Erdgeschichte ergründet (vgl. HESSE 1924).

Die ökologische Tiergeographie habe „die Tiere in ihrer Abhängigkeit von den Bedingungen ihres Lebensgebietes, in ihrem Angepaßtsein an ihre Umwelt, ohne Rücksicht auf die geographische Lage dieses Lebensgebietes", zu betrachten, faßte HESSE seine Vorgehensweise zusammen. Die ökologisch-tiergeographische Forschungsmethodik hielt er aber erst dann für optimal, wenn diese das Experiment berücksichtigt. Es würde der ökologischen Tiergeographie „einen hohen Grad von Sicherheit" geben. Eine experimentelle Ökologie befände sich aber „noch ganz in den Anfängen". Zu ihren Pionieren zählte HESSE Richard WOLTERECK und August THIENEMANN. MÖBIUS' Lebensgemeinschaftskonzeption bildete analog DAHL die theoretische Grundlage.

Die Biozönosen waren somit Forschungsobjekte der Biogeographie als auch der Ökologie geworden (a.a.O.).

Beide Darstellungen, jene von DAHL und die von HESSE, sind eigenständige Beiträge zur me-

thodischen und theoretischen Weiterentwicklung der Ökologie in der ersten Hälfte des 20. Jh. Beide Werke ergänzen sich (vgl. LEPS 1985).

Ein anderer wichtiger ökologischer Begriff ist jener der „ökologischen Nische", den der englische Tierökologe Charles ELTON 1927 in die Ökologie einführte. Unter „Nische" verstand er die Gesamtheit der Beziehungen einer Tierart zu den ökologischen Faktoren der Umwelt. Es sind im Haeckelschen Sinne „Stellen im Haushalt der Natur". ELTON gab folgende Begründung und Bestimmung:

„It is therefore convenient to have some term to describe the status of an animal in its community, to indicate what it is doing and not merely what it looks like, and the term used is ‚niche' ... Animals have all manner of external factors acting upon them – chemical, physical, and biotoc – and the ‚niche' of an animal means its place in the biotic environment, its relations to food and enemies ... The niche of an animal can be defined to a large extent by its size and food habitats (C. ELTON 1927 und 1956, S. 63 f.)

20.2.1. Die Synthese von Autökologie und Synökologie – der Begriff des Ökosystems

A. THIENEMANN und seine Schule leisteten den vielfältigsten und umfassendsten Beitrag zur Herausarbeitung einer allgemeinen Ökologie. Limnologie und allgemeine Ökologie bildeten in THIENEMANNS Lebenswerk von Anfang an einen besonders engen Konnex. Die Entwicklung der Ökosystemkonzeption in THIENEMANNS Werken wäre ohne den Zusammenhang mit den limnologischen Forschungen, denen er sich zeitlebens widmete, nicht denkbar. Der 1918 gedruckt erschienene Vortrag *Lebensgemeinschaft und Lebensraum* war die reifste Arbeit seiner frühen Schriften zur Begründung der Ökosystemkonzeption. Die Arbeit vereinte bereits alle wesentlichen Ideen und Erkenntnisse THIENEMANNS, die das relativ eigenständige und unabhängige Forschungsprogramm seiner Schule für Jahrzehnte beherrschten. Sie ist damit wegweisend für die allgemeine (theoretische) Ökologie geworden.

Der Biotheoretiker Julius SCHAXEL war der erste Zeitgenosse, der ihre Konsequenzen für die Biowissenschaften klar erkannt hatte. Das geht aus dem Briefwechsel zwischen SCHAXEL und THIENEMANN hervor, den beide im Dezember 1918 und im Januar 1919 führten (Nachlaß THIENEMANN MPI f. Limnologie, Plön) (Abb. 214 a u. b).

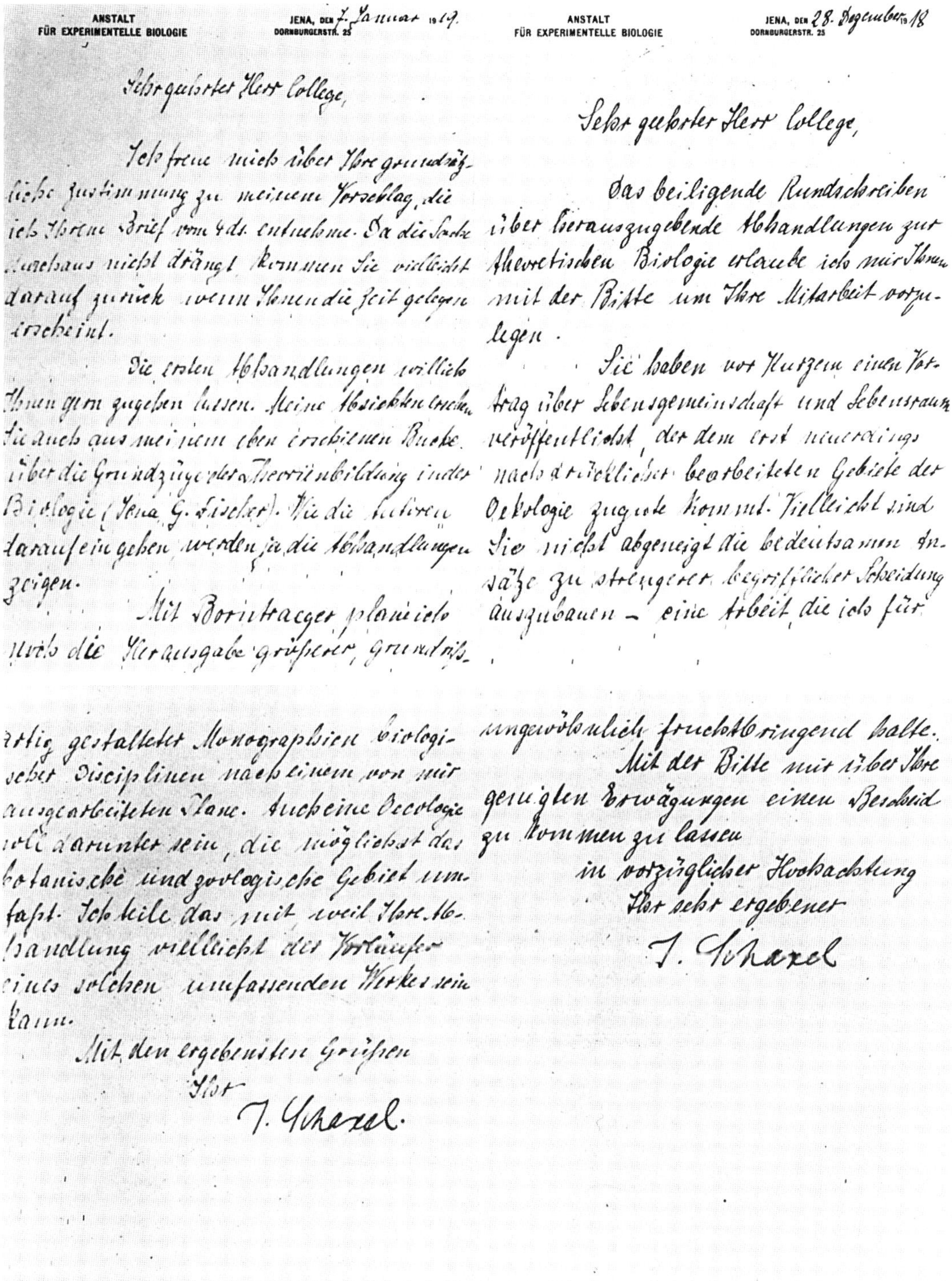

ANSTALT FÜR EXPERIMENTELLE BIOLOGIE   JENA, DEN *7. Januar* 1919.
DORNBURGERSTR. 25

ANSTALT FÜR EXPERIMENTELLE BIOLOGIE   JENA, DEN *28. Dezember* 18
DORNBURGERSTR. 25

Abb. 214. Briefe von Julius SCHAXEL an August THIENEMANN vom 7. 1. 1919 (l.) und 28. 12. 1918 (r.) (Nachlaß THIENEMANN im Max-Planck-Inst. Plön).

1923 faßte THIENEMANN seine Idee, die Limnologie als Teil einer allgemeinen Ökologie zu entwickeln, in einem Schema zusammen, das zuerst als „die drei Stufen der Limnologischen Forschung" in die ökologische Literatur Eingang fand. In seiner Schrift zum *Wesen der Ökologie* (1942) hat er sodann das Schema ausschließlich auf die Belange der allgemeinen Ökologie zugeschnitten.

Die drei Stufen der Limnologischen Forschung (nach THIENEMANN 1925; verändert):

(III) Limnologische Stufe
Struktur und Funktion
des Ökosystems

(II) Cönographische Stufe
Hydrographische   Biotische Struktur der
Struktur der Gewässer   Gewässer (Biozöno-
(Biotope) (II_1)   sen) (II_2)

(I) Idiographische Stufe
Chemische und physi-   Stellung und Verhal-
kalische Eigenschaften   ten des Einzelorganis-
des Wassers (I_1)   mus als Exponent der
                                             Art im Wasser und im
                                             Gewässer (I_2)

Zum Vergleich: *Die drei Stufen der limnologischen Forschung* (nach THIENEMANN 1923; Urfassung):

A. Physiographischer Teil.   B. Biologischer Teil.

(I) Idiographische Stufe
Die chemischen und   Das Einzelleben im
physikalischen Eigen-   Wasser. (I_2)
schaften des Wassers. (I_1)

(II) Coenographische Stufe
Die hydrographischen   Das Gemeinschaftsle-
und geographisch-   ben in den Binnen-
geologischen Eigen-   gewässern. (II_2)
schaften der limnischen
Biotope. (II_1)

(III) Limnologische Stufe
Das Gesamtleben der Binnengewässer
(Biotop und Biozönose in Wechselwirkung)
und als Einheit.

Die Einheit von (I), (II) und (III) ergibt die innere theoretische Struktur von THIENEMANNS Limnologie-Konzept. Anders formuliert: Die allgemeinökologische Struktur wird bereits durch die Wissenschaftskonzeption der Limnologie in der Schule THIENEMANN ausgedrückt. Die von THIENEMANN bezeichnete idiographische Stufe entsprach der autökologischen und die coenographische Stufe der synökologischen Forschungsebene.

Terminologisch blieb THIENEMANN auch nach der Einführung des Ausdrucks Ökosystem eigenständig. Ursprünglich (1918) benutzte er für

die Einheit von Biotop und Biozönose „organische Einheit" oder „Organismus dritter Ordnung". 1939 entschied er sich für den Terminus „Biosystem höherer Ordnung":[1] Dem Inhalt nach hatte THIENEMANN den entwickelten Ökosystembegriff eigenständig und unabhängig von anderen zeitgenössischen Schulen der Ökologie geschaffen (vgl. LEPS 1980).[2] Nachdem die Synthese von Aut- und Synökologie in den 30er Jahren objektiv herangereift war, sollten dennoch drei Jahrzehnte vergehen, bis die verschiedensten Einwände und Interpretationen des für die Ökologie so geschichtsträchtigen theoretischen Formierungsprozesses im wesentlichen ausdiskutiert waren.[3]

Zwischen den 40er und 60er Jahren waren folgende drei Auffassungen in der Diskussion:

Erstens interpretierten verschiedene Ökologen die Ökologie ausschließlich als Synökologie. Diesen Standpunkt vertraten u.a. GISIN (1949), FRANZ (1959) und TURČEK (1961).

Zweitens wurde die extreme Meinung vertreten, es könne nur die Autökologie geben. Sie wurde unter anderen von PEUS (1954; 1961) initiiert. Zu ihren eifrigsten Befürwortern gehörte BODENHEIMER (1958/1959). Beide Ökologen wandten sich prinzipiell gegen die Ökosystemkonzeption und ignorierten insofern den bereits im 19. Jh. eingeleiteten Übergang vom aut- zum synökologischen Denken. PEUS forderte in seinen Arbeiten die „Auflösung der Begriffe ‚Biozönose' und ‚Biotop'" und des Ökosystembegriffs:

Eine wissenschaftliche, „reale Ökologie", folgerte PEUS, könne allein und ausschließlich nur die Autökologie sein, deren Aufgaben „in der Erfassung der ökologischen Umwelt der einzelnen Arten" bestünde (PEUS 1961, S. 10). Synökologie hingegen sei „allgemeine Naturbeschreibung", „Physiographie", „Biogeographie" und „Ästhetik" (PEUS 1954).

Nach BODENHEIMER müsse die Synökologie zur „Philosophie" oder „Geographie" gezählt werden (1958). Später wiederholte er:

---

[1] In historischer Abfolge gelten heute als dem Ökosystembegriff entsprechend:
„Microcosmos" (FORBES 1887), „Holocoen" (FRIEDERICHS 1930), „Biogeozönose" (SUKAČEV), ecosystem (TANSLEY 1935), „Biosystem" (THIENEMANN 1939).
Von diesen zeitweilig koexistierenden Termini sind in der Gegenwart nur noch „Ökosystem" und „Biogeozönose" in Gebrauch.
[2] Vgl. auch TREPL (1987), der historische, wissenschaftliche und weltanschauliche Einflüsse bei der Begründung des Ökosystembegriffs im 20. Jh. erörtert.
[3] Den wichtigsten Diskussionsbeitrag aus der Mitte des 20. Jh. leistete A. PALISSA mit seinem Aufsatz *Zur gegenwärtigen Lage in der Biozönotik* (1958).

„Synecology and biocoenotics are either speculative philosophy or part of antropomorphic geography but have nothing to do with ecology" (BODENHEIMER 1959).

Drittens – und das ist der Standpunkt, der sich durchgesetzt hat – vertraten Ökologen in dieser Auseinandersetzung die Auffassung, daß sich Aut- und Synökologie als ökologische Erkenntnisstufen erwiesen hätten. Zu dieser Gruppe gehörten solche bedeutenden Ökologen wie A. THIENEMANN, K. FRIEDERICHS, W. KÜHNELT, H. B. MOORE, P. DUVIGNEAUD und V. N. SUKAČEV (vgl. LEPS 1980).

Neben MOORE hat auch DUVIGNEAUD (1962) besonders betont, daß das Interesse der Ökologie notwendig auf die Anstrengung der Synthese gerichtet sei. Er gab auch den Auftakt dafür, die europäische Tradition seit den 70er Jahren wieder kraftvoll zu beleben, nachdem in der Zeit zwischen 1940 und 1960 der Eindruck entstanden war, die Ökologie sei eine amerikanische Errungenschaft (vgl. ELLENBERG 1973, S. 20).

Die moderne Ökologie verfolgt die Wechselbeziehungen zwischen der lebenden und nichtlebenden Natur von der kleinsten Einheit, dem Monozön, bis zur Ökosphäre, der umfassendsten ökologischen Einheit. Die zentrale Rolle in dieser enkaptischen Hierarchie ökologischer Systeme spielt das Ökosystem (Abb. 215). Es konstituiert die elementare Form der Wechselwirkung zwischen lebender und nichtlebender Natur. Daher kann es auch als die diskrete Einheit des die Erdoberfläche umspannenden Kontinuums Ökosphäre aufgefaßt werden oder, wie TANSLEY schrieb, als die natürliche Grundeinheit der Erdoberfläche (1935, S. 299). Die Erkenntnis der Wechselwirkungen zwischen der leben-

den und nichtlebenden Natur stellt nicht nur vom Standpunkt der Ökologie sondern der Biowissenschaften überhaupt die Ausgangssituation für das Verständnis von Lebenserscheinungen dar.

Wesentliche Fortschritte in der Ausarbeitung der Ökosystemkonzeption sind über und durch die Produktionsbiologie erzielt worden. Immer mehr setzte sich die Erkenntnis durch, das Ökosystem als produktionsbiologisches System zu begreifen, als das „Hauptlaboratorium" (SUKAČEV). Dementsprechend plante das Internationale Biologische Programm die produktionsbiologische Analyse und Inventarisierung der Ökosysteme der gesamten Ökosphäre (vgl. MÜLLER 1970, S. 71).

20.2.2. Die Entwicklung der quantitativen Analyse und der mathematischen Modellierung von Ökosystemen

Mathematische Modellierung und Computersimulation haben begonnen, das Bild der modernen Ökologie zu prägen. Zu den Wegbereitern gehört in der Nachfolge von Karl-August MÖBIUS (1825–1908) und Viktor HENSEN (1835–1924) Friedrich DAHL.

„Man muß eine Methode haben", forderte DAHL auf dem V. Internationalen Zoologen-Kongreß 1901 in Berlin, „welche das Normale von dem Zufälligen zu unterscheiden gestattet". Das Verdienst, „die Statistik als eine solche Methode zur Untersuchung der Biocönose aus den von MÖBIUS gegebenen Anfängen heraus ausgebildet zu haben", gebühre HENSEN. In einer Fußnote zu dieser Passage des Vortrages merkte DAHL ferner an: „Ich möchte ... scharf das Verdienst der beiden Forscher trennen: MÖBIUS wies auf die Notwendigkeit der Statistik zur Untersuchung der Biocönosen hin, HENSEN führte die Methoden ein" (DAHL 1901, S. 297).

Während MÖBIUS und HENSEN – später kam noch Carl APSTEIN (1862–1950) hinzu, der HENSENS Verfahrensweise auf die Erforschung des Süßwasserplanktons übertrug – den aquatisch-ökologischen Zweig methodisch und theoretisch beförderten, interessierte DAHL die Entwicklung des terrestrisch-ökologischen Zweiges. Und er ging noch einen Schritt weiter. Wie keiner vor ihm, betonte er die Rolle der Erfahrung (der Praxis) im ökologischen Erkenntnisfortschritt. Diese Triade bestimmte spätestens seit 1896 seine ökologischen Arbeiten.

Das Gemeinsame der Pioniergeneration war, daß diese Ökologen schon mit relativ einfachen Mitteln komplizierte ökologische Einheiten –

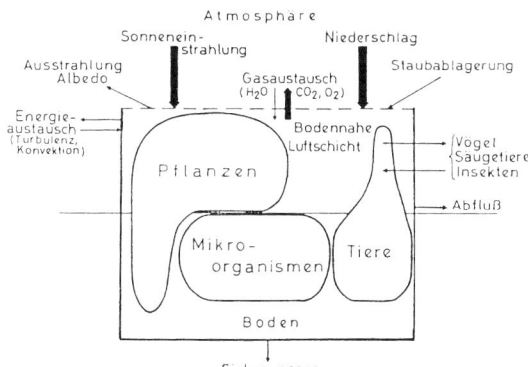

Abb. 215. Schema eines Ökosystems oder einer Biogeozönose (umrandet) im Austausch mit der Umwelt. Abb.: H. WALTER (Universität Hohenheim). Aus H. WALTER: Vegetation der Erde in öko-physiologischer Betrachtung, Bd. I, 2. Aufl. 1964; Bd. II, 1968; Gustav Fischer Verlag, Jena.

wie z. B. die Biozönose – erfolgreich diagnostizierten und bereits bis zur Erkenntnis ökologischer Gesetzmäßigkeiten vordrangen.

DAHL ist vermutlich der erste Forscher in der Geschichte der Ökologie, der sich die Aufgabe stellte, das wissenschaftliche Experiment mit der statistischen Methode zu verbinden. Ihr Ziel sah DAHL im Herausschälen des „Normalen" oder Gesetzmäßigen im Zufälligen auf dem Wege des genauen zahlenmäßigen Vergleichs und experimentellen Herangehens (DAHL 1898, S. 122). Er forderte die experimentelle Kontrolle der statistischen Erhebungen und umgekehrt die statistische Prüfung und Absicherung der experimentell gewonnenen Daten. Dieser Ansatz erfuhr erst seit den 30er Jahren durch die von Ronald A. FISHER begründete Biometrie, statistische Planung und Auswertung von Experimenten den für unser Jahrhundert entscheidenden Durchbruch. DAHL konstatierte noch:

„Es ist wirklich beschämend für unsere Wissenschaft, wenn man … Praktikern auf ihre Anfragen immer und immer wieder antworten muß, daß gerade in Bezug auf die Lebensweise der gemeinsten, uns überall umgebenden Landtiere streng wissenschaftliche Untersuchungen vollkommen fehlen" (DAHL a. a. O. S. 131).

Bereits 1896 hatte er „den Fachgenossen einen ersten Versuch" vorgestellt, wie „in der freien Natur Experiment und Statistik für ethologische[1] (d. h. ökologische) Untersuchungen zu verbinden" sind. 1901 umriß DAHL näher, was er begrifflich unter „Experiment" und „Statistik" verstanden wissen wollte:

„Nach meiner Auffassung macht ein Experiment Sinn, wenn man beim Verlauf eines Naturprozesses zur Erforschung desselben ganz bestimmte Bedingungen einschaltet, um den Erfolg abzuwarten. … Eine zweite Vorbedingung für die Berechtigung des Wortes Experiment ist die, dass die Einschaltung abweichender Bedingungen mit der Absicht vorgenommen wird, irgend etwas zu erforschen" (DAHL 1901).

Statistik kann man „definieren als diejenige wissenschaftliche Untersuchungsmethode, bei welcher ein Resultat durch genaues zahlenmäßiges Aufzeichnen und Vergleichen mehrerer einander entsprechender Einzelbeobachtungen gewonnen wird" (a. a. O.). Im Jahre 1918 empfahl er THIENEMANN in einem Brief vom 10. Juli, die Aussagen des zweiten biozönotischen Prinzips auch quantitativ auszudrücken:

Es empfehle sich „auf jeden Fall, in irgendeiner Weise Ihre Resultate in Zahlen zum Ausdruck zu bringen".

---

[1]) Unter „Ethologie" verstand DAHL „Biologie im älteren engeren Sinne" (1901, S. 296). Der Terminus „Biologie" wurde seinerseits synonym zum Terminus „Ökologie" verwendet.

Ein wichtiger Grund liegt schon darin, daß jeder die Untersuchungen fortsetzen kann, die ein Anderer anfing, was bei Schätzungen natürlich nicht möglich ist … Die gründlichere Zahlenmethode ist allemahl die bessere."

Andererseits schränkte DAHL ein:

„… freilich gibt es viele Fälle, in denen die Schätzung der Individuenzahl vollkommen genügt, und ich bin oft zweifelhaft gewesen, ob ich bei besonders häufigen Arten die genau festgestellte Zahl angeben sollte, zumal da man beim Sammeln ohne es zu wollen, die selteneren Arten etwas bevorzugt und die häufigeren etwas vernachlässigt. Aber in individuenarmen Biozönosen ist mir durch die exaktere Zahlenmethode doch manche Gesetzmäßigkeit erst klar geworden, die mir bis dahin entgangen war." (Nachlaß THIENEMANN, MPI für Limnologie, Plön; vgl. auch LEPS 1989).

1925 revolutionierte H. UTERMÖHL – Schüler und Mitarbeiter THIENEMANNS – die quantitative Plankton-Analyse durch die Einführung der umgekehrten Mikroskopie (vgl. 1958) (Abb. 216[2])

Die eigentliche „Übersetzung" ökologischer Sachverhalte in mathematische Begriffe und Termini begann mit LOTKAS (1925) und VOLTERRAS (1926) Arbeiten im Rahmen von populations- oder demökologischen Fragestellungen. Ins Zentrum rückten sie die Aufgabe, dem Konzept des biotischen Potentials (oder Vermehrungspotentials) eine mathematische Basis zu geben. Sie sind als die Lotka-Volterra-Gleichungen in die Geschichte der Ökologie eingegangen.

In der Weiterentwicklung der Ökologie als exakter, experimentell und quantitativ analysierender Disziplin wurden die Widersprüche der unterschiedlichen theoretischen Konzeptionen (s. 20.2.1.) teilweise bereits aufgelöst. Dabei kam der Generalisierung der von BERTALANFFY zu Beginn der 40er Jahre[3] eingeführten Konzeption vom „Fließgleichgewicht" lebender Systeme und der Anwendung der allgemeinen Systemtheorie eine wichtige Rolle zu.

„Mit der allgemeinen Systemtheorie", schrieb BERTALANFFY 1968, „erreichen wir eine Stufe, wo wir nicht mehr von physikalischen und chemischen Einheiten sprechen, sondern mit Ganzheiten völlig allgemeiner Natur beschäftigt sind". Und wir können die Prinzipien der offenen Systeme „mit Erfolg auf weitere

---

[2]) Die Erfindung des umgekehrten Mikroskops wird dem amerikanischen Mediziner John Lawrence SMITH (1818–1883), Universität Virginia, zugeschrieben. Ursprünglich beobachtete man mit diesem Mikroskop chemische Reaktionen und Kristallisationsvorgänge (vgl. W. GLOEDE: *Vom Lesestein zum Elektronenmikroskop.* Berlin 1986, S. 130).

[3]) Vgl. BERTALANFFY, L. VON: Der Organismus als physikalisches System betrachtet. Naturwissenschaften *28* (1940): 521–531.

Abb. 216. Umgekehrtes Mikroskop mit monokularem Tubus, für quantitative Plankton-Analysen von H. UTERMÖHL eingeführt. Es ermöglicht, den Kammerboden samt dem darauf abgelagerten Plankton von unten her zu durchmustern. Aus UTERMÖHL, H.: *Zur Vervollkommnung der quantitativen Phytoplankton-Methodik. Mitt. internat. Verein Limnol. 9* (1958): 15.

Gebiete anwenden, von der Ökologie … bis zur menschlichen Ökonomie …" (vgl. S. 81 f.).

1939 war D'ANCONA's *Biologisch-mathematische Darstellung der Lebensgemeinschaften und biologischen Gleichgewichte* erschienen, und 1948, im selben Jahr, in dem WIENER sein Werk *Cybernetics* veröffentlichte (vgl. 15.5.), schrieb HUTCHINSON den Aufsatz *Circular causal systems in ecology*. Zwischen diesen wenigen inzwischen klassisch gewordenen Schriften und den zahlreichen Werken, die in der Gegenwart eine neue Entwicklungsphase der Ökologie einleiteten, liegen zum Teil Jahrzehnte. 1966 veröffentlichten RUBIN, FOCHT und NAUMOV eine Arbeit über mathematische Modelle von ökologischen Systemen. Kybernetische Fragen der Ökologie diskutierten PATTEN Seit 1959, WILBERT seit 1960 und ALEKSANDROVA seit 1961 und 1964. MARGALEF hatte seit 1957 zahlreiche Beiträge zur Anwendung der Informationstheorie in der modernen Ökologie geschrieben. Nach und neben MARGALEF sind SCHMALHAUSEN (1960), PATTEN (1963) und 1967 GILJAROV mit bedeutenden Arbeiten hervorgetreten. Systemtheoretische Aspekte

griffen 1966 WATT und HOLLING auf. Von den Verfassern biophysikalischer Schriften, die hauptsächlich die Untersuchung der Energetik der Ökosysteme zum Gegenstand haben sowie radioökologische Probleme aufwarfen, seien u. a. genannt: TIMOFEEV-RESOVSKIJ (1957), PEREDELSKIJ (1958), VINBERG (1962), PLATT (1963), SCHULTZ & KLEMENT (1963), POLIKARPOV (1964) und ALEKSACHIN (1967). Der amerikanische Ökologe H. P. ODUM stellte 1967 die Gesetze der Thermodynamik, auf den Auffassungen von A. J. LOTKA (1925) und E. SCHRÖDINGER (1944) aufbauend, in einen ökologischen Zusammenhang. Im Ökosystem könne das Verhältnis von Atmung (respiration) der gesamten Gemeinschaft zur Biomasse der gesamten Gemeinschaft als das für die Erhaltung der Struktur verantwortliche oder als thermodynamische Ordnungsfunktion angesehen werden.

Aber auch bisher verborgene Zusammenhänge wurden entdeckt.

„So mag erstaunlich sein, wenn das energetische Grundlagenwissen, das mit den Namen MAYER (sog. mechanisches Wärmeäquivalent 1842), JOULE (1843) und HELMHOLTZ oder CARNOT (1824) und CLAUSIUS (Entropie 1850) oder BOLTZMANN und OSTWALD verbunden ist, auch der Entwicklung ökologischen Denkens zugerechnet werden muß", heißt es in einer Einführung in die Ingenieurökologie (vgl. BUSCH, UHLMANN & WEISE 1983, S. 18).

In den folgenden Jahren zeigte auch die elektronische Datenverarbeitung neue Wege für eine effektivere Untersuchung von ökologischen Systemen (vgl. MÜLLER 1970, S. 66, und STEUBING 1967, S. 194).

Insoweit diese Verfahren und Modelle in die ökologische Forschung vordrangen, entstanden einerseits neue, nach den Methoden differenzierte Spezialgebiete, wie Radioökologie oder mathematische und kybernetische Ökologie, andererseits wurden bestehende Zweige, wie beispielsweise die Produktionsbiologie, stimuliert und revolutioniert.

Insgesamt gilt für die Periode der Gegenwart, daß sich die moderne Ökologie an der Schwelle einer dritten Entwicklungsphase befindet. Herausbildung und Profilierung der einzelnen Bestandteile der Ökologie und die Bestimmung ihrer Forschungsobjekte erreichen eine Stufe, die die Rolle der Theorie in der Entwicklung der Ökologie, ihrer allgemeinen Gesetzmäßigkeiten und ihres qualitativen Begriffssystems generell in das Blickfeld der allgemeinen Ökologie rückt (vgl. STUGREN 1972). Quantitative und qualitative Methoden tolerieren und bedingen in wachsendem Maße einander (vgl. SCAMONI 1960).

In der Gegenwart führt System-Analyse und mathematische Modellierung in der Ökologie zur

Herausbildung der sogenannten System-Ökologie. Dieses „Gebiet der Zukunft" (E. P. ODUM 1980) versucht die formalen Möglichkeiten der Ökologie in Form von mathematischen Theorien, Kybernetik, elektronischer Datenverarbeitung etc. so zu integrieren, daß sich neue berechtigte Hoffnung ergibt, die Umweltprobleme des Menschen zu lösen (vgl. a. a. O. S. 449).

20.3. Wandel und Evolution von Ökosystemen

A. THIENEMANN schrieb 1941:

„Biotope und Biozönosen sind wie die einzelnen Organismenarten das Ergebnis einer historischen Entwicklung aus anderen früher gewesenen, entstanden nicht starr, sondern in stetem Fluß sich verändernd und umwandelnd … verursacht durch die Veränderung der Umweltbedingungen", die ihrerseits von der Biozönose verändert und umgestaltet werden (S. 109 f.).

Die Entwicklung der Biozönosen, die Ökosukzession, hat nicht die Evolution der Arten zur Voraussetzung. Das veranschaulicht bereits ein einfaches Rechenexempel: Artbildungen vollziehen sich in Zeiträumen zwischen 10000 und 1 Mio Jahren, die Entwicklung von Biozönosen kann schon im Verlaufe einer menschlichen Generation beobachtet werden, z. B. gegenwärtig bei Eutrophierungsprozessen. Evolution der Arten und Ökosukzession korrespondieren aber, insofern Biozönose und Ökosystem die Arena der Artenum- und -abwandlung bilden. Deshalb wird von Evolutionstheoretikern die Ökologie als Rückgrat der synthetischen Evolutionstheorie aufgefaßt (vgl. STEBBINS 1968).

Als Entwicklungsformen sind die Ökosysteme von den europäischen Schulen der Ökologie – ausgenommen die Schule der Biogeozönologie um SUKAČEV – kaum beschrieben worden. In Europa überwog lange Zeit die physiognomische Beschreibung, was vermutlich auf der von A. VON HUMBOLDT begründeten Tradition beruht. Die amerikanischen Schulen hingegen (CLEMENTS 1936 und CARPENTER 1939) arbeiteten die Ökosystemkonzeptionen nach entwicklungsgeschichtlichen Gesichtspunkten weiter aus. Daher stammt auch von dort die Idee des Bioms als ein ökologisches System, das Ökosysteme auf verschiedenen Sukzessionsstadien, die zum gleichen Klimax (Endstadium) tendieren, zusammenfaßt bzw. integriert (vgl. SCHWENKE 1953, S. 124). Die Anerkennung des Ökosystems als eine der grundlegenden Entwicklungsformen des Lebens steht keineswegs im Widerspruch zur Feststellung, daß die Population die kleinste bzw. elementarste evolvierende Einheit der biologischen

Evolution ist. Da sich mit der Veränderung der Populationen/Arten in ihrer Gesamtheit zwangsläufig Veränderungen in den Beziehungen zwischen den Organismen in den konkreten Biozönosen ergeben, kann man deshalb von einer Evolution der extraorganismischen Stufen des Lebens in ihrer Gesamtheit sprechen. Das Ökosystem ist folglich geradezu die Arena der primären evolutiven Umbildungen, was Paläoökologie und Neoökologie gleichermaßen berücksichtigen (vgl. STUGREN 1972, S. 15).

Obwohl die Anfänge einer evolutionistischen oder darwinistischen Ökologie in die zweite Hälfte des 19. Jh. zurückreichen, setzten die wesentlichen und umfassendsten Diskussionen um den Entwicklungsgedanken in der Ökologie erst nach der Durchsetzung der Ökosystemkonzeption in der Mitte des 20. Jh. ein. Sie waren bezogen auf die Frage nach den Ursachen der Ökosukzession, nach der Rolle der Anthropogenese in der Entwicklung der Ökosysteme sowie nach dem Verhältnis von Phylogenese und Ökogenese.

Insbesondere SUKAČEV hat dazu beigetragen, den Zusammenhang von biologischer Evolution und Ökogenese herauszuarbeiten und die Diskussion durch die Einführung der Begriffe „progressive" und „regressive" Entwicklung wesentlich befördert:

„Hinsichtlich der Entwicklung der biogeozönotischen Decke (Ökosphäre) kann man auch den Ausdruck progressive und regressive Entwicklung anwenden. Zu den Kennzeichen der Progressivität in den Biogeozönosen (Ökosystemen) gehören die Komplikation der Organisation, der Struktur und der intensivere, tiefere und vielseitigere, alle Komponenten der Biogeozönose umfassende Prozeß des Stoff- und Energieaustausches. Dies kann aber hinsichtlich des Stoff- und Energieaustausches mit der Umgebung nicht gesagt werden. Man muß den Stoff- und Energieaustausch mit der Umwelt, der zu einer Anhäufung von Stoff und Energie in der Biogeozönose führt, von dem Austausch unterscheiden, der von einem Verlust von Stoff und Energie begleitet wird. Wenn man im ersten Fall vom progressiven Charakter dieses Prozesses sprechen kann, so trägt er im zweiten Falle regressiven Charakter. Im ersten Fall entwickeln sich in der Regel Biogeozönosen, die für den Menschen von größerem Nutzen sind. Der zweite Fall läuft auf eine Verminderung ihres Wertes für den Menschen hinaus" (SUKAČEV 1969, S. 498).

20.3.1. Paläoökologische Erkenntnisse und Organismenwandel

Den Gegenstand der Paläoökologie, eines Grenzgebietes zwischen Ökologie und Paläontologie, hat Stanley CAIN 1944 definiert als das

Studium vergangener Biota auf der Grundlage ökologischer Konzepte und Methoden. Weitergefaßt handelt es sich um das Studium von Wechselwirkungen der Geosphären in vergangenen Zeitaltern.

Die Darwinisten unter den Ökologen (Möbius, Haeckel, Thienemann u. a.) haben von Anfang an die Rekonstruktion des vergangenen Lebens anhand von Fossilien in ihren Konzepten als eine Möglichkeit berücksichtigt, ausgehend von Erkenntnissen über frühere Gemeinschaften und Klimate zum Verständnis der heutigen Gemeinschaften beizutragen. Nach E. P. Odum (1980) sind die grundsätzlichen Voraussetzungen der Paläoökologie, daß zum einen die Wirkungsweise der ökologischen Prinzipien in den verschiedenen geologischen Epochen im wesentlichen dieselbe geblieben sei und daß zum anderen die Ökologie der Fossilien aus der Ökologie der heute lebenden gleichwertigen oder verwandten Arten abgeleitet werden könne (S. 249). Die Entwicklung der radioaktiven Datierung und anderer neuer geologischer Methoden machen in jüngster Zeit die genaue Altersbestimmung von Fossilien möglich. Sie haben auch die klassische Methode der Pollenanalyse verfeinert. Fossile Pollen gelten bereits seit den 20er Jahren als ausgezeichnetes Material zur Rekonstruktion terrestrischer und limnischer Lebensgemeinschaften. M. B. Davis konnte 1969 mit Hilfe der Pollenanalyse Zusammenhänge zwischen den Auswirkungen der schwarzen Pest und dem Niedergang des Ackerbaus zeigen. Das Dahinsterben der Menschen schlug sich in einer Verminderung der Kräuterpollen in jenen Sedimentschichten nieder.

D. G. Frey hat 1974 eine ausführliche Übersicht über Methoden und Ergebnisse der Paläolimnologie veröffentlicht. Dieses Spezialgebiet der Limnologie versucht, die Geschichte der Seen aus Fossilien (Pollen), Resten von Zooplankton und Chironomiden sowie weiteren Daten zu rekonstruieren (Odum 1980, S. 250 f.).

20.3.2. Erkenntnisse über den anthropogenen Einfluß auf den Wandel von Ökosystemen

Es gibt wohl keinen führenden Ökologen, der die Ökologie nicht in ein Blickfeld gerückt hat, das gesellschaftliche Verantwortung von vornherein impliziert. Bereits 1926 schrieb Elton aus der Sicht des Tierökologen: „Ecology is a branch of zoology which is perhaps more able to offer immediate practical help to mankind than any of the others ..." (S. VIII). Hutchin-son (1948) meinte, der Ökologe sollte in der Lage sein, zu lehren, daß es ebensoviel Spaß macht und genauso wichtig ist, die Biosphäre zu reparieren und in Ordnung zu halten wie das Radio oder das Familienauto (zit. nach Odum 1980, S. 51). Die „Erfassung der Lebensbedingungen und ihrer Lebenstätigkeit der ganzen Biosphäre auf der Erde und ihre Reaktion auf die sich steigernden Eingriffe des Menschen" betrachtete Remane als „evtl. erreichbares Fernziel" ökologischer Forschung (1963, S. 331). Stubbe hoffte, daß es mit „Hilfe dieser jungen Wissenschaft ... in steigendem Maße gelingen" möge, „unsere gesamte natürliche Umwelt nach wissenschaftlich begründeten Plänen zu gestalten" (vgl. 1963, S. 369 f.). All diesen Meinungsäußerungen ist der Gedanke gemeinsam, das Problem der ‚Steuerung' der Biosphäre (Ökosphäre) zu lösen. In der Tat ist in der jüngsten Geschichte der modernen Ökologie die Ausdehnung der ökologischen Konzeption auf die gesamte Biosphäre festzustellen. Es werden in verstärktem Maße die Gesetzmäßigkeiten des planetarischen Ökosystems (Ökosphäre) sowie der Biome und ihrer Bioregionen erforscht. Ökosphäre und regionale bzw. kontinentale ökologische Systeme sind die Forschungsobjekte der Holökologie geworden. Die Holökologie ist inzwischen ein selbständiger Bestandteil der modernen Ökologie (vgl. Schwerdtfeger 1963). Gleichzeitig wächst die Rolle aller anderen Bestandteile in ihrer Bedeutung für die erfolgreiche Erforschung und Optimierung des geographischen Milieus der menschlichen Gesellschaft als eine ständige Bedingung ihrer Existenz. Die einzelnen Bestandteile, die sich außerdem ergänzen und einander voraussetzen, vertiefen gegenwärtig ihre Beziehungen zu den Forst- und Landwirtschaftswissenschaften, zum Gartenbau, zum Naturschutz und zur Landschaftspflege, zur Sozialhygiene und Medizin sowie zur Geographie, Ökonomie, Stadtsoziologie, Meteorologie, Klimatologie und weiteren Wissenschaften. Man kann durchaus von einer „Ökologisierung" der genannten Wissensgebiete sprechen. Das zeugt nicht nur davon, daß die Ökologie ihren Gegenstand immer exakter bestimmt, sondern auch von ihrer wachsenden gesellschaftlichen Relevanz.

Der produzierende, die Natur umgestaltende, verändernde Mensch ist für den Ökologen eine Größe, mit der er rechnen muß. Erweist sich doch der Mensch nicht nur als Nutzer, sondern in wachsendem Maße als Mitschöpfer von Ökosystemen. Das von der UNESCO entwickelte Internationale Biologische Programm *Der Mensch und die Biosphäre* berücksichtigte aus diesem Grunde neben der Erforschung von natürlichen die Untersuchung der anthropogenen Ökosysteme (vgl. ELLENBERG 1973, S. 29). Die angewandte Ökosystemforschung habe aber besonders hier „noch die größten Wissenslücken" auszufüllen (a. a. O.).

In der Ökosphäre existieren natürliche und anthropogene Ökosysteme nebeneinander. Aus diesem Grunde ergab sich die Problemstellung, inwieweit beide Ökosystemtypen vergleichbar sind. In der Regel sind anthropogene Ökosysteme identisch mit der Initialphase in der Ökogenese. Hieraus wurde gefolgert, daß die gleichen dieser Phase entsprechenden Gesetzmäßigkeiten wirken. Die Anwendung der Ökosystemgesetze beim Aufbau von anthropogenen Ökosystemen (Felder, Parkanlagen usw.) bedeutet deshalb Vergrößerung des Spielraumes menschlicher Handlungsfreiheit. Dank menschlicher Einwirkung wird z. B. ein Feld oder eine Wiese permanent in der Initialphase erhalten. Gegen die Wirkungsabläufe von ökologischen Gesetzmäßigkeiten lassen sich auf die Dauer keine ökologischen Umweltbedingungen des Menschen stabilisieren.

Das ist um so dringlicher zu beachten, da, wie SUKAČEV betonte, das gesellschaftliche Interesse auf die Tendenz der Progression gerichtet sein muß. Bei bewußter Anwendung der Ökosystemgesetze wird es zum Beispiel sinnvoll sein, die Rekultivierung von Halden nicht mit den Baumarten der Optimalphase zu beginnen, sondern mit den Pionierholzarten, die die Sukzession dann weiterleiten (SCAMONI 1963, S. 157). Diesbezüglich wuchs auch die Bedeutung der ingenieurbiologischen Maßnahmen. Die Ingenieurbiologie ist ein Spezialzweig der Ökologie, der insbesondere Fragen der biologischen Technologie in der Landschaft untersucht.

Eine Reihe klassischer Arbeiten, die den Menschen als ökologisches Agens beachten, haben wir THIENEMANN zu verdanken (1944, 1951, 1952, 1955, 1956 a u. b). THIENEMANN ging davon aus, daß „der menschliche Geist fähig (ist)", sich der Herrschaft des Holozöns (Ökosystems) zum Teil zu entziehen und „Tatsachen zu schaffen, die aus der Einheit der Natur hinausführen und neben ihr wirken. Daher die Notwendigkeit, einen ‚überorganischen Faktor' zu unterscheiden" (1956 a, S. 141). Diesen Ausdruck hatte Karl FRIEDERICHS angeregt. THIENEMANN hat ihn begrifflich ausgearbeitet. In seinem großen Werk *Die Binnengewässer* (1956 b), schrieb THIENEMANN, daß der Mensch völlig neue Gewässer schaffe und damit neuen Lebensraum für die Wassertierwelt, zum anderen aber auch viele Gewässer beseitige und damit ihren Bewohnern die Lebensmöglichkeit nehme. Schließlich verändere der Mensch bestehende Gewässer mehr

oder weniger grundlegend und damit deren Lebewelt.

Bezüglich des ersten Faktes erwähnte THIENEMANN den Aufschwung des Teichbaus im 14. und 15. Jh. Für das großartigste Beispiel der Neuschaffung von Gewässern hielt er die tropische Reiskultur. Im Hinblick auf die Beseitigung von Gewässern erinnerte er an für Wasserleitungszwecke gefaßte Quellen, das Trockenlegen von Sümpfen, die Moorkultivierung usw. (1956 b, S. 127 f.). Schon 1939 setzte er die biotischen Einflüsse auf die Umwelt und die „kulturellen" Veränderungen – ökologisch betrachtet – als gleichberechtigte Umweltfaktoren auf eine Stufe. Das kommt auch in der These *11* der *Grundzüge* zum Ausdruck:

„Jede Eigentümlichkeit des Biotops", schreibt THIENEMANN dort, „kann zur Lebensbedingung oder zum Lebenshindernis werden. Die Einzelfaktoren der Umwelt, die die Verbreitung der Organismen regeln und daher für die Gestaltung einer Biocoenose wichtig sind, lassen sich in folgender Weise zusammenfassen: 1. Historischer Faktor; 2. Topographischer Faktor; 3. Ökologische Faktoren: a) physiographische, b) biocoenotische; 4. Überorganischer Faktor." (THIENEMANN 1939, S. 267 f.).

Damit hat THIENEMANN einen modernen Ökosystembegriff geschaffen, der sowohl den aktuellen Entwicklungsstand in der bioökologischen Erkenntnis vorwegnahm als auch den Anforderungen jener Wissenschaften, die ebenfalls einen entwickelten Ökosystembegriff benötigen – und nicht zuletzt landeskulturellen Ansprüchen – genügt. THIENEMANN war kein Technikpessimist. Sein Technikverständnis zielte auf die Einheit und Wechselbeziehung von Ökologie, Technik und Ökonomie. So begrüßte THIENEMANN in einer Rezension KRUEDENERS *Ingenieurbiologie*[1]) als eine der ersten Brücken, die zwischen ökologischer Naturerkenntnis und Ingenieurtechnik geschlagen wurden, zumal seine eigenen Gedankengänge mit KRUEDENERS übereinstimmten (Archiv für Hydrobiol. *45*, 1951, S. 586 f.).

Relativ eigenständig und zunächst unabhängig von der theoretischen Formierung der Ökologie verlief die Geschichte des Naturschutzes. Eine Naturschutzbewegung entstand an der Wende zum 20. Jh. Zu ihren Begründern gehörte der Berliner Musikprofessor Ernst RUDORFF. Mit der Einrichtung der Staatlichen Stelle für Naturdenkmalpflege für Preußen in Berlin im Jahre 1906 unter H. CONWENTZ begann die staatliche Naturschutzforschung. Namentlich durch die Initiative von Paul SARASIN (1856–1929) fand 1913

---

[1]) A. VON KRUEDENER führte 1951 den Begriff „Ingenieurbiologie" in die Wissenschaft ein.

in Bern die 1. Internationale Naturschutzkonferenz statt. In den folgenden Jahrzehnten, vor allem seit den 30er Jahren, entwickelte sich der Naturschutz (resp. die Landschaftspflege und die Landeskultur) immer mehr zu einem Zweig der angewandten ökologischen Forschung (vgl. Leps & Sukopp 1990).[1]

Die Ökologie wandte sich erst spät den städtischen Lebensräumen zu. Die Vorläufer im 19. Jh. standen noch in der Tradition der Naturgeschichte. Ihr Interesse richtete sich vornehmlich auf Flora und Fauna fremder Herkunft in und um Siedlungen. Im 20. Jh. fanden zuerst Probleme tierischer Schädlinge und Parasiten Interesse. Kühnelt (1955), Tischler (1952) und Weidner begründeten von der Tierökologie her die Stadtökologie. Die Böden einer Großstadt sind erstmalig in Berlin systematisch untersucht worden. Als wichtiger abiotischer Faktor ist das „Stadtklima" seit Kratzer (1937) ein Begriff. Auhagen und Sukopp haben 1983 ökologische Prinzipien für Stadtplanung und Stadtentwicklung aufgestellt, die inzwischen international anerkannt sind. Die Begründung der Stadtökologie als ökologische Disziplin ist seit den 70er Jahren wesentlich mit den Arbeiten von H. Sukopp verbunden (vgl. H. Sukopp 1991).

---

[1] Vgl. auch G. Zirnstein 1994 (2. Aufl. 1995), der Parallelen in der Geschichte des Natur- bzw. Umweltschutzes und der Ökologie aufzeigt, die von der „Vorzeit der Menschheit" bis zum Umweltgipfel in Rio de Janeiro 1992 reichen.

21. Entwicklung der Mikrobiologie mit besonderer Berücksichtigung der medizinischen Aspekte

Werner KÖHLER, Jena

Die Geschichte der Medizinischen Mikrobiologie ist ursprünglich eine Geschichte der Seuchen, wurde aber sehr bald, nachdem Mikroorganismen als Krankheitserreger bekannt wurden, auch eine Geschichte individueller infektiöser Erkrankungen.

Mikrobiologische Forschungen und Erkenntnisse sind wie kaum ein anderer Zweig der Biologie mit den methodischen und technischen Fortschritten des ausgehenden 19. und des 20. Jh. verknüpft und bildeten in den letzten Jahrzehnten die Basis für neue Erkenntnisse in der Genetik. Sie entwickelten sich aus sehr verschiedenen Fragestellungen und auf unterschiedlichen Wegen und waren von jeher ausgesprochen „interdisziplinär" und von eminent praktischem und wirtschaftlichem Interesse. Als eine Spezialdisziplin „Mikrobiologie", in der die verschiedenen Richtungen wie Bakteriologie, Mykologie, Protozoologie, Virologie etc. zusammengefaßt sind, trat sie jedoch erst um die Jahrhundertwende in Erscheinung und ist als spezielles Lehrfach erst ein Kind des 20. Jh. Ihre Wurzeln und ihre Entwicklung werden jedoch nur in einem Rückblick verständlich, weshalb zu ihrer Charakterisierung auch hier zunächst zeitlich etwas weiter zurückgegriffen werden muß. Nach COLLARD (1976, S. 2) lassen sich vier Entwicklungsperioden unterscheiden: zunächst eine Zeit der Spekulation (ca. 5000 v. Chr. bis 1675 n. Chr.), dann eine Phase der Beobachtung (im Rahmen der ersten Entwicklung der Mikroskopie, vgl. 5.1.2.) von 1675 bis zur Mitte des 19. Jh., eine dritte Phase der „Kultivierung" von Mikroorganismen von der Mitte des 19. Jh. bis zum Beginn des 20. Jh. und schließlich die Zeit komplexer physiologischer Studien, die an der Wende vom 19. zum 20. Jh. begann. Eine eindeutige Trennung der Perioden nach diesen methodischen Kriterien ist nicht möglich. Es sollen deshalb hier einige ältere Fragestellungen angeführt werden, durch deren Lösung auf parallelen Wegen allmählich das Fachgebiet der Mikrobiologie entstanden ist.

Sah man im Altertum Seuchen als Götter- oder Gottesstrafen an, die es durch Opfer zu besänftigen galt, so lassen sich im späten Mittelalter und zu Beginn der Neuzeit Hinweise auf Vorstellungen zu *spezifischen Erregern* erkennen. In den *Drei Büchern von den Kontagien, den kontagiösen Krankheiten und deren Behandlung (De contagionibus et contagiosis morbis et eorum curatione libri tres)* von 1546 kommt Girolamo FRACASTORO (Hieronymus FRACASTORO, 1478–1553) zu dem Schluß, daß das Kontagium seine Ursache in der Vitalität der *seminaria morbi* habe, belebten Krankheitserregern, die stets nur wieder die gleiche Krankheit erzeugen. Er schreibt, daß sich die pestilentiellen Fieber von anderen putriden Fiebern dadurch unterscheiden, daß die Keime, „auf einen anderen übertragen, in diesem dasjenige produzieren, was im ersten vorhanden war" (FRACASTORO 1919).

21.1. Frühe Hypothesen und Beobachtungen über Bakterien

Girolamo FRACASTORO (1478–1553) ist ohne Zweifel eine der überragenden Gestalten der Medizingeschichte, die in ihrer Zeit nicht die genügende Anerkennung fand. Er war seiner Epoche weit voraus, und erst im Licht bakteriologischer Forschungen und der Kenntnis epidemiologischer Zusammenhänge aus dem 19. Jh. können seine Leistungen eine vollkommene Würdigung erfahren.

Definitive Aussagen über Bakterien als Krankheitserreger setzen natürlich die Sichtbarmachung der Keime voraus; sie war erst nach der Erfindung des Mikroskops (zwischen 1590 und 1610) möglich.

Die erstmalige Beschreibung von Bakterien ist Antoni VAN LEEUWENHOEK (1632–1723) zu verdanken (vgl. 5.1.2.). Ab 1660 begann er, Mikroskope herzustellen, die sehr einfach gebaut waren und nur eine bikonvexe Linse besaßen. Sie ermöglichten eine etwa 100fache Vergrößerung, und von den acht erhalten gebliebenen Mikroskopen erreichte nur eins eine Vergrößerung von etwa 1:280. Die Auflösungsfähigkeit seines besten noch erhaltenen Mikroskops liegt bei etwa 1 μm. Die Kunst bestand wahrscheinlich weniger in der Herstellung der Linsen als in der Benutzung dieser Mikroskope, da Beobachtungen eines Objektes von mehr als einigen Zehntelsekunden nicht möglich sind (STERRENBURG 1982). LEEUWENHOEK macht selbst auf diese Schwierigkeiten aufmerksam, wenn er vermerkt, daß ihm die Durchmusterung von 3–4 Tropfen Wasser soviel Arbeit mache, daß ihm der Schweiß ausbreche.

Die Entdeckung der Bakterien läßt sich an dem Briefwechsel LEEUWENHOEKS mit dem Sekretär der Royal Society, Henry OLDENBURG (etwa 1615–1677), verfolgen. Der Briefwechsel begann 1673, und das Schreiben, in dem er erstmalig von „kleinen Tierchen" berichtet, datiert vom 7. September 1674. In einer Teichwasserprobe hat er wahrscheinlich Grünalgen und Protozoen gesehen. Für die Bakteriologie bedeutsam ist sein 18. Brief vom 9. Oktober 1676, in dem er von seiner Untersuchung berichtete, die er am 24. August des Jahres durchführte:

In einem Aufguß aus Pfefferkörnern sah er „eine unglaubliche Zahl sehr kleiner Tierchen unterschiedlicher Art und darunter war eine Sorte, die so klein war, daß ich annehme, wenn 100 davon ausgestreckt aneinandergereiht werden, sie nicht einmal die Länge eines groben Sandkorns erreichen, und, nach dieser Schätzung, zehn Hunderttausend [1 Million] davon nicht einmal die Ausmaße eines Sandkorns haben" (SMIT & HENIGER 1975).

LEEUWENHOEKS Maßangaben lassen sich nachrechnen; die „sehr kleinen Tierchen" haben danach eine Länge von 2–3 μm, und er hält sie für die „Jungtiere" der „kleinen Tierchen". Eindeutig um Bakterien handelt es sich bei den *animalcules*, die er in seinem 39. Brief vom 17. September 1683 nicht nur beschreibt, sondern auch als eine von Abraham DE BLOIS gestochene Zeichnung beilegt (Abb. 217). In dem aus seinem Zahnbelag angefertigten Präparat sind Kokken, Stäbchen und spiralförmige Mikroorganismen zu erkennen. LEEUWENHOEK schrieb seine Briefe an die Royal Society in seiner Muttersprache, und so begegnen uns die Mikroorganismen auch als *Beesjes* (Biester) und *cleijne Schepsels* (kleine Kreaturen). Über den Ursprung der *animalcula* äußert er sich kaum, über ihre Bedeutung gar nichts (Abb. 218).

Vor LEEUWENHOEK, der 1676 erstmals Protozoen (?) sah, wollte der Jesuitenpater Athanasius KIRCHER (1602–1670) bereits den Pesterreger in Form von „Würmchen" im Pesteiter gesehen

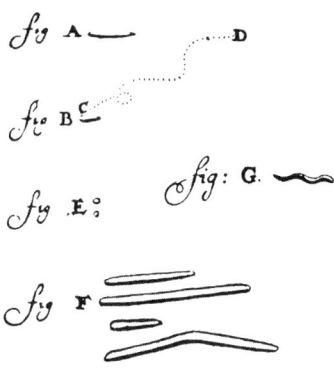

Abb. 217. LEEUWENHOEKS Zeichnungen von Bakterien (Bazillen, Kokken, Spirillum) aus dem Mund. Brief 39 vom 17. September 1683. Aus J. R. PORTER: Antony van Leeuwenhoek: Tercentenary of his discovery of Bacteria. Bact. Rev. *40* (1976) 260–269.

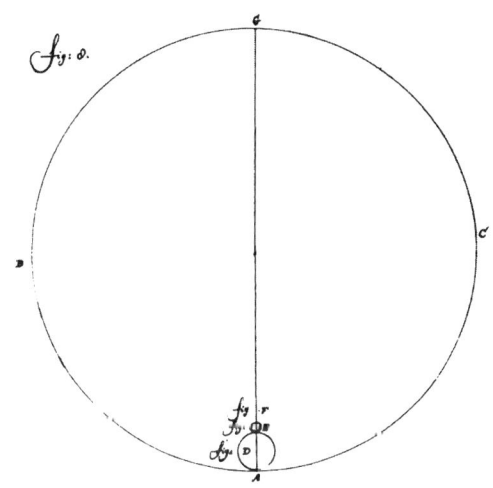

Abb. 218. Größenvergleich von Bakterien. Zeichnung von LEEUWENHOEK in seinem Brief vom 12. November 1680. Aus: The Collected Letters of Antoni van Leeuwenhoek, Bd. 3 (1948), Tafel XLI, Abb. XXXVI.

haben, die er in seinem Buch *Scrutinium physico-medicum pestis* Erstausgabe 1658, beschrieb. Es ist ihm bestenfalls zuzugestehen, daß er Leukozyten sah. Mit den „Würmchen" als vermuteten Erregern von Pest, Pocken und anderen Krankheiten stand KIRCHER nicht allein. In der Mitte des 18. Jh. herrschte

„eine förmliche Manie, überall Würmer zu wittern, deren Vorhandensein man jedoch nicht bewies, sondern aus der Analogie der in den Wässern wirklich gefundenen erschloß" (LOEFFLER 1887, S. 9).

21.2. Mikroorganismen als Krankheitserreger

Die Idee eines *Contagium animatum* als Ursache von Infektionskrankheiten (und anderen Erkrankungen) war vor allem Ende des 17. und Beginn des 18. Jh. lebendig. Mit den „vermiculi", die man allenthalben fand, begnügte sich Benjamin MARTEN aus London nicht. Im Jahre 1720 erschien von ihm ein Buch über die Tuberkulose, von der er annimmt, daß sie von Lebewesen hervorgerufen wird, denn er schreibt, daß die Ursache der „consumption" (Tuberkulose):

„may possibly be some certain species of animalcula or wonderfully living creatures that by their peculiar shape or disagreeable parts are inimicable to our nature but however capable of existing in our juices and vessels and which being drove to the lungs by the circulation of the blood or else generated there from their proper ova or eggs with which the juices may abound or which possibly being carried about by the air may be immediately conveyed to the lungs by that we draw in and being there deposited as in a proper nidus or nest and being produced into life coming to perfection or increasing in bigness may by their spontaneous motion or injurious parts stimulating and perhaps wounding or gnawing the tender vessels of the lungs cause all the disorders mentioned ..." (nach SINGER 1911, BULLOCH 1960, S. 34).

MARTEN theoretisierte – aus heutiger Sicht in genialer Weise – über die Existenz kleiner Tierchen, er hat sie nicht gesehen und sich offenbar auch nicht darum bemüht, obwohl er technisch dazu in der Lage hätte sein müssen, im Gegensatz zu Marcus Terentius VARRO (116–27 v.Chr.), der im ersten seiner drei Bücher über die Landwirtschaft der Meinung war, daß Sumpfböden kleine Tiere hervorbringen, die über Nase und Mund eindringend, Krankheiten verursachen.

Als Mikroskopiker betätigte sich dagegen der in Wien ansässige Marcus Antonius VON PLENCIZ (1705–1786), der in seinem 1762 erschienenen *Opera medico-physica* ein „principum quoddam seminale verminosum" postuliert, wobei für jede kontagiöse Krankheit ein eigenes Seminium verantwortlich wäre. Aus dem Seminium der Pocken entstünden stets nur wieder die Pocken, aus dem des Scharlachs wieder nur Scharlach (die Bücher II und III sind *de variolis* bzw. *de scarlatina* überschrieben). Verschiedenheiten im klinischen Bild einer Krankheit erklärt er mit Verschiedenheiten der Seminarien, so wie es z.B. auch Verschiedenheiten in den Sorten von Früchten, von Äpfeln oder Birnen gäbe. Er gewährt aber auch „der Constitution der Zeit, des Ortes und des Kranken" einen Einfluß auf die

Wirksamkeit bzw. Verschiedenheit der Seminarien. PLENCIZ bestätigte die Befunde LEEUWENHOEKS; in faulendem Material findet er große Mengen der *animalcula* und führt die Fäulnis auf deren Wirkung zurück: sind es Flüssigkeiten, die faulen, dann werden sie unter der Einwirkung des „wurmigen Gesäms" wie LOEFFLER übersetzt, trübe und übelriechend. Feste Körper werden dagegen weich und zerreiblich. Im Sauerteig sah er die gleichen kleinen Tierchen wie im Brotteig nach Zusatz des Sauerteigs und er schließt daraus, daß damit die gesamte Teigmasse die Natur des „Brotferments" erlangt habe, da sich die Tierchen des Ferments im Brot vermehrt hätten (LOEFFLER 1887, S. 10 f.).

Die Vorstellungen eines *Contagium animatum* gerieten am Ende des 18. und zu Beginn des 19. Jh. in Vergessenheit, sie wurden z.T. sogar schroff abgelehnt (OZANAM 1820 spricht von „abgeschmackten Hypothesen").

21.3. Die Urzeugung

An der Existenz der Mikroorganismen besteht inzwischen kein Zweifel mehr. Mit ungeheurem Fleiß, mit Ausdauer und, eingedenk der mikroskopischen Technik, unter großen Mühen werden die Kleinlebewesen beschrieben, die Carl VON LINNÉ noch als *Chaos infusorium* benannt hatte. Dem Kopenhagener Otto Friedrich MÜLLER (1730–1784) war es vorbehalten, Ordnung in die Vielfalt der von ihm und seinen Vorgängern entdeckten Kleinlebewesen zu bringen. Sein 1786 postum veröffentlichtes Werk *Animalcula infusoria fluviatilis et marina* umfaßt die Beschreibung von 379 Arten. Woher aber kamen die Organismen? Dem Zeitgeist entsprechend bekannte sich auch MÜLLER zur *Generatio spontanea*, zur Urzeugung (vgl. 6.2).

Francesco REDI (1626–1697) hatte zwar 1668 in überzeugender Weise die Urzeugung von „Würmern" (Fliegenmaden) in faulendem Fleisch widerlegt, und Louis JOBLOT (1645–1723) konnte 1711 durch Kochen eines Heuaufgusses und anschließendes luftdichtes Verschließen die Entwicklung der animalcula verhindern, aber sie überzeugten nicht (vgl. Kap. 5). Im 18. Jh. befaßten sich der englische Pfarrer John Turberville NEEDHAM (1713–1781) und George LECLERC, Comte DE BUFFON (1707–1788) in ihren gemeinsamen Experimenten in Paris mit dieser Frage. Auch sie kochten Aufgüsse und Fleischbrühen und verschlossen sie gegen die Außenluft; trotzdem entwickelten sich Lebewesen. Sie nahmen eine vegetative Kraft an, die aller lebenden Materie eigen sei, und verkündeten, daß die Infusorien aus „lebenden Atomen" oder „Anlagen" verwesender Pflanzen oder Tiere hervorgehen. Der in Genf wirkende Charles BONNET (1720–1793) geht theoretisch gegen NEEDHAM und BUFFON an; er äußert Zweifel an dem wirklich luftdichten Verschluß der Flaschen und fragt, ob nicht etwa „unsichtbare Öffnungen" existierten, „welche Tieren von so wunderbarer Kleinheit wie die in Frage stehenden als Eingangspforte dienen konnten", oder ob es nicht etwa Tiere oder Eier gäbe, die der Hitze widerstehen könnten. Der italienische Abbé Lazzaro SPALLANZANI (1729–1799) lieferte im Streit mit NEEDHAM den experimentellen Beweis, daß selbst ein Verkohlen von Samen die „vegetative Kraft" nicht zerstört, wie es nach NEEDHAM hätte sein müssen. Aufgüsse verkohlter Samen, in hermetisch verschlossene Flaschen gebracht, blieben steril, nach dem Öffnen entwickelte sich Leben darin (vgl. auch 6.3.2.).

Der Kampf um die Urzeugung ging aber im 19. Jh. weiter. Franz SCHULZE (1815–1873) führte 1826 die Luftzufuhr zu sterilen Dekokten über Schwefelsäure, Theodor SCHWANN (1810–1882) über erhitztes Quecksilber oder durch glühende Glasrohre, und Heinrich SCHRÖDER (1810–1885) und Theodor VON DUSCH (1824–1890) entkräfteten auch noch den Einwand, daß die animalische Kraft in der Luft durch Erhitzen zerstört würde, mit ihrem Versuch, die Luftzufuhr über vorher erhitzte Baumwolle zu regeln. Selbst dies war nicht erforderlich, wenn man den Hals einer Flasche nach dem Kochen der Infusion in der Flamme ausmieht und biegt. H. HOFMANN beschrieb dies Verfahren 1860 in der Botanischen Zeitung, unabhängig davon 1861 Louis PASTEUR seine „Schwanenhalskolben" (vgl. Kap. 9, Abb. 125). Die Lehre von der Urzeugung brach zusammen, aber noch 1864 mußte sich eine von der französischen Akademie der Wissenschaften eingesetzte Kommission mit der Urzeugung auseinandersetzen, die aber a priori auf PASTEURS Seite stand. Die auch von anderen gemachte Beobachtung, daß es trotz aller Sorgfalt in gekochten und luftdicht verschlossenen Heuaufgüssen zu Keimentwicklungen kam, konnte durch den englischen Physiker John TYNDALL (1820–1893) erklärt werden. Er nimmt eine hitzeresistente und eine hitzelabile Phase der Bakterien an. Letztere wird durch 5minütiges Kochen abgetötet, erstere widersteht dem Kochen selbst über eine Stunde. Das beweist er in einem glänzenden Experiment. Der Heuaufguß wurde kurz erhitzt und dies über 5 Tage wiederholt. Nun blieb er steril. Mit der ersten Hitzebehandlung wurde die hitzelabile Phase abgetötet, danach wird während einer La-tenzzeit (der Begriff stammt von TYNDALL) die hitzeresistente Phase in die hitzelabile überführt, die er mit dem zweiten Kochen abtötete usw. (TYNDALL 1877). Für hitzeempfindliches Material wird auch heute noch von dem mehrmaligen Erhitzen in Tagesabständen („Tyndallisieren") Gebrauch gemacht. Die Ursache für die Hitzeresistenz hatte im gleichen Jahr (1877) der Breslauer Botaniker Ferdinand COHN (1828–1898) bei *Bacillus subtilis* entdeckt. Die vegetative Form war hitzelabil, die Bakteriensporen dagegen hitzestabil.

21.4. Tiere oder Pflanzen? Probleme der Nomenklatur und Systematik

In seinem 1838 vorgelegten Werk *Die Infusionsthierchen als vollkommene Organismen* führt Christian Gottfried EHRENBERG (1795–1876) zwei Familien auf: die Monadina und die Vibrionia. Letztere werden in die Gattungen Bacterium, Vibrio, Spirillium und Spirochaeta unterteilt, die nicht mit den heutigen Begriffen gleichzusetzen sind. So beschreibt EHRENBERG z. B. 1840, daß das Blauwerden der Milch durch bestimmte „Vibrionen" hervorgerufen werde. Auch rotverfärbte Speisen, die er 1848 untersuchte, enthielten kleine Organismen, die er auf künstliche Nährböden (gekochte Kartoffeln, Brot u. a.) übertragen konnte und die kleine, aus diesen Körperchen bestehende rote Kolonien bildeten. Er benannte die in der Länge 1/3 000 bis 1/8 000 Linien (= 0,73- 0,27 µm) messenden Keime als *Monas prodigiosa* und verwies auf seine Vorläufer in diesen Untersuchungen.

In der Nähe Paduas war es 1819 zu epidemischem Auftreten roter Flecken auf Polenta gekommen. Der großen Aufregung wegen (man glaubte an Hexerei) wurde der Distriktsarzt Dr. Vincenzo SETTE mit der Untersuchung des Phänomens beauftragt. Er überträgt die roten Flecken auf andere Speisen und hält einen stiellosen Pilz, den er *Zaogalactina imetrofa* (lebendiger Schleim, auf Speisen sitzend) benennt, für die Ursache des Phänomens. SETTE sprach erstmals 1820 über diese Erscheinung, aber noch im Jahr des Unheils war ihm ein anonymer Zeitungsartikel zuvorgekommen, als deren Verfasser sich später der damalige Student und nachmalige Professor an der Universität Padua, Bartolomeo BIZIO, erweist. BIZIO (1819) findet in den roten Flecken Massen kleiner, runder Körperchen und da er sie keiner bekannten Algen- oder Pilzgattung zuordnen kann, gibt er ihnen den Namen *Serratia Marcescens* (nach dem italienischen Physiker Serrafino SERRATIA und marcesco = verderben, schlecht werden). Da er diesen Namen ein Jahr (1823) vor SETTES *Zaogalactina imetrofa* (1824) publiziert, gebührt ihm nach den „Nomenklaturregeln die Priorität.

Nach den „Vibrionen", die noch immer als tierische Lebewesen galten, wird nun in verstärktem Maße gesucht, auch in menschlichem Krankheitsmaterial. Alfred DONNÉ (1801–1878) beschreibt in seinen 1837 publizierten *Recherches microscopiques sur la nature des mucus ...* die Ergebnisse seiner mikroskopischen Untersuchungen an syphilitischen Geschwüren[1]).

„Bei den an der Eichel gelegenen Schankern ... fand ich im Eiter immer eine große Menge von Tierchen, die das Aussehen jenes Infusoriums besaßen, das von MÜLLER unter dem Namen Vibrio lineola beschrieben wurde".

Er fand „überdies Vibrionen im Eiter von Weibern, die an Schankern der Vulva litten", nicht aber in anderen Eiterproben. Ein künstliches, durch blasenziehendes Pflaster an der Glans penis erzeugtes Geschwür zeigte keine Vibrionen, der Ort des Geschwürs war also nicht für die Ansiedlung der Keime entscheidend. Überimpfte er dagegen vibrionenhaltigen Schankereiter von der Eichel auf den Schenkel des gleichen Kranken, dann entstand eine Pustel, gefüllt mit serös-eitriger Flüssigkeit und einer großen Anzahl von Vibrionen (einer der ersten Menschenversuche!). DONNÉ äußert später (1844) Zweifel daran, ob die Vibrionen ursächlich mit der Syphilis in einem Zusammenhang stünden; aber er hatte zumindest bewirkt, daß Fragen nach dem Verhältnis Mikrobe-Krankheit gestellt wurden. Bestand hatte dagegen seine Entdeckung von länglich ovalen, mit 1–3 peitschenförmigen Anhängern versehenen Monaden im Vaginalschleim gonorrhoischer Frauen. Seine *Trichomonas vaginalis* war die Erstbeschreibung eines Protozoons als Krankheitserreger (1837).
Noch vor der Entdeckung der Hefezellen als Ursache der Bier- und Weingärung durch Charles CAGNIARD-LATOUR (1837) und Theodor SCHWANN (1837), wobei SCHWANN meinte, daß die Hefe „ohne Zweifel eine Pflanze" sei, die er „Zuckerpilz" nannte (daraus später *Saccharomyces*), fand Agostino BASSI (1773–1856), daß eine Infektionskrankheit der Seidenraupen, die Muscardine, durch einen Pilz verursacht wird

---

[1]) In einer langen Passage übersetzt bei LOEFFLER (1887, S. 45–49).

(1835, 1837). BULLOCH (1938) bezeichnete ihn deshalb als den „Begründer der Doktrin pathogener Mikroorganismen".

21.5. Entwicklung der Mikrobiologie als medizinisches Spezialfach

Wieder ist es ein Theoretiker, der das Wissen der Zeit zusammenstellt, deduziert und Hypothesen aufstellt: Jacob HENLE (1809–1885), pathologischer Anatom in Berlin und Lehrer Robert KOCHS. In seinem Werk „Miasmen und Kontagien", das den ersten Teil seiner pathologischen Studien bildet, kommt er zu dem Schluß, daß das Kontagium der miasmatisch-kontagiösen und der rein kontagiösen Erkrankungen belebt sein müsse. Trotz vielfältiger Suche nach einem derartig belebten Contagium animatum bei Typhusleichen, bei Pocken und Scharlach, gelingt ihm ein solcher Nachweis nicht. Er faßt *Miasma* und *Kontagium* unter der Bezeichnung „infizierende Materie" zusammen, die „für jede spezifische Krankheit immer dieselbe ist."
Der entscheidende Satz, in dem man einen Vorläufer der „Kochschen Postulate" (bzw. der Koch-Henleschen Postulate) sehen kann, findet sich in dem Kapitel: „Organisation des Contagiums":

„Daß sie [die Organismen des Kontagiums, Verf.] wirklich das Wirksame sind, wäre empirisch nur zu beweisen, wenn man ... Kontagiumsorganismen und Kontagiumflüssigkeit isolieren und eines jeden Kräfte besonders beobachten könnte, ein Versuch, auf den man wohl verzichten muß" (HENLE 1840, S. 43).

Die folgende Zeit brachte zahlreiche Untersuchungen zum Nachweis von „Monaden" oder „Vibrionen" bei infektiösen Erkrankungen, besonders bei der damals grassierenden Cholera, ohne daß ein zwingender Beweis für eine ursächliche Rolle der mikroskopisch gesehenen Organismen erbracht werden konnte.
Die Lehre von der *Spezifität der Bakterien* erhielt durch die Arbeiten Louis PASTEURS über die Gärung eine solide Basis. Bei der Milchsäuregärung, bei der Buttersäuregärung, fand er stets das gleiche „végétal ferment" (1861), wobei er sich um nomenklatorische Fragen wenig bekümmerte. Er spricht von Vibrionen, Infusorien usw. (Die Bezeichnung „Mikrobe", von der dann auch Mikrobiologie abgeleitet ist, wurde 1878 von dem französischen Militärarzt Charles Emmanuel SÉDILLOT (1804–1883) vorgeschlagen und von PASTEUR akzeptiert). Bei diesen Stu-

dien entdeckt er auch das Phänomen der *Anaerobiose*, er prägt die Begriffe *aerob* und *anaerob* (1863).

Louis PASTEUR wurde nicht nur die Aufgabe übertragen, die Krankheiten des Weines und des Bieres zu untersuchen, er nahm sich auch (ab 1865) tierischer Krankheitsprozesse an. Neben der bereits bekannten Seidenraupenkrankheit, der *Pébrine*, entdeckte er eine zweite, die Schlaffsucht (*Flacherie*). Bei ersterer wurden bereits von NAEGELI (1857) „Körperchen" nachgewiesen und *Nosema bombycis* benannt. Es handelt sich um das zu den *Microspora* gehörende Protozoon gleichen Namens. PASTEUR (1870) wies die „Körperchen" nicht nur in den Raupen, sondern auch in den Schmetterlingen und in den Eiern nach, er zeigte die Verunreinigung des Futters über die Exkremente und die davon ausgehenden Neuerkrankungen, und er wies auch den Weg zu einer Verhütung dieser verheerenden Krankheit, die bei enzootischem Auftreten binnen Tagen eine ganze Seidenraupenzucht vernichten kann. Dazu war es erforderlich, Eier auszuwählen, die keine „Körperchen" enthielten. Bei der Schlaffsucht fand er einen „Vibrio", den er durch Fütterungsversuche übertragen konnte und für die Ursache der Krankheit hielt. Es dürfte sich um *Bacillus bombycis* gehandelt haben, der nach einer Virusinfektion der Raupen zur Ansiedlung kommt und das Krankheitsbild der *Flacherie* auslöst.

Unabhängig von PASTEUR beschäftigte sich der Apotheker LEMAIRE (1860, 1865) mit Fäulnis und Gärung und deren Beeinflussung durch Carbolsäure. Beides konnte er damit unterdrücken und auch die Entwicklung von Mikroorganismen („Virus", „Miasma"). Er schloß daraus, daß die Keime („infusoires", „microzoaires") aus der Luft stammten und daß es möglich sein müsse, durch die Behandlung von Wunden mit Carbolsäure eine Eiterbildung zu verhüten. Dies gelang ihm auch in Versuchen an Menschen und Hunden. Wieder einmal wurden hier anstehende Probleme unabhängig voneinander angefaßt und gelöst. Joseph LISTER (1868) entwickelte, angeregt durch die Ergebnisse PASTEURS über die Mikroorganismen als Gärungserreger, das mit seinem Namen in Verbindung gebrachte Verfahren der *Antiseptik*. Alles mit einer Operationswunde in Verbindung Kommende, Instrumente und Verbandsmaterial, wurden mit Carbolsäure behandelt, und um die Keime in der Luft zu vernichten, wurde der Operationssaal unter ein Carbolspray gesetzt. Daß SEMMELWEIS bereits 1847 die Asepsis durch Chlorwasserwaschungen der Hände der Geburtshelfer einzuführen versuchte, war LISTER unbekannt.

Besonders durch die Arbeiten PASTEURS war nun bekannt, daß es für spezifische Gärungen spezifische Keime gibt, wenn er auch mit deren Namen sorglos umgeht. Für menschliche Erkrankungen stand ein solcher Beweis noch aus, und er wurde erst am Erreger des Milzbrands erbracht. Im Jahre 1849 (erstmalig 1855 publiziert), hatte Aloys POLLENDER (1800–1879) im Blut milzbrandkranker Tiere „stabförmige Körperchen" beobachtet, welche „die genaueste Aehnlichkeit mit Vibrio bacillus oder Vibrio ambiguus" hatten. Nach seinen „chemischen Untersuchungen" schließt er auf eine pflanzliche Natur der Organismen, weiß aber „über Herkunft und Entstehung dieser merkwürdigen und räthselhaften Körperchen" nichts zu berichten.

Der Dorpater Professor für Zootomie und Physiologie Friedrich BRAUELL (1807–1882) bestätigte POLLENDERS Befunde. Er fand 1856 im Blut seines an Milzbrand gestorbenen Sektionsgehilfen Milzbrandbazillen; er sah sie auch im Blut noch lebender milzbrandkranker Rinder. An eine kausale Rolle der Stäbchen für die Entstehung des Milzbrands glaubte er nicht, da er meinte, auch mit stäbchenfreiem Blut die Krankheit übertragen zu haben. Der Direktor der Veterinärschule Alfort, Onésine DELAFOND (1805–1861), sah die Stäbchen 1856, publizierte aber gleichfalls später, erst 1860. Bei seinen experimentellen Übertragungsversuchen wurden offenbar erstmals *Kaninchen als Versuchstiere* eingesetzt. In sorgsamen Beobachtungen, mit stündlichen Blutentnahmen, wurde festgestellt, daß sich die Keime bis zum Tode hin stetig vermehren. Histologische Untersuchungen ergaben ihren Nachweis in den Organen. Die Keime ordnete er dem Pflanzenreich zu, der Algengattung *Leptothrix*, er spricht von „algues charbonneuse", „filaments charbonneuse", „baguettes charbonneuse" oder „parasite du charbon".

RAYER[1] hatte bei gemeinsamen Untersuchungen mit Casimir Joseph DAVAINE 1850 im Blut eines an Milzbrand verendeten Schafes stäbchenförmige Gebilde gesehen, ihnen aber keine Bedeutung zugemessen. Das änderte sich erst mit DAVAINES 1863 veröffentlichten Arbeiten, da er, und das ist sein besonderes Verdienst, im Analogieschluß zu den Beobachtungen PASTEURS von 1861 über die Buttersäuregärung dort die Gärung durch den Vibrio, hier die Milzbrandkrankheit durch die „corps filiformes" hervorgerufen sieht. DAVAINE schätzte die Zahl der in einem Tropfen Blut enthaltenen Stäbchen

---

[1] Der publizierte Vortrag wurde unter dem Namen von RAYER gehalten: DAVAINE behauptete jedoch 1875, daß er die Beobachtungen gemacht und zur Publikation an RAYER geschickt habe.

auf 8–10 Millionen und nahm – zu Recht – an, daß eine Übertragung der Erkrankung auch in millionenfacher Verdünnung des Blutes möglich sein müsse.

In dem von ZIEMSEN edierten *Handbuch der speziellen Pathologie und Therapie* (2. Aufl. 1876) erschien ein umfangreicher Beitrag des Münchener Veterinär-Pathologen Otto BOLLINGER (1843–1909) über den Milzbrand, in dem er sich gleichfalls über die Stäbchen als ätiologisches Agens der Krankeit ausspricht. Er benutzt bereits die Cohnsche Systematik von 1872 und schreibt, daß die „Bakterien des Milzbrandes nicht zu den Pilzen, sondern zu den Algen (*Schizophyten*), und zwar zur Gruppe (*Tribus*) der Fadenbakterien (*Desmobakteria*), Gattung *Bacillus*", gehören.

„Der Bacillus Anthracis (COHN) steht am nächsten dem Bacillus subtilis (Vibrio subtilis EHR.), dem Buttersäureferment (Ferment butyrique PASTEUR)" (BOLLINGER 1872).

Neben diesen Befürwortern einer Erregernatur der Stäbchen erscheinen in diesen Jahren auch zahlreiche Arbeiten, die eine belebte Natur ablehnen.

Die endgültige Antwort gab Robert KOCH (1843–1910). Er isolierte die Milzbrandstäbchen über Kaninchenpassagen, züchtete sie im Augenkammerwasser in Objektträgerkulturen, wobei ihre Sauerstoffabhängigkeit entdeckt wurde. Diese Untersuchungen erbrachten auch den Nachweis der Sporenbildung und deren Rückentwicklung zu stäbchenförmigen Bazillen. Nachdem der Entwicklungszyklus aufgeklärt war, konnten auch epidemiologische und pathogenetische Fragen beantwortet werden. Der Milzbrand war nur mit Material auszulösen, das die Stäbchen oder die Sporen enthielt. Die Widerstandsfähigkeit der Sporen gegen Austrocknung erklärte den Infektionsweg, der vorwiegend über sporenkontaminiertes Material erfolgt.

Die in COHNS *Beiträgen zur Biologie der Pflanzen* 1876 veröffentlichte Arbeit Robert KOCHS: *Die Aetiologie der Milzbrandkrankheit, begründet auf der Entwicklungsgeschichte des Bacillus Anthracis*, fand sofort eine weitgehend uneingeschränkte Zustimmung und sie gilt als der Beginn der wissenschaftlich begründeten Medizinischen Bakteriologie (vgl. auch Abb. 220). Mit der dritten Arbeit *Untersuchungen über die Aetiologie der Wundinfektionskrankheiten* (1878) bringt KOCH Klarheit über die bis dahin sehr unterschiedlichen Befunde des Vorkommens von Mikroorganismen bei diesen Erkrankungen. Aus dem Ergebnis tierexperimenteller Studien zieht er den Schluß von der

„... Verschiedenheit der pathogenen Bakterien und ihre Unveränderlichkeit. Einer jeden Krankheit entspricht ... eine besondere Bakterienform und diese bleibt, so vielfach auch die Krankheit von einem Tier auf das andere übertragen wird, immer dieselbe". An anderer Stelle heißt es: „... dass diese verschiedenen Formen vorläufig als konstante Arten anzusehen sind".

Diese Studie begründet die Lehre von der Spezifität pathogener Mikroorganismen für die Ätiologie der Infektionskrankheiten, und hier finden sich die ersten Hinweise auf die Kochschen Postulate, die Bedingungen, die erfüllt sein müssen, daß ein Organismus als ätiologisches Agens anzusehen ist. Auch in der großen Tuberkulosearbeit des Jahres 1884 muß man diese Bedingungen, verstreut über die Arbeit, herauslesen. Erst sein Schüler Friedrich LOEFFLER (1852–1915) faßt sie in seiner DiphtherieArbeit explizit zusammen:

„1) Es müssen constant in den local erkrankten Partien Organismen in typischer Anordnung nachgewiesen werden.
2) Die Organismen, welche nach ihrem Verhalten zu den erkrankten Theilen eine Bedeutung für das Zustandekommen dieser Veränderungen beizulegen wäre, müssen isoliert und rein gezüchtet werden.
3) Mit den Reinculturen muss die Krankheit experimentell wieder erzeugt werden können." (LOEFFLER 1884, S. 424).

Noch vor KOCHS WundinfektionskrankheitenVeröffentlichung, nämlich am 20. September 1877, hatte Edwin KLEBS während der 50. Versammlung Deutscher Naturforscher und Ärzte in München ausgeführt:

„Dass aber in der That alle diese Krankheitsprocesse [Infektionskrankheiten, Verf.] auf ähnlichen Ursachen beruhen, kann in dreifacher Art bewiesen werden:

1. durch die anatomische Untersuchung der erkrankten Organe,
2. durch die Isolierung und Züchtung der Krankheitskeime und
3. durch die Neuerzeugung der gleichen Processe durch Übertragung dieser Keime auf gesunde Thiere" (KLEBS 1877).

Es wäre also besser, von den Koch-Klebsschen Postulaten als von den Koch-Henleschen zu sprechen. CARTER (1985) verweist in seiner Analyse darauf, daß KOCH Postulate aufgestellt habe, deren Erfüllung *notwendig* sei, damit ein Erreger als Ursache einer Infektionskrankheit anerkannt werden könne, wogegen alle Vorläufer lediglich Forderungen formuliert hätten, deren Erfüllung *ausreichend* für diesen Zweck wären.

Eine entscheidende Voraussetzung für die in den letzten zwei Dezennien des 19. Jh. Schlag

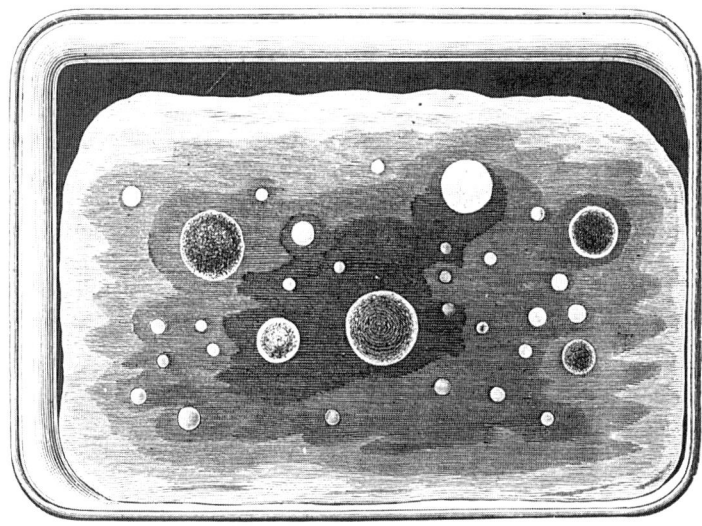

Plattenschale mit Kolonien auf und in der Gelatineschicht.

Abb. 219 a

Runde Doppelschale mit Plattenkultur.

Abb. 219 b

Abb. 219. Die Kochsche Nährbo-
denplatte (a) wurde 1887 durch
die Petrischale (b) ersetzt.
R. J. PETRI: Eine kleine Modification des Kochschen Plattenverfah-
rens Cbl. Bakteriol. *1* (1887) 279–
280; aus: T. KITT: Bakterienkunde
und pathologische Mikroskopie.
Wien 1908, Abb. S. 101 und 102.

auf Schlag erfolgende Isolierung pathogener
Keime war die Etablierung fester, durchsichtiger *Nährmedien* durch Robert KOCH, die er in
seiner Arbeit *Zur Untersuchung von pathogenen
Mikroorganismen* (1881) beschreibt. Er benutzt
dazu Gelatine, die ein Jahr später auf Vorschlag
seines Mitarbeiters Walter HESSE durch Agar-
Agar ersetzt wurde. KOCH weist in seiner Arbeit
selbst auf mögliche Kritiker hin, die geltend machen könnten, daß sie schon vor ihm gallertige
Substanzen oder Kartoffeln, Brot usw. als feste
Medien benutzt hätten. Er legte Wert auf die
Feststellung, daß seine Nährgelatine fest *und*
durchsichtig sei (Abb. 219).
LISTER war 1878 zu Reinkulturen seines „Bacterium lactis" gekommen, indem er von gesäu-
erter Milch mittels einer selbst konstruierten
mechanischen Einrichtung kleinste Tropfen auf
Objektträger ausbrachte, die Keime zählte und
danach die Verdünnung feststellte, in der etwa
1 Bakterie je $^1/_{100}$ Tropfen enthalten war. Mit
diesen Verdünnungen (etwa 1:1 Mill.) wurde
gekochte Milch infiziert, und es trat Gerinnung
ein, die durch *eine* Keimart, kurze Kettenkok-
ken, verursacht sein mußte. LISTER hat sein Verfahren nie auf pathogene Keime bzw. auf patho-

logisches Untersuchungsmaterial ausgeweitet.
Er folgte in seinen Untersuchungen der Technik
von Oscar BREFELD (1875), der einzelne Schim-
melpilzsporen isolierte und dazu auch bereits
den Zusatz von Gelatine und Caragen erwähnt.
In seinen Untersuchungen zur Pathologie von
Schußwunden hatte Edwin KLEBS 1870/71 bei
Sektionen der an Septikämie und Pyämie gestorbenen Soldaten morphologisch unterschiedliche
Keime (Stäbchen, Fäden, Kokken und Mikrokokken) gesehen, die er aber für die Entwicklungsstadien *eines* Keimes hielt, sein *Microsporon septicum* (KLEBS 1872). Um zu prüfen, ob die
„Micrococcen" nicht etwa spontan im Körper
des Versuchstiers entstehen, ersinnt er einen
halbfesten Nährboden aus Hausenblasengallerte,
die er mit dem Untersuchungsmaterial beimpft
und in eine kapillare Glaskammer einschließt,
die er auf einem – selbstgebauten – heizbaren
Objekttisch beobachten kann. In die keimhaltige
Flüssigkeit stieß KLEBS feine Glaskapillaren ein,
verschmilzt sie an beiden Enden, desinfiziert sie
äußerlich mit Alkohol und bricht sie danach „in
einer pilzfreien Vegetationsflüssigkeit, die sich
unter einer Oelschicht in einer Stöpselflasche be-

fand", wieder auf. Der Vorgang wurde mit den in dieser Flasche gewachsenen Keimen wiederholt und von KLEBS als „fractionierte Cultur" bezeichnet. Dabei kam es zur Entwicklung verschiedenartiger Mikroorganismen aus dem Lungenmaterial eines an „septischer Mykose" Verstorbenen, und KLEBS fand seine Theorie von den Entwicklungsstadien des *Microsporon septicum* bestätigt. Die sich vermehrenden Keime fanden sich in „Ballen" zusammen, und er schreibt 1873: „...wir wollen diese Bildungen daher als *Bacterien Colonien* bezeichnen". Der noch heute gängige Ausdruck der *Bakterienkolonie* war damit geprägt.

LOEFFLER (1887) kritisiert zu Recht den methodischen Denkansatz von KLEBS, indem er sagt,

daß damit nicht die in der ursprünglichen Flüssigkeit am häufigsten enthaltene Keimart isoliert würde, sondern die sich in der Nährflüssigkeit am besten und schnellsten vermehrende Keimart und daß außerdem – wie geschehen – auch zwei oder mehrere Keimarten durch die fraktionierte Kultur weitergetragen werden können. Wie bereits gesagt, begann mit der Einführung eines festen, durchsichtigen Nährmediums die Serie der Entdeckungen bakterieller Krankheitserreger bei Mensch und Tier:

1882 *Mycobacterium tuberculosis* (Robert KOCH); 1883 *Vibrio cholerae* (Robert KOCH); 1884 *Salmonella typhi* (Georg GAFFKY); 1884 *Corynebacterium diphtheriae* (Friedrich LOEFFLER); 1886 *Streptococcus pneumoniae* (Albert FRAENKEL); 1887 *Brucella melitensis* (David

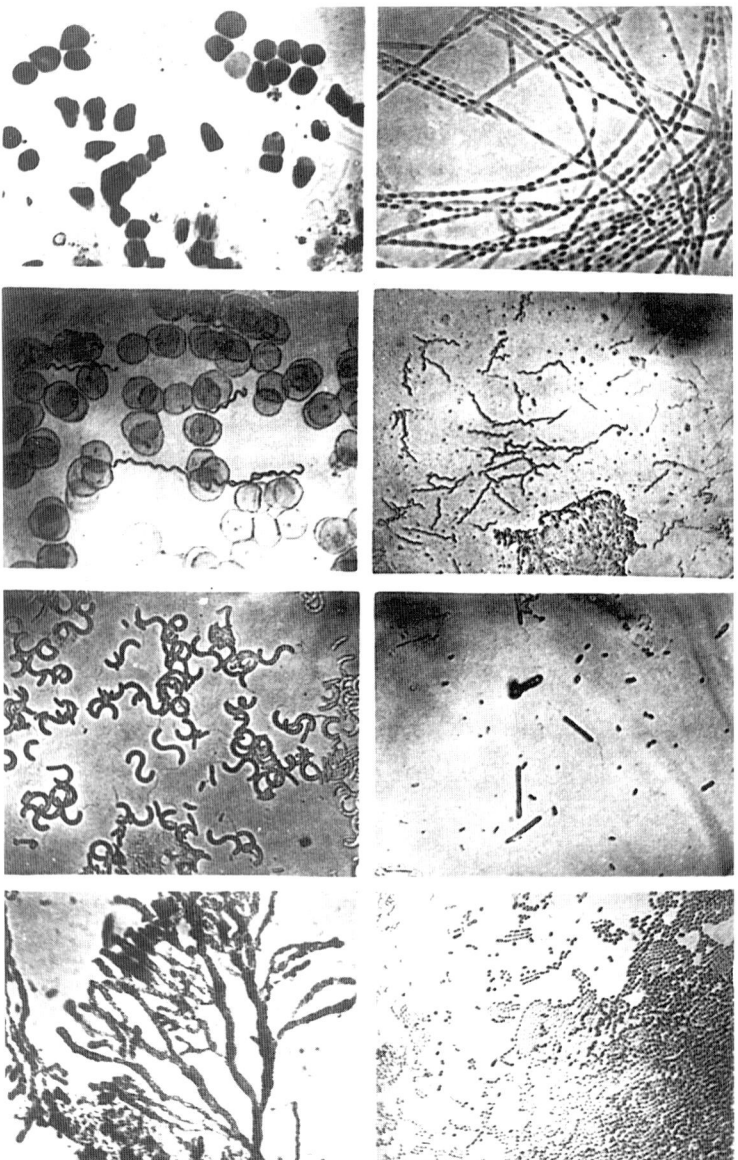

Abb. 220. „Original-Photogramme von Robert KOCH. In: *Beiträge zur Biologie der Pflanzen*, Bd. II, Breslau 1877; Taf. XIV, XV u. XVI. Aus LOEFFLER 1887 (Anhang). Fig. 1 (links oben) Milzbrandbacillen im lebenden Zustande, Vergr. 700, Fig. 2 (rechts oben) Milzbrandbacillen zu Fäden ausgewachsen. Sporen bildend, Vergr. 700, Fig. 3 Blut eines Recurrenskranken mit Spirochäten. Mit Anilinbraun gefärbt, in Glycerin eingelegt, Vergr. 700, Fig. 4 Spirochäten des Zahnschleimes. In getrocknetem, ungefärbtem Zustande photographirt, Vergr. 500, Fig. 5 Spirillum undula mit Geisseln, Vergr. 500, Fig. 6 Bacillus mit Geisseln, Vergr. 700, Fig. 7 Zoogloea ramigera, Vergr. 200, Fig. 8 Reihenförmig geordnete Mikrokokken, eine feine Haut auf Wasser bildend, Vergr. 500".

Bruce); 1889 *Clostridium tetani* (Shibasaburo Kitasato); 1889 *Yersinia pestis* (Alexandre Yersin) (Abb. 220).

Einige der vorgenannten Keime waren bereits vor der Isolierung mikroskopisch beobachtet worden, und aus den Beschreibungen läßt sich rückschließen, daß die Forscher tatsächlich den Krankheitserreger gesehen hatten. Der junge, erst 26jährige Otto Obermeier sah 1868/69 im Blut von Rückfallfieberkranken „fadenförmige Gebilde", wagt aber von diesem Befund erst in einem Vortrag 1873 in der Berliner Medizinischen Gesellschaft Kenntnis zu geben. In der vierten seiner fünf „vorläufigen Mitteilungen", am 11. 7. 1873 bekennt sich Obermeier zur Erregernatur der Rückfallfieber-Spirochäten, die er als der *Spirochaeta plicatilis* Ferdinand Cohns nahestehend bezeichnet (sie war allerdings schon 1835 von Ehrenberg beschrieben worden). Er konnte die Studien nicht fortsetzen, denn er starb, erst 30jährig, am 20. 8. 1873 an der Cholera. Obermeier war der erste, der einen Krankheitserreger aus dem lebenden Organismus nachwies und seine Erregernatur erkannte. Die Gonokokken (*Neisseria gonorrhoeae*) wurden 1879 von Albert Neisser (1855–1916), zu dieser Zeit Assistenzarzt an der dermatologischen Klinik in Breslau, mikroskopisch nachgewiesen (gesicherte kulturelle Isolierung 1885 durch Ernst Bumm).

Im gleichen Jahr 1879 beschreibt Albert Neisser auch den Leprabacillus in Präparaten, die er von Armauer Hansen in Bergen erhalten hatte. Letzterer hatte sie schon 1873 gesehen (Hansen 1880), ihnen aber offenbar nicht die Bedeutung als Krankheitserreger zugemessen wie Albert Neisser. Es kam zu einem Prioritätsstreit zwischen beiden, wobei Neisser (1881) geltend machte, Hansen habe wohl die Bakterien gesehen, er aber „diesen Gebilden in der Pathologie ihren berechtigten Platz geschaffen zu haben, da ich es war, der sie zuerst als Bakterien erkannte und der ihre Verbreitung im Körper konstatierte und ausführlich beschrieb …".

Ehe der Typhuserreger 1884 von Georg Gaffky isoliert wurde, hatte ihn Carl Eberth 1880 in histologischen Präparaten von Mesenterialdrüsen dargestellt und in Zeichnungen festgehalten. Danach handelt es sich um Typhusbakterien, nicht dagegen bei den von Edwin Klebs kurz vor Eberth beschriebenen *Bacillus typhosus*. Klebs gebührt jedoch das Verdienst, die Diphtherie-Erreger als erste gesehen zu haben, die er 1883 zutreffend beschreibt. Die Isolierung und der endgültige Beweis ihrer Erregernatur wurde 1874 von Friedrich Loeffler erbracht. – Schließlich sei noch der Koch-Schüler Shibasa-

buro Kitasato (1852–1931) genannt, der 1889 durch Isolierung des Erregers der bereits 1884 von Arthur Nicolaier (1862–1942) bewiesenen infektiösen Natur des *Tetanus* ihre bakteriologische Grundlage gab, dem aber bei der Pest nur der mikroskopische Nachweis gelang (1894), Alexandre Yersin (1894) aber die kulturelle Isolierung. Beide weilten zur gleichen Zeit zu Untersuchungen der Pestepidemie in Hongkong.

21.5.1. Die Entdeckung der Viren

Die Bezeichnung „Virus" (neutrum, nicht wie in den meisten deutschen Massenmedien fälschlich als masculinum gebraucht; **das** Virus, nicht **der** Virus) findet sich mit der Bedeutung als Gift, Schlangengift u. a. bei Virgil (70–19 v. Chr.). Sie zieht sich in dieser Bedeutung durch die Jahrhunderte. Edward Jenner, der Begründer der Pockenschutzimpfung, gebrauchte das Wort schon in unserem heutigen Sinn; er spricht in seiner Schrift, in der er über die erste Impfung mit Vaccinia-Virus und anschließender Challenge-Infektion mit Menschenpockenvirus berichtet (*The Origin of the Vaccine Inoculation*, London 1801) von „The Virus of Cow Pox" und „Vaccine Virus", ohne natürlich deren wahre Natur zu kennen.

Eine Voraussetzung, Viren zu entdecken, war die Einführung bakteriendichter Filter durch Charles Chamberland (1851–1908) im Jahr 1884. Zunächst für die Gewinnung bakterienfreien Trinkwassers gedacht und danach für die Isolierung von Toxinen aus bakterienhaltigen Flüssigkeiten benutzt, suchte man auch bei offensichtlichen Infektionskrankheiten, deren Erreger jedoch nicht nachweisbar waren, nach toxischen Produkten. So suchte auch der junge russische Forscher Dimitri Ivanovski nach der bakteriellen Ursache der Tabak-Mosaik-Krankheit. Die Krankheit ließ sich nicht nur durch papierfiltrierte Pflanzenquetschsäfte auf gesunde Pflanzen übertragen, die Flüssigkeit blieb auch nach Passage durch eine Chamberlandkerze infektiös, wie er 1892 in einem Vortrag vor der St. Petersburger Akademie der Wissenschaften berichtete. Er kam aber zu dem Schluß, daß es sich entweder um ein Toxin handeln müsse oder um kleine Risse in den Filtern, die den vermuteten Bakterien Durchlauf gewährt hätten. Andererseits hatte er als Kontrolle Nährflüssigkeiten filtriert, die über Monate steril blieben.

Ohne Kenntnis der Ivanovskischen Befunde untersuchte Martinus Willem Beijerinck (1851–1931) Tabakpflanzen, die von der Mosaikkrankheit befallen waren. Er stellte 1898 (publiziert 1900) fest, daß die Erkrankung nicht durch Mikroben hervorgerufen wird, sondern durch ein Virus. Zur Trennung eventuell vorhandener Bakterien und des infektiösen Agens benutzte er die Gelfiltration. Die zerriebenen Pflanzenteile wurden auf Agar gebracht, das Agens diffundierte in die Tiefe. Daraus zieht er allerdings einen falschen Schluß. Er schließt eine korpuskuläre Struktur des Virus aus, es sei vielmehr flüssig oder gelöst. Weiterhin stellt er fest, daß das Agens nur bei wachsenden Pflanzen und in sich teilenden Zellen wirksam wird, daß es Trocknung und Kälte übersteht und daß es durch Kochen zerstört wird. BEIJERINCK spricht von einem *Contagium vivum fluidum*.

Im gleichen Jahr 1898 publizieren Friedrich LOEFFLER und Paul FROSCH drei Berichte an den Kultusminister. Es war eine Kommission zur Erforschung der Maul- und Klauenseuche gebildet worden, da diese Seuche verheerend auftrat. Sie fanden, daß sterilfiltrierte Lymphe (= Blaseninhalt) die Erkrankung auslöst und fragen, worin das infektiöse Agens bestehen könnte:

„Für die Erklärung gab es zwei Möglichkeiten: Entweder enthielt die bakterienfrei filtrierte Lymphe ein gelöstes, außerordentlich wirksames Gift, oder aber die bisher noch nicht auffindbaren Erreger der Seuche waren so klein, daß die Poren des Filters, welche die kleinsten bekannten Bakterien zurückhielt, zu passieren imstande waren. Handelte es sich um gelöstes Gift, so mußte dieses von geradezu erstaunlicher Wirkung sein …". Sie berechnen die eventuelle Giftwirkung anhand der Infektionsdosis und ermitteln: „… wir würden zu einem Giftwert der ursprünglichen Lymphe gelangen aus 1 : 2$\frac{1}{2}$ Trillionen. Eine derartige Giftwirkung wäre einfach unglaublich …" (1898, S. 389).

Ein weiteres spricht gegen ein Gift: Tiere, die mit filtrierter Lymphe infiziert wurden, konnten die Krankheit auf gesunde Rinder im gleichen Stall übertragen. LOEFFLER und FROSCH kommen zu dem Schluß (S. 391):

„Es läßt sich deshalb die Annahme nicht von der Hand weisen, daß es sich bei den Wirkungen der Filtrate nicht um die Wirkungen eines gelösten Stoffes handelt, sondern um die Wirkung vermehrungsfähiger Erreger. Diese müßten dann freilich so klein sein, daß sie Poren eines auch die kleinsten Bakterien sicher zurückhaltenden Filters zu passieren vermöchten …".

Sie äußern schließlich noch die Vermutung, wenn es derartige „winzige Lebewesen" gäbe, daß sie dann auch „Erreger zahlreicher anderer Infektionskrankheiten der Menschen und Tiere" sein könnten, „so der Pocken, der Kuhpocken, des Scharlachs, der Masern, des Flecktyphus, der Rinderpest u. s. f. …". Danach stellen sie, im Bericht vom 8. Januar 1898, die auch heute noch für Forscher so aktuelle Forderung: „… um die Untersuchungen fortführen zu können, bittet die Kommission um Bewilligung von Mitteln" (S. 391).

Die erste menschliche Krankheit, deren Natur als virusbedingt erkannt wurde, war das Gelbfieber. Walter REED (1851–1902) wurde mit der Leitung einer Kommission beauftragt, die in Cuba das Gelbfieber studieren sollte. Carlos FINLAY, Havanna, hatte bereits 1881 die Vermutung ausgesprochen, daß Moskitos die Überträger der Erkrankung sind. Zur Aufklärung der Ätiologie wurden Versuche am Menschen durchgeführt, die allerdings im Verlauf der Studie, der Todesfälle wegen, unter starke Kritik kamen. REEDS Mitarbeiter James CARROLL (1854–1907) läßt sich von einem Moskito stechen, der 12 Tage vorher an einem Gelbfieberkranken Blut aufgenommen hatte: Er erkrankt schwer an Gelbfieber. Ein anderes Mitglied der Kommission, Jesse LAZEAR, unterwirft sich dem gleichen Experiment, – er bleibt gesund. Dann aber wird er zufällig von einer infizierten Mücke gestochen und stirbt an Gelbfieber. Die folgenden Probanden werden sorgfältig von Mücken abgeschirmt, so daß sie nicht zufällig von natürlich infizierten Moskitos gestochen werden können. Die für den Versuch benutzten Mücken werden aus Eiern gezogen, man läßt sie an Gelbfieberkranken Blut saugen und danach an den Probanden. Mehrere starben. In sorgsam protokollierten Versuchen wird auch Blut von Gelbfieberkranken übertragen, sowie sterilfiltriertes Serum; ein Teil der Probanden erkrankt. Kurzzeitig auf 55 °C erhitztes Blut erweist sich als nicht infektiös. Sie haben inzwischen, durch William H. WELCH, von den „important observations which have been carried out in late years by LOEFFLER and FROSCH relative to the etiology and prevention of foot- and mouth-disease in cattle …" erfahren und kommen 1901 zu dem Schluß:

„The occurrence of the disease … may be explained in one of two ways, viz., first, upon the supposition that the serum filtrate contains a toxin of considerable potency; or, secondly, that the specific agent of yellow fever is of such minute size as to pass readily through the pores of a Berkefeld filter …". Sie entscheiden sich für ein filtrierbares, korpuskuläres Agens (LECHEVALIER & SOLOTOROVSKY 1965, S. 292; OTTO 1900, S. 161 ff.)

Die Zahl der Erkrankungen, die durch „ultravisible" oder „ultrafiltrierbare Viren" hervorgerufen werden, mehrt sich. ELLERMAN und BANG übertragen 1908 mit sterilfiltrierten Gewebeextrakten die Hühnerleukämie: „Es muß … ein organisiertes Virus sein, daß (!) die Krankheit hervorruft" (S. 608). Peyton ROUS übertrug 1911 einen anderen bösartigen Tumor durch zellfreie Filtrate, ein Hühner-Spindelzellensarkom.

Vor diese Entdeckungen fällt ein anderes bedeutsames Ereignis, die Tollwutschutzimpfung durch Louis PASTEUR. Er beginnt 1880 mit seinen Untersuchungen, indem er Speichel eines an Tollwut verstorbenen Mädchens auf Kaninchen verimpfte. Seit 1804 war bekannt, daß der Speichel tollwütiger Tiere infektiös ist. ZINKE hatte einen entsprechenden Übertragungsversuch gemacht. Die Pasteurschen Tiere verstarben, aber ohne die klinischen Zeichen der Tollwut. Der aus dem Blut der Tiere isolierte Keim konnte jedoch nicht die Ursache sein, da er auch im Speichel gesunder Kaninchen vorhanden war. Eine der bedeutsamen Feststellungen PASTEURS und seiner Mitarbeiter war der Nachweis, daß die Erreger im Nervensystem, vor allem im Gehirn lokalisiert sind. Besonderen Nachdruck auf den Erregernachweis legte PASTEUR nicht, er war um die Entwicklung der (1885 eingeführten) Schutzimpfung bemüht. Immerhin hatte er mit einem, im Mikroskop nicht sichtbaren, Bakterienfilter passierenden und in den üblichen Nährböden nicht kultivierbaren Erreger gearbeitet.

Aufgrund ihrer Kleinheit waren Viren mikroskopisch nicht sichtbar zu machen („invisible Viren"). Reaktionsprodukte der Wirt-Virus-Wechselwirkung wurden dagegen schon frühzeitig beobachtet, von Guiseppe GUARNIERI (1856–1918) im Jahre 1892 bei den Pocken („Guarnierische Einschlußkörperchen", zunächst als Protozoen, *Cytorrhyctes variolae Guarnieri*, gedeutet) und von Adelchi NEGRI (1876–1912) 1903 bei der Tollwut („Negrische Einschlußkörperchen"). *Eine* Virusart erlaubte allerdings den frühzeitigen mikroskopischen Nachweis, das Vacciniavirus. John BUIST beschrieb 1896 in den gefärbten Präparaten der Lymphe kleine Körperchen, die er für Sporen hielt. Albert CALMETTE (1863–1933) und Alphonse François Marie GUÉRIN (1871–1961) sahen 1901 in der Lymphe ebenfalls kleine Körperchen, von denen sie annahmen, daß es sich um „virulent elements" handele, bestätigt 1903 von A. BORELL und 1905 von Stanislaus VON PROWAZEK (1875–1915), der ihre Färbbarkeit mit Giemsa-Lösung nachwies und die bereits 1868 von J.-B. A. CHAVEAU benutzte Bezeichnung „Elementarkörperchen" wieder einführte.

Die umfänglichsten Untersuchungen zu dieser Frage wurden 1906 von Enrique PASCHEN vorgelegt, der sich der Loefflerschen Geißelfärbungsmethode bediente. Er hielt die später als „Paschensche Elementarkörperchen" bezeichneten Partikeln für das infektiöse Agens. Eine bedeutende Verbesserung bei der Lichtmikroskopie war die 1940 von Kurt HERZBERG eingeführte Viktoriablaufärbung. Den endgültigen Beweis, daß dies in der Tat die infektiösen Einheiten sind, erbrachte J. C. G. LEDINGHAM 1931 auf serologischem Weg. Die Elementarkörperchen von Vaccinia oder Geflügelpockenvirus ließen sich durch spezifische Antiseren agglutinieren. Größenbestimmungen von Viren waren, nachdem deren Filtrierbarkeit erkannt war, durch Filter mit bekannten Porengrößen möglich. Die Bechholdschen „Ultrafilter" (1907) wurden durch die 1918 von ZSIGMONDY und BACHMANN gefertigten übertroffen, genormte Porengrößen ließen sich mit den 1931 von ELFORD eingeführten Gradocol-Membranen erreichen, indem die Konzentration des Lösungsmittels (Eisessig) für die Kollodiumlösung variiert wurde. Die Größenbestimmung von Viren wurde durch die Entwicklung der Ultrazentrifuge durch The(odor) SVEDBERG (Nobelpreis 1926) komplettiert. Die hierbei ermittelten Werte stimmten mit den durch Filtration gewonnenen überein. Mit der Entwicklung des Elektronenmikroskops war es dann endlich möglich, Viren sichtbar zu machen. Die erste elektronenmikroskopische Abbildung eines Virus – des Tabakmosaikvirus – wurde 1939 von G. A. KAUSCHE, E. PFANKUCH und H. RUSKA vorgestellt, 1940 folgte die Darstellung von Ruhrbakterien mit Bakteriophagen. Die Negativkontrastierung (negative staining) der Präparate durch S. BRENNER und R. W. HORNE (1959) ergab die Möglichkeit einer noch besseren Strukturdarstellung der Viren (vgl. auch 22.2.6.).

Ein Ereignis wurde bisher übergangen, die Entdeckung von „Bakterienviren", der *Bakteriophagen*. Frederick William TWORT (1877–1950) ging von der Hypothese aus, daß es, wie bei den Bakterien, auch „non-pathogenic filter-passing viruses" geben müsse und daß diese „ultra–microscopic viruses should be more easily cultivated than the pathogenic varieties" (TWORT 1915) (vgl. 22.2.7.). Alle Versuche, derartige Varietäten aus Erde, Gras, Heu, Stroh und Teichwasser zu isolieren, blieben erfolglos, und auch die Injektion dieser Filtrate führte bei Tieren nicht zu einer Infektion. Aus glycerinkonservierter Lymphe wurden dagegen Mikrokokken angezüchtet, die glasige und transparente Kolonien bildeten („glassy transformation"). Die Übertragung geringer Substanzmengen auf eine andere Mikrokokkenkolonie verlieh dieser die glasige Eigenschaft. Junge Kulturen sprachen besser auf die Übertragung an als alte. TWORT spricht in diesem Zusammenhang von einer „disease of the micrococcus". Das lytische Agens war auf andere Keime – *Escherichia coli*, Streptokokken, Tuberkelbakterien, Hefen – nicht übertragbar, war hitzempfindlich und führte bei Versuchstieren und Menschen nicht zu pathologischen Veränderungen. TWORT diskutiert zwei Ursachen: Es könne in den transparenten, glasigen Kolonien ein Enzym vorhanden sein, oder es handele sich um ein „ultra-mikroskopisches Virus". In weiteren Versuchen fand er dann auch eine „dissolving substance" im oberen Darmdrittel, die nur Darmbakterien lysierte.

Die Twortschen Befunde wurden wenig beachtet, viel mehr dagegen die Ergebnisse von Félix Hubertin d'Herelle (1873–1949). Nach Zusatz des Stuhlfiltrates von Patienten in der Ruhrrekonvaleszenz zu Ruhrbakterien wurden die Bakterien lysiert, und zwar nur Shigellen und keine anderen Bakterien (d'Herelle 1917). Mit Filtraten lysierter Keime ließ sich die „invisible microbe" unbegrenzt auf weitere Kulturen übertragen, und er kommt zu dem Schluß: „The antidysenteric microbe is an obligate bacteriophage". Von diesem „Bacteriophagum intestinale", das er 1924 in *Protobios bacteriophagus* umbenannte, von dieser „echten Mikrobe der Immunität", erhoffte man sich ein spezifisches Therapeutikum gegen Darmtraktinfektionen. Dieses Ziel wurde nicht erreicht, aber die Bakteriophagen gewannen Jahrzehnte später enorm an Bedeutung als Experimentalobjekte der Genetik.

Die Twortsche Entdeckung der Bakteriophagen wurde von d'Herelle nie anerkannt, er hielt beide Phänomene für unterschiedlich. Die wissenschaftliche Öffentlichkeit hatte ihn als Entdecker des d'Herelleschen Phänomens gefeiert, besonders wegen der erhofften therapeutischen Anwendung der Bakteriophagen. Nun wurde aus dem d'Herelleschen Phänomen plötzlich ein Twort-d'Herellesches Phänomen. Es war sicher ungeschickt und wurde ihm verübelt, daß d'Herelle die Entdeckung der Bakteriophagen in das Jahr 1910 zurückverlegen wollte. Der englischen Ausgabe (1922) seines 1921 erschienenen Buches fügte er ein eigenes Kapitel über seine Untersuchungen an Heuschrecken in Mexiko an. Diese waren einem Massensterben zum Opfer gefallen, die von ihm isolierten „Coccobacillen" setzte er später in Nordafrika zur biologischen Heuschreckenbekämpfung ein. Bei Kolonien dieser Bakterien habe er, so erinnert er sich fast vierzig Jahre später (d'Herelle 1949), eine Veränderung gesehen:

„This anomaly consisted of clear spots, quite circular, two or three millimeters in diameter, speckling the cultures grown on agar. I concluded ... that something which caused the formation of the clear spots must be so small as to be filterable ..., able to pass a porcelain filter of the Chamberland type". Diese Beobachtungen waren dann angeblich Grundlage für die Ruhruntersuchungen, die zu seiner Entdeckung der Bakteriophagen führte: „I thought the hypothesis put forward for the loccust's illness might be helpful in understanding human dysentery" (Zit. nach Duckworth 1976).

An der Natur der Viren kommen Zweifel auf, als Wendell M. Stanley (Nobelpreis 1946) 1935 mitteilt, aus dem Preßsaft mosaikkranker Tabakpflanzen lasse sich ein kristallisierbares Protein isolieren, das, auf die Pflanze zurückgebracht, sich vermehre und erneut die Pflanzenkrankheit hervorrufe. Außerdem präzipitierte das Protein mit Antiseren gegen Tabakmosaikvirus. Stanley zieht den Schluß:

„Tobacco-mosaic virus is regarded as an autocatalytic protein which, for the present, may be assumed to require the presence of living cells for multiplication".

Wenig später, 1937, stellten F. C. Bawden und N. W. Pirie fest, daß es sich nicht um ein Protein handelt, sondern um Nukleinsäure.

Ein eingehendes Studium der Viren setzt ihre beliebige Vermehrung voraus. Die war zu Beginn der Erforschung von Viruskrankheiten nur im Tier- bzw. Pflanzenversuch möglich. Von S. M. Copeman wurde zwar bereits 1898 auf das embryonierte Hühnerei hingewiesen, aber die Methodik wurde nicht weiterverfolgt, auch nicht durch Peyton Rous in seinen Untersuchungen zur Hühnerleukämie, der das bebrütete Hühnerei nur für diese speziellen Arbeiten einsetzte. Dies änderte sich erst mit den Untersuchungen von Goodpasture et al. (1931) und Woodruff & Goodpasture (1931), die das Geflügelpocken-Virus auf der Chorioallantois-Membran des bebrüteten Hühnereis vermehrten. In der Folgezeit wurde das Hühnerei zur Domäne der Influenzavirus-Forschung.

Explantiertes Gewebe, und zwar Kaninchenhoden, wurden zwar bereits 1925 von Parker und Nye zur Multiplikation von Herpesviren benutzt, aber als Geburtsstunde der in-vitro-Viruskultur gilt das Jahr 1949, als J. F. Enders, T. A. Weller und F. C. Robbins Polioviren in nichtneuralem Gewebe, z. B. in zerkleinertem Affennierengewebe, vermehren konnten. Die jetzt zur Verfügung stehenden Antibiotika ermöglichten erst eine umfangreiche Handhabung von Gewebe- und Zellkulturen. Die kontinuierliche Zell-Linie HeLa (von einem *Cervixcarcinom* der Patientin Helen Lane) wurde 1952 von G. O. Gay, W. D. Coffman und M. T. Kubicek in die Virologie eingeführt, und von J. S. Younger 1954 die Trypsinierung von Zellen, um damit Monolayer-Zellkulturen anlegen zu können. Mit der Massenzüchtung von Viren in bebrüteten Hühnereiern und in Zellkulturen war der Weg für die Herstellung von Virusimpfstoffen geebnet.

21.5.2. Virulenz und Pathogenität der Mikroorganismen

Die Frage nach der Ursache des Todes oder der Erkrankung bei einer bakteriellen Infektion stellte sich schon sehr frühzeitig. Inzwischen wurde eine derartige Vielfalt an zellulären und extrazellulären Virulenzfaktoren entdeckt, daß eine eingehende Darstellung aus historischer Sicht nicht möglich ist.

KLEBS nahm (1872) als Ursache der durch Staphylokokken bedingten Schädigungen chemische Substanzen der Keime an, die „Sepsine". LOEFFLER zeigte in seiner Diphtheriearbeit des Jahres 1884, daß die von ihm isolierten Bakterien am Infektionsort verbleiben, so daß die bei der Diphtherie auftretenden schweren Organveränderungen, die blutigen Ödeme, die serösen Ergüsse in der Pleurahöhle und die Lungenveränderungen eine andere Ursache haben müssen, und er nimmt an, „dass ein an der Impfstelle producirtes Gift in dem Blutstrom circulirt haben muss".

Dies wird einige Jahre später von Emile ROUX und Alexandre YERSIN (1888) bestätigt, die ein tödlich wirkendes Toxin aus Kulturfiltraten von Diphtheriebakterien isolierten. Noch vor der Entdeckung des Tetanusbacillus durch KITASATO arbeitete Ludwig BRIEGER (1849–1919) mit Kulturen, die u. a. auch Tetanusbazillen enthielten, und konnte damit einen Tetanus auslösen. Von BRIEGER (1887) wurde der Begriff „Toxin" für die bakteriellen Gifte eingeführt. Der Nachweis von Toxinen und ihren immunogenen Eigenschaften war die Voraussetzung für die Einführung antitoxischer Schutzimpfungen (s. u.). Neben diesen in das Medium bzw. den Organismus abgegebenen „Exotoxinen" existieren die „Endotoxine", Lipopolysaccharide der Zellwand Gram-negativer Bakterien, die erstmals 1935 von A. BOIVIN und L. MESROBEANU beschrieben und als identisch mit den somatischen O-Antigenen der Bakterien erkannt wurden.

Im Zusammenhang mit den Problemen der Virulenz und Pathogenität muß einer Gruppe von Arbeiten zur *bakteriellen Transformation* gedacht werden, da sie – in der *Rückschau* – die Grundlage für die Entdeckung der DNA-Helix als Träger der genetischen Information bilden (vgl. 22.3.).

Fred GRIFFITH untersuchte 1928 das Phänomen der S (smooth)- und R (rough)-Formen bei Pneumokokken. Unter einer Vielzahl von Experimenten zur Umwandlung von S- und R-Formen und vice versa befand sich auch das entscheidende Experiment. Lebende Pneumokokken des Typ II (damals noch mit römischen Zahlen bezeichnet) wurden in der R-Form zusammen mit hitzeabgetöteten Pneumokokken des Typ I in der S-Form Mäusen injiziert (GRIFFITH ging von der anfänglich angewandten Erhitzung auf 100 °C glücklicherweise ab und tötete die Zellen bei 60 °C, andernfalls wäre der Versuch mißlungen, da Temperaturen über 80 °C die Pneumokokken-DNA zerstören). Aus dem Blut der nach 3 Tagen gestorbenen Mäuse wurden S-Formen des Typ I isoliert! Für dieses Phänomen prägte GRIFFITH die Bezeichnung *Transformation*, die nicht mit dem genetischen Begriff der Transformation identisch ist, GRIFFITH verstand darunter den Wandel von einer Antigenform zur anderen (BROCK 1990). Die Befunde wurden bestätigt, so von dem um die Pneumokokkenforschung verdienten Fritz NEUFELD, zusammen mit Walter LEVINTHAL (1929), sowie von H. A. REIMAN (1929).

Die Griffithschen in-vivo-Transformationen konnten von Martin DAWSON und Richard H. P. SIA 1931 auch in vitro erfolgreich durchgeführt werden, wenn sie dem Nährboden R-Antiserum zusetzten und einige andere Kulturbedingungen erfüllt waren. Ein lösliches transformierendes Agens konnten sie nicht vorlegen, aber zeigen, daß mehrfaches Einfrieren und Auftauen bei hitzegetöteten Pneumokokken ein aktiveres Prinzip für die Transformation lieferte als die nur hitzebehandelten Keime. Mit dem gleichen Frier-Tau-Verfahren und später mit einer Zellyse durch Desoxycholat und Alkoholausfällung kam J. L. ALLOWAY 1932 (in AVERYS Laboratorium) zu einer sehr transformationsaktiven Lösung.

Die Schlüsselarbeit, in der DNA als das transformierende Prinzip beschrieben ist, wurde 1944 von Oswald T. AVERY, Colin M. McLEOD und Maclyn McCARTY vorgelegt: *„Studies on the chemical nature of the substance inducing transformation of pneumococcal types. Induction of transformation by a deoxyribonucleic acid fraction isolated from pneumococcus typ III.* Es war aber noch ein weiter Weg bis zu WATSON und CRICKS Doppelhelix; der Grundstein dazu wurde mit den vorgenannten Untersuchungen gelegt (22.3.).

21.5.3. Streit über die Abwehrmechanismen

Die beiden letzten Dezennien des vergangenen Jahrhunderts waren von den Auseinandersetzungen der Protagonisten der zellulären und der humoralen Immunität geprägt.

Der Zoologe Elias METSCHNIKOFF (1845–1916)

beobachtete, in Fortsetzung seiner Untersuchungen über intrazelluläre Verdauung bei *Coelenteraten*, daß sich die in *Echinodermen* (Seesterne) eingebrachten Karminkörperchen in Mesodermzellen ansammeln (1882, 1883).

Diese Beobachtung verknüpfte er mit der Frage, ob die beweglichen Zellen „auch den Organismus bei seinem Kampfe gegen schädliche Eindringlinge schützen." Es folgt das bekannte Experiment mit dem in einen Seestern gestochenen Rosendorn. Der Versuch glückte, die beweglichen Zellen sammelten sich um den Dorn, und damit war, wie METSCHNIKOFF schreibt, das Fundament für seine Phagozytoselehre gelegt, die ihn die folgenden 25 Jahre seines Lebens bewegte (1908). Der phantasievolle und weitschauende Russe brachte diese Beobachtung, ohne je Versuche mit Bakterien angestellt zu haben, in einen größeren Zusammenhang. Er nimmt an, daß die bakterielle Entzündung ein Heilungsvorgang des Körpers sei, ein Abwehrmechanismus, indem die Bakterien von den an den Infektionsort wandernden Zellen „aufgefressen" werden. VIRCHOW (1885) akzeptiert diese Theorie, die sich mit seinen Vorstellungen zur Zellularpathologie deckt. Wie in den meisten Fällen, so gibt es auch bei der Phagozytoselehre METSCHNIKOFFS Vorläufer. Hier ist es vor allem J. MUELLENDORF, der 1879, wie andere vor ihm, sah, daß *Borrelien* des Rückfallfiebers von weißen Blutkörperchen aufgenommen werden (MUELLENDORF 1879). Auf Vorschlag des Wiener Zoologen Carl CLAUS wird für den von METSCHNIKOFF gebrauchten Ausdruck „Freßzellen" der Begriff „Phagozyten" geprägt. Die Phagozytenlehre stellt METSCHNIKOFF 1883 in einem Vortrag: *Über die Heilkräfte des Organismus* auf dem 7. Russischen Kongreß der Naturforscher und Ärzte in Odessa vor, Beweise dafür erbringt er erst später, und zwar an Daphnien, die mit Sproßpilzen (*Monospora bicuspidata*) befallen sind. Gelangen die nadelförmigen Sporen in die Darmwand, werden sie sofort phagozytiert. Für den Fall, daß sämtliche Sporen auf diese Weise vernichtet werden, überlebt der Wasserfloh, andernfalls erliegt er der Infektion (einer „mörderischen Septikämie", wie METSCHNIKOFF 1884 schreibt).

Die Versuche wurden an höheren Tieren und Milzbrandinfektionen fortgesetzt, die Phagozytoselehre wird von Louis PASTEUR und John LISTER unterstützt, von Robert KOCH dagegen sehr zurückhaltend beurteilt. In einer Arbeit aus dem Jahr 1887 unterscheidet METSCHNIKOFF zwei Arten von Phagozyten, die „Makrophagen" und die „Mikrophagen", den heutigen Begriffen der *Makrophagen* und der polymorphkernigen *Granulozyten* entsprechend.

Der Schule der Phagozytenlehre stand die, vor allem von deutscher Seite vertretene, humorale Immunität gegenüber.

Emil VON BEHRING (1854–1917) hatte, nach Voruntersuchungen mit Jodoform, 1888 festgestellt, daß das Serum der für Milzbrand hochempfindlichen Meerschweinchen das Wachstum von *Bacillus anthracis* nicht behindert, das Serum milzbrandresistenter Ratten dagegen kein Wachstum zuläßt. In einer Arbeit mit F. NISSEN (1890) kommt er zu dem Schluß,

daß die „Widerstandsfähigkeit gegen die Infektion mit Milzbrandvirus unabhängig von der Thätigkeit der lebenden Zellen (im Sinne METSCHNIKOFFS) sei, und dann dieselbe durch die Anwesenheit solcher antiseptisch wirksamer Körper bedingt werde, die auch außerhalb des Gefäßsystems sich in der Blutflüssigkeit erhalten und in das zellenfreie Blutserum übergehen".

Immunseren von Meerschweinchen, die mit *Vibrio metschnikovii* [*V. cholerae* Biotyp *proteus*] immunisiert waren, töteten in vitro diese Keime, nicht aber das Normalserum dieser Tiere. Auch andere Keime, etwa Milzbrandbazillen, werden durch das Vibrionen-Immunserum nicht beeinflußt.

Mit diesem Nachweis der Spezifität wird die Ansicht von Hans BUCHNER (1889, 1890) widerlegt, der eine allgemeine, unspezifische bakterizide Aktivität des Serums annahm. Die Spezifität der Immunität gegen verschiedene Vibrionen hatte Richard PFEIFFER bereits 1889 festgestellt (in seinem berühmten „Pfeifferschen Versuch"). Immunisierung gegen Choleravibrionen schützt nur gegen diese, nicht aber gegen andere Vibrionen.

Das Ergebnis der Zusammenarbeit von BEHRING und KITASATO in KOCHS Institut bildet die Grundlage der Lehre von der humoralen Immunität und für die „Blutserumtherapie". In der gemeinsamen Publikation von 1890 *Ueber das Zustandekommen der Diphtherie-Immunität und der Tetanus-Immunität bei Thieren* äußern sie sich auch zum Mechanismus der Immunität:

„Die Immunität von Kaninchen und Mäusen, die gegen Tetanus immunisiert sind, beruht auf der Fähigkeit der zellenfreien Blutflüssigkeit, die toxischen Substanzen, welche die Tetanusbacillen produzieren, unschädlich zu machen."

In dieser Arbeit findet sich, in einer Fußnote, erstmals das Wort „Antitoxin", das sich sofort einbürgerte.

Die erste Behandlung eines Menschen mit Diphtherie-Antitoxin vom Schaf wurde im Dezember 1891 vorgenommen. Der weitere Ausbau erfolgte vor allem in der Zusammenarbeit mit Paul EHRLICH, der die „Wertbemessung" der Heilseren quantifizierte und damit standardisierbar machte.

Allgemeine Anerkennung wurde der Diphtherie-Heilserumbehandlung durch Emile ROUX geschaffen, der auf dem Internationalen Hygiene-Kongreß 1894 in Budapest überzeugende Erfolgszahlen vorlegen konnte, die mit seinem erstmals in Pferden erzeugten Antiserum erhalten wurden.

Die Brücke zwischen den zueinander in schroffem Gegensatz stehenden Lehren von der humoralen und der zellulären Immunität wurde von zwei Arbeiten der Belgier DENYS & LECLEF bzw. DENYS & MARCHAND 1895/96 geschlagen. Die Arbeiten blieben wegen der Publikationsorte (den Sitzungsberichten der Belgischen Medizinischen Akademie) und wegen der Ablehnung METSCHNIKOFFS, der sie natürlich kannte, weitgehend unbeachtet. Die Autoren führten die Phagozytoseversuche in vitro durch und fanden phagozytosefördernde Substanzen. Erst Almroth WRIGHT und S. R. DOUGLAS (1903, 1904) beendeten diesen Streit. Die von ihnen im Serum nachgewiesenen, phagozytosefördernden, thermolabilen Stoffe wurden als *Opsonine* bezeichnet, Antikörper, welche nach Anheftung an die Bakterien die Phagozytose durch Granulozyten fördern. Die Hoffnung WRIGHTS, aus dem Quotienten der Zahl phagozytierter Bakterien bei Zusatz von Normalserum bzw. Patientenserum (opsonic index) prognostische und diagnostische Aussagen machen zu können, hat sich zwar nicht erfüllt, aber der Widerspruch humorale/zelluläre Immunität löste sich auf, und vorher gemachte Beobachtungen über lytische Substanzen im Blut fanden ihre Erklärung. BUCHNER zeigte 1893, daß die (unspezifische) bakterizide Eigenschaft des Serums durch Erhitzen auf 56 °C verlorengeht. Damit war der heute noch übliche Begriff der „Inaktivierung" von Serum geschaffen. Die nach BUCHNERS Meinung dafür verantwortlichen Stoffe nannte er *Alexine*.

Es folgte der schon genannte Pfeiffersche Versuche, und METSCHNIKOFF zeigte 1895, daß eine Choleravibrionenlyse in vitro mit inaktiviertem Choleraantiserum möglich ist, sofern frisches Peritonealexsudat von Meerschweinchen zugesetzt wird. Der in seinem Labor arbeitende Jules BORDET ersetzte, im gleichen Jahr, das Peritonealexsudat durch frisches, natives Serum. Er war es auch, der die Untersuchungen auf Erythrozyten ausdehnte und nachwies, daß auch rote Blutkörperchen lysiert werden, wenn sie mit dem in einer anderen Spezies erzeugten Antiserum vermischt werden. Voraussetzung war wieder das Vorhandensein einer hitzestabilen Substanz, der „substance sensibilitrice", und einer hitzelabilen Komponente, die er nach BUCHNER als „Alexin" bezeichnete.

EHRLICH und MORGENROTH (1899, 1900) bauten diese Untersuchungen aus, die hitzelabile Komponente wurde zunächst als „Additiv", später als *Komplement* bezeichnet, die hitzestabile Komponente der Antikörper als *Ambozeptor*. Die Kenntnisse über hämolysierende und bakteriolytische Substanzen wurden 1901 von BORDET und GENGOU zu einer neuen Reaktion ausgenutzt, der *Komplementbindungsreaktion*, die ihre bekannteste Anwendung zur Jahrhundertwende (WASSERMANN et al. 1906) in der Wassermannschen Reaktion zur Syphilisdiagnostik fand. Bereits vorher waren zwei für die mikrobiologische Diagnostik wichtige Reaktionen beschrieben worden, die *Agglutination* von Bakterien durch Herbert DURHAM, der 1894/95 in Max VON GRUBERS Laboratorium arbeitete. Er fand, daß Bakterien durch spezifische Antikörper agglutiniert werden und daß umgekehrt ein Serum durch Zusatz bekannter Bakterien auf seinen eventuellen Antikörpergehalt untersucht werden kann (GRUBER 1896; GRUBER & DURHAM 1896; DURHAM 1896). Die Versuche wurden erst 1896 publiziert, zur gleichen Zeit, als auch Fernand WIDAL (1896) ein derartiges Testsystem publizierte. Seit dieser Zeit spricht man von einer Widal- oder Gruber-Widal-Reaktion (zum Prioritätsstreit, der auch Richard PFEIFFER und andere einschloß, s. MOCHMANN & KÖHLER 1989). Die Fähigkeit gelöster Antigene, mit dem spezifischen Antikörper zu *präzipitieren*, wurde 1897 von Rudolf KRAUS erkannt. Sie findet heute in der in verschiedenen Formen angewandten Agargelpräzipitation eine breite Anwendung, wovon die bekannteste die 1948 von Örjan OUCHTERLONY angegebene Doppeldiffusionsmethode („Ouchterlony-Test") ist.

Zum Verständnis der Antikörperbildung und der Antigen-Antikörper-Reaktionen gab die „Seitenkettentheorie" Paul EHRLICHS wesentliche Impulse. Bereits in seiner Arbeit (und späteren Habilitationsschrift) von 1885: „Das Sauerstoffbedürfnis des Organismus" fällt der Ausdruck „Seitenkette", die in ihrer einfachsten Form als Bindungsorte für Nahrungsstoffe („Nutrizeptoren") angesehen wird.

Derartige Seitenketten (später von ihm als *Rezeptoren* benannt) nahm EHRLICH auch für die Bindung von Toxinen an:

„Ist … diese Bindung eingetreten, so ist die Seitenkette … physiologisch ausgeschaltet, und wird der Defekt … durch eine Neubildung derselben Gruppe ersetzt werden." … „Im Verlauf des typischen Immunisierungsverfahrens wird die Zelle sozusagen trainiert, die betreffende Seitenkette in immer ausgedehnterem Maße zu erzeugen. Bei derartigen Regenerationsvorgängen ist nicht die Kompensation, sondern eine Überkompensation die Regel und es wird bei den gewaltigen Steigerungen der Giftdosen endlich zu einem Punkte kommen müssen, an welchem ein solcher Überschuß von Seitenketten produziert wird, daß dieselben … als unnützer Ballast nach Art eines Exkretes an das Blut abgegeben werden. Es stellen nach dieser Auffassung die Antikörper die übermäßig erzeugten und daher abgestoßenen Seitenketten das Zellplasma dar" (EHRLICH 1885).

Diese *Hypothese der Antikörperbildung* ist, wenn auch auf molekularer Ebene weiter ausgebaut, noch heute gültig. Die sich zwischenzeitlich großer Aufmerksamkeit erfreuende Instruktions- oder Matrizentheorie von Linus PAULING (1940, mit Vorläufern wie z. B. Felix HAUROWITZ, 1930) ging von der Annahme aus, daß das Antigen in der Zelle eine Matrize für den sich bildenden Antikörper sei, wobei ein universelles Immunoprotein in Gegenwart des Antigens als Matrize (template) strukturell zu dem spezifischen Antikörper umgeformt werde. Dieses Konzept hatte nicht lange Bestand, es wurde 1949 von Frank MACFARLANE BURNET und Frank FENNER durch eine modifizierte, indirekte Matrizen (Template)-Theorie abgelöst.

Niels JERNE vertritt 1955 wieder eine reine Selektionstheorie, die der Ehrlichschen Seitenkettentheorie nahesteht. Danach wird angenommen, daß sämtliche Immunglobuline präformiert (constitutive) sind und sich mit eingeführtem Antigen verbinden. Die entstehenden Immunkomplexe werden von Makrophagen aufgenommen, in diesen wird das Antigen entfernt, die strukturelle Information des Antikörpers wird auf eine unbekannte Weise Lymphoidzellen angeboten, die ihn dann in Masse produzieren. BURNET geht einen anderen Weg, er nimmt im Gegensatz zu JERNE an, daß nicht natürliche Antikörper mit dem Antigen reagieren, sondern Zellen selektiert werden, Klone spezieller immunkompetenter Zellen. Die *Clonal Selection Theory of Acquired Immunity* wird 1959 vorgestellt (Nobelpreis 1960). Diese Theorie setzt auch voraus, daß während des embryonalen Lebens durch somatische Mutationen die Antigenrezeptoren der Zellen selektiert werden und daß Zellen, die Rezeptoren für körpereigene Antigene (*self-antigens*) besitzen, eliminiert werden. Bereits EHRLICH hatte auf den „Horror autotoxicus" hingewiesen, wonach keine Antikörper gegen körpereigene Antigene gebildet werden. Um das für die Antikörperbildung erforderliche Wechselspiel zwischen B- und T-Lymphozyten zu beschreiben, wird von JERNE 1974 eine komplizierte Theorie aufgestellt, die *Netzwerktheorie* des Immunsystems (Nobelpreis 1984).
Die Entwicklung der Konzeption der zellulären Immunität, soweit sie die mit der Phagozytose

verbundenen Phänomene betrifft, war das Ergebnis einer Beobachtung aus einem der Immunologie fernstehenden Gebiet; der Genialität METSCHNIKOFFS ist es zu verdanken, daß er hierauf sofort, wenn auch noch spekulativ, eine Theorie der Keimabwehr und -vernichtung aufbaute. Die Idee der humoralen Immunität, auch wenn sie ihren „Meilenstein" in der Schlüsselarbeit von BEHRING und KITASATO hat, baute dagegen auf vielfältigen vorangehenden Untersuchungen und Ergebnissen auf.

21.5.4. Entwicklung von Schutzmaßnahmen

Schutzimpfungen

Die älteste der bekannten Schutzimpfungen ist die Variolation, die Impfung mit Menschenpockensekret zum Schutz gegen Pockenerkrankungen. Sie wird erstmals um das Jahr 1000 n. Chr. in China erwähnt, in Indien scheint sie mindestens ebensolange in Anwendung gewesen zu sein. Bei einer Pockensterblichkeit von 20–30% starben von den Variolisierten nur mehr 0,5–2%. Zur umfangreicheren Anwendung kam die Variolation in Europa durch Lady Mary Wortley MONTAGU, die Frau des englischen Gesandten bei der Hohen Pforte in Konstantinopel, die das Verfahren 1721 nach England brachte, wo die Variolation allerdings schon bekannt war. Die Impfung von Kindern des Königshauses, nachdem Lady MONTAGU ihr eigenes Kind hatte variolisieren lassen, brachte dem Verfahren eine breite Publizität.
Die Variolation wurde durch die Vakzination, die ungefährliche Impfung mit Kuhpockenvirus durch Edward JENNER, ab 1798 abgelöst (s. o.).
Um die erste aktive Schutzimpfung ist eine Legende gewoben (BIBEL 1988), erfunden im Jahr nach dem Tode Louis PASTEURS durch seinen Nachfolger als Direktor des Pasteur-Instituts Émile DUCLAUX. Danach soll PASTEUR, der bei der Geflügelcholera (*fowl cholera*) als Erreger die *Pasteurella multocida* isolierte, im Sommer 1879 die Kulturen im Laboratorium aufbewahrt haben und mit seiner Familie in Urlaub gefahren sein. Nach seiner Rückkehr impfte er Hühner mit diesen Kulturen, die vordem so virulent waren und – die Tiere blieben gesund. Nach Isolierung eines neuen virulenten Stammes führte dieser wieder zur Septikämie und zum Tod der Tiere. Die vordem aber mit den über längere Zeit aufbewahrten Stämmen geimpften Tiere blieben nach Infektion mit dem virulenten Stamm gesund. Die *Attenuierung* (dies Wort gebraucht PASTEUR 1880 a) wäre also ein purer Zu-

fallsbefund gewesen. Der tatsächliche Ablauf war ein anderer, wie die 1979 von der Familie Pasteurs freigegebenen Tagebücher beweisen. Während dieser genannten Urlaubszeit hatte Émile Roux die Versuche fortgesetzt, und er kam durch eine Ansäuerung der Bouillon und Einleitung von Sauerstoff zu den virulenzgeminderten Kulturen.

Pasteur erwähnt Roux in seiner Publikation von 1880 (b) mit keinem Wort, ebensowenig bei der Entwicklung des Tollwutimpfstoffs (s. o.), bei dem die Methode der Rückenmarktrocknung gleichfalls von Roux entwickelt wurde. Pasteur nahm an, daß sich die Virulenz eines Bakteriums, geprägt von den Umweltbedingungen, langsam ändere. Das ist sicher falsch; die *Attenuierung* erfolgt durch Selektion und Anreicherung der in einer Kultur vorhandenen weniger virulenten Einzelkeime, die neben den hochvirulenten existieren, gefördert durch spezielle Umweltbedingungen. Diese nutzten Pasteur, Chamberland & Roux (1881 a, b) bei ihren Milzbrandimmunisierungen aus, wobei die Keime durch Züchtung bei 44 °C attenuiert wurden.

Bei den Immunisierungen gegen Geflügelcholera prägte Pasteur nicht nur den Begriff *Attenuierung*, er verallgemeinerte auch die Jennersche *Vakzination* auf alle aktiven Impfverfahren.

Die Anwendung des ersten Totimpfstoffes mit hitzegetöteten *Salmonella choleraesuis* beruht auf einem wissenschaftlichen Irrtum.

Theobald Smith (1859–1934) ging von der Annahme aus, die *hog-cholera* oder *swine plaque* werde durch ein von den Bakterien abgesondertes „poisonous principle" verursacht. Zur Immunisierung wurden Tauben mehrfach hitzebehandelte Kulturen (10 min bei 58 °C) injiziert. Sie blieben nach der Infektion mit virulenten Keimen gesund.

„This experiment pointed evidently to an immunity obtained from the chemical products of the bacterium of swine plaque" (Salmon & Smith 1886).

Aus der Arbeit ist kein Versuch zu entnehmen, der mit einer bakterienfreien Kulturflüssigkeit gemacht wurde und der erst eine Rechtfertigung für die Behauptung gegeben hätte, daß es sich um eine Immunität gegen ein giftiges Stoffwechselprodukt der Bakterien handelt. Die Arbeit *On a new method of producing immunity from contagious diseases* erschien 1886 unter den Namen von Daniel E. Salmon (1850–1914) und Theobald Smith. Salmon hatte nicht den geringsten Anteil an diesen Untersuchungen, er war nur der Chef des *Bureau of Animal Industry* und zu dieser Zeit Theobald Smiths Chef. Daß

er seinen Namen an erste Stelle setzen ließ, ist schon ungewöhnlich. Die Arbeit, in der über die Isolierung von *Salmonella choleraesuis* berichtet wurde, erschien anonym, sie wurde Salmon zugeschrieben, aber es gilt jetzt als ziemlich sicher, daß Theobald Smith der Verfasser war (Anonymus 1886). So ist die Vergabe des Gattungsnamens *Salmonella* durch Joseph Lignières (1868–1933) aus dem Jahr 1900 ungerechtfertigt, aber nomenklatorisch valid.

Zielgerichtet wurde dagegen von Almroth E. Wright und David Semple 1897 ein hitzeabgetöteter *Salmonella typhi*-Impfstoff zur Typhusimmunisierung entwickelt.

Die antitoxische Immunität war 1890 durch Behring und Kitasato (s. o.) bei Diphtherie und Tetanus entdeckt worden, die aktive Immunisierung des Menschen gegen Diphtherie begann Behring in größerem Umfang 1913, wobei er Toxin-Antitoxin-Gemische mit einem leichten Toxinüberschuß, der „Giftspitze", zur Immunisierung verwendete. Mit den von Ehrlich 1897 beschriebenen, durch Schwefelkohlenstoffbehandlung „entgifteten Toxinen", den *Toxoiden*, konnte sich Behring nicht anfreunden. Zur Routine wurden Toxoidimpfstoffe, nachdem Ramon 1923/25 die Toxoid-Entstehung durch Formalinzusatz propagierte (er sprach nicht von Toxoiden, sondern von *Anatoxin*), die für Tetanustoxin allerdings schon 1908 von Löwenstein, für Diphtherietoxin 1921 von Glenny und Südmersen beschrieben wurde.

Auf Ehrlich geht auch die Unterscheidung zwischen *aktiver* und *passiver Immunität* zurück, die er 1892 explizit beschreibt.

Zu diesen attenuierten, abgetöteten oder Toxoidimpfstoffen traten in den letzten Dezennien noch Impfstoffe, die nur mehr Teile des Erregers enthielten, wie z. B. die Pneumokokkenschutzimpfung, mit deren Kapselpolysacchariden oder gentechnisch hergestellte Impfstoffe, z. B. die erste für Menschen zugelassene derartige Vakzine gegen das Hepatitis-B-Virus. Den letztgenannten ist, wenn nicht Unvernunft sie verhindern, eine große Zukunft vorauszusagen.

Chemotherapie

Die empirische Anwendung antibakteriell und antiprotozoär wirkender Substanzen reicht um Jahrhunderte zurück. In Südamerika wurden die Chinchona-Rinde zur Behandlung von Fieber (Malaria) und die Ipecacuana-Wurzel zur Therapie von Darminfektionen benutzt. Die wirksamen Substanzen, das *Chinin* als plasmodienwirksames Mittel und das amöbizide *Emetin*,

wurden 1820 bzw. 1817 von Pierre-Joseph PEL-
LETIER und J.-B. CAVENTOU isoliert und chemisch
definiert, ohne daß ihnen die Wirkungsweise
und Wirkungsbreite bekannt war. Die Erreger
der Krankheiten waren noch unbekannt. Bekannt ist auch die Anwendung von Quecksilber-
salz-Schmierkuren zur Syphilisbehandlung. Das
Konzept der gezielten chemotherapeutischen
Beeinflussung von Mikroorganismen geht auf
Paul EHRLICH zurück, der 1906 auch die Bezeichnung *Chemotherapie* prägte. Das Schlüsselerlebnis EHRLICHS fällt noch in seine Studenten-
zeit, als ihm ein Buch von Emil HEUBEL
Pathogenese und Symptome der Bleivergiftung
(1871) in die Hände kam. Darin wird die These
aufgestellt, daß bei einer experimentellen Bleivergiftung die am stärksten betroffenen Organe
auch in vitro aus einer Bleilösung größere Mengen des Metalls aufnehmen. In der Rückschau,
bei der Eröffnung seines neuen Instituts, des
Georg-Speyer-Hauses in Frankfurt, bei der auch
das Wort Chemotherapie erstmals genannt wurde, sagt EHRLICH, daß ihm bei der Lektüre des
Heubnerschen Buchs der Gedanke an eine selektive Bindung, an eine selektive „Verankerung" gekommen sei.
Wegen der Schwierigkeit des Bleinachweises begann er mit Farbstoffbindungsstudien. In diesen
Farbstoffstudien, niedergelegt in seiner Dissertation von 1878, ist bereits der Weg vorgezeichnet, der zur *Chemotherapie* führte. In dem gemeinsam mit HATA publizierten Buch faßt
EHRLICH seine Vorstellungen von der Chemotherapie nochmals zusammen:

„… für eine chemische Bekämpfung der Mikroorganismen [ist] maßgebend: ‚Corpora non agunt nisi fixa-
ta'. Auf den speziellen Fall angewandt [soll] dies heißen, daß Parasiten nur von solchen Stoffen abgetötet
werden können, zu denen sie eine gewisse Verwandtschaft haben, dank deren sie von den Bakterien verankert werden. Solche Stoffe bezeichne ich als parasitotrop. Nun sind alle Substanzen, die zur Abtötung der
Parasiten dienen, auch Gifte, das heißt, sie haben
auch Verwandtschaft zu lebenswichtigen Organen,
sind also gleichzeitig auch organotrop … [es können]
nur solche Substanzen praktisch als Heilstoffe Verwendung finden …, in denen Organotropie und Para-
sitotropie in einem richtigen Verhältnis stehen. Das,
was die Serumtherapie auszeichnet, beruht darin, daß
die Schutzstoffe Produkte des Organismus sind, und
daß sie rein parasitotrop, nicht aber organotrop wirken. Es handelt sich also hier sozusagen um Zauberkugeln, die nur auf den körperfremden Schädling gerichtet sind …" (EHRLICH & HATA 1910).

Das Konzept der Rezeptoren, das er bei der
Aufstellung der Seitenkettentheorie entwickelte,
wird auch bei der Chemotherapie wirksam. Die
chemotherapeutischen Arbeiten waren erstmals

1904 mit Trypanrot erfolgreich; gemeinsam mit
Kiyoshi SHIGA konnte er Trypanosomeninfektio-
nen beeinflussen. Vorangehende Untersuchungen (1902) mit der 1863 von Antoine BÉCHAMP
(1816–1908) synthetisierten Arsenverbindung
Atoxyl waren erfolglos geblieben, EHRLICH und
SHIGA hatten einen arsenresistenten Trypanoso-
menstamm benutzt. Die Überprüfung des Ato-
xyls durch H. W. THOMAS und A. BREINL (1905)
ergab eine Wirksamkeit und lenkten EHRLICHS
Interesse wieder verstärkt auf die „Arsenika-
lien". Es wurden mehrere Hundert Arsenver-
bindungen synthetisiert und das Präparat 606,
das spätere *Salvarsan*, erwies sich als wirksam
bei der Hühnerspirillose und bei Rückfallfieber.
Am 8. Juni 1909 werden die Versuche mit Sahachiro HATA (1873–1938) an Kaninchen mit sy-
philitischer Keratitis begonnen, und als sie erfolgreich sind, mit Kaninchen fortgesetzt, die
syphilitische Hodengeschwüre hatten. Die
Krankheit wurde zuverlässig geheilt. Bereits
1910 wird die Großproduktion des *Salvarsans*
aufgenommen. In den großen pharmazeutischen
Fabriken wurde nach weiteren Substanzen gesucht (1916–1934), die aber nur gegen Protozo-
en und Helminthen wirksam waren: Antimon-
präparate (*Fuadin* u. a.), *Plasmochin, Resochin*
(Chloroquine) oder Harnstoffderivate wie das
Germanin (Suramine, Bayer 205).
Von der I. G. Farbenindustrie Wuppertal-Elberfeld wurde 1927 eigens ein Laboratorium zur
Testung der antibakteriellen Wirksamkeit der
im Werk anfallenden Substanzen eingerichtet
und Gerhard DOMAGK zu dessen Leiter bestellt.
Neben anderen wurden auch Textilfarbstoffe
isoliert, und DOMAGK fand, daß Azofarbstoffen
mit Sulphonamidgruppen, die bereits 1910 von
HÖRLEIN synthetisiert wurden, eine gewisse an-
tibakterielle Aktivität zukommt. Es wurden
neue Präparate dieser Art synthetisiert, und
das am 25. 12. 1932 patentierte 4-sulphamido-
2,4-diaminoazobenzol (*Prontosil*) erwies sich als
äußerst wirksam bei der Streptokokkeninfek-
tion der Maus. Eine neue Ära der Chemotherapie war damit eingeleitet, die der *antibakteriellen Chemotherapie*. Die Publikation der
Tierversuche und die ersten klinischen Ergebnisse erfolgten erst im Februar 1935 (DOMAGK
1935). Nur neun Monate später gaben
J. TRÉFOUËL et al. bekannt, daß nicht die chro-
mophore Gruppe, sondern die (nicht patentfä-
hige) farblose Sulphonamidgruppe Träger der
antibakteriellen Wirksamkeit ist. Der Wirkungsmechanismus der *Sulfonamide* wurde erst
1940 durch D. D. WOODS aufgeklärt, der nachwies, daß Sulfonamide mit dem für zahlreiche
Bakterien essentiellen Wachstumsfaktor para-
Aminobenzoesäure kompetieren.

Antibiotika

Der Entdeckung des Penicillins, des ersten in großem Umfang eingesetzten Antibiotikums, gingen am Ende des vergangenen Jahrhunderts Beobachtungen voraus, die in der Retrospektive erkennen lassen, daß die antibiotische Aktivität von Pilzen und Bakterien auch schon vor FLEMINGS Entdeckung bekannt war. William ROBERTS aus Manchester berichtete 1874, daß Medien, die mit *Penicillium glaucum* kontaminiert waren, meist kein Bakterienwachstum aufkommen ließen. Ein gleiches wurde zwei Jahre später von dem um die Aufklärung der *generatio spontanea* verdienten John TYNDALL berichtet (s. 21.3.). PASTEUR und J. F. JOUBERT fanden 1887, daß die gleichzeitige Injektion von Milzbrandbazillen und anderen Bakterien die Infektion nicht angehen ließ, und PASTEUR äußerte sich hoffnungsvoll, daraus ein therapeutisches Prinzip zu entwickeln.

Der Befund von GARRÉ (1887), daß *Pseudomonas aeruginosa* (*Bacterium pyocyaneum*) eine diffusible, das Wachstum anderer Keime verhindernde Substanz bildete, die R. EMMERICH und O. LÖW 1899 als *Pyocyanase* benannten, führte zu einer großen Zahl von Veröffentlichungen und endete in der kommerziellen Produktion eines für die lokale Behandlung bestimmten Dermatikums, das in abgewandelter Form noch heute als *Pyolysin*® im Handel ist.

Am Beginn der „Antibiotikaära" stehen ein Zufallsbefund und die Aufmerksamkeit eines Forschers für neue Phänomene, die nicht in Zusammenhang mit seiner aktuellen Arbeit stehen. Im Anschluß an seine Arbeiten mit dem von ihm entdeckten *Lysozym* untersuchte FLEMING die Koloniemorphologie von Staphylokokken und entdeckte als „Nebenprodukt", daß im Umkreis einer (kontaminierenden) Pilzkolonie das Wachstum der Staphylokokken ausgeblieben war. Eine Abimpfung des Pilzes brachte das gleiche Ergebnis, mit der von V. BABES und A. V. CORNIL 1885 beschriebenen Kreuzstrich-Methode (*cross streak method*) wurde die bakterienhemmende Wirkung des *Penicilliums* auch bei anderen Bakterien festgestellt, und das zellfreie Kulturfiltrat hemmte in mehrhundertfacher Verdünnung das Wachstum pathogener Keime. Das Filtrat war für Tiere und die menschliche *Conjunctiva* atoxisch. Eine Isolierung gelang nicht, und FLEMING präsentierte 1929 seine im September 1928 gemachten Beobachtungen und benannte das bakterienhemmende Agens *Penicillin*. Bei der Suche nach antibakteriell wirksamen Stoffen wählte Howard FLOREY in Oxford das *Penicillin* als eine interessant scheinende Substanz aus (1938), und in seinem Institut waren nicht nur gut ausgestattete Laboratorien verfügbar, er konnte auch auf die Mitarbeit des Chemikers Ernest CHAIN vertrauen. Im Mai 1940 war eine genügende Menge gereinigtes *Penicillin* verfügbar, um Tierversuche anzustellen, die eine hervorragende Wirkung des Antibiotikums bei Infektionen mit Gram-positiven Keimen ergaben (CHAIN et al. 1940). Mangels genügender Mengen von *Penicillin* wurde der Tod eines jungen, an Septikämie erkrankten Mannes 1941 zwar hinausgezögert, aber nicht aufgehalten. An der Wirksamkeit des *Penicillins* bestand jedoch kein Zweifel, und der inzwischen begonnene Krieg brachte neue Herausforderungen. In Großbritannien waren die Bedingungen nicht gegeben, FLOREYS Team wurde in die USA ausgeflogen, und 1943 wurde mit der Großproduktion begonnen. Die Massenzüchtung von Schimmelpilzen mußte erforscht und ingenieurtechnisch gelöst, die Pilze zum Submerswachstum und zu höherer Leistung gebracht werden.

Diese Probleme wurden gelöst. In Europa war die Penicillinforschung nicht unbeachtet geblieben. Im Mikrobiologischen Laboratorium der Glaswerke Schott & Gen. in Jena wurde 1942 von Hans KNÖLL *Penicillin* hergestellt, ein penicillinhaltiges Puder im Ambulatorium des Werkes erprobt. Auch in der Firma Hoechst wurde zu dieser Zeit *Penicillin* hergestellt. FLOREY, CHAIN und FLEMING erhielten 1945 den Nobelpreis. Der nächste Nobelpreis für ein Antibiotikum ging 1952 an Selman A. WAKSMAN. Als Bodenmikrobiologe hatte er bereits antibiotisch aktive, aber für den Makroorganismus zu toxische Substanzen isoliert: *Actinomycin* und *Streptothricin*. Der große Wurf kam 1944, als Albert SCHATZ, Elisabeth BUGIE und WAKSMAN das *Streptomycin* entdeckten, das eine Ergänzung zum *Penicillin* war und nicht nur zusätzlich Gram-negative Bakterien erfaßte, sondern auch Tuberkelbakterien. Weitere Antibiotika kamen in rascher Folge: Chloramphenicol 1947, Chlortetracyclin 1948, Neomycin 1949, Oxytetracyclin 1950, Tetracyclin 1953. Halbsynthetische Penicilline wurden nach der Synthese der 6-Aminopenicillansäure durch N. C. SHEEHAN 1958 und der fermentativen Gewinnung dieses Penicillingrundgerüstes 1959 durch F. R. BATCHELOR et al. möglich.

Ein neues Gebiet, das Immuntherapie und Chemotherapie verbindet, eröffnete sich durch die Entwicklung einer Technik zur Gewinnung monoklonaler Antikörper durch Georges KÖHLER und Cesar MILSTEIN im Jahr 1975. Monoklonale Antikörper werden von Zellhybriden produziert, die aus der antikörperbildenden und einer immortalisierten Zelle bestehen; sie sind von extremer Spezifität gegen ein Epitop des immunisierenden Antigens. Sie sind inzwischen „humanisiert" worden, d. h. der in unbegrenzter Menge gleicher Qualität herstellbare monoklonale Antikörper entspricht humanen Antikörpern. Mit Toxinen gekoppelte monoklonale Antikörper (*Immunotoxine*) gegen Epitope von Tumorzellen bieten die Möglichkeit, EHRLICHS Traum von den Zauberkugeln zu verwirklichen, da der Wirkstoff (*Toxin, Cancerostaticum*) direkt und ausschließlich an die Krebszelle herangeführt und hier selektiv gebunden wird.

21.6. Die Mikrobiologie als interdisziplinäres Spezialfach

Die Gründung der großen medizinisch-mikrobiologischen Institute fällt in das Ende des 19. Jh. Das *Institut Pasteur* ist das älteste, es wurde am 14. November 1888 eingeweiht und war zunächst als ein Zentrum der Tollwutschutzimpfung und für die Bekämpfung von Infektionskrankheiten gedacht, aus dem sich ein international wirkendes Zentrum mikrobiologischer Forschung entwickelte (DUBOS 1980). Deutschland folgte mit dem *Kgl.-Preußischen Institut für Infektionskrankheiten*, dem auf Erlaß Kaiser WILHELMS II. am 24. März 1912, dem 30. Jahrestag der Bekanntgabe der Entdeckung des Tuberkelbakteriums, „um das Andenken des großen Gelehrten für alle Zeit zu ehren", der Name „Robert Koch" zugesetzt wurde. Anlaß für die Gründung des Instituts, zunächst in Behelfsräumen in der Nähe der Berliner Charité, im sog. „Triangel", war die am 4. August 1890 erfolgte Bekanntgabe der Entdeckung eines Tuberkuloseheilmittels, des Tuberkulins, durch Robert KOCH. Das Preußische Abgeordnetenhaus faßte am 9. Mai 1891 den Beschluß zur Gründung des Instituts. Es war von vornherein eine enge Verbindung zur klinischen Forschung vorgesehen, so daß das Institut auch eine Krankenstation erhielt. Die räumliche Enge erforderte einen Neubau, der in Berlin-Wedding, in unmittelbarer Nähe des Virchow-Krankenhauses, im Jahre 1897 begonnen und mit den ersten Laboratorien 1900 bezogen wurde. Die Bausumme belief sich auf 831 000 Mark (MÖLLERS 1950). Das *Lister-Institut* in London (*Lister-Institute of Preventive Medicine*) wurde 1891 gegründet, auf LISTERS Vorschlag mit dem Namen „Jenner-Institut" belehnt, der aber, da eine private Impf-

stoffirma den gleichen Namen trug, geändert werden mußte. Gegen LISTERS Wunsch trug das Institut seit 1903 den Namen *Lister-Institut*. Ein neues Gebäude wurde 1910 fertiggestellt (GODLEE 1925, S. 356). Von den großen Instituten ist es bisher das einzige, das geschlossen worden ist.

Zwei der großen mikrobiologischen Institute gingen aus Privatlaboratorien hervor: das *Kitasato-Institut* in Tokyo (gegründet 1914) aus dem 1892 von Shibasaburo KITASATO eingerichteten Laboratorium und das *Gamaleya-Institut* in Moskau aus dem seit 1891 von Dr. F. M. BLUMENTHAL betriebenen chemisch-bakteriologischen Laboratorium, das 1919 verstaatlicht wurde und nach der Zusammenlegung mit anderen Institutionen 1944 den Namen *Institut für Epidemiologie und Mikrobiologie N. F. GAMALEYA* erhielt und der Akademie der Medizinischen Wissenschaften der UdSSR zugeordnet wurde. Frühe Versuche, um die Jahrhundertwende, eine zentrale Einrichtung nach Muster des deutschen Reichsgesundheitsamtes in St. Petersburg zu schaffen, scheiterten und wurden nach den Ereignissen des Jahres 1905 unmöglich, da die namhaften russischen Bakteriologen: GABRITSCHEWSKI, TARASEVICH und DIAPTROTOV an der Revolution beteiligt waren oder dessen beschuldigt wurden (HUTCHINSON 1985).

Der erste Lehrstuhl für Hygiene – sie umfaßte damals die gesamte „Öffentliche Gesundheitspflege" einschließlich sämtlicher mikrobiologischer Disziplinen – wurde 1878 in München für Max VON PETTENKOFER geschaffen. Es gab aber Vorläufer: In Würzburg wurde bereits 1865 ein „Medizinisches Institut für Chemie und Hygiene" eingerichtet, ein Ministerialerlaß vom gleichen Jahr machte die Hygiene innerhalb des Medizinstudiums zum Nominalfach. Die erste Vorlesung über Hygiene hielt Johann Joseph SCHERER (1814–1869) am 12. Februar 1869; verstarb aber bereits fünf Tage später. Sein Nachfolger Nicolaus Alois GEIGEL (1829–1887) war ord. Professor der Poliklinik und Hygiene; nach seinem Tod wurde der Lehrstuhl geteilt und Karl Bernhard LEHMANN (1858–1940) 1894 als Professor für Hygiene berufen (SONNENSCHEIN 1967). LEHMANN hat sich, zusammen mit R. O. NEUMANN (Hamburg), besonders um die bakteriologische Systematik verdient gemacht (LEHMANN & NEUMANN: *Atlas und Grundriß der Bakteriologie* 1. Aufl., München 1896). In Preußen wurde der erste Hygiene-Lehrstuhl 1883 in Göttingen errichtet. Der Forderung des Abgeordneten Dr. GRAF am 1. Februar 1884, man möge auch in den übrigen preußischen Landen Hygiene-Lehrstühle errichten, widersprach in der gleichen Sitzung Rudolf VIRCHOW, die

Hygiene habe weder selbständige Methoden noch selbständige Objekte (MÖLLERS 1950, S. 168). In gleicher Weise hatte sich schon der Wiener Chirurg Theodor BILLROTH 1876 geäußert, und zwar in seiner Schrift: *Über das Lehren und Lernen der medizinischen Wissenschaften an den Universitäten der deutschen Nation; nebst allgemeinen Bemerkungen über Universitäten*:

„... die Hygiene [ist] durchaus als Nebenfach zu behandeln. Was das lange Leben betrifft, was sie verspricht, so ist das Geschmackssache. Rasch und genußreich, wenn auch ungesund leben und rasch verderben, ist besser als gesund und lange und langweilig leben" (SONNENSCHEIN 1967, S. 9 f.).

Hier war Rußland den Deutschen voraus; der Pettenkofer-Schüler Friedrich F. ERISMANN hatte bereits 1882 den Lehrstuhl für Hygiene an der Moskauer Universität inne (HUTCHISON 1985, S. 428) (vgl. auch EULNER 1970).

Das von der Zahl der Mitarbeiter gesehen größte deutsche mikrobiologische Institut war das *Zentralinstitut für Mikrobiologie und Experimentelle Therapie* in Jena, in dem bis kurz vor seiner Auflösung im Jahre 1991 bis zu 1 010 Personen arbeiteten. Sein Vorläufer war das 1938 von Hans KNÖLL aufgebaute „Bakteriologische Laboratorium" der Glaswerke Schott & Gen., das ab 1944 als *Institut für Mikrobiologie* von den Stiftungsbetrieben Schott und Zeiss getragen wurde. In diese Zeit fiel die Entwicklung des *Penicillins* in Jena (s. o.). Ab 1953 nahm das auf Anregung KNÖLLS gegründete *Institut für Mikrobiologie und Experimentelle Therapie* seine Arbeit auf, das der Deutschen Akademie der Wissenschaften zu Berlin (später Akademie der Wissenschaften der DDR) zugeordnet war und dem das ebenfalls von KNÖLL 1950 gebaute *BCG-Institut* angegliedert war, das Ostdeutschland mit dem Tuberkuloseimpfstoff versorgte.

Die Konzeption des Instituts sah die Bearbeitung von *Chemotherapeutika*, besonders von *Antibiotika* für die Humanmedizin (später auch für die Tierernährung) vor. Für die Lösung der anstehenden Probleme wurde ein weites Umfeld, auch der Grundlagenforschung, geschaffen, so daß eine interdisziplinäre Zusammenarbeit von Ärzten, Biologen, Chemikern und Physikern gegeben war. Gesucht und u. U. der biotechnischen Entwicklung unterzogen wurden

Substanzen zur Therapie von Infektionen durch Bakterien, Pilze, Viren und Protozoen sowie nach Krebschemotherapeutika. Die Medizinische Mikrobiologie bearbeitete interdisziplinär Erkrankungen durch Streptokokken. In den letzten Jahren des Bestehens wurde besonderer Nachdruck auf *Mikrobengenetik* und *Biotechnologie* gelegt. Nach dem Einigungsvertrag, der die Auflösung der Akademie und damit ihrer Institute festlegte, entstanden fünf neue Institute, die aber teilweise der alten Konzeption verpflichtet blieben, der Suche nach therapeutisch wirkenden Naturstoffen.

Frühzeitig wurden Kulturensammlungen angelegt, die heute für taxonomische Studien unentbehrlich sind. Die erste dieser Sammlungen wurde von F. KRÁL (1846–1911) an der Technischen Universität Prag gegründet (etwa 1875) und später von PRZIBAM übernommen. In Utrecht wurde 1906 das *Centraalbureau voor Schimmelcultures* etabliert, das 1907 von Johanna WESTERDIJK übernommen wurde und sich seit 1920 in Baarn befindet. International bekannte Sammlungen sind die 1911 am *American Museum of Natural History* eingerichtete Sammlung, die seit 1925 als *American Type Culture Collection* firmiert, und die 1920 gegründete *National Type Culture Collection*, die ihre Unterkunft zunächst im Lister-Institut fand, später im *Public Health Service*, London. Es existieren heute mehrere Hundert nationale oder Spezial-Sammlungen, die im *World Directory of Microorganisms* (Eds. V. F. MCGOWAN & V. B. D. SKERMAN, 2nd ed., 1982, World Data Centre on Microorganisms, Univ. Queensland, Bribane) zusammengefaßt sind.

Ihren äußeren Ausdruck fand die Institutionalisierung der Mikrobiologie auch in der Gründung von Fachzeitschriften: der 1886 von Robert KOCH und Carl FLÜGGE begründeten *Zeitschrift für Hygiene und Infectionskrankheiten*, dem seit 1887 erscheinenden *Centralblatt für Bacteriologie und Parasitenkunde*, das von Oscar UHLWORM, Rudolf LEUCKART und Friedrich LOEFFLER redigiert wurde. Im gleichen Jahr begannen auch die *Annales de l'Institut Pasteur* zu erscheinen. Eine Gründung des vergangenen Jahrhunderts (1893) ist auch das amerikanische *Journal of Bacteriology*; sämtlich Zeitschriften, die auch heute noch (z. T. mit geändertem Namen) erscheinen.

22. Kurze Geschichte der Molekularbiologie[1])

Hans-Jörg RHEINBERGER, Berlin

22.1. Methodische Vorbemerkungen

„Wie vor allem sich jenes Gefühl eines Labyrinths ohne Ausgang vergegenwärtigen, jene unablässige Suche nach einer Lösung, ohne darauf Bezug zu nehmen, was sich inzwischen als *die* Lösung erwiesen hat – ohne sich von ihrer Evidenz blenden zu lassen? Von diesem unruhigen, bewegten Leben bleibt oft nur eine kümmerliche, nüchterne Geschichte übrig, eine Reihe sorgfältig geordneter Resultate, die logisch erscheinen lassen, was damals keineswegs so logisch war." (JACOB 1988, S. 340–341).

Einen Überblick über die Geschichte der Molekularbiologie zu geben, ist aus zwei Gründen problematisch: zum ersten aufgrund der geringen historischen Distanz, zum zweiten wegen der anhaltenden Diskussion darüber, was als Molekularbiologie zu gelten habe.[2]) Biologiehistoriker wie Robert OLBY (1990) haben eine „weite" von einer „engen" Definition unterschieden. Letztere faßt unter dem Begriff die Erforschung des genetischen Informationsflus-

ses und seiner molekularen Details. In diesem Zusammenhang wird heute oft auch der Ausdruck „molekulare Genetik" verwendet. Es ist evident, daß die enge Definition selbst ein Ergebnis der *Entwicklung* dieser biologischen Forschungsrichtung darstellt, ihr also in der historischen Darstellung nicht „anachronistisch" vorausgesetzt werden darf. Im Gegensatz dazu umfaßt die weite Definition unter dem Begriff Molekularbiologie ganz allgemein die Beschäftigung mit der Struktur und der Funktion biologischer Makromoleküle. Man kann sagen, daß, ähnlich wie die Evolutionstheorie im 19. Jh. (vgl. LEFÈVRE 1984), die Molekularbiologie in der zweiten Hälfte des 20. Jh. gewissermaßen in einen Doppelstatus hineingewachsen ist: als Spezialdisziplin (*molekulare Genetik*) im Rahmen der übrigen biologischen Disziplinen und als allgemeines, die ganze Biologie durchziehendes experimentelles und theoretisches Paradigma (*molekulare Biologie*).

Zu den Voraussetzungen der „molekularbiologischen Revolution" (JUDSON 1979) gehören erstens die Einführung neuer Darstellungstechniken in die Analyse von Organismen, unter denen Röntgenstrukturanalyse, Ultrazentrifugation, diverse Arten von Chromatographie, radioaktive Markierung, Elektronenmikroskopie und die Techniken der Phagen- sowie der Bakteriengenetik nur die wichtigsten sind; zweitens der Übergang zu neuen Modellorganismen bzw. Quasi-Organismen, wie niederen Pilzen (*Neurospora*), Protozoen, Bakterien, Viren und Phagen;[3]) (vgl. 21.5.) drittens eine neue Art der Förderung von Forschung und interdisziplinärer Kooperation, wie sie seit den dreißiger Jahren in Amerika und Europa (in Frankreich, England, Schweden, zunächst auch noch in Deutschland) vor allem von der *Rockefeller Foundation* betrieben wurde mit der Absicht, physikalische, chemische und mathematische Zugänge zu den

[1]) Dieser Beitrag entstand während eines Aufenthalts als Fellow des Akademischen Jahres 1993/94 am Wissenschaftskolleg zu Berlin. Mein Dank gilt dem Kolleg und seinem Rektor Wolf LEPENIES. Gelegenheit zur Überarbeitung gab ein Forschungsaufenthalt am *Max-Planck-Institut für Wissenschaftsgeschichte* im Sommer 1995. Danken möchte ich weiterhin einer Reihe von Kolleginnen und Kollegen, die bereit waren, das Manuskript kritisch zu sichten: Gerhard CZIHAK, Ute DEICHMANN, Ernst Peter FISCHER, David GUGERLI, Rudolf HAGEMANN, Wolfgang LEFÈVRE, Knud H. NIERHAUS, Heinz PENZLIN, Hans QUERNER und Peter WURMBACH.

[2]) John KENDREW beginnt seine Bemerkungen über die Geschichte der Molekularbiologie von 1970 mit dem folgenden Satz: „Die größte Schwierigkeit in der Diskussion der Geschichte der Molekularbiologie liegt in dem Problem, welche Bedeutung man diesem Ausdruck geben soll, und was für Demarkationslinien zwischen der Molekularbiologie und anderen Bereichen der Biologie gezogen werden können." KENDREW 1970, S. 5.

[3]) Vgl. etwa die Beiträge von Muriel LEDERMAN und Sue A. TOLIN, William C. SUMMERS, Doris T. ZALLEN und Richard M. BURIAN in BURIAN 1993.

Phänomenen des Lebens zu bündeln und zu vernetzen;[1]) schließlich die Ablösung der Konzeptualisierung der Lebensvorgänge in Begriffen der Mechanik und Energetik durch solche der (molekularen) Verarbeitung von Information.

Wir haben es hier mit einer außerordentlich komplexen Entwicklung zu tun, die keineswegs etwa durch die Verschmelzung bereits existierender biologischer Disziplinen wie Genetik, Biochemie, Biophysik usw. hinreichend beschrieben werden kann, und deren Resultat auch nicht einfach eine weitere biologische Disziplin darstellt, die den historisch gewachsenen Fächerkanon ergänzen würde.[2]) Was man mit Michel FOUCAULT die „diskursive Formation" der molekularen Biologie nennen könnte, ist auch nicht das Ergebnis der Bemühungen einiger weniger genialer Köpfe mit ihren gut ausgestatteten Teams an einigen wenigen Zentren – etwa der Phagengruppe am *California Institute of Technology* in Pasadena (*Caltech*), der Röntgenstrukturanalytiker am *Cavendish* in Cambridge und am *Caltech* sowie der Equipe vom *Institut Pasteur* in Paris. Das ist ein Mythos, den einige Festschriften beschworen haben (vgl. u. a. RICH & DAVIDSON 1968, MONOD & BOREK 1971, CAIRNS et al. 1992). Sie ist offensichtlich ebensowenig das Ergebnis einer forschungsleitenden, übergreifenden Theorie. Richard BURIAN sieht in der Molekularbiologie überhaupt keine vereinheitlichende Theorie am Werk und hält sie für eine „Batterie von Techniken" (BURIAN 1994).

Was Warren WEAVER, der Direktor der *Natural Sciences Section* der *Rockefeller Foundation*, 1938 wohl zum ersten Mal als „Molekularbiologie" bezeichnete[3]) – ein Ausdruck, den William ASTBURY (1940) rasch aufgriff –, entstand vielmehr aus einer Vielzahl zunächst weit auseinanderliegender, institutionell ganz unterschiedlich eingebetteter und wenn überhaupt, lediglich lose verknüpfter Experimentalsysteme zur physikalischen, chemischen und funktionellen Charakterisierung von Lebewesen auf der Ebene biologisch relevanter Makromoleküle. Durch die Einbeziehung neuer Analysetechniken und Instrumente halfen diese Systeme, einen neuen epistemisch-technischen Raum der Darstellung auszubilden, in dem die unscharfen Begriffe der Molekularbiologie sich nach und nach artikulierten.

Im Hinblick auf seine historische Entwicklung ist dieser Prozeß immer noch schlecht verstanden. Es gilt zunächst einmal, eine angemessene Ebene der Analyse zu finden, auf der die Schlüsselmerkmale seiner schließlich die ganze Biologie erfassenden Dynamik sichtbar werden. Zweifellos ist in WEAVERS Vision einer „neuen Biologie" und ihrer massiven finanziellen Förderung der Kontext der Diskussion um Eugenik und soziale Kontrolle in den Vereinigten Staaten virulent (KAY 1993). Zweifellos gibt es Gründe, wissenschaftstheoretisch von einem „reduktionistischen" Programm zu sprechen (OLBY 1990).[4]) Die historische Bewegung jedoch, der sich die Entstehung der Molekularbiologie verdankt, ist weder durch den globalen sozialen, politischen und finanziellen Kontext noch durch ebenso globale methodologische Prämissen hinreichend bestimmt: Der ganze Vorgang ist letztlich besser als Prozeß der Produktion von unvorwegnehmbarem Wissen und der Diffusion von zunächst lokalen Praktiken zu verstehen. Es waren zunächst lokal ausgebildete Experimentalsysteme sowie ausgewählte, vergleichsweise einfache Modellorganismen, die durch ihre anschließende Ausbreitung und Vernetzung die Dynamik der molekularbiologischen Revolution bestimmt haben. Eine solche Perspektive ist von einem technologischen Determinismus abzugrenzen, unterscheidet sich aber auch von einer sozial-institutionellen oder

---

[1]) Die *Natural Science Section* der *Rockefeller Foundation*, gab zwischen 1932 und 1959 mehr als 90 Millionen Dollar an Forschungsgeldern aus – ein großer Teil davon ging in die biologischen Wissenschaften (OLBY 1974, S. 440). Von den 18 Nobelpreisen, die zwischen 1953 und 1965 im weiteren Bereich der Molekularbiologie vergeben wurden, gingen 17 an Wissenschaftler, die von der Rockefeller Foundation unter Warren WEAVER unterstützt worden waren (KAY 1993, S. 8). Zur Rolle der Rockefeller Foundation bei der Förderung einer „neuen Biologie" vgl. auch KOHLER 1976, ABIR-AM 1982.

[2]) Es ist demnach nicht einfach als tautologischer Scherz aufzufassen, wenn Francis CRICK vorschlägt, Molekularbiologie zu definieren „als alles, was Molekularbiologen interessiert". CRICK 1970, S. 613.

[3]) „… ein neuer Zweig der Wissenschaft … der sich als ebenso revolutionär erweisen könnte … wie die Entdeckung der lebenden Zelle … Eine neue Biologie – Molekularbiologie – hat sich als eine kleine Strömung im Rahmen der biologischen Forschung gebildet." Warren WEAVER, *The Natural Sciences*, Reports of the Rockefeller Foundation 1938, S. 203–225. Das Biologie-Programm der Rockefeller Foundation war Bestandteil ihrer „Science of Man"-Agenda und änderte zwischen 1933 und 1938 mehrmals den Namen – von „Psychobiologie" über „Lebensprozesse" und „experimentelle Biologie" zu „Molekularbiologie" oder „Biologie der Moleküle" (KAY 1993, S. 48).

[4]) SCHAFFNER (1974) argumentiert, daß das molekularbiologische Programm mit der Reduktion biologischer Erscheinungen auf Physik und Chemie *kompatibel* ist, daß reduktionistische Ziele jedoch für die *Forschungsstrategie* der Molekularbiologie *peripher* bleiben. Für eine begriffliche Klärung vgl. SARKAR 1992.

einer biographisch-ideengeschichtlichen Sichtweise.[1]) Aus Platzgründen muß hier die angemessene Darstellung in Fallstudien unterbleiben.[2])

22.2. Die wichtigsten Entwicklungslinien zwischen 1930 und 1950

In diesem Abschnitt werde ich exemplarisch auf einige Entwicklungslinien in der biologischen Forschung der dreißiger und vierziger Jahre eingehen, die sich zunächst relativ unabhängig voneinander etablierten, die aber im historischen Rückblick als die Voraussetzungen für jene erste Synthese erscheinen, die wir mit den Namen von James WATSON und Francis CRICK und mit dem Modell der DNA-Doppelhelix verbinden.

22.2.1 Von der Kolloidchemie zum Makromolekül: Ultrazentrifugation

Der „Weg zur Doppelhelix" ist nach Robert OLBY (1974) nicht als eine kontinuierliche Entwicklung zu sehen, die einem langfristigen Forschungsprogramm zu verdanken wäre, dessen Anfänge sich etwa auf Friedrich MIESCHERS Charakterisierung von „Nuclein" zurückführen ließen. Um die Jahrhundertwende war die organische Chemie eine Chemie kleiner Moleküle. Demgegenüber herrschte in bezug auf das Protoplasma, dem seit den sechziger Jahren des vorigen Jahrhunderts die Rolle der lebenden Substanz zugeschrieben wurde, die Vorstellung von einem kolloiden Aggregat. Das Protoplasma war ein kolloidales System.

Es war Hermann STAUDINGER in Zürich (später Freiburg), der aufgrund seiner Untersuchungen an Gummi in den zwanziger Jahren den Ausdruck *Makromolekül* in die Kolloidchemie ein-

führte und damit zunächst einen Sturm der Entrüstung bei den führenden Fachvertretern seiner Zeit hervorrief, der auf der *Versammlung Deutscher Naturforscher und Ärzte* in Düsseldorf 1926 seinen denkwürdigen Ausdruck fand. Die Debatte erfuhr eine entscheidende und nachhaltige Wende mit den ersten Versuchen einer Molekulargewichtsbestimmung von Proteinen mittels Ultrazentrifugation durch Theodor SVEDBERG und Robin FAHRAEUS. Nach einem kurzen Aufenthalt in Wisconsin (1924) konstruierte der anerkannte Kolloidchemiker SVEDBERG in Uppsala die erste analytische Hochgeschwindigkeitszentrifuge, mit der man hoffen konnte, Partikel höheren Molekulargewichts zu sedimentieren. Dabei erwies sich Hämoglobin, eines der ersten Testproteine, nicht als ein heterogenes Kolloid, sondern als ein monodisperses System mit einem geschätzten Molekulargewicht von 68000. Die Ultrazentrifuge war ein technisches Gerät, das seine Konstruktion dem Programm einer Messung der physikalischen Eigenschaften von Kolloiden verdankte. Die Pointe der Geschichte liegt in dem Umstand, daß dieses Gerät entscheidend dazu beitrug, das Paradigma der Kolloidchemie durch dasjenige der makromolekularen Zusammensetzung des Protoplasmas zu ersetzen. Die äußerst aufwendige und diffizile Technik der analytischen Ultrazentrifugation blieb bis weit in die dreißiger Jahre hinein das Monopol der Gruppe um SVEDBERG in Schweden. Zusammen mit STAUDINGERS viskosimetrischen Techniken erlaubte sie erste Abschätzungen des Molekulargewichts, der Kettenlänge und der Form von Proteinen.

Hinweise auf den makromolekularen Charakter von Nukleinsäuren erhielt Ende der dreißiger Jahre Torbjörn CASPERSSON aus Stockholm in Zusammenarbeit mit STAUDINGERS Kollegen Rudolf SIGNER aus Bern. Zu dieser Zeit war die Nukleinsäure-Forschung noch immer durch die Tetranukleotid-Hypothese beherrscht, die ihre entscheidende Ausformung Phoebus LEVENE vom Rockefeller Institute in New York verdankt. Parallel zu und dann in Fortsetzung von Arbeiten Albrecht KOSSELS (Berlin, Marburg, Heidelberg) hatte LEVENE seit 1900 an der chemischen Strukturaufklärung der Nukleinsäuren gearbeitet. Sein Buch *Nucleic Acids* (1931) bildete das Standardwerk über Nukleinsäuren der dreißiger Jahre. Die Tetranukleotid-Hypothese besagt, daß Nukleinsäuremoleküle aus je einem Satz ihrer vier Bausteine (A, C, G, T oder A, C, G, U), allenfalls aus kürzeren oder längeren monotonen Abfolgen solcher Tetranukleotide bestehen. Als Träger biologischer Spezifität schienen Nukleinsäuren damit nicht in Frage zu kommen.

---

[1]) Vgl. dazu RHEINBERGER 1992 (s. auch JAHN: Einführung ... S. 18 und 23).

[2]) Auf das Defizit eines solchen zusammenfassenden Überblicks sei an dieser Stelle ausdrücklich verwiesen. Für weiteres Quellenmaterial, biographische Informationen sowie den sozialen und historischen Forschungskontext vgl. vor allem die Monographien von OLBY 1974; PORTUGAL & COHEN 1977; JUDSON 1979; KAY 1993; MORANGE 1994.

22.2.2. Röntgenstruktur-Analyse

Die Methode der Röntgenstrukturanalyse geht auf Max von Laue und William sowie Lawrence Bragg zurück. Ursprünglich für Kristalle kleiner Moleküle entwickelt, stellte sich bald heraus, daß auch pulverförmige und faserige Substanzen Diffraktionsmuster zeigen. In den zwanziger Jahren waren es vor allem die Arbeiten von Reginald Oliver Herzogs Team am Kaiser-Wilhelm-Institut für Faserstoffchemie in Berlin-Dahlem, die zum Konzept regulär aufgebauter langer Kettenmoleküle, besonders der Zellulose, führten. Unter anderen arbeiteten bei Herzog Michael Polanyi, der 1923 zu Fritz Haber ans *KWI für physikalische Chemie* ging, und Herrmann Mark, der 1927 zu *BASF* wechselte.

„Die entscheidenden Voraussetzungen für die Entwicklung der Molekularbiologie", schreibt Robert Olby, „waren, wie es scheint, in Dahlem gegeben – vor allem eine starke Schule theoretischer und praktischer Röntgenstrahl-Kristallographie. Aber 1933 war Hitler an die Macht gekommen" (Olby 1974, S. 40).

Haber und Polanyi legten ihre Ämter nieder, Herzog ging nach Istanbul, Mark war bereits 1932 nach Wien zurückgekehrt. Mit William Astbury, der seine Ausbildung bei Bragg in London erhalten hatte und der 1928 nach Leeds kam, verlagerte sich der Schwerpunkt der europäischen Faserstoff-Forschung ins Zentrum der englischen Textilindustrie.

Hier begann Astbury seine Arbeiten über die Struktur von Keratin im Zusammenhang mit Untersuchungen über die Elastizität von Wolle, die ab 1934 von der *Rockefeller Foundation* finanziell unterstützt wurden. Um 1935 machte er, zunächst eher beiläufig, erste Aufnahmen von Nukleinsäure-Fibern. Hochmolekulares Material konnte ihm Ende der dreißiger Jahre Torbjörn Caspersson aus Stockholm zur Verfügung stellen. In Zusammenarbeit mit Florence Bell entstand das erste Modell einer Nukleinsäure, das einer einsträngigen *Helix*, zu deren Achse die Basen senkrecht standen. Was Astbury auffiel und ihn faszinierte, war der molekulare „Fit", d. h. der vergleichbare Abstand der Bausteine in Proteinen und Nukleinsäuren. Gemäß den herrschenden Vorstellungen über biologische Spezifität konzipierte er das Genmaterial als ein Nukleoprotein, in dem das Proteinmolekül durch das DNA-Molekül gestreckt und damit zur Selbstreplikation in die Lage versetzt wird. Astburys Interesse an der Genetik wurde nicht zuletzt durch Diskussionen auf einigen von der *Rockefeller Foundation* finanzierten Konferenzen über die Struktur von

Genen und Chromosomen geweckt (vor allem in Klampenborg 1938). Seine Arbeit kam jedoch nach Ausbruch des zweiten Weltkrieges weitgehend zum Erliegen, ebenso wie die röntgenkristallographische Arbeit des Bragg-Schülers John Desmond Bernal, der bis 1937 in Cambridge lebte, wo ihm 1934 erste Bilder eines Protein-Einzelkristalls gelangen, ehe er sich dann in London mit Diffraktionsmustern kristallisierter Tabakmosaikviren befaßte.

Die Entwicklung der Röntgenstrukturanalyse – am *Caltech* in Kalifornien und vor allem an der *Royal Institution* in London (Vater und Sohn Bragg), an der *University of Leeds* (Astbury) und am *Cavendish* in Cambridge (Bernal, Max Perutz ab 1936, Lawrence Bragg ab 1937) – hatte Ende der dreißiger Jahre ein Niveau erreicht, das die Strukturaufklärung kristallisierter Makromoleküle in den Bereich des Möglichen rückte. Diese strukturorientierte „Biologie von Molekülen" ist von Gunther Stent später als die „strukturalistische Schule" der Molekularbiologie bezeichnet worden (Stent 1968). Wie die noch zu beschreibende Phagen-Gruppe hatte sie einen ihrer Ausgangspunkte in einem informellen, transdisziplinären Kreis von Wissenschaftlern, den „biotheoretical gatherings", in denen Bernal eine führende Rolle spielte (Abir-Am 1987).

22.2.3. UV-Spektroskopie

Einen cytologischen Zugang zur quantitativen, physikalischen und chemischen Charakterisierung von Nukleinsäuren entwickelte Torbjörn Caspersson im Anschluß an Einar Hammarstens Arbeiten zur Extraktion makromolekularer DNA in Stockholm. Caspersson quantifizierte die Feulgenreaktion und konnte damit die Vermehrung der DNA bei der Synthese des Kernmaterials nachweisen. Seit Beginn der dreißiger Jahre entwickelte er die Technik der Aufnahme von UV-Absorptionsspektren an Nukleinsäuren sowie die UV-Mikroskopie von Zellen. Um 1940 beobachtete er in Zusammenarbeit mit Jack Schultz vom *California Institute of Technology* in Pasadena eine Korrelation zwischen der Synthese von Proteinen und der Menge an cytoplasmatischer Ribonukleinsäure in stoffwechselaktiven Zellen. Ähnliche Beobachtungen machte um die gleiche Zeit der Embryologe Jean Brachet in Brüssel (Brachet 1942; Burian 1994). Seine Beobachtungen führten Caspersson jedoch keineswegs dazu, die „Nukleoproteintheorie des Gens" (Olby 1974) zu revidieren. Gene sah er als „Proteine im weiteren Sinn", Nukleinsäuren als „Stützsubstanz":

„Es scheint daher, daß diese einzigartige Struktur, welche – vielleicht aufgrund fortwährender Polymerisierung und Depolymerisierung – die Aktivität und Selbstreproduktion bedingt, vom Nukleinsäurebestandteil des Moleküls abhängt. Es ist möglich, daß die Eigenschaft eines Proteins, welche es ihm erlaubt, sich zu reproduzieren, in seiner Fähigkeit liegt, Nukleinsäure zu synthetisieren." (CASPERSSON & SCHULTZ 1938, S. 295).

Diese Äußerung ist charakteristisch für das in dieser Zeit den Diskurs der Genetik beherrschende „Proteinparadigma des Lebens" (KAY 1993, S. 104–120). In diesem Zusammenhang sind auch die zeitgleichen Befunde von Edgar KNAPP und von Alexander HOLLAENDER zu erwähnen, nach denen das Wirkungsspektrum der Mutationsauslösung durch UV-Strahlung sich mit dem Absorptionsspektrum der in den Chromosomen enthaltenen DNA deckte. Aber weder KNAPP und seine Kollegen in Deutschland noch HOLLAENDER am *National Institute of Health* in Bethesda waren willens, daraus den Schluß zu ziehen, daß die DNA der Chromosomen das vererbungsentscheidende Molekül darstellte.

22.2.4. Biochemische Genetik: Neurospora

In dieses Paradigma fügen sich auch Arbeiten, die um 1945 zur Formulierung der „Ein-Gen – Ein-Enzym-Hypothese" durch George BEADLE und Edward TATUM führten (BEADLE 1945). BEADLE sprach noch 1952 von Protein-Makromolekülen als dem Schlüssel zur genetischen Replikation (KAY 1993, S. 210). Mit *Neurospora* hatte sich BEADLE in Stanford seit 1937 einem Modellorganismus zugewandt, der aufgrund seines leicht kontrollierbaren Stoffwechsels und seiner raschen Vermehrungsweise ins Zentrum eines der produktivsten Experimentalsysteme biochemisch orientierter Genetik rücken sollte (KAY 1989; KOHLER 1991).

In Deutschland hatte sich mit Richard GOLDSCHMIDT und Carl CORRENS relativ früh eine Tradition physiologischer Genetik etabliert (HARWOOD 1993), die dann unter anderen von Fritz VON WETTSTEIN, Alfred KÜHN, Georg MELCHERS und Adolf BUTENANDT weitergeführt wurde, aber bald in die kriegsbedingte Isolation geriet. Die Transplantationsexperimente, die Boris EPHRUSSI und George BEADLE am *Caltech* und in Paris zwischen 1934 und 1936 an *Drosophila*-Mutanten durchführten, schlossen methodisch an die Göttinger *Ephestia*-Experimente von KÜHN und Ernst CASPARI an. KÜHN legte 1937 sein Amt an der Göttinger Universität nieder und wurde am Kaiser-Wilhelm-Institut für Bio-

logie in Berlin Nachfolger Richard GOLDSCHMIDTS, der, ebenso wie CASPARI, in die USA emigrieren mußte. BURIAN hat allerdings zurecht darauf verwiesen, daß EPHRUSSIS Arbeitsperspektive eine embryologische und keine biochemische war.

„Die klassische Darstellung besagt, daß Ephrussi und Beadle den Grundstein zum späteren Gebäude der biochemischen Genetik legten. … Aber alles an dieser Geschichte ist ungenau, wie es für einen ‚Mythos des Vorläufers' typisch ist" (BURIAN et al. 1988, S. 390–391).

So ist es auch nicht verwunderlich, daß die Vorstellung genkontrollierter Stoffwechselsequenzen in diesen frühen Arbeiten nicht aufscheint. Sie findet sich, wenn auch nicht in der expliziten Form der „Ein-Gen–Ein-Enzym-Hypothese", bei BEADLE erst um 1939, aber auch bei KÜHN, der 1941 von einer „Genwirkkette" der Pigmentbildung bei Insekten sprach (KÜHN 1941). Die entscheidende biochemische Wende von BEADLES genetischen Studien hing zweifellos mit dem Übergang zum *Neurospora*-System und mit dem biochemischen „know how" von Edward TATUM zusammen. Beides führte zu einer Umkehr genetischer Experimentalstrategien: Anstatt den klassischen Weg vom Gen zum Genprodukt zu gehen, schlugen BEADLE, TATUM und ihre Mitarbeiter den Weg vom Gen-Produkt zum Gen ein.

22.2.5. Das Tabakmosaikvirus (TMV)

Als Wendell M. STANLEY 1935 am *Rockefeller Institute* in Princeton die „Kristallisierung eines Proteins mit den Eigenschaften des Tabakmosaik-Virus" ankündigte (STANLEY 1935; vgl. auch KAY 1986), kam dies einer Sensation gleich. Aus dem „contagium vivum fluidum" von Martinus BEIJERINCK (1899) war ein kristallines Partikel geworden (vgl. auch 21.5.1.). Viren galten damals als Prototypen von Vererbungspartikeln, die in der Lage waren, sich innerhalb von lebenden Zellen „autokatalytisch" zu vermehren. STANLEY zögerte nicht, sein Virus als „autokatalytisches Protein" zu bezeichnen, und die Tatsache, daß man dieses Material kristallisieren konnte, schien die Grenze zwischen Biologie einerseits sowie Physik und Chemie andererseits endgültig zum Verschwinden zu bringen. Das TMV fügte sich nahtlos in das „Protein-Paradigma des Gens". Der zwei Jahre später durch Frederick BAWDEN und Norman PIRIE in Cambridge erfolgende Nachweis einer Nukleinsäure im

TMV veranlaßte STANLEY ab 1938, etwas vorsichtiger von „Virus-Proteinen" als „Nukleoproteinen" zu sprechen, was jedoch nichts an seiner Auffassung änderte, den Proteinbestandteil als das eigentliche autokatalytische Agens des Virus zu betrachten. Dabei befand er sich in guter Gesellschaft, zu der unter vielen anderen auch George BEADLE und Max DELBRÜCK gehörten.

Das *Tabak-Mosaikvirus* (TMV) wurde zu einem jener Modellobjekte, auf die sich die geballte Kraft der Ende der dreißiger Jahre im Spiel befindlichen physikalisch-chemischen Analysetechniken konzentrierte: Ultrazentrifugation (SVEDBERG in Uppsala, STANLEY in Princeton), Röntgenstrukturanalyse (BERNAL und Isidor FANKUCHEN in Cambridge und London), Elektronenmikroskopie (RUSKA in Berlin, STANLEY in Princeton). Weniger bekannt ist die biochemisch-genetisch orientierte TMV-Forschung der Arbeitsgruppe für Virusforschung an den Kaiser-Wilhelm-Instituten für Biologie und Biochemie um Gerhard SCHRAMM, Georg MELCHERS, Rolf DANNEEL und Hans FRIEDRICH-FREKSA seit 1937, sowie von Gustav KAUSCHE und Edgar PFANKUCH an der Biologischen Reichsanstalt in Zusammenarbeit mit Hans STUBBE am KWI für Biologie (DEICHMANN 1992, S. 134–138; MACRAKIS 1993). Zu den frühen Befunden gehörte, daß bei verschiedenen Virus-Stämmen die elektrophoretische Mobilität der Nukleinsäure, nicht aber die des Proteins verändert war, daß nach chemischer Modifizierung des Proteins das Partikel weiterhin infektiös blieb, und daß eine Phosphatase die Infektivität des Partikels hemmte (vgl. 21.5.). Alle diese Befunde deuteten auf die Nukleinsäure als aktiven Bestandteil des TMV. Noch während des Krieges gelangen SCHRAMM auch die ersten Rekonstitutions-Experimente.

Diese Arbeiten wurden in England und Amerika zwar aufmerksam verfolgt, jedoch nur zum Teil unmittelbar bestätigt. Das Zentrum der biochemischen TMV-Forschung verlagerte sich nach dem Krieg, mit STANLEYS Weggang von Princeton, an das neugegründete Viruslabor in Berkeley (CREAGER 1994).

22.2.6. Elektronenmikroskopie

Pionier der Elektronenmikroskopie ist Ernst RUSKA, der 1931 das erste Transmissions-Elektronenmikroskop baute, und der zusammen mit seinem Bruder Helmut in Berlin gegen Ende der dreißiger Jahre auch erste Aufnahmen von biologischem Material machte. Siemens produzierte 1939 ein kommerzielles Transmissionsmikroskop. Die Arbeit in Deutschland kam durch den Ausbruch des Weltkriegs jedoch zum Stillstand. Obwohl sich die Entwicklung der Elektronenmikroskopie in den vierziger Jahren weitgehend in den Vereinigten Staaten vollzog (RASMUSSEN 1997), gelangen RUSKA und der Gruppe um KAUSCHE noch 1939 erste Abbildungen von Tabakmosaikviren (KAUSCHE, PFANKUCH & RUSKA 1939), 1940–1941 von Phagen. 1942 folgten Thomas ANDERSON und Salvador LURIA mit der elektronenoptischen Darstellung von Phagen (LURIA & ANDERSON 1942).

Die eigentlichen, mit der neuen Technik verbundenen Schwierigkeiten lagen weniger auf der Seite der Bildauflösung, als vielmehr auf jener der P r o b e n v o r b e r e i t u n g. Die Anwendung der Technik auf biologisches Material stellte die Elektronenmikroskopiker vor ganz neue präparative Anforderungen. Es bedurfte unter anderem einer gleichmäßigen Spreitung des Spezimens auf einer möglichst strukturlosen Unter-

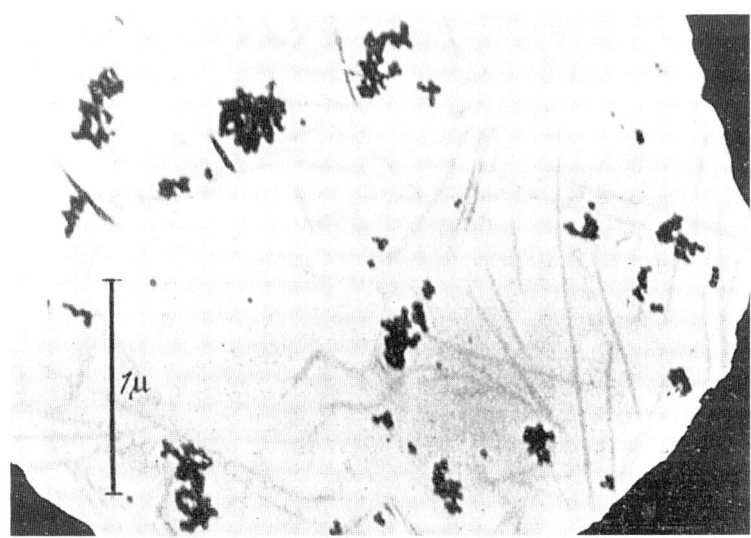

Abb. 221. Tabakmosaikvirus (Einzelfäden, Parallel- und Queraggregate). Elektronenoptische Vergrößerung 20 000×. KAUSCHE, PFANKUCH & RUSKA 1939.

lage, starker Fixierung, dünner Schichten und einer völligen Dehydrierung oder, als Alternative, der Metallbeschattung (*Replika-Technik*). 1944 gelang Ernest Fullam und Albert Claude vom Rockefeller-Institut in New York die Darstellung isolierter Mitochondrien. In Zusammenarbeit mit Keith Porter machten sie 1945 die ersten Aufnahmen von Zellen *in situ* (Porter et al. 1945), und 1946 folgten *In-situ*-Aufnahmen des *Rous-Sarkomvirus (RSV)*. Die große Zeit der ultrastrukturellen Darstellung von Zellmembran, Kern, endoplasmatischem Retikulum und Mitochondrien fällt jedoch erst in die fünfziger Jahre. Zu ihren Voraussetzungen zählte die Einbettung der Proben in harte Plastiksubstanzen, die Einführung von Glasmessern zum Abschilfern der Schnitte, ein Mikrotom mit reduzierter Vorschubrate und schließlich die gepufferte Osmiumtetroxid-Fixierung. Großen Anteil an dieser Entwicklung hatten George Palade vom Rockefeller-Institut in New York sowie Fritjof Sjöstrand vom Karolinska-Institut in Stockholm (Rasmussen 1997).

22.2.7. Bakteriophagen

Das Protein-Paradigma des Gens wurde nicht auf dem Gebiet der Pflanzenvirus-Forschung ins Wanken gebracht, auch, zunächst jedenfalls, nicht auf dem Gebiet der Bakteriophagen-Forschung. Diese von Frederick Twort in England und von Félix d'Hérelle in Frankreich gegen Ende des ersten Weltkrieges zuerst charakterisierten virusartigen Entitäten, die Bakterien befielen und zur Lyse brachten (vgl. 21.5.2.), wurden von Emory Ellis am *Caltech* studiert, als Max Delbrück 1937 mit einem Rockefeller-Stipendium nach Kalifornien kam. Delbrück, ein ausgebildeter Physiker, hatte zunächst mit Karl Zimmer und Nikolaj Timoféeff-Ressovsky in Berlin über Genmutation und die physikalische Natur der Gene gearbeitet (Timoféeff-Ressovsky et al. 1935). Er war fasziniert von den relativ einfachen Visualisierungstechniken und den Möglichkeiten zur Quantifizierung durch Auszählen von Plaques und Verdünnungsreihen, die er in den nächsten Jahren zusammen mit Salvador Luria zu einem Standardinstrumentarium der Arbeit mit Phagen entwickelte (Luria & Delbrück 1943). In theoretischer Hinsicht sah er die Phagen als einfachste Genmodelle mit autokatalytischen Eigenschaften. 1942 faßte er seine Hoffnung mit folgenden Worten zusammen:

„Es ist wahrscheinlich, daß die Lösung [des Problems der autokatalytischen Synthese] einfach und im wesentlichen für alle Viren und Gene gleich sein wird. … Das Studium der bakteriellen Viren könnte den

Schlüssel zu grundlegenden Problemen der Biologie abgeben" (Delbrück 1942).

Die Lösung stellte sich allerdings als weniger einfach heraus; und Phagen erwiesen sich in den fünfziger Jahren überraschend als Schlüssel zu Problemen, die Delbrück eher fernstanden, worauf noch zurückzukommen sein wird.

Über die Phagen-Gruppe ist viel geschrieben worden (vgl. u. a. Stent in Cairns et al. 1992; Stent 1968; Kay 1985 a; Kay 1985 b; Fischer 1988). Die hauseigene Geschichte besagt, daß der Ursprung der Molekulargenetik in Niels Bohrs, dann von Delbrück übernommener Vision lag (Bohr 1933), auf der Suche nach den Fundamentalgesetzen des Lebens einer neuen Komplementarität auf die Spur zu kommen. Zu dieser „romantischen" Erzählung paßt, daß in der Phagen-Gruppe Erwin Schrödingers *What is Life* (1944) einen prägenden Einfluß auf die Konzeptualisierung des Vererbungsgeschehens in Kategorien der Informationsübertragung spielte. In diesem Buch hatte Schrödinger von Genen als „aperiodischen Kristallen" und „erblichem Code-Skript" gesprochen. Stent hat die Gruppe um Delbrück geradezu als „informationalistische Schule" apostrophiert (Stent 1968).

Zweifellos war Delbrück einer der führenden theoretischen Köpfe in der Entwicklung der Molekularbiologie. Im Rückblick besehen waren es aber weniger seine theoretischen Visionen als seine technischen und wissenschaftsorganisatorischen Innovationen, welche den Phagen ihren Platz in der Geschichte der Molekularbiologie zuwiesen: die Einführung quantitativer Techniken in die Analyse der Virus-Replikation, die „Standardisierung" des Phagen-Systems, zu der die freiwillige Beschränkung auf die Arbeit mit *T-Phagen* gehörte, und der Aufbau eines Netzes von internationaler Zusammenarbeit und von Informationsaustausch, in dessen Zentrum seit 1945 der legendär gewordene jährliche Phagen-Kurs in *Cold Spring Harbor* stand. Delbrück verstand es, aus seinem Phagensystem eine Community-formierende Veranstaltung zu machen. Doch der erwartete Durchbruch zur Natur des Gens blieb vorerst aus.

22.2.8. Die Transformation von Pneumokokken

Zeitlich parallel zur Phagen-Arbeit am *Caltech*, aber in einem gänzlich verschiedenen disziplinären Kontext, wurde der Grundstein zum Studium der Vererbungserscheinungen bei Bakterien gelegt. Es sollte sich als äußerst folgenreich erweisen. Sowohl Delbrück als auch Luria hielten nicht viel von Biochemie und noch weniger von deren medizinischen Adaptationen. Sie suchten den Zugang zu den Genen mit den Methoden der Physik. Die Arbeit der Gruppe um Oswald AVERY am *Rockefeller Institute* in New York mit virulenten und nichtvirulenten *Pneumokokken* hatte einen medizinischen Hintergrund – die Produktion effektiver Immunseren (vgl. 21.5.4.). Sie wurde überwiegend von Medizinern durchgeführt und bediente sich aller damals am *Rockefeller Institute* in New York verfügbaren enzymologischen und biochemischen Methoden. Die Unterscheidung einer rauhen und einer glatten Form von *Pneumokokken* und die Beobachtung ihrer Interkonversion geht auf Frederick GRIFFITH zurück, der am Pathologischen Labor des Ministeriums in London arbeitete, die typologische Klassifikation der Pneumokokken auf Fred NEUFELD am *Robert-Koch-Institut* in Berlin. Die Typen wurden als verschiedene Spezies betrachtet, die S- und R-Formen als Mutanten innerhalb eines Typus. Als GRIFFITH 1928 über die Transformation einer lebenden R-Form von Typ I durch eine abgetötete S-Form von Typ II berichtete, zögerte AVERY, der von der Konstanz der Typen überzeugt war, dem Ergebnis Glauben zu schenken. Die Terminologie, in denen diese Ergebnisse zunächst diskutiert wurden, war keineswegs genetisch. Sie stand eher in der Tradition allgemeiner Vorstellungen vom Nährstoffwechsel einerseits und von Immunspezifität andererseits. Diese Vorstellungen bestimmten daher auch die Suche nach der Substanz, die für das Transformationsereignis verantwortlich war, das sich in den Versuchen von GRIFFITH als thermolabil herausgestellt hatte (vgl. 21.5.2).

Es war der Übergang zu einem *In-vitro*-System, der es AVERY erlaubte, in der Charakterisierung der transformierenden Substanz einen entscheidenden Schritt weiterzukommen. Lionel ALLOWAY am *Rockefeller Institute* war es unter Verwendung des Detergens *Desoxycholat* gelungen, Pneumokokkenzellen aufzuschließen und den Zellsaft unter Verwendung eines *Berkefeld-Filters* von den Zellhüllen abzutrennen. Aus diesem Filtrat ließ sich mit Alkohol eine Substanz präzipitieren, die weiterhin in der Lage war, intakte *Pneumokokken* zu transformieren. AVERY führte, im Gegensatz zu GRIFFITH, enzymatische, chemische und physikalische Charakterisierungs-Techniken in das Transformations-System ein. Auf diesem Wege gelang ihm eine schrittweise Einengung der in Frage kommenden Stoffklasse. Als Maclyn MCCARTY 1942 zu der Gruppe stieß, sprachen die Indizien bereits für DNA als das transformierende Agens. Der Befund wurde schließlich 1944 veröffentlicht (AVERY et al. 1944). Zu diesem Zeitpunkt war AVERY die mög-

liche genetische Bedeutung seines Befundes wohl bewußt, doch hatte sich seine Arbeit keineswegs an kühnen genetischen Hypothesen orientiert. Die Überzeugung, die ihn leitete, war einzig die, daß biologische Spezifität letztlich auf chemischer Spezifität beruhen mußte.

Die molekularbiologische Legende will es, daß die Arbeit der *Rockefeller-Gruppe* zunächst nicht oder nur ungenügend zur Kenntnis genommen wurde. Diese Legende bedarf einer Revision (vgl. JUDSON 1979, S. 57–63, 93–96). Bereits ein Jahr später (1945) berichteten André BOIVIN, Roger VENDRELY und Yvonne LEHOULT aus Paris über ähnliche Transformationsexperimente mit *Escherichia coli*, die jedoch nicht unwidersprochen blieben. AVERY, MCCARTY und Harriet TAYLOR, eine Mitarbeiterin AVERYs, berichteten über den Fortgang ihrer Arbeit auf dem *Cold Spring Harbor* Symposium 1946 (Teilnehmer des Symposiums waren unter anderen Albert CLAUDE, Seymour COHEN, Max DELBRÜCK, Boris EPHRUSSI, Alfred HERSHEY, Joshua LEDERBERG, Salvador LURIA, André LWOFF, Jacques MONOD, Sol SPIEGELMAN, Wendell STANLEY und Edward TATUM). Und auf dem *Cold Spring Harbor* Symposium 1947 waren neben Harriet TAYLOR unter anderen André BOIVIN, Jean BRACHET, Erwin CHARGAFF und Alfred MIRSKY anwesend. BOIVIN schloß bei dieser Gelegenheit:

„Wir haben nun zumindest einen Schimmer von einer ganzen Serie katalytischer Reaktionen, die von primären organisierenden Zentren (Desoxyribonuklein-Gene) über sekundäre organisierende Zentren (Ribonuklein-Mikrosomen-Plasmagene) zu tertiären organisierenden Zentren (Enzyme) reichen, und die schließlich die Natur der involvierten Stoffwechselketten und damit alle Eigenschaften der in Betracht genommenen Zelle bestimmen" (BOIVIN 1947).

Andererseits ist nicht zu übersehen, daß führende Genetiker und Biochemiker wie DELBRÜCK, LURIA, BEADLE, PAULING, MIRSKY und Tracy SONNEBORN vor dem Hintergrund der eingewurzelten Vorstellung über die repetitive Struktur der DNA, im Gegensatz zur sehr viel komplexeren Struktur der Proteine, die Tragweite des Befundes unterschätzten. Wenn AVERYs Experimente eine „Revolution" ankündigten, wie BOIVIN meinte, dann war es eine schleichende, die sich zwar unter den Augen der Öffentlichkeit vollzog, die aber zunächst nicht allgemein als Revolution wahrgenommen wurde (MORANGE 1982).[1]

---

[1] Es ist jedenfalls bemerkenswert, daß 1946 in Cambridge auf einem Symposium über „Nukleinsäuren", an dem unter anderen J. Masson GULLAND, Alexander TODD, William ASTBURY, Torbjörn CASPERSSON, Jean BRACHET und Cyril D. DARLINGTON teilnahmen, von

22.2.9. Bakteriengenetik

BEADLES und TATUMS Analyse von *Neurospora*-Mutanten ebenso wie AVERYS Transformation von Pneumokokken begannen, obwohl von ganz unterschiedlichen Voraussetzungen ausgehend und in ganz verschiedenen Experimental-Traditionen wurzelnd, ein neues Feld abzustecken – das Feld einer Genetik niederer Organismen (BROCK 1990). Endgültig etabliert wurde die Bakteriengenetik durch Joshua LEDERBERG und Edward TATUM. LEDERBERG hatte als neunzehnjähriger Student an der Columbia University AVERYS Arbeit gelesen und war fasziniert von der Aussicht, die bakterielle Vererbung im Sinne genetischer Rekombination analysieren zu können (JUDSON 1979, S. 40–41, 368–370). Mit Edward TATUM, der mittlerweile von Stanford nach Yale gewechselt war, führte er die ersten Experimente durch, die den Grundstein zur genetischen Rekombination bei Bakterien legten (LEDERBERG & TATUM 1946). Diese Experimente wurden zu einem der großen Themen auf dem *Cold Spring Harbor* Symposium 1946. Das System war so einfach wie genial. TATUM besaß aus seiner Zeit in Stanford eine Kollektion von Mutanten des *Escherichia coli*-Stammes K12, die jeweils in mehreren Stoffwechselschritten defizient waren. LEDERBERG brachte je zwei dieser Mutanten in einem Vollmedium zusammen, erntete sie und säte sie darauf in einem Minimalmedium aus. Tatsächlich fanden sich Kolonien, in denen die multiplen Defekte aufgehoben waren. LEDERBERG führte den Rekombinationsprozeß auf bakterielle „Konjugation" zurück – das Äquivalent zur sexuellen Vereinigung bei höheren Organismen.

Innerhalb der nächsten zehn Jahre sollte auf diesem Weg eine bakterielle Genkarte entstehen. Gegenüber der klassischen Genetik besaß die Bakteriengenetik den unschätzbaren Vorteil, daß die Vermehrungszyklen unter optimalen Bedingungen in der Größenordnung von einer halben Stunde lagen. Überdies waren mit der Variation des Nährmediums sowie der Züchtung von Bakterienrasen auf festem Agar in Petrischalen außerordentlich sensitive und gleichzeitig einfache Instrumente gegeben, um genetische Veränderungen durch phänotypische Selektion unter Millionen von Zellen rasch und sicher ausfindig zu machen.

22.2.10. Nukleinsäure-Papierchromatographie

LEDERBERG hatte an AVERYS Bericht nicht so sehr der Befund interessiert, daß das „transformierende Prinzip" aus DNA bestand, im Gegenteil: LEDERBERG gehörte zu den Zweiflern. Was ihn vor allem beschäftigte, waren die Perspektiven einer formalen Genetik mit Bakterien. Anders verhielt es sich mit dem österreichischen Biochemiker Erwin CHARGAFF, der 1934 nach Aufenthalten in Berlin und Paris aus Europa emigrierte. An der *Columbia University* in New York hatte er während des Krieges über *Rickettsien* gearbeitet und war von daher mit den Prozeduren der Isolierung von DNA vertraut. AVERYS Befund veranlaßte ihn nach dem Krieg, sein Forschungsprogramm auf die chemische Analyse makromolekularer DNA zu orientieren (CHARGAFF 1979, S. 118–132). Seine einfache Überlegung war: Wenn DNA das Erbmaterial war, mußte sie spezifisch sein; wenn sie spezifisch war, sollte sie in ihrer Basenzusammensetzung bei verschiedenen Organismen variieren. Damit stand zugleich LEVENES Tetranukleotid-Hypothese zur Disposition.

CHARGAFFS Arbeit, an der sein wissenschaftlicher Mitarbeiter Ernst VISCHER aus Basel wesentlichen Anteil hatte, beruhte auf der Entwicklung eines für die Nukleinsäure-Biochemie neuen technischen Verfahrens, einer Adaptation der *Papier-Chromatographie*, die ursprünglich zur Identifizierung von Aminosäuren eingeführt worden war. Sie erwies sich als ein sensitives Verfahren, mit dem es möglich wurde, den relativen Anteil der vier verschiedenen Basen einer DNA-Präparation zu quantifizieren. Das Ergebnis dieser Arbeit ging später unter dem Namen „*Chargaff-Regeln*" in die Annalen der Molekularbiologie ein: *Guanin* stand zu *Cytosin* ebenso wie *Adenin* zu *Thymin* in einem Verhältnis von 1:1. Der relative Anteil der beiden Paare unterschied sich aber gemäß der Herkunft der DNA, je nachdem ob es sich um Kalbsthymus, Hefe oder Tuberkelbazillen handelte. Zweifellos hatte CHARGAFF eine dezidierte Vorstellung von der Spezies-Spezifität der DNA: das zeigen seine Experimente. Was jedoch die Interpretation der Zahlenverhältnisse angeht, so war er vorsichtig: Er hielt sie für „auffällig", aber „vielleicht bedeutungslos" (VISCHER et al. 1949). CHARGAFF dachte zu diesem Zeitpunkt offensichtlich nicht in den Dimensionen einer makromolekularen DNA-Struktur.

---

19 Referenten nur drei, nämlich Herman KALCKAR, Maurice STACEY und Robert E. STOWELL, auf die Arbeit von AVERY, MACLEOD und McCARTY verwiesen.

22.2.11. Protein-Modellbau

In den Dimensionen makromolekularer Strukturen dachte Linus PAULING am *Caltech* in Pasadena in den vierziger Jahren – jedoch keineswegs zu Beginn seiner Karriere als Strukturchemiker. Das *Caltech* war bereits das amerikanische Zentrum für Röntgenstrukturanalyse, als PAULING sich dort in den zwanziger Jahren zu etablieren begann. Er verstand es von Anfang an, die *Rockefeller Foundation* für seine Arbeit zu interessieren. Seine Projekte pflegten den Rand des finanziell bisher Dagewesenen ständig hinauszuschieben, wobei er geschickt seine früh erworbene Autorität als führender Chemiker Amerikas ausnutzte. Zunächst vorwiegend mit Quanten-Chemie und der Natur der chemischen Bindung beschäftigt, begann PAULING, sich im Laufe der dreißiger Jahre mehr und mehr mit der Struktur der Proteine, insbesondere mit *Hämoglobin*, zu beschäftigen. In diesem Zusammenhang entwickelte er das Konzept der Wasserstoffbrückenbindung und etablierte, in Zusammenarbeit mit Robert COREY, die planare Struktur der Peptidbindung. Seine Arbeitsweise unterschied sich insofern von derjenigen ASTBURYS oder auch der von PERUTZ und KENDREW in Cambridge, als er sich einerseits der Konformation der Proteine von der Struktur ihrer Bausteine her näherte. Andererseits beschäftigte ihn im Zusammenhang mit immunologischen Projekten, die vor allem während des zweiten Weltkrieges die finanzielle Kontinuität der Forschung sicherten, das Problem der Spezifität der Proteine, die er auf definierte dreidimensionale Faltungen einer eindimensionalen Kette zurückführte. Damit bewegte er sich durchaus im klassischen Paradigma der immunologischen *Instruktionstheorie*, wonach es das *Antigen* war, das den *Antikörper* strukturell „instruierte".

Was es PAULING jedoch zwischen 1948 und 1951 schließlich erlaubte, der dreidimensionalen Struktur der Proteine einen entscheidenden Schritt näherzukommen, war nicht allein die detaillierte Kenntnis über die Atomkoordinaten von Aminosäuren und die Einsicht in die strukturbildende Funktion von nicht-kovalenten Bindungen wie den *Van der Waals-Kräften*, Wasserstoffbrückenbindungen und elektrostatischen Wechselwirkungen. Er machte sich vielmehr konsequent das Visualisierungspotential des molekularen Modellbaus zunutze und etablierte in der molekularen Arbeit endgültig den intuitiven Raum des „Bastelns" makroskopischer Modelle. Seine *Protein-Alphahelix* mit ihren nicht-integralen Windungen schockierte die Welt der Kristallographen. Sie hat jedoch bis auf den heutigen Tag ihre Gültigkeit als eine Form der Sekundärstruktur von Proteinen bewahrt. *Alphahelikale* Modellvorstellungen hatte zwar bereits Maurice HUGGINS entwickelt, ein früherer Mitarbeiter von PAULING, und auch die Gruppe am *Cavendish* – PERUTZ, KENDREW, BRAGG – war um 1950 der Lösung nahe (vgl. OLBY 1974, Kapitel 17). Doch erwies sich PAULINGS unkonventionelle Schraube als die tragfähige (PAULING & COREY 1950).

22.2.12. Radioaktive Markierung und Proteinsynthese

Der Einsatz von Ultrazentrifugen zur Aufklärung der Partikelstruktur des Cytoplasmas geht auf die dreißiger Jahre zurück (RHEINBERGER 1995). Normand HOERR und Robert BENSLEY in Chicago begannen in den frühen dreißiger Jahren mit der Charakterisierung isolierter Mitochondrien. Ursprünglich aus der Virusforschung kommend, wandte sich Albert CLAUDE in James MURPHYS Labor am *Rockefeller Institute* Ende der dreißiger Jahre der cytoplasmatischen Ultrasedimentation zu, mit deren Hilfe Partikel gewonnen wurden, die bald unter dem Namen *Mikrosomen* bekannt wurden (CLAUDE 1943). Solche „makromolekularen" cytoplasmatischen Partikel untersuchten auch Jean BRACHET und Raymond JEENER in Brüssel. Im Gegensatz zu den *Mitochondrien* waren diese Ribonukleinsäure-reichen Partikel jedoch mit den in den vierziger Jahren verfügbaren Enzymtests keiner bestimmten Stoffwechselfunktion eindeutig zuzuordnen.

Diese Situation änderte sich zwischen 1947 und 1952, jedoch vor dem Hintergrund einer ganz anderen Fragestellung und experimentellen Entwicklung. Nach dem Zweiten Weltkrieg wurden leicht handhabbare radioaktive Isotope wie Schwefel (^{35}S), Phosphor (^{32}P) und Kohlenstoff (^{14}C) als „*Tracer*"-*Atome* für physiologische Studien einem weiteren Kreis von Forschern zugänglich. Die Verfügbarkeit von radioaktiven Aminosäuren führte mehrere Gruppen, unter ihnen Henry BORSOOK am *Caltech* in Pasadena und Paul ZAMECNIK am *Massachusetts General Hospital* in Boston, zu einer neuen Attacke auf den Proteinmetabolismus (RHEINBERGER 1993). ZAMECNIKS Forschungsprogramm stand zunächst im Rahmen der Erforschung des malignen Wachstums. Zwischen 1948 und 1952 arbeitete die Gruppe ein Verfahren aus, das es erlaubte, den Einbau von radioaktiven Aminosäuren in Rattenleber-Proteine im Reagenzglas zu verfolgen. Neben der radioaktiven Markierung wurde

dabei die differentielle Zentrifugation des Zell-
saftes angewendet. Im Laufe dieser Untersuchungen zeichnete sich ein Befund ab, der den
ein Jahrzehnt zurückliegenden zytochemischen
Untersuchungen CASPERSSONS und BRACHETS
neue Aktualität verlieh. Sowohl CASPERSSON als
auch BRACHET hatten bereits um 1940 beobachtet, daß das Zytoplasma Proteinsynthese-aktiver
Zellen besonders viel Ribonukleinsäure enthielt. Auch CLAUDES cytoplasmatische Struktur-
forschungen erfuhren nun eine funktionelle
Wende. Die *Mikrosomen* erwiesen sich nämlich
als eine der für die *In-vitro*-Proteinsynthese un-
erläßlichen Zellfraktionen. Mehr: Sie schienen
die Partikel zu sein, an denen sich diese Synthese vollzog. Damit war der Grundstein zu einer völlig neuen Art von zytologisch-biochemi-
schen Experimenten gelegt, die man als
funktionell-biologische In-vitro-Systeme charakterisieren kann. (RHEINBERGER 1997).

22.2.13. Zusammenfassung: Eine neue „technologische Landschaft"

Zusammenfassend läßt sich für diese frühe Periode der Entwicklung der Molekularbiologie fol-
gendes festhalten: Es steht außer Zweifel, daß
ihre Dynamik eng mit einer zunehmend spezifischer werdenden Technologisierung der biologischen Forschung verbunden ist. Lily KAY hat
von einer neuen „technologischen Landschaft"
gesprochen, für welche die Ausrichtung an den
grundlegenden Lebenserscheinungen, an möglichst einfachen biologischen Systemen, an
transdisziplinären Fragestellungen, an submikroskopischen Strukturen und an Teamwork-Pro-
jekten charakteristisch war (KAY 1993, S. 4–6).
Man kann die in dieser Landschaft sich ansie-
delnden Schwärme von Experimentalsystemen
und Modellorganismen andererseits aber keineswegs als Bestandteile eines umfassenden,
koordinierten und kohärenten, etwa von der
Science Division der *Rockefeller-Foundation*
„gesteuerten" Forschungsprogramms ansehen.
Auch von einer zunehmenden direkten Anwen-
dungsorientierung kann nicht die Rede sein. Wo
kriegsbedingte Arbeiten in den Vordergrund
traten, unterbrachen sie in der Regel die laufen-
den Forschungsprogramme. Gerade das Rocke-
feller-Programm war darauf angelegt, die biologische Grundlagenforschung in den USA aus
der engen Verknüpfung mit medizinischen und
agrikulturellen Institutionen herauszulösen, allerdings mit der Perspektive auf eine langfristi-
ge „wissenschaftliche" Lösung der Probleme,

die in den ersten Jahrzehnten des Jahrhunderts
unter dem Stichwort *Eugenik* und *soziale Kontrolle* die Diskussion beherrschten (KAY 1993).
Es verfälscht auch die Sicht, wenn man verkür-
zend behauptet, diese Systeme hätten es erlaubt, bereits seit langem im Raum stehende,
wohlformulierte wissenschaftliche Probleme einer Lösung zuzuführen. Man könnte vielmehr
umgekehrt argumentieren, daß eingefahrene
Modellvorstellungen wie die von der kolloidalen
Natur des Protoplasmas, die *Tetranukleotid-Hypothese* und die autokatalytische Replikation
von Proteinen allmählich ins Wanken kamen,
und daß die neuen Modellorganismen und
Experimentalsysteme ihrerseits zu bestimmen
begannen, was als molekularbiologisches For-
schungsproblem gelten konnte. Daß dadurch andere Bereiche der Biologie mit ihrem Horizont
an Forschungsbeständen nicht einfach „widerlegt" oder „überwunden" wurden, ist ebenso
evident wie es unbestreitbar ist, daß sie einer –
nicht zuletzt finanziellen – Marginalisierung unterlagen. Zwischen 1930 und 1950 nahm eine
neue, für die weitere Entwicklung der Biologie
entscheidende, sich nach und nach vernetzende
Experimentalkultur Gestalt an. Eine Reihe ihrer technischen Voraussetzungen entstanden im
Forschungsklima der Weimarer Republik. Aber
die durch den Nationalsozialismus vor allem in
der Biochemie erzwungene Emigration und die
Nachkriegsfolgen des NS-Regimes für die Wissenschaft verhinderten, daß die neue Biologie
von Deutschland entscheidend mitgeprägt wurde (vgl. DEICHMANN 1992). Die molekularbiologische Forschung spielte hier während des nächsten Jahrzehnts keine Vorreiterrolle.

22.3. Die DNA-Struktur und die Etablierung eines neuen Paradigmas (1950–1965)

Der Weg zur *DNA-Doppelhelix* ist beispielhaft
für eine spezifische Konjunktur, die sich auf der
Grundlage der skizzierten Experimentalfelder
herausbildete. Er implizierte die Abkehr vom
Protein-Paradigma des Lebens, das erstmals
durch die Transformations-Experimente von
AVERY ernsthaft herausgefordert worden war,
und das durch die 1951 gemachten Beobachtungen von Alfred HERSHEY und Martha CHASE
über die Rolle der DNA bei der Infektion von
Bakterien durch Phagen definitiv in Frage ge-

stellt wurde (HERSHEY & CHASE 1952). Die von ASTBURY begonnene und von Rosalind FRANKLIN und Maurice WILKINS fortgesetzte Röntgenstrukturanalyse von DNA-Fibern floß in das Doppelhelixmodell ebenso ein wie CHARGAFFS Befunde über die DNA-Basenverhältnisse und das von PAULING durch molekularen Modellbau und stereochemische Überlegungen gewonnene Modell der *Alpha-Helixstruktur* von Proteinen.

22.3.1. Die DNA-Doppelhelix: Röntgenstrukturanalyse und Modellbau

In der Zusammenarbeit von James WATSON und Francis CRICK am *Cavendish-Laboratorium* in Cambridge verbanden sich in einer lokalen, konkreten Situation das Strukturdenken der Cambridger Physikochemiker mit dem funktionalistischen, formal-biologisch orientierten Denken der DELBRÜCK-Schule (vgl. WATSON 1980; CRICK 1988). WATSON studierte Biologie in Chicago und arbeitete anschließend mit Salvador LURIA an der *Indiana University* in Bloomington über die Inaktivierung von Phagen durch Röntgenstrahlen. LURIAS Interesse, das ihn mit DELBRÜCK verband, galt der Aufklärung der Genduplikation. An der chemischen Natur der Gene war er allerdings bis 1950, ebenso wie DELBRÜCK, wenig interessiert. Und noch um 1950 schrieb er der *DNA* des *Bakteriophagen* im Replikationsvorgang nur eine untergeordnete Rolle zu (LURIA 1950).

Der einzige Biochemiker in der Phagengruppe war damals Seymour COHEN, ein ehemaliger Doktorand von CHARGAFF. Er arbeitete mit radioaktivem Phosphor über den DNA-Stoffwechsel bei der Phagenreplikation. In diesem Rahmen war auch die Arbeit angesiedelt, die WATSON mit Ole MAALØE in Kopenhagen durchführte, als er mit einem Merck-Stipendium 1950 nach Europa kam. Der entscheidende Impuls, sich der Strukturaufklärung der DNA zuzuwenden, kam für WATSON auf einer Tagung im Frühjahr 1951 in Neapel, wo er zum ersten Mal die Röntgenstrukturaufnahmen von WILKINS aus dem *King's College* in London sah. Obwohl mit etlichen Schwierigkeiten im Zusammenhang mit seinem Stipendium verbunden, gelang es WATSON, im Herbst 1951 nach Cambridge zu gehen und Aufnahme am *Cavendish-Labor* bei Lawrence BRAGG und Max PERUTZ zu finden.

Am *Cavendish-Labor* arbeitete seit 1949 auch Francis CRICK im Rahmen eines Dissertationssti-

pendiums über die Struktur von Proteinen. Er hatte sich nach dem Krieg, 1947, als Physiker der Biologie zugewendet. Wie WATSON schrieb auch er SCHRÖDINGERS Buch *What is Life?* nachträglich eine erhebliche Bedeutung für sein erstes Nachdenken über den grundlegenden „Unterschied zwischen dem Lebenden und dem Nicht-Lebenden" zu.[1] Als WATSON ans *Cavendish* kam, war CRICK, veranlaßt durch PAULINGS Publikation der *Alpha-Helixstruktur* der Proteine, mit der Ausarbeitung der Fourier-Transformation einer *Helix* beschäftigt. CRICK und WATSON kamen schnell in die Diskussion. WATSON lernte von CRICK Kristallographie, und CRICK ließ sich davon überzeugen, daß es sich lohnte, der Struktur der DNA nachzugehen, die eigentlich nicht zum Arbeitsgebiet des Labors gehörte. Was die Proteine anging, so hatte PAULING den entscheidenden Schritt bereits getan.

Maurice WILKINS hatte während des Krieges als Physiker am Manhattan-Projekt gearbeitet. Wie CRICK wendete er sich nach dem Krieg der Biophysik zu und stieß 1945 zu John RANDALL, der ein Jahr später von der *St. Andrews University* ans *King's College* übersiedelte, um dort ein großes Biophysik-Programm aufzubauen. WILKINS befaßte sich zunächst mit Chromosomenstudien in Zellen. 1950 machte er zusammen mit Raymond GOSLING erste Röntgenstrukturbilder einer hochmolekularen DNA-Fiberpräparation, die Rudolf SIGNER aus Bern 1950 zu einem Faraday-Meeting nach London mitgebracht hatte. Diese Bilder brachten einen entscheidenden Fortschritt gegenüber den Aufnahmen, die ASTBURY 1947 veröffentlicht hatte. ASTBURY und BELL hatten bereits 1939 ihre Daten im Sinne einer einsträngigen *Helix* interpretiert. WILKINS favorisierte zunächst eine Zick-Zack-Struktur, begann sich jedoch 1951 mit der Idee einer Schrauben-Konformation auseinanderzusetzen, die auch eine von Sven FURBERGS Alternativen darstellte, der ausgehend von der Struktur des *Cytidin* am *Birkbeck-College* bei Bernals Kollegen C. CARLISLE DNA-Modelle entwickelte.

Im Januar 1951 kam Rosalind FRANKLIN ans *King's College*, um als Röntgenstruktur-Expertin die Arbeit an der DNA-Struktur fortzusetzen. Ihr gelang es bald, zwei Röntgenstruktur-Muster zu produzieren, eines von „kristalliner" DNA (A-Form), ein anderes von „feuchter" DNA (B-Form). Sie war mit ihrer Interpretation äußerst vorsichtig, aber ihre dezidierte Ablehnung heli-

---

[1] Bewerbung für ein M. R. C.-Stipendium 1947, zitiert in OLBY 1974, S. 310. Zum Verhältnis von Physik und Molekularbiologie vgl. KELLER 1990.

kaler Optionen, von der WATSON gesprochen hat (WATSON 1980), scheint bei einer detaillierten Rekonstruktion der Ereignisse fraglich (OLBY 1974, S. 348–350). Im Herbst 1951 jedenfalls, als WATSON und CRICK ihre Arbeit aufgenommen hatten, dachte WILKINS, der in regelmäßigem Kontakt mit CRICK stand, über die Möglichkeit einer *Tripel-Helix* anstelle einer einfachen Helix nach. Das erste Modell, das WATSON und CRICK im November 1951 konstruierten, war dann auch eine *Tripel-Helix*, bei der das Zucker-Phosphat-Gerüst innen lag und die Basen nach außen abstanden. Nach einem Besuch von WILKINS, FRANKLIN und GOSLING stand schnell fest, daß das Modell mit ihren kristallographischen Daten nicht zu vereinbaren war. CRICK und WATSON hatten als Outsider eine Schlappe einzustecken. CRICK wandte sich vorerst wieder seiner Dissertation zu, WATSON, zusammen mit Roy MARKHAM, dessen Labor er formell zugeordnet war, der Röntgenkristallographie des Tabakmosaikvirus.

Die Ereignisse zwischen dem Sommer 1952 und dem Frühjahr 1953 sind mehrfach ausführlich beschrieben worden und sollen hier nicht im einzelnen nachgezeichnet werden (WATSON 1980; OLBY 1972; OLBY 1974; JUDSON 1979; CRICK 1988). Eine entscheidende Rolle spielten dabei John GRIFFITH, der CRICK auf die Möglichkeit einer Anziehung zwischen den Basen A und T sowie G und C aufmerksam machte, Erwin CHARGAFF, der im Sommer 1952 in Cambridge über seine chromatographisch gewonnenen DNA-Basenverhältnisse sprach, und Jerry DONOHUE, der WATSON über die korrekten tautome-

ren Formen der Basen aufklärte. Hinweise auf das Vorhandensein zweier Ketten statt dreier sowie auf deren antiparallele Orientierung ergaben sich aus den DNA-Bildern der sogenannten B-Form von Rosalind FRANKLIN, die WATSON und CRICK durch Vermittlung von WILKINS zugänglich waren. Über detaillierte kristallographische Daten verfügten sie allerdings nicht, und so war es am Ende vor allem der molekulare Bastelkasten von Drahtmodellen, mit dessen Hilfe das im April 1953 publizierte Modell plausibel gemacht wurde (WATSON & CRICK 1953 a, 1953 b), und das sich schließlich mit den Daten FRANKLINS und der Gruppe von WILKINS als kompatibel erwies (FRANKLIN & GOSLING 1953; WILKINS et al. 1953).

Mit WATSONS und CRICKS DNA-Modell wurde das Protein-Paradigma des Gens definitiv abgelöst durch ein Konzept, das CRICK später mit dem griffigen Namen „zentrales Dogma" der Molekularbiologie belegte, in dessen Mittelpunkt nunmehr die DNA stand. Daß jedoch 1953 noch keineswegs, wie uns heute leicht scheinen will, das letzte Wort über die DNA als *dem* Stoff der Gene gesprochen war, macht eine Bemerkung Alfred HERSHEYS deutlich, der noch 1953 anläßlich des *Cold Spring Harbor* Symposiums die Vermutung äußerte, daß sich die DNA „nicht als die einzige Determinante genetischer Spezifität erweisen würde" (HERSHEY 1953).

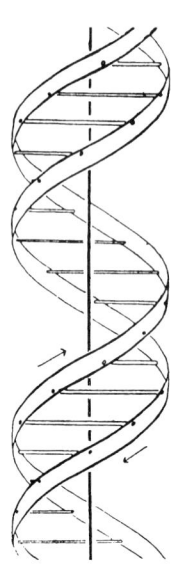

Abb. 222. Eine Struktur für Desoxyribonukleinsäure. WATSON & CRICK 1953.

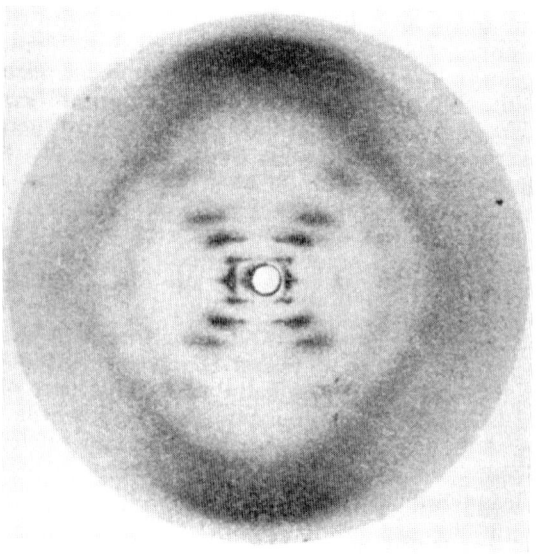

Abb. 223. Natriumsalz von Desoxyribonukleinsäure aus Kalbsthymus, B-Form. Röntgenstruktur-Diagramm. FRANKLIN & GOSLING 1953.

22.3.2. Das „Zentrale Dogma" der Molekularbiologie

Die Funktion des Wissens im Forschungsprozeß ist es nicht, die Dinge abschließend so darzustellen, wie sie „wirklich" sind, sondern, wie Crick einmal bemerkt hat:

„Als Wissenschaftler benötigen wir Wissen, wenn wir uns an die Entdeckung neuen Wissens machen wollen" (Crick 1970 b).

Wo und wie sich das jeweils realisiert, läßt sich allerdings in der Molekularbiologie so wenig wie anderswo prognostizieren. Wissenschaftsgeschichte verläuft in der Regel nicht linear. Das zeigt auch die weitere Entwicklung der Dinge im ersten Jahrzehnt nach der Doppelhelix. Das auf Basenkomplementarität beruhende Modell der *Doppelhelix* implizierte eine Modellvorstellung über die Speicherung und die Verdopplung genetischer Information, die Watson und Crick „nicht entgangen war", wie es in ihrer Notiz vom 25. April 1953 an *Nature* heißt.

Der theoretische Rahmen dieser Modellvorstellung wurde zwischen 1953 und 1958 von Francis Crick und einem Kreis von Molekularbiologen, der sich „*RNA-Tie-Club*" nannte,[1] wesentlich präzisiert und zunehmend im Sinne eines genetischen Informationsflusses interpretiert. Watson war nach Pasadena gegangen und arbeitete mit Alexander Rich an der Struktur der RNA. Daß der Weg von der DNA über die RNA zu den Proteinen führen würde, vermutete Watson bereits 1952.[2] Die Frage war, wie dieser Prozeß vonstatten ging.

Bereits 1940 hatte Friedrich-Freksa einen Protein-Kopierprozeß im Auge, bei dem die Nukleinsäurebasen als eine Art intermediäres Spiegelbild fungierten. Ein frühes sogenanntes *Template-Modell* stammt von Alexander Dounce von der *University of Rochester* (Dounce 1952). Dounce ging 1952 davon aus, daß die Spezifität der Proteinsequenz durch direkte physikalisch-chemische Wechselwirkung der Aminosäuren mit der Abfolge der Nukleotide der Nukleinsäure gewährleistet wird. George Gamows „geometrischer" Code von 1954 setzte eine direkte Wechselwirkung der Aminosäuren

mit der Oberfläche der DNA-Doppelhelix voraus (Gamow 1954). Die Frage der Codierung beschäftigte auch Crick. Er war der erste, der 1955 in einem unter den Mitgliedern des *RNA-Tie-Clubs* zirkulierenden Manuskript darüber spekulierte, daß die Codierung der Aminosäuresequenz durch Nukleotid-Wasserstoffbrücken vermittelt sein könnte: Die hierfür postulierten *Adaptor-Moleküle* sollten aus einem *Trinukleotid* bestehen, das spezifisch mit je einer Aminosäure verknüpft war. Diese Adaptoren ihrerseits sollten dann ihren Platz auf dem RNA-Template finden, so daß benachbarte Aminosäuren eine Peptidbindung eingehen konnten.

Crick war es auch, der 1957 der „Sequenz-Hypothese" und dem „Zentralen Dogma" der Molekularbiologie ihre explizite Formulierung gab (Crick 1958). Nach der *Sequenz-Hypothese* liegt die Spezifität der Nukleinsäuren ausschließlich in der Sequenz ihrer Basen, die ihrerseits die Aminosäure-Sequenz der Proteine determiniert. Das *Zentrale Dogma* statuierte, daß der molekulare Informationsfluß von der DNA über die RNA zu den Proteinen verläuft, und daß der umgekehrte Weg ausgeschlossen ist. Daß der RNA eine Rolle im Informationstransfer zukam, legten die Versuche von Alfred Gierer und Gerhard Schramm in Tübingen sowie von Heinz Fraenkel-Conrat in Berkeley mit der RNA des Tabakmosaikvirus nahe. Sie wurden 1956 publiziert. Die Aufklärung der ersten vollständigen Primärstruktur eines Proteins – *Insulin* – durch Frederick Sanger und seine Mitarbeiter, unter anderen Hans Tuppy, in Cambridge zwischen 1949 und 1955 gab der Vermutung experimentelle Substanz, daß die Anordnung der Aminosäuren keinem inhärenten Muster folgte, sondern offensichtlich nicht-redundant und hochspezifisch war (vgl. z. B. Sanger 1952). Jedoch blieben vorläufig alle Versuche von Seymour Benzer und Crick, die Natur des genetischen Codes durch eine Feinkartierung von Mutationen des Bakteriophagen T4 zu lösen, in dem enormen experimentellen Aufwand, den sie verursachten, stecken. Ähnlich erging es Fraenkel-Conrat in Berkeley und Heinz-Günter Wittmann in Tübingen, die Mutationen der *TMV-RNA* mit Aminosäure-Austauschen auf dem Hüllprotein des Virus zu korrelieren versuchten.

---

[1] Er wurde von George Gamow 1954 von Berkeley aus ins Leben gerufen mit dem Ziel, „das Rätsel der RNA-Struktur aufzuklären und den Weg von dieser zu den Proteinen zu verstehen" (Gamow, zitiert in Judson 1979, S. 265). Zu den 20 Mitgliedern des Clubs (für jede Aminosäure ein Mitglied) zählten unter anderen George Gamow, James Watson, Francis Crick, Martynas Ycas und Alexander Rich.
[2] Vgl. das Diagramm in Watson 1980, S. 90.

22.3.3. In-vitro-Proteinsynthese und Transfer-RNA

Weitgehend unabhängig von den theoretischen Spekulationen und den experimentellen Bemühungen des „Clubs" der Molekularbiologen vollzogen sich zur gleichen Zeit entscheidende Entwicklungen im Rahmen der *In-vitro*-Proteinbiosynthese. Die zunächst rein biochemisch orientierten Arbeiten von Paul ZAMECNIK und Mahlon HOAGLAND am Massachusetts *General Hospital* führten 1954 zur Charakterisierung eines ersten Intermediats auf dem Weg von den freien Aminosäuren zu den Proteinen, den energiereichen Aminosäure-Adenylaten (HOAGLAND 1955). Daß die Proteinsynthese über energiereiche phosphorylierte Zwischenstufen verlaufen könnte, hatte Fritz LIPMANN bereits 1941 vermutet. Dennoch kam der experimentelle Befund aus dem Proteinsynthese-System als eine Überraschung. Noch überraschender war jedoch, daß ZAMECNIKS Versuche, im Proteinsynthesesystem eine RNA-Syntheseaktivität nachzuweisen, mit dem Ergebnis endeten, daß Aminosäuren sich auf dem Wege zur Peptidbindung mit einer kleinen, löslichen RNA (S-RNA) verbanden (HOAGLAND et al. 1957). Diese RNA war Bestandteil der Enzymfraktion des *In-vitro*-Systems. Ursprünglich als Degradationsprodukt mikrosomaler RNA betrachtet, gewann diese lösliche RNA nun eine funktionelle Identität, die CRICKS Adaptor-Hypothese eine experimentelle Basis verschaffte. Eine neue Möglichkeit, dem genetischen Code auf die Spur zu kommen, erschien am Horizont. Aber HOAGLANDS und CRICKS Bemühungen, individuelle S-RNA-Moleküle zu isolieren, um deren „Signatur" zu bestimmen, blieben erfolglos. Und ZAMECNIKS Endgruppen-Analyse der löslichen RNA ergab, daß diese invariabel aus einem CCA-Ende bestand – alles andere als ein distinkter Code!

Glaubte HOAGLAND, mit dem später als *Transfer-RNA* bezeichneten Molekül einen „Rosetta-Stein" zur Entschlüsselung des Codes in der Hand zu haben, so erwies sich diese Vermutung vorerst wiederum als eine experimentelle Sackgasse. Auch Ernest GALE und Joan FOLKES, Nachbarn von CRICK in Cambridge, die das Verhältnis von Proteinsynthese und Nukleinsäure-Synthese in einem *Staphylokokken-In-vitro*-System untersuchten, blieben bei der Charakterisierung der von ihnen so genannten „Inkorporations-Faktoren" stecken. Robert HOLLEY, der seit 1957 daran arbeitete, die für *Alanin* spezifische S-RNA aus Hefe im Gegenstrom-Verfahren zu isolieren, brauchte nicht weniger als acht Jahre und einen großen Stab von Mitarbeitern, um die Primärsequenz der ersten *Transfer-RNA* zu bestimmen (HOLLEY et al. 1965). Als die ersten Sequenzen erschienen (vgl. auch ZACHAU 1966), war der genetische Code auf einem anderen Weg bereits gelöst (vgl. 22.3.5.).

22.3.4. Von der enzymatischen Adaptation zur Genregulation: Messenger RNA

Eine unerwartete Wende nahmen auch die Arbeiten von François JACOB und Jacques MONOD am *Institut Pasteur* in Paris. MONOD hatte sich seit den vierziger Jahren mit der sogenannten „Enzym-Adaptation" in *E. coli*-Bakterien, d.h. ihrer enzymatischen Anpassung an wechselnde Nahrungsquellen beschäftigt. Seine enzymatischen und biochemisch-kinetischen Verfahren basierten auf sorgfältig ausgewählten Stoffwechsel-Mutanten. Als Modellsystem diente ihm der fakultative Abbau von *Laktose*. Seine Vorstellungen waren zunächst von der immunologischen Instruktionstheorie geprägt. Sie wandelten sich erst Anfang der fünfziger Jahre nach einer langen Serie von Experimenten in Zusammenarbeit mit Melvin COHN zur Vorstellung einer genetischen Kontrolle der Enzymsynthese, was begrifflich im Übergang von der „Enzym-Adaptation" zur „Enzym-Induktion" zum Ausdruck kam (GAUDILLIÈRE 1992). Mitte der fünfziger Jahre war das System so weit präzisiert, daß MONOD und sein Mitarbeiter Georges COHEN zwischen drei Genen unterscheiden konnten: dem *y*-Gen, das eine *Permease* zum Import von *Laktose* spezifizierte, dem *z*-Gen, das für die zuckerabbauende *beta-Galaktosidase* verantwortlich war, und einem *i*-Faktor, der dafür verantwortlich war, daß das System „induziert" werden konnte. Daß das System nicht „konstitutiv" und damit lebenswichtig für die Bakterien war, machte einen seiner entscheidenden experimentellen Vorteile aus. Und der Übergang zum *E. coli*-Stamm K12 von Joshua LEDERBERG sollte es erlauben, das System genetisch zu manipulieren.

François JACOB begann seine Arbeit über *Lysogenie* am *Institut Pasteur* im Labor von André LWOFF 1950. Bald entwickelte sich eine enge

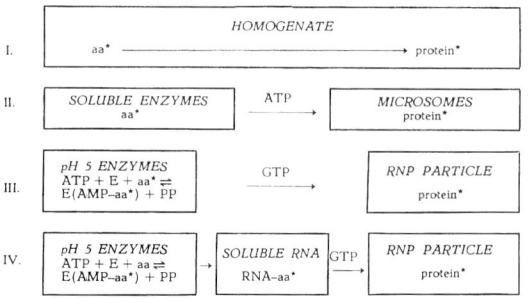

Abb. 224. Differenzierung der Bestandteile der Proteinbiosynthese im Reagenzglas zwischen 1950 und 1958. HOAGLAND 1958.

Zusammenarbeit mit Elie WOLLMAN, der damals von einem Aufenthalt am *Caltech* zurückkam, wo er in DELBRÜCKS Labor mit Gunther STENT über Phageninfektion gearbeitet hatte. Ebenfalls um diese Zeit zeichneten sich entscheidende Entwicklungen in der Bakteriengenetik ab. William HAYES in London und Luca CAVALLI-SFORZA in Italien fanden Hinweise auf eine sexuelle Differenzierung bei *Coli*-Bakterien und lernten, bei der Konjugation zwischen Donor- und Rezipienten-Zellen zu unterscheiden.

1951 beschrieben Joshua LEDERBERG und Norton ZINDER das Phänomen der viral vermittelten „Transduktion", und Esther LEDERBERG beobachtete *Lysogenie* beim *E. coli*-Stamm K12. Den involvierten Phagen nannte sie „lambda". 1953 charakterisierte HAYES eine hochfrequent rekombinierende Donor-Variante von K12 (Hfr HAYES). WOLLMAN und JACOB begannen, mit diesem Stamm zu arbeiten. Im Zuge von Rekombinationskinetiken mit Mehrfachmutanten von K12 kamen sie auf einen Trick, der sich als folgenreich erweisen sollte: Wenn man den Konjugationsvorgang zu bestimmten Zeiten mechanisch unterbrach (durch Schleudern in einem Mixer), konnte man die Übertragung verschiedener Charaktere zeitlich auflösen. „Mapping by mating" wurde zu einem Schlüssel der Kartierung bakterieller Chromosomen (JACOB & WOLLMAN 1958). Die Einteilung konnte nach der Anzahl der Minuten gemacht werden, die ein Faktor brauchte, um vom Donor auf den Rezipienten überzugehen. Das Gen für *beta-Galactosidase* lag bei 25 Minuten, diejenigen des Phagen *lambda* bei 26.

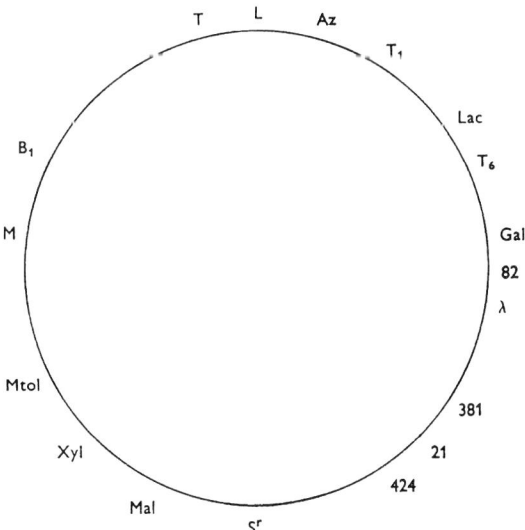

Abb. 225. Diagrammatische Darstellung des *E. coli*-K 12-Chromosoms mit der relativen Position einiger Gene. JACOB & WOLLMAN 1958.

Damit ließen sich die Experimentalsysteme von MONOD und von JACOB koppeln.

„Was Monod und Jacob zusammenbrachte", schreibt JUDSON (1979, S. 402), „war vor allem der Umstand, daß die Systeme und die Tricks, die jeder von ihnen ausgearbeitet hatte, sich für die Probleme des jeweils anderen als nützlich erwiesen."

Die Zusammenarbeit begann 1957 und schloß Arthur PARDEE ein, der vom Virus-Labor der *University of California* in Berkeley für ein Jahr nach Paris gekommen war. Sie führte zu der berühmten Serie von „PaJaMo"-Experimenten,[1] aus denen ein erstes Modell zur Regulation der Genexpression hervorging. Bestandteil dieses Modells war die Postulierung und Charakterisierung einer kurzlebigen Nukleinsäure (RNA), welche die Information für die zu synthetisierenden Enzyme trug. Die Experimente legten den Schluß nahe, daß der von MONOD, und COHEN identifizierte „i-Faktor" für die Produktion einer zytoplasmatischen Substanz verantwortlich war, die ihrerseits auf das Strukturgen oder sein Produkt einwirkte. Für diese spezielle, regulierende Substanz verwendeten PARDEE, JACOB und MONOD erstmals den Ausdruck „cytoplasmatischer Bote" oder „cytoplasmatischer Messenger". „*Messenger*" war also zunächst ein Begriff im Rahmen der Konzeptualisierung von Regulationsphänomenen und nicht der Umsetzung von genetischer Information!

Im Rahmen der weiteren Charakterisierung des *Galaktosidase*-Systems ergab sich als zusätzliche Beobachtung, daß das Enzym nach der Induktion ohne meßbaren Verzug nachgewiesen werden konnte und die Inaktivierung des Gens die Enzymsynthese ebenfalls ohne Verzug stoppte. Das deutete auf ein „funktionell *instabiles* Intermediat", das für die Expression auch der Strukturgene verantwortlich war (RILEY et al. 1960). Als JACOB zum ersten Mal über diese Befunde in der Öffentlichkeit auf einem Kolloquium in Kopenhagen im September 1959 sprach, reagierte niemand darauf.

„Keiner muckste. Keine Fragen. Jim [Watson] las weiter in seiner Zeitung", erinnert sich JACOB.[2]

Im darauffolgenden Frühjahr trafen sich im *King's College* in Cambridge unter anderen François JACOB, Francis CRICK, Sidney BRENNER, Leslie ORGEL und Ole MAALØE zu einem informellen Meeting. In dessen Verlauf wurden die

[1] Die Abkürzung steht für PARDEE, JACOB und MONOD.
[2] Versammelt hatte sich dort die Kerngruppe der molekularbiologischen Avantgarde. JACOB erwähnt „vor allem" Ole MAALØE, James WATSON, Francis CRICK, Seymour BENZER, Sydney BRENNER, Jacques MONOD und Niels BOHR. JACOB 1988, S. 386.

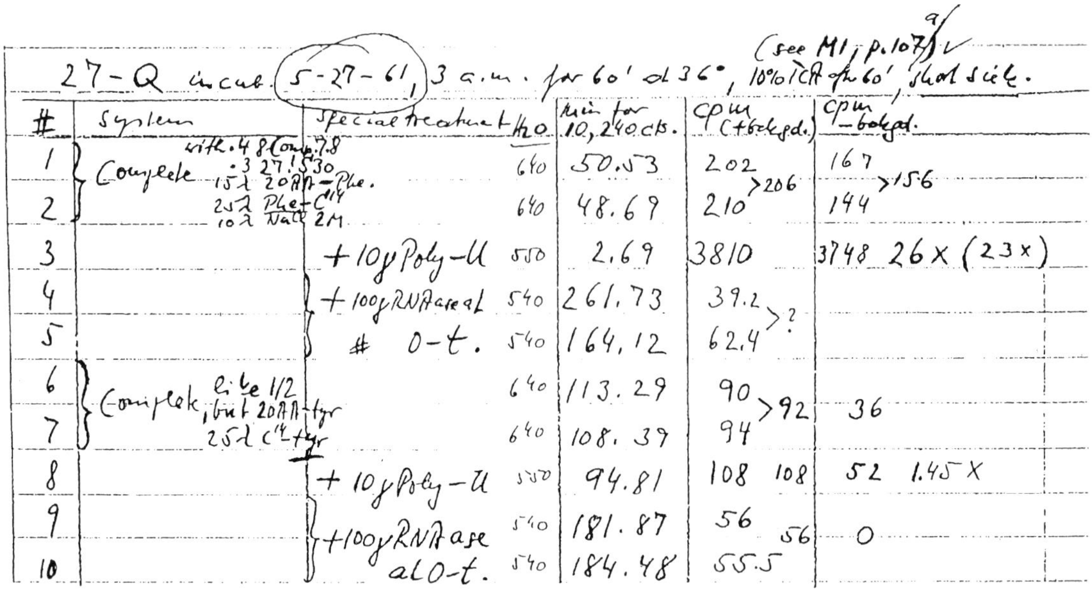

Abb. 226. Experiment zur Korrelation von Phenylalanin mit dem Code-Wort UUU. MATTHAEI, Laborprotokolle.

tion und *genetischer Code* die Schlüsselworte bildeten. Diese Sprache hatte sich gewissermaßen unter der Hand durchgesetzt, sie war weder dem Funktionalismus der Delbrück-Schule (*Phagen*-Gruppe), noch dem Strukturalismus von KENDREW, PERUTZ und WILKINS in Cambridge und London oder PAULING in Pasadena, noch dem Regulationsdenken der Gruppe am *Institut Pasteur* in Paris von Anfang an eingeschrieben. Lily KAY argumentiert, im Gegensatz zu JUDSON (1979, S. 606–607), daß die parallele Entwicklung der Informationstheorie Ende der vierziger und in den fünfziger Jahren einen übergreifenden Rahmen abgab, in welchen dieser Wandel in den Grundbegriffen der Molekularbiologie eingebettet ist, auch wenn die Kontakte zwischen den entsprechenden Wissenschaftler-Gemeinschaften eher marginal waren (KAY 1994).

22.4. Molekularbiologie und die Anfänge der Gentechnologie

Das wachsende Bewußtsein einer völligen Umstrukturierung der bisherigen Biologie durch die neue, molekulare Biologie führte in den sechziger Jahren in den USA, England, Frankreich und auch in Deutschland zu vermehrten universitäts- und forschungspolitischen Bemühungen

ihrer führenden Vertreter, die *Molekularbiologie* in Form von Forschung und Lehre, durch Universitäts- und Forschungsinstitute und durch Lehrstühle institutionell zu etablieren (ABIR-AM 1985; GAUDILLIÈRE 1991; CHADAREVIAN 1994). In Deutschland spielte dabei zunächst die Max-Planck-Gesellschaft eine Vorreiterrolle, besonders die Max-Planck-Institute für Virusforschung in Tübingen, für Biochemie in München und dann für Molekulare Genetik in Berlin mit einer Gruppe von jungen Forschern, die sich nach der Promotion für einige Jahre an den neuen Zentren in den USA und in England aufgehalten hatten (u. a. Alfred GIERER am *Massachusetts Institute of Technology* und am *California Institute of Technology*, Heinz-Günter WITTMANN in Berkeley, Friedrich CRAMER in Cambridge, Heinrich MATTHAEI am NIH in Bethesda).

Hatte die Biologie in Amerika, vor allem die Physiologie und Biochemie, durch die Emigration führender Vertreter dieser Fächer aus dem nationalsozialistischen Deutschland – Fritz LIPMANN, Max BERGMANN, Erwin CHARGAFF und viele andere – starke Impulse erhalten, so war nun die Situation umgekehrt. Die entscheidenden Entwicklungen, die zur Molekularbiologie führten, hatten während des Krieges und im ersten Jahrzehnt nach dem zweiten Weltkrieg in den USA, England und Frankreich stattgefunden. Es dauerte über zwei Jahrzehnte, bis die Forschung in Deutschland wieder Anschluß an die internationale Entwicklung fand.

Bis zum Ende der sechziger Jahre, als Gunther

STENT – welche Ironie, möchte man angesichts der Entwicklungen des nächsten Jahrzehnts hinzufügen (vgl. 22.4.1.) – die Molekularbiologie in ihrer „akademischen" Phase angelangt sah (STENT 1968), basierte die neue Biologie weitgehend auf Techniken, die im Kontext der klassischen disziplinären Matrix der Biologie als biophysikalische, biochemische und genetische Prozeduren gekennzeichnet werden können: Röntgenstrahl-Kristallographie, molekulares Modellieren, Ultrazentrifugation, Elektronenmikroskopie, radioaktive Markierung, enzymologische Kartierung, Elektrophorese und Chromatographie; Bakterien- und Phagengenetik mit ihren Verfahren des *Mutantenscreening*, der *Konjugation* oder des „*mapping by mating*", der *Transduktion* und *Transfektion*. Mit dieser Charakterisierung ist nicht gemeint, daß solche Verfahren bereits verfügbar waren und einfach nur aufgegriffen werden mußten auf dem Wege zu dem, was wir heute als *Molekularbiologie* bezeichnen. Im Gegenteil, es waren genau die Entwicklung oder zumindest die biologie-spezifische Verwendung der meisten von ihnen, die das Unternehmen überhaupt erst auf den Weg brachten, lebende Systeme auf molekularer Ebene zu charakterisieren.

Diese biophysikalischen, biochemischen und genetischen Techniken zur Untersuchung von Organismen werden oft auch als *In-vivo-*, *In-situ-* und *In-vitro*-Zugänge zu den Lebenserscheinungen unterteilt. Ihnen allen ist gemeinsam, daß sie eine Umgebung zu schaffen versuchen, in der das Milieu der lebenden Zelle durch technische Bedingungen eingegrenzt oder substituiert werden kann. Kurz gesagt, es geht bei diesen Techniken um eine extrazelluläre Repräsentation einer intrazellulären Konfiguration (wie typischerweise bei *In-vitro*-Systemen), bzw. um eine phänomenologisch-makroskopische Repräsentation submikroskopischer Vorgänge (wie bei der Bakterien- und Phagengenetik). Die zum Zwecke solcher Darstellungen entwickelten Technologien sind nach dem Muster derjenigen Wissenschaften modelliert, die von den Pionieren der Molekularbiologie als entscheidend für den molekularen Fortschritt der Biologie angesehen wurden: die Physik und die Chemie.

22.4.1. Rekombinante DNA

Seit Anfang der siebziger Jahre hat sich mit dem Heraufkommen rekombinanter DNA-Technologien die Art und Weise noch einmal radikal gewandelt, in der molekulare Strukturen und Prozesse des Organismus dem Experimentieren zugänglich gemacht werden, in der diese Strukturen und Prozesse in Repräsentationen

verwandelt und übersetzt werden, die man im Labor handhaben kann. Wohl wirken ein Teil ihrer Prozeduren weiterhin als Verfahren im soeben beschriebenen Sinne. Aber ihre eigentlichen, zentralen Werkzeuge – *Restriktionsenzyme*, *Polymerasen*, *Plasmide* und verschiedene Arten von *Vektoren*, Bruchstücke von DNA und RNA – sind alle selbst von der Ordnung von Molekülen. Mit der Gentechnologie werden die zentralen „technischen" Entitäten, die Manipulationswerkzeuge des molekularbiologischen Unternehmens, selbst zu molekularen Werkzeugen, sie sind ihrem Charakter nach nicht mehr zu unterscheiden von den Prozessen, in die sie eingreifen. Die „Scheren" und die „Nadeln", mit denen Gene „geschnitten" und „gespleißt" werden, und die Träger, mit denen man sie transportiert, sind selbst Makromoleküle. Diese Enzyme und sonstigen gereinigten Moleküle stellen eine Art „weicher" Technologie dar, eine molekulare Technologie, die der Lebensprozeß selbst über eine Periode von Milliarden Jahren entwickelt hat und die in der Lage ist, innerhalb des Bezirks und des Milieus der intakten lebenden Zelle zu operieren.

Damit nimmt der Organismus selbst endgültig den Status eines technischen Objekts an. Gewiß, das Leben molekular zu kontrollieren, hat bereits die frühen Programme einer „neuen Biologie" Ende der dreißiger und in den vierziger Jahren motiviert, wie Lily KAY überzeugend dargelegt hat.[1] Aber erst mit der Möglichkeit, das genetische Reproduktionsprogramm der Zelle mit Hilfe ihrer eigenen – modifizierten und unmodifizierten – Komponenten zu bearbeiten, verläßt der Molekularbiologe – als Gentechnologe – das Arbeitsparadigma des klassischen Biophysikers, Biochemikers und Genetikers. Er konstruiert nicht länger Reagenzglas-Bedingungen, unter denen die Moleküle des Organismus und ihre Reaktionsfolgen den Status wissenschaftlicher Objekte annehmen. Genau andersherum: Der Molekulartechnologe konstruiert informationstragende Moleküle, die nicht länger bereits im Organismus existieren müssen, und um sie zu reproduzieren, zu exprimieren und zu analysieren, benützt er das Milieu der Zelle als deren angemessene technische Einbettung. Der Organismus selbst wird damit in ein Labor verwandelt. Worum es von nun an geht, ist nicht

---

[1] KAY 1993. In der Tat hat etwa Nikolaj TIMOFÉEFF-RESSOVSKY bereits 1934 von einer „Synthese neuer Genotypen und Rassen" gesprochen und in diesem Zusammenhang auch den Ausdruck „genetic engineering" verwendet, wobei ihm allerdings die Methoden der Züchtung und der induzierten Mutation vor Augen standen (TIMOFÉEFF-RESSOVSKY 1934, S. 451).

länger die extrazelluläre Repräsentation intrazellulärer Strukturen und Prozesse, sondern die intrazelluläre Repräsentation eines extrazellulären Projekts, mit einem Wort: die Um-Schreibung des Lebens. Das zeichnet, aus einer epistemischen Perspektive, die Gentechnologie aus.

Es kann hier nicht mehr als ein kurzer Überblick über die neuen Techniken gegeben werden (vgl. WATSON & TOOZE 1981; JUDSON 1993). Unter diese Techniken fallen die Isolierung und *In-vitro*-Verwendung verschiedener *Polymerasen*. Hier leistete Arthur KORNBERG in Stanford Pionierarbeit, der zwischen 1960 und 1970 *DNA-Polymerasen* charakterisierte. 1970 beschrieben sowohl Howard TEMIN als auch David BALTIMORE eine *virale Polymerase*, die RNA in DNA umschreibt. Unter dem Namen „*reverse Transkriptase*" wurde sie zu einem wichtigen Werkzeug der neuen Gentechnologie. Die Charakterisierung der ersten sogenannten *Restriktionsenzyme*, die definierte DNA-Doppelstrangsequenzen erkennen und spezifisch schneiden, gelang Ende der sechziger Jahre Matthew MESELSON und Robert YUAN in Pasadena sowie Werner ARBER am *Biozentrum* in Basel. Die Konstruktion eines ersten *Plasmids*, mit dem die DNA eines fremden Genoms in Bakterien übertragen werden konnte, zeichnete sich wenige Jahre später ab (COHEN et al. 1973). Diese erste „rekombinante DNA" bildete den eigentlichen Startpunkt des „*genetic engineering*" und löste eine bis heute andauernde Debatte über Risiken und Möglichkeiten der Gentechnologie aus. In den folgenden Jahren wurden die Klonierungstechniken perfektioniert. Die Entwicklung von einfach handhabbaren und effizienten Verfahren zur Sequenzierung von DNA geht auf die Arbeiten von Frederick SANGER sowie Walter GILBERT und Allan MAXAM um die Mitte der siebziger Jahre zurück. Die somatische Zellhybridisierung und die Technik des *Restriktions-fragment-Längenpolymorphismus* (RFLP) legten den Grundstein zu einer DNA-Diagnostik beim Menschen.

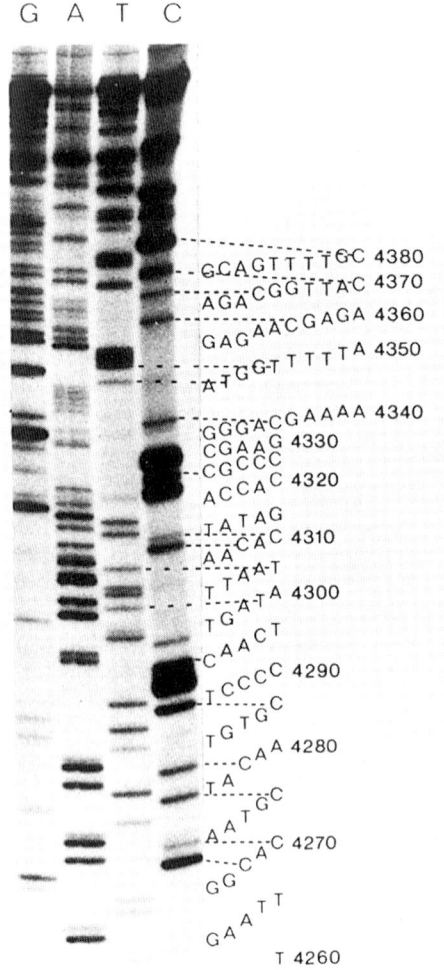

G A T C

```
                        G C 4380
        ..GCAGTTTT
        ..AGACGGTTAC 4370
        ..AGA  C G AGA 4360
        GAGAACG  A
        GAG    A  TTTTA 4350
        ..ATGGTTTTA
        ..GGGACGAAAA 4340
        CGAAG 4330
        ..CGCCC
        ACCAC 4320
        ..TATAG
        ..AACAC 4310
        ..TAAT
        T T   ATA 4300
        TG
        CAACT
        CCCCC 4290
        ..I..C C
        TGTG
        ..CAA 4280
        TA
        ..C
        AT
        A A...C 4270
        ..CA
        GG
        GAATT
        T 4260
```

Abb. 227. Autoradiogramm eines Ausschnitts der DNA-Sequenz des Phagen ∅X174. SANGER, NICKLEN & COULSON 1977.

22.4.2. Genomanalyse

In den achtziger Jahren schließlich hat eine dritte Welle von technischen Innovationen, zu denen künstliche Hefe-Chromosomen, Pulsfeld-Elektrophorese großer DNA-Fragmente, die automatisierte Synthese künstlicher DNA-Proben und Fluoreszenz-Sequenzierverfahren, vor allem aber die *Polymerase-Kettenreaktion* (MULLIS et al. 1986) gehören, zur Initiative der Sequenzierung des menschlichen Genoms geführt (vgl. u. v. a. NRC 1988; KEVLES & HOOD 1993). JUDSON (1993) hat zurecht darauf hingewiesen, daß die zunehmende Ausrichtung auf die Genomanalyse höherer Organismen die Entwicklung der Molekularbiologie seit etwa 1970 charakterisiert. Und es ist ihm zuzustimmen, wenn er feststellt:

„Die Technologie, die im Rahmen der genetischen Experimente und Analysen entwickelt wurde, hat mehr geleistet, als nur die Forschung und die Theorie zu erleichtern. Sie hat der [molekularbiologischen] Wissenschaft wichtige Impulse gegeben und ihren Horizont erweitert" (JUDSON 1993, S. 90).

Das will nicht heißen, daß die Molekularbiologie in bloßer Technologie aufgehen wird. Aber ihr technologischer „Fallout" ist heute so umfassend, daß er die Grenzen sämtlicher klassischer

Disziplinen der Biologie sprengt. Die Molekularbiologie ist zu einer „Lebensform" der biologischen Forschung geworden, die alle existierenden disziplinären Abgrenzungen sprengt und unterwandert. Deren Herzstück, die gerichtete Genexpression, ist zum Ausgangspunkt einer globalen forschungspraktischen Konfiguration geworden. Die Konsequenzen dieser Entwicklung für Medizin und Ernährung, ja für die ganze Lebenspraxis der Menschheit sind heute noch kaum abzuschätzen.

22.5. Molekularbiologie und Evolution

Für eine gewisse Zeit, etwa zwischen 1950 und 1970, traten Fragen der Evolution, die noch in den vierziger Jahren mit der synthetischen Evolutionstheorie neue Prominenz erlangt hatten (vgl. 18.3.3.), in den Hintergrund des Interesses an der molekularbiologischen Forschungsfront. Die Ausleuchtung der Feinstruktur der Genorganisation und vor allem der molekularen Mechanismen genetischer Rekombination führt heute verstärkt zu evolutionstheoretischen Fragestellungen zurück. Zudem haben die Verfahren zur raschen Sequenzierung von Nukleinsäuren und auch von Proteinen der vergleichenden Phylogenetik eine völlig neue Merkmalsebene eröffnet: das Sequenzmuster dieser beiden biologischen Makromoleküle. Methodisch ist die molekulare Phylogenetik zur Zeit noch in Entwicklung begriffen, und sie ist undenkbar ohne den Einsatz von nur noch durch Elektronenrechner zu bewältigenden Algorithmen. Dennoch hat sie heute bereits vor allem die Phylogenetik niederer Organismen weitgehend revolutioniert.

Seit den letzten 15 Jahren ist zudem ein neuer Forschungszweig im Entstehen: die experimentell kontrollierte „Evolution" von Makromolekülen im Reagenzglas. Sie geht vor allem auf die Arbeiten von Manfred EIGEN am *Max-Planck-Institut für biophysikalische Chemie* in Göttingen zurück. Heute wird das öffentliche Interesse durch die schon wieder als klassisch zu bezeichnende *Gentechnologie* und das Projekt absorbiert, das menschliche Genom vollständig durchzusequenzieren. Doch kann man vermuten, daß die Reagenzglas-Evolution von Makromolekülen sowie deren Computer-Modellierung nicht nur Licht auf die Entstehung des Lebens auf unserem Planeten werfen – deren Verlauf bis heute umstritten ist –, sondern der Technologisierung der Biologie noch einmal Wendungen geben wird, die heute noch gar nicht abzusehen sind.

Verzeichnis der historiographischen Literatur der einzelnen Kapitel

Anmerkung der Herausgeber zum Literaturverzeichnis

Unter Berücksichtigung von Rezensionen und Briefen über die ersten Auflagen der „Geschichte der Biologie" (1982, 1985) wurden diesmal die Hinweise auf historiographische Literatur für jedes Kapitel gesondert und meist mit vollen Vornamen der Autoren aufgelistet. Dabei konnten Wiederholungen und Ungleichmäßigkeiten der Zitierweise leider nicht ganz vermieden werden, teils um die individuellen Wünsche der Kapitelautoren zu wahren, teils auch, weil sich der Eingang und die Bearbeitung der Manuskripte über fast vier Jahre erstreckte. Biographische Literatur ist vorwiegend im Verzeichnis am Ende der **Kurzbiographien**, Originalquellen in den Kurzbiographien selbst zu finden, sofern Kurzbiographien vorliegen. Die Originalliteratur der jüngeren lebenden Biologen, die in Teil IV zitiert wurden und nicht in die Kurzbiographien aufgenommen wurden, finden sich hier in der Kapitel-Literatur. Auch diese Inkonsequenz, die sich durch die bis nahe an die Gegenwart herangeführte Darstellung ergibt, bitten wir zu entschuldigen.

Die Herausgeber

Literatur zur Einführung über Gegenstand, Methodik und Traditionen der Biologiegeschichtsschreibung

Originalliteratur siehe auch Kurzbiographien

a) Zitierte methodologische und historiographische Literatur

BACHELARD, Gaston: Le nouvel esprit scientific (1934). Presses Universitaire de France. Paris 1968.

BÄUMER-SCHLEINKOFER, Änne: Geschichte der Biologie; Bd. 1–3. (Antike bis 18. Jh.). Frankfurt a. M. 1988–1996.

BREIDBACH, Olaf: Die Materialisierung des Ichs. Zur Geschichte der Hirnforschung im 19. und 20. Jh. Frankfurt a. M. 1997, (Suhrkamp-Taschenbuch Wissenschaft 1276).

BROCKE, Bernhard VOM: Wissenschaftsgeschichte als historische Disziplin. Berlin 1994.

BURCKHARD, Rudolf: Geschichte und Kritik der biologiehistorischen Literatur. Zoolog. Annalen 1 (1904).

– Zoologie und Zoologiegeschichte. Z. wiss. Zool. 83 (1905): 376–383.

– Geschichte der Zoologie. Leipzig 1907 (Sammlung Göschen Nr. 357).

DASTON, Lorrain: Objectivity and the escape from perspective. Social Studies of Science 22 (1992): 597–618.

– Die Angst vor dem Fortschritt – Die Wissenschaften um 1900 (Karl-Sudhoff-Gedächtnisvortrag). Nachr.bl. der Deutsch. Ges. Gesch. der Med., Naturw. und Technik 46 (1996): 126–142.

DILTHEY, Wilhelm: Einleitung in die Geisteswissenschaften, Versuch einer Grundlegung für das Studium der Gesellschaft und der Geschichte. Leipzig 1883.

DOBZHANSKY, Th.: 1937 s. Lit. Kurzbiographien (Teil V).

DU BOIS-REYMOND, Emil: Über Geschichte der Wissenschaft (Rede 1872). In: Vorträge über Philosophie und Gesellschaft. Hrsg. WOLLGAST, S. Berlin 1974, S. 45–53.

– Culturgeschichte und Naturwissenschaft (1877). In: Ebda S. 105–158.

EISLER, R.: Geschichte der Wissenschaften. Leipzig 1906.

ENGELBERG, E.: Über Theorie und Methode in der Geschichtswissenschaft. Z. f. Geschichtswiss. H. 11. (1971).

– & KÜTTLER, W. (Hrsg.): Probleme der geschichtswissenschaftlichen Erkenntnis. Berlin 1977.

EULNER, Hans-Heinz: Die Entwicklung der medizinischen Spezialfächer an den Universitäten des deutschen Sprachgebietes. Stuttgart 1970.

FOUCAULT, Michael: L'ordre du discours. Paris 1971.

– L'archéologie du savoir. Paris 1969.

GERMANN, Dietrich: Apparatprobleme. Orbis litterarum *20* (1965/66): 268–283.

HASSENSTEIN, Bernhard: Klugheit. Bausteine zu einer Naturgeschichte der Intelligenz. Stuttgart 1988.

HERSCHEL, John: Preliminary discourse on the study of natural philosophy. London 1830.

HUMBOLDT, A. VON: 1845 s. Lit. Kurzbiographien (Teil V).

HÜNEMÖRDER, Christian: Geschichte der Biologie. Wesen und Aufgaben. Stuttgart 1985.

JAHN, Ilse: Georg Uschmann zum 60. Geburtstag. NTM – Schriftenr. z. Gesch. Naturw., Technik, Med. *10* (1973): 59–67.

– Zum Wechselverhältnis von Tradition und Fortschritt in der Entwicklung der biologischen Systematik. In: Beiträge zu Prinzipien und Problemen der Systematik und Evolutionsforschung. Aus dem Mus. f. Naturk. der Humboldt-Univ. Berlin, Hrsg. VENT, W. Humboldt-Univ. 1980, S. 79–86.

– Zur Geschichte der Zellenlehre und Zellentheorie. In: Klassische Schriften zur Zellenlehre. Leipzig 1987, S. 29 ff. (Ostw.Kl. 275).

– & KRAUSSE, Erika: Zur Entwicklung der Biologie-Geschichte in der DDR. Rostocker Wissenschaftshistor. Manuskripte H. 15 (1988): 37–44.

KRAUSSE, Erika: 75 Jahre Ernst-Haeckel-Haus. Biologie in unserer Zeit *25* (1995): 149–151.

MACH, Ernst: Die Prinzipien der Wärmelehre, historisch-kritisch entwickelt. Leipzig 1896.

MÄGDEFRAU, Karl: Geschichte der Botanik. Stuttgart 1973. 2. Aufl. 1993.

MANN, Gunter: Biologie und Geschichte. Ansätze und Versuche zur biologistischen Theorie der Geschichte im 19. und beginnenden 20. Jh. Medizinhistor. J. *10* (1975): 281–306.

– Geschichte als Wissenschaft und Wissenschaftsgeschichte bei DU BOIS-REYMOND. Histor. Z. *231* (1980): 75–100.

MAYR, Ernst: The growth of biological thought: diversity, evolution and inheritance. Cambridge, Mass. 1982 (Dt. Die Entwicklung der biologischen Gedankenwelt. Berlin 1984).

– Towards a New Philosophy of Biology. Cambridge, Mass., London 1988 (Dt. Eine neue Philosophie der Biologie. München 1991).

MAZZOLINI, Renato: Müller und Aristoteles. In: Johannes Müller und die Philosophie. Hrsg. HAGNER, Michael & WAHRIG-SCHMIDT, Bettina. Berlin 1992, S. 11–27.

MEYER-ABICH, Adolf: Atlantische Existenz (Autobiogr.). In: Wege zur Wissenschaftsgeschichte. Hrsg. STICKER, Bernhard, & KLEMM, Friedrich. Wiesbaden 1969, S. 39–73 (Beitr. zur Gesch. d. Wiss. und Technik 10).

MIKULINSKIJ, S. R.: Metodologiceskie problemy istorii biologii. Voprosy filosofii *18* (1965) 9: 32–42.

– Neskol'ko zamecanij ob analize koncepcij razvitija nauki. In: V poiskach razvitija nauki. Moskva 1982.

MILL, John Stuart: The Spirit of Age. London 1831.

MITTELSTRASS, Jürgen: Forschung, Begründung, Rekonstruktion. Wege aus dem Begründungsstreit. In: Rationalität. Hrsg. SCHNÄDELBACH, H. Frankfurt a. M. 1984, S. 117–140.

MOCEK, Reinhard: Methoden als Denkwege. Methodenentwicklung und Erkenntnisfortschritt in der Geschichte der Biologie. Wiss. und Fortschr. *30* (1980): 303–307.

– Neugier und Nutzen. Blicke in die Wissenschaftsgeschichte. Berlin 1988.

NEUBURGER, Max, & PAGEL, J.: Handbuch der Geschichte der Medizin. 3 Bde. Jena 1901–1903.

NEUSER, Wolfgang: Traditionslinien in Wissenschaft und Wissenschaftsgeschichte. Biol. Zentralbl. *112* (1993): 131–135.

POGGENDORF, Johann Christian: Geschichte der Physik. Leipzig 1879.

RAMON Y CAJAL, Santiago: Regeln und Ratschläge zur wissenschaftlichen Forschung. München 1933. 4. Aufl. 1957.

REHFELD, Klaus: 75 Jahre Ernst-Haeckel-Haus. Naturw. Rdsch. *49* (1996): 430–433.

RHEINBERGER, Hans-Jörg: Experiment, Differenz, Schrift. Zur Geschichte epistemischer Dinge. Marburg 1992.

– Biologiegeschichte und Epistemologie. Einige Überlegungen. Biol. Zentralbl. *112* (1993): 126–130.

– Experimentalsysteme, Experimentalkulturen, Wissenschaftsgeschichte In: Jb. für Geschichte und Theorie der Biol. Bd. 1. Berlin 1994, S. 69–83.

– & HAGNER, Michael: Plädoyer für eine Wissenschaftsgeschichte des Experiments. In: Theory in Biosciences (Forts. von Biolog. Zentralbl.) *116* (1997): 11–31.

ROSSMANN, Kurt (Hrsg.): Deutsche Geschichtsphilosophie von Lessing bis Jaspers. Bremen 1959 (Sammlung Dieterich, Bd. 174).

SCHMIDT, Günter: Gustav Fischer und sein Verlag in Jena. Jenaische Blätter Nr. 7 (Beitr. zur regionalen Kulturgeschichte, Hrsg. IGNASIAK, Detlef) Jena 1995.

SPRUNG, Lothar, & SPRUNG, Helga: Wissenschaftsgeschichte und Wissenschaftsgeschichtsschreibung – Erinnerungen, Reflexionen, Modelle, Strategien, Fakten. In: WESSEL, K. F., & NAUMANN, F. (Hrsg.): Verhalten, Infomationswechsel und organismische Evolution, Bielefeld 1994, S. 231–249.

STIER, Friedrich: Das Verlagshaus Gustav Fischer in Jena. Jena 1953.

THIEL, Christian: Neuere Überlegungen zur Geschichtsschreibung einzelwissenschaftlicher Disziplinen. In: Entwicklungen der methodischen Philosophie. Hrsg. JANISCH, Peter Frankfurt a. M. 1992, S. 125–147.

THOM, Achim, & RIHA, Ortrun: 90 Jahre Karl-Sudhoff-Institut an der Universität Leipzig. Leipzig 1996.

USCHMANN, Georg: Geschichte der Zoologie und der zoologischen Anstalten in Jena 1779–1919. Jena 1959.

WAGNER, F.: Biologismus und Historismus im Deutschland des 19. Jh. In: Biologismus im 19. Jh. Hrsg. MANN, Gunter. Stuttgart 1973, S. 30–42.

WEBER, Max: Wissenschaft als Beruf (1918). In: Gesammelte Aufsätze zur Wissenschaftslehre. Hrsg. WINCKELMANN, Johannes. 2. Aufl. Tübingen 1951, S. 566–597.

WEINGARTEN, Michael: Perspektiven der Biologiegeschichte. Biol. Zentralbl. *112* (1993): 121–125.

b) Biologiehistoriographie im 19. Jahrhundert

BAER, K. E. VON: Blicke auf die Entwicklung der Wissenschaft. Receuil des actes de la séance publique de l'Acad. Imp. Sci. de St. Pétersbourg. 1836, S. 51–128.

BUFFON, G.: Histoire naturelle (Cabinet du Roi) 1. Paris 1749.

CARUS, V.: Geschichte der Zoologie. München 1872 (Geschichte der Wissenschaften in Deutschland, Neuere Zeit. Bd. 12).

CUVIER, G. (Hrsg.): Plinius C. S. Libri de animalibus. Paris 1827–1828.

– Histoire des sciences naturelles depuis leur origine jusqu'à nos jours chez tous les peuples connus. T. 1–5. postum éd. Mary de Saint-Agy. Paris 1841–1845.

DARWIN, Ch.: Über die Entstehung der Arten im Tier- und Pflanzenreich durch natürliche Züchtung … (übers. von H. G. Bronn). Geschichtliche Vorrede. Stuttgart 1860.

DE CANDOLLE, Alph.: Histoire des sciences et de savants depuis deux siècles. Paris 1873. 2. Aufl. 1885 (Dt. Übers., Hrsg. OSTWALD, W. Leipzig 1911).

DU BOIS-REYMOND, E.: Leibnizische Gedanken in der neueren Naturwissenschaft (Rede 1870). In: Vorträge über Philosophie und Gesellschaft. Hrsg. WOLLGAST, S. Berlin 1974, S. 25–44.

– Über Neo-Vitalismus (Rede 1894). Ebda. S. 209–232.

– Reden. 2 Bd. (Hrsg. DU BOIS-REYMOND, Estelle). Leipzig 1912 (darin zahlreiche biographische Studien).

EJSELT, J. N.: Geschichte, Systematik und Literatur der Insektenkunde. Leipzig 1836.

ERDMANN, G. A.: Geschichte der Entwicklung und Methodik der biologischen Naturwissenschaften (Zoologie und Botanik). Cassel, Berlin 1887.

FELLNER, St.: Compendium der Naturwissenschaften an der Schule zu Fulda im IX. Jh. Berlin 1879.

– Die homerische Flora. Wien 1897.

GEOFFROY ST. HILAIRE, I.: Histoire naturelle générale des règnes organiques. Introduction historique (S. 1–170). Paris 1854.

HAECKEL, E.: Über Entwicklungsgang und Aufgabe der Zoologie. Jenaische Z. Naturwiss. 5 (1869): 353–370.

– Ziele und Wege der heutigen Entwicklungsgeschichte (Carl Ernst von Baer gewidmet). Jena 1875.

– Die Naturanschauung von Darwin, Goethe und Lamarck. (Vortrag 55. Vers. Dt. Naturf. u. Ärzte zu Eisenach). Jena 1882.

HAESER, H.: Lehrbuch der Geschichte der Medizin und der epidemischen Krankheiten. 3 Bde. Jena 1875–1882.

HANSEN. A.: Zur Geschichte und Kritik des Zentralbegriffes in der Botanik. Gießen 1897.

HANSTEIN, J.: Über die Entwicklung des botanischen Unterrichts an den Universitäten. Bonn 1880.

HECK, L.: Die Hauptgruppen des Thiersystems bei Aristoteles. Leipzig 1885.

HERTWIG, O.: Die Entwicklung der Biologie des 19. Jh.

(Vortrag Vers. Dt. Naturf. u. Ärzte zu Aachen). Jena 1900.

HOEFER, F.: Histoire de la Zoologie depuis les temps les plus reculés jusqu'à nos jours. Paris 1873.

– Histoire de la botanique, de la minéralogique et de la géologie … Paris 1882.

IRMISCH, Th.: Über einige Botaniker des 16. Jhs. Progr. Gymnasium Sondersh. S. 10–34. Sondershausen 1862.

JESSEN, K. F. W.: Botanik der Gegenwart und Vorzeit in cultur-historischer Entwicklung. Ein Beitrag zur Geschichte der abendländ. Völker. Leipzig 1864.

KANITZ, A.: Versuch einer Geschichte der ungarischen Botanik. Linnaea 33 (1864/65): 401–588.

KIRBY, W., & SPENCE, W.: Introduction to Entomology. Bd. 4. 1826.

KRAUSE, E. (Carus Sterne): Erasmus Darwin und seine Stellung in der Geschichte der Descendenz-Theorie. Mit seinem Lebens- und Charakterbilde von Charles Darwin. Leipzig 1880.

– Geschichte der biologischen Wissenschaften im neunzehnten Jh. In: Das Deutsche Jh. in Einzelschriften. Bd. 2, S. 563–730. Berlin 1901.

LACORDAIRE, J. Th.: Introduction à l'Entomologie. T. 1. Paris 1834.

LENZ, H. O.: Zoologie der alten Griechen und Römer. Gotha 1856.

LEUCKART, F. S.: Andeutungen über den Gang, der bei Bearbeitung der Naturgeschichte, besonders der Zoologie, genommen ist. Heidelberg 1826.

LINNAEUS, C.: Critica botanica. Leiden 1737.

MARLATT, C. L.: A brief historical survey of the science of Entomology. Proceed. Ent. Soc. Washington 4 (1898).

MEDICI, M.: Compendio storico della scuola anatomica di Bologna. Bologna 1857.

MERREM, B.: Versuch eines Grundrisses zur allgemeinen Geschichte und natürlichen Einteilung der Vögel (mit einer Geschichte der Ornithologie). Leipzig 1788.

MEYER, Ernst H. F.: Albertus Magnus. Ein Beitrag zur Gechichte der Botanik im dreizehnten Jh. Linnaea 10 (1836): 641–741 und 11 (1837): 545–556.

– Geschichte der Botanik. Studien. 4 Bde. Königsberg 1854 bis 1857.

MEYER, Jürgen B.: Aristoteles Thierkunde. Ein Beitrag zur Geschichte der Zoologie, Physiologie und alten Philosophie. Berlin 1855.

NEILREICH, A.: Geschichte der Botanik in Nieder-Österreich. Verh. zool. bot. Verein Wien 5 (1855): 23–76.

PERRIER, E.: La philosophie zoologique avant Darwin. Paris 1884.

POUCHET, F. A.: Histoire des sciences naturelles au moyen-age … Paris 1853.

SACHS, J.: Geschichte der Botanik. München 1875.

SCHLEIDEN, M. J.: Geschichte der Botanik in Jena (Rede). Leipzig 1859 (Album d. pädagog. Seminars. H. 2).

– Über den Materialismus der neueren deutschen Naturwissenschaft, sein Wesen und seine Geschichte. Leipzig 1863.

– Die Rose. Geschichte und Symbolik in ethnographischer und kulturhistorischer Beziehung. Leipzig 1873.

SCHMIDT, O.: Die Entwicklung der vergleichenden Anatomie. Jena 1855.

SCHNEIDER, J. G.: Reliquia liborium Friderici II imperatoris de arte venandi crum avibus, cum Manfredi regis additionibus. 2 Bde. Leipzig 1788–1789.

SCHULTES, J. A.: Grundriß einer Geschichte der Botanik. Wien 1817.

SPIX, J.: Geschichte und Beurteilung aller Systeme in der Zoologie nach ihrer Entwicklungsfolge von Aristoteles bis auf die gegenwärtige Zeit. Nürnberg 1811.

SPRENGEL, K.: Versuch einer pragmatischen Geschichte der Arzneikunde. 5 Bde. Halle 1792–1803.

– Geschichte der Botanik. 2 Bde. Halle 1817–1818.

– Die Naturgeschichte der Pflanzen von Theophrast. Halle 1821–1822.

TASCHENBERG, O.: Geschichte der Zoologie und der zoologischen Sammlungen an der Universität Halle 1694–1894. Abh. Naturf. ges. Halle *20* (1894).

THIENEMANN, F. A. L.: Geschichtlicher Abriß der Ornithologie. Rhea 2. Leipzig 1849.

THOMSON, J. A.: The history and theory of heredity. Proc. R. Soc. Edinburgh *16* (1889) 91–116.

– The science of life. An outline to the history of biology and its recent advances. London 1899.

VIRCHOW, R.: Goethe als Naturforscher und in besonderer Beziehung auf Schiller. Berlin 1861.

WHEWELL, W.: History of inductive sciences. London 1837.

WINCKLER, E.: Geschichte der Botanik. Frankfurt/M. 1854.

ZUNCK, H. L.: Die natürlichen Pflanzensysteme, geschichtlich entwickelt. Leipzig 1840.

Kapitel 1. Kenntnisse und Vorstellungen über Lebewesen und Lebensprozesse in frühen Kulturen

Originalliteratur siehe auch Kurzbiographien

ATTENBOROUGH, D.: Das Erste Eden … oder das verschenkte Paradies. Der Mittelmeerraum und der Mensch. Hamburg 1988.

AWDIJEW, I.: Geschichte des Alten Orient. Berlin 1953.

BAI SHOUYI: Chinas Geschichte im Überblick. Beijing 1989.

BARAKAT, H. N., & BAUM, N.: La végétation antique de Douch (Oasis de Kharga). Une approche macrobotanique. Institut Francais d' Archeologie Orientale du Caire, Documents de Fouilles, 27. Kairo 1992.

BAUM, N.: Arbes et arbustes de l' Égypte ancienne. La liste de la tombe thébaine d' Ineni (n° 81). Orientalia Lovaniensa Analecta 31. Leuven 1988.

BEAUX, N.: Le Cabinet de Curiosités de Thoutmosis III.

Plantes et animaux du „Jardin botaniqué" de Karnak. Orientalia Lovaniensa Analecta 36. Leuven 1990.

BELTZ, W.: Das Tor der Götter. Altvorderasiatische Mythologie. Berlin 1982.

– Die Schiffe der Götter. Ägyptische Mythologie. Berlin 1987.

BERGER, F.: Die Milchstraße am Himmel – und der Kanal auf Erden. Geschichte, Kultur und Gegenwart an Chinas Großem Kanal. Beijing, Leipzig, Weimar 1988.

BERGER, K.: Altägyptische Wandmalerei. Leipzig 1968.

BERLIN, B.: Ethnobiological classification. Principles of categorization of plants and animals in traditional societies. Princeton 1992.

BEUCHERT, M.: Die Gärten Chinas. 3. Aufl. München 1991.

BIEDERMANN, H.: Höhlenkunst der Eiszeit. Wege zur Sinndeutung der ältesten Kunst Europas. Köln 1984.

BOESSNECK, J.: Die Tierwelt des Alten Ägypten, untersucht anhand kulturgeschichtlicher und zoologischer Quellen. München 1988.

BOSE, D. M. (ed.): A concise history of science in India. New Delhi 1971.

BRENTJES, B.: Land zwischen den Strömen. Leipzig 1963.

– Die Haustierwerdung im Orient. Wittenberg Lutherstadt 1965.

– Die Erfindung des Haustieres. Leipzig, Jena, Berlin 1975.

BURKHARDT, R.: Geschichte der Zoologie und ihrer wissenschaftlichen Probleme. 2. Aufl. Berlin, Leipzig 1921.

CHATTOPADHYAYA, D. (ed.): Studies in the history of science in India. 2 Vols. New Delhi 1982.

CHATTOPADHYAYA, D.: History of science and technology in Ancient India. The beginnings. Calcutta 1986.

– History of science and technology in Ancient India. Formation of the theoretical fundamentals of natural science. Calcutta 1991.

CHILDE, V. G.: Der Mensch schafft sich selbst. Dresden 1959.

– Soziale Evolution. Frankfurt/M. 1975.

– What happened in history. Harmondsworth 1985.

DAMM, H.: Kanaka – Menschen der Südsee. Leipzig 1959.

DANNEMANN, F.: Die Naturwissenschaften in ihrer Entwicklung und in ihrem Zusammenhang. 4 Bde. 2. Aufl. Leipzig 1920–1923.

DEBON, G., & SPEISER, W. (Hrsg.): Chinesische Geisteswelt. Zeugnisse aus drei Jahrtausenden. Hanau 1987.

DELORT, R.: Der Elefant, die Biene und der heilige Wolf. Die wahre Geschichte der Tiere. München, Wien 1987.

– Elefanten – Götterboten und Gejagte. Ravensburg 1993.

DEV, S.: Der Ayurveda und die modernen Arzneimittel. In: Wissenschaft und Menschheit. Internationales Jahrbuch, Bd. 25. Moskau, Leipzig, Jena, Berlin 1990.

DRÖSSLER, R.: Menschwerdung. Funde und Rätsel. Leipzig, Jena, Berlin 1991.

Eliade, M.: Geschichte der religiösen Ideen. 4 Bde. Freiburg, Basel, Wien 1993.

Evers, D.: Felsbilder – Botschaften der Vorzeit. Leipzig, Jena, Berlin 1991.

Faure, P.: Magie der Düfte. Eine Kulturgeschichte der Wohlgerüche. München 1993.

Fazzioli, E.: Des Kaisers Apotheke. Die altchinesische Kunst, mit Pflanzen zu heilen. Bergisch-Gladbach 1989.

– Gemalte Wörter. 214 chinesische Schriftzeichen – Vom Bild zum Begriff. 6. Aufl. Bergisch-Gladbach 1993.

Franz, H. G. (Hrsg.): Das alte Indien. Geschichte und Kultur des indischen Subkontinents. München 1990.

Frevel, Ch., & Escher, J.: Kinder des Mondes. ZEIT-Magazin 22 (1992): 10–22.

Freydank, H., u. a.: Der Alte Orient in Stichworten. Leipzig 1978.

Frolow, B. A.: Biologičeskie znanija v paleolite. Priroda 6 (1980): 50–59.

– Das Wissen der Ahnen. In: Wissenschaft und Menschheit. Internationales Jahrbuch, Bd. 24. Moskau, Leipzig, Jena, Berlin 1989.

Glasenapp, H. von (Hrsg.): Indische Geisteswelt. 2 Bde. Hanau 1986.

Grapow, H.: Grundriß der Medizin der Alten Ägypter. 9 Bde. Berlin 1954–1973.

Guseva, N. R.: Indien – Jahrtausende und Gegenwart. Leipzig, Weimar 1978.

Heimberg, U.: Gewürze, Weihrauch, Seide. Welthandel in der Antike. Aalen 1981.

Herodot: Das Geschichtswerk des Herodotos von Halikarnassos. Übertragen von Th. Braun. Leipzig 1964.

Herrmann, J. (Hrsg.): Lexikon früher Kulturen. 2 Bde. Leipzig 1984.

Herrmann, J., & Ullrich, H. (Hrsg.): Menschwerdung. Millionen Jahre Menschheitsentwicklung – natur- und geisteswissenschaftliche Ergebnisse. Berlin 1991.

Hörz, H., u. a. (Hrsg.): Philosophie und Naturwissenschaften. Wörterbuch zu den philosophischen Fragen der Naturwissenschaften. 2 Bde. Berlin 1991.

Hornung, E.: Geist der Pharaonenzeit. München 1992.

Hrouda, B. (Hrsg.): Der alte Orient. Geschichte und Kultur des alten Vorderasien. München 1991.

Huan, N. T.: Esquisse d' une histoire de la biologie chinoise, des origines jusqu'au IVᵉ siecle. Rev. Hist. Sci. 10 (1957): 1–37.

Institut für Geschichte der Naturwissenschaften der Chinesischen Akademie der Wissenschaften (Hrsg.): Wissenschaft und Technik im alten China. Basel, Boston, Berlin 1989.

Jürss, F. (Hrsg.): Geschichte des wissenschaftlichen Denkens im Altertum. Berlin 1982.

Kákosy, L.: Zauberei im alten Ägypten. Leipzig 1989.

Kapil, R. N.: Biology in Ancient and Medieval India. Ind. J. Hist. Sci. 5 (1970): 112–140.

Kees, H.: Das alte Ägypten. Eine kleine Landeskunde. Berlin 1977.

Klengel, H. (Hrsg.): Kulturgeschichte des alten Vorderasiens. Berlin 1989.

Klima, J.: Gesellschaft und Kultur des alten Mesopotamien. Prag 1964.

Kohl, J. F.: Einige Bemerkungen zu den Tierlisten des jinistischen Kanons. In: Asiatica. Festschrift Friedrich Weller. Leipzig 1954.

Kowalski, K.: Die Tierwelt des Eiszeitalters. Darmstadt 1986.

Kunt, E.: Im Angesicht des Todes. Nachdenken über die Vergänglichkeit. Leipzig, Jena, Berlin 1990.

Ladstätter, O., & Linhart, S.: China und Japan. Die Kulturen Ostasiens. Wien, Heidelberg 1983.

Lamberg-Karlovský, Ch. Ch.: Wechselwirkungen zwischen den alten Kulturen in West- und Südasien. In: Wissenschaft und Menschheit. Internationales Jahrbuch, Bd. 20. Moskau, Leipzig, Jena, Berlin 1985.

Leontjew, A. N.: Probleme der Entwicklung des Psychischen. Berlin 1964.

Leroi-Gourhan, A.: Hand und Wort. Die Evolution von Technik, Sprache und Kunst. Frankfurt/M. 1988.

Levy-Brühl, L.: Das Denken der Naturvölker. Wien, Leipzig 1921.

Lévi-Strauss, C.: Das wilde Denken. Frankfurt/M. 1973.

Li Zehou: Der Weg der Schönen. Wesen und Geschichte der chinesischen Kultur und Ästhetik. Freiburg, Basel, Wien 1992.

Löther, R.: Der unvollkommene Mensch. Philosophische Anthropologie und biologische Evolutionstheorie. Berlin 1992.

Mall, R. A., & Hülsmann, H.: Die drei Geburtsorte der Philosophie. China – Indien – Europa. Bonn 1989.

Mayr, E.: Animal species and evolution. Cambridge/Mass. 1963.

Moritz, R.: Die Philosophie im alten China. Berlin 1990.

– Rüstau, H., & Hoffmann, G.-R. (Hrsg.): Wie und warum entstand Philosophie in verschiedenen Regionen der Erde? Berlin 1988.

Müller, R. F. G.: Altindische Embryologie. Nova Acta Leopoldina, N. F., Nr. 115, Bd. 17. Leipzig 1975.

Müntzing, A.: Vererbungslehre. Stuttgart 1958.

Mylius, K. (Hrsg.): Älteste indische Dichtung und Prosa. Leipzig 1978.

Mylius, K.: Geschichte der Literatur im alten Indien. Leipzig 1983.

Needham, J.: Wissenschaftlicher Universalismus. Über Bedeutung und Besonderheit der chinesischen Wissenschaft. Frankfurt/M. 1979.

– Wissenschaft und Zivilisation in China. Bd. 1. Frankfurt/M. 1988.

Nougier, L.-R.: Die Welt der Höhlenmenschen. Reinbek 1992.

Oates, J.: Babylon. Stadt und Reich im Brennpunkt des Alten Orient. Bindlach 1990.

Panfilov, V. Z.: Wechselbeziehungen zwischen Sprache und Denken. Berlin 1974.

Petit, G., & Théodoridès, J.: Histoire de la zoologie des origines á Linné. Paris 1962.

Pollak, K.: Wissen und Weisheit der alten Ärzte. Die Heilkunst der frühen Hochkulturen. Eltville 1993.

Porkert, M.: Die chinesische Medizin. 3. Aufl. Düsseldorf 1992.

Reddy, D. V. S.: Glimpses of health and medicine in Mauryan Empire. Hyderabad – A. P. 1966.

Reinbothe, H., & Wasternack, C.: Mensch und Pflanze. Kulturgeschichte und Wechselbeziehung. Heidelberg, Wiesbaden 1986.

Rose, F.: Australien und seine Ureinwohner. Ihre Geschichte und Gegenwart. Berlin 1976.

Ruben, W.: Kulturgeschichte Indiens. Ein Versuch der Darstellung ihrer Entwicklung. Berlin 1978.

– Wissen gegen Glauben. Der Beginn des Kampfes des Wissens gegen den/das Glauben im alten Indien und Griechenland. Abh. Akad. Wiss. der DDR: Jg. 7 1979, Nr. 61. Berlin 1979.

Rüstau, H.: Indische Naturphilosophie. Deutsche Zeitschr. Philos. *20* (1972): 728–737.

Sawwatejew, J.: Karelische Felsbilder. Leipzig 1984.

Scharf, J.-H.: Anfänge von systematischer Anatomie und Teratologie im alten Babylon. Sitz.ber. Sächs. Akad. d. Wiss., Math.-nat. Kl. 120, H. 3, Leipzig 1988.

Schmidt, W. G. A.: Die alte Heilkunst der Chinesen. Freiburg, Basel, Wien 1992.

– Der Klassiker des Gelben Kaisers zur Inneren Medizin. Das Grundbuch chinesischen Heilwissens. Freiburg, Basel, Wien 1993.

Schneebeli-Graf, R.: Zierpflanzen Chinas. Frankfurt/M. 1991.

– Nutz- und Heilpflanzen Chinas. Frankfurt/M. 1992.

Schoske, S., Kreissl, B., & Germer, R.: „Anch" – Blumen für das Leben. Pflanzen im alten Ägypten. München 1992.

Schwarz, E.: So sprach der Weise. Chinesisches Gedankengut aus drei Jahrtausenden. Berlin 1981.

Seal, B.: The positive sciences of the Ancient Hindu. Delhi, Varanasi, Patna 1958.

Seidel, E.: Alte und neue Tierheilkunde in China. Urania *21* (1958): 16–20.

Sivarajan, V. V.: Introduction to principles of plant taxonomy. New Delhi, Bombay, Calcutta 1984.

Thomson, G.: Die ersten Philosophen. Berlin 1961.

Thorwald, J.: Macht und Geheimnis der frühen Ärzte. München, Zürich 1967.

Tusova, R. V.: Ėvoljucija domašnich životnych. Moskva 1989.

Ullrich, H.: Kannibalismus im Paläolithikum. In: Schlette, F., & Kaufmann, D. (Hrsg.): Religion und Kult in ur- und frühgeschichtlicher Zeit. Berlin 1989.

Unger, E.: Tierbilder aus der Königsnekropole von Ur. Kosmos *26* (1929): 370–374.

Unschuld, P. U.: Medizin in China. Eine Ideengeschichte. München 1980.

Uspenski, S.: Heimat der Eisbären. Leipzig, Moskau 1979.

Vardiman, E. E.: Nomaden. Schöpfer einer neuen Kultur im Vorderen Orient. Herrsching 1990.

Vātsyāyana, M.: Das Kāmasūtra. Leipzig 1987.

Westendorf, W.: Erwachen der Heilkunst. Die Medizin im Alten Ägypten. Zürich 1992.

Wildung, D.: Nilpferd und Krokodil. Das Tier in der Kunst des alten Ägypten. München 1987.

Zamarovsky, V.: Am Anfang war Sumer. Leipzig 1968.

Zheng, Ch.: Mythen des alten China. München 1990.

Zhukovsky, P. M.: Die Entstehung der Kulturpflanzen. Deutsche Akad. Landwirtschaftswiss. Berlin. Sitz.ber. Bd. V, H. 23. Leipzig 1956.

Kapitel 2. Naturforschung und Naturphilosophie in der Antike

Originalliteratur siehe auch Kurzbiographien

Abbe, E. M.: The plants of Vergil's Georgics. Ithaca 1965.

Allan, D. J.: Die Philosophie des Aristoteles. Hamburg 1955.

Althoff, J.: Das Konzept der generativen Wärme bei Aristoteles. Hermes *120* (1992): 181–193.

Artelt, W.: Studien zur Geschichte der Begriffe „Heilmittel" und „Gift". Stud. Gesch. Med. Hrsg. Sudhoff, K., H. 23. Leipzig 1937. Nachdr. Darmstadt 1968.

Aymard, J.: Essai sur les chasses romaines des origines à la fin du siècle des Antonins (Cynegetica). Bibl. Ecoles Franç. d'Athènes et de Rome, Fasc. 171. Paris 1951.

Balme, D. M.: Aristotle's use of differentiae in zoology. In: Aristote et les problèmes de méthode, S. 195–212. Louvain, Paris 1961.

– Γένος and εἶδος in Aristotle's biology. Class. Quart. *12* (1962): 81–98. Dt. Übers. in Seeck, G. A. (Hrsg.) 1975, S. 139–171.

Balss, H.: Präformation und Epigenese in der griechischen Philosophie. Arch. Storia Scienza *4* (1923): 319–325.

– Die Zeugungslehre und Embryologie in der Antike. Eine Übersicht. Quell. Stud. Gesch. Nat. Med. *5* (1936): 193–274.

Bernays, J.: Theophrastos' Schrift über Frömmigkeit. Berlin 1866.

Bertier, J.: Mnésithée et Dieuchès. Philosophia antiqua 20. Leiden 1972.

Blersch, K.: Wesen und Entstehung des Sexus im Denken der Antike. Tüb. Beitr. Altertumswiss., H. 29. Stuttgart, Berlin 1937.

Bodenheimer, F. S.: Xenophon in the history of biology. Arch. intern. Hist. Sciences (N. S.) d'Archeion) *31* (1952): 56–64.

Bodson, L.: Aspects of Pliny's zoology. In: French, R., & Greenaway, F. (Hrsg.) 1986, S. 98–110.

Bretzl, H.: Botanische Forschungen des Alexanderzuges. Leipzig 1903.

Burckhardt, R.: Das koische Tiersystem. Eine Vorstufe der zoologischen Systematik des Aristoteles. Verh. Naturf. Ges. Basel *15* (1904): 377–414.

Burkert, W.: Weisheit und Wissenschaft. Studien zu Pythagoras, Philolaos und Platon. Nürnberg 1962.

Capelle, W.: Zur Geschichte der griechischen Botanik. Philologus *69* (1910): 264–291.

– Theophrast über Pflanzenentartung. Museum Helveticum *6* (1949): 57–84.

Dierauer, U.: Tier und Mensch im Denken der Antike. Studien zur Tierpsychologie, Anthropologie und Ethik. Amsterdam 1977.

Diller, H.: Art. „Philumenos" (Nr. 7). In: Paulys

Real-Encyclopädie d. class. Altertumswiss., Bd. 20, Sp. 209–211. Stuttgart 1941.

DOUGLAS, N.: Birds and beasts of the Greek Anthology. London 1928.

DÜRING, I.: Aristotle's method in biology. In: Aristote et les problèmes de méthode, S. 213–221. Louvain, Paris 1961. Dt. Übers. in SEECK, G. A. (Hrsg.) 1975, S. 49–58.

– Aristoteles. Darstellung und Interpretation seines Denkens. Heidelberg 1966.

DYROFF, A.: Zur stoischen Tierpsychologie. Blätter f. d. Gymnasial-Schulwesen 33 (1897 a): 399–404.

– Die Tierpsychologie des Plutarchos von Chaironeia. Progr. d. K. Neuen Gymn. Würzburg 1897 b.

EDELSTEIN, L.: Die Geschichte der Sektion in der Antike. Quell. Stud. Gesch. Naturwiss. Med. 3 (1932): 100–156. Engl. Übers. in EDELSTEIN, L.: Ancient medicine. Selected papers. Hrsg. TEMKIN, O., & TEMKIN, C. L., S. 247–301. Baltimore 1967.

EUCKEN, R.: Die Methode der Aristotelischen Forschung in ihrem Zusammenhang mit den philosophischen Grundprincipien des Aristoteles dargestellt. Berlin 1872.

FELLNER, St.: Die homerische Flora. Wien 1897.

FRAGSTEIN, A. VON: Die Diairesis bei Aristoteles. Amsterdam 1967.

FRENCH, R., & GREENAWAY, F. (Hrsg.): Science in the early Roman Empire: Pliny the Elder, his sources and influence. London, Sydney 1986.

FROEHNER, R.: Philumenos über die Tollwut. Arch. wiss. prakt. Tierheilkunde 54 (1926): 512–518.

– Simon von Athen. Beitr. Gesch. Veterinärmed. 1 (1938/1939): 193–201.

GAROFALO, I.: Erasistrati Fragmenta. Pisa 1988.

GOSSEN, H.: Die Tiernamen in Älians 17 Büchern περὶ ζῴων. Quell. Stud. Gesch. Naturwiss. Med. 4, H. 3 (1935): 128–188.

– Die Tiere bei den griechischen Lyrikern. Sudhoffs Archiv 30 (1938): 321–351.

– Zoologisches bei Athenaios. Quell. Stud. Gesch. Naturwiss. Med. 7 (1940): 375–436.

GRAPOW, H.: Anatomie und Physiologie. Grundriß der Medizin der alten Ägypter. 1. Berlin 1954.

GRENE, M.: Aristotle and modern biology. J. Hist. Ideas 33 (1972): 395–424.

GROT, R. VON: Über die in der hippokratischen Schriftensammlung enthaltenen pharmakologischen Kenntnisse. In: Histor. Stud. Pharmakol. Inst. Univ. Dorpat. Hrsg. KOBERT, R., Bd. 1, S. 58–133. Halle a. S. 1889. Nachdr. Leipzig 1968.

GUDGER, E. W.: Pliny's Historia Naturalis. The most popular natural history ever published. Isis 6 (1924): 269–281.

GÜNGERICH, R.: Die Küstenbeschreibung in der griechischen Literatur. Orbis Antiquus, H. 4. Münster 1950.

HARIG, G.: Geschichte der Medizin in der griechisch-römischen Antike. In: Geschichte der Medizin. Hrsg. METTE, A., & WINTER, I. Berlin 1968.

– Bestimmung der Intensität im medizinischen System Galens. Ein Beitrag zur theoretischen Pharmakologie, Nosologie und Therapie in der Galenischen Medizin. Schriften z. Gesch. u. Kultur d. Antike, Bd. 11. Berlin 1974.

– Anfänge der theoretischen Pharmakologie im Corpus Hippocraticum. In: Hippocratica. Hrsg. GRMEK, M. D. Colloques internationaux du Centre National de la recherche scientifique 583, S. 223–245. Paris 1980.

– Die philosophischen Grundlagen des medizinischen Systems des Asklepiades von Bithynien. Philologus 127 (1983 a): 43–60.

– Zur Charakterisierung der wissenschaftstheoretischen Aspekte in der Aristotelischen Biologie und Medizin. In: IRMSCHER, J., & MÜLLER, R. (Hrsg.) 1983 b, S. 159–170.

– & KOLLESCH, J.: Diokles von Karystos und die zoologische Systematik. NTM 11 (1974): 24–31.

– – Galen und Hippokrates. In: La Collection hippocratique et son rôle dans l'histoire de la médecine. Hrsg. BOURGEY, L., & JOUANNA, J. Univ. de Strasbourg, Travaux du centre de recherche sur le Proche-Orient et la Grèce Antiques 2, S. 257–274. Leiden 1975.

HARRIS, C. R. S.: The heart and the vascular system in ancient Greek medicine from Alcmaeon to Galen. Oxford 1973.

HEHN, V.: Kulturpflanzen und Haustiere in ihrem Übergang aus Asien nach Griechenland und Italien … 8. Aufl. Berlin 1911. Nachdr. Darmstadt 1963.

HENNIG, R.: Terrae incognitae …, 2 Bde. 2. Aufl. Leiden 1944/1950.

HENTZ, G.: Les sources grecques dans les écrits des agronomes latins. Ktema 4 (1979): 151–160.

HERRLINGER, G.: Totenklage um Tiere in der antiken Dichtung. Tübinger Beitr. Altertumswiss., H. 8, Stuttgart 1930.

HERTER, H.: Platons Naturkunde. Zum Kritias und anderen Dialogen. Rhein. Mus. 121 (1978): 103–131.

HOMMEL, H.: Moderne und hippokratische Vererbungstheorien. Arch. Gesch. Med. 19 (1927): 105–122.

HOWALD, E., & SIGERIST, H. E. (Hrsg.): Antonii Musae De herba vettonica liber; Pseudoapulei Herbarius … Corpus Medicorum Latinorum IV. Leipzig 1927.

HÜBNER, W.: Der Mensch in Aelians Tiergeschichten. Antike und Abendland 30 (1984): 154–176.

IRMSCHER, J., & MÜLLER, R. (Hrsg.): Aristoteles als Wissenschaftstheoretiker. Schriften z. Gesch. u. Kultur d. Antike, Bd. 22. Berlin 1983.

JACQUES, J.-M.: Nicandre de Colophon poète et médecin. Ktema 4 (1979): 133–149.

JAEGER, W.: Nemesios von Emesa. Quellenforschungen zum Neuplatonismus und seinen Anfängen bei Poseidonios. Berlin 1914.

– Aristoteles. Grundlegung einer Geschichte seiner Entwicklung. Berlin 1923.

– Diokles von Karystos. Die griechische Medizin und die Schule des Aristoteles. 2. Aufl. Berlin 1963.

JAHN, P.: Eine Prosaquelle Vergils und ihre Umsetzung in Poesie durch den Dichter. Hermes 38 (1903): 244–264.

JANSSENS, E.: La zoologie pré-aristotélienne. Rev. Univ. Bruxelles 38 (1932/1933): 371–376.

JENNISON, G.: Animals for show and pleasure in ancient Rome. Manchester 1937.

JOACHIM, H.: De Theophrasti libris Περὶ ζῴων. Phil. Diss. Bonn 1892.

KAHRSTEDT, U.: Kulturgeschichte der römischen Kaiserzeit. 2. Aufl. Bern 1958.

KEMBER, O.: Right and left in the sexual theories of Parmenides. J. Hell. Stud. *91* (1971): 70–79.

KIRCHNER, O.: Die botanischen Schriften des Theophrast von Eresos. Jahrb. class. Philol. Suppl.-Bd. *7* (1873–1875): 449–539.

KNOEFEL, P. K., & COVI, M. C.: A Hellenistic treatise on poisonous animals (The „Theriaca" of Nicander of Colophon). A contribution to the history of toxicology. Lewiston, Queenston, Lampeter 1991.

KÖRNER, O.: Das homerische Tiersystem und seine Bedeutung für die zoologische Systematik des Aristoteles. Wiesbaden 1917.

– Die ärztlichen Kenntnisse in Ilias und Odyssee. München 1929.

– Die homerische Tierwelt. 2. Aufl. München 1930.

KOLENDO, J.: Le traité d'agronomie de Saserna. Archiwum filologiczne *29*, S. 73–80. Wrocław 1973.

KOLLESCH, J.: Antike Medizin. In: Beiträge zur Wissenschaftsgeschichte. Wissenschaft in der Antike. Hrsg. WENDEL, G., S. 139–158. Berlin 1986.

– Galens Auseinandersetzung mit der Aristotelischen Samenlehre. In: Aristoteles – Werk und Wirkung. P. Moraux gewidmet. Hrsg. WIESNER, J., Bd. 2, S. 17–26. Berlin, New York 1987.

KRAFFT, F.: Geschichte der Naturwissenschaft 1: Die Begründung einer Wissenschaft von der Natur durch die Griechen. Freiburg 1971 a.

– Art. „Art" II. In: Historisches Wörterbuch der Philosophie. Hrsg. RITTER, J., Bd. 1, Sp. 526 f. Basel, Stuttgart 1971 b.

– Art. „Gattung" II. In: Historisches Wörterbuch der Philosophie. Hrsg. RITTER, J., Bd. 3, Sp. 25–27. Basel, Stuttgart 1974.

KUDLIEN, F.: Probleme um Diokles von Karystos. Sudhoffs Archiv *47* (1963): 456–464.

– Herophilos und der Beginn der medizinischen Skepsis. Gesnerus *21* (1964): 1–13. Nachdr. in: Antike Medizin. Hrsg. FLASHAR, H., S. 280–295. Darmstadt 1971.

– Antike Anatomie und menschlicher Leichnam. Hermes *97* (1969): 78–94.

KÜHNERT, F.: Allgemeinbildung und Fachbildung in der Antike. Dt. Akad. Wiss., Schriften d. Sektion f. Altertumswiss., Bd. 30. Berlin 1961.

KULLMANN, W.: Wissenschaft und Methode. Interpretationen zur Aristotelischen Theorie der Naturwissenschaft. Berlin, New York 1974.

– Die Teleologie in der aristotelischen Biologie: Aristoteles als Zoologe, Embryologe und Genetiker. Sitz.ber. Heidelberger Akad. Wiss., phil.-hist. Kl. 1979, 2. Heidelberg 1979.

LANG, P.: De Speusippi Academici scriptis. Bonn 1911.

LATTE, K.: Die Sirenen. In: Festschrift z. Feier des 200jährigen Bestehens d. Akad. d. Wiss. in Göttingen, Bd. 2, S. 67–74. Berlin, Göttingen, Heidelberg 1951. Nachdr. in LATTE, K.: Kleine Schriften zu Religion, Recht, Literatur und Sprache der Griechen und Römer. Hrsg. GIGON, O., BUCHWALD, W., & KUNKEL, W., S. 106–111. München 1968.

LEITNER, H.: Zoologische Terminologie beim Älteren Plinius. Hildesheim 1972.

LEMBACH, K.: Die Pflanzen bei Theokrit. Heidelberg 1970.

LESKY, A.: Thalatta. Der Weg der Griechen zum Meer. Wien 1947.

– Geschichte der griechischen Literatur. 3. Aufl. Bern, München 1971.

LESKY, E.: Galen als Vorläufer der Hormonforschung. Centaurus *1* (1950/51): 156–162.

– Die Zeugungs- und Vererbungslehren der Antike und ihr Nachwirken. Akad. Wiss. Lit., Abh. geistes- u. sozialwiss. Kl. 1950, 19. Wiesbaden 1951.

– Alkmaion bei Aetios und Censorin. Hermes *80* (1952): 249–255.

LIPPMANN, E. O. VON: Geschichte des Zuckers. 2. Aufl. Berlin 1929.

– Urzeugung und Lebenskraft. Zur Geschichte dieser Probleme von den ältesten Zeiten an bis zu den Anfängen des 20. Jahrhunderts. Berlin 1933.

LLOYD, G. E. R.: The development of Aristotle's theory of the classification of animals. Phronesis 6 (1961): 59–81. Nachdr. in LLOYD 1991, S. 1–26.

– Right and left in Greek philosophy. J. Hell. Stud. *82* (1962 a): 56–66. Nachdr. in LLOYD 1991, S. 27–48.

– Genus, species and ordered series in Aristotle. Phronesis 7 (1962 b): 67–90.

– Experiment in early Greek philosophy and medicine. Proceedings Cambridge Philol. Soc., N. S. *10* (1964): 50–72. Nachdr. in LLOYD 1991, S. 70–99.

– Parmenides' sexual theories. A reply to Mr Kember. J. Hell. Stud. *92* (1972): 178–179.

– Alcmaeon and the early history of dissection. Sudhoffs Archiv *59* (1975): 113–147.

– Magic, reason and experience. Studies in the origin and development of Greek science. Cambridge, London u. a. 1979.

– The debt of Greek philosophy and science to the ancient Near East. Pedilavium *14* (1982): 1–19. Nachdr. in LLOYD 1991, S. 278–298.

– Methods and problems in Greek science. Cambridge, New York u. a. 1991.

LONIE, I. M.: On the botanical excursus in De natura pueri 22–27. Hermes *97* (1969): 391–411.

– The Hippocratic treatises „On generation"; On the nature of the child"; „Diseases IV", A commentary. Ars Medica II 7. Berlin, New York 1981.

LÖTHER, R.: Aristoteles und die Taxonomie. In: IRMSCHER, J., & MÜLLER, R. (Hrsg.) 1983, S. 175–178.

LOUIS, P.: Remarques sur la classification des animaux chez Aristote. In: „Autour d'Aristote". Recueil d'études de philos. anc. et médieval, S. 297–304. Louvain 1955.

MANSFELD, J.: Alcmaeon: ‚physikos' or physician? With some remarks on Calcidius' ‚On Vision' compared to Galen's Plac. Hipp. et Plat. VII. In: Kephalaion. Studies in Greek philosophy and its continuation. Hrsg. MANSFELD, J., & RIJK, L. M. DE, S. 26–38. Assen 1975.

MARTIN, E.: Histoire des monstres depuis l'Antiquité jusqu'à nos jours. Paris 1880.

MARTIN, R.: Recherches sur les agronomes latins et leur conceptions économiques et sociales. Paris 1971.

MEYER, E. H. F.: Geschichte der Botanik. Studien. Königsberg, Bd. 1, 1854; Bd. 2, 1855.

MEYER, H.: Der Entwicklungsgedanke bei Aristoteles. Bonn 1909.

MEYER, J. B.: Aristoteles Thierkunde. Ein Beitrag zur

Geschichte der Zoologie, Physiologie und alten Philosophie. Berlin 1855.

MIQUEL, F. A. W.: Homerische Flora. Übers. von LAURENT, J. C. M., Altona 1836.

MITSDÖRFFER, W.: Vergils Georgica and Theophrast. Philologus 93 (1938): 449–475.

MORTON, A. G.: Pliny on plants: his place in the history of botany. In: FRENCH, R., & GREENAWAY, F. (Hrsg.) 1986, S. 86–97.

MOULÉ, L.: La faune d'Homère. Mém. Soc. Zool. France 22 (1909): 183–233; 23 (1910): 29–106.

NEEDHAM, J.: A history of embryology. 2. Aufl. Cambridge 1959.

NICKEL, D.: Künstliche Schädeldeformation und Vererbung – eine antike Hypothese. Das Altertum 24 (1978): 236–240.

– Zu Aristoteles' Vorstellung von der Epigenese in der Keimesentwicklung. In: IRMSCHER, J., & MÜLLER, R. (Hrsg.) 1983, S. 197–201.

– Untersuchungen zur Embryologie Galens. Schriften z. Gesch. u. Kultur d. Antike, Bd. 27. Berlin 1989.

ÖNNERFORS, A.: In Medicinam Plinii studia philologica. Lunds Univ. Årsskrift, N. F., Avd. 1, Bd. 55/5. Lund 1963.

ORY, Th.: Oppien naturaliste: les Invertébrés dans les Halieutiques. Hist. Phil. Life Sci. 7 (1985): 71–85.

PALM, A.: Studien zur Hippokratischen Schrift Περὶ διαίτης. Phil. Diss. Tübingen 1933.

PELLEGRIN, P.: La classification des animaux chez Aristote. Statut de la biologie et unité de l'Aristotélisme. Paris 1982.

PERRY, B. E.: Art. „Physiologus". In: Paulys Real-Encyclopädie d. class. Altertumswiss., Bd. 20, Sp. 1074–1129. Stuttgart 1941.

PETIT, G., & THÉODORIDÈS, J.: Histoire de la zoologie des origines à Linné. Paris 1962.

POHLENZ, M.: Die Stoa. Geschichte einer geistigen Bewegung. 2 Bde. 3. Aufl. Göttingen 1964.

PREUS, A.: Science and philosophy in Aristotle's biological works. Hildesheim, New York 1975.

RAHN, H.: Tier und Mensch in der homerischen Auffassung der Wirklichkeit. Ein Beitrag zur geisteswissenschaftlichen Selbstkritik. 2. Aufl. Darmstadt 1968.

REGENBOGEN, O.: Die Naturwissenschaft der Peripatetiker. Scientia 50 (1931): 345–354.

– Art. „Theophrastos" (Nr. 3). In: Paulys Real-Encyclopädie d. class. Altertumswiss., Suppl.-Bd. 7, Sp. 1354–1562. Stuttgart 1940.

REITZENSTEIN, R.: De scriptorum rei rusticae qui intercedunt inter Catonem et Columellam libris deperditis. Phil. Diss. Berlin 1884.

RICHMOND, J.: The authorship of the Halieutica ascribed to Ovid. Philologus 120 (1976): 92–106.

RIDDLE, J. M.: Dioscorides on pharmacy and medicine. Austin 1985.

RIEDINGER, R.: Der Physiologos und Klemens von Alexandreia. Byzantin. Z. 66 (1973): 272–307.

RODEMER, W.: Die Lehre von der Urzeugung bei den Griechen und Römern. Phil. Diss. Gießen 1928.

RÖSSLE, R.: Über Mythos und Pathologie. Virchows Arch. path. Anat. 308 (1942): 519–539.

SARTON, G.: A history of science. Bd. 2: Hellenistic science and culture in the last three centuries B. C. Cambridge 1959.

SAVAGE SMITH, E.: Galen's account of the cranial nerves and the autonomic nervous system. Clio med. 6 (1971): 77–98, 173–194.

SCARBOROUGH, J.: Some beetles in Pliny's Natural History. The Coleopterists Bull. 31 (1977): 293–296.

– Theoretical assumptions in Hippocratic pharmacology. In: Formes de pensée dans la Collection hippocratique. Hrsg. LASSERRE, F., & MUDRY, Ph. Univ. de Lausanne, Publications de la Faculté des Lettres 26, S. 307–325. Genf 1983.

SCHATZ, F.: Die griechischen Götter und die menschlichen Mißgeburten. Wiesbaden 1901.

SCHMID, W., & STÄHLIN, O.: Geschichte der griechischen Literatur. In: Handbuch d. Altertumswiss., Hrsg. OTTO, W., Bd. VII 1,1. München 1929. Nachdr. 1959.

SCHMIEDEBERG, O.: Über die Pharmaka in der Ilias und Odyssee. Schriften Wiss. Ges. Straßburg, H. 36. Straßburg 1918.

SCHNEIDER, C.: Kulturgeschichte des Hellenismus. Bd. 2. München 1969.

SCHÖNER, E.: Das Viererschema in der antiken Humoralpathologie. Sudhoffs Archiv, Beih. 4. Wiesbaden 1964.

SCHONACK, W.: Die Rezeptsammlung des Scribonius Largus. Eine kritische Studie. Jena 1912.

SEECK, G. A. (Hrsg.): Die Naturphilosophie des Aristoteles. Wege der Forschung 125. Darmstadt 1975.

SEEL, O.: Der Physiologus. Übertr. u. erl. Zürich, Stuttgart 1960.

SENN, G.: Die Entwicklung der biologischen Forschungsmethode in der Antike und ihre grundsätzliche Förderung durch Theophrast von Eresos. Veröff. schweiz. Ges. Gesch. Med. Naturwiss., Bd. 8. Aarau 1933.

SERGEENKO, M. E.: Skrofa i apologija krupnogo zemlevladenija (Scrofa und die Apologie des großen Landbesitzes). Vestnik drevnej istorii 22, H. 4 (1947): 64–69.

SIMON, M.: Sieben Bücher Anatomie des Galen. Bd. 2. Leipzig 1906.

SOLMSEN, F.: Die Entwicklung der Aristotelischen Logik und Rhetorik. Berlin 1929.

SPERANZA, F. (Hrsg.): Scriptorum Romanorum De re rustica reliquiae. Bd. 1. Biblioteca di Helikon. Testi i Studi 8. Messina 1974.

STADEN, H. VON: Herophilus. The art of medicine in early Alexandria. Edition, translation and essays. Cambridge, New York u. a. 1989.

– Jaeger's „Skandalon der historischen Vernunft": Diocles, Aristotle, and Theophrastus. In: Werner Jaeger reconsidered. Proceedings of the second Oldfather conference. Hrsg. CALDER III, W. M., S. 227–265. Atlanta, Georgia 1992 a.

– The discovery of the body: human dissection and its cultural contexts in ancient Greece. Yale Journ. Biol. Med. 65 (1992 b): 223–241.

STANNARD, J. W.: Pliny and Roman botany. Isis 56 (1965): 420–425.

STECHOW, E.: Die Gorillas im „Periplus Hannonis". Forsch. Fortschr. 24 (1948): 148–149.

STEIER, A.: Aristoteles und Plinius. Studien zur Geschichte der Zoologie. Würzburg 1913.

– Art. „Menestor". In: Paulys Real-Encyclopädie d.

class. Altertumswiss., Bd. 15, Sp. 853–855. Stuttgart 1931.

STENZEL, J.: Art. „Speusippos" (Nr. 2). In: Paulys Real-Encyclopädie d. class. Altertumswiss., Bd. 3 A, Sp. 1636–1669. Stuttgart 1929.

STRÖMBERG, R.: Theophrastea. Studien zur botanischen Begriffsbildung. Göteborgs K. Vetenskaps- och Vitterhets-Samhälles Handlingar, Fj. 5, ser. A, 6 (1937) Nr. 4.

SUSEMIHL, F.: Geschichte der griechischen Litteratur in der Alexandrinerzeit. 2 Bde. Leipzig 1891/1892.

TAPPE, G.: De Philonis libro qui inscribitur Alexandros. Phil. Diss. Göttingen 1912.

THEILER, W.: Zur Geschichte der teleologischen Naturbetrachtung bis auf Aristoteles. Zürich 1925.

UEBERWEG, F., & PRAECHTER, K.: Die Philosophie des Altertums. 14. Aufl. Darmstadt 1958.

VALLANCE, J. T.: The lost theory of Asclepiades of Bithynia. Oxford 1990.

WEHRLI, F.: Die Schule des Aristoteles. Texte und Kommentar. Bd. 5: Straton von Lampsakos. Basel 1950.

WELLMANN, M.: Dorion. Hermes 23 (1888): 179–193.

– Sextius Niger. Eine Quellenuntersuchung zu Dioscorides. Hermes 24 (1889): 530–569.

– Alexander von Myndos. Hermes 26 (1891): 481–566.

– Krateuas. Abh. K. Ges. Wiss. Göttingen, philol.-hist. Kl., N. F., Bd. 2,1. Berlin 1897.

– Das älteste Kräuterbuch der Griechen. In: Festgabe für Franz Susemihl, S. 1–31. Leipzig 1898.

– Der Physiologos. Eine religionsgeschichtlich-naturwissenschaftliche Untersuchung. Philologus, Suppl. 22,1. Leipzig 1930.

WIESNER, J.: Die Hochzeit des Polypus. Jahrb. Dt. Archäolog. Inst. 74 (1959): 35–51.

WÖHRLE, G.: Die Teleologie in den botanischen Schriften des Theophrast: Abkehr von Aristoteles? Würzburger Jahrb. Altertumswiss., N. F., Bd. 10 (1984): 47–55.

WOLF-HEIDEGGER, G., & CETTO, A. M.: Die anatomische Sektion in bildlicher Darstellung. Basel, New York 1967.

ZELLER, E.: Die Philosophie der Griechen in ihrer geschichtlichen Entwicklung. Bd. 2,2. 4. Aufl. Leipzig 1921.

ZIMMERMANN, K.: Unteritalische Fischteller. Wiss. Ztschr. Univ. Rostock, 16. Jg., ges.- u. sprachwiss. Reihe, H. 7/8 (1967): 561–570.

Kapitel 3. Biologische Kenntnisse und Überlieferungen im Mittelalter (4.–15. Jahrhundert)

Originalliteratur siehe auch Kurzbiographien

ABDULLAJEV, M. S.: Aristotel' i aristotelizm v istorii anatomii. Baku 1988.

ABDUS SALAM, M.: Islam und Wissenschaft. Frankfurt a. M. 1991.

ABAELARD, P.: Expositio in Hexaemeron. In: MIGNE, J. P., Patrologiae Cursus Completus, Series Latina [MPL] 178, Sp. 729–784.

ABU L-HABB, Ǧalīl: ʿIlm al-hayawān ʿinda l-muslimīn wa-l-ʿarab. I. Lamaḥāt min ʿilm al-hayawān fī nahǧ al-balāġa. Al-Aqlām (Bagdad), 2. Jg. 2. Teil, Oktober 1965, S. 182–190.

ADELARD VON BATH: Die Quaestiones naturales des Ade-

lardus von Bath. Hrsg. und untersucht von MÜLLER, M., Münster i. W. 1934 (= Beiträge zur Geschichte der Philosophie und Theologie des Mittelalters, Bd. 31,2).

ADELMANN, H. B.: Marcello Malpighi and the Evolution of Embryology. Bd. 1–5. Ithaca, New York 1966.

AETIUS: Aetii Amideni libri medicinales I–VIII. Hrsg. von OLIVIERI, A., Leipzig und Berlin 1935/1950 (= Corpus Medicorum Graecorum [CMG] VIII 1.2).

AGATHIAS MYRINAEUS: Historiarum libri quinque. Ed. KEYDELL, R. Berlin 1967 (= Corpus fontium historiae Byzantinae, Ser. Berolinensis, Vol. 2).

AHRENS, K.: Columella. Über Landwirtschaft. Ein Lehr- und Handbuch der gesamten Acker- und Viehwirtschaft aus dem 1. Jh. u. Z. Aus dem Lateinischen übers., eingef. u. erl. von AHRENS, K. 2. ber. Aufl. Berlin 1976.

AIKEN, P.: The Animal History of Albertus Magnus and Thomas of Cantimpré. Speculum 22 (1947): 205–225.

AL-ĠIṬRĪF IBN QUDĀMA AL-ĠASSĀNĪ: Die Beizvögel (Kitāb dawārī aṭ-ṭayr). Ein arabisches Falknereibuch des 8. Jh. Deutsche Übs. von MÖLLER, D., & VIRÉ, F. Hildesheim, Zürich, New York 1988.

AL-SARAF, Nihaya Jawad Hamudi: Aspects of Medieval Arabic Zoology. Submitted by Nihaya Jawad Hamudi al-Saraf to the University of Exeter as a thesis for the degree of Doctor of Philosophy in Arabic and Islamic Studies in the Faculty of Arts, October 1992.

ALBERTUS MAGNUS: Alberti Magni ex ordine praedicatorum De vegetabilibus libri VII historiae naturalis pars XVIII editionem criticam ab Ernesto Meyero coeptam absolvit Carolus Jessen. Berolini 1867 (Nachdruck Frankfurt a. M. 1982).

– De animalibus libri XXVI. Nach der Cölner Urschrift hrsg. von STADLER, H., 2 Bde., Münster i. W. 1916/1920 (= Beiträge zur Geschichte der Philosophie und Theologie des Mittelalters, Bd. XV/XVI).

– Opera omnia. Ed. BORGNET, A., Paris 1890–1899.

– Opera omnia. Editio Coloniensis (Albertus-Magnus-Institut Köln). Münster 1951 ff.

ALBRANT: s. RIECK (Ed.).

ALONSO, M. A.: Notas sobre los traductores toledanos Domingo Gundisalvo y Juan Hispano. Al-Andalus 8 (1943): 115–188.

ALOUSI, H. M. al-: The Problem of Creation In Islamic Thought. Qur'an, Hadith, Commentaries and Kalam. Bagdad 1968.

ALŪSĪ, Maḥmūd Šukrī: Bulūġ al-arab fī maʿrifat aḥwāl al-ʿarab. Bd. 1–3. Ed. AL-AṮARĪ, Muḥammad Bahǧat, Beirut o. J.

AMBROS, A. A.: Gestaltung und Funktion der Biosphäre im Koran. ZDMG 140 (1990) 2. 290–325.

AMBROSIUS: Sancti Ambrosii Mediolanensis episcopi Hexameron libri sex. MIGNE, J. P., Patrologiae Cursus Completus, Series Latina [MPL] 14, col. 133–288.

AMIRDOVLAT AMASIACI: Nenužnoe dlja neučej. Perevod s armjanskogo jazyka i kommentarij kandidata medicinskich nauk. VARDANJAN, S. A., Moskau 1990 (= Naučnoe nasledstvo, Vol. 13).

AMMIANUS MARCELLINUS: Res gestae: Ammianus Marcellinus. Römische Geschichte. Lateinisch und Deutsch und mit einem Kommentar versehen von SEYFARTH, W. I–IV. Teil, 3. Aufl. Berlin 1975 (= Schriften und Quellen der Alten Welt, Bd. 21).

Analectes sur l'histoire et la littérature des Arabes d'Espagne. Bde. I/II, Ed. DOZY, R., DUGAT, G., KREHL, L., & WRIGHT, W., Leiden 1855–1861.

ANDREOLLI, B.: Art. „Petrus de Crescentiis". In: Lexikon des Mittelalters, Bd. VI. Lukasbilder bis Plantagenêt. Sp. 389–390. München, Zürich 1993.

ANTON, K. G. von: Geschichte der teutschen Landwirtschaft von den ältesten Zeiten bis zu Ende des 15. Jhs. 3 Theile. (2 Vol.) Görlitz 1799–1802.

APOSTOLIDES, N. Ch.: Wissenschaftliche Bestimmung der im „Pulológos" aufgeführten Vögel. Athen 1897 (griech.).

ARISTOTELES: Aristoteles Graece ex recensione Immanuelis Bekkeri ed. Academia Regia Borussica, Vol. 1/2, Berlin 1831.

ARTELT, W.: Die ältesten Nachrichten über die Sektion menschlicher Leichen im mittelalterlichen Abendland. Berlin 1940. (= Abhandlungen zur Geschichte der Medizin und der Naturwissenschaften, hrsg. von DIEPGEN, P., RUSKA, J., ARTELT, W., & HEISCHKEL, E., H. 34).

– „Ossa mandibulae inferioris duo". Sudh. Arch. 39 (1955): 197–200.

ASCHOFF, L.: Über die Entdeckung des Blutkreislaufs. Eine Stellungnahme zum Streit um William Harvey und ein Ausblick auf die spätere Entwicklung der Geschichte der Medizin. Freiburg i. Br. 1938.

ASHLEY, B. M.: St. Albert and the Nature of Natural Science. In: WEISHEIPL, J. A. (Ed.), Albertus Magnus and the Sciences. Commemorative Essays 1980, Toronto 1980, S. 73–102.

ASÍN PALACIOS, M.: El libro de los animalis de Gahiz. Isis 14 (1930): 20–54.

– ‚Avenpace Botanico'. Al-Andalus 5 (1940): 235–265.

– Glosario de voces romances registradas por un botánico anónimo hispano-musulmán. Madrid, Granada 1943.

AṢMAʿĪ, Abū Saʿīd: K. Asmāʾ al-wuḥūš wa-ṣifātihā. Das Kitāb al-wuḥūš von al-Aṣmaʿī, mit einem Paralleltexte von Quṭrub (Kitāb mā ḫālafa fīhi l-insān al-bahīma fī asmāʾ al-wuḥūs wa-ṣifātihā), hrsg. und mit Anmerkungen versehen v. GEYER, Rudolf. In: Sitzungsber. der philosoph.-hist. Classe der kais. Akad. der Wiss., CXV/1, S. 353–420, Wien (1887) 1888.

– Kitāb an-nabāt. Ed. al-GĀNĪM, ʿA. Y., Kairo 1972.

ATTIÉ, B.: L'ordre chronologique probable des sources directes d'Ibn al-ʿAwwām. In: Al-Qanṭara 3 (1982): 299–332.

AUGUSTINUS, Aurelius: Confessiones. In: MIGNE, J. P., Patrologiae Cursus Completus, Series Latina [MPL] 32, Sp. 659–868. (Deutsch BKV, Bd. 18.).

– De civitate dei libri XXII. In: MIGNE, J. P., Patrologiae Cursus Completus, Series Latina [MPL] 41, S. 13–804. (Deutsch BKV, Bd. 1.16.28).

– De doctrina christiana. In: MIGNE, J. P., Patrologiae Cursus Completus, Series Latina [MPL] 40, S. 289–310.

– De Genesi ad litteram liber imperfectus. In: MIGNE, J. P., Patrologiae Cursus Completus, Series Latina [MPL] 34, Sp. 245–486. (dtsch. Übs. s. PERL, C. J.)

– De Genesi adversus Manicheos libri duo: In: MIGNE, J. P., Patrologiae Cursus Completus, Series Latina [MPL] 34, 173–220.

– De nuptiis et concupiscentia libri duo. In: MIGNE, J. P., Patrologiae Cursus Completus, Series Latina [MPL] 44, Sp. 413–474.

– De trinitate. In: MIGNE, J. P., Patrologiae Cursus Completus, Series Latina [MPL] 42, Sp. 819–1098.

– Enarrationes in Psalmos. In: MIGNE, J. P., Patrologiae Cursus Completus, Series Latina [MPL] 36, S. 67–1028.

AVERROES: Averroès. Tafsir ma baʿd at-tabiʿat (Grand Commentaire de la Métaphysique). Texte arabe inédit. Établi par BOUYGES, M. S. J., Beyrouth 1938–1952 (= Bibliotheca arabica scholasticorum, Série arabe V, 1.2; VI; VII).

– Averrois Cordubensis Compendia librorum Aristotelis qui Parva naturalia vocantur. Textum arabicum recensuit et adnotationibus illustravit BLUMBERG, H., Cambridge, Mass.: 1972 (= Corpus Comentariorum Averrois in Aristotelem, Vol. VII).

AʾĪNAH WAND, Ṣ.: aṣ-Ṣaid. Tārīḫuhū, muṣṭalaḥātuhū, kutubuhū. Revue de l'Academie Arabe de Damas (RAAD) 63 (1988): 454–494.

ʿALĪ AŠ-ŠAIḪ, ʿĀdil Muḥammad: ʿAbqārīyat al-imām ʿAlī

fī ʿilm al-ḥayawān. Aṯ-ṯaqāfa al-ʿarabīya (Libyen), 5. Jg. Nr. 1, Januar 1978, S. 58–62.

ʿALĪ IBN ABĪ ṬĀLIB: Nahǧ al-balāġa. Kommentiert von ʿABDUH, M., hrsg. von SAYYID AL-AHL, ʿA., Teile 1–4, 4. Aufl. Beirut 1978.

ʿARĪB B. SAʿĪD: K. Ḫalq al-ǧanīn wa-tadbīr al-ḥabālā wa-l-maulūdīn: Le Livre de la Genération du Fœtus et le Traitement des Femmes enceintes et des Nouveau-nés. Publié, traduit et annoté par JAHIER, H., & ABDELKADER, N., Alger 1956 (= Publications de la Faculte mixte de Medecine de Pharmacie d'Alger, No III).

BAADER, G.: Art. „Alfanus". In: Lexikon des Mittelalters, Bd. I Aachen bis Bettelordenskirchen. Sp. 389–390. München, Zürich 1980.

BAĠDĀDĪ, ʿAbd al-Laṭīf al-: The Eastern Key. Kitāb al-ifādah wal'l-i'tibār of ʿAbd al-Laṭīf al-Baghdādī. Facs. ed. by VIDEAN, J. A., & VIDEAN, I. E. Translated into English by ZAND, K. H., London 1964.

BALME, D.: „Development of Biology in Aristotle and Theophrastus: Theory of Spontaneous Generation". Phronesis 7 (1962): 91–104.

BALSS, H.: Albertus Magnus als Zoologe. München 1928.

– Albertus Magnus als Biologe, Stuttgart 1947 (= Große Naturforscher 16).

BALTES, M.: Art. „Animal I. Allgemein". In: Augustinus-Lexikon. Hrsg. MAYER, C., Redaktion CHELIUS, K. H. Vol. 1. Sp. 356–361. Basel 1986–1994.

BANQUERI, J. A. (ed.), s. IBN AL-ʿAWWĀM.

BARDENHEWER, O.: Geschichte der altkirchlichen Literatur. Freiburg i. Br. 1914 (Nachdruck Darmstadt 1962).

BARTHOLOMAEUS ANGLICUS: Bartholomæi Anglici De genvinis rervm coelestivm, terrestrivm et inferarvm proprietatibvs Libri XVIII ... cvi accesit liber XIX. De variarum rerum accidentibus ... Procurante D. Georgio Bartholdo Pontano à Braitenberg ... Francofvrti, Apud Wolfgangum Richterum ... Anno M.DCI (Nachdruck Frankfurt 1964).

BASILIUS: Commentaria in Isaiam Prophetam, In: MIGNE, J. P., Patrologiae Cursus Completus, Series Graeca [MPG] 30, Sp. 118–668.

– Homilien zum Hexaemeron. Hrsg. von DE MENDIETA, E. A., & RUDBERG, S. Y. Berlin 1997 (= Die griechischen christlichen Schriftsteller der ersten Jahrhunderte, NF, Bd. 2).

BASMADJIAN, K. J. (Ed.): Amirdovlatʿ Amasiatsʿi, Angitatsʿ anpʾetʾ Wien 1926 (in altarmen. Sprache).

BAUER, TH.: Das Pflanzenbuch des Abū Ḥanīfa ad-Dīnawarī. Inhalt, Aufbau, Quellen. Wiesbaden 1988.

BÄUMER, Ä.: Geschichte der Biologie. Biologie von der Antike bis zur Renaissance. Bd. 1. Frankfurt a. M., Bern, New York, Paris 1991.

BAUMSTARK, A.: Die christlichen Literaturen des Orients. Bd. 1. Leipzig 1911.

BECK, H. G.: Geschichte der byzantinischen Volksliteratur. Handbuch der Altertumswissenschaft, Abt. 12: Byzantinisches Handbuch, T. 2, Bd. 3. München 1971.

BELGUEDJ, S.: La collection Hippocratique et l'embryologie coranique. In: La collection Hippocratique et son rôle dans l'histoire de la médecine, Colloque de Strasbourg (23–27 octobre 1972), S. 321–333 (= Travaux du centre de recherche sur le proche-orient et la grèce antiques, No 2). Leiden 1975.

BENAKIS, L.: Michael Psellos' Kritik an Aristoteles und seine eigene Lehre zur „Physis" – und „Materie-Form"-Problematik. Byzant. Zeitschrift 56 (1963): 213–227.

BERNAND, M.: La critique de la notion de nature (ṭabʿ) par le kalām. Studia Islamica 51 (1980): 59–105.

BERNHARDT, K.-H.: Gott und Bild. Ein Beitrag zur Begründung und Deutung des Bilderverbotes im Alten Testament. Berlin 1956 (= Theologische Arbeiten. Hrsg. URNER, H., Bd. II).

BIANCIOTTO (Ed.): Richard de Fournival, Bestiaire d'amour. Ed. BIANCIOTTO, G. In: BIANCIOTTO, G.: Bestiaires du moyen âge mis en français moderne et presentes par Gabriel Bianciotto. Paris 1980, S. 125–168.

Bibel: Die Bibel. Die heilige Schrift des Alten und Neuen Bundes. Deutsche Ausgabe mit den Erläuterungen der Jerusalemer Bibel. Hrsg. ARENHOEVEL, D., DEISSLER, A., & VÖGTLE, A. Leipzig 1969.

Biblia Hebraica Stuttgartensia: 4. Aufl., hrsg. von ELLIGER, K., Stuttgart 1990.

BĪRŪNĪ, Abu r-Raihān: al-Āṯār al-bāqīya ᶜan al-qurūn al-ḫālīya. Ed. SACHAU, E. Leipzig 1878.

BISCHOFF, B.: Die europäische Verbreitung der Werke Isidors von Sevilla. In: DÍAZ Y DÍAZ, M. C. (Ed.) Isidoriana. Coleccion de estudios sobre Isidoro de Sevilla, con ocasion del XVI centario de su nacimiento, S. 317–344. Leon 1961.

BJÖRCK, G.: Zum Corpus Hippiatricorum Graecorum. Beiträge zur antiken Tierheilkunde, Inaugural-Dissertation zur Erlangung der Doktorwürde einer hohen philosophischen Fakultät der kgl. Universität Uppsala. Uppsala 1932.

– Griechische Pferdeheilkunde in arabischer Überlieferung. Le monde orientale 30 (1936): 1–12.

– Apsyrtus, Julianus Africanus et l'Hippiatrique grecque. Uppsala, Leipzig 1944.

BLAIR, P. H.: The world of Bede. London 1970 (Nachdruck Cambridge 1990).

BLIEMETZRIEDER, F. P.: Adelhard von Bath. Blätter aus dem Leben eines englischen Naturphilosophen des 12. Jh. und Bahnbrechers einer Wiedererweckung der griechischen Antike. Eine kulturgeschichtliche Studie: mit 2 Anh. München 1935.

BLOCH, B.: Die geschichtlichen Grundlagen der Embryologie bis auf Harvey. Halle 1904 (= Abhdlg. d. Kaiserl. Leopold. Carol. Akad. d. Naturwiss., Bd. 82).

BLOCH, I.: Byzantinische Medizin. In: Handbuch der Geschichte der Medizin. Hrsg. von NEUBURGER, M., & PAGEL, J. Bd. 1. Jena 1902 (Nachdruck Hildesheim, New York 1971).

BODENHEIMER, F. S.: The History of Biology. An Introduction. London, Dawson 1958.

– Art. „Fauna". In: The Interpreter's Dictionary of the Bible. An Illustrated Encyclopedia. Vol. 2, E.-J. Nashville 1980. S. 246 b–256 b.

– & RABINOWITZ, A.: Timotheus of Gaza on animals. Fragments of a Byzantine paraphrase of an animal-book of the 5th century. Transl., comm. and introd. Paris 1949 (= Coll. trav. Acad. intern. hist. sciences, no. 3).

BOER, T. J. DE: Art. „Khalq". In: Handwörterbuch des Islam. Hrsg. von WENSINCK, J., & KRAMERS, J. H. S. 296 b–298 b. Leiden 1976.

BOESE, H. (ed.): s. THOMAS CANTIMPRATENSIS.

BOËTHIUS, Anicius Manlius Torquatus Severinus: Utrum Pater et Filius et Spiritus Sanctus de divinatione substantialiter praedicentur. MIGNE, J. P., Patrologiae Cursus Completus, Series Latina [MPL] 64, col. 1299–1302.

BOLENS, L.: La révolution agricole andalouse du XIᵉ siècle. Studia Islamica 47 (1978): 121–141.

– Agronomes andalous du Moyen Age, Genf 1981.

BORGNET, A. (Ed.): s. ALBERTUS MAGNUS, Gesamtausgabe. Paris 1890–1899.

BOTTERWECK, G. J.: Art: „bᵉhēmāh" In: Theologisches Wörterbuch zum Alten Testament. Hrsg. von BOTTERWECK, G. J., & RINGGREN, H. Bd. 1, ʾāb-gālāh. Sp. 523–536. Stuttgart, Berlin, Köln, Mainz 1973.

BOUMAN, J.: Gott und Mensch im Koran. Eine Strukturform religiöser Anthropologie anhand des Beispiels Allah und Muhammad. 2. Aufl. Darmstadt 1989.

BRESLIN, C. A. Y.: Abū Ḥanīfah al-Dīnawarī's Book of Plants. An Annotated English Translation of the Extant Alphabetical Portion. Diss. Tucson, University of Arizona 1986.

BRUNET, F.: Contribution des médicins Byzantine à l'histoire des plantes et la botanique médicale en France. Hippocrate 5 (1937): 524–531.

BRUNNER, H.: Ägyptische Texte. In: Religionsgeschichtliches Textbuch zum Alten Testament. Hrsg. BEYERLIN, W., S. 29–93. Göttingen 1975 (Neudruck Berlin 1978).

BRUNSING, H.: Anfänge der Bujatrik (Rinderheilkunde). Gießen 1961. (Diss. med. vet. Gießen).

BRÜCKNER, A.: Quellenstudien zu Konrad von Megenberg. Thomas Cantimpratanus „De animalibus quadrupedibus" als Vorlage im „Buch der Natur". Frankfurt a. M. 1961. (Phil. Diss. Frankfurt a. M.).

BŪMILḤIM, ᶜA.: Al-Manāḫī al-falsafīya ᶜinda al-Ğāḥiẓ. Beirut 1980.

BURKHARD, C. (Ed.), s. NEMESIUS.

BURNETT, Ch.: Adelard of Bath. An English Scientist and Arabist of the Early Twelfth Century. (Warburg Institute Surveys and Texts 14). London 1987.

BUSCH, L.: Basileios d. Gr. und die Medizin. Therap. Berichte (Leverkusen) 29 (1957): 111–121.

BÜLOW, G.: Des Dominicus Gundissalinus Schrift „Von dem Hervorgange der Welt" (De processione mundi). Hrsg. und auf ihre Quellen untersucht, Beiträge zur Geschichte der Philosophie und Theologie des Mittelalters, Bd. 24. Münster 1925.

BÜRGEL, J. C.: Averroes „contra Galenum". Nachrichten der Akademie der Wissenschaft in Göttingen I. Phil.-hist. Kl. 1967, Nr. 9, S. 263–340.

CADDEN, J.: Albertus Magnus' Universal Physiology: the Example of Nutrition. In: WEISHEIPL, J. A. (Ed.), Albertus Magnus and the Sciences. Commemorative Essays 1980, S. 321–339. Toronto 1980.

CARABAZA BRAVO, J. M.: Aḥmad b. Muḥammad b. Hajjaj al-Ishbīlī: al-Muqniᶜ fi l-filāḥa, Doctoral Dissertation; 2 vols., University of Granada 1988.

CASSIODORUS, Magnus Aurelius: Cassiodori Senatoris Institutiones. Ed. from the mss. by MYNORS, R. A. B. Oxford 1937.

– An introduction to divine and human readings [Institutiones divinarum et humanorum liierarum] Transl. with an introd. and notes by JONES, L. W. New York 1946 (Reprint New York 1966).

CHÉHADÉ, A.-K.: Ibn an-Nafīs et la découverte de la circulation pulmonaire. Damas 1955.

CHOULANT, L.: (Hrsg.): s. MACER FLORIDUS.

CLEMENS ALEXANDRINUS: Protrepticus und Paedagogus. Ed. STÄHLIN, O., Leipzig 1905 (= Die griechischen christlichen Schriftsteller der ersten drei Jahrhunderte, 12).

– Stromata. Buch I–VI. Hrsg. von STÄHLIN, O. Neu hrsg. von FRÜCHTEL, L., 4. Aufl. mit Nachträgen von TREU, U. Berlin 1985.

CLÉMENT-MULLET, J.-J.: Le livre de l'agriculture d'Ibn al-ᶜAwam Ichbili, Traduit de l'arabe, 3 Teile in 2 Bd. Paris 1864–1867.

CLEMENTS, R. E.: Art. „rāmas; rämäs". In: Theologisches Wörterbuch zum Alten Testament. Hrsg. von FABRY, H.-J., & RINGGREN, H. Bd. 7, qōs-śākan, Sp. 535–538. Stuttgart, Berlin, Köln, Mainz 1993.

COLIN, G.: Le „Botaniste anonyme" de Séville (XIᵉ/XIIᵉ siècle) et son essai de classification botanique. In: Actes du Xxe Congrès international des orientalistes Bruxelles 1938, S 323. Louvain 1940.

COLLISON, R.: Encyclopedias: Their History Throughout the Ages. A Bibliographical Guide with Extensive Notes to the General Encyclopedias Issued Throughout the World from 350 B. C. tom the Present Day. New York, London 1964.

CRESCENTIUS: Crescentiis, Petrus de: Ruralia commoda. Das Wissen des vollkommenen Landwirts um 1300.

Teile 1–2 (Hrsg. von RICHTER, W. Zum Druck vorbereitet von RICHTER-BERGMEIER, R. Heidelberg 1995/6 (= Editiones Heidelbergenses 25/26).

CREUTZ, R.: Der Magister Copho und seine Stellung im Hochsalerno. Sudh. Arch. *31* (1938): 51–60; *33* (1941): 249–338.

CUPANE, C.: Art. „Garten. B. Byzantinisches Reich". In: Lexikon des Mittelalters, Bd. IV. Erzkanzler bis Hiddensee. Sp. 1124. München, Zürich 1989.

CURTIUS, E. R.: Europäische Literatur und lateinisches Mittelalter. 10. Aufl., Bern, München 1984.

D'IRSAY, St.: Patristic medicine. Ann. Med. Hist. *9* (1927): 364–378.

DAMĪRĪ: Kamāl ad-dīn ad-Damīrī ḥayāt al-ḥayawān al-kubrā, 2 vols. Cairo [Būlāq] 1284 H./1868 und 1309/1891-2. (Reprint Beirut 1978).

DAVIDSON, H. A.: Alfarabi, Avicenna, and Averroes, on Intellect. Their Cosmologies, Theories of the Active Intellect, and Theories of Human Intellect. New York, Oxford 1992.

DE BOER: s. BOER.

DE KARABACEK, J. (Hrsg.): De codicis Dioscuridei Aniciae Iulianae, nunc Vindebonensis Med. Gr. I. 4 Bde. Leiden 1906.

DEMAITRE, L., & TRAVILL, A. A.: Human Embryology and Development in the Works of Albertus Magnus. In: WEISHEIPL, J. A. (ed.), Albertus Magnus and the Sciences. Commemorative Essays. S. 405–440. Toronto 1980.

DICK, A. (Ed.): s. MARTIANUS CAPELLA.

DICKIE, J. (Yaqub Zaki): The Hispano-Arab Garden: Notes toward a typology. In: JAYYUSI, S. Kh. (Ed.), The Legacy of Muslim Spain, S. 1016–1035 (= Handbuch der Orientalistik, 1. Abtlg., 12. Bd.). Leiden 1992.

DIEPGEN, P.: Die Frauenheilkunde der Alten Welt, München 1937 (= Handbuch der Gynäkologie. 3. völlig neu bearb. Aufl. des Handbuchs der Gynäkologie von VEIT, J. Hrsg. von STOECKEL, W. 12. Bd., 1. Teil. Geschichte der Frauenheilkunde I).

– Über den Einfluß der autoritativen Theologie auf die Medizin des Mittelalters. Wiesbaden 1958.

DIESNER, H.-J.: Isidor von Sevilla und seine Zeit, Berlin 1973 (= Aufsätze und Vorträge zur Theologie und Religionswissenschaft. hrsg. von SCHOTT, E., & URNER, H.).

– Isidor von Sevilla und das westgotische Spanien, Berlin 1977 (= Abhdlg. d. Sächs. Akad. d. Wiss. Leipzig, Phil.-hist. Kl., Bd. 67, H. 3).

DIETERICI, Fr.: Der Darwinismus im zehnten und neunzehnten Jahrhundert, Leipzig 1878 (Nachdruck Hildesheim 1969 = Die Philosophie bei den Arabern im X. Jahrhundert n. Chr., Gesamtdarstellung und Quellenwerke IX).

– Die Naturanschauung und Naturphilosophie der Araber im zehnten Jahrhundert. Aus den Schriften der lauteren Brüder übersetzt von Dr. Fr. Dieterici, Berlin 1861 (Nachdruck Hildesheim 1969 = Die Philosophie bei den Arabern im X. Jh. n. Chr., Gesamtdarstellung und Quellenwerke V).

– Die Philosophie der Araber im X. Jh. n. Chr., Teil 1 u. 2, Leipzig 1876/79 (Nachdruck Hildesheim 1969 = Die Philosophie bei den Arabern im X. Jh. n. Chr., Gesamtdarstellung und Quellenwerke I/II).

DIETRICH, A.: Dioscurides Triumphans. Ein arabischer Kommentar (Ende 12. Jh. n. Chr.) zur Materia medica. Arabischer Text nebst kommentierter deutscher Übers. herausgegeben von DIETRICH, A., 1. Teil: Arabischer Text, 2. Teil: Übersetzung und Kommentar, Göttingen 1988 (= Abhandl. der Akad. d. Wiss. in Göttingen, Phil.-hist. Klasse, 3. Folge, Nr. 172).

DIJKSTERHUIS, E. J.: Die Mechanisierung des Weltbildes. Berlin, Göttingen, Heidelberg 1956.

DILG, P.: s. u. Keil.

DĪNAWARĪ, Abū Ḥanīfa ad-: The book of Plants of Abū Ḥanīfa ad-Dīnawarī. Part of the Alphabetical Section (Alif-Zay). Edited from the unique MS. in the Library of the University of Istanbul, with an Introduction, Notes, Indices and a Vocabulary of Selected Words by Bernard Lewin, Uppsala and Wiesbaden 1953 (= Uppsala Universitets Arsskrift 1953: 10 – Acta Universitatis Upsaliensis).

DIODORUS SICCULUS: Diodoros: Griechische Weltgeschichte Buch I–X. Übs. von WIRTH, G., & VEH, O. Eingel. und komment. von NOTHERS, Th. Teile 1 u. 2. Stuttgart 1992/93 (= Bibliothek der griechischen Literatur, hrsg. von WIRTH, P., & GESSEL, W., Bd. 34/35).

DIOSKORIDES: Dioscurides Codex Vindobonensis med. gr. 1 der Österreichischen Nationalbibliothek (Faksimileausgabe). 5 Bde. Graz 1965–1970.

DIWALD, S.: Arabische Philosophie und Wissenschaft in der Enzyklopädie Kitāb Iḫwān aṣ-ṣafāʾ (III). Die Lehre von der Seele und Intellekt. Wiesbaden 1975.

DODGE, B.: The Fihrist of al-Nadīm. A tenth-century survey of Muslim Culture. Ed. and transl. Bayard DODGE. Vol. I/II. New York, London 1970.

DOMANDL, S.: Polarität bei Paracelsus, Goethe und in der modernen Hirnforschung. In: Von Paracelsus zu Goethe und Wilhelm von Humboldt. Salzburger Beiträge zur Paracelsusforschung, Folge 22, S. 72–87, Wien 1981.

DOVE, A.: Der Streit um das Mittelalter. Historische Zeitschrift *116* (1916): 209–230.

DOYEN-HIGUET, A.-M.: The Hippiatrica and Byzantine Veterinary Medicine. In: Dumbarton Oaks Paper, No. 38, 1984. Symposium on Byzantine Medicine. Ed. SCARBOROUGH, J., S. 111–120. Washington 1984.

DOZY, R. P. A.: Über Sontheimer's Uebersetzung des Ibn-al-Baiṭār. Zeitschrift der Morgenländischen Gesellschaft *23* (1869): 183–200.

DRIESCH, A. VON DEN: Geschichte der Tiermedizin. 5000 Jahre Tierheilkunde. München 1989.

DROSSAART-LULOFS, H. J.: Aristotle, Generation of Animals. The Arabic Translation Commonly Ascribed to Yaḥyā Ibn al-Biṭrīq. Ed. with Introd. and Glossary by BRUGMAN, J., & DROSSAART-LULOFS, H. J. Leiden 1971 (= Publ. of the De Goeje Fund, nr. XXIII).

– & POORTMAN, E. L. J. (Edd.): Aristoteles Semitico-Latinus. Nicolaus Damascenus De plantis. Five translations, Ed. and introduced by DROSSAART LULOFS, H. J., & POORTMAN, E. L. J. (= Verhandelingen d. Koninklijke Niederlandse Akademie van vetenschapen. Afd. Letterkunde N. R. 139). Amsterdam, Oxford, New York 1989.

DUBLER, C. E.: Ibn al-Bayṭār en armenio. In: Al-Andalus *21* (1956): 125–130.

DUNLOP, R. H., & WILLIAMS, D. J.: Veterinary Medicine. An Illustrated History. St. Louis u. a. 1996.

DURANT, W. J.: Das Zeitalter des Glaubens. Eine Kulturgeschichte des christlichen, islamischen und jüdischen Mittelalters von Konstantin bis Dante (325–1300) Bern 1952 (= Die Geschichte der Zivilisation, Bd. 4).

DÜRING, I.: Aristoteles. Darstellung und Interpretation seines Denkens. Heidelberg 1966.

EBIED, R. Y., & YOUNG, M. J. L.: New Light on The Origin of the Term „Baccalaureate". The Islamic Quarterly *43* (1975): 3–7.

EGNARAS IBÁÑEZ, J.: Ibn Luyun, Tratado de agricultura. Ed. with Spanish translation. Granada 1975.

EICHLER, P. A.: Die Dschinn, Teufel und Engel im Koran. Lucka/Thüringen, Leipzig 1928 (= Phil. Diss. Leipzig).

EINHARD: Vita Karoli Magni: lateinisch/deutsch = Das Leben Karls d. Grossen. Übers., Anm. und Nachw. von FIRCHOW, Evelyn Scherabon. Stuttgart 1994.

EIS, G.: Gottfrieds Pelzbuch. Studien zur Reichweite und Dauer der Wirkung des mittelhochdeutschen Fachschrifttums. Brünn–München–Wien 1944.

- Einflüsse des mittelhochdeutschen Pelzbuchs auf die neuzeitliche Literatur und Forschung. In: Studien zur altdeutschen Fachprosa. Hrsg. von EIS, G., S. 47–79, Heidelberg 1951 (= Germanische Bibliothek: Reihe 3, Untersuchungen und Einzeldarstellungen).
- Jagdkundliche Gelegenheitsfunde aus hippologischen Handschriften und Hausbüchern. Z. Jagdwiss. *11* (1965): 102–110.
- Meister Albrandts Roßarzneibuch. Verzeichnis der Handschriften, Text der ältesten Fassung, Literaturverzeichnis. Hrsg. EIS, G. Konstanz 1966.
- Mittelalterliche Fachliteratur. 2. Aufl. Stuttgart 1967.

EISENSTEIN, H.: Al-Marwazī's Kitāb ṭabāʾiʿ al ḥayawān. In: XXIII. Deutscher Orientalistentag ... 1985 in Würzburg. Ausgewählte Vorträge, Stuttgart 1989, S. 127–131 (= ZDMG, Suppl.-Bd. 7).
- Bemerkungen zur *dabbat al-arḍ* in Koran 43,14 (13). WZKM *79* (1989): 131–137.
- Arabische Systematiken des Tierreichs. In: DIEM, W., & FALATURI, A. (Hrsg.), XXIV. Deutscher Orientalistentag vom 26. bis 30. Sept. 1988 in Köln, Stuttgart 1990, S. 184–190 (= Zeitschrift der Deutschen Morgenländischen Gesellschaft, Supplementband VIII).
- Einführung in die arabische Zoographie. Das tierkundliche Wissen in der arabisch-islamischen Literatur. Berlin 1991.

EL-FAʾIZ, M.: L'agronomie de la Mesopotamie antique: Analyse du „Livre de l'agriculture nabateenne" de Qutāma par Mohammed El-Faʾiz, Leiden 1995 (= Studies in the history of the ancient Near East, 5).

ENDERWITZ, S.: Art. „AL-SHUʿŪBIYYA". In: The Encyclopedia of Islam. New Ed. Vol. IX. S. 513 b–516 a. Leiden 1996.

ENDRESS, G.: Die wissenschaftliche Literatur. In: Grundriß der Arabischen Philologie, Bd. II: Literaturwissenschaft. Hrsg. von GÄTJE, H. S. 400–506. Wiesbaden 1987.
- Der Islam. Eine Einführung in seine Geschichte. 2. überarb. Aufl. München 1991.
- Naturkunde: Tierkunde, Pflanzenkunde, Gesteinskunde. In: Grundriß der Arabischen Philologie, Bd. III: Supplement., Hrsg. von FISCHER, W. S. 138–143. Wiesbaden 1992.

ERK, N.: A Study of Kitāb al-ḫail wa-l-baitara, written in the second half of the 9th century by Muḥammad Ibn aḫī Hizām. Hist. Med. Vet. *1* [4] (1976): 101–104.

ETHÉ, H.: Zakarija Ben Muhammed Ben Mahmud El-Kazwini's Kosmographie. Nach der Wüstenfeldschen Textausgabe. Aus dem Arabischen von ETHÉ, H., Leipzig 1868.

EUSEBIUS: Eusebius Werke. Achter Bd. Die Praeparatio Evangelica. Erster Teil. Einleitung, die Bücher I bis X. Hrsg. von MRAS, K. 2. bearb. Aufl., hrsg. von DES PLACES, É. Berlin 1982 (= Die griechischen christlichen Schriftsteller der ersten Jahrhunderte 43,1).
- Eusebius Werke. Achter Bd. Die Praeparatio Evangelica. Zweiter Teil. Einleitung, die Bücher XI bis XV, Register. Hrsg. MRAS, K. 2. bearb. Aufl., hrsg. von DES PLACES, É. Berlin 1982 (= Die griechischen christlichen Schriftsteller der ersten Jahrhunderte 43,2).

FAHD, T.: Al-Filāḥa al-Nabaṭiyya et la Sience Agronomique Arabe. In: Proceedings of the First International Symposium for the History of Arabic Science, Aleppo April 5–12, 1976, Vol. II, Papers in European Languages. Ed by AL-HASSAN, A. Y., KARMI, Gh., & NAMNUM, N. S. 196–220. Aleppo 1978.

FAKHRY, M.: Islamic Occasionalism and its Critique by Averroes and Aquinas. London 1958.

FĀRĀBĪ, Abū Naṣr: K. Ārāʾ ahl al-madīna al-fāḍila. Ed. NĀDIR, A. N. 4. Aufl., Beirut 1973.
- Risāla fī aʿḍāʾ al-ḥayawān wa-afʿālihā wa-quwāhā, in: Traités Philosophiques par al-Kindī – al-Fārābī – Ibn

Bajjah – Ibn ʿAdyy. Ed. critique et introduction par BADAWI, ʿA., S. 65–107. Benghazi 1973.
- Risāla li-l-Fārābī fi-r-radd ʿalā Ġālīnūs fīmā nāqada fīhi Aristūtālīs li- aʿḍāʾ al-insān, in: Traités philosophiques par al-Kindī – al-Fārābī – Ibn Bāǧǧah – Ibn ʿAdyy. Ed. critique et introduction par BADAWĪ, ʿA., Benghazi 1973, S. 38–42.

FELDBAUER, P.: Die islamische Welt 600–1250. Ein Frühfall von Unterentwicklung? Wien 1995.

FELLNER, St.: Compendium der Naturwissenschaften an der Schule zu Fulda im IX. Jahrhundert. Berlin 1879.
- Albertus Magnus als Botaniker. Wien 1881.

FERCKEL, Chr.: Die Gynäkologie des Thomas von Brabant. Ein Beitrag zur Kenntnis der mittelalterlichen Gynäkologie und ihrer Quellen. Zum ersten Mal hrsg. von FERCKEL, Chr. München 1912 (= Alte Meister der Medizin und Naturkunde, Hrsg. von KLEIN, G., Bd. 5).
- Literarische Quellen der Anatomie im 13. Jh. Archiv für die Geschichte der Naturwissenschaften und der Technik *6* (1913): 78–82 (= Festschrift zur Feier seines 60jährigen Geburtstages am 26. November 1913 Karl Sudhoff gewidmet von Freunden, Verehrern und Schülern, hrsg. von SCHAEFER, R. J.)

FERRAND, G.: Art. „WAKWĀK oder WĀKWĀK". In: Enzyklopaedie des Islam. Geographisches, Ethnographisches und biographisches Wörterbuch der Muhammedanischen Völker. Hrsg. von HOUTSMA, M. Th., WENSIENCK, A. J., GIBB, H. A. R., & LÉVI-PROVENÇAL, E. Bd. IV S–Z, S. 1196 b–1200 a, Leiden, Leipzig 1934.

FISCHER, H.: Mittelalterliche Pflanzenkunde. München 1929 (Nachdruck Hildesheim 1967).

FLASCH, K.: Einführung in die Philosophie des Mittelalters. Darmstadt 1987.

FONTAIN, J.: Art. „Isidor von Sevilla". In: Lexikon des Mittelalters, Bd. V Hiera-Mittel bis Lukarien. Sp. 677–680. München, Zürich 1991.

FRAENKEL, S.: Die aramäischen Fremdwörter im Arabischen. Leiden 1886 (Nachdruck Hildesheim 1982).

FRANK, R. M.: Creation and the Cosmic System: Al-Ghazālī & Avicenna. Heidelberg 1992 (Abhdlg. d. Heidelberger Akad. d. Wiss., Phil.-hist. Kl., Jg. 1992, 1. Abhdlg.).

FRANZ, G. (Hrsg.): Geschichte des deutschen Gartenbaues. Stuttgart 1984 (= Deutsche Agrargeschichte, Bd. 6).

FREHEN, H.: Art. „Baum". In: Bibel-Lexikon. Hrsg. von HAAG, H. Sp. 173–175. Leipzig 1969.

FREHN, H., & LANG, B.: Art. „Tier". In: Bibellexikon. Hrsg. von HAAG, H. Sp. 1751–1757. Leipzig 1969.

FREYTAG, G. W. F.: Einleitung in das Studium der Arabischen Sprache bis Mohammed und zum Theil später zum allgemeinen Gebrauche auch für die, welche nicht Hebräisch und Arabisch treiben. Bonn 1861 (Neudruck Osnabrück 1972).

FRIEDRICH II. von Hohenstaufen: Frederici Romanorum Imperatoris Secundi De arte venandi cum avibus. Faksimile-Ausgabe. Hrsg. WILLEMSEN, C. A., Teile I–II. Leipzig 1942.

FRINGS, H. J.: Medizin und Arzt bei den griechischen Kirchenvätern bis Chrysostomos. Phil. Diss. Bonn 1959.

FROEHNER, R.: Das Nacerische Buch des Abu Bekr ibn Bedr. Beitrag zur Kenntnis der mittelalterlichen orientalischen Veterinärmedizin. Arch. wiss. prakt. Tierhlk. *60* (1929): 362–375.
- Die Tierheilkunde des Ibn al-Awwam. Veterinärhist. Mitt. Nr. *4, 5, 6* (1930): 25; 31; 55.
- Zur Tierheilkunde des Abu Bakr ibn Bedr. Leipzig 1931.
- Kulturgeschichte der Tierheilkunde, Bd. 1: Tierkrankheiten, Heilbestrebungen, Tierärzte im Altertum. Konstanz 1952.

FUCHS, F.: Die höheren Schulen von Konstantinopel im

Mittelalter. Leipzig 1926 [= Byzantinisches Archiv, begr. von K. Krumbacher als Ergänzung der byzantinischen Zeitschrift in zwanglosen Heften. Hrsg. HEISENBERG, A. H. 8] (Nachdruck Amsterdam 1964).

GABRIELI, F.: Geschichte der Araber. Stuttgart 1963.

GALEN: Claudii Galeni Pergameni Scripta minora. Hrsg. von MARQUART, J., MÜLLER, I., & HELMREICH, G., 3. Bde. Leipzig 1884–1893 (Nachdruck Amsterdam 1967).

– Galeni De usu partium libri XVII. Hrsg. von HELMREICH, G., 2 Bde. Leipzig 1907/09.

– Galeni De semine. Hrsg., übers. u. erl. von DE LACY, Ph., Berlin 1992 (= CMG V 3,1).

– In Hippocratis de natura hominis. Ed. MEWALDT, I., Leipzig und Berlin 1914 (= CMG V 9,1: S. 1–113).

– De sanitate tuenda. Ed. KOCH, K., Leipzig und Berlin 1923 (= CMG V 4,2: S. 1–198).

– De placitis Hippocratis et Platonis. T. 1–3. Ed. DE LACY, Ph., Berlin 1978–1984 (= CMG V 4,1,2).

GARCÍA SÁNCHEZ, E.: Agriculture in Muslim Spain. In: JAYYUSI, S. Kh. (Ed.), The Legacy of Muslim Spain, S. 987–999. Leiden 1992 (= Handbuch der Orientalistik, 1. Abtlg., 12. Bd.).

GAUTHIER, L.: Hayy Ben Yaqdhān. Roman philosophique d'Ibn Thofail. Beyrouth 1936.

GENEQUAND, Ch.: Ibn Rushd's Metaphysics. A Translation with Introduction of Ibn Rushd's Commentary on Aristotle's Metaphysics. Book Lām. Leiden 1984 (= Islamic Philosophical and Theological Texts and Studies, vol. I).

– Quelques aspects de l'idée de nature, d'Aristote à al-Ghazālī. Revue de Théologie et de Philosophie 116 (1984): 105–129.

GENEWEIN, C.: Des Walahfrid Strabo von der Reichenau Hortulus und seine Pflanzen. Phil. Diss. München 1947.

Geoponica: Geoponica sive Cassiani Bassi scolast. de rust. eclog. Ed. BECKH, H. Leipzig 1895.

GEORGIOS PISIDES: Hexaëmeron sive Cosmopoeia. In: MIGNE, J. P., Patrologiae Cursus Completus, Series Graeca [MPG] 92, Sp. 1425–1578.

GERNENTZ, H. J. (Hrsg.): Althochdeutsche Literatur. Von der „Benediktinerregel" zum „Ezzolied". Eine Auswahl. Herausgegeben und übertragen von GERNENTZ, H. J. Berlin 1979.

GERNET, J.: Die chinesische Welt. Frankfurt a. M. 1988.

GERRITSEN, W. P.: „Bestiarium VI. Mittelniederländische Literatur". In: Lexikon des Mittelalters, Bd. I Aachen bis Bettelordenskirchen. Sp. 2077. München, Zürich 1980.

– Art. „Jacob van Maerlant". In: Lexikon des Mittelalters, Bd. V Hiera-Mittel bis Lukarien. Sp. 291–293. München, Zürich 1991.

GERSTINGER, H.: Dioscurides Codex Vindebonensis med. gr. 1 der Österreichischen Nationalbibliothek. Kommentarband. Graz 1970.

GEYER, B.: Die Albert dem Großen zugeschriebene Summa naturalium (Philosophia pauperum). Münster 1936 (= Beiträge zur Geschichte der Philosophie und Theologie des Mittelalters, 35, 1).

GEYER, R. (Ed.): s. AṢMAʿĪ.

GEYER: s. QUṬRUB

GHINOPOULO, S.: Pädiatrie in Hellas und Rom. Jena 1930 (Jenaer medizin-historische Beiträge, hrsg. von MEYER-STEINEG, Th., H. 13).

GIESE, A. (Übs. Hrsg.): Iḫwān aṣ-Ṣafāʾ. Mensch und Tier vor dem König der Dschinnen. Aus den Schriften der Lauteren Brüder von Basra. Aus dem Arab. übers., mit einer Einl. und mit Anm. hrsg. von GIESE, A. Hamburg 1990.

– s. al-Qazwīnī. Die Wunder des Himmels und der Erde.

GLOY, K.: Das Verständnis der Natur. Erster Band. Die Geschichte des wissenschaftlichen Denkens. München 1995.

GOLDZIHER, I.: Vorlesungen über den Islam. Unveränderter fotomechanischer Nachdruck der 2., von Franz Babinger umgearbeiteten Auflage, Heidelberg 1925. Heidelberg 1963.

GOODMAN, L. E.: Ibn Tufayl's Ḥayy ibn Yaqẓān: a Philosophical Tale. Transl. with Introduction and Notes. New York 1972.

GRABMANN, M.: Geschichte der scholastischen Methode, nach den gedruckten und ungedruckten Quellen dargestellt, 1. Bd.: Die scholastische Methode von ihren ersten Anfängen in der Väterliteratur bis zum Beginn des 12. Jh.; 2. Bd.: Die scholastische Methode im 12. und beginnenden 13. Jh., Freiburg 1909/1911 (Nachdruck Berlin 1957).

– Methoden und Hilfsmittel des Aristotelesstudiums im Mittelalter. Sitzungsberichte der Bayerischen Akademie der Wissenschaften, Phil.-hist. Abt., München 1939.

GREGORY, T.: Considerazioni su „ratio" e „natura" in Abelardo. Studi medievali 3. Ser., 14 (1973): 287–300.

– Art. „Natur II. Frühes Mittelalter". In Historisches Wörterbuch der Philosophie (HWP), Bd. 6: Mo–O. Sp. 441–447. Hrsg. von RITTER, J., & GRÜNDER, K. Völlig neubearb. Ausgabe des „Wörterbuchs der philosophischen Begriffe" von Rudolf Eisler. Basel, Stuttgart 1984.

GRESSMANN, H.: Altorientalische Texte zum Alten Testament. 2. Aufl. Berlin, Leipzig 1926.

GRIMM, J.: Deutsche Mythologie, 3 Bde., 4. Aufl. besorgt von MEYER, E. H., Berlin 1875–1878 (um eine Einleitung vermehrter Nachdruck Graz 1968; Wiesbaden 1992).

GRIMM/GRIMM: Deutsches Wörterbuch von Jacob und Wilhelm Grimm, Elfter Band, I. Abteilung I. Teil, T – treftig, bearb. von LEXER, M., KRALIK, D., und der Arbeitsstelle des Deutschen Wörterbuches. Sp. 373–376. Leipzig 1935.

GRJAZNEVIČ, P. A.: Razvitije istoričeskogo soznanija arabov (VI–VIII vv.). In: Očerki istorii arabskoj kul'tury V–XV vv. Moskau 1982 (= Kultura narodov vostoka).

GROHMANN, A.: Kulturgeschichte des Alten Orients, Dritter Abschnitt, Vierter Unterabschnitt, Arabien. München 1963 (= Handbuch der Altertumswissenschaft, 3. Abt., 1. Teil, 3. Bd., 3. Abschn., 4. Unterabschn.).

GRUBER, J.: Art „Boëthius. I. Leben und Werke". In: Lexikon des Mittelalters, Bd. II Bettelwesen bis Codex von Valencia. Sp. 308–311, München, Zürich 1983.

GRUNDMANN, H.: „Sacerdotium – Regnum – Studium": zur Wertung der Wissenschaft im 13. Jh. Archiv für Kulturgeschichte 34 (1952): 5–21.

– Naturwissenschaft und Medizin in mittelalterlichen Schulen und Universitäten. Düsseldorf 1960 (= Deutsches Museum, Abhandlungen und Berichte 28 [1960] Heft 2).

GRÜNEBAUM, G. VON: Die Wirklichkeitsweite der früharabischen Dichtung. Eine literaturwissenschaftliche Untersuchung. Wien 1937.

GUILLAUME LE CLERC: Le Bestiaire. Das Thierbuch des normannischen Dichters Guillaume le Clerc … Mit Einleitung und Glossar hrsg. von REINSCH, R., Wiesbaden 1967 (Unver. Nachdruck der Ausgabe Leipzig 1892 = Altfranzösische Bibliothek 14).

GURJEWITSCH, A. J.: Das Weltbild des mittelalterlichen Menschen. Dresden 1978.

GUZMAN, G. G.: Art. „Vincent of Beauvais". In: Dictionary of the Middle Ages. Ed. STRAYER, R. J. R., Vol. 12, Thaddeus Legend – Zwartᶜnocᶜ. S. 453b–455b. New York 1983.

GYSSELING, M. (Ed.): s. JACOB VAN MAERLANT: Der Naturen Bloeme.

ǦĀḤIZ, ᶜAmrū b. Baḥr al-: K. al-Biǧāl. In: Rasāʾil al-Ǧāḥiz, Teile I und II. Ed. HĀRŪN, ᶜAbd as-Salām Muḥammad. Kairo 1965.

ǦĀḤIZ, ᶜAmrū b. Baḥr al-: K. al-Ḥayawān, Bd. 1–8. Ed. HĀRŪN, ᶜA. M. Beirut 1988.

ĞARRĀR, S. (Ed.), s. IBN ḤAĞĞĀĞ.

ĞAZĀLĪ, Abū Ḥāmid Muḥammad b. Muḥammad: al-Ḥikma fi l-maḫlūqāt, Kairo 1934.

– Iḥyāʾ ʿulūm ad-dīn, 4 Vols., Kairo o. J.

ĞĀZĪ AL- (Ed.), s. IBN AL-ĞAZZĀR.

HAARBRÜCKER, Th.: s. ŠAHRASTĀNĪ.

HAEUPTNER, E.: Koranische Hinweise auf die materielle Kultur der alten Araber. Phil. Diss. Tübingen 1966.

HAMARNEH, S. Kh.: Thirteenth Century Physician Interprets Connection between Arteries and Veins. Sudh. Arch. *46* (1962): 17–26.

– Origins of Pharmacy and Therapy in the Near East. Tokyo 1973 a.

– Al-Biruni's Book on Pharmacy and Materia Medica. Introduction, Commentary and Evaluation by Sami K. Hamarneh. Karachi 1973 b (= Pakistan Series of Central Asian Studies No. 2).

– Medical plants, therapy and ecology in al-Ghazzī's book on agriculture. Stud. Hist. Med. *2* (1978) 4: 223–263.

– (Ed.): Ibn al-Quff, Ğāmiʿ al-ġaraḍ fī ḥifẓ-as-ṣiḥḥa wa-dafʿ al-maraḍ. Ed. with Preface and Annotations. Amman 1989.

HAMIDULLAH, M.: s. DĪNAWARĪ.

HANNICK, Chr.: „Bestiarium" VII. Englische Literatur. In: Lexikon des Mittelalters. Bd. I Aachen bis Bettelordenskirchen. Sp. 2077–2078. München, Zürich 1980.

HARIG, G.: Die Galenschrift „De simplicium medicamentorum temperamentis ac facultatibus" und die „Collectiones medicae" des Oreibasios. NTM, Schriftenreihe für Geschichte der Naturwissenschaften, Technik und Medizin, H. 7, 1966: 3–26.

– Von den arabischen Quellen des Simeon Seth. Medizinhist. Journ. *2* (1967): 248–268.

– Byzantinische Medizin. In: METTE, A., & WINTER, I. (Hrsg.), Geschichte der Medizin. Einführung in ihre Grundzüge. Berlin 1968.

– Bestimmung der Intensität im medizinischen System Galens. Ein Beitrag zur theoretischen Pharmakologie, Nosologie und Therapie in der galenischen Medizin. Berlin 1974 (= Schriften zur Geschichte und Kultur der Antike 11).

HARNACK, A. v.: Medicinisches aus der ältesten Kirchengeschichte. Leipzig 1892 (= Texte und Untersuchungen z. Geschichte d. altchristlichen Literatur 8).

HĀRŪN, ʿA M · s. ĞĀḤIẒ.

HASCHMI, M. Y.: Biologie bei al-Dschaḥiẓ, einem arabischen Naturphilosophen aus dem IX. Jh. Pagine di storia della medicina *15* (1971) 1: 14–20.

HASKINS, Ch. H.: The Renaissance of the 12th Century. Cambridge/Mass. 1927 (Nachdruck New York 1957; Meridian Books, M 49).

HAU, F. R.: Gondischapur – eine Medizinschule aus dem sechsten Jahrhundert n. Chr. Gesnerus *36* (1979): 98–115.

HAUSSIG, H. W.: Kulturgeschichte von Byzanz. 2. überarb. Aufl. Stuttgart 1966 (= Kröners Taschenausgabe 211).

HAWI, S. S.: Islamic Naturalism and Mysticism. A Philosophic Study of Ibn Ṭufail's Ḥayy bin Yaqẓān. Leiden 1974.

HAĞĪRĪ, Ṭ. AL-: Taḥrīğ nuṣūṣ Aristūtālīya min kitāb al-ḥayawān li-l-Ğāḥiẓ: Mağallat kullīyat al-ādāb (Ğāmiʿat al-Iskandarīya) *6/7* (1952/53): 15–35.

HECHT, K.: Der St. Galler Klosterplan. Sigmaringen 1983.

HEDWIG, K.: Art. „Natura naturans/naturata". In: Historisches Wörterbuch der Philosophie (HWP), Bd. 6: Mo–O. Hrsg. von RITTER, J., & GRÜNDER, K. Völlig neubearb. Ausgabe des ‚Wörterbuchs der philosophischen Begriffe' von Rudolf Eisler, Sp. 504–509. Basel, Stuttgart 1984.

HEGEL, G. F. W.: Sämtliche Werke. Hrsg. von GLOCKNER, H., Bd. 1–26, 5. Aufl. Stuttgart 1971.

HEHN, V.: Kulturpflanzen und Hausthiere in ihrem Übergang aus Asien nach Griechenland und Italien sowie in das übrige Europa. Historisch-linguistische Skizzen, 8. Aufl. Berlin 1911 (Nachdruck Amsterdam 1963).

HEIMSOETH, H.: Die sechs großen Themen der abendländischen Metaphysik und der Ausgang des Mittelalters, 5. Aufl. Darmstadt 1965.

HENKEL, N.: Studien zum Physiologus im Mittelalter, Tübingen 1976 (= Phil. Diss. München 1974).

– Art. „Bestiarium" II. Mittellateinische Literatur. In: Lexikon des Mittelalters, Bd. I Aachen bis Bettelordenskirchen. Sp. 2073–2074. München, Zürich 1980.

– „Bestiarium" V. Deutsche Literatur. In: Lexikon des Mittelalters. Bd. I Aachen bis Bettelordenskirchen. Sp. 2076–2077. München, Zürich 1980.

– Art. „Physiologus. III. Volkssprachliche Literaturen 1. Deutsche und mittelniederländische Literatur". In: Lexikon des Mittelalters, Bd. VI Lukasbilder bis Plantagenêt. Sp. 2119–2120. München, Zürich 1993.

– & HÜNEMÖRDER, Chr.: Art. „Bestiarium" I. Begriffliches. In: Lexikon des Mittelalters, Bd. I Aachen bis Bettelordenskirchen. Sp. 2073. München, Zürich 1980.

HENNIG, R. (Hrsg.): Terrae incognitae. Eine Zusammenstellung … der wichtigsten vorkolumbianischen Entdeckungsreisen, Bd. 2. 200–1200. Leiden 1937.

HENNINGER, J.: Geisterglaube bei den vorislamischen Arabern. In: Festschrift Paul J. Schebesta zum 75. Geburtstag gewidmet von Mitbrüdern, Freunden und Schülern, Wien-Mödling: St. Gabriel-Verlag 1963 (= Studia Instituti Anthropos, Vol. 18). (wiederabgedruckt in: Henninger, J., Arabica sacra. Aufsätze zur Religionsgeschichte Arabiens und seiner Randgebiete. S. 118–169 Freiburg und Göttingen 1981 [= Orbis Biblicus et Orientalis 40]).

HENTSCHEL, K.: Geister, Magier und Muslime. Dämonenwelt und Geisteraustreibung im Islam, München 1997 (= Diederichs Gelbe Reihe; 134 Islam).

HEUSSI, K.: Altertum, Mittelalter und Neuzeit in der Kirchengeschichte. Ein Beitrag zum Problem der historischen Periodisierung. Tübingen 1921. (wieder abgedruckt, in: GOELLER, E.: Die Periodisierung der Kirchengeschichte und die epochale Stellung des Mittelalters zwischen dem christlichen Altertum und der Neuzeit, Darmstadt 1969, S. 75–146.

HEYD, W.: Geschichte des Levantehandels im Mittelalter. Band 1–2. Stuttgart 1879.

HEYSE, E.: Hrabanus Maurus' Enzyklopädie „De rerum naturis". Untersuchungen zu den Quellen und zur Methode der Kompilation (Phil. Diss.) München. Bei der Arbeo-Gesellschaft 1969 (Münchner Beiträge zur Mediävistik und Renaissance-Forschung, 4).

HIRSCHBERG, J. W.: Jüdische und christliche Lehren im vor- und frühislamischen Arabien. Ein Beitrag zur Entstehungsgeschichte des Islams, Kraków 1939 (= Mémoires de la commission orientaliste No 32).

HITTI, Ph.: The Origins of the Islamic State. Being a translation from the Arabic accompanied with annotations geographic and historic notes of the Kitāb futūḥ al-buldān of al-Imām abu-l ʿAbbās Aḥmad ibn -Jābir al-Balāḏurī. Vol. I. New York 1968.

HOFFMANN-KRAYER, E.: Art. „Baumgans". In: Handwörterbuch des deutschen Aberglaubens. Hrsg. von BÄCHTHOLD-STÄUBLI, H. Bd. I Sp. 958–962. Berlin, Leipzig 1927.

HOMMEL, F.: Zu den Quellen der ältesten Kräuterbücher: In: Festschrift für Alexander Tschirch zu seinem 70. Geburtstag am 17. Oktober 1926. Gewidmet von Freunden und Schülern. Leipzig 1926. S. 72–79.

HOPPE, B.: Biologie. Wissenschaft von der belebten Materie von der Antike zur Neuzeit. Biologische Methodologie und Lehren von der stofflichen Zusammensetzung der Organismen. Wiesbaden 1976 (= Sudhoffs Archiv. Beihefte, H. 17).

Hoppe, K.: Rez. zu G. Björck (1932). Veterinärhist. Mitt. *13* (1933): 99.

Horowitz, M. C.: Aristotle and woman: Journ. Hist. Biol. *9* (1976): 183–213.

Horst, H.: Die Entstehung der adab-Literatur. In: Grundriß der Arabischen Philologie. Bd. II: Literaturwissenschaft, hrsg. von Gätje, H., Wiesbaden 1987, S. 208–220.

Hrabanus Maurus: De universo libri XXII. In: Migne, J. P., Patrologiae Cursus Completus, Series Latina [MPL], 111, Sp. 9–614.

Humboldt, A. von: Kosmos. Entwurf einer physischen Weltbeschreibung. Bd. 1–4 Stuttgart und Tübingen 1845–1858.

Hunger, H.: Die hochsprachige profane Literatur der Byzantiner, 2. Bd., München 1978 (= Byzantinisches Handbuch, 5. Teil, 2. Bd.).

Hünemörder, Chr.: Die Bedeutung und Arbeitsweise des Thomas von Cantimpré und sein Beitrag zur Naturkunde des Mittelalters. Medizinhist. Journ. *3* (1968): 345–357.

– Art. „Arnold von Sachsen". In: Lexikon des Mittelalters, Bd. I Aachen bis Bettelordenskirchen, Sp. 1008–1009, München, Zürich 1980.

– Die Zoologie des Albertus Magnus. In: Albertus Magnus Doctor Universalis 1280/1980. Hrsg. von Meyer, G., & Zimmermann, A. Für den Druck besorgt von Lüttringhaus, P.-B., S. 235–248. Mainz 1980 b (= Walberger Studien. Philosophisch-Theologische Hochschule der Dominikaner [Albertus-Magnus-Akademie] Philosophische Reihe, hrsg. von Engelhardt, P., Kluxen, W., & Meyer, G., Bd. 6).

– Antike und mittelalterliche Enzyklopädien und die Popularisierung naturkundlichen Wissens. Sudh. Arch. *65* (1981): 339–365.

– Thomas von Aquin und die Tiere. In: Zimmermann, A. (Hrsg.), Thomas von Aquin. In: Miscellanea midiaevalia, Berlin/New York 1988, S. 192–210.

– Zur empirischen Grundlage geistlicher Naturdeutung. In: Vollmann, B. K. (Hrsg.), Geistliche Aspekte mittelalterlicher Naturlehre, Wiesbaden 1993, S. 59–68 (= Wissensliteratur im Mittelalter, Bd. 15).

– Des Zisterziensers Heinrich von Schüttenhofen ‚Moralitates de naturis animalium'. In: Domes, J. et al. (Hrsg.), Licht der Natur, Medizin in Fachliteratur und Dichtung. Festschrift für Gundolf Keil, Göppingen 1994 a, S. 195–224 (= Göppinger Arbeiten zur Germanistik, Nr. 585).

– Hochmittelalterliche Kritik am naturkundlich-Wunderbaren durch Albertus Magnus, in: Schmidtke, D. (Hrsg.), Das Wunderbare in der mittelalterlichen Literatur, Göppingen 1994 b, S. 111–135 (= Göppinger Arbeiten zur Germanistik, Nr. 606).

– Art. „Thomas von Cantimpré". In: Die deutsche Literatur des Mittelalters, Verfasserlexikon. Begr. von Stammler, W. hrsg. von Ruh, K. u. a., 2. völlig neu bearb. Aufl., Bd. 9, Sp. 839–846. Berlin 1995.

Ibn Abī Usaibiᶜa: ᶜUyūn al-aḫbār fī ṭabaqāt al-aṭībbā². Bd. I.II, Ed. Müller, A., Kairo u. Königsberg 1882–1884.

Ibn al-ᶜAbbās al-Maǧūsī, ᶜAlī: K. Kāmil aṣ-sināᶜa aṭ-ṭibbīya, Bd. I.II, Būlāq 1294 H. (= 1877).

Ibn al-ᶜAwwām: K. al-Filāḥa, Libro de agricultura su autor … Eben el Awam, 2 vols., Madrid 1802 (Ed. und Übs. Banqueri, J. A.).

Ibn al-Baiṭār, Ḍiyā² ad-dīn ᶜAbdallah Ibn Aḥmad: Kitāb al-ǧāmiᶜ li-mufradāt al-adwiya wa-l-aġdiya. 4 Teile in 1 Band, Kairo (Būlāq) 1291 d. H. (= 1874) (Nachdruck Beirut o. J.).

Ibn al-Quff: s. Hamarneh (1989).

Ibn al-Ġazzār: K. al-Iᶜtimād fī ²l-adwiya al-mufrada/The Reliable Book on Simple Drugs. Frankfurt a. M. 1985 (= Facsimile Editions of Arabic Manuscripts, Vol. 20.).

Ibn an-Nadīm: Kitāb al-Fihrist mit Anmerkungen hrsg. von Flügel, G., nach dessen Tod besorgt von Roediger, J., & Müller, A. Erster Band: den Text enthaltend von Johannes Roediger. Leipzig 1871.

Ibn an-Nafīs: ar-Risāla al-kāmilīya fī as-sīra an-nabawīya. Ed., Komm. ᶜUmar, ᶜA. M. Kairo 1985.

– K. Šarh taśrīḥ al-qānūn, Ed. Qaṭāya, S., Kairo 1988.

Ibn Bassāl: K. al-Qaṣd wa-l-bayān, ed. and transl. with notes by Millás Vallicrosa, J. M., & Aziman, M., Libro de agricultura, Tétouan 1955.

Ibn Miskawaih: Tahdīb al-aḫlāq wa-tathīr al-aᶜrāq, mit einer Einführung von aš-Šaiḫ Ḥasan Tamīm, 2. berichtigte Aufl., Beirut o. J.

Ibn Qayyimal-Ǧauzīya: Zād al-maᶜād fī hudā ḫair al-ᶜibād, Teile 1–4, Alexandria o. J.

– Iġāṯat al-lahfān min maṣāyid aš-šaiṭān, 2 Teile, Ed. al-Faqī, M. Ḥ. Kairo o. J.

Ibn Qutaiba, Abū Muḥammad b. Muslim: K. ᶜUyūn al-aḫbār, Bd. I–IV, Kairo 1925–1930 (Nachdruck in 2 Bdd., Qumm 1415 d. H. = 1994).

Ibn Rušd, Abu l-Walīd Muḥammad b. Aḥmad: Averroès. Tafsir ma baᶜd at-tabiᶜat. Texte arabe inedit etabli par Bouyges, M., Vol. I, Beirut 1938 (= Bibliotheca Arabica Scholasticorum, Serie arabe, tom. V,2).

– Faṣl al-maqāl wa-taqrīr mā baina š-šarīᶜa wa-l-hikma mina l-ittiṣāl, Ed. Nādir, A. N., 4. Aufl., Beirut 1973.

Ibn Sīda: K. al-Muḫassas, Bd. 1–17, Kairo [Būlāq] 1316–1320 H. (= 1898–1902).

Ibn Sīnā: Abū ᶜAlī, K. al-Qānūn fi ṭ-tibb. 5 Bücher in 3 Bdd., Kairo [Būlāq] 1294 d. H. (= 1877) (Nachdruck Beirut o. J.).

– K. aš-Šifā² [II:] aṭ-Ṭabīᶜīyāt; fann 7: an-Nabāt. Edd. Muntaṣir, ᶜA., Zāyid, S., & Ismāᶜīl, ᶜA., Kairo 1965. (Nebentitel franz. Ibn Sīnā, Al-Shifā². La Physique. VII – Les Plantes (Al-Nabāt). Texte établi et édité par Montaṣir, ᶜA., Zayed, S., & Ismāᶜīl, ᶜA. Revue et précédé d'une Introduction par Madkour, I. Le Caire 1965).

– K. aš-Šifā² [II:] aṭ-Ṭabīᶜīyāt; fann 8: al-Ḥayawān. Edd. Muntaṣir, ᶜA., Zāyid, S., & Ismāᶜīl, ᶜA., Kairo 1970. (Nebentitel franz. Ibn Sīnā, Al-Shifā². La Physique. VIII – Les Animaux (Al-Ḥayawān). Texte établi et édité par Montaṣir, ᶜA., Zāyed, S., & Ismāᶜīl, ᶜA. Revue et précédé d'une Introduction par Madkour, I. Le Caire 1970).

Ibn Tufail, Abū Bakr: Ḥayy b. Yaqẓān. Ed. Nādir, A. N. 2. durchges. Aufl. Beirut 1968.

Ibn Waḥšīya: s. L'agriculture Nabatéenne.

Ibn Ḫaldūn, Muqaddimat Ibn Ḫaldūn. Ta²līf al-ᶜallāma ᶜAbd ar-Raḥmān b. Muḥammad b. Ḫaldūn. Beirut: Dār al-ǧīl. o. J.

Ibn Ḥanbal, Aḥmad: al-Musnad, Teile 1–6, 2 Registerbände. Ed. ᶜAbd Aṭ-Ṭānī, Beirut 1993.

Ibn Ḥaǧǧāǧ al-Išbīlī: al-Muqniᶜ fi l-filāḥa, Ed. Ǧarrār, S., & Abū Ṣāfīya, Y., ᶜAmmān 1982.

Ibšīhī, Šihāb ad-Dīn al-: al-Mustaṭraf fī kull fann mustaẓraf. 2 Teile in einem Bd. Ed. Aṭ-ṭabbāᶜ, ᶜA. A., Beirut o. J. [1981].

Imamuddin, S. M.: Al-Filāḥa (farming) in Muslim Spain. Islamic Studies *1* (1962) 4: 51–89.

Irmscher, J.: Einführung in die Byzantinistik. Berlin 1971.

Isidor von Sevilla: Isidori Hispalensis episcopi Etymologiarum sive originum libri XX, recognovit brevique adnotatione critica instruxit Lindsay, W. M. Tom. I/II. Oxonii [Oxford]: Oxford University Press American Branch 1911 (= Scriptorvm Classicorvm Bibliotheca Oxoniensis). (Neudruck Oxford 1966).

Islamic and Arab Contribution to the European Renaissance. Issued by Associated Institution for the Study and Presentation of Arab Cultural Values, Cairo 1977.

JACOB VAN MAERLANT: Der Naturen Bloeme. = Corpus van Middelnederlandse Teksten (tot en met het jaar 1300). Uitg. door Maurits Gysseling, m. m. v. en van woordindices voorzien door Willy Pijnenburg. Reeks II: Literaire Handschriften. Deel 2 's-Gravenhage 1981.

JACOB, F.: Das Spiel der Möglichkeiten. Von der offenen Geschichte des Lebens. München, Zürich 1983.

JACOB, E.: Théologie de l'Ancien Testament. Neuchâtel, Paris 1955.

JACOB, G.: Altarabisches Beduinenleben. Nach den Quellen geschildert. 2. Aufl., Berlin 1897 (Reprint Darmstadt 1967).

JACQUART, D.: Die scholastische Medizin. In: GRMEK, M. D. (Hrsg.), Die Geschichte des medizinischen Denkens. Antike und Mittelalter. München 1996, S. 216–259.

– & THOMASSET, C.: Albert Le Grand et les problèmes de la sexualité: Hist. Philos. Life sci. *3* (1981): 73–93.

JANOWSKI, B., NEUMANN-GOHRSOLKE, U., & GLESSMER, U.: Gefährten und Feinde des Menschen. Das Tier in der Lebenswelt des alten Israel. Neukirchen-Vluyn 1993.

JANSSEN, W.: Mittelalterliche Gartenkultur. Nahrung und Rekreation. In: HERRMANN, B. (Hrsg.), Mensch und Umwelt im Mittelalter, Frankfurt a. M. 1989, S. 224–243.

JAUSS, H. R.: Untersuchungen zur mittelalterlichen Tierdichtung. Tübingen 1959 (Beihefte zur Zeitschrift für Philosophie, H. 100).

JAYAKAR: Ad-Damīrī's Ḥayāt al-Ḥayawān (A Zoological Lexicon) Translated from the Arabic by JAYAKAR, A. S. G., Vol. I/II, London and Bombay 1906/1908.

JESSEN, K. F. W.: Botanik der Gegenwart und Vorzeit in culturhistorischer Entwickelung. Ein Beitrag zur Geschichte der abendländischen Völker. Leipzig 1864 (Nachdruck Nendeln 1978).

JOHANNES CHRYSOSTOMUS: Homiliae in Genesim. In: MIGNE, J. P., Patrologiae Cursus Completus, Series Graeca [MPG] 53, Sp. 23–386; 54, Sp. 385–580.

– In epistulam ad Colossenenses homiliae 1–12. In: MIGNE, J. P., Patrologiae Cursus Completus, Series Graeca [MPG] 62, Sp. 299–392.

– In epistulam ad Ephesios argumentum et homiliae 1–24. In: MIGNE, J. P., Patrologiae Cursus Completus, Series Graeca [MPG] 62, Sp. 9–176.

– In epistulam i ad Thessalonicenses homiliae 1–11. In: MIGNE, J. P., Patrologiae Cursus Completus, Series Graeca [MPG] 62, Sp. 391–468.

JOLIVET, J.: Les Quaestiones naturales d'Adélard de Bath ou la nature sans le Livre. Études de civilisation médiévale (IXᵉ XIIᵉ siècles). Mélanges E.-R. Labande, Poitiers 1974.

JONES, L. W. (Übs.), s. CASSIODORUS 1946.

JORDANUS RUFFUS CALABRIENSIS: Jordani Ruffi Calabriensis Hippiatrica nunc primum edente Hieronymo Molin. Patavia 1818.

KÁDÁR, Z.: Anfänge der zoologischen Buchillustration. Altertum *19* (1973): 88–95.

KAHN, F.: Das Versehen der Schwangeren in Volksglaube und Dichtung. Sexualprobleme *8* (1912): 300–328; 398–435.

KARIMOV, U. I.: Abu Raichan Beruni (973–1048), Farmakognozija v medicine (Kitab as-saidana fi-t-tibb), Issledovanie, perevoid, primečanija i ukazateli U. I. Karimova, Taschkent: Izdatel'stvo „Fan" Uzbekskoj SSR 1974 (= Izbrannye proizvedenija IV).

KARPP, H.: Probleme altchristlicher Anthropologie. Biblische Anthropologie und philosophische Psychologie bei den Kirchenvätern des dritten Jahrhunderts. Gütersloh 1950.

KASHDAN, A. P.: Byzanz und seine Kultur. Deutsche Ausgabe besorgt von JANKE, G. Berlin 1973.

– (Ed.): The Oxford Dictionary of Byzantium. Vols 1–3, Oxford 1991.

KEIL, G.: Art. „Circa instans". In: Lexikon des Mittelalters. Bd. II. Bettelwesen bis Codex von Valencia. Sp. 2094–2097, München, Zürich 1983.

– Art. „Matthaeus Silvaticus". In: Lexikon des Mittelalters. Bd. VI. Lukasbilder bis Plantagenêt: Sp. 400, München, Zürich 1993.

– Art. „Odo von Meung". In: Lexikon des Mittelalters, Bd. VI. Lukasbilder bis Plantagenêt, Sp. 1360, München, Zürich 1993.

– & DILG, P.: Art. „Kräuterbücher". In: Lexikon des Mittelalters, Bd. V. Hiera-Mittel bis Lukanien. Sp. 1476–1480, München, Zürich 1991.

KELBER, W.: Die Logoslehre. Von Heraklit bis Origines. Frankfurt a. M. 1986.

KINDĪ, Yaᶜqūb b. Isḥāq: K. al-Bāh. In: CELENTANO, G., Due scritti medici di al-Kindī. Supplemento n. 18 agli Annali, vol. 39 (1979), fasc. 1, S. 21–27.

KLEIN, L.: Studien zur „medicina equorum" des Jordanus Ruffus (1250). Hannover 1969 (= Diss. med. vet. Hannover 1969).

KLEMENS VON ALEXANDRIEN: s. CLEMENS

KLIBANSKY, R.: The School of Chartres. Twelfth Century Europe and the Foundations of Modern Society. Madison 1961.

KONING, P. DE: Trois traités d'anatomie arabes par Muhammed ibn Zakariyyā al-Rāzī, ᶜAli ibn al-ᶜAbbās et ᶜAli ibn Sīnā. Texte inédit de deux traités. Traduction de P. de Koning. Leiden 1903. (Nachdruck Frankfurt a. M. 1986).

KONRAD VON MEGENBERG: Das Buch der Natur. Die erste Naturgeschichte in deutscher Sprache. Hrsg. PFEIFFER, F. Stuttgart 1861 (Nachdruck Hildesheim, New York 1971).

KOPF, L.: The Zoological Chapter of the Kitāb al-Imtāᶜ wa-l-Muᵓānasa of Abū Ḥayyān al-Tauḥīdī (10th century), translated from the Arabic and annotated. Osiris *12* (1956): 390–466.

– The Zoological Chapter of the Kitāb al-Imtāᶜ wa-l-Muᵓānasa of Abū Ḥayyān al-Tauḥīdī, Translated from the Arabic and Annotated. In: KOPF, L., Studies in Arabic and Hebrew Lexicography, ed. by GOSHEN-GOTTSTEIN, M. H. S. 47–125. Jerusalem 1976.

– & BODENHEIMER: The Natural History Section from a 9th Century „Book of Useful Knowledge": The ᶜUyūn al-akhbār of Ibn Qutayba, translated by KOPF, L., etited by BODENHEIMER, F. D., & KOPF, L. Paris, Leiden 1949 (= Collection de travaux de l'academie internationale d'histoire des sciences, Nr. 4).

Koran: Der Koran. Übersetzung von Rudi Paret, 2. Aufl., Stuttgart 1980.

KOSMAS INDIKOPLEUSTES: s. WOLSKA-CONUS, W.

KOTTEK, S. S.: Embryology in Talmudic and Midrashic Literature. Journ. Hist. Biol. *14* (1981): 299–315.

KOTTJE, R.: Art. „Hrabanus Maurus". In: Lexikon des Mittelalters Bd. V. Hiera-Mittel bis Lukarien. Sp. 144–147. München, Zürich 1991.

KRAENNER, P.: Falkenheilkunde. Berlin 1925 (= Diss. Berlin 1925).

KRAUS, P.: Jābir ibn Ḥayyān. Contribution a l'histoire des ideés scientifiques dans l'Islam. Le Caire 1942 (Nachdruck Paris 1986).

KRAWCZYNSKI, St. (Hrsg.): Der Pulologos. Kritische Textausgabe mit Übersetzung sowie sprachlichen und sachlichen Erläuterungen von Dr. Stamatia Krawczynski. Berlin 1960.

KRAWIETZ, B.: Die Ḥurma. Schariatrechtlicher Schutz vor Eingriffen in die körperliche Unversehrtheit nach arabischen Fatwas des 20. Jahrhunderts. Berlin 1991.

KRONASSER, H.: Handbuch der Samasiologie. Kurze Einführung in die Geschichte, Problematik und Terminologie der Bedeutungslehre. Heidelberg 1952.

KRUK, R.: A Frothy Bubble: Spontaneous Generation in

the Medieval Islamic Tradition. Journal of Semitic Studies 35 (1990): 265–282.
– Some late mediaeval zoological texts and their sources. In: Actas del XII Congreso de la U. E. A. I. (Malaga 1984), Madrid 1986, S. 423–429.
– Art. „NABĀT". In: The Encyclopedia of Islam. New Ed. Vol. VII. MIF-NAZ. S. 831 a–834 a. Leiden 1993.
KRUMBACHER, K.: Geschichte der Byzantinischen Litteratur. Von Justinian bis zum Ende des oströmischen Reiches (527–1453), 2. Aufl., München 1897 (= Handbuch der klassischen Altertumswissenschaft, hrsg. von MÜLLER, I., IX.1)
KRÜGER, S.: Fische im „Buch der Natur" und in der „Œconomica" des Konrad von Megenberg. Ein Beitrag zur Zoologie im Mittelalter. Die Naturwissenschaften 54 (1967): 257–259.
KUNITZSCH, P.: Über das Frühstadium der arabischen Aneignung antiken Gutes. Saeculum 26 (1975): 268–282.
– Das Arabische als Vermittler und Anreger europäischer Wissenschaftssprache. Ber. Wissenschaftsgesch. 17 (1994): 145–152.
KUSĀǦIM, Abu l-Fatḥ Maḥmūd b. Muhammad b. al-Ḥusain: K. al-Maṣāyid wa-l-maṭārid. Ed. ṬALAS, M. A. Bagdad 1954.
KYRIAKIS, M. U. J.: Student life in eleventh century Constantinopel. Byzantina 7 (1975): 375–388.
L'agriculture Nabatéenne. Traduction en arabe attribuée à Abū Bakr Aḥmad b. ᶜAlī al-Kasdānī connu sous le nom d'Ibn Waḥšiyya (IV/Xᶜ siècle). Édition critique par FAHD, T. Tome I. Damas 1993.
LACHS, J.: Die Gynaekologie des Galen. Eine geschichtlich-gynaekologische Studie, Breslau 1903 (= Abhdlg. z. Geschichte d. Medicin, hrsg. von MAGNUS, H., NEUBURGER, M., & SUDHOFF, K., Heft IV).
LACTANTIUS: L. Caeli Firmiani: Lactanti Opera omnia accedunt Carmina eius quae feruntur etc. recensuerunt Samuel Brandt et Georgius Laubmann. Prag, Wien, Leipzig 1893 (= Corpus Scriptorumm Ecclesiasticorum Latinorum [CSEL], Vol. 27).
LAU, D.: Art. „Animal II. Tierkundlich". In: Augustinus-Lexikon. Hrsg. von MAYER, C., Redaktion CHELIUS, K. H. Vol. 1. Sp. 361–374. Basel 1986–1994.
LAUER, H.: Art. „Simon von Genua". In: Lexikon des Mittelalters, Bd. VII. Planudes bis Stadt (Rus'). Sp. 1917. München, Zürich 1995.
LE GOFF, J.: Das Hochmittelalter, Frankfurt a. M. 1965 (= Fischer Weltgeschichte Bd. 11).
– Die Intellektuellen im Mittelalter. 3. Aufl., Stuttgart 1991.
LECLERC, L.: Histoire de la médecine arabe. Vol. 1.2. Paris 1876.
LEHRS, F. S., & DÜBNER, J. F. (Ed.): s. PHILES MANUEL.
LEISTEN, Th.: Art. „Garten. C. Islamischer Bereich". In: Lexikon des Mittelalters, Bd. IV. Erzkanzler bis Hiddensee. Sp. 1125–1126, München, Zürich 1989.
LESKY, E.: Die Zeugungs- und Vererbungslehren der Antike und ihr Nachwirken, Wiesbaden. In: Kommission bei Franz Steiner Verlag 1951 (= Akademie der Wissenschaften und der Literatur, Abhandlungen der Geistes- und Sozialwissenschaftlichen Klasse 1950, Nr. 19).
LEVEN, K.-H.: Medizinisches bei Eusebios von Kaisareia. Düsseldorf 1987 (= Düsseldorfer Arbeiten zur Geschichte der Medizin. Hrsg. von SCHADEWALDT, H., Nr. 62).
LEVY-BRUHL, L.: Les fonctions mentales dans les sociétés inférieures. Paris 1910 (dtsch. Übs.: Das Leben der Naturvölker. Aus dem Französischen übersetzt von FRIEDLÄNDER, P., Hrsg. und eingeleitet von JERUSÁLEM, W., 2. Aufl. Wien und Leipzig 1926).
LEWIN, B.: Djahiz Djurbok. Lychnos 1952: 210–246.
– (Ed.): s. AD-DĪNAWARĪ.
LINDBERG, D. C.: Science in the Middle Ages. Chicago, London 1978.

– Auge und Licht im Mittelalter. Frankfurt a. M. 1987.
LINDGREN, U.: Narren und Tiere. Über das Verhältnis des Menschen zur unvernünftigen Kreatur. Sudh. Arch. 60 (1978): 271–287.
LINK, H.-G.: Art. „Leben". In: Theologisches Begriffslexikon zum Neuen Testament. Hrsg. von COENEN, L., BEYREUTHER, E., & BIETENHARD, H. Bd. 2: Gleich-Pein, S. 837–847. Wuppertal 1972.
LIPPMANN, E. O. VON: Urzeugung und Lebenskraft. Zur Geschichte dieser Probleme von den ältesten Zeiten bis zu den Anfängen des 20. Jahrhunderts. Berlin 1933.
LITTLEWOOD, A. R.: Romantic Paradises: The Rôle of the Garden in the Byzantine Romance. Byzantine and Modern Greek Studies [BMGS] 5 (1979): 95–114.
LITTMANN, E.: Morgenländische Wörter im Deutschen. Nebst einem Anhang über die amerikanischen Wörter. Tübingen 1924.
LJUBARSKIJ, J. N.: Michail Psell. Ličnost' i tvorčestvo. K istorii vizantijskogo predgumanizma. Moskau 1978.
LOHSE, B.: Epochen der Dogmengeschichte. Stuttgart 1963.
LOKOTSCH, K.: Etymologisches Wörterbuch der europäischen Wörter orientalischen Ursprungs. Heidelberg 1927.
LORD, Ph.: Moorish Calendar, from the Book of Agriculture of Ibn al-Awam. Wantage 1979.
LUDWIG, G.: Cassiodor. Über den Ursprung der abendländischen Schule. Frankfurt a. M. 1967.
LUKREZ: Über die Natur der Dinge. Lat. und dtsch. von MARTIN, J. Berlin 1972.
MABUD, Sh. A.: Theory of Evolution: An Assessment from the Islamic Point of View. Muslim Education Quarterly 4 (1986): 9–56.
Macer Floridus de viribus herbarum una cum Walafridi Strabonis, Othonis Cremonensis et Joannis Folcz carminibus similis argumenti, quae secundum codices manuscriptos et veteres editiones recensuit supplevit ... Ludovicus Choulant. Leipzig 1832.
MADELUNG, W.: Die Šīᶜa. In: Grundriß der arabischen Philologie. Bd. II: Literaturwissenschaft, hrsg. von GÄTJE, H. S. 358–373. Wiesbaden 1987.
MADKOUR, I.: Introduction. In: Ibn Sīnā, Al-Shifāᵓ. La physique. VIII Les Animaux (Al-Ḥayawān). Texte établi et édité par MONTASIR, ᶜA., ZĀYED, S., & ISMĀᶜĪL, ᶜA. Revue et précédé d'une Introduction par Madkour, I. S. 1–21. Le Caire 1970.
MAIMONIDES, Moses: Šarḥ asmāᵓ al-ᶜuqqār, Un glossaire de matière médicale composé par Maimonide. Ed. by MEYERHOF, M. Cairo 1940.
– Treatise on Asthma. Ed. MUNTNER, S. The Medical Writings of Moses Maimonides. Philadelphia 1963.
– Glossary of Drug Names, translated from Max Meyershof's French Edition, ed. by ROSNER, F., Philadelphia 1979.
MAQQARĪ: Aḥmad b. Muḥammad al-Maqqarī at-Tilimsānī: Nafḥ aṭ-ṭīb. Ed. ᶜABBĀS, I. Bd. 1–8. Beirut 1968.
MAQRĪZĪ, Ṭaqī ad-Dīn Aḥmad ibn ᶜAlī al-: K. Naḥl ᶜibar an-naḥl. Ed. AŠ-ŠAYYĀL,Ǧ., Kairo 1946 (= Maktabat al-Maqrīzī aṣ-ṣaġīra 1).
MARÇAIS, G.: Les jardins de l'Islam. Mélanges 1, Alger 1957.
MARROU, H. I.: Saint Augustin et la fin de la culture antique. 4. Aufl. Paris 1958.
MARTIAL: M. Valerii Martialis epigrammaton libri. Mit erklärenden Anmerkungen [hrsg.] von FRIEDLAENDER, L. Bdd. 1–2. Leipzig 1886.
MARTIANUS CAPELLA: De Nuptiis Philologiae et Mercurii libri 9. Ed. Adolfus DICK. Addenda adiecit Jean Préaux. Ed. stereot. corr. ed. 1925. (Bibliotheca scriptorum Graecorum et Romanorum Teubneriana) Stuttgart 1969.
MASᶜŪDĪ, Abu l-Ḥasan al-: Murūǧ aḏ-ḏahab wa-

ma^cādin al-ǧauhar. Ed. Dāǧir, Y. A., 4 Teile in 2 Bdn. 2. Aufl. Beirut 1973.

Maudoodi, S. Abū-l-A^clā: Weltanschauung und Leben im Islam. Freiburg, Basel, Wien 1971.

Mayr, E.: Die Entwicklung der biologischen Gedankenwelt. Vielfalt, Evolution und Vererbung. Berlin, Heidelberg, New York, Tokyo 1984.

Mazal, O.: Pflanzen, Wurzeln, Säfte, Samen: Antike Heilkunst in Miniaturen des Wiener Dioskurides. Graz 1981.

Maǧūsī: K. Kāmil as-sinā^ca at-ṭibbīya (al-kitāb al-malakī) li-^cAlī b. al-^cAbbās al-Maǧūsī, Bd. I.II. Kairo [Būlāq] 1294 d. H. (= 1877).

McDonald, M. V. M: Two Mysterious Animals in the Kitāb al-Ḥayawān of al-Jāḥiz: The sim^c and the ^cisbār. Journal of Arabic Literature 22 (1991): 100–107.

Mensching, G.: Das Allgemeine und das Besondere. Der Ursprung des modernen Denkens im Mittelalter. Stuttgart 1992.

Mermier, G. R.: „Bestiarium" IV. Romanische Literaturen. In: Lexikon des Mittelalters, Bd. I Aachen bis Betteldenskirchen. Sp. 2074–2076. München, Zürich 1980.

Mettmann, W.: Eine Übersetzung des „Kompendiums" von Ibn Wafid und andere altkatalanische Texte über die Landwirtschaft. Romanische Forschungen 92 (1980): 350–358.

Meyer, E. H. F.: Albertus Magnus: Ein Beitrag zur Geschichte der Botanik im dreizehnten Jh. Linnaea (1835/36): 641–653.

– Geschichte der Botanik. Studien. 4 Bde. Königsberg 1854–1857 (Nachdruck Amsterdam 1965).

Meyer, G., & Zimmermann, A. (Hrsg.): Albertus Magnus Doctor Universalis 1280/1980. Für den Druck besorgt von Lüttringhaus, P.-B. Mainz 1980 (= Walberger Studien. Philosophisch-Theologische Hochschule der Dominikaner [Albertus-Magnus-Akademie] Philosophische Reihe, hrsg. von Engelhardt, P., Kluxen, W., & Meyer, G., Bd. 6).

Meyer, H.: Geschichte der Lehre von den Keimkräften. Von der Stoa bis zum Ausgang der Patristik. Nach den Quellen dargestellt. Bonn 1914.

Meyerhof, M.: Über die Pharmakologie und Botanik des arabischen Geographen Edrisi. Arch. Gesch. Math. Naturwiss. Techn. 12 (1929/30): 45–53.

– Die allgemeine Botanik und Pharmakologie des Edrisi. Arch. Gesch. Math. Naturwiss. Techn. 12 (1929/30): 225–236.

– Von Alexandrien nach Bagdad. Ein Beitrag zur Geschichte des philosophischen und medizinischen Unterrichts bei den Arabern. Sitzungsber. Preuss. Akad. Wiss., Phil.-hist. Klasse, 1930, Nr. 23. S. 387–429. Berlin 1930.

– Die Materia medica des Dioskurides bei den Arabern. Quellen und Studien zur Geschichte der Naturwissenschaften und der Medizin 3 (1933) 4: 72–84.

– Ibn an-Nafīs und seine Theorie des Lungenkreislaufs. Quellen und Studien zur Geschichte der Naturwissenschaften und der Medizin 4 (1935) 1: 37–88; S. 1–15 arab. Text.

– & Schacht, J.: The theologus autodidactus of ibn al-Nafīs. Ed. with an introd., transl. and notes. Oxford 1968.

– & Sobhy, G. P.: The abridged Version of the „Book of Simple Drugs" of Ahmad ibn Muḥammad al-Ghafiqi by Gregorius Abu'l Farag (Barhebraeus). Ed. from the only two known Manuscripts with an English Translation, Comentary and Indices by Meyerhof, M., & Sobhy, G. P., Fasc. I. Cairo 1932.

Michael Attaliates: Michaelis Attaliatae historia opus a Wladimiro Bruneto de Presle inventum descriptum correctum recogn. I. Bekker. Bonn 1853.

Millás Vallicrosa, Jose Maria: La traducción castellana del „Tratado de agricultura" de Ibn Wafid: Al-Andalus 8 (1943): 281–332.

– La traducción castellana del „Tratado de agricultura" de Ibn Bassāl: Al-Andalus 13 (1948): 347–430.

– (Ed.): s. Ibn Bassāl.

Mitterer, A.: Die Zeugung der Organismen, insbesondere des Menschen, nach dem Weltbild des hl. Thomas von Aquin und dem der Gegenwart. Wien 1947 (2. Aufl. Freiburg 1956).

– Die Entwicklungslehre Augustins im Vergleich mit dem Weltbild des hl. Thomas und dem der Gegenwart. Wien, Freiburg 1956.

Molin, H. (Ed.): s. Jordanus Ruffus

Möller 1988: s. Al-Ǧiṭrīf ibn Qudāma al-Ǧassānī

Möller, D.: Studien zur mittelalterlichen arabischen Falknereiliteratur, Berlin 1965 (= Quellen und Studien zur Geschichte der Jagd 10).

Mommsen, Th. (Ed.): s. Solinus.

Morani, (Ed.): s. Nemesios.

Morgan, B. Q., & Strothmann, F. W. (Edd.): Middle High German translation of the Summa Theologica. By Thomas Aquinas. Ed. with a Latin-German and a German-Latin glossary. By Morgan, B. Q., & Strothmann, F. W., Stanford 1950.

Moulé, L.: Histoire de la médecine vétérinaire. Deuxième période: Histoire de la médecine vétérinaire au moyen âge (476 à 1500). Deuxième partie, La médecine vétérinaire en Europe. In: Bulletin de la Société Centrale de Médecine Vétérinaire 54 (1900), S. 44–64; 93–128; 243–256; 285–298.

Munaǧǧid, Ṣ. al-: Muqaddimāt kitāb al-ḥašā^iš wa-l-adwīya li-Dīusqūrīdis bi-tarǧamat Mahrān b. Manṣūr b. Mahrān. Damaskus 1965 (= Maṭbū^cāt maǧma^c al-luġa al-^carabīya bi-Dimašq).

Murgotten, F. C.: The Origins of the Islamic State. Being a translation from the Arabic accompanied with annotations geographic and historic notes of the Kitāb futūḥ al-buldān of al-Imām abu-l ^cAbbās Aḥmad ibn-Jābir al-Balāḏurī. Vol. II. New York 1969.

Murūwa, Ḥ.: Muqaddimāt asāsīya li-dirāsat al-islām, in: Murūwa, Ḥ., Amīn al-^cĀlim, M., Dakrūb, M., & Sa^cd, S., Dirāsāt fi l-islām. S. 7–37. Beirut 1980.

Musallam, B. F.: Sex and society in Islam. Birth control before the nineteenth century, Cambridge: University Press 1983. (Cambridge Studies in Islamic Civilization).

Müller, I: Zur Verfasserfrage der medizinisch-naturkundlichen Schriften Hildegards von Bingen. In: Schmidt, M (Hrsg.), Tiefe des Gotteswissens – Schönheit der Sprachgestalt bei Hildegard von Bingen. Internationales Symposium in der Katholischen Akademie Rabanus Maurus Wiesbaden-Naurod vom 9. bis 12. September 1994. S. 1–17 Wiesbaden 1995 (= Mystik in Geschichte und Gegenwart. Texte und Untersuchungen, Abtlg. I, Bd. 10).

Müller, M. (Hrsg.): s. Adelard von Bath: Die Quaestiones naturales des Adelardus von Bath.

Mynors, R. A. B. (Ed.), s. Cassiodorus.

Nabielek, R.: Sexualität und Islam. Berlin 1997 (im Druck).

Nabiǧa ad-Dubyānī an-: Dīwān an-Nābiǧa ad-Dubyānī. in: The Divans of the six ancient Arabic poets Ennābiga, ʿAntara, Tharafa, Zuhair, ʿAlqama and Imruulqais; chiefly according to the MSS. of Paris, Gotha and Leyden; and the Collection of their Fragments with a List of the various Readings of the Text, Ed. by Ahlwardt, W., pp. 2–32 (arab.). London 1870. (Nachdruck Osnabrück 1972).

Nagel, A.: Die medizinische Anthropologie bei Ambrosius von Mailand. Med. Diss. Düsseldorf 1970.

Nagel, T.: Theologie und Ideologie im modernen Islam. In: Der Islam III Islamische Kultur – Zeitgenössische Strömungen – Volksfrömmigkeit. S. 1–59. Stuttgart, Berlin, Köln 1990 (= Die Religionen der Menschheit, begründet von Schröder, Chr. M., fortgeführt und hrsg.

von ANTES, P., CANCIK, H., GLADIGOW, B., & GRE-SCHAT, M., Bd. 25,3) (wiederabgedruckt in: ANTES, P. u. a., Der Islam. Religion–Ethik–Politik. S. 1–57. Stuttgart, Berlin, Köln 1991).
– Geschichte der islamischen Theologie. München 1994.

NALLINO, C. A.: L'agricultura di Cassano Basso Scholastico. In: Browne Festschrift. S. 356–363. London 1922.

NASR, S. H.: Natural History. In: SHARIF, M. M. (Ed.): A History of Muslim Philosophy. Vol. II. S. 1316–1332. Wiesbaden 1963.
– An Introduction to Islamic Cosmological Doctrines. Conceptiones of Nature and Methods used for its Study by the Ikhwān al-Ṣafāʾ, Al-Bīrūnī, and Ibn Sīnā, rev. Ed. New York 1993.

NĀĞĪ, ʿAbd al-Ǧabbār: Ruʾya turāṯīya ilā ʿilm al-ḥayawān ʿinda l-Ǧāḥiẓ, Abḥāṯ an-nadwa al-ʿālamīya al-ūlā li-tārīḫ al-ʿulūm ʿinda l-ʿarab. In: Proceedings of the First International Symposium for the History of Arabic Science, Vol. I. S. 421–450. Aleppo 1977.

NĀĞĪ, H.: Nūrī al-Qaisī: ʿalam āḫar yanṭawī: Maǧallat maʿhad al-maḫṭūṭāt al-ʿarabīya [Journal of the Institute of Arabic Manuscripts] 39 (1995) 1: 149–181.

NEEDHAM, J.: A History of Embryology, 2nd ed., Revised with the Assistance of Arthur Hughes, Cambridge, New York 1959.

NEMESIUS: Nemesii Episcopi Premnon physicon sive peri fusews anqrwpou liber a N. Alfano archiepiscopo Salerni in Latinum translatus recognovit Carolus Burkhard. Leipzig 1917. (= Bibliotheca scriptorum Graecorum et Romanorum Teubneriana).
– Nemesii Emeseni, De natura hominis ed. MORANI, M., Leipzig 1987 (= Bibliotheca scriptorum Graecorum et Romanorum Teubneriana).

NESTLE, W.: Vom Mythos zum Logos. Die Selbstentfaltung des griechischen Denkens von Homer bis auf die Sophistik und Sokrates. 2. Aufl. Stuttgart 1975.

NETTON, I. R.: Muslim Neoplatonists. An introduction to the Thought of the Brethren of Purity. Edinburgh 1991.
– Allāh Transcendent. Studies in the structure and semiotics of islamic philosophy, theology and cosmology. Richmond 1994.

NIEWÖHNER, F., & STURLESE, L.: Averroismus im Mittelalter und der Renaissance. Zürich 1994.

NISCHIK, T.-M.: Das volkssprachliche Naturbuch im späten Mittelalter. Sachkunde und Dinginterpretation bei Jacob van Maerlant und Konrad von Megenberg. Tübingen 1986.

NOACK, L.: Johannes Scotus, Über die Einteilung der Natur. Übs. und mit einer Schlußabteilung über Leben und Schriften des Erigena, der Wissenschaft und Bildung seiner Zeit, die Voraussetzungen seines Denkens und Wissens etc. versehen von NOACK, L. Berlin 1870–1876 (= von Kirchmanns philosophische Bibliothek).

NOBIS, H. M.: Art. „Buch der Natur". In: Historisches Wörterbuch der Philosophie (HWP), Bd. 1 A–C. Sp. 957–959. Hrsg. RITTER, J. Völlig neubearb. Ausgabe des ‚Wörterbuchs der philosophischen Begriffe' von Rudolf EISLER, Basel, Stuttgart 1971.

NUWAIRĪ, Šihāb ad-Dīn Aḥmad b. ʿAbdu l-Wahhāb an-: Nihāyat al-arab fī funūn al-adab, Bd. 1–18 [in 9], Kairo 1954 (= Berichtigter und mit Indices versehener Nachdruck der Edition von Dār al-kutub).

O'NEILL, Y. V.: Another Look at the „Anatomia porci". Viator 1 (1970): 115–124.

O'SHAUGHNESSY, Th. J.: Creation and the teaching of the Qurʾān. Rom 1985 (= Biblia et Orientalia).

ODENTHAL, D., & WILLEMSEN, C. A. (Hrsg.): Über die Kunst mit Vögeln zu jagen, 2 Bde. Hrsg. von ODENTHAL, D., & WILLEMSEN, C. A. Frankfurt a. M. 1964.

ODER, E., & HOPPE, C.: Corpus Hippiatricorum Graecorum. Bd. 2. Leipzig 1927.

ODER, E.: Beiträge zur Geschichte der Landwirtschaft bei den Griechen. I. In: Rheinisches Museum für Philologie. N. F., Bd. 45, 1–2 (1890): II ebd., Bd. 48, 1 (1893).
– Geoponika. In: Paulys Real-Encyclopädie d. class. Altertumswiss. Hbbd. 13, Sp. 1221–1225. Stuttgart 1922.
– Lebensbild des bedeutendsten altgriechischen Veterinärs. Veterinärhist. Jahrb. 2 (1926): 121–136.

ODO MAGDUNENSIS: s. MACER FLORIDUS.

OELSNER, J.: Benennung und Funktion der Körperteile im hebräischen Alten Testament. Diss. Leipzig 1960.

OGGINS, R. S.: Albertus Magnus on Falcons and Hawks. In: WEISHEIPL, J. A. (Ed.), Albertus Magnus and the Sciences. Commemorative Essays 1980, Toronto 1980, S. 441–462.

ORIBASIOS: Synopsis ad Eustathium. Libri ad Eunapium. Hrsg. RAEDER, J. Leipzig und Berlin 1926 (= CMG VI 3). (Nachdruck Amsterdam 1964).
– Collectionum medicarum reliquiae. Hrsg. RAEDER, J. Leipzig, Berlin 1928–1933 (= CMG VI 1, 1.2, 2, 1.2). (Nachdruck Amsterdam 1964).

OSIANDER, E.: Studien über die vorislamische Religion der Araber. ZDMG 7 (1853): 463–505.

OTT, N.: Art. „Garten. A. Westliches Europa". In: Lexikon des Mittelalters, Bd. IV. Erzkanzler bis Hiddensee. Sp. 1121–1122. München, Zürich 1989.

OTTE, J. K.: The Life and Writings of Alfredus Anglicus'. Viator (Medieval and Renaissance Studies) 3 (1972): 275–291.

PAOLI, U. E.: Das Leben im alten Rom. Übers. von G. Otto. 2. erw. Aufl. Bern, München 1961.

PARET, R.: An Nazzām als Experimentator. Islam 25 (1939): 228–233.

PAULUS AEGINETA, Epitomae medicae. Libri VII. Hrsg. von HEIBERG, J. H. Leipzig, Berlin 1921–1924 (= CMG IX 1.2).

PELLAT, Ch.: Art. „ḤAYAWĀN 1. Lexicography; 2. Animals among the pre-Islamic Arabs; 3. The creation of animals; 4. Animals and Muslim law; 5. Animals in literature". In: The Encyclopedia of Islam. New Ed. Vol. III. H-Iram. S. 304 b–309 b. Leiden 1971.
– Art. „ḤAYAWĀN 7, Zoology among the Muslims". In: The Encyclopedia of Islam. New Ed. Vol. III. H-Iram. S. 311 b–313 b. Leiden 1971.
– Art. „MASKH?". In: The Encyclopedia of Islam. New Ed. Vol. VI. Mahk-Mid. S. 736 b–739 b. Leiden 1991.

PELSTER, F.: Die ersten Kapitel der Erklärung Alberts des Großen zu De animalibus in ihrer ursprünglichen Fassung. Scholastik 10 (1935): S. 229–240.

PERL, C. J. (Übs.): Augustinus, Über den Wortlaut der Genesis. Der große Geneiskommentar in zwölf Büchern. Bd. 1.2. Paderborn 1961–1964.

PERRON, M.: Le Nâceri. La perfection des deux arts on traité complet d'Hippologie et d'Hippiatrie arabes. Traduit de l'arabe d'Abou Bekr Ibn Bedr par PERRON, M. tom 1–3, Paris 1852/59/60.

PETIT, G., & THÉODORIDÈS, J.: Histoire de la zoologie des origines à Linné. Paris 1962.

PETRUCCIOLI, A. (Ed.): Gardens in the time of the Great Muslim Empires. Leiden 1997.

PFEIFFER, F. (Ed.): s. KONRAD VON MEGENBERG: Das Buch der Natur.

PHILES, Manuel: Περὶ ζῴον ἰδιότητος in: Poëtae bucolici et didactici. Edd. DÜBNER, Fr. et LEHRS, F. S. Abt. 3, S. 1–48. Paris 1862.

PIEPER, J.: Scholastik. Gestalten und Probleme der mittelalterlichen Philosophie. München 1960.

PIGULEWSKAJA, N. V.: Sirijskaja srednevekovaja škola. Palestinskij sbornik 15 (1966): 130–140.
– Byzanz auf den Wegen nach Indien. Berlin 1969.

PINES, S.: Beiträge zur islamischen Atomenlehre. Berlin 1936.

PIPER, O. A.: Art. „Life". In: The Interpreter's Dictionary of the Bible. An Illustrated Encyclopedia, Eleventh

Printing, Vol. 3 K-Q, S. 124 b–130 a, Nashville, Tennessee 1980.

PLEMP, V. F. (Ed.): Clarissimi … Ibn Tsina … canon medicinae, interprete et scholiaste Vopisco Fortunato Plempio, Lovanii 1658.

PLINIUS SECUNDUS: Naturalis historia libri XXXVII: C. Plinius Secundus d. Ä., Naturkunde. Lateinisch-deutsch. Hrsg. und übers. von KÖNIG, R. Tübingen 1973 ff.

PLOSS, E.: Zum Roßarzneibuch Meister Albrants: Ztschr. für Agrargesch. und Agrarsoziologie 3 (1955) 1: 48–54.

PLOTZEK, J. M.: Art. „Bestiarium“ B. Illustrationen. In: Lexikon des Mittelalters, Bd. I Aachen bis Bettelordenskirchen. Sp. 2078–2080. München, Zürich 1980.

PORPHYRIUS: Porphyrii Isagoge et in Aristotelis Categorias Commentarium. Ed. BUSSE, A., Commentaria in Aristotelem Graeca (CAG) IV,1. Berlin 1887. Deutsche Übs. In: Aristoteles, Kategorien; Lehre vom Satz (Peri hermenias): (Organon I/II), vorangeht Porphyrius. Einleitung in die Kategorien. Einl. u. erkl. Anm. von ROLFES, E. Hamburg 1974.

PREUSCHEN, E. (Hrsg.): s. TERTULLIANUS.

PREUSS, J.: Biblisch-talmudische Medizin. Beiträge zur Geschichte der Heilkunde und der Kultur überhaupt. Berlin 1911 (Nachdruck Wiesbaden 1992).

PROKLOS DIADOCHUS: Kommentar zum ersten Buch von Euklids „Elementen“. Aus d. Griech. ins Deutsche übertr. u. mit textkrit. Anm. vers. von SCHÖNBERGER, L. Eingel., mit Komm. u. bibliogr. Nachweisen vers. u. in d. Gesamtedition besorgt von STECK, M. Hrsg. im Namen d. Kaiserl. Leopoldinisch-Carolinisch Deutschen Akad. d. Naturforscher von Emil Abderhalden. Halle 1945.

PROVENÇAL, Ph.: Observations Zoologiques de ᶜAbd al-Latīf al-Baġdādī. Centaurus 35 (1992): 28–45.

PS. ARISTOTELES: De plantis. In: DROSSAART-LULOFS, H. J., & POORTMAN, E. L. J. (Edd.), Aristoteles semitico-latinus. Nicolaus Damascenus De plantis. Five translations ed. and introduced by DROSSAART-LULOFS, H. J., & POORTMAN, E. L. J. S. 465–562. Amsterdam, Oxford, New York 1989.

PSELLOS, M.: Chronographie, 2 Bde. Ed. RENAULD, E., Paris 1926–1928 (= Collection Guillaume Budé, Paris).

QAISĪ, N. al-: at-Ṭabīᶜa fī š-šiᶜr al-ǧāhilī (Die Natur in der vorislamischen Poesie). Beirut 1970.

QALQAŠANDĪ, Abu l-ᶜAbbās Aḥmad al-: K. Ṣubḥ al-aᶜšā, Bd. 1–14, Kairo 1913.

QAZWĪNĪ, Zakariyyāʾ al-: K. Ātār al-bilād: Zakarija Ben Muhammed Ben Mahmud el-Cazwini's Kosmographie. Zweiter Teil kitāb ātār al-bilād Die Denkmäler der Länder. Aus den Handschriften des Hn. Dr. Lee und der Bibliotheken zu Berlin, Gotha und Leyden. Hrsg. WÜSTENFELD, F. Göttingen 1848 (Nachdruck Wiesbaden 1967/Liechtenstein 1990).

– ᶜAǧāʾib al-maḫlūqāt: Zakarija Ben Muhammed Ben Mahmud el-Cazwini's Kosmographie. Erster Teil kitāb ᶜaǧāyib al-maḫlūqāt Die Wunder der Schöpfung. Aus den Handschriften der Bibliotheken zu Berlin, Gotha, Dresden und Hamburg. Hrsg. von WÜSTENFELD, F. Göttingen 1849 (Nachdruck Wiesbaden 1967; Vaduz/Liechtenstein 1990).

– Die Wunder des Himmels und der Erde. Aus dem Arabischen übertragen und bearbeitet von GIESE, A. Stuttgart 1986 (= Bibliothek Arabischer Erzähler, begr. von ROTTER, G.).

Qurʾān [Koran]: Al-qurʾān al-karīm. Muṣḥaf al-madīna an-nabawīya. o. O. 1406 d. H. = 1985.

QUSṬĀ IBN LŪQĀ: Qusṭā Ibn Lūqa's Medical Regime for the pilgrims to Mecca. The Risāla fī tadbīr safar al-hajj. Ed. with translation and commentary by BOS, G. Leiden 1992 (= Islamic Philosophy Theology and Science. Texts and Studies. Ed. by DAIBER, H., & PINGREE, D. Vol. XI).

QUṬRUB (= Abū ᶜAlī Muḥammad b. al-Mustanīr): Kitāb mā ḫālafa fīhi l-insān al-bahīma fī asmāʾ al-wuḥūš. In: GEYER, R.: Das Kitâb al-wuḥûs von al-ʾAsmaᶜî mit einem Paralleltexte von Quṭrub, Sitzungsberichte der (Kaiserl.) Akademie der Wiss., Phil.-hist. Classe, Wien (SBWA) 115, 1888, S. 380–420.

RABAST, K.: Die Genesis. Berlin 1951.

RAD, G. VON: Das erste Buch Mose. Genesis. Übers. und erkl. von G. VON RAD. 9. überarb. Aufl., Göttingen 1972.

RASCHKE, W.: Die Zoologie. Konrad von Megenberg's Buch der Natur. Annaberg 1898.

RAT, G.: Al-Mostaṭraf. Receuil de morceaux choisis çà et là dans toutes les branches de connaissances réputées attrayantes par … Šihâb-ad-Dîn Aḥmad al-Abšîhî. Ouvrage philologique, anecdotique, littéraire et philosophique, tr. 2 Bde. Paris & Toulon 1899–1902.

REEDS, K.: Albert on the Natural Philosophy of Plant Life. In: WEISHEIPL, J. A. (Ed.), Albertus Magnus and the Sciences. Commemorative Essays. S. 342–354. Toronto 1980.

REGENBOGEN, O.: Eine Forschungsmethode antiker Naturwissenschaft. Quellen zur Geschichte der Mathematik, Abt. B: Studien I. S. 131–182. Berlin 1934.

REINHARDT, K.: Art. „Poseidonios. 3. Poseidonios von Apameia, der Rhodier genannt“. In: Paulys Real-Encyclopädie class. Altertumswiss. 43. Hbbd. Pontarches bis Praefectianus. Sp. 558–826. Stuttgart 1953.

REINSCH, R. (Hrsg.): s. GUILLAUME LE CLERC: Le Bestiaire.

RENAULD, E. (Ed.): s. PSELLOS.

RENZI, S. DE (Ed.): Collectio Salernitana, Bd. I–V. Salerno 1852–1859.

– De anatomia porci. Collectio Salernitana, Bd. II. S. 388–390. Napoli 1853.

RESCHER, O.: El-Belādorī's »kitāb futūḥ el-buldān« (Buch der Eroberung der Länder), 2 Bde. Leipzig 1917 und 1923.

RICARDUS ANGLICUS: Anatomia. Ed. TÖPLY, R. Wien 1902.

RICHTER, W. (Ed.): s. CRESCENTIIS, PETRUS DE.

RIDDLE, J. M.: Art. „Dioskurides im Mittelalter“. In: Lexikon des Mittelalters, Bd. III Codex Wintoniensis bis Erziehungs- und Bildungswesen, Sp. 1095–1097, München, Zürich 1986.

RIECK, M.: Das Wiener Veterinärmanuskript des Meisters Albrant: Veterinärhistorische Mitteilungen 11 (1931): 25–30.

RIEDLINGER, H.: Art. „Generatianismus und Traduzianismus“. In: Historisches Wörterbuch der Philosophie (HWP), Bd. 3: G-H. Hrsg. RITTER, J. Völlig neubearb. Ausgabe des ‚Wörterbuchs der philosophischen Begriffe‘ von Rudolf EISLER. Sp. 272–273. Basel, Stuttgart 1974.

RINGGREN, H.: Art: „ḥajāh“. In: Theologisches Wörterbuch zum Alten Testament. Hrsg. von BOTTERWECK, G. J., & RINGGREN, H. Bd. 2, gillūlīm – ḥms. Sp. 874–898. Stuttgart, Berlin, Köln, Mainz 1977.

ROBERTSON, W.: The history of the Reign of the Emperor Charles V. with a view of the Progress of society in Europe, from Subversion of the Roman Empire to the beginning of the 16. century. 3 vols. London 1769 (dtsch. Übs. u. d. T. Geschichte der Regierung Kaiser Carls V. nebst einem Abrisse des Wachsthums und Fortgangs des gesellschaftlichen Lebens in Europa bis zum Anfang des XVI Jh., Braunschweig 1792).

RODEMER, W.: Die Lehre von der Urzeugung bei den Griechen und Römern. Gelnhausen 1928 (= Diss. Giessen 1928).

RODINSON, M.: Die Araber. Frankfurt a. M. 1981.

ROELLENBLECK, E.: Magna Mater im Alten Testament. Eine psychoanalytische Untersuchung. Darmstadt 1949.

ROSENTHAL, F. (Übs.): Ibn Khaldun: The Muqaddimah. An introduction to history. Vol. 1–3. Transl. from the Arabic by Rosenthal. F. New York 1958.

– Das Fortleben der Antike im Islam. Zürich, Stuttgart 1965.

ROTH, R.: Die Pferdeheilkunde des Jordanus Ruffus. Berlin 1928 (= Diss. med. vet. Berlin).

ROTHSCHUH, K. E.: Konzepte der Medizin in Vergangenheit und Gegenwart. Stuttgart 1978.

ROWLAND, B.: Art. „Bestiary“. In: Dictionary of the Middle Ages. Ed. STRAYER, J. R. Vol. 2. Augustinus Triumphus – Byzantine Literature. S. 203 b–207 a. New York 1983.

ROZENFEL'D, B. A., ROŽANSKAJA, M. M., & SOKOLOVSKAJA, K.: Abu-r-Rajchan al-Biruni. Moskau 1973.

RUDBERG, G.: Die Übersetzung des Michael Scottus und die Paraphrase des Albertus Magnus im 10. Buch der Tiergeschichte. Eranos 8 (1908): 151–160.

RUFUS VON EPHESOS: Die Fragen des Arztes an den Kranken (Quaestiones medicinales). Hrsg., übers. u. erl. von GÄRTNER, H. Berlin 1962 (= CMG Suppl. IV).

RUSKA, J.: Cassianus Bassus Scholasticus und die arabischen Versionen der Griechischen Landwirtschaft. Der Islam 5 (1914): 174–179.

RÜEGG, W.: Themen, Probleme, Erkenntnisse. In: RÜEGG, W. (Hrsg.), Geschichte der Universität in Europa. Bd. 1. Mittelalter. S. 23–48. München 1993.

– (Hrsg.): Geschichte der Universität in Europa. Bd. 1, Mittelalter. München 1993.

RÜTHY, A. E.: Die Pflanze und ihre Teile im biblisch-hebräischen Sprachgebrauch. Bern 1942.

RĀMHURMUZĪ, Šahriyār ar-: K. ꜤAǧāʾib al-hind. Livre des merveilles de l'Inde. Texte Arabe publie d'apres le ms. de SCHEFER, M. Leide 1883–1886. (Nachdruck Aleppo 1993).

RĀZĪ, Abū Bakr Muh. b. Zakkarīya ar-: Al-Mansūrī fi t-tibb. Ed. AL-BAKRĪ, H., Kuwait 1987 (= Manšūrāt maꜤhad al-mahtutāt al-Ꜥarabīya).

SACHAU, E. (Übs.): The Chronology of Ancient Nations. An English Version of the Arabic Text of the Athâr-ul-bâkiya of Albîrûnî, or »Vestiges of the Past«. Translated by SACHAU, C. E., London 1879.

SADEK, M. M.: The Arabic Materias Medica of Dioscurides. St.-Jean-Chrysostome. Québec 1983.

SAFFRON, M. H.: Salernitan Anatomists. In: GILLISPIE, C. H. (Hrsg.), Dictionary of Scientific Biography. Ed. GILLISPIE, Ch. C. Bd. XII Ibn Rushd – Jean Servais Stas. S. 80–83. New York 1975.

SAID, H. M. (Ed.): Al-Biruni's Book on Pharmacy and Materia Medica. Ed. with Englisch Translation by SAID, H. M., Karachi 1973 (= Pakistan Series of Central Asian Studies No. 1).

SAMODUROVA, Z. G.: Estestvennonaučnye znanija. In: Kul'tura Vizantii. Vtoraja polovina VII–XII. Hrsg. von UDAL'COVA, Z. V., & LITAVRIN, G. G., S. 296–334, Moskau 1989.

SAMSÓ, J.: Ibn Hišâm al-Lajmī y el premier jardín botánico en al-Andalus. RIEEI 21 (1981/82): 135–141.

SANDERMANN, W.: Papier. Eine spannende Kulturgeschichte. 2. Aufl. Berlin 1992.

SAUNERON, S., & YOYOTTE, J.: Ägyptische Schöpfungsmythen. In: Die Schöpfungsmythen. Ägypter, Sumerer, Hurriter, Hethiter, Kanaaniter und Israeliten. Mit einem Vorwort von ELIADE, M. S. 35–99. Zürich 1991.

SAVAGE-SMITH, E.: Attitudes toward dissection in medieval Islam. Journ. Hist. Med. 50 (1995): 67–110.

SCHEFER, M. (Ed.): s. RĀMHURMUZĪ.

SCHENK, G., & WÖHLER, H.-U.: Boëthius – Gedanken zu Werk und Wirkungsgeschichte. Deutsche Zeitschrift für Philosophie 28 (1980) 11: 1324–1337.

SCHIMMEL, A.: Zur Anthropologie des Islam. In: BLEEKER, C. J. (Hrsg.). Anthropologie religieuse l'homme et sa destinée a la lumiere de l'histoire des religions. S. 140–154. Leiden 1955.

SCHIPPERGES, H.: Die frühen Übersetzer der arabischen Medizin. Sudh. Arch. 39 (1955): 53–93.

– Honorius und die Naturkunde des 12. Jh. Sudh. Arch. 42 (1958): 71–82.

– Die Assimilation der arabischen Medizin durch das lateinische Mittelalter. Wiesbaden: Steiner 1964 (= Sudh. Archiv, Beiheft 3).

– Art. „Adelard von Bath“. In: Lexikon des Mittelalters, Bd. I Aachen bis Bettelordenskirchen. Sp. 144. München, Zürich 1980.

– Die Rezeption arabisch-griechischer Medizin und ihr Einfluß auf die abendländische Heilkunde. In: WEIMAR, P. (Hrsg.), Die Renaissance der Wissenschaften im 12. Jh. Zürich, München 1981 (= Zürcher Hochschulforum, Bd. 2).

– Constantinus Africanus. In: Exempla historica. Epochen der Weltgeschichte in Biographien, Bd. 17 Mittelalter. Wissenschaftler und Forscher. S. 77–90. Frankfurt a. M. 1984.

SCHISSEL, O.: Der byzantinische Garten. Seine Darstellung im gleichzeitigen Romane. Wien und Leipzig 1942 (= Akad. d. Wiss. in Wien, Phil.-hist. Kl., Sitzunbgsber. 221. Bd., 2. Abt.).

SCHMEKEL, A.: Isidorus von Sevilla. Sein System und seine Quellen. Berlin 1914 (= Die positive Philosophie in ihrer geschichtlichen Entwicklung. Forschungen von Schmekel, A. 2. Bd.).

SCHMUCKER, W.: Die pflanzliche und mineralische Materia medica im Firdaus al-hikma des ꜤAlī ibn Rabban atTabarī. Bonn 1969 (= Phil. Diss. Bonn).

SCHMUTZER, R.: Die Schrift des Meisters Albrecht über Pferdekrankheiten. Quellen und Studien zur Geschichte der Naturwissenschaften und der Medizin 4 (1935)1: 11–36.

SCHNIER, L.: Die Pferdeheilkunde des Laurentius Rusius. Diss. med. vet. Berlin 1937 (= Med. vet. Diss. Berlin).

SCHÖFFLER, H. H.: Die Akademie von Gondischapur. Aristoteles auf dem Wege in den Orient. 2. Aufl. Stuttgart 1980 (= Logoi Wissenschaftliche Reihe, hrsg. von KIENLE, G., KRÜGER, M., & LAUENSTEIN, D., Bd. 5).

SCHÖNBERGER, L., & STECK, M.: s. PROKLOS DIADOCHUS.

SCHOTT, R. (Übs.): Regimen sanitatis Salernitanum. Die Kunst sich gesund zu erhalten. Deutsche Nachdichtung von SCHOTT, R., Salerno 1954.

SCHRIMPF, G.: Das Werk des Johannes Scotus Eriugena im Rahmen des Wissenschaftsverständnisses seiner Zeit. Eine Hinführung zu Periphyseon. Münster 1982 (= Beiträge zur Geschichte der Philosophie und Theologie des Mittelalters N. F. 23).

SCHRÖDER, C.: Art. „Physiologus“. In: Die deutsche Literatur des Mittelalters, Verfasserlexikon. Begr. von STAMMLER, W. hrsg. von RUH, K. u. a., Bd. 7, 2. völlig neu bearb. Aufl., Sp. 620–634, Berlin 1989.

SCHULZ, H. (Übs./Hrsg.): Das Buch der Natur von Conrad von Megenberg. Die erste Naturgeschichte in deutscher Sprache. In Neu-Hochdeutscher Sprache bearb. und mit Anmerkungen versehen von H. S. Greifswald 1897.

SCHUSTER, J.: Secreta Salernitana und Gart der Gesundheit. Eine Studie zur Geschichte der Naturwissenschaften und Medizin des Mittelalters. In: Mittelalterliche Handschriften. Paläographische, kunsthistorische, literarische und bibliotheksgeschichtliche Untersuchungen. Festgabe z. 60. Geburtstage v. Hermann Degering, S. 203–237, Leipzig 1926.

SCHWANITZ, W.: Medizinisches bei Laktanz. Med. Diss. Düsseldorf 1975.

SCHWEIGER, K.: Medizinisches im Werk des Kirchenvaters Origines. Med. Diss. Düsseldorf 1983.

SCOTUS ERIGENA, Johannes: Johannis Scotti Eriugena Periphyseon [De divisione naturae]. Ed. by SHELDON-WILLIAMS, I. P. with collab. of BIELER, L. Libri 1–3. Dublin 1968–1981 (= Scriptores Latini Hiberniae 7; 9; 11).

Se Boyar, G. E.: Bartholomaeus Anglicus and his Encyclopedia. The Journal of English and Germanic Philology *19* (1920): 168–189.

Seebass, H.: Art. „näfäš". In: Theologisches Wörterbuch zum Alten Testament. Hrsg. von Botterweck, G. J., Ringgren, H., & Fabry, H.-J. Bd. V, *mārad-ʿāzab*, Sp. 531–555. Stuttgart, Berlin, Köln, Mainz 1986.

Seibt, W.: Art. „Bestiarium" III. Byzantinische Literatur. In: Lexikon des Mittelalters, Bd. I Aachen bis Bettelordenskirchen. Sp. 2074. München, Zürich 1980.

Seidel, E.: Europäische Krankheiten als litearische Gäste im vorderen Orient. Arch. Gesch. Math. Naturwiss. Techn. *6* (1913): 372–386.

Serjeant, R. B.: The Cultivation of Cereals in Mediaeval Yemen. A translation of the Bughyat al-fallāḥīn of the Rasūlid Sultan, al-Malik al-Afdal al-ʿAbbās b. ʿAlī, composed circa 1370 A. D. Arabian studies *1* (1974): 25–74.

Sezgin, F.: Geschichte des arabischen Schrifttums (GAS), Bd. III. Medizin – Pharmazie – Zoologie – Tierheilkunde bis ca. 430 H. Leiden 1970.

– Geschichte des arabischen Schrifttums (GAS), Bd. IV. Alchimie – Chemie – Botanik – Agrikultur bis ca. 430 H. Leiden 1971.

Shaw, J. R.: Scientific Empiricism in the Middle Ages; Albertus Magnus on Sexual Anatomy and Physiology. Clio Medica *10* (1975): 53–64.

Sheldon-Wiliams, I. P. (Ed.) s. Johannes Scotus.

Siddiqi, M. Z. (Ed.): s. Ṭabarī.

Silberberg, B.: Das Pflanzenbuch des Abū Ḥanīfa Aḥmed ibn Dāʾūd ad-Dīnawarī. Ein Beitrag zur Geschichte der Botanik bei den Arabern. Zeitschr. Assyrologie u. verwandte Geb. *24* (1910): 225–265 u. *25* (1911): 39–88.

Simon, F.: Das Corpus Hippiatricorum Graecorum in seiner Bedeutung als Sammelwerk griechisch-römischer Überlieferungen in griechischer Sprache über Heilbehandlung von Tieren in den nachchristlichen Jahrhunderten unter besonderer Berücksichtigung des damaligen Standes der Veterinärchirurgie. München 1929 (= Med. vet. Diss. München 1929).

Simon, H., & Simon, M.: Die alte Stoa und ihr Naturbegriff. Ein Beitrag zur Philosophiegeschichte des Hellenismus. Berlin 1956.

Singer, Ch. J.: A Short History of Biology. A General Introduction to the Study of Living Things. Oxford, New York 1931.

Siraisi, N. G.: The Medical Learning of Albertus. In: Weisheipl, J. A. (Ed.), Albertus Magnus and the Sciences. Commemorative Essays. S. 379–404. Toronto 1980.

– Taddeo Alderotti and His Pupils. Two Generations of Italian Medical Learning. Princeton 1981.

– Avicenna in Renaissance Italy. The Canon and Medical Teaching in Italian Universities After 1500. Princeton 1987.

Skard, E.: Nemesiosstudien, Teil 1–5. Symbolae Osloenses *15/16* (1936): 23–43; *17* (1937): 9–25; *18* (1938): 31–41; *19* (1939): 46–56; *22* (1942): 40–48.

Solinus: C. Iulii Solini Collectanea rerum memorabilium. Ed. Mommsen, Th., Berlin 1895. (Nachdruck Berlin 1958).

Somogyi, J. de: Index des sources de la ḥayāt al-ḥayawān de ad-Damīrī. Journal asiatique *213* (1928): 5–128.

– Ad-Damīrī's Ḥayāt al-ḥayawān: An Arabic Zoological Lexicon. Osiris *9* (1950): S. 33–43.

Sontheimer, J. von: Große Zusammenstellung über die Kräfte der bekannten einfachen Heil- und Nahrungsmittel. Von Abu Mohammed Abdallah Ben Ahmed aus Malaga, bekannt unter dem Namen Ebn Baithar, aus dem Arabischen übersetzt. Bd. I–II, Stuttgart 1840/42.

Sourdell-Thomine, J.: Art. „Ḥayawān 6. Animals in art". In: The Encyclopedia of Islam. New Ed. Vol. III. H-Iram. S. 309 b–311 b. Leiden 1971.

Sprague, T. A.: Plant Morphology in Albertus Magnus. Kew Bulletin *9* (1933): 431–440.

– Botanical terms in Albertus Magnus. Kew Bulletin *9* (1933): 440–459.

Stahl, P.: Art. „Königschlacher, Peter". In: Die deutsche Literatur des Mittelalters, Verfasserlexikon. Begr. von Stammler, W. hrsg. von Ruh, K. u. a., 2. völlig neu bearb. Aufl., Bd. 5, Sp. 105–106. Berlin 1985.

Stange, E.: Arnoldus Saxo, der älteste Encyclopädist des dreizehnten Jahrhunderts. Diss. phil. Halle–Wittenberg, Halle 1885.

– (Hrsg.): Die Enzyklopädie des Arnoldus Saxo, zum ersten Mal … hrsg., Erfurt 1905–1907 (= Progr. Kgl. Gymn. Erfurt).

Stannard, J.: Byzantine botanical lexicography. Episteme *5* (1971) 3: 158–187.

– „Medieval Herbals and their Development". Clio Medica *9* (1974): 23–33.

– Natural History. In: Lindberg, D. C. (Ed.), Science in the Middle Ages. S. 429–460. Chicago, London 1978.

– Identification on the Plants Described by Albertus Magnus. De vegetabilibus, lib. VI. Res Publica Litterarum *2* (1979): 281–318.

– Albertus Magnus and Medieval Herbalism. In: Weisheipl, J. A. (Ed.), Albertus Magnus and the Sciences. Commemorative Essays. S. 355–377. Toronto 1980.

– The Botany of St. Albert the Great. In: Albertus Magnus Doctor Universalis 1280/1980. Hrsg. Meyer, G., & Zimmermann, A. Für den Druck besorgt von Lüttringhaus, P.-B., S. 345–372. Mainz 1980 b (= Walberger Studien. Philosophisch-Theologische Hochschule der Dominikaner [Albertus-Magnus-Akademie] Phiolosophische Reihe, hrsg. von Engelhardt, P., Kluxen, W., & Meyer, G., Bd. 6).

Steer, G.: Art. „Michael Baumann". In: Die deutsche Literatur des Mittelalters, Verfasserlexikon. Begr. von Stammler, W. hrsg. von Ruh, K. u. a., 2. völlig neu bearb. Aufl., Bd. 1, Sp. 642–643. Berlin 1978.

Steier, A.: Art. „Timotheos von Gaza". In: Paulys Real-Encyclopädie d. class. Altertumswiss., 12. Hbbd. Sp. 1339–1341. Stuttgart 1937.

Stein, Ludwig: Die Psychologie der Stoa, Berlin 1886 (Reprint Nendeln/Liechtenstein 1975).

Stein, Lothar: Die Šammar-Gerba. Beduinen im Übergang vom Nomadismus zur Seßhaftigkeit. Berlin 1967 (= Veröffentl. des Museums für Völkerkunde zu Leipzig, H. 17).

Steiner, C. J.: Die Tierwelt nach ihrer Stellung in Mythologie und Volksglauben, in Sitte und Sage, in Geschichte und Litteratur, im Sprichwort und Volksfest. Gotha 1891.

Steinmetz, P.: Die Stoa. In: Die Philosophie der Antike, Bd. 4/2, Die hellenistische Philosophie, hrsg. von Flashar, H. S. 492–716. Basel 1994 (= Grundriß der Geschichte der Philosophie, begründet von Friedrich Ueberweg, völlig neubearb. Ausgabe).

Steinschneider, M.: Constantins liber de gradibus und Ibn al Jazzars adminiculum. Virch. Arch. pathol. Anat. *37* (1866): 361–363.

Stieglecker, H.: Die Glaubenslehre des Islam. Paderborn 1962.

Stiglmair, A.: Art. „ʿūp". In: Theologisches Wörterbuch zum Alten Testament. Hrsg. von Botterweck, G. J., Ringgren, H., & Fabry, H.-J., Bd. 5, *mārad-ʿāzab*, Sp. 1177–1183. Stuttgart, Berlin, Köln, Mainz 1986.

Stoffler, H. D.: Der Hortulus des Walahfrid Strabo. 5. Aufl. Sigmaringen 1977.

Stoicorum veterum fragmenta [SVF], Coll. I ab Arnim. 4 vol. Leipzig 1903 ff. (Nachdruck Stuttgart 1964).

Stresemann, E.: Die Entwicklung der Ornithologie von Aristoteles bis zur Gegenwart. Aachen 1951.

STROHMAIER, G.: Arabisch als Sprache der Wissenschaft in den frühen medizinischen Übersetzungen. Mitt. des Inst. für Orientforschung (MIO) *15* (1969): 77–85.

– Art. „HUNAYN B. ISHĀK AL-ʿIBĀDĪ". In: Encyclopedia of Islam. New Ed. Vol. III. H-Iram. S. 578 b–581 a. Leiden 1971.

– „Von Alexandrien nach Bagdad" – eine fiktive Schultradition. In: Aristoteles Werk und Wirkung. Paul Moraux gewidmet, 2. Bd. Kommentierung, Überlieferung, Nachleben, hrsg. von WIESNER, J. S. 380–389. Berlin, New York 1987.

– Al-Bīrūnī. In den Gärten der Wissenschaft. Ausgewählte Texte aus den Werken des muslimischen Universalgelehrten übersetzt und erläutert von STROHMAIER, G., Leipzig 1988.

STÜCKELBERGER, A.: Einführung in die antiken Naturwissenschaften. Darmstadt 1988.

STUIBER, A.: Art. „Kirchenvater". In: Lexikon für Theologie und Kirche. Begr. v. BUCHENBERGER, M. 2. völlig neu bearb. Aufl. Hrsg. HÖFER, J., & RAHNER, K., Bd. 6 Karthago bis Marcellino. Sp. 272–274. Freiburg 1961.

STURLESE, L.: Florilegi filosofici ed encyclopedie in Germania nella prima meta di duecento. Giornale critico della Filosofia Italiana *69* [81] (1990) 3: 293–319.

SUDHOF, S.: Das deutsche Pelzbuch des Mittelalters und seine Einflüsse auf die europäische Gartenliteratur der Neuzeit. In: Zeitschrift für Agrargeschichte und Agrarsoziologie *2* (1954): 105–114.

– Die Stellung der Landwirtschaft im System der mittelalterlichen Künste: Zeitschrift für Agrargeschichte und Agrarsoziologie *4* (1956): 128–134.

SUDHOFF, K.: Der „Micrologus" – Text der „Anatomia" Richards des Engländers: Arch. Gesch. Med. *19* (1927): 209–239.

– MARZELL, H., & WEIL, E.: Walahfrid von der Reichenau, Hortulus, Gedicht über die Kräuter seines Klostergartens vom Jahre 827. Wiedergabe des 1. Wiener Druckes von 1510. Eingeleitet, medizin-geschichtlich, botanisch und druckgeschichtlich gewürdigt von SUDHOFF, K., MARZELL, H. und WEIL, E. München 1926.

SUWAISĪ, M.: al-ʿArabīya wa-luġatu l-ʿilm fi l-qarn ar-rābiʿ li-l-hiǧra. Revue de l'Academie Arabe de Damas (RAAD) *61* (1986): 663–677.

ṢĀLIḤĪ, ʿA. M.: aṣ-Ṣaid wa-t-tard fi š-šiʿr al-ʿarabī ḥattā nihāyat al-qarn aṯ-ṯānī al-hiǧrī. Beirut 1981.

ŠAHRASTĀNĪ, Abu l-Fath Muḥammad aš-: al-Milal wa-n-nihal, Ed. KAILĀNĪ, M. S., Kairo 1967. (dtsch. Übs.: Abu'l-Fath Muhammad asch-Schahrastani's Religionsparteien und Philosophenschulen. Zum ersten Male vollständig aus dem Arabischen übers. u. mit erklärenden Anmerkungen versehen von HAARBRÜCKER, Th., T. 1–2 Halle 1850–51 [Nachdruck Hildesheim 1969]).

ŠALTŪT, M.: al-Fatāwā. Dirāsa li- muskilāt al-muslim al-muʿāsir fī hayātihi al-yaumīya wa-l-ʿāmma. Kairo 1959.

ŠARIPOV, A.: Velikij myslitel' Beruni. Taschkent 1972.

ŠAṬṬĪ, A. Š.: Haula ʿilm an-nabāt ʿinda l-ʿarab wa-ʿālamīyat as-Safra wa-Abū-s-Ṣūrī. In: Proceedings of the First International Symposium for the History of Arabic Science, Vol. I. S. 247–250. Aleppo 1977.

ŠAYYĀL, Ġ. aš- (Ed.): s. MAQRĪZĪ.

ŠIDFAR, B. J.: Obraznaja sistema arabskoj klassičeskoj literatury (VI–XII vv.). Moskau 1974.

ŠIHĀBĪ, M. aš-: Tafsīr kitāb Dīsqurīdūs li-ibn al-Baitār [Kommentar der Schrift des Dioskurides von Ibn al-Baitār]. Maǧallat maʿhad al-maḫtūtāt al-ʿarabīya [Journal of the Institute of Arabic Manuscripts] *3* (1957): 105–112.

TAUḤĪDĪ, Abū Ḥayyān at-: K. al-Imtāʿ wa-l-muʾānasa. T. 1–3. Ed. AMĪN, A., & AZ-ZAYYIN, A., Beirut u. Saida 1953.

TELFER, W.: The Birth of Christian Anthropology. The Journal of Theological Studies N. S. *13* (1962): 347–354.

TEMKIN, O.: Geschichte des Hippokratismus im ausgehenden Altertum. Kyklos *4* (1932): 1–80.

– Byzantine medicine, tradition and empiricism. Dumbarton Oaks Papers, 16. Washington 1962.

TENGSTRÖM, S.: Art. „rûaḥ". In: Theologisches Wörterbuch zum Alten Testament. Hrsg. von FABRY, H.-J., & RINGGREN, H., Bd. VII, qôṣ – šākan, Sp. 385–418. Stuttgart, Berlin, Köln 1993.

TERNOVSKIJ, V. N.: Ibn Sina (Avicenna) 980–1037. Moskau 1969.

TERTULLIAN(US), QUINTUS SEPTIMIUS FLORENS: De praescriptione Haereticorum. Hrsg. von PREUSCHEN, Erwin. 2. neubearb. Aufl. Tübingen 1910 (= Sammlung ausgewählter kirchen- und dogmengeschichtlicher Quellenschriften, Reihe 1, H. 3).

THÉODORIDÈS, J.: Las Parasitologie et la Zoologie dans l'œuvre d'Avenzoar: Revue d'Hist. des Scienc. et de leur applicat. *8* (1955): 137–145.

– La zoologie dans l'œuvre de quelques médecins orientaux du Moyen Age, Actes 8e Congr. Int. Hist. Sci., Florence, Milan 1956, S. 619 ff.

– La zoologie au Moyen age, Paris 1958 (Les Conférences du Palais de la Découverte, Ser. D, Bd. 55).

THEOPHRASTOS VON ERESOS: Historia plantarum. Ed. WIMMER, F., Leipzig 1854–1862; Paris 1866.

THIELE, H.: Cassiodor, seine Klostergründung Vivarium und sein Nachwirken im Mittelalter: Studien und Mitteilungen aus dem Benediktiner- und Cistercienser-Orden, mit besonderer Berücksichtigung der Ordensgeschichte und Statistik *50* (1932): 378–419.

THOMAS CANTIMPRATENSIS: Liber de natura rerum. Editio princeps secundum codices manuscriptos. Teil I: Text. Ed. BOESE, H. Berlin, New York 1973.

THOMAS VON AQUINO: Die deutsche Thomas-Ausgabe. Vollständige ungekürzte, dt.-lat. Ausgabe der Summa Theologica. Salzburg usw. 1933 ff.

– Opera omnia, Vol. 1–7. Ed. BUSA, R. Stuttgart, Bad Cannstatt 1974 ff. (Werkausgabe im Rahmen des „Index Thomisticus").

THOMSON, M. H.: Textes grecs inédits relatifs aux plantes. Paris 1955.

THORNDIKE, L.: A History of Magic and Experimental Science during the First Thirteen Centuries of our Era. Vol. I–II. London 1923 (6. unveränd. Nachdruck, New York, London 1964).

– Michael Scot. London, Edinburgh 1965.

– & KIBRE, P.: A catalogue of incipits of medieval scientific Writings in Latin. Revised and augmented Edition. Cambridge 1963.

TOELLNER, R.: Art. „Leben. VI Der biologische L.-Begriff". In: Historisches Wörterbuch der Philosophie (HWP), Bd. 5: L–Mn. Sp. 97–103. Hrsg. RITTER, J., & GRÜNDER, K. Völlig neubearb. Ausgabe des ‚Wörterbuchs der philosophischen Begriffe' von Rudolf Eisler. Basel, Stuttgart 1980.

TABARĪ, Rabban at-: Firdaus al-hikma fi t-tibb; engl. Nebentitel: Firdausu'l Hikmat or Paradise of Wisdom of ʾAli b. Rabban al-Tabari. Ed. by SIDDIQI, M. Z., subsidesed by the E. G. W. Gibb Memorial Trust. Berlin 1928.

TALAS, M. A. (Ed.): s. KUŠĀǦIM.

ṬUFAIL, Abū Bakr: Ḥayy b. Yaqẓān. Ed. NĀDIR, A. 2. Aufl. Beirut 1968.

UDAL'COVA, Z. V.: Die Besonderheiten des Feudalismus in Byzanz, in: Besonderheiten der byzantinischen Feudalentwicklung. Eine Sammlung von Beiträgen zu den frühen Jahrhunderten, hrsg. von KÖPSTEIN, H. Berlin 1983 (= Berliner byzantinische Arbeiten, Bd. 50).

– Kos'ma Indikoplov i ego „Christianskaja topografija". In: Kul'tura Vizantii. Pervaja polovina IV–VII v. Hrsg. von UDAL'COVA, Z. V. S. 467–477. Moskau 1984.

UKOLOVA, V. I.: Poslednij rimljanin. Moskau 1987.

ULLMANN, M.: Die Medizin im Islam. Leiden, Köln 1970 (= Handbuch der Orientalistik, hrsg. von SPULER, B., 1. Abtlg. Der Nahe und der Mittlere Osten, Ergänzungsbd. VI, 1. Abschn.).

– Die Natur- und Geheimwissenschaften im Islam. Leiden, Köln 1972 (= Handbuch der Orientalistik, hrsg. von SPULER, B., 1. Abtlg. Der Nahe und der Mittlere Osten, Ergänzungsbd. VI, 2. Abschn.).

– Islamic Medicine. Edinburgh 1978 (= Islamic Surveys, 11).

ULMSCHNEIDER, H.: Ain puoch von Latein … daz hat Albertus maisterleich gesamnet. Zu den Quellen von Konrad v. Megenberg ‚Buch der Natur‘ anhand neuerer Handschriftenfunde. Zeitschrift für deutsches Altertum 121 (1992): 36–63.

– Ain puoch von Latein. Nochmals zu den Quellen von Konrad's von Megenberg ‚Buch der Natur‘. Zeitschrift für deutsches Altertum 123 (1994): 309–333.

UNTERKIRCHER, F.: Das Tiroler Fischereibuch Maximilians I. Eingel., transkrib. und übers. von UNTERKIRCHER, F. 2 Tle. Graz, Wien, Köln 1968.

VARDANIAN, S. A.: Amirdovlat Amasiaci – armjanskij estestvoispytatel' i vrač XV v., Moskau 1987.

– (Ed.): s. AMIRDOVLAT AMASIACI.

VARGA, L.: Das Schlagwort vom ‚finsteren Mittelalter‘. Baden, Wien, Leipzig, Brünn 1932 (= Veröffentlichungen des Seminars für Wirtschafts- und Kulturgeschichte an der Universität Wien 8) (Nachdruck Aalen 1978).

VEH, O., & WILL, U.: s. DIODORUS SICCULUS.

VENNEBUSCH, J.: Art. „Leben III. Mittelalter". In: Historisches Wörterbuch der Philosophie (HWP), Bd. 5: L–Mn. Sp. 59–62. Hrsg. von RITTER, J., & GRÜNDER, K. Völlig neubearb. Ausgabe des „Wörterbuchs der philosophischen Begriffe" von Rudolf Eisler. Basel, Stuttgart 1980.

VERGER, J.: Art. „Baccalarius". In: Lexikon des Mittelalters, Bd. I Aachen bis Bettelordenskirchen. Sp. 1323. München, Zürich 1980.

– Grundlagen. In: RÜEGG, W. (Hrsg.), Geschichte der Universität in Europa, Bd. 1, Mittelalter. S. 49–82. München 1993.

VERNET, J., & SAMSÓ, J.: Panorama de la ciencia andalusí en el siglo XI. Jornadas de Cultura Arabe e Islámica 1. 1978 (1981): 135–163. Madrid 1981.

VERWIJS, E. (Ed.): Der naturen bloeme 1878 (Nachdruck 1980).

VETTER, D.: Das Ethos des Judentums. In: KHOURY, A. Th. (Hrsg.), Das Ethos der Weltreligionen. Freiburg, Basel, Wien 1993.

VINATY, T.: Sant'Alberto Magno, embriologo e ginecologo. Angelicum 58 (1981)· 151–180

VINCENTIUS BELLOVACENSIS: Speculum quadruplex sive Speculum maius Vincentii Burgundi. Ex Ordine Praedicatorum Venerabilis Episcopi Bellovacensis. Speculum Quadruplex: Naturale, Doctrinale, Morale, Historiale. In quo totius naturae Historia … Opera & studio Theologorum Benedictinorum Collegij Vedastini in alma Academia Dvacensi. Dvaci 1624 (Facsimile-Nachdruck Graz 1964–1965).

VINZENZ VON BEAUVAIS: s. VENCENTIUS BELLOVACENSIS.

VIRÉ, F.: Sur l'identité de Moamyn le fauconnier. Académie des Inscriptions et de Belles-Lettres, Comptes rendus 1967, S. 172–176.

VLOTEN, G. VAN: Dämonen, Geister und Zauber bei den alten Arabern. Mitteilungen aus Djâhitz' Kitâb al-haiwân. WZKM 7 (1893): 169–187; 233–247; 8 (1894): 59–73; 290–292.

– Ein arabischer Naturphilosoph im 9. Jahrhundert. Stuttgart 1915.

VOGEL, K.: Byzantine science. In: The Cambridge Medieval History. Vol. IV Part II: Government, Church and Civilization. Ed. HUSSEY, J. M. S. 264–305, Cambridge 1967.

VOGELLEHNER, D.: Garten und Pflanzen im Mittelalter. In: FRANZ, G. (Hrsg.), Geschichte des deutschen Gartenbaues. Stuttgart 1984, S. 69–98.

VOLGER, L.: Der Liber fiduciae de simplicibus medicinis des Ibn al-Jazzar in der Übersetzung von Stephanus de Saragossa. Übertragen aus der Handschrift München Cod. lat. 253, Diss. Berlin 1941 (= Texte und Untersuchungen zur Geschichte der Naturwissenschaften 6, Würzburg, Aumühle 1941).

VON DEN DRIESCH, A.: Geschichte der Tiermedizin. 5 000 Jahre Tierheilkunde. München 1989.

WADUD-MUHSIN, A.: Qur'an and Woman. 2. Aufl., Shah Alam 1995.

WAGNER, E.: Grundzüge der klassischen arabischen Dichtung. Bd. II. Die arabische Dichtung in islamischer Zeit. Darmstadt 1988 (Grundzüge Bd. 70).

WATSON, A. M.: The Arab Agricultural Revolution and its Diffusion. 700–1100. The Journal of Economic History 34 (1974) 1: 8–35.

– A Medieval Green Revolution. New Crops and Farming Techniques in the Early Islamic World. In: UDOVITCH, A. L. (Ed.) The Islamic Middle East 700–1900. Studies in Social and Economic History. S. 29–58. Princeton/N. J. 1981.

– Agricultural Innovation in the Early Islamic World. The Diffusion of Crops and Farming Techniques 700–1100. Cambridge 1983.

WATT, W. M.: Bell's Introduction to the Qur'ān. Completely revised and enlarged by W. M. WATT, Edinburgh 1990 (= Islamic Surveys 8).

WEBER, M.: Konrad von Megenberg. Leben und Werk. Beiträge zur Geschichte des Bistums Regensburg 20 (1986): 213–324.

WECKER, X.: Art. „Kosmas Indikopleustes". In: Paulys Real-Encyclopädie d. class. Altertumswiss. 22. Hbbd., Sp. 1487–1490. Stuttgart 1922.

WEIMAR, P. (Hrsg.): Die Renaissance der Wissenschaften im 12. Jahrhundert. Zürich, München 1981 (= Zürcher Hochschulforum, Bd. 2).

WEISHEIPL, J. A. (Ed.): Albertus Magnus and the Sciences. Commemorative Essays. Toronto 1980.

WEISSER, U.: Buch über das Geheimnis der Schöpfung und die Darstellung der Natur (Buch der Ursachen) von Pseudo-Apollonius von Tyana, [Sirr al-ḫalīqa wa-ṣanʿat aṭ-ṭabīʿa. Kitāb al-ʿilal] ed. by Ursula Weisser, Aleppo: Institute for the History of Arabic Science University of Aleppo 1979 (= Sources & Studies in the History of Arabic-Islamic Science Natural Sciences Series 1).

– Das „Buch über das Geheimnis der Schöpfung" von Pseudo-Apollonius von Tyana. Berlin, New York 1980 (= Ars Medica, Texte und Untersuchungen zur Quellenkunde der Alten Medizin, III. Abtlg. Bd. 2).

– The Embryology of Yūḥannā ibn Māsawaih. Journ. for the History of Arabic Science 4 (1980) 1: 9–22.

– Ibn Qayim al-Ğauzīya über die Methoden der Embryologie. Medizinhist. Journ. 16 (1981): 227–239.

– Zeugung, Vererbung und pränatale Entwicklung in der Medizin des arabisch-islamischen Mittelalters. Erlangen 1983.

– Die Harmonisierung antiker Zeugungstheorien im islamischen Kulturkreis und ihr Nachwirken im europäischen Mittelalter. In: Miscellanea Mediaevalia. S. 301–326. Berlin und New York 1985 (= Veröffentlichungen des Thomas-Instituts der Universität zu Köln, hrsg. von ZIMMERMANN, A., Bd. 17, Orientalische Kultur und europäisches Mittelalter).

WELLHAUSEN, J.: Reste arabischen Heidentums. 3. Aufl. Berlin 1961.

WELLMANN, M.: Art. „Biber". In: Paulys Real-Encyclopädie d. class. Altertumswiss. 3/1 Hbbd. Sp. 400–402. Stuttgart 1897.

– Timotheos von Gaza. Hermes *62* (1927): 179–204.

WERNER, E.: Häresie und Gesellschaft im 11. Jahrhundert. Berlin 1975 (= Sitzungsberichte der sächsischen Akademie der Wissenschaften zu Leipzig, phil.-hist. Kl., Bd. 117, H. 5).

– Stadtluft macht frei. Frühscholastik und bürgerliche Emanzipation in der ersten Hälfte des 12. Jahrhunderts. Berlin 1976 (= Sitzungsberichte der sächsischen Akademie der Wissenschaften zu Leipzig, phil.-hist. Kl., Bd. 118, H. 5).

WIEDEMANN, E.: Aus der Botanik des muslimischen Volkes. Arch. Gesch. Nat. Techn. *3* (1912): 299–306 (wiederabgedruckt in: WIEDEMANN, E. Gesammelte Schriften zur arabisch-islamischen Wissenschaftsgeschichte, 2. Bd.: Schriften 1912–1927, S. 629–636, Frankfurt a. M. 1984).

– Darwinistisches bei Ǧāḥiẓ. Sitz.ber. physik.-med. Soz. Erlangen *47* (1915 a): 130–131 (wiederabgedruckt in: WIEDEMANN, E. Aufsätze zur arabischen Wissenschaftsgeschichte, Bd. 2, S. 184–185, Hildesheim, New York 1970).

– Zur Geschichte des Zuckers. Sitz.ber. physik.-med. Soz. Erlangen *47* (1915 b): 83–92 (wiederabgedruckt in: WIEDEMANN, E. Aufsätze zur arabischen Wissenschaftsgeschichte, Bd. 2, S. 137–146, Hildesheim, New York 1970).

– Über den Abschnitt über die Pflanzen bei Nuwairī. Sitz.ber. physik.-med. Soz. Erlangen (SPMSE) *48/49* (1916/17 a): 151–176 (wiederabgedruckt in: WIEDEMANN, E. Aufsätze zur arabischen Wissenschaftsgeschichte, Bd. 2, S. 279–304, Hildesheim, New York 1970).

– Über die Kriechtiere nach al-Qazwīnī nebst einigen Bemerkungen über die zoologischen Kenntnisse der Araber. Sitz.ber. physik.-med. Soz. Erlangen (SPMSE) *48/49* (1916/17 c): 228–285 (wiederabgedruckt in: WIEDEMANN, E. Aufsätze zur arabischen Wissenschaftsgeschichte, Bd. 2, S. 314-371, Hildesheim, New York 1970).

– Übersetzung und Besprechung des Abschnittes über die Pflanzen von Qazwīnī. Sitz.ber. physik.-med. Soz. Erlangen (SPMSE) *48/49* (1916/17 b): 286–321 (wiederabgedruckt in: WIEDEMANN, E. Aufsätze zur arabischen Wissenschaftsgeschichte, Bd. 2, S. 372–407, Hildesheim, New York 1970).

– Über Gesetzmäßigkeiten bei Pflanzen nach al-Bīrūnī. Biologisches Zentralblatt *40* (1920): 113–116 (wiederabgedruckt in: WIEDEMANN, E. Gesammelte Schriften zur arabisch-islamischen Wissenschaftsgeschichte, 2. Bd.: Schriften 1912–1927, S. 943–946, Frankfurt a. M. 1984).

– Aufsätze zur arabischen Wissenschaftsgeschichte. Bd. 1–2. Mit einem Vorwort und Indices hrsg. von FISCHER, W., Hildesheim, New York 1970 (= Collectanea VI/1 u. 2).

– Gesammelte Schriften zur arabisch-islamischen Wissenschaftsgeschichte, Bd. 1–3. Gesammelt und bearbeitet von GIRKE, D., & BISCHOF, D. Frankfurt a. M. 1984 (= Veröffentl. des Inst. f. Gesch. d. arabisch-islamischen Wissenschaften, hrsg. von SEZGIN, F., Reihe B: Nachdrucke Bd. 1, 1–3).

WIEMS, W.: Die Pferdeheilkunde des Albert von Bollstädt. Berlin 1938 (= Diss. med. vet. Berlin).

WIES, E. W. (Ed.): „Capitulare de villis et curtis imperialibus" (Verordnung über die Krongüter und Reichshöfe) und die Geheimnisse des Kräutergartens Karls des Großen. Aachen 1992.

WILCZYNSKI, J. Z.: On the Presumed Darwinism of Alberuni Eight Hundred Years before Darwin. Isis *50* (1959): 459–466.

WILLEMSEN, C. A.: Kommentar zur lateinischen und deutschen Ausgabe von Friderici Romanorum Imperatoris Secundi De arte venandi cum avibus. Frankfurt a. M. 1970.

– s. Frederici Romanorum Imperatoris Secundi De arte venandi cum avibus.

WILSON, W. J.: Al-Jāḥiẓ and Arabic zoology. Thesis Ph.D., Utah 1965.

WIMMER, J.: Deutsches Pflanzenleben nach Albertus Magnus (1193–1280). Ein Nachtrag zur „Geschichte des deutschen Bodens". Halle 1908.

WINGATE, S. D.: The medieval Latin versions of the Aristotelian scientific corpus, with special reference to the biological works. London 1931.

WINKELMANN, F.: Die östlichen Kirchen in der Epoche der christologischen Auseinandersetzungen. (5.–7. Jh.), 4. Aufl. Leipzig 1994 (= Kirchengeschichte in Einzeldarstellungen 1, Alte Kirche und frühes Mittelalter, 6).

WÖHLER, H.-U.: Geschichte der mittelalterlichen Philosophie. Mittelalterliches empirisches Philosophieren einschließlich wesentlicher Voraussetzungen. Berlin 1990.

– Texte zum Universalienstreit. Bd. 1. Vom Ausgang der Antike bis zur Frühscholastik. Lateinische, griechische und arabische Texte des 3.–12. Jahrhunderts. Bd. 2. Hoch- und spätmittelalterliche Scholastik. Lateinische Texte des 13.–15. Jahrhunderts. Übersetzt und herausgegeben von WÖHLER, H.-U. Berlin 1992/1994.

WÖLFEL, H.: Das Arzneidrogenbuch CIRCA INSTANS in einer Fassung des XIII. Jhs. aus der Universitätsbibliothek Erlangen. Text und Kommentar als Beitrag zur Pflanzen- und Drogenkunde des Mittelalters. Berlin 1939 (= Inaug. Diss. Berlin).

WOLFF, H. W.: Anthropologie des Alten Testaments. 3. Aufl. München 1977.

WOLSKA, W.: La topographie chrétienne de Cosmas Indicopleustès. Théologie et science au VIe siècle. Paris 1962 (= Bibliothéque byzantine, Etudes 3).

WOLSKA-CONUS, W. (Ed.): Cosmas Indicopleustès. Topographie chrétienne. Tom. I–III. Introduction, Texte critique, illustration, traduction et notes par WOLSKA-CONUS, W. Paris 1968–1973 (= Sources chrétiennes. No. 141; 159; 197).

WUKETITS, F. M.: Evolutionstheorien. Historische Voraussetzungen, Positionen, Kritik, Darmstadt 1988 (= Dimensionen der modernen Biologie, Bd. 7, hrsg. von NAGL, W., & WUKETITS, F. M.).

WULF, M. DE: Die Geschichte der mittelalterlichen Philosophie. Tübingen 1913.

ZAITŪNĪ, ᶜA.: al-Ǧinn wa-aḥwāluhum fi-š-šiᶜr al-ǧāhilī. Revue de l'Academie Arabe de Damas (RAAD) *61* (1986) 1: 125–137.

ZAUNICK, R.: Das älteste deutsche Fischbüchlein vom Jahre 1498 und dessen Bedeutung für die spätere Literatur. Archiv für Fischereigeschichte. Festgabe für E. Uhles, 1916, Beilage zu Heft 7.

– Das Erfurter Fischbüchlein vom Jahre 1498. Mitteilungen zur Geschichte der Medizin, der Naturwissenschaften und der Technik *32* (1933): 301–303.

ZBINDEN, E.: Die Djinn des Islam und der altorientalische Geisterglaube. Bern, Stuttgart 1953.

ZIADAT, A. A.: Western Science in the Arab World. The Impact of Darwinism 1860–1930. New York 1986.

ZIMMERMANN, W.: Evolution. Die Geschichte ihrer Probleme und Erkenntnisse. Freiburg, München 1953.

ZÖCKLER, O.: Geschichte der Beziehungen zwischen Theologie und Naturwissenschaft, mit besonderer Rücksicht auf die Schöpfungsgeschichte. Erste Abteilung: Von den Anfängen der christlichen Kirche bis auf Newton und Leibniz. Gütersloh 1877.

Kapitel 4. Botanik und Zoologie in der Zeit der Renaissance und des Humanismus

Originalliteratur siehe auch Kurzbiographien

ADELMANN, Howard B.: The embryological treatises of Hieronymus Fabricius of Aquapendente. Facsimile Edition with Introduction, Translation and Commentary. Bd. 1–2. Ithaca, N. Y. 1942. Repr. 1967.

ARBER, Agnes: Herbals, their origin and evolution. 2. Aufl. Cambridge 1938, Neudr. 1971.

BAADER, Gerhard: Mittelalter und Neuzeit im Werk von Otto Brunfels. Medizinhistor. Journal *13* (1978): 186–203.

BÄUMER, Änne: Das erste zoologische Kompendium in der Zeit der Renaissance: Edward Wottons Schrift „Über die Differenzen der Tiere". Ber. z. Wissenschaftsgesch. *13* (1990): 13–29.

– Geschichte der Biologie. Bd. 1: Biologie von der Antike bis zur Renaissance. Frankfurt a. M., u. a. 1991. Tl. III.

– Geschichte der Biologie. Bd. 2: Zoologie der Renaissance – Renaissance der Zoologie. Frankfurt a. M., u. a. 1991.

BÄUMER-SCHLEINKOFER, Änne: Die Geschichte der beobachtenden Embryologie. Frankfurt a. M., u. a. 1993.

BALLAUFF, Theodor: Die Wissenschaft vom Leben. Bd. 1: Vom Altertum bis zur Romantik (Orbis academicus, Bd. II/8). Freiburg, München 1954.

BAUR, Otto, BOTT, Barbara u. a.: Leonardo da Vinci – Anatomie, Physiognomik, Proportion und Bewegung (Kölner medizinhistorische Beiträge, Hrsg. von PUTSCHER, Marielene, Bd. 23/1). Köln 1984.

BEHLING, Lottlisa: Die Pflanze in der mittelalterlichen Tafelmalerei. Weimar 1957.

Die Pflanzenwelt der mittelalterlichen Kathedralen. Köln 1964.

BLUNT, Wilfrid, & RAPHAEL, Sandra: The Illustrated Herbal. London 1979.

BODENHEIMER, Fritz S.: Materialien zur Geschichte der Entomologie, 2 Bde. Berlin 1928–1930.

BRAUNFELS-ESCHE, Sigrid: Leonardo da Vinci. Das anatomische Werk. Stuttgart 1961.

CALLOT, Emile: La renaissance des sciences de la vie au XVIe siècle. Paris 1951.

– Système et méthode dans l'histoire de la botanique. Rev. Hist. Sci. *18* (1965): 45–53.

CHAPPELIER, A.: Zoologie et botanique médicales au XVIe siècle. Biologica, Paris *3* (1913): 208–213.

COLE, F. J.: A history of comparative anatomy from Aristotle to the 18th century. London 1944. Repr. New York 1975.

DELAUNAY, Paul: Pierre Belon, naturaliste. Le Mans 1923–1926.

– La zoologie au seizième siècle (Histoire de la Pensée, VII). Paris 1962.

DILG, Peter: Das Botanologicon des Euricius Cordus. Naturw. Diss. Univ. Marburg/Lahn 1969.

DREHER, Ingrid: Das Herbarium des Hieronimus Harder (1574–1576). Naturwiss. Diss. der Techn. Univ., München 1986.

ELZE, C.: Die anatomischen Vorschriften für den bildenden Künstler in Leonardo da Vincis Traktat von der Malerei. Naturwiss. *10* (1922): 1065–1070.

ENGELHARDT, Dietrich VON: Luca Ghini (um 1490–1556) und die Botanik des 16. Jhs. Medizinhistor. Journal *30* (1995): 3–49.

L'ESCLUSE: Festschrift anläßlich der 400jährigen Wiederkehr der wissenschaftlichen Tätigkeit von Carolus Clusius (Charles de l'Escluse) im pannonischen Raum, hrsg. vom Burgenländischen Landesarchiv. Eisenstadt 1973.

FISCHER, Hans (Hrsg.): Conrad Gessner, 1516–1565, Universalgelehrter, Naturforscher, Arzt. Zürich 1967.

GANZINGER, Kurt: Ein Kräuterbuchmanuskript des Leonhart Fuchs in der Wiener Nationalbibliothek. Sudhoffs Arch. *43* (1959): 213–224.

GEORGE, Wilma: Animals and maps. London 1969.

– Sources and background to discoveries of new animals in the sixteenth and seventeenth centuries. History of Science *18* (1980): 79–104.

GMELIG-NIJBOER, Caroline Aleid: Conrad Gesner's „Historia animalium" (Diss. Univ. Utrecht 1977) (Communicationes biohistoricae Ultrajectinae, 72). Meppel 1977.

GOLDAMMER, Kurt: Paracelsus – Humanisten und Humanismus (Salzburger Beiträge zur Paracelsusforschung, H. 4). Wien 1964.

GOLDSCHNEIDER, L.: Leonardo da Vinci. Landschaften und Pflanzen. London 1952.

GUDGER, E. W.: The 5 great naturalists of the 16th century: Belon, Rondelet, Salviani, Gesner and Aldrovandi: A chapter in the history of Ichthyology. Isis *22* (1934): 24–40.

HACKETHAL, Sabine: Tierdarstellungen am Ende des 16. Jahrhunderts in Deutschland. Kunst- und zoologiehistorische Überlegungen am Beispiel eines Nürnberger Klebebandes. Diss. Phil. Martin-Luther-Univ. Halle-Wittenberg 1994.

HACKETHAL, Sabine, & Hans: Zoologische Klebebände als erste faunistische Sammlungen. In: Macrocosmos in Microcosmo. Hrsg. von Andreas GROTE (Berliner Schriften zur Museumskunde, Bd. 10, S. 283–299). Opladen 1994.

HALL, Rupert A.: The scientific revolution, 1500–1800. The formation of the modern scientific attitude. Boston 1954. Revised edition 1966.

HARIG, Georg: Leonhart Fuchs und die theoretische Pharmakologie der Antike. NTM, Schriftenreihe für Gesch. der Naturw., Technik und Medizin *3* (1966): 74–104.

HERRLINGER, Robert: Volcher Coiter (1534–1576) (Beiträge zur Geschichte der medizinischen und naturwissenschaftlichen Abbildung, Bd. 1). Nürnberg 1952.

HOPPE, Brigitte: Kräuterbücher, Gartenkultur und sakrale dekorative Pflanzenmalerei zu Beginn des 17. Jh. In: Rechenpfennige, hrsg. vom Forschungsinstitut des Deutschen Museums für die Geschichte der Naturwissenschaften und der Technik. S. 183–216. München 1968.

– Das Kräuterbuch des Hieronymus Bock. Stuttgart 1969.

– Biologie, Wissenschaft von der belebten Materie von der Antike zur Neuzeit. Biologische Methodologie und Lehren von der stofflichen Zusammensetzung der Organismen (Sudhoffs Arch., Beih. 17). Wiesbaden 1976.

– Der Ursprung der Diagnosen in der botanischen und zoologischen Systematik. Sudhoffs Arch. *62* (1978): 105–130.

– Umbildungen der Forschung in der Biologie im 19. Jh. In: Konzeption und Begriff der Forschung in den Wissenschaften des 19. Jh., S. 104–188. Hrsg. DIEMER, Alwin. Meisenheim am Glan 1978.

– Rezeption und Wandlung der antiken Forschungsgrundsätze: Zur Eigenständigkeit der humanistischen Naturkunde aufgrund unbeachteter und unbearbeiteter Quellen. In: Vorträge des ersten Symposiums des Bamberger Arbeitskreises „Antike Naturwissenschaft und ihre Rezeption" (AKAN). Hrsg. von DÖRING, Klaus, & WÖHRLE, Georg (Gratia, H. 21, S. 141–185). Wiesbaden 1990.

– Bildungseifrige Apotheker der Frühen Neuzeit. Pharm. Zeitung *137* (1992): 3546–3549, 3552.

HUARD, Pierre: Léonard da Vinci. Dessins anatomiques. Paris 1961.

– Humanismus und Medizin. Hrsg. von SCHMITZ, Rudolf, & KEIL, Gundolf (Mitteilung XI der Kommission für Humanismusforschung). Weinheim a. d. Bergstr. 1984.

HUNGER, Friedrich W. T.: Charles de l'Escluse (Carolus Clusius). Nederlandsch Kruidkundige (1526–1609, Bd. 1–2). S'Gravenhage 1927–1943.

IRMISCH, Thilo: Über einige Botaniker des 16. Jhs. In: Progr. Gymnasium Sondersh. S. 10–34, Sondershausen 1862.

JAHN, Ilse: Theatrum Naturae. Ein handgemaltes Tierbuch der Renaissancezeit im Museum für Naturkunde Berlin. Wiss. Zschr. Univ. Berlin, Math.-Nat. R. *19* (1970): 183–186.

KEIL, Gundolf: Gart – Herbarius – Hortus. In: Festschrift für Willem F. Daems (Würzburger medizinhistorische Forschungen, Bd. 24, S. 589–635). Pattensen/Han. 1982.

KILLERMANN, Sebastian: Albrecht Dürers Werk. Eine natur- und kulturgeschichtliche Untersuchung. Regensburg 1953.

KRAFFT, Fritz: Humanismus – Naturwissenschaft – Technik. Europa vor der Spaltung in zwei Kulturen des Geistes. In: Die Renaissance im Blick der Nationen Europas. Hrsg. von KAUFFMANN, Georg (Wolfenbütteler Abhandlungen zur Renaissanceforschung, Bd. 9, S. 355–380). Wiesbaden 1991.

KRAUS, Gregor: Geschichte der Pflanzeneinführungen in die Europäischen Botanischen Gärten. Leipzig 1894

KÜHNEL, H.: Pietro Andrea Matthioli. Leibarzt und Botaniker des 16. Jh. Mitteilungen des Österreich. Staatsarchivs *15* (1962): 63–93.

LADENDORF, Heinz: Leonardo da Vinci und die Wissenschaften. Eine Literaturübersicht (Kölner medizinhistorische Beiträge, Hrsg. von PUTSCHER, Marielene, Bd. 23/2). Köln 1984.

LEY, Willi: Konrad Gesner. Leben und Werke (Münchener Beiträge zur Gesch. und Literatur der Naturwiss. und Med., Heft 15/16). München 1929.

LOUIS, Armand: La vie et l'oeuvre botanique de Rembert Dodoens (1517–1585). Bulletin de la Société Royale de Botanique de Belgique *82* (1950): 271–293.

– Mathieu de l'Obel 1538–1616. Ghent 1980.

LUTZE, Eberhard, & RETZLAFF, Hans (Hrsg.): Herbarium des Georg Oellinger Anno 1553 zu Nürnberg. Salzburg 1949.

MÄGDEFRAU, Karl: Die ersten Alpenbotaniker. Jahrb. d. Vereins z. Schutze der Alpenpflanzen *40* (1975): 33–46.

MARZELL, Heinrich: Leonhart Fuchs und sein New Kreüterbuch (1543). Leipzig 1938, Anhang zur Faksimile-Ausgabe des Kräuterbuchs.

MESNARD, Pierre: L'horizon zoologique de la Renaissance; les animaux anciens et les animaux modernes. In: BUCK, August u. a. (Hrsg.): Sciences de la Renaissance. VIIIe Congrès Internat. de Tours (De Pétrarque à Descartes, 27, S. 197–220). Paris 1973.

MEYER, Ernst H. F.: Geschichte der Botanik. Königsberg. Bd. 1 1854; Bd. 2 1855; Bd. 3, 1856; Bd. 4 1857.

MEYERHOF, Max: Ibn an-Nafis und seine Theorie des Lungenkreislaufs. Quell. Stud. Gesch. Naturwiss. Med. *4*, 1 (1933): 37–88.

MÜLLER-JAHNCKE, Wolf-Dieter: Astrologisch-magische Theorie und Praxis in der Heilkunde der Frühen Neuzeit (Sudhoffs Arch., Beiheft 25). Wiesbaden, Stuttgart 1985.

NISSEN, Claus: Die botanische Buchillustration. 2. Aufl. Stuttgart 1966.

– Kräuterbücher aus fünf Jh. Medizinhistorischer und bibliographischer Beitrag. Zürich 1966.

– Die zoologische Buchillustration. Ihre Bibliographie und Geschichte. Bd. 1–2. Stuttgart 1969–1978.

O'MALLEY, Charles Donald u. a.: Leonardo da Vinci on the human body. New York 1952.

– Andreas Vesalius of Brussels (1514–1564). Berkeley, Los Angeles 1964.

PAGEL, Walter: Die Stellung Caesalpins und Harveys in der Entdeckung und Ideologie des Blutkreislaufs. Sudhoffs Arch. *37* (1953): 319–328.

– Das medizinische Weltbild des Paracelsus, seine Zusammenhänge mit Neuplatonismus und Gnosis (Kosmosophie, Bd. 1). Wiesbaden 1962.

PALMER, Richard J.: The Influence of Botanical Research on Pharmacists in Sixteenth Century Venice. NTM *21*, 2 (1984): 69–80.

PARACELSUS: Leben und Lebensweisheit in Selbstzeugnissen. Ausgewählt und eingeleitet von BITTEL, K., Leipzig 1953.

PEDRETTI, Carlo, & CLARK, Kenneth: Leonardo da Vinci – Natur und Landschaft, Naturstudien aus der Königlichen Bibliothek in Windsor Castle. Deutsche Übersetzung nach der engl. Ausgabe von 1980 von SCHLECHTA, Julia, Stuttgart. Zürich 1983.

PRINZ, Wolfram, & BEYER, Andreas (Hrsg.): Die Kunst und das Studium der Natur vom 14. zum 16. Jh. (Acta Humaniora). Weinheim a. d. Bergstr. 1987.

QUERNER, Hans: *Lepidosiren paradoxa* – Fisch oder Lurch? In: Festschr. für Claus Nissen zum 70. Geb. am 2. Sept. 1971, S. 565–574 (Hrsg. von GECK, E. et al.). Wiesbaden 1973.

RANDALL jr., Herman John: The School of Padua and the Emergence of Modern Science. Padua 1961.

RATH, Gernot: Andreas Vesal im Lichte neuer Forschungen. (Beitr. z. Gesch. d. Wiss. u. d. Technik, H. 6). Wiesbaden 1963.

RAVEN, Charles E.: English Naturalists from Neckam to Ray. Cambridge 1947. Repr. New York 1968.

REEDS, Karen Meier: Botany in Medieval and Renaissance Universities. Ph. D. Thesis, Harvard University 1975 (Harvard Dissertations in the History of Science). New York, London 1991.

RICHTER, Gottfried: Das anatomische Theater (Abhandlungen zur Gesch. der Med. und Naturwiss.; Hrsg. von DIEPGEN, Paul u. a., Heft 16). Berlin 1936.

RIEDL-DORN, Christa: Wissenschaft und Fabelwesen. Ein kritischer Versuch über Conrad Gessner und Ulisse Aldrovandi (Perspektiven der Wissenschaftsgeschichte, Bd. 5). Wien, Köln 1989.

RODRIGUEZ, Fernando: Il Museo Aldrovandiano nella Biblioteca Universitaria di Bologna. Bologna 1956.

RÖHRICH, Heinrich: Theatrum anatomicum, Hortus medicus und Laboratorium chymicum. Sitzungsber. Phys.-med. Soz. Erlangen *83/84* (1979): 4–18.

ROTH, F. W. E.: Hieronymus Brunschwyg und Walter Ryff, zwei deutsche Botaniker des 16. Jhs. Zschr. für Naturwiss. 75 (1902): 102–123.

RYTZ, Walter: Das Herbarium Felix Platters. Verhandl. d. naturforsch. Ges. Basel *44* (1933): 1–122.

– Pflanzenaquarelle des Hans Weiditz. Bern 1936.

SCHIPPERGES, Heinrich: Paracelsus. Stuttgart 1974.

SCHMITZ, Rudolf, & KRAFFT, Fritz (Hrsg.): Humanismus und Naturwissenschaften (Beiträge zur Humanismusforschung, Bd. 6). Boppard 1980.

SCHREIBER, Wilhelm Ludwig: Die Kräuterbücher des XV. und XVI. Jhs. München 1924. Nachdr.; Hrsg. von FUCHS, Reimar Walter. Stuttgart 1982.

SCHWARTZ, P.: Une classification botanique au début du XVIIe siècle. Le „Pinax theatri botanici" de Gaspard Bauhin. Thales *4* (1940): 113–120.

SEYBOLD, Siegmund: Die Orchideen des Leonhart Fuchs. Tübingen 1986.

SPRAGUE, Thomas Archibald: The Herbal of Valerius Cordus. Journ. Linnean Soc. *52* (1939): 1–113.

STÜBLER, Eberhard: Leonhard Fuchs (Münch. Beitr. Gesch. Lit. Naturwiss. Med., H. 13/14). München 1928.

TOLLIN, Henri: Matteo Realdo Colombo's Sektionen und Vivisektionen. Arch. ges. Physiol. *21* (1880): 349–360.

VIVIANI, Ugo: Vita ed opere di Andrea Cesalpino. Arezzo 1922.

WEICHSEL, Gertrud: Der Botanische Garten. In: Karl-Marx- Universität Leipzig, 1409–1959. Bd. 2. S. 452–461. Leipzig 1959.

WELLISCH, Hans H.: Conrad Gessner. A Bio-Bibliography. Journ. Soc. Bibliogr. Nat. Hist. 7/2 (1975): 151–247.

WOLF-HEIDEGGER, G., & CETTO, A. M.: Die anatomische Sektion in bildlicher Darstellung. Basel, New York 1967.

ZAMMATTIO, Carlo, MARIONI, Augusto, & BRIZIO, Anna Maria: Leonardo, der Forscher. Stuttgart, Zürich 1981.

ZOLLER, Heinrich: Konrad Geßner als Botaniker. Gesnerus *22* (1965): 216–227.

Kapitel 5. Naturphilosophie und Empirie in der Frühaufklärung (17. Jahrhundert)

Originalliteratur siehe auch Kurzbiographien

ADELMANN, Howard B.: The embryological treatises of Hieronymus Fabricius ab Aquapendente, Fasc. Ed. mit Einleitung, engl. Übers. und Kommentar. 2 Bde. Ithaca N. Y. 1942. Nachdr. 1967.

ARTELT, W.: Vom Akademiegedanken im 17. Jh. In: Nunquam otiosus, Acta historica Leopoldina Nr. 10, Leipzig 1970: 9–22.

BÄUMER, Änne: Geschichte der Biologie. Bd. 2 (Zoologie der Renaissance – Renaissance der Zoologie). Frankfurt a. M. 1991.

BÄUMER-SCHLEINKOFER, Änne: Die Geschichte der beobachtenden Embryologie. Frankfurt a. M. 1993.

BALLAUFF, Theodor: Die Wissenschaft vom Leben, Bd. 1. München 1954.

BELLONI, Luigi: Francesco Redi biologo. Pisa 1958.

– Severinus als Vorläufer Malpighis. Nova Acta Leopoldina N. F. 27, Nr. 167 (1963): 213–224.

BERG, Wieland: Die frühen Schriften der Leopoldina – Spiegel zeitgenössischer „Medizin und ihrer Anverwandten". In: Salve academicum. Veröff. des Stadtarchivs Schweinfurt *1* (1987): 15–23; auch NTM *22* (1985, 1).

BODENHEIMER, F. S.: Materialien zur Geschichte der Entomologie, 2 Bde. Berlin 1928–1930.

– Zur Frühgeschichte des Insektenparasitismus. Archiv Gesch. Math., Nat. u. Techn. *13* (1931): 402–416.

BRANDT, Reinhard: Das Sammeln der Erkenntnis. In: GROTE, A. 1994: 21–33.

BRIGGES, R.: The scientific revolution of the seventeenth century. London 1973.

BUGGE, Francis: Das Buch der großen Chemiker. 2 Bde. Berlin 1929–1930.

COHEN, I. Bernhard: Revolution in Science. Cambridge (Mass.) 1985.

COLE, F. J.: The early days of comparative anatomy. Transact. Liverpool Biol. Soc. *27* (1913): 143–176.

– A history of comparative anatomy from Aristotle to the 18th century. London 1949. Repr. New York 1975.

CONSTANT, Jean-Paul: L'enseignement de la chimie au Jardin Royal des Plantes de Paris. Straßburg 1952.

COWEN, David L.: Die Geschichte der Pharmazie in Kunst und Kultur. Köln 1990.

DAEMS, Willlem F.: Mensch und Pflanze. In: Heilpflanzen und ihre Kräfte (Hrsg. THOMSON, William A. P.) Köln 1990.

DILG, Peter: Apotheker als Sammler. In: GROTE, A. 1994: 453–474.

DISSELHORST, R.: Die Medizinische Fakultät der Universität Wittenberg und ihre Vertreter von 1503–1816. Leopoldina 5 (1929).

DOBELL, C.: Antony van Leeuwenhork and his „little animals". London, Amsterdam 1932.

ENGFER, H.-J.: Die Methode in der Geschichte. Rolz-boog 1981.

FINDLEN, Paula: Die Zeit vor dem Laboratorium: Die Museen und der Bereich der Wissenschaft 1550–1750. In: GROTE, A., 1994: 191–207.

FORD, B. J.: The van Leeuwenhorks Specimen. Notes and Records of the Roy. Soc. London 36, 1 (1981): 37–59.

FORNI, G. G.: Marcello Malpighi, sperimentatore, biologo e medico. Studi Mem. Stor. Univ. Bologna, N. S. 1 (1954).

GLOEDE, Wolfgang: Vom Lesestein zum Elektronen-mikroskop. Berlin 1986.

GROTE, Andreas (Hrsg.): Macrocosmos in Microcosmo. Die Welt in der Stube. Zur Geschichte des Sammelns 1450 bis 1800. Opladen 1994.

HAHN, Roger: The Anatomy of a Scientific Institution. The Paris Academy of Sciences, 1666–1803. Berkeley 1971.

HALL, Rupert: The scientific Revolution 1500–1800. London 1954. 2. Aufl. 1983.

HALLER, Albrecht von: Bibliotheca anatomica. Bern 1774–1785.

HAMEL, Jean Baptiste DU: Regiae scientiarum academiae Historia. Paris 1696–1699.

HARIG, Georg: Medizin und Renaissance in ihrem Verhältnis zum antiken Erbe. Acta historica Leopoldina 16 (1985): 55–64.

HEIDA, U.: Niels Stensen und seine Fachkollegen. Berlin 1986.

HEIDELBERGER, Michael: Atombegriff und Erfahrung. In: Die Entwicklung unserer Atom- und Molekül-Vorstellungen (Hrsg. HÄGELE, P. C., & SCHUNK, A.) Ulm 1994: 9–24.

HOPPE, Brigitte: Der Ursprung der Diagnosen in der botanischen und zoologischen Systematik. Sudhoffs Arch. 62 (1978): 105–130.

ISLER, H.: Thomas Willis. Ein Wegbereiter der modernen Medizin. Stuttgart 1965 (Große Naturforscher Bd. 29).

JAFFE, David: Peiresc – Wissenschaftlicher Betrieb in einem Raritätenkabinett. In: GROTE, A. 1994: 301–322.

JAHN, Ilse: Geschichte der Botanik in Jena von der Gründung der Universität bis zur Berufung Prings-heims (1558–1864). Diss. math.-nat. Fak. Jena 1963 (Teil 1: Die Periode der medizinischen Botanik).

– Zur Einführung cartesianischer, mathematisch-me-chanischer Methoden in den medizinischen Unterricht an der Universität Jena im Jahre 1669. NTM, Schriftenreihe für Gesch. Nat., Techn. und Med. 24 (1987): 133–137.

– Sammlungen – Aneignung und Verfügbarkeit. In: GROTE, A. 1994: 475–500.

KANGRO, H.: Joachim Jungius' Experimente und Gedanken zur Begründung der Chemie als Wissenschaft. Wiesbaden 1968.

KEYNES, Geoffroy: A bibliography of Sir Thomas Browne. 2. Aufl. Oxford 1968.

KLEIN, Ursula: Verbindung und Affinität. Die Grundlegung der neuzeitlichen Chemie an der Wende vom 17. zum 18. Jh. Basel 1994. (Science Networks – Historical Studies, Vol. 14).

KRAFFT, Fritz: Artikel BOYLE, JUNGIUS und SENNERT.

In: Große Naturwissenschaftler (Hrsg. KRAFFT, F., 2. Aufl. Düsseldorf 1986.

LEINKAUF, Thomas: „Mundus combinatus" und „ars combinatoria" als geistesgeschichtlicher Hintergrund des Museum Kircherianum in Rom. In: GROTE, A. 1994: 535–553.

LOEFFLER, Friedrich: Vorlesungen über die geschichtliche Entwicklung der Lehre von den Bakterien. Leipzig 1887. Nachdr. Leipzig 1983.

LUYENDIJK-ELSHOUT, Antonie M.: „An der Klaue erkennt man den Löwen". Aus den Sammlungen des Frederik Ruysch (1638–1731). In: GROTE, A. 1994. 643–660.

MÄGDEFRAU, Karl: Geschichte der Botanik. 2. Aufl. Stuttgart 1992.

MAEHLE, Andreas-Holger: Kritik und Verteidigung des Tierversuchs. Die Anfänge der Diskussion im 17. und 18. Jh. Stuttgart 1992.

MANN, Gunter: Anatomische Sammlung Frederick Ruysch (1638–1731). Sudhoffs Arch. 45 (1961): 176–178.

MASON, Stephen F.: Geschichte der Naturwissenschaft in der Entwicklung ihrer Denkweisen. (Dt.: Hrsg. STICKER, B.) Stuttgart 1961 (Kröner TB 307).

MOCHMANN, Hanspeter & KÖHLER, Werner: Meilensteine der Bakteriologie. Jena 1984.

MÖBIUS, Martin (Hrsg.): Marcellus Malpighi. Die Anatomie der Pflanzen. Leipzig 1901 (Ostw. Klassiker Bd. 120).

MÜLLER, Irmgard (Hrsg.): Von der Blutschau zum Blutbild. (Ausstellungskatalog Inst. für Geschichte der Medizin Bochum). Gelsenkirchen 1993.

NEEDHAM, Joseph: A history of embryology. Cambridge 1934. 2. Aufl. 1959.

OLMI, Giuseppe: Ulisse Aldrovandi. Scienza e natura nel secondo cinquecento. Trient 1976.

– Die Sammlung – Nutzbarmachung und Funktion. In: GROTE, A. 1994: 169–189.

ORNSTEIN, Martha: The role of scientific societies in the seventeenth century. London 1928.

PAGEL, Walther: J. Baptiste van Helmont. Einführung in die philosophische Medizin des Barock. Berlin 1930.

PATTARO, Sandra Tugnoli: Metodo e Sistema delle scienze nel pensiero di Ulissa Aldrovandi. Bologna 1981 (Coll. di studi epistomologici 3).

PEREZ-RAMOS, Antonio: Francis Bacon's Idea of Science. Oxford 1988.

PETIT, Georges, & THEODORIDÈS, Jean: Histoire de la zoologie des origines a Linné. Paris 1962 (Histoire de la pensée VIII).

POULSEN, J. E., & SNORRASON, E. (Hrsg.): Nicolaus Steno, 1638–1686. Nordisk Insulinlaboratorium Gentofte 1986.

PRESCHER, Hans: Georgius Agricola. Leipzig 1985.

RAVEN, Ch. E.: John Ray, naturalist. His life and works. Cambridge (Engl.). 2. Aufl. 1950.

REUTER, G.: Pharmakognosie und Pharmazeutische Biologie der Universität Jena. In: Vom Organismus zum Molekül (Hrsg. DAHSE, Ingo), Jena 1992: 375–396.

RIEDL-DORN, Christa: Wissenschaft und Fabelwesen. Wien, Köln 1989 (Perspektiven der Wissenschaftsgeschichte 6).

Rooseboom, Maria: Microscopium. Mededeling Rijksmus. Gesch. Naturwet. Nr. 95. Leiden 1956.

Rossi, Paolo: Francis Bacon – from Magic to Science. London 1968.

Rostand, J.: L'aromism en biologie. Paris 1956.

Rothschuh, Karl E.: Physiologie. Wandel ihrer Konzepte, Probleme, Methoden vom 16. bis 19. Jh. Freiburg, München 1968. (Orbis academicus Bd. II/15).

– René Descartes. Über den Menschen. Heidelberg 1969.

Scherz, G.: Niels Stensen. Eine Biographie. 2 Bde. Neuausg. Leipzig 1986–1987.

Schierbeck, A.: Jan Swammerdam. His life and works. Amsterdam 1967.

Scriba, Christoph J.: Auf der Suche nach neuen Wegen. – Die Selbstdarstellung der Leopoldidna und der Royal Society in London in ihrer Korrespondenz der ersten Jahre (1664–1669). In: Salve academicum. Veröff. des Stadtarchivs Schweinfurt *1* (1987): 69–85.

Smit, Pieter (Hrsg.): Hendrik Engel's Alphabetical List of Dutch Zoological Cabinets and Menageries, Amsterdam 1986.

– Die Ostindische Kompanie und das holländische Naturalienkabinett. In: Grote, A. 1994: 799–816.

Spierling, Volker: Kleine Geschichte der Philosophie. München 1990 (Serie Piper Bd. 983).

Sprat, Th.: The history of the Royal Society. London 1667.

Steckner, Cornelius: Das Museum Cimbricum von 1688 und die cartesische „Perfection der Gemüthes." In: Grote, A. 1994: 581–602.

– Zur Museumswissenschaft des Kieler Universitätsprofessors Johann Daniel Major (1634–1693). In: Grote, A. 1994: 603–628.

Stefanutti, U.: Le pitture dell'anatomia di Girolamo Fabrizi d'Aquapendente. Rassegna Med. (Conv. Sanit.), 1957.

Steiner, Rudolf: Das Entstehungsmoment der Naturwissenschaft in der Weltgeschichte und ihre seitherige Entwicklung (1922–1923). Hrsg. Wachsmuth, C. Dornach 1948.

Storz, A. (Hrsg.): Große Persönlichkeiten Geisas: Athanasius Kircher. In: Festschrift 1175 Jahre Geisa. Fulda 1992: 132–141.

Tieri, G.: Cornelis Drebbel. Amsterdam 1932.

Uschmann, Georg: Kurze Geschichte der Akademie. Acta historica Leopoldina, Suppl. 1. Halle/S. 1977, S. 9–61.

Vries, Josef de: Grundbegriffe der Scholastik. Darmstadt 1983.

Waard, C. de, jr.: De uitvinding der verrekijkers. 's Gravenhage 1906.

Wollgast, Siegfried: Zur Stellung des Gelehrten in Deutschland im 17. Jh. Sitz.ber. Sächs. Akad. Wiss. Leipzig, philolog.-hist. Kl. *125* (1984) H. 2. Berlin 1984.

Zimmermann, Walter: Evolution. Freiberg, München 1953 (Obis acad. II/3).

Zuylen, J. van: The microsopes of Antoni van Leeuwenhoek. Jorn. Microscopy *121* (1981): 309–328.

Kapitel 6. Biologische Fragestellung in der Epoche der Aufklärung (18. Jahrhundert)

Originalliteratur siehe auch Kurzbiographien

Afzelius, A. (Hrsg.): Linnés eigenhändige Aufzeichnungen über sich selbst, mit Anmerkungen und Zusätzen (Dt. Übers. Lappe, K.). Berlin 1926.

Anderson, L.: Charles Bonnet and the order of the known. Dordrecht, Boston, London 1982. (studies in the history of modern science, Bd. 11).

Barthel, Manfred: Von Mylius bis Schlotheim: Paläobotanische Sammlungen des 18. Jhs. aus Manebach, Thüringen. In: Grote, A., 1994: 707–720.

Belloni, Luigi: Zur Geschichte der tierforschenden Mikroskopie. Nova Acta Leopoldina, N. F. 30, Nr. 173, Leipzig 1965: 443–458.

Bonnet, Charles: Mémoires autobiographiques. Paris 1948.

Büttner, Manfred: Wechselseitige Beziehungen zwischen Theologie und Naturwissenschaft (insbes. Klimatologie) im 18. Jh. In: Büttner, M., & Richter, F. (Hrsg.) 1995: 3–58.

– & Richter, Frank (Hrsg.): Forschungen zur Physikotheologie im Aufbruch I. Münster 1995.

Daudin, H.: De Linné à Jussieu: Méthodes de classification et l'idée de série en botanique et en zoologie (1740–1790). Paris 1926.

Dinsmore, Charles E. (Hrsg.): A history of regeneration research. Cambridge 1991.

Dougherty, Frank W. P.: Buffon's Gnoseological Principle. Z. allg. Wissenschaftstheorie *11* (1980): 2.

– Der Begriff der Naturgeschichte nach J. F. Blumenbach anhand seiner Korrespondenz mit Jean-André De Luc. Ber. Wiss. Gesch. *9* (1986): 82–107.

– Gesammelte Aufsätze zu Themen der klassischen Periode der Naturgeschichte. (Hrsg. Klatt, Norbert). Göttingen 1996.

Engelhardt, Dietrich von: Die Naturwissenschaft der Aufklärung und die romantisch-idealistische Naturphilosophie. In: Jamme, Chr. & Kunz, O. (Hrsg.): Idealismus und Aufklärung. Stuttgart 1988: 80–96.

Enigk, Karl: Geschichte der Helminthologie im deutschsprachigen Raum. Stuttgart 1986.

Ennenbach, Wilhelm: Beziehungen Carl von Linnés zu Museen und Sammlungen. Neue Museumskunde (Berlin) *3* (1966): 186–197.

Fischer, Hans: Johann Jacob Scheuchzer, Naturforscher und Arzt. Neujahrsbl. Naturforsch. Ges. *175*, Zürich 1973.

Fränsmyr, T. (Hrsg.): Linnaeus – The Man and his Work. Berkeley etc. 1983.

Gaissinovitch, A. E.: Notizen von C.F. Wolff über die Bemerkungen der Opponenten zu seiner Dissertation. Wiss. Z. Univ. Jena, Math.-Nat. R. *6* (1956/57): 121–124.

– Wolff i ucenie o rasvitii organizmo … Moskva 1981.

Geus, Armin: Von der Naturgeschichte zur Geschichtlichkeit der Natur. In : Grote, A., 1994: 733–746.

Glass, B.: The germination of the idea of biological species. In: Glass, B., Temkin, O., & Strauss, jr. L. (Hrsg.): Forerunners of Darwin 1745–1859. Baltimore 1959, 2. Aufl. 1967.

Goerke, Heinz: Carl von Linné. Arzt – Naturforscher – Systematiker. Stuttgart 1966, 2. Aufl. 1989.

Goerke, Heinz (Hrsg.): Carl von Linné. Beiträge zu Zeitgeist, Werk und Wirkungsgeschichte. (Joachim-Jungius-Ges.) Hamburg 1980.

Gothein, Marie Luise: Geschichte der Gartenkunst. 2 Bde. Jena 1926. Nachdr. G. Olms, Hildesheim 1977.

Grote, Andres (Hrsg.): Macrocosmos in Microcosmo. Opladen 1994.

Heinecke, Horst: Einsatz von „Ergänzungsmethoden" zum Tierexperiment für Verdauungsstudien im 17.–19. Jh. Z. Versuchstierkd. *34* (1991): 32–36.

Hiepe, Theodor, & Weidauer, Brigitte: Zur Geschichte der Parasitologie an der Berliner Universität. Wiss. Z. Humboldt-Univ. Berlin, Math.-Nat. R. *34* (1985): 291–298.

Hoare, Michael E.: The Tactless Philosopher, Johann Reinhold Forster (1729–98). Melbourne 1975.

Holz, Hans Heinz: Gottfried Wilhelm Leibniz. Eine Monographie. Leipzig 1983 (Reclams Univ.-Bibliothek Bd. 964).

Hull, D. L.: Linné as an Aristotelian. In: Weinstock, J. (Hrsg.): Contenporary perspectives on Linnaeus. Lanham, Mass. 1985 (UP of America).

Hume, David: Eine Untersuchung über den menschlichen Verstand. Übers. und hrsg. von Herring, H. Stuttgart 1967.

Ingensiep, Werner: Tierseele und tierethische Argumentationen in der deutschen philosophischen Literatur des 18. Jhs. NTM N. S. *4* (1996): 103–118.

Jahn, Ilse: Carl Ludwig Willdenow und die Biologie seiner Zeit. Wiss. Z. Humboldt-Univ. Berlin, Math.-Nat. R. *15* (1966): 803–812.

– Das Ornithologicon des Arztes Daniel Gottlieb Messerschmidt. Unveröffentlichte zoologische Ergebnisse seiner Forschungsreise (1720–1727). Leopoldina R. 3, Jg. 33. 1987 (1989): 103–135.

– Grundzüge der Biologiegeschichte. Jena 1990 (UTB 1534).

– Peter Simon Pallas und Karl Ernst von Baer – ihr Beitrag zur Zoologie im Spiegel unveröffentlichter Autographen des Zoologischen Museums Berlin. NTM N. S. *1* (1993): 37–55.

– Sammlungen – Aneignung und Verfügbarkeit. In: Grote, A., 1994: 475–500.

– Der Absolvent der Halleschen Universität Daniel Gottlieb Messerschmidt (1685–1735) als Forschungsreisender in Sibirien. In: Büttner, M., & Richter, E. (Hrsg.) 1995: 211–224.

– & Senglaub, Konrad: Carl von Linné. Leipzig 1978. (Biographien hervorragender Naturwissenschaftler, Techniker und Mediziner Bd. 35).

Klenke, Claus-Volker (Hrsg.): Georg Forster in interdisziplinärer Perspektive. Berlin 1994.

Krolzik, U.: Das physikotheologische Naturverständnis und sein Einfluß auf das naturwissenschaftliche Denken im 18. Jh. Medizinhistor. J. *15* (1980): 90–102.

Kruta, V.: Georgius Prochaska (1749–1820). Brünn 1949.

Larson, J. L.: Reason and Experience. The representation of natural order in the Work of Linnaeus. Berkeley (Univ. of California) 1971.

Lefèvre, Wolfgang: Die Entstehung der biologischen Evolutionstheorie. Frankfurt/M., Berlin, Wien 1984 (Ullstein Buch Nr. 35186).

Lennhoff, Eugen, & Posner, Oskar: Internationales Freimaurerlexikon. Zürich 1942.

Lenoir, Timothy: The strategy of life. Dordrecht 1982. (Studies in the history of modern science Bd. 13).

Lepenies, W.: Das Ende der Naturgeschichte. Wandel kultureller Selbstverständlichkeiten in den Wissenschaften des 18. und 19. Jhs. München, Wien 1976.

Lovejoy, Arthur O.: Die große Kette der Wesen. Geschichte eines Gedankens. (Dt. Übers. D. Turck) Frankfurt/Main 1985.

Mägdefrau, Karl: Geschichte der Botanik. Stuttgart 1992.

Mann, Gunter: Schinderhannes, Galvanismus und die experimentelle Medizin in Mainz um 1800. Medizinhistor. J. *12* (1977): 21–80.

– Wissenschaftsgeschichte und das achtzehnte Jh. Probleme der Periodisierung und der Historiographie. In: Studien zum 18. Jh., Bd. 1. Nendeln 1978; 105–125.

Mann, Gunter, & Dumont, Franz (Hrsg.): Die Natur des Menschen. Probleme der Physischen Anthropologie und Rassenkunde (1750–1850). Stuttgart, New York 1990.

Mayr, Ernst: Die Entwicklung der biologischen Gedankenwelt ... Berlin (West) 1984.

– J. G. Kölreuter's Contributions to Biology. Osiris *2* sér. (1986): 135 ff.

– The Idea of Teleology. J. History of Ideas, Inc. (1992): 117–135.

Mazzolini, Renato, & Roe, Sherley: Sience against the unbelievers: the correspondence of Bonnet and Needham 1760–1780. Oxford 1986.

Mc Laughlin, Peter: Die Welt als Maschine. Zur Genese des neuzeitlichen Naturbegriffs. In: Grote, A. 1994: 439–474.

Mierau, S. (Hrsg.): Carl von Linné. Lappländische Reise und andere Schriften. Leipzig 1977 (Reclams Univ. Bibl. Bd. 696).

Möbius, Martin: Geschichte der Botanik. Jena 1937, 2. Aufl 1968.

Montalenti, Giuseppe: Lazzaro Spalanzani. Milano 1928.

– & Rossi, Paolo (Hrsg.): Lazzaro Spallanzani e la biologia del Settecento. Teorie, esperimenti, istituzioni scientifiche. Firenze 1982.

Monti, Maria Teresa: Congettura ed esperienza nella fisiologia di Haller. La riforma dell'anatomia animata e il sistema della generazione. Firenze 1990 (Bibliotheca Nuncius. Studi e Testi II).

Muggelberg, Heidi: Leben und Wirken Johann Karl Wilhelm Illigers (1775–1813) als Entomologe, Wirbeltierforscher und Gründer des Zoologischen Museums ... In: Mitt. Zool. Mus. Berlin *51* (1975) und *52* (1976).

Müller-Wille, Staffan: Linnés Klassifikationstheorie und die historischen Bedingungen ihrer Genese.

(Vortrag im Wiss.-theoret. Seminar des Max-Planck-Inst. für Wissenschaftsgesch. Berlin, 25. 1. 1995).

– „Varietäten auf ihre Arten zurückführen". Zu Carl von Linnés Stellung in der Vorgeschichte der Genetik. Preprint des Max-Planck-Inst. für Wissenschaftsgesch. Nr. 49 (1996) u. Diss. phil. Bielefeld 1997.

MUNTSCHIK, W. (Hrsg.): Engelbert Kaempfer. Phoenix persicus. Die Geschichte der Dattelpalme. Marburg 1987.

NATHORST, A. G.: Carl von Linné als Geolog. In: Linnés Bedeutung als Naturforscher und Arzt. Jena 1909.

PITTELKOW, Jörg: Die Biologische Anthropologie – ein Kind der Aufklärung. Linné als Impulsgeber eines neuen Wissenschaftszweiges. Wiss. Z. Univ. Halle 40 (1991), ges. R. H. 3: 115–120.

QUERNER, Hans: Über Linnés ökologische Vorstellungen ... in GOERKE, H. 1980: ...

RAJKOV, B. E.: Caspar Friedrich Wolff. Zool. Jahrb. Syst. 91 (1964): 555–626.

REIN, Siegfried: Friedrich Christian Lesser (1692–1754). Pastor, Physicotheologe und Polyhistor. Schriftenreihe der Friedrich-Christian-Lesser-Stiftung, Bd. 1. Nordhausen 1993.

RHEINBERGER, Hans-Jörg: Buffon: Zeit, Veränderung und Geschichte. Hist. Phil. Life Sci. 12 (1990): 202–223.

ROE, Shirley A.: Matter, life and generation: eighteenth century embryology and the Haller-Wolff debate. Cambridge, New York 1981.

ROGER, Jacque: Les sciences de la vie dans la pensée francaise du XVIII. siècle. Paris 1963, 2. Aufl. 1971.

ROSTAND, J.: Les origines de la biologie experimentale et l'Abbé Spallanzani. Paris 1951.

ROTHSCHUH, Karl E.: Physiologie. Der Wandel ihrer Konzepte, Probleme und Methoden vom 16. bis 19. Jh. Freiburg/München 1968. (80 Orbis academicus Bd. II/15).

RUDOLPHI, Karl: Peter Simon Pallas. Ein biographischer Versuch. In: Beiträge zur Anthropologie und allg. Naturgesch. Berlin 1812: 1–78.

SCHNEIDERS, Werner: Hoffnung auf Vernunft. Aufklärungsphilosophie in Deutschland. Hamburg 1990.

SCHROETER, Werner: Die Briefe Friedrich Christian Lessers an Carl von Linné. Teil 1 und 2. Beitr. Heimatk. Stadt und Kreis Nordhausen 11 (1986): 77–80, und 12 (1987): 16–19.

SLOAN, Phil: The Buffon Linnaeus Controversy. Isis 67 (1976): 356–375.

– Buffon, German Biology and the Historical Interpretation of Biological Species. Brit. J. hist. Sci. 12 (1979): 109–153.

SMIT, Pieter (Hrsg.): Hendrik Engel's Alphabetical List of Dutch Zoological Cabinets and Menageries. Amsterdam 1986.

SPIX, Johann Baptist: Geschichte und Beurtheilung aller Systeme in der Zoologie nach ihrer Entwicklungsfolge von Aristoteles bis auf die gegenwärtige Zeit. Nürnberg 1811.

STAFLEU, F. A.: Linnaeus and the Linnaeans. The spreading of their ideas in systemati botany, 1735–1789. Utrecht 1971.

STEINER, Gerhard: Georg Forster. Stuttgart 1977

(Sammlung Metzler, M. 156, Abt. D: Literaturgeschichte).

STEVENS, P. F., & CULLLEN, S. P.: Linnaeus, the cortex-medulla theory, and the key to his understanding of plant form and natural relationsship. Journ. arnauld Arboretum 71 (1990): 179–220.

STRUBE, Irene: Georg Ernst Stahl. Leipzig 1984 (Biogr. hervorr. Nat. 76).

THIENEMANN, August: Die Stufenfolge der Dinge, der Versuch eines natürlichen Systems der Naturkörper aus dem 18. Jh. Zool. Annalen, Würzburg (1910): 185–274.

TOELLNER, Richard: Anima et Irritabilitas. Hallers Abwehr von Animismus und Materialismus. Sudh. Arch. Gesch. Med. 51 (1967): 130–144.

– Die Bedeutung des physico-theologischen Gottesbeweises für die nachcartesianische Physiologie im 18. Jh. Ber. z. Wissenschaftsgesch. 5 (1982): 75–82.

TREMBLEY, M.: La découverte des polypes d'eau douce d'apres la correspondence inédite de Réaumur et d'Abraham Trembley. Genève 1902, 2. Aufl. 1943.

USCHMANN, Georg: Caspar Friedrich Wolff. Ein Pionier der modernen Embryologie. Jena 1955.

– Zur Geschichte der Stammbaum-Darstellungen. In: Gesammelte Vorträge über moderne Probleme der Abstammungslehre (Hrsg. GERSCH, M., Bd. 2. Veröff. der Friedrich-Schiller-Univ. Jena 1967, S. 9–30.

WASCHKIES, H.-J.: Die Physikotheologie als Gegenstand historischer Forschung. In: Geisteshaltung und Umwelt. Aachen 1988.

– Die Protogaea von Leibniz: In: Abh. zur Geschichte der Geowissenschaften und Religion/Umwelt–Forschung Bd. 2. Bochum.

WAGENITZ, Gerhard: Georg Forsters botanische Sammlungen und ihre Auswertung. In: KLENKE, C.-V., 1994: 179–190.

WENDLAND, Folkwart: Peter Simon Pallas (1741–1811). Materialien einer Biographie. T. 1 und 2. Berlin 1992 (Veröff. der Histor. Kommission zu Berlin, Bd. 80/I und II).

ZUNCK, Hermann L.: Die natürlichen Pflanzensysteme, geschichtlich entwickelt. Leipzig 1840.

Kapitel 7. „Biologie" als allgemeine Lebenslehre

Originalliteratur siehe auch Kurzbiographien

ARNOLDT, K.: Die Geschichte der französischen Physiologie zwischen 1750 und 1850. Diss. med. Münster 1959.

BARSANTI, Guido: La mappa della vita. Guido Editore, Neapel 1983.

– Lamarck and the Birth of Biology 1740–1810. In: POGGI, S., & BOSSI, M. 1994.

BARTHELEMY, Guy: Les jardiniers du Roy – Petite histoire du Jardin des Plantes de Paris. Paris 1979.

BRÄUNIG-OCTAVIO, Hermann: Vom Zwischenkieferknochen zur Idee des Typus. Nova Acta Leopoldina (N. F.) *18* (1956): 1–144.

– Oken und Goethe im Lichte neuer Quellen. Weimar 1959.

BREIDBACH, Olaf: Das Organische in Hegels Denken. Studie zur Naturphilosophie und Biologie um 1800. Königshausen, Neumann 1982. (Epistemata. Würzburger wissenschaftl. Schriften, R. Philosophie Bd. X).

BURKHARDT, jr. R. W.: The spirit of System. Lamarck and evolutionary biology. Cambridge, Mass., London 1977.

CAHN, Théophile: La vie et l'oeuvre d'Etienne Geoffroy St. Hilaire. Paris 1962.

CORDES, Hermann: Albrecht W. Roth und die Brüder Treviranus. In: Klassizismus in Bremen – Formen bürgerlicher Kultur. Hrsg. Wittheit zu Bremen. Jahrb. 1993/94 – 1994, S. 234–245.

CORSI, Pietro: The Age of Lamarck. Aus dem Ital. übers. von J. MANDELBAUM. California Univ. Press 1988.

CUVIER, Georges: Geschichte der Fortschritte in den Naturwissenschaften. Übers. von F. A. WIESE. Leipzig 1828–1829.

DAHL, Maria: Goethes mikroskopische Studien an niederen Tieren und Pflanzen im Hinblick auf seine Morphologie. Jahrb. Goethe-Ges. *13* (1927): 172–183.

DITTRICH, Mauritz: Progressive Elemente in den Lebensdefinitionen der romantischen Naturphilosophie. Comm. Hist. Artis Med. Budapest *73/74* (1974): 73–85.

ENGELHARDT, Dietrich VON: Der Entwicklungsbegriff zwischen Naturwissenschaft und Naturphilosophie um 1800. In: Annalen der internat. Ges. für dialektische Philosophie, Societas Hegeliana, III. Köln 1986, S. 309–316.

– Romanticism in Germany. In: PORTER, R., & TEICH, M. (Hrsg.): Romanticism in National Context. Cambridge 1988, S. 109–133.

– Die Naturwissenschaft der Aufklärung und die romantisch-idealistische Naturphilosophie. In: JAMME, Chr. & KURZ, G. (Hrsg.): Idealismus und Aufklärung. Stuttgart 1988, S. 80–96.

– Historical consciousness in the German Romantic Naturforschung. In: Romanticism and the Sciences. Hrsg. CUNNINGHAM, A. & JARDINE, N. Cambridge Univ. Press 1990, S. 55–68.

– Henrik Steffens über Natur und Naturforschung im autobiographischen Rückblick „Was ich erlebte" (1840–44). In: Naturwissenschaft und Technik in der Geschichte. Hrsg. ALBRECHT, H. Stuttgart 1993, S. 81–94.

ENGELHARDT, Wolf VON, & KUHN, Dorothea: Johann Wolfgang von Goethe (1749–1832). In: Klassiker der Naturphilsophie. Hrsg. BÖHME, G. Beck, München 1989, S. 220–240.

EULNER, Hans-Heinz: Die Entwicklung der medizinischen Spezialfächer an den Universitäten des deutschen Sprachgebietes. Stuttgart, 1970.

FRANZ, Viktor: Goethes Zwischenkieferpublikation nach Anlaß, Inhalt und Wirkung. Mit Ausblicken auf Goethes Morphologie überhaupt. Springer, Berlin 1933. (Ergebnisse der Anatomie und Entwicklungsgeschichte Bd. 30).

GEOFFROY ST.-HILAIRE, Étienne: Etudes Progressives … Paris 1835.

GERMANN, Dietrich, KNÖLL, Hans, & OTTO, L.: Über Goethes Mikroskope. In: Uschmann-Festschrift. Acta historica Leopoldina *9* (1975): 361–401.

Goethe. Die Schriften zur Naturwissenschaft. Hrsg. von der deutschen Akademie der Naturforscher Leopoldina. Böhlau, Weimar (Abk. LA) Abt. I, Bd. 9: Morphologische Hefte. Bearb. KUHN, D., Weimar 1954. Abt. I. Bd. 10: Aufsätze, Fragmente, Studien zur Morphologie. Bearb. KUHN, D., 1964. Abt. II. Bd. 9 A: Zur Morphologie. Von den Anfängen bis 1795, Ergänzungen und Erläuterungen. Bearb. KUHN, D., Weimar 1977. Abt. II. Bd. 9 B: Zur Morphologie 1796–1815. Bearb. KUHN, D., 1986. Abt. II. Bd. 10 A: Zur Morphologie 1816–1824. Bearb. KUHN, D, 1995.

GOULD, Stephen Jay: Ontogeny and Phylogenie. Harvard Univ. Press 1877.

GREGORY, Frederic: „Nature is an Organized Whole"; J. f. Fries's Reformulation of Kant's Philosophy of organism. In: POGGY, S., & BOSSI, M. 1994, S. 91–102.

GRUMACH, Renate (Hrsg.): Dorothea Kuhn. Typus und Metamorphose. Marbach/N. 1988.

GUTMANN, Wolfgang Friedrich: Die Hydroskelett-Theorie. Aufsätze und Reden der Senckenerb. Naturf. Ges. *21* (1972): 1–91.

HAGNER, Michael: Soemmering, Rudolphi und die Anatomie des Seelenorgans: „Empirischer Skeptizismus" um 1800. Medizinhistor. Journal *25* (1990): 211–233.

– (Hrsg.): Der falsche Körper. Beiträge zur Geschichte der Monstrositäten. Göttingen 1995. Darin spez.: HAGNER, M.: Vom Naturalienkabinett zur Embryologie. S. 73–107 (Camper: S. 103).

HASSENSTEIN, Bernhard: Goethes Morphologie als selbstkritische Wissenschaft und die heutige Gültigkeit ihrer Ergebnisse. Jahrb. Goethe-Ges. (NF) *12* (1950): 333–357.

HOPPE, Brigitte: Chemophysiologie zwischen vitalistischer und mechanistischer Biologie im 19. Jh. Medizinhistor. Journ. *18* (1983): 163–183.

JAHN, Ilse: Dem Leben auf der Spur. Die biologischen Forschungen Alexander von Humboldts. Leipzig, Jena, Berlin 1969.

– Die Entwicklung der romantischen deutschen Naturphilosophie in der Biologie zu Beginn des 19. Jh. In: Geschichte der Biologie. Hrsg. JAHN, I., LÖTHER, R., SENGLAUB, K., Jena 1982. 2. Aufl. 1985.

– Alexander von Humboldts Konzeption einer „allgemeinen vergleichenden Physiologie" (1797). In: WEINGARTEN, M., GUTMANN, W. F. (Hrsg.): Geschichte und Theorie des Vergleichs in den Biowissenschaften. Frankfurt a. M. 1993, S. 127–135.

– On the Origin of Romantic Biology and its further Development at the University of Jena between 1790 and 1859. In: POGGI, S., & BOSSI, M. 1994 a, S. 75–89.

– Das mechanisch-morphologische Morphogenese-Konzept von Jean Baptiste de Lamarck. In: Morphologie & Evolution. Hrsg. GUTMANN, F. Frankfurt a. M. 1994 b, S. 21–28 (Senckenberg-Buch 70).

JAHN, Ilse, & LANGE, Fritz Gustav (Hrsg.): Die Jugend-

briefe Alexander von Humboldts 1787–1799. Beiträge zur Alexander-von-Humboldt-Forschung 2,
Berlin 1973.

Kanz, Kai Torsten (Hrsg.): Philosophie des Organischen in der Goethe-Zeit. Stuttgart 1994 (Boethius
Bd. 35).

Kohlbrugge, Jacob Hermann Friedrich: Historisch-
kritische Studien über Goethe als Naturforscher.
Würzburg 1913.

Kümmel, Werner Friedrich: Alexander von Humboldt
und Soemmering: Das galvanische Phänomen und
das Problem des Lebendigen. In: Samuel Thomas
Soemmering und die Gelehrten der Goethezeit.
(Hrsg. Mann, G., & Dumont, F. Stuttgart, New
York 1985, S. 73–87.

Küppers, Bernd-Olaf: Natur als Organismus. Schellings frühe Naturphilosophie und ihre Bedeutung
für die moderne Biologie. Frankfurt a. M. 1992
(Philosophische Abhandlungen Bd. 58).

Kuhn, Dorothea: Empirische und ideelle Wirklichkeit.
Studien über Goethes Kritik des französischen
Akademiestreites. Graz, Wien, Köln 1967.

– Grundzüge der Goetheschen Morphologie. In: Goe-
the-Jahrbuch 1978, S. 199–211. Wiederabdruck in
Grumach, R. (Hrsg) 1988, S. 133–145.

– Goethes Engagement für die Morphologie. Acta historica Leopoldina 13d (1980): 9–25.

– Goethes Morphologie. Geschichte – Prinzipien –
Folgen. In: Jahrb. Goethe-Ges. Kansai (Osaka)
1987, S. 1–21. Wiederabdruck in Grumach, R.
(Hrsg.) 1988, S. 188–202.

– „Die Metamorphose der Pflanzen ward zur Herzens-
erleichterung geschrieben." Goethes Voraussetzungen und Ziele. In: In der Mitte zwischen Natur und
Subjekt. Hrsg. Senckenberg. Naturf. Ges. Frankfurt
a. M. 1992, S. 19–31 (Senckenberg-Buch 66).

– Typus und Metamorphose. Goethe-Studien, Hrsg.
Grumach, Renate, Marbach a. Neckar 1988.

Lange, Erich: Die Philosophie des jungen Schelling.
Weimar 1977.

Lefèvre, Wolfgang: Die Entstehung der biologischen
Evolutionstheorie. Ullstein-Materialien. Frankfurt
a. M., Berlin, Wien 1984, S. 20–68. Kap. 2: Lamarcks
Theorie der Arttransformation.

Lemaout, E.: Le Jardin des Plantes. Paris 1843.

Lippmann, E. O. von: Urzeugung und Lebenskraft. Zur
Geschichte dieser Probleme von den ältesten Zeiten
an bis zu den Anfängen des 20. Jh. Berlin 1933.

Lohff, Brigitte: Die Suche nach der Wissenschaftlichkeit der Physiologie in der Zeit der Romantik.
Stuttgart, New York 1990.

Mann, Gunter: Schinderhannes, Galvanismus und die
experimentelle Medizin in Mainz um 1800. Medizinhistor. Journ. 12 (1977): 21–80.

Martins, Lilian A. P., & Roberto: Lamarcks Method
and Metaphysics. Jahrb. für Geschichte und Theorie
der Biologie 3 (1996): 181–199.

McLaughlin, Peter: Kants Organismusbegriff in der
Kritik der Urteilskraft. In: Kanz, K. T. (Hrsg.)
1994, S. 100–110.

Meyer-Abich, Adolf: Biologie der Goethezeit. Stuttgart 1949.

Mocek, Reinhard: Johann Christian Reil (1759–1813).
Frankfurt a. M. 1995.

Moeller, Hans: Ein vorläufiges Plädoyer für Johann
Friedrich Meckel d. J. In: Deutsches Ärzteblatt –
Äerztliche Mitteilungen 1990.

Müller, Gerhard H.: „Wechselwirkung" in the Life
and other Sciences: A Word, New Claims and a
Concept around 1800 ... and much later. In: Poggi, S. & Bossi, M. 1994, S. 1–14.

Müller, Irmgard: Degeneration als Prinzip der Wir-
beltier-Phylogenese. In: Miscellen zur Geschichte
der Biologie. Hrsg. Geus, A., Gutmann, W. F. &
Weingarten, M. Frankfurt a. M. 1994, S. 117–135
(Aufsätze und Reden der Senckenberg. Naturf.
Ges. 41).

Neuser, W.: Die Rezeption der idealistischen Naturphilosophie. Information Philosophie 2, 16 (1990).

Petry, Michael John (Hrsg.): Hegel und die Naturwissenschaften. Frommann-Holzboog 1987 (Spekulation und Erfahrung. Texte und Untersuchungen
zum Deutschen Idealismus. Abt. II, Bd. 2).

Poggi, Stefano: Neurology and Biology in the Romantic Age in Germany: Carus, Burdach, Gall, von
Baer. In. Poggi, S., & Bossi, M. 1994, S. 143–160.

Poggi, Stefano, & Bossi, Maurizio (Hrsg.): Romanticism in Science. Science in Europe, 1790–1840.
Dordrecht, Boston, London 1994 (Boston Studies
in the Philosophy of Science Vol. 152).

Querner, Hans: Die Stufenfolge der Organismen in
Hegels Philosophie der Natur. In: Gadamer, H.-G.
(Hrsg.): Stuttgarter Hegel-Tage. Bonn 1970.

– Ordnungsprinzipien und Ordnungsmethoden in der
Naturgeschichte der Romantik. In: Brinkmann, R.,
(Hrsg.): Romantik in Deutschland. Stuttgart 1978,
S. 214–225.

– Das Phänomen der Zweigeschlechtlichkeit im System der Naturphilosophie von Schelling. In: Has-
ler, L. (Hrsg.): Schelling. Seine Bedeutung für eine
Philosophie der Natur und der Geschichte. Stuttgart–Bad Cannstadt 1981, S. 139–143.

Rothschuh, Karl Ernst: Physiologie. Der Wandel ihrer Konzepte, Probleme und Methoden vom 16. bis
19. Jh. Freiburg, München 1968 (Orbis academicus
Bd. II/15).

Salf, Eric: Un anatomist et philosophe français,
Étienne Geoffroy de St. Hilaire (1772–1844). Père
de la tératologie morphologique et de l'embryologie expérimental. 2 Bde. Diss. med. Lyon 1976.

Scheele, Irmtraut: Grundzüge der institutionellen
Entwicklung der biologischen Disziplinen an den
deutschen Hochschulen seit dem 18. Jh. In: „Ein-
samkeit und Freiheit" neu besichtigt: Universitäts-
reformen und Disziplinenbildung in Preussen als
Modell für Wissenschaftspolitik im Europa des
19. Jh. (Proc. Int. Congr. History of Sciences 1989)
Hrsg. Schubring, G. Stuttgart 1991 (Boethius
Bd. 24).

Schilling, Dietmar: Biographische und problemgeschichtliche Einleitung zu Jean-Baptiste de Lamarck: Zoologische Philosophie. Teil 1. Leipzig
1990, S. 8–41 (Ostw. Kl. Bd. 277).

Schneck, Peter, & Lammel, Hans-Uwe (Hrsg.): Die
Medizin an der Berliner Universität und an der
Charité zwischen 1810 und 1850. Husum 1995
(Abh. zur Gesch. der Med. und der Naturw.
H. 67).

STEINER, Gerhard: Freimaurer und Rosenkreuzer. Georg Forsters Weg durch Geheimbünde. Berlin 1985.

STRUCK, E.: Ignaz Döllinger 1770–1841. Ein Physiologe der Goethe-Zeit und der Entwicklungsgedanke in seinem Leben und Werk. Diss. med. München 1977.

TRIPP, G. Matthias: Marie-François-Xavier Bichat (1771–1802). In: Klassiker der Medizin. Hrsg. ENGELHARDT, D. VON, & HARTMANN, F. Verlag C. H. Beck, München 1991, Bd. 1 S. 328–338.

TSCHULOK, Sinai: Lamarck. Zürich, Leipzig 1937.

USCHMANN, Georg: Der morphobiologische Vervollkommnungsbegriff bei Goethe und seine problemgeschichtlichen Zusammenhänge. Jena 1939.

– Goethe und der Pariser Akademiestreit. Beiheft zur Schriftenr. Geschichte d. Naturwiss., Techn., Medizin (NTM) 1964, S. 180–193.

Kapitel 8. Botanische Disziplinen

Originalliteratur siehe auch Kurzbiographien

BIERMANN, Kurt-R.: Alexander von Humboldt. 3. Aufl. Teubner Leipzig, 1983.

BRAUN, Alexander: Dr. Carl Schimpers Vorträge über die Möglichkeit eines wissenschaftlichen Verständnisses der Blattstellung. Flora 18 (1835): 145–191.

BUCHDAHL, Gerd: Leitende Prinzipien und Induktion: Matthias Schleiden und die Methodologie der Botanik. In: CHARPA (Hrsg.) 1989, S. 315–345.

CHADAREVIAN, Soraya DE: The Art of Experimenting in Nineteenth-Century German Botany. Int. Congr. Hist. and Phil. of Science. Zaragoza 1992.

CHARPA, Ulrich (Hrsg.): Matthias Jakob Schleiden. Wissenschaftsphilosophische Schriften mit kommentierten Texten. Dinter, Köln: 1989.

CREMER, Thomas: Von der Zellenlehre zur Chromosomentheorie. Berlin 1985.

DOBAT, Klaus: Alexander von Humboldt als Botaniker. In: Alexander von Humboldt. Leben und Werk. Hrsg. HEIN, W.-H. Frankfurt a. M. 1985, S. 167–194.

DRÖSCHER, Ariane: Die Zellbiologie in Italien im 19. Jh. Diss. Math.-nat. Univ. Hamburg 1995. (im Druck in Acta historica Leopoldina Halle/S.).

EISNEROVA, Věra: Představy o buněčné struktuře rostlin na počátku 19. století. Dějiny věd a techniky 2 (1969): 18–31.

– Plant morphology and Ladislav Čelakovský (1834–1902). Acta historiae rerum naturalium nec non technicarum, spec. issue 1. (1965): 103–123.

– K pojetí biologie na počátku 19. století. Dějiny věd a techniky 3 (1970): 1–10.

– The anatomy of plants and its contribution to the origin of cellular theory in the early 19th century. Acta historiae rerum naturalium nec non technicarum, spec. issue 5 (1971): 269–333.

– Botanická periodika v minulosti – Dějiny věd a techniky 6 (1973): 75–89.

– The Question of Tradition in the Relations between Science and Society in the USA. Acta historiae rerum naturalium nec non technicarum, spec. issue 21 (1989): 21–63.

ENGLER, Adolf: Entwicklung der Pflanzengeographie in den letzten hundert Jahren. In: Wiss. Beitr. z. Gedächtnis der 100jährigen Wiederkehr von Humboldts Reise nach Amerika. Berlin 1899.

FITTING, H.: Die romantische Schule der Botanik. Christian Nees von Esenbeck und Ludolph Christian Treviranus. In: Bonner Gelehrte. Beitr. zur Gesch. der Wissensch. in Bonn. Bd. 9. Math. und Naturw. Bonn 1970.

GIMMLER, Hartmut (Hrsg.) Julius Sachs und die Pflanzenphysiologie heute. Festschr. zum 150. Geb. Sonderband d. Ber. Physikal.-Medizin. Ges. zu Würzburg. Würzburg 1984.

GRAEPEL, P. H.. Carl Friedrich von Gärtner. Nat. Diss. Marburg 1978. Gustav Fischer Verlag (Hrsg.): 100 Jahre Strasburgers Lehrbuch der Botanik für Hochschulen 1894–1994. Red. MOLTMANN, U. G., Stuttgart, Jena, New York 1994 (mit Kurzbiogr. aller Mitarbeiter seit 1894).

HÖXTERMANN, Ekkehard: Die ersten Wirkungsspektren der Photosynthese im 19. Jh.: Sudhoffs Archiv 79 (1995) H. 1: 22–53.

– DEMBNY, Hardy, & LOTZE, Kerstin: Kurzbiographien und Porträts von Botanikern in der Geschichte der Berliner Universität. In: Beitr. zur Entwicklung der Biologie in der Geschichte der Berliner Universität. Wiss. Z. der Humboldt-Univ., Math.-nat. R. 34 (1985): 360–384.

HOPPE, Brigitte: Umbildungen der Forschung in der Biologie im 19. Jh. In: DIEMER, A. (Hrsg.): Konzeption und Begriff der Forschung in den Wissenschaften des 19. Jh. (Ref. des 10. wiss. theoret. Koll. 1975). Meisenheim am Glan 1978.

JACYNA, L. S.: Romantic Thought and the Origins of Cell Theory. In: Romanticism and the Sciences. Hrsg. CUNNINGHAM, A. & JARDINE, N., Cambridge Univ. Press 1990, S. 161–168.

JAFFE, B.: Männer der Forschung in Amerika. New York 1944.

JAHN, Ilse: Matthias Jacob Schleiden an der Universität Jena. In: Naturwissenschaft, Tradition, Fortschritt. Beih. zur Zeitschr. NTM 1963: 63–72.

– Dem Leben auf der Spur. Die biologischen Humboldts. Leipzig, Jena, Berlin 1969.

– Über die Einwirkung Alexander von Humboldts auf die Entwicklung der Naturwissenschaften an der Berliner Universität. Wiss. Z. Univ.-Berlin, Math.-nat. R. 21 (1972): 131–144.

– Zur Geschichte der Zellenlehre und der Zellentheorie. Einführung und Erläuterung zu M. J. Schleiden, Th. Schwann, M. Schultze: Klassische Schriften zur Zellenlehre. Leipzig 1987, S. 6–44 (Ostw. Klassiker Bd. 275).

– Das wissenschaftliche Programm von Matthias Jacob Schleiden (1804–1881) und seine Rolle in der Disziplinentwicklung der Botanik. In: Wissenschaft und Schulenbildung. Hrsg: Friedrich-Schiller-Univ. Jena 1991, S. 159–168 (Alma mater Jenensis Heft 7).

– & LANGE, Fritz (Hrsg.): Die Jugendbriefe Alexander von Humboldts 1787–1799. Berlin 1973 (Betr. z. A. v. Humboldt-Forschung 2).

JESSEN, Karl F. W.: Die Botanik der Gegenwart und Vorzeit. Leipzig 1864 (Nachdr. Walluf 1972).

KRAUSE, Erika: The contribution of the phytotomists, especially Hugo von Mohl's (1805–1872) to the cell theory. Folia Mendeliana *24–25* (1989/90): 39–43.

KREMPELHUBER, A. VON: Geschichte und Literatur der Lichenologie von den ältesten Zeiten bis zum Schlusse des Jahres 1865. München 1867.

LOTSY, J. P.: Vorträge über botanische Stammesgeschichte. 3 Bde. Jena 1907–1911.

MÄGDEFRAU, Karl: Geschichte der Botanik. Leben und Leistung großer Forscher. 2. Aufl. Fischer, Stuttgart, Jena, New York 1992.

MIKULINSKIJ, Semen Romanovič, MARKOVA, Ludmila A. & STAROSTIN, Boris A.: Alphonse de Candolle (1806–1893). Jena 1980 (Biogr. bedeutender Biologen Bd. 3).

MÖBIUS, Martin: Geschichte der Botanik. 2. Aufl. Fischer, Stuttgart 1968.

MYLOTT, Anne: The Developmental Significance of the Nucleus in Mathias Schleiden's Cell Theory. Ref. Biennial Meeting of ISHPSSB. Indiana Univ. 1995.

NICKEL, Gisela: Wilhelm Troll (1897–1978). Eine Biographie. Acta historica Leopoldina. nr. 25. Halle/Saale 1996.

REISKE, Thomas: Zur Geschichte der Botanik an der Rostocker Universität von 1792–1885. Diss. nat. Univ. Rostock 1990.

RHEINBERGER, Hans-Jörg: Aspekte des Bedeutungswandels im Begriff organismischer Ähnlichkeit vom 18. zum 19. Jh. Hist. Phil. Life Sci. *8* (1986): 237–250.

RICHTER, A.: Heinrich Cotta. 2. Aufl. Radebeul, Berlin 1992.

STAFLEU, F. A.: A historical review of systematic biology. In: Systematic biology, Hrsg. NAS. Washington 1969, S. 16–44.

– Linaeeus and the Linnaeans. Utrecht 1971.

STEARN, W. T. (Hrsg.): Humboldt, Bonpland, Kunth and Tripical American Botany. Lehre 1968.

SUCKER, Ulrich: Wilhelm Pfeffer (1875–1920) und die Pflanzenphysiologie seiner Zeit In: NTM. Schriftenr. Gesch. Naturw. Techn. Med. 25 (1988) H. 2.

ZAUNICK, Rudolph: Kützing in wissenschaftshistorischer Sicht. In: MÜLLER, R. H. W., & ZAUNICK, R., (Hrsg.): Friedrich Traugott Kützing 1807–1893. Aufzeichnungen und Erinnerungen. Leipzig 1960, S. 12–22 (Lebensdarstellungen deutscher Naturforscher Nr. 8, Hrsg. Deutsche Akad. der Naturforscher Leopoldina).

ZUNCK, Hermann: Die natürlichen Pflanzensysteme, Geschichtlich entwickelt. Leipzig 1840.

Kapitel 9. Zoologische Disziplinen

Originalliteratur siehe auch Kurzbiographien

APPEL, Toby A.: The Cuvier-Geoffroy debate. French biology in the decades before Darwin. New York, Oxford 1987.

AUERBACH, Felix: Ernst Abbe – sein Leben, sein Wirken, seine Persönlichkeit. Nach Quellen und aus eigener Erfahrung. Leipzig 1918.

BALTZER, Fritz: Theodor Boveri. Leben und Werk eines großen Biologen, 1862–1915. Stuttgart 1962 (Große Naturforscher, Bd. 25).

BURKHARDT, Richard W.: The Spirit of System. Lamarck and evolutionary biology. Cambridge/Mass., London 1977.

CARUS, Julius Victor: Geschichte der Zoologie. München 1872.

COLE, Francis Joseph: A history of comparative anatomy from Aristotle to the 18th century. London 1944 (Reprint New York 1975).

COLEMAN, William R.: Georges Cuvier – Zoologist. A study in the history of evolution theory. Cambridge/Mass. 1964.

CRAMER, Carl Eduard: Leben und Wirken von Carl Wilhelm von Nägeli. Zürich 1896.

CREMER, Thomas: Von der Zellenlehre zur Chromosomentheorie. Naturwissenschaftliche Erkenntnis und Theorienwechsel in der frühen Zell- und Vererbungsforschung. Berlin, Heidelberg, New York, Tokyo 1985.

DAUDIN, Henry: Cuvier et Lamarck: Les classes Zoologiques et l'idée de série animale (1790–1830). 2 Bde. Paris 1926.

DESMOND, A.: The Making of Institutional Zoology in London 1822–1836. Science History *23* (1985): 153–185 und 223–250.

DITTRICH, Lothar, & RIEKE-MÜLLER, Annalore: Ein Garten für Menschen und Tiere. Hannover 1990.

ENIGK, Karl: Geschichte der Helminthologie im deutschsprachigen Raum. Stuttgart, New York 1986.

EULNER, Hans-Heinz: Die Entwicklung der medizinischen Spezialfächer an den Universitäten des deutschen Sprachgebietes. Stuttgart 1970.

FRÄDRICH, Hans, & KLÖS, Heinz-Georg (Hrsg.): Spurensuche. 150 Jahre Zoologischer Garten Berlin. Bongo. *24* (1994).

– & STREHLOW, Harro: Der Zoo und die Wissenschaft. Bongo *24* (1994): 181–198.

GEUS, Armin & QUERNER, Hans: Deutsche Zoologische Gesellschaft. 1890–1990. Dokumentation und Geschichte. Stuttgart, New York 1990.

GHISELIN, Michael T.: The triumph of the Darwinian method. Berkeley, Los Angeles 1969.

GRUBER, H. E.: Darwin on Man. London 1974.

HANSEN, Adolph: Entwicklung der Botanik seit Linné. Gießen 1902.

HERTWIG, Oscar: Die Entwicklung der Biologie im neunzehnten Jh. 2. Aufl. mit einem Zusatz über den gegenwärtigen Stand des Darwinismus. Jena 1908.

– Dokumente zur Geschichte der Zeugungslehre. Arch. f. mikr. Anat. *90* (II), 1918, 1–168; Bonn 1918.

HÖRZ, Herbert: Physiologie und Kultur in der zweiten Hälfte des 19. Jh. Briefe an Hermann von Helmholtz. Marburg 1994.

HUGHES, A.: A history of cytology. London, New York 1959.

JAHN, Ilse: Die Anfänge der instrumentellen Elektrobiologie in den Briefen Humboldts an Emil DuBois-Reymond. Medizinhist. Journ. *2* (1967): 135–156.

– Dem Leben auf der Spur. Die biologischen Forschungen Alexander von Humboldts. Leipzig, Jena, Berlin 1969.

– (Hrsg.): Klassische Schriften zur Zellenlehre. Leipzig 1987 (Ostwalds Klassiker 275).

– Grundzüge der Biologiegeschichte. Jena 1990 (UTB 1534).

– Zoologische Gärten – Zoologische Museen. Parallelen ihrer Entstehung. Bongo *24* (1994): 7–30.

– & LANGE, F. G. (Hrsg.): Die Jugendbriefe Alexander von Humboldts 1787–1799. Berlin 1973.

– LÖTHER, Rolf & SENGLAUB, Konrad: Geschichte der Biologie. Theorien. Methoden. Institutionen und Kurzbiographien. Jena 1985.

KANZ, Kai Torsten: Karl Friedrich Kielmeyer (1765–1844) In: KANZ, K. T. (Hrsg.): Philosophie des Organischen in der Goethezeit. Stuttgart 1994, S. 13–32.

KNORRE, Hans VON: Die Entstehungsgeschichte von K. E. Baers „Sendschreiben": De ovi mammalium et hominis genesi 1827 … In: Leopoldina R. 3, 17, 1971 (1973): S. 237–286.

KOLLER, Gottfried: Das Leben des Biologen Johannes Müller. Stuttgart 1958 (Große Naturforscher, Bd. 23).

KOURIST, Werner: 400 Jahre Zoo. Ausstellungskatalog des Rhein. Landesmus. Bonn. Bonn 1976.

KRUTA, Vladislav (Hrsg.) Jan Evangelista Purkyně 1787–1869. Centenary-Symposium. Brno 1971.

KUHN, Dorothea: Empirische und ideelle Wirklichkeit. Studien über Goethes Kritik des französischen Akademiestreites. Graz, Wien, Köln 1967.

– Uhrwerk oder Organismus. Carl Friedrich Kielmeyers System der organischen Kräfte. In: KANZ, K. T. (Hrsg.) 1994, S. 33–49.

LEMAOUT, Emanuel: Le Jardin des Plantes. Paris 1843.

LENOIR, Timothey: The strategy of life. Dordrecht, Boston, London 1982.

Löw, Reinhard: Die Pflanzenchemie von Lavoisier bis Liebig. Straubing, München 1977.

MÄGDEFRAU, Karl: Geschichte der Botanik. Stuttgart 1973.

MANN, Gunter: Biologismus im 19. Jh. Stuttgart 1973.

MAYR, Ernst: Artbegriff und Evolution: Hamburg, Berlin 1967.

– Die Entwicklung der biologischen Gedankenwelt. Berlin 1984.

MENDELSOHN, Everett: Heat and life. Cambridge/Mass 1964.

MÖBIUS, Martin: Geschichte der Botanik von den ersten Anfängen bis zur Gegenwart. 2. Aufl. Stuttgart 1968.

NYHARDT, Lynn K.: Biology takes Form. Animal Morphology and the German Universities 1800–1900. Univ. of Chicago Press. Chicago, London 1995.

OLBY, Robert C.: Origins of Mendelism. New York 1966.

– The Path to the double helix. London, Basingstoke 1974.

OREL, Viteslav, & MATALOVÁ, A. (Hrsg.): Gregor Mendel and the foundation of genetics. Brno 1983.

PELZ, Willy: Zellenlehre. Der Einfluß Hugo von Mohls auf die Entwicklung der Zellenlehre. Frankfurt a.M., Bern, New York, Paris 1987. (= Marburger Schriften zur Medizingeschichte, hrsg. von Armin GEUS und Irmgard MÜLLER, Bd. 20).

QUERNER, Hans, & SCHIPPERGES, Heinrich (Hrsg.): Wege der Naturforschung 1822–1972 im Spiegel der Versammlungen Deutscher Naturforscher und Ärzte. Berlin, Heidelberg, New York 1972.

RAJKOV, Boris Eugen: Karl Ernst von Baer 1792–1876. Sein Leben und sein Werk. Acta historica Leopoldina, 5. Leipzig 1968.

RHEINBERGER, Hans-Jörg, & HAGNER, Michael (Hrsg.): Die Experimentalisierung des Lebens. Experimentalsysteme in den biologischen Wissenschaften 1850/1950. Berlin 1993.

RIEKE-MÜLLER, Annalore: Angewandte Zoologie und die Wahrnehmung exotischer Natur in der zweiten Hälfte des 18. und im 19. Jh. Hist. Phil. Life Sci. *17* (1995): 461–484.

ROMANES, George John: Darwin und nach Darwin. 3 Bde. Leipzig 1892–95.

ROTSCHUH, Karl Eduard: Physiologie. Der Wandel ihrer Konzepte, Probleme und Methoden vom 16. bis 20. Jh. Freiburg, München 1968 (Orbis Academicus. Bd. II/15).

SACHS, Julius: Geschichte der Botanik. München 1875.

SCHARF, Joachim-Hermann: Krisen der Zytologie. Acta histochemica, Suppl. *39* (1990): 11–47.

SCHAXEL, Julius: Grundzüge der Theorienbildung in der Biologie. Jena 1919. 2. Aufl. 1922.

SCHELLHORN, M.: Logisches und Historisches in den Biowissenschaften. Jena 1979.

SCHMIDT, Heinrich: Geschichte der Entwicklungslehre. Leipzig 1918.

SMIT, Pieter (Hrsg.): Handrik Engels Alphabetical List of Dutch Zoological Cabinets and Menageries (1939). 2. Aufl. Amsterdam 1986.

SPIX, Johannes: Geschichte und Beurtheilung aller Systeme in der Zoologie nach ihrer Entwicklungsfolge von Aristoteles bis auf die gegenwärtige Zeit. Nürnberg 1811.

STRESEMANN, Erwin: Die Entwicklung der Ornithologie von Aristoteles bis zur Gegenwart. Aachen 1951.

STRUCK, Eckhard: Ignaz Döllinger 1770–1841. Ein Physiologe der Goethe-Zeit und der Entwicklungsgedanke in seinem Leben und Werk. Med. Diss. München 1977.

USCHMANN, Georg: Der morphologische Vervollkommnungsbegriff bei Goethe und seine problemgeschichtlichen Zusammenhänge. Jena 1939.

– Caspar Friedrich Wolff. Ein Pionier der modernen Embryologie. Jena 1955.

VIRCHOW, Rudolf: Theodor Schwann. Ein Nachruf. Archiv für pathologische Anatomie und Physiol. u. für klin. Med. *87* (1882): 389–392.

WATERMANN, Rembert: Theodor Schwann. Leben und Werk. Düsseldorf 1960.

WEINLAND, Daniel F.: Was ein Zoologischer Garten leisten soll. Zool. Garten *2* (1861): 1–11.

WENIG, Klaus: Rudolf Virchow und Emil Du Bois-Reymond. Briefwechsel 1864–1894. Marburg 1994.

WHITE, Michael James Denham: Animal cytology and evolution. Cambridge 1954.

WHITEHEAD, Alfred N.: Adventures of ideas. New York 1955.

WITTIG, Joachim: Exponate aus den Anfängen des handwerklichen und wissenschaftlichen Mikroskopebaues in Jena. In: Reichtümer und Raritäten, Bd. 2. Jena 1981, S. 9–19 (Jenaer Reden und Schriften der Friedrich-Schiller-Univ. Jena).

– Ernst Abbe. Leipzig 1989.

WUNDERLICH, Klaus: Rudolf Leuckart, Leben, Werk, Wirkung. Jena 1978.

ZIMMERMANN, Walter: Evolution. Die Geschichte ihrer Probleme und Erkenntnisse. Freiburg, München 1953 (Orbis Academicus Bd. II/3).

ZSCHIMMER, Eberhard: Die Glasindustrie in Jena, ein Werk von Schott und Abbe. Eugen Diederichs, Jena 1909.

Kapitel 10. Charles Darwin und die Evolutionstheorien des 19. Jahrhunderts

Originalliteratur siehe auch Kurzbiographien

a) Allgemeine wissenschaftshistorische Werke

ALLEN, G. E.: Life science in the twentieth century. New York, London 1975.

BROOKE, J. H.: Science and religion: some historical perspectives. Cambridge 1991.

COLEMAN, W.: Biology in the nineteenth century: problems of form, function, and transformation. New York 1971.

HALL, T. S.: History of general physiology: 600 B. C. – 1900 A. D. 2 vols. Chicago, London 1975.

HÖLDER, H.: Geologie und Paläontologie in Texten und ihrer Geschichte. Orbis Academicus, Bd. II/11. Freiburg, München 1960.

– Kurze Geschichte der Geologie und Paläontologie. Berlin, Heidelberg, New York 1989.

MÄGDEFRAU, K.: Geschichte der Botanik. Leben und Leistung großer Forscher. Stuttgart 1973.

MAYR, E.: The growth of biological thought: diversity, evolution, and inheritance. Cambridge (Mass.), London 1982 (Dt.: Die Entwicklung der biologischen Gedankenwelt. Vielfalt, Evolution und Vererbung. Berlin, Heidelberg, New York, Tokyo 1984).

NORDENSKIÖLD, E.: Die Geschichte der Biologie. Ein Überblick. Übers. von Guido SCHNEIDER. Jena 1926.

RÁDL, E.: Geschichte der biologischen Theorien in der Neuzeit. Bd. 1, 2. Aufl. Leipzig, Berlin 1913. Bd. 2. Leipzig 1909.

ROTHSCHUH, K. E.: Geschichte der Physiologie. Lehrbuch der Physiologie in zusammenhängenden Einzeldarstellungen. Hrsg. TRENDELENBURG, W., & SCHÜTZ, E. Berlin, Göttingen, Heidelberg 1953.

RUDWICK, M. J. S.: The meaning of fossils: episodes in the history of palaeontology. London, New York 1972.

RUSSEL, E. S.: Form and function: a contribution to the history of animal morphology. London 1916.

STRESEMANN, Erwin: Die Entwicklung der Ornithologie. Von Aristoteles bis zur Gegenwart. Berlin 1951.

ZIMMERMANN, Walter: Evolution. Die Geschichte ihrer Probleme und Erkenntnisse. Orbis Academicus, Bd. II/3. Freiburg, München 1953.

ZITTEL, Karl Alfred VON: Geschichte der Geologie und Paläontologie bis Ende des 19. Jhs. Geschichte der Wissenschaften in Deutschland. Neuere Zeit, Bd. 23. München, Leipzig 1899.

b) Spezielle Literatur

ALLAN, M.: Darwin and his flowers: the key to natural selection. London 1977.

BAJEMA, C. J. (Hrsg.): Evolution by sexual selection theory: prior to 1900. Benchmark papers in systematic and evolutionary biology, vol. 6. New York 1984.

BARLOW, Nora: Charles Darwin's Diary of the voyage of H. M. S. Beagle. Edited from the MS. Cambridge 1933.

– The autobiography of Charles Darwin 1809–1882, with the original omissions restored. London 1958.

– (Hrsg.): Darwin's ornithological notes. Bulletin of the British Museum (Natural History). Historical Series 2 (1963): 201–278.

– (Hrsg.): Darwin and Henslow: the growth of an idea. Letters 1831–1860. London 1967.

BARRETT, P. H. (Hrsg.): The collected papers of Charles Darwin. With a foreword by T. Dobzhansky. 2 Bde. Chicago, London 1977.

– Gautrey P. J. et. al. (Hrsg.): Charles Darwin's notebooks, 1836–1844. Cambridge 1987.

BARTLEY, Mary M.: Darwin and domestication: studies on inheritance. Jour. Hist. Biol. 25 (1992): 307–333.

BAYERTZ, K.: Darwinismus und Freiheit der Wissenschaft. Politische Aspekte der Darwinismus-Rezeption in Deutschland 1863–1878. Scientia 118 (1983): 267–281.

– Spreading the spirit of science: social determinants of the popularization of science in nineteenth-century Germany. In: SHINN, T., & WHITLEY, R. (Hrsg.): Expository science: forms and functions of popularisation, S. 209–227. Sociology of the Sciences, vol. 9. Dordrecht 1985.

– Wandlungen im politischen Selbstverständnis deutscher Naturwissenschaftler des 19. Jhs. Ber. z. Wissenschaftsgesch. 10 (1987): 169–183.

BEDDALL, Barbara G.: Wallace, Darwin, and the theory of natural selection: a study in the development of ideas and attitudes. Journ. Hist. Biol. 1 (1968): 261–323.

– Wallace, Darwin, and Edward Blyth: further notes on the development of evolutionary theory. Journ. Hist. Biol. 5 (1972): 153–158.

– Darwin and divergence: The Wallace connection. Journ. Hist. Biol. 21 (1988): 1–68.

BEER, C. G.: Darwin, instinct and ethology. Journ. Hist. Behav. Sci. 19 (1983): 68–80.

BLJACHER, L. Ja.: Istoria embryologii v Rossii (s serediny XVIII do serediny XIX veka). Moskva 1955.

– Vozniknovenie kletok v ontogeneze. Trudy Instituta istorii estestvoznanija i techniki *32* (1960): 3–57.

BOWLBY, J.: Charles Darwin: a biography. London 1991.

BOWLER, P. J.: Fossils and progress: paleontology and the idea of progressive evolution in the nineteenth century. New York 1976 a.

– Malthus, Darwin, and the concept of struggle. Journ. Hist. Ideas *37* (1976 b): 631–650.

– The eclipse of Darwinism: anti-Darwinian evolution theories in the decades around 1900. Baltimore, London 1983.

– Scientific attitudes to Darwinism in Britain and America. In: KOHN, D. (Hrsg.) 1985, S. 641–681.

– Theories of human evolution: a century of debate, 1844–1944. Baltimore, London 1986.

– The non-Darwinian revolution: reinterpreting a historical myth. Baltimore, London 1988.

– Charles Darwin: the man and his influence. Oxford 1990.

BRONN, H. G.: Schlusswort des Übersetzers. In: Ch. DARWIN: Über die Entstehung der Arten im Thier- und Pflanzen-Reich durch natürliche Züchtung, oder Erhaltung der vervollkommneten Rassen im Kampfe um's Daseyn. Stuttgart 1860, S. 495–520.

BROOKE, J. H.: The relation between Darwin's science and his religion. In: DURANT, J. (Hrsg.): Darwinism and divinity. Essays on evolution and religious belief. Oxford 1985, S. 40–75.

BROOKS, J. L.: Just before the origin: Alfred Russel Wallace's theory of evolution. New York 1984.

BROWNE, J.: Darwin's botanical arithmetic and the „principle of divergence," 1845–1858. Journ. Hist. Biol. *13* (1980): 53–89.

– Darwin and the expression of the emotions. In: KOHN, D. (Hrsg.) 1985, S. 307–326.

BURKHARDT, F., et al. (Hrsg.): The correspondence of Charles Darwin. 10 Bde. 1985–1997.

BURKHARDT, R. W. Jr.: Darwin on animal behavior and evolution. In: KOHN, D. (Hrsg.) 1985, S. 327–366.

BURSTYN, H. L.: If Darwin wasn't the „Beagle"'s naturalist, why was he on board? Brit. Journ. Hist. Sci. *8* (1975): 62–69.

CAMPBELL, J. A.: The invisible rhetorician: Charles Darwin's „third party" strategy. Rhetorica *7* (1989): 55–85.

CHURCHILL, F. B.: August Weismann and a break from tradition. Journ. Hist. Biol. *1* (1968): 91–112

– Sex and the single organism: biological theories of sexuality in midnineteenth century. Stud. Hist. Biol. *3* (1979): 139–177.

– Weismann's continuity of the germ-plasm in historical perspective. Freiburger Universitätsblätter *24* (1985): 107–124.

CITTADINO, E.: Nature as the laboratory: darwinian plant ecology in the German empire, 1880–1900. Cambridge 1990.

COLEMAN, W.: Limits of the recapitulation theory: Carl Friedrich Kielmeyer's critique of the presumed parallelism of earth history, ontogeny, and the present order of organisms. Isis *64* (1973): 341–350.

– Morphology between type concept and descent theory. Journ. Hist. Med. Allied Sci. *31* (1976): 149–175.

COLP, R.: To be an invalid: the illness of Charles Darwin. Chicago, London 1977.

– Notes on Charles Darwin's *Autobiography*. Journ. Hist. Biol. *18* (1985): 357–401.

CONRY, Y.: L'introduction du Darwinisme en France au XIXe siècle. Paris 1974.

CORNELL, J. F.: Analogy and technology in Darwin's vision of nature. Journ. Hist. Biol. *17* (1984): 303–344.

– God's magnificent lay: the bad influence of theistic metaphysics on Darwin's estimation of natural selection. Journ. Hist. Biol. *20* (1987): 381–412.

CORSI, P.: Correspondence of Charles Darwin. Hist. Philos. Life Sci. *11* (1989): 89–93.

– & WEINDLING, P. J.: Darwinism in Germany, France, and Italy. In: KOHN, D. (Hrsg.) 1985, S. 683–729.

CREMER, T.: Von der Zellenlehre zur Chromosomentheorie. Naturwissenschaftliche Erkenntnis und Theorienwechsel in der frühen Zell- und Vererbungsforschung. Veröffentlichungen aus der Forschungsstelle für theoretische Pathologie der Heidelberger Akademie der Wissenschaften. Berlin 1985.

CRONIN, Helena: The ant and the peacock: altruism and sexual selection from Darwin to today. Cambridge 1991.

DARWIN, F. (Hrsg.): The foundations of the Origin of Species: two essays written in 1842 and 1844 by Charles Darwin. Cambridge 1909.

DE BEER, G.: Charles Darwin: evolution by natural selection. London 1963.

DESMOND, A.: Archetypes and ancestors: palaeontology in victorian London, 1850–1875. London 1982.

– The politics of evolution: morphology, medicine, and reform in radical London. Chicago, London 1989.

– & MOORE, J.: Darwin. London 1991.

DI GREGORIO, M. A. (Hrsg.): Charles Darwin's marginalia. Vol. 1. New York, London 1990.

EGERTON, F. N.: Humboldt, Darwin, and population. Journ. Hist. Biol. *3* (1970): 325–360.

ELDREDGE, N., & GOULD, S. J.: Punctuated equilibria: an alternative to phyletic gradualism. In: SCHOPF, T. J. M. (Hrsg.): Models in paleobiology. San Francisco 1972, S. 82–115.

ELLEGARD, A.: Darwin and the general reader: the reception of darwin's theory of evolution in the British periodical press, 1859–1872. Gothenburg Studies in English, no. 8. Stockholm 1958.

ENGELHARDT, D. VON: Polemik und Kontroversen um Haeckel. Medizinhistor. Journ. *15* (1980): 284–304.

ENGELS, Eve-Marie (Hrsg.): Die Rezeption von Evolutionstheorien im neunzehnten Jh. Suhrkamp Taschenbuch Wissenschaft, Nr. 1229. Frankfurt am Main 1995.

EVANS, L. T.: Darwin's use of the analogy between artificial and natural selection. Journ. Hist. Biol. *17* (1984): 113–140.

FARLEY, J.: The initial reactions of French biologists to Darwin's Origin of Species. Journ. Hist. Biol. *7* (1974): 275–300.

GALE, B. G.: Darwin and the concept of a struggle for existence: a study in the extrascientific origins of scientific ideas. Isis *63* (1972): 321–344.

GAUDRY, A.: Animaux fossiles et géologie de l'Attique

d'après les recherches faites en 1855–56 et en 1860 sous les auspices de l'Académie des Sciences. Paris 1862–67.

GAUPP, E.: August Weismann. Sein Leben und sein Werk. Jena 1917.

GHISELIN, M. T.: The triumph of the Darwinian method. Berkeley 1969.

GILLESPIE, N. C.: Charles Darwin and the problem of creation. Chicago, London 1979.

GLICK, T. F. (Hrsg.): The comparative reception of Darwinism. With a new preface, 1988: Reception studies since 1974. Chicago, London 1988.

GOETHE: siehe KUHN

GOLDSCHMIDT, R.: The material basis of evolution. New Haven, London 1940.

GÖPPERT, H. R.: Die fossile Flora der Permischen Formation. Cassel 1864–65.

GORDON, S.: Darwin and political economy: the connection reconsidered. Journ. Hist. Biol. 22 (1989): 437–459.

GOULD, S. J.: Ontogeny and phylogeny. Cambridge (Mass.), London 1977.

GREENE, J. C.: Reflections on the progress of Darwin studies. Journ. Hist. Biol. 8 (1975): 243–273.

– Darwin as a social evolutionist. Journ. Hist. Biol. 10 (1977): 1–27.

GREGORY, F.: Scientific materialism in nineteenth century Germany. Studies in the history of modern science, vol. 1. Dordrecht, Boston 1977.

GRELL, K. G.: Die Gastraea-Theorie. Medizinhistor. Journ. 14 (1979): 275–291.

GRINNELL, G.: The rise and fall of Darwin's first theory of transmutation. Journ. Hist. Biol. 7 (1974): 259–273.

– The rise and fall of Darwin's second theory. Journ. Hist. Biol. 18 (1985): 51–70.

GRUBER, H. E.: Darwin on man: a psychological study of scientific creativity 1974, 2nd ed. Chicago, London 1981.

– Going the limit: toward the construction of Darwin's theory (1832–1839). In: KOHN, D. (Hrsg.) 1985, S. 9–34.

GRUBER, J. W.: Who was the Beagle's naturalist? Brit. Journ. Hist. Sci. 4 (1969): 266–282.

HEER, O.: Die tertiäre Flora der Schweiz. 3 Bde. Winterthur 1855–59.

– Die Urwelt der Schweiz. Zürich 1865.

HEMLEBEN, J.: Charles Darwin mit Selbstzeugnissen und Bilddokumenten. Rowohlts Bildmonographien Nr. 137. Hamburg 1968.

HERBERT, S.: Research note: Darwin, Malthus, and Selection. Journ. Hist. Biol. 4 (1971): 209–217.

– The place of man in the development of Darwin's theory of transmutation. Part I. To July 1837. Journ. Hist. Biol. 7 (1974): 217–258.

– The place of man in the development of Darwin's theory of transmutation. Part II. Journ. Hist. Biol. 10 (1977): 155–227.

– Darwin the young geologist. In: KOHN, D. (Hrsg.) 1985, S. 483–510.

– Charles Darwin as a prospective geological author. Brit. Journ. Hist. Sci. 24 (1991): 159–192.

HERSCHEL, J. F. W.: Preliminary discourse on the study of natural philosophy. London 1830.

HILGENDORF, F.: Über Planorbis multiformis im Steinheimer Süßwasserkalk. Monatsberichte der königlich preussischen Akademie der Wissenschaften zu Berlin 1866 (1867): 474–504.

– Zur Streitfrage des Planorbis multiformis. Kosmos 5 (1879): 10–22, 90–99.

HODGE, M. J. S.: Darwin and the laws of the animate part of the terrestrial system (1835–1837): on the Lyellian origins of his zoonomical explanatory programm. Stud. Hist. Biol. 6 (1983): 1–106.

– Darwin as a lifelong generation theorist. In: KOHN, D. (Hrsg.) 1985, S. 207–244.

– Darwin studies at work: a re-examination of three decisive years (1835–1837). In: LEVERE, T. H., & SHEA, W. R. (Hrsg.): Nature, Experiment, and the Sciences, S. 249–274. Dordrecht, Boston, London 1990.

HOFSTEN, N. VON: Zur älteren Geschichte des Diskontinuitätsproblems in der Biogeographie. Zool. Ann. 7 (1916): 197–353.

HOPPE, Brigitte: Zur wissenschaftlichen, epistemologischen und wissenschaftshistorischen Auseinandersetzung mit der Evolutionstheorie im vergangenen Jahrzehnt im deutschen Sprachgebiet. Hist. Philos. Life Sci. 7 (1985): 121–147.

HUBER, J.: Die Lehre Darwin's kritisch betrachtet. München 1871.

HULL, D. L.: Darwin and his critics: the reception of darwin's theory of evolution by the scientific community. Cambridge (Mass.) 1973 a.

– Charles Darwin and nineteenth-century philosophies of science. In: GIERE, R. N., & WESTFALL, R. S. (Hrsg.): Foundations of scientific method: the nineteenth century. Bloomington (Indiana) 1973 b, S. 115–132.

– Darwinism as a historical entity: a historiographic proposal. In: KOHN, D. (Hrsg.) 1985, S. 773–812.

JAHN, I.: Charles Darwin. Köln 1982 a.

– Charles Darwin und die Berliner Museen. [u. a. „Zoologische Untersuchungen über Rankenfußkrebse (Cirripedia“)]. Neue Museumskunde (Berlin, DDR) 25 (1982 b) 2: 110–120, spez. S. 115–120.

– (Hrsg.): Klassische Schriften zur Zellenlehre. Ostwalds Klassiker der exakten Wissenschaften, Bd. 275. Leipzig 1987.

– Konkurrierende Evolutionstheorien um die Mitte des 19. Jahrhunderts, ihre Wurzeln in unterschiedlicher Weltsicht und der aktuelle Wert ihrer Rezeption. In: Morphologie und Evolution, Symposien zum 175jährigen Jubiläum der Senckenberg. Naturf. Gesellschaft. Hrsg. GUTMANN, W. F., Frankfurt a. M. 1994, S. 237–248 (Senckenberg-Buch Nr. 70).

JUNKER, T.: Darwinismus und Botanik. Rezeption, Kritik und theoretische Alternativen im Deutschland des 19. Jh. Quellen und Studien zur Geschichte der Pharmazie, Bd. 54. Stuttgart 1989.

– Heinrich Georg Bronn und die Entstehung der Arten. Sudhoffs Arch. 75 (1991): 180–208.

– Albert Wigands Genealogie der Urzellen und die Darwinsche Revolution. Biolog. Zentralbl. 112 (1993): 207–214.

– Historiographische Reflexionen zur ‚Darwin-Industrie‘: Kreativität, wissenschaftliches Milieu, Transformation, Diversifikation und Klassifikation. Jahrb. f. Gesch. u. Theor. d. Biol. 1 (1994): 45–68.

– Zur Rezeption der Darwinschen Theorien bei deutschen Botanikern (1859–1880). In: ENGELS, E.-M. (Hrsg.): Die Rezeption von Evolutionstheorien im neunzehnten Jh., S. 147–181. Suhrkamp Taschenbuch Wissenschaft, Nr. 1229. Frankfurt am Main 1995 a.

– Darwinismus, Materialismus und die Revolution von 1848 in Deutschland. Zur Interaktion von Politik und Wissenschaft. Hist. Philos. Life Sci. *17* (1995 b): 271–302.

– & RICHMOND, M. (Hrsg): Charles Darwins Briefwechsel mit deutschen Naturforschern: Ein Kalendarium mit Inhaltsangaben, biographischem Register und Bibliographie. Charles Darwin's Correspondence with German naturalists: A Calendar with Summaries, Biographical Register and Bibliography. Marburg 1996.

KELLY, A.: The descent of Darwin: the poularization of darwinism in Germany, 1860–1914. Chapel Hill 1981.

KOESTLER, A.: The case of the midwife toad. London 1971.

KOHLBRUGGE, J. H. F.: Das biogenetische Grundgesetz. Eine historische Studie. Zool. Anz. *38* (1911): 447–453.

KOHN, D.: Theories to work by: rejected theories, reproduction, and darwin's path to natural selection. Stud. Hist. Biol. *4* (1980): 67–170.

– Smith, S., & STAUFFER, R. C.: New light on *The foundartons of the origin of species*: a reconstruction of the archival record. Journ. Hist. Biol. *15* (1982): 419–442.

– (Hrsg.): The Darwinian heritage. Princeton 1985.

– Darwin's ambiguity: the secularization of biological meaning. Brit. Journ. Hist. Sci. *22* (1989): 215–239.

KOTTLER, M. J.: Charles Darwin's biological species concept and theory of geographical speciation: the transmutation notebooks. Ann. Sci. *35* (1978): 275–297.

– Charles Darwin and Alfred Russel Wallace: two decades of debate over natural selection. In: KOHN, D. (Hrsg.) 1985, S. 367–432.

KRAUSSE, E.: Ernst Haeckel. Biographien hervorragender Naturwissenschaftler, Techniker und Mediziner, Bd. 70. Leipzig 1984.

KUHN, Dorothea (Hrsg.): J. W. von Goethe, Schriften zur Morphologie, Frankfurt a. M. 1987 (Goethe, J. W.: Sämtliche Werke, Briefe, Tagebücher und Gespräche, Bd. 24).

LA VERGATA, A.: Images of Darwin: a historiographic overview. In: KOHN, D. (Hrsg.) 1985, S. 901–972.

LEFÈVRE, W.: Die Entstehung der biologischen Evolutionstheorie. Ullstein Materialien, Nr. 35186. Frankfurt am Main, Berlin, Wien 1984.

LENOIR, T.: The strategy of life. teleology and mechanics in nineteenth century German biology. Dordrecht, Boston, London 1982.

– Essay review: the Darwin industry. Jour. Hist. Biol. *20* (1987): 115–130.

LIMOGES, C.: La sélection naturelle: étude sur la première constitution d'un concept (1837–1859). Paris 1970.

LÖTHER, R.: Wegbereiter der Genetik. Gregor Johann Mendel und August Weismann. Frankfurt am Main 1990.

MACFADDEN, B. J.: Fossil horses: systematics, paleobiology, and evolution of the family equidae. Cambridge 1992.

MALTHUS, T. R.: An essay on the principle of population, as it affects the future improvement of society, with remarks on the speculations of Mr. Goodwin, M. Condorcet, and other writers. London 1798.

– An essay on the principle of population; or, a view of its past and present effects on human happiness; with an inquiry into our prospects respecting the future removal or mitigation of the evils which it occasions. 6th ed. 2 vols. London 1826.

MANIER, E.: The young Darwin and his cultural circle: a study of influences which helped shape the language and logic of the first drafts of the theory of natural selection. Dordrecht 1978.

MARCHANT, J. (Hrsg.): Alfred Russel Wallace: letters and reminiscences. 2 vols. London, New York 1916.

MARSH, O. C.: Polydactyle horses, recent and extinct. Amer. Journ. Sci. Arts 2d ser. *17* (1879): 497–503.

MAYR, E.: Systematics and the origin of species. New York 1942.

– Darwin and natural selection: how Darwin may have discovered his highly unconventional theory. Amer. Sci. *65* (1977): 321–327.

– Darwin's five theories of evolution. In: KOHN, D. (Hrsg.) 1985, S. 755–772.

– Weismann and evolution. Journ. Hist. Biol. *18* (1985): 295–329.

– Die Darwinsche Revolution und die Widerstände gegen die Selektionstheorie. In: MEIER, H. (Hrsg.): Die Herausforderung der Evolutionsbiologie, S. 221–250. München, Zürich 1988.

– One long argument: Charles Darwin and the genesis of modern evolutionary thought. Cambridge (Mass.) 1991.

– Darwin's principle of divergence. Journ. Hist. Biol. *25* (1992): 343–359.

– & PROVINE, W. B. (Hrsg.): The evolutionary synthesis: perspectives on the unification of biology. Cambridge (Mass.), London 1980.

MCKINNEY, L. H.: Alfred Russel Wallace and the discovery of natural selection. Journ. Hist. Med. All. Sci. *21* (1966): 333–357.

– Wallace and natural selection. New Haven 1972.

MCLAUGHLIN, P., & RHEINBERGER, H.-J.: Darwin und das Experiment. In: BAYERTZ, K., HEIDTMANN, B., & RHEINBERGER, H.-J. (Hrsg.): Darwin und die Evolutionstheorie, S. 27–43. Dialektik, Bd. 5. Köln 1982.

MOCEK, R.: Wilhelm Roux – Hans Driesch. Zur Geschichte der Entwicklungsphysiologie der Tiere („Entwicklungsmechanik"). Biographien bedeutender Biologen, Bd. 1. Jena 1974.

MÖLLER, A. (Hrsg.): Fritz Müller. Werke, Briefe und Leben. 3 Bde. Jena 1915–21.

MONTGOMERY, W. M.: Editing the Darwin correspondence: a quantitative perspective. Brit. Journ. Hist. Sci. *20* (1987): 13–27.

MOORE, J. R.: The post-Darwinian controversies: a study of the Protestant struggle to come to terms with Darwin in Great Britain and America, 1870–1900. Cambridge 1979.

– Darwin of Down: The evolutionist as Squarson-Naturalist. In: KOHN, D. (Hrsg.) 1985, S. 135–181.
– Deconstructing Darwinism: the politics of evolution in the 1860s. Journ. Hist. Biol. *24* (1991): 353–408.

MÜLLER, F.: Für Darwin. Leipzig 1864.

MÜLLER, H.: Die Befruchtung der Blumen durch Insekten und die gegenseitigen Anpassungen beider. Ein Beitrag zur Erkenntniss des ursächlichen Zusammenhanges in der organischen Natur. Leipzig 1873.
– Fertilisation of flowers. Transl. and edited by D'ARCY W. THOMPSON. With a preface by C. Darwin. London 1883.

NYHARD, L.: The disciplinary breakdown of German morphology, 1870–1900. Isis *78* (1987): 365–389.
– Biology takes form: Animal morphology and the German universities, 1800–1900. Chicago 1995.

OLDROYD, D. R.: Darwinian impacts: an introduction to the Darwinian revolution. 2nd rev. ed. Milton Keynes 1983.
– How did Darwin arrive at his theory? The secondary literature to 1982. History of Science *22* (1984): 325–374.
– Charles Darwin's theory of evolution: a review of our present understanding. Biol. Philos. *1* (1986): 132–168.

OSPOVAT, D.: God and natural selection: the Darwinian idea of design. Journ. Hist. Biol. *13* (1980): 169–194.
– The development of Darwin's theory: natural history, natural theology, and natural selection, 1838–1859. Cambridge 1981.

PALEY, W.: Natural theology; or, evidences of the existence and attributes of the Deity, collected from the appearances of nature. New ed. London 1816.

PANCALDI, G.: Darwin in Italy. Science across cultural frontiers. Updated edition. Transl. by R. B. MORELLI. Bloomington 1991 (Urspr. Darwin in Italia. Bologna 1983).

PARSHALL, Karen Hunger: Varieties as incipient species: Darwin s numerical analysis. Journ. Hist. Biol. *15* (1982): 191–214.

PECKHAM, M. (Hrsg.): The Origin of Species by Charles Darwin: a variorum text. Philadalphia 1959.

PESCHEL, O.: Neue Zusatze zu Charles Darwins Schöpfungsgeschichte der organischen Welt. Das Ausland *40* (1867): 74–80.

PETERS. , S. D.: Das Biogenetische Grundgesetz – Vorgeschichte und Folgerungen. Medizinhist. Journ. *15* (1980): 57–69.

PFEIFER, E. J.: The genesis of American neo-Lamarckism. Isis *56* (1965): 156–167.
– United States. In: GLICK, T. F. (Hrsg.) 1988, S. 168–206.

PORTER, D. M.: The *Beagle* collector and his collections. In: KOHN, D. (Hrsg.) 1985, S. 973–1019.
– On the road to the *Origin* with Darwin, Hooker, and Gray. Journ. Hist. Biol. *26* (1993): 1–38.

PRETE, F. R.: The conundrum of the honey bees: onc impediment to the publication of Darwin's theory. Journ. Hist. Biol. *23* (1990): 271–290.

PULTE, H.: Darwin in der Physik und bei den Physikern des 19. Jhs. Eine vergleichende wissenschaftstheoretische und -historische Untersuchung. In:

ENGELS, Eve-Marie (Hrsg.): Die Rezeption von Evolutionstheorien im neunzehnten Jh. S. 105–145. Suhrkamp Taschenbuch Wissenschaft, Nr. 1229. Frankfurt am Main 1995.

QUERNER, H.: Darwins Deszendenz- und Selektionslehre auf den deutschen Naturforscher-Versammlungen. In: MOTHES, K., & SCHARF, J.-H. (Hrsg.): Beiträge zur Geschichte der Naturwissenschaften und der Medizin. Festschrift für G. Uschmann, S. 439–456. Acta Historica Leopoldina, Bd. 9. Halle/Saale 1975.

PEGELMANN, J.-P.: Darwin und der Darwinismus. Eine kommentierte Auswahlbibliographie. In: BAYERTZ, K., HEIDTMANN, B., & RHEINSBERGER, H.-J. (Hrsg.): Darwin und die Evolutionstheorie, S. 154–169. Dialektik, Bd. 5 Köln 1982.

REIF, W. E.: The search for a macroevolutionary theory in German palaeontology. Journ. Hist. Biol. *19* (1986): 79–130.

RHODES, F. H. T.: Darwinian gradualism and its limits: the development of Darwin's views on the rate and pattern of evolutionary change. Journ. Hist. Biol. *20* (1987): 139–157.
– Darwin's search for a theory of the earth: symmetry, simplicity and speculation. Brit. Journ. Hist. Sci. *24* (1991): 193–229.

RICHARDS, R. J.: Why Darwin delayed, or interesting problems and models in the history of science. Journ. Hist. Behav. Sci. *19* (1983): 45–53.
– Darwin and the emergence of evolutionary theories of mind and behavior. Chicago, London 1987.
– The meaning of evolution: the morphological construction and ideological reconstruction of Darwin's theory. Chicago, London 1992.

RICHARDSON, A. R.: Biogeography and the genesis of Darwin's ideas on transmutation. Journ. Hist. Biol *14* (1981): 1–41.

RICHMOND, M.: Darwin's study of the cirripedia. In: The correspondence of Charles Darwin. Edited by BURKHARDT, F., & SMITH, S. Vol. 4, 1847–1850. Cambridge 1988, S. 388–409.

RINARD, Ruth G.: The problem of the organic individual: Ernst Haeckel and the development of the biogenetic law. Journ. Hist. Biol. *14* (1981): 249–275.

ROGER, J.: Darwinism today (commentary). In: KOHN, D. (Hrsg.) 1985, S. 813–823.

ROMANES, G. J.: Darwin and after Darwin: an exposition of the Darwinian theory and a discussion of post-Darwinian questions. 3 vols. Chicago 1892–1897.

RUDWICK, M.: Darwin and Glen Roy: a „great failure" in scientific method? Stud. Hist. Philos. Sci. *5* (1974): 97–185.

RUDWICK, M. J. A.: Darwin and the world of geology (commentary). In: KOHN, D. (Hrsg.) 1985 b, S. 511–518.

RUDWICK, M. J. S.: The great Devonian controversy: thc shaping of scientific knowledge among gentlemanly specialists. Chicago, London 1985 a.
– Introduction. In: LYELL; C.: Principles of geology. Vol. 1. Reprint: Chicago, London 1990, pp. VII–LVIII.

RUPKE, Nicolaas A.: The great Chain of History. Wil-

liam Buckland and the English School of Geology (1814–1849). Oxford 1983.
– Richard Owen. Victorian naturalist. New Haven 1994.
RUSE, M.: Darwin's dept to philosophy: an examination of the influence of the philosophical ideas of John F. W. Herschel and William Whewell on the development of Charles Darwin's theory of evolution. Stud. Hist. Philos. Sci. *6* (1975 a): 159–181.
– Charles Darwin's theory of evolution: an analysis. Journ. Hist. Biol. *8* (1975 b): 219–241.
– Charles Darwin and artificial selection. Journ. Hist. Ideas *36* (1975 c): 339–350.
– The Darwinian revolution: science red in tooth and claw. Chicago, London 1979.
RÜTIMEYER, L.: Beiträge zur Kenntniss der fossilen Pferde und zur vergleichenden Odontographie der Huftiere überhaupt. Verhandl. Naturforsch. Ges. Basel *3* (1863): 558–696.
SCHINDEWOLF, O. H.: Wesen und Geschichte der Paläontologie. Probleme der Wissenschaft in Vergangenheit und Gegenwart, Bd. 9. Berlin 1948.
SCHWARTZ, J. S.: Charles Darwin's debt to Malthus and Edward Blyth. Journ. Hist. Biol. *7* (1974): 301–318.
– Darwin, Wallace, and the Descent of Man. Journ. Hist. Biol. *17* (1984): 271–289.
SCHWEBER, S. S.: The origin of the *Origin* revisited. Journ. Hist. Biol. *10* (1977): 229–316.
– Darwin and the political economists: divergence of character. Journ. Hist. Biol. *13* (1980): 195–289.
– The wider British context in Darwin's theorizing. In: KOHN, D. (Hrsg.) 1985, S. 35–69.
– John Herschel and Charles Darwin: a study in parallel lives. Journ. Hist. Biol. *22* (1989): 1–71.
SECORD, J. A.: Nature's fancy: Charles Darwin and the breeding of pigeons. Isis *72* (1981): 163–186.
– Edinburgh Lamarckians: Robert Jameson and Robert E. Grant. Journ. Hist. Biol. *24* (1991 a): 1–18.
– The discovery of a vocation: Darwin's early geology. Brit. Journ. Hist. *24* (1991 b): 133–157.
SEIDLER, E.: Evolutionismus in Frankreich. Sudhoffs Arch. *53* (1969): 362–377.
SENGLAUB, K.: 1982, s. Kurzbiogr. Darwin: Autobiogr.
SHEETS-JOHNSTONE, Maxine: Why Lamarck did not discover natural selection. Journ. Hist. Biol. *15* (1982): 443–465.
SHEETS-PYENSON, Susan: Darwin's data: his reading of natural history journals, 1837–1842. Journ. Hist. Biol. *14* (1981): 231–248.
SLOAN, P. R.: Darwin, vital matter, and the transformism of species. Journ. Hist. Biol. *19* (1986): 369–445.
– (Hrsg.): OWEN, R.: The Hunterian lectures in comparative anatomy, May–June 1837 with an introductory essay and commentary. Chicago, London 1992.
SMITH, Fabienne: Charles Darwin's ill health. Journ. Hist. Biol. *23* (1990): 443–459.
– Charles Darwin's health problems: the allergy hypothesis. Journ. Hist. Biol. *25* (1992): 285–306.
SOBER, E.: Darwin on natural selection: a philosophical perspective. In: KOHN, D. (Hrsg.) 1985, S. 867–899.
SOMIT, A., & PETERSON, S. A.: The dynamics of evolution: the punctuated equilibrium debate in the natural and social sciences. Ithaca, London 1992.

STARCK, D.: Vergleichende Anatomie der Wirbeltiere von Gegenbaur bis heute. Verhandl. Deutsch. Zool. Ges., Jena 1965 (1966): 51–67.
– Die idealistische Morphologie und ihre Nachwirkungen. Medizinhist. Journ. *15* (1980): 44–56.
STAUFFER, R. C. (Hrsg.): Charles Darwin's Natural Selection; being the second part of his big species book written from 1856 to 1858. Cambridge 1975.
STODDART, D. R.: Darwin, Lyell, and the geological significance of coral reefs. Brit. Journ. Hist. Sci. *9* (1976): 199–218.
SUESS, E.: Über die Verschiedenheit und die Aufeinanderfolge der tertiären Landfaunen in der Niederung von Wien. Sitzungsber. math. nat. Cl. kaiserl. Akad. Wiss. (Wien) *47*, 1. Abt. (1863): 306–331.
SULLOWAY, F. J.: Geographical isolation in Darwin's thinking: the vicissitudes of a crucial idea. Stud. Hist. Biol. *3* (1979): 23–65.
– Darwin and his finches: the evolution of a legend. Journ. Hist. Biol. *15* (1982 a): 1–53.
– Darwin's conversion: the *Beagle* voyage and its aftermath. Journ. Hist. Biol. *15* (1982 b): 325–396.
– Further remarks on Darwin's spelling habits and the dating of *Beagled* voyage manuscripts. Journ. Hist. Biol. *16* (1983): 361–390.
– Darwin's early intellectual development: an overview of the *Beagle* voyage (1831–1836). In: KOHN, D. (Hrsg.) 1985, S. 121–154.
TAMMONE, W.: Competition, the Division of Labor, and Darwin s Principle of Divergence. Journ. Hist. Biol. *28* (1995): 109–131.
TODES, D. P.: V. O. Kovalevskii: the genesis, content, and reception of his paleontological work. Stud. Hist. Biol. *2* (1978): 99–166.
– Darwin without Malthus: the struggle for existence in Russian evolutionary thought. New York, Oxford 1989.
USCHMANN, G.: Einige Bemerkungen zu Haeckels biogenetischem Grundgesetz. Urania *16* (1953): 131–138.
– Zur persönlichen und wissenschaftlichen Entwicklung von W. O. Kowalewsky unter besonderer Berücksichtigung seiner Promotion in Jena. Wiss. Z. Univ. Jena, Math.-Nat. R. 5 (1955/56): 495–519.
– Alexander Onufriewitsch Kowalewsky (1840–1901). Biol. i. d. Schule *6* (1957): 1–9.
– Geschichte der Zoologie und der Zoologischen Anstalten in Jena 1779–1919. Jena 1959.
– Zur Geschichte der Stammbaum-Darstellungen. In: Gesammelte Vorträge über moderne Probleme der Abstammungslehre. Hrsg. GERSCH, M., Bd. 2, Jena 1967, S. 9–30.
VOGT, Carl: Vorlesungen über den Menschen, seine Stellung in der Schöpfung und in der Geschichte der Erde. 2 Bde. Giessen 1863.
VORZIMMER, P. J.: Darwin, Malthus, and the theory of natural selection. Journ. Hist. Ideas *30* (1969): 527–542.
VUCINICH, A.: Darwin in Russian thought. Berkeley 1988.
WAGNER, A.: Zur Feststellung des Artbegriffes, mit besonderer Bezugnahme auf die Ansichten von Nathusius, Darwin, Js. Geoffroy und Agassiz. Sitzungsber. königl. bayer. Akad. Wiss. München (1861), Bd. 1/5, S. 308–358.

WASSERSUG, R. J., & ROSE, M. R.: A reader's guide and retrospective to the 1982 Darwin centennial. Quart. Rev. Biol. *59* (1984): 417–437.

WEINDLING, Paul J.: Darwinism and Social Darwinism in Imperial Germany: the contribution of the cell biologist Oscar Hertwig (1849–1922). Forschungen zur neueren Medizin- und Biologiegeschichte, Bd. 3. Stuttgart, Jena, New York, 1991.

WICHLER, G.: Kölreuter, Sprengel, Darwin und die Blütenbiologie. Sitzungsber. Ges. Naturforsch. Freunde Berlin 1935 (1936): 305–341.

– Darwin als Botaniker. Sudhoffs Arch. *44* (1960): 289–313.

– Charles Darwin, the founder of the theory of evolution and natural selection. Oxford, New York 1961.

WILSON, E. O.: Sociobiology – the new synthesis. Cambrigde (Mass.), London 1975.

WORSTER, D.: Nature's economy: a history of ecological ideas. Cambridge 1977.

YOUNG, R. M.: Malthus and the evolutionists: the common context of biological and social theory. Past and Present *43* (1969): 109–145.

– Darwin's metaphor: nature's place in Victorian culture. Cambridge 1985.

ZIRNSTEIN, Gottfried: Charles Darwin. 4., erw. Aufl. Biographien hervorragender Naturwissenschaftler, Techniker und Mediziner, Bd. 13. Leipzig 1982.

Kapitel 11. Das Aufkommen der Vererbungsforschung unter dem Einfluß neuer methodischer und theoretischer Ansätze im 19. Jahrhundert

Originalliteratur siehe auch Kurzbiographien

ALLAN, Mea: Darwin and his Flowers, the Key to Natural Selection. New York 1977. Dt. Übers. von Alzbeta Lettowsky. Wien, Düsseldorf 1980.

AMBRONN, Hermann: Über Stäbchendoppelbrechung in Zelloïdin und in der Gelatine. Zeitschrift f. wiss. Mikroskopie u. mikroskop. Techn. *32* (1915): 43–59.

BALME, D. M.: Genos and Eidos in Aristotle's Biology. Class. Quart. *12* (1962): 81–98.

BARTHELMESS, Alfred: Vererbungswissenschaft (Orbis academicus, II/2). Freiburg, München 1952.

BARTLEY, Mary M.: Darwin and Domestication: Studies on Inheritance. Journ. Hist. Biol. *25* (1992): 307–333.

BATESON, William: Mendel's Principles of Heredity. London 1909 (dt. Mendels Vererbungstheorien. Leipzig 1914).

BOWLER, Peter J.: Bonnet and Buffon: Theories of Generation and the Problem of Species. Journ. Hist. Biol. *6* (1973): 259–281.

– The Mendelian Revolution. London 1989.

COCK, A. G.: William Bateson, Mendelism and Biometry. Journ. Hist. Biol. *6* (1973): 1–36.

COLEMAN, William R.: Biology in the Nineteenth Century: Problems of Form, Function and Transmutation (Wiley History of Science Series). New York, etc. 1971 und: (The Cambridge History of Science Series). Cambridge, etc. 1977 u. ö.

CORRENS, Carl Erich: Gregor Mendels Briefe an Carl Nägeli 1866–1873. Abhandl. Kgl. Sächs. Ges. Wiss. *29*, Nr. 3 (1905): 189–265.

CRAMER, Carl: Leben und Wirken von Carl Wilhelm von Nägeli. Zürich 1896.

CREW, F. A. E.: Mendelism comes to England. In: G. Mendel Memorial Symposium 1865–1965. Praha 1966, S. 15–30.

DARDEN, Lindley: William Bateson and the Promise of Mendelism. Journ. Hist. Biol. *10* (1977): 88–106.

DARLINGTON, C. D.: Mendel and the Determinants. In: DUNN 1951, S. 315–332.

DAVY DE VIRVILLE, Adrien et alii: Histoire de la Botanique en France. Paris 1954.

DITTRICH, Mauritz: Getreideumwandlung und Artproblem. Jena 1959.

DOBZHANSKY, Theodosius: Evolution, Genetics and Man. New York 1957 (dt. Die Entwicklung zum Menschen. Hamburg, Berlin 1958).

DUNN, L. C. (ed.): Genetics in the 20th century. New York 1951.

FANTINI, Bernardino: La genetica classica (Storia della scienza, 5). Torino 1979.

FARBER, Paul L.: Buffon and the Concept of Species. Journ. Hist. Biol. *5* (1972): 259–284.

GAISSINOVITSCH, A. E.: An Early Account of G. Mendel's Work in Russia. In: G. Mendel Memorial Symposium 1865–1965. Praha 1966, S. 39 f.

– Problems of Variation and Heredity in Russian Biology in the Late Nineteenth Century. Journ. Hist. Biol. *6* (1973): 97–123.

GEISON, G. L.: Darwin and heredity, the evolution of his hypothesis of pangenesis. Journ. Hist. Med. *24* (1969): 375–411.

GEORGE, Wilma: Gregor Mendel and Heredity (Pioneers of Science and Discovery). London 1975.

GÉRARD, Frédérique: De la modification des formes dans les êtres organisés. Bulletins de l'Académie Royale des Sciences [...] de Belgique *14* (1847): (25)–(43).

GLASS, Bentley: The Germination of the Idea of Biological Species. In: Forerunners of Darwin: 1745–1859; ed. by Bentley GLASS and others. Baltimore 1959; Johns Hopkins Paperbacks Edition 1968, S. 30–48.

GOLDSCHMIDT, Richard B.: Zwei Jahrzehnte Mendelismus. Naturwiss. *10* (1922): 631–635.

GRAEPEL, Paul Hartwig: Carl Friedrich von Gärtner (1772–1850): Familie, Leben, Werk. Ein Beitrag zur Geschichte der Sexualtheorie und der Bastarderzeugung im Pflanzenreich. Naturwiss. Diss. Univ. Marburg/Lahn 1978.

HILTS, V. L.: A Guide to Francis Galton's English Men of Science. Transact. Amer. Philos. Soc., N.S., *65* (1975), Nr. 5.

HOMMEL, H.: Moderne und hippokratische Vererbungstheorien. Arch. Gesch. Med. *19* (1927): 105–122.

HOPPE, Brigitte: Die Beziehungen zwischen J. G. Mendel und C. W. Nägeli aufgrund neuer Dokumente. Folia Mendeliana 6 (Brno 1971): 123–138.
– Umbildungen der Forschung in der Biologie im 19. Jh. In: Konzeption und Begriff der Forschung in den Wissenschaften des 19. Jh. S. 104–188. Hrsg. DIEMER, Alwin. Meisenheim am Glan 1978.
– Die Evolution der Organismen im Denken des Paläontologen Oswald Heer (1809–1883). Medizinhist. Journ. 20 (1985): 348–362.
ITERSON jr., G. VAN: Beijerinck, the botanist. Martinus Willem Beijerinck, his life and his work, P. 2. The Hague 1940. Repr. Madison, Wisc. 1983.
JAHN, Ilse: Zur Geschichte der Wiederentdeckung der Mendelschen Gesetze. Wiss. Z. Univ. Jena, Math.-Naturw. Reihe 7 (1957/58): 215–227.
– W. O. Focke – M. W. Beijerinck und die Geschichte der „Wiederentdeckung" Mendels. Biol. Rundschau 3 (1965): 12–25.
– Carl Ludwig Willdenow und die Biologie seiner Zeit. Wiss. Z. Univ. Berlin, Math.-Naturw. Reihe 15 (1966): 803–812.
– Die Herausdifferenzierung der Vererbungsforschung unter den neuen methodischen und theoretischen Aspekten des 19. Jh. In: Geschichte der Biologie. Hrsg. JAHN, Ilse, u. a., 2. Aufl. Jena 1985. Kap. 9, S. 413–441.
JOHANNSEN, Wilhelm: Hundert Jahre Vererbungsforschung. Verhandl. Ges Deutsch. Naturforsch. u. Ärzte 87 (1923): 70–104.
KŘIŽENECKÝ, Jaroslav: Gregor Johann Mendel 1822–1884. Texte und Quellen zu seinem Wirken und Leben (Lebensdarstellungen deutscher Naturforscher, Nr. 11) = Festgabe der Deutschen Akademie der Naturforscher Leopoldina zum Mendel Memorial Symposium 1865–1965, August 1965 in Brünn. Leipzig 1965.
– (Hrsg.): Fundamenta Genetica. The Revised Edition of Mendel's Classic Paper with a Collection of 27 Original Papers Published during the Rediscovery Era. Praha 1965.
LESKY, Erna: Die Zeugungs- und Vererbungslehren der Antike und ihr Nachwirken (Akademie der Wissenschaften und Literatur Mainz, Abhandlungen der geistes- und sozialwissenschaftlichen Klasse 1950, Nr. 19). Wiesbaden 1951.
LLOYD, G. E. R.: Genus, Species and Ordered Series in Aristotle. Phronesis 7 (1962): 67–90.
MÄGDEFRAU, Karl: Geschichte der Botanik. 2. Aufl. Stuttgart, Jena u. a. 1992.
MAYR, Ernst: Animal Species and Evolution. Cambridge, Mass. 1963.
– Artbegriff und Evolution. Hamburg, Berlin 1967.
– Illiger and the Biological Species Concept. Journ. Hist. Biol. 1 (1968): 163–178.
– The Recent Historiography of Genetics. Journ. Hist. Biol. 6 (1973): 125–154.
– The Growth of Biological Thought: Diversity, Evolution and Inheritance. Cambridge, Mass. 1982 (dt. Die Entwicklung der biologischen Gedankenwelt. Berlin 1984).
MENDEL, Gregor Johann: Versuche über Pflanzenhybriden. Hrsg. WEILING, Franz (Ostwalds Klassiker

der exakten Wissenschaften, N.F. Bd. 6). Braunschweig 1970.
Moravian Museum – Mendelianum [Hrsg.] Folia Mendeliana 1–30 (Brno 1965–1995).
MUGGELBERG, Heidi: Leben und Wirken Karl Wilhelm Illigers (1775–1813) als Entomologe, Wirbeltierforscher und Gründer des Zoologischen Museums der Humboldt-Universität zu Berlin. Teil 1–2. Mitteil. Zool. Mus. Berlin 51 (1975): 257–303; 52 (1976): 137–174.
MÜLLER, Klaus-Dieter: F. J. Schelver, 1778–1832 (Heidelberger Schriften zur Pharmazie- und Naturwissenschaftsgeschichte, Bd. 7). Stuttgart 1992.
OLBY, Robert C.: Origins of Mendelism. London 1966; 2nd Edition Chicago, London 1985.
OREL, Vitězslav: Eine bisher unbekannte Anregung für Mendels Kreuzungsexperimente aus der deutschen Literatur. NTM 12 (1975), H. 2: 76–83.
– Mendel (Past Masters Series). Oxford, New York 1984.
– Gregor Mendel: The First Geneticist. Oxford, New York 1995.
– & MATALOVA, Anna (Hrsg.): Gregor Mendel and the Foundation of Genetics. Brno 1983.
– & VÁVRA, M.: Mendel's Program for the Hybridization of Apple Trees. Journ. Hist. Biol. 1 (1968): 219–224.
OSPOVAT, Dov: The Development of Darwin's Theory: Natural History, Natural Theology, and Natural Selection, 1838–1859. Cambridge 1981.
PAS, P. W. van der: The Correspondence of Hugo de Vries and Charles Darwin. Janus 57 (1970): 173–213.
PEARSON, Karl: The Life, Letters and Labours of Francis Galton. Bd. 1–3. London 1914–1930.
PROVINE, William B.: The Origins of Theoretical Population Genetics (The Chicago History of Science and Medicine, ed. by Allen G. DEBUS). Chicago, London 1971.
ROBERTS, H. F.: Plant Hybridization before Mendel. Princeton 1929.
ROGER, Jacques: Buffon, un philosophe au Jardin du Roi. Paris 1989.
ROLL-HANSEN, Nils: The Genotype Theory of Wilhelm Johannsen and its Relation to Plant Breeding and the Study of Evolution. Centaurus 22 (1978): 201–235.
SCHIEMANN, Elisabeth: Hugo de Vries zum hundertsten Geburtstage. Ber. Deutsch. Bot. Ges. 62 (1948): 1–15.
SHERWOOD, Eva R., & STERN, Curt (Hrsg.): The Origin of Genetics: A Mendel Source Book. San Francisco, Calif., London 1966.
SLOAN, P. R.: The Impact of Buffon's Taxonomic Philosophy in German Biology: The Establishment of the Biological Species Concept. In: FORBES, E. G. (Hrsg.): Human Implications of Scientific Advance (Proceedings XVth Int. Congr. Hist. Science Edinburgh 1977). Edinburgh 1978, S. 531–576.
SPRING, Anton: Ueber die naturhistorischen Begriffe von Gattung, Art und Abart. Leipzig 1838.
STOMPS, J. Th.: Hugo de Vries. Ber. Deutsch. Bot. Ges. 53 (1936): 85–96.
STUBBE, Hans: Kurze Geschichte der Genetik bis zur

Wiederentdeckung der Vererbungsregeln Gregor Mendels. 2. Aufl. Jena 1965.

STURTEVANT, Alfred Henry: A History of Genetics. New York 1965.

THEUNISSEN, Bert: The Beginnings of the „Delft Tradition" Revisited: Martinus W. Beijerinck and the Genetics of Microorganisms. Journ. Hist. Biol. *29* (1996): 197–228.

THIELE, Julia Verbena: Wilhelm Olbers Focke und die Entstehung der Arten durch Bastardierung. Diplomarbeit der Fak. für Biologie der Univ. Tübingen 1996.

TROCCHIO, Federico DI: Mendel's Experiments: A Reinterpretation. Journ. Hist. Biol. *24* (1991): 485–519.

UHLMANN, Eduard: Entwicklungsgedanke und Artbegriff in ihrer geschichtlichen Entstehung und sachlichen Beziehung (Jenaische Zeitschrift für Naturwissenschaft 59, H. 1). Jena 1923.

VEER, P. H. W. A. M. DE: Leven en werk van Hugo de Vries. Groningen 1969.

VISSER, R. P. W.: Hugo de Vries (1848–1935). Het begin van de experimentele botanie in Nederland. In: Een brandpunt van geleerdheid in de hoofdstad. De Universiteit van Amsterdam rond 1900 in vijftien portretten. Hrsg. BLOM, J. C. H., u. a., Hilversum 1992, S. 159–178.

WANSCHER, J. H.: The History of Wilhelm Johannsen's Genetical Terms and Concepts from the Period 1903 to 1926. Centaurus *19* (1975): 125–147.

WARTENBERG, Hans: Genetik und Evolution. In: Gesammelte Vorträge über moderne Probleme der Abstammungslehre. Bd. 2. Jena 1967.

WEILING, Franz: Zur Frage der „überzufällig großen Genauigkeit" der Versuche J. G. Mendels. Mitteil. Österreichischen Ges. Gesch. Naturwiss. *5* (1985): 1–25.

– Which points are incorrect in R. A. Fisher's statistical conclusion: Mendel's experimental data agree too closely with his expectation? Angewandte Bot. *63* (1989): 129–143.

– Historical Study: Johann Gregor Mendel 1822–1884. Amer. Journ. Med. Gen. *40* (26) (1991): 1–25.

WEINSTEIN, Alexander: How Unknown Was Mendel's Paper? Journ. Hist. Biol. *10* (1977): 341–364.

WEIR, J. A.: Agassiz, Mendel, and Heredity. Journ. Hist. Biol. *1* (1968): 179–203.

WELLS, Kentwood D.: Sir William Lawrence (1783–1867). A Study of Pre-Darwinian Ideas on Heredity and Variation. Journ. Hist. Biol. *4* (1971): 319–361.

WUNDERLICH, R.: Der wissenschaftliche Streit über die Entstehung des Embryos der Blütenpflanzen im zweiten Viertel des 19. Jhs. (bis 1856) und Mendels „Versuche über Pflanzenhybriden". Folia Mendeliana *17* (1982): 225–242.

ZIRKLE, Conway: The beginnings of plant hybridization. Philadelphia, London 1935.

– The Role of Liberty Hyde Bailey and Hugo de Vries in the Rediscovery of Mendelism. Journ. Hist. Biol. *1* (1968): 205–218.

Kapitel 12. Die Methoden-frage in der Biologie des 19. Jahrhunderts: Beobachtung oder Experiment?

Originalliteratur siehe auch Kurz-biographien

BAER, Karl Ernst VON: Zwei Worte über den jetzigen Zustand der Naturgeschichte. Königsberg 1821.

– Über Entwickelungsgeschichte der Thiere. Beobachtung und Reflexion. 1828/1837. Nachdruck Brüssel 1967.

BERGMANN, Carl, & LEUCKART, Rudolf: Anatomisch-physiologische Uebersicht des Thierreichs. Vergleichende Anatomie und Physiologie. Stuttgart 1852.

BERNARD, Claude: Introduction à l'étude de la médicine expérimentale. Paris 1865; deutsch von Paul Szendrö, mit einer Einführung und einem Kommentar von K. E. Rothschuh, Leipzig 1961 (Sudhoffs Klassiker der Medizin, Band 35).

BÜTSCHLI, Otto: Studien über die ersten Entwicklungsvorgänge der Eizelle, die Zellteilung und die Conjugation der Infusorien. Abh. Senckenberg. Naturf. Ges. *10* (1876): 215–452.

– Betrachtungen über Hypothese und Beobachtung. Verh. Dtsch. Zool. Ges. 6. Jahresvers. Bonn 1896, S. 7–16.

CUVIER, Georges: Rapport historique sur les progres des sciences depuis 1789 et sur état actuel. Paris 1810.

– Recherches sur les ossemens fossiles de quadrupèdes ou l'on rétablit les caractères de plusieurs espèces d'animaux que les révolutions du globe paroissent avoir détruites. 4 Bände Paris 1812. 4. Aufl. 1834–37.

– Le règne animal distrubé d'après son organisation. Paris 1817.

– Nature. In: Dictionnaire des sciences naturelles. Straßburg/Paris 1825.

DÖLLINGER, Ignaz: Von den Fortschritten, welche die Physiologie seit Haller gemacht hat. Eine Rede. München 1824.

FRIES, Jakob Friedrich: Die mathematische Naturphilosophie nach philosophischer Methode bearbeitet. Heidelberg 1822.

GOEBEL, Karl: Organographie der Pflanzen. (3 Bände) Jena 1898–1901 (3. Aufl. 1928–1933).

GOETHE, Johann Wolfgang: Der Versuch als Vermittler von Objekt und Subjekt. (1792). Hamburger Ausgabe Bd. 13, S. 10–20.

GOETTE, Alexander: Die Entwicklungsgeschichte der Unke (*Bombinator igneus*) als Grundlage einer vergleichenden Morphologie der Wirbelthiere. Leipzig 1875.

GRELL, Karl G.: Die Gastraea-Theorie. Medizinhist. Journ. *14* (1979): 275–291.

HAECKEL, Ernst: Generelle Morphologie der Organismen. Allgemeine Grundzüge der organischen For-

men-Wissenschaft, mechanisch begründet durch die von Charles Darwin reformirte Descendenz-Theorie. Zwei Bände, Berlin 1866.
– Die Kalkschwämme. Eine Monographie. Erster Band (Genereller Teil) Biologie der Kalkschwämme. Berlin 1872.
– Ziele und Wege der heutigen Entwickelungsgeschichte. Jena 1875.
HERTWIG, Richard: Über die Methoden der zoologischen Forschung. Verh. Dtsch. Zool. Ges. 16. Jahresversammlung Marburg 1906, S. 9–18.
HERTWIG, Oscar: Zeit- und Streitfragen der Biologie. Heft 2. Mechanik und Biologie. Mit einem Anhang: Kritische Bemerkungen zu den entwicklungsmechanischen Naturgesetzen von Roux. Jena 1897.
HIS, Wilhelm: Unsere Körperform und das physiologische Problem ihrer Entstehung. Briefe an einen befreundeten Naturforscher. Leipzig 1874.
HUXLEY, Thomas H.: The oceanic Hydrozoa; a description of the Calycophoridae and Physophoridae observed during the voyage of the H. M. S. „Rattlesnake" in the years 1846–1850. With a general introduction. London, printed for the Ray Society, 1858.
JAHN, Ilse: Matthias Jacob Schleiden an der Universität Jena. In: Naturwissenschaft, Tradition, Fortschritt. Beih. zur Zeitschr. NTM 1963, S. 63–72.
– Das wissenschaftliche Programm von Matthias Jacob Schleiden (1804–1881) und seine Rolle in der Disziplinentwicklung der Botanik. In: Wissenschaft und Schulenbildung. Hrsg. Friedrich-Schiller-Universität Jena. Jena 1991, S. 159–168. (Alma Mater Jenensis. Studien zur Hochschul- und Wissenschaftsgeschichte, Heft 7).
KANT, Immanuel: Critik der reinen Vernnunft. 2. Aufl. Riga 1787.
– Über die von der Königl. Akademie der Wissenschaften zu Berlin für das Jahr 1791 ausgesetzte Preisfrage: Welches sind die wirklichen Fortschritte, die die Metaphysik seit Leibnitzens und Wolf's Zeiten in Deutschland gemacht hat. Hrsg. RINK, D. Friedrich Theodor, Königsberg 1804.
KOLLER, Gottfried: Das Leben des Biologen Johannes Müller 1801–1858. (Große Naturforscher Bd. 22.) Stuttgart 1958.
KOVALEVSKIJ, W. O.: Sur l'Anchitherium aurelianense Cuv. et sur l'histoire paléontologique des chevaux. St. Petersbourg 1873.
LEUCKART, Rudolf: Ueber die Morphologie und die Verwandtschaftsverhältnisse der wirbellosen Thiere. Braunschweig 1848.
– Ist die Morphologie so ganz unberechtigt? Z. wiss. Zool. 2 (1850): 271–275.
LOTZE, Hermann: Allgemeine Physiologie des koerperlichen Lebens. Leipzig 1851.
LUDWIG, Carl: (Rezension des Werkes von R. Leuckart 1848) In: Schmidt's Jahrbücher der in- und ausländischen Medicin. Jahrgang 1849 (Bd. 61), S. 341–343.
MOCEK, R.: Wilhelm Roux – Hans Driesch. zur Geschichte der Entwicklungsphysiologie der Tiere. (Biographien bedeutender Biologen Band 1) Jena 1974.
MOHL, H. VON: Mikrographie oder Anleitung zur Kenntnis und zum Gebrauch des Mikroskops. Tübingen 1848.
MÜLLER, Irmgard: Wandlungen embryologischer Forschung von der deskriptiven zur experimentellen Phase unter dem Einfluß der Zoologischen Station in Neapel. Med. hist. Journal 10 (1975): 191–218.
MÜLLER, Johannes: Von dem Bedürfnis der Physiologie nach einer philosophischen Naturbetrachtung. Eine öffentliche Vorlesung, gehalten zu Bonn am 19ten October 1824. Bonn 1825. – Abgedruckt auch in: Zur vergleichenden Physiologie des Gesichtssinnes des Menschen und der Thiere … Leipzig 1826. – Nachdruck in: Biologie der Goethezeit (Hrsg. MEYER-ABICH, A.) Stuttgart 1949, S. 256–281.
NAEGELI, Carl: Das Mikroskop. Leipzig 1865, 2. Aufl. 1877. (mit SCHWENDENER, S.)
NÖGGERATH, J.: Die Umwälzungen der Erdrinde. Bonn 1822 und 1830. (Übersetzung der Einleitung zu CUVIERS Werk „Recherches sur les ossemens fossiles …")
PAX, Ferdinand: Lehrbuch der Botanik. 2 Bände. Stuttgart 1892/93.
QUERNER, Hans: Beobachtung oder Experiment? Die Methodenfrage in der Biologie um 1900. Verh. Dtsch. Zool. Ges. 1975. Stuttgart 1975, S. 4–12.
– Die Entwicklungsmechanik Wilhelm Roux' und ihre Bedeutung in seiner Zeit. In: Medizin, Naturwissenschaft, Technik und das Zweite Kaiserreich (Hrsg. MANN, G. & WINAU, R.) Göttingen 1977, S. 189–200.
– Die Methodenfrage in der Biologie des 19. Jhs. Nachrichtenbl. Dtsch. Ges. Geschichte der Med., Naturw. und Technik 30 (1980) H. 3: 111–126.
RAIKOV, Boris Evgen'evic: Karl Ernst von Baer 1792–1876. Sein Leben und sein Werk. Acta historica Leopoldina Nr. 5. Leipzig 1968.
RAUBER, August: Formbildung und Formstörung in der Entwicklung von Wirbelthieren. Leipzig 1880.
REMAK, Robert: Untersuchungen über die Entwickelungsgeschichte der Wirbelthiere. Berlin 1855.
RHEINBERGER, Hans-Jörg: Experimentalsysteme, Experimentalkulturen, Wissenschaftsgeschichte. Jahrb. f. Geschichte u. Theorie d. Biol. 1 (1994): 69–83. Darin: S. 71–76 Claude Bernard 1813–1878 und der Nachweis von Zucker in der Leber.
ROTHSCHUH, Karl Eduard: Geschichte der Physiologie. Berlin, Göttingen, Heidelberg 1953.
– Physiologie. Der Wandel ihrer Konzepte. Probleme und Methoden vom 16. bis 19. Jh. Freiburg, München 1968 (Orbis academicus Bd. II/15).
– Die Bedeutung apparativer Hilfsmittel für die Entwicklung der biologischen Wissenschaften im 19. Jh. In: Naturwissenschaft, Technik und Wirtschaft im 19. Jh. Acht Gespräche der Agricola-Gesellschaft … (Hrsg. TREUE, W., & MAUEL, K.) Teil 1. S. 161–185. Göttingen 1976.
ROUX, Wilhelm: Aufgaben der Entwicklungsmechanik der Organismen. In: Archiv für Entwicklungsmechanik der Organismen Bd. I 1895 a. (hier zitiert nach O. HERTWIG 1897, S. 63.)
– Gesammelte Abhandlungen über Entwicklungsmechanik der Organismen. Bd. II, S. 75. Leipzig 1895 b, (hier zitiert nach O. HERTWIG 1897, S. 63)

– Die Entwicklungsmechanik, ein neuer Zweig der biologischen Wissenschaft. In: Verh. Ges. Deutscher Naturforscher und Ärzte. Erster Teil, Leipzig 1905, S. 23–39.

SCHACHT, Hermann: Das Mikroskop und seine Anwendung, insbesondere für Pflanzenanatomie und Physiologie. Berlin 1851.

SCHLEIDEN, Matthias Jacob: Grundzüge der wissenschaftlichen Botanik nebst einer: Methodologischen Einleitung als Anleitung zum Studium der Pflanze. Leipzig 1842. 2. u. folg. Aufl. unter dem Titel: Die Botanik als inductive Wissenschaft behandelt. Leipzig 1845/46, 3. Aufl. Leipzig 1849/50. 4. Aufl. (unverändert) 1861. In Englisch 1849 und 1861.

SCHWANN, Theodor: Mikroskopische Untersuchungen über die Übereinstimmung in der Struktur und dem Wachsthume der Thiere und Pflanzen. Berlin 1839. (Nachdruck in: Ostwald's Klassiker der exakten Wissenschaften. Nr. 176. Leipzig 1910)

SEMPER, Carl: Der Haeckelismus in der Zoologie. Hamburg 1876.

SENEBIER, Jean: Essay sur l' art d'observer et de faire des experience. 1775.

SIEBOLD, Carl Theodor VON: Handbuch der Zootomie. 1. Thl. Wirbellose Thiere. Berlin 1845.

USCHMANN, Georg: Zur persönlichen und wissenschaftlichen Entwicklung von W. O. Kowaleswky unter besonderer Berücksichtigung seiner Promotion in Jena. Naturwiss. Zeitschrift der Friedrich-Schiller-Universität Jena 5 (1955/56): 495–519.

Kapitel 13. Die theoretische und institutionelle Situation in der Biologie an der Wende vom 19. zum 20. Jahrhundert

Originalliteratur siehe auch Kurzbiographien

ARNDT, W.: Statistisches über die Verteilung der Reichsdeutschen Museen. Museumskunde, N.F. *2* (1930): 149–165

BOIS-REYMOND, E. DU: Über die Grenzen des Naturerkennens. Velhagen & Klasings deutsche Lesebogen Nr. 93, Verlag von Velhagen & Klasing, Bielefeld/Leipzig 1927.

CREMER, Th.: Von der Zellenlehre zur Chromosomentheorie der Vererbung. Springer Verlag Berlin, Heidelberg, New York 1985.

DEWITZ, H.: Die großen zoologischen Landesmuseen. Biol. Ctrbl. *8* (1888): 157–158.

Dokumente über Naturwissenschaft und Philosophie. Briefwechsel zwischen Anton Dohrn und Friedrich Albert Lange. Erkenntnis *3* (1932/33).

DRIESCH, H.: Philosophie des Organischen. Grifford Vorlesung. 2. Bd. Verlag Wilhelm Engelmann, Leipzig 1909.

ECCLES, J.: Das Rätsel Mensch. Gifford Lectures Edinburgh 1977–1978. E. Reinhardt Verlag, München, Basel 1982.

FRANCOTTE, P.: Les laboratoires maritimes étrangers à l'esposition de Liège. In: Chasse et Peche, Bruxelles 1905.

HAACKE, W.: Bioekographie, Museenpflege und Kolonialtierkunde. Jenaische Zeitschr. f. Naturwissenschaften 1886.

HALDANE, J. S.: Die Philosophie eines Biologen. Verlag Gustav Fischer, Jena 1936.

HARNACK, A. V.: Die Kaiser-Wilhelm-Gesellschaft zur Förderung der Wissenschaften (Gedanken über die Notwendigkeit einer neuen Organisation zur Förderung der Wissenschaften in Deutschland). Berlin 1910.

HARTMANN, M.: Wesen und Wege der biologischen Erkenntnis. Naturwiss. *24* (1936): 705–713.

– Philosophie der Naturwissenschaften. Springer Verlag, Berlin 1937.

HERTWIG, O.: Die Entwicklung der Biologie im 19. Jh. Fischer Verlag, Jena 1900.

JACOB, F.: Die Logik des Lebendigen. Von der Urzeugung zum genetischen Code. S. Fischer Verlag, Frankfurt a. M. 1972.

JAHN, Ilse: Entwicklungslinien der Biologie im 20. Jh, Kap. 10. In: Geschichte der Biologie. Hrsg. Jahn T., LÖTHER, R., SENGLAUB, K. 2. Aufl. 1985, S. 442–462.

JUDAY, Ch.: Some european biological stations. Transact. Wiscons. Acad. Soc. Arts Lett. *16* (1910), Part 2.

KOFOID, C. A.: The biological stations of Europe. US Bureau of Education, Bulletin *4* (1910).

KÜHN, A.: Anton Dohrn und die Zoologie seiner Zeit. Pubbl. Stazione Zool. Napoli, Suppl. 1950, 1–205.

KUHN, H. & WASER, J.: Selbstorganisation der Materie und Evolution früher Formen des Lebens. In: Biophysik. Hrsg. HOPPE, LOHMANN, MARKL, ZIEGLER). 2. Aufl. Springer Verlag, Berlin, Heidelberg, New York 1982.

MAYER, P.: Zoologische Stationen. Handwörterbuch der Naturwissenschaften, Bd. 10 (1915): S. 1028–1035.

MÜLLER, Irmgard: Die Geschichte der Zoologischen Station in Neapel und ihre Bedeutung für die Entwicklung der modernen biologischen Wissenschaften. Habil.-Schrift Math.-Nat. Fak. Univ. Düsseldorf 1976.

OPPENHEIMER, Jan: Anton Dohrn. In: Dict. Scientific Biography 1978.

PENZLIN, H.: Der Lebensbegriff bei Haeckel. In: Leben und Evolution. Veröffentlichung der Friedrich-Schiller-Universität Jena (Hrsg. der Rektor). Jena 1985.

– 100 Jahre „Zoologische Jahrbücher". Zool. Jb. Physiol. *90* (1986): 1–12. Auch in: Zool. Jb. Syst. *113* (1986): 457–468.

– Das Teleologie-Problem in der Biologie. Biol. Rundsch. *25* (1987): 7–26.

REINKE, J.: Einleitung in die theoretische Biologie. Verlag Gebr. Paetel, Berlin 1911.

SCHULTZ, J.: Maschinentheorie des Lebens. 2. Aufl. Leipzig 1929.

– Über das Auseinandergehen von Furchungs- und Gewebszellen im kalkfreien Medium. Arch. Entw.-mech. *9* (1900): 424–463.

HERTH, W., & SANDER, K.: Mode and timing of body pattern formation (regionalization) in the early embryonic development of cyclorhaphic dipterans (*Protophormia, Drosophila*) Roux Arch. Entw.-mech. *172* (1973): 1–27.

HERTWIG, G.: Beiträge zum Determinations- und Regenerationsproblem mittels Transplantation haploidkerniger Zellen. Roux Arch. Entw.-mech. *111* (1927): 292–316.

HERTWIG, O.: Über den Wert der ersten Furchungszellen für die Organbildung des Embryo. Experimentelle. Studien am Frosch- und Tritonei. Arch. mikrosk. Anat. *42* (1893): 662–806.

HIS, W.: Unsere Körperform und das physiologische Problem ihrer Entstehung. Briefe an einen befreundeten Naturforscher. F. C. W. Vogel, Leipzig 1874.

– Über mechanische Grundvorgänge tierischer Formbildung. Arch. Anat. (Phys.) 1894.

HOLTFRETER, J.: Über die Aufzucht isolierter Teile des Amphibienkeimes I. Roux Arch. Entw.-mech. *117* (1929): 422–510.

– Morphologische Beeinflussung von Urodelenektoderm bei xenoplastischer Transplantation. Arch. Entw.-mech. *133* (1935): 367–426.

– Veränderungen der Reaktionsweise im alternden isolierten Gastrulaektoderm. Arch. Entw.-mech. *138* (1938): 163–196.

– A study of the mechanics of gastrulation: Part I. J. exp. Zool. *94* (1943): 261–318; Part II. J. exp. Zool. *95* (1944): 171–212.

– Neural induction in explants which have passed through a sublethal cytolysis. J. exp. Zool. *106* (1947): 197–222.

HÖRSTADIUS, S.: Über die Determination im Verlaufe der Eiachse bei Seeigeln. Publ. Staz. zool. Napoli *14* (1935): 251–479.

– The mechanics of sea urchin development studied by operative methods. Biol. Rev. *14* (1939): 132–179.

HUXLEY, J. S.: Early embryonic differentiation. Nature (London) *113* (1924): 276–278.

– & DE BEER, G. R.: The elements of experimental embryology. Cambridge 1934.

JAFFE, L. F.: Control of development by ionic currents. In: Membrane transduction mechanismus. Eds. CONE, R. A., & DOWLING, J. E.: Raven Press, New York 1979, S. 199–231.

– & NUCCITELLI, R.: Electric controls of development. Ann. Rev. Biophys. Bioeng. *6* (1977): 445–476.

KANAJEW, J.: Einige histologische Beobachtungen über das Entoderm der *Pelmatohydra oligactis* Pall. bei der Regeneration. Zool. Anz. *67* (1926): 228–234.

KIRSCHNER, M. W., & GERHART, J. C.: Spatial and temporal changes in the amphibian egg. Bioscience *31* (1981): 381–388.

KLEINENBERG, N.: Hydra, eine anatomisch-entwicklungsgeschichtliche Untersuchung. Verlag W. Engelmann, Leipzig 1872.

KOPEĆ, ST.: The influence of the nervous system on the development and regeneration of muscles and integument in insects. J. exp. Zool. *37* (1923): 15–25.

KORSCHELT, E.: Regeneration und Transplantation. Fischer Verlag, Jena 1907.

KÜHN, A.: Rezension von Goldschmidts „Physiologische Theorie der Vererbung". Naturwiss. *163* (1928): 336–338.

– Vorlesungen über Entwicklungsphysiologie. Springer Verlag, Berlin, Göttingen, Heidelberg 1955.

LENOIR, T.: The strategy of life. Teleology and mechanics in nineteenth-century german biology. Univ. Chicago Press 1982.

LEVI-MONTALCINI, R.: The nerve growth factor: its mode of action on sensory and sympathic nerve cells. Harvey Lectures *60* (1965): 217–259.

LEWIS, E. B.: A gene complex controlling segmentation in Orosophila. Nature *276* (1978): 565–570.

LINDAHL, P. E.: Zur Kenntnis der physiologischen Grundlagen der Determination im Seeigelkeim. Acta Zool. *17* (1936).

LOEB, J.: Untersuchungen zur physiologischen Morphologie der Tiere. I. Über Heteromorphose. Würzburg 1891.

– Untersuchungen zur physiologischen Morphologie. II. Würzburg 1892.

– Concerning dynamic conditions which contribute toward the morphological polarity of organisms. Univ. Calif. Publ. Physiol. *1* (1904).

– Regeneration from a physico-chemical viewpoint. New York 1924.

MACWILLIAMS, H. K.: Hydra transplantation phenomena and the mechanism of Hydra head regeneration. Developm. Biol. *96* (1983): 217–238, 239–257.

MANGOLD, O.: Experimente zur Analyse der Determination und Induktion der Medullarplatte. Roux Arch. Entw.-mech. *117* (1929): 586–696.

– Über die Induktionsfähigkeit der verschiedenen Bezirke der Neurula von Urodelen. Naturwiss. *21* (1933): 761–766.

MARX, A.: Über die Induktionen durch narkotisierte Organisatoren. Roux Arch. Entw.-mech. *123* (1930): 333–388.

McGINNIS, W., LEWINE, M. S., HAFEN, E., KUROIWA, A., & GEHRING, W. J.: A conserved DNA sequence in homoeotic genes of the *Drosophila* antennapedia and bithorax complexes. Nature *308* (1984): 428–433.

MESCHER, A. L., & GODSPODAROWICZ, D.: Mitogenic effect of a growth factor derived from myelin on denervated regenerates of newt forelimbs. J. Exp. Zool. *207* (1979): 497–503.

MILOJEWIĆ, B. D.: Beiträge zur Frage der Determination der Regenerate. Roux Arch. Entw.-mech. *103* (1924): 80–94.

MOCEK, R.: Wilhelm Roux – Hans Drisch. Jena 1974.

MORGAN, T. H.: Regeneration in planarians. Arch. Entw.-mech. *10* (1900): 58–119.

– Regeneration. Macmillan Comp., New York 1901.

– Growth and regeneration in *Planaria lugubris*. Arch. Entw.-mech. *13* (1901).

– Experimental embryology. Columbia Univers. Press, New York 1927.

– The relation of genetic to physiology and medicine (Nobel lecture). Norstedt & Söner, Stockholm 1935.

– & STEVENS, N. M.: Experiments on polarity in *Tubularia*. J. exp. Zool. (1904).

MORITZ, K. B.: Theodor Boveri (1862–1915), Pionier der modernen Zell- und Entwicklungsbiologie. G. Fischer Verlag, Stuttgart 1993.

MÜLLER, I.: Die Wandlung embryologischer Forschung von der deskriptiven zur experimentellen Phase unter dem Einfluß der Zoologischen Station in Neapel. Med. hist. J. *10* (1975): 191–218.

NAEGELI, C. W. VON: Mechanisch-physiologische Theorie der Abstammungslehre. München, Leipzig 1884.

NEWPORT, G.: On the reproduction of lose parts in the articulata. Ann. Mg. Nat. Hist. *19* (1847): 145–150.

NUSSBAUM, M.: Über die Teilbarkeit der lebenden Materie II. Mitt.: Beitrag zur Naturgeschichte des Genus *Hydra*. Arch. mikrosk. Anat. *29* (1887): 265–266.

NÜSSLEIN-VOLHARD, C., & WIESCHHAUS, E.: Mutations affecting segment number and polarity in *Drosophila*. Nature *287* (1980): 795–801.

OKADA, M., KLEINMAN, I. A., & SCHNEIDERMAN, H. A.: Restoration of fertility in sterilized *Drosophila* eggs by transplantation of polar cytoplasm. Dev. Biol. *37* (1974): 43–54.

OPPENHEIMER, J. M.: Problems, concepts and their history. In: Analysis of development. Eds. WILLIER, B. H., WEISS, P. A., & HAMBURGER, V. W. B. Saunders Comp., Philadelphia, London 1955.

PASTEELS, J.: Les bases de la morphogènese chez les vertebres anamniotes au function de la structure de l'oeuf. Folia biotheoret. (Leiden) *3* (1948): 83–108.

PAULI, M. E.: Die Entwicklung geschnürter und zentrifugierter Eier von *Calliphora vomitoria* und *Musca domestica*. Z. wiss. Zool. *129* (1927): 483–540[a].

PEEBLES, F.: Experimental studies on *Hydra*. Arch. Entw.-mech. *5* (1897): 794–819.

PENNERS, A., & SCHLEIP, W.: Die Entwicklung der Schultzeschen Doppelbildungen aus dem Ei von *Rana fusca*. Teil V. u. VI. Z. wiss. Zool. *131* (1928): 1–156.

PENZLIN, H.: Die Erscheinung des Lebendigen in unserer Welt. Sitzungsber. d. Sächs. Akad. Wiss. zu Leipzig, Math.-Naturwiss. Kl., Bd. 119, Heft 2. Akademie Verlag, Berlin 1986.

– Nobelpreis für Physiologie und Medizin 1986 an Rita Levi-Montalcini und Stanley Cohen. Der Nervenwachstumsfaktor – seine Entdeckung und Charakterisierung. Biol. Rdsch. *25* (1987): 343–353.

– Das wissenschaftliche Werk Julius Schaxels. In: Theoretische Grundlagen und Probleme der Biologie. Festveranst. und wiss. Vortragstagung aus Anlaß des 100. Geburtstages von Julius Schaxel (verantw. Bearbeiter: H. Penzlin). Friedrich Schiller Universität Jena 1988, S. 19–44.

PRZIBRAM, H.: Experimentelle Zoologie. 2. Regeneration. Deuticke Verlag, Leipzig, Wien 1909.

– Fühlerregeneration bei *Sphodromantis*. Arch. Entw.-mech. *43* (1917).

– Fangbeine als Regenerate. Arch. Entw.-Mech. *45* (1919): 1.

RÁDL, E.: Geschichte der biologischen Theorien. II. Teil. Wilhelm Engelmann, Leipzig 1909.

RANDOLPH, H.: Regeneration of the tail in *Lumbricus*. J. Morph. *7* (1892).

– Experiments on regeneration in Planarians Arch. Entw.-mech. *5* (1897): 352–372.

RAUBER, A.: Neue Grundlegungen zur Kenntnis der Zelle. Morph. Jahrb. *8* (1883).

REITH, F.: Die Entwicklung des *Musca*-Eies nach Ausschaltung verschiedener Eibereiche. Z. wiss. Zool. *126* (1925): 182–238.

RIES, E.: Die Verteilung von Vitamin C, Glutathion, Benzidin-Peroxydase, Phenolase (Indophenolblauoxydase) und Leukomethylenblau-Oxydoreduktase während der frühen Embryonalentwicklung verschiedener wirbelloser Tiere. Publ. Staz. Zool. Napoli *16* (1937): 363–401.

ROTMANN, E.: Entwicklungsphysiologie. Fortschr. Zool. 7 (1943):167–255.

ROUX, W.: Der Kampf der Theile im Organismus. Leipzig 1881.

– Beiträge zur Entwicklungsmechanik des Embryo, II. Über die Entwicklung der Froscheier bei Aufhebung der richtenden Wirkung der Schwere. Breslau. ärztl. Z. 1884.

– Beiträge zur Entwicklungsmechanik des Embryos. V. Über die künstliche Hervorbringung „halber" Embryonen durch Zerstörung einer der beiden ersten Furchungszellen, sowie über die Nachentwicklung (Postgeneration) der fehlenden Körperhälfte. Virchows Arch. *114* (1888): 133–153, 246–291.

– Die Entwicklungsmechanik der Organismen – eine anatomische Wissenschaft der Zukunft. Festrede 1889. Wien 1890.

– Ziele und Wege der Entwicklungsmechanik. Erg. Anat. Entw.gesch. *2* (1892): 415–445.

– Aufgabe der Entwicklungsmechanik. Einleitung. Arch. Entw.-Mech. *1* (1895) 1–42.

– Über den „Cytotropismus" der Furchungszellen des Grasfrosches (*Rana fusca*). Arch. Entw.-mech. *1* (1895): 43–68, 161–202.

– Programm und Forschungsmethoden der Entwicklungsmechanik. Leipzig 1897.

– Die Entwicklungsmechanik. Ein neuer Zweig der biologischen Wissenschaft. Verlag Wilhelm Engelmann, Leipzig 1905.

RUNNSTRÖM, J.: Über Selbstdifferenzierung und Induktion bei dem Seeigelkeim. Roux Arch. Entw.-mech. *117* (1929): 123–145.

– Stoffwechselvorgänge während der ersten Mitose des Seeigeleies. Protoplasma *20* (1933).

SANDER, K.: Analyse des ooplasmatischen Reaktionssystems von *Euscelis plebejus* FALL. (Cicadina) durch Isolierung und Kombinieren von Keimteilen. II. Mitt. Roux Arch. Entw.-mech. *151* (1960): 660–707.

– Von der Keimplasmatheorie zur synergetischen Musterbildung – Einhundert Jahre entwicklungsbiologische Ideengeschichte. Verh. Dtsch. Zool. Ges. *83* (1990): 133–177.

– Landmarks in developmental biology 1–6. Roux' Arch. Dev. Biol. *200* (1991): 1–3, 61–63, 117–119, 177–179, 237–239, 297–299.

SÁXEN, L., TOIVONEN, S., & NAKAMURA, O.: Concluding remarks – primary embryonic induction: a unsolved problem. In: Milestone of a half-century from Spemann. Eds. NAKAMURA & TOIVONEN: Elsevier/North Holland Biomedical Press, Amsterdam 1978.

SCHALLER, H. C., SCHMIDT, T., & GRIMMELIKHUIJZEN, C. J. P.: Separation and specifity of action of four morphogens from *Hydra*. Roux Arch. Entw.-mech. *186* (1979): 139–149.

SCHLEIP, W.: Entwicklungsmechanik und Vererbung bei Tieren. In: Handbuch der Vererbungswiss., Bd. 3, 1927, S 1–81. Hrsg.: BAUR, E., & HARTMANN, M.

SCHNETTER, M.: Physiologische Untersuchungen über das Differenzierungszentrum in der Embryonalentwicklung der Honigbiene. Roux Arch. Entw.-mech. *131* (1934): 285–323.

SCHULTZE, O.: Die künstliche Erzeugung von Doppelbildungen bei Froschlarven mit Hilfe abnormer Gravitationswirkung. Arch. Entw.-Mech. *1* (1894): 269–305.

SEIDEL, F.: Untersuchungen über das Bildungsprinzip der Keimanlage im Ei der Libelle *Platycnemis pennipes*, I–V. Roux Arch. Entw.-mech. *119* (1929): 322–440.

– Das Differenzierungszentrum im Libellenkeim. I. Die dynamischen Voraussetzungen der Determination und Reguiation. Roux Arch. Entw.-mech. *131* (1934): 135–187.

– Geschichtliche Linien und Problematik der Entwicklungsphysiologie. Naturwiss. *42* (1955): 275–286.

SEMPER, C.: Die Verwandtschaftsbeziehungen der gegliederten Tiere. Arb. Zool. Inst. Würzburg *3* (1876).

SHAW, G.: Description of the *Hirudo viridis*, a new English leech. Trans. Linn. Soc. *1* (1791): 93–95.

SINGER, M., & CASTON, J. D.: Neurotrophic dependance of macromolecular synthesis in the early limb regenerate of the newt, *Triturus*. J. Embryol. Exp. Morphol. *28* (1972): 1–11.

SPEK, J.: Über die bipolare Differenzierung der Eizellen von *Nereis limbata* und *Chaetopterus pergamentaceus*. Protoplasma *21* (1934): 349–405.

SPEMANN, H.: Über experimentell erzeugte Doppelbildungen mit cyclopischem Defekt. Zool. Jb., Suppl.-Bd. 7 (1904): 429–470 (Weismann-Festschrift).

– Über verzögerte Kernversorgung von Keimteilen. Verh. dtsch. Zool. Ges., Freiburg 1914, S. 216–221.

– Über die Determination der ersten Organanlagen des Amphibienembryo. I.–VI. Arch. Entw.-mech. *43* (1918): 448–555.

– Experimentelle Forschungen zum Determinations- und Individualitätsproblem. Naturwiss. *7* (1919): 581–591.

– Die Entwicklung seitlicher und dorso-ventraler Keimhälften bei verzögerter Kernversorgung. Z. wiss. Zool. *132* (1928): 105–134.

– Experimentelle Beiträge zu einer Theorie der Entwicklung. Springer Verlag, Berlin 1936.

– & MANGOLD, H.: Über Induktion von Embryonalanlagen durch Implantation artfremder Organisatoren. Arch. mikroskop. Anat. u. Entw.-mech. *100* (1924): 599–638.

– & SCHOTTÉ, O.: Über xenoplastische Transplantation als Mittel zur Analyse der embryonalen Induktion. Naturwiss. *20* (1932): 463–467.

SULSTON, J. E., SCHIERENBERG, E., WHITE, J. G., & THOMSON, J. N.: The embryonic cell lineage of the nematode *Caenorhabditis elegans*. Dev. Biol. *100* (1983): 64–119.

SUTTON, W. S.: The chromosomes in heredity. Biol: Bull. *4* (1903): 231–251.

TARDENT, P.: Über die Anordnung und Eigenschaften der interstitiellen Zellen bei *Hydra* und *Tubularia*. Rev. suisse Zool. *59* (1952): 247.

TIEDEMANN, F.: Biochemische Untersuchungen über die Induktionsstoffe und die Determination der ersten Organanlagen bei Amphibien. Coll. Ges. Physiol. Chem. *13* (1963): 177–204.

TOIVONEN, S.: Spezifische Induktionsleistungen von abnormen Induktoren im Implantatversuch. Ann. Zool. Soc. Zool. Fenn. *6* (1938).

TORNIER, G.: Kampf der Gewebe im Regenerat bei Begünstigung der Hautregeneration. Arch. Entw.-mech. *22* (1906): 348–369.

TOWNES, P. L., & HOLTFRETER, J.: Directed movements and selective adhesion of embryonic amphibian cells. J. exp. Zool. *128* (1955): 53–120.

TURING, A. M.: The chemical basis of morphogenesis. Phil. Trans. Roy. Soc. *B 237* (1952): 37–84.

UBISCH, L. VON: Entwicklungsprobleme. Gustav Fischer Verlag, Jena 1953.

WADDINGTON, C. H.: Organizers and genes. Cambridge. Biol Stud. 1940.

– & NEEDHAM, J.: Evocation, individuation and competence in amphibian organiser action. Proc. Acad. Wetensch. (Amsterdam) *39* (1936).

WAGNER, F.v.: Zur Kenntnis der ungeschlechtlichen Fortpflanzung von *Microstoma* nebst allgemeinen Bemerkungen über Teilung und Knospung im Tierreich. Zool. Jahrb. *4* (1890): 349–423.

WARBURG, O.: Über die Oxydationen in lebenden Zellen nach Versuchen am Seeigelei. Z. physiol. Chem. *66* (1908): 305–340.

WEHMEIER, E.: Versuche zur Analyse der Induktionsmittel bei der Medullarplattenindukton von Urodelen. Roux Arch. Entw.-mech. *132* (1934): 384–423.

WEISMANN, A.: Das Keimplasma. Eine Theorie der Vererbung. Fischer Verlag, Jena 1892.

WEISS, P.: Unabhängigkeit der Extremitätenregeneration vom Skelett (bei *Triton cristatus*). Arch. mikrosk. Anat. u. Entw.-mech. *104* (1925): 359–394.

– Potenzprüfung am Regenerationsblastem. I. Extremitätenbildung aus Schwanzblastem im Extremitätenfeld bei *Triton*. Roux Arch. Entw.-mech. *111* (1927): 317–340.

WILSON, E. B.: Experimental studies on germinal localization. II. Experiments on the cleavage-mosaic in *Patella* and *Dentalium*. J. exp. Zool. *1* (1904): 197–268.

– Theodor Boveri. In: Erinnerungen an Theodor Boveri. Hrsg. RÖNTGEN. Verlag I. C. B. Mohr, Tübingen 1918, S. 90–114.

WOLFF, E., & DUBOIS, F.: Sur la migration des cellules de régénération chez les Planaires. Rev. suisse Zool. *55* (1948): 218–227.

– & LENDER, T.: Les néoblastes et les phénomènes d'induction et d'inhibition dans la régénération des planaires. Ann. Biol. *1* (1962): 499–529.

WOLFF, G.: Entwicklungsphysiologische Studien. I. Die Regeneration der Urodelenlinse. Arch. Entw-mech. *1* (1895): 380.

– Regeneration und Nervensystem. Festschrift Richard Hertwig. Bd. 3. Fischer Verlag, Jena 1910, S. 67.

– Leben und Erkennen. München 1933.

WOLPERT, L.: Positional information and pattern formation. Curr. Top. Dev. Biol. *6* (1971): 183–224.

YAJIMA, H.: Studies on embryonic determination of the harlequin-fly, *Chironomus dorsalis*. I. Effects of centrifugation and its combination with contriction and puncturing. J. Embryol. Exp. Morph. *8* (1960): 198–215.

– Studies on embryonic determination of the harlequin-fly, *Chironomus dorsalis*. II. Effects of partial irradiation of the egg by ultra-violet light. J. Embryol. Exp. Morph. *12* (1964): 89–100.

YAMADA, T.: Control od tissue specificity: The pattern of cellular synthetic activities in tissue transformation. Amer. Zool. *6* (1966): 21–31.

ZACHARIAS, O.: Über die Fortpflanzung durch spontane Querteilung bei Süßwasserplanarien. Z. wiss. Zool. *43* (1886): 271–289.

ZAWARZIN, A. A.: Röntgenologische Untersuchungen an Hydren. I. Die Wirkung der Röntgenstrahlen auf die Vermehrung und Regeneration bei *Pelmatohydra oligactis*. Roux Arch. Entw.-mech. *115* (1929): 1.

Kapitel 15. Die vergleichende Tierphysiologie

Originalliteratur siehe auch Kurzbiographien

ABEL, J.: Insulin in kristalliner Form. Am. J. Physiol. *81* (1927): 461.

ADLER, L.: Metamorphosestudien an Batrachierlarven. I. Exstirpation endokriner Drüsen. Arch. Entw.-Mech. *39* (1914): 21–45.

ADRIAN, E. D.: the microphonic action of the cochlea: An interpretation of Wever and Bray's experiments. J. Physiol. (London) *71* (1931): 28.

– The activity of the optic ganglion of *Dytiscus marginalis*. J. Physiol. (London) *75* (1932): 26–27P.

– Synchronous reactions in the optic ganglion of *Dytistcus*. J. Physiol. (London) *91* (1937): 66–89.

– & ZOTTERMAN, Y.: The impulses produced by sensory nerve endings. II. The response of a single end-organ. J. Physiol. (London) *61* (1926): 151–171.

ALBERS, J.: Bemerkungen über den Bau der Augen verschiedener Thiere. Denkschr. k. Akad. Wiss. München 1808, S. 81–90.

ALDRICH, T. B.: A primary report of the active principle of the suprarenal gland. Am. J. Physiol. *5* (1902): 457.

ALLEN, B. M.: The relation of the pituitary and thyroid glands of *Bufo* and *Rana* to iodine and metamorphosis. Anat. Rec. *16* (1919): 137.

AMMON, R., & DIRSCHERL, W.: Fermente, Hormone, Vitamine. Thieme Verlag, Leipzig 1938.

AMPÈRE, A. M.: Essai sur la philosophie des sciences. 2 Vols., Bechalier, Paris 1834–1843.

APÁTHY, L. VON: Das leitende Element des Nervensystems und seine topographischen Beziehungen zu den Zellen. Mitt. Zool. Stat. Neapel *12* (1897): 495–748.

AUBERT, H.: Physiologie der Netzhaut. Breslau 1865.

AUTRUM, H.: Über Lautäußerungen und Schallwahrnehmung bei Arthropoden. I. Untersuchungen bei Ameisen. Eine allgemeine Theorie der Schallwahrnehmung bei Arthropoden. Z. vgl. Physiol. *23* (1936): 332-373.

– II. Das Richtungshören von *Locusta* und Versuche einer Hörtheorie für Tympanalorgane vom Locustidentyp. Z. vgl. Physiol. *28* (1941): 580–637.

– Schallempfang bei Tier und Mensch. Naturwiss. *30* (1942): 69–85.

– & STUMPF, H.: Das Bienenauge als Analysator für polarisiertes Licht. Z. Naturforsch. *5 b* (1950): 116–122.

– Elektrophysiologische Untersuchungen über das Farbensehen von *Calliphora*. Z. vgl. Physiol. *35* (1953): 71–104.

– & ZWEHL, V. VON: Die spektrale Empfindlichkeit einzelner Sehzellen des Bienenauges. Z. vgl. Physiol. *48* (1964): 357–384.

BARCHAS, J. D., AKIL, H., ELLIOTT, G. R., HOLMAN, R. B., & WATSON, S. J.: Behavioral neurochemistry: Neuroregulators and behavioral states. Science *200* (1978): 964–973.

BARGMANN, W.: Über die neurosekretorische Verknüpfung von Hypothalamus und Neurohypophyse. Z. Zellforsch. *4* (1949): 610–634.

BAUMANN, F.: Über den Jodgehalt der Schilddrüse von Mensch und Tieren. Z. Physiol. Chem. *22* (1896).

BAYLISS, W. M., & STARLING, E. H.: The mechanism of pancreatic secretion. J. Physiol. (London) *28* (1902): 325.

BECKER, E., & PLAGGE, E.: Über das die Puparrumbildung auslösende Hormon der Fliegen. Biol. Zbl. *59* (1939): 326–341.

BEER, TH.: Die Akkomodation des Fischauges. Pflügers Arch. *58* (1894): 523–650.

BEEVOR, C. E., & HORSLEY, V.: A Minute analysis (experimental) of the various movements produced by stimulating in the Monkey different regions of the Cortical Centre for the Upper Limb, as defined by Professor Ferrier. Phil. Trans. Roy. Soc. London for 1887 *B 178* (1888): 153–167.

– – An experimental investigation into the arrangement of the excitable fibres of the Internal Capsule of the Bonnet Monkey (*Macacus Sinicus*). Phil. Trans. Roy. Soc. London for 1890 *B 181* (1891): 49–88.

– – A record of the results obtained by electrical excitation of the so-called Motor Cortex and Internal Capsule in an Orang-Outang (*Simia satyrus*). Ebenda S. 129–158.

– – A further minute analysis by electric stimulation of the so-called Motor Region (*Facial Area*) of the Cortex cerebri in the Monkey (*Macacus Sinicus*). Phil. Trans. Roy. Soc. London for 1894 *B 185/ P. I* (1895): 39–81.

BÉKÉSY, G.: Über die Resonanzkurve und die Abklingzeit der verschiedenen Stellen der Schneckentrennwand. Akust. Z. *8* (1943): 66–76.

BELITSER, V., & TSIBAKOVA, E. T.: The mechanism of phosphorylation associated with respiration. Biokhimiya *4* (1939): 516–535.

BELL, C.: Idea of a new anatomy of the brain submitted for the observation of his friends. Privately printed 1811. Reproduced in J. F. FULTON: Selected Readings in the History of Physiology. Thomas, Springfield 1930, S. 251.

– On the nerves of the orbit. Phil. Trans. *113* (1823): 289.

BELLONCI, G.: Système nerveux d'organes des sens du *Sphaeroma serratum*. Arch. Ital. Biol. *1* (1882): 176–192.

BERNARD, C.: Leçons de physiologie expérimentale au Collège de France. Paris 1855.

BERNHARD, C. G., GRANIT, R., & SKOGLUND, C. R.: The breakdown of accomodation. Nerve as a model sense organ. J. Neurophysiol. *5* (1942): 55–68.

BERNSTEIN, J.: Über den zeitlichen Verlauf der negativen Schwankung des Nervenstroms. Arch. ges. Physiol. *1* (1868): 173.

– Untersuchungen zur Thermodynamik der bioelektrischen Ströme. Pflügers Arch. *92* (1902): 521–562.

BERTHOLD, A. A.: Transplantation der Hoden. Arch. Anat. Physiol., Physiol. Abt. (1849): 42.

BERTHOLF, L. M.: The distribution of stimulative efficiency in the ultra violet spectrum for the honeybee. J. agric. Res. Wash. *43* (1931): 703–713.

BETHE, A.: Das Nervensystem von *Carcinus maenas*. Ein anatomisch-physiologischer Versuch. I. Teil. III. Mitt. Arch. mikrosk. Anat. *51* (1898): 382–452.

– Die Physiologie in ihrem Verhältnis zu Medizin und Naturwissenschaft. Biol. Ztrbl. *37* (1917): 325–333.

– Vernachlässigte Hormone. Naturwiss. *20* (1932): 177–181.

– Erinnerungen an die Zoologische Station in Neapel. Naturwiss. *28* (1940): 820–822.

BIEDERMANN, W.: Beiträge zur allgemeinen Nerven- und Muskelphysiologie. 20. Mitt. Sitz.ber. Akad. Wiss. Wien, Math.-Naturwiss. Cl., Abt. III, *95* (1887): 7–40.

– 21. Mitt. ebda. *97* (1888): 44–82.

BLISS, D. E., & WELSH, J. H.: The neurosecretory system of brachyuran crustacea. Biol. Bull. *103* (1952): 157–169.

BODENSTEIN, D.: Studies on the humoral mechanisms in growth and metamorphosis of the cockroach, *Periplaneta americana* I.–III. J. exp. Zool. *123* (1953): 189–232, 413–433; *124* (1953):105–115.

BOHR, C., HASSELBACH, & KROGH, A.: Skand. Arch. Physiol. *16* (1904): 602.

BOLL, F. C.: Zur Anatomie und Physiologie der Retina. Monatsber. Akad. Wiss. *12* (1876): 783–788.

BORDEU, T. DE: Analyse medicinale du sang. 1775.

BORTOFF, A.: Localization of slow potential responses in the *Necturus* retina. Vision Res. *4* (1964): 627–635.

BOUNHIOL, J. J.: Metamorphose prématurée après ablation des c. allata chez le jeune ver à`soie. C. R. Acad. Sci. Paris *205* (1937): 175–177.

– Recherches expérimentales sur le déterminisme de la métamorphose chez les lepidoptères. Bull. biol. France Belg., Suppl., *24* (1938): 1–199.

BOVERI, Th.: Anton Dohrn. Gedächtnisrede, gehalten auf dem internationalen Zoologen-Kongreß in Graz am 18. August 1910. Verlag S. Hirzel 1910. Neu abgedruckt in: Naturwiss. *28* (1940): 787–798.

BOWMAN, W.: Physiol. Trans. *1* (1842): 57–73.

BOYLE, P. J., & CONWAY, E. J.: Potassium accumulation in muscle and associated changes. J. Physiol. (London) *100* (1941): 1–63.

BRAZIER, M. A. B.: A History of Neurophysiology in the 17th and 18th Centuries. From Concept to Experiment. Raven Press, New York 1984, 230 S.

– A History of Neurophysiology in the 19th Century. Raven Press, New York 1988, 265 S.

BRESCHET, G.: Études anatomiques et physiologiques sur l'organe de l'ouie et sur l'audition dans l'homme et les animaux vertébrés. Paris 1833.

BRETSCHNEIDER, H.: Der Streit um die Vivisektion im 19. Jh. Stuttgart 1962 (darin: Englisches Vivisektionsgesetz von 1876, S. 151 ff.)

BREUER, J.: Die Selbststeuerung der Athmung durch den Nervus vagus. Sitzber. Akad. Wiss. Wien *58* (1868): 904.

– Beiträge zur Lehre vom statischen Sinne (Gleichgewichtsorgan, Vestibularapparat des Ohrlabyrinthes). II. Mitt., Med. Jahrb. d. österr. Staates 1875, S. 87.

BROCK, L. G., COOMBS, J. S., & ECCLES, J. C.: The recording of potentials from motoneurones with an intracellular electrode. J. Physiol. (London) *117* (1952): 431–469.

BROWN, B. E., & STARRAT, A. N.: Isolation of proctolin, a myotropic peptide, from *Periplaneta americana*. J. Ins. Physiol. *21* (1975); 1879–1881.

BROWN, P. K.: A system for microspectrophotometry employing a commercial spectrophotometer. J. opt. Soc. Amer. *51* (1961): 1000–1008.

BROWN-SÉQUARD, C. E.: Des effectes produits chez l'homme par des injections souscoutanées d'un liquide retiré des testicules frais de cobaye et de chien. C.R. Soc. Biol. 1889, op. 415, 420, 430, 451.

BROWNSTEIN, M. J., SAAVEDRA, J. M., AXELROD, J., ZEMAN, G. H., & CARPENTER, D. O.: Coexistence of several putative neurotransmitters in single identified neurons of *Aplysia*. Proc. Nat. Acad. Sci. 7 (1974): 4662–4665.

BURKHARDT, D., & AUTRUM, H.: Die Belichtungspotentiale einzelner Sehzellen von *Calliphora erythrocephala* Meig. Z. Naturforsch. *15 b* (1960): 612–616.

BUTENANDT, A.: Über die chemischen Untersuchungen der Sexualhormone. Z. angew. Chem. 2 (1931).

– & KARLSON, P.: Über die Isolierung eines Metamorphose-Hormons der Insekten in kristallisierter Form. Z. Naturf. *9 b* (1954): 389–391.

CALDANI, L.: Institutiones physiologicae et pathologicae. Luchtmans, Leyden 1784.

CARLISLE, D. B, & KNOWLES, F. G. W.: Neurohaemal organs in crustaceans. Nature *172* (1953): 404–405.

CARLSON, S. Ph.: The color changes in *Uca pugilator*. Proc. Nat. Acad. Sci. USA *21* (1935).

CASPARI, E., & PLAGGE, E.: Versuche zur Physiologie der Verpuppung von Schmetterlingsraupen. Naturwiss: *23* (1935): 751–752.

CHAN-PALAY, V., JONSSON, G., & PALAY, S. L.: Serotonin and substance P coexist in neurons of the rat's central nervous system. Proc. Nat. Acad. Sci. USA *75* (1978): 1582–1586.

CLEVER, U., & KARLSON, P.: Induktion von Puff-Veränderungen in den Speicheldrüsenchromosomen von

Chironomus tentans durch Ecdyson. Exp. Cell Res. *20* (1960): 623–626.

COHEN, M. J., KATSUKI, Y., & BULLOC, T. H.: Oscillographic analysis of equilibrium receptors in crustacea. Experientia *9* (1953): 434–435.

COLLIN, R.: La neurocrinie hypophysaire. Rev. franc. d'endocrinol. *3* (1925); 213–228.

– Sur les relations fonctionelles entre la glande pituitaire et les centres tubériens. Ann. de méd. *18* (1925): 428–433.

COLLIP, J. B.: The parathyreoid gland. Medicine Harvey lectures *21* (1926).

CORTI, A.: Recherches sur l'organe de l'ouie des mammifère. I. Limacon. Z. wiss. Zool. *3* (1851): 109–169.

COTTRELL, C. B.: The imaginal ecdysis of blowflies. Detection of the bloodborne darkening factor and determination of some of its properties. J. exp. Biol. *39* (1962): 413–430.

CRUM-BROWN, A.: On the sense of rotation and the anatomy and physiology of the semicircular canals of the internal ear. J. Anat. Physiol. *14* (1874): 327–331.

CURTIS, H. J., & COLE, K. S.: Membrane action potentials from the squid giant axon. J. Cell. Comp. Physiol. *15* (1940): 147–157.

CUSHNY, A. R.: The secretion of the urine. London 1917.

CZERMAK, J. N.: Gesammelte Schriften Bd. I, II. Abt. Engelmann, Leipzig 1879, S. 776.

DALE, H. H.: Acetylcholine as a chemical transmitter substance of the effects of nerve impulses. The William Henry Welch Lectures 1937. J. Mt Sinai Hosp. *4* (1938): 401–429.

DALRYMPLE, W.: Some account of a peculiar structure in the eyes of fishes. Mag. nat. Hist. N. S. *2* (1838): 136–141.

DANNEEL, K., & ZENTSCHEL, B.: Über den Feinbau der Retinula bei *Drosophila melanogaster*. Z. Naturforsch. *12 b* (1957): 580–583.

DAUMER, K.: Reizmetrische Untersuchungen des Farbensehens der Bienen. Z. vgl. Physiol. *38* (1956): 413–478.

DEGNER, E.: Über Bau und Funktion der Chrusterchromatophoren, eine histologisch-biologische Untersuchung. Z. Zool. *102* (1912).

DERHAM, W.: Physico-Theology: or, a demonstration of the being and attributes of God, from his works of creation. London 1732, S. 454 ff.

DEWAR, J., & McKENDRICK, J. Gr.: Trans. Roy. Soc. Edinburgh *27* (1874).

DIJKGRAAF, S.: Over een meerkwaardige functie van den gehvorzin bij vleermuizen. Verslagen Nederlandsche Akad. Wetenschapen Afd. Naturkunde *52* (1943): 622–627.

– Spallanzani und die Fledermäuse. Experientia *5* (1949): 90.

DIXON, W. E.: Vagus inhibition. Brit. med. J. *2* (1906): 1807.

DOHRN, A.: Der gegenwärtige Stand der Zoologie und die Gründung zoologischer Stationen. Preußische Jahrbücher *30* (1872). Neu abgedruckt in: Naturwiss. *14* (1926): 412–424.

– Bericht über die Zoologische Station während der Jahre 1882–1884. Mitt. Zool. Stat. Neapel *6* (1886): 93–148.

DU BOIS-REYMOND, E.: Untersuchungen über thierische Elektricität. Reimer Verlag, Berlin Bd. I 1848, Bd. II/1 1849, Bd. II/2 1884.

DUDEL, J., & KUFFLER, S. W.: Presynaptic inhibition at the crayfish neuromuscular junction. J. Physiol. (London) *155* (1961): 543–562.

ECCLES, J. C., ECCLES, R. M., & MAGNI, F.: Central inhibitory action attributable to presynaptic depolarisation produced by muscle afferent volleys. J. Physiol. (London) *159* (1961): 147–166.

ECHALIER, G.: Rôle de l'organe Y dans le déterminisme de la mue de *Carcinides* (*Carcinus*) *maenas* L. (Crustacés, Décapodes): expériences d'implantation. C. R. Acad. Sci. Paris *240* (1955): 1581–1583.

ECKARDT, C.: Über Reflexbewegungen der vier letzten Nervenpaare des Frosches. Z. rat. Med. *1* (1849): 281.

ECKER, A.: Blutdrüsen. In: R. Wagners Handwörterbuch der Physiologie. Bd. 4. Braunschweig 1853, S. 128.

EDWARDS, J. G.: The behavior of dyes in the kidney tubule of *Necturus*. Amer. J. Physiol. *80* (1927): 179.

EGGERS, F.: Die stiftführenden Sinnesorgane. Zoologische Bausteine vol. 2/1. Gebr. Borntraeger, Berlin 1928.

EHRENBERG, C. G.: Struktur des Gehirns und der Nerven. Poggendorffs Ann. Phys. Chem. *28* (1833): 446.

ELLINGER, PH.: Theorien der Harnabsonderung. In: Handb. d. norm. pathol. Physiologie, Bd. 4, 1929; 451–509; Bd. 18 1932: 112–120.

ELLIOTT, T. R.: The action of adrenalin. J. Physiol. *32* (1905): 401–467.

ENAMI, M.: The sources and activities of two chromatophorotropic hormones in crabs of the genus *Sesarma* I. Biol. Bull. *100* (1951): 28–43 und II. ebda. *101* (1951): 241–258.

ENGELHARDT, V. A.: Die Beziehungen zwischen Atmung und Pyrophosphatumsatz in Vogelerythrozyten. Biochem J. *251* (1932): 343–368.

ERLANGER, J., & GASSER, H. S.: Electrical signs of nervous activity. Philadelphia Univ. Press 1937.

EWALD, J. R.: Physiologische Untersuchungen über das Endorgan des Nervus octavus. Bergmann, Wiesbaden 1892.

– Zentralbl. d. Physiol. *128* (1914): 756.

EWALD, K.: Zur Physiologie des Labyrinthes: das Hören der labyrinthlosen Tauben. Pflügers Archiv. *59* (1894).

EXNER, S.: Die Physiologie der facettierten Augen von Krebsen und Insekten. Leipzig, Wien 1891.

EYZAGUIRRE, C., & KUFFLER, S. W.: Processes of excitation in the dendrites and in the soma of single isolated nerve cells of the lobster and crayfish. J. gen. Physiol. *39* (1955): 87–119.

FALCK, B., & OWMAN, Ch.: A detailed methodological description of the fluorescence method for the cellular demonstration of biogenic amines. Acta Univ. Lund., Sect. II, 7 (1965): 1–23.

FALLOPIO, G.: Observationes anatomicae II. Venedig 1561.

FATT, P., & KATZ, B.: Some observations on biological noise. Nature (London) *166* (1950): 597–598.

– – Spontaneous subthreshold activity at motor nerve endings. J. Physiol. (London) *117* (1952): 109–128.

FELDBERG, W., & SCHILF, E.: Histamin. Springer Verlag, Berlin 1930, S. 5.

FERNLUND, R., & JOSEFSSON, L.: Chromactivating hormones of *Pandalus borealis*. Biochim. Phys. Acta *158* (1968): 262–273.

– – Crustacean color-change hormone: amine acid sequence and chemical synthesis. Science *177* (1972): 173–175.

FEYERTER, F.: Über diffuse endokrine epitheliale Organe. Ambrosius Barth, Leipzig 1938.

– Wiener Z. inn. Med. *27* (1946): 9.

FLOREY, E.: Crustacean neurobiology: History and perspectives. In: Frontiers in Crustacean Neurobiology (eds.): WIESE, KRENZ, TAUTZ, REICHERT, MULLONEY). Birkhäuser Verlag Basel 1990, S. 4–32.

FLOURENS, P.: Recherches expérimentales sur les propriétes et les fonctions du système nerveux dans les animaux vertébrés. 2nd ed. Crevot, Paris 1842.

FONTANA, F.: Accad. Sc. Ist. Bologna 1757.

FOREL, A.-H.: Einige hirnanatomische Betrachtungen und Ergebnisse. Arch. Psychiatr., Berlin *18* (1887): 162–198.

– Das Sinnesleben der Insekten. München 1910.

FOSTER, M.: A Textbook of Physiology. Macmillan, London 1897.

FRAENKEL, G., & GUNN, D. L.: The orientation of animals. Oxford Univ. Press 1940.

– & HSIAO, C.: Hormonal and nervous control of tanning in the fly. Darkening of the adult fly involves neurosecretion and the action of a hormone other than ecdyson. Science *138* (1962): 27–29.

FREUD, S.: Über den Bau der Nervenfasern und Nervenzellen beim Flußkrebs. Sitz.-Ber. Akad. Wiss. Wien, Math.-Naturwiss. Cl. II. Abt. *85* (1882): 9–46.

FRISCH, K. VON: Weitere Untersuchungen über den Farbensinn der Fische. Zool. Jb. Physiol. *34* (1913): 43–68.

– Farbensinn und Formensinn der Biene. Zool. Jb. Physiol. *35* (1914): 1–182.

– Ein Zwergwels, der kommt, wenn man ihn pfeift. Biol. Cbl. *43* (1923): 439–446.

– Die Polarisation des Himmelslichtes als orientierender Faktor bei den Tänzen der Bienen. Experientia *5* (1949): 142–148.

– & STETTER, H.: Untersuchungen über den Sitz des Gehörsinnes der Elritze. Z. vgl. Physiol. *17* (1932): 686–801.

FRITSCH, G. T., & HITZIG, E.: Über die elektrische Erregbarkeit des Großhirns. Arch. Anat. Physiol. wiss. Med., Leipzig *37* (1870): 300.

FUKUDA, S.: Induction of pupation in silkworm by transplanting the prothoracic gland. Proc. Imp. Acad. (Tokyo) *16* (1940): 414–416.

– Hormonal control of molting and pupation in the silkworm. Proc. Imp. Acad. (Tokyo) *16* (1940): 417–420.

– The hormonal mechanism of larvae molting and metamorphosis in the silkworm. J. Fac. Sci. Tokyo Univ., Sec. 4, *6* (1944): 477.

FURSHPAN, E. J., & PÖTTER, D. D.: Transmission at the giant motor synapse of the crayfish. J. Physiol. (London) *145* (1959): 289–325.

GABE, M.: Sur l'existence, chez quelques crustacés malacostracés, d'un organe comparable à la glande de la mue des insectes. C. R. Acad. Sci. Paris *237* (1953): 1111–1113.

GALAMBOS, R.: The avoidance of obstacles by flying bats: Spallanzani's ideas (1794) and later theories. Isis *34* (1942): 132–140.

– Cochlear potentials elicited from bats by supersonic sounds. J. acoust. Soc. Amer. *14* (1942): 41–49.

GALVANI, A.: De viribus electricitatis in motu musculari. Commentarius De Bonnoniensis Scientiarum et Artium Inst. atque Acad. Commentarii *7* (1791): 363.

GEISON, G. L.: Michael Foster and the Cambridge School of Physiology. Princeton Univ. Press 1978.

GEPPERT, J., & ZUNTZ, N.: Über die Regulation der Atmung. 2. Das Blut als Träger der Atmungsreize. Pflügers Arch. *42* (1888): 195; 3. Ermittlung des Ortes, an welchem das Blut seine reizende Wirkung entfaltet. ebda, S. 209.

GERLACH, J. VON: Von dem Rückenmark. In: Strickers Handbuch der Lehre von den Geweben. Bd. 2. Leipzig 1872, S. 665–693.

GLEY, E.: Sur les effects de l'exstirpation de corps thyreoide. C. R. Soc. Biol. *43* (1891): 841–843.

GOLDMAN, D. E.: Potential, impedance and rectification in membranes. J. gen. Physiol. *27* (1943): 37–60.

GOLDSMITH, T. H.: The visual system of the honeybee. Proc. Nat. Acad. Sci. *44* (1958): 123–126.

– & PHILPOTT, D. E.: The microstructure of the compound eyes of insects. J. Biophys. Biochem. Cytol. *3* (1957): 429–440.

GOLGI, C.: Sulla struttura della grigia del cervello. Gazetta medica ital. lombardia *6* (1873): 244–246.

– Sulla fina anatomica degli organi centrali del sistema nervoso. Milano, Hoepli 1886.

– La doctrine du neurone, théorie et faits. In: Les Prix Nobel 1904–1906. Stockholm, Norstedt 1906.

GOLTZ, F.: Über die physiologische Bedeutung des Ohrlabyrinths. Pflügers Arch. *3* (1870): 172.

GOTTSCHE, A.: Beitrag zur Anatomie und Physiologie des Auges des Krebses und Fliegen. Arch. Anat. Physiol. wiss. Med. (1852): 483–492.

GRABER, V.: Die tympanalen Sinnesapparate der Orthopteren. Denkschr. Wiss. Akad. Wien *36* (1875): 1–140.

– Die chordotonalen Sinnesorgane und das Gehör der Insekten. Arch. mikrosk. Anat. *20* (1882): 506; *21* (1882): 65–145.

– Grundlinien zur Erforschung des Helligkeits- und Farbensinns der Tiere. Prag, Leipzig 1884.

– Über die Helligkeits- und Farbenempfindlichkeit einiger Meerestiere. Sitz.-Ber. Wiener Akad. *91* (1885).

GRAY, E. G.: The fine structure of the insect ear. Phil. Trans. Roy. Soc. (London) B *243* (1960): 75–94.

GRIFFIN, D. R.: Echolocation by blind men, bats and radar. Science *100* (1944): 589–590.

– & GALAMBOS, R.: Obstacle avoidance by flying bats. Anat. Rec. *78* (1940): 95.

– – The sensory basis of obstacle avoidance by flying bats. J. exp. Zool. *86* (1941): 481–506.

GRÜEL, C.: Mikroskopische Beobachtungen. Ann. Phys. Chem. *61* (1844): 220–222.

HACHLOW, V.: Zur Entwicklungsmechanik der Schmetterlinge. Roux Arch. Entw.-Mech. *125* (1931): 26–49.

HAECKEL, E.: Ueber Entwicklungsgang und Aufgabe der Zoologie. Oeffentliche Rede beim Eintritt in die Jenaer Fakultät bei Uebernahme des neuerrichteten ord. Lehrstuhls für Zoologie. Jena 1869.

– Vorwort zu „Die Welträtsel. Gemeinverständliche Studien über monistische Philosophie". 1899.

HALL, M.: Synopsis of the diastaltic nervous system. Croonian Lectures, London 1850.

HALLER, A. VON: Elementa Physiologiae. V. Auditus 1769, S. 292.

HAMDORF, K., SCHWEMER, J., & GOGALA, M.: Insect visual pigment sensitive to ultraviolet light. Nature (London) 231 (1971): 458–459.

HAMPSHIRE, F., & HORN, D. H. S.: Structure of crustecdyson a crustacean moulting hormone. Chem. Commun. (1966): 37–38.

HANAOKA, T., & FUJIMOTO, K.: Absorption spectra of a single cone in carp retina. Jap. J. Physiol. 7 (1957): 276–285.

HANSTRÖM, B.: Neue Untersuchungen über Sinnesorgane und Nervensystem der Crustaceen. I. Z. Morph. Ökol. Tiere 23 (1931): 80–236; II. Zool. Jb. Anat. 56 (1933): 387–520.

– Preliminary report on the probable connection between the blood gland and the chromatophore activator in decapod crustaceans. Proc. Nat. Acad. Sci. Wash. 21 (1935): 584–585.

– Zwei Probleme betreffs der hormonalen Lokalisation im Insektenkopf. Lunds Univ. Arsskri, N. F. Avd. 2, 34 (1938): 1–17.

HARRIS, E. J., & BURN, G. P.: The transfer of sodium and potassium ions between muscle and the surrounding medium. Trans. Faraday Soc. 45 (1949): 508–528.

HARTLINE, H. K.: A quantitative and descriptive study of the electric response to illumination of the arthropod eye. Amer. J. Physiol. 83 (1928): 466–483.

– Inhibition of activity of visual receptors by illuminating nearby retinal areas in the Limulus eye. Fed. Proc. 8 (1949): 69.

– & GRAHAM, C. G.: Nerve impulses from single receptors in the eye. J. Cell. Comp. Physiol. 1 (1932). 277–295.

HARTMANN, F A , & BROWNELL, K. A.: The hormone of the adrenal cortex. Science 72 (1930).

HASSE, C.: Die Schnecke der Vögel. Z. wiss. Zool. 17 (1867): 56–104.

HASSENSTEIN, B.: Wie sehen Insekten Bewegungen? Naturwiss. 48 (1961): 207–214.

HECHT, S., & WOLF, E.: The visual acuity of the honeybee. J. gen. Physiol. 12 (1929): 727–760.

– – The visual acuity of the bee and its relation to illumination. Proc. Nat. Acad. Sci. Wash. 15 (1929): 178–185.

HEIDENHAIN, R.: Die Wasserabsonderung in der Niere. Die Absonderung der festen Harnbestandtheile. In: Handbuch der Physiologie. Hrsg. HERMANN, L., Bd. 5, 1. Theil. Leipzig 1880, S. 309-353, bes. 310 ff.

HELD, H.: Beiträge zur Structur der Nervenzellen und ihrer Fortsätze. 2. Abhdlg. Arch. Anat. Physiol., Anat. Abt., (1897): 204–294.

HELMHOLTZ, H. VON: De Fabrica Systematis Nervosi Evertebratorum (Diss.). Berlin 1842.

– Messungen über den zeitlichen Verlauf der Zuckung animalischer Muskeln und die Fortpflanzungsgeschwindigkeit der Reizung in den Nerven. Arch. Anat. Physiol. 277 (1850).

– Die Lehre von den Tonempfindungen als physiologische Grundlage für die Theorie der Musik. Vieweg, Brunswick 1863.

HENSEN, V.: Zur Morphologie der Schnecke des Menschen und der Säugethiere. Z. wiss. Zool. 13 (1863): 481–512.

HERBST, C.: Jacques Loeb. Ein kurzer Überblick über sein Lebenswerk. Naturwiss. 12 (1924): 397–406.

HERING, E., & BREUER, J.: Die Selbststeuerung der Athmung durch den Nervus vagus. Sitz.-Ber. Akad. Wiss. Wien 57 (1868): 672.

HERTZ, M.: Über figurale Intensitäten und Qualitäten in der optischen Wahrnehmung der Biene. Biol. Zbl. 5 (1933): 10–40.

HESS, C. VON: Untersuchungen über den Lichtsinn und Farbensinn bei Tagvögeln. Arch. Augenheilkde. 57 (1907), H. 4.

– Gesichtssinn. In: Handbuch der vergleichenden Physiologie (Hrsg. WINTERSTEIN, H). Gustav Fischer Verlag, Jena 1913, S. 555–840.

HESSE, R.: Untersuchungen über die Organe der Lichtempfindung bei niederen Thieren. VII. Von den Arthropodenaugen. Z. wiss. Zool. 70 (1901): 347–473.

HEYMONS, R.: Über bläschenförmige Organe bei den Gespenstheuschrecken. Sitz.-Ber. Preuß. Akad. Wiss. Berlin, Physik.-math. Kl., (1899): 563–575.

HIS, W.: Zur Geschichte des menschlichen Rückenmarks und der Nervenzelle. Abh. Königl. Sächs. Ges. Wiss., Math.-Phys. Cl., Leipzig 13 (1886): 147–209; 477–513.

– Die Neuroblasten und deren Entstehung im embryonalen Marke. Abh. Math.-Phys. Cl., Königl. Sächs. Ges. Wiss., Leipzig 15 (1889): 313–372.

HODGKIN, A. L., & HUXLEY, A. F.: Action potentials recorded from inside a nerve fibre. Nature (London) 144 (1939): 710–711.

– – Currents carried by sodium and potassium ions through the membrane of the giant axon of Loligo. J. Physiol. (London) 116 (1952): 449–472.

– – The components of membrane conductance in the giant axon of Loligo. ebda, S. 473–496.

– – The dual effect of membrane potential on sodium conductance in the giant axon of Loligo. ebda, S. 497–506.

– – A quantitative description of membrane current and its application to conduction and excitation in nerve. ebda. 117 (1952): 500–544.

– & KATZ, B.: The effect of sodium ions on the electrical activity of the giant axon of the squid. J. Physiol. (London) 108 (1949): 37–77.

HODIERNA, D. G.: L'occhio della mosca. Decio Cirillo, Palermo 1644.

HOLMGREN, F.: Uppsala Läkareförenings Förhandlingar 1 (1866).

HOLST, E. VON: Arbeitsweise des Statolithenapparates bei Fischen. Z. vgl. Physiol. 32 (1950): 60–120.

– & LE MARE, D. W.: Bausteine zu einer vergleichenden Physiologie der lokomotorischen Reflexe bei Fischen I. Z. vgl. Physiol. 23 (1936): 223–236; II. ebda. 24 (1937): 532–562.

– EBERHARD, K., & FABRICIUS, M.: III. Z. vgl. Physiol. *26* (1939): 467–480.

– & MITTELSTAEDT, H.: Das Reafferenzprinzip (Wechselwirkungen zwischen ZNS und Peripherie. Naturwiss. *37* (1950): 464–476.

– & SAINT PAUL, U. VON: Vom Wirkungsgefüge der Triebe. Naturwiss. *47* (1960): 409–422.

HOOKE, R.: Micrographia. London 1665.

HOPPE, W., & HUBER, R.: Bestimmung des Sterinskeletts und seiner Orientierung mit diffuser Röntgenstreuung in Kristallen von Ecdyson. Chem. Berichte *98* (1965): 2353–2360.

HOUSSAY, B. A.: C. R. Soc. Biol. *85* (1921): 1215.

JAN, Y. N., & JAN, L. Y.: A LHRH-like peptidergic neurotransmitter capable of action at a distance in autonomic ganglia. TINS *6* (1983): 320–324.

JANDER, R.: Die optische Richtungsorientierung der roten Waldameise (*Formica rufa* L.) Z. vgl. Physiol. *40* (1957): 162–238.

JANET, Ch.: Sur les nerfs céphaliques, les corpora allata et le tentorium de la fourmi (*Myrmica rubra*). Mem. Soc. zool. France *2* (1899): 295–335.

JELLINECK, A.: Versuche über das Gehör der Vögel, Dressurversuche an Tauben mit akustischen Reizen. Pflügers Arch. *211* (1926): 64–82.

JOHNSTON, Ch.: Auditory apparatus of the *Culex* mosquito. J. microsc. Sci., Old Series, *3* (1855).

JORDAN, H. J., & HIRSCH, G. X.: Übungen aus der Vergleichenden Physiologie. Springer Verlag, Berlin 1927.

KALCKAR, H. M.: Phosphorylation in kidney tissue. Enzymologia *2* (1937): 47–52.

KARLSON, P., & HANSER, G.: Bildungsort und Erfolgsorgan des Puparisierungshormons der Fliegen. Z. Naturforsch. *8 b* (1953): 91–96.

– & LÜSCHER, M.: Pheromone. Naturwiss. *46* (1959): 63–64.

KE, O.: Morphological variation of the prothoracic gland in the domestic and the wild silkworm. Bull. Sci. Fac. Terkul, Kyushu Imp. Univ. *4* (1930): 12–21. [Japan]

KEILIN, D.: On cytochrome, a respiratory pigment, common to animals, yeast, and higher plants. Proc. Roy. Soc. *B 58* (1925): 312–339.

KENDALL, E. C.: Isolation of the iodine compound which occurs in the thyroid. J. Biol. Chem. *39* (1919).

KEPLER, J.: Ad vitellionem paralipomena, quibus astronomiae pars optica traditur. Frankfurt 1604.

– Dioptrice. Augsburg 1611.

KERKUT, G. A., SEDDEN, C. L., & WALKER, R. T.: Uptake of DOPA and 5-hydroxytryptophan by monoamine-forming neurone in the brain of *Helix aspersa*. Comp. Biochem. Physiol. *23* (1967): 159–162.

KIRSCHFELD, K.: Die Projektion der optischen Umwelt auf das Raster der Rhabdomere im Komplexauge von *Musca*. Exp. Brain Res. *3* (1967): 248–270.

KNECHT, S.: Über den Gehörsinn und die Muskelaktivität der Vögel. Z. vgl. Physiol. *27* (1940): 169–232.

KOEHLER, O.: Alfred Kühn zum 80. Geburtstag. Mitt. Verb. Dtsch. Biologen. Beilage: Naturwiss. Rdsch. 1965, Heft 5.

KOLLER, G.: Über Chromatophorensystem, Farbensinn und Farbwechsel bei *Crangon vulgaris*. Z. vgl. Physiol. *5* (1927): 191–246.

– Versuche über die inkretorischen Vorgänge beim Garneelenfarbwechsel. Z. vgl. Physiol. *8* (1929): 601–612.

KÖLLIKER, A.: Zur feineren Anatomie des centralen Nervensystems. Z. wiss. Zool. *49* (1890): 663–689; *51* (1890): 1–54.

– Nervensystem des Menschen und der Tiere. In: Handbuch der Gewebelehre des Menschen. Bd. 2. 6. Aufl. Engelmann, Leipzig 1896.

KOPEĆ, S.: Experiments on metamorphosis of insects. Bull. Acad. Sci. Cracovie, Cl. Sci. Math. Nat., Sér. B, (1917): 57–60.

– Studies on the necessity of the brain for the inception of insect metamorphosis. Biol. Bull. *42* (1922): 322–342.

KRAUSE, F.: Beiträge zur Neurologie der oberen Extremität. Leipzig 1865.

KREIDL, A.: Weitere Beiträge zur Physiologie des Ohrlabyrinths. II. Mitt. Versuche an Krebsen. Sitz.-Ber. k. k. Akad. Wiss. Math.-Nat. Kl., 3. Abt., *102* (1893): 149–174.

KRIES, J. VON: Über die Wirkung kurzdauernder Lichtreize auf das Sehorgan. Z. Psychol. u. Physiol. *12* (1896): 81–101.

KRNJEVIC, K., PUMAIN, R., & RENAUD, L. P.: J. Physiol. (London) *215* (1971): 247–268.

KRÖYER: Monographisk fremstilling af slaegten *Hippolyte*. Nordiske aster. Kgl. Danske Videnskap. Selsk. *9* (1842).

KUFFLER, S. W.: Electrical potential changes at an isolated nerve-muscle junction. J. Neurophysiol. *5* (1942): 18–26.

– Neurons in the retina: Organization, inhibition, and excitation problems. Cold Spring Habor Symp. Quant. Biol. *17* (1952): 281–292.

– & EYZAGUIRRE, C.: Synaptic inhibition in an isolated nerve cell. J. gen. Physiol. *39* (1955): 155–184.

KÜHN, A.: Anleitung zu tierphysiologischen Grundversuchen. Quelle & Meyer, Leipzig 1917.

– Die Orientierung der Tiere im Raum. G. Fischer, Jena 1919.

– Über den Farbensinn der Biene. Z. vgl. Physiol. *5* (1927): 762–800.

– & PIEPHO, H.: Über hormonale Wirkungen bei der Verpuppung der Schmetterlinge. Nachr. wiss. Ges. Göttingen, N. F., math.-physikal. Kl., Fachgr. 6 Biol., *2* (1936): 141–154.

– & POHL, R.: Dressurfähigkeit der Biene auf Spektrallinien. Naturwiss. *9* (1921): 738–740.

KÜHNE, W.: On the origin and the causation of vital movement. Proc. Roy. Soc. London, Ser. B, *44* (1888): 427–447.

KUIPER, J. W.: The optics of the compound eye. Symp. Soc. Exp. Biol. *16* (1962): 58–71.

KUWABARA, M., & NAKA, K.-I.: Response of a single retinula cell to polarized light. Nature (London) *184* (1959): 455–456.

LAGUESSE, E. G.: Sur la formation des flots du Langerhans. C. R. Soc. Biol. Paris *44* (1893): 622, 819.

LAND, M.: Superposition images are formed by reflection in the eyes of some oceanic decapod crustacea. Nature (London) *263* (1976): 764–765.

LANGERHANS, P.: Beiträge zur mikroskopischen Anatomie der Bauchspeicheldrüse. Diss. Berlin 1869.

LAVOISIER, A. L.: Mém. Acad. Roy. Sci. (1777): 192.

LEGALLOIS, J. J. C.: Expériences sur la principle de la vie, notamment sur celui des mouvements du coeur, et sur le siège de ce principe. D'Hautel, Paris 1812.

LEHNINGER, A. L.: Oxydative phosphorylation. Harvey Lectures 49 (1955): 176–215.

LEMBECK, K., & GIERE, W.: Otto Loewi. Ein Lebensbild in Dokumenten. Springer Verlag, Berlin, Heidelberg, New York 1968.

LEVI, H., & USSING, H. H.: The exchange of sodium and chloride ions across the fibre membrane of the isolated frog sartorius. Acta Physiol. Scand. 16 (1948): 232–249.

LEYDIG, F. VON: Zum feineren Bau der Arthropoden. Müller's Arch. Anat. Physiol. 22 (1855): 406–444.

LIEBMANN, P. A.: In situ microspectrophotometric studies on the pigments of single retinal rods. Biophys. J. 2 (1962): 161–178.

LINCKE, F.: Das mechanische Relais. VDI-Zeitschrift 23 (1879): 509–524, 577–616.

LING, G., & GERARD, R. W.: J. Cellular Comp. Physiol. 34 (1949): 383.

LOEB, J.: Die Tropismen. Handbuch d. vergl. Physiologie, Bd. IV, Hrsg. WINTERSTEIN, H. Fischer, Jena 1913, S. 451–511.

LOEWI, O.: Über humorale Übertragbarkeit der Herznervenwirkung. I. Mitt. Pflügers Arch. Physiol. 189 (1921): 239–242.

– XIV. Mitt. Quantitative und qualitative Untersuchungen über den Vagusstoff. ebda. 237 (1936): 504–514.

– & NAVRATIL, E.: XI. Mitt. Über den Mechanismus der Vaguswirkung von Physostigmin und Ergotamin. ebda. 214 (1926): 689–696.

– – XII. Mitt. Ergotamin und Accelerans. ebda. 217 (1927): 610–617.

LORENZ, K.: Erich von Holst, Seher und Forscher. 4. Biologisches Jahresheft 1964, Hrsg. Verband Deutscher Biologen e. V., Iserlohn/Westf. 1964, S. 19–24.

LOTZE, R. H.: Instinct. In: R.Wagners Handwörterbuch der Physiologie pt. 2, Vieweg, Brunswick 1842–1853.

LUCAS, K.: On summation of propagated disturbances in the claw of Astacus, and on the double neuromuscular system of the adductor. J. Physiol. (London) 51 (1917): 1–35.

LUDWIG, C.: Nieren und Harnbereitung. In: Handwörterbuch der Physiologie. Hrsg. WAGNER, R. Bd. 2. Braunschweig 1844, S. 628–640, bes. S. 634 ff.

– Lehrbuch der Physiologie des Menschen. Heidelberg 1852.

LUNDBERG, J. M., & HÖKFELT, T.: Coexistence of peptides and classical neurotransmitters. TINS 6 (1983): 325–332.

LYONET, P.: Traité anatomique de la chenille qui rouge le bois de saule. La Haye 1762.

MACH, E.: Grundlinien der Lehre von den Bewegungsempfindungen. Engelmann, Leipzig 1875.

MACNICHOL, E. F., & SVAETICHIN, G.: Electric responses from islated retinas of fishes. Amer. J. Ophthalmol. 45 (1958): 26–40.

McCALLUM, W. G., & VOEGTLIN, C.: On the relation of the parathyroid to calcium metabolism and nature of tetany. Bull. John Hopkins Hosp. 19 (1908): 91.

MAGENDIE, F.: Proces-verb 1822. Acad. Sci. 7 (1820–1823): 348.

– Expériences sur les fonctions des racines des nerfs rachidiens. J. physiol. exper. et path. 2 (1822): 276.

– Expériences sur les fonctions des racines des nerfs qui naissent de la moelle épinière. J. physiol. expér. et path. 2 (1822): 366.

MAGNUS, R., & DE KLEIJN, A.: Funktion des Bogengangs- und Otolithenapparates bei Säugern. In: Bethes Handbuch der normalen und pathologischen Physiologie, Bd. 11, Springer Verlag, Berlin 1926, S. 868–908.

MANGOLD, E.: Untersuchungen über die Endigungen der Nerven in den quergestreiften Muskeln der Arthropoden. Z. allg. Physiol. 5 (1905): 135–205.

MANGOLD, O.: Gehörsinn und statischer Sinn. In: Handbuch der vergleichenden Physiologie (Hrsg. WINTERSTEIN) Bd. 4. Gustav Fischer Verlag, Jena 1913, S. 841–976.

MARKS, W. B., & MACNICHOL, E. F. jr.: Bleaching spectra of single goldfish cones. Biophys. Soc. Abstr. TE 2 (1962).

– – Difference spectra of single goldfish cones. Fed. Proc. (1963): 519.

MAXWELL, J. C.: On governors. Proc. Roy. Soc. (London) 6 (1867/68): 270–283.

McLENNAN, H.: Synaptic transmission. Saunders, Philadelphia 1963.

MEISENHEIMER, J.: Ergebnisse einiger Versuchsreihen über Exstirpation und Transplantation der Geschlechtsdrüsen bei Schmetterlingen. Zool. Anz. 32 (1908): 393-400.

MERING, F. J., & MINKOWSKI, O.: Diabetes mellitus nach Pancreasexstirpation. Cbl. klin. Med. 10 (1889): 393.

METCALF, M.: The neural gland in Cynthia papillosa. Anat. Anz. 14 (1898): 467–470.

MIESCHER-RÜSCH, J. F.: Bemerkungen zur Lehre von den Athembewegungen. Arch. Anat. Physiol., Physiol. Abt., (1985): 355–380.

MILLER, W. H.: Morphology of the ommatidia of the compound eye of Limulus. J. Biophys. Biochem. Cytol. 3 (1957): 421–428.

MINKOWSKI, O.: Über einen Fall von Akromegalie. Berliner klin. Wchschr. Nr. 21 (1887): 371.

MITCHELL, P.: Coupling of phosphorylation to electron and hydrogen transfer by a chemiosmotic type of mechanism. Nature (London) 191 (1961): 144–148.

MÖHRES, F. P.: Über die Ultraschall-Orientierung der Hufeisennasen (Chiroptera-Rhinolophidae). Z. vgl. Physiol. 34 (1953): 547–588.

MÖLLENDORFF, W. VON: Vitale Färbungen an tierischen Zellen. Grundlagen, Ergebnisse und Ziele biologischer Farbstoffversuche. Erg. Physiol. 18 (1920): 141–306.

– Darf die Niere im Sinne der Sekretionstheorie als Drüse aufgefaßt werden? Münch. med. Wochenschr. 69 (1922): 1069–1072.

MORTON, R. A.: Chemical aspects of the visual process. Nature 153 (1944) 3872: 69 71 (Jan. 15).

MOUNTCASTLE, V. B.: Medical Physiology, 14th ed., C. V. Mosby 1980.

MÜLLER, F. VON: Beiträge zur Kenntnis der Basedowschen Krankheit. Dtsch. Arch. klin. Med. 51 (1893): 335.

MÜLLER, J.: Zur vergleichenden Physiologie des Gesichtssinnes. C. Cnobloch, Leipzig 1826.

– Bestätigung des Bellschen Lehrsatzes. Notizen a. d. Geb. d. Natur- u. Heilkde., Weimar 30 (1831): 113.

MUNK, O.: Early notions of dynamic accommodatory devices in teleosts. Vidensk. Meddr danks naturh. Foren. 136 (1973): 7–28.

NABERT, A.: Die corpora allata der Insekten. Z. wiss. Zool. 104 (1913): 181–385.

NAGEL, W.: Die niederen Sinne der Insekten. Dissertation, Tübingen 1892.

NANSEN, F.: Die Nervenelemente, ihre Struktur und Verbindung im Zentralnervensystem. Anat. Anz. 3 (1888): 157–169.

NATHANS, J., THOMAS, D., & HOGNESS, D. S.: Molecular genetics of human color vision: the genes encoding the blue, green and red pigments. Science. 232 (1986): 193–202.

OCHOA, S.: Efficiency of aerobic phosphorylation in cell-free heart extracts. J. Biol. Chem. 151 (1943): 493–505.

OLIVER, G., & SCHAEFER, E. A.: The physiological effects of extracts of the suprarenal capsules. J. Physiol. (London) 18 (1895): 231.

OSBORNE, N. N.: Communication between neurones: Current concepts.. Neurochem. Internat. 3 (1981): 3–16.

OUDEMANS, J. Th.: Falter aus kastrierten Raupen, wie sie aussehen und wie sie sich benehmen. Zool. Jb. Syst. 12 (1899): 71–88.

OVERTON, E.: Beiträge zur allgemeinen Muskel- und Nervenphysiologie II. Pflügers Arch. 92 (1902): 346–386.

PALADE, G. E.: The fine structure of mitochondria. An electron microscope study. J. Hist. Cytochem. 1 (1953): 188.

– & PALAY, S. L.: Electron microscope observations of interneuronal and neuromuscular synapses. Anat. Rec. 118 (1954): 335–336.

PALMER, G.: Theory of colours and vision. Leacreft, London 1777.

PALAY, S. L.: Synapses in the central nervous system. J. Biophysic. Biochem. Cytol., Suppl., 2 (1956): 193–201.

PARKER, G. H.: The sense of hearing in fishes. Amer. Naturalist, Boston 37 (1903): 185.

PATTEN, W.: Eyes of molluscs and arthropods. Mitt. Zool. Stat. Neapel 6 (1886): 542–756.

PENZLIN, H.: Neuropeptides – Occurrence and Function in Insects. Naturwiss. 6 (1989): 243–252.

PERKINS, E. B.: Color changes in crustaceans, especially in Palaemonetes. J. exp. Zool. 50 (1928): 71–105.

PEYER, J.: Über die peripherischen Endigungen der motorischen und sensiblen Fasern der in den Plexus brachialis des Kaninchens eintretenden Nervenwurzeln. Z. rat. Med. 4 (1853): 67.

PFLÜGER, E.: Die sensorischen Functionen des Rückenmarks der Wirbelthiere nebst einer neuen Lehre über die Leitungsgesetze der Reflexionen. Berlin 1853.

– Die teleologische Mechanik der lebendigen Natur. Pflügers Archiv ges. Physiol. 15 (1877): 57–103.

PFLUGFELDER, O.: Bau, Entwicklung und Funktion der Corpora allata und cardiaca von Dixippus morosus Br. Z. wiss. Zool. 149 (1937): 477–512.

PLANCK, M.: Wissenschaftliche Selbstbiographie. Joh. Ambrosius Barth Verlag, Leipzig 1948, 34 S.

POPA, G., & FIELDING, U.: A portal circulation from the pituitary to the hypothalamic region. J. Anat. (London) 65 (1930): 88–91.

POSSOMPES, B.: Recherches expérimentales sur le determinisme de la metamorphose de Calliphora erythrocephala Meig. Arch. zool. expér. et génér. 89 (1953): 203–364.

PURKYNĚ, J. E.: Beiträge zur näheren Kenntniß des Schwindels aus heautognostischen Daten. Med. Jahrb. k. k. österr. Staates 6 (1820): 79.

PÜTTER, A.: Vergleichende Physiologie. Gustav Fischer Verlag, Jena 1911.

– Die Dreidrüsentheorie der Harnbereitung. Berlin 1926.

QUIX, F. H.: Die Otolithenfunktion in der Otologie. Z. Hals-Nasen-Ohrenheilkde. 8 (1924): 516.

RÁDL, E.: Über das Gehör der Insekten. Biol. Cbl. 25 (1905): 1–5.

RAMON Y CAJAL, S.: Les structures et les connexions des cellules nerveux. In: Les Prix Nobel 1904–1906. Stockholm, Norstedt 1906.

– Neuronismo o reticularismo? Las pruebas objetivas de la unidad anatómica de las células nerviosas. Arch. Neurobiol. Madrid 13 (1933): 1–144.

– Les preuves objectives de l'unité anatomique des cellules nerveuses. Trab. Lab. Invest. biol. Univ. Madrid 29 (1934): 1–137.

REGEN, J.: Untersuchungen über die Stridulation und das Gehör von Thamnotrizon apterus Fab. Sitz.-Ber. Akad. Wiss. Wien, Math.-Naturw. Kl. Abt. 1, 123 (1914): 853–892.

REIN, H., & SCHNEIDER, M.: Einführung in die Physiologie des Menschen. 11. Aufl., Springer Verlag Berlin, Göttingen, Heidelberg 1955.

REISINGER, L.: Zoologie und Physiologie. Zool. Anz. 46 (1916): 231–233.

REISSNER, E.: De auris internae formatione. Inaug. Diss., Dorpat 1851.

RETZIUS, G.: Das Gehörorgan der Wirbeltiere. 1884.

– Zur Kenntnis des Nervensystems der Crustaceen. Biol. Untersuchungen, N. F., 1 (1890): 1–50.

RICHARDS, A. N., & PLANT, O. H.: Urine formation in the perfused kidney. The influence of alterations in renal blood pressure on the amount and composition of urine. Amer. J. Physiol. 59 (1922): 144–183.

RICHET, C.: Contributions à la physiologie des centres nerveux et des muscles de l'écrevisse. Arch. Physiol. norm. path. 6 (1879): 262–294, 522–576.

ROBERTS, E., BAXTER, C. F., HARREVELD VAN, A., WIERSMA, C. A. G., ADEY, W. R., & KILLAM, K. F., (eds.): Inhibition in the nervous system and gamma-aminobutyric acid. Pergamon Press, Oxford 1960.

ROLANDO, L.: Saggio sopra la vera struttura del cervello dell' uomo de degl'animali e sopra le funzioni del sistema nervoso. Sassari 1809.

RÖLLER, H., DAHM, K. H., SWEELY, C. C., & TROST, B. M.: The structure of the juvenile hormone. Angew. Chem. 6 (1967): 179–180.

ROSENBLUETH, A., WIENER, A., & BIGELOW, J.: Behavior, Purpose, and Teleology. Philosophy of Science 10 (1943): 18–24.

ROSENTHAL, I.: Die Athembewegungen. In: Hermanns Handbuch der Physiologie *4* (1862): 2.

ROTHKE, M.: Musikempfindliche Raupen. Insekten-börse, Leipzig *19* (1902): 314.

ROTHSCHUH, K. E.: Geschichte der Physiologie. Springer Verlag, Berlin, Göttingen, Heidelberg 1953.

RUBNER, M.: Über den Einfluß der Körpergröße auf Stoff- und Kraftwechsel. Z. Biol. *19* (1883): 535.

RUPKE, N. A. (ed.): Vivisection in historical perspective. London, New York, Sydney 1987.

SANTSCHI, F.: Les différentes orientations chez les fourmis. Rev. Zool. Afr. *11* (1923): 111–144.

SARS, M.: Histoire naturelle des crustacés d'eau douce de Norvège. Christiania 1867.

SCHARRER, B.: Über das Hanströmsche Organ X bei Opithobranchiern. Publ. Staz. Zool. Napoli *15* (1935): 132–142.

– Über „Drüsen-Nervenzellen" im Gehirn von *Nereis virens* Sars. Zool. Anz. *113* (1936): 299–302.

– Über sekretorisch tätige Nervenzellen bei wirbellosen Tieren. Naturwiss. *25* (1937): 131–138.

– Neurosecretion XI. The effect of nerve section on the intercerebralis – cardiacum-allatum system of the insect *Leucophaea maderae*. Biol. Bull. *102* (1952): 261–272.

SCHARRER, E.: Die Lichtempfindlichkeit blinder Elritzen (Untersuchungen über das Zwischenhirn der Fische I). Z. vgl. Physiol. 7 (1928): 1–38.

SCHIFF, M.: Bericht über eine Versuchsreihe betreffend die Wirkung der Exstirpation der Schilddrüse. Arch. Anat. Physiol. *18* (1884).

SCHMIDT, H.: Regelungstechnik – die technische Aufgabe und ihre wirtschaftliche, sozialpolitische und kulturpolitische Auswirkung. Denkschrift zur Gründung eines Instituts für Regelungstechnik, Berlin 1940. VDI-Zeitschrift *85* (1941).

SCHNITZLER, H.-U.: Die Ultraschall-Ortungslaute der Hufeisen-Fledermäuse (Chiroptera-Rhinolophidae) in verschiedenen Orientierungssituationen. Z. vgl. Physiol. *57* (1968): 376–408.

SCHONE, H.: Statocystenfunktion und statische Lage-orientierung bei dekapoden Krebsen. Z. vgl. Physiol. *36* (1954): 241–260.

– Kurssteuerung mittels der Statocysten (Messungen an Krebsen). Z. vgl. Physiol. *39* (1957): 235–240.

SCHULLER, G., & POLLAK, G.: Disproportionate frequency representation in the inferior colliculus of Doppler compensating greater horseshoe bats. Evidence for an acoustic fovea. J. comp. Physiol. *132* (1979): 47–54.

SCHULTZE, M.: Zur Anatomie und Physiologie der Retina. Arch. mikrosk. Anat. 5 (1866).

– Untersuchungen über die zusammengesetzten Augen der Krebse und Insekten. Cohen, Bonn 1868.

SCHULZ, FR. N.: Wilhelm Biedermann. Ergebn. d. Physiol. *30* (1930): XI–XXVIII.

SCHWABE, J.: Morphologie und Histologie der tympanalen Sinnesapparate der Orthopteren. Zoologica, Stuttgart *20* (1906), H. 50.

SCHWARTZKOPFF, J.: Über Sitz und Leistung von Gehör und Vibrationssinn bei Vögeln. Z. vgl. Physiol. *31* (1949): 527–608.

SELIONYI, G. P. (= SELENY): Materialien zur Frage über die Reaktion des Hundes auf akustische Reize. Biophysiol. Cbl. 1907, No. 771.

SHAW, S. R.: Sense-cell structure and interspecies comparisons of polarized light absorption in arthropod compound eyes. Vision Res. *9* (1969): 1031–1041.

SHEPHERD, G. M.: Foundations of the Neuron Doctrine. Oxford Univ. Press 1991, 338 S.

SHERRINGTON, C. S.: Experiments in examination of the peripheral distribution of the fibres of the posterior roots of some spinal nerves. Phil. Trans. *184 B* (1894): 641.

– The integrative action of the nervous system. Scribners, New York 1906.

SIEBOLD, C. TH. VON: Über das Stimm- und Gehörorgan der Orthopteren. Arch. Naturgesch. *10* (1844).

SJÖSTRAND, F. S.: Ultra-structure of rod-shaped mitochondria. Nature (London) *171* (1953): 30.

SMITH, PH. E.: Endocrinology 5 (1921): 448.

SPALLANZANI, L.: Opera di Lazzaro Spallanzani. 5 vols. Milan, Ulrico Heopli 1932 (Briefe die Fledermäuse betreffend im Band 3).

SPEIDEL, C. C.: Gland-cells of internal secretion in the spinal cord of the skates. Carnegi Inst. Wash. Publ. *13*, Nr. 281 (1919): 1–31.

– Further comparative studies in other fishes of cells that are homologous to the large irregular glandular cells in the spinal cord of the skates. J. comp. Neurol. *34* (1922): 303–317.

SPORN, M. B., & TODARO, G. J.: New England J. Med. *303* (1980): 878.

STEINHAUSEN, W.: Über die Beobachtung der Cupula in den Bogengangsampullen des Labyrinthes des lebenden Hechtes. Pflügers Arch. *232* (1933): 500–512.

STEMPELL, W.: Die Physiologie im zoologischen Unterricht. Zool. Anz. *48* (1917): 221–228.

– & KOCH, A.: Elemente der Tierphysiologie. 2. Aufl., Gustav Fischer Verlag, Jena 1923.

STOLZ, F.: Ueber Adrenalin und Alkylaminoaceto-brenzcatechin. Ber. Dt. chem. Ges. *37* (1904): 4149–4154 (Bd. IV).

STONE, J. W., MORDUE, W., BETLEY, K. E., & MORRIS, H. R.: Structure of locust adipokinetic hormone, a neurohormone that regulates lipid utilisation during flight. Nature (London) *265* (1976): 207–211.

SWAMMERDAM, J.: Biblia naturae sive Historia Insectorum (ed. BOERHAAVE, H.). Severinus, Leyden 1737.

SWINGLE, W. W., & PFIFFNER, J. J.: An aquous extract of the suprarenal cortex which maintains the life of bilaterally adrenalectomized cats. Science *72* (1930): 321–322.

TAKAMINE, J.: The isolation of the active principle of the suprarenal gland. J. Physiol. (London) *27* (1902): XXIX.

TAKEUCHI, A., & TAKEUCHI, N.: On the permeability of the end plate membrane during the action of transmitter. J. Physiol. (London) *154* (1960): 52–67.

– – On the permeability of the presynaptic terminal of the crayfish neuromuscular junction during synaptic inhibition and the action of γ-aminobutyric acid. J. Physiol. (London) *183* (1966): 433–449.

TASAKI, J., & TAKEUCHI, T.: Der am Ranvierschen Knoten entstehende Aktionsstrom und seine Bedeutung für die Erregungsleitung. Pflügers Arch. *244* (1941).

TEMBROCK, G.: Die Geschichte des Zoologischen Institutes. Wiss. Z. Humboldt-Univ. Berlin. Beiheft z. Jubiläumsjahrgang *9* (1959/60): 107–125.

TOMITA, T.: Attempt at intracellular recording from single photoreceptors in the vertebrate. Symp. Neurophysiol. Japan-US science cooperation program, Tokyo, p. 58.

TOYAMA, K.: New organ in the silkworm, *Bombyx mori*. Dainihon Sanshigaku Kaiho *108* (1901): 1–5. [Japan.]

– Contributions to the study of silkworms I. On the embryology of the silkworm. Bull. Coll. Agric., Tokyo Imp. Univ. *5* (1902): 75–117.

TRENDELENBURG, W., & KÜHN, A.: Vergleichende Untersuchungen zur Physiologie des Ohrlabyrinthes der Reptilien. Arch. Anat. Physiol. (Suppl.) 1908, S. 160–188.

UMRATH, K.: Die Entdeckung von Otto Loewi von der humoralen Übertragbarkeit der Vaguswirkung auf das Herz und ihr mutmaßlicher Einfluß auf die Arbeiten aus dem Grazer Kreis. Mitt. naturwiss. Verein Steiermark *114* (1984): 17–38.

VALENTIN, G.: Über den Verlauf und die Enden der Nerven. Nova Acta Acad. Leop. Natur-Curios. *18* (1836): 51.

VASALLE, G.: Nouvelles epériences sur la glande thyréoide. Arch. ital. Biol. *17* (1891): 173.

VERKHOVSKAYA, I. N.: The influence of polarized light on the phototaxis of certain organisms. Bull. Moscow Nat. Hist. Soc., Biol. Sect., *49* (1940): 101–113.

VERNEY, E. B., & STARLING, E. H.: On secretion by the isolated kidney. J. Physiol. (London) *56* (1922): 353–358.

VERSON, E.: Dei tessuti Ghiandolari, che il filugello alberga nei suoi vani circulatori. Ann. R. Staz. Baco. di Padova *28* (1900): 69–84.

VERWORN, M.: Allgemeine Physiologie. Ein Grundriss der Lehre vom Leben. Gustav Fischer Verlag, Jena 1894.

– Einleitung. Z. Allg. Physiologie *1* (1902): 1–18.

VIGIER, P.: Mecanisme de la synthèse des impressions lumineuse par les yeux composés des Diptères. C. R. Acad. Sci. Paris *148* (1909): 1221–1223.

VOGT, K.: Zur Optik des Flußkrebsauges. Z. Naturforschg. *30 c* (1975): 691.

– & KIRSCHFELD, K.: Chemical identity of the chromatophores of the fly visual pigment. Naturwiss. *71* (1984): 211–213.

VOLKMANN, W. A.: Über Reflexbewegungen. Arch. Anat. Physiol. *15* (1838).

WADE, N.: The Nobel Duel: Two scientists' 21-year race to win the world's most coveted research' prize. Anvhor Press 1981.

WAETZMANN, E.: Hörtheorien. In: Bethes Handb. d. norm. pathol. Physiologie Bd. 11,1, 1926, S. 667–700.

WALD, G.: Vitamin A in eye tissue. J. gen. Physiol. *18* (1935): 905.

– Carotenoid and the visual cycle. J. gen. Physiol. *19* (1936): 351.

– Visual purple system in fresh-water fishes. Nature *139* (1937): 1017.

WALLACE, W. C.: Discovery of a muscle in the eye of fishes. Amer. J. Sci. Arts *26* (1834): 394.

– Dissection of the eye of the streaked bass, *Perca nobilis* vel Mitchelli, with observations on the accommodation of the eye to distances. Amer. J. Sci. Arts *27* (1835): 216–222.

WALZL, E. M., & WOOLSEY, C. N.: Effects of cochlear lesions on click responses in the auditory cortex of the cat. Fed. Proc. *1* (1942): 88.

WASHBURN & BENTLEY: The establishment of an association in volving color discrimination in the creek chub *Semotilus atromaculatus*. J. comp. Neurol. Psychol. *16* (1906) 113.

WEARN, J. T., & Richards, A. N.: Observation on the composition of glomerular urine with particular references to the problem of reabsorption in the renal tubules. Amer. J. Physiol. *71* (1924): 209–227.

WEBER, E. F. W., & WEBER, E. H.: Experimenta quibus probatur nervos vagos rotatione machinae galvano magneticae irritatos, motum cordi retardare et adeo intercipare. Ann. Univ. Med. Milano *20* (1845): 227.

WEIGHT, F., & VOTAVA, J.: Slow synaptic excitation in sympathetic ganglion cells: Evidence for synaptic inactivation of potassium conductance. Science *170* (1970): 755–758.

WEIsh, J. H., & WILLIAMS, L. D.: Monoamine-containing neurons in planaria. J. comp. Neurol. *138* (1970): 103–116.

WEVER, E. G.: Theory of hearing. New York, London 1949.

– & BRAY, C. W.: A new method for the study of hearing in insects. J. Cell. Comp. Physiol. *4* (1933): 79–93.

WEYER, F.: Über drüsenartige Nervenzellen im Gehirn der Honigbiene *Apis mellifica* L. Zool. Anz. *112* (1935): 137–141.

WIENER, N.: Kybernetik. Regelung und Nachrichtenübertragung im Lebewesen und in der Maschine. 2. Aufl., Econ-Verlag, Düsseldorf, Wien 1963.

WIERSMA, C. A. G.: Vergleichende Untersuchungen über das periphere Nerven-Muskel-System von Crustaceen. Z. vgl. Physiol. *19* (1933): 349–385.

WIGGLESWORTH, V. B.: The physiology of ecdysis in *Rhodnius prolixus* (Hemiptera). II. Factors controlling moulting and metamorphosis. Quart. J. microsc. Sci. *77* (1934): 191–222.

– The function of the corpus allatum in the growth and reproduction of *Rhodnius prolixus* (Hemiptera). ebda. *79* (1936): 91–121.

– The determination of characters at metamorphosis in Rhodnius prolixus (Hemiptera). J. exp. Biol. *17* (1940): 201–222.

– Hormone balance and the control of metamorphosis in *Rhodnius prolixus* (Hemiptera). J. exp. Biol. *29* (1952): 620–631.

– The endocrine chain in an insect. Nature (London) *175* (1955): 338.

– The action of growth hormones in insects. Symp. Soc. Exp. Biol. *11* (1957): 204–227.

WILLIAMS, C.: Physiology of insect diapause. II. Interaction between the pupae brain and prothoracic glands in the metamorphosis of the giant silkworm, *Platysamia cecropia*. Biol. Bull. *93* (1947): 89–98.

– Isolation and identification of the prothoracic gland hormone of insects. Anat. Rec. *120* (1954): 743.

YOUNG, J. Z.: The structure of nerve fibres in cephalopods and crustacea. Proc. Roy. Soc. B *121* (1937).

YOUNG, T.: Observations on vision. Phil. Trans. Roy. Soc. *83* (1793): 169–181.

– On the theory of light and colours. Phil. Trans. Roy. Soc. London *92* (1802): 20–71.

ZENNECK, J.: Reagieren die Fische auf Töne? Pflügers Arch. *95* (1903): 346.

ZOLOTNITSKY: Les poissons distinguent-ils les couleurs? Arch. Zool. expér. *9* (1901).

ZONDEK, B., & ASCHHEIM, S.: Der Scheidenzyklus der weißen Maus als Testobjekt zum Nachweis des Ovarialhormons. Technik und Fehlerquellen. Klin. Wchschr. *5* (1926): 979–985.

Kapitel 16. Physiologie und Biochemie der Pflanzen

Originalliteratur siehe auch Kurzbiographien

ABELES, F. B.: Ethylene in plant biology. New York, London 1973.

ADDICOTT, F. T., & CARNS, H. R.: History and introduction. In: ADDICOTT, F. T. (ed.): Abscisic acid. New York 1983, S. 1–21.

American Society of Plant Physiologists (ed.): Fiftieth anniversary symposium. Plant Physiol. *54* (1974): 419–479.

AMMON, R., & DIRSCHERL, W.: Fermente, Hormone, Vitamine. Leipzig 1938.

ARMSTRONG, E. F., & ALLAN, J.: A neglected chapter in chemistry: the fats. J. Soc. Chem. Ind. *43* (1924): 207T–218T.

ARNON, D. I: Photosynthesis 1950–75: Changing concepts and perspectives. Encycl. Plant Physiol., N. S. *5* (1977): 7–56.

– Photosynthetic CO_2 assimilation by chloroplasts: assertion, refutation, discovery. Trends Biochem. Sci. 12 (1987): 39–42.

ATKINSON, D. E.: The energy charge of the adenylate pool as a regulatory parameter. Integration with feedback modifiers. Biochem. *7* (1968): 4030–4034.

AVRON, M.: Reflections on the early studies of the mechanism of photo-phosphorylation in isolated chloroplasts. Biochim. Biophys. Acta *1000* (1989): 381–383.

AXELROD, B., & BEEVERS, H.: Mechanisms of carbohydrate breakdown in plants. Ann. Rev. Plant Physiol. *7* (1956): 267–291.

BAEYER, A.: Über die Wasserentziehung und ihre Bedeutung für das Pflanzenleben und die Gärung. Ber. Dt. Chem. Ges. *3* (1870): 63–75.

BAKER, K. F.: Developments in plant pathology and mycology, 1930–1980. In: Perspective in world agriculture. Slough/Engl. 1980, S. 207–236.

BANNISTER, P.: Introduction to physiological plant ecology. Oxford, London 1976.

BASSHAM, J. A., BARKER, S. A., CALVIN, M., & QUARCK,

U. C.: Intermediates in the photosynthetic cycle. Biochim. Biophys. Acta *21* (1956): 376–378.

BEARDER, J. R.: Plant hormones and other growth substances – their background, structures and occurence. Encycl. Plant Physiol., N. S. *9* (1980): 9–112.

BEAUVERIE, J.: Essais d'immunisation des végétaux contre les maladies cryptogamiques. Compt. Rend. Acad. Sci. Paris *133* (1901): 107–110.

BEEVERS, H.: Conceptual developments in metabolic control, 1924–1974. Plant Physiol. *54* (1974): 437–442.

– Foreword. Higher plant cell respiration. Encycl. Plant Physiol., N. S. *18* (1985): V–VI.

BELITSER, V. A., & TSIBAKOVA, E. T.: O mechanizme fosforilirovanija, soprjažennogo s dychaniem. Biochimija *4* (1939): 516–535.

BENNET-CLARK, T. A., & KEFFORD, N. P.: Chromatography of the growth substances in plant extracts. Nature (London) *171* (1953): 645–648.

BERGDOLT, E. (Hrsg.): Karl von Goebel, ein deutsches Forscherleben in Briefen aus sechs Jahrzehnten. Berlin 1940.

BERGMANN, W.: Methoden zur Ermittlung mineralischer Bedürfnisse der Pflanzen. Hb. Pflanzenphysiol. *4* (1958): 37–89.

BIALE, J. B.: On the interface of horticulture and plant physiology. Ann. Rev. Plant Physiol. *29* (1978): 1–23.

BIEMANN, K., TSUNAKAWA, S., SONNENBICHLER, J., FELDMAN, H., DÜTTING, D., & ZACHAU, H. G.: The structure of an odd nucleoside from serine-specific transfer RNA. Angew. Chem., Int. Ed. Engl. *5* (1966): 590–591.

BOGEN, H. J.: Einführung und Übersicht. Allgemeine Physiologie der Pflanzenzelle. Hb. Pflanzenphysiol. *2* (1956): 1–2.

BOHR, N.: Licht und Leben. Naturw. *21* (1933): 245–250.

BOPP, M.: Georg Klebs und die heutige Entwicklungsphysiologie. Naturw. Rdsch. *22* (1969): 97–101.

BOTTELIER, H. P.: Über den Einfluss des Lichtes auf die Protoplasmaströmung von Avena. Proc. Kon. Akad. Wetensch. *36* (1933): 790–795.

BOYER, J. S.: Measurement of the water status of plants. Ann. Rev. Plant Physiol. *20* (1969): 351–364.

BRAUN, H.: Geschichte der Phytomedizin (Hb. Pflanzenkrankheiten, 7. Aufl., *1*). Berlin, Hamburg 1965.

BRIAN, P. W., GROVE, J. F., & MacMILLAN, J.: The gibberellins. Fortschr. Chem. Org. Naturstoffe *18* (1960): 350–433.

BROEKEMA, L.: Eenige waarnemingen en denkbeelden over den vlasbrand. Landbouwk. Tijdschr. *1* (1893): 59–71.

BROYER, T. C.: The movement of materials into plants. Part I. Osmosis and the movement of water into plants. Bot. Rev. *13* (1947): 1–58.

BUCHER, O.: Zur Entwicklung der Gewebezüchtung. Ciba-Zschr. *7* (1940): 2531–2534.

BUD, R.: The uses of life. A history of biotechnology. Cambridge 1993.

BÜNNING, E.: Fifty years of research in the wake of Wilhelm Pfeffer. Ann. Rev. Plant Physiol. *28* (1977): 1–22.

– Rückblick: Warum der Einstieg in die selbständige naturwissenschaftliche Forschung in früheren Jahrzehnten leichter war. Ber. Dt. Bot. Ges. *100* (1987): 415–419.

BURG, S. P., & STOLWIJK, J. A. J.: A highly-sensitive ka-
tharometer and its application to the measurement
of ethylene and other gases of biological importance. J. Biochem. Microbiol. Technol. Eng. *1* (1959):
245–259.

BURRIS, R. H.: Biological nitrogen fixation, 1924–1974.
Plant Physiol. *54* (1974): 443–449.

BUTENANDT, A.: Kurt Mothes zum 80. Geburtstag. Naturw. Rdsch. *33* (1980): 453–458.

BUTLER, W. L., NORRIS, K. H., SIEGELMAN, H. E., &
HENDRICKS, S. B.: Detection, assay, and preliminary
purification of the pigment-controlling photore-
sponsive development of plants. Proc. Nat. Acad.
Sci. USA *45* (1959): 1703–1708.

CALVIN, M.: Intermediates in the photosynthetic cycle:
a commentary. Biochim. Biophys. Acta *1000* (1989):
403–407.

CARAWAY, W. T.: Major developments in clinical chemical instrumentation. J. Clin. Chem. Clin. Biochem.
19 (1981): 491–496.

CARNAHAN, J. E., MORTENSON, L. E., MOWER, H. F., &
CASTLE, J. E.: Nitrogen fixation in cell-free extracts
of Clostridium pasteurianum. Biochim. Biophys.
Acta *44* (1960): 520–535.

CARTELLIERI, E.: Über Transpiration und Kohlensäureassimilation an einem hochalpinen Standort. Sb.
Akad. Wiss. Wien, Math.-Nat. Kl., Abt. I, *149*
(1940): 95–143.

CHAILAKHYAN, M.: Internal factors of plant flowering.
Ann. Rev. Plant Physiol. *19* (1968): 1–36.

CHANDLER, W. H.: Plant physiology and horticulture.
Ann. Rev. Plant Physiol. *10* (1959): 1–12.

CONSDEN, R., GORDON, A. H., & MARTIN, A. J. P.: Qualitative analysis of proteins: A partition chromato-
graphic method using paper. Biochem. J. *38* (1944):
224–232.

COOK, M. T., & TAUBENHAUS, J. J.: The relation of para-
sitic fungi to the contents of the cells of the host
plant. I. Tannins. Del. Agr. Exp. Stn. Bull. *91*
(1911): 1–77.

CORNFORTH, J. W., MILBORROW, B. V., RYBACK, G.,
ROTHWELL, K., & WAIN, R. L.: Identification of the
yellow lupin growth inhibitor as (+)-abscisin II [(+)-
dormin]. Nature (London) *211* (1966): 742–743.

– – – & WAREING, P. F.: Identity of sycamore ‚dormin‘
with abscisin II. Nature *205* (1965): 1269–1270.

CROSS, BRIAN E.: Gibberellic acid, part I. J. Chem.
Soc. (1954): 4670–4676.

CRUICKSHANK, I. A. M., & PERRIN, D. R.: Isolation of
phytoalexin from Pisum sativum. Nature (London)
187 (1960): 799–800.

CURTIS, O. F.: The translocation of solutes in plants.
New York 1935.

DAVIES, D. D.: The Krebs cycle enzyme system of pea
seedlings. J. Exp. Bot. *4* (1953): 173–183.

DENNY, F. E.: The effect of ethylene upon respiration
of lemons. Bot. Gaz. *77* (1924): 322–329.

DÖRING, G., STIEHL, H. H., & WITT, H. T.: A second
chlorophyll reaction in the electron chain of photosynthesis. Registration by the repetitive excitation
technique. Z. Naturfo. *22 b* (1967): 639–644.

DOLK, H. E.: Geotropism and the growth substance.
Rec. Trav. Bot. Néerl. *33* (1936): 509–585.

DOWNS, R. J., HENDRICKS, S. B., & BORTHWICK, H. A.:

Photoreversible control of elongation of Pinto
beans and other plants under normal conditions of
growth. Bot. Gaz. *118* (1957): 199–208.

DRAWERT, H.: Über hundert Jahre Vitalfärbung pflanzlicher Zellen. Protoplasma *47* (1956): 531–533.

DREWES, K.: Über die Assimilation des Luftstickstoffs
durch Blaualgen. Zbl. Bakteriol. Parasitenkde.
(Abstr. 2), *76* (1928): 88–101.

DUYSENS, L. N. M.: The study of reaction centers and
of the primary and associated reactions of photosynthesis by means of absorption difference spec-
trophotometry: a commentary. Biochim. Biophys.
Acta *1000* (1989): 395–400.

EDLEFSEN, N. E., & ANDERSON, A. B. C.: Thermodynamics of soil moisture. Hilgardia *15* (1943): 31–
298.

EDSALL, J. T.: Some notes and queries on the development of bioenergetics. Mol. Cell Biochem. *5* (1974):
103–112.

EGLE, K.: Methoden der Photosynthesemessung.
Landpflanzen. Hb. Pflanzenphysiol. *5.1* (1960): 115–
163.

EMERSON, R. L., STAUFFER, J. F., & UMBREIT, W. W.: Relationship between phosphorylation and photosynthesis. Am. J. Bot. *31* (1944): 107–120.

ENGELHARDT, D. VON: Diskussionsbeitrag – Dimensionen und Aspekte der Entstehung neuer Wissenschaften in der Neuzeit. Ber. Wiss.gesch. *1* (1978):
173–174.

EPSTEIN, E.: Foreword. Inorganic plant nutrition I. Encycl. Plant Physiol., N. S. *15A* (1983): V–IX.

ETHERINGTON, J. R.: Plant physiological ecology. London 1978.

FALK, R. H., & STOCKING, C. R.: Plant membranes. Encycl. Plant. Physiol., N. S. *3*, 1976, S. 3–50.

FENSOM, D. S.: Other possible mechanisms. Transport
in plants I. Phloem transport. Encycl. Plant Physiol., N. S. *1* (1975): 354–366.

FIEDLER, H.: Die pflanzliche Gewebe- und Organkultur. Sammelreferat. Z. Bot. *33* (1938/39): 369–416.

FISCHER, E. P.: Das Atom der Biologen. Max Delbrück
und der Ursprung der Molekulargenetik. München,
Zürich 1988.

FITTING, H.: Wilhelm Pfeffer. Ber. Dt. Bot. Ges. *38*
(1920): (30)–(63).

FONDÉVILLE, J. C., BORTHWICK, H. A., & HEN-
DRICKS, S. B.: Leaflet movements of Mimosa pudica
L. indicative of phytochrome action. Planta *69*
(1966): 357–364.

FRED, E. B., BALDWIN, I. L., & MCCOY, E.: Root nodule
bacteria and leguminous plants. Madison/Wisconsin
1932.

FREY, A. (Hrsg.): Die Micellartheorie. Auszüge aus
den grundlegenden Originalarbeiten Nägelis. Zusammenfassung und kurze Geschichte der Micellartheorie (Ostwalds Klassiker der exakten Wissenschaften, *227*). Leipzig 1928.

FREY-WYSSLING, A.: Die Bedeutung der botanischen
Institute an der ETH Zürich. Ber. Dt. Bot. Ges. *89*
(1976): 111–120.

– Lehre und Forschung. Autobiographische Erinnerungen (Gr. Naturforscher, *44*). Stuttgart 1984.

FUCHS, W. H.: History of physiological plant pathology. Encycl. Plant Physiol., N. S. *4* (1976): 1–26.

GAFFRON, H.: Resistance to knowledge. Ann. Rev. Plant Physiol. *20* (1969): 1–40.

GALSTON, A. W.: Plant photobiology in the last half-century. Plant Physiol. *54* (1974): 427–436.

GANE, Richard: Production of ethylene by some ripening fruit. Nature (London) *134* (1934): 1008.

GENKEL, P. A., & SENČENKOVA, E. M.: Fiziologija rastenij. In: BLJACHER 1975, S. 123–152.

GENNIS, R. B.: Biomembranes. Molecular structure and function. New York, Berlin, Heidelberg, London, Paris, Tokyo 1989.

GICKLHORN, J., & UMRATH, K.: Messung electrischer Potentiale pflanzlicher Gewebe und einzelner Zellen. Protoplasma *4* (1928): 228–258.

GIMMLER, H. (Hrsg.): Julius Sachs und die Pflanzenphysiologie heute. Sonderband, Ber. Physik.-Med. Ges. Würzburg 1984.

GIRARDIN, J. P.: Einfluß des Leuchtgases auf die Promenaden und Strassenbäume. Jb. Agriculturchem. *7* (1864): 199–200.

GODDARD, D. R.: Cytochrome c and cytochrome oxidase from wheat germ. Am. J. Bot. *31* (1944): 270–276.

GORTER, E., & GRENDEL, F.: On bimolecular layers of lipoids on the chromocytes of the blood. J. Exp. Med. *41* (1925): 439–443.

GREGORY, F. G., & PURVIS, O. N.: Vernalization. Nature (London) *138* (1936): 249.

GROVE, J. F., JEFFS, P. W., & MULHOLLAND, T. P. C.: The relation between gibberellin A and gibberellic acid. J. Chem. Soc. (1958): 1236–1240.

GUNTAU M., & LAITKO, H. (Hrsg.): Der Ursprung der modernen Wissenschaften. Studien zur Entstehung wissenschaftlicher Disziplinen. Berlin 1987.

HAMNER, K. C., & BONNER, J.: Photoperiodism in relation to hormones as factors in floral initiation and development. Bot. Gaz. *100* (1938): 388–431.

HANNIG, E.: Zur Physiologie pflanzlicher Embryonen. I. Ueber die Cultur von Cruciferen-Embryonen ausserhalb des Embryosacks. Bot. Z. *62* (1904): 45–80.

HARTUNG, W.: Der Beitrag von Julius Sachs zur Entdeckung der Phytohormone. In: GIMMLER 1984, S. 167–180.

HARVEY, R. B.: Ethylene is a ripener of fruit and vegetables. Science *67* (1928): 421–422.

HATCH, M. D.: Has plant biochemistry finally arrived? Trends Biochem. Sci. *11* (1986): 9–10.

HEYN, A. N. J.: Der Mechanismus der Zellstreckung. Rec. Trav. Bot. Néerl. *28* (1931): 113–244.

HIGINBOTHAM, N.: Conceptual developments in membrane transport, 1924–1974. Plant Physiol. *54* (1974): 454–462.

HILDITCH, T. P.: The component glycerides of vegetable fats. Fortschr. Chem. Org. Naturstoffe *1* (1938): 24–52.

HILL, R.: Days of visual spectroscopy. Ann. Rev. Plant Physiol. *26* (1975): 1–11.

HÖXTERMANN, E.: Zur Geschichte der Chlorophyllisolation. NTM *17* (1980): 80–107.

– „Es gibt kein ‚Quantenrätsel‘ der Photosynthese!“ – Zum 100. Geburtstag von Otto Warburg. Wiss. u. Fortschr. *33* (1983): 331–333.

– Photosynthese- und Stoffwechselforschung in der Geschichte der Botanik an der Berliner Universität (1810–1945). Beitr. Gesch. Humboldt-Univ. Berlin *27* (1991 a): 79 S.

– Wilhelm Ruhland und seine Leipziger „Schüler“ in Berlin. NTM *28* (1991 b): 95–107.

– Karl Otto Müller (1897–1978) und die Entdeckungsgeschichte der Phytoalexine. J. Phytopathology *132* (1991 c): 161–167.

– „Molecular-physicalische Untersuchungen vegetabilischer Zellmembranen“ im Rahmen der Berliner Physiologischen Pflanzenanatomie. NTM *28* (1991/92): 217–229.

– Fundamental discoveries in the history of photosynthesis research. Photosynthetica *26* (1992): 485–502.

– Berliner Botaniker in der Geschichte der Biochemie. Eine Fallstudie über botanische Wurzeln der Biochemie am Beispiel der Allgemeinen Botanik an der Friedrich-Wilhelms-Universität zu Berlin. Habilitationsschrift, Biol.-Pharm. Fak., Friedrich-Schiller-Universität Jena 1994 a.

– Die Anatomie der Pflanzen „im Dienste des Lebens“ – Gottlieb Haberlandts Versuche „Zur Physiologie der Zellteilung“ (1913–1921) und die Entdeckung der Pflanzenhormone. Medizinhist. J. *29* (1994 b): 59–81.

– Zur Geschichte des Hormonbegriffes in der Botanik und zur Entdeckungsgeschichte der ‚Wuchsstoffe‘. Hist. Phil. Life Sci. *16* (1994 c): 311–337.

– Spectroscopic approaches to photosynthesis in the XIXth century. Folia Mendeliana *30* (1995 a): 31–41.

– Gottlieb Haberlandt and the beginning of plant cell and tissue culture. Proc. Conf. on Plant in vitro Culture in Memory of the 50th Anniversary of G. Haberlandt's Death. Mosonmagyaróvár/Ungarn, 1.–3. September 1995 b: 1–26.

– „Das Wetter wird vermutlich schön …“ – Eine Erinnerung an Gottlieb Haberlandt (1854–1945) im 50. Todesjahr. Biol. Zentralbl. *115* (1996): 214–240.

– & SUCKER, U.: Otto Warburg (Biogr. hervorragender Naturw., Techn., Med., *91*). Leipzig 1989.

– HASS, W., KOWALICK, D., & KRÜPER, E.-E.: „Entwicklung ist alles!“ – Gottlieb Haberlandt 1854–1945. Gleditschia *6* (1978): 61–84, Tf. I–VI.

HOLDHEIDE, W., HUBER, B., & STOCKER, O.: Eine Feldmethode zur Bestimmung der momentanen Assimilationsgröße von Landpflanzen. Ber. Dt. Bot. Ges. *54* (1936): 168–187.

HOLTON, C. S., FISCHER, G. W., FULTON, R. W., HART, H. & McCALLAN, S. E. A. (eds.): Plant pathology: Problems and progress 1908–1958. Madison/Wisconsin 1959.

HONERT, T. H. van den: Water transport as a catenary process. Faraday Soc. Discuss. No. *3* (1948): 145–153.

HOPPE, B.: Die Institutionalisierung der Zellforschung in Deutschland durch Rhoda Erdmann (1870–1935). Biologie heute *366* (1989): 2–9.

– Entwicklung des physikalisch-biologischen Experimentierens in den Forschungen über Gasaustausch und Photosynthese. Wiss. Jb. Dt. Mus. München 1992/93: 107–116.

HORI, S.: Some observations on „bakanae“ disease of the rice plant. Mem. Agric. Res. Stn. *12* (1898): 110–119.

HORSFALL, J. G., & WILHELM, S.: Heinrich Anton de Bary: nach einhundertfünfzig Jahren. Ann. Rev. Phytopathol. *20* (1982): 27–32.

HUBER, B., & SCHMIDT, E.: Eine Kompensationsmethode zur thermoelektrischen Messung langsamer Saftströme. Ber. Dt. Bot. Ges. 55 (1937): 514–529.

HUELIN, F. E., & KENNETT, B. H.: Nature of the olefins produced by apples. Nature (London) 184 (1959): 996.

HÜTTERMANN, A.: History of forest botany (Forstbotanik) in Germany from the beginning in 1800 until 1940 – Science in the tension field between university and professional responsibility. Ber. Dt. Bot. Ges. 100 (1987): 107–141.

HUZISIGE, H., & KE, B.: Dynamics of the history of photosynthesis research. Photosynthesis Res. 38 (1993): 185–209.

JABLONSKI, J., & SKOOG, F.: Cell enlargement and cell division in excised tobacco pith tissue. Physiol. Plantarum 7 (1954): 16–24.

JACOBI, H.: Wachstumsreaktionen von Keimlingen, hervorgerufen durch monochromatisches Licht. 1. Rot. Sb. Akad. Wiss. Wien, Math.-Nat. Kl. 123 (1914): 617–631.

JANKO, J.: Botanical parallels to developmental physiology, Entwicklungsmechanik, 1870–1910. In: HOPPE, B. (ed.): Biology integrating scientific fundamentals. München 1997, S. 301–330 (Algorismus; H. 21).

JENNY, H., & OVERSTREET, R.: Contact effects between plant roots and soil colloids. Proc. Nat. Acad. Sci. USA 24 (1938): 384–392.

JORDAN, P.: Die Quantenmechanik und die Grundprobleme der Biologie und Psychologie. Naturw. 20 (1932): 815–821.

– Das Bild der modernen Physik. 2. Aufl. Hamburg-Bergedorf 1947.

KAMEN, M. D.: The early history of carbon-14. J. Chem. Educ. 40 (1963): 234–242.

– Onward into a fabulous half-century. Photosynthesis Res. 21 (1989): 139–144.

– & GEST, H.: Evidence for a nitrogenase system in the photosynthetic bacterium Rhodospirillum rubrum. Science 109 (1949): 560.

KANDLER, O.: Die pflanzliche Organ- und Gewebekultur. Naturw. Rdsch. 1 (1948): 28–33.

– Versuche zur Kultur isolierten Pflanzengewebes in vitro. Planta 38 (1950): 564–585.

KARLSON, P.: Ectohormones and phytohormones. Trends Biochem. Sci. 7 (1982): 382–383.

– Adolf Butenandt. Biochemiker, Hormonforscher, Wissenschaftspolitiker. Stuttgart 1990.

KAWARADA, A., & SUMIKI, Y.: The occurence of gibberellin A_1 in water sprouts of citrus. Bull. Agric. Chem. Soc. Japan 23 (1959): 343–344.

KEILIN, D.: The history of cell respiration and cytochrome. Cambridge 1966.

KENNEDY, J. S., & MITTLER, T. E.: A method of obtaining phloem sap via the mouth parts of aphids. Nature (London) 171 (1953): 528.

KLEINHOONTE, A.: De door het licht geregelde autonome bewegingen der Canavalia-bladeren. Diss. Utrecht 1928. – Deut. Übers. in: Arch. Néerl. Sc. Exact Nat. Sér IIIB, 5 (1929): 1–110.

KNOOP, F.: Der Abbau aromatischer Fettsäuren im Tierkörper. Beitr. Chem. Physiol. Pathol. 6 (1904): 150–162.

KÖHLER, A.: Mikrophotographische Untersuchungen mit ultraviolettem Licht. Z. Wiss. Mikr. 21 (1904): 129–165, 273–304.

KOHLER, R.: The background to Eduard Buchner's discovery of cell-free fermentation. J. Hist. Biol. 4 (1971): 35–61.

– The reception of Eduard Buchner's discovery of cell-free fermentation. J. Hist. Biol. 5 (1972): 327–353.

KOK, A. C. A.: Über den Transport körperfremder Stoffe durch parenchymatisches Gewebe. Rec. Trav. Bot. Néerl. 30 (1933): 23–139.

KRAMER, P. J.: Some reflections after 40 years in plant physiology. Ann. Rev. Plant Physiol. 24 (1973): 1–24.

– Fifty years of progress in water relations research. Plant Physiol. 54 (1974): 463–471.

KREEB, K.: Ökophysiologie der Pflanzen (Bausteine der modernen Physiologie). Jena 1974.

KRIKORIAN, A. D., & BERQUAM, D. L.: Plant cell and tissue cultures: the role of Haberlandt. Bot. Rev. 35 (1969): 59–88.

LANGE, O. L., NOBEL, P. S., OSMOND, C. B., & ZIEGLER, H.: Introduction: Perspectives in ecological plant physiology. Encycl. Plant Physiol., N. S. 12 A (1981): 1–9.

LELOIR, L. F., & MUÑOZ, J. M.: Fatty acid oxidation in liver. Biochem. J. 33 (1939): 734–746.

LENARD, J., & SINGER, S. J.: Protein conformation in cell membrane preparations as studied by optical rotatory dispersion and circular dichroism. Proc. Nat. Acad. Sci. USA 56 (1966): 1828–1835.

LETHAM, David Stuart: Zeatin, a factor inducing cell division isolated from Zea mays. Life Sci. 8 (1963): 569–573.

LINDSTROM, E. S., TOVE, S. R., & WILSON, P. W.: Nitrogen fixation by the green and purple sulfur bacteria. Science 112 (1950): 197–198.

LIU, W.-C., & CARNS, H. R.: Isolation of abscisin and abscission accelerating substance. Science 134 (1961): 384–385.

LONA, F.: L'azione dell'acido gibberellico sull accrescimento caulinare di talune piante erbacea in condizioni estene controllate. Nuovo G. Bot. Ital. 63 (1956): 61–76.

LOOMIS, W. E.: Historical introduction. The assimilation of carbon dioxide. Hb. Pflanzenphysiol. 5.1 (1960): 85–114.

LUCKNER, M.: Der Sekundärstoffwechsel in Pflanze und Tier. Jena 1967.

MacMILLAN, J., & SUTER, P. J.: The occurence of gibberellin A_1 in higher plants: Isolation from the seed of runnes bean (Phaseolus multiflorus). Naturw. 45 (1958): 46.

MASON, T. G., & MASKELL, E. J.: Studies on the transport of carbohydrates in the cotton plant. I and II. Ann. Bot. 42 (1928): 189–253, 571–636.

MASSEE, G.: A disease of tomatoes. Gard. Chronicle, Ser. 3, 17 (1895): 707–708.

MATILE, P.: The lytic compartment of plant cells. Cell Biol. Monogr., Vol. 1. Wien, New York 1975.

McCALLAN, S. E. A.: A perspective on plant pathology. Ann. Rev. Phytopathol. 7 (1969): 1–12.

MEIGH, D. F.: Nature of the olefines produced by apples. Nature (London) 184 (1959): 1072–1073.

MELCHERS, G.: Ein Botaniker auf dem Wege in die Allgemeine Biologie auch in Zeiten moralischer und materieller Zerstörung und Fritz von Wettstein 1895–1945 mit der Liste der Veröffentlichungen und Dissertationen (Persönliche Erinnerungen). Ber. Dt. Bot. Ges. *100* (1987): 373–405.

MENKE, W.: Retrospective of a botanist. Photosynthesis Res. *25* (1990): 77–82.

MICHAEL, G.: Einführung und Übersicht. Die mineralische Ernährung der Pflanze. Hb. Pflanzenphysiol. *4* (1958): 1–4.

MILLERD, A., BONNER, J., AXELROD, B., & BANDURSKI, R. S.: Oxidative and phosphorylative activity of plant mitochondria. Proc. Nat. Acad. Sci. USA *37* (1951): 855–862.

MITRAKOS, K., & SHROPSHIRE Jr., W.: Phytochrome. London, New York 1972.

MOHR, H.: E. Bünning – nicht nur die physiologische Uhr hat ihn bewegt. Ber. Dt. Bot. Ges. *100* (1987): 407–413.

– In memoriam Erwin Bünning. Naturw. Rdsch. *44* (1991): 10–12.

– & SHROPSHIRE Jr., W.: An introduction to photomorphogenesis for the general reader. Encycl. Plant Physiol., N. S. *16 A* (1983): 24–38.

MONTEITH, J. L., & OWEN, P. C.: A thermocouple method for measuring relative humidity in the range 95–100%. J. Sci. Inst. *35* (1958): 443–446.

MONTEMARTINI, L.: Note di fitopatologia vegetale. Atti Istit. Bot. Pavia, Ser. 2, *9* (1904): 39–57.

MONTFORT, C.: Die Xeromorphie der Hochmoorpflanzen als Voraussetzung der „physiologischen Trokkenheit" der Hochmoore. Z. Bot. *10* (1918): 257–352.

MOTHES, K.: Historical introduction. Secondary plant products. Encycl. Plant Physiol., N. S. *8* (1980): 1–10.

MÜLLER, H.-H., & KLEMM, V.: Im Dienste der Ceres. Streiflichter zu Leben und Werk bedeutender deutscher Landwirte und Wissenschaftler. Leipzig, Jena, Berlin 1988.

MURNEEK, A. E.: History of research in photoperiodism. In: MURNEEK, A. E., & WHYTE, R. O. (eds.): Vernalization and photoperiodism. Chronica Botanica. Waltham/Mass. 1948, S. 39–61.

MUSKETT, A. E.: Plant pathology and the plant pathologist. Ann. Rev. Phytopathol. *5* (1967): 1–16.

MYERS, J.: Conceptual developments in photosynthesis, 1924–1974. Plant Physiol. *54* (1974): 420–426.

– The 1932 experiments. Photosynthesis Res. *40* (1994): 303–310.

NAPP-ZINN, K.: Zwei Lebermoose für ein Maß Hofbräu – Karl von Goebel und seine Schule. Ber. Dt. Bot. Ges. *100* (1987): 327–340.

NEEDHAM, D. M.: Machina carnis. The biochemistry of muscular contraction in its historical development. Cambridge 1971.

NEWCOMB, E. H., & STUMPF, P. K.: Fat metabolism in higher plants. I. J. Biol. Chem. *200* (1953): 233–239.

NICHOLAS, D. J. D., & NASON, A.: Mechanism of action of nitrate reductase from Neurospora. J. Biol. Chem. *211* (1954): 183–197.

NIEL, C. B. van: The education of a microbiologist; some reflections. Ann. Rev. Microbiol. *21* (1967): 1–30.

OAKS, A., & BIDWELL, R. G. S.: Compartimentation of intermediary metabolites. Ann. Rev. Plant Physiol. *21* (1970): 43–66.

OHKUMA, K., ADDICOTT, F. T., SMITH, O. E., & THIESSEN, W. E.: Structure of abscisin II. Tetrahedron lett. (1965): 2529–2535.

– LYON, J. L., ADDICOTT, F. T., & SMITH, O. E.: Abscisin II, an abscision-accelerating substance from young cotton fruit. Science *142* (1963): 1592–1593.

OSBORNE, Daphne J.: Acceleration of abscission by a factor produced in senescent leaves. Nature (London) *176* (1955): 1161–1163.

OSTERHOUT, W. J. V.: The use of aquatic plants in the study of some fundamental problems. Ann. Rev. Plant Physiol. *8* (1957): 1–10.

OWEN, P. C.: The relation of germination of wheat to water potential. J. Exp. Bot. *3* (1952): 188–203.

PARRIS, G. K.: A chronology of plant pathology. Starkville 1968.

PARTHIER, B.: Kurt Mothes (1900–1983) – Leben und Werk. Biochem. Physiol. Pflanzen *178* (1983): 695–743.

PAWELZIG, G.: Die Rolle von Georg Klebs bei der Herausbildung materialistischer Konzeptionen in der Entwicklungsphysiologie der Pflanzen. Beiheft, NTM (1963): 196–200.

PHINNEY, B. O.: The history of gibberellins. In: CROZIER, A. (ed.): The biochemistry and physiology of gibberellins. Vol. *1*, New York 1983, S. 19–52.

PIRSON, A., & ZIMMERMANN, M. H.: Preface. Encycl. Plant Physiol., N. S. *1* (1975): V–VI.

PISEK, A.: Zur Geschichte der experimentellen Ökologie (besonders des in Innsbruck hierzu geleisteten Beitrages). Ber. Dt. Bot. Ges. *84* (1971): 365–379.

PLAETZER, H.: Untersuchungen über die Assimilation und Atmung von Wasserpflanzen. Verh. Phys.-Med. Ges. Würzburg, N. F. *45* (1917): 31–101.

PRESSMAN, B. C.: Induced transport of ions in mitochondria. Proc. Nat. Acad. Sci. USA *53* (1965): 1076–1083.

PRILLIEUX, E.: Maladies des plantes agricoles et des arbres fruitiers et forestiers causées par des parasites végétaux. Paris 1895, 1897.

PRINGSHEIM, E. G.: Julius Sachs, der Begründer der neueren Pflanzenphysiologie, 1832–1897. Jena 1932.

QUINCKE, G.: Ueber die physikalischen Eigenschaften dünner, fester Lamellen. Wiedemanns Ann. Phys. Chem., N. F. *35* (1888): 561–580.

RADLEY, M.: Occurence of substances similar to gibberellic acid in higher plants. Nature (London) *178* (1956): 1070–1071.

RAY, J.: Cultures et formes atténués des maladies cryptogamiques des végétaux. Compt. Rend. Acad. Sci. Paris *133* (1901): 307–309.

REINERT, J.: Morphogenese in Gewebe- und Zellkulturen. Naturw. *55* (1968): 170–175.

RENNER, O.: Eröffnungsansprache zur 44. Generalversammlung der Deutschen Botanischen Gesellschaft vom 11. bis 13. Juni 1930 in Erfurt. Ber. Dt. Bot. Ges. *48* (1930): (2)–(13).

RICHARDS, H. M.: Acidity and gas exchange in cacti. Carnegie Inst. Washington Publ. *208* (1915).

RICHARDS, L. A., & OGATA, G.: Thermocouple for vapor pressure measurement in biological and soil systems at high humidity. Science *128* (1958): 1089–1090.

RICHTER, E.: Simon Schwendener (1829–1919) – Begründer der physiologischen Pflanzenanatomie. Gleditschia *9* (1982): 329–351.

RICHTER, O.: Die Ernährung der Algen. Monogr. u. Abh. Int. Rev. ges. Hydrobiol. Hydrogeogr. *2* (1911): 1–192.

ROBERTSON, R. N.: Foreword. Transport in plants II. Cells. Encycl. Plant Physiol., N. S. *2 A* (1976): V–VIII.

ROBINSON, P. M., & WAREING, P. F.: Chemical nature and biological properties of the inhibitor varying with photoperiod in sycamore (Acer pseudoplatanus). Physiol. Plantarum *17* (1964): 314–323.

RODRIGUEZ, A. G.: Influence of smoke and ethylene on the fruiting of the pineapple (Ananas sativus Shult). J. Dep. Agric. Puerto Rico *16* (1932): 5–18.

ROEMER, T., FUCHS, W. H., & ISENBECK, K.: Die Züchtung resistenter Rassen der Kulturpflanzen. Berlin 1938.

ROSA, J. T.: Shortening the rest period of potatos with ethylene gas. Potato News Bull. *2* (1925): 363–365.

ROTHERT, W.: Ueber Heliotropismus. Beitr. Biol. Pflanzen *7* (1896): 1–212.

ROTHWELL, K., & WAIN, R. L.: Growth inhibitor in yellow lupine. Colloq. Int. C. N. R. S. *123* (1964): 363–375.

RUSSELL, R. S.: Tracer methods with isotopes. Hb. Pflanzenphysiol. *4* (1958): 100–117.

SACHS, T., & THIMANN, K. V.: Release of lateral buds from apical dominance. Nature (London) *201* (1964): 939–940.

SAN PIETRO, A., & LANG, H. M.: Accumulation of reduced pyridine nucleotides by illuminated grana. Science *124* (1956): 118–119.

SAWADA, K.: Diseases of agricultural products in Japan. Formosan Agric. Rev. *63* (1912): 10.

SCHLING-BRODERSEN, U.: Entwicklung und Institutionalisierung der Agrikulturchemie im 19. Jh. – Liebig und die landwirtschaftlichen Versuchsstationen. Braunschweiger Veröff. Gesch. Pharm. Naturw. *31* (1989): 1–300.

SCHOLANDER, P. F., HAMMEL, H. T., BRADSTREET, E. D., & HEMMINGSEN, E. A.: Sap pressure in vascular plants. Science *148* (1965): 339–346.

SCHRÖDINGER, E.: What is life? London 1945.

SCHUMACHER, W.: Der Stofftransport zwischen parenchymatischen Zellen (Nahtransport). Allgemeine Übersicht. Hb. Pflanzenphysiol. *13* (1967): 3–16.

SCHWARZE, P.: Einführung. Der Stoffwechsel sekundärer Pflanzenstoffe. Hb. Pflanzenphysiol. *10* (1958): 1–23.

SEMPIO, C.: Aspetti del problema della resistenza in patologia vegetale. Atti e Conmunic. IV. Congr. Intern. Patol. Comparata *2* (1939): 355–366.

SHREVE, E. B.: The daily march of transpiration in a desert perennial. Carnegie Inst. Washington Publ. *194* (1914).

SINNOTT, E. W.: Cell and psyche. The biology of purpose. Chapel Hill/North Carolina 1950.

SITTE, P.: Die Entwicklung der Zellforschung. Ber. Dt. Bot. Ges. *95* (1982): 561–580.

SKRIPČINSKIJ, V. V.: Individualnoe razvitie rastenij. In: BLJACHER 1975, S. 351–361.

SMITH, L. H.: Beobachtungen über Regeneration und

Wachstum an isolierten Teilen von Pflanzenembryonen. Diss., Univ. Halle/Saale 1907.

SÖDING, H.: Die Auxine. Historische Übersicht. Hb. Pflanzenphysiol. *14* (1961): 450–484.

SPOEHR, H. A.: The carbohydrate economy of cacti. Carnegie Inst. Washington Publ. *287* (1919).

STAPP, C.: Der bakterielle Pflanzenkrebs und seine Bedeutung im Lichte allgemeiner Krebsforschung. Naturw. *34* (1947): 81–87.

STEINER, M.: Einführung und Übersicht. Stoffwechselphysiologie der Fette und fettähnlicher Stoffe. Hb. Pflanzenphysiol. *7* (1957): 1–9.

STEWARD, F. C.: Plant physiology: the changing problems, the continuing quest. Ann. Rev. Plant Physiol. *22* (1971): 1–22.

STEWART, W. D. P.: Nitrogen fixation in plants. London 1966.

STOCKER, O.: Einführung. Pflanze und Wasser. Hb. Pflanzenphysiol. *3* (1956): 1–9.

STODOLA, F. H.: Source book on gibberellin 1828–1957. U. S. Dep. Agricult., Agric. Res. Service 1958.

STOUT, J. W., & HOAGLAND, D. R.: Upward and lateral movement of salt in certain plants as indicated by radioactive isotopes of potassium, sodium, and phosphorus absorbed by roots. Am. J. Bot. *26* (1939): 320–324.

STOWE, B. B., & YAMAKI, T.: The history and physiological action of the gibberellins. Ann. Rev. Plant Physiol. *8* (1957): 181–216.

STREET, H. E.: Special problems raised by organ and tissue culture. Correlations between organs of higher plants as a consequence of specific metabolic requirements. Hb. Pflanzenphysiol. *11* (1959): 153–178.

SUCKER, U.: Wilhelm Pfeffer (1845–1920) und die Pflanzenphysiologie seiner Zeit. NTM *25* (1988): 43–57.

TAKAHASHI, N., KITAMURA, H., KAWARADA, A., SETA, Y., TAKAI, M., TAMURA, S., & SUMIKI, Y.: Biochemical studies on „bakanae" fungus. XXXIV. Isolation of gibberellins and their properties. Bull. Agric. Chem. Soc. Japan *19* (1955): 267–277.

TAMURA, S.: History of plant hormone gibberellins: how it was found. In: TAMURA, S. (ed.): Plant hormones. Tokyo 1977, S. 18–50.

TANSLEY, A. G.: British ecology during the past quarter-century: the plant community and the ecosystem. J. Ecol. *27* (1939): 513–530.

TERPSTRA, W.: Extraction and identification of growth substances. Proefschrift, Utrecht 1953.

THIMANN, K. V.: Plant growth substances: past, present and future. Ann. Rev. Plant Physiol. *14* (1963): 1–18.

– Fifty years of plant hormone research. Plant Physiol. *54* (1974): 450–453.

THODAY, D.: On turgescence and the absorption of water by the cells of plants. New Phytol. *17* (1918): 108–113.

THOMAS, M.: History of plant respiration. Hb. Pflanzenphysiol. *12.1* (1960): 1–46.

TRIP, P., & GORHAM, P. R.: Autoradiographic study of the pathway of translocation. Can. J. Bot. *45* (1967): 1567–1573.

TRIPOCZKY, J.: Zur Herausbildung und Entwicklung der Molekulargenetik in den 20er und 30er Jahren unseres Jhs. In: KRÖBER, G. (Hrsg.): Wissenschaft – Das Problem ihrer Entwicklung. Bd. 2. Berlin 1988, S. 58–62.

TRUMPF, C.: Über den Einfluß intermittierender Belichtung auf die Etiolation der Pflanzen. Bot. Arch. 5 (1924): 381–410.

ULMER, W.: Über den Jahresgang der Frosthärte einiger immergrüner Arten der alpinen Stufe, sowie der Zirbe und Fichte. Jb. Wiss. Bot. 84 (1937): 553–592.

VIRGIN, H. I.: An action spectrum for the light-induced changes in the viscosity of plant protoplasm. Physiol. Plant. 5 (1952): 575–582.

VOGLER, K. G.: Studies on the metabolism of autotrophic bacteria. II. The nature of the chemosynthetic reaction. J. Gen. Physiol. 26 (1942): 103–117.

WAKKER, J. H.: Contributions à la pathologie végétale. I. La maladie du jaune ou maladie nouvelle des jacinthes causée par le Bacterium hyacinthi. Arch. Néerl. Sci. 23 (1889): 1–25.

WALD, G., & DuBuy, H. G.: Pigments of the oat coleoptile. Science 84 (1936): 247.

WALTER, H.: Bekenntnisse eines Ökologen. 5. Aufl. Stuttgart, New York 1987.

WAREING, P. F.: A plant physiological odyssey. Ann. Rev. Plant Physiol. 33 (1982): 1–26.

WEEVERS, T.: Fifty years of plant physiology. Amsterdam 1949.

WENT, F. W.: Reflections and speculations. Ann. Rev. Plant Physiol. 25 (1974): 1–26.

WETZEL, K.: Zur Frage der Entstehung organischer Säuren in grünen Pflanzen. Dt. Forschung 23 (1934): 169–172.

WHYTE, R. O., & HUDSON, P. S.: Vernalization or Lyssenko's method for the pre-treatment of seed. Brit. Imp. Bur. Plant Genet. Bull. 9 (1933).

WILDMAN, S. G., & BONNER, J.: Observations on the chemical nature and formation of auxin in the Avena coleoptile. Am. J. Bot. 35 (1948): 740–746.

WILHELM, S., & TIETZ, H.: Julius Kuehn – his concept of plant pathology. Ann. Rev. Phytopathol. 16 (1978): 343–358.

WITHROW, R. B., KLEIN, W. H., & ELSTAD, V. B.: Action spectra of photomorphogenic induction and its photoinactivation. Plant Physiol. 32 (1957): 453–462.

WITT, H. T.: Functional mechanism of water splitting photosynthesis. Photosynthesis Res. 29 (1991): 55–77.

WOOD, R. K. S.: Physiological plant pathology comes of age. Ann. Rev. Phytopathol. 25 (1987): 27–40.

WYLIE, J. A. H.: The history and development of cell, tissue and organ culture. In: AMBROSE, E. J., EASTY, D. M. & WYLIE, J. A. H.: The cancer cell in vitro. London 1967, S. 1–12.

YAMAMOTO, Y.: Pyridine nucleotide content in the higher plant. Effect of age of tissue. Plant Physiol. 38 (1963): 45–54.

ZERNIKE, F.: Das Phasenverfahren bei der mikroskopischen Beobachtung. Z. Techn. Physik 16 (1935): 454.

ZIMMERMAN, P. W., & CROCKER, W.: The effect of ethylene and illuminating gas on roses. Contrib. Boyce Thompson Inst. 3 (1931): 459–481.

ZIMMERMANN, M. H.: Long distance transport. Plant Physiol. 54 (1974): 472–479.

Allgemeine, zeit- und themenübergreifende, biologiehistorische Literatur (Kap. 16)

ALLEN, G. E.: Life science in the twentieth century. New York, London, Sydney, Toronto 1975.

BLJACHER, L. Ja. (Red.): Istorija biologii. S načala XX veka do našich dnej (russ. – Geschichte der Biologie. Vom Anfang des 20. Jh. bis zur Gegenwart). Moskva 1975.

FLORKIN, M.: A history of biochemistry. Part I. Protobiochemistry. Part II. From proto-biochemistry to biochemistry. Comprehensive Biochemistry 30 (1972).

– A history of biochemistry. Part III. History of the identification of the sources of free energy in organisms. Comprehensive Biochemistry 31 (1975).

– A history of biochemistry. Part IV. Early studies on biosynthesis. Comprehensive Biochemistry 32 (1977).

– A history of biochemistry. Part V. The unravelling of biosynthetic pathways. Comprehensive Biochemistry 33 A (1979 a).

– A history of biochemistry. Part V. The unravelling of biosynthetic pathways (continued). Comprehensive Biochemistry 33 B (1979 b).

FRUTON, J. S.: Molecules and life. Historical essays on the interplay of chemistry and biology. New York 1972.

HERDERS Lexikon der Biologie, Bd. 10: Biologie im Überblick. Freiburg, Basel, Wien 1992.

LEICESTER, H. M.: Developments of biochemical concepts from ancient to modern times (Monographs in the history of science). Cambridge/Mass., London 1974.

MÄGDEFRAU, K.: Geschichte der Botanik. Leben und Leistung großer Forscher. Stuttgart 1973. 2. Aufl. Stuttgart, Jena, New York 1992.

MÖBIUS, M.: Geschichte der Botanik. Von den ersten Anfängen bis zur Gegenwart. Jena 1937. 2. Aufl. Stuttgart 1968.

MOORE, J. A.: Science as a way of knowing. The foundations of modern biology. Cambridge/Mass., London 1993.

MORTON, A. G.: History of botanical science. An account of the development of botany from ancient times to the present day. London, New York, Toronto, Sydney, San Francisco 1981.

NEEDHAM, J. (ed.): The chemistry of life. Cambridge 1970.

NOWIKOFF, M.: Grundzüge der Geschichte der biologischen Theorien. Werdegang der abendländischen Lebensbegriffe. München 1949.

ROTHSCHUH, K. E.: Physiologie im Werden (Med. in Gesch. u. Kultur, 9). Stuttgart 1969.

SHAMIN, A. N.: Istorija biologičeskoj chimii. Istoki nauki (russ. – Geschichte der biologischen Chemie. Quellen der Wissenschaft). Moskva 1990.

– Istorija biologičeskoj chimii. Formirovanie biochimii (russ. – Geschichte der biologischen Chemie. Entstehung der Biochemie). Moskva 1993.

TEICH, M. (mit NEEDHAM, D. M.): A documentary history of biochemistry 1770–1940. Leicester, London 1992.

TREPL, L.: Geschichte der Ökologie. Vom 17. Jh. bis zur Gegenwart. Frankfurt/M. 1987.

UNGERER, E.: Die Wissenschaft vom Leben. Eine Geschichte der Biologie. Bd. 3: Der Wandel der Pro-
blemlage der Biologie in den letzten Jahrzehnten
(Orbis academicus, II/14). Freiburg, München
1966.

Kapitel 17. Begründung und Entwicklung der Genetik nach der Entdeckung der Mendelschen Gesetze

Originalliteratur siehe auch Kurzbiographien

ADAMS, Mark B.: Science, ideology and structure: the
Kol'tsov Institute 1900–1970. In: LUBRIANO, L.
(Hrsg.): The social context of Soviet science. S. G.
Solomon, Boulder, Folkstone 1980.
– (Hrsg.): The wellborn science. Eugenics in Germa-
ny, France, Brazil, and Russia. New York, Oxford.
1990.
ALLEN, GARLAND E.: Thomas Hunt Morgan. The Man
And His Science. Princeton, New Jersey 1978.
BARTHELMESS, A.: Vererbungswissenschaft. Orbis aca-
demicus, Abt. II, Bd. 2. Freiburg, München 1952.
BATESON, W.: Poultry. In: Reports to the Evolution
Committee of the Royal Society, London. Report I.
p. 87–124. 1902
– & PUNNETT, R. C.: Experimental Studies in the phy-
siology of heredity. In: Reports to the Evolution
Committee of the Royal Society, London. Report
II. p. 1–131. 1905.
BAUR, E.: Gundlagen der Pflanzenzüchtung. Jena
1921.
BOCHKOV, N. P., ZAKHAROV, A. F., & IVANOV, V. I.: Medi-
zinische Genetik. Ein Leitfaden für Ärzte. Jena
1988.
BOVERI, Th.: Über mehrpolige Mitosen als Mittel zur
Analyse des Zellkerns. Verhandl. physikal. med.
Ges. zu Würzburg, N. F. Band XXXV. S. 67–90.
1902.
BRESCH, C., & HANSMANN, R: Klassische und moleku-
lare Genetik. 3. Aufl. Berlin 1972.
CREMER, TH.: Von der Zellenlehre zur Chromosomen-
theorie der Vererbung. Springer, Berlin, Heidel-
berg, New York 1985.
EWIG, B.: In: Lexikon der Biologie, Band 10, S. 398–
407. Herder, Freiburg, Basel, Wien 1992.
FREYE, H.-A.: Humangenetik. Berlin 1988.
GASSEN, H. G., MARTIN, A., & BERTRAM, S.: Genetech-
nik. 2. Aufl. Stuttgart, New York 1988.
GEDDA, R.: Concetti e problemi della genetica medica.
Acta Genet. med. (Rom) 16 (1967): 109–124.
GEISSLER, E.: Einige Bemerkungen zum Thema
T. D. Lyssenko und die moderne Genetik. In: Hum-
boldt-Universität „Philosophie und Naturwissen-
schaften in Vergangenheit und Gegenwart".
Heft 12. S. 22–30. Berlin 1978.

GOLDSCHMIDT, R.: Die sexuellen Zwischenstufen. J.
Springer Berlin 1931.
– Untersuchungen zur Genetik der geographischen
Variation. Arch. mikroskop. Anat. u. Entw.mecha-
nik 101: 92–337.
GRAY, P.: The Encyclopedia of the Biological Sciences.
2nd Ed. New York, Cincinnati, Toronto, London,
Melbourne 1970.
GÜNTHER, E.: Lehrbuch der Genetik. 6. Aufl. Fischer,
Jena 1991.
HAAKE, W.: Die Gesetze der Rassenmischung und die
Konstitution des Keimplasmas. Arch. Entw.mecha-
nik d. Organismen. 21 (1906) 1–93.
HAGEMANN, R.: Einige Hauptentwicklungslinien der
Genetik. In: WENDEL, G. (Hrsg.): Beiträge zur Wis-
senschaftsgeschichte – Wissenschaftsentwicklung
von 1945 bis zur Gegenwart. Berlin 1985.
– Allgemeine Genetik. 3. Aufl. Jena 1991.
HALDANE, J. B. S., & SMITH, C. A. B.: A new estimate
of the linkage between the genes for colour-blind-
ness and haemophilia in man. Ann. Eugen. (Lon-
don) 14 (1947): 10–31.
HAYS, W. M.: Address by the Chairman of Organiza-
tion Committee. Proc. Amer. Breed. Associat. 1
(1905): 9–15.
HUTT, F. B.: Genetics of the Fowl. Mc Graw Hill Com-
pany, New York, Toronto, London 1949.
JACOB, F., JÄGER, E. J., & OHMANN, E.: Botanik. 4. Aufl.
Jena 1994.
JAHN, I.: Zur Geschichte der Wiederentdeckung der
Mendelschen Gesetze. Wiss. Z. Univ. Jena. Math.
Reihe 7 (1957/58): 215–227.
– Grundzüge der Biologiegeschichte. UTB, Gustav
Fischer, Jena 1990.
– Geschichte der Populationsbiologie. In: Lexikon der
Biologie, Band 10, S. 339–343. Herder, Freiburg, Ba-
sel, Wien 1992.
– LÖTHER, R., & SENGLAUB, K. (Hrsg.): Geschichte der
Biologie. Jena 1982. 2. Aufl. 1985.
KAUDEWITZ, F.: Genetik. Stuttgart 1983.
KING, R. C.: Handbook of Genetics. New York 1974.
– & STANSFIELD, W. D.: A Dictionary of Genetics. 4th
Ed. New York, Oxford 1990.
KNIPPERS, R.: Molekulare Genetik. 4. Aufl. Stuttgart 1985.
KRIZENECKY, J.: Fundamenta Genetica. The revised
edition of Mendel's classic paper with a collection
of 27 original papers published during the rediscov-
ery era. Brno 1965.
KÜHN, A., & HESS, O.: Grundriß der Vererbungslehre.
8. Aufl. Heidelberg 1984.
LEWIN, B.: Gene. Lehrbuch der molekularen Genetik.
Weinheim 1988.
MAYR, E.: Die Entwicklung der biologischen Gedan-
kenwelt. Springer, Berlin, Heidelberg, New York,
Tokyo 1984.
– & PROVINE, W. (eds.): The Evolutionary Synthesis.
Harvard Univ. Press, Cambridge, Mass. 1980.
MEDWEDJEW, S. A.: Der Fall Lyssenko. 1969.
– N. W. Tismofeeff-Ressovsky (1900–1981). Genetics
100 (1982): 1–5.
MEIER, H. (Hrsg.): Die Herausforderung der Evolu-
tionsbiologie. München 1988, 2. Aufl. 1989.
NITSCHMANN, J. u. a. (Hrsg.): Kleine Enzyklopädie Le-
ben. Leipzig 1978.

OLBY, R. C.: The origins of Mendelism. Constable, London 1966.

PLESSE, W. & RUX, D.: Biographien bedeutender Biologen. Berlin 1977, 2. Aufl. 1986.

PROVINE, W. B.: The Origins of Theoretical Population Genetics. Chicago 1971.

RAINGER, R., BENSON, K., & MAIENSCHEIN, J. (Eds.): The American Development of Biology. New Brunswick, London 1991.

RIEGER, R., MICHAELIS, A., & GREEN, A. M.: A Glossary of Genetics and Cytogenetics. Berlin, Heidelberg, New York 1968.

STRICKBERGER, M. W.: Genetik. München, Wien 1988.

STUBBE, H.: Über die vegetative Hybridisierung von Pflanzen. Versuche an Tomatenmutanten. Die Kulturpfl. 2 (1954): 185–236.

– Über die Umwandlung von Winterweizen in Sommerweizen. Züchter 25 (1955): 321–330.

– Laudatio auf Timofeef-Ressowski anläßlich der Verleihung der Mendel-Medaille durch die Deutsche Akademie der Naturforscher Leopoldina. In: Leopoldina-Archiv. Stubbe. MM 4738. 1970.

– Geschichte des Instituts für Kulturpflanzenforschung Gatersleben der Deutschen Akademie der Wissenschaften zu Berlin 1943–1968. Akademie-Verlag Berlin 1982.

TIMOFEEFF-RESSOWSKY, N. W.: Verknüpfung von Gen und Außenmerkmal: Phänomenologie der Genmanifestierung. In: KOLLE, W. (Hrsg.): Wissenschaftliche Woche zu Frankfurt. Vol. 1. Erbbiologie. G. Thieme, Leipzig 1934, S. 92–115.

– & TIMOFEEFF-RESSOWSKY, H. A.: Genetische Analyse einer freilebenden D. melanogaster-Population. Arch. Entw.mechanik Organismen 109 (1927): 70–109.

VOGEL, F., & MOTULSKY, A. G.: Human Genetics. New York, Heidelberg, Berlin 1979, 1982.

WANSCHER, J. H.: The history of Wilhelm Johannsen's genetical termsand concepts from the period 1903 to 1926. Centaurus 19 (1975): 125–147.

WATSON, J. D.: Molekulare Biologie des Gens. 2. Aufl. Amsterdam 1975.

– Biologie. Bertelsmann Lexikon-Verlag, Gütersloh, München, Wien 1975.

WEINGART, P., KROLL, J., & BAVERTZ, K.: Rasse, Blut und Gene. Geschichte der Eugenik und Rassenhygiene in Deutschland. Suhrkamp-Verlag, Frankfurt a. M. 1988.

WINKLER, H.: Über Merogonie und Befruchtung. Jahrb. wiss. Bot. 36 (1901).

– Die Konversion der Gene. Jena, Fischer 1930.

Kapitel 18. Neue Auseinandersetzung mit dem Darwinismus

Originalliteratur siehe auch Kurzbiographien

ADAMS, M. B.: The founding of population genetics: contributions of the Chetverikov school, 1924 to 1934. J. Hist. Biol. 1 (1968): 23–40.

– Towards a synthesis: population concepts in Russian evolutionary Thought, 1925–1935. J. Hist. Biol. 3 (1970): 107–129.

ALLEN, G. E.: Thomas Hunt Morgan and the problem natural selection. J. Hist. Biol. 1 (1968): 113–139.

– Thomas Hunt Morgan: the man and his science. Princeton 1978.

– Genetics, eugenics and class struggle. Genetics 79 (1975): 29–45.

ALVERDES, F.: Rassen- und Artbildung. Abhdlg. theoret. Biol. Bd. 9, Berlin 1921.

ASTAUROV, B. L.: Teoretičeskaja biologija i nekotorye ee ŏcerednye zadači. Voprosy filosofii 26 (1972), 2: 61–74.

– Die theoretische Biologie und einige ihrer nächsten Aufgaben. Sowjetwiss., Ges. wiss. Beitr. 6 (1972): 615–631.

AYALA, F. J.: Biology as an autonomous science. Americ. Scient. 56 (1968): 207–221.

– Theodosius Dobzhansky: the man and the scientist. Ann. Rev. Genet. 10 (1976): 1–6.

– „Nothing in biology makes sense except in the light of evolution". Theodosius Dobszhansky: 1900–1975. J. Hered. 68 (1977): 3–10.

– & DOBZHANSKY, T. (eds.): Studies in the philosophy of biology. Berkeley, Los Angeles 1974.

BAERENDS, G., BEER, C., & MANNING, A. (Hrsg.): Function and evolution in behaviour. Essays in honour of Professor Niko Tinbergen. Oxford 1975.

BARZUN, J.: Darwin, Marx and Wagner: critique of a heritage. 2. ed. Garden City (New Jersey) 1968.

BATESON, W.: Mendels Vererbungstheorien. Leipzig 1914.

– Evolutionary faith and modern doubts. Science 55 (1922): 55–61.

BAUER, H., & TIMOFEEFF-RESSOVSKY, N. V.: Genetik und Evolutionsforschung bei Tieren. In: HEBERER, G. (Hrsg.): Die Evolution der Organismen. Jena 1943.

BEDDALL, Barbara G.: Wallace, Darwin, and the theory of natural selection. J. Hist. Biol. 1 (1968): 261–323.

BEER, G. DE (ed.): Darwin's notebooks on transmutation of species (1–5). Bull. Brit. Mus. (N. H.), Hist. Ser. 2, Nr. 2–6 (1960–1961).

– The origins of Darwin's ideas on evolution and natural selection. Proc. R. Soc. London B 155 (1962): 321–338.

– Rowlands, M. J., & SKRAMOVSKY, B. M.: Darwin's notebooks on transmutation of species (6). Bull. Brit. Mus. (N. H.), Hist. Ser. 3, Nr. 5 (1967).

BEURLEN, K.: Die stammesgeschichtlichen Grundlagen der Abstammungslehre. Jena 1937.

BEURTON, Peter J.: „Neo-Darwinism" or „Synthesis"? In: Concepts, Theories, and Rationality in the Biological Sciences. The Second Pittsburgh–Konstanz-Colloquium in the Philosophy of Science. Pittsburgh 1993. Hrsg. WOLTERS, G., & LENNOX, J. G. Univ.-Verl. Konstanz/Pittsburgh Press 1995.

– Ernst Mayr und der Reduktionismus. Biol. Zentr.bl. 114 (1995): 115–122.

– Historische und systematische Probleme der Entwicklung des Darwinismus. Jahrb. f. Gesch. u. Theorie d. Biol. 1 (1994): 93–211.

BOAS, F.: Rasse und Kultur. Jena 1932.

BUSH, G. L.: Modes of animal speciation. Ann. Rev. Ecol. Syst. 6 (1975): 339–364.

CARTER, G. S.: A hundred years of evolution. New York 1957.

CASPARI, E.: Genetic basis of behavior. In: ROE, A., & SIMPSON, G. G. (eds.): Behavior and evolution. New Haven 1958 S. 103–127.

ČETVERIKOV (TSCHETWERIKOV), S. S.: Autobiographie. Nova Acta Leopoldina, N. F. 21, Nr. *143* (1959): 308–310.

DANSER, B. H.: A theory of systematics. Bibl. Biotheor. *4* (1950): 117–180.

DARLINGTON, C. D.: Evolution of genetic systems. Edinburgh, London 1939.

– Mendel and the determinants. In: DUNN 1951 S. 315–332.

DARLINGTON JR., Ph. J.: Darwin and zoography. Proc. Amer. Phil. Soc. *103* (1959): 307–319.

DARWIN, F. (ed.): Life and letters of Charles Darwin. London 1882. Dt. von CARUS, V. Bd. 1–3. Stuttgart 1887.

DELY, O. G.: Die wissenschaftliche und literarische Tätigkeit von Ludwig Méhely auf dem Gebiete der Zoologie. Vertebrata Hungarica Musei Historico-Naturalis Hungarici *9* (1967): 21–64.

DILGER, W C.: Behavior and genetics. In: BLISS, E. (ed.): Roots of behavior. New York 1962, S. 35–47

DOBZHANSKY, Th.: Autobiographie; Verzeichnis der Veröffentlichungen. In: Nova Acta Leopoldina, N. F. 21, *143* (1959): 247–259.

– Variation and evolution. Proc. Amer. Philos. Soc. *103* (1959): 252–263.

– Biology, molecular and organismic. Amer. Zool. *4* (1964): 443–452.

– Dynamik der menschlichen Evolution. Frankfurt/M. 1965.

– Vererbung und Menschenbild. München 1966.

– Mendelismus, Darwinismus und Evolutionismus. Wiss. u. Fortschr. *17* (1967): 268–272, 307–308. Übers. aus Proc. Amer. Philos. Soc. *109* (1965): 205–215.

– Chance and creativity in evolution. In: AYALA & DOBZHANSKY (eds.) 1974 a, S. 307–338.

– Leslie Clarence Dunn (1893–1974). In: Am. Phil. Soc. Year Book 1974 (1974 b), S. 150–156.

– The mythes of genetic predestination and of tabula rasa. Persp. Biol. Med. *19* (1976): 156–170.

– AYALA, F. J., STEBBINS, G. L., & VALENTINE, J. W.: Evolution. San Francisco 1977.

DUBININ, N. P., & ROMASOV, D. D.: Genetische Grundlagen des Baues der Art und ihrer Evolution [russ]. Biol. Z. *1* (1932): 52–95.

DUNN, L. C. (ed.): Genetics in the 20th century. Essays on the progress of genetics during its first 50 years. New York 1951.

– A short history of genetics. New York 1965.

DUPREE, A. H.: Asa Gray (1810–1888). Cambridge (Mass.) 1959

EGERTON, F. N.: Studies of animal populations from Lamarck to Darwin. J. Hist. Biol. *1* (1968): 225–259.

– Darwin's method or methods? Stud. Phil. Sci. *2* (1971): 281–286.

EIGEN, Manfred: Stufen zum Leben. Stuttgart 1987.

ELDREDGE, N.: Alternative approaches to evolutionary theorie. Bull. Carnegie Mus. Nat. Hist. *13* (1979): 7–19.

– Unfinished Synthesis: Biological Hierarchies and Modern Evolutionary Thought. Oxford Univ. Press, New York 1985.

ENDLER, J. A.: Geographic variation, speciation, and clines. Princeton (N. J.) 1977. (Monographs in population biology, 10).

FLEISCHMANN, A.: Die Deszendenztheorie. Leipzig 1901.

FORD, E. B.: Mendelism and evolution. 3. ed. London 1940.

– Ecological genetics. London 1963.

FUCHS, H. P.: Historische Bemerkungen zum Begriff der Subspezies. Taxon *VII* (1958): 44–52.

GHISELIN, M. T.: The triumph of the Darwinian method. Berkeley, Los Angeles 1969.

GLASS, B.: The germination of the idea of biological species. In: GLASS, TEMKIN & STRAUS (eds.) 1959.

– TEMKIN, O., & STRAUS JR., L. (eds.): Forerunners of Darwin, 1745–1859. Baltimore 1959.

GLESERMAN, G.: Wissenschaft, Gesellschaft und Rassismus. Wissenschaftliche Welt *18* (1974): 26–28.

GOLDSCHMIDT, R.: Die quantitativen Grundlagen von Vererbung und Artbildung. Berlin 1920.

– Zwei Jahrzehnte Mendelismus. Naturwiss. *10* (1922): 631–635.

– Portraits from memory. Washington 1958.

– Erlebnisse und Begegnungen. Berlin, Hamburg 1959.

GOULD, S. J.: The meaning of punctuated equilibrium and its role in validating a hierarchical approach to macroevolution. In: MILKRMAN, R.: (Hrsg.): Perspectives in Evolution. Sunderland (Mass.) 1982, S. 83–104

GRANT, V.: Plant speciation. New York 1971. Artbildung bei Pflanzen. Berlin, Hamburg 1976.

GRUBER, H. E.: Darwin on Man. London 1974.

– & GRUBER, V.: The eye of reason. Darwin's development during the Beagle voyage. Isis *53* (1962): 186–200.

GÜNTHER, H. F. K.: Rassenkunde des deutschen Volkes. München 1922 (und weitere Auflagen).

GÜNTHER, K.: Zur Geschichte der Abstammnungslehre. In: HEBERER, G. (Hrsg.) 1967, S. 3–60.

GUTMANN, W. F.: Die Evolution hydraulischer Konstruktionen: Organismische Wandlung statt altdarwinistischer Anpassung. Frankfurt a. M. 1989.

– & BONIK, K.: Die Grundkonstruktion der Manteltiere. Natur und Museum *100* (1980): 368–380.

– Kritische Evolutionstheorie. Hildesheim 1981.

HALDANE, J. B. S.: The causes of evolution. New York, London 1932.

– Natural selection. In: BELL, P. R. (ed.): Darwin's biological work … New York, 1964, S. 101–149.

– A defense of beanbag genetics. Persp. Biol. Med. *7* (1964): 343–359.

HEBERER, G.: Darwin-Wallace, Dokumente zur Begründung der Abstammungslehre vor 100 Jahren 1858/59–1958/59. Stuttgart 1959.

– (Hrsg.): Die Evolution der Organismen. Ergebnisse und Probleme der Abstammungslehre, Jena 1943, 3. Aufl. Bd. 1, Stuttgart 1967.

HENNIG, W.: Grundzüge einer Theorie der phylogenetischen Systematik. Berlin 1950.

– Phylogenetische Systematik. Berlin, Hamburg 1982.

HERRE, W., & RÖHRS, M.: Haustiere – zoologisch gesehen. Stuttgart 1973.

HOSSFELD, Uwe: Gerhard Heberer (1901–1973): Sein Beitrag zur Biologie im 20. Jh. Jahrb. für Geschichte und Theorie der Biologie, Suppl.-Band 1. Berlin 1997.

– Dobzhansky's Buch „Genetics and the Origin of Species" (1937) und sein Einfluß auf die deutschsprachige Evolutionsbiologie. Jb. Gesch. und Theorie d. Biol. 5 (1998): 105–144.

HUENE, F. VON: Paläontologie und Phylogenie der niederen Tetrapoden. Jena 1956.

HUTTON, F. W.: Darwinisms and Lamarckisms. London 1899.

HUXLEY, J. S.: Clines: An auxiliary method in Taxonomy. Bijdr. Dierk. 27 (1939): 491–520.

– Evolution, the new Synthesis. London 1942.

– Entfaltung des Lebens. Übers. von J. & Th. Knust. Frankfurt/M., Hamburg 1954. Orig.: Evolution in action. London 1953.

IMMELMAN, N. K.: Die ornithologischen Arbeiten Valentin Haeckers. Teil I. Zool. Anz. 174 (1965): 53–74.

– u. a. Sexuelle Prägung als möglicher Faktor innerartlicher Isolation beim Zebrafinken. J. Orn. 119 (1978): 197–212.

JAHN, Ilse: Zur Geschichte der Wiederentdeckung der Mendelschen Gesetze. Wiss. Z. Univ. Jena, Math.-Nat. R. 7 (1957/58): 215–227.

JOHANNSEN, W.: Experimentelle Grundlagen der Deszendenzlehre, Variabilität, Vererbung, Kreuzung, Mutation. Kultur der Gegenwart, Abt. IV, 1 (1915): 597–660.

– Hundert Jahre Vererbungsforschung. Verh. Ges. Deutsch. Naturf. u. Ärzte 87 (1923): 70–104.

JOLLOS, V.: Experimentelle Protistenkunde I. Archiv Protistenk. 43 (1921): 1–29.

– Genetik und Evolutionsproblem. Zool. Anz., Suppl. 5 (1931): 252–295.

– Grundbegriffe der Vererbungslehre, insbesondere Mutation, Dauermodifikation, Modifikation. In: BAUR, E., & HARTMAN, M. (Ed.): Handbuch der Vererbungswissenschaft, Bd. IV. Berlin 1939.

JORAVSKY, O.: The Lysenko affair. Cambridge (Mass.) 1970.

JORDAN, K.: Der Gegensatz zwischen geographischer und nichtgeographischer Variation. Z. wiss. Zool. 83 (1905): 151–210.

KANAEV, I. I.: Francis Galton. Leningrad 1972.

KEITH, A.: Darwin revalued. London 1955.

KOESTLER, Arthur: The case of the midwife toad. London 1971. Dt.: Der Krötenküsser. Wien 1972.

KOOPMAN, K. F.: Natural selection for reproductive isolation. Evolution 4 (1950): 135–148.

KÜHN, A.: Entwicklung und Problematik der Genetik. Naturwiss. 40 (1953): 65–69.

KUHN, O.: Die Deszendenz-Theorie. Bamberg 1947.

LERNER, G. M.: Population genetics and animal improvement. Cambridge 1950.

LORENZ, K.: Evolution des Verhaltens. Nova Acta Leopoldina, N. F. 42, 218 (1975): 272–290.

LÖTHER, R.: Die Beherrschung der Mannigfaltigkeit. Jena 1972.

LOTSY, J. P.: Evolution by means of hybridisation. Hague 1916.

MAYR, E.: Systematics and the origin of species. New York 1942.

– Where are we? Cold Spring Harbour Symp. Quant. Biol. 24 (1959 a): 1–14.

– Darwin and the evolutionary theory in biology. In: Evolution and anthropology: a centennial appraisal. Washington 1959 b, S. 3–12.

– Animal species and evolution. Cambridge (Mass.) 1963.

– Artbegriff und Evolution. Hamburg, Berlin 1967 a.

– Evolutionary challenges to the mathematical interpretation of evolution. In: Mathem. challenges to the neo-Darwinian interpretation of evolution. The Wistar Symposium Monograph, nr. 5. Philadelphia 1967 b, S 47–58.

– Darwin's method or methods? Stud. Hist. Phil. Sci. 2 (1971): 281–286.

– The nature of the Darwinian revolution. Science 176 (1972): 981–989.

– The recent historiography of genetics. J. Hist. Biol. 6 (1973): 125–154.

– Grundlagen der zoologischen Systematik. Dt. Übers. von O. Kraus. Hamburg, Berlin 1975.

– The study of evolution, historically viewed. In: Changing sciences in natural sciences, 1776 to 1976. Acad. Nat. Sci. Philadelphia, Spec. Publ., 12 (1977): 39–58.

– The growth of biological thought: diversity, evolution and inheritance. Cambridge (Mass.) 1982. Dt.: Die Entwicklung der biologischen Gedankenwelt … Berlin 1984.

– Adaptation and selection. Biol. Zentr.bl. 101 (1982): 161–174.

– Toward a New Philosophy of Biology. Cambridge 1988. Dt. Übers.: Eine neue Philosophie der Biologie. München 1991.

– & PROVINE, W. B.: The evolutionary synthesis. Perspectives on the unification of biology. Cambridge (Mass.), London 1980.

MEDWEDJEW, S. A.: Der Fall Lyssenko. Eine Wissenschaft kapituliert. Hamburg 1971.

MEISE, W.: Die Verbreitung der Aaskrähe (Formenkreis Corvus corone L.). J. Orn. 76 (1928): 1–263.

MULLER, H. J.: The Darwinian and modern conceptions of natural selection. Proc. Am. Phil. Soc. 93 (1949): 459–470.

– One hundred years without Darwinism are enough. School sci. Math. 59 (1959): 394–416.

NEUMANN, C. W.: Vorwort zu: Darwin, Die Abstammung des Menschen und die geschlechtliche Zuchtwahl. Leipzig 1921.

PANNEKOEK, A.: Marxismus und Darwinismus. Leipzig 1914.

PASLACK, R.: Urgeschichte der Selbstorganisation. Zur Archäologie eines wissenschaftlichen Paradigmas. Braunschweig, Wiesbaden 1991.

PETERS, D. Stephan: Über den Zusammenhang von biologischem Artbegriff und phylogenetischer Systematik. In: Aufsätze und Reden der Senckenberg. naturforsch. Ges., Frankfurt a. M. 1970.

PETERS, Günther: die Taxonomie auf dem Wege zur Analyse der Stammesverwandtschaften. In: BÖHME, H., HAGEMANN, R., & LÖTHER, R. (Hrsg.):

Beiträge zur Genetik und Abstammungslehre Berlin 1976, S. 392–416.

PLATE, L.: Der gegenwärtige Stand der Abstammungslehre. Leipzig 1909.

– Selektionsprinzip und Probleme der Artbildung. 4. Aufl. Leipzig, Berlin 1913.

– Die Abstammungslehre. Tatsachen, Theorien, Einwände und Folgerungen in kurzer Darstellung. Jena 1925.

– Warum muß der Vererbungsforscher an der Annahme einer Vererbung erworbener Eigenschaften festhalten? Z. indukt. Abst. u. Vererbungsl. 58 (1931): 266–292.

POULTON, E. B.: Mimicry and selection. Verh. V. Internat. Zool. Kongr. Berlin. Jena 1902, S. 171–179.

– Essay on evolution. Oxford 1908.

– A hundred years of evolution. Brit. Assoc. Advancem. of Sci., Cent. Meeting, Sect. D (Zoology) London 1931, S. 1–26.

PRIGOGINE, I.: Vom Sein zum Werden. München 1979.

PROVINE, W. B.: The origin of theoretical population genetics. Chicago 1971.

– Sewall Wright and evolutionary Biology. Chicago, London 1986.

PUNNET, R. C.: Genetics, Mathematics, and natural selection. Nature 126 (1930): 595–597.

QUERNER, H.: Ideologisch-weltanschauliche Konsequenz der Lehre Darwins. Studium Generale 24 (1971): 231–245.

REGELMANN, J.-P.: Die Geschichte des Lyssenkoismus. Frankfurt/M. 1980.

REIF, W.-E.: The search for a macroevolutionary theory in German paleontology. J. Hist. Biol. 19 (1936): 79–130.

REMANE, A.: Die Grundlagen des natürlichen Systems der vergleichenden Anatomie und der Phylogenetik. Leipzig 1952. 2. Aufl. 1956.

– Der Geltungsbereich der Mutationstheorie. Zool. Anz. Suppl. 12 (1939).

RENSCH, Bernhard: Lebensweg eines Biologen in einem turbulenten Jh. (Autobiogr.). Stuttgart, New York 1979.

ROKITSKY, P. F.: S. S. Chetverikov and the development of evolutionary Genetics (russ.). Istorija Biologii 5 (1975): 63–75.

ROMANES, G. J.: Darwin und nach Darwin. 3 Bde. Leipzig 1892–1895.

– Darwinistische Streitfragen. Leipzig 1897.

SALLER, K.: Die Rassenlehre des Nationalsozialismus in Wissenschaft und Propaganda. Darmstadt 1961.

SCHÄFER, K.: Darwinismus, Lamarckismus und Sozialismus. Urania 1 (1925): 257–259.

SCHAXEL, J.: Grundzüge der Theorienbildung in der Biologie. Jena 1919. 2. Aufl. 1922.

SCHINDEWOLF, O. H.: Ontogenie und Phylogenie. Paläont. Z. 11 (1929): 54–67.

– Paläontologie, Entwicklungsgeschichte und Genetik. Kritik und Synthese. Berlin 1936.

– Wesen und Geschichte der Paläontologie. Probleme der Wissenschaft in Vergangenheit und Gegenwart, Hrsg. KROPP, G., Bd. 9. Berlin 1948.

– Grundfragen der Paläontologie. Hamburg, Berlin 1950.

SCHMITT, Michael: Die Geschichte des Begriffs „öko-logische Nische". Freiburger Universitätsblätter 113 (1991): 67–75.

– Klaus Günthers Bedeutung für die Phylogenetische Systematik. Sber. Gas. Naturf. Freunde Berlin, N. F., 35 (1996): 13–25.

SENGLAUB, K.: Zu einigen Aspekten der Wissenschaftsentwicklung in der Biologie. Neue Museumskd. 10 (1967): 1–13.

– Carl von Linné und die Evolution. Wiss. u. Fortschr. 28 (1978): 7–11.

– Zur Theorie der Speziation. Säugetierkdl. Inform. 1 (1979): 3–16.

– Krise und Ausweg. Wiss. u. Fortschr. 32 (1982): 130–133.

– Einführung zu Charles Darwin: Erinnerungen an die Entwicklung meines Geistes und Charakters (Autobiographie). Leipzig, Jena, Berlin 1982.

– Die Erörterung alternativer Artkonzepte durch Adelbert von Chamisso 1827 und Erwin Stresemann 1919. Mitt. Zool. Mus. Berl. 65 (1989), Suppl.; Ann. Orn. 13: 9–25.

STEBBINS, G. L.: Processes of organic evolution. New Jersey 1966.

– Evolutionsprozesse. Stuttgart 1968.

STRESEMANN, E.: Die Entwicklung der Begriffe Art, Varietät, Unterart in der Ornithologie. Mitt. Ver. Sächs. Orn. 2 (1927): 1–8.

– Die Entwicklung der Ornithologie von Aristoteles bis zur Gegenwart. Aachen 1951.

STUBBE, H.: Spontane und strahleninduzierte Mutabilität. Leipzig 1937.

– & Wettstein, R.: Über die Bedeutung von Klein- und Großmutationen in der Evolution. Biol. Zbl. 61 (1941): 265–297.

STUDY, E.: Neuere Angriffe auf die Selektionstheorie. Arch. Rassen- u. Ges. biol. 22 (1930): 353–393.

STURTEVANT, A. H.: A history of genetics. New York 1965.

SUMNER, F. B.: Genetic and distributional studies of the subspecies of Peromyscus. Bibl. Genet. 9 (1932): 1–106.

TIMOFEEFF-RESSOVSKY, N. V., VORONCOV, N. N., & JABLOKOV, A. N.: Kurzer Grundriß der Evolutionstheorie. Übers. aus dem Russ. Jena 1975 (Russ. Originalausg. Moskva 1969).

TSCHULOK, S.: Deszendenzlehre. Jena 1922.

– Lamarck, eine kritisch-historische Studie. Zürich, Leipzig 1937.

UHLMANN, E.: Entwicklungsgedanke und Artbegriff in ihrer geschichtlichen Entstehung und sachlichen Beziehung. Jena 1923. Aus: Jena. Z. Naturwiss. 59.

WALLACE, B.: Topics in population genetics. New York 1968.

WEINGART, P., KROLL, J., & BAVERTZ, K.: Rasse, Blut und Gene. Geschichte der Eugenik und Rassenhygiene in Deutschland. Suhrkamp, Frankfurt a. M. 1988.

WICKLER, W.: Vergleichende Verhaltensforschung und Phylogenetik. In: HEBERER (Hrsg.): Die Evolution der Organismen. Bd. 1, 3. Aufl. Jena 1967, S. 420–503.

WILSON, E. O.: Sociobiology – the new synthesis. Cambridge (Mass.) 1975.

WOLTMANN, L.: Die Darwin'sche Theorie und der Socialismus. Düsseldorf 1899.

ZAVADSKIJ, K. M.: Osnovnye formy organizacii živogo i ich podrazdelenija. In: Filosofičeskie problemy sovremennoj biologii. Moskva, Leningrad 1966.
– Art und Artbildung. Jena 1968.
– Razvitie evoljucionnoj teorii posle Darvina 1859–1920 e gody. Leningrad 1973.
ZIMMERMANN, W.: Vererbung erworbener Eigenschaften und Auslese. Jena 1938.
– Grundfragen der Evolution. Frankfurt/M. 1948.
– Evolution. Die Geschichte ihrer Probleme und Erkenntnisse. Freiburg, München 1953. (Orbis academicus, Bd. II/3).
ZIRKLE, C.: Natural selection before the „origin of species". Proc. Am. Phil. Soc. *84* (1941): 71–123.

Kapitel 19. Die Herausbildung der Verhaltensbiologie

Originalliteratur siehe auch Kurzbiographien

BAERENDS, Gerard P.: Two Pillars of Wisdom. In: DEWSBURY 1989, S. 13–42.
BALMER, H. (Hrsg.): Psychologie des 20. Jh. Bd. 1–6. Kindler Verlag AG, Zürich 1976–1978.
– Objektive Psychologie – verstehende Psychologie – Perspektiven einer Kontroverse. In: Psychologie des 20. Jh., Bd. 1 Zürich 1976, S. 117–158.
BEER, Th., BETHE, A., & UEXKÜLL, J. VON: Vorschläge zu einer objektivierenden Nomenklatur in der Psychologie des Nervensystems, Biol. Centralbl. *19* (1899) 15: 517–521.
BREIDBACH, Olaf: Die Materialisierung des Ichs. Frankfurt a. M. 1997.
BROZEK, J., & DIAMOND, S.: Die Ursprünge der objektiven Psychologie. In: BALMER (Hrsg.), Bd. 1 Zürich 1976, S. 721–819.
BURGHARDT, G. M.: Die Geschichte der Tierpsychologie. In: BALMER (Hrsg.), Bd. 6: Lorenz und die Folgen. Zürich 1978, S. 20–28.
BURCKHARDT, JR. Richard W.: Wolfgang Koehler. In: Dictionary of Scientific Biography, Suppl. II. vol. 17, S. 492–494.
– The Development of an Evolutionary Ethology, In: BENDALL, D. S. (Hrsg.): Evolution from Molecules to Men. Cambridge 1983, S. 429–444.
DAHL, Friedrich: Was ist ein Experiment, was Statistik in der Ethologie? Berlin 1901.
DAU, Thomas: Die Biologie von Jakob von Uexküll (1864–1944). Biol. Zentralbl. *113* (1994): 107–114.
DAWKINS, M. S., HALLIDAY, T. R., & DAWKINS, R.: The Tinbergen Legacy. Chapman & Hall, London 1991.
DEICHMANN, Ute: Biologen unter Hitler. Frankfurt a. M., New York 1992.
DEWSBURY, D. A. (Hrsg.): Studying Animal Behavior. Autobiographies of the Founders. Univ. Chicago Dress, Chicago, London 1989.

DOUGALL, W. MC.: Aufbaukräfte der Seele. 2. Aufl. Stuttgart 1947.
DUNCKER, Hans-Rainer: Die vergleichende Methode als Grundlage der Analyse von Komplexität im funktionellen Bau der Organismen. In: Geschichte und Theorie des Vergleichs in den Biowissenschaften. Frankfurt a. M. 1993, S. 61–89 (Aufsätze und Reden, Senckenb. Nat. Ges. 40).
EDINGER, Ludwig: Vorlesungen über den Bau der nervösen Zentralorgane der Menschen und der Tiere. 2 Bde. Leipzig 1904 und 1908.
EFFERTZ, J.: Bericht über die Gründung der Deutschen Gesellschaft für Tierpsychologie. Z. f. Tierpsychol. *1* (1937): 1–8.
EIBL-EIBESFELD, I.: „Fishy, Fishy, Fishy". Autobiogr. in DEWSBURY 1989, S. 69–92.
FESTETICS, Antal: Konrad Lorenz. Aus der Welt des großen Naturforschers. München, Zürich 1983.
FRIEDERICHS, Karl: Umwelt als Stufenbegriff und als Wirklichkeit. Stud. gen. *3* (1950). 70–74.
FRISCH, Karl VON: Erinnerungen eines Biologen. Berlin 1957, 2. Aufl. 1962.
GROOS, K.: Die Spiele der Tiere. Jena 1930.
HASSENSTEIN, B.: Bedingungen für Lernprozesse – teleonomisch gesehen. Nova Acta Leopoldina, N. F. Nr. 206, *37/1* (1972): 289–320.
– Das spezifisch Menschliche nach den Resultaten der Verhaltensforschung. In: GADAMER, H. G., & VOGLER, P. (Hrsg.) Neue Anthropologie. Georg Thieme, Stuttgart 1972.
– Otto Koehler – sein Leben und sein Werk. Z. Tierpsych. *35* (1974): 449–464.
– Von Nesthockern, Nestflüchtern und Traglingen. Bild d. Wiss. *18* (1982): 56–69.
– Bedingungen interdisziplinärer Zusammenarbeit, zum Beispiel in der Humanökologie. In: Humanökologie als Aufgabe für Natur- und Geisteswissenschaften. Schr. der Ges. für Verantwortung in der Wiss. Nr. 6 (1989): 7–19.
– Nachruf auf Katharina Heinroth. Verh. Dt. Zool. Ges. *83* (1990): 363–365.
– Konrad Lorenz 1903–1989. Wissenschaftliches Werk und Persönlichkeit. Sber. Ges. Naturf. Freunde Berlin (N. F.) *29/30* (1990): 63–87.
– Der Biologe. Erzählte Erfahrung I. Freiburger Univ.-blätter: *114* (1991): 85–112.
HEBERER, G.: Die Evolution der Organismen. Jena 1959.
HECK, Ludwig: Heiter-ernste Lebensbeichte. Berlin 1938.
HEDIGER, Heini: Beobachtungen zur Tierpsychologie im Zoo und im Zirkus. Berlin 1979.
– A lifelong attempt to understand animals. In: DEWSBURY 1989, S. 145–182.
HEINECKE, Horst, & JAEGER, S.: Entstehung von Anthropoiden-Stationen zu Beginn des 20. Jhs., Biol. Zentralbl. *112* (1993): 215–223.
HEINROTH, Katharina: Geschichte der Verhaltensforschung. In: IMMELMANN, K. (Hrsg.): Verhaltensforschung, Zürich 1974, S. 1–15.
– Oskar Heinroth. Stuttgart 1971. (Große Naturforscher Bd. 35)
HERTER, Konrad: Tastsinn, Strömungssinn und Temperatursinn der Tiere. Zoologische Bausteine. Berlin 1925.

– Vergleichende Physiologie der Tiere (3. Aufl. der „Tierphysiologie"), II: Bewegung und Reizerscheinungen. Berlin 1950 (Sammlung Göschen Bd. 973).

– Fischdressuren und ihre sinnesphysiologischen Grundlagen. Berlin 1953.

– Begegnungen mit Menschen und Tieren. Erinnerungen eines Zoologen 1891–1978. Berlin 1979.

HOLST, Erich VON: Physiologie des Verhaltens. Zur Gründung des Max-Planck-Instituts für Verhaltensphysiologie. Mitt. aus der Max-Planck-Ges. 5 (1954): 270–275.

HULL, C. L.: Principles of Behavior. New York 1943.

HÜNEMÖRDER, Chr.: Jakob von Uexküll (1864–1944) und sein Hamburger Institut für Umweltforschung. Disciplinae novae. Hrsg. SCRIBA, Chr. J. Göttingen 1979.

JAHN, Ilse: Zoologische Gärten in Stadtkultur und Wissenschaft im 19. Jh. Ber. z. Wiss.gesch. 15 (1992): 213–225.

– „Tierpsychologie" in der Leopoldina von Carl Gustav Carus bis Nikolaas Tinbergen. In: WESSEL, K. F., & NAUMANN, F. (Hrsg.), Bielefeld 1994, S. 207–216.

JUSKEVIC, Adolf P., & ALEXEJ, A.: Die Entwicklung des Begriffes „Information" in der Mathematik. Nova Acta Leopoldina N. F. Nr. 206, *37/1* (1972): 71–90.

JUTTING, W. S. S. VAN BENTHEM: Johan Abraham Bierens de Haan. In: Volume Jubilaire dédié a J. A. Bierens de Haan. Leiden 1953, S. 1–12 (Archives Néerlandaises de Zoologie. T. 10. Suppl. 2. (1953).

KEIDEL, Wolf-D.: Codierung, Informationsfluß und Decodierung im Organismus. Nova Acta Leopoldina N. F. Nr. 206, *37/1* (1972): 225–250.

KLOPFER, Peter H., & HAILMANN, Jack, P.: An Introduction to Animal Behavior. Ethology's First Century. Brentice-Hall, Inc., Englewood Cliffs, New Jersey 1967.

KOEHLER, Otto: Gutachten für E. von Holst 1957, In: JAHN 1994.

KREUZER, F. (Hrsg.): Nichts ist schon dagewesen. Konrad Lorenz, seine Lehre und ihre Folgen. München, Zürich 1984.

LENOIR, Th.: The Strategy of Life. Dordrecht, Boston, London 1982.

LINDAUER, Martin: Communication among social bees. Cambridge 1961.

– Lernen und Gedächtnis – Versuche an der Honigbiene. Naturwiss. *57* (1970): 453–467.

– „In der Biologie muß man auch die kleinen Dinge ernst nehmen". In: OESTERREICHER-MOLLWO, M. (Hrsg.), 1991, S. 79–87.

LORENZ, Konrad: Über tierisches und menschliches Verhalten. Aus dem Werdegang der Verhaltenslehre. 2 Bde. (Ges.Abh.) München 1965.

– Die Rückseite des Spiegels. Versuch einer Naturgeschichte menschlichen Erkennens. München 1973.

– Evolution des Verhaltens. Nova Acta Leopoldina N. F. 218, *42* (1975 d): 272–290.

– My Family and Other Animals. In: DEWSBURY, D. A. (Hrsg.), 1989, S. 259–288.

MAUERSBERGER, Gottfried: Der große Tierforscher Oskar Heinroth und das Berliner Zoologische Museum. Bongo (Berlin) *24* (1994) 139–160.

MAYNARD SMITH, J.: the Evolution of Behavior. Scient. Amer. *239* (3) (1978): 136–145.

MCCLINTOCK, M. R.: Explaining Animal Social Behavior: A historical and Methodological Analysis. (Diss.). Binghamton 1982.

MEDICUS, Gerhard: Evolutionäre Psychologie. In: OTT, J. A., WAGNER, G. P., & WUKETITS, F. M. (Hrsg.): Evolution, Ordnung und Erkenntis. Berlin, Hamburg 1985, S. 126–150.

– Towards an Etho-Psychology: A Phylogenetic Tree of Behavioral Capabilities Proposed as a Common Basis for Communication between Current Theories in Psychology and Psychiatry. Ethol. Sociobiol. *8* (1987), Nr. 35 (Suppl.) S. 131S–150S.

– The Phylogeny of Male/Female Differences in Sexual Behavior. In: FEIERMANN, Jay R. (ed.): Pedophilia, Biosocial Dimensions. New York 1990, S. 124–149.

MÜLLER, Irmgard: Die Geschichte der Zoologischen Station in Neapel … und ihre Bedeutung für die Entwicklung der modernen biologischen Wissenschaften. Habil.-Schr. Math.-Nat. Fak. Univ. Düsseldorf 1976.

NICHELMANN, Martin: Laudatio für Günther Tembrock zum 50. Doktorjubiläum. In: WESSEL, K. F., & NAUMANN, F. (Hrsg.), 1994, S. 28–35.

OESER, E.: System, Klassifikation, Evolution. Historische Analyse und Rekonstruktion der wissenschaftstheoretischen Grundlagen der Biologie. Wien, Stuttgart 1974.

– Zickzackweg auf dem Grat der Wahrheit. In: KREUZER 1984, S. 19–35.

– The Evolution of Ethology. Evol. Cogn. *2* (1992): 101–113.

OESTERREICHER-MOLLWO, Marianne (Hrsg.) Was uns bewegt. Naturwissenschaftler sprechen über sich und ihre Welt. Weinheim, Basel 1991.

OPPERMANN, Joachim: Tod und Wiedergeburt. Über das Schicksal berühmter Berliner Zootiere. Bongo (Berlin) *24* (1994): 51–84.

PETZOLD, H.-G.: Aufgaben und Probleme der Tiergärtnerei für die Erforschung der Lebensäußerungen der niederen Amnioten (Reptilien). Milu *5* (1982): 485–785.

PORTMANN, Adolf: Biographisches über Jean-Henri Fabre, Nachwort zu Fabre, J.-H.: Das offenbare Geheimnis. Hrsg. GUGGENHEIM, K., & PORTMANN, A. Insel-Verlag, 1977, S. 249–263. (Insel Taschenbuch Nr. 269).

QUERNER, Hans, & SCHIPPERGES, H. (Hrsg.): Wege der Naturforschung 1822–1972 im Spiegel der Versammlungen Deutscher Naturforscher und Ärzte. Berlin, Heidelberg, New York 1972.

ROTHMANN, Max, & TEUBER, Eugen: Aus der Anthropoiden-Station auf Teneriffa I. Ziel und Aufgaben der Station … Abh. Königl. Preuß. Akad. Wiss., Phys.-math. Klasse Nr. 2, Berlin 1915.

ROTHSCHUH, Karl E.: Historische Wurzeln der Vorstellung einer selbsttätigen informationsgesteuerten biologischen Regelung. Nova Acta Leopoldina N. F. Nr. 206, *37/1* (1972): 91–106.

SCHIPPERGES, Heinrich: Weltbild und Wissenschaft. Hildesheim 1976 (Schriftenr. zur Geschichte der Versammlungen deutscher Naturforscher und Ärzte, Bd. III).

SCHLEIDT, W. M.: Die historische Entwicklung der Begriffe „Angeborenes auslösendes Schema" und „Angeborener Auslösemechanismus". Zeitschr. f. Tierpsychol. *19* (1962): 697–722.

– Der Kreis um Konrad Lorenz. Ideen, Hypothesen, Ansichten. Berlin, Hamburg 1988.

SCHMIDT, Jutta: Die Umweltlehre Jakob von Uexkülls in ihrer Bedeutung für die Entwicklung der Vergleichenden Verhaltensforschung. Diss. nat. Univ. Marburg 1980.

– Jakob von Uexküll und Houston Stewart Chaimberlain. Ein Briefwechsel in Auszügen. Med.hist. J. *10* (1975): 121–129.

SCHURIG, Volker: Der ideengeschichtliche Ursprung des Wissenschaftsbegriffs „Ethologie" in der Antike. Philos. Nat. *20* (1983): 435–452.

– Wer war der „erste Ethologe"? Einige kritische Anmerkungen zur Geschichte der Ethologie. Biol. Zentralbl. *112* (1993): 224–229.

SEIBT, Uta, & WICKLER, Wolfgang: Geschichte der Verhaltensforschung. In: Lexikon der Biologie, Bd. 10. Hrsg. SCHMITT, M. Freiburg, Basel, Wien 1992, S. 353–358.

SKINNER, B. F.: The behavior of organisms. New York 1938.

SOMMER, V.: Lob der Lüge. München 1992.

SOMMERFELD, Henrike: Erwin Stresemann (1889–1972) und seine Beiträge zu der Entwicklung der Verhaltensbiologie in Berlin in der Zeit nach 1945. Dipl.-Arbeit. FB Biologie der Humboldt-Univ. Berlin 1993.

SPRUNG, Lothar: The Berlin Psychological Tradition: Between Experiment and Quasi-Experimental Design, 1850–1990. In: WOODWARD & COHEN 1991, S. 107–116.

STAMM, Roger A., & FIORONI, Pio: Adolf Portmann, ein Rückblick auf seine Forschungen. Verhandl. Naturf. Ges. Basel *94* (1990): 87–120.

STRESEMANN, Erwin: Die Entwicklung der Ornithologie von Aristoteles bis zur Gegenwart. Aachen 1951. (Kap. XX: Die Reform der Verhaltenslehre und Kap. XXI: Verzweigungen und Verflechtungen)

SUCKER, Ulrich: Das Kaiser-Wilhelm-Institut für Biologie – seine Gründungsgeschichte, seine problemgeschichtlichen und wissenschaftstheoretischen Voraussetzungen (1911–1916). Habil.-Schr. Math.-nat. Fak. der Humboldt-Univ. Berlin 1987 (Masch.-Schr.).

TEMBROCK, Günter: Grundzüge der Schimpansenpsychologie. Berlin 1949.

– Verhaltensforschung. Eine Einführung in die Tier-Ethologie. Jena 1961.

– Grundlagen der Tierpsychologie. Berlin 1963 (WTB).

– Entwicklungen der „Tierpsychologie" als Wissenschaftsdisziplin ... Wiss. Z. Humboldt-Univ. Berlin. Math.-nat. R. *31* (1982): 569–575.

– Geschichte der Verhaltensforschung in Berlin. Wiss. Z. Humboldt-Univ. Berlin. Math.-nat. R. *34* (1985): 299–309.

– Erwin Stresemann und die Verhaltensforschung. Mitt. Zool. Museum *67* (1991): 15–19.

– Disziplinarität und Interdisziplinarität. In: WESSEL, K.-F., & NAUMANN, F. (Hrsg.) 1994, S. 250–256.

THIELCKE, Gerhard: Otto Koehler – Mitgestalter der Vergleichenden Verhaltensforschung. Die Vogelwarte *16* (1991): 68–80.

TINBERGEN, Niklaas: Autobiographische Skizzen. In: DEWSBURY (Hrsg.) 1989.

TOLMAN, E. C.: Purposive behavior in animals and men. New York 1932.

UEXKÜLL, Jakob VON: Biologie oder Physiologie. Nova Acta Leopoldina N. F. *1* (1933): 276–281.

– Niegeschaute Welten. München 1957. (List-Bücher 97).

UEXKÜLL, Thure VON: Die Zeichenlehre Jakob von Uexkülls. In: Die Welt als Zeichen. Hrsg. KRAMPEN, M. Berlin 1981.

USCHMANN, Georg: Geschichte der Zoologie und der Zoologischen Anstalten in Jena 1779–1919. Jena 1959.

– Opredelenie Ernstom Haeckelem ponjatija „Ekologija". In: Očerki po istorii ekologii. Moskva 1970, S. 10–21.

VOGEL, Christian: Neue Aspekte zur Evolution des Menschen. Nova Acta Leopoldina N. F. 218, *42* (1975): 253–269.

WAGNER, Richard: Zur geschichtlichen Entwicklung der Erkenntnis der biologischen Regelung. Naturwiss. Rundsch. *14* (1961): 65–68.

WATSON, J. B.: Psychology as the behaviorist views ist. Psycholog. Rev. *20* (1913): 158–177.

– Der Behaviorismus. Leipzig 1930.

WESSEL, Karl-Friedrich. & NAUMANN, Frank: Verhalten, Informationswechsel und organismische Evolution. Zu Person und Wirken Günter Tembrocks. Bielefeld 1994 (Berliner Studien zur Wissenschaftsphilosophie und Humanontogenetik Bd. 7).

WILSON, E. O.: Autobiographie. In: DEWSBURY 1989.

WOODWARD, William R.: Wundt's Program for the New Psychology: Vicissitudes of Experiment, Theory, and System. In: WOODWARD & ASH (Hrsg.) 1982, S. 167–193.

– & ASH, M. (Hrsg.): The Problematic Science. Psychology in Nineteenth-century Thought. New York 1982.

– & COHEN, Robert S. (Hrsg.): World Views and Scientific Discipline Formation. Dordrecht, Boston, London 1991. (Boston Studies in the Philosophy of Science vol. 134)

WUKETITS, Franz M.: Die Entdeckung des Verhaltens. Eine Geschichte der Verhaltensforschung. Darmstadt 1995.

YAROSCHEVSKII, Mikhail Gregorevitch: The Logic of Scientific Develoment and the Scientific School: the Exemple of Ivan M. Sechenov. In: WOODWARD & ASH (Hrsg.) 1982, S. 231–254.

YERKES, R. M.: Yale Laboratory of Comparative Psychology. Comparative-Psychology Monographs *8* (1931): 1–33.

ZIEGLER, Heinrich Ernst: Der Begriff des Instinktes einst und jetzt. Eine Studie über die Geschichte und Grundlagen der Tierpsychologie). Jena 1904. 2. Aufl. 1910, 3. Aufl. 1920.

Kapitel 20. Ökologie und Ökosystemforschung

Originalliteratur siehe auch Kurzbiographien

CARPENTER, J. R.: The Biome. The American Midland Naturalist *21* (1939): 75–91.

DAHL, F.: Karl August Möbius. Zool. Jahrb., Suppl. VIII, Jena 1905.

DEPDOLLA, Ph.: Hermann Müller-Lippstadt (1329–1833) und die Entwicklung des biologischen Unterrichts. Archiv Gesch. Med. *34* (1941).

DUVIGNEAUD, P.: L'eécologie, science moderne de synthese. Brucelles 1962.

ELLENBERG, P.: Ökosystemforschung, Ergebnisse von Symposien der Deutschen Botanischen Gesellschaft für angewandte Botanik in Innsbruck, Juli 1971. Berlin, Heidelberg, New York 1973.

ELTON, C.: Animal Ecology. London 1927, 1956.

FRIEDRICHS, K.: Der Gegenstand der Ökologie. Stud. Gen. *10* (1957).

FUKAREK, F.: Pflanzensoziologie. Berlin 1964.

GAMS, H.: Prinzipienfragen der Vegetationsforschung. Vierteljahresschr. d. Naturforsch. Ges. in Zürich *63* (1918).

JUNGE, F.: Der Dorfteich als Lebensgemeinschaft. Kiel, Leipzig 1885, 1907.

KLAUSING, O.: Biologie in der Bildungsreform. Weinheim, Berlin, Basel 1968.

KÜHNELT, W.: Grundriß der Ökologie. Jena 1970.

LEPS, G.: Karl August Möbius – ein schöpferischer Zoologe und Pädagoge der zweiten Hälfte des 19. Jhs. Wiss. Zeitschr. d. PH Potsdam, Gesellsch.- und Sprachw. Reihe *3* (1969).

– Philosophische Aspekte bei der Herausbildung und Entwicklung des bio-ökologischen Denkens. Diss. A. Berlin 1973.

– August Thienemann (1882–1960). In: PLESSE, W. & RUX, D. (Hrsg.): Biographien bedeutender Biologen. Berlin 1977. 3. Aufl. 1986.

– Die Struktur des Ökosystems und einige Seiten ihrer Dialektik. In: K.-F. WESSEL (Hrsg.): Struktur und Prozeß. Berlin 1977.

– Problemgeschichtlich-philosophische Analyse der aquatisch-ökologischen Wissenschaftszweige unter besonderer Berücksichtigung des Lebenswerkes von Karl August Möbius (1325–1908) und August Thienemann (1882–1960). Diss. B. Berlin 1980.

– Zur Geschichte der Ökologie in Berlin. Wiss. Zeitschr. d. HU zu Berlin, Math.-Nat. R. XXXIV, *3/4* (1985): 342–359.

– Karl August Möbius: Zum Biozönose-Begriff. Kap. aus „Die Auster und die Austernwirtschaft" 1877. Eingel. u. mit Anm. vers. von G. Leps. Leipzig 1986.

– Richard Kolkwitz (1873–1956) zum Gedenken. Biol. Rundsch. *25* (1937): 145–153.

– Friedrich Dahl (1856–1929) – ein Pionier der Ökologie. Biol. Schule *38* (1989), 12: 439–492.

– & SUKOPP, Herbert: Ernst Rudorff (1840–1916) zum 150. Geburtstag. Arch. Nat.schutz Landsch.forsch. *30* (1990): 151–159.

MIKULINSKY, G. R.: Morozov, Georgy Fedorovich. In: Dictionary of Scientific Biography. Vol. IX. New York (1974) S. 534–536.

MÜLLER, H. J.: Stellung und Aufgaben der Ökologie in der modernen Biologie. Biol. Rdsch. *2* (1970).

NORDENSKIÖLD, E.: Geschichte der Biologie. Jena 1926.

ODUM, P. O.: Grundlagen der Ökologie, Stuttgart, New York 1980.

OHLE, W.: August Thienemann 1882–1960. Sein Werk und Vermächtnis, Sonderdruck aus Arch. Hydrobiologie *57* (1960).

PALISSA, A.: Zur gegenwärtigen Lage in der Biozönotik. Forschung und Fortschritte *32* (1958): 289–294; 328–331.

SCHEELE, I.: Von Lübben bis Schmeil. Berlin 1981 (Wissenschaftshistor. Studien. Hrsg. HÜNEMÖRDER, C. Bd. 1).

SCHWENKE, W.: Biozönotik und angewandte Entomologie. Beitr. z. Entomol. *3* (1953).

SCHWERDTFEGER, F.: Ökologie der Tiere I, Autökologie. Hamburg, Berlin 1963.

SIOLI, H.: August Thienemann. Sonderdruck aus Mitt. aus der Max-Planck-Ges., H. 4 (1960).

STEBBINS, G. L.: Evolutionsprozesse. Jena 1968.

STUGREN, B.: Grundlagen der allgemeinen Ökologie. Jena 1972. 4. Aufl. 1986.

SUKOPP, H.: Stadtökologie. In: KLÄMBT, D., KREISKOTT, H., & Streit, B.: Angewandte Biologie. Weinheim 1991.

TANSLEY, A. G.: Vegetational Concepts and Terms. Ecology *16*, 3 (1935): 284–307.

THIENEMANN, A.: Erinnerungen und Tagebuchblätter eines Biologen. Ein Leben im Dienste der Limnologie. Stuttgart 1959.

TISCHLER, W.: Ein Zeitbild vom Werden der Ökologie. Stuttgart 1992.

TREPL, L.: Geschichte der Ökologie. Frankfurt a. Main 1987. 2. Aufl. 1994.

UHLMANN, D.: Möglichkeiten und Grenzen einer Regenerierung geschädigter Ökosysteme. SB d. Sächs. Akad. d. Wiss. zu Leipzig, Bd. 112, H. 5.

UŚCHMANN, G.: Opredelenie Ernstom Haeckelem ponjatija „Ekologija". In: Essays on the History of Ecology. Moscow 1970.

ZIRNSTEIN, G.: Ökologie und Umwelt in der Geschichte. Marburg 1994. 2. Aufl. 1996.

Kapitel 21. Entwicklung der Mikrobiologie mit besonderer Berücksichtigung der medizinischen Aspekte

Originalliteratur siehe auch Kurzbiographien

ALLOWAY, J. L.: The transformation in vitro of R pneumococci into S forms of different specific types by the use of filtered pneumococcus extracts. J. exp. Med. *55* (1932): 91–99.

Anonymus: Investigations in swine plague. Second Annu. Rep. Bureau of Animal Indust. for the Year 1885, Govt. Print. Off., Washington, D. C. 1886 (D. E. Salmon zugeschrieben, aber vermutlich von Theobald Smith verfaßt).

Avery, O. T., McLeod, C. M., & McCarty, M.: Studies on the chemical nature of the substance inducing transformation of pneumococcal types. Induction of transformation by a deoxyribonucleic acid fraction isolated from pneumococci type III. J. exp. Med. 79 (1944): 137–159.

Bassi, A.: Del mal de segno calcinaccio o moscardino, malattia che afflige i bachi da seta e sul modo di liberarne le bigattaje anche le più infestate. Lodi 1835, Parti I, Teorica; 1836, Parti II, Pratica; 2^{ed}, Milano 1837.

Batchelor, F. R., Doyle, F. P., Naylor, J. H., & Robinson, J. N.: Synthesis of penicillin: 6-aminopenicillanic acid in penicillin fermentations. Nature 183 (1959): 257–258.

Bawden, F. C., & Pirie, N. W.: The Isolation and some Properties of Liquid Crystaline Substances from Solaneceous Plants infected with Three Strains of Tobacco Mosaic Virus. Proc. Roy. Soc. London, B 123 (1937): 274–320.

Behring, (E.): Ueber die Ursache der Immunität von Ratten gegen Milzbrand. Cbl. klin. Med. 9 (1888); 681–690.

– & Kitasato, S.: Ueber das Zustandekommen der Diphtherie-Immunität und der Tetanus-Immunität bei Thieren. Dt. med. Wochenschr. 16 (1890): 1113–1114.

– & Nissen, (F.): Ueber bacterienfeindliche Eigenschaften verschiedener Blutserumarten. Ein Beitrag zur Immunitätsfrage. Z. Hyg. Infectionskrankh. 8 (1890): 412–433.

Beijerinck, M. W.: Arch. neerl. sci. 3 (1900); Zit. nach Lechevalier, H. A., & Solotorowsky, M. 1965, S. 286.

Bibel, D. J.: Milestones in Immunology. Science Techn. Publ. Madison, Springer, Berlin 1988.

Bizio, B.: (Anonymus): Trovato delle precise cagione, che produce il fenomeno del superficiale coloramente in rosso della polenta. Gazette Privilegiata di Venezia, No. 190, 24. 8. 1819.

– Lettera di Bartolomeo Bizio al chiarissimo canonico Angelo Bellani sopra il fenomeno della polenta porporina. Biblioteca Italiana o sia Giornale di Letteratura, Scienze e Arti (Anno VIII) 30 (1823): 275–295 (engl.: C. P. Merlino: Bartholomeo Bizio's letter to the most eminent priest, Angelo Bellani, concerning the phenomenon of the red polenta. J. Bacteriol. 9 (1924): 527–543.

Boivin, A., & Mesrobeanu, L.: Recherches sur les antigènes somatiques et sur les endotoxins des bactéries. I. Considerations génerales et exposé de techniques utilisées., II. L'antigène somatique complet (antigène O) des certaines bactèries est le constituant principal de leur endotoxine., III. Antigène somatique O – complet – et variations bactériennes. Rev. Immunol. (Paris) 1 (1935): 553; 2 (1936): 113; 3 (1937): 319.

Bonnet, Charles: Considérations sur les corps organisées. 2 tom., Amsterdam 1762.

Bordet, J: Les leucocytes et les proprietes actives du sérum chez les vaccinés. Ann. Inst. Pasteur 9 (1895): 462–506.

– & Gengou, O.: Sur l'existence de substances sensibilatrices dans la plupart des sérums antimicrobiens. Ann. Inst. Pasteur 15 (1901): 289–303.

Brauell, F.: Versuche und Untersuchungen betreffend den Milzbrand des Menschen und der Thiere. (Virchows) Arch. path. Anat. Physiol. 11 (1857): 132–144.

– Weitere Mittheilungen über Milzbrand und Milzbrandblut. (Virchows) Arch. path. Anat. Physiol. 14 (1858): 432–466.

Brefeld, O.: Methoden zur Untersuchung der Pilze. Verh. d. phys.-med. Ges. in Würzburg NF 8 (1875): 43–62.

Brenner, S., & Horne, R. W.: A negative staining method for high resolution electron microscopy of viruses. Biochim. Biophys. Acta 34 (1959): 103–110.

Brieger, L.: Zur Kenntnis der Aetiologie des Wundstarrkrampfes nebst Bemerkungen über das Choleraroth. Dt. med. Wochenschr. 13 (1887): 303–305.

Brock, T. D.: Robert Koch – A Life in Medicine and Bacteriology., Sci. Techn. Publishers, Madison (WI.) 1988.

– The Emergence of Bacterial Genetics. Cold Spring Harbor Press 1990.

Buchner, H.: Ueber die bacterientödtende Wirkung des zellenfreien Blutserums. Cbl. Bact. 5 (1889): 817–823; 6 (1889): 1–11.

– Ueber die nähere Natur der bacterientödtenden Substanz im Blutserum. Cbl. Bact. 6 (1889): 561–565.

– Untersuchungen über die bacterienfeindlichen Wirkungen des Blutes und Blutserums. Arch. Hyg. 10 (1890): 84–173.

Buffon, George Leclerc, Comte de: Histoire naturelle. Paris 1749 ff.; deutsche Ausgabe: Allgemeine Naturgeschichte. Eine freie und mit einigen Zusätzen vermehrte Übersetzung nach der neuesten franz. Ausgabe von 1769. Berlin 1771–1774.

Bulloch, W.: The History of Bacteriology. Oxford Univ. Press 1938 (Repr. 1960).

Bumm, E.: Der Mikroorganismus der gonorrhoischen Schleimhauterkrankungen – Gonococcus Neisser – nach Untersuchungen beim Weibe und an der Conjunctiva der Neugeborenen. Wiesbaden 1885.

Burnet, F. M.: The Clonal Selection Theory of Acquired Immunity. London 1959.

– & Fenner, F.: The Production of Antibodies. London 1949.

Cagniard-Latour, (C.): Mémoire sur la fermentation vineuse. C. r. Acad. Sci. 4 (1837): 905–906.

Carter, K. C.: Koch's postulates in the relation to Jacob Henle and Edwin Klebs. Med. History 29 (1985): 353–374.

Chain, E., Florey, H. W., Gardener, A. B., Heatley, N. G., Jennings, M. A., Orr-Ewing, J., & Sanders, A. G.: Penicillin as a chemotherapeutic agent. Lancet ii (1940): 226–228.

Chamberland, C.: Sur un filtre donnant de l'eau physiologiquement pure. C. r. Acad. Sci 99 (1884): 247–248.

Cohn, F.: Untersuchungen über Bacterien. Beitr. zur Biol. d. Pflanzen 2 (1877): 249–276.

COLLARD, P.: The Development of Microbiology. Cambridge Univ. Press 1976.

COPEMAN, S. M.: Vaccination – Its Natural History and Pathology. London 1898.

D'HERELLE, F.: Sur un microbe invisible antagonistic des bacilles dysenteriques. C. r. Acad. Sci. *165* (1917): 373–375.

– The bacteriophage: its role in immunity [engl. translat.]. Baltimore 1922.

– The bacteriophages. Sci. News *14* (1949): 44–59.

DAVAINE, C.: Sur la decouverte des bactéridies. Bull. Acad. méd. Paris, 2e ser., *4* (1875): 581–584.

DAWSON, M. H., & SIA, R. H. P.: The transformation of pneumococcal types in vitro. Proc. Soc. exp. Biol. Med. *27* (1929): 989–990.

DELAFOND, O.: Recueil de med. vét., 4e ser. *7* (1860): 726–752.

DENYS, J., & LECLEF, J.: Sur le mécanisme de l'immunite chez les lapin vacciné contre le streptocoque pyogené. La Cellule *11* (1895): 175–221.

– & MARCHAND, L.: Du mécanisme de l'immunité conferée au lapin par l'injection de sérum antistreptococcique de cheval et d'un nouveau mode d'appli cation de ce sérum. Bull. Acad. roy. de méd. de Belgique, 4e sér., *10* (1896): 249–270.

DOMAGK, G.: Ein Beitrag zur Chemotherapie der bakteriellen Infektionen. Dt. med. Wochenschr. *61* (1935): 250–253.

DONNÉ, A.: Recherches microscopiques sur la nature des mucus et la matière des divers écoulemens des organes génito-urinaires chez l'homme et chez la femme: decription des nouveaux animalcules découverts dans quelques-uns de ces fluides: observations sur un nouveau mode de traitement de la blenorrhagie. Paris 1837.

– Cours des microscopie complémentaire des études médicales: anatomie-microscopique et physiologique des fluides de l'économie. Atlas. Paris 1844.

DUCKWORTH, Donna H.: Who discovered bacteriophage? Bacteriol. Rev. *40* (1976): 793–802.

DURHAM, H. E.: On a special action of the serum of highly immunised animals and its use for diagnostic and other purposes. Proc. Roy. Soc., Lond., *59* (1896): 224–226 [mitgeteilt durch Dr. SHERINGTON, FRS, empfangen am 3. 1. 1896].

EBERTH, C. J.: Die Organismen in den Organen bei Typhus abdominalis. Arch. path. Anat. Physiol. *81* (1880): 58–74.

EHRENBERG, C. G.: Hr. Ehrenberg zeigt das seit alter Zeit berühmte Prodigium des Blutes im Brode und auf Speisen als jetzt in Berlin vorhandene Erscheinung im frischen Zustande vor und erläuterte dieselbe als bedingt durch ein bisher unbekanntes monadenartiges Thierchen (Monas? prodigiosa). Ber. Kgl. Akad. Wiss. zu Berlin 1848: 349–353; – Fortsetzung der Beobachtung des sogenannten Blutes im Brode als Monas prodigiosa, ibid. 354–362.

EHRLICH, P.: Das Sauerstoffbedürfnis des Organismus. Eine farbenanalytische Studie. Hirschwald, Berlin 1885.

– Ueber Immunität durch Vererbung und Säugung. Z. Hyg. Infectionskrankh. *12* (1892): 183–202.

– Die Werthbemessung des Diphthericheilserums und deren theoretische Grundlagen. Klin. Jahrbuch *6* (1897): 299–326; oder als Buch: Fischer, Jena 1897.

– & HATA, S.: Die experimentelle Therapie der Spirillosen – Syphilis, Rückfallfieber, Hühnerspirillose, Frambösie. Berlin 1910.

– & MORGENROTH, J.: Ueber Hämolysine. Berl. klin. Wochenschr. *36* (1899): 481; *37* (1900): 453, 681.

– & SHIGA, K.: Farbentherapeutische Versuche bei Trypanosomenerkrankungen. Berl. klin. Wochenschr. *41* (1904): 329–335.

ELFORD, W. J.: A new series of graded collodion membranes suitable for general bacteriological use, especially in filterable virus studies. J. Path. Bact. *34* (1931): 505.

ELLERMAN, V. & BANG, O.: Experimentelle Leukämie bei Hühnern. Zbl. Bakt. Parasitenk. I. Abt. Orig. *46* (1908): 595–609.

EMMERICH, R., & LÖW, O.: Bakteriolytische Enzyme als Ursache der erworbenen Immunität und die Heilung von Infektionskrankheiten durch dieselben. Z. Hyg. Infektionskrankh. *31* (1899): 1–65.

ENDER, J. F., Weller, T. H., & ROBBINS, F. C.: Cultivation of the Lansing strain of poliomyelitis virus in cultures of various human embryonic tissues. Science *109* (1949): 85–87.

EULNER, Hans-Heinz: Die Entwicklung der medizinischen Spezialfächer an den Universitäten des deutschen Sprachgebietes. Stuttgart 1970.

FENNER, F., HENDERSON, D. A., ARITA, I., JEŽEK, Z., & LADNYI, I. D.: Smallpox and its Eradication. Wld. Hlth. Org., Geneva 1988.

FINLAY, C.: El mosquito hipoteticamente considerado como agente de transmission de la fiebre amarilla. Ann. Roy. Acad. de la Havane *18* (1881).

FLEMING, A.: On the antibacterial action of cultures of a penicillium, with special reference to their use in the isolation of *H. influenzae*. Brit. J. exp. Path. *10* (1929): 226–236.

FRACASTORO, Girolamo: Drei Bücher von den Kontagien, den kontagiösen Krankheiten und deren Behandlung. Übers. von V. Fossel in Sudhoff's Klassiker der Medizin. Barth, Leipzig 1919 (Repr.: Zentralantiquariat d. DDR, Leipzig 1968).

GAFFKY, G.: Zur Aetiologie des Abdominaltyphus. Mit einem Anhange: Eine Epidemie von Abdominaltyphus unter den Mannschaften des 3. Brandenburgischen Infanterie-Regimentes No. 20 im Sommer 1882. Mitth. a. d. Kais. Gesundheitsamte *2* (1884): 372–420.

GAY, G. O., COFFMAN, W. D., & KUBICEK, M. T.: Tissue culture studies of the proliferative capacity of cervical carcinoma and normal epithelium. Cancer Res. *12* (1952): 264–265.

GOODPASTURE, E. W., WOODRUFF, Alice M., & BUDDING, G. J.: The cultivation of vaccine and other viruses in the chorioallantoic membrane of chick embryos. Science *74* (1931): 371–372.

GRIFFITH, F.: The significance of pneumococcal types. J. Hyg. *27* (1928): 113–159.

GRUBER, M.: Ueber active und passive Immunität gegen Cholera und Typhus, sowie über die bakteriologische Diagnose der Cholera und des Typhus. Wien. klin. Wochenschr. *9* (1896): 183–186; 204–209.

– & DURHAM, H. E.: Eine neue Methode zur raschen Erkennung des Choleravibrio und des Typhusbacillus. Münchn. Med. Wochenschr. *43* (1896): 285–286.

HANSEN, A.: Bacillus leprae. Arch. path. Anat. u. Physiol. *90* (1880): 32–42 [über die Entdeckungsgeschichte des Lepraerregers s. MOCHMANN, H., & KÖHLER, W., 1984]

HENLE, Jakob (sic!): Von den Miasmen und Kontagien und von den miasmatisch-kontagiösen Krankheiten. Berlin 1840. Neuausg. in SUDHOFF, K. (ed.): Klassiker der Medizin, Leipzig 1910, Hrsg. MARCHAND, F.; Repr.: Zentralantiquariat d. DDR, Leipzig 1968 [die auf S. 624 zitierte Passage Henle's findet sich in der Ausg. von 1910 auf S. 52.]

HERZBERG, K.: Untersuchungen über Influenza. III. Mitt. Darstellung des filtrierbaren Pneumonie-Erregers. Zbl. Bakt. Parasitenk. *146* (1940): 177–181.

HOFFMANN, Hermann: Mykologische Studien über die Gährung. Bot. Ztg. *18* (1860): 49–55.

ITERSON, G. VAN, DOOREN DE JONG, L. E. DEN, & KLUYVER, A. J. (eds.): Verzamelde Geschriften van M. W. Beijerinck. Vols. 1–6. Delft 1921–1940.

IVANOVSKI, D.: Ueber die Mosaikkrankheit der Tabakpflanze. Z. Pflanzenzücht. *13* (1903): 1–41; Original: Bull. Acad. Imp. Sci. St. Petersburg *35* (1892): 67–70.

JERNE, N. K.: The natural selection theory of antibody formation. Proc. Acad. Sci., Paris *41* (1955): 849–857.

– Towards a network theory of the immune system. Ann. d'Immunol. (Inst. Pasteur) *C 125* (1974): 373–389.

JOBLOT, Louis: Descriptions et usages de plusiers nouveaux microscopes tant simples que composez; avec de nouvelles observations faites sur un multitude innombrable d'insects at d'autres animaux diverses espèces, qui naissant sans de liqueurs préparées et dans celles qui ne le sont point. Paris 1718.

(KIRCHER, Athanasius): Athanasi Kircheri e Soc. Jesu Scrutinium Physico-medicum Contagiosae Luis, quae PESTIS dicitur, Qvo Origo, causae, signa, prognostica Pestis, nec non insoletes malignantis Naturae effectus, qui statis temporibus, caelestium influxuum virtute & efficacia, tum in Elementis; tum in epidemijs hominum animantiumque, morbis eluscescunt, vna cum appropiatis remediorum Antidotis noua doctrina in lucem eruuntur. Ad Alexandrum VII. Pont. Opt. Max. Romae MDCLVIII. Der Titel der ersten deutschsprachigen Ausgabe (1680) lautet: Athanasii Kircheri Auß der Gesellschaft JEsu/ Natürliche und Medicinalische Durchgründung Der laidigen ansteckenden Sucht/und so genanten Pestilentz Darinnen Von Ursprung/Ursachen/Zeichen/ und Vorboten derselben/wie auch von den ungewöhnlichen Würckungen der verderbten Natur/wie sie zu Zeiten durch Einfluß deß Gestirns/so wol in den Elementen/- als in den allgemeinen Land= und Welt=Kranckheiten der Menschen und der Thieren gespühret werden. Auch von eigentlichen Mitteln und Gegenwehr wider dieselbige. Augspurg 1680.

KITASATO, S.: Ueber den Tetanuserreger. Arch. klin. Chirurgie *39* (1889): 423–428.

– The bacillus of bubonic plague. Lancet *ii* (1894): 428–430.

KLEBS, E.: Beiträge zur pathologischen Anatomie der Schusswunden. Nach Beobachtungen in den Kriegslazarethen in Carlsruhe, 1870 und 1871. Leipzig 1872.

– Beiträge zur Kenntnis der Micrococcen. Arch. exp. Pathol. Pharmakol. *1* (1873): 32–64.

– Ueber die Umgestaltung der medicinischen Anschauungen in den letzten drei Jahrzehnten. Amtl. Ber. 50. Vers. Dt. Naturf. u. Ärzte. München 1877, S. 41–45.

– Der Bacillus des Abdominaltyphus und der typhöse Process. Arch. exp. Pathol. Pharmakol. *13* (1881): 381–460 [in dieser Arbeit behauptet KLEBS, daß er den „Bacillus typhosus" schon vor Carl EBERTH (1880) gesehen und isoliert habe].

– Ueber Diphtherie. Verh. Congr. Innere Med. II., Wiesbaden 1883, S. 139–154.

KOCH, R.: Untersuchungen über Bacterien. V. Die Aetiologie der Milzbrandkrankheit, begründet auf die Entwicklungsgeschichte des Bacillus Anthracis. Beitr. z. Biol. d. Pflanzen *2* (1877): 277–310.

– Untersuchungen über die Aetiologie der Wundinfektionskrankheiten. Leipzig 1878.

– Zur Untersuchung von pathogenen Organismen. Mitth. a. d. Kais. Gesundheitsamte *1* (1881): 1–48.

– Untersuchungen über die Aetiologie der Tuberkulose. Mitth. a. d. Kais. Gesundheitsamte *2* (1884): 1–88.

KÖHLER, G., & MILSTEIN, C.: Continuous cultures of fused cells secreting antibody of predefined specificity. Nature *256* (1975): 495–497.

KRAUS, R.: Ueber specifische Reaktionen in keimfreien Filtraten aus Cholera-, Typhus- und Pestbouillonkulturen, erzeugt durch homologes Serum. Wien. klin. Wochenschr. *10* (1897): 736–739.

LECHEVALIER, H. A., & SOLOTOROWSKY, M.: Three Centuries of Microbiology. McGraw Hill, New York 1965.

LEDINGHAM, J. C. G.: The etiological importance of the elementary bodies in vaccinia and fowl pox. Lancet *ii* (1931): 525–526 (zit. nach FENNER et al. 1988).

LEMAIRE, J.: Du Coaltar saponiné, désinfectant énergique, arrêtant les fermentations. Paris 1860.

– De l'acide phénique, de son action sur les végétaux, les animaux, les ferments, les venins, les virus, les miasmes et de ses applications à l'industrie, à l'hygiene, aux sciences anatomiques et à la thérapeutique. 2^{ieme} éd., Paris 1865.

LISTER, J.: An address on the antiseptic system of treatment in surgery. Brit. Med. J. *ii* (1868): 53, 101, 461, 515; *i* (1869): 301.

– On lactic fermentation. Trans. Path. Soc. London *9* (1878): 425–467.

LOEFFLER, F.: Untersuchungen über die Bedeutung der Mikroorganismen für die Entstehung der Diphtherie beim Menschen, bei der Taube und beim Kalbe. Mitth. a. d. Kais. Gesundheitsamte *2* (1884): 421–499.

– Vorlesungen über die geschichtliche Entwickelung der Lehre von den Bacterien. Leipzig 1887 (Repr.: Zentralantiquariat d. DDR, Leipzig 1983, Hrsg. MOCHMANN, H., & KÖHLER, W.).

– & FROSCH, (P.): Berichte der Kommission zur Erforschung der Maul- und Klauenseuche bei dem Institut für Infektionskrankheiten in Berlin. Zbl. Bakt Parasitenkde. I. Abt. Orig. *23* (1898): 371–391.

MARTEN, Benjamin: A new theory of consumptions; more especially of a phthisis or consumption of the lungs. London 1720.

METSCHNIKOFF, E.: Zur Lehre über die intracelluläre Verdauung niederer Thiere. Zool. Anz. 5 (1882): 310–316.

– Untersuchungen über die intracelluläre Verdauung bei wirbellosen Thieren. Arb. a. d. Zool. Inst. Univ. Wien 5 (1883): 141–168.

– Ueber eine Sprosspilzkrankheit an Daphnien. Beitrag zur Lehre über den Kampf der Phagocyten gegen Krankheitserreger. (Virchow's) Arch. path. Anat. 96 (1884): 177–195.

– Ueber den Kampf der Zellen gegen Erysipelkokken: ein Beitrag zur Phagozytenlehre. (Virchow's) Arch. path. Anat. 107 (1887): 209–249.

– Études sur l'immunité, 6ᵉ mém. Sur la destruction extracellulaire des bactéries dans l'organisme. Ann. Inst. Pasteur 9 (1895): 369–461.

– Mein Aufenthalt in Messina (Erinnerungen an die Vergangenheit). Russk. Wedomosti Nr. 302, 31. 12. (Julianische Zeitrechnung) 1908; zit. nach ZEISS, 1932.

MOCHMANN, H., & KÖHLER, W.: Meilensteine der Bakteriologie. Jena 1984. 2. Aufl. Frankfurt a. M. 1997.

– Die Entdeckung der Bakterienagglutinine und die Begründung der Serumdiagnostik. – Ein Prioritätsstreit aus der Geschichte der Medizinischen Mikrobiologie. Z. ärztl. Fortb. 83 (1989): 1029–1033; 1085–1090.

MUELLENDORF, (J.). Ueber Rückfalltyphus nach Beobachtungen im städtischen Krankenhaus zu Dresden 1879. Dt. Med. Wochenschr. 5 (1879): 620–622, 630–632, 642–644.

MÜLLER, P. T.: Vorlesungen über Infektion und Immunität. 4. Aufl., Jena 1912.

NAEGELI, C. VON: Ueber die neue Krankheit der Seidenraupe und verwandte Organismen. Bot. Ztg. 15 (1857): 760.

NEEDHAM, John Turberville: A summary of some late observations upon the generation, composition, and decomposition of animal and vegetable substances. Phil. Trans. London 1749, no. 490, 615.

– Nouvelles observations microscopiques, avec de découvertes interessantes sur la composition et la décomposition des corps organises. Paris 1750.

NEISSER, A.: Ueber eine der Gonorrhoe eigentümliche Micrococcusform. Vorläufige Mittheilung. Cbl. med. Wiss. 28 (1879): 497–500.

– Ueber die Aetiologie des Aussatzes. Breslauer ärztl. Ztg. No. 20 und 21 vom 25. 10. und 8. 11. 1879; Jahresber. schles. Ges. f. vaterländische Cultur 57 (1880): 65–72.

– Weitere Beiträge zur Aetiologie der Lepra. Arch. path. Anat. Physiol. 84 (1881): 514–542.

Neufeld, F., & LEVINTHAL, W.: Beiträge zur Variabilität der Pneumokokken. Z. Immunitätsforsch. exp. Ther. 55 (1928): 324–340.

NICOLAIER, A.: Ueber infectiösen Tetanus. Dt. Med. Wochenschr. 10 (1884): 842–844.

OBERMEIER, O.: Weitere Mittheilungen über Febris recurrens. Sitzungsprotokoll der Berliner med. Ges., Sitzung vom 11. Juni 1873. Berl. klin. Wochenschr. 10 (1873): 455–456.

OTTO, M:: Gelbfieber. In: KOLLE, W., & WASSERMANN, A. (Hrsg.): Handbuch der pathogenen Mikroorganismen. 2. Erg.-Bd. Jena 1909, S. 153–230.

OUCHTERLONY, Ö.: In vitro method for testing the toxin-producing capacity of diphtheria bacteria. Acta Path. Microbiol. Scand. 25 (1948): 186–191.

OZANAM, J. A. T.: Allgemeine und besondere medicinische Geschichte der epidemischen, ansteckenden und epizootischen Krankheiten, die seit den frühesten Zeiten, besonders seit dem 14. Jh., bis auf unsere Tage geherrscht haben. Stuttgart, Tübingen 1820.

PARKER, F., & NYE, R. N.: Cultivation of herpes virus. Amer. J. Path. 1 (1925): 337–340.

PASCHEN, E.: Was wissen wir über den Vakzineerreger? Münchn. med. Wochenschr. 53 (1906): 2391–2393.

PASTEUR, L.: Mémoire sur les corpuscles organisés qui existent dans l'atmosphère. Examen de la doctrine des générations spontanées. Ann. sc. naturelles 16 (1861): 5–96; gleichfalls in: Ann. chimie et phys. (1862): 5–110.

– Animalcule infusoires vivant sans gaz oxygène libre et déterminant des fermentations. C. r. Acad. Sci. 52 (1861): 344–347.

– Récherches sur la putréfaction. C. r. Acad. Sci. 56 (1863): 1189–1194.

– Études sur la maladie des vers à soie, moyen pratique assuré de la combattre et d'en prévenir le retour. 2 to., Paris 1870.

– Sur les maladies virulentes et en particulier sur la maladie appelée vulgairement choléra des poules. C. r. Acad. Sci. 90 (1880 a): 239–249.

– De l'attenuation du virus du choléra de poules. C. r. Acad. Sci. 91 (1880 b) 673–680.

– Méthode pour prevenir la rage après morsure. C. r. Acad. Sci. 101 (1885): 765–773.

– CHAMBERLAND (C.), & ROUX, (E.): Sur la longue durée de la vie de germes charbonneux et leur conservation dans les terres cultivées. C. r. Acad. Sci. 92 (1881 a) 209–211.

– – – De l'attenuation des virus et de leur retour à la virulence. C. r. Acad-Sci. 92 (1881 b): 429–435.

– & JOUBERT, J. F.: Charbon et septicémie. C. r. Acad. Sci. 85 (1877): 101–115.

PAULING, L.: A theory of the structure and process of formation of antibodies. J. Amer. Chem. Soc. 62 (1940): 2643–2657.

PFEIFFER, R.: Ueber den Vibrio Metschnikoff und sein Verhältnis zur Cholera asiatica. Z. Hyg. Infectionskrankh. 7 (1889): 347–362.

PLENCIZ, M. A.: Opera medico-physica in quattuor tractatus digesta quorum primus contagii morborum una cum addimentato de lue bovina. Anno 1761 epidemice grassante sistit, II de variolis, III de scarlatina, IV de terrae motu …, Vindobonae 1762.

POLLENDER, A.: Mikroskopische und mikrochemische Untersuchung des Milzbrandblutes sowie über Wesen und Kur des Milzbrandes. (Casper's) Vierteljahresschrift f. gerichtl. u. öff. Med. 8 (1855): 103–114.

RAYER, (F.): Inoculation du sang de rate. C. r. Soc. biol. 2 (1850): 141.

REDI, Francesco: Esperienze intorno alla generazione degl'insetti. Firenze 1688.

REED, W., CAROLL, J., AGRAMONTE, A., & LAZEAR, J.: Preliminary note on the etiology of yellow fever. Philad. Med. J. (1900), Oct. 27 [Zitat auch bei OTTO 1909].

REIMANN, H. A.: The reversion of R to S pneumococcus: J. exp. Med. *49* (1929): 237–249.

ROBERTS, W.: Studies on biogenesis. Phil. Trans. Roy. Soc. Ser. B, *164* (1874): 457–477.

ROUS, P.: Transmission of a malignant new growth by means of a cell free filtrate. J. Amer. Med. Ass. *56* (1911): 198.

ROUX, E., & YERSIN, A.: Contribution à l'étude de la diphtherie. Ann. Inst. Pasteur *2* (1888): 629–661.

SACKMANN, W.: Biographische und bibliographische Materialien zur Geschichte der Mikrobiologie. Lang, Frankfurt 1985.

SALMON, D. E., & SMITH, T.: On a new method of producing immunity from contagious diseases. Proc. Biol. Soc., Wash., *3* (1886): 29–33.

SCHATZ, A., BUGIE, A., & WAKSMAN, S. A.: Streptomycin, a substance exhibiting antibiotic activity against Gram-positive and Gram-negative bacteria. Proc. Soc. exp. Biol. Med. *55* (1944): 66–69.

SCHRÖDER, Heinrich, & DUSCH, Theodor VON: Ueber Filtration der Luft, in Beziehung auf Fäulniss und Gährung. Annalen d. Chemie u. Pharmacie *89* (1854) 232–243.

SCHULZE, Franz: Vorläufige Mittheilung der Resultate einer experimentellen Beobachtung über generatio aequivoca. Gilbert's Annalen d. Physik u. Chemie *39* (1836): 487–489.

SCHWANN, Theodor: Vorläufige Mittheilung, betreffend Versuche über die Weingährung und Fäulniss. Gilbert's Annalen d. Physik u. Chemie *41* (1837): 184.

SÉDILLOT, C.-E.: De l'influence de découvertes de M. Pasteur sur les progrès de la chirurgie. C. r. Acad. Sci. *86* (1878): 634–640 [s. a. MOCHMANN, H., & KÖHLER, W.: Wer prägte den Begriff „Mikrobe", und durch wen wurde er als generelle Bezeichnung für Kleinlebewesen der verschiedenen Gattungen und Arten in den wissenschaftlichen Sprachgebrauch eingeführt? Hyg. + Med. *16* (1991): 317].

(SEMMELWEIS I,); Höchst wichtige Erfahrungen über die Aetiologie der in Gebäranstalten epidemischen Puerperalfieber. Z. K.-K. Ges. d. Aerzte zu Wien *4* (1847): 242.

SETTE, V.: Memmoria storico-naturale sull'arrossimento straordinario di alcune sostanze alimentose osservato nella provincia di Padova l'anno MDCCCXIX. Letta al Ateneo di Treviso sera 18. Aprile 1820. Alvisopoli, Venezia 1824.

SHEEHAN, N. C.: Aminoacids and Peptides with Antimetabolic Activity. Ciba Fdn. Sympos. 1958, S. 257.

SINGER, C.: Benjamin Marten, a neglected predecessor of Louis Pasteur. Janus 5 (1911): 81–98.

SMIT, P., & HENIGER, J.: Antoni van Leeuwenhoek (1632–1723) and the discovery of bacteria. Antonie van Leeuwenhoek *41* (1975): 217–228.

SPALLANZANI, Lazzaro: Saggio di osservazione microscopiche concernenti il sistema della generazione dei Signori Needham e Buffon. Modena 1765.

– Osservazioni esperienze intorno agli animalculi delle infusioni, in: Opuscoli di Fisica, Animale e Vegetabile dell'Abate Spallanzani. Modena 1776.

STANLEY, W. M.: Isolation of a crystalline protein possessing the properties of tobacco-mosaic virus. Science *81* (1935): 644–645.

STERRENBURG, F. A. S.: Antoni van Leeuwenhoek: Pioneer or lone wolf? Organorma *19* (1982): 16–22.

THOMAS, H. W., & BREINL, A.: Report on trypanosomes, trypanosomiasis and sleeping sickness. London 1905.

TRÉFOUËL, J., TRÉFOUËL, I., NITTI, F., & BOVET, D.: Activité du P-aminophénylsulfamide sur les infections streptococciques expérimentales de la souris et du lapin. C. r. Seanc. Soc. Biol. *120* (1935): 756–758.

TWORT, F. W.: An investigation on the nature of ultramicroscopic viruses. Lancet *ii* (1915): 1241–1343.

TYNDALL, J.: The optical deportment of the atmosphere in relation to the phenomena of putrefaction and infection. Phil. Trans. Roy. Soc. Ser. 3, *166* (1876): 27–74.

– Letter to Huxley, 14. 2. 1877. Proc. Roy. Soc. *35* (1977): 569–570; zit. in W. BULLOCH 1938, S. 116 f.

VIRCHOW, R.: Der Kampf der Zellen und der Bakterien. (Virchow's) Arch. path. Anat. *101* (1885): 1–13.

WASSERMANN, A., NEISSER, A., & BRUCK, C.: Eine serodiagnostische Reaktion bei Syphilis. Dt. med. Wochenschr. *32* (1906): 745–746.

WIDAL, F.: Serodiagnostic de la fièvre typhoïde. Bull. et mém. Soc. méd. d'hôp. de Paris, 3e sér., *13* (1896): 561–566.

WOODRUFF, Alice M., & GOODPASTURE, E. W.: The susceptibility of the chorio-allantoic membrane of chick embryos to infection with the fowl pox virus. Amer. J. Path. *7* (1931): 209–222.

WOODS, D. D.: The relation of p-aminobenzoic acid to the mechanism of the action of sulphanilamide. Brit. J. exp. Pathol. *21* (1940): 74-90.

WRIGHT, A. E., & SEMPLE, D.: Remarks on vaccination against typhoid fever. Brit. Med. J. *i* (1897): 256–259.

– & DOUGLAS, S. R.: An experimental investigation of the rôle of the blood fluids in connection with phagocytosis. Proc. Roy. Soc. *72* (1903): 357–370.

– – Further observations on the rôle of the blood fluids in connection with phagocytosis. Proc. Roy. Soc. *73* (1904): 128–142.

YERSIN, A.: La peste bubonique à Hong Kong. C. r. Acad. Sci. *119* (1894): 356; Ann. Inst. Pasteur *8* (1894): 662–667.

YOUNGER, J. S.: Monolayer tissue cultures. I. Preparation and standardization of suspensions of trypsin-dispersed monkey kidney cells. Proc. Soc. exp. Biol. Med. *85* (1954): 202–205.

ZEISS, H.: Elias Metschnikow. Leben und Werk. Jena 1932.

Kapitel 22. Kurze Geschichte der Molekularbiologie

Originalliteratur siehe auch Kurzbiographien

Ausgewählte Originalliteratur:

ASTBURY, William T.: Protein and virus studies in relation to the problem of the gene. Internat. Conf. Genet. *7* (1940): 49–51.

AVERY, Oswald T., MacLEOD, Colin M., & McCARTY, Maclyn: Studies on the chemical transformation of pneumococcal types. Exp. Med. *79* (1944): 137–158.

BEADLE, George W.: The genetic control of biochemical reactions. Harvey Lect. *40* (1945): 179–194.

BEIJERINCK, Martinus W.: Über ein Contagium vivum fluidum als Ursache der Fleckenkrankheit der Tabaksblätter. Verh. Koninkl. Akad. van Wetenschappen Amsterdam VI, 5 (1899): 3–24.

BOHR, Niels: Light and life. Nature *131* (1933): 421–423.

BOIVIN, André: Directed mutation in colon bacilli, by an inducing principle of desoxyribonucleic nature: Its meaning for the general biochemistry of heredity. Cold Spring Harbor Symp. Quant. Biol. *12* (1947): 7–17.

BRACHET, Jean: La localisation des acides pentose-nucléiques dans les tissus animaux et les oeufs d'Amphibiens en voie de développement. Arch. de Biol. *53* (1942): 207–257.

BRENNER, Sidney, JACOB, François, & MESELSON, Matthew: An unstable intermediate carrying information from genes to ribosomes for protein synthesis. Nature *190* (1961): 576–581.

CASPERSSON, Torbjörn, & SCHULTZ, Jack: Nucleic acid metabolism of the chromosomes in relation to gene reproduction. Nature *142* (1938): 294–295.

CLAUDE, Albert: The constitution of protoplasm. Science *97* (1943): 451–456.

COHEN, Stanley N., CHANG, Annie C. Y., BOYER, Herbert W., & HELLING, Robert B.: Construction of biologically functional bacterial plasmids in vitro. Proc. Nat. Acad. Sci. USA *70* (1973): 3240–3244.

CRICK, Francis H. C.: On protein synthesis. Symp. Soc. Exp. Biol. [1957] *12* (1958): 138–163.

DELBRÜCK, Max: Bacterial viruses (bacteriophages). Adv. Enzymol. *2* (1942): 1–32.

DOUNCE, Alexander: Duplicating mechanism for peptide chain and nucleic acid synthesis. Enzymologia *15* (1952): 251–258.

FRANKLIN, Rosalind E., & GOSLING, Raymond G.: Molecular configuration in sodium thymonucleate. Nature *171* (1953): 740–741.

FRIEDRICH-FREKSA, Hans: Bei der Chromosomenkonjugation wirksame Kräfte und ihre Bedeutung für die identische Verdopplung von Nucleoproteinen. Naturwiss. *28* (1940): 376–379.

GALE, Ernest F., & FOLKES, Joan: The assimilation of amino acids by bacteria. 21. The effect of nucleic acids on the development of certain enzymic activities in disrupted staphylococcal cells. Biochem. J. *59* (1955): 675–684.

GAMOW, George: Possible relation between deoxyribonucleic acid and protein structure. Nature *173* (1954): 318.

HERSHEY, Alfred: Functional differentiation within particles of bacteriophage T2. Cold Spring Harbor Symp. Quant. Biol. *18* (1953): 135–139.

– & CHASE, Martha: Independent functions of viral proteins and nucleic acid in growth of bacteriophage. J. Gen. Physiol. *36* (1952): 39–56.

HOAGLAND, Mahlon B.: An enzymic mechanism for amino acid activation in animal tissue. Biochim. Biophys. Acta *16* (1955): 288–289.

– On an enzymatic reaction between amino acids and nucleid acid and its possible role in protein synthesis. Rec. trav. chim. PB Belg. *77 (No. 7)* (1958): 623–633.

– ZAMECNIK, Paul C., & STEPHENSON, Mary L.: Intermediate reactions in protein biosynthesis. Biochim. Biophys. Acta *24* (1957): 215–216.

HOLLEY, Robert W., APGAR, Jean EVERETT, George A., MADISON, James T., MARQUISEE, Mark, MERRIL, Susan H., PENSWICK, John R., & ZAMIR, Ada.: Structure of a ribonucleic acid. Science *147* (1965): 1462–1465.

JACOB, François, & MONOD, Jacques: Genetic regulatory mechanisms in the synthesis of proteins. J. Molecular Biol. *3* (1961): 316–356.

– & WOLLMAN, Elie: Genetic and physical determinations of chromosomal segments in Escherichia coli. Symp. Soc. Exp. Biol. [1957] *12* (1958): 75–92.

KAUSCHE, Gustav A., PFANKUCH, Edgar, & RUSKA, Helmut: Die Sichtbarmachung von pflanzlichem Virus im Übermikroskop. Naturwiss. *27* (1939): 292–299.

KÜHN, Alfred: Über eine Genwirkkette der Pigmentbildung bei Insekten. Nachr. Akad. Wiss. in Göttingen, Math.-physikal. Kl., (1941): 231–261.

LEDERBERG, Joshua, & TATUM, Edward L.: Gene recombination in Escherichia coli. Nature *158* (1946): 558.

LEVENE, Phoebus A., & BASS, Lawrence W.: Nucleic Acids. Chemical Catalog Co., New York 1931.

LIPMANN, Fritz: Metabolic generation and utilization of phosphate bond energy. Adv. Enzymol. *1* (1941): 99–162.

– Messenger ribonucleic acid. Progr. Nucl. Acids Res. *1* (1963): 135–161.

LURIA, Salvador: Bacteriophage: An essay on virus reproduction. Science *111* (1950): 507–511.

– & ANDERSON, Thomas F.: Identification and characterization of bacteriophages with the electron microscope. Proc. Nat. Acad. Sci. USA *28* (1942): 127–130.

– & DELBRÜCK, Max: Mutations of bacteria from virus sensitivity to virus resistance. Genetics *28* (1943): 491–511.

MATTHAEI, J. Heinrich, & NIRENBERG, Marshall W.: The dependence of cell-free protein synthesis in E. coli upon RNA prepared from ribosomes. Biochem. Biophys. Res. Communicat. *4* (1961): 404–408.

MESELSON, Matthew, & STAHL, Franklin W.: The replication of DNA in Escherichia coli. Proc. Nat. Acad. Sci. USA *44* (1958): 671–682.

MULLIS, Kari F., FALOONA, F., SCHARF, S., SAIKI, R., HORN, G., & EHRLICH, H.: Specific enzymatic amplification of DNA in vitro: The polymerase chain reaction. Cold Spring Harbor Symp. Quant. Biol. *51* (1986): 263–273.

NIRENBERG, Marshall W., & LEDER, Philip: RNA codewords and protein synthesis. Science *145* (1964): 1399–1407.

– & MATTHAEI, J. Heinrich: The dependence of cell-free protein synthesis in E. coli upon naturally occurring or synthetic polyribonucleotides. Proc. Nat. Acad. Sci. USA *47* (1961): 1588–1602.

Nucleic Acid. Symposia of the Society for Experimental Biology 1 (1947). Cambridge University Press, Cambridge.

PALADE, George E.: A small particulate component of the cytoplasm. J. Biophys. Biochem. Cytol. *1* (1955): 59–68.

PAULING, Linus, & COREY, Robert B.: Two hydrogen-bonded spiral configurations of the polypeptide chain. J. Amer. Chem. Soc. *72* (1950): 5349.

PORTER, Keith R., CLAUDE, Albert, & FULLAM, Ernest F.: A study of tissue culture cells by electron microscopy. Methods and preliminary observations. J. Exp. Med. *81* (1945): 233–246.

RILEY, Monica, PARDEE, Arthur B., JACOB, François, & MONOD, Jacques: On the expression of a structural gene. J. Molec. Biol. *2* (1960): 216–225.

ROBERTS, Richard B. (Hrsg.): Microsomal Particles and Protein Synthesis. Pergamon Press, New York 1958.

SANGER, Frederick: The arrangement of amino acids in proteins. Adv. Prot. Chem. *7* (1952): 1–67.

SCHRÖDINGER, Erwin: What is Life? The Physical Aspect of the Living Cell. Cambridge 1944.

SPIEGELMAN, Sol: Protein synthesis in protoplasts. In: WOLSTENHOLME, G. E. W., & O'CONNOR, C. M. (Hrsg.), CIBA Foundation Symposium on Ionizing Radiations and Cell Metabolism. Boston 1956, S. 185–195.

STANLEY, Wendell M.: Isolation of a crystalline protein possessing the properties of Tobacco-Mosaic Virus. Science *81* (1935): 644–645.

TIMOFÉEFF-RESSOVSKY, Nikolaj W.: The experimental production of mutations. Biolog. Rev. *9* (1934): 411–457.

– ZIMMER, Karl G., & DELBRÜCK, Max: Über die Natur der Genmutation und der Genstruktur. Nachr. Ges. Wiss. zu Göttingen, Math.-Physikal. Kl. Fachgr. VI, N. F., *1* (1935): 189–245.

VISCHER, Ernst, ZAMENHOFF, Stephen, & CHARGAFF, Erwin: Microbial nucleic acids: The desoxypentose nucleic acids of Avian Tubercle Bacilli and Yeast. J. Biolog. Chem. *177* (1949): 429–438.

WATSON, James D.: Involvement of RNA in the synthesis of proteins. Science *140* (1963): 17–26.

– & CRICK, Francis H. C.: Molecular Structure of Nucleic Acids. A structure for deoxyribose nucleic acid. Nature *171* (1953a): 737–738.

– – Genetical implications of the structure of desoxyribonucleic acid. Nature *171* (1953b): 964–967.

WILKINS, Maurice H. F., Stokes, A. R., & WILSON, H. R.: Molecular structure of deoxypentose nucleic acids. Nature *171* (1953): 738–740.

ZACHAU, Hans G., DÜTTING, D., FELDMANN, H., MELCHER, Fritz, & KARAU, W.: „Serine specific transfer ribonucleic acids. XIV. Comparison of nucleotide sequences and secondary structure models". Cold Spring Harbor Symp. Quant. Biol. *31* (1966): 417–424.

Sekundärliteratur:

ABIR-AM, Pnina G.: The discourse of physical power and biological knowledge in the 1930s: A reappraisal of the Rockefeller Foundation's ‚policy' in molecular biology. Soc. Stud. *12* (1982): 341–382.

– Themes, genres and orders of legitimation in the consolidation of new scientific disciplines: Deconstructing the historiography of moelcular biology. Hist. Sci. *2* (1985): 73–117.

– The biotheoretical gatherings: Transdisciplinary authority and the incipient legitimation of molecular biology in the 1930s: New perspectives on the historical sociology of science. Hist. Sci. *25* (1987): 1–70.

BROCK, Thomas D.: The Emergence of Bacterial Genetics. Cold Spring Harbor Labor. Press, New York 1990.

BURIAN, Richard M. (Hrsg.): The Right Organism for the Job. J. Hist. Biol., Spec. Sect., *26* (1993): 233–367.

– Underappreciated pathways toward molecular genetics as illustrated by Jean Brachet's cytochemical embryology. In: SARKAR, S. (Hrsg.): New Perspectives on the History and Philosophy of Molecular Biology. Kluwer, Dordrecht 1994, im Druck.

– GAYON, Jean, & ZALLEN, Doris: The singular fate of genetics in the history of French biology, 1900–1940. J. Hist. Biol. *21* (1988): 357–402.

CAIRNS, John, STENT, Gunther S., & WATSON, James D. (Hrsg.): and the Origins of Molecular Biology. Expanded Ed. Cold Spring Harbor, New York 1992.

CHADAREVIAN, Soraya DE: Architektur der Proteine. Strukturforschung am Laboratory of Molecular Biology, in Cambridge. In: RHEINBERGER, Hans-Jörg, WAHRIG-SCHMIDT, Bettina, & HAGNER, Michael, (Hrsg.): Objekte, Differenzen und Konjunkturen. Experimentalsysteme im historischern Kontext. Akademie Verlag, Berlin 1994, S. 181–200.

CHARGAFF, Erwin: How genetics got a chemical education. Ann. New York Acad. Sci. *325* (1979): 345–360.

CREAGER, Angela: Experimental systems and institutions: Wendell Stanley's Virus Laboratory at Berkeley. Manuskript 1994.

CRICK, Francis H. C.: Molecular Biology in the Year 2000. Nature *228* (1970): 613–615.

– Von Molekülen und Menschen. Goldmann, München 1970b.

– What Mad Pursuit. Basic Books, New York 1988.

DEICHMANN, Ute: Biologen unter Hitler. Vertreibung, Karrieren, Forschung. Campus, Frankfurt 1992.

FISCHER, Ernst Peter: Das Atom des Biologen. Max Delbrück und der Ursprung der Molekulargenetik. Piper, München 1988.

GAUDILLÈRE, JEAN-PAUL: Biologie moléculaire et biologistes dans les annees soixante: La naissance d'une discipline. Le cas français. Thèse de doctorat, Université Paris VII, 1991.

– & MONOD, J.: S. Spiegelman et l'adaptation enzymatique. Programmes de recherche, cultures locales et traditions disciplinaires. Hist. Philos. Life Sci. *14* (1992): 23–71.

HARWOOD, Jonathan: Styles of Scientific Thought. The German Genetics Community 1900–1933. Univ. Chicago Press, Chicago 1993.

HOAGLAND, Mahlon: Toward the Habit of Truth. W. W. Norton & Co., New York 1990.

JACOB, François: Die innere Statue. Ammann Verlag, Zürich 1988.

JUDSON, Horace F.: The Eighth Day of Creation. The Makers of the Revolution in Biology. Simon & Schuster, New York 1979.

– Eine Geschichte der Wissenschaft und der Technologie der Genkartierung und -sequenzierung. In: KEVLES, Daniel J., & HOOD, Leroy (Hrsg.): Der Supercode. Artemis und Winkler, München 1993, S. 48–91.

KAY, Lily E.: Conceptual models and analytical tools: The biology of physicist Max Delbrück. J. Hist. Biol. 18 (1985 a): 207–246.

– The secret of life: Niels Bohr's influence on the biology program of Max Delbrück. Riv. storia della sci. 2 (1985 b): 487–510.

– W. M. Stanley's crystallization of the Tobacco Mosaic Virus, 1930–1940. Isis 77 (1986): 450–472.

– Selling pure science in wartime: The biochemical genetics of G. W. Beadle. J. Hist. Biol. 22 (1989): 85–98.

– The Molecular Vision of Life. Caltech, the Rockefeller Foundation, and the Rise of the New Biology. Oxford Univ. Press, Oxford 1993.

– Wer schrieb das Buch des Lebens? Information und die Transformation der Molekularbiologie. In: RHEINBERGER, Hans-Jörg, WAHRIG-SCHMIDT, Bettina, & HAGNER, Michael, (Hrsg.): Objekte, Differenzen und Konjunkturen. Experimentalsysteme im historischen Kontext. Akademie Verlag, Berlin 1994, S. 151–179.

KELLER, Evelyn Fox: Physics and the emergence of molecular biology: A history of cognitive and political synergy. J. Hist. Biol. 2 (1990): 389–409.

KENDREW, John C.: Some remarks on the history of molecular biology. British Biochemistry Past and Present. Biochem. Soc. Symp. London 30 (1970): 5–10.

KEVLES, Daniel J., & HOOD, Leroy (Hrsg.): Der Supercode. Die Genetische Karte des Menschen. Artemis & Winkler, München 1993.

KOHLER, Robert: The management of science: The experience of Warren Weaver and the Rockefeller Foundation programme in molecular biology. Minerva 14 (1976): 279–306.

– Systems of production: Drosophila, Neurospora, and biochemical genetics. Hist. Stud. Phys. Biolog. Sci. 22 (1991): 87–130.

LEFÈVRE, Wolfgang: Die Entstehung der biologischen Evolutionstheorie. Ullstein, Frankfurt a. M. 1984.

MACRAKIS, Kristie: The survival of basic biological research in national socialist Germany. J. Hist. Biol. 26 (1993): 519–543.

MARSHALL, Charles R., & SCHOPF, William: Evolution and the Molecular Revolution. Boston, London, Singapur 1993.

MONOD, Jacques, & BOREK, E. (Hrsg.): Of Microbes and Life. Cornell Univ. Press. Ithaca 1971.

MORANGE, Michel: La révolution silencieuse de la biologie moléculaire: D'Avery à Hershey. Le Débat 22 (1982): 62–75.

– Histoire de la biologie moléculaire. Editions la Découverte, Paris 1994.

NRC: National Research Council Mapping and Sequencing the Human Genome. National Acad. Press, Washington 1988.

OLBY, Robert, & CRICK, Francis: DNA, and the central dogma. In: The Twentieth-Century Sciences. Hrsg. HOLTON, Gerald. Norton, New York 1972, S. 227–280.

– The Path to the Double Helix. Macmillan, London 1974.

– The molecular revolution in biology. In: OLBY, R. C., CANTOR, G. N., CHRISTIE, J. R. R., & HODGE, M. J. S. (Hrsg.), Companion to the History of Modern Science, Routledge, London 1990, S. 503–520.

PORTUGAL, Franklin H., & COHEN, Jack S.: A Century of DNA. The MIT Press, Cambridge 1977.

RASMUSSEN, Nicolas: Picture Control. The Electron Microscope and the Transformation of American Biology, 1940–1959. Stanford Univ. Press, Stanford 1996, im Druck.

RHEINBERGER, Hans-Jörg: Experiment, Differenz, Schrift. Zur Geschichte epistemischer Dinge. Basiliskenpresse, Marburg 1992.

– Experiment and orientation. Early systems of in vitro protein synthesis. J. Hist. Biol. 26 (1993): 443–471.

– From microsomes to ribosomes. ‚Strategies‘ of ‚representation‘. J. Hist. Biol. 28 (1995): 49–89.

RICH, Alexander, & DAVIDSON, Norman (Hrsg.): Structural Chemistry and Molecular Biology. Freeman, San Francisco 1968.

SARKAR, Sahotra: Models of reduction and categories of reductionism. Synthese 91 (1992): 167–194.

SCHAFFNER, Kenneth: The peripherality of reductionism in the development of molecular biology. J. Hist. Biol. 7 (1974): 111–139.

STENT, Gunther: Waiting for the paradox. In: CAIRNS et al. 1992, S. 8.

– That was the molecular biology that was. Science 160 (1968): 390–395.

WATSON, James D.: The Double Helix. A Personal Account of the Discovery of the Structure of DNA. Text, Commentary, Reviews, Original Papers (ed. STENT, Gunther S.). Norton, New York 1980.

– & TOOZE, John (Hrsg.): The DNA Story. A Documentary History of Gene Cloning. W. H. Freeman & Co., San Francisco 1981.

Bildquellennachweis der Porträts in Teil V

Die Bildquellen für die Porträts wurden freundlicherweise zur Verfügung gestellt von:

Familie G. Ambronn: Hermann Ambronn

Herrn Prof. Dr. N. Elsner: Friedrich Karl Wilhelm Henke

Familie G. Haberlandt: Gottlieb Haberlandt

Frau Dr. sc. J. Kollesch: Georg Harig

Herrn Dr. habil. E. Höxtermann: Wilhelm Menke

Frau Doz. Dr. sc. I. Jahn: Alfred Barthelmeß, Ludwig Plate, Eduard Uhlmann, Georg Uschmann, Rudolph Zaunick

Herrn Dr. G. Klatt: Frank Dougherty

Frau Prof. Dr. S. Koref-Santibañez: Theodosius Dobzhansky

dem Archiv des Fischer Verlages Jena: Othenio Abel, Wilhelm Benecke, Franz Doflein, Karl von Goebel, Camillo Golgi, Valentin Haecker, Wilhelm Johannsen, Hans Kniep, Carl Oppenheimer, Julius Schaxel, Ernst Stahl, Eduard Strasburger, Karl Sudhoff, Oskar Vogt

dem Archiv zur Geschichte der Max-Planck-Gesellschaft: Adolf Butenandt, Cecile Vogt

dem Archiv der Leopoldina Halle/S.: Emil Abderhalden, Karl Ernst von Baer, Carl Gustav Carus, Albrecht Frey-Wyssling, Hermann Hellriegel, Elisabeth Schiemann

dem Biologischen Institut der Martin-Luther-Universität Halle–Wittenberg: Paula Hertwig

dem Ernst-Haeckel-Haus Jena: Caspar Friedrich Wolff

dem Goethe- und Schiller-Archiv Weimar: August Johann Georg Carl Batsch, Friedrich Siegmund Voigt

dem Institut für Geschichte der Medizin der Humboldt-Universität zu Berlin: Aristoteles, Theophrast

dem Institut für Geschichte der Naturwissenschaften und Technik Moskau: Leonid Jakovlevič Bljacher, Abba Evseevič Gaissinovitch

dem Karl-Ernst-von-Baer-Museum Tartu: Vello Kaavere, Toomas Sutt

der Universitätsbibliothek der Humboldt-Universität zu Berlin: Erwin Baur, Theodor Wilhelm Engelmann, Richard Kolkwitz, Paul Sorauer

der Universitätsbibliothek der Universität Tübingen: Walter Zimmermann

dem Zentralarchiv der Berlin-Brandenburgischen Akademie der Wissenschaften Berlin: Kurt Noack

dem Zoologischen Institut Göttingen: Alfred Kühn

der Historischen Arbeitsstelle (Bild- und Schriftgut-Sammlungen) des Museums für Naturkunde der Humboldt-Universität zu Berlin: Louis Agassiz, Albertus Magnus, Ulysses Aldrovandi, Walther Arndt, Gaspard Bauhin, Charles Bonnet, Theodor Boveri, Alexander Braun, Robert Brown, Ernst von Brücke, Otto Bütschli, Georges Buffon, Carl Friedrich Burdach, Victor Carus, Sergej S. Četverikov, Karl Chun, Carl Correns, Georges Curvier, Friedrich Dahl, Charles Darwin, Erasmus Darwin, Rembert Dodonaeus, Anton Dohrn, Emil Dubois-Reymond, Johannes Dzierzon, Christian G. Ehrenberg, Paul Ehrlich, Johann Christian Fabrizius, Walther Flemming, Joh. Leonhard Frisch, Karl von Frisch, Max Fürbringer, Etienne Geoffroy Saint-Hilaire, Conrad Gessner, Joh. Gottlieb Gleditsch, Alexander Goette, Giovanni Battista Grassi, Eduard Grube, Ernst Haeckel, Albrecht von Haller, Max Hartmann, Katharina Heinroth, Hermann von Helmholtz, Oscar Hertwig, Richard Hertwig, Richard Hesse, Thomas Henry Huxley, Jan Ingenhousz, Robert Koch, Albert Kolliker, Willy Kückenthal, Jean Baptiste de Lemarck, Edwin Ray Lankester, Antoni von Leeuwenhoek, Friedrich Christian Lesser, Rudolf Leuckart, Hinrich Lichtenstein, Carl von Linné, Jaques Loeb, Friedrich Loeffler, Carl Ludwig, William Sharp MacLeay, Marcello Malpighi, Ernst Mayr, Elias Metschnikoff, Gregor Johann Mendel, Henri Milne-Edwards, Karl August Möbius, Thomas Hunt Morgan, Johannes Müller, Hermann Joseph Muller, Einar Naumann, Hermann Nilsson-Ehle, Lorenz Oken, Peter Simon Pallas, Theophrastus Bomb. Paracelsus, Henri Potonié, Jan Evangelista Purkyne, John Ray, Fritz Römer, Wilhelm Roux, Karl Asmund Rudolphi, Fritz Schaudinn, Joh. Jakob Scheuchzer, Ivan Ivanovic Schmalhausen, Anton Schneider, Max Schultze, Franz Eilhard Schulze, Theodor Schwann, Adalbert Seitz, Carl Semper Aleksej Nikolajevič Severcov, Karl Theodor Ernst von Siebold, Hans Sloane, Lazzaro Spallanzani, Hans Spemann, Erwin Stresemann, Jan Swammerdam, August Thienemann, Nikolaj Vladimirovič Timofeeff-Ressovsky, Gottfried Reinhold Treviranus, Erich von Tschermak-Seysenegg, Jacob von Uexküll, Nikolaj Ivanovič Vavilov, Max Verworn, Andreas Vesal, Rudolf Virchow, Alfred Russell Wallace, August Weismann, Charles Otis Whitman, Edmund Beecher Wilson, Max Wolff.

Reproduktionen wurden entnommen aus:

Dewsbury, Donald A. (Hrsg.): Studying Animal Behaviour – Autobiographies of the Founders. Chicago, London 1983: Gerard P. Baerends, Irenäus Eibl-Eibesfeldt, Niko Tinbergen

Enigk, Karl: Geschichte der Helminthologie im deutschsprachigen Raum. Stuttgart, New York 1986: Friedrich Miescher, Alexander von Nordmann, Hermann Schacht

Festetics, Antal: Konrad Lorenz. Aus der Welt des großen Naturforschers. München, Zürich 1983: Konrad Lorenz, Iwan Pawlow, Karl Popper

Treibs, A. (Hrsg.): Hans Fischer. Vorlesungen über organische Chemie. Teil 1. München 1950: Hans Fischer

Iterson jr., Gerrit van: Beijerinck, the botanist. Martinus Willem Beijerinck, his life and his work. The Hague 1940: Martinus Willem Beijerinck

Mägdefrau, Karl: Geschichte der Botanik. Leben und Leistung großer Forscher. 2. Aufl., Stuttgart, Jena, New York 1992: Hieronymus Bock, Leonhard Fuchs, Antoine Laurent de Jussieu

Milulinskij, Semen Romanovič; Markova, Ljudmila Artemevna & Starostin, Boris Anatolevič: Alphonse de Candolle (1806–1893). (Biographien bedeutender Biologen. Bd. 3) Jena 1980: Alphonse de Candolle

Mocek, Reinhard: Wilhelm Roux – Hans Driesch. Zur Geschichte der Entwicklungsphysiologie der Tiere. (Biographien bedeutender Biologen. Bd. 1) Jena 1974: Hans Driesch

Prjanišnikov, Dimitrij Nikolaevič: Izbrannye sočinenija, 1. Moskva 1951: Dimitrij Nikolaevič Prjanišnikov

Staudinger, Hermann: Arbeitserinnerungen. Heidelberg 1961: Hermann Staudinger

Stubbe, Hans: Kurze Geschichte der Genetik bis zur Wiederentdeckung der Vererbungsregeln Gregor Mendels. 2. Aufl., Jena 1965: Hugo de Vries

Richter, A. A. & T. A. Krasnoselskij (Hrsg.): Michail Semenovič Tswett: Chromatographische Adsorptionsanalyse. Ausgewählte Arbeiten (russ.). Moskva 1946: Michail Semenovič Cvet

Wahl, Volker: Das Photoalbum der akademischen Senatsmitglieder 1858. Jena 1983: Matthias Jacob Schleiden

Walter, Heinrich: Bekenntnisse eines Ökologen. Stuttgart, Jena, New York 1980: Heinrich Walter

Acta Bot. Neerl. 18 (1969): Willem Hendrik Arisz
Ann. Bot. 21 (1907): Harry Marshall Ward
Ann. Rev. Microbiol. 26 (1972): Perry William Wilson
Ann. Rev. Phytopathol. 3 (1965), 23 (1985), 16 (1978): William Brown, Ernst Gäumann, Julius Kühn
Ann. Rev. Plant Physiol. 28 (1977), 19 (1968), 21 (1970), 26 (1975), 24 (1973), 31 (1980), 13 (1962), 22 (1971), 14 (1963), 33 (1982), 25 (1974): Erwin Bünning, Michail Christoforovic Cajlachjan, Sterling Brown Hendricks, Robert Hill, Paul Jackson Kramer, Anton Lang, Cornelis Bernardus van Niel, Frederick Campion Steward, Kenneth Vivian Thimann, Philip Frank Wareing, Frits Warmolt Went

Archiv Mikrobiol. 42 (1962): Ernst Georg Pringsheim
Biogr. Mem. Fell. Roy. Soc. 28 (1982), 3 (1957): Max Delbrück, Albert Jan Kluyver
Biogr. Mem. Nat. Acad. Sci. USA 48 (1976), 44 (1974): Henry Alfred Borthwick, Winthrop John Vanloeven Osterhout
Ber. Bayer. Bot. Ges. 34 (1961): Otto Renner
Ber. Deut. Bot. Ges. 12 (1984), 39 (1921), 52 (1934), 68 a (1955), 88 (1975), 37 (1919), 53 (1935): Josef Boehm, Friedrich Czapek, Hans Molisch, Ernst Münch, Theodor Schmucker, Hermann Vöchting, Friedrich August Ferdinand Christian Went
Ber. Deut. Chem. Ges. 47 (1914): Heinrich Ritthausen, Ernst Schulze
Bot. Tidsskr. 55 (1959/60): Peter Boysen Jensen
Contr. Boyce Thompson Inst. 16 (1950): William Crocker
Jahrbuch Bayer. Akad. Wiss. 1960, 1959: Ross Granville Harrison, Fritz Kögl
J. chem. educ. 50 (1973): Melvin Calvin
J. nutrition 59 (1956): Thomas Burr Osborne
Kolloid-Z. 50 (1930): Isidor Traube
Lebensbilder aus Hessen (= Veröff. Hist. Komm. Hessen 35), 2/2 (1982): Ernst Küster
Medizinhistor. J. 27 (1992), 1/2: Gunter Mann
Mitt. Techn. Univ. Braunschweig 24 (1989): Carl Sprengel
Nuclear Physics A 98 (1967): György de Hevesy
Phytopathol. 54 (1964): Harry Ardell Allard
Planta 52 (1958): Wilhelm Ruhland
Plant Physiol. 22 (1947), 34 (1959), 25 (1950): Frederick Frost Blackman, Robert Emerson, Dennis Robert Hoagland
Popular Sci. Monthly 19 (1881): Julius Adolph Stöckhardt
Skand. Archiv Physiol. 70 (1934): Ernest Overton
Z. Acker- u. Pflanzenbau 91 (1949): Eilhard Alfred Mitscherlich
Z. med. Laboratoriumsdiagnostik 20 (1979): Leonor Michaelis

Sabine HACKETHAL, Berlin

Teil V. Kurzbiographien (Isolde Schmidt, Rostock) und Portraits (Sabine Hackethal, Berlin)

Einleitung zu den Kurzbiographien

Die Arbeit an diesem biographischen Teil der *Geschichte der Biologie* erwies sich als eigenständige, recht anspruchsvolle Aufgabe, zumal die erheblich vermehrten und erweiterten Kurzbiographien (KB) gegenüber den ersten Auflagen (1982, 1985) wesentlich mehr Informationen enthalten sollten. Außer dem Bildungs- und Berufsweg der behandelten Personen wurden die benutzten biographischen Quellen angegeben, deren ausführliche Titel im Literaturverzeichnis im Anschluß an die KB zu finden sind. Darin kann der Benutzer außer Biographien, Nekrologen und Laudationes auch biographische und bio-bibliographische Lexika finden.

Außerdem sind die Autoren der KB angeführt, wobei es meist notwendig war, die von einigen Kapitelautoren eingereichten Manuskripte zu überarbeiten, um so größtmögliche Einheitlichkeit und Informationsdichte zu erreichen. Mehrfach mußten auch noch biographische Quellen gesucht und ergänzt werden.

Die bereits in den alten Auflagen vorhandenen KB wurden überprüft, teilweise korrigiert und ergänzt.

Aus der Entwicklung der Biologie von der Antike bis zur Gegenwart und dem interdisziplinären Charakter ihrer Erkenntnisgewinnung resultiert die Notwendigkeit, außer Fachbiologen auch Vertreter anderer Disziplinen (Medizin, Pharmazie, Chemie, Philosophie u.a.) zu berücksichtigen. Wie zahlreiche Berufswege zeigen, fand oft während des Lebens ein Fachwechsel statt, so daß eine starre Zuordnung nicht zweckmäßig erscheint.

Dieser biographische Anhang war ursprünglich – wie in den früheren Auflagen – zur Entlastung der Kapiteltexte geplant, wo in der Regel weder eine ausführliche Lebensbeschreibung noch die kompletten Titel der Originalliteratur zitiert werden sollten. Das erschien sinnvoll, weil manche Naturforscher in mehreren Kapiteln, oft sogar mit den gleichen Werken, behandelt werden, die Nutzer der *Geschichte der Biologie* aber die Lebensdaten und zitierten Schriften möglichst an einer Stelle des umfangreichen Werkes finden sollten. Im großen und ganzen konnte dieses Konzept auch realisiert werden mit Ausnahme einiger Kapitel des Teiles IV (20. Jh.).

Von einigen Zuarbeiten abgesehen, blieben der Bearbeiterin die Recherchen zu Lebensdaten und biographischen Quellen überlassen. Bekanntlich nötigen unterschiedliche, auch sich widersprechende Angaben zum Rückgriff auf archivalische Quellen oder zu einer fast kriminalistischen Suche nach Nachfahren und Gewährspersonen. Die Benutzung mehrerer sich ergänzender Lexika und anderer Nachschlagewerke konnte nicht immer komplett ausgewiesen werden. Erschwerend war dabei, daß nicht alle relevanten Publikationen (z.B. die Memories u. Nekrologe der wissenschaftlichen Akademien) an jedem Ort verfügbar sind und diesbezüglich nur in einigen großen Bibliotheken mit Gewinn gearbeitet werden konnte. Wenn die Suche in biographischen Lexika ergebnislos blieb, mußten auch Bibliographien herangezogen und die Angaben kombiniert werden.

Neben Archivbenutzung führten in einigen Fällen Rückfragen bei Nachkommen und Verwandten (z.B. von Hans Gradmann, Karl Rechinger, Hans Söding und Bruno Wehnelt) zu wichtigen Vervollständigungen, wofür Ulrich Gradmann, Clausthal, Karl Heinz Rechinger, Wien, Heinrich Söding, Hamburg, und Christoph Wehnelt, Frankfurt a.M., besonders zu danken ist, sowie Z. Szigeti, Budapest, zu Árpád Paál, und Erik Tammiksaar, Karl-von-Baer-Museum in Tartu (Estland), zu Vello Kaavere, ebenso Franz Kohl aus Freiburg i.Br. für ergänzende Hinweise, besonders aber Ekkehard Höxtermann, der stets zur Hilfe bereit war.

Überhaupt erhielt die Bearbeiterin entlang ihrer Suchwege umfangreiche Unterstützung durch viele Helfer in nahestehenden Institutionen, denen an dieser Stelle für ihre geduldige Beratung und Zuarbeit ebenfalls gedankt werden soll:

- in Archiv und Bibliothek der Deutschen Akademie der Naturforscher Leopoldina Halle/Saale: Archivleiterin Erna Lämmel und Bibliotheksleiter Jochen Thamm mit den Mitarbeiterinnen Christel Dell, Gerda Gornik, Mechthild Hofmann, Susanne Horn, Doris Malo und den Mitarbeitern Johannes Eschrich und Hans-Jürgen Filusch,
- im Botanischen Garten der Martin-Luther-Universität Halle-Wittenberg: Heike Hecklau,
- im Museum für Naturkunde der Humboldt-Universität zu Berlin: den Mitarbeiterinnen Ursula Göllner-Scheiding, Sabine Hackethal, Barbara Krutzsch und Hannelore Landsberg sowie in der dortigen Bibliothek Heidi Muggelberg und Hans-Ulrich Raake,
- im Medizinhistorischen Institut der Humboldt-Universität zu Berlin: Bibliothekarin Christa-Maria Jahn,
- im Ernst-Haeckel-Haus der Friedrich-Schiller-Universität Jena: Kustos Erika Krausse mit ihren studentischen Hilfskräften sowie den Mitarbeiterinnen Rita Schwerdtner und Ruth Rosenhahn,
- im Herbarium Haussknecht der Friedrich-Schiller-Universität Jena: Kustos Hermann Manitz,

– in der Universitätsbibliothek Rostock: den Bibliothekarinnen Astrid VON KNOBLAUCH und Hannelore GRAESS-NER (Fachbibliothek Botanik), sowie
– im Fachbereich Biologie der Universität Rostock: dem Leiter des Lehrstuhls für Allgemeine und Spezielle Zoologie, Ragnar KINZELBACH, und dem Kustos des Botanischen Gartens, Johannes D. NAUENBURG.

Zusätzlich entschloß sich die Bearbeiterin, den größten Teil der in der spanischen Übersetzung der 2. Auflage (*Historia de la Biología*, Barcelona 1989) von Luis GARCÍA BALLESTER, Barcelona, ergänzten KB spanischer Gelehrter ins Deutsche zu übertragen und in die jetzige Auflage aufzunehmen.

Außerdem war Xosé A. FRAGA VAZQUEZ aus La Coruña (Spanien) so freundlich, auf Anfrage der Herausgeberin einige KB in Spanisch für die Neuauflage zur Verfügung zu stellen, die ebenfalls von der Bearbeiterin übersetzt und fast alle in Teil V aufgenommen wurden. Ihm sei an dieser Stelle dafür wie auch für die Zusendung wertvollen biographischen Quellenmaterials gedankt.

Da dieser Biographien-Teil nicht als ein biographisches Lexikon der Biologie, sondern nur zur Komplettierung der Kapiteltexte angelegt ist, werden sicher manche Biologen fehlen. Auch ist es bei dem Umfang dieses Teiles V gewiß, daß das eine oder andere einer Korrektur oder Ergänzung bedarf. Deshalb nehmen Herausgeber und Bearbeiter diesbezügliche Hinweise dankbar entgegen.

Isolde SCHMIDT (JAHN)
Rostock 1998

Abkürzungen (s. auch S. 1000 ff.)

A.	Archiv
AB	s. BA
Abb.	Abbildung(en)
Abh.	Abhandlung(en)
Abt.	Abteilung
Adj.	Adjunkt
Agric., agric.	Agriculture, agricultural
AdLW	Akademie der Landwirtschafts-wissenschaften in der ehem. UdSSR
AdMW	Akademie der Medizinischen Wissenschaften in der ehem. UdSSR
AdW	Akademie der Wissenschaften, auch im Ausland
AHUB	Archiv der Humboldt-Universität zu Berlin
ALH	Archiv der Deutschen Akademie der Naturforscher Leopoldina, Halle
allg.	allgemein
am.	american
AM	s. MA
An.	Anales
Anat., anat.	Anatomie, anatomisch
angew.	angewandt(e, …)
Anm.	Anmerkung(en)
Ann.	Annual, Annali
anschl.	anschließend
ao. Prof.	außerordentlicher Professor
apl. Prof.	außerplanmäßiger Professor
Arb., arb.	Arbeit(en), arbeitete
Ass. Prof.	Assistant Professor (in anglo-amerik. Ländern)
Ass.	Assistent
Assn.	Association
Assoc.	Associate (Mitarbeiter)
Assoc. Prof.	Associate Professor (außer-ordentlicher Professor)
Aufenth., -aufenth.	Aufenthalt, … aufenthalt
Ausbild.	Ausbildung

B	Biographische Quellenangabe
BA	Baccalaureus artium (= Bacc. der Künste u. Philos.)
Bacc.	Baccalaureus (unterster akad. Grad)
BCh	Bachelor of Surgery (Bacc. der Chirurgie)
B. Ch. E.	Bachelor of Chemical Enginee-ring (Bacc. der Chemietechnik)
BD	Bachelor of Divinity
Bearb., bearb.	Bearbeitung, bearbeitet(e …)
bedeut.	bedeutend(e, …)
Begr., begr.	Begründer, begründete
Beitr.	Beitrag (-träge)
Beih.	Beiheft
bes.	besonders
Bibl.	Bibliothek
Biol., biol.	Biologie, biologisch
BM	Bachelor of Medicine (Bacc. der Medizin)
Bot., bot.	Botanik, botanisch
BS	Baccalaureus scientiarum (= Bacc. der Naturwiss.)
Bull.	Bulletin
BWN	Biografisch Woordenboek van Nederland
bzw.	beziehungsweise
Caltech	California Institut of Technology (Pasadena, USA)
Cbl.	s. Zbl.
Ch. E. D.	Chemical Engineering Degree (Doktor der Chemietechnik)
Cl.	s. Kl.
CMG	Corpus Medicorum Graecorum
CML	Corpus Medicorum Latinorum
Coll., Col.	College, Collège, Collegium, Colegio
comp.	comparative
C. R.	Comptes Rendues
CSEL	Corpus Scriptorum Ecclesiasti-corum Latinorum
d.	der, die, das …
dar.	darunter

dazw.	dazwischen	Fak.	Fakultät
DBL	Dansk biografisk leksikon	Fell.	Fellow (Mitarbeiter, Mitglied)
Demonstr.	Demonstrator	Fo.	Forschung
Dep.	Department, Departement	Fo.aufenth.	Forschungsaufenthalt
DGGMNT	Deutsche Gesellschaft für Geschichte der Medizin, Naturwissenschaft und Technik	Fo.reise	Forschungsreise
		Forts.	Fortsetzung
		Fragm.	Fragment(e)
Dipl.	Diplom	Frankr.	Frankreich
Dir.	Direktor	franz.	französisch
Dir. adj.	Directeur adjoint (Stellv. Dir.)	FU	Freie Universität (Berlin)
Diss.	Dissertation	FWI	Friedrich-Wilhelm-Institut
Div.	Division (Bereich)		
Doz.	Dozent	GB	Großbritannien
Dr. ès sci. (math.)	Doktor en les sciences (mathématique)	geb.	geboren
		gen.	genannt(e)
Dr. ès sci. (phys.)	Doktor en les sciences (physique) (= von der Pariser Fakultät für Naturwiss. verliehene Grade, wobei „physique" auch die biolog. Wissenschaften mit umfaßte)	Ges.	Gesellschaft
		Gesch., -gesch.	Geschichte, -geschichte
		gest.	gestorben
		gleichz.	gleichzeitig
		H.	Heft(e)
Dr. h. c.	Doktor honoris causa (Ehrendoktorwürde)	Habil.	Habilitation
		hpts.	hauptsächlich
Dr. habil.	habilitiert (= Lehrberechtigung an einer Univ.)	Hist., hist.	History, Historia, historisch etc.
		Hon. Prof.	Honorarprofessor
Dr. med.	Doktor der Medizin (wurde vor Existenz naturwiss. Fakultäten auch von Zoologen und Botanikern erworben, die ihre Arbeiten in der med. Fakultät einreichten)	Hosp.	Hospital
		Hrsg., hrsg.	Herausgeber, herausgegeben
		HS	Hochschule
		Ing., -ing.	Ingenieur
Dr. phil.	Doktor der Philosophie (wurde auch an Naturwissenschaftler verliehen, deren Fachgebiete vor Gründung naturwiss. Fakultäten in der philos. Fakultät verankert waren)	Insp.	Inspektor, inspector, inspecteur
		Inst.	Institut, Institutet, Institution
		Instr.	Instrukteur, Instructor
		int.	international(e)
		i. R.	in Ruhestand
		Ital.	Italien
Dr. rer. nat.	Doktor rerum naturalium (Dr. der Naturwiss.)	J.	Journal
DSc	Doctor of Science (Doktor der Naturwiss.)	Jb(Jber)	Jahrbuch (Jahrbücher)
		Jh.	Jahrhundert
dsgl.	dasgleiche, desgleichen		
DSIR	Department of Scientific and Industrial Resaerch (Neuseeland)	Kand.	Kandidat der Wissenschaften
		KB	Kurzbiographie
dt.	deutsch	königl./kgl.	Königlich, königlich(e, er, …)
Dtl.	Deutschland	Kl. (Cl.)	Klasse
		kl.	klein(e, …)
É., é., E., e.	École, escuela	klin.	klinisch(e, …)
ebda	ebenda	Koll., -koll.	Kollegium, -kollegium (s. a. Collegium)
ehem.	ehemals, ehemalige(r, …)		
em., Em.	emeritiert, Emeritus	Komm.	Kommentar
Emigr.	Emigration	Kr.	Kreis
Engl., engl.	England, englisch	Kt.	Kanton (in der Schweiz)
Entw.	Entwicklung	KWI	Kaiser-Wilhelm-Institut (Berlin-Dahlem)
Erfo.	Erforschung		
Esp., esp.	España, español		
ETH	Eidgenössische Technische Hochschule (Zürich)	Labor.	Laboratorium, Laboratoire
		Landw., landw.	Landwirtschaft, landwirtschafts-
europ.	europäisch(e, …)	LAuftr.	Lehrauftrag
evtl.	eventuell	Lat., lat.	Latein, lateinisch
Exped.	Expedition	Lect.	Lecturer
experim.	experimentell, experimental, experimentale	Leopoldina	Deutsche Akademie der Naturforscher Leopoldina
		Lic.	Licentiat
Fac. des Sci.	Faculté des Sciences (Frankr.)	Lic. ès sci.	Licencie ès Sciences (Sorbonne)

Lit.	wichtigste bzw. hier besprochene Originalliteratur
Lj.	Lebensjahr
Ltg.	Leitung
ltnd.	leitende(r)
Ltr.	Leiter
MA	Magister artium, Master of Arts (Mag. der Künste und Phil.)
Mag.	Magister
Mat.	Material(-ien)
MB	s. BM
MD	Medical Degree (Doktor der Medizin)
MEB	Modern English Biography
Med., med.	Medizin, medizinisch
mehrm.	mehrmalig(e)
Mem.	Memoir(e)s, Memory, memorial
Mitarb.	Mitarbeit(er)
Mitbegr.	Mitbegründer
Mitgl.	Mitglied
Mitt.	Mitteilung(en)
MM	Matrikelmappe (im ALH)
mod.	modern
MPA	Max-Planck-Archiv Berlin
MPG	Patrologiae cursus completus, series Graeca/ed. J.-P. MIGNE. 161 Bde. – Paris 1857 ff.
MPI	Max-Planck-Institut
MPL	Patrologiae cursus completus, series Latina/ed. J.-P. MIGNE. 221 Bde. – Paris 1844 ff.
M. R. C.	Medical Research Council
MS	Magister scientiarum, Master of Science (Mag. d. Naturwiss.)
Ms(s).	Manuskript(e)
Mus.	Museum, Musée
Nachf.	Nachfolger
nat.	natural, naturelle
naturf.	naturforschend(e, …)
Nekr.	Nekrolog
neugegr.	neugegründet(e)
N. R. C.	National Research Council
NTM	Schriftenreihe für Geschichte der Naturwissenschaften, Technik und Medizin, Leipzig
o.	oder
Obit. Not.	Obituary Notices
Österr., österr.	Österreich, österreichisch(e, …)
o. Prof.	ordentlicher Professor, Lehrstuhlinhaber
P	Porträt
Pd.	Privatdozent
PhB	Bachelor of Philosophy
PhD	Philosophical Degree (Doktor der Philosophie)
Präs.	Präsident
prakt.	praktisch
preuß.	preußisch(e, …)
priv.	privat
Prom.	Promotion

Prov.	Provinz, provincia
provis.	provisorisch
QQBf	Qui est qui en Belgique francophone 1981–1985
R.	Reihe
rd.	rund
Rdsch.	Rundschau
Repr.	Reprint
Res., res.	Research, research, auch Researcher
Res. Assist.	Research Assistant (Forschungsassistent)
Res. Assoc.	Research Associate (Forschungsmitarbeiter)
Res. Fell.	Research Fellow (Forschungsmitarbeiter)
Rev.	Review, Revista, Revue
Roy.	Royal(e)
Rußl.	Rußland
s.	siehe
s. a.	siehe auch
Sb.	Sitzungsberichte
SBZ	Sowjetische Besatzungszone (in Dtl. nach d. 2. Weltkrieg)
Sch.	School, Schule
Schr.	Schrift(en)
Sci., sci.	Science, scientific(al)
s. d.	siehe da, siehe dort
Sekr.	Sekretär
Sekt.	Sektion
Sem.	Semester
Sen.	Senior
SH	Sonderheft
Slg(n).	Sammlung(en)
Soc.	Society, Sozietät, Société, Sociedad
sog.	sogenannt(e, …)
Span., span.	Spanien, spanisch
spez.	speziell
spezif.	spezifisch
St.	Sankt
Sta., -sta.	Station, -station
Stellv., stellv.	Stellvertreter, stellvertretend(e, …)
Stud., stud.	Studien(-), studierte
Stud. aufenth.	Studienaufenthalt
Tätigk., -tätigk.	Tätigkeit, -tätigkeit
Teiln.	Teilnahme, -nehmer
teilw.	teilweise
TH	Technische Hochschule
Tit. Prof.	Titularprofessor
TU	Technische Universität
UA	Universitätsarchiv
UB	Universitätsbibliothek
UdSSR	ehem. Union der sozialistischen Sowjetrepubliken (Sowjetunion)
u. d. T.	unter dem Titel
Übers., übers.	Übersetzung, Übersetzer, übersetzte
umfangr.	umfangreich(e)

Univ.	Universität, University, Universidad, Université
UP	University Press
USDA	U. S. Dep. of Agriculture
v.	von
v. a.	vor allem
Verf.	Verfasser
vergl.	vergleichend(e, er, …)
Verh.	Verhandlung(en)
vermutl.	vermutlich
versch.	verschiedene
Verslg.	Versammlung
Vertr.	Vertreter
Vors.	Vorsitzender
vorw.	vorwiegend
W	Werk-Verzeichnis
WiD	Wie is dat?
Wiss., -wiss., wiss.	Wissenschaft, -wissenschaft, wissenschaftlich
Wo.schr.	Wochenschrift
WS	Wintersemester
WWAa	Who's Who in Australia
WWAu	Who's Who in Austria
WWE	Who's Who in Europe
WWF	Who's Who in France
WWI	Who's Who in Italy
WWIsr	Who's Who in Israel
WWN	Who's Who in the Netherlands
WWS	Who's Who in Switzerland
Z., Ž.	Zeitschrift, Žurnal
Z. indukt. A. + Vl.	Zeitschrift für induktive Abstammungs- u. Vererbungslehre

zahlr.	zahlreich
Zbl. (Cbl.)	Zentralblatt
zeitw.	zeitweilig, zeitweise
Zool., zool.	Zoologie, zoologisch
Ztg.	Zeitung
zugl.	zugleich
zus.	zusammen
Zus.arb.	Zusammenarbeit
zw.	zwischen

Autoren bzw. Bearbeiter der KB:

Eis	EISNEROVA, Vera
Fra	FRAGA VÁZQUEZ, Xosé A.
Ha	HARIG, Georg †
Hek	HEKLAU, Heike
Höx	HÖXTERMANN, Ekkehard
Hpp	HOPPE, Brigitte
Hth	HACKETHAL, Sabine
Ja	JAHN, Ilse
Jkr	JUNKER, Thomas
Kö	KÖHLER, Werner
Kol	KOLLESCH, Jutta
LGB	GARCÍA BALLESTER, Luis
Lps	LEPS, Günther
Nab	NABIELEK, Rainer
P	PENZLIN, Heinz
Sch	SCHMIDT, Isolde
Scu	SCHULZ, Jörg
Sty	STEYER, Brigitte
Vo	VOGT, Annette

Abbe, Ernst (1840–1905); aus Eisenach; 1857–1861 stud. Physik, Math., Philos. u. Naturkunde Univ. Jena u. Göttingen (bei W. WEBER u. B. RIEMANN); 1863 Pd. für Mechanik u. Experimentalphysik, 1870 ao. Prof. für Math. u. Physik, 1878/1879–1896 o. Hon. Prof. für Astronomie u. 1877/1878–1891 Dir. d. Sternwarte Univ. Jena; seit 1866 Verbindung zu Carl ZEISS, ab 1875 Teilhaber, nach d. Tode von C. ZEISS (1888) seit 1889–1903 Dir. u. Alleininhaber d. *Fa. Carl Zeiss* in Jena, wo er starb. 1871/72 Begr. d. wiss. Mikroskopbaus, erfand u. a. 1872 d. mikroskop. Beleuchtungsapparat; 1882 Mitbegr. (mit Otto SCHOTT) eines glastechn. Labor. (ab 1895 Jenaer Glaswerk *Schott & Gen.*). – Lit.: Grundzüge einer Theorie der mikroskopischen Abbildung, Jena 1873 a; Beiträge zur Theorie des Microscops und der microscopischen Wahrnehmung, in: A. mikroskop. Anat. 9 (1873 b): 413–468; Gesammelte Abhandlungen [Auswahl], 5 Bde., Jena 1904–1940. – B: POGGENGORFF II–VI, VII a/Suppl.; NDB (Th. HEUSS); DSB (N. GÜNTHER); LexNW; GÜNTHER 1951; WITTIG 1989.   Ja/Sch

ᶜAbd al-Laṭīf al-Baġdādī (1162–1231 o. 1232); aus Bagdad; stud. Philol., Philos. u. Alchemie, dann Med. an d. Academia Nidhamia in Bagdad; 1189 Lehrer in Mosul; 1190 am Hof von Salah ed-Din in Damaskus; dann Reise nach Jerusalem u. Cahira (Ägypten); nach Rückkehr ab 1207 Lehrer an d. Academia Azizia u. Arzt in Damaskus; später weitere Reisen durch Kleinasien, 1229 nach Aleppo; starb auf einer Pilgerfahrt nach Mekka in Bagdad. Verf. einer biologiehist. interessanten Beschreibung der Fauna u. Flora Ägyptens in seinem Werk „Denkwürdigkeiten Ägyptens". – Lit.: Textausg.: ᶜAbd al-Laṭīf al Baġdādī fi miṣr (= Kitāb al-ifāda wa-l-iᶜtibār fi-l-umūr al-mušāhada wa al-hwādit al-muᶜāyana bi-ard miṣr), Kairo [o. J.]; Übers.: S. F. G. WAHL, Denkwürdigkeiten Egyptens, Halle 1790. – B: Ärzte I (A. HIRSCH).   Nab/Sch

Abderhalden, Emil (1877–1950); aus Oberuzwil (St. Gallen, Schweiz); stud. Med. Univ. Basel (Dr. med. 1902); ab 1902 Priv. ass. bei Emil FISCHER, 1904 Pd. Univ. Berlin; 1908 ao. Prof. für Physiol. Tierärztl. HS u. Univ. Berlin; 1911 o. Prof. für Physiol. Univ. Halle/Saale; 1945 Evakuierung aus Mitteldtl. durch amerikan. Truppen; daraufhin Rückkehr in d. Schweiz u. o. Prof. für Physiolog. Chemie Univ. in Zürich, wo er starb. 1932–1950 Präs. d. *Leopoldina*. – Lit.: Lehrbuch der physiologischen Chemie, Wien–Berlin 1906 (26. Aufl. Basel 1948); (Hrsg.) Handbuch der biochemischen Arbeitsmethoden, 9 Bde., Wien–Berlin 1910–1919 (2. Aufl. u. d. T.: Handbuch der biologischen Arbeitsmethoden, 107 Bde., Berlin–Wien 1920–1939); Über die Anhydridstruktur der Proteine, in: Z. physiolog. Chemie *129* (1924): 181–204; Lehrbuch der Physiologie, 4 Bde., Berlin–Wien 1925–1927; Vitamine und Vitamintherapie, Bern 1948. – B: Hanson 1970; Gabathuler 1991; M. & J. Kaasch 1995. – P.   Ja

Abel, John Jacob (1857–1938); aus Cleveland (Ohio, USA); 1884–1890 stud. Med. u. Pharmakol. Univ. Leipzig (bei K. Ludwig), Straßburg (Dr. med. 1888), Würzburg, Heidelberg u. Wien; 1891 Prof. für Med. u. Therapeutik Univ. of Michigan in Ann Arbor; 1893–1932 Prof. für Pharmakol. Johns Hopkins Univ. in Baltimore (Maryland), wo er starb. Bedeut. biochem. Entdeckungen in d. Frühzeit d. Hormonfo.; war u. a. 1897 an d. Isolierung des Adrenalins aus Nebennierenextrakten, das er „Epinephrin" nannte, u. 1926 an d. Darstellung d. Insulins beteiligt. – Lit.: Ueber den blutdruckerregenden Bestandteil der Nebenniere, das Epinephrin, in: Z. physiolog. Chemie *28* (1899): 318–362; Some recent advances in our knowledge of the ductless gland, in: Bull. Johns Hopkins Hosp. *38* (1926): 1–32. – B: LexNW; Fruton 1982.   Ja/Sch

Abel, Othenio (1875–1946); aus Wien; stud. Jura u. Naturwiss. Univ. Wien (Dr. phil. 1899); 1898 Ass. bei d. Geologen E. Suess; 1900–1907 an d. Geol. Reichsanstalt; 1907 ao. Prof., 1912 Tit. Prof., 1917–1934 o. Prof. für Paläontol. Univ. Wien, 1935–1940 Univ. Göttingen; starb in Pichl am Mondsee. Begr. d. paläobiolog. Richtung. – Lit.: Grundzüge der Paläobiologie der Wirbeltiere, Stuttgart 1912; Vorzeitliche Säugetiere, Jena 1914; Die Paläozoologie in Forschung und Lehre, in: Naturwiss. *3* (1915): 413–419; Paläobiologie der Cephalopoden, Jena 1916; Die Stämme der Wirbeltiere, Berlin–Leipzig 1919; Lehrbuch der Paläozoologie, Je-

na 1920; Lebensbilder aus der Tierwelt der Vorzeit, Jena 1921; Geschichte und Methode der Rekonstruktion vorzeitlicher Wirbeltiere, Jena 1925; Paläobiologie und Stammesgeschichte, Jena 1929; Die Tiere der Vorzeit in ihrem Lebensraum, Jena 1939; (Hrsg.) Palaeobiologica, ab 1928. – B: ÖBL; DSB (H. Baumgärtl). – P.   Ja

Abubacer s. Ibn Ṭufail

Abū Djaᶜfar … al-Ghāfiquī s. al-Ġāfiquī

Abū Ḥayyān at-Tauḥīdī [Abū Ḥaiyān Ali Ibn Muḥammad at-Tauḥīdī] (gest. um 1009); aus Bagdad; arab. Schriftsteller. In seinem Werk „Buch der Anregung und guten Gesellschaft" behandelt er neben literar., philosoph. u. wiss. Dingen auch d. Tierwelt in spez. Kapitel. – Lit.: Textausg.: A. Amin & A. az-Zayyin, Beirut 1953; Übers.: L. Kopf, The zoological chapter of the „Kitāb al-imtāᶜ wa-l-mu'ānasa" of Abū Hayyān al-Tauḥīdī (10th century), in: Osiris *12* (1956): 390–466. – B: Ibn Khallikan III: 264.   Nab/Sch

Abunazar s. al-Fārābī

Abū ᶜUbaida [o. Obaida] Maᶜmar Ibn al-Muṯannā (728–ca. 825); aus Basra; arab. Philologe jüd.-pers. Herkunft, einer d. größten islam. Gelehrten seiner Zeit; wurde 804 an d. Hof von Hārūn ar-Rašīd nach Bagdad gerufen; starb in Basra. Schrieb unter philolog.-lexikal. Gesichtspunkten u. a. mehrere Bücher über Pferde (Kitāb al-Khail, Kitāb Hudr il-Khail, Kitāb al-Faras) sowie über Falken, Kamele etc. – B: Ibn Khallikan III: 388–398.   Nab/Sch

Ackermann, Karl [Carl] (1841–1903); aus Fulda; ab 1860 stud. Med., dann Naturwiss. u. Math. Univ. München u. Marburg (Dr. phil.); anschl. Gymnasiallehrer in Fulda, dann an Real- bzw. Oberreal-Sch. in Kassel, dort 1888–1895 (em.) Dir.; starb in Kassel. Zw. 1889 u. 1895 mehrfach Verf. d. *Ber. d. Vereins für Naturkunde zu Cassel*. – Lit.: Bibliotheca Hassiaca: Repertorium der landeskundlichen Litteratur …, Kassel 1884–1899; Dr. Johannes Gundlach: ein hessischer Naturforscher auf Cuba, in: Abh. u. Ber. d. Vereins für Naturkunde in Cassel *41* (1896): 94–105; Tierbastarde: Zusammenstellung der bisherigen Beobachtungen über Bastardirung im Thierreiche, nebst Litteratur-Nachweisen, 2 Bde., Kassel 1898. – B: LitKal 1886–1904; DBE.   Sch

Acosta, Cristóbal (ca. 1525–nach 1592); aus Boa Ventura, Santo Antao (Kapverd. Inseln); vermutl. stud. Med. Univ. Salamanca; vor 1550–nach 1565 als Soldat nach Ostindien, viell. auch China, traf in Goa (Indien) García de Orta; nach Rückkehr nach Portugal ab 1568 erneut in Indien, 1569–1572 Arzt in Cochin, auch botan. Sammelreisen; ab ca. 1573 prakt. Arzt in Burgos u. gleichz. 1576–1587 Stadtphysikus u. -chirurg; starb im Kloster La Peña de Tharsis (heute Huelva). Beschrieb u. zeichnete die Pflanzen Ostasiens als erster in Europa. – Lit.: Tractado de las drogas y medicinas de las Indias Orientales …, Burgos 1578. – B: DSB (F. Guerra); DhCmE (J. M. López Piñero).   LGB/Sch

E. Abderhalden   O. Abel 1928

Acosta, José de (ca. 1540–1600); aus Medina del Campo (Span.); Ausbild. bei Jesuiten; 1571/1572–1586 Jesuitenmissionar in Peru, wo er naturkundl. Stud. anstellte; 1586 nach Mexiko, 1587 Rückkehr nach Spanien, danach Rektor Univ. in Salamanca, wo er starb. Machte viele südamerikan. Naturgegenstände erstmals in Europa bekannt; galt als d. „Plinius der Neuen Welt". – Lit.: Historia natural y moral de las Indias, Sevilla 1590 (Nachdr. 1940, 1954 u. 1977). – B: DSB (G. KISH); DhCmE (B. G. BEDDALL).   Hpp/Sch

Adams, George [Vater] (1720–1773); aus London; fertigte math. Instrumente u. war Optiker am Königshof, starb in London. – Lit.: Micrographia illustrata, or the knowledge of the microscope explained, London 1743–1746; General History of Insects, their Transformations, Peculiar Habits, …, London 1771. – B: BBA; HORN/SCHENKLING 1929.   Sch

Adanson, Michel (1727–1806); aus Aix (Provence, Frankr.); 1748–1754 Fo.- u. Sammelreise durch Senegal u. zu d. Kanarischen Inseln, deren Auswertung er sich dann in Paris als Privatgelehrter widmete; seine *Naturgeschichte des Senegal* begr. seinen Ruhm; Mitgl. d. Pariser AdW, wo er zeitw. kl. Ämter bekleidete; starb in Paris. – Lit.: Histoire naturelle du Senegal, Paris 1757; Les familles des plantes, 2 Bde., Paris 1763–1764. – B: DSB (J. P. NICOLAS); LAWRENCE 1963–1964.   Ja

Addicott, Frederick Taylor (geb. 1912); aus Oakland (Calif., USA); stud. Biol. Stanford Univ. (AB 1934); 1934 Ass. Stanford Univ.; 1937 Teaching Fell. für Pflanzenphysiol. *Caltech* Pasadena (PhD 1939); 1939 Instr., 1941 Ass. Prof. für Bot. Santa Barbara State Coll.; 1946 Ass. Prof., 1948 Assoc. Prof., 1954 Prof. für Bot. Univ. of Calif. Los Angeles; 1961 Prof. für Landw.wiss. (Agronomie), 1972–1977 Prof. für Bot. Univ. of Calif. in Davis. – Lit.: (mit R. S. LYNCH, G. A. LIVINGSTON & J. K. HUNTER) A method for the study of foliar abscission in vitro, in: Plant Physiol. *24* (1949): 537–539; (Ed.) Abscisic acid, New York 1983; s. a. Lit. zu Kap. 16. – B: WWA 1992/93.   Höx

Adrian, Edgar Douglas, Baron of Cambridge (1889–1977); aus London; 1908 stud. Naturwiss. Trinity Coll. Cambridge/GB (MA 1911), anschl. im Physiol. Labor. bei Keith LUCAS; 1914–1919 Praktika in Klin. Neurol. in versch. Hosp., u. a. bei Francis WALSHE im Queen Square u. bei Adolph ABRAHAMS im Connaught Military Hosp. (MB 1915, Dr. med. 1916 in Cambridge); 1919 Lect. für Naturwiss. Trinity Coll. u. Demonstr. im Physiol. Labor., ab 1920 Doz., 1929 *Foulerton* Res. Prof. der *Roy. Soc.*, 1937–1951 Prof. für Physiol. Univ. Cambridge, 1951–1965 *Master* d. Trinity Coll. in Cambridge, wo er starb. 1946–1950 Auslands-Sekr., 1951–1955 Präs. d. *Roy. Soc.* London; 1960/61 Präs. d. *Roy. Soc. of Med.*; Nobelpr. 1932. – Lit.: s. Lit. zu Kap. 15. B: LexNW; HODGKIN 1979 (W).   Sch

Aegidius Zamorensis s. Gil de Zamora, Juan

Aelianus, Claudius [Aelian] (ca. 170–240); aus Praeneste; röm. Schriftsteller u. Kompilator, der seine Werke in griech. Sprache verfaßte. Biol.histor. bedeut. ist umfangr. Schr. *De natura animalium*, die stark paradoxographisch geprägt ist; wurde im 16. Jh. bekannt durch kommentierte Auszüge von Pierre GILLES u. d. vollst. Übertragung durch Conrad GESSNER. – Lit.: Ex Aeliani historia per Petrum Gyllium latini facti … De vi et natura animalium …, Lugduni: Gryphius, 1535; Opera quae extant omnia graece latineque …, ed. C. GESNER, Tiguri: Gesnerus, 1556; Textausg.: A. F. SCHOLFIELD, 3 Bde., London 1958/1959. – B: LexMA (Ch. HÜNEMÖRDER).   Ha/Sch

Aemiliano, Giovanni (2. Hälfte 16. Jh.); aus Ferrara (Ital.); Mediziner. – Lit.: Historia naturalis de ruminantibus …, Venedig 1584. – B: JÖCHER Forts.; ABI.   Hpp

Aemilius Macer (gest. 16 v. Chr.); aus Verona; röm. Dichter, Verf. eines Lehrgedichts *Ornithogonia* u. einer Nachdichtung der *Theriaca* d. NIKANDROS in zwei Büchern; starb in Asia. – Lit.: erwähnt bei spät. Autoren, bes. bei PLINIUS. – LAW.   Ha/Sch

Aëtios von Amida (Anf. 6. Jh.); byzantin. med. Kompilator, Verf. eines med. Sammelwerkes in 16 Büchern. – Lit.: Textausg.: A. OLIVIERI, CMG VIII.1: Leipzig–Berlin 1935, VIII.2: Berlin 1950; Teilübers.: M. WEGSCHEIDER, Geburtshülfe und Gynäkologie bei Aetios von Amida, Berlin 1901; J. HIRSCHBERG, Die Augenheilkunde des Aetios aus Amida, Leipzig 1899. – B: THÉODORIDÈS 1958; TEMKIN 1962.   Nab

Agardh, Carl Adolf (1785–1859); aus Båstad (Skåne, Südschweden); 1799 stud. Naturwiss. u. Math. Univ. Lund (Dr. phil. 1805); 1807 Pd. für Math.; dann stud. Bot. Univ. Stockholm (bes. Kryptogamenkunde bei O. SWARTZ), danach Ass. u. bot. Demonstr.; 1812–1835 o. Prof. für Bot. u. Prakt. Ökonomie Univ. Lund; daneben 1816 kirchl. Position; hatte großen Einfluß auf Reform d. schwed. Schulsystems; 1835 Bischof in Karlstadt (Dr. theol. 1844), wo er starb. – Lit.: Species algarum, Bd. I.1: Greifswald 1821, Bd. I.2: Lund 1822, Bd. II.1: Greifswald 1828; Systema algarum, Lund 1824. – B: DSB (G. ERIKSSON); J. AGARDH 1859; Г. A. S. 1966.   Eis/Sty

Agardh, Jacob Georg (1813–1901); aus Lund; Sohn u. Nachf. von C. A. AGARDH; 1847–1879 o. Prof. für Bot. Univ. in Lund, wo er starb. – Lit.: De Pilulario dissertatio botanica, Lund 1833; Species, genera et ordines algarum, 6 Bde., Lund 1848–1901; Theoria systematis plantarum, Lund 1858. – B: DSB (G. ERIKSSON).   Eis/Sty

Agassiz, Louis Jean Rodolphe (1807–1873); aus Môtier (Schweiz); stud. Med., spez. Vergl. Anat., Univ. Zürich, Heidelberg u. München (Dr. phil. 1829 Univ. München u. Erlangen, Dr. med. 1830 in München); dann Stud.aufenth. bei G. CUVIER in Paris; ab 1832 Prof. für Naturgesch. Univ. Neuchâtel; ab 1846 in d. USA, Prof. für Zool. u. Geol. in Boston, Charleston u. ab 1847 Harvard Univ. Cambridge (Mass.); 1859 Gründer d. *Mus. of Comparative Zool.* in Cambridge, wo er starb. Bedeut. Arb. über Echinodermen, Mollusken u. fossile Fische; führte d. paläozoolog. Stud. im Sinne von G. CUVIER fort, lehnte d. Darwinismus ab. – Lit.: Recherches sur les poissons fossiles, 5 tom., Neuchâtel 1833–1843; Études sur les glaciers, Neuchâtel 1840 (dt.: Solothurn 1841); Système glaciaire, Paris 1847; Essay on classification, London 1859; The structure of animal life, New York 1866. – B: DSB (E. LURIE); LURIE 1960. – P.   Ja/Sch

Agricola, Georgius [eigentl. **Georg Bauer**] (1494–1555); aus Glauchau (Erzgebirge, Sachsen); 1514–1517 stud. Theol., Philos. u. Philol. Univ. Leipzig (Dr. phil. ?); 1518–1522 Konrektor an Stadt- u. griech.-lat. Sch. in Zwickau (Sachsen); 1522–1523 Lektor bei Petrus MOSELLANUS Univ. Leipzig; ca. 1523–1526 Aufenth. in Bologna, Venedig u. vermutl. Padua, stud. Med., Philos., Naturwiss. (Dr. med.); 1527–1530 Stadtarzt, dann bis 1533 prakt. Arzt in Joachimsthal (Erzgeb.), machte sich hier mit Mineral. u. Bergbau vertraut, Stud.reisen nach Thüringen, Schlesien, Mähren, Harz; ab 1533 Stadtarzt, auch herzogl. Landeshistoriograph, ab 1546 Ratsmitgl. u. mehrmals Bürgermeister in Chemnitz, wo er starb. Bedeut. Mineraloge, gilt als Begr. d. Geologie in Dtl.; legte eine d. frühesten Mineralienslgn. an. – Lit.: De re metallica, Basel 1530 (dt.: 1621); (hrsg. von H. PRESCHER) Ausgewählte Werke, Berlin 1955 ff. – B: NDB (W. PIEPER); WILSDORF 1955–56. Sch

Alain de Lille s. Alanus ab Insulis

Alanus ab Insulis [**Alain de Lille**] (ca. 1128–1203); aus Lille; lehrte Theol. in Paris u. Montpellier; später Mitgl. des Zisterzienserordens; lebte u. starb in Cîtaux. Bedeut. Vertr. d. mittelalterl. Platonismus vor d. Verbreitung aristotel. Werke durch d. Araber; modifizierte jedoch PLATONS Vorstellungen von der „Weltseele" zu einer personifizierten Naturauffassung. – Lit.: (Werkausg. von R. BOSSAUT) Anticlaudianismus …, Paris 1955. – B: DSB (C. KREN); Repertorium.   Ja

al-Bāhilī s. unter B (ebenso alle anderen arab. Namen mit vorangestelltem „al")

Albertus Magnus [**Albert der Große**] (um 1200–1280); aus Lauingen an d. Donau; stud. Theol. in Padua, wo

er auch mit arab. Philos. u. Naturwiss. bekannt wurde; ab 1223 Mitgl. d. Dominikanerordens, 1228–1245 in Köln; 1245–1248 Lehrtätigk. als Mag. Univ. Paris; 1248 am *Studium Generale* in Köln; 1254–1257 als Ordensprovinzial in Dtl. zahlr. Reisen durch Nord- u. Süddtl. sowie Ital.; 1260–1262 Bischof in Regensburg; dann Lehrer in Würzburg u. Straßburg; ab ca. 1270 in Köln, wo er starb. – Lit.: (ed. FERNANDUS CORDUBENSIS) De animalibus, Rom 1478 (dt. von Walter RYFF: Thierbuch Alberti Magni …, Frankfurt a. M. 1545). – B: DSB (W. A. WALLACE); FELLNER 1881; BALSS 1928, 1947. – P.   Ja

Alcuin[us Turonensis] s. Alkuin

Aldrovandi, Ulysse (1522–1605); aus Bologna; zunächst Kaufmannslehre; dann stud. Jura Univ. Bologna, Philos. Univ. Padua u. Rom u. Med.; 1549 in Rom kurze Zeit inhaftiert wegen Verdachts der Häresie; danach Rückkehr nach Bologna, 1549 durch Lucca GHINI aus Pisa für Botanik, 1550 durch RONDELET aus Montpellier für Zoologie interessiert (Dr. phil. 1552, Dr. med. 1553 Univ. Bologna); 1554 Lektor, 1555 Prof. für Philos. u. ab 1556 auch für Med. Bot. (zus. mit Cesare ODONI), 1571–1600 Lehrstuhl für Med. (spez. für *Materia medica*) Univ. in Bologna, wo er starb. Hier 1567 Begr. u. Ltr. einer d. ersten bot. Gärten; führte Studentenexkursionen in d. Veroneser Alpen, nach Livorno u. Insel Elba durch; legte Herbarium u. Naturalienkabinett an; begann mit enzyklopäd. Beschreibung d. damals bekannten Tierwelt, deren Drucklegung erst seine Schüler UTERVERIUS (Holland), DEMPSTER u. AMBROSINUS (Schottland) vollendeten. – Lit.: Ornithologiae hoc est de avibus historiae libri XII [3 Bde.], Bologna 1599, 1600, 1603; De animalibus insectis, Bologna 1602; De reliquis animalibus exsanguinibus, Bologna 1606; (ed. C. UTERVERIUS) De piscibus et de Cetis, Bologna 1612–1613; (ed. C. UTERVERIUS et TAMBURINUS) De quadrupedibus solidipedibus, Bologna 1616; (ed. C. UTERVERIUS, TAMBURINUS et DEMPSTER) De quadrupedibus omnium bisulcorim historia, Bologna 1621; (ed. B. AMBROSINUS) De quadrupedibus digitatis viviparis, Bologna 1637; (ed. B. AMBROSINUS) De quadrupedibus digitatis oviparis, Bologna 1637; (ed. B. AMBROSINUS) Serpentium et Draconum historiae libri duo, Bologna 1639; (ed. B. AMBROSINUS) Monstrorum historia cum Paralipomenis historiae omnium animalium, Bologna 1642; (hrsg. von O. MATTIROLO) L'opera botanica di Ulysse Aldrovandi, Bologna 1897. – B: DSB (C. CASTELLANI); SAMOGGIA 1962 (W); OLMI 1976. – P.   Ja

Alembert, Jean Baptiste le Rond d' (1717–1783); aus Paris; stud. Theol., Jura, Med. u. Math.; führender Mathematiker u. Physiker d. franz. Aufklärung, ständiger Sekr. d. AdW in Paris, wo er starb. Mithrsg. d. 35bändigen *Encyclopédie* (1751–1780); Autor bedeut. Beitr. zur Aerodynamik, Hydrodynamik, Theorie d. Mechanik; einer d. ersten Anhänger von NEWTON, dessen Theorie er weiterentwickelte. – B: DSB (J. M. BRIGGS); LexNW; GRIMSLEY 1963; HANKINS 1964.   Ja/Sch

L. Agassiz 1879

Albertus Magnus

Alexandros von Tralleis (2. Hälfte 6. Jh.); byzantin. med. Kompilator u. Arzt; lebte vorw. in Rom; verfaßte im hohen Alter sein Hauptwerk über Pathol. u. Therapie d. inneren Erkrankungen. – Lit.: Textausg. u. Übers.: T. PUSCHMANN, 2 Bde., Wien 1878–1879. – B: PAULY; LAW.   Ha/Sch

Alexias (spätestens 4. Jh. v. Chr.); griech. Arzt u. Rhizotom, Schüler des Thrasias aus Mantineis. – Lit.: erwähnt bei THEOPHRAST.   Ha

Alfredus Anglicus [Alfred von Sareshel] (um 1200); stud. in Spanien; wirkte als Übers. aus d. Arab., gehörte zum Kreis um GERHARD VON CREMONA an d. Übersetzer-Sch. in Toledo. Einer der ersten Vermittler des „neuen Aristoteles" an den hochmittelalterl. Sch., gilt als typ. Vertr. des galen.-neuplaton. Gedankengutes in d. scholast. Naturphilosophie. – B: LexMA (M. BAUER).   Sch

Alkmaion [attisch Alkmeon] von Kroton (ca. 570–500 v. Chr.); bedeut. griech. Arzt u. Naturphilos., stand d. pythagoräischen Sch. nahe. – Lit.: überlief. Zeugnisse u. Fragm. s. bei DIELS-KRANZ, Die Fragmente der Vorsokratiker, Bd. 1, 9. Aufl., Berlin 1960: 210 ff. – B: LAW.   Ha

Alkuin [Alcuin(us), Alchwine] (um 730–804); irischer Mönch aus Northumberland; Ausbild. an Kathedral-Sch. in York, später dort Lehrer, seit 766 Ltr.; 782 an Hof KARLS DES GROSSEN als Ltr. d. Hofschule u. Berater des Königs in kirchl. Fragen berufen; 796 Abt d. Klosters St.Martin in Tours, wo er starb. Mittelpunkt seiner Tätigk. in Frankr. war d. Hofschule, die zum wiss. u. geistigen Zentrum wurde; zu seinen Schülern gehörte auch HRABANUS MAURUS. – Lit.: B. Flacci Albini seu Alcuini abbatis ... opera omnia, 2 Bde., hrsg. von Frobenius FORSTER, Regensburg 1777. – B: LexMA (M. FOLKERTS).   Ja/Sch

Allard, Harry Ardell (1880–1963); aus Oxford (Mass., USA); stud. Bot. Univ. of North Carolina in Chapel Hill (BS 1905); 1906–1946 Botaniker am Bureau Plant Industries d. USDA Washington/D.C.; starb in Arlington (Virginia). – Lit.: s. bei W. W. GARNER. – B: AMS. – P.   Höx

Allen, Joel Asaph (1838–1921); aus Springfield (USA); stud. *Wilbraham Academy* Springfield u. Harvard Univ. Cambridge (Mass.) bei L. AGASSIZ, mit dem er 1865 Brasilien bereiste; 1867–1885 Kurator d. Vogelslgn. im *Harvard Mus. of Comparative Zool.*, ab 1885 d. Abt. Vögel u. Säugetiere im *Am. Mus. of Nat. Hist.* in New York, wo er starb. Führender Ornithologe u. Systematiker; war maßgebl. an d. Begr. zoolog. Nomenklaturregeln beteiligt; erforschte ökolog. Gesetzmäßigk. (Einfluß d. Klimas auf Schnabel- u. Flügellänge d. Vögel, *Allensche Regel*). – Lit.: On the mammals and winter birds of East Florida ... (p. 3: On individual and geographical variation among birds, considered in respect to its bearing upon the value of certain assumed specific characters, S. 186–250), in: Bull. Mus. comp. Zool. *2* (1871): 161–450; The American bisons, living and extinct, in: Mem. Mus. comp. Zool. *4* (1876) 10; The influence of physical conditions in the genesis of species, in: Radical Rev. *1* (1877): 108–140 [Repr. in: Ann. Rep. Smiths. Inst. 1905, (1906): 375–402]. - B: STRESEMANN 1951.   Ja

Allman, George James (1812–1898); aus Cork (Engl.); stud. Jura u. Med. Trinity Coll. Univ. Dublin (BA 1839, MB 1843, MD 1844); 1844 Demonstr. für Anat., später Prof. für Bot. Univ. Dublin; 1854 *Thomsonian*-Lect. für Mineral., 1855–1870 *Regius*-Prof. für Naturgesch. Univ. Edinburgh; 1874–1881 auf Vorschlag von BENTHAM Präs. d. Linné-Ges. – B: BBA.   Sch

Almera i Comas, Jaume (1845–nach 1889); aus San Juan de Vilasar (Barcelona); Dr. sc. u. theol.; Kanonikus d. dortigen Kathedrale; Prof. für Naturgesch. u. Ltr. des dazugehör. Mus. im Seminar von Barcelona. War als Spezialist d. Paläontol. u. Geol. Pionier in d. Institutionalisierung des Stud. d. Paläontol., wo er versuchte, einzigartig in seiner Epoche, die Evolutionslehre mit d. Katholizismus zu vereinen. – Lit.: El Bathybio, historia de un protoplasma: Genealogía del hombre según Haeckel, in: Crónica Científica *1* (1878); Memorias sobre los depósitos pliocénicos de la cuenca del bajo Llobregat y llano de Barcelona, in: Boletín de la Academia de Ciencias y Artes de Barcelona *10* (1894): 1–16. – B: IBEPI.   Fra/Sch

Alpino, Prospero (1553–1616); aus Marostica (Ital.); stud. Med. Univ. Padua; ab 1578 prakt. Arzt; 1580–1583 als Leibarzt d. venezian. Konsuls Giorgio EMO in Kairo (Ägypten); 1594 Doz. für Simplizienkunde Univ. Padua, zusätzl. 1603 Dir. d. Bot. Gartens in Padua, wo er starb. Begann als erster d. Flora Ägyptens zu erforschen; nach ihm wurde d. Gattung *Alpinia, Zingiberaceae*, benannt. – Lit: De balsamo dialogus, Venedig 1591; De medica Aegyptorum, Venedig 1591; De plantis Aegypti liber ..., Venedig 1592; De plantis exoticis libri duo, Venedig 1627. – B: DSB (J. STANNARD).   Hpp

Altmann, Richard (1852–1900); aus Deutsch-Fylau (Ilawa, Polen); stud. Med. Univ. Gießen (Dr. med. 1877); 1882 Pd., dann ao. Prof. für Anat. Univ. Leipzig; starb an Nervenleiden in Hubertusburg bei Leipzig. Spezialisierte sich auf organ. Strukturlehre u. entw. Fixierungs- u. Färbemethoden weiter. – Lit.:

U. Aldrovandi   H. A. Allard

Ueber Nucleinsäuren, in: A. Anat. Physiol. 75 (1889): 131–139; Die Elementarorganismen und ihre Beziehung zu den Zellen, Leipzig 1890; Ueber Kernstrukturen und Netzstruktur, in: A. Anat. Physiol. 78 (1892): 223–230. – B: DBE.   Ja

Altum, Bernard (1824–1900); aus Münster (Westfalen); ab 1845 stud. Theol. an d. Akad. Münster (Priesterweihe 1850); dann zunächst Vikar; 1853 stud. Philos. u. Zool. Univ. Berlin (bes. bei J. MÜLLER, J. CABANIS u. H. LICHTENSTEIN; Dr. phil. 1855); danach Ass. Zool. Mus. Univ. Berlin; 1857 Domvikar in Münster; 1859 Pd. für Naturgesch. an d. Akad. Münster; ab 1869 Prof. für Zool. Forstakad. Eberswalde (bei Berlin), wo er bis zu seinem Tode wirkte. 1867–1868 Geschäftsführer, 1891 Präs. d. *Dt. Ornitholog. Ges.*; vertrat eine teleolog. Naturauffassung u. einen antidarwinist. Standpunkt, bes. gegen eine anthropomorphe Tierpsychologie. – Lit.: Der Vogel und sein Leben, Münster 1868. – B: STRESEMANN 1951; GEBHARDT 1964.   Ja

Alverdes, Friedrich (1889–1952); aus Osnabrück; stud. Biol. Univ. Freiburg i. Br. (bei A. WEISMANN), München (bei R. HERTWIG) u. Marburg (bei E. KORSCHELT, Dr. phil. 1912); nach d. *1. Weltkrieg* Ass. Zool. Inst. (bei V. HAECKER), 1920 Pd., 1924 ao. Prof. Univ. Halle/Saale, wo er sich Problemen d. Genetik widmete; 1928 o. Prof. für Zool. (Nachf. von KORSCHELT) Univ. in Marburg, wo er starb. – Lit.: Rassen- und Artbildung, Berlin 1921; Studien an Infusorien über Flimmerbewegung, Lokomotion und Reizbeantwortung, Berlin 1922; Tiersoziologie, Leipzig 1925; Die Ganzheitsbetrachtung in der Biologie, in: Sb. Ges. zur Beförderung d. gesamten Naturwiss. zu Marburg 67 (1932): 89–118; Grundzüge der Vererbungslehre, Leipzig 1935; Die Totalität des Lebendigen, Leipzig 1935; Das Leben als Sinnverwirklichung, Stuttgart 1936; Die Stellung der Biologie innerhalb der Wissenschaften, Marburg 1940 (Marburger Univ.reden, 6). – B: KÜRSCHNER 1954; O. KUHN 1953.   Hth

Ambronn, Hermann (1856–1927); aus Meiningen; 1877 stud. Naturwiss., bes. Bot., Univ. Heidelberg (bei E. PFITZER), 1877–1878 Univ. Wien (bei J. WIESNER) u. 1878–1880 Univ. Berlin (bei S. SCHWENDENER u. L. KNY, Dr. phil. 1880); 1881 Ass. bei A. SCHENK, 1882 Pd. für Bot., 1887 Kustos d. Herbariums, 1889 ao. Prof. für Pharmazeut. Bot. Univ. Leipzig; 1899 ao. Prof. für Mikroskopie Univ. Jena, zugl. 1899 Ltr. Abt. für Mikroskopie d. *Zeiss*-Werkstätten; 1903 Dir. d. neugegr. Inst. für Mikroskopie Univ. in Jena, wo er starb. – Lit.: Über das Zusammenwirken von Stäbchen- u. Eigendoppelbrechung, I u. II, in: Kolloid-Z. *18* (1916): 90–97 u. 273–281, III, in: ebda *20* (1917): 173–185; AMBRONN-Festschrift (Kolloidchem. Beih. 1–9/1926), in: ebda *23* (1927). – B: FREY 1927; Werk-Verz. 1928. – P.   Höx

Ambrosius von Mailand (um 335–397); latein. Kirchenvater, aus röm. Familie; zunächst Beamtenlaufbahn, 370 Consularis Liguriae et Aemiliae in Mailand; seit 374 dort Bischof. Schrieb auf Grundlage der von BASILEIOS DEM GROSSEN verfaßten Homilien über d.

Schöpfungsber. sein *Exameron*, das im Mittelalter zu den am meisten gelesenen Schr. gehörte. – Lit.: Textausg.: C. SCHENKL, CSEL Bd. 32/1, Wien 1896–1897: 3–261; Übers.: J. E. NIEDERHUBER, Bibliothek der Kirchenväter, Bd. 17, Kempten 1914: 8–293. – B: LexMA (H. KRAFT).   Nab/Sch

Amici, Giovanni Battista (1786–1863); aus Modena (Ital.); stud. Philos. u. Math. Univ. Modena u. Physik in Bologna (Ing. 1807); 1807 Lehrer für Math. am Lyzeum in Modena, später auch Minister des öffentl. Unterrichts; 1831–1859 Dir. d. Sternwarte u. d. Königl. Mus. für Physik u. Naturgesch. in Florenz, zugl. Prof. für Astronomie Univ. Pisa; ab 1859 aufgrund seines Alters Dir. d. Mikroskop. Fo. am Mus. in Florenz, wo er starb. Errichtete in Florenz optische Werkstatt; bei Untersuchungen, die d. Prüfung seiner Instrumente dienten, beobachtete er u. a. Entstehung u. Wachstum d. Pollenschlauches. – Lit.: Observations microscopiques sur diverses espèces des plantes, in: Ann. Sci. nat., Bot., *2* (1824): 41–71, 211–249; Über die Befruchtung der Orchideen, in: Bot. Ztg. *5* (1847): 364–370, 381–386. – B: DSB (V. RONCHI); MOHL 1863; ROOSEBOOM 1956; GLOEDE 1986.   Hek/Sch

Amo y Mora, Mariano del (1809–1894); aus Madrid; stud. Pharm. *Real Col. de San Fernando* in Madrid (Lic. 1834, Dr. 1843); zunächst Lehrer an d. Med. Fak., 1845 Prof. für Zool. u. Mineral. an d. neugegr. Pharm. Fak. in Madrid, ab 1850 in Granada, wo er starb. Grundlegende Stud. zur *flora fanerogama* der Iberischen Halbinsel. – Lit.: Flora Fanerogáma da la península ibérica …, 6 vols., Granada 1871–1873. – B: DhCmE (C. CARLES GENOVÉS).   LGB/Sch

Amor y Mayor, Francisco (1822–1863); aus Madrid; stud. Pharm. *Real Col. de San Fernando* in Madrid (Abschluß 1845, Prüfung als Mittelschullehrer in Naturgesch. 1846); 1846 Lehrstuhl für Naturgesch. am Inst. in Cuenca; ab 1847 Lehrer für Naturgesch. am Inst., auch Dir. u. o. Prof. der neugegr. *E. Elemental de Agric.* in Córdoba; 1859 Reise nach Marokko zu bot. u. entomolog. Stud.; 1862 Teiln. an Exped. zur Pazifik-Küste für geolog. u. entomolog. Untersuchungen; starb in San Francisco (Calif.). – Lit.: Estudio que sobre la agricultura en sus varias aplicaciones ha hecho en la esposición universal de París el Dr…, Córdoba 1856; Memoria sobre los insectos epispásticos de algunas provincias de España, Madrid 1860. – B: DhCmE (C. CARLES GENOVÉS).   LGB/Sch

Anaxagoras von Klazomenai (um 500–428 v. Chr.); materialist. griech. Naturphilosph, Freund d. PERIKLES. – Lit.: überlief. Zeugnisse u. Fragm. s. bei DIELS-KRANZ, Die Fragmente der Vorsokratiker, Bd. 2, 9. Aufl., Berlin 1959: 5 ff. – B: DSB (J. LONGRIGG).   Ha

Anaximandros von Milet (um 610–545 v. Chr.); griech. Philosoph, einer d. Hauptvertr. d. materialist. Naturphilos. – Lit.: überlief. Zeugnisse u. Fragm. s. bei DIELS-KRANZ, Die Fragmente der Vorsokratiker, Bd. 1, 9. Aufl., Berlin 1960: 81 ff. – B: DSB (L. TARÁN).   Ha

Androtion (spätestens 4. Jh. v. Chr.); griech. Geoponiker, Verf. einer Schr. über d. Landw., in der er bes. d. Baumkultur behandelte. – Lit.: erwähnt bei THEOPHRAST. Ha

Andry, Nicolas (1658–1742); aus Lyon (Frankr.); zunächst stud. Theol., ab 1690 (mit Beinamen „Bois-Regard") stud. Med. (Dr. med. 1693 Reims); 1697 Aufnahme in Med. Fak. Paris; 1701 Prod.-Adj. bei A. M. DENYAU am *Coll. de France* in Paris, wo er stud. In seiner umstrittenen Schr. (1700) stellte er die Theorie auf, daß jeder Körperteil spezif. Würmer habe, die d. entspr. Krankheiten hervorrufen. - Lit.: Traité de la génération des vers dans le corps de l'homme, de la nature et des espèces de cette maladie …, Paris 1700 (dt. Leipzig 1716). – B: NEEDHAM 1934/1959. Ja

Anguillara, Luigi [eigentl. **Luigi Squalermo** gen. **Anguillara**] (ca. 1512–1570); vermutl. aus Anguillara Sabazia (Rom); Schüler von Luca GHINI; med. Lehrtätigk. in Ferrara; führte 1539 in Bologna bot. Exkursionen ein; 1546–1561 erster Aufseher im Bot. Garten von Padua; außerdem bot. Stud.reisen in ganz Ital., hpts. im nördl. u. westl. Mittelmeergebiet; ab 1561 im herzogl. Dienst wieder in Ferrara, wo er an d. Pest starb. – Lit.: (hrsg. von Giovanni MARINELLO) Semplici …, Liquali in piu pareri a diversi … scritti apaiono, Vinegia [= Le Vignogoul, bei Montpellier] 1561 (lat. Übers. von Caspar BAUHIN, Basel 1593). – B: ABI. Hpp/Sch

Anschütz, Ottomar (1846–1907); aus Lissa (b. Poznań); erfinderischer Photograph, der Serienaufnahmen von Bewegungsphasen d. Tiere herstellte u. sie mit Hilfe eines „Elektrotachyskops" (elektr. Schnellseher, 1885), dem Vorläufer eines Dia- u. Filmprojektors, 1887 erstmals öffentl. vorführte; Verbesserung dieser Erfindung 1894 zur Vorführung zus.hängender Szenen durch einen Projektor; lebte vorw. in Berlin; starb in Friedenau bei Berlin. – Lit.: (Hrsg.) Die Augenblicksphotographie: ihr Wesen, ihre Bedeutung, ihre Ziele, Lissa 1887. – B: NDB (E. STENGER). Ja

Antigonos von Karystos (3. Jh. v. Chr.); griech. Schriftsteller; Verf. d. Schr. *Historiae mirabiles*, mit der er zum Hauptvertr. d. hellenist. zool. Paradoxographie wurde. – Lit.: Textausg.: O. KELLER, Rerum naturalium scriptores Graeci minores I, Leipzig 1877: 1–42. Ha

Antonius Musa (um d. Zeitenwende); röm. Arzt, Pharmakologe; Leibarzt von Kaiser AUGUSTUS. Ihm wurde der im 4./5. Jh. entstandene *De herba vettonica liber* zugeschrieben. – Lit.: Textausg.: E. HOWALD & H. E. SIGERIST, CML IV, Leipzig–Berlin 1927: 1–11. – B: PAULY; LAW. Kol/Sch

Apollodoros von Alexandria (Anf. 3. Jh. v. Chr.); griech. Arzt u. Naturforscher in Alexandria; Verf. von zwei Lehrgedichten (*De animalibus* u. *De mortiferis medicamentis*), mit denen er zur Hauptquelle für alle späteren Schriftsteller wurde, die über tierische u. pflanzl. Gifte schrieben. – Lit.: Slg. d. erhaltenen Fragm.: O. SCHNEIDER, Nicandrea, Leipzig 1856: 189–198. – B: LAW. Ha

Apollodoros von Lemnos (spätestens 4. Jh. v. Chr.); griech. Geoponiker, schrieb über landw. Themen. – Lit.: erwähnt bei ARISTOTELES, VARRO, COLUMELLA u. PLINIUS. Ha

Apollonios (2. Jh. v. Chr.); griech. Schriftsteller (vermutl. in Alexandria); Verf. d. paradoxograph. zoolog. Schr. *Mirabilia*, in der merkwürdige Begebenheiten in d. Natur u. bei d. Menschen geschildert werden. – Lit.: Textausg.: J. L. IDELER, Physici et medici Graeci minores I, Berlin 1841: 193–201; O. KELLER, Rerum naturalium scriptores Graeci minores I, Leipzig 1877: 43–56. Ha

Apsyrtus von Bithynien (um 300–360); berühmter Veterinär u. Militärarzt; Autor einer Abh. über Veterinärmedizin. – Lit.: Textausg. d. Fragm.: E. ODER & K. HOPPE, Corpus Hippiatricorum Graecorum, 2 Bde., Leipzig 1924–1927. – B: LAW. Ha

Apuleius Platonicus (geb. um 125); aus Madaura (Numidien); stud. Rhetorik in Karthago u. Philos. in Athen, wo er mit d. Platonismus myst. Richtung bekannt wurde; nach Reisen durch Griechenl. u. Asien kurze Zeit Anwalt u. Rhetor in Rom; ca. 155 Rückkehr nach Nordafrika, zunächst Oea, dann Karthago, wo er zum *sacerdos provinciae* im Kaiserkult gewählt wurde. Umfangr. schriftstell. Tätigk. in lat. u. griech. Spr.; Verf. des berühmten Romans „Metarmorphosen oder Der goldene Esel"; ihm wurde der im 4./5. Jh. entstandene *Herbarius* zugeschrieben, in dem d. Heilkräfte verschied. Pflanzen unter Verzicht auf jede wiss. Grundlegung dargestellt wurden. – Lit.: Textausg. d. *Herbarius*: E. HOWALD & H. E. SIGERIST, CML IV, Leipzig–Berlin 1927: 13–225. – B: PAULY; LAW. Ha/Sch

Archestratos von Gela (4. Jh. v. Chr.); griech. Dichter, Verf. des gastronom. Lehrgedichts *Hedypatheia*. Größere Fragm. bei ATHENAIOS VON NAUKRATIS. – Lit.: Textausg. d. Fragm. (mit Komm.): P. BRANDT, Corpusc. poesis epicae Graecae ludibundae I, 1888:114–193. – B: PAULY; LAW. Ha/Sch

ʿArīb ibn Saʿīd [o. **Saʿd**] **al-Kātib al-Qurṭubī** (gest. um 980); Arzt u. Schriftsteller aus Córdoba, Sekr. d. Bischofs RABI IBN ZAID; bes. als Historiker bekannt; u. a. Verf. d. Schr. *Ḫalq al-ǧanīn* (Erschaffung des Embryos), die d. erste größere Zus.fassung von Meinungen antiker Ärzte über Embryol., Geburtshilfe u. Säuglingspflege darstellt. – Lit.: Textausg. u. Übers.: H. JAHIER & N. ABDELKADER, Algier 1956. – B: Repertorium; DSB 15: 186 b–187 a. Nab/Sch

Aristophanes von Byzanz (ca. 267–180 v. Chr.); griech. Schriftsteller aus Byzantion; ging als Schüler von DIONYSIOS IAMBOS, MACHON u. EUPHRONIOS nach Alexandreia; einer d. umfassendsten Gelehrten d. alexandrin. Schule; ca. 195 v. Chr. Vorsteher d. Alexandrinischen Bibl. als Nachf. des ERATOSTHENES; Hrsg. d. Werke alter griech. Schriftsteller in krit. Textausg.; fertigte u. a. eine Epitome d. aristotel.-peripatet. Zoiká-Schr. an, die nur in Fragm. erhalten blieb. – Lit.: Textausg. d. überlief. Teile d. Epitome: S. P. LAMBROS, Suppl. Aristotelicum I.1, Berlin 1885. – B: PAULY. Ha/Sch

Aristoteles (384–322 v. Chr.); aus Stagira; griech. Philosoph, Sohn eines Arztes, der im Dienst d. makedon. Königs AMYNTAS III. stand; 367 nach Athen, stud. Philos. an der von PLATON gegr. Akad. u. Lehrtätigk.; in dieser Zeit Anfänge seiner umfangr. literar. Tätigk. auf philosoph. Gebiet; 347 mußte er Athen aus polit. Gründen verlassen; nach längerem Aufenth. in Atarneus, Assos, Mytilene u. Stagira, wo er u. a. zus. mit THEOPHRAST auch zoolog. u. botan. Fo. betrieb, wurde er 343/342 von PHILIPP II. als Erzieher d. Prinzen ALEXANDER an d. makedon. Königshof berufen; 335 Rückkehr nach Athen; nahm dort gemeinsam mit THEOPHRAST seine Lehrtätigk. im *Lykeion* wieder auf, legte damit d. Grundstein zur Gründung d. peripatet. Sch.; mußte 322 wieder aus Athen fliehen; starb in Chalkis. Seine zoolog. Schr., die in d. Zeit zw. 347 u. d. ersten Jahren seines zweiten Athenaufenth. zu datieren sind, haben d. weitere Entw. d. Zool. bis zur Renaissance entscheidend beeinflußt. – Lit.: Textausg.: I. BEKKER, Berlin 1831–1870 (Nachdr. Darmstadt 1960; neue Übers., hrsg. von E. GRUMACH & H. FLASHAR, Berlin 1956 ff.). – B: DÜRING 1966; BALME 1970. – P.   Kol

Arisz, Willem Hendrik (1888–1975); aus Utrecht; 1906–1911 stud. Naturwiss., bes. Zool. u. Bot., Univ. Utrecht (bei A. A. W. HUBRECHT u. F. A. F. C. WENT, Dr. phil. 1914); anschl. Ass. bei HUBRECHT (Zool.) u. H. ZWAARDEMAKER (Physiol.) Univ. Utrecht, 1914 Praktikant bei M. VERWORN Univ. Bonn u. Ass. bei G. I. VAN ITERSON an d. TU Delft; 1915 Botan. Ass., 1922 Ltr. Proefsta. Djember (Ostjava); 1925 ao. Prof., 1931 o. Prof. für Pflanzenphysiol. Univ. in Groningen, wo er starb. – Lit.: Contribution to a theory on the absorption of salts by the plant and their transport in parenchymatous tissue, in: Proc. Kon. Ned. Akad. Wet. *48* (1945): 420–446; Active uptake, vacuole-secretion and plasmatic transport of chloride-ions in leaves of *Vallisneria spiralis*, in: Acta Bot. Néerl. *1* (1953): 506–515; Significance of the symplasm theory for transport across the roots, in: Protoplasma *46* (1956): 5–62. – B: VAN RAALTE 1975. – P.   Höx

Arnald von Villanova [Arnau(d) de Villeneuve, Arnaldo de Vilanova] (ca. 1230–1311); vermutl. aus d. Gegend um Lérida (Catal., Span.); stud. Arab., Chemie, Physik u. Philos. in Aix (Frankr.) u. Paris, ab 1260 stud. Theol. u. Med. in Montpellier (Dr. med.), wahrscheinl. auch Med. in Neapel; 1276 prakt. Arzt in Valencia; ab 1285 Leibarzt am Hof von Aragón (Span.); 1291 Lehrstuhl für Med. in Montpellier; 1300 Konflikt mit Univ. Paris wegen seiner theolog. Ansichten, floh nach Rom; dort Arzt von BONIFATIUS VIII., dann Kerkerhaft in Perugia, Rückkehr nach Montpellier, später Ratgeber FRIEDRICHS III.(II.) von Aragón, Königs von Sizilien; wurde zu Papst CLEMENS V. nach Avignon berufen, starb aber auf d. Weg bei einem Schiffbruch vor Genua. Vertr. d. Galenismus, leistete wichtigen Beitrag zur theoret. Pharmakol. u. scholast. Med. – Lit.: Werkausg.: Lyon 1504 (krit. Ausg., hrsg. von L. GARCÍA BALLESTER, J. A. PANIAGUA & M. R. MCVAUGH, Barcelona 1975). – B: Ärzte I; DBF 3; DSB (M. MCVAUGH); LexMA (R. MANSELLI & J. A. PANIAGUA); PANIAGUA 1969.   Sch

Arndt, Walther (1891–1944); aus Landeshut (Kamienna Góra am Bóbr, Polen); 1909 stud. Med. u. Zool. Univ. Breslau (Wrocław); nach ärztl. Militärdienst u. russ. Kriegsgefangenschaft wieder Univ. Breslau (Dr. med. 1919, Dr. phil. 1920), hier 1920 Ass. Zool. Inst. u. Mus.; 1921 Ass., 1925 Kustos, 1931 Tit. Prof. Zoolog. Mus. Univ. Berlin; wirkte dort als führender Spongiologe u. Hydrobiologe, Museologe u. Hrsg., bis er während d. *Zweiten Weltkrieges* 1943 als Defaitist denunziert u. 1944 im Zuchthaus Brandenburg hingerichtet wurde. – Lit.: Die Spongillidenfauna Europas, in: A. Hydrobiol. *17* (1926): 337–365; Porifera, Schwämme, Spongien, in: Die Tierwelt Deutschlands, hrsg. von F. DAHL, T. 4, Jena 1928 a; Die Wiederaufnahme der Drucklegung der „Fauna Arctica", in: Fauna Arctica *5* (1928): 1–8; Statistisches über die Verteilung der Reichsdeutschen Museen, in: Museumskunde, N. F., *2* (1930): 149–165; Die biologischen Beziehungen zwischen Schwämmen und Krebsen, in: Mitt. Zool. Mus. Berlin *19* (1933): 221–305; (Hrsg. mit F. PAX) Die Rohstoffe des Tierreichs, Berlin 1928–1940. – B: PAX 1952 (W). – P.   Ja

Arnold, William Archibald (geb. 1904); aus Douglas (Wyoming, USA); stud. Bot. *Caltech* Pasadena (BS 1931) u. Harvard Univ. Cambridge/Mass. (PhD 1935); 1935 Res. Fell. für Biol. Univ. of Calif. Berkeley; 1936 Res. Fell., 1937 Ass. Hopkins Marine Sta. Stanford

H. Ambronn um 1881

Aristoteles

W. H. Arisz 1958

W. Arndt 1940

Univ.; 1938–1939 *Rockefeller*-Fell. bei N. Bohr Univ. Kopenhagen; 1939 Res. Assoc., 1941–1946 Ass. Prof. für Biol. Stanford Univ.; zugl. 1942 Physiker an d. Princeton Univ. u. Sen. Physiker bei *Eastman Kodak Co.* Rochester (N. Y.), 1944 in Oak Ridge (Tennessee); 1946–1970 Principal Biologist des *Oak Ridge Nat. Labor.* Tennessee. – Lit.: (mit R. Emerson) The photochemical reaction in photosynthesis, in: J. gen. Physiol. *16* (1932): 191–205. – B: AMWS; Autobiogr. 1991; Special issue 1996.   Höx

Arnon, Daniel Israel (1910–1994); aus Polen; stud. Bot. Univ. of Calif. Berkeley (bei D. R. Hoagland, BS 1932, PhD 1936); 1936 Instr., 1941 Ass. Prof., 1946 Assoc. Prof., 1950 Prof. für Pflanzenphysiol., 1960–1978 Prof. für Zellphysiol. Univ. of Calif. in Berkeley, wo er starb. 1947–1948 *Guggenheim* Fell. Univ. Cambridge/GB, 1955–1956 *Fulbright* Res. Scholar am MPI für Zellphysiol. Berlin-Dahlem, 1962–1963 *Guggenheim* Fell. Hopkins Marine Sta. Stanford Univ. – Lit.: (mit M. B. Allen & F. R. Whatley) Photosynthesis by isolated chloroplasts, in: Nature *174* (1954): 394–396; s. a. Lit. zu Kap. 16. – B: WWA 1992/93; Malkin 1995.   Höx

Aromatari, Guiseppe degli (1587–1660); aus Assisi (Ital.); stud. Philos. u. Med. Univ. Perugia, Montpellier u. Padua (Dr. med. 1605); ab 1610 med. Praxis in Venedig, wo er starb. Außerdem klassisch-philolog. Stud. sowie entwicklungsgeschichtl. Beobachtungen an Pflanzen u. Tieren; lehnte d. Urzeugung ab u. lehrte, daß jede Pflanze aus Samen ihrer Art u. Tiere aus Eiern entstehen, in denen d. erwachsene Organismus schon vorgebildet ist (*Präformationslehre*). – Lit.: …epistola de generatione plantarum ex seminibus, qua detegitur in vocatis seminibus plantas contineri vere confirmatas, ut dicunt, acta, Venedig 1625 (wieder abgedruckt bei: Richter: Epistolae selectae, 1662; J. Jung: Opuscula botanico-physica, Coburg 1747: 179–183). – B: DSB (P. Franceschini).   Ja

Artedi, Petrus (1705–1735); aus Anundsjö (Angermanland, Schweden); 1724–1734 stud. Theol. u. Med. Univ. Uppsala, wo er sich mit der Klassifikation d. Pflanzen u. Tiere sowie mit chem. Stud. befaßte u. Linné beeinflußte; 1734 nach London zum Stud. der Slgn. von H. Sloane; 1735 Besuch von Rotterdam, Delft, Leiden, Haarlem u. Amsterdam, übernahm hier durch Linnés Vermittlung d. Bearb. u. Beschreibung der Fisch-Slg. des Apothekers A. Seba; verunglückte in Amsterdam tödlich, bevor er sein in London begonnenes Werk über d. Fische vollenden konnte, das zur Grundlage aller spät. Untersuchungen über Fische wurde; dann hrsg. von C. von Linné. – Lit.: Petri Artedi … Ichthyologia sive Opera omnia de piscibus, Leiden 1738 (Nachdr.: Lehe 1966). – B: DSB (H. Engel); Lönnberg 1905, 1919; Lindroth 1978.   Ja

Aselli, Gasparo (1581–1626); aus Cremona; stud. Med. Univ. Pavia; 1612–1620 Militärchirurg in d. span. Armee in Italien; später prakt. Arzt in Mailand wo er starb. Entdeckte schon 1622 d. Chylusgefäße beim Hund u. bereitete damit d. Erkenntnis d. Lymphgefäßsystems vor, das 1653 von T. Bartholin u.

O. Rudbeck beschrieben wurde. – Lit.: De lactibus, sive lacteis venis …, Mailand 1627 (Nachdr.: Leipzig 1968). – B: DSB (L. Premuda).   Ja

Askenasy, Eugen (1845–1903); aus Tarnopol (Ternopol, Ukraine); 1862 stud. Landw. an d. Landw.-Akad. Hohenheim; 1864 stud. Bot. Univ. Heidelberg (bei J. Sachs u. W. Hofmeister, Dr. phil. 1866); 1872 Pd., 1881 ao. Prof., 1891 Hon. Prof. für Bot. Univ. Heidelberg; starb auf einer Reise in Sölden (Tirol). Pflanzenanatom. u. -physiolog. Arb., stellte 1895 die *Kohäsionstheorie* (über den zus.hängenden Saftstrom in d. Gefäßen d. Holzgewächse als Voraussetzung für d. Wassersteigung) auf; stand in Anlehnung an Naegeli (1865) d. Selektionstheorie Darwins kritisch gegenüber. – Lit.: Beiträge zur Kritik der Darwinschen Lehre, Heidelberg 1872 a; Botanisch-morphologische Studien, Heidelberg 1872 b; Über eine neue Methode, die Pflanzen zu beobachten, in: Flora *56* (1873): 225–230; Über das Saftsteigen, in: Verh. Naturhist.-Med. Verein Heidelberg, N. F., *5* (1895): 325–345. – B: NDB (S. Vogel); M. Möbius 1903 (W).   Ja/Sch

Asklepiades von Bithynien (um 120–50 v. Chr.); griech. Arzt; Anhänger d. Atomistik u. Begr. d. Solidarpathologie; Ahnherr d. method. Ärztesch. (sog. Methodiker-Sch.) in Rom. – B: Pauly; LAW.   Ha

Asklepiades von Prusa s. Asklepiades von Bithynien

al-Aṣmaͨ ī, Abū Said Abd al-Malik Ibn Kuraib (um 740–ca. 831); aus Basra; später am Hof Hārûn ar-Rašīd`s in Bagdad; einer d. berühmtesten arab. Philologen, Gelehrter von enzyklopäd. Bildung; stud. in Basra. Biol.hist. interessant sind seine lexikograph. Slgn. über den Menschen, die Tier- u. Pflanzenwelt. – Lit.: Textausg.: *Kitāb ḫalq al-insān* u. *Kitāb al-ibl*: A. Haffner, Texte zur arabischen Lexikographie, Leipzig 1950; *Kitāb al ḫail* u. *Kitāb aš-šā`*: A. Haffner, in: Sb. Wiener AdW *132* (1895) 10 u. *133* (1896) 6; *Kitāb al-wuḥūš*: R. Geyer, in: ebda *115* (1888): 353–420. – B: Ibn Khallikan II: 123–127.   Nab/Sch

Asso y del Río, Ignacio Jordán de (1742–1814); aus Zaragoza; Jurist; 1776 span. Konsul in Amsterdam, durch Kontakt mit dortigen Naturwissenschaftlern an Naturgesch. interessiert; 1778, 1781 u. 1783 Exkursionen zum Stud. d. Bot. u. Palaeontol. von Aragón; intensive Tätig. in d. *Soc. Económica de Amigos del País* in Zaragoza, wo er starb. Übers. d. Beobachtungen P. Loefflings über d. span. u. amerikan. Naturgesch. nach der Ausg. von Linné ins Kastellan. – Lit.: Synopsis stirpium indigenarum Aragoniae, Marsella 1779; Mantissa stirpium indigenarum Aragoniae, Amsterdam 1781; Introductio in Oryctographiam, et Zoologiam Aragoniae, Amsterdam 1784. – B: DhCmE (J. M. López Piñero).   LGB/Sch

Astaurov, Boris L'vovič (1904–1974); aus Moskau; 1921–1927 stud. Biol. Univ. Moskau, 1924–1926 Stud. d. natürl. *Drosophila*-Populationen (unter Četverikov) im Inst. für Experim. Biol.; 1927 Aspirant Zool. Inst. Moskau, 1930 am Inst. für Seidenraupenzucht Taschkent; 1936 im Labor. für Entw.mechanik des Inst. für Experim. Biol. (ab 1938 Inst. für Zytol., Histol. u. Embryol. AdW d. UdSSR) Moskau (Dr. Biol. Wiss. 1939); 1944 Prof. für Biol. Univ. Moskau; 1947 Wiss. Mitarb., 1955–1967 Ltr. Labor. für Experim. Embryol. *Severcov*-Inst. für Morphol. d. Tiere; 1966–1969 Dir. Inst. für Entwicklungsbiol. u. Ltr. d. neugegr. Labor. für Zytogenetik AdW d. UdSSR. Fo. zur Individualentw. des Seidenspinners (*Bombyx mori*), fand Verfahren zur Geschlechtsbestimmung d. Nachkommenschaft u. zur Erzeugung d. künstl. Parthenogenese (1940); durch zw.artliche Kreuzung gelang ihm erstmals d. künstl. Schaffung einer polyploiden Tierform. – Lit.: Nasledstvennost' i razvitie [Ges. Arbeiten], Moskva 1974; s. a. Lit. zu Kap. 18. – B: GAISSINOVITCH 1975; R. L. BERG 1979 (W).   Ja

Astbury, William Thomas (1898–1961); engl. Kristallograph; stud. Physik Univ. Cambridge/GB sowie Univ. Coll. u. im *Davy-Faraday-Labor.* d. *Roy. Inst.* (bei W. BRAGG) London; ab 1929 am Inst. für Textilfaser-Fo. in Leeds, wo er ein Strukturmodell d. Keratin-Moleküle schuf; nach Vortragsreise durch d. USA ab 1937 Vorlesungen an d. Univ. Leeds, wo er d. Faserfo. mit biolog. Fragestellungen verband u. erstmals d. Terminus „Molekularbiologie" verwandte. – Lit.: Fundamentals of fibre structure, London 1933; (mit Florence BELL) Some recent developments in the X-ray study of proteins and related structures, in: Cold Spring Harbour Symp. Quant. Biol. 6 (1938): 104–118; Protein and virus studies in relation to the problem of the gene, in: Proc. Int. Conf. Genet. 7 (1939): 49–51; Proteins, in: Chem. and Ind. 60 (1941): 491–497; X-ray studies of nucleic acids, in: Symp. Soc. experim. Biol. 1 (1947): 66–76; Adventures in molecular biology, in: Harvey Lect., Ser. 46 (1952): 3–44. – B: BERNAL 1963 (W).   Ja

Athenaios von Naukratis (um 200 n.Chr.); griech. Schriftsteller; Anf. d. 3. Jh. in Rom. Verf. d. unvollst. überlief. Sammelwerkes *Dipnosophistae*, das wegen der ausführl. u. sorgfältigen Zitate aus verlorenen früheren, v. a. hellenist. Werken hohen Quellenwert besitzt. – Lit.: Textausg.: G. KAIBEL, 3 Bde., Leipzig 1887–1890 (Nachdr. Stuttgart 1985–1992). – B: PAULY; LAW.   Ha/Sch

Atwater, Wilbur Olin (1844–1907); aus Johnsburg (New York); 1863 stud. Landw. u. Chemie Wesleyan Coll. Univ. Vermont (Bacc. 1865) u. Sheffield Sci. Sch. Yale Univ. (bei Samuel W. JOHNSON, Dr. 1869), anschl. in Leipzig u. Berlin; 1871 Lehrtätigk. Univ. Tennesse u. Maine State Coll.; 1873 Prof. für Chemie Wesleyan Univ. Middletown bis zu seinem Tod. 1875–1877 Ltr. d. ersten amerikan. landw. Versuchssta. in Middletown, nach Errichtung weiterer Sta. 1887 Ltr. d. Büros für Versuchsstationen d. USDA; 1887 Stud.reise nach Europa, u. a. in München bei Carl VOIT u. Max RUBNER. – Lit.: s. Kap. 15. – B: DSB (C. E. ROSENBERG).   Sch

Audubon, John James (1785–1851); aus Les Cayes (Haiti); ab 1791 in Nantes, ging 1803 auf d. väterl. Farm in Pennsylvania (USA), 1808 nach Louisville (Kentucky, USA), wo er als Naturbeobachter, Sammler u. Vogelmaler die amerikan. Vogelwelt darstellte; 1826–1829 Reise nach Europa, in Edinburgh Druck seines ersten Tafelwerkes, Bekanntschaft mit führenden Ornithologen; weitere Sammelreisen 1829 in d. mittelasiat. Staaten, 1831–1832 bis Florida, 1833 nach Labrador, 1837 in d. Südwesten d. USA u. 1843 an d. Missouri-Fluß; 1830 weiterer Aufenth. in Schottland u. Engl.; ab 1839 wieder in d. USA; starb in New York. – Lit.: The birds of America, 4 Bde., Edinburgh 1827–1838; Ornithological biography, 5 Bde., Edinburgh 1831–1839; Synopsis of the birds of North America, Edinburgh 1839; The birds of America, 7 Bde., New York–Philadelphia 1840–1844. – B: DSB (R. M. MENGEL); A. B. ADAMS 1967.   Ja

Auerbach, Charlotte (1899–1994); aus Krefeld; bis 1924 stud. Zool. u. Bot. Univ. Berlin, Würzburg u. Freiburg i. Br.; dann Lehrerin an Gymnasien in Berlin, Entlassung 1933; 1931–1933 als Stipendiatin bei Otto MANGOLD am KWI für Biol. Berlin; 1933 Emigr. nach GB, Arb. an Univ. Edinburgh (PhD 1935 bei H. J. MULLER); ab 1938 Fo. zu Mutationen, 1947 Lect., 1957 Reader, 1967–1969 (em.) Prof. am *Inst. of Animal Genetics* Edinburgh; 1959–1969 Ltr. Abt. für Mutationsfo. M. R. C.; starb in Edinburgh. – B: DEICHMANN 1993; BEALE 1995 (W); MPA.   Vo

Auerbach, Leopold (1828–1897); aus Breslau (Wrozław, Polen); 1844–1849 stud. Med. Univ. Breslau (bei PURKYNĚ), Berlin (bei EHRENBERG, Joh. MÜLLER, REMAK) u. Leipzig (Dr. med. 1849); ab 1849 prakt. Arzt in Breslau, wo er starb. Gleichz. 1863 Pd., 1872 ao. Prof. für Histol. u. Biol. Univ. Breslau. – B: ADB (P. GRÜTZNER); NDB (E. HEISCHKEL-ARTELT).   Sch

Augustinus, Aurelius, von Hippo (354–430); aus Thagaste (heute Souk-Ahras, Algerien); latein. Kirchenvater; bis 370 Grammatiker-Sch. in Madaura; 371 stud. Rhetorik in Karthago; 375 Lehrer d. Gramm. in Thagaste; 376 Rückkehr nach Karthago, 383 Übersiedlung nach Rom; 384 Lehrer d. Rhetorik in Mailand; 387 Taufe, später Rückreise über Ostia u. Karthago nach Thagaste; 391 Presbyter, 395 Koadjutor, 396 Bischof von Hippo Regius (heute Bône, Algerien), wo er starb. Biologiehist. bedeutsam ist sein Versuch, die naturwiss. Anschauungen seiner Zeit mit d. alttestamentar. Lehre von der Entstehung d. Welt in Einklang zu bringen. Entwickelte dabei bes. in seiner Schrift *De genesi ad litteram* den Gedanken von d. potentiellen Schöpfung, dessen Grundlage die sog. Seminaltheorie bildet. – Lit.: Textausg.: J. ZYCHA, CSEL Bd. 28, Wien 1894: 1–435. – B: DNP; DSB (E. McMULLIN); LexMA (H.-J. OESTERLE).   Nab/Sch

Autrum, Hansjochem (geb. 1907); aus Bromberg; stud. Biol., Physik, Math. u. Philos. Univ. Berlin (Dr. phil. 1931); 1935 Ass., 1939 Doz. Zool. Inst. Univ. Berlin; 1945 Ass., 1948 apl. Prof. Zool. Inst. Univ. Göttingen; 1952 o. Prof. u. Dir. Zool. Inst. Univ. Würzburg, 1958–1975 (em.) in München. 1977–1985 Vize-Präs. Bayr. AdW; ab 1956 Hrsg. d. *Ergebnisse d. Biologie.* – Lit.: s. Lit. zu Kap. 15. – B: IWW 1992–93; KÜRSCHNER/MNT 1996.   Sch

Avempace [Avenpace] s. Ibn Baǧǧa

Avenzoar s. Ibn Zuhr

Averroes s. Ibn Rušd

Avery, Oswald Theodore (1877–1955); aus Halifax (Neuschottland, Kanada); stud. Med. Colgate Univ. (BA 1900) u. Columbia Univ. New York (Dr. med. 1904); zunächst prakt. Arzt, ab 1913–1947 am *Rockefeller Inst. for Med. Res.* in New York; starb in Nashville (Tennessee, USA). Arb. spez. über Pneumokokken; entdeckte zus. mit M. HEIDELBERGER, daß typenspezif. Antigene d. Pneumokokken Polysaccharide mit hohem Molekulargewicht sind (1923); wies 1944 als erster zus. mit McLEOD u. McCARTY nach, daß die DNA das transformierende Prinzip d. genetisch bedingten Pneumokokkenform ist; begr. damit d. moderne Molekulargenetik. – Lit.: (mit R. J. DUBOS) The specific action of a bacterial enzyme on pneumococci of Type III, in: Science *72* (1930): 151–152; (mit C. M. MACLEOD & M. McCARTY) Studies on the chemical nature of the substance inducing transformation of pneumococcal types, in: J. experim. Med. 79 (1944): 137–158. – B: DSB (A. S. KAY); LexNW; DUBOS 1976 (W).   Ja

Avicenna s. Ibn Sīnā

Azara, Félix de (1746–1821); aus Barbunáles (Huesca); 1757–1761 stud. Philos., Schöne Künste u. Recht Univ. Huesca; 1764 Kadett, ab 1765 stud. Math. u. Ingenieurwiss. Militär-Acad. in Barcelona (Ing. u. Unterleutnant 1767); danach Tätigk. als Militär-Ing. an versch. Orten in Span.; ab 1781 Aufenth. in Südamerika (Paraguay, Argentinien, Brasilien), wo er kartograph. Arb. u. Beobachtungen zur Naturgesch. durchführte, bes. über Vögeln u. Vierfüßlern; untersuchte d. Variationen in Freiheit lebender u. gezähmter Tiere, die Beziehungen zw. Beutegreifer u. Beute, Wirt u. Parasit, künstl. Auswahl u. Usprung der spez. Arten d. Neuen Welt; 1801 Rückkehr nach Span.; 1802 in Paris, u. a. bei G. CUVIER u. E. GEOFFROY ST.-HILAIRE; 1804 Rückkehr nach Huesca u. bis 1808 (i. R.) Beisitzer d. *Junta de Fortificación de ambas Américas*; starb in Huesca. Sein Werk als Naturforscher wurde v. DARWIN sehr geschätzt, der seine Beschreibungen u. Überlegungen nutzte. – Lit.: Essais sur l'histoire naturelle des quadrupèdes de la Province de Paraguay [franz.], 2 vols., Paris 1801; Apuntamientos para la historia natural de los páxaros del Paraguay y Río de la Plata, 3 vols., Madrid 1802–1805; Viajes inéditos de D. Félix DE AZARA desde Santa Fe a la Asunción ..., Buenos Aires 1873; Viajes por la América Meridional ..., ed. por Francisco DE LAS BARRAS DE ARAGÓN, 2 vols., Madrid 1923. – B: DSB (F. GUERRA); DhCmE (B. G. BEDDALL & J. M. LÓPEZ PIÑERO); BEDDALL 1975.   LGB/Sch

Bachmann, August(us) Quirinus s. Rivinus, Augustus Quirinus

Bacon, Francis [Baco von Verulam] (1561–1626); aus London; engl. Staatsmann, 1618–1621 Lordkanzler d.

Königs JACOB I.; starb in Highgate (bei London). Gewann als Philosoph u. Vertr. einer empir., auf Experimente gegr. Naturanschauung großen Einfluß auf neuzeitl. Wiss.entw. in Europa, die er in enge Beziehung zum ökonom. Wachstum d. Staates setzte; wirkte damit anregend auf die angew. Wiss. u. vertrat, im Gegensatz zur math.-deduktiven Methode von DESCARTES, ein indukt. Methodensystem, das erst mit d. Durchbruch d. Materialismus im 19. Jh. voll zur Entfaltung kam, jedoch bereits die Gründung u. Zielsetzung d. *Royal Soc.* stark beeinflußt hatte. – Lit.: Novum Organum, London 1620; Instauratio Magna, London 1623 (unvollst.); (coll. and ed. by J. SPEDDING, R. L. ELLIS & D. D. HEATH) The Works ..., 14 vol., London 1857–1874 (Faks.-Ausg.: Stuttgart, Bad Canstatt 1961–1963). – B: DSB (M. BOAS HALL); LexNW.   Ja

Bacon, Roger (1214–1292); aus d. Nähe von Ilchester (Somerset, Engl.); engl. Franziskaner; Lehrer an d. Univ. Oxford, zeitw. auch Prof. für Philos. in Paris; starb in Oxford. Vertrat bes. gegen THOMAS VON AQUIN gerichtete philosoph. Auffassungen, trennte die auf Erfahrung gegr. Erfo. d. Natur, für die er math. u. messende Methoden forderte, von übersinnl., seelischen Erlebnissen einer göttl. Welt im Sinne platonisch-augustin. Auffassung; im sog. Universalienstreit war er Verfechter d. Nominalismus; stellte optische Experimente mit Lupen an. – Lit.: Opus maius (1267), London 1733; Opus tertium, London 1859 (Rerum Britannicum medii aevi scriptores; 15). – B: DSB (A. C. CROMBIE & J. D. NORTH); LexNW.   Ja

Baer, Karl Ernst von (1792–1876); aus Piibe (Kr. Jerven, Estland); stud. Med. Univ. Dorpat/Tartu (Dr. med. 1814); Stud.reise 1814 nach Wien, 1815–1816 Univ. Würzburg, hier Stud. d. Vergl. Anat. u. Zool. bei I. DÖLLINGER, u. Berlin; 1817 Prosektor, 1819 ao. Prof. für Zool., 1822–1834 o. Prof. für Naturgesch. u. Zool. am Anatom. Inst. Univ. Königsberg (Kaliningrad), 1821 Begr. u. Dir. Zoolog. Mus.; in dieser Zeit bedeut. embryolog. Stud. u. Entdeckung des Säugereies; 1829–1830 u. ab 1834 o. Mitgl. für Zool. d. AdW St. Petersburg; gleichz. 1831–1852 o. Prof. für Vergl. Anat. u. Physiol. an d. Med.-chirurg. Akad., 1846–1862 o. Akad.-Mitgl. für vergl. Anat. u. Physiol.; viele Fo.reisen, u. a. nach Novaja Zemlja (1837), Finnland (1838–1839), an d. Kaspi-See (1854–1857); ab 1867 in Dorpat (Tartu), wo er starb. – Lit.: De ovi mammalium et hominis genesi epistolam ..., Leipzig 1827; Über Entwicklungsgeschichte der Thiere : Beobachtung und Reflexion, Königsberg, T. 1: 1828, T. 2: 1837; Blicke auf die Entwicklung der Wissenschaft, Petersburg 1836 (wieder abgedr. in: Reden u. kleinere Aufsätze, Bd. 1, Petersburg 1864); Bericht über die Zusammenkunft einiger Anthropologen im September 1861 in Göttingen ..., Leipzig 1861; Reden ... und kleinere Aufsätze ..., 3 Bde., St. Petersburg 1864–1876; Entwickelt sich die Larve der einfachen Ascidien in der ersten Zeit nach dem Typus der Wirbeltiere?, in: Mém. de l'Acad. Imp. des Sci. de St. Pétersbourg, VIIe sér., *19* (1873 a) 8; Zum Streit über den Darwinismus, in: Augsburger Allg. Ztg. (1873 b), Beil., S. 1986–1988. – B: LexNW; Autobiogr. 1864; RAIKOV 1968 (W); SUTT 1993. – P.   Ja

stalt (Nachf. von Simon PAULLI) Univ. Kopenhagen; zog sich ab 1661 auf Landgut Hagestedgaard bei Holbeck zurück; 1670 königl. Leibarzt, 1671 Univ.-Bibliothekar, auch Rektor d. Univ. (1671, 1680) in Kopenhagen, wo er starb. Trug v. a. zur Aufklärung d. physiolog. Funktion u. Bedeutung des Lymphgefäßsystems u. der Flüssigkeitsbewegung im menschl. Körper bei, stütze damit auch HARVEYS Lehre vom Blutkreislauf; Mitbegr. d. Naturalienkabinetts d. Univ.; 1658 Hrsg. d. ersten dänischen Pharmakopöe u. ab 1673 d. ersten dän. wiss. Z. *Acta medica et philosophica Hafniensia.* – Lit.: De lacteis thoracicis …, Kopenhagen 1652 (engl.: 1653; dt.: H. GRÜN, Diss., Bonn 1986); Opuscula nova de lacteis, Kopenhagen 1670; De peregrinatio medico, Kopenhagen 1674. - B: DSB (C. D. O'MALLEY); Ärzte III; GARBOE 1949–1950.   Ja/Sch

Bartholomaeus Anglicus (Ende 12. Jh.–nach 1250); engl. Franziskaner; lehrte 1230 als *baccalaureus biblicus* in Paris; ab 1231 Lektor in Magdeburg. Vollendete nach 1235 eine weitverbreitete Enzyklopädie in 19 Büchern zum tieferen Verständnis von Begriffen u. Realien d. Bibel, aber mit naturwiss. Orientierung. – Lit.: De genuinis rerum coelestium, terrestrium et inferarum proprietatibus (= De proprietatibus rerum), Frankofurtiae 1601 (Neudr. 1964). – B: Repertorium; LexMA (Chr. HÜNEMÖRDER & M. MÜCKSHOFF); M. C. SEYMOUR et al., Aldershot 1992.   Ja/Sch

Bary, Heinrich Anton de (1831–1888); aus Frankfurt a. M.; stud. Med. Univ. Heidelberg, Marburg u. Berlin (Dr. med. 1853); 1854 Pd. für Bot. Med. Fak. Univ. Tübingen; 1855 ao. Prof., 1859 o. Prof. für Bot. Univ. Freiburg i. Br.; 1867 o. Prof. für Bot. u. Dir. d. Bot. Gartens Univ. Halle/Saale; ab 1872 o. Prof. in Straßburg, wo er starb. Spezialisiert auf d. Entw.gesch. d. Pilze, auf pathogene Pilze u. Bakterien, wo ihm grundlegende Entdeckungen über d. Sexualität d. Pilze, den Entw.zyklus d. Brand- u. Rostpilze, Wirtsspezifität d. Pflanzenparasiten u. d. Flechtensymbiose gelangen. – Lit.: Beitrag zur Kenntnis der *Achlya prolifera*, in: Bot. Ztg. *10* (1852): 473–479, 489–496, 505–511; Untersuchungen über die Brandpilze und die durch sie verursachten Krankheiten der Pflanzen mit Rücksicht auf das Getreide und andere Nutzpflanzen, Berlin 1853; Morphologie und Physiologie der Pilze, Flechten und

Myxomyceten, Leipzig 1866 (Handb. physiol. Bot., hrsg. von W. HOFMEISTER, Bd. 2.1); Zur Kenntnis insectentötender Pilze, in: Bot. Ztg. *25* (1867): 1–113, *27* (1869): 585–593, 601–606; Vergleichende Anatomie der Vegetationsorgane der Phanerogamen und Farne, Leipzig 1877 (Handb. physiol. Bot., hrsg. von W. HOFMEISTER, Bd. 3); Vergleichende Morphologie und Biologie der Pilze, Mycetozeen und Bacterien, Leipzig 1884; Über einige Sclerotinien und Sclerotienkrankheiten, in: Bot. Ztg. *44* (1886): 433–441. – B: DSB (G. ROBINSON); REES 1888; JOST 1930.   Ja/Hek

Basileios der Große (um 330–379); bedeut. griech. Kirchenvater, ab 370 Bischof von Caesarea (Kappadokien). Brachte seine Ansichten über d. Natur in d. zehn Predigten über d. Schöpfungsbericht (*Hexaemeron*) zum Ausdruck. – Lit.: Textausg. von *Hexaemeron*: MPG, Bd. 29, Paris 1857: Sp. 3–208; Übers.: A. STEGMANN, Bibliothek der Kirchenväter, Bd. 47, Kempten 1925: 8–153. – B: Repertorium; LexMA (A. STUIBER).   Nab

Bassi, Agostino Maria (1773–1856); aus Mairago (bei Lodi, Lombardei); stud. Jura Univ. Pavia (Dr. jur. 1798); dann Assessor u. Beamter in Lodi; verließ später wegen Krankheit den Dienst u. lebte auf d. Gut seines Vaters, wo er landw. Stud. trieb; Erfo. u. a. d. Krankheiten d. Seidenraupen, entdeckte dabei pathogene Pilze. – Lit.: Il pastore bene istruito, Lodi 1812; Del mal del segno calcinaccio o moscardino Mulattia che afflige i bachi da seta e sul modo di liberarne le bigattaje anche le più infestate, p. I: Theoria, Lodi 1835, p. II: Practica, 1836 (²Milano 1837). – B: DSB (G. ROBINSON).   Ja

Batelli, Federico [Fédéric] (1867–1941); stud. Med. Univ. Genf (bei M. SCHIFF u. J. L. PRÉVOST d. J.); ab 1913 Prof. für Physiol. Univ. Genf (Nachf. von PRÉVOST). Vertrat bes. die physiolog. Chemie, Arb. über Fermente. – Lit.: (mit L. STERN) Die Oxydationsfermente, in: Ergebn. Physiol. *12* (1912): 96–268. – B: ROTHSCHUH 1953.   Ja

Bates, Henry Walter (1825–1892); aus Leicester (Engl.); erlernte kaufmänn. Beruf, autodidakt. Naturforscher; 1848–1859 Reise mit A. R. WALLACE nach Brasilien, sammelte am Amazonas u. Tapajós rd. 14 000 Pflanzen- u. 8 000 Insektenarten; beschrieb spez. d. große Variabilität der Formen u. die Schutzanpassungen durch „Imitation" von Organismen bei Schmetterlingen (bes. *Heliconidae* u. *Membracidae*), bezeichnete sie als „mimetic analogy" (*Batesian mimicry*); nach Rückkehr 1859 Sekr. d. *Geographical Soc.* in London, wo er starb. – Lit.: Contributions to the insect fauna of the Amazon valley, in: Transact. of Linnean Soc. London *23* (1862): 495–566; A naturalist on the river Amazonas, 2 Bde., London 1863 (dt. u. d. T.: Elf Jahre am Amazonas, 1924). – B: DSB (H. L. McKINNEY); WOODCOCK 1969.   Ja

Bateson, William (1861–1926); aus Whitby (Yorkshire, Engl.); stud. St. John's Coll. Cambridge (Engl.), dann 2jähr. Stud. in d. USA zur Entw.gesch. des *Balanoglossus*, wofür er 1884 die Klasse *Hemichorda* auf-

A. Barthelmeß   A. J. G. C. Batsch 1802

stellte; 1886–1887 Exped. in d. westl. Zentralasien u. nach Nordägypten zum Stud. von Evolutionsfragen an d. Fauna von Salzseen; nach Rückkehr in Engl. Variabilitätsstud. u. ab 1897 Kreuzungsexperimente; 1908 Prof. für Biol. Univ. Cambridge; 1910 Dir. d. *John Innes Horticultural Inst.* in Merton (Surrey, Engl.), wo er starb. Schlug 1905 d. Begriff „Genetik" für d. Vererbungslehre im heutigen Sinne vor. – Lit.: Materials for the study of variation treated with especial regard to discontinuity in the origin of species, London 1894; Hybridisation and cross-breeding as a method of scientific investigation, in: J. Roy. Hort. Soc. *24* (1899): 59–66; Problems of heredity as a subject for horticultural investigation, in: ebda *25* (1900): 54–61; Mendel's principles of heredity: a defence, Cambridge/GB 1902 a; The facts of heredity in the light of Mendel's discovery, in: Rep. Evol. Comm. Roy. Soc. London *1* (1902 b): 125–160; On Mendelian heredity of three characters allelomorphic to each other, in: Proc. Cambridge Philos. Soc. (1903): 153–154; (mit Punnett, Hurst & Saunders) Experimental studies in the physiology of heredity, in: Rep. Evol. Comm. Roy. Soc. London *2* (1905); The progress of genetics since the rediscovery of Mendel's papers, in: Progr. Rei Bot. *1* (1907): 368–418; Mendel's principles of heredity, Cambridge/GB 1909 (dt. u. d. T.: Mendels Vererbungstheorien, Leipzig 1914); Problems of genetics, New Haven 1913 (Repr. 1979); Evolutionary faith and modern doubts, in: Science *55* (1922): 55–61; (hrsg. von R. C. Punnett) Scientific papers, 2 Bde., Cambridge (Engl.) 1928. – B: DSB (W. Coleman); LexNW.　　Ja

Batsch, August Johann Georg Carl (1761–1802); aus Jena; stud. Med. u. Naturgesch. Univ. Jena (Dr. phil. 1781), hier 1782–1783 Pd. (Mag.) für Bot. u. Zool.; 1784–1786 Verwalter d. Gräfl. Reuß-Plauischen Naturalienslg. in Köstritz; 1786 Dr. med. (bes. bei Loder), ab WS 1786 Pd. für *Materia medica*, 1788 ao. Prof. für Med. (bes. Bot. u. Chemie), 1793 o. Prof. für Naturgesch. (Philos. Fak.) Univ. Jena; 1794 Gründung u. Ltg. d. Bot. Gartens in Jena, wo er starb. 1793 Begr. u. erster Präs. d. *Naturf. Ges. zu Jena*; beriet Goethe in bot. Fragen; führte ein natürl. Pflanzensystem ein. – Lit.: Elenchus fungorum, Halle 1783–1789; Versuch einer Anleitung zur Kenntnis und Geschichte der Thiere und Mineralien, 2 Bde., Jena 1788–1789; Dispositio

Generum Plantarum Europae synoptica …, Jena 1794; Conspectus horti botanici ducalis Jenensi …, Jena 1795; Taschenbuch für topographische Excursionen in die umliegende Gegend von Jena, Weimar 1800. – B: Autobiogr. 1799; Jahn 1963: 213–271. – P.　　Ja

Bauer, Erwin [Ervin Simonovič] (1890–1942); aus Lövö? (Ungarn); bis 1914 stud. Med. Univ. Budapest; nach Zerschlagung d. Ungar. Räterepublik 1919 Emigr., zunächst Tätigk. in Dtl. u. damaliger Tschechoslowakei, dann UdSSR; 1930 Lehrstuhl für Allg. Biol. Univ. Moskau; 1934 am Inst. für Experim. Med. in Leningrad (St. Petersburg), wo er starb. Mitbegr. d. Theoret. Biol. u. Biophysik. – Lit.: Teoretičeskaja biologija, Moskva-Leningrad 1935 (Neudr., hrsg. von Frank [u. a.], Budapest 1982). – B: BSE³ (D. V. Lebedev); Tokin 1965 (W); Biol. Rdsch. 1984/3.　　Ja/Sch

Bauer, Georg s. Agricola, Georgius

Bauhin, Caspar [Gaspard] (1560–1624); aus Basel, Bruder von Johannes B., aus franz. Medizinerfamilie, die als Hugenotten aus Paris u. Amsterdam nach Basel geflohen war; stud. Med. Univ. Basel (bei F. Plater, Dr. med. 1581), Padua, Montpellier, Paris u. Tübingen (bei L. Fuchs); ab 1582 Lehrer für Griech., 1589 Doz., dann Prof. für Anat. u. Bot., 1614 Stadtarzt u. Prof. für Prakt. Med. in Basel (Nachf. von F. Platter), wo er starb. Beschäftigte sich in Anat. u. Bot. mit Eindeutigkeit u. Exaktheit d. Nomenklatur u. Systematik; unterschied erstmals Gattung u. Art auch in d. Benennung, beschrieb rd. 6000 damals bekannte Pflanzenarten mit knappen Diagnosen; bemühte sich um natürl. Ordnungssystem. – Lit.: Theatrum anatomicum, Frankfurt a. M. 1605; Prodromus theatri botanici, Frankfurt a. M. 1620; Pinax theatri botanici, Basel 1623. – B: DSB (G. Whitteridge); Legré 1904; Mägdefrau 1992. – P.　　Ja

Bauhin, Johannes d. J. [Jean] (1541–1613); aus Basel, Bruder von Caspar B.; 1555 stud. Philos., 1558 stud. Med. u. Bot. Univ. Basel, 1560 Univ. Tübingen (bei L. Fuchs), 1561 Stud.reise zu C. Gessner nach Zürich u. bot. Sammelreise in d. Alpen, 1561 stud. Med. Univ. Montpellier (Anat. u. Bot. bei Rondelet; Dr. med. 1562, evtl. in Valencia), 1562 Univ. Padua (bei U. Aldrovandi); ab 1563 ärztl. Praxis in Lyon u. Stadtarzt; 1568 Stadtarzt in Genf; 1570 Prof. für Rhetorik. 1571 Prof. für Med. Univ. Basel; ab 1572 Hof- u. Stadtarzt in Montbéliard (Mömpelgard), wo er starb. Begr. eines Bot. Gartens u. Vollendung seiner med. u. bot. Publikationen in Montbéliard. – Lit.: De plantis a divis sanctisve nomen habentibus, Basel 1591; (postum) Historia plantarum universalis, 3 Bde., Yverdon 1650–1651. – B: DSB (Ch. Webster); Legré 1904; Mägdefrau 1992.　　Ja

Baumann, Eugen (1846–1896); aus Cannstadt (bei Stuttgart); nach Lehrjahren als Apotheker in Lübeck, Gothenburg u. Tübingen stud. Pharm. Univ. Tübingen u. zugl. Ass. am Lehrstuhl für Angew. Chemie (bis 1872 bei Hoppe-Seyler); ab 1877 Ltr. physiolog.-chem. Abt. im Physiolog. Inst. von E. DuBois-Reymond, 1878 Pd., 1882 ao. Prof. für Chemie Univ. Berlin; ab

G. Bauhin 1591

E. Baur 1927

1883 o. Prof. für Medizin. Chemie Univ. in Freiburg i. Br., wo er starb. – Lit.: Über das normale Vorkommen von Jod im Tierkörper, in: Z. physiolog. Chemie *21* (1895): 319–330, 481–493, u. *22* (1896): 1–17. – B: NDB (F. Klemm); Poggendorff.   Ja

Baur, Erwin (1875–1933); aus Ichenheim (Baden); stud. Med. u. Bot. Univ. Heidelberg, Straßburg u. Kiel (Dr. med. 1900); nach kurzer med. Praxis Hinwendung zur Bot. (Dr. phil. 1903 Univ. Freiburg i. Br.); 1903 Ass., 1905 Pd., 1910 ao. Prof. für Bot. u. Züchtungsfo. am Bot. Inst. Univ. Berlin; 1911 o. Prof. für Bot. u. 1914 Dir. Inst. für Vererbungswiss. d. Landw. HS Berlin; 1927 Gründer u. Dir. KWI für Züchtungsfo. in Müncheberg (bei Berlin), wo er starb. Bekannt durch seine genet. Untersuchungen am Löwenmäulchen (*Antirrhinum*), wobei er Farbvererbung, multiple Allelie, Interaktion d. Gene u. künstl. Mutationen studierte; 1921 mit C. Correns u. R. Goldschmidt Gründung d. Dt. Ges. für Vererbungswiss.; 1908 Begr. d. *Z. für induktive Abstammungs- u. Vererbungslehre*, 1929 d. *Z. Der Züchter*. – Lit.: Einführung in die experimentelle Vererbungslehre, Jena 1911; Lehrbuch der Pflanzenzüchtung, Jena 1921; Untersuchungen über das Wesen, die Entstehung und die Vererbung von Rasseunterschieden bei *Antirrhinum majus*, in: Bibliotheca genetica *4* (1924): 1–170; Der Allrussische Kongreß für Genetik, Tier- und Pflanzenzüchtung in Leningrad im Jahr 1929, in: Der Züchter *1* (1929): 24. – B: LexNW; E. Schiemann 1934 (W). – P.   Ja

Bausch, Johann Lorenz (1605–1665); aus Schweinfurt; 1623 stud. Med. Univ. Jena, 1626 Marburg, 1628 Padua; 1629–1630 Stud.reise nach Venedig, Ferrara, Bologna, Ancona, Loreto, Rom, Neapel, Siena, Pisa, Livorno, Florenz; 1630 Univ. Altdorf (Dr. med.); ab 1631 prakt. Arzt, 1635 Stadtphysikus in Schweinfurt, wo er starb. Befaßte sich mit astronom. Beobachtungen (Sonnenfinsternis 1654, Komet 1664); 1652 Gründer d. ersten dt. Naturforscher-Akad., *Academia Naturae curiosorum* (*Leopoldina*), nach ital. Vorbildern. – Lit.: Apotheken-Tax der Stadt Schweinfurt, Coburg 1644; De Lapide Haematite et Aetite, Leipzig 1665 (dt.: Vom Blutstein und vom Adlerstein); De unicorni fossili, Jena 1666. – B: Helfrich 1970.   Ja

Bautzmann, Hermann (1897–1962); aus Duisburg; stud. Med. Univ. Bonn, Marburg, Innsbruck, München u. Freiburg i. Br. (bei H. Spemann, Dr. med. 1924); 1927 Habil. für Anat. u. Entw.gesch. (bei Walther Vogt), 1932/1933 Prosektor bei Benninghoff Univ. Kiel; ab 1935 am Anatom. Inst. Univ. Hamburg, dort 1949 ao. Prof., dann o. Prof. – Lit.: Experimentelle Untersuchungen zur Abgrenzung des Organisationszentrums bei *Triton taeniatus*, mit einem Anhang: Über Induktion durch Blastulamaterial, in: A. für Entw.mech. *108* (1926): 283–321; (mit J. Holtfreter, H. Spemann & O. Mangold) Versuche zur Analyse der Induktionsmittel in der Embryonalentwicklung, in: Naturwiss. *20* (1932): 971–974. - B: Horstmann 1964.   Hth

Bayliss, William Maddock (1860–1924); aus Wednesbury (Staffordshire, Engl.); 1880 stud. Physiol., Anat.

u. Zool. Univ. Coll. London (BSc 1882) u. a. bei E. R. Lankester u. J. Burdon-Sanderson, dem er 1885 nach Oxford folgte (Degree 1888); 1888 Ass. bei E. A. Schäfer (später Sharpey-Schäfer), 1903 Ass. Prof., ab 1912 Prof. für Allg. Physiol. Univ. Coll. in London, wo er starb. Ab 1899 in London Zus.arb. mit Studienfreund E. H. Starling, gemeinsame Erfo. d. Biochemie d. Enzyme u. Hormone u. 1902 Entdeckung des „Sekretin"; 1900–1922 Sekr. *Physiolog. Soc.*, 1917–1924 Mitarb. im M. R. C. – Lit.: (mit Starling) The mechanism of pancreatic secretion, in: J. Physiol. *28* (1902): 325–353; The nature of enzyme action, London 1908 (^{5}1925); Principles of general physiology, London 1914 (^{4}1924); The colloidal state in its medical and physiological aspects, Oxford 1923. – B: DSB (C. L. Evans, W); LexNW; L. E. Bayliss 1961.   Ja/Sch

Beadle, George Wells (1903–1989); aus Wahoo (Nebraska, USA); stud. Med. Univ. of Nebraska (BS 1926, MS 1927) u. Cornell Univ. Ithaca/New York (PhD 1931); 1926 Res. Cornell Univ., arbeitete am *New York Bot. Garden* (bei E. O. Dodge); 1931 Res. Fell. am *Caltech* Pasadena; 1935 am *Inst. de Biol.* Paris; 1936 Ass. Prof. für Genetik Harvard Univ. Cambridge (Mass., USA); 1937 Prof. für Biol. Stanford Univ. Palo Alto (Zus.arb. mit Tatum); ab 1946 Prof. für Biol. u. Ltr. Biol. Abt. am *Caltech*; starb in Pomona (Calif., USA). Am *Caltech* genet. Stud. an Mais u. *Drosophila*; seit 1940 Arb. über *Neurospora*; Nobelpr. 1958; 1961–1975 Präs. Univ. Chicago. – Lit.: Genetic control of the production and utilization of hormones, in: Int. Conf. Genet. *7* (1939): 58–61; (mit E. L. Tatum) Genetic control of biochemical reactions in *Neurospora*, in: Proc. National Acad. Sci. USA *27* (1941): 499–506; Genetics and metabolism in *Neurospora*, in: Physiol. Rev. *25* (1945 a): 643–663; Biochemical genetics, in: Chem. Rev. *57* (1945 b): 15–96; Genes and chemical reactions in *Neurospora* (1958), in: Les Prix Nobel en 1958, (1959): 147–159; Genetics and modern biology, Philadelphia 1963 (Mem. Am. Philos. Soc., 57). – B: AMWS; WWNP; LexNW.   Sch

Bechstein, Johann Matthäus (1757–1822); aus Waltershausen (Thüringen); 1778–1781 stud. Theol. u. Naturwiss. Univ. Jena; 1785 Doz. für Math., Bot., Zool. u. Feldmeßkunde an C. G. Salzmanns Erziehungsanstalt in Schnepfental; ab 1795 Dir. der von ihm gegr. Forstlehranstalt in Waltershausen; 1799 Forstrat im Dienst d. Herzogs von Meiningen, in dessen Auftrag Errichtung u. Ltg. d. Forstlehranstalt (1801 Eröffnung, 1803 Forstakad.) in Dreißigacker, wo er starb. Dr. phil. h. c. Univ. Erlangen 1806. – Lit.: Ornithologisches Taschenbuch von und für Deutschland, Leipzig 1802–1812; Gemeinnützige Naturgeschichte des In- und Auslandes, Nürnberg 1793–1809; Naturgeschichte der Stubenvögel, Gotha 1795. – B: NDB (E. Stresemann); Gebhardt 1964, 1970; Baege 1984; Pfauch 1990; Schlenker 1994 (W).   Hth

Beer, Gavin Rylands de s. DeBeer, Garvin Rylands

Beevers, Harry (geb. 1924); aus Shildon (Engl.); stud. Bot. Univ. Durham (BSc 1945, PhD 1947); 1946 Ass. Dep. für Pflanzenphysiol. Univ. Oxford; 1950 Gastprof., 1951 Ass. Prof., 1953 Assoc. Prof., 1958 Prof. für Pflanzenphysiol. Purdue Univ. West Lafayette (Indiana, USA); 1969–1990 Prof. für Biol. Univ. of Calif. Santa Cruz. – Lit.: Respiratory metabolism in plants, Evanston (Illin.) 1961; s. a. Lit. zu Kap. 16. – B: WWA; Autobiogr. 1993.   Höx

Béguin, Jean (ca. 1550–1620); aus Lorrain (Frankr.); gründete in Paris ein Labor. zur Herstellung chem. Medikamente; gab Vorlesungen über Iatrochemie u. Demonstrationen chem. Techniken, worüber er Lehrbücher schrieb; starb in Paris. – Lit.: Tyrocinium Chymicum, Paris 1610, 1612; Les élémens de chymie, Paris 1615. – B: DSB (P. M. Rattansi).   Ja

Behring, Emil Adolph von (1854–1917); aus Hausdorf (Kr. Rosenberg, ehem. Westpreußen); 1874 stud. Med. an d. *Pépinière* in Berlin (Dr. med. 1878); danach Militärarzt; 1889 Ass. bei R. Koch am Hygiene-Inst. Berlin, wo er zus. mit E. Wernicke u. S. Kitasato die Serumtherapie gegen Diphtherie u. Wundstarrkrampf entwickelte; 1893/1894 ao. Prof. für Hygiene u. Bakteriol. u. Ltr. Hygien. Inst. Univ. Halle/Saale; 1895 o. Prof. für Hygiene Univ. in Marburg, wo er starb. Nobelpr. 1901. – Lit.: (mit F. Nissen) Ueber bakterienfeindliche Eigenschaften verschiedener Blutserumarten, in: Z. Hyg. Infekt.-Krankh. *8* (1890): 412–433; (mit Kitasato) Ueber das Zustandekommen der Diphtherie-Immunität und der Tetanus-Immunität bei Thieren, in: Dt. Med. Wo.schr. *16* (1890): 1113–1114. – B: DSB (H. Schadewaldt); LexNW.   Ja/Sch

Beijerinck, Martinus Willem (1851–1931); aus Amsterdam; 1869 stud. Chemie u. Bot. Polytechn. Sch. Delft (1872 Dipl.-Ing.), ab 1972 Univ. Leiden (Dr. 1877); daneben als finanz. Gründen ab 1873 Lehrer in Warfum u. Utrecht; 1876–1884 Lehrer an d. Höheren Landbau-Sch. in Wageningen, wo er Kreuzungsversuche mit Getreidearten ausführte; ab 1885 als Bakteriologe an d. Niederländ. Hefe- u. Spiritusfabrik in Delft, zugl. 1885 o. Prof. Polytechn. HS; starb in Gorssel (Niederl.). – Lit.: Kunnen onze cultuurplanten door kruising verbeterd werden? (1884), in: Verzamelde Geschriften 1, Den Haag 1921: 359–366; Ueber die Bastarde zwischen *Triticum monococcum* und *Triticum dicoccum* (1886), in: ebda, S. 409–419; Die Bacterien der Papilionaccen-Knöllchen, in: Bot. Ztg. *46* (1888): 725–735, 741–750, 757–771, 781–790, 797–804; Über ein contagium vivum fluidum als Ursache der Fleckenkrankheit der Tabaksblätter, in: Verh. Kon. Ned. Akad. Wet. Amsterdam *65* (1898): 3–21, 27–33; Über oligonitrophile Mikroben, in: Zbl. Bakteriol. Parasitenkunde (Abstr. 2) *7* (1901): 561–582; Mutation bei Mikroben, in: Folia microbiol. *1* (1912); The enzyme theory of heredity, in: Proc. Kon. Akad. Wet. Amsterdam, Scct. Sci., *19* (1917): 1275–1289; (hrsg. von G. van Itersen, L. E. den Dooren de Jong & C. J. Kluyver) Verzamelde Geschriften, Den Haag, Bd. 1–5: 1921, Bd. 6: 1940. – B: Dooren de Jong in Beijerinck 1940; Itersen jr. 1940. – P.   Ja

Beljaev, Vladimir Ivanovič (1855–1911); aus Borzencovo (Gouvern. Moskau); bis 1878 stud. Univ. Moskau (bei I. N. Gorožankin); ab 1885 Doz., 1891–1899 Prof. Univ. Waschau; starb in St. Petersburg. Beschäftigte sich bes. mit d. Sexualprozeß bei d. Gymnospermen u. Pteridophyten; sah als erster die Verschmelzung des männl. mit dem weibl. Kern im Ei von *Taxus*. – B: BSE[3]; BRL (W).   Eis/Ja

Bell, Charles (1774–1842); aus Edinburgh; med. Ausbild. durch seinen Bruder John B. (Wundarzt) u. gelegentl. Vorlesungen an d. Univ. Edinburgh; 1799 Arzt-Zulassung von *Roy. Coll. of Surgeons*; praktizierte dann an Roy. Hosp. Edinburgh bis zum Einspruch d. Med. Fak. d. Univ.; 1804 Begr. einer Sch. für Anat. sowie einer Praxis in London; 1812–1825 Dir. *Great Windmill Street Sch. of Anat.*; 1828 Mitbegr. d. *Middlesex Hosp. Med. Sch.*; 1836 Prof. für Chirurgie Univ. Edinburgh; starb in Hallow (Worcestershire). – Lit.: Essays on the anatomy of expression in painting, London 1806; Idea of a new anatomy of the brain, London 1811 (dt. u. d. T.: Idee einer neuen Hirnanatomie, hrsg. von E. Ebstein, in: Sudhoffs Klassiker d. Med. 13, 1911); An exposition of the natural system of the nerves of the human body, London 1824; The nervous system of the human body, London 1830. – B: DSB (P. Amacher); Taylor & Walls 1958.   Ja

Bell, Thomas (1792–1880); aus Poole (Dorsetshire, Engl.); stud. Med. am Guy's u. St. Thomas Hosp. in The Wakes (Selborne); 1817–1861 Zahnarzt am *Guy's Hosp.*, wo er vergl. Anat. lehrte; gleichz. ab 1836 Prof. für Zool. am King's Coll. London; auch Zoologe am *British Mus.*, wo er u. a. die Reptilien der Slgn. von Ch. Darwins Weltreise bearbeitete; 1843–1859 Präs. *Roy. Soc.*; starb in Selborne. – Lit.: Monograph of the Testudinata, London 1836–1837; Reptiles, London 1843 (Zoology of the Voyage of H. M. S. „Beagle", ed. by Ch. Darwin, p. V.). – B: MEB; Freeman 1978: 34.   Ja

Belleval, Pierre Richer de (um 1564–1632); aus Châlons-sur-Marne (Frankr.); 1584 stud. Med. Univ. Montpellier u. Avignon (Approbation 1587); prakt. Arzt in Avignon u. Pézenas; 1593 Lehrstuhl für Anat. u. Bot. an d. Med. Sch. in Montpellier (Dr. med. 1596), wo er 1593 d. ersten Bot. Garten Frankreichs gründete; begann die Flora der Languedoc zu erforschen u. deren Pflanzen dort zu kultivieren; starb in Montpellier. – Lit.: Onomatologia, seu nomenclatura stirpium, quae in horto regio Monspeliensi recens constituto coluntur, Montpellier 1598; Dessein, touchant la recherche des plantes du pays de Longuedoc …, Montpellier 1605. – B: DSB (L. Dulieu).   Hpp/Ja

Belloni, Luigi (1914–1989); aus Mailand; stud. Med., 1940 Ass. für Patholog. Anat. u. Histol. Med. Fak. Univ. Mailand; nach Militärdienst u. Internierung (1943–1945) Ass. Inst. für Pathol. Univ. Genf (Dipl. für Anat. u. Pathol.); nach Rückkehr nach Mailand 1948 Habil. für Patholog. Anat. u. Histol., 1949 Pd. für Pathol. u. Gesch. d. patholog. Anat., ab 1955 Doz. für Gesch. d. Med., ab 1965 für Gesch. d. Naturwiss. an d. Med. Fak. Univ. Mailand, 1968–1985 Prof. für Gesch. d. Med. u. Gründung eines Inst., Archivs u. Labor. für Gesch. d. Med., wo hist. Experimente rekonstr. wurden; starb in Mailand. – Lit.: Francesco Redi biologo,

Pisa 1958; Severinus als Vorläufer Malpighis, in: Nova Acta Leopoldina, N.F., *27* (1963) 167: 213–224; (Hrsg.) Opere di Marcello Malpighi, Milano 1967. – B: Mazzolini 1990.   Ja

Belon, Pierre (1517–1564); aus Soultière (Frankr.); 1540 stud. Med. Univ. Wittenberg (bei Valerius Cordus), 1542 Paris, 1544 Padua; 1547–1549 mit Unterstützung d. Kathol. Kirche u. im Dienst d. Kardinals de Tournon Reisen durch Ital., Griechenl., d. Mittelmeerinseln, d. Vorderen Orient u. Ägypten; 1550 mit de Tournon nach Rom, dann nach London u. Oxford zur Auswertung seiner Reiseergebn., die er in Paris niederschrieb; zw. 1550 u. 1553 Abschluß seiner med. Stud. in Paris (Lic. med. 1560) u. Montpellier; dann Leibarzt d. Grafen v. Vieilleville; wurde im *Bois de Boulogne* (Paris) ermordet. Zahlr. geolog., bot. u. zool. Beobachtungen; wurde v. a. durch Spezialschr. über Fische u. Vögel bekannt. – Lit.: Histoire naturelle des Poissons, Paris 1551; Les Observations de plusieurs singularités et choses mémorables trouvées en Grèce, Asie, Judée, Egypte, Arabie et autres pays estranges, Paris 1553; L'histoire de la nature des oyseaux, Paris 1555. – B: DSB (M. Wong); Delaunay 1926; Petit & Théodoridès 1962.   Ja

Benecke, Wilhelm (1868–1946); aus Heidelberg; stud. Naturwiss. Univ. Straßburg, Zürich u. Berlin (Dr. 1892 Univ. Jena); anschl. Ass. Bot. Inst. Leipzig; 1894 Ass., 1896 Pd. Bot. Inst. Straßburg, 1898 Univ. Basel; 1899 Pd., 1907 ao. Prof. Bot. Inst. Univ. Kiel; 1909 ao. Prof. für Bot. Univ. Bonn, 1911 Univ. Berlin; 1914 o. Prof. für Bot. Landwirtschaftl. HS Berlin; 1916–1935 (em.) o. Prof. für Bot. u. Dir. d. Bot. Inst. u. Gartens Univ. in Münster. Arb. über Bakterien u. d. Bakterienzelle. – Lit.: Über Bakterien, Jena 1912; Bakterien (Physiologie), in: Handwörterbuch der Naturwiss., 2. Aufl., Bd. 1, Jena 1931: 681–716. – B: Kürschner 1940/41; Sackmann 1985; Mevius 1955. – P.   Ja

Beneden, Eduard van (1846–1910); aus Löwen (Leuven, Belgien); stud. Med. u. Zool.; später Prof. für Zool. Univ. Leiden (Holland); starb in Lüttich (Liège). Untersuchte frühe Entw.stadien des Säugereies (1875 von Kaninchen u. Fledermäusen, später bei

M. W. Beijerinck 45jährig   W. Benecke vor 1928

Seeigeln u. anderen Wirbellosen), wobei er das Verhalten d. Chromosomen u. d. Reduktionsteilung beschrieb. – Lit.: L'appareil sexuel femelle de l'ascaride mégalocéphale, in: A. biol. *4* (1883): 95–142; Recherches sur la maturation de l'oeuf et la fécondation, in: ebda, S. 265–640; (mit Ch. Julin) La spermatogénèse chez l'ascaride mégalocéphale, in: Bull. Acad. Roy. Belgique, 3. sér., *7* (1884) 4; Nouvelles recherches sur la fécondation et la division mitosuquies …, ebda *14* (1887) 8. – B: DSB (M. Florkin).   Ja

Bentham, George (1800–1884); aus Stoke bei Plymouth (Engl.); stud. Jura am *Lincoln Inn*, aber nur 1831–1833 als Jurist tätig; ab 1826 stud. Bot.; 1828 Mitgl. d. *Linnean Soc.*, 1861 deren Präs.; zahlr. Reisen; sein über 100 000 Arten umfassendes Herbar befindet sich seit 1854 in Kew, wo W. J. Hooker, ab 1863 dessen Sohn J. D. Hooker Dir. d. Bot. Gartens u. Herbars waren, mit denen er eng zus.arbeitete. – Lit.: (mit J. D. Hooker) Genera plantarum, 3 Bde., London 1862–1883; (assisted by F. Mueller) Flora Australiensis: A description of the Plants of the Australian territory, 7 Vols., London 1863–1878 (Nachdr.: Amsterdam, Ashford 1967). – B: DSB (G. Taylor).   Ja

Benzer, Seymour (geb. 1921); aus New York; stud. Brooklyn Coll. (BA 1942) u. Purdue Univ. (MS 1943, PhD 1947); 1945 Instr., 1947 Ass. Prof. für Physik Purdue Univ.; 1948 Biophysiker am Oak Ridge Nat. Labor.; 1949 Res. Fell. für Biophysik am *Caltech* Pasadena; 1951 *Fullbright* Res. Scholar am Pasteur-Inst. Paris; 1953 Assoc. Prof., 1958 Prof., 1961–1967 *Stuart Distinguished*-Prof. für Biophysik Purdue Univ.; 1967 Prof. für Biol., seit 1975 *Boswell*-Prof. für Neurowiss. *Caltech*. – Lit.: s. Kap. 22. – B: AMWS; IWW 1995–96.   Sch

Berger, Katharina s. Heinroth, Katharina

Berghaus, Heinrich Carl Wilhelm (1797–1884); aus Kleve; nach Schulbesuch in Münster ab 1811 Geländevermessungen für d. franz. Militärverwaltung, 1812 als Ing.-Geograph in franz. Staatsdienst; 1814–1815 stud. Naturwiss. Univ. Marburg, 1816–1817 Univ. Berlin; ab 1816 Ing.-Geograph d. Preuß. Landesaufnahme; 1821–1854 Lehrer für Prakt. Geometrie u. Geodäsie an d. Bauakad. Berlin (1824 Tit. Prof., 1826 Dr. phil. Univ. Breslau); 1859 im Dienst d. preuß. Kriegsministeriums in Süddtl., 1862 in Berlin u. zu hist.-topograph. Stud. an versch. Orten Pommerns; starb in Stettin (Szczecin, Polen). Begr. d. Geograph. Kunst-Sch. Potsdam, aus der bedeut. Kartographen hervorgingen (A. Petermann, H. Lange, Hermann Berghaus); Autor vieler Kartenwerke. – Lit.: Allgemeine Länder- und Völkerkunde, 6 Bde., Stuttgart 1837–1846; Physikalischer Atlas oder Sammlung von Karten, auf denen die hauptsächlichsten Erscheinungen der anorganischen und organischen Natur nach ihrer geographischen Verbreitung und Vertheilung bildlich dargestellt sind, 2 Bde., Gotha 1845–1848. – B: Engelmann 1977 (W).   Ja

Bergmann, Carl Georg Lucas Christian (1814–1865); aus Göttingen; stud. Med. Univ. Göttingen (bei Blumenbach, Dr. med. 1838) u. Würzburg; 1840 Pd., Ass.

d. Physiologen R. Wagner, 1843–1852 ao. Prof. für Anat. u. Physiol. Univ. Göttingen; 1846 Fo.reise nach Island mit R. Bunsen u. Sartorius von Waltershausen; 1852 o. Prof. für Anat. u. Dir. d. Anatom. Inst. Univ. Rostock; starb in Genf. Stud. über Entw.gesch., Blutkreislauf u. Wärmehaushalt d. Tiere; führte d. Begriffe „gleichwarm" (*homoiotherm*) u. „wechselwarm" (*poikilotherm*) ein; regte u. a. M. Rubner zur Untersuchung d. Wärmeprod. d. Tiere an. – Lit.: Über die Verhältnisse der Wärmeökonomie der Tiere zu ihrer Größe, Göttingen 1847; (mit R. Leuckart) Anatomisch-physiologische Übersicht des Thierreichs, Stuttgart 1852. – B: NDB (M. Schmid); Backes 1923 (W); Wagenitz 1988. Ja/Sch

Berkeley, Miles Joseph (1803–1889); aus Biggin (Northamptonshire, Engl.); 1821–1826 stud. Theol. Christ's Coll. Cambridge/GB (BA 1825, MA 1828); 1829 Pfarrer in Margate (Kent) u. 1833 in King's Cliffe (Northamptonshire), 1868 Vikar in Sibbertoft bei Market Harborough (Northamptonshire), wo er starb. Zw. 1829 u. 1879 zahlr. zool. u. bot. Stud., bes. über Pilze; beschrieb mit Ch. E. Broome d. Pilzslgn. vieler Fo.reisen, dar. d. Slg. Ch. Darwins; Pionier d. Phytopathologie. – Lit.: Observations, botanical and physiological on the potato murrain, in: J. Roy. Hort. Soc. *1* (1848): 9–34. – B: DNB (G. S. Boulger). Höx

Bernal, John Desmond (1901–1971); aus Nenagh (Irland); 1923–1927 als Physiker am Faraday-Labor., 1927 Lect., 1934–1938 Dir. d. Fo.labor. für Kristallographie Univ. Cambridge/GB; dazw. 1936 Hon. Prof. Univ. Moskau; ab 1938 Prof. für Kristallographie am Birkdale Coll. in London, wo er starb. – Lit.: The place of X-ray crystallography in the development of modern science, in: Radiology *15* (1930): 1–12; The crystal structure of natural amino acids and related compounds, in: Z. Krystallogr. R. A. *78* (1931): 363–369; The social function of science, London 1939; The cell and protoplasm, Washington 1940; The physical basis of life, London 1954; Science in history, London 1954 (dt. u. d. T.: Die Wissenschaft in der Geschichte, Berlin 1961, [2]1964, [3]1967); World without war, London 1958; The origin of life, London 1967. – B: LexNW; D. M. C. Hodgkin 1980 (W). Ja

Bernard, Claude (1813–1878); aus St. Julien (Villefranche/Saône, Frankr.); nach Apothekerlehre in Lyon ab 1835 stud. Med. Univ. Paris; 1839–1844 als Präparator bei F. Magendie, dann Arzt am Hôtel Dieu; ab 1848 Stellv. von Magendie am *Coll. de France*; 1854 Prof. für Physiol. an d. Sorbonne, 1855 Nachf. von Magendie am *Coll. de France* in Paris, wo er starb. Arb. zur Ernährungs- u. Neurophysiol.; erbrachte 1855 d. Nachweis über Zuckerbildung in d. Leber; untersuchte d. tier. Wärmehaushalt, prägte d. Begriff vom „milieu intérieur". – Lit.: Introduction à l'étude de la médecine expérimentale, Paris 1865 (dt. von Paul Szendrö, biogr. eingeführt u. komm. von K. E. Rothschuh, Leipzig 1961); Leçon sur les phénomènes de la vie commune aux animaux et aux végétaux, Paris 1878–1879; Leçons de la physiologie opérative, Paris 1879; s. a. Lit. zu Kap. 15. – B: DSB (M. D. Grmek); Olmsted 1938, 1952. Ja

Bernard, Noël François (1874–1911); aus Paris; 1899 Demonstr. an d. *É. Normale* Paris (bei Constantin, Dr. 1901); 1902 Lect. Univ. Caén; 1908 Vorlesungen in Bot. u. ab 1909 Prof. für Bot. an d. *Fac. des Sci.* in Poitiers; er sollte Dir. des *Inst. de Biol. expérim.* werden, das er für die Univ. in Mauroc (bei Poitiers) plante, starb aber dort. – Lit.: Recherches expérimentales sur les orchidées, in: Rev. Gen. Bot. *16* (1904): 405–451, 458–476; Remarques sur l'immunité chez les plantes, in: Bull. Inst. Pasteur *7* (1909): 369–386. – B: DSB (A. S. Kay); Pérez 1911. Sch

Bernhardt, Adolph (1804–?); aus Kempen (a. Rhein); stud. Med. Univ. Breslau/Wrocław (bei J. E. Purkyně, Dr. med. 1834); arbeitete unter Anleitung von Purkyně u. dessen Ass. G. G. Valentin über das Ei d. Säugetiere u. konnte mit Hilfe verbesserter Technik zur Berichtigung d. Fehldeutung von K. E. von Baer beitragen. – Lit.: Symbolae ad ovi mammalium historiam ante praegnationem, Breslau 1835. – B: von Knorre 1973. Ja

Bernstein, Julius (1839–1917); aus Berlin; 1858 stud. Med. Univ. Breslau (bei Rudolf Heidenhain) u. Berlin (bei E. DuBois-Reymond, Dr. med. 1862); 1864 Ass. bei Hermann von Helmholtz am Physiol. Inst. Univ. Heidelberg, 1870 Pd., 1871 ao. Prof. u. Ltr. des Inst.; 1872–1911 (em.) o. Prof. für Physiol. Univ. Halle, 1881 Begr. u. Dir. d. Physiol. Inst.; starb in Halle. – Lit.: s. Lit. zu Kap. 15. – B: DSB (G. Rudolph); Abderhalden 1917; Tschermak 1919; ALH MM 2153. Sch

Bertalanffy, Ludwig von (1901–1972); aus Atzgersdorf bei Wien; stud. Univ. Innsbruck u. Wien (Dr. phil. 1926); 1934 Pd., 1941 apl. Prof. am Zool. Inst. Univ. Wien; 1949–1954 Prof. u. Dir. Biol. Res. Dep. Univ. Ottawa (Kanada), 1955–1958 in Los Angeles, 1958–1960 bei der *Menninger Found.* Topeka (Kansas); ab 1961 Prof. für Theoret. Biol. Univ. of Alberta Edmonton (Kanada); starb in Amherst. – Lit.: Kritische Theorie der Formbildung, Berlin 1928; Theoretische Biologie, Berlin, Bd. 1: 1932, Bd. 2: 1948 (Bern [2]1951); Das biologische Weltbild, Bd. 1, Bern 1949; Problems of life, New York 1952; (mit W. Beier & R. Laue) Biophysik des Fließgleichgewichtes, Braunschweig 1953; General systems theory, New York 1969; … aber vom Menschen wissen wir nichts, Düsseldorf 1970 (Robots, Men and Minds, 1967 [dt.]). – B: WWAu 1954, 1969/70; LexNW; Davidson 1983 (W). Ja

Berthold, Arnold Adolf [Adolph] (1803–1861); aus Soest; 1822 stud. Med. Univ. Göttingen (Dr. med. 1823); 1824/25 Ass.-Arzt bei Chr. W. Hufeland in Berlin sowie vergl.-anatom. u. zool. Studien in Paris; 1825 Pd. u. zugl. prakt. Arzt, 1835 ao. Prof., 1836–1861 o. Prof. für Zool. u. Vergl. Anat. Med. Fak. Univ. in Göttingen, wo er starb. Seit 1840 Ltr. d. Göttinger Zool. Slg.; Begr. d. Hormonfo. – Lit.: Transplantation der Hoden, in: A. für Anat., Physiol. u. wiss. Med. (1849): 42–46. – B: NDB (F. Bolle); DSB (M. Klein); Autobiogr. 1880; Wagenitz 1988. Sch

Bertrand, Gabriel Emile (1867–1962); aus Paris; stud. an d. *É. de Pharmaci*e Paris (Bacc. 1886); 1900 Mitarb.

d. biochem. Abt. am *Inst. Pasteur*, 1908–1937 Prof. für Biochemie am *Inst. Pasteur* u. an d. Naturwiss. Fak. Univ. in Paris, wo er starb. – Lit.: Recherches sur le latex de l'arbre à laque du Tonkin, in: Bull. Soc. chim. Paris, 3e sér., *11* (1894): 718–721; Sur la laccase et sur le pouvoir oxydant de cette diastase, in: C. R. Acad. Sci. Paris *120* (1895): 266–269; Nouvelles Recherches sur les ferments oxidents ou oxidases, in: Ann. agron. *25* (1897): 385–399; (mit M. Javillier) Influence du zinc et du manganèse sur le développement de l'*Aspergillus niger*, in: C. R. Acad. Sci. Paris *152* (1911): 225–228. – B: DSB (A. S. Kay); Fruton 1982.
Ja

Berzelius, Jöns Jakob [Jacob] Freiherr von (1779–1848); aus Väversunda Sörgård (bei Linköping, Schweden); stud. Med. u. Chemie Univ. Stockholm; 1807 Prof. für Med. u. Pharm., ab 1817 o. Prof. für Chemie an d. Chirurg. Sch. in Stockholm, wo er starb. Entdeckte neue Elemente (*Cer* 1803, *Selen* u. *Lithium* 1817, *Thorium* 1828) u. bestimmte viele Atomgewichte, führte 1811 die noch heute gebräuchl. chem. Nomenklatur u. Zeichensprache ein; 1812 Begr. d. elektrochem. Theorie; schlug die Brücke zur Tierphysiologie. – Lit.: A view of the progress and present state of animal chemistry (engl. Übers. von G. Brummark), London 1813; Übersicht der Fortschritte und des gegenwärtigen Zustandes der thierischen Chemie, Nürnberg 1815; Einige Ideen über eine bei der Bildung organischer Verbindungen in der lebenden Natur wirksame, aber bisher nicht bemerkte Kraft, in: Jahresber. Schwed. AdW *15* (1836): 237–245; Tierchemie, in: ebda *22* (1843): 535–538. – B: DSB (H. M. Leicester); LexNW; Autobiogr. 1934; Jorpes 1970.
Ja

Best, Charles Herbert (1899–1978); aus West Pembroke (Maine, USA); stud. Med. Univ. Toronto, wo er zus. mit F. G. Banting, Collip u. Macleod das Insulin entdeckte (1921) u. seine Gewinnung weiterentwickelte; 1928 Mitarb. am Nationalinst. für Med. Fo. in London: ab 1929 o. Prof. für Physiol. Univ. Toronto (Nachf. von J. J. R. Macleod); weitere Fo. über Cholin, Heparin u. Glucagon; 1941–1967 Dir. d. *Banting-Best Dep. of Med. Res.*; starb in Toronto. – Lit.: s. bei Banting. – B: LexNW; Young & Hales 1982 (W).
Ja/Sch

Bethe, Albrecht Theodor Julius (1872–1954); aus Stettin (Szczecin, Polen); stud. Univ. Freiburg i. Br., München (Dr. phil. 1895), Berlin u. Straßburg (Dr. med. 1898); 1896 Ass., 1899 Pd., 1906 ao. Prof. Physiol. Inst. Univ. Straßburg; 1911 o. Prof. für Physiol. Univ. Kiel; ab 1915 Prof. für Physiol. u. Dir. Inst. für animalische Physiologie an d. neugegr. Univ. (mit zwangsw. Unterbrechung 1937–1945) in Frankfurt a. M., wo er starb. – Lit.: Die Physiologie in ihrem Verhältnis zu Medizin und Naturwissenschaft, in: Biol. Zbl. *37* (1917): 325–333; Erinnerungen an die Zoologische Station in Neapel, in: Naturwiss. *28* (1940): 820–822; s. a. Lit. zu Kap. 15. – B: Kürschner 1925–1954; Poggendorff VII a; Thauer 1955.
Sch

Bichat, Marie-François Xavier (1771–1802); aus Thoirette (bei Lyon, Frankr.); stud. Med. in Montpellier

(Schüler von P. J. Barthez); ab 1795 Hrsg. d. Werke des Chirurgen Desault in Paris; hier ab 1797 Vorlesungen über Anat. u. Physiol.; 1801 Arzt am *Hôtel Dieu* in Paris, wo er starb. – Lit.: Recherches physiologiques sur la vie et la mort, Paris 1800 (²1802; dt. Übers. von R. Boehm u. d. T.: Physiologische Untersuchungen über den Tod, in: Sudhoffs Klassiker, Bd. 16, 1912); Anatomie générale, Paris 1802; Allgemeine Anatomie, angewandt auf die Physiologie und Arzneiwissenschaft, 1. Tl. (übers. von C. H. Pfaff), Leipzig 1802. – B: LexNW; Kervella 1931; Tripp 1991.
Ja

Biedermann, Wilhelm (1852–1929); aus Bilin (Böhmen); 1873 stud. Med. Univ. Prag (Dr. med. 1878); 1877 Ass. Physiol. Inst. Univ. Prag (bei Ewald Hering); 1880 Pd., 1884 ao. Prof. für Physiol.; 1888 o. Prof. für Physiol. (Nachf. von Preyer) Univ. in Jena, wo er starb. – Lit.: s. Lit. zu Kap. 15. – B: Ärzte II; Schulz 1930; ALH MM 2927.
Sch

Bierens de Haan, Johan Abraham (1883–1958); aus Haarlem; 1901–1905 stud. Astronomie, dann Zool. Univ. Utrecht (Dr. rer. nat. 1913 bei A. A. W. Hubrecht), auch experim. Arb. an Echinden-Keimen in Neapel; 1913–1914 Mitarb. der biol. Versuchsanstalt Wien (bei H. Przibram); 1919 Zoologe am Kolonial-Inst. Amsterdam, 1921 am Inst. für Psychol. Univ. Genf (bei E. Claparède); danach im Physiol. Labor. Univ. Amsterdam (bei F. J. J. Buytendijk); 1924 Pd. für Experim. Zool., die er als Lehrfach in Holland einführte, an d. Univ. Amsterdam; 1925–1939 dort Prof. für Physiol. u. Allg. Biol.; führte experim. Untersuchungen an versch. Tierarten im Zool. Garten *Artis* über tier. Verhalten durch; starb während eines Urlaubs in Siena (Ital.). – Lit.: Reflex und Instinkt bei dem Ameisenlöwen, in: Biol. Zbl. *44* (1925): 657–667; Sieben Jahre tierpsychologische Arbeit in Amsterdam, in: Z. angew. Psychol. *27* (1926): 236–267; Animal Psychology for Biologists, London 1929; Die tierpsychologische Forschung: ihre Ziele und Wege, Leipzig 1935 (Bios II); Labyrinth und Umweg: ein Kapitel aus der Tierpsychologie, Leiden 1937; Die tierischen Instinkte und ihr Umbau durch Erfahrung: eine Einführung in die allgemeine Tierpsychologie, Leiden 1940; Der Kampf um den Begriff des tierischen Instinkts, in: Die Naturwiss. *30* (1942): 98–104. – B: BWN (P. Smit); van Bentham Jutting 1953 (W); Engel 1958.
Ja

Bilharz, Theodor (1825–1862); aus Sigmaringen (Dtl.); 1843 stud. Med. Univ. Freiburg i. Br. (bei Friedrich Arnold), ab 1845 Univ. Tübingen (Dr. med. 1849); folgte 1850 Wilhelm Griesinger als Ass. nach Kairo (Ägypten), dort 1852 Chefarzt einer med. Abt., 1856 Prof. für Beschreibende Anat. an d. Med. Sch. in Kairo, wo er starb. – Lit.: s. Kap. 9. – B: DSB (H. Schadewaldt).
Sch

al-Bīrūnī, Abū r-Raihān Muhammad ben Ahmad (973–1048); aus Chwarizm (Mittelasien, Nähe Aralsee); begann ca. 990 mit wiss. Stud.; zunächst vorw. tätig in Chwarizm (Chorezmien), ab 1017/18 am Hof d. Sultans in Gazna (Afghanistan), wo er starb. Universal gebildeter Gelehrter, größter Wissenschaftler der

arab.-islam. Periode; schrieb u. a. die Schriften „India"
u. „Pharmakologie", die biologiehistorisch äußerst bedeutsam sind. – Lit.: Textausg.: *Kitāb fī taḥqīq mā li-l-
hind*, hrsg. von C. E. Sachau, London 1887 (Übers.:
C. E. Sachau, London 1888; A. B. Chalidov &
J. N. Zavadovskij, Taschkent 1963); *Kitāb aṣ-ṣaidana*,
Teiled. u. Übers.: M. Meyerhof, Das Vorwort zur Drogenkunde des Beruni, in: Quell. Stud. Gesch. Nat.
Med., *3* (1932) 3 (Übers.: U. I. Karimov, Taschkent
1973). – B: DSB/LexMA (E. S. Kennedy); LexNW;
Rozenfel'd [u. a.] 1973.   Nab/Sch

Bischoff, Gottlieb Wilhelm (1797–1854); aus Dürk-
heim (a. d. Haardt); seit 1839 Prof. für Bot. Univ. in
Heidelberg, wo er starb. Widmete sich d. Systematik
u. Fortpflanzung d. kryptogamen Pflanzen, schuf d.
Begriffe *Antheridium* u. *Archegonium*, trennte Laub-
u. Lebermoose; leitete in seinen morpholog. Stud. wie
Goethe alle Pflanzenorgane vom Blatt ab. – Lit.: Die
kryptogamischen Gewächse, Nürnberg 1828; De He-
paticis, imprimis tribuum Marchantiarum et Ricciarum
commentatio, Heidelberg 1835; Handbuch der botanischen Terminologie und Systemkunde, Nürnberg
1833–1844; Die Botanik in ihren Grundrissen mit
Rücksicht auf ihre historische Entwicklung, in: Neue
Encyclopädie der Wissenschaften und Künste, Bd. 3,
Stuttgart 1846 (Separat: Stuttgart 1848). – B: DSB
(J. Steudel); Hentze 1975.   Ja

Bischoff, Theodor Ludwig Wilhelm von (1807–1882);
aus Hannover; stud. Med., Naturwiss. u. Philos. Univ.
Bonn (u. a. Vergl. Anat. bei Joh. Müller u. Bot. bei
Nees von Esenbeck, Dr. phil. 1829), dann Univ. Hei-
delberg (bei F. Tiedemann, Dr. med. 1832; med.
Staatsexamen 1832 Univ. Berlin); 1833 Pd. für Physiol.
Univ. Bonn, 1835 für Vergl. u. Patholog. Anat. Univ.
Heidelberg; 1843 o. Prof. für Physiol., 1844 auch für
Anat. Univ. Gießen; 1854 Lehrstuhl für Anat. u. Physiol. u. Dir. Anat. Inst. Univ. in München, wo er starb.
Spez. Untersuchungen zur Entw.gesch. d. Säugetiere
u. d. Menschen, stellte 1876 Haeckels „biogenet.
Grundgesetz" in Frage. – Lit.: Entwicklungsgeschichte
des Kanincheneies, Braunschweig 1842; Entwicklungs-
geschichte des Hundeeies, Braunschweig 1845; Theo-
rie der Befruchtung und über die Rolle, welche die
Spermatozoiden dabei spielen, in: A. Anat. Physiol.
(1847): 422–444; Der Harnstoff als Maass des Stoffwechsels, Gießen 1853; (mit C. Voit) Die Gesetze der
Ernährung des Fleischfressers …, Leipzig 1860. – B:
DSB (K. E. Rothschuh); Sudhoff 1928.   Ja

Bizio, Bartolomeo (1791–?); aus Venedig; 1820 Mag.
Pharm., 1833 Dr. Philos.; Prof. für Chemie in Venedig.
– Lit.: (Anon.) Trovato delle precise cagione, che produce il fenomeno del superficiale coloramento in rosso
della polenta, in: Gazette Privilegiata di Venezia
(1819) 190, von 24. 8. 1819; Lettera di Bartolomeo Bizio al chiarissimo canonico Angelo Bellani sopra il fenomeno della polenta porporina, in: Biblioteca Italiana
o sia Giornale di Letteratura, Scienze e Arti (Anno
VIII) *30* (1823): 275–295 [engl.: C. P. Merlino: Bartholomeo Bizio's letter to the most eminent priest, Angelo
Bellani, concerning the phenomenon of the red polenta, in: J. Bacteriol. *9* (1924): 527–543]. – B: ABI.   Sch

Blaauw, Anton Hendrik (1882–1942); aus Elst (Niederl.); stud. Univ. Utrecht (Prom. 1909); ab 1918 Prof.
in Wageningen, wo er starb. – Lit.: Die Perzeption des
Lichts (Diss. 1909), in: Rec. Trav. Bot. Néerl. *5* (1909):
209–372; De tropische natuur in schetsen en kleuren,
Amsterdam 1913; Licht und Wachstum: I. in: Z. Bot. *6*
(1914): 641–703, II. in: ebda. *7* (1915): 465–532, III. in:
Med. Landbouwhoogeschool Wageningen *15* (1918):
89–204. – B: IBN; Oosthoek.   Sch

Blackman, Frederick Frost (1866–1947); aus Lambeth
(Engl.); 1883–1887 stud. Med. *St. Bartholomew's Hosp.*
London (BSc 1885), 1887–1891 stud. Naturwiss.
St. John's Coll. Univ. Cambridge/GB; 1891 Demonstr.,
1897 Lect., 1904–1936 Reader für Bot. Univ. in
Cambridge, wo er starb. – Lit.: Optima and limiting
factors, in: Ann. Bot. *19* (1905): 281–295; (mit
G. L. C. Matthaei) Experimental researches on vegetable assimilation and respiration: IV. A quantitative
study of carbon dioxide assimilation and leaf temperature in natural illumination, in: Proc. Roy. Soc. London *76 B* (1905): 402–460; Incipient vitality, in: New
Phytologist *5* (1906): 22–34; Analytic studies in plant
respiration, New York 1954. – B: DNB (G. E. Briggs).
– P.   Höx

Blaes, Gérard [Blasius, Gerhard] (1625–1682); vermutl. aus dem damals dänischen Holstein/Plön; stud.
Med. Univ. Kopenhagen u. Leiden; danach prakt.
Arzt, 1660 Prof. am Gymnasium, später auch Lazarett-
medikus u. Bibliothekar in Amsterdam; lehrte Vergl.
Anat., wobei er auch wirbellose Tiere einbezog u. embryolog. Untersuchungen anstellte. – Lit.: Observationes anatomicae selectiores … (anonymes Sammelwerk), Amsterdam 1667 (Nachdr. hrsg. von H. Cole,
London 1938); Miscellanea anatomica, Amsterdam
1673; Zootomia, seu Anatomia hominis et brutorum
variorum, Amsterdam 1677; Anatome animalium,
Amsterdam 1681. – B: DBE; Petit & Théodoridès
1962.   Ja/Sch

Blainville, Henri-Marie Ducrotay de (1777–1850); aus
Arque (Frankr.); zunächst stud. Musik, Kunst u. Lit.
Univ. Rouen u. Paris, hier später Med. (Dr. med.
1808) u. dann Naturgesch.; Ass. für Vergl. Anat. im
Labor. von Cuvier; ab ca. 1810 als Vertr. Cuviers am
Athénée, Coll. de France u. *Muséum d'Hist. Naturelle*
tätig; Vorlesungen in Beschreibender u. taxonom.
Zool. d. Wirbellosen, Vergl. Osteol., Naturgesch; 1830
Prof. am *Mus. d'Hist. Nat.*, 1832 Cuviers Nachf. für
Vergl. Anat.; starb in Paris. – B: DSB (W. Coleman).
                                                   Sch

Blancanus, Josephus (Ende 16.–Anf. 17. Jh.); Jesuitenpater; Hrsg. einer der ersten kritischen, auf eigene Beobachtung gestützten u. method. an Aristoteles anknüpfenden naturwiss. Schr., in der keine Fabelwesen
erscheinen. – Lit.: Aristoteles loca mathematica ex
universis ipsius operibus collecta et explicata, Bonn
1615. – B: Dahl 1926.   Ja

Blanco, Manuel (1778–1845); aus Nervianos de Alba
(Zamora, Span.); Augustinermönch; 1805 als Missio-
nar nach Manila; sammelte Pflanzen u. führte bot.

Stud. nach LINNÉS System auf d. Philippinen durch, wo er starb. – Lit.: Flora de Filipinas según el sistema sexual de Linneo, Manila 1837 (²1845). – B: DhCmE (C. CARLES GENOVÉS).   LGB/Sch

Blankaart, Stephaan (1650–1704); aus Middelburg (Holland, Niederl.); ab 1664 Arzt in Amsterdam, wo er starb. Besaß eine Insektenslg. – Lit.: Colectanea medico-physica, Amsterdam 1680; Schou-Burg der Rupsen, Wormen, Maden en vliegende Dierkens (lat.: Theatrum insectorum Belgiae), Amsterdam 1688 (dt. Ausg. von Joh. Christ. RODOCHS, Leipzig 1690). – B: LINDEBOOM 1975; SMIT 1986.   Ja

Blasius, Gerhard s. Blaes, Gérard

Bljacher, Leonid Jakovlevič (1900–1986); aus Samara (heute Kujbyšev, Rußl.); ab 1920 stud. Med. in Moskau, gleichz. biolog. Praktikum bei M. M. ZAVADOVSKIJ; 1925 Ass. am Lehrstuhl für Allg. Biol. am Zweiten Moskauer Med. Inst. *N.-I.-Pirogov*, 1926 Oberass., 1930 Doz., seit 1933 Lehrstuhlinhaber; 1935 Dr. Biol. Wiss. u. Prof.; 1945 Ltr. d. Labor. für Theoret. Biol. am Inst. für Experim. Biol. d. AdMW UdSSR; 1948 nach d. *Lysenko-Sitzung* d. AdLW entlassen u. von Lehrauftrag entbunden; 1955 Erster wiss. Mitarb. Inst. für Gesch. d. Naturwiss. u. Technik d. AdW UdSSR, 1956–75 dort Ltr. Sekt. Gesch. d. Biol.; starb in Moskau. – Lit.: Istorija embriologii v Rossii (s serediny XVIII do serediny XIX veka), Moskva 1955; K istorii izučenija v Rossii istorii biologii (sočinenija I. BEZEKE), in: Trudy Inst. istorii estestvoznanija i techniki *4* (1955): 343–362; Vozniknovenie kletok v ontogeneze, in: ebda *32* (1960): 3–57; (Hrsg.) Istorija biologii s načala XX veka do našich dnej, Moskva 1975. – B: GRIGOR'JAN & MUZRUKOVA 1994. – P.   Sch

Bloch, Marcus Elieser (1723–1799); aus Ansbach; stud. Med. Univ. Berlin u. ab 1760 Frankfurt/O. (Dr. med. 1762); 1765 Approbation als Arzt in Berlin; daneben zool. Fo., 1773 Mitbegr. der *Ges. Naturf. Freunde zu Berlin*, besaß ein umfangr. Naturalienkabinett, das später den Grundstock der ichthyolog. Slgn. d. Berliner Zool. Mus. bildete; starb in Karlsbad. – Lit.: Abhandlung von der Erzeugung der Eingeweidewürmer und den Mitteln wider dieselben, Berlin 1782;

Oeconomische Naturgeschichte der Fische Deutschlands, Berlin 1782–1784; Naturgeschichte der Ausländischen Fische, Berlin 1785–1795; (mit J. G. SCHNEIDER) Systema ichthyologiae, Berlin 1801. – B: KARRER 1978, 1994.   Hth

Blumenbach, Johann Friedrich (1752–1840); aus Gotha (Thüringen); stud. Med. Univ. Jena u. Göttingen (Dr. med. 1775); 1776 Unteraufseher d. *Academ. Cabinets* (später Akadem. Mus.) u. ao. Prof., 1778 o. Prof. für Arzneiwiss. u. Med. Univ. Göttingen, wo er bis zu seinem Tode wirkte. Legte durch vergl.-anatom. u. physiolog. Stud. den Grund für eine wiss. Zool. u. Anthropol. – Lit.: De generis humani varietate nativa, Göttingen 1777 (dt. Übers. von GRUBER u. d. T.: Über die natürlichen Verschiedenheiten im Menschengeschlechte, Leipzig 1798); Über den Bildungstrieb und das Zeugungsgeschäft, Göttingen 1781 (²1789, ³1791, Nachdr. Stuttgart 1971); De nisu formativo et generationis negotio nuperae observationes, Göttingen 1787; Beyträge zur Naturgeschichte, Bd. 1, Göttingen 1790; Physiologie des menschlichen Körpers (dt. Übers. von EYEREL), Wien 1795; Handbuch der Naturgeschichte, Göttingen 1803; Handbuch der Vergleichenden Anatomie, Göttingen 1805. – B: NDB (A. KLEINSCHMIDT); DSB (W. BARON); WAGENITZ 1988.   Hek/Sch

Boas, Franz (1858–1942); aus Minden (Westfalen); ab 1877 stud. Univ. Heidelberg, Bonn u. Kiel (Dr. phil. 1881); 1883–1884 Untersuchungen in Baffin Land (Kanada); 1885 Ass. am Königl. Ethnograph. Mus. u. Doz. für Geographie Univ. Berlin; 1886–1931 Fo.reisen in Nordamerika, Mexiko u. Puerto Rico; zugl. 1888–1892 Doz. für Anthropol. Clark Univ. Worcester (USA); 1892–1895 Chef-Ass. Dep. of Anthropol. *Chicago Exped.*; 1896 Doz. für Physische Anthropol., 1899–1937 (em.) Prof. für Anthropol. Columbia Univ. New York; daneben ab 1896 Ass. Curator, 1901–1905 Kurator d. Anthropolog. Abt. d. *Am. Mus. Nat. Hist.* New York; 1901–1919 Hon. Philologe am *Bureau Am. Ethnol.*; 1910–1912 Hon. Prof. am Archäolog. National-Mus. Mexiko; starb in New York. – Lit.: The Growth of Children, New York 1896 (²1904); Changes in Form of Body of Descendants of Immigrants, New York 1911; The Mind of Primitive Man, New York 1911 (²1938); Kultur und Rasse, New York 1913; Primitive Art, New York 1927; Anthropology and Modern Life, New York 1928–1938; (et al.) General Anthropology, New York 1938; Race, Language and Culture, New York 1940; (mit E. DELORIA) Dakota Grammar, New York 1941; daneben Publikationen über Anthropometrie, Linguistik u. Anthropol. in Nordamerika. – B: KÜRSCHNER; WwWA; DSB (F. W. VOGET).   Hth

Bobart, Jacob d. Ä. (1599–1680); aus Oxford; wirkte als Arzt u. Botaniker in Oxford; stellte als erster Experimente zum Nachweis d. Sexualität bei Pflanzen (*Lychnis dioica*) an, die aber nicht selbst publiziert, sondern von MILLINGTON u. GREW mitgeteilt wurden. – B: RAVEN 1950.   Ja

Bocage, José Vicente Barboza du (1823–1907); seit 1851 o. Prof. für Vergl. Anat., Physiol. u. Zool. am Po-

F. F. Blackman 1936   L. J. Bljacher 1936

lytechnikum in Lissabon; Initiator u. Gründer d. Naturhist. Mus. in Lissabon, ab 1858 dessen wiss. Ltr. Bedeut. Vertr. d. Zool. in Portugal; beschrieb die Fauna Portugals u. seiner Kolonien in über 200 taxonom. Arbeiten über Wirbeltiere u. Spongien. – Lit.: Instruçoes práticas sobre o modo de coligir, preparar e remeter productos zoológicos para o Museo de Lisboa, Lisboa 1862. – B: ALMAÇA 1993. Fra/Sch

Bock [lat. **Tragus**], **Hieronymus** (1498–1554); aus Heidelsheim (bei Bretten, Baden); stud. Theol. u. Med.; ab 1523 Schullehrer u. Aufseher im fürstl. Bot. Garten in Zweibrücken (Pfalz); ab 1532/33 protestant. Pfarrer u. Arzt in Hornbach (bei Zweibrücken), wo er starb. 1550–1551 Leibarzt von PHILIPP III.; erwarb auf Exkursionen u. Sammelreisen bis ins Alpengebiet (Tirol u. Graubünden) Naturerfahrung, wurde von BRUNFELS zur Veröffentlichung angeregt. – Lit.: New Kreütter Buch von vnderscheydt, Würckung vnd namen der Kreütter, so in Teütschen landen wachsen, Straßburg 1539 (²1546 mit Holzschnitten von David KANDEL, Nachdr. d. Ausg. 1577 München 1964). – B: DSB (J. STANNARD); LexNW; HOPPE 1969. – P. Ja/Sch

Bodenheimer, Fritz [Friedrich] S(h)imon (1897–1959); aus Köln; stud. Zool., spez. Angew. Entomol., Univ. Frankfurt a. M. (Dr. rer. nat. 1921 Univ. Bonn); ab 1922 in Palästina, hier Ltr. Dep. für Entomol. landw. Versuchs-Sta. d. *Jewish Agency*; ab 1928 an d. Hebräischen Univ. Jerusalem, 1931–1953 Prof. für Angew. Entomol.; führte entomolog.-faunist.-ökolog. Stud. in Palästina durch; zugl. Berater für angew. Entomol. in Europa, Nahost, Südafrika u. Australien; 1947 Mitgl. d. Org. für Gesch. d. Naturwiss.; 1950 Vize-Präs., 1953–1956 Präs. *Acad. Int. d'Hist. des Sci.*; starb in London. – Lit.: Materialien zur Geschichte der Entomologie bis Linné, 2 Bde., Berlin 1928–1930; Die Schädlingsfauna Palästinas, Berlin 1930; Zur Frühgeschichte des Insektenparasitismus, in: A. Gesch. Math., Naturwiss. u. Technik *13* (1931): 402–416 Animal Life in Bible Lands, 2 vols., Jerusalem 1949–1956; Xenophon in the history of biology, in: A. Int. Hist. Sci., N. S. d'Archeion. *31* (1952): 56–64; Animal Ecology To-day, The Hague 1958; History of Biology, London 1958. – B: DSB (J. LORCH); Autobiogr. 1959 (W). Ja

Boehm, Joseph [Josef] (1831–1893); aus Groß-Gerungs (Niederösterr.); stud. Med. u. Bot. Univ. Wien (bei E. FENZL u. F. UNGER, Dr. phil. 1856 Univ. Graz, Dr. med. 1858 Univ. Wien); 1857 Pd., 1869 ao. Prof., 1878 o. Prof. für Bot. Univ. Wien; dazw. 1858 Lehrer für Naturwiss. u. Warenkunde Handelsakad. Wien; 1870–1871 Stud.aufenth. bei W. HOFMEISTER Univ. Heidelberg; 1874 auch Prof. für Naturgesch. u. Pflanzenphysiol. Forstakad. Mariabrunn; 1875 o. Prof. für Pflanzenphysiol., 1877 für Bot. an d. HS für Bodenkultur in Wien, wo er starb. – Lit.: Capillarität und Saftsteigen, in: Ber. Dt. Bot. Ges. *11* (1893): 203–212. – B: ADB (E. WUNSCHMANN); WILHELM 1894. – P. Höx

Bölsche, Wilhelm (1861–1939); aus Köln; stud. Philos. u. Kunstgesch. Univ. Bonn u. Paris; ab 1885 als Schriftsteller u. Naturphilosoph in Berlin, wirkte als Popularisator d. Darwinismus; 1890 Mitbegr. d. *Freien Volksbühne*, Redakteur d. *Freien Rdsch.*; Freund von G. HAUPTMANN u. E. HAECKEL; ab 1918 in Oberschreiberhau (Szklarska Poreba bei Wrocław, Polen), wo er starb. – Lit.: Das Liebesleben in der Natur, 3 Bde., Berlin 1898–1902; Vom Bazillus zum Affenmenschen, Leipzig 1900; Ernst Haeckel: ein Lebensbild, Berlin–Leipzig 1900; Die Abstammung des Menschen, Berlin–Leipzig 1904–1906; Menschen der Vorzeit, Leipzig 1909; Das Leben der Urwelt, Leipzig 1931. – B: NDB (F. BOLLE); LexNW. Ja

Boerhaave, Hermann (1668–1738); aus Voorhout (bei Leiden, Holland); ab 1684 stud. Philos., Theol. u. Med. Univ. Leiden (Dr. phil. 1690) u. Harderwijk (Dr. med. 1693); zunächst prakt. Arzt in Leiden; 1700 Pd. für Theoret. Med., 1709 o. Prof. für (Med.) Bot. u. Dir. d. Bot. Gartens, außerdem 1714 o. Prof. für Prakt. Med. u. 1718 für Chemie Univ. in Leiden, wo er starb. Begr. einer d. einflußreichsten med. „Schulen" auf d. Grundlage physikal.-mechan. Prinzipien von DESCARTES; förderte Iatrophysik u. Iatrochemie, Physiol. u. Botanik. – Lit.: Institutiones medicae, in usus annuae exercitationis domesticos, Leyden 1708; Index Plantarum quae in Horto academico Lugduno-Batavo reperiuntur, Leiden 1710; Index alter Plantarum …, 2 Bdc., Leiden 1/20; Institutiones et experimenta chemiae, Paris 1724. – B: LexNW; LINDEBOOM 1968 (W), 1970; SMIT 1986: 34–35; TOELLNER 1991. Hek/Sch

Boëthius, Anicius Manlius Torquatus Severinus (480–524); röm. Philosph u. Staatsmann, Minister d. Ostgotenkönigs THEODERICH, der ihn nach langer Haft bei Pavia hinrichten ließ. Im Kerker entstanden die im Mittelalter u. d. Renaissance sehr einflußreiche neuplaton. Schr. *De consolatione philosophiae* (Über den Trost der Philosphie) sowie Übers. u. Komm. zu ARISTOTELES u. PORPHYRIUS. – B: DSB (L. MINIO-PALUELLO); Repertorium. Ja

Bohr, Christian Harald Lauritz Peter Emil (1855–1911); aus Kopenhagen; 1872 stud. Med. Univ. Kopenhagen, 1878 Ass. im physiol. Labor. (bei Peter L. PANUM, Dr. med. 1880); 1881 Ass. bei Carl LUDWIG Univ. Leipzig; 1883 Rückkehr u. 1886 o. Prof. für Physiol. Univ. (Nachf. von PANUM) in Kopenhagen, wo er starb. – Lit.: s. Lit. zu Kap. 14. – B: Ärzte II; DSB (R. KELLOGG). Sch

H. Bock J. Boehm

Bohr, Niels Hendrik David (1885–1962); aus Kopenhagen; nach Studium ab 1911 Mitarb. von E. Rutherford *Cavendish Labor.* Cambridge/GB; 1914 Doz. Univ. Manchester; ab 1916 o. Prof. für Theoret. Physik, ab 1920 auch Dir. d. Inst. Univ. (1943 bis Kriegsende Unterbrechung d. Tätigk. durch Emigr. in d. USA) in Kopenhagen, wo er starb. Schuf 1913 durch Synthese d. klass. Atommodells von Rutherford mit d. Quantentheorie von M. Planck eine tragfähige Theorie d. Atombaues u. Periodensystems d. chem. Elemente; Nobelpr. 1922. – Lit.: Light and life, in: Nature (London) *151* (1933): 421–423, 457–459. – B: DSB (L. Rosenfeld); LexNW; Rozental 1967.   Ja/Sch

Boivin, André Felix (1895–1949); aus Auxerre (Frankr.); wollte zunächst Lehrer werden, erwarb während d. Kriegsdienstes (*1. Weltkrieg*) biol. Kenntnisse; danach stud. Med. Univ. Marseille u. Straßburg (Dr. ès sci. 1931); 1930–1936 Doz. für Med. Chemie Univ. Bukarest; dann Ltr. d. Fo.arb. im *Inst. Pasteur* in Garches; 1946 Lehrstuhl für Biochemie Univ. in Straßburg, wo er starb. – Lit.: Directed mutation in colon bacilli, by an inducing principle of desoxyribonucleic nature: its meaning for the general biochemistry of heredity, in: Cold Spring Harbour Symp. *12* (1947): 7–17; Les acids nucléiques dans la constitution cytologique et dans la vie de la cellule bactérieux, in: C. R. Soc. Biol. *142* (1948): 1258–1273; s. a. Lit. zu Kap. 21. – B: Fruton 1982.   Ja

Bojanus, Ludwig Heinrich (1776–1827); aus Buchsweiler (Elsaß); stud. Med. Univ. Jena (Dr. med. 1797); dann prakt. Arzt in Darmstadt; 1804–1824 o. Prof. für Tierheilkunde u. Ltr. d. Tierklinik Univ. Wilna (Vilnius, Litauen); 1824 Rückkehr nach Darmstadt, wo er starb. – Lit.: Kurze Nachricht über die Zerkarien und ihren Fundort, in: Isis *2* (1818) 4: 729–730; Anatome Testudinis Europaeae, 2 Bde., Wilna 1819, 1821. – B: Enigk 1986; Adler 1989.   Hth

Bolin, Pehr Karl Vilhelm (1865–1943); aus Visby (Schweden); ab 1884 stud. Chemie u. Bot. Univ. Stockholm; ab 1888 an d. landw. Versuchssta. HS Ultuna in Uppsala; zugl. 1889–1890 Lehrer an d. Landw.-Sch. in Lund; 1892–1896 Ass. im Pflanzenzüchtungsinst. in Svalöv (Südschweden), hier auch Zus.arb. mit Hans Tedin; 1897–1900 wieder in d. Versuchssta. Ultuna, 1900–1906 Forscher bei lokalen Feldversuchen, dav. 1900–1903 in Dänem.; ab 1907 Oberass., Feldforscher im zentralen landw. Versuchs-Inst. Förderte durch seine empirischen Arb. die wiss. Begründung d. Nutzpflanzenanbaus. – Lit.: Svenska grässorters frön afbildade och i en skematisk öfversikt beskrifna … (1898), Stockholm 1908; Våra vanligaste åkerogräs samt medlen att dem utrota, Stockholm 1903 (Småskrifter i landtbruk, 14); Våra vanligaste åkerogräs och deras bekämpande, Stockholm 1912; Jordbruksbok för pojkar, Stockholm 1912; De Svenska gräsen: deras botaniska karaktärer samt deras praktiska värde och användning … samt ett tillägg om halvgräsen…, Stockholm 1927. – B: SBA-B.   Hpp/Sch

Bolívar y Urrutia, Ignacio (1850–1944); aus Madrid; stud. Jura u. Naturwiss. Univ. Madrid; 1875 Ass. am *Museo de Ciencias Naturales*, 1877 o. Prof. für Entomol. Univ. Madrid; führte entomolog. Fo.-Arbeiten durch (*ortopterae* u. *hemipterae*), baute die entomolog. Slgn. d. Mus. u. d. Univ. von Madrid auf; 1871 Begr. d. *Soc. Espanola de Hist. Natural*; während d. Bürgerkrieges Emigr. nach Mexiko, wo er starb. Seine Tätigk. u. die seiner Schüler (u. a. José Fernández Nonídez u. Antonio Zulueta) erneuerte d. biolog. Fo. in Spanien u. führte z. B. die Genetik von Mendel u. Morgan ein. – Lit.: Sinopsis de los ortópteros de España y Portugal, Madrid 1876; Artrópodos del viaje al Pacífico verificado de 1862 a 1865, Madrid 1884; Estudios entomológicos, Madrid 1912–1918. – B: DhCmE (C. Carles Genovés & J. M. López Piñero); DiccGalicia (X. A. Fraga Vázquez).   LGB/Sch

Bolos von Mendes (3. Jh. v. Chr.); griech. Naturforscher. Hauptvertr. d. hellenist. naturwiss. Paradoxographie; seine Schr. kamen als Werke Demokrits in Umlauf u. leiteten die Tradition d. naturwiss.-med. Geheimwiss. ein. – Lit.: Fragm. bei versch. antiken Schriftstellern, z. B. bei Plinius, Columella u. Aelianus. – B: DSB (J. Stannard).   Ha

Bondt [Bontius], Jacob de (1592–1631); ab 1604 stud. Philos. u. Med. Univ. Leiden (Dr. med. 1614); dann dort prakt. Arzt; 1627–1631 Fo.reise u. med. Verwaltungstätig. in Indonesien (Batavia u. Molukken). – Lit.: De medicina Indorum Libri IV, Leiden 1642; Historiae naturalis et medicae Indiae Orientalis Libri VI, in: G. Piso, Libri XIV de Indiae utriusque re naturali et medica, Amsterdam 1658. – B: Andel 1931.   Hpp

Bonner, James Fredrick (1910–1996); aus Ansley (Nebraska, USA); stud. Naturwiss. Univ. of Utah Salt Lake City (BA 1931); 1931–1934 Res. Fell. *Caltech* Pasadena (PhD 1934); 1934 Res. Fell. Univ. Leiden u. Utrecht, 1935 ETH Zürich; 1935 Ass. für Biol., 1936 Instr. für Pflanzenphysiol., 1938 Ass. Prof., 1942 Assoc. Prof., 1946–1981 Prof. für Biol. *Caltech* Pasadena. – Lit.: Plant tissue cultures from a hormone point of view, in: Proc. National Acad. Sci. USA *22* (1936): 426–430; (mit F. Addicott) Cultivation in vitro of excised pea roots, in: Bot. Gaz. *99* (1937): 144–170; Plant biochemistry, New York 1950 (^{2}1965 u. ^{3}1976 mit J. E. Varner); (mit A. W. Galston) Principles of plant physiology, San Francisco 1952. – B: AMWS.   Höx

Bonnet, Charles de (1720–1793); aus Thônes b. Genf; stud. Lit. u. Jura Univ. Genf (Dr. jur. 1744); danach Hinwendung zu mikroskop. Naturstud. (beeinflußt durch Swammerdams *Biblia naturae* u. d. Arb. von Réaumur); entdeckte 1740 d. Parthenogenese der Blattläuse, Begr. d. „Fibernpsychologie", baute d. Lehren von d. *Präformation* u. d. *Scala naturae* nach Leibniz am konsequentesten aus; durch schweres Augenleiden um 1750 Aufgabe d. Mikroskopie u. Zuwendung zu philosoph. Arb.; lebte in Genf als Privatgelehrter; starb auf Gut Genthod am Genfer See. – Lit.: Traité d'insectologie, Paris 1745 (dt.: Abh. über Insektenkunde, Lemgo 1773); Recherches sur l'usage des feuilles dans les plantes, Leiden 1754 (dt.: Untersuchungen über den Gebrauch der Blätter im Pflanzenreich, Ulm 1803); Essai de psychologie, Leiden 1754 (dt.: Abh. über die Psychologie, Leipzig 1773); Considérations sur les corps organisés, Genf 1762 (dt. 1773); Contemplation de la nature, Amsterdam 1764–1765 (dt. von Titus, Leipzig 1766); La Palingénésie, ou Idées sur l'état passé et sur l'état futur des êtres vivans, 2 Bde., Genève 1769 (dt. von J. C. Lavater, Zürich 1769–1770); Oeuvres d'histoire naturelle et de philosophie, 11 Bde., Neuchâtel 1779–1788. – B: DSB (P. E. Pilet); Savioz 1948; Andersohn 1982. – P.   Ja

Bonpland [eigentl. Goujaud], Aimé Jacques (1773–1858); aus La Rochelle (Frankr.); nach Dienst als Chirurg auf franz. Fregatte (1793) stud. Med. an d. Med. Arznei-Sch. in Paris, wo er von A. von Humboldt als Reisebegleiter gewonnen wurde; 1799–1804 als Botaniker u. Pflanzensammler auf gemeinsamer Fo.reise nach Süd.- u. Mittelamerika; nach Heimkehr Vorsteher d. kaiserl. Gärten in Navarre u. Malmaison; 1816 Auswanderung nach Südamerika, siedelte sich in Santa Ana (heute Paraguay, bei Corrientes/Argentinien) als Landwirt u. Arzt an; Begr. eines naturgeschichtl. Mus. in Cirriente, ab 1818 auch Prof. in Buenos Aires; starb in Restauración (Paraguay). – B: DhCmE (T. F. Glick); LexNW; Bouvier & Maynal 1950.   Ja/Sch

Bontius s. Bondt, Jacob de

Bordet, Jules Jean-Baptiste Vincent (1870–1961); aus Soignies (Belgien); 1886 stud. Med. Univ. Brüssel (Dr. med. 1892); ab 1894 im *Inst. Pasteur* in Paris (bei Mečnikov); 1901–1940 Dir. *Inst. Antirabique et Bactériologique* (ab 1903 *Inst. Pasteur du Brabant*) in Brüssel, wo er seine Stud. über Immunität fortsetzte; gleichz. 1907–1935 Prof. für Bakteriol., Parasitol. u. Epidemiol. Univ. in Brüssel, wo er starb. Zus. mit Octave Gengou Entdecker d. Keuchhustenerregers (*Bordetella pertussis*). Nobelpr. 1919. – Lit.: Traités de l'immunité dans les maladies infectieuses, Paris 1920 ([2]1939; dort auch d. frühen Publikationen enthalten, die vorw. in d. Ann. de l'Inst. Pasteur Paris erschienen); s. a. Lit. zu Kap. 21. – B: DSB (J. Vieuchange); Poggendorff VII b; Fruton 1982.   Ja/Sch

Bordeu, Theophile de (1722–1776); aus Izeste (Béarn, Frankr.); 1739 stud. Med. Univ. Montpellier (Bacc. 1742, Dr. med. 1743); nach erfolgloser Niederlassung als Chirurg in Béarn Rückkehr nach Montpellier, u. a. Doz. für Chirurgie; 1746 chirurg. Gehilfe bei J. L. Petit in Paris; 1749 Demonstr. für Anat. in Pau u. Verwalter d. Mineralquellen von Aquitaine; 1755 Arzt am Hosp. d. *Charité* in Paris, wo er starb. Arzt am Hof Ludwig XV. – Lit.: Analyse médicinale du sang, 1775; Œuvres complètes de Bordeu, précédées d'une notice sur sa vie et sur ses ouvrages, par M. le chevalier Richerand, 2 tom., Paris 1818. – B: Grimal; ABF; LexNW.   Sch

Borelli, Giovanni Alfonso (1608–1679); aus Castelnuovo (bei Neapel); stud. Med. Univ. Neapel, evtl. Schüler von T. Campanella, den er 1628 nach Rom begleitete; dann stud. Math. bei P. Castelli; 1635 Prof. für Math. in Messina (auf Empfehlung Castellis), 1643–1656 Mitgl. d. *Accademia della Fucina* in Messina; ab ca. 1656 Prof. für Math. u. Astronomie in Pisa, 1659 Mitgl. d. *Accademia del Cimento* in Florenz; ab 1667 wieder in Messina; starb in Rom. Vertr. d. Iatrophysik; wandte Gesetze d. Mechanik auch auf physiol. u. funktionelle Probleme d. tier. Körpers an; Experimente zu Bewegungsabläufen (Säugetiere, Vögel Fische), Mechanik d. Muskelkontraktion, Atem- u. Herzbewegung, die er auf physikal. Gesetze u. Konstruktionen zurückführte. – Lit.: De motu animalium …, Roma 1680–1681 (dt.: hrsg. von M. Mengeringhausen, Leipzig 1927 = Ostwalds Klassiker; 221). – B: DSB (T. B. Settle); LexNW.   Ja/Sch

Borlase, William (1695–1772); aus Pendeen (St. Just, Cornwall, GB); 1713 stud. *Exeter Coll.* Oxford (MA 1719); 1719/1720 Priester-Weihe, 1722 Pfarramt in Ludgvan (Cornwall), 1732 in St. Just; 1760 Dr. jur. Univ. Oxford; starb in Ludgvan. – Lit.: The natural history of Cornwall, Oxford 1758. – B: BBA.   Sch

Borthwick, Henry Alfred (1898–1974); aus Otsego bei Minneapolis (Minnesota, USA); 1917–1919 stud. Agrarwiss., bes. Bot., Univ. of Minnesota Minneapolis, 1919–1921 Stanford Univ. (AB 1921, MA 1924, PhD 1930); 1921 Teaching Fell. Stanford Univ.; 1922 Res. Ass. bei E. C. Robbins, 1930 Ass. Prof. für Bot *Agric. Sch.* Univ. of Calif. Davis; 1936 Morphologe, 1944 Sen. Botaniker, 1948 Sen. Pflanzenphysiologe, 1951 Principal Pflanzenphysiologe, 1959–1968 Res. Pflanzenphysiologe an d. Plant Industry Sta. USDA in Beltsville (Maryland). – Lit.: (mit S. B. Hendricks & M. W. Parker) Action spectrum for photoperiodic control of floral initiation of a long-day plant, Wintex barley (*Hordeum vulgare*), in: Bot. Gaz. 110 (1948): 103–118; (mit S. B. Hendricks, M. W. Parker, E. H. & V. K. Toole) A reversible photoreaction controlling seed germination, in: Proc. National Acad. Sci. USA 38 (1952 a): 662–666; (mit S. B. Hendricks & M. W. Parker) The reaction controlling floral initiation, in: ebda 38 (1952 b): 929–934; (mit S. B. Hendricks, E. H. & V. K. Toole) Action of light on lettuce seed germination, in: Bot. Gaz. 115 (1954): 205–225; History of phytochrome, in: Phytochrome, eds. K. Mitrakos & W. Shropshire jr., New York 1972: 3–44. – B: S. B. Hendricks 1976. – P.   Höx

Bose, Jagadis Chandra (1858–1937); aus Mymensingh (heute zu Bangladesh) indischer Pflanzenphysiologe,

Ch. de Bonnet 1786   H. A. Borthwick

der die Rhythmen des Pflanzenwachstums erkannte; ab 1885 Prof. in Calcutta, hier 1917 Gründer u. Dir. des *Bose Research Inst.*; starb in Giridih (Bihar, Indien). Erfinder eines Cresco- u. Sphygmographen zur Registrierung d. Pflanzenwachstums (analog d. Kymographen in d. Tierphysiol.). – Lit.: Life movements in plants, 4 Bde., Calcutta 1918–1921 (Transactions of the Bose Res. Inst., 1–4); Physiology of the ascent of sap, Calcutta 1923 (Transactions Bose Res. Inst., 5; dt. 1925); Plant autographs and their revelations, Calcutta 1927 (dt. u. d. T.: Die Pflanzenschrift und ihre Offenbarungen, Vorwort von H. MOLISCH, Wien 1928). – B: LexNW; M. MÖBIUS 1937/1968: 286.   Ja/Sch

Bougainville, Louis Antoine de (1729–1811); aus Paris; zuerst stud. Jura, dann 1751–1752 Math., Physik, Astron. u. Geogr.; militär. Laufbahn, 1754–1755 Offizier in London, 1756–1760 in Kanada; 1766–1769 Weltreise mit den franz. Schiffen *Boudeuse* u. *Étoile* u. a. 1768 nach Tahiti, Südostküste von Neu-Guinea, Nord Salomonen, Neu Irland u. Java, wo er zus. mit d. Arzt u. Botaniker Philibert COMMERSON neue Pflanzen entdeckte; ab 1799 Ltr. d. Längenbüros in Paris, wo er starb. – Lit.: Voyage autour du monde, par la frégate du Roi la Boudeuse et la flûte L'Étoile, en 1766, 1767, 1768 et 1769, Paris 1771 (dt. Übers.: Leipzig 1772, Berlin ³1980). – B: ABF.   Hek/Sch

Boussingault, Jean-Baptiste Joseph Dieudonné (1802–1887); aus Paris; nach Reisen in Südamerika 1832–1835 Prof. für Chemie in Lyon, dann in Paris; hier ab 1845 Prof. für Landw.wiss. Univ. u. am *Conservatoire des Arts et Métiers* in Paris, wo er starb. 1838 Mitgl. *Acad. des Sci.*; wies nach, daß die meisten Pflanzen ihren Stickstoffbedarf durch salpetersaure Salze d. Bodens decken; gilt als Mitbegr. d. Agrikulturchemie. – Lit.: Recherches chimiques sur la végétation, entreprises dans le but d'examiner si les plantes prennent de l'azote à l'atmosphère, in: C.R. Acad. Sci. Paris 6 (1838): 102–112; Économie rurale, 2 Bde., Paris 1843–1844. – B: DSB (R. P. AULIE); LexNW.   Eis/Sch

Boveri, Theodor (1862–1915); aus Bamberg; stud. Med. u. Zool., bes. Vergl. Anat., Univ. München (bei KUPFFER, Dr. med. 1885); dann Stud.aufenth. Zool. Sta. Neapel; 1887 Habil. für Zool. u. Vergl. Anat.,

1891–1893 Ass. bei R. HERTWIG Univ. München; ab 1893 o. Prof. für Zool. u. Vergl. Anat. Univ. in Würzburg, wo er starb. Beschäftigte sich mit entw.geschichtl. Fragen d. Ei- u. Samenzellen, d. Befruchtung u. Vererbung, u. leistete bedeut. Beitr. zur Zytogenetik. – Lit.: Über die Befruchtung der Eier von *Ascaris megalocephala*, in: Sb. Ges. Morphol. u. Physiol. München 5 (1887): 71–80; Zellenstudien I–VI, Jena 1887–1907; Die Befruchtung und Theilung des Eies von *Ascaris megalocephala*, in: Jena. Z. 22 (1888): 685–882; Ueber die Befruchtungs- und Entwicklungsfähigkeit kernloser Seeigeleier und über die Möglichkeit ihrer Bastardierung, in: A. Entw.mech. 2 (1895): 394–443; Zur Physiologie der Kern- und Zellteilung, in: Sb. Physikal.-med. Ges. Würzburg 1896 (1897): 133–151; Über mehrpolige Mitosen als Mittel zur Analyse des Zellkerns, in: ebda, N. F., 55 (1902): 67–90; Das Problem der Befruchtung, Jena 1902; Über den Einfluß der Samenzelle auf die Larvencharaktere der Echiniden, in: A. Entw.mech. 16 (1903): 340–363; Ergebnisse über die Konstitution der chromatischen Substanz des Zellkerns, Jena 1904; Die Blastomerenkerne von *Ascaris megalocephala* und die Theorie der Chromosomenindividualität, in: A. Zellfo. 3 (1909) 1–2; Über „Geschlechtschromosomen" bei Nematoden, in: ebda 4 (1909) 1; Zur Frage der Entstehung maligner Tumoren, Jena 1914. – B: DSB (J. OPPENHEIMER); BALTZER 1962; MORITZ 1993. – P.   Ja

Bowles, William (ca. 1720–1780); aus Cork (Irland); vermutl. stud. Jura in Engl. u. um 1740 Naturwiss., Chemie u. Metallurgie in Paris, wo er Antonio DE ULLOA traf u. in d. Dienst der span. Regierung trat; führte zahlr. Fo. in d. Mineral., Paleontol., Forstwirtsch. u. Kristallogr. durch, erweiterte die Slgn. d. naturgeschichtl. Kabinetts in Madrid, wo er starb. – Lit.: Introducción a la Historia Natural y a la geografía física de España, Madrid 1775. – B: DhCmE (E. PORTELA MARCO).   LGB/Sch

Bowman, William, Sir (1816–1892); aus Nantwich (Cheshire, Engl.); 1832 Lehre bei d. Chirurgen W. A. BETTS am Krankenhaus in Birmingham, gleichz. bei Joseph HODGSON; 1837 stud. am Med. Dep. *King's Coll.* London (bei Richard PARTRIDGE), 1838 Prosector bei Richard Bentley TODD, 1839 Junior Demonstr. für Anat., 1848–1853 Prof. für Physiol.; 1840 Ass.-Arzt am *King's Coll. Hosp.*, 1856–1870 Chirurg; 1846 Ass.-Arzt am Königl. Londoner ophthalmolog. Hosp. in Moorfields, 1851–1876 Chirurg; gleichz. Privatpraxis; starb in Dorking (Surrey, Engl.). 1880 Gründungs-Präs. d. engl. Ophthalmol. Ges; Vize-Präs. *Roy. Soc.* London. – Lit.: s. Lit. zu Kap. 15. – B: BBA; DSB (K. B. THOMAS); LexNW.   Sch

Boyle, Robert (1627–1691); aus Lismore (Irland); 1637–1644 umfangr. Ausbild. in Rechtswiss., Philos., Math. u. Naturwiss. in Frankr., Schweiz u. Ital. (um 1640 Erziehung u. Allgemeinbild. in Genf, 1642 in Florenz); nach Rückkehr in Engl. med. u. naturwiss. Stud., schloß sich d. Prinzipien d. indukt. u. experim. Naturwiss. von F. BACON an; zw. 1654 u. 1656 Physiker u. Chemiker in Oxford; 1662 Mitbegr. d. *Roy. Soc.* London; ab 1668 als Privatgelehrter in London, wo er

T. Boveri

P. Boysen-Jensen 1930

starb. Widmete sich d. experim. Untersuchung d. Gase; verbesserte zus. mit R. Hooke u. D. Papin, die ihm zeitw. assistierten, die Luftpumpe zur Vakuumerzeugung u. definierte d. Begriff „Element" neu; führte d. Alkoholkonservierung zoolog. Objekte ein; untersuchte d. Rolle d. Luft bei Atmung u. Verbrennung. – Lit.: The sceptical chemist, London 1661 (^{2}1679; dt.: Ostwalds Klassiker Nr. 229, Leipzig 1929, Repr. 1983); The Origin of Forms and Qualities according to the Corpuscular Philosophy, Oxford 1666 (^{2}1667); Memoirs for the Natural History of Human Blood, London 1684; The works of the honorable Mr. Robert Boyle, 5 Bde., London 1744. – B: DSB (M. Boas Hall); LexNW; Keynes & Fulton 1932 (W); Boas Hall 1965. Ja/Sch

Boysen-Jensen, Peter (1883–1959); aus Hjerting (Nordschleswig); stud. Med. u. Bot. Univ. Kopenhagen (bei Warming), 1902 stud. Pflanzenphysiol. u. Ass. (bei Wilhelm Johannsen); 1927–1948 (em.) o. Prof. für Pflanzenphysiol. Univ. Kopenhagen. – Lit.: Über die Leitung des phototropischen Reizes in der Avenakoleoptile, in: Ber. Dt. Bot. Ges. *31* (1913): 559–566; Die Stoffproduktion der Pflanzen, Jena 1932. – B: D. Müller 1961. – P. Sty/Sch

Brachet, Jean Louis Auguste (1909–1988); belg. Biologe; stud. *Univ. Libre de Bruxelles*; 1934 Ass. für Anat. Med. Fak. Univ. Brüssel, dort 1938 Studien-Dir. u. ab 1942 Prof. u. Dir. Dep. für Morphol. d. Tiere; ebenfalls Dir. Labor. für Molekular-Embryol. d. Int. Labor. für Genetik u. Biophysik in Neapel. – B: IWW 1974–75; Pirie 1990. Sch

Brady, Roscoe Owen (geb. 1923); aus Philadelphia (Pennsylvania, USA); 1941–1943 stud. Med. Pennsylvania State Univ., 1945–1947 Harvard Univ. Cambridge/Mass. (MD 1947); 1948 Fo.stipendiat, 1952 Fell. Abt. für Endokrinol. d. Univ. Hosp. Pennsylvania State Univ.; 1954 Ltr. lipid-chem. Abt., 1967 Ass. Chief Labor. für Neurochemie, 1972 Chief für Neurol. d. Entw. u. des Stoffwechsels am National Inst. Neurol. Diseases and Stroke der *National Inst. of Health* Bethesda (Maryland); 1963–1973 Prof. Lect. *Sch. of Med.* George Washington Univ. Washington/D. C.; 1965 Prof. Lect. *Sch. of Med.* Georgetown Univ. Washington/D. C. – Lit.: (mit S. Gurin) Biosynthesis of labeled fatty acids and cholesterol in experimental diabetes, in: J. Biol. Chem. *187* (1950): 589–596. – B: WWA. Höx

Bragg, William Henry, Sir (1862–1942); aus Westward (Cumberland, Engl.); 1881 stud. Math. *Trinity Coll.* Univ. Cambrigde (u. a. bei J. J. Thomson); 1886 Prof. für Math. u. Physik Univ. Adelaide (Australien); 1908 Prof. für Physik Univ. Leeds (Engl.), 1915 Univ. Coll. London; 1923 Dir. d. *Roy. Inst.* in London, wo er starb. 1935–1940 Präs. d. *Roy. Soc.* London. Nobelpr. (zus. mit seinem Sohn W. Lawrence B.) 1915. – Lit.: X-rays and crystal structure, in: Philos. Trans. Roy. Soc. *215 A* (1915): 253–274; The structure of organic crystals, in: Proc. Phys. Soc. London *54* (1921): 33–50; The significance of crystal structure, in: J. chem. Soc. *121* (1922): 2766–2782; Crystals of the living body, in:

Nature *132* (1933): 11–13, 50–53. – B: DSB (P. Forman); Andrade 1943 (W). Ja/Sch

Bragg, William Lawrence, Sir (1890–1971); aus Adelaide (Australien), Sohn von William Henry B. u. wie sein Vater Physiker u. Kristallograph; 1914 Doz. Trinity Coll. Cambridge/GB; ab 1919 Prof. für Physik Univ. u. 1938 Dir. d. *National Physical Labor.* in Manchester; 1939–1953 Prof. für Experim. Physik Univ. Cambridge/GB (Nachf. von Rutherford); ab 1953/1954 Prof. für Naturphilos. u. seit 1954 Dir. d. Labor. am *Roy. Inst.* in London; starb in Ipswich (Suffolk, Engl.). Bestimmte d. Gitterkonstanten von Kristallen u. stellte d. Gleichung für d. Spiegelung von Röntgenstrahlen an Gitternetzebenen auf; seine Arb. u. sein Inst. waren die wiss. Grundlage für d. Entdeckung d. Molekularstruktur der DNA durch Watson u. Crick. – Lit.: The determination of parameters in crystal structures by means of Fourier series, in: Proc. Roy. Soc. *125 A* (1929): 537–559. – B: LexNW; Autobiogr. 1967; Phillips 1979 (W). Ja/Sch

Brandt, Johann Friedrich (1802–1879); aus Jüterbog; 1821 stud. Med., vorw. Bot., Zool. u. Mineral., Univ. Berlin (bei K. A. Rudolphi, K. A. F. Kluge, A. von Gräfe, M. H. K. Lichtenstein; Dr. med. 1826); 1826 Ass. in d. Praxis von E. L. Heim (1747–1834), 1827 am Anatom. Inst. Univ. Berlin, ab 1828 Pd. u. a. für Med. Bot. u. Pharmakol.; 1831 Emigr. nach Rußland, Mitgl. d. AdW St. Petersburg u. Ass. an deren Zool. Mus., später dessen Dir.; seit 1833 o. Mitgl. d. AdW, außerdem Lehrer am Pädagog. Zentral-Inst. u. 1851–1869 Prof. für Zool. Med. Militär-Akad. in St. Petersburg; starb in Merreküll (Finnland). – Lit.: zahlr. Arb. über Seekühe, Fledermäuse, Marderartige sowie auch über Wirbellose, veröffentlicht in d. *Mémoires* d. Petersburger AdW. – B: DSB (A. V. Carozzi). Sch

Braun, Alexander Carl Heinrich (1805–1877); aus Regensburg; ab 1833 Prof. in Karlsruhe, 1846 Univ. Freiburg i. Br., 1850 Gießen, ab 1851 Prof. Univ. u. Dir. d. Bot. Gartens in Berlin, wo er starb. Hauptvertr. d. idealist. vergl. Morphol. d. Pflanzen; Ausbau d. Blattstellungstheorie von K. F. Schimper (zu Grundlagen d. Blattstellungslehre), d. Systematik d. Blütenpflanzen u. d. Blütenmorphol.; seine mikroskop. Untersuchungen an Kryptogamen sind ein wichtiger Beitr. zur Entw. d. Zelltheorie. – Lit.: Vergleichende Untersuchung über die Ordnung der Schuppen an den Tannenzapfen, in: Nova Acta phys.-med. Acad. Caes. Leop.-Carol. Nat. Cur. *15* (1831) 2: 195–402; Dr. Carl Schimpers Vorträge über die Möglichkeit eines wissenschaftlichen Verständnisses der Blattstellung …, in: Flora *18* (1835): 145–191; Betrachtungen über die Erscheinung der Verjüngung in der Natur, insbesondere in der Lebens- und Bildungsgeschichte der Pflanze (Programm), Freiburg i. Br. 1849–1850 (Leipzig 1851); Das Individuum der Pflanze in seinem Verhältnis zur Species, in: Abh. Königl. AdW zu Berlin 1853 (1854): 19–122; Über die Bedeutung der Morphologie, Berlin 1862; Ueber die Bedeutung der Entwickelung in der Naturgeschichte, Berlin 1872. – B: DSB (G. L. Geison); LexNW; Mettenius 1882; Hoppe 1969 b; Mägdefrau 1973/1992. – P. Ja/Sch

Brefeld, Oscar (1839–1925); aus Telgte (bei Münster, Westfalen); zunächst als Botaniker tätig; 1863 stud. Bot. u. Chemie Univ. Breslau u. Berlin (Habil. 1874); dann Doz., 1878 ao. Prof. Forstakad. Eberswalde; 1884 o. Prof. Univ. Münster, 1898 in Breslau; dort 1907 em. wegen eines Augenleidens; starb in Berlin. Bearbeitete v. a. Pilze, Entw. eines Einzell-Kulturverfahrens durch Isolierung von in Nährmedien ausgekeimten Sporen; legte d. Bedingungen für d. Gewinnung von Reinkulturen fest (z. B. Sterilisieren von Nährböden); bekannt ist sein Satz, wenn man nicht mit Reinkulturen arbeite, dann „kommt nur Unsinn und *Penicillium glaucum* heraus"; wandte sich 1874 gegen PASTEURS Feststellung, daß Hefe auch unter anaeroben Bedingungen fermentiert. – Lit.: Untersuchungen über die Alkoholgährung, in: Verh. d. phys.-med. Ges. Würzburg, N. F., *5* (1874): 163–178; Untersuchungen aus dem Gesamtgebiet der Mykologie, 15 Bde., Leipzig 1872–1912 (u. a. Heft I: Botanische Untersuchungen über Schimmelpilze; Heft IV: Culturmethoden zur Untersuchung der Pilze); s. a. Lit. zu Kap. 21. – B: DSB (C. E. DOLMAN); DBE.   Kö/Sch

Brehm, Alfred Edmund (1829–1884); aus Renthendorf (bei Triptis, Thüringen); erlernte zunächst Bauhandwerk, ab 1845 stud. Architektur Kunstakad. Dresden; 1847 Begleiter d. Barons John Wilhelm VON MÜLLER als Präparator u. Sammler auf Reise nach Ägypten, die er ab 1849–1852 nach Innerafrika allein fortsetzte; nach Rückkehr stud. Naturwiss. Univ. Jena (Dr. phil. 1856); 1858–1862 Geographielehrer in Leipzig; 1863–1866 erster Dir. d. neugegr. Zool. Gartens in Hamburg; 1867–1874 Gründer u. Ltr. des Berliner Aquariums; danach als Popularisator u. Schriftsteller in Berlin bzw. auf Vortragsreisen in Dtl., Österr. u. d. USA; starb in Renthendorf. – Lit.: Reiseskizzen aus Nordostafrika, 3 Bde., Jena 1854–55; Das Leben der Vögel, Glogau 1861; Ergebnisse einer Reise nach Habesch, Hamburg 1863; Illustriertes Thierleben, 6 Bde., Leipzig 1864–1869 (^{2}1876–1879, 10 Bde.); (hrsg. von H. BREHM) Vom Nordpol zum Äquator: populäre Vorträge, Stuttgart–Berlin–Leipzig 1890. – B: LexNW; GEBHARDT 1964, 1970; SCHMITZ 1984.   Ja

Bremser, Johannes Gottfried (1767–1827); aus Wertheim a. Main; stud. Med. Univ. Jena (Dr. med. 1796); 1797 prakt. Arzt in Wien; bearbeitete die dortige Helminthenslg. des „Kaiserl. u. Königl. zool. Hofcabinets", wo er 1806 zunächst als freiwilliger Mitarb., 1808 als Stipendiat u. 1811 als Kustos beschäftigt war; starb in Wien. – Lit.: Über lebende Würmer im lebenden Menschen …, nebst einem Anhange über Pseudo-Helminthen, Wien 1819; Icones Helminthum, systema Rudolphii entozoologicum illustrantes, Wien 1824. – B: NDB (H. DOLEZAL); ENIGK 1986.   Hth

Breuer, Josef [Joseph] (1842–1925); aus Wien; stud. Med. Univ. Wien (u. a. bei BRÜCKE, Dr. med. 1867); ab 1867 Ass. von J. VON OPPOLZER, Entdeckung d. Steuerung der Atmung (zus. mit E. HERING); 1868 Habil. Univ. Wien; später Privatpraxis in Wien, wo er starb. Auch Studien über Hysterie u. Psychoanalyse (zus. mit Sigmund FREUD). – Lit.: Die Selbststeuerung der Athmung durch den *Nervus vagus*, in: Sb. AdW Wien *58*

(1868): 904; Beiträge zur Lehre vom statischen Sinne (Gleichgewichtsorgan, Vestibularapparat des Ohrlabyrinthes), II. Mitt., Med. Jb. d. österr. Staates, 1875: 87. – B: ÖBL; NDB (L. SCHÖNBAUER).   Ja

Bridges, Calvin Blackman (1889–1938); aus Schuyler Falls (New York, USA); 1909 stud. Biol. Cornell Univ. u. Columbia Univ. New York (Dr. phil. bei T. H. MORGAN); dann wiss. Mitarb. d. *Carnegie Inst. of Washington* im Fo.labor. d. Columbia Univ. bei MORGAN; ab 1928 zus. mit MORGAN Aufbau d. Biolog. Labor. am *Caltech* Pasadena; 1931–1932 auf Einladung d. sowjet. AdW in Leningrad (St. Petersburg); danach Forts. seiner Arb. am *Caltech*; starb in Los Angeles (Calif., USA). Einer d. ersten Mitarb. MORGANS bei dessen *Drosophila*-Stud., bes. zytogenet. Arb.; Mitbegr. d. Chromosomentheorie der Vererbung; trug maßgebl. zur Entw. von Chromosomenkarten bei; entscheidende Beitr. zur Entdeckung d. geschlechtsgebundenen Vererbung. – Lit.: Non-disjunction of the sex chromosomes of *Drosophila*, in: J. experim. Zool. *15* (1913): 587–606; Non-disjunction as proof of the chromosome theory of heredity, in: Genetics *1* (1916): 1–52, 107–163; Triploid intersexes in *Drosophila melanogaster*, in: Science *54* (1921): 252–254; The origin of variation in sexual and sex-limited characters, in: Am. Natural. *56* (1922); (mit J. ALEXANDER) Sex in relation to chromosomes and genes, in: ebda *59* (1925): 127–137; The genetics of sex in *Drosophila*, in: Sex and internal secretion, hrsg. von E. ALLEN, Baltimore 1932 (Nachdr. 1934); Salivary chromosome maps, in: J. Hered. *29* (1935). – B: DSB (A. H. STURTEVANT); Nekr. 1941 (W).   Ja

Briggs, George Edward (1893–1985); aus Grimsby (Engl.); stud. Bot. St. John's Coll. Univ. Cambridge/GB (MA); 1919 Fak.-Mitgl., später Lect., dann Reader, 1946 Prof. für Pflanzenphysiol., 1948–1960 Prof. für Bot. Univ. Cambridge; starb in Welwyn (Hertfordshire, Engl.). – Lit.: (mit A. H. K. PETRIE) On the application of Donnan's equilibrium to the ionic relations of plant tissues, in: Biochem. J. *22* (1928): 1071–1083; (mit A. B. HOPE & R. N. ROBERTSON) Electrolytes and plant cells, Oxford 1961; Movement of water in plants, Oxford 1967. – B: WwW.   Höx

Briggs, Lyman James (1874–1963); aus Assyria (Michigan, USA); stud. Physik Michigan State Coll. (BS 1893) u. Univ. of Michigan Ann Arbor (MS 1895, PhD 1901 *Johns Hopkins Univ.* Baltimore); ab 1896 Mitarb. im Physikal. Labor. (später Bureau of Soils) d. USDA Washington/D. C., 1906 Biophysiker am Bureau for Plant Industry d. USDA; 1917 Mitarb. am Bureau of Standards, 1920 Ltr. Div. of Mechanics and Sound, 1933–1945 Dir. National Bureau of Standards in Washington. – Lit.: (mit H. L. SHANTZ) The relative wilting coefficient for different plants, in: Bot. Gaz. *53* (1912): 229–235. – B: WWWSc.   Höx

Briggs, Robert William (1911–1983); aus Watertown (Mass. USA); 1934 BS Univ. Boston; 1935 Austin Fell., 1936 Ass. Harvard Univ. Cambridge/Mass. (PhD Embryol. 1938); 1938 Res. Fell. für Zool. McGill Univ.; 1942–1954 Biologe am *Lankenau Hosp. Res.*

Inst. u. Sen. Assoc. Member *Inst. for Cancer Res.*, 1956–1963 (em.) Prof. für Zool., 1969 Chairman Dep. Biol. Indiana Univ. in Bloomington (Indiana), wo er starb. – Lit.: (mit T. J. KING) Transplantation of living nuclei from Blastula cells into enucleated frog's eggs, in: Proc. National Acad. Sci. USA *38* (1952): 455–463. – B: AMS; WwWA; DIBERARDINO & BROTHERS 1984.
Hth

Briggs, Winslow Russell (geb. 1928); aus St. Paul (Minnesota, USA); stud. Biol. Harvard Univ. Cambridge/Mass. (BA 1951, MA 1952, PhD 1956); 1955 Instr., 1957 Ass. Prof., 1962 Assoc. Prof., 1966 Prof. für Biowiss. Stanford Univ. California; 1967 Prof. für Biol. Harvard Univ. Cambridge (Mass.); seit 1973 Dir. Dep. für Pflanzenbiol. *Carnegie Inst. of Washington* Stanford. Mithrsg. d. *Ann. Rev. of Plant Physiol.* ab Bd. 24 (1973). – B: WWA.
Höx

Brindley, Harold Hume (1865–1944); engl. Zoologe; stud. Biol. (MA); um 1913 Lehrer für Biol. am *St. John's Coll.* Cambridge (Engl.). – Lit.: On certain characters of reproduced appendages in arthropoda, particularly in the blattidae, in: Proc. gen. Meet. Sci. Bus. Zool. Soc. London (1898): 924–958. – B: WwW; BBA.
Sch

Brisson, Mathurin Jacques (1723–1806); aus Fontenay-le-Comte (Vendée, Frankr.); 1737–1738 stud. Philos. am *Coll. de Fontenay*, dann *Coll. de Poitiers*, ab 1740 stud. Theol. (Bacc. 1744); 1745–1747 Subdiakon am Seminar St.-Sulpice in Paris; dann naturgeschichtl. Stud. mit RÉAUMUR, der ihn 1749 in seiner Slg. anstellte; dort bis 1757 auch eigene ornitholog. Fo.; ab 1753 Prof. für Experim. Physik im *Coll. de Navarre*, 1770 Nachf. von NOLLET als „maître de physique et d'histoire naturelle des Enfans de France"; 1779 Botaniker an d. AdW in Paris; 1796 Prof. für Physik u. Chemie am *Coll. des Quatre Nations*, 1805 Prof. am *Lycée Bonaparte* in Paris; starb in Brouessy (Magny-les-Hameaux bei Versailles). – Lit.: Ornithologia, sive Synopsis methodica sistens avium divisionem in ordines …, Paris 1756; Ornithologie ou Méthode contenant la division des oiseaux en ordres …, 6 Bde., Paris 1760. – B: DSB (R. TATON); ABF.
Ja/Sch

Brongniart, Adolphe Théodore (1801–1876); aus Paris; ab 1827 stud. Med. Univ. Paris; anschl. Lehrer an d. Med. Fak. d. *Sorbonne*; ab 1833 Prof. für Bot. u. Physiol. d. Pflanzen am *Jardin des Plantes*; 1834 Mitgl. franz. AdW; legte große Slgn. fossiler Pflanzen an, die später ins *Mus. d'Hist. nat.* kamen; 1843 Dir. d. Bot. Gartens, 1852–1866 General-Insp. d. Naturwiss. Fak. d. *Sorbonne* in Paris, wo er starb. – Lit.: La classification et la distribution des végétaux fossiles en général, Paris 1822; Mémoire sur la génération et le développement de l'embryo dans les végétaux phanérogames, in: Ann. Sci. nat. *12* (1827): 14–55, 145–172, 225 296; Histoire des végétaux fossiles, 2 Bde., Paris 1828–1837; Énumeration des Genres de plantes cultivées au Muséum d'Histoire naturelle de Paris suivant l'ordre établi dans l'école de Botanique en 1843, Paris 1843. – B: DSB (J. F. LEROY); FFE (G.-R. ENGEWALD).
Eis/Ja

Brongniart, Alexandre (1770–1847); aus Paris; stud. an d. *É. des Mines*, danach *É. de Méd.*; anschl. Ass. bei seinem Onkel, Antoine Louis BRONGNIART (1742–1804, Prof. für Chemie) im *Jardin des Plantes* u. Hilfsapotheker beim Militär; 1794 Bergbau-Ing.; 1797 Prof. für Naturgesch. an d. *É. Centrale des Quatre-Nations*; 1818 „ingénieur en chef des mines"; 1822 Prof. für Mineral. am *Mus. d'Hist. nat.* (Nachf. von R. J. HAÜY) in Paris, wo er starb. – B: DSB (M. J. S. RUDWICK); DE LAUNAY 1940.
Sch

Bronn, Heinrich Georg (1800–1862); aus Ziegelhausen (bei Heidelberg); ab 1817 stud. Kameralistik u. Naturgesch. Univ. Heidelberg; 1821 Pd. für Angew. Naturgesch. u. Staatswiss., 1828 ao. Prof. für Kameralistik (einschl. Naturgesch. u. Forstwiss.), ab 1833 auch Lehrauftrag für Allg. Naturgesch. u. Zool. u. Dir. d. zool. Kabinetts, 1837 o. Prof. für Angew. Naturgesch. (einschl. Forstwiss.) u. Zool. Univ. in Heidelberg, wo er starb. Legte umfangr. zool. u. paläontolog. Slgn. an, spez. Insekten u. Conchylien; hielt auch geowiss. u. pflanzenphysiolog. Vorlesungen u. führte mikroskop. Übungen durch; befaßte sich mit d. Variabilität von Kulturpflanzen u. mit d. Erdgesch.; publizierte d. erste dt. Übers. von DARWINS *Entstehung der Arten* (1860). – Lit.: System der urweltlichen Konchylien …, Heidelberg 1824; Lethaea Geognostica, 2 Bde., Stuttgart 1835–1838; Handbuch einer Geschichte der Natur, 3 Bde., Stuttgart 1841–1849; (mit H. R. GOEPPERT & Hermann VON MEYER) Index Palaeontologicus, oder Übersicht der bis jetzt bekannten fossilen Organismen, Stuttgart 1848–1849; Allgemeine Zoologie, Stuttgart 1850 (Neue Encyklopädie der Wissenschaften u. Künste, 3); Morphologische Studien über die Gestaltungs-Gesetze der Naturkörper überhaupt und der organischen insbesondere, Leipzig-Heidelberg 1858a; Untersuchungen über die Entwicklungs-Gesetze der organischen Welt während der Bildungs-Zeit unserer Erd-Oberfläche (Preisschr. d. franz. AdW 1857), Stuttgart 1858b; Die Klassen und Ordnungen des Thier-Reichs, wissenschaftlich dargestellt in Wort und Bild, Bd. 1–3, Leipzig–Heidelberg 1859–1862 (fortgesetzt). – B: DSB (B HANSEN); SCHUMACHER 1975.
Ja

Brooks, William Keith (1848–1908); aus Cleveland (Ohio); 1866 stud. Naturwiss. Hobart Coll., 1868 William Coll. (BA 1870), dann Lehrer im De Veaux Coll. (Niagara Falls); ab 1873 Harvard Univ. Cambridge, Arb. bei L. AGASSIZ im Meereslabor. Penekese (Dr. phil. 1875); 1875–1876 Ass. am Mus. d. *Boston Soc. Nat. Hist.*; ab 1876 an d. neugegr. Johns Hopkins Univ., 1878 Gründung u. Ltr. des Chesapeake Zool. Labor., 1883 Ass. Prof. für Morphol., 1889 o. Prof. für Zool. u. ab 1894 Ltr. des Biol. Dep.; Arb. bes. zur Embryol. von Meerestieren (Tunikaten, Mollusken, Crustaceen), zeitw. in den Labor. in Woods Hole (Mass.), Beaufort (N. C.) u. im Marine Labor. d. *Carnegie Inst.* in Tortugas Keys (Florida); lebte in Brightside am Roland See (bei Baltimore), wo er starb. – Lit.: Handbook of invertebrate zoology, Baltimore 1882; The law of heredity, Baltimore 1883; The foundations of zoology, Baltimore 1899. – B: DSB (M. V. EDDS Jr.).
Ja

Brown, Robert (1773–1858); aus Montrose (Schottland); stud. Med.; 1793–1800 Militärchirurg; 1801–1805 Teiln. an d. Exped. von Kapitän FLINDERS nach Australien (damals „Neu-Holland"); 1806 Bibliothekar d. *Linnean Soc.*, 1847–1849 deren Präs.; ab 1810 Aufseher der Bot. Slgn. von Sir J. BANKS, nach Übernahme derselben in das *British Museum* ab 1827 Kustos der bot. Museumsslgn. in London, wo er starb. Bedeut. Systematiker u. Mikroskopiker, studierte die Entw. von Pollen u. Eizelle bei Coniferen, Cycadeen u. Orchideen, entdeckte 1828 die nach ihm benannte Molekularbewegung in der Zelle, 1831 die Bedeutung des Zellkerns sowie die Gymnospermie. – Lit.: Vermischte botanische Schriften, Hrsg.: C. G. NEES VON ESENBECK, 5 Bde., Nürnberg 1825–1834. – B: DSB (W. T. STEARN); FARMER 1913. – P.   Eis/Ja

Brown, William (1888–1975); aus Middlebie (Dumfriesshire, Schottl.); 1904–1910 stud. Math. u. Naturwiss. Univ. Edinburgh (MA 1908, BS 1910); 1910 Lect. für Pflanzenphysiol. Univ. Edinburgh; 1912 Res. Student (bei V. H. BLACKMAN, DSc 1916), 1916 Res. Ass., 1918 Res. Physiologist, 1923 Ass. Prof. für Physiol. Pathologie, 1928–1953 Prof. für Pflanzenpathologie Imperial Coll. Univ. London; starb in Manchester. – Lit.: Studies in the physiology, I.: The action of *Botrytis cinerea*, in: Ann. Bot. *29* (1915): 313–348; Toxins and cell-wall-dissolving enzymes in relation to plant disease, in: Ann. Rev. Plant Physiol. *3* (1965): 1–18. – B: DNB (S. D. GARRETT).- P.   Höx

Browne, Thomas (1605–1682); engl. Arzt u. Philosoph, der sich gegen metaphys. Vorstellungen in den Naturwiss. wandte, das Eingreifen geistiger Kräfte in die Lebensprozesse anzweifelte u. seine rationalist. Auffassungen durch physikal.-chem. Methoden bei physiolog. Experimenten zu erhärten suchte. – Lit.: Religio medici, London 1642; Pseudododoxia epidemica, 1646; Vollst. Werkausg.: KEYNES, G. (Hrsg.), The works of Sir Thomas Browne, 4 Bde., London 1964. – B: DSB (G. KEYNES); FINCH 1950.   Ja

Brown-Séquard, Charles Édouard (1817–1894); aus Port Louis (Mauritius); stud. Med. Univ. Paris (Dr. med. 1846), dann Ass. am Krankenhaus d. *Charité* (bei Pierre RAYER); anschl. prakt. Arzt in Philadelphia, New York u. 1852 Boston, danach Rückkehr nach Paris u. später Port Louis; 1854 Prof. am Med. Coll. Univ. Richmond (Virginia, USA); 1855 wieder Paris; 1856 Doz. Univ. Boston, 1858 am *Roy. Coll. of Surgeons*, Engl.; 1860–1863 Arzt am *Nat. Hosp. for the Paralysed and Epileptics* London; 1864 o. Prof. für Physiol. u. Pathol. Harvard Med. Sch. Boston (USA); 1867 Rückkehr nach Paris, dort 1869 Prof. für Vergl. u. Experim. Pathol. *Fac. de Méd.*; 1870/71 wieder in d. USA, Gründung eines physiol. Labor. in New York, Doz. in Boston, London, Dublin u. Paris; ab 1878 Prof. für Med. am *Coll. de France* (Nachf. von Claude BERNARD) in Paris, wo er starb. – Lit.: s. Lit. zu Kap. 15. – B: DSB (M. D. GRMEK); OLMSTED 1946.   Sch

Bru de Ramón, Juan Bautista (1740–1799); aus Valencia; ab 1771 Maler u. Präparator im neugegr. *Real Gabinete de Historia Natural* Madrid; arb. in d. Zool.; rekonstruierte das Skelett des *Megatherium*, erstes in Europa aufgestelltes fossiles Säugetierskelett; Mitarb. an der Erfo. der span. Meeresfauna u. der Herkunft der Nutzfische in Span; starb in Madrid. – Lit.: Colección de láminas que representan los animales y monstruos del R. Gabinete de Historia Natural de Madrid …, 2 vols., Madrid 1784–1786; Descripción histórica de los artes de la pesca nacional, 5 vols., Madrid 1791–1795. – B: DhCmE (J. M. LÓPEZ PIÑERO).   LGB/Sch

Brücke, Ernst von (1819–1892); aus Berlin; 1838 stud. Med. Univ. Berlin (Dr. med. 1842); 1843 Ass. am Anat.-zootomischen Mus. (bei Joh. MÜLLER); 1845 Pd. für Anat. u. Physiol. Univ. Berlin; 1847 ao. Prof. für Physiol. Univ. Königsberg (heute Kaliningrad), 1849–1890 o. Prof. für Physiol. Univ. Wien, wo er starb. – Lit.: Über die Bewegungen von *Mimosa pudica*, Leipzig 1848; Beiträge zur vergleichenden Anatomie und Physiologie des Gefäss-Systems, Wien 1852; Grundzüge der Physiologie und Systematik der Sprachlaute für Linguisten und Taubstummenlehrer, Wien 1856; Die Elementarorganismen, in: Sitzungsber. Akad. Wiss. Wien, Math.-nat. Cl., *44* (1862) 2: 381–406; Die Physiologie der Farben für die Zwecke der Kunstgewerbe …, Leipzig 1866; Vorlesungen über Physiologie, 2 Bde., Wien 1873–1874. – B: DSB (E. LESKY); E. Th. BRÜCKE 1928 (W). – P.   Ja

A. Braun um 1850

R. Brown

W. Brown

E. von Brücke

Bruguières, Jean Guillaume (1750–1799); aus Montpellier; stud. Med. u. Naturgesch. Montpellier (Dr. med.) u. Bot. in Paris; danach Reise nach Australien u. Indien (1773); 1774 Rückkehr nach Montpellier, 1781 erneuter Aufenth. in Paris. Widmete sich ganz den Naturwissenschaften. 1792 Orientreise, auf deren Rückreise er in Ancône verstarb. – Lit.: Histoire naturelle des vers, Paris 1791–1794. – B: Ärzte I; ABF.   Sch

Brunfels, Otto (1488–1534); aus Mainz; stud. in Mainz (MA); dann Karthäusermönch in Straßburg (1514 Priesterweihe), nach Flucht u. Übertritt zum Protestantismus (Protektion durch Fr. von Sickingen u. U. von Hutten) Pfarrer in Steinheim (bei Hanau), Neuenburg (Breisgau) u. 1524 in Straßburg; 1530 Dr. med. in Basel; 1532 Stadtarzt u. Prof. d. Med. in Bern, wo er starb. Verfaßte theolog. u. medizin. Schriften u. das erste illustr. Kräuterbuch. – Lit.: Herbarum vivae eicones, 3 Bde., Straßburg 1530–1536; dt.: Contrafayt Kreuterbuch, Straßburg 1532–1537 (mit 229 Holzschn. nach Aquarellen von Hans Weiditz, Straßburg, separat hrsg. von Rytz, W.: Pflanzenaquarelle des Hans Weiditz, Bern 1936). – B: DSB (J. Stannard).   Ja

Bruno, Giordano (1548–1600); aus Nola (Italien); Mitgl. d. Dominikanerordens in Neapel, dem er 1576 nach Rom entfloh; lehrte dann an schweizer, franz., engl. u. dt. Universitäten antischolast. Philos. u. Theol., verfaßte am Hof d. Königin Elisabeth in London ab 1580 Kampfschriften gegen das kathol. Kirchendogma, trat für d. kopernikan. Weltsystem ein u. wurde 1592 von d. Inquisition verhaftet, 1593 in Rom eingekerkert u. dort 1600 verbrannt. – Lit.: Della causa, principio ed uno, Venedig 1584 (dt. von A. Lasson 1873); Del infinito universo e mondi, Venedig 1584; De tripli minimo, Paris 1591; De monade, Paris 1591. – DSB (F. A. Yates); Florey 1993.   Ja

Buchner, Eduard (1860–1917); aus München, Bruder von Hans B.; stud. Chemie Univ. München u. Berlin; 1896 ao. Prof. für Analyt.-pharmazeut. Chemie Univ. Tübingen; ab 1898 ao. Prof. für Allg. Chemie Landw. HS Berlin; 1909 o. Prof. für Physiolog. Chemie Univ. Breslau (Wrocław), 1911 Univ. Würzburg; starb als Soldat im 1. Weltkrieg in Focsani (Rumänien). Nobelpr. 1907. – Lit.: Alkoholische Gärung ohne Hefezellen, in: Ber. Dt. Chem. Ges. *30* (1897): 117–124, 1110–1113; (mit R. Rapp) Alkoholische Gärung ohne Hefezellen, in: ebda *31* (1898): 212–213; (mit H. Buchner & M. Hahn) Die Zymasegärung, München 1903. – B: DSB (H. Schriefers); LexNW; NLCh (Chr. G. Reinhardt).   Ja/Sch

Buchner, Hans (1850–1902); aus München, Bruder von Eduard B.; stud. Med. Univ. München u. Leipzig (Dr. med. 1874); ab 1875 als Militärarzt tätig; 1880 ao. Prof., 1884 o. Prof. für Hygiene u. Dir. des Hygiene-Inst. (Nachf. von M. J. von Pettenkofer) in München, wo er starb. Arb. spez. über Prophylaxe u. Therapie der Tuberkulose; entdeckte, daß Bakterien durch Blutserum abgetötet werden, u. vertrat (gegen Mečnikovs Phagocytentheorie) die Auffassung von d. bakterizi-

den Wirkung des Serums (Serumtheorie). – Lit.: (mit E. Buchner & M. Hahn) Die Zymasegärung, München 1903; s. a. Lit. zu Kap. 21. – B: NDB (K. Kisskalt); LexNW.   Ja

Buchner, Paul Ernst Christof (1886–1978); aus Nürnberg; stud. Zool. Univ. Würzburg u. München (Dr. phil. 1909); 1912 Pd. für Zool. Univ. München; 1919 ao. Prof., 1923 o. Prof. Univ. Greifswald; 1926 o. Prof. für Zool. u. Ltr. d. Zool. Inst. Univ. Breslau (Wrocław), 1934–1943 Leipzig; bis 1958 (em.) o. Prof. für Zool. Univ. München; ab 1950 als Privatgelehrter in Porto d'Ischia, wo er starb. Begr. der modernen Symbioseforschung. – Lit.: Richard Hertwig und die Lehre von den Chromidien und dem Chromatindualismus, in: Naturwiss. *8* (1920): 774–776; Allgemeine Zoologie, Leipzig 1938. – B: DBE; LexNW; Gersch 1979.   Ja/Sch

Buckingham, Edgar (1867–1940); aus Philadelphia (Pennsylvania, USA); stud. Physik Harvard Univ. Cambridge/Mass. (AB 1887); 1887 Praktikant, 1888 Ass. für Physik Harvard Univ., 1889–1890 Praktikant Univ. Straßburg, 1891 Ass. für Physik Harvard Univ. (Dr. phil. 1893 Univ. Leipzig); 1893–1899 Fak.-Mitgl. *Bryn Mawr Coll.* Pennsylvania; 1901 Instr. für Physik Univ. of Wisconsin Madison; 1902 Ass. Physicist am Bureau of Soils d. USDA Washington; 1905–1937 Physicist am Bureau of Standards; gleichz. 1910–1912 Lect. für Thermodynamik an d. Graduate Sch. der U.S. Naval Acad. u. 1918 Mitarb. des Wiss.attachés d. US-Botschaft in Rom; starb in Chevy Chase/Maryland. – Lit.: An outline of the theory of thermodynamics, New York, London 1900; Studies on the movement of soil moisture, Washington 1907 (U.S. Dept. Agr. Bur. Soils Bull., 38). – B: WwWA.   Höx

Buddenbrock-Hettersdorf, Wolfgang Freiherr **von** (1884–1964); aus Bischdorf (Schlesien); 1902 stud. TH Berlin-Charlottenburg, ab 1906 stud. Zool. Univ. Jena u. Heidelberg (bei Bütschli, Dr. phil. 1910); 1910–1920 Ass. Zool. Inst. Univ. Heidelberg, ab 1914 Pd., 1920 ao. Prof.; 1922 o. Prof. für Zool. u. Dir. Zool. Inst. Univ. Kiel, 1936–1941 in Halle/Saale, 1942–1945 Wien, 1945 Marburg, 1946–1954 in Mainz, wo er starb. – Lit.: Bilder aus der Geschichte der biologischen Grundprobleme, Berlin 1930; s. a. Kap. 15. – B: Kürschner; Schaller 1966; ALH MM 4351 (W 1909–1936).   Sch

Buder, Johannes (1884–1966); aus Berlin; ab 1904 stud. Naturwiss. Univ. Berlin (Dr. phil. 1908); 1911 Pd., 1917 ao. Prof. für Bot. Univ. Leipzig; 1922 o. Prof. für Bot. Univ. Greifswald u. Dir. des Bot. Inst. u. Gartens, 1928–1945 Univ. Breslau (Wrocław); 1947–1956 Lehrstuhl für Bot. Univ. in Halle, wo er starb. Arb. über Reizphysiologie, Chimaren u. Generationswechsel der Pflanzen; Mithrsg. des *A. für Protistenkunde.* – B: Friedr. Jacob 1968, 1970 (W).   Ja

Büchner, Ludwig [Louis] **Friedrich Karl Christian** (1824–1899); aus Darmstadt; stud. Med. Univ. Gießen (Dr. med. 1848), Straßburg, Würzburg u. Wien; nebenbei philos. Studien; 1842–1848 prakt. Arzt in Darmstadt; 1848 Habil. Univ. Tübingen; 1852 Pd. für Med. u. Ass.-Arzt Med. Klinik Univ. Tübingen; mußte 1855 akadem. Laufbahn wegen seines Werkes *Kraft und Stoff* aufgeben, Rückkehr als Arzt u. Schriftsteller nach Darmstadt, wo er starb. – Lit.: Kraft und Stoff, Frankfurt a. M. 1855 (21. Aufl. 1904); Sechs Vorlesungen über die Darwinsche Theorie ..., Leipzig 1868 (²1868, ³1872, 5. Aufl. 1890); Physiologische Bilder, Leipzig 1861–1886; Aus Natur und Wissenschaft, Leipzig, 1. Bd. 1862 (²1869, ³1874), 2. Bd. 1884; Der Mensch und seine Stellung in der Natur, Leipzig 1869–1870 (²1872, ³1889); Aus dem Geistesleben der Tiere, Berlin 1876 (²1877, ³1880, 4. Aufl. 1895). – B: NDB (A. Neuhäusler); DBE; Autobiogr. 1885.   Sty/Sch

Bünning, Erwin (1906–1990); aus Hamburg; 1931 Pd. Univ. Jena; 1938 ao. Prof. Univ. Königsberg (Kaliningrad); 1941 ao. Prof. Univ. Straßburg; 1945 o. Prof. für Bot. Univ. Köln; 1946 o. Prof. der Bot. u. Dir. des Bot. Inst. u. Gartens Univ. Tübingen; starb in Debrecen (Ungarn). – Lit.: Untersuchungen über die autonomen tagesperiodischen Bewegungen der Primärblätter von *Phaseolus multiflorus*, in: Jb. Wiss. Bot. 75 (1931): 439–480; Sind die Organismen mikrophysikalische Systeme?, in: Erkenntnis 5 (1935): 337–347; Die endonome Tagesrhythmik als Grundlage der photoperiodischen Reaktion, in: Ber. Dt. Bot. Ges. 54 (1936): 590–607; Phototropismus und Carotinoide II. Das Carotin der Reizaufnahmezonen von *Pilobolus*, *Phycomyces* und *Avena*, in: Planta 27 (1937): 148–158; Quantenmechanik und Biologie, in: Naturw. 31 (1943): 194–197; Theoretische Grundfragen der Physiologie, Jena 1945 (²1948); Weitere Versuche über die Beziehung zwischen endogener Tagesrhythmik und Photoperiodismus, in: Z. Naturfo. 3 b (1948): 457–464; (mit H. Mohr) Das Aktionsspektrum von Lichteinfluß auf die Keimung von Farnsporen, in: Naturw. 42 (1955): 212; Die physiologische Uhr, Berlin (W.) 1958 (³1977); Der Lebensbegriff in der Physiologie, in: Stud. Gen. 12 (1959): 127–133. – B: LexNW; Autobiogr. 1977; Haupt 1992; Plesse 1996. – P.   Ja

Bütschli, Otto (1848–1920); aus Frankfurt a. M.; 1864 stud. Naturwiss. (Chemie, Math., Mineralogie) Poly-

techn. Sch. Karlsruhe; 1865 Ass. bei d. Geologen C. Zittel; 1866 stud. Zool., Anat. u. Mineralogie Univ. Heidelberg, Praktikant bei Bunsen (Dr. phil. 1867); ab 1869 Ass. Univ. Leipzig (bei R. Leuckart), wo er entw.geschichtl. Stud. begann u. sich auf Nematoden spezialisierte; 1873–1874 Ass. Univ. Kiel (bei K. Möbius); 1876 Pd. für Zool. TH Karlsruhe, u. protozoolog. Stud.; 1878–1919 o. Prof. für Zool. u. Dir. Zool. Inst. Univ. in Heidelberg, wo er starb. – Lit.: Beiträge zur Kenntnis der freilebenden Nematoden, in: Verh. Kaiserl. Leop.-Carol. Akad. Naturfo. 36 (1873)5: 1–124; Studien über die ersten Entwicklungsvorgänge der Eizelle, die Zelltheilung und die Conjugation der Infusorien, in: Abh. Senckenberg. Naturf. Ges. 10 (1876): 215–452; Protozoa, in: H. G. Bronn, Klassen und Ordnungen des Tierreichs, Leipzig 1880–1889, Bd. 1; Über mikroskopische Schäume und das Protoplasma, Leipzig 1892; Mechanismus und Vitalismus, Leipzig 1901. – B: NDB (H. Ziegenspeck); DSB (J. D. Berger); Kossel 1920 (Autobiogr. u. W); Willer 1967. – P.   Ja

Buffon, Georges Louis Leclerc, Comte de (1707–1788); aus Montbard (Bourgogne, Frankr.); 1717–1723 Jesuitenkoll. in Dijon u. bis 1726 stud. Jura; durch Bildungsreise mit Lord Kingston durch Frankr. u. Ital. für Naturwiss. interessiert; 1728–1730 stud. Med., Math. u. Bot. in Angers; ab 1732 Privatgelehrter in Paris, übers. d. Arb. von Newton u. Hales u. widmete sich physikal. Studien; 1734 Mitgl. AdW Paris u. 1739 Intendant des *Jardin du Roi* u. des königl. Naturalienkabinettes, deren Slgn. er vermehrte u. beschrieb (späterer Grundstock des *Muséum national d'histoire nat.*); führte die „Naturgeschichte" zu einem gewissen Höhepunkt, suchte nach allg. Naturgesetzen u. gliederte sie in „allgemeine" u. „spezielle" Naturgesch.; starb in Paris. – Lit.: Histoire naturelle, generale et particulière, 36 Bde. (u. Suppl.), Paris 1749–1788, 1789; Les époques de la nature, Paris 1778 (dt. Übers.: St. Petersburg 1781); Sämtliche Werke (dt. von H. Schaltenbrand), Köln 1837; (Hrsg. Jean Piveteau) Oeuvres philosophiques de Buffon, Paris 1954. – B: DSB (J. Roger); Lovejoy 1959; Roger 1989; Dougherty 1990. – P.   Ja

Bumm, Ernst (1858–1925); aus Würzburg; stud. Med. Univ. Würzburg (Dr. med. 1880, Habil. 1885); 1894 o.

E. Bünning

O. Bütschli

G. Buffon

C. F. Burdach

Prof. für Gynäkologie u. Geburtshilfe Univ. Basel, 1900 Halle u. ab 1904 Berlin; starb in München. Züchtete den von Albert Neisser 1879 bei der Gonorrhoe mikroskopisch nachgewiesenen „Gonococcus" reproduzierbar in Reinkultur u. bewies seine Erregernatur durch Inokulation beim Menschen u. Erzeugung einer Gonorrhoe; weitere Arb. über puerperale Wundinfektionen, Antiseptik u. zu spezif. gynäkolog. Problemen. – Lit.: Der Mikroorganismus der gonorrhoischen Schleimhauterkrankungen „Gonococcus Neisser": nach Untersuchungen beim Weibe und an der Conjunctiva der Neugeborenen dargestellt, Wiesbaden 1885; Menschliches Blutserum als Nährboden für pathogene Mikroorganismen, in: Dt. Med. Wochenschr. *11* (1885): 910–911; Grundriß zum Studium der Geburtshilfe, Wiesbaden 1902 (14./15. Aufl. 1922). – B: NDB (E. Bauereisen).   Kö/Sch

Bunge, Gustav von (1844–1920); aus Dorpat (Tartu, Estland); stud. Med., dann Chemie Univ. Dorpat (Dr. chem. 1874), dort Doz. für Physiol.; anschl. stud. Univ. Straßburg u. Leipzig (Dr. med. 1882); ab 1885 erster o. Prof. für Physiol. Chemie der Schweiz in Basel, wo er starb. – Lit.: Lehrbuch der Physiologie des Menschen, 2 Bde., Leipzig 1901 (^{2}1905). – B: Ärzte II; Schweizer Lex.   Sch

Burdach, Karl [Carl] Friedrich (1776–1847); aus Leipzig; 1793 stud. Med. Univ. Leipzig (Dr. med. 1798), dann bei Johann Peter Frank (1745–1821, o. Prof. d. Prakt. Arzneischule u. Dir. d. Allg. Krankenhauses) in Wien; ab 1799–1811 prakt. Arzt in Leipzig u. Pd. für Anat. Univ. Leipzig; 1811 o. Prof. für Anat. u. Physiol. Univ. Dorpat (Tartu, Estland); 1814 o. Prof. für Neurol. Univ. in Königsberg (Kaliningrad), wo er starb. – Lit.: Propädeutik zum Studium der gesammten Heilkunst, Leipzig 1800; Umriß einer Methodik der Morphologie des menschlichen Körpers, Leipzig 1814 (Anatom. Untersuchungen bezogen auf Naturwiss. u. Heilkunst, hrsg. von C. F. Burdach, 1); Vom Baue und Leben des Gehirns, 3 Bde., Leipzig 1819–1826; Die Physiologie als Erfahrungswissenschaft, Bd. 1: Leipzig 1826, Bd. 2–6: Königsberg 1828–1840; Anthropologie, Leipzig 1837. – B: DSB (A. S. Kay); Autobiogr. 1848/1923. – P.   Ja

Burdon-Sanderson, John Scott (1828–1905); aus Jesmond (bei Newcastle-on-Tyne, Engl.); nach Privatunterricht 1847 stud. Med. Univ. Edinburgh (Schottl.) (u. a. bei John Balfour, John Goodsir u. John Hughes Bennett; MD 1851); 1851 Stud. in den chem. Labor. von Charles Gerhardt u. Charles Wurtz u. Physiol. (bei Claude Bernard) in Paris; 1852 prakt. Arzt in London; 1853 Registrar am *St. Mary's Hosp.*, dort 1854 Doz. für Bot. u. 1855–1862 für Gerichtsmedizin; 1859–1863 u. 1865–1871 Arzt im *Brompton Hosp. for Consumption*, 1863–1870 am Middlesex Hosp.; gleichz. 1856–1867 Amtsarzt für d. Gemeinde Paddington, 1860–1865 Insp. d. Med. Dep. im Staatsrat; 1870 Prof. für Prakt. Physiol. u. Histol. Univ. Coll. London (Nachf. von Michael Foster), 1874 anstelle von William Sharpey *Jodrell*-Prof. für Human-Physiol.; 1871–1878 Dir. der neugegr. *Brown Inst.*, des ersten engl. Labor. für Pathol.; 1882 erster *Wayn-flete*-Prof. für Physiol., 1895 *Regius*-Prof. für Med. Univ. in Oxford, wo er starb. – Lit.: s. Kap. 15. – B: DSB (G. L. Geison).   Sch

Buridan, Jean s. Johannes Buridanus

Buridanus, Johannes s. Johannes Buridanus

Burmann, Johann (1706–1779); stud. Med. Univ. Leiden (bei H. Boerhaave); 1728 Prof. für Bot. am Athenaeneum in Amsterdam, besaß ein großes Privatherbarium u. förderte C. von Linné bei dessen Aufenth. in Holland 1735–1738 entscheidend; starb in Amsterdam. – Lit.: Flora Ceylonensis, Amsterdam 1738. – B: Stansfield 1957; Smit 1986.   Ja

Burnet, Thomas (1632–1715); aus Croft; (Yorkshire, Engl.); stud. Theol. u. Philos. Christ's Coll. Cambridge (MA 1658); 1667–1678 Proktor, 1678 Mitgl. des Christ's Coll. Cambridge, 1685 Master von Charterhouse bei London, später Kaplan; unternahm 1671 größere Reisen in Europa, wo er Stud. zu seiner Theorie der Erdentwicklung machte; starb in London. – Lit.: Telluris theoria sacra, 2 Bde., London 1681, 1689. – B: DSB (S. Kelly).   Ja

Burrill, Thomas Jonathan (1839–1916); aus Pittsfield (Mass., USA); 1862–1865 stud. Naturwiss. Illinois State Sch. in Normal (bes. Bot. bei J. A. Sewall; AM 1876 Northwestern Univ. Evanston, PhD ehrenh. 1881 Univ. of Chicago); 1865 Superintendent für Schulen in Urbana; 1868 Ass. Prof. für Naturgesch. u. Bot., 1870–1912 (em.) Prof. für Bot. u. Gartenbau Univ. of Illinois in Urbana, zugl. 1888–1912 Botaniker d. Illinois Agric. Experim. Sta. – Lit.: Pear blight, in: Trans. Illinois Stat. Hort. Soc., N. S., *11* (1878): 114–116. – B: CDAB; IBN; Barrett 1918; Humphrey 1961.   Sch/Höx

Burris, Robert Harza (geb. 1914); aus Brookings (South Dakota, USA); stud. Naturwiss., bes. Biochemie, *South Dakota State Univ.* Brookings (BS 1936); 1936 Ass. bei P. W. Wilson *Univ. of Wisconsin* Madison (MS 1938, PhD 1940); 1940 Fo.stipendiat Columbia Univ. New York; 1941 Instr., 1944 Ass. Prof., 1948 Assoc. Prof. u. 1951–1984 (em.) Prof. für Biochemie *Univ. of Wisconsin* Madison. – Lit.: (mit P. W. Wilson) Ammonia as an intermediate in nitrogen fixation by Azotobacter, in: J. Bacteriol. *52* (1946): 505–512; s. a. Lit. zu Kap. 16. – B: WWA.   Höx

Butenandt, Adolf (1903–1995); aus Bremerhaven-Lehe; 1921–1927 stud. Chemie Univ. Göttingen u. Marburg (Dr. phil. 1927 bei A. Windaus Univ. Göttingen); 1927 am chem. Univ.-Labor. Göttingen; 1933 o. Prof. für Chemie TH Danzig (Gdańsk); 1936 Dir. d. KWI für Biochemie Berlin, 1938 Hon. Prof. für Biochemie Univ. Berlin; ab 1945 o. Prof. für Physiolog. Chemie Univ. u. Dir. d. MPI für Biochemie in Tübingen (ab 1956 in München), 1953–1972 o. Prof. für Biochemie Univ. in München, wo er starb. 1960–1972 Präs. d. *Max-Planck-Ges.*; Nobelpr. 1939. – Lit.: Über „Progynon", ein kristallisiertes weibliches Sexualhormon, in: Naturwiss. *17* (1929): 879; Über die chemische Untersuchung der Sexualhormone, in: Angew. Chem. *44* (1931): 905–916; (mit U. Westphal & W. Hohlweg) Über das Hormon des *Corpus luteum*, in: Z. physiol. Chem. *227* (1934): 84–98; Ergebnisse und Probleme in der biochemischen Erforschung der Keimdrüsenhormone, in: Naturwiss. *24* (1936): 529–536; (mit W. Weidel & E. Becker) Kynurenin als Augenpigmentbildung auslösendes Agens bei Insekten, in: Naturwiss. *28* (1940): 63; (mit P. Karlson) Über die Isolierung eines Metamorphose-Hormons der Insekten in kristallisierter Form, in: Z. Naturfo. *9 b* (1954): 389–391; (mit R. Beckmann, D. Stamm & E. Hecker) Über den Sexual-Lockstoff des Seidenspinners *Bombyx mori*, Reindarstellung und Konstitution, in: Z. Naturfo. *14 b* (1959): 283–284. – B: DBE; Autobiogr. 1981; Karlson 1990 (W). – P.   Ja

Cabanis, Pierre Jean Georges (1757–1808); aus Cosnac (Corrèze, Frankr.); 1771 zweijähr. Bildungsaufenth. in Paris, hörte u. a. Physik-Vorlesungen bei Brisson; 1773 als Sekr. d. Fürstbischofs von Wilna, I. J. Massalski, nach Warschau; 1775 Rückkehr nach Paris, philos. Stud.; dann stud. Med. (bei P.-L. Dubreuil, Dr. med. 1783); Leibarzt von Mirabeau bis zu dessen Tod (1791); 1789 Administrateur der Hosp. von Paris; Teiln. an Reorganisation der med. Ausbild. in Paris, Montpellier u. Straßburg; 1795 Prof. für Hygiene an d. *É. centrale* u. Mitgl. des *Inst. National*, 1797 Prof. für Klinische Med. an d. *É. de Méd.* in Paris; bekleidete in d. Franz. Revolution auch Staatsämter; starb in Rueil (Seine-et-Oise). – Lit.: s. Kap. 7 u. 9. – B: ABF.   Sch

Cabriada, Juan de (ca. 1665–nach 1714); aus Valencia; stud. Med. Univ. Valencia; danach in Madrid, um 1714 als Arzt in Bilbao, wo er starb. Leitete in Span. die Erneuerungsbewegung in d. Med. u. den mit ihr verbundenen Naturwiss. ein (Vertr. d. Iatrochemie); Mitbegr. d. *Regia Soc. de Med. y otra Ciencias de Sevilla* (1700). – Lit.: Carta filosófica, médicochymica ..., Madrid 1686 (1687). – B: DhCmE (J. M. López Piñero).
LGB/Sch

Cagniard de la Tour [Cagniard-Latour], Charles (1777–1859); aus Paris; stud. an d. *É. politechnique* u.

É. du Génie Géographe in Paris; zunächst Ing.-Geograph, dann in Staatsdiensten in Paris, wo er starb. Nach Fo. in Mechanik, Physik u. Kristallographie zw. 1835 u. 1838 Untersuchungen zur alkohol. Gärung; teilte 1836 erstmals mit, daß Bierhefe aus unbewegl. Kügelchen besteht, die er als organisiert ansah u. dem Pflanzenreich zurechnete; vermutete in d. Kügelchen noch die Anwesenheit wesentl. kleinerer Körperchen („seminules"); Nachweis der Hefen auch in Weinen; er zeigte, daß getrocknete o. gefrorene Hefe auch in diesen Zuständen noch aktiv war, u. führte d. Bildung von Alkohol u. CO_2 aus Zuckerlösungen auf die vitale Kraft d. Hefezellen zurück. – Lit.: Mémoire sur la fermentation vineuse, in: C. R. Acad. Sci. Paris *4* (1837): 905–906; Mémoire sur la fermentation vineuse, in: Ann. chimie et phys. *68* (1838): 206–222. – B: DSB (J. Payen); LexNW.   Kö

Čajlachjan, Michail Christoforovič (1902–1991); aus Rostov a. Don; 1920 stud. am Landw. Inst. Novočerkassk a. Don, 1921 Landw. Fak. Univ. Jerewan (wiss. Agronom 1926); 1925 Ass. Turkestan. Selektionssta. Taschkent (bei G. S. Zajcev); 1926 Ltr. d. Sortenprüf-Abt. Allunions-Inst. für Pflanzenzucht d. AdLW u. des Volkskommissariats für Landw. Armeniens; dort 1928–1929 Instr. für Einsatz von Mineraldüngern (bei P. B. Kalantarjan); gleichz. 1928–1931 Ass. für Bot. am Transkaukas. Veterinär- u. Zootechn. Inst. (bei A. L. Pedel'jan); 1931 Aspirantur im Labor. für Pflanzenphysiol. u. -biochemie d. AdW Leningrad (St. Petersburg, bei N. N. Maksimov u. A. A. Richter, Cand. Biol. Wiss. 1934); ab 1934 Ltr. d. Labor. des neugegr. Timirjazev-Inst. für Pflanzenphysiol. d. AdW Moskau; 1940 Dr. Biol. Wiss.; 1941–1946 Ltr. des Lehrstuhls für Pflanzenphysiol. u. Mikrobiol. des Armenischen Landw.-Inst., gleichz. bis 1948 Ltr. des Lehrst. für Pflanzenphysiol. u. -anat. Univ. Jerewan, dort 1943 Prof.; 1948 im Zusammenhang mit d. sog. *Lysenko-Sitzung* d. AdLW Schließung seines Labor. u. Verbot d. Lehrtätigkeit. – Lit.: On the hormonal theory of plant development, in: Dokl. Acad. Sci. USSR *3* (1936): 442–447; Motion of blossom hormone in girdled and grafted plants, in: ebda *18* (1938): 607–612. – B: Prokofev 1980; Vachmistrov 1992; ALH MM (W 1934–1968). – P.   Sch

A. Butenandt

M. Ch. Čajlachjan

M. Calvin

Alph. deCandolle

Calvin, Melvin (1911–1997); aus St. Paul (Minnesota, USA); stud. Chemie *Michigan Coll. of Mining and Technol.* Houghton (BS 1931); 1929 Control Chemist Chem. Industrie Detroit; 1931 Res. Fell. Univ. of Minnesota Minneapolis (PhD 1935); *Rockefeller*-Stipendiat bei M. POLANYI Manchester (Engl.); 1937 Instr., 1941 Ass. Prof., 1945 Assoc. Prof., 1947 Prof. für Bio-organ. Chemie, 1963–1980 (em.) Prof. für Molekularbiol. Univ. of Calif. Berkeley, gleichz. 1946–1980 Dir. der bio-organ. Abt. des Lawrence Radiation Labor. Nobelpr. 1961. – Lit.: (mit J. A. BASSHAM, S. A. BARKER & U. C. QUARCK) Intermediates in the photosynthetic cycle, in: Biochim. Biophys. Acta *21* (1956): 376–378; The photosynthetic carbon cycle, in: J. Chem. Soc. (1956): 1895–1915; Chemical evolution: molecular evolution towards the origin of living systems on the earth and elsewhere, Oxford 1969; s. a. Lit. zu Kap. 16. – B: WWA; WWW 1993/94; Autobiogr. 1989; NLCh (H. D. & D. W. HUSIC). – P.   Höx

Camerarius [Camerer], Rudolf Jacob (1665–1721); aus Tübingen; stud. Univ. Tübingen, dann Stud.reisen nach Holland, Engl. u. Frankr.; 1688 Dir. d. Bot. Gartens, 1689 Prof. für Physik (Naturlehre) u. 1695 o. Prof. für Med. Univ. in Tübingen, wo er starb. Machte Kreuzungsversuche mit Pflanzen u. bewies ihre bisexuelle Vermehrung. – Lit.: Epistola ad M. B. Valentini de sexu plantarum, Tübingen 1694 (hrsg. von J. GMELIN 1749; dt. u. d. T.: Über das Geschlecht der Pflanzen, Ostwalds Klassiker Nr. 105, Leipzig 1899); (hrsg. von J. Chr. MIKAN) Opuscula botanici argumenti, Prag 1797. – B: DSB (K. MÄGDEFRAU); LexNW.   Ja

Camper, Petrus (1722–1789); aus Leiden; 1750 Prof. für Anat. u. Med. Univ. Franeker; 1755 Praelector für Anat. in der *Surgeons Guild* Amsterdam; 1761 Privatpraxis in Klein Lankum (bei Franeker), wo er ein Kabinett einrichtete; 1763 Prof. für Med. Univ. Groningen; ab 1787 in 's-Gravenhage, wo er starb. – Lit.: Natuurkundige Verhandelingen over den Orang-Outan en eenige andere Aap-Soorten, Over den Rhinoceros …, Amsterdam 1782; Catalogue des Manuscripts de Pierre Camper et de lettres inédits … qui se trouvent dans la Bibliothèque de la Soc. Neerl. pour les Progrès de la Médicine à Amsterdam, 1881. – B: DSB (G. A. LINDEBOOM); SMIT 1986: 52–53; DANIELS 1880; VISSER 1984.   Ja

Candolle, Alphonse Pyrame de (1806–1893); aus Paris; Sohn des schweizer Botanikers Augustin Pyrame DE C.; 1822 stud. Philos., Naturwiss. u. Jura Univ. Genf (BS 1824, Dr. jur. 1829); bot. Studien bei seinem Vater; 1831 Hon. Prof. Akad. Genf; 1835–1850 o. Prof. für Bot. Univ. u. Dir. des Bot. Gartens (Nachf. seines Vaters), dann Privatgelehrter in Genf, wo er starb. Wirkte als Botaniker (spez. als Systematiker u. Pflanzengeograph) im evolutionist. Sinne. – Lit.: Introduction à l'étude de la botanique …, 2 Bde., Paris 1835 (dt.: Anleitung zum Studium der Botanik …, 1844); Prodromus systematis naturalis regni vegetabilis (Hrsg. ab Bd. 8–17), Paris 1844–1873; Géographie botanique raisonnée où exposition des faits principaux et des lois concernant la dispo-

sition geographique des plantes de l'époque actuelle, 2 Bde., Paris-Genf 1856; Lois de la nomenclature botanique, teste préparé sur la demande ou comité d'organisation de Congrès international de botanique de Paris 1867, Paris 1867 (dt.: Regeln der botanischen Nomenklatur, Basel–Genf 1868); Origine des plantes cultivés, Paris 1883; Histoire des sciences et des savants depuis deux siècles …, Genf–Basel–Lyon 1873 (2., erw. Aufl. 1885; dt. Übers. 1911); Origine des plantes cultivés, Paris 1883. – B: LexNW; BRIQUET 1940; MIKULINSKIJ [u. a.] 1980. – P.
                                                       Hek/Sch

Candolle, Augustin Pyrame de (1778–1841); aus Genf, Vater von Alphonse P. DE C.; 1796 stud. Jura Univ. Genf, 1798 stud. Med. Univ. Paris; 1802 Hon. Prof. Akad. Genf; 1807 Prof. Med. Fak. Univ. Montpellier, 1810 Prof. für Bot. Phil. Fak. u. Dir. des Bot. Gartens in Montpellier; 1816–1835 Prof. für Bot. u. Dir. des Bot. Gartens in Genf, wo er starb. Bedeut. Pflanzensystematiker u. Morphologe, beschäftigte sich auch mit Pflanzengeographie u. Physiol., suchte nach einem natürl. Pflanzensystem. – Lit.: Théorie élémentaire de la botanique, où exposition des principes de la classification naturelle et de l'art de décrire et d'étudier les végétaux, Paris 1813 (dt.: Theoretische Anfangsgründe der Botanik oder Erklärung der Grundsätze der natürlichen Klasseneintheilung und der Kunst, die Gewächse zu beschreiben und zu studieren, 2 Bde., Zürich 1814–1815); Essai élémentaire de géographie botanique, Paris 1820; Considérations sur la phytologie où botanique générales, son histoire et les moyens de la perfectionner, Paris 1828. Prodromus systematis naturalis regni vegetabilis, Bd. 1–7, Paris 1824–1841 (fortges. von Alphonse DE CANDOLLE, s. o.). – B: LexNW; Autobiogr. 1844; BRIQUET 1940; MIÈGE 1979.   Hek/Sch

Cannon, Walter Bradford (1871–1945); aus Prairie du Chien (Wisconsin, USA); 1885–1887 Eisenbahnbüro, danach Schulbesuch; 1892 stud. Biol. Harvard Coll. Cambridge/USA (MA 1897), dann Harvard Med. Sch.; 1900 Lehrer für Zool. Harvard Coll.; 1902 Ass. Prof., 1906–1942 *George-Higginson*-Prof. für Physiol.; starb in Franklin (New Hampshire). – Lit.: The mechanical factors of digestion, London 1911; Bodily changes in pain, hunger, fear and rage, New York u. London 1915; The wisdom of the body, New York 1932. – B: DSB/Suppl. I (S. BENISON & A. C. BARGER); DALE 1947   Ja

Carrel, Alexis (1873–1944); aus Sainte-Foy (bei Lyon); stud. Med. Univ. Lyon (BA 1889, BS 1890, Dr. med. 1900); 1896 Ass.-Arzt, 1900–1902 Prof. Univ. Lyon; 1903 nach Kanada u. USA; 1905 Res. Univ. Chicago; 1906 Res., ab 1918 ltnd. Mitarb. am *Rockefeller Inst.* New York; dazw. 1914 Stabsarzt in Compiègne (Frankr.); 1936 Demonstration des 1. künstl. Herzens in Kopenhagen; 1939 im Gesundheitswesen in Paris, wo er starb. Begr. des „Inst. de l'homme" als weltweites Fo.zentrum in New York. Nobelpr. 1912. – Lit.: Present condition of a strain of connective tissue twenty-eight months old, in: J. Exp. Med. *20* (1914): 1–2. – B: WWNP; SOUPAULT 1964.   Sty/Sch

Carrichter, Bartholomaeus (Anf. 16. Jh.–vor 1574); aus Reckingen (vielleicht Dorf in Südbaden); vermutl. Mediziner, Leibarzt FERDINAND I. u. bei Kaiser MAXIMILIAN II.; stellte durch astrolog. Lehren beeinflußte Kräuterbücher zusammen. – Lit.: Kreutterbuch …: Darin begriffen, Under welchem zeichen Zodiaci, auch in welchem gradu ein jedes Kraut stehe, wie sie in leib und zu allen schaden zu bereiten …, Straßburg 1573; Horn deß Heyls mensch/licher blödigkeit/Oder,/Kreutterbuch …, Straßburg 1576 (erst 1619 unter CARRICHTERS Namen erschienen, Autor unsicher). – B: NDB (G. EIS); Ärzte I.   Hpp

Carrol, James (1854–1907); aus Woolwich (Engl.); wanderte mit 15 Jahren nach Kanada aus, hier als Holzfäller tätig; 1874 Eintritt in US-Armee, 1883 in einem Militär-Hosp. tätig, wo ein Militärarzt seine Begabung entdeckte u. ihm ersten med. Unterricht erteilte; 1886–1887 stud. Med. Univ. New York, 1889 Univ. of Maryland Baltimore (MD 1891), 1891–1893 Besuch der Graduierten-Klassen in Bakteriol. u. Pathol. John Hopkins Univ.; 1893 an d. *Army Med. Sch.* Washington, 1895 Ass. bei Walter REED; 1898 Ass.-Stabsarzt; gleichz. Vorlesungen an d. Columbia (heute: George Washington) Univ.; 1902 Nachf. von REED als Kurator am *Army Med. Mus.*; 1905 o. Prof. für Pathol. u. Bakteriol. George Washington Univ.; 1900 Teiln. an der von Walter REED geleiteten Gelbfieberkommission in Kuba; ließ sich im Selbstversuch von Moskitos stechen, die vorher an Gelbfieberkranken Blut aufgenommen hatten, um deren Rolle als Vektoren zu beweisen, wobei er lebensgefährl. erkrankte; später weitere Versuche am Menschen mit Serum von Gelbfieberkranken: durch Chamberlandkerzen steril filtriertes Blut behielt seine Infektiosität, kurzfristige Erhitzung auf 55 °C tötete das infizierende Agens (Gelbfiebervirus); starb in Washington/D.C. (USA). – Lit.: The treatment of yellow fever, in: J. Amer. Med. Ass. *39* (1902): 117–124. – B: DSB (J. C. BURNHAM).   Kö/Sch

Cartesius s. Descartes, René

Carus, Carl Gustav (1789–1869); aus Leipzig; stud. Med. Univ. Leipzig u. Halle; 1811 ao. Prof. für Vergl. Anat. Univ. Leipzig; 1814 Prof. für Gynäkologie u.

C. G. Carus 1840   V. Carus 1882

Dir. d. Frauenklinik der neugegr. Königl.-Sächs. Chirurg.-med. Akad. sowie ab 1827 Hofarzt in Dresden, wo er starb. 1822 Mitbegr. d. *Versammlungen dt. Naturfo. u. Ärzte* in Leipzig, die L. OKEN initiiert hatte; 1862–1869 Präs. der *Leopoldina*; gehörte zu den naturphilos. orientierten Zoologen u. Anatomen, Freund GOETHES u. vielseitiger Arzt, der Ganzheitsauffassung d. Organismus vertrat. – Lit.: Specimen biologiae generalis, Lipsiae 1811; Lehrbuch der Zootomie mit stäter Hinsicht auf Physiologie, Leipzig 1818; Lehrbuch der Gynäkologie, 2 Bde., Dresden 1820; Grundzüge der vergleichenden Anatomie, Dresden 1828; Neun Briefe über Landschaftsmalerei, Leipzig 1831; Lehrbuch der vergleichenden Zootomie, Dresden 1834; System der Physiologie, 3 Bde., Dresden u. Leipzig 1838–1840; Zwölf Briefe über das Erdleben, Stuttgart 1841; Psyche: zur Entwicklungsgeschichte der Seele, Pforzheim 1846; Natur und Idee oder das Werdende und sein Gesetz, Wien 1861; Vergleichende Psychologie oder Geschichte der Seele in der Reihenfolge der Thierwelt, Wien 1866. – B: LexNW; Autobiogr. 1865–1866, 1931; ARNIM 1930. – P.   Ja

Carus, Julius Viktor [Victor] (1823–1903); aus Leipzig; 1841 stud. Med. Univ. Leipzig; anschl. Studienaufenth. in Engl., 1849 Konservator des anatom.-zootom. Mus. Univ. Oxford; 1851 Pd., 1853 Prof. für Vergl. Anat. u. Dir. d. Zool. Slg. Univ. Leipzig, wo er bis zu seinem Tode wirkte; hielt 1873 u. 1874 auch Vorlesungen über Zool. Univ. Edinburgh; Hrsg. u. Übers. histor. u. zeitgenöss. zool. Werke. – Lit.: (mit W. PETERS & L. GERSTÄCKER) Handbuch der Zoologie, 2 Bde., Leipzig 1863–1875; Geschichte der Zoologie, München 1872 (Gesch. d. Wiss. in Dtl., Neuere Zeit, 12); (Übers.) Charles Darwin's gesammelte Werke, 14 Bde., Stuttgart 1876–1882; Histoire de la zoologie depuis l'antiquité jusqu'au XIX siècle, Paris 1880; (mit L. DÖDERLEIN & K. MÖBIUS) Entwurf von Regeln für die zoologische Nomenklatur, im Auftr. d. Dt. Zool. Ges., Berlin 1893; Leben und Briefe von Charles Darwin (Übers. d. engl. Ausg. von Francis DARWIN), 3 Bde., Stuttgart 1899. – B: LexNW; DSB/Suppl. I (G. ROBINSON). – P.   Ja

Casares Gil, Antonio (1871–1929); aus Santiago (Spanien); stud. Med. Univ. Santiago; nach Staatsexamen ab 1894 im Sanitätswesen; besuchte Dtl. für bot. Stud. (bei GOEBEL), bereiste versch. europ. Labor., auch bei Julius SACHS; einige Jahre in Madrid zur Auswertung u. Veröffentl. seiner Arb. (mit Antonio GARCIA VARELA u. Ignacio BOLÍVAR); 1928 erkrankt, als Dir. des Militär-Hosp. nach A Coruña, wo er starb. Begr. der iberischen Kryptogamenkunde, regte ihr systemat. Studium in Span. an; seine Veröffentl. über Lebermoose ist noch heute das beste Werk über d. iberischen Lebermoose. – Lit.: Flora ibérica Briófitas (1 a. parte): Hepáticas, Madrid 1919; Flora ibérica Briófitas (2 a. parte): Musgos, Madrid 1932. – B: DiccGalicia (X. A. FRAGA VÁZQUEZ).   Fra/Sch

Caspari, Ernst Wolfgang (geb. 1909); aus Berlin; stud. Univ. Freiburg i. Br., Berlin, Frankfurt a. M. u. Göttingen (Dr. phil. 1933); 1934 Fo.ass. in Göttingen; 1935 Emigr. in d. Türkei, 1938 in d. USA; 1941 Ass. Prof. Lafayette Coll. Easton, 1944 Univ. Rochester; 1945 Res. Assoc., 1946 Assoc. Prof. für Biol. *Wesleyan Univ.* Middletown; 1947 Res. Assoc. *Carnegie Inst.* Cold Spring Harbor/N. Y.; 1949 Prof. *Wesleyan Univ.* Middletown; 1960–1975 (em.) Prof. für Biol. Univ. Rochester; 1975–1976 Gast-Prof. Univ. Giessen. Arb. in d. physiol. Genetik u. Genetik des Verhaltens. Lebte zuletzt bei Rochester/N. Y. – Lit.: Genetic basis of behavior, in: Behavior and evolution, eds. by A. Roe & G. G. Simpson, New Haven 1958: 103–127; An Evaluation of Goldschmidt's work after twenty years, in: Richard Goldschmidt: controversial geneticist and creative biologist, ed. by L. K. Piternick, Basel 1980: 19–23; s. a. Kap. 14, 15 u. 18. – B: Kürschner; Wagenitz 1988. Hth

Caspary, Robert (1818–1887); aus Königsberg (Kaliningrad); 1837–1840 stud. Theol. u. Philos. Univ. Königsberg; anschl. Lehrer in Königsberg; 1843–1845 stud. Naturwiss., bes. Zool., Univ. Bonn (bei A. Goldfuss), zugl. Ass. am Zool. Inst.; wandte sich unter d. Einfluß von L. Ch. Treviranus der Botanik zu; 1845 Privatschullehrer in Bonn (Oberlehrerexamen 1846, Dr. phil. 1848); 1846 Hauslehrer in Elberfeld; 1848 Pd. für Bot. Univ. Bonn, 1848 Hauslehrer in Engl. u. 1850 in Pau (Frankr.); 1851 Pd. für Bot. Univ. Berlin; 1856 Dir. d. Herbariums u. Adj. Bot. Garten Bonn; 1858 o. Prof. für Bot. Univ. Königsberg; verunglückte in Illowo (Kr. Flatow, Westpreußen). – Lit.: Bullardia aquatica, in: Schr. Kgl. Physikal.-ökonom. Ges. Königsberg *1* (1860): 66–91. – B: Pfitzer 1888. Höx

Caspersson, Torbjörn Oskar (geb. 1910); aus Motala (Schweden); stud. Med. Univ. Stockholm (MD 1936); Dir. des Nobel-Inst. für Med. Zell-Fo. u. d. Wallenberg-Labor. für Experim. Zell-Fo. Stockholm; seit 1944 Prof. für Med. Zell-Fo. u. Genetik; 1946–1951 Mitgl. d. Naturwiss. Fo.-Rates Schweden; seit 1946 Mitgl. d. schwed. UNESCO-Rates. – Lit.: s. Lit. zu Kap. 22. – B: DScandB. Sch

Casserio [Casserius], Giulio (1552 o. 1561–1616); aus Piacenza; stud. Anat. als Famulus von Fabricio ab Aquapendente in Padua (Laureat 1580); 1584 als Chirurg am Hosp. S. Francesco, dann Privatpraxis u. priv. anat. Demonstrationen in Padua; bei Trennung der Lehrstühle 1609 Prof. für Chirurgie Univ. Padua; ab 1613 priv. Sektionen. – Lit.: De vocis auditusque organis, Padua 1601. – B: DSB (L. Premuda); DBI (A. de Ferrari); Cole 1944; Bäumer 1991. Ja

Cassianus Bassus von Bithynien (6. Jh.); byzantin. Kompilator, Verf. eines Werkes über d. Landw.; seine Slg. beruht auf Schriften des Vindanius Anatolius von Berytos u. des Didymos von Alexandria. – Lit.: Textausg.: H. Beckh, Geoponica sive Cassiani Bassi scholastici de re rustica eclogae, Leipzig 1895. Nab

Cassius Dionysius (1. Jh. v. Chr.); aus Utica; übers. um 90 v. Chr. mit eigener Bearb. das klass. Werk über den Ackerbau des Karthagers Mago ins Griech.; wurde viel benutzt, u. a. von Plinius d. Ä., der auch ein Arzneimittelbuch von C. erwähnt. – Lit.: Fragmente bei späteren Geoponikern. – B: LAW. Ha/Sch

Castellarnau y Lleopart, Joaquín María de (1848–1943); aus Tarragona (Span.); Forsttechniker, 1876–1883 im Dienst d. Königshauses; starb in Segovia. Vorw. pflanzenhistolog. Arb., beschäftigte sich mit Histol. d. Waldbäume (Morphol. d. Kristalle innerhalb d. Zellen), ebenso mit Phytopaläontol. an Materialien aus d. Sahara (u. a. Bestimmung fossiler Hölzer) u. mit Hydrobiol. (Untersuchungen zur Aufforstung d. Landes); Übers. d. Werke von Robert Hartig u. Arthur Meyer ins Span. – Lit.: Estudio micrográfico del tallo del Pinsapo, Madrid 1881; Teoría general de la formación de la imagen en el microscopio, Madrid 1911; ¿Pueden explicarse la vida?, Madrid 1922. – B: DhCmE (C. Carles Genovés). LGB/Sch

Castle, William Ernest (1867–1962); aus Alexandria (Ohio, USA); stud. Biol. Denison Univ. (BA 1889); wirkte drei Jahre als Lehrer, dann zool. Stud. Harvard Univ. (zweites BA u. MA 1894 bei C. B. Davenport, PhD 1895 bei E. L. Mark); 1895 Pd. für Biol. Univ. Wisconsin, 1896 Knox Coll. in Galesbury (Illinois); 1897 Doz. für Biol. Harvard Univ.; 1903 Ass. Prof., 1908 Prof. für Zool., ab 1936 für Säugetier-Genetik Univ. of California Berkeley, wo er starb. Arb. spez. in experim. Genetik. – Lit.: The laws of heredity of Galton and Mendel, and some laws governing race improvement by selection, in: Proc. Am. Acad. of Arts and Sci. *39* (1903): 223–242; (mit H. MacCurdy) Selection and cross-breeding in relation to the inheritance of coat-pigments and coat-patterns in rats and guineapigs, Washington/D. C. 1907 (Carnegie Inst. of Washington Publ., 70); Heredity in relation to evolution and animal breeding, New York 1911; Genetics and eugenics, Cambridge (USA) 1916; Piebald rats and selection, a correction, in: Amer. Natural. *53* (1919): 370–376. – B: DSB (G. E. Allen). Ja

Cato, Marcus Porcius (234–149 v. Chr.); aus Tusculum; ab ca. 216 (mit 17 J.) militär. u. Staatslaufbahn; 184 Censor in Rom. Begr. der lat. Prosaliteratur, u. a. Verf. einer Schrift über die Landwirtschaft (*De agricultura*). – Lit.: Textausg. von *De agricultura*: A. Mazzarino, Leipzig 1962 (Übers. von P. Thielscher, Berlin 1963). – B: Pauly; LAW. Ha/Sch

Cavalli-Sforza, Luigi Luca (geb. 1922); aus Genua; stud. Med. Univ. Pavia/Ital. (Dr. med. 1944); 1948–1950 Fo.-Ass. für Genetik Univ. Cambridge/ USA (MA 1950); 1951–1960 Doz. für Genetik u. Statistik Univ. Parma u. Pavia; gleichz. 1950–1957 Dir. d. mikrobiol. Fo. im Inst. Serum Therapeut. Milano; 1960 Prof. für Genetik Univ. Parma, 1962–1970 Prof. u. Dir. Genet. Inst. Univ. Pavia; 1970 Prof. für Genetik an d. Med. Sch. Univ. Stanford (Calif.), deren Ltr. ab 1986. – Lit.: s. Kap. 22. – B: AMWS. Sch

Cavanilles, Antonio José (1745 1804); aus Valencia; stud. Philos., Math. u. Physik in Valencia u. Theol. in den Jesuitenkoll. in Gandía u. Valencia (Dr. theol.); zunächst als Erzieher des Sohnes von Teodomiro Caro de Briones in Oviedo, wo er zum Priester geweiht wurde, dann 1774 in Madrid; Anf. 1776 o. Prof. für Philos. im Col. de San Fulgencio in Murcia (Span.); ab Mitte 1777 Erzieher d. Söhne des Infanten, den er

1777 nach Paris begleitete; hörte dort Vorlesungen u. a. in Naturgesch. bei Jean DARCET, in Physik bei M. J. BRISSON, arbeitete zus. mit J. VIERA Y CLAVIJO im chem. Labor. von Baltasar SAGE u. im naturgeschichtl. Labor von Valmont DE BOMARE, stud. Bot. bei A. L. DE JUSSIEU u. LAMARCK im Bot. Garten Paris; 1789 Rückkehr u. ab 1791 Untersuchungen über d. Flora Spaniens u. d. amerikan. Exped.-Slgn. (bes. von Luis NEÉ); 1799 Mitbegr. d. *Anales de Historia Natural* (später *A. de Ciencias Nat.*); 1801 o. Prof. für Bot. u. Dir. des Bot. Gartens in Madrid, wo er starb. – Lit.: Monadelphiae classis dissertationes decem, Paris 1785–1787 (Madrid 1790); Icones et descriptiones plantarum quae aut sponte in Hispaniae crescunt aut in hortis hospitantur, 6 vols., Madrid 1791–1801; Observaciones sobre la Historia Natural, Geografía, Agricultura, población y frutos del Reyno de Valencia, 2 vols., Madrid 1795–1797. – B: DSB (J. VERNET); DhCmE (C. CARLES GENOVÉS). LGB/Sch

Čelakovský, Ladislav (1834–1902); aus Prag; stud. Univ. Prag (bei PURKYNĚ), bes. Bot. u. Mikroskopie; dann Gymnasialsupplent in Komotau (Erzgebirge); 1860 Kustos Bot. Mus. Prag; 1863 Dr.phil.; 1866 Doz. am Prager Technikum; später Vorstand d. bot. Sekt. des *Komitees für die naturwiss. Durchfo. Böhmens*; starb in Prag. Verband die idealist. vergl. Morphol. von A. BRAUN mit d. Evolution; betonte in d. Systematik eine breitere Auffassung d. Pflanzenarten im Darwinschen Sinne. – Lit.: Untersuchungen über die Homologien der generativen Producte der Fruchtblätter bei den Phanerogamen u. Gefässkryptogamen, in: Pringsheim's Jb. wiss. Bot. *14* (1883): 291–378; Prodromus der Flora von Böhmen, Prag 1867–1881; Ueber den Begriff der Art in der Naturgeschichte insbes. in der Botanik, in: Österr. Bot. Z. *23* (1873): 232–239, 271–280, 313–318; Über den Zusammenhang der verschiedenen Methoden morphologischer Forschung, in: Lotos (Prag) *24* (1874): 165–185; Zur neueren Geschichte der Botanik, in: Jber. Kgl. boehm. Ges. Wiss. 1878, XLI. – B: ÖBL; NĚMEC 1903; EISNEROVÁ 1965. Eis/Sch

Celsus, Aulus Cornelius (um 25 v. Chr.–um 50 n. Chr.); röm. Enzyklopädist zur Zeit von TIBERIUS. Von seinem d. Themen Landw., Med., Kriegswiss., Rhetorik, Philos. u. Rechtswiss. umfassenden Sammelwerk *Artes* sind nur d. acht Bücher *De medicina* erhalten geblieben, die eine wichtige medizinhist. Quelle bes. für die ersten beiden vorchristl. Jh. sind. – Lit.: Textausg.: F. MARX, Corpus Medicorum Latinorum I, Leipzig 1915 (Übers. von E. SCHELLER & W. FRIEBOES, Braunschweig 1906). – B: LexNW; PAULY. Ha/Sch

Cesalpino, Andrea (1519–1603); aus Arezzo (Toskana, Ital.); stud. Phil. u. Med. Univ. Pisa (Dr. med. 1551); 1555 Prof. für Med. u. Dir. d. Bot. Gartens Univ. Pisa; 1592 päpstl. Leibarzt u. Prof. an d. *Sapienza* in Rom, wo er bis zu seinem Tode wirkte. Trat in philosoph. u. med. Schr. für aristotel. Prinzipien u. Methoden ein u. suchte d. Einfluß von GALEN zurückzudrängen; beschrieb u. a. die Anat. d. Herzens u. den kl. Blutkreislauf; bemühte sich um Terminologie u. Prinzipien d. anat. u. bot. Systematik, schuf ein Herbarium u. das

erste Pflanzensystem. – Lit.: Quaestiones peripateticae, Venedig 1571; De plantis libri XVI, Florenz 1583. – B: DSB (K. MÄGDEFRAU); LexNW; VIVIANI 1922. Ja/Sch

Cetti, Francesco (1726–1778); aus einer aus Como (Sardinien) stammenden Familie in Mannheim; 1742 Aufnahme bei d. Jesuiten in Mailand, 1760 Ordensbruder; Lehrer für Philos. u. Math. am *Archiginnasio di Brera*; 1764 Prof. für Math. u. Moralphilos. Univ. in Sassari (Sardinien), wo er starb. Erforschte die reiche Natur Sardiniens, stellte erste Systematik ihrer Spezies auf. – Lit.: Storia naturale della Sardegna, 3 vol., Sassari 1774–1777 (dt.: Naturgeschichte von Sardinien, Leipzig 1783–1784). – B: DBI (U. BALDINI); ABI. Sch

Četverikov [Chetverikov, Tschetwerikow], Sergej Sergeevič (1880–1959); 1900–1906 stud. Biol. Univ. Moskau; ab 1909 Laborant u. Doz. an den *Vysšie ženskie kursy* Moskau, dort Vorlesungen über Allg. Entomol., Theoret. Systematik, Genetik u. Biometrie; 1914 Begr. d. Moskauer Entomol. Ges. u. bis 1918 Redakteur ihrer Schriften; Gründer u. Ltr. d. genet. Abt. des Inst. für Experim. Biol. (Dir. KOLCOV), wo er als Pionier die Genetik, Biometrie u. bes. Populationsgenetik auf d. Basis seiner entomolog. Stud. in den russ. u. sowjet. Hochschulunterricht einführte u. mit Evolutionstheorie verband; zeitw. auch stellv. Ltr. d. naturwiss. Abt. Polytechn. Mus. Moskau u. Ltr. d. genet. Sekt. der Fo.kommission d. AdW d. UdSSR; 1935–1948 Ltr. des Lehrstuhls für Genetik Biol. Fak. Univ. sowie Dir. der Sta. für Seidenraupenzucht (Dr. rer. nat. 1945) in Gorki, wo er erblindet starb. Fo.- u. Sammelreisen zur Krim, zum Kaukasus, nach Sverdlovsk, Vladimirsk u. Exped. nach d. Farbagatei-Gebirge u. Lappland, wo er große Lepidopteren-Slgn. anlegte (dem Zool. Inst. AdW Leningrad, heute St. Petersburg, übereignet). – Lit.: Volny žizni (Iz' lepidopterologičeskich nabljudenij za l'to 1903 goda), in: Dnevnik zool. otd'lenija imperat. obšč. ljubit. estestvozn. *3* (1905): 106–110; Osnovnoj faktor evoljucii nasekomych, in: Bull. Soc. entom. Moscow *1* (1915): 4–24 (engl. Übers. in: Ann. Report Smithsonian Inst. 1918, Washington 1920: 441–449); O nekotorych momentach evoljucionnogo processa s točki zrenija sovremennoj genetiki, in: Z. eksperim. biol., ser. A, *2* (1926); Ob odnoj evolujucionnoj probleme i eë èksperimental'nom rešenii, in: Trudy s'ezda zool., anat. i gistol., Leningrad 1927; Problemy obščej biologii i genetiki: vospominanija, stati, lekcii, Novosibirsk 1983. – B: DSB/Suppl. I (M. B. ADAMS); Autobiogr. 1959; ROKITSKY 1975. – P. Ja

Chabry, Laurent (1855–1893); aus Roanne (Frankr.); stud. Med. Univ. Paris u. 1876 St. Petersburg, dann bes. bei MAREY am *Coll. de France*, bei LACAZE-DUTHIER an d. *Sorbonne* u. dem Zoologen G. POUCHET am *Muséum d'Hist. nat.* (Dr. med. 1881, Dr. ès sci. 1887 *Sorbonne* Paris); embryol. Stud. im meeresbiol. Labor. in Concarneau, dort Dir. Adj.; 1888 Lehrstuhl für Zool. u. Embryol. Univ. Lyon; ab 1890 prakt. Arzt, dann Stud. der Bakteriol. am *Inst. Pasteur* in Paris; starb in Riorges (Loire). – Lit.: Contributions à l'étude du mouvement des côtes et du sternum, Paris 1881; Embryologie normale et tératologique des ascidées, Paris 1887. – B: DSB (A. Tétry).   Ja

Chamberland, Charles Edouard (1851–1908); aus Chilly-le-Vignoble (Jura, Frankr.); 1871–1874 stud. Physik *É. Normale supérieure* (Dr. ès sci. [phys.] 1879); 1874 Lehrer am Lyzeum in Nîmes; 1875 Rückkehr an d. *É. Normale* als Ass. im Labor. von Louis Pasteur, später einer der stellv. Dir. des Labor.; 1888 Dir. des mikrobiol. Dep., ab 1904 auch stellv. Dir. des neugegr. Pasteur-Inst. in Paris, wo er starb. Entwickelte 1884 bakteriolog. Sterilfilter aus nichtglasiertem Porzellan – noch heute als „Chamberland-Kerzenfilter" im Gebrauch – u. verbesserte die Autoklaven, die von der Pariser *Firma Wiesnegg* unter d. Namen „Chamberland'scher Autoklav" in den Handel kamen; war zus. mit Émile Roux an d. Milzbrandstud. Pasteurs beteiligt: sie fanden, daß Milzbrandsporen über viele Jahre in milzbrandverseuchten Böden lebensfähig bleiben, daß die Keime bei Züchtung in erhöhter Temperatur (42–43 °C) attenuiert werden, so daß mit diesem Mat. Schutzimpfungen bei Rindern durchgeführt werden konnten. – Lit.: Résistance des germes de certains organismes à la témperature de 100 degrés: conditions de leur developpment, in: C. R. Acad. Sci. *88* (1879): 659–661; Sur un filtre donnant de l'eau physioliquement puré, in: ebda *99* (1884): 247–248; Le charbon et la vaccination charbonneuse d'après les traveaux récents de M. Pasteur, Paris 1883; Resultats pratiques des vaccinations contre le charbon et le rouget en France, in: Ann. Inst. Pasteur *8* (1894): 160–165. – B: DSB (A. Delaunay).   Kö/Sch

Chambers, Robert (1802–1871); aus Peebles (Schottland); als Verlagsbuchhändler tätig; vorw. autodidakt. naturwiss. Bildung; gründete 1832 mit seinem Bruder in Edinburgh einen Verlag; starb in St. Andrews (Schottland). Publizierte über Geologie Schottlands u. beschäftigte sich mit dem biol. System u. mit der natürl. Entwicklung der Organismen, über die er in den *Vestiges* in populärer Form schrieb; dieses weit verbreitete Werk erschien in d. ersten Aufl. anonym. – Lit.: Vestiges of the natural history of creation, London 1844. – B: DSB (W. C. Williams); Millhauser 1959.   Ja

Chamisso, Adelbert von (1781–1838); aus Schloß Boncourt (Ostchampagne, Frankr.); durch Flucht der franzö̈s. Adelsfamilie vor d. Revolution Ansiedlung in Dtl.; ab 1797 Hofpage in Berlin, 1801–1806 preuß. Offizier, daneben philos. u. literar. Stud.; 1806 nach Paris, am *Coll. de France* durch Lafois für Bot. interessiert; 1812 stud. Naturwiss. Univ. Berlin; 1815–1818 Teiln. an d. Romancov'schen Exped. des russ. Seglers *Rurik*; ab 1819 Kustos am Herbarium des Bot. Gartens Univ. in Berlin, wo er starb. – Lit.: De Salpa – de animalibus quibusdam e classe vermium Linnaeana …, Berolini 1819 (dt. in: Naturwiss. Schriften, hrsg. von R. Schneebeli-Graf, Berlin [W.] 1983: 47–62); Reise um die Welt mit der Romanzoffischen Entdekkungsexpedition in den Jahren 1815–1818 auf der Brigg Rurik unter Cpt. Otto von Kotzebue (Tagebuch, Bemerkungen und Ansichten), 2 Bde., Leipzig 1836;

(hrsg. von M. Koch) Gesammelte Werke, 4 Bde., Stuttgart 1898. – B: DSB/Suppl. I (D. Rudnick); Schmid 1942 (W); Schneebeli-Graf 1983.   Ja

Chargaff, Erwin (geb. 1905); aus Czernowitz (Bukovina, ehem. Österr.); stud. Naturwiss., bes. Biol. u. Chemie, Univ. Wien (Dr. phil. 1928); 1928–1930 Res. Fell. Yale Univ. (USA); 1930–1933 Ass. Hygiene-Inst. Univ. Berlin; 1933–1934 wiss. Mitarb. *Inst. Pasteur* Paris; ab 1935 Columbia Univ. New York, 1952 o. Prof. für Biochemie u. Dir. Biochem. Inst., 1970–1974 (em.) Ltr. Dep. am *Biochemical Coll. Physicians & Surgeons*. – Lit.: On the nucleoproteins and nucleic acids of microorganisms, in: Cold Spring. Harb. Symp. quant. Biol. *12* (1947): 28–34; Chemical specifity of nucleic acids and the mechanism of their enzymatic degradation, in: Experientia 6 (1950): 201–209; Some recent studies on the composition and structure of nucleic acids, in: J. cell. comp. Physiol. *58* (1951), Suppl., S. 41–58; The base composition of desoxyribo-nucleic acid and pentose nucleic acid in various species, in: W. D. McElroy & B. Glass, 1957: 521–527; (Hrsg., mit Davidson) The nucleic acids – chemistry and biology, 3 Bde., New York 1955, 1960; Essays on nucleic acids, Amsterdam 1963; s. a. Lit. zu Kap. 22. – B: BHE; AMWS.   Ja/Sch

Charleton, Walter (1619–1707); aus Shepton-Mallett (Somersetshire, Engl.); 1635 stud. Philos. u. Med. Magdalen Hall Oxford (bei Wilkins, MD 1642); Leibarzt König Charles I., später auch Hofarzt bei Charles II.; ging um 1650 nach London, dort Kandidat, 1676/1677 Mitgl., 1679 Anatomy Reader, 1680 Harveian Orator, 1689–1691 Präs. u. 1706 Harveian Librarian des *Coll. of Physicians*; einer d. ersten Mitglieder der *Roy. Soc.*; verbrachte die letzten Lebensjahre auf Jersey, wo er starb. – Lit.: Onomasticon Zoicon: animalium differentias et nomina exponens, London 1668. – B: BBA.   Sch

Chetverikov, Sergei Sergeevich s. Četverikov, Sergej Sergeevič

Chibnall, Albert Charles (1894–1988); aus Hammersmith bei London; 1912–1914 stud. Naturwiss. Clare Coll. Univ. Cambridge/GB (bes. Chemie bei H. J. H. Fenton, MA 1914), 1919 stud. Chemie, bes. Biochemie, Imperial Coll. Univ. London in South Kensington, 1920 Fo.stipendiat (bei S. B. Schryver, PhD 1921); 1922 Res. Fell. *Connecticut Agric. Experim. Sta.* Yale Univ. New Haven/USA (bei T. B. Osborne); 1924 Hon. Ass. für Biochemie Univ. Coll. London (bei J. C. Drummond); 1930 Ass. Prof., 1936 Prof. für Pflanzenbiochemie Imperial Coll. Univ. London; 1943–1949 *Dunn*-Prof. für Biochemie Emmanuel Coll. Univ. in Cambridge (Engl.), wo er starb. – Lit.: Protein metabolism in the plant, New Haven/Connect. 1939; Amino-acid analysis and the structure of proteins, in: Proc. Roy. Soc. London *131 B* (1942): 136–160. – B: WwW; Autobiogr. 1966.   Höx

Chil y Naranjo, Gregorio (1831–1901); aus Teide (Gran Canaria); ab 1848 stud. Med. Univ. Paris (Dr. med. 1859); spezialis. für Anthropol. d. prähistor.

kanarischen Völker; bekam Schwierigkeiten wegen Anwendung des Darwinismus. Das 1880 eröffnete *Museo Canario* verdankt ihm die paläontol. u. anthropol. Slgn. – Lit.: Origine des premiers canariens, in: C. R. Assn. Française pour l'Avancement des Sci. (Lille 1874), Paris 1875: 501–506; Estudios históricos, climatológicos y patológicos de las Islas Canarias, 3 vols., Las Palmas 1876–1891. – B: DhCmE (T. F. Glick).

LGB/Sch

Child, Charles Manning (1869–1954); aus Ypsilanti (Michigan, USA); stud. Biol. u. Chemie Wesleyan Univ./Connecticut (PhB 1890, MS 1892), dann Stud.aufenth. Univ. Leipzig im Psychol. Labor. bei W. Wundt u. im Zool. Inst. bei R. Leuckart (Dr. phil. 1894), danach Zool. Sta. Neapel; 1895 Rückkehr nach Chicago, dort 1916 Prof. für Zool.; dazw. versch. meeresbiol. Stud. (1902–1903 Neapel), Abt.ltr. Meereszool. Sta. an d. Pazifik-Küste (Calif.); ab 1937 Univ. of California; starb in Palo Alto (Calif.). Arb. über entwicklungsphysiol. u. verhaltensbiol. Fragen (zus. mit J. Loeb); Mitbegr. des *Journal of Physiol. Zoology.* – Lit.: Ein bisher wenig beachtetes antennales Sinnesorgan der Insekten (Diss.), Leipzig 1894; Studies on the dynamics of morphogenesis and inheritance in experimental reproduction (1. The axial gradient in *Planaria dorotocephala* as a limiting factor in regulation), in: J. exp. Zool. *10* (1911): 265–320; The process of reproduction in organisms, in: Biol. Bull. *23* (1912): 1–39; Senescence and rejuvenescence, Chicago 1915; The physiological gradients, in: Protoplasma 5 (1928): 447–476; Physiological dominance and physiological isolation in development and reconstitution, in: A. Entw.mech. *117* (1929): 21–66; Patterns and problems of development, Chicago 1941. – B: DSB (J. C. Burnham).

Ja

Cholodny(j), Nikolaj Grigor'evič (1882–1953); aus Tambov (Ukraine); 1900–1906 stud. Naturwiss. Univ. Kiew, dabei ab 1902 experim. Fo. im Labor. von K. A. Purievič; 1906 Aufseher im Bot. Kabinett Univ. Kiew; 1908 u. 1911 Fo.reisen ins Ausland u. Ural; 1912 Pd. Univ. Kiew, gleichz. Arb. im Mikrobiol. Labor. Inst. für Experim. Med. St.-Petersburg (bei V. L. Omeljanskij); danach Vorlesungen in Mikrobiol.

Univ. Kiew u. 1912–1914 Lehrer für Naturwiss. u. Geogr. im Pavel-Galagan-Coll., 1914 Vorlesungen für Pflanzenphysiol. an den *Vyssie zenskie kursy* d. Univ., 1918–1933 Doz. u. Lehrstuhl für Physiol. u. Anat. der Pflanzen u. für Mikrobiol. (Mag.Bot. 1919) sowie Prof. an den *Vyssie zenskie kursy*, begann experim. Fo. in d. *Starosel'skaja biologičeskaja stancija,* 1920 ebenfalls Prof. für Pflanzenphysiol. u. -anat. am Kiewer Volksbildungsinst.; 1933–1941 Ltr. Abt. Pflanzenphysiol. am Bot. Inst. d. Ukrain. AdW u. Lehrstuhl für Mikrobiol. Univ. Kiew; 1941–1945 Versuchssta. Sotschi, dann Jerewan, d. AdW UdSSR; 1944–1949 Ltr. Abt. Pflanzenphysiol. u. -ökol. Inst. für Bot. d. Ukrain. AdW; starb in Kiew. – Lit.: Wuchshormone und Tropismen bei den Pflanzen, in: Biol. Zbl. *47* (1927): 604–626. – B: Sytnik 1982.

Sch

Chun, Karl [Carl] (1852–1914); aus Höchst a. M.; 1872 stud. Zool. Univ. Leipzig (bei R. Leuckart, Dr. med. 1874, Staatsexamen 1876), dann Zool. Sta. Neapel (bei A. Dohrn); 1878 Pd. Univ. Leipzig; 1883 Prof. für Zool. Univ. Königsberg (Kaliningrad); 1891 o. Prof. für Zool. Univ. Breslau (Wrocław); ab 1898 o. Prof. für Zool. Univ. in Leipzig, wo er starb. 1898–1899 Ltr. d. ersten dt. Tiefsee-Exped. auf der *Valdivia,* bearb. die *Cephalopoda.* – Lit.: Das Nervensystem und die Muskulatur der Rippenquallen, Frankfurt a. M. 1878 (Abh. Senckenberg. Ges., 11); Die Ctenophoren des Golfes von Neapel und der angrenzenden Meeres-Abschnitte, Leipzig 1880; Aus den Tiefen der Weltmeere – Schilderungen von der deutschen Tiefsee-Expedition, Jena 1900. – B: NDB (R. Mertens). – P.

Ja

Claude, Albert (1899–1983); aus Longlier (Belgien, heute Neufchâteau, Luxemburg); 1921 zunächst Ausbild. an Bergbauing.-Sch., dann stud. Med. Univ. Liège (Dr. med. 1928); 1928 am Inst. für Krebsfo. Berlin, dann im Labor. für Gewebekulturen am KWI Berlin-Dahlem (bei Albert Fischer); 1929 Labor. *Rockefeller Inst.* (heute Univ.) New York; 1949–1971 Dir. Jules-Bordet-Inst. für Krebsfo. u. Prof. für Med. Freie Univ. Brüssel; 1971 Ltr. des neugegr. Labor. für Zellbiol. u. Krebsfo. d. Kathol. Univ. Louvain (Belgien); starb in Brüssel. Nobelpr. 1974. – Lit.: Particulate compounds of normal and tumor cells, in: Science *91* (1940): 77–78; s. a. Lit. zu Kap. 22. – B: NPW; Autobiogr. 1980; Duve & Palade 1983.

Sch

Claus, Carl Friedrich Wilhelm (1835–1899); aus Kassel; 1854 stud. Med. u. Naturwiss. Univ. Marburg (bei J. M. D. Herold), dann Gießen (bei R. Leuckart, Dr. med. 1857 Univ. Marburg); 1858 Pd. Univ. Marburg; 1860 ao. Prof. für Zool. Univ. Würzburg; 1863 o. Prof. für Zool. Univ. Marburg (Nachf. von Herold), 1870 Göttingen (Nachf. von Keferstein); 1873 Lehrstuhl für Zool. u. Dir. des Zool.-anat. Inst. Univ. Wien sowie Ltr. d. neugegr. Zool. Sta. in Triest; arb. spez. über *Crustacea,* Entw. der Zool. zur selbständ. Disziplin in Wien, wo er starb. – Lit.: Grundzüge der Zoologie, Marburg 1866–1868 ([4]1880); Lehrbuch der Zoologie, Marburg–Leipzig 1880 ([2]1883, [4]1891, weitere Aufl. bearb. von K. Grobben, später A. Kühn). – B: ÖBL; Autobiogr. 1899; Korschelt 1939; Geus 1978: 173–176.

Ja/Sch

S. S. Četverikov   C. Chun um 1912

Clements, Frederic Edward (1874–1945); aus Lincoln (Nebraska, USA); stud. Bot. Univ. of Nebraska Lincoln (BS 1894, MA 1896, PhD 1898); 1894 Ass., 1897 Instr., 1899 Adj. Prof. für Bot., 1906 Prof. für Pflanzenphysiol. Univ. of Nebraska Lincoln; 1907 Prof. für Bot. Univ. of Minnesota Minneapolis; 1917–1941 Ökologe an Versuchssta. der *Carnegie Inst.* Washington (im Winter: Experim. Sta. Tucson/Arizona, später Küsten-Sta. Santa Barbara/Calif.; im Sommer: Alpine Sta. im Engelman Canyon am Pikes Peak/Color.); zugl. 1934 Mitarb. des U. S. Soil Conservation Service; starb in Santa Barbara (Calif.). – Lit.: The development and structure of vegetation, Lincoln/Nebraska 1904 (Bot. Survey of Nebraska, 7); Research methods in ecology, Lincoln/Nebr. 1905; Plant succession, Washington/D. C. 1916 (Carnegie Instn. Publ., 242); Plant indicators, Washington/D. C. 1920; (mit J. E. WEAVER) Plant ecology, New York 1929; (mit V. SHELFORD) Bio-ecology, New York 1939. – B: DSB (J. EWAN).   Höx

Clusius, Carolus [l'Ecluse, Charles de] (1526–1609); aus Arras (Flandern); stud. Jura u. Phil. in Gent, Löwen, Marburg u. Wittenberg; 1551–1554 stud. Med. in Montpellier (u. a. bei RONDELET); dann als Begleiter von J. FUGGER Reisen durch Span. u. Portugal; 1573–1576 als Naturforscher am Hof d. liberalen Kaisers MAXIMILIAN II. von Habsburg, 1575 Vorsteher d. Bot. Gartens in Wien; ab 1576 unter RUDOLPH II. Verfolgung protestant. Gelehrter, Asyl bei Baron VON BATTHYANY auf d. Burgen Güssing u. Schaining (Pannonien), in dieser Zeit (1579) Berufungsverhandlung mit d. protestant. Univ. Jena; 1587 Übersiedlung nach Frankfurt a. M.; 1593 Prof. für Bot. an d. 1575 gegr. Univ. u. Gründer des Univ.-Gartens in Leiden, wo er starb. Hier entstand sein Hauptwerk über exot. Pflanzen u. Tiere. – Lit.: Rariorum aliquot stirpium per Hispanias observatorum historia, Antwerpen 1576; Rariorum aliquot stirpium per Pannoniam, Austriam … observatorum historia, Antwerpen 1583 (Nachdr. Graz 1964); Fungorum in Pannoniis observatorum brevis historia, Antwerpen 1601 (Nachdr. Graz 1983); Exoticorum libri decem, Antwerpen 1605. – B: DSB (P. JOVET & J. C. MALLET); MORREN 1874; HUNGER 1927; AUMÜLLER 1973 (W); SMIT 1986.   Ja

Cohn, Ferdinand Julius (1828–1898); aus Breslau (Wrocław); 1844 stud. Phil. u. Naturwiss. Univ. Breslau (bei Ch. G. NEES VON ESENBECK), 1846 Univ. Berlin (Dr. phil. 1847); 1849 Ass. Bot. Inst., 1850 Pd., 1859 ao. Prof., 1872 o. Prof. für Bot. Univ. u. Dir. des Bot. Gartens in Breslau, wo er starb. Arb. spez. über Kryptogamen; Begr. u. Hrsg. der *Beitr. zur Biol. der Pflanzen* (ab 1872), wo auch R. KOCHS erste Arb. erschienen. – Lit.: Untersuchungen über Bakterien, I, II, IV, in: Beitr. Biol. Pflanzen *1* (1872) 2: 127–224, *1* (1875) 3: 141–207, *2* (1876) 2: 249–276. – B: NDB (H. ZIEGENSPECK); DSB (G. L. GEISON); ROSEN 1899; P. COHN 1901.   Ja

Coiter, Volcher (1534–1576); aus Groningen (Niederl.); 1555 stud. Med. in Montpellier (bei RONDELET), Padua (bei FALLOPPIO) u. 1559 Bologna (bei ALDROVANDI, Dr. med. 1562), danach Stud.aufenth. bei EUSTACHIO in Rom; 1563 Prof. für Anat. u. Chirurgie Univ. Bologna;

1566 Regierungs- u. Leibarzt am oberpfälz. Hof in Amberg, gleichz. Prof. am dortigen *Pädagogium*; 1569–1575 Stadtarzt in Nürnberg; 1576 Militärarzt, starb in Brienne (Champagne, Frankr.). Widmete sich intensiv der vergl. Anat. d. Wirbeltiere, spez. der Skelettanat.; sezierte auf Anregung von ALDROVANDI Tiere aller Klassen, dar. zahlr. Vogel- u. Säugetierarten u. erstmals Amphibien u. Reptilien; verglich u. a. Skelette von Menschen u. Affen. – Lit.: Externarum et internarum principalium humani corporis partium tabulae, Nürnberg 1572. – B: NDB (R. HERRLINGER); DSB (D. M. SCHULLIAN); HERRLINGER 1952 (W).   Ja/Sch

Collado, Luis (ca. 1520–1589), aus Valencia (Span.); stud. Med. Univ. Valencia (u. a. bei Miguel Jerónimo LEDESMA); Schüler von VESAL; 1546–1548 Prof. für Chirurgie, 1550–1574 o. Prof. für Anat., Therapie u. Med. Univ. Valencia, ab 1574 für Prakt. Med.; zugl. ab 1576 „Protomédico" u. „Visitador del Reino"; starb in Valencia. Seine Arb. als Anatom diente d. Konsolidierung d. neuen Anat. d. VESAL in Span., er verteidigte ihn gegenüber d. Angriffen des Pariser Prof. Jacobus SILVIUS. – Lit.: Cl. Galeni Pergameni liber de ossibus …, Valencia 1555. – B: DhCmE (J. M. López PIÑERO).   LGB/Sch

Collip, James Bertram (1892–1965); aus Kanada; 1908 stud. Physiol. u. Biochemie Trinity Coll. Univ. Toronto (BA 1912, MA 1913, PhD 1916 in Biochemie bei A. B. MacCALLUM); 1915 Lect., 1917 Ass. Prof., 1919 Assoc. Prof. u. Ltr. Dep. für Physiol. u. Pharmakol. Univ. of Alberta Edmonton; 1920–1921 *Rockefeller Travelling Fell.ship* (Univ. Toronto bei J. R. MACLEOD, Rockefeller Inst. New York bei D. VAN SLYKE, National Inst. Med. Res. bei Henry DALE); 1921 Zus.arb. mit BANTING Univ. Toronto; 1922 Prof. u. Dir. Dep. Biochemie Univ. Edmonton (Dr. med. 1926); 1928 Lehrstuhl für Biochemie, 1941 *Gilman-Cheney*-Prof. u. Dir. Inst. für Endokrinol. McGill-Univ.; ab 1947 an d. Univ. Western Ontario in London (Ontario), wo er starb. – Lit.: s. Lit. zu Kap. 15. – B: BARR & ROSSITER 1973.   Sch

Colmeiro y Penido, Miguel (1816–1901); aus Santiago de Compostela (Span.); stud. Med. (Dr. med. 1843) u. Naturwiss. (Dr. 1846) Univ. Madrid; 1842 o. Prof. für Landw. u. Bot. in der *Junta de Comercio* u. 1845 Univ. Barcelona; 1847 o. Prof. für Naturgesch. in Sevilla, hier Begr. d. Bot. Gartens; 1857 o. Prof. für Organographie u. Pflanzenphysiol. Univ. Madrid, später für Phytographie; ab 1868 Dir. d. Bot. Gartens in Madrid, wo er starb. Gründer u. erster Präs. d. *Soc. Esp. de Hist. Nat.* – Lit.: Ensayo Histórico sobre los progresos de la Botánica …, Barcelona 1842; La botánica y los botánicos de la Península Hispano-Lusitana e Islas Baleares, con la distribución geográfica de las especies y sus nombres vulgares …, 5 vols., Madrid 1885–1889. – B: DhCmE (J. M. López PIÑERO); DiccGalicia (X. A. FRAGA VÁZQUEZ).   LGB/Sch

Colombo, Realdo (um 1510–1559); aus Cremona (Oberital.); stud. Med. Univ. Padua, Schüler u. Nachf. von VESAL in Padua (1544), vorher Prof. d. Med. Univ. Pisa, wo er u. a. Lehrer von CESALPINO war; untersuchte die Anatomie des Herzens u. der Gefäße u. beschrieb schon um 1545 den kl. Blutkreislauf, den er physiolog. interpretierte; starb in Rom. – Lit.: De re anatomica libri XV, Venedig 1559. – B: DSB (J. J. Bylebyl).   Ja

Columella, Lucius Junius Moderatus (1. Jh.); aus Gades (Cádiz, Span.); bedeutendster röm. Schriftsteller über Landw. u. Baumpflanzungen (*De re rustica*, 12 Bücher); seine Werke wurden vermutl. von Petrus de Crescentiis, möglicherweise auch von Ibn al-ᶜAwwām benutzt. – Lit.: Textausg.: H. B. Ash, E. S. Forster & E. H. Heffner, 3 Bde., London–Cambridge 1948–1955 (Übers. von K. Ahrens, Berlin 1972). – B: LexMA (P. D. A. Harvey).   Ja/Sch

Comenius [Komenský], Jan Amos (1592–1670); aus Nivnice (Mähren); tschech. Reformator, Pädagoge; als Angehöriger d. hussit. Bruderunität 1611 stud. Theol. Herborn, 1613 Amsterdam u. 1614 Heidelberg; danach Lehrer u. Geistlicher in Prerov, ab 1617 in Fulnek; 1628 Emigr. (Ausweisung d. nichtkathol. Bevölkerung aus Böhmen) nach Lissa (Leszho, Polen), wo er vorw. als Pädagoge wirkte u. seine Bildungsreformen für eine „naturgemäße" Erziehungsmethode konzipierte; Reisen 1641–1642 nach London, Leiden u. Stockholm, 1650–1654 nach Siebenbürgen zu einflußreichen Persönlichkeiten galten d. Verwirklichung seiner polit., pädagog. u. religiösen Reformen; 1656 ins Exil nach Amsterdam, wo zusammenfassende Werke entstanden; starb in Amsterdam. – Lit.: Opera didactica omnia, Amsterdam 1657; Orbis sensualium pictus ..., Nürnberg 1658; Prodromus Pansophiae, London 1639 (dt. Düsseldorf 1963). – B: DSB (H. Aarsleff).   Ja

Comte, Isidore Auguste-Marie François Xavier (1798–1857); aus Montpellier; stud. Math., Physik u. Chemie *É. Polytechn.* Paris; dann Privatlehrer in Paris; zeitw. Anstellung als Hilfslehrer u. als Sekr. von Saint-Simon, dessen Lehren ihn beeinflußten; starb in Paris. Begr. des franz. Positivismus in Opposition gegen Theol. u. franz. Materialismus; suchte die wiss. Ideen von Fr. Bacon u. Galilei auf ein universelles System der Wiss. mit Einbeziehung der „Soziologie" anzuwenden, wobei die „Biologie" eine zentrale Rolle spielte; entwickelte nach Vorbild der Bot. u. Zool. eine Klassifikation der Wiss. u. unterschiede jeweils „statische" u. „dynamische" Disziplinen; hielt in Paris Privatvorlesungen über sein System, das viele Naturforscher des 19. Jh. beeinflußte. – Lit.: Cours de philosophie positive, 6 Bde., Paris 1830–1842. – B: DSB (L. Laudan).   Ja

Conklin, Edwin Grant (1863–1952); aus Waldo (Ohio, USA); stud. Naturwiss. Wesleyan Univ. Ohio (BA 1886), 1886–1888 Rust-Univ. Mississippi, 1889 Johns Hopkins Univ. (Dr. phil. 1891); dann experim. Zoologe, Morphologe u. Embryologe an d. Ohio Wesleyan Univ., 1894 Northwestern Univ., 1896 Univ. of Pennsylvania; dort ab 1908 Prof. für Biol.; starb in Princeton (New Jersey). Mitbegr. des *J. of Experim. Zool.* (1904). – Lit.: The individuality of the germnuclei during the cleavage of the egg of *Crepidula*, in: Biol. Bull. *2* (1901): 257–265; The embryology of *Crepidula*, in: J. Morph. *13* (1905): 1–226; Organ-forming substances in the eggs of Ascidians, in: Biol. Bull. *8* (1905): 205–230; The organization and cell-lineage of the ascidian egg, in: J. Acad. National Sci. Philad. *13* (1905): 1–119; s. a. Lit. zu Kap. 14. – B: DSB (G. E. Allen).   Ja

Constantinus Africanus (gest. 1087); aus Karthago (Nordafrika); einer der ersten Vermittler griech.-arab. med. Wissens an die lat. Sch.; bereiste vermutl. als muslim. Kräuterhändler Mittelmeerraum u. vorderen Orient; kam zw. 1065 u. 1075 an Ärzte-Sch. v. Salerno, wo er arab. Werke f. d. Schulgebrauch ins Latein übersetzte; starb in Montecassino. – B: DSB (M. McVaugh); LexMA (H. Schipperges).   Ja/Sch

Corda, August Karl Joseph [Josef] (1809–1849); aus Reichenberg (Liberec, Tschechien); Kaufmannslehre in Prag, daneben autodidakt. med. Stud.; 1830 auf Aufforderung A. von Humboldts bot. mikroskop. Untersuchungen in Berlin; 1834 Kustos am Böhmischen Nationalmus. in Prag; 1847 Reise nach Texas, starb bei Schiffbruch auf d. Rückreise. Pilzforscher, Mikroskopiker u. hervorrag. Zeichner; führte das Mikroskop in d. Mykologie ein u. untersuchte die Histol. fossiler Pflanzen; Mitarb. von K. Sternberg. – Lit.: Über den Bau des Pflanzenstammes, Prag 1836; Icones fungorum hucusque cognitorum, 6 Bde., Pragae 1837–1854; Prachtflora der europäischen Schimmelbildungen, Leipzig 1839; Anleitung zum Studium der Mykologie, Prag 1842; Beiträge zur Flora der Vorzeit, Prag 1845. – B: NDB (H. Ziegenspeck); DBE; Förster 1985.   Eis/Sch

Cordus [gen. Eberwein], Euricius [eigentl. Heinrich Ritze] (1484–1535); aus Simtshausen (Hessen); Erfurter Humanist, der klass. philolog. Stud. mit Naturstudien verband u. bot. Beobachtungen aus Thüringen in poet. Form veröffentlichte; ab 1527 Prof. für Med. an d. neugegr. Univ. Marburg; gründete bei Marburg einen priv. Kräutergarten („Pflanz-Garten"), wohin er auch Exkursionen mit seinen Studenten durchführte; später Stadtarzt u. Lehrer in Bremen, wo er starb. – Lit.: Botanologicon, Coloniae 1534. – B: DSB (R. Schmitz); LexNW; Greene 1983: 368.   Ja/Sch

Cordus, Valerius (1515–1544); aus Kassel, Sohn von Euricius C.; 1531 Bacc. Univ. Marburg; 1539–1540 stud. Med. (bei Melanchthon), dann Prof. Univ. Wittenberg; führte beachtenswerte lokalflorist. Stud. in Mittel- u. Süddtl. durch u. beschrieb zahlr. neue, teilw. seltene Pflanzen; Verf. d. ersten Pharmakopöe nördl. der Alpen; 1543 Stud.reise nach Ital., starb an Folgen eines Unfalls in Rom. – Lit.: Pharmacorvm omnivm, qvae qvidem in usu sunt, conficiendorum ratio. Vulgo uocant Dispensatorivm pharmacopolarvm ..., Norimbergae [1546]; (hrsg. von C. Gessner) Annotationes in ... Dioscorides ... De medica materia ... eiusdem ... Historiae stirpium libri III posthumi, Argentorati 1561. – B: NDB (H. Ziegenspeck); DSB (R. Schmitz).   Hek/Sch

Cori, Carl Ferdinand (1896–1984); aus Prag; heiratete 1920 Gerty Theresa Radnitz (s. u.); 1914–1920 stud. Med. Dt. Univ. Prag (Dr. med. 1920); 1919 Ass. II. Med. Klinik Dt. Univ. Prag, 1920 Ass. I. Med. Klinik Univ. Wien; 1921 Ass. für Pharmakol. Univ. Graz (bei O. Loewi); 1922 Ass. für Biochemie *State Inst. for* *the Study of Malignant Diseases* Buffalo (N. Y., USA); 1930 Ass. Prof. für Physiol. Univ. Buffalo; 1931 Prof. für Pharmakol., 1945–1966 Prof. für Biolog. Chemie Washington Univ. St. Louis/Missouri; 1967 Gastprof. für Biochemie Mass. General Hosp. Boston; starb in Cambridge (Mass., USA). Nobelpr. 1947. – Lit.: (mit G. T. CORI) Glycogen formation in the liver from d- and l-lactic acid, in: J. Biol. Chem. *81* (1929): 389–403; (mit G. T. CORI) Mechanism of formation of hexose monophosphate in muscle and isolation of a new phosphate ester, in: Proc. Soc. Exp. Biol. Med. *34* (1936): 702–705; CORI-Festschrift: Enzymes and metabolism, in: Biochim. Biophys. Acta *20* (1956): 7–285. – B: LexNW; OCHOA 1985.   Höx

Cori, Gerty Theresa, geb. **Radnitz** (1896–1957); aus Prag; heiratete 1920 Carl Ferdinand C. (s. o.); 1914–1920 stud. Med. Dt. Univ. Prag (Dr. med. 1920); 1917 Ass. Dt. Univ. Prag, 1920 Ass. Karolinen-Kinder-Hosp. Wien; 1922 Ass. für Pathol. *State Inst. for the Study of Malignant Diseases* Buffalo (N. Y., USA); 1931 Res. Assoc., 1944 Assoc. Prof. für Pharmakol., 1947 Prof. für Biochemie Washington Univ. in St. Louis (Missouri), wo sie starb. Nobelpr. 1947. – Lit.: s. C. F. CORI 1929, 1936. – B: DSB (J. S. FRUTON).   Höx

Cornide y Saavedra, José (1734–1803); aus La Coruña; stud. in Santiago de Compostella; 1755 aufgrund einer Arb. Ehrenmitgl. d. *Real Acad. de la Historia*; 1763 zum Stadtrat in La Coruña berufen; 1765 Mitbegr. der Landw.-Akad. Galiziens, 1770 deren Sekr.; 1782 Berater im von ihm mitbegr. *Consulado del Mar* v. La Coruña; Mitbegr. d. *Soc. Económica de Amigos del País* in Santiago u. Lugo; ging 1789 nach Madrid, hier 1792 o. Mitgl. d. *Real Acad. de la Hist.*, 1793 deren General-Insp., 1799–1801 in deren Auftrag Stud.reise nach Portugal, 1802 Sekr.; starb in Madrid. Mitbegr. d. span. Ichthyologie, schrieb erste Abh. über span. Meereszoologie. – Lit.: Memoria sobre la pesca de sardinas en las costas de Galicia, Madrid 1774; Ensayo de una historia de los peces y otras productiones marinas de las costas de Galicia, arreglado al sistema del caballero Carlos Linneo, Madrid 1788. – B: DHCME (T. F. GLICK & V. NAVARRO BROTÓNS).   LGB/Sch

C. Correns   W. Crocker

Correns, Carl Erich Franz Joseph (1864–1933); aus München, stud. Bot., Chemie u. Physik Univ. München u. Graz (Dr. phil. 1889 Univ. München bei C. NAEGELI); dann Ass. bei HABERLANDT im Bot. Inst. Univ. Graz, bei SCHWENDENER in Berlin u. bei PFEFFER in Leipzig; 1892 Pd. für Bot. Univ. Tübingen; hier experim. Pflanzenkreuzungen im Bot. Garten bei VÖCHTING, die zur Wiederentdeckung der MENDELschen Vererbungsgesetze führten; 1902 ao. Prof. für Bot. Univ. Leipzig; 1909 o. Prof. für Bot. Univ. Münster; ab 1914 erster Dir. des KWI für Biol. Berlin-Dahlem, wo er bis zu seinem Tode wirkte; gleichz. 1914 Hon. Prof. Univ. Berlin. – Lit.: Untersuchungen über die Xenien bei *Zea mays*, in: Ber. Dt. Bot. Ges. *17* (1899): 410–417; G. Mendels Regel über das Verhalten der Nachkommenschaft der Rassenbastarde, in: ebda *18* (1900): 158–168; Über Levkojenbastarde: Zur Kenntnis der Grenzen der Mendelschen Regeln, in: Bot. Cbl. *84* (1900): 1–16; Über die dominierenden Merkmale der Bastarde, in: Ber. Dt. Bot. Ges. *21* (1903): 133–147; Ein typisch spaltender Bastard zwischen einer einjährigen u. einer zweijährigen Sippe des *Hyoscyamus niger*, in: ebda *22* (1904): 417–524; Experimentelle Untersuchungen über die Entstehung der Arten auf botanischem Gebiet, in: Arch. Rassen- u. Ges. Biol. *1* (1904): 27–52; Gregor Mendels Briefe an Carl Nägeli 1866–1873, ein Nachtrag zu den veröffentlichten Bastardierungsversuchen Mendels, in: Abh. Math.-Phys. Kl. Königl. Sächs. Ges. Wiss. *29* (1905): 189–265; Die Bestimmung und Vererbung des Geschlechtes, nach Versuchen mit höheren Pflanzen, in: Verh. Ges. Dt. Naturfo. u. Ärzte (1907): 794–802; Zur Kenntnis der Rolle von Kern und Plasma bei der Vererbung, in: Z. indukt. A. + Vl. *1* (1909): 291–328; Etwas über Gregor Mendels Leben und Wirken, in: Naturwiss. *10* (1922): 623–631; (hrsg. von F. VON WETTSTEIN) Gesammelte Abhandlungen zur Vererbungswissenschaft aus period. Schriften 1899–1924, Berlin 1924. – B: DSB (R. OLBY); LexNW; F. VON WETTSTEIN 1938 (W). – P.   Ja

Corti, Alfonso Giacomo Gaspare (1822–1876); aus Gambarana (bei Pavia, Ital.); ab 1841 stud. Med. Pavia u. Wien (Dr. med. 1847); Prof. für Anat. in Bern, Paris, Wien, Würzburg, Utrecht u. Turin, spez. für Mikroskop. Anat.; 1856 Privatgelehrter in Mazzolino (Ital.); starb in Corvino San Quiricio (bei Casteggio). Nach ihm sind d. Strukturen des Innenohres (Cortisches Organ) benannt. – Lit.: Recherches sur l'organe de l'ouie des Mammifère, I. Limacon, in: Z. wiss. Zool. *3* (1851): 109–169. – B: LexNW; HINTZSCHE 1944.   Ja

Coste, Jean-Jacques-Marie Cyprien Victor (1807–1873); aus Castries (Frankr.); stud. Naturwiss., bes. Zool. u. Embryol., in Paris; 1834 Doz. für Entw.gesch. der Tiere am *Muséum d'Hist. nat.* u. Lehrstuhl für Zool. am *Coll. de France* in Paris, später auch Generalinsp. d. See- u. Flußfischerei; starb in Paris. Lit.: (mit DELPECHE) Recherches sur la génération des mammifères et la formation des embryons, Paris 1834; Cours d'embryologénie comparée, Paris 1837; Histoire générale et particulière du développement des corps organisés, Paris 1847–1859; Instructions prâtiques sur la pisciculture, Paris 1853 (²1856). – B: Ärzte I; RAJKOV 1968.   Ja

Coues, Eliot (1842–1899); aus Portsmouth (New Hampshire, USA); stud. am Gonzaga Seminary u. Columbia Coll. [heute George Washington Univ.] (AB 1861, MD 1863); 1862–1881 Mitgl. der U. S. Army, 1873–1876 Sekr. der U. S. *Northern Boundary Commission*, 1880 Sekr. d. *Geolog. and Geograph. Survey of the Territories*; 1877–1886 o. Prof. für Anat. Columbia Univ.; neben zahlr. ornithol. Veröffentl. u. mehreren Monographien über nordamerik. Säugetiere in den 80er Jahren v. a. psychische Fo.; 1884–1888 aktives Mitgl. der Theosoph. Ges.; starb in Baltimore – Lit.: Key to North American Birds, Salem (Mass.) u. a. 1872; A check list of North American Birds, Salem 1873; Birds of the Northwest, Washington 1814; Fur-bearing animals: a monograph of North American *Mustelidae*, Washington 1877; Birds of the Colorado Valley, Washington 1878. – B: DAmB (W. Stone); BB.   Hth

Cousins, Herbert Henry (1869–1949); engl. Agrochemiker; stud. Chemie Univ. Oxford u. Heidelberg; dann Rückkehr nach Oxford, Demonstr. im chem. Labor. u. Lect. Univ. Oxford; 1894 an das von A. D. Hall gegr. Landw.-Coll. in Wye (East Kent); 1900 Insel-Chemiker auf Jamaika, 1908–1932 Dir. Dep. of Agric.; starb in Oxford. – Lit.: Agricultural experiment, in: Jam. Dep. Agric. Ann. Rep. 7 (1910): 6–9. – B: Russell 1950.   Höx/Sch

Crafts, Alden Springer (1897–1990); aus Fort Collins (Colorado, USA); stud. Bot. Univ. of Calif. Berkeley (BS 1927, PhD 1930); 1928 Agent Bureau Plant Indust. des U. S. Dep. of Agric.; 1930 Res. Fell. Cornell Univ. Ithaca (New York); 1931 Ass. Botaniker Calif. Agric. Experim. Sta. Davis, 1936 zugl. Ass. Prof. für Bot. Univ. of Calif. Davis; 1938 *Guggenhei*m Fell. Harvard Univ. Cambridge (Mass.); 1939 Assoc. Botaniker u. Assoc. Prof., 1946–1964 (em.) Botaniker der *Agric. Experim. Sta.* u. Prof. für Bot. Univ. of Calif. in Davis; lebte als Em. in Woodland (Calif.). – Lit.: (mit H. B. Currier & C. R. Stocking) Water in the physiology of plants, Waltham/Mass. 1949. – B: WWA; WwWA 10.   Höx/Sch

Crescentiis, Petrus de [Pie(t)ro de Crescenzi] (1230/33–1320/21); aus Bologna (Ital.); stud. Med. u. Jur. in Bologna; als Jurist für mehrere nordital. Städte tätig; zog sich 1299 auf sein Landgut zurück, um sich literar. Stud. zur Landw. zu widmen, die bis zum 16. Jh. in mehreren europ. Sprachen verbreitet waren. – Lit.: Opus ruralium commodorum libri XII (in ca. 100 Handschriften erhalten, erster Druck: Bologna 1471). – B: VerfasserLex 7; Repertorium.   Hpp

Crick, Francis Harry Compton (geb. 1916); aus Northampton (Engl.); 1937 stud. Physik u. Math. Univ. Coll. London (BS 1937), nach Unterbrechung durch Militärdienst 1947 Forts. Stud. im Strangeways Res. Labor. am M. R. C. Univ. Cambridge/GB (PhD 1954); 1949–1977 Prof. im Labor. für Molekularbiol. am M. R. C. Univ. Cambridge; gleichz. 1953–1954 am Brooklyner Polytechnikum, 1959 Gast-Prof. Harvard Univ. u. Rockefeller Inst., New York; ab 1977 *J. W. Kieckhefer* Distinguished Res. Prof. am *Salk Inst.*

Biol. Studies in La Jolla u. Adj. Prof. für Psychol. u. Chemie Univ. of Calif., San Diego (Calif., USA). Nobelpr. 1962. – Lit.: s. Lit. zu Kap. 22. – B: McGraw-Hill; AMWS; WWNP.   Sch

Crocker, William (1876–1950); aus Medina (Ohio, USA); stud. Bot. Illinois State Univ. in Normal/Ill. (grad. 1898) u. Univ. of Illinois Urbana (AB 1902, AM 1903); 1903–1904 Instr. für Biol. *Northern Illinois State Sch.* in Normal; 1906 PhD Univ. of Chicago; 1907 Assoc., 1909 Instr., 1911–1921 Ass. Prof. u. Assoc. Prof. für Pflanzenphysiol. Univ. of Chicago; 1921 Dir. *Boyce Thompson Inst. for Plant Res.* in Yonkers (N. Y.), wo er starb. – Lit.: (mit A. E. Hitchcock & P. W. Zimmerman) Similarities in the effects of ethylene and the plant auxins, in: Contrib. Boyce Thompson Inst. 7 (1935): 231–248. – B: WwWA. – P.   Höx

Cuénot, Lucien (1866–1951); aus Paris; nach Besuch des Coll. Chaptal (Bacc. ès Sci.) ab 1883 stud. Naturwiss. an d. *Sorbonne*, bes. Zool. (bei Lacaze-Duthier, Dr. ès sci. nat. 1887); 1888 *Prép.* für Vergl. Anat. u. Physiol. *Sorbonne* Paris; dann Doz. für Zool. Univ. Lyon; 1890 an d. Fac. des Sci. in Nancy, 1896 Ass. Prof., 1897 stellv. Prof., 1898–1937 o. Prof. für Zool. Univ. in Nancy, wo er starb. Bestätigte Mendels Vererbungsregeln bei Kreuzungsversuchen mit Mäusen, nahm auch bei Vererbungsstud. an Farbmerkmalen die „Presence-Absence-Theorie" (Bateson) vorweg. – Lit.: La loi de Mendel et l'hérédité de la pigmentation chez les souris (1. note), in: Arch. Zool. exp. et gén., 3. Sér., *10* (1902): XXVI–XXX; L'hérédité et la pigmentation chez les souris (2.), ebda, 4. Sér., *1* (1903): XXXIII–XLI; desgl. (3.), ebda, 4. Sér., *2* (1904): XLV–LVI; Les races pures et leurs combinations chez les souris (4.), ebda, 4. Sér., *3* (1905): CXXIII. – B: DSB (A. Tétry).   Ja

Curie, Pierre (1859–1906); aus Paris; ab 1885 Prof. an d. *É. de physique et de chimie*, ab 1904 Prof. für Physik an d. *Sorbonne* in Paris, wo er tödlich verunglückte. Arb. über paramagnet. u. ferromagnet. Stoffe, entdeckte zus. mit seiner Frau Marie C. (1867–1934) u. H. Becquerel (1852–1909) die radioakt. Elemente Radium u. Polonium. Nobelpr. 1903. – B: DSB (J. Wyart); ABC (D. Hoffmann).   Ja/Sch

Cuvier, Frédéric (1773–1838); aus Mömpelgard (Montbéliard); Bruder von Georges C., der ihn wiss. förderte; nach Uhrmacherlehre in Montbéliard ab 1797 in Paris bei seinem Bruder am *Muséum d'Hist. nat.* tätig; fertigte d. Katalog für die vergl.-anat. Slg. des Mus. an, ab 1804 Oberaufseher d. Menagerie des Mus.; wiss. Stud. über Verhalten von Säugetieren in Gefangenschaft, über soziales Verhalten u. über Haustiere, beschrieb ca. 500 Arten in *Histoire des mammifères* (1818–1838); 1810 Insp. der Pariser AdW, 1831 Generalinsp. für Studium; 1837 Lehrstuhl für Vergl. Physiol. am *Mus. d'hist. nat.* in Paris, wo er starb. – Lit.: Essai sur les nouveaux caracteres pour les genres des mammifères, in: Ann. Mus national d'hist. nat. *10* (1807): 105–129; Histoire naturelle des cétacées, Paris 1838. – B: DSB (F. Bourdier).   Ja

Cuvier, Georges [de] (1769–1832); aus Mömpelgard; stud. Phil. u. Kameralia *Karlsschule* Stuttgart; 1786 Hauslehrer bei Graf D'HÉRICY in der Normandie; 1795 Prof. für Vergl. Anat. am *Coll. de France*, 1798 *Muséum national d'Hist. nat.* in Paris; bekleidete außerdem zahlr. öffentl. Ämter; durch Verbindung der vergl. Anat. mit der Zool. schuf er neue Grundlagen für die zool. Systematik u. begründete die Paläozoologie; ab 1802 Sekr. der math.-physikal. Kl. d. AdW in Paris, wo er starb. – Lit.: Mémoire sur la structure externe et interne et sur les affinités des animaux auxquels on a donné le nom de vers, in: Decades philos., litt. et polit. *5* (1795): 385–396; Tableau élémentaire de l'histoire naturelle des animaux, Paris 1798; Leçons d'anatomie comparée, 5 Bde., Paris 1798–1805; Recherches sur les ossemens fossiles de Quadrupèdes …, 4 vols., Paris 1812 (2. erw. Aufl. 1821–1824; 3. Aufl., mit: *Discours sur les révolutions*, 1828); Le regne animal, Paris 1817 ([2]1829–1830); (postum éd. par Mary DE SAINT-AGY, publiée par T. MAGDELAINE) Histoire des sciences naturelles depuis leur origine jusqu'à nos jours chez tous les peuples connus, T. 1–5, Paris 1841–1845. – B: DSB (F. BOURDIER); COLEMAN 1964. – P. Ja

Cvet [Tsvet, Tswett, Zwet], Michail Semënovič [Semjonowitsch] (1872–1919); aus Asti (Ital.); 1891 stud. Math. u. Physik Univ. Genf. (Bacc. 1893, Dr. phil. 1896); ab 1896 in Rußland, 1897 am Biol. Labor. d. AdW St. Petersburg, 1901 Mag. für Bot. Univ. Kasan; 1902 Labor.-Ass., 1903 Pd. am Lehrstuhl für Pflanzenanat. u. -physiol. Russ. Univ. Warschau (bei D. I. IVANOVSKIJ), ab 1907 auch Vorlesungen am Veterinär-Inst. Warschau; 1908 an TU Warschau, mit deren Verlegung 1915 nach Moskau, 1916 nach Nishni Nowgorod (heute Gorki); 1917 Dir. Bot. Garten u. Prof. für Bot. Univ. Dorpat (Tartu), mit deren Verlegung 1918 nach Woronesh, wo er starb. – Lit.: Physikalisch-chemische Studien über das Chlorophyll : Die Adsorptionen, in: Ber. Dt. Bot. Ges. *24* (1906): 316–323; Adsorptionsanalyse und chromatographische Methode – Anwendung auf die Chemie des Chlorophylls, in: ebda, 384–393; (hrsg. von A. A. RICHTER & T. A. KRASNOSEL'SKAJA) Chromatografičeskij adsorbcionnyj analiz: izbrannye raboty, Moskva 1946 (Akademija nauk SSSR, Klassiki nauki). – B: VOB; DSB (E. M. SENCHENKOVA); LexBiol; SENČENKOVA 1973. – P. Sch

Cyon, Elias [Elie de] (1843–1912); aus Telsch (Telšiai, Kowno, Litauen); 1858 stud. Med. an d. Med. Akad. Warschau, 1859 Univ. Kiev, 1862–1864 Univ. Berlin (Dr. med. 1864 Berlin u. gleichz. St. Petersburg); 1866 physiol. Arb. bei K. LUDWIG Univ. Leipzig, wo er die Funktion des *Nervus depressor vagi* mitentdeckte u. bes. Labyrinth u. Bogengänge untersuchte; weiterer Stud.aufenth. bei E. BRÜCKE Univ. Wien; 1868 Doz. für Anat. u. Physiol., 1870 ao. Prof. an der Physikal.-math. Fak. St. Petersburg, 1872 o. Prof. für Anat. u. Physiol. Med. Akad. St. Petersburg (1877 Staatsrat u. erbl. Adel); ab 1877 bei C. BERNARD in Paris, wo er starb. – B: ROTHSCHUH 1953. Ja

Czapek, Friedrich (1868–1921); aus Prag; 1886–1891 stud. Med., zuletzt zugl. Demonstr. für Pathol. Dt. Univ. Prag. (Dr. med. 1892); dort 1890–1893 auch Ass. bei F. HOFMEISTER; 1891–1894 stud. Bot. Univ. Leipzig (bei W. PFEFFER); 1894 Ass. bei J. WIESNER (Dr. phil. 1894), 1895 Pd. für Bot. Univ. Wien; 1896 ao. Prof., 1902 o. Prof. für Bot. u. Techn. Mikroskopie Dt. TH Prag; 1906 o. Prof. für Bot. Univ. Czernowitz, 1909 für Pflanzenphysiol. Dt. Univ. Prag, 1921 für Bot. in Leipzig, wo er starb. – Lit.: Biochemie der Pflanzen, 2 Bde., Jena 1905 (2. Aufl.: 3 Bde., 1913, 1920, 1921). – B: NDB (H. SCHAROLD). – P. Höx

Czermak, Erich, Edler von Seysenegg s. Tschermak-Seysenegg, Erich von

Czermak [Tschermak], Johann Nepomuk (1828–1873); aus Prag; 1845 stud. Med. Univ. Wien, 1847 Breslau (bei PURKYNĚ) u. 1849–1850 Würzburg; 1850 Ass. bei PURKYNĚ in Prag; 1855 o. Prof. für Zool. Univ. Graz; 1856 o. Prof. für Physiol. Univ. Krakau, 1858 Budapest; dazw. 1857 Arb. in den Labor. von E. W. BRÜCKE u. E. LUDWIG; 1860 Fo. über Kehlkopfspiegel im Privatlabor. auf d. väterl. Gut bei Prag; 1865 o. Prof. für Physiol. Univ. Jena, 1869 Univ. Leipzig; ab 1870 Privatgelehrter in Leipzig, wo er starb. – Lit.: Gesammelte Schriften, Bd. I, Leipzig 1879. – B: NDB (L. SCHÖNBAUER); GIESE & HAGEN 1958. Ja/Sch

Dahl, Friedrich (1856–1929); aus Rosenhofer Brök (Holstein); stud. Naturwiss. Univ. Leipzig, Freiburg

G. Cuvier

M. S. Cvet 1910

F. Czapek

F. Dahl ca. 1928

i. Br., Berlin u. Kiel (bei K. Möbius, Dr. phil. 1884); 1887–1897 Pd. für Zool. Univ. Kiel; arb. spez. über Arthropoden, bes. Spinnentiere; 1889 Teiln. an einer Planktonexped. in d. Nordsee, 1896–1897 an Fo.reise zum Bismarck-Archipel; ab 1898 Kustos d. Spinnenslg. des Zool. Mus. Berlin, wo K. Möbius seit 1887 Dir. war; übertrug dessen Lehre von der Biozönose auf d. Landfauna u. eine Charakteristik der Zootope, prägte u.a. d. Begriff „Biotop" u. führte quantitative Sammelmethoden in die Faunistik ein; Begr. eines großen Faunenwerkes Deutschlands; starb in Greifswald. – Lit.: Beiträge zur Kenntnis des Baus und der Funktion der Insektenbeine, in: A. Naturgesch. *50* (1884): 146–193; Die Cytheriden der westlichen Ostsee, in: Zool. Jb. System. *3* (1888): 597–638; Ein Versuch, den Bau der Spinne physiologisch-ethologisch zu erklären, in: ebda *25* (1907): 339–352; Grundsätze und Grundbegriffe der biocoenotischen Forschung, in: Zool. Anz. *33* (1908): 349–353; Anleitung zu zoologischen Beobachtungen, Leipzig 1910 (Wissenschaft u. Bildung, 61); Grundlagen einer ökologischen Tiergeographie, 2 Teile, Jena 1921–1923; Vergleichende Psychologie oder die Lehre vom Seelenleben des Menschen und der Tiere, Jena 1922; Zur Geschichte der Zoologie: Von Aristoteles bis Plinius, in: Sb. Ges. naturf. Freunde zu Berlin 1924 (1926): 62–104; (Begr.) Die Tierwelt Deutschlands, T. 1, Jena 1925 (fortgesetzt). – B: LexNW; Bischoff 1930 (W). – P.   Ja

Dal, Johann s. Thal, Johann

Dale, Henry Hallett, Sir (1875–1968); aus London; 1894 stud. Med. Univ. Cambridge/GB (u. a. bei W. H. Gaskell, F. G. Hopkins u. Michael Foster; BS 1898, BCh 1903, MD 1909), 1898 im dortigen Labor. (u. a. bei J. N. Langley, H. K. Anderson); 1900 *St. Bartholomew's Hosp.* London; 1902 Ass., 1904 Doz. für Histol. Univ. Coll. London (bei E. H. Starling u. Bayliss), dazw. bei Paul Ehrlich in Frankfurt a. M.; 1904 Pharmakologe, ab 1906 Dir. der *Wellcome Physiol. Res. Labor.*; 1914–1942 (em.) Res. u. Administrator, seit 1928 Dir. des *National Inst. for Med. Res.* Hampstead (Engl.); 1942–1946 *Fullerian*-Prof. für Chemie u. Dir. der *Davy-Faraday Res. Labor.* (Nachf. von W. Bragg) am *Roy. Inst. of Great Britain*; starb in Cambridge. 1925–1935 Sekr., 1940–1945 Präs. d. *Roy. Soc.*; Nobelpr. 1936. – Lit.: Acetylcholine as a chemical transmitter substance of the effects of nerve impulses: the William Henry Welch Lectures 1937, in: J. Mt. Sinai Hosp. *4* (1938): 401–429; Adventures in Physiology, London 1953 (Repr. 1965). – B: DSB (W. F. Bynum); NPWS; Autobiogr. 1953 (W), 1957/1958; Feldberg 1970.   Sch

Dall, William Healy (1845–1927); aus Boston (Mass., USA); stud. Naturgesch. *Boston Soc. Nat. Hist.*, durch L. Agassiz zu Studium u. Slg. von Mollusken (rezent u. fossil) angeregt; 1865 als Naturforscher d. *Western Union int. Telegraph Exped.* nach Alaska, ab 1866 wiss. Dir. der Exped.; 1868–1870 Arb. am *Smithsonian Inst.*; 1871–1880 weitere Reisen in Alaska; ab 1881 Kurator d. Mollusken-Slg. *Smithsonian Inst.* (MA h. c. Wesleyan Univ., Dr. sci. 1904 Univ. of Pennsylvania), 1881–1884 auch Ass. bei *Coast and Geodetic Survey* u.

bei *U. S. Geol. Survey* (als Spezialist für känozoische Mollusken); 1915 Doz. George-Washington-Univ. u. Hon. Prof. für Paläontol. der Wirbellosen am *Wagner Free Inst. of Sci.*; starb in Washington. Neubeschr. von rd. 5 400 Arten u. Gattungen; maßgebl. an Entwürfen für int. Nomenklaturregeln beteiligt. – Lit.: Alaska and its resources, Washington 1870. – B: DSB (E. Noble Shor).   Ja

ad-Damīrī (1344–1405); arab. Schriftsteller u. Theologe, Lehrer an der Azhar-Moschee in Kairo. Verf. eines großen zool. Lexikons, das ebensosehr ein literar. wie naturwiss. Werk ist. – Lit.: Textausg.: H. al-Hādī Hussein, 2 Bde., Kairo 1857 (Übers.: A. S. G. Yayakar, Damīrī's Hayāt al-hayawān, 2 Bde., London–Bombay 1906–1908). – B: DSB (J. Vernet).   Nab/Sch

Danielli, James Frederic (1911–1984); aus Wembly (London); stud. Naturwiss., bes. Chemie, Univ. Coll. London (PhD 1933); 1933 Res. Fell. Princeton Univ. New Jersey (USA), 1935 Univ. Coll. London, 1938 Univ. Cambridge, 1942–1945 St. John's Coll. Cambridge; 1946 Reader für Zellphysiol. *Roy. Cancer Hosp.*, 1949 Prof. für Zool. King's Coll. London; 1962 Prof. für Med. Chemie u. Biochem. Pharmakol., 1965 Prof. für Theoret. Biol. Univ. Buffalo (New York, USA); 1974–1980 Prof. für Biowiss. *Worcester Polytechnic Inst.* Massachusetts; starb in Houston (Texas). – Lit.: (mit H. Davson) A contribution to the theory of permeability of thin films, in: J. Cell. Comp. Physiol. *5* (1935): 495–508. – NDB (M. Swann).   Höx

Dareste, Camille (1822–1899); aus Paris; 1845 stud. Med. Univ. Paris (Dr. med. 1847 bei Gabriel Andral); 1847–1850 Oberlehrer für Naturgesch. am *Coll. Stanislas* in Paris (Dr. sc. 1851 bei Milne-Edwards, Naturwiss. Fak. Univ. Paris); 1851 Ass. (Préparateur) bei F. Dujardin an der *Fac. des Sci.* in Rennes; 1852 Prof. répétiteur am Lyceum von Versailles; 1860 Vertr. von Lacaze-Duthier, 1863 ao. Prof., 1864–1870 o. Prof. für Naturgesch. u. Kustos d. Mus. für Naturgesch. in Lille; 1872–1874 Doz. am *Muséum d'Hist. nat.*, 1875 Ltr. Labor. für Teratol. u. Doz. für Embryol. an d. *É. Pratique* d. Med. Fak., 1879 an d. *É. Pratique des Hautes Études* Naturwiss. Fak. Univ. in Paris, wo er starb. – B: J.-L. Fischer 1994 (W).   Ja/Sch

Darmstaedter, Ludwig (1846–1927); aus Mannheim; ab 1865 stud. Chemie Univ. Heidelberg (bei Bunsen u. Erlenmeyer, Dr. phil. 1868); dann bei Kolbe Univ. Leipzig u. im Labor. von C. H. Wichelhaus in Berlin, wo er sich an den Arb. über die Alkalischmelze der Sulfosäuren beteiligte; widmete sich seit 1872 mit Jaffe industriellen Aufgaben, ab 1890 der Lanolinfabrikation; sein Interesse für Gesch. d. Chemie führte zur Slg. von Autographen bedeut. Naturforscher, die er 1907 der *Preuß. Staatsbibliothek* in Berlin übereignete, wo er starb. – B: NDB (G. Lockemann).   Ja

Darwin, Charles Robert (1809–1882); aus Shrewsbury (Engl.); 1825–1827 stud. Med. Univ. Edinburgh, 1826 Mitgl. Plinean Soc.; 1828 stud. Theol. Univ. Cambridge (BA 1831), auch Bot. (bei Henslow) u. Geol. (bei Sedgwick); 1831–1836 auf Vorschlag von Hens-

LOW Teiln. an d. Weltumsegelung des Capt. FITZ ROY auf der *Beagle* (1832 Kapverd. Inseln, Bahia, südam. Ostküste, La Plata-Mündg.: Entdeckg. fossiler Großsäuger; 1833 Feuerland, Berkeley-Sound, Rio Negro, Landexped. von Bahia Blanca bis Montevideo: Entdeckg. neuer Straußenart, geolog. u. ökolog. Stud.; 1834 u. a. Andenexkursion, Lemuy-Chonos-Archipel; 1835 Valdivia/Chile, Anden-Überquerung, Galapagos-Archipel, Tahiti-Inseln/Neuseeland; 1836 Sydney, Tasmanien, SW-Australien, Mauritius, Kap d. Guten Hoffnung, St. Helena, Azoren, Engl.); 1837 in Cambridge u. London Ordnung der Slgn. u. Tagebücher, erste Notizen über das Artproblem, geol. Stud. u. Publikation des Reisetagebuchs; 1838 Sekr. *Geol. Soc.* London; 1840 Stud. zum Artproblem, 1841 Abschluß d. Arb. über d. Entstehung der Korallenriffe u. über d. Vögel; 1842 erste Skizze über d. Theorie zur Entstehung der Arten; ab 1843 als Privatgelehrter in seinem Landhaus in Down (Kent) mit spez. geolog., zool., ab 1865 auch bot. Arbeiten, ab 1856 mit der Niederschrift des Ms. über *Natural Selection* beschäftigt, ab 1858 Auszug davon (*Origin of species ...*) zur Drucklegung vorbereitet, ab 1868 Arbeit über d. Abstammung des Menschen, ab 1876 Autobiographie; 1877 Dr. jur. h. c. Univ. Cambridge; starb in Down, wurde in *Westminster Abbey* beigesetzt. – Lit.: Journal of researches into the geology and natural history of the various countries visited by H. M. S. Beagle, under the command of Captain Fitzroy, R. N. from 1832 to 1836, London 1839; Narrative of the surveying voyages of Her Majesty's Ship „Adventure" and „Beagle" between the years 1826–1836, describing their examination of the Southern shores of South America, and the „Beagle's" circumnavigation of the globe, Vol. 3, Journal and remarks, 1832–1836, London 1839 (dt. von E. DIEFFENBACH, Braunschweig 1844); (Hrsg.) Zoology of the voyage of H. M. S. „Beagle", London 1839–1843 (I: R. OWEN, Fossil mammalia, 1840; II: G. R. WATERHOUSE, Mammalia, 1839; III: J. GOULD, Birds, 1841; IV: L. JENYNS, Fishes, 1842; V: Th. BELL, Reptiles, 1843); A monograph of the sub-class Cirripedia, with figures of all the species – The Lepadidae, or pedunculated Cirripedes, London 1851; The Belanide, or sessile Cirripedes ..., London 1854; On the origin of species by means of natural selection, or the preservation of favoured races in the struggle for life, London 1859

(²1860, ³1861, 4. Aufl. 1866, 5. Aufl. 1869, 6. Aufl. 1872); A naturalist's voyage – Journal of researches ..., London 1860 (dt. von J. V. CARUS, Stuttgart 1875); On the various contrivances by which British and foreign orchids are fertilised by insects, and on the good effects of intercrossing, London 1862; The variation of animals and plants under domestication, 2 Bde., London 1868; The descent of man, and selection in relation to sex, 2 Bde., London 1871; The expression of the emotions in man and animals, London 1872; The effects of cross and sel fertilisation in the vegetable kingdom, London 1876; (mit Fr. DARWIN) The power of movement in plants, London 1880. – B: DSB (G. DE BEER); Autobiogr. 1887 (dt. 1982); Fr. DARWIN 1887 (W); DE BEER 1963; ALLAN 1977; FREEMAN 1978 (W); JAHN 1982; DESMOND & MOORE 1991. – P.   Ja

Darwin, Erasmus (1731–1802); aus Elton (Nottingham, Engl.); Großvater von Charles D.; 1750 stud. Med. Univ. Cambridge, 1754 Univ. Edinburgh (Dr. med. 1756); wirkte als prakt. Arzt sowie als Wissenschaftler, Erfinder u. Dichter ab 1756 in Nottingham, dann in Lichfield, 1780–1783 in Radburn, ab 1784 in Derby; starb auf d. Landsitz Breadsall Priory bei Derby. – Lit.: The botanic garden, a poem, London, P. I: 1791, P. 2: 1789; Zoonomia, or, The laws of organic life, London, P. 1: 1794, P. 2–3: 1796 (dt.: Hannover 1795–1797); Phytologia, or, The philosophy of agriculture and gardening, London 1800 (dt.: Leipzig 1801); The temple of nature, or, The origin of society, London 1803 (dt.: Braunschweig 1808). – B: DSB (C. OF BIRKENHEAD); KING-HELE 1963, 1977. – P.   Ja

Darwin, Francis (1848–1925); aus Down House (Kent, Engl.); dritter Sohn von Charles u. Emma D.; stud. Naturwiss. u. Math. Trinity Coll. Cambridge (Dr. math. 1869); ab 1874 Sekr. u. Ass. bei bot. Arb. seines Vaters in Down; 1882 Doz., 1888 Prof. für Bot. Univ. Cambridge, wo er experim. pflanzenphysiol. arbeitete, spez. über Transpiration d. Pflanzen u. die Funktion der Stomata; starb in Down House. Edierte d. Autobiogr., Briefe u. Mss. seines Vaters. – Lit.: (mit Ch. DARWIN) The power of movement in plants, London 1880; The life and letters of Charles Darwin, 3 Bde., London 1887 (dt. Übers. von V. CARUS, Stuttgart 1899); (mit A. C. SEWARD) More letters of Charles Darwin, 2 vols., London 1903. – B: DSB (W. GEORGE).   Ja

Daubenton, Louis Jean-Marie (1716–1800); aus Montbard (Frankr.); stud. Theol. *Sorbonne* Paris, gleichz. Besuch d. anat. u. botan. Vorlesungen am *Jardin du Roi*, nach 1736 stud. Med. in Rheims (Dr. med. 1741); danach prakt. Arzt in Montbard; Ende 1742 durch BUFFON an d. *Jardin du Roi* berufen, 1744 als „adjoint" Botaniker, 1745 „garde et démonstr." d. naturgeschichtl. Slg., 1758 „associé" Botaniker, 1759 „associé" Anatom, 1760 „pensionnaire" Anatom, 1795 Mitgl. „résident" d. Anat. u. Zool. Sekt. des *Inst. Nacional*; gleichz. 1778 Prof. für Naturgesch. am *Coll. Roy.*, 1783 Prof. für Landw. Veterinärmed. Sch. Alfort, 1794–1795 Vorlesungen in Naturgesch. *É. Normale Supérieure*; 1793 Dir. des *Muséum d'Hist. nat.* in Paris, wo er starb. – B: DSB (C. LIMOGES).   Sch

Ch. Darwin 1854   E. Darwin

Davaine, Casimir Joseph (1812–1882); aus St.-Amand-les-Eaux (Frankr.); 1830–1834 stud. Med. in Paris, 1835 Ass.-Arzt am Charité-Hosp. (bei Pierre RAYER, Dr. med. 1837); ab 1838 prakt. Arzt in Paris; gleichz. mikrobiol., parasitol., pathol. u. allg. biol. Fo. mit RAYER; starb in Garches (Frankr.). 1848 mit RAYER Begr. d. *Soc. de Biologie*; trug vor Robert KOCH neben POLLENDER, BRAUELL u. DELAFOND zur Aufklärung der Milzbrandätiologie bei; behauptete, daß die bei Milzbrand gefundenen Gebilde, die er 1863 *bactéries du sang de rate*, später *bactéridies du charbon* nannte, eine von außen kommende Ursache d. Milzbrandes seien; mit Injektion von faulendem Blut gelang 1872 bei Kaninchen die experim. Auslösung einer von ihm „Septikämie" gen. Krankheit; nach 25 Übertragungen von Blut dieser Tiere genügten bereits Blutverdünnungen von 10^{-12}, um eine Septikämie auszulösen; wies damit die Virulenzsteigerung nach, Meerschweinchen waren weniger empfindlich, Ratten u. Tauben benötigten ein Vielfaches der Dosis, die für Kaninchen hochvirulent war; bezeichnete das wirksame Agens als „Fäulnisferment", wobei unklar ist, ob er „Ferment" als lebendes Agens im Sinne PASTEURS meinte oder als Enzym im heutigen Sinn. – Lit.: Traité des entozoaires et des maladies vermineuses de l'homme et des animaux domestiques, Paris 1860; Recherches sur les infusoirs du sang dans la maladie connue sous le nom de sang de rate, in: C. R. Acad. Sci. *57* (1863): 220, 351, 386; Études sur la contagion du charbon chez les animaux domestiques, in: Bull. Acad. Méd. *35* (1870): 215–235; Recherches sur quelques questions relatives à la septicémie, in: ebda, 2e Sér., *1* (1872): 907, 976; s.a. Lit. zu Kap. 21. – B: DSB (J. THÉODORIDÈS).   Kö/Sch

Davenport, Charles Benedict (1866–1944); aus Stanford (Connecticut, USA); 1892–1898 stud. Med. u. Zool. Harvard Coll. (bei E. L. MARK, Dr. phil. 1898); 1899 Ass. Prof., 1901 Assoc. Prof., 1904 o. Prof. Univ. Chicago, 1904–1934 Dir. der *Sta. for Experim. Evolution* in Cold Spring Harbor (New York), wo er starb. – Lit.: A history of the development of the quantitative study of variation, in: Science (N. Y.) *12* (1900): 864–870. – B: DSB (E. NOBLE SHOR).   Ja

Davidov, Michael von (1853–?); russ. Zoologe; besuchte zunächst das Konservatorium in Moskau, um Musiker zu werden; wurde durch E. HAECKELS Schriften zur Zool. geführt; 1873 stud. Med. u. Zool. Univ. Jena, 1867 Univ. Heidelberg (bei C. GEGENBAUR); 1878 Ass. bei O. BÜTSCHLI Zool. Inst. Univ. Heidelberg (Dr. med. 1880 Univ. Jena); Arb. über vergl. Anat. d. Fische, ab 1881 in Villafranca (Villefranche) über Entw. der Medusen; Mitgl. der Med. Fak. Univ. Kiev u. Mitarb. von A. KOROTNEV; nach Übernahme der biol. Meeressta. Villefranche durch d. Univ. Kiev ab 1894 Vize-Dir. der Sta. – Lit.: Die Urmundtheorie, in: Anat. Anz. *8* (1893): 397–404; Beobachtungen über den Regenerationsprozess bei den Enteropneusten, in: Z. wiss. Zool. *93* (1909): 237–305. – B: USCHMANN 1959.   Ja

DeBeer, Gavin Rylands, Sir (1899–1972); aus Malden (Surrey, Engl.); nach Stud. in Paris (*É. Pascal*) u. Ox-

ford 1923–1938 Fell. am Merton Coll.; 1926–1938 Lect. für Embryol. Univ. Oxford; 1945–1950 Prof. für Embryol. Univ. Coll. London; 1950–1960 Dir. des *Brit. Mus. (Natural Hist.)*. – Lit.: The mechanics of vertebrate development, in: Biol. Rev. *2* (1927): 137–197; Embryologie and Evolution, London 1930; (Hrsg.) Darwin's notebooks on transmutation of species (1–5), London 1960–1961 (Bull. Brit. Mus. of Nat. Hist./hist. Ser. 2, 2–6); The origins of Darwin's ideas on evolution and natural selection, in: Proc. Roy. Soc. London *155 B* (1962): 321–338; Charles Darwin, London 1963; (mit M. J. ROWLANDS & B. M. SKRAMOVSKY) Darwin's notebooks on transmutation of species (6), London 1967 (Bull. Brit. Mus. of Nat. Hist./hist. Ser. 3, 5). – B: BARRINGTON 1973 (W).   Ja

DeCandolle, Alphonse s. Candolle, Alph. de

DeCandolle, Augustin Pyrame s. Candolle, A. P. de

Delafond, Henri Mamert Onésime (1805–1861); aus S^t.-Amand (Puisaye, Frankr.); 1823 stud. *É. vétérinaire d'Alfort* (bei Alexis Casimir DUPUY [1775–1849]); 1828 Amtsvorsteher (*chef de service*), 1833 Prof. für Pathol., Therapeutik u. Gesundheitswesen (*police sanitaire*), 1860 Dir. d. Veterinärmed. Sch. in Alfort, wo starb. – Lit.: s. Lit. zu Kap. 21. – B: DBF.   Sch

Delbrück, Max Ludwig Henning (1906–1981); aus Berlin; 1924 stud. Astron. Univ. Tübingen, Berlin, Bonn u. Göttingen, 1928 stud. Theoret. Physik Univ. Göttingen (bei W. HEITLER, Dr. phil. 1930); 1929–1932 postgraduale Stud. bei J. E. LENNARD-JONES (Bristol, Engl.), N. BOHR (Kopenhagen) u. W. PAULI (Zürich); 1932 Ass. für Chemie bei L. MEITNER KWI Berlin-Dahlem; 1937 *Rockefeller*-Stipendiat am *Caltech* Pasadena (Calif., USA); 1940 Instr. für Physik *Vanderbilt Univ.* Nashville (Tenn.); 1947–1977 (em.) Prof. für Biol. *Caltech* in Pasadena, wo er starb. – Lit.: (mit N. W. TIMOFÉEFF-RESSOVSKY & K. G. ZIMMER) Über die Natur der Genmutation und der Genstruktur, in: Nachr. Ges. Wiss. Göttingen, Math.-Phys. Kl., Fachgr. 5, N.F., *13* (1935): 190–245; (mit E. L. ELLIS) The growth of bacteriophage, in: J. gen. Physiol., *22* (1939): 365–384; (mit S. E. LURIA) Mutations of bacteria from virus sensitivity to virus resistance, in: Genetics, *28* (1943): 491–511; (mit W. T. BAILEY jr.) Induced mutations in bacterial viruses, in: Cold Spring Harbor Symp. Quant. Biol., *11* (1946): 33–37; A physicist looks at biology, in: Trans. Conn. Acad. Arts Sci., *38* (1949): 173–190; s.a. Lit. zu Kap. 22. – B: LexNW; P. FISCHER 1985 (W); E. P. FISCHER 1988. – P.   Höx

De le Boe, Franz s. Sylvius, Franciscus

Dembowski, Jan Bohdan (1889–1963); poln. Biologe u. Tierpsychologe, u.a. tätig am *Inst. Biologii Doświadczalnej imieni M. Nenckiego* der poln. AdW. – Lit.: Das Kontinuitätsprinzip und seine Bedeutung in der Biologie, Berlin 1919 (Vorträge u. Aufsätze über Entw.mechanik d. Organismen, hrsg. von W. ROUX, XXI); Psychologia małp, Łódz 1946 (dt.: Psychologie der Affen, Berlin 1956); Psychologia zwierząt, Kraków 1946 (^{2}1950; dt.: Tierpsychologie,

Berlin 1955); (bearb. von Leszek KuŹNICKI) Okiem biologa: ze spuścizny Jana Dembowskiego, Warszawa 1968. – B: KuŹNICKI in DEMBOWSKI 1968.   Sch

Demetrios Pepagomenos (13. Jh.); byzantin. Arzt; Leibarzt des Königs MICHAEL VIII. PALAIOLOGOS (1259–1282); u. a. Verf. eines Buches über Falken. – Lit.: Textausg.: R. HERCHER, Aeliania varia historia, Bd. 2, S. 333 ff., Leipzig 1866. – B: LexMA (S. CIRKOVIC).   Nab/Sch

Demokrit (um 460–um 370 v. Chr.); aus Abdera; griech. Philosoph, Hauptvertr. d. antiken atomist. Sch.; für die Entw. der Biol. ist bes. seine Pangenesislehre von Bedeutung. – Lit.: überlief. Zeugnisse u. Fragm. s. DIELS-KRANZ, Die Fragmente der Vorsokratiker, Bd. 2, 9. Aufl., Berlin 1959, S. 81 ff.; S. J. LUR'E, Demokrit, Leningrad 1970. – B: PAULY; LAW.   Ha

Derham, William (1657–1735); aus Stoughton (Worcestershire, Engl.); 1665 stud. Theol. Trinity Coll. Oxford (BA 1679); 1681 Diakon d. anglikan. Kirche, 1682 Priester u. Vikar von Wargrave, 1689 Vikar in Upminster (bei London), 1730 Dr.theol. Univ. Oxford; auch prakt. Arzt in Upminster, wo er starb. – Lit.: Physico-Theology, London 1713; Astro-Theology, London 1714; (Hrsg.) Philosophical experiments and observations of the late eminent Dr. Robert Hooke and other eminent virtuoso's in his time, London 1726; s. a. Lit. zu Kap. 15. – B: DSB (D. M. KNIGHT).   Ja

Descartes [Cartesius], René du Perron (1596–1650); aus La Haye bei Tours (Frankr.); Schüler im Jesuitenkoll. in La Flèche; 1614 stud. Jur. in Paris u. Poitiers; 1617–1622 zeitw. in nassauischem u. bayr. Heeresdienst, dabei Bekanntschaft mit Mathematikern u. Heeresingenieuren; nach Reisen durch Mitteleuropa u. Ital. ab 1625 in Paris Beschäftigung mit Math., Physik u. Philos. im Kreise des Naturforschers MERSENNE; ab 1628 Aufenth. in Holland, 1632 Bekanntschaft mit C. HUYGENS; hier intensive Beschäftigung mit allen Naturwiss., auch Optik, Astron., Meteorol., Chemie u. Med., Veröffentlichung seiner Hauptwerke; Ende 1649 Berufung an d. schwed. Königshof als Lehrer d. Königin CHRISTINE; starb in Stockholm. – Lit.: Discours de la méthode pour bien conduire sa raison et chercher la vérité dans les sciences, Leyden 1637 (dt. von V. A. BUCHENAU u. d. T.: Abhandlung über die Methode, die Vernunft richtig zu leiten, Leipzig 1911); Dioptrique, Leiden 1637; Principia philosophiae, I–IV (unvoll.), Amsterdam 1644; Le monde, Leiden 1646; *Über den Menschen* (1632) sowie *Beschreibung des menschlichen Körpers* (1648), nach d. ersten franz. Ausg. von 1664 übers. u. mit hist. Einleitung u. Anm. von K. E. ROTHSCHUH, Heidelberg 1969. – B: DSB (A. CROMBIE & Th. M. BROWN); LexNW.   Ja

Desfontaines, René Louiche (1750–1833); aus Tremblay/Ille-et-Vilaine (Bretagne, Frankr.); 1773 stud. Med. Paris (bei VICQ-D'AZIR, Dr. med. 1782) u. Bot. (bei M. LEMONNIER u. Laurent DE JUSSIEU) im *Jardin Roy.*; 1783 Hilfs-Ass. AdW; 1783–1785 Fo.reisen in Algerien u. Tunesien, untersuchte u. a. das Dickenwachstum d. Dattelpalmen u. die Entstehung d. Gefäßbündel, die er (im Gegensatz zu Laub- u. Nadelbäumen) für „endogen" hielt; 1786 Prof. für Bot. am *Jardin des Plantes* in Paris (Nachf. von LEMONNIER); 1793 Mitbegr. des *Muséum national d'Hist. nat.* in Paris, bekleidete eine der 14 nach 1793 dort errichteten staatl. Professuren; starb in Paris. – Lit.: zahlreiche Veröffentl. in: *Ann. Mus. national d'Hist. nat.* u. *Mém. Mus. d'Hist. nat.* Paris. – B: DBF; CHEVALIER 1939.   Ja/Sch

Dieffenbach, Ernst (1811–1855); aus Gießen; 1828 stud. Med. Univ. Gießen; 1833 Flucht nach Zürich (Dr. med. 1835); 1836 nach London, 1838 Werksarzt u. Mitarb. d. *Edinburgh Review*; 1839 Ltr. einer naturwiss. Exped. nach Neuseeland; ab 1843 bis zu seinem Tod in Gießen, 1848 Redakteur d. *Freien hess. Z.*, 1849 Pd., 1851 ao. Prof. für Geognosie u. Geol. u. Dir. d. Mineralog. Slg. Univ. Gießen. Übers. d. Reisebeschreibung von DARWIN. – Lit.: (Hrsg. u. Übers.) Charles Darwin's Naturwissenschaftliche Reisen ..., Braunschweig 1844. – B: ADB (VON GÜMBEL); DBE; ANKEL 1957.   Ja/Sch

Diesing, Karl Moritz (1800–1867); aus Krakau; 1819 stud. Med. Univ. Wien (Dr. med. 1826), daneben ab 1820 helmintholog. Stud. im Wiener Naturalienkabinett (bei BREMSER); ab 1826 Ass. am Lehrstuhl für Bot., 1827–1829 unentgeltl., dann als Praktikant gegen geringe Bezahlung, 1836 zweiter Kustos-Adj., 1843 erster Kustos-Adjunkt für Helminthen am „Kaiserl. u. Königl. zool. Naturaliencabinet"; 1852 wegen Erblindung pensioniert; starb in Wien. – Lit.: Systema Helminthum, 2 Bde., Wien 1850–1851. – B: ENIGK 1986.   Hth

Dietrich, Amalie, geb. **Nelle**, (1821–1891); aus Siebenlehn (Sachsen); erwarb autodidakt. bot. Kenntnisse beim Kräutersammeln u. -bestimmen, ihr Lehrmeister war ihr Ehemann (verheiratet 1846), d. Apotheker August Salomo DIETRICH (1811–1866), entfernt verwandt mit d. Thüringer Botanikern in Jena (Univ.-Gärtner Nicolaus David DIETRICH, 1799–1888) u. Gotha–Eisenach (Hofgärtner Gottlieb DIETRICH, 1765–1850), Autoren bot. Werke u. Vorbilder für Amalie; viele Sammelreisen zu Fuß mit Ehemann in Sachsen

M. Delbrück

T. Dobzhansky

u. d. angrenzenden Ländern (Böhmen, Schlesien, Polen), später selbständig in d. Karpaten (1853/1854), Salzburger Alpen (1857), nach Belgien u. Holland (1861), dienten d. Anlage von Regional- u. Spezialherbarien für ihren Lebensunterhalt; deren Verkauf an Schulen, Apotheken u. Univ. machte ihren Namen bekannt; bei einer Verkaufsreise nach Hamburg, wo ihre gut präparierten Herbarien auffielen, erhielt sie das Angebot d. Kaufmannes Cesar GODEFFROY (1813–1885) zur Sammelexped. nach Australien für das 1860 gegr. *Mus. Godeffroy*, befürwortet durch die Naturforscher Heinrich Adolph MEYER (Hamburg), August GARCKE (Berlin), Karl MÜLLER (Halle/Saale), Heinrich Gottlieb Ludwig REICHENBACH (Dresden) u. Moritz WILLKOMM (Tharandt); 1863–1873 erkundete u. besammelte sie Queensland (Nordost-Australien), d. Küstengewässer zw. P. Denison u. Holborn Islands (1870) u. d. Tonga-Inseln (1872), entdeckte viele neue Pflanzen- u. Tierarten aller Klassen, die teilw. nach ihr benannt wurden u. ihren Ruhm begründeten; nach Rückkehr bis 1879 Arb. im *Mus. Godeffroy*, dann im Bot. Mus. in Hamburg; ihre Ergebnisse fanden in bot., zool. u. ethnograph. Werke über Australien Eingang; starb in Rendsburg, wo ihre Tochter Charitas (1852–1925) mit d. Pfarrer BISCHOFF verheiratet war. – B: Ch. BISCHOFF 1909/1977; JAHN 1993.   Ja

Digby, Kenelm (1603–1665); aus Gothurst (Buckinghamshire, Engl.); 1618–1620 Astronom in Oxford; bekleidete versch. Ämter als Kammerherr, General-Intendant des brit. Seewesens u. Statthalter des See-Arsenals zu St. Trinidad; befaßte sich als Dilettant mit chem., naturwiss. u. med. Problemen; Mitgl. der 1662 gegr. *Royal Soc.* in London, wo er starb. – Lit.: Two treatises, in one of which the nature of bodies, in the other the nature of mans soul, is looked into, in way of discovery of the immortality of reasonable soules, London 1644; A discourse concerning the vegetation of plants, London 1661. – B: DSB (M. BOAS HALL). Ja

Dijkgraaf, Sven (1908–1995); aus 's-Gravenhage; 1926–1931 stud. Philos. (Zool.) Univ. Wenen, 1933 München (Dr. phil.); 1935–1945 Ass. Zool. Inst. Rijksuniv. Groningen, 1946–47 Lektor, 1948–1974 (em.) Prof. für Vergl. Tierphysiol.; dann als Em. in Utrecht. – Lit.: Die Sinneswelt der Fledermäuse, Basel 1946; s. a. Lit. zu Kap. 15. – B: WiW 1996.   Ja

ad-Dimašqī [Dimashqī], Abū ͨUthman (gest. 1327); arab. Kosmograph, sein Hauptwerk *Nuḫbat addahr fī ͨaǧā'ib al-barr wa al-baḥr* (Auslese der Ewigkeit in den Wundern des Festlandes und des Meeres) enthält viele zool. Angaben. – Lit.: Textausg.: M. FRÄHN, Cosmographie de Ch. A. Abd. M. ed-Dimichqi, St. Petersburg 1866; Übers.: A. F. MEHREN, Kopenhagen 1874 (Nachdr. Amsterdam 1964). – B: DSB.   Nab

ad-Dīnawarī, Abū Ḥanīfa Aḥmad ībn Dā'ūd (gest. 895); arab. Philologe iran. Herkunft, seine literar. Tätigk. diente gleich der des AL-ǦĀḤIZ sowohl der Unterhaltung wie der Belehrung. Verf. eines der berühmtesten arab. bot. Werke. – Lit.: Teiled.: B. LEWIN, Uppsala-Wiesbaden 1953. – B: DSB.   Nab

Diogenes von Apollonia (ca. 460–390 v. Chr.); griech. Philosoph, Vertr. d. jüngeren ionischen naturphilosoph. Sch., bes. nach ANAXIMENES (6. Jh. v. Chr.), der die Luft für d. Grundstoff alles Seienden hielt. – Lit.: überlief. Zeugnisse u. Fragm.: DIELS-KRANZ, Die Fragmente der Vorsokratiker, Bd. 2, 9. Aufl., Berlin 1959: 51 ff. – B: PAULY; LAW.   Ha

Diogenes Laertius (um 220); griech. Doxograph, dessen Werk „Leben und Meinungen berühmter Philosophen" eine wichtige philosophiehist. Quelle ist. – Lit.: Textausg.: C. G. COBET, Paris 1878; Übers.: O. APELT, Berlin–Leipzig 1921 (Nachdr. Berlin 1955). – B: LexMA (J. PRELOG).   Ha

Diogenes von Sinope (um 400/390–328/323 v. Chr.); griech. Philosoph; bekanntester Vertr. der kynischen Philosophie; starb in Korinth. – B: PAULY; LAW.
Ha/Sch

Diokles von Karystos (Mitte 4. Jh. v. Chr.); bekannter griech. Arzt in Athen, Verf. u. a. einer diatetischen Schrift u. mehrerer pharm.-bot. Werke. – Lit.: erhaltene Fragm.: M. WELLMANN, Die Fragmente der sikelischen Ärzte Akron, Philistion u. des Diokles von Karystos, Berlin 1901: 117–207 (–234). – B: DSB (K. H. DANNENFELDT); W. JAEGER 1963; HARIG & KOLLESCH 1974.   Ha

Dionis, Pierre E. (1643–1718); aus Paris; stud. Chirurgie am *Confrérie* St.-Còme; 1672 Demonstr. u. Lehrstuhl für Anat. sowie Operative Med. am *Jardin Roy.* in Paris, führte als Erster öffentlich anat. Sektionen u. chirurg. Operationen durch; ab 1680 Leibarztstellen u. Ehrenämter in d. Familie LUDWIGS XIV.; starb in Paris. – Lit.: L'anatomie de l'homme suivant la circulation du sang et les dernières découvertes, Paris 1690 (weitere Aufl. 1695, 1701, 1716, 1726; Genf 1699, sowie lat., engl. u. chines. Übers.); Cours d'opérations de chirurgie démontrées au Jardin-du-Roi, Paris 1707 (Brüssel 1708; auch dt., engl. u. holl. Übers.); Traité général des accouchemens …, Paris 1718 (Brüssel 1724, sowie engl., holl. u. dt. Ausg.). – B: DBF; EL-HAIK 1940.   Sch

Dioskurides [Dioscorides], Pedanios (um 70); aus Anazarba (Kilikien, Griechenl.); Pharmakologe, Arzt in Rom. Verf. der bedeutendsten antiken pharmazeut. Bot. (lat. *De materia medica*), die bis zur Renaissance als Standardlehrbuch der Pharmakol. galt; seine Methode d. Pflanzenbeschreibung wurde Vorbild für d. Kräuterbücher des Mittelalters u. der Renaissance. – Lit.: Textausg.: M. WELLMANN, 3 Bde., Berlin 1906–1914 (Nachdr. 1958); dt. Übers.: J. BERENDES, Stuttgart 1902 (Nachdr. 1970). – B: DSB u. LexMA (J. M. RIDDLE).   Ha/Sch

Dixon, Henry Horatio (1869–1953); aus Dublin; 1887 stud. Naturwiss. Trinity Coll. Dublin (MA 1891); 1891–1893 Praktikant bei E. STRASBURGER Univ. Bonn; 1894 Ass. bei E. P. WRIGHT, 1904–1949 Prof. für Bot. (ab 1922 für Pflanzenphysiol.) Trinity Coll. in Dublin, wo er starb. 1907 Begr. der bekannten Dubliner *Sch. of Botany*. – Lit.: (mit J. JOLY) On the ascent of sap, in: Phil.

Trans. Roy. Soc. London *186 B* (1896): 563–576; Transpiration and the ascent of sap in plants, London 1914. – B: DNB (T. A. BENNET-CLARK); ATKINS 1954 (W).   Höx

Dobzhansky [Dobžanskij], Theodosius Grigor'evič (1900–1975); aus Nemirov (Rußl.); stud. Naturwiss. Univ. Kiev (Dr. Biol. 1921); 1920–1924 Ass. für Zool. Inst. für Landw. Univ. Kiev, arbeitete vorw. faunistisch-ökolog. u. entomol.; ab 1927 Ass. für Vererbungsfo. Univ. Leningrad (St. Petersburg), begann hier u. a. mit zellgenet. Stud. an *Drosophila*; ging dann in d. USA, 1929–1940 Ass. Prof. u. Prof. für Genetik *Caltech* Pasadena (Calif.) bei Th. H. MORGAN; 1940–1959 Prof. für Zool. Columbia-Univ. New York, ab 1959 *Da Costa*-Prof. für Zool. in New York, wo er starb. – Lit.: Studies on the manifold effect of certain genes in *Drosophila melanogaster*, in: Z. indukt. A. + Vl. *43* (1927): 330–388; The origin of geographical varieties in *Coccinellidae*, in: IV. Int. Congr. Entom. *2* (1928): 563; Genetical and environmental factors influencing the type of intersexes in *Drosophila melanogaster*, in: Amer. Natural. *64* (1930): 261–271; Translocations involving the third and the fourth chromosome of *Drosophila melanogaster*, in: Genetics *15* (1930): 247–399; Cytological map of the X-chromosome of *Drosophila melanogaster*, in: Biol. Cbl. *52* (1932): 493–509; A critique of the species concept in biology, in: Philosophy of Sci. *2* (1935): 344–355; Genetics and the origin of species, New York 1937 (dt.: Die genetischen Grundlagen der Artbildung, Jena 1939); Evolution, genetics and man, New York u. London 1957 (dt.: Die Entwicklung zum Menschen, Hamburg u. Berlin 1958); s. auch Lit. zu Kap. 18. – B: DSB (F. J. AYALA); Autobiogr. 1959 (W); AYALA 1976, 1977, 1985 (W); FORD 1977 (W). – P.   Ja

Dodonaeus [Dodoens], Rembert (1517–1585); aus Mecheln (Flandern); stud. Med. Univ. Löwen; 1548 Stadtarzt in Mecheln; 1574 Leibarzt von Kaiser MAXIMILIAN II. in Wien, wo auch sein Landsmann u. Fachkollege CLUSIUS wirkte; 1582 Prof. für Med. Univ. in Leiden, wo er starb. Sein 1554 in Holländ. erschienenes Kräuterbuch, in dem v. a. die einheim. u. niederländ. Flora erstmals eingehend beschrieben war, wurde von CLUSIUS 1557 ins Franz. übersetzt. – Lit.: Cruydeboek, Antwerpen 1554 (lat. u. illustr. Ausg.:

Stirpium historiae pemptades sex libri XXX, Antwerpen 1583). – B: DSB (M. FLORKIN). – P.   Ja

Döderlein, Ludwig Heinrich Philipp (1855–1936); aus Bergzabern; 1873 stud. Naturwiss., bes. Zool., Univ. Erlangen, München u. Straßburg (Dr. phil. 1877); 1879–1880 Prof. für Naturwiss. Univ. Tokio, Fo.reisen zum Studium der Fauna der japan. Meere; 1882 Konservator u. Dir. Zool. Slgn., 1883 Pd., 1891 ao. Prof. für Zool. Univ. Straßburg; 1921 Hon. Prof. für Systemat. Zool. Univ. München, 1923–1927 Dir. der Bayer. Zool. Staatsslgn. in München, wo er starb. War maßgeblich an d. Erarbeitung der int. Regeln für die zool. Nomenklatur beteiligt. – Lit.: s. bei V. CARUS. – B: NDB (H. ERHARD & W. QUENSTEDT).   Ja

Döllinger, Ignaz Christoph (1770–1841); aus Bamberg; stud. Med. Univ. Bamberg, Würzburg (bei C. C. VON SIEBOLD), Wien (bei J. BARTH u. G. PROCHASKA) u. Pavia (bei A. SCARPA u. J. P. FRANK) (Dr. med. 1794 Univ. Bamberg); zunächst prakt. Arzt in Bamberg; 1796 Prof. für Physiol. u. Allg. Pathol. Univ. Bamberg; 1803 Prof. für Physiol. u. Anat. Univ. Würzburg; 1823 als Nachf. von S. Th. VON SOEMMERING nach München, zunächst Konservator Zool. Staats-Slg. d. Bayer. AdW, 1826 auch o. Prof. für Anat. u. Physiol. u. Dir. anat. Mus. Univ. in München, wo er starb. 1827–1838 Sekr. d. Math.-physik. Kl. d. Bayer. AdW. – Lit.: Grundriß der Naturlehre des menschlichen Organismus, Bamberg u. Würzburg 1805; Über den Wert und die Bedeutung der vergleichenden Anatomie, Würzburg 1814; Von den Fortschritten, welche die Physiologie seit Haller gemacht hat, München 1824; Lehrbuch der Physiologie, 2 Bde., Regensburg 1835, 1836; Grundzüge der Physiologie der Entwicklung des Zell-, Knochen- und Blutsystems, Würzburg 1842. – B: NDB (R. HERRLINGER).   Sch

Doflein, Franz Theodor (1873–1924); aus Paris; 1893 stud. Med. u. Zool. Univ. München, 1895–1896 Ass. Univ. Straßburg (bei A. GÖTTE), 1897 Univ. München (bei R. HERTWIG, Dr. med. 1897); 1897–1898 Ass. von B. HOFER *Biol. Anstalt zur Untersuchung d. Fischkrankheiten* München; 1898 Ass., 1901 Kustos, 1902 Konservator Zool. Staatsslg. München; 1903 Pd. Univ. München; 1905–1906 Fo.reise nach Japan; 1907 ao. Prof. für Zool. Systematik u. Biol. Univ. München; 1910 zweiter Dir. der Zool. Staatsslg. München; 1912 o. Prof. für Zool. Univ. Freiburg i. Br. (Nachf. von A. WEISMANN), 1918–1923 o. Prof. Univ. Breslau (Wrocław); starb in Obernigk bei Breslau. Vorw. ökolog. Arb. uber Protozoen u. wirbellose Tiere. – Lit.: Studien zur Naturgeschichte der Protozoen, T. 1–10, in: Zool. Jb. Anat. *10–41* (1897–1919); Die Protozoen als Parasiten und Krankheitserreger, Jena 1901 (ab 2. Aufl. u. d. T.: Lehrbuch der Protozoenkunde, [4]1916); Das Tier als Glied des Naturganzen (Tierbau und Tierleben, hrsg. zus. mit HESSE, 2), Leipzig 1914. – B: NDB (G. USCHMANN). – P.   Ja/Sch

Dohrn, Anton Felix (1840–1909); aus Stettin (Szczecin, Polen); 1860 stud. Med. Univ. Königsberg (Kaliningrad), dann Bonn (Militärdienst), ab 1862 Univ. Jena bei E. HAECKEL, der ihn für d. Darwinismus

R. Dodonaeus   F. Doflein 1903

interessierte; 1863–1865 stud. Naturwiss. u. Zool. Univ. Berlin (Dr. phil. 1865 Univ. Breslau/Wrocław bei E. Grube); 1867 Pd. für Zool. Univ. Jena; auf Reise nach Engl. u. Schottland meereszool. Stud., bes. an Meereskrebsen; 1868–1869 in Messina, ab 1870 ständig in Neapel zum Aufbau d. Zool. Sta., der ersten festen biol. Meeressta. (Eröffng. 1873), deren Organisation er sich seitdem widmete; starb in München. – Lit.: Catalogus Hemipterorum, Stettin 1859; Die embryonale Entwicklung des *Asellus aquaticus*, in: Z. wiss. Zool. *17* (1867): 221–277; Studien zur Embryologie der Arthropoden, Leipzig 1868; Geschichte des Krebsstammes, Leipzig 1870; Der gegenwärtige Stand der Zoologie und die Gründung zoologischer Stationen, in: Preuß. Jb. *30* (1872) [Neuabdr. in: Naturwiss. *14* (1926): 412–422]; Der Ursprung der Wirbelthiere und das Princip des Functionswechsels, Leipzig 1875; Neue Grundlagen zur Beurteilung der Metamerie des Kopfes, in: Mitt. Zool. Sta. Neapel *9* (1890): 330–434 (Studien zur Urgeschichte des Wirbelthierkörpers, 15); weitere „Studien" ebda 1901; s. a. Lit. zu Kap. 15. – B: LexNW; Heuss 1940; A. Kühn 1950 (W). – P.   Ja

Dollo, Louis Antoine-Marie Joseph (1857–1931); aus Lille (Frankr.); 1873 stud. Naturwiss. Univ. Lille; 1877 Ing. für Bergbauwesen; 1879 Ing. in der Gasindustrie in Brüssel; 1882 Ass. am *Musée royal d'Hist. nat.* in Brüssel, 1891 Konservator d. Wirbeltierslg.; arbeitete paläozool., stellte 1893 die Irreversibilitätsregel der phylogenet. Entw. auf („Dollosches Gesetz"); 1893 Dr., 1909–1928 Prof. für Paläontol. u. Tiergeographie Univ. in Brüssel, wo er starb. – Lit.: Les lois de l'évolution, in: Bull. Soc. Belge geol., Proc.-verb. *7* (1893): 164–166; La paléontologie éthologique, in: Bull. Soc. Belge geol., Mém. *23* (1909): 377–421. – B: DSB (L. K. Gabunia); LexNW.   Ja

Donati, Vitaliano (1717–1763); aus Padua; stud. Med.; Prof. für Naturgesch. an d. *Sapienza* in Rom, dann Univ. Turin; starb durch Schiffbruch auf einer Reise nach Ostindien. – Lit.: Saggio della storia naturale marina dell' Adriatico …, Venezia 1750. – B: Ärzte I; Poggendorff I.   Sch

Donnan, Frederick George (1870–1956); aus Colombo (Ceylon/Sri Lanka); 1889–1893 stud. Physik u. Chemie Queen's Coll. Belfast (BA 1892, MA 1894 Roy. Univ. of Ireland); 1893 Fo.stipendiat Univ. Leipzig (bei W. Ostwald, Dr. phil. 1896) u. 1896–1897 Univ. Berlin (bei J. H. van't Hoff); 1898 Sen. Res. Student bei W. Ramsay, 1901 Ass. Lect., 1902 Ass. Prof. Univ. Coll. London; 1903 Lect. für Organ. Chemie *Roy. Coll. of Sci.* Dublin; 1904 o. Prof. für Physikal. Chemie Univ. Liverpool; 1913–1937 o. Prof. für Chemie Univ. Coll. London; starb in Canterbury (Kent, Engl.). – Lit.: The theory of membrane equilibria, in: Chem. Rev. *1* (1924): 73–90. – B: DNB (F. A. Freeth).   Höx

Donné, Alfred (1801–1878); aus Noyon (Frankr.); stud. Med. in Paris; Dir. des *Hôpital Charité* in Paris, gab hier Mikroskopierkurse u. entdeckte 1836 *Trichornonas vaginalis* in der menschl. Vagina; starb in Paris. – Lit.: Animalcules observés dans les matières purulentes et le produit des sécrétions génitaux de l'homme et de la femme, in: C. R. Acad. Sci. *3* (1836): 865–866; s. a. Lit. zu Kap. 21. – B: ABF; LexNW.   Kö

Dornau [Dornavus], Caspar (1577–1632); aus Ziegenbrück (Vogtland); stud. Philos. u. Med. Univ. Jena; Arzt u. Erzieher an dt. Fürstenhöfen u. am kaiserl. Hof in Prag; 1604 Dr. med. in Basel, auch Mitgl. der Med. Fak.; dann in Heidelberg; 1606–1607 Reisen in Westeuropa; 1608 Rektor des Gymnasiums zu Görlitz; 1615 Prof., 1617–1618 Rektor am akad. Gymnasium zu Beuthen; 1620 diplomat. Missionen in Polen u. Ungarn; seit 1621 bis zu seinem Tod fürstl. Rat u. Leibarzt des Herzogs Johann Christian von Brieg. – Lit.: Amphitheatrum sapientiae …: opus ad mysteria naturae discenda …, Hanau 1629. – B: ADB (H. Palm); Ärzte I.   Hpp

Dorsten, Theodor (um 1492–1552); aus Westfalen; Prof. der Med. in Marburg a. d. Lahn, dann prakt. Arzt in Kassel. Stellte ein für die häusl. Selbstversorgung bestimmtes Kräuterbuch für Verleger Christian Egenolph zusammen. – Lit.: Botanicon, continens herbarum aliorumque simplicium …, Frankfurt a. M. 1540. – B: Ärzte I.   Hpp

Dougherty, Frank William Peter (1952–1994); aus Montréal (Québec, Kanada); stud. Zool. u. Hist. Pennsylvania State Univ. (BS Zool. 1972, BA Hist. 1972; MA Hist. 1975 bei Isabel Knight); 1972–1973 Ass. Dep. of Hist. Pennsylvania State Univ.; 1976–1979 Fo.student Panthéon-*Sorbonne* Paris (bei Jacques Roger, Dr. ès lettres Hist. 1980); 1981–1983 Post-Doktorand Med.-hist. Inst. Univ. Bonn; 1983–1984 Wiss. Mitarb. *Niedersächs. Staats- u. Univ.-Bibl.*, 1985–1992 Abt. Gesch. der Med. Univ. in Göttingen, wo er starb. – Lit.: (postum) Gesammelte Aufsätze zum Thema der klassischen Periode der Naturgeschichte, Göttingen 1996. – B: Klatt in Dougherty 1996; Mazzolini 1996. – P.   Sch

Drebbel, Cornelius (1572–1633); aus Alkmaar (Holl.); wirkte als Hofmechanikus, Konstrukteur u. Erfinder am Hofe Königs Jacob I. in London; begr. seinen Ruf als Instrumentenbauer v. a. durch Konstruktion des zus.gesetzten Mikroskops (um 1620), das in Ital. einge-

A. Dohrn 1871   F. W. P. Dougherty

führt wurde u. 1625 in d. *Accademia dei Lincei* die Bezeichn. „microscopium" erhielt. – B: DSB (S. Edelstein).   Ja

Driesch, Hans Adolf Eduard (1867–1941); aus Bad Kreuznach; 1886 stud. Biol. Univ. Freiburg i. Br. (bei A. Weismann), 1887 Univ. Jena (bei Haeckel, O. Hertwig, E. Stahl), 1888 Univ. München (Dr. phil. 1889 Univ. Jena bei E. Haeckel); 1889 meereszool. Stud. an d. neugegr. Sta. in Plymouth; 1890 Stud.reisen nach Indien, Zürich u. Lesina; ab 1891 an d. Zool. Sta. Neapel experim. entwicklungsmech. Stud. am Seeigelkeim, wo ihm durch „Schüttelversuche" die Trennung d. ersten Furchungszellen gelang; deren Weiterentw. zu kompletten Individuen bestimmte seine philos. Prinzipien des Neovitalismus; ab 1900 Privatgelehrter in Heidelberg; 1907 Lehrstuhl für Natürl. Theol. in Aberdeen (Schottland), wo sein philos. Hauptwerk entstand; 1909 Pd. für Naturphilos. Univ. Heidelberg; 1911 ao. Prof., 1920 o. Prof. für Philos. Univ. Köln; 1921 o. Prof. u. Dir. des Philos. Seminars Univ. Leipzig; 1933 vorzeitige Em. wegen seines polit. Eintretens für sozialist. Ideen; starb in Berlin. – Lit.: Die mathematisch-mechanische Betrachtung morphologischer Probleme der Biologie, Jena 1891; Entwicklungsmechanische Studien I und II, in: Z. wiss. Zool. *53* (1892): 160–184; Die Biologie als selbständige Grundwissenschaft, Leipzig 1893; Analytische Theorie der organischen Entwicklung, Leipzig 1894; Die Maschinentheorie des Lebens, in: Biol. Zbl. *16* (1896): 353–368; Studien über das Regulationsvermögen der Organismen (1–3), in: A. Entw.mech. *5* (1897): 389–418, *9* (1899): 103 ff. u. 137 ff.; Über Seeigelbastarde, in: ebda *16* (1903): 713–722; Der Vitalismus als Geschichte und als Lehre, Leipzig 1905; Analytische und kritische Ergänzungen zur Lehre von der Autonomie des Lebens, in: Biol. Zbl. *27* (1907): 60–80; The science and philosophy of the organism, 2 Bde., London 1908 (dt.: Philosophie des Organischen, Leipzig 1909); Ordnungslehre – Ein System des nichtmetaphysischen Teiles der Philosophie, Jena 1912 (²1923); Der Begriff der organischen Form, Berlin 1919; Die nicht-mechanistische Biologie und ihre Vertreter, in: Nova Acta Leopoldina, N. F., *1* (1933): 282–287; s.a. Lit. zu Kap. 14. – B: NDB (A. Wenzel); DSB (J. Oppenheimer); Autobiogr. 1951; Mocek 1974 (W). – P.   Ja

H. Driesch   E. DuBois-Reymond

Drude, Carl Georg Oscar (1852–1933); aus Braunschweig; 1870 stud. Naturwiss. u. Chemie Univ. Braunschweig, ab 1871 Göttingen (Dr. phil. 1874); 1873–1879 Ass. bei F. G. Bartling, dann Grisebach, 1876 Pd. für Bot. am Herbar in Göttingen; 1879 o. Prof. für Bot. am Polytechnikum (später TU) u. Dir. des Bot. Gartens in Dresden, wo er starb. Wirkte spez. als Pflanzengeograph u. Mitbegr. der Pflanzenökologie. – Lit.: Ch. Darwin und die gegenwärtige botanische Kenntniss von der Entstehung neuer Arten, in: Sb. u. Abh. Naturwiss. Ges. Isis in Dresden (1882): 135–146; Handbuch der Pflanzengeographie, Stuttgart 1890. – B: NDB (R. Zaunick); WWWSc; Tobler 1933; Wagenitz 1988.   Hek/Sch

Drygalski, Erich Dagobert von (1865–1949); aus Königsberg (heute Kaliningrad); 1882 stud. Math. u. Physik Univ. Königsberg u. Bonn, 1883 Univ. Leipzig, 1886 Univ. Berlin (Dr. phil. Geophysik 1887); 1887 Ass. am Geodät. Inst. Potsdam; 1898 Pd. für Polit. Geographie u. Geol. u. ao. Prof. für Geographie Univ. Berlin, 1906–1935 o. Prof. Univ. in München, wo er starb. – Lit.: Grönland-Expedition der Gesellschaft für Erdkunde zu Berlin 1891–1893, 2 Bde., Berlin 1897; Deutsche Südpolar-Expedition 1901–1903, 20 Bd. Text, 2 Bd. Karten, Berlin–Leipzig 1905–1931. – B: NDB (E. Fels).   Ja

Dubinin, Nikolaj Petrovič (geb. 1907); aus Kronstadt (Rußl.); stud. Naturwiss. Univ. Moskau (Abschluß 1928), dann Mitarb. Zootechn. Inst. Moskau; ab 1932 wiss. Mitarb. AdW UdSSR, 1932–1948 im Inst. für Cytologie, Histol. u. Embryol. (bei N. K. Kolcov), 1949–1955 Inst. für Waldbau, ab 1955 Inst. für Biophysik; 1935 o. Prof. für Zool. u. Genetik Univ. Moskau. Arb. bes. über Cytogenetik, Populationsgenetik u. Evolutionstheorie, v.a. an *Drosophila*-Zuchten u. wilden *Drosophila*-Populationen; 1929 Hypothese über Genstrukturen („Treppen-Allelie"), die die Fragestellungen über die Wirkungsweise des genet. Materials beeinflußte; wichtige Beitr. zur Theorie über den Positionseffekt („Dubinin-Effekt") u. über das zykl. Auftreten von Mutationen in Wildpopulationen. – Lit.: Genetisch-automatische Prozesse und ihre Bedeutung für den Mechanismus der organischen Evolution [russ.], in: Ž. eksp. biol. 7 (1931): 463–479; (mit Romašov) Die genetische Struktur der Art und ihre Evolution: 1. Die genetisch-automatischen Prozesse und das Problem der Ökogenotypen, in: Biol. Ž. *1* (1932) 5/6: 52–95, u. in: Ber. wiss. Biol. *51* (1935): 357; Molekulargenetik [Molekul'jarnaja genetika, dt.], Jena 1965; Obščaja genetika, Moskva 1970 (²1976); Večnoe dviženie, Moskva 1973; Die Genetik und die Zukunft der Menschheit, in: Forschen – Vorbeugen – Heilen, hrsg. von R. Löther & A. Thom, Berlin 1974; s.a. Werk-Verz. in: Nova acta Leopoldina, N. F., *21* (1959) 143: 264–266. – B: Autobiogr. 1974; Hertwig 1959; M. B. Adams 1990.   Ja

Dubois, Eugène (1858–1940); aus Eysdene (jetzt Eisden, Prov. Leinburg); 1881 Ass. Anat. Labor. u. Lect. Anat. am Lehrerseminar Amsterdam; 1887 Militärarzt in Sumatra, dann Java, wo er 1890/91 bei Trinil Reste d. ersten *Pithecanthropus* entdeckte; 1897–1921 Prof.

für Geol. u. Paläontol. Univ. Amsterdam; starb in Haelen. – Lit.: *Pithecanthropus erectus*, eine menschenähnliche Übergangsform aus Java, Batavia 1894; *Pithecanthropus erectus*, betrachtet als eine wirkliche Übergangsform und als Stammform des Menschen, in: Verh. Berl. Ges. Anthrop., Ethnogr. u. Urgesch., (1895): 723–738. – B: Smit 1986: 77.   Ja

Dubois, Jacques [lat. **Sylvius, Jacobus**] (1478–1555); aus Louville (bei Amiens); stud. Med. *Fac. de Méd.* in Paris (Dr. med. 1529 o. 1531); 1535 Doz. im *Coll. de Tréguier*; 1550 Prof. am *Coll. Roy.* (Nachf. von Guido Guidi) in Paris. Konsequenter Vertr. d. Galenischen Lehrsystems, Lehrer Vesals u. später sein Gegner; Arb. zur Muskelanat. u. anatom. Terminologie; beschrieb d. Venenklappen. – Lit.: Vesani cujusdam calumniae in Hippocratis et Galeni rem anatomicam depulsio [Streitschrift gegen Vesal], Paris 1551. – B: Ärzte I.   Sch

DuBois-Reymond, Emil Heinrich (1818–1892); aus Berlin, entstammte einer Neufchâteler Familie; stud. Theol., dann Naturwiss., bes. Geol., Univ. Berlin u. Bonn, ab 1840 Med. (Dr. med. 1843 Univ. Berlin); Ass. bei Joh. Müller, wo er elektrophysiol. Untersuchungen begann; 1846 Pd., 1848–1853 Doz. für Anat. Akad. der Künste Berlin; 1855 ao. Prof., 1858 o. Prof. für Physiol. Univ. Berlin (Nachf. von Joh. Müller); seit 1851 Mitgl., ab 1867 ständ. Sekr. der Physikal.-Math. Kl. d. Preuß. AdW Berlin; entwickelte die Elektrobiol. zur selbständigen Fo.richtung, betrieb außerdem auch wiss.histor. u. biograph. Stud., die in Akademie-Reden veröffentl. wurden; starb in Berlin. – Lit.: Untersuchungen über thierische Electricität, Berlin, Bd. 1: 1848, Bd. 2: 1849 u. 1884; Über die Grenzen des Naturerkennens, Leipzig 1872; Gesammelte Abhandlungen zur allgemeinen Muskel- u. Nervenphysik, 2 Bde., Leipzig 1875–1877; Die sieben Welträtsel, in: Monatsber. Preuß. AdW Berlin 1880, (1881): 1045–1072; (hrsg. von Estelle DuBois-Reymond) Reden, 2 Bde., Leipzig 1912; (hrsg. von Estelle DuBois-Reymond) Jugendbriefe von E. Du Bois-Reymond an Eduard Hallmann, Berlin 1918. – B: DSB (K. E. Rothschuh); Boruttau 1922; Rothschuh & Tutte 1975 (W); Ruff 1981. – P.   Ja

Duchesne, Antoine Nicolas (1747–1827); aus Versailles; Prof. für Naturgesch. an d. Zentral-Sch. des Dep. Seine-et-Oise; starb in Paris. – Lit.: Histoire naturelle des Fraisiers contenant les vues d'économie réunie à la botanique, Paris 1766. – B: ABF.   Ja

Dürer, Albrecht (1471–1528); aus Nürnberg; erlernte 1484/1485 die Goldschmiedekunst bei seinem Vater, 1486–1489 die Mal- u. Zeichentechniken bei d. Maler Michael Wohlgemuth; 1490 Wanderschaft durch Süddtl., Schweiz u. Norditalien; 1494 Rückkehr nach Nürnberg, ließ sich hier 1496 als selbständ. Maler nieder; 1495/1496 u. 1505–1507 Reisen nach Venedig; starb in Nürnberg. Einflüsse durch d. Kunst von Mantegna u. Bellini sowie den Nürnberger Humanisten Pirckheimer; setzte neue Maßstäbe für Holzschnitt u. Kupferstich sowie für d. Darstellung von Natur u. Mensch, schuf eine menschl. Proportionslehre. – Lit.:

Vier Bücher von menschlicher Proportion, 2 Bde., Nürnberg 1528 (lat. Ausg. 1534; Nachdr. London 1970). – B: LexMA (Ch. Klemm); Killermann 1953.   Ja

Duggar, Benjamin Minge (1872–1956); aus Gallion (Alabama, USA); 1887 stud. Bot. Univ. of Alabama, 1889 Mississippi Agric. Coll. Starkville (BS 1891) u. 1891 Auburn Polytech. Inst. (bei G. F. Atkinson, MS 1892); 1892 Ass. Dir. Agric. Experim. Sta. Uniontown (Alabama); 1893 Res. Fell. Harvard Univ. Cambridge/ Mass. (bei W. G. Farlow u. R. Thaxter, AM 1895); 1895 Instr. für Bot. Univ. of Illinois Urbana; 1896 Ass. Prof. für Pflanzenphysiol. Cornell Univ. Ithaca, N. Y. (PhD 1898); 1901 Pflanzenphysiologe am U. S. Dep. of Agric.; 1902–1907 Prof. für Bot. Univ. of Missouri Columbia; dazw. 1905–1906 Fo.aufenth. Univ. München (bei K. Goebel), Bonn (bei E. Strasburger) u. Montpellier (bei C. H. M. Flahault); 1907 Prof. für Pflanzenphysiol. Cornell Univ. Ithaca; 1912 Res. Prof. für Pflanzenphysiol. Washington Univ. St. Louis (Missouri); 1927–1943 Prof. für Bot. Univ. of Wisconsin Madison; 1944 Berater der *Lederle Labs.* Pearl River bei New York City; starb in New Haven (Connecticut). – Lit.: Physiological plant pathology, in: Phytopathol. *1* (1911): 71–78. – B: LexNW; Walker 1982.   Höx

DuHamel, Jean Baptiste (1623–1706); aus Vire (Normandie); stud. Rhetorik u. Philos. in Caen u. Paris, dann Math. an d. Acad. Roy. d. Jesuiten; 1644 Lehrer für Philos. am Jesuitenkoll. in Angers (1649 Priesterweihe); 1652 Lehrer für Positive Theol. am *Inst. de l'Oratoire* in Paris; 1653–1663 Priester in Neuilly-sur-Marne u. Autor astron. u. physikal. Werke (u. a. *De meteoribus et fossilibus* 1660); 1663 Kanzler d. Bischofs von Bayeux in Paris; 1668–1670 Begleiter d. Marquis de Croissy auf diplomat. Mission in Engl., wo er Boyle u. Oldenburg bei d. *Roy. Soc.* London traf; 1666–1697 Sekr. d. *Acad. Roy. de Sci.* in Paris, wo er starb. – Lit.: Regiae scientiarum academiae historia, Paris 1698 (²1701). – B: DSB (P. Costabel).   Ja

Duhamel du Monceau, Henri Louis (1700–1782); aus Paris; nach 1720 Vorlesungen über Naturgesch. am *Jardin du Roi* in Paris; 1728 Wahl zum Chemiker, 1730 zum Botaniker der AdW Paris; ab 1732 Generalinsp. der Marine; starb in Paris. – Lit.: Avis pour le transport par mer des arbres, des plants vivaces, des semences, et de diverses autres curiosités d'histoire naturelle, Paris 1753; La physique des arbres, 2 Bde., Paris 1758. – B: DSB (J. Eklund).   Ja

Dujardin, Felix (1801–1860); aus Tours (Frankr.); 1827–1834 Prof. für Geol. u. Chemie Univ. Tours; 1839 Prof. für Mineral. u. Geol. Univ. Toulouse; ab 1840 Prof. für Zool. u. Bot. Univ. in Rennes, wo er starb. – Lit.: Recherches sur les organismes inférieurs, in: Ann. sci. nat. Zool. (2) *4* (1835): 343–376; *5* (1836): 198–206. – B: DSB (G. L. Geison).   Ja

Dumas, Jean-Baptiste Alais (1800–1884); aus Alès (Frankr.); 1816 stud. Pharm. Univ. Genf (Chemie bei G. de La Rive, Physik bei M. Pictet, Bot. bei Aug. de Candolle); danach experim. Stud. im chem. Labor. d. *Fa. Le Royer*; 1823 „répétiteur" für Chemie É. Poly-

techn., dann Lehrstuhl für Chemie am *Athenaeum* Paris; 1829 Mitbegr. der *É. Centrale des Arts et Manufactures* Paris, zugl. Ass. Prof. an d. *Sorbonne* Paris; 1835 Lehrstuhl für Chemie *É. Polytechn.*, 1839 Prof. für Organ. Chemie *É. de Méd.*, 1841–1868 Prof. für Chemie *Sorbonne* in Paris; lehrte 1832–1848 auch Experim. Chemie in Privatlabor.; 1850–1851 Minister für Agric.; ab 1868 Sekr. d. AdW; starb in Cannes. Begr. u. ab 1824 Hrsg. der *Ann. des Sci. nat.* (mit A. Brongniart); ab 1840 Hrsg. der *Ann. de chemie et de physique.* – Lit.: Essai de statique chimique des êtres organisés, Paris 1841 (³1844); Recherches sur la fermentation alcoolique, in: Ann. Chim., 5e Sér., *3* (1874): 57–108. – B: DSB (S. C. Kapoor); Dumas jr. 1924.   Ja

Dumortier, Barthélemy Charles Joseph (1797–1878); aus Tournai (Belgien); Botaniker, Präs. der belg. Deputiertenkammer; beschäftigte sich neben systemat. Arb. mit der Mikrostruktur d. Pflanzen u. Tiere, beobachtete als einer der ersten die Vermehrung der Zellen durch Teilung. – Lit.: Recherches sur la structure comparée et le développement des animaux et des végétaux, Brüssel 1832–1835. – B: Barnhart 1965; Stafleu & Cowan.   Ja

Dunn, Leslie Clarence (1893–1974); aus Buffalo (New York, USA); 1915 stud. Zool. Harvard Univ. Cambridge (bei W. E. Castle, Dr. sc. 1920); 1920 Genetiker für Geflügelzucht an d. Agric. Experiment Sta. in Storr (Conn.); 1928 Prof. für Zool. Columbia Univ. New York (Nachf. von Th. H. Morgan), wo er genet. Fo. an *Drosophila* u. an Mäusen über genet. Variabilität fortsetzte u. auch humangenet. Untersuchungen durchführte (1952–1958 Gründung d. *Inst. for the Study of Human Variation*); starb in New York City. Organisator der zw. 1940 u. 1950 durchgeführten *Cold Spring Harbor Symposie*n über Genetik u. Evolution; 1961 Präs. d. *Am. Soc. of Human Genetics*; Hrsg. d. Z. *Genetics* (1935–1940) u. *Am. Naturalist* (1951–1960). – Lit.: Heredity and Variation, New York 1931; (Ed.) Genetics in the twenties Century: essays on the progress of genetics during its first 50 years, New York 1951; (Ed.) Race and Biology, Unesco New York 1951 (³1970); Heredity and Evolution in Human Populations, New York 1959; A short History of Genetics 1864–1939, New York 1965. – B: DSB (B. Glass); Bell jr. 1974; Dobzhansky 1978 (W).   Ja

Duran i Reynals, Francesc (1899–1958); aus Barcelona; ab 1917 stud. Med. Univ. Barcelona (Dr. med. 1924); zugl. Mitarb. im *Labor. Municipal de Barcelona* (bei Ramón Turró), 1924 Virus-Fo. mit Levaditi am Pasteur-Inst. Paris; 1926 zunächst Stipendiat, später Mitarb. am Rockefeller Inst. for Med. Res. (USA); 1938 Prof. Univ. Yale; starb in New Haven (USA). Arb. über Viren als Ursprung des Krebses ("Factor Reynals"). – B: DhCmE. (F. Bujosa Homar).   LGB/Sch

Durham, Herbert Edward (1866–1945); aus London; stud. Med. Univ. London u. Cambridge, dann in zool. u. physiol. Labor. u. am *Guy's Hosp.*; ab 1894 Stud.aufenth. bei Max Gruber im Hygiene-Inst. Univ. Wien, entdeckte zus. mit ihm 1895 die Bakterienagglutination (publ. 1896); später Rückkehr nach Cambridge; Teiln. an einer Amazonasexped. der *Liverpool Sch. of Tropical Med.* zum Stud. trop. Infektionskrankheiten; 1901–1903 Mitarb. der *Beri-Beri-Exped.* nach Malaysia u. auf die Weihnachtsinseln, hier verlor er ein Auge, so daß Mikroskopieren nicht mehr möglich war; übernahm deshalb die Labor.ltg. der *Fa. Bulmer* u. beriet die Gärungsindustrie bei der Prod. von Apfelwein; zuletzt widmete er sich Gartenbaukunst u. Photographie. Entwickelte das „Durham-Röhrchen", ein kleines, mit Nährlösung gefülltes Reagenzglas, das mit der Öffnung nach unten in ein größeres Röhrchen mit Traubenzuckerbouillon eingebracht wird: falls die eingeimpften Bakterien Dextrose unter Gasbildung vergären, sammeln sich die Gasblasen im Durham-Röhrchen – ein noch heute vielfach gebrauchtes Verfahren. – Lit.: (mit M. Gruber) Eine neue Methode zur raschen Erkennung des Choleravibrio und des Typhusbacillus, in: Münchn. Med. Wo.schr. *43* (1896): 285–286; s. a. Lit. zu Kap. 21. – B: WwW   Kö

Dusch, Georg Theodor Freiherr **von** (1824–1890); aus Karlsruhe; stud. Jura Univ. Freiburg i. Br., dann Med. Univ. Heidelberg (bei Jacob Henle, K. von Pfeufer, M. Chelius, Dr. med. 1847 bei L. Gmelin u. Staatsexamen) u. Paris; 1847 Ass. Chirurg. Klinik Univ. Heidelberg (bei Chelius); 1848–1854 prakt. Arzt in Mannheim; 1854 Pd., 1856 ao. Prof. für Pathol. u. Dir. der Med. Poliklinik, ab 1867 auch für Kinderheilkunde, 1870 o. Prof. Univ. in Heidelberg, wo er starb. Für d. Mikrobiol. sind seine mit Schröder durchgeführten Untersuchungen zur Entkeimung der Luft mittels Filtration durch Baumwolle von Bedeutung, die zur Klärung d. Frage nach d. Urzeugung vorgenommen wurden. – Lit.: (mit H. Schröder) Ueber Filtration der Luft in Beziehungen auf Fäulnis und Gährung, in: Ann. Chem. Pharm. *89* (1854): 232–243. – B: NDB (W. Schönfeld).   Kö/Sch

Dutrochet, Henri René Joachim (1776–1847); aus Néon (Poitou, Frankr.); 1802 stud. Med. Paris (Dr. med. 1806); ab 1808 Militärarzt in Spanien; nach Typhuserkrankung in Privathaus bei Château-Renault (Touraine); ab 1810 Privatgelehrter, zeitw. in Paris, wo er starb. Entdeckte die Endosmose u. beobachtete u. a. als einer der ersten die Vermehrung d. Zellen durch Teilung; seit 1831 Mitgl. der AdW zu Paris. – Lit.: Mémoires pour servir à l'histoire anatomique et physiologique des végétaux et des animaux, 2 Bde., Paris 1837. – B: DSB (V. Kruta).   Ja

Duysens, Louis Nico Marie (geb. 1921); aus Heerlen (Niederl.); 1947–1952 stud. Math. u. Physik Univ. Utrecht (bes. Biophysik bei E. C. Wassink, Dr. phil. 1952); 1952 Res. Fell. Carnegie Instn. of Washington Stanford-Campus Palo Alto/Calif. (bei C. S. French), 1954 Res. Fell. Univ. of Illinois Urbana (bei E. I. Rabinowitch); 1954 Mitarb. Biophysik Res. Group Univ. Utrecht (bei J. B. Thomas); 1956 Lektor, später Prof. für Biophysik Univ. Leiden. – Lit.: (mit W. J. Huiskamp, J. J. Vos & J. M. van der Hart) Reversible changes in bacteriochlorophyll in purple bacteria upon illumination, in: Biochim. Biophys. Acta *19* (1956): 188–190; s. a. Lit. zu Kap. 16. – B: WiW 1988; Autobiogr. 1989.   Höx

Dzierzon, Johannes (1811–1906); aus Lowkowitz (Kreuzburg, Oberschlesien, Polen); 1830–1833 stud. zuerst Math., dann Kathol. Theol. Univ. Breslau (Wrocław); 1834 Kaplan in Schalkowitz/Oppeln; 1835 Pfarrverweser, 1838 Pfarrer in Karlsmark bei Brieg; 1869 Pensionierung, in der Folgezeit Austritt aus d. röm.-kath. Kirche; ab 1885 in Lowkowitz, wo er starb. Widmete sich der Bienenzucht wissenschaftl. u. entdeckte 1845, daß Drohnen aus unbefruchteten, Arbeiterinnen u. Königinnen aus befruchteten Eiern entstehen; nach Kreuzung von dt. u. ital. Bienenrassen wies er nach, daß unbefruchtete Bastardköniginnen Drohnen dt. u. ital. Rasse im Verhältnis 1:1 erzeugten (Parthenogenese); fand damit vor MENDEL das Spaltungsgesetz; stand mit G. J. MENDEL in Erfahrungsaustausch. – Lit.: Bestimmung und Bestimmungslosigkeit der Drohnen, in: Eichstätter Bienenz. *2* (1846): 42–43; Theorie und Praxis der neuen Bienenfreunde, BRIEG 1847; Rationelle Bienenzucht, BRIEG 1861. – B: R. GÄRTNER 1990. – P.   Ja/Sch

East, Edward Murray (1879–1938); aus Du Quoin (Illinois, USA); 1897 Case Sch. of Applied Sci. in Cleveland, 1898 stud. Chemie Univ. Illinois (BA 1900, MA 1904, Dr. phil. 1907); 1905–1909 Ass. an d. *Connecticut Agric. Experim. Sta.* bei HOPKINS; dann Harvard Univ., 1914 o. Prof. für Biochemie; starb in Boston (Mass.). – Lit.: The role of selection in plant breeding, in: Popular Sci. Monthly *77* (1910 a): 190–203; A Mendelian interpretation of variation that is apparently continuous, in: Amer. Nat. *44* (1910 b): 65–82; The role of reproduction in evolution, in: ebda *52* (1918): 273–289. – B: DSB (W. B. PROVINE)   Ja

Eberth, Carl Joseph (1835–1926); aus Würzburg; stud. Med. u. Zool. (bes. bei KOELLIKER, LEYDIG u. VIRCHOW, Dr. med. 1859), 1856–1859 Ass. am Pathol. Inst., dann Prosektor bei H. MÜLLER Inst. für Vergl. Anat., 1863 Pd. für Anat. Univ. Würzburg; 1865 ao. Prof., 1869 o. Prof. für Pathol. Univ., 1874–1881 auch Prof. für Histol. u. Embryol. an d. Veterinärmed. Sch. Zürich; 1881–1911 o. Prof. für Vergl. Anat., ab 1895 Prof. für Pathol. Univ. Halle; starb in Berlin. Wies als erster mikroskopisch den Erreger des Typhus nach. – Lit.: Die Organismen in den Organen bei *Typhus ab-*

dominalis, in: A. path. Anat. Physiol. *81* (1880): 58–74. – B: DSB (G. H. BRIEGER); MOCHMANN & KÖHLER 1984: 148–150.   Ja

Eberwein s. Cordus, Euricius

Eccles, John Carew, Sir (1903–1997); aus Melbourne; stud. Med. Univ. Melbourne (BM u. MS 1925) u. 1925 Magdalen Coll. Oxford/GB (bei Charles SHERRINGTON); 1927–1934 Res. Fell. Exeter Coll. Univ. Oxford, ab 1928 bei SHERRINGTON (MA u. PhD 1929), 1934–1937 Tutor Magdalen Coll. Oxford; 1937–1943 Dir. *Kanematsu Memorial Inst. Pathology* im Sydney Hosp.; 1944 Prof. für Physiol. Otago Univ. Dunedin (New Zealand), 1951 Univ. Canberra (Australien); ab 1966 am Inst. Biomed. Res. Chicago; starb in Locarno. 1957–1961 Präs. d. Austral. AdW; Nobelpr. 1963. – Lit.: (mit K. R. POPPER) Das Ich und sein Gehirn (The self and Its Brain [dt.]), Berlin 1977; s. a. Lit. zu Kap. 15. – B: WWWSc; Autobiogr. 1978; NICOLL 1997; ALH (W 1928–1962).   Sch

Echeandría y Jiménez, Pedro Gregorio (1746–1817); aus Pamplona; stud. Pharm. am *Col. de San Cosme y San Damián* in Pamplona; danach Eröffnung einer Apotheke in Zaragoza u. Stud. d. Bot. u. ihrer Anwendung in Landw. u. Wirtsch.; 1796 Tit. Prof. für Bot.; Prüfer u. Präs. des *Col. de Farmacéuticos* in Zaragoza, wo er starb. Führte in Zaragoza den Anbau von Sesam, *patata* u. Erdnuß ein; Napoleonkrieg u. Nachkriegszeit unterbrachen seine experim. Arb.; sein geplantes Werk *Flora Cesaraugustana* konnte er aus finanz. Gründen nicht veröffentlichen; Begr. d. *Soc. Aragones de Amigos del País.* – Lit.: Memoria sobre el maní de los americanos, cacahuete de los espanöles y Arachis Hypogaca de Linneo, Zaragoza 1800. – B: DhCmE (C. Carles Genovés).   LGB/Sch

Echt, Johann (um 1550); aus den Niederlanden; stud. Med. in Wittenberg u. Ital., Arzt in Köln. – Lit.: De scorbuto vel scorbutico passione epitome, Wittenberg 1624. – B: Ärzte I.   Hpp

Ecker, Alexander Anton Pius (1816–1887); aus Freiburg i. Br.; 1832 stud. Med. Univ. Freiburg i. Br., 1835–1836 Heidelberg (Dr. med. 1837 Freiburg); anschl. Stud.aufenth. in Paris, Engl., Schottland, Holland u. 1838 Univ. Wien (bei ROKITANSKY); 1839 Pd. (Ass. bei LEUCKART), 1840 Prosektor (bei E. ARNOLD) Univ. Freiburg i. Br.; 1841 Pd. bei TIEDEMANN Univ. Heidelberg; 1844 o. Prof. für Anat. u. Physiol. Univ. Basel; 1850 o. Prof. für Physiol., Zool. u. Vergl. Anat. Univ. in Freiburg i. Br., wo er starb. – Lit.: s. Lit. zu Kap. 15. – B: ADB 46; DBE; Autobiogr. 1886; ALH MM 2257.   Sch

l'Ecluse, Charles de s. Clusius, Carolus

Edinger, Ludwig (1855–1918); aus Worms; stud. Med. Univ. Heidelberg (bei GEGENBAUR, KÜHNE, BUNSEN, KIRCHHOFF, C. FISCHER u. WUNDT) u. Straßburg (bei RECKLINGHAUSEN, LEYDEN, GOLTZ u. A. KUSSMAUL; Dr. med. 1876 bei WALDEYER, Approbation 1877); bis 1879 Ass. bei KUSSMAUL in Straßburg, dann bei

J. Dzierzon

Ch. G. Ehrenberg 1869

RIEGEL Med. Klinik Gießen, Pd. 1881 Univ. Gießen (1882 wegen antisemit. Haltung d. Lehrkörpers entlassen); daraufhin 1882/1883 Stud.reisen nach Berlin (bei Robert KOCH, VIRCHOW, FRERICHS, LEYDEN, DuBOIS-REYMOND u. Paul EHRLICH), Leipzig (bes. bei WEIGERT, FLECHSIG u. ERB), London (bei GOWERS), hier Besuch d. *National Hosp. Queen Square* u. d. *Mus. of Roy. Coll. of Surgeon*, zuletzt Spez.ausbild. bei CHARCOT in Paris; ab 1883 Nervenarztpraxis in Frankfurt a. M. u. zunächst Arb. in Priv.labor.; ab 1885 Arbeitsplatz im *Senckenberg. Theatrum anatomicum*, aus dem das erste Neurolog. Inst. (später *Edinger-Inst.*) in Dtl. entstand; 1896 Tit. Prof., 1914 erster Lehrstuhl für Neurol. u. Dir. seines Inst. an d. neugegr. Univ. in Frankfurt a. M., wo er starb. – Lit.: Zehn Vorlesungen über den Bau der nervösen Zentralorgane, Leipzig 1885 (ab 5. Aufl. u. d. T.: Vorlesungen über den Bau der nervösen Zentralorgane des Menschen und der Tiere, ^{8}1911); Ueber die Entwicklung des höheren Seelenlebens bei Tieren, in: Ber. Senckenberg. naturf. Ges. (1894); Die Beziehungen der vergleichenden Anatomie zur vergleichenden Psychologie: neue Aufgaben, in: Über Tierpsychologie, Leipzig 1909: 1–30; Zur Methodik in der Tierpsychologie: I. Der Hund H., in: Z. Psychol. *70* (1914): 101–124. – B: KREUTER; KRÜCKE 1963.   Sch

Ehrenberg, Christian Gottfried (1795–1876); aus Delitzsch (bei Leipzig); 1815 stud. Theol. Univ. Leipzig, dann Med., ab 1817 Univ. Berlin (Dr. med. 1818); 1820–1825 Exped. nach Ägypten, Libyen, Palästina, Syrien u. dem Libanon (mit HEMPRICH), umfangr. bot., zool. u. geol. Slgn., deren Bearbeitung er sich dann in Berlin widmete; 1827 ao. Prof. u. Mitgl. der Berliner AdW (ab 1842 Sekr. Math.-physik. Kl.), 1839 o. Prof. für Theorie, Gesch. u. Methodik der Med.; 1829 Teiln. an d. Reise A. VON HUMBOLDTS (mit G. ROSE) zum Ural u. Altai; verbesserte die mikroskop. Technik u. widmete sich der Untersuchung pflanzl. u. tier. Mikroorganismen sowie d. Mikrofossilien, wofür er umfangr. Proben- u. Präparate-Slgn. anlegte (Zool. Mus. Berlin); starb in Berlin. – Lit.: Die Infusionsthierchen als vollkommene Organismen – ein Blick in das tiefere organische Leben der Natur, Leipzig 1838; Mikrogeologie – das Erden und Felsen schaffende Wirken des unsichtbar kleinen selbständigen Lebens auf der Erde, 2 Bde., Leipzig 1854–1856. – B: DSB (I. JAHN); HANSTEIN 1877; LAUE 1895 (W). – P.   Ja

Ehrenberg, Rudolf (1884–1969); aus Rostock; 1903–1909 stud. Med. Univ. Freiburg i. Br., Tübingen, Göttingen (Dr. med. 1909 bei CRAMER) u. Berlin; Prof. für Physiol. Univ. in Göttingen, wo er starb. Mitbegr. der Theoret. Biologie – Lit.: Eiweißenzyme, in: Biochem. Z. *128* (1922); Theoretische Biologie, Berlin 1923. – B: POGGENDORFF VI.   Ja/Sty

Ehret, Georg Dionysius (1708–1770); aus Heidelberg; Ausb. als Gärtner u. Pflanzenmaler in Karlsruhe; 1727–1733 in Regensburg, ab ca. 1732 auch für Chr. Jacob TREW (Nürnberg, 1695–1769) als Zeichner tätig, der seine Stud.reisen 1733–1736 in d. Schweiz, nach Frankr. (u. a. in Paris bei den Brüdern DE JUSSIEU), Holl. u. Engl. finanzierte; illustrierte bei C. VON LINNÉ in Haarlem dessen *Hortus Cliffortianus* (1737) u. half sein Sexualsystem zu verbreiten; ab 1736 in Chelsea bei London (Engl.), wo er starb. Arb. als Zeichner bei H. SLOANE u. J. BANKS; 1750–1751 am Bot. Garten Univ. Oxford, wo er auch lehrte; 1757 Mitgl. der *Roy. Soc.* – Lit.: (mit TREW) Plantae selectae quarum imagines ad exemplaria naturalia Londini in hortis curiosorum nutrita, Nürnberg 1750–1773. – B: DSB (G. B. RISSE); G. CALMANN, Oxford 1977.   Ja

Ehrlich, Paul (1854–1915); aus Strehlen (Strzelin, Polen); 1872 stud. Naturwiss. Univ. Breslau (Wrocław) u. Straßburg, 1874 wieder in Breslau, 1876 Freiburg i. Br. u. 1878 Leipzig (Dr. med. 1878); zunächst Oberarzt an d. *Charité* (bei FRERICHS), dann Mitarb. von Robert KOCH, 1890 ao. Prof. für Experim. Therapie Univ. Berlin; 1896 am Inst. für Serumfo. Berlin-Steglitz, dann Univ. Göttingen; 1899 ao. Prof., 1904 Hon. Prof., 1914 o. Prof. für Experim. Therapie Univ. Frankfurt a. M., gleichz. Dir. Inst. für Experim. Therapie in Frankfurt a. M.; starb in Bad Homburg. Begr. der Chemotherapie zur Bekämpfung von Infektionskrankheiten; Entwicklung des Salvarsan zur Syphilisbekämpfung (zus. mit S. HATA); Nobelpr. 1908. – Lit.: Über paroxysmale Hämoglobinurie, in: Dt. med. Wo.schr. 7 (1881): 224–225; Das Sauerstoff-Bedürfnis des Organismus – eine farbenanalytische Studie, Berlin 1885; Farbenanalytische Untersuchungen zur Histologie und Klinik des Blutes, Berlin 1891; Die Standardisierung von Diphtherie-Antiserum und ihre theoretische Grundlage, Berlin 1897; s. a. Lit. zu Kap. 21. – B: DSB (C. E. DOLMAN); C. OPPENHEIMER [et al.] 1914; LOEWE 1950. – P.   Ja

Eibl-Eibesfeldt, Irenäus (geb. 1928); aus Wien; stud. Zool. u. Bot. Univ. Wien (bei K. LORENZ, Dr. phil. 1950); 1950 am Inst. für Vergl. Verhaltensfo. Altenberg (Österr.); seit 1951 am MPI für Verhaltensphysiol. in Percha bei Starnberg, seit 1970 Ltr. d. Fo.stelle Humanethol. in Seewiesen; gleichz. 1963 Pd., 1969 apl. Prof. Univ. München. – Lit.: Grundriß der vergleichenden Verhaltensforschung, München 1967 (^{6}1980); Liebe und Haß, München 1971; Die Biologie des menschlichen Verhaltens: Grundriß der Humanethologie, München u. Zürich 1984. – B: KÜRSCHNER 1992; WerD 1996/97; Autobiogr. 1989. – P.   Sch

P. Ehrlich ca. 1905

I. Eibl-Eibesfeldt ca. 1975

Eichler, August Wilhelm (1839–1887); aus Neukirchen (Hessen); 1857–1861 stud. Math. u. Naturwiss. Univ. Marburg (Dr. phil. 1861); danach Privatass. bei VON MARTIUS in München; 1865 Pd., 1871 Prof. für Bot. TH Graz; 1872 o. Prof. für Bot. Univ. Kiel; 1878 o. Prof. für Bot. (Systematik u. Morphol.) u. Dir. d. Bot. Gartens Univ. in Berlin, wo er starb. – Lit.: Blüthendiagramme, 2 Bde., Leipzig 1875–1878; Syllabus der Vorlesungen über Phanerogamenkunde, Kiel 1876. – B: NDB (H. BECK); DSB (G. B. RISSE); LACK 1988.   Ja

Eijkman, Christiaan (1858–1930); aus Nijkerk (Niederl.); 1875 stud. Med. Univ. Utrecht (Dr. med. 1883); dann Militärarzt auf Java u. Sumatra; ab 1885 stud. Bakteriol. Univ. Amsterdam u. Berlin (bei R. KOCH); 1886 Mitgl. eines Komitees zum Studium d. *Beri-Beri*-Krankheit in Niederländ.-Indien, 1887 Ltr. d. Labor. für Pathol. in Weltevreden (Batavia) u. Dir. der Javanes. Med.-Sch.; 1896 Rückkehr nach Utrecht, 1898–1928 Prof. für Hygiene u. Gerichtsmed. Univ. in Utrecht, wo er starb. Nobelpr. 1929. – Lit.: Spezifike Antistoffen, Haarlem 1901; Onsichtbare Smetstoffen, Haarlem 1904; Een en Ander over Voeding, Haarlem 1906. – B: DSB (G. A. LINDEBOOM); LexNW; JANSEN 1959.   Ja

Eimer, Theodor Gustav Heinrich (1843–1898); aus Stäfa (Kt. Zürich, Schweiz); 1862 stud. Med. u. Naturwiss. Univ. Tübingen, Freiburg i. Br., Heidelberg u. Berlin (bei VIRCHOW, Dr. med. u. med. Staatsex. 1868); dann Arb. bei A. WEISMANN Univ. Freiburg i. Br. u. A. VON KOELLIKER Univ. Würzburg (Dr. phil. 1869); 1870 Pd. für Zool. Univ. Würzburg; 1874 Insp. Naturhist. Mus. u. ao. Prof. am Polytechnikum Darmstadt; 1875 o. Prof. für Zool. Univ. Tübingen, wo er bis zu seinem Tode wirkte; 1878–1879 Reisen nach Italien, Türkei, Balkan u. Ägypten; arbeitete über Fragen der Artbildung, entwickelte eine Theorie der Orthogenesis (Verlauf der Artwandlung in bestimmter Richtung) u. nahm die Vererbung erworbener Eigenschaften an (1897). – Lit.: Über das Variieren der Mauereidechse, Berlin 1881; Die Entstehung der Arten auf Grund von Vererben erworbener Eigenschaften, 3 Tle., Jena 1888, 1897, 1901; Die Artbildung und Verwandtschaft bei den Schmetterlingen, 2 Tle. (T. 2 mit C. FICKERT), Jena 1889–1895. – B: NDB (G. USCHMANN); DSB (F. B. CHURCHILL); KLUNZINGER 1899 (W).   Ja

Elliott, Thomas Renton (1877–1961); aus Springfield (Willington, County Durham, Engl.); 1896 stud. Med. Trinity Coll. Cambridge/GB (BA 1900), 1900 Ass. am Dep. of Physiol. (bei Michael FOSTER, Walter H. GASKELL u. J. N. LANGLEY); ab 1906 am Univ. Coll. Hosp. London, 1910 dort Ass.-Arzt, 1918–1939 (em.) Prof. auf d. ersten Lehrstuhl für Klin. Med. – Lit.: s. Lit. zu Kap. 15. – B: DALE 1961 (W).   Sch

Elsholtz, Johann Sigismund (1623–1688); aus Frankfurt/Oder; stud. Med. Univ. Padua (Dr. med. 1633); ab 1656 Leibarzt des *Großen Kurfürsten* (FRIEDRICH WILHELM VON BRANDENBURG) in Berlin, wo er starb. Führte als Erster intravenöse Injektionen u. Bluttransfusionen durch u. bildete sie 1667 erstmals ab. – Lit.: Anthropometrica, Padua 1654; Clysmatica nova

oder neue Clystier-Kunst …, Berlin 1665 (lat. 1667 mit Abb.; Repr. Hildesheim 1966). – B: DBI; Ärzte III.   Ja

Embden, Gustav (1874–1933); aus Hamburg; stud. Med. Univ. Freiburg i. Br. (bes. Physiol. bei Johannes VON VRIES u. C. BÄUMLER), München, Berlin u. Straßburg (bei Franz HOFMEISTER u. A. Th. J. BETHE, Dr. med. 1899); 1899 Praktikant, 1903 Ass. Physiol. Inst. u. Weiterarb. im Labor. von HOFMEISTER in Straßburg, daneben Arb.aufenth. bei Ernst EWALD, J. G. GAULE (Zürich) u. Paul EHRLICH (Frankfurt a. M.); 1904 Ass. u. Ltr. des neugegr. chem. Labor. an d. Med. Klinik des Städt. Krankenhauses Frankfurt a. M. (bei Carl VON NOORDEN, ab 1909 selbständ. Inst. für Physiol.), 1914 Dir. des daraus entstandenen Inst. für Vegetative Physiol. der neugegr. Univ.; dazw. 1907 Pd., 1909 ao. Prof. für Physiol. Chemie Univ. Bonn; 1914 o. Prof. für Physiol. Chemie Univ. Frankfurt a. M.; starb in Bad Nassau a.d. Lahn. – Lit.: (mit E. GRIESBACH & E. SCHMITZ) Über Milchsäurebildung und Phosphorsäurebildung im Muskelpreßsaft, in: Z. physiol. Chem. *93* (1914): 1–45; (mit H. J. DEUTICKE & G. KRAFT) Über die intermediären Vorgänge bei der Glykolyse in der Muskulatur, in: Klin. Wo.schr. *12* (1933): 213–215. – B: POGGENDORFF VI/VII a; NDB (E. LEHNARTZ); DSB (E. SCHMAUDERER); ALH MM 3620.   Höx/Sch

Emerson, Robert (1903–1959); aus New York City; 1920 stud. Zool., bes. Physiol., Harvard Univ. Cambridge/Mass. (AB 1925), wandte sich unter d. Einfluß von W. J. V. OSTERHOUT der Pflanzenphysiol. zu; 1925 zuerst Fo.aufenth. am Harvard Tropenlabor. auf Kuba, dann bei R. WILLSTÄTTER Univ. München; danach 1925–1927 bei O. WARBURG am KWI für Biol. Berlin-Dahlem (Dr. phil. 1927 Univ. Berlin); 1927 Res. Fell. für Pflanzenphysiol. Harvard Univ.; 1929–1946 Ass. Prof. für Biophysik *Caltech* Pasadena, zugl. 1937–1940 Res. Assoc. bei H. A. SPOEHR *Carnegie Labor. of Plant Physiol.* Stanford u. 1942–1945 bei d. *American Rubber Co.* Los Angeles; 1946 Res. Prof. für Bot. Univ. of Illinois Urbana; starb bei Flugzeugabsturz in New York. – Lit.: (mit W. ARNOLD) The photochemical reaction in photosynthesis, in: J. gen. Physiol. *16* (1932): 191–205; (mit R. CHALMERS & C. CEDERSTRAND) Some factors influencing the long-wave limit of photosynthesis, in: Proc. Nat. Acad. Sci. USA *43* (1957): 133–143. – B: WwWA 3; RABINOWITCH 1959. – P.   Höx

Empedokles (um 492–432 v. Chr.); aus Akragas (Sizilien); griech. Philosoph; für die Biol. ist v. a. seine Vierelementenlehre von Bedeutung. – Lit.: überlief. Zeugnisse u. Fragm. s. bei DIELS-KRANZ, Die Fragmente der Vorsokratiker, Bd. 1, 9. Aufl., Berlin 1960: 276 ff. – Lit.: DSB (A. P. D. MOURELATOS).   Ha

Endlicher, Stephan Ladislaus (1804–1849); aus Preßburg (Bratislava); stud. Phil. Univ. Pest u. Wien (Dr. phil. 1823); dann Theol. im Erzbischöfl. Seminar Wien, verließ aber geistl. Laufbahn; 1828 Scriptor an d. Hofbibl., dann bot. Stud. u. 1836 Kustos der Bot. Abt. des Hofnaturalienkabinetts, 1840 o. Prof. für Bot.

u. Dir. des Bot. Gartens Univ. in Wien, wo er starb. Mitherausg. der *Flora Brasilensis* von VON MARTIUS; war entscheidend beteiligt an d. Gründung d. AdW Wien. – Lit.: Genera plantarum secundum ordines naturales disposita, Vindobonae 1836–1841; Catalogus horti academici vindobonensis, Vindobonae 1842. – B: NDB (H. DOLEZAL); ÖBL.   Eis/Sch

Engelhardt [Engel'gardt], Vladimir Aleksandrovič (1894–1984); aus Moskau; stud. Med. u. Naturwiss. Univ. Moskau (Dr. med. 1919); 1929–1933 o. Prof. u. Ltr. Med. Inst. Univ. Kazan; 1934 o. Prof. Univ. Leningrad (St. Petersburg); 1936 o. Prof. Univ. Moskau u. Ltr. d. Labor. für Biochemie d. AdW UdSSR; 1945 Ltr. Abt. Biochemie am Inst. für Experim. Med. d. AdMW; 1959 Dir. Inst. für Molekular-Biol. AdW UdSSR. – Lit.: Ortho- und Pyrophosphat im aeroben und anaeroben Stoffwechsel der Blutzellen, in: Biochem. Z. *227* (1930): 16–38; Die Beziehungen zwischen Atmung und Pyrophosphatumsatz in Vogelerythrocyten, in: ebda *251* (1932): 343–368; Integratismus – der Weg vom Einfachen zum Komplizierten bei der Erkenntnis der Lebenserscheinungen, in: Dialektik in der modernen Naturwissenschaft, hrsg. von S. WOLLGAST & K. F. TEINZ, Berlin 1973. – B: WWWSc; WWSoc.   Sty

Engelmann, Theodor Wilhelm (1843–1909); aus Leipzig; 1861–1862 stud. Med. u. Naturwiss. Univ. Jena (bei K. GEGENBAUR), dann Heidelberg, Göttingen u. Leipzig (Dr. med. 1867 bei A. VON BEZOLD); 1867 Ass. bei d. Physiologen F. C. DONDERS in Utrecht, dort 1871 Assoc. Prof. für Allg. Biol. u. Histol., 1888 o. Prof. für Physiol. Univ. Utrecht (Nachf. von DONDERS); 1897–1908 o. Prof. für Physiol. u. Dir. Physiol. Inst. Univ. in Berlin, wo er starb. – Lit.: Zur Naturgeschichte der Infusionsthiere, Leipzig 1862; Über den Ursprung der Muskelkraft, Leipzig 1892; Tafeln und Tabellen zur Darstellung der Ergebnisse spektroskopischer Beobachtungen, Leipzig 1897. – B: NDB (M. STÜRZBECHER); DSB (K. E. ROTHSCHUH). – P.   Ja

Engler, Heinrich Gustav Adolf (1844–1930); aus Sagan (Zagan, Niederschlesien); 1863 stud. Naturwiss. u. Math. Univ. Breslau/Wrocław (Dr. phil. in Bot. 1866); 1866 Lehrer an Gymnasien in Breslau; 1871 Kustos an

den Bot. Anstalten in München (unter C. W. NÄGELI), 1872 Habil. Univ. München; 1878 o. Prof. für Bot. Univ. Kiel, 1884 Univ. Breslau, 1889–1922 Univ. Berlin; zugl. Dir. des Königl. Bot. Gartens u. Mus. in Berlin, die er seit 1896 neu gestaltete; starb in Berlin. Einer der hervorragendsten Systematiker u. Pflanzengeographen seiner Zeit; trug zur Erschließung der Floren Afrikas bei; Begr. des mod. natürl. Systems der Pflanzen, das die Organisationshöhen der Sippen zugrundelegt u. auch die Kryptogamen gebührend beachtet; verknüpfte evolutionstheoret. Gesichtspunkte mit d. Pflanzengeographie. – Lit.: Versuch einer Entwickelungsgeschichte der Pflanzenwelt, 2 Bde., Leipzig 1879–1882; (mit K. PRANTL) Die natürlichen Pflanzenfamilien, Leipzig 1887–1915 (2. Aufl., 15 Bde., 1925–1931); Die Entwickelung der Pflanzengeographie in den letzten hundert Jahren und weitere Aufgaben derselben, in: Wiss. Beiträge zum Gedächtnis der hundertjährigen Wiederkehr des Antritts von Alexander von Humboldt's Reise nach Amerika am 5. Juni 1799/hrsg. von d. Ges. f. Erdkunde zu Berlin, Berlin 1899: 4–237. – B: NDB (F. MARKGRAF); DIELS 1930, 1931.   Hek/Hpp

Ephrussi, Boris (1901–1979); aus Moskau; stud. Univ. Paris (MA 1922, Dr. sc. 1932); 1941–1944 Assoc. Prof. für Biol. Johns Hopkins Univ. (USA); 1946–1968 Prof. für Genetik Univ. Paris, gleichz. 1956–1970 Dir. Labor. für Physiol. u. Gen. am *Centre National de la Recherche Sci.*, 1967–1970 Dir. d. Molecular Genetics Center. – Lit.: s. Lit. zu Kap. 14. – B: WWW; MAGNER 1994.   Sch

Epicharm(os) (um 550–460 v. Chr.); lebte in Syrakus; griech. Dichter, Vater der griech. Komödie. – Lit.: Ausg. d. überlief. Fragm.: G. KAIBEL, Comicorum Graecorum fragmenta I 1, Berlin 1899: 88–147, sowie bei DIELS-KRANZ, Die Fragmente der Vorsokratiker, Bd. 1, 9. Aufl., Berlin 1960: 190 ff. – B: PAULY; LAW.   Ha

Epikur (342/1–271/0 v. Chr.); von d. Insel Samos; griech. Philosoph, Fortsetzer der demokrit. Atomistik; 327–324 Studium in Teos, u. a. der Atomistik; nach Militärdienst weitere Stud. in Kolophon; 311–310 Lehrtätigk. in Mytilene, 310–307/306 in Lampsakos; ab 307/306 Begründer einer eigenen philosoph. Sch. in Athen. – Lit.: Textausg. d. Fragm.: H. USENER, Leipzig 1887; G. ARRIGHETTI, Turin 1960; Übers. in Auswahl: F. JÜRSS, R. MÜLLER & E. G. SCHMIDT, Griechische Atomisten, 2. Aufl., Leipzig 1977: 229 f.; O. GIGON, Zürich 1949. – B: LAW; PAULY.   Ha/Sch

Epstein, Emanuel (geb. 1916); aus Duisburg; 1938 Emigr. in d. USA; stud. Pflanzenphysiol. Univ. of Calif. Davis (BS 1940, MS 1941); 1943 Ass. Dep. für Bot., 1946 Ass. Dep. für Pflanzenernährung Univ. of Calif. Davis (PhD 1950 Univ. of Calif. Berkeley); 1950 Pflanzenphysiologe am USDA Beltsville (Maryland); 1958 Lect., 1965–1987 Prof. für Pflanzenernährung Univ. of Calif. Davis. – Lit.: (mit C. E. HAGEN) A kinetic study of the absorption of alkali cations by barley roots, in: Plant Physiol. *27* (1952): 457–474; s. a. Lit. zu Kap. 16. – B: BHE; WWA.   Höx

R. Emerson

T. W. Engelmann

Erdmann, Rhoda (1870–1935); aus Hersfeld (Hessen); nach mehrjähr. Tätigk. als Volksschullehrerin ab 1903 stud. Zool., Bot., Math. u. Physik Univ. Berlin, Zürich, Marburg u. München (Prom. 1908 bei R. Goldschmidt Univ. München, Staatsexamen für höheren Schuldienst 1909 Berlin); 1909 Mitarb. am Robert-Koch-Inst. für Infektionskrankheiten Berlin; 1913 Fo.stipendiat am Osborn Zool. Labor. bei R. G. Harrison New Haven (USA); 1915 Lect. Yale Univ.; 1919 Rückkehr nach Deutschland, nach anfängl. Schwierigkeiten Aufbau d. ersten dt. Abt. für Experim. Zellfo. am Inst. für Krebsfo. (unter Joh. Orth) d. *Charité* Berlin; Habil. 1920 Philos. Fak., 1923 Med. Fak. Univ. Berlin, 1924 apl., 1929 ao. Prof.; 1930 aus d. Abt. Gründung eines selbständ. *Inst. für Experim. Zellfo.* Univ. Berlin u. dessen Dir. bis zu ihrem Tod. 1925 mit int. Beteiligung u. Unterstützung des *Gustav Fischer Verl. Jena* Begr. d. *Archiv für experim. Zellforschung*. – Lit.: Experimentelle Untersuchung der Massenverhältnisse von Plasma, Kern und Chromosomen in dem sich entwickelnden Seeigelei, in: A. Zellfo. *2* (1908–1909): 76–136; Das Verhalten der Herzklappen der Reptilien und Mammalier in der Gewebekultur, in: A. Entw.-mech. *48* (1921): 571–620; Praktikum der Gewebepflege oder Explantation besonders der Gewebezüchtung, Berlin 1922 (²1930). – B: LexNW; Caffier 1935–1936 (W); Hoppe 1989.   Sch

Erichson, Wilhelm Ferdinand (1809–1848); aus Stralsund; 1829–1831 stud. Naturwiss. Univ. Berlin (Dr. med. 1832); 1834 wiss. Hilfsarbeiter, 1834–1848 Kustos Abt. Entomol. Zool. Mus., 1842 ao. Prof. Univ. in Berlin, wo er starb. – Lit.: Die Käfer der Mark Brandenburg, Berlin 1837–1839; Genera et Species Staphylinorum Insectorum Coleopterorum Familiae, Berlin 1839–1840. – B: Klug 1850; Hackethal 1985; Uhlig & Jaeger 1995.   Hth

Eschscholtz, Johann Friedrich von (1793–1831); aus Dorpat (Tartu, Estland); stud. Med. Univ. Dorpat (Dr. med. 1815); 1819 ao. Prof. für Med. u. Prosektor, 1822 Dir. d. Zool. Kabinetts u. Lehrauftr. für Zool., 1830 o. Prof. für Anat. u. Gerichtl. Med. Univ. Dorpat; 1815–1818 u. 1823–1826 Teiln. an zwei Erdumsegelungen unter O. von Kotzebue als Schiffsarzt u. Naturforscher, entdeckte auf d. ersten Reise zus. mit A. von Chamisso den Generationswechsel der Salpen; starb in Dorpat. – Lit.: Ideen zur Aneinanderreihung der rückgrathigen Thiere, auf vergleichende Anatomie gegründet, Dorpat 1819; System der Acalephen, Berlin 1829; Eintheilung der Elateriden in Gattungen, in: Entomolog. A. *2* (1829) 1; Zoologischer Atlas, enthaltend Abbildungen und Beschreibungen neuer Thierarten, während des Flottcapitains von Kotzebue zweiten Reise um die Welt … 1823–1826 beobachtet, St. Petersburg 1829–1833. – B: NDB (H. Dolezal); Mägdefrau 1992.   Hth

Estévez y Cantal, José (1771–1841); aus Havanna; stud. Naturwiss. Univ. La Habana (Dr. med. 1795); Hilfsbotaniker bei d. Exped. von Sessé nach Puerto Rico u. erster Botaniker auf der des Grafen Mopox in d. Westen von Kuba; Stud. d. Chemie mit Proust u. d. Mineral. mit C. Herrgen u. J. Martín de Párraga; starb in Havanna. – Lit.: (ed. Luis F. Leroy y Gálvez) Trabajos científicos, La Habana 1951. – B: DhCmE (T. F. Glick).   LGB/Sch

Euler-Chelpin, Hans Karl August Simon von (1873–1964); aus Augsburg; 1893 stud. Chemie Univ. München u. Berlin (bei E. Fischer u. H. H. Landolt, Dr. phil. 1895); 1895 Ass. bei W. Nernst Univ. Göttingen, 1897 bei S. Arrhenius Univ. Stockholm; 1899–1900 Mitarb. von J. H. van't Hoff Berlin; 1899 Pd. für Physikal. Chemie, 1906–1941 o. Prof. für Allg. u. Org. Chemie, 1929 Dir. des neugegr. Inst. für Vitamine u. Biochemie der Univ. in Stockholm, wo er starb. – Lit.: Grundlagen und Ergebnisse der Pflanzenchemie, 3 Bde., Braunschweig 1908, 1909; Allgemeine Chemie der Enzyme, Wiesbaden 1910; Biokatalysatoren, Stuttgart 1930. – B: LexNW; Franke 1953.   Höx

Eulner, Hans-Heinz (1925–1980); aus Halle/Saale; 1942 stud. Med. Univ. Halle, 1943 Wien; nach Kriegsdienst (1943–1946) 1946 Hilfsass. Pharmakol. Inst., ab 1947 Forts. des Med.stud. Univ. Halle (Dr. med. 1951) u. experim.-pharmakol. Arb. bei Friedrich Holtz (1898–1967), ab 1952 auch Ass. von R. Zaunick u. med.-hist. Arb.; 1955 Lehrauftrag für Pharmakol., 1957 auch für Gesch. d. Med. Univ. Halle; 1958 Lehrauftrag für Gesch. d. Med. an der Med. Akad. Erfurt; ab 1958 Ass. am *Senckenberg. Inst. für Gesch. d. Med.* Univ. Frankfurt a. M. (bei W. Artelt, Dr. habil. 1963); 1963 Lehrauftrag in Homburg/Saar u. Gießen; 1967 o. Prof. für Gesch. d. Med. Univ. in Göttingen, wo er starb. – Lit.: Die Entwicklung der medizinischen Spezialfächer an den Universitäten des deutschen Sprachgebietes (Med. Habil.Schr. Frankfurt a. M. 1963), Stuttgart 1970 (Studien Med.gesch. 19. Jh., Bd. 4); (mit H. Hoepke) Der Briefwechsel zwischen Rudolph Wagner und Jacob Henle 1838–1862, Göttingen 1979 (Arb. Niedersächs. Staats-Univ.-Bibl. Göttingen, 16).- B: Goerke 1980; Winkelmann & Mildner 1982 (W).   Ja

Eustachio, Bartolomeo (1520–1574); aus San Severino Marche (Ancona, Ital.); prakt. Arzt in Rom, ab 1562 Prof. für Med. an d. *Sapienza* u. päpstl. Leibarzt; starb auf einer Reise in Fossombrone. Führte vergl.-anat. Untersuchungen durch, bes. über das Gehörorgan, u. beschrieb erstmals Einzelheiten des Gehörganges wie die später nach ihm benannte Tuba pharyngo-tympanica. – Lit.: Opuscula anatomica, Venedig 1564. – B: DSB (C. D. O'Malley); LexNW.   Ja/Sch

Exner, Sigmund Franz Seraphin, Ritter **von Ewarten** (1846–1926); aus Wien; 1865 stud. Med. Univ. Wien (bei Brücke, Dr. med. 1870), 1867–1868 Heidelberg (bei von Helmholtz); 1870 Ass., 1871 Pd., 1875 ao., 1891–1917 o. Prof. für Physiol. u. Ltr. des Physiol. Inst. Univ. in Wien (Nachf. von Brücke), wo er starb. – Lit.: s. Lit. zu Kap. 15. – B: ÖBL; Poggendorff III/IV; During 1929.   Sch

Eysenck, Hans Jürgen (1916–1997); aus Berlin; 1934 Emigr. zuerst nach Frankr., stud. Franz. Lit. u. Gesch. Univ. Dijon, dann nach Engl., stud. Engl. Gesch. u.

Lit. Univ. Coll. Exeter; 1936–1940 stud. Psychol. Univ. London (bei Sir Cyril Burt, BA 1938, PhD 1940); 1941–1942 Militärdienst (Fliegerabwehr) London; 1942–1946 Res. Psychol. *Mill. Hill Emergency Hosp.*, seit 1946 am Maudsley Hosp. London, ab 1947 Dir. des Psychol. Dep.; 1950 Begr. u. seitdem Dir. des Inst. für Psychiatrie am Maudsley Hosp.; Gastprofessuren 1949–1950 Univ. Pennsylvania/Philad. u. 1954 Univ. Berkeley (USA); seit 1955 Prof. für Psychol. Univ. London, gleichz. „senior clin. psych." an den Maudsley u. Bethlem Roy. Hosp.'s London. – Lit.: Race, intelligence and education, London 1971 (dt.: Vererbung, Intelligenz und Erziehung, Stuttgart 1975); The inequality of man, London 1973 (dt.: Die Ungleichheit des Menschen, München 1975); Intelligenz, Berlin (West) 1980. – B: BHE (W bis 70er J.); IWW 1990 (W 70er J.–1990); Eibsaur 1981.   Sch

Eysenhardt, Carl Wilhelm (1794–1825); aus Berlin; stud. Med. vermutl. in Würzburg u. bis 1818 Univ. Berlin (Dr. phil. u. Dr. med.); dann prakt. Arzt in Königsberg (Kaliningrad); ab 1820 ao. Prof. für Naturgesch. u. Bot. u. Dir. Bot. Garten Univ. (Dr. phil. 1823) in Königsberg, wo er an Tuberkulose starb. Eng befreundet mit Karl Ernst von Baer, der ihn in seinen Lebenserinnerungen (St. Petersburg 1865) mehrfach erwähnt. – Lit.: De accurata plantarum comparatione, adnexis observationibus in floram prussicam, Königsberg 1823. – B: DBA; Raikov 1968.   Sch

Faber, Friedrich [Frederik] (1796–1828); aus Odense (Dänemark); stud. Jura Univ. Kopenhagen; nach Staatsexamen 1819–1821 Teiln. d. staatl. Exped. nach Island, hier ornitholog. Stud., die ihn berühmt machten; dann Quartiermeister u. Auditeur d. schlesw. Kürassiere in Horsens (Jütland, Dänemark), wo er starb. – Lit.: Über das Leben der hochnordischen Vögel, Leipzig 1825–1826. – B: Gebhardt 1964, 1970.   Ja

Fabre, Jean-Henri (1823–1915); aus Saint-Léons-du-Lévézou (Südfrankr.); 1840–1842 Lehrerseminar in Avignon, dann Primarlehrer in Carpentras; 1848 BS in Math. u. Physik Univ. Montpellier, Physiklehrer 1849 in Ajaccio (Korsika), 1853 in Avignon; 1855 Lic. d. Naturwiss. Univ. Toulouse u. Dr.ès sci. 1855 Univ. Paris; ab 1870 freier Forscher u. Schriftsteller (Darlehen von Stuart Mill) in Orange (bei Avignon), wo er Schulbücher u. populäre Werke publizierte; ab 1880 entomolog. Fo. im *Harmas* von Sérignan, wo er starb. 1856 Preis für experim. Physiol. des *Inst. de France*, 1866 *Prix Gegner*. – Lit.: Souvenirs entomologiques: Études sur l'instinct et les Moeurs des insectes, 10 Bde., Paris 1879–1907 (dt. Übers.: K. Guggenheim & A. Portmann, mit Abb. nach der *Ed. définitive illustrée Paris 1951*, Frauenfeld 1977 [Insel-Taschenbuch, 269], ²1987; M. Lindauer & J. M. Franz, Zürich–München 1989). – B: DSB (J. Théodoridès); Portmann in Fabre 1977. Ja

Fabrici(o) [Fabrizi, Fabricius] ab Aquapendente, Girolamo (1537–1619); aus Venedig; stud. Med. Univ. Padua, Schüler u. Nachf. des Anatomen Falloppio; 1565–1609 Prof. für Anat. u. Chirurgie Univ. Padua, u. a. Lehrer von W. Harvey; starb in Padua. Errichtete

1594 ein „anat. Theater", das zum Vorbild analoger Lehrstätten an vielen europ. Univ. wurde; zahlr. wiss. Arb. über Chirurgie, vergl. Anat. u. Embryol. sowie über funktionelle Anat. u. Sinnesphysiol.; beschrieb bereits 1574 die Venenklappen. – Lit.: De ostiolis, 1574; Opera omnia anatomica et physiologica, Leipzig 1867; Faks.-Ausg. von *De formatione ovi et pulli* 1621, u. *De formato foetu* 1600, mit engl. Übers., in: H. B. Adelmann, The Embryological treatises of Hieronymus Fabricius ab Aquapendente (mit Komm. u. Bibl.), Ithaca/N.Y. 1942 (Nachdr. 1967). – B: DSB (B. Zanobio).   Ja

Fabricius, Johann Christian (1745–1808); aus Tondern (Dänem.); 1762–1764 stud. Med. Univ. Uppsala (bei Linné); 1768 Prof. für Ökonomie Univ. Kopenhagen; l776–1808 o. Prof. für Ökonomie, Naturgesch. u. Kameralwiss. Univ. in Kiel, wo er starb. Begründete als Entomologe ein Insektensystem auf d. Morphol. der Mundwerkzeuge. – Lit.: Systema entomologiae, Kiel 1775; Betrachtung über die Systeme der Entomologie, Kiel 1781; Entomologia systematica emendata et aucta, Kiel 1792. – B: DSB (B. O. Landin). – P.   Ja

Fabricius Hildanus [Fabry von Hilden], Wilhelm (1560–1634); aus Hilden (bei Düsseldorf); ab 1576 Ausbild. als Wundarzt in Neuß bei Dumgens, dann bei Cosmos Slotanus; 1585 Ass. des Chirurgen J. Griffon in Genf; 1588 in Hilden, 1591–1596 als Wundarzt u. Gelehrter in Köln, dann in Lausanne u. 1602–1610 in Payerne; ab 1614 Stadtwundarzt in Bern, wo er starb. Bis 1628 außerdem ausgedehnte Reisetätig.; führte anat. Untersuchungen durch u. beteiligte sich an den zeitgenöss. wiss. Diskussionen. – B: Ärzte I; NDB (G. Rath); DBE.   Ja/Sch

Falloppio, Gabriele (1523–1562); aus Modena; stud. Med. Univ. Padua (Schüler von Vesal); 1548 Prof. d. Med. in Ferrara, 1549 Pisa; 1551 Prof. für Anat. in Padua (Nachf. von R. Colombo), wo Fabricio ab Aquapendente sein Schüler u. Prosektor wurde; starb in Padua. Forderte die Kenntnis der menschl. Anat., bes. die des Mittelohres sowie der weibl. u. männl. Geschlechtsorgane, beschrieb erstmals Eileiter u. Plazenta. – Lit.: Observationes anatomicae, Venedig 1561; Opera omnia, Venedig 1584. – B: DSB (C. D. O'Malley).   Ja

al-Fārābī, Abū Naṣr Muḥammad Ibn Muḥammad Ibn Ṭarkhān Ibn Awzalagh [lat. Abunazar, Alf(h)arabius] (um 870–950); aus Wasīj (Fārāb, am Jaxartes/Syr Darja, Persien); stud. Islam. Wiss. u. Musik in Buchara, dann Logik u. Philosophie in Marv u. Bagdad (bei dem Syrier Ibn Ḥaylān); um 900 stud. Arabisch bei d. Philologen Ibn al-Sarrāj in Bagdad, wo er selbst auch Logik u. Musik lehrte; ging vor 910 ca. 8 Jahre an d. Univ. Konstantinopel zum Stud. d. griech. Philos.; zw. 910 u. 920 Rückkehr als Lehrer nach Bagdad, zu seinen Schülern gehörten auch Ibn Sīnā u. Ibn Rušd; nach 940 für zwei Jahre in Damaskus, dann in Ägypten; ca. 948 Rückkehr nach Damaskus, wo er starb. – Lit.: s. Lit. zu Kap. 3. – B: DSB (M. Mahdi); Steinschneider 1869; Rescher 1962; Mahdi 1963.   Sch

Fechner, Gustav Theodor (1801–1887); aus Groß-
särchen (bei Muskau, Niederlausitz); 1817 stud. Med.
an d. med.-chirurg. Akad. Dresden (u. a. bei
C. G. Carus), 1818 Univ. Leipzig (bes. bei
J. Ch. Rosenmüller u. E. H. Weber, Bacc. 1819, Mag.
1823, Dr. med. h. c. 1873); 1823 Pd., 1828 ao. Prof.,
1834 o. Prof. für Physik (Nachf. von H. W. Brandes),
1835 Gründung des Physikal. Inst. Univ. Leipzig;
1831–1839 Hrsg. des *Pharmazeut. Zentralbl.*; 1840–
1843 schwere Erkrankung, danach Privatgelehrter in
Leipzig, wo er starb. – Lit.: Praemissae ad Theoriam
Organismi Generalem (Habil.), Lipsiae 1823; Maasbe-
stimmungen über die galvanische Kette, Leipzig 1831;
Nanna, oder ueber das Seelenleben der Pflanzen,
Leipzig 1848; Zend-Avesta oder ueber die Dinge des
Himmels und des Jenseits: vom Standpunkt der Naturbetrachtung, Leipzig 1851; Elemente der Psychophysik, Leipzig 1860 (^{2}1889, hrsg. von W. Wundt). – B:
NDB (G. Hennemann); Kuntze 1982 (W); Lennig
1994.   Ja

Fernández Nonídez, José (1892–1947); Schüler von Ignacio Bolívar; 1917 o. Prof. für Zool. Univ. Murcia;
dann Stipendiat an d. Univ. Columbia (USA), hier
Zus.arb. mit T. H. Morgan u. E. B. Wilson auf d. Gebiet d. Genetik; 1920 Rückkehr nach Span., Vorlesungen über d. Mendelsche Vererbungslehre im *Museo
de Ciencias Nat.* in Madrid; ab 1921 Prof. für Anat.
Cornell Univ. New York, wo er bis zu seinem Tode
wirkte. Arb. in Embryol. u. mikroskop. Anat. – Lit.:
Los cromosomas en la espermatogénesis del „Blaps
Lusitanica“, Madrid 1914; Idéas actuales sobre deter-
minación del sexo, in: Rev. Esp. de Obstetricia y Gine-
cología 2 (1917): 1–10, 63–77; Pseudoescorpiones de
España, Madrid 1917; La herencia mendeliana: introducción al estudio de la genética, Madrid 1923. – B:
DhCmE (J. M. López Piñero).   LGB/Sch

Fernández de Oviedo, Gonzalo (1478–1557); aus Madrid; nach höfischen Diensten als Page u. Kammerdie-
ner 1514 erste Amerikareise, der weitere folgten; bekleidete mehrere Ämter (u. a. Gouverneur in Santo
Domingo) u. wurde 1532 zum „Cronista de Indias“ ernannt; starb in Santo Domingo. Bereiste große Teile
d. amerikan. Festlandes, gilt als genauer Beobachter u.
erster Historiograph d. „Neuen Welt“; seine naturge-

schichtl. Tierbeschreibungen berücksichtigen v. a. auch
prakt. Aspekte u. den Wert d. Tierarten als Handels-
u. Nahrungsobjekte. – Lit.: Sumario de la natural y ge-
neral historia de las Indias, Toledo 1526; (hrsg. von
José Amador de los Ríos) La historia general de las
Indias (unvollst.), Sevilla 1535; (erste vollständige
Ausg.) Historia general y natural de las Indias, Islas y
Tierra firme del mar Océano, 4 vols., Madrid 1851–
1855. – B: Chardon 1949; DhCmE (J. M. López
Piñero).   Sch

Feulgen, Robert Joachim (1884–1955); aus Essen-Wer-
den; 1905 stud. Med. Univ. Freiburg i. Br., dann Kiel
(Dr. med. 1912), Ass. im Physiol. Inst. von Hoppe-Seyler; 1912–1918 am Physiol. Inst. Berlin; ab 1919 Ass.
Physiol. Inst., 1923 ao. Prof., ab 1927 o. Prof. u. seit
1931 Dir. Physiolog.-chem. Inst. Univ. in Gießen, wo
er starb. – Lit.: Über b-Nukleinsäure, in: Z. physiol.
Chemie 91 (1914): 165–173; Chemie und Physiologie
der Nukleinstoffe nebst Einführung in die Chemie der
Purinkörper, Berlin 1923; (mit H. Rossenbeck) Mikro-
skopisch-chemischer Nachweis einer Nucleinsäure
vom Typus der Thymonucleinsäure und die darauf beruhende elektive Färbung von Zellkernen in mikroskopischen Präparaten, in: Z. physiol. Chemie 135
(1924): 203–248. – B: DSB (R. Olby); LexNW; Felix
1957 (W).   Ja

Fick, Adolf Eugen (1829–1901); aus Kassel; ab 1847
stud. Math., dann Med. Univ. Marburg (Dr. med.
1851), 1849 Berlin; 1852 Ass. bei K. Ludwig, 1860 ao.
Prof., 1862 o. Prof. für Physiol. Univ. Zürich; 1868 o.
Prof. für Physiol. Univ. Würzburg, wo er seine bedeut.
wiss. Schule der Physiologie (Med. Physik) begründete; starb in Blankenberghe (Flandern). Arb. bes. über
elektr. Reizwirkung auf Muskeltätigkeit, über Nutzef-
fekt d. Muskelarbeit u. über Bewegungslehre. – Lit.:
Die Lehre von der Erhaltung der Kraft, Zürich 1869
(Untersuchungen physiol. Labor Züricher HS, 1);
Über die Messung des Blutquantums in den Herzven-
trikeln, in: Sb. Physikal.-med. Ges. Würzburg 1870
(1871): XVII f.; Mechanische Arbeit und Wärmeent-
wicklung bei der Muskeltätigkeit, Leipzig 1882; Gesammelte Schriften, 4 Bde., Würzburg 1903–1905. – B:
DSB (K. E. Rothschuh); LexNW; F. Fick & Frey
1902.   Ja

Figulus, Carolus (ca. Mitte 16. Jh.); vermutl. aus
Frankr.; um 1530 stud. Med. in Marburg a. d. Lahn
(unter Euricius Cordus); spätestens seit 1537 „Ludi-
magister“ in Koblenz; hielt sich 1540 vorübergehend
in Köln auf. – Lit.: Dialogus, qui inscribitur Botanomethodus sive herbarum methodus, Köln 1540; Ichthyologia, seu dialogus de piscibus, Köln 1540; Mustella,
Köln 1540. – B: Dilg 1974.   Hpp

Filipčenko, Jurij Aleksandrovič (1882–1930); aus Zlyn'
(Gebiet Orlovsk, Rußl.); bis 1905 stud. Univ.
St. Petersburg, dann Ass. (MA 1912, Prom. 1917); hielt
ab 1913 als erster in Rußland Vorlesungen über Genetik, ab 1919 Prof. auf neueingericht. Lehrstuhl für Genetik u. Experim. Zool. Univ. Petrograd (St. Petersburg); starb in Leningrad (St. Petersburg). Begr. eines
Labor. an d. AdW UdSSR, aus dem 1933 d. Inst. für

J. Ch. Fabricius

H. Fischer

Genetik entstand. – Lit.: Anatomische Studien über *Collembola*, I., in: Z. wiss. Zool. *85* (1906): 270–304; Beiträge zur Kenntnis der Apterygoten, 3 Tle., in: ebda *88* (1907): 99–116, *91* (1908): 93–111, *103* (1912): 519–660; Beschreibung von Hybriden zwischen Bison, Wisent und Hausrind, in: Z. indukt. A. + Vl. *16* (1916): 1–48; Variabilität und Variation, Berlin 1927; Genetika, Leningrad 1929. – B: BSE³ (N. N. MEDVEDEV); DSB/Suppl. II (M. B. ADAMS).   Sch

Finsch, Otto (1839–1917); aus Warmbrunn (Cieplice Śląski Zdrój, Riesengebirge); ursprüngl. Kaufmann, auf Reisen 1857 nach Ungarn u. 1858 Bulgarien ornitholog. Stud., zeitw. Hauslehrer in Rustschuk (Bulg.); 1861 Ass. bei H. SCHLEGEL am *Rijksmuseum van Natuurlijke Historie* Leiden; 1864–1874 Konservator d. naturhist. Slgn. der Ges. *Museum*, zugl. Dir. d. ethnol. u. naturhist. Mus. in Bremen; aufgrund seiner ornithol. Schriften 1868 Dr. h. c. Univ. Bonn; 1876 Ltr. einer Exped. nach Westsibirien (mit A. E. BREHM), 1879–1882 Südseereise nach den Hawaii-, Marshall- u. Gilbertinseln, Karolinen u. d. Bismarckarchipel; 1885 Kurator, 1897–1904 Ltr. d. Vogelabt. am *Rijksmus. Nat. Hist.* Leiden; ab 1904 Dir. Städt. Mus. in Braunschweig, wo er starb. – Lit.: Die Papageien, 2 Bde., Leiden 1867–1868; Systematische Übersicht der Ergebnisse seiner Reisen und schriftstellerischen Tätigkeit (1859–1899), Berlin 1899; Wie ich Kaiser-Wilhelms-Land erwarb, in: Dt. Monatsschr. ges. Leben der Gegenwart *1* (1902): 9. – B: SMIT 1986: 86–87.   Ja

Fischer, Emil Hermann (1852–1919); aus Euskirchen; 1871 stud. Chemie Univ. Bonn (bei F. A. KÉKULÉ), 1872–1874 Straßburg (bei A. BAEYER, Dr. phil. 1874); Ass. bei BAEYER; 1878 Pd. für Chemie Univ. München; 1882 o. Prof. für Chemie Univ. Erlangen, 1885 Würzburg, ab 1892 in Berlin, wo er starb. Arb. spez. über organ. Chemie, u. a. über Synthese des Trauben- u. Fruchtzuckers; ihm gelang die Aufklärung der Harnsäurederivate; widmete sich bes. Analyse u. Synthese der Eiweißkörper. – Lit.: Der Einfluß der Konfiguration auf die Wirkung der Enzyme, in: Ber. dt. chem. Ges. *27* (1894): 2985–2993; Die Bedeutung der Stereochemie für die Physiologie, in: Z. physiol. Chem. *26* (1898): 60–87; Untersuchungen über Aminosäuren, Polypeptide und Proteine, Berlin 1906; desgl. II (1907–1919), Berlin 1924; Isomerie der Polypeptide, in: Sb. Preuß. AdW Berlin 1916 (1916): 990–1008; Versuche zur Synthese lebender Proteine, Berlin 1916. – B: DSB (E. FARBER); LexNW.   Ja

Fischer, Gustav (1845–1910); aus Altona bei Hamburg; Buchhändler-Lehre bei Johannes FROMMAN in Jena; 1869 Angestellter in d. Buchhandlung Alfred MAUKE (gest. 1871) in Hamburg, 1871 Teilhaber; 1877 Übernahme des in Konkurs geratenen Verlags von Johann Michael MAUCKE (1742–1816), der 1771 gegr. u. von d. Erben Friedrich MAUCKE, O. H. SCHENCK u. Hermann DUFFT (1842–1882) weitergeführt worden war; wurde in Jena Initiator des Dt. Verlegervereins (1886–1893 Schatzmeister, 1899–1900 stellv. Vors.), Mitbegr. d. Geograph. Ges. Thüringens, Mitgl. d. Vereins für Thüring. Gesch. u. Altertumskunde; förderte

1902 d. öffentl. Lesehalle u. 1908 d. Univ.-Neubau; Dr. h. c. 1895 Univ. Jena, 1902 Univ. Freiburg i. Br.; starb in Jena. War zunächst in Jena, dann international Partner u. Förderer d. biol., med. u. ökonom. Wiss. durch Lehr- u. Handbücher, Monographien (HAECKEL, STRASBURGER) u. Werke zur Gesch. der Biol., konzipierte Sammelwerke, Reihen, Jahrbücher u. Zeitschriften, wodurch die Entw. der Biol. maßgebl. beeinflußt wurde. Nachf. waren d. 1901 adoptierte Neffe Gustav Adolf FISCHER (1878–1946) aus Heilbronn u. dessen Töchter. – Lit.: Verlagsverzeichnis naturwiss. Werke, Jena 1928 (darin Anh. „Theorie und Geschichte der Biologie" S. 250–263). – B: STIER 1953; G. SCHMIDT 1995.   Ja

Fischer, Hans (1881–1945); aus Hoechst a. Main; stud. Chemie Univ. Marburg (bei T. ZINCKE), Lausanne u. TH München (Dr. phil. 1904 Univ. Marburg), dann stud. Med. Univ. München (bei Friedrich VON MÜLLER [1858–1941], Dr. med. 1908); 1908 Ass. Univ. Berlin (bei E. FISCHER); 1910 Chem. Ass. II. Med. Klinik Univ. München (bei Friedrich VON MÜLLER); 1912 Pd. für Innere Med., 1915 ao. Prof. für Physiol. Chemie Univ. München; 1916 o. Prof. für Angew. u. Med. Chemie Univ. Innsbruck, 1918 für Med. Chemie Univ. Wien, 1921 für Organ. Chemie TH in München, wo er kurz vor Kriegsende durch Freitod starb. – Lit.: (mit H. ORTH) Die Chemie des Pyrrols, 2 Bde., Leipzig 1934, 1940; (mit W. WENDEROTH) Zur Kenntnis von Chlorophyll, in: Ann. Chem. *537* (1939): 170–177. – B: LexNW; WIELAND 1944/48. – P.   Höx

Fisher, Ronald Aylmer (1890–1962); aus London; 1909–1912 stud. Math. u. Theoret. Physik Univ. Cambridge/GB; wirkte dann u. a. als Lehrer (Aufenth. in Kanada); widmete sich biometr. Stud. u. Beziehung zu populationsgenet. u. biostatist. Fragen, 1919–1933 an der *Rothamsted Exper. Sta.*; 1933 *Galton*-Prof. für Eugenik Univ. Coll. London; 1943 *Balfour*-Prof. für Genetik Univ. Cambridge/GB; 1959 als Ltr. d. *Div. of Math. Statistics of the Commonwealth Sci. and Industrial Res. Organisation* nach Australien; starb in Adelaide. – Lit.: The correlation between relatives on the supposition of Mendelian inheritance, in: Transact. Roy. Soc. Edinburgh *52* (1918): 399–433; On the dominance ratio, in: Proc. Roy. Soc. Edinburgh *42* (1922): 321–341; On some objections to mimicry theory: statistical and genetic, in: Transact. Entomol. Soc. London *75* (1927): 269–278; The possible modification of the response of the wild type to recurrent mutations, in: Amer. Natural. *62* (1928): 115–126; The genetical theory of natural selection, Oxford 1930. – B: DSB (N. T. GRIDGEMAN); Box 1978 (W).   Ja

Fitting, [Johannes] Hans (1877–1970); aus Halle/Saale; stud. Naturwiss.; 1903 Pd. für Bot. Univ. Tübingen; dann ao. Prof. für Bot. Univ. Straßburg, Halle/Saale u. Hamburg; 1912–1946 o. Prof. für Bot. Univ. in Bonn (Nachf. von E. STRASBURGER); starb in Köln. Widmete sich der Erfo. der Reizbewegungen d. Pflanzen, bes. Hapto-, Geo- u. Phototropismen, u. d. pflanzl. Wirkstoffe; führte experim.-physiol. Untersuchungen am Standort d. Pflanzen ein. – Lit.: Die Beeinflussung der Orchideenblüten durch die Bestäubung und durch andere Umstände, in: Z. Bot. *1* (1909): 1–86; Die Wasserversorgung und die osmotischen Druckverhältnisse der Wüstenpflanzen, in: Z. Bot. *3* (1911): 209–275; Aufgaben und Ziele einer vergleichenden Physiologie auf geographischer Grundlage, Jena 1922; Die ökologische Morphologie der Pflanzen im Lichte neuerer physiologischer und pflanzengeographischer Forschungen, Jena 1926. – B: DBE; Halbsguth 1973; Mägdefrau 1994: 66.

Ja/Sch

Fitz Roy, Robert (1805–1865); aus Ampton Hall (Suffolk, Engl.); 1819 Roy. Naval Coll. in Portsmouth, ab 1824 Leutnant auf engl. Schiffsrouten ins Mittelmeer u. nach Südamerika; erhielt 1828 das erste Kommando auf der *Beagle* (Vermessungsfahrt d. *Adventure* u. *Beagle* 1826–1830 an die südamerikan. Küsten unter Kapitän Philip Parker King); Kommandeur der zweiten Schiffsexped. mit der *Beagle* 1831–1836, auf der ihn Ch. Darwin begleitete; konzipierte das naturwiss. Fo.programm dieser Reise, machte hydrograph., biol. u. meteorolog. Beobachtungen; 1835 Kapitän; nach kurzer polit. Laufbahn 1843–1845 Gouverneur auf Neuseeland; 1848 Kommandeur des ersten Armee-Dampfschiffes *Arrogant*, 1857 Admiral, 1863 Vize-Admiral; widmete sich ab 1850 wiss. Arb.; starb in Upper Norwood bei London durch Freitod. – B: DSB (G. Basalla).

Ja

Fleming, Alexander, Sir (1881–1955); aus Lochfield (Ireshire, Schottl.); ab 1901 Besuch St. Mary's Hosp. Med. Sch. in Paddington (BM u. BS 1908 Univ. London), 1909 Examen des *Roy. Coll. of Surgeons* London; zunächst militärärztl. Laufbahn; 1919 u. 1924 *Hunterian*-Prof., 1921 Ass.-Dir. der Inokulationsabt. am *Roy. Coll. of Surgeons*; 1928–1948 Prof. für Bakteriol. Univ. u. bis 1954 Dir. d. *Wright-Fleming-Inst.* für Mikrobiol. in London, wo er starb. Entdecker des Penicillins (1928); Nobelpr. 1945. – Lit.: Lysozyme – a bacteriolytic ferment found normally in tissues and secretions, in: Lancet (1929)1: 217–220; s. a. Lit. zu Kap. 21. – B: DSB (C. Dolman); LexNW.

Ja

Flemming, Walter (1843–1905); vom Sachsenberg b. Schwerin; 1862 stud. Med. Univ. Göttingen, Tübingen, Berlin u. Rostock (Staatsexamen u. Dr. med. 1868 bei F. E. Schulze); Ass. Univ.-Klinik Rostock (bei Thierfelder), dann bei F. E. Schulze, wo er bes. histol. Stud. betrieb; dann Ass. Univ. Würzburg (bei C. Semper) u. 1869 am Physiol. Labor. Univ. Amsterdam (bei W. Kühne); 1870 Prosektor, 1871 Pd. Univ. Rostock; 1873 ao. Prof. für Histol. u. Entwicklungslehre Univ. Prag; 1876–1901 o. Prof. für Anat. Univ. in Kiel, wo er starb. Entdeckte bei Zellstudien die färbbaren Kernstrukturen (Chromatin), beschrieb ihre Längsteilung, prägte d. Terminus *Mitose*; verbesserte die Färbe- u. Fixierungstechnik („Flemmingsche Flüssigkeit") u. stellte die Filartheorie über d. Struktur des Protoplasmas auf. – Lit.: Zellsubstanz, Kern und Zellteilung, Leipzig 1882; Mittheilungen zur Färbetechnik, in: Z. wiss. Mikroskopie u. mikroskop. Technik *1* (1884): 349–361; Zur Mechanik der Zellteilung, in: Arch. mikroskop. Anat. *46* (1895): 696–702. – B: NDB (G. Uschmann); DSB (R. Olby). – P.

Ja

Fletcher, Walter Morley (1873–1933); aus Liverpool (Engl.); ab 1891 stud. Med. Trinity Coll. Cambridge (BA 1894, MA 1898, Dr. med. 1908, Dr. sc. 1914); widmete sich physiol. Untersuchungen; wirkte ab 1914 als 1. Sekr. d. Komitees für Med. Fo. u. später in zahlr. weiteren Ämtern; starb in London. – Lit.: (mit F. G. Hopkins) Lactic acids in amphibian muscle, in: J. Physiol. *35* (1907): 247–309; (mit F. G. Hopkins) The respiratory process in muscle and the nature of muscular motion, in: Proc. Roy. Soc. London *B 89* (1917): 444–467. – B: DSB (G. L. Geison).

Ja

Flint, Lewis Herrick (1893–?); aus Milton (Vermont, USA); stud. Bot. Univ. Vermont (BA 1915, PhD 1923) u. Ass. an d. Bot. Experim. Sta.; 1923–1936 Ass. u. Assoc. Prof. für Pflanzenphysiol. am USDA, 1936 am *Boyce-Thompson Inst.*, 1937 *Smithsonian Inst.* Washington/D. C.; 1937–1963 (em.) Prof. für Bot. Louisiana State Univ. – Lit.: (mit E. D. McAlister) Wavelength of radiation in the visible spectrum promoting the germination of light-sensitive lettuce seed, in: Smithson. Misc. Collect. *96* (1937)2: 1–8. – B: AMS/PB 11; BDB Hunt.

Höx/Ja

Flourens, Marie-Jean-Pierrre (1794–1867); aus Maureilhan (bei Béziers, Frankr.); stud. Med. Univ. Montpellier (auch bei Aug. de Candolle, Dr. 1813); ab 1814 physiol. Fo. bei Cuvier in Paris; 1821 Vorlesungen über d. physiol. Theorie d. Sinnesempfindungen im *Athénée*; 1828 Vertr. von Cuvier, 1832 Prof. für Vergl. Anat., ab 1855 für Naturgesch. am *Coll. de France*; 1833 Nachf. Cuviers als Sekr. d. AdW; starb in Montgeron bei Paris. – Lit.: Versuche und Untersuchungen über die Eigenschaften und Verrichtungen des Nervensystems bei Thieren mit Rückenwirbeln, Leipzig 1824; Versuche über das Nervensystem, Leipzig 1826; s. a. Lit. zu Kap. 15. – B: DSB (V. Kruta); LexNW.

Sch

Flower, William Henry (1831–1899); aus Stratford-on-Avon (Engl.); stud. Med. (Wundarzt) am Middlesex Hosp. (Dr. med. 1851 Univ. London), ab 1854 Militärarzt u. Mitgl., 1857 Mitarb. des *Roy. Coll. of Surgeons*; wirkte bis 1861 auch als Lehrer für Anat. am Middlesex Hosp., ab 1861 Konservator, 1884 Superintendant des Hunter-Mus. des *Roy. Coll. of Surgeons*, dann bis 1898 Dir. der Abt. Naturgesch. des Brit. Mus. in London, wo er starb. – Lit.: An introduction to the osteology of the mammalia, London 1870 (^{2}1876, ^{3}1885 mit Hans Gadow); (mit R. Lydecker) An introduction to the study of mammals, living and extinct, London 1891; On the characters and divisions of the family *Delphinidae*, in: Proc. Zool. Soc. London (1885): 466–513. – B: DSB (W. C. Williams).

Ja

Focke, Wilhelm Olbers (1834–1922); aus Bremen; 1853 stud. Med. Univ. Bonn, 1855 Würzburg (Dr. med. 1857), dann Wien u. Berlin (Staatsexamen 1858); 1858–1904 prakt. Arzt u. in ltdn. Ämtern im öffentl. Gesundheitswesen in Bremen, wo er starb. Widmete sich außerdem bes. der Bot., war schon 1855 Mithrsg. der *Flora Bremensis*, 1868 Mitbegr. d. Bremer naturwiss. Vereins u. 1904 d. Bot. Gartens in Bremen; erforschte d. Systematik u. Verwandtschaft d. Brombeergewächse; beschäftigte sich eingehend mit Bastardfo. u. mit d. Entstehung der Arten. – Lit.: Synopsis Ruborum Germaniae, Berlin 1877; Die Pflanzen-Mischlinge, ein Beitrag zur Biologie der Gewächse, Berlin 1881; Species Ruborum, Monographiae generis Rubi prodromus, 3 Tle., Stuttgart 1910, 1911 (Bibl. Botanica, 72, 83). – B: NDB (I. JAHN); THIELE 1996.   Ja

Fol, Hermann (1845–1892); aus St. Mande (Frankr.); 1864 stud. Med. u. Zool. Univ. Jena, 1867 Heidelberg (Dr. med. 1869), ab 1870 Univ. Genf, bes. Studium wirbelloser Seetiere; 1876 Tit. Prof. für Vergl. Embryool. u. Teratol. Univ. Genf; gründete 1880 Privat-Labor. in Villefranche-sur-Mer (Villafranca) zum Studium d. Meeresfauna, verließ 1886 Univ. Genf, um in Villefranche zu bleiben; starb um 1892 durch Schiffbruch. Beobachtete erstmalig das Eindringen des Spermatozoons in d. Eizelle bei entw.physiol. Stud. an *Toxo-pneustes* u. *Asterias*. – Lit.: Sur le commencement de l'henogenie chez divers animaux, in: A. Sci. phys. et nat. *58* (1877): 439–472; Lehrbuch der vergleichenden mikroskopischen Anatomie, 2 Bde., Leipzig 1884–1896. – B: DSB (G. E. ALLEN); BEDOT 1894 (W).   Ja

Font i Quer, Pius (1888–1964); aus Lérida (Span.); Dr. pharm. u. Lic. chem. Wiss.; 1917 Doz., 1933 Prof. für Bot. Univ. Barcelona. 1927–1935 Erkundungen in Marokko, wo er ca. 40 000 Pflanzen sammelte; 1931 Begr. d. Bot. Inst. Barcelona; 1934 Präs. d. *Inst. Catalana de Hist. Nat.* u. d. *Soc. Ibérica de Ciencias Nat.*; Übers. d. Werke von STRASBURGER, WETTSTEIN u. GOLA NEGRI ins Span. – Lit.: Iniciació a la botànica [katalan.], Barcelona 1938; Diccionario de botánica, Barcelona 1953; Plantas medicinales, Barcelona 1962.   LGB/Sch

Fontana, Felice (1730–1805); aus Pomarolo (Trient, Ital.); stud. Med. in Rovereto, Verona, Parma u. Padua, ab 1755 Univ. Bologna (Dr. med. 1757); 1765 Prof. für Logik, 1766 für Physik Univ. Pisa; dann nach Florenz, wo er ein Physik-Labor. im *Palazzo Pitti* gründete (Instrumenten-Slg. der *Acad. del Cimento*) u. 1775 Slg. Wachsmodelle (1786 Duplikate nach Wien); 1775–1780 Reisen nach Frankr. u. Engl.; 1799 inhaftiert, starb in Florenz. – Lit.: De legibus irritabilitatis, LUCCA 1763. – B: DSB (L. BELLONI).   Ja

W. Flemming   A. Frey-Wyssling 1941

Forel, Auguste Henri (1848–1931); aus La Gracieuse (Landgut bei Morges, Kt. Waadt, Schweiz); 1866 stud. Med. Univ. Zürich (bei B. VON GUDDEN u. Gustav HuGUENIN) u. Wien (bei Theodor MEYNERT, Dr. med. 1872); 1873 Ass.-Arzt Kreisirrenanstalt München (bei B. VON GUDDEN), 1877 Pd. Univ. München; 1879 Prof. für Psychiatrie Univ. u. Dir. d. kantonalen Irrenanstalt „Burghölzli" Zürich; zog sich 1898 zu wiss. Arb. zurück, starb in Yvorne (Kt. Waadt, Schweiz). – Lit.: s. Lit. zu Kap. 15. – B: DSB (P. E. PILET); Autobiogr. 1927; WETTLEY 1953; KREUTER 1996 (W).   Sch

Forster, Johann Georg Adam (1754–1794); aus Nassenhuben bei Danzig (Gdańsk, Polen); begleitete seinen Vater J. R. FORSTER frühzeitig auf Fo.reisen (1765 Rußl., 1772–1775 Teiln. an COOKS zweiter Weltumsegelung); ab 1766 Ass. bei seinem Vater in London u. als Zeichner auf d. Weltreise; 1778 Mag.-Titel Philos. Fak. Univ. Göttingen; 1779–1784 Lehrer für Naturgesch. am *Carolineum* Kassel, 1784 Prof. für Naturgesch. Univ. Vilnius u. Aufseher d. Bot. Gartens; 1785 Dr. med. Univ. Halle; 1788 Bibliothekar Univ. Mainz; 1792 Mitgl. d. Rhein.-dt. Nationalkonvents in Mainz, 1793 als dessen Deputierter in Paris, wo er starb. – Lit.: Observations made in the course of a voyage round the world, London 1777 (Neuausg. Berlin 1968); Johann Reinhold Forsters Reise um die Welt, Berlin 1784 (Neuausg. Berlin 1965); Kleine Schriften, 3 Tle., Leipzig 1789–1793. – B: FIEDLER 1971 (W); GILLI 1975 (Bibliogr.); STEINER 1977.   Ja/Sch

Forster, Johann Reinhold (1729–1798); aus Dirschau (Preußen), Vater von J. Georg F.; Pfarrer in Nassenhuben bei Danzig (Gdańsk, Polen); 1765 Fo.reise durch Rußl. (Wolgagebiet bis Saratov); ab 1766 in London, u. a. Übers. von Reisebeschreibungen; 1767–1769 Lehrer an d. *Dissenters Acad.* Warrington (Engl.); 1772–1775 mit seinem Sohn Georg Teiln. als Naturforscher an d. zweiten Weltumsegelung des Kapitän COOK (1773 Neu-Seeland, Tahiti, Tonga-Inseln, 1774 durch den Pazifik zum Feuerland, 1775 Südafrika), wobei er spez. die zool. Beobachtungen durchführte; nach Zerwürfnissen mit d. engl. Admiralität ab 1780 Prof. für Naturgesch. Univ. in Halle/Saale, wo er starb. – Lit.: Specimen historiae naturalis Volgensis, in: Phil. Trans. Roy. Soc. London *57* (1767); Enchiridiom Historiae naturali inserviens quo termini et delineationes ad Avium, Piscium, Insectorum et Plantarum … secundum Methodum systematis Linnaeani continentur, Halae ad Salam 1788. – B: HOARE 1976.   Ja

Foster, Michael (1836–1907); aus Huntingdon (Engl.); 1852 stud. Univ. Coll. London (BA 1854), 1854 stud. Med. Univ. Coll. Med. Sch. (MB 1858, MD 1859); 1859 stud. Klin. Med. an Lehrkrankenhäusern in Paris; 1860 Schiffsarzt; 1861 in d. Arztpraxis seines Vaters in Huntingdon; 1867 Instr. für Prakt. Physiol. u. Histol. (bei William SHARPEY), 1869 Prof. Univ. Coll. London; gleichz. *Fullerian*-Prof. für Physiol. an d. *Roy. Inst.* (Nachf. von Thomas Henry HUXLEY); 1870 auf Empfehlung von HUXLEY Prelector für Physiol., 1883–1903 erster o. Prof. für Physiol. Trinity Coll. Cambridge; starb in London. 1876 Mitbegr. d. Brit. Physiol. Ges.; 1881–1903 Biol. Sekr. u. 1903–1904 Vize-

Präs. *Roy. Soc.* (London). – Lit.: A Textbook of Physiology, London: Macmillan 1897; Lectures on the history of physiology during the sixteenth, seventeenth and eighteenth centuries, Cambridge 1901 (Nachdr. New York 1970). – B: DSB (G. L. Geison); Dale 1964 (W); Geison 1978.   Sch

Fourier, Jean-Baptiste Joseph (1768–1830); aus Auxerre (Frankreich); ab 1789 Prof. für Math. an d. Kriegs-Sch. in Auxerre; 1794 stud. Naturwiss. *É. Normale*, 1795 Vorlesungs-Ass. *É. Polytechn.* Paris; 1794 Teiln. an d. Exped. Napoleons nach Ägypten; 1801–1814 Präfekt des Dep. Isère in Grenoble, ab 1816 in Paris, wo er starb. Seit 1822 ständiger Sekr. d. AdW Paris – Lit.: Théorie analytique de la chaleur, Paris 1822. – B: DSB (J. R. Ravez & I. Gratton-Guiness); LexNW.   Ja/Sch

Fraas, Eberhard (1862–1915); aus Stuttgart; 1882 stud. Geol. Univ. Leipzig (bei Credner) u. 1884 München (bei Zittel, Dr. phil. 1886); 1891 Ass. am Naturalienkabinett Stuttgart, nach Habil. in Geol. u. Paläontol. 1894 ebda Nachf. seines Vaters Oscar F. als Konservator; starb in Stuttgart. – B: NDB (W. Quenstedt).   Ja

Fracastoro, Girolamo [Fracastorius, Hieronymus] (1478–1553); aus Verona; stud. Schöne Künste, Math. u. Med. Univ. Padua; ab 1501 Prof. für Logik in Padua, nach Schließung d. Univ. wegen d. krieger. Verwicklungen um Venedig an neuer Akad. in Pordenone (Udine) tätig; ab 1509 Arzt in Verona; später einige Jahre auf Landgut seiner Fam. am Monte Incaffi zw. Etsch u. Gardasee, wo er sich den schönen Künsten u. d. Astron. widmete, u. a. 1530 das Lehrgedicht *Syphilus sive morbus Gallicus* entstand; 1547 von Papst Paul III. zum med. Berater (Medicus ordinarius) des Tridentin. Konzils berufen, das er aber verließ, als es wegen des in Trient ausgebrochenen Fleckfiebers nach Bologna verlegt wurde; starb in Incaffi (bei Verona). – Lit.: De sympathia et antipathia rerum, liber unus, De contagione et contagiosis morbis et curatione, lib. III, Venetiis 1546. – B: DSB (B. Zanobio).   Kö

Franklin, Rosalind Elsie (1920–1958); aus London; stud. Physik u. Kristallogr. (Dr. 1941 Univ. Cambridge); unter Ronald Norrish Arb. an d. Gaschromatographie; 1942 Mitarb. im *Brit. Coal Utilization Res.*, 1947 im *Labor. Centr. des Services chimiques de l'Etat* in Paris, ab 1950 im *M. R. C. Unit* am King's Coll., 1953 am Birkbeck Coll. in London, wo sie starb. War durch ihre röntgenkristallograph. Arb. maßgebl. an der Strukturanalyse des DNA-Moleküls durch Watson u. Crick beteiligt. – Lit.: Crystalline growth in graphitizing and non-graphitizing carbons, in: Proc. Roy. Soc. London *209 A* (1951): 196–218; (mit R. G. Gosling) Molecular configuration in sodium thymonucleate, in: Nature *171* (1953): 740–741; Evidence for two-chain helix in crystalline structure of sodium deoxyribonucleate, in: ebda *172* (1953): 156–157. – B: DSB (R. Olby); Macmillan; LexNW.   Ja/Sch

Franz, Victor (1883–1950); aus Königsberg (Kaliningrad); 1902 stud. Zool. Univ. Breslau (Wrocław), 1903 Zürich (bei A. Lang), 1904 Breslau (Dr. phil. 1905 bei Kükenthal); 1906 Biol. Sta. Helgoland; 1910 am Neu-

rol. Inst. Frankfurt a. M.; 1912 Redakteur am Bibliogr. Inst. Leipzig; 1919 *Ritter*-Prof. Univ. Jena, 1935 Dir. *Ernst-Haeckel-Haus* (ab 1939 Inst. für Zool.), 1936 o. Prof. für Zool., 1945 aus polit. Gründen entlassen; starb in Jena. – Lit.: Die Vervollkommnung in der lebenden Natur, Jena 1920; Geschichte der Organismen, Jena 1924; (Hrsg.) Ernst Haeckel: eine Schriftenfolge, 2 Bde., Jena u. Leipzig 1943–1944. – B: Hossfeld 1993; von Knorre in Penzlin 1994 (W).   Ja

Franz, Wolfgang (1564–1628); aus Plauen (Vogtland); stud. Philos. u. Theol. Univ. Frankfurt/Oder, ab 1585 in Wittenberg (Dr. theol. 1598); dort 1598 Prof. für Gesch.; 1601 Propst in Kemberg; 1605 Prof. für Theol. u. Propst der Schloßkirche in Wittenberg, wo er starb. – Lit.: Historia animalium sacra ..., Wittenberg 1612. – B: ADB (Redslob).   Hpp

Frey-Wyssling, Albrecht (1900–1988); aus Küsnacht (bei Zürich, Schweiz); 1919–1923 stud. Naturwiss. TH Zürich (Diplom 1923), 1923 Hilfsass. spez. für Bot. bei Schröter (Dr. rer. nat. TH Zürich); 1924–1925 Stipendiat am Inst. für Wiss. Mikroskopie in Jena (bei H. Ambronn), dann an d. *Sorbonne* in Paris; 1927 Ass. Pflanzenphysiol. Inst., 1927 u. 1932–1938 Pd. TH Zürich; dazw. 1928–1932 Weltreise u. Stud.aufenth. auf Sumatra; 1938–1970 o. Prof. für Allg. Bot. u. Pflanzenphysiol. u. Dir. Inst. für Allg. Bot. TH Zürich, das 1948 ein Labor. für Elektronenmikroskopie erhielt; starb in Meilen bei Zürich. – Lit.: (mit H. Ambronn) Das Polarisationsmikroskop, Leipzig 1926; Über die röntgenometrische Vermessung der submikroskopischen Räume in Gerüstsubstanzen, in: Protoplasma *27* (1937 a): 372–411; Der Aufbau der Chlorophyllkörner, in: Protoplasma *29* (1937 b): 279–299; Submikroskopische Morphologie des Protoplasmas und seiner Derivate, Berlin 1938; Ernährung und Stoffwechsel der Pflanzen, Zürich 1945; Die pflanzliche Zellwand, Berlin–Göttingen–Heidelberg 1959; (mit K. Mühlethaler) Ultrastructural plant cytology, Amsterdam 1965. – B: Schweizer Lexikon; DBE; Autobiogr. 1984 (W); Freye 1989; Matile 1990. – P.   Ja/Sch

Friederichs, Karl (1878–1969); aus Wismar; zunächst bis 1900 stud. Jura Univ. München, Berlin u. Rostock, dann 1901–1905 stud. Naturwiss. Univ. Straßburg u. Rostock (Dr. phil. 1905); danach Ass. Zool. Inst. Tübingen u. Landw. HS Berlin; 1908–1911 Geschaftsführer d. Fischerei-Vereins von Brandenburg; 1912–1918 im Kolonialdienst; 1919 Pd. Angew. Zool., 1921 Tit. Prof., 1927 Begr. eines Entomol. Seminars Univ. Rostock; 1942 o. Prof. Landw. Fak. Posen (Poznań), 1945 in Eschwege; 1950–1958 o. Prof. Landw. Fak. Univ. in Göttingen, wo er starb. – Lit.: Grundsätzliches über die Lebenseinheiten höherer Ordnung und den ökologischen Einheitsfaktor, in: Naturwiss. *15* (1927): 153–186; Ökologie als Wissenschaft von der Natur, in: Bios Bd. 7, Leipzig 1937; Über den Begriff „Umwelt" in der Biologie, in: Acta biotheoretica *7* (1943): 147–162; Umwelt als biologischer Begriff, in: Forsch. Fortschr. *20* (1944): 156–157; Umwelt als Stufenbegriff und als Wirklichkeit, in: Studium generale *3* (1950): 70–74; Der Gegenstand der Ökologie, in: Studium Generale *10* (1957): 112–144. – B: G. Schmidt 1963.   Ja

Friedrich II. von Hohenstaufen (1194–1250); aus Jesi bei Ancona; Bildung unter päpstl. Vormundschaft in Sizilien; ab 1208 König von Sizilien, 1212 in Mainz zum dt. König, 1220 in Rom zum Kaiser gekrönt; distanzierte sich in seinen staatsmännischen u. wiss. Entscheidungen vom päpstl. Dogma u. wurde exkommuniziert; unterhielt Beziehungen zu arab. Kalifaten u. Wissenschaftlern, gründete in Lucera bei Palermo zool. Gärten u. in Foggia ein Vivarium mit Bewässerungsanlagen für Sumpfvögel, förderte d. Ärzte-Sch. in Salerno (gegr. 900) u. 1224 d. Gründung d. Univ. Neapel; ließ um 1230 d. zool. Schriften des Aristoteles sowie die Komm. des AVICENNA u. AVERRHOES aus d. Arab. ins Lat. übers.; starb in Fiorentino (Apulien). Die Handschr. seines mehrbändigen Vogelbuches ging leider verloren, erhalten ist d. Nachschr. seines Sohnes MANFRED, die dieser zw. 1258 u. 1266 anfertigen ließ; sie war Bestandteil d. berühmten *Biblioteca Palatina* in Heidelberg, die im 30jährigen Krieg als Beutegut nach Rom kam u. seit 1623 in d. Vatikan-Bibl. aufbewahrt wird. – Lit.: De arte venandi cum avibus, nach d. illustr. Handschr. von MANFRED VON HOHENSTAUFEN, Augsburg 1596 (Neuausg. von Blasius MERREM u. d. T.: Reliqua librorum Friderici II. imperatoris De arte venandi cum avibus cum Manfredi regis additionibus, Leipzig 1788–1789; Vollständ. Neuausg. mit dt. Übers. u. Komm. von Carl Arnold WILLEMSEN u. d. T.: Kaiser Friedrich der Zweite: Über die Kunst mit Vögeln zu jagen, 5 Bde., Frankfurt a. M. 1964). – B: GEBHARDT 1964; KANTOROWICZ 1928, 1931.   Ja/Sch

Fries, Elias (1794–1878); aus Femsjö (Schweden); zunächst priv. Stud. über Pilze; 1811 stud. Bot. Univ. Lund (Mag. 1814, Dr. phil.); Pd. u. ab 1819 Adj., 1828 Demonstr., 1835 Prof. für Bot. Univ. in Uppsala, wo er starb. – Lit.: Observationes mycologicae, 2 Bde., Kopenhagen 1815–1818; Systema mycologicum, Bd. 1: Lund 1821, Bd. 2: Lund 1822–1823, Bd. 3: Greifswald 1829–1832; Lichenographia Europaea reformata, Lund 1831. – B: DSB (G. ERIKSSON).   Ja

Frisch, Johann Leonhard (1666–1743); aus Sulzbach (Bayern); bis 1690 stud. Theol. u. Altphilol. Univ. Alt-dorf, Jena u. Straßburg; dann in Nürnberg Beginn d. geistl. Laufbahn, die er aber aufgab; nach Reisen durch Österr., Ungarn u. d. Türkei als Hauslehrer u. Landwirt tätig; 1689 Subrektor, 1708 Conrektor u. 1727 Rektor am Gymnasium zum *Grauen Kloster* in Berlin bis zu seinem Tod. Neben altphilolog. Arb. widmete er sich Naturstud., bes. über Vögel u. Insekten; legte ein Naturalienkabinett an, das zum Grundstock des Mus. d. Preuß. AdW wurde, deren Mitgl. er seit 1706 war (ab 1731 Dir. der Hist.-phil. Kl.); bei seinen Insektenstudien verdienen bes. d. Beobachtungen über Schadinsekten (Obstschädlinge), Parasitismus, Massenvermehrung u. Schädlingsbekämpfung Beachtung. – Lit.: Beschreibung von allerley Insekten in Teutschland, 13 Bde., Berlin 1720–1738. – B: NDB (E. WINTER); GEBHARDT 1964, 1970. – P.   Ja

Frisch, Karl von (1886–1982); aus Wien; 1905 stud. Med. Univ. Wien, 1908 Zool. Univ. München (bei R. HERTWIG), 1909 bei H. PRZIBRAM in dessen „Vivarium" in Wien (Dr. phil. 1910 Univ. Wien); 1910 Ass. bei R. HERTWIG, 1912 Pd. Zool. Inst. München; ab 1912 auch Versuche über d. Farbensinn der Bienen; nach Kriegslazarett-Dienst in Wien 1919 ao. Prof. für Vergl. Physiol. Univ. München; 1921 o. Prof. für Zool. u. Dir. Zool. Inst. Univ. Rostock; hier Nachweis des Hörvermögens d. Fische, womit ein neuer Abschnitt in d. Sinnesphysiol. begann; 1923 o. Prof. für Zool. Univ. Breslau (Wrocław), 1925–1945 in München (Nachf. von R. HERTWIG), 1946 Graz; 1950–1958 wieder Lehrstuhl für Zool. Univ. in München, wo er starb. Nobelpr. 1973 (mit K. LORENZ u. N. TINBERGEN). – Lit.: Der Farbensinn und Formensinn der Biene, in: Zool. Jb. (Phys.) *35* (1915): 1–188; Über den Geruchssinn der Biene und seine blütenbiologische Bedeutung, in: ebda *37* (1919): 1–238; Methoden sinnesphysiologischer und psychologischer Untersuchungen an Bienen, in: Handbuch der biologischen Arbeitsmethoden, hrsg. von E. ABDERHALDEN, Abt. VI, T. D, H. 2, Berlin u. Wien 1922: 121–178; Über die Sprache der Bienen …, in: Zool. Jb. (Phys.) *40* (1923): 1–186; Die Sinnesphysiologie der Bienen, in: Naturwiss. *15* (1927): 963–968; Aus dem Leben der Bienen (Verständl. Wiss., Bd. 1), Wien 1927 (⁹1977); Die Tänze der Bienen, in: Österr. zool. Z. *1* (1946): 1–48; Die

J. L. Frisch   K. v. Frisch   L. Fuchs   M. Fürbringer

Polarisation des Himmelslichtes als orientierender Faktor bei den Tänzen der Bienen, in: Experientia (Basel) *5* (1949): 142–148; Die Sonne als Kompaß im Leben der Bienen, in: ebda *6* (1950): 210–221; Orientierungsvermögen und Sprache der Bienen, in: Naturwiss. *38* (1951): 105–112; (mit LINDAUER) Himmel und Erde in Konkurrenz bei der Orientierung der Bienen, in: ebda *41* (1954): 245–253; Die Sinne der Bienen im Dienste ihrer sozialen Gemeinschaft, in: Nova Acta Leopoldina, N. F., *17* (1956) 122; Tanzsprache und Orientierung der Bienen, Berlin (W) 1965. – B: WWNP; DBE (G. ZIRNSTEIN); GREWOLLS; Autobiogr. 1957 (W). – P.   Ja

Fritsch, Gustav Theodor (1838–1927); aus Cottbus; 1857 stud. Med. Univ. Berlin, 1859 Breslau, 1860 Heidelberg u. 1861–1863 Berlin (Dr. med. 1862); zw. 1863 u. 1882 mehrere Fo.reisen; 1867–1874 Ass. Anat. Inst., 1872 Pd., 1874 ao. Prof., 1878 Ltr. d. mikroskop.-biolog. Abt. Physiol. Inst., 1899 Hon. Prof. Univ. in Berlin, wo er starb. – Lit.: s. Lit. zu Kap. 15. – B: ALH MM 2669.   Sch

Frosch, Paul (1860–1928); aus Berlin; stud. Med. Univ. Würzburg, Leipzig u. Berlin (Dr. med. 1887); 1887 Ass. Hygien. Inst. Univ. Berlin (bei R. KOCH); 1891 Ass., 1897 ao. Prof. u. 1899 Vorstand d. Wiss. Abt. Inst. für Infektionskrankheiten (*Robert-Koch-Inst.*); 1908–1928 o. Prof. u. Dir. Hygien. Inst. d. Tierärztl. HS in Berlin, wo er starb. Entdeckte 1898 zus. mit F. LOEFFLER die Filtrierbarkeit des Erregers der Maul- u. Klauenseuche; 1899 Teiln. an d. Malaria-Exped. R. KOCHS nach Italien. – Lit.: (mit F. LOEFFLER) Berichte der Kommission zur Erforschung der Maul- und Klauenseuche bei dem Institut für Infektionskrankheiten, in: Cbl. Bakt. u. Parasitenkde. *23* (1898): 371–391. – B: NDB (H. HARTWIGK).   Kö/Sch

Fuchs, Leonhart (1501–1566); aus Wemding (bei Nördlingen); stud. Univ. Erfurt (BA 1513 o. 1517); Lehrtätigk. in Wemding; 1519 stud. Phil. u. Med. Univ. Ingolstadt (MA 1521, Dr. med. 1524); dann Arztpraxis in München; 1526 Prof. d. Med. Univ. Ingolstadt; 1528 Leibarzt d. Markgrafen GEORG VON BRANDENBURG in Ansbach; 1533 wieder Prof. d. Med. Univ. Ingolstadt, ab 1535 Univ. Tübingen, wo er bis zum Tode wirkte. Er rezipierte antike u. arab. med. Werke u. interpretierte sie kritisch, ergänzt durch eigene Naturstudien; wurde u. a. bekannt durch seinen lit. Streit mit dem Mediziner J. CORNARIUS u. bes. durch seine illustr. Kräuterbücher. – Lit.: De historia stirpium commentarii insignes, Basel 1542 (mit 511 Holzschn.), dt. Ausg. (verändert u. teilw. erweitert): New Kreuterbuch, in welchem nit allein die ganze histori, das ist namen, gestalt, statt und zeit der wachsung, natur, krafft und wurckung des meysten Theyls der Kreuter so in teutschen und anderen landen wachsen, mit dem besten Vleiss beschriben, sonder auch aller derselbe wurtzel, stengel, bletter, blumen, samen, frucht in summa die gantze gestalt, also artlich und kunstlich abgebildet und kontrafayt ist …, Basel 1543. – B: NDB (G. RATH); STÜBLER 1928. – P.   Ja

Fürbringer, Max Carl (1846–1920); aus Wittenberg; stud. Med. u. Naturwiss. Univ. Jena (bei GEGENBAUR) u. Berlin (Dr. med. 1869); 1869 Ass. für Vergl. Anat. bei GEGENBAUR Univ. Jena, 1873 Univ. Heidelberg; hier 1877 Pd. für Anat., 1879 ao. Prof. für Vergl. Anat.; 1879 o. Prof. für Anat. Univ. Amsterdam; 1888 o. Prof. für Vergl. Anat. Univ. Jena, 1901 Heidelberg, wo er starb. – Lit.: Untersuchungen zur Morphologie und Systematik der Vögel, 2 Bde., Amsterdam 1888; Über die spino-occipitalen Nerven der Selachier und Holocephalen, in: Festschrift C. Gegenbaur, Leipzig 1897, Bd. 3: 349–788. – B: NDB (W. HEIMBACH); GEBHARDT 1964. – P.   Ja

Fürth, Otto Ritter **von** (1867–1938); aus Strakonitz (Böhmen); stud. Naturwiss. u. Med. Univ. Wien, Prag, Heidelberg u. Berlin (Dr. med. 1894 Wien); Ass. am Pharmakol. Inst. Prag (bei P. HOFMEISTER) u. Inst. für Physiol. Chemie Univ. Straßburg; 1899 Pd. Straßburg; 1905 Pd. für Physiol. Chemie, 1906 ao. Prof. u. Ltr. d. Chem. Abt., 1917 o. Prof. im Physiol. Inst. Univ. Wien; 1929 o. Prof. für Med. Chemie u. Dir. d. Med.-chem. Univ.-Inst. in Wien, wo er starb. – Lit.: s. Kap. 15. – B: NDB (M. JANTSCH).   Sch

Fuhlrott, Johann Karl (1803–1877); aus Leinefelde (Eichsfeld); ab 1824 stud. Theol., dann Naturwiss. Univ. Bonn (bes. Paläontol. u. Zool. bei G. A. GOLDFUSS, Mineral. bei J. J. NÖGGERATH, Bot. u. Naturphilos. bei C. G. NEES VON ESENBECK; Staatsexamen Univ. Münster); dann Lehrer am Gymnasium zu Heiligenstadt, 1830 an d. Real-Sch. Elberfeld; 1835 Dr. phil. Univ. Tübingen; ab 1835 Doz. für Naturgesch. Univ. Tübingen; 1843 Mitbegr. d. Naturhist. Vereins der preuß. Rheinlande u. Westfalens u. Vorsteher des Bez. Düsseldorf; Mitwirkung an kartograph. Arb. von H. VON DECHEN; starb in Elberfeld (heute Wuppertal-Elberfeld). – Lit.: Erster Bericht über den Fund von Menschenknochen im Neanderthal, in: Korr.bl. Naturhist. Verein preuß. Rheinlande u. Westfalens (1857) 2: 50; Der fossile Mensch aus dem Neanderthal, Duisburg 1865. – B: DSB (M. B. KENDALL); BÜRGER 1930.   Ja

Funk, Casimir (1884–1967); aus Warschau; stud. Naturwiss. u. Chemie in Dtl. u. Engl. (Dr. sci. 1913 Univ. London); untersuchte ab 1912 die Ursachen d. *Beri-Beri*-Krankheit, prägte den Terminus *Vitamin*; 1915–1923 Fo.chemiker am Industrie-Labor. in New York, gleichz. 1921–1923 Ass. Columbia Univ.; 1923–1927 Ltr. der Abt. Biochemie der Staatssch. für Hygiene in Warschau; 1928–1939 Gründung biochem. Privatinst. in Rueil (Malmaison/Seine, Frankr.); dann Emigr. nach USA, 1947 Präs. der *Funk's Corp.* New York; starb in Albany (New York). – Lit.: On the Chemical Nature of the Substance which cures Polyneuritis in Birds induced by a diet of polished rice, in: J. Physiol. *43* (1911): 395–400; The Etiology of Deficiency Diseases, in: J. State Med. *20* (1912): 341–368; Die Aetiologie der Avitaminosen mit besonderer Berücksichtigung der physiologischen Bedeutung der Vitamine, Wiesbaden 1914; Die Vitamine, Wiesbaden 1914 (³1924; engl.: Baltimore 1922); L'histoire de la découverte des vitamines, Paris 1924. – B: DSB (A. J. IHDE).   Ja

Gadow, Hans Friedrich (1855–1928); aus Altkrakow (damals Kr. Schlawe, Pommern); 1875 stud. Naturwiss., bes. Zool., Univ. Berlin u. Jena (Dr. phil. 1878 bei E. HAECKEL), dann Univ. Heidelberg (bei C. GEGENBAUR); 1880 Ass. Zool. Abt. des Brit. Mus. London; 1882 Kurator der *Strickland*-Stiftung für Vögel, 1884 Lect., 1920 Reader für Morphol. d. Wirbeltiere am Zool. Mus. Univ. in Cambridge/GB, wo er starb. Führte vergl.-anatom. Untersuchungen über Bau u. Entwicklung der Wirbelsäule durch u. studierte mit M. FÜRBRINGER Morphol. u. Systematik der Vögel. – Lit.: Vögel (Aves), in: H. G. BRONN's Classen und Ordnungen des Thier-Reichs, Leipzig u. Heidelberg 1893. – B: GEBHARDT 1964, 1970.   Ja

Gärtner, Joseph (1732–1791); aus Calw (bei Stuttgart), Vater von Carl Friedrich G.; 1750 stud. Jura u. Med. Univ. Tübingen, 1751 Göttingen (bes. Anat., Physiol. u. Bot. bei BRENDEL, RICHTER u. A. VON HALLER), 1753 Tübingen (Lic.med. bei J. G. GMELIN); nach Stud.reise durch Ital., Frankr. u. Engl. ab 1757 stud. Math., Optik u. Mechanik Univ. Tübingen; 1759 stud. Anat. Leiden (bei ALBINUS) u. Bot. Amsterdam (bei Adrian u. David VAN ROYEN), 1760 Stud. über Meerestiere in London, 1761 Univ. Tübingen (Dr. med. 1763), dort ab 1763 Prosektor d. Anat., dann ao. Prof.; 1768–1770 o. Prof. für Bot. u. Dir. des Bot. Gartens u. Naturalienkabinetts der Kaiserl. AdW St. Petersburg; seit 1770 Privatgelehrter in Calw, wo er starb. 1776 Reise nach London (J. BANKS), Leiden (D. VAN ROYEN) u. Amsterdam (C. P. THUNBERG) zur Ergänzung seiner karpolog. Stud., die zum Ausbau des natürl. Systems beitrugen. – Lit.: De fructibus et seminibus plantarum, Bd. 1: Stuttgart 1788, Bd. 2: Tübingen 1791, Bd. 3 (= Suppl., hrsg. von C. F. GÄRTNER): Leipzig 1805–1807. – B: DSB (J. EWAN); BRL (N. N. KADEN); GRAEPEL 1978.   Sty/Sch

Gärtner, Karl [Carl] Friedrich (1772–1850); aus Göppingen (Württemberg), Sohn von Joseph G.; 1789 Apothekerlehre in Stuttgart; 1791 stud. Med. *Karlsschule* Stuttgart (Chemie bei KIELMEYER), 1793 Univ. Jena (Chemie bei GÖTTLING, Pathol. bei HUFELAND), 1795 Göttingen (Dr. med. 1796 Univ. Tübingen); ab 1796 Privatgelehrter, 1799–1827 prakt. Arzt in Calw, wo er starb. 1825 Reise nach Engl. u. Holland, Beginn

der Bastard-Fo.; seine Kreuzungsexperimente trugen zur Kenntnis d. Sexualität der Blütenpflanzen bei. – Lit.: (Hrsg.) Supplementum Carpologiae …, Leipzig 1805–1807; Beiträge zur Kenntnis der Befruchtung der vollkommeneren Gewächse (T. 1), Stuttgart 1844; Versuche und Beobachtungen über die Bastarderzeugung im Pflanzenreich, Stuttgart 1849. – B: DSB (B. HOPPE); GRAEPEL 1978 (W).   Eis/Ja

Gäumann, Ernst (1893–1963); aus Lyss/Bern (Schweiz); stud. Bot. Univ. Bern (bei Eduard FISCHER, Dr. phil. 1917); anschl. Stud.reisen in Schweden (Uppsala) u. Nordamerika; 1919 Ltr. Labor. für Pflanzenpathol. Buitenzorg (Java); 1922–1927 Mitarb. Landw. Versuchsanstalt Zürich-Oerlikon; zugl. 1925 Doz., 1927 o. Prof. für Spez. Bot. ETH in Zürich, wo er starb. – Lit.: Vergleichende Morphologie der Pilze, Jena 1926; Pflanzliche Infektionslehre, Basel 1946 (²1951); Die Pilze: Grundzüge ihrer Entwicklungsgeschichte und Morphologie, Basel 1949 (²1964). – B: KERN 1964. – P.   Höx

al-Ġāfiqī [auch al-Ghāfiqī], Abū Dja'far (gest. 1164); span.-arab. Arzt aus d. Gegend um Córdoba, Pharmakologe u. Botaniker. Sein Buch „Über einfache Heilmittel" (lat. *Liber medicamentorum simplicium*) gilt als eines der wertvollsten u. grundlegenden arab. Werke über diesen Gegenstand, wird von IBN AL-BAITĀR häufig zitiert. – Lit.: Teiled.: The abridged Version of „the Book of simple Drugs" of Aḥmad ibn Muḥammad al-Ghāfiqī by Gregorius Abū'l Farag (Barhebraeus), ed. from the only two known Manuscipts, with an Engl. Translation, Commentary and Indices by M. MEYERHOF & S. P. SOBHY, Kairo 1932–1938. – B: BRANDENBURG 1992: 80.   Nab/Sch

Gaffky, Georg Theodor August (1850–1918); aus Hannover; stud. Med. Univ. Berlin (Dr. med. 1873); dann Ass.arzt *Charité* Berlin u. Militärarzt; ab 1880 Ass. bei R. KOCH, maßgebl. an der Entw. mikrobiol. Methoden beteiligt; 1883–1884 Teiln. d. Exped. von KOCH nach Ägypten u. Indien, Mitentdecker des Typhuserregers; 1885 übernahm er R. KOCH's Stelle im kaiserl. Gesundheitsamt; 1888 Prof. für Hygiene Univ. Gießen; 1904–1912 Dir. Inst. für Infektionskrankheiten u. o. Hon. Prof. für Infektionskrankheiten Univ. Berlin; 1913 nach Hannover, wo er starb. – Lit.: (mit R. KOCH & F. LOEFFLER) Versuche über die Verwerthbarkeit heisser Wasserdämpfe zu Desinfektionszwecken, in: Mitt. aus d. Kaiserl. Gesundheitsamte *1* (1881): 322–441; Zur Aetiologie des Abdominaltyphus, in: ebda *2* (1884): 372–420. – B: NDB (W. HEIMBACH).   Ja

al-Ġāhiz (um 776/777–869); arab. Gelehrter von enzyklopäd. Bildung, einer d. bedeutsamsten Schriftsteller der arab. Sprache. Sein Hauptwerk „Buch der Tiere" zeigt aristotel. Einfluß. – Lit.: Textausg.: Kairo 1905–1907; Teilübers.: Ch. PELLAT, Arabische Geisteswelt, Zürich–Stuttgart 1967: 210–298.   Nab

Gaissinovitch [Gajsinovič], Abba Evseevič (1906–1989); stud. Univ. Moskau (bei S. S. ČETVERIKOV); 1928–1931 Aspirantur in Experim. Genetik (bei A. S. SEREBROVSKIJ) über künstl. Mutationen an *Droso-*

E. Gäumann

A. E. Gaissinovitch

phila melanogaster, entdeckte 1930 die Mutation *scute*; durch schwere Tuberkuloseerkrankung zur Beendig. der experim. Arb. gezwungen, wandte er sich Anf. der 30er Jahre d. Gesch. d. Biol. zu, bes. Genetik; ab 1934 Mitarb. an der Sowjetenzyklopädie, Begr. der Reihe *Klassiki biologii i mediciny* (Hrsg. der Werke MENDELS u. seiner Vorgänger 1935, sowie von HIPPOKRATES, ARISTOTELES, LAMARCK, CUVIER, SCHWANN, HAECKEL u. DOHRN in russ. Übers.); 1938 Kand. biol. Wiss., Doz. am Lehrstuhl für Darwinismus Univ. Moskau (bei SCHMALHAUSEN), dann wiss. Sekr. der Komm. für Gesch. d. Biol. d. AdW d. UdSSR; 1948 am Inst. für Gesch. d. Naturwiss. u. Technik d. AdW, nach der sogen. Lysenko-Sitzung der AdLW (1948) als „Mendelist-Morganist" entlassen; Quellened. aus d. wiss. Nachlaß von I. I. MEČNIKOV, A. O. u. V. O. KOVALEVSKIJ sowie C. F. WOLFF; 1964 Dr. Biol. Wiss.; seit 1966 Mitarb. des von KOLCOV gegr. Inst. für Entwicklungsbiol.; 1971–1984 Mitarb. an der *Gesch. d. Biologie* (hrsg. von JAHN, LÖTHER, SENGLAUB, Jena 1982, ²1985); starb in Moskau. – Lit.: Istorieskie korni sravnitelnoj embriologii do Garveja, in: Trudy inst. istorii estestvoznanija *2* (1948): 535–553; K. F. Wolff i učenie o razvitii, in: K. F. Wolff, teorija zaroždenija, Moskva 1950: 363–482; Zapiski K. F. Wol'fa o zamečanijach opponentov na ego dissertaciju, in: Voprosy istorii estestv. techn. *1* (1956): 227–231 [dt. u. d. T.: Notizen von C. F. Wolff über die Bemerkungen der Opponenten zu seiner Dissertation, in: Wiss. Z. Univ. Jena, Math.-nat. R., *6* (1956/57): 121–124]; K. F. Wolff i učenie o razvitii organizmov …, Moskva 1961; An early account of G. Mendel's work in Russia, in: G. Mendel Memorial Symp. Prague 1965, Praha 1966: 39–40; Zaroždenie genetiki, Moskva 1967; Le rôle du Newtonianisme dans la renaissance des idées épigénétiques en embryologie du XVIIIe siècle, in: Actes XIe Congr. Int. d'Hist. des Sci. *5* (1968): 105–110; Clement A. Timiryazev and Mendelism, in: Folia Mendeliana *6* (1971): 305–310; Problems of variation and heredity in Russian biology in the late nineteenth century, in: J. Hist. Biol. *6* (1973): 97–123; The origins of Soviet Genetics and the struggle with Lamarckism, 1922–1929, in: ebda *13* (1980): 1–51; Influence des travaux de Caspar Friedrich Wolff sur la biologie du XVIIIe siècle: Lazzaro Spallanzani e la Biologia del Settecento, in: Atti del Convegno di Studi 1981, Firenze 1982: 431–443; Zaroždenie i razvitie genetiki, Moskva 1988. – B: MUZRUKOVA 1989. – P.   Sch

Galen(os) (129–199); aus Pergamon (Griechenl.); nach philos. Stud. ab ca. 146 stud. Med. in Pergamon, 148–157 in Smyrna, Korinth u. Alexandria; 157–161 Gladiatorenarzt in Pergamon; ab 161/162 erfolgr. Arzt in Rom, Zugang zu führenden Kreisen d. röm. Ges. u. Kaiserhof; 166 Unterbrechung d. Ital.-aufenth., Stud.reisen u. a. nach Lemnos, Zypern, Palästina u. Lykien; 169 auf Wunsch von Kaiser MARC AUREL Rückkehr nach Rom als Leibarzt des Thronfolgers COMMODUS; starb in Rom. Letzter großer Repräsentant der wiss. Med. in d. Antike; seine zahlr. med. Schr. sind hpts. in Rom entstanden u. größtenteils erhalten; das von ihm auf Grundlage der Aristotel. u. Platon. Philos. geschaffene u. fast alle Teildisziplinen umfassende System der Med. hat ihre Entw. bis weit in d. Neuzeit hinein bestimmend beeinflußt. – Lit.: Textausg.: C. G. KÜHN, 20 Bde., Leipzig 1821–1833 (Nachdr.: Hildesheim 1964–1965); Scripta minora, 3 Bde., Leipzig 1884–1893 (Nachdr.: Amsterdam 1967); CMG V, (Leipzig u.) Berlin 1914 ff. – B: PAULY; LAW.   Kol

Galilei, Galileo (1564–1642); aus Pisa; stud. Phil. Univ. Pisa, wo er ab 1589 auch lehrte; ab 1592 Prof. für Math. u. Physik Univ. Padua; 1610 als Philosoph, Mathematiker u. Astronom am Hof von Toscana in Florenz. Begr. der math.-naturwiss. Methode auf Grundlage mechan. Experimente u. neuer Meßinstrumente (Thermometer, Pendel), widerlegte die antike Mechanik u. Kosmologie, ermittelte die Fallgesetze, regte Konstruktion u. Gebrauch des zweilinsigen Mikroskops an; bewies die Richtigkeit des heliozentr. Weltbildes von KOPERNIKUS, kam deshalb 1615 u. nochmals 1633 vor die röm. Inquisition u. veröffentlichte darum sein letztes Werk im Ausland; starb in Arcetri (bei Florenz). – Lit.: Dialogo sopre i due massimi sistemi del mondo, Tolemaico e Copernicano, Florenz 1632; Discorsi e dimostrazioni matematiche interno a due nuove scienzi, Amsterdam 1638. – B: DSB (S. DRAKE); LexNW.   Ja

Gall, Franz Joseph (1758–1828); aus Tiefenbrunn (bei Pforzheim); nach anfängl. Priester-Ausbild. ab 1777 stud. Med. Univ. Straßburg u. 1781 Wien (Dr. med. 1785), wo er mit psychiatr. u. hirnanatom. Stud. begann; 1796–1801 Vorlesungen über „Schädellehre" Univ. Wien, die dort als materialistisch verboten wurden; 1805–1807 Vortragsreise durch Dtl., Dänemark, Holland, die Schweiz u. nach Paris, wo er bis zu seinem Tode blieb, Vorträge hielt u. seine Lehre über d. Lokalisation psych. Eigenschaften im Gehirn ausbaute; machte neben phrenolog. Stud. zahlr. verhaltensbiolog. Beobachtungen an Tieren u. Menschen; starb in Montrouge (bei Paris). – Lit.: Anatomie et physiologie du système nerveux en général, et du cerveau en particulier, avec des observations sur la possibilité de reconnoitre plusiers dispositions intellectuelles et morales de l'homme et des animaux, par la configuration de leurs têtes, 4 Bde., Paris 1810–1819. – B: DSB (R. M. YOUNG).   Ja

Gallesio, Giorgio, Graf (1772–1839); aus Finale Ligure (Ital.); bis 1793 stud. Jur. Univ. Pavia; in mehreren Ämtern d. Staatsverwaltung u. Politik während d. Besetzung Italiens durch NAPOLEON u. danach bes. in d. Republik Genua tätig, wirkte beim Wiener Kongreß mit. Befaßte sich daneben mit d. Züchtung von Obstbäumen, Weinreben u. a. Nutzpflanzen sowie der empir. Erfo. der Befruchtung d. Pflanzen; gehört dadurch zu den Vorläufern von MENDEL u. DARWIN. – Lit.: Traité du Citrus, Paris 1811; Teoria della riproduzione vegetale, Wien 1813, Pisa 1816 (dt. Übers. von Georg JAHN u. d. T.: „Theorie der vegetabilischen Reproduktion", Wien 1814); Pomona italiana, Fasc. 1–35, Pisa 1817–1834; Pomona italiana, parte scientifica, Pisa 1820. – B: BRASCHI 1932.   Hpp

Galston, Arthur William (geb. 1920); aus New York City; stud. Bot. Cornell Univ. Ithaca/N.Y. (BS 1940) u.

Univ. of Illinois Urbana (MS 1942, PhD 1943); 1943–1944 Res. Fell. of Biol. am *Caltech* Pasadena; 1946 Instr. Yale Univ. New Haven; 1947 Senior Res. Fell., 1951 Assoc. Prof. of Biol. am *Caltech*; 1955 Prof. für Pflanzenphysiol., 1965 Prof. für Biol., 1973–1990 Prof. für Bot. Yale Univ. New Haven (Connecticut); Fo.aufenth. in Stockholm, Paris u. Sheffield/Engl. (1950–1951), Canberra/Austr. (1960–1961), London (1967–1968), Jerusalem (1980), Cambridge/Engl. (1983) u. Japan (1988–1989). – Lit.: Riboflavin- sensitized photo-oxidation of indoleacetic acid and related compounds, in: Proc. Nat. Acad. Sci. USA *35* (1949): 10–17; s.a. Lit. zu Kap. 16. – B: WWA 1992/93.   Höx

Galton, Francis (1822–1911); aus Birmingham (Engl.); zunächst stud. Med. in London; aufgrund von Privatvermögen ab 1844 Stud.reisen durch Europa u. Afrika (1850 Südafrika), wo er u. a. anthropol. u. ethnograph. Beobachtungen durchführte; ab 1857 Privatgelehrter in London; 1860 Mitgl. *Roy. Soc.*; widmete sich bes. dem Studium der Vererbung intellekt. Eigenschaften des Menschen, führte quantitative Erfassung der Beobachtungsergebnisse in menschl. Populationen (nach QUETELET) durch u. fand statist. Gesetzmäßigkeiten; trat für bewußte Kontrolle der Vererbung beim Menschen ein, wofür er den Begriff „Eugenik" prägte; erkannte als erster die Bedeutung der Zwillingsfo. für die Humangenetik; starb in Haslemere bei London. – Lit.: Typical laws of heredity, in: Nature *15* (1877): 492–495, 512 ff., 532 f. [auch in: Proc. Roy. Inst. of Great Britain *8* (1877): 283–301]; Natural inheritance, London 1889; A new law of heredity, in: Nature *56* (1897): 235–237; The average contribution of each several ancestors to the total heritage of the offspring, in: Proc. Roy. Soc. *61* (1897): 401–413. – B: DSB (N. T. GRIDGEMAN); PEARSON 1924; KANAEV 1972.   Ja

Galvani, Luigi (Aloysius) (1727–1798); aus Bologna; stud. Med. Univ. Bologna (Dr. med. 1759); ab 1768 Doz., 1782–1789 Prof. für Anat. Univ. Bologna, wurde aus polit. Gründen seiner Ämter enthoben; starb in Bologna. Beobachtete ab 1780 das Zucken der Froschschenkel bei Kontakt mit Metallen u. schloß daraus fälschlich auf „tierische Elektrizität", worauf ein jahrelanger Streit mit A. VOLTA entbrannte. – Lit.: De viribus electricitatis in motu musculari commentarius, Bologna 1791. – B: DSB (T. BROWN).   Ja

Gargilius Martialis, Quintus (3. Jh.); aus Mauretanien; röm. Autor, Verf. einer nur in Fragmenten erhaltenen landw. Schr. von hoher Fachkompetenz. – Lit.: Textausg.: A. MAI, Lunaeburgi 1832; Sebastiano CONDORELLI (Bd. 1), Roma 1978. – B: LexMA (G. KEIL).   Kol/Sch

Garner, Wightman Wells (1875–1956); aus Timmonsville (South Carolina, USA); stud. Chemie Univ. of South Carolina Columbia (AB 1896) u. Johns Hopkins Univ. Baltimore/Maryland (PhD 1900); 1900 Instr. für Chemie u. Privatass. bei A. MICHAEL Tufts Coll./Mass.; 1904 wiss. Ass. im Bureau of Chemistry des USDA, 1905 wiss. Ass. in der Tabakfo., 1909 Physiologe in d. Tabak- u. Pflanzenernährungsfo., 1941–1945 Chefphysiologe in d. Tabakfo. im Bureau of

Plant Indust. des USDA in Washington/D.C., wo er starb. – Lit.: (mit H. A. ALLARD) Effect of the relative length of day and night and other factors of the environment on growth and reproduction in plants, in: J. Agr. Res. *18* (1920): 553–606; (mit H. A. ALLARD) Further studies in photoperiodism, the response to the plant to relative length of day and night, in: ebda *23* (1923): 871–920. – B: WwWA 5.   Höx

Garreau, Lazare (1812–1892); aus Autun (Frankr.); Pharmazeut; 1836–1838 Militärarzt in Maubeuge u. Straßburg, 1839–1844 in Algerien; 1844 Prof. für Naturgesch. in Lille, wo er starb. Erkannte d. Unterschied zw. der Atmung d. Pflanzen u. der Photosynthese. – Lit.: Memoire sur la respiration des plantes, Lille 1851. – B: DSB (A. P. M. SANDERS)   Ja

Gaskell, Walter Holbrook (1847–1914); aus Neapel; 1865 stud. Math. Trinity Coll. Cambridge/GB (BA 1869), anschl. Med. (u. a. bei Michael FOSTER); 1872–1874 Ass.-Arzt Univ. Coll. Hosp. London (MD 1878 Cambridge); 1874 Ass. Physiol. Inst. Univ. Leipzig (bei Carl LUDWIG); 1875 Rückkehr nach Cambridge, 1883–1914 Lect. für Physiol., später auch Prelector für Naturwiss. Univ. Cambridge; 1881 *Croonian* Lect. der *Roy. Soc.* London; starb in Great Shelford b. Cambridge. – B: DSB (G. L. GEISON); LANGLEY 1915; LANGDON-BROWN 1939; GEISON 1978.   Sch

Gassendi, Pierre (1592–1655); aus Champtercier (bei Digne, Frankr.); nach Theol.stud. u. Priesterweihe 1617–1623 Prof. für Philos. in Aix-en-Provence u. dort Mitgl. d. wiss. Klubs, der sich um C. DE PEIRESC sammelte; dann Kanonikus an d. Kathedralkirche in Digne; 1645–1648 Prof. für Math. am *Coll. de France* in Paris u. Mitgl. d. Gelehrtenkreises um M. MERSENNE (1588–1648); gehörte ebenfalls d. Franziskanerorden an; starb in Paris. Wiederholte GALILEIS Fall-Experimente, schloß sich dessen Theorien d. Mechanik an u. belebte die von DESCARTES zurückgedrängte antike Atomtheorie neu. – B: DSB (B. RICHOT); LexNW.   Ja/Sch

Gassner, Gustav (1881–1955); aus Berlin; 1899 stud. Theol. Univ. Halle, 1900 Volontär in Berlin, 1901 stud. Elektrotechnik TH Berlin-Charlottenburg, 1903 stud. Naturwiss., bes. Bot., Univ. Berlin (bei L. KNY, Dr. phil. 1906); 1906 Ass. bei L. KNY Landw. HS Berlin, anschl. wiss. Hilfsarb. Biol. Anstalt für Land- u. Forstwirtschaft Berlin-Dahlem; 1907 Prof. für Bot. u. Phytopathol. Univ. Montevideo (Uruguay); 1910 Rückkehr nach Dtl., 1911 wiss. Hilfsarb. Bot. Staatsinst. Hamburg (Habil. 1912 Univ. Kiel); 1912 Pd., 1915 ao. Prof. für Bot. Univ. Rostock; 1918–1933 o. Prof. für Bot. TH Braunschweig; 1934 Emigr. in d. Türkei, 1934–1939 Dir. türk. Pflanzenschutzdienst Ankara; 1940–1945 Ltr. Biol. Fo.abt. *Fahlberg-List AG* Magdeburg; 1945–1948 o. Prof. für Bot. TH Braunschweig; 1947–1951 Präs. Biol. Zentralanst. für Land- u. Forstwirtsch. Braunschweig; starb in Lüneburg. – Lit.: Beiträge zur physiologischen Charakteristik sommer- und winterannueller Gewächse, insbesondere der Getreidepflanzen, in: Z. Bot. *10* (1918): 417–480. – B: HASSEBRAUK 1955; HEIBER.   Höx

Gautheret, Roger (1910–1997); aus Paris; stud. *Fac. des Sci.* Univ. Paris (Dr. ès sci.); 1937 Ass., ab 1942 Prof. für Zellular-Biol. *Univ. Pierre et Marie Curie.* 1976 Vize-Präs., 1978–1980 Präs. des *Inst. de France* der franz. AdW. – Lit.: Sur la possibilité de realiser la culture indéfinie des tissus de tubercules de carotte, in: C. R. Acad. Sci. Paris *208* (1939): 118–120. – B: IWW 1992–93; WWF 1994–1995.   Sch

Gauze, Georgij Francevič (1910–1986); aus Moskau; 1931 stud. Naturwiss. u. Biol. Univ. Moskau; 1940 Prof. für Mikrobiol. Univ. Moskau u. Mitarb. am Labor. für Antibiotika d. sowjet. AdW Moskau. Arbeitete u. a. an d. Gewinnung von Antibiotika aus Bodenbakterien u. über bodenökonom. Probleme. – Lit.: O nekotorych osnovnych problemach biocenologii, in: Zool. Ž. *13* (1934): 363–381; The struggle for existence, Baltimore 1934; Eksperimental'nye issledovanija bor'by za suščestvovanie meždu Paramaecium caudatum …, in: Zool. Ž. *15* (1936): 1–17; Genetika i ėkologija v teorii estestvennogo otbora, in: Usp. sovr. biol. *6* (1937): 1, 186–187; Rol' prisposobljaemosti v estestvennom otbore, in: Ž. obšč. biol. *1* (1940): 1, 105–120. – B: GALL 1996.   Ja

Gazes, Theodoros [Gaza, Theodoro] (um 1400–zw. 1475 u. 1478); aus Thessaloniki; nach Aufenth. in Konstantinopel seit etwa 1440 in Ital., Lehrer für Griech. in Pavia u. Mantua; ca. 1447 Prof. für Griech. Sprache u. Lit. u. Rektor der *Emilia Romagna* in Ferrara; 1450 von NIKOLAUS V. zu Vorlesungs- u. Übersetzertätigk. nach Rom berufen; 1455–1458 als Übers. am Hof von König ALFONSO in Neapel; danach vermutl. als Vikar in San Giovanni a Piro (Kampanien, Ital.); 1464–1471 in Rom bei Papst PAULUS II.; danach im Kloster San Giovanni a Piro, wo er starb. Edierte die Originalhandschr. griech. Philosophen. – B: Repertorium; LexMA (H. HUNGER); GERCKE 1903; GEANAKOPLOS 1984.   Sch

Ibn al-Gazzār s. unter **I**

Gegenbaur, Carl (1826–1903); aus Würzburg; 1845 stud. Philos. u. Med. Univ. Würzburg (bes. bei KOELLIKER, Dr. med. 1851), 1851 Univ. Berlin (bei Joh. MÜLLER), 1852 in Messina Stud. wirbelloser Meerestiere; 1854 Pd. für Zool. Univ. Würzburg; 1855 ao. Prof. für Zool., 1858 o. Prof. für Anat. u. Zool. Univ. Jena; 1873 o. Prof. für Anat. Univ. Heidelberg, wo er bis zum Tode wirkte. Übte großen Einfluß auf Entw. einer evolutionist. Morphol. aus, bes. auf E. HAECKEL, der auf seine Empfehlung ab 1861 die Vertretung der Zool. in Jena übernahm, sowie auf dessen Schüler; Begr. des *Morphologischen Jahrbuchs* (1875). – Lit.: Grundzüge der vergleichenden Anatomie, Leipzig 1859 (²1870); Untersuchungen über den Bau und die Entwicklung der Wirbelthier-Eier mit partieller Dottertheilung, in: A. Anat. (1861): 491–529; Untersuchungen zur vergleichenden Anatomie der Wirbelthiere, Leipzig, H. 1 (Carpus und Tarsus) 1864, H. 3 (Das Kopfskelett der Selachier, ein Beitrag zur Erkenntnis der Genese des Kopfskelettes der Wirbeltiere) 1872; Über das Archipterygium, in: Jena. Z. Med. Naturwiss. (1872): 131–141; Die Stellung und Bedeutung der Morphologie, in:

Morphol. Jb. *1* (1875): 1–19; Die Metamerie des Kopfes und die Wirbeltheorie des Kopfskeletes …, in: ebda *13* (1888): 1–114; Vergleichende Anatomie der Wirbeltiere, Leipzig 1898–1901. – B: NDB (W. KATNER); Autobiogr. 1901; G. WAGNER 1997.   Ja

Geissler [Geißler], Johann Heinrich Wilhelm (1814–1879); Igelshieb (Neuhaus, Thür.); Glasbläserlehre beim Vater, ca. 1840/1841–1850/1851 Wanderjahre, u. a. um 1845/1846 in Den Haag als „physikal. Feinmechaniker"; zw. 1850 u. 1852 in Bonn Gründung *Fa. Geißler & Co.* als Werkstätte für chem. u. physikal. Glasgeräte; starb in Bonn. In Zus.arb. mit d. Physiker Julius PLÜCKER (1801–1868) entwickelte u. baute er v. a. Präzisionsthermometer u. -barometer sowie ein Vaporimeter (1854) u. führte die Kapillare in d. Fieberthermometer-Prod. ein (1864); seine bedeutendsten Apparateentwicklungen sind die Niederdruck-Gasentladungsröhre („Geisslersche Röhre"), wo er als erster das Problem der luftdichten Metalleinschmelzung in Glas löste (1857), u. die Quecksilber-Vakuum-Pumpe, erste brauchbare apparative Verwirklichung der Idee von TORRICELLI (1608–1647), die er zus. mit d. Physiologen Eduard PFLÜGER (1829–1910) für die Blutgasanalyse modifizierte; Dr. h. c. 1868 Univ. Bonn. – B: LexNW; EICHHORN 1984.   Sch

Geoffroy St. Hilaire, Étienne (1772–1844); aus Etampes; stud. Theol., Jur. u. Med. in Paris (Schüler d. Zoologen BRISSON u. d. Mineralogen HAÜY); 1793 Nachf. von LACÉPÈDE *am Jardin des plantes* u. Prof. für Zool. am *Muséum national d'Hist. nat.* in Paris; 1794 Gründung einer Menagerie; 1798–1802 mit BERTHOLLET Teiln. an der napoleon. Exped. nach Ägypten u. Vizepräs. des 1793 gegr. *Inst. égyptien* in Kairo; erhielt 1809 d. ersten Lehrstuhl für Zool. Univ. in Paris, wo er starb. Trat für eine „Allg. Zoologie" ein, machte experim.-embryol. Stud. u. begr. die Teratologie als Wiss. – Lit.: Sur l'anatomie comparée des organes électriques de la raie torpille, du gymnote engourdissant, et du silure trembleur, in: Ann. Mus. d'Hist. nat. *1* (1802): 392–407; Philosophie anatomique, 2 Bde., Paris 1818–1822; Considération générale sur la vertèbre, in: Mém. Mus. d'Hist. nat. *9* (1822): 89–119; Principes de philosophie zoologique, Paris 1830; Recherches sur les grands sauriens trouvés a l'état fossile, Paris 1831; Sur les Téléosauriens, in: Mém. Acad. Sci. *12* (1833): 3–138; Études progressives …, Paris 1835; Sur le Sivatherium …, in: C. R. Acad. Sci. Paris *4* (1837): 53–60, 77–82, 113–120. – B: AMLINSKIJ 1955; CAHN 1962; SALF 1986. – P.   Ja

Geoffroy St. Hilaire, Isidore (1805–1861); aus Paris, Sohn von Etienne G.; ab 1824 als Ass. in dessen Labor.; 1833 Kand. AdW Paris, 1837 Prof. für Vergl. Anat. in der *Fac. des Sci. phys.*, 1840 Insp. der AdW; 1841 Prof. für Zool. am *Muséum national d'Hist. nat.*; 1844–1850 General-Insp. für Bildung, 1850 Lehrstuhl für Zool. u. Experim. Embryol. an d. *Sorbonne* in Paris, wo er starb. – Lit.: Histoire générale et particulière des anomalies de l'organisation chez l'homme et les animaux, 3 Bde., Paris 1832–1837; Histoire naturelle générale des règnes organiques, Paris 1854. – B: DSB (F. BOURDIER).   Ja

Georgios Pisides s. Pisides, Georgios

Gerardo [Gerhard von] de Cremona [Gherardo Cremonese] (ca. 1114–1187); aus Cremona (Ital.); kam nach Abschluß d. Lateinsch. etwa zw. seinem 25. u. 30. Lj. nach Toledo (Span.), um arab. zu lernen u. die griech.-arab. Werke lesen zu können; wirkte in Toledo bis zu seinem Tod als Übers. griech.-arab. wiss. Werke ins Latein; man schreibt ihm über 80 Arb. zu; seine Übers. bildeten Grundlage für mittelalterl. med. u. wiss. Scholastik u. verbreiteten sich über ganz Europa. – B: DSB (R. LEMAY). LGB/Sch

Gersch, Manfred (1909–1981); aus Dresden; 1929–1935 stud. Biol. (Dr. phil. habil. 1938), 1936–1939 Ass., 1939 Doz. Univ. Leipzig; 1951 Prof. mit Lehrauftr., 1953–1974 (em.) o. Prof. für Zool., Dir. d. Zool. Inst. u. *Phylet. Mus.* Univ. in Jena, wo er starb. Begr. einer tierphysiol. Sch., wirkte bes. auf d. Gebiet d. Endokrinologie. – Lit.: Vergleichende Endokrinologie wirbelloser Tiere, Leipzig 1964; (Hrsg., mit K. RICHTER) Das peptiderge Neuron, Jena 1981. – B: PENZLIN 1994 (W). Ja

Gessner [lat. Gesnerus], Conrad (1516–1565); aus Zürich; 1532 Famulus bei d. Theologen W. F. CAPITO; 1533–1534 stud. Altsprachen Univ. Basel, Bourges, Paris u. Straßburg sowie Med. in Basel (Dr. med. 1541); 1537–1540 Prof. d. Griech. Sprache an d. Akad. Lausanne; 1540 Aufenth. in Montpellier, wo er RONDELET u. BELON kennenlernte; ab 1541 „Leser der Physik" am *Coll. Carolinum* Zürich; ab 1554 Oberstadtarzt in Zürich; gründete dort die ersten bot. Gärten; erlag einer Pestepidemie. – Lit.: Catalogus plantarum latine, graece, germanice et gallice, Zürich 1542; Historiae Animalium ..., Tiguri, Bd. 1–4: 1551–1558, Bd. 5: 1587 (postum); Thesaurus Euonymi Philiatri, Zürich 1552; Icones animalium, Zürich 1553; Nomenclator aquatilium animanlium, Tiguri 1560; Conradi Gesneri de hortis Germaniae liber recens ..., in: Valerius CORDUS: Annotationes in Pedacii Dioscoridis Anazarbei de medica materia libros V. ..., Straßburg 1561: 236–300; (hrsg. von C. Chr. SCHMIEDEL) Opera botanica, Nürnberg 1751–1771; (hrsg. von Heinrich ZOLLER et al.) Historia plantarum, Faksimiledruck, Tl. 1-8, Dietikon-Zürich 1972–1980. – B: LEY 1929; SALZMANN 1965; BRAUN 1990. – P. Hek/Sch

É. Geoffroy St. Hilaire

C. Gessner

Gessner, Johann (1709–1790); Physiker in Zürich

Giard, Alfred (1846–1908); aus Valenciennes (Frankr.); ab 1867 stud. Naturwiss. *É. Normale Superieur* Paris, 1871 dort „préparateur" (Dr. ès sci. 1872); 1881 Prof. für Zool. *Fac. des Sci.* Univ. Lille, 1887 Lektor *É. Normale Sup.* Paris, 1888 Prof. für Zool., Lehrstuhl für Embryol. *Fac. des Sci.* Paris; 1874 Begr. der Biol. Sta. in Wimereux, ab 1900 Mitgl. AdW in Paris, starb in Oycy. – Lit.: Controverses transformistes, Paris 1904. – B: BOHN 1910. Ja

Gil de Zamora, Juan [Aegidius Zamorensis] (ca. 1230–ca. 1320); vermutl. aus Zamora; Franziskaner; ca. 1270 zum Stud. nach Paris, wo er die Aufnahme des biol. Werkes von ARISTOTELES erlebte; reiste durch Europa; wurde an den Hof ALFONS X., des Weisen, verpflichtet. Verf. einer wiss. Enzyklopädie. – Lit.: Historia Naturalis, ed. crít. por L. GARCÍA BALLESTER & Avelino DOMÍNGUEZ, 2 vols., Madrid 1988. LGB/Sch

Gilbert, William (1544–1603); aus Colchester (Essex, Engl.); stud. Med. Univ. Cambridge (Dr. med. 1569); nach Auslandsreisen ab 1573 ärztl. Praxis in London; Mitgl. des *Coll. of Physicians*, dort 1581–1588 Zensor, dann Schatzmeister, 1600 Präs.; Leibarzt von Königin ELISABETH I. u. JACOB I.; betrieb physikal. u. chem. Stud., bes. über Magnetismus, u. gründete darauf eine Theorie über die Erde als Magneten; starb in London. – Lit.: De Magnete, London 1600. – B: DSB (S. KELLY). Ja

Gille d'Albi [Gilles, Gyllius], Pierre [Petrus] (1488–1555); aus Albi (Südfrankr.); Humanist u. „Vater der Zoologie in Frankreich" (lt. HAMY); wirkte mit Unterstützung des Bischofs Georges D'ARMAGNAC DE RODEZ, übers. aus dessen Bibliothek ein Aelian-Ms. über d. Naturgesch. der Tiere u. ergänzte es durch andere antike Schriftsteller u. durch eigene Beobachtungen an Meerestieren (1535); umfangr. Tierstudien auf weiten Reisen, zunächst in Begleitung von D'ARMAGNAC 1537 nach Venedig u. 1540 Rom, 1544 in die Türkei u. nach Griechenl., 1547 nach Persien, Armenien, Mesopotamien u. Syrien, 1549 nach Ägypten; 1550 auf d. Rückreise von Seeräubern gefangen, von D'ARMAGNAC ausgelöst; blieb in Rom, wo er während d. Auswertung der Reisenotizen starb. – Lit.: Aeliani de Historia Animalium libri XVII, franz. Übers. von P. GILLE, Lyon 1562 (1565; Köln 1611). – B: PETIT & THÉODORIDÈS 1962: 288–290; HAMY 1900. Ja

Glauber, Johann Rudolph (1604–1668 o. 1670); aus Karlstadt (Franken); autodidakt. Techniker, Chemiker u. Pharmazeut; 1625 als Mechanikus in Wien; 1644 Hofapotheker in Gießen; 1648 chem.-technolog. u. chem.-pharmazeut. Arb. in Amsterdam; 1651 Labor. für Weinherstellung u. -handel in Kitzingen (kurfürstl.-mainz. Privileg); ab 1656 Niederlassung mit Labor., Versuchsgarten u. Getreidezucht in Amsterdam, wo er starb. – Lit.: Furni novi philosophici, 6 Tle., Amsterodami 1646–1649, Franckfurt a. M. 1652 (T. 1–5); Pharmacopoea spagyrica, Nürnberg, 1. Th.: 1654, Th. 2–7 1656–1669; Des Teutschlandts Wohlfart, 6 Bde., Amsterdam 1656–1661 (Prag 1704). – B: LexNW; PIETSCH 1956. Ja

Gleditsch, Johann Gottlieb (1714–1786); aus Leipzig; 1728–1735 stud. Philos. u. Med. Univ. Leipzig (Dr. phil. 1732), bes. Bot. bei HEBENSTREIT, den er 1731–1735 als Aufseher des Boseschen u. akad.-bot. Gartens vertrat; danach ärztl. Praxis in Annaberg; 1735 am *Coll. medico-chirurgicum* Berlin; 1740 Kreisphysikus in Lebus; 1742 Dr. med. Univ. Frankfurt/O. u. Vorlesungen über Physiol. u. Med. Bot.; 1744 o. Mitgl. Berliner AdW; 1746 zweiter Prof. (Anat. u. Bot.) am *Coll. medico-chirurg.* u. Dir. Bot. Garten Berlin, wo er Versuche zur Sexualität d. Pflanzen, der Rolle d. Insekten bei d. Bestäubung u. über d. Einfluß von Klimafaktoren anstellte; ab 1768 auch forstwiss. Vorlesungen an d. neugegr. Forstlehranstalt; 1780 Mitgl. d. Hofapothekenkommission; starb in Berlin. – Lit.: Essai d'une fécondation artificielle, fait sur l'espèce Palmier, qu'on nomme *Palma dactylifera fol. labelliformi*, in: Hist. l'acad. roy. sci. et Belles lettres Berlin *1749* (1751): 103–108; Methodus fungorum, Berlin 1753; (Hrsg.) C. v. LINNÉ: Philosophia botanica, Berlin 1780. – B: NDB (I. JAHN). – P.   Ja

Gleichen, Wilhelm Friedrich von, gen. **Russworm** (1717–1783); aus Bayreuth; Offizier des Markgrafen von Bayreuth; ab 1756 Herr auf Schloß Greiffenstein bei Hammelburg (Unterfranken), wo er neben d. Verwaltung seiner Güter botan.-mikroskop. Stud. (auf Anregung von Martin F. LEDERMÜLLER in Bayreuth) betrieb, bes. d. Befruchtung von Pflanzen u. Tieren untersuchte, u. als Erster den Pollenschlauch beschrieb; starb auf Schloß Greiffenstein. – Lit.: Das neueste aus dem Reiche der Pflanzen, Nürnberg 1763–1766; Geschichte der gemeinen Stubenfliege …, Nürnberg 1764; Versuch einer Geschichte der Blatläuse und Blatlausfresser des Ulmbaumes, Nürnberg 1770; Auserlesene mikroskopische Entdeckungen …, Nürnberg 1777–1781; Abhandlungen über die Saamen- und Infusions-Thierchen …, Nürnberg 1778; Von Entstehung, Bildung, Umbildung und Bestimmung der Erdkörper, Dessau 1782. – B: NDB (F. KLEMM); DSB (M. E. MITCHELL); ENIGK 1986; WEIKARD 1783.   Ja

Glisson, Francis (1597–1677); aus Rampisham (bei Yeovil, Engl.); ab 1617 stud. Cane's Coll. Cambridge/Engl. (BA 1620–1621, MA 1624), 1625–1626 Lect. für Griech., 1629 Sen. Fell. u. stud. Med. (Dr. med. 1634); 1634 Kand., 1635 Fell. am *Coll. of Physicians* London; 1636 *Regius*-Prof. für Physik in Cambridge (Engl.), lehrte Anat. u. Physiol.; starb in London. Untersuchte anat. u. teilw. experim. einzelne Organe wie Leber, Magen u. Herz, Funktion u. Struktur d. Muskeln; begründete eine Gewebelehre, wonach die „Faser" das Grundelement lebender Körper ist, das auf Reize durch Kontraktion reagiert. – Lit.: Anatomia hepatis, London 1654; Tractatus de natura substantiae energetica seu vita naturae eiusque tribus facultatibus, London 1672; De ventriculo et intestinis, London 1677. – B: DSB (O. TEMKIN); LexNW.   Ja/Sch

Gloger, Constantin Wilhelm Lambert (1803–1863); aus Kasischka (Polen); 1824–1825 stud. Naturwiss., bes. Zool. (bei H. LICHTENSTEIN), Univ. Berlin, dann Univ. Breslau (Wrocław) (Dr. phil. 1830); 1825–1826 ornitholog. Stud. im Riesengebirge; ab 1843 in Berlin, wo er starb. Arb. u. a. bei H. LICHTENSTEIN im Zool. Mus. d. Univ. Berlin; Mitarb. bei Herausg. des von CABANIS 1852 gegr. *J. für Ornithologie.* – Lit.: Das Abändern der Vögel durch Einfluß des Klimas, Breslau 1833 a; Die Wirbeltierfauna von Schlesien, Breslau 1833 b; Vollständiges Handbuch der Naturgeschichte der Vögel Europas, T. 1, Breslau 1834. – B: GEBHARDT 1964, 1970; MÖLLER 1972.   Ja

Gmelin, Johann Georg jr. (1709–1755); aus Tübingen; 1722 stud. Med. Univ. Tübingen (Lic. med. 1727; Dr. med. 1728); ab 1727 in St. Petersburg (bei G. B. BILFINGER u. DU VERNOI); ab 1730 Lehrauftrag, 1731–1747 o. Prof. für Chemie u. Naturgesch. an d. Kaiserl. AdW St. Petersburg; dazw. 1733–1743 Exped. nach Sibirien, von der er 1178 Pflanzenarten, darunter 500 neue Arten, beschrieb; ab 1749 o. Prof. für Bot. u. Chemie Univ. in Tübingen, wo er starb. – Lit.: Flora Sibirica, sive Historia plantarum Sibiriae, Petropoli 1747–1769; Reisen durch Sibirien, 4 Bde., Göttingen 1751–1752. – Ärzte I; BRL; NDB (H. DOLEZAL).   Hek/Sch

Gmelin, Samuel Gottlieb (1744–1774); aus Tübingen; stud. Med. u. Naturwiss. Univ. Tübingen (Dr. med. 1763), anschl. stud. Univ. Leiden; prakt. Arzt in Briel; 1765 bei P. S. PALLAS in Den Haag; 1767 als Mitgl. d. Kaiserl. AdW nach St. Petersburg, erweiterte u. a. d. Bot. Garten; im kaiserl. Auftrag ab 1768 Fo.reise durch Rußl. mit Abstechern nach Persien, starb kurz vor deren Beendigung in d. Gefangenschaft des Chan der Chaitaken in Achmetkent (Kaukasus). Die ihm 1768 angetragene o. Prof. für Bot. in Tübingen wollte er nach Beendigung d. Reise antreten. – Lit.: Historia fucorum iconibus illustrata, Petropoli 1768; Reise durch Rußland zur Untersuchung der drey Natur-Reiche, 4 Bde. (Bd. IV hrsg. von P. S. PALLAS), St. Petersburg 1770–1784. – B: NDB (H. DOLEZAL); BRL; GEBHARDT 1964, 1970; ENIGK 1986; STRESEMANN 1951; SCHÜTZ 1959.   Hth/Sch

Godaart, Johannes s. Goedaert, Jan

Godron, Dominique Alexandre (1807–1880); aus Hayange (Moselle, Frankr.); 1827 stud. Med. Univ. Straßburg (Dr. med. 1833); 1834 Arzt in Nancy; 1835

J. G. Gleditsch

K. von Goebel

Prof. hpts. für *Materia Medica*, Naturgesch. u. Physiol., 1843 Tit. Prof. an d. Sekundar-Sch. in Nancy; 1844 Lic. u. Prom. in Naturwiss. Univ. Straßburg; 1847 Dir. Vorbereitungssch. für Med.; dann nacheinander Rektor für d. Primärunterricht mehrerer Dép.: 1850 in Vesoul, 1851 Montpellier, 1853 Besançon; 1854–1871 Prof. sämtl. Naturwiss. in Nancy, errichtete hier neue Fak., gründete Mus. für Naturgesch., baute Bot. Garten aus; zeichnete sich durch vielseitige naturgesch., anthropol. u. ethnol. Fo. aus. – Lit.: De l'hybridité chez les végétaux (naturwiss. Diss.), Straßburg 1844; (mit Ch. GRENIER) Flore de la France, Paris 1848–1856; De l'espèce et des races dans les êtres organisés et spécialement de l'unité dc l'cspèce humaine, 2 vols., Paris 1859; Zoologie de la Lorraine, in: Mém. de l'Acad. de Stanislas, Nancy 1862: 355–628; Recherches expérimentales sur l'hybridité dans le règne végétal, in: ebda, S. 227–298; Des hybrides végétaux, considérées au point de vue de leur fécondité et de la perpétuité ou non-perpétuité de leurs caractères, in: Ann. Sci. Nat., 4me Sér., Bot., *19* (1863): 135–179; Histoire des Aegilops hybrides, Nancy 1870. – B: DBF 16.   Hpp

Goebel, Karl Ritter **von** (1855–1932); aus Billigheim (Baden); 1873 stud. Theol. u. Philos., daneben Bot. (bei W. HOFMEISTER), Univ. Tübingen, 1876 Naturwiss. in Straßburg (bei A. DE BARY, Dr. phil. 1877); 1878 Ass. bei Julius SACHS, 1880 Pd. Univ. Würzburg; 1881 erster Ass. bei A. SCHENK Univ. Leipzig, dann ao. Prof. in Straßburg; 1882 ao. Prof., 1883 o. Prof. Univ. Rostock, wo er 1884 den Bot. Garten u. ein Bot. Inst. gründete; 1887–1891 in Marburg; 1891–1931 Univ. München, hier Gründer u. Dir. d. Bot. Gartens in Nymphenberg, wo er starb. Betonte Abhängigkeit d. Form von der Funktion, begr. experim. Richtung in d. Morphologie. – Lit.: Vergleichende Entwicklungsgeschichte der Pflanzenorgane, in: SCHENK, Handbuch der Botanik, Bd. 2, Berlin 1883: 99–432; Organographie der Pflanzen, 3 Bde., Jena 1898–1901; Einleitung in die experimentelle Morphologie der Pflanzen, Leipzig u. Berlin 1908. – B: NDB (MÜLLEROTT); BERGDOLT 1941; RENNER 1955; STEYER & SCHIEBOL 1993. – P.   Sty/Sch

Goedaert, Jan [Godaart, Johannes] (1617–1668); holländ. Maler in Middelburg, der zwecks zeichnerischer Wiedergabe zahlr. Insekten aus Ei- u. Larvenstadium bis zur Imago aufzog, die einzelnen Stadien der Metamorphose abbildete, Zeit u. Art der Verwandlung u. Lebensweise protokollierte u. Beobachtungen über Schadwirkungen u. Bekämpfungsmittel anstellte; ließ seine Manuskripte von d. Middelburger Arzt Johann DE MEY (1617–1678) edieren, der sie mit Komm. u. Ergänzungen versah. – Lit.: Metamorphosis naturalis insectorum, Middelburg, Bd. 1: 1662, Bd. 2: 1667, Bd. 3 (m. Anhang d. Hrsg. J. DE MEY): 1669 (2. Ausg. in Lat., hrsg. von M. LISTER: De insectis, London 1685). – B: SMIT 1986: 96–97.   Ja

Goerttler, Victor (1897–1982); aus Sondershausen (Thüringen); stud. Veterinärmed. Univ. Gießen u. München (Approbation 1922, Dr. med. vet. 1922 Univ. Gießen); dann Ass. an d. Veterinäranstalt Univ. Jena; 1923–1924 prakt. Tierarzt in Utrecht (Holland); 1924–

1925 stellv. Ltr. Impfstoffwerk Eilenburg (Sachsen); 1925 Oberass. am *Staatl. Veterinärmed. Untersuchungsamt* Potsdam; 1928 Kreistierarzt an d. Tierärztl. HS Berlin; 1929 Veterinärrat in Göttingen; 1935–1938 Oberregierungsrat im Innenministerium Berlin; 1937 Habil. Landw.-tierärztl. Fak. Univ. Berlin; 1938–1962 (em.) o. Prof. für Tierheilkunde Univ. Jena, zugl. Dir. *Inst. für bakterielle Tierseuchenfo.* d. Dt. Akad. d. Landw.wiss. zu Berlin u. des *Veterinär-Untersuchungs- u. Tiergesundheitsamtes Thüringen* in Jena, wo er starb. Fo. spez. zu Bakteriol. u. Serologie d. Tierseuchen (Rotlauf, Tuberkulose, Salmonellen), befaßte sich auch mit Biol.- und Med.gesch.; Hrsg. d. *Berliner u. Münchener Tierärztl. Wo.schr.* ab 1940. – Lit.: Vom literarischen Handwerk der Wissenschaft, Berlin–Hamburg 1965. – B: RÖHRER 1967; ALH.   Ja

Goethe, Johann Wolfgang von (1749–1832); aus Frankfurt a. M.; ab 1765 stud. Jur. Univ. Leipzig u. Straßburg (hier auch naturwiss. u. med. Stud., Lic. der Rechte 1771); ab 1775 am Weimarer Hof in versch. Ämtern, 1776 Geh. Legationsrat; ab 1779 im Rahmen seiner amtl. Pflichten am Aufbau d. naturwiss. Institutionen d. Univ. Jena beteiligt (u. a. Bot. Anstalten, osteol.-anat. Kabinett, zool.-mineralog. Mus., Sternwarte, Tierarznei-Sch.), die verwaltungstechn. unter einer „Oberaufsicht" (ab 1815 als bes. Behörde) zus.gefaßt, ab 1819 von GOETHE allein geleitet wurden; ab 1781 unter J. LODER in Jena anat. Stud., bei denen er 1784 den menschl. Zwischenkieferknochen entdeckte (jedoch erst 1820 u. 1831 mit Abb. publiziert); außerdem Aufsätze zur Morphol., Mineral., Geol. u. Meteorol., die z. T. erst in der von ihm begr. Z. *Zur Naturwiss. überhaupt, besonders zur Morphol.* (1817–1824) erschienen; legte umfangr. priv. naturwiss. Slgn. in Weimar an, wo er starb. – Lit.: Versuch, die Metamorphose der Pflanzen zu erklären, Gotha 1790; Materialien zur Geschichte der Farbenlehre, Tübingen 1810 (Neudr.: Leopoldina-Ausgabe, 1. Abt., Bd. 6 [Zur Farbenlehre, hist. Teil, bearb. von D. KUHN], Weimar 1957); Zur Morphologie, in: Zur Naturwiss. …, 1. Bd., 1. H., Stuttgart–Tübingen, 1817; Erster Entwurf einer allgemeinen Einleitung in die vergleichende Anatomie, ausgehend von der Osteologie, in: ebda 1. Bd., 2. H., 1820 a; Dem Menschen wie den Tieren ist ein Zwischenknochen der oberen Kinnlade zuzuschreiben, in: ebda, 1. Bd., 2. H. 1820 b; Verstaubung, Verdunstung, Vertropfung, in: ebda, 3. H., 1820 c; Das Schädelgerüst aus sechs Wirbelknochen aufgebaut, in: ebda, 2. Bd., 2. H., 1824 (Nachdr.: GOETHE, Die Schriften zur Naturwissenschaft [Leopoldina-Ausgabe], 1. Abt., Bd. 9 [Morpholog. H., bearb. von D. KUHN], Weimar 1954); Principes de Philosophie Zoologique, discutés en Mars 1830 au sein de l'académie royale des sciences par Mr. Geoffroy de Saint-Hilaire, Paris 1830, in: Jber. für wiss. Kritik, Jg. 1830, Bd. 2, Nr. 52, 53, u. Jg. 1832, Bd. 1, Nr. 51–53. – B: NDB (W. FLITNER); SCHMID 1940 (W).   Ja

Goette, Alexander Wilhelm (1840–1922); aus St. Petersburg; 1860–1865 stud. Med. Univ. Dorpat (Tartu, Estland), 1866 Tübingen (Dr. med. 1867 bei F. LEYDIG); dann zunächst embryol. Stud. als Privatlehrter (nach d. Vorbild von K. E. VON BAER); 1872 Pd.

u. Ass. Zool. Inst. (bei O. Schmidt), 1877 ao. Prof. für Zool. Univ. Straßburg, 1880 auch Dir. d. städt. Zool. Slgn.; 1882 o. Prof. für Zool. u. Vergl. Anat. u. Dir. des Zool. Inst. Univ. Rostock; 1886–1918 o. Prof. für Zool. u. Dir. Zool. Inst. Univ. Straßburg (Nachf. von O. Schmidt); starb in Handschuhsheim bei Heidelberg. Suchte den Kausalzus.hang der Morphogenese in der tier. Individualentw. zu erhellen, faßte die Zellteilungen als chem.-physikal. Prozesse auf u. lehnte eine Vererbung erworbener Eigenschaften ab; legte Grundlagen für die durch seinen Schüler W. Roux begr. Entwicklungsmechanik. – Lit.: Beiträge zur Entwicklungsgeschichte der Wirbeltiere, in: A. mikroskop. Anat. *10* (1874): 145 ff.; Die Entwicklungsgeschichte der Unke (*Bombinator igneus*) als Grundlage einer vergleichenden Morphologie der Wirbeltiere, Leipzig 1875; Über Vererbung und Anpassung, Rektoratsrede, Straßburg 1898; Lehrbuch der Zoologie, Jena 1902; Die Entwicklungsgeschichte der Tiere, Jena 1921. - B: DSB (H. Querner). – P.   Sty/Ja

Goeze, Johann August Ephraim (1731–1793); aus Aschersleben; 1747–1751 stud. Theol. Univ. Halle; ab 1755 als Theologe in Quedlinburg, wo er starb (1755 Prediger an d. Hospitalkirche, 1762 Pastor an d. St. Blasius-Kirche, 1786 Hofdiakon an d. Stiftskirche). Pallas regte ihn 1779 zu helmintholog. Untersuchungen an. – Lit.: Versuch einer Naturgeschichte der Eingeweidewürmer thierischer Körper, Blankenburg 1782. – B: NDB (M. Müllerott); Gebhardt 1964, 1980; Enigk 1986; Knolle 1975.   Hth

Goldfuß, Georg August (1782–1848); aus Thurnau (bei Bayreuth); 1800 stud. Med. am *Coll. med.-chirurgicum* in Berlin, u.a. auch Naturgesch. u. Naturwiss. (bes. Bot. u. Zool. bei Carl Ludwig Willdenow, Mineral. bei D. L. G. Karsten), 1804 Univ. Erlangen (Dr. med. 1804); dort 1804 Einrichtung u. Mit-Dir. eines Naturhist. Mus. bis zum Einmarsch d. franz. Truppen 1806; danach vermutl. Erziehertätig., um 1808 Hauslehrer in Hemhofen (bei Höchstadt/Oberfr.); ca. 1809/1810 ärztl. Praxis in Erlangen; 1810 Pd. für Zool. u. Geognosie, 1811 nach Tod von Schreber u. Esper provis. Verwalter d. Lehrstühle für Bot. u. Allg. Naturgesch., auch Vorlesungen in Mineral., Geognosie, Zool., Anat. u. Bergbaukunde, gleichz. ab 1812 provis.

Dir. d. Mus. Univ. Erlangen; 1818 o. Prof. für Zool. u. Mineral. an d. neugegr. Univ. Bonn; hier Aufbau der naturwiss., bes. paläontol. Slgn. u. Dir. dieses Univ.-Mus. in Poppelsdorf bei Bonn, wo er starb. Ab 1813 Adj. u. Sekr. sowie bis zu seinem Tode Bibliothekar, ab 1840 *Dir. Ephemeridum* der *Leopoldina*; einer d. Begr. der wiss. Paläontol. in Dtl. – Lit.: Die Umgebungen von Muggendorf, Erlangen 1810; Ueber die Entwicklungsstufen des Thieres, Nürnberg 1817 (Nachdr. Marburg 1979); Grundriß der Zoologie, Nürnberg 1826 ([²]1834); Petrefacta Germaniae ..., 3 Tle., Düsseldorf 1826–1844. – B: NDB (G. Uschmann); Autobiogr. 1841 in Langer 1969; Müller & Langer 1970; Langer 1970 (W); Querner in Goldfuss 1979.   Sch

Goldhagen, Johann Friedrich Gottlieb (1742–1788); aus Nordhausen; stud. Med. Univ. Halle/Saale (MA u. Dr. med. 1765); 1769 ao. Prof. für Philos. u. Naturgesch., 1778 für Med. Univ. Halle; gleichz. 1778 Stadtphysicus in Halle, wo er starb. – Lit.: Dubitationes de quadam motus muscularis explicatione, Halle 1765; De sympathia partium corporis humani, Halle 1767; De tensione nervorum, Halle 1769; De animi passionum in corpus efficaica, Halle 1784. – B: Ärzte I; Taschenberg 1894.   Sch

Goldschmidt, Richard (1878–1958); aus Frankfurt a. M.; stud. Med. u. Zool. Univ. Heidelberg (bes. bei Bütschli u. Gegenbaur), 1898 Univ. München (bei R. Hertwig), ab 1899 wieder in Heidelberg (Dr. phil. 1902 bei Bütschli); 1903 Ass. bei R. Hertwig Zool. Inst., 1904 Pd., 1909 ao. Prof. für Zool. Univ. München; 1914 Abt.-Ltr. für Genetik der Tiere am neugegr. KWI für Biol. Berlin-Dahlem, ab 1919 zweiter Dir.; 1935 Emigr. in die USA, 1936 Prof. für Genetik u. Zytol. Univ. of California in Berkeley (Calif.), wo er starb. – Lit.: Einführung in die Vererbungslehre, Leipzig 1911; Mechanismus und Physiologie der Geschlechtsbestimmung, Berlin 1920; Physiologische Theorie der Vererbung, Berlin 1927; Gen und Außeneigenschaft, I–II, in: Z. indukt. A.+Vl. *69* (1935): 38–69, 70–131; Physiological genetics, New York u. London 1938; Theoretical genetics, Berkeley u. Los Angeles 1955 (dt. Übers.: Berlin 1961, mit biogr. Einltg. von H. Stubbe). – B: Autobiogr. 1958/1959; Seiler 1960; Stubbe in Goldschmidt 1961 (W).   Ja

Golgi, Camillo (1843–1926); aus Corteno (Brescia, Ital.); stud. Med. Univ. Pavia (bei Eusebio Oehl, Dr. med. 1866), anschl. in d. psychiatr. Klinik von C. Lombroso, dann im patholog. Labor. bei G. Bizzozero; ab 1875 Doz. für Histol. Univ. Pavia; 1879 o. Prof. für Anat. Univ. Siena; 1880–1918 (em.) Prof. für Histol., dann Allg. Pathol. Univ. in Pavia, wo er starb. Nobelpr. 1906. – Lit.: Untersuchungen über den feineren Bau des centralen und peripherischen Nervensystems, Jena 1894. – B: DSB (B. Zanobio); Not20Sc (J. Spizzirri); LexNW. – P.   Ja/Sch

Gómez Ortega, Casimiro (1740–1818); aus Añover de Tajo (Toledo, Span.); stud. Med. u. Philos. in Toledo, Madrid u. Barcelona, dann Univ. Bologna (Dr. med. u. phil. 1762), danach Apotheker in Madrid; 1771 ao. Prof., 1772–1801 (em.) o. Prof. am Bot.

A. Goette   C. Golgi ca. 1903

Garten in Madrid, wo er starb. Lehrer der bedeutendsten span. Botaniker d. Aufklärung (u. a. Hipólito RUIZ u. José PAVÓN); Mitorganisator d. bot. Exped. nach Amerika; Hrsg. der span. Pharmakopöe; führte die Gas-Chemie in Span. ein. – Lit.: De cicuta commentarius, Madrid 1763; Tabulae botanicae in quibus classes, sectiones et genera plantarum ..., Madrid 1773; Historia natural de la malagueta o pimienta de Tabasco, Madrid 1780; Continuación de la flora de España o historia de las plantas de España que escribía don José QUER, ordenada, suplida y publicada, Madrid 1784; Caroli Linnaei botanicorum principis philosophia botánica, Madrid 1792. – B: DhCmE (C. CARLES GENOVÉS).   LGB/Sch

González[-]Hidalgo y Rodriguez, Joaquín (1839–1923); aus Madrid; stud. Med., dann Naturwiss. Univ. Madrid (u. a. bei P. GONZÁLEZ DE VELASCO, GRAELLS u. R. MARTÍNEZ MOLINA; Lic. 1868, Dr. 1888); ab 1868 Doz. für Zool., Mineral. u. Bot., dazw. 1875–1888 Rektor, 1897–1918 (em.) o. Prof. für Mineral. u. später für Mollusken u. niedere Tiere Univ. Madrid; zugl. ab 1868 Dir. des Mus. de Ciencias u. des Bot. Gartens in Madrid, wo er starb. Stud. zur Malakologie in Spanien u. auf den Philippinen; 1871 Mitbegr. d. *Soc. Esp. de Hist. Nat.* u. 1910 deren Präs.; Präs. der *Soc. Aragonesa de Ciencias Nat.*; Vize-Präs. d. AdW Madrid. – Lit.: Obras malacológicas, 8 vols., Madrid 1890–1913. – B: DhCmE (C. CARLES GENOVÉS); DiccGalicia (X. A. FRAGA VÁZQUEZ).   LGB/Sch

González de Linares, Augusto (1845–1904); aus Valle de Cabuérniga (Santander, Cantabrien); 1861–1864 stud. Naturwiss. u. Recht Univ. Valladolid u. Madrid (Dr. d. Naturwiss. 1870), wo er sich dem *Krausismus* zuwandte (Schüler von Francisco GINER DE LOS RÍOS); dazw. 1867–1869 Ass. für Mineral. u. Geol. am *Mus. de Ciencias Nat.*, dann am Lehrstuhl für Naturgesch. des *Inst. Cardenal Cisneros* in Madrid; Anf. 1872 Prof. für Naturgesch. in Albacete; Mitte 1872–1875 o. Prof. Univ. Santiago de Compostela; lehrte hier u. a. Mineral., Zus.arb. mit Laureano CALDERÓN, Stud. in Naturphilos. u. Mineral.; Frühj. 1875 als hartnäckiger Darwinist entlassen; Gründer der *Inst. Libre de Enseñanza*, wo er zw. 1875 u. 1881 Morphol. u. Mineral. lehrte; 1881 o. Prof. für Naturwiss. Univ. Valladolid; 1886 Arb. an d. Zool. Sta. Neapel u. Wimereux; ab 1887 Gründer u. Dir. der *Estación Marítima de Zoología y Botánica Experim.* in Santander, wo er starb. Führte d. Mikroskop in d. Meeresbiol. ein; Mitbegr. u. Modernisator der Meeresbiol. in Spanien. – Lit.: Ensayo de una Introducción al Estudio de la Historia Natural, Madrid 1873; La morfología de Haeckel, in: Rev. Europea *11* (1878) 32: 62–63; Sobre la existencia del terreno weáldico en la cuenca del Besaya (provincia de Santander), in: Ann. Soc. Esp. de Hist. Nat. *7* (1878): 487–489; La Estación de Biología marina, in: Santander y su provincia, Guía de la Montana y su capital, Santander 1903: 345–351. – B: DiccGalicia (X. A. FRAGA VÁZQUEZ); MADARIAGA 1972, 1986; FRAGA 1996.   LGB/Sch

González de Velasco, Pedro (1815–1882); aus Valseca de Boones (Segovia, Span.); zuerst bis 1833 geistl.

Ausbild. in Segovia u. Valladolid; nach Militärdienst ab 1839 in Madrid, zunächst als Hausdiener, dann chirurg. Ausbild. bis 1842 u. Praktikum in Militärhosp. in Madrid; ab 1843 stud. Med. Univ. Madrid, organisierte gleichz. anatom. u. patholog. Demonstrationen, u. legte seit 1842 in seinem Haus in Madrid eine umfangr. priv. Slng. von anatom. Präparaten an, die später zur Gründung des 1875 eröffneten priv. *Museo Antropológico* u. der dazugehörigen *Escuela Práctica Libre de Medicina y Cirugía* führte, deren Dir. er war u. wo ab Herbst 1875 gelehrt wurde; gehörte bereits um 1860 zu den berühmtesten Chirurgen Spaniens; starb in Madrid. Mitgl. d. 1859 gegr. *Academia Médico-Quirúrgica Matritense*; 1865 Begr. d. ersten span. anthropolog. Ges.; Hrsg. d. Z. d. Mus. *El Anfiteatro Anatómico* (1873–1880). – B: ABEPI; DhCmE (J. M. LÓPEZ PIÑERO); BARONA 1985.   Sch

Gorozankin, Ivan Nikolaevič (1848–1904); aus Woronesh (Voronež, Rußl.); 1871 Abschluß Univ. Moskau, 1875 Doz., 1881 Prof. in Moskau, wo er starb. Morphologe, beteiligt an der Lösung des Problems der Befruchtung. – Lit.: O korpuskulach i polovom procese u golosemennych rastenij, in: Učen. zap. Mosk. Univ. *1* (1880); Zur Kenntnis des Corpuscula bei den Gymnospermen, in: Bot. Ztg. *41* (1883): 825–831. – B: MANOJLENKO 1972.   Ja

Gothan, Walter Ulrich Eduard Friedrich (1879–1954); aus Woldegk (Mecklenburg); 1899 stud. Bergbau u. Geol. Bergakad. Clausthal u. Berlin, 1903–1904 Chemie u. Bot. Univ. Berlin (Dr. phil. 1905 Univ. Jena); ab 1903 bei POTONIÉ an d. Geol. Landesanstalt, 1910 als Ass., 1913 Kustos d. paläobot. Slg. als dessen Nachf., 1919 Tit. Prof., 1927 als Bezirksgeologe, 1928 als Abt.-Ltr. u. 1929 Landesgeologe; gleichz. 1908 Pd., 1915 Doz., 1926 apl. Prof. Berliner Bergakad. (ab 1914 zur TH gehörig); ab 1927 Hon. Prof., 1946 Prof. m. LAuftr. 1947 o. Prof. für Paläobot. Univ. Berlin; 1951 Begr. der Arbeitsstelle für Paläobot. an d. AdW in Berlin, wo er starb. Widmete sich bes. der Pflanzenwelt des Karbon, führender Spezialist auf d. Gebiet der Kohlenkunde. – Lit.: Die oberschlesische Steinkohlenflora, in: Abh. Königl. Preuß. Geol. Landesanst., N. F., *75* (1913); Die Probleme der Paläobotanik und ihre geschichtliche Entwicklung, in: Probleme der Wissenschaft in Vergangenheit und Gegenwart, hrsg. von G. KROPP, Berlin 1948a; Die Paläobotanik in Deutschland in den letzten 100 Jahren, in: Z. Dt. Geol. Ges. *100* (1948b): 94–105; Die Geschichte der Paläobotanik und ihrer Ausweitungen in Berlin, Berlin 1951 (Dt. AdW Berlin, Vorträge u. Schr., 42); Neubearb. des Lehrbuchs der Paläobotanik von H. POTONIÉ (1921), Berlin 1954. – B: NDB (I. JAHN); DABER 1980. Ja

Goujaud, Aimé Jacques s. Bonpland, Aimé Jacques

Gould, John (1804–1881); aus Lyme Regis (Engl.); begann naturwiss. Laufbahn als Gärtner in Windsor Castle, dann in Yorkshire; erwarb sich nebenbei gute ornitholog. Kenntnisse; 1826 nach Gründung der Zool. Soc. London Ass. von Nicholas VIGORS; 1838–1840 Sammel- u. Fo.reise nach Nord-Australien; Kustos der Vogelslgn. des *Brit. Mus.* London, teilw.

Bearb. der Vogelslgn. von Ch. Darwins Weltreise; starb in London. – Lit.: The Birds of Europe, 5 Bde., London 1832–1837; The Birds of Australia …, 7 Bde., London 1840–1848, Suppl. 1851–1869; Birds, London 1841 (Zoology of the voyage of H. M. S. Beagle, hrsg. von Ch. Darwin, Part. III.); The birds of Australia, London 1842. – B: DSB (D. M. Simpkins).   Ja

Graaf, Reignier de (1641–1673); aus Schoonhoven; stud. Med. Univ. Leiden (Schüler von F. de le Boe [Sylvius], Dr. med. in Angers [Frankr.]); ab 1665 prakt. Arzt in Delft. Untersuchte erstmalig die Pankreasdrüse u. ihr Sekret, das er durch Anlegen einer künstl. Fistel an Hunden gewann (1664); führte später vergl.-anat. Untersuchungen an Ovarien d. Vögel u. Säugetiere durch, entdeckte in letzteren d. Follikel (später nach ihm benannt) u. setzte sie dem Vogelei gleich, wodurch er die aristotel. Zeugungslehre in Frage stellte. – Lit.: Tractatus anatomico-medicus de succi pancreati natura et usu, Leiden 1664; Opera omnia, Leiden 1686 (Nachdr. in: Opuscula selecta Neerlandicorum de arte medica 6 (1927): 182–293); De mulierum organis generationi inservientibus, Leiden 1672 (Nachdr. in: Dutch classics on history of science, Bd. 13, Nieuwkoop 1965). – B: DSB (M. Klein); Lindeboom 1973.   Ja

Gradmann, Hans (1892–1983); aus Forchtenberg (Württemberg); 1910–1914 u. 1918–1919 stud. Naturwiss., bes. Bot., Univ. Tübingen (bei H. Vöchting), 1912 Berlin (bei G. Haberlandt) u. 1919–1920 Erlangen (bei H. Solereder, Dr. rer. nat. 1920 Tübingen); 1920 Studienassessor in Mitzingen; 1920 wiss. Hilfsarb., 1921 Ass. (bei P. Claussen, ab 1922 bei K. Noack), 1923 Pd., 1931 ao. Prof. für Bot. Univ. Erlangen; 1936–1957 Studienrat u. Oberstudienrat (Biol., Chemie, Geogr.) in Vaihingen, Ravensburg u. Tübingen; ab 1958 (i. R.) wieder wiss. Arb.; starb in Tübingen. – Lit.: Untersuchungen über die Wasserverhältnisse des Bodens als Grundlage des Pflanzenwachstums, in: Jb. wiss. Bot. 69 (1928): 1–100; Die Rückkoppelung als Urprinzip der Lebensvorgänge (Preisschr. d. Bayer. AdW 1962), München 1963; Das Rätsel des Lebens im Lichte der Forschung, München 1962; Menschsein ohne Illusionen: die Aussöhnung mit den Naturgesetzen, München 1970. – B: eigenhänd. Vita in UA Erlangen-Nürnberg; Briefl. Mitt. Ulrich Gradmann von 20. 08. 1994 an I. Schmidt.   Höx/Sch

Graells Agüera, Mariano de la Paz (1809–1898); aus Tricio (Logrono); stud. Med. u. Naturwiss., dann Bot. u. Zool. Univ. Barcelona; Begr. u. Konservator des *Museo de Hist. Nat.* der AdW in Barcelona, dort 1835 o. Prof. für Zool. u. Taxidermie; 1837 o. Prof. für Zool. am *Museo de Ciencias Nat.* u. Dir. des Bot. Gartens in Madrid; 1850 o. Prof. für Vergl. Anat. u. Physiol. Univ. in Madrid, wo er starb. Wandte sich bes. der Entomol. u. d. Stud. der Wale zu; Untersuchungen zur Reblaus. – Lit.: Catálogo de los moluscos terrestres y de agua dulce observados en España, Madrid 1846; La filoxera bastatrix, Madrid 1881–1882; Fauna mastológica ibérica, Madrid 1897. – B: DiccGalicia (X. A. Fraga Vázquez).   LGB/Sch

Graham, Thomas (1805–1869); aus Glasgow; 1830–1837 Prof. für Chemie an d. *Anderson Institution* in Glasgow, danach am Univ. Coll. in London, wo er starb. Fo. u. a. zu osmotischen Erscheinungen. – B: DSB (G. B. Kauffmann).   Ja

Gram, Hans Christian Joachim (1853–1938); aus Kopenhagen; 1871 stud. Med. u. Bot. Univ. Kopenhagen, 1873–1884 Ass. für Bot. bei d. Zoologen Steenstrup (Dr. med. 1878); nach Stud.reise in Europa (1884 bei Friedländer in Berlin) ab 1891 ao. Prof., 1900 o. Prof. für Pharmakol. Univ. in Kopenhagen, wo er starb. Führte 1884 die „Gram-Färbung" ein, das wichtigste differentialdiagnost. Färbeverfahren der Mikrobiologie. – Lit.: Ueber die isolierte Färbung der Schizomyceten in Schnitt- und Trockenpräparaten, in: Fortschr. Med. *B2* (1884): 198–202. – B: DSB (E. Snorrason).   Ja

Granit, Ragnar Arthur (1900–1991); aus Helsinki; stud. Med. Univ. Helsinki (MS 1923, MD 1927), 1929 Doz. für Physiol.; 1929–1931 Fell. für Med. Physik Pennsylvania Univ. Philadelphia; 1928 u. 1932–1933 Ass. Univ. Oxford (Engl.); 1937 Prof. für Physiol. Univ. Helsinki; 1940–1957 Prof. für Neurophysiol. am *Karolinska Inst.*, ab 1946–1967 auch Dir. des neugegr. Nobel-Inst. für Neurophysiol. in Stockholm, wo er starb. 1963–1965 Präs. d. schwed. AdW. Nobelpr. 1967. – Lit.: s. Kap. 15. – B: WWNP; Harenberg; LexNW.   Sch

Grassi, Giovanni Battista (1854–1925); aus Rovellasca (Ital.); 1872–1878 stud. Med. Univ. Pavia (Dr. med. 1878); dann bei O. Bütschli im Zool. Inst. Univ. Heidelberg; 1883 Prof. für Zool. u. Vergl. Anat. Univ. Catania; 1895 Prof. für Vergl. Anat. in Rom, wo er starb. Bes. 1879–1884 Arb. über parasit. u. pathogene Protozoen, trug zur Aufklärung der Malaria-Infektion bei; entdeckte 1896 in d. *Straße von Messina* Entw.stadien von Jung-Aalen, was später auf das Problem der Aalwanderung führte. – Lit.: s. A. Pazzini, Giovanni Battista Grassi, in: Rivista di Biologia 19 (1935): 1–46. – B: DSB (P. Franceschini). – P.   Ja

Grattius (um d. Zeitenwende); röm. Dichter zur Zeit von Augustus (63 v. Chr.–14 n. Chr.); Verf. eines Lehrgedichts über d. Jagd (*Cynegetica*). – Lit.: Textausg.: F. Vollmer, Poetae Latini minores, II 1, Leipzig 1911: 20–45; R. Verdiere, 2 Bde., Wetteren 1964 (mit Übers. u. Komm.). – B: LAW.   Ha/Sch

Gravenhorst, Johann Ludwig Karl Christian (1777–1857); aus Braunschweig; stud. Helmstedt (Dr. phil. 1801) u. Göttingen (Diss. 1805); 1804 Pd., 1809 ao. Prof. für Naturgesch. Univ. Göttingen; 1810 o. Prof. für Naturgesch. u. Dir. d. Bot. Gartens Univ. Frankfurt a. O.; 1811 o. Prof. für Naturgesch. Univ. Breslau (Wrocław); Begr. u. Ltr. des Zool. Mus. in Breslau, wo er starb. – Lit.: s. Kap. 9. – B: Poggendorff I; Wagenitz 1988.   Sch

Gray, Asa (1810–1888); aus Sauquoit (N. Y., USA); 1826 stud. Med. *Fairfield's Coll. of Physicians and Surgeons* in Clinton, dann stud. Chemie, Mineral. u. bes. Bot., ärztl. Praktikum in Bridgewater/N. Y. (Dr. med.

1831); danach med. Praxis u. Zus.arb. mit Botaniker J. TORREY; 1836 wiss. Mitgl. der *US Exploring Exped.*; dann Prof. für Bot. an d. neugegr. Univ. Michigan; 1838–1839 Stud.reise durch Europa; 1842–1873 *Fisher*-Prof. für Naturgesch. Harvard Univ. u. Dir. Bot. Garten u. Herbar., Sammelreisen in d. südl. Appalachen, nach Kalifornien u. Mexiko, sowie mehrm. Aufenth. in Europa (1850–1851, 1855, 1868–1869, 1880–1887); stand mit Ch. DARWIN in Verbindung u. wurde Anhänger seiner Abstammungslehre; starb in Cambridge (Mass., USA). – B: DSB (A. H. DUPREE); DUPREE 1959. Ja

Gray, George Robert (1808–1872); aus Chelsea (Engl.); nach Ausbild. in Merchant Taylor's Sch. frühzeitig priv. zool. Stud., bes. in Entomol. u. Ornithol.; Mitarb. bei Ordnung u. Verwaltung der Slgn. von J. G. CHILDREN; ab 1831 Ass. am Zool. Dep. *Brit. Mus.*, 1842 Ass. u. Mitgl. in d. Kommission *Nomenclator Zoologicus* (zus. mit AGASSIZ u. C. L. BONAPARTE); ab 1866 Mitgl. *Roy. Soc.*; starb in London. – Lit.: List of the genera of birds, London 1840 ([2]1841); Hand-List of the genera and species of birds, London 1869–1872. – B: DNB; FREEMAN 1978: 153. Ja

Green, David Ezra (1910–1983); aus New York City; stud. Chemie Univ. New York (BA 1930, MA 1932); Fell. für Biochemie bei M. DIXON u. F. G. HOPKINS Univ. Cambridge/Engl. (PhD 1934); 1934 Beit Mem. Fell., 1938 Sen. Beit Mem. Fell. im Biochem. Dep. Univ. Cambridge; 1940 Res. Fell. Harvard Univ. Cambridge/Mass.; 1941 Res. Assoc., 1946 Ass. Prof., 1947 Assoc. Prof. für Biochemie Columbia Univ. New York; 1948 Prof. für Enzymchemie Univ. of Wisconsin in Madison, wo er starb. – Lit.: (mit D. M. NEEDHAM & J. G. DEWAN) Dismutations and oxidoreductions, in: Biochem. J. *31* (1937): 2327–2352; Mechanisms of biological oxidations, Cambridge 1940; (Ed.) Currents in biochemical research, New York 1946; Fatty acid oxidation in soluble systems of animal tissues, in: Biol. Rev. *29* (1954): 330–336. – B: BEINERT & STUMPF 1983. Höx

Gregorio Rocasolano, Antonio de (1873–1941); aus Zaragoza (Aragón, Span.); stud. Naturwiss. u. Chemie Univ. Zaragoza (Lic. 1892) u. Madrid (Dr. 1897);

dazw. 1893 mikrobiol. Stud. bei Emile DUCLAUX in Paris; ab 1896/1897 Doz. Univ. Zaragoza; 1902 o. Prof. für Allg. Chemie Univ. Barcelona, wechselte noch 1902 in gleicher Stellung an d. Univ. in Zaragoza, wo er starb. Arb. spez. über Kolloid-Chemie u. landw. u. med. Biochemie; 1918 Gründer d. *Labor. de Investigaciones Bioquímicas.* – Lit.: Estudios químico-físicos sobre la materia viva, Zaragoza [2]1917; (mit F. LAVILLA LLORENS) Tratado de química, Zaragoza 1924; Tratado de bioquímica, Zaragoza 1928. – B: DhCmE (E. PORTELA MARCO). LGB/Sch

Gregorios Abū al-Faraǧ ibn al-ʿIbrī [Grigor bar ʿEbrāyā, lat. Barhebraeus] (1226–1286); aus Melitene; universal gebild. syrischer Schriftsteller, bekleidete hohe Ämter in d. jakobit. Kirche: 1246 Bischof, 1264 *Maphrian* (= syr. „Primas d. Ostens" = Haupt d. östl. Kirchenprovinz); starb in Marāġa. Biologiehistor. interessant ist seine Bearb. der Heilmittellehre des AL-ĠĀFIQĪ (s. dort). – B: LexMA (J. ASSFALG). Nab/Sch

Gregor(ius) von Nyssa (um 335–nach 394); aus Caesarea, Bruder von BASILEIOS DEM GROSSEN; stud. Rhetorik, Philos. u. Naturwiss. in Caesarea, dann dort Rhetor; 372–376 Bischof von Nyssa; später versch. kirchenpolit. Missionen. In seiner hpts. theolog. Abh. *De opificio hominis* (Über den Bau des Menschen) behandelte er eine Reihe anat. u. physiolog. Probleme, wobei er eine gründl. Kenntnis auf diesen Gebieten verrät. – Lit.: Textausg.: MPG 44, Paris 1858: 125–256. – B: LexMA (K. S. FRANK). Sch

Grew, Nehemiah (1641–1712); aus Mancetter (Warwickshire, Engl.); stud. Philos. Univ. Cambridge (Engl.), dann Med. Univ. Leiden (Dr. med. 1671); prakt. Arzt in Coventry, ab 1672 in London; 1677 Sekr. *Roy. Soc.*; ab 1664 Stud. über Anat. d. Pflanzen, die ihn als Mikroskopiker bekannt machten; führte außerdem vergl.-anat. Untersuchungen über d. Verdauungstrakt d. Säugetiere, Vögel u. Fische durch u. benutzte erstmalig d. Terminus „Vergl. Anatomie" für zool. Stud. – Lit.: The anatomy of plants with an idea of a philosophical history of plants and several other lectures read before the Royal Society, London 1682 (Nachdr. New York 1965); Experiments in consort of the luctation arising from the affusion of several menstruums upon all sorts of bodies, London 1678 (Nachdr. Cambridge 1963). – B: DSB (Ch. R. METCALFE); ARBER 1941; BOLAM 1973. Ja

Griffith, Fred[erick] (1877–1941); aus Hale (County Cheshire, Engl.); stud. Med. Univ. Liverpool (BM 1901); zunächst Arzt im Liverpool Roy. Infirmary; dann pathol. Ausbild. im Thompson-Yates-Labor.; zeitweilig Mitarb. in d. Roy. Commission of Tuberculosis; nach 1910 überw. Tätigk. als Bakteriologe für d. *Ministry of Health* London; seit 1939 beim *Ministry of Health* u. M.R.C. Arb. an Projekt zur weiteren Analyse v. Streptokokkeneigenschaften bei Wundinfektionen zus. mit William M. SCOTT; starb mit SCOTT während eines Luftangriffs im Labor. in London. – Lit.: The significance of pneumococcal types, in: J. Hyg. *27* (1928): 113–159. – B: BES; H.D.W. 1941. Sch

B. Grassi 1910   E. Grube

Grigor bar ʿEbrāyā s. Gregorios Abū al-Faraǧ ibn al-ʿIbrī

Grisebach, Heinrich August Rudolf (1814–1879); aus Hannover; 1832 stud. Med. u. Bot. Univ. Göttingen, 1834 Univ. Berlin (Dr. med. 1836); 1837 Pd. für Bot., 1841 ao. Prof., 1847 o. Prof. für Allg. Naturgesch., 1875 o. Prof. für Bot. u. Dir. Bot. Garten Univ. in Göttingen, wo er starb. Zw. 1839 u. 1850 mehrere Fo.reisen durch Europa; Systematiker, entwickelte die Pflanzengeogr. zur eigenen Disziplin. – Lit.: Die Vegetation der Erde in ihrer klimatischen Anordnung, 2 Bde., Leipzig 1872; (hrsg. von E. GRISEBACH) Gesammelte Abhandlungen und kleinere Schriften zur Pflanzengeographie von A. Grisebach, Leipzig 1880. – B: NDB (H. DOLEZAL); DRUDE 1879; WAGENITZ 1988.   Hek/Sch

Grobben, Karl (1854–1945); aus Brünn (Brno); 1873 stud. Naturwiss. Univ. Wien (bes. Zool. bei C. B. BRÜHL u. C. CLAUS, Dr. phil. 1877); 1876 Ass. am Zool. Inst. bei Claus; 1879 Pd., 1884 ao. Prof. für Zool. u. Vergl. Anat. Univ. Wien, ab 1893 o. Prof. für Zool. u. 1896 Dir. des 1. Zool. Inst.; im Auftr. der Österr. AdW 1890–1898 Exped. ins östl. Mittelmeer; führte spez. Untersuchungen zur Anat. u. Entw.gesch. der niederen Krebse u. der Mollusken durch u. arb. als Systematiker; Bearbeit. u. Mithrsg. der späteren Aufl. des Lehrbuches der Zoologie von C. CLAUS (s. d.); starb in Salzburg. – NDB (G. USCHMANN).   Ja

Grube, Adolf Eduard (1812–1880); aus Königsberg (Kaliningrad); 1830 stud. Naturwiss., bes. Zool., Univ. Königsberg (bei K. E. VON BAER u. BURDACH, Dr. phil. 1834); 1837 Pd., 1843 ao. Prof., 1844 o. Prof. für Zool. Univ. Dorpat (Tartu, Estland); 1857 o. Prof. für Zool. u. Dir. des von ihm ausgebauten Zool. Mus. Univ. in Breslau (Wrocław), wo er starb. Arb. bes. über niedere Meerestiere, Anneliden, erste grundleg. Untersuchung über *Peripatus* (1853) u. zahlr. Neubeschreibungen; bei entw.-geschichtl. Arb. entdeckte er d. „Strahlenfiguren" (1844) bei der Zellteilung. – Lit.: Untersuchungen über die Entwicklung der Clepsinen, Königsberg 1844 (Untersuchungen über die Entwicklung der Anneliden, 1). – B: NDB (G. USCHMANN). – P.   Ja

Gruber, Max[imilian] Franz Maria Ritter **von** (1853–1927); aus Wien; stud. Med. in Wien; 1876 Ass. am 1. Chem. Inst. Univ. Wien (Dr. med. 1876); ab 1879 Ass. in München (bei Carl VON VOIT, Max VON PETTENKOFER, Wilhelm VON NAEGELI) u. Leipzig (bei K. LUDWIG); 1882 Pd. für Hygiene Med. Fak. Wien; 1884 ao. Prof., 1887 o. Prof. am Hygien. Inst. in Graz; gleichz. 1887 ao. Prof., 1891 o. Prof. für Hygiene in Wien; 1902–1923 (em.) o. Prof. für Hygiene Univ. München (Nachf. von Hans BUCHNER); starb in Berchtesgaden. Befaßte sich in Graz bes. mit Fragen des Öffentl. Gesundheitswesens (Choleraepidemie 1885–1886 in Südösterr.); vertrat d. Lehre von d. Variabilität der Bakterien gegen die Monomorphismus, wandte sich auch gegen die Immunitätslehren von R. PFEIFFER u. P. EHRLICH; entdeckte mit DURHAM das Phänomen der Bakterienagglutination; Präs. d. Bayer. AdW. – Lit.: Ueber active und passive Immunität gegen Cholera und Typhus, sowie über die

bakteriologische Diagnose der Cholera und des Typhus, in: Wiener Klin. Wo.schr. *9* (1896): 183–186, 204–209; (mit H. E. DURHAM) Eine neue Methode zur raschen Erkennung des Choleravibrio und des Typhusbacillus, in: Münchn. Med. Wo.schr. *43* (1896): 285–286. – B: Ärzte II; NDB (G. RATH); DSB (H. FLAMM).   Kö/Sch

Güldenstädt, Johann Anton (1745–1781); aus Riga; 1763 stud. Med. *Coll. medico-chirurg.* Berlin (Dr. med. 1767 Univ. Frankfurt/O.); 1768–1775 Teiln. an d. Rußl.-Exped. der St. Petersburger AdW, erforschte die Kaukasusländer; 1769 o. Mitgl., seit 1771 Prof. für Naturgesch. d. AdW in St. Petersburg, wo er starb. – Lit.: (hrsg. von P. S. PALLAS) Reisen durch Rußland und im kaukasischen Gebürge, 2 Bde., St. Petersburg 1787–1791. – B: NDB (A. FANSER); BRL; GEBHARDT 1964, 1970; ENIGK 1986.   Hth/Sch

Günther, Hans F[riedrich] K[arl] (1891–1968); aus Freiburg i. Br.; stud. Vergl. Sprachwiss. u. Germanistik Univ. Freiburg i. Br. (Dr. phil. 1914) u. Paris; nach Kriegsdienst u. Prüf. für das höhere Lehramt 1919 päd. Hilfskraft an Gymnasium in Dresden, dann Schulen in Freiburg; 1920–1922 Stud.aufenth. Anthropol. Inst. Univ. Wien u. Mus. für Tier- u. Völkerkunde Dresden (bei B. STRUCK), 1922 bei Th. MOLLISON in Breslau; 1923 Privatgelehrter in Skandinavien, u. a. an Univ. u. Schwed. Staatsinst. für Rassenbiologie (bei Herman LUNDBORG) in Uppsala; 1929 Lehrstellung an Gymnasium in Dresden; 1930 o. Prof. für Sozialanthropol. Univ. Jena (unter Protest von Fak. u. Senat); 1935 Prof. für Rassenkunde, Völkerbiol. u. Ländl. Soziol. Univ. Berlin; 1940–1944 Prof. u. Institutsdir. Univ. Freiburg i. Br.; nach Internierungshaft ab 1949 weiter publizist. Tätigk.; starb in Freiburg i. Br. – Lit.: s. Lit. zu Kap. 18. – B: LUTZHÖFT 1971 (W).   Sch

Günther, Klaus (1907–1975); 1928–1929 Bücherei-Ass. Zool. Mus. Berlin (Dr. phil. 1931 bei Carl ZIMMER); 1934–1946 Ltr. Entomol.-Abt. Staatl. Mus. für Tierkunde Dresden; dann Ass. am Zool. Inst. Humboldt-Univ. Berlin; 1950 Pd. am neugegr. Inst. Allg. Biol. u. Genetik, 1957 ao. Prof., 1960–1973 (em.) o. Prof. Inst. für Genetik (Vorlesungen in Ökol., Tiergeogr., Entomol., Evolutionsbiol., Systemat. Zool.) u. Mitdir. d. 1. Zool. Inst. FU Berlin. Konzipierte 1950 den Begriff der „ökolog. Nische" in d. Definition als multidimensionales Bezugssystem Organismus-Umwelt; dieses von ihm begr. Nischenkonzept („Günther-Nische", vgl. SUDHAUS) wird als Beginn der Evolutionsbiologie oder Evolutionsökologie im eigentl. Sinne bezeichnet. – Lit.: Systematik der Stammesgeschichte der Tiere, 1939–1953 in: Fortschr. Zool. *10* (1956): 33–278, u. 1954–1959 in: ebda *14* (1962): 268–547. – B: KÜRSCHNER 1950–1976; LASKOWSKI & SCHMITT & SUDHAUS 1996.   Sch

Guignard, Jean-Louis Léon (1852–1928); aus Montsous-Vaudrey (franz. Jura); Botaniker (Zytologe), Prof. in Paris. Arb. über die Verhältnisse in generativen Organen d. Phanerogamen bei d. Befruchtung, förderte die Pflanzenembryologie. – Lit.: Note sur la structure et les fonctions du suspenseur embryonnaire chez quelques légumineuses, in: Bull. Soc. bot. France

27 (1880): 253–257; Sur les anthérozoides et la double copulation sexuelle chez les végétaux angiospermes, in: C. R. Acad. Sci. Paris *128* (1899): 864–871. – B: DSB (A. Berman).   Ja

Gumplowicz, Ludwig (1838–1909); aus Krakau (Kraków); 1858–1861 stud. Jur. u. Nationalökon. Univ. Krakau u. Wien; 1862–1875 Advokat in Krakau; 1875 Pd., 1882 ao. Prof., 1893–1908 o. Prof. für Staatsrecht Univ. in Graz, wo er starb (Freitod). – Lit.: Der Rassenkampf, Graz 1883; Grundriß der Sociologie, Graz 1885; Die sociologische Staatsidee, Graz 1892. – B: NDB (H. Reimann).   Ja

Gundisalvo, Domingo (ca. 1100–ca. 1190); Erzdiakon in Segovia, wiss. tätig in Toledo; bei Juan de Sevilla Mitarb. an den unter d. Patronat des Erzbischofs von Toledo, Raimundo, angefertigten Übers. der griech.-arab. wiss. Werke aus dem Arab. ins Latein; schrieb selbst über Philos. u. Wissenschaftsmethodik. – Lit.: (Hrsg. L. Baur) De divisione philosophiae, in: Beitr. z. Gesch. d. Phil. u. Mittelalt. *4* (1903): 1–142. LGB/Sch

Gundlach, Johannes (1810–1896); aus Marburg; stud. Theol., dann Naturwiss. Univ. Marburg (bes. Zool. bei M. J. D. Herold, Dr. phil. 1837); daneben Konservator u. Präparator am Zool. Inst. bei Herold; 1838/1839 im Auftrag des Ver. für Naturkunde Kassel Sammel- u. Fo.reise mit C. G. Louis Pfeiffer (1805–1877) nach Kuba, wo er bis zu seinem Tode wirkte; hielt sich zunächst auf d. Farm „Fundador" von Carlos Booth in Matanzas auf, ab 1841 auf „El Refugio" bei Cárdenas, wo er ein priv. Mus. einrichtete; ab 1849 mehrere Fo.reisen über d. Insel Kuba, zw. 1873–1881 nach Puerto Rico; vertrat Kuba mit seiner Slg. auf d. Weltausstellung 1867 in Paris, dabei kurzer Besuch im Zool. Mus. Berlin; seine Slg. wurde 1892 von d. span. Regierung gekauft u. bildete d. Grundlage für ein neues naturgeschichtl. Mus. in Havanna, das 1895 eröffnet u. wo er als Kustos angestellt wurde; starb in Havanna. Trug wesentl. zur Erschließung d. Tierwelt von Kuba u. Puerto Rico bei, sammelte u. beschrieb v. a. Wirbeltiere (bes. Vogel) u. Mollusken; enger Kontakt zu Felipe Poey aus Havanna u. dem Dir. Zool. Mus. Berlin, Wilhelm K. L. Peters (s. d.). – Lit.: Molluscorum Species Novae, in: Memorias sobre la historia natural de la isla de Cuba II, La Habana 1856: 13–23; Contribución a la Ornithología cubana, La Habana 1873–1876 (²1893); Contribución a la Mamalogía cubana, La Habana 1877. – B: NDB (L. Gebhardt); Piechocki 1992, 1997.   Sch

Gurin, Samuel (1905–1997); aus New York City; stud. Biochemie Columbia Univ. New York (BA 1928, MS 1930, PhD 1934); 1928–1932 Ass. für Physiol. Chemie Teachers Coll. Columbia Univ.; 1934 Ass. für Biochemie *Coll. Physicians & Surgeons* New York; 1936 Res. Fell. Univ. of Illinois Urbana; 1936 Instr., 1942–1947 Ass. u. Assoc. Prof., 1948 Prof. für Physiol. Chemie, 1954 *Benjamin-Rush*-Prof., 1965 Prof. für Biochemie Univ. of Pennsylvania Philadelphia; 1969 Prof. für Biowiss. Univ. of Florida Gainesville; 1972–1985 Prof. für Biochemie *Marine Biol. Labs.* Whitney Univ. St. Augustine (Florida). – Lit.: (mit D. I. Crandall) The bio-

logical oxidation of fatty acids, in: Cold Spring Harbor Symp. Quant. Biol. *13* (1948): 118–128; s. a. Lit. zu Kap. 16. – B: AMWS 1989–90.   Höx

Gurvič [Gurwitsch], Aleksandr Gavrilovič [Alexander Gawrilowitsch] (1874–1954); aus Poltawa; 1897 Dr. med. Univ. München; bis 1905 an den Univ. Strasbourg u. Bern tätig; 1906 Prof. für Histol. an den *Vysšie ženskie kursy* in St. Petersburg, 1918 KrimUniv. Simferopol, 1924–1929 Univ. Moskau; 1930 Ltr. Dep. für Experim. Biol. am Allunionsinst. für Experim. Med., 1945–1948 Dir. Inst. für Experim. Biol. AdMW in Moskau, wo er starb. – Lit.: Morphologie und Biologie der Zelle, Jena 1904; Über den Begriff des embryonalen Feldes, in: A. Entw.mech. *51* (1922): 383–415; Weiterbildung und Verallgemeinerung des Feldbegriffs, in: ebda *112* (1927): 433–454. – B: WwWU; DSB (L. J. Bljacher); Brown.   Hth

Gutmann, Wolfgang Friedrich (1935–1997); aus Wächtersbach (Kr. Gelnhausen); 1955 stud. Biol. (Zool.), Paläontol. u. Chemie Univ. Frankfurt a. M. (Dr. rer. nat. 1961 bei Wilhelm Schäfer); 1960–1964 am Fo.inst. für Meeresgeol. u. -biol. Wilhelmshaven; 1964 Ltr. Sekt. für Vergl. u. funktionelle Anat. d. Wirbeltiere am *Senckenberg-Mus.* Frankfurt a. M.; 1973 Habil. für Biol., 1982 Hon. Prof. Univ. in Frankfurt a. M., wo er starb. – Lit.: Funktionelle Morphologie der Seepocke *Balanus balanoides*, Diss. nat., Univ. Frankfurt a. M., 1961; Die Hydroskelett-Theorie, in: Aufsätze u. Reden Senckenberg. naturf. Ges. Frankfurt a. M. *21* (1972): 1–91; (mit W. F. K. Bonik) Kritische Evolutionstheorie: ein Beitrag zur Überwindung altdarwinistischer Dogmen, Hildesheim 1981; Die Evolution hydraulischer Konstruktionen: organismische Wandlung statt altdarwinistischer Anpassung, Frankfurt a. M. 1989 (Senckenberg-Buch, 65); Organismus und Energie – Ist die Morphologie noch zu retten?, in: Naturwiss. Rdsch. *44* (1991): 253–260; Wissenschaftstheoretische Grundlagen der Biotheorie, in: Biol. Zbl. *112* (1993): 108–115; (mit M. Weingarten) Veränderungen der evolutionstheoretischen Diskussion: die Aufhebung des Atomismus in der Genetik, in: Natur u. Mus. *124* (1994): 189–195. – B: Grasshoff 1997; Mitt. von Michael Weingarten an I. Jahn von Juli 1997.   Sch

Guttenberg, Hermann von (1881–1969); aus Triest; stud. Bot. Univ. Wien, 1908 Pd.; dann bei Haberlandt in Graz; 1910 Pd., 1919 ao. Prof. Univ. Berlin; 1923 o. Prof. für Bot. sowie 1923–1957 (em.) Dir. Bot. Inst. u. Bot. Garten Univ. Rostock; 1928–1929 Fo.reise nach Ceylon (Sri Lanka), Indonesien u. Java; 1936–1939 Aufbau d. Bot. Gartens in Rostock, wo er starb. – Lit.: Lehrbuch der allgemeinen Botanik, Berlin 1951 (⁶1963); Pflanzenanatomie, Berlin 1966. – B: Grewolls; DBE; Heitz 1969/II: 184.   Sch

Gyllius, Petrus s. Gille d'Albi, Pierre

Haacke, Johann Wilhelm (1855–1912); aus Clenze (Kr. Lüchow, Wendland); stud. Zool. Univ. Jena (Dr. phil. 1878 bei E. Haeckel), 1878 Ass. Zool. Inst.; 1879 Ass. Zool. Inst. Univ. Kiel (bei K. Möbius); 1881 nach

Neuseeland, Ass. am Mus. in Christchurch; 1882–1884 Dir. von *Public Library, Mus. and Art Gallery of South Australia* in Adelaide u. Fo.reisen in Australien, wo er 1884 die Eier des Schnabeligels (*Echidna*) entdeckte (gleichz. mit u. unabhängig von CALDWELL); 1886 Rückkehr nach Dtl.; 1888–1893 Dir. Zool. Garten Frankfurt a.M.; 1890 Habil. TH Darmstadt, dort 1892 Doz. für Zool. u. bis 1897 Privatgelehrter, Gymnasialoberlehrer; starb in Lüneburg. Durch Kreuzungsversuche mit Mäusen kam er der Entdeckung d. MENDELschen Gesetze sehr nahe. – Lit.: Bioekographie, Museenpflege und Kolonialthierkunde, in: Biol. Cbl. 6 (1886): 37–46; Biologie, Gesamtwissenschaft und Geographie, in: ebda 6 (1887): 705–718; Über zoologische Museen und die Regelung des naturkundlichen Museumswesens, in: ebda 8 (1888): 86–91; Die Schöpfung der Tierwelt, Leipzig 1893a; Die Träger der Vererbung, in: Biol. Cbl. 15 (1893b): 525–542; Gestaltung und Vererbung: eine Entwicklungsmechanik der Organismen, Leipzig 1893c; Über Wesen, Ursachen und Vererbung von Albinismus und Scheckung und über deren Bedeutung für vererbungstheoretische und entwicklungsmechanische Fragen, in: Biol. Cbl. 15 (1895): 44–78; Grundriß der Entwicklungsmechanik, Leipzig 1897; Das Tierleben der Erde, Leipzig 1900–1902. – B: NDB (G. USCHMANN).   Ja/Sch

Haagen-Smit, Arie Jan (1900–1977); aus Utrecht; stud. Chemie, bes. Organ. Chemie, Univ. Utrecht (BA, MA, Dr. phil.); 1929–1934 Ass. bei F. KÖGL Univ. Utrecht; 1936 Lect. für Organ. Chemie Harvard Univ. Cambridge (Mass., USA), 1937 Fak.mitgl.; 1940–1971 (em.) Prof. für Bioorgan. Chemie am *Caltech* in Pasadena (USA), wo er starb. – Lit.: (mit W. D. LEACH & W. R. BERGREN) The estimation, isolation and identification of auxins in plant materials, in: Am. J. Bot. 29 (1942): 500–506. – B: WwWA 7.   Höx

Haberlandt, Gottlieb (1854–1945); aus Ungarisch-Altenburg an d. Donau (Mosonmagyaróvár, Ungarn); 1873 stud. Bot. Univ. Wien (Dr. phil. 1876); 1876 Ass. Inst. für Landw. Pflanzenbau d. HS für Bodenkultur Wien (wo sein Vater Friedrich H. seit 1872 als Prof. wirkte), 1877 Univ. Tübingen (bei S. SCHWENDENER); 1879 Pd. Univ. Wien; 1880 Suppl.-Prof. TH Graz; 1884 ao. Prof., 1888 o. Prof. für Bot. Univ. Graz; 1910–1923

o. Prof. für Bot. u. Dir. des Pflanzenphysiol. Inst. Univ. in Berlin, wo er bis zu seinem Tode wirkte. Verband pflanzenanat. u. entw.gesch. Stud. mit funktionell-physiol. Fragestellungen. – Lit.: Physiologische Pflanzenanatomie: im Grundriß dargestellt, Leipzig 1884 (⁶1924); Über die Beziehungen zwischen Funktion und Lage des Zellkerns bei den Pflanzen, Jena 1887; Die Kleberschicht des Gras-Endosperms als Diastase ausscheidendes Drüsengewebe, in: Ber. Dt. Bot. Ges. 8 (1890): 40–48; Sinnesorgane im Pflanzenreich zur Perzeption mechanischer Reize, Leipzig 1901; Culturversuche mit isolierten Pflanzenzellen, in: Sb. AdW Wien, Math.-nat. Cl., Abt. I, 111 (1902): 69–91; Zur Physiologie der Zellteilung, in: Sb. AdW Berlin, Phys.-math. Cl., (1913): 318–345; Zur Physiologie der Zellteilung, 6. Mitt., in: ebda, (1921): 221–234; Über Zellteilungshormone und ihre Beziehungen zur Wundheilung, Befruchtung, Parthenogenesis und Adventivembryonie, in: Biol. Zbl. 42 (1922): 145–172; Erinnerungen, Bekenntnisse und Betrachtungen, Berlin 1933; Botanisches Vademecum für bildende Künstler und Kunstgewerbler, Jena 1936. – B: NDB (H. VON GUTTENBERG); DSB (R. SATTLER); Autobiogr. 1933; VON GUTTENBERG 1955; HÖXTERMANN et al. 1978 (W); HÖXTERMANN 1996. – P.   Ja

Hadorn, Ernst (1902–1976); aus Forst bei Thun (Schweiz); ab 1925 stud. Naturwiss. Univ. Bern u. München (Dr. phil. 1931 bei Fritz BALTZER, Habil. 1935 Univ. Bern); 1936–1937 Aufenth. in d. USA, u.a. bei T. H. MORGAN; 1939 ao. Prof., 1943 o. Prof. für Zool. u. Vergl. Anat. Univ. Zürich; starb in Wohlen (bei Bern). – Lit.: Letalfaktoren in ihrer Bedeutung der Erbpathologie und Genphysiologie der Entwicklung, Stuttgart 1955; Transdetermination in cells, in: Sci. Am. 219 (1968): 110–120; s. a. Lit. zu Kap. 14. – B: Schweizer Lex.; TARDENT 1976.   Hth/Sch

Haeckel, Ernst (1834–1919); aus Potsdam; 1852–1858 stud. Med. Univ. Berlin, Würzburg u. Wien (Dr. med. 1857, Approbation 1858 Univ. Berlin), durch Joh. MÜLLER (Berlin) u. A. KOELLIKER (Würzburg) für niedere Meerestiere interessiert, die sein Hauptarbeitsgebiet wurden; 1861 Pd., 1862 ao. Prof. für Vergl. Anat., 1865–1909 o. Prof. für Zool. u. Gründer des Zool. Inst. Univ. in Jena, wo er starb. Meereszool.

G. Haberlandt 1903   E. Haeckel 1874   V. Haecker 1902   A. von Haller

Fo.reisen u. a. nach Ital. (1859–1860), Kanar. Inseln (1866–1867), Norwegen (1869), d. Roten Meer (1873), Ceylon (1881–1882), Java u. Sumatra (1900–1901); bekannte sich früh zum Darwinismus (1863), entwickelte ihn zuerst 1866 weiter (einschl. d. Grundlage seines „Monismus"); erfolgr. Popularisator d. Entw.lehre u. einer materialist. fundierten Weltanschauung; verfaßte zahlr. morpholog.-taxonom. Arb. über Radiolarien, Medusen u. Schwämme sowie Reisebeschreibungen; 1908 Begr. d. *Phyletischen Museums*, 1916 eines „Phyletischen Archivs" (ab 1920 Memorialmuseum, später *Ernst-Haeckel-Haus*) in Jena. – Lit.: Die Radiolarien (*Rhizopoda radiaria*), Berlin 1862; Generelle Morphologie der Organismen, 2 Bde., Berlin 1866; Natürliche Schöpfungsgeschichte, Berlin 1868; Über Entwicklungsgang und Aufgabe der Zoologie, in: Jena. Z. Med. Naturwiss. 5 (1869): 353–370; Die Kalkschwämme (*Calcispongiae*), 3 Bde., Berlin 1872; Die Gastraea-Theorie, die phylogenetische Classification des Thierreichs und die Homologie der Keimblätter, in: Jena. Z. Med. Naturwiss. 8 (1874): 1–55; Anthropogonie oder Entwicklungsgeschichte des Menschen (Keimes- und Stammesgeschichte), Leipzig 1874 (^{4}1891, ^{5}1903); Die Gastrula und die Eifurchung der Thiere, in: Jena. Z. Med. Naturwiss. 9 (1875): 402–508; Die Perigenesis der Plastidule oder die Wellenzeugung der Lebenstheilchen, Berlin 1876; Studien zur Gastraea-Theorie, Jena 1877 (Biolog. Studien, 2); Report on the Radiolaria, on the Siphonophorae, on the Deep-Sea Keratosa, collected by H. M. S. Challenger, London 1887, 1888, 1889; Systematische Phylogenie: Entwurf eines natürlichen Systems der Organismen auf Grund ihrer Stammesgeschichte, Berlin, Bd. 1: 1894, Bd. 2: 1896, Bd. 3: 1895; Die Welträthsel: gemeinverständliche Studien über monistische Philosophie, Bonn 1899; Alte und neue Naturgeschichte, Jena 1908; Fünfzig Jahre Stammesgeschichte: historisch-kritische Studien über die Resultate der Phylogenie, Jena 1916. – B: DSB (G. USCHMANN); KRAUSSE 1984. – P.   Ja

Haecker, Valentin (1864–1927); aus Ungarisch-Altenburg an d. Donau (Mosonmagyaróvár, Ungarn); ab 1873 in Stuttgart, 1879–1883 Besuch der Kloster-Sch. in Maulbronn u. Blaubeuren; 1884 stud. Naturwiss. an Stift u. Univ. Tübingen, 1886 Univ. Straßburg (Zool. bei Th. EIMER), 1887 Univ. Tübingen (Staatsexamen 1889; Dr. phil. 1889 Univ. Straßburg bei EIMER); danach Ass. von A. WEISMANN, 1895 ao. Prof. Univ. Freiburg i. Br.; 1900 o. Prof. für Zool. TH Stuttgart; 1902 Bearb. der Radiolarien der *Valdivia-Exped.*; ab 1909 o. Prof. für Allg. Biol., Vergl. Anat. u. Vererbungslehre u. Ltr. des Zool. Inst. Univ. (Dr. med. h. c. 1925) in Halle, wo er starb. Kam über zytolog. u. embryolog. Untersuchungen zu allg. Vererbungsproblemen; 1910 Mitgl. u. zeitw. Sekr. d. *Leopoldina*. – Lit.: Die heterotypische Kernteilung im Cyklus der generativen Zellen, in: Ber. naturf. Ges. Freiburg 6 (1892): 160–193; Die Vorstadien der Eireifung, in: A. mikroskop. Anat. 45 (1895): 200–273; Praxis und Theorie der Zellen- und Befruchtungslehre, Jena 1899; Die Chromosomen als angenommene Vererbungsträger, in: Ergebn. u. Fortschr. d. Zool. 1 (1907): 1–136; Tiefsee-Radiolarien, Jena 1908 (Wiss. Ergebnisse d. Dt. Tiefsee-Exped.,

14); Die Radiolarien in der Variations- und Artbildungslehre, in: Z. indukt. A.+Vl. 2 (1909): 1–17; Vererbungs- und variationstheoretische Einzelfragen, in: ebda 1 (1909): 461–468, u. 4 (1910): 24–28; Einige Aufgaben der Phänogenetik, in: Studia Mendeliana, Brünn 1923: 78–91; Pluripotenzerscheinungen: Synthetische Beiträge zur Vererbungs- und Abstammungslehre, Jena 1925; Goethes morphologische Arbeiten und die neuere Forschung, Jena 1927. – B: NDB (G. USCHMANN); ELSTER 1965; FREYE 1965; R. HAECKER 1965 (W); HEESE 1969. – P.   Ja

Hämmerling, Joachim (1901–1980); aus Berlin; 1920–1924 stud. Naturwiss. Univ. Berlin (bes. Bot. bei G. HABERLANDT u. Zool. bei M. HARTMANN, Dr. phil. 1924), dazw. 1921 kurzzeitig auch Marburg; 1924–1940 Ass. bei M. HARTMANN am KWI für Biol. Berlin-Dahlem, 1931 Pd. für Zool. (Experim. Biol.); 1940 Dir. des Dt.-ital. Inst. für Meeresbiol. Rovigno (Istrien, Ital.); 1942–1945 apl. ao. Prof. für Meeresbiol. Univ. Berlin; 1946 Ltr. einer auswärtigen Abt. d. KWI für Biol. in Langenargen/Bodensee; 1949–1970 Dir. MPI für Meeresbiol. (seit 1968 für Zellbiol.) in Wilhelmshaven, wo er starb. – Lit.: Entwicklung und Formbildungsvermögen von *Acetabularia mediterranea*, in: Biol. Zbl. 52 (1932): 42–61. – B: HARRIS 1982.   Höx

Haldane, John Burdon Sanderson (1892–1964); aus Oxford; stud. Math. u. Biol. Univ. Oxford, priv. Vererbungsstud.; nach Kriegsdienst (1914–1918) stud. Physiol. u. Biochemie Univ. Cambridge (spez. Enzymfo. bei F. HOPKINS), wo er ab 1921 Biochemie lehrte; 1927–1936 genet. Stud. am *John Innes Horticultural Inst.*, dann in Merton bei London (Nachf. von W. BATESON); ab 1933 Lehrstuhl für Genetik, dann für Biometrie Univ. Coll. London; ab 1957 in Indien, zunächst als Mitarb. der *Ind. Stat. Büro* in Calcutta, dann im Rat für Wiss. u. Industr. Fo., Gründung eines Labor. für Genetik u. Biometrie in Bhubaneswar, wo er starb. – Lit.: A mathematical theory of natural and artificial selection, P. 1, in: Trans. Cambridge Philos. Soc. 23 (1924): 19–41, P. 2 in: Proc. Cambridge Philos. Soc., Biol. Sc., 1 (1924): 158–163, P. 3: ebda, 23 (1926): 363–372, P. 4: ebda, 607–615, P. 5: ebda, 838–844, P. 6: ebda, 26 (1930): 220–230, P. 7: ebda, 27 (1931): 131–136, P. 8: ebda, 137–142; Natural selection, in: Nature 124 (1929): 444; The species problem in the light of genetics, in: ebda 124 (1929): 514–516; Enzymes, London 1930; The causes of evolution, New York u. London 1932; The biochemistry of the individual, in: Perspectives in biochemistry, hrsg. von J. NEEDHAM & D. E. GREEN, London 1937: 1–10; New paths in genetics, London 1941; s. a. Lit. zu Kap. 18. – B: DSB (R. W. CLARK).   Ja

Hales, Stephen (1677–1761); aus Beckesbourne (Kent, Engl.); stud. Theol. Univ. Cambridge, wo er auch für Experimentalphysik u. Math. (durch I. NEWTON) sowie für Bot. durch J. RAY's Werke interessiert wurde; wirkte dann als Pfarrer in Teddington (Middlesex), wo er starb. Führte neben zahlr. techn. Erfindungen zur Erleichterung der Lebensbedingungen seiner Gemeinden exakte physikal.-math. Untersuchungen über Wasserhaushalt u. Saftbewegung der Pflanzen sowie die Blutzirkulation der Tiere durch, maß Wurzeldruck u. Blutdruck u. begr. neue Methoden einer Experimentalphysiologie; ab 1717 Mitgl. *Roy. Soc.* London. – Lit.: Vegetable staticks, London 1727 (Faks. London 1961); Statical essays: containing haemostaticks, London 1733 (Faks. London 1964). – B: DSB (H. Guerlac); Clark-Kennedy 1929; D. G. C. Allan & R. E. Schofield, London 1980.   Ja

Hall, Marshall (1790–1857); aus Basford bei Nottingham (Engl.); 1804 stud. Chemie u. Anat. in Newark (Engl.), 1809 stud. Med. Univ. Med. Sch. Edinburgh/Schottl. (Dr. med. 1812); 1812 „resident med. officer" am Königl. Krankenhaus Edinburgh; 1814–1815 Stud.aufenth. an den med. Sch. in Paris, Göttingen u. Berlin; ab 1816 prakt. Arzt in Nottingham, 1826–1853 in London; 1841 *Gulstonian-* u. *Croonian-Lect.* am *Roy. Coll. of Physicians* London; starb in Brighton. – Lit.: s. Lit. zu Kap. 15. – B: DSB (E. Clarke); Green 1958.   Sch

Haller, Albrecht von (1708–1777); aus Bern (Schweiz); 1723 stud. Philos. u. Naturwiss. Univ. Tübingen u. Reisen durch Dtl., 1725 stud. Med. u. Bot. Univ. Leiden (bes. bei H. Boerhaave, Dr. med. 1727); dann Reisen nach London zu J. Douglas, Paris zu J. Winslow u. Basel zu J. Bernoulli; ab 1729 Arztpraxis in Bern, wo er bot. u. anat. Stud. trieb; 1734 Aufbau u. Wirken am Anat. Theater in Basel; 1736–1753 o. Prof. für Bot., Anat. u. Physiol. an d. neugegr. Univ. Göttingen; baute hier ein bot. u. ein anat. Inst. auf, entwickelte seine physiol. Theorie über Sensibilität u. Irritabilität u. begr. eine bedeut. med.-wiss. Sch.; ab 1753 wieder in Bern, wo er starb; bekleidete dort staatl. Ämter (u. a. als Salinen-Dir.) u. gab sein Handbuch der Physiologie heraus; auch Begr. u. Hrsg. d. *Göttinger Gelehrten Anzeigen.* – Lit.: Iter helveticum anni 1739, Göttingen 1740; Enumeratio methodica stirpium Helvetiae indigenarum, Göttingen 1742; Observationes botanicae, Göttingen 1747; Primae lineae physiologiae, Göttingen 1747; Elementa physiologiae corporis humani, 1–5: Lausanne 1757–1763, 6–8: Bern 1764–1766 (dt. u. d. T.: Anfangsgründe der Physiologie des menschlichen Körpers, Berlin–Leipzig 1776); Sur la formation du coeur dans le pulet ... Mémoires I–II, Lausanne 1758. – B: DSB (E. Hintzsche); Lundsgaard–Hansen–von Fischer 1959 (W); Siegrist 1967; Toellner 1971; H. Balmer, Bern 1977. – P.   Ja

Hallier, Ernst Hans (1831–1904); aus Hamburg; 1848 Gärtnerlehring am Bot. Garten in Jena, 1851 als Gehilfe in Erfurt, 1852 in Charlottenburg u. Berlin; 1854 stud. Bot. Univ. Berlin, 1855 Jena u. 1857 Göttingen (Dr. med. 1858 Univ. Jena); 1858 Lehraufgaben im Chem.-pharmazeut. Privatinst. von Hermann Ludwig in Jena; 1860 Pd. u. Ass. bei seinem Onkel M. J. Schleiden, nach dessen Rücktritt vom Lehramt 1862 Ltg. von Bot. Garten u. Unterricht bis zum Antritt von N. Pringsheim, 1864 ao. Prof. Univ. Jena; zog sich 1884 nach Dachau bei München zurück, wo er starb. Begr. der *Z. für Parasitenkunde.* – Lit.: Die pflanzlichen Parasiten des menschlichen Körpers, Leipzig 1866; Gährungserscheinungen, Leipzig 1867; Phytopathologie, Leipzig 1868; Die Pflanzen und der

Mensch in ihrer Wechselbeziehung, Leipzig 1878; Die Pestkrankheiten der Kulturgewächse, Jena 1895. – B: NDB (I. Jahn); DSB (J. Théodoridès).   Sch

Hallier, Johannes [Hans] Gottfried (1868–1932); aus Jena; 1888 stud. Bot. u. Zool. Univ. Jena (bei E. Stahl u. E. Haeckel), 1890 Univ. München (bei F. Radlkofer u. R. Hertwig, Dr. phil. 1892 Univ. Jena); 1892 Ass. Bot. Garten Univ. Göttingen; 1893–1897 Stud. im Bot. Garten Buitenzorg (Java), teilw. als holl. Beamter; 1897 Ass. Bot. Labor. Univ. München, 1898 am Bot. Mus. Hamburg; 1903–1904 Reise nach Ceylon, indischen u. malaiischen Archipel, China u. Japan; 1908–1922 Kustos am Rijks Herbarium Leiden (Holl.); starb in Oegstgeest bei Leiden. Bemühte sich um ein phylogenet. Pflanzensystem, nutzte dabei neben morpholog. auch mikroskop.-anat. u. biochem. Methoden. – Lit.: Beiträge zur Anatomie der Convolvulaceen (Diss.), Jena 1893; Beiträge zur Morphogenie der Sporophylle und des Trophophylls in Beziehung zur Phylogenie der Kormophyten, in: Jb. Hamburg. Wiss. Anstalten *19* (1902), Beih. 3: 1–110; Über Juliana, eine Terebinthaceen-Gattung mit Cupula, und die wahren Stammeltern der Kätzchenblütler: neue Beiträge zur Stammesgeschichte nebst einer Übersicht über das natürliche System der Dicotyledonen, Dresden 1908; L'origine et le système phylétique des angiospermes exposés à l'aide de leur arbre généalogique, in: A. Néerl. Sci. exact. et natur., Ser. 3 B, *1* (1912): 146–234; Über die Anwendung der vergleichenden Phytochemie in der systematischen Botanik, in: 11. Congr. Int. de Pharmacie, Den Haag-Scheveningen 1913. – B: NDB (I. Jahn).   Ja

Haly Abbas (lat.) s. al-Maǧūsī, ꜥAlī ben al-ꜥAbbās

Ham, Jan (1650–1723); aus Arnhem; 1671 stud. Philos., dann 1677 stud. Med. Univ. Leiden; danach Pd. in Arnhem; dann Gesandter beim Kurfürsten von Brandenburg; später Bürgermeister in Arnhem; 1723 als Abgeordneter von Gelderland in Den Haag, wo er starb. Beobachtete 1677 die Spermatozoen im Sperma des Menschen unter d. Mikroskop, Leeuwenhoek bestätigte diese Entdeckung u. machte sie in einem Brief (Nov. 1677) an d. *Roy. Soc.* London bekannt. – Lit.: Leeuwenhoek, Brieven, Leiden-Delft 1684–1718; Ders., The collected letters, Amsterdam 1939–1961. – B: Ärzte I.   Ja

Hamburger, Viktor (1900–2001); aus Landshut; 1918 stud. Univ. Breslau (Wrocław), 1919 Heidelberg, 1920 Freiburg i. Br. (Dr. phil. in Zool. 1925); 1926 Ass. am KWI Berlin; 1927 Instr., dann Pd. für Zool. Univ. Freiburg i. Br.; 1932 Rockefeller Res. Fell. Chicago; 1933 Instr., 1935 Ass. Prof., 1939 Assoc. Prof., 1941–1969 (em.) Prof. für Zool., gleichz. 1941–1966 Chairman Dep. Zool. Washington Univ. St. Louis (USA). – Lit.: Morphogenetic and axial self-differentiation of transplanted limb primordia of 2-day chick embryos, in: J. experim. Zool. 77 (1938): 379–400; s. a. Lit. zu Kap. 14. – B: AMWS 1989–90; WWA 1994; Not20Sc.   Hth

Handlirsch, Anton (1865–1935); aus Wien; zunächst Ausbild. als Pharmazeut, dann durch F. Bauer zur Entomol. u. priv. Stud. über Grabwespen angeregt; 1892 Ass., 1899 Kustos-Adj., 1906 Kustos u. 1922 Dir. Naturhist. Mus. Wien; 1924 Pd., 1931 ao. Prof. für Zool. Univ. in Wien, wo er starb. 1893 Sekr., 1922–1928 Präs. der Zool.-Bot. Ges. Wien, ab 1900 Redakteur ihrer *Verhandlungen*. – Lit.: Monographie der mit Nysson und Bombex verwandten Grabwespen, Wien 1887; Die fossilen Insekten und die Phylogonie der rezenten Formen, Leipzig 1906–1908. – B: NDB (I. JAHN).   Ja

Hanno von Karthago (6./5. Jh. v. Chr.); punischer Reisender, hinterließ einen Bericht von seiner Umschiffung der westafrikan. Küste, der in griech. Übers. (1. Hälfte 4. Jh. v. Chr.) erhaltenblieb (*Periplus Hannonis*). – Lit.: Textausg.: C. MÜLLER, Geographi Graeci minores I, Paris 1855: 1–14; Übers. R. HENNIG, Terrae incognitae I, 2. Aufl., Leiden 1944: 86 ff. – B: LAW; PAULY.   Nab/Sch

Hansen, Emil Christian (1842–1909); aus Riebe (Dänemark); zunächst Kaufmannslehre; 1860 Malergeselle; 1862 Hauslehrer in Holsteinborg; 1864 Lehrer-Examen in Kopenhagen; 1866–1869 stud. Naturwiss. Univ. Kopenhagen; 1872 Privatass. d. Zoologen STEENSTRUP (Dr. phil. 1879 Univ. Kopenhagen); ab 1877 als Biochemiker u. von 1879 bis zu seinem Lebensende als Superintendent im Physiolog. Labor. d. Carlsberg-Brauereien Kopenhagen; starb in Hornbaeck. – B: DSB (E. SNORRASON); KLÖCKER 1909.   Hek/Sch

Hansen, Gerhard Henrik Armauer (1841–1912); aus Bergen (Norw.); 1859 stud. Med. Univ. Kristiania (Oslo) (Dr. med. 1866); danach Ass. im National Hosp. in Kristiania, dann prakt. Arzt auf den Lofoten; 1868–1880 Arzt am Lungegaard–Hosp. in Bergen, dem Pflegeheim für Lepröse, bei Daniel Cornelius DANIELSSEN; starb in Florø (Norw.). In seiner Zeit einer der besten Kenner des Aussatzes, dessen Ansteckungsfähigkeit noch sein Lehrer DANIELSSEN bezweifelte; gilt als Entdecker des „Leprabacillus" (auch „Hansenbazillus", *Mycobacterium leprae*), den er offenbar 1873 in mikroskop. Präparaten sah; Prioritätsstreit mit Albert NEISSER, der 1879 die Hansensche Klinik besuchte u. von ihm Material erhielt, in dem er d. Keime als erster sicher als Erreger d. Lepra nachgewiesen zu haben glaubte. – Lit.: Inseretning til det norske medicinske Selskap i Christiana om en med Understottelse af Selskabet foretage Reise for at anstille Undersøgelser angaaende Aarsager, in: Norsk. Mag. f. Laegeved. *9* (1874): 1–88; Bacillus leprae, in: A. pathol. Anat. Physiol. *90* (1880): 32–42. – B: DSB (T. M. VOGELSANG); VOGELSANG 1962, 1968 (W).   Kö/Sch

Hanstein, Johannes von (1822–1880); aus Potsdam; 1838–1843 Besuch d. Gärtnerlehranstalt in Berlin u. Potsdam; 1844–1848 stud. Naturwiss. Univ. Berlin (Dr. phil. 1848), 1849 Staatsprüfung für d. Höhere Lehramt u. Tätigk. im Schuldienst; 1861 Erster Kustos am Bot. Mus. Berlin; ab 1865 o. Prof. für Bot. u. Dir. des Bot. Gartens Univ. in Bonn, wo er starb. Gehörte zu d. Pionieren der mikroskop. Anat. u. Entw.gesch. der Pflanzen, beschrieb u. a. den Befruchtungsproz. bei Far-

nen u. entwickelte eine Theorie über das Wachstum d. Pflanzen aus drei Schichten von „Urzellen". – Lit.: Versuche über die Leitung des Saftes durch die Rinde und Folgerungen daraus, in: Jb. Wiss. Bot. *2* (1860): 392–467; Untersuchungen über die Anordnung der Zellen in den Vegetationspunkten der Pflanzen, Bonn 1868; Die Entwicklung des Keimes der Monokotylen und Dikotylen, Bonn 1870; Über die Entwicklung des botanischen Unterrichts an den Universitäten, Bonn 1880. – B: NDB (I. JAHN).   Ja

Hanström, Bertil (1891–1969); aus Kalmar (Schweden); 1910 stud. Univ. Stockholm (Mag. phil. 1914, Lic. phil. 1916, Dr. phil. 1920); 1918–1929 Lehrer am Gymnasium in Landskrona; gleichz. 1925 Pd. für Zool. Univ. Lund; 1929–1957 Prof. für Zool., gleichz. 1930–1957 Ltr. Zool. Inst. (Nachf. von H. WALLENGREEN) Univ. Lund; starb in Steninge (Hall, Schweden). Widmete sich d. Erfo. von Nervensystem u. Sinnesorganen wirbelloser Tiere, Untersuchungen an Turbellarien, Mollusken, Krebsen, Insekten u. Borstenwürmern; Fo.aufenth. bei E. SCHARRER in d. USA. – Lit.: s. Lit. zu Kap. 15. – B: SMK; SBL.   Sch

Harden, Arthur (1865–1940); aus Manchester (Engl.); 1882 stud. Chemie Owen's Coll. Univ. Manchester (bei Henry ROSCOE, grad. 1885); 1886 Ass. bei Otto FISCHER Univ. Erlangen (Dr. phil. 1888); anschl. Jr. u. später Sen. Lect. u. Demonstr. Univ. Manchester (bei H. B. DIXON); 1897 Ltr. des Chem. Dep. *Brit. Inst. of Preventive Med.* (später *Jenner-*, ab 1903 *Lister-Inst.*) London (Nachf. von LUFF), ab 1905 auch des Biochem. Dep.; gleichz. 1912–1930 (em.) erster Prof. für Biochemie Univ. London; starb in Bourne End (Buckinghamshire, Engl.). Nobelpr. 1929. – Lit.: s. Kap. 15. – B: DSB (A. J. IHDE); HOPKINS & MARTIN 1942.   Sch

Harder, Hieronimus (um 1523–1607); aus Süddtl. (vermutl. Bodenseegebiet); tätig als Lateinschulmeister, vielleicht 1557–1559 in Bregenz, seit 1560 in Geislingen a. d. Steige, 1572 in Überkingen, 1578–1607 in Ulm/Donau; betätigte sich nebenberufl. als Pflanzenkundiger durch Anfertigung u. Verabreichung von pflanzl. Heilmitteln; stellte seit 1562 elf erhaltene Herbare mit bis zu ca. 800 getrockneten einheimischen Pflanzen zus., die er an höher gestellte Persönlichkeiten veräußerte. – B: DREHER 1986.   Hpp

Hardy, Godfrey Harold (1877–1947); aus Cranleigh (Engl.); ab 1896 Trinity Coll. Cambridge, 1898 stud. Math., 1900 Mitgl. Trinity Coll., 1911 Fo.arb. mit LITTLEWOOD u. 1913 mit RAMANUJAN, 1913–1919 Lect. Trinity Coll.; 1919 Prof. für Geometrie Univ. Oxford, 1928–1929 in Princeton, 1931–1942 Prof. für Math. Univ. Oxford; starb in Cambridge (Engl.). – Lit.: Mendelian proportions in a mixed population, in: Science, N.S., *28* (1908): 49–50. – B: DSB (J. L. BURKILL).   Ja

Harig, Georg (1935–1989); aus Leningrad; 1952 stud. Med. Univ. Leipzig, 1953 Humboldt-Univ. Berlin (bei Theodor BRUGSCH, Dr. med. 1959); 1959 Ass., dann Facharzt für Physiotherapie am Krankenhaus Mahlow bei Berlin; 1965 Ass. Inst. für Gesch. der Med., 1970 Fac. docendi, 1971 Prom. B (Dr. habil.), 1978 Doz.,

1985 o. Prof. für Gesch. der Med. Humboldt-Univ. in Berlin, wo er starb. Red.-Mitgl. der Z. *Gesch. d. Naturwiss., Technik u. Med. (NTM);* 1987 Begründ. der jährl. *Charité*-Symposien für Gesch. der Med.; Hrsg. der *Charité-Ann. (N.F.).* – Lit.: Die Galenschrift „De simplicium medicamentorum temperamentis ac facultatibus" und die „Collectiones medicae" des Oreibasios, in: NTM *3* (1966a) 7: 3–26; Leonhart Fuchs und die theoretische Pharmakologie der Antike, in: NTM *3* (1966b) 8: 74–104; Von den arabischen Quellen des Simeon Seth, in: Med. hist. J. *2* (1967): 248–268; Geschichte der Medizin in der griechisch-römischen Antike, in: Geschichte der Medizin, hrsg. von A. METTE & I. WINTER, Berlin 1968; Byzantinische Medizin, in: ebda; Boerhaaves Ansichten zur theoretischen Pharmakologie, in: In memoriam Hermann Boerhaave (1668–1738), hrsg. von W. KAISER & Chr. BEIERLEIN, Halle/S. 1969: 49–57 (Wiss. Beitr. MLU Halle-Wittenberg 2/1969); Verhältnis zwischen den Primär- und Sekundärqualitäten in der theoretischen Pharmakologie Galens, in: NTM *10* (1973) 1: 64–81; Bestimmung der Intensität im medizinischen System Galens: ein Beitrag zur theoretischen Pharmakologie, Nosologie und Therapie in der Galenischen Medizin, Berlin 1974 (Schr. Gesch. Kultur Antike, 11); (mit J. KOLLESCH) Galen und Hippokrates, in: La collection hippocratique et son rôle dans l'histoire de la médecine, Leiden 1975: 257–274 (Univ. de Strasbourg, Travaux du centre de recherche sur le Proche-Orient et la Grèce Antiques, 2); Zur Charakterisierung der wissenschaftstheoretischen Aspekte in der Aristotelischen Biologie und Medizin, in: Aristoteles als Wissenschaftstheoretiker, hrsg. von J. IRMSCHER & R. MÜLLER, Berlin 1983: 159–170 (Schr. Gesch. Kultur Antike, 22). – B: GROSSER 1989; KOELBING 1990. – P.   Ja

Harms, Jürgen (1885–1956); aus Bargedorf (Hannover); zunächst landw. Sch. in Helmstedt; 1904 stud. Med. u. Zool. Univ. Marburg (bei KORSCHELT, Dr. phil. nat. 1907); 1908 Ass. Anat. Inst. Univ. Bonn (bei M. NUSSBAUM); 1910–1921 Ass. bei KORSCHELT Univ. Marburg, dabei 1910 Pd., 1917 ao. Prof. für Zool. u. Vergl. Anat.; 1921 o. Prof. für Zool. Univ. Münster; 1922 o. Prof. u. Dir. Zool. Inst. Univ. Königsberg (Kaliningrad), 1925 Tübingen; 1935–1949 o. Prof. für Allg. Zool. u. Dir. Zool. Inst. u. *Phyletisches Mus.* Univ. Je-

na (1946 Prorektor); 1949 als Gast am Anat. Inst. Marburg, 1951 Fouad-I.-Univ. Kairo; 1952 Lehrbeauftrager für Experim. Endokrinol. Univ. in Marburg, wo er starb. – Lit.: Wandlungen des Artgefüges, Jena 1934; Lamarckismus und Darwinismus als historische Theorien, ein Kampf um Überlebtes, in: Jena. Z. Med. Naturw. *73* (1939): 1–27; Allgemeine Zoologie für Mediziner und Landwirte, Jena 1946; Wirkstoffe als Realisatoren im Lebensablauf der Tiere und des Menschen, Jena 1948. – B: HERTEL in PENZLIN 1994 (W); ALH MM 4302.   Ja

Harrison, Ross Granville (1870–1959); aus Germantown (Pennsylvania, USA); 1886 stud. Med. Johns Hopkins Univ. Baltimore (BA 1889), 1892–1893 Univ. Bonn (bei M. NUSSBAUM, Dr. phil. 1894 Johns Hopkins Univ.); 1894 Doz. für Morphol. am Bryn Maior Coll. für Th. H. MORGAN; 1895–1896 u. 1898–1899 Stud.aufenthalt in Bonn (Dr. med. 1899); 1897 Instr. für Anat., 1899 Ass. Prof. Johns Hopkins Med. Sch.; ab 1907 Prof. für Vergl. Anat. Yale Univ. (New Haven) u. Dir. des Dep. für Zool. bis 1959; 1927–1938 (em.) auch *Sterling*-Prof. für Biol. u. 1938–1946 Ltr. des N.R.C.; starb in New Haven (Conn.). Mitbegr. u. 1904–1946 Hrsg. des *J. of Experim. Zoology.* – Lit.: The growth and regeneration of the tail of the frog larva, studied with the aid of Born's method of grafting, in: A. Entw.mech. *7* (1898): 430–485; An experimental study of the relation of the nervous system to the developing musculature in the embryo of the frog, in: Am. J. Anat. *3* (1904): 197–220; Experiments in transplanting limbs and their bearing upon the problems of the development of nerves, in: J. experim. Zool. *4* (1907): 239–281; Observations on the living developing nerve fiber, in: Proc. Soc. Exp. Biol. Med. *4* (1907): 140–143; Experiments on the development of the fore limb of *Amblystoma*, a self-differentiating equipotential system, in: J. experim. Zool. *25* (1918): 413–461; s. a. Lit. zu Kap. 14. – B: DSB (J. M. OPPENHEIMER); AUTRUM 1960. – P.   Ja

Hartert, Ernst Johann Otto (1859–1933); aus Hamburg; nach Reifeprüfung in Breslau (Wrocław) ab 1878 Teiln. an mehreren Fo.reisen (1885–1886 mit E. FLEGEL nach Haussaland, 1887–1889 nach Sumatra u. Hinterindien), wo er bes. ornitholog. Slgn. u. Stud. durchführte; dann Arb. zur Systematik d. Vögel an d. Zool. Museen Frankfurt a. M. u. London; 1892 Dir. des von W. ROTHSCHILD gegr. Privatmus. in Tring (Engl.), in dem u. a. auch die Slgn. von Chr. L. BREHM aufbewahrt wurden; ab 1930 im Ruhestand in Berlin, hier auch wiss. Arb. am Zool. Mus. d. Univ.; Dr. phil. h. c. 1904 Univ. Marburg; starb in Berlin. – Lit.: Vorläufiger Versuch einer Ornis Preußens, 1887; Die Vögel der paläarktischen Fauna, 3 Bde. (mehrere Lfgn.), Berlin 1903–1922 (Erg.Bd. mit F. STEINBACHER, 1932–1938). – B: NDB (E. STRESEMANN); GEBHARDT 1964, 1970.   Ja

Hartig, Robert (1839–1901); aus Braunschweig, Sohn d. Forstbotanikers Theodor H.; 1859 Forstlehre; 1861 stud. Forstwiss. *Coll. Carolinum* Braunschweig (bei Th. HARTIG, Forstexamen 1863), 1863–1864 stud. Jura u. Kameralistik Univ. Berlin; 1864 Forstgehilfe in

G. Harig   R. G. Harrison

Stadtoldendorf; 1866 Dr. phil. Univ. Marburg; 1867–1869 Forstkommission Hannover; gleichz. 1867 Doz. für Bot. u. Zool., 1869 Prof. für Bot. Forstakad. Eberswalde; 1878 o. Prof. für Forstbot. Univ. in München, wo er starb. – Lit.: Wichtige Krankheiten der Waldbäume, Berlin 1874; Lehrbuch der Baumkrankheiten, Berlin 1882 (3. Aufl. u. d. T.: Lehrbuch der Pflanzenkrankheiten, Berlin 1900). – B: NDB (K. Mantel).   Höx

Hartig, Theodor (1805–1880); aus Dillenburg (Nassau), Sohn d. Forstwissenschaftlers Georg Ludwig H. (1764–1837), Vater d. Forstbotanikers Robert H.; Forsteleve in Mühlbach (Pommern) u. in d. Mark Brandenburg; 1824–1827 stud. Forstwiss. Univ. Berlin (bei G. L. Hartig u. F. W. L. Pfeil, Forstexamen 1829 Potsdam); 1829 Regierungsreferendar in Potsdam; 1831 Doz., 1835 ao. Prof. für Forstwiss. (Bot., Entomol., Bodenkunde u. Meteorol.) Univ. Berlin; 1838–1878 Prof. für Forstwiss. am *Coll. Carolinum* in Braunschweig, wo er starb. – Lit.: Lehrbuch der Pflanzenkunde in ihrer Anwendung auf Forstwirthschaft, 15 H., Berlin 1840–1851; Beiträge zur physiologischen Forstbotanik, in: Allg. Forst- u. Jagdztg. *36* (1860): 257–261; Anatomie und Physiologie der Holzpflanzen, Berlin 1878. – B: DSB (R. Schmitz).   Höx

Hartline, Halden Keffer (1903–1983); aus Bloomsburg; stud. Lafayette Coll. (BS 1923) u. Johns Hopkins Univ. Baltimore (MD 1927), dort 1927–1929 Res.; 1929 Prof. Univ. Pennsylvania, 1949 Baltimore, 1953–1974 Rockefeller Univ. New York; starb in Fallston. Nobelpr. 1967. – Lit.: s. Lit. zu Kap. 15. – B: WWNP 1991; Granit & Ratliff 1985.   Sch

Hartmann, Karl Robert Eduard von (1842–1906); aus Berlin; 1858–1865 Offizierslaufbahn; nach Abschied aus gesundheitl. Gründen priv. Philos.-Stud. Univ. (Dr. phil. 1867), dann Philosoph u. Schriftsteller in Berlin, wo er starb. – Lit.: Philosophie des Unbewußten, Berlin 1869 (10. Aufl. Leipzig 1890; Erg.bd. zur 1.–9. Aufl. Leipzig 1889); Wahrheit und Irrtum im Darwinismus, Berlin 1875; Kategorienlehre, Leipzig 1896 (Ausgew. Werke, 2. Ausg., Bd. X). – B: NDB (W. Hartmann); A. von Hartmann 1912 (W).   Sty/Sch

M. Hartmann

K. Heinroth

Hartmann, Max (1876–1962); aus Lauterecken (Rheinpfalz); 1895 stud. Biol. Forst-HS Aschaffenburg, 1897 Univ. München (bes. Zool. bei R. Hertwig, Dr. phil. 1901); 1899–1900 Ass. am Zool. Mus. Straßburg; 1902 am Zool. Inst. Univ. Gießen, dort 1903 Pd. für Zool.; 1905–1914 Wiss. Hilfsarbeiter Inst. für Infektionskrankheiten Berlin (bei R. Koch), bald Abt.-Ltr. für Protozoologie; zugl. 1906 Pd., 1909 ao. Prof., 1921 o. Hon. Prof. für Zool. u. Allg. Biol. Univ. Berlin; ab 1914 auch Ltr. der Abt. Protistenkunde am KWI für Biol. Berlin-Dahlem, später Dir. des Inst. (ab 1944 nach Hechingen verlegt), dann nach Tübingen (jetzt MPI); Hon. Prof. für Zool. Univ. Tübingen; starb in Buchenbuhl (Allgäu). Außer Protozoen-Studien auch Arb. über Befruchtung, Fortpflanzung und Sexualität (entwickelte d. Theorie der relativen Sexualität). – Lit.: Die Fortpflanzungsweisen der Organismen, Neubenennung und Einteilung derselben, erläutert an Protozoen, Volvocineen und Dicyemiden, in: Biol. Zbl. *24* (1904): 18–32; Morphologie und Systematik der Amöben, Jena 1913 (Handbuch pathog. Mikroorg., 7); Der Generationswechsel der Protisten und sein Zusammenhang mit dem Reduktions- und Befruchtungsproblem, in: Verh. Dt. Zool. Ges. *24* (1914): 15–50; Theoretische Bedeutung und Terminologie der Vererbungserscheinungen bei haploiden Organismen (*Chlamydomonas, Phycomyces,* Honigbiene), in: Z. indukt. A.+Vl. *20* (1918): 21–26; Über den dauernden Ersatz der ungeschlechtlichen Fortpflanzung durch fortgesetzte Regenerationen, in: Biol. Zbl. *42* (1922): 364–381; Über experimentelle Unsterblichkeit von Protozoen-Individuen, in: Naturwiss. *14* (1926): 433–435; Allgemeine Biologie, Jena 1927 (^{3}1947); Fortpflanzung und Befruchtung als Grundlage der Vererbung, in: Handbuch Vererbungswiss., IA, Jena 1929; Die methodologischen Grundlagen in der Biologie, Leipzig 1931; Wege der biologischen Erkenntnis, in: Nova Acta Leopoldina, N.F., *1* (1933): 294–301; Wesen und Wege der biologischen Erkenntnis, Jena 1936; Die Sexualität …, Jena 1943 (^{2}1956); Die philosophischen Grundlagen der Naturwissenschaften, Jena 1948; Polyploide (polyenergide) Kerne bei Protozoen, in: A. Protistenk. *98* (1952): 125–156. – B: NDB (H. Dolezal). – P.   Ja

Hartmeyer, Heinrich Robert (1874–1923); aus Hamburg; 1892 stud. Med., bes. Zool., Univ. Bonn, 1895 Univ. Leipzig (bei R. Leuckart), dann Univ. Breslau/Wrocław (bei W. Kükenthal, Dr. phil. 1898); 1899 meereszool. Stud. in Messina, Neapel u. Rovigno; 1900 wiss. Hilfsarb., ab 1908 bis zu seinem Tod Kustos Zool. Mus. Univ. Berlin, wo er die Sammlungsabt. für Tunicaten, Bryozoen u. Echinodermen ausbaute; wurde Spezialist für die Systematik der Ascidien, die er für große Sammelwerke wie *Fauna arctica,* Bronn's *Klassen und Ordnungen des Tierreichs* sowie für viele Expeditionsberichte bearbeitete; Mitarb. des *Nomenclator animalium generum et subgenerum* (Hrsg. AdW Berlin); starb in Freiburg i. Br. – B: NDB (I. Jahn).   Ja

Hartsoeker, Nicolas (1656–1725); aus Gouda (Holl.), Mikroskopiker, dessen Beobachtung u. Deutung der menschl. Spermatozoen die Richtung d. Animalkulisten begründen half; 1704–1716 Prof. für Math. u. Physik Univ. Heidelberg, später in Utrecht, wo er starb. – Lit.: Essay de dioptrique, Paris 1694. – B: DSB (J. G. VAN CYTTERT-EYMERS). Ja

Hārûn ar-Rašīd (766–809); Sohn des Kalifen Mahdi, fünfter Kalif d. Abbasiden-Dynastie, ab 786 auf d. Thron; zog bedeut. Vertreter d. Kunst u. Wiss. an seinen Hof in Bagdad u. unterhielt Verbindungen zu allen Gelehrtenzentren Europas; starb in Tūs (Ostiran). – B: LexMA (H. HALM). Nab/Sch

Harvey, William (1578–1657); aus Folkstone (Südengl.), stud. Med. *Caius* Coll. Cambridge, 1597–1602 in Padua (Schüler von FABRICIO AB AQUAPENDENTE); dann Arzt in London, u. a. von Francis BACON u. d. Königen JACOB I. (ab 1618) u. KARL I. (ab 1635); ab 1615 Mitgl. u. Lehrer für Anat. *Roy. Coll. of Physicians* London; verlor fast alle Mss. in d. engl. Revolution (1642–1649), als er mit d. König London verließ; bis 1646 Prof. an d. Univ. Oxford; starb in Hampstead. Neben Stud. d. Anat. u. Physiol. d. Herzens u. Blutkreislaufs, das ihn berühmt machte, führte er vergl.-anat. u. physiolog. Untersuchungen über Muskelbewegung, Kreislaufsystem u. Embryonalentwicklung an insges. rd. 50 Tierarten (auch Wirbellosen) durch. – Lit.: Exercitatio anatomica de motu cordis et sanguinis in animalibus, Frankf. a. M. 1628; Exercitationes de generatione animalium, Amsterdam 1651; De motu locali animalium 1627, hrsg. von G. WHITTERIDGE, Cambridge 1959. – B: DSB (J. I. BYLEBYL); CHAPPELIER 1957; KEYNES 1966. Ja

Hasselquist [Hasselqvist], Fredrik (1722–1752); aus Törnevalla bei Linköping (Schweden); ab 1741 stud. an d. Med. Fak. Univ. Uppsala (Lic. med. 1749, Dr. med. 1751), auch Bot. bei LINNÉ; auf dessen Anregung ab 1749 Reise über Smyrna (Izmir, Türkei) u. Ägypten (1750) nach Palästina (1751); starb auf der Rückreise in Smyrna. Seine aus Not dort veräußerten Handschriften u. umfangr. naturwiss. Slg. von d. Reise konnte die schwed. Krone erwerben, seine Reisebeschreibung gab LINNÉ postum heraus. – Lit.: De Viribus Plantarum, Upsala 1747; (utgafs af Carl LINNAEUS) Iter palaestinum, eller Resa till Heliga Landet förrättad från år 1749 till 1752: med beskrifningar, rön Anmärkningar öfver de märkvärdigaste naturalier, Stockholm 1757 (dt.: v. Thomas Heinrich GADEBUSCH, 2 Tle., Rostock 1762; engl.: London 1767; franz.: 3 Bde., Paris 1769). – B: SBA-B; DBA. Sch

Hassenstein, Bernhard (geb. 1922); aus Potsdam; 1940–1941 stud. Biol., Physik u. Chemie Univ. Berlin, 1941 Göttingen (bei E. VON HOLST); nach Kriegsdienst in Glindow bei Potsdam (1941–1945) u. Kriegsgefangenschaft in Schleswig-Holstein (1945) ab WS 1945/46 Forts. d. Stud. Univ. Göttingen, bes. bei E. VON HOLST, mit dem während d. Krieges wiss. Kontakte erhalten blieben; 1946–1948 mit E. VON HOLST an d. Univ. Heidelberg (Dr. rer. nat. 1950) u. ab 1948 dessen wiss. Ass. am MPI Wilhelmshaven; 1954–1958 Ass. Zoophysiolog. Inst., 1957 Habil. für Zool. Univ. Tübingen; 1958 Gründung d. interdisziplinären „Fo.gruppe Kybernetik" (zus. mit d. Physiker Werner REICHARDT u.

d. Ing. Hans WENKING) am MPI für Biol. in Tübingen; 1960–1984 o. Prof. für Zool. Univ. Freiburg i. Br.; zus. mit H. MOHR Strukturreform d. Inst.organisation (Zus.führung d. Teilfächer Zool., Bot., Molekularbiol. etc.) u. des Stud. (fachübergreifender Unterricht, wie „Biol. d. Menschen" u. „Vergl. Verhaltensfo."). Fo. zur Systemanalyse d. biokybernet. Datenverarb. bei d. Bewegungswahrnehmung im Insektenauge u. beim Farbensehen d. Menschen, zur Theorie d. Lernprozesse, zu d. math.-logischen Beziehungen zw. Erbgut, Umwelt u. Intelligenzquotient; prägte d) Begriffe *Injunktion* (im Kontrast zur „Definition") u. *Tragling*; 1966–1970 Mitgl. Wissenschaftsrat d. BRD; 1974–1981 Vors. d. Kommission „Anwalt der Kindes" beim Kultusmin. Baden-Württemberg; 1975 Mitarb. am Projekt „Mutter u. Kind", begr. von seiner Ehefrau Helma, geb. SCHRADER. – Lit.: Wie sehen Insekten Bewegungen?, in: Naturwiss. *48* (1961): 207–214; Biologische Kybernetik, Heidelberg 1965 (^{5}1977; engl. u. d. T.: Information and Control in the Living Organism, London 1971); Kybernetik und biologische Forschung, in: Handbuch der Biologie, hrsg. von F. GESSNER, Bd. I, Frankfurt a. M. 1966; Verhaltensbiologie des Kindes, München 1973 (^{4}1987); (mit Helma HASSENSTEIN) Was Kindern zusteht, München 1978 (^{3}1989) (Serie Piper, 169); (mit H. HASSENSTEIN) Ordnungsleistungen des Zentralnervensystems, in: Biologie – ein Lehrbuch, hrsg. von G. CZIHAK, H. LANGER & H. ZIEGLER, Berlin–Heidelberg 1976: 693–710 (^{5}1992); (mit H. HASSENSTEIN) Verhalten, in: ebda, S. 721–758; s. a. Lit. zu Kap. 15 u. 19. – B: Autobiogr. 1991. Ja

Hatch, Marshall Davidson (geb. 1932); aus Sydney (Australien); stud. Biochemie Univ. Sydney (bei F. R. WHATLEY, BS, PhD); 1955 Res. Scientist bei R. N. ROBERTSON im Fo.labor. der *Commonwealth Sci. and Industrial Res. Org.* (CSIRO) Sydney; 1959 Fulbright Fell. bei P. K. STUMPF Univ. of Calif. Davis (USA); 1961–1970 Res. Officer bei K. T. GLASZIOU am *David North Plant Res. Centre der Colonial Sugar Refining Co. Ltd.* Brisbane; 1967 Reader für Bot. Univ. of Queensland Brisbane; 1970 Chief Res. Scientist Div. of Plant Indust. CSIRO Canberra. – Lit.: (mit C. R. SLACK) Photosynthesis by sugar-cane leaves: a new carboxylation reaction and the pathway of sugar formation, in: Biochem. J. *101* (1966): 103–111. – B: WWAa; Autobiogr. 1992. Höx

Hatschek, Berthold (1854–1941); aus Kirwein (Skrben, Mähren); stud. Med. u. Zool. Univ. Wien (bei C. CLAUS), Leipzig (bei R. LEUCKART) u. Jena (bei E. HAECKEL, Dr. phil. 1878); zunächst Privatgelehrter, dann auf Vorschlag HAECKELS 1885–1896 o. Prof. für Zool. Univ. Prag; 1896–1925 (em.) o. Prof. für Zool. u. Ltr. des 2. Zool. Inst. Univ. in Wien, wo er starb. Arbeitete auch meereszool. bei Messina, widmete sich bes. dem Bauplan von *Amphioxus lanceolatus* als Typus der Wirbeltierorganisation. – Lit.: Studien über Entwicklung des Amphioxus, in: Arb. Zool. Inst. Wien *4* (1882): 1–88. – B: DSB (G. USCHMANN); NDB (H. DOLEZAL); ÖBL; STORCH 1949 (W). Ja

Haupt, Wolfgang (geb. 1921); aus Bonn; stud. Naturwiss., bes. Bot. Univ. Erlangen u. Tübingen (bei

E. Bünning, Dr. rer. nat. 1952); 1957 Pd. für Bot. Univ. Tübingen; 1962–1988 (em.) o. Prof. für Bot. Univ. Erlangen–Nürnberg. – Lit.: Hellrot-dunkelrot-Antagonismus bei der Auslösung der Chloroplasten-bewegung, in: Naturwiss. *45* (1958): 273–274; Bewegungsphysiologie der Pflanzen, Stuttgart 1977. – B: Kürschner 1992.   Höx

Heberer, Gerhard (1901–1973); aus Halle/Saale; 1920 stud. Naturwiss. Univ. Halle (Dr. rer. nat. 1924 bei V. Haecker); 1924–1926 wiss. Hilfsarb. an d. anthropol. Slg. der Landesanstalt für Vorgeschichte Halle/S.; 1927 Teiln. der *Sunda-Exped.* von W. Rensch, 1927–1928 am Zool. Inst. in Buitenzorg (Bogor, Java) u. auf Sumatra; 1828–1931 Ass. Zool. Inst., 1932–1938 Pd. für Zool. u. Vergl. Anat. Univ. Tübingen; dazw. 1935–1936 Vertretung in d. Professur für Zool. Univ. Frankfurt a. M.; Anf. 1938 ehrenamtl. Mitarb. d. Rassenamtes; 1938 apl. Prof., 1939–1945 ao. Prof. für Allg. Biol. u. Menschl. Abstammungslehre u. Dir. d. Anstalt für Allg. Biol. u. Anthropogenie Univ. Jena; 1945–1947 Kriegsgefangenschaft, danach Privatgelehrter in Göttingen; nach „Entnazifizierung" 1949–1960 Prof. für Anthropol. Univ. Göttingen; 1961 in Südafrika, Kenia; 1962 Gastprof. FU Berlin; starb in Göttingen. – Lit.: Darwins Urteil über die abstammungsgeschichtliche Herkunft des Menschen und die heutige paläanthropologische Forschung, in: Hundert Jahre Evolutionsforschung: das wissenschaftliche Vermächtnis Charles Darwins, hrsg. von G. Heberer & F. Schwanitz, Stuttgart 1960: 397–418; (Hrsg.) Menschliche Abstammungslehre: Fortschritte der „Anthropogenie" 1863–1964, Stuttgart 1965a; Valentin Haecker und das Problem der Chromosomen-Reduktion, unter besonderer Berücksichtigung der Copepoden, in: Zool. Anz. *174* (1965 b): 91–116; Der gerechtfertigte Haeckel: Einblicke in seine Schriften aus Anlaß des Erscheinens seines Hauptwerkes „Generelle Morphologie der Organismen" vor 100 Jahren, Stuttgart 1968; s. a. Lit. zu Kap. 18. – B: Hossfeld 1995 (W).   Ja

Hedwig, Johannes (1730–1799); aus Kronstadt (Siebenbürgen); 1752 stud. Med. Univ. Leipzig (Dr. med. 1759); 1762 prakt. Arzt in Chemnitz; 1781 Arzt am Stadthosp. Leipzig; 1786 ao. Prof. für Med., 1789 o. Prof. für Bot. u. Dir. des Bot. Gartens Univ. Leipzig, wo er bis zu seinem Tode wirkte. – Lit.: Fundamentum historiae naturalis muscorum Frondosorum, Leipzig 1782–1783; Theoria generationis et fructificationis plantarum cryptogamarum, St. Petersburg 1784; Sammlung meiner zerstreuten Abhandlungen und Beobachtungen über botanisch-ökonomische Gegenstände, 2 Bde., Leipzig 1793–1797; (ed. Fr. Schwägrichen) Species muscorum Frondosorum, Lipsiae 1801. – B: DSB (P. W. Richards); NDB (H. Dolezal); Deleuze 1805; Dörfler 1906.   Ja/Hek

Heer, Oswald (1809–1883); aus Niederuzwyl (Kt. St. Gallen, Schweiz); 1828 stud. zuerst Protestant. Theol. Univ. Halle/Saale u. St. Gallen (Examina 1831), gleichz. 1828–1832 stud. Naturwiss.; 1832 Konservator zur Ordnung einer priv. Insektenslg. in Zürich; 1834 Pd. für Bot. u. Entomol. u. Dir. Bot. Gartens, 1835 ao. Prof., 1852–1882 (em.) o. Prof. für Bot. u. Entomol.

Univ., gleichz. 1855–1882 o. Prof. für Taxonom. Bot. am Polytechnikum (später ETH) Zürich; starb in Lausanne. Einer der Begr. d. Paläontol. der tertiären Flora u. Fauna u. der Pflanzengeogr. d. Alpen; vertrat eine Theorie der schrittweisen, langsamen Transformation der Spezies u. die Deszendenztheorie. – Lit.: Flora tertiaria Helvetiae, 3 Bde., Winterthur 1855–1859; Die Urwelt der Schweiz, Zürich 1865 (^{2}1879); Flora fossilis arctica, 7 Bde., Zürich 1868–1883; Flora fossilis Helvetiae, Zürich 1876; Ueber die nivale Flora der Schweiz, Zürich 1883. – B: NDB (E. Furrer); DSB (H. Tobien); J. Heer et al. 1887; Andrews 1980: 273–277.   Hpp/Sch

Heese, Wolfgang (1942–1989); aus Dresden; 1959–1961 Ausbild. zum Zootierpfleger u. 1961–1964 am Zool. Garten Dresden tätig (Abitur 1964 an d. Abendobersch.); 1964 stud. Biol. Univ. Halle/Saale (Dipl. 1970); nach erfolgloser Bewerbung am Dt. Entomolog. Inst. in Eberswalde (bei Berlin) ab 1970 Ltr. d. Bibl. d. *Leopoldina* in Halle/Saale, wo er starb. Techn.-redaktionelle Bearb. d. *Wörterbücher der Biologie* (u. a. *Ökologie, Mikrobiologie, Immunologie* u. *Pflanzenphysiologie*, Jena 1975–1985); Mitarb. an *Cell differentiation: molecular basis and problems* (Hrsg. L. Nover, L. Luckner & B. Parthier, Jena 1982) u. d. 2. Aufl. d. *Geschichte der Biologie* (Hrsg. I. Jahn, R. Löther & K. Senglaub, Jena 1985). – Lit.: (mit L. Engelbrecht & U. Orban) Leaf-miner, caterpillare and cytokinins in the „green islands" of autumn leaves, in: Nature (London) *223* (1959): 319–321; Zur Unterscheidung und zum Vorkommen von *Chrysotoxum verralli* Coll. und *Chrysotoxum octomaculatum* Curt., in: Entom. Nachr. *14* (1970): 57–59; Über die Saisondynamik von Schwebfliegen (*Diptera, Syrphidae*) im Raum Halle/S. unter Berücksichtigung der Beziehungen zu Kiefernlachniden, Dipl.-Arb., Sekt. Biowiss. Univ. Halle–Wittenberg 1970; Schriftenverzeichnis von Valentin Haecker, in: Hercynia (1970); Zwischen „Schulmedizin" und Naturheilkunde: Emil Abderhalden (1877–1950) als Abgeordneter in der Verfassunggebenden Preußischen Landesversammlung, in: Leopoldina Jb 1978, R. 3, *24* (1981): 133–176; (mit Benno Parthier) Schriftenverzeichnis Kurt Mothes, in: In memoriam: Kurt Mothes, in: Biochemie u. Physiol. d. Pflanzen *178* (1983) 9: 744–768. - B: Eigenhändige Vita in ALH.   Ja

Heidenhain, Martin (1864–1949); aus Breslau (Wrocław); stud. Biol. Univ. Breslau u. Würzburg, stud. Med. Univ. Freiburg i. Br. (Dr. med. 1890); dann Ass. bei A. Koelliker in Würzburg; ab 1899 Univ. Tübingen, hier ab 1917 Prof. für Anat.; starb in Tübingen. Arbeitete spez. in der mikroskop. Anat. über Strukturen von Herz- u. Skelettmuskeln, Speicheldrüsen u. Schilddrüse; führte 1891 Eisenhämatoxylin in d. histolog. Färbemethoden ein. – Lit.: Neue Untersuchungen über die Centralkörper und ihre Beziehungen zum Kern und Zellenprotoplasma, in: A. mikroskop. Anat. *43* (1894): 423–758; Plasma und Zelle, Jena 1907. – B: DSB (M. Alfert); NDB (K. E. Rothschuh); Jacobj 1952–1953 (W).   Ja

Heidenhain, Rudolf Peter Heinrich Jacob (1834–1897); aus Marienwerder (Westpreußen); 1850–1851

stud. Naturwiss., dann Med. Univ. Königsberg, 1852 Halle u. Berlin (bei DuBois-Reymond Dr. med. 1854); danach Ass. im Physiol. Labor. bei DuBois-Reymond Univ. Berlin, später bei d. Physiologen A. Volkmann, 1857 Pd. Univ. Halle; 1859 o. Prof. für Physiol. u. Histol. (Nachf. von Reichert) u. Dir. des Physiol. Labor. Univ. in Breslau, wo er starb. – Lit.: Untersuchungen über den Bau der Labdrüsen, in: A. mikroskop. Anat. *6* (1870): 368–406; Die Vivisection, Leipzig 1884; s. a. Lit. zu Kap. 15. – B: NDB (K. E. Rothschuh).   Sch

Heider, Karl (1856–1935); aus Wien; 1874–1877 stud. Med. u. Zool. Univ. Graz, dann Wien (Dr. phil. 1879); nach ärztl. Militärdienst ab 1882 Ass. bei Claus am Zool. Inst. (Dr. med. 1883), 1885 Pd. für Zool. Univ. Wien; 1886 Pd. für Zool. u. 1885–1887 u. 1893 Ass. bei F. E. Schulze, 1893 ao. Prof. für Zool. Univ. Berlin; 1894 o. Prof. für Zool. Univ. Innsbruck (Nachf. von Camill Heller), wo seine wichtigsten Arbeiten über experim. Entwicklungsgesch. u. Phylogenie der wirbellosen Tiere, über Chromosomen u. Vererbung entstanden; 1917–1924 (em.) o. Prof. für Zool. Univ. Berlin; starb auf Schloß Thinnfeld bei Feistritz (Steiermark). 1914–1915 Präs. Dt. Zool. Ges. – Lit.: Ueber die Anlage der Keimblätter von *Hydrophilus piceus* L., in: Abh. AdW zu Berlin 1885, Physikal.-math. Kl., (1886); Die Embryonalentwicklung von *Hydrophilus piceus* L., Jena 1889; Das Determinationsproblem, in: Verh. Dt. Zool. Ges. *10* (1900): 45–97; Experimentelle Entwicklungsgeschichte, in: Lehrbuch der vergleichenden Entwicklungsgeschichte der wirbellosen Thiere, hrsg. von E. Korschelt & C. Heider, Allg. Teil, Jena 1902: 1–538; Vererbung und Chromosomen, in: 77. Vers. Ges. Dt. Naturfo. u. Ärzte 1905, T. 1, Jena 1906: 222–244; Die Keimblätterbildung, in: Lehrbuch ... (s. o.), Allg. Teil, Jena 1910: 167–470. – B: NDB (W. Ulrich); Ulrich 1969 (W).   Ja

Heinricher, Emil Johann Lambert (1856–1934); aus Laibach; 1874 stud. Bot. Univ. Graz (bei H. Leitgeb, Dr. phil. 1879); 1879–1888 Ass. bei Leitgeb, 1882 Pd. Univ. Graz; dazw. 1882–1883 Stud.aufenth. bei Schwendener u. Eichler in Berlin u. Sachs in Würzburg; 1889 ao. Prof., 1891–1928 (em.) o. Prof. für Bot. u. Dir. Bot. Garten Univ. in Innsbruck, wo er

starb. Hauptarbeitsgebiet: parasit. Samenpflanzen. – Lit.: Über den isolateralen Blattbau, in: Jb. wiss. Bot. *15* (1884): 502–567; Monographie der Gattung Lathraea, Jena 1931. – B: NDB (H. Dolezal); Sperlich 1934.   Sty/Sch

Heinroth, Katharina Bertha Charlotte, geb. **Berger** (1897–1989); aus Breslau (Wrocław, Polen); nach 1916 Tätigk. als Hauslehrerin; 1920 stud. Biol., auch Geogr. u. Geol., Univ. Breslau u. München (Dr. phil. 1923/1924 bei Otto Koehler); wiss. Arb. in Breslau, ab ca. 1921/1922 zool. Stud. in München u. am KWI für Biol. Berlin, sowie Eheschließung mit d. Zoologen G. A. Rösch; ab 1932 gemeinsame Fo.arb. mit Oskar Heinroth, ab 1933 als dessen Ehefrau u. Mitarb. am Aquarium in Berlin; nach seinem Tod ab 1945–1956 (i. R.) Dir. d. Zool. Gartens Berlin, dessen Wiederaufbau nach der Zerstörung im *2. Weltkrieg* u. dessen Neueinrichtung sie durchführte; zugl. 1953–1969 Lehrbeauftragte für Allg. Zool. an d. TU in Berlin, wo sie starb. Ab 50er Jahre auch zahlr. Vorträge, u. a. bei d. Berliner *Urania*; gab einige Werke von Oskar H. in 2. Aufl. bzw. Neubearb. heraus, z. B. 1955 *Gefiederte Meistersänger* (1936). – Lit.: Experimentelle Studien über Schallrezeption bei Reptilien, in: Z. vergl. Physiol. *1* (1924): 517–540; (mit Oskar Heinroth) Das Heimfindevermögen der Brieftauben, in: J. Ornithol. *89* (1941): 213–256; (mit Oskar Heinroth) Verhaltensweisen der Felsentauben (= Haustaube) *Columba livia livia* L., in: Z. Tierpsychol. *6* (1947): 153–201; Beobachtungen an handaufgezogenen Mantelpavianen (*Papio hamadryas* L.), in: ebda *16* (1959): 705–732; Über Geburt und Aufzucht eines männlichen Schimpansen im Zoologischen Garten Berlin, in: ebda *22* (1965): 15–35; Oscar Heinroth ..., Stuttgart 1971; Die Geschichte der Verhaltensforschung, in: K. Immelmann, Verhaltensforschung, Zürich 1974: 1–15 (Grzimeks Tierleben, Sonderbd.). – B: WerD; Kürschner; Autobiogr. 1979; Hassenstein 1990. – P.   Ja/Sch

Heinroth, Oskar [Oscar] (1871–1945); aus Kastel-Kostheim bei Mainz; stud. Med. Univ. Kiel (Dr. med. 1895); ab 1896 zool. Stud. am Zool. Garten u. am Zool. Mus. Berlin (bes. bei A. Reichenow); 1900–1901 zool. Sammelreise (mit B. Mencke) zum Bismarck-Archipel; 1904 Direktorial-Ass. Zool. Garten Berlin, wo

O. Heinroth 1936   H. Hellriegel   H. von Helmholtz   St. B. Hendricks

er 1911 ein Aquarium aufbaute, das er 1913–1944 leitete; starb in Berlin. Widmete sich mit seiner ersten Frau Magdalena H. (gest. 1932) bes. der Verhaltensfo. an Vögeln u. führte die Berücksichtigung neuer Merkmale (Mauser, Körpergewicht, Biologie u. Sozialverhalten) in die ornitholog. Systematik ein. – Lit.: Verlauf der Schwingen- und Schwanzmauser der Vögel, in: Sb. Ges. naturf. Freunde Berlin (1898): 95–178; Beiträge zur Biologie, namentlich Ethologie und Psychologie der Anatiden, in: V. Int. Ornith.-Congr. Berlin 1910, Berlin 1911: 589–702; (mit Magdalena HEINROTH) Die Vögel Mitteleuropas in allen Lebens- und Entwicklungsstufen photographisch aufgenommen und in ihrem Seelenleben bei der Aufzucht vom Ei ab beobachtet, 4 Bde., Leipzig 1924–1928; Aus dem Leben der Vögel, Berlin 1938; Die sogenannte Laut- und Zeichensprache der Vögel, in: Nova Acta Leopoldina, N.F., *6* (1938): 543–546; Aufopferung und Eigennutz im Tierreich, Stuttgart 1941. – B: NDB (E. STRESEMANN); K. HEINROTH 1971 (W). – P.   Ja

Heitz, Emil (1892–1965); aus Straßburg; stud. Biol. Univ. München, Straßburg, Basel u. Heidelberg (Dr. rer. nat. 1921); 1926 Pd., 1931 apl. Prof. für Bot. Univ. Hamburg; 1937 ao. Prof. für Bot. Univ. Basel; 1947 Gast-Prof. Columbia Univ. New York, 1952–1953 u. 1954 Univ. Tübingen; ab 1955 Hon. Prof. u. Wiss. Mitgl. MPI für Biol. in Tübingen; arbeitete spez. zytogenetisch; starb in Lugano. – Lit.: Heterochromatin, Chromocentren, Chromomeren, in: Ber. Dt. Bot. Ges. *47* (1929): 274–281; Die somatische Heteropycnose bei *Drosophila melanogaster* und ihre genetische Bedeutung, in: Z. Zellfo. *20* (1933): 237–287; Chromosomenstruktur und Gene, in: Z. indukt. A.+Vl. *70* (1935): 402–447; Gerichtete Chlorophyllscheiben als strukturelle Assimilationseinheiten der Chloroplasten, in: Ber. Dt. Bot. Ges. *54* (1936): 362–368; Elemente der Botanik, Tübingen 1950. – B: KÜRSCHNER.   Ja

Hellriegel, Hermann (1831–1895); aus Mausitz bei Pegau; stud. Chemie in Tharandt; errichtete die landw. Versuchssta. Dahme (Niederlausitz), seit 1873 Dir. der Anhaltin. Versuchssta. in Bernburg, wo er starb. Bewies zus. mit H. WILFARTH die Assimilation des atmosphär. Stickstoffs durch die Bakterien in Wurzelknöllchen der *Papilionaceae*. – Lit.: Welche Stickstoffquellen stehen der Pflanze zu Gebote?, in: Tagebl. Vers. Dt. Naturfo. u. Ärzte, Berlin *59* (1886): 290; (mit H. WILFARTH) Untersuchungen über die Stickstoffnahrung der Gramineen und Leguminosen, Berlin 1888. – B: NDB (L. SCHMITT); DSB (H. SCHADEWALDT). – P.   Ja

Helmholtz, Hermann Ludwig Ferdinand von (1821–1894); aus Potsdam; 1838 stud. Med. am militärärztl. FWI (*Pepinière*) Berlin (bei Johannes MÜLLER, Dr. med. 1842); 1842 Unterchirurg in d. *Charité* Berlin; 1843 Militärarzt in Potsdam; 1848 Lehrer d. Anat. an d. Kunstakad. u. Ass. am Anat. Mus. Berlin; 1849 ao. Prof., 1851 o. Prof. für Physiol. u. Allg. Pathol. Univ. Königsberg; 1855 o. Prof. für Anat. u. Physiol. Univ. Bonn, 1858 für Physiol. in Heidelberg; 1871 o. Prof. für Physik u. Dir. des Physikal. Inst. Berlin (Nachf. von Gustav MAGNUS); 1888 Präs. d. Physikal.-techn.

Reichsanstalt in Berlin-Charlottenburg, wo er starb. – Lit.: Über die Erhaltung der Kraft, Berlin 1847; Über die Wechselwirkung der Naturkräfte, Königsberg 1854; Handbuch der physiologischen Optik, 3 Bde., Leipzig 1855–1867; Die Lehre von den Tonempfindungen als physiologische Grundlage für die Theorie der Musik, Brunswick 1863 (²1865, 3. umgearb. Ausg. 1870); s. a. Lit. zu Kap. 15. – B: NDB (W. GERLACH); DSB (R. S. TURNER); KOENIGSBERGER 1902–1903; EBERT 1949. – P.   Sty/Sch

Helmont, Jan [Johan, Jean] Baptist van (1577–1644); aus Brüssel; stud. Phil., Theol. u. Med. in Jesuitenseminar (Dr. med. 1599); nach Auslandsreisen Privatniederlassung als Arzt u. Naturfo. auf Gut Vilvorde bei Brüssel, wo er auch chem. u. physiolog. Experimente durchführte; Anhänger von PARACELSUS u. Gegner d. galenischen Medizin; wurde zum Begr. der Iatrochemie mit christl.-mystischen Zügen, die er der Iatromechanik entgegensetzte; stellte alle Lebensvorgänge als chem. Prozesse dar, die er als „Gärung" bezeichnete u. auf „gasförmige Fermente" zuruckführte; prägte den Terminus „Gas". – Lit.: (hrsg. von Fr. Mercurius VAN HELMONT) Ortus medicinae, Amsterdam 1648. – B: DSB (W. PAGEL); H. DE WAELE, Brüssel 1947.   Ja

Hemberg, Nils Emil Torsten (1915–1999); aus Stockholm; stud. Bot. Univ. Stockholm (Fil. cand. 1940, Fil. mag. 1941, Fil. lic. 1943, Fil. dr. 1947); 1940 Gehilfe (*Amanuensis*) für Bot., 1946 Lehrer für Pflanzenphysiol., 1947 Ass. Prof. für Bot. Univ. Stockholm; 1952 Lektor für Bot. Königl. Pharmazeut. Inst. Stockholm; 1959–1980 Prof. für Pflanzenphysiol. Univ. Stockholm. – Lit.: Growth inhibiting substances in buds of *Fraxinus*, in: Physiol. Plantarum *2* (1949): 37–44. – B: DScandB; WWScand; Väd.   Höx

Hemprich, Friedrich Wilhelm (1796–1825); aus Glatz; 1814 stud. Med. Univ. Breslau (Wrocław), 1815 als Armee-Chirurg in Frankr., ab 1817 stud. Med. Univ. Berlin (Dr. med. 1818); 1819 Pd. für Vergl. Physiologie u. Lehrer im Kadetten-Korps, außerdem zool. Stud. über Amphibien u. Reptilien im Zool. Mus. Univ. Berlin; 1820 zus. mit Chr. G. EHRENBERG Teiln. an der archäol.-naturhist. Exped. des Grafen MINU VON MINUTOLI nach Ägypten, starb in Massaua am Roten Meer. – Lit.: Grundriß der Naturgeschichte, Berlin 1820. – B: NDB (R. MERTENS).   Ja

Hendricks, Sterling Brown (1902–1981); aus Elysian Fields (Texas, USA); 1920 stud. Chemie, bes. Physikal. Chemie, Univ. of Arkansas Fayetteville (B.Ch.E. 1922); 1922–1924 Ass. Agric. Res. Service USDA; gleichz. 1923–1924 Instr. Kansas State Coll. Agric. & Applied Sci. Manhattan (MS 1924); 1924 Res. Fell. *Caltech* Pasadena (PhD 1926); 1926 Res. Assoc. im Geophysikal. Labor. Carnegie Inst. Technol. Pittsburgh (Pennsylvania), 1927 am Rockefeller Inst. for Med. Res. New York; 1928 Chemiker bei F. G. COTTRELL Bureau Chem. & Soils USDA Washington/D.C., 1940 im Bureau Plant Industr., Soil & Agric. Engineering Beltsville/Maryland (Beginn der Zus.arb. mit H. A. BORTHWICK u. M. W. PARKER); 1943 Chefchemiker, 1958–1967 Ltr. Mineral Nutrition Labor. USDA Beltsville/Maryland. – Lit.: Control of growth and reproduction by light and darkness, in: Am. Sci. *44* (1956): 229–247; (mit W. J. VAN DER WOUDE) How phytochrome acts – perspectives on the continuing quest, in: Encycl. Plant Physiol., N.S., *16 A* (1983): 3–23. – B: AMS/PB 11; Autobiogr. 1970. – P.

Höx

Henke, Karl Friedrich Wilhelm (1895–1956); aus Bremen; stud. Naturwiss. Univ. Tübingen, dann Göttingen (bei A. KÜHN, Dr. phil. 1924); 1929 Pd. für Zool. Univ. Göttingen; 1930–1932 *Rockefeller*-Stipendiat Zool. Inst. Yale Univ. New Haven/USA (bei R. G. HARRISON); 1933 Ass. von R. GOLDSCHMIDT am KWI für Biol. Berlin-Dahlem; ab 1937 o. Prof. für Zool. (Nachf. von A. KÜHN) Univ. Göttingen, wo er bis zum Tode wirkte; nach Heeresdienst im 2. Weltkrieg Wiederaufbau des Zool. Inst. in Göttingen bis 1952. – Lit.: Zur Morphologie und Entwicklungsphysiologie der Tierzeichnungen, in: Naturwiss. *21* (1933); Entwicklung und Bau tierischer Zeichnungsmuster, in: Verh. Dt. Zool. Ges. (1935): 176–244; Versuch einer vergleichenden Morphologie des Flügelmusters der Saturniden auf entwicklungsphysiologischer Grundlage, in: Nova Acta Leopoldina, N.F., *4* (1936): 3–137; Über Feldgliederungsmuster bei *Geometriden* und *Noctuiden* und den Musterbauplan der Schmetterlinge im Allgemeinen, in: Nachr. Ges. Wiss. Göttingen, Math.-physikal. Kl., (1941): 183–196. – B: NDB (H. PIEPHO). – P.   Ja

Henking, Hermann (1858–1942); aus Jerxheim bei Braunschweig; 1878–1882 stud. Naturwiss., bes. Zool., Univ. Göttingen, Leipzig u. Freiburg i. Br. (Dr. phil. 1882 Univ. Göttingen) nach Staatsexam. 1884 kurze Zeit Lehrer in Blankenburg (Harz), dann Ass. Zool. Inst. Univ. Göttingen, 1886 Pd. für Zool.; arbeitete über Entwicklungsgesch. der Cheliceraten u. Insekten, über Befruchtung u. Zellteilung, entdeckte dabei die Geschlechtschromosomen u. ihr Verhalten in der Meiose; ab 1892 Sekr. der 1884 gegr. Sekt. für Hochsee- u. Küstenfischerei des Dt. Seefischerei-Vereins; regte die mathem. Auswertung des statist. Materials als Grundlage für eine wiss. geplante Schollenbefischung der Nordsee an (*Methode Henking*); starb in Berlin. – Lit.: Die Wolfsspinne und ihr Eicocon – eine biologische Studie, in: Zool. Jb. Syst. *5* (1891): 185–210; Untersuchungen über die ersten Entwicklungsvorgänge in den Eiern der Insekten I–III, in: Z. wiss. Zool. *49* (1890), *51* (1891), *54* (1892); Über die Reductionsteilung der Chromosomen in den Samenzellen von Insekten, in: Int. Monatsschr. Anat. u. Physiol. *7* (1890): 243–248; Über plasmatische Strahlungen, in: Verh. Dt. Zool. Ges. (1891): 29–36; Künstliche Nachbildung von Kerntheilungsfiguren, in: A. mikroskop. Anat. *41* (1892): 29–39; Der Schollenbestand im Nordseegebiet nach Beendigung des großen Krieges 1914–1918: Übersicht des Gesamtmaterials der deutschen Markmessungen, in: Abh. d. Dt. Seefischerei-Vereins *15* (1922): 57–103. – B: NDB (H. QUERNER).   Ja

Henle, Friedrich Gustav Jacob (1809–1885); aus Fürth bei Nürnberg; 1827 stud. Med. Univ. Bonn, 1830 Heidelberg, 1831 wieder Bonn (bei Joh. MÜLLER, Dr. med. 1832); danach Ass. bei Joh. MÜLLER Univ. Berlin, 1834 Prosektor für Anat., Stud.aufenth. mit Joh. MÜLLER in Paris; 1837 Pd. Univ. Berlin; 1840 Prof. für Anat. u. Physiol. Univ. Zürich, 1844 Univ. Heidelberg, ab 1852 Univ. Göttingen, wo er bis zu seinem Tode wirkte. – Lit.: Pathologische Untersuchungen, Berlin 1840 (Nachdr.: Von den Miasmen und Contagien, Leipzig 1910 [SUDHOFFS Klassiker der Med. 3]; Repr.: Leipzig 1968); Allgemeine Anatomie, Berlin 1841; Handbuch der rationellen Pathologie, Braunschweig 1846–1853. – B: NDB (G. B. GRUBER); DSB (E. HINTZSCHE).   Ja

Hennig, Willi Emil Hans (1913–1976); aus Dürrhennersdorf (Sachsen); 1935–1936 stud. Univ. Leipzig (Dr. phil. 1936); 1937 Ass. am *Dt. Entomol. Inst.* Berlin; 1945–1947 wissensch. Ltr. Zool. Inst. Univ. Leipzig; 1947 wiss. Mitarb., 1949–1951 u. 1954–1961 Ltr. Abt. für Systemat. Entomol. am *Dt. Entomol. Inst.* Berlin, 1950 Pd., 1950/1951 maßgebl. an dessen Neuaufbau beteiligt; 1951–1954 Prof. Pädagog. HS Potsdam; ab 1963 Abt.-Ltr. *Mus. für Naturkunde* Stuttgart; 1970 Hon. Prof. Univ. Tübingen; starb in Ludwigsburg-Pflugfelden. – Lit.: Grundzüge einer Theorie der phylogenetischen Systematik, Berlin 1950; Die Stammesgeschichte der Insekten, Frankfurt a. M. 1969. – B: LexNW; DSB (C. DUPUIS); SCHLEE 1978; PETERS 1995.   Ja

Henschel, August Wilhelm Eduard Theodor (1790–1856); aus Breslau (Wrocław); stud. Med. am *Coll. med.-chirurg.* Breslau u. Berlin, dann Univ. Heidelberg (bes. Bot. bei F. J. SCHELVER), Berlin u. Breslau (Dr. med. 1812); 1816 Pd., 1821 ao. Prof. für Bot., 1832 o. Prof. für Bot., Pflanzenanat. u. -physiol. sowie Theoret. Med. u. Gesch. der Med. Univ. in Breslau, wo er starb. Teilte SCHELVERS Zweifel an der Sexualität der Pflanzen u. suchte ihn experim. zu stützen. – Lit.: Von der Sexualität der Pflanzen, nebst einem historischen Anhange von Fr. J. SCHELVER, Breslau 1820. – B: NDB (M. MICHLER).   Ja

Hensen, Christian Andreas Victor (1835–1924); aus Schleswig; stud. Naturwiss. u. Med. Univ. Würzburg, Berlin u. Kiel (Dr. med. 1859); dann Prosektor Anat. Inst., 1860 Pd., 1864 ao. Prof. für Physiol. u. Embryol., 1868 o. Prof. für Physiol. Univ. in Kiel, wo er starb. Arbeitete spez. über vergl. Morphol. u. Physiol. d. Sinnesorgane u. des Nervensystems u. widmete sich bis 1921 der meeresbiol. Fo.; 1889 Ltr. der großen Atlantik-Plankton-Exped. der Humboldtstiftung; prägte den Begriff *Plankton*; Ehrenvors. der Dt. wiss. Kommission für Meeresforschung. – Lit.: Bericht über die dreißigjährige Tätigkeit der Kommission zur wissenschaftlichen Untersuchung der deutschen Meere im Interesse der Fischerei, in: Mitt. Dt. Seefischerei-Vereins *7* (1901): 173–179; s. a. Lit. zu Kap. 15. – B: NDB (D. TRINCKER); DSB (K. E. ROTHSCHUH); POREP 1970 (W).   Ja

Henslow, John Stevens (1796–1861); aus Rochester (Kent, Engl.); 1814 stud. Theol., Math., Chemie u. Mineralogie St. John's Coll. Cambridge (MA 1821); 1822 o. Prof. für Mineral., 1825 für Bot. Univ. Cambridge; ab 1824 auch Geistlicher an d. *Little St. Mary's Church*

Cambridge, 1833 Vikar von Chelsey, 1837 Pfarrer in Hitcham (Suffolk), wo er ab 1839 bis zu seinem Tode lebte. – Lit.: Geological description of Anglesea, in: Trans. Philos. Soc. *1* (1822): 359–452; Principles of descriptive and physiological botany, London 1835. – B: DSB (M. V. Mathew); Russell-Gebbett 1977.   Ja

Herbert, William (1778–1847); aus Highclere (Hampshire, Engl.); stud. Phil. u. Jura in Eton u. Univ. Oxford (BA 1798, MA 1802, Bacc. u. Dr. jur. 1808); nach polit. Laufbahn (bis 1814) Mitgl. u. Würdenträger d. Anglikan. Kirche (Dean of Manchester), in kirchl. Ämtern in Spofforth (Yorkshire), ab 1840 Ltr. des Collegiate Church in Manchester; außerdem ornithol. u. bot. Fo., Mitgl. Gartenbau-Ges. London, Stud. d. Hybridisation an Amaryllidaceen, vertrat die Ansicht, daß durch Bastardierung neue Arten entstehen, sammelte Beobachtungen über landw. Kulturpflanzen; starb in London. – Lit.: On hybridisation amongst vegetables, in: J. Hort. Soc. London *2* (1847): 1–28, 81–107. – B: DSB (A. A. Guimond).   Ja

Herbst, Curt Alfred (1866–1946); aus Meuselwitz bei Altenburg (Thür.); stud. Naturwiss., bes. Zool., Univ. Genf (bei C. Vogt) u. Jena (bei E. Haeckel, Dr. phil. 1889); Reise mit H. Driesch nach Ceylon, Java u. Vorderindien, gemeinsame entwicklungsphysiol. Arbeiten mit ihm an der meeresbiol. Sta. in Neapel u. Triest; nach kurzer Ass.-Zeit in Jena Doz. für Zool. am Polytechnikum Zürich; 1901 Pd., 1906 ao. Prof., 1919–1935 o. Prof. für Zool. (Nachf. von O. Bütschli) Univ. in Heidelberg, wo er starb. 1914–1919 auch auswärt. Mitgl. des KWI für Biol. Berlin-Dahlem; arbeitete mit wirbellosen Meerestieren; Dr. med. h. c. 1913 Univ. Halle. – Lit.: Über die Regeneration von antennenähnlichen Organen an Stelle von Augen, III. u. IV., in: A. Entw.mech. *9* (1900): 215–292; Über das Auseinandergehen von Furchungs- und Gewebszellen im kalkfreien Medium, in: ebda *9* (1900): 424–463; Vererbungsstudien I-VII, in: ebda *21, 22, 24, 26, 27* u. *34* (1906–1912); Entwicklungsmechanik oder Entwicklungsphysiologie der Tiere und der Pflanzen, in: Handwörterbuch Naturwissenschaften, Bd. 3, Jena 1913. – B: NDB (H. Querner).   Ja

Herder [russ. **Gerder**], **Ferdinand Gottfried Theobald Max von** [russ. **F. Jemel'janovič** bzw. **Emilievič**] (1828–1896); aus Bayreuth (Bayern), Enkel von Johann Gottfried (von) H. (Vater: Emil H., 1783–1855, bayer. Forstrat); stud. Jura Univ. Erlangen u. Heidelberg, dann Naturwiss. Univ. Zürich, Kandidat d. Physik.-Math. Fak. Univ. St. Petersburg; 1856 Gehilfe, 1860 Konservator, 1868–1892 Bibliothekar am Bot. Garten in St. Petersburg; starb in Grünstadt (Pfalz). Bearbeitete u. a. 1862–1887 die bot. Ausbeute der wiss. Reisen v. Gustav Radde nach Ostsibirien (*Plantae Raddeanae Monopetalae*). – Lit.: Alphabetisches Verzeichniss sämmtlicher botanischen und landwirtschaftlicher Gärten, sowie der botanischen Museen, Herbarien und verwandten Institute in allen fünf Weltheilen, mit Angabe ihres derzeitigen Vorstandspersonals …, in: Gartenflora (1862): 317–322, sowie Nachträge dazu ebda (1863): 151–152, (1864): 137–139, (1865): 331–332, (1866): 292–294, (1870): 366–367; Verzeichniss

sämmtlicher botanischen und landwirtschaftlichen Gärten, sowic der botanischen Museen und verwandten Institute in allen fünf Weltheilen, mit Angabe ihres derzeitigen Vorstandspersonals, nach den einzelnen Staaten in alphabetischer Reihenfolge zusammengestellt, in: ebda (1870): 70–86, sowie Nachträge dazu ebda (1872): 84–88 u. 229–230; Catalogus systematicus bibliothecae horti Imperialis botanici Petropolitani, Petropoli 1886; Die in St. Petersburg befindlichen Herbarien und botanischen Museen, in: Bot. Cbl. *55* (1893): 257–269, 289–298; Uebersicht über die botanische beschreibende Literatur und die botanischen Sammlungen des Kaiserlichen botanischen Gartens in St. Petersburg, in: ebda *58* (1894): 385–392. – B: BRL; DBA; Leopoldina 1896/32: 133 f. u. ALH MM 2032.   Sch

Herder, Johann Gottfried (von) (1744–1803); aus Mohrungen; dt. Geschichts- u. Religionsphilosoph; 1762–1764 stud. zuerst Med., dann Theol. u. Philos. Univ. Königsberg/Kaliningrad (bei Kant), hörte auch Astron. u. Physische Geogr.; 1776 als Theologe nach Weimar berufen, wo er starb. Durch Goethe u. den Weimarer Kreis angeregt, entwickelte er pantheist. Gedanken; Einfluß auf Hegel u. Schelling. – Lit.: Ideen zur Philosophie der Geschichte der Menschheit, Leipzig 1784–1791. – B: NDB (H.-W. Jäger).   Ja

Hérelle, Felix Hubert d' (1873–1949); aus Montreal (Kanada); stud. Med. Univ. Paris u. Leiden; 1901 Ltr. des bakteriolog. Labor. am Städtischen Hosp. Guatemala, lehrte daneben Mikrobiol. an d. Med. Fak. Univ. Guatemala, dann Yukatan (Mexiko); 1909–1921 in Paris, wo er „Bakteriophagen“ gegen Dysenterie-Bazillus entdeckte; 1921 Ass. Prof. Univ. Leiden; 1923 Dir. des bakteriolog. Dienstes in Ägypten, 1927 Indien; 1928–1934 Prof. für Protobiol. Yale Univ. (USA); 1935 in der UdSSR zur Einrichtung von mikrobiol. Instituten; ab 1935 in Paris, wo er starb. – Lit.: Sur un microbe invisible, antagoniste du bacille dysenterique, in: C. R. Acad. Sci., Paris *165* (1917): 373–375. – B: DSB (J. Théodoridès).   Ja

Heribert-Nilsson, Nils s. Nilsson, Nils Heribert

Hering, Karl Ewald Konstantin (1834–1918); aus Altgersdorf (Lausitz); 1853–1858 stud. Med. Univ. Leipzig (bes. bei E. H. Weber, O. Funke, G. Th. Fechner u. J. V. Carus, mit dem er 1858 Sizilien bereiste; Dr. med. 1860); 1860–1865 prakt. Arzt u. Ass. Polyklinik (bei E. Wagner) in Leipzig; gleichz. ab 1862 Pd. für Physiol. Univ. Leipzig; 1865 Prof. für Physiol. Med.-chirurg. Militärakad. (*Josephinum*) Wien (Nachf. von C. Ludwig); 1870 o. Prof. für Physiol. Univ. Prag (Nachf. von J. Purkyně); 1895 o. Prof. u. Dir. Physiol. Inst. Univ. (Nachf. von C. Ludwig) in Leipzig, wo er starb. – Lit.: Beiträge zur Physiologie, Teil I–V, Leipzig 1861–1864; Die Lehre des binokularen Sehens, Leipzig 1868; Zur Lehre vom Lichtsinn, Wien 1878; s. a. Lit. zu Kap. 15. – B: DSB (V. Kruta); NDB (D. Trinckner).   Ja/Sch

Hermann, Johannes (1738–1800); aus Barr (Elsaß); 1753 stud. Med. Univ. Straßburg (Dr. med. 1763) u. Paris; 1769 ao. Prof. für Med., 1778 o. Prof. für Logik

u. Metaphysik Phil. Fak., 1782 o. Prof. für Pathol.,
1784–1789 für Med. Bot. Univ. Straßburg; 1794 Prof.
für Bot. u. Med. an d. neugegr. *É. de Santé*, 1795 Prof.
für Naturgesch. *É. centrale de Bas-Rhin* in Straßburg,
wo er starb. – Lit.: Tabula affinitatum animalium,
Strasburg 1777, 1783. – B: NDB (H. QUERNER)   Ja

Hermann, Ludimar (1838–1914); aus Berlin; stud.
Med. u. Naturwiss. Univ. Berlin (bei DuBois-Reymond, Dr. med. 1859); 1865 Pd. für Physiol.; 1868 o.
Prof. für Physiol. Univ. Zürich (Nachf. von A. Fick);
1884 o. Prof. für Physiol. u. Dir. d. neueingericht. Physiol. Inst. Univ. in Königsberg, wo er starb. – B: NDB
(D. Trincker); Kreuter.   Sch

Hermann, Paul (1646–1695); aus Halle/Saale; 1672–
1679 Arzt der Ostind. Komp.; 1680–1695 Prof. für Bot.
Univ. in Leiden, wo er starb. Stellte berühmtes Herbar
u. exot. Tiere in Alkohol zus., verkauft 1711. – Lit.:
Musei Indici Catalogus, in: Museum Boerhaave, Leiden 1711 ff. [Verkaufskatalog v. 29. Juni 1711 ff.]. – B:
Heninger 1969; Smit 1969, 1986: 118 f.   Ja

Hernández, Francisco (1517–1587); aus Puebla de
Montalbán (Toledo, Span.); stud. Med. Univ. Alcalá;
prakt. Arzt in Toledo, Sevilla u. im Hosp. des Klosters von Guadalupe, wo er auch Sektionen durchführte; zugl. botanisierte er in Kastilien u. Andalusien; 1568/1569 Hofarzt bei Philipp II.; 1570 von
Philipp II. zum *Protomédico de Indias* u. Ltr. d. Exped. zur Erfo. d. amerikan. Naturgesch. ernannt, zw.
1571 u. 1577 in Gran Canaria, Kuba u. ab 1574 in
Mexiko, sammelte große Menge Mat., schrieb seine
Beobachtungen mit Zeichnungen von Gewächsen u.
Tieren nieder; starb in Madrid. Übers. der Naturgesch. des Plinius ins Kastellan. mit Kommentar.
Sein großes Werk wurde zu seinen Lebzeiten nicht
gedruckt, ein Teil 1671 durch ein Feuer im *Escorial*
vernichtet. – Lit.: (von Francisco Ximénez nach d.
Version von Recchi, s. u.) Quatro libros de la Naturaleza y virtudes de las plantas, y animales que están
recevidos en uso de Medicina en la Nueva España
…, México 1615; (Zus.fassung von Nardo Antonio
Recchi) Rerum … Novae Hispaniae thesaurus, seu
plantarum, animalium, mineralium mexicanorum historia, Rom 1628; (Ed. Casimiro Gómez Ortega) Historia plantarum Novae Hispaniae: Francisci Hernan-
di … opera, cum edita tum inedita …, 3 vols.,
Madrid 1790; (Ed. Germán Somolinos D'Ardois)
Obras completas de Francisco Hernández, México
1959–1966. – B: DSB (J. Vernet); DhCmE
(J. M. López Piñero); EncLA (C. Benito-Vessels);
Somolinos D'Ardois 1959–1960.   LGB/Sch

Herodot(os) (um 484–nach 430 v. Chr.); aus Halikar-
nossos; „Vater" der griech. Geschichtsschreibung; längerer Aufenth. in Samos; nach 455 v. Chr. ausgedehnte
Reisen, um 445 v. Chr. in Athen (Bekanntschaft mit
Sophokles u. Perikles); nach 440 v. Chr. Übersiedlung nach Thurioi (Unterital.), wo er vermutl. starb. –
Lit.: Textausg.: C. Hude, 3. Aufl., Oxford 1927; dt.
Übers.: Th. Braun, bearb. von H. Barth, 2 Bde., Berlin–Weimar 1967 (²1985). – B: LAW; Pauly; Pohlenz
1937   Ha/Sch

Herold, Johann Moritz David (1790–1862); aus Jena;
1806 stud. Med. Univ. Jena, 1807 Helmstedt, 1809 Prosektor bei Meckel Univ. Halle/Saale, 1811 Forts. des
Stud. in Marburg (Dr. med. 1812); dort Prosektor,
1816 ao. Prof., 1822–1862 o. Prof. für Med., gleichz. ab
1824–1862 auch Prof. für Zool. u. Dir. der Zool. Slg.
Univ. in Marburg, wo er starb. – Lit.: Entwicklungsgeschichte der Schmetterlinge, Marburg 1815. – B:
ADB 13: 501 f. (W. Stricker); Autobiogr. 1831   Sch

Herophilos (3. Jh. v. Chr.); aus Chalkedon; Schüler des
Praxagoras (2. Hälfte 4. Jh. v. Chr.) in Kos; um 290
v. Chr. Arzt in Alexandria; bedeut. durch seine anat.
Entdeckungen (Sektionen), vertrat die reine deskriptive Anat., damit Begr. d. eigentlichen wiss. Anat.; hat
auch in Physiol. (Pulslehre) u. Gynäkol. Beträchtli-
ches geleistet; war als Praktiker Pharmakologe; sein
Schüler Philinos von Kos (3. Jh. v. Chr.) begr. Empiri-
ker-Sch. – Lit.: überlief. Zeugnisse u. Fragm. s. bei
H. von Staden, Herophilus, Cambridge, New York
u. a. 1989. – B: LAW; Pauly (F. Kudlien); Kudlien
1964.   Ha/Sch

Herr, Michael (ca. 1490/1495–vor 1551); aus Speyer;
Stadtarzt in Straßburg, wo er starb. Stellte ein Tierbuch mit vierfüßigen Wirbeltieren in dt. Sprache zus.,
in dem erstmals naturgetreue Abb. enthalten waren. –
Lit.: Gründtlicher Underricht, warhaffte und eigentliche beschreibung … aller vierfüssigen Thier …, Straßburg 1546 (Neuausg., hrsg. von G. E. Sollbach, Würzburg 1994). – B: NDB (E. Wickersheimer)   Hpp

Hershey, Alfred Day (1908–1997); aus Owosso (Mi-
chigan, USA); stud. Michigan State Univ. (BS 1930,
PhD 1934); 1934 Ass. für Bakteriol., 1936 Instr., 1938
Ass. Prof., 1942 Assoc. Prof. Sch. of Med. Univ. of
Washington St. Louis; 1950 Res. Abt. für Genetik-Fo.,
1962–1974 (i.R.) Dir. *Carnegie Inst. of Washington* in
Cold Spring Harbour (New York). Nobelpr. 1969. –
Lit.: s. Lit. zu Kap. 22. – B: AMWS 1989–90; IWW
1995–96; WWNP.   Sch

Herter, Gustav Adolf Wilhelm Konrad (1891–1980);
aus Berlin; 1913–1914 u. ab 1918 stud. Univ. Freiburg
i. Br. u. Berlin (Dr. phil. 1821 bei K. Heider); 1921 Ass.
Univ. Göttingen; 1923 Ass., 1924 Pd., 1926 Lehrauftr.,
1930 ao. Prof. Univ. Berlin; 1930–1931 *Rockefeller-fel-
lowship* Univ. Utrecht (Holland); 1939 apl. Prof., 1946
o. Prof. u. ab 1948 Dir. Zool. Inst. Humboldt-Univ. Berlin; 1952 o. Prof. FU in Berlin, wo er starb. – Lit.: s.
Kap. 15. – B: Poggendorff VII a; Kürschner   Sch

Hertwig, Oscar (1849–1922); aus Friedberg (Hessen);
1868 stud. Med. u. Zool. Univ. Jena, 1869 Zürich,
1869–1871 wieder Jena, dann Bonn (Dr. med. 1872);
nach Militärdienst Stud.reise mit E. Haeckel nach
Korsika u. Villafranca ans Mittelmeer; 1875 Pd. für
Anat. u. Entw.gesch., 1878 ao. Prof., 1881 o. Prof. für
Anat. Univ. Jena; 1888 o. Prof. für Vergl. Anat. Univ.
Berlin u. Dir. des 1892 neugegr. Anat. Inst. (ab 1897 Anat.-
biolog. Inst. genannt), wo er bis zum Tode wirkte. –
Lit.: Beiträge zur Kenntnis der Bildung, Befruchtung
und Theilung des thierischen Eies (1), in: Morpholog.
Jb. *1* (1876): 347–434 (separat: Leipzig 1875); desgl.

(2), in: ebda *3* (1877): 1–86, 271–279; desgl. (3), in: ebda *4* (1878): 156–175, 177–213; Die Chaetognathen – eine Monographie, Jena 1880 (Studien zur Blättertheorie, 2); (mit R. Hertwig) Die Coelomtheorie – Versuch einer Erkärung des mittleren Keimblattes, Jena 1881 (Studien zur Blättertheorie, 4); Das Problem der Befruchtung und der Isotropie des Eies: eine Theorie der Vererbung, Jena 1884 (Untersuchungen zur Morphol. u. Physiol. d. Zelle, 3); Ueber den Befruchtungs- und Theilungsvorgang des thierischen Eies unter dem Einfluß äußerer Agentien, in: Jena. Z. Naturwiss. *20* (1886), Suppl. 1: 17–24; desgl. (mit R. Hertwig), Jena 1887 (Untersuchungen zur Morphol. u. Physiol. d. Zelle, 5); Lehrbuch der Entwicklungsgeschichte des Menschen und der Wirbeltiere, Jena 1886–1888 (10. Aufl. 1915); Vergleich der Ei- und Samenbildung bei Nematoden – eine Grundlage für celluläre Streitfragen, in: A. mikroskop. Anat. *36* (1890 a): 1–138; Vergleichende Untersuchungen der Ei- und Samenbildung bei Ascaris, Jena 1890 b; Experimentelle Studien am tierischen Ei vor, während und nach der Befruchtung, Jena 1890 c; Über die physiologische Grundlage der Tuberkulinwirkung – eine Theorie der Wirkungsweise bazillaerer Stoffwechselprodukte, Jena 1891; Die Zelle und die Gewebe, 2 Bde., Jena 1893, 1898 (^{2}1906 u. d. T.: Allgemeine Biologie); Mechanik und Biologie, Jena 1897 (Zeit- u. Streitfragen d. Biol., 2); Die Entwicklung der Biologie im neunzehnten Jahrhundert, 2. erw. Aufl. mit einem Zusatz über den gegenwärtigen Stand des Darwinismus, Jena 1908; Der Kampf um Kernfragen der Entwicklungs- und Vererbungslehre, Jena 1909; Das Werden der Organismen, Jena 1916; Dokumente zur Geschichte der Zeugungslehre, in: A. mikroskop. Anat. *90* (1918) Abt. II: 1–168 (auch separat: Bonn 1918); Der Staat als Organismus, Jena 1922; s. a. Lit. zu Kap. 14. – B: NDB (G. Uschmann); DSB (R. Olby); Weissenberg 1959 (W). – P.   Ja

Hertwig, Paula (1889–1983); aus Berlin; stud. Zool., Bot. u. Chemie Univ. Berlin (Dr. med. 1916); 1916 Volontär-Ass. Anat.-Biol. Inst., 1919 Pd. für Zool. Philos. Fak., 1921 Ass., später Oberass. Inst. für Vererbungs- u. Züchtungsfo. Landw. Fak., 1927–1945 zunächst ao. Prof. u. Lehrauftrag, dann Prof. Med. Fak. Univ. Berlin; Febr. 1933 Abgeordn. d. Demokr. Staatspartei im

letzten preuß. Landtag; 1946 Prof. für Biol. mit Lehrauftrag, 1948 o. Prof. sowie Aufbau u. Dir. *Inst. für Biol.* Med. Fak. Univ. Halle; starb in Villingen-Schwenningen. – Lit.: (mit Günther Hertwig) Kreuzungsversuche an Knochenfischen, in: A. mikrosk. Anat. *84* (1914) II; (mit Günther Hertwig) Die Vererbung des Hermaphrodizismus bei Melandrium, in: Z. indukt. A.+Vl. *28* (1922); Der Einfluß der Vererbung, in: Mangold's Handbuch der Ernährung der landwirtschaftlichen Nutztiere, Berlin 1932; Die künstliche Erzeugung von Mutationen und ihre theoretischen und praktischen Auswirkungen, in: Z. indukt. A.+Vl. *61* (1932) 1; Vererbbare Semisterilität bei Mäusen nach Röntgenbestrahlung, in: ebda *79* (1940): 1–27; Unser heutiges Wissen von der nichtmendelistischen Vererbung, in: Med. Welt *16* (1942) 18; Zur Geschichte der strahlenbiologischen Forschung und ihre Bedeutung für die Gegenwart, in: Wiss. Z. Univ. Halle, Math.-nat. R., *6* (1957): 404–412; Mutationsforschung in ihrer Bedeutung für die Evolution, in: Nova Acta Leopoldina, N.F. 21, *143* (1959): 117–145. – B: DBE; ALH. – P.   Scu/Sch

Hertwig, Richard Carl Wilhelm Theodor Ritter **von** (1850–1937); aus Friedberg (Hessen); jüngerer Bruder von Oscar H. (s. o.), Studiengang wie bei diesem (Dr. med. 1872 Univ. Bonn bei M. Schultze); bis 1874 Ass. bei M. Schultze (zus. mit Oscar H.) Anat. Inst. Bonn; 1875 Pd. für Zool. (u. Dr. phil.), dann ao. Prof. für Zool. Univ. Jena; 1881 o. Prof. für Zool. Univ. Königsberg (Kaliningrad), 1883 Univ. Bonn; 1885–1925 o. Prof. für Zool. u. Dir. Zool. Inst. Univ. München, wo er bis zu seinem Tode wirkte; starb in Schlederlohe (Isartal). Arbeitete über Entw.gesch., Befruchtungs- u. Reduktionsprozesse am Seeigelei, bei *Paramecium* u. anderen wirbellosen Tieren; entwickelte bes. experim. Methoden für entw.physiol. Stud.; blieb zeitlebens Freund u. Anhänger E. Haeckels. – Lit.: Beiträge zur Kenntnis des Baues der Ascidien, in: Jena. Z. Naturwiss. 7 (1873): 74–102; Beiträge zur Kenntnis der Acineten (Diss.), Leipzig 1875; (mit O. Hertwig) Studien zur Blättertheorie, H. 1–5, Jena 1879–1883; Über die Conjugation der Infusorien, in: Abh. Bayer. AdW München, Math.-nat. Kl., *17* (1889): 151-233; Über Parthenogenesis der Infusorien und die Depressionszustände der Protozoen, in: Biol. Zbl. *34* (1914): 557–

K. F. W. Henke 1905

O. Hertwig

P. Hertwig

R. von Hertwig 1930

581; Eireife und Befruchtung, in: Handbuch der vergleichenden und experimentellen Entwicklungslehre, Bd. 1, Jena 1906. – B: NDB (K. VON FRISCH); DSB (J. OPPENHEIMER). – P.   Ja

Hertz, Carmen Mathilde (1891–1975); aus Bonn; zunächst Besuch d. Kunst-Sch. in Weimar u. Berlin; ab 1916 Bibliothekshilfe im Dt. Mus. München; 1923 Stud. Bot. u. Zool. Univ. München (Dr. phil. 1925 bei Richard VON HERTWIG); 1927–1935 am KWI für Biol., ab 1929 als Ass. bei Richard GOLDSCHMIDT, in Berlin; 1930–1933 (Entzug d. Lehrbefugnis) Pd. für Zool. Univ. Berlin; 1935 Emigr. nach Engl., Res. am Dep. für Zool. Univ. Cambridge; 1939 aus jeder wiss. Tätigk. ausgeschieden u. erhielt „Gnadenpension"; starb in Cambridge (beerdigt in Hamburg). Machte sich verdient um d. dt.-engl. Ausg. d. Erinnerungen an Heinrich HERTZ (1977 erschienen). – Lit.: ca. 30 Publikationen, u. a. in d. *Z. für vergl. Physiologie.* – B: KÜRSCHNER 1931, 1935; MPA; AHUB.   Vo

Hess, Carl von (1863–1923); aus Mainz; stud. Med. u. Naturwiss. Univ. Heidelberg, Bonn u. Straßburg (Dr. med. 1886 Univ. Heidelberg); Ass. an d. Augenklinik von Hubert SATTLER u. am Physiol. Inst. (bei Ewald HERING) in Prag; 1891 Pd., 1896 ao. Prof. für Ophthalmol. Univ. Leipzig (bei SATTLER); 1896 o. Prof. u. Dir. d. Univ.-Augenklinik Marburg (Nachf. von UHTHOFF); 1900 Nachf. von Julius VON MICHEL Univ. Würzburg, 1912 Nachf. von EVERSBUSCH Univ. München; starb in Possenhofen am Starnberger See. – Lit.: Gesichtssinn, in: Handbuch der vergleichenden Physiologie, hrsg. von H. WINTERSTEIN, Jena 1913: 555–840; s. a. Lit. zu Kap. 15. – B: Ärzte II; NDB (D. TRINCKER).   Sch

Hesse, Richard (1868–1944); aus Nordhausen (Thür.); stud. Naturwiss., bes. Zool., Univ. Berlin u. Tübingen; Pd., 1902 ao. Prof. für Zool. Univ. Tübingen; 1909 Doz. für Zool. an d. Landw. u. Tierärztl. HS Berlin; 1914 ao. Prof. für Zool. Univ. Bonn; 1926–1935 o. Prof. für Zool. Univ. Berlin, wo er starb. – Lit.: Tierbau und Tierleben, Bd. 1, 1910; Tiergeographie auf ökologischer Grundlage, Jena 1924; Die Bergmann'sche Regel, in: Naturwiss. *15* (1925): 675–680; Nervensystem, in: Handwörterbuch der Naturwissen-

schaften, 2. Aufl., Bd. 7, Jena 1932: 224–245; Sinnesorgane (Anatomie), ebda, Bd. 9, 1934: 4–52; s. a. Lit. zu Kap. 15. – B: NDB (H. AUTRUM). – P.   Ja

Hevesy, György de (Georg) (1885–1966); aus Budapest; ab 1903 stud. Physik u. Chemie Univ. Budapest, TH Berlin-Charlottenburg u. Univ. Freiburg i. Br. (bei G. MEYER, Dr. phil. 1908); 1908 Ass. bei R. LORENZ TH Zürich; 1910 Mitarb. bei F. HABER TH Karlsruhe; 1911 Fo.ass. bei E. RUTHERFORD Univ. Manchester; 1913 bei F. PANETH Radiumforschungsinst. Wien; 1913 Pd., 1918 Prof. für Chemie Univ. Budapest; 1920 Mitarb. bei N. BOHR Univ. Kopenhagen; 1926–1934 o. Prof. für Physikal. Chemie Univ. Freiburg i. Br.; dazw. 1930 Lect. Cornell Univ. Ithaca (New York); 1935 o. Prof. für Theoret. Physik Univ. Kopenhagen; 1943–1956 Mitarb. am Fo.inst. für Organ. Chemie Univ. Stockholm; starb in Freiburg i. Br. – Lit.: The absorption and translocation of lead by plants: a contribution to the application of the method of radioactive indicators in the investigation of the change of substrate in plants, in: Biochem. J. *17* (1923): 439–445; Historical sketch of the biological application of tracer elements, in: Cold Spring Harbour Symp. Quant. Biol. *13* (1948): 129–150. – B: DSB (F. SZABADVÁRY). – P.   Höx

Heymons, Richard Friedrich Wilhelm Carl (1867–1943); aus Berlin; 1886 stud. Naturwiss. Univ. Berlin (Dr. phil. 1891); 1892–1903 Ass. Zool. Inst., 1895 Pd., 1904 Tit. Prof. Univ. Berlin; 1904 o. Prof. für Zool. Forstakad. Hannoversch-Münden; 1906 ao. Hon. Prof. u. Kustos Zool. Mus. Univ. Berlin; 1908 ao. Prof., 1915 o. Prof. für Zool. Landw. HS Berlin; 1917–1935 o. Prof. für Zool. u. Dir. Inst. für Landw. Zool. Univ. in Berlin, wo er starb. – Lit.: Über bläschenförmige Organe bei den Gespenstheuschrecken: ein Beitrag zur Kenntniss des Eingeweidenervensystems bei den Insekten, in: Sb. Königl. Preuß. AdW Berlin, Physikal.-math. Kl., *XXX* (1899): 563–575. – B: ULRICH 1961; HACKETHAL 1985; ALH MM 3403.   Hth

Highmore, Nathanael (1613–1685); aus Fordinbridge (Hampton, Engl.); stud. Med. Univ. Oxford (Dr. med. 1642); prakt. Arzt in Sherburn (Dorsetshire), wo er starb. Führte anatom. u. physiol. Studien u. Untersuchungen über Blutkreislauf u. Zeugung durch. – Lit.: Disquisitio corporis humani anatomica, in qua sanguinis circulationem in quavis corporis particula plurimis typis novis ac aenigmalum medicorum succinata dilucidatione ornatum prosectus est, Den Haag 1651; The history of generation examining the opinions of divers authors and chiefly of Sir K. Digby and concerning the cure of wounds by Sir Gilbert Talbot's sympathetic powder, London 1651. – B: DSB (J. E. GORDON).   Ja

Hildebrand, Friedrich (1835–1915); aus Köslin (Pommern); stud. Landw. Univ. Berlin, dann Bot. in Bonn u. Berlin; 1860 Pd. für Bot. Univ. Bonn; 1868–1907 o. Prof. für Bot. Univ. u. Dir. Bot. Garten in Freiburg i. Br., wo er starb. Erforschte die Blütenbiol. u. Ökologie der Frucht- u. Samenverbreitung der Pflanzen, ermittelte empir. Beweise für DARWINS Evolutionstheorie. – Lit.: Die Geschlechter-Vertheilung bei den Pflanzen und das Gesetz der vermiedenen und unvor-

R. Hesse 1929

G. de Hevesy

theilhaften stetigen Selbstbefruchtung, Leipzig 1867; Die Verbreitungsmittel der Pflanzen, Leipzig 1873; Ueber einige Pflanzenbastardierungen, Jena 1889. – B: DBA/N.F.   Hpp

Hildegard von Bingen (1098–1179); aus Bermersheim bei Alzey (Rheinhessen); ab 1106 im Kloster Disibodenberg (Nahe/Glan), hier 1136 Magistra; Äbtissin u. Gründerin der Klöster Ruperstberg bei Bingen (1147) u. in Eibingen bei Rüdesheim (1165); starb im Kloster Rupertsberg. – Lit.: Physica (oder: Liber simplicis medicinae secundum creationem bzw. Subtilitatum diversarum naturarum creaturarum libri IX) 1150–1160, dt. Ausg. von HUBER nach d. Text d. Pariser Handschr. aus d. Lat., Wien, Glottriee, 1923; Causae et curae (oder: Liber compositae medicinae de aegritudinum causis, signis et curis), hrsg. von P. KAISER, Lipsiae 1903 (dt. Auswahl von J. BÜHLER, Leipzig 1922; dt. Ausg. von H. SCHIPPERGES u. d.T.: Heilkunde ..., Salzburg 1957, ²1961). – B: DSB (W. PAGEL); VerfasserLex; H. FISCHER 1927; I. MÜLLER 1991.   Ja/Sch

Hilgendorf, Franz (1839–1904); aus Neudamm (Brandenburg); 1857 stud. Philos. Univ. Berlin, 1861 Univ. Tübingen (Dr. phil. 1863 bei QUENSTEDT); 1860–1862 u. 1863–1867 „wiss. Hilfsarbeiter" am Zool. Mus. Univ. Berlin; während dieser Zeit mehrere Aufenth. in d. Steinbrüchen von Steinheim zur Forts. seiner Stud. über d. Gestaltumwandlung fossiler Schnekken (*Planorbis*), womit er sich für DARWINS Evolutionstheorie einsetzte; 1868 Dir. Zool. Garten Hamburg; 1871–1872 Bibliothekar der *Leopoldina* in Dresden; zugl. 1872 Pd. für Zool. am Polytechnikum Dresden; 1873–1876 Doz. für Naturwiss. Kaiserl. Med. Akad. in Tokio, dort Gründung (mit M. VON BRANDT) d. *Dt. Ges. für Natur- u. Völkerkunde Ostasiens*; ab 1877 Ass. von W. PETERS, 1880 Kustos d. Krebs- u. Wurmslgn., 1883 auch der Fischslgn., 1893 Tit. Prof. Zool. Mus. Univ. in Berlin, wo er starb. Ab 1886 Redaktion d. *A. für Naturgeschichte*. – Lit.: *Planorbis multiformis* im Steinheimer Süßwasserkalk: ein Beispiel von Gestaltveränderung im Laufe der Zeit, in: Monatsber. Königl. AdW Berlin (1866); Zur Streitfrage des *Planorbis multiformis*, in: Sb. Ges. naturf. Freunde Berlin (1877); Neue japanische Fischgattungen (*Liobagrus, Megaperca*), in: ebda (1878); Übersicht über die japanischen *Sebastes*-Arten, in: ebda (1880). – B: WELTNER 1906 (W).   Ja

Hill, Arthur Croft (1863–1947); aus Clapham Park (London); zuerst Geschäftsmann, dann 1890 stud. Naturwiss. u. Med., bes. Physiol., Univ. London, 1892 Trinity Coll. Univ. Cambridge (BA 1895, MA 1899, MB u. BCh 1901, MD 1903); um 1898 zeitw. am *Davy-Faraday-Labor.* der *Roy. Inst.* London, anschl. Mediziner am St. Bartholomew's Hosp., 1933–1940 Klin. Ass. am Roy. Ophthalmic Hosp. u. Samaritan Free Hosp. London. – Lit.: Reversible zymohydrolysis, in: J. Chem. Soc. *73* (1898): 634–658. – B: O'CONNOR 1991: 32–33.   Höx

Hill, Robert (1899–1991); 1919–1922 stud. Chemie Emmanuel Coll. Univ. Cambridge/Engl. (DSc 1942); 1922 Res. Student bei F. G. HOPKINS, anschl. Res. Fell.

am Dep. of Biochemistry Univ. Cambridge; 1943–1966 Mitgl. *Agric. Res. Council.* – Lit.: Oxygen production by isolated chloroplasts, in: Nature *139* (1937): 881–882; Oxygen produced by isolated chloroplasts, in: Proc. Roy. Soc. London *127 B* (1939): 192–210; (mit F. BENDALL) Function of the two cytochrome components in chloroplasts: a working hypothesis, in: Nature *186* (1960): 136–137; s. a. Lit. zu Kap. 16. – B: WW 1991; BENDALL & WALKER 1991; Special issue 1992; BENDALL 1994. – P.   Höx/Sch

Hinsche, Georg (1888–1951); aus Halle/Saale; stud. Biol. u. Med. Univ. Halle u. Berlin (Dr. phil., Dr. med. habil. Univ. Halle); 1930 Pd., 1935 Doz., 1945 ao. Prof. für Vergl. Neurol., 1949 o. Prof. u. Dir. Inst. für Schulhygiene Univ. in Halle, wo er starb. War vielseitig auf Gebieten der Experim. Biol., Genetik, Neurol. u. Hygiene tätig u. schlug Experimente zum Nachweis paläontolog. Prozesse vor. – Lit.: Über experimentelle Paläobiologie, in: Paläeont. Z. *23* (1942): 1–16. – B: KÜRSCHNER.   Ja

Hinshelwood, Cyril Norman (1897–1967); aus London; 1916 Chemiker am Dep. of Explosives Supply in Queensferry, 1918 Ass. Chief Chemist am Main Labor.; 1919 stud. Chemie Balliol Coll. Oxford (bei H. B. HARTLEY u. T. R. MERTON, MA u. DSc 1920); 1920 Fell. Balliol Coll., 1921 Fell. u. Tutor am Trinity Coll. (Nachf. von NAGEL), ab 1927 Doz. für Physikal. Chemie in Oxford; 1937 Lee's Prof. für Anorgan. u. Physikal. Chemie am Exeter Coll. (Nachf. von Frederick SODDY), gleichz. Ltr. des Old Balliol-Trinity Labor. für Physikal. Chemie u. des Old Chemistry Dep. für Anorgan. Chemie im Univ.-Mus. Oxford; 1941 Ltr. eines neuen Labor. für Physikal. Chemie u. später Prof. für Anorgan. Chemie (1964 em.) Univ. Oxford; starb in London. Widmete sich zellphysiolog. u. mikrobiol. Untersuchungen; Entdeckungen über Vererbungsprozesse der Bakterien; 1955–1960 Präs. *Roy. Soc.* London. – Lit.: The chemical kinetics of the bacterial cell, London 1947. – B: DSB (E. G. SPITTLER); THOMPSON 1973 (W); ALH MM 4986.   Sch

Hippokrates (um 460–370 v. Chr.); von Kos; griech. Arzt, gilt als Begr. der wiss. Med.; starb in Larissa (Thessalien). Das unter seinem Namen überlief. Schriftencorpus vereinigt Lehrgut versch. med. Sch.; die meisten Schr. des Corpus stammen aus d. 5./4. Jh. v. Chr. – Lit.: Textausg.: E. LITTRÉ, 10 Bde., Paris 1839–1861 (Nachdr. Amsterdam 1970–1971); H. KÜHLEWEIN, 2 Bde., Leipzig 1894–1902; CMG I, Leipzig u. Berlin 1927 ff.; Übers.: R. FUCHS, 3 Bde., München 1895–1900; R. KAPFERER & G. STICKER, 25 Bde., Stuttgart 1934–1939. – B: LAW; PAULY.   Ha

Hippon von Rhegion (ca. 470–400 v. Chr.); griech. Naturphilosoph, vermutl. Arzt; stand der pythagoreischen Sch. nahe; erneuerte ausgehend von physiol. Beobachtungen am Menschen die Lehre des THALES über das Wasser als Ursprung aller Dinge, leitete vermutl. aus dem Zuviel oder Zuwenig an Wasser die Ätiologie der Krankheiten her; erregte mit seinem Buch um 430/420 v. Chr. Aufsehen in Athen u. zog sich den Vorwurf zu, Atheist zu sein. – Lit.: überlief.

Zeugnisse u. Fragm. s. bei DIELS-KRANZ, Die Fragmente der Vorsokratiker, Bd. 1, 9. Aufl., Berlin 1960: 385 ff. – B: LAW; PAULY.   Ha/Sch

Hirszfeld, Ludwik (1884–1954); aus Warschau; 1902 stud. Med. Univ. Würzburg, 1904 Berlin (Dr. med. 1907); danach Ass. am Inst. für Krebsfo. Heidelberg, wo er zus. mit E. VON DUNGERN serolog. arbeitete; 1911 Ass. am Hygiene-Inst. Univ. Zürich, 1914 Pd.; ab 1915 Kriegsdienst in d. serb. Armee, wo er bakteriolog. arbeitete; entdeckte u. a. einen Paratyphuserreger (*Salmonella paratyphi C.*); nach 1918 Gründer des poln. Serum-Inst. Warschau; 1924 Prof. am staatl. Hygiene-Inst., 1931 o. Prof. Univ. Warschau; 1941 von faschist. Besatzung ins Ghetto gesperrt, 1943 Flucht; 1944 Prof. Univ. Lublin; ab 1945 Dir. des Inst. für Med. Mikrobiol. in Wrocław (ehem. Breslau), wo er starb. – Lit.: O biochemicznych własnościach krwi i ich dziedziczeniu, in: Przeglad Lekarski, 1911; Konstitutionsserologie und Blutgruppenforschung, Berlin 1928. – B: DSB (H. SCHADEWALDT); H. HIRSZFELD et al. 1956 (W).   Ja

His, Wilhelm (1831–1904); aus Basel; 1849 stud. Med. Univ. Basel, Bern, Berlin (bes. bei Joh. MÜLLER u. R. REMAK), 1852–1853 Würzburg, dann Prag u. Wien (Staatsexamen 1854, Dr. med. 1855 Univ. Basel); 1855–1856 in Paris (Chemie bei C. BERNARD); 1856 Pd. für Anat. u. Physiol. Univ. Basel, 1857 in Berlin (bei Th. BILLROTH); ab 1872 o. Prof. für Anat. Univ. in Leipzig, wo er starb. Führte neue Methoden in d. Embryol. ein u. wirkte an d. Verbesserung der histolog. Technik mit (Anwendung des durch OSCHATZ entwickelten Mikrotoms); führte mit Hilfe von Schnittserien plastische Rekonstruktionen d. Organentwicklung durch u. erforschte die Histogenese des Nervensystems; setzte sich kritisch mit den zeitgenöss. Vererbungstheorien von DARWIN u. HAECKEL u. dessen Biogenet. Grundgesetz auseinander. – Lit.: Die Häute und Höhlen des Körpers, Basel 1865; Über die Entwicklung des Hühnchens im Ei, Basel 1870; Über die Bildung des Lachsembryos, 1874; Unsere Körperform und das physiologische Problem ihrer Entstehung: Briefe an einen befreundeten Naturforscher, Leipzig 1874; Anatomie menschlicher Embryonen, 3 Bde., Leipzig 1880–1885; Über mechanische Grundvorgänge tierischer Formbildung, in: A. Anat. (Phys.) (1894);

R. Hill   D. R. Hoagland

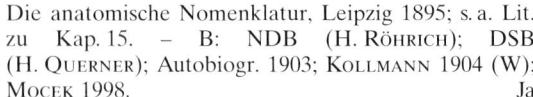

Die anatomische Nomenklatur, Leipzig 1895; s. a. Lit. zu Kap. 15. – B: NDB (H. RÖHRICH); DSB (H. QUERNER); Autobiogr. 1903; KOLLMANN 1904 (W); MOCEK 1998.   Ja

Hitzig, Julius Eduard (1838–1907); aus Berlin; ab 1857/1858 stud. Med. Univ. Würzburg u. Berlin (dar. 1 Jahr als *Amanuensis* bei ROMBERG, Dr. med. 1862 Univ. Berlin); 1862 prakt. Arzt in Berlin, daneben experim. Stud.; 1872 Pd. für Innere Med. Univ. Berlin; 1875 Dir. Irrenanstalt Burghölzli (bei Zürich) u. o. Prof. für Psychiatrie Univ. Zürich; 1879 Dir. d. Provinzial-Irrenanstalt Nietleben (bis 1885) u. o. Prof. für Psychiatrie (1903 em.) Univ. Halle; 1885 Errichtung einer provisor. Klinik für Geisteskranke, 1891 Eröffnung u. Dir. der ersten selbständ. Nervenklinik Preußens in Halle; starb in St. Blasien (Schwarzwald). – Lit.: s. Kap. 15. – B: NDB (H. H. EULNER); KREUTER (W); ALH MM 2433; EULNER 1957.   Sch

Hoagland, Dennis Robert (1884–1949); aus Golden (Colorado, USA); 1903 stud. Chemie Stanford Univ. (AB 1907); 1907 Ass. für Physikal. Chemie Stanford Univ.; 1908 Instr. für Tierernährung u. Ass. bei M. E. JAFFA Univ. of Calif. Berkeley; 1910 Berater USDA Washington, zugl. externe Stud. Univ. of Pennsylvania Philadelphia; 1912 Stipendiat bei E. V. McCOLLUM Univ. of Wisconsin Madison (AM 1913); 1913 Ass. Prof. für Agrikulturchemie, 1922 Assoc. Prof., 1927–1949 Prof. für Pflanzenernährung Univ. of Calif. Berkeley; starb in Oakland (Calif.). – Lit.: (mit P. L. HIBBARD & A. R. DAVIS) The influence of light, temperature, and other conditions on the ability of Nitella cells to concentrate halogens in the cell sap, in: J. gen. Physiol. *10* (1926): 121–146; (mit T. C. BROYER) General nature of the process of salt accumulation by roots with description of experimental methods, in: Plant Physiol. *11* (1936): 471–507; (mit D. I. ARNON) The water culture method for growing plants without soil, in: Calif. Agric. Exp. Sta. Circ. (1938): 347; Lectures on the inorganic nutrition of plants (= Chronica Botanica), Waltham (Mass.) 1944. – B: ARNON 1950. – P.   Höx

Hoagland, Mahlon Bush (geb. 1921); aus Boston (Mass., USA); stud. Med. Harvard Med. School (MD 1948); 1948–1960 vom Ass. zum Ass. Prof. für Med. im Huntington Labor. des Mass. Gen. Hosp.; 1960 Assoc. Prof. für Bakteriol. u. Immunol. Harvard Med. Sch.; 1967 Prof. für Biochemie u. Abt.-Ltr. an d. *Dartmouth Med. Sch.*; 1970–1985 (em.) Präs. u. Wiss. Dir. *Worcester Found Experim. Biol.* – Lit.: s. Lit. zu Kap. 22. – B: AMWS 1989–90.   Sch

Hobbes, Thomas (1588–1679); aus Malmesbury (Wiltshire, Engl.); als Hofmeister engl. Adliger, u. a. Lehrer des Prinzen von Wales (des späteren Königs KARL II.), Reisen durch Ital. u. Frankr., wo er franz. Philosophen (bes. DESCARTES) kennenlernte; floh in der engl. Revolution nach Paris, trat für die Rechte d. Königsmacht ein; als Philosoph wirkte er später im Sinne von F. BACON u. wandte sich gegen theolog. Scholastik, Astrol. u. dualist. Anschauungen von DESCARTES. – Lit.: The elements of law natural and political, Oxford 1640; De corpore, Paris 1655 (engl. 1656); De homine, Paris 1658; Opera philosophica, 4 Bde., Paris 1668. – B: DSB (S. I. Mintz). Ja

Hodgkin, Alan Lloyd, Sir (1914–1998); aus Banbury (Engl.); stud. Trinity Coll. Cambridge/GB (PhD); 1939–1945 wiss. Offizier im engl. Luftfahrtministerium; 1945–1952 Lect., später Ass. Dir. für Fo., 1952–1969 Foulerton-Res.-Prof. Roy. Soc., 1970–1981 Prof. für Biophysik Univ. Cambridge/GB; 1978–1984 Master of Trinity Coll. Cambridge. 1970–1975 Präs. Roy. Soc.; Nobelpr. 1963. – Lit.: s. Lit. zu Kap. 15. – B: IWW 1995–96. Sch

Höfler, Karl (1893–1973); aus Wien; 1912–1916 stud. Naturwiss., bes. Bot., Univ. Wien (bei H. Molisch u. R. von Wettstein, Dr. phil. 1919); 1916 Hilfsass., ab 1919 zeitw. Stipendiat bei H. Molisch Univ. Wien; 1924 Praktikant Univ. Graz (bei L. Linsbauer); 1925 Pd. für Anat. u. Physiol. der Pflanzen, 1930 Tit. Prof., 1937 ao. Prof., 1940–1964 o. Prof. für Pflanzenphysiol. Univ. Wien; dazw. 1929–1930 Rockefeller-Stipendiat Meeressta. Neapel u. Plymouth (Engl.); 1931 Ass. bei F. C. von Faber, 1937–1964 Vorstand Pflanzenphysiol. Inst. Univ. in Wien, wo er starb. – Lit.: Ein Schema für die osmotische Leistung der Pflanzenzellen, in: Ber. Dt. Bot. Ges. 38 (1920): 288–298; (mit E. Bancher) Protoplasma und Zelle, Wien u. Innsbruck 1959; Höfler-Festschrift = Protoplasma 57 (1963). – B: Knoll 1974. Höx

Hörstadius, Sven Otto (1898–1996); aus Stockholm; stud. Univ. Stockholm (Dr. phil. 1930); 1928 Reader für Zool., 1932–1942 Assoc. Prof. Univ. Stockholm; gleichz. 1938–1942 Ltr. Dep. für Entw.physiol. u. Genetik am Wennergren Inst. für Experim. Biol.; 1942–1964 (em.) Prof. für Zool. Univ. Uppsala. – Lit.: Über die Determination im Verlaufe der Eiachse bei Seeigeln, in: Publ. Staz. zool. Napoli 14 (1935): 241–479; The mechanics of sea urchin development studied by operative methods, in: Biol. Rev. 14 (1939): 132–179. – B: IWW 1995–96; Väd 1985, 1995. Hth

Hofer, Bruno (1861–1916); aus Rhein bei Lötzen (ehem. Ostpreußen); stud. Naturwiss., bes. Zool., Univ. Königsberg (Kaliningrad) u. München (bei R. Hertwig, Dr. phil. 1887); Ass. am Zool. Inst., 1889 Pd. für Zool. Univ. München; 1894 Kustos an der Bayer. Staatsslg. für Zool. München; 1896 auch Pd. für Zool. Tierärztl. HS München, 1898 ao. Prof., 1904 o. Prof. für Zool. u. Fischkunde in München, wo er starb. Widmete sich bes. der Untersuchung der Fischkrankheiten u. gilt als Begr. der Fischpathologie. – B: NDB (S. Riedmüller). Ja

Hoffmann, Friedrich (1660–1742); aus Halle/Saale; 1678 stud. Math. u. Philos. Univ. Jena (bes. Med. bei G. W. Wedel, Dr. med. 1681), 1680 Erfurt (bes. Chemie bei C. Cramer); 1681 Vorlesungen in Jena, 1682–1684 Stud.reise nach Holland u. Engl. (Freundschaft mit Robert Boyle); 1685 prakt. Arzt u. Garnisonsarzt in Minden, 1686 Hofmedicus u. Landphysikus des Fürstentums Minden; 1687 Landphysikus in Halberstadt; ab 1693 erster Prof. für Med. u. Physik an d.

neugegr. Univ. in Halle, wo er starb. Zeitw. auch Leibarzt am preuß. Hof in Potsdam u. Berlin; vertrat (neben G. E. Stahl) die iatrochem. Richtung in Physiologie u. Heilmittellehre; stellte u. a. seit etwa 1706 die noch heute bekannten „Hoffmannstropfen" her, unterhielt eigenen Medikamentenvertrieb. – Lit.: Fundamenta medicinae, Halle 1695; Fundamenta physiologiae, Halle 1718 (^{2}1746); Medicina rationalis systematica, Halle 1738. – B: NDB (H.-H. Eulner); DSB (G. B. Risse). Ja/Sch

Hoffmann, Hermann Carl Heinrich (1819–1891); aus Rödelheim bei Frankfurt a. M.; 1837 stud. Med. Univ. Gießen (Dr. med. 1841), 1839 Berlin (bei Joh. Müller u. H. F. Link) sowie Stud.reisen nach Dänem., Schweden, Rußland u. nach seiner Prom. nach Engl., Irland u. Paris; 1842 prakt. Arzt in Gießen; gleichz. Pd. für Med., ab 1843 Vorlesungen über Pflanzenphysiol., 1847 Dr. phil. für Bot., 1853 o. Prof. für Bot. (Nachf. von A. Braun) Univ. in Gießen, wo er starb. Untersuchungen zur Systematik u. Physiol. der Pilze u. Bakterien; verwarf die Urzeugungslehre u. konnte schon 1859 eine Flüssigkeit mit organ. Keimen durch Erhitzen sterilisieren; setzte sich eingehend experim. mit d. pflanzl. Sexualität u. Variabilität auseinander, bestätigte dabei d. Züchtungsergebnisse von Ch. R. Darwin; erforschte die klimat.-jahreszeitl. beeinflußten Lebenserscheinungen der Pflanzen u. begr. damit die bot. Phänologie, die für die Agrarmeteorol. grundleg. Daten liefert. – Lit.: Über Pilzkeimungen, in: Bot. Ztg. 17 (1859): 209–214, 217–219; Neue Beobachtungen über Bacterien mit Rücksicht auf Generatio spontanea, in: ebda 21 (1863): 304–307, 315–319; Untersuchungen zur Bestimmung des Werthes von Species und Varietät, Gießen 1869; s. a. Lit. zu Kap. 21. – B: NDB (D. V. Denffer). Hpp/Sch

Hofmeister, Friedrich Wilhelm Benedikt (1824–1877); aus Leipzig; 1839–1841 Volontär in d. Musikalienhandlung von A. Cranz in Hamburg; 1841–1863 Musikalienhändler in Leipzig; befaßte sich als Autodidakt mit der Fortpflanzungsbiol. der Kryptogamen u. Angiospermen (Einflüsse von H. G. L. u. H. G. Reichenbach sowie der Schr. von M. J. Schleiden u. H. von Mohl); 1851 Dr. phil. h. c. Univ. Rostock; 1863 o. Prof. für Bot. u. Dir. des Bot. Gartens in Heidelberg, ab 1872 in Tübingen; starb in Lindenau bei Leipzig. Größter Morphologe der anat.-genet. Richtung seiner Zeit, entdeckte das Gesetz des Generationswechsels. – Lit.: Die Entstehung des Embryo der Phanerogamen, Leipzig 1849; Vergleichende Untersuchungen der Keimung, Entfaltung und Fruchtbildung höherer Kryptogamen (Moose, Farne, Equisetaceen, Rhizocarpeen und Lycopodiaceen) und der Samenbildung der Coniferen, Leipzig 1851; Die Lehre von der Pflanzenzelle, Leipzig 1867; Allgemeine Morphologie der Gewächse, Leipzig 1868 (Handbuch der physiologischen Botanik, 1.2). – B: NDB (M. Müllerott); DSB (J. Proskauer); Pfitzer 1903 (W); K. von Goebel 1924. Hek/Sch

Holley, Robert William (1922–1993); aus Urbana (Illinois, USA); stud. Univ. Illinois (AB 1942); 1942 Ass. für Chemie, 1944 Res. Chemiker Med. Coll. Cornell Univ. Ithaca (PhD 1947); 1947 Res. Washington State

Coll.; 1948–1957 Ass. Prof., später Assoc. Prof. für Organ. Chemie Cornell Univ., N.Y.; zugl. 1955–1956 *Guggenheim*-Fell. am *Caltech*; 1957 Res.-Chemiker bei d. USDA; 1964–1969 Prof. für Biochemie u. Molekularbiol., 1965–1966 auch Ltr. d. Dep., Cornell Univ. Ithaca; seit 1968 Prof. für Molekularbiol. u. Res. am *Salk Inst. Biol. Studies* La Jolla (Calif.); gleichz. ab 1969 *adjunct* Prof. Univ. of Calif. San Diego. Nobelpr. 1968. – Lit.: s. Lit. zu Kap. 22. – B: AMWS 1989–90; IWW 1990–91; WWNP; Rich 1993.   Sch

Holst, Erich von (1908–1962); aus Riga; stud. Zool. Univ. Kiel, Wien u. Berlin (Dr. phil 1932 bei Richard Hesse); 1932 Ass. Zool. Inst. Berlin, 1933–1935 Ass. bei A. Bethe in Frankfurt a. M. u. Reinhard Dohrn Zool. Sta. Neapel, 1936 Univ. Berlin; 1938 Pd. Univ. Göttingen, ab 1939 Zool. Sta. Neapel; 1946–1949 o. Prof. für Zool. Univ. Heidelberg; 1948 Abt.-Ltr. u. stellv. Dir. MPI für Meeresbiol. Wilhelmshaven; zugl. 1950 Hon. Prof. für Vergl. Physiol. Univ. Hamburg; 1954 Dir. MPI für Verhaltensphysiol. Seewiesen (Oberbayern) u. Hon. Prof. Univ. München u. Heidelberg; starb in Herrsching am Ammersee (bei München). – Lit.: Untersuchungen über die Funktion des Zentralnervensystems beim Regenwurm, in: Zool. Jber., Abt. Allg. Zool. u. Physiol., *51* (1932); Die relative Koordination, in: Fo. u. Fortschritt *12* (1936); Entwurf eines Sytems der lokomotorischen Periodenbildung bei Fischen, in: Z. vergl. Physiol. *26* (1939); Neue Anschauungen über die Tätigkeit des Zentralnervensystems, in: Naturwiss. *28* (1940): 803–813; Physiologie des Verhaltens, in: Mitt. a.d. Max-Planck-Ges. (1954) 5: 270–275; Das Mischen von Trieben (Instinktbewegungen) durch mehrfache Stammhirnreizung beim Huhn, in: Naturwiss. *45* (1958); Vom Wirkungsgefüge der Triebe, in: Naturwiss. *47* (1960); s. a. Lit. zu Kap. 15. – B: Kürschner; NDB (G. Steiner); Autrum 1963; Hassenstein 1964; ALH MM 4921.   Sch/Ja

Holtfreter, Johannes Friedrich Karl (1901–1992); aus Richtenberg (Pommern); 1918–1924 stud. Naturwiss., spez. Biol., Univ. Rostock, Leipzig u. Freiburg i. Br. (bes. Entw.physiol. bei Spemann, Dr. phil. 1926); 1925–1926 meereszool. Stud. an den meeresbiol. Sta. Neapel u. Helgoland; 1927 Prüf. für d. Höhere Lehramt Univ. Greifswald; 1928 Ass. am KWI f. Embryol. Berlin-Dahlem; 1933–1938 ao. Prof. für Zool. Univ. München; dazw. 1936–1937 *Rockefeller*-Stipendiat in d. USA am Zool. Inst. Yale Univ. New Haven (Connecticut), *Carnegie Inst.* Baltimore (Maryland) u. Marine Biol. Sta. Woods Hole (Mass.) sowie Gastdoz. an Univ. in Holland, Brüssel, Santander u. Tokio; 1939 Prof. für Biochemie Zool. Inst. Univ. Cambridge/GB; ab 1942 wiss. Mitarb. Zool. Dep. McGill Univ. Montreal (Kanada); 1946 Assoc. Prof. für Zool., 1948–1968 (em.) Prof. für Biochemie Univ. in Rochester (N.Y.), wo er starb. – Lit.: Über die Aufzucht isolierter Teile des Amphibienkeimes I., in: A. Entw.mech. *117* (1929): 422–510; s.a. Lit. zu Kap. 14. – B: NDB (H. Querner); AMWS 1989–90; ALH.   Sch

Homer (etwa 8. Jh. v. Chr.); aus d. Raum Smyrna, ursprüngl. Name vermutl. Melesigens; hpts. Wirkungs-

feld wahrscheinl. in Chios; starb vermutl. auf Ios. Griech. Dichter, dessen Namen die frühesten griech. Epen *Ilias* u. *Odyssee* tragen. – Lit.: Textausg.: Ilias: D. B. Monro & T. W. Allen, 3. Aufl., Oxford 1920, Odyssee: 2. Aufl., Oxford 1917–1919; Übers.: J. H. Voss: Odyssee 1781 ff., Ilias 1793 ff.; Th. von Scheffer: Ilias. Odyssee, Leipzig 1938 (Slg. Dietrich, 13/14). – B: LAW; Pauly (A. Lesky); Schadewaldt 1944.   Ha/Sch

Hooke, Robert (1635–1702); aus Freshwater (Insel Wight); engl. Physiker u. vielseitiger Naturfo.; zeitw. Ass. von R. Boyle in Oxford u. mitbeteiligt an dessen Konstruktion d. Luftpumpe (1658), Anhänger d. empirischen Methode von F. Bacon u. erfolgr. Experimentator auf physikal., chem. u. physiolog. Gebiet; ab 1664 Kurator d. Physikal. Geräte d. *Roy. Soc.* in London, 1677–1682 deren Sekr.; starb in London. Förderte die Mikroskopie; beobachtete pflanzl. u. tier. Gewebe, prägte den Terminus „Zelle" u. machte Versuche über d. tierische Atmung u. d. Rolle d. Luft im Blutkreislauf. – Lit.: Micrographia, London 1665 (Nachdr. New York 1961); The diary of Robert Hooke, 1672–1680, hrsg. von A. W. Robinson & W. Adams, London 1935; Discourse of earthquakes, in: Posthumous works, London 1715. – DSB (R. E. Westfall); Espinasse 1956.   Ja

Hooker, Joseph Dalton (1817–1911); aus Halesworth (Suffolk); stud. Med. Univ. Glasgow (Dr. med. 1839); 1839–1843 als Arzt u. Botaniker Teiln. an der Antarktisexped. der Schiffe *Erebus* u. *Terror* unter Kapitän James C. Ross; 1845–1847 Erfo. Nordindiens als Botaniker im Dienst des engl. *Geological Survey*; 1865–1885 Dir. von Kew Garden bei London (Nachf. seines Vaters William H.); starb in Sunningdale. Bearb. d. bot. Slgn. von Ch. Darwin v. d. Galapagos-Inseln; versuchte erstmalig, die Entw.gesch. ganzer Florengebiete darzustellen; 1873–1878 Präs. *Roy. Soc.* – Lit.: Flora antarctica, London 1844–1847; Flora of British India, 7 Bde., London 1872–1897; (mit Bentham) Genera plantarum, London 1863–1893. – B: DSB (R. Desmond); L. Huxley 1900 ff.; Engler 1912; Turill 1963.   Ja

Hopkins, Frederick Gowland (1861–1947); aus Eastbourne (Sussex, Engl.); zuerst kaufmänn. Laufbahn, dann Schüler in Labor. für Analyt. Chemie u. externe Stud. am Univ. Coll. London, etwa 1883 Ass. bei Thomas Stevenson; 1888 stud. an Med. Sch. Guy's Hosp. London (MD u. DSc), anschl. hier Ass.-Lehrer für Physiol. u. Prakt. Toxikol.; ab 1898 Univ. Cambridge/GB (bei Michael Foster), 1902 Doz. für Chem. Physiol., 1914 erster Prof. für Biochemie, nach Kriegsende (1918) Gründung eines selbständigen Inst.; starb in Cambridge (Engl.). 1930 Präs. *Roy. Soc.* London; widmete sich der chem. Analyse des Protoplasmas, der tierischen Farben sowie der Vitamine u. Enzyme (Nobelpr. 1929); gehört zu den Pionieren der Biochemie, regte Haldane zu biochem. Untersuchungen an. – Lit.: The pigments of the Pieridae – a contribution to the study of excretory substances which function in ornament, in: Phil. Trans. Roy. Soc. *186 B* (1896): 661–682; Feeding experiments illustrating the importance of accessory factors in normal dietaries, in: J. Physiol. *44* (1912): 425–460; The dynamic side of biochemistry, in: Nature *92* (1913): 213–223; On an antoxidizable constituent of the cell, in: Biochem. J. *15* (1921): 286–305; On current views concerning the mechanisms of biological oxidation, in: Skand. A. Physiol. *49* (1926): 33–59; The earlier history of vitamin research, in: Les Prix Nobel en 1929, Stockholm 1930, 12 S.; The Problems of specifity in biochemical catalysis, London 1931. – B: DSB (E. Baldwin); Dale 1948 (W); J. Needham & Baldwin 1949.   Ja/Sch

Hoppe-Seyler, Ernst Felix (1825–1895); aus Freyburg/Unstrut; 1846 stud. Med. Univ. Leipzig (Anat. bei E. H. u. E. Weber, Physik bei W. Weber, Physiol. Chemie bei K. G. Lehmann), 1850 Klin. Med. Univ. Berlin (Dr. med. 1850, Approbation 1851); anschl. Stud.aufenth. Univ. Prag u. Wien; 1852–1854 prakt. Arzt in Berlin; 1854 Prosektor für Anat. (bei C. A. S. Schultze), 1855 Pd. Univ. Greifswald, wo er chem. Experimentalvorlesungen durchführte; 1856 Prosektor am Pathol. Inst. d. *Charité* Univ. Berlin (bei R. Virchow) u. Ltr. d. ersten physiol.-chem. Univ.-Labor., 1860 ao. Prof.; 1861 o. Prof. für Angew. Chemie Univ. Tübingen (Nachf. von J. E. Schlossberger); 1872 o. Prof. für Physiol. Chemie Univ. Straßburg, wo er 1884 das erste selbständige Inst. erhielt; starb in Wasserburg am Bodensee. Arbeitete bes. über Lecithin, Cholesterin u. Blutfarbstoff mit Anwendung der Spektralanalyse; Begr. u. Hrsg. der *Z. für Physiologische Chemie* (1877). – Lit.: Beiträge zur Kenntniss der Constitution des Blutes, (1) Ueber die Oxydation im lebenden Blute, in: Med. chem. Unters. *1* (1866): 133–140; Ueber die Processe der Gährungen und ihre Beziehung zum Leben des Organismus, in: Pflügers A. *12* (1876): 1–17; Physiologische Chemie. Berlin 1877; Ueber Gärungsprocesse, in: Z. physiol. Chem. *2* (1878): 1–18; Über die Entwicklung der physiologischen Chemie und ihre Bedeutung für die Medizin, Straßburg 1884. – B: NDB (K. E. Rothschuh); DSB (J. S. Fruton).   Ja/Sch

Horkel, Johann (1769–1846); aus Burg (Insel Fehmarn); ab ca. 1787 stud. Med. Univ. Halle/Saale (Schüler von Joh. Reil); dann unter Reil Ltr. chem.-physikal. Abt. der staatl. *Schola clinica* in Halle; 1799 Pd., 1802 ao. Prof., 1804 o. Prof. d. Med. Univ. Halle; 1810 o. Prof. für Pflanzenphysiol. Univ. in Berlin, wo er starb. Schleidens Lehrer u. Onkel; griff in d. Diskussion über die Befruchtung bei d. Pflanzen mit der Behauptung ein, daß der Embryo sich aus dem Ende des Pollenschlauches entwickele; 1801–1802 Hrsg. d. *A. für die thierische Chemie*, ab 1815 Mithrsg. von Meckel's *Dt. A. für Physiologie*. – B: Ärzte I; Jahn 1990.   Sch

Horne [lat. **Hornius**], **Johann(es) van** (1621–1670); aus Amsterdam; nach Med.-Stud. 1651 ao. Prof., 1653 o. Prof. für Anat. Univ. Leiden, dort Lehrer von F. Ruysch u. J. Swammerdam; besaß selbst eine anat. Slg.; starb in Leiden. – Lit.: Museum anatomicum ada. Lugd. Bat., in: Valentini, Michael Bernhard: Museum museorum ..., Th. 2, Franckfurt a. M. 1714. – B: DSB (G. A. Lindeboom); Smit 1986: 129.   Ja

Hrabanus Maurus (um 780–856); aus Mainz; Ausbild. in d. Klöstern Fulda u. Tours (Schüler von Alkuin); um 1804 zum Lehrer in Fulda bestellt; 814 Priesterweihe, 822–842 Abt in Fulda; 847 Erzbischof von Mainz, wo er starb. War wesentl. an der Verbreitung antiker naturwiss. Kenntnisse beteiligt. – Lit.: Textausg. von *De rerum naturis* (= de Universo) libri XXII: MPL 111, Paris 1852: 9–614 (Gesamtausg. in: MPL 107–112, Paris 1851–1852). – B: Repertorium; LexMA (R. Kottje); Middel 1943; Kottje & Zimmermann 1982.   Nab/Sch

Humboldt, Alexander von (1769–1859); aus Berlin; 1787 stud. Philos. u. Naturwiss. Univ. Frankfurt/O., 1788 Privatstud. in Bot. bei Willdenow in Berlin, 1789–1790 Univ. Göttingen (bes. bei Blumenbach); 1790 Reise mit G. Forster nach Belgien, Frankr., Holland u. Engl. (Bot. in *Kew Garden*, bes. bei J. Banks); 1790–1791 ökonom. Stud. an d. Handelsakad. von G. Büsch in Hamburg; 1791–1792 stud. Geol., Mineral. u. Montanwiss. Bergakad. Freiberg (Sachsen) bei A. G. Werner, der sein weiteres Wirken entscheidend bestimmte; 1792 Oberbergmeister in den 1791 von Preußen erworbenen fränk. Bergrevieren als Mitarb. von Heinitz, bes. in Ansbach, Bayreuth, Wunsiedel; daneben auch bot., anat. u. physiol. Studien, zeitw. in Jena (mit J. Chr. Loder, W. von Humboldt u. Goethe); nach Ausscheiden aus d. Staatsdienst ab 1796 Vorber. auf eine Tropenreise in Jena, 1797 Abreise über Dresden, Prag, Wien, Stuttgart nach Paris, dort bes. bei Cuvier, A. L. de Jussieu u. a. Gelehrten; 1799 nach Madrid, wo er Erlaubnis zur Reise in die span. Kolonien Süd- u. Mittelamerikas erhielt; 1799–1804 mit A. Bonpland Reise zum Orinoko, in die Anden (Peru), nach Mexiko u. Kuba; nach Rückkehr über Paris u. Ital. (1805, bes. Rom) 1805–1807 Aufenthalt in Berlin, dann 1808–1827 in Paris zur Auswertung d. Ergebnisse; ab 1827 in Berlin als Kammerherr am Preuß. Hof; öffentl. Vorlesungen über Physische Geographie als Mitgl. d. AdW u. Förderung aller naturwiss. Einrichtungen der Univ. Berlin; 1829 im Auftr. des russ. Zaren montanwiss. Reise zum Ural u. Altai (mit G. Rose u. Ch. G. Ehrenberg), 1830–1831 zur Auswertung d. Ergebnisse in Paris; dann vorw. in Berlin ansässig, wo er starb. – Lit.: Florae Fribergensis specimen plantas cryptogamicas praesertim subterranea exhibens. Accedunt Aphorismi ..., Berlin 1793; Aphorismen aus der chemischen Physiologie der Pflanzen (dt. von G. Fischer von Waidheim), Leipzig 1794; Versuche über die gereizte Muskel- und Nervenfaser, Berlin u. Posen 1797; Essai sur la geographie des plantes ..., Paris 1805; Ideen zu einer Geographie der Pflanzen, Tübingen 1807; Voyage aux régions equinoxiales du Nouveau Continent ..., Paris 1805–1834 (davon P. 1–3: Relation historique ..., Paris 1814–1825, dt.: Reise in die Aequinoctialgegenden des Neuen Continents in den Jahren 1799–1804, Stuttgart 1815–1832; engl. Übers. von H. M. Williams: Personal narrative of travels to the equinoctial regions ..., London 1814–1829); Recueil d'observations de zoologie et d'anatomie comparée ..., 2 Bde., Paris 1805–1832; Ideen zu einer Physiognomik der Gewächse, in: Ansichten der Natur, Stuttgart 1808: 173–292; De distributione geographica plantarum (Prolegomena), in: Nova genera et species plantarum, Bd. 1: III–XLVI,

Paris 1815; Eröffnungsrede zur 7. Versammlung Dt. Naturfo. u. Ärzte 1828, in: Amtl. Bericht ... Berlin 1829: 13–16; Kosmos: Entwurf einer physischen Weltbeschreibung, 4 Bde., Berlin 1845–1852, Bd. 5: 1862 (postum hrsg. u. mit Register von E. BUSCHMANN). – B: NDB (E. PLEWE); BRUHNS 1872 (W); BIERMANN 1983.   Ja

Ḥunain ibn Isḥāq al-ʿIbādī (griech. **Ioannikios**, lat. **Johannitius**) (808–873); christl.-arab. Enzyklopädist aus al-Ḥīra; stud. in Bagdad bei YŪḤANNĀ BEN MĀSAWAIH (777–857), Leibarzt des Kalifen; wurde Ltr. einer Übersetzer-Sch. in Bagdad, wo er starb. Bedeutendster Übers. griech. wiss. Werke ins Syrische bzw. Arab.; schuf Richtlinien für Übertragung wiss. Begriffe u. Fachausdrücke, erarbeitete damit als erster eine natur- u. geisteswiss. Terminologie für d. arab. Sprache; eigene Schr. zur Augenheilkunde, Diätetik, über Heilmittel u. sein *Kitāb al-mudḫal fiʾṭ-ṭibb* (Einleitung in die Medizin), das als *Isagoge ad Tegni Galeni* mehrfach übers. wurde u. große Bedeutung für d. lat. Mittelalter hatte. – B: EncIslam (G. STROHMAIER); Repertorium; LexMA.   Nab/Sch

Hunter, John (1728–1793); aus Long Calderwood (Schottland); ab 1748 Anat.-Unterricht bei seinem Bruder William in London, 1755 stud. Med. St. Mary's Hall Oxford, dann in London; ab 1761 als Militärarzt in Frankr. u. Portugal; 1763 ärztl. Praxis in London; 1768 auch Wundarzt-Diplom u. Tätigk. als Wundarzt am St. George's Hosp. in London, wo er starb. Arbeitete vergl.-anatomisch, führte physiolog. Experimente an Pflanzen u. Tieren durch; legte ein großes anat. Mus. an, das nach seinem Tod von William CLIFT (1775–1849) verwaltet u. 1799 vom *Roy. Coll. of Surgeons* übernommen wurde – Lit.: Treatise on the natural history of the human teeth, 2 T., London 1771 u. 1778; Observations ou certain parts of the animal oeconomy, in: Trans. Soc. Improv. med. chir. knowl., London 1789; The works of John Hunter, hrsg. von J. F. PALMER, 4 Bde., London 1837 (Bd. 1: Lectures on the principles of surgery). – B: DSB (J. DOBSON); DOBSON 1969 (W).   Ja

Huxley, Aldous (1894–1963); aus Godalming (Surrey), Enkel von Thomas Henry H., Bruder von Julian Sorell H.; engl. Schriftsteller; starb in Hollywood (Calif., USA). – Lit.: Brave new world, 1932 (dt.: Schöne neue Welt, wackere neue Welt, Welt – wohin?, Leipzig 1932). – B: KINDLER.   Ja

Huxley, Andrew Fielding, Sir (geb. 1917); aus London, Enkel von Thomas Henry H., Bruder von Julian Sorell H.; stud. Med. Univ. Cambridge/GB (BA 1938, MA 1941); 1939–1940 Res. im Marine Biol. Labor. Plymouth; 1941–1960 Prof. Univ. Cambridge; ab 1946 Fell., 1967 Hon. Fell. u. 1984–1990 Master d. Trinity Coll.; gleichz. ab 1946 Demonstr., ab 1951 Ass. Dir. of Res. u. 1959–1960 Reader für Experim. Biophysik Dep. of Physiol. Univ. Cambridge; 1960–1969 *Jodrell*-Prof. für Physiol., 1969–1983 (em.) *Roy.-Soc.-Res.-Prof.* für Physiol. Univ. London; ab 1983 Prof. Univ. Cambridge. 1980–1985 Präs. *Roy. Soc.*; Nobelpr. 1963. – B: IWW 1992–93, 1995–96; WWNP; LexNW.   Sch

Huxley, Julian Sorell (1887–1975); aus London; Enkel von Thomas Henry H., Bruder von Aldous u. Andrew Fielding H.; stud. Med. u. Zool. Eton Coll. u. Balliol Coll. Oxford; 1925–1927 Prof. für Zool. am King's Coll. London, 1926–1929 *Fullerian*-Prof. *Roy. Inst.*; 1935–1942 Sekr. der *Zool. Soc.* London, Präs. Inst. Animal Behaviour u. Ltr. Assoc. for the Study of Systematics; war außerdem 1946–1948 erster Generaldir. d. UNESCO; trat für eine neue Synthese der zool. Disziplinen unter evolutionstheoret. Aspekten ein; starb in London. – Lit.: The new systematics, London 1940; Evolution – the new synthesis, London 1942; The story of evolution, London 1958; (Hrsg.) The humanist frame, London 1961 (dt.: Der evolutionäre Humanismus, München 1962); Memories, London 1970 u. 1973 (dt. u. d. T.: Ein Leben für die Zukunft, Münster 1974); s. a. Lit. zu Kap. 14 u. 18. – B: BAKER 1976.   Ja

Huxley, Thomas Henry (1825–1895); aus Ealing (Middlesex, Engl.); 1841 Gehilfe in d. Praxis von I. G. SCOTT in London, 1842 im Charing Cross Hosp. u. stud. Med. Univ. London (Bacc.med. 1845); 1846–1850 als Schiffsarzt Teiln. an d. Australienreise der H. M. S. *Rattlesnake*; 1854 Prof. für Naturgesch. an d. Bergwerks-Sch. London, ab 1855 Vorlesungen für Arbeiter; Untersuchungen über wirbellose Meerestiere, später auch über Wirbeltiere (Abstammung d. Vögel von Reptilien); ab 1859 wiss. u. populärwiss. Arbeiten für Darwinismus u. Deszendenztheorie; starb in Hodeslea (Eastbourne, Sussex). – Lit.: On the morphology of the cephalous mollusca ... [1853], in: Sci. Mem. I, London 1898: 152–193; The cell-theory [1854], in: ebda, 241–278; The oceanic Hydrozoa, London 1858; On the theory of the vertebrate skull [1858], in: Sci. Mem. I, London 1898: 538–606; On species and races, and their origin [1860], in: ebda II, London 1899: 388–394; On the zoological relations of man with the lower animals, in: Nat. Hist. Rev. *1* (1861): 67–84; Evidence as to man's place in nature, London 1863; The physical basis of life (= lecture on protoplasma 1868), in: Collected Essays I, London 1893: 130–165; An introduction to the classification of animals, London 1869; A manual of the anatomy of vertebrated animals, London 1871; A manual of the anatomy of invertebrated animals, London 1877. – B: DSB (W. C. WILLIAMS); L. HUXLEY 1900–1902; BIBBY 1959; QUERNER 1978. – P.   Ja

Huygens, Constantijn (1596–1687); aus 's-Gravenhage (Niederl.), Vater d. Physikers Christiaan H. (1629–1695); 1616–1617 stud. Jura Univ. Leiden; zunächst Rechtspraxis bei DE HUYBERT in Zierikzee; 1618 Reise nach London u. 1620 als Sekr. des Gesandten François VAN AERSSEN nach Venedig; 1621–1624 Gesandtschaftssekr. in Engl.; ab 1625 Sekr. d. Prinzen FRIEDRICH HEINRICH VON ORANIEN u. dessen Nachf. WILHELM II. u. III.; als Gesandter u. Erster Rat des Hauses Oranien 1654 in Luxemburg, 1656–1657 in Brüssel u. 1661–1665 in Paris bei LUDWIG XIV. (Schlichtung d. Streitig. zw. Oranien u. Stuart's); starb in 's-Gravenhage. Verfaßte Gedichte, Briefwechsel, gab Mem. des Prinzen FRIEDRICH HEINRICH heraus; erwähnte erstmals die Erfindung eines zus.gesetzten Mikroskops aus der Werkstatt d. Hoferfinders von König Jacob I. von England, C. Drebbel, in London (1621). – B: NNBW; Ploeg 1934.   Ja

Hyginus, Caius Iulius [auch **Gaius Julius**] (um 60 v. Chr.–nach 10 n. Chr.); wahrscheinl. aus Span.; Freigelassener d. Augustus, von diesem nach 28 v. Chr. zum Präfekten d. Palatinischen Bibl. ernannt; gleichz. Lehrtätigk.; Gelehrter u. Schriftsteller; von seinem umfangr. philolog., hist.-biogr. u. landw. Werk (*De agricultura*) sind zahlr. Fragmente erhalten, bes. aus den landw. Schr. bei Columella. – Lit.: Textausg.: Grammaticae Romanae Fragmenta, ed. H. Funaioli, S. 525 ff.; Historicorum Romanorum Reliquiae, ed. Hermann Peter, Bd. 2, Leipzig 1906: CI ff., 72 ff.; R. Reitzenstein: De scriptorum rusticae rei libris deperditis, Berlin 1884: 18 ff., 53 f. – B: LAW; Pauly.   Ha/Sch

Ibn abī Uṣaibiʿa (1203–1270); arab. Arzt u. Schriftsteller; sein Ruhm geht v. a. auf sein Lebenswerk „Quellen der Nachrichten über die Klassen der Ärzte" zurück, einer Gesch. der Ärzte aller Zeiten u. Völker. – Lit.: Textausg.: A. Müller, 2 Bde., Kairo-Königsberg 1882–1884; N. Riḍā, Beirut 1965; Teilübers.: H. Waly, Berlin 1910; H. Jahier & A. Noureddin, Algier 1958.   Nab

Ibn abī Yaʿqūb an-Nadīm s. Ibn an-Nadīm

Ibn aḫī Ḥizām al-Ḫatbī (2. Hälfte 9. Jh.); Verf. einer hippiatrischen Schr., in der er v. a. auf ein Werk d. Theomnestos von Magnesia zurückgriff u. das später Ibn al-ʿAwwām als Grundlage diente.   Nab

Ibn al-ʿAwwām, Abū Zakariyā Yaḥyā b. Muḥammad (Ende 12./Anf. 13. Jh.); span.-arab. Gelehrter in Sevilla; Verf. eines umfangr. Werkes über Landw. (*Kitāb al-filāḥa*), das die Summe d. Kenntnisse seiner bedeutenderen Vorgänger, Agronomen der „andalus. Sch.", darstellt u. auch viele Ausführungen über Pflanzen u. Tiere enthält. – Lit.: Textausg.: J. A. Banqueri, 2 Bde., Madrid 1802 (²1988); franz. Übers.: Clément Mullet, Le livre de l'agriculture d'ibn el-Awam, 3 Bde., Paris 1864–1867 (²1977). – B: DSB (J. Vernet); LexMA (H.-R. Singer); Moncada 1889.   Nab/Sch

Ibn Bağğa [o. **Bājja**], **Abū Bakr Muḥammad ibn Yaḥyā ibn aṣ-Ṣāʾiġ** [lat. **Avempace** o. **Avenpace**] (Ende 11. Jh.–1138); aus Zaragoza; span.-arab. Philosoph, Arzt u. Astronom; als Wesir im Dienst eines Almoraviden-Prinzen; wirkte in Zaragoza, ab 1118 in Sevilla, später Granada u. Fès (Marokko), wo er starb. Führte den Aristotelismus in Span. ein; biologiehistorisch interessant ist seine in Anlehnung an d. pseudo-aristotel. *Liber de plantis* verfaßte Schr. über d. Physiologie d. Pflanzen. – Lit.: Textausg. u. Übers.: M. A. Palacios, Avempace Botánico, in: Al-Andalus 5 (1940): 259–299. – B: DSB (S. Pines); LexMA (G. C. Anawati); Moody 1951; Pines 1964.   Nab/Sch

Ibn al-Baiṭār [o. **Bayṭār**] **al-Mālaqī, Ḍiyāʾ ad-Dīn Abū Muḥammad ʿAbdallāh b. Aḥmad** (ca. 1190–1248); aus Málaga; arab. Arzt u. berühmter Pharmakologe; stud. in Sevilla, u. a. bei an-Nabātī, sammelte während dieser Zeit Kräuter; wanderte um 1220 durch Nordafrika in den Orient aus; 1224 in Kleinasien u. Syrien; ließ sich später in Kairo nieder, dort vom Sultan zum „Chefbotaniker" Ägyptens u. Oberaufseher der Apotheken u. Drogenläden ernannt; vereinzelte Fo.reisen mit seinen Schülern; starb in Damaskus. Sein Hauptverdienst ist die Systematisierung der medizin./pharmakolog. Erkenntnisse der Araber des Mittelalters; Verf. mehrerer pharmakol. Werke, am bekanntesten das *Kitāb al-ğāmiʿ li-mufradāt al-adwīya wa-l-agdīya* (Das die einfachen Drogen und Nahrungsmittel enthaltende Buch). – Lit.: Textausg.: 4 Bde., Kairo u. Bulaq 1874; Übers.: J. von Sontheimer, Große Zusammenstellung über die Kräfte der bekannten einfachen Heil- und Nahrungsmittel …, 2 Bde., Stuttgart 1840–1842. – B: B: DSB (J. Vernet); LexMA (H. Schipperges); Meyerhof 1935; Dubler 1956.   Nab/Sch

Ibn Baṣṣāl [Abū ʿAbd Allāh Muḥammad b. Ibrāhīm b. Baṣṣāl al-Ṭulayṭulī] (11. Jh.); aus Toledo; Dir. des Bot. Gartens von al-Maʾmūn; 1085 an d. Hof König Alphons VI. nach Sevilla, hier Dir. des Bot. Gartens von al-Muʿtamid. Bedeut. span.-arab. Autor über Landw.; seine Schr. *Kitāb al-filāḥa* (Buch über Landw.) ist durch Sachlichkeit u. große persönl. Erfahrung gekennzeichnet. – Textausg. u. Übers.: J. M. Millás Vallicrosa & M. Aziman, Libro de agricultura, editado, traducido y anotado, Tetuan 1955. – B: DSB I u. XIV; Repertorium; Millás Vallicrosa 1960.   Nab/Sch

Ibn al-Ǧazzār [Abū Ǧaʿfar Aḥmad b. Ibrahīm b. abī Ḥalīd al-Ǧazzār, auch **al-Djazzār]** (gest. um 1004); prakt. Arzt in Kairuan, wo er starb. Schrieb u. a. ein Drogenbuch, das als „Liber fiducie" 1233 von Stephanus von Zaragoza ins Lat. übers. wurde u. viele Pflanzenbeschreibungen enthielt. – B: LexMA (H. Schipperges); L. Vogt 1941.   Nab/Sch

Ibn Ḥaǧǧāǧ al-Išbīlī (11. Jh.); span.-arab. Gelehrter, Imam u. Prediger aus Sevilla; Autor mehrerer landw. Werke; schöpfte neben griechischen auch aus latein. Quellen. – Lit.: erwähnt bei Ibn al-Baiṭār. – B: Bolens 1981: 44 ff.   Nab

Ibn al-Mundir, Abū Baḫr [Bakr] (14. Jh.); Tierarzt, Verf. einer bekannten hippiatrischen Schr., die sich ebenfalls auf Theomnestos von Magnesia stützt. – Lit.: franz. Übers. s. M. Perron, Le Nâceri …, 3 t., Paris 1852, 1859, 1860.   Nab

Ibn an-Nadīm [Ibn abī Yaʿqūb an-Nadīm] (932/934–um 990); berühmter Verf. einer eigentl. als Bücherkatalog konzipierten Schr. (*Kitāb al-Fihrist*, um 988), die wegen der darin enthaltenen wertvollen Nachrichten über Leben u. Werke bekannter Gelehrter eine der wichtigsten Quellen arab.-islam. Wiss.gesch. darstellt. – Lit.: Textausg.: G. Flügel, Kitāb al-Fihrist, 2 Bde., Leipzig 1871–1872; Übers.: B. Dodge, The Fihrist of al-Nadim, vol. I–II, New York–London 1970. – B: Brandenburg 1992: 89 f.   Nab/Sch

Ibn an-Nafīs (um 1210–1288); arab. Arzt u. Theologe, Lehrer der Med. in Damaskus u. Kairo. Entwickelte in einem Komm. zur Anat. des IBN SĪNĀ die Theorie vom Lungenkreislauf. – Lit.: Teilausg. u. Übers.: M. MEYERHOF, Ibn an-Nafîs und seine Theorie des Lungenkreislaufs, in: Quellen-Stud. Gesch. Naturwiss. Med. Nd. *4* (1933) 1. – B: DSB (A. Z. ISKANDER). Nab

Ibn al-Quff (1233–1286); aus Karak (Jordanien); christl.-arab. Arzt, Schüler des IBN AN-NAFĪS. Von seinen sehr bedeut. med. Werken ist bes. d. Hygiene-Schr. wegen des darin enthaltenen Kapitels über Giftschlangen biol.historisch interessant. – Lit.: Übers.: E. WIEDEMANN, in: Sb. Physikal.-med. Soz. Erlangen *47* (1915): 101–120. – B: DSB (S. K. HAMARNEH). Nab

Ibn Quṭaiba [auch **Quṭayba, Kutaiba**], **Abū Muḥammad ʿAbdallāh Ibn Muslim ad-Dīnawarī al-Jabalī** (828–884 o. 909); aus Bagdad o. Kufa (Irak); einige Jahre als Kadi (Richter) in Dinawar (persischer Irak) tätig; dann Lehrer in Bagdad, wo er starb; Gründer der Bagdader Philologenschule. Die naturwiss. Kapitel seines Hauptwerkes ʿ*Uyūn al-aḫbār* (Die Quellen der Nachrichten) sind auch biol.hist. interessant. – Lit.: Textausg.: C. BROCKELMANN (zool. Abschnitte), in: Z. f. Assyr. (1900), Beih.: 450–496; The natural history section from a 9th century „Book of useful knowledge": the ʾuyūn al-akhbār of Ibn Quṭayba, transl. by L. KOPF, ed. by F. S. BODENHEIMER & L. KOPF, Leiden 1949. – B: DSB (P. KUNITZSCH); IBN KHALLIKAN II: 22–24; HUSEINI 1950; LECOMTE 1965. Nab/Sch

Ibn Rušd [**Abū l-Walīd Muḥammad Ibn Rušd**, lat. **Averroes**] (1126–1192); aus Córdoba; span.-arab. Philosoph, Arzt u. Jurist am Hof d. Almohaden-Herrschers YŪSUF in Córdoba; 1166 Richter in Sevilla; 1171 Rückkehr, ab 1182 als Leibarzt am Hof (Nachf. von IBN ṬUFAIL) in Córdoba, wo er starb. Schrieb durch Vermittlung von IBN ṬUFAIL bedeutendsten Aristoteles-Komm. der arab.-islam. Periode, beeinflußte entscheidend die geistige Entw. Europas vom 13. bis 16. Jh. – B: DSB (R. ARNALDEZ & A. Z. ISKANDAR); LexMA (G. C. ANAWATI). Nab/Sch

Ibn Sīnā [**Abū ʿAli al-Ḥusain ibn ʿAbdallāh Ibn Sīnā**, lat. **Avicenna**] (973/980–1037); aus Afšāna bei Buchara; stud. in Buchara; wirkte am Hof in Buchara u. an anderen iran. Fürstenhöfen als enzyklopäd. gebildeter Gelehrter, der v. a. als Philosoph u. Arzt hervortrat; sein Kanon der Med. enthält viele biol.hist. interessante Einzelheiten; schrieb Autobiogr.; starb in Hamadān (Persien). – Lit.: Textausg.: Al-Qānūn fi-ṭ-ṭibb, 3 Bde. Kairo-Bulaq 1877; Übers.: Taschkent 1954–1960; Teilübers.: O. C. GRUNER, London 1930; V. DE KONING, Leiden 1896, 1903; J. VON SONTHEIMER, Freiburg i. Br. 1845; lat. Textausg.: Venedig 1507 (Nachdr. Hildesheim 1964). – B: LexMA (G. ENDRESS). Nab/Sch

Ibn aṣ-Ṣūrī s. aṣ-Ṣūrī

Ibn Ṭufail [**Abū Bakr Muḥammad Ibn Ṭufayl**, lat. **Abubacer**] (um 1100–1185); span.-arab. Philosoph, Arzt, Mathematiker, Dichter u. Staatsmann aus Andalusien; stud. in Sevilla u. Córdoba; dann Arzt in Granada; wurde Sekr. u. Vertrauter von ʿABD AL-MUʾMIN, dem Begr. der Almohaden; starb in Marrakesch. Schrieb nach einer Skizze von IBN SĪNĀ den philos. Roman *Ḥayy Ib Yaqzān*, beeinflußte damit das philos. Denken bis auf ROUSSEAU. – Lit.: Textausg.: A. N. NADIR, Beirut 1968; Übers.: J. Gottfried EICHHORN, Berlin-Stettin 1783; P. BRÖNNLE, Rostock 1907. – B: LexMA (G. C. ANAWATI). Nab/Sch

Ibn Waḥšīya [Wahshiyya] (ca. 860–ca. 935); Alchemist nabatäischer Herkunft. In seinem Hauptwerk über Nabatäische Landw. suchte er nachzuweisen, daß die Kultur d. alten Babylonier d. Araber überlegen gewesen sei. – B: DSB (S. K. HAMARNEH). Nab/Sch

Ibn Zuhr [**Abū Marwān ʿAbd al-Malik ibn abī l-ʿAlaʾ Zuhr**, lat. **Avenzoar,** auch **Abhomeron**] (1091/1094–1162); Arzt u. Kliniker, Staatsmann, Universalgelehrter, bekannter Vertreter einer span.-arab. Ärztefamilie; tätig am Hof der Almoraviden, später der Almohaden, hier auch Wesir; starb in Sevilla. Verf. bedeut. med. Schr., die in hebräischer Übers. schon vor 1260 in Ital. bekannt waren. – Lit.: Textausg.: Ludwig CHOULANT, Handbuch der Bücherkunde für die ältere Medizin, 2. Aufl., Leipzig 1841: 375 f.; A. C. KLEBS, Incunabula Scientifica et Medica, in: Osiris *4* (1938): 66 f. (Nachdr. Hildesheim 1963). – B: LexMA (H. H. LAUER). Nab/Sch

al-Idrīsī [**Abū ʿAbd Allāh Muḥammad b. Muḥammad b. ʿAbd Allāh b. Idrīs al-Ḥammūdī al-Ḥasanī, al-Šarīf al-Idrīsī**] (ca. 1100–ca. 1165); aus Ceuta (Marokko); Erziehung in Córdoba; bekannter arab. Geograph; begann mit 16 Jahren Fo.reisen, zunächst Klein Asien, später Südküste Frankreichs, England, Spanien u. Marokko; 1138 auf Einladung des Königs von Sizilien, ROGER II. (1095–1154), nach Palermo, wo er bis zu dessen Tod wirkte; 1154 Rückkehr nach Ceuta, wo er starb. Verf. eines der berühmtesten Werke der mittelalterl. Geographie; guter Kenner der Zool. u. Bot., bes. Fauna u. Flora Nordafrikas; in seiner Schrift „Das die Eigenschaften der verschiedenen Pflanzen enthaltende Buch" hat er viele eigene bot. Beobachtungen aufgezeichnet. – Lit.: Teilübers.: M. MEYERHOF, in: A. Gesch. Math., Naturwiss. Techn. *12* (1929): 45–53, 225–236. – B: DSB (S. MAQBUL AHMAD); Repertorium; LexMA (P. THORAU); OMAN 1961, 1970. Nab/Sch

T. H. Huxley 1876   J. Ingenhousz

Illiger, Karl (1775–1813); aus Braunschweig; ab 1790 Schüler von J. HELLWIG in Naturgesch., ab 1793 stud. Naturwiss. u. Med. *Coll. Carolineum* u. *Coll. medicum-chirurgicum* in Braunschweig u. Bearbeitung der entomol. Privatslg. des Grafen VON HOFFMANNSEGG; 1799 stud. Naturwiss. Univ. Helmstedt, 1800 Göttingen (MA 1802); danach Privatgelehrter in Braunschweig, Hrsg. d. *Magazin für Insektenkunde* (1802–1807) u. Mitarb. d. Grafen VON HOFFMANNSEGG in Berlin; durch dessen Vermittlung 1810 Prof. für Zool. u. Dir. d. neugegr. Zool. Mus. Univ. in Berlin, wo er starb. Widmete sich auch nomenklatorischen Problemen u. Fragen d. Artbegriffs, maßgebl. Arb. zur Taxonomie d. Vögel u. Insekten. – Lit.: Versuch einer systematischen vollständigen Terminologie für das Thierreich und Pflanzenreich, Helmstädt 1800. – B: NDB (H. MUGGELBERG); MUGGELBERG 1975, 1976 (W).   Ja

Ingenhousz [auch **Ingen-Housz**], **Jan** (1730–1799); aus Breda (Niederl.); 1748 stud. Med. Univ. Löwen (Louvain) (Dr. med. 1753), ab 1754 weitere Stud. Univ. Leiden, Paris u. Edinburgh; dann ärztl. Praxis in Breda, ab 1764 in Edinburgh u. London (1766 Pockenimpfungen am Foundling Hosp.), 1768 in Wien (Impfung d. kaiserl. Familie); 1777–1778 Aufenth. in Holland u. Engl., 1780 in Paris u. bis 1789 in Wien, danach Rückreise über Paris u. die Niederl. nach London; starb in Bowood Park (bei Ealne, Wiltshire). Entdeckte die Kohlenstoffassimilation u. Atmung d. Pflanzen sowie die Schwärmsporen bei Algen; benutzte bei mikroskop. Untersuchungen erstmalig Deckgläschen. – Lit.: Experiments upon vegetables, discovering their great power of purifying the common air in the sunshine and of injuring it in the shade and at night, to which is joined a new method of examining the accurate degree of the atmosphere, London 1779; Ueber die Ernährung der Pflanzen und Fruchtbarkeit des Bodens, Leipzig 1789 (engl. u. holländ. 1796). – B: NDB (H. DOLEZAL); WIESNER 1905; REED 1949. – P.   Ja

Ioannes Aktuarios (1. Hälfte 14. Jh.); bedeutendste Gestalt der späten byzantin. Medizin. Von seinen zahlr. med. Abh. sind bes. die pharmakol. Bücher seiner *Methodus medendi* (Wiss. des Heilens) von biol.hist. Interesse. – Lit.: Textausg. (lat. Übers.): J. RUEL, Paris 1539; C. H. MATHISIUS, Venedig 1554.   Nab

Ioannes Tzetzes (12. Jh.); byzantin. Grammatiker. Biol.hist. bedeutsam sind seine Scholien zu den *Alexipharmaka* des NIKANDROS u. den *Halieutika* des OPPIANOS VON ANAZARBOS. – Lit.: Textausg.: U. C. BUSSEMAKER, Scholia et paraphrases in Nicandrum et Oppianum, Paris 1849.   Nab

Ioannikios s. Ḥunain ibn Isḥāq al-ᶜIbādī

Isidor von Sevilla (ca. 560–636); wahrscheinl. aus der Baetica (Südspan.), aus einer aus Cartagena vertriebenen Familie; 599/600 Bischof von Sevilla (Nachf. seines Bruders LEANDER); wurde Ratgeber d. Königs SISEBUTS, erarbeitete auf dessen Wunsch die *Etymologiae*; stand 633 dem 4. Konzil von Toledo vor; starb in Sevilla. Beeinflußte die Kultur des entstehenden

„Abendlandes", bes. durch seine Etymologien, die bedeutendste Enzyklopädie des Mittelalters. – Lit.: Etymologiarum sive origines libri XX, hrsg. von LINDSAY, Oxonii 1911 (^{2}1971); De natura rerum, ed. J. FONTAINE, Bordeaux 1960. – B: GALLING; DSB (W. D. SHARPE); Repertorium; LexMA (J. FONTAINE); PÉREZ DE URBEL 1945; FONTAINE 1990.   Nab/Sch

Iulius Atticus (1. Jh.); röm. landw. Schriftsteller. Verf. einer Schrift über d. Weinbau (*De vitium cultura*), von COLUMELLA genannt, auch bei PLINIUS d. Ä. als Quelle angegeben. – Lit.: Fragm. s. in: R. REITZENSTEIN, De scriptorum rusticae rei libris deperditis, Berlin 1884: 54. – B: LAW.   Ha/Sch

Iulius Graecinus (gest. 38/39 n. Chr.); röm. Senator; Schriftsteller über die Landw., Schüler des Iulius Atticus; Verf. einer zweibändigen Schr. über den Weinbau, die COLUMELLA benutzte. – Lit.: Fragm. s. R. REITZENSTEIN, De scriptorum rusticae rei libris deperditis, Berlin 1884: 56. – B: LAW; PAULY.   Ha/Sch

Ivanov, Artemij Vasil'evič (1906–1992); aus Molodevno (Weißrußl.); 1926–1930 stud. Biol. Univ. Leningrad/ St. Petersburg (Dr. Biol. 1944); 1930–1932 Mitarb. der Pazif. wiss. Sta. in Wladiwostok (Vladivostok), 1931 Teiln. der ozeanogr. Exped. in die Japan. Meere, arbeitete spez. über Biol. u. Systematik der Wirbellosen; 1935–1942 Ass. Abt. Biol. Physikal.-math. Fak., dann Doz., ab 1950 Prof. für Zool. Univ. Leningrad; gleichz. ab 1965 Ltr. Labor. für Evolutionsmorphol. d. Zool. Inst d. sowjet. AdW. Teiln. an versch. Exped. des Fo.schiffes *Vitjaz*, wo er hydrobiol., meereszool. u. embryol. Stud. durchführte; war maßgeblich an d. Aufklärung der systemat. Verhältnisse des neuentdeckten Tierstammes der *Pogonophora* beteiligt. – Lit.: Pogonophora, London 1963. – B: BSE^3; ALH.   Ja/Sch

Ivanov, Pëtr Pavlovič (1878–1942); aus St. Petersburg; bis 1901 stud. Med. Univ. St. Petersburg, 1903 Ass. am Lehrstul für Zool. d. Wirbellosen; 1906 zur Insel Java kommandiert, wo er Material für embryol. Untersuchungen sammeln konnte; 1909 u. 1911 Stud.aufenth. Zool. Sta. Neapel; 1912 Mag. u. ao. Prof. für Theoret. Embryol. Univ. St. Petersburg; danach Ltr. des embryol. Labor. am Lehrstuhl für Zool. des Psychoneurol. Inst. St. Petersburg (später Zweites Leningrader Med. Inst.); ab 1922 Ltr. des Labor. für Embryol. der Univ. u. Labor. für Embryol. des Allunions-Inst. für Exprim. Med. in Moskau; gleichz. o. Prof. für Zool. Psychoneurol. Inst. (Zweites Leningrader Med. Inst.), ab 1924–1942 hier auch Ltr. zuerst Dep. für Zool., dann Dep. für Allg. Biol.; starb in Kostroma (Rußl.). Untersuchte die Regeneration u. Embryogenese d. Anneliden u. Embryonalentw. von Chilopoden, Pfeilschwanzkrebsen, Insekten u. Wirbeltieren. – Lit.: Rukovodstvo po obščej i sravnitel'noj embriologii, Moskva 1937; Pervičnaja i vtoričnaja metamerija tela, in: Ž. obščej biologii 5 (1944)2: 61–95. – B: DSB (L. J. BLJACHER); CHLOPIN & KNOPPE 1953 (W).   Ja/Sch

Ivanovskij, Dmitri Iosifovič [**Osipovič**] (1864–1920); aus St. Petersburg; 1883 stud. Naturwiss. Univ. St. Petersburg (u. a. bei I. M. SEČENOV, D. I. MENDELEEV,

A. N. BEKETOV u. A. S. FAMINCYN, Kand.Wiss. 1888); danach Ass. bei A. S. FAMINCYN u. im Auftrag des Dep.
für Landw. zum Stud. d. Krankheiten d. Tabakpflanzen
im Süden Rußl. (Ukraine, Bessarabien, 1890 am Nikitsker Bot. Garten); 1890–1896 Ass. am Bot. Labor. AdW
St. Petersburg (Mag. Bot. 1895 Univ. St. Petersburg);
1896–1901 Pd. für Pflanzenanat. u. -physiol. Univ.
(Nachf. von A. S. FAMINCYN), gleichz. Vorlesungen in
Mikrobiol. u. Bot. am Technol. Inst. St. Petersburg;
1901 ao. Prof. (Dr. Bot. 1902 Univ. Kiev), 1903 o. Prof.
für Pflanzenphysiol. Russ. Univ. Warschau u. Ltr. des
Pomolog. Gartens; mit der Evakuierung der Warschauer Univ. nach Rostov a. Don 1915 Prof. an d. Don-
Univ.; starb in Rostov a. Don. Erforschte bes. die Mosaikkrankheit der Tabakpflanzen u. entdeckte ihren
Erreger. – Lit.: Über die Mosaikkrankheit der Tabakspflanze, in: Bull. Acad. Im p. Sci. St. Petersb. *35* (1892):
67–70; Mozaichnaja bolezn' tabaka, Warschava 1902;
Über die Mosaikkrankheit der Tabakpflanzen, Ref.
in: Z. Pflanzenzücht. *13* (1903): 1–14; Fiziologija rastenij, Rostov-na-Donu 1919 (2. Aufl., hrsg. von
N. N. CHUDJAKOV, Moskva 1924). – B: BRL; DSB
(V. GUTINA); MAKSIMOV 1952.   Sch

Jacob, François (geb. 1920); aus Nancy; ab 1938 stud.
Med. (Chirurgie) Univ. Paris (*Sorbonne*) (Dr. med.
1947, BS 1951, DSc 1954); dazw. 1940–1945 Offizier d.
Freien franz. Streitkräfte (1944 schwer verwundet, dadurch Aufgabe d. Chirurgenlaufbahn); ab 1950 am
Inst. Pasteur bei A. LWOFF, 1950 Ass., 1956 Labor-Ltr.,
ab 1960 Ltr. Abt. für Mikroben-Genetik; gleichz. seit
1964 auch Prof. für Zellgenetik am *Coll. de France.*
Nobelpr. 1965 (zus. mit LWOFF u. MONOD) für das
„Jacob-Monod-Modell" der Regulation der Genaktivität. – Lit.: (mit MONOD) Genetic regulatory mechanisms in the synthesis of proteins, in: J. Molecular
Biol. *3* (1961): 318–356; Génétique cellulariée chez les
bacteries, in: Mendel Mem. Symp. 1965, Praha 1966:
103–117; La logique du vivant, Paris 1970 (dt.: Die Logik des Lebenden – von der Urzeugung zum genetischen Code, Frankfurt a. M. 1972); s. a. Lit. zu Kap. 22.
– B: WWNP; Not20Sc.   Ja/Sch

Jacquin, Nicolaus Joseph Baron **von** (1727–1817); aus
Leiden (Holland); stud. Theol., dann Med. u. Bot.
Univ. Leiden (bei Theodor GRONOVIUS), Paris u. 1752
Wien (bei Gert VAN SWIETEN); 1754–1759 Teiln. an d.
kaiserl. Exped. nach West-Indien (Pflanzenslgn.); 1763
Prof. für Chemie Bergbausch. in Schemnitz; 1768–
1796 o. Prof. für Med., spez. Bot. u. Chemie, Univ.
Wien, 1809 Rektor d. Univ. u. Dir. Bot. Garten Schönbrunn; starb in Wien. – Lit.: Enumeratio Systema
plantarum …, Leiden 1760; Hortus botanicus Vindobonensis, 3 Bde., Wien 1773–1778; Icones Plantarum
rariorum, 3 Bde., Wien 1781–1793; Anleitung zur
Pflanzenkenntnis nach Linné's Methode, Wien 1785;
Collectanea ad botanicam, chemicam et historiam naturalem spectantia, 5 Bde., Wien 1786–1796. – B:
NDB (H. DOLEZAL); DSB (W. OBERHUMMER).   Ja

Jaekel, Otto (1863–1929); aus Neusalz/Oder; 1883
stud. Geol. u. Paläontol. Univ. Breslau/Wrocław (bei
F. RÖMER) u. 1885 München (bei K. ZITTEL, Dr. phil.

1886); 1887–1889 Ass. Geol.-paläontol. Inst. Univ.
Straßburg (bei W. BENECKE); 1894 ao. Prof. für Paläontol. u. Kustos am Geol.-paläontol. Mus. Univ. Berlin; 1906–1928 o. Prof. für Geol. u. Paläontol. Univ.
Greifswald; 1928 an die Sun-Yatsen-Univ. in Kanton
(China) berufen; starb auf der Reise zu einem geol.
Kongreß in Peking. Arbeitete bes. paläozoologisch
über Fische u. Reptilien. – Lit.: Stammesgeschichte
der Pelmatozoen (Bd. 1), Berlin 1899; Ueber verschiedene Wege phylogenetischer Entwicklung, Jena 1902;
Wege und Ziele der Palaeontologie, in: Paleaont. Z. *1*
(1913): 1–18; Die Stellung der Palaeontologie zu den
Naturwissenschaften, in: ebda *1* (1913a): 18–50; Zur
Gründung der palaeontologischen Gesellschaft, in: ebda *1* (1913b): 51–54; Zur Urgeschichte des Menschen,
Greifswald 1928 (Mitt. a. d. Geol.-palaeontol. Inst. d.
Univ. Greifswald, 6); (hrsg. von Johannes WEIGELT)
Die Morphogenese der ältesten Wirbeltiere, Berlin
1929 (Monographien zur Geol. u. Palaeontol., 1/3). –
NDB (G. MAYER).   Ja

Jakob [Jacob] van Maerlant (um 1235–um 1300); aus
Flandern; vermutl. Ausbild. zum Kleriker in Brugge;
ab 1261 als Küster in Maerlant auf d. Insel Voorne;
ließ sich wahrscheinl. nach 1266 in Damme bei Brugge nieder, wo er starb. Verfaßte Werke der ritterl.
Epik, später Lehrdarstellungen aus allen Lebensgebieten, u. a. auch aus der Naturlehre; sein *Der naturen
bloeme* ist eine gereimte Naturenzyklopädie nach
THOMAS DE CANTIMPRÉ'S *De natura rerum.* – Lit.: Naturen bloeme, ed. Eelco VERWIJS, Groningen 1878
(Nachdr. [Arnhem] 1980); Spieghel historiael, bew.
door Philipp UTENBROEKE en Lodewijc VAN VELTHEM,
Leiden 1861–1879 (Nachdr. Utrecht 1982). – B: Lex-
MA (W. P. GERRITSEN).   Nab/Sch

James, William Owen (1900–1978); aus Tottenham
(London); 1919 stud. Bot. Univ. Coll. Reading (bei
W. STILES, BS 1923 London); 1923 Fo.stipendiat bei
F. F. BLACKMAN Univ. Cambridge/GB u. Ass. bei
V. H. BLACKMAN Imperial Coll. Rothamsted (PhD
1927 Cambridge); 1927 Demonstr. für Bot. (bei
A. G. TANSLEY, ab 1937 bei T. G. B. OSBORN), 1946
Reader für Bot. Univ. Oxford; 1959–1967 Prof. für
Bot. Imperial Coll. London; ging 1977 nach Wellington (Neuseeland), wo er starb. – Lit.: Plant respiration, Oxford 1953. – B: DNB 1971–1980
(A. R. CLAPHAM).   Höx

Jameson, Robert (1774–1854); aus Leith (Schottland);
Lehrling eines Wundarztes, dann stud. Med., Bot.,
Chemie u. Naturgesch. Univ. Edinburgh, 1793 London; naturgeschichtl., bes. geolog. Untersuchungen auf
Reisen zu den Shetland-Inseln (1794), nach Irland u.
Insel Arran (1797), den Hebriden (1798) u. den Orkney-Inseln (1799); ab 1800 an der Bergakad. Freiberg
bei A. G. WERNER, ab 1802 bis zu seinem Tode in
Edinburgh; 1803 Prof. für Naturgesch. Univ. Edinburgh, wo er später auch Ch. DARWIN lehrte; gründete
1819 (mit BREWSTER) das *Edinburgh Philosophical J.*
u. vermehrte erheblich die Slgn. des Univ.-Mus. (später *Roy. Scottish Mus.*). – Lit.: System of mineralogy,
3 vols., Edinburgh 1804–1808; Manual of mineralogy,
Edinburgh 1821. – B: DSB (J. M. EYLES).   Ja

Jansen [Janssen], Hans Martens (gest. 1592); Tabakshändler u. Brillenschleifer in Middelburg, dem oft – zus. mit seinem Sohn – die Erfindung eines zus.gesetzten Mikroskops zugeschrieben wurde; diese Angaben sind jedoch nicht belegt (s. a. Sacharias J.). – B: WAARD 1906.   Ja

Jansen [Janssen], Sacharias [Zacharias] (um 1588–zw. 1627 u. 1632); aus Den Haag (Niederl.); Sohn des Brillenschleifers Hans Martens J. u. wie dieser Lupenschleifer u. Kaufmann; starb in Amsterdam. Nach einem Bericht d. belg. Gesandten Willem BOREEL von 1619 wird Zacharias J. als Hersteller eines Mikroskops genannt, das zu dieser Zeit C. DREBBEL in London von Erzherzog ALBERTUS von Österreich erhalten hatte; doch ist nicht verbürgt, ob es sich um ein echtes „Mikroskop" oder ein Teleskop gehandelt hat; die meisten Literaturangaben stützen sich auf eine von S. J. selbst verbreitete Aussage, die Pierre BOREL 1655 publizierte (De vero telescopii inventare, Haag 1655); über die Zuverlässigkeit jener Aussage bestehen berechtigte Zweifel, da Z. J. wegen Münzfälscherei, Zänkerei u. Dieberei übel beleumundet war. – B: WAARD 1906; ROOSEBOOM 1950; DSB (E. ROSEN).   Ja/Sch

Jenner, Edward (1749–1823); aus Berkeley (Gloucester, Engl.); 1761 erste med. Ausbild. bei d. Wundarzt Daniel LUDLOW in Sodbury; 1770 stud. Med. in London (bes. Anat. u. Chirurgie bei John HUNTER), gleichz. Ass. für Anat. bei HUNTER u. beschäftigt mit d. Ordnung der zool. Exemplare von Joseph BANKS' erster Reise; ab 1773 prakt. Arzt in Berkeley, wo er starb. Die in der Gegend auftretenden Kuhpocken u. die Beobachtung, daß damit Infizierte nicht an Pocken erkrankten, führten ihn 1796 zur ersten Impfung eines Jungen mit Sekret aus Kuhpockenbläschen, den er später mit Menschenpocken infizierte u. der nicht erkrankte; sein Verfahren löste die Variolation ab, die Impfung mit getrocknetem Pustelinhalt leichter Pokkenfälle; zur Unterstützung d. Impfung 1803 Gründung der *Roy. Jennerian Soc.* in London, deren Präs. er wurde. – Lit.: An inquiry into the causes and effects of the cow-pox or variolae vaccinae, London 1798. – B: DSB (L. G. WILSON).   Kö/Sch

Jennings, Herbert Spencer (1868–1947); aus Tonica (Illinois, USA); nach Lehrerausbild. an d. Illinois State Univ. Lehrer in Tonica; 1889 Ass. Prof. für Bot. u. Gartenbau am Agric. and Mechanical Coll. of Texas, 1890 an d. Univ. of Michigan (BS 1893); 1893 stud. Zool. Harvard Univ. Cambridge/Mass. (MA 1895, Dr. phil. 1896); 1896–1897 Fo.reise nach Jena, wo er mit Max VERWORN über Protozoen arbeitete; 1897 Prof. für Bot. am Agric. Coll. Montana State Univ. in Bozeman; 1899 Instr. für Zool., 1901 Ass. Prof. Univ. (?) Dartmouth; 1903 Ass. Prof. Univ. of Pennsylvania; 1906 Assoc. Prof. für Zool., 1907 Prof. für Experim. Zool., ab 1910–1938 *Henry-Walters*-Prof. u. Dir. Zool. Labor Johns Hopkins Univ. New York; danach an d. Univ. of Calif. New Angeles, v. a. Fo. über Variation, Reproduktion u. Anpassung von Protozoen u. Rädertierchen (*Rotifera*); starb in Santa Monica (Calif.). – Lit.: Behavior of the Lower Organisms, New York 1906; Life and Death: Heredity and Evolution in Unicellular Organisms,

Boston 1920; Genetics of the Protozoa, Den Haag 1929. – B: DSB (J. C. BURNHAM).   Ja

Jessen, Carl [Karl] Friedrich Wilhelm (1821–1889); aus Schleswig; 1842 stud. Med. Univ. Kiel, 1844 Halle, 1845 Heidelberg (Dr. med. 1848); danach stud. Bot. u. Naturwiss. Univ. Kiel (Dr. phil. 1848); 1850 Pd. Univ. Berlin; 1852 o. Lehrer d. Naturgesch. an d. Landw. Akad. in Eldena; gleichz. 1852 Pd., 1868 ao. Prof. für Bot. Philos. Fak. Univ. Greifswald, bot schon 1860 Vorlesungen zur Gesch. d. Bot. u. 1864 zur Gesch. d. Naturwiss. an; nach Auflösung d. Akad. in Eldena 1877 als Prof. für Bot. nach Berlin, wo er starb. Vollendete die von Ernst MEYER (gest. 1858) begonnene krit. Ausg. *Alberti Magni ex ordine praedicatorum de vegetabilibus libri VII, historiae naturalis pars XVIII* (Berlin 1867) sowie den *Thesaurus litteraturae botanicae* (^{2}1872–1877) von G. A. PRITZEL (1815–1874) nach dessen Tod u. gab auch seine *Die deutschen Volksnamen der Pflanzen* heraus (2 Tle., Hannover 1882, 1884). – Lit.: Deutschlands Gräser und Getreidearten, Leipzig 1863; Botanik der Gegenwart und Vorzeit in culturhistorischer Entwicklung …, Leipzig 1864 (Nachdr. Waltham/Mass. 1948). – B: NDB (T. ECKARDT); URBAN 1891; UA Greifswald.   Sty/Sch

Jiménez de la Espada, Marcos (1831–1898); aus Cartagena (Murcia, Span.); ab 1850 stud. Naturwiss. Univ. Madrid (Lic. 1854/1855); ab 1853 Ass. für Naturgesch. Univ., ab 1857 zugl. im *Mus. de Ciencias Nat.* in Madrid; 1862–1865 als Mitgl. der wiss. Pazifik-Kommission in Südamerika, sammelte Mat. für Mus. u. Bot. Garten von Madrid, die er zw. 1865 u. 1871 auswertete; 1898 o. Prof. für Vergl. Anat. Univ. (Dr. med. 1898) in Madrid, wo er starb. Arb. auf d. Gebiet der Zool. u. Vergl. Anat.; Mitbegr. d. *Soc. Esp. de Hist. Nat.* u. 1875 der *Soc. Geográfica de Madrid*. – Lit.: Algunos datos nuevos o curiosos acerca de la fauna del Alto Amazonas: Mamíferos, Madrid 1870 (Boletín-Rev. Univ. de Madrid); Vertebrados del viaje al Pacífico verificado de 1862 a 1865 por una comisión de naturalistas … Batracios, Madrid 1875; (ed. por Agostín Jesús BARREIRO) Diario de la expedición al Pacífico llevada a cabo por una Comisión de naturalistas españoles durante los años 1862–1865 …, Madrid 1928. – B: DhCmE (J. M. LÓPEZ PIÑERO).   LGB/Sch

Jimeno, Pedro (1515–ca. 1555); aus Onda (Castellón, Span.); wahrsch. stud. Med. in Valencia; zw. 1540 u. 1543 bei den anatom. Vorlesungen von VESAL in Padua; 1547 o. Prof. für Anat. u. Simplicia, 1549 für Prakt. Med. Univ. Valencia; dann 1549 Prof. für Anat. Univ. in Alcalá de Henares, wo er starb. Führte die neue Anatomie von VESAL in Span. ein; entdeckte den *Steigbügel* (*Stapes*, Gehörknöchelchen). – Lit.: Dialogus de re medica, Valentiae 1549. – B: DhCmE (J. M. LÓPEZ PIÑERO).   LGB/Sch

Joblot, Louis (1645–1723); aus Bar-le-Duc (Meuse, Frankr.); Ausbild. vermutl. am *Coll. Gilles de Trèves* in seiner Geburtsstadt; ab 1680 Ass. Prof. für Math. (Geometrie u. Perspektive) an d. *É. Nationale des Beaux-Artes* der *Akad. Roy. de Peinture et Sculpture* in Paris, nach Stud.aufenth. 1697–1698 in Ital. ab 1699–

1721 Prof. für Math. (Nachf. von Sébastien LE CLERC); starb in Paris. Seine berühmten *Descriptions* ... enthalten in T. I Beschreibungen zur Konstruktion von Mikroskopen, in T. II den ersten Abriß einer Protozoologie: auf 12 Taf. werden die von ihm beobachteten „animalcula" dargestellt; das Buch enthält auch seine Versuche zur Urzeugung, die er für unglaubwürdig u. wider alle Vernunft u. Religion hielt; führte erste Versuche mit erhitzten Nährlösungen durch, zu denen er den Luftzutritt verhinderte, um zu prüfen, ob sich in ihnen die *animalculae* entwickeln; gilt mit dieser Veröffentlichung als der erste franz. Mikroskopiker u. publizierte als erster seine Beobachtungen über die Protozoen. – Lit.: Descriptions et usages de plusiers nouveaux microscopes tant simples que composéz: avec de nouvelles observations faites sur une multitude innombrable d'insectes, et d'autres animaux de diverses espèces, qui naissant dans des liqueurs préparés, et dans celles qui ne le sont point, Paris 1718 (2. Aufl. u. d. T: Observations d'histoire naturelle, faites avec le microscope sur un grand nombre d'insectes et sur les animalcules qui se trouvent dans les liqueurs préparés et dans celles qui ne la sont pas ...: avec la description et les usages des différens microscopes, 2 vol., Paris 1754–1755). – B: DSB (K.-R. BIERMANN). Kö/Sch

Johannes Buridanus [Buridan, Jean] (spätestens 1304/1305–1358/1360); aus Béthune (Picardie, Frankr.); vor 1328 Beginn d. Lehrtätigk., 1327–1328 u. 1340 Rektor Univ. Paris. Bereitete die „Impetustheorie" d. 17. Jh. vor, formulierte Ideen zu einem physikal. Kraftbegriff; in d. Moralphilos. ist er Wegbereiter u. Initiator der bis zu KANTS Erkenntniskritik führenden Entwicklung. – B: DSB (E. A. MOODY); LexMA (G. KRIEGER). Sch

Johannes Hispanus (12. Jh.); konvertierter Jude, dessen ursprüngl. Name nur in d. verunstalteten Form **Avendeut (Avendar, Aven Daud, Avendauth, Avendaeth, Ibn Dāwūd)** bekannt ist; vor 1140 in Toledo Verf. v. eigenen Schr., zw. 1140 u. 1186 unter d. Patronat von Erzbischof RAIMUNDUS (1124–1152) u. seinen Nachf. JOHANNES (1152–1167) u. CEREBRUNUS (1167–1180) zus. mit Domingo GUNDISALVO als Übers. einer bedeut. Zahl griech.-arab. Werke (der Arithm., Astron.-Astrol., Med., Naturphilos.), die eine der Grundlagen der späteren europ. mittelalterl. scholast.

W. Johannsen

A. L. de Jussieu

Wiss. wurden; seit ca. 1194 Archidiakon von Cuéllars (Span.). Seine Übersetzungstechnik – *verbum ad verbum* – wurde später durch Gerardo DE CREMONA fortgesetzt. Nicht identisch mit JOHANNES VON SEVILLA. – B: LexMA (H. R. SINGER). LGB/Sch

Johannes Scot(t)us Eriugena (ca. 810–nach 877); Theologe aus Irland; übers. um 827 den DIONYSIUS AREOPAGITA; ca. 845 Lehrer der *artes liberales* in d. Umgebung von KARL DEM KAHLEN in Paris, wo er bis 877 blieb; vermutl. Lehrer an d. Kathedral-Sch. zu Paris. Leitete den mittelalterl. Universalienstreit ein, vertrat neuplaton. Anschauungen eines Begriffsrealismus sowie Pantheismus. – Lit.: Textausg.: De divisione naturae (vor 866), hrsg. von H. J. FLOSS, in: MPL 122: 439–1022, Paris 1852; dt. Ausg.: Ludwig NOACK, Über die Eintheilung der Natur ..., Berlin 1870 u. 1874 (Philosoph. Bibliothek, 40). – B: GALLING; Repertorium; LexMA (G. SCHRIMPF); NOACK 1877; CAPPUYNS 1933. Ja/Sch

Johannitius s. Ḥunain ibn Isḥāq al-ᶜIbādī

Johannsen, Wilhelm (1857–1927); aus Kopenhagen; 1872–1879 Apothekerlehre; 1881–1887 Ass. am Carlsberg-Labor., dann Stud.aufenth. für Pflanzenphysiol. in Zürich, Darmstadt u. Tübingen; 1892 Doz., 1903 Prof. für Bot. am Agric. Coll., ab 1905 Prof. für Bot. Univ. in Kopenhagen, wo er starb. Führte Züchtungs- u. Kreuzungsexperimente mit *Phaseolus vulgaris* durch u. konnte vier „reine Linien" aus seinem Material isolieren, worauf er seine Theorie über Populationen u. *Reine Linien* gründete; maßgebl. an der Begr. der Genetik nach 1900 u. an ihren theoret. Grundlagen sowie ihrer Terminologie beteiligt. – Lit.: Ueber Erblichkeit in Populationen und in Reinen Linien, Jena 1903; Does hybridization increase fluctuating variability?, in: Report 3rd Int. Conf. Genetics, London 1907: 98–113; Elemente der exakten Erblichkeitslehre, Jena 1902 (²1913, ³1926); The genotype conception of heredity, in: Am. Naturalist 45 (1911): 129–259; Die Vererbungslehre bei Aristoteles und Hippokrates im Lichte heutiger Forschung, in: Naturwiss. 5 (1917): 389–397; Hundert Jahre Vererbungsforschung, in: Verh. Ges. Dt. Naturfo. u. Ärzte 87 (1923): 70–104; s. a. Lit. zu Kap. 18. – B: DSB (L. C. DUNN). – P. Ja

Johnston, Earl Steinford (1889–1947); aus Quarryville (Pennsylvania, USA); stud. am Dickinson Coll. (PhB 1913, MA 1914); danach Instr. für Wiss. an d. Pennington Sch., dann Ass. im Labor. von B. E. LIVINGSTON Johns Hopkins Univ. Baltimore (PhD 1917); 1917 Assoc. für Pflanzenphysiol. in d. *Maryland Agric. Experim. Sta.*; ab 1926 Assoc. Prof. für Pflanzenphysiol. Univ. of Maryland in Adelphi; dazw. 1926–1927 Stud.aufenth. im Labor. bei D. R. HOAGLAND in Calif.; 1929 beratender Pflanzenphysiologe, 1931 „Full time member", 1933 Ass. Dir., später Dir. d. Div. of Radiation and Organisms der *Smithsonian Inst.* Washington/D.C.; starb in College Heights (Maryland). 1944–1946 Sekr. u. Vize-Präs. der *American Soc. of Plant Physiologists.* – Lit.: Phototropic sensitivity in relation to wavelength, in: Smithson. Misc. Collect. 92 (1934)11: 1–17. – B: BDB Hunt; Obit. 1948 Höx/Sch

Jollos, Viktor (1887–1941); aus Odessa; 1910 Dr. phil. Univ. München; 1921 Pd. Univ. Berlin; 1926–1929 o. Prof. in Kairo; 1930–1933 ao. Prof. Univ. Berlin; 1934 Gastprof. Univ. in Wisconsin (USA), wo er starb. – Lit.: Genetik und Evolutionsproblem, Leipzig 1931; s. a. Lit. zu Kap. 18. – B: KÜRSCHNER 1935, 1950; Chronik KWU.   Hth

Jordan, Alexis (1814–1897); aus Lyon (Frankr.); 1836–1846 priv. bot. Stud., bereiste den Süden Frankr.'s, Korsika u. Ital. zu florist. Stud., legte bedeut. Privatherbarium an; widmete der Variabilität d. Pflanzen große Aufmerksamkeit u. revidierte LINNÉS Artbegriff; legte nach 1850 großen Versuchsgarten zur Klärung des Problems der Varietäten an; starb in Lyon. – Lit.: Observations sur plusieurs plantes nouvelles rares ou critiques de la France, 7 Bde., Paris 1846–1849; Pugillus plantarum novarum praesertim gallicarum, Paris 1852; (mit J. FOURREAU) Icones ad floram Europae novo fundamento instaurandam spectantes, 3 Bde., Paris 1866–1903; Mémoire sur le fait de l'existence en société, à l'état levage, des espèce, in: C. R. Assoc. franc. Avancement des Sci. 2 (1873): 488–505. – DSB (J. DIEUDONNÉ).   Ja

Jordan, Heinrich Ernst Karl (1861–1959); aus Almstedt bei Hildesheim; stud. Biol. Univ. Göttingen (Dr. phil. 1885 bei E. EHLERS, Staatsexamen 1886); 1887–1892 Biologielehrer Forstakad. Münden, wo er auch intensiv entomolog. arbeitete; 1892 Lehrer für Naturgesch. Landw.-Sch. Hildesheim; 1893–1939 Kurator der entomol. Slgn. des zool. Privatmus. von W. ROTHSCHILD in Tring bei London, 1930–1939 auch dessen Dir.; starb in Hemel bei Hempstead (Engl.). Maßgebl. an d. Entw. der int. zool. Nomenklaturregeln beteiligt, gründete 1910 Int. Kongreß für Entomologie u. war bis 1948 dessen Sekr. sowie Ehrenpräs.; bis 1950 Mitgl. der Int. Komm. für Zool. Nomenklatur, davon 19 Jahre als Präs.; 1929–1930 Präs. *Roy. Entomol. Soc.* London. – Lit.: s. Lit. zu Kap. 18. – B: DNB (N. D. RILEY); DSB/Suppl. II (E. MAYR); WAGENITZ 1988; RILEY 1960.   Ja/Sch

Jordan, Hermann Jacques (1877–1944); aus Paris; 1896 stud. Zool. Univ. Würzburg (bei BOVERI u. J. SACHS), dann in Bonn Physiol. (bei PFLÜGER), Histol. (bei SCHIEFFERDECKER), Bot. (bei STRASBURGER) u. Zool. (bei LUDWIG, Dr. phil. 1901); 1898–1900 Ass. Zool. Sta. in Neapel; 1901 Ass. Univ. Jena (bei BIEDERMANN), dann Biol. Sta. Helgoland, dann Leipzig (bei CHUN); 1902 Ass., 1904 Pd. für Vergl. Physiol Philos. Fak. (Concilium Bibliographicum) Univ. Zürich; 1907 Ass. für Zool. Univ. Tübingen (bei BLOCHMANN), dann Pd., 1911 Tit. Prof.; 1915 ao. Prof., 1919 o. Prof. für Vergl. Physiol. Zool. Inst. in Utrecht, wo er starb. – Lit.: (mit G. C. HIRSCH) Übungen aus der Vergleichenden Physiologie, Berlin 1927. – B: Ärzte II; ALH MM 4002 (W bis 1941).   Sch

Juan Hispano s. Johannes Hispanus

Juárez, Gaspar (1731–1804); aus Santiago del Estero (Argentinien); Jesuit (seit 1748) u. Prof. für Humaniora Univ. Córdoba (Argent.); ging nach d. Vertrei-

bung d. Jesuiten 1768 nach Ital., zunächst nach Faenza, ab 1773 nach Rom, wo er starb. Gründete zus. mit Filippo GILIJ den *Orto Vaticano Indico*, wo er amerikan. Pflanzen untersuchte u. nach den Systemen von TOURNEFORT u. LINNÉ beschrieb; beteiligte sich an Diskussionen der span. Botaniker Ende d. 18. Jh. – Lit.: Osservazioni fitologiche sopra alcune plante esotiche introdotte in Roma, Roma 1789 (Nachdr. in: G. FURLONG, Gaspar Juárez ... y sus „Noticias Fitológicas", Buenos Aires 1954: 79–131). – B: DhCmE (T. F. Glick).   LGB/Sch

Julius Atticus s. Iulius Atticus

Julius Graecinus s. Iulius Graecinus

Jungius [Jung], Joachim (1587–1657); aus Lübeck; 1606 stud. Philos. Univ. Rostock, 1608 Gießen (MA 1609); 1609–1614 Prof. der Math. Univ. Gießen; nach Rückkehr 1615 nach Lübeck ab 1616 stud. Med. Univ. Rostock u. Padua (Dr. med. 1619); 1619–1623 u. 1625 med.-prakt. Tätig. in Braunschweig u. Wolfenbüttel; Gründer d. *Societas ereunetica* (1622–1625); 1624/1625 Prof. für Math. Univ. Rostock; Ende 1625 Prof. für Med. Univ. Helmstedt; dann 1626–1628 erneut Prof. für Math. Univ. Rostock; ab 1629 Rektor u. Prof. der Naturlehre am Akad. Gymnasium, gleichz. bis 1640 auch Rektor am *Johanneum* in Hamburg, wo er starb. Einflußreiche Lehrerpersönlichkeit, befreundet mit COMENIUS u. RATICHIUS, forderte induktive u. experim. Methoden; schuf eine bot. Terminologie u. entwarf Prinzipien der bot. Klassifikation, die jedoch erst durch seine Schüler veröffentlicht wurden. – Lit.: De plantis doxoscopiae (postum), Hamburg 1662; Isagoge phytoscopiaca (postum), Hamburg 1678. – B: NDB (H. KANGRO); WOHLWILL 1888; GREEN 1957; MEINEL 1984.   Ja

Jussieu, Antoine de (1686–1758); aus Lyon, Bruder von Bernard DE J.; 1704 stud. Med. in Montpellier (Dr. med. 1707); zunächst prakt. Arzt in Trevaux; ab 1708 in Paris (Nachf. von TOURNEFORT), wirkte als Prof. für Bot. am Jardin du Roi u. ab 1712 als Mitgl. der AdW zu Paris; 1716 bot. Sammelreise durch Südfrankr., Span. u. Portugal; starb in Paris. – Lit.: Discours sur le progrès de la botanique au jardin royal de Paris, Paris 1718. – B: DSB (F. A. STAFLEU).   Ja

Jussieu, Antoine-Laurent de (1748–1836); aus Lyon; Neffe von Antoine u. Bernard DE J. (Sohn von Christophe DE J., 1685–1758, Apotheker in Lyon); ab 1765 stud. Med. in Paris, auch Bot. bei seinem Onkel Bernard (Dr. med. 1768); danach Verwalter der Hospitäler u. Demonstr. für Bot., ab 1773 Prof. für Bot. am Jardin du Roi; setzte die Bemühungen von Bernard DE J. um ein Natürl. System der Pflanzen fort, das er im Bot. Garten Paris einführte, erweiterte diesen beträchtlich; ab 1777 Mitgl. der AdW, später auch Prof. für Pharmazie an der *Sorbonne* in Paris, wo er starb. – Lit.: Genera plantarum secundum ordines naturales disposita, Paris 1789 (Faks., introd. by F. A. STAFLEU, Weinheim–New York 1964); zahlr. Monographien in den *Ann. du Muséum national d'Hist. nat.* (ab 1802) u. den *Mém. du Muséum d'Hist. nat.* (ab 1815). – B: DSB (F. A. STAFLEU); STEVENS 1994. – P.   Ja

Jussieu, Bernard de (1699–1776); aus Lyon; stud. Med. u. Bot. Univ. Paris; wirkte dann neben seinem älteren Bruder Antoine am Jardin du Roi u. wurde 1758 Aufseher des Königl. Bot. Gartens zu Trianon, wo er durch Gruppierung morpholog. ähnlicher Gattungen ein „natürliches Pflanzensystem" darzustellen versuchte; starb in Trianon. – Lit.: (Hrsg.) J. P. Tournefort: Histoire des plantes qui naissent aux Environs de Paris/sec. éd., revue et augmentée …, Paris 1725. – B: DSB (F. A. STAFLEU).   Ja

Kaavere, Vello (1936–1994); aus Tôrva (Estland); 1954–1959 stud. Geographie Univ. Tartu (Estl.); ab 1975 wiss. Mitarb. Inst. für Zool. u. Bot. der Estn. AdW u. des Karl-Ernst-von-Baer-Mus. Tartu, 1993 dessen Ltr.; starb in Tartu. – Lit.: Die Nachkommen von Karl Ernst von Baer [estn.], Tartu 1990; Karl Ernst von Baer [estn.], Tartu 1992; Bibliographie von und über Karl Ernst von Baer, in: Folia Baeriana IV–VI, Tartu 1983–1993. – B: Mitt. von Erik TAMMIKSAAR, K.-v.-Baer-Mus. Tartu, vom 28. 06. 1994. – P.   Ja

Kallimachos von Kyrene (um 300–nach 245 v. Chr.); größter hellenist. Dichter; zunächst Elementarlehrer in Eleusis bei Alexandria, später von PTOLOMAIOS II. an d. Alexandrinische Bibl. berufen. Der größte Teil seines Werkes ist verlorengegangen. – Lit.: Textausg.: R. PFEIFFER, 2 Bde., Oxford 1949 u. 1953. – B: LAW; HOWALD 1943.   Ha/Sch

Kalm, Pehr (1716–1779); aus Ångermanland (Schweden); 1735 stud. Univ. Åbo (Turku, Finnland), u. a. bei Johan BROWALLIUS u. Carl Fredrik MENNANDER; danach 7 Jahre auf Gut von Baron BIELKE in Löfstad bei Uppsala als Verwalter seiner experim. Pflanzungen; BIELKE führte ihn in seine naturgesch. Bibliothek ein, machte ihn mit LINNÉ bekannt u. schickte ihn auf bot. Exped. nach Südschweden u. Finnland; dazw. stud. Univ. Uppsala (bei LINNÉ); 1747 Prof. für Ökonomie (*professor oeconomiae*) Univ. Åbo; 1748–1751 im Auftrag d. schwed. AdW Fo.reise ins östl. Nordamerika mit Anweisungen von C. VON LINNÉ, sammelte Samen, beschrieb Anbauverhältnisse, naturwiss. Fragen u. Lebensverhältnisse seines Reisegebietes; nach Rückkehr bis zu seinem Tode in Turku (Åbo). – Lit.: En Resa til Norra America, 3 Tom., Stockholm 1753–1761 (dt.: Göttingen 1754–1764; engl. von J. R. FORSTER: London 1770–1771, Nachdr. mit Ergänzungen von A. B. BENSON: New York 1937). – B: DSB (R. GRANIT); HENZE 1993; SKOTTSBERG 1951.   Sch

Kammerer, Paul (1880–1928); aus Wien; 1899 stud. Biol. Univ. Wien (bei B. HATSCHEK, K. GROBBEN u. R. VON WETTSTEIN; Dr. phil. 1904), daneben 1900–1902 auch Musik am Wiener Konservatorium; 1902 Stud.aufenth. Zool. Sta. Triest, dann Fo.- u. Sammelreisen nach Dalmatien, Ital., Ägypten u. Sudan; ab 1902 in d. entstehenden Biol. Versuchsanstalt (ehem. *Vivarium* im Prater) in Wien mit d. Einrichtung von Terrarien u. Aquarien betraut, dann Volontär, später Priv.-Ass. von PRZIBRAM; 1906–1912 Biologielehrer am *Cottage-Lyzeum* in Wien; 1909 *Sömmering*-Preis d. *Senckenberg. naturf. Ges.* Frankfurt a. M.; 1910 Pd. für

Experim. Morphol. d. Tiere Univ. Wien; ab 1913 Adj. der Biol. Versuchsanst. der AdW in Wien, wo er seine Experimente über Vererbung erworbener Eigenschaften anstellte; 1923 i. R.; 1923 Vortragsreisen nach Cambridge/GB, London u. New York, 1924–1925 USA u. Kanada, 1926 nach Moskau, wo er auf eine sog. „Rote Professur" d. „Kommunist. AdW" in Moskau berufen wurde; bevor er diese antrat, starb er in Puschberg am Schneeberg durch Freitod. – Lit.: Adaptation and inheritance in the light of modern experimental investigation, in: Smithsonian report for 1912, Washington 1913: 421–441; Allgemeine Biologie, Stuttgart 1915 (2., verb. Aufl. 1920); Inheritance of acquired characteristics, New York 1924; Neuvererbung oder Vererbung erworbener Eigenschaften, Heilbronn 1925; Der Artenwandel auf Inseln und seine Ursachen, ermittelt durch Vergleich und Versuch an den Eidechsen der Dalmatinischen Eilande, Wien u. Leipzig 1926. – B: ÖBL; PRZIBRAM 1926; KOESTLER 1972; HIRSCHMÜLLER 1991 (W).   Sch

Karl der Große (747–814); ab 768 König d. Franken, 800 röm. Kaiser; siegte 774 gegen d. Langobarden, 778 gegen d. Araber, 783 gegen d. Sachsen (gewaltsame Bekehrung zum Christentum), 791–796 gegen d. Awaren; 800 Kaiserkrönung in Rom; starb in Aachen. Führte in den beherrschten Ländern neue Verwaltung, Gesetze, Ordnungsprinzipien, Bildungszentren ein u. forderte Wiss., Kunst u. Wirtschaft für weltliche Ziele („karolingische Renaissance"). – B: NDB (Th. SCHIEFFER); LexMA (J. FLECKENSTEIN).   Ja

Karlson, Peter (geb. 1918); aus Berlin; 1937–1942 stud. Chemie Univ. Berlin (Dr. rer. nat. 1942 bei A. BUTENANDT); 1942–1954 Ass. am MPI für Biochemie (zunächst in Berlin, dann Tübingen); 1953 Pd. für Physiol. Chemie Univ. Tübingen; 1954 Ass. Physiol.-chem. Inst. Univ. Tübingen; 1956 Stud.aufenth. in Woods Hole u. Harvard Univ. (USA); 1956 Abt.-Ltr. MPI für Biochemie in München; 1958 Stud.aufenth. Meeresbiol. Labor. Plymouth; danach 1958 Doz. u. Konservator Inst. für Physikal. Chemie Univ. München, 1960–1963 kommissar. Dir.; 1964–1987 (em.) o. Prof. u. Dir. Inst. für Physiol. Chemie Univ. Marburg/Lahn. Arbeitete u. a. über Hormone u. Sexuallockstoffe, prägte 1959 den Begriff „Pheromone". – Lit.: (mit BUTENANDT) Über die Isolierung eines Metamorphose-Hormons der Insekten in kristallisierter Form, in: Z. Naturfo. *9 b* (1954): 389–391; 100 Jahre Biochemie im Spiegel von Hoppe-Seyler's Zeitschrift für Physiologische Chemie, in: Z. physiol. Chem. *358* (1977): 717–752; s. a. Lit. zu Kap. 15. – B: ALH (W).   Ja/Sch

Karpečenko, Georgij Dmitrievič (1899–1942); aus Vel'ska (Archangelsk); bis 1922 stud. Biol. Landw. Akad. Moskau; 1925–1941 Ltr. d. Labor. für Genetik des Allunions-Inst. für Pflanzenzucht (bei N. I. VAVILOV); zugl. 1932–1941 Ltr. des Lehrstuhls, 1938 Prof. für Pflanzengenetik Univ. Leningrad; 1940 verhaftet, starb im Gefängnis. – Lit.: Poliploidnye gibridy *Raphanus sativus* L. × *Brassica oleracea* L. (K probleme eksperimental'nogo vidoobrazovanija), in: Trudy po prikladnoj botanike, genetike i selekcii *17* (1927): 305–410 (Nachdr. in: Klassiki sovetskoj genetiki, Leningrad 1968); Izbrannye trudy, Moskva 1971. – B: BSE³ (D. V. Lebedev); Lutkov & Lebedev in Karpečenko 1971 (W); DSB (M. B. Adams).   Sch

Katz, Bernard, Sir (geb. 1911); aus Leipzig; stud. Med. Univ. Leipzig (Dr. med. 1934); 1934 Ass. bei Chaim Weizmann; 1935 Emigr. nach GB, 1935–1939 biophysikal. Fo. Labor. von A. V. Hill Univ. London (PhD 1938); 1939–1945 Arzt u. Carnegie Res. Fell. am Sydney Hosp./Australien (DSc 1942 Univ. London); ab 1946 am Univ. Coll. London, zunächst Ass. Dir. of Res. für Biophysik, 1950 Reader für Physiol., 1952–1978 (em.) Prof. u. Ltr. des Dep. für Biophysik. 1968 Sekr., 1970–1976 Vize-Präs. *Roy. Soc.*; Nobelpr. 1970. – B: BHE; WWNP; IWW 1995–96.   Sch

Kaup, Johann Jakob (1803–1873); aus Darmstadt; 1822 stud. Naturwiss. Univ. Göttingen, 1823 Heidelberg; dann 1823–1825 Mitarb. von C. Temminck im *Rijks Mus. van Natuurlijke Hist.* Leiden; 1825–1826 Reise durch Dänemark u. Norddtl.; 1828 Gehilfe, 1837 im Rang eines Insp., 1840 „Wirklicher" Insp. am Naturalienkabinett in Darmstadt (1831 Dr. phil. Univ. Gießen), 1858 Tit. Prof.; mehrere Reisen nach London u. Paris, 1869 auch nach Irland; starb in Darmstadt. – Lit.: Das Thierreich in seinen Hauptformen, systematisch beschrieben, 3 Bde., Darmstadt 1835–1837; Classification der Säugethiere und Vögel, Darmstadt 1844; Beiträge zur näheren Kenntniss der urweltlichen Säugethiere, Darmstadt 1855–1862. – B: NDB (G. Heldmann); Gebhardt 1964, 1970; Heldmann 1955, 1958; Baege 1984.   Ja/Hth

Kautsky, Hans (1891–1966); aus Wien; stud. Chemie Univ. Berlin (2. Chem. Verbandsexamen 1916); 1919 Ass. bei F. Haber am KWI für Physikal. u. Elektrochemie Berlin-Dahlem (Dr. phil. 1922); 1928 Ass. u. Pd., 1934 ao. Prof. für Chemie Univ. Heidelberg; 1936–1945 ao. Prof. für Chemie Univ. Leipzig; 1946 Lehrauftrag, 1947 Dir. des neugegr. Inst. für Siliciumchemie, 1949–1959 o. Prof. für Anorgan. Chemie Univ. Marburg; zugl. 1949 Lehrauftrag für Anorgan. Chemie Univ. Frankfurt a. M.; starb in Jugoslawien. – Lit.: (mit A. Hirsch) Neue Versuche zur Kohlensäureassimilation, in: Naturwiss. *19* (1931): 964. – B: CPAM 2: 837.   Höx

Keilin, David (1887–1963); aus Moskau; nach Schulbesuch in Warschau 1904 stud. Med. (bei van Beneden) Univ. Liège (Belgien), 1905 Philos., dann Biol. in Paris, bes. am *Labor. d'Évolution des Êtres organisés* (bei M. Caullery, Dr. sci. 1914 *Sorbonne*), arbeitete über parasit. Insekten, bes. Dipteren; ab 1915 am Quick Labor. (Med. Mus.) Univ. Cambridge/GB (bei G. H. F. Nuttall), wo er bes. experim. Stud. über Menschenläuse, parasit. Protozoen u. Nematoden durchführte; wandte sich dann der Zellphysiol. u. Biochemie zu, um d. Atmungsphysiol. parasit. Dipterenlarven zu klären; 1921 Neugründung d. *Molteno Inst.* für Parasitol., 1925 Doz. für Parasitol. Univ. Cambridge, 1931 *Quick* Prof. für Biol. u. Dir. Molteno Inst.; starb in Cambridge (Engl.). – Lit.: Cytochrome and respiratory enzymes, in: Proc. Roy. Soc. *B104* (1929): 206–252; Cytochrome and intracellular oxidase, in: ebda *B106* (1930): 418–444; (mit E. F. Hartree) Cytochrome and actochrome oxidase, in: ebda *B127* (1939): 167–191; (hrsg. von Joan Keilin) The history of cell espiration and cytochrome, Cambridge 1966; s. a. Lit. zu Kap. 15. – B: DSB (J. S. Fruton); T. Mann 1964 (W).   Ja

Kendall, Edward Calvin (1886–1972); aus South Norwalk (Connecticut, USA); stud. Med. Columbia Univ. New York (BS u. MS 1908, Dr. phil. 1910); 1911–1913 im chem.-patholog. Labor. St. Luke's Hosp. New York, 1914 an d. Biochem. Sekt. der Fo.labor. d. Mayo Klinik Rochester (Minnesota), wo er bis zu seinem Ruhestand blieb; gleichz. ab 1921–1951 (em.) Prof. für Physiol. Chemie an d. *Mayo-Stiftung* u. Univ. Minnesota; ab 1952 Gastprof. für Chemie am *James Forestal Res. Center* Univ. in Princeton (New Jersey), wo er starb. – Lit.: The isolation in crystalline form of the compound containing Jodin which occurs in the thyroid, its chemical nature and physiological activity, in: Trans. Assoc. Amer. Physicians *30* (1914): 420–449; s. a. Lit. zu Kap. 15. – B: DSB/Suppl. I (R. E. Kohler); WwWA 5.   Sch

Kendrew, John Cowdery, Sir (1917–1997); aus Oxford (Engl.); stud. Chemie Univ. Cambridge/GB (BA 1939, MA 1943); nach Militärdienst 1947 Res. u. Fell. of Peterhouse Univ. Cambridge (bei W. H. Taylor, PhD 1949, DSc 1962), Zus.arb. mit M. Perutz u. W. L. Bragg; 1953–1974 Stellv. Dir. Labor. für Molekularbiol. des M.R.C. u. Prof. Univ. Cambridge; 1975 Gründer u. bis 1982 Dir. des *European Molecular Biol. Labor.* Heidelberg; lebt in Cambridge (Engl.). 1959 Begr. des *J. of Molecular Biol.*; 1974–1980 Generalsekr., 1982 Vize-Präs., 1983–1988 Präs., 1988–1990 Präs. Em. des *Int. Council of Sci. Unions*; Nobelpr. 1962. – Lit.: s. Kap. 22. – B: NPW (W. J. Hagan); IWW 1995–96; WWNP.   Sch

Kepler, Johannes (1571–1630); aus Weil (Württemberg); Klosterschüler in Adelberg u. Maulbronn, ab 1589 stud. Theol. Univ. Tübingen, wo er Anhänger d. kopernikan. Theorie wurde; 1594 Mathematiklehrer in Graz u. Mathematiker der Landesregierung; 1600 in Prag bei Tycho de Brahe, 1601 dessen Nachf. als Kaiserl. Mathematiker, wo er d. ersten beiden Gesetze über d. elliptischen Umlaufbahnen d. Planeten um d. Sonne veröffentlichte; ab 1612 in Linz, wo er das dritte Planetengesetz entdeckte (1618) u. seine astronom. Tafeln fertigstellte; wurde 1628 in finanzieller Not Astrologe von Wallenstein in Sagan u. starb auf Reise zum Kurfürstentag in Regensburg. – Lit.: Mysterium Cosmographicum, Graz 1596; Astronomica nova, Prag 1609; Harmonices Mundi, Linz l619; Epitome Astronomiae Copernicae, Linz 1618–1621; Die Rudolphinischen Tafeln, Ulm 1627. – B: NDB (M. List); DSB (O. Gingerich).   Ja

Kerner von Marilaun, Anton (1831–1898); aus Mautern (Niederösterr.); 1848–1853 stud. Med. Univ. Wien (Dr. med. 1854); 1855 Lehrer für Naturgesch. Oberrealsch., 1858 Prof. am Josefs-Polytechnikum in Ofen (Ungarn); 1860 o. Prof. für Bot. Univ. Innsbruck; 1878 o. Prof. für Bot. u. Dir. Bot. Garten Univ. in Wien, wo

er starb. Arb. bes. über Ökologie u. Geographie d.
Pflanzen, hielt natürl. Artbastarde für d. Grundlage
von Variabilität u. Entstehung neuer Arten, war An-
hänger DARWINS u. Korrespondent MENDELS. – Lit.:
Das Pflanzenleben der Donauländer, Innsbruck 1863;
Die Abhängigkeit der Pflanzengestalt von Klima und
Boden, Innsbruck 1869; Das Pflanzenleben, 2 Bde.,
Leipzig 1888–1891. – B: NDB (K. MÄGDEFRAU); KRON-
FELD 1908.   Ja

Kielmeyer, Carl Friedrich von (1765–1844); aus Be-
benhausen (Württemberg); ab 1774 stud. Med. *Karls-*
schule Stuttgart (Abschlußprüfung 1786); danach Reisen nach Göttingen sowie Besuch von Museen u.
chem. Labor. in Norddtl.; 1790 Lehrer für Zool. u.
Mit-Kurator der naturhist. Slgn. an d. *Karlsschule*,
1792 auch Ltr. des chem. Unterrichts u. Labor.; nach
Auflösung der Sch. (1794) wiss. Reisen an Ost- u.
Nordseeküste u. anat. Stud. wirbelloser Meerestiere;
1796 Prof. für Chemie Univ. Tübingen, 1801 auch für
Bot., *Materia medica* u. Pharmazie; 1816–1839 Dir. d.
württemberg. Kunst- u. wiss. Slgn. sowie d. Staatsbibliothek; starb in Stuttgart. – Lit.: Über die Verhältnisse der organischen Kräfte untereinander in der Reihe der verschiedenen Organisationen, die Gesetze
und Folgerungen dieser Verhältniße, Rede den
11. Februar 1793 am Geburtstage des regierenden
Herzogs Carl von Wirtemberg …, Tübingen 1793
(Faks. mit Einf. von Kai Torsten KANZ, Marburg
1993); Allgemeine Zoologie oder Physik der organischen Körper, 1806; (hrsg. von F. H. HOLLER &
J. SCHUSTER) Gesammelte Schriften, Berlin 1938. – B:
NDB (G. MAYER); DSB (W. DOLEMAN); BALSS 1930;
KANZ 1994.   Ja

Kieser, Georg Dietrich von (1779–1862); aus Harburg
(Hannover); stud. Med. Univ. Würzburg u. Göttingen
(bei BLUMENBACH, Dr. med. 1804); dann prakt. Arzt in
Winsen a.d. Luhe (Hannover); 1806 nach Northeim,
hier 1807 Stadt- u. Landphysikus, zugl. Brunnenarzt;
1812 ao. Prof. für Allg. u. spez. Pathol. u. Therapie
Univ. Jena, zugl. 1813 Brunnenarzt in Bad Berka; 1814
mit student. Freicorps nach Frankr., 1815 Ltg. d. Kriegs-
spitäler in Lüttich (Liège) u. Versailles, danach Rückkehr nach Jena; 1818 o. Hon. Prof., 1824 o. Prof. für
Med. u. Chirurgie Univ. Jena, ab 1838 auch Univ.-Physi-
kus; gleichz. 1831 Dir. med.-chirurg. u. ophthalmol. Klinik, 1846 Dir. d. Irren-Heil- u. Pflegeanstalt, 1848 Begr.
einer Privat-Heilanstalt für Geisteskranke (*Sophroni-*
sterium) in Jena, wo er starb. Wurde hier begeisterter
Anhänger der OKENSCHEN Naturphilos.; neben seinen
mikroskop. Stud. zur Anat. d. Pflanzen entwickelte er
eine spekulative Zelltheorie; 1858–1862 Präs. d. *Leo-*
poldina. – Lit.: Aphorismen aus der Physiologie der
Pflanzen, Göttingen 1808; Grundzüge der Anatomie
der Pflanzen, Jena 1815; Über die ursprüngliche und eigenthümliche Form der Pflanzenzellen, in: Nova Acta
physico-medica Acad. Caes.-Leop. Nat. Cur. *9* (1818):
57–86. – B: NDB (H. SOHNI); WAGENITZ 1988; KREUTER;
BREDNOW 1970 (W); ALH MM 1068.   Hek/Sch

al-Kilābī, Abū Ziyād (gest. um 820); arab. Philologe.
Sein Werk *Kitāb an-Nawādir* (Buch d. Kuriositäten)
enthält zahlr. Ausführungen über Pflanzen.   Nab

King, Thomas Joseph (1921–2000); aus New York;
1943 BS Fordham Univ., 1947–1950 Fell. Univ. New
York (MS 1949, PhD Physiol. 1953) u. 1947 Instr. für
Physiol. Hunter Coll.; 1950 Res. Fell., 1953 Res. As-
soc., 1956 Assoc. Mem. u. Chairman Dep., 1960 Sen.
Mem. Embryol. Inst. Cancer Res.; 1961 Lect. Univ.
Pennsylvania; 1963 Gastprof. in Marquette; 1964–
1965 Instr. am Marine Biol. Labor. Woods Hole
(Mass.); danach Ltr. Dep. für Embryol. Inst. für
Krebsfo. Philadelphia; ab 1967 in Washington, 1972
Administrator, dann Dir. *Div. of cancer res. resources*
and centers am National Cancer Inst.; zugl. Prof. für
Biol. Univ. Georgetown; seit 1980 Dir. *Kennedy Inst.*
für Ethik Univ. Georgetown. – Lit.: s. Kap. 15. – B:
AMS 1966; HOLDEN 1980.   Hth/Sch

Kircher, Athanasius (1602–1680); aus Geisa (bei Fulda, Röhn); ab 1612 Ausbild. im Jesuitenkoll. Fulda
(1616 Mitgl. des Ordens); 1618 stud. Theol., Philos. u.
Physik am Jesuitenseminar Paderborn, 1622 in Köln;
1623 Lehrer für Griech. Grammatik in Koblenz, 1624
in Heiligenstadt (Eichsfeld), dann Aschaffenburg; ab
Ende 1624 weiteres Theol.-Stud. am Koll. in Mainz
(Priesterweihe 1628); 1629 Prof. für Ethik, Math. u.
Oriental. Sprachen Univ. Würzburg; dann Flucht vor
schwed. Kriegstruppen nach Lyon, von dort Berufung
als Prof. für Math. u. Oriental. Sprachen am Jesuitenkoll. Avignon; 1633 nach Rom, hier um 1638 Prof. für
Math. am *Coll. Romanum* (Jesuitenkoll.), auch mit
Naturfo. beauftragt, gründete Mus. u. chem.-physikal.
Labor. mit mehreren Mitarb.; starb in Rom. Verf. einer Vielzahl von Arbeiten über altägypt. Kultur, China, Math., Physik, Geol. u. Tonlehre; als 1656 in Neapel u. danach in Rom die Pest ausbrach, befaßte er
sich auch damit: beschrieb das Vorkommen von „vermiculi" im Pesteiter (Leukozyten?), bekannte sich damit zur Lehre vom *Contagium animatum*; sein Werk
Scrutinium … pestis … (1658) wurde ein Jahr später v.
d. Leipziger Physiologen Christian LANGE (1619–1662)
erneut ediert u. erschien 1680 in dt. Übers. – Lit.: Ma-
gnes, sive de arte magnetica, Romae 1641 (^{3}1654); Ars
magna lucis et umbrae, Romae 1646 (^{2}Amstelodami
1671); Mundus subterraneus, Amstelodami 1665
(^{3}1678); Scrutinium physico-medicum contagiosae luis,
quae Pestis dicitur …, Romae 1658 (spätere Ausg.:
Lipsiae 1671; erste dt. Ausg. u. d. T.: Natuerliche und
Medicinalische Durchgruendung Der laidigen anstek-
kenden Sucht und so genanten Pestilentz …, Augsburg 1680). – B: NDB (F. KRAFFT); DSB (H. KANGRO).
                                                Ja/Kö

Kitasato, Shibasaburo (1852–1931); aus Kita-no-sato
(Ogunichi, Japan); 1871 stud. Med. Coll. für Med. in
Kumamoto, ab 1874 in Tokio, 1875 stud. am Tokyo
Med. Coll. (Dr. med. 1883); dann Regierungsbeamter
im Zentr. Sanitätsbüro d. Innenministeriums, Fo.ass.
bei Masanori OGATA, der dem Amt ein Labor. für
Bakteriol. angliederte; 1885–1891 bei R. KOCH in Berlin; 1892 Rückkehr nach Japan, zunächst in priv. bakteriol. Labor., 1894 Gründer u. Dir. eines Inst. für
Infektionskrankheiten (1899 d. Innenministerium
unterstellt); 1894 im Auftrag d. japan. Regierung zu
bakteriol. Untersuchungen während d. Pestepidemie
in Hong Kong, 1911 zur Bekämpfung d. Lungenpest

in d. Mandschurei; 1914 Gründung eines priv. bakteriol. Inst. (heute *Kitasato-Univ.*); danach Aufbau d. Med. Fak. u. 1917 Prof. für Med. *Keio*-Univ. in Tokio, wo er starb. 1889 Erstisolierung d. Tetanusbacillus (*Clostridium tetani*); 1894 zus. mit Emil VON BEHRING Begr. d. Serumtherapie; gilt als Begr. d. bakteriol. Fo. in Japan. – Lit.: (mit E. VON BEHRING) Über das Zustandekommen der Diphtherie-Immunität und der Tetanus-Immunität bei Thieren, in: Dt. med. Wo.schr. *16* (1890): 1113–1114; Collected papers, Tokyo 1977; s. a. Lit. zu Kap. 21. – B: DSB (T. FUJINO); W. KÖHLER 1983. Ja/Sch

Klaatsch, Hermann (1863–1916); aus Berlin; stud. Med. u. Zool. Univ. Heidelberg, 1883 meereszool. Stud. über Coelenteraten an d. franz. Mittelmeerküste; 1885 Ass. Anat. Inst. Univ. Berlin (bei W. WALDEYER, Dr. med. 1885); 1888 Ass. Anat. Inst. (bei C. GEGENBAUR), 1890 Pd. für Anat., 1895 ao. Prof. für Anat. des Menschen Univ. Heidelberg; 1894 morphol. Stud. Zool. Sta. Neapel; 1904–1907 Fo.reise nach Neu-Guinea u. Java (1905 Besuch d. *Pithecanthropus*-Fundstellen) u. nach Australien, Zuwendung zu anthropol. Problemen; 1907 ao. Prof. für Anat., Anthropol. u. Ethnogr. Univ. Breslau (Wrocław) u. Kustos d. anat. u. ethnogr. Slgn., 1914 Dir. d. neueröffn. anthropolog.-ethnogr. Mus.; starb in Eisenach. 1908 zus. mit HAUSER fossiler Skelettfund im Vézère-Tal (Le Moustier, Südfrankr.). – B: NDB (G. MAYER). Ja

Klebs, Edwin Theodor Albrecht (1834–1913); aus Königsberg (Kaliningrad), Onkel von Georg A. K.; stud. Med. Univ. Königsberg, Würzburg u. Berlin (Dr. med. 1856 bei R. VIRCHOW); danach prakt. Arzt in Königsberg, dann Pd. für Pathol. Anat.; 1859 Ass. bei W. VON WITTICH Physiol. Inst. Univ. Königsberg, ab 1861 bei VIRCHOW in Berlin; 1866 ao. Prof., 1867 o. Prof. für Pathol. Anat. Univ. Bern; 1872 o. Prof. für Allg. u. patholog. Anat. Univ. Würzburg, 1873 Prag, 1882 Zürich; nach Rücktritt 1893 Arb. in Karlsruhe u. Straßburg; 1894 Ltr. Heilanstalt u. Labor. für bakterielle Heilstoffe in Ashville (North Carolina, USA), später in Alabama; 1896 Prof. am *Rushd Med. Coll.* Chicago; 1900 Rückkehr nach Dtl., prakt. Arzt in Hannover, dann Berlin; 1911 nach Lausanne, 1913 nach Bern, wo er starb. Beschrieb die heute noch gebräuchl. Paraffineinbettungsmethode für histol. Präparate („Einschmelzmethode"); während d. Einsatzes in einem Sanitätszug im Dt.-franz. Krieg (1870/1871) Hinwendung zur Bakteriol., untersuchte die Besiedlung von Schußwunden, hielt alle nachgewiesenen Keime für Entw.formen eines Bakteriums (*Microsporon septicum*); führte die „fraktionierte Kultur" ein u. prägte d. Begriff „Bakterien-Kolonie"; wandte sich gegen die COHNsche Bakteriensystematik u. ließ nur drei Gruppen von Bakterien gelten: Mikrosporinen, Monadinen u. Helicomonaden (die er für Syphiliserreger hielt); sah vermutl. als erster Diphtherie- u. Typhuserreger, ohne den Beweis ihrer Erregernatur führen zu können, hat die sog. KOCHschen Postulate bereits 1877 formuliert. – Lit.: Die Einschmelzungsmethode: ein Beitrag zur mikroskopischen Technik, in: A. mikroskop. Anat. 5 (1869): 164–166; Beiträge zur pathologischen Anatomie der Schußwunden: nach Beobachtungen in den Kriegslazarethen in Carlsruhe 1870 und 1871, Leipzig 1872; Beiträge zur Kenntnis der Micrococcen, in: A. experim. Pathol. Pharmakol. *1* (1873): 32–64; Ueber die Umgestaltung der medicinischen Anschauungen in den letzten drei Jahrzehnten, in: Amtl. Ber. d. 50. Vers. Dt. Naturfo. u. Ärzte, München 1877: 41–55; Der Bacillus des Abdominaltyphus und der typhöse Process, in: A. experim. Pathol. Pharmakol. *13* (1881): 381–460; Ueber Diphtherie, in: Verh. Congr. Innere Med., Wiesbaden 1883: 139–154. – B: NDB (M. STÜRZBECHER); DBE. Kö/Sch

Klebs, Georg Albrecht (1857–1918); aus Neidenburg (ehem. Ostpreußen), Neffe von Edwin Th. A. K.; stud. Philos., Naturwiss. u. Kunstgesch. Univ. Königsberg (Kaliningrad), dann Bot. Univ. Straßburg (bei DE BARY, Dr. phil. 1879); 1879–1881 Ass. bei DE BARY, dann bei J. SACHS Pflanzenphysiol. Inst. Univ. Würzburg u. bis 1886 bei W. PFEFFER in Tübingen; 1883 Pd. für Bot. Univ. Tübingen; 1887 o. Prof. für Bot. Univ. Basel, 1898 Univ. Halle/Saale, 1907 Univ. in Heidelberg (Nachf. von E. PFITZER), wo er starb. Widmete sich bes. der Entw.physiol. der Pflanzen, als deren Begr. er gilt. – Lit.: Die Bedingungen der Fortpflanzung bei einigen Algen und Pilzen, Jena 1896; Willkürliche Entwicklungsänderungen bei Pflanzen, Jena 1903; Über Probleme der Entwicklung, in: Biol. Cbl. *24* (1904): 257–614; Fortpflanzung der Gewächse – Physiologie, in: Handwörterbuch Naturwissenschaften, Bd. 4, Jena 1913: 276–296; Über die Blütenbildung von Sempervivum, in: Flora *11/12* (1918): 128–151. – B: NDB (M. BOPP); DBE; BOPP 1969. Ja

Klein, Jacob Theodor (1685–1759); aus Königsberg (Kaliningrad); 1701 stud. Jura, Gesch. u. Naturwiss. Univ. Königsberg; 1706–1711 Reisen durch Engl., Dtl. u. Österr., 1712 nach Schweden; ab 1713 Ratssekr. d. Stadt Danzig (Gdańsk); dort Aufbau eines Naturalienkabinetts, das 1740 vom Markgrafen von Brandenburg-Kulmbach für Bayreuth erworben wurde u. 1743 zur Univ. Erlangen kam; 1743 zus. mit Joh. Ph. BREYNE Gründung d. naturf. Ges. in Danzig, wo er starb. – B: DSB (P. A. GEROTNES), GEUS 1970. Ja

Kleinenberg, Nicolai Jakob (1842–1897); aus Libau bei Dorpat (Liepaja bei Tartu, Estland); 1861–1866 stud. Physik u. Med. Univ. Dorpat (u. a. 1863–1864 bei M. J. SCHLEIDEN); 1868 stud. Zool., 1869–1871 Ass. bei E. HAECKEL Univ. Jena (Dr. med. 1871); 1872–1875 Zool. Sta. Neapel (bei A. DOHRN); 1875–1878 wiss. Stud. u. Übers. auf Ischia; 1879 o. Prof. für Zool. u. Vergl. Anat. Univ. Messina, 1895–1897 Palermo; starb in Neapel. Führte das Pikrinschwefelsäure-Salzgemisch als Fixierungsmittel für Larvenstadien in d. zool. Labortechnik ein; opponierte gegen die phylogenet. Erklärung der Embryologie. – Lit.: Die Furchung des Eies von Hydra viridis: ein Beitrag zur Kenntnis der Plasmabewegungen, Jena 1871; Hydra, Leipzig 1872. – B: Deutschbalt.Lex; DSB (H. QUERNER); MAYER 1898; USCHMANN 1959: 70–71. Ja/Sch

Kleinschmidt, Konrad Ernst Adolf Otto (1870–1954); aus Kornsand bei Geinsheim (Hessen); 1891–1895 stud. Theol., Nebenstud. Philos. u. Zool., Univ. Marburg u. Berlin (Theol. Abschluß in Marburg u. Kassel); 1895–1897 Ass. am Privat-Mus. bei Graf Hans VON BERLEPSCH, dazw. 1896 auch Durchsicht der Slg. von C. L. BREHM in Renthendorf; ab 1899 ev. Pfarrer in Volkmaritz, 1910 in Dederstedt u. Pedersleben (Kr. Halle/Saale), ab 1927–1953 (i. R.) Aufbau u. Ltg. d. „Kirchl. Fo.heims für Weltanschauungskunde" in Wittenberg, wo er starb. Außerdem priv. ornitholog. u. entomolog. Slgn.; machte zahlr. fundamentale Beobachtungen zur Variabilität u. zum Artproblem; Stud.reisen nach Bosnien u. Herzegowina (1893) u. Engl. (Tring- u. Londoner Mus.); seit 1905 Hrsg. d. Z. *Berajah* u. *Falco*, 1949 d. *Neuen Brehm-Bücherei*; Dr. med. h. c. 1923 Univ. Halle–Wittenberg. – Lit.: Zur ternären Nomenklatur, in: Ornith. Jb. *8* (1897): 45–103; Über geographische Variabilität und Formenkreise, in: J. Ornithol. *48* (1900): 134–139; Anfang und Ende, Leipzig 1908 (*Berajah*); Falco Peregrinus, Leipzig 1912 (*Berajah*); Homo sapiens, Leipzig 1922–1928 (*Berajah*); Die Formenkreislehre und das Weltwerden des Lebens, Halle 1926; Der Urmensch, Leipzig 1931. – B: GEBHARDT 1964, 1970; ECK 1970; GENSICHEN 1978; ALH MM 3639.   Sch

Kluyver, Albert Jan (1888–1956); aus Breda (Niederl.); 1905 stud. Chem. TU Delft (Chemie-Ing. 1910), Schüler von M. W. BEIJERINCK; dann Ass. bei G. VAN ITERSON Techn. Bot. Labor. Univ. Delft; 1916–1922 Ratgeber der Regierung von Niederländ.-Indien zur Förderung der einheim. Industrie; 1922–1956 Prof. für Allg. u. Angewandte Mikrobiol. TU in Delft, wo er starb. – Lit.: Microbiologie en Industrie, Delft 1922; Die Einheit in der Biochemie, in: Chemie d. Zelle u. Gewebe *13* (1926): 134–190; Eenheid en Verscheidenheid in der Stofwisseling der Microben, in: Chem. Weekbl. *21* (1924): 266–277; The chemical activities of micro-organisms, London 1931; (mit C. B. VAN NEEL) Prospects for a natural system of classification of bacteria, in: Zbl. Bakt., Abt. II, *94* (1936): 364–403. – B: DSB (P. SMIT). – P.   Ja

Kniep, Hans (1881–1930); aus Jena; stud. Med. Univ. Kiel, dann Bot. in Jena (bei E. STAHL, Dr. phil. 1904); 1905 Ass. bei PFEFFER Univ. Leipzig; 1907 Pd. Univ. Freiburg i. Br.; 1911 ao. Prof. für Bot. Univ. Straßburg; 1914 o. Prof. für Bot. Univ. Würzburg; 1924 Lehrstuhl für Bot. (Nachf. von HABERLANDT) Univ. Berlin, wo er starb. Arbeitete vorw. pflanzenphysiolog. über Chemotaxis, Photosynhese u. Ernährung von Meerespflanzen u. über Sexualität niederer Pflanzen; ab 1916 Red. der *Z. für Botanik*. – Lit.: (mit F. MINDER) Über den Einfluß verschiedenfarbigen Lichtes auf die Kohlensäureassimilation, in: Z. Bot. *1* (1909): 619–650; Über die konjugierten Teilungen und die phylogenetische Bedeutung der Schnallenbildungen (Beitr. zur Kenntnis d. Hymenomyceten, 3), in: ebda *7* (1915): 369–398; Über morphologische und physiologische Geschlechtsdifferenzierung, in: Verh. physikal.-med. Ges. Würzburg *46* (1920): 1–18; Die Sexualität der niederen Pflanzen, Jena 1928. – B: NDB (K. MÄGDEFRAU); HARDER 1931. – P.   Ja

Knight, Thomas Andrew (1759–1838); aus Ludlow (Herefordshire, Engl.); priv. Stud. über Pflanzenzüchtung (graduiert am Balliol Coll. Oxford); ab 1795 Verbindung mit d. Botaniker J. BANKS, 1799–1823 Durchführung von Erbsenkreuzungen; starb in London. 1811–1838 Präs. der *Horticultural Soc. of London*; strebte Verbesserung d. Erträge bei Kulturpflanzen u. Haustieren durch Anwendung wiss. Prinzipien an. – Lit.: An account of some experiments in the fecundation of vegetables, in: Philos. Trans. Roy. Soc. London *89* (1799): 195–204; Some remarks on the supposed influence on the pollen, in cross-breeding, upon the color of the seed-coats of plants, and the qualities of their fruits, in: Trans. Hort. Soc. London *5* (1823): 377–380. – B: DSB (D. M. SIMPKINS); MYLECHREEST 1988.   Ja

Knöll, Hans (1913–1978); aus Wiesbaden; 1931–1936 stud. Med., bes. Bakteriol., Univ. Frankfurt a. M. (u. a. bei Raphael Eduard LIESEGANG [1869–1947] u. Emil KÜSTER, Dr. med. 1935); dann als Ass. bei KÜSTER Arbeiten über Tuberkulin u. im Kolloidchem. Inst. Frankfurt a. M. (bei LIESEGANG) 1937/1938 Entw. eines noch heute genutzten Verfahrens zur Prüfung von Bakterien-Ganzglasfiltern (die bei *Schott* in Jena seit 1935 hergestellt wurden); 1938–1944 Aufbau u. Ltg. Bakteriolog. Labor. im Glaswerk *Schott & Gen. Jena* zur Herstellung u. Prüfung d. Bakterienfilter u. Entw. von Glasgeräten für Mikrobiol.; gleichz. ab 1942 Herstellung von Penicillin u. Beginn d. Penicillinfo., 1944

V. Kaavere

A. J. Kluyver

H. Kniep 1928

R. Koch um 1900

Gründung u. Ltg. Inst. für Mikrobiol. (*MIBIO*, Schott-Zeiss-Inst.); 1946 Einrichtung eines pharmazeut. Labor. im *MIBIO*, hier Aufbau der Pharmaka-Großproduktion, ab 1947 *Jenapharm*, 1950–1953 dessen Dir.; 1953 Gründung u. bis 1976 Dir. Inst. für Mikrobiol. u. experim. Therapie (*IMET*, mit BCG-Inst.); starb in Stralsund. Konnte die 1937 von Piekarski entdeckten Chromatinkörperchen bei Bakterien (Chromosomenäquivalente) mit der damals neu entw. Phasenkontrastmikroskopie am lebenden Objekt nachweisen. – Lit.: Über Bakterienfiltration, in: Erg. Hyg., Mikrobiol. Immun.-forsch. *24* (1941): 266–364; Zur Anwendung der Phasenkontrastmikroskopie in der Bakteriologie, in: Zeiss-Nachr. *5* (1944): 38; Versuche zur Gewinnung und Wertstoffbestimmung antibakterieller Pilzwirkstoffe, in: Dt. Gesundheitswesen *1* (1946): 161–167. – B: DBE; Mitt. von Horst Heinecke Jena von Dez. 1996.   Kö/Sch

Knop, Wilhelm (1817–1901); aus Altenau am Harz; stud. Nat. Univ. Göttingen (Dr. phil. 1841); 1841–1843 Ass. bei Wöhler, 1844 in Heidelberg (bei Leopold Gmelin, 1788–1853), 1845–1847 Leipzig (bei Erdmann); 1847–1856 Lehrer a. d. Handelslehranstalt Leipzig u. Dir. Landw. Versuchsanstalt Möckern; 1853 Habil. für Chemie Univ. Leipzig; 1861 Prof., 1880–1887 o. Hon. Prof. für Landw. Chemie Univ. in Leipzig, wo er starb. Bearbeitete mit J. Sachs d. Methode der künstl. Nährlösungen. – Lit.: Handbuch der chemischen Methoden, Leipzig 1859; Quantitativ analytische Arbeiten über den Ernährungsprozeß der Pflanzen, in: Landw. Versuchs-Stationen 5 (1863): 94–109, 7 (1865): 93–107; Der Kreislauf des Stoffs: Lehrbuch der Agricultur-Chemie, Leipzig 1868. – B: NDB (H. Walter).   Ja

Koch, Robert (1843–1910); aus Clausthal; stud. Math. u. Naturwiss. Univ. Göttingen, dann Med. (bes. bei J. Henle); 1866 Ass.arzt Allg. Krankenhaus Hamburg (Staatsexamen, Dr. med. 1868 Univ. Göttingen); ab 1872 prakt. Arzt in Wollstein bei Posen (Poznań, Polen), wo er den Milzbrandbacillus entdeckte; 1876 bei F. Cohn in Breslau (Wrocław), in dessen *Beitr. zur Biol. d. Pflanzen* seine ersten Mikrophotographien v. Bakterien veröffentlicht wurden; 1880 Regierungsrat im Reichsgesundheitsamt Berlin, 1885 Prof. für Hygiene Univ. Berlin, 1891–1904 Dir. d. neugegr. Inst. für Infektionskrankheiten; mehrere Auslandsexped. zur Bekämpfung von Infektionskrankheiten (1883–1884 Ägypten u. Indien, 1896 Südafrika, 1897 Indien, 1898–1899 Italien, Niederländ. Indien u. Neu-Guinea, 1906–1907 Ostafrika); entdeckte 1882 Tuberkelbacillus, 1884 Cholera-Erreger; starb in Baden-Baden. Nobelpr. 1905. – Lit.: Die Aetiologie der Milzbrandkrankheit, begründet auf Entwicklungsgeschichte des Bacillus Anthracis, in: Beitr. Biol. Pflanzen *2* (1876): 277–310; Verfahren zur Untersuchung, zum Conservieren und Photographieren der Bacterien, in: ebda *2* (1877): 399–434; Zur Untersuchung von pathogenen Organismen, in: Mitt. a. d. kaiserl. Gesundheitsamte *1* (1881): 1–48; Die Aetiologie der Tuberkulose, in: Berl. klin. Wo.schr. *19* (1882): 221–230; Die Aetiologie der Tuberkulose, in: Mitt. a. d. kaiserl. Gesundheitsamte *2* (1884): 1–88; Conferenz zur Erörterung der Cholerafrage, in: Berl. klin. Wo.schr. *21* (1884): 478–483; s. a. Lit. zu Kap. 21. – B: DSB (C. E. Dolman); Bochalli 1954; Kathe 1961; Ignatius 1965; Steinbrück & Thom 1982. – P.   Ja

Köckemann, Alfons (geb. 1909); aus Soest (Westfalen); 1927 stud. Naturwiss., bes. Bot., Univ. Freiburg i. Br. (bei F. Oltmanns), 1928 in Jena (bei O. Renner u. L. Brauner, Dr. rer. nat. 1932); 1934 am Bot. Inst. Univ. Freiburg i. Br., 1936 in Bochum-Gerthe (?). – Lit.: Über eine keimungshemmende Substanz aus fleischigen Früchten, in: Ber. Dt. Bot. Ges. *52* (1934): 523–526. – B: Vita in Diss. 1932; Weevers 1949.   Höx

Kögl, Fritz (1897–1959); aus München; stud. Chemie TH München (bei H. Wieland, Dr. Ing. 1921); 1920 Ass. bei H. Wieland, 1921–1926 bei Hans Fischer TH München; 1925 Pd. für Organ. Chemie TH München, 1926 Univ. Göttingen; 1930 o. Prof. für Organ. Chemie u. Biochemie Univ. in Utrecht, wo er starb. – Lit.: (mit A. J. Haagen-Smit) Über die Chemie des Wuchsstoffs, in: Proc. Kon. Ned. Akad. Wet. *34* (1931): 1411–1416; Die Chemie des Auxins und sein Vorkommen im Pflanzen- und Tierreich, in: Naturwiss. *21* (1933): 17–21; (mit H. Erxleben & A. J. Haagen-Smit) Über die Isolierung der Auxine a und b aus pflanzlichen Materialien, in: Z. Physiol. Chem. *225* (1934): 215–229; (mit D. G. F. R. Kostermans) Heteroauxin als Stoffwechselprodukt niederer pflanzlicher Organismen: Isolierung aus Hefe, in: ebda *228* (1934): 113–121. – B: WiD 1956. – P.   Höx

Köhler [Koehler], Otto (1889–1974); aus Insterburg (Černjachovsk bei Kaliningrad, Rußl.); 1907 stud. Gesch., Math. u. Zool. Univ. Freiburg i. Br. (u. a. bei A. Weismann), 1908 Univ. München (Zool. u. Dr. rer. nat. 1911 bei R. Hertwig), beeinflußt auch von R. Goldschmidt, F. Doflein u. K. von Frisch; 1912 Ass. von F. Doflein Univ. Freiburg i. Br. (zus. mit W. Schleip u. A. Kühn); gleichz. 1912/1913 zus. mit Th. Boveri u. F. Baltzer Arb. über Seeigel bei Reinhard Dohrn Zool. Sta. Neapel; 1913–1916 zweiter Ass. von R. Hertwig Univ. München; 1916 Arb. in einem Seuchenlabor in Straßburg (bei A. Kühn); 1919 zweiter Ass. von F. Doflein Zool. Inst., 1920 Habil. für Zool. u. Vergl. Anat. u. Physiol. Univ. Breslau

F. Kögl

A. von Koelliker

(Wrocław); 1921 Pd., 1923 ao. Prof. u. Konservator am Zool. Inst. München; ab 1925 o. Prof. für Zool. u. Dir. Zool. Inst u. Mus. Univ. Königsberg (Kaliningrad), wo er von sinnesphysiolog. Arb. zur Tierphysiol. kam u. d. Reizphysiol. mit d. Verhaltensfo. verband; 1946–1960 (em.) o. Prof. für Zool. u. Dir. Zool. Inst. Univ. in Freiburg i. Br., wo er starb. 1937 zus. mit KRONACHER u. K. LORENZ Begr. d. *Z. für Tierphysiologie.* – Lit.: Beiträge zur Sinnesphysiologie der Planarien, in: Schr. Physikal. ökonom. Ges. Königsberg *65* (1926): 148; Untersuchungsmethoden der allgemeinen Reizphysiologie und der Verhaltensforschung an Tieren, in: Methodik der wissenschaftlichen Biologie, hrsg. von T. PÉTERFI, Bd. 2, Berlin 1928: 846–925; Beiträge zur Sinnesphysiologie der Süßwasserplanarien, in: Z. Vergl. Physiol. *16* (1932): 606–756; (mit Annemarie KOEHLER) Brütende Sandregenpfeifer, in: Natur u. Volk (1935) 1: 27–32; Das Ganzheitsproblem in der Biologie, in: Schr. Königsberger Gelehrten Ges. *9* (1933): 139–204; Die Aufgabe der Tierpsychologie, in: ebda *18* (1943): 79–113. – B: HASSENSTEIN 1974; eigenhänd. Vita im ALH. Ja

Köhler, Wolfgang (1887–1967); aus Reval (Talinn, Estland); 1905 stud. Philos., Gesch. u. Naturwiss. Univ. Tübingen, 1906 Bonn (Experimentalpsychol. bei Benno ERDMANN), 1907–1909 stud. Psychol. u. Physiol. Univ. Berlin (u. a. bei A. RIEHL, M. PLANCK u. W. NERNST; Dr. phil. 1909 bei Karl STUMPF); 1910–1913 Ass. Psychol. Inst. Akad. für Sozial- u. Handelswiss. Frankfurt a. M., 1911 Pd. für Psychol, Systemat. Philos. u. Philos. d. Gesch.; 1914–1920 Ltr. der Anthropoiden-Sta. d. Preuß. AdW auf Teneriffa; 1920–1921 Lehrauftrag für Psychol., dann auch Dir. Psychol. Inst. Univ. Berlin; 1921–1922 o. Prof. für Experim. Psychol. u. Philos. u. Dir. Psychol. Inst. (Nachf. von G. E. MÜLLER) Univ. Göttingen; 1922–1935 o. Prof. für Psychol. u. Dir. (bis 1934) Psychol. Inst. Univ. Berlin; in dieser Zeit Vortragsreisen nach Span. u. Südamerika sowie Gastprofessuren in d. USA; 1935 Emigr. in d. USA, 1935 Prof. für Psychol., 1946–1955 Res. Prof. für Psychol. u. Philos., 1958 Em. *Dep. of Psychol. and Educ., Edward Martin Biol. Labor.*, Swarthmore Coll. (Pennsylvania, USA); ab 1950 Gastvorlesungen, 1957–1967 Hon. Prof. FU Berlin; starb in Enfield (New Hampshire, USA). – Lit.: Die physischen Gestalten in Ruhe und im stationären Zustand, Braunschweig 1920 (Neuausg. Erlangen 1924); The Mentality of Apes, New York 1925; Gestalt psychology, New York 1929; Psychologische Probleme, Berlin 1929; The Task of Gestalt Psychology, New York 1969; (hrsg. von Mary HENLE) The Selected Papers of Wolfgang Köhler, New York 1971. – B: DSB (R. W. BURKHARDT jr.); ASEN; BDPsych; JAEGER 1987. Sch

Koelliker [Kölliker], Rudolf Albert von (1817–1905); aus Zürich; stud. Med., Bot. u. Zool. Univ. Zürich, 1839 Univ. Bonn u. Berlin, ab 1840 (mit R. REMAK u. C. NAEGELI) meeresbiol. Stud. auf Föhr u. Helgoland, dann in Neapel u. Messina (Dr. med. 1842 Univ. Heidelberg); 1842 Prosektor Anat. Inst. (bei J. HENLE) u. 1844 Prof. für Physiol. u. Vergl. Anat. Univ. Zürich; 1847 o. Prof. für Physiol. u. Vergl. Anat. Univ. Würzburg, wo er starb. Erkannte bei entw.gesch. Stud.

1841 die Rolle der Spermatozoen als Geschlechtsprodukte, beobachtete 1844 d. Zellteilung des Eies (bei Cephalopoden) u. die Bedeutung des Kernes in der Embryogenese. – Lit.: Beiträge zur Kenntnis der Geschlechtsverhältnisse und der Samenflüssigkeit wirbelloser Thiere, nebst einem Versuche über das Wesen und die Bedeutung der sogenannten Samenthiere, Berlin 1841; Entwicklungsgeschichte der Cephalopoden, Zürich 1843; Zur Anatomie und Physiologie der Retina, in: Verh. d. Physik.-Med. Ges. Würzburg *3* (1852): 316–336; Über die Darwin'sche Schöpfungstheorie in: Z. wiss. Zool. *14* (1864): 174–186; Morphologie und Entwicklungsgeschichte des Pennatulidenstammes nebst allgemeinen Betrachtungen zur Descendenzlehre, Frankfurt a. M. 1872; Die Bedeutung der Zellkerne für die Vorgänge der Vererbung, in: Z. wiss. Zool. *42* (1885): 1–46; Der jetzige Stand der morphologischen Disciplinen mit Bezug auf allgemeine Fragen, Jena 1887; s. a. Lit. zu Kap. 15. – B: DSB (E. HINTZSCHE); Autobiogr. 1899; EHLERS 1906 (W). – P. Ja

Koelreuter, Joseph Gottlieb (1733–1806); aus Sulz (a. Neckar); ab 1748 stud. Med. u. Bot. Univ. Tübingen u. Straßburg (Dr. med. 1755 Tübingen); 1756–1761 Mitarb. der AdW St. Petersburg, wo er 1759 mit bot. Experimenten über die Befruchtung begann; 1761 zurück nach Dtl. (Berlin, Leipzig, Sulz, dann Calw/Württemberg); 1763 Dir. d. fürstl. Bot. Gärten u. Prof. für Naturgesch. in Karlsruhe, wo er starb. Hier Weiterführung d. Kreuzungsversuche im Privatgarten: erstmalig planmäßige Befruchtungs- u. Bastardierungsversuche, bewies die Sexualität d. Pflanzen u. d. Rolle der Insekten bei der Befruchtung. – Lit.: De insectis coleopteris, nec non de plantis quibusdam rarioribus, Tübingen 1755; Vorläufige Nachricht von einigen das Geschlecht der Pflanzen betreffenden Versuchen und Beobachtungen, Leipzig 1761–1766 (Nachdr.: OSTWALD's Klassiker 41, Leipzig 1893); Das entdeckte Geheimniss der Cryptogamie, Karlsruhe 1777. – B: DSB (R. OLBY); BEHRENS 1896; OLBY 1966. Ja

Koenig, Otto (1914–1992); aus Wien; zunächst Besuch d. Graphischen Lehr- u. Versuchsanstalt Wien im Fach Photographie; 1932–1939 Stud. d. Vogelwelt des Neusiedler Sees; 1945 Gründung u. bis 1984 Ltg. d. Biolog. Sta. Wilhelminenberg (seit 1967 Inst. für Verhaltensfo. d. österr. AdW); starb in Klosterneuburg (Niederösterr.). – Lit.: Kultur und Verhaltensforschung, München 1970. – B: DBE. Sch

Kofoid, Charles Atwood (1865–1947); aus Granville (Illinois, USA); stud. Biol. Univ. Oberlin (Bacc. 1890) u. Harvard Univ. Cambridge/GB (Dr. der Zool. 1894); 1894–1895 Doz. für Zool. Univ. Michigan, ab 1895 Dir. Biol. Sta. Univ. Illinois; 1901 Fell., 1910–1936 Dir. Dep. für Zool. Univ. of California in Berkeley (Calif., USA), wo er starb. Führte zahlr. Seereisen durch u. erforschte das Plankton u. das pelagische Leben; widmete sich nach d. *1. Weltkrieg* der Parasitol. u. Protozool.; Mitbegr. Inst. für Ozeanographie in La Jolla (Calif.); 1911–1937 Hrsg. d. *Univ. of Calif. Publications in Zool.*, wo die meisten seiner zool. Arbeiten erschienen. – Lit.: The biological stations of Europe, in: Bull.

US Bureau of Education 1910, Nr. 4; Protozoa in scientific research, New York 1941. – B: DSB (P. C. Mullen). Ja

Kok, Bessel (1918–1979); aus Hardinxveld (Niederl.); stud. Naturwiss., bes. Pflanzenphysiol. u. Biophysik, Univ. Leiden (BS 1938, MS 1941); 1942 Mitarb. von E. C. Wassink im Biophysik-Dep. Univ. Utrecht (Dr. phil. 1948); 1949–1958 Mitarb. im Labor. für Pflanzenphysiol. Univ. Wageningen; dazw. 1951–1952 Res. Fell. *Carnegie Inst.* Washington; 1958–1979 Ltr. Dep. für Biophysik Res. Inst. for Advanced Studies (*Martin Marietta Labs.*) in Baltimore (Maryland, USA), wo er starb. – Lit.: Light induced absorption changes in photosynthetic organisms, in: Acta Bot. Néerl. 6 (1957): 316–336. – B: WwWA 7. Höx

Kol'cov [Koltzoff], Nikolaj Konstantinovič (1872–1940); aus Moskau; bis 1894 stud. Naturwiss. Univ. Moskau (Dipl. 1894); dann Stud.aufenth. bei Flemming in Kiel, Bütschli in Heidelberg sowie an den Zool. Sta. Neapel, Villefranche (1899) u. Roscoff; 1899 Pd., 1901 Mag., ab 1903 Lehrtätigk. an d. *Vysšie ženskie kursy* d. Univ. Moskau, die 1906 d. Verteidigung seiner Diss. wegen revolutionärer Gesinnung verweigerte (Prom. erst 1935); wechselte 1911 mit anderen progressiven Doz. zur unabhängigen Volks-Univ.; 1918–1930 Prof. Univ. Moskau, zugl. 1917–1938 Dir. des von ihm gegr. ersten sowjet. Inst. für Experimentalbiol.; starb in Leningrad (St. Petersburg). – Lit.: Rodoslovyne našich vydvižencev, in: Russk. evgen. ž. 4 (1926), G. 3–4, S. 103–143; Fisiko-chimičeskie osnovy morfologii (avtoref. 1927), in: Ž. eksp. biol., Ser. B, 7 (1928) 1: 3–31 [dt.: Physikalisch-chemische Grundlagen der Morphologie, in: Biol. Zbl. 48 (1928): 345–369]; Über erbliche chemische Bestandteile des Blutes, in: Z. indukt. A.+Vl. 2 (1928), Suppl.: 931–935; Organizacija kletki [Organisation der Zelle, russ.], Moskva – Leningrad 1936; Les molécules héréditaires, Paris 1939 (Actualités scientifique et industrielles, 776). – B: DSB (S. Y. Zalkind); BSE³ (B. L. Astaurov); Astaurov 1941, 1973. Ja/Sch

Kolkwitz, Richard (18/3–1956); aus Berlin; 1891 stud. Naturwiss., bes. Bot., Univ. Berlin (bei A. Engler u. S. Schwendener, Dr. phil. 1895); 1895–1900 Ass. bei L. Kny Univ. Berlin; gleichz. 1898 Pd. für Bot. Univ. u. 1899 Landw. HS Berlin; 1901–1938 Ltr. der Biol. Abt. d. Preuß. Versuchs-u. Prüfungsanstalt für Wasserversorgung u. Abwasserbeseitigung Berlin; zugl. 1903 Tit. Prof. für Bot. Univ. u. 1921–1926 ao. Prof. für Bot. Landw. HS (1926 Dr. med. h. c. Univ. Berlin), 1926–1938 TH Berlin; 1946–1953 Prof. mit Lehrauftrag für Bot., 1951–1953 auch Ltr. Bot. Abt. Veterinärmed. Fak. Humboldt-Univ. Berlin; 1954 Prof. mit Lehrauftrag für Bot. FU in Berlin, wo er starb. – Lit.: (mit M. Marsson) Grundsätze für die biologische Beurtheilung des Wassers nach seiner Flora und Fauna, in: Mitt. Königl. Prüfungsanstalt Wasserversorg. Abwässerbeseit. Berlin, H. 1, 1902; Ökologie der pflanzlichen Saprobien, in: Ber. Dt. Bot. Ges. 26 (1908) 7; Ökologie der tierischen Saprobien, in: Int. Rev. ges. Hydrobiol. u. Hydrogeogr. *II* (1909). – B: Leps & Burmeister 1987. – P. Höx

Koltzoff, Nikolai K. s. Kol'cov, N. K.

Komarov, Vladimir Leont'evič (1869–1945); aus St. Petersburg; bis 1894 stud. Univ. St. Petersburg; hier 1894 Doz., ab 1918 Prof. für Bot.; zugl. seit 1899 am Petersburger Bot. Garten (seit 1931 Bot. Inst. d. AdW UdSSR); Bot. Exped. 1892–1893 nach Mittelasien, 1895–1897 Ferner Osten, Mandschurei u. Korea, 1902 in d. Ostsajan (Mittelsibirien), 1908–1909 auf Kamtschatka, 1913 in d. Gebiet südl. von Ussurijsk (südl. Ferner Osten); starb in Moskau. 1930–1936 Vize-Präs. u. 1936–1945 Präs. AdW UdSSR; grundlegende Fo. zur Flora d. Fernen Ostens, Sibiriens, Chinas u. d. Mongolei; Begr. der 30bändigen *Flora der UdSSR* ab 1934. – B: BSE³ (D. B. Lebedev). Sch

Komenský s. Comenius, Jan Amos

Konrad von Megenberg (1309–1374); aus Mäbenberg bei Abenberg (Mittelfranken); nach 1334 MA Univ. Paris u. Doz. für Philos. im Zisterzienser-Coll. St. Bernhard; 1342–1348 Ltr. d. *Stephan-Sch.* in Wien (später Univ.); ab 1348 als *canonicus u. scholasticus*, 1359–1363 auch Domherr in Regensburg, wo er starb. Trat hier für d. dt. Nationalidee ein u. schrieb populäre naturphilos. Schr. in dt. Sprache; bearb. den *Liber de natura rerum* des Thomas Cantimpratensis (T. von Cantimpré, s. d.) auf dt., das *Buch von den natürlichen Dingen* (*Buch der Natur*) hatte in Spätmittelalter u. früher Neuzeit großen Erfolg. – Lit.: Planctus ecclesiae in Germaniam (1338), bearb. v. R. Scholz in: Monumenta Germaniae historica …, Staatsschr. d. späten Mittelalters, II. 1, Hannover 1977; Das Buch der Natur (um 1350), Originalausg. von F. Pfeiffer, Stuttgart-Aue 1861 (Nachdr. Hildesheim 1962; neuhochdt. von H. Schulz, Greifswald 1897). – B: NDB (S. Krüger); LexMA (G. Steer). Sch

Kopeć, Stefan (1888–1941); aus Warschau (Warszawa); stud. Univ. Kraków (Dr. phil. 1912 bei T. Garbowski); 1914 Stud.aufenth. bei Vejdovský in Prag; 1915/1916–1918 Ass. für Biol. u. Embryol. bei E. Godlewski (Habil. 1917), 1918 Pd. für Zool. Univ. Kraków; 1918 an das neugegr. Inst. für landw. Fo. in Puławy bei Warschau (PINGW), wo er die Abt. Tier-Genetik (später Abt. für Experim. Morphol.) aufbaute; 1920 Pd. für Biol. Univ. Warschau; 1927 als *Rockefeller*-Stipendiat Zus.arbeit mit F. E. A. Crew in Edinburgh u. J. Hammond in Cambridge/GB; 1928 Dir. d. PINGW; 1932 Prof. für Biol. an d. Med. Fak. Univ. Warschau; wurde zus. mit seinem Sohn in Palmiry bei Warschau von dt. Faschisten erschossen. 1922 erschien seine grundlegende Arbeit über d. Notwendigk. des Gehirns für d. Metamorphose der Insekten. – Lit.: The influence of the nervous system on the development and regeneration of muscles and integument in insects, in: J. experim. Zool. 37 (1923): 15–25; s. a. Lit. zu Kap. 15. – B: PAB. P/Sch

Kopernik(us), Mikolaj [Copernicus, Nicolai] (1473–1543); aus Thorn (Toruń, Polen); 1491–1495 stud. Philos., bes. Astron., Univ. Krakau (Kraków), nach Wahl zum Domherrn von Warmia in Frombork (Polen) 1496–1500 stud. Jura in Bologna u. Kirchenrecht in

Rom, 1501–1503 Med. in Padua (Dr. jur. 1503 in Ferrara); 1504–1510 in polit. Funktionen am Bischofshof seines Onkels WATZENRODE in Heilsberg (Lidzbark Warmiński), wo auch schon die neue Theorie von der Erdbewegung u. dem heliozentr. Weltsystem skizziert wurde; ab 1510 am Domkapitel zu Frauenburg (Frombork) in vielen Funktionen (Kapitelkanzler, Verwalter d. Landgüter, Visitator u. a.); um 1516 astronom. Messungen im Zus.hang mit der von Papst PAUL III. geplanten Kalenderreform, die zur Widerlegung des Ptolemäischen (geozentrischen) Weltbildes führten; starb in Frombork. – Lit.: De revolutionibus orbium coelestium Libri VI, Nürnberg 1543 (dt. von C. L. MENZZER: Über die Kreisbewegungen der Weltkörper, Thorn 1879). – B: LexNW; SCHMEIDLER 1970.   Ja

Kornberg, Arthur (geb. 1918); aus Brooklyn (N.Y., USA); stud. Med. City Coll. New York (BS 1937) u. Univ. Rochester/N.Y. (MD 1941); 1941 Internist am Strong Memorial Hosp. Rochester; 1942–1953 vom Ass.-Arzt bis zum Med. Dir. des *Nat. Inst. Arthritis & Metabolic Diseases* am *Nat. Inst. of Health* Bethesda (Maryland), ab 1947 Ltr. der Sekt. Enzyme u. Metabol.; 1953 Prof. u. Dir. des Dep. für Mikrobiol. an d. Sch. of Med. Univ. Washington (Missouri); seit 1959 Prof. für Biochemie u. bis 1969 Ltr. d. Dep. an d. Sch. of Med., Univ. Stanford (Calif.); lebt in Portola Valley (Calif.). Nobelpr. 1959. – B: AMWS 1989–90; IWW 1995–96; WWNP; Autobiogr. 1989 (W).   Sch

Korschelt, Eugen (1858–1946); aus Zittau; 1879 stud. Naturwiss. Univ. Heidelberg (bei GEGENBAUR u. BÜTSCHLI), 1880–1882 Freiburg i. Br. (bei A. WEISMANN, Dr. phil. 1882), 1880 u. 1882–1885 Leipzig (bei R. LEUCKART, Staatsexamen); 1885 Pd. u. Ass. Zool. Inst. Univ. Freiburg i. Br.; 1887 Pd. u. Ass. Zool. Inst. Univ. Berlin (Zus.arb. mit K. HEIDER); 1893–1928 o. Prof. für Zool. u. Dir. Zool. Inst. (Nachf. von Richard GREEF, 1829–1892) Univ. in Marburg, wo er starb. – Lit.: Über Bau und Entwicklung des Dinophilus apatris, in: Z. wiss. Zool. *37* (1882): 315–353; (mit HEIDER) Lehrbuch der vergleichenden Entwicklungsgeschichte der Thiere, Jena – Spezieller Theil: 3 Bde., 1890–1893, Allgemeiner Theil: 3 Bde., 1902–1909 (2. Aufl., gekürzt in 2 Bde., Jena 1936); Regeneration und Transplantation, Jena 1907; Aus einem halben Jahrhundert biologischer Forschung, Jena 1940. – B: Autobiogr. 1939; Werk-Verz. 1928; QUERNER 1980; ALH MM 4150.   Ja

Kortschak, Hugo Peter (1911–1983); aus Chicago; stud. Chemie Yale Univ. New Haven/Connecticut (BS 1933) u. ETH Zürich (Dr. phil. 1936); 1937 Res. Assoc., 1941 Ass. Technologist, 1944 Assoc. Technologist, 1948 Assoc. Biochemist, 1959 Sen. Biochemist, 1968 Biochemist, 1975–1976 Ltr. des Dep. für Physiol. u. Biochemie der *Hawaiian Sugar Planters' Assn.* Honolulu. – Lit.: (mit C. E. HARTT & G. O. BURR) Carbon dioxide fixation in sugarcane leaves, in: Plant Physiol. *40* (1965): 209–213. – B: NICKELL 1993.   Höx

Koržinskij, Sergej Ivanovič (1861–1900); aus Astrachan; bis 1885 stud. Univ. Kazan; 1888–1892 Prof. für Bot. Univ. Tomsk; ab 1892 Chef-Botaniker Bot.

Garten u. ab 1893 Dir. Bot. Mus. d. AdW in St. Petersburg, wo er starb. Beschrieb als erster die Vegetation Mittelasiens; begann 1898 die Herausg. d. *Gerbarija russkoj flory* (Herbarium d. russ. Flora); machte zahlr. Beobachtungen über plötzlich auftretende, erbliche Veränderungen in Pflanzenpopulationen, die er als *Heterogenesis* bezeichnete (1899); vermutete als Ursache Veränderungen der Eizelle (nicht äußere Bedingungen) u. setzte sich mit der Frage auseinander, ob es sich um krankhafte Erscheinungen (Monstrositäten) handelt. – Lit.: Hetorogenesis und Evolution, in: Flora *89* (1901): 240–363. – B: BSE³; BERDYŠEV & SIPLINSKIJ 1961 (W).   Ja/Sch

Kosmas Indikopleustes (1. Hälfte 6. Jh.); Kaufmann (Gewürzhändler) aus Alexandria; unternahm weite Handelsreisen nach Osten u. Süden; schrieb, nachdem er Mönch geworden war, u. a. seine *Topographia christiana*, die als einer der wenigen byzantin. Versuche gilt, naturwiss. Vorgänge ganz in christl. Interpretation darzustellen. – Lit.: Textausg.: E. O. WINSTEDT, Cambridge 1909; W. WOLSKA-CONUS, 3 Bde., Paris 1968–1973; Teilübers.: R. HENNIG, Terrae incognitae, Bd. 2, Leiden 1937: 44–47. – B: Altertum (X. WECKER); LexMA (P. SCHREINER).   Nab/Sch

Kossel, Karl Martin Leonhard Albrecht (1853–1927); aus Rostock; stud. Med. u. Bot. Univ. Straßburg (bei A. DE BARY; Dr. med. 1877 Univ. Rostock); 1877 Ass. bei HOPPE-SEYLER Physiol. Inst. Univ. Straßburg, 1881 Habil.; 1883 Ltr. der Chem. Abt. des Physiol. Inst. (bei E. DuBOIS-REYMOND), 1887–1895 ao. Prof. für Physiol. u. Anat. Univ. Berlin; 1895 ao. Prof. für Hygiene, dann o. Prof. für Physiol. (Nachf. von E. KÜLZ) u. 1901 Dir. Physiol. Inst. Univ. Marburg; 1901–1924 (em.) o. Prof. für Physiol. u. Dir. Physiol. Inst. Univ. Heidelberg (Nachf. von W. KÜHNE); ab 1924 Ltr. des Inst. für Eiweißfo. (Schenkung d. Unternehmers Fritz BEHRINGER, nach 1927 zum Labor. d. Med. Univ. Klinik) in Heidelberg, wo er starb. Nobelpr. 1910. – Lit.: Untersuchungen über die Nucleine und ihre Spaltungsprodukte, Straßburg 1881; Über die chemische Zusammensetzung der Zelle, in: A. Anat. Physiol. (1891): 181–186; (mit A. NEUMANN) Über das Thymin, ein Spaltungsprodukt der Nucleinsäure, in: Ber. Dt. chem. Ges. *26* (1893): 2753–2756; (mit A. NEUMANN) Über die Nukleinsäure und Thyminsäure, in: Z. Physiol. Chemie *22* (1896): 74–82; Über die Konstitution der einfachsten Eiweißstoffe, in: ebda *25* (1898): 165–189; Über die chemische Beschaffenheit des Zellkerns: Nobelpreisvorlesung 1910, in: Les prix Nobel en 1910, Stockholm 1911; Protamine und Histone, Leipzig–Wien 1929. – B: NDB (H. WALTER); DSB (R. OLBY); EDLBACHER 1928.   Ja/Sch

Kostyčev, Sergej Pavlovič (1877–1931); aus St. Petersburg; stud. Naturwiss. Univ. St. Petersburg, Zürich u. Heidelberg (Mag. 1907; Dr. phil. 1911 Univ. St. Petersburg); 1903 Ass. Militär-Med. Akad., 1911 Doz. für Bot. *Vysšie ženskie kursy* St. Petersburg; 1914 ao., 1916 o. Prof. für Pflanzenanat. u. -physiol. Univ., zugl. o. Prof. für Bot. TH St. Petersburg; 1923 Dir. Labor. Pflanzenanat. u. -physiol. AdW Leningrad (St. Petersburg); starb auf d. Krim. – Lit.: Über Zukkeroxydation bei der Pflanzenatmung, in: Z. Physiol. Chem. *67* (1910): 116–137; Pflanzenatmung, Berlin 1924; Lehrbuch der Pflanzenphysiologie, Bd. 1, Berlin 1926. – B: Poggendorff VI; Ruhland 1931; Kolbe 1933 (W).   Sty

Kotte, Walter (1893–1970); aus Berlin; 1911–1912 stud. Naturwiss. Univ. Freiburg i. Br. (bes. Bot. bei F. Olt-manns), 1912–1914 u. 1918 Univ. Berlin (bei G. Haberlandt, Dr. phil. 1920); 1920 Ass. bei Haber-landt Univ. Berlin; 1922 Ass. am Reichsgesundheits-amt Berlin-Dahlem; 1922 wiss. Hilfsarbeiter, 1925 Regierungsbotaniker, 1936–1958 Oberregierungsbotaniker an d. Hauptstelle für Pflanzenschutz des Badischen Weinbauinst. (ab 1939 selbständ. Pflanzenschutzamt Baden) in Augustenberg bei Karlsruhe (ab 1945 in Freiburg i. Br.); 1931–1933 Doz. für Bot. Landw. HS Ankara (Türkei); 1951 Tit. Prof.; starb in Freiburg i. Br. – Lit.: Wurzelmeristem in Gewebekultur, in: Ber. Dt. Bot. Ges. *40* (1922): 269–272. – B: ALH.   Höx

Kowalevsky [Kovalevskij, Kovalevsky, Kowalewski], Alexander [Aleksandr Onufrievič] (1840–1901); vom Landgut Vorkovo (Kr. Dünaburg, jetzt Daugavpils, Lettland), Bruder von Vladimir O. K.; 1856–1859 Besuch der Eisenbahn-Ing.-Sch. in St. Petersburg; ab 1857 auch Arb. in neueingericht. chem. Labor.; 1859 stud. Naturwiss. Univ. St. Petersburg (u. a. Chemie bei A. A. Voskresenskij [1809–1880], Bot. bei L. S. Zen-kovskij [1822–1887] u. Biol. bei S. S. Kutorga [1805–1861]), 1860 Heidelberg (bei R. Bunsen, H. G. Bronn u. H. A. Pagenstecher), 1861 Univ. Tübingen (bei F. Leydig), 1862 Univ. St. Petersburg (Kand. nat. 1862), 1863 Mikroskopiertechnik Univ. Tübingen (bei F. Leydig, auch H. von Mohl), 1863 Univ. St. Petersburg (Lic. 1863); 1864–1865 Stud.aufenth. in Neapel, wo er die Entw. niederer Meerestiere untersuchte (teilw. zus. mit Mečnikov); 1865 Univ. St. Petersburg (Mag. zool. 1865, Dr. zool. 1867), 1866 Pd. für Zool.; 1868 embryol. Stud. in Neapel u. Messina; dann ao. Prof. für Zool. Univ. Kasan; 1869–1873 o. Prof. für Zool. Univ. Kiew (Kiev), 1874 Univ. Odessa; ab 1890–1901 o. Prof für Zool. AdW, gleichz. 1890 1894 o. Prof. für Zool. u. Vergl. Anat. u. Physiol. Univ. St. Petersburg; 1895 Stud.aufenth. in Villafranca; 1898 Dir. d. Biol. Sta. in Sewastopol (Sevastopol, Krim) u.

Ltr. Zool. Mus. der AdW in St. Petersburg, wo er starb. Durch embryol. Untersuchungen (u. a. an *Amphioxus*) Begr. d. phylogenet. Keimblätter-Theorie. – Lit.: Entwickelungsgeschichte der einfachen Ascidien, in: Mém. Acad. Imp. Sci. St. Petersbourg, Ser. VII, *10* (1866) 15; Entwickelungsgeschichte des *Amphioxus lanceolatus*, in: ebda *11* (1867) 4 (russ.: Istorija razvitija *Amphioxus lanceolatus* ili *Branchiostoma lumbricum*, Leningrad 1865); Embryologische Studien an Würmern und Arthropoden, in: ebda, *16* (1871 b) 12: 1–70; Weitere Studien über die Entwicklung der einfachen Ascidien, in: A. mikroskop. Anat. 7 (1871 a): 101–130; Weiter Studien über die Entwickelungsgeschichte des *Amphioxus lanceolatus*, nebst einem Beitrage zur Homologie des Nervensystems der Würmer und Wirbelthiere, in: ebda *13* (1877): 181–204. – B: DSB (M. B. Adams); ProfPeterburg I: 320–334 (W); Bljacher 1955; Pilipčuk 1990 (W).   Sch

Kowalevsky [Kovalevskij, Kovalevsky, Kowalewski], Woldemar [Wladimir, Vladimir Onufrievič] (1842–1883); vom Landgut Vorkovo (Kr. Dünaburg, jetzt Daugavpils, Lettland), Bruder von Aleksandr O. K.; 1856–1861 stud. Jura Kaiserl. Rechts-Sch. St. Petersburg, dann bis 1863 Staatsbeamter (Jurist u. Titularrat); nach Auslandsreise durch Dtl., Frankr. u. Engl. (Besuch bei Ch. Darwin 1867) stud. Naturwiss. (auf Anregung seines Bruders Aleksandr O. K. u. I. M. Sečenovs); ab 1869 mit seiner Frau Sonja in Heidelberg, wo er sich geol.-paläontol. Studien widmete; 1869 Univ. München u. Würzburg, 1870 Stud. fossiler Wirbeltiere im *Brit. Mus.* London, dann mit Sonja K. nach Berlin u. Paris, wo er im *Muséum d'Hist. nat.* paläontol. arbeitete u. seine Stud. über die Stammesgesch. der Pferde begann, die seinen Ruhm begründeten; 1871 bei E. Haeckel u. C. Gegenbaur Univ. Jena (Dr. phil. 1872), dann weitere paläontol. Stud. in Museen von Dtl., Frankr., der Schweiz u. Engl.; ab 1874 mit Sonja K. zurück nach St. Petersburg (Mag. 1875); 1881 Pd. Univ. Moskau; ab 1880 war er Dir. Ges. für Erdölfabriken, die 1882 bankrott machte; starb in Moskau durch Freitod. – Lit.: Sur *l'Anchitherium aurelianense Cuv.* et sur l'histoire paléontologique des chevaux, in: Mém. Acad. Sci. St. Petersbourg, Ser. VII, *20* (1873) 5; Monographie der Gattung *Anthrocotherium Cuv.* und Versuch einer natürlichen Classification der fossilen Hufthiere, in: Palaeontographica – Beitr. zur Naturgesch. d. Vorwelt, N.F. 2, *22* (1876): 131–346. – B: DSB (L. I. Bljacher); BSE[3].   Ja/Sch

Kraepelin, Karl (1848–1915); aus Neustrelitz; 1868–1870 stud. Naturwiss. Univ. Göttingen, dann Leipzig (Dr. phil. 1873); 1873 als Oberlehrer in Leipzig, ab 1878 am *Johanneum* in Hamburg, wo er sich auch um Aufbau u. Ltg. d. Naturhist. Mus. der Naturhist. Ges. Hamburg verdient machte; 1889 Dir. des Mus. u. Prof. am Neuen Kolonial-Inst. in Hamburg, wo er starb. – Lit.: Leitfaden für den botanischen Unterricht, Leipzig 1875 ([8]1913); Exkursionsflora für Nord- und Mitteldeutschland, Leipzig 1877 ([7]1910); Leitfaden für den zoologischen Unterricht, Leipzig 1881 ([6]1911); Naturwissenschaftlich-technische Museen, in: Die Kultur der Gegenwart, hrsg. v. P. Hinneberg, Bd. I.1, Berlin–Leipzig 1906: 363–416. – B: NDB (H. Weidner).   Ja

R. Kolkwitz   P. J. Kramer

Kramer, Paul Jackson (geb. 1904); aus Brookville (Indiana, USA); 1922 stud. Bot. Miami Univ. Oxford/Ohio (bei B. FINK, AB 1926); 1926 Fell. Univ. of Idaho Moscow (bei F. W. GAIL); 1928 Ass. Ohio State Univ. Columbus (bei E. N. TRANSEAU, MS 1929, PhD 1931); 1931 Instr. am Biol. Dep. (bei A. S. PEARSE), 1935 Ass. Prof., 1938 Assoc. Prof., 1945 Prof., 1954–1974 (em.) *Duke*-Prof. für Pflanzenphysiol. Duke Univ. Durham (North Carolina). – Lit.: Plant and soil water relationships, New York u. a. 1949 (^{2}1969); s. a. Lit. zu Kap. 16. – B: IWW 1995–96; Autobiogr. 1973. – P.   Höx

Krašeninnikov, Stepan Petrovič (1711–1755); aus Moskau; 1724–1732 stud. Slawische Sprachen, Griech. u. Latein Univ. Moskau u. St. Petersburg; 1733–1736 als Teiln. d. 2. Kamtschatka-Exped. Stud. in Geogr., Gesch. u. Ethnogr. bei J. G. GMELIN u. G. F. MÜLLER in Sibirien; 1737–1741 Reise nach Kamtschatka, bot. u. zool. Stud. u. Slgn.; ab 1743 Ordnung des Materials in St. Petersburg; 1745 mit ichthyolog. Arb. Dr. nat., Adj. d. AdW St. Petersburg u. Verwalter d. Bot. Gartens; 1750 Mitgl. d. AdW u. Prof. für Naturgesch. u. Bot. Univ. in St. Petersburg, wo er starb. – Lit.: Opisanie zemli Kamčatki, St-Peterburg 1756. – B: DSB (A. S. FEDOROV); WwWWE.   Ja

Krateuas (um 100 v. Chr.); Pharmakologe am Hofe des MITHRIDATES VI. VON PONTOS. Verf. von mindestens zwei nicht erhaltenen Kräuterbüchern, davon eine mit Illustr. versehene Schr. für den allg. Hausgebrauch u. eine größere med.-bot. Schr. mit wiss. Angaben über Namen, Form, Art u. med. Wirkung d. Pflanzen, deren Nachwirkung bis weit über die Antike reichte; wurde von DIOSKURIDES als Quelle benutzt. – B: PAULY; LAW; WELLMANN 1897.   Ha/Sch

Kraus, Gregor (1841–1915); aus Orb (Bayern); 1860 stud. Med. Univ. Würzburg (Dr. phil. 1866), hier 1867 Pd. für Bot.; 1868 Ass. Bot. Inst. Univ. Leipzig; 1869 o. Prof. für Bot. u. Dir. Bot. Garten Univ. Erlangen, wo er spez. Untersuchungen über das Chlorophyll durchführte; 1872 o. Prof. für Bot. Univ. Halle (Nachf. von DE BARY); 1898–1914 o. Prof. für Bot. u. Dir. des Bot. Inst. u. Bot. Gartens (Nachf. von SACHS) Univ. in Würzburg, wo er starb. – Lit.: Einige Beobachtungen über den Einfluß des Lichts und der Wärme auf die Stärkeerzeugung des Chlorophylls, in: Jb. wiss. Bot. 7 (1869): 511–531; Grundlagen zu einer Physiologie der Gerbstoffe, Leipzig 1889; Geschichte der Pflanzeneinführungen in die Europäischen Botanischen Gärten, Leipzig 1894; Boden und Klima auf kleinstem Raum: Versuch einer exakten Behandlung des Standorts auf dem Wellenkalk, Jena 1911. – B: NDB (U. BUSCHBOM).   Ja/Sch

Krause, Ernst [Pseudonym **Carus Sterne**] (1839–1903); aus Zielenzig (heute Sulecin, Polen); nach Apothekerprüfung 1857 stud. Naturwiss. Univ. Berlin (bes. bei Joh. MÜLLER, Dr. phil. 1874 Univ. Rostock); wirkte dann als populärwiss. Schriftsteller in Berlin, ab 1899 in Eberswalde, wo er starb. – Lit.: Die botanische Systematik in ihrem Verhältnis zur Morphologie – Kritische Vergleichung der wichtigsten älteren Pflanzensysteme, nebst Vorschlägen zu einem natürlichen Pflanzensystem nach morphologischen Grundsätzen, Weimar 1866; Werden und Vergehen, Berlin 1876; Erasmus Darwin, in: Kosmos 4 (1879): 397–424; Erasmus Darwin und seine Stellung in der Geschichte der Descendenz-Theorie: mit seinem Lebens- und Charakterbilde von Charles Darwin, Leipzig 1880; Geschichte der biologischen Wissenschaften im neunzehnten Jahrhundert, in: Das Deutsche Jahrhundert in Einzelschriften, Bd. 2, Berlin 1901: 563–730. – B: DSB (G. USCHMANN); NDB (A. SCHWARZ).   Ja

Krebs, Hans Adolf, Sir (1900–1981); aus Hildesheim; stud. Med. Univ. Hamburg (Dr. med. 1924); 1926–1930 Fo.-Ass. am KWI Berlin-Dahlem; 1930–1932 Arzt am Städt. Krankenhaus Hamburg-Altona; 1932 Pd. Univ. Freiburg i. Br.; dann Emigr., 1934 Demonstr. in Biochemie Univ. Cambridge (Engl.); 1935 Lect. für Pharmakol. u. ab 1945 Prof. für Biochemie Univ. Sheffield (Engl.); 1954–1967 *Whitley*-Prof. für Biochemie Univ. in Oxford (Engl.), wo er starb. Nobelpr. 1953. – Lit.: (mit W. A. JOHNSON) The role of citric acid in intermediate metabolism in animal tissues, in: Enzymologia 4 (1937): 148–156; Reminiscenses and reflexions, Oxford 1981. – B: BHE; WWNP; H. KORNBERG & WILLIAMSON 1984; ALH.   Sch

Krenke, Nikolaj Petrovič (1892–1939); aus Tbilissi; bis 1921 stud. an d. Landw. Fak. d. Polytechn. Inst. Tbilissi; seit 1924 am Biolog. *Timirjazev*-Inst. Moskau, 1931 Abt.-Ltr.; 1936 Ltr. d. Labor. für d. Morphol. d. Pflanzenentw. d. AdW d. UdSSR in Moskau, wo er starb. Führte bes. entw.morpholog. Untersuchungen an Mais-, Hafer-, Roggen- u. Reiskeimlingen durch, um die genet. Ursachen der Merkmalsausbild. in d. Ontogenese zu klären; stellte eine Theorie des zyklischen Alterns u. Verjüngens der Pflanzen in Verbindung mit der Photoperiodizität auf. – Lit.: Fenogenetičeskij variacia, 2 Bde., Moskva 1933–1935; Teorija cikličeskogo starenija i omoloženija rastenij i praktičeskoe eë primenenie, Moskva 1940. – B: BSE^3; BRL.   Sch

Kříženecký, Jaroslav (1896–1964); aus Prag; stud. Med. u. Zool. Univ. Prag (Schüler von Vladislav RŮŽIČKA [1870–1934]) u. Inst. für Experim. Biol. u. Genetik Univ. Wien (bei Paul KAMMERER, Prom. 1915); 1921 Ass., 1922 Ltr. Abt. für Theorie d. Tierzucht im Tierzuchtinst. d. Landw. Univ. Brno, wo er experim. u. genet. Methoden einführte u. nach Synthese zw. Mendelismus u. Darwinismus suchte; Vortragsreisen 1923 nach Engl., 1924 in d. USA, wo er als *Rockefeller*-Stipendiat bis 1929 blieb; lehrte nach seiner Rückkehr Genetik an Landw. Univ. u. zugl. an *Masaryk*-Univ. Brno, nach d. *2. Weltkrieg* o. Prof. für Genetik *Masaryk*-Univ. u. o. Prof. für Genetik u. Tierzucht Landw. Univ. Brno; 1949 Entlassung aus d. Landw. Univ. unter Einfluß d. *Lyssenkoismus* (ab 1948); 1955 wiss. Berater für Tierzucht in d. Slowakei u. für genet. Fo.; Hrsg. d. wiss. Monatsschr. *Agriculture*; 1958–1959 Inhaftierung aufgrund einer Publikation gegen LYSSENKO; nach Rehabilitierung Vorlesungen über Genetik am Lehrstuhl für Hühnerkrankheiten (bei B. KLIMES) Veterinär-Sch. Brno; 1963 in Vorbereitung auf d. int. *Mendel Mem. Symposium* (1965) Ltr.

d. Gregor-Mendel-Dep. am *Moravse Mus.* u. Gründer des *Mus. Mendalianum Brno* für Arb. zur Gesch. d. Genetik, dessen Eröffnung er nicht mehr erlebte. – Lit.: The Inheritance of Acquired Characters, New York 1924; On the heredity of acquired characteristics and the importance of Mendelism for evolutionary theory, in: Memorial Volume in Honor of the 100th Birthday of J. G. Mendel, Prag 1925: 63–86; Přehled nauky o plemenitbĕ, in: Pol'nohospodarstvo *4* (1957): 805–826; (zus.gestellt u. komm.) Johann Gregor Mendel 1822–1884: Texte und Quellen zu seinem Wirken und Leben; Festgabe …, Leipzig 1965 (Lebensdarstellungen dt. Naturforscher, 11); (selection and commentary) Fundamenta genetica: the revised edition of Mendel's classic paper with a collection of 27 original papers publishes during the rediscovery era, Prag 1965. – B: OREL 1992.   Ja

Krogh, Schack August Steenberg (1874–1949); aus Grenaa auf Jütland (Dänemark); 1893 stud. Physik, dann Zool. Univ. Kopenhagen (u. a. bei Christian BOHR, MS 1899); 1899 Ass. Physiol. Labor. (bei BOHR, Dr. phil. 1903); 1908 Doz. für Zoophysiol., 1910 Gründung d. Zoophys. Labor., 1916 o. Prof. Univ. Kopenhagen, wo er starb. Nobelpr. 1920. – B: DSB (E. SNORRASON); WWNP; HILL 1950.   Sch

Krohn, August David (1803–1891); aus St. Petersburg; prakt. Arzt u. Prof. für Med. in St. Petersburg, um 1835 in Hamburg, dann in Bonn, wo er starb. – Lit.: Beitrag zur Geschichte der Seeigellarven, Heidelberg 1849; Beitrag zur Entwicklungsgeschichte der Pteropoden und Heteropoden, Leipzig 1860. – B: NEIGEBAUR 1860: 264; ALH MM 1412.   Sch

Kronacher, Carl (1871–1937); aus Landshut (Niederbayern); ab 1889 stud. Veterinärmed. Univ. u. TU München, dann Dresden (Staatsprüfung 1896, Dr. med. vet. 1903 Univ. Bern); danach Tierarzt in Weißmain, Hollfeld u. Wörth a. d. Donau; gleichz. stud. Naturwiss. Univ. Erlangen; 1898 Bezirkstierarzt in Landsberg a. Lech; 1899 Tierzuchtinsp. in Bamberg; 1907 Ltr. Tierzuchtabt. Bayer. Akad. Landw. Wiss. in Weihenstephan u. Prof. für Tierzucht (Nachf. von STEUERT); 1916 o. Prof. für Tierzucht u. Vererbungslehre u. Dir. Tierzucht- u. Vererbungswiss. Inst. Tierärztl. HS Hannover; 1929–1936 (em.) o. Prof. u. Dir. Inst. für Haustiergenetik Univ. Berlin, gleichz. Ltg. d. Versuchs- u. Fo.gutes Koppehof bei Berlin; 1936 Gründung d. Dt. Ges. für Tierpsychol.; ab 1936 in München, wo er starb. 1924 Begr. d. *Z. für Tierzüchtung u. Züchtungsbiologie.* – Lit.: Grundzüge der Züchtungsbiologie, Berlin 1912; Allgemeine Tierzucht, 6 Bde., Berlin 1916–1920; Züchtungslehre, Berlin 1929. – B: NDB (O. A. SOMMER); STANG, KOEHLER & EFFERTZ 1937.   Sch

Küchenmeister [Kuechenmeister], Gottlob Friedrich Heinrich (1821–1890); aus Buchheim bei Lausick; ab 1840 stud. Med. Univ. Leipzig (Dr. med. 1846) u. 1846 Hospitationen Med. Fak. Univ. Prag; 1846 prakt. Arzt u. Geburtshelfer in Zittau, ab 1859 in Dresden, wo er starb. – Lit.: Ueber Cestoden im Allgemeinen und die des Menschen insbesondere, Zittau 1853; Die in und

an dem Körper des lebenden Menschen vorkommenden Parasiten: ein Lehr- und Handbuch der Diagnose und Behandlung der tierischen und pflanzlichen Parasiten des Menschen, Leipzig 1855. – B: Ärzte I; ENIGK 1986; Autobiogr. 1893.   Hth

Kühn, Alfred (1885–1968); aus Baden-Baden; 1904 stud. Naturwiss. Univ. Freiburg i. Br. (bei A. WEISMANN, Dr. phil. 1908); 1910 Pd., 1914 ao. Prof. für Zool. Univ. Freiburg i. Br., 1918 Univ. Berlin (bei K. HEIDER); 1920 o. Prof. für Zool. Univ. Göttingen; 1937 zweiter Dir. am KWI für Biol. Berlin-Dahlem u. Prof. für Zool. Univ. Berlin; 1946–1951 Prof. für Zool. Univ. u. 1951–1958 Dir. d. MPI in Tübingen, wo er starb. Führte entw.physiol. u. genet. Stud. durch, bes. über Vererbung der Augenfarbe bei d. Mehlmotte, u. entwickelte spez. Transplantationstechniken. – Lit.: Orientierung der Tiere im Raum, Jena 1919; Untersuchungen zur kausalen Analyse der Zellteilung, T. 1, in: A. Entw.mech. *46* (1920): 259–327; Grundriß der allgemeinen Zoologie, Leipzig 1922 (15. Aufl. 1964); Über eine Gen-Wirkkette der Pigmentbildung bei Insekten, in: Nachr. AdW Göttingen, Math.-phys. Kl., (1941): 231–261; Anton Dohrn und die Zoologie seiner Zeit, in: Pubbl. Staz. Zool. Napoli, Suppl. 1950; Entwicklung und Problematik der Genetik, in: Naturwiss. *40* (1953): 65–69; Vorlesungen über Entwicklungsphysiologie, Berlin u. a. 1955; s. a. Lit. zu Kap. 14, 15. – B: DSB (H. QUERNER); Autobiogr. 1959; O. KOEHLER 1965; SCHWARTZ 1969 (W). – P.   Ja

Kühn, Julius (1825–1910); aus Pulsnitz (Oberlausitz); 1841 Landw.eleve, 1844 Verwalter versch. landw. Betriebe, 1848–1855 Gutsamtmann in Groß-Krausche bei Bunzlau/Schlesien (Bolesławiec bei Wrocław, Polen); trat in Kontakt zu M. J. SCHLEIDEN (Jena, 1850), L. RABENHORST (Dresden, 1851) sowie zu F. COHN (1853) u. H. R. GOEPPERT (1856) in Breslau (Wrocław, Polen); 1855 stud. Landw. Akad. Bonn-Poppelsdorf; 1856 Doz. für Bot. Landw. Akad. Proskau/Schlesien (Dr. phil. 1857 Univ. Leipzig); 1857 Wirtschaftsdir. Egloffsteinsche Güter in Schwusen bei Glogau/Schlesien (Głogów, Polen); 1862–1895 o. Prof. für Landw. Univ. in Halle/Saale, wo er starb. – Lit.: Die Krankheiten der Kulturgewächse, ihre Ursachen und ihre Verhütung, Berlin 1858. – B: WILHELM & TIETZ 1978. – P.   Höx

Kühne, Wilhelm Friedrich (1837–1900); aus Hamburg; 1854 stud. Chemie u. Med. Univ. Göttingen (Dr. phil. 1856), dann Jena (bei E. G. LEHMANN), 1858 Univ. Berlin (bei DuBOIS-REYMOND u. HOPPE-SEYLER), 1858 in Paris, 1860 Univ. Wien (bei E. BRÜCKE u. K. LUDWIG); ab 1861 Ass. Chem. Labor. Patholog. Inst. Univ. Berlin, 1862 Dr. med. h. c. Univ. Jena; 1869 o. Prof. für Physiol. Univ. Amsterdam; 1871–1899 o. Prof. für Physiol. Univ. in Heidelberg, wo er starb. – Lit.: Lehrbuch der physiologischen Chemie, Leipzig 1866; Über das Trypsin (Enzym des Pankreas), in: Verh. naturhist.-med. Verein Heidelberg *1* (1877): 194–198; Erfahrungen und Bemerkungen über Enzyme und Fermente, in: Untersuch. Physiolog. Inst. Univ. Heidelberg (1878): 291–324; s. a. Lit. zu Kap. 15. – B: NDB (H. WALTER); DSB (K. E. ROTHSCHUH).   Ja

Kükenthal, Willy (1861–1922); aus Weißenfels; 1880–1882 stud. Geol. u. Paläontol. Univ. München, ab 1882 stud. Zool. Univ. Jena (bei E. HAECKEL, Dr. phil. 1884); dann Stud.aufenth. Zool. Sta. Neapel; 1885–1886 Ass. Zool. Inst. Jena; 1886 Reise nach Spitzbergen auf Walfangschiff u. Stud. über Embryol. der Wale; 1887 Pd. für Zool. Univ. Jena, ab 1890 Inh. der *Ritter*-Professur (ao. Prof.) für Phylogenie in Jena, wo er u. a. ein zool. Praktikum u. Kurse in mikroskop. Technik durchführte; 1898 o. Prof. für Zool. u. Dir. des neuen Zool. Inst. u. Mus. Univ. Breslau (Wrocław); 1918 o. Prof. für Zool. Univ. in Berlin, wo er starb. Arbeitete bes. über *Cetacea* u. andere Meeressäugetiere sowie über *Coelenterata*, wofür er auf Fo.reisen (1893–1894 Malaiischer Archipel) Material sammelte. – Lit.: Vergleichend-anatomische u. entwicklungsgeschichtliche Untersuchungen an Walthieren, in: Denkschr. med.-naturwiss. Ges. Jena *3* (1893) 2; Leitfaden für das Zoologische Praktikum, Jena 1898 (ab 9. Aufl. 1928 bearb. von E. MATTHES; 19. Aufl. 1985). – B: NDB (H. AUTRUM). – P.   Ja

Küster, Ernst (1874–1953); aus Breslau (Wrocław); 1893 stud. Naturwiss., bes. Bot., Univ. München (bei L. RADLKOFER, Dr. phil. 1896), dazw. auch Leipzig (WS 1893/94) u. Breslau (WS 1894/95); 1896–1899 zahlr. kunsthist. u. bot. Stud.reisen (bes. Mittelmeerraum): 1896–1897 als Praktikant bei W. PFEFFER, H. AMBRONN u. W. OSTWALD Univ. Leipzig, 1897 bei F. COHN u. F. ROSEN Univ. Breslau, 1897 u. 1898 Meeressta. Rovigno, 1897–1899 bei S. SCHWENDENER Univ. Berlin, 1899 Zool. Sta. Neapel u. Univ. München (bei K. VON GOEBEL); 1900 Pd. für Bot. u. Ass. bei G. KLEBS Univ. Halle/Saale; 1909 Ass. bei J. REINKE u. Pd., 1910 ao. Prof. für Bot. Univ. Kiel; 1911 ao. Prof. für Bot. Univ. Bonn; 1920–1951 o. Prof. für Bot. Univ. in Gießen, wo er starb. – Lit.: Pathologische Pflanzenanatomie, Jena 1903 ([3]1925); Die Gallen der Pflanzen, Leipzig 1911; Experimentelle Physiologie der Pflanzenzellen, in: Handbuch der biologischen Arbeitsmethoden, hrsg. von E. ABDERHALDEN, Abt. XI, T. 1, H. 7, Lief. 134, Berlin–Wien 1924: 961–1058; Pathologie der Pflanzenzelle: I. Pathologie des Protoplasmas, Berlin 1929 (Protoplasma-Monogr., 3); Hundert Jahre Tradescantia, Jena 1933; Die Pflanzenzelle: Vorlesungen über normale und pathologische Zytomorphologie

und Zytogenese, Jena 1935 ([3]1956); Pathologie der Pflanzenzelle: II. Pathologie der Plastiden, Berlin 1937 (Protoplasma-Monogr., 13); Vital-staining of plant cells, in: Bot. Rev. *5* (1939): 351–370; Experimentelle Zellforschung, Jena 1948 ([3]1956). – B: Autobiogr. 1956. – P.   Höx

Kützing, Friedrich Traugott (1807–1893); aus Ritteburg bei Artern (Sachsen); 1822–1832 Ausbild. u. Tätigk. als Apotheker, legte umfangr. Herbarium an u. widmete sich als einer der ersten seit etwa 1830 d. Erfo. der Algen; 1832–1833 Ass. Chem.-pharmazeut. Inst. (bei SCHWEIGGER-SEIDEL) u. stud. Naturwiss. Univ. Halle/ Saale; 1835 als Stipendiat d. Preuß. AdW Algen-Stud. am Mittelmeer; 1839 Stud. der Algen der Nordsee; seit 1835–1883 Gymnasiallehrer für Chemie, Naturgesch., später auch für Geogr. Real-Sch. in Nordhausen (Thüringen), wo er starb. Bei Untersuchungen an Kieselalgen unterschied er 1833 die Gruppen der Diatomeen u. Desmidiaceen u. stellte 1834 d. Gehalt an Silikaten in d. Diatomeen-Schalen fest; 1837 Dr. phil. Univ. Marburg; 1842 Ernennung zum Prof. durch Landesfürsten; außer seinen grundlegenden Fo. über europ. Algen wies er nach, daß die alkohol. Gärung durch Hefepilze verursacht wird; seine Slg. von Diatomeen gelangte in d. *Brit. Mus. for Nat. Hist.* u. in d. Naturhist. Mus. von Antwerpen, seine Algenslg. wird im *Rijksherbarium* in Leiden aufbewahrt. – Lit.: Algarum aquae dulcis Germanicarum Decades XVI, Halle 1833–1836; Phycologia generalis, Leipzig 1843; Die kieselschaligen Bacillarien oder Diatomeen, Nordhausen 1844; Phycologia Germanica, Nordhausen 1845; Tabulae Phycologicae, 19 Bde., Nordhausen 1845–1871; Spezies algarum, Leipzig 1849; Grundzüge der philosophischen Botanik, Bd. 1– 2, Leipzig 1851–1852. – B: ADB LI: 460 f. (E. WUNSCHMANN); DSB (G. F. PAPENFUSS); ZAUNICK in R. H. W. MÜLLER & ZAUNICK 1960: 12–22 (W).   Hpp

Kuffler, Stephen William (1913–1980); aus Tap (Ungarn); 1932 stud. Med. Univ. Wien (Dr. med. 1937); 1937 Ass. in den Abt. für Med. u. Pathol. Univ.-Klinik Wien; 1938–1945 Assoc. am Hosp. des *Kanematsu Inst.* Sydney (Australien), gleichz. 1943–1945 Fell. d. N.R.C.; 1945 *Seymour-Coman*-Fell. am Dep. für Physiol. Univ. Chicago; 1947 Assoc. Prof. für Ophthalmol.

A. Kühn

J. Kühn

W. Kükenthal 1912

E. Küster

Johns Hopkins Univ. Baltimore (Maryland, USA), hier ab 1956 Prof. für Ophthalmolog. Physiol. u. Biophysik; 1959 Prof. für Neurophysiol., 1964 *Robert-Winthrop*-Prof. für Neurophysiol., 1966 *Robert-Winthrop*-Prof. für Neurobiol. u. Ltr. des Dep., 1974–1980 *John Franklin Enders* Univ. Prof., 1959–1980 *Harvey*-Lect. Harvard Med. Sch. Cambridge (Massach.). – B: WwWA 7; Katz 1982 (W). Sch

Kuhlemann, Johann Christoph (18. Jh.); um 1750 stud. Med. Univ. Göttingen als Doktorand von A. von Haller; seine Diss. enthält auch die Experimente Hallers u. dessen Auffassung über Zeugung u. Embryonalentw. im Sinne der Präformationstheorie. – Lit.: Dissertatio inaug. anatomico-physiologica exhibens observationes quaedum circa negotium generationis in ovibus factae, Gottingae 1753 (²Lipsiae 1754, ³Göttingen 1758). – B: DBA/Nachtrag 1430: 365. Ja

Kuhn, Richard (1900–1967); aus Wien-Döbling; 1918 stud. Naturwiss. Univ. Wien, 1919 München (Dr. phil. 1922 bei Wilstätter), 1925 Pd.; 1926 Prof. für Chemie ETH Zürich; 1929 Dir. Chem. Inst. d. KWI für Med. in Heidelberg, 1937 Dir. dieses KWI (ab 1946/1948 MPI); gleichz. ab 1929 Prof. für Chemie Univ. in Heidelberg, wo er starb. Nobelpr. 1939. – Lit.: Sur les flavines, in: Bull. soc. chim. biol. *17* (1935): 905–926; (mit H. Rudy & F. Weygand) Synthese der Lactoflavin–5'-phosphorsäure, in: Ber. Dt. chem. Ges. *69* (1936): 1543–1547. – B: DSB (D. Burk); Mitt.MPGes 1968 (W). Ja/Sch

Kupelwieser, Hans (1879–1939); aus Wien, Sohn von Karl K.; stud. Naturwiss. Univ. Wien u. Leipzig (bes. Zool. bei K. Chun, Dr. phil. 1906); 1905 Stud.aufenth. bei J. Loeb am Inst. für Entw.mech. California Univ. Berkeley (USA); 1908 Ltr. der von seinem Vater gegr. Limnolog. Anstalt in Lunz; 1912 Pd. Univ. München; nach 1918 Abbruch der wiss.-zool. Arbeit u. Verwalter des Familiengutes; starb in Linz a.d. Donau. – Lit.: Weitere Untersuchungen über Entwicklungserregung durch stammfremde Spermien, insbesondere über die Befruchtung des Seeigeleies durch Wurmsperma, in: A. Zellfo. *8* (1912): 352–395. – B: ÖBL (I. Findenegg). Ja

Kupelwieser, Karl (1841–1925); aus Wien, Vater von Hans K.; stud. Jura Univ. Wien (Dr. jur. 1866); dann als Advokat tätig. 1906 Gründer d. ersten hydrobiol. Sta. in Lunz (Ostalpen), Arbeitsstätte seines Sohnes Hans K. (sie wurde nach 1918 von der österr. AdW, 1924 von der Kaiser-Wilhelm-Ges. übernommen); starb in Seehof bei Lunz (Niederösterr.). – B: NDB (R. Kropf). Sch

Kupffer, Carl Wilhelm (1829–1902); aus Lesten bei Mitau (Kurland, jetzt Jelgawa, Lettland); 1849–1853 stud. Med. Univ. Dorpat/Tartu (bei F. Bidder, Dr. med. 1854); 1855 Prosektor-Gehilfe bei Bidder Anat. Inst. Univ. Dorpat; 1856–1857 Stud.aufenth. in Ital., Wien, Berlin u. Göttingen; 1858–1865 Prosektor u. ao. Prof. für Anat. Univ. Dorpat; 1865 Pd. für Histol., 1867 o. Prof. für Anat. u. Histol. Univ. Kiel; 1875 o. Prof. für Anat. Univ. Königsberg (Kaliningrad);

1880 o. Prof. für Anat. u. Dir. Anatom. Inst. Univ. in München, wo er starb. – Lit.: Stammverwandtschaft zwischen Ascidien und Wirbelthieren, in: A. mikroskop. Anat. *6* (1870): 115–172. – B: Deutschbalt.Lex; NDB (E. Kahle). Ja/Sch

Kurosawa, Eiichi (1894–1953); japan. Botaniker; beschäftigte sich u.a. mit Moosen. – Lit.: Experimental studies on the secretion of Fusarium heterosporum on rice plants, in: Trans. Nat. Hist. Soc. Formosa *16* (1926): 213–227. – B: APN. Sch

Lacaze-Duthiers, Félix Joseph Henri de (1821–1901); aus Château de Stiguederne (Montpezat, Frankr.); stud. Med. u. Naturgesch. Univ. Paris (Lic. 1845, Dr. med. 1851, Dr. ès sci. 1853), zugl. Präparator bei Henri Milne-Edwards; dann Stud. d. Mollusken u. Zoophyten auf d. Balearen u. in Engl.; 1854 Prof. für Zool. Univ. Lille; in dieser Zeit mehrere wiss. Exkursionen an Mittelmeer- u. Atlantikküste, 1860–1862 Exped. nach Algerien; 1865 Prof. für Anneliden, Mollusken u. Zoophyten am *Mus. d'Hist. Nat.* Paris; 1869 Prof. für Zool. Anat. u. Vergl. Physiol. *Fac. des Sci.* Paris; starb auf d. Landsitz Las-Fons (Dordogne, Frankr.). Gründete 1872 d. meereszool. Sta. Roscoff u. 1881 Banyuls-sur-Mer; begr. 1872 auch d. Z. *Archives de zoologie expérimentale et générale*. – Lit.: Histoire naturelle du corail, Paris 1864; Recherches de zoologie, d'anatomie et d'embryogénie sur les animaux des faunes maritimes de l'Algérie et de la Tunisée, Paris 1866; Direction des études zoologiques, in: A. de zool. expérim. et générale *1* (1872); Le monde de la mer et ses laboratoires, Paris 1888. – B: DSB (T. A. Appel); LexNW. Ja

Lacépède, Bernard Germain Étienne de, Comte de la Ville-Sur-Illon (1756–1825); aus Agen (Frankr.); Erziehung durch d. Vater u. d. Bischof seiner Heimatstadt; 1777 nach Paris, wo er entspr. seiner gesellsch. Stellung Oberst wurde; später mit Hilfe von Buffon Aufseher u. Sub-Demonstr. im *Cabinet du Roi* des *Jardin des Plantes*; während d. Rev. in versch. polit. Positionen, legte er 1793 sein Amt nieder u. ging nach Leuville; 1794 Rückkehr an d. *Muséum d'Hist. nat.*, Gründungsmitgl. der Sekt. für Anat. u. Zool. am 1795 gegr. *Inst. de France*; kehrte als Bewunderer Napoleons nach Vollendung von Buffons *Histoire naturelle* 1804 wieder in d. Staatsdienst zurück, ging nach Napoleons Fall nach Épinay-sur-Seine, wo er starb. – Lit.: Histoire naturelle des quadrupède ovipares, Paris 1788; Histoire naturelle des serpents, Paris 1789; Histoire naturelle des poissons, 5 Bde., Paris 1798–1803; Naturgeschichte der Amphibien oder der eyerlegenden vierfüßigen Thiere und der Schlangen …, aus d. Franz. übers. von Joh. Matthäus Bechstein, 5 Bde., Weimar 1800–1802. – B: DSB (T. A. Appel). Sch

Lactantius, Lucius Caecilius Firmianus (um 250–ca. 325); aus Afrika; Schüler des Arnobius; von Diocletian als Rhetoriklehrer nach Nikomedeia (Bithynien) berufen; legte sein Lehramt zu Beginn d. Christenverfolgung 303 nieder, dann schriftstellerisch tätig; um 315 von Constantinus als Erzieher seines Sohnes

CRISPUS nach Gallien berufen (wohl Trier). Machte als erster im Abendland d. Versuch, die christl. Weltanschauung systematisch darzustellen; mit seiner biologiehist. interessanten Schr. *De opificio dei* (*Das Werk Gottes*) lieferte er eine vollständige Anatomie, Physiologie u. Psychologie des Menschen. – Lit.: Textausg.: S. BRANDT, CSEL Bd. 27, 2.1, Wien 1893: 4–64; Übers.: HARTL & KNAPPITSCH, Bibliothek der Kirchenväter, Bd. 36, Kempten 1919. – B: PAULY; LexMA (E. HECK).

Ha/Sch

LaGasca Segura, Mariano (1776–1839); aus Encinacorva (Zaragoza, Span.); zunächst geistl. Stud., 1795 stud. Med. Univ. Zaragoza, ab 1796 in Valencia, dort auch Bot. (bei Vicente A. LORENTE) im Bot. Garten; botanisierte gleichz. um Valencia, Murcia u. in d. angrenzenden Gebieten, lernte A. VON HUMBOLDT kennen; 1800 Forts. seiner bot. Stud. bei A. J. CAVANILLES in Madrid, dem er sein reichhaltiges Herbarium zeigte; 1801 Ass. bei CAVANILLES am Bot. Garten Madrid, 1807 Prof., nach d. Krieg gegen NAPOLEON Dir.; nach Sturz d. liberalen Regierung 1823 Emigr. nach London, sein Herbarium, Bibl. u. ein Teil d. unveröffentl. Manuskripte wurden vernichtet; in London Forts. seiner Arb. über Getreide; Mitgl. d. Linné-Ges.; nach Tod FERDINAND VII. Rückkehr nach Span.; Präs. des Regierungsausschusses d. *Mus. de Hist. Nat.*; starb in Barcelona. – Lit.: Amenidades naturales de las Españas, o bien disertaciones varias sobre las producciones naturales espontáneas, Madrid 1811–1821; Noticia del descubrimiento del liquen islándico en el Puerto de Pajares …, in: Gaceta de Madrid, (1803), 29. Juli; Elenchus plantarum quae in horto regio botanico matritensi colebantur anno MDCCCXV, Madrid 1816; Memoria sobre las plantas barrilleras de España, Madrid 1817; Observaciones sobre la familia natural de las plantas aparasoladas, Londres 1825. – B: DhCmE (C. CARLES GENOVÉS).

LGB/Sch

Lamarck, Jean-Baptiste de (1744–1829); aus Bazentinle-Petit (Picardie, Frankr.); zunächst Jesuitenkoll. zu Amiens, 1761–1768 Offizier der franz. Armee; ab 1768 stud. Med. u. Bot. in Paris.; 1779 Ass., 1786 Kustos am königl. Bot. Garten Paris; verfaßte 1790–1793 Denkschriften zur Reorganisation der Gärten u. Slgn., die zur Grundlage der Organisation des *Muséum national*

d'Hist. nat. wurden; dort 1794 Prof. für Zool. der „Insekten u. Würmer"; starb in Paris. Schuf ein neues Tiersystem mit den Großgruppen „Wirbeltiere" – „Wirbellose Tiere", für deren Systematik er neue Grundlagen legte; war Anhänger der Stufenleideridee u. der Umwandlung der Arten im Laufe der Erdgesch., als deren Ursache er Veränderung der Lebensbedingungen u. Bedürfnisse vermutete (Lamarckismus). – Lit.: Flore françoise, 3 Bde., Paris 1778; Recherches sur l'organisation des corps vivantes, Paris 1802; Philosophie zoologique, Paris 1809; Histoire naturelle des animaux sans vertèbres, Paris 1815–1822; Zoologische Philosophie, Paris 1830 (nach d. Übers. von Arnold LANG neu bearb. von Susi KOREF-SANTIBAÑEZ, mit Anm. von Ilse JAHN, 3 Tle., Leipzig 1991). – B: DSB (L. J. BURLINGAME); LANDRIEU 1909 (W); TSCHULOK 1937 (W). – P.

Ja

Landsteiner, Karl (1868–1943); aus Baden bei Wien; 1885 stud. Med. Univ. Wien (Dr. med. 1891); 1892–1894 chem. Studien in der Schweiz u. Dtl.; 1895–1896 Tätigkeit an d. II. Med. u. I. Chirurg. Univ.-Klinik Wien, 1896–1897 Ass. Hygiene-Inst., 1897–1908 am Patholog.-Anatom. Inst. Univ., 1908–1919 Prosektor am Wilhelminen-Hosp. in Wien; 1919–1922 Prosektor am Rijks Hosp. Den Haag; 1922–1943 am Rockefeller Inst. in New York (USA), wo er starb. Nobelpr. 1930. – Lit.: Über Agglutinationserscheinungen normalen menschlichen Blutes, in: Wiener klin. Wo.schr. *14* (1901): 1132–1134; Über die Bedeutung der Proteinkomponente bei den Präcipitinreaktionen der Azoproteine: XIII. Mitt. über Antigene, in: Biochem. Z. *93* (1919): 106–118; (mit P. LEVINE) A new agglutinable factor differentiating individual human bloods [u.] Further observations on individual differences of human blood, in: Proc. Soc. experim. Biol. Med. *24* (1926–1927): 600–602 u. 941–942; Die Spezifität der serologischen Reaktionen, Berlin 1933. – B: NDB (H. SCHADEWALDT); DSB (P. SPEISER); ROUS 1947; SPEISER 1961 (W).

Ja

Lang, Anton (1913–1996); aus St. Petersburg; 1932–1939 stud. Bot. Univ. Berlin (bei K. NOACK u. E. SCHIEMANN, Dr. rer. nat. 1939); 1939 Ass. bei G. MELCHERS am MPI für Biol. Berlin-Dahlem (ab 1945 in Tübingen); 1949 Res. Assoc. für Genetik McGill Univ. Montreal (Kanada); 1950 Gastprof. für Genetik u. Agronomie an d. Landw. Versuchssta. am Agric. & Mech. Coll. Texas (USA); danach 1950 Res. Fell. für Pflanzenphysiol. am *Caltech* Pasadena (bei J. BONNER); 1952 Ass. Prof., 1955 Assoc. Prof. für Bot. Univ. of Calif. Los Angeles; 1959 Prof. für Biol. am *Caltech*; 1965–1983 (em.) Prof. für Bot. u. Pflanzenpathol. Michigan State Univ. East Lansing. – Lit.: Induction of flower formation in biennial *Hyoscyamus* by treatment with gibberellin, in: Naturwiss. *43* (1956): 284–285; The effect of gibberellin upon flower formation, in: Proc. Nat. Acad. Sci. USA *43* (1957): 709–717. – B: IWW 1995–96; Autobiogr. 1980. – P.

Höx

Lang, Arnold (1855–1914); aus Oftringen (Kt. Aargau, Schweiz); 1873 stud. Zool. u. Bot. Univ. Genf (bei Carl VOGT u. J. MÜLLER-ARGOVIENSIS), 1874 Univ. Jena (bei HAECKEL u. STRASBURGER, Dr. phil. 1876); 1876

J.-B. de Lamarck um 1830   Anton Lang

Pd. für Zool. Univ. Bern; 1878 Forschungen an d. Zool. Sta. Neapel, 1879–1885 dort angestellt; 1885 Ass. bei Haeckel, 1886 erster Inhaber d. *Ritter-Professur für Phylogenet. Zool.* Univ. Jena; 1889 o. Prof. für Zool. u. Vergl. Anat. Univ. u. o. Prof. für Zool. an d. ETH in Zürich, gleichz. dort Dir. d. zool. Slgn.; starb in Zürich. Schuf das erste umfangr. Lehrbuch d. Vergl. Anat. der wirbellosen Tiere; wandte sich als Anhänger des Darwinismus Ende d. 19. Jh. der experim. Vererbungslehre zu. – Lit.: Die Polycladen des Golfes von Neapel und der angrenzenden Meeresabschnitte, Leipzig 1884; Lehrbuch der vergleichenden Anatomie der wirbellosen Tiere, 4 Bde., Jena 1888–1894; Über Vorversuche zu Untersuchungen über die Varietätenbildung von *Helix hortensis* Müller und *H. nemoralis* L., in: Festschr. zum 70. Geb. von E. Haeckel, Jena 1904: 259–265. – B: NDB (E. Kuhn-Schnyder).   Hpp

Langley, John Newport (1852–1925); aus Newbury (Engl.); 1871 stud. Math. u. Gesch. St. John's Coll. Cambridge, ab 1873 Naturwiss. (bei Michael Foster, BA 1875, MA 1878, DSc 1896), 1876 Ass. (Demonstr.) bei Foster; 1877 im Labor. von Wilhelm Kühne Univ. Heidelberg; 1883–1903 Univ. Lect. für Physiol. u. Lect. für Naturwiss., ab 1900 Stellv. u. 1903–1925 Prof. für Physiol. am Trinity Coll. (Nachf. von Foster) in Cambridge, wo er starb. 1904–1905 Vize-Präs. d. *Roy. Soc.* – B: DSB (G. L. Geison).   Sch

Langsdorff, Georg Heinrich Baron **von** (1774–1852); aus Wöllstein (Rheinhessen); stud. Med. Univ. Göttingen (bei Blumenbach, Dr. med. 1797); 1797–1802 in Span. u. Portugal; Arzt in Lissabon; für seine Fo.ergebnisse 1803 Hofrat u. Adj. der AdW St. Petersburg; 1803–1806 Teiln. der ersten russ. Weltumsegelung unter Kapitän Krusenstern; 1812–1820 als russ. Generalkonsul in Brasilien, dann 1821–1829 Ltr. d. ersten russ. natur- u. völkerkundl. Exped. in das Innere Brasiliens u. Fo. im Maranongebiet; nach Rückkehr 1830 wegen Krankheit Aufgabe der wiss. Arbeit; starb in Freiburg i. Br. – Lit.: Bemerkungen auf einer Reise um die Welt in den Jahren 1803–1807, Leipzig 1812. – B: NDB (W. Kroker); Wagenitz 1988.   Sch

Lankester, Edwin Ray, Sir (1847–1929); aus London; ab 1865 stud. Naturwiss. am Exeter Coll. Oxford, 1871 Univ. Jena bei E. Haeckel, wo er d. Entw. der Muscheltiere untersuchte; 1874 Prof. für Zool. Univ. London, 1891–1898 für Vergl. Anat. in Oxford; 1898–1907 Dir. *Brit. Mus. Nat. Hist.* in London, wo er starb. 1884 Mitbegr. der *Marine Biol. Assoc.,* ab 1893 deren Präs.; setzte sich für Verbreitung des Darwinismus in Engl. ein. – Lit.: Contributions of the developmental history of the Mollusca, in: Phil. Trans. Roy. Soc. *165* (1875): 1–48; (Hrsg.) The history of creation (E. Haeckel), London 1876 ([3]1883, [4]1892); Notes on the embryology and classification of the animal kingdom, comprising a revision … of the germlayers, in: Quart. J. h. Sci. *17* (1877): 399 ff. – B: DSB (G. de Beer); Lester & Bowler 1995. – P.   Ja

LaSagra [Lasagra], Ramón de (1798–1871); aus La Coruña (Span.); bis 1820 stud. Landw.wiss. Univ. Madrid; ging 1822 nach Kuba; ab 1823 Dir. d. Bot. Gartens (Nachf. von J. A. de la Ossa) in Havanna (Kuba) u. Lehrer in der von ihm gegr. Landw.-Sch.; zugl. ab 1824–1832 Prof. für Botanik Univ. Havanna; beschäftigte sich mit Bot., Agronomie u. Zool. sowie mit d. Umgestaltung d. Bot. Gartens u. Reform d. bot. Unterrichts; 1835 Rückkehr nach Europa u. zur Auswertung d. Slgn. u. Realisierung seiner *Historia física … de la Isla de Cuba* in Paris; später zum Stud. d. Landw. Reisen durch Frankr., Belgien u. Dtl. sowie in Span.; Generalkonsul von Uruguay in Europa; starb in Cortaillod (Kt. Neuchâtel, Schweiz). – Lit.: Principios fundamentales para servir de introducción a la Escuela Botánica Agrícola del Jardín Botánico, La Habana 1824; Historia física, política y natural de la Isla de Cuba, 12 ts., en 14 vols., Paris u. Madrid 1832–1861 (einschl. Suppl., erste Veröffentl. dazu 1831; franz. Version: 12 vols., Paris: Bertrand, 1838–1857). – B: Poggendorff II, III; Urban 1902; DhCmE (J. M. López Piñero); ABEPI; EncLA (K. Racine).   LGB/Sch

Laties, George Glushanok (geb. 1920); aus Sewastopol (Rußl.); stud. Bot. Cornell Univ. Ithaca/N.Y. (BS 1941) u. Univ. of Minnesota Minneapolis (MS 1942); 1942 Ass., 1943 Sen. Ass. Abt. für Pflanzenernährung Univ. of Calif. Berkeley (PhD 1947); 1947 Res. Fell., 1950 Sen. Res. Fell. für Biol. am *Caltech* Pasadena; 1952 Ass. Prof. für Bot. Univ. of Michigan Ann Arbor; 1955 Sen. Res. Fell. *Caltech*; 1959 Assoc. Prof. für Gartenbauwiss., 1963 Prof. für Pflanzenphysiol. Univ. of Calif. Los Angeles. – Lit.: The oxidative formation of succinate in higher plants, in: A. Biochem. *22* (1949): 8–15; The dual role of adenylates in the mitochondrial oxidation of a higher plant, in: Physiol. Plant. *6* (1953): 199–214. – B: AMWS 1989–90.   Höx

al-Laṭīf al-Baġdādī s. ᶜAbd al-Laṭīf al-Baġdādī

Lavoisier, Antoine Laurent de (1743–1794); aus Paris; ab 1754 Ausbild. im Coll. Mazarin (u. a. bei Lacaille), 1761 stud. Jura Jur. Fak. Paris (Bacc. de Loi 1763, Lic. de Loi 1764), gleichz. vermutl. stud. Geol., Physik u. Chemie (bes. 1762/63 bei Guillaume François Rouelle); 1763 begleitete er B. de Jussieu auf bot. Sammelreisen um Paris; ab 1764 in d. AdW in Paris, 1764 als Aspirant, 1768 Mitgl. u. ehrenamtl. Ass., 1772 „associé chimiste", 1778 „pensionnaire" bis zur Auflösung der AdW 1793; durch d. Revolutionstribunal der Jakobinerdiktatur 1794 hingerichtet. Leistete mit seinen chem. Arb. zur Beschreibung d. Verbrennungsprozesses wesentl. Beitr. zur Entstehung einer wiss. u. die Phlogistontheorie widerlegenden Chemie; seine Untersuchungen waren d. empirische Grundlage für die Naturphilosophie. – Lit.: Mémoire sur la respiration des animaux, Paris 1789a; Traité élémentaire de chimie, Paris 1789 b (dt.: System der antiphlogistischen Chemie, Berlin–Stuttgart 1792); s. a. Lit. zu Kap. 15. – B: DSB (H. Guerlac); Grimaux 1888; Duveen & Klickstein 1954 (W); Velluz 1966; Szabadváry 1973; Guerlac 1975.   Ja/Sch

Lázaro é Ibiza, Blas (1858–1921); aus Madrid; stud. Pharm. (Dr. 1882) u. Naturwiss. (Dr. 1888) Univ. Madrid; zw. 1882 u. 1892 Ass. bei Miguel Colmeiro im

Bot. Garten Madrid u. zugl. Lehrer für Naturgesch. an d. *E. de Magisterio*; 1887 Stud.aufenth. meeresbiol. Sta. Neapel; 1892 o. Prof. für Spez. Bot. an d. Pharm. Fak. Univ. Madrid, wo er für d. Lehre ein pflanzenhistolog. Labor einrichtete; 1907 von Stockholm aus Besuch d. wichtigsten europ. bot. Fo.zentren; schuf eine Bot.-Sch. in Madrid, wo er starb. Arb. bes. über Kryptogamen u. Pflanzenhistol. – Lit.: Regiones botánicas de la Península Ibérica, Madrid 1895; Compendio de la Flora Española, 2 vols., Madrid 1896 (2. Aufl. u. d. T.: Botánica descriptiva: Compendio de la Flora Espanola y estudio especial de las plantas criptógamas y fanerógamas …, 2 vols., Madrid 1906–1907, ³1920); Estudio de los laboratorios y métodos de obsevación y reconocimiento de las criptógamas …, Madrid 1910. – B: DhCmE (C. Carles Genovés).   LGB/Sch

Lazear, Jesse W. (1866–1900); aus Baltimore; stud. Med. Johns Hopkins Univ. (BA 1889) u. Columbia Univ. New York (MD 1892); dann Arzt am Bellevue-Hosp. New York; nach Ausbild. am *Pasteur*-Inst. Paris ab 1895 als Bakteriologe am Johns Hopkins Hosp. New York; Arb. über Malaria; Mitgl. d. amerikan. Gelbfieberkommission unter Walter Reed; Selbstversuch mit einem Moskito, der an einem Gelbfieberkranken Blut gesaugt hatte, blieb ohne Folgen; später von freifliegendem Moskito gestochen, verstarb er nach 12 Tagen an Gelbfieber in Quemados (Kuba). – Lit.: (mit W. Reed, J. Carrol & A. Agramonte) The etiology of yellow fever, in: Philadelphia Med. J. **6** (1900): 790–796. – B: WwWA-Hist.   Kö/Sch

LeDantec, Felix (1869–1917); aus Plougastel-Daoulas (Frankr.); 1888 Labor.-Ass. *Inst. Pasteur* Paris (Prom. 1891); 1893 Doz., 1899 Ass. Lect. Univ. Lyon; 1908 o. Prof. für Allg. Biol. an d. *Sorbonne* in Paris, wo er starb. Führender franz. Lamarckist (Theorie d. funktionellen Assimilation). – Lit.: Évolution individuelle et l'hérédité, Paris 1898; L'unité dans l'êtres vivants, Paris 1902. – B: DSB (R. Heim).   Ja

Lederberg, Joshua (geb. 1925); aus Montclair (New Jersey, USA); stud. Columbia Univ. New York (BA 1944); 1945 Res. Ass. für Zool. Columbia Univ.; 1946 Res. Fell. Yale Univ. (PhD 1947); ab 1947 Ass. Prof., dann Prof. für Genetik, 1958 Prof. für Med. u. Gene-

tik sowie Ltr. d. Dep. für Med. Genetik Univ. Wisconsin; 1959–1978 Prof. für Genetik, Biol. u. Computer-Wiss. an d. Sch. of Med. Univ. Stanford; 1978–1990 Präs. Rockefeller Univ. New York City, seit 1990 Univ. Prof.; zugl. seit 1990 Adj. Prof. Columbia Univ. New York. Nobelpr. 1958. – Lit.: s. Lit. zu Kap. 22. – B: AMWS 1989–90; WWNP; IWW 1995–96.   Sch

Ledermüller, Martin Frobenius (1719–1769); aus Nürnberg; 1739 stud. Jura Univ. Jena; 1744 Notar in Nürnberg; 1760 Justizrath in Bayreuth; wirkte hier als Mitarb. im fürstl. Naturalienkabinett; widmete sich mikroskop. Untersuchungen verschiedenster Gegenstände, wobei er dem „einfachen Mikroskop" gegenüber dem „zusammengesetzten M." den Vorzug gab; starb in Nürnberg. – Lit.: (anonym) Physikalische Beobachtungen derer Saamenthiergens, Nürnberg 1756; Versuch einer gründlichen Vertheidigung derer Saamenthiergens, Nürnberg 1758; Mikroskopische Gemuethsund Augen-Ergoetzungen, 3 Bde., Nürnberg 1759–1763; Physikalisch-mikroskopische Vorstellung einer angeblichen Rockenpflanze, das Stauden-, Stock- oder Gerstenkorn genannt, Nürnberg 1765. – B: NDB (G. H. Müller).   Ja

Leeuwenhoek, Antoni [Antony] van (1632–1723); aus Delft (Holland); kaufmänn. Ausbild. in Amsterdam; dann Anstellung als „Kammerbewahrer" in Delft, wo er starb. Bildete sich autodidakt. in mikroskop. Technik u. in der Bearb. von Linsen, mit denen er zahlr. Entdeckungen in allen drei Naturreichen machen konnte; beschrieb 1674 Kleinlebewesen (Protozoen, auch parasit. Flagellaten), 1676 die Vermehrung d. Essigälchen, 1683 Nematoden (bei Fröschen), 1694 Moos- u. Rädertierchen, studierte bei Krebsen u. Insekten die Entw., Facettenaugen u. inneren Organe, bei Wirbeltieren u. a. die Spermatozoen, Blutkörperchen, Histol. des Nervensystems u. viele andere Details, die in Briefen an die *Roy. Soc.* mitgeteilt wurden; mit d. „einfachen Mikroskop" (Lupe) erreichte er mehr als 250fache Vergrößerungen. – Lit.: Ontledingen en Ontdekkingen, Leyden 1686; Opera omnia, Leyden 1715–1722 (Nachdr. 1966); Alle de brieven … = The collected letters …, Deel I- z. Z. XIII, Amsterdam 1939- z. Z. 1994. – B: DSB (J. Heniger); Dobell 1932; Schierbeck 1950–1951; Palm & Snelders 1982. – P.   Ja

Lehmann, Ernst (1880–1957); aus Dresden; stud. Naturwiss., bes. Bot., Univ. Tübingen u. Kiel; 1909 Pd. für Bot. Univ. Kiel; 1913 ao. Prof., 1922 o. Prof. für Bot. u. Dir. Bot. Inst. u. Garten Univ. (1952 em.) in Tübingen, wo er starb. Widmete sich bes. d. Vererbungsfo. an *Oenothera, Epilobium* u. *Veronica*; untersuchte auch d. Keimungsphysiologie. – Lit.: Experimentelle Abstammungs- und Vererbungslehre, Tübingen 1913. – B: Kürschner 1954, 1961.   Ja

Lehninger, Albert Lester (1917–1986); aus Bridgeport (Connecticut, USA); stud. Biochemie Wesleyan Univ. Middletown (BA 1939) u. Univ. of Wisconsin Madison (bei E. Witzemann, MS 1940, PhD 1942); 1942 Instr., 1945 Ass. Prof. für Physiolog. Chemie Univ. of Wisconsin; 1945 Ass. Prof., 1949 Assoc. Prof. für Biochemie Univ. Chicago; 1952–1978 Prof. für Physiolog.

E. R. Lankester   A. van Leeuwenhoek

Chemie Johns Hopkins Univ. Baltimore (Maryland); Lehr- u. Fo.aufenthalte 1951–1952 in Frankfurt a. M. u. Cambridge (Engl.) sowie 1964 in Rom, Padua u. Göttingen; starb in Baltimore. – Lit.: Fatty acid oxidation and the Krebs tricarboxylic acid cycle, in: J. Biol. Chem. *161* (1945): 413–414; (mit E. P. KENNEDY) Oxidation of fatty acids and bicarboxylic acid cycle intermediates by isolated rat liver mitochondria, in: ebda *179* (1949): 957–972; Biochemistry: the molecular basis of cell structure and function, New York 1970 (^{2}1975); s. a. Lit. zu Kap. 16. – B: TALALAY & LANE 1986.   Höx

Leibniz, Gottfried Wilhelm (1646–1716); aus Leipzig; stud. Philos. u. Jura in Leipzig, Jena, Altdorf (Dr. jur. 1666); 1666–1670 in Nürnberg, als Mitgl. u. Sekr. d. Geheimbundes d. Rosenkreuzer mit alchimist. u. chem. Stud. beschäftigt, dort durch VON BOINEBURG in polit. Dienst d. Kurfürsten von Mainz vermittelt, 1672 in diplomat. Mission nach Paris entsandt; bis 1676 math. Stud. in Paris (bes. bei Chr. HUYGENS), Reisen nach London u. Holland; ab 1677 Bibliothekar d. Herzogs von Hannover (ab 1691 auch von Wolfenbüttel); 1687–1690 Archiv-Stud. in Wien, Rom u. Neapel; starb in Hannover. Entwarf die Pläne zur Gründung d. wiss. Akademien in Berlin (1700) u. St. Petersburg (1724 gegr.), entwickelte u. a. Infinitesimalrechnung, math. Symbole, Indizes u. Formelschreibweisen, ein neues philosoph. System, hist. Quellenfo. u. biolog. Theorien. – Lit.: Systeme nouveau de la nature (1695), Considerations sur le principe de vie (1705), Monadologie (1714), in: Philos. Werke, hrsg. von A. BUCHENAU & E. CASSIRER, Bd. 2, Leipzig 1924; Protogaea, Göttingen 1748 (Neuausg. u. dt. Übers. von Wolf VON ENGELHARDT in: Werke, hrsg. von W.-E. PEUCKERT, Bd. 1, Stuttgart 1949); Gesamtausgabe, Berlin 1950 ff. – B: NDB (H. SCHEPERS).   Ja

Lemery, Louis (1677–1743); aus Paris; stud. Med. Univ. Paris (Dr. med. 1698); ab 1700 Mitgl. AdW zu Paris u. 1708 vertretungsweise am *Jardin du Roi* tätig; ab 1710 Arzt am Hôtel-Dieu, 1722 königl. Leibarzt, 1731 Demonstr. für Chemie am *Jardin du Roi* in Paris, wo er starb. Führte als Iatrochemiker auch chem. Untersuchungen durch. – Lit.: Traité des aliments, Paris 1702; Abh. in d. Mém. de l'Acad. Roy. Sci. Paris, T. II (1702–1708) [dt. Übers. von Wolf Balthasar Adolph VON STEINWEHR u. d. T.: Königliche Akademie der Wissenschaften in Paris: Anatomische, Chymische und Botanische Abhandlungen, zweyter Teil, Breslau 1750 – darin: Anatomische Abhandlung (1703): 145–293, Vom Honig und seiner chymischen Auflösung (1706): 716–726, Chymische und physische Versuche und Beobachtungen vom Eisen und Magnete (1706): 688–706, Vom Eisen in den Pflanzen (1706): 727–729, Daß die Pflanzen wirklich Eisen in sich halten, und daß dieses Metall von Natur zu ihrer Zusammensetzung nöthig sey (1706): 730–737]; Dissertation sur la nourriture des os, Paris 1704; weitere Arbeiten in: Mém. de l'Acad. Roy. Sci. Paris 1719–1721. – B: DSB (O. HANNAWAY).   Ja

Lenz, Fritz (1887–1976); aus Pflugrade (ehem. Pommern); stud. Med. Univ. Berlin, Breslau (Wrocław) u. Freiburg i. Br. (Dr. med. 1912 bei L. ASCHOFF); dann

Ass. bei Max VON GRUBER Univ. München (auch bei A. PLOETZ); 1919 Pd. für Hygiene, 1923 ao. Prof. für Anthropol. u. Humangenetik Univ. München u. erster dt. Lehrstuhl für Rassenhygiene; 1933–1945 o. Prof. für Anthropol. Univ. u. Dir. KWI für Anthropol. in Berlin; 1946 ao. Prof. u. Dir. Inst. für Humangenetik, 1952–1955 (em.) o. Prof. Univ. in Göttingen, wo er starb. Seine Arb. wurden u. a. für die Begründung d. faschist. Erbgesetze benutzt. – Lit.: Über die krankhaften Erbanlagen des Mannes und die Bestimmung des Geschlechts beim Menschen, Jena 1912. – B: NDB (G. LILIENTHAL).   Ja/Sch

Leonardo da Vinci (1452–1519); aus Vinci bei Empoli (Nordital.); ab 1466 Schüler d. Malers VERROCHIO in Florenz, 1472 Aufnahme in d. Malergilde; 1482–1499 als Baumeister u. Ing. am Hofe von LUDOVICO IL MORO in Mailand (im dortigen Dominikanerkloster Freskogemälde des „Abendmahls"); 1499–1506 in Florenz, dann nochmals in Mailand u. 1513–1516 in Rom, von dort an d. Hof FRANZ I. von Frankr. berufen, wo er auf Schloß Cloux bei Ambois bis zu seinem Tode wirkte. Hier auch math., physiognom. u. anat. Stud.; leitete in seiner Tafelmalerei d. Stilepoche d. Hochrenaissance ein, in der eine Hinwendung zur perspektiv. Landschaftsdarstellung, exakter Naturwiedergabe u. Abbildung menschl. Körper erfolgte. – Lit.: (hrsg. von DUFRESNE) Trattato della Pittura, Paris 1651; (hrsg. von d. Accademia dei Lincei) Codex atlanticus (Il codice atlantico), Rom 1893–1904; (hrsg. von L. GOLDSCHEIDER) Landschaften und Pflanzen, London 1952; Quaderni d'anatomia, Christiania 1911–1916. – B: DSB (K. D. KEELE); BRAUNFELS-ESCHE 1961; HUARD 1961.   Ja

Lesser, Friedrich Christian (1692–1754); aus Nordhausen (Thüringen); stud. Theol. Univ. Halle u. Leipzig; wirkte als Pfarrer in Nordhausen u. trieb naturhist. Stud. im Sinne der von W. DERHAM vertretenen Physiko-Theologie; starb in Nordhausen. – Lit.: De sapientia, omnipotentia, et providentia divina, Nordhausen 1735; Insecto-Theologia, Leipzig 1738; Theologie des insectes ou demonstration des perfections de Dieu, La Haye 1742; Testaceo-Theologia …: Betrachtungen der Schnecken und Muscheln, Leipzig 1744. – B: REIN 1992; ALH MM 452. – P.   Ja

Leszczyc-Sumiński, Jerome [eigentl. **Michael Hieronymus**] Graf (1820–1898); aus Polen; stud. (ohne Immatr.) Univ. Berlin u. Greifswald, wurde Kammerherr u. Ritter d. Malteser-Ordens; wirkte auf Gut Tuez zunächst als Maler; wandte sich später bot. Stud. zu u. entdeckte die Befruchtung bei Farnen; starb auf Schloß Tharandt bei Dresden. – Lit.: Zur Entwicklungsgeschichte der Farrnkräuter, Berlin 1848 [franz. Übers. von DUCHARTRE, in: Ann. sci. nat. Bot. (2) *11* (1849): 114–126]. – B: NDB 13: 610 (Geneal.).   Ja

Leuckart, Friedrich Andreas Sigismund (1794–1843); aus Helmstedt, Onkel von Rudolf L.; 1812 stud. Med. Univ. Göttingen (Dr. med. 1816), danach bis 1821 Studien Univ. Berlin, Breslau (Wrocław), Wien u. Halle/Saale; 1822 Habil., 1823 Pd. für Med. u. Naturgesch., 1829 ao. Prof. für Med. Univ. Heidelberg; 1832 o. Prof.

für Vergl. Anat., Physiol. u. Veterinärmed. Univ. in Freiburg i. Br., wo er starb. – Lit.: Andeutungen über den Gang der bei Bearbeitung der Naturgeschichte, besonders Zoologie von ihrem Beginne bis auf unsere Zeiten genommen ist, Heidelberg–Leipzig 1826. – B: NDB (H. Querner); Querner 1967 (W); Wunderlich 1978: 136, Anm. 18.   Ja

Leuckart, Rudolf Karl Georg Friedrich (1822–1898); aus Helmstedt, Neffe von Friedrich A. Sigismund L.; 1842 stud. Med., bes. Zool., Univ. Göttingen (bes. bei R. Wagner, Dr. med. 1845), 1845 Ass. Physiol. Inst. bei R. Wagner, 1847 Pd. für Naturgesch. der Tiere; 1850 ao. Prof., ab 1855 o. Prof. für Zool. u. Dir. d. Zool. Inst. u. Mus. Univ. Gießen; ab 1868 o. Prof. für Zool. u. Zootomie Univ. u. Dir. d. Zool. Mus., Gründer d. Zool. Inst. (Neubau 1880) in Leipzig, wo er starb. Bedeut. Hochschullehrer. – Lit.: Über die Morphologie und Verwandtschaftsverhältnisse der wirbellosen Thiere – ein Beitrag zur Charakteristik und Classification der thierischen Formen, Braunschweig 1848; Zur Morphologie und Anatomie der Geschlechtsorgane, Göttingen 1848; Beiträge zur Lehre von der Befruchtung, in: Göttinger Nachr. (1849): 113–127; (mit C. G. Bergmann) Anatomisch-physiologische Uebersicht des Thierreichs – Vergleichende Anatomie und Physiologie, Stuttgart 1852; Die Blasenwürmer und ihre Entwicklung: zugleich ein Beitrag zur Kenntniss der Cysticercusleber, Gießen 1856; Untersuchungen über *Trichina spiralis*: zugleich ein Beitrag zur Kenntniss der Wurmkrankheiten, Heidelberg 1860; Die Parasiten des Menschen und die von ihnen herrührenden Krankheiten, Leipzig 1863–1873 ([2]1879–1901); Zur Entwicklungsgeschichte des Leberegels (*Distomum hepaticum*, dt.), in: Zool. Anz. *4* (1881): 641–646; Neue Beiträge zur Kenntnis des Baues und der Lebensgeschichte der Nematoden, in: Abh. Königl. Sächs. Ges. Wiss., Math.-physikal. Cl., (1887): 565–704. – B: NDB (H. Querner); DSB (H. Schadewaldt); Wunderlich 1978 (W). – P.   Ja

Leukippos von Milet (um 460 v. Chr.); griech. Philosoph, gründete um 450 v. Chr. in Abdera eine Philosophenschule. Lehrer von Demokrit u. Begr. der antiken Atomistik. – Lit.: Zeugnisse über sein Leben u. seine Lehre sowie die wenigen erhaltenen Fragm. s.

bei Diels-Kranz, Die Fragmente der Vorsokratiker, Bd. 2, 9. Aufl., Berlin 1959: 70 ff. – B: s. a. LAW; Pauly.
                     Ha

LeVaillant [Levaillant], François (1753–1824); aus Paramaribo (Surinam); 1763 Rückkehr mit d. Eltern nach Europa, Apothekerlehre in Metz bei J. B. Bécoeur, der ihn in d. Naturgesch. einführte; 1777 Stud. in versch. Naturalienkabinetten in Paris, 1780 bei Temminck in Leiden; 1781–1784 Reisen durch Südafrika, von wo er eine reichhaltige Vogelslg. mitbrachte; ließ sich nach Rückkehr in Paris nieder; starb in La Noue bei Sézanne (Champagne, Frankr.). – Lit.: Voyage … dans l'Intérieur de l'Afrique par le Cap de Bonne-Espérance dans les Années 1780, 81, 82, 83, 84 et 85, 2 tom., Paris 1790 ([2]l'An VI [1798]; auch: Bruxelles 1791; dt.: mit Anm. von J. R. Forster, Berlin 1790; engl.: London 1790); Second Voyage dans l'Intérieur de l'Afrique par le Cap de Bonne-Espérance, dans les années 1783, 84 et 85, 2 vol., Paris l'An III [1795] (nouv. èd., 3 vol., Paris l'An XI [1803]; auch: 3 Bde., Amsterdam 1797; dt. von J. R. Forster, Berlin 1796; engl.: London 1796); Histoire Naturelle des Oiseaux d'Afrique, 6 Bde., Paris 1799–1808; Histoire naturelle d'une partie d'oiseaux nouveaux et rares de l'Amérique et des Indes: ouvrage destiné par l'auteur à faire partie de son Ornithologie d'Afrique, Paris l'An IX [1801]; Histoire naturelle des perroquets, 2 vol., Paris l'An IX–XIII [1801–1805]; Histoire naturelle des oiseaux de paradis, des rolliers, et des promerops, 3 vol., Paris [1801?]. – B: Henze 1993; Stresemann 1951.   Hth/Sch

Levène, Phoebus Aaron Theodor (1869–1940); aus Sagor (Rußland); 1886 stud. Militärmedizin. Akad. in St. Petersburg (Dr. med. 1891); ab 1891 med. Praxis in New York, dann stud. Chemie an d. Bergwerkssch. Columbia Univ. New York; 1896 Mitarb. für Physiol. Chemie am Pathol. Inst. des staatl. Hosp. New York; nach Stud.aufenth. in d. Schweiz u. Dtl. 1905–1939 Ltr. d. biochem. Abt. am *Rockefeller Inst. for Med. Res.*; starb in New York. – Lit.: (mit W. A. Jacobs) Über Hefe-Nucleinsäure, in: Ber. Dt. chem. Ges. *42* (1909): 2474–2478 u. 2703–2706; On the structure of the thymus nucleic acid, in: J. Biol. Chem. *12* (1912): 411–420; The structure of yeast nucleic acid, in: ebda *40* (1919): 415–424; The revolt of the biochemists, in: Science *74* (1931): 23–27; (mit L. W. Bass) Nucleic acids, New York 1931. – B: DSB (A. J. Ihde); Poggendorff VI, VII b.   Ja

Levi-Montalcini, Rita (geb. 1909); aus Turin; stud. Med. Univ. Turin (Dr. med. 1936), 1938–1941 Schülerin u. dann Ass. von G. Levi in Turin u. Brüssel, wo sie sich für Neurobiol. spezialisierte; während d. dt. faschist. Invasion 1943–1944 Zuflucht in Florenz, dort 1944–1945 Ärztin in Zentrum für Flüchtlinge; 1947 Res. Assoc. Zool., 1951 Assoc. Prof. für Biol., 1958–1977 Prof. Dep. Zool. Washington Univ. St. Louis (USA); zugl. ab 1960 Dir. Neurobiol. Fo.verband am *Higher Inst. of Health* in Rom; 1977–1979 (em.) Dir. Labor. Zellbiol. des Nationalen Fo.rates in Rom; Nobelpr. 1986. – Lit.: s. Lit. zu Kap. 14. – B: AMS 1961; WWI 1994; Penzlin 1987: 352.   Hth

Fr. Ch. Lesser 1753

R. Leuckart

Leydig, Franz von (1821–1908); aus Rothenburg ob der Tauber; ab 1840 stud. Med. Univ. Würzburg u. München; 1849 Pd., 1855 ao. Prof. für Anat. Univ. Würzburg; 1857 o. Prof. für Vergl. Anat. Univ. Tübingen, 1875–1887 Univ. Bonn; starb in Rothenburg o. d. Tauber. Widmete sich bes. der vergl. Histol. des Menschen u. der Tiere, Begr. der vergl. Gewebelehre. – Lit.: Zelle und Gewebe, Frankfurt a. M. 1885; Nervenkörperchen in der Haut der Fische, in: Zool. Anz. *11* (1888): 40–44. – B: NDB (A. Geus); DSB (P. Glees). Ja

Leyhausen, Paul (1916–1998); aus Bonn; stud. Zool., Bot., Geol., Paläontol. u. Psychol. Univ. Bonn, Königsberg u. Freiburg i. Br. (Dr. rer. nat. 1948); 1948/1949 Hilfsarb., 1949 Ass. Univ. Berlin; 1949–1952 Fo.stipendiat im Kultusministerium Nordrhein-Westfalen, zugl. Lehrauftrag Univ. Bonn (Dipl.-Psych. 1950); 1952–1958 Referent für Biol. am Inst. für d. wiss. Film in Göttingen; 1958 Ass., 1968–1981 (em.) Ltr. d. Arbeitsgruppe Wuppertal am MPI für Verhaltensphysiol. in Wuppertal; gleichz. 1964–1970 Lehrauftrag für Tierpsychol. Univ. Bonn; 1967 Pd., 1970 apl. Prof. Univ. Düsseldorf. – Lit.: Verhaltensstudien an Katzen, Berlin u. Hamburg 1956 ([4]1974); (mit K. Lorenz) Antriebe tierischen und menschlichen Verhaltens, München 1968. – B: Kürschner 1992; WerD 1996/97; Autobiogr. in Dewsbury 1989. Ja

Lhotsky, Jan [Johann, John] (1800–nach 1861); aus Lemberg (Galizien/Lwow, Ukraine); 1814–1816 stud. Med. Univ. Prag, dann Berlin u. Wien (Dr. med. *in absentia* 1819 Univ. Jena); 1830–1831 Fo.- u. Sammelreise nach Bahia (Brasilien), 1832–1836 in Australien, ab 1836 in Hobart Town (Tasmanien); 1838 in London zur Auswertung seiner zool. Slgn.; ohne feste Anstellungen, 1848 in Österr. polit. aktiv, 1849 krank in Wien, 1850 in Prag, dann nach Dresden u. London; ab 1858 Arb. für d. Londoner Dt. Ztg.; Todesjahr u. -ort unbekannt. Pionier d. zool. Fo. in Australien, bedeut. Slgn. in den Museen Berlin, London, Prag u. Adelaide. – Lit.: Journey to the Australian Alps, Sydney 1835 (unvollst.). – B: ÖBL. Ja

Lichtenstein, Hinrich Martin (1780–1857); aus Hamburg; stud. Med. Univ. Jena u. Helmstedt; 1804–1806

als Hausarzt des Gouverneurs der Kapkolonien (G. Janssens) in Südafrika, wo er Reisen u. zool. Stud. unternahm; 1810 Pd., ab 1811 o. Prof. für Zool. Univ. Berlin u. ab 1813 Dir. des Zool. Mus., das er mitbegr. hatte; 1842 auch Gründung u. Ltg. des Zool. Gartens Berlin; starb auf einer Seereise zw. Korsör u. Kiel. – Lit.: Reisen im südlichen Afrika, 2 Bde., Berlin 1810–1811. – B: ADB (W. Hess); Stresemann 1960. – P. Ja

Liebig, Justus Freiherr von (1803–1873); aus Darmstadt; 1820–1821 stud. Chemie Univ. Bonn, dann Erlangen, 1823 É. Polytechnique Paris (bei Gay-Lussac); 1824 ao. Prof., 1825 o. Prof. für Chemie Univ. Gießen u. Gründung des Chem. Labor.; 1852 o. Prof. für Chem. Physiol. Univ. in München, wo er starb. Schöpfer der Agrikulturchemie, mit der eine neue Periode für die Landw. begann; Propagator der Mineraltheorie der Pflanzenernährung. – Lit.: Ueber die Erscheinung der Gährung, Fäulnis und Verwesung und ihre Ursachen, in: Ann. Chem. *30* (1839): 250–287; Die organische Chemie in ihrer Anwendung auf Agricultur und Physiologie, Braunschweig 1840; Die Thierchemie oder die organische Chemie in ihrer Anwendung auf Physiologie und Pathologie, Braunschweig 1842; Chemische Briefe, Heidelberg 1844 ([5]Leipzig 1865); Die Entwicklung der Ideen in der Naturwissenschaft, München 1866. – B: NDB (C. Priesner); DSB (F. L. Holmes); Paoloni 1968 (W). Ja

Lindley, John (1799–1865); aus Catton bei Norwich (Engl.); nach naturwiss. Erziehung im Elternhaus u. Schulabschluß mit 16 Jahren als Vertreter eines brit. Samenhändlers nach Belgien; hier Übers. eines bot. Werkes von L. C. M. Richard ins Engl.; 1818 oder 1819 Ass. bei Joseph Banks in dessen Bibl. u. Herbarium, Zus.arb. mit Robert Brown; nach Bank's Tod 1820 fertigte er Zeichnungen für d. *Horticultural Soc.*, hier ab 1822 bis Lebensende festangestellt, zunächst als Ass. Sekr. im neueingericht. *Chiswick Garden*, 1827 „General Ass. Sekr." u. 1858 als Sekr. d. *Roy. Horticultural Soc.* London; gleichz. nach Aufnahme in d. *Roy. Soc.* 1828 Prof. für Bot. an d. neugegr. Univ. London; starb in Turnham Green (Middlesex, Engl.). Auf Veranlassung von von Martius 1832 Dr. phil. h. c. Univ. München. – Lit.: An Introduction to a Natural System of Classification, London 1830; Vegetable Kingdom, London 1846. – B: DSB (W. T. Stearn). Eis/Sch

Link, George Konrad Karl (1888–?); aus Mount Clemens (Michigan, USA); stud. Univ. of Illinois Chicago (PhD 1916); danach im Bureau of Plant Industry d. USDA tätig; ab Mitte d. 30er Jahre Prof. für Pflanzenpathol. Univ. of Illinois Chicago. – Lit.: Etiological phytopathology, in: Phytopathol. *23* (1933): 843–862. – B: BDB Hunt; NUC. Höx/Sch

Link, Johann Heinrich Friedrich (1767–1851); aus Hildesheim; 1786 stud. Med. u. Naturwiss. Univ. Göttingen (bes. bei Blumenbach, Dr. med. 1789); 1789 Pd. für Med. u. Naturwiss., 1790 Pd. für Arzneiwiss. Univ. Göttingen; 1792 o. Prof. für Naturgesch., Chemie u. Bot. Univ. Rostock; 1811 o. Prof. für Chemie u. Bot. u. ab 1812 Dir. Bot. Garten Univ. Breslau (Wrocław);

H. Lichtenstein

C. von Linné 1750

1815 o. Prof. für Bot. Univ. in Berlin, wo er starb. Steht mit seinen vielfält. Naturfo. (Physik, Chemie, Bot., Mineral.) in der Tradition d. Kantschen Linie d. Naturfo.; Anhänger der von Blumenbach geprägten Epigenesis-Auffassung. – Lit.: Ueber Naturphilosophie, Leipzig u. Rostock 1806; Grundlehren der Anatomie und Physiologie der Pflanzen, Göttingen 1807; Elementa philosophiae botanicae, Berlin 1824. – B: NDB (F. Butzin); Wagenitz 1988.   Ja/Sty

Linné, Carl von (1707–1778); aus Råshult (Småland, Schweden); 1727 stud. Med. Univ. Lund, 1728 Univ. Uppsala (bes. bei Rudbeck); 1730 Demonstr. für Bot. (Entwurf d. Gartenkatalogs nach seinem Sexualsystem); 1732 Reise nach Lappland, 1733 Aufenth. in Falun (mineralog. Vorlesungen); 1735 Stud.reise nach Holland (Dr. med. 1735 Univ. Harderwijk), Besuch bei Boerhaave in Leiden u. Burmann in Amsterdam, Leibarzt u. Gartenkustos bei Clifford in Hartekamp; 1736 Reise nach London u. Oxford, Besuch bei Sloane; 1737 in Leiden bei Gronovius u. van Royen; 1738 Reise nach Paris u. zurück nach Schweden; 1738–1741 ärztl. Praxis in Stockholm, Admiralitätsarzt u. Doz. im Bergkollegium; Mitbegr. der schwed. AdW (1739) u. erster Präs.; ab 1741 Prof. für Prakt. Med., l742 Prof. für Theoret. Med. u. Dir. Bot. Garten Univ. Uppsala, wo er bis zum Lebensende wirkte; Fo.reisen nach Westgotland (1746) u. Schonen (1749); 1747 Ernennung zum königl. Leibarzt, 1762 Adelstitel; starb in Uppsala. Anlage großer Slgn. auf seinem Landgut Hammarby. – Lit.: Systema naturae, Leiden 1735 (10. Aufl. Stockholm 1757–1759, 11. Aufl. 1760–1761; dt. nach d. 12. lat. Ausg. u. d. T.: Vollständiges Natursystem, Nürnberg 1773); Fundamenta botanica, Amsterdam 1736; Flora Lapponica, Amsterdam 1737; Genera plantarum, Leiden 1737 (Nachdr. London 1960); Critica botanica, Leiden 1737; Flora Suecica, Stockholm 1745; Amoenitates academica, Bd. 1, Stockholm 1749; Philosophia botanica 1751; Species Plantarum, Stockholm 1753. – B: DSB (S. Lindroth); Autobiogr. 1826; Hageberg 1946; Goerke 1989. – P.   Ja

Linschoten, Jan Hughen van (1563–1611); aus Haarlem; 1579 als Kaufmann (zeitw. mit Aufträgen des Augsburger Handelshauses Fugger) auf die Iberische Halbinsel, 1583–1589 in Goa a. d. Westküste von Vorderindien, 1589–1591 auf den Azoren; 1592 über Lissabon Rückkehr nach Enkhuizen (Holland); bereiste 1594–1595 Ostindien u. Indonesien, dessen Landschaften u. Bewohner er geograph., natur- u. kulturgeschichtl. zu erkunden u. zus. mit den Reisewegen durch das Rote Meer, den Pers. Golf, den Ind. Ozean u. zw. Japan u. Mittelamerika durch d. Pazifik zu beschreiben begann. – Lit.: Reysgheschrift, Amsterdam 1595; Itinerario, Amsterdam 1596. – B: NNBW.   Hpp

Lipmann, Fritz Albert (1899–1986); aus Königsberg (Kaliningrad, Rußl.); 1917–1927 stud. Univ. Königsberg, München u. Berlin (Dr. med. 1924, Dr. phil. 1927); 1927 Fo.-Ass. KWI, 1929 Prof. in Meyerhof's Labor. in Heidelberg, 1930 in A. Fischer's Labor. in Berlin; 1931 *Rockefeller* Fell. am Rockefeller Inst. Med. Res. New York; 1932 Emigr. nach Dänemark u. Fo.-Mitarb. am Biol. Inst. Carlsberg Kopenhagen; 1939

Emigr. in d. USA, Fo.-Mitarb. Dep. für Biochemie Cornell Univ. Sch. of Med. New York; 1941 Res. Fell. für Chirurgie, 1943 Mitarb. für Biochemie, 1949 Prof. für Biol. Chemie am Massachusetts General Hosp. d. Harvard Univ. Sch. of Med. Boston; 1957–1986 Prof. Rockefeller Univ. New York; starb in Poughkeepsie (New York, USA). Nobelpr. 1953. – Lit.: s. Lit. zu Kap. 22. – B: BHE; WWNP; Autobiogr. 1971.   Sch

Lisenko, Trofim Denisovič s. Lysenko, T. D.

Lister, Joseph Baron (1827–1912); aus Upton (Essex, Engl.); stud. Med. Univ. London (BA 1847, BM 1852); 1860 Prof. für Chirurgie Univ. Glasgow; 1869–1877 Prof. für Klin. Chirurgie Univ. Edinburgh; ab 1877 o. Prof. (Lehrstuhl) für Klin. Chirurgie Univ. London u. ärztl. Praxis; ab 1908 prakt. Arzt in Walmer (Deal, Kent), wo er starb. Maßgeblich an d. Aufklärung von Infektionskrankheiten u. Entw. von Desinfektionsmethoden beteiligt; 1895–1900 Präs. *Roy. Soc.* London. – Lit.: On the causation of putrefaction and fermentation, Glasgow 1869; On the origin and distribution of microzymes (Bacteria) in water, Edinburgh 1871; A further contribution to the natural history of Bacteria and the germ theory of fermentative changes, in: Quarterly J. Microscop. Sci., N.S., *15* (1873): 380–408; The collected papers of Joseph Baron Lister, 2 Bde., Oxford 1909; s. a. Lit. zu Kap. 21. – B: DSB (C. E. Dolman); Koelbing 1991.   Ja

Lister, Martin (1639–1712); aus Buckinghamshire (Engl.); stud. Med. u. Naturgesch. *St. John's Coll.* Cambridge (BA 1658, MA 1662), 1663–1666 stud. Med. an d. Med. Fak. Montpellier; ab 1669 ärztl. Praxis in York, außerdem Pionierarbeiten über Zool. wirbelloser Tiere, bes. Mollusken (Dr. med. 1684 Univ. Oxford); wirkte ab 1684 in London, 1687 als Mitgl. des *Coll. of Physicians*; starb in Epson (Engl.). 1685 Präs. *Roy. Soc.* London; schenkte seine Conchylienslg. dem *Ashmolean Mus.* – Lit.: Historia animalium Angliae tres tractatus, London 1678; Historiae Conchyliorum…, 6 Bücher, London 1685–1692. – B: DSB (J. Carr); Dörfelt & Heklau 1998.   Ja

Lobelius, Matthias (1538–1616); aus Lille (Flandern); stud. Med. in Montpellier; nach Reisen durch Südfrankr., Ital., Schweiz, Dtl. u. Engl. als Arzt in Antwerpen u. Delft, dann als königl. Botaniker in Engl., wo er während der Erarbeitung eines illustr. Kräuterbuches starb. – Lit.: Stirpium adversaria nova, London 1570; Plantarum seu stirpium historia …, Antwerpen 1576; Kruydtboek, Antwerpen 1581. – B: DSB (J. C. Mallet & P. Jovet); Morren 1875.   Ja

Loeb, Jacques (1859–1924); aus Mayen a. d. Mosel; stud. Med. Univ. Würzburg (bei A. Fick) u. Straßburg (bei F. F. Goltz), wo er neurophysiolog. arbeitete (Dr. med. 1888); wanderte 1891 in d. USA aus; 1900 Prof. für Physiol. Univ. Chicago, 1902 Univ. of California; starb in Hamilton (Bermuda, USA). Gehört zu den Pionieren d. amerikan. Physiol., initiierte eine biochem. orientierte Richtung d. Entw.physiol.; führte experim. Untersuchungen über Reizphysiol., Entw.physiol. u. künstl. Parthenogenese durch; Mitbegr. des *J. of General Physiology*. – Lit.: Der Heliotropismus der Thiere und seine Uebereinstimmung mit dem Heliotropismus der Pflanzen, Würzburg 1890; Untersuchungen zur physiologischen Morphologie der Thiere, 2 Bde. (Bd. I: Über Heteromorphose), Würzburg 1891, 1892; Einleitung in die vergleichende Hirnphysiologie, Leipzig 1899; On the transformation and regeneration of organs, in: Am. J. Physiol. *4* (1900): 60–68; On the production and suppression of muscular twitchings, Chicago 1902; The dynamics of living matter, New York 1906; Is species-specifity a Mendelian character?, in: Science *45* (1917): 191–193; Regeneration from a physico-chemical viewpoint, New York 1924; Die Eiweißkörper, Berlin 1924; s. a. Lit. zu Kap. 14 u. 15. – B: DSB (D. FLEMING); Biobibliographie 1930. – P. Ja

Loeb, Leo (1869–1959); aus Mayen a. d. Mosel, Bruder von Jacques L.; nach 1889 kurze Stud.aufenth. Univ. Heidelberg, Berlin, Freiburg i. Br. (bei A. WEISMANN) u. Basel (bei BUNGE u. MIESCHER); 1890–1892 u. 1895–1897 stud. Med. Univ. Zürich (Dr. med. 1897 bei Hugo RIBBERT); dazw. Klinik-Praktika Univ. Edinburgh u. Med. Sch. of London Hosp.; wanderte dann in d. USA aus, zunächst Arb. im Physiol. Labor. seines Bruders in Woods Hole, Univ. Chicago; danach im Inst. d. Med. Sch. Univ. Illinois, 1903/1904 in Montreal, wo er Untersuchungen über Krebsgeschwulst u. ihre Hormonbehandlung durchführte; 1904–1910 am Dep. of Pathol. Univ. Pennsylvania; 1915 o. Prof. (Lehrstuhl) für Pathol., ab 1924 Ltr. des Dep. für Pathol. Univ. Washington; später Dir. d. Krebsforschungszentrums am Bernard Hosp. in St. Louis, wo er starb. – Lit.: Growth of tissue in culture media and its significance for the analysis of growth phenomena, in: Anat. Rec. *6* (1912): 190 ff.; The biological basis of individuality, Springfield 1944; Cancer and process of aging, in: Biol. Symp. *11* (1945): 197 ff.; Organismal differentials and organ differentials, in: Proc. Nat. Acad. Sci. *39* (1953): 127–134. – B: DSB (F. PARKER); Autobiogr. 1958; Werk-Verz. 1961. Ja

Loeffler, Friedrich (1852–1915); aus Frankfurt/Oder; stud. Med. Univ. Würzburg u. am militärärztl. FWI in Berlin (Dr. med. 1874 Univ. Berlin); 1876–1879 Mili

tärarzt in Hannover u. Potsdam; 1879 am Gesundheitsamt Berlin, ab 1880 erster Mitarb. von R. KOCH, 1884 Stabsarzt am FWI, 1886 Pd. für Hygiene Univ. Berlin; 1888 o. Prof. für Hygiene Univ. Greifswald; ab 1913 Dir. Inst. für Infektionskrankheiten (Nachf. von GAFFKY) in Berlin, wo er starb. Entdeckte u. a. die Erreger d. Diphtherie u. versch. Tierseuchen, vertrat wie BEHRING u. BUCHNER die Serumtheorie u. fand ein Schutzserum gegen Maul- u. Klauenseuche; Entw. von Methoden u. Technik bakteriolog. Untersuchungen. – Lit.: Zur Immunitätsfrage, in: Mitt. kaiserl. Gesundheitsamt *1* (1881): 134–187; Untersuchungen über die Bedeutung der Mikroorganismen für die Entstehung der Diphtherie, in: Mitt. kaiserl. Gesundheitsamt *2* (1884): 421–499; (mit P. FROSCH) Berichte der Kommission zur Erforschung der Maul- und Klauenseuche, in: Cbl. Bakt. u. Parasitenkunde, I. Abt. Orig., *23* (1898): 371–391; s. a. Lit. zu Kap. 21. – B: NDB (J. BOESSNECK); DSB (G. H. BRIEGER); DITTRICH 1963; MOCHMANN & KÖHLER 1984: 215–219. – P. Ja/Sch

Loefling, Per [auch **Löfling, Pehr**] (1729–1756); aus Tollfors (Schweden); 1743 stud. Med. Univ. Uppsala (bes. Bot. bei LINNÉ); auf Veranlassung von LINNÉ 1751 nach Span. zum Stud. d. dortigen Flora; in Madrid Mitarb. bei J. DE CARVAJAL, spez. in d. Bot., Zool. u. Geol.; half bei d. Einführung des Systems von LINNÉ in Span.; in Puerto de Santa María (Cádiz) Arb. über Ichthyologie; 1753 als königl. span. Botaniker Teiln. an d. Grenzvermessungs-Exped. von J. DE ITURRIAGA in Neu-Andalusien (Venezuela); 1754 in Cumaná, untersuchte die Flora u. Fische des Mündungsgebietes des Orinoco u. die med. Pflanzen Venezuelas; starb in San Antonio de Caroní (Venezuela). – Lit.: (utg. af C. LINNAEUS) Iter Hispanicum, eller Resa til Spanska Länderna ..., Stockholm 1758 (dt. von A. B. KÖLPIN: Reise nach den spanischen Ländern in Europa und America ..., 3 Bde., Berlin u. Stralsund 1766, ²Berlin 1776); (ed. A. J. BARREIRO) De Madrid a Cádiz en 1753, in: Bol. Real Soc. Geográfica, *66* (1926): 7–31; Regnum lapidoreum y Piscis gaditana [unveröffentl. Ms. im Bot. Garten Madrid]. – B: SBA; DhCmE (T. F. GLICK); HENZE 1993. LGB/Sch

Loewi, Otto (1873–1961); aus Frankfurt a. M.; 1891 stud. Med. u. analyt. Chemie Univ. Straßburg (u. a. Klin. Med. bei Bernhard NAUNYN u. Pharmakol. bei Oswald SCHMIEDEBERG, Dr. med. 1896) u. München; anschl. Praktika d. Analyt. anorg. Chemie bei Martin FREUND in Frankfurt a. M. u. Physiol. Chemie im Labor. von Franz HOFMEISTER in Straßburg; 1897 Ass. am Stadtkrankenhaus Frankfurt a. M. (bei VON NOORDEN); 1898 Ass. (bei Hans Horst MEYER), 1900 Pd., 1904 ao. Prof. u. kurzzeitig als Vertr. für H. H. MEYER Dir. Pharmakol. Inst. Univ. Marburg; dazw. 1902/03 im physiol. Labor. bei E. H. STARLING in London; 1905 folgte er H. H. MEYER als Ass. nach Wien, 1907 ao. Prof. Univ. Wien; 1909 o. Prof. u. Dir. Pharmakol. Univ. Graz; nach Verhaftung durch d. Faschisten Emigr.: 1938 *Fondation Francqui* Brüssel, 1939 *Nuffield Inst.* Oxford/GB (bei J. A. GUNN), 1940–1961 Rockefeller Res. Prof. für Pharmakol. Coll. of Med. Univ. in New York, wo er starb. Nobelpr. 1936. – Lit.: Über humorale Übertragbarkeit der Herznervenwir

J. Loeb 1925

Fr. Loeffler

kung, in: Pflügers A. Physiol. *189* (1921): 239–242; s. a. Lit. zu Kap. 15. – B: DSB (G. L. Geison); Poggendorff VII a; BHE; WWNP; Dale 1962 (W); Lembeck & Giere 1968.   Sch

Lohmann, Hans (1863–1934); aus Hannover; 1885–1889 stud. Physiol. Univ. Göttingen, Kiel u. Greifswald (Dr. phil. 1889 Univ. Kiel), Schüler von Victor Hensen; 1893 Habil. für Zool., 1898 Ass. bei Hensen Zool. Inst. Univ. Kiel; 1902 Sekr. *Preuß. Kommission zur wiss. Untersuchung d. dt. Meere*; 1904 Prof. Univ. Kiel; 1913 Kustos, 1914 Dir. Naturhist. Mus. Hamburg; 1919–1933 (em.) o. Prof. für Zool. an d. neugegr. Univ. Hamburg; starb in Blankenese bei Hamburg. Führte v. a. Plankton-Stud. in Kieler Bucht, Mittelmeer bei Messina (1896) u. Syrakus (1900) u. Nordatlantik (1902, 1911) durch; erstellte Fo.plan für biolog. Arb. d. *Meteor-Exped.* (1925–1927); leitete neue Periode d. Plankton-Fo. ein durch Kombination dreier Fangmethoden (Netz, Zentrifuge, Filter); prägte d. Begriff „Nannoplankton". – Lit.: Die Coccolithophoriden, in: A. Protistenkunde *1* (1902): 89–165; Die Gehäuse und Gallertblasen der Appendicularien und ihre Bedeutung für die Erforschung des Lebens im Meer, in: Verh. Dt. Zool. Ges. (1909): 200–239; Über das Nannoplankton und die Zentrifugierung kleinster Wasserproben zur Gewinnung desselben im lebenden Zustand, in: Int. Rev. Gesamten Hydrobiol. u. Hydrogr. *4* (1911): 1–38. – B: NDB (H. Weidner); Mägdefrau 1992; Klatt 1935 (W).   Ja

Lohmann, Karl (1898–1978); aus Bielefeld; stud. Chemie Univ. Berlin; 1929 Pd. für Physiol. Chemie Univ. Berlin, 1930 Pd. Univ. Heidelberg; 1937 ao. Prof., dann o. Prof. für Physiol. Chemie Univ. Berlin, 1945–1964 (em.) auch Dir. des neugegr. Inst. für Biochemie AdW in Berlin, wo er starb. Arbeitete spez. über chem. Prozesse im Muskelgewebe u. entdeckte die Schlüsselrolle des ATP. – Lit.: Über die Pyrophosphatfraktion im Muskel, in: Naturwiss. *17* (1929): 624–625; Über die enzymatische Aufspaltung der Kreatinphosphorsäure: zugleich ein Beitrag zum Chemismus der Muskelkontraktion, in: Biochem. Z. *271* (1934): 264–277; Aufspaltung der Adenylpyrophosphorsäure mit Argeninphosphorsäure in Krebsmuskulatur, in: ebda *282 B* (1935): 109–119; Konstitution der Adenylpyrophosphorsäure und Adenosindiphosphorsäure, in: ebda, S. 120–123; Umsatz von Phosphorsäure-Verbindungen in Organen, in: Z. Angew. Chemie *48* (1935) I: 165. – B: NDB (C. Priesner).   Ja

Lonicerus [Lonitzer], Adam (1527–1586); aus Marburg; stud. Philos. u. Med. Univ. Marburg (MA 1545, Dr. med. 1554), dann Mainz; 1553 Prof. für Math. Univ. Marburg; 1554 Stadtphysikus in Frankfurt a. M., wo er starb. Pflegte die Bot. vorw. unter med.-pharmazeut. Aspekt. – Lit.: Methodus rei herbariae …, Frankfurt 1540; Naturalis historiae opus novum …, (2 Tle.), Francofurti 1551[–1555?] (²1565 u. d. T.: Botanicon …); dt. Ausg.: Kreuterbuch: künstliche Conterfeyung der Bäume, Stauden, Kräuter …, Franckfort 1557 (bis 1616 mehrere Aufl.; 1679 postum bearb. von Peter Uffenbach; Neudr. 1934, 1962). – B: DSB (K. Figala).   Sch

López Seoane, Víctor (1832–1900); aus Ferrol (Span.); stud. in Tui y Santiago de Compostela (u. a. bei José Planellas, BA 1851), dann stud. Med. Univ. Madrid, Granada u. Santiago (Lic. 1861, BS 1866); 1853/1854 Doz. für Bot. am Museo Popular; 1862 Prof. für Naturgesch. am neugegr. *Inst. de Bachillerato* in La Coruña u. Gründer d. naturgeschichtl. Kabinetts; 1866–1870 Marine-Arzt in Ferrol; danach vorw. in Provinzverwaltungsämtern in La Coruña tätig, 1897 bis zu seinem Tode Präs. d. *Consejo provincial de Agric., Industria y Comercio*. Bedeut. Fo. zur Systematik d. Fauna von Galizien; beschrieb versch. Taxa, bes. von Insekten u. Wirbeltieren (Reptilien u. Vögel). – Lit.: Die Orthopteren der Spanisch-Portugiesischen Halbinsel, in: Stettiner Entomolog. Z. (1878); Identidad de *Lacerta schreiberi* (Bedriaga) *y Lacerta viridis var. gadovi* (Boulenger) e investigaciones herpetológicas de Galicia, A Coruña 1884; Examen crítico de las Perdices de Europa, particularmente de las de España y descripción de dos nuevas formas de *Galicia*, A Coruña 1891. – B: DiccGalicia (X. A. Fraga Vázquez); Fraga Vázquez 1992.   Fra/Sch

Lorentz, Paul Günther (1835–1881); aus Kahla bei Jena; stud. Theol. Univ. Jena (daneben Bot. bei M. J. Schleiden) u. Erlangen (Forts. bot. Stud. bei A. Schnizlein; Kand.theol. 1858 in Altenburg); 1858 stud. Bot. Univ. München (bei C. W. Nägeli, Prom. 1860), 1864 Pd. für Bot.; 1860–1869 hpts. Fo. zur Entw.gesch., Anat., Systematik u. geograph. Verbreitung der Moose; 1870 Prof. für Bot. an d. neugegr. Naturwiss. Fak. Univ. Córdoba (Argentinien); ergebnisreiche Fo.reisen ins Landesinnere; 1874 aus polit. Gründen entlassen; ab 1875 Gymnasialprofessor am *Colegio Nacional* in Concepción del Uruguay, von hier aus bis 1881 ebenfalls Fo.reisen; starb in Concepción del Uruguay (Argentinien). Entdeckte über 1000 unbekannte Pflanzenarten, beschrieb Vegetationsgebiete u. erarbeitete erste pflanzengeograph. Karte von Argentinien. – Lit.: Moosstudien, Leipzig 1864; Verzeichnis der europäischen Laubmoose, Stuttgart 1865; Studien zur Anatomie des Querschnitts der Laubmoose, Berlin 1869; Die Vegetationsverhältnisse der Argentinischen Republik, in: Richard Napp, Die Republik Argentinien, Buenos Aires 1876: 86–149. – NDB (K. Mägdefrau).   Hpp

Lorenz, Joseph Roman (1825–1911); aus Linz; 1844–1848 stud. Jura Univ. Wien, dann Naturwiss. Univ. Graz (Lehramtsprüfung für Naturgesch., Physik u. Philos. 1850); 1852 Gymnasiallehrer in Salzburg, 1855–1861 in Fiume; Dr. phil. 1861; 1861 Minister für Handel u. Volkswirtsch., 1868–1892 (i. R.) Referent für Unterricht, Versuchswesen u. Statistik im Ackerbau-Ministerium. – Lit.: Allgemeine Resultate aus den pflanzengeographischen und genetischen Untersuchungen der Moore im präalpinen Hügellande Salzburgs, in: Flora *41* (1858); Die Bodenkultur Österreichs, Wien 1873; (mit C. Rothe) Lehrbuch der Klimatologie für Land- und Forstwirthe, Wien 1874; Die Donau, ihre Strömungen und Abladungen, Wien 1880. – B: DBA.   Eis/Sty

Lorenz, Konrad (1903–1989); aus Wien; stud. Med. u. Zool. in New York u. Wien (Dr. med. 1928, Dr. phil.

1933); 1928–1935 Ass. am II. Anatom. Inst., 1937 Pd. für Vergl. Anat. u. Tierpsychol. Univ. Wien; 1940–1944 o. Prof. für Psychol. u. Ltr. des Inst. für Psychol. Univ. Königsberg (heute Kaliningrad); nach Kriegsdienst u. -gefangenschaft 1949 Gründung d. Inst. für Vergl. Verhaltensphysiol. Österr. AdW in Altenberg; 1951 Ltr. Fo.stelle für Verhaltensphysiol. am MPI für Meeresbiol. Wilhemshaven; zugl. 1953 Hon. Prof. Univ. Münster; ab 1954 stellv. Dir. u. Abt.-Ltr. MPI für Verhaltensphysiol. Wilhemshaven, dann Buldern, dann Seewiesen, hier 1961–1973 Dir.; zugl. 1957 Hon. Prof. Univ. München; 1973 Ltr. Abt. Tiersoziol. am Inst. für Vergl. Verhaltensfo. Österr. AdW in Altenberg sowie Hon. Prof. Univ. Wien u. 1974 Salzburg; starb in Altenberg (Österr.). Mitbegr. der Ethologie; Nobelpr. 1973. – Lit.: Die angeborenen Formen möglicher Erfahrung, in: Z. Tierpsychol. *5* (1943): 235–409; Das sogenannte Böse, Wien 1963; Über tierisches und menschliches Verhalten, München 1966; Evolution des Verhaltens, in: Nova Acta Leopoldina, N.F., *42* (1975) 218: 272–290; Vergleichende Verhaltensforschung, Wien 1978. – B: Autobiogr. 1989; FESTETICS 1983 (W); HASSENSTEIN 1990. – P.   Ja/Sch

Loscos y Bernal, Francisco (1823–1886); aus Samper de Calanda (Teruel, Span.); stud. Pharm. Univ. Madrid; dann Apotheker in d. Provinzen Zaragoza u. Teruel; priv. entomol. u. bot. Fo.; starb in Castelserás (Teruel). – Lit.: (mit José PARDO SASTRON) Serie inconfecta plantarum indigenarum aragoniae, Dresden 1863 (2. Aufl. in Kastellan.: Alcañiz 1866–1867); Tratado de plantas de Aragón, Madrid 1876–1886. – B: DhCmE (C. CARLES GENOVÉS).   LGB/Sch

Lotsy, Jan Paulus (1867–1931); aus Dordrecht (Niederl.); stud. Bot. Agric. Coll. Wageningen (Niederl.), 1886–1890 Univ. Göttingen (Dr. phil. 1890); 1890–1895 Doz. Johns Hopkins Univ.; 1895–1900 bot. Fo. auf Java; 1902 Sekr. des *Bot. Centralblatt*, 1904–1909 Doz. für Bot. Systematik Univ. Leiden u. Dir. des *Rijksherbarium*, Gründung eines Versuchsgartens in Haarlem u. Velp zum Stud. des Artproblems bei Pflanzen; 1920–1930 Reisen in Nordamerika, Neu-Seeland, Südafrika u. Ägypten; starb in Voorburg (Niederl.). – Lit.: Vorlesungen über Deszendenztheorie, 2 Bde., Jena 1906–1908; Vorträge über botanische Stammesge-

schichte, 3 Bde., Jena 1907, 1909, 1911; Evolution by means of hybridization, Hague 1916. – B: DSB (C. G. G. J. VAN STEENIS).   Ja

Lotze, Hermann Rudolph (1817–1881); aus Bautzen; 1834 stud. Philos. u. Med. Univ. Leipzig (bes. bei C. H. WEISSE, E. H. WEBER, W. VOLKMANN u. G. FECHNER; Dr. phil. u. Dr. med. 1838); 1838–1839 prakt. Arzt in Zittau; 1839 Pd. für Med., 1840 Pd. für Anthropol. Univ. Leipzig, las auch über Pathol., Psychol. u. Philos. d. Med.; 1843 ao. Prof. für Philos. in Leipzig, 1844 o. Prof. in Göttingen; 1880 Lehrstuhl für Philos. Univ. in Berlin, wo er starb. – Lit.: Allgemeine Physiologie des koerperlichen Lebens, Leipzig 1851; Medizinische Psychologie oder Physiologie der Seele, Leipzig 1852; Mikrokosmos, 3 Bde., Leipzig 1856–1864; Ideen zur Naturgeschichte und Geschichte der Menschheit (Versuch einer Anthropologie), 3 Bde., Leipzig 1856–1864; System der Philosophie, 2 Bde., Leipzig 1874–1879; s. a. Lit. zu Kap. 15. – B: NDB (J. N. HÄUSSLER); DSB (K. E. ROTHSCHUH).   Ja

Lovejoy, Arthur Oucken (1873–1962); aus Berlin; stud. Philos. u. Naturwiss. Univ. of Calif. in Berkeley/USA (Dr. phil. Harvard Univ.); lehrte in Stanford, an der Washington Univ. u. Univ. of Missouri; 1910–1938 Prof. für Philos. Johns Hopkins Univ. in Baltimore (Maryland), wo er starb. Arbeitete spez. über Erkenntnistheorie u. über Wiss.gesch.; 1940 Begr. u. Hrsg. *J. of the History of Ideas*. – Lit.: Revolt against dualism – an inquiry concerning the existence of ideas, La Salle (Utah) 1930; The great chain of being: a study of the history of an idea, The William James Lectures delivered at Harvard University, Cambridge (Mass.) 1933 (⁶1957). – B: DSB (G. BOAS).   Ja

Lovén, Sven Ludvig (1809–1895); aus Stockholm; stud. Biol., spez. Zool., Univ. Lund (Dr. phil. 1829); 1831 Doz. für Biol. Univ. Lund; dann Stud.aufenth. Zool. Mus. Berlin; nach Fo.reisen in Norwegen u. Finnland 1837 Ltr. der ersten schwed. Exped. nach Spitzbergen; 1841 o. Prof. für Zool. Univ. u. Intendant d. Reichsmuseums für Naturgesch. in Stockholm; 1877 Gründung d. meeresbiol. Sta. in Kristineberg (Schweden); starb bei Stockholm. Arb. bes. über Anat., Physiol. u. Entw.gesch. der Meeresfauna, v. a. über Polypen, Crustaceen u. Würmer; gab 1848 erste zus.fassende Darstellung ihrer Entw.gesch. – B: DSB (K.-G. NYHOLM); ALH MM 1903.   Ja

Lower, Richard (1631–1691); aus Tremeer (Cornwall); 1649 stud. Med. Univ. Oxford (Dr. med. 1665); ab 1666 ärztl. Praxis in London, wo er starb. Mitgl. d. *Roy. Soc.* u. des *Roy. Coll. of Physicians* London; machte Tierexperim. über d. chem. Unterschied zw. arteriellem u. venösem Blut; führte 1666 erste Bluttransfusion zw. zwei Hunden durch. – Lit.: The method observed in transfusing the blood out of one live animal into another, in: Phil. Trans. 1(1665/66): 353–358; Tractatus de corde, London 1669. – B: DSB (T. M. BROWN).   Ja

Lubbock, John, Sir, Lord Avebury (1834–1913); aus London; bereits mit ca. 15 Jahren in d. elterlichen Bank tätig; weitere Ausbild. vorw. als Autodidakt, v. a.

K. Lorenz

K. Ludwig

in Naturgesch., bes. beeinflußt von Ch. DARWIN (seit 1842), für den er zool. Objekte (u. a. von d. *Beagle*) zeichnete, u. unterstützt von LYELL, T. H. HUXLEY, Joseph HOOKER u. TYNDALL; seit 1850 Mitgl. d. *Entomolog. Soc.* London, 1866–1867 u. 1879–1880 deren Präs.; seit 1855 auf Vorschlag LYELLS Mitgl. d. *Geolog. Soc.*; entdeckte 1855 d. ersten fossilen Überreste eines Moschus-Ochsen in Engl., wurde mit seiner Darstellung d. Rekonstruktionsmethoden 1858 auch Mitgl. d. *Roy. Soc.* (Empfehlung von Ch. DARWIN); prägte d. Begriffe „Neolithic" u. „Paleolithic"; führte bei seiner Insektenfo. zahlr. Experimente durch, u. a. zum Farbsehen von Bienen, die später von K. VON FRISCH aufgegriffen u. von A. KÜHN bestätigt wurden; ab 1871 Parlamentarier, Sponsor vieler Unternehmungen, auch Vize-Kanzler d. Univ. London; starb in Kingsgate Castle bei Ramsgate. – Lit.: Pre-Historic Times …, London 1865 (^{3}1872, ^{7}1913; dt. Übers. nach d. 3. Aufl. von A. PASSOW, mit Vorwort von R. VIRCHOW, Jena 1874); Monograph of the *Collembola* and *Thysanura*, London 1873; Ants, Bees and Wasps, New York 1882 (17. Aufl., ed. u. annoted by J. G. MYERS, London–New York 1929; dt. 1883); On the senses, instincts and intelligence of animals …, London 1888. – B: DSB (F. SOMKIN).   Sch

Lucretius Carus (vermutl. 97–55 v. Chr.); röm. Dichter u. Philos.; Verf. des Lehrgedichts *De rerum natura*. – Lit.: Textausg.: J. MARTIN, 4. Aufl., Leipzig 1959; Übers. von J. MARTIN, Berlin 1972. – B: PAULY.   Ha

Ludwig, Carl [Karl] Friedrich Wilhelm (1816–1895); aus Witzenhausen (Kurhessen, Dtl.); 1834 stud. Med. Univ. Marburg, Erlangen u. Bamberg (Dr. med. 1840); 1841 Prosektor Anat. Anstalt (bei Ludwig FICK), 1842 Pd., 1846 ao. Prof. für Vergl. Anat. Univ. Marburg; 1849 o. Prof. für Anat. u. Physiol. Univ. Zürich; 1855 o. Prof. für Physiol. u. Zool. an d. Österr. med.-chirurg. Militärakad. (*Josephinum*) Wien; 1865 o. Prof. am neueingericht. Lehrstuhl für Physiol., 1869 Gründer u. Dir. Physiol. Inst. (*Neue physiol. Anstalt*) Univ. in Leipzig, wo er starb. Entw. einer bedeut. wiss. Sch. in Leipzig. – Lit.: Beiträge zur Kenntnis des Einflußes der Respirationsbewegungen auf den Blutumlauf im Arteriensystem, in: A. Anat., Physiol. u. wiss. Med. (1847): 242–302; Lehrbuch der Physiologie des Menschen, Bd. 1, Heidelberg 1852, Bd. 2, Leipzig–Heidelberg 1856, ^{2}1858/1861; s. a. Lit. zu Kap. 15. – B: Ärzte I; DSB (G. ROSEN); BURDON-SANDERSON 1895–1896; SCHROER 1949, 1967 (W); DRISCHEL 1965. – P.   Sch

Ludwig, Christan Gottlieb (1709–1773); aus Brieg (Brzeg bei Opole, Schlesien); 1728 stud. Med. u. Naturwiss. zuerst in Brieg, dann Univ. Leipzig, bes. Bot. bei HEBENSTREIT, den er als Botaniker auf Sammelreise nach Afrika begleitete; nach Rückkehr 1733 Forts. seines Stud. in Leipzig (Mag. 1736, Dr. med. 1737); 1736 Pd., 1740 ao. Prof. für Med. u. Bot., 1747 o. Prof. für Anat. u. Chirurgie, 1755 o. Prof. für Pathol., 1758 o. Prof. für Therapie Univ. in Leipzig, wo er starb. – Lit.: De sexu plantarum, Leipzig 1737; Institutiones historico-physicae regni vegetabilis praelectionibus academicis accomodatae, Leipzig 1742. – B: ADB (W. HESS); Ärzte I (WINTER).   Ja/Sch

Ludwig, Karl s. Ludwig, Carl

Lundegårdh, Henrik Gunnar (1888–1969); aus Stockholm; stud. Naturwiss. Univ. Stockholm (Dr. phil. 1913); 1915 Doz. für Bot., 1918 o. Prof. für Pflanzenphysiol. Univ. Lund; 1917–1927 Ltr. d. Ökol. Station auf Hallands Väderö; ab 1926 o. Prof. u. Ltr. der Bot. Abt. d. Zentralanst. für Landw. Versuchswesen Stockholm; 1935–1955 (em.) o. Prof. u. Dir. Inst. für Pflanzenphysiol. Königl. Landw. HS Ultuna, Uppsala; 1955–1969 Dir. Privat-Labor. für Pflanzenphysiol. in Penningby, wo er starb. – Lit.: Der Kreislauf der Kohlensäure in der Natur: ein Beitrag zur Pflanzenökologie und zur landwirtschaftlichen Düngungslehre, Jena 1924; A electrochemical theory of salt absorption and respiration, in: Nature *143* (1939): 203–204. – B: POGGENDORFF VI, VII b; BURSTRÖM 1971.   Sty

Luria, Salvador Edward (1912–1991); aus Turin; stud. Med. Univ. Turin (bei Giuseppe LEVI, Dr. med. 1935), anschl. stud. Physik u. Radiol. Univ. Rom; 1938 Fo.-Mitgl. im Curie-Labor. am Radium-Inst. Paris; 1940 Emigr. in d. USA, Fo.-Ass. für Chirurg. Bakteriol. Columbia Univ.; 1942 *Guggenheim Fell.* an den Univ. Vanderbilt u. Princeton; 1943 Instr., später Assoc. Prof. Indiana Univ.; 1950 Prof. Univ. Illinois; 1959 Prof. für Mikrobiol., 1964–1974 *Sedgwick Prof.* für Biol., 1970–1978 (em.) Inst.-Prof. in Cambridge (USA); zugl. 1972–1985 Dir. d. Krebsforschungszentrums am *Massachusetts Inst. of Technology*; starb in Lexington (Mass., USA). Nobelpr. 1969. – Lit.: s. Lit. zu Kap. 22. – B: McGraw-Hill 1966; AMWS 1989–90; WWNP; LexNW; Autobiogr. 1984.   Sch

Luschan, Felix (1854–1924); aus Hollabrunn bei Wien; 1871 stud. Med. Univ. Wien (Dr. med. 1878); dann Demonstr. am Lehrstuhl für Physiol. Univ. u. Kustos der Slg. der Anthropol. Ges. Wien; 1878–1879 Militärarzt in Bosnien; 1880–1882 Sekundärarzt am Allg. Krankenhaus in Wien (Chirurgie, Psychiatrie, Gehirnanat.); 1882 Pd. für Physische Ethnographie Univ. Wien; 1885 Direktorial-Ass. am Mus. für Völkerkunde Berlin, wo er später (1904–1910) Ltr. d. Abt. Afrika u. Ozeanien wurde; Dr. phil. 1888 Univ. München; 1890 Pd. für Anthropol. Phil. Fak. Univ. Berlin, 1900 ao. Prof., 1909 o. Prof. für Anthropol. Univ. Berlin; Reisen durch Dalmatien u. Montenegro (1880), Kleinasien, Syrien u. Ägypten (1881–1884), Ltr. d. Ausgrabungen bei Sendschirli/Türkei (1888–1902); starb in Berlin. – Lit.: Die Altertümer von Benin, 3 Bde., Berlin 1919. – B: NDB (A. FURTWÄNGLER).   Ja

Lwoff, André Michel (1902–1994); aus Ainey le Chateau (Allier, Frankr.); stud. *Sorbonne* Paris (bei Edouard CHATTON; Lic. ès sci. 1921, Dr. med. 1927, Dr. ès sci. für Naturwiss. 1932); 1922 Mitarb. Labor. (bei Felix MESNIL), 1925 Ass., 1929 Ltr. d. Labor. am *Pasteur*-Inst. Paris; zugl. in 1930er Jahren Stud.aufenth. bei Otto MEYERHOF in Heidelberg u. David KEILIN in Cambridge (Engl.); 1938–1968 Ltr. d. *Service de Physiol. Microbienne*, 1966–1972 Mitgl. d. Rates der Dir. am *Pasteur*-Inst., gleichz. 1959–1968 Prof. für Mikrobiol. *Sorbonne* Paris; 1968–1972 Dir. Krebsfo.-Inst. Villejuif; starb in Paris. Gilt als einer der „Väter" der Molekularbiol.; Nobelpr. 1965. – Lit.: s. Kap. 22. – B: IWW 1990–91; WWNP; LexNW; Jacob 1994.   Sch

Lyell, Charles (1797–1875); aus Kinnordy Kirrimuir (Forfarshire, Schottland); 1816 Exeter Coll. Oxford, ab 1817 bes. Mineral. u. Geol. bei W. Buckland, ab 1819 stud. Jura Lincoln's Inn in Oxford, 1820 Univ. London; 1823 Reise nach Paris, Stud. bei A. Brongniart, G. Cuvier u. C. Prevost; 1825–1827 Rechtsanwaltpraxis in London; gleichz. Reisen mit geol. Stud. im Südwesten Engl., dann durch Frankr., Ital., Sizilien; Anlage eigener Slgn. fossiler Muscheln, Vergl. mit rezenten Muscheln führte ihn zur Aktualitätstheorie u. zur Gliederung des Tertiärs in 3 Schichten (Eocen, Miocen, Pliocen); 1829 Rückkehr nach Engl. u. Publikation seines Hauptwerkes *Principles . . .*, das Ch. Darwin beeinflußte; 1831 Prof. für Geol. am King's Coll. London, 1834–1836 u. 1849 Präs. d. Geol. Ges.; 1841–1842 u. 1845–1846 Vorlesungen u. geol. Fo. in Nordamerika; ab 1856 für Darwins Ideen über den Artenwandel interessiert, die er von d. 10. Aufl. der *Principles . . .* an berücksichtigte; starb in London. – Lit.: Principles of geology, 3 Bde., London 1830–1833 ([10]1865–1868); The geological evidence of the antiquity of man, London 1863. – B: DSB (L. G. Wilson); F. Lyell 1881; Bailey 1962.   Ja

Lykon von Troas (um Mitte 3. Jh. v. Chr.); aus Alexandreia (Troas, Kleinasien); griech. Philosoph, Schüler des Straton; ca. 270/268–226/224 v. Chr. Ltr. d. Peripatetischen Sch. (Nachf. von Straton) in Athen bis zu seinem Lebensende. – Lit.: überlief. Zeugnisse u. Fragm. s. bei F. Wehrli, Die Schule des Aristoteles, Bd. 6, Basel 1952: 6–15 (–26). – B: Pauly; LAW.
                                                    Ha/Sch

Lynen, Feodor Felix Konrad (1911–1979); aus München; 1930–1934 stud. Chemie Univ. München (bei H. Wieland, Dr. phil. 1937); 1937 Stipendiat Chem. Labor. Bayer. AdW München; 1942 Doz., 1947 ao. Prof., 1953–1979 (em.) o. Prof. für Biochemie Univ. München; zugl. 1954 wiss. Mitgl., 1956 Dir. MPI für Zellchemie München, 1972 Dir. MPI für Biochemie in Martinsried bei München; starb in München. Nobelpr. 1964. – Lit.: (mit E. Reichert) Zur chemischen Struktur der „aktivierten Essigsäure", in: Angew. Chem. *63* (1951): 47–48; (mit S. Ochoa) Enzymes of fatty acid metabolism, in: Biochim. Biophys. Acta *12* (1953): 299–314; Lipide metabolism, in: Ann. Rev. Biochem. *24* (1955): 653–688; Biosynthesis of saturated fatty acids, in: Federation Proc. *20* (1961): 941–951. – B: NDB (L. Jaenicke); WWNP; Krebs & Decker 1982 (W).   Höx

Lyonet, Pierre [Pieter] (1706–1789); aus Maastricht; 1724 stud. Theol., Math. u. Astronomie u. 1730 Jura Univ. Leiden (Dr. jur. 1731); 1728–1730 Pastorat in Leiden; ab 1731 Advokat u. Sekr. bei d. Generalstaaten in Den Haag, wo er starb. Beeinflußt durch Réaumur (1734) u. 1736 Insektenfo. u. franz. Übers., Ergänzung u. Illustr. der *Insecto-Theologia* von F. C. Lesser. – Lit.: Traité anatomique de la chenille, La Haye 1760 (Ausg. von 1762 vollständiger). – B: DSB (S. Pierson); Poggendorff I.   Ja

Lysenko [Lisenko, Lyssenko], Trofim Denisovič (1898–1976); aus Karlowka bei Poltawa (Ukraine); nach Besuch einer Gartenbau-Sch. 1921 Arbeit auf d. Selektionsstation in Belozersk u. bis 1925 Studium am Landw. Inst. Kiew; 1925–1929 Selektions-Sta. in Gandže (Aserbaidschan), 1929–1938 als Spezialist, dann wiss. Ltr., dann Dir. am Allunionsinst. für Genetik u. Zuchtverfahren in Odessa; seit 1938 wiss. Ltr. (seit 1966 nur noch Laborltr.) einer Fo.sta. der AdW d. UdSSR bei Moskau; gleichz. 1938–1956 u. 1961–1962 Präs. AdLW; 1940–1965 Dir. Inst. für Genetik AdW; starb in Moskau. – Lit.: Die Situation in der biologischen Wissenschaft: stenogr. Ber. Tagung d. AdLW 1948, Berlin 1948; Agrobiologie, Berlin 1951; Izbrannye sočinenija, 2 Bde., Moskva 1958. – B: DSB/Suppl. II (M. B. Adams); Soyfer 1992.   Ja

McCarty, Maclyn (geb. 1911); aus South Bend (Indien); stud. Med. Stanford u. Johns Hopkins Univ. (BA); 1937 Ass.-Arzt u. Resident für Pädiatrie am Johns Hopkins Hosp.; 1940 Fell. für Med. Univ. New York; 1941 Fell. für Med. Wiss. im N. R. C. (mit O. T. Avery) am Rockefeller Inst für Med. Res. (heute Rockefeller Univ.); nach Militärdienst 1946 Assoc. u. Assoc. Physician, 1948 Assoc. mem. u. Assoc. Physician, 1950–1981 (em.) Prof., 1960–1974 Chefarzt d. Klinik, 1965–1978 Vize-Präs., 1977–1981 *John D. Rockefeller Jr.* Prof. Univ. New York. – B: IWW 1995–96.   Sch

McClintock, Barbara (1902–1992); aus Hartford (Connecticut, USA); 1918 stud. Zytol. u. Genetik am Bot. Dep. Cornell Univ. Ithaca/N. Y. (Dr. phil. 1927), zugl. Ass. bei Lowell Randolph; 1927 Instr. u. 1929–1935 Mitarb. in d. *Cornell maize genetics group* bei R. A. Emerson, 1934–1935 als seine Ass.; zugl. zw. 1931 u. 1933 Fo.-Stipendiat bei T. H. Morgan am *Caltech* Pasadena (Calif.) u. bei Lewis Stadler Univ. of Missouri, 1933 am Bot. Inst. Univ. Freiburg i. Br.; 1936–1941 Ass. Prof. Univ. of Missouri; 1942 Res. am Cold Spring Harbor Labor. (bei Milislav Demerec) auf Long Island (New York), danach bis 1967 Mitgl. d. Res. Staff der *Carnegie Inst. of Washington's Genetics Dep.*, 1967–1992 „Distinguished Service Member" d. Carnegie Inst. in Cold Spring Harbor; starb in Huntington (New York). 1939 Vize-Präs. d. *Genetics Soc.*; bewies 1951 das Phänomen der „springenden Gene", wofür sie erst 1983 den Nobelpr. erhielt. – Lit.: s. Kap. 22. – B: LexNW; Fedoroff 1994 (W).   Sch

MacDougall, William (1871–1938); aus Chadderton (Lancashire, Engl.); stud. Med. u. Psychol. Univ. Weeniar, Manchester u. Cambridge/GB; dann Arzt am St. Thomas' Hosp.; 1898 Teiln. an anthropolog. Exped. zur *Torres Strait*; danach Doz. Univ. Oxford u. Cambridge/GB; nach Kriegsdienst (1914–1918) ab 1920 Prof. für Psychol. Harvard Univ. Cambridge (Mass., USA), 1927 Duke Univ. (North Carolina); starb in Durham (North Carolina). Vertrat in Beiträgen zur Tierpsychol. einen vitalist. Standpunkt. – Lit.: Physiological psychology, London 1905; Outline of psychology, New York 1923; Aufbaukräfte der Seele, Stuttgart 1934 ([2]1947); Fourth report on a Lamarckian experi-

ment, in: Brit. J. Psychol. *28* (1938): 321–345, 365–395.
– B: Klopfer & Hailman 1967: Kap. 1.   Ja

Macleay, William Sharp (1792–1865); aus Edinburgh (Schottl.); wirkte als Zoologe in London, verwaltete d. Insektenslgn. des *Brit. Mus.* u. legte große eigene Slg. an; 1839 Emigr. nach New South-Wales (USA), wo er starb. Suchte als Systematiker u. Anhänger von Linné u. Cuvier nach einem „natürlichen System", indem er die Stufenleiteridee von Leibniz mit der Typenlehre von Cuvier verband; entwickelte bei d. Klassifikation der Käferfamilie *Scarabidae* ein „quinäres" System, bei dem die Tiere in 5 sich einander berührenden „Verwandtschaftskreisen" angeordnet sind (1819, 1821); diese Methode wurde von W. Swainson für das Vogelsystem weiterentwickelt. – Lit.: Horae entomologicae …, London 1819–1821; Remarks on the identity of certain general laws which have been lately observed to regulate the natural distribution of Insects and Fungi [1822], in: Trans. Linn. Soc. London *14* (1825): 46–68; Annulosa Javanica, or an attempt to illustrate the natural affinities and analogies of the insects collected in Java by Th. Horsfield, N I, London 1825. – B: Freeman 1978. – P.   Ja

Macleod, John James Rickard (1876–1935); aus Cluny bei Dunkeld (Perthshire, Schottland); stud. Med. Marischal Coll. (BM u. BCh 1898); 1899 Fo.student für Biochemie Physiol. Inst. Leipzig (bei Siegfried u. Burian); 1900 Demonstr. für Physiol., 1902 Lect. für Biochemie *London Hosp. Med. Coll.* (bei Leonard Hill); 1903 Prof. für Physiol. Western Reserve Univ. (jetzt Case Western Reserve Univ.) Cleveland (Ohio, USA); 1918 Prof. für Physiol. Univ. Toronto (Kanada); 1928 *Regius*-Prof. für Physiol. Univ. in Aberdeen (Schottland), wo er starb. Nobelpr. 1923. – Lit.: s. Kap. 15. – B: DSB (L. G. Stevenson); LexNW; Cathcart 1935.   Sch

McMunn, Charles Alexander (1852–1911); aus Oakleigh (county Sligo); stud. Med. Trinity Coll. Dublin (BA 1871); arbeitete über physiolog. Chemie, bes. über tierische Pigmente, an d. Univ. Birmingham, deren Rektor er war („life governor"); 1889–1902 Militärarzt in Südafrika; Mitgl. *Roy. Hosp. Commitee*; starb in Oykleigh (Wolverhampton). – Lit.: The Spectroscope in Medicine, London 1880. – B: WwW 1.   Ja

W. S. Macleay   M. Malpighi

Mägdefrau, Karl (1907–1999); aus Ziegenhain bei Jena (Thür.); ab 1926 stud. Naturwiss. Univ. Jena u. München (Dr. rer. nat. 1931 Univ. Jena bei O. Renner); 1930 Hilfsass. Bot. Inst. Univ. Halle/Saale; 1932–1938 Ass. Bot. Inst. Univ. Erlangen (Habil. 1936); 1938 Moosfo. auf Teneriffa; 1942–1943 apl. Prof. Univ. Straßburg; nach Kriegsdienst u. -gefangenschaft 1948 Regierungsrat am Forstbot. Inst. München; 1951 ao. Prof. Bot. Inst. Univ. München; 1956 o. Prof., 1960–1972 auch Dir. Bot. Garten Univ. Tübingen; dazw. 1957–1958 Teiln. an der *A.-von-Humboldt*-Gedächtnis-Exped. durch Südamerika; 1967 Laubmoosfo. in Kolumbien u. Venezuela, 1969 u. 1973 in Ostafrika, 1976 auf Ceylon. Außer taxonom. u. physiol.-ökol. Stud. an Bryophyten erlangten phytopaläontolog. Arb. int. Bedeutung. – Lit.: Die Erforscher der Jenaer Trias, in: Beitr. Gesch. Geol. v. Thüringen *6* (1941): 85–96; Paläobiologie der Pflanzen, Jena 1942 (^{4}1968, zugl. Stuttgart 1968); Niedere Pflanzen, in: Lehrbuch der Botanik, hrsg. von E. Strasburger, 29.–31. Aufl., Stuttgart 1967–1978; Humboldt-Gedächtnis-Expedition 1958, in: Leopoldina, R. 3, (1961): 209–211; Geschichte der Botanik, Stuttgart 1973 (^{2}1992); Die Geographie der Moose: ihre Begründung und weitere Entwicklung, in: Acta historica Leopoldina *9* (1975): 95–111. – B: LexNW; Hoppe 1992 (W).   Ja

Maestre de San Juan Muñoz, Aureliano (1828–1890); aus Granada; stud. Med. Univ. Granada u. Madrid (u. a. Morphol. bei Marcos Viñals Rubio [1812–1895], Lic. 1847); 1860 o. Prof. für Anat. in Granada, arbeitete auf d. Gebiet der Histologie; 1863–1867 Stud.aufenth. in versch. Labor. in Frankr., Dtl., Engl. u. Niederl., Schüler des venezolan. Histologen Eloy Carlos Ordóñez in d. Pariser Sch. v. Ch. Robin; 1873 erster o. Prof. für Histol. in Span. in Madrid, einer der Lehrer v. Ramón y Cajal; 1874 Begr. der *Soc. Histol. Esp.*; 1888 Erblindung bei einem Laborunfall, starb in Alicante. – Lit.: Tratado de anatomía general … precedido del conocimiento y manejo del microscopio, Madrid 1872; Tratado de histología normal y patológica …, Madrid 1879. – B: DhCmE (J. M. López Piñero).   LGB/Sch

Magendie, François (1783–1855); aus Bordeaux (Frankr.); stud. Med. Univ. Paris (bei Bichat); ab 1835 Prof. für Physiol. am *Coll. de France* in Paris (Lehrer von C. Bernard); 1837 Präs. franz. AdW; starb in Sannois bei Paris. Widmete sich d. Experimentalphysiol. am lebenden Tier, bes. Ernährungs- u. Nervenphysiol., entdeckte u. a. die Cerebrospinalflüssigkeit. – Lit.: Quelques idées générales sur les phénomènes particuliers aux corps vivans, in: Bull. des Sciences Med. *4*(1809): 145–170; Précis élémentaire de physiologie, 2 tom., Paris 1816–1817 (^{2}1825, ^{4}1836); Leçons sur les phénomènes physiques de la vie, Paris 1839; Leçons sur les fonctions et les maladies de système nerveux, 2 vols., Paris 1839–1841; Phénomènes physiques de la vie, 4 vols., Paris 1842; s. a. Lit. zu Kap. 15. – B: DSB (M. D. Grmek); LexNW.   Sch

Magnol, Pierre (1638–1715); aus Montpellier; 1655 stud. Med. Univ. Montpellier (Dr. med. 1659); erhielt 1663 auf Vermittlung von J. P. de Tournefort ein

„brevet de médecin ordinaire du roi", das ihm den Titel eines Garten-Insp. auf Lebenszeit verlieh; 1687 Prof. für Bot. Univ. Montpellier als Vertr. von François Chicoyneau; 1694 Demonstr., 1697 Dir. d. Bot. Gartens in Montpellier; zu seinen Studenten gehörten auch Antoine u. Bernard de Jussieu; 1709 zum Nachf. von de Tournefort an d. AdW Paris berufen, blieb aber in Montpellier, wo er starb. Erwarb sich großes Ansehen durch bot. Exkursionen zur Erfo. der Flora um Montpellier, in der Provence u. auf d. benachbarten Inseln; knüpfte Kontakte zu vielen zeitgenössischen Botanikern – Lit.: Botanicum Monspeliense, Lugduni 1676 (weitere Ed.: Monspelii 1686, 1688); Hortus regius Monspeliensis sive catalogus plantarum, quae in horto regio Monspeliensi demonstratur, Monspelii 1697. – B: DSB (P. Jovet & J. C. Mallet); Stearn 1973.   Hek/Sch

al-Maǧūsī, ʿAlī ben [ibn] al-ʿAbbās [lat. **Haly Abbas**] (gest. 994); arab. Arzt persischer Herkunft; stand im Dienst des Būyidenfürsten ʿAdudaddaula (949–982). Verf. eines die gesamte Heilkunde umfassenden Werkes *al-Kitāb al-Malakī* (*Liber regius* – übers. von Constantinus Africanus als *Liber pantegni*, von Stephanus von Antiochien als *Regalis dispositio*). – Lit.: Textausg.: Kāmil aṣ-ṣināʿa fi-ṭ-ṭibb, 2 Bde., Kairo-Bulaq 1877; Liber regius, Venedig-Lyon 1523. – B: LexMA (H. Schipperges).   Nab/Sch

Maillet, Benoit de (1656–1738); aus St. Mihiel (Frankr.); 1692–1708 franz. Generalkonsul in Ägypten, dann bis 1714 Konsul in Livorno, 1714–1720 Insp. d. franz. Faktoreien in d. Levante (östl. Mittelmeerländer) u. an d. Küste der Berberei (Nordwestafrika); starb in Marseille. Während seines Aufenth. in Ägypten entstand sein Ms. über die Entw. d. Erde, das erst postum erschien. – Lit.: Telliamed ou entretiens d'un philosophie indien sur la diminution de la mer avec un missionaire françois, Amsterdam 1748 (²La Haye 1755). – B: DSB (A. Carozzi); LexNW.   Ja/Sch

Maire, René Charles Joseph Ernest (1878–1949); aus Lons-le-Sanier (Frankr.); stud. Med. u. Naturwiss. Univ. Nancy (Dr. med. in Paris); 1902–1904 prakt. Arzt u. Naturfo. auf Korsika, 1905 in Balaison; 1909–1936 Reisen in Nordafrika (Marokko u. Algerien); seit ca. 1911 Prof. für Bot. in Algier, wo er starb. – Lit.: Recherches cytologiques et taxonomiques sur les Basidiomycètes, in: Bull. Soc. mycol. France *18* (1902), appendice: 1–209. – B: DSB (R. Heim).   Ja

Maksimov, Nikolaj Aleksandrovič (1880–1952); aus St. Petersburg (?); 1897–1902 stud. Naturwiss. Univ. St. Petersburg (u. a. bei D. I. Ivanovskij, Prom. 1913); 1905 Ass. Bot. Abt. Forst-Inst. St. Petersburg; 1910 Stud.aufenth. Bot. Garten von Buitenzorg (Bogor, Java); 1914 am Bot. Garten in Tiflis, wo er ein Labor. für Pflanzenphysiol. aufbaute; 1921 am Bot. Garten d. AdW UdSSR in Leningrad (St. Petersburg), begr. ein Labor. für experim. Pflanzenökol., dessen Ltr. bis 1927; gleichz. 1922–1931 Lehre u. Ltg. der Abt. Bot. im Pädag. Inst. „A. I. Herzen", 1925–1933 Dir. des von ihm gegr. Labor. für Pflanzenphysiol. im All-unions-Fo.-Inst. für Pflanzenzüchtung in Leningrad;

1933–1939 Ltr. der Sekt. Pflanzenphysiol. am All-unionsinst. für Getreidewirtschaft in Saratow; zugl. 1935–1939 an d. Abt. für Pflanzenphysiol. Univ. Saratow u. 1936 Ltr. des Labor. für Wachstum u. Entw. d. Pflanzen am Inst. für Pflanzenphysiol. d. AdW, ab 1939 dessen Dir.; 1943–1951 Ltr. des Inst. für Pflanzenphysiol. „K. A. Timirjazev" in Moskau, wo er starb. – Lit.: Physiologisch-ökologische Untersuchungen über die Dürreresistenz der Xerophyten, in: Jb. wiss. Bot. *62* (1923): 128–144. – B: BSE³ (D. V. Lebedev); DSB (E. M. Senchenkova); Maksimov 1949 (W).   Sch

Malebranche, Nicolas (1638–1715); aus Paris; 1654 stud. Philos. am *Coll. de Marche* (MA 1656), dann bis 1659 stud. Theol. an d. *Sorbonne* in Paris; 1660 Eintritt in d. Orden vom *Oratorium* (l'Oratoire), wurde 1664 Priester; ab 1699 Mitgl. AdW in Paris, wo er starb. – Lit.: Recherche de la vérité, ou l'on traite de la nature, de l'esprit de l'homme et de l'usage qu'il en doit faire pour éviter les erreurs dans les sciences, 3 Bde., 12°, Paris 1674–1675 (2 Bde., 4°, Paris 1712; dt. Übers.: München 1920). – B: DSB (P. Costabel); EU (G. Dreyfus).   Sch

Malpighi, Marcello (1628–1694); aus Crevalcuore bei Bologna; stud. Med. Univ. Bologna (Dr. med. 1653); ab 1656 Prof. d. Med. in Bologna, 1657–1659 in Pisa, danach wieder in Bologna, 1662–1666 in Messina, dann wieder in Bologna; 1691–1694 Leibarzt d. Papstes Innozenz XII. in Rom, wo er starb. Wirkte als Anatom; gilt als Begr. d. mikroskop. Anat. u. führte sie in die Bot. ein. – Lit.: Anatomia plantarum, 2 Bde., London 1675, 1679; Opera omnia, 2 Bde. (Bd. 2: Opera medico-anatomica), London 1686 (Leiden 1687); Briefwechsel, hrsg. von H. B. Adelmann, 5 Bde., Ithaca 1975. – B: DSB (L. Belloni); LexNW; Forni 1954; Adelmann 1966. – P.   Ja/Sch

Mamilius Sura (2. Hälfte 1. Jh. v. Chr.); röm. Schriftsteller über d. Landw.; 75 v. Chr. *scriba quaestorius* des Cicero in Sizilien. – Lit.: Textausg. d. Fragm. s. F. Speranza, Scriptorum romanorum de rustica reliquiae 1, Messina 1974: 66–68. – B: Pauly.   IIa/Sch

Manaseina [Manasseina], Maria Michailovna, geb. **Korkunova** (1841–1903); aus St. Petersburg; stud. Med. St. Petersburg; Anf. der 60er Jahre Beteiligung an revolutionären Studentenzirkeln; 1865 zweite Ehe mit Vjačeslav Avksentievič Manasein (Manassein, 1841–1901), dem später berühmten Kliniker u. Hrsg. d. Ärzte-Z. „Vrač"; 1870–1872 zus. mit ihm Aufenthalt in Berlin, Wien, Tübingen u. Stuttgart; dabei experim. Arbeit am Labor. für Mikroskopie u. techn. Warenkunde des Polytechn. Inst. in Wien, dort erstmals Nachweis der zellfreien alkohol. Gärung; nach Rückkehr Abschluß d. med. Hochschulkurse für Frauen (*Vyssīe ženskie kursy*) in St. Petersburg (Dr. med.); nach Trennung von ihrem Mann weitere Arbeit auf physiol., psychol. u. päd. Gebiet, Übersetzertätig. u. öffentl. Vorlesungen in St. Petersburg, wo sie starb. – Lit.: Beiträge zur Kenntniß der Hefe und zur Lehre von der alkoholischen Gährung, in: Julius Wiesner (Hrsg.): Mikroskopische Untersuchungen, ausgeführt im Laboratorium für Mikroskopie u. techn. Waarenkunde am k. k. polytechn. Institute in Wien, Stuttgart 1872. – B: Nekr. 1903; KÄSTNER 1995.   Sch

Mangold, Ernst (1879–1961); aus Berlin; stud. Med. u. Naturwiss. Univ. Jena, Gießen, Leipzig u. Jena (Dr. med. 1903 bei W. BIEDERMANN, Dr. phil. 1905 bei E. HAECKEL); 1902 Ass. Univ.-Ohrenklinik Jena, 1905 Pd. für Physiol.; 1906/1907 an d. Zool. Sta. Neapel; 1907 Pd. Univ. Greifswald u. Ass. Physiol. Inst. (bei Max BLEIBTREU); 1911 Ass. Physiol. Inst. Univ. Freiburg i. Br. (bei J. VON KRIES), dort 1912 ao. Prof.; 1923 o. Prof. für Physiol. u. Dir. Inst. für Tierphysiol. d. Landw. HS Berlin (ab 1935 Inst. für Tierernährungslehre); 1945 kommissar. Dir. Inst. für Tierphysiol. d. Veterinärmed. Fak. Humboldt-Univ. Berlin, 1954 em.; starb in Hahnenklee-Bockwiese (Harz). – Lit.: s. Lit. zu Kap. 15. – B: NDB (E. WORMER).   Sch

Mangold, Hilde, geb. **Pröscholdt** (1898–1924); aus Gotha (Thür.); 1918 stud. Chemie Univ. Jena, 1919 Zool. in Frankfurt a.M. (bei Otto ZUR STRASSEN), ab 1920 Univ. Freiburg i. Br. (bei H. SPEMANN, Dr. phil. 1923); 1921 verheiratet mit SPEMANNS Ass. Otto M., verunglückte tödlich nach Geburt d. Sohnes Christian (07. 12. 1923) beim Kochen mit d. Spirituskocher in Oberstenfeld. Ihre auf SPEMANNS Anregung durchgeführten Versuche zum Organisatoreffekt trugen entscheidend dazu bei, daß H. SPEMANN 1935 d. Nobelpreis erhielt. – Lit.: (mit H. SPEMANN) Ueber Induktion von Embryonalanlagen durch Implantation artfremder Organisatoren (Diss.), in: Arch. mikroskop. Anat. u. Entw.mech. *100* (1924): 599–638. – B: LexNW; Aufzeichnungen d. ältesten Schwester Gertrud POHLMANN (Königsfeld, Schwarzwald) 1981, mitgeteilt durch Klaus SANDER (Freiburg i. Br.); FÄSSLER 1994.   Ja/Sch

Mangold, Otto August (1891–1962); aus Auenstein (bei Marbach, Württ.); Ehemann von Hilde M.; stud. Naturwiss., bes. Zool., Univ. Tübingen, Rostock u. Freiburg i. Br. (Dr. phil. 1919 bei H. SPEMANN); 1919 Ass. bei SPEMANN Zool. Inst. Univ. Freiburg i. Br., 1923 Pd. für Zool., spez. Entw.physiol.; 1923 Abt.-Ltr. KWI für Biol. Berlin-Dahlem; 1924 Pd., 1929 ao. Prof. für Zool. Univ. Berlin; 1933–1945 o. Prof. für Zool. u. Vergl. Anat. Univ. Erlangen; ab 1937–1955 Univ. Freiburg i. Br. (Nachf. v. H. SPEMANN); ab 1946 auch Ltr. d. entw.physiolog. Abt. u. Dir. *Heiligenberg-Inst.* in Heiligenberg (Baden), wo er starb. Widmete sich bes. dem Problem der Determination embryonaler Zellen. – Lit.: Fragen der Regulation und Determination an umgeordneten Furchungsstadien und verschmolzenen Keimen von Triton, in: A. Entw.mech. *47* (1920): 249–301; Hauptprobleme der Entwicklungsmechanik, in: Verh. Dt. Zool. Ges. *30* (1925): 50–84; Versuche zur Analyse der Entwicklung des Haftfadens bei Urodelen, ein Beispiel für die Induktion artfremder Organe, in: Naturwiss. *19* (1931): 905–911; Über die Induktionsfähigkeit der verschiedenen Bezirke der Neurula von Urodelen, in: ebda *21* (1933): 761–766; s. a. Lit. zu Kap. 14 u. 15. – B: LexNW; WOELLWARTH 1961 (W); ALH MM 4576.   Ja/Sch

Mann, Gunter (1924–1992); aus Langen bei Frankfurt a. M.; 1943 stud. Naturwiss. (Biol.), 1946 stud. Med.

Univ. Frankfurt a. M. (Dr. med. 1952); durch Einfluß von Walter ARTELT ab 1949 Hinwendung zur Med.- u. Biol.gesch., Volontärass. Inst. für Med.gesch. Univ. Frankfurt a. M.; nach Zusatzausbild. zum wiss. Bibliothekar (Assessor 1956) ab 1957 Ltr. d. *Senckenberg. Bibl.* Frankfurt a. M.; 1963 Wiss. Rat am Inst. für Med.gesch. (bei ARTELT); 1964 o. Prof. für Gesch. d. Med. u. Gründung eines Inst. Univ. Marburg; 1971 o. Prof. Univ. Frankfurt a. M. (Nachf. v. ARTELT) u. Dir. d. *Senckenberg. Inst. für Gesch. d. Med.*; 1974–1989 (em.) Prof. für Med.gesch. u. Dir. d. Inst. Univ. Mainz (Nachf. v. Edith HEISCHKEL-ARTELT); nach Em. ab 1989 Fo.prof. des *Stifterverbandes für die dt. Wiss.* zur Fortführung der 1985 begr. *Soemmering-Edition;* starb in Langen bei Frankfurt a. M. – Lit.: Anatomische Sammlung Frederick Ruysch (1638–1731), in: SUDHOFF'S A. *45* (1961): 176–178; (Hrsg.) Biologismus im 19. Jh., Stuttgart 1973; (Hrsg., mit J. BENEDUM & W. F. KÜMMEL) Soemmering-Forschungen, Bd. I–VI, Stuttgart 1985–1990; (Hrsg., mit W. F. KÜMMEL) Samuel Thomas Soemmering: Werke, Bd. 1 ff., Stuttgart u. a. 1990 ff. – B: KRAFFT & KÜMMEL 1992 (W); eigenhänd. Vita im ALH. – P.   Ja

Manuel Philes (um 1270– nach 1332); aus Kleinasien; byzantin. Schriftsteller; Ausbild. vermutl. durch Georgios PACHYMERES, evtl. auch eigene Lehrtätigk.; im Auftrag von Kaiser ANDRONIKOS II. mehrere Reisen u. Anfertigung von Gedichten, auch für andere hohe weltl. u. geistl. Würdenträger; starb in Konstantinopel. Biologiehist. interessant sind seine Lehrgedichte „Über die Eigenschaften der Tiere" sowie seine „Kurze Beschreibung des Elephanten". – Lit.: Textausg. in: F. DÜBNER & F. S. LEHRS, Poetae bucolici et didactici, Paris 1862. – B: LexMA (W. HÖRANDNER).   Nab/Sch

Marcellus [Beiname: **Empiricus** o. **Burgdigalensis**] (um 400); vermutl. aus Bordeaux; um 394/395 hoher Beamter (*mag. officiorum*) am Hofe Kaiser THEODOSIUS I. u. seines Sohnes ARCADIUS (377–408); um 408 i. R. u. als med. Laie Verf. einer bedeut. Rezeptslg. (*De medicamentis*) für seine Söhne. – Lit.: Textausg. u. Übers.: M. NIEDERMANN, E. LIECHTENHAN, J. KOLLESCH & D. NICKEL, CML V, 2 Bde., Berlin 1968. – B: LexMA (K.-D. FISCHER).   Nab/Sch

Marcgraf [lat. **Marggravius**], **Georg** (1611–1644); aus Liebstadt bei Meißen (Sachsen); 1636 stud. Med. Univ. Leiden; 1638–1644 Teiln. d. Brasilien-Exped. des Grafen MORITZ von Nassau-Siegen; nach Abbruch d. Reise aus polit. Gründen wollte er seine Fo. in Afrika fortsetzen, starb aber kurz nach d. Ankunft am Fieber in St. Paolo de Luanda (Angola, Westafrika). Seine Aufzeichnungen wurden mit Abb. v. Jan DE LAET in der *Historia Naturalis Brasiliae* v. G. PISO herausgegeben; 425 weitere Aquarelle erwarb d. *Große Kurfürst* (FRIEDRICH WILHELM von Brandenburg, 1620–1688) nach 1652 vom Grafen von Nassau, sie kamen in d. Berliner Hofbibliothek (*Dt. Staatsbibl.*), seit 1945 in d. Univ.-Bibl. Krakau (Kraków, Polen). – Lit.: ... historiae rerum naturalium Brasiliae libri 8 ... (Buch 5–12 von G. PISO), Lugduni Batavorum et Amstelodami 1648. – B: SMIT 1986: 172–173.   Ja

Marchant, Jean (1650–1738); stud. Med. Univ. Padua (Dr. med.); dann als Apotheker bei Herzog GASTON auf Schloß Bloid, betreute dort d. Bot. Garten u. führte seine Beobachtungen durch; ab 1768 Mitgl. AdW in Paris, wo er starb. – Lit.: Observations sur la nature des plantes, in: Mém. Acad. Roy. Sci. Paris (1719): 77–86. – B: DSB (Y. LAISSUS); HUS 1911.   Ja

Marey, Étienne Jules (1830–1904); aus Beaune (Côte d'Or, Frankr.); ab 1849/1850 stud. Med. in Paris (Dr. med. 1859); 1864 Begr. eines Labor. für Physiol., ab 1869 Prof. für Organ. Naturgesch. am *Coll. de France*, 1872 Mitgl. Akad. Méd.; 1882 Einrichtung einer Physiolog. Fo.sta. bei Porte d'Auteuil, 1898 Begr. u. Dir. d. *Inst. Marey*; starb in Paris. Entwickelte zahlr. Instrumente zur graphischen Fixierung von Bewegungsabläufen in Med. u. Biol. (Kardiographen, Pulszeichner usw.); studierte u. a. auch die Fortbewegungsarten von Land- u. Lufttieren, wozu er, nachdem er über MUYBRIDGE's Arb. in Amerika 1878 las, ebenfalls die Phototechnik einsetzte, so die erste Kodak-Rollfilm-Kamera (1888) u. d. Zelluloidfilm (1889) von EASTMAN, woraus der Laufbildfilm entwickelt wurde; 1895 Präs. franz. AdW. – Lit.: La machine animale – locomotion terrestre et aerienne, Paris 1874; La methode graphique dans les sciences expérimentales et particulièrement en physiologie et en médecine, Paris 1878; Physiologie de mouvement : le vol des oiseaux, Paris 1889. – B: DSB (M. GROSS); BDHT; LexNW.   Ja/Sch

Marggravius, Georg(ius) s. Marcgraf, Georg

Mariotte, Edme, Seigneur **de Chazeuil** (um 1620–1684); aus Dijon; wirkte als Geistlicher u. Prior des Klosters St. Martin-sous-Beaume bei Dijon, ab 1666 in Paris, wo er starb. Beschäftigte sich u. a. mit d. Beobachtung des Pflanzenwachstums, dem Pfropfen u. der pflanzl. Ernährung, die er nach physikal. u. chem. Gesetzen zu klären suchte; stellte experim. die Transpiration d. Pflanzen fest u. maß die ausgeschiedene Wassermenge; 1666 Mitgl. franz. AdW. – Lit.: Lettre sur le sujet des plantes (1679), in: Opera omnia, Leyden 1717. – B: DSB (M. S. MAHONEY); LexNW.   Ja/Sch

Martin, Rudolf (1864–1925); aus Zürich; 1884 stud. Jura Univ. Freiburg i. Br., hörte auch Zool. (bei WEIS-

MANN), 1885 stud. Philos. Univ. Leipzig, dann wieder Freiburg i. Br., stud. Anthropol. (auch Anat. bei R. WIEDERSHEIM, Dr. phil. 1887 bei A. RIEHL); danach Besuch von anthropolog. Slgn. in Europa, u. a. als Volontär bei d. Brüdern DE MORTILLET an d. *É. d'Anthropologie* in Paris; 1890 Rückkehr nach Zürich u. Ass. bei A. FOREL, 1892 Pd. Philos. Fak., 1899 ao. Prof., 1905 o. Prof. für Anthropol. u. Dir. Ethnogr. Slgn. u. neugegr. Anthropolog. Inst. Univ. Zürich; dazw. 1897 Teiln. an Fo.-Exped. nach Malaysia, entwickelte hierfür Instrumente, die präzise anthropometr. Messungen ermöglichten; 1911 als Privatgelehrter nach Paris; 1917–1925 o. Prof. für Anthropol. (Nachf. von J. RANKE) Univ. in München, wo er starb. Schuf für die Physische Anthropol. heute noch gültige Grundlagen u. einheitl. Meßtechnik; sein *Lehrbuch der Anthropologie* wurde ein Standardwerk, seit 1957 von Karl SALLER überarb.; begr. 1925 d. *Anthropologischen Anzeiger*. – Lit.: Lehrbuch der Anthropologie, Jena 1914 (^{2}1928, ^{3}Stuttgart 1957 ff.). – B: NDB (K. SWEENY); DSB (H. SCHADEWALDT); LexNW.   Sch

Martínez, Crisóstomo (1638–1694); aus Valencia; Kupferstecher, Maler u. Anatom; arbeitete ab 1680 an anatom. Atlas, für dessen Fertigstellung ab 1687 als Stipendiat in Paris, u. a. bei d. Anatomen J. G. DU VERNEY u. in d. Acad. des Sci.; mußte durch d. Krieg von Frankr. gegen d. *Liga v. Augsburg* 1690 als Spanier aus Paris fliehen; starb in Flandern. Führte mikroskop. Untersuchungen d. Knochenstruktur durch, gehörte damit als einziger Spanier zur ersten Generation der europ. Mikroskopiker; von seinem Atlas erschien zu Lebzeiten nur ein großformatiges Blatt 1689 in Paris (Nachdr. Frankfurt a. M. u. Leipzig 1692). – Lit.: (hrsg. v. J. M. LÓPEZ PIÑERO) El atlas anatómico de Crisóstomo MARTÍNEZ, grabador y microscopista del siglo XVII, Valencia 1964 (^{2}1982). – B: DSB (T. F. GLICK); DhCmE (J. M. LÓPEZ PIÑERO); LÓPEZ PIÑERO 1982.   LGB/Sch

Martínez Molina, Rafael (1816–1888); aus Jaén (Andalusien, Span.); 1834 stud. Philos., ab 1836 Med. Univ. Granada u. 1838–1845 am Col. de San Carlos (spatere Med. Fak. d. Univ.) in Madrid (Dr. med. 1846); dann hier Doz. für Anat.; gleichz. stud. Chemie, Mineral., Bot. u. Zool. am Mus. de Ciencias Nat. u. am Bot. Garten in Madrid (Dr. Naturwiss. 1853); 1854 Stellvertr., 1857 ao. Prof. für Anat. Univ. in Madrid; Begr. eines priv. „Biolog. Inst." in seinem Haus, das zur Komplettierung d. offiziellen med. Ausbild. gedacht war u. durch eine große Bibl. sowie ein chem. u. ein Mikroskopier-Labor. ergänzt wurde; starb in Jaén. Arb. bes. zur Histol. u. Anthropol., Übers. von franz. anat. u. chirurg. Werken. – Lit.: El hombre considerado en sus relaciones y bajo la influencia de los agentes naturales, Madrid 1853; El antropologismo está relacionado con todas las ciencias …, Madrid 1878. – B: ABEPI; DhCmE (J. M. LÓPEZ PIÑERO); PALMA RODRÍGUEZ 1968; BARONA 1985.   Sch

Martini, Friedrich Heinrich Wilhelm (1729–1778); aus Ohrdruf (Thür.); 1749 stud. Theol., ab 1751 Med. Univ. Jena, 1753–1755 am *Coll. med.-chirurg.* in Berlin, 1756 Univ. Frankfurt/Oder (Dr. med. 1757); 1758–1762 prakt. Arzt in Artern, ab 1764 in Berlin, wo er

G. Mann

E. Mayr

starb. Intensivierte hier seine naturhist. (mineralog., malakolog.) Stud., besaß ein ansehnliches Konchylienkabinett; Gründungsmitgl. der von ihm initiierten *Ges. naturf. Freunde zu Berlin.* – Lit.: Neues systematisches Conchylien-Cabinett, 3 Bde., Nürnberg 1768–1777; Allgemeine Geschichte der Natur in alphabetischer Ordnung …, 4 Bde., Berlin u. Stettin 1774–1778. – B: Autobiogr. 1779; GOEZE 1779; R. MÖLLER 1988.   Hth

Martius, Carl Friedrich Philipp Ritter **von** (1794–1868); aus Erlangen; 1810 stud. Med. u. Naturwiss. Univ. Erlangen (bes. Bot. bei J. C. D. SCHREBER u. Zool. bei GOLDFUSS, Dr. med. 1814); danach Aufnahme als Eleve in d. Bayer. AdW München zur Mitarb. bei Franz von Paula SCHRANK (1747–1835) im 1812 eröffneten Bot. Garten, 1816 Adjunkt; 1817–1820 mit J. B. SPIX Teiln. an d. Exped. der Bayer. AdW in königl. Auftrag (zus. mit österreich. Exped.) nach Brasilien (Rio de Janeiro, Prov. São Paulo, Minas Gerais, Goiás, Bahia, Pernambuco, Piauí, Maranhão); nach Rückkehr 1820 in München o. Mitgl. AdW u. 2. Konservator Bot. Slgn.; 1826–1854 o. Prof. für Bot. Univ. München; zugl. 1832 erster Konservator der Bot. Slgn., Dir. Bot. Garten u. Bot. Anstalten, 1840 Sekr. Math.-physikal. Kl. Bayer. AdW; starb in München. – Lit.: (fortgesetzt von A. W. EICHLER, abgeschlossen von I. URBAN) Flora Brasiliensis, 15 Bde., München 1840–1906. – B: NDB (K. MÄGDEFRAU); DSB (A. P. M. SANDERS); LexNW; MERXMÜLLER 1968.   Sch

Matteucci, Carlo (1811–1868); aus Forli (Italien); 1825–1828 stud. Univ. Bologna (Dr. math. 1829), 1829 *Sorbonne* Paris; 1830 Rückkehr nach Forli, begann hier, dann in Ravenna, mit elektrophysiol. Fo.; auf Empfehlung von A. VON HUMBOLDT 1840 Prof. für Physik Univ. Pisa, nach 1848 dort Gründung d. ersten großen physikal. Inst.; 1860 Ltg. d. ital. Telegraphenwesens, später auch d. meteorol. Inst. in Pisa; 1862 kurze Zeit ital. Kultusminister; zuletzt an wiss. Inst. in Florenz; starb in Livorno (Ital.). Untersuchte das elektr. Verhalten der Muskeln u. Nerven, beschrieb das Ruhe-Potential des Frosch-Muskels u. den Aktionsstrom; an diese Untersuchungen knüpfte DU BOIS-REYMOND an. – Lit.: Essai sur les phénomènes électriques des animaux, Paris 1840; Traité des phénomènes électro-physiologiques des animaux, Paris 1844. – B: Ärzte I; DSB (G. MORUZZI).   Sch

Mattioli [lat. **Matthiolus**], **Pietro Andrea Gregorio** (1501–1577); aus Siena; stud. Philos. Univ. Padua, später Med. u. Naturgesch. (Dr. med. 1523); danach zur Verbesserung seiner chirurg. Fertigkeiten nach Perugia zu Gregorio CARAVITA; anschl. im *Santo Spirito Hosp.* u. *San Giacomo Xenodochium* für unheilbar Kranke in Rom, gleichz. Beobachtung von Kräutern u. Pflanzen; 1527 nach Trient, prakt. Arzt im Trentino, ab 1539 in Gorizia; in dieser Zeit weitere Pflanzenbeobachtungen, spez. Interesse für Phytologie; ab 1554 Leibarzt von Erzherzog FERDINAND I., dann Kaiser MAXIMILIAN II. in Prag; 1570 Rückkehr nach Tirol; starb an d. Pest in Trient. – Lit.: Di Pedacio Dioscoride anazarbeo libri cinque …, Venice 1544 ([2]1548; lat.: Commentarii, in libros sex Pedacii Dioscoridis …, 1554). – B: DSB (B. ZANOBIO).   Sch

Maupertuis, Pierre Louis [Peter Ludwig] Moreau de (1698–1759); aus St. Malo (Frankr.); 1714–1716 stud. Math. u. Philos. in Paris, 1718 in der franz. Armee; 1723 Adjunkt, 1725 Beisitzer AdW (für Geometrie) in Paris; 1728 Stud.reisen nach London u. Basel (Integralrechnung); 1731 „Pensionnaire géometrie" der AdW Paris, 1736–1737 Exped. nach Lappland zur Vermessung des Polarkreises; danach am preuß. Hof in Berlin; 1743 o. Mitgl. (für Cardinal FLEURY) AdW Paris; ab 1746 Präs. preuß. AdW in Berlin; starb in Basel. – Lit.: (anonym) Dissertation physique à l'occasion du nègre blanc, Lyon 1744 (2. Aufl. u. d. T.: Venus physique, 1745); Oeuvres, 4 Bde., Lyon 1756. – DSB (B. GLASS); LexNW.   Ja

Maury, Matthew Fontaine (1806–1873); aus Fredericksburg (Virginia, USA); unternahm ab 1825 als Seekadett d. amerikan. Marine 3 große Reisen nach Europa, um die Erde (auf der *Vincennes*) u. an d. Pazifikküste Südamerikas; publizierte ab 1834 ozeanograph. u. meteorolog. Beobachtungen; 1836 Leutnant, 1837 Teiln. an Südsee-Exped. d. Navy; danach wiss. Arb. im Navy Dep. d. *Naval Observatorium and Hydrogr. Office* in Washington, ausgedehnte Beobachtungen über Luftströmungen; 1865 nach Mexiko u. England (Dr. h. c. Univ. Cambridge); ab 1868 Prof. für Meteorol. im *Virginia Military Inst.* in Lexington (Virginia, USA), wo er starb. – Lit.: The physical geography of the sea, 1855. – B: DSB (H. L. BURSTYN).   Ja

Maximov, Nikolai A. s. Maksimov, Nikolaj Aleksandrovič

Mayer, Julius Robert (1814–1878); aus Heilbronn; 1832 stud. Med. Univ. Tübingen (Dr. med. u. med. Staatsexamen 1838); 1839/40 Reise nach Paris u. Patent als Sanitätsoffizier in Den Haag; 1840 als Schiffsarzt auf niederländ. Handelsschiff nach Djakarta (Java); ab 1841 prakt. Arzt in Heilbronn, wo er starb. Formulierte als erster 1842 d. Prinzip von d. Erhaltung der Energie („Kräfte"). – Lit.: Bemerkungen über die Kräfte der unbelebten Natur, in: Liebig's Ann. d. Chemie *42* (1842): 233–240. – B: NDB (S. L. WOLFF); DSB (R. S. TURNER).   Sch

Mayr, Ernst (geb. 1904); aus Kempten; 1923 stud. Med. Univ. Greifswald, 1925 Zool. in Berlin (bei STRESEMANN, Dr. rer. nat. 1926); 1926–1930 Ass. Zool. Mus. Berlin; 1928 Teiln. d. *Rothschild*-Exped. nach Niederländ.-Neu Guinea; 1928–1929 Teiln. d. Exped. d. Univ. Berlin in das Mandatsgebiet Neu Guinea; 1929–1930 Teiln. d. *Whitney*-Exped. des *American Mus. of Nat. Hist.* zu d. Solomon Inseln; ab 1932 Assoc. Curator, 1944 Kurator der *Withney-Rothschild*-Collection d. *Am. Mus. of. Nat. Hist.* New York; 1953–1975 (em.) *Alexander Agassiz*-Prof. für Zool. am *Mus. of Comparative Zool.* Harvard Univ. Cambridge (USA). Arb. über Ornithol., bes. über Systematik u. Biogeographie von Vögeln, seit 40er Jahren auch zur theoret. Evolutionsbiol.; einer der Begr. d. mod. Synthetischen Theorie der Evolution; seit 60er Jahren auch zahlr. Veröffentlichungen zur Philos. u. Gesch. d. Biologie. – Lit.: Systematics and the origin of species, New York 1942; (mit E. G. LINSLEY & R. L. USINGER) Methods and principles of systematic zoology, New York 1953; Animal species and evolution, Cambridge/Mass. 1963 (dt.: Artbegriff und Evolution, Hamburg–Berlin 1967); Principles of systematic zoology, New York 1969; The Museum of Comparative Zoology and its role in the Harvard community, Cambridge/Mass. 1969; Populations, species, and evolution, Cambridge/Mass. 1970; The nature of the Darwinian revolution, in: Science *176* (1972): 981–989; The recent historiography of genetics, in: J. Hist. Biol. *6* (1973): 125–154; (dt. Übers. von O. KRAUS) Grundlagen der zoologischen Systematik, Hamburg-Berlin 1975; Evolution and the diversity of life, Cambridge/Mass. 1976 (dt.: Evolution und die Vielfalt des Lebens, Heidelberg 1979); Origin and history of some terms in systematic and evolutionary biology, in: Syst. Zool. *27* (1978): 83–88; The growth of biological thought, Cambridge/Mass. 1982 (dt.: Die Entwicklung der biologischen Gedankenwelt, Berlin-Heidelberg 1984); Toward a new philosophy of biology, Cambridge/Mass. 1988 (dt.: Eine neue Philosophie der Biologie, München 1991); One long argument, Cambridge/Mass. 1991 (dt.: … und Darwin hat doch recht: Charles Darwin, seine Lehre und die moderne Evolutionsbiologie, München 1994); This is Biology: the Science of living World, Cambridge/Mass. 1997; s. a. Lit. zu Kap. 10 u. 18. – B: BOCK 1994; Special Issue 1994; HAFFER 1995. – P.   Jkr/Ja

Meckel, Johann Friedrich (1781–1833); aus Halle/Saale; 1798–1801 stud. Med. Univ. Halle (bei J. C. REIL), 1801–1802 Univ. Göttingen (bei BLUMENBACH, Dr. med. 1802 Univ. Halle); 1803–1806 in Paris vergl.-Anatom. Stud. bei G. CUVIER u. E. GEOFFROY SAINT-HILAIRE; nach Stud.reise durch Europa (u. a. zu KIELMEYER in Tübingen) 1806 Prof. für Anat. Univ. in Halle/Saale, wo er starb. Trug wesentlich zur Begr. der Vergl. Anat. (nach d. Vorbild v. CUVIER u. GEOFFROY ST.-HILAIRE) in Dtl. bei; Verf. d. ersten Monographie des Schnabeltiers auf anatom. Grundlage; förderte vergl. Embryol.; kennzeichnete d. Embryonalstadien als Parallelbildungen zu Formen niederer Organismen (1811) u. als Zeichen hist. Abstammungsbeziehungen (später v. HAECKEL als „Biogenetisches Grundgesetz" bezeichnet); untersuchte embryolog. Mißbildungen, damit Begr. der Teratologie in Dtl.; machte C. F. WOLFFS Theorie der Epigenese bekannt, die er vertrat, u. nahm wie dieser eine Bildungskraft für Entw.prozesse an; ab 1815–1823 Hrsg. d. *Dt. Archiv für Physiologie* (Forts. v. *Reil's A. f. die Physiol.*), ab 1826–1831 fortgesetzt durch sein *Archiv für Anatomie u. Physiologie*. – Lit.: Beyträge zur vergleichenden Anatomie, 2 Bde. (Bd. 2 u. d. T.: Entwurf einer Darstellung der zwischen dem Embryonalzustande der höhern Thiere und dem permanenten der niedern statt findenden Parallele), Leipzig 1809–1812; Handbuch der pathologischen Anatomie, Halle 1812–1816; System der vergleichenden Anatomie, 6 Bde., Halle 1821–1831. – B: NDB (E. WORMER); DSB (G. B. RISSE); BENEKE 1934; SCHIERHORN 1984 (W). Ja

Mečnikov [Metschnikow, Metschnikoff], Ilja Ilič (1845–1916); aus Ivanovka bei Kupjansk (Charkower Gebiet, Ukraine); 1862 stud. Naturwiss. Univ. Charkov (Staatsex. 1864); Stud.reise nach Dtl., 1864 bei HENLE u. LEUCKART Univ. Gießen, wo er 1865 bei Landplanarien die intrazelluläre Verdauung entdeckte; 1865 auch in Göttingen bei KEFERSTEIN, 1866 bei SIEBOLD in München; gleichz. 1864 embryolog. Stud. an Meerestieren auf Helgoland, 1865 in Neapel (bei A. KOVALEVSKIJ) u. Triest; nach Rückkehr 1867 Mag., 1868 Dr. zool. u. 1868–1870 Pd. für Zool. Univ. St. Petersburg; 1870 o. Prof. für Zool. u. Vergl. Anat. Univ. Odessa mit Unterbrechung durch Krankheit (1873) u. anthropolog. Arb. in d. Kalmückensteppe; auf Stud.reisen nach San Remo, Villefranche u. in die Normandie entw.gesch. Stud. an *Ascidien, Echinodermen, Medusen* u. *Ctenophoren*; 1883–1885 weitere Aufenth. in Ital. (Messina) u. Frankr.; 1886 Gründung u. Ltr. eines Priv.labor. in Odessa, woraus später das erste russ. bakteriolog. Inst. zur Bekämpfung von Infektionskrankheiten entstand; 1887 nach Paris, 1888–1905 *Chef de Service*, 1905–1916 stellv. wiss. Dir. am *Inst. Pasteur* in Paris, wo er seine 1880 konzipierte „Phagozytentheorie" ausbaute; starb in Paris. Nobelpr. 1908. – Lit.: Über die Verdauungsorgane einiger Süßwasserturbellarien, in: Zool. Anz. *1* (1878): 1–12; Zur Lehre über die intracelluläre Verdauung niederer Thiere, in: ebda *5* (1882): 310–316; Untersuchungen über die mesodermalen Phagozyten einiger Wirbeltiere, in: Biol. Cbl. *3* (1883): 560–565; Über eine Sproßkrankheit der Daphnien – Beitrag zur Lehre über den Kampf der Phagozyten gegen Krankheitserreger, in: VIRCHOW's A. *96* (1884 a): 177–195; Über die Beziehungen der Phagozyten zu Milzbrandbazillen, in: ebda *97* (1884 b): 502–526; Eine neue Entzündungstheorie, in: Allg. Wiener med. Ztg. *29* (1884 c): 307–332; Embryologische Studien an Medusen – ein Beitrag zur Genealogie der Primitivorgane, Wien 1886; Études sur l'immunité, mém. 1–5, in: Ann. Inst. Pasteur *3–9* (1889–1895); Leçon sur la pathologie comparée de l'inflammation faites à l'Institut Pasteur Avril et Mai 1891, Paris 1892; L'état actuel de la question de l'immunité dans les maladies infectieuses, in: Rev. générale, Sci. pures et appliquées *14* (1900): 1210–1218; s. a. Lit. zu Kap. 21. – B: DSB (G. H. BRIEGER); BSE^3 (A. E. GAJSINOVIČ); ZEISS 1932 (W). – P.   Ja/Sch

Medawar, Peter Brian, Sir (1915–1987); aus Rio de Janeiro; erzogen im Marlborough Coll. Wiltshire (Engl.), dann stud. Zool. u. Pathol. Univ. Oxford; 1938–1947 Lect. für Zool. Univ. Oxford; 1947–1951 *Mason*-Prof. für Zool. Univ. Birmingham; 1951–1962 *Jodrell*-Prof. für Zool. Univ. Coll. London; 1962–1971 Dir. des National Inst. for Med. Res. in London, danach am Clinical Res. Center; starb in Downshire Hill. Nobelpr. 1960. – Lit.: The uniquess of the individual, London 1957; The future of man, London 1960 (dt.: Die Zukunft des Menschen, Frankfurt a. M. 1962). – B: WwW 9.   Ja

Medicus, Friedrich Casimir (1736–1808); aus Grumbach (Saarland); stud. Med. Univ. Tübingen, Straßburg u. Heidelberg (Dr. med. Univ. Mannheim); 1758 prakt. Arzt, 1759 Garnisonsarzt u. Hofmedicus, ab 1764 Prof. für Med. an d. *Academia Theodoro-Palatina* in Mannheim; Gründer u. Dir. Bot. Garten Mannheim, der nach TOURNEFORTS System angelegt wurde; 1766 Reise nach Paris zu DUHAMEL DU MONCEAU,

ADANSON u. B. DE JUSSIEU; setzte sich für forstbot. Neuerungen ein (Einbürgerung nordamerikan. Bäume); Mitbegr. u. Dir. d. *Physikal.-ökonom. Ges.* (1769) u. der *Kameral-Hohen Sch.* in Lautern (1775–1785), die dann als Staatswiss. Fak. an die Univ. Heidelberg kam; starb in Mannheim. – Lit.: Theodora apeciosa, Mannheim 1786; Philosophische Botanik, 2 Bde., Mannheim 1789–1791; Geschichte der Botanik unserer Zeiten, Mannheim 1793; Beyträge zur Pflanzen-Anatomie, Leipzig 1799–1801. – B: NDB (G. SCHRÖDER-LEMBKE); DSB (W. T. STEARN). Ja

Méhely, Ludwig von (1862–1952); aus Kisfalud-Szögi (Bodrogszegi, Kom. Zemplén, Ungarn); 1877–1880 stud. Biol. Univ. Budapest; dann Ass. am Lehrstuhl für Zool. TH Budapest (bei Joh. KRIESCH); 1885–1896 Lehrer in Kronstadt (Brasov, Rumänien); ab 1896 an d. Zool. Abt. d. Ungar. Nationalmus., 1912 Kustos d. herpetolog. Slg.; 1915–1932 o. Prof. für Allg. Zool. u. Vergl. Anat. Univ. Budapest. Bedeutendster ungar. Zoologe u. Darwinist, Vertr. d. evolutionist. Morphol., bes. Herpetol. u. Mammologie. – Lit.: Herpetologia Hungarica, 1897 (ungedr. Preisschr. d. Ungar. AdW); Monographia Chiropterorum Hungariae, Budapest 1900; Species generis Spalax …, Budapest 1909 [dt.: Species generis Spalax, die Arten der Blindmäuse in systematischer und phylogenetischer Beziehung, in: Math. u. Naturwiss. Ber. aus Ungarn 1910, *28–29* (1913)]; Systematisch-phylogenetische Studien an Viperiden, in: Ann. Mus. National Hung. *9* (1911): 186–243. – B: DELY 1967. Ja

Meisenheimer, Johannes (1873–1933); aus Griesheim (heute zu Frankfurt a. M.); 1893 stud. Zool. Univ. Marburg, Heidelberg (bei O. BÜTSCHLI u. C. GEGENBAUR) u. wieder Marburg (Dr. phil. 1896 bei KORSCHELT); dann Ass. für Zool., 1899 Pd. bei KORSCHELT Univ. Marburg; ab 1899 Bearb. d. *Pteropoda*-Slg. d. Dt. Tiefsee-Exped. (*Valdivia-Exped.*) von 1898/1899; dazw. 1900 an d. Zool. Sta. Neapel; 1910 ao. Prof. für Phylogenie u. Kustos am *Phylet. Museum* Univ. Jena, wo er die Abt. für Entw.lehre aufbaute; 1914 o. Prof. (Nachf. von C. CHUN) Univ. in Leipzig, wo er starb. – Lit.: s. Lit. zu Kap. 15. – B: NDB (M. MÜLLEROTT); USCHMANN 1959. Sch

I. I. Mečnikov

G. J. Mendel

Melchers, Georg (1906–1997); aus Cordingen bei Hannover; 1925 stud. Naturwiss. Univ. Freiburg i. Br. (bes. Zool. bei H. SPEMANN) u. Kiel, 1926 Univ. Göttingen (bes. Bot. bei F. VON WETTSTEIN u. T. SCHMUCKER, Dr. phil. 1930); 1930 Fo.stipendiat, anschl. Ass. bei F. VON WETTSTEIN Univ. Göttingen, 1931 München, 1934 am KWI für Biol. Berlin; 1941 Ltr. d. *Arbeitsstätte für Virusforschung* des KWI für Biol. u. Biochemie Berlin (ab 1945 in Tübingen), 1946–1976 Dir. KWI (ab 1949 MPI) für Biol. Tübingen; zugl. 1947 Hon. Prof. für Bot. Univ. Tübingen. – Lit.: Die Wirkung von Genen, tiefen Temperaturen und blühenden Pfropfpartnern auf die Blühreife von *Hyoscyamus niger* L., in: Biol. Zbl. *57* (1937): 568–614; Die Blühhormone, in: Ber. Dt. Bot. Ges. *57* (1939): 29–48. – B: Autobiogr. 1987 (W). Höx

Mendel, Gregor Johann (1822–1884); aus Heinzendorf (Hynčice bei Krnov, Sudeten); 1840–1843 stud. Philos. am Philos. Inst. Olmütz (Olomouc); 1844–1848 stud. Theol. u. Landw. (Obst- u. Weinbau) im Augustiner-Kloster Alt-Brünn (Staré Brno); 1849–1850 Lehrer für Math. u. Griech. Sprache am Gymnasium in Znaim (Znojmo), 1851 für Naturlehre an d. Techn. Lehranstalt Brno; 1851–1853 stud. Naturwiss. Univ. Wien (ab 1851 Mitgl. Ges. zur Beförderung des Ackerbaues, der Natur- u. Landeskunde, 1853 Zool.–Bot. Ver. Wien); 1854–1868 suppl. Lehrer für Naturlehre Oberrealsch. Brno; führte 1855–1864 im Klostergarten Kreuzungsversuche mit *Pisum* durch; 1861 Mitbegr. u. Mitgl. des Naturf. Vereins Brünn, wo er seine Ergebnisse vortrug; 1863 Mitgl. d. Sekt. Obst-, Wein- u. Gartenbau der Ackerbau-Ges., 1870 Mitgl. des Bienenzuchtvereins in Brünn; ab 1868 Abt des Augustiner-Klosters; starb in Brünn. – Lit.: Versuche über Pflanzenhybriden, in: Verh. naturf. Vereins Brünn 1865, *4* (1866): 3–47. – B: ILTIS 1924; OREL 1995. – P. Ja

Menestor von Sybaris (5. Jh. v. Chr.); ältester bekannter griech. Botaniker; Verf. einer Schr., in der v. a. pflanzenphysiolog. Probleme behandelt werden; begr. damit d. physiolog. u. biolog. Naturbetrachtung. – Lit.: überlief. Zeugnisse u. Fragm. s. bei: DIELS-KRANZ, Die Fragmente der Vorsokratiker, Bd. 1, 9. Aufl., Berlin 1960: 375 ff. – B: PAULY; Altertum (A. STEIER). Ha/Sch

Menke, Wilhelm (geb. 1910); aus Paderborn; 1931 stud. Naturwiss., bes. Bot., Univ. Münster (bei W. BENECKE), 1931–1934 Univ. Graz (bei F. WEBER), 1934–1935 Univ. Berlin (bei K. NOACK, Dr. phil. 1938); ab 1936 Hilfsass. u. 1938 Ass. bei K. NOACK, 1944 Doz. für Bot. Univ. Berlin; 1945–1955 als dt. Botaniker in d. Sowjetunion (1945 mit M. VON ARDENNE in Sinop bei Suchumi, 1948 mit N. V. TIMOFEEV-RESOVSKIJ in Miassowo bei Tscheljabinsk, 1952 in einem Inst. d. AdMW bei Moskau); 1955 Gastforscher bei G. MELCHERS am MPI für Biol. Tübingen; 1958 apl. Prof., 1961 o. Prof. u. 1968–1978 Hon. Prof. für Bot. Univ. Köln; 1967–1978 Dir. am MPI für Züchtungsfo. Köln-Vogelsang; lebt in Leverkusen. – Lit.: Über den Feinbau der Chloroplasten, in: Kolloid-Z. *85* (1938 a): 256–259; Untersuchung der einzelnen Zellorgane in Spinatblättern auf Grund präparativ-chemischer Methodik, in: Z. Bot. *32* (1938b): 273–295; Untersuchungen über den

Feinbau des Protoplasmas mit dem Universal-Elektro-
nenmikroskop, in: Protoplasma *35* (1940): 115–130. –
B: Persönl. Mitt. v. 1991; Menke 1990 (s. Kap. 16). – P.
                                                    Höx

Menzbir, Michail Aleksandrovič (1855–1935); aus Tu-
la; bis 1878 stud. Zool. Univ. Moskau (bei
N. A. Severcov); ab 1886 Doz. (Nachf. von
N. A. Severcov), 1898 o. Prof. für Zool. Univ. Moskau;
1911 Prof. an d. Moskauer *Vysšie ženskie kursy*; ab
1917 wieder Univ. in Moskau, wo er starb. Begr. d.
Moskauer Sch. d. Ornithologen, Zoogeographen u.
Anatomen; ab 1929 Mitgl. der sowjet. AdW; arbeitete
v. a. über vergl. Anat., Zoogeographie u. Ornithologie.
– Lit.: Ornitologičeskaja geografija Evropejskoj Ros-
sii, Moskva 1882; Pticy Rossii, 2 t., Moskva 1893–1895.
– B: BSE[3].   Sch

Mercator [eigentl. **Kremer, Gerhard**] (1512–1594); aus
Rupelmonde (Flandern); erlernte bei d. Hofmathematiker von Karl V., R. Gemma-Frisius, in Löwen
(Leuven, Niederl.) dessen neue Verfahren zur trigono-
metr. Landvermessung u. zur Bestimmung geograph.
Längen; 1530 stud. Philos. Univ. Löwen (Dr. phil.
1532); dann Instrumentenbauer, Feldmesser u. Kartograph in Holl., ab 1552 in Duisburg, wo er starb. 1569
Veröffentl. einer für d. Seefahrt bestimmten Weltkarte, auf d. Längen- u. Breitengrade als parallele,
senkrecht aufeinanderstehende Linien eingetragen
waren, wobei d. Abstände der Breitenlinien nach d.
Polen zu vergrößert wurden; diese winkelgetreue Darstellung d. Kugelgestalt der Erde auf der Kartenebene
wurde später „Mercatorprojektion" genannt. – B:
NDB (U. Lindgren); DSB (G. Kish).   Ja

Merežkovskij, Konstantin Sergeevič (1855–1921); aus
St. Petersburg; stud. Naturwiss. Univ. St. Petersburg
(Dr. phil. 1880); 1902–1914 Pd. u. Prof. für Mikrobiol.
(?) Univ. Kasan (Kazan); 1917 Emigr. in d. Schweiz,
starb in Genf. – Lit.: Ueber Natur und Ursprung der
Chromatophoren im Pflanzenreiche, in: Biol. Cbl. *25*
(1905): 593–604, 689–691; Teorija dvuch plazm kak os-
nova simbiogenezisa, novogo učenija o proischoždenii
organizmov (dt.: Die Zweiplasmentheorie als Grundlage der Symbiogenese, einer neuen Lehre von der
Entstehung der Organismen), Kazan 1909. – B: BSE[3].
                                                    Höx

Merian, Maria Sibylla (1647–1717); aus Frankfurt
a. M.; Ausbild. in Malerei u. Kupferstich in d. Werkstatt ihres Vaters Matthäus Merian d. Ä. (1593–1650);
1665–1685 mit d. Nürnberger Maler Johann Andreas
Graff verheiratet; nach Trennung (1685) in Holland
ansässig, zunächst auf Schloß Waltha in Wieuwerd (bei
d. Labadisten), ab 1691 in Amsterdam; 1699–1701
Stud.aufenth. in d. holländ. Kolonie Surinam (Nieder-
ländisch-Guayana, heute Republik Surinam), wo sie
die in Nürnberg begonnenen Insekten-Stud. an südamerikan. Arten fortsetzte, die Metamorphose u. Futterpflanzen vieler damals noch unbekannter Insekten
detailgetreu u. künstlerisch wiedergab; nach Rückkehr
Auswertung u. Publikation d. Materials in Amsterdam,
wo sie starb. Durch d. jüngere Tochter Dorothea Maria
Henriette M., die mit ihrem zweiten Mann Georg

Gsell nach St. Petersburg ging, wo dieser 1719 Hofma-
ler von Peter dem Grossen wurde u. ab 1726 beide
Zeichen- u. Mallehrer an d. AdW waren, gelangte ein
großer Teil d. künstlerischen Nachlasses dorthin u. be-
findet sich heute im Bot. Inst. u. in d. Handschriften-
Abt. d. Bibl. d. AdW. – Lit.: Der Raupen wunderbare
Verwandlung, Nürnberg, T. 1: 1679, T. 2: 1683; Meta-
morphosis Insectorum Surinamensis, Amsterdam 1705
(Repr: nach d. holländ. Originalausg. in d. Sächs.
Landesbibl. Dresden, Leipzig 1975). – B: NDB
(L. Wüthrich); Lendorf 1955; Deckert 1987.   Ja/Sch

Merkenschlager, Friedrich (1892–1968); aus Hauslach/
Georgensgmünd (Franken); Dr. phil., 1925 Pd. für
Bot. Univ. Kiel; 1927–1933 Ltr. Bot. Labor. d. Biol.
Reichsanstalt für Land- u. Forstwirtschaft Berlin–Dahlem; 1946–1958 Tit. Prof. u. Ltr. Inst. für Gärtnerische
Bot. u. Pflanzenschutz Weihenstephan; starb in Haus-
lach. – Lit.: Tafeln zur Vergleichenden Physiologie
und Pathologie der Kulturpflanzen, Berlin 1927; (mit
M. Klinkowski) Pflanzliche Konstitutionslehre, dargestellt an Kulturpflanzen, Berlin 1933. – B: Kürschner
1966.   Höx

Merrem, Blasius (1761–1824); aus Bremen; 1778 stud.
Med., dann Naturgesch. Univ. Göttingen (bei
J. F. Blumenbach, Dr. phil. 1781); danach jurist. Er-
gänzungsstud. in Göttingen; 1784/1785 Prof. für Math.
u. Physik, ab 1794 auch Kameralistik Univ. Duisburg;
1804 Prof. für Ökonomie, Kameral- u. Finanzwiss.,
zugl. ab 1805–1810 Lehrstuhl für Bot. u. Dir. Bot.
Garten (Nachf. von Conrad Moench), 1807 bis zu seinem Tode o. Prof. für Staatswiss. u. Naturgesch., 1817
Gründer u. Dir. d. Zool. Inst. Univ. in Marburg, wo er
starb. – Lit.: Vermischte Abhandlungen aus der Thier-
geschichte, Göttingen 1781; Versuch eines Grundrisses
zur allgemeinen Geschichte und natürlichen Eintheil-
lung der Vögel, 2 Bde., Leipzig 1787, 1788; Versuch eines Systems der Amphibien, Marburg 1820. – B: Stresemann 1951; Geus 1978: 163–168; Baege 1984;
Adler 1989; Ringleben 1995.   Hth/Sch

Messerschmidt, Daniel Gottlieb (1685–1735), aus
Danzig (Gdańsk, Polen); stud. Med. u. Bot. Univ. Jena
(bei Slevogt) u. Halle/Saale (Dr. med. 1708); dann
prakt. Arzt in Danzig; ab 1717 in St. Petersburg zur
Vorbereitung einer Exped. nach Sibirien im Auftrag
des russ. Hofes (Zar Peter I.); 1719 Reise nach To-
bolsk, von wo aus 1720–1727 die erste naturhistor. Fo.
u. Sammelreise durch Sibirien bis zum Baikalsee u.
zur mongol. u. chines. Grenze durchgeführt wurde;
nach Rückkehr zunächst Heimkehr nach Danzig; später zur Bearb. der Slgn. wieder nach St. Petersburg berufen, wo er starb. – Lit.: Forschungsreise durch Sibirien 1720–1727: Tagebuchaufzeichnungen, hrsg. von
E. Winter & N. A. Figurovskij (Bd. 1), E. Winter,
G. Uschmann & G. Jarosch (Bd. 2–5), Berlin 1962–
1977. – B: NDB (I. Jahn).   Ja

Metschnikow (Metschnikoff), Ilja Iljitsch (Elias) s.
Mečnikov, Ilja Ilič

Metzger, Johann Daniel (1739–1805); aus Straßburg;
stud. Med. Univ. Straßburg (bes. bei Lobstein d. Ä.,

MILNE-EDWARDS) Recherches pour servir à l'histoire naturelle des mammifères, 2 Bde., Paris 1864–1874. – B: DSB (J. ANTHONY); LexNW; GEUS & QUERNER 1990. – P.   Ja

Mitchell, Peter Dennis (1920–1992); aus Mitcham bei London; stud. Chemie Queens Coll. Taunton u. Jesus Coll. Univ. Cambridge/GB (BA 1943), 1943 Mitarb. bei J. F. DANIELLI u. M. DIXON Univ. Cambridge (PhD 1950), hier ab 1950 Demonstr. für Biochemie; 1955–1963 Ltr. Abt. für Chem. Biol. am Dep. of Zool., 1961 Sen. Lect., 1962 Reader für Biochemie Univ. Edinburgh (Schottland); 1964–1986 Fo.dir. des Glynn Res. Labor. bzw. Inst. nahe Bodmin (Cornwall, Engl.); starb in Bodmin. Nobelpr. 1978. – Lit.: Coupling of phosphorylation to electron and hydrogen transfer by a chemiosmotic type of mechanism, in: Nature *191* (1961): 144–148. – B: WWNP; LexNW; CROFTS 1993.   Höx

Mitscherlich, Eilhard Alfred (1874–1956); aus Berlin; 1895–1898 stud. Natur- u. Landw.wiss. Univ. Kiel (bei H. RODEWALD), 1896–1897 auch Landw. HS Berlin (Dr. phil. 1898 Univ. Kiel); 1898 Praktikant bei H. EBERT Univ. München, anschl. wieder in Kiel, 1900 Ass. bei H. RODEWALD u. 1901 Pd. für Landw. u. Agrikulturchemie Univ. Kiel; 1906 ao. Prof., 1906–1941 o. Prof. für Pflanzenbau u. Bodenkunde Univ. Königsberg (Kaliningrad); 1940–1945 Bewirtschaftung des Familiengutes Kutschlau; 1946–1950 o. Prof. für Kulturtechnik Univ. Berlin; anschl. Dir. Fo.inst. d. Dt. AdW zur Steigerung der Pflanzenerträge in Paulinenaue (Havelland), wo er starb. – Lit.: Bodenkunde für Land- und Forstwirte, Berlin 1905; Die Bestimmung des Düngerbedürfnisses des Bodens, Berlin 1924 ([3]1930); Ein Leitfaden zur Anwendung der künstlichen Düngemittel, Berlin 1925. – B: Nekr. in *Leopoldina* 1956. – P.   Höx

Mivart, St. George Jackson (1827–1900); aus London; stud. Jura, widmete sich aber den Naturwiss. u. spez. der Zool. u. Anat.; 1874–1884 Prof. für Zool. am *Roman Catholic Univ. Coll.* in Kensington; 1890 Lehrstuhl für Philos. in Louvain (Belgien); starb in London. – Lit.: On the genesis of species, London 1871. – B: DSB (J. W. GRUBER).   Ja

Mnesitheos von Athen (4. Jh. v. Chr.); Arzt in Athen, v. a. Diätetiker; unternahm in seinen Schr. den Versuch, die diaitetische Methode PLATONS für die Med. fruchtbar zu machen. – Lit.: Textausg. d. Fragm.: J. BERTIER, Mnésithée et Dieuchès, Leiden 1792; H. HOHENSTEIN, Berlin 1935 (Diss.phil.). – B: PAULY.   Ha/Sch

Mociño [auch Moziño], José Mariano (1757–1819); aus Temascaltepec (Mexiko); stud. Philos., Theol. u. Hist., dann Naturwiss. u. Med. Univ. Mexiko (bes. Bot. bei Vicente CERVANTES; BA 1776, BM 1787); anschl. Ass. bei CERVANTES am Lehrstuhl für Bot., ab 1790 Mitarb. d. wiss. Exped. zur Erfo. von „Neu-Spanien" unter Ltg. von Martín DE SESSÉ, hier Fo. in d. Bot., Zool. u. Ethnologie, spez. auf d. Insel Nutka u. in Guatemala; 1803 zur Auswertg. des Mat. mit SESSÉ nach Span.; hier zugl. stellv. Dir. des *Gabinete de Hist. Nat.* u. Arzt in Madrid; als Bonapartist in Span. verfolgt, ging er 1812 ins Exil nach Montpellier u. arbeitete bei Augustin Pyrame DE CANDOLLE; 1819 Rückkehr nach Span., starb in Barcelona. – Lit.: Observaciones sobre la resina del Ule, in: An. de Ciencias Nat. 7 (1804): 212–215; De la Polygala mexicana, in: ebda, S. 48–54; Tratados del Xiquilite y añil de Guatemala, Manila [2]1826; (mit M. DE SESSÉ) Plantae Novae Hispaniae, México 1893; (mit M. DE SESSÉ) Flora Méxicana, México 1894; Noticias de Nutke, México 1913. – B: CHARDON 1949; DSB (R. McVAUGH); DhCmE (J. M. LÓPEZ PIÑERO).   LGB/Sch

Möbius, Karl August (1825–1908); aus Eilenburg (Sachsen); ab 1849 stud. Naturwiss., bes. Zool., Univ. Berlin (bei Joh. MÜLLER, EHRENBERG u. LICHTENSTEIN; Dr. phil. 1853 Univ. Halle/Saale); dann Ass. bei LICHTENSTEIN Zool. Mus. Univ. Berlin; 1856 Lehrer am *Johanneum* in Hamburg; daneben meeresbiol. Stud. u. 1863 Einrichtung des ersten Meeresaquariums in Hamburg; 1868 o. Prof. für Zool. Univ. Kiel u. Aufbau des Zool. Mus.; ab 1887 Dir. Zool. Mus. u. 1888 Prof. für Zool. Univ. Berlin, wo er bis zum Tode wirkte. Trug maßgeblich zur Entw. der Meeresökologie bei u. prägte den Begriff „Biocönose" (Lebensgemeinschaft); 1901 Präs. des Int. Kongresses für Zool. in Berlin. – Lit.: Die Fauna der Kieler Bucht, 2 Bde., Leipzig 1865–1872; Die Auster und die Austernwirt-

E. A. Mitscherlich

K. Möbius

H. Molisch

T. H. Morgan 1894

schaft, Berlin 1877; Die Bildung, Geltung und Bezeichnung der Artbegriffe und ihr Verhältnis zur Abstammungslehre, in: Zool. Jb. *1* (1886): 241–274; Der Bau von *Eozoon canadense* verglichen mit dem Bau der Foraminiferen, in: Paläontographica *25* (1878): 175–190; (mit J. V. Carus & L. Döderlein) Entwurf von Regeln für die zoologische Nomenklatur, im Auftrage der Dt. zool. Ges., Berlin 1892. – B: DSB (H. Querner); LexNW; Dahl 1905 (W). – P.   Ja

Möbius, Martin (1859–1946); Bot. in Frankf. a. M.

Mohl, Hugo von (1805–1872); aus Stuttgart; 1823 stud. Med., bes. Bot., Univ. Tübingen (Dr. med. 1828); 1828 Ass. bei C. von Martius Univ. München; 1832 Prof. für Physiol. Univ. Bern; ab 1835 o. Prof. für Bot. Univ. in Tübingen, hier 1863 Mitbegr. der ersten Naturwiss. Fak. u. deren erster Dekan; starb in Tübingen. Widmete sich spez. pflanzenanat. Stud., verbesserte d. mikroskop. Technik, beschrieb d. Zellstruktur u. d. Vermehrung der Zellen durch Teilung, klärte die Zellnatur d. Spiralgefäße des Bastes, führte d. Terminus „Protoplasma" für d. flüssigen Inhalt der Zellen ein. – Lit.: Über die Vermehrung der Pflanzenzellen durch Theilung (Diss.), Tübingen 1835; Erläuterung und Vertheidigung meiner Ansicht von der Structur der Pflanzen-Substanz, Tübingen 1836; Vermischte Schriften botanischen Inhalts, Tübingen 1845; Über die Saftbewegung im Inneren der Zellen, in: Bot. Ztg. *4* (1846): 73–78, 89–94; Mikrographie oder Anleitung zur Kenntnis und zum Gebrauch des Mikroskops, Tübingen 1846; Grundzüge der Anatomie und Physiologie der vegetabilischen Zelle, Braunschweig 1851; Über den Bau des Chlorophyll, in: Bot. Ztg. *13* (1855): 89–99, 105–115. – B: NDB (K. Mägdefrau); Aug. de Bary 1872; K.-P. Müller 1984.   Ja

Moldenhawer, Johann Jacob Paul (1766–1827); aus Hamburg; stud. Theol. Univ. Kiel (bis 1783) u. Kopenhagen (Kand.theol.), dann stud. Naturwiss., bes. Bot.; 1792 ao. Prof. für Bot. u. Obstbau, gleichz. Vorlesungen in Klassischer griech. Lit. Univ. in Kiel, wo er starb. – Lit.: Tentamen in historiam plantarum Theophrasti, Hamburg 1791; Beiträge zur Anatomie der Pflanzen, Kiel 1812. – B: ADB (Carstens); DSB (J. H. Wolf).   Hth

Molisch, Hans (1856–1937); aus Brünn (Brno); 1876 stud. Med., bes. Bot., Univ. Wien (Dr. phil. 1880); 1885–1889 Ass. bei J. Wiesner am Bot. Inst., 1885 Pd. Univ. Wien; 1889 ao. Prof. für Bot. TH Graz; 1894 o. Prof. Bot. Dt. Univ. Prag; 1909–1929 o. Prof. für Bot. u. Dir. Bot. Garten Univ. in Wien, wo er starb. Mehrjährige bot. Fo.- u. Sammelreise nach Indien u. Japan; Gastprof. in Tokio u. Kalkutta. – Lit.: Untersuchungen über den Hydrotropismus, Wien 1883; Pflanzenphysiologie als Theorie der Gärtnerei, Jena 1916; Mikrochemie der Pflanze, Jena 1913 (^{3}1923); Pflanzenchemie und Pflanzenverwandtschaft, Jena 1933. – B: Höfler 1938. – P.   Ja

Mollison, Theodor (1874–1952); aus Stuttgart; stud. Med. Univ. Freiburg i. Br. (Dr. med. 1898); nach Approbation bis 1902 prakt. Arzt in Frankfurt a. M.;

1902–1905 biolog. Ausbild. bei T. Boveri Univ. Würzburg, 1904 Fo.reise nach Dt.-Ostafrika; 1905 Ass. bei R. Martin Anthropolog. Inst. Univ. Zürich, 1910 Pd. für Anthropol.; 1911–1912 Ltr. Anthropolog. Abt. des Zoolog.-Anthropolog.-Ethnograph. Mus. im *Zwinger* in Dresden; 1912–1918 Kustos Anthropolog. Slg. Anatom. Inst., 1916 ao. Prof. für Anat. u. Anthropol. Univ. Heidelberg; 1918 ao. Prof. für Anthropol., 1921–1926 o. Prof. (Nachf. von H. Klaatsch) Univ. Breslau (Wrocław); 1926–1944 (1939 Em.) o. Prof. für Anthropol. Univ. u. Dir. Bayer. Anthropolog. Staatsslg. in München, wo er starb. Entwickelte exakte method. Grundlagen für anthropolog. Untersuchungen, widmete sich spez. der Verwandtschaftsfo. u. Stammesgesch. u. führte serolog. Untersuchungsmethoden ein (Serodiagnostik), die für d. gesamte Biol. Bedeutung erhielten. – Lit.: Serologische Verwandtschaftsforschung am Menschen, in: Tagungsber. Dt. Anthropolog. Ges. *88* (1926); Phylogenie des Menschen, in: Handbuch der Vererbungswissenschaft, Bd. 3. J, Berlin 1933; Der Aufbau des Arteiweißes in Stammesgeschichte und Einzelentwicklung, in: Scientia *69* (1941): 154–165. – B: NDB (G. Ziegelmayer); LexNW; ALH MM 4151.   Sch

Monardes, Nicolás Bautista (ca. 1493–1588); aus Sevilla; stud. Philos. u. Med. Univ. Alcalá de Henares (BA 1530, BM 1533; Dr. med. 1547 Univ. Sevilla), Schüler von E. A. de Nebrija (1444–1522); dann prakt. Arzt u. Kaufmann in Sevilla, wo er starb. Als Privatforscher Arb. an d. Pharmakognosie d. neuen amerikan. Pflanzen, die er im eigenen bot. Garten anpflanzte u. in Europa bekannt machte; einer der Begr. d. Pharmakognosie u. experim. Pharmakologie. – Lit.: Dialogo llamado pharmacodilosis o declaracion medicinal …, Sevilla 1536; Dos libros. El uno trata de todas las cosas que se traen de nuestras Indias Occidentales, que sirven al uso de Medicina, … El otro libro …, Sevilla 1565 (lat. Übers. von C. Clusius 1574); Segunda parte del libro, de las cosas que se traen de nuestras Indias Occidentales, que sirven al uso de medicina … Va añadido un libro de la Nieve …, Sevilla 1571; Primera y Segunda y Tercera partes de la Historia Medicinal de las Cosas que se traen …, Diálogo de laz grandezas del hierro …, Sevilla 1574. – B: DSB (F. Guerra); DhCmE (J. M. López Piñero); Guerra 1961 (W).   LGB/Sch

Mondino [Mundinus, Raimund] de' Liuzzi [Liucci, Luzzi] (um 1275–1326); aus Bologna; stud. Med. Univ. Bologna (bei Taddeo Alderotti, Dr. med. um 1300); 1321 in d. Fak. für Med. u. Philos. Univ. in Bologna, wo er starb. Erfolgr. Anatom, setzte gezielt die Lehrsektion ein; durch sein Kompendium, das an den med. Sch. bis ins 16. Jh. als Lehrbuch benutzt wurde, wurden die mittelalterl. Praxis von Leichensektionen u. eigene Sektionsergebnisse bekannt. – Lit.: Anatomia Mundini (1316), Padua 1476 (nach einer Bologneser Handschr. neu hrsg. von Lino Sighinolfi, Bologna 1930). – B: DSB (V. L. Bullough); LexMA (G. Keil).   Sch

Monod, Jacques Lucien (1910–1976); aus Paris; stud. Univ. Aix-Marseille (Bacc. 1928) u. Paris (Lic. ès sci.

1931); 1932 am *Boursier Commercy Labor. d'Évol. des êtres organisés*; 1934–1945 Ass. für Zool. *Fac. des Sci.* Univ. Paris (Dr. ès sci. nat. 1941); 1945–1953 Ltr. Labor. am Pasteur-Inst. in Paris (Mikrobenphysiol.), ab 1954 Ltr. Abt. für Zell-Biochemie, ab 1971 Dir. des *Inst. Pasteur*; gleichz. ab 1955 Prof. für Stoffwechselchemie an d. *Fac. des Sci.* Univ. Paris, 1967 für Molekularbiol. am *Coll. de France*, 1973 Hon. Prof. ebda; starb in Cannes. Nobelpr. 1965. – Lit.: Le hasard et la nécessité, Paris 1970 (dt. u. d. T.: Zufall und Notwendigkeit, München 1971; engl. u. d. T.: Chance and Necessity, New York 1971); (hrsg. von A. Lwoff & A. Ullmann) Selected papers in molecular biology, New York 1978; s. a. Lit. zu Kap. 22. – B: WWNP; LexNW.   Ja/Sch

Montgomery, Edmund Duncan (1835–1911); aus Edinburgh (Schottland); 1852 stud. Med. Univ. Heidelberg, 1855 Univ. Berlin, 1856 Univ. Bonn, 1857 Univ. Würzburg; 1858–1859 klin. Praxis in Prag u. Wien; 1860 Ass.arzt am Dt. Hosp., 1861 am *Bermondsey Dispensary* in London; zugl. 1861–1862 Demonstr., 1863 Doz. für Patholog. Anat. am St. Thomas Hosp. London; 1863 prakt. Arzt auf Madeira, 1864–1867 in Ital., 1867 in München, dann in d. USA, ab 1873 Praxis in Hempstead (Texas), wo er starb. – Lit.: Über das Protoplasma einiger Elementarorganismen, in: Jena. Z. Med. u. Naturwiss. *17* (1885): 677–712; The vitality and organization of protoplasma, Austin (Texas) 1904. – B: DSB (L. T. Spencer).   Ja

Montgomery, Thomas Harrison (1873–1912); aus New York; 1889–1891 stud. Naturwiss., bes. Zool., Univ. of Pennsylvania, 1891–1894 Univ. Berlin (Dr. phil. 1894); 1895–1898 Ass. am *Wistar Inst.* für Anat. in Philadelphia, 1897 Lect. für Zool., 1898 Instr., 1900 Ass. Prof. für Zool. Univ. of Pennsylvania; zugl. 1898–1903 Prof. für Biol. u. Dir. des Zool. Mus. am *Wagner Free Inst. of Sci.* u. Arb. im meeresbiol. Labor. in Woods Hole (Mass.); 1903 Prof. für Zool. Univ. Texas; 1908 wieder Prof. für Zool. u. Dir. Dep. of Zool. Univ. Pennsylvania bis zu seinem Tod. Erkannte bei zytolog. Untersuchungen an Nemertinen u. Insekten u. a. die Teilung der Chromosomen. – Lit.: A study of the chromosomes of the germcells of Metazoa, in: Trans. Am. Phil. Soc. *20* (1902): 154–236. – B: DSB (A. W. Pollister).   Ja

Morgan, Conwy Lloyd (1852–1936); aus London; mit 17 Jahren Besuch d. Sch. of Mines am *Roy. Coll. of Sci.* in London, zugl. stud. Philos. u. Biol.; nach Reisen durch Amerika Arb. bei T. H. Huxley; 1878–1883 Lehrer für „physical sciences", Engl. Lit. u. Verfassungsgesch. am Diözesan-Coll. in Rondebosch (Südafrika); nach Rückkehr o. Prof. für Geol. u. Zool. am Univ. Coll., nach 1909–1919 (em.) Prof. für Psychol. u. Ethik Univ. Bristol/GB (DSc h. c.); starb in Hastings (Engl.). Untersuchte d. Instinktverhalten, bes. bei Vögeln, u. setzte sich mit Frage nach d. Vererbung erlernter Gewohnheiten u. der Modifizierung von Instinkten auseinander; vertrat Ch. Darwins Auffassung von d. Wirksamkeit der geschlechtl. Zuchtwahl auf Grund des Paarungsverhaltens bei Vögeln; 1899 erstes Mitgl. für Psychol. in d. *Roy. Soc.* London. – Lit.: An

Introduction to comparative psychology …, London 1895 (Contemporary Sci. Series); Habit and instinct, London 1896 (dt. von Maria Semon u. d. T.: Instinkt und Gewohnheit, Leipzig–Berlin 1909); Animal behaviour, London 1900; Instinct and experience, London 1912 (dt.: Berlin 1913); The animal mind, 1930. – B: DSB (E. Clarke); Parsons 1936.   Sch

Morgan, Thomas Hunt (1866–1945); aus Lexington (Kentucky, USA); 1886 stud. Naturwiss., bes. Zool., Johns Hopkins Univ. Baltimore (bei W. K. Brooks), 1889 u. 1890 Arb. über wirbellose Meerestiere im Meeresbiol. Labor. in Woods Hole/Mass. (Dr. phil. 1891 Johns Hopkins Univ.); 1891–1904 Ass. Prof. am Bryn Mawr Coll.; dazw. 1894–1895 Stud.reise nach Europa (Helgoland, Univ. Berlin u. Zool. Sta. Neapel, wo er mit H. Driesch u. C. Herbst zus.arbeitete), weitere Europareisen 1896, 1898, 1900, 1902; ab 1904 Prof. für Experim. Zool. Columbia Univ. New York u. Abt.-Ltr. im Zool. Inst. bei E. B. Wilson, wo er seine cytogenet. Stud. an *Drosophila* durchführte; 1928 Prof. für Zool. Univ. of Calif., zugl. Aufbau d. Dep. für Biol. am *Caltech* in Pasadena, wo er bis zum Tode wirkte. 1933 Gründung d. Meeresbiol. Sta. in Corona del Mar; Nobelpr. 1963. – Lit.: Regeneration, New York 1901 (Columbia Univ. Biol. Ser., 7); Evolution and Adaptation, New York 1903; Experimental zoology, New York 1907; For Darwin, in: Popular Sci. Monthly *74* (1909): 367–380; Chromosomes and heredity, in: Am. Natural. *44* (1910): 449–496; Sex limited inheritance in *Drosophila*, in: Science *32* (1910): 120–122; The origin of nine-wing mutations in *Drosophila*, in: ebda *33* (1911): 496–499; The origin of five mutations in eye color in *Drosophila* and their modes of inheritance, in: ebda *33* (1911): 534–537; (mit Sturtevant, Muller & Bridges) The mechanism of Mendelian heredity, New York 1915; (mit Bridges) Sex-linked inheritance in *Drosophila*, Washington 1916 (Carnegie Inst. Publ., 237); A critique of the theory of evolution, Princeton 1916; The physical basis of heredity, Philadelphia u. London 1919 (dt. von H. Nachtsheim u. d. T.: Die stoffliche Grundlage der Vererbung, Berlin 1921); Evolution and genetics, New York 1925; The theory of the gene, New Haven (Conn.) 1926; Experimental embryology, New York 1927; The scientific basis of evolution, New York 1932; Embryology and genetics, New York 1934; s. a. Lit. zu Kap. 14. – B: DSB (G. E. Allen); Allen 1978 (W). – P.   Ja

Morren, Charles François Antoine (1807–1858); aus Gent; Prof. für Bot. u. Agrarwiss. Univ. Lüttich (Liège, Belgien), dort zugl. Dir. d. Bot. u. agronom. Gartens; starb in Luik (Belgien). Beschäftigte sich mit versch. Fragen der Bot., bes. der Anat.; sah 1832 die Teilung der Zellen. – Lit.: Mémoires sur les Clostéries, in: Ann. sci. nat., Bot. (1), *5* (1836): 257–280, 321–337. – B: Poggendorff II.   Sch

Morstatt, Hermann (1877–1958); aus Cannstatt; 1892 Apothekerlehre in Esslingen a. Neckar, 1895–1898 Apothekergehilfe in Cannstatt u. Frankfurt a. M.; 1898 stud. Pharm. u. Bot. Univ. Berlin (bei H. Thoms u. A. Engler), 1900–1902 Bot. Univ. Heidelberg (bei E. Pfitzer, Dr. phil. nat. 1903); anschl. wiss. Ass. Höhere Lehranstalt für Wein-, Obst- u. Gartenbau Geisenheim a. Rhein; 1909–1918 Botaniker u. Zoologe am Biol.-Landw. Inst. Amani in Dt.-Ostafrika (heute: Tansania); ab 1920 Mitarb. Biol. Reichsanstalt für Land- u. Forstwirtschaft, zuletzt als Abt.-Ltr. u. Tit. Prof. in Berlin-Dahlem. – Lit.: Einführung in die Pflanzenpathologie, Berlin 1923; Allgemeine Pflanzenpathologie, in: Handbuch d. Pflanzenkrankheiten, Bd. 1.1, Berlin 1933: 80–198. – B: KÜRSCHNER.   Höx

Mortenson, Leonard Earl (geb. 1928); aus Melrose (Mass., USA); stud. Bakteriol. u. Biochemie Rhode Island State Coll. Providence (BS 1950); 1950 Ass. für Bakteriol., 1952 am Enzym-Inst., 1953 Res. Fell. Univ. of Wisconsin Madison (MS 1952, PhD 1954); 1954–1961 Biochemiker bei *E. I. du Pont de Nemours & Co.*; 1962 Assoc. Prof., 1966 Prof. für Biol. Purdue Univ. West Lafayette; seit 1981 Sen. Res. Assoc. bei *Exxon Res. & Eng. Co.* Linden (New Jersey); Fo.aufenth. 1975–1976 Stanford Univ. u. 1978 CNRS Marseille. – Lit.: (mit R. C. VALENTINE & J. E. CARNAHAN) An electron transport factor from *Clostridium pasteurianum*, in: Biochem. Biophys. Res. Commun. *7* (1962): 448–452; Components of cell-free extracts of *Clostridium pasteurianum* required for ATP-dependent H$_2$ evolution from dithionite and for N$_2$ fixation, in: Biochim. Biophys. Acta *127* (1966): 18–25. – B: AMWS 1989–90.   Höx

Mothes, Albin Kurt (1900–1983); aus Plauen (Vogtland); ab 1918 Lehre als Apotheker-Gehilfe, dann ab 1921 stud. Pharmakognosie u. Chemie Univ. Leipzig (Dr. phil. 1925 bei W. RUHLAND); 1925 Ass. bei G. KARSTEN am Bot. Inst. Univ. Halle-Wittenberg, 1928 Pd.; 1934 kommissarischer Ltr., ab 1935 o. Prof. für Bot. u. Pharmakognosie (Nachf. von C. MEZ) Univ. Königsberg (Kaliningrad); nach Kriegsgefangenschaft 1950–1957 Ltr. der Chem.–physiol. Abt. des Inst. für Kulturpflanzenfo. der AdW zu Berlin in Gatersleben; 1951–1962 auch Dir. Inst. u. o. Prof. für Pharmakognosie, 1958–1966 Prof. für Allg. Bot. (Nachf. von J. BUDER) u. Dir. der Bot. Anstalten Univ. Halle/Saale; gleichz. ab 1958 Begr. u. bis 1967 Ltr. d. Inst. für Biochemie der Pflanzen d. AdW zu Berlin in Halle; schuf 1963 d. ersten Lehrstuhl für Biochemie der Pflanzen im deutschsprachen Raum an d. Univ. Halle; starb in Ribnitz-Damgarten (Mecklenburg-Vorpommern). 1954–1974 Präs. der *Leopoldina.* – Lit.: Die Bedeutung der Säureamide für den Stickstoffwechsel der höheren Pflanze, in: Planta *1* (1926): 317–320; Pflanzenphysiologische Untersuchungen über die Alkaloide 1: Das Nikotin im Stoffwechsel der Tabakpflanze, in: ebda *5* (1928): 563–615; Zur Kenntnis des N-Stoffwechsels höherer Pflanzen (3. Beitrag), in: ebda *12* (1931): 686–731; (et al.) Über die Wirkungen des Kinetins auf Stickstoffverteilung und Eiweißsynthese …, in: Flora *147* (1959): 445–446; Über das Altern der Blätter und die Möglichkeit ihrer Wiederverjüngung, in: Naturwiss. *47* (1960): 337–350; (mit SCHÜTTE, Hrsg.) Die Biosynthese der Alkaloide, Berlin 1969. – B: NDB (E. LÄMMEL); PARTHIER 1983 (W), 1996.   Sch

Moufet [Moffet(t)], Thomas (1553–1604); aus London; stud. Philos. u. Med. Univ. Cambridge/Engl. (bei John CAIUS, BD 1573); danach Lehrtätigk. Univ. Basel (MD 1578); lernte durch PLATTER (Basel) PARACELSUS kennen u. folgte in seiner ersten med. Publikation (1594) dessen iatrochemischen Ansichten; dann Reisen durch Europa, bes. Schweiz, Span. u. Ital., um 1582 nach Dänemark; nach seiner Rückkehr 1588 Mitgl. u. Arzt am *Coll. of Physicians* in London; starb in Bulbridge (Wiltshire, Engl.). Beschäftigte sich vorw. mit Insekten, veröffentlichte 1599 anonym ein Werk über „Bombyx mori", wurde aber v. a. durch ein nach seinem Tod veröffentlichtes, etwa 1590 entstandenes Insektenwerk bekannt. — Lit.: (hrsg. von Thomas PENN) Insectorum sive minimorum animalium Theatrum, London 1634. – B: DSB (D. M. SIMPKINS).   Ja

Müller [Mueller], Ferdinand Jacob Heinrich Baron **von** (1825–1896); aus Rostock (Mecklenburg); 1840 Apothekerlehre, dann Apothekergehilfe in Husum; 1846 stud. Pharm. u. Bot. Univ. Kiel (bei NOLTE, Pharmazeut. Staatsexamen 1846, Dr. phil. 1847); Ende 1847 aus gesundheitl. Gründen Auswanderung nach Australien; 1848 Hilfsapotheker in Adelaide, 1852 eigene Apotheke in Melbourne; gleichz. 1853 Regierungsbotaniker für d. Kolonie Victoria u. 1857–1873 Dir. d. Bot. Gartens (dem 1858–1861 auch d. Zool. Garten angeschlossen war) in Melbourne; starb in South Yarra (Victoria, Australien). 1857 Dr. med. *in absentia* Univ. Rostock; ab 1848 durch umfangr. bot. Fo.- u. Sammeltätig. florist. Erschließung weiterer Teile Australiens, zahlr. Neubeschreibungen von Pflanzen, Anlegen eines der vollständigsten Herbarien austral. Pflanzen (Melbourne), in d. angew. Bot. erfolgr. Bemühungen um „Akklimation" fremder Kulturpflanzen sowie d. Einführung austral. Nutzpflanzen in anderen Ländern; seine umfangr. Slgn. lieferten die Grundlage zu George BENTHAM's *Flora Australiensis* (s. d.). – Lit.: Fragmenta Phytographiae Australiae, 12 Bde. & Suppl., Melbourne 1858–1882; Select Plants readily eligible for Victorian Industrial Culture …, Melbourne 1872 (^{3}1876 als indische Ausg. u. d. T.: Select extra-tropical Plants readily eligible for Industrial Culture or Naturalisation …; 9. Aufl. 1895 u. mehrere Bearb. für versch. Länder; dt. von E. GOEZE u. d. T.: Auswahl von Aussertropischen Pflanzen, vorzüglich geeignet für industrielle Kulturen und zur Naturalisation …, Kassel–Berlin 1883); Eucalyptographia, 10 Dec., Melbourne 1879–1884; Systematic census of Australian Plants …, Melbourne 1882 (Neubearb. u. d. T.: Second systematic census of Australian Plants …, Melbourne 1889); Iconography of Australian Species of Acacia …, 13 Dec., Melbourne 1887–1888; Iconography of Australian Salsolaceous Plants, 9 Dec., Melbourne 1889–1891. – B: NDB (I. JAHN); STAFLEU & COWAN; WARBURG 1897; WILLIS 1949; JAHN & SCHMIDT 1996; VOIGT & SINKORA 1996.   Sch

Müller, Fritz (1822–1897); aus Windischholzhausen bei Erfurt; ab 1835 Gymnasium Erfurt u. naturwiss. Bildung durch Großvater, Apotheker J. B. TROMMSDORFF; 1840–1841 Apothekerlehre in Naumburg; 1841 stud. Naturwiss. Univ. Berlin (bei LICHTENSTEIN, KUNTH u. Joh. MÜLLER), 1842 Greifswald (bei HORNSCHUCH), 1843 Berlin (Dr. phil. 1844 bei Joh. MÜLLER); nach Probejahr als Oberlehrer in Erfurt 1845–1849 stud.

Med. Univ. Greifswald; 1852 Auswanderung nach São Francisco (Brasilien), ab 1854 in d. dt. Siedlung Blumenau; 1856 Prof. am *Lyceo Proviciale* in Desterro (Florianópolis, Insel Santa Catarina); 1876–1891 als *Naturalista viajante* am Naturhist. Mus. in Rio de Janeiro, lebte in Blumenau, wo er starb. Trat schon ab 1860 für DARWINS Lehre ein u. stand mit ihm sowie mit E. HAECKEL in wiss. Verbindung. – Lit.: Für Darwin, Leipzig 1864 (engl.: Facts and arguments for Darwin, London 1869; Nachdr. 1968); Über die Vortheile der Mimikry bei Schmetterlingen, in: Zool. Anz. *1* (1878): 54–55. – B: A. MÖLLER 1915–1921; USCHMANN 1987/88.   Ja

Müller, Hermann (1829–1883); aus Mühlberg (Thüringen); 1847 stud. Naturwiss. Univ. Halle/Saale, 1849 Berlin (bei A. BRAUN, H. BURMEISTER, Chr. G. EHRENBERG, K. BEYRICH); nach Staatsexamen Stud.reise nach Hessen, Westfalen, Tirol, Kärnten, Krain; Referendarzeit in Berlin (Dr. phil. 1855 Univ. Jena); ab 1855 Realschullehrer in Lippstadt (bei Paderborn), wo er für DARWINS Entwicklungslehre eintrat u. mit diesem korrespondierte; arbeitete, von DARWIN angeregt, über Blütenökologie; starb auf einer Alpenexkursion in Prad (Südtirol). – Lit.: Geographie der in Westfalen beobachteten Laubmoose, Lippstadt 1864; Die Befruchtung der Blumen durch Insekten und die gegenseitige Anpassung beider, Lippstadt 1873. – B: NDB (K. MÄGDEFRAU); KRAUSE 1884 (W); DEPDOLLA 1941; KRESSE 1985.   Ja

Müller, Johannes (1801–1858); aus Koblenz; 1819 stud. Med. Univ. Bonn (Dr. med. 1822); 1823 Ass. bei K. A. RUDOLPHI Inst. für Anat. u. Physiol. Univ. Berlin; 1824 Habil., 1825 Pd., 1826 ao. Prof., 1830 o. Prof. Univ. Bonn; ab 1833 o. Prof. für Physiol. Univ. Berlin (Nachf. von RUDOLPHI) u. Dir. Anatom.-zootom. Mus., wo er durch seine vergl.-anatom. u. taxonom. Untersuchungen u. seine Lehrtätig. zum Begr. der wiss. Zool. wurde; auf vielen Reisen (Helgoland, Engl., franz. u. ital. Küsten des Mittelmeeres) Stud. d. Meerestiere u. ihrer ontogenet. Entw.; starb in Berlin. – Lit.: Von dem Bedürfnis der Physiologie nach einer philosophischen Naturbetrachtung, Bonn 1824; Über die phantastischen Gesichtserscheinungen: eine Untersuchung mit einer physiologischen Urkunde des Aristoteles über den Traum …, Coblenz 1826; Zur vergleichenden Physiologie des Gesichtssinnes der Menschen und der Tiere, Leipzig 1826; De glandularium secernentium structura, Bonn 1830; Handbuch der Physiologie des Menschen, 2 Bde., Coblenz, 1. Bd. (2 Abt.): 1833 (^{2}1835, ^{3}1837), 2. Bd. (3 Abt.): 1837–1840; Über den feineren Bau und die Formen der krankhaften Geschwülste, Berlin 1838; Vergleichende Anatomie der Myxinoiden, Berlin 1835–1840; Über den Bau … des Amphioxus, Berlin 1844; s. a. Lit. zu Kap. 15. – B: NDB (I. JAHN); DSB (J. STENDEL); HABERLING 1924 (W); KOLLER 1958. – P.   Ja/Sch

Müller, Karl Otto (1897–1978); aus Berlin; 1917–1921 stud. Naturwiss., bes. Bot., Univ. Berlin (bei C. CORRENS, A. ENGLER u. G. HABERLANDT; Dr. phil. 1921); zugl. 1918–1920 Ass. am Zentralinst. für Erziehung u. Unterricht Berlin; 1922 Ass., 1927–1945 Ltr. d. Labor. für Angew. Vererbungsfo. bzw. der Dienststelle für Pflanzenzüchtung u. Angew. Vererbungslehre an d. Biol. Reichsanstalt für Land- u. Forstwirtsch. Berlin–Dahlem; gleichz. 1924 Pd. für Agrikulturbot., 1925 Hon. Doz. für Phytopathol. u. angew. Mykol., 1928–1934 ao. Prof. für Bot. Landw. HS Berlin; 1934 ao. Prof. für Allg. Pflanzenpathol., 1940–1945 apl. Prof. für Bot. Univ. Berlin; 1945 Vors. d. Verwaltungsrates der Dt. Saatzuchtges. in d. SBZ; 1946–1947 o. Prof. für Bot. Univ. Halle-Wittenberg, zugl. Hon. Prof. für Pflanzenpathol. Univ. Berlin; 1948 wiss. Mitarb. am *National Inst. of Agric. Bot.* Cambridge/GB; 1951 wiss. Berater für Kartoffelanbau der FAO in Chile; 1952 Sen. Res. Fell. d. *Commonwealth Sci. and Industrial Res. Org.* in Canberra (Australien); später i. R. in Heidelberg; starb in Karlsruhe. – Lit.: Über die Entwicklung von *Phytophthora infestans* auf anfälligen und widerstandsfähigen Kartoffelsorten, in: Arb. Biol. Reichsanstalt Land- u. Forstwirtschaft *18* (1931): 465–505; (mit H. BÖRGER) Experimentelle Untersuchungen über die Phytophthora-Resistenz der Kartoffel, in: ebda *23* (1940): 189–231. – B: LINSKENS 1978.   Höx

Müller, Otto Frederik [Friedrich] (1730–1784); aus Kopenhagen; stud. Theol. in Ribe u. Kopenhagen; 1753 Hofmeister bei Graf SCHULIN, den er 1764–1767 auf Reisen begleitete; danach in versch. öffentl. u. Ehrenämtern, wurde 1769 Kanzlerat, 1771 Archivar d. höfi-

Joh. Müller

E. Münch

H. J. Muller

E. Naumann

schen Kammer in Kopenhagen, wo er starb. Als Privatgelehrter Stud. der von LINNÉ in d. Klasse „Würmer" vereinigten wirbellosen Tiere. – Lit.: Von Würmern des süßen und salzigen Wassers …, Kopenhagen 1771; Vermium terrestrium et fluviatilium, seu animalium infusorium, Helminthicorum et Testaceorum, non marinorum, succinata historia, 2 Bde., Kopenhagen u. Leipzig 1773, 1774; Zoologicae danicae Prodromus …, Kopenhagen 1776, 1777–1780; Zoologia Danica …, 4 Bde., Havniae et Lipsiae 1779–1806; Animalcula infusoria, fluviatilia et marina …, Kopenhagen 1786; Entomostraca, seu insecta testaceae, Frankfurt a. M. 1792. – B: DSB (E. SNORRASON); LexNW.   Ja

Münch, Ernst (1876–1946); aus Buchheim (Pfalz); stud. Forstwiss. Forstl. HS Aschaffenburg u. Univ. München; 1899 Referendar Bayer. Staatsforstverwaltung; 1904 Ass. bei C. VON TUBEUF Forstl. Versuchsanstalt München (Dr. phil. 1909); 1910 Regierungsforstamt Speyer; 1921 o. Prof. für Forstbot. Forstl. HS Tharandt bei Dresden; 1933 o. Prof. für Forstbot. Univ. München; starb in Lechbruck. – Lit.: Über Dynamik der Saftströmungen, in: Ber. Dt. Bot. Ges. *44* (1926): 68–71; Versuche über den Saftkreislauf, in: ebda *45* (1927): 340–356; Die Stoffbewegungen in der Pflanze, Jena 1930. – B: HUBER 1955. – P.   Höx

Muggeridge, Edward James s. Muybridge, Eadweard

Mugnier, Cécile s. Vogt, Cécile

Muller, Hermann Joseph (1890–1967); aus New York; stud. Biol. Univ. New York (bes. Zool. bei E. B. WILSON u. Th. H. MORGAN, Dr. phil. 1912); danach bis 1916 Ass. im Biol. Labor. Columbia Univ. New York u. Mitarb. bei den *Drosophila*-Stud. über Genetik von Th. H. MORGAN; dann Univ. of Texas in Austin, hier 1925–1936 Prof. für Genetik u. Zool.; 1932–1937 Mitarb. am Inst. für Genetik AdW Leningrad (St. Petersburg) u. Univ. Moskau; 1937 Prof. Univ. Edinburgh, 1940 am *Amherst Coll.* (Mass., USA); 1945–1953 Prof. für Genetik u. Biophysik Indiana Univ. in Bloomington; starb in Indianapolis (Indiana, USA). Widmete sich spez. der Mutationsfo. u. Radiologie zur Erzielung künstl. Mutationen an *Drosophila*, was ihm als erstem gelang; Nobelpr. 1946. – Lit.: The bearing of the selection experiments of Castle and Philips on the variability of genes, in: Am. Natural. *48* (1914): 567–576; The mechanisms of crossing over, in: ebda *50* (1916): 193–221, 284–305, 350–356, 421–434; A decade of progress in Drosophila [russ.], in: Uspechi ėksperimental'noj biologii *1* (1922): 292–322; Variations due to change in the individual gene, in: Am. Natural. *56* (1922): 32–50; The gene as a basis of life, in: Proc. Int. Congr. Plant Sci. 1926, Bd. 1, 1929: 897–931; Artificial transmutation [x-Rays], in: Science *66* (1927): 84–87; The problem of genic modification, in: Verh. 5. Int. Kongr. Vererbungswiss. 1927, Bd. 1, Berlin 1928: 234–269; On the dimensions of chromosomes and genes in dipteran salivary glands, in: Am. Natural. *69* (1935): 405–411; Physics in the attack on the fundamental problems of genetics, in: Sci. Monthly *44* (1936): 210–214; (hrsg. mit C. C. LITTLE & L. H. SNYDER) Genetics, Medicine

and Man, New York 1947; Studies in genetics – The selected papers of H. J. MULLER, Bloomington 1962; s. a. Lit. zu Kap. 18. – B: LexNW; Autobiogr. 1959; CARLSON 1981 (W). – P.   Ja

Mundinus s. Mondino

Mutis y Bosio, José Celestino Bruno (1732–1808); aus Cádiz; stud. Med. am Col. de San Fernando in Cádiz, dann Univ. Sevilla (BM 1755), 1757–1760 stud. Bot. im Bot. Garten von Migas Calientes (bei Miguel BARNADES [gest. vermutl. 1771]); ab 1760 Leibarzt des Vizekönigs von Neu-Granada in Bogotá; 1762 o. Prof. für Math. am *Col. del Rosario* u. *protomédico* in Bogotá; Insp. d. Silberminen 1766–1770 in Montuosa, 1777–1782 in Sapo; dazw. 1770–1777 prakt. Arzt u. Privatlehrer in Naturgesch. in Bogotá; 1772 auch Priesterweihe; starb in Santa Fe de Bogotá (Kolumbien). Führte als erster Lehrer im Vizekönigtum die Theorien von NEWTON u. BOERHAAVE sowie das heliozentr. Weltbild von KOPERNIKUS ein, korrespondierte u. a. mit LINNÉ u. C. P. THUNBERG; organisierte 1783 eine bot. Exped. durch d. Gebiet des späteren Kolumbiens, große Zahl von unveröffentl. Zeichnungen u. Ms.-Seiten dieser Exped. befinden sich heute im A. d. Bot. Gartens in Madrid; verbreitete als Arzt d. Methode der Schutzimpfung von E. JENNER; schuf ausgedehnte wiss. Schule in Lateinamerika. – Lit.: La flora de la Real Expedición Botánica del Nuevo Reino de Granada, 51 vols. (geplant), Madrid 1954 ff.; (ed. G. HERNÁNDEZ DE ALBA) Diario de observaciones de José Celestino MUTIS (1760–1790), 2 vols., Bogotá 1957–1958; (ed. G. HERNÁNDEZ DE ALBA) Archivo epistolar del sabio naturalista Don José Celestino Mutis, 4 vols., Bogotá 1968–1975. – B: DSB (J. VERNET); DhCmE (T. F. GLICK); EncLA (J. J. TEPASKE); GREDILLA Y GAUNA 1911.   LGB/Sch

Muybridge, Eadweard [eigentl. **Muggeridge, Edward James**] (1830–1904); aus Kingston-upon-Thames (Engl.); nach Schulbesuch 1851 Emigr. in d. USA, zunächst als Buchbinder in New York, wo sein Interesse an d. Photographie geweckt wurde, u. 1855 nach Kalifornien; 1860 Besuch in Engl., wo er sich über chem. Methoden informierte u. photograph. Ausrüstung beschaffte; nach Rückkehr vielfältige Arb. als Photograph; 1872 u. ab 1877 bei Leland STANFORD in Palo Alto (Calif.), wo er für Bewegungsstud. an Tieren (Pferden, Hunden, Vögeln) die Laufbildphotographie entwickelte; nannte seinen Aufnahmeapparat „Zoopraxiscope"; ab 1880 Vortragstätigk. in USA u. Europa, u. a. 1881–1882 in Paris Experimente zus. mit MAREY; ab 1883 an d. Univ. of Pennsylvania Philadelphia (USA); 1894 Rückkehr nach Engl., starb in Kingston-upon-Thames. – Lit.: The horse in motion, 1878; Animal Locomotion: an electro-photographic investigation of consecutive phases of animal movement, Philadelphia 1887 (Univ. of Pennsylvania); The Science of Animal Locomotion, Zoopraxography …, Philadelphia [1891] (Univ. of Pennsylvania). – B: BDHT; G. HENDRICKS 1975 (W); COE 1992.   Ja/Sch

An-Nabātī, abū-l-ʿAbbās ibn ar-Rūmīya (um 1166 o. 1172–1240); span.-arab. Gelehrter, hervorragender Botaniker. Verf. eines Komm. zu d. Pflanzennamen des Dioskurides; seine botan. Beobachtungen in Ägypten, Syrien, dem Irak u. der arab. Halbinsel fanden in d. Werk „Die Orientreise" ihren Niederschlag. – Lit.: Fragm. bei Ibn al-Baiṭār.   Nab

Ibn an-Nadīm s. unter **I**

Nadson, Georgij Adamovič (1867–1940); aus Kiew; bis 1889 stud. Med. Univ. St. Petersburg; hier 1890–1895 Doz. für Anat., Physiol., Morphol. u. Pflanzensystematik, las ab 1896 erstmalig Mikrobiol.; ab 1897 Prof. für Bot. am *Ženskij Med. Inst.* in St. Petersburg; 1918–1937 Ltr. Bot.-mikrobiolog. Labor. des Röntgenolog. u. radiolog. Inst.; gleichz. 1930–1934 Begr. u. Ltr. mikrobiol. Labor. d. sowjet. AdW in Leningrad (St. Petersburg), 1934–1938 Dir. Inst. für Mikrobiol. AdW; starb in Leningrad. Begr. d. Radiolog. Mikrobiol.; zus. mit G. S. Filippov Arb. über radiuminduzierte Mutagenese bei niederen Pilzen; 1914–1938 Begr. u. Hrsg. d. ersten russ. Z. für d. gesamte Mikrobiologie. – Lit.: (mit G. S. Filippov) O vlijanii rentgenovych lučej na polovoj process i obrazovanie mutantov u nizših gribov, in: Vestnik rentgenologii i radiologii *3* (1925): 305–310 [franz. u. d. T.: Influence des rayons X sur la sexualité et la formation des mutantes chez les champignons inférieurs, in: C. R. Soc. Biol. Paris *93* (1925): 473–475]; Izbrannye trudy, 2 Bde., Moskva 1967. – B: BSE³ (Ja. A. Parnes).   Sch

Naegeli [Nägeli], Carl Wilhelm von (1817–1891); aus Kilchberg bei Zürich; 1836 stud. Med. u. Biol. Univ. Zürich (u. a. bei Oken u. O. Heer), 1839 Univ. Genf (bei Alph. P. de Candolle, Dr. phil. 1840 Univ. Zürich); 1841 Univ. Berlin, 1842 bei Schleiden Univ. Jena; 1842 Pd. für Bot., 1848 ao. Prof. Univ. Zürich; 1852 o. Prof. für Bot. Univ. Freiburg i. Br.; 1855 o. Prof. für Allg. Bot. am Polytechnikum u. zugl. an d. Univ. Zürich; 1857–1889 o. Prof. (Lehrstuhl) für Bot. u. Dir. Bot. Garten Univ. in München, wo er starb. Berichtigte Schleidens Befruchtungshypothese; erkannte als einer der ersten in der Zellteilung die reguläre Weise d. Zellwachstums, widmete sich mikroskop.-anatom. Untersuchungen der Pflanzenzelle u. des Feinbaues der Zellwände (Micellarhypothese) sowie d. Systematik der Hieracien (Habichtskrautgewächse) u. Fragen der Artbastardierung; versuchte Darwins Evolutionstheorie physiologisch zu begründen; erforschte die Biol. d. Mikroorganismen u. Erscheinungen der Gärung; widersprach der von R. Koch belegten Konstanz der Arten in d. Mikrobiologie. – Lit.: Zur Entwicklungsgeschichte des Pollens bei den Phanerogamen, Zürich 1842; Über die gegenwärtige Aufgabe der Naturgeschichte insbesondere der Botanik, in: Z. wiss. Bot. Zürich, *1–2* (1844–1845); Die Individualität in der Natur mit vorzüglicher Berücksichtigung des Pflanzenreiches, Zürich 1856; Die Stärkekörner, Zürich 1858 (Pflanzenphysiolog. Untersuchungen, 2); Beobachtungen über das Verhalten des polarisirten Lichtes gegen pflanzliche Organisation, in: Sb. Bayer. AdW München (1862)4: 290–324; Entstehung und Begriff der Naturhistorischen Art, München 1865; Ueber die Bedingungen des Vorkommens von Arten und Varietäten innerhalb ihres Verbreitungsbe-

zirkes, in: Sb. Bayer. AdW München (1865)2: 367–395; Die Bastardbildung im Pflanzenreiche, in: ebda (1865)2: 395–443; (mit S. Schwendener) Das Mikroskop, Theorie und Anwendung desselben, 2 Bde., Leipzig 1865, 1867 (²1877, wo erstmals d. Terminus „Micell" verwendet wurde); Ueber die abgeleiteten Pflanzenbastarde, in: Sb. Bayer. AdW München (1866)1: 71–93; Die Theorie der Bastardbildung, in: ebda (1866)1: 93–127; Ueber die Zwischenformen zwischen den Pflanzenarten, in: ebda (1866)1: 190–221; Das gesellschaftliche Entstehen neuer Spezies, in: ebda, math.-physikal. Cl., (1872)2: 305–344; Mechanisch-physiologische Theorie der Abstammungslehre, München u. Leipzig 1884; s. a. Lit. zu Kap. 21. – B: NDB (B. Hoppe); DSB (R. Olby); Schwendener 1891 (W); Cramer 1896; Wikie 1960, 1961; Hoppe 1971 (Folia Mendel. 6).   Hpp

Ibn an-Nafīs s. unter **I**

Naudin, Charles (1815–1899); aus Paris; Ass. am *Muséum d'Hist. nat.* u. *Jardin des Plantes* Paris; widmete sich dort d. Stud. der Pflanzenhybriden, führte Kreuzungen von Arten durch u. beteiligte sich erfolgreich an einer Preisaufgabe d. Pariser AdW 1861; erkannte die Aufspaltung der Bastarde u. faßte Hybriden als lebendes Mosaik von Merkmalen auf, leitete aber keine quantitativen Gesetzmäßigkeiten ab wie Mendel; 1877 Dir. des von Thuret gegr. *Jardin d'Acclimatisation* auf Kap d'Antibes; starb erblindet in Paris. – Lit.: Nouvelles recherches sur les caractères spécifiques et les variétés des plantes du genre *Cucurbita*, in: Ann. Sci. nat. Bot., 4. ser., *6* (1856): 5–73; Nouvelles recherches sur l'hybridité dans les végétaux, in: ebda *19* (1863): 180–203. – B: Stubbe 1965: 106–109.   Ja

Naumann, Einar (1891–1934); aus Lund (Schweden); 1909 stud. Biol., bes. Limnobot., Univ. Lund (Fil.Kand. 1913, Fil.Lic. 1915, Fil.Dr. 1917), 1917 Pd.; 1929 Prof. für Limnol. u. Dir. d. Limnol. Inst. Univ. Lund mit Labor. in Aneboda (Småland), wo er starb. Widmete sich v. a. d. Seentypologie u. der limnolog. Terminologie; stellte Seentypenlehre auf, die er 1920 mit der von A. Thienemann entwickelten Seentypologie vereinigte; 1922 zus. mit A. Thienemann Gründung d. Int. Vereinigung für theoret. u. angew. Limnologie. – Lit.: Über die jetzige Stellung der Limnologie in Schweden, in: Int. Rev. d. ges. Hydrobiol. u. Hydrogeogr. *11* (1923): 173–178; Einige Grundlinien zur Systematik der Limnologie, in: Verh. Int. Vereinig. für Limnol. *3* (1927): 305–321; Die Haupttypen der Gewässer in produktionsbiologischer Hinsicht, in: ebda *5* (1931): 72–74; Limnologische Terminologie, Berlin–Wien 1931 (Separata resp. Handbuch der biologischen Arbeitsmethoden, Abt. IX, T. 8, H. 1). – B: Kolkwitz 1935; Thienemann 1938. – P.   Lps

Naumann, Johann Friedrich (1780–1857); aus Ziebigk (bei Dessau); nach Besuch d. Fürstl. Hauptsch. in Dessau Rückkehr auf d. väterl. Landgut, wo er seinem Vater Joh. Andreas N. (1744–1826) beim Vogelfang u. d. Herausgabe einer *Naturgeschichte der Land- u. Wasservögel* ... (4 Bde., 1795–1803) half; erlernte Malen u. Kupferstich u. illustrierte seine Werke selbst; 1803 Mitgl. d. Hallischen naturf. Ges., die dem Autodidakten fachl. Kommunikation bot; legte große Vogelslg. an, die 1821 vom Herzog von Anhalt angekauft u. unter „Oberaufsicht" von N. im Schloß zu Köthen verwaltet wurde; sie bildete d. Grundlage für sein großes Abbildungswerk (1820–1860), das d. wiss. Ornithol. im 19. Jh. prägte. – Lit.: Taxidermie, Halle 1815 (Nachdr. 1983); Die Eier der Vögel Deutschlands und der benachbarten Länder …, Halle 1818–1828 (unvollst.); Naturgeschichte der Vögel Deutschlands …, 12 Bde., Leipzig 1820–1860. – B: Thomson & Stresemann 1957; Baege 1981 (W).   Ja

Navas, Longinos (1858–1938); aus Cabacés (Tarragona, Span.); stud. Jura Univ. Barcelona, dann Jesuit, 1878 Abschluß seiner theol. u. philos. Stud. in Veruela u. Tortosa; anschl. Lehrer für Rhetorik u. Griech. Sprache in Veruela u. Manresa; 1892–1933 Lehrer für Naturgesch. am *Col. del Salvador* in Zaragoza, dazw. 1900–1901 Lic. für Naturwiss. am *Col. de Chamartín* in Madrid; starb in Gerona. Arb. über Entomol., Moose u. Flechten; unterstützte eine von Orthodoxie freie Wiss.; 1902 Gründer der *Soc. Aragonesa de Ciencias Nat.* u. der *Soc. Entomol. de Esp.* – Lit.: Catálogo descriptivo de los insectos neurópteros de los alrededores de Madrid, Madrid 1905; Neurópteros de España y Portugal, Braga 1908; Manual del Entomólogo, Barcelona 1914; Insectos del Museo de Hamburgo, Barcelona 1934. – B: DhCmE (C. Carles Genovés).   Fra/Sch

Navašin [Nawaschin, Navashin], Sergej Gavrilovič (1857–1930); aus Carevscin (Saratov, Rußland); 1874–1878 stud. Med. Univ. St. Petersburg, dann bis 1881 Moskau (bei Timirjazev, Chemie bei Markovnikov); 1881 Ass. Univ., 1884 Petrovsker Landwirtsch. Akad. Moskau (bei Markovnikov); 1888 Ass. von Borodin Univ. St. Petersburg (Prom. in Bot. 1894); 1894–1915 Prof. Univ. Kiew; verließ 1915 aus gesundheitl. Gründen Kiew u. ging nach Tbilissi; hier 1918–1923 Prof. Univ. Tbilissi; 1923 an die Univ. Moskau zum Aufbau des Timirjazev-Inst. berufen u. bis 1929 dessen Dir.; starb in Detskoe selo (bei Puškino, Rußland). Entdeckte 1898 die sog. doppelte Befruchtung bei den Phanerogamen. – Lit.: Rezultaty proverki processa oplodotvorenija u *Lilium Martagon* i *Fritillaria tenella* (Resultate einer Revision der Befruchtungsvorgänge bei *Lilium Martagon* und *Fritillaria tenella*), in: Izv. Akad. nauk St.-Peturburg (5) *9* (1898): 377–382. – B: BSE³ (D. V. Lebedev); DSB (E. M. Senchenkova); Lewitsky 1931.   Sch

Needham, John Turberville (1713–1781); aus London; stud. Theol., 1738 Säkularpriester; widmete sich der Mikroskopie, wurde 1741 Mitgl. *Roy. Soc.*, in derem Rahmen er mikroskop.-biol. Untersuchungen förderte; Reisen nach Holland, Belgien u. Paris, hier Arb. mit Buffon u. Daubenton; gründete 1768 in Brüssel eine wiss. Ges., die dann zur königl. AdW von Belgien wurde, 1773 ihr erster Dir.; starb in Brüssel. – Lit.: An account of some new microscopical discoveries founded on an examination of the Calamary and its wonderful miltvessels, London 1745; Observations on the generation, composition and decomposition of animal and vegetable substances, London 1749; Nouvelles observations microscopiques, avec des découvertes interes-

santes sur la composition et la décomposition des corps organisés, Paris 1750; s. a. Lit. zu Kap. 21. – B: DSB (R. H. Westbrook).   Ja

Needham, Joseph Noël Terence Montgomery (1900–1995); aus London; 1917–1921 stud. am King's Coll. Univ. London u. Caius Coll. Univ. Cambridge/GB (BA 1921); 1922–1924 *Benn-Levy*-Student für Biochemie Univ. Cambridge (MA 1924), 1924 Res. Fell. am Gonville and Caius Coll. Cambridge (Schüler von F. G. Hopkins; PhD 1925, DSc 1932), 1927 Demonstr. u. 1933–1966 *Sir-William-Dunn*-Reader für Biochemie Univ. Cambridge; zugl. 1931 Lect. Univ. London; 1942–1946 wiss. Berater u. Ltr. d. *Brit. Sci. Mission* in China; 1946 Begr. u. Dir., ab 1948 Ehrenberater der Naturwiss. Div. d. UNESCO Paris; 1959–1966 Präs. u. 1966–1976 Master, seit 1976 Sen. Fell. d. Gonville and Caius Coll. Cambridge; 1976–1989 (em.) Begr. u. Dir. d. *East Asian Hist. of Sci. Library* (*Needham Res. Inst.*) in Cambridge (Engl.), wo er starb. Begr. einer wiss. Sch. der biochem. Embryol.; untersuchte spez. die Hormon-Wirkungen, erkannte sie als ein hierarchisch organisiertes System. – Lit.: Chemical embryology, 3 Bde., Cambridge 1931; A history of embryogy, Cambridge 1934 (²1959); Biochemistry and Morphogenesis, Cambridge 1942–1950. – B: Poggendorff VI, VIIb; IWW 1995–96; Cullen 1995.   Sch

Nees von Esenbeck, Christian Gottfried (1776–1858); aus Reichenberg bei Erbach (Odenwald); 1796–1799 stud. Med. u. Naturwiss. Univ. Jena (Dr. med. 1800 Univ. Gießen); 1801–1816 Privatgelehrter in Sichershausen a. M., wo er bot. Stud., bes. über Kryptogamen, betrieb; 1816 Pd. Univ. Erlangen; 1819 o. Prof. für Bot. Univ. Bonn; 1830–1851 o. Prof. Univ. Breslau/Wrocław (im Tausch mit L. Chr. Treviranus), 1851 aus polit. Gründen suspendiert, 1852 entlassen; starb in Breslau. Ab 1818 Präs. d. *Leopoldina*. – Lit.: Das System der Pilze und Schwämme, 2 Bde., Würzburg 1816–1817; Handbuch der Botanik, 2 Bde., Nürnberg 1820–1821; Naturgeschichte der europäischen Lebermoose, Bändchen 1 + 2: Berlin 1833 u. 1836, Bändchen 3 + 4: Breslau 1838. – B: Uschmann 1979; Schubring 1989; Höpfner 1994.   Ja

Neilreich, August (1803–1871); aus Wien; 1823–1827 stud. Jura Univ. Wien (1828 Auskultantenprüf.); dann Anstellung beim Wiener Magistrat, 1847 Rat beim Zivilgericht Wien, 1853 Mitgl. d. niederöster. Landeskommission u. Arb. im Justizministerium, 1850 Oberlandesgerichtsrat, 1857 krankheitshalber i. R.; danach Privatgelehrter in Wien, wo er starb. Botaniker, einer d. größten österr. Lokalfloristen, Systematiker; Vertr. d. Reduktionstendenz im Artbegriff. – Lit.: Flora von Wien, Wien 1846; Geschichte der Botanik in Nieder-Österreich, in: Verh. zool. bot. Verein Wien *5* (1855): 23–76; Flora von Niederösterreich, Wien 1857–1859; Die Veränderungen der Wiener Flora während der letzten 20 Jahre, in: Z. Zool.-bot. Ges. Wien (1870). – B: ÖBL.   Sch

Neisser, Albert Ludwig Sigesmund (1855–1916); aus Schweidnitz (Swidnica, Polen); 1872 stud. Med. Univ. Breslau/Wrocław (bei Rudolf Heidenhain, Julius

COHNHEIM, Carl WEIGERT u. C. J. SALOMONSEN; Dr. med. 1877 bei Anton BIERMER) mit 1 Sem. klin. Praktikum in Erlangen; 1877 Ass. bei Oskar SIMON Dermatolog. Klinik in Breslau; 1879 Fo.aufenth. in Norwegen (Trondheim, Molde, Bergen); 1880 Pd. für Dermatol., 1882 Berufung auf d. dermatolog. Lehrstuhl (Nachf. von SIMON) u. Dir. d. Dermatolog. Klinik, 1907 o. Prof. Univ. in Breslau, wo er starb. 1879 Entdeckung d. Erregers der Gonorrhoe (*Neisseria gonorrhoeae*, s. a. BUMM), klin. Arb. zu deren Erkrankung; ebenfalls 1879 mikroskop. Nachweis d. Lepraerregers, den vor ihm schon Armauer HANSEN (s. d.) gefunden hatte u. mit dem es zu einem Prioritätsstreit kam; Beiträge über ekzematische Krankheiten, Lupus, Syphilis, über soziale, nationalökonom. u. ethische Probleme d. Prostitution; Entw. d. Syphilisserologie mit VON WASSERMANN u. BRUCK. – Lit.: Über eine der Gonorrhoe eigenthümliche Micrococcusform, in: Cbl. med. Wiss. *28* (1879): 497–500; Ueber die Aetiologie des Aussatzes, in: Breslauer ärztl. Ztg. (1879) 20 vom 25. 10., u. 21 vom 08. 11. [gleichlautender Text in: Jahresber. d. schlesischen Ges. für vaterländ. Cultur *57* (1880): 65–72]; (mit C. BRUCK & VON WASSERMANN) Eine serodiagnostische Reaktion bei Syphilis, in: Dt. Med. Wo.schr. *32* (1906): 745–746; s. a. Lit. zu Kap. 21. – B: DSB (H. SCHADEWALDT).   Kö/Sch

Neljubov, Dmitri Nikolaevič (1866–1926); russ. Botaniker. – Lit.: Über die horizontale Nutation der Stengel von *Pisum sativum* und einigen anderen Pflanzen, in: Beih. Bot. Cbl. *10* (1901): 128–138.   Sch

Nemesianus, Marcus Aurelius Olympius, von Karthago (Ende 3. Jh.); aus Karthago; lat. didaktischer u. bukolischer Dichter, Verf. d. Lehrgedichts *Cynegetica* (entstanden zw. 283 u. 284). – Lit.: Textausg.: J. W. & A. M. DUFF, Minor Latin Poets, 2. Aufl., London-Cambridge 1935: 456–515. – B: LAW.   Ha/Sch

Nemesios von Emesa (um 400); griech. Kirchenvater, Bischof von Emesa. Seine Schr. „Über die Natur des Menschen" enthält interessante Anschauungen über d. menschl. Physiologie. – Lit.: Textausg. u. latein. Übers.: Chr. Fr. MATTHAEI, Halle 1802 (Nachdr. 1967); Übers.: OSTERHAMMER, Salzburg 1819. – B: DSB (C. D. O'MALLEY); W. JAEGER 1914.   Ha

Neuberg, Carl (1877–1956); aus Hannover; 1896 stud. Naturwiss., Chemie u. Med. Univ. Würzburg, Straßburg (bei Franz HOFMEISTER) u. Berlin (Dr. phil. 1900); 1898–1909 Ass. Pathol. Inst., 1903 Pd. für Biochemie, 1906 apl. Prof., 1916 ao. Prof. für Chemie, 1919 o. Hon. Prof. Univ. Berlin; zugl. 1909–1913 Abt.-Ltr. am Tierphysiolog. Inst., 1914 Pd., 1922–1934 (entlassen) o. Prof. für Biochemie Landw. HS Berlin; ab 1913 stellv. Dir. KWI für Experim. Therapie, 1925–1936 (zwangsweiser Rücktritt) Dir. KWI für Biochemie Berlin-Dahlem; danach Fo.arb. in biolog.-chem. Priv.-Inst.; 1938 Emigr. nach Palästina u. bis 1940 Prof. für Chemie Hebräische Univ. Jerusalem; 1940 Emigr. in d. USA, 1940-1950 Res. Prof. *Univ. Coll. of Arts and Sciences* u. gleichz. Gastprof. am Brooklyn Polytechnic Inst., ab 1951 Res. Prof. Med. Coll. in New York, wo er starb. Einer der Gründer d.

modernen Biochemie, bedeut. Arb. zur Chemotherapie in d. Krebsbehandlung; Gründer u. Hrsg. d. *Biochem. Z.* (1906–1937). – Lit.: Der Gärungsvorgang und der Zuckerumsatz der Zelle, Jena 1913. – B: BHE; LexNW; Todesanz. in *Leopoldina* 1956; ALH MM 3476.   Sch

Neuhauss, Richard Gustav (1855–1914); aus Blankenfelde bei Berlin; stud. Med. Univ. Berlin u. Heidelberg (Dr. med. 1883 Univ. Leipzig); 1884 Weltreise; dann prakt. Arzt in Berlin; 1908–1910 Aufenth. in Neu-Guinea; starb in Groß-Lichterfelde bei Berlin an einer Diphtherie-Infektion. Widmete sich Verbesserung d. Phototechnik, bes. d. Momentphotographie u. Mikrophotographie; Begr. u. 1894–1907 Redakteur d. *Photographischen Rundschau*. – Lit.: Anleitungen zur Mikrophotographie, Berlin 1887 ([3]1907 u. d. T.: Lehrbuch der Mikrophotographie); Die Photographie auf Forschungsreisen, Berlin 1894; Meine Farbenphotographie, Berlin 1898; Das Lehrbuch der Projektion, 1901 ([2]1908); Deutsch Neu-Guinea, 3 Bde., Berlin 1911. – B: POGGENDORFF IV, VI.   Ja/Sch

Neumayr, Melchior (1845–1890); aus München; 1863 stud. Jura Stuttgart, 1863–1867 stud. Geol. u. Paläontol. Univ. München (bei OPPEL u. VON GÜMBEL, Dr. nat. 1867 bei OPPEL), dazw. 2 Sem. Univ. Heidelberg (bei BENECKE u. BUNSEN); ab 1868 für die k. u. k. Geolog. Reichsanstalt Wien Arbeit in d. Klippenzone (Karpaten, Alpen u. a.); 1872 Pd. für Geol. u. Paläontol. Univ. Heidelberg; 1873 ao. Prof., 1879 o. Prof. am neuerricht. Lehrstuhl für Paläontol. Univ. in Wien, wo er starb. Untersuchte d. Fauna des Jura u. Tertiär, bes. fossile Wirbellose (Muscheln, Ammoniten); 1874–1876 Fo.- u. Sammelreise nach Griechenl. u. d. Ägäischen Inseln. – Lit.: Die Congerien- und Paludinenschichten Slavoniens und deren Faunen, in: Abh. der k. k. geolog. Reichsanstalt Wien, *7* (1875) 3; Erdgeschichte, 2 Bde., Leipzig 1886–1887; Die Stämme des Thierreiches (Wirbellose), Wien–Prag 1889. – B: ÖBL (H. ZAPFE); DSB (H. TOBIEN); UHLIG 1891.   Sch

Nicolaier, Arthur (1862–1942); aus Cosel (Oberschlesien); 1880–1885 stud. Med. Univ. Heidelberg, Berlin u. Göttingen (u. a. bei Carl FLÜGGE, Dr. med. u. Approb. 1885); 1885 Ass. bei Wilhelm EBSTEIN, 1890 Pd., 1894 Tit. Prof., 1897–1900 Oberarzt Med. Klinik Univ. Göttingen; 1901 ärztl. Praxis in Berlin; zugl. Pd., 1913 Tit. Prof., 1921 apl. Prof. für Innere Med. Univ. Berlin; 1933 Entzug d. Lehrbefugnis aufgrund d. berüchtigten „Gesetzes zur Wiederherstellung des Berufsbeamtentums"; starb in Berlin durch Freitod, um dem Abtransport in d. Konzentrationslager Theresienstadt zu entgehen. Für seine Prom.arb. zum Tetanus 1884 konnte er mit Erdproben bei Versuchstieren die Krankheit auslösen, wobei er in d. Impfstellen charakterist. Bakterien fand; die Anzüchtung war unter anaeroben Verhältnissen möglich, die Reinkultur gelang jedoch erst Shibasaburo KITASATO. – Lit.: Ueber infectiösen Tetanus, in: Dt. med. Wo.schr. *19* (1884): 842–844; Beiträge zur Aetiologie des Wundstarrkrampfes, Inaug.-Diss., Göttingen 1885. – B: DEGENER; Ärzte II; JAHN 1989.   Kö/Sch

Nicolaus Cusanus (lat.) s. Nikolaus von Kues

Niel, Cornelis Bernardus van (1897–1985); aus Haarlem (Niederl.); 1916 u. 1919–1922 stud. Chemie u. Mikrobiol. TU Delft (bei M. W. Beijerinck u. A. J. Kluyver, Ch. E. D. 1922); 1922 Ass. bei A. J. Kluyver, 1923–1928 Conservator am Mikrobiol. Labor. TU Delft (DSc 1928); ging 1928 in d. USA; 1929 Res. Assoc., 1931 Assoc. Prof., 1935 Prof. für Mikrobiol., 1946–1963 *Herzstein*-Prof. für Biol. *Hopkins Marine Sta.* Stanford Univ. in Pacific Grove; dazw. 1936 *Rockefeller*-Stipendiat bei A. Stoll u. E. Wiedemann Univ. Basel (Schweiz); 1964-1968 Gastprof. für Mikrobiol. Univ. of Calif. Santa Cruz; starb in Carmel (Calif., USA). – Lit.: Photosynthesis of bacteria, in: Contributions to marine biology, Stanford 1930: 161–169; On the morphology and physiology of the purple and green sulphur bacteria, in: A. Mikrobiol. Bd. *3*, H. *1* (1931): 1–112; s. a. Lit. zu Kap. 16. – B: WwWA 8; Autobiogr. 1962. – P.   Höx

Nieuwkoop, Pieter Dirk (geb. 1917); aus Enschede (Niederl.); stud. Biol. Univ. Utrecht (Grad.examen 1940, PhD 1946); 1942 Erster Ass. Zool. Labor., 1947–1952 Zweiter Dir., 1953 Dir. *Hubrecht Labor.*, 1959–1984 (em.) Special Prof. für Experim. Embryol. Univ. Utrecht; dazw. 1951–1952 Fo.stipendiat d. Rockefeller Foundation; lebt in Bilthoven. – B: WWN; Biografien 1994.   Hth

Nigidius Figulus, Publius (ca. 98–45 v. Chr.); röm. Staatsmann, Senator, 58 v. Chr. Praetor, nach 49 v. Chr. im Exil; zugl. enzyklopäd. interessierter Gelehrter, u. a. Verf. von naturwiss., spez. zool. Schr.; berühmtester Neupythagoräer in Rom. – Lit.: Textausg. d. Fragm.: A. Swoboda, P. Nigidii Figuli operum reliquiae, Wien 1889 (Nachdr. Amsterdam 1964). – B: LAW.   Ha/Sch

Nikandros von Kolophon (vermutl. Mitte 2. Jh. v. Chr.); hellenist. Dichter, Verf. von Lehrgedichten vorw. biolog. Inhalts, u. a. *Theriaka* über Schlangen u. a. Gifttiere u. deren Gegenmittel, *Alexipharmaka* über pflanzl., mineral. u. tierische Gifte u. deren Gegengifte. – Lit.: Textausg.: A. S. F. Gow & A. F. Scholfield, Cambridge 1953. – B: LAW.   Ha/Sch

C. B. van Niel

H. Nilsson-Ehle

Nikolaos von Damaskos (geb. 64 v. Chr.); aus Damaskus; erhielt griech. Erziehung (mazedon. Eltern); begleitete 14–4 v. Chr. als Gelehrter König Herodes nach Rom, dann bei dessen Sohn Archelaus. Von seinem kompilator. Hauptwerk, den *Historiai* in 144 Büchern, sind größere Fragm. erhalten; ihm wurde die pseudo-aristotel. Schr. *De plantis* zugeschrieben. – Lit.: Textausg. von *De plantis*: Immanuel Bekker, Aristotelis Opera, Berlin 1931: 814–830. – B: DSB (J. Longrigg).   Ha/Sch

Nikolaus von Kues [Cues, eigentl. **Chrypffs** oder **Krebs,** lat. **Nicolaus Cusanus]** (1401–1464); aus Kues a. d. Mosel (heute zu Bernkastel-Kues); 1416–1417 stud. Philos. Univ. Heidelberg (BA ?), ab 1417 stud. Kanonisches Recht Univ. Padua (bei Prosdocimus de Comitibus, Dr. jur. 1423); nach kurzer Ausübung d. Rechtspraxis Ausbild. zum kathol. Priester, bes. ab 1425 Philos. u. Theol. bei Heymeticus de Campo in Köln; zugl. 1425 Pfarrer in Altrich (bei Wittlich) u. 1426 Kanonikat am Simeonstift in Trier; 1427 als Sekr. u. Prokurator d. Erzbischofs Otto von Ziegenhain in Rom; dann Dekan, später Diakon in Koblenz; ab 1432 als Interessenvertreter d. Erzbischofs von Trier Teiln. am Konzil zu Basel; 1435 durch Baseler Konzil als Probst des Stifts Münstermaifeld bestätigt, um 1440 Priesterweihe; 1448 Kardinal, in diesem Amt zahlr. Reisen in Mitteleuropa, entwarf Landkarte der bereisten Länder (erste Karte Mitteleuropas); 1450–1458 Bischof von Brixen; 1459 durch Pius II. zum Legatus Urbis für Rom ernannt; starb auf Reise nach Ancona in Todi (Umbrien). Wirkte als Philosoph u. Mathematiker erkenntniskritisch; nahm eine tägl. Erdumdrehung u. die Gleichrangigkeit aller Himmelskörper an. – Lit.: De docta ignorantia, 1440 (Ms.); Idiota de staticis experimentis, 1450 (Ms.); Textausg.: Opera omnia, Paris 1514 (Nachdr. Frankfurt a. M. 1962); Opera omnia, ed. Acad. litt. Heidelbergensis …, 1932 ff., 1959 ff. (dt.: Ausg. d. Heidelberger AdW, hrsg. von Ernst Hoffmann, u. d. T.: Schriften, Hamburg 1951 ff.). – B: LexMA (R. Haubst); LexNW; Koch 1956.   Sch

Nikolaus von Oresme (1322–1382); aus Oresme (Bayeux, Normandie); 1348 stud. Theol. als Stipendiat d. *Coll. de Navarre* in Paris (Dr. theol. 1356); 1356 Lehrer, später bis 1361/1362 „grand maître" (Ltr.) am *Coll. de Navarre*; ab 1362 in Rouen, hier 1364 Dekan d. Kathedrale, dsgl. an Notre-Dame in Paris; zugl. 1364–1380 Lehrer an d. Univ. Paris; 1377 Bischof in Lisieux, wo er starb. Im Rahmen des von Karl V. initiierten Übersetzungsprogramms Übers. von Werken d. Aristoteles; beschäftigte sich mit d. Bewegung d. Himmelskörper, vertrat anti-aristotel. Auffassungen über Bau des Universums, die Erdrotation u. die autonome Umdrehung der Himmelskörper durch einen bei Schöpfungsbeginn vermittelten „Impetus", also eine Eigengesetzlichkeit anstelle bewegender Engelswesen. – B: DSB (M. Clagett); LexMA (P. Bourgain & M. Folkerts); LexNW.   Ja/Sch

Nilsson, Nils Heribert [schrieb sich 1912–1927 **Nils Heribert-Nilsson**] (1883–1955); aus Skivarp (Malmö, Schweden); 1904 stud. Naturwiss., bes. Bot., Univ. Lund (Kand. phil. 1910, Dr. phil. 1915); 1907–1908

Ass. Physiol. Inst., 1915 Pd. für Bot., 1920 Pd. für Genetik u. Evolutionstheorie Univ. Lund; 1908–1911 in Åkarp (Malmö); 1911–1927 Fo.arb. am Inst. von Weibullholm in Landskrona, bes. Züchtungs- u. Kreuzungsexperimente; 1926 ao. Prof. für Bot. u. Zool. am Landbauinst. in Åkarp; 1927 o. Prof. für Bot. Systematik Univ., 1932 für Pflanzensystematik u. Genetik Landw.-Sch., 1934–1948 o. Prof. für Bot. (Systematik), Morphol. u. Pflanzengeogr. Univ. in Lund, wo er starb. – Lit.: Synthetische Artbildung (Grundlinien einer exakten Biologie), 2 Bde., Lund 1953. – B: SBL (O. Almborn); Renner 1955.   Ja

Nilsson-Ehle, Hermann (1873–1949); aus Skurup (Schweden); stud. Univ. Malmö, 1891 Univ. Lund (Kand. 1894, Lic. 1901, Dr. phil. 1909); 1900 Ass. am Pflanzenzüchtungsinst. in Svalöv bei Lund; 1915–1938 Prof. für Bot. Univ. Lund, 1925–1939 auch Ltr. Inst. für Pflanzenzüchtung in Svalöv; starb in Lund. Entdeckte die *Polymerie* u. verbesserte durch Anwendung neuer Methoden (Kombinationszüchtung, Populationsmethode) die Züchtungsergebnisse von Getreide- u. Forstpflanzen. – Lit.: Kreuzungsuntersuchungen an Hafer und Weizen, in: Lunds Univ. Ärsskrift, N. S., ser. 2, 5 (1909) 2. – B: DSB (A. Münzing); LexNW. – P.   Ja

Nitzsch, Christian Ludwig (1782-1847); aus Beucha; 1800 stud. Naturwiss. (Dr. med. 1808), hielt ab 1805 zool. Vorlesungen u. 1808 ao. Prof. für Bot. u. Naturgesch. Univ. Wittenberg; 1816 o. Prof. für Naturwiss. Univ. Halle–Wittenberg u. Dir. Zool. Mus. in Halle/Saale, wo er starb. – Lit.: Osteographische Beiträge zur Naturgeschichte der Vögel, Leipzig 1811; Beitrag zur Infusorienkunde oder Naturbeschreibung der Zerkarien und Bazillarien, Halle 1817; (hrsg. von Burmeister) System der Pterylographie, Halle 1840. – B: ADB (W. Hess); Gebhardt 1964, 1970; Baege 1984; Enigk 1986.   Hth

Noack, Kurt (1888–1963); aus Stuttgart; 1906–1907 stud. Med. u. Naturwiss., bes. Bot., Univ. Tübingen (bei H. Vöchting), 1907–1909 München (bei K. von Goebel), 1909 stud. Bot. u. Chemie Univ. London, 1909–1910 Univ. Berlin (bei S. Schwendener), 1910 Leipzig (bei W. Pfeffer, Dr. phil. 1912); 1912 Ass. bei H. Vöchting Univ. Tübingen, 1913 bei L. Jost Univ.

K. Noack 1949

A. von Nordmann

Straßburg, hier 1918 Pd. für Bot.; 1919 Ass. bei F. Oltmanns u. Pd. für Bot. Univ. Freiburg i. Br.; 1921 Kustos u. ao. Prof. für Bot. Univ. Bonn; 1922 o. Prof. für Bot. Univ. Erlangen, 1930 Halle/Saale; 1931–1956 o. Prof. für Bot. u. Pflanzenphysiol. Univ. Berlin (seit 1949 Humboldt-Univ.); starb in Berlin (West). – Lit.: (mit A. Pirson) Die Wirkung von Eisen und Mangan auf die Stickstoffassimilation von Chlorella, in: Ber. Dt. Bot. Ges. *57* (1939): 442–452. – B: Pirson 1965. – P.   Höx

Nobécourt, Pierre Eugène Léon (1895–?); aus Saint-Quentin (Aisne, Frankr.); stud. an d. *Fac. des Sci.* in Lyon (Dr. ès sci.); anschl. Ass. *Fac. des Sci.* Lyon, dann im *Inst. Arloing* in Tunis; danach *Chef de Travaux* an d. Fac. des Sci. in Clermont-Ferrand u. dann in Grenoble; später (um 1960 ?) Prof. an d. *Fac. des Sci.* u. an d. *É. Française de Papeterie* in Grenoble. – Lit.: Sur la perennité et l'augmentation de volume des cultures de tissus végétaux, in: C. R. Soc. Biol. Paris *130* (1939): 1270–1271. – B: WWF 5.   Sch

Noble, Gladwyn Kingsley (1894–1940); aus Yonkers (New York, USA); stud. Naturwiss. (Zool.) Harvard Univ. Cambridge/Mass. (AB 1916, MA 1918); Ass. bei Thomas Barbour am *Mus. Comp. Zool.* in Cambridge, unter dessen Einfluß 1914–1916 Feldfo. in Guadeloupe, Neufundland u. Peru spez. über Vögel, Reptilien u. Amphibien; ab 1919 Columbia Univ. (Dr. phil. 1922 bei W. K. Gregory) u. Kurator d. herpetolog. Slg. am *Am. Mus. of Nat. Hist.* in New York, wo er ein Experim. Dep. gründete u. 1928 je eine Ausstellungshalle für lebende Reptilien u. für *Animal Behavior* (Verhaltensbiol.) einrichtete; starb in Englewood (New Jersey) an einer Infektion. Förderte d. Synthese von naturgeschichtl. u. experim. Fo. (spez. Anat., Physiol., Ontogenie, Ethologie, Ökologie, Taxonomie u. Hormonfo.) u. führte Experimente an Wildpopulationen durch. – Lit.: The Phylogeny of the Salientia, in: Bull. Am. Mus. Nat. Hist. *46* (1922): 1–87; Contributions of the Herpetology of the Belgian Congo, in: ebda *49* (1923–1924): 147–347; The Biology of the Amphibia, New York 1931. – B: DSB/Suppl. II (E. Mayr); Necker 1940.   Ja

Nobre, António Pereira (1865–1946); stud. Univ. Coimbra u. *Academia Politécnica* in Porto (Portugal), 1887–1890 bei Edmond Perrier in Frankr.; später o. Prof. für Zool. Univ. Porto. Förderte bes. Pädagogik u. Institutionalisierung d. Meeresbiol. in Portugal; Gründer des Zool. Mus. in Porto; Anhänger des Evolutionismus; Fo. zur Meeresfauna, bes. Mollusken. – B: Almaca 1966.   Fra/Sch

Noeggerath [Nöggerath], Johann Jacob (1788–1877); aus Bonn; zunächst Autodidakt in Mineral. u. Bergbau; zw. 1810 u. 1813 Errichtung einer Alaunhütte in Friesdorf bei Bonn; 1812 Ehrenmitgl. d. *Soc. für die gesamte Mineralogie in Jena*; nach bergmänn. Prüfung in Arnsberg 1814 „Commissaire des mines" d. Ourthe-Dep.; nach Abzug d. franz. Truppen 1815 Bergkommissar d. Roër-, Rhein- u. Mosel-Dep., danach des Saar-, Rhein- u. Mosel-Dep.; seit 1816 bis zu seinem Lebensende Mitgl. d. königl. preuß. Oberbergamtes Bonn, zunächst als Oberbergamts-Assessor, 1820 Bergrat, 1822 Ober-Bergrat, 1845 Geheimer Bergrat, 1867 Berghauptmann i. R.; gleichz. 1818 ao. Prof. (Dr. phil. 1818 Univ. Marburg), 1821–1873 o. Prof. für Mineral. u. Bergwerkswiss. Univ. in Bonn, wo er starb. – Lit.: Die Entstehung der Erde, Bonn 1843; Die Entstehung und Ausbildung der Erde …, Stuttgart 1847. – B: ADB (VON GÜMBEL); POGGENDORFF II, III; VON DE-CHEN 1877. Sch

Nollet, Jean Antoine (1700–1770); aus Pimprez bei Noyon (Frankr.); stud. Theol. Paris (Abschluß 1724); 1728 Diakon, später Abbé; Mitgl. d. *Soc. des Art des Comte de Clermon*, wo er DUFAY u. RÉAUMUR kennenlernte; 1731–1735 deren Ass. bei Experimenten über Insekten, Frösche (z. B. ihre Befruchtung), Magnetismus u. Elektrizität; mit DUFAY Reise nach Engl. u. Holland; 1735 Lehrstuhl für Naturphilos. an der *Pollinière*, 1739 Mitgl. des *Coll. de Navarre* u. Nachf. von RÉAUMUR in d. AdW in Paris, wo er starb. Lehrte Experim. Physik u. konstruierte rd. 350 Instrumente. – Lit.: Leçons de physique, 6 Bde., Paris 1743–1748; Essai sur l'électricité des corps, Paris 1746; L'art des expériences, Paris 1770. – B: DSB (J. L. HEILBRON). Ja

Nonnus, Theophanes s. Theophanos Nonnos

Nordenskiöld, Erik Niels (1872–1933); aus Frugård (Mäntsälä skn, Nylandslän, Finnland); 1890–1896 stud. Naturwiss., bes. Zool., Univ. Helsingfors (Helsinki) (Lic. phil. 1898, Dr. phil. 1899), dazw. Stud.aufenth. in Padua u. Leipzig; 1899 Pd. für Zool. Univ. Helsingfors, ab 1917 auch Vorlesungen über Gesch. d. Biol.; ging 1917 nach Schweden; 1926 Doz. für Gesch. d. Zool. Univ. in Stockholm, wo er starb. – Lit.: Biologiens historia, 3 Bde., 1921–1924 (dt. von Guido SCHNEIDER, Jena 1926; engl.: New York 1928, London 1929). – B: DSB (S. LINDROTH). Ja/Sch

Nordmann, Alexander von (1803–1866); aus Rurtzensalmi (Finnland); 1821 stud. Naturwiss. an d. Akad. in Åbo/Turku (Dr. phil. 1827); 1824–1826 Übersetzer Landeskanzlei in Åbo; 1827–1832 stud. Univ. Berlin (bei K. A. RUDOLPHI u. C. G. EHRENBERG); 1832 Prof. für Bot. u. Zool. am Richelieu-Lyzeum in Odessa; 1833 nebenamtl. Dir. d. Bot. Gartens bei Odessa; 1849 o. Prof. für Naturgesch. Univ. in Helsingfors (Helsinki), wo er starb. – Lit.: Mikrographische Beiträge zur Naturgeschichte der wirbellosen Thiere, 2 Bde., Berlin 1832; Symbolae ad monographiam Staphylinorum, in: Mém. l'Acad. Imp. Sci. St. Petersbourg *4* (1837): 1–167, 2 Taf.; Versuch einer Natur- und Entwicklungsgeschichte des Tergipes edwardsii, in: ebda, 6. Ser., *4* (1845): 495–603, 5 Taf.; Neue Schmetterlinge Russlands, in: Bull. Soc. Imp. Naturalistes Moskou *24* (1851): 439–446, Tab. XI u. XII; Erstes Verzeichnis der in Finnland und Lappland bisher gefundenen Spinnen, *Araneae*, in: Bidrag till Finlands naturkännedom, etnografi och statistik *8* (1863): 1–39. – B: ENIGK 1986. – P. Hth

An-Nuwairī, Šihab ad-Din (1279–1332); ägypt. Armee-Insp. u. Kanzleivorsteher; Verf. einer der drei bekann-

testen Enzyklopädien der Mameluken-Epoche, die ausführl. Abschnitte über die Tier- u. Pflanzenwelt enthält. Nab

Obermeier, Otto Hugo Franz (1843–1873); aus Spandau; 1863 stud. Med. Univ. Berlin (Dr. med. 1866); arbeitete nach vorzeitig abgelegtem Examen in d. Abt. für Pockenkranke auf d. „combinirten Krankenstation" (bei VIRCHOW), danach Ass. Abt. für Geistes- u. Nervenkranke an d. *Charité*; ab Juni 1873 prakt. Arzt in Berlin, wo er an Cholera starb. Entdeckte während einer Rückfallfieberepidemie 1868/69 im Blut d. Patienten aktiv bewegliche „fadenförmige Gebilde", die er 1873 eingehender untersuchte u. beschrieb, als Mikroorganismen erkannte u. für d. Erreger des Rückfallfiebers hielt (jetzt *Borrelia recurrentis*); auch Arb. über Fleckfieber u. Syphilis; hat sich vermutl. bei Stuhluntersuchungen von Cholerakranken infiziert. – Lit.: Ueber das wiederkehrende Fieber, in: A. pathol. Anat. Physiol. *37* (1869): 161–177, 428–472; Vorkommen feinster, eine Eigenbewegung zeigender Fäden im Blute von Recurrenskranken, vorläufige Mitt., in: Cbl. med. Wiss. *9* (1873): 145–147; Zur Contagion des wiederkehrenden und Fleckfiebers, in: ebda *11* (1873): 561–562; s. a. Lit. zu Kap. 21. – B: Ärzte I. Kö

Occam, Wilhelm von s. Ockham, Wilhelm von

Ochoa, Severo (1905–1993); aus Luarca (Asturias, Span.); stud. Med. HS Malaga/Span. (BA 1921), ab 1922 Univ. Madrid (BM 1928, MD 1929); 1929 Mitarb. bei O. MEYERHOF am KWI für Med. Fo., erst in Berlin, dann Heidelberg; 1931 Doz. für Physiol. u. Biochemie Univ. Madrid; 1932 am *National Inst. for Med. Res.* London/GB (bei H. W. DUDLEY); 1935 Ltr. Physiol. Abt. d. Inst. für Med. Fo. Univ. Madrid; 1936 Fo.ass. bei O. MEYERHOF am KWI für Med. Fo. Heidelberg; 1937 wiss. Mitarb. Marine Biol. Labor. Plymouth (Engl.), 1938 Res. Ass. u. Demonstr. für Biochemie Univ. Oxford/GB (bei R. A. PETERS); ging 1940 in d. USA, 1941 Res. Ass. u. Instr. für Pharmakol. Washington Univ. St. Louis/Missouri (Zus.arb. mit Carl F. u. Gerty CORI); 1942 Res. Assoc., 1945 Ass. Prof. für Biochemie, 1946 Prof. für Pharmakol., 1954–1974 (em.) Prof. für Biochemie Univ. New York; 1974 Mitgl. des *Roche Inst. for Molecular Biol.* Nutley (New Jersey); 1985 Rückkehr nach Span., starb in Madrid. Nobelpr. 1959. – Lit.: Nature of oxidative phosphorylation in brain tissue, in: Nature *146* (1940): 267; s. a. Lit. zu Kap. 16. – B: WWA 1992/93; A. KORNBERG 1993; GARCÎA-BELLIDE 1999. Höx/Sch

Ockham [Occam], Wilhelm von (ca. 1285–1349); aus Ockham bei London; Franziskanermönch; lehrte seit 1317 an den Univ. Oxford u. Paris, vertrat die Impetustheorie u. andere Elemente arabist. Philos., verhalf dem Nominalismus (gegen d. Begriffsrealismus des THOMAS VON AQUIN) zum Durchbruch; wurde ca. 1324 von der kathol. Kirche der Irrlehre beschuldigt u. am päpstl. Hof in Avignon in Untersuchungshaft gehalten, floh 1328 nach München zu LUDWIG VON BAYERN, den er im Kampf gegen die Papstherrschaft unterstützt hatte; starb in München. – Lit.: Sententiae, in:

Opera plurima, Lyon 1495; Expositio aurea …, Bologna 1496. – B: DSB (E. A. MOODY); LexNW.   Ja/Sch

Oehlkers, Friedrich (1890–1971); aus Sievershausen im Solling; 1910–1914 stud. Naturwiss., bes. Bot., Univ. Freiburg i. Br. (bei F. OLTMANNS), 1917 Univ. München (bei K. VON GOEBEL, Dr. phil. 1917) u. 1918 Göttingen; 1918 Praktikant bei K. VON GOEBEL Univ. München; 1920 Ass. am Gärungsphysiol. Labor. Weihenstephan; 1922 Ass. bei E. LEHMANN u. Pd. für Bot., 1925 ao. Prof. für Pharmakognosie Univ. Tübingen; 1928 o. Prof. für Bot. TH Darmstadt; 1932–1958 o. Prof. für Bot. Univ. in Freiburg i. Br., wo er starb. – Lit.: Vererbungsversuche an Oenotheren, I., in: Z. indukt. Abstammungsl. *26* (1921): 1–31; Die Auslösung von Chromosomenmutationen in der Meiosis durch Einwirkung von Chemikalien, in: ebda *81* (1943): 313–341; Das Leben der Gewächse : ein Lehrbuch der Botanik, Bd. 1: Die Pflanze als Individuum, Berlin [u. a.] 1956. – B: KÜRSCHNER; MARQUARDT 1974.   Höx

Oellinger, Georg (1487–1557); vermutl. aus Franken; wirkte als Apotheker in Nürnberg an der für d. ganzen süddt. Raum vorbildlichen Apothekengesetzgebung in Nürnberg mit; legte einen außergewöhnl., auch seltene Gewächse enthaltenden bot. Garten in Nürnberg an, der als Vorläufer d. Barockgartens von Eichstätt gilt; fertigte von bemerkenswerten Pflanzen seines Bestandes etwa 700 erhaltene Aquarelle an; pflegte als hervorragender Pflanzenkenner einen Pflanzen- u. Gedankenaustausch mit bedeut. Botanikern seiner Zeit wie BOCK u. BRUNFELS. – Lit.: Magnarum medicinae partium herbariae et zoographiae imagines, Nürnberg 1553; Ms. mit Pflanzenaquarellen in d. UB Erlangen. – B: DAB 2.   Hpp

Ognev [Ognew], Sergej Ivanovič (1886–1951); aus Moskau; bis 1910 stud. Univ. Moskau; ab 1930 Prof. für Zool. Univ. Moskau u. Dir. d. Zool. Inst. u. Mus.; Begr. d. Moskauer Sch. für Säugetierkunde; starb in Moskau. – Lit.: Zveri SSSR i priležaščich stran [Die Säugetiere der UdSSR und benachbarter Länder, russ.], 7 Bde., Moskva–Leningrad 1928–1950; Očerki ekologii mlekopitajuščich [Abriß der Ökologie der Säugetiere, russ.], in: Moskauer Ges. Naturf., N. S.,

Abt. Zool. (XI), *26* (1951); (hrsg. von H. DATHE) Säugetiere und ihre Welt, Berlin 1959. – B: BSE[3] (V. G. GEPTNER).   Sch

Oken [eigentl. **Okenfuss**], **Lorenz** (1779–1851); aus Bohlsbach (bei Offenburg, Südwestdtl.); 1800 stud. Med. Univ. Freiburg i. Br., Würzburg u. Göttingen (Dr. med. 1804 Univ. Freiburg i. Br.); 1805 Pd., 1805–1807 Doz. Univ. Göttingen; 1807 ao. Prof. für Med., 1812 o. Prof. für Naturgesch. Univ. Jena; 1819 wegen polit. progressiver u. demokrat. Aktivitäten entlassen (1817 Teiln. am Wartburgfest); 1828–1832 o. Prof. für Philos. Univ. München, mußte 1832 Dtl. zwangsweise verlassen u. ging nach Zürich; 1833 o. Prof. für Philos. Univ. in Zürich, wo er starb. Neben experim. Arb. (Wirbeltheorie d. Schädels, Entw. d. Darms beim Hühnerembryo) entwickelte er als Anhänger d. SCHELLINGschen Naturphilosophie spekulativ eine Zelltheorie u. ein auf mathemat. Zahlenverhältnissen basierendes Organismensystem; Begr. d. *Ges. Dt. Naturforscher u. Ärzte* (1822) u. d. *Z. Isis*. – Lit.: Grundriss der Naturphilosophie …, Frankfurt a. M. 1802; Abriß der Naturphilosophie, Göttingen 1805; (mit KIESER) Beiträge zur vergleichenden Zoologie, Anatomie und Philosophie, H. 1–2, Bamberg 1806–1807; Lehrbuch der Naturphilosophie, 3 Bde., Jena 1808–1811; Lehrbuch der Naturgeschichte, Leipzig, Mineralogie: 1812, Zoologie: 1816, Botanik: 1825–1826; Allgemeine Naturgeschichte für alle Stände, Stuttgart 1833–1841 (Abb.-Bd.: 1843). – B: SACKMANN 1985; LexNW; ECKER 1880; SCHUSTER 1922, 1929; PFANNENSTIEL & ZAUNICK 1941; BRÄUNING-OKTAVIO 1959. – P.   Hek/Sch

Olafsen [Ólafsson, Ólafssyn, lat. Olavius], Eggert (1726–1768); von Island; Amtmann; 1752–1757 naturhist. Reise durch Island zus. mit Bjarne PAULSEN (auch: PÁLSSON o. POVELSEN, 1719–1779); verunglückte im Breidefjord (Island). – Lit.: (mit Bjarne PAULSEN) Rejse igennem Island, Soro 1772 (dt.: Reise durch Island, 2 Bde., Kopenhagen–Leipzig 1774–1775). – B: POGGENDORFF II; SBA-A.   Sch

Olivi, Giuseppe (1769–1795); aus Chioggia (Ital.); von Kindheit an kränklich, erhielt er Hausunterricht in Chioggia bei Abt Francesco FABRIS, der sein Interesse für Poesie u. Naturgesch. weckte; da bereits Pflanzenstud. im Hausgarten u. Sammeltätigk. an d. heimatl. Meeresküste; weitere Anleitung von FABRIS' Bruder, d. Botaniker Guiseppe FABRIS, der d. Jungen dem Botaniker u. Zoologen Bartolommeo BOTTARI empfahl; dann Leben u. Stud. im Kloster, das er aber nach 3 Jahren aus gesundheitl. Gründen wieder verlassen mußte; kehrte 1790 nach Chioggia zurück; 1791 in Padua, wo er u. a. Schüler von Alberto FORTIS wurde; starb vermutl. in Padua. Erfo. der Adria von Venedig bis Ancona u. Zara; hinterließ ca. 15 Schr. über Landw., Bot. u. Naturgesch., aber auch Mineral. u. Chemie; Mitgl. u. a. d. Königl. Akademien in Padua u. Berlin. – Lit.: Zoologia adriatica …, Bassano 1792. – B: ABI [BII (G. B. BASEGGIO)]; BDB Hunt.   Sch

Olivier, Guillaume Antoine (1756–1814); aus Les Arcs bei Fréjus (Dep. Var, Frankr.); stud. Med. Montpellier (Dr. med. 1773); Entomologe, dessen Arbeit in den

L. Oken

C. Oppenheimer 1928

Wirren d. franz. Revolution zerstört wurde, deshalb 1792–1798 zus. mit J. G. Bruguières Exped. im Regierungsauftrag in d. Orient (Türkei, Persien); 1800 Mitgl. des *Inst. de France* u. Prof. für Zool. an d. *É. vétérinaire d'Alfort*; starb auf einer Reise in Lyon. – Lit.: Entomologie, ou Histoire naturelle des insectes, 6 vol., Paris 1789–1808. – B: ABF.   Sch

Oparin, Aleksandr Ivanovič (1894–1980); aus Uglič (Prov. Jaroslav, Rußland); 1912–1917 stud. Univ. Moskau, danach Doktorant u. 1921–1925 Ass. im Dep. für Pflanzenphysiol.; gleichz. bei Aleksei N. Bach (Bakh) 1919–1922 Mitarb. in d. Chem. Div. d. Volkswirtschaftsrates (? VSNCh), 1921–1925 im von Bach gegr. Zentralen Chem. Labor. in Moskau; in dieser Zeit Stud.aufenth. 1922 im Labor. von Albrecht Kossel Univ. Heidelberg, anschl. in Österr., 1924 Ital. u. 1925 Frankr.; nach Rückkehr ab 1925 Doz., 1929 Prof. für Biochemie (Dr. Biolog. Wiss. 1934 AdW UdSSR), ab 1937 o. 1942–1960 Ltr. des Lehrstuhls für Biochemie d. Pflanzen Univ. Moskau; zugl. 1927–1934 stellv. Dir. Zentral-Inst. d. Zucker-Industrie; außerdem 1929–1931 Prof. für Techn. Biochemie am Mendeleev-Inst. für chem. Technol., 1930–1931 dsgl. am Inst. für Getreide u. Mehl in Moskau, 1937–1949 Prof. am Moskauer Techn. Inst. für Nahrungsgüterproduktion; 1935 bei Bach stellv. Dir., ab 1946 Dir. Inst. für Biochemie (*Bach*-Inst.) AdW d. UdSSR (Nachf. von Bach); starb in Moskau. Begr. d. naturwiss. Erfo. der Enstehung des Lebens auf d. Erde. – Lit.: Vozniknovenie žizni na zemle, Moskva i Leningrad 1936 (3. überarb. u. erw. Aufl. 1957); Žizn', eë priroda, proischoždenie i razvitie, Moskva 1960 (dt.: Das Leben – seine Natur, Herkunft und Entwicklung, Jena 1963; engl. von Ann Synge: Edinburgh 1962). – B: BSE[3]; DSB/Suppl. II (M. B. Adams); LexNW   Sch

Opiz, Philipp Maximilian (1787–1858); aus Časlav (Böhmen); 1805 Beamter in Gaslau, 1808 in Pardubitz; 1814 Privatgelehrter, Botaniker in Prag; 1831 Forstbeamter; starb in Prag. Ab 1810 Hrsg. eines landw. Herbars; 1819 Begr. des ersten int. Tauschvereins für Herbarpflanzen u. Samen (1858: 900 Teiln.); Florist u. Systematiker, betonte sehr enge Auffassung der Art („Elementarart"). – Lit.: 572 Arbeiten mit systemat. u. floristischem Inhalt. – B: ADB (E. Wunschmann).   Eis/Sty

Oppenheimer, Carl (1874–1941); aus Berlin; 1891 stud. Chemie u. Med. Univ. Berlin (Dr. phil. 1894, Dr. med. 1898) u. Freiburg i. Br. (med. Staatsexamen 1897); 1898 Volontär-Ass. Krankenhaus Berlin–Moabit; 1899–1900 Ass. Physiolog. Inst. Univ. Erlangen; danach redaktionelle Arb. in Berlin u. 1902 Ass. bei Zuntz, 1908–1936 Prof. für Bio- u. Wirtschaftschemie Tierphysiolog. Inst. d. Landw. HS Berlin; zugl. 1917 wiss. Ltg. d. *Krause AG* München u. 1920–1926 ltnd. Chemiker, dann beratender Chemiker d. *AG für chem. Produkte* in Berlin; 1936 Emigr. nach Den Haag (Holland); ab 1938 Ltr. Landw. Dep. einer Firma in Den Haag, wo er starb. 1902 Begr. u. bis 1920 Hrsg. d. *Biochem. Zentralblatt*; in Den Haag 1936 Gründer u. bis 1941 Hrsg. d. *Encymologia*. – Lit.: Die Fermente und ihre Wirkungen, Leipzig 1900 ([5]1926); (Hrsg.)

Handbuch der Biochemie, Berlin 1908–1913 ([2]1924–1930); Historical introduction to the study of teleostean development, in: Osiris 2 (1936): 124-148. – B: BHE; LexNW; ALH MM 4112. – P.   Sch

Oppenheimer, Heinz, [Hillel] Reinh. (1899–1971); aus Berlin; 1919–1922 stud. Bot. Univ. Berlin, Freiburg i. Br., Frankfurt a. M. u. Wien (Dr. phil. 1922); zog 1925 nach Palästina; 1926–1931 Kustos am *Aaron Aaronsohn Herbarium* in Zikhron Ya'akov; 1930–1932 Ass. bei E. G. Pringsheim Dt. Univ. Prag; 1933 Ltr. Abt. für Physiol. u. Genetik im Gartenbau, 1940–1955 Ltr. Abt. für Citruskultur u. Landw. Bot. der Landw. Versuchssta. Rehovot; zugl. 1942 Doz., 1949 ao. Prof., 1952 o. Prof. für Gartenbau, 1957–1967 (em.) Prof. für Pflanzenphysiol. u. Gartenbau Hebräische Univ. Jerusalem. – Lit.: Keimungshemmende Substanzen in der Frucht von *Solanum Lycopersicum* und in anderen Pflanzen, in: Sb. AdW Wien, Math.-nat. Kl., Abt. I, *131* (1922): 59–65. – B: WWWJ 1955, 1965; WWIsr; EncJudaica.   Höx/Sch

Oppianos [von Anazarbos] (2. Jh.); aus Korykos in Kilikien; griech. Dichter, Verf. des Kaiser Antonius gewidmeten Lehrgedichts *Halieutica* (zw. 177 u. 180), worin er Arten, Lebensweise u. Fang d. Meerestiere beschrieb; starb vor Athen. – Lit.: Textausg.: F. S. Lehrs, Poetae bucolici et didactici, Paris 1851; A. W. Mair, London 1928 (Nachdr. 1958). – B: Pauly.   Ha/Sch

Oppianos von Apameia (3. Jh.); griech. Dichter, Verf. des Kaiser Caracalla gewidmeten Lehrgedichts *Cynegetica* über d. Jagd, das auch über nichtjagbare Tiere berichtet. – Lit.: Textausg.: F. Lehrs, Poetae bucolici et didactici, Paris 1851; P. Boudreaux, Paris 1908. – B: Pauly.   Ha/Sch

Oreibasios von Pergamon (um 325–um 400); byzantin. Arzt, Leibarzt des Julian Apostata. Ältester u. zuverlässigster der erhaltenen med. Enzyklopädisten (neben Aetios von Amida u. Paulos von Aigina). – Lit.: Textausg.: J. Raeder, CMG VI, 1,1.2 u. 2,1.2, Leipzig–Berlin 1928–1933 (Nachdr. Amsterdam 1964). – B: DSB (F. Kudlien); LAW.   Ha/Sch

Oresme, Nicole s. Nikolaus von Oresme

Osborne, Thomas Burr (1859–1929); aus New Haven (Connecticut, USA); stud. Med. u. Chemie Yale Univ. New Haven (bei W. G. Mixter; AB 1881, PhD 1885); 1883–1886 Ass., 1885 Instr. für Analyt. Chemie Yale Univ.; 1886–1928 Chemiker bei S. W. Johnson an d. *Connecticut Agric. Experim. Sta.* in New Haven, wo er starb. – Lit.: Die Proteine der Getreidearten, Hülsenfrüchte und Ölsamen sowie einiger Steinfrüchte, Heidelberg 1897; The vegetable proteins, London 1909 ([2]1924). – B: DSB (H. B. Vickery). – P.   Höx

Osterhout, Winthrop John Vanleuven (1871–1964); aus Brooklyn (New York, USA); 1889–1893 stud. Bot. Brown Univ. Providence/Rhode Island (AB 1893); 1892 Praktikant am Marine Biol. Labor. Woods Hole (Mass.), 1893–1895 Instr. für Bot. Brown Univ. (MA

1894), zugl. 1894 u. 1895 Instr. für Bot. Marine Biol. Labor. Woods Hole; 1895-1896 Praktikant bei E. STRASBURGER Univ. Bonn; 1896 Instr. für Bot. Univ. of Calif. Berkeley (PhD 1899), 1901 Ass. Prof., 1907 Assoc. Prof.; 1909 Ass. Prof., 1913 Prof. für Bot. Harvard Univ. Cambridge (Mass.); 1925–1939 Mitgl. Rokkefeller Inst. for Med. Res. New York u. Biol. Sta. Bermuda; starb in New York City. – Lit.: Experiments with plants, New York 1905; Some aspects of bioelectrical phenomena, in: J. Gen. Physiol. *11* (1927): 83–99; Permeability in large plant cells and in models, in: Ergeb. Physiol. *35* (1933): 967–1021. – B: Autobiogr. 1957. – P.   Höx

Ouchterlony, Örjan Thomas Gunnarson (geb. 1914); aus Stockholm; stud. Med. am *Karolinska Inst.* Stockholm (Lic. med. 1942, Dr. med. 1949), zugl. ab 1935 Ass., 1949 Laborant an bakteriolog. Labor.; 1950 am *Inst. Pasteur* Paris; 1952-1980 (em.) Prof. für Bakteriol. u. Ltr. d. Inst. für Med. Mikrobiol. Univ. Göteborg; 1947–1948 zur Cholerabekämpfung in Ägypten, 1954 am *Massachussets General Hosp.* Boston, 1959 im Auftrag d. WHO am *Niloufer Hosp.* Hyderabad (Indien); widmete sich bis 1950 der Diagnostik u. Epidemiologie d. Diphterie u. entwickelte Agargel-Präzipitationsmethoden, weiterhin Antigen-Antikörper-Reaktionen in Gel, die Aussagen über Identität o. Unterschied von Antigenen gestatten („Ouchterlony-Test"); seine Stud. an Mykobakterien erbrachten d. serologisch gestützte Taxonomie d. *Macobacterium gastri* u. generell Testtechniken für Antibiotika. – Lit.: In vitro method for testing the toxin-producing capacity of diphtheria bacteria, in: Acta Path. Microbiol. Scand. *25* (1948): 186–191; Serological techniques for the classification of mycobacterium, in: Techn. Inform. WHO/TB 1967/8; sowie Beitr. in Sammelwerken wie: J. F. ACHROYD: Immunological Methods, Oxford 1964, WESTPHAL: Immunchemie, Berlin 1965, WEIR: Handbook of Experimental Immunology, Oxford 1967. – B: Väd 1995; ALH.   Ja

Overton, Charles Ernest (1865–1933); aus Stretton (Cheshire, Engl.); 1884–1886 stud. Bot. Univ. Zürich (bei A. DODEL) u. 1886–1887 Univ. Bonn (bei E. STRASBURGER); 1887 Ass. bei A. DODEL Univ. Zürich (Dr. phil. 1889), 1890 Doz. für Biol.; 1901 Ass. bei

M. VON FREY Univ. Würzburg; 1907–1930 o. Prof. für Pharmakol. Univ. in Lund (Schweden), wo er starb. – Lit.: Über die Reduktion der Chromosomen in den Kernen der Pflanzen, in: Vierteljahresschr. Naturf. Ges. Zürich *38* (1893): 1–18; Über die osmotischen Eigenschaften der lebenden Pflanzen- und Tierzelle, in: ebda *40* (1895): 159–201; Über die osmotischen Eigenschaften der Zelle in ihrer Bedeutung für die Toxikologie und Pharmakologie, in: ebda *41* (1896): 383–406; Über die allgemeinen osmotischen Eigenschaften der Zelle, ihre vermutlichen Ursachen und ihre Bedeutung für die Physiologie, in: ebda *44* (1899): 87–136; Studien über die Aufnahme der Anilinfarben durch die lebende Zelle, in: Jb. wiss. Bot. *34* (1900): 669–701; Studien über die Narkose, zugleich ein Beitrag zur allgemeinen Pharmakologie, Jena 1901; Über den Mechanismus der Resorption und der Sekretion, in: Handbuch Physiologie des Menschen, hrsg. von W. NAGEL, Bd. 2, Brunswick 1907: 743–898. – B: DSB (R. COLLANDER). – P.   Höx

Oviedo, Gonzalo Fernández de s. Fernández de Oviedo, Gonzalo

Owen, Richard (1804–1892); aus Lancaster; ab 1820 in Lehre bei Wundarzt in Lancaster; 1824–1825 stud. Med. Univ. Edinburgh (Anat. bei A. M. TERTIUS, Vgl. Anat. bei John BARCLAY) u. 1825 am St. Bartholomew's Hosp. in London (bei J. ABERNETHY), dann dort Prosektor; 1826 Mitgl. Roy. *Coll. of Surgeons* u. Arztpraxis in Lincoln's Inn Fields; zugl. Ass. d. Konservators (W. CLIFT) am *Hunterian Coll.* (führte 1830 G. CUVIER durch d. Mus., 1831 Besuch bei C. in Paris); 1836 *Hunterian*-Prof. für Anat. am *Roy. Coll. of Surgeons*; 1849–1856 Konservator (Nachf. von W. CLIFT), 1856–1884 Dir. der naturhist. Abt. des British Mus. u. 1871 Mitbegr. des *Mus. of Nat. Hist.* in South Kensington (London); starb in Richmond Park (London). Wirkte als einer der ersten Vertr. der Vergl. Anat. u. Zool. sowie der Paläozool. in England. – Lit.: Report on the archetype and homologies of vertebrate skeleton, in: Rep. 16th Meet. Brit. Assoc. Advancement of Sci. 1846, London 1847: 169–340; On the archetype and homologies of the vertebrate skeleton, London 1848; On the nature of limbs, London 1849. – B: DSB (W. C. WILLIAM); R. OWEN 1894 (W); RUPKE 1994.   Ja/Sch

T. B. Osborne 1909   W. J. V. Osterhout   Ch. E. Overton   P. S. Pallas

Paál, Árpád (1889–1943); aus Budapest; stud. Naturwiss. Univ. Budapest (Dr. phil. 1911, Lehrer-Dipl. 1912); 1912 Ass. Bot. Inst. Univ. Budapest; 1913 Fo.aufenth. Zool. Sta. Neapel, Univ. Wien u. Univ. Leipzig bei W. Pfeffer; 1915 Adj. für Pflanzenphysiol. u. -pathol., 1918 Doz. u. 1929 o. Prof. für Allg. Bot., 1943 für Pflanzenphysiol. Univ. in Budapest, wo er starb. – Lit.: Über phototropische Reizleitungen, in: Ber. Dt. Bot. Ges. *32* (1914): 499–503; Über phototropische Reizleitung, in: Jb. wiss. Bot. *58* (1919): 406–458. – B: MÉL; Mitt. von Z. Szigeti, Budapest, 1992.   Höx

Packard, Alpheus Spring (1839–1905); aus Brunswick (Maine, USA); 1857 stud. Naturwiss. am *Bowdoin* Coll., u. a. Naturgesch. bei P. A. Chad-Bourne, den er 1860 auf einer Exped. nach Labrador begleitete (BA 1861); 1861 Ass. d. *Maine Geol. Survey*, wo er paläozool. arbeitete; danach 1861–1863 bei L. Agassiz an d. Lawrence Sci. Sch. Harvard Univ. Cambrigde/Mass. (BS 1864; außerdem MA 1862 am *Bowdoin*, Dr. med. 1864 *Maine Med. Sch.* in Bowdoin); 1864 weitere Exped. nach Labrador u. Militärdienst als Ass.-Arzt; 1865 Bibliothekar u. Kustos für Entomol. am Essex Inst. d. *Boston Soc. of Nat. Hist.*; 1867 Kurator, später Dir. der *Peabody* AdW in Salem (Mass.); 1870 Lect. für Angew. Entomol. am Maine Coll. of Agric., 1870–1878 auch am Mass. Agric. Coll. in Amherst u. Doz. für Entomol. u. Vergl. Anat. am Bowdoin; dazw. 1872 Europareise, 1873 zeitw. bei Agassiz in dessen Sch. für Naturgesch.; ab 1878 Prof. für Zool. u. Geol. Brown Univ. in Providence (Rhode Island), wo er starb. Ab 1876 im Auftrag d. US Entomol. Commission über längeren Zeitraum Erfo. d. Rocky Mountains zus. mit C. V. Riley u. Cyrus Thomas; Mitbegr. u. bis 1887 Chef-Hrsg. des *American Naturalist*; maßgebl. an Entwürfen für d. Int. Nomenklaturregeln beteiligt. – Lit.: A Guide to the study of insects, Salem 1868 (6. Aufl. New York 1878); A Textbook of entomology, New York 1898. – B: DSB (C. E. Nordland); Mallis 1971.   Ja/Sch

Paech, Friedrich Karl (1908–1955); aus Großröhrsdorf bei Dresden; 1929 stud. Naturwiss., bes. Bot., Univ. Leipzig u. Kiel (Dr. phil. 1935 Univ. Leipzig); 1935 Ass. bei W. Schwartz TH Karlsruhe u. Mitarb. am Reichsinst. für Lebensmittelfrischhaltung; 1938–1941 Ass. bei W. Ruhland, 1940 Pd. für Bot. Univ. Leipzig; 1944-1945 Chemiker bei *Dynamit AG* Troisdorf; 1947 Doz. für Bot. TH Stuttgart; 1948 apl. Prof. für Bot. Univ. in Tübingen, wo er starb. – Lit.: Biochemie und Physiologie der sekundären Pflanzenstoffe, Berlin [u. a.] 1950. – B: Poggendorff VIIa.   Höx

Painter, Theophilus Shickel (1889–1969); aus Salem (Virginia, USA); stud. Zool. Yale Univ. (bei R. Harrison, Dr. phil. 1913) u. Univ. Würzburg (bei Th. Boveri), 1914 in Woods Hole/Mass.; 1916 Adj. Prof., 1922 „full" Prof., 1939–1966 (em.) „distinguished" Prof. für Zool. Univ. Texas, danach 1944–1946 stellv. Präs., 1946-1952 Präs. d. Univ.; starb in Fort Stockton (Texas). Entdeckte die Riesenchromosomen in d. Speicheldrüsen von *Drosophila*, die die Analyse von Veränderungen der Chromosomenstruktur ermöglichen. – Lit.: A new method for the study of chromosome rearrangements and the plotting of chromosome maps, in: Science *78* (1933): 585–586; Salivary chromosomes and the attack on the gene, in: J. Hered. *25* (1934); The morphology of the X-chromosome in salivary glands of *Drosophila melanogaster* and a new type of chromosome maps for this element, in: Genetics *19* (1934): 448–469. – B: DSB (G. E. Allen).   Ja/Sch

Palade, George Emil (geb. 1912); aus Jassy (Iasi, Rumänien); stud. Univ. Bukarest (Dr. med. 1940); 1933–1939 Ass.-Arzt-Ausbild. an Bukarester Krankenhäusern, gleichz. 1935 Ass. des Prosectors d. Med. Fak. Univ. Bukarest, 1936–1946 vom Ass. Prof. zum Assoc. Prof. Anat. Inst.; 1946 Ass. Prof., dann o. Prof. für Zellbiol. u. Ltr. d. zellbiol. Labor. Rockefeller Univ. New York; 1973–1983 Prof. für Zellbiol., 1983–1990 Sen. Res. Scientist u. Ltr. Dep. für Zellbiol. Med. Sch. Yale Univ.; seit 1990 Dekan für Wiss. an d. Med. Sch. Univ. of Calif. San Diego. Nobelpr. 1974. – Lit.: s. Lit. zu Kap. 15 u. 22. – B: WWNP; IWW 1995-96.   Sch

Palau Verdera, Antonio (1734–1793); aus Blanes (Gerona, Span.); stud. Med. u. Pharm.; danach Apotheker in Tordera (Barcelona); 1773 zweiter o. Prof. für Bot. (Nachf. von Juan Minuart) am Bot. Garten Madrid, wo er zus. mit C. Gómez Ortega arbeitete. Komm. u. Übers. ins Kastellan. d. Werke von Linné; zahlr. Pflanzenneubeschreibungen. – Lit.: Explicación de la filosofía y fundamentos botánicos de Linneo, Madrid 1778; Parte práctica de botánica del caballero Carlos Linneo [*Species plantarum*], 8 vols., Madrid 1784–1788; (mit C. Gómez Ortega) Curso elemental de Botánica teórico y práctico, Madrid 1785; Sistema de vegetales o resumen de la parte práctica de botánica del caballero Carlos Linneo, Madrid 1788. – B: DhCmE (C. Carles Genovés).   LGB/Sch

Palay, Stanford Louis (geb. 1918); aus Cleveland (Ohio, USA); stud. Med. Oberlin Coll. (BA 1940) u. Western Reserve Univ. (MD 1943); 1944 Ass.-Arzt am New Haven Hosp. Connecticut; 1945–1946 Ass. Resident u. Res. Fell. Sch. of Med. Western Reserve; nach Militärdienst 1948 Fell. N. R. C. Rockefeller Inst.; 1949 Instr. für Anat., 1950 Ass. Prof., 1955 Assoc. Prof. Sch. of Med. Yale Univ.; 1956 Ltr. Neurozytol. Sekt., 1960 Dir. Labor. of Neuroanat. Sci. am *Nat. Inst. of Neurol. Diseas & Blindness* Washington; 1961–1989 (em.) Prof. für Neuroanat. Harvard Univ. Boston. – Lit.: Synapses in the central nervous system, in: J. Biophysic. Biochem. Cytol. Suppl. *2* (1956): 193–201. – B: AMS 1961; WWA 1998.   Sch

Paley, William (1743–1805); aus Peterborough (Engl.); 1759 stud. Theol. am Christ's Coll. Cambridge/GB (BA 1763); dann Doz. an Akad. in Greenwich; 1766 Mitgl., 1771–1774 Tutor am Christ's Coll. Cambridge; ab 1775 Pfarrer in Musgrave (Cumberland); 1782 Archidiakonus, 1785 Kanzler der Diözese Carlisle (Dr. theol. 1795 Univ. Cambridge), ab 1795 Pfarrherr von Bishop-Wearmouth; starb in London. Seine „natürliche Theologie" beeinflußte viele Naturforscher d. 19. Jh., u. a. auch Ch. Darwin u. Ch. Lyell. – Lit.: Natural theology or Evidence of the existence and attributes of the deity, London 1802 ([20]1820). – B: DSB (J. M. Rodney).   Ja

Palissy, Bernard (um 1510–1590); aus La Capelle Biron (Frankr.); Keramiker in Saintonge; stellte auf seinen Reisen u. Wanderungen durch Frankr. viele Naturbeobachtungen an, v. a. über Erden u. Gewässer, Minerale u. Fossilien; ab 1575 in Paris öffentl. Vorträge über „Naturgeschichte"; vertrat u. a. schon die Meinung, daß fossile Muscheln einst lebende Tiere waren u. an ihren Fundorten ein Meer gewesen ist, daß die Wälder nicht zerstört werden dürften u. daß kultivierten Böden Nährstoffe zugeführt werden müßten; durch einen seiner Hörer, den als Chirurgen berühmt gewordenen Ambroise Paré, wurden seine Beobachtungen überliefert (Oeuvres des A. Paré, T. 2). – Lit.: Recepte véritable, La Rochelle 1563; Discours admirable de la nature des eaux et fontaines, Paris 1581. – B: DSB (M. R. Biswas). Ja

Palladin, Vladimir Ivanovič (1859–1922); aus Moskau; 1879–1882/1883 stud. Univ. Moskau (bei K. A. Timirjazev u. I. N. Gorozankin); 1886 Doz. Inst. für Land- u. Forstwiss. Novaja Aleksandria (Gouvern. Lublin); 1889 o. Prof. für Pflanzenanat. u. -physiol. Univ. Charkov; 1897 o. Prof. Russ. Univ. u. gleichz. Polytechn. Inst. Warschau; 1901 o. Prof. Univ. u. *Vysšie ženskie kursy* St. Petersburg; 1917 an d. Univ. Simferopol u. später Dir. d. *Nikitzky*-Bot. Gartens bei Jalta (Krim); starb in Leningrad. – Lit.: (mit S. Kostyčev) Anaerobe Atmung, Alkoholgärung und Acetonbildung bei den Samenpflanzen, in: Z. Physiol. Chemie 48 (1906): 214–239. – B: BSE³; Poggendorff VI, VIIb; Neuberg 1922; Utevskij 1956 (W). Sty

Palladius, Rutilius Taurus Aemilianus (wahrscheinl. Mitte 4. Jh.); spätröm. Schriftsteller; bekleidete vermutl. eine öffentl. Stellung u. war Gutsbesitzer. Verf. eines landw. Lehrbuches in 15 Büchern nach d. Vorbild des Columella, das im Mittelalter als Handbuch viel benutzt u. von Albertus Magnus, Petrus de Crescentiis u. a. in d. Nationalsprachen übers. wurde. – Lit.: Textausg.: R. H. Rodgers, Leipzig 1975: 1–240. – B: Pauly; LAW; LexMA (J. Gruber). Ha/Sch

Pallas, Peter Simon (1741–1811); aus Berlin; schon ab 1755 med. Ausbild. am *Coll. medico-chirurgicum* Berlin (anat. Prüfung 1758); 1758 stud. Math. u. Naturwiss. Univ. Halle/Saale u. Göttingen (Dr. med. 1760 Univ. Leiden); dann Stud.aufenth. in London u. meereszool. Stud. an d. engl. Küste; 1761 ärztl. Praxis in Berlin, ab 1763–1766 in Holland, wo er zahlr. zool. Arb. veröffentlichte; 1767 Ruf an d. Petersburger AdW als Prof. für Naturgesch.; 1768–1774 Ltg. einer Exped. zum Ural u. nach Sibirien bis zum Amur, die sein weiteres Wirken bestimmte; nach Bearb. u. Publikation der Reiseergebnisse 1793–1794 u. 1795–1810 Aufenth. auf d. Krim, komplexe Erfo. der Naturausstattung zu ökonom. Zwecken; 1810 Rückkehr nach Berlin, wo er starb. – Lit.: Elenchus zoophytorum, Den Haag 1766; Miscellanea zoologica, Den Haag 1766 u. Leiden 1778; Spicilegia zoologica, 14 Fasc., St. Petersburg 1767–1780; Naturgeschichte merkwürdiger Thiere, 2 Bde., Berlin 1769–1779; Reise durch verschiedene Provinzen des Russischen Reiches, 3 Tle., St. Petersburg 1771–1776; Sammlung historischer Nachrichten ueber die mongolischen Voelker-

schaften, St. Petersburg 1776–1802; Mémoire sur la variation des animaux, in: Acta Acad. Sci. Petrop. (1780)2: 69–102; Zoographia rosso-asiatica …, 3 Bde., Petropoli 1811–1835. – B: Rudolphi 1812; Wendland 1992. – P. Ja

Pander, Christian Heinrich [Ivanovič] (1794–1865); aus Riga (Litauen); 1812 stud. Med. Univ. Dorpat (Tartu), 1814 Berlin, 1815 Göttingen, 1816–1817 stud. Univ. Würzburg, zugl. Ass. bei I. Döllinger (Dr. med. 1817), beschrieb hier erstmals d. Gliederung des Eies in versch. „Keimblätter" u. regte K. E. von Baer zu embryolog. Untersuchungen an; 1818–1819 Stud.reise zus. mit d. Zeichner u. Kupferstecher Edourd Josef d'Alton (1772–1840) durch Mus. in Dtl., Span., Portugal, Holland, Frankr., Engl. u. Schottland für Arb. über vergl. Osteologie rezenter u. fossiler Säuger u. Vögel, über Geol. u. Paläontol.; 1820 Adj. AdW St. Petersburg; 1820–1821 als Naturforscher mit russ. Gesandtschaft unter G. von Meyendorff in Buchara; 1823 ao., 1826–1827 o. Mitgl. für Zool. AdW St. Petersburg; danach Privatgelehrter in St Petersburg; ab 1833 Landwirt u. Privatgelehrter auf Rittergut Zarnikau bei Riga; ab 1844 „Beamter für bes. Aufträge" beim Bergbau-Dep. u. Ltr. d. Paläontolog. Kabinetts in St. Petersburg, wo er starb. – Lit.: Beiträge zur Entwicklungsgeschichte des Hühnchens im Eye, Würzburg 1817. – B: Deutschbalt.Lex; BSE³ (I. E. Amlinskij); DSB (V. L. Ballough); Raikov 1984 (W). Ja/Sch

Paracelsus, Philippus Aureolus Theophrastus [Bombastus von Hohenheim] (1493/1494–1541); aus Einsiedeln (Schweiz); erste Ausbild. durch Priester u. seinen Vater (seit 1502 Stadtarzt in Villach); 1509 stud. Philos. Univ. Wien, Alchimie bei Abt Trithemius im Kloster Marie-Einsiedeln; dann als Lehrling in Tiroler Bergwerk d. Fugger, wo er praktische chem., mineralog. u. metallurg. Kenntnisse erwarb; wahrscheinl. ab 1512 stud. Med. in Wien u. an oberital. Universitäten (vermutl. Dr. med. 1516 Univ. Ferrara); danach auf Wanderschaft durch Dtl., Frankr., Span., Ital.; 1520 als Feldscher im Heer Christian II. in Stockholm; nach weiteren Reisen (u. a. bis Moskau u. Konstantinopel) 1524 Arzt in Salzburg, 1526 in Straßburg; 1527 Stadtarzt in Basel u. med. Hochschullehrer (auch erste Vorlesungen in dt. Sprache); mußte 1528 aus Basel fliehen, wanderte als Arzt durch Süddtl., bis er um 1540 vom Bischof von Salzburg dorthin berufen wurde, wo er vermutl. gewaltsam ums Leben kam. Revidierte die gesamte Heilmittellehre Galens, führte chem. Prinzipien in d. Med. ein u. gründete sein Heilsystem auf 3 Grundprozesse (Mercur, Sulphur, Sal). – Lit.: (hrsg. von J. Huser) Bücher und Schrifften, Basel 1589 (Neuausg. in 4 Bdn. von B. Asher, Jena 1926–1932); Pragranum, 1530 (Ausg. von K. Sudhoff, München 1924); volkstüml. Ausg. versch. Schr. in: Reclams Univ. Bibl., Bd. 534, Leipzig 1973. – B: DSB (W. Pagel); LexMA (G. Jüttner); Autobiogr. 1953; P. Diepgen 1956. – P. Ja/Sch

Parker, Marion Wesley (1907–1966); aus Salisbury (Maryland, USA); stud. Bot. Hampden-Sydney Coll. (BS 1928) u. Univ. of Maryland Adelphi (MS 1930, PhD 1932); 1931 Instr. für Pflanzenbiochemie u. Pflanzenmikrochemie Univ. of Maryland; 1932 Ass. Plant Physiologist an d. Maryland Experim. Sta.; 1936 Assoc. Plant Physiologist, 1940 Plant Physiologist, 1948 Sen. Plant Physiologist, 1951 Principal Plant Physiologist Div. of Fruit and Vegetable Crops and Diseases; 1952 Head Agriculturist, 1954 Head Weed Invest. (Unkrautfo.), 1956 Ass. Dir. u. 1957 Dir. Div. of Crops Res. (Kulturpflanzenfo.) im Agric. Res. Service; 1964 Fo. Dir., 1965 Assoc. Administrator des USDA Washington; starb in College Park (nahe Washington/D.C., Maryland). – Lit.: (mit H. A. Borthwick) Daylight and crop yields, in: U.S. Dep. Agric. Misc. Publ. *507* (1942): 1–22; (mit S. B. Hendricks, H. A. Borthwick & N. J. Scully) Action spectrum for the photoperiodic control of floral initiation in Biloxi soybeans, in: Science *102* (1945): 152–155; (mit S. B. Hendricks, H. A. Borthwick & F. W. Went) Special sensitivities for leaf and stem growth of etiolated pea seedlings and their similarity to action spectra for photoperiodism, in: Am. J. Bot. *36* (1949): 194–204; (mit S. B. Hendricks & H. A. Borthwick) Action spectrum for the photoperiodic control of floral initiation of the long day plant Hyoscyamus niger, in: Bot. Gaz. *111* (1950): 242–252. – B: WwWA 4.   Höx

Parmenides von Elea (zw. 540 u. 515- ca. 445 v. Chr.); griech. Philosoph, Hauptvertr. d. eleatischen Lehre; Unterschied zw. Wahrnehmung u. Denken, erklärte, daß nur das letztere zur Wahrheit führen könne, verneinte die sinnliche Wahrnehmbarkeit des Seins. – Lit.: überlief. Zeugnisse u. Fragm. s. bei Diels-Kranz, Die Fragmente der Vorsokratiker, Bd. 1, 9. Aufl., Berlin 1960: 217–426. – B: Pauly; LAW.   Ha

Parnas, Jakub Karol [auch **Jakob Oskarovič**] (1884–1949); aus Tarnopol (Galizien); 1902 stud. Chemie TH Berlin-Charlottenburg, 1904 Univ. Straßburg (bei F. Hofmeister), 1905 Polytechnikum Zürich (bei R. Willstätter) u. 1907 Univ. München (Dr. phil. 1907); 1907 Ass. bei F. Hofmeister, 1913 Pd. für Physiolog. Chemie Univ. Straßburg; dazw. Fo.aufenth. 1910–1911 Zool. Sta. Neapel u. 1914 Univ. Cambridge/GB (bei F. G. Hopkins); 1916 Prof. für Physiol. Chemic Univ. Warschau, 1920 Prof. für Chem. Med., 1939 für Biochemie Univ. Lwów; 1941 Evakuierung nach Ufa; 1943 Dir. Inst. für Biolog. u. Med. Chemie

AdMW u. Ltr. Labor. für Physiolog. Chemie AdW in Moskau, wo er 1949 in Haft verstarb. – Lit.: Chemja Fizjologiczna, Warszawa-Lwów 1922; Über die Ammoniakbildung im Muskel und ihren Zusammenhang mit Funktion und Zustandsänderung, VI. Mitt., in: Biochem. Z. *206* (1929): 16–38; (mit P. Ostern & T. Mann) Über die Verkettung der chemischen Vorgänge im Muskel, in: ebda *272* (1934): 64–70; Über die enzymatischen Phosphorylierungen in der alkoholischen Gärung und in der Muskelglykogenolyse, in: Enzymol. *5* (1938): 166–184. – B: DSB (T. W. Korzybski).   Höx

Parra y Callado, Antonio, Don (1739–?); aus Tavira (Portugal); trat in span. Armee unter Carlos III. ein, kam 1763 nach Havanna u. blieb dort vermutl. ab 1764/1765 als Militär in span. Diensten; begann in Freizeit Pflanzen u. Tiere zu sammeln u. ab Mitte der 70er Jahre zu präparieren; richtete erstes priv. Naturalienkabinett auf Kuba ein u. veröffentlichte 1787 mit seiner *Descripción … das erste auf Kuba publizierte wiss. Werk über d. Fauna Kubas (mit Kupferstichen seines Sohnes Manuel Antonio, geb. 1768); seine Slg. „aus den 3 Naturreichen" wurde v. span. König für d. *Real Gabinete de Hist. Nat.* u. d. 1781 gegr. Bot. Garten in Madrid gekauft (viele seiner im *Mus. Nacional de Ciencias Nat.* in Madrid aufbewahrten Exemplare sind noch heute gut erhalten); 1792/1793 Rückkehr nach Span. mit gesamter Slg. u. Hoffnung auf Anstellung in Madrid, die aber nicht erfolgte; über weitere Tätigkeit u. sein Verbleiben nach Erscheinen seines Werkes v. 1799 sowie über Sterbeort u. -jahr ist bis jetzt nichts bekannt. – Lit.: Descripción de diferentes piezas de historia natural, las más del ramo marítimo …, La Havana 1787 (Repr. 1989); Discurso sobre los medios de connaturalizar en España los cedros de la Havana …, Madrid 1799. – B: García González 1989.   Sch

Pasteur, Louis (1822–1895); aus Dôle (Jura, Frankr.); 1843–1846 stud. Naturwiss. *É. Normale Superieur* Paris, dort 1846–1848 Préparateur; 1849–1854 Tit. Prof. für Chemie Univ. Straßburg; 1854–1857 Prof. für Chemie Univ. Lille, wo er Experimente zur Infektionskrankheit d. Seidenraupen durchführte; 1857–1867 Administrator u. Dir. wiss. Studiums *É. Normale Superieur*, 1867–1874 Prof. für Chemie Univ. Paris; 1888 Gründung u. Ltg. Inst. für Infektionskrankheiten (*Inst. Pasteur*) in Paris; starb in Villeneuve-l'Étang bei Paris. – Lit.: Mémoire sur la fermentation appelée lactique, in: Mém. Soc. Sci. Agric. et Arts Lille *5* (1857): 13–26; Mémoire sur la fermentation alcoolique, in: C. R. Acad. Sci. Paris *45* (1857): 1032–1036; Expériences relatives aux generations dites spontanées, in: ebda *50* (1860): 303–307; Animalcules infusiores vivant sans gaz oxygène libre et déterminant des fermentations, in: ebda *52* (1861): 344–347; Études sur le vin, ses maladies, causes qui les provoques, procédés nouveaux pour le conserver et pour le vieillir, Paris 1866; De l'attenuation du virus du cholera des poules, in: C. R. Acad. Sci. Paris *91* (1880): 673–680; (mit C. E. Chamberland & E. Roux) Méthode pour prévenir la rage après morsure, in: ebda *101* (1885): 765–774; s. a. Lit. zu Kap. 21. – B: DSB (G. L. Geison).   Ja

Th. Paracelsus   I. P. Pawlow

Patrin, Eugène Louis Melchior (1742–1815); aus Mornant (bei Lyon, Frankr.); stud. Naturwiss. u. Fo.reisen durch Dtl., Ungarn, Polen, u. 1780–1787 Sibirien, dabei umfangr. mineralog. Slgn.; nach Rückkehr in Paris mineralogisch tätig u. Mitgl. des Nationalkonvents; nach kurzer Inhaftierung ab 1795 Aufseher einer Manufaktur in Saint Étienne u. Mitbegr. d. dortigen *É. des mines*, 1804 deren Aufseher (*surveillant général*) u. Bibliothekar; 1807–1814 Bibliothekar an d. *É. des mines* in Paris; zog sich aus gesundheitl. Gründen nach Saint Vallier bei Lyon zurück, wo er starb. Mithrsg. des *J. des Mines* u. Mitarb. am *Nouvelle dictionnaire d'histoire naturelle*. – Lit.: (anonym) Zweifel gegen die Entwicklungstheorie, ein Brief an Herrn Senebier, Göttingen 1788; Aperçu des mines de Siberie, in: J. Phys. *33* (1788). – B: ABF.   Sch

Pauling, Linus Carl (1901–1994); aus Portland (Oregon, USA); stud. Chemie Oregon Agric. Coll. (heute Oregon State Univ.; BS 1922) u. *Caltech* Pasadena (bei A. A. Noyes, R. G. Dickinson u. R. C. Tolman; PhD 1925), 1925 National Res. Fell. für quantitative Analyse am *Caltech*; 1926–1927 *Guggenheim*-Stipendiat Univ. München (bei A. Sommerfeld), Zürich u. Kopenhagen; 1927–1931 Ass. Prof., dann Assoc. Prof. für Theoret. Chemie, 1931–1963 Prof. für Chemie, zugl. 1937–1958 Ltr. d. Div. Chem. & chem. Engineering u. Dir. d. *Gates & Crellin Chem. Labor.* am *Caltech* Pasadena; 1963–1967 Res. Prof. für Physikal. u. biolog. Wiss. am *Center for Study of Democratic Institutions*; 1967–1969 Prof. für Chemie Univ. of Calif. San Diego; 1969–1974 (em.) Prof. für Chemie Stanford Univ. in Palo Alto (Calif.), wo er starb. Nobelpr. 1954 u. (für Frieden) 1962; 1973 Begr. eines Inst. für Molekularmed. (heute *Linus Pauling Inst. of Sci. and Med.*). – Lit.: A theory of the structure and process of formation of antibodies, in: J. Am. Chem. Soc. *62* (1940): 2643–2657; s. a. Lit. zu Kap. 22. – B: AMWS 1989–90; LexNW; NLCh (R. J. Paradowski).   Sch

Paulos von Aigina (7. Jh.); byzantin. Arzt u. Kompilator; wirkte vermutl. in Alexandreia um 642; bei mittelalterl. arab. Med.historikern als „al-qawābilī" („für Hebammen zuständig") bekannt. Verf. eines Handbuches in 7 Büchern, wovon die ersten beiden auf d. Werk des Oreibasios, die übrigen auf Galen u. a., auch Alexandros von Tralleis, basieren; fügte dem Beobachtungen aus d. Praxis hinzu; von Johannitius ins Arab. übers., Buch III (Krankheiten …) im Mittelalter ins Lat. – Lit.: Textausg.: I. L. Heiberg, CMG, Bd. IX/1.2, Leipzig–Berlin, 1921–1924. – B: DSB (P. D. Thomas); LexMA (K.-H. Leven).   Nab/Sch

Pavlov [Pawlow], Ivan Petrovič (1849–1936); aus Rjazan (Rußl.); 1870–1875 stud. zunächst Jura, dann Naturwiss. Univ. St. Petersburg (spez. Tierphysiol. bei I. F. Zion u. F. V. Ovsjannikov), 1875–1879 stud. Med. Militärärztl. Akad. St. Petersburg (Dr. med. 1879), gleichz. Ass. physiolog. Labor. bei K. N. Ustimovič; 1879–1890 Ltr. physiol.-experim. Labor. von S. P. Botkin St. Petersburg; dazw. 1884–1885 Stud.aufenth. bei K. Ludwig Univ. Leipzig, 1885–1886 bei Heidenhain Univ. Breslau; 1883 Habil. für Physiol., 1890 Prof. für Pharmakol., 1895/1896–1924 o.

Prof. für Physiol. u. Dir. des aus d. Physiolog. Labor. entstandenen Inst. für Experim. Med. an d. Militärärztl. Akad. St. Petersburg; ab 1925 Dir. des von ihm begr. Physiol. Inst. d. sowjet. AdW; starb in Leningrad (St. Petersburg). Bedeutender Experimentator auf d. Gebieten d. Verdauungs- u. Reizphysiol.; Begr. neuer Methoden zur Gewinnung exakter Daten über d. nervöse Steuerung physiol. Prozesse u. über Instinkte; Nobelpr. 1904. – Lit.: Conditioned reflexes, Oxford 1927; Polnoe sobranie sočinenij, 2. Aufl., 6 t., Moskva i Leningrad 1951–1952 (dt.: Sämtl. Werke, Berlin 1953–1956, Bd. 3.2: Der bedingte Reflex). – B: BSE[3] (P. K. Anochin); DSB (N. A. Grigorjan); Popowski 1948; Frolov 1955; Asratjan 1974/1978. – P. Ja/Sch

Pavón (y) Jiménez, José Antonio (1754–1840); aus Casa Tejada (Cáceres, Span.); stud. Pharm. Univ., 1773–1777 pharmazeut. Praktika in d. königl. Apotheken in Buen Retiro u. San Ildefonso, gleichz. Schüler von C. Gómez Ortega im Bot. Garten von Madrid; 1778–1787 als zweiter Botaniker bei d. wiss. Exped. von Hipólito Ruiz nach Peru u. Chile; danach zur Auswertung bei Ruiz in Madrid; nach dessen Tod (1816) zeitw. Verwalter d. bot. Slg. der mexikan. Exped. von Sessé u. Mociño; starb in Madrid. Hat großen Anteil an Erschließung d. Flora Perus, konnte aber die Bearbeitung des Exped.-Mat. nicht beenden. – Lit.: Disertación botánica sobre los géneros Tobaria, Actybophyllum, Araucaria y Salmia, con la reunion de algunos que Linneo publicó como distintos, in: Mem. Real Acad. Med. de Madrid, *1* (1797): 191–204; seine Mss. werden im Bot. Garten in Madrid aufbewahrt. – B: DSB (A. R. Steele); DhCmE (J. M. López Piñero & T. F. Glick); Ron Álvarez 1970.   LGB/Sch

Pax, Ferdinand Albin (1853–1942); aus Königinhof a. d. Elbe (Dvur Králové nad Labem, Böhmen); Vater des Zoologen Ferdinand P. (1885–1964, Univ. Marburg, zuletzt bis 1950 Ltr. des Inst. für Meeresfo. Bremerhaven, s. Boettger 1967); stud. Naturwiss. Univ. Breslau (Prom. 1882); zunächst im Schuldienst in Kiel; 1883 Ass. von Engler Bot. Garten Univ. Kiel, folgte diesem nach Breslau, hier 1886 Pd. für Bot.; 1889 Kustos am Bot. Garten u. Pd. Univ. Berlin; 1893–1925 (em.) o. Prof. für Bot. Univ. sowie Dir. Königl. bot. Garten u. Gartenmus. in Breslau, wo er starb. – Lit.: Allgemeine Morphologie der Pflanzen, Stuttgart 1890. – B: DBA/N. F.; ÖBL.   Sch

Payer, Jean-Baptiste (1818–1860); aus Asfeld (Ardennen); stud. Jura u. Naturwiss. Fac. des sci. Paris (Dr. ès sci. nat. u. Lic. in Jura 1840); 1840 Prof. für Geol. u. Mineral. in Rennes; 1841 Lehrstuhl für Bot. an d. *É. normale supérieur* u. Stellv. am Lehrstuhl von Mirbel Sorbonne Paris (Dr. med. u. Mag. in Pharm.); 1848 im Kabinett d. Ministeriums für Auswärt. Angelegenheiten bei Lamartine; 1852 Prof. für *organographie végétale*, später Bot., *Fac. des sci.* u. d. *Sorbonne* (Nachf. von Auguste de Saint-Hilaire), 1854 Mitgl. d. AdW in Paris, wo er starb. Beschäftigte sich mit versch. Problemen d. Morphol. u. Systematik der Pflanzen, bes. mit der Blütenmorphol. – Lit.: Eléments de botanique, Paris 1857; Botanique cryptogamique,

ou Histoire des familles naturelles des plantes inférieures, Paris 1850; Traité d'organogénie végétale comparée de la fleur, Paris 1857. – B: ABF.   Sch

Pearson, Karl (1857–1936); aus London; stud. Naturwiss. in London, wurde Schüler von Fr. GALTON u.
wandte sich d. Biometrie zu; 1875 stud. Univ. Cam-
bridge/GB (BA 1879), dann stud. Physik u. Philos.
Univ. Heidelberg u. Berlin (MA 1882 Univ. Cambridge); 1884 Prof. für Angew. Math. u. Mechanik
Univ. London, 1891–1894 am Gresham Coll.; 1911
Prof. für Eugenik am Univ. Coll. u. Dir. des *Francis-
Galton-Labor. for National Eugenics* in London, wo er
starb. Begr. d. *Z. Biometrika* (1901) u. der engl. biostatist. Schule. – Lit.: The grammar of science, London
1892; Mathematical contributions to the theory of evolution: on the law of ancestral heredity, in: Proc. Roy.
Soc. London *62* (1898): 386–412; Mathematical contributions to the theory of evolution: on the law of reversion, in: ebda *66* (1900): 140–167; The law of ancestral
heredity, in: Biometrika *2* (1903): 221–236; A Mendelian's view of the law of ancestral inheritance, in: ebda
5 (1904): 109–112; On a generalized theory of alternative inheritance, with special reference to Mendel's
laws, in: Philos. Transact. Roy. Soc., A, *203* (1904): 53–
86; Darwinism, Biometry, and some recent biology, in:
Biometrika *7* (1910): 368–385. – B: DSB (C. EISEN-
HART).   Ja

Pecquet, Jean (1622–1674); aus der Normandie; 1651
stud. Med. in Montpellier (Dr. med. 1652); Leibarzt d.
Ministers FOUQUET, dem er nach dessen Verurteilung
ins Gefängnis folgte; gehörte zu d. ersten Mitgl. der
1666 gegr. Pariser *Acad. des Sci.* u. der Pariser Anatomen-Sch.; befruchtete die Kenntnis des Gefäßsystems
durch Entdeckung des *Ductus thoracicus.* – Lit.: Mémoires pour servir à l'histoire naturelle des animaux,
Paris 1671–1676 (anonymes Kollektivwerk d. Pariser
Anatomen). – B: DSB (P. HUARD).   Ja

Pelagonius (4. Jh.); Veterinärarzt; Verf. einer unvollständig erhaltenen *Ars veterinaria*, die sich im wesentl.
mit Tierheilkunde für Pferde befaßt. – Lit.: Textausg.
d. Fragm.: E. ODER & K. HOPPE, Corpus Hippiatricorum Graecorum, Bd. 1–2, Leipzig 1924–1927. – B:
LAW.   Nab/Sch

Pérez Arcas, Laureano (1824–1894); aus Requena
(Valencia, Span.); stud. Naturwiss. u. Recht Univ. Madrid (Dr. Naturwiss. 1846); 1843 Ass. bei Mariano DE
LA PAZ GRAELLS, 1847 ao. Prof., dann o. Prof. für Zool., ab 1857 Sekr., 1890 Dekan d. Naturwiss. Fak.
Univ. Madrid; Mitarb. als Zoologe in der 1870 gegr.
Comisión del mapa geológico de Esp.; starb in Requena. Arb. auf Gebiet d. Entomol., Malakologie u. Ich-
thyol.; Gründer d. *Soc. Esp. de Hist. Nat.*. – Lit.: Ele-
mentos de zoología, Madrid 1861 (Nachdr. 1863, 1872,
1886). – B: DhCmE (C. CARLES GENOVÉS).   LGB/Sch

Perrault, Claude (1613–1688); aus Paris; stud. Philos. u.
Med. Coll. de Beauvais, dann Ass.arzt (Dr. med. 1639
Univ. Paris); dann prakt. Arzt u. Architekt LUDWIG
XIV. in Paris; Gründungsmitgl. der 1666 gegr. AdW in
Paris, wo er starb. Widmete sich in d. Gruppe d. Pariser
Anatomen-Sch. der vergl. Anat., wurde ihr bedeutendster Vertr.; redigierte (vorw. mit DUVERNEY) das Kollektivwerk d. Pariser Anatomen, in dem über 50 Wirbeltiere vergl.-anatom. beschrieben sind; vertrat in
separaten Schr. eine Mechanik d. Tierkörpers, die – im
Gegensatz zu DESCARTES – durch ein seelisches Prinzip
betätigt wird. – Lit.: Essais de physique, 4 Bde., Paris
1680; Mémoires pour servir à l'histoire naturelle des
animaux (anonym), Paris 1671–1676. – B: DSB
(A. G. KELLER); CONDORCET 1773: 83–103.   Sch

Persoon, Christian Hendrick (1761–1836); aus Kap-
stadt (Südafrika); 1783–1786 stud. Theol. Univ. Halle/
Saale, 1786 stud. Med. Univ. Leiden, ab 1787 Naturwiss. Univ. Göttingen (Dr. phil. 1799 durch d. *Leopoldina*); dann Privatgelehrter in Göttingen, ab 1803 in
Paris, wo er starb. – Lit.: Synopsis methodica fungorum, Göttingen 1801; Mycologiae europaea, 3 Bde., Erlangen 1822–1828. – B: DSB (M. A. DOUK); DÖRFELT &
HEKLAU; WAGENITZ 1988; SCHMID 1933.   Hek/Sch

Perutz, Max Ferdinand (geb. 1914); aus Wien; 1932
stud. Chemie Univ. Wien; ab 1936 an d. Univ. Cam-
bridge/GB, Forts. d. Stud. im *Cavendish Labor.* (bei
J. D. BERNAL, dann G. S. ADAIR u. David KEILIN, spä-
ter Lawrence BRAGG; PhD 1940); seit 1939 Res., später bis 1979 Prof., 1947–1962 Ltr. d. *Cavendish Labor.*
d. M. R. C. Unit for Molecular Biol., 1962–1979 Dir.
M. R. C.'s Labor. für Molekularbiol. d. *Postgraduate
Med. Sch.* Univ. Cambridge; gleichz. 1974–1979 *Fulle-
rian-*Prof. für Physiol. *Roy. Inst.*; seit 1979 Mitgl.
Wiss. Rat Univ. Cambridge. Nobelpr. 1962. – Lit.:
Proteins and nucleic acids: structure and function,
New York 1962; (mit G. FERMI) Haemoglobin and
Myoglobin, Oxford 1981 (Atlas of molecular structu-
res in biology series, 2). – B: IWW 1995–96; NLCh
(W. J. HAGAN jr).   Sch

Peters, Wilhelm Karl [Carl] Hartwig (1815–1883); aus
Koldenbüttel (Schleswig); 1834 stud. Med. u. Natur-
wiss. Univ. Kopenhagen u. Berlin (Dr. med. 1838);
dann Prosektor bei Joh. MÜLLER am Anatom. Inst.
Berlin, 1849 Habil., 1853 ao. Prof. für Med., ab 1856
Mitdir. Zool. Mus., 1858 Dr. phil. h. c. u. o. Prof. für
Zool. Philos. Fak. sowie Dir. Zool. Mus. d. Univ. u.
Zool. Garten (Nachf. von H. M. LICHTENSTEIN) in Ber-
lin, wo er starb. – Lit.: Naturwissenschaftliche Reise
nach Mossambique, 6 Bde., Berlin 1852–1882. – B:
ADB (HILGENDORF); HACKETHAL 1985; BAUER [et al.]
1995 (W).   Ja

Peus, Fritz (1904–1978); aus Siegen (Westfalen); 1923
stud. Biol. Univ. Münster, 1924 Univ. Rostock, ab WS
1924 wieder Münster (Dr. phil. 1927); 1928 wiss. Mitarb., 1930 beamtetes wiss. Mitgl., 1939 Abt.-Ltr. u. Tit.
Prof., 1942 Mitgl. d. Wiss. Rates Preuß. Landesanstalt
für Wasser-, Boden- u. Lufthygiene; während d.
2. Weltkrieges 1941–1945 als Malariaspezialist am Inst.
für Tropenmed. d. Militärärztl. Akad. Berlin; nach deren Verlegung nach Celle (März 1945) April–Sept.
engl. Kriegsgefangenschaft mit Arb. in d. Fo.anstalt
für Kleintierzucht in Celle, ab Okt. 1945 dort Ltr. Labor. für med. Entomol.; 1946–1947 Ass. Westfälisches
Landesmus. für Naturkunde Münster; 1947 Kustos am

Zool. Mus. (Mus. für Naturkunde), 1959 Prof. mit Lehrauftrag für Spez. Zool. u. Dir. Zool. Mus., 1960–1961 o. Prof. Univ. Berlin; ab 1962–1969 (em.) an d. FU, 1966 Gründung d. Inst. für Angew. Zool. in Berlin (West), wo er starb. – Lit.: Die Tierwelt der Moore, Berlin 1932 (Handbuch der Moorkunde, 3); Auflösung der Begriffe „Biotop" und „Biozönose", in: Dt. entomolog. Z., N.F., *1* (1954): 271–308. – B: Eichler & Jahn 1979 (W).   Ja

Pfeffer, Wilhelm Friedrich Philipp (1845–1920); aus Grebenstein bei Kassel; zunächst Apothekerlehre; 1863–1865 stud. Naturwiss., bes. Chemie u. Physik, Univ. Göttingen (Dr. phil. 1865); 1865 u. 1868–1869 stud. Pharm. Univ. Marburg (pharmazeut. Staatsexamen 1868); 1869 Ass. bei N. Pringsheim in Berlin; 1870 bei J. Sachs Univ. Würzburg; 1871 Pd. Bot Marbg., 1873 ao. Prof. für Pharmakognosie u. Bot. Univ. Bonn; 1877 o. Prof. für Bot. Univ. Basel, 1878 Tübingen, ab 1887 Leipzig, wo er auch als Dir. des Bot. Gartens bis zum Tode wirkte. Untersuchte bes. die osmot. Vorgänge in Pflanzenzellen u. entwickelte Methoden zur Bestimmung des osmot. Druckes. – Lit.: Untersuchungen über die Proteinkörper und die Bedeutung des Asparagins beim Keimen der Samen, in: Jb. Wiss. Bot. *8* (1872): 429–574; Osmotische Untersuchungen: Studien zur Zellmechanik, Leipzig 1877; Pflanzenphysiologie: ein Handbuch des Stoffwechsels und Kraftwechsels in der Pflanze, 2 Bde., Leipzig 1881 (2., völlig umgearb. Aufl., 2 Bde., Leipzig 1897, 1904); Über Aufnahme von Anilinfarben in lebende Zellen, in: Unters. Bot. Inst. Tübingen *2* (1886): 179–331; Studien zur Energetik der Pflanze, in: Abh. Sächs. Ges. Wiss. Leipzig, Math.-physikal. Kl., *18* (1892): 151–276; Die Reizbarkeit der Pflanzen, in: Verh. Ges. Dt. Naturfo. u. Ärzte, Nürnberg 1893: 1–31; Der Einfluß von mechanischer Hemmung und von Belastung auf die Schlafbewegung, in: Abh. Sächs. Ges. Wiss. Leipzig, Math.-physikal. Kl., *32* (1911): 163–295; Beiträge zur Kenntnis der Entstehung der Schlafbewegungen, in: ebda *34* (1915): 1–154; Pfeffer-Festschrift = Jb. Wiss. Bot. *56* (1915). – B: DSB (G. Robinson); Bünning 1975; Wagenitz 1988; Parthier 1996.   Hek/Sch

Pflüger, Eduard Friedrich Wilhelm (1829–1910); aus Hanau; 1850 stud. Med. Univ. Marburg u. Berlin (bes. bei DuBois-Reymond, Dr. med. 1855); 1858 Pd. für Physiol. Univ. Berlin, wo er elektro-physiol. Untersuchungen durchführte; ab 1859 o. Prof. für Physiol. Univ. in Bonn, wo er starb. Arb. über Probleme der Atmungsphysiol. u. der Blutgase; 1868 Begr. des *A. für d. gesamte Physiol. des Menschen u. der Thiere* („Pflüger's Archiv …"). – Lit.: Untersuchungen über die Physiologie des Elektrotonus, Berlin 1858; Ueber die Diffusion des Sauerstoffs, den Ort und die Gesetze der Oxydationsprozesse im thierischen Organismus, in: Pflüger's Archiv … *6* (1872): 43–64; Beiträge zur Lehre von der Respiration (1) : Ueber die physiologische Verbrennung in den lebendigen Organismen, in: ebda *10* (1875): 251–269, 641–644; Die teleologische Mechanik der lebendigen Natur, in: ebda *15* (1877): 57–103; Die allgemeinen Lebenserscheinungen, Bonn 1889; Glykogen, Bonn 1903; s.a. Lit. zu Kap. 15 – B: DSB (K. E. Rothschuh); LexNW.   Ja

Phanias von Eresos (3. Jh. v.Chr.); griech. Philosoph u. Naturwiss., Schüler des Aristoteles u. Ltr. d. peripatetischen Sch. nach dem Tode des Straton. Hat nach antiken Zeugnissen auch bot. Fo. betrieben. – Lit.: Die überlief. Zeugnisse u. Fragm. s. bei F. Wehrli, Die Schule des Aristoteles, Bd. 9, Basel–Stuttgart 1957: 9–21 (–43).   Ha

Philes, Manuel s. Manuel Philes

Philon von Alexandria [auch **Philo Iudaeus**] (um 25 o. 15/10 v.Chr.– nach 40/um 50 n.Chr.); jüd. Philosoph, wirkte in Alexandria (Ägypten). Unternahm den Versuch, die jüd. Religion mit der hellenist. Philos. zu vereinen; u.a. Verf. einer Schr., in der die Frage diskutiert wird, ob den Tieren Vernunft eigen sei oder nicht (*De ratione quam habere etiam bruta animalia dicebat Alexander*). – Lit.: Textausg. des Alexandros: M. C. E. Richter, Opera omnia VIII, Leipzig 1830: 101–144 (Bibliotheca Sacra Patrum Ecclesiae Graecorum II). – B: Pauly; LAW.   Ha/Sch

Philumenos (Mitte 2. Jh.); griech. Arzt, v.a. Pharmakologe. Verf. der Schr. *De cenenatis animalibus eorumque remediis*, die später viel benutzt wurde, z.B. von Oreibasios. – Lit.: Textausg.: M. Wellmann, CMG X 1.1, Leipzig–Berlin 1908. – B: LAW; Pauly.   Ha/Sch

Phinney, Bernard Orrin (geb. 1917); aus Superior (Wisconsin, USA); stud. Bot. Univ. of Minnesota Minneapolis (BS 1940); 1940 Ass. für Bot. u. Pflanzenphysiol. Univ. of Minnesota (PhD 1946); 1946 Fell., 1947 Instr., 1949 Ass. Prof., 1955 Assoc. Prof., 1961 Prof. für Bot. am *Caltech* Pasadena; 1973 Prof. für Biol. Univ. of Calif. Los Angeles; dazw. Fo.aufenth. 1959–1960 Univ. Kopenhagen, 1966–1967 Univ. Tokio, 1973–1974 u. 1982–1983 Gastprof. Univ. Bristol (Engl.). – Lit.: Growth responses of single-gene dwarf mutants in maize to gibberellic acid, in: Proc. National Acad. Sci. USA *42* (1956): 185–189. – B: AMWS 1989–90.   Höx

Pi i Sunyer, August (1879–1965); aus Barcelona; stud. Med. Univ. Barcelona (Lic. med. 1899, Dr. med. 1900 Univ. Madrid), zugl. im Labor. Municipal bei Ramón Turró in Barcelona; 1904 o. Prof. für Physiol. Univ. Sevilla, 1916 Barcelona; dort 1920 Dir. des neugegr. Physiol. Inst.; 1939 Emigr. nach Frankr., dann Venezuela; dort Prof. für Physiol. Med. Fak. Univ. Caracas, Gründer u. Ltr. des Inst. für Experim. Med., 1946 Prof. für Biochemie a. d. Med. Fak.; gleichz. seit 1942 Lehrer für Biol. u. Biochemie am Nationalen Pädagog. Inst. in Caracas; starb in Mexiko. 1912 Gründer d. *Soc. de Biol.* in Katalanien u. 1913–1938 Hrsg. d. *Treballs de la Societat de Biologia*. – Lit.: La vida anaerobia, Barcelona 1901; Els reflexos tròfics glucemiants, in: Treballs de la Soc. de Biol., 10(1922): 41; Principio y término de la biología, Caracas 1941; (mit Santiago Pi i Sunyer:) Fisiología humana, Madrid 1962. – B: DhCmE (F. Bujosa Homar).   LGB/Sch

Piero de' Crescenzi s. Crescentiis, Petrus de

Pietro de Crescenzi s. Crescentiis, Petrus de

Pirson, André (geb. 1910); aus Erlangen; 1927 stud. Naturwiss., bes. Chemie, Univ. Erlangen, 1932–1933 stud. Bot. Univ. Berlin (bei K. Noack, Dr. phil. 1937); 1933–1944 Ass. bei K. Noack, 1943 Doz. für Bot. Univ. Berlin; 1944 ao. Prof., 1951 o. Prof. für Bot. Univ. Marburg; 1959–1976 (em.) o. Prof. für Pflanzenphysiol. Univ. in Göttingen, wo er lebt. – Lit.: Ernährungs- und stoffwechselphysiologische Untersuchungen an Fontinalis und Chlorella, in: Z. Bot. *31* (1937): 193–267; (mit M. H. Zimmermann, Eds.) Encyclopedia of Plant Physiology, New Series, 19 Vols., Berlin [u. a.] 1975–1986. – B: Kürschner; WerD 1996/97; Autobiogr. 1994.   Höx

Pisek, Arthur (1894–1975); aus Bozen (Ital.); 1912–1914 u. 1918 stud. Naturwiss., bes. Zool., Univ. Innsbruck (bei K. Heider, Dr. phil. 1920); 1920 Ass. bei E. Heinricher Univ. Innsbruck; 1926 Doz., 1933 ao. Prof., 1948–1965 (em.) o. Prof. für Bot. Univ. in Innsbruck, wo er starb. – Lit.: (mit E. Cartellieri) Zur Kenntnis des Wasserhaushaltes der Pflanze: I. Sonnenpflanzen, in: Jb. wiss. Bot. *75* (1931): 195–251, II. Schattenpflanzen, in: ebda *75* (1932): 643–678, III. Alpine Zwergsträucher, in: ebda *79* (1933): 131–190, IV. Bäume und Sträucher, in: ebda *88* (1939): 22–68, V. Der Wasserverbrauch einiger Pflanzenvereine, in: ebda *90* (1941): 255–291. – B: Larcher 1975.   Höx

Pisides, Georgios (vor 600– nach 630); aus Antiocheia (Pisidien); als Diakon Angehöriger des Klerus der Hagia Sophia in Konstantinopel; byzantin. Dichter, schrieb u. a. das *Hexaemeron* („Über die Erschaffung der Welt"), das auch eine umfangr. Beschreibung d. Tier- u. Pflanzenwelt sowie d. Gestirne enthält. – Lit.: Textausg.: R. Hercher, Claudii Aeliani varia historia, Bd. 2, Leipzig 1866: 603–662; *Hexaemeron:* MPG 92: 1425–1578. – B: LexMA (H. Hunger).   Nab/Sch

Piso, Willem (1611–1678); aus Leiden (Holland); 1623 stud. Med. Univ. Leiden (Dr. med. 1633 Univ. Caén); dann prakt. Arzt in Amsterdam; 1636–1644 Arzt in d. holländ. Kolonie in Brasilien, wo er d. Heilmethoden d. Brasilianer studierte; später wieder Arzt, 1656–1660 u. 1670 Dekan am Coll. Med. in Amsterdam, wo er starb. Gab eine Naturgesch. Brasiliens heraus, worin er die med. Erfahrung in Brasilien behandelt (Buch 1–4) u. die naturhist. Beschreibungen d. Pflanzen u. Tiere mit Zeichnungen von Georg Marcgraf versah (Buch 5–12), der vermutl. sein Ass. war; führte brasilian. Heilpflanzen ein; gilt als erster „Tropenmediziner". – Lit.: Historia naturalis Brasiliae . . ., Amsterdam 1648; De Indiae utriusque re naturali et medica, Amsterdam 1658. – B: DSB (P. W. van der Pas).   Ja

Pitton de Tournefort, Joseph s. Tournefort, Joseph Pitton de

Pizcueta Donday, José (1792–1870); aus Valencia; stud. Philos., ab 1809 Med. Univ. Valencia (auch Experimentalphysik u. Chemie bei Antonio Galiana, Bot. bei V. A. Lorente; Abschluß 1815, Dr. med. 1817); 1818 Stud. am Bot. Garten Madrid (bei M. La Gasca

u. J. D. Rodríguez); 1820 Hochschullehrer für Med. u. Bot., 1824 für Bot. u. 1829 o. Prof. für Bot. Univ. Valencia; reorganisierte d. Bot. Garten von Valencia; 1859–1867 (i. R.) als Rektor d. Univ. Reorganis. des naturgeschichtl. Kabinetts (vergl. Anat. u. Zool.); starb in Madrid. – Lit.: Enumeratio plantarum horti botanici valentini, Valencia 1856. – B: DhCmE (C. Carles Genovés & J. M. López Piñero). LGB/Sch

Plate, Ludwig (1862–1937); aus Bremen; 1882 stud. Math. u. Naturwiss. Univ. Jena (bes. Zool. bei E. Haeckel), 1883 Univ. Bonn (bei R. Hertwig, der die Diss. anregte; Dr. phil. 1885 Univ. Jena, Staatsexamen 1887 in Bonn); 1888 Pd. für Zool. Univ. Marburg; 1895 Pd., 1898 Tit. Prof. an d. Tierärztl. HS Berlin; 1904 Prof. für Zool. Landw. HS Berlin; gleichz. 1901 Kustos am Mus. für Meereskunde Berlin; ab 1909 o. Prof. für Zool. Univ. Jena (Nachf. von E. Haeckel) u. Dir. *Phylet. Mus.* in Jena, wo er starb. 1913–1914 Reise nach Ceylon u. Südindien; erweiterte d. Zool. Inst. u. die zool. Slgn., legte Vivarien für Vererbungsstudien an Tieren an. – Lit.: Beiträge zur Naturgeschichte der Rotatorien, Jena 1885; Der gegenwärtige Stand der Abstammungslehre, Leipzig 1909; Selektionsprinzip und Probleme der Artbildung, 4. Aufl., Leipzig–Berlin 1913; Leitfaden der Deszendenztheorie, Jena 1913 (^{2}1925); Allgemeine Zoologie und Abstammungslehre, 2 Tle., Jena 1922 u. 1924; Fauna et anatomia ceylanica, Jena 1922–1929; Vererbungslehre, 3 Bde., 2. Aufl., Jena 1932, 1933, 1938; s. a. Lit. zu Kap. 18. — B: Böhm in Penzlin 1994 (W). – P.   Ja

Platon (427–348/347 v. Chr.); aus Athen (?); seit ca. 407 v. Chr. Schüler des Sokrates; dann Lehrer in Athen, wo er 387 v. Chr. eine eigene philosoph. Sch. (Akademie) gründete, zu seinen Schülern gehörte Aristoteles; starb in Athen. Kernstück seiner Philosophie war d. Lehre von den Ideen als transzendenten Wesenheiten, die, von d. Sinnenwelt getrennt, zugl. Urbild u. Ursache der sinnl. wahrnehmbaren Gegenstände sind; entwickelte seine philosoph. Lehren in zahlr. Dialogen, davon bes. wichtig ist sein Alterswerk *Timaeus* für seine Ansichten von der Natur des Kosmos u. d. Menschen. – Lit.: Textausg.: J. Burnet, 5 Bde., Oxford 1899–1906 (^{2}1906–1914); Übers.: F. Schleiermacher, Bd. I/II, Berlin 1804–1807 (^{2}1817–1826), Bd. III: Berlin 1828 (Neued. Berlin 1984–1987). – B: DSB (D. J. Allan); LexNW.   Kol/Sch

Platter, Félix (1536–1614); aus Basel (Schweiz); stud. Med. in Montpellier (Dr. med. 1557 in Basel); lehrte wenige Jahre danach prakt. Med. Univ. Basel; 1571 erster Stadtarzt in Basel, wo er starb. Durchführung von anat. u. pathol. Untersuchungen; beachtenswertes Herbarium. – Lit.: De corporis humani structura et usu libri III, Basel 1583; Praxeos seu de cognoscendis, . . . affectibus homini incommodantibus tractatus tres, Basel 1602; Observationum in hominis affectibus, Basel 1614. – B: DSB (P. E. Pilet); Autobiogr. Aufzeichn. 1976; Tröhler 1990.   Hpp

Plaza, Juan (ca. 1525–1603); aus Valencia; stud. Med. Univ. Valencia, dort 1562 Doz., 1567–1583 o. Prof. für Med. Bot.; gründete ersten bot. Univ.-Garten in Span.;

starb in Valencia. Er hatte enge Verbindung zu Clusius (s. d.), in dessen *Rariorum aliquot stirpium per Hispanias observatarum Historia* (1576) die Mehrzahl d. Beschreibungen u. Abb. von Pflanzen aus Valencia von Plaza stammt; er selbst publizierte nichts, hinterließ aber versch. Ms., von denen sich die *Practica generalis* im Erzbischöfl. Seminar in Padua befindet. – B: DhCmE (J. M. López Piñero).   LGB/Sch

Plencic [Plenciz], Marcus Antonius von (1705–1786); aus Solkan (Österr., jetzt Jugoslawien); stud. Med. Univ. Wien u. Padua (bei Morgagni, Dr. med.); 1735 Rückkehr u. prakt. Arzt in Wien, wo er starb. Spekulierte in seinem 1762 erschienenen Werk über die Existenz – auch unsichtbarer – *animalcules*, die in d. Luft vorkommen u. nach einer Ruhezeit zu Fliegen, Käfern, Mückenlarven u. a. auswachsen; wird damit zu d. Verteidigern eines *Contagium animatum* gerechnet: für jede infektiöse Krankheit sei ein eigenes *Contagium* („seminium“) vorhanden. – Lit.: Opera medicophysica in quattuor tractatus digesta; quorum primus contagii morborum ideam novam una cum addimento de lue bovina anno 1761 epidemice grassante sistit, II de variolis, III de scarlatina, IV de terrae motu ..., Vindobonae 1762. – B: DSB (V. Kruta).   Kö/Sch

Plinius Secundus d. Ä., Gaius (23/24–79); aus Novum Comum (Como, Oberital.); hoher kaiserl. Offizier u. Prokurator; kam als Befehlshaber d. Flotte von Misenum (Kap Miseno am Golf von Neapel) beim Ausbruch d. Vesuv in Stabiae (heute Castellamare di Stabia) ums Leben. Einer der bedeutendsten röm. Enzyklopädisten, dessen Werk *Naturalis historia* das gesamte naturwiss. Wissen seiner Zeit zusammenfaßte u. Vorbild aller späteren Enzyklopädien geblieben ist. – Lit.: Textausg.: J. Sillig, 8 Bde., Hamburg & Gotha 1851–1858; Übers.: G. C. Wittstein, 3 Bde., Leipzig 1881–1882. – B: DSB (D. E. Eichholz); Pauly; LexMA (F. Brunhölzl); LexNW.   Ha/Sch

Ploetz, Alfred (1860–1940); aus Swinemünde (Świnoujście); Dr. med.; zunächst prakt. Arzt, später Privatgelehrter, 1936 Tit. Prof.; starb in Herrsching am Ammersee. Führender dt. Vertr. des Sozialdarwinismus u. Rassismus, führte 1895 den Terminus „Rassenhygiene“ ein, Begr. d. Z. *A. für Rassen- u. Gesell-*

schafts-Biologie einschließl. Rassen- u. Gesellschafts-Hygiene* (1904) u. der *Ges. für Rassenhygiene* (1905). – Lit.: Grundlinien einer Rassenhygiene, T. 1: Die Tüchtigkeit unserer Rasse und der Schutz der Schwachen – ein Versuch über Rassenhygiene und ihr Verhältnis zu den humanen Idealen bes. zum Socialismus, Berlin 1895. – B: Deichmann 1992; Doeleke 1975.   Ja/Sch

Plumier, Charles (1646–1704); aus Marseille; Ausbild. im Franziskanerorden; bereiste im Auftrag Ludwig XIV. die Neue Welt u. beschrieb neue nordamerikan. Pflanzen; starb auf d. Insel Gadis (Golf von Cádiz). – Lit.: Traité de Fougères de l'Amérique, Paris 1705. – B: DSB (P. Jovet & J. C. Maillet).   Ja

Plutarch von Chaironeia (um 45–125); aus Chaironeia (Böotien); griech. Schriftsteller u. platon. Philosoph; Schüler des Ammonios in Athen; dann Reisen durch Hellas, Ägäis, Kleinasien u. Ital., war mehrere Male in Rom; bekleidete Magistraturen in seiner Vaterstadt; etwa ab seinem 50. Lj. Apollo-Priester in Delphi; Ltr. einer Art Privat-Akad. bis zu seinem Tode. Seine Schr. gewannen großen Einfluß, seine Parallelbiographien zählen zu d. bekanntesten Werken d. antiken Literatur; u. a. Verf. von zwei Dialogen, in denen die Frage behandelt wird, ob die Tiere Vernunft haben. – Lit.: Textausg.: De sollertia animalium, in: C. Hubert & H. Drexler, Moralia, Bd. VI.1, Leipzig 1959: 11–75; Gryllus (= Bruta ratione uti): ebda: 76–93. – B: Pauly; LAW; LexMA (R. Düchting).   Sch

Poeppig, Eduard (1798–1868); aus Plauen (Vogtland); 1815 stud. Med. u. Naturwiss. Univ. Leipzig (Dr. med. u. Dr. phil. 1822); dann Fo.- u. Sammelreisen in Südamerika (1822–1825 Kuba u. Pennsylvanien, 1826 von Baltimore durch Brasilien nach Kap Hoorn, 1827 durch die Kordilleren in Mittel- u. Süd-Chile, 1829 Besteigung des Vulkans *Antuco*, 1831–1832 Reise auf dem Amazonas); nach Rückkehr 1833 ao. Prof. für Naturgesch. Univ. Leipzig, Gründer u. Dir. des Zool. Univ.-Mus., 1846 o. Prof. für Zool. Univ. Leipzig; starb in Wahren bei Leipzig. – Lit.: Reise in Chile und Peru und auf dem Amazonenstrome während der Jahre 1827–1832, 2 Bde., Leipzig 1835–1836; Nova genera et species plantarum ..., 3 Bde., Leipzig 1835–1845; Illustrierte Naturgeschichte des Thierreiches ..., 4 Bde., Leipzig 1846–1851 (²1851). – B: ADB (F. Ratzel); Krämer 1976: 322.   Ja

Poey y Aloy, Felipe (1799–1891); aus Havanna; 1820 stud. Philos. am Seminar San Carlos (bei Félix Varela u. Justo Vélez, Bacc. in Zivilrecht), daneben Anlegen bot. u. zool. Slgn.; 1822 stud. Span. u. Franz. Recht Univ. Madrid (Abschluß als Advokat); 1823 Rückkehr nach Kuba u. Forts. d. zool. Sammeltätig., bes. Fische u. Insekten; 1826 mit Slgn. aus Kuba zum Stud. d. Naturgesch. nach Paris u. a. bei G. Cuvier, zu dessen *Histoire Naturelle des Poissons* er mit 85 Zeichnungen u. Präparaten von kuban. Fischen beitrug; 1833 Rückkehr nach Havanna, 1839 Prom. Univ. Havanna, Gründung u. Dir. des *Museo de la Habana*; 1842 o. Prof. für Zool. u. Vergl. Anat., übernahm 1863 d. Lehrfächer Zool., Bot., Mineralogie u. Geol., ab 1871 Zool. u. Mineral., ab 1880–nach 1888 o. Prof für Zoo-

L. Plate 1932

K. Popper

graphie Univ. in Havanna, wo er starb. Gilt als Begr. der kuban. Naturwiss.; 1832 in Paris Gründungsmitgl. d. *Sociétée Entomologique de France*; arbeitete spez. über Ichthyologie, sammelte seine Ergebnisse in seinem Lebenswerk *Ictiología Cubana* (20 Bde.), das die span. Regierung kaufte, aber zu Lebzeiten nicht veröffentliche; das Ms. befindet sich im *Museo de Madrid*. – Lit.: Memorias sobre la historia natural de la isla de Cuba …, 2 vols., La Habana 1851–1861; Ictiología Cubana, La Habana 1962 ff. – B: EncAm; Chardon 1949; Mestre 1915; Vivanco 1951.   LGB/Sch

Pollender, Franz Anton Aloys (1800–1879); aus Barmen; 1815 Apothekerlehre in Neuss a. Rhein; 1820 stud. Med. Univ. Bonn, hier als Labor.-Ass. mikroskop. Untersuchungen (Dr. med. 1824); danach prakt. Arzt zunächst in Lindlar bei Köln, spätestens ab 1830–1870 in Wipperfürth; ab 1872 in Barmen, wo er starb. Fand 1849 bei d. Untersuchung d. Blutes an Milzbrand gefallener Kühe „stabförmige Körperchen", von denen er aber nicht sagen konnte, ob sie schon vor d. Tode der Tiere vorhanden waren o. als „ein Product der Gährung" entstanden seien, u. ob sie „der Anstekkungsstoff selbst oder bloß dessen Träger" wären. – Lit.: Mikroskopische und mikrochemische Untersuchung des Milzbrandblutes sowie über Wesen und Kur des Milzbrandes, in: Casper's Vierteljahresschr. für gerichtl. u. öffentl. Med. 7 (1855): 103–114. – B: DSB (H. Schadewaldt).   Kö/Sch

Polo, Marco (1254–1324); aus Venedig; entstammte einflußreicher Kaufmannsfamilie, bereiste mit Vater Nicolò u. Onkel Matteo P. ab 1271 d. mongolisch besetzten Gebiete Asiens bis nach Japan (Zipangu), war zw. 1275 u. 1292 am Hof d. Mongolenkaisers Kublai Khan (Qubilai) in China u. zeitw. Statthalter einer Provinz; Rückreise zur See über Trapezunt u. Konstantinopel, 1295 Rückkehr nach Venedig; ca. 1298 während d. Seekrieges mit Genua gefangen, diktierte er seinen Reisebericht, den Rusticiano da Pisa franz. niederschrieb u. der später u. d. T. *Libro delle meraviglie del mondo* oder *Milione* berühmt wurde; starb in Venedig. Der *Milione* enthält Naturschilderungen aus Mittelasien, Tibet, Pamir, Wüste Gobi u. Tierbeschreibungen (Haus- u. Wildtierhaltung) aus Persien, China, Indien, Sumatra u. Madagaskar. – Lit.: Mirabilia mundi (Handschr. um 1307, Erstdr. Nürnberg 1477, franz. Ausg. von Pauthier u. d. T.: Le livre de Marco Polo, Paris 1865). – B: LexMA (U. Tucci).   Ja/Sch

Polybos (2. Hälfte 5. Jh. v. Chr.); griech. Arzt, Schwiegersohn u. Schüler des Hippokrates, der Überlieferung nach Verf. von *De natura hominis*, einer der wichtigsten Schr. des *Corpus Hippocraticum*. – Lit.: Textausg. u. Übers.: J. Jouanna, CMG, Bd. I/1.3, Berlin 1974. – B: Ärzte I (J. C. Huber).   Ha

Pompeius Trogus; röm. Historiker aus d. Augusteischen Zeit (43 v. Chr.–14 n. Chr.), daneben Verf. von zool. u. bot. Werken nach griech. Vorlagen. – Lit.: Fragmente bei Plinius. – B: LAW.   Ha

Pontoppidan, Erik Ludvigsen (1698–1764); aus Aarhuus (Dänem.); Hauslehrer u. Prediger; 1734 Schloß-

prediger in Frederiksborg; 1735 Hofprediger in Kopenhagen; 1738 ao. Prof. Univ. Kopenhagen; 1747 Bischof von Bergen (Norwegen); 1755 o. Prof. für Theol. Univ. in Kopenhagen, wo er starb. – Lit.: Versuch einer natürlichen Historie von Norwegen, 2 Bde., Kopenhagen 1753–1754 u. 1769. – B: Poggendorff II.   Sch

Popper, Karl Raimund, Sir (1902–1994); aus Wien; 1918–1928 stud. Univ. Wien (Lehrer-Dipl. 1927, Dr. phil. 1928); 1920–1922 freiwillige Arbeit mit jugendl. Straftätern, 1922–1924 Kunsttischlerlehre, 1924–1925 Horterzieher, 1930–1936 Oberschullehrer in Wien; 1937 Emigr. nach New Zealand; 1937–1945 Sen. Lect. für Philos. Univ. Canterbury/Christchurch (MA 1938); 1946 Reader Univ. London (Dr. lit. 1948); ab 1949–1969 Prof. für Logik u. wiss. Methoden *Sch. of Economics and Political Sci.* Univ. London; 1950 *William James* Lect. Harvard Univ. Cambridge/USA; 1956–1957 Fell. im *Cent. for Advanced Study in the Behavioral Sci.* Univ. Stanford (Calif.); starb in London. – Lit.: Logik der Forschung, Tübingen 1934 (^{5}1973); (mit J. C. Eccles) Das Ich und sein Gehirn [The self and Its Brain, dt.], Berlin 1977. – B: BHE; Autobiogr. 1974; O'Near 1980; Alt 1992. – P.   Sch

Porphyrios (geb. 234); aus Tyros (Syrien); griech. Philosoph; lernte bei Longinos (gest. 272) die platon. Philos. kennen; 263 nach Rom, wurde bedeutendster Schüler Plotins (204/5–270); 268 aus Gesundheitsgründen nach Lilybaeum (Sizilien); um 300 wieder in Rom, wo er zw. 301 u. 305 die Schr. von Plotin herausgab. Entwickelte Plotins philosoph. System des Neuplatonismus weiter u. verknüpfte es mit Elementen d. aristotel. Logik; sein Komm. zur Kategorienlehre des Aristoteles, der im Mittelalter zum Lehrbuch in d. Kloster-Sch. wurde, warf die Streitfragen über „Realismus" u. „Nominalismus" auf. – Lit.: Textausg.: A. Nauck, Opuscula selecta, Leipzig 1886 (Nachdr. Hildesheim 1963). – B: Lex MA (J. Gruber).   Ha/Sch

Porta, Giambattista della (1539–1615); aus Vico Equense (Ital.); hpts. Autodidakt, u. a. Schüler von Antonio Pisano; nach größeren Reisen in Neapel seßhaft, wo er v. a. optische u. physikal. Stud. betrieb, die *Camera obscura* mit Linse, Linsenkombinationen u. Spiegelungsgesetze beschrieb; ab 1580 unter Kontrolle d. Inquisition, erhielt er 1592–1598 Publikationsverbot; 1580 Gründer d. Acad. Secretorum Naturae (*Accademia dei Segreti*) in Neapel; 1603 Mitgl. d. *Accademia dei Lincei*; Begr. eines Mus. u. eines bot. Gartens in Neapel, wo er starb. Seine method. Darstellung der „Signaturenlehre", die er zur Grundlage eines Pflanzensystems machte, war für d. weitere Entw. d. Biol. bedeutend. – Lit.: Phytognomica octo libris contenta …, Neapel 1588; Magia naturalis, Neapel 1589. – B: DSB (M. H. Rienstra).   Ja/Sch

Portier, Paul (1866–1962); aus Bar-sur-Seine (Frankr.); stud. Med. Univ. Paris (Dr. med. u. Dr. ès sci.); arbeitete bei Albert Dastre in Paris; ab 1923 Prof. für Vergl. Physiol. Univ. Paris u. Dir. d. Inst. für Ozeanographie; unternahm zahlr. meereszool. Exped. mit Albert I. von Monaco; starb in Bourg-la-Reine

(Frankr.). – Lit.: (mit C. Richet) Sur les effets physiologiques du poison des filaments pêcheurs et des tentacles des coelentérés (hypnotoxine), in: C. R. Acad. Sci. Paris *154* (1902): 247–248. – B: DSB (A. M. Monier).   Ja/Sch

Portmann, Adolf (1897–1982); aus Basel; ab 1916 stud. Naturwiss. Univ. Basel, zugl. 1919 Unterass. Zool. Anstalt (Diss. 1921 bei F. Zschokke); 1921–1922 Stud.aufenth. in Genf bei E. Guyénot (Histol.) u. Ass. bei E. André (Limnol.), 1922–1923 am Zool. Inst. in München (bei R. von Hertwig, R. Goldschmidt u. K. von Frisch), 1921 u. 1922 auch auf Helgoland; 1923 Stud.aufenth. bei O. Hertwig, R. Hesse u. H. Nachtsheim in Berlin; 1923/1924 Stud. bei A. Prenant in Paris; gleichz. auf d. biol. Sta. in Roscoff (Bretagne); 1924–1927 Fo.aufenth. Labor. Arago in Banyuls-sur-Mer; ab 1926 erster Ass. Zool. Anstalt in Basel, Pd. für Zool., 1928 vertretungsw. Ltg., 1931 ao. Prof. u. Vorsteher Zool. Anstalt u. 1933–1968 (em.) o. Prof. für Zool.; 1962–1982 zus. mit Rudolf Ritsema Ltr. d. *Eranos*-Kreises in Ascona; 1974–1977 Lektor für „Bases biologiques de la communication" Univ. Bern; starb in Binningen bei Basel. – Lit.: Nesthocker und Nestflüchter als Entwicklungszustände von verschiedener Wertigkeit bei Vögeln und Säugern, in: Rev. Suisse Zool. *46* (1939): 385–390; Die Ontogenese und das Problem der morphologischen Wertigkeit, in: ebda *49* (1942): 169–185; Zoologie aus vier Jahrzehnten: gesammelte Abhandlungen, München 1967; Vom Lebendigen: Versuche zu einer Wissenschaft vom Menschen, Frankfurt a. M. 1973. – B: Stamm & Fioroni 1984 (W).   Sch

Poseidonios von Apameia (um 135– um 51 v. Chr.); aus Apameia (Syrien); hellenist. Universalgelehrter u. Philosoph, Schüler des Panaitios; leitete später dessen Sch. in Rhodos; starb in Rom. Verknüpfte die Lehren der alten Stoa mit der Platon. u. Aristotel. Philosophie; unternahm weite Reisen u. beschäftigte sich u. a. auch mit Geographie u. Astronomie (Einfluß d. Mondes auf d. Gezeiten, Versuch d. Berechnung d. Größe d. Sonne u. d. Erdumfangs). – Lit.: Textausg. d. überlief. Fragm.: F. Jacoby, Die Fragmente der griechischen Historiker, Bd. II/1, Berlin 1926, Nr. 87, S. 222–318;

Übers. (Auswahl): W. Nestle, Die Nachsokratiker, Bd. 2, Jena 1923: 86 ff. – B: DSB (E. H. Warmington); LexNW.   Ha/Sch

Potonié, Henry (1857–1913); aus Berlin; ab 1878–1881 stud. Naturwiss., spez. Bot., Univ. Berlin, 1880–1883 zweiter Ass. bei Eichler Bot. Garten Univ. Berlin (Dr. phil. 1884 Univ. Freiburg i. Br.); ab 1885 wiss. Hilfsarbeiter u. Hilfsgeologe, ab 1898 Königl. Bezirksgeologe, 1901 Königl. Landesgeologe Preuß. Geolog. Landesanstalt Berlin; zugl. 1891 Pd. für Paläophytol., 1900 Tit. Prof. Bergakad. Berlin; 1901 auch Pd. für Paläobot. Univ. Berlin u. Mitarb. im Paläontol. Inst. u. Mus. Univ. in Berlin, wo er starb. Kustos d. paläobot. Slgn. Preuß. Geol. Landesanstalt; lehrte u. a. W. Gothan, der sein Nachf. wurde u. d. Paläontol. zur selbst. Disziplin entwickelte; bewies durch seine Stud. zur Steinkohlenkunde die stratigraph. Bedeutung der Pflanzenfossilien. – Lit.: Illustrierte Flora von Nord- und Mittel-Deutschland …, Berlin 1885 (⁶Jena 1913); Die floristische Gliederung der deutschen Carbons und Perms, Berlin 1896 (Abh. Königl. Preuss. geolog. Landesanstalt, N. F., 21); Lehrbuch der Pflanzen-Paläontologie, Berlin 1899; Die Entstehung der Steinkohle, Berlin 1902 (⁵1910); Ein Blick in die Geschichte der botanischen Morphologie und die Pericaulom-Theorie, Jena 1903. – B: Gothan 1913; Andrews 1980: 314 f.; ALH MM 3155. – P.   Sch

Poulton, Edward Bagnall (1856–1943); aus Reading (Engl.); 1873 stud. Biol. Univ. Oxford (Dr. Zool. 1876, Dr. sc. 1900); 1893–1933 *Hope*-Prof. für Zool. Univ. in Oxford, wo er starb. – Lit.: The colour of animals, London 1890; Essay on evolution, Oxford 1908. – B: DSB/ Suppl. II (W. C. Kimler); Carpenter 1944 (W).   Ja

Prantl, Karl (1849–1893); aus München; stud. Univ. München (bei von Naegeli u. Radlkofer, Dr. phil. 1870); 1870 Ass. bei von Naegeli; 1871 Ass. bei Sachs Univ. Würzburg, 1873 Pd.; 1876 Prof. an d. Forstlehranstalt in Aschaffenburg; ab 1889 Prof. für Bot. u. Dir. des Bot. Gartens Univ. in Breslau (Wrocław), wo er starb. Bemühte sich um ein natürl. Pflanzensystem u. um die Stabilisierung d. bot. Nomenklatur. – Lit.: (mit A. Engler) Die natürlichen Pflanzen-Familien, 19 Bde., Leipzig 1887 – 1909. – B: Engler 1893.   Hek/Sch

Prévost, Jean-Louis (1790–1850); aus Genf; 1814 stud. Med. in Paris, 1816 Edinburg (Dr. med. 1818); dann prakt. Arzt in Genf, wo er ein Hosp. gründete; starb in Genf. Arbeitete spez. über d. Physiol. des Blutes. – Lit.: (mit J.-B. A. Dumas) Nouvelle théorie de la generation, in: Ann. Sci. nat. *1* (1824): 1–10, *2* (1824): 100–120, 129–149, u. *3* (1824): 113–138. – B: DSB (P. E. Pilet).   Ja

Preyer, William Thierry (1841–1897); aus Moss Side (bei Manchester, Engl.); 1859 stud. Med. u. Naturwiss., bes. Physiol. u. Chemie, Univ. Bonn (bei M. Schultze u. Plücker), Berlin (bei DuBois-Reymond u. Virchow), Heidelberg (bei von Helmholtz, Dr. phil. 1862), Wien (bei von Brücke u. C. F. W. Ludwig), dann in Paris im Labor. von Wurtz

H. Potonié

E. G. Pringsheim

u. bei Cl. BERNARD, 1865 Pd. für Zoophysik u. Zoochemie Phil. Fak. Univ. Bonn (Dr. med. 1866); 1867 Pd., 1869 ao. Prof. für Physiol. Univ. Jena (Nachf. von J. N. CZERMAK); 1888–1893 Pd. für Gesch. d. Physiol. Univ. Berlin; starb in Wiesbaden. Setzte sich für d. Verbreitung d. Lehre DARWINS ein. – Lit.: Ueber Plautus impennis (*Alca impennis* L.), Phil. Diss. Univ. Heidelberg, Heidelberg 1862; Die Seele des Kindes, Leipzig 1882; Elemente der allgemeinen Physiologie, Leipzig 1883. – B: ADB LIII (P. GRÜTZNER); NEUMANN 1980.   Ja/Sch

Priestley, Joseph (1733–1804); aus Birstal Fieldhead (bei Leeds, Yorkshire, Engl.); nach Ausbild. in Pfarrschulen u. Selbststud. in alten u. mod. Sprachen sowie Math. u. Naturphilos. etwa ab 1752–1755 Besuch d. Kirchen-Akad. in Daventry; danach Prediger in Needham Market (Suffolk), dann in Nantwich (Cheshire), wo er auch eine Sch. gründete; ab 1761 Tutor an d. Kirchen-Akad. in Warrington (Ordination), leistete u. schrieb Grundlegendes zur Eziehungsarbeit (Dr. jur. 1764 Univ. Edinburgh/GB); dann auch Beschäftig. mit Naturwiss., ab 1766 Mitgl. *Roy. Soc.* London; 1767 Dissenter-Priester in d. Presbyterianer-Gemeinde von Mill-Hill Chapel in Leeds; 1773–1780 Bibliothekar u. Ratgeber von William PETTY, Earl of Shelburne, mit diesem 1774 Europareise (s. u.); danach Prediger am New Meeting House in Birmingham, hier Unterstützung seiner wiss. Untersuchungen durch Mitgl. d. *Lunar Soc.*, so von Erasmus DARWIN, James WATT u. a.; floh 1791 nach Zerstörung seines Hauses u. Labor. durch kirchl.-polit. Gegner seiner fortschrittl. Ideen nach London, hier Lehrer für Naturphilos. an d. *Dissenter*-Akad. in Hackney; wegen weiterer polit. Verfolgung 1794 Emigr. in d. USA, hier Prof. für Chemie Univ. of Pennsylvania; starb in Northumberland (Pennsylvania, USA). Experimentierte über die Rolle d. „Luft" bei Verbrennung u. Atmung, war Anhänger d. Phlogistentheorie; entdeckte zahlr. chem. Verbindungen (Chlorwasserstoffgas, Ammoniak, Schwefeldioxid, Kohlenmonoxid u. a.), v. a. aber den Sauerstoff u. dessen Verbindung mit rotem Blutfarbstoff u. dem Blattgrün der Pflanzen (1772, unabhängig von SCHEELE); 1774 Stud.aufenth. in Paris u. Erfahrungsaustausch mit LAVOISIER, der u. a. auf diesen Entdeckungen seine neuen chem. Theorien begründete. – Lit.: The first principles of government, London 1771; Experiments and Observations on different kinds of air, 3 Bde., London 1775–1777. – B: DSB (R. E. SCHOFIELD).   Sch

Pringsheim, Ernst Georg (1881–1970); aus Hünern bei Breslau (Wrocław, Polen); 1902–1903 stud. Kunst u. Naturwiss., bes. Bot., Univ. München (bei K. VON GOEBEL), 1904 Univ. Leipzig (bei W. PFEFFER, Dr. phil. 1906); 1906 Ass. bei F. ROSEN Univ. Breslau; 1908–1919 Ass. bei G. KARSTEN, 1909 Pd. für Bot. u. Bakteriol., 1914 Tit. Prof. Univ. Halle/Saale; 1920–1922 Ass. bei G. HABERLANDT, 1920 Pd., 1921 ao. Prof. für Bot. Univ. Berlin; 1922 ao. Prof., 1924–1938 o. Prof. für Pflanzenanat. u. -physiol. Dt. Univ. Prag; 1938 Emigr. nach Engl.; 1939 Mitarb. von F. E. FRITSCH am Queen Mary Coll. Univ. London; 1940 Mitarb. von F. T. BROOKS Emmanuel Coll. Univ. Cambridge/GB;

1951–1953 Mitarb. am Strangeways Labor. M. R. C. Cambridge; 1954–1967 Hon. Prof. für Bot. Univ. in Göttingen, wo er starb. – Lit.: Die Algenkultur und ihre Aufgaben, in: Naturwiss. Umschau 9 (1920): 65–69; Julius Sachs, der Begründer der neueren Pflanzenphysiologie, 1832–1897, Jena 1932. – B: Autobiogr. 1970; PIRSON 1972. – P.   Höx

Pringsheim, Nathanael (1823–1894); aus Wziesko (Schlesien); 1843 stud. Philos. u. Bot., dann Med. Univ. Breslau/Wrocław (bei GOEPPERT u. PURKYNĚ), 1844 Univ. Leipzig u. 1845 Berlin (Chemie bei MITSCHERLICH u. H. ROSE, Physik bei Gustav MAGNUS u. DOVE, Bot. bei KUNTH; Dr. phil. 1848); danach Reisen nach Paris u. London u. Stud. von Algen u. niederen Pilzen; 1849 Rückkehr nach Berlin, 1851 Pd., 1864 ao. Prof. Univ. Berlin; 1864–1868 Prof. für Bot. u. Dir. Bot. Garten Univ. Jena; danach Privatgelehrter in Berlin, wo er starb. Mitgl. d. preuß. AdW; Einrichtung einer biolog. Sta. auf Helgoland; bearb. d. Problem der Befruchtung u. der Phasen im Leben der niederen Kryptogamen, wandte sich dann den Problemen der Eigenschaften des Chlorophylls zu; 1857 Begr. u. Hrsg. der *Jber. für wiss. Bot.* u. Mitbegr. d. *Dt. Bot. Ges.* 1882. – Lit.: Untersuchungen über Befruchtung und Generationswechsel der Algen, in: Pringsheims Jb. wiss. Bot. (1857–1873); Gesammelte Abhandlungen, 4 Bde., Jena 1895–1896. – B: ADB (G. WUNSCHMANN); DSB (G. L. GEISON); (NDB); F. COHN 1895.   Sch

Prjanišnikov [Prjanischnikow], Dmitrij Nikolaevič (1865–1948); aus Kjacht (Burjatien, Sibirien); 1883–1887 stud. Naturwiss. Univ. Moskau (bes. Chemie bei M. I. KONOVALOV u. V. V. MARKOVNIKOV, Bot. bei K. A. TIMIRJAZEV u. I. N. GOROŽANKIN; Kand. Naturwiss. 1887, Mag. für Agronomie 1891); 1888 Praktikant bei K. A. TIMIRJAZEV Petrovskojer Landw.- u. Forstakad. (Kand. Landw.wiss. 1889); 1892–1894 Fo.aufenth. in d. Schweiz, Frankr. u. Dtl. (v. a. bei Ernst SCHULZE Polytechnikum Zürich, aber auch Pasteur-Inst. Paris u. Univ. Göttingen); 1895 Prof. für Agrochemie Petrovskojer Landw. Akad.; zugl. 1894–1931 Doz. für Pflanzenchemie Univ. Moskau (Dr. Naturwiss. 1899); 1916 Dir. Landw. Inst. Moskau, 1919–1929 Ltr. Agronom. Abt. d. Inst. für Düngung, 1931–1948 Ltr. Abt. für Mineraldüngung d. Allunionsinst. für Düngung, Agrotechnik u. Agrobodenkunde; 1913 korr. Mitgl., 1929 o. Mitgl. AdW, 1935 o. Mitgl. AdLW; starb in Moskau. – Lit.: Eiweisszerfall und Atmung in ihren gegenseitigen Verhältnissen, in: Landw. Versuchssta. 52 (1899): 137–164; Zur Frage der Asparaginbildung, in: Ber. Dt. Bot. Ges. 22 (1904): 35–43; Asparagin und Harnstoff, in: Biochem. Z. 150 (1924): 407–423. – B: BSE[3]; MAKSIMOV 1951. – P.   Höx

Procháska, Georg [Jiří] (1749–1820); aus Lispitz (Blížkovice, Mähren); 1765 stud. Philos. in Olmütz (Dr. phil. 1767), 1770 stud. Med. Univ. Wien (Dr. med. 1776), danach Ass. bei Anton DE HAEN u. J. BARTH (Anat. u. Augenheilkunde, Mag. d. Augenheilkunde 1778); dann zunächst ao. Prof. für Anat. Univ. Wien, 1778 o. Prof. für Anat. u. erster Prof. d. Augenheilkunde Univ. Prag; 1791–1819 (i. R.) o. Prof. für Anat., Physiol. u. Ophthalmol. (Nachf. von BARTH) Univ. in

Wien, wo er starb. – Lit.: Commentatio quaedam in systema generationis et originis monstrorum, in: Adnotationum academicorum, Fasc. II, Prag 1781: 89–141; Commentatio de functionibus systematis nervosi, in: ebda, Fasc. III, Prag 1784; Lehrsätze aus der Physiologie des Menschen, Bd. 1, Wien 1797 (²1802, ³1810). – B: DSB (V. Kruta); ÖBL (E. Rozsívalová).   Ja/Sch

Prout, William (1785–1850); aus Horton (Gloucestershire, Engl.); ab 1802 Besuch der klass. Akad. von Reverend John Turner in Sherston u. Wiltshire u. v. Rev. Thomas Jones in Bristol (Engl.), danach 1808 stud. Med. Univ. Edinburgh (MD 1811) u. Ass.arzt am St. Thomas's u. am Guy's Hosp. in London (Lic.med. 1812 *Roy. Coll. of Physicians*); dann erfolgr. prakt. Arzt am St. Thomas's u. Guy's Hosp., 1831 *Gulstonian* Lect. am *Roy. Coll. of Physicians* in London, wo er starb. Zw. 1815 u. 1827 bedeut. Arb. über Verdauung u. Urol., die die Fo. zu Naturstoffen (Purine) u. Stoffwechselchemie einleiteten. – Lit.: On the ultimate composition of simple alimentary substances, in: Phil. Trans. Roy. Soc. London, P. I, (1827): 355–388. – B: DSB (W. H. Brock); LexNW.   Sch

Prowazek, Stanislaus, Edler von Lanow (1875–1915); aus Neuhaus (Jinduchův Hradec, Böhmen); 1895 stud. Naturwiss. Univ. Prag, 1897 Univ. Wien (Dr. phil. 1899), dann an d. Zool. Sta. Triest; ab 1901 am Inst. für Experim. Therapie Frankfurt a. M., 1902 am Zool. Inst. Univ. München, 1903–1906 Ass. Zool. Sta. Rovigno; 1907–1915 Ltr. d. Protozoenlabor. im Inst. für Schiffs- u. Tropenkrankheiten Hamburg; starb in Cottbus. – Lit.: (mit F. Doflein) Die pathogenen Protozoen (mit Ausnahme der Hämosporidien), in: Handbuch der pathogenen Mikroorganismen, Bd. 1, Jena 1903: 865–1006. – B: DSB (V. Kruta).   Ja

Prževalski [Prževal'skij], Nikolaj Michailovič (1839–1888); aus Kimborovo bei Smolensk; russ. General u. Geograph, bedeutendster russ. Fo.reisender; seit 1855 Militärlaufbahn, 1856 Offizier, 1861–1863 stud. Militärakad. St. Petersburg (Dr. 1862); 1864–1866 Offizier u. Lehrer für Geographie u. Gesch. sowie Bibliothekar an d. Junker-Sch. in Warschau; Anfang 1867 Rück-

kehr nach St. Petersburg zur Vorbereitung d. Exped., 1867–1869 Erfo. des Ussuri-Gebietes; ab 1870 Forts. der von Semënov-Tjan-Šanskij begonnenen wiss. Erschließung d. nördl. Zentralasiens (1870–1873, 1876–1877, 1879–1880), wobei d. Gebiete des Tarimbeckens u. das nördl. Tibet erstmals eingehend untersucht wurden; entdeckte zahlr. Tierarten, u. a. das Wildkamel u. das Wildpferd (*Equus przewalskii*); starb am Beginn seiner 5. Innerasienreise, beerdigt an seinem letzten Wohnort Karakol (heute Prževalsk) am See Issykkul (Kirgisien). – Lit.: Mongolija i strana tangutov: trechletnee putešestvie v Vostočnoj nagornoj Azii, t. 1–2, Sankt-Peterburg 1875–1876 (Neuausg. Moskva 1946; dt. u. d. T.: Reisen in die Mongolei … 1870–1873, 2 Bde., 1877); Reise von Kuldscha über den Thian-Schan an den Lob-Nor und Altyn-Tag, Gotha 1878 (Petermanns Geogr. Mitt., 53/Suppl.H.). – B: BSE³; DSB (V. A. Esakov).   Ja/Sch

Przibram, Hans Leo (1874–1944); aus Lainz bei Wien; 1894–1896 stud. Zool. Univ. Wien (bes. bei B. Hatschek), 1896 Leipzig (bei R. Leuckart), 1897 wieder Wien (Dr. med. 1899) sowie 1900–1902 Chemie Univ. Straßburg (bei F. Hofmeister); 1903 Pd. für Zool., 1913 Titel ao. Prof. für Experim. Zool., 1921 ao. Prof. Univ. Wien; Stud.aufenth. in den Zool. Sta. Triest, Neapel u. Roskoff (Bretagne), wo er entw.physiol. Untersuchungen durchführte; erwarb 1902 zus. mit L. Porges von Portheim u. W. Figdor das *Vivarium* im Wiener Prater u. richtete es als priv. Biol. Versuchsanstalt ein, die 1903 eröffnet u. ab 1914 von d. österr. AdW übernommen wurde; 1904 mit von Portheim u. seinem Ass. Kammerer Exped. in d. Sudan, dann Reisen durch Europa u. Nordamerika (u. a. zu J. Loeb); 1938 seiner Stellung enthoben, 1939 Emigr. nach Amsterdam, 1943 Deportation ins Konzentrationslager Theresienstadt (Terezin, Böhmen), wo er starb. Arb. spez. zu Fragen d. Temperaturabhängigkeit von Entw.prozessen, auch biochemisch; nahm als einer der ersten 1927 die Makromolekularhypothese der Eiweißmoleküle an. – Lit.: Experimentelle Zoologie 2: Regeneration, Leipzig–Wien 1909; Quanta in biology, in: Proc. Roy. Soc. Edinburgh *49* (1929): 224–231; s. a. Lit. zu Kap. 14. – B: ÖBL (W. Kühnelt); Gerstengarbe 1994: 384 f.   Sch

Ptolemaios, Klaudios [lat. **Ptolemaeus, Claudius**] (zw. 80 u. 100–um 165); aus Ptolemais (Oberägypten); lebte u. wirkte in Alexandria als Mathematiker u. Astronom, Meister d. Alexandrin. Sch.; starb in Canopus (?) bei Alexandria. Stellte zw. 127 u. 151 genaue astronom. Messungen an, Weiterentw. d. antiken Systems d. Himmelskörper u. ihrer scheinbaren Bewegungen, in deren Mittelpunkt d. Erde ruhte; bestimmte Entfernung zw. Erde u. Mond; sein Hauptwerk *Megale syntaxis* (bekannter unter d. abgekürzten arab. Titel *Almagest*) enthält auch ältesten überlief. Sternenkatalog (um 800 arab., 1175 erste lat. Übers., 1496 in Venedig erster Druck); sein geozentr. Weltsystem behielt bis zum 16. Jh. Geltung; seine *Geographike hyphegesis* ist d. vollkommenste antike Länderkunde u. war wichtigstes geograph. Lehrbuch d. Mittelalters, er führte dazu geograph. Ortsbestimmungen durch, wobei er schon Angaben über China

D. N. Prjanišnikov 1907

J. E. Purkyně

u. d. Malaiischen Archipel berücksichtigte. – Lit.: Textausg.: J. L. Heiberg, Claudii Ptolomaei opera quae exstant omnia, Leipzig 1898–1907. – B: LexMA (F. Schmeidler); LexNW. Sch

Punnett, Reginald Crundall (1875–1967); aus Tonbridge (Engl.); 1889 stud. Med. *Gonville and Caius Coll.* Cambridge (Engl.), ab 1898 stud. Zool. an d. Zool. Sta. Neapel u. Univ. Heidelberg (bei C. Gegenbaur); 1899 Demonstr. u. Doz. St. Andrews Univ.; 1901 Mitarb. Caius Coll. Cambridge, 1902 Demonstr. für Morphol., 1910–1940 Prof. für Biol. Univ. Cambridge (später umgewandelt in *Arthur-Balfour*-Lehrstuhl für Genetik); starb in Bilbrook (Somerset, Engl.). – Lit.: Mimicry in butterflies, Cambridge 1915; Ovists and animalculists, in: Am. Natural. *62* (1928): 481–507; s. a. Lit. zu Kap. 18. – B: WwW 6; DSB (F. A. E. Crew); Crew 1967. Ja

Purkyně [Purkinje], Jan Evangelista (1787–1869); aus Libochowitz (Libochovice, Böhmen); nach Schulbildung im Chorknaben-Inst. des Piaristenordens in Nikolsburg (Mikulov na Moravě) Lehrer in Leitomyschl (Litomyšl); 1805 Austritt aus d. Orden; stud. Med. u. Philos. Univ. Prag (bes. bei B. Bolzano, u. Bot. bei J. Ch. Mikan); ab 1809 Erzieher d. Söhne des Barons Hildebrandt in Blatná (Westböhmen), mit dessen Hilfe er sein Stud. beendete (Dr. med. 1818 Univ. Prag); 1819 Ass. u. Prosektor am Anat. Inst. Univ. Prag; 1823 o. Prof. für Physiol. u. Pathol. Univ. Breslau (Wrocław), wo er ein experim.- physiol. Praktikum einführte u. 1839 ein Physiol. Inst. gründete; 1850–1867 o. Prof. für Anat. u. Physiol. Univ. in Prag, wo er starb. 1853 Begr. u. bis 1863 Hrsg. d. tschech. wiss. Z. *Živa*; 1862 Mitbegr. d. tschech. Ärzte-Ver. *Spolek lékařů českých.* – Lit.: Beiträge zur Kenntnis des Sehens in subjektiver Hinsicht (Diss.), Prag 1819; Beobachtungen und Versuche zur Physiologie der Sinne, Breslau 1823–1825; Symbolae ad ovi avium historiam ante incubationem, Breslau 1825 (²Leipzig 1830); Opera omnia, 12 Bde., Prag 1918–1973; s. a. Lit. zu Kap. 15. – B: ÖBL (E. Rozsívalová) LexNW; Kruta 1969 (W) Lesky 1970. – P. Ja/Sch

Pythagoras von Samos (um 550– um 480 v. Chr.); aus Samos; griech. Philosoph u. Mathematiker; ging um 530 o. 520 v. Chr. nach Kroton (Kalabrien, Südital.), hier Begr. der nach ihm benannten philosoph. Sch.; mußte Kroton um 500 v. Chr. verlassen, zog sich nach Metapontum zurück, wo er starb. Erster Vertreter des idealist. Gedankens in d. griech. Philos., hob das Wesentliche des Zahlenmäßigen (Quantitativen) für alle Naturerkenntnis hervor. – Lit.: Doxograph. Zeugnisse s. bei Diels-Kranz, Die Fragmente der Vorsokratiker, Bd. 1, 9. Aufl., Berlin 1960: 96 ff. – B: DSB (K. von Fritz); LexNW. Sch

al–Qalqašandī (1355–1418); arab. Gelehrter u. Schriftsteller aus Ägypten; schrieb außer einigen kleineren Arb. eine sehr umfangr. Anweisung zur kunstgerechten Abfassung von Aufsätzen u. Berichten, die insbes. für d. Gebrauch durch ägypt. Verwaltungsbeamte gedacht war; die das gesamte Wissen d. damaligen Zeit umfassende Abh. enthält auch Angaben über Pflanzen u. Tiere. – Lit.: Textausg.: 14 Bde., Kairo 1913–1919. Nab

al-Qazwīnī, Zakarīyaʾ b. Muḥammad (um 1200–1283); aus Qazwīn (Kasvin, Nordwestiran); 1233 in Damaskus; 1241–1258 Jurist in Wasit u. Hilla (Irak). – Lit.: Textausg.: F. Wüstenfeld, Zakariya ben Muhammed ben Mahmud el-Cazwini's Kosmographie, 2 Bde., Göttingen 1848–1849; dt. Teilübers. von H. Ethé, Leipzig 1868. – B: DSB (S. Maqbul Ahmad); LexMA (U. Rudolph). Nab/Sch

Quatrefages de Bréau, Jean-Louis Armand (1810–1892); aus Berthezène (bei Valleraugues, Frankr.); 1826 stud. Med. Univ. Strasbourg (Dr. ès sci. 1829/1830); 1830 Ass. für Chemie u. Physik Univ. Strasburg (Dr. med. 1832 Fac. de Méd.); 1833 Arztpraxis in Toulouse; ab 1840–1855 Arb. bei Milne-Edwards in Paris (Dr. nat. sci. 1840); 1850 o. Prof. für Naturgesch. am Lycée Henri IV; 1852 Nachf. v. Savigny als Mitgl. AdW für Anat. u. Zool.; 1855 o. Prof. für Naturgesch. (auch Anthropol.) am *Mus. d'Hist. nat.* in Paris, wo er starb. 1857 zus. mit P. Broca Begr. der *Soc. d'Anthropol. de Paris*; widmete sich d. Skelettanat. u. Kraniologie. – Lit.: (Hrsg., mit T. J. E. Hamy) Crania ethnia, Paris 1882. – B: DSB (C. Limoges). Ja/Sch

Quenstedt, Friedrich August (1809–1889); aus Eisleben; 1830 stud. Naturwiss., bes. Mineralogie, Univ. Berlin (bei Chr. S. Weiss u. Leopold von Buch); dann Ass. bei Weiss am Mineralog.-geolog. Mus.; 1837 ao., ab 1842 o. Prof. für Mineral., Geol. u. Paläontol. Univ. Tübingen, wo er starb. Legte in Tübingen bedeut. Slgn. fossiler Tiere des Jura an. – Lit.: Handbuch der Petrefactenkunde, Stuttgart 1851 (³1882–1885); Handbuch der Mineralogie, Tübingen 1854; Der Jura, Tübingen 1857; Die Ammoniten des Schwäbischen Jura, Stuttgart 1885–1888. – B: ADB LIII (A. Rothpletz); DSB (J. G. Burke). Ja/Sch

Quer Martínez, José (1695–1764); aus Perpiñán (Span.); stud. Chirurgie Univ. Perpiñán; danach Militärchirurg in Soria, dann Gerona, wo er mit d. Botanisieren begann u. dies in allen Orten fortsetzte, wohin er versetzt wurde (Katalonien, Aragón, Valencia, Nordafrika); 1733 als Regimentschirurg in Ital., hier Stud. d. Bot. bei M. A. Tilli in Siena u. in d. Umgebung von Florenz; 1737/1738 Rückkehr nach Span. u. Ernennung zum Heereschirurg; zugl. Forts. d. bot. Stud. in d. Umgebung von Madrid u. erste Kultivierungsversuche im Garten d. Herzogs de Atrisco; 1742–1746 erneut als Heereschirurg in Ital., hier als Berater u. Ltr. von Krankenhäusern, auch im Anatom. Theater d. Univ. Bologna tätig; gleichz. auch bot. Stud. Univ. Bologna u. Sammelreisen; nach Rückkehr weitere Kultivierungsarb. in d. Gärten d. Herzöge de Atrisco u. de Miranda; 1755 stellte ihm Ferdinand VI. königl. Garten in Migas Calientes für Gründung eines bot. Gartens zur Verfügung; wurde dessen erster Prof. für Bot. u. aus Armee entlassen; starb in Madrid. Erarb. die *Flora española*, die Ausgangspunkt späterer Veröffentlichungen wurde; Anhänger von J. P. de Tournefort. – Lit.: Flora española o Historia de las plantas que se crían en España, Madrid 1762; Disertación physico-botánica sobre el uso de la cicuta, Madrid 1764; (vervollst. von C. Gómez Ortega) Continuación de la Flora Española o Historia Natural de las Plantas, que escribía D. José Quer, Madrid 1784; Herbario seco de varias plantas que se crían en España, en las dos Américas, en Africa …, 2 Bde., Mss. in d. Bibl. d. Bot. Gartens von Genf. – B: DhCmE (C. Carles Genovés).   LGB/Sch

Quetelet, Lambert Adolphe Jacques (1796–1874); aus Gent; stud. am Lycée in Gent; dann Lehrer in Oudenaarde; 1815 Prof. für Math. Coll. de Gent (erste Prom. 1819 an neugegr. Univ. Gent); 1819 Prof. für Elementarmath. am *Atheneum* in Brüssel; 1820 Mitgl. belg. AdW; ab 1828 Dir. der Sternwarte; ab 1841 Präs. d. statist. Zentralkommission für Belgien, organisierte 1846 erste belg. Volkszählung; starb in Brüssel. Begr. der modernen Sozialstatistik, suchte mit Hilfe der Statistik Gesetze der menschl. Ges. zu ermitteln sowie Prozesse u. Eigenschaften menschl. Bevölkerungsgruppen (Populationen) zu analysieren; seine Methoden fanden weite Verbreitung u. leiteten die biolog. Populationsstatistik u. die Begr. der Biometrie (in Engl.) ein. – Lit.: L'anthropométrie ou mesure des différentes facultes de l'homme, Paris 1871. – B: DSB (H. Freudenthal).   Ja/Sch

Ibn Quṭaiba s. unter **I**

Rabl, Carl (1853–1917); aus Wels (Oberösterr.); 1871–1876 stud. Med. u. Zool. Univ. Wien, dazw. 1873 Univ. Leipzig (bei Leuckart), 1874 u. 1875 in Jena (bei E. Haeckel) u. biolog. Sta. in Triest; 1881 Demonstr. am Patholog.-anatom. Lehrstuhl Univ. Wien (Dr. med. 1882); 1882 Ass. von Langer von Edenberg am Anatom. Inst., 1883 Pd. für Deskriptive Anat. 1885 ao. Prof. für Anat. Univ. Wien; 1885 ao. Prof., 1886 o. Prof. für Anat. Dt. Univ. Prag; ab 1904 o. Prof. für Anat. Univ. Leipzig, wo er starb. – Lit.: Über Zellthei-lung, in: Morphol. Jb. *10* (1885): 214–330; Über „organbildende Substanzen" und ihre Bedeutung für die Vererbung, Leipzig 1906. – B: DSB (G. Robinson); ÖBL (M. Jantsch); Uschmann 1959; Lommatzsch 1968.   Ja/Sch

Radde, Gustav Ferdinand Richard (1831–1903); aus Danzig (Gdańsk); stud. Med. Univ. Danzig; führte viele Fo.reisen durch Rußl. durch u. förderte seine naturhist. Erschließung: 1852–1855 auf d. Krim, 1855–1860 Sammelreise nach Ostsibirien (Baikalsee, Daurien, Amurgebiet u. östl. Teile des Sajan-Gebirges); 1862 mit K. E. von Baer nach Südrußland, 1863 Gründung des Kaukasus-Mus. (1867 Eröffnung) in Tbilissi, wo er sich ab 1863 vorw. zur Erfo. des Kaukasus aufhielt; starb in Tbilissi. – Lit.: Reisen im Süden von Ost-Sibirien, 2 Bde., St. Petersburg u. Leipzig 1862–1863; Die Chewsuren und ihr Land, Kassel 1878; Reisen an der persisch-russischen Grenze, Talsych und seine Bewohner, Leipzig 1886; Grundzüge der Pflanzenverbreitung in den Kaukasusländern, Leipzig 1899 (Die Vegetation der Erde, 3). – B: BSE³; Krämer 1976: 326.   Ja

Rádl, Emanuel (1873–1942); aus Pischely (Pyšely, Böhmen); stud. Naturwiss. Tschech. Univ. Prag (Dr. phil. 1899); dann Gymnasiallehrer in Pilsen (Plzeň), Pardubitz (Pardubice) u. ab 1902 in Prag; 1904 Pd. für Gesch. d. biolog. Wiss., 1919 Prof. für Naturphilos. Univ. in Prag, wo er starb. – Lit.: Untersuchungen über den Phototropismus der Tiere, Leipzig 1903; Über das Gehör der Insekten, in: Biol. Zbl. *25* (1905): 1–5; Geschichte der biologischen Theorien seit dem Ende des siebzehnten Jahrhunderts, 2 Bde., Leipzig 1905–1909 (2., erw. Aufl. u. d. T.: Geschichte der biologischen Theorien in der Neuzeit, Bd. 1, Leipzig u. Berlin 1913). – B: DSB (O. Matousek); ÖBL (K. Kučera).   Ja/Sch

Radlkofer, Ludwig (1829–1927); aus München; stud. Med., dann bes. Bot., Univ. Jena (bei M. J. Schleiden), wo er mikroskop.-anatom. u. pharmakologisch arbeitete; ab 1856 Pd., dann ao. Prof., 1863–1913 Prof. für Bot. Univ. in München, wo er starb. Führte in Forts. der Arb. von Schleiden die anatom. Analyse als Bestimmungsmethode für pflanzl. Pharmaka in die Pharmakognosie u. die botan. Systematik ein; berichtigte endgültig Schleidens Irrtum über die Rolle des Pollens; bestätigte die Untersuchungen von Hofmeister über die Befruchtung d. Phanerogamen. – Lit.: Die Befruchtung der Phanerogamen, Leipzig 1856; Über die Methoden in der botanischen Systematik, insbesondere die anatomische Methode, München 1883. – B: Herzog 1928.   Ja

Radnitz, Gerty Theresa s. Cori, Gerty Theresa

Raikov [Rajkov], Boris Evgen'evič (1880–1966); aus Moskau; ab 1899 stud. Biol. Univ. St. Petersburg, wegen polit. Tätigkeit Verbannung nach Wytegra (am Onegasee), 1905 externer Abschluß; danach Lehrer an versch. Obersch. in St. Petersburg; 1913 Doz., 1918 Prof. Psychoneurolog. Inst. Univ. Moskau; 1920–1930 u. 1945–1948 o. Prof. für Methodik d. Unterrichts in d. Naturwiss. am A.-Herzen-Inst. für Pädagogik Leningrad; dazw. (1934) Ltr. eines med.-diagnost. Inst. auf d. Kola-Halbinsel u. im *2. Weltkrieg* in Archangelsk; 1945–1966 erster wiss. Mitarb. Inst. für Gesch. d. Naturwiss. u. Technik d. sowjet. AdW in Leningrad; starb in seinem Landhaus bei Leningrad (St. Petersburg). 1912 Mitbegr. u. 1912–1930 Hrsg. d. Z. *Estestvoznanie v škole* (*Naturwiss. in der Schule*), 1925–1930 Hrsg. d. Z. *Živaja priroda i skola* (*Biologie u. Schule*), ab 1957 Redakteur d. Z. *Fragen d. Gesch. d. Naturwiss. u. d. Technik*. – Lit.: Caspar Friedrich Wolff (dt., bearb. von Georg Uschmann), in: Zool. Jb. Syst. *91* (1965): 555–626; Karl Ernst von Baer 1792–1876 : sein Leben und sein Werk, Leipzig 1968 (Acta historica Leopoldina, 5); Christian Pander: vydajuščijsja biolog-evoljucionist, Moskva–Leningrad 1964 [dt. Übers. u. Komm. von W. E. von Hertzenberg & P. H. von Bitter u. d. T.: Christian Heinrich Pander, Frankfurt a. M. 1984 (Senckenberg-Buch, 62)]. – B: BSE³ (I. B. Rajkov); von Knorre 1967; Lukina 1970 (W); von Hertzenberg & von Bitter in Raikov 1984: 9.   Sch

Raimund de Luzzi s. Mondino de' Liuzzi

Rajus, John s. Ray, John

Ar-Rāmhurmūzī, Buzurg ibn Šahriyār (um 950); Schiffskapitän aus Rāmhurmūz (Persien); schrieb ein Buch mit viel superstitiösem Beiwerk über Indien. – Lit.: Textausg. u. Übers.: P. A. van den Lith u. L. Marcel Devie, Livre des merveilles de l'inde par le capitaine Bozorg fils de Chahriyar de Ramhormoz, Leiden 1883–1886.   Nab

Ramón y Cajal, Santiago (1852–1934); aus Betilla de Aragón (Span.); stud. Med. Univ. Zaragoza (Dr. med. 1873); zunächst Militärarzt auf Kuba; 1883 Prof. für Anat. Univ. Valencia; 1887 Prof. für Histol. Univ. Barcelona; 1892–1922 Lehrstuhl für Histol. u. Patholog. Anat. Univ. in Madrid, wo er starb. Erlangte v. a. als Gehirnanatom u. Neurologe Bedeutung; Nobelpr. 1906. – Lit.: La fine structure des centres nerveux (*Croonian Lecture*), in: Proc. Roy. Soc. London *53* (1894): 444–468; Textura del sistema nervioso del hombre y de los vertebrados, 3 vol., Madrid 1897–1904 (franz. u. d. T.: Histologie du système nerveux de l'homme et des vertebres, 2 vol., Paris 1909–1911); Reglas y consejos sobre investigación científica, 7 ed., Madrid 1935 (dt.: Regeln und Ratschläge zur wissenschaftlichen Forschung, München 1933, [4]1957); s. a. Lit. zu Kap. 15. – B: DSB (D. W. Taylor); Autobiogr. 1901–1907, 1934; F. de Castro, Madrid 1981.   Ja

Rath, Gernot (1919–1967); aus Oldenburg (Oldenburg); 1956 Pd., 1960 apl. Prof. Univ. Bonn; 1960 Assoc. Prof. u. chairman Univ. Wisconsin (USA); 1961 o. Prof. für Gesch. d. Med. Univ. Göttingen; starb in München. 1962 Vors. *Dt. Ges. für Gesch. d. Med., Naturwiss. u. Technik.* – Lit.: Andreas Vesal im Lichte neuer Forschungen, Wiesbaden 1963 (Beitr. zur Gesch. d. Wiss. u. d. Technik, 6); Johann Lucas Schoenlein und der Berliner Lehrstuhl für Geschichte der Medizin, in: Med.hist. J. *1* (1966): 217–223. – B: WerD 1962; Kürschner; Werk-Verz. 1972.   Sch

Rathke, Heinrich (1793–1860); aus Danzig (Gdańsk); 1814 stud. Med. u. Naturwiss. Univ. Göttingen, 1817 Univ. Berlin (Dr. med. 1818); 1818–1825 arztl. Praxis in Danzig, 1826 Kreisarzt, daneben private anatom. u. embryolog. Stud.; ab 1829 Prof. für Physiol. u. Pathol. Univ. Dorpat, zugl. Stud.reisen; ab 1834 Prof. für Zool. u. Anat. Univ. in Königsberg (Kaliningrad), wo er starb. – Lit.: Abhandlungen zur Bildungs- und Entwicklungsgeschichte der Menschen und der Thiere, 2 Bde., Leipzig 1832–1833; Ueber die Visceralbogen der Wirbelthiere …, Berlin 1837; Bemerkungen über den Bau des *Amphioxus lanceolatus*, eines Fisches aus der Ordnung der Cyclostomen, Königsberg 1841. – B: ADB (L. Stieda); DSB (V. L. Bullough).   Ja

Ratich(ius) [Ratke], Wolfgang (1571–1635); aus Wilster; lebte von 1603–1611 in Holland u. wirkte als Pädagoge, wobei er für Methoden des induktiven Vorgehens eintrat wie später Comenius; entwarf 1612 einen Plan zu einer Schulreform, 1618 für eine Lehranstalt in Köthen (Anhalt) u. – nach Zerwürfnissen mit d. Landesherrn – 1621 eine solche in Magdeburg. – B: ADB (Binder).   Ja

Ratzenberger, Caspar (gest. 1603); vermutl. aus Saalfelden; ab 1548 stud. Med. Univ. Wittenberg; als Arzt tätig (vielleicht in Naumburg); starb vermutl. in Ortrand. Sammelte eines der ersten erhaltenen Herbare ca. 1554–1559, dessen Teile jetzt in Kassel u. Gotha aufbewahrt werden. – B: ADB (Brecher).   Hpp

Rauber, August (1841–1917); aus Obermoschel (Pfalz); stud. Jura, dann Med. Univ. München (bei Bischoff, Rüdinger u. Kollmann) u. Ass. Anat. Inst. (Dr. med. 1865); 1866 Ass. Univ. Wien; 1869/1870 Pd. für Anat. Univ. München; 1872 Prosektor in Basel, dann bei His in Leipzig; 1873 ao. Prof. Univ. Leipzig, legte 1875 die Prosektur nieder u. arbeitete im Privatlabor.; 1886–1911(em.) o. Prof. für Anat. (–1890 auch mikroskop. u. –1898 topograph. Anat.) u. Dir. Anatom. Inst. Univ. in Dorpat (Tartu), wo er starb. – Lit.: Formbildung und Formstörung in der Entwicklung von Wirbeltieren, Leipzig 1880; s. a. Lit. zu Kap. 14. – B: Ärzte II; Deutschbalt. Lex; Kreuter.   Sch

Raulin, Jules (1836–1896); aus Mézières (Frankr.); stud. Naturwiss. in Paris, arb. als einer d. ersten Studenten von L. Pasteur in dessen Labor. an d. É. Normale Supér. in Paris über Pilze, wo er u. a. Nährlösungen prüfte (Dr. ès sci.phys. 1868); lehrte danach in Brest u. Caén; dann stellv. Dir. d. Labor. von Pasteur in Paris; ab 1876 Prof. für Chemie an d. Naturwiss. Fak. in Lyon, wo er starb. – Lit.: Études chimiques sur la végétation, in: Ann. sci. nat., Bot. (4), *11* (1869): 93–299 (als These gedr. 1870, Nachdr. als Buch: Paris 1905). – B: DSB (J. B. Carles).   Ja

Ray [Rajus], John (1627–1705); aus Black Notley (Essex, Engl.); 1644–1649 stud. Theol. *Trinity Coll.* Cambridge/Engl. (BA 1647/1648); ab 1651 hier Lehrer für Klass. Sprachen u. Naturgesch., führte auch bot. Exkursionen durch (Flora von Cambridge 1660); 1660 Diakon, verließ aber 1662 d. Kirchendienst; bereiste mit Willughby 1663–1666 d. europ. Kontinent (Niederlande, Rheinland, Wien, Venedig, Padua, Genua, Neapel, Sizilien, Malta, Florenz, Rom, Schweiz, Genf, Montpellier, Paris, Calais), um gemeinsam eine Naturgesch. der Pflanzen u. Tiere zu schreiben; widmete sich nach d. Rückkehr ausschließlich dieser Aufgabe; 1667 Mitgl. *Roy. Soc.*; gab nach Willughbys Tod (1672) allein einen Reisebericht (1673) sowie dessen *Ornithologia* (1676) heraus; schuf neue Grundlagen der bot. u. zool. Systematik; starb in Black Notley. – Lit.: Catalogus plantarum, circa Cantabrigiam nascentium, London 1660; Catalogus plantarum Angliae, London 1667; The specific differences of plants, in: Proc. Roy. Soc. London (1674)Nov.; Ornithologiae libri tres, London 1676; Methodus plantarum nova, Amsterdam 1682; Historia generalis plantarum, 3 Bde., London 1686–1704; De Historia Piscium, London 1686; The Wisdom of God manifested in the Works of the Creation, London 1691 ([4]1704); Synopsis animalium quadrupedum et serpentium, London 1693; Methodus emendata, London 1703 (Faks. Weinheim/Bergstr. 1962); Methodus insectorum …, Londini 1704; (postum) Historia insectorum, London 1710. – B: LexNW; Raven [2]1950/1986; Keynes 1951 (W). – P.   Ja

Rayer, Pierre François Olive (1793–1867); aus St. Sylvain (Calvados); stud. Med. an d. *É. pratique*, am *Hôtel-Dieu* u. *Maison Roy. de Santé* in Paris (Dr. med. 1818); 1823 Mitgl. Acad. méd., 1824 Arzt am Bureau central des hôpitaux, 1825 am Hôp. St.-Antoine, 1832 am Hôp. de la *Charité*; 1837 Präs. d. *Comité consultatif de l'hygiene publique*; 1848 Konsult. Arzt des Königs LOUIS PHILIPPE u. Präs. der *Assoc. général de prévoyance et de secours mutuels des médecins*; 1862 Prof. für Vergl. Med. an d. Med. Fak. in Paris, wo er starb. – Lit.: Inoculation du sang de rate, in: C. R. Soc. biol. *2* (1850): 141. – B: Ärzte I.   Sch

ar-Rāzī, Abū Bakr Muḥammad ibn Zakarīyā [Rhazes] (ca. 854 o. 865–925 o. 932/35); aus Raiy (Chorasan, Persien, heute Iran); nach Ausbild. in Musik u. Chemie später stud. Med. u. Philos., u. a.bei dem jüd. Arzt IBN ZAIN AṬ-ṬABARĪ in Raiy; wurde bedeut. Arzt der Blütezeit der arab.-islam. Med., ausgezeichneter Kliniker; leitete ein Krankenhaus in Raiy u. später in Bagdad; besuchte als Consiliarius zahlr. Fürstenhöfe; starb in Raiy o. Bagdad. Faßte in einem seiner Hauptwerke, dem *Kitāb al-Ḥāwī* („Das die Medizin enthaltende Buch"), das gesamte med. Wissen seiner Zeit zus. – Lit.: Textausg.: Opera Rhazae, Basel 1544; Kitāb al-Ḥawī, Bd. 1 ff., Hyderabad-Deccan 1955 ff.; lat. Übers.: Liber continens, 2 Bde., Brescia 1486. – B: DSB (S. PINES); LexMA (H. SCHIPPERGES); SARTON 1927 (W).   Nab/Sch

Réaumur, René-Antoine Ferchault de (1683–1757); aus La Rochelle; nach Besuch einer Jesuiten-Sch. bis 1703 stud. Jura, dann Math. u. Naturwiss. in Paris; 1708 Mitgl. d. Pariser AdW; dann Privatgelehrter; widmete sich auf seinem Landsitz in Bas Poitu naturwiss. Stud.; führte vielseitige physiolog. Experimente mit Pflanzen u. Tieren durch; legte reichhaltige zool. Slgn. an, die er von M.-J. BRISSON verwalten ließ; starb in Bermondière (Mayenne, Frankr.). Sein Naturalienkabinett wurde 1760 mit d. Königl. Kabinett vereinigt u. bildete später den bedeutendsten Grundstock des *Mus. national d'Hist. naturelle*. – Lit.: Sur les diverses reproductions que se font dans les écrivisses, les omars, les crabes etc., in: Mém. Acad. Roy. Sci. (1712, 1720, 1731); Mémoires pour servir à l'histoire naturelle des insectes, 6 Bde., Paris 1734–1742; Art de faire

éclorre et d'élever en toute saison des oiseaux domestiques de toutes espèces, 2 Bde., Paris 1749. – B: DSB (J. B. GOUGH); LexNW; ROGER 1962.   Ja

Rechinger, Carl Josef Titus (1867–1952); aus Wien; stud. Bot. Univ. Wien (bei J. WIESNER, Dr. phil. 1893); zunächst Ass., später Kustos der bot. Abt. Naturhist. Museum in Wien, wo er starb. 1905 Fo.reise in die Südsee. – Lit.: Untersuchungen über die Grenzen der Theilbarkeit im Pflanzenreiche, in: Verh. Zool.-Bot. Ges. Wien *43* (1893): 310–334. – B: nach Hinweisen d. Archivs d. Naturhist. Mus. u. Karl Heinz RECHINGER, Wien.   Höx/Sch

Redi, Francesco (1626–1697); aus Arezzo (Ital.); stud. Philos. u. Med. in Pisa (Dr. med. 1647) u. Florenz; wirkte als Leibarzt des Großherzogs von Toscana, FERDINAND II. VON MEDICI, in Florenz; starb in Pisa. Eines der bedeutendsten Mitgl. der von 1657–1667 bestehenden *Accademia del Cimento*, die v. a. das Experiment pflegte; widerlegte auf experim. Wege d. Vorstellung von einer Urzeugung d. Insekten u. schuf d. Grundlagen einer Helminthologie u. Parasitologie. – Lit.: Esperienza intorno alla generazione degl'insetti, Firenze 1668; Osservazioni … intorno agli animali viventi che si trovano negli animali viventi, Firenze 1684; (postum) Opere, Firenze 1741. – B: DSB (L. BELLONI); BELLONI 1958.   Ja

Reed, Walter (1851–1902); aus Belroi bei Gloucester (Virginia, USA); 1867 (mit 16 J.) stud. Med. Univ. Charlottesville/Virginia (MD 1869) u. Med. Sch. Bellevue Hosp. New York (MD 1870); danach Ass.arzt am Infant's Hosp. New York; 1871 Arzt am Kings county Hosp. Brooklyn, 1871–1872 am Brooklyn City Hosp.; gleichz. Distriktarzt für d. New York Dep. of Public Charities; 1873 Sanitäts-Insp. d. Städt. Gesundheitsamtes (*Brooklyn Board of Health*); ab 1874 im militärärztl. Dienst (*Army Med. Corps*); um 1890 Stud.aufenth. am Johns Hopkins Hosp. in Baltimore (Maryland), Stud. d. Pathol. bei W. H. WELCH; 1893 als Major Kurator am Army Med. Mus. u. Prof. für Bakteriol. u. Klinische Mikroskopie am neuen Army Med. Coll. in Washington; im span.-amerikan. Krieg 1898 Ltr. einer Typhuskommission in Kuba, v. a. Bearb. von Fragen der Übertragung (Trinkwasser, Fliegen); 1900 Ltr. d. amerikan. Gelbfieberkommission, zus. mit d. Bakteriologen James CARROL, Entomologen Jesse W. LAZEAR u. d. Pathologen Aristides AGRAMONTE: sie fanden, daß Moskitos die Überträger sind, wodurch gezielte Bekämpfungsmaßnahmen eingeführt werden konnten; starb in Washington. – Lit.: The etiology of yellow fever: an additional note, in: J. Am. Med. Ass. *38* (1901): 431–440; s. a. Lit. zu Kap. 21. – B: DSB (W. B. BEAN).   Kö/Sch

Reichardt, Werner (1924–1992); aus Berlin; nach Kriegsdienst 1946–1950 stud. Physik TU Berlin-Charlottenburg; 1950 Doktorand bei E. RUSKA am Fritz-Haber-Inst. d. Max-Planck-Ges. Berlin-Dahlem (Dr.-Ing. 1952), hier 1952–1954 Stipendiat, dann Ass.; 1954 Postdoctoral Fell. am *Caltech* Pasadena/USA (bei M. DELBRÜCK); 1955 Ass. bei K. F. BONHOEFFER am MPI für Physikal. Chemie Göttingen; 1958 wiss. Mit-

J. Ray

O. Renner 1934

arb. Fo.gruppe Kybernetik MPI für Biologie Tübingen, gleichz. o. Prof. für Biol. u. Nachrichtentechnik am *Caltech* (Pasadena, USA); 1960 Wiss. Mitgl. u. Dir. MPI für Biol., zugl. 1965 Hon. Prof. Univ. Tübingen; 1968 Wiss. Mitgl. u. Dir. MPI für Biolog. Kybernetik in Tübingen, wo er starb. – B: ALH (W 1950–1971). Sch

Reichenbach, Heinrich Gottlieb Ludwig (1793–1879); aus Leipzig; 1810 stud. Med. u. Naturwiss. Univ. Leipzig (Dr. phil. 1815, Dr. med. 1817, Habil. 1818); 1818 ao. Prof., 1820 o. Prof. für Naturgesch. an d. Chirurg.-med. Akad. Dresden; dort bis zu deren Auflösung 1862 tätig, zugl. Dir. Zool. Mus. u. des durch ihn begr. Bot. Gartens bis zu seinem Tode. Bearb. der Flora u. Fauna von Dtl. in umfangr. naturgeschichtl. Werken, erstrebte eine natürliche Systematik. – Lit.: Flora exotica, 5 Bde., Leipzig 1834–1836; Das Pflanzenreich in seinen natürlichen Klassen und Familien entwickelt, Leipzig 1834; Der Naturfreund, oder … Naturgeschichte des In- und Auslandes, Lfg. 1–38, Dresden 1834–1844; Die vollständige Naturgeschichte der Vögel des In- und Auslandes, 14 Bde., Dresden u. Leipzig 1845–1862; Flora mit … Abbildungen (= Bd. 1–11 u. d. T.: Icones florae germanicae et helveticae), Bd. 1–21, Leipzig 1837–1867, Bd. 22–25 u. 19/II, Leipzig–Gera 1903–1912. – B: ADB (W. Hess); Gebhardt 1964, 1970. Hpp

Reichenbach, Karl Ludwig Freiherr **von** (1788–1869); aus Stuttgart; stud. Naturwiss. u. Nationalökon. Univ. Tübingen (Dr. phil.); Chemiker u. Industrieller; bereiste die Eisenwerke in Dtl. u. Frankr., gründete danach ein eigenes Werk in Billingen, dann in Hausach die ersten großen Holzverkohlungsöfen, später weitere Eisenwerke u. a. in Blansko (Mähren); naturwiss. Arb.; lebte zuerst in Stuttgart, später in Blansko, ab 1836 bei Wien, ab 1867 in Leipzig, wo er starb. – B: ADB (Ladenburg); Poggendorff II, III. Sch

Reichert, Karl Bogislaus (1811–1883); aus Rastenburg (Ostpreußen, heute Ketrzyn, Polen); stud. Med. 1 Sem. Univ. Königsberg (bei K. E. von Baer), dann am militärärztl. FWI u. Univ. Berlin (bei J. Müller, Dr. med. 1836); 1840 von militär. Verpflichtungen entbunden, Ass. u. später Prosektor Anat. Inst. Univ. Berlin; 1843 o. Prof. für Human- u. Vergl. Anat. Univ. Dorpat (Tartu); 1853 o. Prof. für Physiol. u. Dir. Physiol. Inst. Univ. Breslau (Wrocław); 1858 o. Prof. für Anat. Univ. in Berlin, wo er starb. – Lit.: De embryonum arcubus sic dictis branchialibus, Berlin 1836; Über die Entwicklung des befruchteten Säugethiereies, Berlin 1843; Beitrag zur Entwicklungsgeschichte der Samenkörperchen bei den Nematoden, in: A. für Anat., Physiol. u. wiss. Med. *14* (1847): 88–147, u. *19* (1852): 47–92. – B: ADB (Pagel); DSB (V. Kruta); Enigk 1986. Hth

Reil, Johann Christian (1759–1813); aus Rhaude bei Aurich (Ostfriesland); 1779 stud. Med. Univ. Göttingen, 1780 Halle/Saale (Dr. med. 1782); danach prakt. Arzt in Ostfriesland; 1787 Ass. von Goldhagen Univ. Halle, 1788 o. Prof. für Therapie u. Dir. d. Univ.-Klinik (Nachf. von Goldhagen), 1789 auch Stadtphysi-

kus in Halle/Saale; 1810 Prof. für Klin. Med. Univ. Berlin; 1813 Insp. aller Lazarette westl. d. Elbe; starb an Typhus-Infektion in Halle. 1795 Gründer der ersten dt. Z. für Physiologie (*A. für die Physiol.*). – Lit.: Von der Lebenskraft, in: A. für d. Physiol. *1* (1796): 8–162. – B: DSB (G. B. Risse); LexNW; Kreuter (W); Mocek 1995. Ja

Reinke, Johannes (1849–1931); aus Ziethen bei Ratzeburg (Mecklenburg); stud. Bot. Univ. Rostock, Bonn, Berlin u. Würzburg (Dr. phil. 1871 bei Sachs Univ. Rostock); 1871–1873 Ass. am Herbar, 1872 Pd. für Bot. Univ. Göttingen; 1873 in Bonn; noch 1873 ao. Prof., 1879 o. Prof. für Bot. Univ. Göttingen; 1885–1921 (em.) o. Prof. für Bot. u. Dir. Bot. Garten Univ. Kiel; starb in Preetz (Holstein). Erster Botaniker an d. Zool. Sta. Neapel; prägte d. Begriff „Theoretische Biologie"; Anhänger des Neovitalismus; als einer d. Hauptführer des „Keplerbundes" Gegner von Haeckel. – Lit.: Lehrbuch der allgemeinen Botanik, Berlin 1880; Grundlagen einer Biodynamik, ebda 1922. – B: LexNW; Wagenitz 1988; Autobiogr. 1925; Benecke 1932 (W). Sch

Remak, Robert (1815–1865); aus Posen (Poznań, Polen); 1833 stud. Med. Univ. Berlin, bes. bei Joh. Müller, an dessen Physiol. Inst. er sich der mikroskop. Anat. u. Embryol. widmete; erkannte schon 1837 die Pilznatur der Favus-Krankheit u. bestätigte dies 1842 durch Selbstinfektion; 1843 Ass. bei Schönlein, 1847 Pd. für Med. (als erster jüdischer Hochschullehrer), 1859 ao. Prof. für Anat. u. Embryol. Univ. Berlin; später Privatgelehrter; starb in (Bad) Kissingen. Identifizierte das Froschei als eine Zelle u. deren Weiterentw. als Zellteilungen, die von den Kernen ausgehen (1852). – Lit.: Diagnostische und pathogenetische Untersuchungen, in der Klinik des Herrn Geh. Raths Dr. Schoenlein, Berlin 1845; Über extracellulare Entstehung thierischer Zellen und über Vermehrung derselben durch Theilung, in: A. für patholog. Anat., Physiol. u. wiss. Med. *19* (1852): 47–92; Untersuchungen über die Entwicklungsgeschichte der Wirbelthiere, Berlin 1855. – B: ADB (J. Pagel); DSB (E. Hintzsche); LexNW. Ja/Sch

Remane, Adolf (1898–1976); aus Krotochin (Polen); Dr. phil., 1925 Pd., 1929 ao. Prof. Univ. Kiel; 1934 o. Prof. für Zool. Univ. Halle/Saale; ab 1937 Prof. für Zool. u. Meereskunde Univ. Kiel u. Dir. Zool. Mus. u. Mus. für Völkerkunde, gründete hier 1937 auch d. Inst. für Meereskunde; starb in Plön (Holstein). – Lit.: Die Grundlagen des natürlichen Systems, der vergleichenden Anatomie und der Phylogenetik, Leipzig 1952 (²1956); s. a. Lit. zu Kap. 18. – B: LexNW. Ja/Sch

Renner, Otto (1883–1960); aus Neu-Ulm; 1901–1906 stud. Naturwiss., bes. Bot., Univ. München (bei K. von Goebel u. L. Radlkofer), zugl. 1903 Ass. bei Radlkofer Bot. Staatsslg. München (Dr. phil. 1906); 1907 Praktikant bei W. Pfeffer Univ. Leipzig; danach 1907 Kustos am Kryptogamen-Herbar u. Ass. bei von Goebel, 1911 Pd., 1913 ao. Prof. für Pflanzenphysiol. u. Pharmakognosie Univ. München; 1920 o. Prof. für Bot. u. Dir. Bot. Inst. u. Garten Univ. Jena (Nachf.

von E. STAHL); 1948–1953 o. Prof. für Bot. u. Dir. Bot. Inst. u. Garten Univ. in München, wo er starb. Fo.reisen nach Algerien (1914) u. nach Java (1930–1931); 1933–1943 Hrsg. d. *Flora*, 1947–1956 der *Planta* u. 1949–1955 der *Fortschritte d. Botanik*. – Lit.: Versuche zur Mechanik der Wasserversorgung : 2. Über Wurzeltätigkeit, in: Ber. Dt. Bot. Ges. *30* (1912): 576–580; Theoretisches und Experimentelles zur Kohäsionstheorie der Wasserbewegung, in: Jb. Wiss. Bot. *56* (1915 a): 617–667; Die Wasserversorgung der Pflanzen, in: Handwörterbuch Naturwissenschaft, hrsg. von E. KORSCHELT, Bd. 10, Jena 1915 b: 538–557; Versuche über die genetische Konstitution der Oenotheren, in: Z. indukt. Abstammungsl. *18* (1917 a): 121–294; Artbastarde und Bastardarten in der Gattung *Oenothera*, in: Ber. Dt. Bot. Ges. *35* (1917 b): 21–26. – B: BRAUNER 1960; MÄGDEFRAU 1961. – P.   Höx/Sch

Rensch, Bernhard (1900–1990); aus Thale (Harz); 1920 stud. Biol. Univ. Halle/Saale (bes. bei V. HAECKER) u. Berlin (bei STRESEMANN, Dr. phil. 1923 Univ. Halle); 1923–1925 Ass. am Inst. für Pflanzenbau Univ. Halle, wo er über Rübennematoden arbeitete; ab 1925 Ass. Zool. Mus. Berlin an d. Mollusken-Abt., auch an Neugestaltung d. Schau-Slg. beteiligt; 1937–1955 Dir. d. Landesmus. für Naturkunde in Münster (Westfalen), 1947–1968 o. Prof. für Zool. Univ. in Münster, wo er starb. Widmete sich neben taxonom. Stud. bes. der Evolutionsfo., schuf in Anknüpfung an KLEINSCHMIDTS Formenkreislehre die Rassenkreislehre auf materialist. Basis. – Lit.: Das Prinzip geographischer Rassenkreise und das Problem der Artbildung, Berlin 1929; Neuere Probleme der Abstammungslehre – die transspezifische Evolution, Stuttgart 1947 (³1972); Robert Mertens: ein vielseitiges Forscherleben, in: Natur u. Mus. *106* (1976): 227–236. – B: KÜRSCHNER 1987; LexNW; Autobiogr. 1979.   Ja

Retzius, Anders Adolf (1796–1860); aus Lund (Schweden), Vater von Magnus Gustav R.; stud. Med. Univ. Lund u. Stockholm; ab 1824 Prof. für Anat. Univ. Stockholm, wo er starb. Widmete sich bes. der menschl. Schädellehre u. untersuchte Schädel versch. Menschenrassen; führte zur Unterscheidung u. zum Vergl. d. Schädelmessungen feste Indices, bes. den Längen-Breiten-Index, ein. – B: DSB (V. KRUTA); LexNW; KRUTA 1956, 1971.   Ja

Retzius, Magnus Gustav (1842–1919); aus Stockholm, Sohn von Anders Adolf R.; ab 1861 stud. Med. Univ. Uppsala, dann Stockholm (Dr. med. 1871 Univ. Lund); 1871 Doz. für Anat., 1877 ao. Prof. für Histol., 1889 o. Prof für Anat. am Karolinska Inst. bei Stockholm; ab 1890 als Privatgelehrter Fo. über Neuroanat. u. -physiol., Anthropol. (vergl. Hirn- u. Schädelstud. an Lappen Nordfinnlands u. Indianern) u. Nervensystem der Crustaceen u. a. wirbelloser Tiere; starb in Stockholm. – Lit.: Studien in der Anatomie des Nervensystems und des Bindegewebes, Stockholm 1875–1876; Das Gehörorgan der Wirbelthiere, 2 Bde., Stockholm 1881–1884; Biologische Untersuchungen, N. S., Jena *1–18* (1890–1914); Das Menschenhirn, 2 Bde., Stockholm 1896; Crania suecica antiqua, Stockholm 1900; Cerebra simiarum illustrata = das Affenhirn in

bildlicher Darstellung, Stockholm 1906; s. a. Lit. zu Kap. 15. – B: NDB (G. RUDOLPH); LexNW; FÜRST 1921 (W).   Ja

Reyes Prósper, Eduardo de los (1860–1921); aus Valencia; stud. Naturwiss. Univ. u. Zeichnen an d. Kunstakad. von San Carlos in Valencia, dann Univ. Madrid (Prom.); Arb. über Kristallogr. u. Mineralogie; wandte sich nach ausgedehnten Stud. in Dtl. u. Frankr. der Pflanzenphysiol. u. Algologie zu; 1901 o. Prof. für Bot. an d. Naturwiss. Fak. Univ. (Nachf. von M. COLMEIRO), 1919 Dir. d. Bot. Gartens (Nachf. von F. GREDILLA) in Madrid, wo er starb. – Lit.: Las Carofitas de España …, Madrid 1910; Las estepas de España y su vegetación, Madrid 1915. – B: DhCmE (C. CARLES GENOVÉS).   LGB/Sch

Rhazes s. ar-RĀZĪ, Abū Bakr Muḥammad ibn Zakarīyā

Richerand, Balthasar Anthelme (1779–1840); aus Belley (Bugey, Frankr.); 1796 stud. Med. an d. *Faculté de Méd.* in Paris (u. a. bei CABANIS u. DE FOURCROY, Diss. 1798); danach prakt. Arzt u. Chirurg am Hosp. St.-Louis u. gleichz. 1806 Nachf. von LASSUS in d. *Fac. de Méd.* in Paris, wo er starb. 1820 Sekr. u. später Präs. d. Sekt. Chirurgie d. neugegr. Acad. d. Méd. – Lit.: Nouveaux éléments de physiologie, Paris 1801 (²1802; ¹⁰1833, bearb. von M. BÉRARD); Nosographie chirurgicale, ou Nouveaux élémens de pathologie, Paris 1805 (²1808, ⁴1815; ital. Übers. von G. PIATTI, Firenze 1810); (Hrsg.) Œuvres complètes de Bordeu, 2 vol., Paris 1818. – B: BU.   Sch

Richet, Charles Robert (1850–1935); aus Paris; Besuch einer Med. Sch., 1873–1875 Experimente mit Hypnose; 1876–1882 Ass. in den Labor. von J. MAREY u. M. BERTHELOT am *Coll. de France* sowie 1878 im physiolog. Labor. von Alfred VULPIAN an d. *Fac. de Méd.* in Paris, zugl. histolog. Arb. bei Ch. ROBIN, sowie Meeresbiol. Sta. bei Paul BERT; gleichz. 1876 Ass.arzt bei Aristide VERNEUIL (Diss.); 1878 Doz. (*professeur agrégé*), 1887–1927 o. Prof. für Physiol. Med. Fak. Univ. in Paris, wo er starb. Nobelpr. 1913. – Lit.: (mit P. PORTIER) De l'action anaphylactique de certains venins, in: C. R. Soc. Biol. *54* (1902): 170–172; s. a. Lit. zu Kap. 15. – B: DSB (F. L. HOLMES); WWNP; LexNW.   Sch

Richthofen, Ferdinand Freiherr **von** (1833–1905); aus Carlsruhe (Oberschlesien, heute Polkój, Opole); stud. Geol. Univ. Berlin; dann als preuß. Gesandter weite Reisen in Ostasien, Niederländisch- u. Hinterindien; 1863–1868 geolog. Stud. in Kalifornien, 1870–1871 in Japan; 1860–1862 u. 1868–1872 Erfo. Chinas; ab 1875 o. Prof. für Geographie Univ. Bonn, 1883 Univ. Leipzig, 1886 Univ. Berlin, wo er 1901 das Mus. für Meereskunde gründete; starb in Berlin. Widmete sich bes. d. Physischen Geographie. – Lit.: China : Ergebnisse eigener Reisen, 5 Bde., Berlin 1877–1912; Aufgaben und Methoden der heutigen Geographie (Antrittsrede), Leipzig 1883; Das Museum für Meereskunde in Berlin, Berlin 1905; (mit PENCK) desgl., Berlin 1907. – B: DSB (R. BECKINSALE); LexNW.   Ja/Sch

Ridgway, Robert (1850–1929); aus Mount Carmel (Illinois, USA); durch S. F. BAIRD zu ornithol. Stud. angeregt, auf dessen Empfehlung 1869 Angestellter zur zool. Erkundung des Geländes einer Eisenbahnroute; dann Mitgl. der *Smithsonian Inst.* in Washington, ab 1880 Kurator (design.) der Vogelabt. am U.S. Nationalmus.; 1883 Mitbegr. d. *Am. Ornithol. Union*, 1898–1900 deren Präs.; 1895–1897 ornithofaunist. Reisen durch Florida, 1899 Teiln. d. *Harriman Exped.* nach Alaska; starb in Olney (Illinois). – Lit.: (mit L. STEJNEGER) On the use of trinominals in American ornithology, in: Proc. U.S. National Mus. 7 (1885): 70–80. – B: DSB (E. MAYR).   Ja

Rieger, Rigomar (geb. 1930); aus Halle/Saale; nach Landw.lehre 1950–1953 stud. Agrarwiss., spez. Genetik u. Züchtungsfo./Pflanzenzüchtung, Univ. Halle/Saale; seit 1953 am Inst. für Kulturpflanzenfo. in Gatersleben, 1953 wiss. Ass. Abt. Genetik (Prom. 1956), 1956 Oberass., 1959–1968 Abt.-Ltr., 1969 Prof. für Genetik, 1969–1985 Ltr. des Bereiches Molekular- u. Zellgenetik sowie 1971–1985 Dir. des Inst., gleichz. 1968–1991 Ltr. Abt. Cytogenetik in Gatersleben. Ihm gelang int. erstmals die Entw. „synthetischer Karyotypen" mit rekonstr. Chromosomen bei *Vicia faba*, der Nachweis von Nukleardominanz in gezielt rekonstr. Translokationskaryotypen d. Gerste, u. der Nachweis von durch Streßfaktoren induzierbaren zellulären Schutzmechanismen gegen d. Induktion von chromatidalen Strukturumbauten bei höheren Pflanzen *in vivo*; Vorlage neuer Befunde zu Mechanismen der Karyotypevolution; ab 1969 Mithrsg. d. *Biolog. Zentralblattes* u. 1969–1990 der *Kulturpflanze*, Mitgl. des Redaktionsrates 1964–1979 von *Mutation Res.* u. seit 1990 von *Annali di Botanica*. – Lit.: (mit A. MICHAELIS) Wörterbuch der Genetik, in: Der Züchter (1955), SH 1 (s. a. Lit. 1968); Genommutation, Jena 1962; (mit A. MICHAELIS) Chromosomenmutationen, Jena 1967; (mit A. MICHAELIS & M. M. GREEN) Glossary of Genetics and Cytogenetics, Heidelberg–Berlin 1968 ([5]1991). – B: Persönl. Mitt. von R. RIEGER an J. SCHULZ von 1995.   Scu

Río-Hortega, Pío del (1882–1945); aus Portillo (Valladolid, Span.); stud. Med. Univ. Valladolid (bes. Histol. bei L. LÓPEZ GARCÍA, Dr. med. 1905); dann Ass.

u. Hilfslehrer für Histol. bei LÓPEZ GARCÍA Univ. Valladolid; 1913 Stud.aufenth. in Paris u. London; nach seiner Rückkehr ab 1915 bei N. ACHÚCARRO im Histolog. Labor. d. *Junta de Ampliación de Estudios*, ab 1918 Ltr. dieses Labor.; zugl. 1928 Ltr. d. Fo.-Abt. d. *Inst. Nacional del Cáncer*, 1931 Dir. d. Inst.; 1936 nach Ausbruch d. Bürgerkrieges Emigr. nach Paris, hier bei Clovis VINCENT in neuropatholog. Labor., dann bei Hugh CAIRNS Univ. Oxford; 1940 Ruf nach Argentinien, Dir. eines histolog. Fo.-Labor. in Buenos Aires, wo er starb. Beschäftigte sich hpts. mit Erfo. d. Histopathol. von Tumoren im Nervensystem; Entw. neuer Färbetechniken, die ihm d. Durchführung neurolog. Fo. ermöglichten; Begr. d. *Archivos Españoles de Oncología* 1930 in Span. u. d. *Archivos de histología normal y patológica* 1942 in Buenos Aires. – Lit.: El „tercer elemento" de los centros nerviosos: Poder fagocitario y movilidad de la microglía, in: Bol. Soc. Esp. de Biol. 8 (1919): 68–82; La glía de escasas radiaciones (oligodendroglía), in: Bol. Real Soc. Esp. Hist. Nat. 21 (1921): 63–92; Constitution histologique de la glande pinéal: I. Cellules parenchymateuses …, in: Trabajos del Labor. de Investigaciones Biológicas, 21 (1923): 95–142. – B: DSB (T. F. GLICK); DhCmE (J. M. LÓPEZ PIÑERO).   LGB/Sch

Ritthausen, Heinrich (1826–1912); aus Armenruh bei Goldberg (Schlesien, heute Zlotoyja, Polen); stud. Chemie Univ. Leipzig u. Bonn, 1852–1853 Ass. bei O. ERDMANN Univ. Leipzig (Dr. phil. 1853); 1854 Ltr. Wiss. Abt. d. Landw. Versuchssta. Möckern bei Leipzig; 1856 Ltr. Agrikulturchem. Versuchssta. Ida-Marienhütte bei Saarau (Schlesien); 1857–1867 Prof. für Chemie u. Physik Landw. Akad. Waldau bei Königsberg (Kaliningrad); 1868 Prof. für Chemie Landw. HS Bonn-Poppelsdorf; 1873–1898 o. Prof. für Agrikulturchemie Univ. Königsberg; zog 1903 nach Berlin, wo er starb. – Lit.: Die Eiweisskörper, Bonn 1872. – B: STUTZER 1914. – P.   Höx

Ritze, Heinrich s. Cordus, Euricius

Rivinus [Bachmann], August Quirinius (1652–1723); aus Leipzig; stud. Med. Univ. Leipzig (bei ETTMUELLER, WELSCH u. BOHN; MA 1671) u. Helmstedt (Dr. med. 1676); danach prakt. Arzt in Leipzig; zugl. 1677 Pd., ab 1688 Mitgl. Med. Fak., ab 1691 Prof. für Physiol. u. Bot., 1701 Prof. für Pathol., 1719 Prof. für Therapie Univ. in Leipzig, wo er starb. Stellte ein Pflanzensystem nach der Blütenkrone auf, schloß sich d. morpholog. u. terminolog. Prinzipien von JUNGIUS an u. verbreitete Gedanken zu einer binären Nomenklatur, ohne sie selbst anzuwenden. – Lit.: Introductio generalis in rem herbariam, Leipzig 1690; Ordo plantarum, Leipzig 1690–1699. – B: ADB (PAGEL); Ärzte I (W. HABERLING); DSB (H. M. KOELBING).   Sch

Robbins, William Jacob (1890–1978); aus North Platte (Nebraska, USA); stud. Bot. Lehigh Univ. Bethlehem/Pennsylvania (AB 1910); 1910 Instr. für Biol. Lehigh Univ.; 1912–1916 Instr. für Pflanzenphysiol. Cornell Univ. Ithaca/New York (PhD 1915), 1912 u. 1913 zugl. Ass. für Pflanzenphysiol. am Marine Biol. Labor. Woods Hole (Mass.); 1916–1917 Prof. für Bot. Alaba-

H. Ritthausen

H. J. F. Römer

ma Polytechn. Inst.; 1919 Bodenbiochemiker am Bureau of Plant Industry d. USDA Washington; gleichz. 1919 Prof. für Bot. Univ. of Missouri Columbia; 1937–1958 Prof. für Bot. Columbia Univ. u. Dir. Bot. Garten New York. – Lit.: Cultivation of excised root tips and stem tips under sterile conditions, in: Bot. Gaz. *73* (1922): 376–390. – B: Goddard 1979.   Höx

Robertson, James David (geb. 1922); aus Tuscaloosa (Alabama, USA); stud. Biol. Univ. of Alabama (BS 1942) u. Med. Harvard Univ. Cambridge/Mass. (MD 1945); 1945 Mediziner am Boston City Hosp.; 1947 Ass.arzt in Montgomery (Alabama); 1948 Ass.arzt, 1949 Res. Fell. *Massachusetts Inst. Technol.* Cambridge (PhD 1952); 1952 Ass. Prof. für Pathol. u. Onkol. Univ. of Kansas in Kansas City; 1955 Res. Assoc. für Anat. Univ. Coll. London; 1960 Ass. Prof., 1964–1966 Assoc. Prof. für Neuropathol. Harvard Med. Sch. Cambridge (Mass.), zugl. 1960–1966 Biophysiker am McLean Hosp. Belmont (Mass.); 1966 Prof. für Anat., 1975 Duke Prof. für Anat., 1988 Duke Prof. für Neurobiol. Duke Univ. Durham (North Carolina). – Lit.: The ultrastructure of cell membrane and their derivatives, in: Biochem. Soc. Symp. *16* (1959): 3–43. – B: AMWS 1989–90.   Höx

Robinet, Jean-Baptiste René (1735–1820); aus Rennes (Frankr.); wirkte als Übersetzer u. Schriftsteller, 1778–1789 als königl. Zensor in Paris; zog sich bei Ausbruch d. franz. Revolution nach Rennes zurück, wo er starb. – Lit.: De la nature, Amsterdam 1761–1766; Considérations philosophiques de la gradation naturelle, Amsterdam 1768. – B: DSB (J. Roger).   Ja

Römer, Hermann Joseph Fritz (1866–1909); aus Moers (Rheinland); 1888 stud. Naturwiss., bes. Zool., Univ. Berlin, 1889 Univ. Jena (bei E. Haeckel, Dr. phil. 1892); 1892 Ass. Zool. Inst. Jena (bei Haeckel u. Kükenthal); 1898 Ass. Zool. Mus. Univ. Berlin (Crustaceen-Abt.), Fo.reise nach Spitzbergen (mit Schaudinn); 1899 Ass. Zool. Inst. Breslau (Wrocław) bei W. Kükenthal; ab 1900 erster Kustos, ab 1907 Dir. des Mus. d. Senckenberg. Naturf. Ges. in Frankfurt a. M., dessen Neubau er leitete; 1907 Prof. für Zool. in Frankfurt a. M., wo er starb. – Lit.: Studien über das Integument der Säugetiere, in: Jena. Z. Naturwiss. *30* (1896): 604–622, u. *31* (1898): 605–621; (Hrsg.) Fauna arctica, Jena 1900–1910. – B: Uschmann 1959: 182–184. – P.   Ja

Roesel von Rosenhof, August Johann (1705–1759); aus Arnstadt [auch: Augustenburg bei Erfurt]; 1720–1724 Malereilehre bei seinem Onkel; danach Bildungsreisen u. zweijähr. Aufenth. am dänischen Hof; ließ sich 1728 als Miniaturmaler in Nürnberg nieder, wo er starb. Beeinflußt von M. S. Merian, J. L. Frisch u. F. Chr. Lesser begann er ab 1740 mit d. Darstellung von Insekten, deren Biologie u. Ethologie er genau beobachtete (z. B. von Ameisenlöwe u. Gelbrandkäfer); danach Stud. über Frösche, deren Metamorphose er exakt wiedergab, u. über Polypen. – Lit.: Insekten-Belustigungen, Nürnberg 1746–1761; Historia naturalis ranarum nostratium, Nürnberg 1750. – B: DSB (A. Geus); Erich Bauer 1985.   Ja

Roeting, Lazarus (1549–1614); aus Nürnberg; Sohn d. Humanisten Michael R., der neben J. Camerarius Prof. u. Rektor d. Nürnberger Gymnasiums war u. seinen von Kindheit an körperlich leidenden Sohn in Klass. Sprachen u. Lit. selbst unterrichtete; L. bildete sich dann autodidakt. zum Künstler, Maler u. Tierzeichner weiter u. schuf u. a. eine Bilderfolge von Tierdarstellungen, vorw. nach d. Natur gemalt u. von großer anatom. u. biolog. Genauigkeit, die er seinem Neffen, dem Arzt Michael Rötenbeck (1568–1623) hinterließ (Original im Mus. f. Naturk. Berlin). – Lit.: Theatrum naturae (1615), zu einem Klebeband zusammengestellt von M. Rötenbeck, Nürnberg 1616. – B: Thieme-Becker; Hackethal 1990.   Ja

Roger, Jacques (1920–1990); aus Poitiers (?); stud. Klass. Sprachen u. Lit.; 1943 Studienassessor, übernahm 1951–1953 einen Fo.auftrag am CNRS; danach Lehrer in Poitiers; ab 1964 Prof. Univ. Tours; 1969 Prof. für Franz. Literatur an d. *Sorbonne*, 1970 Lehrstuhl für Gesch. d. Naturwiss. in Paris; gleichz. 1978 auch am *Centre int. de synthèse*, 1982 Dir. für Sozialwiss. an d. *É. des hautes études*; 1983–1989 Dir. des *Centre Alexandre Koyré* in Paris, wo er starb. Mithrsg. int. wiss.histor. Z. (*J. Hist. Biol., Hist. of Sci.*, seit 1985 Präs. d. *Revue d'hist. sci.*); widmete sich der Gesch. d. Biol. des 17. u. 18. Jh.; leitete ab 1964 die Diskussion um d. Methoden der Wiss.gesch. ein. – Lit.: Panorama du XVIIe siècle français, Paris 1962; Les Sciences de la vie dans la pensée française du XVIIIe siècle: la génération des animaux de Descartes à l'Encyclopédie, Paris 1963 (²1971); Buffon: un philosophe au Jardin du Roi, Paris 1989; Reflexions sur l'histoire de la biologie (XVIIe–XVIIIe Siècle): problèmes de méthodes, in: Rev. d'hist. des sci. *17* (1964): 25–40. – B: Rey & Fischer 1991 (W).   Ja

Rojas Clemente y Rubio, Simón de (1777–1827); aus Titaguas (Valencia, Span.); stud. Bot. am Bot. Garten Madrid (bei C. Gómez Ortega u. A. J. de Cavanilles); bereiste 1802 Frankr. u. Engl.; Mitbegr. des Experimentier- u. Akklimatisationsgartens in Sanlúcar de Barrameda (Cádiz), wo er ab 1808 lehrte; 1815 Bibliothekar am Bot. Garten in Madrid, wo er starb. Arbeiten zur Geobotanik u. d. Flechten der Sierra Nevada; das noch ungedruckte Ms. seiner „Historia natural de Andalucía" bewahrt die Bibl. d. Bot. Gartens in Madrid auf. – Lit.: (mit M. Lagasca & D. García) Introducción a la criptogamia de España, in: An. de Ciencias Nat. *5* (1802): 135–215; Ensayo sobre las variedades de la vid común que vegetan en Andalucía, Madrid 1807. – B: DhCmE (T. F. Glick).   LGB/Sch

Rolfinck, Werner (1599–1673); aus Hamburg; ab 1616 stud. Philos. Univ. Wittenberg, dann stud. Med. in Leiden, Oxford, Paris u. Padua (Dr. phil. u. Dr. med. 1625 Padua); nach kurzer Arztpraxis in Wittenberg ab 1629 Prof. für Med. u. Bot. Univ. Jena, wo er den 1568 angelegten Heilkräutergarten nach Paduanischem Vorbild neu gestaltete u. einen Bot. Univ.garten entwickelte sowie ein Herbarium u. Slgn. anlegte. – Lit.: De vegetabilibus, plantis suffruticibus, fructicibus, arboribus in genere …, 2 Bde., Jena 1670. – B: ADB (J. Pagel); DSB (R. P. Multhauf).   Ja

Rolle, Friedrich (1827–1887); aus Homburg (Hessen); nach Apothekerlehre in Darmstadt (1844) u. prakt. Bergwerksdienst in Holzappel ab 1846 stud. Naturwiss., bes. Paläontol., Geol. u. Metallurgie Univ. Gießen (bes. bei C. VOGT), 1848 Univ. Bonn (bei F. ROEMER, J. J. NOEGGERATH u. H. TROSCHEL); 1850–1851 wiss. Ass. im Rhein. Mineralien-Comptoire des Fossilien- u. Mineralienhändlers A. A. KRANTZ in Bonn; ab 1851 stud. Geol. Univ. Tübingen (bei QUEN-STEDT, Dr. phil. 1852); 1853–1856 Geologe des geognost.-montan. Vereins für d. Steiermark; 1857 Ass., 1859 Custos-Adj. am Hof-Mineralienkabinett in Wien; nach mißlungener Bewerbung an d. Univ. Göttingen ab 1862 in versch. geolog. Ämtern in Bad Homburg (geol. Kartierung d. Homburger Mineralquellen bis 1872, im Saar-Nahe-Gebiet bis 1874, in d. Schweiz bis 1880), wo er durch Freitod starb. Bekannte sich früh zum Darwinismus. – Lit.: Chs. Darwin's Lehre von der Entstehung der Arten im Pflanzen- und Thierreich in ihrer Anwendung auf die Schöpfungsgeschichte, Frankfurt a. M. 1863; Der Mensch, seine Abstammung und Gesittung im Lichte der Darwinschen Lehre von der Art-Entstehung und auf der Grundlage der neuen geologischen Entdeckungen dargestellt, Frankfurt a. M. 1866. – B: ADB (VON GÜMBEL); MARTIN & USCHMANN 1969.   Ja

Romanes, George John (1848–1894); aus Kingston (Kanada); 1867–1870 stud. Math. u. Naturwiss. *Gonville and Caius Coll.* Cambridge (Engl.), dann Biol., bes. Physiol. bei M. FOSTER, der ihn zum Stud. von DARWINS Werken anregte (MA 1874), mit dem er ab 1874 persönl. Kontakt hatte; 1874–1877 bei BURDON–SANDERSON im Physiol. Labor. Univ. Coll. London (auch bei W. SHARPEY), gemeins. Stud. über das nervöse u. lokomotor. System d. Medusen u. Echinodermen; 1879 Mitgl. *Roy. Soc.* London, auch Sekr. *Linn. Soc.* u. Mitgl. des Rates d. Univ. Coll. in London; 1888–1891 *Fullerian*-Prof. für Physiol. der Roy. Inst. London; ab 1890 o. Mitgl. (MA) d. Univ. Oxford, hier ab 1891 eigener Lehrstuhl für Physiol.; starb in Oxford. Setzte sich kritisch mit DARWINS Theorie auseinander, erhielt Teile von dessen Ms. über den *Ausdruck der Gemütsbewegungen …* zur Bearb. u. Verwendung in seinem Werk. – Lit.: Animal Intelligence, London 1882; Mental evolution in animals (With a posthumous essay on instinct, by Charles DARWIN), London 1883; Jelly-Fish, … and Sea Urchins, ebda 1885; Mental evolution in man, London 1888; s. a. Lit. zu Kap. 18. – B: DSB (J. E. LESCH).   Ja

Rondelet, Guillaume (1507–1566); aus Montpellier; 1525 stud. Philos. Univ. Paris, 1529 stud. Med., 1530 Prokurator in Montpellier; Mitte 1530 stud. Anat. u. Chirurgie bei Joh. GUINTER u. prakt. Arzt in Maringues (Puy de Dôme); dann Rückkehr nach Montpellier (Dr. med. 1537); 1538 nach Florenz; 1540 Leibarzt d. Kardinals von Tournon, durch dessen Vermittlung 1545 zum Prof. an d. Med. Fak. in Montpellier ernannt; bereiste in Begleitung d. Kardinals Holland u. Ital., seine Beobachtungen an d. Atlantik-, Mittelmeer- u. Adriaküste wurden Grundlage für seine Beschreibung d. Meerestiere; starb in Réalmont (Tarn, Frankr.). – Lit.: Libri de Piscibus Marinis, in quibus verae Piscium effigies expressae sunt, Lyon 1553; Universae aquatilium Historiae pars altera cum veris ipsorum Imaginibus, Lyon 1555. – B: DSB (A. G. KELLER).   Ja

Roose, Theodor Georg August (1771–1803); aus Braunschweig; stud. Med. Univ. Göttingen (Dr. med. 1793); 1794 Prof. für Anat. u. Sekr. des Ober-Sanitätskollegiums in Braunschweig, seit 1802 auch herzogl. Braunschweigischer Hofrath. – Lit.: Grundzuege der Lehre von der Lebenskraft, Braunschweig 1797 (^{2}1803). – B: MEUSEL 6, 10–12, 15, 19 (W).   Sch

Roscelin [Roscellinus] von Compiègne (um 1050–um 1120); aus d. Diözese Soissons (Frankr.); nach Stud. d. *dialectica* Kanoniker u. Magister an d. Dom-Sch. in Compiègne, Loches (als ABAELARDS erster Lehrer), Besançon u. Tours; knüpfte an aristotel. Logik an, war im Universalienstreit d. Scholastik ein Vertr. des Nominalismus; übte Kritik an d. kirchl. Fassung d. Begriffs der „Trinität" (Trinitätslehre des ABAELARD) 1092 auf d. Synode von Soissons. – Lit.: Textausg. s. bei: F. PICAVET, Roscelin, 1911: 112–143. – LexMA (G. SCHRIMPF). Sch

Ross, James Clarke, Sir (1800–1862); aus London; Polarforscher; begleitete zunächst 1819–1827 PARRY, dann 1829–1833 seinen Onkel John Ross (1777–1856) auf vier Fahrten zum Nordpol; unternahm 1839–1843 eine eigene Exped. zum Südpolargebiet, wo er 1841 Süd-Victoria-Land u. d. Vulkan *Mt. Erebus* entdeckte; starb in Aylesbury (Engl.). Teiln. d. Exped. ins Südpolargebiet war J. D. HOOKER, der d. bot. Ergebnisse beschrieb. – Lit.: A Voyage of Discovery and Research in the Southern and Antarctic Regions during the years 1839 to 1843, 2 Bde., London 1847. – B: DSB (P. S. LAURIE).   Ja

Rothmann, Max (1868–1915); aus Berlin; stud. Med. Univ. Berlin u. Freiburg i. Br. (Dr. med. 1889 Univ. Berlin); 1891–1893 Ass.Arzt Urban-Krankenhaus (bei A. FRAENKEL), dann Ass. bei H. MUNK (1893–1912) Physiolog. Labor. Tierärztl. HS, dann im Physiolog. Labor. d. Psychiatr. u. Nervenklinik d. Charité (bei K. BONHOEFFER) in Berlin; 1899 Pd. für Innere Med. u. Neurol., 1910 Tit. Prof. für Neurologie Univ. Berlin; 1911/1912 Begr. d. Primaten-Sta. auf Teneriffa; ab 1914 Hrsg. d. *Neurolog. Cbl.* in Berlin, wo er starb. – Lit.: Über die Errichtung einer Station zur psychologischen und hirnphysiologischen Erforschung der Menschenaffen, in: Berliner klin. Wo.schr. *49* (1912): 1981–1985; (mit E. TEUBER) Aus der Anthropoiden-Station auf Teneriffa 1.: Ziel und Aufgaben der Station sowie erste Beobachtungen an den auf ihr gehaltenen Schimpansen, in: Abh. Königl. Preuß. AdW, Physikal.-math. Kl. 2, Berlin 1915. – B: ASEN; KREUTER (W); HEINECKE & JAEGER 1993.   Sch

Rothschuh, Karl Eduard (1908–1984); aus Aachen; 1930–1936 stud. Med. Univ. Hamburg, München, Frankfurt a. M., Wien, Berlin (Dr. med. 1937); 1937–1957 wiss. Ass. u. Oberass. Physiol. Inst., 1941 Habil. für Physiol., 1942 Doz., 1948 apl. Prof. Univ. Münster; 1949–1951 Univ. Würzburg; 1951–1960 Lehrbeauftragter für Med.gesch., 1960 Dir. Inst. Gesch. d. Med.,

1962 o. Prof. für Gesch. d. Med. Univ. in Münster, wo er starb. 1965 Begr. d. *Ges. für Wissenschaftsgeschichte.* – Lit.: Geschichte der Physiologie, Berlin–Göttingen–Heidelberg 1953 ([2]1973, engl.); Alexander von Humboldt und die Physiologie seiner Zeit, in: Sudhoffs A. *43* (1959): 97–113; Theorie des Organismus, München 1959 (München, Berlin [2]1963); Prinzipien der Medizin, München 1965; Physiologie: der Wandel ihrer Konzepte, Probleme und Methoden vom 16. bis 19. Jh., Freiburg–München 1968 (Orbis academicus, II/15); Die Bedeutung apparativer Hilfsmittel für die Entwicklung der biologischen Wissenschaften im 19. Jh., in: Naturwissenschaft, Technik und Wirtschaft im 19. Jh.: acht Gespräche der Agricola-Gesellschaft …, hrsg. von W. Treue & K. Mauel, T. 1, Göttingen 1976: 161–185 [auch in: Technikgesch. in Einzeldarstellungen, *19* (1971): 137–174]. – B: Ärzte III; Toellner 1985.   Ja/Sch

Rouillier [Rul'je], Karl Francevič (1814–1858); aus Nishni Nowgorod (Nižni Novgorod, jetzt Gorkij, Rußl.); 1829–1833 stud. Med. an d. Moskauer Abt. d. Med.-chirurg. Akad.; wirkte ab 1840 als Prof. für Vergl. Anat., Paläozool. u. Geol. Univ. Moskau, wo er starb. Vertrat frühzeitig evolutionist. Auffassungen, Stud. d. ökolog. Probleme, Entw. von Vorstellungen von d. Abhängigkeit der Evolution d. Tiere von d. Lebensbedingungen. – Lit.: Izbrannye biologičeskie proizvedenija, Moskva 1954. – B: BSE[3]; DSB (S. R. Mikulinsky); Mikulinskij 1979 (W).   Ja/Sch

Rous, Francis Peyton (1879–1970); aus Baltimore (USA); stud. Med. Johns Hopkins Univ. u. Med. School (bei William Osler, BA 1900, MA 1901, MD 1905); 1906 Ass. für Pathol. Univ. of Michigan, 1908 bei Schmorl in Dresden; 1909 Ass., 1910 Assoc., 1912 *Assoc. Member,* 1920–1945 (em.) Mitgl. für Pathol. u. Bakteriol. am *Rockefeller Inst. for Med. Res.* in New York, wo er starb. Nobelpr. 1966. – Lit.: Transmission of a malignant new growth by means of a cell free filtrate, in: J. Am. Med. Ass. *56* (1911): 198. – B: DSB (C. H. Andrewes).   Sch

Roux, Pierre Paul Émile (1853–1933); aus Confolens (Charente, Frankr.); stud. Med. in Clermont-Ferrand u. 1878 Ass. bei Louis Pasteur im chem. Labor. d.

É. normale supérieur in Paris; 1888 nach Gründung Instr. für Mikrobiol. u. Chef de Service, 1893 Subdir., 1904–1933 Dir. d. *Inst. Pasteur* (Nachf. von Duclaux) in Paris, wo er starb. Gemeinsame Arb. mit Pasteur u. Chamberland über Milzbrand u. Tollwut, mit Yersin über Diphtherie u. Diphtherieschutzimpfung; 1893 Teiln. d. franz. Choleraexped. nach Ägypten; gilt als der bedeutendste franz. Bakteriologe nach Pasteur. – Lit.: (mit L. Pasteur & C. Chamberland) Sur l'étiologie du carbon, in: C. R. Acad. Sci. *91* (1880): 86-94; (mit L. Pasteur & C. Chamberland) Compte rendu Sommaire des expériences faites à la Pouilly-le-Fort, près Melun, sur la vaccination charbonneuse, in: ebda *92* (1881): 1378–1383; (mit L. Pasteur & C. Chamberland) Sur la rage, in: Bull. Acad. de Méd. *13* (1884): 661–664; (mit A. Yersin) Contribution à l'étude de la diphthérie, in: Ann. Inst. Pasteur *2* (1888): 629–661; De l'immunité: immunité acquise et immunité naturelle, in: ebda *5* (1891): 57–533; (mit L. Vaillard) Contribution à l'étude du tétanos: prévention et traitement par le sérum antitoxique, in: ebda *7* (1893): 65–140; Sur les sérums antitoxiques, in: ebda *8* (1894): 722–727. – B: DSB (A. Delaunay).   Kö/Sch

Roux, Wilhelm (1850–1924); aus Jena; 1870 stud. Naturwiss. u. Med. Univ. Jena (bei C. Gegenbaur, W. Preyer u. E. Haeckel), 1876 Univ. Berlin (bei Virchow) u. 1877 Straßburg (Staatsexamen 1877, Dr. med. 1878 Univ. Jena); ab 1878 Ass. Hygiene-Inst. Univ. Leipzig (bei Franz Hofmann), 1879 am Anat. Inst. Univ. Breslau (Wrocław), hier 1880 Pd., 1886 ao. Prof. für Anat., 1888 Gründung u. Ltg. Inst. für Entw.mechanik Univ. Breslau; 1889 o. Prof. für Anat. u. Dir. Anat. Inst. Univ. Innsbruck; 1895–1921 Lehrstuhl für Anat. u. Dir. Anat. Inst. Univ. Halle/Saale, wo er seine Methoden u. Grundsätze der von ihm begr. Experim. Entw.mechanik ausbaute; starb in Halle. 1894 Gründung d. *A. für Entw.mechanik.* – Lit.: Der Kampf der Teile im Organismus: ein Beitrag zur Vervollständigung der mechanischen Zweckmäßigkeitslehre, Leipzig 1881; Über die Bedeutung der Kernteilungsfiguren: eine hypothetische Erörterung, Leipzig 1883; Beiträge zur Entwicklungsmechanik des Embryo, Nr. 1, in: Z. Biol. *21* (1885): 411–524; Die Entwicklungsmechanik der Organismen – eine anatomische Wissenschaft der Zukunft (Festrede 1889), Wien 1890; Aufgaben der Entwicklungsmechanik der Organismen, in: A. für Entw.mech. *1* (1895): 75; Programm und Forschungsmethoden der Entwicklungsmechanik, Leipzig 1897; Die Entwicklungsmechanik: ein neuer Zweig der biologischen Wissenschaft, in: Verh. Ges. dt. Naturf. u. Ärzte, T. 1, Leipzig 1905: 23–29 (auch separat: Leipzig 1905); s. a. Lit. zu Kap. 14. – B: DSB (F. B. Churchill); Mocek 1974 (W). – P.   Ja

Ruben, Samuel (1913–1943); stud. Chemie Univ. of Calif. Berkeley (BS 1935, PhD 1938); 1935 Teaching Ass., 1936 *J. M. McDonald*-Stipendiat, 1937 *A. Rosenberg* Fell., anschl. Ass. Prof. für Chemie bei E. O. Lawrence am Radiation Labor. Univ. of Calif. in Berkeley; starb infolge eines Chemieunfalls. – Lit.: (mit W. Z. Hassid & M. D. Kamen) Radioactive carbon in the study of photosynthesis, in: J. Am. Chem.

W. Roux   K. A. Rudolphi

Soc. *61* (1939): 661–663; Photosynthesis and phosphorylation, in: ebda *65* (1943): 279–282. – B: Nekr. 1943. – P s. Kap. 16, Abb. 185.   Höx

Rubner, Max (1854–1932); aus München; 1873–1877 stud. Med. u. Naturwiss. Univ. München (Dr. med. 1878), Ass. bei C. Voit; 1880–1881 im Inst. von Carl Ludwig Univ. Leipzig; 1883 Pd. für Physiol. Univ. München; 1886 ao. Prof., 1887 o. Prof. für Hygiene Univ. Marburg; 1891 o. Prof. für Hygiene Univ. Berlin u. Dir. d. Hygiene-Inst. (Nachf. von R. Koch), 1909–1922 Dir. Physiol. Inst. Univ., auch Begr. u. Dir. d. KWI für Arbeitsphysiol. in Berlin, wo er starb. Bes. stoffwechselphysiolog. Arb. über Wärmehaushalt d. Menschen u. Einfluß d. Klimas; ständ. Sekr. d. preuß. AdW Berlin. – Lit.: Die Vertretungswerthe der hauptsächlichsten organischen Nahrungsstoffe im Thierkörper, in: Z. für Biol. *19* (1883): 313–396; Lehrbuch der Hygiene…, Berlin 1891; Gesetze des Energieverbrauchs im Organismus, Berlin 1902; s. a. Lit. zu Kap. 15. – B: DSB (K. E. Rothschuh); Fick 1932 (W).   Ja

Rudolphi, Karl Asmund (1771-1832); aus Stockholm; 1790–1794 stud. Med. u. Naturwiss., bes. Bot., Univ. Greifswald (Dr. phil. 1793, Dr. med. 1794); 1793–1794 Pd. für Naturgesch. Philos. Fak. Univ. Greifswald; 1794 stud. Zool. u. Veterinärmed. Tierarznei-Sch. Berlin; 1796 Pd. für Zool. u. Anat. Med. Fak., 1797 ao. Prof. Veterinärmed. Inst., 1808 o. Prof. für Vergl. Anat. Univ. Greifswald; dazw. 1801–1803 Stud.reise; 1810 o. Prof. für Anat. u. Physiol. u. Dir. d. neugegr. Anat.-zootom. Inst. Univ. in Berlin, wo er starb. Spez. Arb. über parasit. Würmer, förderte die Helminthologie durch vergl. Fo., bedeut. Slgn. u. Lehre. – Lit.: Anatomisch-physiologische Abhandlungen, Berlin 1802; Anatomie der Pflanzen, Göttingen 1807; Entozoorum, sive vermium intestinalium historia naturalis, 2 Bde., Amsterdam 1808–1809; Entozoorum synopsis, Berlin 1819; Grundriß der Physiologie, 2 Bde., Berlin 1821–1828. – B: ADB (J. Pagel); DSB (V. Kruta); Dittrich 1967; Hagner & Vesper 1991. – P.   Ja

Rüling, Johann Philipp (1741–1803); aus Göttingen; 1760 stud. Med., bes. Arzneiwiss. u. Bot., Univ. Göttingen (u. a. bei Büttner, Dr. med. 1766); 1765 Aufseher im bot. Kabinett des neueingerichteten Hist. Inst. in Göttingen; 1766 prakt. Arzt in Göttingen; 1768 in Northeim (Hannover); hier 1776 Stadtphysikus, ab 1785 in Einbeck (Hannover); erhielt 1786 auch das Landphysikat der Hannoveran. Landesregierung. Verf. u. a. v. Listen d. Pflanzen u. Tiere des Harzes in d. *Anleitung den Harz mit Nutzen zu bereisen* von Gatterer. – Lit.: Commentatio botanica de Ordinibus naturalibus Plantarum, Goettingae 1766 (Nachdr. 1774); Verzeichniss der an und auf dem Harz wildwachsenden Bäume, Gesträuche und Kräuter, nach dem Sexualsystem des Hrn. Ritters von Linné geordnet, in Gatterer's Anleitung, den Harz mit Nutzen zu bereisen, T. 2, Göttingen 1786; Verzeichniss der wilden Thiere auf dem Harze, ebda. – B: DBA; Stafleu & Cowan; Wagenitz 1988.   Hek/Sch

Rüppell, Eduard Wilhelm Peter Simon (1794–1884); aus Frankfurt a. M.; nach kaufmänn. Ausbild. u. Tätigk. 1814 stud. Mineral. Univ. Lausanne (bei Struve); weitere kaufmänn. Tätigk. 1814/1815 in Engl., 1816 in Italien, hier u. a. in Mailand Bekanntschaft mit d. Kaufmann Heinrich Mylius (1769–1854) u. Eintritt in Handelshaus in Livorno; 1817 erste Ägyptenreise; 1818 mitstiftendes Mitgl. Senckenbergische naturf. Ges. in Frankfurt a. M.; 1818/1819 u. 1820–1821 stud. Naturwiss. Univ. Padua u. bei Franz von Zach in Florenz; 1822–1827/1828 erste Fo.reise durch Nordostafrika, 1830/1831–1833 zweite Fo.reise bis nach Äthiopien, 1850 dritte Ägyptenreise; nach Rückkehr bis 1862 Ltr. des *Museum Senckenbergianum* in Frankfurt a. M., wo er starb. Die reichhaltigen Slgn. seiner Reisen erhielt d. Senckenberg. naturf. Ges., sie wurden zum Grundstock für deren Mus.; 1827 Dr. med. h. c. Univ. Gießen. – Lit.: Atlas zu der Reise im nördlichen Afrika, Frankfurt a. M. 1826–1830; Neue Wirbelthiere zu der Fauna von Abyssinien gehörig, Frankfurt a. M. 1835–1840; Systematische Übersicht der Vögel Nord-Ost-Afrikas, Frankfurt a. M. 1845. – B: ADB (W. Stricker); Gebhardt 1964; Klausewitz 1984, 1992.   Hth/Sch

Ruhland, Wilhelm (1878–1960); aus Schleswig; 1896–1899 stud. Naturwiss., bes. Bot., Univ. Berlin (bei A. Engler, L. Kny u. S. Schwendener; Dr. phil. 1899); 1900–1905 Ass. bei A. Engler Bot. Garten u. Mus., 1903 Pd. für Bot. Univ. Berlin; 1905 wiss. Hilfsarb., 1908–1911 wiss. Mitarb. u. Ltr. des 2. Bot. Labor. Biol. Reichsanstalt für Land- u. Forstwirtsch. Berlin-Dahlem; zugl. 1909–1911 Pd. für Bot. Landw. HS Berlin; 1911 ao. Prof. für Bot. Univ. Halle/Saale; 1919 o. Prof. für Bot. Univ. Tübingen; 1922–1945 o. Prof. für Bot. Univ. Leipzig; 1948–1956 Hon. Prof. für Bot. Univ. Erlangen; starb in Unterdeufstetten (Franken). – Lit.: Die Plasmahaut als Ultrafilter bei der Kolloidaufnahme, in: Ber. Dt. Bot. Ges. *30* (1912): 139–141; (Hrsg.) Handbuch der Pflanzenphysiologie, 18 Bde., Berlin [u. a.] 1955–1967. – B: Ullrich 1960. – P.   Höx

Ruiz López, Hipólito (1752–1816); aus Belorado (Burgos, Span.); Apothekerlehre in Madrid; ab 1772 bei C. Gómez Ortega im Bot. Garten in Migas Calientes (Madrid); 1777–1788 einer der Ltr. u. erster Botaniker einer franz.-span. wiss. Exped. nach Peru u. Chile; nach Rückkehr Abschluß seines Stud. in Pharm. (1790), 1794 Mitgl. d. *Acad. Médica* in Madrid; nach Beendigung d. napoleon. Besetzung Ernennung zum „Protomedico" u. Insp. d. Apotheken in Madrid, wo er starb. – Lit.: Quinología, o tratado del árbol de la quina …, Madrid 1792 (ital.: Rom 1792, dt.: Göttingen 1794, engl.: London 1800); Florae peruvianae, et chilensis prodromus …, Madrid 1794 (reed. Roma 1797); Systema vegetabilium Florae Peruvianae et Chilensis …, vol. I, Madrid 1798; Flora peruviana et chilensis …, 4 vols., Madrid 1798–1802 (vol. V: Madrid 1957); (hrsg. von A. J. Barreiro) Relación del viaje hecho a los Reynos del Perú y Chile por los botánicos y dibuxantes …, Madrid 1931 (engl.: Chicago 1940; andere Ausg. von J. Jaramillo-Arango u. d. T.: Relación histórica del viage, que hizo a los reynos del Perú y Chile el botánico D. Hipólito Ruiz …, 2 vols., Madrid 1952). – B: DSB (T. F. Glick); DhCmE (J. M. López Piñero & T. F. Glick).   LGB/Sch

Ruiz de Luzuriaga, Ignacio María (1763–1822); aus Villaro (Vizcaya, Span.); ab 1777 stud. Humaniora u. Naturwiss. am *Real Seminario Patriótico* in Vergara (u. a. Chemie bei PROUST), dann 4 Jahre Stud. d. Chemie, Naturwiss. u. Med. in Paris (u. a. Chemie bei A. FOURCROY, Naturwiss. bei A.-L. DE JUSSIEU u. L. DAUBENTON); 1785–1787 Stipendiat für Med. u. Chemie in London u. Edinburgh (u. a. bei J. BLACK u. W. CULLEN; Dr. med. 1786), danach in Glasgow u. Ass. bei J. HUNTER in London; 1787 an d. Fac. de Méd. in Montpellier; nach seiner Rückkehr wiss. Arb. über physiol. Chemie u. Sozialmed. in der *Real Acad. Méd.* in Madrid, wo er starb. Führte 1801 die erste Pockenimpfung in Madrid ein. – Lit.: Mémoire sur la déscomposition de l'air atmosphérique par le plomb, in: Observations sur la Physique … *25* (1784): 252–261; Disertación chimica fisiológica sobre la respiración y la sangre consideradas como origen y primer principio de la vitalidad de los animales, in: Mem. Real Acad. Méd. de Madrid *1*(1797): 1–98 (Separat: Madrid 1796); Catálogo de las sustancias simples y preparadas que debe haber en la botica de los Hospitales Civiles de esta Corte, Madrid 1812. – B: DhCmE (J. M. LÓPEZ PIÑERO).   LGB/Sch

Rul'je, K. F. s. Rouillier, Karl Francevič

Rumpf [Rumphius], Georg Eberhard (1627 o. 1628–1702); aus Hanau; ab 1652 als Kaufmann in Amsterdam im Dienst d. Ostind. Companie; reiste 1653 nach Batavia u. zur malaiischen Insel Amboina, weilte 1654 auf Klein-Ceram (Hoamohel); trat 1656 zunächst als Ingenieur ins Offizierskorps von Kastell Victoria ein, kam 1657 aber als Unterstatthalter von Hitoe (nördl. Teil von Amboina) nach Hila an d. Nordküste, wo er blieb; sammelte u. beschrieb neben d. Verwaltungsarb. die malaiische Flora u. Fauna; 1660 Mitgl. d. polit. Rates u. Statthalter, erblindete 1670, verlor 1674 bei Erdbeben Frau u. Tochter u. 1687 bei Brand Teile d. Ms. u. die Illustr.; starb auf Amboina. Mit Hilfe seines Sohnes Paul August wurden d. Mss. beendet, nach Holland gesandt u. postum ediert. – Lit.: (hrsg. von Simon SCHYNVOET) Amboinische Rariteit-Kammer, 3 Bde., Amsterdam 1705, 1711, 1745; (hrsg. von Joh. BURMANN) Het Amboinsche Kruidboek, 6 Bde., Amsterdam 1741–1755. – B: ADB (E. WUNSCHMANN).   Ja

Runnström, John A. M. (1888–1971); aus Stockholm; Dr. phil. 1914; 1917 Doz. für Experim. Zool., 1932–1955 Prof. für Experim. Zool. u. Zellfo. Univ. Stockholm, zugl. 1954–1955 Prof. am Prefekt Wenner-Grens Inst. für Experim. Biol.; 1954–1958 an d. Kristinebergs Zool. Sta. – Lit.: Über Selbstdifferenzierung und Induktion bei dem Seeigelkeim, in: A. Entw.mech. *117* (1929): 123–145; Stoffwechselvorgänge während der ersten Mitose des Seeigeleies, in: Protoplasma *20* (1933). – B: Väd 1971, 1973; GUSTAFSON 1972.   Hth

Ibn Rušd [Ibn Rushd] s. unter I

Russworm s. Gleichen, Wilhelm Friedrich von

Ruttner, Franz (1882–1961); aus Kalk-Podol (Böhmen); stud. Biol. Univ. Wien; arbeitete spez. limnolog. über das Plankton des Süßwassers; 1908 Mitarb.,

1912–1957 Ltr. der von KUPELWIESER gegr. Biol. Sta. in Lunz am See (Niederösterr.), die ab 1924 zur Österr. AdW u. zur KWG (seit 1945 Max-Planck-Ges.) gehört; 1927 Tit. Prof. Univ. Berlin; starb in Lunz. Widmete sich d. Bioklimatologie, Biozönose- u. Strahlungsfo. – Lit.: Grundriß der Limnologie, Berlin 1940 (²1951). – B: Nekr. 1961/1962.   Ja

Ruysch, Frederick (1638–1731); aus Den Haag; Apothekerlehre (Examen 1661) u. Eröffnung einer Apotheke in Den Haag; dann stud. Med. Univ. Leiden (Dr. med. 1664); danach Arztpraxis in Den Haag; ab 1666 *Praelector anatomiae* in Amsterdam, wo er starb. Entwickelte die Injektions- u. Konservierungstechnik anatom. Präparate weiter u. legte eine der ersten vergl.-anat. Slgn. von Organpräparaten an, die er beschrieb u. öffentlich zeigte; sie wurde 1717 von Zar PETER I. gekauft u. befindet sich noch heute in St. Petersburg; die Techniken seiner Injektionsmethode überlieferte er nicht. – Lit.: Thesaurus animalium, Amsterdam 1710. – B: DSB (G. A. LINDEBOOM).   Ja

Ružička, Leopold Stephen (1887–1976); aus Vukovár (Jugoslawien); stud. TH Karlsruhe (bei Hermann STAUDINGER, Dr. ing. 1910); 1912 mit STAUDINGER an die ETH Zürich, dort 1918 Pd., 1923 Tit. Prof.; 1926 Arb. im Industrie-Labor. von *Naef* in Genf; 1926/1927 o. Prof. für Organ. Chemie Univ. Utrecht (Niederl.); 1929–1957 (em.) wieder Zürich, o. Prof. für Organ. u. anorgan. Chemie an d. ETH; starb in Mammern (Schweiz). Nobelpr. 1939. – B: DSB (M. BORELL); NLCh (T. KOEPPEL); PRELOG & JEGER 1980 (W).   Sch

Ryff, Walther [Gualterus] Hermann (1. Hälfte 16. Jh.); vermutl. stud. Med. u. Math.; um 1539 in Mainz; dann in Nürnberg, hier um 1549 Stadtarzt; starb vor 1562. Zahlr. Schr. über versch. Gebiete; Neuausg. u. Übers. von PLINIUS, DIOSKURIDES, ALBERTUS MAGNUS u. a.. – Lit.: (Übers.) Thierbuch Alberti Magni …, Frankfurt a. M. 1545. – B: Ärzte I (HABERLING); ROTH 1902.   Sch

Sachs, Julius (1832–1897); aus Breslau (Wrocław); 1851 stud. Naturwiss., bes. Bot., Univ. Prag u. Ass. bei PURKYNĚ (Dr. phil. 1856); 1857 Pd. für Pflanzenphysiol.; 1859 Ass. bei STÖCKHARDT Forstakad. Tharandt; 1861 Doz., 1862 Prof. für Naturgesch., 1863 für Bot. Landw. Akad. Bonn-Poppelsdorf, 1867 Univ. Freiburg i. Br.; ab 1868 Prof. für Bot. Univ. in Würzburg, wo er starb. Begr. d. Labor für Pflanzenphysiol. u. Hrsg. d. *Arb. des bot. Inst. in Würzburg* (1874–1888). – Lit.: Physiolog. Untersuchungen über die Keimung der Schminkbohne (*Phaseolus multiflorus*), in: Sb. AdW Wien, Math.-Naturwiss. Cl., *37* (1859): 57–119; Ueber das abwechselnde Erbleichen und Dunkelwerden der Blätter bei wechselnder Beleuchtung, in: Ber. Sächs. Ges. Wiss. Leipzig, Math.-Phys. Cl., *11* (1859): 226–240; Ueber das Vergeilen (Etiolieren, Etiolement) der Pflanzen, in: Rheinl. Westf. Sb. *19* (1862): 163–166; Ueber den Einfluß des Tageslichtes auf Neubildung und Entfaltung verschied. Pflanzenorgane, in: Bot. Z. *21* (1863), Suppl., S. 1–30; Wirkung des Lichtes auf die Blütenbildung unter Vermittlung der Laubblätter, in: ebda *23* (1865): 117–121, 125–131; Handbuch der Experimentalphysiologie der Pflanzen, Leipzig 1865; Lehrbuch der Botanik, Leipzig 1868; Geschichte der Botanik vom 16. Jh. bis 1860, München 1875 (Gesch. d. Wiss. in Dtl., Neuere Zeit, 15); Ueber orthotrope und plagiotrope Pflanzentheile (1879), in: Arb. Bot. Inst. Würzburg *2* (1882): 226–284; Stoff und Form der Pflanzenorgane (1880), in: ebda, S. 452–488; Stoff und Form der Pflanzenorgane, II. (1882 a), in: ebda, S. 689–718; Vorlesungen über Pflanzen-Physiologie, Leipzig 1882 b (2., neubearb. Aufl. 1887); Gesammelte Abhandlungen über Pflanzenphysiologie, 2 Bde., Leipzig 1892–1893; Physiologische Notizen VIII.: Mechanomorphosen und Phylogenie, in: Flora *78* (1894): 215–243; Physiologische Notizen X.: Phylogenetische Aphorismen und über innere Gestaltungsursachen oder Automorphosen, in: ebda *82* (1896): 173–233. – B: DSB (M. Bopp); LexNW; Gimmler 1984. Ja/Höx

Sageret, Augustin (1763–1851); franz. Pflanzenzüchter, Mitgl. d. *Soc. Roy. et Centrale d'Agric. de Paris*; führte Bastardierungsversuche mit Cucurbitaceen durch, entdeckte die unabhängige Verteilung u. Merkmale im Erbgang u. die Dominanz von Merkmalen, prägte den Begriff „dominant"; übernahm ab 1810 d. Ltg. einer Domaine u. widmete sich später nur noch prakt. Aufgaben. – Lit.: Considérations sur la production des hybrides, des variantes et des variétés en général, et sur celles de la famille des Cucurbitacées en particulier, in: Ann. Sci. nat. Paris, (1) *8* (1826): 294–314. – B: Nekr. 1852; Stubbe 1965: 99 f. Ja

Sagra, Ramón de la s. LaSagra, Ramón de

Sánchez Sánchez, Domingo (1860–1947); aus Fuenteguinaldo (Salamanca, Span.); stud. Naturwiss. Univ. Madrid (Lic. 1885); ab 1885 als zool. Sammler auf d. Philippinen, zugl. med. Stud. in Manila; 1898 Rückkehr nach Span., Beendigung d. med. Stud. Univ. Madrid, gleichz. ab 1898 Fo.arb. im histol. Labor. bei Ramón y Cajal; auch Doz. an d. *Fac. de Ciencias* in Madrid, wo er starb. 1921 Mitbegr. d. span Ges. fur Antropol., Ethnogr. u. Vorgesch.; Arb. über Nervensystem d. Wirbellosen (phylogenet. Beweis der Theorie des Neurons). – Lit.: El sistema nervioso de los hirudíneos, in: Trabajos del Labor. de Investigaciones Biol. *7* (1909): 31–199, u. *10* (1912): 1–143; (mit S. Ramón y Cajal) Contribución al conocimiento de los centros nerviosos de los insectos, in: ebda *13* (1915): 1–167; Contribution à l'étude de l'origine et de l'evolution de certain types de neuroglie chez les insectes, in: ebda *30* (1935): 219–355. – B: DhCmE (J. M. López Piñero). LGB/Sch

Sanger, Frederick (geb. 1918); aus Rendcombe (Gloucestershire, Engl.); stud. St. John's Coll. Cambridge/Engl. (BA 1939, PhD 1943 bei A. Neuberger); 1944–1951 *Beit Memorial* Stipendiat, 1951 Ltr. Abt. für Protein-Chemie am Labor. für Molekularbiol. u. 1951–1983 (em.) Mitgl. wiss. Rat d. M.R.C. Cambridge. Nobelpr. 1958 u. 1980. – Lit.: The free amino groups of Insulin, in: Biochem. J. *39* (1945): 507–515; The chemistry of Insulin, in: Nobel Lectures, Chemistry, 1942–

1962, Amsterdam 1964: 544–556; (mit G. G. Brownlee & B. G. Barrell) The sequence of 55 ribosomal ribonucleic acid, in: J. Molec. Biol. *34* (1968): 379–412; Sequences, Sequences and Sequences, in: Ann. Rev. Biochem. *57* (1988): 1–28; s. a. Lit. zu Kap. 22. – B: AMWS 1989–90; IWW 1995–96; NLPh (G. R. Barker). Sch

Sarasin, Fritz [Carl Friedrich] (1859–1942); aus Basel; ab 1879 stud. Univ. Basel, 1881 Univ. Würzburg (Dr. phil. 1883); wirkte danach als Zoologe u. Ethnograph, führte zus. mit seinem Vetter Paul S. (1856–1929) zahlr. Fo.reisen durch, so 1883 nach Ceylon u. Celebes, 1889 Ägypten u. Sinai, 1893–1896 u. 1901–1903 ins Innere von Sulawesi (Celebes), wo sie die Wedda-Kultur studierten, 1910–1912 zu d. Südsee-Inseln (Neukaledonien u. Loyalty-Inseln); ab 1897 Dir. Mus. für Völkerkunde, 1900–1920 auch Naturhist. Mus. in Basel, wo er starb. – Lit.: (mit P. Sarasin) Ergebnisse naturwissenschaftlicher Forschungen auf Ceylon, 4 Bde., Basel 1887–1908; (mit P. Sarasin) Materialien zur Naturgeschichte der Insel Celebes, 5 Bde., 1898–1906; Neu-Kaledonien und die Loyalty-Inseln, 1917. – B: Krämer 1976: 336; Vita in ALH MM 2909. Sch

Sars, Michael (1805–1869); aus Bergen (Norwegen); stud. Theol. (Cand. theol. 1828); 1830–1840 Pfarrer in Kind im Bergischen Stift, 1840–1854 in Manger bei Bergen; Dr. h. c. 1846 Univ. Zürich, 1860 Univ. Berlin; 1854 ao. Prof. für Zool. Univ. Christiania (Oslo), wo er starb. – Lit.: Beschreibung und Beobachtung einiger merkwürdigen oder neuen im Meere an der bergenschen Küste lebenden Thiere, Bergen 1835; Beitrag zur Entwicklungsgeschichte der Mollusken und Zoophyten, in: A. für Naturgesch. *3* (1837): 402–407, u. *6* (1840): 196–216; Mémoire pour servir à la connaissance des crinoides vivants, in: Univ. Programm 1. Sem. 1867, Christiania 1868; (mit G. O. Sars) On some remarkable forms of animal life from the Great Deeps of the Norwegian Coast I, in: ebda 1. Sem. 1869, Christiania 1872; s. a. Lit. zu Kap. 15. – B: DSB (E. Mayr), Enigk 1986. Hth

Saussure, Horace Bénédict de (1740–1799); aus Conches bei Genf, Vater von Nicolas Théodore de S.; ab 1754 stud. Univ. Genf (Dr. phil. 1759); 1761 bot. Stud. in Chamonix; ab 1762–1786 (em.) Prof. für Philos. in Genf, 1774–1776 Rektor; 1764 geol. Stud. in Chamonix; 1767 Tour zum Mont Blanc; 1771 Exped. zum Stud. der Seen u. Flora Nordital.; 1773 Ersteigung des Ätna (Sizilien); 1774–1779 weitere alpine Fo.; 1787 als einer der ersten Ersteigung d. Mont Blanc; starb in Genf. Gilt als Begr. des Fo.-Alpinismus. – Lit.: Observations sur l'écorce des fenilles et des pétales, Genf 1762; Voyages dans les Alpes …, 4 Bde., Neuchâtel u. Genf 1779–1796 (Repr. 1969). – B: DSB (A. V. Carozzi); LexNW. Ja

Saussure, Nicolas Théodore de (1767–1845); aus Genf, Sohn von Horace Bénédict de S.; erste Ausbild. beim Vater, den er u. a. bei d. Mont-Blanc-Besteigung begleitete; während d. franz. Revolution Flucht nach Engl.; 1802 Rückkehr, 1802–1835 Hon. Prof. für Mineral. u. Geol. Akad. in Genf, wo er starb. Widmete sich neben chem. Untersuchungen auch pflanzenphysiol. Experimente u. Bot. Stud.; wandte zum ersten Male die quantitative Methode von LAVOISIER auf das Stud. d. Ernährung d. Pflanzen an u. entw. d. Mineraltheorie d. Pflanzenernährung. – Lit.: Recherches chimiques sur la végétation, Paris 1804 (dt. Ausg. von A. WIELER, Leipzig 1890 [OSTWALDS Klassiker, 15/16]). – DSB (P. E. PILET); LexNW.   Ja

Schaafhausen, Hermann (1816–1893); aus Koblenz; 1834 stud. Med. Univ. Bonn (bes. Anthropol. bei NASSE) u. ab 1837 Berlin (bei J. MÜLLER, Dr. med. 1839, med. Staatsexamen 1840); 1844 Pd. für Physiol., Pathol. u. Mikroskop. Anat., 1855 ao. Prof., später Geheimer Medizinalrath Univ. in Bonn, wo er starb. Gehört zu den Begr. der Anthropol. u. Urgeschichtsfo. – Lit.: Ueber die Urform des menschlichen Schädels, Bonn 1869; Anthropologische Studien, Bonn 1885; Der Neanderthaler Fund, Bonn 1888. – B: ADB 35: 748 ff. (J. RANKE).   Hpp/Sch

Schacht, Hermann (1814–1864); aus Ochsenwerder bei Hamburg; 1829 Apothekerlehre in Altona; dann als Apotheker in versch. Städten Dtl.'s tätig, dabei Kontakte zu GOTTSCHE in Hamburg u. SCHLEIDEN in Jena, wo er sich wiss. weiterbildete; 1847 Ass. bei SCHLEIDEN Univ. Jena (Dr. phil. 1850); dann nach Berlin, Stud. über Waldbäume in Thür. im Auftrag d. AdW Berlin; 1853 Pd. Univ. Berlin; danach Aufenth. in Madeira u. Canar. Inseln; 1860 Prof. u. Dir. Bot. Garten (Nachf. von TREVIRANUS) Univ. in Bonn, wo er starb. – Lit.: Entwicklungsgeschichte der Pflanzenembryos (Preisschr. d. Königl. Niederländ. AdW in Amsterdam 1847), Amsterdam 1850; Das Mikroskop und seine Anwendung insbesondere für Pflanzenanatomie und Physiologie, Berlin 1851; Die Pflanzenzelle, der innere Bau und das Leben der Gewächse, Berlin 1852. – B: ADB (E. WUNSCHMANN). – P.   Sch

Schäfer, Edward Albert s. Sharpey-Schäfer

Scharrer, Berta, geb. **Vogel,** (1906–1995); aus München, Ehefrau von Ernst Albert Sch.; ab 1926 stud. Univ. München (Dr. phil. 1930); 1931 Ass. Inst. für Psychol. Univ. München, 1934 Inst. für Neurol. Frank-

furt a. M.; 1937 Emigr. in d. USA u. Res. Assoc. 1937 Dep. of. Anat. Univ. Chicago, 1938 Rockefeller Inst. for Med. Res. New York; 1940 Sen. Instr. u. Fell. *Case Western Reserve Univ.* Cleveland (Ohio, USA); 1946 Ass. Prof. u. *J. S. Guggenheim* Fell. Sch. of Med. Univ. of Colorado in Denver; 1955–1977/1978 (em.) Prof. für Anat. u. Neurol. *Albert Einstein Coll. of Med.* in New York, wo sie starb. – Lit.: s. Lit. zu Kap. 15. – B: WWWSc 1968; BHE; IWW 1992–93; LexNW.   Sch

Scharrer, Ernst Albert (1905–1965); aus München, Ehemann von Berta Sch.; 1924 stud. Zool. u. Med. Univ. München (bei KARL VON FRISCH, Dr. phil. 1928, Dr. med. 1933); 1928 Ass. bei VON FRISCH am Zool. Inst. München; 1929 *Sterling*-Stipendiat am Osborne Zool. Labor. d. Yale Univ. New Haven (USA); 1930 Ass. Zool. Inst. Wien, 1931 bei W. SPIELMEYER Abt. für Neuropathol. Dt. Hirnforschungsanstalt München; 1933 Ltg. des Neurol. Inst. in d. Senckenberg. Pathologie Frankfurt a. M.; Aufenth. in d. Zool. Stat. Neapel; 1937 Emigr. in d. USA u. Rockefeller Fell. am Dep. of Anat. Univ. Chicago; 1938 Fell. für Physiol. am Rockefeller Inst. for Med. Res. New York; 1940 Ass. Prof. für Anat. Case Western Reserve Univ. Cleveland (Ohio, USA); 1946–1954 Assoc. Prof. für Anat. Sch. of Med. Univ. of Colorado Denver (Color., USA); 1955 bis zu seinem Tode Prof. für Anat. u. Ltr. Dep. of Anat. *Albert Einstein Coll. of Med.* Yeshiva Univ. New York; starb in Sarasota (Florida). – Lit.: Die Lichtempfindlichkeit blinder Elritzen (Untersuchungen über das Zwischenhirn der Fische I), in: Z. Vergl. Physiol. 7 (1928): 1–38. – B: BHE; BARGMANN 1966 (W).   Sch

Schaudinn, Friedrich [Fritz] Richard (1871–1906); aus Röseningken (Kr. Darkehmen, ehem. Ostpreußen, heute Litauen); ab 1890 stud. Philos., dann Naturwiss., bes. Zool., Univ. Berlin (bei O. HERTWIG, E. KORSCHELT u. MÖBIUS, W. DILTHEY u. E. VON HARTMANN, DU BOIS-REYMOND u. A. KOSSEL, ENGLER u. a.; Dr. phil. 1894 bei F. E. SCHULZE); nach Stud.aufenth. zoolog. Sta. Bergen (Norwegen) ab 1894–1901 Ass. bei F. E. SCHULZE, 1897 zweiter Ass. (Nachf. von L. PLATE) Zoolog. Inst. Univ. Berlin, zeitw. an R. KOCH's Inst. für Infektionskrankheiten Arb. über Protozoon, stellte ein System der *Heliozoa* auf (1897) u. klärte d. Generationswechsel der *Coccidia*; 1898 Pd. für Parasitol. u. Zool. Univ. Berlin;

W. Ruhland

H. Schacht

F. Schaudinn

J. Schaxel 1928

1898 zus. mit F. Römer Teiln. an Exped. nach Spitzbergen zum Stud. d. arktischen Fauna; 1901–1904 an d. dt.-österr. Zool. Sta. Rovigno, bes. Malaria-Fo.; 1904 Ltr. d. neugegr. Abt. für Protistenkunde am Gesundheitsamt Berlin; 2. Halbjahr 1905 Ass. am protozool. Labor. Inst. für Schiffs- u. Tropenkrankheiten (Tropeninst.) in Hamburg, wo er starb (beigesetzt in Berlin). Entdecker des Erregers d. Syphillis (mit E. Hoffmann 1905) u. d. Amöbenruhr; prägte Begriff „Mikrobiologie"; 1902 Begr. des *Archiv d. Protistenkunde* beim Verlag Gustav Fischer Jena. – Lit.: Untersuchungen über den Generationswechsel bei Coccidien, in: Zool. Jb. Anat. *15* (1900): 197–292; (mit E. Hoffmann) Vorläufiger Bericht über das Vorkommen von Spirochaeten in syphilitischen Krankheitsprodukten und bei Papillomen, in: Arb. a. d. kaiserl. Gesundheitsamt *22* (1905): 527–534. – B: DSB (G. B. Risse); LexNW; Hesse & Hohmann 1995 (W). – P.   Sch

Schaxel, Julius (1887–1943); aus Augsburg; ab 1906 stud. Biol., Philos. u. Psychol. Univ. Jena (bes. bei Haeckel), 1908 meereszool. Stud. in Villefranche bei Davidov u. in Wiméreux, 1908–1909 Univ. München bei R. Hertwig, der sein Diss.-Thema anregte (Dr. phil. 1909 Univ. Jena bei Plate); 1910 Ass. bei Plate u. Kustos am *Phylet. Mus.* Univ. Jena; 1911 meereszool. Stud. Zool. Sta. Neapel; 1912 Pd., 1916 ao. Prof. für Zool. Univ. Jena; 1918 Gründung einer Anstalt für Experim. Biol. bei d. *Carl-Zeiss-Stiftung*, wo Vorlesungen u. Kurse über Allg. Biol., auch über theoret. u. hist. Fragen, gehalten wurden; umfangr. populärwiss. Tätigk. (Gründung d. Z. *Urania* 1924); 1933 wegen marxist. polit. Aktivitäten Entlassung u. Emigr. in d. Schweiz, dann Ruf an d. *Severcov*-Inst. für Evolutionsmorphol. d. sowjet. AdW nach Moskau, Ltr. Labor. für Entw.mechanik; starb in Moskau. – Lit.: Über den Mechanismus der Vererbung, Jena 1915; Grundzüge der Theorienbildung in der Biologie, Jena 1919 (²1922); Ernst Haeckel und die Biologie seiner Zeit, in: Naturwiss. Wochenschr., N.F., *19* (1920): 49–52; Entwicklung der Wissenschaft vom Leben, Jena 1924; Das Weltbild der Gegenwart, Jena 1932; Kritische Übersicht der Theorien der ontogenetischen Determination, in: Bibliotheca Biotheoretica, Deel 1/ P. 3, Leiden 1942. – B: Penzlin 1994 (W); Uschmann 1963. – P.   Ja

Scheele, Carl Wilhelm (1742–1786); aus Stralsund; 1757–1765 Apothekerlehre in Göteborg (Schweden); dann Apotheker 1768 in Stockholm, 1770 in Uppsala; ab 1776 eigene Apotheke in Köping, wo er starb. 1775 Mitgl. d. AdW Schwedens; entdeckte vor Priestley d. Sauerstoff, weiterhin das Chlor-N_2, isolierte Säuren u. gewann Harn- u. Milchsäure; beschrieb seine experim. Ergebnisse in d. Terminologie d. Phlogistentheorie; entdeckte u. a. auch das nach ihm benannte Wolframerz (*Scheelit*). – Lit.: Chemische Abhandlung von der Luft und dem Feuer, Upsala-Leipzig 1777. – B: DSB (U. Bocklund); LexNW; Zekert 1963.   Ja/Sch

Scheitlin, Peter (1779–1848); aus St. Gallen (Schweiz); stud. Theol. Collegium St. Gallen, Univ. Jena u. Göttingen; 1803 Pfarrer in Kerenzen (Glarn); ab 1805 Prof. für Philos. u. Naturkunde am Coll. St. Gallen,

außerdem in öffentl. Ämtern tätig (z. B. in d. Literar. Ges., Schweizer Naturf. Ges., Gewerbe- u. Künstler-Verein); wirkte auch als Stadtpfarrer u. Dekan in St. Gallen, wo er starb. Von den naturphilosoph. Schr. von Oken u. C. G. Carus beeinflußt. – Lit.: Versuch einer vollständigen Thierseelenkunde: Geschichte, Fakten und Anwendungen der Thierpsychologie, 2 Bde., Stuttgart-Tübingen 1840. – B: ADB (Götzinger).   Ja

Schelling, Friedrich Wilhelm Joseph von (1775–1854); aus Leonberg (Württemberg); 1790 stud. Theol. u. Philos. am Tübinger Stift (Dr. phil. 1792); 1795 Hauslehrer; 1798 Prof. für Philos. Univ. Jena (Nachf. von Fichte); 1803 in Würzburg; ab 1806 als Mitgl. Bayer. AdW in München, hier 1807–1823 Dir. Akad. d. bildenden Künste, ab 1827 Prof. Univ. München; 1842–1848 als Mitgl. preuß. AdW Vorlesungen für Philos. Univ. Berlin; starb in Bad Ragaz (Schweiz). Hauptvertreter d. romant. Naturphilos.; berücksichtigte d. Ergebnisse d. Naturwiss. in seinem philosoph. Ansatz, betonte bes. die Veränderlichkeit u. Produktivität d. Natur, die er mit d. Wirken der Polarität entgegengesetzter Kräfte erklärte; ausgehend von d. Einheit von Natur u. Geist betrachtete er die Natur als dynam. Stufenfolge; diese Ideen beeinflußten bes. Naturwissenschaftler u. wurden v. a. von L. Oken auf biolog.-naturhist. Gebiet weiterentwickelt. – Lit.: Ideen zu einer Philosophie der Natur, Landshut 1797; Von der Weltseele, Hamburg 1798; Vorlesungen über die Methode des akademischen Studiums, Tübingen 1803 (Nachdr.: Leipzig 1918). – B: Asen; LexNW; Gulyga 1989; Küppers 1992.   Ja/Sch

Schelver, Franz Joseph (1778–1832); aus Osnabrück; stud. Med. u. Bot. Univ. Halle/Saale u. Göttingen (Dr. med. 1798); dann Arzt in Osnabrück; 1802 Pd. für Pathol. u. Therapie Univ. Halle; 1803 Pd. für Bot., 1804 ao. Prof. für Bot. u. Dir. Bot. Garten Univ. Jena; nach Kriegsverlusten in Jena ab 1807 o. Prof. für Bot. u. Med. sowie ab 1811 Dir. Bot. Garten Univ. in Heidelberg, wo er starb. Anhänger d. Naturphilos. d. Schelling-Sch.; stellte die Sexualität d. Pflanzen erneut in Frage u. negierte Koelreuters u. Sprengels Beobachtungen über d. Bestäubungsprozeß. – Lit.: Kritik der Lehre von den Geschlechtern der Pflanze, (1): Heidelberg 1812, (2): Karlsruhe u. Heidelberg 1814, (3): Karlsruhe 1823. – B: ADB (W. Hess); K.-D. Müller 1992.   Sch

Schenck, Heinrich (1860–1927); aus Siegen; 1879–1880 stud. Naturwiss. Univ. Bonn, 1881–1882 Univ. Berlin (bei A. Eichler u. S. Schwendener), 1882–1883 wieder in Bonn (Dr. phil. 1884 bei E. Strasburger); 1886/1887 Fo.aufenth. zus. mit A. F. W. Schimper in Brasilien, u. a. bei Fritz Müller in Blumenau; 1889 Pd. Univ. Bonn; 1896 o. Prof. für Bot. Polytechn. HS in Darmstadt, wo er starb. Mitbegr. u. mehrfacher Mithrsg. von Strasburgers *Lehrbuch der Botanik für Hochschulen* (1. Aufl. 1894); Mitbegr. der *Vegetationsbilder* von Karsten (Jena 1903); Bearb. d. wiss. Ergebnisse A. F. W. Schimper's von d. *Valdivia*-Tiefsee-Exped. (1898/1899). – Lit.: Biologie der Wassergewächse, Bonn 1886; Vergleichende Anatomie der submersen Gewächse, Cassel 1886 (Bibliotheca botanica, 1); Beiträge zur Biologie und Anatomie der Lianen, 1. Tl.: Beiträge zur Biologie der Lianen, Jena 1892 (Bot. Mitt. aus d. Tropen, 4); Beiträge zur Biologie und Anatomie der Lianen, 2. Tl.: Beiträge zur Anatomie der Lianen, Jena 1893 (Bot. Mitt. aus d. Tropen, 5). – B: MÖBIUS 1927; MÄGDEFRAU 1994: 62–63.   Eis/Sty

Schering, Ernst Friedrich Christian (1824–1889); aus Prenzlau (Uckermark); Apothekerlehre in Berlin; anschl. Apothekergehilfe in Witten (Ruhr), Köln, Aachen u. Pasewalk; 1849 stud. Pharm., Chemie, Physik u. Bot. Univ. Berlin (Apothekerstaatsexamen 1850); danach Mitarb. in Berliner Apotheke; erwarb 1851 die Apotheke von F. W. SCHMEISSER in d. Chausseestr. in Berlin (*Grüne Apotheke*) u. begann hier 1854 mit der Produktion von reinen Chemikalien für fotograph. u. pharmazeut. Zwecke, woraus 1855 d. „Fabrik für chem. u. pharm. Präparate" entstand; 1864 zusätzl. Neubau einer Produktionsstätte in Berlin-Wedding, 1871 Umwandlung in AG als *Chemische Fabrik auf Aktien* (*vormals E. Schering*) (= Gründung d. heutigen *Schering AG*), bis 1881 deren Dir.; starb in Berlin. Mitbegr. d. *Dt. Chemischen Ges.* Später legte u. a. A. BUTENANDT mit seiner Hormonfo., die von W. SCHOELLER als Ltr. d. Hauptlabor. von *Schering* ermöglicht u. unterstützt wurde, die Grundlage für d. Entw. zahlr. Präparate bei *Schering*, u. a. der ersten „Anti-Baby-Pille" (1961). – B: LexChem; HUHLE-KREUTZER 1989.   Sch

Scheuchzer, Johann Jacob (1672–1733); aus Zürich; stud. Med. Univ. Altdorf u. Utrecht (Dr. med. 1694); dann prakt. Arzt sowie Dir. d. Bibl. u. Naturhist. Mus. in Zürich, wo er starb. Hatte bedeut. geolog.-paläontolog. Slgn. u. deutete die Fossilien als Reste d. „Sintflut" (*Sintfluttheorie*); sein *Herbarium diluvianum* ist eines d. ersten Bücher mit Abb. fossiler Pflanzen, gilt daher als Mitbegr. d. Paläobotanik. – Lit.: Specimen lithographiae helveticae curiosae, Zürich 1702; Piscium Querelae et vindiciae, Zürich 1708; Herbarium diluvianum, Zürich 1709; Naturgeschichte des Schweitzerlandes, Zürich 1716; Homo diluvii testis, Zürich 1726; Sceleton duorum humanorum petrefactorum pars, ex epistola ad H. Sloane, in: Philos. Trans Roy. Soc. *34* (1728): 38–39; Physica sacra, 4 Bde., Augsburg-Ulm

1731–1735. – B: ADB (G. VON WYSS); DSB (P. E. PILET); LexNW. – P.   Ja/Sch

Schiede, Christian Julius Wilhelm [Guillermo Julio Cristino] (1798–1836); aus Kepecapsel; nach Gartenbaulehre 1822–1825 stud. Naturwiss., bes. Bot., Univ. Göttingen u. Berlin, anschl. Stud.reise nach Süd-Dtl. u. Nord-Ital., dann stud. Med. Univ. Göttingen (Dr. med.); danach Stadtphysikus in Kassel (1831 Medizinalrat); ging 1828 als prakt. Arzt d. Dt. Bergbau-Ges. nach Mexiko, wo er an Typhus starb. Erfo. d. mexikan. Flora als einer der ersten; Begr. d. *Acad. de Medicina* in Mexiko u. Hrsg. d. *Materia Médica Mexicana.* – Lit.: Ueber Bastarde im Pflanzenreiche, in: Flora, 7 (1824): 97–108: De plantis hybridis sponte natis, Kassel 1825; Botanische Berichte aus Mexico: Excursionen in der Gegend von Jalapa …, in: Linnaea *IV* (1829); u. [über Papantla u. Misantla] *V* (1830). – B: ABEPI.   Hpp/Sch

Schiemann, Agnes Marie Elisabeth (1881–1972); aus Fellin (Livland, heute Viljandi, Estland); bis 1899 Lehrerinnenseminar, dann Unterricht an Mädchen-Sch.; 1903/1904 Stud.aufenth. Univ. Paris; danach stud. Naturwiss. Univ. Berlin (Dr. phil. 1912 bei E. BAUR, Staatsexamen für d. Höhere Lehramt 1913); 1914–1931 Ass., dann Oberass. Inst. für Vererbungs- u. Züchtungsfo. Landw. HS Berlin (bei E. BAUR); 1924 Pd. für Bot. Landw. HS, 1931 Pd. Philos. Fak. Univ., 1931–1940 (Entzug d. *venia legendi*) ao. Prof. Landw. HS u. Univ. Berlin; Stud.aufenth. 1922 in Stockholm, 1930 u. 1947 in Engl. an genet. u. landw. Instituten; zugl. 1930–1943 als Gast am Bot. Mus. Berlin-Dahlem; 1943–1949 wiss. Mitarb. u. Ltg. Abt. für Gesch. d. Kulturpflanzen am KWI für Kulturpflanzenfo. (bei H. STUBBE) Berlin, dann Gatersleben (Harz), ab 1949–1956 (i. R.) Ltr. Fo.stelle für Gesch. d. Kulturpflanzen d. Max-Planck-Ges. Berlin-Dahlem; starb in Berlin. – Lit.: Entstehung der Kulturpflanzen, in: Handbuch der Vererbungswissenschaft, hrsg. von E. BAUR & M. HARTMANN, Bd. 3 (Lief. 15), Berlin 1932; Weizen, Roggen, Gerste – Systematik, Geschichte u. Verwendung, Jena 1948. – B: LexNW; HÖXTERMANN 1985; KUCKUCK 1980 (W); Anton LANG 1987; Arnold LANG 1990; Vita im ALH. – P.   Sch

Schimper, Andreas Franz Wilhelm (1856–1901); aus Straßburg, Sohn von Wilhelm Philipp SCH.; stud. Naturwiss., bes. Bot., Univ. Straßburg (bei DE BARY, Dr. phil. 1878); 1880 Fell. Johns Hopkins Univ. Baltimore (USA); 1882 Ass. Bot. Inst. (bei E. STRASBURGER), dann Pd., 1890 ao. Prof. für Bot. Univ. Bonn; ab 1898 o. Prof. für Bot. Univ. Basel, wo er starb. Widmete sich auf zahlr. Reisen der Geographie u. Ökol. d. Pflanzen: 1882 in Westindien u. Venezuela, 1886 bei Fritz MÜLLER in Brasilien, 1889 auf Ceylon u. am Bot. Garten in Buitenzorg (Bogor, Java), 1898–1899 Teiln. d. *Valdivia*-Exped. – Lit.: Pflanzen-Geographie auf physiologischer Grundlage, Jena 1898 (Neubearb. von C. VON FABER, Jena 1935). – B: DSB (A. P. SANDERS); STAFLEU & COWAN.   Ja

Schimper, Karl Friedrich (1803–1867); aus Mannheim, Vetter von Wilhelm Philipp SCH.; 1822 stud. Theol.,

J. J. Scheuchzer

E. Schiemann

1826 stud. Med. Univ. Heidelberg, 1827–1828 Univ. München (Dr. med. 1829); blieb bis 1841 in München in Hoffnung auf eine akad. Stellung, dann Rückkehr nach Mannheim, erhielt ab 1845 eine jährl. Unterstützung durch d. Großherzog von Baden; 1849 nach Schwetzingen, wo er als Privatgelehrter arbeitete u. neben bot. u. florist. Stud. auch paläontolog. u. paläoklimatolog. Stud. betrieb; 1854–1855 kurzer Aufenth. in Jena; starb in Schwetzingen. Prägte u. a. d. Begriff „Eiszeit" (Eiszeittheorie) u. gilt als Begr. d. Paläoklimatologie. – Lit.: Beschreibung des Symphytum Zeyheri und seiner zwei deutschen Verwandten, in: Ph. L. Geiger's Magazin für Pharmazie *28* (1829): 3–49, *29* (1830): 1–71; Vorträge über die Möglichkeit eines Verständnisses der Blattstellung 1834, in: Flora *18* (1835): 145–192; (hrsg. von L. Eyrich) Eintheilung und Succession der Organismen, in: Jahresber. d. Mannheimer Vereins für Naturkunde 1878–1882 (1882): 1–36. – B: DSB (H. Tobien); Volger 1889; Mägdefrau 1968.   Ja

Schimper, Wilhelm Philipp (1808–1880); aus Dossenheim (Elsaß), Vetter von Karl Friedrich u. Vater von Andreas Franz Wilhelm Sch.; ab 1826 stud. Philos., Philologie u. Math., 1828–1832 Theol. Univ. Straßburg; 1835 Ass. am Naturhist. Mus. Straßburg; 1838 Konservator d. Bibl. u. Slgn. d. *Fac. des Sci.* Univ. Straßburg (Dr. sci. 1848); 1862–1879 Prof. für Geol. u. Naturgesch. Univ. Straßburg, ab 1866 auch Dir. des Naturhist. Mus., zu dessen Aufbau er wesentlich beitrug; starb in Straßburg. Widmete sich dem System d. Moose u. pflanzl. Fossilien. – Lit.: (mit Philipp Bruch) Bryologia Europaea, 6 Bde. (45 Fasc.), Stuttgart 1836–1855; Traité de Paléontologie végétale, 3 Bde., Straßbourg 1869–1874. – B: Aug. de Bary 1880; Nekr. 1880; Laissus 1969.   Hek/Sch

Schindewolf, Otto Heinrich (1896–1971); aus Hannover; stud. Geol. Univ. Berlin; ab 1927 als Paläozoologe Preuß. Geol. Landesanstalt Berlin; 1947 ao. Prof. für Paläontol. Univ. Berlin, 1948–1964 Univ. Tübingen, wo er starb. Entwickelte in seiner *Typostrophenlehre* idealist. Vorstellungen über das gesetzmäßige Aufblühen u. Absterben von Arten in d. Erdgesch. – Lit.: Ontogenie und Phylogenie, in: Paläontol. Z. *11* (1929): 54–67; Vergleichende Studien zur Phylogenie, Morphogenie und Terminologie der Ammoneenlobenlinie ..., Berlin 1929 (Abh. Preuß. Geolog. Landesanstalt, N.F., 115); Paläontologie, Entwicklungsgeschichte und Genetik: Kritik und Synthese, Berlin 1936; Der Zeitfaktor in Geologie und Paläontologie, Berlin 1947; Wesen und Geschichte der Paläontologie, Berlin 1948 (Probleme d. Wiss. in Vergangenheit u. Gegenwart, 9); s. a. Lit. zu Kap. 18. – B: LexNW; Hölder 1964.   Ja

Schlaginhaufen, Otto (1897–1973); aus Zürich (Schweiz); 1917–1950 Prof. für Anthropol. u. Ethnol. u. bis 1951 Dir. Anthropolog. Inst. Univ. in Zürich, wo er starb. Ethnograph. u. anthropolog. Fo. u. a. in Neuguinea u. Melanesien; 1921 Mitbegr. d. *J.-Klaus-Stiftung für Vererbungsfo., Sozialanthropol. u. Rassenhygiene;* Hrsg. d. *Bull. der Schweizer Ges. für Anthropol. u. Ethnol.* (ab 1924) u. des *A. der Julius-Klaus-Stiftung für Vererbungsfo.* (ab 1925). – B: SchweizLex.   Ja/Sch

Schlegel, Hermann (1804–1884); aus Altenburg (Thüringen); zunächst als Präparator für seinen Vater (Mitgl. d. Naturf. Ges. des Osterlandes) tätig; 1823 in Dresden, 1824 bei Joseph Natterer (1786–1852) am Naturalienkabinett in Wien; 1825 Präparator bei C. J. Temminck, 1828 Konservator für Wirbeltiere am Reichsmus. für Naturkunde in Leiden; zugl. ab 1830 stud. Med. Univ. Leiden (Dr. med. *in absentia* 1832 Univ. Jena), 1836 Stud.reisen durch Dtl. (u. a. zum Zool. Mus. Berlin); 1857 Kommisar. Dir., 1858 Dir. u. Tit. Prof. d. Reichsmus. in Leiden, wo er starb. Reorganisierte d. Mus. u. führte wiss. Sammel- u. Konservierungsmethoden ein. – Lit.: Kritische Übersicht der europäischen Vögel, Leiden 1844; De vogels van Nederland, 2 dln., Haarlem 1854–1858 (Natuurlijke Historie van Nederland); Muséum d'histoire des Pays-Bas, Leiden 1862–1876 (Revue méthodique et critique des collections, I–VII). – B: Stresemann 1951: 192–216; R. Möller 1968.   Ja

Schleiden, Matthias Jacob (1804–1881); aus Hamburg; 1824–1827 stud. Jura Univ. Heidelberg (Dr. jur. 1826); dann als Advokat in Hamburg tätig; nach Suizidversuch (1832) Berufswechsel; ab 1832 stud. Naturwiss., bes. Bot., Univ. Göttingen, 1835 Univ. Berlin bei J. Horkel, der ihn zu pflanzenembryol. Stud. anregte (Dr. phil. 1839 Univ. Jena); 1840 ao. Prof. für Bot. Med. Fak., 1843 Gründung eines Physiol. Praktikums (ab 1845 Physiol. Inst.), 1850 o. Prof. für Med. (Naturgesch.), nach d. Tod von F. S. Voigt auch Dir. Bot. Garten Univ. Jena; vielseitige Lehrtätig. in Anthropol., Mikroskop. Pharmakognosie, Pflanzenanat. u. -physiol. sowie populärwiss. Tätig.; 1863 Rücktritt vom Lehramt in Jena; 1863–1864 o. Prof. für Anthropol. Univ. Dorpat (Tartu); nach 1864 Privatgelehrter in Dresden, Darmstadt, Wiesbaden u. Frankfurt a. M., wo er starb. 1844 Mitbegr. d. *Z. für wiss. Botanik.* – Lit.: Einige Blicke auf die Entwicklungsgeschichte des vegetabilischen Organismus bei den Phanerogamen, in: Wiegmann's A. Naturgesch. *3* (1837): 289–320; Beiträge zur Phytogenesis, in: A. Anat. Physiol. u. wiss. Med. *5* (1838): 137–177; Grundzüge der wissenschaftlichen Botanik ..., 2 Tle., Leipzig 1842–1843 (2. Aufl. u. d. T.: Die Botanik als inductive Wissenschaft behandelt, 2 Tle., Leipzig 1845–1846; [3]1849–1850); Beiträge zur Kenntnis der Sassaparille, Hanover 1847; Die Pflanze und ihr Leben: Populäre Vorträge, Leipzig 1848 ([6]1864); Handbuch der medicinisch-pharmaceutischen Botanik und botanischen Pharmacognosie, 2 Bde., Leipzig 1852; Das Alter des Menschengeschlechtes, die Entstehung der Arten und die Stellung des Menschen in der Natur, Leipzig 1863; Ueber den Darwinismus und die damit zusammenhängenden Lehren, in: Unsere Zeit, Dt. Rev. d. Gegenwart, Monatsschr. zum Conversations-Lex., N.F., *5/I* (1869): 50–71, 258–277, 606–630. – B: LexNW; Wagenitz 1988; Möbius 1904 (W). – P.   Ja

Schleip, Waldemar (1879–1948); aus Freiburg i. Br.; 1898–1903 stud. Med. u. Naturwiss., bes. Zool., Univ. Freiburg i. Br. (u. a. bei A. Weismann, V. Haecker u. von Kries) u. München (med. Staatsexamen 1903 Univ. Freiburg); 1903 Ass. bei Weismann Zool. Inst. (Dr. med. 1904, Dr. phil. 1906), 1906 Pd., 1912 ao. Prof.

für Zool. Univ. Freiburg i. Br.; 1916 o. Prof. für Zool. u. Vergl. Anat. u. Dir. Zool.-zootom. Inst. Univ. Würzburg; starb in Heidelberg. Strebte Synthese zw. den wiss. Sch. d. Entwicklungsphysiol. u. d. Genetik an; 1930 Vors. Dt. Zool. Ges.; zus mit E. EHLERS Hrsg. d. *Z. für wiss. Botanik.* – Lit.: Entwicklungsmechanik und Vererbung bei Tieren, in: Handbuch der Vererbungswissenschaft, Bd. 3 A, Berlin 1927: 1–81. – B: GEUS & QUERNER 1990; Vita in ALH MM 4155.   Ja/Sch

Schlotheim, Ernst Friedrich Baron **von** (1764–1832); aus Allmenhausen (bei Sondershausen, Thüringen); 1782 stud. Kameralwiss. Univ. Göttingen (auch Naturwiss. bei J. F. BLUMENBACH); 1784 Rückkehr zu d. Eltern nach Gräfentonna (Thüringen) u. priv. Mineral.stud.; 1791–1792 stud. Oryctognosie u. Eisenhüttenkunde (bei G. A. WERNER), 1792 Bergmaschinenwesen Bergakad. Freiberg; 1792 u. 1793 Reisen durch d. Harz zum Stud. d. Eisenhüttenwesens sowie Salz-, Braunkohle- u. Kupferbergbaus; zugl. ab 1791 Beamter im Herzogtum Sachsen-Gotha, 1791 als Kammerassessor, 1792 Hofjunker, 1794 Kammerjunker u. Kammerrat, 1806 Vizepräs. u. 1817–1828 Präs. d. Kammer, 1828 Mitgl. d. herzogl. Ministeriums u. Oberhofmarschall; 1822 Oberaufsicht über d. herzogl. Bibl., Kunst- u. Naturalieslgn. in Gotha, wo er starb. – Lit.: Beschreibung merkwürdiger Kräuter-Abdrücke und Pflanzen-Versteinerungen: ein Beitrag zur Flora der Vorwelt, Gotha, 1. Abth.: 1804, 2. Abth.: 1813; Beiträge zur Naturgeschichte der Versteinerungen in geognostischer Hinsicht, München 1820; Die Petrefaktenkunde auf ihrem jetzigen Standpunkte …, Gotha 1820 (Nachträge 1822, 1823). – B: STAFLEU & COWAN; FFE (G. ZIRNSTEIN); OSCHMANN 1964 (W); LANGER 1982.   Sch

Schmalhausen [Šmal'gauzen], Ivan Ivanovič (1884–1963); aus Kiew (Kiev), Sohn von Johannes Theodor (Ivan Fedorovič) SCH.; 1902–1909 stud. Naturwiss. Univ. Kiew (bes. Bot. bei S. G. NAVAŠIN u. Zool. bei A. N. SEVERCOV, Dipl. 1908/1909 bei SEVERCOV), ab 1906 Ass., 1907 unbezahlter Laborant bei A. N. SEVERCOV im zootom. Labor. Inst. für Zool. u. Vergl. Anat. Univ., 1911–1912 auch Laborant am Polytechn. Inst. Kiew; folgte seinem Lehrer SEVERCOV 1912 nach Moskau, zunächst als Ass. u. Laborant am Inst.

für Vergl. Anat., 1913 Pd. für Zool. u. Erster Ass. für Vergl. Anat., Sommer 1914 Stud.aufenth. Zool. Sta. Neapel, 1914–1918 Pd. für Zool. Univ. Moskau (Mag. zool. 1914, Dr. Sci. 1916); 1918 ao. Prof. für Zool. u. Vergl. Anat. an d. neugegr. Univ. Voronež; zugl. 1920–1921 Lehrer Volksbildungs-Inst. u. Landw.-Inst. in Voronež; 1921 o. Prof. für Embryol. u. Allg. Biol. am Volksbildungs-Inst. (später Univ.) Kiew; gleichz. 1921 Prof. u. Ltnd. wiss. Mitarb. an d. Ukrain. AdW in Kiew, ab 1922 deren Mitgl., 1928 Sekr. d. Physikal.-math. Abt.; 1922–1930 Aufbau u. Ltg. d. Lehrstuhls für Zool., 1925 Aufbau d. *Omel'cenko*-Inst. für Biol., 1930–1941 Begr. u. erster Dir. Inst. für Zool. u. Biol. (ab 1939 Zool. Inst.) d. Ukrain. AdW; ab 1935 auch Mitgl. AdW d. UdSSR u. 1936–1937 Dir. *Timirjazev*-Inst. für Allg. Biol. u. Ltr. Abt. Experim. Morphol., 1937–1948 Dir. *Severcov*-Inst. für Evolutionsmorphol. (Nachf. von A. N. SEVERCOV) in Moskau; gleichz. 1939–1948 o. Prof. für Darwinismus Univ. Moskau; ab 1948 ltnd. wiss. Mitarb., 1955–1963 Ltr. der embryolog. Labor. Zool. Inst. sowjet. AdW in Moskau, wo er starb. – Lit.: Opredelenie osnovnych pontatij i metodika issledovanija rosta: Rost i differencirovka, in: Rost životnych, Moskva–Leningrad 1935; Puti i zakonomernosti evoljucionnogo processa, Moskva–Leningrad 1939; Faktory evoljucii, Moskva–Leningrad 1946 (engl. Übers. u. d. T.: Factors of evolution: the theory of stabilizing selection, Philadelphia 1949); Proischoždenie nazemnych pozvonočnych, Moskva–Leningrad 1964; (hrsg. von M. S. GILJAROV) Izbrannye trudy, Moskva 1982 u. 1983; (hrsg. von V. A. TOPAČEVSKIJ) Rost i differencirovka: Izbrannye trudy, 2 Bde., Kiew 1984. – B: DSB (L. J. BLJACHER); Autobiogr. 1959; PILIPČUK & MEDVEDEVA 1984. – P.   Ja/Sch

Schmalhausen [Šmal'gauzen], Johannes Theodor [Ivan Fedorovič] (1849–1894); aus St. Petersburg, Vater von Ivan Ivanovič SCH.; ab 1867 stud. Naturwiss., bes. Bot., Univ. St. Petersburg (Staatsprüfung an d. Naturwiss. Fak. 1871, Mag.-Prom. 1874), 1870 für eine Studie über d. Blütenstand der Gräser mit Preis ausgezeichnet; dann Stud.aufenth. bei O. HEER (Paläobotanik) in Zürich u. A. DE BARY (Pflanzenanatomie) in Straßburg; 1876 Erster Konservator am Herbarium d. Bot. Gartens, 1877 Habil. (Dr. Sci.) u. Pd. Univ. St. Petersburg; 1879 o. Prof. für Bot. u. Dir. Bot. Gar-

M. J. Schleiden

I. I. Schmalhausen

Th. Schmucker

A. Schneider 1881

ten Univ. Kiew (Kiev), wo er starb. Stellte bei gründlicher Erfo. d. Flora des Gebietes von St. Petersburg 1870–1873 viele wildwachsende Varietäten fest; bearb. die Floren von Turkestan, Südwest-Rußland, der Krim u. d. westl. Kaukasus. – Lit.: Beiträge zur Tertiär-Flora Südwest-Rußlands, in: W. DAMES' & E. KAYSER's Palaeontol. Abh. *1* (1884) 4; Flory jugo-zapadnoj Rossii ... [Flora des südwestlichen Rußland ... russ.], Kiev 1886. – B: BSE³; VON REGEL 1894 (W). Hpp

Schmeil, Otto (1860–1943); aus Großkugel bei Halle/Saale; nach Schulbild. im FRANCKE'schen Waisenhaus 1877–1880 Lehrerbildung in Quedlinburg; 1880 Volksschullehrer in Zörbig, 1883 in Halle; daneben stud. Zool. Univ. Halle (bei O. TASCHENBERG u. GRENACHER, Dr. phil. 1891 Univ. Leipzig bei LEUCKART u. PFEFFER); 1894 Schulrektor in Magdeburg; 1904 Tit. Prof. u. ab da Privatgelehrter in Marburg, 1907 in Wiesbaden, 1909 in Heidelberg, wo er bis zum Tode als Schriftsteller lebte. – Lit.: Über die Reformbestrebungen auf dem Gebiete des naturgeschichtlichen Unterrichts, Leipzig 1896 (¹¹1917); Lehrbuch der Zoologie ..., Stuttgart 1898–1899 (²⁵1910); Leitfaden der Zoologie: ein Hilfsbuch für den Unterricht in der Tier- und Menschenkunde ..., Triest–Wien 1900 (43. Aufl. Leipzig 1911); Lehrbuch der Botanik ..., Leipzig 1901–1903 (²⁶1910); Leitfaden der Botanik: ein Hilfsbuch für den Unterricht in der Pflanzenkunde ..., Wien 1905 (36. Aufl. Leipzig 1910). – B: LexNW; Autobiogr. 1954; I. SCHEELE 1981: 177–181. Ja

Schmidt, Johannes Ernst (1877–1933); aus Jaegerspris (Dänemark); stud. Naturwiss., bes. Bot., Univ. Kopenhagen (Dr. Bot. 1898); 1899 Reise nach Siam; nach Rückkehr 1902–1909 Ass. Bot. Labor. Univ. u. Mikrobiol. Labor. TU Kopenhagen; ab 1911 Ltr. Physiolog. Dep. Carlsberg–Labor. Kopenhagen, wo er starb. Ab 1901 meeresbiolog. Stud. auf zahlr. Schiffsexped.: 1903–1904 zu d. Färöer-Inseln u. nach Island, wobei er erstmals Aallarven im Atlantik entdeckte; klärte auf Reisen mit d. Schiffen *Thor* (1904–1910) u. ab 1920 *Dana* (I u. II) die Wanderung d. Aale auf; leitete d. Revision d. Gattung *Anguilla* ein; Stud. d. Lebens pelagischer Organismen; legte große meereszoolog. Slgn. an. – Lit.: The Carlsberg Foundation's oceanographical expedition round the world, Kopenhagen 1928–1930. – B: DBL (T. WOLFF). Ja

Schmucker, Theodor (1894–1970); aus München; 1913–1914 u. 1919–1922 stud. Naturwiss., bes. Bot. u. Chemie, Univ. München (bei K. VON GOEBEL, H. BURGEFF u. R. WILLSTÄTTER; Dr. phil. 1922); 1923 Ass. bei H. BURGEFF, 1926 bei F. VON WETTSTEIN u. 1932 bei R. HARDER Univ. Göttingen; 1927 Pd. für Allg. Bot., 1933 ao. Prof. für Pflanzenphysiol. Univ. Göttingen; 1937–1962 o. Prof. für Bot. u. Techn. Mykologie (ab 1953 für Forstbot. u. Forstgenetik) Forstl. HS Hann.Münden (ab 1938 Forstl. Fak. Univ. Göttingen); starb in Göttingen. – Lit.: Isolierte Gewebe und Zellen von Blütenpflanzen, in: Planta *9* (1929): 339–340; Geschichte der Biologie: Forschung und Lehre, Göttingen 1936; Die Baumarten der nördlich gemäßigten Zone und ihre Verbreitung, Berlin 1942 (Silvae orbis, 4). – B: MELCHERS 1975. – P. Höx

Schneeberger [Sneeberger], Anton (1530–1581); aus Zürich; Schüler von Conrad GESSNER; stud. Med. Univ. Basel, Krakau (Kraków, Polen) u. Genf (Dr. med. 1558 in Paris u. Krakau); 1560 an d. Univ. Königsberg; bald danach bis zum Tod Arzt in Krakau. – Lit.: Medicamentorum simplicium ... catalogus, ... stirpium nomina Polonica ..., Krakau 1556. – B: Ärzte I. Hpp

Schneider, Friedrich Anton (1831–1890); aus Zeitz; 1849 stud. Math. u. Naturwiss. Univ. Bonn (bes. Zool. bei F. H. TROSCHEL), 1851 Univ. Berlin (bei Joh. MÜLLER, Dr. phil. 1854); 1855 mit Joh. MÜLLER Schiffsreise nach Norwegen, dann Stud.aufenth. Zool. Sta. Neapel; 1859 Pd. für Zool. Univ. Berlin u. Kustos d. Nematoden-Slg. d. Zool.-anat. Mus.; 1869 o. Prof. für Zool. Univ. Gießen; 1881 o. Prof. für Zool. Univ. (Nachf. von E. GRUBE) in Breslau (Wrocław), wo er starb. Lit.: Morphologie der Nematoden, Berlin 1866; Das Ei und seine Befruchtung, Breslau 1883. – B: DSB (G. ROBINSON); ANKEL 1957a. – P. Ja

Schneider, Johann Gottlob (1750–1822); aus Collm (bei Oschatz, Sachsen); stud. Klass. Philol. Univ. Leipzig u. Göttingen, wo er auch naturwiss. Stud. betrieb (Dr. phil. 1774 Univ. Straßburg); ab 1776 Prof. für Philol. Univ. Frankfurt/Oder, die ab 1811 nach Breslau (Wrocław) verlegt wurde, wo er bis zu seinem Lebensende wirkte. Übers. u. Komm. von antiken zoolog. Schr., edierte das vatikanische Ms. von FRIEDRICH II. sowie brasilian. Tierzeichnungen von G. MARCGRAF. – Lit.: Die Tiergeschichte des Aelian, Leipzig 1784; Reliqua librorum Friderici II. imperatoris de arte venandi cum avibus cum Manfredi regis additionibus, Bd. 1–2, Leipzig 1788–1789; Die Tiergeschichte des Aristoteles, Leipzig 1811. – B: ADB (R. HOCHE). Ja

Schneider-Orelli, Otto (1880–1965); aus Münchenbuchsee (Kt. Bern, Schweiz); 1896 Lehrerausbildung am Seminar Hofwill; 1900 stud. Naturwiss., bes. Zool., Univ. Bern (bei E. FISCHER, Dr. phil. 1905); 1905 Ass. bei MÜLLER-THURGAU, 1913 Entomologe Eidgenöss. Versuchsanstalt für Obst-, Wein- u. Gartenbau Wädenswil; 1917 Konservator d. Entomol. Slg., gleichz. Lehrauftrag, dann Tit. Prof., 1928–1950 (em.) ao. Prof. für Entom. u. Dir. des neugegr. Entomol. Inst. der ETH in Zürich, wo er starb. – Lit.: Die Miniergänge von *Lyonetia clercella* L. und die Stoffwanderung in Apfelblättern, in: Zbl. Bacteriol. *24II* (1909): 158–181. – B: WWS 1964/65; SchweizLex; BOVEY 1965. Höx/Sch

Schoeller, Walter (1880–1965); aus Berlin; 1900–1902 stud. Chemie Univ. Bonn, 1902–1906 Univ. Berlin (bei E. FISCHER, Dr. phil. 1906); 1907–1911 Ass. am Chem. Inst. Univ. Berlin, 1915 Pd. für Chemie Univ. Berlin; 1919 ao. Prof. für Med. Chemie am Chem. Inst. Univ. Freiburg i. Br.; ab 1923 Ltr. des Hauptlabor., 1937–1944 Fo.-Ltr. d. *Schering-Kahlbaum AG* Berlin; 1946–1956 Gründer u. Ltr. Fo.-Inst. für Med. u. Chemie in Heiligenberg (Südbaden); starb in Konstanz. Beschäftigte sich mit Wirkstoff-Fo., bes. über metallorgan. Chemotherapeutika, Sulfonamide u. Steroidhormone. – B: POGGENDORFF V, VI, VIIa; NCT 1960, 1965. Sch/Höx

Schoepf, Johann David (1752–1800); aus Wunsiedel; 1770–1773 stud. Med. Univ. Erlangen, 1773–1774 Berlin u. 1774–1775 Wien (Dr. med. 1776 Univ. Erlangen); 1776 Arzt in einem Erziehungsheim in Ansbach; 1777–1783 als Feldarzt der Ansbach-Bayreuther Subsidentruppen in Nordamerika, schloß dort eine Fo.- u. Sammelreise durch die USA u. die Bahamas an; 1785 Hof- u. Militärarzt u. 2. Landphysikus in Bayreuth, ab 1788 Leibarzt des Markgrafen ALEXANDER; 1790 Vizepräs., 1795 Präs. Medizinalcoll. in Ansbach, 1797 auch Präs. des Medizinalcoll. in Bayreuth; starb in Triesdorf. – Lit.: Reise durch einige der mittleren und suedlichen vereinigten nordamerikanischen Staaten nach Ost-Florida und den Bahama-Inseln, 2 Bde., Erlangen 1788; Historia Testudinum Iconibus Illustrata bzw. Naturgeschichte der Schildkroeten mit Abbildungen erlaeutert, 4 Bde., Erlangen 1792–1801 (J. C. D. SCHREBER bearbeitete den letzten postumen Teil). – ADB (F. RATZEL); ADLER 1989; GEUS 1968.   Hth

Schouw, Joakim Frederick (1789–1852); aus Kopenhagen; 1808 stud. Jura Univ. Kopenhagen (Kand. jur. 1811, Dr. jur. 1816); 1813 Unterkanzlist; nach bot. Stud.reisen (1816–1820) Pd., 1821 ao. Prof., 1845 o. Prof. für Bot. Univ. Kopenhagen; ab 1841 auch Dir. Bot. Garten in Kopenhagen, wo er starb; Widmete sich neben taxonom. Stud. bes. der Pflanzengeographie, gehört zu ihren Mitbegr. – Lit.: Grundtraek til en almindelig plante geographie, Kopenhagen 1822 (dt.: Grundzüge einer allgemeinen Pflanzengeographie, 2 Bde., Berlin 1823). – B: DSB (A. P. M. SANDERS); LexNW; WARMING 1880–1881.   Hek/Sch

Schramm, Gerhard (1910–1969); aus Yokohama (Japan); 1929 stud. Chemie Univ. Göttingen u. München, TH Danzig/Gdańsk (Dr. phil. 1935 bei A. BUTENANDT); 1935–1941 Ass. bei BUTENANDT in Danzig, dann am KWI für Biochemie in Berlin-Dahlem, 1941 Abt.-Ltr.; 1943 am MPI für Biochemie in Tübingen (seit 1954 MPI für Virusfo.), hier 1953 Abt.-Ltr., 1956 Dir.; zugl. 1944 Pd. Univ. Berlin, 1953 apl. Prof. für Organ. u. physiolog. Chemie Univ. in Tübingen, wo er starb. – Lit.: (ausgew. von F. A. ANDERER) Baupläne des Lebens, München 1971. – B: KÜRSCHNER; POGGENDORFF VII a; SCHRAMM 1971 (W).   Sch

Schrödinger, Erwin (1887–1961); aus Wien; 1906 stud. Naturwiss. Univ. Wien (u. a. bei F. HASENÖHRL, Dr. phil. 1910); 1918 ao. Prof. für Theoret. Physik Univ. Czernitz; 1920 bei Max WIEN Univ. Jena; danach WS 1920/21 ao. Prof. für Physik TH Stuttgart, SS 1921 in Breslau (Wrocław); 1921 o. Prof. für Theoret. Physik Univ. Zürich (Nachf. von M. VON LAUE); 1927–1933 o. Prof. für Physik Univ. Berlin (Nachf. von M. PLANCK, entpflichtet 1935); 1933–1936 an d. Univ. Oxford; 1936 Prof. Univ. Graz; nach d. faschist. Okkupation von Österr. 1938 Emigr. nach Rom, dann 1939 Irland u. erster Prof. für Theoret. Physik am neugegr. *Inst. for Advanced Studies* Univ. Dublin; ab 1957–1958 (em.) o. Prof. für Theoret. Physik Univ. in Wien, wo er starb (beigesetzt in Alpach/Tirol). Nobelpr. 1933. – Lit.: Abhandlungen zur Wellenmechanik, Leipzig 1927; What is life?, Cambridge 1945 (dt.: Was ist Leben?, Bern 1946, [2]München 1951); Science and humanism: physics in our time, Cambridge 1951; (Hrsg. Österr. AdW) Gesammelte Abhandlungen, 4 Bde., Wien–Braunschweig 1984. – B: DSB (A. HERMANN); BHE; HEITLER 1961 (W).   Sch

Schubert, Gotthilf Heinrich von (1780–1860); aus Hohenstein im Erzgebirge; 1799 stud. Theol., 1800 Med. Univ. Leipzig, dann Jena (bei SCHELLING, Dr. med. 1803); prakt. Arzt in Altenburg; hörte 1805 Vorlesungen über Geognosie u. Mineral. bei WERNER in Freiberg (Sachsen), anschl. Übersiedlung nach Dresden; 1809 Dir. d. Realschule in Nürnberg; 1816 Erzieher d. Kinder des Erbgroßherzogs LUDWIG VON MECKLENBURG-SCHWERIN in Ludwigslust; 1819 Prof. für Naturgesch. Univ. Erlangen; 1827–1853 (i. R.) Prof. für Allg. Naturgesch. Univ. München; dazw. 1836–1837 Reise nach Jerusalem; starb auf Gut Laufzorn bei München. – B: ADB (HESS); POGGENDORFF II.   Sch

Schultze, Max Johann Sigismund (1825–1874); aus Freiburg i. Br.; stud. Med. Univ. Greifswald u. Berlin; danach einige Jahre Prosektor bei seinem Vater Carl August Sigmund SCH. Anat. Inst. Univ. Greifswald; 1854 ao. Prof. für Anat. Univ. Halle/Saale; 1859 o. Prof. Univ. in Bonn, wo er starb. Widmete sich d. histolog. u. zytolog. Fo.; Begr. d. Protoplasmatheorie der Zelle; führte 1865 d. Osmiumsäure in d. präparator. Technik ein. – Lit.: Über Muskelkörperchen und das,

M. Schultze 1898

E. Schulze

F. E. Schulze

Th. Schwann

was man eine Zelle zu nennen habe, in: A. Anat., Physiol. u. wiss. Med. (1861): 1–27; Das Protoplasma der Rhizopoden und der Pflanzenzellen, Leipzig 1863; s. a. Lit. zu Kap. 15. – B: DSB (G. L. Geison); LexNW; Schwalbe 1874. – P.   Ja/Sch

Schulze, Ernst (1840–1912); aus Bovenden bei Göttingen; 1858–1861 stud. Chemie Univ. Göttingen (bei F. Wöhler u. H. F. P. Limpricht), 1859 auch Univ. Heidelberg (bei R. W. Bunsen); 1861 Ass. bei C. G. Lehmann (ab 1863 bei A. Geuther) Univ. Jena (Dr. phil. 1863); 1866 Ass. bei J. W. J. Henneberg Landw. Versuchssta. Weende bei Göttingen; 1871 Vorstand Landw. Versuchssta. Darmstadt; 1872 o. Prof. für Agrikulturchemie am Polytechnikum in Zürich, wo er starb. – Lit.: (mit J. Barbieri) Ueber das Vorkommen eines Glutaminsäure-Amides in den Kürbiskeimlingen, in: Ber. Dt. Chem. Ges. *10* (1877): 199–201; (mit J. Barbieri) Amidosäuren in Lupinenkeimlingen, in: ebda *12* (1879): 1924; (mit J. Barbieri) Ueber Phenylamidopropionsäure, Amidovaleriansäure und einige andere stickstoffhaltige Bestandtheile der Keimlinge von *Lupinus luteus*, in: J. Prakt. Chem. *27* (1883): 337–362; Neue Beiträge zur Kenntnis der Zusammensetzung und des Stoffwechsels der Keimpflanzen, in: Z. physiol. Chem. *47* (1906): 507–569. – B: Winterstein 1912. – P.   Höx

Schulze, Franz Eilhard (1840–1921); aus Eldena bei Greifswald; 1859 stud. Med. Univ. Rostock, 1860/1861 Univ. Bonn (bei M. Schultze), 1862 wieder Rostock (Dr. med. 1863); 1864 Pd. für Anat., 1865 ao. Prof. für Vergl. Anat. u. bis 1868 Prosektor an d. Anatomie, 1871–1873 erster o. Prof. für Zool. u. Vergl. Anat. Philos. Fak. Univ. Rostock (Dr. phil. h.c. 1871), gründete d. Zool. Inst. u. vereinigte die versch. Slgn.; 1872 Teiln. Nordsee-Exped. „Pommerania", dabei Stud. d. Meeresschwämme; 1873 o. Prof. für Zool. Univ. Graz; 1884 o. Prof. für Zool. u. Dir. d. neugegr. Zool. Inst. Univ. Berlin, wo er bis zum Tode wirkte. – Lit.: (Hrsg.) Untersuchungen über den Bau und die Entwicklung der Spongien, Leipzig 1877–1881; Zur Stammesgeschichte der Hexactinelliden, in: Abh. Königl. AdW Berlin (1887); Hexactinelliden des Indischen Oceans, 3 Tle., in: ebda (1894), (1895) u. (1900); (Hrsg.) Das Thierreich, Berlin 1906 ff.; Anweisungen für die Bearbeiter des *Nomenclator animalium generum et subgenerum*, Berlin 1911. – B: Heitz 1969; Heider 1922. – P.   Ja/Sch

Schulze, Franz Ferdinand (1815–1873); aus Naumburg; stud. Philol. u. Naturwiss. Univ. Leipzig, dann Berlin (bes. Zool), Ass. bei Mitscherling (Dr. phil. 1836); 1837 Lehrer für Chemie u. Physik Landw. Akad. Eldena, Pd. für Chemie u. Technol. Univ. Greifswald; ab 1850 o. Prof. für Chemie u. Pharmazie Univ. in Rostock, wo er starb. Widerlegte 1836 durch mikrobiol. Experimente die „Urzeugung"; beschäftigt sich später v. a. mit Agrikulturchemie. – Lit.: Vorläufige Mittheilung der Resultate einer experimentellen Beobachtung über *generatio aequivoca*, in: Ann. d. Physik u. Chemie *39* (1836): 487–489; Anfangsgründe der praktischen Agricultur-Chemie und Geologie, Neubrandenburg 1845; Ueber die Untersu-

chung der Brunnenwässer auf diejenigen Bestandteile, welche für die Gesundheitspflege am meisten in betracht kommen, in: Dingler's polytechn. J. *188* (1868): 197–219. – B: ADB (H. Welti); DSB (J. K. Crellin); UA Rostock.   Kö/Sch

Schumacher, Walter (1901–1976); aus Pforzheim; Apothekerlehre in Würzburg; 1922–1925 stud. Pharm. u. Bot., 1925–1927 Praktikant bei W. Ruhland u. K. Wetzel Univ. Leipzig (Dr. phil. 1927); 1927 Ass. bei H. Fitting Univ. Bonn, 1933 Pd., 1936–1969 o. Prof. für Bot. Univ. in Bonn, wo er starb. – Lit.: Untersuchungen über die Lokalisation der Stoffwanderung in den Leitbündeln höherer Pflanzen, in: Jb. wiss. Bot. *73* (1930): 770–823; Untersuchungen über die Wanderung des Fluoreszeins in den Haaren von *Cucurbita Pepo*, in: ebda *82* (1936): 507–533; s. a. Lit. zu Kap. 16. – B: Kollmann & Willenbrink 1980.   Höx

Schuster, Julius (1886–1949); aus München; 1905 stud. Naturwiss., v. a. Bot., Paläontol. u. Anthropol., Univ. München (Dr. phil. 1909, Habil. Ende 1911); 1912 nach Berlin; zunächst Stud. am Bot. Mus. Berlin-Dahlem, hier 1915–1919 wiss. Ass. von A. Engler; zugl. zeitw. 1917–1920 für d. Preuß. Artillerie-Prüfungskommission sowie als wiss. Hilfsarbeiter bei Ernst Gilg u. Otto Anselmino im Chem. u. Pharmazeut. Labor. d. Reichsgesundheitsamtes Berlin für d. *Dt. Arzneibuch* tätig; 1920–1927 Bibliotheksrat u. Ltr. d. Dokumentenslg. für Gesch. d. Naturwiss. u. Technik Preuß. Staatsbibl. Berlin; 1928 apl. Ass. Geolog.-paläontolog. Inst. u. Mus. Univ. Berlin; 1932 Habil. für Gesch. d. Biolog. Wiss. Univ. Berlin; 1932 Ass., 1934 Abt.vorsteher für Gesch. d. organ. Naturwiss., 1940–1945 apl. Prof. für Gesch. d. Naturwiss. unter Paul Diepgen (1878–1966) am 1930 gegr. Inst. für Gesch. d. Med. u. Naturwiss. Univ. Berlin; nach Entlassung wegen Mitarb. im sog. *Amt Rosenberg* im Dritten Reich Ende d. 40er Jahre Tätig. im Verlag Volk u. Wissen in Berlin, wo er durch Freitod starb. – Lit.: Die Geburt der Naturphilosophie um 1800, in: 15 Jahre Königl. u. Staatsbibliothek, Berlin 1921: 170–175; Geschichte und Idee des naturwissenschaftlichen Museums, in: A. Gesch. d. Math., Naturwiss. u. Technik, N.F. 2, *11* (1928 a): 178–192; Linné und Fabricius, in: Münch. Beitr. zur Lit. u. Gesch. d. Naturwiss. u. Med. (1928 b), SH 4; Jungius' Botanik als Verdienst und Schicksal, Hamburg 1929 (Festschr. Univ. Hamburg); Die Anfänge der wissenschaftlichen Erforschung der Geschichte des Lebens durch Cuvier und Geoffroy Saint Hilaire, in: A. Gesch. d. Math., Naturwiss. u. Technik *13* (1930): 1–178. – B: Junker & Landsberg 1994; Junker 1996.   Sch

Schwägerichen, Christian Friedrich (1775–1853); aus Leipzig; stud. Univ. Leipzig (Dr. med. 1799); dort 1799 Pd., 1802 ao. Prof. für Naturgesch., 1806 für Bot., 1815–1852 o. Prof.; gleichz. 1806–1837 Dir. des Bot. Gartens in Leipzig, wo er starb. – Lit.: Bearb. der Moose in der von C. L. Willdenow hrsg. „Species plantarum" von Linné, 4. Aufl., Berlin 1830. – B: ADB (E. Wunschmann); Stafleu & Cowan 1985.   Hek/Sch

Schwalbe, Gustav Albert (1844–1916); aus Quedlinburg; stud. Med. Univ. Berlin, Zürich, Bonn (Dr. med. 1866 Univ. Berlin); 1866 Ass. bei Max SCHULTZE Univ. Bonn, 1868 bei KÜHNE Physiolog. Inst. Univ. Amsterdam; 1870 Pd. Univ. Halle/Saale; 1871 Prosektor bei A. ECKER Univ. Freiburg i. Br.; 1871 ao. Prof. für Histol. Univ. Leipzig; 1873 o. Prof. für Anat. Univ. Jena (Nachf. von GEGENBAUR), 1881 Univ. Königsberg (Kaliningrad), 1883–1914 Univ. in Straßburg, wo er starb. Widmete sich bes. vergl.-anthropolog. Untersuchungen von fossilen Menschenresten u. rezenten Rassen, suchte stammesgeschichtl. Fragen auf vergl.-morpholog. Basis zu klären, u. führte exakte naturwiss. Methoden in d. Vorgeschichtsfo. ein. – B: Ärzte II; LexNW.   Sch

Schwann, Theodor Ambrose Hubert (1810–1882); aus Neuss am Rhein; 1829 stud. Med. Univ. Bonn, 1831 Würzburg, 1833 Berlin (bei Joh. MÜLLER, Dr. med. 1834); 1834–1839 Ass. bei Joh. MÜLLER am Anat.-zootom. Mus. Univ. Berlin, wo er anat.-mikroskop. u. physiolog. Untersuchungen durchführte u. mit M. J. SCHLEIDEN die Zellentheorie entwickelte; 1839 Prof. für Anat. u. Physiol. Univ. Louvain (Löwen, Belgien); ab 1848 in Liège (Lüttich), hier 1858 o. Prof. für Physiol., Allg. Anat. u. Embryol., ab 1872–1879 nur für Physiol.; starb in Köln. Untersuchte bes. die Wirkung d. Galle, experimentierte schon 1844 mit Anwendung einer Gallenfistel, entdeckte das Pepsin im Magensaft. – Lit.: Vorläufige Mitteilung, betreffend Versuche über die Weingährung und Fäulnis, in: Ann. Phys. Chem. *41* (1837): 184–193; Mikroskopische Untersuchungen über die Übereinstimmung in der Struktur und im Wachstum der Thiere und Pflanzen, Berlin 1839; Über das Wesen des Verdauungsprocesses, in: A. Anat. u. Physiol. (1856): 90–138. – B: LexNW; WATERMANN 1960. – P.   Ja

Schwendener, Simon (1829–1919); aus Buchs (Kt. St. Gallen, Schweiz); 1849–1850 stud. Naturwiss. Akad. Genf; 1850 Lehrer in Wädenswil; 1853 stud. Univ. Zürich (Dr. phil. 1856); ab 1857 Ass. bei C. NAEGELI, 1860 Pd. für Bot. Univ. München; 1867 o. Prof. für Bot. u. Dir. Bot. Garten Univ. Basel; 1878–1910 o. Prof. für Bot. Univ. in Berlin, wo er starb. – Lit.: Ueber die periodischen Erscheinungen der Natur, insbesondere der Pflanzenwelt, Zürich 1856; (mit C. NAEGELI) Das Mikroskop, 2 Bde., Leipzig 1865–1867; Die Algentypen der Flechten, in: Programm für die Rektoratsfeier der Universität, Basel 1869; Das mechanische Prinzip im Bau der Monocotylen, Basel 1874; Mechanische Theorie der Blattstellungen, Leipzig 1878; Über Richtungen und Ziele der mikroskopischen Forschung: Rede bei Antritt des Rektorats, Berlin 1887; Gesammelte botanische Abhandlungen, Berlin 1898. – B: DSB (H. P. M. SANDERS); LexNW; BRIQUET 1922; ZIMMERMANN 1922 (W); RICHTER 1982 (W).   Ja/Sch

Schwenkfeld, Caspar (1563–1609); aus Greiffenberg (Schlesien); 1579 stud. Univ. Leipzig (Bacc. 1582); anschl. Arzt-Gehilfe bei Joh. Jakob WECKER in Colmar; ca. ab 1584 stud. Med. Univ. Basel (bei Caspar BAUHIN; Dr. phil. u. Dr. med. 1587); danach prakt.

Arzt in Greiffenberg; 1591 Stadtphysikus in Hirschberg u. ab 1605 in Görlitz, wo er starb. – Lit.: Theriotropheum Silesiae, in quo animalium, … natura, vis et usus sex libris perstringuntur concinnatum et elaboratum, Lignitz 1603. – B: Ärzte I.   Hpp/Sch

Sclater, Philip Lutley (1829–1913); aus Hampshire (Engl.); nach Jurastud. (BA jur. 1849 Univ. Oxford) 1849–1851 stud. Naturwiss., bes. ornitholog. Stud., am *Corpus Christi Coll.*; 1851 stud. Jura am *Lincoln's Inn* London (Dr. jur.); wirkte als Rechtsanwalt u. auf zahlr. Fo.reisen als Ornithologe; 1861 Mitgl. *Roy. Soc.* London; starb in Odiham (Hampshire, Engl.). – Lit.: On the general geographic distribution of the members of the class Aves, in: J. Linn. Soc., Zool., *2* (1858): 130–145; (Mitarb.) Catalogue of the birds in the British Museum, 27 Bde., London 1874–1898. – B: DSB (O. L. AUSTIN).   Ja

Scopoli, Giovanni Antonio (1723–1788); aus Cavalese (Trento, Südtirol); stud. Med. Univ. Innsbruck (Dr. med. 1743); danach zwei Jahre im Dienst des Bischofs von Seckau, LEOPOLD Graf VON FIRMIAN, in Graz u. Seckau (Steiermark, Österreich); 1753 Dr. med. Univ. Wien; ab 1754 prakt. Arzt im Gebiet um Idrija (westl. Ljubljana, Jugoslawien) u. mineralog. Lehrverpflichtungen an Bergwerksschulen als *protafisico* (Hofphysiker?) von Idrija in Carniola; 1766/1767 Prof. für Mineralogie u. Metallurgie (Nachf. von JACQUIN) Bergakad. Schemnitz (Banská Štiavnica); 1775/1776 o. Prof. für Chemie u. Bot. Univ. in Padua, wo er starb. – Lit.: Deliciae florae et faunae insubricae …, 2 Bde., Ticini (Tessin) 1786. – B: ABI; STRESEMANN 1951; GEBHARDT 1964; DÖRFELT & HEKLAU.   Hth/Sch

Scribonius Largus (1. Jh.); röm. Arzt, Schüler des APULEIUS CELSUS u. d. Chirurgen TRYPHON; folgte 43 Kaiser CLAUDIUS auf Feldzug nach Britannien, möglicherweise dessen Leibarzt; schrieb für ihn eine Rezeptslg. d. gebräuchlichsten Arzneimittel (*Compositiones medicamentorum*). – Lit.: Textausg.: RUELLIUS, Paris bzw. Basel 1529; S. SCONOCCHIA, Leipzig 1983; vollständ. dt. Übers.: W. SCHONACK, Jena 1913. – B: Ärzte I (HABERLING & HIRSCH); LAW.   Ha/Sch

Sečenov [Sechenov, Setschenow], Ivan Michajlovič (1829–1905); aus Tjoply Stan (Rußl.); 1843 Militär-Ing.-Sch. St. Petersburg; 1848 Militär-Ing. in Kiew; 1850–1856 stud. Med. Univ. Moskau; ab 1856 Auslandsprakt. in den Labor. in Berlin (bei Johannes MÜLLER, E. DuBois-REYMOND, H. VON HELMHOLTZ), Leipzig (bei F. HOPPE-SEYLER), Wien (bei C. LUDWIG) u. 1862 in Paris (bei Claude BERNARD); 1860 Doz. für Physiol. Med.-Chirurg. Akad. St. Petersburg (Dr. med. 1860); 1870/71 Lehrstuhl für Physiol. Univ. Odessa, 1876 Univ. St. Petersburg; 1888 Doz., 1891–1901 (em.) o. Prof. für Physiol. Univ. Moskau. Begr. d. russ. Physiologen-Schule. – Lit.: Refleksy golovnogo mozga, in: Med. vestnik *47* (1863): 461–484, *48* (1863): 493–512 (engl. Übers. von A. A. SUBKOV in: I. M. SECHENOV, Selected Works, Moscow–Leningrad 1935: 264–322). – B: DSB (M. G. JAROŠEVSKIJ); FFE; KOŠTOJANC 1959; JAROŠEVSKIJ 1986.   Sch

Sedgwick, Adam (1785–1875); aus Dent (Yorkshire, Engl.); stud. Math. Trinity Coll. Cambridge/Engl. (Dr. phil. 1808); ab 1810 Mitarb. am Trinity Coll., 1817 ordiniert, 1818 Prof. für Geol. Univ. Cambridge, wo er d. geolog.-mineralog. Univ.-Mus. gründete; starb in Cambridge (Engl.). Führte die Bezeichnungen „Kambrium" (1833) u. „Devon" (1839) ein; bearb. einen Teil d. naturhist. Funde der *Beagle*-Reise von DARWIN. – Lit.: (mit R. I. MURCHISON) On the physical structure of Devonshire, and on the subdivisions and geological relations of its older deposits …, in: Trans. Geol. Soc. London (2) 5 (1840): 633–704. – B: DSB (M. J. S. RUDWICK); LexNW. Ja/Sch

Sédillot, Charles Emmanuel (1804–1883); aus Paris; ab 1822 stud. Med. in Paris, 1824 Militärärztl. Sch. Val-de-Grâce; 1825 Chirurg („sous-aide-major") im Instruktionshosp. in Metz, 1827 in Val-de-Grâce; Prom. 1829; 1836 Prof. für Operative Chirurgie Militärärztl. Sch. in Val-de-Grâce; nach Teiln. an Feldzügen in Polen u. Afrika 1841 Prof. für Chirurgie Med. Fak. (Nachf. von BÉGIN) in Strasbourg u. an d. dortigen Militärärztl. Sch., später bis 1869 deren Dir.; zog sich nach Teiln. am Krieg 1870/1871 aus gesundheitl. Gründen zurück; starb in Sainte-Menehould. Befaßte sich auf mikrobiolog. Gebiet v. a. mit Septikämie u. Wundinfektionen, prägte 1878 den Begriff „Mikrobe". – Lit.: De l'infection purulente ou pyoémie, Paris 1859; De l'influence des decouvertes de M. Pasteur sur les progrès de la chirurgie, in: C. R. Acad. Sci. 86 (1878): 634–640. – B: Ärzte I (GURLT). Kö/Sch

Seebohm, Henry (1832–1895); aus Yorkshire (Engl.); nach kaufmänn. Ausbild. Niederlassung als Stahlfabrikant in Sheffield; außerdem als Laienornithologe sehr aktiv, Stud.reisen nach Holland, Griechenl., Kleinasien, Skandinavien u. Sibirien sowie Südeuropa u. Südafrika; Mitbegr. d. *British Ornithol. Union* sowie Mitgl. u. a. d. *Roy. Geogr. Soc.* (1878), ab 1890 deren Sekr.; starb in Maidenhead (South Kensington, Engl.). – Lit.: The geographical distribution of the family *Charadriidae*, London 1887. – B: STRESEMANN 1951: 247–249, 406 f. Ja

Seidel, Friedrich Wilhelm August (1897–1992); aus Lüneburg; 1919–1920 stud. Naturwiss., bes. Zool., Univ.

A. Seitz C. Semper

Tübingen, 1920 Hamburg u. 1920–1924 Göttingen (Dr. phil. 1923 bei A. KÜHN); 1924–1925 Ass. bei O. MANGOLD Abt. Entw.physiol. KWI für Biol. Berlin-Dahlem; 1925 Ass., 1926 Pd., 1929 Oberass., 1930 ao. Prof. am Zool. Inst. u. Mus. Univ. Königsberg (Kaliningrad, Rußl.); 1936 ao. Prof., 1937–1945 o. Prof. u. Dir. Zool. Inst. Univ. Berlin; 1948–1954 Ltr. Abt. Entw.physiol. am MPI für Tierzucht Mariensee, 1951 wiss. Mitgl.; 1954–1965 (em.) o. Prof. für Zool. u. Dir. Zool. Inst. (kommissar. bis 1967) Univ. in Marburg, wo er starb. – Lit.: Untersuchungen über das Bildungsprinzip der Keimanlage im Ei der Libelle *Platycnemis pennipes*, I–V, in: A. Entw.mech. *119* (1929): 322–440; Das Differenzierungszentrum im Libellenkeim, I.: Die dynamischen Voraussetzungen der Determination und Regulation, in: ebda *131* (1934): 135–187; Geschichtliche Linien und Problematik der Entwicklungsphysiologie, in: Naturwiss. *42* (1955): 275–286. – B: WAGENITZ 1988: 164; MORITZ & SAUER 1993; AHUB. Hth

Seitz, Adalbert (1860–1938); aus Mainz; 1880 stud. Med., später Naturwiss., bes. Zool., Univ. Gießen (med. Staatsexamen u. Dr. phil. 1885); zunächst als Schiffsarzt Reisen nach Australien (1887), Brasilien (1888) u. Argentinien (1889), hierbei Slg. u. Erfo. d. Lepidopterenfauna; 1890 Pd. für Forstzool. u. -entomol. Univ. Gießen; 1890–1892 Reisen nach Asien, bes. Japan u. China; ab 1893–1908 Dir. Zool. Garten Frankfurt a. M. (Nachf. von W. HAACKE); ab 1909 Privatgelehrter in Darmstadt, wo er starb. 1918 auch Ltr. Entomol. Abt. d. Senckenberg-Mus., das seine Lepidopteren-Slg. erhielt. – Lit.: Allgemeine Biologie der Schmetterlinge, in: Zool. Jb. Syst. *5* (1891): 281–343, *7* (1894): 131–186 u. 823–851; Die Großschmetterlinge der Erde – systematische Beschreibung der bis jetzt bekannten Großschmetterlinge der Erde, Stuttgart 1906–1941 (16 Bde., dav. 10 vollendet). – B: FRANZ 1938. – P. Ja

Sellow, Friedrich (1789–1831); aus Potsdam; nach Gärtnerlehre in Sanssouci Gehilfe im Bot. Garten Berlin bei C. L. WILLDENOW, der ihn in d. wiss. Bot. einführte u. an A. VON HUMBOLDT vermittelte; 1810 mit Unterstützung A. VON HUMBOLDTS stud. Naturgesch. *Sorbonne* Paris u. 1811 in London u. a. bei J. BANKS, wo er durch G. H. VON LANGSDORFF (s. dort) für Brasilien interessiert wurde; 1814 Reise von London nach Rio de Janeiro, bereiste große Gebiete Brasiliens von Bahia bis Banda Oriental (heute Uruguay); verunglückte tödlich im Rio Doçe (Brasilien). Der größte Teil seiner botan., zoolog., paläontolog., mineralog. u. ethnograph. Slgn. gelangte an die Berliner Mus.; sein schriftl. (v. a. Tagebücher) u. zeichnerischer Nachlaß befindet sich heute, noch weitgehend unbearb., im Mus. für Naturkunde Univ. Berlin. – B: STRESEMANN 1948; HACKETHAL 1995. Sch

Semënov-Tjan-Šanskij, Andrej Petrovič (1866–1942); aus St. Petersburg, Sohn d. ersten russ. Tienschan-Forschers Pëtr Petrovič S. (1827–1914), dessen Verdienste um die geolog., botan. u. zoolog. Erkundung dieser Gebirge der Familie den Beinamen eintrugen; 1885–1889 stud. Naturwiss. Univ. St. Petersburg; 1890 Kustos, 1895 Chef-Zoologe (Prof.) entomolog. Abt. Zool.

Mus. d. AdW in St. Petersburg (später Zoolog. Inst. AdW UdSSR); 1897–1918 Privatgelehrter, ab 1918 wieder in d. früheren Stellung; starb in Leningrad (St. Petersburg). Präs. d. russ. Entomolog. Ges.; entwickelte schon 1910 ein Konzept über die „polytypische Art". – Lit.: Die taxonomischen Grenzen der Art und ihrer Unterabteilungen, St. Petersburg–Berlin 1910; Predely i geografičeskie podrazdelenija palearktičeskoj oblasti dlja nazemnych suchoputnych životnych na osnovanii geografičeskogo raspredelenija žestkokrylych nasekomych, in: Trudy Zool. inst. AN SSSR 2 (1935): 397–410. – B: BSE³; Werk-Verz. 1936; Krämer 1976: 344.   Ja

Semon, Richard Wolfgang (1859–1918); aus Berlin; 1879 stud. Med. Univ. Jena (bei E. Haeckel) u. 1881 Univ. Heidelberg (bei O. Bütschli, Dr. phil. 1883, Dr. med. 1886 Univ. Jena); 1885 Teiln. an Afrika-Exped., anschl. Stud.aufenth. Zool. Sta. Neapel; danach Ass. Anatom. Inst., 1887 Pd., 1891 ao. Prof. für Vergl. Anat. Univ. Jena; 1891–1893 Fo.reise nach Australien u. Stud. der Monotremata; ab 1897 als Privatgelehrter in München, wo er durch Freitod starb. Vertrat die Evolutionslehre auf lamarckist. Basis u. suchte eine Vererbung erworbener Eigenschaften durch seine Lehre von der Mneme zu erklären. – Lit.: Das Nervensystem der Holothurien, in: Jena. Z. Med. u. Naturwiss. 16 (1883): 578–600; Beiträge zur Naturgeschichte der Synaptiden des Mittelmeers, in: Mitt. Zool. Sta. Neapel 7 (1887): 272–300; Die Mneme als erhaltendes Prinzip im Wechsel des organischen Geschehens, Leipzig 1904. – B: DSB (G. Uschmann); Uschmann 1959; Florey 1993.   Ja

Semper, [Carl] Karl Gottfried (1832–1893); aus Altona bei Hamburg; nach Besuch d. Seekadetten-Sch. in Kiel u. d. Polytechn. Sch. Hannover ab 1854 stud. Med. u. Zool. Univ. Würzburg (Dr. med. 1857); 1858–1865 Fo.reise zu d. Philippinen u. Palau-Inseln; 1865 Pd., 1869 ao. Prof. für Vergl. Anat. u. Zool. Univ. Würzburg; 1877 Gastvorlesungen am Lowell-Inst. Boston (USA); ab 1879 o. Prof. für Zool., 1889 Dir. d. neugegr. Zoolog.-anatom. Inst. Univ. in Würzburg, wo er starb. – Lit.: Reisen im Archipel der Philippinen, 1. T.: Leipzig 1867, 2. T. (wiss. Resultate): Bd. 1, Leipzig 1868, Bd. 2–10, Wiesbaden 1870–1906; Die Verwandtschaftsbeziehungen der gegliederten Thiere, Würzburg 1875; Der Haeckelismus in der Zoologie, Hamburg 1876; Die natürlichen Existenzbedingungen der Thiere, 2 Tle., Leipzig 1880 (Int. Wiss. Bibl., 39–40). – B: DSB (E. Mayr). – P.   Ja

Senckenberg, Johann Christian (1707–1772); aus Frankfurt a. M.; nach prakt. med. Ausbild. beim Vater u. versch. Ärzten (Reich in Laubach, Büttner u. Grambs in Frankfurt) ab 1730 stud. Med. Univ. Halle/Saale, das er nach 3 Sem. jedoch unterbrach; 1731 Leibarzt bei Erfurt, ab 1732–1739 prakt. Arzt in Frankfurt a. M. (Dr. med. 1737 Univ. Göttingen); dazw. 1735 Leibarzt in Dhaun; 1739 als Leibarzt d. Landgrafen von Hessen-Homburg in Tournay (Flandern); ab 1740 in Frankfurt a. M., 1751 Land- u. 1755 Stadtphysikus; außerdem 1748 Leibarzt d. Landgrafen Wilhelm von Hessen-Kassel in Hanau; gründete 1763

in Frankfurt a. M. die noch heute bestehende *Senckenberg-Stiftung*, die damals aus einem med. Inst. mit Bibl., Naturalienslg., bot. Garten, chem. Labor. u. anatom. Theater sowie einem Bürgerhosp. bestand, während dessen Baues er bei einer Besichtigung verunglückte. Auf d. Stiftung baute d. 1817 auf Anregung Goethes gegr. *Senckenberg. Naturf. Ges.* mit d. Naturalienkabinett (1821) auf. – B: ADB (R. Jung); LexNW; Kriegk 1869; Schmid 1940; Aug. de Bary 1947; Eulner 1961.   Sch

Sendtner, Otto (1814–1859); aus München; stud. Naturwiss. Univ. München (bei K. F. Schimper); 1837 Priv.sekr. bei Gutsherrn in Schlesien, dabei Erfo. d. Kryptogamenflora des Sudentenlandes; 1841 Konservator am herzogl. Naturalienkabinett Eichstädt; ab 1843 bot. Sammelreisen durch Istrien u. Tirol, 1847 durch Bosnien, u. pflanzengeograph. Untersuchung Südbayerns; 1854 ao. Prof., 1857 o. Prof. für Bot. u. Konservator d. Herbars Univ. München; starb in d. Nervenklinik in Erlangen. Mitbegr. d. coenolog. Richtung in d. Pflanzengeographie. – Lit.: Die Vegetationsverhältnisse Südbayerns nach den Grundsätzen der Pflanzengeographie und mit Bezugnahme auf Landeskultur geschildert, München 1854. – B: ADB (E. Wunschmann); Ross 1910.   Ja

Senebier, Jean (1742–1809); aus Genf; wirkte 1765 als Pastor d. Protestant. Kirche in Genf; 1766 Reise nach Paris; ab 1768 auf Bonnet's Rat naturwiss. Stud. u. experim. pflanzenphysiolog. Arb., ab 1770 mit A. Trembley befreundet; 1769 Pastor in Chancy bei Genf; 1773 ltnd. Bibliothekar in Genf, wo er starb. – Lit.: Mémoires physico-chymiques sur l'influence solaire de la nature de la lumière solaire, 3 vol., Genève 1762; Essai sur l'art d'observer et de faire des expériences pour modifier les êtres des trois règnes, 2 vol., Genève 1775 (²1802, 3 Vol.); Ueber die vornehmsten mikroskopischen Entdeckungen in den drei Naturreichen, Leipzig 1775; Expériences sur l'action de la lumière solaire dans la végétation, Genève 1788. – B: DSB (P. E. Pilet).   Ja

Seneca, Lucius Annaeus (um 4 v. Chr.–65 n. Chr.); aus Córdoba; stud. stoische u. skeptische Philos.; dann Jurist (Quaestor); 41 v. Kaiser Claudius nach Korsika verbannt; danach bei Kaiserin Agrippina als persönl. Ratgeber u. Erzieher ihres Sohnes Nero in Rom; 57 Konsul unter Nero, fiel aber in Ungnade u. wurde zum Freitod gezwungen, starb bei Rom. Einer d. bedeutendsten stoischen Philosophen d. röm. Kaiserzeit. – Lit.: Textausg.: H. Hermes, C. Hosius, A. Gercke & O. Hense, 3 Bde., Leipzig 1914–1923; Übers.: O. Apelt, 4 Bde., Leipzig 1923–1924 (philosoph. Schr.), u. T. Thomann, Zürich 1961 (Tragödien). – B: DSB (H. M. Hine); Florey 1993.   Ha/Sch

Sennert, Daniel (1572–1637); aus Breslau (Wrocław, Polen); 1593 stud. Philos. Univ. Wittenberg (MA 1598), dann stud. Med. Univ. Wittenberg, Leipzig, Jena, Frankfurt/O., Berlin (bei J. G. Magnus) u. Basel (Dr. med. 1601 Univ. Wittenberg); ab 1602 Prof. d. Med. Univ. Wittenberg (Nachf. von Joh. Jessen von Jessinsky) u. ab 1628 zugl. kurfürstl. Leibarzt; starb in

Wittenberg. – Lit.: De chymicorum cum Aristotelicis et Galenicis consensu ac dissensu, Wittebergae 1619; Institutionum medicinae libri V, 1620 (^{3}Wittebergae 1628); Opera omnia …, 3 tom., Parisiis 1641 (Ed. novissima, 6 tom., Lugduni 1676). – B: Ärzte I; DSB (H. Kangro).   Sch

Serenus [auch Serenius] Sammonicus, Quintus (nicht später als 4. Jh.); röm. Dichter; Verf. d. Lehrgedichtes *Liber medicinalis* mit pharmazeut.-bot. Inhalt nach Plinius; eine von Karl dem Grossen veranlaßte Abschrift ist vermutl. Grundlage für frühe Ed. um 1474. – Lit.: Textausg.: F. Vollmer, CML II/3, Leipzig–Berlin 1916. – B: Pauly; LexMA (J. Gruber).   Ha/Sch

Serveto, Miguel [Servet, Michel] (ca. 1511–1553); aus Villanueva de Sigena (bei Huesca, Aragon, Span.); mit 15 Jahren im Dienst d. Franziskaners Juan de Quintana; 1528 Stud. d. Rechts in Toulouse; 1529–1530 Sekr. von Quintana in Bologna; wandte sich dann vom traditionellen Glauben ab, fand in Basel u. Straßburg Kontakt zu führenden Reformatoren, u. gab eine gegen d. kirchl. Dogmen der Trinität gerichtete Publikation heraus, weshalb er Straßburg verlassen mußte; 1532–1538 in Paris u. Lyon: arbeitete in Lyon für d. Drucker Melchior u. Gaspard Trechsel, interessierte sich zugl. unter d. Einfluß d. Arztes Symphorien Champier für Med. u. stud. Anat. Univ. Paris (u. a. bei Jacobus Sylvius), lernte hier Vesal kennen; hielt auch Vorlesungen über Astronomie u. floh vor d. Angriffen d. Klerus; praktizierte nach 1538 als Arzt in versch. franz. Orten; 1542–1553 in Vienne (Rhône), wo er Leibarzt d. Erzbischofs wurde; verfaßte hier sein Hauptwerk über die Wiederherstellung des Christentums, das alle Lebensbereiche berührte, u. wo er in d. mystisch-spiritualist. Darstellung des menschl. Körpers u. a. erstmalig den kl. Blutkreislauf beschrieb; seine Polemik gegen Calvin führte ihn 1553 nach Genf, wo er auf dessen Betreiben von d. Inquisition verbrannt wurde. – Lit.: (anonym) De Christianismi restitutio, Vienne 1553. – B: DSB (V. R. Pilapil); DhCmE (J. M. López Piñero); LexNW.   Ja/Sch

Sessé y Lacasta, Martín de (1751–1808); aus Baraguas (Huesca, Span.); stud. Med. am *Hosp. de Nuestra Señora de Gracia* in Zaragoza; 1775–1776 prakt. Arzt in Madrid; ab 1779 Militärarzt in Span., ab 1780 auf den Antillen (u. a. Cuba); 1785 Arzt in Mexiko City; ab 1787 Ltr. d. Königl. Bot. Exped. nach Neu-Span., die d. Ergebnisse von Francisco Hernández (1517–1587) vervollständigte; ab 1788 o. Prof. u. Dir. d. Bot. Gartens in Mexiko City; gab 1788 seine ärztl. Tätigk. zugunsten der Bot. auf, Teiln. an Exped. 1789–1792 nach West-Mexiko, 1793 an d. mexikan. Atlantikküste, 1795–1798 nach Cuba u. Puerto Rico; 1803 Rückkehr nach Span. mit d. wiss. Mat. der Exped.; starb in Madrid. Seine *postum* erschienenen Werke von d. Exped. entstanden unter Mitarb. von J. M. Mociño. – Lit.: Oración inaugural que para la abertura del Real y Nuevo Estudio de Botánica dixo en esta Universidad el Director del Jardín y Expediciones, México 1788; Plantae Novae Hispaniae, in: Naturaleza (1887–1891), Suppl. (2. ed.: México 1893); Flora Mexicana, in: Naturaleza (1891–1897), Suppl. (2. ed.: México 1894),

Mss. in d. Bibl. des Bot. Gartens u. des *Mus. de Ciencias Nat.* in Madrid u. im Bot. Garten von Genf. – B: DSB (R. McVaugh); DhCmE (J. M. López Piñero). Zamudio 1992.   LGB/Sch

Setschenow, Iwan Michajlowitsch s. Sečenov, Ivan Michajlovič

Sette, Vincenzo (1785–1827); aus Saonara (bei Padua); stud. Lit., dann Med. Univ. Padua (Dr. med. 1804); danach Ass.-Arzt bei Pietro Sografi, dann Arzt in Piove di Sacco; 1823 Arzt d. Provinzial-Delegation in Venedig, 1824 Leibarzt des Vize-Königs von Lombardo-Venetien; starb im Schloß zu Monza. – Lit.: Memmoria storico-naturale sull'arrossimento straordinario di alcune sostanze alimentose osservato nella provincia di Padova l'anno MDCCCXIX, Letta al Ateneo di Treviso sera 18. Aprile 1820, Alvisopoli, Venezia 1824. – B: Ärzte I; ABI.   Sch

Severcov [Sewertzoff, Sewerzow], Aleksej Nikolaevič (1866–1936); aus Moskau, Sohn von Nikolaj A. S.; 1885–1890 stud. Naturwiss., bes. Zool., an d. Physik.-math. Fak. Univ. Moskau (u. a. bei M. A. Menzbir, I. M. Sečenov, K. A. Timirjazev u. V. V. Markovnikov; Mag. 1895); 1893–1898 Pd. Univ. Moskau; 1895–1898 zool. Fo. in den meeresbiol. Sta. Banyulsur-mer, Villefranche u. Neapel, dann in zool. Labor. in München (bei Kupffer) u. Kiel (Dr. phil. 1898); 1898–1902 ao. Prof. für Zool. Univ. Dorpat (Tartu); 1902–1911 o. Prof. für Zool. u. Vergl. Anat. Univ., zugl. Lehrer für Gesch. d. Evolutionslehre an d. *Vysšie ženskie kursy* in Kiew; 1911–1930 Lehrstuhlinhaber für Zool. Univ. Moskau; 1930 Begr. u. Ltr. des Labor., ab 1935 Inst. für Evolutionsmorphol. u. Paläozool. (1936 *Severcov*-Inst.) d. sowjet. AdW in Moskau, wo er starb. Anhänger d. Darwinismus, Begr. einer Sch. d. sowjet. evolutionist. Morphologie. – Lit.: Die Metamerie des Kopfes von Torpedo, in: Anat. Anz. *14* (1898): 278–282; Obzor issledovanij po sravnitel'noj morfologii pozvonočnych s 1917 do 1925 gg., Moskva 1925 (Trudy naučno-issledovatel'skogo instituta zoologii Moskovskogo universiteta); Morphologische Gesetzmäßigkeiten der Evolution, Jena 1931; (hrsg. von L. B. Severcov) Sobranie sočinenij, 5 T., Moskva i Leningrad 1945–1950. – B: BSE^3 (B. C. Matveev); DSB (E. Mirzojan); Pilipčuk & Bebich 1994. – P.   Ja/Sch

Severcov [Sewertzoff, Sewerzow], Nikolaj Alekseevič (1827–1885); aus Voronež, Vater von Aleksej N. S.; bis 1846 stud. Univ. Moskau (Schüler von K. F. Rul'e); 1857–1858 im Auftrag d. St. Petersburger AdW in den Tiefebenen am Kaspischen Meer u. Aral-See; 1864–1868 Forts. der von P. P. Semënov-Tjan-Šanskij eingeleiteten Erschließung d. Tienschan-Gebirges zw. See Issykul u. Taschkent, dann im Quellgebiet des Syr-Darja; 1874 Teiln. an d. russ. Amu-Darja-Exped.; 1878 Ltg. einer wiss. Untersuchung im Fergana-Gebiet u. Pamir-Gebirge, die erstmals geolog., pflanzen- u. tiergeograph. Entdeckungen dieser Gebiete brachte; ertrank in einem Nebenfluß des Don (bei Voronež). – Lit.: Putešestvija po Turkestanskomu kraju i issledovanie gornoj strany Tjan'-Šanja, Sankt-Peterburg 1873

([2]Moskva 1947, dt.: Reisen in Turkestan, 2 Bde., Gotha 1875 [Petermann's geograph. Mitt., Erg.H. 42–43]). – B: BSE[3].   Ja/Sch

Severino, Marc Aurelio (1580–1656); aus Tarsia (Calabrien); stud. Philos. Univ. Neapel (u. a. bei T. CAMPANELLA) u. stud. Med. in Salerno; 1610 Prof. für Anat. u. Chirurgie Univ. u. prakt. Arzt in Neapel, wo er starb. Beschrieb vergl.-anatom. Stud. versch. wirbelloser u. Wirbeltiere sowie von Pflanzen, vermutete einheitl. Bauplan für alle Tiere u. polemisierte gegen d. aristotel. Zoologie. – Lit.: Zootomia Democritea, Nürnberg 1645. – B: DSB (C. B. SCHMITT).   Ja

Sewertzoff [Sewerzow], Alexei Nikolajewitsch s. Severcov, Aleksej Nikolaevič

Sewertzoff [Sewerzow], Nikolai Alexejewitsch s. Severcov, Nikolaj Alekseevič

Sextius Niger (1. Hälfte 1. Jh.); röm. Arzt; Verf. des in griech. Sprache geschriebenen Werkes *De materia medica*, das eine d. wichtigsten Quellen für PLINIUS u. DIOSKURIDES war.   Ha

Seybold, August (1901–1965); aus Heidenheim a. d. Brenz; 1920–1924 stud. Naturwiss., bes. Bot., Univ. Tübingen u. München (bei K. VON GOEBEL; Dr. phil. 1924); 1923 Ass. bei K. VON GOEBEL Univ. München, 1926 bei H. BURGEFF Univ. Würzburg; 1927 *Rockefeller*-Stipendiat bei F. A. F. C. WENT Univ. Utrecht; 1928 Ass. bei H. SIERP, 1929 Pd. für Bot. Univ. Köln; 1934 o. Prof. für Bot. Univ. in Heidelberg, wo er starb. Ab 1940 (50. Aufl.) Bearb. d. *Lehrbuch d. Bot.* von O. SCHMEIL. – Lit.: Pflanzenpigmente und Lichtfeld als physiologisches, geographisches und landwirtschaftlich-forstliches Problem, in: Ber. Dt. Bot. Ges. *60* (1942): (64)–(85). – B: LexNW; Mitt. UA Heidelberg.   Höx

Sharpey, William (1802–1880); aus Arbroath (Schottland); stud. Med. Univ. Edinburgh/GB (MD 1823); Stud.aufenthalte in Europa (bei PANIZZA, RUDOLPHI u. F. TIEDEMANN); 1831 außeruniversitärer Doz. für Anat. in Edinburgh; 1836–1874 Prof. für Anat. u. Physiol. Univ. Coll. in London, wo er starb. 1853–1872 Sekr. *Roy. Soc.* London. – B: DSB (D. W. Taylor).   Sch

A. N. Severcov

C. T. E. von Siebold 1868

Sharpey-Schäfer, Edward Albert [eigentl. **Schäfer**, nahm 1918 den Namen seines Lehrers W. SHARPEY an] (1850–1935); aus London; stud. Med. Univ. Coll. London (bei William SHARPEY, MD 1874); 1874 Ass. Prof. für Physiol., 1883 Prof. (Nachf. von BURDON-SANDERSON) Univ. Coll. London; 1899–1933 (em.) o. Prof. für Physiol. Univ. Edinburgh (Schottl.); starb in North Berwick (Schottland). 1933 Präs. *Roy. Soc. of Edinburgh*. – B: DSB (D. W. TAYLOR).   Sch

Sherrington, Charles Scott (1857–1952); aus London (Engl.); ab 1875 med. Ausbild. am St. Thomas' Hosp. London; 1879 stud. Med. Caius Coll. Univ. Cambridge/GB (bei M. FOSTER, BM 1885) u. St. Thomas' Hosp. London (Lic. *Roy. Coll. of Physicians* 1886), 1885–1887 Univ. Berlin (Dr. med. 1887); 1887 Fell. Gonville and Caius Coll., zugl. Doz. für Systemat. Physiol. am St. Thomas' Hosp. London; 1891–1895 ltnd. Arzt am *Brown Animal Sanatory Inst.* (MD 1892); 1895–1912 *Holt*-Prof. für Physiol. Univ. Liverpool; 1913–1935 *Waynflete*-Prof. für Physiol. Univ. Oxford; 1936–1938 *Gifford*-Lect. Univ. Edinburgh; starb in Eastbourne (Engl.). Wirkte spez. als Neurophysiologe u. Tierexperimentator; 1920–1925 Präs. *Roy. Soc.* London; Nobelpr. 1932. – Lit.: The Central Nervous system, London 1894 (Textbook of Physiology, ed. by M. FOSTER, 3); The Mammalian Spinal Cord as an Organ of Reflex Action, in: Proc. Roy. Soc. *61* (1897): 220–221; The integrative action of the nervous system, New York 1906; s. a. Lit. zu Kap. 15. – B: DSB (J. P. SWAZEY); LIDELL 1952; ECCLES & GIBSON 1979 (W); ALH MM 3452.   Sch

Siebold, Carl Theodor Ernst von (1804–1885); aus Würzburg; nach Schulzeit im *Grauen Kloster* Berlin ab 1823 stud. Med. Univ. Berlin (bes. Zool. bei LINK, LICHTENSTEIN u. RUDOLPHI), 1824 Univ. Göttingen (bei BLUMENBACH), 1827 wieder Berlin (Dr. med. 1828, med. Staatsexamen 1829), besuchte Vorlesungen von A. VON HUMBOLDT u. Chr. G. EHRENBERG; 1831 Kreisphysikus in Heilsberg (Ostpreußen), ab 1834 Stadtphysikus in Königsberg (Kaliningrad) u. Danzig (Gdansk), wo er zool. Stud. an wirbellosen Meerestieren, Würmern u. Insekten veröffentlichte; 1840 o. Prof. für Zool., Vergl. Anat. u. Tierheilkunde Univ. Erlangen; 1841 o. Prof. für Anat. u. Physiol. Univ. Freiburg i. Br., 1850 Univ. Breslau (Wrocław), ab 1853 Univ. München, hier auch Dir. Zool.-zootom. Staats-Slg. u. o. Prof. für Zool. Philos. Fak., wo er bis zu seinem Tode wirkte; starb in München. Bedeut. Beitr. zur Entw.gesch. d. Protozoen, Helminthen u. zur Parasitol.; 1849 zus. mit R. A. VON KÖLLIKER Begr. d. *Z. für wiss. Zoologie*. – Lit.: Parasiten, in: Handwörterbuch der Physiologie, hrsg. von R. WAGNER, Bd. 2, Braunschweig 1844: 641–692; Über die Spermatozoiden der Locustinen, in: Verh. Kaiserl. Leopoldin.-Carol. Akad. d. Naturforscher, 1. Abt., *13* (1845): 249–274; Lehrbuch der vergleichenden Anatomie der wirbellosen Thiere, Berlin 1845–1848 (= Lehrbuch der vergleichenden Anatomie, hrsg. mit H. STANNIUS, T. 1); Über einzellige Pflanzen und Thiere, in: Z. wiss. Zool. *1* (1849): 270–294; Über den Generationswechsel der Cestoden …, in: ebda *2* (1850): 198–253; Über die Band- und Blasenwürmer …, Leipzig 1854; Die Süßwasserfische von Mitteleuropa, Leipzig 1863; Beiträge zur Parthenogenesis der Arthropoden. Leipzig 1871; s. a. Lit. zu Kap. 15. – B: DSB (A. Geus); LexNW; Körner 1967: 291–355 (W). – P.   Ja

Siegelman, Harold William (geb. 1920); aus Los Angeles (Calif., USA); stud. Pflanzenphysiol. Univ. of Calif. Berkeley (BS 1942) u. Los Angeles (MS 1947, PhD 1951); 1951 wiss. Mitarb. für Gartenbau am Bureau of Plant Industry, 1953 Mitarb. Abt. für Hort. Crops Res. des Agric. Res. Service, 1957 Pflanzenphysiologe der Crops Res. Div. des USDA Washington; 1965 Pflanzenbiochemiker, 1974 Sen. Pflanzenbiochemiker am Brookhaven Nat. Labor. Upton (N.Y.). – Lit.: (mit S. B. Hendricks) Photocontrol of anthocyanin formation in turnip and red cabbage seedlings, in: Plant Physiol. *32* (1957): 393–398; (mit E. M. Firer) Purification of phytochrome from oat seedlings, in: Biochem. *3* (1964): 418–423. – B: AMWS 1989–90.   Höx

Simarro Lacabra, Luis (1851–1921); aus Rom; ab 1868 stud. Med. Univ. Valencia (u. a. bei J. B. Peset y Vidal), 1873 in Madrid (bei P. González de Velasco); zugl. Arb. im mikroskop. Labor. d. *Mus. Anthropol. de Madrid* bei P. González de Velasco u. Ass. bei d. wiss. Sektionen in d. span. Histol. Ges., Mitgl. d. *Acad. Médico-Quirúrgica Matritense* u. ab 1875 auch Lehrer in d. *Escuela Práctica Libre* am Anthropolog. Mus. sowie ab 1876 an der *Inst. Libre de Enseñanza* u. Arzt im *Hosp. de la Princesa*; 1877–1879 Dir. d. *Manicomio de Santa Isabel* in Leganés; 1880–1885 Stud.aufenth. in Paris (u. a. bei A. Ranvier u. J. M. Charcot); arbeitete über Neurohistologie, Neuropsychiatrie u. experim. Psychologie (indirekter Schüler von W. Wundt); 1902 erster o. Prof. für Experim. Psychol. Univ. in Madrid, wo er starb. – Lit.: Fisiología general del sistema nervioso, in: Bol. Inst. Libre de Enseñanza, *2* (1878): 167 f., 176 f. u. *3* (1879): 22 f., 31 f., 37 f., 46 f., 53 f., 61–63, 79, 126 f.; Nuevo método histológico de impregnación de las sales fotográficas de plata, in: Rev. Trimestral Micrográfica, *5* (1900): 45–71. – B: DhCmE (J. M. López Piñero); Barona 1985: 195/202.   LGB/Sch

Simeon Seth (2. Hälfte 11. Jh.); Arzt am Hof von Byzanz. Hauptwerk: alphabet. Slg. über die Heilkräfte d. Nahrungsmittel, behandelt darin als erster griech. Arzt auch arab. Heilmittel u. pharmazeut. Präparate. – Lit.: Textausg.: B. Lankavel, Syntagma de alimentorum facultatibus, Leipzig 1886. – B: Ärzte I.   Nab/Sch

Simon von Athen (1. Hälfte 5. Jh. v. Chr.); Verf. der ältesten d. bekannten tierärztl. Schr. d. griech. zool. Lit. (*De re equestri*). – Lit.: Textausg. d. erhaltenen Fragm.: K. Widdra in: Xenophon, De re equestri, Leipzig 1964: 41–44 (als Anhang). – B: Ärzte I (Haberling); Froehner 1938/39.   Ha/Sch

Simpson, George Gaylord (1902–1984); aus Chicago (USA); 1918 stud. Lit.wiss. Univ. of Colorado Denver, 1920 Geol. u. Paläontol. Yale Univ. New Haven (bei R. S. Lull, BA 1923, PhD 1926); dann Stud.aufenth. am *British Mus. of Nat. Hist.* London; 1927 Mitarb. am *Am. Mus. of Nat. Hist.* New York u. Kurator für Wirbeltier-Paläontol., nach Militärdienst (1942–1944)

1944 Begr. Abt. Geol. u. Paläontol.; zugl. ab 1945 Prof. für Zool. Columbia Univ.; dazw. Fo.reisen nach Südamerika; 1959 *Agassiz*-Prof. für Paläozool. am *Mus. of Comp. Zool.* Harvard Univ. Cambridge/Mass.; aus gesundheitl. Gründen 1967 nach Tucson (Ariz.) u. bis 1982 Prof. für Geowiss. Univ. of Arizona; starb in Tucson. Arb. über Stammesgesch. d. Wirbeltiere, spez. d. Säugetiere, über fossile Wirbeltiere Nord- u. Südamerikas u. über d. Tiergeographie von Südamerika, wobei er erstmalig statist. Methoden anwandte („Simpson-Koeffizient"). – Lit.: Mammals and landbridges, in: J. Washington Acad. Sci. *30* (1940); The principles of classification, New York 1945; The meaning of evolution, New York 1949 (dt. u. d. T.: Zeitmaße und Ablaufformen der Evolution, Göttingen 1951); The major features of evolution, New York 1953; Evolution and geography, Oregon 1953; Life of the past, New Haven and Oxford 1953; Principles of animal taxonomy, New York 1961; Concession to the improbable, New Haven 1978. – B: LexNW; Autobiogr. 1978; Dehm 1985; Whittington 1986; Olson 1991.   Ja/Sch

Ibn Sīnā s. unter **I**

Singer, Charles (1876–1960); aus Camberwell (Engl.); stud. Med. Univ. Coll. London (BS Zool.); dann Demonstr. für Zool. bei W. F. R. Weldon; 1899 stud. Naturwiss. Magdalen Coll. Oxford; danach Arzt am St. Mary's Hosp. in Paddington; 1903 Teiln. an Exped. nach Abessinien, 1908 Reise nach Singapur; 1909 Registrator am Cancer Hosp. London; 1910–1914 Arzt im Dreadnought Hosp. für Tropenkrankheiten in Oxford (Dr. med. 1911 Univ. Oxford); ab 1910 verheiratet mit Dorothy Waley Cohen (1882–1964), Historikerin d. Naturwiss. u. Med., unter ihrem Einfluß Beginn seiner Stud. zur Gesch. d. Med. u. Naturwiss.); nach militärärztl. Kriegsdienst in Malta u. Saloniki (1914–1918) 1920 Lect. für Gesch. d. Med. Univ. Coll. London (Dr. litt. h.c. Univ. Oxford); 1930 *Noguchi*-Lect. Johns Hopkins Univ. Baltimore, sowie an d. *Huntington Library* Pasadena u. Gastprof. Univ. of Calif. in Berkeley; 1931 Prof. für Gesch. d. Med. Univ. London; 1932 Gastprof. in Berkeley; ab 1934 Privatgelehrter im Ruhesitz Kilmarth (bei Par, Cornwall), wo er starb. Gründungspräs. d. *British Soc. of Hist. of Science.* – Lit.: Greek biology and its relation to the rise of modern biology, in: Isis *4* (1921): 380; The Evolution of Anatomy, London 1925; A short History of Biology, London 1931 (²1951); Histoire de la biologie, Paris 1934; A short History of Science, London 1941; Science in Medicine and History, London 1953; (Hrsg.) History of Technology, 5 Bde., Oxford–London 1954–1958; s. a. Lit. zu Kap. 21. – B: DNB (E. A. Underwood).   Ja

Singer, Seymour Jonathan (geb. 1924); aus New York City; stud. Chemie Columbia Univ. New York (AB 1943, AM 1945); 1945 Res. Fell. Polytechn. Inst. Brooklyn (PhD 1947); 1947 Res. Fell., 1950 Sen. Res. Fell. *Caltech* Pasadena; 1951 Ass. Prof., 1957 Assoc. Prof., 1960 Prof. für Physikal. Chemie Yale Univ. New Haven (Connecticut); 1961 Prof. für Biol. Univ. of Calif. San Diego. – Lit.: (mit G. L. Nicolson) The fluid mosaic model of the structure of cell membranes, in: Science *175* (1972): 720–731. – B: AMWS 1989–90.   Höx

Skinner, Burrhus [Burhues] Frederic (1904–1990); aus Susquehanna (Pennsylv., USA); 1926 stud. Psychol. Harvard Univ. (PhD 1930, DSc 1931); 1931 Res. Fell. Neurolog. Coll. Harvard Univ., 1933 jr. Fell. Harvard Soc. Cambridge/Mass.; 1936 Instr. für Psychol., 1937 Ass. Prof., 1939 Assoc. Prof. Univ. of Minnesota Minneapolis; 1945 o. Prof. u. Ltr. Psycholog. Dep. Indiana Univ.; 1947 *William-James*-Lect. für Psychol., 1948 Prof. u. Ltr. Dep. für Psychol., 1958–1974 (em.) *Edgar-Pierce*-Prof. Harvard Univ. in Cambridge (Mass.), wo er starb. Begr. d. radikalen Behaviorismus. – Lit.: The Behavior of Organisms, New York 1938; Science and Human Behavior, New York 1957; Beyond Freedom and Dignity, Cambridge (Mass.) 1971 (dt. von E. Ortmann u. d. T.: Jenseits von Freiheit und Würde, Reinbek bei Hamburg 1973); About Behaviorism, Cambridge (Mass.) 1974. – B: WwWA; LexNW; Autobiogr. 1976.   Ja

Skoog, Folke Karl (1908–2001); aus Fjärås (Schweden), seit 1925 in d. USA; stud. Bot. *Caltech* Pasadena (BS 1932); 1934 Ass. u. Res. Fell. für Biol. *Caltech* (PhD 1936); 1936 Res. Fell. Univ. of Calif. Berkeley; 1937 Instr. u. Tutor für Biol. Harvard Univ. Cambridge (USA); 1941–1944 Assoc. Prof. für Biol. Johns Hopkins Univ. Baltimore; 1946 Lect. Washington Univ. St. Louis; 1947 Assoc. Prof., seit 1949 Prof. für Bot. Univ. of Wisconsin Madison; dazw. Fo.aufenth. 1938–1939 Univ. Hawaii, 1943 *National Insts. of Health* Bethesda u. 1952 in Ultuna (Schweden). – Lit.: (mit C. Tsui) Chemical control of growth and bud formation in tobacco stem segments and callus cultured in vitro, in: Am. J. Bot. *35* (1948): 782–787; (mit F. M. Strong & C. O. Miller) Cytokinins, in: Science *148* (1965): 532–533. – B: WWA 1992/93; IWW 1995–96.   Höx

Slack, Charles Roger (geb. 1937); stud. Biochemie Univ. Nottingham (Bsc, PhD 1962); 1962 Biochemiker *Plant Res. Centre* d. *Colonial Sugar Refining Co. Ltd.* in Brisbane (Australien); 1970 Gr.ltr. Biochemie, 1984 Gr.ltr. Physiol. d. Kulturpflanzen u. Dir. d. DSIR, 1989 Sen. Scientist am *Inst. for Crop and Food Res.* d. DSIR in Palmerston North (Neuseeland). – Lit.: (mit M. D. Hatch) Photosynthesis by sugar-leaves: a new carboxylation reaction and the pathway of sugar formation, in: Biochem. J. *101* (1966): 103–111. – B: WW.   Höx

Slatyer, Ralph Owen (geb. 1929); aus Melbourne; stud. Agrarwiss. Univ. von Westaustralien Perth (BS Agric., DSc); 1951 Res. Scientist, 1961 Aride Zone Res. Officer, 1966–1967 Assoc. Chief Commonwealth Sci. and Industrial Res. Org. Sydney; dazw. 1963–1964 Gastprof. für Bot. u. Forstwiss. Duke Univ. Durham (North Carolina, USA); 1967–1989 Prof. für Biol. Inst. of Advanced Studies d. Australian National Univ. Canberra; dazw. 1973–1974 Res. Fell. u. Gastprof. für Bot. Univ. of Calif. Santa Barbara (USA); 1989–1992 Chief Scientist Dep. Prime Minister and Cabinet Canberra. – Lit.: (mit S. A. Taylor) Terminology in plant-soil-water relations, in: Nature *187* (1960): 922–924; Plant-water relationships, New York 1967. – B: WWAa.   Höx

Sloane, Hans (1660–1753); aus Killeugh (Down, Irland); 1679 stud. Med. Univ. London, Paris u. 1683–1684 Montpellier (Dr. med. in Ornage/Südfrankr.); 1684 Ass.arzt bei Th. Sydenham in London, 1687 am *Roy. Coll. of Physicians*; 1687 als Leibarzt d. Herzogs von Ablemarle (Gouverneur von Jamaica) nach den Antillen; 1688–1689 ausgedehnte Naturstud. u. Sammelreisen auf Jamaica; blieb nach Rückkehr in London, wo er ein Mus. anlegte, das 1759 Grundstock d. *British Mus.* wurde; 1693 Sekr., 1727–1740 Präs. d. *Roy. Soc.* London; ab 1727 auch erster Leibarzt d. Königs; starb in Chelsea bei London. – Lit.: A Voyage to … Jamaica, 2 vol., London 1707 u. 1725. – B: DSB (G. de Beer). – P.   Ja

Small, Willard Stanton (1870–1943); aus N. Truro (Mass., USA); 1894–1896 stud. Pädagogik Tuft's Theol. Sch. (AM 1897); 1896–1897 Lehrer für Engl. am Lombard Coll.; 1897–1900 stud. Philos. Clark Univ. (PhD 1900); 1901 Prof. für Psychol. Michigan State Normal Coll.; 1902 Prof. für Psychol. State Normal Sch. Los Angeles (Calif.); 1904 Superintendant City Sch. San Diego (Calif.); 1906–1918 an d. Eastern High Sch. Washington; 1918 Spezialist für Schulhygiene, 1920 Dir. d. Educational Res. Interdep. für Sozialhygiene, 1921 am US Bureau of Education in Washington; zugl. 1907–1922 Doz. für Erziehungswiss. Univ. Washington; 1923–1940 (em.) Dekan d. Coll. of Education Univ. of Madison; starb in South Weymouth (Mass.). – Lit.: An experimental study on the mental process of the rat, in: J. Psychol. *11* (1900). – B: WWAH 2.   Ja

Šmal'gauzen, Ivan Fedorovič s. Schmalhausen, Johannes Theodor

Šmal'gauzen, Ivan Ivanovič s. Schmalhausen, I.I.

Smith, Adam (1723–1790); aus Kirkcaldy (Schottland); ab 1737 stud. Philos., alte Sprachen sowie Engl., franz. u. ital. Lit. Univ. Glasgow u. 1740–1746 Balliol Coll. Oxford (BA); ab 1748 außeruniversitäre Vorlesungen über Rhetorik, Ästhetik u. Literaturgesch. in Edinburgh; 1751–1764 Prof. für Logik (1753 Nachf. von F. Hutcheson) u. ab 1752 für Moralphilos. (Nachf. von T. Craigie) Univ. Glasgow (Dr. legum); 1764–1766 Erzieher u. Reisebegleiter d. Herzogs von Buccleugh auf dessen Stud.reise nach Frankr. u. Ital.; dann Priv.stud. in Kirkcaldy, ab 1773 in London; ab 1777 Mitgl. d. obersten Zollbehörde von Schottland mit Amtssitz Edinburgh; 1787 *Lord Rector* Univ. Glasgow; starb in Edinburgh. Einer d. Begr. u. Hauptvertr. d. klass. Nationalökonomie. – Lit.: Theory of moral sentiments, London 1759 (6. Aufl., 2 Bde., 1790; dt. Übers. von L. Th. Kosegarten, Leipzig 1791, 1795); An Inquiry into the Nature and Causes of the Wealth of Nations, London 1776 (9. Aufl., 3 Bde., 1799; dt. Übers. von Joh. Fr. Schiller, 2 Bde., Leipzig 1776–1778; franz. Übers. von J. L. Blavet, 6 Bde., Yverdun 1781). – B: Philosophen-Lex. (Meitzel); Staatslexikon (J. Starbatty); Metzler (P. Prechtl); Ross 1995.   Sch

Smith, Erwin Frink (1854–1927); aus Gilbert's Mills (New York, USA); 1880 Mitarb. des State Board of

Health in Lansing (Michigan); zugl. externe Stud. der Bot. am Michigan Agric. Coll., anschl. stud. Biol. Univ. of Michigan Ann Arbor (BS 1886, DSc 1889); 1886 Ass. bei F. L. SCRIBNER Mycological Sect. Div. of Bot. am USDA, 1889 Ltr. Labor. für Pflanzenpathol. am Bureau of Plant Industry des USDA in Washington/D.C., wo er starb. – Lit.: *Bacillus tracheiphilus sp. nov.*: die Ursache des Verwelkens verschiedener Cucurbitaceen, in: Cbl. Bakteriol., Abt. II, *1* (1895): 364–373; Are there bacterial diseases of plants?, in: ebda *5* (1899): 271–278; Wilt disease of cotton, cowpea and water melon, in: USDA Bull. *17* (1899): 1–50; Bacteria in relation to plant disease, 3 Vols., Washington 1905, 1911 u. 1914; An introduction to bacterial diseases of plants, Philadelphia–London 1920. – B: DSB (R. AYCOCK). Höx

Smith, Theobald (1859–1934); aus Albany (N. Y., USA); 1877 stud. Philos. u. Med. Cornell Univ. (PhB 1881), dann Albany Med. Coll. (MD 1883); 1883 Ass. bei D. E. SALMON Tierärztl. Div. d. USDA; 1884 Insp., 1891–1895 Dir. Tierpatholog. Div. am Bureau of Animal Industry d. USDA; gleichz. 1886–1895 Lect. u. Prof. für Bakteriol. Columbia Univ. (jetzt George Washington Univ.); 1895–1914 Dir. Patholog. Labor. im Gesundheitsamt d. Staates Massachusetts; zugl. 1896–1915 *George-F.-Fabyan*-Prof. für Vergl. Pathol. Harvard Univ.; 1915–1929 (em.) Dir. Dep. Tierpathol. am Rockefeller Inst. for Med. Res. in Princeton (New Jersey); starb in New York. Isolierte 1884 *Salmonella cholerae-suis* als Erreger der „Hogcholera" des Schweines u. führte 1886 zus. mit SALMON die Impfung mit abgetöteten Bakterien ein; 1889–1892 zus. mit KILBORNE Aufklärung der Ätiologie des Texasfiebers der Rinder (Piroplasmose, Babesiose) als Protozoeninfektion (*Babesia bigemina*) u. ihrer Übertragung durch Zecken der Gattung *Boophilus*; weitere Untersuchungen über Amöben bei Truthahn-Hepatitis, Sarkosporidieninfektionen der Maus u. über die Pferdesterbe; führte nach Europareise 1903/1904 EHRLICHS Antitoxin-Lehre u. Chemotherapie in Nordamerika ein. – Lit.: (mit D. E. SALMON) On a new method of producing immunity from contagious diseases, in: Proc. Biol. Soc. Washington *3* (1886): 29–33; Hog Cholera: its History, Nature and Treatment, Washington 1889; Zur Kenntnis des Hogcholerabacillus, in: Cbl. Bakteriol. *9* (1891): 253–257 u. 339–343; (mit F. L. KILBORNE) Investigations into the nature, causation and prevention of Texas or southern cattle fever, 8th and 9th Report of the Bureau of Animal Industry 1891 u. 1892, Washington 1893 [Nachdr. in: Med. Classics *1* (1936–1937): 372–597]. – B: DSB (C. E. DOLMAN); DAmMedB (S. GALISHOFF); ZINSSER 1936 (W). Kö/Sch

Sneeberger, Anton s. Schneeberger, Anton

Söding, Hans (geb. 1898); aus Papenburg a. d. Ems; 1917 stud. Jura, dann 1917–1918 stud. Naturwiss., bes. Bot., Univ. Bonn (bei H. FITTING), 1918–1920 Tübingen (bei W. RUHLAND) u. 1920–1923 Hamburg (bei A. VOIGT u. H. WINKLER, Dr. rer. nat. 1923); 1923 Ass. bei W. BENECKE Univ. Münster; 1927–1941 Ass. bei F. TOBLER, 1928 Pd., 1934 ao. Prof. für Bot. TH Dresden; 1941–1947 apl. Prof. für Bot. Univ. Münster; 1947 wiss. Rat, 1955 Abt.vorsteher Staatsinst. für Allg. Bot., bis 1963 (i. R.) Prof. am Inst. für Allg. Bot. Univ. Hamburg; lebt in Ascheberg. – Lit.: Werden von der Spitze der Haferkoleoptile Wuchshormone gebildet?, in: Ber. Dt. Bot. Ges. *41* (1923): 396–400; Wachstum und Wanddehnbarkeit bei der Haferkoleoptile, in: Jb. wiss. Bot. *74* (1931): 127–151; Die Wuchsstofflehre, Stuttgart 1952. – B: KÜRSCHNER 1992. Höx/Sch

Soldani, Ambrogio (1733–1808); aus Foppi (Toskana); Ordensgeneral der Camaldulenser in Siena, wo er starb. – Lit.: Testacegraphiae ac zoophytographiae parvae microscopiae, 2 Bde., Senis 1789–1798. – B: POGGENDORFF II. Sch

Solereder, Hans (1869–1920); aus München; 1880 stud. Naturwiss. Univ. München (Dr. phil. 1885), 1886 Ass., 1888 Pd. am Bot. Labor.; 1890 Kustos am Bot. Mus. München; 1899 ao. Prof., ab 1901 o. Prof. für Bot. Univ. u. Dir. Bot. Garten in Erlangen, wo er starb. Bearb. d. Familien der Dikotylen nach ihren anatom. Eigenschaften im Sinne RADLKOFERS für die Bedürfnisse d. Taxonomie. – Lit.: Die systematische Anatomie der Dicotylen, Stuttgart 1899, 1908. – B: RADLKOFER 1920. Hek/Sch

Sorauer, Paul (1839–1916); aus Breslau (Wrocław); nach Gärtnerlehre 1862–1865 stud. Naturwiss., bes. Bot., Univ. Berlin (bei A. BRAUN u. K. KOCH, Dr. phil. 1867 Univ. Rostock); 1865 Ass. bei H. KARSTEN Physiolog. Labor. Landw. Lehrinst., 1867 bei L. WITTMACK Landw. Mus. Berlin; 1868 Ass. bei H. HELLRIEGEL Landw. Versuchssta. Dahme (Niederlausitz); 1872–1880 Doz. Landw. Akad. Proskau bei Oppeln (Opole, Polen), zugl. 1872 Ltr. d. Pflanzenphysiolog. Versuchssta. am Preuß. Pomologischen Inst. Proskau; 1892 Tit. Prof., 1893 Privatgelehrter u. Doz. Humboldt-Akad. Berlin; 1902 Pd. für Bot. Univ. in Berlin, wo er starb. – Lit.: Handbuch der Pflanzenkrankheiten, Berlin 1874 (³1908–1913); Gibt es eine Prädisposition der Pflanzen für gewisse Krankheiten?, in: Landw. Versuchssta. *25* (1880): 327–372; Beiträge zur Lehre von der Prädisposition, in: Z. Pflanzenkrankheiten *19* (1909): 377–378. – B: WITTMACK 1916. – P. Höx

H. Sloane   P. Sorauer

Sostratos (1. Jh. v. Chr.); griech. Zoologe u. Chirurg, nach 30 v. Chr. als Wundarzt u. Geburtshelfer in Alexandria. Verf. zweier zool. Schr., *De animalibus* u. *De aculeatis et mordentibus animalibus*, deren Fragmente sich bei AELIANUS finden. – B: LAW.   Ha/Sch

Spallanzani, Lazzaro (1729–1799); aus Scandiano (Ital.); ab 1744 Besuch d. Jesuitenseminars in Reggio Emilia, 1749 stud. Jura Univ. Bologna (Dr. phil. 1753); wurde Priester u. 1760 Abbé in Reggio, außerdem Prof. für Naturgesch. in Reggio u. Modena; 1769–1799 Prof. für Naturgesch. Univ. in Pavia (Lombardei, Oberital.), wo er starb. Widmete sich mikroskop.-biol. Untersuchungen u. führte Experimente zur Widerlegung d. Urzeugungshypothese von J. T. NEEDHAM durch. – Lit.: Saggio di osservazione microscopiche concernenti il sistema della generazione dei Signori di Needham e Buffon, Modena 1765 (dt.: Leipzig 1769); Podromo di un opera da imprimersi sopra riproduzioni animali, Modena 1768 (franz. u. d. T.: Programme ou Précis d'un ouvrage sur les reproductions animales, Genève 1768); Opuscoli di fisica animale e vegetabile, 4 Bde., Modena 1776 (franz.: Paris 1777, dt.: Leipzig 1780–1784); Dissertazioni di fisica animale e vegetabile, 2 Bde., Modena 1780 (dt.: Leipzig 1788); Expériences pour servir à l'histoire de la génération des animaux et des plantes, Genève 1786; Opuscules de physique animale et végétale, 2 Bde., Paris 1787; (Ed. C. CASTELLANI & V. G. LEONE) Giornali delle Sperienze e Osservazioni relativi alla Fisiologia della generazione e alla embryologia sperimentale, Turin 1794; (postum hrsg. von J. SENEBIER) Mémoire sur la respiration, Genève 1803; s. a. Lit. zu Kap. 15. – B: DSB (C. E. DOLMAN); ROSTAND 1951. – P.   Ja

Spemann, Hans (1869–1941); aus Stuttgart; 1888–1889 Buchhändlerlehre, dann Militärdienst; ab 1891 stud. Med. Univ. Heidelberg (bei C. GEGENBAUR u. O. BÜTSCHLI), 1893 Univ. München u. 1894 Würzburg (bei Th. BOVERI, Dr. phil. 1894); 1894 Ass. bei BOVERI Zool. Inst., 1898 Pd., 1904 ao. Prof. für Zool. Univ. Würzburg, wo er seine Schnürversuche am Molchkeim begann; 1908–1914 o. Prof. für Zool. u. Dir. Zool. Inst. Univ. Rostock, dessen Neubau er 1912 leitete; widmete sich hier bes. entwicklungsphysiol. Untersuchungen am Wirbeltierauge; 1914–1918 Ltr. Abt. für

Entw.physiol. u. 2. Dir. KWI für Biol. Berlin-Dahlem, wo er seine Transplantationsversuche fortsetzte; 1919–1937 o. Prof. für Zool. u. Dir. Zool. Inst. Univ. (Nachf. von DOFLEIN) in Freiburg i. Br., wo er starb. Erzielte hier bedeut. Erfolge bei d. Keimverschmelzung u. d. Erfo. d. *Organisatorwirkung*. Nobelpr. 1935. – Lit.: Entwicklungsphysiologische Untersuchungen am Tritonei I–III, in: A. Entw.mech. *12* (1901): 224–264, *15* (1902): 448–534, *16* (1903): 551–631; Über eine neue Methode der embryonalen Transplantation, in: Verh. Dt. Zool. Ges. Marburg (1906): 196–202; Neue Versuche zur Entwicklung des Wirbeltierauges, in: Zool. Jb. Allg. Zool. u. Physiol. Tiere *32* (1912): 1–98; Zur Geschichte und Kritik des Begriffs der Homologie, in: Die Kultur der Gegenwart, Bd. 3: IV/I, Leipzig 1915: 63–86; Über die Determination der ersten Organanlagen des Amphibienembryo, I–VI, in: A. Entw.mech. *43* (1918): 448–555; Experimentelle Forschungen zum Determinations- und Individualitätsproblem, in: Naturwiss. *7* (1919): 581–591; (mit Hilde MANGOLD) Über Induktion von Embryoanlagen durch Implantation artfremder Organisatoren, in: A. mikroskop. Anat. u. Entw.mech. *100* (1924): 599–638; Über Organisatoren in der tierischen Entwicklung, in: Naturwiss. *12* (1924): 1092–1094; Experimentelle Beiträge zu einer Theorie der Entwicklung, Berlin 1936: (hrsg. von F. W. SPEMANN) Forschung und Leben, Stuttgart 1943; s. a. Lit. zu Kap. 14. – B: LexNW; O. MANGOLD 1982 (W). – P.   Ja

Spencer, Herbert (1820–1903); aus Derby (Engl.); 1837–1845 Eisenbahn-Ing.; 1846 Journalist, 1848–1852 Subdir. des *Economist*; dann Privatlehrer u. freier Schriftsteller in London; Mitgl. d. *Athenaeum*-Clubs; starb in Brighton. Als Philosoph vertrat er zunächst Entw.vorstellung auf lamarckist. Basis, später wie DARWIN Selektionsideen; prägte 1862 d. Begriff vom „Überleben des Geeignetsten" (*survival of the fittest*) u. übertrug diese Ideen auch auf d. Entw. d. menschl. Ges. (Sozialdarwinismus); verwandte erstmalig d. Terminus „Evolution" im Sinne von Höherentwicklung. – Lit.: Theory of population deduced from the general law of animal fertility, London 1852; The principles of biology, London–Edinburgh 1864; Die Faktoren der organischen Entwicklung, in: Kosmos *1* (1886): 241–272, 321–347; The inadequacy of natural selection, in: Contemporary Rev. (1893), Febr. u. March; Professor Weismann's theories, in: ebda (1893), July; Die Unzulänglichkeit der „natürlichen Zuchtwahl", in: Biol. Zbl. *13* (1893) u. *14* (1894). – B: DSB (I. D. Y. PEEL); LexNW.   Ja

Speusippos (4. Jh. v. Chr.); griech. Philosph; Schüler von PLATON u. sein Nachf. in d. Ltg. d. Akademie (347–339 v. Chr.). Verf. des in wenigen Fragm. erhaltenen Werkes *Similia*, in dem Tiere u. Pflanzen nach d. Prinzip der Gleichartigkeit ihrer Gestalt zus.gestellt waren. – Lit.: Textausg. d. Fragm.: P. LANG, De Speusippi Academici scriptis, Bonn 1911. – B: Altertum (J. STENZEL).   Ha

Spiegelman, Sol (geb. 1914); aus New York City; stud. Coll. of Cita, N. Y. (BS 1940); 1942 Lect. für Physik u. Angew. Math., 1945 Instr. für Bakteriol. Sch. of Med.

L. Spallanzani   H. Spemann

(PhD 1945), 1946 Ass. Prof. Washington Univ. St. Louis (Missouri); 1948 Post-Doc. Fell. *U.S. Public Health Service* Univ. of Minnesota; 1949 Prof. für Bakteriol. Univ. Illinois. – Lit.: s. Lit. zu Kap. 22. – B: JWS.   Sch

Spieghel, Adrian van den (1578–1625); aus Brüssel; stud. Med. Univ. Louvain, Leiden u. Pavia (bei FABRICIUS u. CASSERIUS, Dr. med. ca. 1604); 1612 Reise durch Dtl. u. Medicus primarius von Böhmen u. Mähren; ab 1616 Prof. d. Anat. Univ. Padua (Nachf. von CASSERIUS), trennte die Human-Anat. als rein med. Disziplin von d. vergl.-anat. Stud. ab; starb in Padua. – Lit.: Isagoge in rem herbariam libri duo, Padua 1606; De lumbrico lato, Padua 1618. – B: DSB (G. A. LINDEBOOM); LexNW.   Ja

Spillman, William Jasper (1863–1931); aus Lawrence county (Missouri, USA); stud. Naturwiss. Missouri State Univ. (BS 1886, MS 1889, DSc 1910); 1887 Prof. für Naturwiss. State Normal Sch. in Cape Girardeau (Missouri), 1889 Univ. of Indiana in Vincennes, 1891 State Normal Sch. in Monmoth (Oregon); 1894 Prof. für Landw.wiss. am Washington State Coll.; ab 1902–1918 u. 1921–1931 im USDA in Washington; Agrostologe; 1918–1921 Hrsg. d. *Farm J.*; spez. Stud. zur Pflanzenzüchtung, statist. Vererbungsfo. an Nutzpflanzen u. ökonom. Landw. – Lit.: Application of some of the Principles of Heredity to Plant Breeding, in: Bull. Bureau Plant Industry USDA *165* (1901); Farm grasses of the United States, London 1905; Farm science, Washington 1916; Farm management, ebda 1923. – B: AMA.   Hpp/Sch

Spinoza [d'Espinosa], Baruch [lat. Benedictus] de (1632–1677); aus Amsterdam; nach Besuch einer jüd. Schule ab 1649 Arb. im väterl. Geschäft; lernte durch Kontakt zu anderen Kaufleuten Schr. von DESCARTES u. Joseph Salomo DELMEDIGO sowie T. CAMPANELLA, Giordano BRUNO u. HOBBES kennen, um 1654/1655 Stud. d. lat. Philos., des Cartesianismus u. Staatsrechts bei Franciscus VAN DEN ENDEN; daraufhin Abwendung vom orthodoxen Judentum, 1656 Verbannung durch d. Synagoge; lebte zurückgezogen als Linsenschleifer, 1660/1661 in Rijnsburg bei Leiden, 1663 in Voorburg beim Haag, ab 1669 in Den Haag, wo er starb. Veröf-

fentlichte ein später sehr einflußreiches philosoph. System pantheist. Prägung, in dem d. Einheit der „Substanz" der Welt als Einheit von Natur u. Geist dargestellt wird, wandte sich darin entschieden gegen theolog. Auffassungen. – Lit.: Ethica … (1663–1665), in: Opera posthuma, Amsterdam 1677 (dt. von J. STERN, Leipzig 1887). – B: Philosophen-Lexikon; Staatslexikon (W. G. JACOBS); METZLER (U. PRILL). Sch

Spix, Johann Baptist von (1781–1826); aus Höchstadt an d. Aisch; zunächst stud. Theol. in d. Seminaren Bamberg u. Würzburg, ab 1804 stud. Naturgesch. u. Med. Univ. Würzburg (Dr. med. 1811); dann kurze Zeit prakt. Arzt in Bamberg u. Stud.reisen nach Paris u. Ital.; ab 1811 Adj. u. Konservator d. Zool.-zootom. Slgn. d. Bayer. AdW in München; 1817–1820 Fo.reise mit VON MARTIUS ins Innere Brasiliens (bes. brasilian. Bergland, Stromgebiet des São Francisco u. Amazonas); in Auswertung d. zool. Reiseergebnisse spez. Arb. über Reptilien, Vögel, Fledermäuse u. Affen; starb in München. – Lit.: Geschichte und Beurtheilung aller Systeme in der Zoologie nach ihrer Entwicklungsfolge von Aristoteles bis auf die gegenwärtige Zeit, Nürnberg 1811; Cephalogenesis, sive capitis ossei structura, formatio et significatio per omnes animalium classes, familias, genera ac aetates digesta …, München 1815; (mit VON MARTIUS) Reise in Brasilien in den Jahren 1817–1820, 2 Bde., München 1823–1825. – B: ADB (F. RATZEL); DSB (A. P. M. SANDERS). Ja/Sch

Sprat, Thomas (1635–1713); aus Beaminster (Dorset, Engl.); 1651 stud. *Wadham Coll.* Oxford (BA 1654, MA 1657), gefördert von John WILKINS, Christopher WREN u. a.; 1660 Kaplan d. Herzogs von Buckingham, 1676 Kaplan d. Königs, 1680 an d. Chapel Roy. of Windsor, 1683 Dean of Westminster u. zugl. ab 1684 Bischof von Rochester; starb in Bromley (Kent). Mitbegr. d. *Philosophical Soc.* u. nach 1660 d. *Roy. Soc.* in London. – Lit.: The history of the Royal Society, London 1667. – B: DSB (H. AARSLEFF).   Ja

Sprengel, Carl (1787–1859); aus Schillerslage bei Hannover; 1803–1806 Eleve bei A. THAER Landw. Lehrinst. Celle, ab 1806 Ass. von THAER in Möglin (Brandenburg), 1807 Wirtschaftsinsp. d. höheren Landw.sch. Möglin; 1809 landwirtsch. Berater in d. Oberlausitz; ab 1817 landw. Stud.reisen durch Dtl., die Niederlande, Frankr. u. die Schweiz; 1821–1823 stud. Naturwiss. Univ. Göttingen (Dr. phil. 1823, Prom. 1824); anschl. Privatgelehrter in Göttingen, 1827 Pd. für Agrikulturchemie Univ. Göttingen; 1831 Pd., 1835 Prof. für Landw.lehre *Coll. Carolinum* Braunschweig; 1839 Generalsekr. Pommersche Ökonom. Ges. Regenwalde (Pommern), 1841 Gutsverwalter, 1842 Ltr. d. neugegr. Landw. Lehrinst. (ab 1846 Landbauakademie) in Regenwalde, wo er starb. – Lit.: Ueber Pflanzenhumus, Humussäure und humussaure Salze, in: KASTNERS A. ges. Naturlehre *8* (1826): 145–220; Die Bodenkunde oder die Lehre vom Boden, Leipzig 1837 (²1844); Die Lehre vom Dünger, Leipzig 1839 (²1845). – B: CatProfCC 1; BÖHM 1989. – P.   Höx/Sch

Sprengel, Christian Konrad (1750–1816); aus Brandenburg; 1770 stud. Theol. u. Altphilologie Univ. Halle/

C. Sprengel   E. Stahl 1903

Saale; dann zunächst Lehrer in Berlin; 1780–1794 Rektor d. Gymnasiums in Spandau bei Berlin, wo er ab 1787 eingehende Stud. über d. Blüteneinrichtungen u. die Rolle d. Insekten bei der Bestäubung d. Pflanzen anstellte; lebte nach vorzeitiger Pensionierung als Privatgelehrter zurückgezogen in Berlin, wo er starb. – Lit.: Das entdeckte Geheimnis der Natur im Bau und in der Befruchtung der Blumen, Berlin 1793 (Neudr. 1894, auch in: Ostwald's Klassiker 48–51, Leipzig 1894). – B: ADB (E. Wunschmann); DSB (L. J. King).   Ja

Sprengel, Kurt Polycarp Joachim (1766–1833); aus Boldekow (Pommern), Neffe von Christian Konrad S.; nach Unterricht beim Vater u. Selbststud., bes. in mod. europ. Fremdsprachen ca. 1783 Privatlehrer bei Greifswald, gleichz. stud. Theol. u. Philologie (1784 Prediger-Examen); 1785 stud. Med. Univ. Halle/Saale (Dr. med. 1787 bei P. F. T. Meckel u. J. F. G. Goldhagen); danach Arztpraxis in Halle; ab 1789 als unbezahlter Instr. Vorlesungen, 1795 Prof. für Pathol., Rechtsmed., Med.gesch. u. Bot., 1800 Prof. für Bot. u. Dir. Bot. Garten Univ. in Halle, wo er starb. – Lit.: Versuch einer pragmatischen Geschichte der Arzneykunde, 5 Bde., Halle 1792–1803; Anleitung zur Kenntnis der Gewächse, 3 Bde., Halle 1812; Geschichte der Botanik, Altenburg 1817; Neue Entdeckungen im ganzen Umfang der Pflanzenkunde, 3 Bde., Leipzig 1820–1822. – B: ADB (E. Wunschmann); DSB (G. B. Risse); Rohlfs 1880 (W).   Ja/Sch

Sprenger, Philipp Stephan (16. Jh.); wirkte als Apotheker in Heidelberg u. legte d. bot. Univ.-Garten an; führte Kultur- u. Zuchtversuche durch. – Lit.: Horti medici catalogus arborum, fruticum ac plantarum tam indigenarum quam exoticarum, Frankfurt a. M. 1597. – B: DBA.   Ja

Spring, Friedrich Anton (1814–1872); aus Geroldsbach (Oberbayern); stud. Philos., dann Naturwiss. u. Med. Univ. München (Dr. phil. 1835, Dr. med. 1836); zuerst Ass. bei von Martius Bot. Inst., ab 1836 Ass. bei van Loe Med. Klinik Univ. München; nach Staatsexamen 1839 Stud.reise nach Paris; ab 1839 Prof. für Physiol. (Nachf. von Leroy), dann für Anat., Pathol. u. Klin. Med., 1861–1864 Rektor Univ. in Lüttich (Liège, Belgien), wo er starb. – Lit.: Ueber die naturhistorischen Begriffe von Gattung, Art und Abart und über die Ursachen der Abartungen in den organischen Reichen (Preisschr. Phil. Fak. Univ. München), Leipzig 1838. – B: ADB (Jännicke).   Ja/Sch

Squalermo, Luigi gen. **Anguillara** s. Anguillara, Luigi

Stafleu, Frans Antonie (1921–1997); aus Velsen (Niederl.); stud. Bot. Univ. Utrecht; 1948 Genetiker in d. Javar Sugar Experim. Sta.; ab 1950 wiss. Mitarb., 1966–1986 (em.) Prof. für Bot. Univ. Utrecht; hpts. Arb. zur systemat. Bot.; Mitarb. u. Hrsg. d. int. bot. Nomenklatur; 1953–1987 Generalsekr., ab 1987 Präs. d. *Assoc. for Plant Taxonomy*; Generalsekr. d. *Roy. Netherlands Acad. of Sci.*; lebt in Utrecht. – Lit.: A Monograph of the *Vochysiaceae*: 1. *Salvertia* and *Vochysia* (Proefschrift …), Gouda 1948; (Hrsg. & Mit-

autor) Index nominum genericorum (plantarum), Utrecht 1955–1970; Taxonomic literature: a selective guide to botanical publications with dates, commentaries and types, Utrecht 1967 (^{2}1976–1988, 7 Bde., zus. mit Richard S. Cowan, u. d. T.: Taxonomic literature … publications and collections with …); Linnaeus and the Linnaeans: the spreading of their ideas in systematic botany, 1735–1789, Utrecht 1971; (Hrsg.) Index herbariorum: a guide to the location and contents of the world's public herbaria, Utrecht 1974 u. 1981–1988; (mit Arnold Thiem) Per Axel Rydberg: a biography, bibliography, and list of his taxa, Bronx (N. Y.) 1990 (Mem. New York Bot. Garden, 58). – B: IWW 1995–96.   Sch

Stahl, Ernst (1848–1919); aus Schiltigheim bei Straßburg; stud. Bot. Univ. Straßburg (bei Millardet), Halle/Saale (bei de Bary) u. ab 1872 wieder Univ. Straßburg, wohin de Bary berufen worden war (Dr. phil. 1874); danach Ass. bei J. Sachs Univ. Würzburg, hier Arb. über Flechtenbildung, 1877 Pd.; 1880 ao. Prof. für Bot. Univ. Straßburg; 1881 o. Prof. für Bot. Univ. Jena, wo er bis zum Tode wirkte. Widmete sich neben Fragen zur Entw. d. Pilze u. Flechten v. a. pflanzenphysiolog. u. ökolog. Fragen wie Einfluß des Lichtes, trockener u. feuchter Standorte auf die Bildung d. Blätter, Rolle der *Mykorrhiza* der Waldbäume u. Bedeutung der *Stomata*; führte auch auf Reisen nach Java u. Mexiko ökolog. Stud. durch. – Lit.: Über die sogenannten Kompaßpflanzen, in: Jena. Z. Med. u. Naturwiss. *15* (1881): 381–389; Über den Einfluß des sonnigen und schattigen Standortes auf die Ausbildung der Laubblätter, in: ebda *16* (1882): 162–200; Pflanzen und Schnecken, in: ebda *22* (1888): 557–684; Regenfall und Blattgestalt, in: Ann. Jardin (bot.) de Buitenzorg *11* (1893): 98–182; Der Sinn der Mykorhizenbildung, in: Jb. wiss. Bot. *34* (1900): 539–668; Zur Physiologie und Biologie der Exkrete, in: Flora *113* (1919): 1–92. – B: Detmer 1918; Kniep 1919 (W). – P.   Ja

Stahl, Georg Ernst (1660–1734); aus Ansbach (Oberfranken); 1679–1683 stud. Med. Univ. Jena (Dr. med. 1684 bei G. W. Wedel), wo er iatrochem. Ideen aufnahm; danach Pd. u. Hofmedicus des Herzogs von Weimar; 1694 Prof. für Med. u. Bot. Univ. Halle/Saale (neben F. Hoffmann); ab 1716 Leibarzt am Hofe Friedrich Wilhelm I. von Preussen in Berlin, wo er starb. Entw. d. *Phlogistentheorie* zur Erklärung der Oxydationsvorgänge u. d. Umkehrbarkeit chem. Prozesse, die im 18. Jh. auch in d. Physiologie Bedeutung hatte; führte zur Erklärung d. Lebensvorgänge ein vitalist. Prinzip (Wirkung immaterieller Kräfte, *Animismus*) anstelle der bis dahin geltenden mechanist. Prinzipien ein, was weit über Dtl. hinaus Verbreitung fand (Schule von Montpellier). – Lit.: De sanguinificatione, Jena 1684; Zygmotechnia fundamentalis sive fermentationis theoria generalis, Halle 1697; Theoria medica vera, Halle 1708. – B: ADB (B. Lepsius); DSB (L. S. King); Gottlieb 1943.   Ja

Stålfelt, Martin Gottfrid (1891–?); Botaniker aus Stockholm. – Lit.: Vom System der Wasserversorgung abhängige Stoffwechselcharaktere, in: Bot. Not.

(Lund) (1939): 176–192; The influence of light upon the viscosity of protoplasm, in: Ark. Bot. *33 A* (1946)4: 1–17. Höx

Standfuss, Max Rudolf (1854–1917); aus Schreiberhau (Schlesien); 1867–1874 Gymnasium in Pforte bei Naumburg/Saale (Schulpforta); 1874–1876 stud. Theol. Univ. Halle/Saale, ab 1876 stud. Naturwiss. Univ. Breslau (Dr. phil. 1879); dann entomolog. Sammel- u. Stud.reisen in versch. Ländern u. Museen Mitteleuropas; 1885 Konservator, 1898 Dir. der entomolog. Slg. am ETH Zürich; zugl. 1892 Pd. Univ. u. ETH, 1905 Prof. für Zool. ETH, 1915 Prof. Univ. in Zürich, wo er starb. Einer der Begr. der Experim. Vererbungslehre in d. Zool. durch zahlr. Kreuzungs- u. Hybridisationsversuche an Schmetterlingen. – Lit.: Zur Frage der Gestaltung und Vererbung auf Grund 28jähriger Experimente, in: Insektenbörse 19, S. 155 f., 163 f. 171, 179 f., 187 f., 195 f. (Neudr. Zürich 1905); Die Resultate 30jähriger Experimente mit Bezug auf Artenbildung und Umgestaltung in der Tierwelt, in: Verh. Schweizer Naturf. Ges. (Luzern) (1905): 263–286. – B: HBLS; Ris 1918. Hpp

Stanley, Wendell Meredith (1904–1971); aus Ridgeville (Indiana, USA); stud. Chemie u. Math. Earlham Coll. in Richmond/Indiana (BS 1926), dann Graduierten-Coll. in Chemie Univ. of Illinois (bei Roger Adams, MS 1927, PhD 1929); 1930–1931 Fo.-Student bei Heinrich Wieland Univ. München; 1931–1948 Prof. am Rockefeller Inst. for Med. Res. New York; 1948–1969 Prof. für Biochemie u. Dir. Virus Labor. Univ. of Calif. in Berkeley; starb während einer Konferenz in Salamanca (Span.). Isolierte u. kristallisierte 1935 als erster ein Virus (Tabakmosaikvirus) u. gilt damit als Begr. d. Molekularbiol.; Nobelpr. 1946. – Lit.: s. Lit. zu Kap. 21 bzw. 22. – B:WWNP; NLCh (A. B. Costa); LexNW. Sch

Stannius, Hermann Friedrich (1808–1883); aus Hamburg; nach Besuch d. *Johanneums* ab 1825 stud. Med. Akad. Gymnasium Hamburg, 1828 Univ. Berlin, 1829 Breslau/Wrocław (Dr. med. 1831); 1831–1837 Ass.arzt am Friedrichsstädter Krankenhaus u. ärztl. Praxis in Berlin; nebenbei entomolog.-faunist. Stud. (Mithrsg. d. *Beiträge zur Entomol.*, Breslau 1832) u. med.hist. Arb.; 1837–1863 o. Prof. für Vergl. u. Patholog. Anat. u. Physiol. Univ. Rostock, hier Begr. d. Physiolog.-zootom. Inst. (1838) u. d. vergl.-anat. Slg.; meereszoolog. Stud.- u. Sammelreisen 1838 nach Helgoland, 1851 Kopenhagen u. 1857 nach Holland; ab 1863 nervenkrank, starb in d. Heilstätte auf d. Sachsenberg bei Schwerin. Widmete sich bes. d. vergl.-anat. Untersuchung des Nervensystems u. einzelner Organe d. Wirbeltiere. – Lit.: Lehrbuch der vergleichenden Anatomie, 2.: Wirbelthiere, Berlin 1845; Das peripherische Nervensystem der Fische, Rostock 1849. – B: DSB (K. E. Rothschuh); Stieda 1929. Ja

Stark, Peter (1888–1932); aus Karlsruhe; 1907–1912 stud. Naturwiss., bes. Bot., TH Karlsruhe u. Univ. Freiburg i. Br. (bei F. Oltmanns, Dr. phil. 1912); 1912 Ass. bei F. Oltmanns Univ. Freiburg, 1914 bei L. Jost Univ. Straßburg u. 1915–1921 bei W. Pfeffer in Leipzig; 1917 Pd. für Bot. Univ. Leipzig; 1922 ao. Prof., 1923 o. Prof. für Forstbot. u. Systematik Univ. Freiburg; 1926 o. Prof. für Bot. Univ. Breslau (Wrocław, Polen); 1928 o. Prof. für Bot. Univ. in Frankfurt a. M., wo er starb. – Lit.: Studien über traumatotrope und haptotrope Reizleitungsvorgänge, in: Jb. wiss. Bot. *60* (1921): 67–134. – B: Overbeck 1932. Höx

Starling, Ernest Henry (1866–1927); aus London; ab 1882 stud. Med. Guy's Hosp. Med. Sch. London (bei Burdon-Sanderson, MB 1889) u. Stud.aufenth. 1885 bei F. W. Kühne Univ. Heidelberg u. 1892 bei M. Heidenhain Univ. Breslau; ab 1899 Prof. für Physiol. Univ. Coll. London, 1922 Res. Prof. d. *Roy. Soc.* London; starb auf See bei Kingston (Jamaika). – Lit.: (mit W. M. Bayliss) The mechanism of pancreatic secretion, in: J. Physiol. *28* (1902): 325–353; On the chemical correlation of the functions of the body I., in: Lancet *83* (1905): 339–341. – B: DSB (C. B. Chapman); LexNW. Ja

Staudinger, Hermann (1881–1965); aus Worms; 1899 stud. Naturwiss. Univ. Halle/Saale, 1899–1903 stud. Chemie TH Darmstadt, Univ. München u. Halle (bei D. Vorländer, Dr. phil. 1903); 1903 Ass. bei O. Doebner Univ. Halle, 1904 bei J. Thiele Univ. Straßburg, hier 1907 Pd. für Organ. Chemie; 1907 ao. Prof. für Organ. Chemie TH Karlsruhe; 1912 o. Prof. für Chemie Eidgenöss. Polytechnikum (später ETH) Zürich; 1926–1951 o. Prof. für Organ. Chemie, gleichz. 1940–1956 Ltr. Fo.abt. für Makromolekulare Chemie Univ. in Freiburg i. Br., wo er starb. – Lit.: Die Ketene, Stuttgart 1912; Anleitung zur organischen qualitativen Analyse, Berlin 1923 (⁶1955); Die Chemie der hochmolekularen organischen Stoffe im Sinne der Kekuléschen Strukturlehre, in: Ber. Dt. Chem. Ges. *59* (1926): 3019–3043; Die hochmolekularen organischen Verbindungen: Kautschuk und Cellulose, Berlin 1932; Organische Kolloidchemie, Braunschweig 1940 (³1950); Makromolekulare Chemie und Biologie, Basel 1947. – B: DSB (R. Olby); Autobiogr. 1961. – P. Höx

Stebbins, George Ledyard (1906–2000); aus Lawrence (N. Y., USA); stud. Harvard Univ. (AB u. AM 1928), dort 1929–1931 Ass. für Bot. (PhD 1931); 1931–1935 Instr. für Biol. Colgate Univ.; ab 1935 Junior Geneticist Univ. of Calif. Berkley; 1939 Ass. Prof. u. ab 1947–1973 o. Prof. für Genetik sowie 1959–1963 Ltr. Dep. of Genetics Univ. of Calif. Davis. – Lit.: s. Lit. zu Kap. 18. – B: AMWS 1989–90. Sch

Steenstrup, Johannes Japetus Smith (1813–1897); aus Vang (Dänemark); stud. Med. Univ. Kopenhagen; 1841 Lector für Zool. u. Mineralogie an d. Akad. in Sorö auf Seeland; 1846–1885 Prof. für Zool. u. Dir. Naturhist. Mus. Univ. in Kopenhagen, wo er starb. – Lit.: Geognostik-geologisk Undersögelse af Skovmoserne Vidnesdam og Lillemose i det nordlige Sjaelland, ledsaget af sammenlignende Bemaerkninger, hentede fra Danmarks Skov-, Kjaer- og Lyngmoser i Almindelighed, in: Kongelige Danske Videnskabernes Selskabs Skrifter, 4. Ser., *9* (1842): 17–120; Ueber den Generationswechsel oder die Fortpflanzung und Entwicklung durch abwechselnde Generationen: eine eigenthümliche Form der Brutpflege in den niederen Tierclassen, Kopenhagen 1842; Hektokotyldannelsen hos Octopods laegterne Argonauta og Tremoctopus, oplyst vedlignende Dannelser hos Blaeksprutterne i Almindelighed, in: ebda, 5. Ser., *4* (1856): 185–216. – B: DSB (D. Müller); J. W. Sprengel 1898; Enigk 1986. Hth

Steffens, Henrik (1773–1845); aus Stavanger (Norwegen); 1790 stud. med., bes. Naturwiss. u. Mineral., Univ. Kopenhagen; 1794 Seereise an d. Westküste Norwegens (Mollusken-Slg.); nach Schiffbruch Aufenth. in Hamburg u. Rendsburg (bei Vater); 1796 stud. med. Univ. Kiel (Pd. 1796, Dr. phil. 1797); 1798–1799 geolog. Stud.aufenth. Thür. Wald, Schwarzburg u. Jena (Besuch d. Vorlesungen von Schelling u. Fichte); 1799 Halle u. Berlin, dann bis 1801 b. A. G. Werner in Freiberg/Sachsen; 1802 Pd. Univ. Kopenhagen; 1804 o. Prof. für Naturphilos., Physiol. u. Mineral. Univ. Halle/Saale; nach Schließung d. Univ. 1806 nach Schleswig-Holstein (Hamburg, Lübeck); 1808 Rückkehr nach Halle; 1811–1813 o. Prof. für Physik u. Philos. Univ. Breslau (Wrocław); 1813–1814 Teiln. an d. Freiheitskriegen; 1817 Besuch in München (u. a. bei Franz von Baader); 1824 Reise nach Skandinavien; ab 1832 o. Prof. für Naturphilos., Anthropol. u. Religionsphilos. Univ. Berlin, wo er starb. – Lit.: Über die Mineralogie und das mineralogische Studium, Leipzig 1799; Beyträge zur inneren Naturgeschichte der Erde, Freiberg 1801; Grundzüge der philosophischen Naturwissenschaft, Halle 1806; Anthropologie, 2 Bde., Berlin 1822; – B: ADB (O. Liebmann); Autobiogr. 1840–1844; D. von Engelhardt 1995. Ja/Sch

Stein, Emmy (1879–1954); Dr. phil.; 1923–1939 Ass. am KWI für Biol. bei Erwin Baur in Berlin. – Lit.: Radiumstrahlen auf Antirrhynium, in: Mitt. Dt. Ges. für Vererbungsfo. (1921). – B: Deichmann 1995. Ja

Stein, Friedrich Ritter **von** (1818–1885); aus Niemegk (Brandenburg); 1838–1841 stud. Med., bes. Naturwiss., Univ. Berlin (bei J. Müller u. H. Lichtenstein, Zool. bei Wiegmann; Dr. phil. 1841); 1843 Kustos Zool. Mus., gleichz. Lehrer für Zool. u. Bot. an d. städt. Gewerbesch. Berlin; 1848 Pd. für Zool., 1849 erster Kustos Zool. Mus. Univ. Berlin; 1850 o. Prof. für Zool. u.

Bot. Forstakad. Tharandt (Sachsen); 1855 o. Prof. für Zool. Univ. in Prag, wo er starb. – Lit.: Die weiblichen Geschlechtsorgane der Käfer, Berlin 1847 (Vergl. Anat. u. Physiol. d. Insecten in Monographien, 1); Der Organismus der Infusionsthiere nach eigenen Forschungen in systematischer Reihenfolge, 4 Bde., Leipzig 1859–1883. – B: DBA; Enigk 1986. Hth/Sch

Steller, Georg Wilhelm (1709–1746); aus Windsheim; 1729 stud. Theol. Univ. Wittenberg, ab 1731 Med. Univ. Halle/Saale; daneben Lehrer an d. *Franckeschen Stiftungen* u. Doz. für Bot.; 1734 Arzt im Russ. Heer bei Danzig (Gdańsk, Polen); 1738 Ass. an d. AdW St. Petersburg; 1740 Aufbruch nach Kamtschatka, 1741–1742 Teiln. an Berings Exped. nach Osten, bis 1744 weitere Erkundungen auf den nördl. Kurilen u. Kamtschatka; starb auf der Heimreise in Tjumen (Sibirien). – Lit.: De Bestiis marinis, in: Novi Commentarii Acad. Sci. Petropolitanae *2* (1751): 289–398; Ausführliche Beschreibung von sonderbaren Meeresthieren, Halle 1753; Beschreibung von dem Lande Kamtschatka, Frankfurt a. M. u. Leipzig 1774 (St. Petersburg 1793); Pallas publizierte Ergebnisse seiner Reisen in: Neue Nordische Beyträge zur physikal. u. geograph. Erd- u. Völkerbeschreibung ... *2* (1781): 255–301, *5* (1793): 123–236, u. *6* (1793): 1–26. – B: ADB (L. Stieda); Gebhardt 1964, 1970; DSB (S. Lindroth). Hth

Steno, Nicolaus s. Stensen, Niels

Stensch, Gunther Siegmund s. Stent

Stensen, Niels [Steno, Nicolaus] (1638–1686); aus Kopenhagen; 1656 stud. Med. Univ. Kopenhagen, 1660 Amsterdam u. Leiden (Dr. med. 1661); 1664 an d. Univ. Paris; 1665 als Leibarzt d. Großherzogs von Toscana in Florenz, wo er bedeut. geolog. Beobachtungen machte; 1669 Prof. für Anat. Univ. Kopenhagen; 1674 Rückkehr nach Florenz, wo er med. u. naturwiss. Stud. aufgab u. einem kathol. Orden beitrat, 1675 Priester, 1677 Bischof von Münster, 1685 in Schwerin, wo er starb. Zahlr. Beobachtungen über vergl. Anat., Embryol. u. Mikroskopie; Verf. einer iatromechan. Muskellehre; erkannte den biol. Ursprung d. Fossilien; wertvolle Beitr. zur Gebirgsbildung u. einer geolog. Schichtenlehre. – Lit.: Elementorum myologiae specimen, Florenz 1667; Canis Carchariae dissectum caput, Florenz 1667; De solido intra solidum naturaliter contento dissertationis prodromus, Florenz 1668 (dt. von K. Mieleitner, Leipzig 1923, Ostwald's Klassiker Nr. 209); Discours sur l'anatomie du cerveau, Paris 1669 (lat.: Leiden 1671). – B: DBL (A. Garboe & K. Larsen); DSB (G. Scherz); Scherz 1964. Ja

Stent [bis 1948 Stensch], Gunther Siegmund (geb. 1924); aus Berlin; 1938 Emigr. nach Antwerpen (Belgien), 1940 USA; 1942 stud. Chemie, 1944–1948 Res. Ass. für Chemie Univ. Illinois (BA für Chemie 1945, PhD in Physikal. Chemie 1948); 1948–1950 *Merck* Fell. des N. R. C. für Biol. am *Caltech* Pasadena (bei Max Delbrück); 1950–1951 als Fo.stipendiat der Am. Cancer Soc. an d. Univ. Kopenhagen u.

H. Staudinger

F. C. Steward

1951–1952 am Pasteur-Inst. Paris; 1952 Ass. Res. Biochemiker u. Lect. für Bakteriol., 1956 Assoc. Prof. für Bakteriol., 1959 Prof. für Bakteriol. u. Virologie, seit 1963 Prof. für Molekularbiol., 1980–1986 *chairman* für Molekularbiol. u. Dir. Virus Labor., seit 1987 Prof. für Molekularbiol. u. 1987–1992 *chairman* d. Molekular- u. Zellbiol. Univ. of Calif. Berkeley. – Lit.: s. Lit. zu Kap. 22. – B: BHE; AMWS 1989–90; IWW 1995–96. Sch

Stern, Curt (1902–1981); aus Hamburg; stud. Zool. Univ. Berlin (Dr. phil. 1923 bei M. HARTMANN); 1924–1926 *Rockefeller*-Stipendiat im Genet. Labor bei T. H. MORGAN Columbia Univ. New York; 1926 Ass. bei R. GOLDSCHMIDT am KWI für Biol. Berlin-Dahlem; 1928 Pd. für Genetik d. Tiere Univ. Berlin; 1932 zweites *Rockefeller*-Stip. für Fo. über Genetik an *Drosophila* bei T. H. MORGAN am *Caltech* Pasadena (Calif.), kehrte 1933 nach Hitler's Machtergreifung nicht nach Dtl. zurück; 1933 Fo.ass., 1935 Ass. Prof. bei Benjamin WILLIER Univ. Rochester (N. Y.), 1940 *acting chairman* (Nachf. von WILLIER) u. ab 1941 o. Prof. für Zool. u. *named chairman* Dep. of Zool. u. Div. Biol. Sci.; ab 1947 Prof. für Zool. (Nachf. von R. GOLDSCHMIDT), 1958–1970 (em.) auch Prof. für Genetik Univ. of Calif. in Berkeley; starb in Sacramento (Calif.). Präs. d. 13. Int. Kongr. für Genetik in Berkeley. – Lit.: Ein genetischer und cytologischer Beweis für Vererbung im Y-Chromosom von *Drosophila melanogaster*, in: Z. indukt. A. + Vl. *44* (1927): 187–231; Fortschritte der Chromosomentheorie der Vererbung, in: Ergebnisse d. Biol. *4* (1928): 205–359; Multiple Allelie, Berlin 1930; Faktorenkopplung und Faktorenaustausch, Berlin 1933; The Hardy-Weinberg-Law, in: Science *97* (1943): 137–138; Principles of human genetics, San Francisco 1949 (³1973; dt. u. d. T.: Grundlagen der Humangenetik, Jena 1968); Mendel and human genetics, in: Mendel Mem. Symp. 1965, Praha 1966 a: 199–218; (hrsg. mit E. R. SHERWOOD) The Origin of Genetics: a Mendel Source Book, San Francisco 1966 b. – B: DSB/Suppl. II (E. CASPARI); NEEL 1983 (W). Ja

Sternberg, Caspar Maria Graf **von** (1761–1838); aus Prag; stud. (kathol.) Theol. in Rom; 1791 Kanzler am Hof in Freising, erfüllte versch. Amtspflichten in Regensburg, wie Inspektion d. Wälder u. Gründung eines Bot. Gartens; 1805–1806 Begleiter d. Fürstbischofs in Paris; widmete sich ab 1808 auf seiner Besitzung Schloß Březina u. in Prag bot. u. paläontolog. Stud., begr. mit seinen Slgn. das Prager Nationalmus.; starb auf Schloß Březina in Radnice. – Lit.: Versuch einer geognostisch-botanischen Darstellung der Flora der Vorwelt, 8 Bde., Leipzig–Prag 1820–1838. – B: DSB (R. P. BECKINSALE & J. KREJČÍ); ANDREWS 1980: 74 f. Ja

Steveninck, Reinhard Ferdinand Matthias van (geb. 1928); aus d. Niederl.; stud. Bot. Landw. Univ. Wageningen; 1951 Pflanzenzüchter an d. Crop Res. Div. d. DSIR in Christchurch (Neuseeland); 1958 Res. Fell. am Dep. of Bot. King's Coll. (PhD), 1960 Sen. Sci. Officer am Wye Coll. Univ. London (Engl.); 1961 Principal Sci. Officer DSIR Lincoln (Neuseeland); 1964 Sen. Res. Fell., 1967 Sen. Lect. für Bot. Univ. Ade-

laide (Australien); 1969 Reader für Bot. Univ. of Queensland St. Lucia; 1976 Prof. für Pflanzen-Boden-Kunde Sch. of Agric. Univ. La Trobe (Victoria, Austral.). – Lit.: Abscission-accelerators in lupins (*Lupinus luteus* L.), in: Nature *183* (1959): 1246–1248. – B: WWAa. Höx

Steward, Frederick Campion (1904–1993); aus London; stud. Bot. Univ. Leeds (BS 1924, PhD 1926); 1926 Demonstr. für Bot. Univ. Leeds; 1927–1929 *Rockefeller*-Stipendiat Cornell Univ. Ithaca (New York, USA) u. Univ. of Calif. Berkeley (USA); 1929 Ass. Lect. für Bot. Univ. Leeds; 1933–1934 *Rockefeller*-Stipendiat Univ. of Calif. Berkeley u. Carnegie Inst. Washington; 1934–1947 Reader für Bot. Univ. London (Engl.); zugl. 1945–1946 Res. Assoc. Univ. Chicago, 1946–1950 Gastprof. für Bot. Univ. Rochester; 1950 Prof. für Bot., 1965–1973 *Alexander*-Prof. für Biowiss. Cornell Univ. Ithaca (N. Y., USA). – Lit.: Diffusion of certain solutes through membranes of living plant cells and its bearing upon certain problems of solute movement in the plant, in: Protoplasma *11* (1930): 521–557; The absorption and accumulation of solutes in living plant cells. V., in: Protoplasma *18* (1932): 208–242; (mit A. E. KENT & M. O. MAPES) The culture of free plant cells and its significance for embryology and morphogenesis, in: Curr. Top. Devel. Biol. *1* (1966): 113–154. – B: AMWS 1989–90; Autobiogr. 1971. – P. Höx

Stiles, Walter (1886–1966); aus London (Engl.); 1905–1909 stud. Naturwiss., bes. Bot., Emmanuel Coll. Univ. Cambridge/GB (bei A. C. SEWARD, F. F. BLACKMAN, F. T. BROOKES u. A. G. TANSLEY; BA 1909); 1910 Ass. Lect. für Bot. bei J. H. PRIESTLEY Univ. Leeds; 1914–1918 Mitarb. in versch. Komitees d. *Roy. Soc.* London, 1918 Mitarb. Food Investigation Board; 1919 Prof. für Bot. Univ. Coll. Reading; 1929–1951 *Mason*-Prof. für Bot. Univ. Birmingham; starb in Tilehurst bei Reading. – Lit.: Permeability, London 1924 (New Phytologist Repr., 13); Photosynthesis, London 1925. – B: DNB (D. J. MABBERLEY). Höx

Stocker, Otto (1888–1979); aus Freiburg i. Br.; 1908–1912 stud. Naturwiss., bes. Bot., Univ. Freiburg i. Br. (bei F. OLTMANNS) u. Univ. Jena (bei E. STAHL, Höheres Lehramtsexamen 1912 Karlsruhe); 1912 Ass. bei L. KLEIN TH Karlsruhe; 1913–1932 Gymnasiallehrer in Bremerhaven (Dr. phil. 1922 Univ. Freiburg i. Br.); ab 1925 zahlr. Fo.reisen in versch. Klimazonen (experim.-ökolog. Standortuntersuchungen zum Wasserhaushalt); 1932 Ltr. Seewasseraquarium u. Tiergrotten Bremerhaven; 1934 ao. Prof., 1934–1945 u. 1948–1956 o. Prof. für Bot. (Physiol., Ökol. u. Geogr. der Pflanzen) TH in Darmstadt, wo er starb. – Lit.: Die Transpiration und Wasserökologie nordwestdeutscher Heide- und Moorpflanzen am Standort, in: Z. Bot. *15* (1923): 1–41; Beiträge zum Halophytenproblem, in: ebda *16* (1924): 289–330; (mit W. HOLDHEIDE) Die Assimilation Helgoländer Gezeitenalgen während der Ebbezeit, in: ebda *32* (1937): 1–59; Pflanzenphysiologische Übungen, Jena 1942; Grundriß der Botanik, Berlin [u. a.] 1952; s. a. Lit. zu Kap. 16. – B: ZIEGLER [et al.] 1982. Höx

Stöckhardt, Julius Adolph (1809–1886); aus Röhrsdorf bei Meißen (Sachsen); 1824–1828 Apothekerlehre in Liebenwerda, anschl. Apothekergehilfe u. stud. Pharm. u. Chemie Univ. Berlin (Staatsexamen 1833); 1833–1835 chem. Stud. in versch. chem. Fabriken u. naturwiss. Inst. in Dtl., Belgien, Engl., Frankr. u. der Schweiz (Bekanntschaft mit M. FARADAY, J. L. GAY-LUSSAC u. A. DUMAS); 1835 Arb. im Labor. d. *Mineralwasserfabrik Struve* in Dresden; 1837 Lehrer für Naturwiss. priv. Gymnasium Dresden; 1837 Dr. phil. Univ. Leipzig; 1838 Prof. für Naturwiss. Sächs. Gewerbe-Sch. Chemnitz, zugl. Sachverständiger für Chemietechnol. u. Gerichtsmed. sowie Apotheken-Revisor; 1843 Beginn „Chemischer Feldpredigten für deutsche Landwirthe" in Chemnitz; 1847 o. Prof. für Agrikulturchemie u. landw. Technik, 1870–1883 o. Prof. für Chemie an d. Forstakad. in Tharandt bei Dresden, wo er starb. – Lit.: Die Schule der Chemie oder Erster Unterricht in der Chemie, Braunschweig 1846 ([22]1920); Chemische Feldpredigten für deutsche Landwirthe, 2 Bde., Leipzig 1851, 1853. – B: BÖHM 1986. – P.   Höx

Stomps, Theodor Jan (1885–1979); aus Amsterdam; ab 1903 stud. Biol. Univ. Amsterdam, ab 1907 Ass. bei H. DE VRIES (Dr. Bot. 1910); zunächst Lektor für Systemat. Bot., 1910 ao. Prof. für Pflanzenzytologie u. Genetik, 1919–1946 o. Prof. für Bot., ab 1924 auch Dir. Bot. Garten (Nachf. von H. DE VRIES) Univ. in Amsterdam, wo er starb. – Lit.: Fünfundzwanzig Jahre Mutationstheorie, Jena 1931. – B: WWN.   Ja

Strasburger, Eduard (1844–1912); aus Warschau; 1862–1864 stud. Univ. Paris, dann Univ. Bonn (bei H. SCHACHT) u. Jena (Dr. phil. 1866 bei N. PRINGSHEIM); 1867 Pd. Univ. Warschau; 1868 ao. Prof., 1870 o. Prof. für Bot. Univ. Jena, ab 1880 in Bonn, wo er starb. Beitr. zur Pflanzenanatomie, bes. zur Problematik der Zellteilung u. Entstehung des Zellkerns durch Mitose; sein 1894 begr. *Lehrbuch der Botanik für Hochschulen* gilt noch heute als Standardwerk ([34]1998, hrsg. von P. SITTE, H. ZIEGLER, F. EHRENDORFER, A. BRESINSKY; Gesamtbibliogr. d. Lehrbuchs s. in MOLTMANN, S. 21–28). – Lit.: Zellbildung und Zelltheilung, Jena 1875 ([3]1880); Neue Beobachtungen über Zellbildung und Zelltheilung, in: Bot. Ztg. *37* (1879):

165–279, 281–288; Ueber den Bau und die Verrichtungen der Leitungsbahnen in den Pflanzen, Jena 1891; Die Ontogenie der Zelle seit 1875, in: Progressus rei botanicae *1* (1907): 1–138; The minute structure of cells in relation to heredity, in: Darwin and modern science, ed. by A. O. SEWARD, Cambridge 1909: 102–111. – B: DSB (G. ROBINSON); LexNW; KARSTEN 1912; HOLZMANN 1967. – P.   Hek/Sch

Straton von Lampsakos (gest. um 269/268 v. Chr.); aus Lampsakos (Mysia); Schüler von THEOPHRAST an d. Akad. in Athen u. ca. 287–269 v. Chr. sein Nachf. als Ltr. d. peripatetischen Sch.; ab 283 v. Chr. Erzieher des späteren Königs PTOLEMÄUS II. in Alexandria; starb in Athen. Erklärte unter Verwendung von Elementen der demokrit. Philos. die Entstehung der Welt als Ergebnis d. Wirkung physikal. Kräfte; vertrat d. Auffassung von der Einheitlichk. d. Seele, die deshalb bei allen Lebewesen gleich sein müsse u. somit d. Tieren ebenso wie d. Menschen Vernunft verleihe. – Lit.: Textausg. u. Übers. d. überlief. Fragm. s. bei F. WEHRLI, Die Schule des Aristoteles, Bd. 5, Basel 1950. – B: PAULY; LAW; LexNW; s. a. WEHRLI 1950 (s. o.).   Ha

Stresemann, Erwin (1889–1972); aus Dresden; 1908 stud. Naturwiss., Univ. Jena u. München; 1910–1912 Teiln. d. Molukken-Exped. von DENINGER; nach Kriegsteiln. (1914–1918) ab 1918 wiss. Hilfsarb. Zool. Staatsslg. München (Dr. phil. 1920 bei R. HERTWIG Univ. München); 1921 Ass. Zool. Mus. u. Ltr. ornitholog. Abt., ab 1924 Kustos, 1930 Tit. Prof.; 1946 Prof. mit Lehrauftrag für Zool. u. 1957–1959 kommissar. Dir. Zool. Mus. Humboldt-Univ. in Berlin, wo er starb. 1922 Generalsekr., 1949–1967 Präs. *Dt. Ornitholog. Ges.* u. 1922–1961 Hrsg. d. *J. für Ornithologie.* – Lit.: Zur Frage der Entstehung neuer Arten durch Kreuzung, in: Club Nederl. Vogelkd. Jaarber. *9* (1919): 24–32; Übersicht über die „Mutationsstudien" I–XXIV und ihre wichtigsten Ergebnisse, in: J. Ornith. *74* (1926): 377–385; Ökologische Sippen-, Rassen- und Artunterschiede bei Vögeln, in: ebda *91* (1943): 305–324; Die Entwicklung der Ornithologie von Aristoteles bis zur Gegenwart, Berlin 1951; Hemprich und Ehrenberg: Reisen zweier naturforschender Freunde im Orient, geschildert in ihren Briefen aus den Jahren

J. A. Stöckhardt

E. Strasburger 1903

E. Stresemann 1920

K. Sudhoff 1928

1819–1826, in: Abh. Dt. AdW Berlin, Math.-naturwiss. Kl., (1954) 1; Schaubalz der Feldlerche (*Alauda arvensis* L.), in: J. Ornithol. *97* (1956): 441; Schaubalz der Haubenlerche (*Galerida christata*), in: ebda *98* (1957): 123; Sur la migration du Pouillot siffleur (*Phylloscopus sibilatrix*) à travers le Nord de l'Afrique, in: Alauda *28* (1960): 304–305; Hinrich Lichtenstein: Lebensbild des ersten Zoologen der Berliner Universität, in: Forschen und Wirken: Festschrift 150-Jahrfeier der Humboldt-Universität Berlin, Bd. 1, Berlin 1960: 73–96; Vor- und Frühgeschichte der Vogelforschung auf Helgoland, in: J. Ornithol. *108* (1967): 377–429. – B: LexNW; MAUERSBERGER 1973; JAHN 1970 (W); WUNDERLICH 1991; TEMBROCK 1991. – P.   Ja

Strickland, Hugh Edwin (1811–1853); aus Righton (Yorkshire, Engl.); 1829 stud. Naturwiss. *Oriel Coll.* Oxford (u. a. Geol. bei BUCKLAND, BA 1832, MA 1835); legte Fossilienslg. an; 1835 mit MURCHISON Reise durch Griechenl. u. Klein-Asien, 1845 durch Europa; Doz. für Geol. Univ. Oxford, ab 1849 in Apperley ansässig; 1852 Mitgl. *Roy. Soc.*; starb bei Eisenbahnunglück bei Clarborough. – B: STRESEMANN 1951: 402; Autobiogr. 1858.   Ja

Strugger, Siegfried (1906–1961); aus Völkermarkt (Österreich); stud. Bot. Univ. Graz (bei F. WEBER, Dr. phil. 1928); 1928 Ass. bei E. KÜSTER Univ. Gießen; 1930 Ass. bei P. METZNER, 1933 Pd. für Bot. Univ. Greifswald; 1935 Pd. für Bot. Univ. Jena; 1939 Dir. Bot. Inst., 1940 apl. Prof. für Bot. Tierärztl. HS u. TH Hannover; 1948 o. Prof. für Bot. Univ. in Münster, wo er starb. – Lit.: Die lumineszenzmikroskopische Analyse des Transpirationsstromes in Parenchymen – 1. Mitt.: Die Methode und die ersten Beobachtungen, in: Flora, N. F., *33* (1938): 56–68; Die Anwendung der Lumineszenzmikroskopie in der Botanik, in: Zeiss-Nachr. *3* (1939): 69–82; Der aufsteigende Saftstrom in der Pflanze, in: Naturwiss. *31* (1943): 181. – B: KÜRSCHNER.   Höx

Stubbe, Hans Karl Oskar (1902–1989); aus Berlin; nach landw. Praxis 1921 1922 stud. Naturwiss. Landw. HS Berlin, dann landw. Beamter, ab 1924 Forts. d. Stud. Univ. Göttingen, 1925 Berlin, 1927 Inst. für Vererbungslehre in Berlin-Dahlem (Dr. agr. 1929 bei E. BAUR); 1929–1936 Ass., dann Abt.-Ltr. am KWI für Züchtungsfo. Müncheberg (Mark), 1936–1943 wiss. Mitarb. bei F. VON WETTSTEIN am KWI für Biol. Berlin-Dahlem; 1943 Begr. u. Dir. KWI für Kulturpflanzen Wien, 1945 Übersiedlung mit d. Inst. nach Stecklenberg (Harz); 1946 Hon. Prof., 1947–1967 o. Prof. für Genetik u. Dir. Inst. für Genetik Univ. Halle/ Saale; zugl. 1947–1969 Aufbau u. Dir. Inst. für Kulturpflanzenfo. d. AdW in Gatersleben (Kr. Quedlinburg), wo er starb. 1951 Mitbegr. u. bis 1968 Präs. d. neugegr. *Akad. d. Landw.wiss.* d. DDR. – Lit.: Untersuchungen über experimentelle Auslösung von Mutationen bei *Antirrhinum majus*, in: Z. indukt. A. + Vl. *56* (1930): 1–38; Spontane und strahleninduzierte Mutabilität, Leipzig 1937; Genmutation: I. Allgemeiner Teil, in: Handbuch der Vererbungslehre, Berlin 1937; (mit F. VON WETTSTEIN) Über die Bedeutung von Klein- und Großmutationen in der Evolution, in: Biol. Zbl.

61 (1941): 265–297; Kurze Geschichte der Genetik bis zur Wiederentdeckung der Vererbungsregeln Gregor Mendels, Jena 1963 (2., überarb. u. erg. Aufl. 1965); Genetik und Zytologie von *Antirrhinum*, Jena 1966; Geschichte des Instituts für Kulturpflanzenforschung Gatersleben der Deutschen Akademie der Wissenschaften zu Berlin (1943–1968), Berlin 1982 (Stud. zur Gesch. d. AdW d. DDR, 10). – B: HAGEMANN 1984; BÖHME 1990.   Ja/Scu

Stumpf, Karl (1848–1936); aus Wiesentheid (Bayern); stud. Psychol. Univ. Göttingen (Dr. phil. 1868 bei LOTZE); 1870 an d. Univ. Göttingen, 1873 Univ. Würzburg, 1879–1884 Prag, ab 1889 in München, 1894–1921 Univ. in Berlin, wo er starb. – Lit.: Über den psychologischen Ursprung der Raumvorstellungen, Göttingen 1873; Tonpsychologie, 2 Bde., 1883, 1890. – B: BDPsych.   Ja

Stumpf, Paul Karl (geb. 1919); aus New York City; stud. Biochemie Harvard Univ. Cambridge/Mass. (AB 1941) u. Columbia Univ. New York (PhD 1945); 1946 Instr. für Biochemie Univ. of Michigan Ann Arbor; 1948 Ass. Prof., 1957 Prof. für Biochemie Univ. of Calif. Berkeley; 1958–1984 Prof. für Biochemie Univ. of Calif. Davis. – Lit.: Glycolytic enzymes in higher plants, in: Ann. Rev. Plant Physiol. *3* (1952): 17–34; (mit E. E. CONN, eds.) The biochemistry of plants, 8 vols., New York [u. a.] 1980–1981. – B: WWA 1992/ 93; IWW 1995–96.   Höx

Sturtevant, Alfred Henry (1891–1970); aus Jacksonville (Illinois, USA); 1908 stud. Naturwiss. Columbia Univ. New York, 1910 im Labor. von T. H. MORGAN (Dr. rer. nat. 1914); Ass. von MORGAN an d. Columbia Univ., 1928 mit diesem nach Pasadena, Prof. für Genetik d. Abt. für Biol. am *Caltech* in Pasadena, wo er starb. – Lit.: The linear association of six sex-linked factors in *Drosophila* …, in: J. experim. Zool. *14* (1913): 43–59; An analysis of the effects of selection, Washington 1918 (Carn. Inst. Public., 264); A history of genetics, New York 1965. – B: DSB (E. B. LEWIS); LEWIS 1961 (W).   Ja

Sudhoff, Karl Friedrich Jakob (1853–1938); aus Frankfurt a. M.; stud. Med. Univ. Erlangen, Tübingen u. Berlin (Dr. med. 1875); ab 1878 Arztpraxis in Bergen bei Frankfurt a. M., 1883 in Hochdahl bei Düsseldorf; 1905 ao. Prof., 1919 o. Prof. für Med. Univ. Leipzig sowie hier 1906 Gründer u. Dir. des ersten Inst. für Gesch. d. Med.; starb in Salzwedel. Mitbegr. d. *Dt. Ges. für Gesch d. Med.* (1901). – Lit.: Bibliographia Paracelsica, 2 Bde., Berlin 1894–1899; Ein Beitrag zur Geschichte der Anatomie im Mittelalter, Leipzig 1908; Weitere Beiträge zur Geschichte der Anatomie im Mittelalter 1–6, in: SUDHOFF's A. *7–10* (1914–1917); Die erste Tieranatomie von Salerno und ein neuer salernitanischer Anatomietext, in: A. Gesch. Math. Naturwiss. Technik *10* (1927): 136–154. – B: DSB (N. MANI); Autobiogr. 1929. – P.   Ja

Sukačev, Vladimir Nikolaevič (1880–1967); aus Aleksandrovka (Gouvern. Charkov); bis 1902 stud. Forstwirtsch., bes. Bot., am Inst. für Forstwirtsch.

St. Petersburg (bei I. P. Borodin u. G. F. Morozov); danach Ass. am Lehrstuhl für Bot., 1919–1941 Prof. u. Ltr. des von ihm begr. Lehrstuhls für Dendrologie u. Pflanzensystematik in Leningrad; 1941–1943 o. Prof. für Biol. Wiss. am Forsttechn. Inst. in Swerdlowsk (Sverdlovsk, Ural); 1944 Aufbau u. bis 1959 Dir. Forstwirtschaftl. Inst. d. sowjet. AdW in Krasnojarsk; zugl. 1944 Übersiedlung nach Moskau u. 1944–1948 Prof. am Forsttechn. Inst. sowie 1946–1953 o. Prof. für Bot. Geographie Univ. in Moskau, wo er starb. 1943 Mitgl. sowjet. AdW, 1955 Präs. d. Moskauer Naturforscher–Ges.; Arb. v. a. über Pollenanalyse (Paläobot.), Moorkunde, Phytozönologie; Begr. d. Biogeozönologie als neuer Disziplin. – Lit.: Osnovnye ponjatija lesnoj biocenologii, in: Osnovy lesnoj biogeocenologii, Moskva 1964; Biogeocenologija i ee sovremennye zadači, in: Ž. obšč. biol. *28* (1967): 501–509; Die Struktur der Biogeozönosen und ihre Dynamik, in: Struktur und Formen der Materie, Berlin 1969; Izbrannye trudy, t. 1–3, Leningrad 1975. – B: BSE[3] (E. M. Senčenkova); Werk-Verz. 1947; Bogdanov 1969.   Sch

aṣ-Ṣūrī [Rašid ad-Din aṣ-Ṣūrī] (1177–1243); arab. Arzt u. hervorragender Botaniker, Schüler des ꜥAbd al-Laṭīf al-Baġdādī; unternahm zahlr. Exkursionen durch Armenien, Antiochien, Anatolien, Zypern, Sizilien u. d. Irak. Seine illustr. Schr. über die einfachen Heilmittel ist leider verloren. – Lit.: Fragm. finden sich bei Ibn al-Baiṭār.   Nab

Sutt, Toomas (1938–1994); aus Pärnu (Estl.); stud. Biol. u. Philos. Univ. Tartu (Dipl. 1966 Genetik); 1968–1973 Aspirant für Biol. u. Philos. Univ. Tartu u. Leningrad (Kand. phil. 1974 bei K. Zavadsky); 1973 wiss. Mitarb. Inst. für Zool. u. Bot. Estn. AdW in Tartu, dort 1974 Ltr. des Labor., ab 1975 Abt. für Evolutionsbiol. u. Mitbegr. des Karl-Ernst-von-Baer-Mus.; gleichz. 1968 auch Doz. für Philos. Univ. u. ab 1973 Estn. Landw.akad. in Tartu, hier 1988 Ass. Prof.; starb in Tartu. – Lit.: (Mithrsg.) Folia Baeriana, Bd. I–V, Talinn 1975–1990, u. Bd. VI, Tartu 1993. – B: Roos 1988 (W). – P.   Ja

Sutton, Walter Stanborough (1877–1916); aus Utica (New York); 1896 Ingenieur-Sch. Univ. Kansas in Lawrence; 1898 stud. Med. u. Biol. Sch. of Arts (BA 1900), dann Ass. d. Zoologen McClung (MA 1901); 1901–1903 bei Ed. B. Wilson Columbia Univ., zeitw. auch am meeresbiol. Labor. in Woods Hole/Mass. (Diss. über Chromosomentheorie, aber Dr. phil. nicht beendet); 1903–1905 „foreman" auf d. Ölfeldern von Chantan qua Country, dann am *Coll. of Physicians and Surgeons* d. Columbia Univ. (Dr. med. 1907); 1907–1909 am Roosevelt Hosp. New York; ab 1909 Privatpraxis in Kansas City, wo er starb. – Lit.: On the morphology of the chromosome group in *Brachystola magna*, in: Biol. Bull. Marine biol. Labor. Woods Hole (Mass.) *4* (1902): 24–39; The chromosomes in heredity, in: ebda *4* (1903): 231–251 (Repr. in: Classic Papers of Genetics, hrsg. von J. A. Peters, Englewood Cliffs/New Jersey 1959). – B: DSB (V. A. McKusick); E. B. Wilson 1917.   Ja

Svedberg, The [Theodor] (1884–1971); aus Fleräng (Valbo bei Gävle, Schweden); 1904 stud. Chemie Univ. Uppsala (BS/Fil.kand. 1905, Dr. phil. 1907); 1908 Pd. für Chemie, 1912–1949 (em.) erster schwed. Lehrstuhl für Physikal. Chemie Univ. Uppsala; 1949–1967 Dir. *Gustaf-Werner-Inst.* für Nuklear-Chemie in Uppsala; starb in Kopparberg (bei Örebro, Schweden). Versch. Fo.aufenth. u. a. 1908 bei Zsigmondy u. Siedentopf in Dtl., 1931 Zool. Sta. Neapel, 1933 Woods Hole (USA); Nobelpr. 1926. – B: DSB (S. Claesson & K. O. Pedersen); Claesson & Pedersen 1972 (W); NLCh (M. Kerker).   Sch

Swainson, William (1789–1855); aus Newington Butts bei London; 1807–1815 als Zollbeamter auf Malta, dann Sizilien, wo er unter Anleitung d. Liverpooler Mus. Pflanzen u. Tiere sammelte; 1816–1818 mit H. Koster Sammelreise nach Brasilien; seit 1816 Mitgl. *Linnean Soc.* u. *Roy. Soc.* London; wegen finanz. Probleme u. wiederholter erfolgloser Bewerbung um eine Stelle im Mus. 1840 nach Neuseeland ausgewandert, starb in Wellington (Neuseeland). Seine Sammelergebnisse, bes. zu Vögeln, publizierte er selbst mit eigenen Lithographien; suchte nach einem eigenen (naturphilosoph. beeinflußten) System. – Lit.: A treatise on the geography and classification of animals, London 1835; Natural history and classification of birds, London 1836. – B: DSB (N. F. McMillan).   Ja/Sch

Swammerdam, Jan (1637–1680); aus Amsterdam; ab 1651 stud. Med. Univ. Leiden (Dr. med. 1667); dann Besuch in Paris, Bekanntschaft u. a. mit M. Thevenot (aus d. Gelehrtenkreis um Marsenne), der selbst experimentierte u. sezierte, u. dem er später seine wiss. Mss. übereignete; nach siebenjähriger intensiver Fo.arb. über Bau u. Entw. d. Insekten wandte er sich unter Einfluß von Antoinette Bourignon (1616–1680) d. religiösen Schwärmerei zu u. gab indukt. naturwiss. Stud. auf; starb in Amsterdam. – Lit.: Tractatur physico-anatomico-medicus de respiratione usuque pulmonum, Leiden 1667; Historia insectorium generalis, ofte Algemeene Verhandeling van de Bloodelosen Dierkens, Utrecht 1669; (hrsg. von H. Boerhaave) Biblia naturae [lat. u. holländ.], Leiden 1737–1738 (dt.: Bibel der Natur, Leipzig 1752; engl.: Book of Nature, Lon-

T. Sutt   J. Swammerdam

don 1758; franz.: Le bible de la nature, Dijon et Auxerres 1758). – B: DSB (M. P. WINSOR); LexNW; SWAMMERDAM 1967. – P. Ja

Sydenham, Thomas (1624–1689); aus Windford (Eagle, Engl.); 1642–1644 stud. Med. u. Philos. am *Magdalen Coll.* Oxford, nach Heeresdienst ab 1645 stud. Med. Univ. Oxford (BM 1648); 1648 Mitgl. d. *All-Souls-Coll.*; 1651 Militärarzt; ab 1655 Arztpraxis in Westminster bei London; dazw. 1659–1661 Stud.aufenth. an d. Med. Fak. Montpellier (Frankr.); starb in London. Beobachtete d. Gesetzmäßigkeiten der Krankheitssymptome u. des Krankheitsverlaufs naturwiss. u. trat für eine Klassifikation d. Krankheiten nach d. Methode der Botaniker ein; seine Anregung wurde später von F. BOISSIER DES SAUVAGE (1731) in Montpellier aufgegriffen; seine Schr. erschienen als *Opuscula omnia* u. *Opera universa medica* vom 18. bis 19. Jh. in vielen Auflagen. – DSB (D. G. BATES). Ja

Sylvius, Franciscus [Franz de le Boe] (1614–1672); aus Hanau (bei Frankfurt a. M.); 1633–1635 stud. Med. Univ. Leiden, Wittenberg u. Jena (Dr. med. 1637 Univ. Basel); dann Arztpraxis in Hanau; 1638 Pd. für Anat. Univ. Leiden; ab 1641 Privatpraxis in Amsterdam; 1657 *Supervisor* d. Coll. of Physicians; ab 1658 Prof. für Anat. u. Bot. Univ. in Leiden, wo er starb. Vertrat in Fo. u. Lehre die Chemiatrie; widmete sich ernährungsphysiolog. Fragen, bes. dem Chemismus d. Körpersäfte (Speichel, Gallen- u. Pankreassekret, Blut), u. trat für d. Lehre HARVEY's vom Blutkreislauf ein; Lehrer von R. DE GRAAF. – Lit.: Opera medica, Amsterdam 1679. – B: DSB (C. A. LINDEBOOM); SCHÖNWETTER 1968. Ja

Sylvius, Jacobus s. Dubois, Jacques

Szent-Györgyi von Nagyrapolt, Albert (1893–1986); aus Budapest; stud. Med. Univ. Budapest (Dr. med. 1917); nach Kriegsdienst 1919–1930 Fo.aufenth. in Prag, Berlin, Hamburg, Leiden, Liège, Groningen, Budapest, Minnesota u. Cambridge/Engl. (PhD 1927); 1931 Prof. u. Administrator Univ. Szeged (Ungarn); 1945 Prof. Univ. Budapest; 1947–1975 Dir. *Inst. for Muscle Res.* des Marine Biol. Labor. in Woods Hole (Mass., USA); gleichz. ab 1966 Prof. Brandeis Univ. Waltham (Mass.); 1975–1986 Dir. *National Found. for Cancer Res.* in Woods Hole, wo er starb. Nobelpr. 1937. – B: WWNP; HARENBERG; Not20Sc (J. S. COOK). Sch

at-Ṭabarī, ʿAlī ibn Sahl Rabban (um 810–um 855); aus Merv (Persien); arab. Arzt, Sohn eines christl. Gelehrten; wirkte in Tabaristan, später in Ar-Rayy (nahe d. heutigen Teheran), zuletzt in d. Kalifenresidenz Samarra am Tigris. Verf. eines der frühesten med. Kompendien in arab. Sprache. – Lit.: Textausg.: M. Z. SIDDIQI, Firdaus al-ḥikma, Berlin 1928; Teilübers.: A. SIGGEL, in: Quell. Stud. Gesch. Nat. Med. *8* (1941/1942): 216–272; ders., in: Abh. d. AdW u. d. Lit. Mainz, Geistes- u. sozialwiss. Kl., (1950) 14, (1953) 8; O. SPIESS, in: SUDHOFF's A. (1966), Beih. 7: 180–188; ders., in: ebda *46* (1962): 155–160; H. J. THIES, Bonn 1968: 70–105. – B: BRANDENBURG 1992: 53. Nab/Sch

Tabernaemontanus, [Jakob Theodor] (zw. 1520/1530–1590); aus Bergzabern; Schüler bei BRUNFELS u. BOCK; dann Apotheker in Hornbach (bei Zweibrücken, Elsaß) u. Weißenburg/Bayern; später stud. Med. in Montpellier bei RONDELET, 1562 auch Univ. Heidelberg (Dr. med.); 1549 Leibarzt d. Grafen v. Nassau-Saarbrücken u. 1563–1588 d. Bischofs von Speyer; dazw. Arzt in Saarbrücken, Heidelberg u. ab 1580 Worms; starb in Heidelberg. – Lit.: Neuw vollkommentlich Kreuterbuch, Frankfurt a. M., T. I: 1588, T. II u. III: 1590 (postum hrsg. von Nicolaus BRAUN). – B: Ärzte I; DÖRFELT & HEKLAU. Sch

Takhtajan [Tachtadžjan], Armen Leonovič (geb. 1910); aus Šuša (Nagorny-Karabach); bis 1932 stud. am Allunionsinst. für tropische u. subtrop. Kulturen Tbilissi; 1938–1948 Lehrstuhl Univ. Jerewan (Erevan); zugl. 1944–1948 Dir. Bot. Inst. AdW Armeniens; 1949–1961 Prof. Bot. Inst. Univ., ab 1954 Abt.-Ltr. für Höhere Pflanzen am Bot. Inst. AdW UdSSR in Leningrad (St. Petersburg). – Lit.: Morfologičeskaja evoljucija pokrytosemennych, Moskva 1948; Voprosy evoljucionnoj morfologii rastenij, Leningrad 1954; Die Evolution der Angiospermen, Jena 1959; (Hrsg.) Iskopaemye cvetkovye rastenija SSSR, Leningrad 1974 ff. – B: BSE[3] (S. G. ŽILIN); ALH. Ja

Tatum, Edward Lawrie (1909–1975); aus Boulder (Colorado, USA); stud. Univ. Chicago u. Wisconsin (BA 1931, MS 1932, PhD 1934); 1935 Res. Univ. of Wisconsin, 1936–1937 Univ. Utrecht; 1937 an d. Stanford Univ. Palo Alto (Calif.); 1945 Prof. Yale Univ. New Haven (Connect.); 1948 Prof. Stanford Univ. Palo Alto; 1957–1975 Prof. für Genetik Rockefeller Inst. in New York, wo er starb. Nobelpr. 1958. – Lit.: s. Lit. zu Kap. 22. – B: McGraw-Hill 1966; WWNP; LexNW. Sch

at-Tauhidi s. Abū Hayyān at-Tauhidi

Tedin, Hans (1860–1930); aus Nosaby bei Christianstad (Schwed.); 1881–1884 stud. Naturwiss., bes. Bot., Univ. Lund (cand.fil. 1885, lic.fil. 1890, Dr. phil. 1891); 1891 Ass., auch Zus.arb. mit BOLIN, 1900–1925 Abt.-Ltr. Saatzuchtanstalt in Svalöf. Arb. zur Begr. d. Pflanzenzucht, setzte sich mit MENDELS u. JOHANNSENS Lehren auseinander. – Lit.: (mit Hugo WITT) Botanisk-kemisk undersökning af 42 nästan uteslutande nya ärtformer ..., Malmö 1899; Växtförädling I–II, in: Landtmannen *25* (1914): 230–233, 251–253, 260–262; The inheritance of flower colour in *Pisum*, in: Hereditas *1* (1920): 68–97. Hpp

Teilhard de Chardin, Marie-Joseph Pierre (1881–1955); aus Sarcenat (bei Clermont-Ferrand); seit 1899 Jesuit; 1905–1908 Doz. für Physik am Jesuiten-Koll. in Kairo; ab 1912 Stud. Paläontol.; 1922 Prof. für Geol. Inst. Catholique in Paris; an mehreren Fo.reisen nach China (1923–1924 u. 1926–1939, Entdeckung d. *Sinanthropus pekinensis*), Afrika u. Indien beteiligt; ab 1950 Mitgl. des *Inst. de France*; ab 1951 Mitarb. d. *Wenner Gren Foundation for Anthropol.* Res. in New York, wo er starb. – Lit.: Le phénomène humain, Paris 1955 (dt. u. d. T.: Der Mensch im Kosmos, München 1959). – B: DSB (T. F. GLICK). Ja

Tembrock, Günter (geb. 1918); aus Berlin; 1937–1941 stud. Math., Zool., Paläontol. u. Anthropol. Univ. Berlin (Dr. rer. nat. 1941 bei H. Kuntzen); 1941 Hilfsass., 1942 Ass. (als Kriegsvertr.), 1945 Ass. bei Konrad Herter Zool. Inst. Univ. Berlin; 1946 kommissar. Abt.-Ltr. u. Lehrauftrag für Entomol., 1952 Oberass. u. kommissar. Dir. Zool. Inst. (Nachf. von K. Herter), 1955 Habil. für Zool. u. Doz. für Allg. Zool., 1959 stellv. Dir. Zool. Inst., 1961 Prof. mit Lehrauftrag, 1964 Prof. mit vollem Lehrauftrag, 1969–1983 (em.) Prof. mit Lehrstuhl Humboldt-Univ. Berlin, 1992–1994 Mitgl. d. Senats; ab 1948 tierpsycholog. Fo., 1949 Fo.auftrag d. Dt. AdW Berlin für vergl.-tierpsycholog. Fo., ab 1954 für Ethologie u. Bioakustik. – Lit.: Grundzüge der Schimpansenpsychologie, Berlin 1949; Zur Ethologie des Rotfuchses (*Vulpes vulpes* L.) …, in: Zool. Garten, N.F., *23* (1957): 289–560; Tierstimmen, Wittenberg 1959 (^{2}1977); Verhaltensforschung: Einführung in die Tier-Ethologie, Jena 1961; Grundriß der Verhaltenswissenschaften, Jena–Stuttgart 1968; Biokommunikation, Teil I–II, Berlin 1971 (WTB); Spezielle Verhaltensbiologie der Tiere, Jena 1982, 1983; Verhaltensbiologie, Jena 1992; Akustische Kommunikation der Säugetiere, Berlin 1996; s.a. Lit. zu Kap. 19. – Lit.: Kürschner/MNT 1996, Wessel & Naumann 1994 (W).   Ja

Temminck, Coenraad Jacob (1778–1858); aus Amsterdam; 1795–1800 Auktionator bei d. Ostind. Kompanie in Amsterdam; dann priv. Beschäftigung mit Ornithol., 1804 bei B. Meyer naturwiss. Unterweisungen; Ausbau der reichhaltigen Vogelslg. seines Vaters; 1820 Gründungsdir. *Rijks Mus. van Natuurlijke Historie* in Leiden, dem er seine Slgn. schenkte u. das er zu einem der bedeutendsten Museen seiner Art machte; starb in Lisse bei Leiden. – Lit.: Histoire naturelle générale des Pigeons, 2 Bde., Paris 1808–1811; Histoire générale des pigeons et des gallinacées, 3 Bde., Amsterdam 1813–1815; Manuel d'Ornithologie, ou tableau systématique des Oiseaux qui se trouve en Europe, Amsterdam–Paris 1815. – B: van der Aa; Stresemann 1951; Baege 1984.   Hth

Tenenbaum, Estera [ab 50er Jahre **Ester**] (1904–1963); aus Warschau; 1921 stud. Med. Univ. Krakau (Kraków), 1923 Univ. Berlin (Dr. phil. 1929 bei R. Hesse u. C. Zimmer); 1930 bei N. V. Timofeev-Resovskij am KWI für Hirnfo. Berlin-Buch; 1934 Entlassung u. Emigr. nach Palästina; ab 1934 am *Dep. of Experim. Med. and Cancer Res.*, ab 1959 Prof. Hebräische Univ. in Jerusalem, wo sie starb. Entdeckte (am KWI) d. Manifestationsbeeinflussung der Flecken auf den Flügeldecken d. Marienkäfer; in Jerusalem u. a. Untersuchungen zur Zellfo. – B: A. Vogt 1997: 26–32; AHUB; MPA; Mitt. *Hebrew Univ. of Jerusalem* von Dez. 1996.   Vo

Teuber, Joseph Walter Eugen (1889–1958); stud. Philos. u. Psychol. Univ. Berlin; als Doktorant 1913 im Auftrag d. preuß. AdW als Ltr. u. zum weiteren Aufbau d. Primaten-Sta. nach Teneriffa; 1914 Rückkehr nach Dtl., um Studium abzuschließen; ging später in d. USA, wo er starb. – Lit.: (mit M. Rothmann) Aus der Anthropoiden-Station auf Teneriffa 1.: Ziel und Aufgaben der Station sowie erste Beobachtungen an den auf ihr gehaltenen Schimpansen, in: Abh. Königl. Preuß. AdW, Physikal.-math. Kl. 2, Berlin 1915. – B: Heinecke & Jaeger 1993.   Sch

Thaer, Albrecht Daniel (1752–1828); aus Celle (Niedersachsen); Arzt in Celle, 1780 kurfürstl. hannoverscher Hofmedikus, 1796 königl. britischer Leibmedikus; daneben zunächst Hobbylandwirt, Mitgl. d. Celler Landw.ges., Stud. d. engl. landw. Lit.; ab 1797 Hrsg. d. *Ann. d. niedersächs. Landw.*; 1798/1799 Reisen in Holstein, Mecklenburg u. d. Mark Brandenburg; 1802 Begr. eines landw. Lehrinst. in Celle (hier 1803 Johann Heinrich von Thünen als sein Schüler); 1804 Übersiedlung nach Preußen auf Gut Möglin; hier 1806 Begr. einer weiteren Landw.-Sch., die d. erste höhere landw. Lehranstalt in Dtl. wurde (ab 1819 „Königl. Akadem. Lehranstalt d. Landbaus"); 1810–1819 ao. Prof. für Landw. Univ. Berlin; starb auf seinem Gut Möglin bei Wriezen a.d. Oder. Propagator d. sog. Humustheorie in d. Lehre über die Ernährung d. Pflanzen. – Lit.: Grundsätze der rationellen Landwirtschaft, 4 Bde., Berlin 1809–1812. – B: LexNW; Petersen 1952; Klemm & Meyer 1968; Brandt 1994.   Ja/Sch

Thal [auch **Dal**], **Johann** (ca. 1542–1583); aus Erfurt; 1561 stud. Med. Univ. Jena; dann Arzt in Nordhausen u. Stendal; ab 1572 Hofmedicus u. Stadtarzt in Stolberg (Harz); 1581 Stadtarzt in Nordhausen; starb in Pesenkendorf bei Oschersleben. Slg. einheim. Pflanzen im Gebiet des Harzes, schuf erste Harzflora. – Lit.: Sylva Hercynia sive catalogus plantarum …, Frankfurt a. M. 1588. – B: ADB (E. Jacobs); Dörfelt & Heklau 1998.   Hpp/Sch

Thales von Milet (ca. 624–ca. 548 v. Chr.); aus Milet (Ionien, Kleinasien); Begr. d. ionischen Philosophen-Sch. in Miletos, Lehrer von Pythagoras u. Anaximandros, durch den seine kosmolog. Lehren über Entstehung d. Welt u. den Menschen überliefert wurden. – Lit.: Textausg. d. erhaltenen Fragm. s. bei Diels-Kranz, Fragmente der Vorsokratiker, 8. Aufl., Berlin 1956, Bd. I: 67–81. – B: Pauly; DSB (J. Longbring); LAW.   Ha/Sch

Themison von Laodikeia (1. Jh. v. Chr.); röm. Arzt, Schüler d. Asklepiades von Bithynien, Begr. d. method. Ärzte-Sch. in Rom. – B: Pauly; LAW.   Ha/Sch

Théodoridès, Jean (1926–1999) Pariser Zool.

Theomnestos von Magnesia (4. o. 5./6. Jh.); griech. Veterinärarzt o. Veterinärschriftsteller; durch ihn fand d. Humoralpathologie in d. Veterinärmed. ihren endgültigen Einzug; seine Schr. wurden von d. Arabern übers. u. genutzt u. dienten so im Mittelalter als Quelle antiker Veterinärmedizin. – B: Altertum/Suppl. VII: 1353 f. (K. Hoppe).   Ha/Sch

Theophanos Nonnos (10. Jh.); byzantin. Arzt; stellte auf Veranlassung von Kaiser Konstantinos VII. Porphyrogennetos ein med. Kompendium aus älteren Autoren zus.; das Werk ist durch d. zahlr. erwähnten Heilpflanzen von biol.hist. Interesse. Handschr. befinden sich in Nationalbibl. Paris – Lit.: Textausg. u. lat. Übers.: J. S. Bernerd, Epitome de curatione morborum, 2 Bde., Gotha 1794/1795. – B: Ärzte I (Haberling).   Ha/Sch

Theophrast(os) von Eresos [eigentl. **Tyrtamos**] (ca. 372–287 v. Chr.); griech. Philosoph u. Naturforscher aus Eresos (Lesbos); Schüler d. ARISTOTELES u. ca. 322 v. Chr. sein Nachf. in d. Ltg. der peripatetischen Sch. in Athen, wo er starb. Bes. seine botan. Schr. haben grundlegende Bedeutung für d. weitere Entw. d. Bot. als wiss. Disziplin gewonnen. – Lit.: Textausg.: F. WIMMER, Leipzig 1854–1862 (Paris 1866). – B: Altertum (O. REGENBOGEN); DSB (J. B. McDIARMID); LexNW. – P.   Ha/Sch

Thevet, André (1550 o. 1503–1590); aus Angoulème (Frankr.); Fo.reisender u. Zoograph, der als erster die „antarktische" (südatlant.) Tierwelt aus eigener Beobachtung beschrieb; hatte vor 1554 Palästina u. Kleinasien bereist, ab 1555 Südamerika (Kap Hoorn, Magellan-Straße, Rio de la Plata) u. Mittelamerika (Florida, Antillen), wo er Meeressäuger beobachtete; brachte Slg. amerikan. Tiere u. Pflanzen (u. a. Tabak) nach Frankr., wurde u. a. Aufseher d. Königl. Slgn. – Lit.: Cosmographie de Levant, Paris 1554; Les singularités de la France antarctique, Paris 1558; Cosmographie universelle …, Paris 1575. – B: PETIT & THÉODORIDÈS 1962: 224 f.   Ja

Thienemann, August Friedrich (1882–1960); aus Gotha (Thüringen), Vetter von Johann Th.; 1901–1905 stud. Naturwiss. u. Philos. Univ. Greifswald, Innsbruck u. Heidelberg (bes. bei O. BÜTSCHLI u. LAUTERBORN, Dr. phil. 1905 Univ. Greifswald); 1907 Ltr. Biol. Abt. für Fischerei- u. Abwasserfragen d. Zool. Inst. Univ. Münster, hier Untersuchungen über Eifelmaare, die zur Aufstellung von *Seetypen* führte; 1915 o. Prof. für Zool. Univ. Kiel u. 1917 Ltr. Hydrobiolog. Anstalt Plön (Holstein) d. Kaiser-Wilhelm-Ges., wo er bis zu seinem Tode wirkte. Begr. d. Limnologie als Teilgebiet d. Ökologie. – Lit.: Die Stufenfolge der Dinge : der Versuch eines natürlichen Systems der Naturkörper aus dem 18. Jahrhundert, in: Zool. Ann. Würzburg *3* (1910): 185–274; Die Chironomidenfauna der Eifelmaare, in: Verh. Naturhist. Ver. d. preuß. Rheinlande u. Westfalens *71* (1915); Untersuchungen über die Beziehungen zwischen dem Sauerstoffgehalt des Wassers und der Zusammensetzung der Fauna in norddeutschen Seen, in: A. Hydrobiol. *12* (1918): 1–65; Geschichte der Chironomus-Forschung von Aristoteles bis zur Gegenwart, in: Dt. Entomolog. Z. (1923): 515–540; Die Bin-

nengewässer Mitteleuropas, Stuttgart 1925; Biologische Forschungsreisen und das System der Biologie, in: Zool. Anz. *73* (1927): 245–253; Der Sauerstoff im eutrophen und ologotrophen See, Stuttgart 1928 (Die Binnengewässer, 4); Der Produktionsbegriff in der Biologie, in: A. Hydrobiol. *22* (1931): 616–622; Grundzüge einer allgemeinen Ökologie, in: ebda *35* (1939); Leben und Umwelt, Leipzig 1941 (Bios, 12); Vom Gebrauch und vom Mißbrauch der Gewässer in einem Kulturlande, in: A. Hydrobiol. *45* (1951): 557–583; Wasser und Gewässer in Natur und Kultur, in: Jb. Max-Planck-Ges. (1952): 185-222; Lebenseinheiten, in: Abh. Naturwiss. Ver. Bremen *33* (1954): 303–326; Die Binnengewässer in Natur und Kultur: eine Einführung in die theoretische und angewandte Limnologie, Berlin–Göttingen–Heidelberg 1955 (Verständl. Wissenschaft, 55); Leben und Umwelt: vom Gesamthaushalt der Natur, Hamburg 1956 a; Die Binnengewässer, Stuttgart 1956b. – B: LexNW; Autobiogr. 1959 (W). – P.   Ja

Thienemann, Johann(es) (1863–1938); aus Gangloffsömmern (Thüringen), Vetter von August Friedrich Th.; 1885 stud. Theol. Univ. Leipzig u. Halle/Saale; ab 1896 in Rossitten (Rybačij am Kurischen Haff, Gebiet Kaliningrad), 1901 Gründung d. Vogelwarte Rossitten d. *Dt. Ornithol. Ges.*; dann Zweitstudium Zool. Univ. Königsberg (Dr. phil. 1906 bei M. BRAUN); danach bis 1929 Kustos Zool. Mus. Univ. Königsberg (Kaliningrad); widmete sich in Rossitten weiterhin d. Vogelfo., bes. d. Vogelzuges, führte hierfür d. Beringung ein (ab 1903); starb in Rossitten. – Lit.: Der Zug des Weißen Storches, in: Zool. Jb. *12* (1910), Suppl., S. 665–686. – B: GEBHARDT 1964; LexNW.   Ja

Thimann, Kenneth Vivian (1904–1997); aus Ashford (Engl.); 1921–1925 stud. Naturwiss. Roy. Coll. of Sci. (BS 1924) u. Imperial Coll. (Dipl. 1925) London (Engl.); 1927–1929 Demonstr. für Bakteriol. King's Coll. London (PhD 1928) u. *Beit Memorial* Res. Fell.; 1930 Instr. für Biochemie u. Bakteriol. *Caltech* Pasadena; 1935 Lect. für Bot., 1936 Ass. Prof., 1939 Assoc. Prof., 1946 Prof. für Pflanzenphysiol. u. 1962–1965 *Higgins* Prof. für Biol. Harvard Univ. Cambridge (Mass., USA); 1965–1984 Prof. für Biol. (seit 1982 Em.) Univ. of Calif. Santa Cruz. – Lit.: (mit F. SKOOG) Studies on the growth hormone of plants, III.: The inhibiting action of the growth substance on bud development, in: Proc. National Acad. Sci. USA *19* (1933): 714–716; (mit B. M. SWEENEY) The effect of auxin on protoplasmic streaming, I., in: J. gen. Physiol. 21(1937): 123–135; (mit F. W. WENT) Phytohormones, New York 1937; s. a. Lit. zu Kap. 6. – B: WWA 1992/93; WW 1994; IWW 1995–96; ALH (W 1926–1960). – P.   Höx

Thomas von Cantimpré [**Thomas Brabantinus** o. **Brabançon**] (ca. 1186/1210– ca. 1276/1294); aus Leeuw-Saint Pierre (Brabant, Belgien); besuchte Sch. in Liège, Köln, Paris; wirkte ab 1217 als Kanonikus in Cantimpré bei Cambrais; ab 1232 Mitgl. d. Dominikanerordens, ab 1232 Lektor in Löwen; vermutl. 1245 u. 1248 Schüler von ALBERTUS MAGNUS in Köln; starb in Louvain. – Lit.: De natura rerum, um 1240 (Textausg.: H. BOESE, Berlin 1973). – B: DSB (P. KIBRE); HÜNEMÖRDER 1990.   Ja/Sch

Theophrast   A. Thienemann

Thompson, John Vaughan (1779–1847); aus Berwick-on-Tweed (Engl.), hier Ausb. in Med. u. Chirurgie; 1799–1809 als Militärarzt in Westindien, 1799 Ass.-Arzt, 1803 Chirurg; 1812–1816 in Mauritius u. Madagaskar, Einführg. d. Pockenimpfung; 1816 Bezirksarzt in Cork, 1830 General-Insp.; 1835 als Gesundheitsoffizier nach Sydney, wo er starb. Beschäftigte sich mit d. einheim. Flora, d. Fauna wie brit. u. madagask. Vögel, Wirbellosen aus d. Bucht von Cork, sowie auch als erster mit Beobachtungen zum Verh. d. Landkrabben, Beutel-Ratte von Jamaica, der *polyzoa, cirripedes, crustacea* (z. B. Entenmuschel), *sacculina*, zuletzt mit d. Baumwoll- u. Zuckerrohr-Zucht. – B: DNB (F.W.G.); BBA.   Sch

Thomson, Charles Wyville, Sir (1830–1882); aus Bonsyde (Schottland); 1846–1849 stud. Med. Univ. Edinburgh (Schottl.); 1851 Lect. Univ. Aberdeen; 1853 apl. Prof. für Naturgesch. Cork; 1854 Prof. für Geol., 1860 Prof. für Zool. u. Bot. *Queens Coll.* Belfast; 1868 Prof. für Bot. am *Roy. Coll. of Sci.* Dublin; 1870 Prof. für Naturgesch. Univ. Edinburgh; starb in Bonsyde. Ltr. d. *Challenger*-Exped. (1872–1876). – Lit.: The depths of the sea, London 1873; The voyage of the „Challenger", 4 Bde., London 1877. – B: DSB (P. D. Thomas); LexNW.   Ja

Thomson, Joseph John, Sir (1856–1940); aus Cleetham Hill (bei Manchester, Engl.); Ing.-Stud. am Owen's Coll., 1876 Univ. Cambridge (Engl.); 1880 Prof. für Physik Univ. Cambridge, 1881 Mitarb. am Trinity Coll., 1884–1919 Prof. für Experimentalphysik, ab 1905 auch für Naturphilos. an d. Roy. Inst. in Cambridge, wo er starb. Nobelpr. 1906. – Lit.: On the structure of the atom …, in: Philos. Mag. 7 (1904): 237–265; Electricity and matter, New Haven 1904. – B: DSB (J. L. Heilbron); LexNW.   Ja

Thorndike, Edward Lee (1874–1949); aus Williamsburg (Mass., USA); stud. Wesleyan Univ. (AB 1895), 1895 Harvard Univ. (AB 1896, MA 1897) u. 1897 Columbia Univ. (PhD 1898); 1898–1899 Instr. am *Coll. for women* d. Western Reserve Univ.; 1899 Instr. in *genetic psychology,* 1901 Adj. Prof., 1904 Prof. für *Educational Psychol.* am Teacher's Coll., ab 1922–1940 (em.) Prof. u. Dir. Div. of Psychol. am Inst. of Educa-

tional Res. Columbia Univ. New York (DSc 1929); zugl. 1900–1902 Ltr. Dep. für vergl. Psychol. in Woods Hole, 1928–1929 Messenger-Lect. Cornell Univ., 1932 Gastprof. Johns Hopkins Univ.; starb in Montrose (N.Y., USA). Mithrsg. d. *J. of Genetic Psychol.* ab 1924 u. d. *Genetic Psychol. Monographs* ab 1926. – Lit.: Animal Intelligence, in: Psychol. Rev. Monogr. (1898), Suppl. 2, Nr. 4; Animal Intelligence: Experimental Studies, New York 1911 (Repr. 1965). – B: AMA I/II; LexNW.   Sch

Thouin, André (1747–1824); aus Paris; stud. am *Jardin du Roy* (bei Bernard de Jussieu u. Buffon); ab 1764 nach Tod seines Vaters auf dessen Stelle als ltnd. Gärtner (*jardinier en chef*) am *Jardin des plantes* (auf Fürsprache von Buffon); auch Ass. von Buffon, 1802 Mitarb v. Desfontaines, 1806 v. Aug. P. de Candolle; 1786 Mitgl. AdW Paris; ab 1793 als Administrator am *Mus. d'hist. nat.* Vorlesungen u. a. zur „Naturalisierung" ausländ. Pflanzen; 1794 auch Lehrer für Landw. an d. ersten *É. normale supérior*; zum Stud. d. Landw. als Regierungskommissar in d. Niederlanden (1794–1795) u. Italien (1797), konfiszierte auch Slgn.; 1806 Gründung einer erfolgr. Sch. für prakt. Landw. im *Mus. d'hist. nat.* (zus. mit Desfontaines), hier Lehrer; gleichz. ab 1806 Prof. für „Cultur" im *Jardin des plantes*; starb in Paris. – Lit.: Essai sur l'exposition et la division méthodique de l'économie rurale, Paris 1805. – B: ABF; DSB (P. Jovet & M. Mallet).   Ja/Sch

Thunberg, Carl Peter (1743–1828); aus Jönköping (Schweden); 1761 stud. Med. Univ. Uppsala (u. a. bei Linné, Dr. med. 1770); danach Reise nach Holland (zu Jan u. Nikolaus Burman) u. Paris; dann mit holländ. Handelsschiff 1772–1775 nach Südafrika (Kapkolonie), 1775 nach Batavia, dann Nagasaki u. Tokio, sammelte als erster Europäer japan. Pflanzen bis 1776, Rückkehr über Java, Ceylon u. Südafrika nach London u. Uppsala; 1779 Administr. am Bot. Garten, 1781 ao., 1784 o. Prof. für Bot. Med. Fak. Univ. Uppsala; starb in Tunaberg bei Uppsala. – Lit.: Flora Japonica, Lipsiae 1784; Travels in Europe, Africa and Asia, 4 Bde., London 1793–1795; Icones plantarum Japonicorum, Upsaliae 1794–1805; Flora Capensis, 2 Bde., Hafniae 1807–1820. – B: DSB (G. Eriksson).   Ja

Thurneysser, Leonhard (1531–1596); aus Basel; reiste als Arztgehilfe nach Engl. u. Frankr.; beschäftigte sich mit Alchemie u. gründete 1558 im Inntal eine Schwefelhütte; nach weiteren Reisen bis nach Ägypten 1578 als Leibarzt u. Alchemist in Berlin, wo er im *Grauen Kloster* ein chem. Labor. einrichtete; floh 1584 nach Rom u. starb in einem Kloster in Köln. In d. Bot. als Vertr. d. „Signaturenlehre" bekannt, auf die er ein Pflanzensystem gründete. – Lit.: Historia und Beschreybung Influentischer, Elementischer und Natürlicher Wirkungen aller frembden und heimischen Erdgewechsen, auch ihrer Subtilitäten …, Berlin 1578. – B: DSB (W. Hubicki); LexNW.   Ja

Tiedemann, Friedrich (1781–1861); aus Kassel; 1798 stud. Med. Univ. Marburg, 1802 Univ. Bamberg u. Würzburg (bei Kaspar von Siebold, Dr. med. 1894 Univ. Marburg); besuchte Kurse bei F. J. Gall über

K. V. Thimann

N. V. Timofeeff-Ressovsky

Physiol., Vergl. Osteologie u. Craniologie; dann bei SCHELLING u. SÖMMERING in Würzburg u. bei G. CUVIER in Paris; 1807 Prof. für Anat. u. Zool. Med. Fak. Univ. Landshut; 1816–1849 Prof. für Vergl. Anat., Physiol. u. Zool. Univ. Heidelberg, hier 1844 Gründung eines neuen anat. Theaters; ließ sich 1849 in Frankfurt a. M. u. 1856 in München nieder, wo er starb. – Lit.: Anatomie und Bildungsgeschichte des Gehirns im Fötus der Menschen nebst einer vergleichenden Darstellung des Hirnbaues in den Thieren, Nürnberg 1816; (mit L. GMELIN) Die Verdauung nach Versuchen, physiologisch und chemisch bearbeitet, 2 Bde., Heidelberg 1826–1827; Das Gehirn des Negers, Heidelberg 1837. – B: DSB (V. KRUTA); T. BISCHOFF 1861 (W); QUERNER 1967.   Ja

Tiedemann, Heinz (geb. 1923); aus Berlin; 1941–1947 stud. Med. Univ. Freiburg i. Br. u. Berlin (Dr. med. 1949 bei Else KNAKE, Dr. rer. nat. 1952 bei O. WARBURG); 1950 Ass. am KWI für Zellphysiol. Berlin-Dahlem, 1952–1954 am MPI für Med. in Heidelberg; 1957 Pd., 1965 apl. Prof. für Biochemie Univ. Freiburg i. Br.; zugl. 1965–1967 Wiss. Mitgl. u. Abt.ltr. MPI für Meeresbiol. Wilhelmshaven; seit 1967 o. Prof. für Physiol. Chemie u. Inst.dir. *Freie Univ.* Berlin. – Lit.: Biochemische Untersuchungen über die Induktionsstoffe und die Determination der ersten Organanlagen bei Amphibien, in: Coll. Ges. Physiol. Chem. *13*(1963): 177–204. – B: POGGENDORFF VII a; WerD 1996/97.   Ja/Sch

Tieghem, Philippe van (1839–1914); aus Bailleul (Nordfrankr.); ca. 1864 „Maître de conférence de Bot." an d. *É. Normale*; 1873–1886 Prof. für Biol. *É. Centrale des Arts et Métiers*, 1885–1912 an d. *É. Normale Supérieure des jeunes filles* in Sèvres, ebenfalls Prof. am *Mus. d'hist. nat.*; daneben ab 1893 parasitolog. Arb; 1898–1914 auch Prof. für Pflanzenbiol. am *Inst. Agronomique* in Paris, wo er starb. – Lit.: Recherches sur la structure de Aroidées, Paris 1867; Recherches sur la symétrie des structures des plantes vasculaires, in: Ann. sci. nat., Bot., *13* (1870–1871): 5–314; Observations anatomiques sur le cotylédon des Graminées, in: ebda *15* (1872): 236–276; Recherches physiologiques sur la germination, in: ebda *17* (1873): 205–224; Traité de botanique, Paris 1885 (²1891). – B: MÖBIUS 1937/1968: 208–209; CHODAT 1915 (W).   Ja/Sch

Timirjazev [Timiryazev], Kliment [Clement] Arkadevič (1843–1920); aus St. Petersburg; bis 1865 stud. Univ. St. Petersburg; 1868–1870 Stud.aufenth. in Dtl. u. Frankr. in den Labor. von G. R. KIRCHHOFF, R. W. BUNSEN u. W. F. B. HOFMEISTER (Heidelberg), H. VON HELMHOLTZ (Berlin), M. P. E. BERTHELOT, J. B. BOUSSINGAULT u. C. BERNARD (Paris); 1870 Doz., 1871 Mag. u. ao. Prof., 1875 Diss. u. 1875–1892 o. Prof. an d. Petrovsker Land- u. Forstwirtsch. Akad. (später *Timirjazev*-Akademie) in Moskau; gleichz. ab 1878 Prof., 1902 o. Prof. (1911 aus Protest Amt niedergelegt, 1917 wieder eingesetzt) Univ. in Moskau, wo er starb. Bedeut. Beitr. zur Pflanzenphysiol. u. Evolutionstheorie. – Lit.: Stoletnie itogi fiziologii rastenij, Moskva 1901; Osnovnye verty istorii razvitija biologii

v 19 stoletii, Moskva 1907; Istoričeskij metod v biologii, Moskva 1922; Sočinenija, T. 1–10, Moskva 1937–1940. – B: BSE³ (A. A. NIČIPOROVIČ); SENČENKOVA 1961.   Ja/Sch

Timoféeff–Ressovskaja [Timofeev-Resovskaja, Timofejew-Ressowska], Elena [Helene] Aleksandrovna, geb. **Fidler,** (1898–1973); aus Moskau, Ehefrau von Nikolaj Vladimirovič T.; stud. Biol. u. Zool. Univ. Moskau (u. a. bei N. K. KOL'COV); 1930–1945 Genet. Abt. von TIMOFÉEFF-RESSOVSKIJ am KWI für Hirnfo. Berlin-Buch, 1926–1933 als Ass., danach bis 1936 unentgeltl. weiterbeschäftigt, 1945–1946 Ltr. Genet. Abt.; Mai 1946–Juni 1947 Ass. bei NACHTSHEIM Zool. Inst. Univ. Berlin; ab August 1947–1964 im Ural, zuerst geheime Fo.abt., etwa ab 1956 in d. Radiolog. Abt. d. Ural-Filiale sowjet. AdW; 1964–1973 in Obninsk bei Moskau, wo sie trotz Pensionierung in d. Abt. ihres Mannes am Inst. für med. Radiologie weiterarbeitete; starb in Obninsk. Fo. zu Mutationen bei *Drosophila* u. zu Strahlungsschäden. – B: MPA; AHUB.   Vo

Timoféeff-Ressovsky [Timofeev-Resovskij, Timofejew-Ressowski], Nikolaj Vladimirovič (1900–1981); aus Moskau; 1917 stud. Naturwiss. Univ. Moskau (spez. Zool. bei MENZBIR, N. K. KOL'COV, A. N. SEVERCOV, S. S. SEVERCOV u. S. S. ČETVERIKOV; Dipl. 1921); 1921–1925 Biologielehrer an d. Arbeiterfalkultät Moskau u. Ass. für Zool. bei KOL'COV, 1922–1925 wiss. Mitarb. Inst. für experim. Biol. in Moskau u. an d. hydrobiol. Sta. in Svenigorod; zunächst Arb. über Hydrobiol. u. Zoogeographie, ab 1923 über experim. Genetik (Phänogenetik u. Populationsgenetik), später über Mutationsfragen; 1925–1945 in Berlin, hier 1925–1928 Ass., 1930–1936 Abt.-Ltr. am neugegr. KWI für Hirnfo. bei O. VOGT in Berlin-Buch; 1937–1945 Ltr. d. Genet. Abt. (später Inst. für Genetik u. Biophysik) der Kaiser-Wilh. Ges. in Berlin-Buch; nach Rückkehr in d. UdSSR 1955–1963 Ltr. Abt. Biophysik u. Radiobiol. der Ural-Filiale d. sowjet. AdW in Sverdlovsk, 1964–1969 Ltr. Abt. med. Radiol. in Obninsk bei Moskau, wo er starb. – Lit.: Genetische Analyse einer freilebenden Drosophila melanogaster Population, in: A. Entw.mech. *109* (1927): 70–109; (mit K. G. ZIMMER & M. DELBRÜCK) Über die Natur der Genmutation und der Genstruktur, in: Nachr. Ges. Wiss. Göttingen, Math.-physikal. Kl., Fachgr. Biol., N. F., *1* (1935): 190–245; Genetik und Evolution, in: Z. indukt. A. + Vl. *76* (1939): 158–219; (mit H. BAUER) Genetik und Evolutionsforschung bei Tieren, in: Die Evolution der Organismen, hrsg. von G. HEBERER, Jena 1943; (mit VORONCOV & JABLOKOV) Kurzer Grundriß der Evolutionstheorie, Jena 1975 (aus d. Russ., Originalausg.: Moskva 1969); (mit JABLOKOV & GLOTOV) Grundriß der Populationslehre, Jena 1977; s. a. Lit. zu Kap. 22. – B: BSE³ (A. V. JABLOKOV); GRANIN 1988. – P.   Ja/Sch

Thimotheos von Gaza (um 500); byzantin. Gelehrter; Verf. einer Kompilation über Zool. aus Schr. älterer Autoren, das die arab. Zool. beeinflußte. – Lit.: Textausg.: F. S. BODENHEIMER & A. RABINOWITZ, Timotheus of Gaza on animals: Fragments of a Byzantine paraphrase of an animal-book of the 5th century, transl., comm. and introd., Paris 1949 (Collection de travaux d'Acad. int. d'histoire des sci., 3). – B: BODEN-HEIMER & RABINOWITZ 1949 (s. o.).   Nab

Tinbergen, Niko [Nikolaas] (1907–1988); aus Den Haag (Niederl.); nach Aufenth. in d. Vogelwarte Rossitten (Rybačij am Kurischen Haff, Gebiet Kaliningrad) 1925 stud. Biol. Univ. Leiden (bei Jan VERWEY, Dr. phil. 1932); 1932 Teiln. an Grönland-Exped.; 1933 Ass. Zoolog. Labor. bei C. J. VAN DER KLAAUW, wo er selbständige etholog. Feldstud. durchführen konnte, 1936–1940 Doz. Univ. Leiden, 1936 erstmalig etholog. Kurs mit Studenten; 1936 auf Symposium in Leiden erste Begegnung mit K. LORENZ, 1937 Aufenth. in Fo.sta. von LORENZ in Altenberg bei Wien; ab 1940 Lektor Univ. Leiden; 1942 Inhaftierung durch dt. Truppen; nach Befreiung u. Wiedereröffnung d. Univ. Leiden (1945) ab 1947 o. Prof. für Experim. Zool. u. Dir. Zool. Labor. Univ. Leiden; 1949 Lect., 1960–1973 *Reader in Animal Behaviour* Univ. Oxford; 1970 (?) an d. Serengeti-Fo.sta. in Tansania; starb in Oxford. Mitbegr. der modernen Verhaltensfo.; Nobelpr. 1973. – Lit.: Die Überspringbewegung, in: Z. Tierpsychol. *4* (1940): 1–40; An objectivistic study of the innate behaviour of animals, Leiden 1942 (Bibliotheca Biotheoretica/Series D, I/2); Physiologische Instinktforschung, in: Experientia *4* (1948) 4: 121–164; The study of instinct, Oxford 1951 (dt.: Instinktlehre, Berlin–Hamburg 1952, ⁶1979); The animal in its world, 2 Bde., London 1972–1973 (dt.: München, 1977–1978). – B: WWNP; LexNW; Autobiogr. 1989; BAERENDS [et al.] 1975 (W); BAERENDS 1991. – P.   Sch/Ja

Tischler, Wolfgang (geb. 1912); aus Heidelberg; stud. Naturwiss. Univ. Kiel, dann Cornell Univ./USA (Dr. phil. 1936 Univ. Kiel); 1936–1939 Ass. Biol. Reichsanstalt für Land- u. Forstwirtsch. Kitzeberg (bei Kiel); 1941 Pd., 1947 apl. Prof., 1957 Mitgl. Wiss. Rat, 1963 ao. Prof., 1966 o. Prof. für Ökol. d. Zool. u. Dir. Zool. Inst. Univ. Kiel. – Lit.: Grundzüge der terrestrischen Tierökologie, Braunschweig 1949; Der biocönotische Konnex, in: Biol. Zbl. *70* (1951): 517–523; Neue Ergebnisse agrarökologischer Forschung in ihrer Bedeutung für den Pflanzenschutz, in: Mitt. Biol. Zentralanst. Berlin-Dahlem, *75* (1953): 7–11; Synökologie der

Landtiere, Stuttgart 1955; Agrarökologie, Jena 1965; Ökosysteme: Strukturen und Grenzen, in: Nova Acta Leopoldina, N. F. 47, *226* (1978): 217–226. – B: WerD 1976/77, 1996/97; KÜRSCHNER/MNT 1996.   Ja/Sch

Tiselius, Arne Wilhelm Kaurin (1902–1971); aus Stockholm; 1921 stud. Physikal. Chemie Univ. Uppsala (MA 1924 für Physik, Chemie, Math.; Dr.chem. 1930); dann Doz. für Chemie, 1930–1938 o. Prof. für Biochemie Univ. in Stockholm, wo er starb. Nobelpr. 1948. – Lit.: (mit T. SVEDBERG) Über die Berechnung thermodynamischer Eigenschaften von kolloidalen Lösungen aus Messungen mit der Ultrazentrifuge, in: Z. physikal. Chemie *124* (1926): 449–463; The moving boundary method of studying the electrophoresis of proteins, in: Nova acta regiae soc. sci. Upsal. (4), 7 (1930)4: 1–107; Electrophoresic analysis of normal and immune sera, in: Biochem. J. *31* (1937): 1464–1477. – B: Not20Sc (N. WILLIAMSON); LexNW; KEKWICK & PEDERSEN 1974.   Ja

Titschak, Erich Hans Woldemar (1892–1978); aus St. Petersburg; ab 1912 stud. Naturwiss., bes. Zool., Univ. Jena, 1913 Landw. HS Berlin bei Richard HESSE, folgte diesem 1914 an d. Univ. Bonn (Dr. phil. 1919); ab 1919 Ass. bei HESSE Zool. Inst. Univ. Bonn; 1920 Ltr. Zool. Labor. *Bayer Leverkusen*; ab 1924 Ltr. Entomolog. Abt. Zool. Staatsinst. u. Zool. Mus. Hamburg (Nachf. von Max VON BRUNN), 1934 Tit. Prof. für Zool.; 1944 Oberverwaltungsrat u. Dir. Fo.anstalt für landw. Gewerbepflege u. Vorratspflege in Posen (Poznań), 1945 Stützerbach (Thüringen), dann Zweigstelle in Roitzsch (Bitterfeld), 1947 in Giengen/Brenz (Württemberg); 1951–1957 Kustos Naturwiss. Abt. Mus. Hamburg-Altona u. Hon. Prof. für Angew. Entomol. Univ. in Hamburg, wo er starb. – Lit.: Haben die zoologischen Museen sich überlebt?, in: Hamburger Nachr. vom 7. 2. 1928, Beil. 1. – B: DEGENER; WEIDNER 1978 (W); KOLBE & HAUG 1979: 473.   Ja/Sch

Toivonen, Niilo Johannes (1888–1961); aus Hämeenlinna (Finnland); stud. Chemie Univ. Helsinki; 1913–1914 Ass. Chem. Inst., 1924 ao. Prof., 1928–1958 o. Prof. für Chemie u. 1939–1958 Dir. Chem. Inst. Univ. Helsinki; außerdem 1917–1920 Chemiker in d. Konsumgenossenschaft *Elanto*, 1923–1924 Planer, 1924–1927 Ltr. Warenchem. Labor. des Genossenschaftsgroßbundes, sowie 1939–1940 Subdir., 1941–1942 Dir. Pharm. Fabriken *Orion*; starb in Helsinki. – B: POGGENDORFF VII b; HÜSKEL 1966 (W).   Ja

Toivonen, Sulo Ilmari (geb. 1909); aus Somero (Finnland); stud. Univ. Helsinki (BA 1934, MS 1935, PhD 1940); 1931–1952 Ass. Dep. für Zool., 1945–1952 Doz., 1952–1973 Prof. für Experim. Zool. Univ. Helsinki. – Lit.: s. Lit. zu Kap. 14. – B: DScandB; WWScand.   Sch

Tolman, Edward Chace (1886–1959); aus Newton (Mass., USA); stud. am Massachusetts Inst. für Technol. (BS 1911 für Elektrochemie), 1911 stud. Philos. u. Psychol. Harvard Univ. Cambridge/USA (bes. Soz.psychol. bei McDOUGAL u. Comp. Psychol. bei R. M. YERKES, AM 1912), 1912 Fo.aufenth. bei KOFFKA Univ. Gießen (Dr. phil. 1915 Harvard Univ.); 1915

N. Tinbergen 1980

I. Traube

Instr. Northwestern Univ.; 1918 Instr., 1920 Ass. Prof. Univ. of Calif. Berkeley, 1923 nochmals Univ. Gießen; 1923 Assoc. Prof., ab 1928 Prof. für Psychol. Univ. of Calif. in Berkeley (Calif.), wo er starb. – Lit.: Purposive Behavior in Animals and Men, New York 1932. – B: AMA II; Ritchie 1964 (W). Ja/Sch

Topsell, Edward (1572–1625); engl. Priester an mehreren Pfründen, schließlich Kurator an St. Botoph's in Aldersgate; widmete sich außerdem der Naturgesch. – Lit.: The Historie of Foure-Footed Beastes …, London 1607 [Nachdr. Amsterdam 1973 (The Engl. Experience, 561)]; The Historie of Serpents …, London 1608 [Nachdr. Amsterdam 1973 (The Engl. Experience, 562)]. – B: Raven 1947/1968. Hpp

Torricelli, Evangelista (1608–1647); aus Faenza (o. Piancaldoni, Ital.); 1641 Schüler von Galilei in Florenz; ab 1642 als Hofmathematiker d. Herzogs von Toscana Ferdinand II. von Medici (Nachf. von G. Galilei) in Florenz mit physikal. Experimenten beschäftigt, zugl. Prof. in Florenz, wo er starb. Entdeckte (zus. mit Viviani) 1643 den Einfluß des Luftdruckes auf d. Höhe d. Quecksilbersäule im Vakuum u. konstruierte 1644 nach diesem Prinzip das erste Barometer, dessen Anwendung zur Messung d. Luftdruckes in versch. Höhen 1646 von Pascal nachgeprüft u. 1653 theoretisch untermauert wurde. – B: Poggendorff I; LexNW. Ja

Tournefort, Joseph Pitton de (1656–1708); aus Aix (Provence); zunächst Ausbild. zum Geistlichen im Jesuitenkoll. Aix u. bot. Stud. (mit verwandtem Arzt); 1679–1682 stud. Med. in Montpellier u. bot. Sammelreisen in Südfrankr. u. den Pyrenäen; 1683 Prof. d. Bot. am *Jardin des Plantes* in Paris; bot. Sammelreisen durch Frankr., Span., Portugal, Holland u. Engl.; Dr. med. 1696 in Paris, 1702 auch Prof. d. Med. am *Coll. de France*; 1700 bot. Fo.reise durch Griechenl. u. Kleinasien (mit d. dt. Arzt Gundelsheimer u. d. franz. Zeichner Aubriet); beschrieb zahlr. neue Pflanzenarten u. stellte ein neues System nach d. Blütenkrone auf, das vor Linné zu den erfolgreichsten u. verbreitetsten gehörte. – Lit.: Eléments de Botanique ou méthode pour connaître les plantes, 9 Bde., Paris 1694; Institutiones rei herbariae, 3 Bde., Paris 1700, 1719. – B: DSB (J. F. Leroy); Greene 1983: 938–964. Ja

Tragus [lat.], **Hieronymus** s. Bock, Hieronymus

Traube, Isidor (1860–1943); aus Hildesheim; 1879–1882 stud. Naturwiss. Univ. Berlin (Chemie bei A. W. Hofmann, Physik bei H. von Helmholtz, Physiol. bei E. du Bois–Reymond u. Physiolog. Chemie bei E. Baumann; Dr. phil. 1882); Ass. 1883 bei A. Bernthsen Univ. Heidelberg, 1884 bei F. A. Körnicke Landw. Akad. Bonn-Poppelsdorf; 1886 Ltr. Techn.-chem. Labor. Hannover; 1891 Pd., 1897 Doz. für Physikal. Chemie, 1900 Tit. Prof., 1900–1933 ao. Prof. für Kolloidchemie TH Berlin-Charlottenburg; 1934 Emigr. u. Gastprof. Univ. in Edinburgh (Schottland), wo er starb. – Lit.: Theorie der Osmose und Narkose, in: Pflüger's A. Physiol. *105* (1904): 541–558. – B: LexNW; Bangham 1943. – P. Höx

Traube, Moritz (1826–1894); aus Ratibor (Racibórz, Oberschlesien); Dr. phil. Univ. Berlin (1847); Weingroßhändler in Ratibor (1849–1866) u. bis 1891 in Breslau (Wrocław); starb in Berlin. Konstruierte 1876 eine künstl. „Zelle" mit einer semipermeablen Membran u. sah in ihr das Modell für d. Pflanzenzelle u. das Stud. d. Semipermeabilität. – Lit.: (hrsg. von W. Traube) Gesammelte Abhandlungen …, Berlin 1899. – B: DSB (G. Rudolph); LexNW. Ja

Trembley, Abraham (1710–1784); aus Genf; ab 1733 Hauslehrer in Holland (Den Haag u. Leiden), dann in London, wo er 1743 Mitgl. d. *Roy. Soc.* wurde; widmete sich dort mikroskop. Untersuchungen, wobei er d. Süßwasserpolypen Hydra entdeckte u. physiolog. Experimente über Regeneration u. Reizbarkeit anstellte; ab 1757 Privatgelehrter in Genf, 1760 Dir. d. Stadtbibl. (zus. mit Bonnet) u. später Mitgl. d. *Großen Raths*; starb in Petit Sacconex (bei Genf). – Lit.: Mémoires pour servir à l'histoire d'un genre des polypes d'eau douce, Leiden 1744. – B: LexNW; M. Trembley 1902; Baker 1952. Ja

Tremel(l)ius Scrofa (1. Jh. v. Chr.); röm. Staatsmann, 71 v. Chr. als Quaestor d. Crassus im Kampf gegen Spartakus, 70 v. Chr. Richter, vermutl. 58 v. Chr. Praetor, 52/51 v. Chr. Statthalter von Kyrene o. Makedonien. Dialogpartner in Varro's Werk über d. Landw.; vermutl. selbst Verf. einer Schr. über Ackerbau. – Lit.: Textausg.: Feliciano Speranza, Scriptorum Romanorum de re rustica reliquiae, Messina 1974: 46–55. – B: Pauly; LAW. Ha/Sch

Treub, Melchior (1851–1910); aus Voorschoten (Niederl.); stud. Bot. Univ. Leiden (Dr. phil. 1873); 1873–1880 Ass. Bot. Inst. u. Doz. für Bot. Univ. Leiden; 1880–1909 Dir. Bot. Garten in Buitenzorg (Bogor, Java), erwarb 1891 Tjibodas; starb in St. Raphael (Südfrankr.). – Lit.: Geschiedenis van 's-lands plantentuin te Buitenzorg, Batavia (Djakarta) 1889. – B: von Goebel 1910. Ja

Treviranus, Gottfried Reinhold (1776–1837); aus Bremen, Bruder von Ludolph Christian T.; 1793 stud. Med. Univ. Göttingen (Dr. med. 1796); ab 1796 prakt. Arzt u. gleichz. ab 1797 Prof. für Math. u. Med. am *Gymnasium illustre* in Bremen, wo er starb. Bes. vergl.-anat. u. histolog. Arb.; suchte nach allg. Gesetzmäßigkeiten d. Lebens, wofür er den Begriff „Biologie", unabhängig von Lamarck u. Burdach, prägte. – Lit.: Biologie oder Philosophie der belebten Natur, 6 Bde., 1802–1822; Über den inneren Bau der Arachniden, Nürnberg 1812; (mit L. Chr. Treviranus) Vermischte Schriften anatomischen und physiologischen Inhaltes, 2 Bde., Göttingen 1816–1817; Beiträge zur Anatomie und Physiologie der Sinneswerkzeuge des Menschen und der Thiere, Bremen 1828; Die Erscheinungen und Gesetze des organischen Lebens, Bd. 1–2, Abth. 2, Bremen 1831–1833; Beiträge zur Aufklärung der Erscheinungen und Gesetze des organischen Lebens, Bd. 1/H. 1–2: Bremen 1835, H. 3: (hrsg. von Fr. Tiedemann) Bremen 1837, H. 4: (hrsg. von L. Chr. Treviranus) Bremen 1838. – B: DSB (P. Smit); Focke 1879; Schunke 1937; Hoppe 1971; Wagenitz 1988; Nitzsche 1990. – P.

Hek/Sch

Treviranus, Ludolph Christian (1779–1864); aus Bremen, Bruder von Gottfried Reinhold T.; 1798 stud. Med. Univ. Jena (Bot. bei A. J. G. BATSCH, Philos. bei SCHELLING u. FICHTE; Dr. med. 1801); anschl. Arzt u. ab 1807 Dritter Prof. am Lyceum in Bremen; 1812 o. Prof. für Naturgesch. u. Bot. Univ. Rostock u. Dir. Bot. Garten; 1816 o. Prof. für Bot. Univ. Breslau/ Wrocław (Nachf. von J. H. F. LINK); 1830 o. Prof. für Bot. Univ. in Bonn, wo er starb. Arb. über Pflanzenanat., über d. Bau des Holzes u. d. Entstehung d. Gefäße, entdeckte die Interzellularräume; wandte sich gegen die Arb. von SCHELVER u. HENSCHEL über die pflanzl. Sexualität. – Lit.: Vom inwendigen Bau der Gewächse, Göttingen 1806; Beiträge zur Pflanzenphysiologie, Leipzig 1811; Über die Erzeugung durch zwei Geschlechter im Pflanzenreiche, Bremen 1821; Die Lehre vom Geschlechte der Pflanzen in Bezug auf die neuesten Angriffe erwogen, Bremen 1822; Physiologie der Gewächse, 2 Bde., Bonn 1835–1838; s. a. G. R. TREVIRANUS 1816–1817. – B: DSB (P. SMIT); LexNW; REISKE 1990. Sty/Sch

Troll, Wilhelm (1897–1978); aus München; stud. Naturwiss. Univ. München (Dr. phil. 1921); 1923 Ass. am Bot. Inst. Univ. München, 1925 Pd.; 1928–1930 Teiln. an der Sunda-Exped. nach Südostasien; 1931 apl. Prof. in München; 1932–1945 o. Prof. für Bot. u. Dir. des Bot. Gartens Univ. Halle/Saale; 1946–1966 o. Prof. u. Dir. des Bot. Inst. u. Bot. Gartens Univ. in Mainz, wo er starb. Vertr. d. typolog.-vergl. Morphol. im Sinne von GOETHE. – Lit.: Organisation und Gestalt im Bereiche der Blüte, Berlin 1928; Vergleichende Morphologie der höheren Pflanzen, Berlin 1935. – B: LexNW; WEBERLING 1981; NICKEL 1996. Hek/Sch

Troschel, Franz Hermann (1810–1882); aus Berlin; 1831–1834 stud. Naturwiss. u. Math. Univ. Berlin (Dr. phil. 1834); 1835 Lehrer an d. Königsstädter Höheren Bürgersch.; 1838 Gehilfe, 1843–1849 Kustos Zool. Mus. Univ. Berlin; 1849 ao. Prof. u. 2. Dir. Naturhist. Mus., 1851 o. Prof. für Zool. Univ. Bonn, daneben ab 1866 Lehrer für Zool. Landw. Akad. Bonn-Poppelsdorf, dann 1. Dir. Naturhist. Mus. in Bonn, wo er starb. – Lit.: (mit J. MÜLLER) Das System der Asteriden, Braunschweig 1842; Das Gebiss der Schnecken

zur Begründung einer natürlichen Classification, 3 Bde. (3. Bd. vollendet von E. VON MARTENS), Berlin 1856–1891. – B: DECHEN 1883. Hth

Tschermak, Johann Nepomuk s. Czermak, Johann Nepomuk

Tschermak-Seysenegg, Erich von [Czermak, E., Edler von Seysenegg] (1871–1962); aus Wien; stud. Landw. HS für Bodenkultur u. Univ. Wien, ab 1893 Univ. Halle–Wittenberg (bes. Bot. bei G. KRAUS, Dr. phil. 1895); dann als Praktikant für Pflanzenzüchtung in den Versuchsanstalten Stendal, Quedlinburg u. Gent; in Gent ab 1898 Beginn d. Kreuzungsexperimente mit Erbsen, die zur Wiederentdeckung d. Mendelschen Gesetze führten; ab 1899 auf Gut Esslingen bei Groß-Enzersdorf; 1900 Pd., 1902 Ass. am Lehrstuhl für Pflanzenprod., 1903 ao. Prof., 1906 o. Prof. für Pflanzenzüchtung HS für Bodenkultur, zugl. ab 1909 o. Prof. für Bot. Univ. in Wien, wo er starb. Hatte wesentl. Anteil an d. Entw. wiss. begründeter Pflanzenzüchtung in Österreich. – Lit.: Über künstliche Kreuzung bei *Pisum sativum*, in: Ber. Dt. bot. Ges. *18* (1900): 232–239; Über künstliche Kreuzung bei *Pisum sativum* (Habil.-Schr.), in: Z. Landw. Versuchswesen in Österr. *3* (1900): 465–535; Die Theorie der Kryptomerie und des Kryptohybridismus, in: Bot. Zbl. *16* (1904), Beih.: 11–35; Über die experimentelle Bearbeitung der modernen Vererbungsfragen in Nordamerika, in: Vortr. Ver. Verbr. naturwiss. Kenntnisse Wien *51* (1911) 3. – B: DSB (R. BIEBL); Autobiogr. 1958. – P. Ja

Tschetwerikow, Sergej Sergejewitsch s. Četverikov, S. S.

Tschirch, Wilhelm Oswald Alexander (1856–1939); aus Guben (Niederlausitz); 1872–1875 Apothekerlehre, dann Apotheker-Ass. in Loschwitz (bei Dresden), Oberlahnstein, Freiburg i. Br. u. Bern; 1878 stud. Pharmazie u. Med. (Pharmazeut. Staatsprüfung 1880), dann Bot. (bei EICHLER u. SCHWENDENER) Univ. Berlin (Dr. phil. 1881 Univ. Freiburg i. Br.); danach Priv.-Ass. bei N. PRINGSHEIM in Berlin; anschl. Ass. TU, 1884 Pd. für Bot. u. Pharmakognosie Univ. Berlin; 1890 ao. Prof., 1891 o. Prof. für Pharmakognosie u. Pharmazeut. u. gerichtl. Chemie Univ. in Bern, wo er starb. – Lit.: Über einige Beziehungen des anatomischen Baues der Assimilationsorgane zu Klima und Standort mit spezieller Berücksichtigung des Spaltöffnungsapparates, in: Linnaea, N.F., *9* (1881): 139–252; Handbuch der Pharmakognosie, 3 Bde., Leipzig 1908–1925. – B: Autobiogr. 1921; SABALITSCHKA 1941. Eis/Sty

Tschulok, Sinai [Simon] (1875–1945); aus Konstantinograd (Ukraine); ab 1899 stud. Landw., ab 1900 Naturwiss. am Polytechnikum Zürich; danach als Fachlehrer in Zürich tätig, 1913 Gründer u. Ltr. eines priv. Maturitätsinst.; 1908 Prom. bei A. LANG, 1912 Pd. für Allg. Biol., spez. Methodologie u. Geschichte, 1922 Tit. Prof. Univ. Zürich. – Lit.: Das System der Biologie in Forschung und Lehre, Jena 1910; Entwicklungstheorie (Darwin's Lehre), Stuttgart 1912; Deszendenzlehre (Entwicklungslehre), Jena 1922. – B: DHBS; NSB. Ja

G. R. Treviranus   E. v. Tschermak-Seysenegg

Tsvet/Tswett, Michail Semjonowitsch s. Cvet, Michail Semenovič

Ibn Ṭufail s. unter **I**

Tulasne, Louis René (1815–1885); aus Azay-le-Rideau (Frankr.); stud. Jura, danach Advokat; außerdem botan. Stud.; 1842–1865 Ass. („aide-naturaliste") am *Mus. d'Hist. nat.* in Paris; starb in Hyères. Beschäftigte sich zus. mit seinem Bruder Charles (1816–1885) v. a. mit Bau u. Entw. der Pilze u. Flechten, förderte u. a. die Kenntnis d. Rost- u. Brandpilze. – Lit.: (mit Ch. Tulasne) Mémoire sur les Ustilaginées comparées aux Uredinées, in: Ann. Sci. Nat. Bot. *7* (1847): 12–127; (mit Ch. Tulasne) Selecta Fungorum carpologia, ea documenta et icones potissimum exhibens quae varia fructuum et seminum genera in eodem fungo simul aut vicissim adesse demonstrent, 3 Bde., Paris 1861–1865. – B: DSB (G. Viennot-Bourgin); Magnus 1886.   Hek

Turner, William (ca. 1508–1568); vermutl. aus Morpeth (Northumberland, Engl.); ab 1526 stud. in Cambridge, früher Vertr. d. Reformation; seit 1540/1541 in Italien, erwarb wohl in Ferrara oder Bologna einen med. Grad; dann 1541–1544 im dt. Rheingebiet, 1545 in Friesland; danach in Engl., stark gefährdet durch religiöse Wirren; 1552 durch d. Bischof von London zum Priester geweiht; 1553–1558 wiederum im Exil in Dtl., dann Rückkehr nach Engl.; widmete sich naturhist. Stud. u. Fo.; starb in London. – Lit.: Avium praecipuarum, ... historia, Köln 1544; Turner on Birds ..., lat. u. engl. Ausg., hrsg. von Arthur Humble Evans, Cambridge 1903. – B: DSB (C. Webster).   Hpp

Twort, Frederick William (1877–1950); aus Camberley (bei London, Engl.); stud. Med. an d. St. Thomas' Hosp. Med. Sch., 1900 Mitgl. d. *Roy. Coll. of Surgeons* u. Lic. d. *Roy. Coll. of Physicians* London; ab 1901 Ass. am klin. Labor. St. Thomas' Hosp., spezialisierte sich ab 1902 auf Mikrobiol.; 1907 Superintendent am *Brown Animal Sanatory Inst.* (Tierklinik); ab 1919 Prof. für Bakteriol. Univ. London bis zur Zerstörung d. Labor. 1940 durch Kriegseinwirkung; starb in Camberley. – Lit.: An investigation of the nature of ultramicroscopic viruses, in: Lancet *ii* (1915): 1241–1243. – B: DSB (E. Clarke); Fildes 1951.   Ja

Tyndall, John (1820–1893); aus Leighlinbridge (Irland); zuerst Zivil-Ing., ab 1848 stud. Naturwiss., bes. Math., Univ. Marburg (Dr. phil. 1852); ab 1853 Prof. für Natural Philos. an d. *Roy. Inst.* London; ab 1886 krank, starb in Hindhead (Surrey, Engl.). Arb. über versch. Gegenstände (Elektromagnetismus, Thermodynamik, Gletscherbewegungen, Lichtpartikel in Atmosphäre – *Tyndall-Effect* –, u. über Ursprung von Organismen aus d. Luft), 1870–1876 über Bakteriol.; trat gegen d. Urzeugungslehre auf. – Lit.: Heat considered as a mode of motion, London 1863; Six lectures on light, delivered in America 1872–1873, London 1873 (^{5}1895); The floating matter of the air in relation to putrefaction and infection, London 1881; s. a. Lit. zu Kap. 21. – B: DSB (R. MacLeod).   Ja

Tyrtamos s. Theophrastos von Eresos

Tyson, Edward (1651–1703); aus Bristol (Engl.); stud. Med. Univ. Oxford u. Cambridge (Engl.); dann prakt. Arzt in London, wo er starb. Hielt zugl. anatom. Vorlesungen u. Demonstrationen am *Gresham Coll.*, Mitgl. d. *Roy. Soc.*; bedeut. Beitr. zur vergl. Anat. d. Cetaceen, Reptilien, Marsupialier u. Primaten sowie d. Band- u. Spulwürmer, wandte sich gegen die Auffassung von d. Urzeugung u. vermutete, daß auch menschl. Embryonen aus Eiern entstehen. – Lit.: Phocaena or the anatomy of a porpess, dissected at Gresham College, with a preliminary discourse concerning anatomy and a natural history of animals, London 1680; Vipera caudisona Americana or the anatomy of a rattle-snake, in: Philos. Trans. *13* (1682–1683): 25–58; Tajacu seu aper Mexicanus moschiferus ..., in: ebda *13* (1683): 359–385; Lumbricus latus or a discourse read before the Royal Society of the joynted worm, wherein a great mistakes of former writers concerning it are remarked, its natural history from more exact observations is attempted and the whole urged, as a difficulty, against the doctrine of univocal generation, in: ebda *13* (1683): 113–144; Carigneya, seu Marsupiale Americanum or the anatomy of an opossum ..., in: ebda *20* (1698): 105–164; Orang-Outang sive Homo sylvestris or the anatomy of a pygmy, 2 Bde., London 1699 (2nd Ed. u. d. T.: The anatomy of a pygmy, compared with that of a monkey, an ape and a man ..., London 1751). – B: DSB (W. C. Williams).   Ja

Abū ʿUbaida s. unter **A**

Ubisch, Leopold von (1885–1965); aus Swinemünde; zunächst stud. Jura Univ. Heidelberg, München u. Berlin (Dr. jur. 1908 Univ. Heidelberg); dann stud. Naturwiss., bes. Zool., Bot. u. Geol., Univ. Freiburg i. Br., Rostock u. Würzburg (Dr. phil. 1912 bei Boveri); 1911–1927 Ass. bei Boveri u. Schleip; 1919 Pd., 1924 ao. Prof. Univ. Würzburg; 1927–1935 o. Prof. für Zool. u. Vergl. Anat. u. Dir. Zool. Inst. Univ. Münster (Westfalen); nach zwangsweiser Emeritierung 1935 Emigr. nach Bergen (Norwegen); setzte seine entw.physiol. Fo. am meeresbiol. Inst. in Bergen fort, später auch in Neapel u. Helgoland; 1956 Hon. Prof. Univ. Hamburg; starb in Paradis bei Bergen (Norwegen). – Lit.: Entwicklungsprobleme, Jena 1953. – B: Kürschner; Baltzer 1966; ALH MM 4816.   Hth

Uexküll, Jacob Johann Baron **von** (1864–1944); aus Keblas (Estland); 1884–1890 stud. Zool. Univ. Dorpat/Tartu (cand.zool.); arbeitete anschl. bis 1900 bei W. Kühne Univ. Heidelberg über Muskel-Physiol., dann an d. Zool. Sta. Neapel experimentell-entwicklungsphysiologisch; setzte mit Unterstützung von A. Dohrn seine biolog. Stud. an ostafrikan. Küste fort; 1907 Dr. phil. h.c. Univ. Heidelberg, wo er ohne akadem. Ämter seine verhaltensbiolog. Untersuchungen privat fortgesetzt hatte; 1925–1936 Hon. Prof. u. 1925–1940 Dir. eines Inst. für Umweltfo. Univ. Hamburg, auch Dir. Zool. Garten u. Aquarium in Hamburg (bis 1935); 1936 Univ. Utrecht; starb auf Capri. – Lit.: Leitfaden in das Studium der experimentellen Biologie der

Wassertiere, Wiesbaden 1905; Umwelt und Innenwelt der Tiere, Berlin 1909 (^{2}1921); Theoretische Biologie, Berlin 1920 (engl. Übers. 1926); Die Lebenslehre, Potsdam 1930; Streifzüge durch die Umwelten von Tieren und Menschen – Bedeutungslehre, Berlin 1934. – B: LexNW; Autobiogr. 1957; HÜNEMÖRDER 1979; J. SCHMIDT 1980 (W); DAU 1993, 1994. – P.   Ja

Uhlmann, Eduard (1888–1974); aus Halberstadt; 1908 stud. Univ. Breslau, 1909 Berlin, 1910 Bonn, ab WS 1910 Univ. Jena (Dr. phil. 1919 bei L. PLATE); 1925 ao. Prof. für Angew. Zool. u. Konservator, 1932 Abt.-Ltr., 1939 apl. Prof., 1948 Prof. mit Lehrauftrag, 1949–1952 o. Prof. u. 1950–1954 Dir. des Phyletischen Mus. Univ. in Jena, wo er starb. – Lit.: Entwicklungsgedanke und Artbegriff in ihrer geschichtlichen Entstehung und sachlichen Beziehung, Jena 1923. – B: VON KNORRE in PENZLIN 1994: 39–46. – P.   Ja

Unger, Franz Joseph Andreas Nicolaus (1800–1870); vom Gut Amthof bei Leutschach (Steiermark); stud. Jura Univ. Graz; ab 1820 stud. Med. Univ. Graz, 1822 Univ. Prag, 1823 wieder Univ. Wien (Dr. med. 1827); 1827–1830 prakt. Arzt in Stockerau bei Wien; 1830–1835 Landgerichtsarzt in Kitzbühel (Tirol); 1836 Prof. für Bot. am *Joanneum* u. Dir. d. Bot. Gartens in Graz; 1849–1866 Prof. für Physiolog. Bot. Univ. Wien; starb in Graz. – Lit.: Die Exantheme der Pflanzen und einige mit diesen verwandten Krankheiten der Gewächse pathogenetisch und nosographisch dargestellt, Wien 1833; Grundzüge der Anatomie und Physiologie der Pflanzen, Wien 1846; Beitrag zur Kenntnis der in der Kartoffelkrankheit vorkommenden Pilze und der Ursache ihres Entstehens, in: Bot. Ztg. *5* (1847): 305–317; Anatomie und Physiologie der Pflanzen, Pest–Wien 1855. – B: LEITGEB 1870; REYER 1871.   Hek/Sch

Ursprung, Alfred (1876–1952); aus Basel; 1895–1900 stud. Naturwiss., bes. Math., Physik u. Bot., Univ. Basel (bei G. KLEBS, W. BENECKE u. A. F. W. SCHIMPER; Dr. phil. 1900), kurzzeitig (1898) auch Univ. Straßburg bei d. Physiker K. F. BRAUN; 1898 Priv.ass. bei A. F. W. SCHIMPER Univ. Basel; 1902 Ass. bei M. WESTERMAIER Univ. Freiburg (Fribourg, Schweiz); 1902 Habilitand bei S. SCHWENDENER Univ. Berlin; 1903 Ass. u. Pd., 1903 ao. Prof., 1907–1950 o. Prof. für

Bot. Univ. in Freiburg (Schweiz), wo er starb. – Lit.: (mit G. BLUM) Zur Methode der Saugkraftmessung, in: Ber. Dt. Bot. Ges. *34* (1916): 525–539; (mit G. BLUM) Zur Kenntnis der Saugkraft, I., in: ebda, S. 539–554. – B: BLUM 1951.   Höx

Ibn abī Uṣaibiᶜa s. unter **I**

Uschmann, Georg Robert August (1913–1986); aus Naumburg; 1933 stud. Biol., Philos. u. Sport Univ. Jena (Dr. rer. nat. 1939 bei V. FRANZ); 1939 apl. Ass. am *Ernst-Haeckel-Haus* (EHH) Univ. Jena; nach Kriegsdienst (ab 1940) u. sowjet. Kriegsgefangenschaft (1945–1950) 1950 wiss. Ass., 1952 Oberass. am EHH (Inst. für Gesch. d. Zool.), 1959 Habil., Doz. für Zool. u. Dir. EHH, 1962 Prof. mit Lehrauftrag für Gesch. d. Naturwiss., 1965–1978 (em.) o. Prof. für Gesch. der Naturwiss. *Friedrich-Schiller-Univ.* Jena, auch Lehrauftrag für Gesch. d. Med. Univ. Jena u. Halle/Saale; zugl. ab 1967 Dir. Archiv für Naturfo. u. Med. d. *Leopoldina* in Halle/Saale (Nachf. von Rudolf ZAUNICK); starb in Jena. Hrsg. d. *Acta Historica Leopoldina* Nr. 5–18 u. Suppl. 1–2 (1969–1986). – Lit.: Der morphologische Vervollkommnungsbegriff bei Goethe und seine problemgeschichtlichen Zusammenhänge, Jena 1939; Caspar Friedrich Wolff: ein Pionier der modernen Embryologie, Leipzig–Jena 1955; Ernst Haeckel: Forscher, Künstler, Mensch – Briefe, Leipzig–Jena 1954 (^{2}1958, ^{3}1961); Geschichte der Zoologie und der zoologischen Anstalten in Jena 1779–1919, Jena 1959; (mit Gerald P. R. MARTIN) Friedrich Rolle 1827–1887: ein Vorkämpfer neuen biologischen Denkens in Deutschland, Leipzig 1969 (Lebensdarstellungen dt. Naturforscher, 14); Ernst Haeckel: Biographie in Briefen, Leipzig–Jena–Berlin 1983, Gütersloh 1984. – B: JAHN 1973; MOTHES & SCHARF 1975; QUERNER 1987; BETHGE 1988; W. BERG 1994 (W). – P.   Ja

Ussing, Hans Henriksen (geb. 1911); aus Sorø (Dänemark); stud. Univ. Kopenhagen (Cand.mag. 1934, Dr. phil. 1938); 1935 wiss. Ass., ab 1945 Gehilfe am Zoophysiol. Labor., 1951 ao. Prof. für Zoophysiol., 1958 o. Prof. für Biochemie Univ. Kopenhagen. – Lit.: The distinction by means of tracers between active transport and diffusion, in: Acta Physiol. Scand. *19* (1949): 43–56. – B: DScandB.   Sch

J. von Uexküll   E. Uhlmann 1956   G. Uschmann 1985   N. I. Vavilov 1930

Vaillant, Sébastien (1669–1722); aus Vigny (Seine-et-Oise, Frankr.); Schüler d. Botanikers J. P. DE TOURNEFORT in Paris; 1708 Dir. d. Königl. Bot. Gartens (Nachf. von DE TOURNEFORT) in Paris, wo er starb. Schrieb eine Flora von Paris u. vertrat die Auffassung von d. Sexualität d. Pflanzen aufgrund seiner Stud. über die Blütenorgane. – Lit.: Sermo de structura florum …, Leiden 1718; (postum hrsg. von H. BOERHAAVE) Botanicon Parisiense, Leiden–Amsterdam 1727. – B: DSB (P. JOVET & J. MALLET).　　　Ja

Valentin, Gabriel Gustav (1810–1883); aus Breslau (Wrocław); 1828 stud. Med. Univ. Breslau (bes. Physiol. bei PURKYNĚ, Dr. med. 1832); dann Ass. in dessen Physiolog. Inst., wo er embryolog. Untersuchungen durchführte; 1834 Entdeckung d. Flimmerbewegung (mit PURKYNĚ); erhielt 1835 d. Großen Preis (*Grand Prix des Sciences Physiques*) der franz. AdW Paris für d. Lösung einer Preisaufgabe über d. Entstehungsart des organ. Gewebes bei Tieren u. Pflanzen; ab 1836 Prof. für Physiol. Univ. in Bern, wo er starb. Begr. des *Repertoriums für Anat. u. Physiol.* (ab 1836). – Lit.: Histogeniae plantarum atque animalium inter se comparatae specimen (Preisschrift, Franz. AdW 1834, unpubl.), hrsg. von E. HINTZSCHE, in: Berner Beitr. Gesch. Med. u. Naturw. 20 (1963); Handbuch der Entwicklungsgeschichte des Menschen mit vergleichender Rücksicht der Entwicklung der Säugetiere und Vögel, Berlin 1835; s. a. Lit. zu Kap. 15. – B: DSB (E. HINTZSCHE).　　　Ja

Valentini, Michael Bernhard (1657–1729); aus Gießen; 1675–1680 stud. Med. Univ. Gießen (Lic.med.); danach Garnisionsarzt Festung Philippsburg; 1682 Forts. stud. Med. Univ. Gießen (Dr. med. *in absentia* 1686); 1685 Stud.reise durch Dtl., Frankr., Holland u. Engl.; ab 1687 Prof. für Physik, 1697 Prof. für Med. Univ. Gießen; außerdem 1728 kaiserl. Leibmedikus u. *Dir. ephemeridum* d. *Leopoldina*; starb in Gießen. – B: Ärzte I.　　　Sch

Valgius, Rufus Caius (geb. um 65 v. Chr.); Schüler d. griech. Rhetors APOLLODOROS; dann in röm. Staatsdienst, 12 v. Chr. Konsul; auch Schriftsteller, u. a. Verf. eines AUGUSTUS gewidmeten Kräuterbuches, das PLINIUS unter seinen Quellen für medizin. Bot. aufführt. – Lit.: Textausg. s. SCHANZ-HOSIUS, Geschichte der römischen Literatur, 4. Aufl., Bd. 2, München 1935: 172 ff. – B: PAULY; LAW.　　　Ha/Sch

Vallisnieri, Antonio (1661–1730); aus Trasilico (bei Lucca); bis 1682 stud. Theol. an d. Jesuiten-Sch. Modena, dann, durch MALPIGHI beeinflußt, stud. Med. Univ. Padua u. Florenz (Schüler von F. REDI); ab 1689 prakt. Arzt in Parma, wo er auch einen bot. Garten gründete; ab 1700 Prof. für prakt. Med. in Padua, wo er starb. Führte vergl.-anat. Stud. über d. Strauß (1712) u. d. Chamaeleon (1715) durch, sowie über d. Biologie d. Laubfrosches; setzte REDI's Untersuchungen über Blattgallen fort u. widerlegte auch hier die „Generatio spontanea", indem er d. Entw. d. Gallinsekten aus Eiern nachwies (1700). – Lit: Dialoghi fra Malpighi e Plinio interno la curiosa origine de molti insetti, Venedig 1700; Prima raccolto d'osservazioni e

'esperienze, Venedig 1710; Nuove ideo d'una division generale degl'Insetti, Venedig 1712; Opera diversi, Venedig 1715; Opera fisico-mediche, raccolte de Antonio V., Bd. I–III, Venedig 1733. – B: DSB (G. MONTALENTI).　　　Ja

Valverde de Amusco, Juan (ca.1525–ca.1588); aus Amusco (Palencia, Span.); stud. Humaniora u. Philos. Univ. Valladolid, dann bis 1543 stud. Med., bes. Anat., Univ. Padua (bei VESAL u. Realdo COLOMBO); ca. 1544/1545 Ass. für Anat. Univ. Pisa bei COLOMBO, den er vermutl. 1548 nach Rom begleitete; ca. 1551 Leibarzt des Generalinquisitors von Rom, Cardinal ALVAREZ DE TOLEDO; zugl. 1555 Lehrer für Med. am Santo Spirito Hosp. in Rom; 1558 Besuch in Amusco; starb in Rom. Arb. über Anat. nach VESAL, verbesserte dessen Werk; veröffentlichte d. erste Beschreibung d. Lungenkreislaufes nach der von SERVET. – Lit.: Historia de la composición del cuerpo humano, Roma 1556 (ital. Übers. von VALVERDE: Rome 1559, lat. Übers. von Michele COLOMBO: Venedig 1589). – B: DSB (F. GUERRA); DhCmE. (J. M. LÓPEZ PIÑERO).　　　LGB/Sch

Van Niel, Cornelis Bernardus s. Niel, Cornelis Bernardus van

Varela de la Iglesia, Ramón (1845–1922); aus Lerma (Burgos, Span.); stud. Med. Univ. Santiago de Compostela (Lic.med. 1869, Dr. med. 1870); 1871 Doz. für Physiol., 1872 Tit. Prof., 1874 o. Prof. für Physiol. Univ. Granada, kurz darauf in Barcelona, 1875/1876–1918 (i. R.) o. Prof. in Santiago de Compostela, wo er starb. Einer d. ersten Mediziner, die mit Aufnahme d. Histol. u. Mikrobiol. in die Univ. für deren Institutionalisierung in Span. sorgten; gründete histolog. Labor. in Santiago; identifizierte sich mit d. Konzeptionen von Claude BERNARD, beschäftigte sich mit d. Zelltheorie nach d. Thesen von Rudolf VIRCHOW, verteidigte d. Neuronentheorie gegenüber RAMÓN Y CAJAL. – Lit.: Investigaciones sobre la naturaleza y causas de la epidemia desarrollada en Santiago en 1885, Santiago 1886; Catálogo de los microscopios construidos según las indicaciones del Laboratorio Histológico de Santiago, Santiago 1886. – B: DhCmE. (J. M. LÓPEZ PIÑERO); DiccGalicia (X. A. FRAGA VÁZQUEZ).　　　Fra/Sch

Varro, Marcus Terentius (116–27 v. Chr.); aus Reate (Ital.); stud. bei AELIUS STILO in Rom u. um 84/82 v. Chr. Philos. bei ANTIOCHOS VON ASCALON in Athen; ab 86–43 v. Chr. in röm. Staatsdienst, ab 71 v. Chr. in Rom, 70 v. Chr. Volkstribun, zuletzt Praetor; zugl. ab 47 v. Chr. Dir. d. öffentl. Bibl. in Rom, wo er starb. Verf. v. *Res rusticae*, als einzige seiner Schr. vollständg erhalten, die die röm. landw. Techniken u. auch eigene Erfahrungen darstellt u. d. wiss. landw. Lit. d. Römer einleitet. – Lit.: Textausg.: Nicolas JENSON, Venedig 1472; G. Görz, 2. Aufl., Leipzig 1929. – B: DSB (P. D. THOMAS); PAULY.　　　Ha/Sch

Vavilov [Wawilow], Nikolaj Ivanovič (1887–1943); aus Moskau; bis 1911 stud. Landw., bes. Pflanzenzucht, am Moskauer Landw. Inst.; 1913–1914 in Engl. bei W. BATESON, R. PUNNETT u. BIFFEN; 1917 Prof. für Gen. Landw. Inst. Voronež u. für Agron. u. Selekt.

Univ. Saratow; 1920 Ltr. Abt. für Angew. Bot. u. Selektion, ab 1924 Allunions-Inst. für Angew. Bot. u.
neue Kulturen (ab 1930 Allunions-Inst. für Pflanzenzucht) in Petrograd/Leningrad (St. Petersburg), 1930–
1939 Dir. dieses Inst.; zugl. 1921–1929 Prof. für Genetik u. Selektion Landw. Inst. Leningrad; 1923 Dir.
Staatl. Inst. für experim. Agrochemie, ab 1929 AdLW
u. bis 1933 deren Präs.; 1929 Mitgl. AdW UdSSR;
1930 auch Ltr. Labor. für Genetik d. sowjet. AdW,
1933 Dir. d. daraus gegr. Inst. für Genetik; ab 1933
Auseinandersetzungen mit Lysenko u. seiner Schule,
die 1939 zur Entbindung von seinen Ämtern u. 1940
zur Verhaftung führten; starb d. Hungertod im Gefängnis in Saratow. – Lit.: Zakon gomologičeskich rja-
dov v nasledstvennoj izmenčivosti, Saratov 1920; Bota-
niko-geografičeskie selekcii, Moskva–Leningrad 1935.
– B: LexNW; Revenkova 1962; Gaissinovitch 1968;
Reznik 1973; Jagodničeva 1978 (W); Bachteev 1987;
Kolčinsky & Lebedev 1996. – P.   Ja

Vejdovský, František (1849–1939); aus Kouřim (Böhmen); stud. Tschech. (Karls-)Univ. Prag (Dr. phil.
1876); 1877–1907 Doz. für Zool. TU, zugl. ab 1884 ao.
Prof., 1892–1920 o. Prof. für Zool. Tschech. (Karls-)
Univ. in Prag, wo er starb. Führte Vergl. Anat., Histol.
u. Embryol. der Invertebraten in d. Univ.-Unterricht
ein; Begr. einer wiss. Sch. der Zytologie; entdeckte unabhängig von E. van Beneden u. Th. Boveri 1887 das
Zentrosom in d. tierischen Zelle, das er jedoch zunächst anders deutete als Boveri; seine Arb. trugen
zum Verständnis d. Mendelschen Gesetze in d. Tschechoslowakei nach 1900 bei, wenngleich seine Schüler
teilw. gegensätzl. Auffassungen vertraten, wie z. B. Bohumil Němec (1873–1966), der 1901 d. erste Pflanzenphysiolog. Inst. d. Tschech. Univ. Prag u. eine wiss.
Sch. der Pflanzenzytologie begründete – Lit.: (mit
A. Mrazek) Umbildung des Cytoplasma während der
Befruchtung und Zellteilung: nach den Untersuchungen am Rhynchelmis-Eie, in: A. mikroskop. Anat. 62
(1903): 431–579; Neue Untersuchungen über die Rei-
fung und Befruchtung, Prag 1907; Zum Problem der
Vererbungsträger, Prag 1911–1912. – B: DSB; Janko
1993/94: 51–53.   Ja/Sch

Velenovský, Josef (1858–1949); aus Čekanice bei Blatná (Südböhmen); 1878–1883 stud. Phil. Fak. Univ.
Prag; ab 1883–1927 Doz., ab 1898 Prof. für Bot. Univ.
Prag; starb in Mnichovice (bei Prag). Systematiker u.
Morphologe, Vertreter d. vergl. phylogenet. Richtung
d. Morphologie. – Lit.: Vseobecná botanika, Srovnáva-
cí morfologie, Praha 1905–1910. – B: CBS.   Sch

Venette, Nicolas (1633–1698); aus La Rochelle
(Frankr.); stud. Med. Univ. Bordeaux (Dr. med.); danach Stud.reisen nach Paris, Portugal u. Ital.; dann
ärztl. Praxis in La Rochelle, wo er ab 1668 auch anatom. Demonstrationen u. pharmazeut. Vorlesungen
(*Materia medica* aus d. 3 Naturreichen) hielt; starb in
La Rochelle. – Lit.: Observations sur les eaux minéra-
les de la Rouillasse, en Saintonge, avec une dissertation sur l'eau commune, Paris 1682. – B: Ärzte I[3].   Ja

Vergil(ius), Publius Maro (70–19 v. Chr.); aus Andes
bei Mantua; Ausbild. in Cremona, Mailand, ab

55 v. Chr. stud. Rhetorik in Rom, dann stud. Philos. in
Neapel; einer d. berühmtesten röm. Dichter; starb
auf einer Reise nach Griechenl. in Brindisi (Ital.).
Biol.hist. von Interesse ist sein Lehrgedicht *Georgica*.
– Lit.: Textausg. d. *Georgica*: W. Richter, München
1917; Übers.: R. Seelisch & W. Hertzberg, Berlin,
Weimar 1965: 33–95. – B: Pauly; LAW; E. M. Abbe
1965.   Ha/Sch

**Vernadskij [Vernadsky, Wernadskij], Vladimir Ivano-
vič** (1863–1945); aus St. Petersburg; bis 1885 stud.
Univ. St. Petersburg, 1888 München, 1889 Paris; 1890
Pd. für Mineral., 1898–1911 Prof. Univ. Moskau; ab
1912 Mitgl. AdW, 1914 Dir. geolog. u. mineralog. Mus.
AdW in St. Petersburg; 1922–1926 in Paris; dann bis
1939 Dir. des von ihm begr. Staatl. Radiuminst. in Petrograd (St. Petersburg); zugl. 1927 Begr. u. 1928–1945
Dir. d. Biogeochem. Labor. d. AdW d. UdSSR; starb
in Moskau. Mitbegr. u. a. d. Geochemie; erforschte
auch den Bau d. Silicate, die Rolle d. Organismen in
geochem. Prozessen u. die Radioaktivität d. Minerale;
1919 erster Präs. AdW d. Ukraine. – Lit.: La Géo-
chimie, Paris 1924; Biosfera, 2 Tle. [russ.], Leningrad
1926 (franz.: Paris 1929); Izbrannye sočinenii, 5 Tle.
[russ.], Moskva 1954–1960. – B: DSB (I. A. Fedo-
seyev); BSE[3] (A. P. Vinogradov); LexNW; Močalov
1970.   Sch

Verney, Ernest Basil (1894–1967); aus Cardiff (Engl.);
1913 stud. Med. Downing Coll. Cambridge/GB, 1916
Ass. bei J. H. Drysdale am St. Bartholomew's Hosp.
(Lic. des *Roy. Coll. of Physicians*); nach Armeedienst
1919 Arzt im East London Hosp. for Children (bei
Geoffrey Bourne); 1921 Ass. bei E. H. Starling Physiolog. Inst. (MB u. BCh Univ. Cambridge), 1924 Ass.
bei T. R. Elliott im Med. Unit am Univ. Coll. Hosp.
London; 1926 o. Prof. für Pharmakol. Univ. Coll. London (Nachf. von A. J. Clark); 1934 Reader für Pharmakol., 1946–1961 (em.) erster *Sheild*-Prof. für Pharmakol. Univ. in Cambridge (Engl.), wo er starb. – Lit.:
s. Lit. zu Kap. 15. – B: DeBurgh Daly & Pickford
1970.   Sch

Verworn, Max Richard Constantin [Konstantin]
(1863–1921); aus Berlin; 1884–1885 u. 1886/1887 stud.
Philos. u. Med. Univ. Berlin (Dr. phil. 1887), 1885/
1886 u. 1888–1890 Univ. Jena (bes. bei Biedermann,
Dr. med. 1889); 1891–1901 Ass. Physiol. Inst., 1891 Pd.
für Physiol., 1895 ao. Prof. Univ. Jena; dazw.
Stud.reisen 1890 zu d. Küsten d. Roten Meeres, 1894–
1895 nach d. Sinaiküste; 1901 o. Prof. u. Dir. Inst. für
Physiol. Univ. Göttingen; 1910 o. Prof. Univ. Bonn
(Nachf. von Pflüger), wo er bis zum Lebensende
wirkte; 1904 u. 1911 Reisen nach Nordamerika u. Mexiko; starb in Bonn. Begr. d. Allg. Zellphysiol., die auf
seinen Protistenstud. aufbaute. – Lit.: Psychophysiologische Protistenstudien, Jena 1889; Allgemeine Physiologie, Jena 1894 ([5]1909); Die Biogenhypothese,
Jena 1903; s. a. Lit. zu Kap. 15. – B: DSB (K. E. Rothschuh); LexNW; Vita in ALH MM 3652. – P.   Ja

Vesal, Andreas (ca. 1514–1564); aus Brüssel; 1532–
1535 stud. Med. Univ. Paris, wo er anatom. Demonstrationen durchführte; dann nach Venedig, 1536
Dr. med. u. 1537 Prof. für Anat. Univ. Padua, danach

in Bologna u. Pisa; führte neue Methoden d. anatom. Unterrichts ein u. reformierte die bisher von GALEN beherrschte Human-Anatomie durch seine grundlegenden Werke; 1544 Leibarzt von KARL V. u. zahlr. Reisen mit ihm durch Europa; 1556 am Hof PHILIPP's II.; verließ 1564 den Hofdienst, ging nach Venedig u. starb auf d. Rückreise von einer Pilgerfahrt nach Jerusalem auf d. Insel Zante. – Lit.: De humani corporis fabrica, Basel 1543 (^{2}1555). – B: LexNW; RATH 1963. – P.   Ja/Sch

Viera y Clavijo, José de (1731–1813); aus Realejo Alto (Teneriffa, Canarische Inseln); Teiln. an d. wiss. Ges. des Marquis VILLANUEVA DEL PRADO in La Laguna; 1770 als Vormund in Madrid; Stud. aufenth. 1777–1778 in Paris, stud. Gase u. Naturgesch. (zus. mit Antonio José CAVANILLES) u. 1780–1781 in Wien (bei INGENHOUSZ); nach Rückkehr (1784) auf die Kanarischen Inseln Beschreibung d. dortigen Fauna u. Flora; starb in Las Palmas. – Lit.: Diccionario de Historia Natural de las Islas Canarias …, 2 vols., Las Palmas, 1866–1869. – B: DhCmE (T. F. GLICK).   Fra/Sch

Vincentius Bellovacensis s. Vinzenz von Beauvais

Vindanius Anatolius von Berytos (4. Jh.); byzantin. Gelehrter, faßte versch. griech. Schr. über d. Landw. in einer Slg. zusammen, die eine d. Hauptquellen für CASSIANUS BASSUS VON BITHYNIEN wurde.   Nab

Vinogradskij [Vinogradsky, Winogradski], Sergej Nikolaevič (1856–1953); aus Kiew (Kiev); 1873–1875 stud. Naturwiss. Univ. Kiew, danach am Konservatorium in St. Petersburg, ab 1877 stud. Chemie u. später Pflanzenphysiol. (Dipl. 1881, Mag. 1884); ab 1885 bei DE BARY Univ. Straßburg, dann bei L. PASTEUR in Paris, mit dem er 1890 sein bakteriolog. Labor. am *Inst. de France* einrichtete; danach in Zürich; 1891 Dir. d. Sekt. Allg. Mikrobiol. am Inst. für Experim. Med. St. Petersburg, 1902 Dir. des Inst. (Dr. Bot. 1903 Univ. Charkov); 1912–1922 in d. Organisation von Landnutzung u. Bodenkultur in d. Ukraine tätig; ab 1922 Dir. d. Abt. Agrikultur-Mikrobiol. am *Inst. Pasteur* in Paris; starb in Brie-Comte-Robert (Frankr.). Gilt u. a. als Begr. d. Bodenmikrobiologie. – Lit.: Ueber Schwefelbakterien, in: Bot. Ztg. *45* (1887): 606–610; Sur

l'assimilation de l'azote gazeux de l'atmosphère par les microbes, in: C. R. Acad. Sci. Paris *116* (1893): 1385–1392; Krugovorot azota v prirode, Moskva 1894; O roli mikrobov v obščem krugovorote žizni, Sankt-Peterburg 1897; Sur la morphologie et l'oecologie des azotobacter, in: Ann. Inst. Pasteur *60* (1938): 351–400; Études sur la microbiologie du sol, 1–10, in: ebda *39* (1925) – *66* (1941); Oeuvres complètes, Paris 1949. – B: DSB (V. GUTINA); LexNW; A. HANSEN 1955.   Ja

Vinzenz von Beauvais [lat. Bellovacensis] (1190–1264); aus Beauvais; Mitgl. d. Dominikanerordens; ab 1246 Subprior in Beauvais, wo er starb. Sein Hauptwerk *Speculum maius* entstand zw. ca. 1244 u. nach 1250. – Lit.: Speculum maius (darin: Speculum naturale), 7 vols., Straßbourg 1473–1476 / 2 vols., Nuremberg 1473–1486. – B: DSB (W. A. WALLAU); LEMOINE 1966.   Ja/Sch

Virchow, Rudolf Ludwig Karl (1821–1902); aus Schivelbein (Pommern); ab 1839 stud. Med. am militärärztl. FWI (*Pépinière*) Berlin (u. a. bei Joh. MÜLLER u. K. A. RUDOLPHI, Dr. med. 1843), dann Ass. für Patholog. Anat. bei FRORIEP (med. Staatsexamen), ab 1846 Prosektor an d. *Charité*, 1847 Habil.; 1849 o. Prof. für Patholog. Anat. Univ. Würzburg, ab 1856 Univ. Berlin, Gründer u. Ltr. Patholog. Inst. d. *Charité*; starb in Berlin. 1847 Mitbegr. d. *A. für patholog. Anat., Physiol. u. klin. Medicin* (*Virchows Archiv*) u. d. *Physikalisch-medizin. Ges.* (1850). – Lit.: Über die Reform der pathologischen und therapeutischen Anschauungen durch die mikroskopischen Untersuchungen, in: Virchows A. *1* (1847): 207–255; Die naturwissenschaftliche Methode und die Standpunkte in der Therapie, in: ebda *2* (1849): 3–37; Cellular-Pathologie, in: ebda *8* (1855): 3–39; Die Cellularpathologie in ihrer Begründung auf physiologische und pathologische Gewebelehre, Berlin 1858; Goethe als Naturforscher und in besonderer Beziehung auf Schiller, Berlin 1861; s. a. Lit. zu Kap. 21. – B: DSB (G. B. RISSE); P. DIEPGEN 1957; G. MANN 1991. – P.   Ja/Sch

Virey, Julien Joseph (1775–1844); aus Hortes (Haute-Marne, Frankr.); Apothekerlehre in Langres; ab 1794 Militärdienst als Apotheker; danach 1804–1813 ltnd. Apotheker am Hosp. Val-de-Grâce in Paris; 1814

M. Verworn

A. Vesal

R. Virchow

H. Vöchting

Dr. med. *Fac. de Méd.*, seit 1823 Mitgl. d. Med. Akad. in Paris; 1814–1815 Vorträge über Naturgesch. am *Athenaeum* in Paris, die 1822 u. d. T. *Histoire des moeurs et de l'instinct des animaux* veröffentlicht wurden; starb in Paris. Vielseitiger Autor, der das Arznei- u. Gesundheitswesen zu verbessern trachtete, indem er auch Abhängigkeiten des Individuums v. d. Gesellschaft beachtete; versuchte d. Naturgesch. u. Anthropol. durch metaphys. Spekulationen zu vertiefen. – Lit.: Histoire naturelle du genre humain, Paris 1801 (²1824); Ephémérides de la vie humaine, Paris 1814; Histoire naturelle des médicamens, des alimens et des poisons, Paris 1820; De la puissance vitale, Paris 1823; De la femme, sous ses rapports physiologique, moral et littéraire, Paris 1823; Philosophie de l'histoire naturelle, Paris 1835; De la physiologie dans ses rapports avec la philosophie, Paris 1844. – B: DSB (A. Berman).   Hpp

Virtanen, Artturi Ilmari (1895–1973); aus Helsinki; 1913 stud. Naturwiss. Univ. Helsinki (MS 1916, Dr. phil. 1919); 1916 Privat-Ass. am Finn. Zentr. Industrie-Labor. (bei O. Aschan); 1919 Ass. Staatl. Butter- u. Käse-Kontroll-Sta.; 1919–1924 Fo.-Ass. an d. Finn. Cooperative Dairies Assn., Stud.-Aufenth. in Zürich, Münster u. Stockholm; zugl. 1921 Ltr. Labor. d. finn. Butter-Export-Ges.; 1924 Doz. für Biochemie Univ. Helsinki; 1931–1939 o. Prof. für Biochemie TH, 1939–1948 Univ. in Helsinki, wo er starb. 1948–1963 Präs. d. Finn. AdW; Nobelpr. 1945. – Lit.: (mit T. Laine) Investigations on the root nodule bacteria of leguminous plants XXII: The excretion products of root nodules – the mechanism of N-fixation, in: Biochem. J. *33* (1939): 412–427. – B: WWWSc; WWNP; NLCh (X. Barnes).   Sty/Sch

Vöchting, Hermann (1847–1917); aus Blomberg bei Detmold; 1863–1866 Gärtnerlehre in Detmold; 1867 Gärtnergehilfe am Bot. Garten Berlin; 1868–1870 stud. Naturwiss., bes. Bot., Univ. Berlin (bei A. Braun u. N. Pringsheim); 1870 Gärtner in Blomberg; 1872 Priv.ass. bei N. Pringsheim in Berlin (Dr. phil. 1873 Univ. Göttingen); 1874 Ass. bei J. Hanstein, 1874 Pd., 1877 Kustos u. ao. Prof. für Bot. Univ. Bonn; 1878 o. Prof. für Bot. Univ. Basel; 1887 o. Prof. für Bot. Univ. in Tübingen, wo er starb. – Lit.: Über Organbildung im Pflanzenreich: Physiologische Untersuchungen über Wachsthumsursachen und Lebenseinheiten, 2 Bde., Bonn 1878, 1884. – B: Fitting 1919. – P.   Höx

Vogt, Cécile, geb. **Mugnier,** (1875–1962); aus Annécy (Hoch-Savoyen), Ehefrau von Oskar V.; legte nach Privatunterricht als einziges Mädchen das *Bacc. ès lettres* u. danach *Bacc. ès sci.* in Chambéry ab; ab 1893 stud. Med. im *Bicêtre* (bei Pierre Marie, 1898 med. Staatsexamen); 1898 Bekanntschaft mit Oskar V. in Paris, folgte ihm nach Staatsexamen nach Berlin, 1899 Heirat u. lebenslange Zus.arbeit mit ihm in d. Hirnfo., ab 1902 gemeins. Veröffentlichungen; zog nach Tod ihres Mannes (1959) zu Tochter Marthe nach Cambridge/GB, wo sie starb. – Lit.: La myéloarchitecture du thalamus du cercopithèque, in: J. Psychol. u. Neurol. *12* (1909): 285–329; s. a. Lit. bei Oskar Vogt. – B: Kreuter (W); Hassler 1959. – P.   Sch

Vogt, Karl [Carl] Christoph (1817–1895); aus Gießen; 1833 stud. Med. Univ. Gießen, 1835 Bern (Physiol. bei Valentin, Dr. med. 1839); ab 1839 Stud.aufenth. bei Agassiz in Neuchâtel, 1844–1846 Univ. Paris, danach Ital.; 1847 Rückkehr u. Pd. für Med. Univ. Gießen; 1848 Flucht nach Bern u. zool. Studien in Nizza; 1852 o. Prof. für Geol., seit 1872 für Paläontol., Zool. u. Anat. Univ. in Genf, wo er starb. 1861 Ltr. Exped. zum Nordkap; 1867–1870 populärwiss. Vortragsreisen in Dtl., Österr., Belgien u. Holland zur Verbreitung darwinist. u. materialist. Lehren. – Lit.: Histoire naturelle des poissons de l'eau douce, Bern 1838–1842; L'embryologie des Salmoucs, in: Histoire naturelle des Poissons d'eau douce de l'Europe centrale (Naturgeschichte der Süßwasserfische Mitteleuropas), Livre 2, hrsg. von Louis Agassiz, Neuchâtel 1839; Physiologische Briefe für Gebildete aller Stände, Stuttgart 1845–1846; Untersuchungen über Thierstaaten, Frankfurt a. M. 1851; Bilder aus dem Thierleben, Frankfurt a. M. 1852; Köhlerglaube und Wissenschaft, Gießen 1855 (⁴1856); Mémoire sur les microdéphales ou hommes-singes (Über Microcephalen oder Affenmenschen), Basel 1867 (Mém. de l'Inst. national genévois, 11). – B: ADB (E. Krause); Kreuter; Autobiogr. 1845; Taschenberg 1920.   Sty/Ja

Vogt, Marthe Louise (geb. 1903); aus Berlin, Tochter von Cécile u. Oskar V.; ab 1922 stud. Med. u. Chemie Univ. Berlin (Dr. med. 1928, Dr. phil. für Biochemie 1929 bei Carl Neuberg); 1928–1929 Mitarb. KWI für Biochemie; 1930–1935/1936 Mitarb., etwa 1932–1935/1936 Ltr. d. chem.-pharmakol. Abt. am KWI für Hirnfo. Berlin-Buch; 1935–1936 als *Rockefeller*-Stipendiat in London; 1935 Emigr. nach Engl., 1936 Res. bei E. B. Verney Dep. Univ. Cambridge/GB, 1937–1940 Res. Fell. Girton Coll. Cambridge; 1941–1946 Mitgl. d. Lehrkörpers Dep. für Pharm. *Pharmaceutical Soc. of GB* London; 1947 Lect., dann Reader für Pharm. Univ. Edinburgh/GB; 1960–1968 (i. R.) Dir. *Pharm. Unit Agric. Res. Council* am *Inst. of Animal Physiol.* Cambridge/GB; später bei Schwester Marguerite (geb. 1913, Dr. med. 1937 Univ. Berlin, dann Genetik- u. Mutationsfo. in Pasadena) in San Diego (USA), lebt heute in La Jolla (Calif., USA). Fo. bes. zur Pharmakologie. – B: BHE; IWW 1995–96; AHUB; MPA.   Vo/Sch

Vogt, Oskar (1870–1959); aus Husum, Vater von Marthe V.; ab 1888 stud. Med. Univ. Kiel (u. a. bei d. Anatomen Flemming) u. 1890 Jena (u. a. bei Fürbringer, med. Staatsexamen 1893), dann stud. Psychol., Neurol. u. Hirnanat. bei Otto Binswanger u. Theodor Ziehen Psychiatr. Univ.-Klinik Jena (Dr. med. 1894); 1894 bei A. Forel in Zürich zu Stud., Fo. u. Weiterentw. d. Hypnose; zugl. als prakt. Arzt psychotherapeut. Tätigk. in Alexandersbad (Kr. Wunsiedel, Oberfranken) u. Stud.aufenth. in Leipzig bei Wundt u. Möbius, 1897 in Paris in der von Charcot gegr. Neurologen-Sch. u. im Labor. des Ehepaares Déjerine-Klumpke, wo er auch seine spätere Frau Cécile Mugnier kennenlernte (s. d.); dann als Psychiater in Berlin tätig; 1898 Begr. einer priv. *Neuro-Biolog. Zentralstation* in Berlin (ab 1902 als Neurobiol. Labor. d. Univ. angegliedert, seit 1914 als KWI für Hirnfo. übernommen u.

für weitere Gebiete, wie Zool. u. Genetik, ausgebaut, Neubau 1931); mit Übernahme seines Labor. 1902 ao. Prof. für Neurophysiol. Univ. Berlin; gleichz. 1925 Begr. u. erster Dir. d. Staatsinst. für Hirnfo. (u. a. Untersuchung d. Gehirns von LENIN) in Moskau; 1930–1936 (Entlassung) Dir. KWI für Hirnfo. Berlin-Buch; ab 1937 Begr. u. Dir. eines Inst. für Hirnfo. u. Allg. Biol. in Neustadt (Schwarzwald), wo er zus. mit seiner Frau Untersuchungen über d. Feinbau d. gesunden u. kranken Gehirns durchführte; starb in Freiburg i. Br. – Lit.: (mit Cécile VOGT) Zur Kenntnis der elektrisch erregbaren Hirnrindengebiete bei den Säugetieren, in: J. Psychol. u. Neurol. *8* (1907): 277–456; Studien über das Artproblem, 1. Mitt., in: Sb. Ges. naturf. Freunde zu Berlin (1909): 27–84, 2. Mitt.: ebda (1911): 32–74; (mit Cécile VOGT) Allgemeinere Ergebnisse unserer Hirnforschung, in: J. Psychol. u. Neurol. *25* (1919), Erg.H. 1: 273–462; 1. Bericht über die Arbeiten des Moskauer Staatsinstituts für Hirnforschung, in: ebda *40* (1930): 108–118; (mit Cécile VOGT) Sitz und Wesen der Krankheiten II, in: ebda *48* (1938): 169–324. – B: KREUTER (W); EULNER 1970: 264; HASSLER 1959; J. RICHTER 1976. – P.   Ja/Sch

Voigt, Friedrich Siegmund (1781–1850); aus Gotha; stud. Naturgesch. u. Med. Univ. Jena (Dr. med. 1802; Dr. phil. 1803); 1805 Pd., 1807 ao. Prof. für Bot. Univ. Jena u. Dir. d. Herzogl. Bot. Gartens Jena (Nachf. von F. J. SCHELVER), wo er bis zu seinem Tode wirkte; 1817 o. Hon. Prof. für Bot.; arbeitete eng mit GOETHE in bot. Fragen zus., vertrat dessen Metamorphosenlehre u. führte Versuche über Keimen, Wachstum u. Etiolement d. Pflanzen durch; 1809–1810 Stud.reise nach Paris, wo er bei CUVIER, JUSSIEU, LAMARCK u. THOUIN arbeitete; förderte Verbreitung d. Werke v. CUVIER, Aug. DE CANDOLLE, A.-L. DE JUSSIEU u. L.-Cl. RICHARD durch Übers.; starb in Jena. – Lit.: Darstellung des natürlichen Pflanzensystems von Jussieu nach seinen neuesten Verbesserungen, Leipzig 1806; System der Botanik, Jena 1808; Die Farben der organischen Körper, Jena 1816; Grundzüge einer Naturgeschichte, als Geschichte der Entstehung und weiterer Ausbildung der Naturkörper, Frankfurt a. M. 1817; System der Natur und ihre Geschichte, Jena 1823; Handbuch der praktischen Botanik, 2 Bde., Jena 1850. – B: JAHN 1963. – P.   Ja

Voit, Carl von (1831–1908); aus Amberg (Bayern); 1848–1854 stud. Med. u. Naturwiss. Univ. München (bei PETTENKOFER u. LIEBIG), dazw. 1851 Univ. Würzburg (bei KOELLIKER, Dr. med. 1854), 1855 stud. Chemie Univ. Göttingen (bei WÖHLER); 1856 Ass. bei Th. BISCHOFF am Physiol. Inst. Univ. München, 1860 ao. Prof., 1863 o. Prof. für Physiol.; Zus.arb. mit PETTENKOFER im Labor.; spez. Arb. über ernährungsphysiol. Probleme u. Begr. einer neuen Fo.richtung; starb in München. Mitbegr. d. *Z. für Biol.* (1865). – Lit.: Ueber die Entwicklung der Lehre von der Quelle der Muskelkraft und einiger Theile der Ernährung seit 25 Jahren, in: Z. Biol. *6* (1870): 303–401; Ueber die Glykogenbildung nach Aufnahme verschiedener Zuckerarten, in: ebda *28* (1891): 245–292. – B: Ärzte I (PAGEL); DSB (F. L. HOLMES); LexNW; FRANK 1908.   Ja/Sch

Volkens, Georg (1855–1917); aus Berlin; 1875 stud. Naturwiss. Univ. Berlin, Würzburg u. wieder Berlin (bes. Bot. bei Alexander BRAUN u. Julius SACHS, Dr. phil. 1882 bei SCHWENDENER, 1887 Habil.); 1887–1889 unbezahlter Volontär bei ENGLER Bot. Mus. Berlin; 1889 Pd. für Bot. Univ. Berlin; 1892–1893 Einrichtung d. wiss. Sta. auf d. Kilimandscharo; 1894 Kolonialbotaniker in d. Dt. Kolonial-Ges. in Berlin-Charlottenburg; 1895 Tit. Prof.; 1897 wiss. Hilfsarbeiter, 1898 Kustos Bot. Mus. Berlin; bis 1910 auch Lehrtätig. an versch. Lehranstalten in Berlin, wo er starb. – Lit.: Die Flora der ägyptisch-arabischen Wüste, auf Grundlage anatomisch-physiologischer Forschungen dargestellt, Berlin 1887; Der Kilimandscharo, Berlin 1897. – B: REINHARDT 1917; Autobiogr. 1917.   Sty

Voronin [Woronin], Michail Stepanovič (1838–1903); aus St. Petersburg (Rußl.); 1854 stud. Naturwiss., spez. Bot., Univ. St. Petersburg (bes. bei L. S. CENKOVSKIJ, Kand. 1858), dann Stud.aufenth. Univ. Heidelberg u. bei DE BARY in Freiburg i. Br., 1860 im Labor. d. franz. Algologen THURET in Antibes (Mag. 1861 Univ. St. Petersburg); 1869–1870 Pd. für Mykol. Univ. St. Petersburg; 1873–1875 unentgeltliche Lehrtätig. in Zytol. u. Mykol. an d. neueinger. *Ženskie medicinskie kursy* in St. Petersburg; 1874 Dr. Bot. h.c. Novorossisker Univ. in Odessa, ab 1898 Ltr. Sekt. Kryptogamen u. Mitgl. Russ. AdW in St. Petersburg, wo er starb. Begr. d. Süßwasser-Biolog. Sta. am See

C. Vogt 1937

O. Vogt 1905

F. S. Voigt um 1830

H. de Vries

Bologoje. – Lit.: (mit A. DE BARY) Beiträge zur Morphologie und Physiologie der Pilze, R. 2–4, Frankfurt a. M. 1866–1882 [aus: Abh. Senckenberg. naturf. Ges. 5, 7, 12 (1865–1881)]; Über die bei der Schwarzerle (*Alnus glutinosa*) und der gewöhnlichen Garten-Lupine (*Lupinus mutabilis*) auftretenden Wurzelanschwellungen, in: Mém. Acad. Sci. St.-Petersb., VII sér., *X* (1866) 6: 1–13; O polymorfizme, zamečajemom v vosproisvoditel'nych organach u gribov prinadležaščich k otdelu nazyvaemomu „Pyrenomycetes", Sankt-Peterburg 1866; *Sclerotinia heteroica*, in: Trudy Imp. St.-Petersb. obščestva estestvoisp., otd. bot., *25* (1895): 84–91. – B: BRL (N. A. KOMARNICKIJ); NAWASCHIN 1903 (W).   Ja/Sch

Vries, Hugo de (1848–1935); aus Haarlem (Holland); 1866 stud. Biol. Univ. Leiden (Dr. phil. 1870); 1870 Ass. bei W. HOFMEISTER Univ. Heidelberg; ab 1871 Oberlehrer in Amsterdam; 1875 Stud.aufenth. bei SACHS in Würzburg; 1877 Pd. für Bot. Univ. Halle/Saale; dann Lektor für Pflanzenphysiol., 1878 ao. Prof. für Bot., ab 1881 o. Prof. für Pflanzenphysiol. Univ. Amsterdam u. Dir. des Bot. Gartens; zunächst Arb. über Atmung, Osmose, Gallenbildung; ab 1880 Untersuchungen über Variabilität bei Pflanzen u. ausgedehnte Kreuzungsversuche, bes. mit *Oenothera*-Arten, die zu seiner Mutationstheorie führten; ab 1918 in Lunteren, wo er starb. – Lit.: Plasmolytische Studien über die Wand der Vacuolen, in: Jb. wiss. Bot. *16* (1885): 464–598; Ueber die Bedeutung der Circulation und der Rotation des Protoplasmas für den Stofftransport in der Pflanze, in: Bot. Ztg. *43* (1885): 1–6, 18–26; Intracellulare Pangenesis, Jena 1889; Ueber halbe Galton-Curven als Zeichen discontinuirlicher Variation (eingeg. am 20. Juli 1894), in: Ber. Dt. Bot. Ges. *12* (1894): 197–207; Sur la loi de disjonction des hybrides, in: C. R. Acad. Sci. Paris, *130* (1900 a): 845–847; Das Spaltungsgesetz der Bastarde: vorläufige Mitt., in: Ber. Dt. Bot. Ges. *18* (1900 b): 83–90; Recherches expérimentales sur l'origine des espèces, in: Rev. gén. Bot. *13* (1901); Die Mutationstheorie, 2 Bde., Leipzig 1901–1903; Befruchtung und Bastardierung, Leipzig 1903; Opera e periodicis collata, Bd. 1–7, Utrecht 1918–1927. – B: DSB (P. W. VAN DER PAS); STOMPS 1929, 1935; CLELAND 1935; VAN DER PAS 1970; VISSER 1992. – P.   Sch

Waagen, Wilhelm (1841–1900); aus München; wirkte als Prof. für Geol. u. Paläontol. Univ. Wien; führte 1869 d. Begriff „Mutation" für morpholog. erkennbare „konstante Abänderungen" fossiler Organismenformen ein, „die zeitlich nacheinander folgen"; starb in Wien. – Lit.: Die Formenreihe des Ammonites subradiatus: Versuch einer paläontologischen Monographie, München 1869. – B: HÖLDER 1964.   Ja

Waddington, Conrad Hal (1905–1975); aus Evesham (Worcestershire, Engl.); stud. Biol. u. Zool. u. 1933–1945 Doz. Univ. Cambridge/GB; seit 1947 Prof. für *Animal Genetics* Univ. Edinburgh (Schottl.), wo er starb. – Lit.: The physico-chemical nature of the chromosome and the gene, in: Am. Naturalist *73* (1939): 300–314; Introduction to modern genetics, London

1939; The strategy of the genes, London 1957; The nature of life, London 1961; New patterns in genetics and development, New York 1962; Towards a theoretical biology – I: Prolegomena, Birmingham 1968 (russ. von B. L. ASTAUROV, Moskva 1970); Some European contributions to the prehistory of molecular biology, in: Nature *221* (1969): 318–321; s. a. Lit. zu Kap. 14. – B: ROBERTSON 1977 (W).   Ja

Wagner, Moritz Friedrich (1813–1887); aus Bayreuth, Bruder von Rudolph W.; zunächst Handelslehre; dann zahlr. Fo.reisen, um Aufschluß über die Verbreitung der Tiere u. die Tierwanderungen zu erhalten: 1836–1838 nach Algerien, 1843–1845 nach Vorderasien, 1852–1855 (mit K. SCHERZER) Nord- u. Mittelamerika, 1858–1860 nach Panama u. Ecuador; 1838 Dr. phil. h.c. Univ. Erlangen; dann als Journalist tätig u. stud. Geol. Univ. Göttingen; 1862 Hon. Prof. Univ. in München, wo er starb. Setzte sich kritisch mit DARWINS Selektionstheorie auseinander; stellte seine Migrationstheorie dagegen. – Lit.: Die Darwin'sche Theorie und das Migrationsgesetz der Organismen, Leipzig 1868; Ueber den Einfluss der geographischen Isolierung und Colonienbildung auf die morphologischen Veränderungen der Organismen, in: Sb königl. Bayer. AdW zu München (1870) 2: 154–174; (hrsg. von Ed. VON WAGNER) Die Entstehung der Arten durch räumliche Sonderung: Gesammelte Aufsätze, Basel 1889. – B: WAGENITZ 1988; VON SCHERZER 1889; BECK 1951.   Hek/Sch

Wagner, Richard (1893–1970); aus Augsburg; 1913–1919 stud. Univ. München u. Innsbruck (Dr. med. 1920 Univ. München bei O. FRANK); 1919 Ass. Univ. München; 1923–1926 Ass., 1925 u. 1927–1928 Pd. Univ. Tübingen; 1926–1927 u. 1928–1929 Pd. Univ. Wien; 1929 ao. Prof., 1931 o. Prof. für Physiol. Univ. Graz; 1932 o. Prof. Univ. Erlangen, 1934 Breslau (Wrocław), 1938 Innsbruck; ab 1941–1965 (1962 em.) o. Prof. u. Dir. Physiolog. Inst. Univ. in München, wo er starb. – Lit.: Zusammenarbeit der Antagonisten bei der Willkürbewegung, 1: Abhängigkeit von mechanischen Bedingungen, in: Z. Biol. *83* (1925): 59–93, 2: Gelenkfixierung und versteifte Bewegung, in: ebda, S. 120–144; Über Regulationen im lebenden Organismus, München 1950; Probleme und Beispiele biologischer Regelung, Stuttgart 1954. – B: LexNW; POGGENDORFF VII a; EULNER 1970.   Sch

Wagner, Rudolph [Rudolf] (1805–1864); aus Bayreuth, Bruder von Moritz W.; 1822 stud. Med. Univ. Erlangen, 1824 Würzburg (Dr. med. 1826); 1836–1837 weitere Stud. in Paris (bei G. CUVIER), Südfrankreich u. München; 1827 Prosektor für Anat., 1829 Pd., 1831 ao. Prof. für Vergl. Anat. u. Zool., 1832 o. Prof. für Zool., Vergl. Anat. u. Tierheilkunde Univ. Erlangen; 1840 o. Prof. für Physiol., Vergl. Anatomie u. Zool. Univ. Göttingen (Nachf. von BLUMENBACH), zugl. Kurator d. anthropolog. Slg. u. Gründer d. Physiolog. Inst., wo er mikroskop.-histolog. Stud. als wichtiges Hilfsmittel d. Physiol. lehrte (unter seinen Schülern Willi KÜHNE); starb in Göttingen. Mitarb. an der *Naturgesch. d. Vögel Dtl.'s* von J. Fr. NAUMANN u. der *Beitr. zur Anat. d. Vögel* in d. *Münchner Denkschriften*. – Lit.: Lehrbuch der vergleichenden Anatomie, Leipzig 1834–1835

(^{2}1843–1847 u. d. T.: Lehrbuch der Zootomie, 2 Bde.); Einige Bemerkungen und Fragen über das Keimbläschen, in: A. Anat. ... 2 (1835): 373–384; Icones physiologicae: Tabulae physiologiam et geneseos historiam illustrantes [lat. u. dt.], 3 Bde., Leipzig 1839; Lehrbuch der Physiologie, Leipzig 1839; Handatlas der vergleichenden Anatomie, Leipzig 1841; Icones zootomicae, Leipzig 1841; (Hrsg.) Handwörterbuch der Physiologie mit Rücksicht auf die physiologische Pathologie, 5 Bde., Braunschweig 1842–1853; Lehrbuch der speziellen Physiologie, Leipzig 1842 (^{3}1845); (mit G. MEISSNER) Über das Vorhandensein bisher unbekannter eigenthümlicher Tastkörper (*Corpuscula tactus*) in den Gefühlswärzchen der menschlichen Haut, 1852; Menschenschöpfung und Seelensubstanz, Göttingen 1854; Der Kampf um die Seele vom Standpunkt der Wissenschaft, Göttingen 1857. – B: ADB (PAGEL); DSB (V. KRUTA); EHLERS 1901: 431–447 (W: 484–488); GEBHARDT 1964, 1970; BAEGE 1984; ENIGK 1986; WAGENITZ 1988.   Hth/Ja

Ibn Waḥšīya s. unter **I**

Wakil, Salih Jawad (geb. 1927); aus Kerballa (Irak); stud. Biochemie Am. Univ. Beirut (BS 1948); 1949 Res. Fell. Univ. of Washington Seattle (PhD 1952); 1952 Res. Assoc., 1956 Ass. Prof. für Biochemie Univ. of Wisconsin Madison; 1959 Ass. Prof., 1960 Assoc. Prof., 1965 Prof. für Biochemie Duke Univ. Durham (North Carolina); 1971 Prof. für Biochemie Baylor Coll. Med. Houston (Texas). – Lit.: Studies on the fatty acid oxidizing system of animal tissues, IX., in: Biochim. Biophys. Acta 19 (1956): 497–504; A malonic acid derivative as an intermediate in fatty acid synthesis, in: J. Am. Chem. Soc. 80 (1958): 6465. – B: WWA 1992/93.   Höx

Walahfrid Strabo (809–849); Schüler an d. Klostersch. Reichenau (Bodensee), ab 826 bei HRABANUS MAURUS in Fulda; 839 Abt d. Klosters von Reichenau; starb auf einer Reise durch Westfranken. – Lit.: Hortulus (Gedichte über d. Kräuter seines Klostergartens von 827), hrsg. von J. VADIANUS, Wien 1510 (Neuasg. von K. SUDHOFF, H. MARZELL & E. WEIL, München 1926). – B: SUDHOFF & MARZELL & WEIL in WALAHFRID 1926 (s. o.).   Ja

Wald, George (1906–1997); aus New York; stud. New York u. Columbia Univ. New York (PhD); 1932–1934 als N.R.C. Fell. Stud.aufenth. am KWI Berlin u. Heidelberg, Univ. Zürich u. Chicago; 1934 Tutor für Biochem. Wiss., 1935 Instr. für Biol., 1939 Faculty Instr., 1944 Assoc. Prof. für Biol., 1948–1977 (em.) Prof. für Biol., 1968–1980 *Higgins*-Prof. für Biol. Harvard Univ. Cambridge (Mass., USA). Nobelpr. 1967. – Lit.: s. Lit. zu Kap. 15. – B: IWW 1995–96; CBY 1997.   Sch

Waldeyer [ab 1916 **von Waldeyer-Hartz**], **Heinrich Wilhelm Gottfried** (1836–1921); aus Hehlen bei Braunschweig; 1856 stud. Naturwiss., dann Med., Univ. Göttingen (Anat. bei HENLE), Greifswald u. Berlin (Dr. med. 1861); dann Ass. Physiolog. Inst., 1864 Pd. für Physiol., Histol. u. Pathol. Univ. Königsberg (Kaliningrad); 1865 ao. Prof., 1867 o. Prof. für Patholog. Anat. Univ. Breslau (Wrocław); 1872 o. Prof. für Anat. Univ. Straßburg; ab 1883 o. Prof. für Anat. Univ. Berlin, wo er starb. – Lit.: Über Karyokinese und ihre Beziehungen zu den Befruchtungsvorgängen, in: A. mikroskop. Anat. Entw.mech. 32 (1888): 1–122; Das Gibbongehirn, in: Int. Beitr. wiss. Med. 1 (1891): 1–40. – B: DSB (P. GLEES); LexNW; WAGENITZ 1988; Autobiogr. 1920.   Sch

Wale, Jan de [Johannes Walaeus] (1604–1649); aus Kondekerke (Zeeland); stud. Med. Univ. Leiden (Dr. med. 1631); 1633 ao. Prof. in Leiden, wo er starb. Erhärtete in zahlr. Tierversuchen HARVEY's Lehre vom Blutkreislauf. – Lit.: Epistolae duae de motuchyli et sanguinis, Leyden 1641; (hrsg. von IRVINUS) Opera omnia, London 1660. – B: BAUMANN 1951.   Ja

Walker, John Charles (1893–1994); aus Racine (Wisconsin, USA); stud. Bot., bes. Pflanzenpathol., Univ. of Wisconsin Madison (BS 1914, MS 1915, PhD 1918); 1914 Ass., 1919 Instr., dann Ass. Prof., 1925 Assoc. Prof., 1928–1964 (em.) Prof. für Pflanzenpathol. Univ. Wisconsin; gleichz. 1917 wiss. Ass., 1919 Ass. Pathologe, 1920 Pathologe u. 1929–1945 Agent am Bureau of Plant Industry d. USDA in Madison; 1952 Gastprof. am Inst. Biologico São Paolo (Brasilien); starb in Sun City (Arizona). – Lit.: Disease resistance in onion smudge, in: J. Agric. Res. 24 (1923): 1019–1040; Plant pathology, New York 1950 (^{3}1960). – B: IWW 1992–93; Autobiogr. 1975; POUND 1987 (W); GRAU [et al.] 1995.   Höx/Sch

Wallace, Alfred Russel (1823–1913); aus Usk, Monmouthshire (Wales, Engl.); hörte ab 1837 Vorlesungen in d. *Hall of Science* London (u. a. bei R. OWEN); führte dann mit seinem Bruder William W. Vermessungsarbeiten (neben priv. bot. Stud.) durch; 1844–1845 Lehrer *Collegiate Sch.* Leicester; übernahm nach Tod seines Bruders 1845 dessen Amt als Vermesser; 1847 Bekanntschaft mit H. BATES, mit dem er 1848 nach Südamerika (Amazonas-Gebiet) reiste, um u. a. d. Evolutionshypothesen über Artwandel von CHAMBERS zu prüfen, auf Rückreise 1852 Schiffbruch u. Verlust d. Slgn.; 1854–1862 Fo.rcisc zum Malayischen Archipel, wo er wichtige tiergeogr. Beobachtungen machte u. das Selektionsprinzip als Ursache d. Artwandels fand; ab 1862 als Privatgelehrter in Engl., später Hinwendung zum Spiritismus; 1881 Präs. d. *Land Nationalisation Soc.*; starb in Broadstone (Dorset). – Lit.: A narrative of travels on the Amazon and Rio Negro, London 1853; On the law which has regulated the introduction of new species, in: Ann. and Mag. Nat. Hist. London 16 (1855): 184–196; On the tendency of varieties to depart indefinitely from the original type (verlesen 1858), in: Proc. Linnean Soc., Zool., 3 (1859): 53–62; The Malay Archipelago: the land of the Orang-Utan and the bird of paradise – a narrative of travel with studies of man and nature, London–New York 1869; The geographical distribution of animals, 2 Bde., London u. New York 1876; Darwinism – an exposition of the theory of natural selection, with some of its applications, London–New York 1889 (dt.: Braunschweig 1891); Natural selection and tropical nature – essays on descriptive and theoretical biology,

London–New York 1891; The world of life, London 1910. – B: LexNW; Autobiogr. 1905; Baker 1993: 575–576; James Marchant 1916; Wichler 1938. – P. Ja

Walter, Heinrich (1898–1989); aus Odessa; 1915–1917 stud. Naturwiss., bes. Bot., Univ. Odessa, 1918 Dorpat/ Tartu (bei P. Claussen) u. 1919 Jena (bei E. Stahl u. W. Detmer, Dr. phil. 1919); 1920 Ass. Landw. Versuchssta. Halle/Saale, dann bei L. Jost Univ. Heidelberg (1922 zeitw. Univ. Marburg), 1923 Pd., 1927 apl. ao. Prof. für Bot. Univ. Heidelberg; 1929–1930 *Rocke-feller*-Stipendiat bei F. Shreve in Tucson (Arizona) u. J. E. Weaver in Lincoln (Nebraska, USA); 1932 ao. Prof., 1939 o. Prof. für Bot. TH Stuttgart; dazw. 1933/ 1934 u. 1937/1938 als Stipendiat Fo. in Ost- u. Südwestafrika; 1941 o. Prof. für Allg. Bot. Univ. Posen (Poznań) im besetzten Polen; 1945–1966 o. Prof. für Bot. u. Dir. Bot. Inst. Landw. HS Stuttgart-Hohenheim (später Univ.); dazw. 1954–1955 Gastprof. für Bot. Univ. Ankara (Türkei); starb in Stuttgart. – Lit.: Die Anpassung der Pflanze an Wassermangel: das Xerophytenproblem in kausal-physiologischer Betrachtung, Freising-München 1926; Einführung in die allgemeine Pflanzengeographie Deutschlands, Jena 1927; Die Hydratur der Pflanze und ihre physiologisch-ökologische Bedeutung, Jena 1931; Die Vegetation der Erde, 2 Bde., Jena 1962 u. 1968 (Bd. 1: [3]1973); Vegetationszonen und Klima, Stuttgart 1970 ([5]1984); Allgemeine Geobotanik, Stuttgart 1973 ([3]1986). – B: Autobiogr. 1980/1987 (W). – P. Höx

Warburg, Otto Heinrich (1883–1970); aus Freiburg i. Br.; 1901 stud. Naturwiss. Univ. Freiburg i. Br., 1903 Berlin (bei E. Fischer, E. Warburg u. S. Schwendener; Dr. phil. 1906); zugl. 1905 stud. Med. Univ. Berlin, 1906–1907 München, 1907–1911 Heidelberg (bei Kossel, Krehl u. Herbst; Dr. med. 1911); 1912 Pd. für Med. Univ. Heidelberg; 1914 Pd., 1921–1923 ao. Prof. für Physikal. Chemie Univ. Berlin; gleichz. 1918–1930 Abt.-Ltr. am KWI für Biol., ab 1930 Dir. KWI (später MPI) für Zellphysiol. Berlin-Dahlem; starb in Berlin. Arb. über chem. Vorgänge in lebenden Zellen, zuerst am Seeigelei, bes. über Art u. Wirksamkeit d. Atmungsfermente; grundlegende Entdeckungen auf Gebiet der Gärung, Photosynthese u. des Stoffwechsels der Geschwülste; Nobelpr. 1931. –

Lit.: Beobachtungen über die Oxydationsprozesse am Seeigelei, in: Z. Physiolog. Chemie *57* (1908): 1–17; Über Beeinflussung der Sauerstoffatmung, in: ebda *70* (1911): 413–432; Über die Rolle des Eisens in der Atmung des Seeigeleis nebst Bemerkungen über einige durch Eisen beschleunigte Oxydationen, in: ebda *92* (1914): 231–256; Beiträge zur Physiologie der Zelle, insbes. über die Oxydationsgeschwindigkeit in Zellen, in: Ergebnisse Physiol. *14* (1914): 253–337; Über die Geschwindigkeit der photochemischen Kohlensäurezersetzung in lebenden Zellen, in: Biochem. Z. *100* (1919): 230–271; (mit E. Negelein) Über den Energieumsatz bei der Kohlensäureassimilation, in: Z. Physiolog. Chemie *102* (1922): 235–266; Über Eisen, den sauerstoffübertragenden Bestandteil des Atmungsferments, in: Biochem. Z. *152* (1924): 479–494; Über den Stoffwechsel der Tumoren, Berlin 1926; Über die katalytische Wirkung der lebendigen Substanz, Berlin 1928; Atmungsferment und Oxydasen, in: Biochem. Z. *213* (1929): 1–3; (mit E. Negelein & E. Haas) Spektroskopischer Nachweis des sauerstoffübertragenden Ferments neben Cytochrom, in: ebda *266* (1933): 1–8; (mit W. Christian) Über das gelbe Ferment und seine Wirkungen, in: ebda *266* (1933): 377–411; (mit W. Christian) Pyridin, der wasserstoffübertragende Bestandteil von Gärungsfermenten (Pyridinnucleotide), in: ebda *287* (1936): 291–328; (mit W. Christian) Isolierung und Kristallisation des Proteins des oxydierenden Gärungsferments, in: ebda *303* (1939): 40–68; Weiterentwicklung der zellphysiologischen Methoden: angewandt auf Krebs, Photosynthese und Wirkungsweise der Röntgenstrahlen, Stuttgart–New York 1962. – B: LexNW; Plaut 1959; Krebs 1979 (W). Ja

Ward, Harry Marshall (1854–1906); aus Hereford (Engl.); 1874–1875 Vorlesungen bei T. H. Huxley, W. Thiselton-Dyer u. S. H. Vines *Normal Sch. of Sci.* South Kensington, 1875 stud. Naturwiss. Owens Coll. Manchester, 1876 Christ's Coll. Cambridge/GB (Physiol. bei M. Foster, Embryol. bei F. M. Balfour u. Bot. bei S. H. Vines; BA 1879); 1879 Lect. für Bot. Newnham Coll. u. Demonstr. South Kensington; 1880 Praktikant bei J. Sachs Univ. Würzburg u. Jodrell Labor. Kew, 1880–1882 Fo.aufenth. auf Ceylon, 1882 Praktikant bei A. de Bary Univ. Straßburg; danach

A. R. Wallace 1889

H. Walter 1920

H. M. Ward

Ph. F. Wareing

1882 Res. Fell., 1883 Ass. Lect. für Bot. Owens Coll. Manchester; 1885 Prof. für Bot. Roy. Indian Engineering Coll. Cooper's Hill (MA 1885 Cambridge); 1895 Prof. für Bot. Univ. Cambridge, 1904 Eröffnung der neuen *Cambridge Bot. Schools*; starb in Babbacombe (Torquay, Engl.). – Lit.: A lily disease, in: Ann. Bot. *2* (1888): 319–381; On some relations between host and parasite in certain epidemic diseases of plants, in: Proc. Roy. Soc. London *47* (1890): 393–443; Disease in plants, New York 1901; On the question of „predisposition" and „immunity" in plants, in: Proc. Cambridge Phil. Soc. *11* (1902): 307–328. – B: DNB (G. S. Boulger). – P.   Höx

Wareing, Philip Frank (geb. 1914); aus Essex bei London (Engl.); 1932–1936 stud. Biol. Birkbeck Coll. Univ. London (bei H. Gwynne-Vaughan, C. D. Darlington, J. B. S. Haldane u. F. C. Steward); 1936 Praktikant bei W. Southworth Rothamsted Experim. Sta. in Harpenden bei London; ab 1939 als Offizier im Kriegsdienst; 1947 Lect. für Bot. Bedford Coll. Univ. London (PhD u. DSc); 1950 Lect. für Pflanzenphysiol. Univ. Manchester; 1958–1981 Prof. für Bot. Univ. Coll. of Wales Aberystwyth/Dyfed. – Lit.: Photoperiodism in woody plants, in: Ann. Rev. Plant Physiol. *7* (1956): 191–214; Endogenous inhibitors in seed germination and dormancy, in: Handbuch der Pflanzenphysiologie, hrsg. von W. Ruhland, Bd. 15.2, Berlin [u. a.] 1965: 909–924; Determination in plant development, in: Bot. Mag., Spec. Issue, *1* (1978): 3–18. – B: WW 1993; Autobiogr. 1982. – P.   Höx/Sch

Warming, Johannes Eugenius Bülow (1841–1924); aus Mandö (Dänemark); 1859 stud. Naturwiss. Univ. Kopenhagen; 1863–1866 Sekr. des Zoologen P. W. Lund in Lagoa Santa (Brasilien), bereiste die trop. Savannen; 1867 stud. Bot. Univ. München; 1871 Stud. d. mikroskop. Methoden bei J. Hanstein Univ. Bonn (Dr. phil. 1871); 1875 ao. Prof. Univ. Kopenhagen; übernahm 1882 Lehrstuhl für Bot. Univ. Stockholm; 1884 Mitgl. der *Fylla*-Exped. nach Westgrönland, später weitere Fo.reisen; 1886–1911 o. Prof. für Bot. u. Dir. des Bot. Gartens in Kopenhagen, wo er starb. – Lit.: Plantesamfund: Grundtraek af den økologiske plantegeografi, Kjöbenhavn 1895 (dt.: Lehrbuch der ökologischen Pflanzengeographie, mit Anm. von E. Knoblauch, Berlin 1896); An introduction to the study of plant communities, Oxford 1909. – B: Rosenvinge [et al.] 1927; Mägdefrau [2]1992; Isely 1994.
                                                         Hek/Sch

Washburn, Margaret Floy (1871–1939); aus New York; stud. Vassar Coll. (AB 1891, MA 1893) u. Cornell Univ. (PhD 1894); 1894–1900 Prof. für Psychol. u. Ethik am Wells Coll.; 1900–1902 Vorsteher, 1901–1902 Lect. für Psychol. Sage Coll. Cornell Univ.; 1902–1903 Ass. Prof. für Philos. u. Psychol. Univ. of Cincinnati; 1903–1908 Assoc. Prof. für Philos. u. Psychol., ab 1908 Prof. für Psychol. Vassar Coll. Poughkeepsie (New York). 1921 Präs. d. *Am. Psychology Association*; Mithrsg. d. Z. *Am. J. of Psychol.*, *Psycholog. Bull.*, *Psycholog. Rev.*, *J. of Comp. Psychol.* u. *J. of Animal Behaviour*. – Lit.: The animal mind, New York 1908. – B: AMA I/II.   Sch

Wasmann, Erich (1859–1931); aus Meran (Südtirol); 1874 Besuch d. Jesuitengymnasiums in Feldkirch (Vorarlberg), 1875 Novize d. Jesuitenordens in Exaeten (Limburg, Niederl.); ab 1879 aus gesundheitl. Gründen ärztl. verordnete Wanderungen, die er zur Beobachtung von Insekten, bes. Ameisen, benutzte; zunächst Autodidakt in Entomol., dann 1890–1891 stud. Zool. Dt. Univ. Prag (bei Hatschek u. C. I. Cori); ab 1893 Ordenspater (*Professio*), zuletzt als kathol. Priester im Ignatius-Kolleg in Valkenborg (Holland), wo er starb. Führte tierpsycholog. Stud. an Insekten, bes. über die Nestbauinstinkte der Ameisen, durch u. publizierte grundlegende exakte Beobachtungen darüber; wandte dafür als einer der ersten die Mikrophotographie an; gilt als Begr. d. Myrmekophilenkunde; suchte d. Abstammungslehre mit d. Schöpfungsglauben in Einklang zu bringen, wodurch er d. Widerspruch von E. Haeckel u. anderen Darwinisten hervorrief. – Lit.: Der Trichterwickler – eine naturwissenschaftliche Studie über den Thierinstinkt, Münster 1884; Die zusammengesetzten Nester und gemischten Kolonien der Ameisen, Münster 1891; Vergleichende Studien über das Seelenleben der Ameisen und der höheren Tiere, Freiburg i. Br. 1897 ([2]1900); Instinkt und Intelligenz im Tierreich, Freiburg i. Br. 1897 ([2]1905); Die psychischen Fähigkeiten der Ameisen (95. Beitr. zur Kenntnis d. Myomekophilen u. Termitophilen), Stuttgart 1899 (Zoologica, 26); Die moderne Biologie und die Entwicklungstheorie, 2. Aufl., Freiburg i. Br. 1904 ([3]1906; engl. Übers. von A. M. Buchanan, London 1910); Die Gastpflege der Ameisen: ihre biologischen und philosophischen Probleme (234. Beitr. zur Kenntnis d. Myomekophilen u. Termitophilen), Berlin 1920 (Abh. zur theoret. Biol., 4). – B: Autobiogr. 1932; Reichensperger 1929; Baranzke & Prieth 1996.   Sch

Watson, James Dewey (geb. 1928); aus Chicago (Illinois, USA); stud. Med. Univ. of Chicago (BS u. PhB 1947) u. Indiana Univ. (PhD 1950); 1950–1951 N.R.C.-Fo.stipendiat bei Kalckar Univ. Kopenhagen u. 1951–1953 Cavendish Labor. Univ. Cambridge (Engl.); 1953 Sen. Res. Fell. u. Abt.-Ltr. für Biol. *Caltech* Pasadena; 1955 Ass. Prof., 1958 Assoc. Prof. für Biol., 1961–1976 Prof. für Molekularbiol. Harvard Univ. Cambridge (Mass., USA); zugl. ab 1968 Dir. Cold Spring Harbor Labor. in Long Island (N.Y.); Nobelpr. 1962. – Lit.: The double helix, London 1968 (dt. Reinbek 1969); s. a. Lit. zu Kap. 22. – B: AMWS 1989–90; LexNW.   Sch

Watson, John Broadus (1878–1958); aus Greenville (South Carolina, USA); stud. Furman Univ. (AB 1899, AM 1900), ab 1900 Univ. of Chicago (PhD 1903); 1903 Ass. für Experim. Psychol. Univ. of Chicago; 1904 Instr., dann Ass. Prof., 1908–1920 Prof. für Experim. u. Vergl. Psychol. u. Dir. Psycholog. Labor. *Johns Hopkins Univ.* Baltimore; ab 1920 in d. Werbebranche tätig, 1924 Vize-Präs. d. *J. Walter Thompson Co.*; zugl. Lect. *New York Sch. of Social Res.*; starb in New York. Zus. mit E. L. Thorndike Mitbegr. d. Behaviorismus. – Lit.: The need of an experimental station for the study of certain problems in animal behavior, in: Psychol. Bull. *3* (1906): 149–156; Psychology as the behaviorist views it, in: Psychol. Rev. *20* (1913): 158–177; Der Behaviorismus [Behaviorism, dt.], aus d. Amerikan. von Emmy GIESE-LANG, hrsg. von Fritz GIESE, Stuttgart 1930. – B: AMA II; LexNW.   Sch

Wawilow, Nikolai Iwanowitsch s. Vavilov, Nikolaj Ivanovič

Weber, Eduard Friedrich Wilhelm (1806–1871); aus Wittenberg, Bruder von Ernst Heinrich u. Wilhelm Eduard W.; stud. Med. Univ. Halle/Saale (Dr. med. 1829); dann prakt. Arzt; 1836 Prosektor an d. Anatom. Anstalt, 1847–1871 ao. Prof. für Anat. Univ. in Leipzig, wo er starb. – Lit.: (mit Wilhelm Eduard WEBER) Mechanik der menschlichen Gehwerkzeuge, eine anatomisch-physiologische Untersuchung, Göttingen 1836; Über Muskelbewegung, in: WAGNER's Handwörterbuch der Physiologie, II/2, Göttingen 1846; s. a. Lit. zu Kap. 15. – B: Ärzte I³ (WINTER).   Ja

Weber, Ernst Heinrich (1795–1878); aus Wittenberg, Bruder von Eduard Friedrich u. Wilhelm Eduard W.; ab 1811 stud. Med. Univ. Wittenberg u. Leipzig (Dr. med. 1815 Univ. Wittenberg); ab 1815 Ass. in d. Klinik von J. C. CARUS, 1817 Pd., 1818 ao. Prof. für Vergl. Anat., 1821–1871 (em.) o. Prof. für Anat., 1840–1865 auch für Physiol. (die er 1865 an Carl LUDWIG abtrat) Univ. in Leipzig, wo er starb. Elektrophysiolog. Stud. am Gehirn zus. mit Bruder Eduard, sie entdeckten 1845, daß elektr. Stimulation von Teilen d. Gehirns o. des peripheren Nervensystems die Herztätig. beeinflußt – Lit.: (mit W. E. WEBER) Wellenlehre, Leipzig 1825; Ueber die Anwendung der Wellenlehre auf die Lehre vom Kreislauf des Blutes ..., Leipzig 1850; Ueber den Raumsinn und die Empfingungskreise in der Haut und im Auge, in: Ber. Verh. Sächs. Ges. Wiss., Math.-physikal. Kl., (1852): 85–164. – B: DSB (V. KRUTA); DAWSON 1928.   Ja/Sch

Weber, Max Wilhelm (1852–1937); aus Bonn; stud. Med. Univ. Bonn (bei TROSCHEL u. VON LEYDIG) u. 1875–1876 Univ. Berlin (bei E. VON MARTENS, Dr. phil. 1877 Univ. Bonn); danach Prosektor bei FÜRBRINGER Univ. Amsterdam; 1879 Doz. für Anat. Utrecht; ab 1883 o. Prof. für Zool. u. Vergl. Anat. Univ. Amsterdam; nach Heirat mit Anna VAN BOSSE gemeins. Arb., Veröffentl. u. Stud.reisen 1888 nach Niederländ.-Ostindien, Sumatra, Java u. a., dann nach Südafrika, 1899 Teiln. an holländ. *Sibolga*-Exped.; starb in Eerbeck (Holland). – Lit.: (mit A. VAN BOSSE) Studien über Säugethiere, 2 Bde., Jena 1886, 1898; Die Säugetiere, Jena 1904. – B: DSB (H. QUERNER); THOMPSON 1938 (W).   Ja/Sch

Weber, Wilhelm Eduard (1804–1891); aus Wittenberg, Bruder von Eduard Friedrich u. Ernst Heinrich W.; 1822 stud. Physik Univ. Halle/Saale (bei J. S. C. SCHWEIGGER, Dr. phil. 1826); 1827 Pd., 1828 ao. Prof. für Physik Univ. Halle; 1831 o. Prof. für Physik Univ. Göttingen, wo er zus. mit d. Mathematiker C. F. GAUSS d. *Magnet. Verein* gründete u. Meßstationen einrichtete; nach Entlassung 1837 wegen Protest d. „Göttinger Sieben" gegen Aufhebung d. liberalen Verfassung Reisen nach Berlin, London, Paris; 1843 o.

Prof. für Physik Univ. Leipzig, wo er mit G. Th. FECHNER über d. Gesetz d. elektr. Kräfte arbeitete; 1849 Rückkehr nach Göttingen, 1870 em.; zugl. 1855–1868 Ltr. d. Göttinger Sternwarte (Nachf. von GAUSS); starb in Göttingen. – Lit.: Elektrodynamische Maßbestimmungen, Leipzig 1846; s. a. Lit. bei E. F. W. u. E. H. WEBER. – B: DSB (A. E. WOODRUFF); LexNW; WIEDERKEHR 1967.   Ja

Wedel, Georg Wolfgang (1645–1721); aus Golssen (Niederlausitz); ab 1662 stud. Philos. u. Med. Univ. Jena; 1667 Arztpraxis in Landsberg u. Stud.reisen nach Wittenberg, Leipzig u. Jena (Dr. phil. 1668 u. med. Staatsexamen, Dr. med. 1669); 1668–1672 Landphysikus in Gotha; 1672 Bildungsreise nach Holland (Univ. Leiden); ab 1673 o. Prof. für Anat. u. Bot., 1674–1719 für Theoret. Med., 1709 für Prakt. Med. Univ. in Jena, wo er starb. – Lit.: De Medicamentorum facultatibus cognoscendis et applicandis, libri duo, Jena 1678; Exercitationum medico-philologicarum ..., Decas quarta, Jena 1689. – B: DSB (K. HUFBAUR); Vita in ALH MM 44.   Ja

Weevers, Theodorus (1875–1952); aus Zaandam (Niederlande); 1895–1902 stud. Biol., zugl. 1898–1901 Ass. für Bot. Univ. Amsterdam (Dr. für Bot. u. Zool. 1902); 1902–1903 Stud.reise nach Indien; 1903–1921 Ltr. d. HS in Amersfoort (Niederl.), zugl. 1912–1921 Dir. Gymnasium Amersfoort; 1921 ao. Prof. für Pflanzenphysiol. Univ. Groningen; 1924–1946 o. Prof. für Pflanzenphysiol. u. Pharmakognosie Univ. Amsterdam; 1946 Mitgl. d. *Nat. bescherm.raad*; starb in Amersfoort. – Lit: Aufnahme, Verarbeitung und Transport der Zukker im Blattgewebe, in: Rec. Trav. Bot. Néerl. *28* (1931): 400–420; Fifty Years of Plant Physiology ..., translated from the Dutch by A. J. M. J. RANT, Amsterdam 1949. – B: WiD; Oosthoek.   Sch

Wehnelt, Bruno (1902–1945); aus Erlangen; 1922–1926 stud. Naturwiss., bes. Bot., Univ. Erlangen (bei K. NOACK u. H. GRADMANN, Dr. phil. 1927), 1923–1924 auch Univ. Berlin (bei G. HABERLANDT); 1927–1932 Ass. Bot. Inst. Univ. Erlangen; 1932–1933 wiss. Ass. Biolog. Reichsanstalt Berlin-Dahlem, Zweigstelle Aschersleben; ab Ende 1933 Ltr. d. Pflanzenschutz-Lit.-Abt. u. des Wuchsstofflabor. bei *Bayer Leverkusen*; 1944 Habil. für Gesch. d. Bot. u. Pflanzenpathol. Univ. Köln; fiel im *2. Weltkrieg* in Přibram bei Plzeň (Pilsen). – Lit.: Untersuchungen über das Wundhormon der Pflanzen (Diss.), in: Jb. wiss. Bot. *66* (1927): 773–813; Die Pflanzenpathologie der deutschen Romantik als Lehre vom kranken Leben und Bilden der Pflanzen, ihre Ideenwelt und ihre Beziehungen zu Medizin, Biologie und Naturphilosphie historisch-romantischer Zeit (Habil.schr. Univ. Köln), Bonn 1943. – B: Autobiogr. 1927; WEYLAND 1947; KOLBE & HAUG 1979: 474 f.   Höx/Sch

Weinberg, Wilhelm Robert (1862–1937); aus Stuttgart; stud. Med. Univ. Tübingen, München, Berlin u. Wien (Dr. med. 1886 Univ. München); dann Ass.-Arzt am *Heiligen Geist-Spital* Frankfurt a. M.; ab 1889 prakt. Arzt in Stuttgart (u. a. 1891 Armenarzt, 1894 Kassenarzt, 1905–1926 Vertrauensarzt der Württemberg.

Eisenbahn-Betriebskrankenkasse, 1911 Sanitätsrat); ab 1931 in Tübingen, wo er starb. – Lit.: Aufgabe und Methode der Familienstatistik bei medizinisch-biologischen Problemen, in: Z. soziale Med. *3* (1907); Ueber den Nachweis der Vererbung beim Menschen, in: Jahresh. Verein Vaterl. Naturkunde Württ. *64* (1908): 368–382; Über Vererbungsgesetze beim Menschen, in: Z. indukt. A. + Vl. *1* (1909): 377–392, 440–460, u. *2* (1909): 276–330; Statistik und Vererbung in der Psychiatrie, in: Klinik für Psych.-nervöse Krankheiten *5* (1910): 34 ff.; Ueber Methoden der Vererbungsforschung beim Menschen, in: Berliner Klin. Wo.schr. *49* (1912): 646 ff.; Zur Methodik der Vererbungsstatistik, in: Münchener Klin. Wo.schr. *69* (1921): 748–756. – B: Ärzte II[3]. Ja

Weinland, David Friedrich (1829–1915); aus Grabenstetten (Landkr. Reutlingen); 1844–1847 stud. Theol. am Evangel.-theolog. Seminar Maulbronn, ab 1847 im Tübinger Stift (theol. Examen 1851), daneben u. anschl. stud. Naturwiss. u. Med. Univ. Tübingen (Dr. phil. 1852); 1852 in d. Abt. Reptilien d. Zool. Mus. Univ. Berlin (bei H. M. LICHTENSTEIN); 1855 auf Empfehlung von Joh. MÜLLER am Zool. Inst. Univ. New Cambridge bei Boston/USA (bei Louis AGASSIZ), auch Aufenth. auf Haiti; 1858 Rückkehr nach Dtl. u. als wiss. Sekr. d. Zool. Ges. in Frankfurt a. M.; gehörte zu den Gründern d. Zool. Gartens, 1859–1863 dessen Dir.; außerdem Lekt. für Wirbellose am Senckenberg. Mus., 1861–1863 Zweiter Dir. u. Sektionär für Mollusken Senckenberg. Naturforsch. Ges. Frankfurt a. M.; legte 1863 aus gesundheitl. Gründen seine Ämter nieder u. zog sich 1865 auf sein Gut in Hohenwittlingen (Schwäbische Alb) zurück, wo er starb. – Lit.: Human Cestoides: an Essay on the Tapeworms of Man, Cambridge 1858; Ueber Inselbildung durch Korallen und Mangrovebüsche im mexikanischen Golf, in: Jahresh. Ver. vaterländ. Naturkunde Württemberg *16* (1860): 31–44; Beschreibung zweier neuer Taenioiden aus dem Menschen – Notiz über die Bandwürmer der Indianer und Neger – Beschreibung einer Monstrosität von *Taenia solium* L. und Versuch einer Systematik der Tänien überhaupt, Jena 1861; Zur Weichthierfauna der Schwäbischen Alb, in: Jahresh. Ver. vaterländ. Naturkunde Württemberg *32* (1876): 234–358. – B: GEBHARDT 1964, 1970; ENIGK 1986. Hth/Sch

Weismann, August Friedrich Leopold (1834–1914); aus Frankfurt a. M.; stud. Med. Univ. Göttingen (Dr. med. 1856); Ass.-Arzt in Rostock, zeitw. prakt. Arzt in Frankfurt a. M.; 1860–1861 Stud.aufenth. bei R. LEUCKART Univ. Gießen; 1861–1863 Leibarzt von Erzherzog STEPHAN auf Schloß Schaumburg; 1863 Pd., 1865 apl. Prof., 1867 ao. Prof., 1873–1912 o. Prof. für Zool. u. Dir. Zool. Inst. (1886 Neubau) Univ. in Freiburg i. Br., wo er starb. Arb. über d. Keimesentwicklung an Seeigeleiern; unterschied zwei Zellteilungsformen, die „Äquatorialteilung" u. die „Reduktionsteilung"; entwickelte Vorstellung über d. Kontinuität des Keimplasmas u. prägte d. Begriff „Keimbahn"; betrachtete die Kernsubstanz als Träger der Vererbung u. dehnte DARWINS Selektionstheorie auf die Keimesentw. aus („innere Selektion"). – Lit.:

Über die Berechtigung der Darwin'schen Theorie, Leipzig 1868; Über den Einfluß der Isolierung auf die Artbildung, Jena 1872; Studien zur Descendenz-Theorie: II. Ueber die letzten Ursachen der Transmutationen, Leipzig 1876; Über die Vererbung, ein Vortrag, Jena 1883; Die Continuität des Keimplasmas als Grundlage einer Theorie der Vererbung, Jena 1885; Zur Frage nach der Vererbung erworbener Eigenschaften, in: Biol. Zbl. *6* (1886): 33–48; Über die Zahl der Richtungskörper und über ihre Bedeutung für die Vererbung, Jena 1887; Das Keimplasma – eine Theorie der Vererbung, Jena 1892; Aufsätze über Vererbung und angewandte biologische Fragen, Jena 1892; Die Allmacht der Naturzüchtung: eine Erwiderung an Herbert Spencer, Jena 1893; Vorträge über Deszendenztheorie, 2 Bde., Jena 1902 (³1913). – B: DSB (G. ROBINSON); GAUPP 1917; SANDER 1985; WAGENITZ 1988; Werk-Verz. 1925. – P. Hek/Sch

Weiss, Paul Alfred (1898–1989); aus Wien; stud. Univ. Wien (Dr. phil. für Biol.); 1922–1929 stellv. Dir. Biol. Fo.inst. AdW Wien, 1926 an d. Zool. Sta. Neapel; 1929–1931 Fo.stipendiat KWI Berlin; 1931–1933 *Sterling*-Stipendiat Yale Univ.; 1933–1954 Ass. Prof., dann Prof. für Zool., 1947–1954 Ltr. Div. Biol. Univ. Chicago; seit 1954 am Lehrstuhl für Entw.biol. Rockefeller Univ. New York, 1954–1964 (em.) Ltr. Labor., ab 1964 Em. Prof. für Biol.; 1964–1966 auch Prof. Univ. Texas; versch. Gastprofessuren. – Lit.: Entwicklungsphysiologie der Tiere, Dresden–Leipzig 1930 (Wiss. Fo.ber., Naturwiss. R., 22); s. a. Lit. zu Kap. 14. – B: AMWS 1989–90; CBY 1989. Sch

Weldon, Walter Frank Raphael (1860–1906); aus London; ab 1876 stud. Med., bes. Zool., Univ. Coll. London (bei E. R. LANKESTER), 1878 St. John's Coll. Univ. Cambridge/GB (bei F. M. BALFOUR, Dr. med. 1881); 1881 u. 1882 meereszool. Fo. Zool. Sta. Neapel; 1882 Demonstr. für Zool. Univ. Cambridge/GB, 1883 am meeresbiol. Labor. Plymoth; 1883 Habil., 1884 Lect. für Morphol. d. wirbellosen Tiere Univ. Cambridge/GB; 1890 Prof. für Zool. Univ. Coll. London (Nachf. von E. R. LANKESTER); 1900 Prof. für Vergl. Anat. Univ. in Oxford, wo er starb. – Lit.: Note on the early Development of *Lacerta muralis*, in: Quart. J. micr. Sci., N.S., *23* (1883): 134–144; The Variations occuring in certain Decapode *Crustacea* I., in: Proc. Roy. Soc. *47* (1890): 445–453, *51* (1892): 2–21, *54* (1893): 318–329; Remarks on Variation in Animals and Plants, in: ebda *57* (1855): 379–382; Mendel's Laws of Alternative Inheritance in Peas, in: Biometrica *1* (1901–1902): 228–254. – B: DSB (R. SCHWARTZ-COWAN); PEARSON 1906 (W). Ja

Went, Friedrich August Ferdinand Christian (1863–1935); aus Amsterdam; 1880 stud. Naturwiss., bes. Bot., Univ. Amsterdam (bei H. DE VRIES, Dr. phil. 1886); 1886–1887 Praktikant bei E. STRASBURGER Univ. Bonn u. Ph. VAN TIEGHEM Univ. Paris; 1888 Lehrer in Dordrecht; 1889 Stipendiat Zool. Sta. Neapel; danach 1889 Lehrer in Den Haag; 1891 Ltr. Proefstation Kagok bei Tegal (Westjava); 1896 Prof. für Bot. Univ. Utrecht; 1934 Prof. für Bot. Univ. Leiden; starb in Wassenaar bei Den Haag. – Lit.: Die Bedeutung des

Wuchsstoffes (Auxin) für Wachstum, photo- und geotropische Krümmungen, in: Naturwiss. *21* (1933): 1–7. – B: KÜSTER 1935. – P.   Höx

Went, Frits Warmolt (1903–1991); aus Utrecht; stud. Bot. Univ. Utrecht (bei F. A. F. C. WENT, BA 1922, MA 1925, Dr. phil. 1927); 1922 Ass. bei F. A. F. C. WENT Univ. Utrecht; 1928 Mitarb., 1930–1932 Labor.-Ltr. Bot. Garten Buitenzorg (Bogor, Java); zugl. 1930–1931 Doz. für Bot. Med. Coll. Batavia (Jakarta, Java); 1933 Ass. Prof., 1935 Prof. für Pflanzenphysiol. *Caltech* Pasadena (USA); 1958 Dir. Missouri Bot. Garten u. 1963 Prof. für Bot. Washington Univ. St. Louis; 1965–1975 Prof. am Desert Res. Inst. Univ. of Nevada in Reno. – Lit.: Wuchsstoff und Wachstum, Proefschrift Utrecht Rijksuniv., Amsterdam 1927; Wuchsstoff und Wachstum, in: Rec. Trav. Bot. Néerl. *25* (1928): 1–116; A test method for rhizocaline, the rootforming substance, in: Proc. Kon. Ned. Akad. Wet. *37* (1934): 445–455; (mit K. V. THIMANN) Phytohormones, New York 1937. – B: AMWS 1989–90; Autobiogr. 1974. – P.   Höx

Wernadskij, Wladimir Iwanowitsch s. Vernadskij, Vladimir Ivanovič

Werner, Alfred (1866–1919); aus Mulhouse (Frankr.); 1885–1886 stud. Organ. Chemie TH Karlsruhe (während d. Militärdienstes) u. 1886 am Polytechnikum Zürich (Dipl. Techn. Chemie 1889); 1889–1890 Ass. am chem.-techn. Labor. bei G. LUNGE in Zürich (Dr. chem. 1890); 1891–1892 am *Coll. de France*; 1892 Pd. Polytechnikum Zürich; 1893 ao. Prof., 1895 o. Prof. für Organ. Chemie Univ. in Zürich, wo er starb. Nobelpr. 1913. – Lit.: Beiträge zur Theorie der Affinität und Valenz, in: Vierteljahresschr. Naturf. Ges. Zürich *36* (1891): 129–169; Lehrbuch der Stereochemie, Jena 1904; Neuere Anschauungen auf dem Gebiete der anorganischen Chemie, Braunschweig 1905. – B: WwW 2; LexNW.   Ja

Westerdijk, Johanna (1883–1961); aus Nieuwer-Amstel (Niederl.); stud. in Zürich (Prom. 1906 bei SCHINZ); ab 1906 Dir. Phytopatholog. Labor. *Willie Commelin Scholten* in Amsterdam, später in Baarn; Begr. d. *Centraalbureau voor Schimmelcultures*; zugl.

1917 ao. Prof. für Phytopathol. Univ. Utrecht, 1930 Univ. Amsterdam; starb in Baarn. 1917 erste weibl. Hochschullehrerin in Holland u. eine d. ersten Inhaber eines phytopathol. Lehrstuhls überhaupt. – B: LÖHNIS 1963 (W); LINSKENS 1964.   Sch

Wettstein, Fritz [Friedrich] Richard Maria, Ritter **von Westersheim** (1895–1945); aus Prag, Sohn von Richard VON W.; stud. Biol., bes. Bot., Univ. Wien (Dr. phil. 1919); dann Ass. bei CORRENS am KWI für Biol. Berlin-Dahlem, 1923 Habil. Univ. Berlin; 1925 o. Prof. für Bot. u. Dir. Pflanzenphysiolog. Inst., später auch d. Bot. Gartens Univ. Göttingen; 1931 o. Prof. für Bot. Univ. München (Nachf. von K. VON GOEBEL); ab 1934 Dir. KWI für Biol. Berlin-Dahlem (Nachf. von CORRENS) u. o. Prof. Univ. Berlin; starb in Trins (Tirol). Widmete sich der Pflanzengenetik u. fand bei Laubmoosen die plasmatische Vererbung; Hrsg. d. *Fortschritte d. Botanik* 1932–1944. – B: WAGENITZ 1988; MELCHERS 1987 (W).   Sch

Wettstein, Richard, Ritter **von Westersheim** (1863–1931); aus Wien, Vater von Fritz VON W.; 1881–1884 stud. Naturwiss. u. Med. Univ. Wien (Dr. phil. 1884); dann Pd. für Bot. Univ. Wien; 1888 Adj. am Bot. Garten u. Museum Wien; 1892 o. Prof. für Bot. u. Dir. Bot. Garten u. Inst. Univ. Prag; 1899 o. Prof. für Systemat. Bot. u. Dir. Bot. Garten u. Inst. Univ. Wien; starb in Trins (Tirol). – Lit.: Grundzüge der geographisch-morphologischen Methode der Pflanzensystematik, Jena 1898; Handbuch der systematischen Botanik, 2 Bde., Wien 1901–1908. – B: PORSCH 1931; JANCHEN 1933.   Hek/Sch

Wheeler, William Morton (1865–1937); aus Milwaukee (Wisconsin, USA); nach Besuch d. *German-Am. Normal Coll.* in Milwaukee (Abschluß 1884) Ass. in H. A. WARD's *Nat. Sci. Establishment* in Rochester (New York); 1885–1887 Lehrer für Deutsch u. Physiol. an d. High Sch. in Milwaukee; 1887–1889 Kustos am Milwaukee Public Mus; 1891–1892 Ass. von Ch. O. WHITMAN im *Marine Biol. Labor.* in Woods Hole u. Clark Univ. in Worcester/Mass. (Dr. phil. 1892); 1893–1894 Stud.aufenth. bei Th. BOVERI Univ. Würzburg, in Liège bei VAN BENEDEN u. bei Anton DOHRN Zool. Sta. Neapel; 1894 Instr. für Embryol.,

A. Weismann 1908

F. A. F. Chr. Went

F. W. Went

Ch. O. Whitman

1897 Ass. Prof. Univ. Chicago; 1899 Prof. für Zool. Univ. of Texas in Austin; 1903 Kurator für Wirbellose *Am. Mus. Nat. Hist.* New York, wo er Ausstellungen über wirbellose Tiere gestaltete u. über Insekten, bes. Ameisen, arbeitete; 1908 Prof. für Angew. Entomol. (*economic entomology*) Bussey Inst. Harvard Univ. (zugl. 1915–1929 Dekan), 1926–1934 (em.) Prof. für Entomol., 1929–1937 auch Assoc. Kurator für Insekten am *Mus. of Comp. Zool.* Harvard Univ. in Cambridge (Mass.), wo er starb. – Lit.: The embryology of *Blatta germanica* and *Doryphora decemlineata*, in: J. Morphol. *3* (1889): 291–386; The Sexual Phases of *Myzostoma*, in: Mitth. Zool. Sta. Neapel *12* (1896): 227–302; Comparative ethology of the European and North American Ants, in: J. Psychol. Neurol. *13* (1908): 404–435; Ants: their Structure, Development and Behavior, New York 1910 (Columbia Univ. Biological Series, 9); The Social Insects: their Origin and Evolution, London 1928; Emergent Evolution and the Development of Societies, New York 1928; Present Tendencies in Biological Theory, in: Scientific Monthly *28* (1929): 97–109; Demons of the Dust: a Study in Insect Behavior, New York 1930. – B: DSB (E. Noble Shor); Parker 1938 (W).   Ja

Whetzel, Herbert Hice (1877–1944); aus Avilla (Indiana, USA); stud. Bot. Wabash Coll. (bei M. S. Thomas, BA 1902, MA 1906); 1902 Ass. bei G. F. Atkinson New York State Coll. of Agric. Cornell Univ. Ithaca, 1904 Instr., 1906 Ass. Prof. für Bot., 1907 Ass. Prof. u. 1909 Prof. für Pflanzenpathol., zugl. 1906–1922 Ltr. Dep. für Pflanzenpathol. Cornell Univ. in Ithaca, wo er starb. – Lit.: The terminology of phytopathology, in: Proc. Intern. Congr. Plant Sci. Ithaca 1926, vol. 2, Ithaca 1929: 1204–1215. – B: WwWA 2; Newhall 1980.   Höx

Whiston, William (1667–1752); aus Norton (Leicester, Engl.); stud. Theol., Mitgl. von *Clare Hill* in Cambridge; 1694 Kaplan d. Bischofs von Norwich; ab 1698 Pfarrer zu Lowestoft (Suffolk); 1703–1710 *Lucasian-Lehrstuhl* für Math. (Nachf. von Newton) Univ. Cambridge (Engl.); beschäftigte sich mit Fragen d. Astron., Kosmogonie u. Erdentwicklung u. wurde als Anhänger des Arianismus vom Lehramt verwiesen; lebte dann als Privatgelehrter in Lyndon (Rutland), wo er starb. – Lit.: A new theory of the earth, from its original to the consummation of all things, London 1696; Praelectiones astronomicae, Cambridge 1707. – B: DSB (J. Roger).   Ja

White, Philip Rodney (1901–1968); aus Chicago (USA); 1920 stud. Bot. Univ. of Montana in Missoula (AB 1922); 1922 Ass. für Bot. Univ. of Washington Seattle; 1923 Lehrer für Englisch *É. Normale d'Instituteurs* Valence (Frankr.); 1924–1926 Res. Ass. für Bot. Johns Hopkins Univ. Baltimore/Maryland (PhD 1928), zugl. 1925–1926 Mikroskoptechniker am Bureau for Plant Industry des USDA; 1926–1928 Mitarb. d. United Fruit Co. in Jamaica, Panama u. Costa Rica; 1928 Ass. Prof. für Bot. u. Pflanzenphysiol. Univ. of Montana in Missoula; 1929 Res. Fell. Boyce Thompson Inst. for Plant Res. Yonkers/N.Y.; 1930–1931 *Rockefeller*-Stipendiat Pflanzenphysiolog. Inst. Univ. Berlin; 1932 Res.

Fell., 1934 Ass., 1938–1945 Assoc. am Dep. für Tier- u. Pflanzenpathol. Rockefeller Inst. for Med. Res. Princeton (New Jersey); zugl. 1942 Lect. Iowa State Coll. Ames; 1945–1951 Ltr. Abt. für Allg. Physiol. Inst. for Cancer Res. Philadelphia; gleichz. 1947–1953 Gewebekultur-Sommerkurse am Montana Desert Island Biol. Labor.; 1951 Res. Assoc., 1957–1966 Sen. Scientist Jackson Labor. in Bar Harbor (Maine, USA); zahlr. Gastprofessuren (1947/1948 Yale Univ. New Haven, 1958/1959 Paris, 1963 Pennsylvania State Univ., 1965/1966 Bangor/Maine, 1967/1968 Indien). – Lit.: Potentially unlimited growth of excised tomato root tips in a liquid medium, in: Plant Physiol. *9* (1934): 585–600; Potentially unlimited growth of excised plant callus in an artificial medium, in: Am. J. Bot. *26* (1939): 59–64; A handbook of plant tissue culture, Lancaster/Pa. 1943; The cultivation of animal and plant cells, New York 1954 (^{2}1963). – B: WwWA 5.   Höx

Whitman, Charles Otis (1842–1910); aus North Woodstock (Maine, USA); 1865 stud. am Bowdoin Coll. (BA 1868); 1868–1872 Principal d. Westford Acad. in Massachusetts; 1872–1874 Lehrer an d. English High Sch. in Boston, hier 1873 Teiln. am ersten meeresbiol. Kurs bei Louis Agassiz auf Pekinese Island; ab 1875 Stud.aufenth. in Europa, zuerst bei A. Dohrn in Neapel, dann bei Leuckart Univ. Leipzig (Dr. phil. 1878); nach Rückkehr in d. USA 1879 Johns Hopkins Univ.; 1879/1880–1881 o. Prof. für Zool. Univ. Tokio (Japan); 1881/1882 zu embryolog. Stud. erneut Zool. Sta. Neapel; 1882–1885 Ass. Mus. für vergl. Zool. Havard Univ. bei Alexander Agassiz Cambridge (Mass., USA); 1886–1889 Dir. Allis Lake Labor. in Milwaukee (Wisconsin); 1889–1892 Prof. für Zool. an d. neugegr. Clark Univ. Worcester (Mass.); 1892 bis zu seinem Tode Prof. für Zool. u. Ltr. Dep. für Zool. Univ. Chicago; zugl. 1888 Mitbegr. u. 1893–1908 erster Dir. Marine Biol. Labor. Woods Hole (Mass.); starb in Chicago. 1887 Begr. d. *J. of Morphology.* – Lit.: Animal Behavior, in: Biol. Lect. of the Marine Biol. Labor. Woods Hole, Mass., *6* (1898): 285–338. – B: DAmB; DSB (E. Mayr). – P.   Sch

Wichura, Max Ernst (1817–1866); aus Neisse; 1836–1839 stud. Jura Univ. Breslau u. Bonn; dann Referendar in Breslau, bis 1849 Rechtsanwalt in Berlin, danach bei d. Staatsanwaltschaft in Ratibor, 1851–1857 Stadtrichter in Breslau, dann Justitiar u. 1859 Regierungsrat in Breslau. Beschäftigte sich seit Gymnasialzeit in Breslau mit Morphol., Systematik, bes. von Kryptogamen, u. Hybridisation d. Pflanzen; untersuchte auf Stud.reisen 1846 in Österreichisch-Schlesien u. 1856 in Lappland natürl. Weidenbastarde u. pflanzengeograph. Probleme; Erfo. v. a. von Kryptogamen auf weiteren Reisen in d. Alpen u. Karpaten; führte, angeregt durch seinen Gymnasialdir., d. späteren Stadtschulrat in Breslau u. schlesischen Floristen Friedrich Wimmer (1803–1868), in einem von diesem gemieteten Garten 1852–1859 zahlr. Kreuzungsexperim. durch, bes. an Weiden – seine allerdings nur qualitativen Ergebnisse führten ihn zu eingehender Erörterung der „Bastardbefruchtung" sowie systemat. u. pflanzengeograph. Probleme (1865); aufgrund seines hervorragenden Rufs als Pflanzensystematiker 1859–

1863 auf Vorschlag d. preuß. AdW Teiln. an d. Exped. nach Ostasien (Südindien, Indonesien chines. u. japan. Küste, Java u. Ceylon), Rückkehr über Kalkutta, Aden, Nordägypten u. Korfu mit reichhaltigen Pflanzenslgn. für das Herbarium d. Bot. Gartens u. Mus. in Berlin; erst während eines Diensturlaubs ab Ende 1865 Beginn d. wiss. Bearb. in Berlin, wobei er kurz darauf durch eine Gasvergiftung ums Leben kam. Schon 1847 hatte J. ROEMER die Gattung *Wichuraea*, *Amaryllidaceae*, nach ihm benannt. – Lit.: Die Bastardbefruchtung im Pflanzenreich erläutert (mit F. COHN) Über *Stephanosphaera pluvialis*, Breslau–Bonn 1858; an den Bastarden der Weiden, Breslau 1865; zahlr. Beitr. in: *Flora* oder *Allg. bot. Z.*, Regensburg, u. *Jahresber. d. Schlesischen Ges. für vaterländ. Cultur, bot. Section*; Aus vier Welttheilen: ein Reise-Tagebuch in Briefen, Breslau 1868. – B: ADB (E. WUNSCHMANN); ENGLER 1874.   Hpp

Widal, Georges Fernand Isidor (1862–1929); aus Dellys (Algerien); stud. Med. Univ. Paris (u. a. bei CORNIL u. DIEULAFOY, Dr. med. 1888); dann Arzt am *Hôpital de Paris*, 1893 „Médecin des Hôpitaux", 1894 „Agrégé", 1910/1911 o. Prof. für Pathol., ab 1917/1918 Prof. für Innere Med. in Paris, wo er starb. Untersuchungen mit André CHANTEMESSE über Typhus u. Typhusbakterien, 1896 Entdeckung d. agglutinierenden Aktivität des Serums von Typhusrekonvaleszenten auf Typhusbakterien; prägte Begriff „Serodiagnose"; ab 1906 Mitgl. Acad. de Méd., 1919 d. franz. AdW. – Lit.: On the serodiagnosis of typhoid fever, in: Lancet *II* (1896): 1371–1372; Zur Frage der Serodiagnostik des Abdominaltyphus, in: Münchner Med. Wo.schr. *44* (1897): 202–203; s. a. Lit. zu Kap. 21. – B: Ärzte II.   Kö/Sch

Wiegmann, Arend Friedrich August (1802–1841); aus Braunschweig; stud. Med. u. Philol. Univ. Leipzig, dann Zool. Univ. Berlin; 1827–1841 Ass. Zool. Mus. Univ. Berlin; 1828 Pd., 1830 ao. Prof. für Zool. Univ. Berlin; starb in Braunschweig. – Lit.: (mit J. F. RUTHE) Handbuch der Zoologie, Berlin 1832; Herpetologia Mexicana …, Berlin 1834; Beiträge zur Zoologie, gesammelt auf einer Reise um die Erde, von F. J. F. MEYEN, 7. Abh.: Amphibien, in: Nova Acta physico-medica Acad. Caesarea Leopoldino-Carolinae Naturae Curiosorum *17* (1835). – B: ASEN; ADLER 1989.   Hth/Sch

Wiegmann, Arend [früher: **Anton**] **Joachim Friedrich** (1771–1853); aus Braunschweig; Dr. phil.; Apotheker, später Privatmann in Braunschweig. Beschäftigte sich mit Bot.; ab 1821 Mitgl. d. *Leopoldina*; beteiligte sich an einer Preisaufgabe d. AdW Berlin über d. Frage „Gibt es eine Bastardbefruchtung im Pflanzenreich?", seine 1826 eingereichte Arb. erhielt den halben Preis. – Lit.: Über die Bastarderzeugung im Pflanzenreiche, Braunschweig 1828. – B: POGGENDORFF I, VII a/Suppl.; DAB 2; s. a. WEHNELT 1943 [KB].   Ja

Wieland, Heinrich Otto (1877–1957); aus Pforzheim; 1896 stud. Chemie Univ. München, 1897 Berlin, 1898 TH Stuttgart u. 1899 wieder Univ. München (Dr. phil. 1901); 1904 Pd. für Chemie, 1913–1917 ao. Prof. Univ.

u. 1917 o. Prof. für Chemie TH München; 1917–1918 o. Prof. für Chemie am KWI für Chemie Berlin; 1921–1924 o. Prof. für Chemie Univ. Freiburg i. Br.; 1925–1950 (em.) o. Prof. Univ. u. Dir. Bayer. Staatl. Labor. in München; starb in Starnberg. – Lit.: Über den Mechanismus der Oxydationsvorgänge, in: Ber. Dt. chem. Ges. *46* (1913): 3327–3342; Über den Verlauf der Oxydationsvorgänge, in: ebda *55* (1922): 3639–3648; Über den Mechanismus der Oxydationsvorgänge, in: Erg. Physiol. *20* (1922): 477–518; On the Mechanism of Oxidation, New Haven/Connect. 1932. – B: DSB (D. P. JONES); DANE & FRANKE & KLAGES & SCHÖPF 1942.   Ja

Wiener, Norbert (1894–1964); aus Columbia (Missouri, USA); stud. Math. u. Naturwiss. Harvard Univ. Cambridge/GB u. Göttingen (Dr. phil. 1913); ab 1915 wieder in d. USA; ab 1919 am Math. Dep. d. *Massachusetts Inst. of Technology*, 1924 Ass. Prof., 1929 Assoc. Prof., 1932 o. Prof. für Math.; starb in Stockholm. Untersuchte die Phänomene der Selbststeuerung u. Rückkopplung u. verband d. technolog. Aspekte mit den entspr. Prozessen in Organismen unter d. Begriff „Kybernetik". – Lit.: Cybernetics, or control and communication in the animal and the machine, Paris-Cambridge/Mass. 1948 (dt. u. d. T.: Kybernetik, Regelung und Nachrichtenübertragung im Lebewesen und in der Maschine, Düsseldorf ²1963). – B: DSB (F. FRAMBERGER); FFE (H. J. ILGAUDS); Autobiogr. 1965.   Ja

Wiesel, Torsten Nils (geb. 1924); aus Uppsala; stud. *Karolinska Inst.* Schweden (Dr. med. 1954); 1954 Instr. für Physiol. im Med.-Chir. Inst. u. Ass. Abt. für Kinder-Psychiatrie am Hosp. d. *Karolinska Inst.*; 1955 Ass. Prof. für Augenphysiol. Johns Hopkins Univ., 1959 Assoc. für Neurophysiol. u. Pharmakol. Harvard Univ., Med. School Boston (USA), 1960 Ass. Prof.; 1964 Ass. Prof. für Neurophysiol. im Dep. für Psychiatrie, 1967 Prof. für Physiol., 1968–1974 Prof. für Neurobiol., 1973–1984 Ltr. d. Dep., gleichzeitig 1974–1984 *Robert Winthrop* Prof.; seit 1984 Prof. u. Dir. neurobiol. Labor. Rockefeller Univ. New York. Nobelpr. 1981. – B: AMWS 1989–90; WWNP.   Sch

Wiesner, Julius von (1838–1916); aus Tschechen bei Brünn (Brno, Mähren); stud. Naturwiss., bes. Bot., Univ. Wien (bei E. FENZL u. UNGER) u. Jena (bei M. J. SCHLEIDEN, Dr. phil. 1860); 1861 Pd. für Physiolog. Bot., 1868 ao. Prof. am Polytechn. Inst. Wien; 1870 o. Prof. für Pflanzenphysiol. Forstanstalt Mariabrunn; 1873–1909 o. Prof. für Anat. u. Physiol. d. Pflanzen Univ., gleichz. bis 1880 Lehramt am Polytechnikum in Wien, wo er starb. Widmete sich bes. Untersuchungen über Heliotropismus (1875–1880), über d. Physiol. des Wachstums, der Reizbewegungen u. des Wasserhaushaltes sowie verbesserte u. a. d. Meßmethoden u. das von SACHS eingeführte selbstregistrierende Auxanometer. – Lit.: Die Rohstoffe des Pflanzenreichs, Wien 1873; Elemente der wissenschaftlichen Botanik, 3 Bde., Wien 1889; Die Elementarstruktur und das Wachstum der lebenden Substanz, Wien 1892; Untersuchungen über den Einfluß der Lage auf die Gestalt der Pflanzenorgane, Wien 1892;

Pflanzenphysiologische Mittheilungen aus Buiten-zorg IV.: vergleichende physiologische Studien über die Keimung europäischer und tropischer Arten von *Viscum* und *Loranthus*, in: Sb. AdW Wien, Math.-nat. Kl., Abt. I, *103* (1894): 401–437; Der Lichtgenuß der Pflanzen, Leipzig 1907. – B: DSB (R. BIEBL); LexNW; MOLISCH 1916 (W).   Ja

Wigand, Julius Wilhelm Albert (1821–1886); aus Treysa (Hessen); ab 1840 stud. Math., Naturwiss. u. Dt. Philologie Univ. Marburg (1844 Prüf. für d. höhere Lehramt), 1845 Bot. Univ. Berlin u. bei SCHLEIDEN in Jena in dessen pflanzenphysiolog. Labor, 1846 Univ. Marburg (Dr. phil.); 1846 Pd., 1851 ao. Prof., 1861 o. Prof. für Bot. u. Dir. d. Bot. Gartens u. Pharmakognost. Inst. Univ. (Nachf. von WENDEROTH) in Marburg, wo er starb. Entschiedener Anti-Darwinist. – Lit.: Intercellularsubstanz und Cuticula, Braunschweig 1850; Lehrbuch der Pharmakognosie, Berlin 1863; Die Genealogie der Urzellen als Lösung des Descendenz-Problems oder die Entstehung der Arten ohne natürliche Zuchtwahl, Braunschweig 1872; Der Darwinismus und die Naturforschung Newtons und Cuviers: Beiträge zur Methodik der Naturforschung und zur Speciesfrage, 3 Bde., Braunschweig 1874–1877; Entstehung und Fermentwirkung der Bakterien, Marburg 1884. – B: TSCHIRCH 1887; LEHMANN 1973.   Ja

Wigglesworth, Vincent Brian, Sir (1899–1994); aus Kirkham (Lancashire, Engl.); stud. Physiol. u. Biochemie Univ. Cambridge/GB (MA), 1922–1924 Fo.- Stud. Caius Coll. (bei Gowland HOPKINS), dann St. Thoma's Hosp. London (MD, BCh); 1926–1945 Lect. für Med. Entomol. London Sch. of Hygiene and Tropical Med. u. 1936–1944 Reader für Entomol.; 1943 Gründer u. bis 1967 Dir. der Agric. Res. Council Unit of Insect Physiol. zuerst in London, dann ab 1945 im Dep. für Zool. Caius Coll. Cambridge, auch Ltr. der dortigen entomol. Abt.; zugl. 1945–1952 Reader für Entomol., 1952–1967 (em.) *Quick*-Prof. für Biol. am Caius Coll. Univ. Cambridge (Engl.); starb in Long Melford Nursing nahe bei Lavenham (Suffolk, Engl.). 1955–1974 Hrsg. des *J. of experim. Biology.* – Lit.: s. Lit. zu Kap. 15; über 260 Publikationen im *J. exp. Biol.* von 1923–1991. – B: McGraw-Hill I; IWW 1990–91; LOCKE 1994.   Sch

Wilbrand, Franz Josef Julius (1811–1894); aus Gießen; stud. Med. Univ. Gießen (Dr. med. 1833); danach Ass.Arzt am Akad.-Chirurg. Hosp. in Giessen, dann Pd., Prosektor, 1840 ao. Prof., 1843 o. Prof. für Gerichtl. Med. u. Hygiene Univ. in Gießen, wo er starb. – Lit.: Anatomie und Physiologie der Centralgebilde des Nervensystems, Giessen 1840; Ueber den Zusammenhang der Natur mit dem Uebersinnlichen, Mainz 1843. – B: KREUTER (W).   Ja

Wilbrand, Johann Bernhard (1779–1846); aus Clarholz (Westfalen); stud. Theol. u. Philos., ab 1801 stud. Med. u. Zool. Univ. Münster (bei Bernhard BODDE), 1803 Würzburg (bei DÖLLINGER, Dr. med. 1806); nach einjähr. Klinikpraxis in Bamberg Stud.reise nach Paris zu G. CUVIER u. LAMARCK; 1807 Pd. Univ. Münster; 1808 Tit. Prof., 1809 o. Prof. für Vergl. Anat., Physiol. u.

Naturgesch. Univ., 1817 auch Dir. Bot. u. Zool. Garten in Gießen, wo er starb. – Lit.: Über das Verhalten der Luft zur Organisation: eine nähere Darstellung der eigentlichen Bedeutung des Respirationsprozesses, Münster 1807; Physiologie des Menschen, Leipzig 1815 (^{2}1840); Erläuterung der Lehre vom Kreislaufe in den mit Blut versehenen Thieren …, Frankfurt a. M. 1826; Was ist Physiologie und wie ist diese Wissenschaft zu behandeln?, Frankfurt a. M. 1827; Allgemeine Physiologie insbesondere vergleichende Physiologie der Thiere, Heidelberg 1833. – B: DSB (G. B. RISSE); LexNW; ROTHSCHUH 1968: 387; Autobiogr. 1831.   Ja

Wilkins, Maurice Hugh Frederick, Sir (geb. 1916); aus Pongaroa (Neu Seeland); stud. St. John's Coll. Cambridge (Engl.); dann Res. am Dep. für Physik Univ. Birmingham; 1938 im Min. of Home Security and Aircraft Prod.; 1944 Mitarb. am *Manhattan Project* Univ. of Calif. Berkeley (USA); 1945 Doz. für Physik St. Andrews Univ.; 1946 in d. Biophysikal. Abt. d. M.R.C. am King's Coll. London (Engl.), hier 1955–1970 Stellv. Dir., 1970–1972 Dir., 1972 Dir. d. Abt. Neurobiol. (1974–1980 Zell-Biophysik); zugl. 1970–1982 Prof. für Biophysik u. Ltr. d. Dep. am King's Coll. (seit 1981 Em. Prof.). Nobelpr. 1962. – Lit.: s. Lit. zu Kap. 22. – B: IWW 1995–96; LexNW.   Sch

Willdenow, Carl Ludwig (1765–1812); aus Berlin; nach Apothekerlehre in Langensalza 1785 stud. Med. Univ. Halle/Saale (Dr. med. 1789); dann als Apotheker in Berlin, wo er botanisch arbeitete; 1798 Prof. für Naturgesch. am *Coll. medico-chirurgicum*, 1801 Mitgl. („Botanist") d. AdW u. öffentl. Lehrer für Bot. sowie Dir. d. Bot. Gartens, 1810 Prof. für Bot. an d. neugegr. Univ. in Berlin; 1811 nach Paris zur Bearb. d. Pflanzenslg. von A. VON HUMBOLDT aus Südamerika; starb kurz danach in Berlin. – Lit.: Grundriß der Kräuterkunde, Berlin 1792; (Hrsg.) Species plantarum von C. von Linné, Berlin 1797–1810. – B: VON SCHLECHTENDAL 1814; JAHN 1966.   Ja

Willis, Thomas (1621–1675); aus Great Bedwyn (Wiltshire, Engl.), stud. Med. Univ. Oxford; dann prakt. Arzt, kämpfte während d. Revolution (1642–1645) in d. königl. Truppen; 1660 Prof. für Med. in Oxford; dann prakt. Arzt in London, wo er zu den ersten Mitgl. u. vermutl. Gründern d. *Roy. Soc.* (1662) gehörte; starb in London. Widmete sich d. Gehirn- u. Nervenanat. sowie vergl.-anat. Stud. versch. Wirbeltiere; folgte d. mechanist. Theorien von DESCARTES u. war Anti-Aristoteliker; prägte Bezeichnung „Neurologie" für d. Lehre von d. Nerven. – Lit.: Cerebri anatome, London 1664; De motu musculari, London 1670; De anima brutorum, London 1672. – B: DSB (R. G. FRANK jr.); ISLER 1965, 1968.   Ja

Willkomm, Heinrich Moritz (1821–1895); aus Herwigsdorf bei Zittau (Sachsen); 1841 stud. Med. u. Naturwiss. Univ. u. Ass. bei O. KUNZE im Bot. Garten Leipzig; 1844–1846 u. 1850 Reisen auf die iberische Halbinsel als besoldeter Kräutersammler; 1846 Forts. des Stud. Univ. Leipzig (Dr. phil. 1850), 1852–1854 Pd. für Bot., 1854/1855 ao. Prof. u. Kustos des Herbariums

Univ. Leipzig; 1855 Prof. für Organ. Naturgeschichte an d. Forstakad. in Tharandt (Sachsen); 1868 o. Prof. für Bot. u. Dir. des Bot. Gartens Univ. Dorpat (Tartu, Estland), errichtete hier ein bot. Mus.; 1872 dritte bot. Reise nach Spanien (auf die Balearen); 1874–1893 Prof. Univ. Prag; starb auf Schloß Wartenberg (Böhmen). Sein Hauptwerk *Prodromus florae hispanicae* ist führend in d. Botanik-Gesch. d. Iberischen Halbinsel u. war bedeutend für d. Entw. einer *Flora Spaniens* im 19. Jh. – Lit.: (mit J. LANGE) Prodromus Florae Hispanicae …, 3 vols., Stuttgartiae 1861–1879; Der Botanische Garten der Kaiserlichen Universität, Dorpat 1873; Forstliche Flora von Deutschland und Oesterreich, Leipzig u. Heidelberg 1875; Ilustrationes Florae Hispaniae insularumque Balearium, 2 vls., Stuttgart 1880–1892; Supplementum Prodromi Florae Hispanicae …, Stuttgart 1893. – B: ADB (E. WUNSCHMANN); BRL; DiccGalicia (X. A. FRAGA VÁZQUEZ). Fra/Sch

Willstätter, Richard (1872–1942); aus Karlsruhe; 1890 stud. Univ. München (bei A. VON BAEYER, Dr. phil. 1894 bei A. EINHORN); 1896 Pd., 1902 ao. Prof. für Chemie Univ. München (bei A. VON BAEYER); 1905 Prof. für Chemie Eidgenöss. Polytechnikum (später ETH) Zürich; 1912 Dir. KWI für Chemie Berlin-Dahlem u. Hon. Prof. Univ. Berlin, wo er biochem. Fo. entwickelte; 1916 o. Prof. Univ. München, 1924 Rücktritt aus Protest gegen antisemit. Haltung d. Lehrkörpers; 1939 Emigr., starb in Muralto bei Locarno. Widmete sich d. Untersuchung pflanzl. Alkaloide, bes. der Atropine u. Cocaine, die er synthetisierte, weiterhin der Chinone sowie der pflanzl. (Chlorophyll-Fo.) u. tierischen Farbstoffe u. der Enzyme; Nobelpr. 1915. – Lit.: (mit A. STOLL) Untersuchungen über Chlorophyll: Methoden und Ergebnisse, Berlin 1913; Über Isolierung von Enzymen, in: Ber. Dt. chem. Ges. *55* (1922): 3601–3623; Über Sauerstoffübertragung in der lebenden Zelle, in: ebda *59* (1926): 1871–1876; Probleme und Methoden der Enzymforschung, Berlin 1926 (engl. 1927); Untersuchungen über Enzyme, 2 Bde., Berlin 1928. – B: DSB (J. S. FRUTON); LexNW; Autobiogr. 1949. Ja/Sch

Willughby, Francis (1635–1672); aus Essex (Engl.); stud. in Cambridge (Engl.), ab 1653 Klass. Sprachen bei John RAY, mit dem er auch Naturstud. trieb; nach

E. B. Wilson

P. W. Wilson

dessen Austritt aus d. Trinity Coll. gemeinsame Fo.reisen, 1662 Westküste von Engl., 1663 durch Holland, dann d. Rhein aufwärts durch d. Schweiz, Süddtl., Österr. nach Venedig u. Padua, 1664 über Bologna u. Livorno nach Neapel; von hier aus andere Reiseroute als RAY: über Rom nach Rousillon u. durch Span. nach Engl.; nach Rückkehr Ende 1664 Auswertung d. Reiseergebnisse, bes. über Fische u. Vögel, während der er durch Krankheit starb. RAY konnte mit Hilfe seines Erbteils d. gemeins. Werk vollenden. – Lit.: Ornithologiae libri tres, London 1676; (hrsg. von J. RAY) De historia piscium, London 1686 (Nachdr. New York 1978). – B: DSB (M. A. WELCH). Ja

Wilson, Edmund Beecher (1856–1939); aus Geneva (Illinois, USA); 1873 stud. Zool., Bot., Geogr. u. Chemie *Antioch. Coll.* Ohio, 1874–1875 Alte Univ. Chicago, 1875 *Sheffield sci. Sch.* Yale Univ. (PhB 1878), 1878 *Johns Hopkins* Univ., bes. Physiol. u. Morphol. der Tiere (PhD 1881); 1882 Stud.aufenth. bei T. H. HUXLEY Univ. Cambridge/GB, dann bei R. LEUCKART u. C. LUDWIG Univ. Leipzig, 1882–1883 bei A. DOHRN Zool. Sta. Neapel (zus. mit C. MEYER u. Arnold LANG); nach Rückkehr in d. USA 1883–1884 Lect. *William Vater Coll.*, 1885–1891 Ltr. Dep. für Zool. *Bryn Mawr Coll.*, 1891 Adj. Prof., ab 1897 Prof. u. „chairman" Dep. für Zool. Columbia Univ. in New York, wo er starb. Widmete sich spez. entw.physiolog. Untersuchungen über wirbellose Tiere (Mollusken, Nemertinen, Insekten); arbeitete zytolog., auch schon zytogenet., entdeckte die Geschlechtschromosomen bei Insekten. – Lit.: An atlas of the fertilization and karyokinesis of the ovum, New York 1895; The cell in development and inheritance, New York 1896 ([2]1900 u. d. T.: The cell in development and heredity; [3]1925); Mendel's principles of heredity and the maturation of the germ-cells, in: Science *16* (1902): 416; The physical basis of life, New Haven 1928; s. a. Lit. zu Kap. 14. – B: DSB (G. E. ALLEN); LexNW. – P. Ja/Sch

Wilson, Perry William (1902–1981); aus Bonanze (Arkansas, USA); 1920–1926 Ass. im Chemie-Dep. d. Commercial Solvents Co. in Terre Haute (Indiana), 1922–1923 u. 1924–1925 stud. Techn. Chemie Rose Polytechn. Inst. Terre Haute, 1926–1929 stud. Bakteriol. (bei W. H. WRIGHT) u. Biochemie (bei W. H. PETERSON) Univ. of Wisconsin Madison (BS 1928, MS 1929, PhD 1932); 1929 Stipendiat, 1932 Instr., 1934 Ass. Prof., 1938 Assoc. Prof., 1943–1972 Prof. für Landw. Bakteriol. Univ. of Wisconsin Madison; 1936–1937 Fo.aufenth. bei M. STEPHENSON Univ. Cambridge (Engl.) u. A. I. VIRTANEN Univ. Helsinki. – Lit.: (mit W. W. UMBREIT) Mechanism of symbiotic nitrogen fixation III.: Hydrogen as a specific inhibitor, in: Arch. Mikrobiol. *8* (1937): 440–457; The biochemistry of symbiotic nitrogen fixation, Madison 1940. – B: CBY 1989 (W); Autobiogr. 1972. – P. Höx

Windaus, Adolf Otto Reinhold (1876–1959); aus Berlin; 1895 stud. Med. u. Chemie Univ. Berlin (u. a. bei Emil FISCHER), 1897 Univ. Freiburg i. Br. (Dr. phil. 1899 bei KILIANI); nach Militärdienst in Berlin (1900) 1901 im Med.-chem. Labor. bei KILIANI, 1903 Pd.,

1906 ao. Prof. für Chemie Univ. Freiburg i. Br.; 1913 o. Prof. für Med. Chemie Univ. Innsbruck; 1915–1944 o. Prof. für Chemie (Nachf. von. Otto Wallach) u. Dir. d. Allg. Chem. Univ.labor. Univ. in Göttingen, wo er starb. Begr. d. mod. Vitaminfo. (Vitamin D); Nobelpr. 1928. – Lit.: (mit A. Hess) Sterine und antirachitisches Vitamin, in: Nachr. AdW Göttingen für 1926, Math.-physikal. Kl., (1927): 175–184. – B: DSB (H. W. Leicester); LexNW; Butenandt 1960. Ja/Sch

Winkler, Hans Karl Albert (1877–1945); aus Oschatz; ab 1895 stud. Univ. Kiel, 1895–1898 Univ. Leipzig (Dr. phil.); 1901 Pd. für Bot. Univ. Tübingen; 1903–1904 Stud.reise nach Ceylon, Java, Neu-Guinea, Neu-Seeland, Samoa u. Nordamerika; 1905 ao. Prof. für Bot. Univ. Tübingen; ab 1912 Dir. Bot. Staats-Inst. Hamburg, später o. Prof. für Bot. an d. neugegr. Univ. Hamburg sowie Dir. Bot. Garten u. Inst. für Allg. Bot.; dazw. 1924–1925 Reise nach Borneo; starb in Dresden. Arb. über Pflanzenzucht u. -vererbung, trug durch Experimente über Pfropfbastarde zur Klärung d. „vegetativen Hybridisierung" bei. – Lit.: Die Methoden der Pfropfung bei Pflanzen, in: Handbuch der biologischen Arbeitsmethoden, hrsg. von E. Abderhalden, Abt. XI, T. 2, Berlin, Wien 1924: 765–800; Über die Rolle von Kern und Plasma bei der Vererbung, in: Z. indukt. A. + Vl. *33* (1924): 238–253. – B: Degener 1935; Kürschner; LexNW; Brabec 1955. Sch

Winogradsky, S. N. s. Vinogradskij, S. N.

Winslow, Jacob (1669–1760); aus Odense (Insel Fünen, Dänemark); zunächst stud. Theol., dann Med. Univ. Kopenhagen, 1691–1696 stud. Med. u. Bot. im *Boerch Coll.* u. Prosektor bei C. Bartholin in d. Anatomie Univ. Kopenhagen; 1697 Stud.reise nach Holland u. Frankr., 1698–1701 bei d. Anatomen Bossuet in Paris (Dr. med. 1705); 1707 Mitgl. AdW u. ab 1728 Prof. für Anat. *Fac. de Méd.*, 1743–1750 Prof. für Anat. am *Jardin du Roi* u. Aufbau eines Anatom. Theaters (1745 eröffnet) in Paris, wo er starb. Widmete sich d. Untersuchung u. Deutung von Mißbildungen u. kam dabei in Kontroverse zu Lemery. – Lit.: Zahlr. Abh. in: Mém. Acad. Roy. Sci. 1724–1743. – B: DSB (E. Snorrason); LexNW; Autobiogr. 1912. Ja

Winterstein, Hans (1879–1963); aus Prag; 1897–1903 stud. Med. Univ. Prag (Dr. med. 1903), dazw. 1899 Univ. Jena (bei Verworn) u. 1900 Göttingen; 1903 Volontär-Ass. bei Verworn Physiol. Inst. Univ. Göttingen, 1905 Kiel u. anschl. bei O. Langendorff Univ. Rostock, hier 1906 Pd. für Physiol.; 1904/1905 u. 1908/1909 Stud.aufenth. Zool. Sta. Neapel; 1910 Tit. Prof. u. stellv. Dir., 1911–1927 o. Prof. u. Dir. Physiol. Inst. Univ. Rostock; 1927–1933 o. Prof. Univ. Breslau; 1933 Gastprof., seit 1934–1953 (em.) Prof. für Physiol. u. Dir. Physiol. Inst. Univ. Istanbul (Türkei); 1955 *Dunham*-Lect. Harvard Med. Sch.; starb in München. – B: Autobiogr. 1962; H. H. Weber & Loeschke 1964 (W); ALH MM 3462. Sch

Witt, Horst Tobias (geb. 1922); aus Bremen; stud. Physik Univ. Göttingen (bei R. W. Pohl, Dr. rer. nat.

1950); 1952 Fo.stipendiat bei K. F. Bonhoeffer am MPI für Physikal. Chemie Göttingen; 1955 Ass. bei H. Kuhn, 1958 Pd. für Physikal. Chemie Univ. Marburg; 1962 o. Prof. u. Ltr. Inst. für Physikal. Chemie TU Berlin (West). – Lit.: Coupling of quanta, electrons, fields, ions and phosphorylation in the functional membrane of photosynthesis: results by pulse spectroscopic methods, in: Quart. Rev. Biophys. *4* (1971): 365–477. – B: Autobiogr. 1991; WerD 1996/97. Höx

Wittmann, Heinz-Günther (1927–1990); aus Stürlack (Ostpreußen); nach Rückkehr aus Kriegsgefangenschaft Abitur u. Landw.lehre; anschl. stud. Landw. an d. Landw. HS Stuttgart-Hohenheim [ab 1951 TH Stuttgart] (Dipl. 1951), dann stud. Biol. u. Chemie Univ. Tübingen (Dr. in Genetik 1956); 1956–1957 Fo.stipendiat Univ. Berkeley (Calif., USA), ab 1957 am MPI für Biol. Tübingen (bei Melchers); 1962 Pd. für Genetik Univ. Tübingen; ab 1964 Dir. des neugegr. MPI für Molekulargenetik Berlin-Dahlem; starb in Berlin. Erforschte die Biogenese der Ribosomen, erkannte das Ribosom als Basis der Protein-Biosynthese in d. Zelle u. klärte die strukturelle Architektur u. die funktionelle Topographie der Ribosomen auf. – Lit.: Ansätze zur Entschlüsselung des genetischen Codes, in: Naturwiss. *48* (1961): 729–734; (mit E. Kaltschmidt) Ribosomal protein 12: Number of proteins in small and large ribosomal subunits of *Echerichia coli* as determined by two-dimensional gel-electrophoresis, in: Proc. National Acad. Sci. USA *67* (1970): 1276–1282. – B: Wool 1990; ALH. Ja

Wittwer, Sylvan Harold (geb. 1917); aus Hurricane (Utah, USA); stud. Gartenbau Utah State Agric. Coll. Logan (BS 1939) u. Univ. of Missouri Columbia (PhD 1943); 1940 Ass., 1943 Instr. für Gartenbau Univ. of Missouri Columbia; 1946 Ass. Prof., 1948 Assoc. Prof., 1951–1986 Prof. für Gartenbau Michigan State Univ. East Lansing; zugl. 1965–1983 Dir. Landw. Versuchssta. East Lansing. – Lit.: (mit M. J. Bukovac) Gibberellines: new chemicals for crop production, in: Mich. Agric. Experim. Sta. Bull. *39* (1957): 469–494; (mit M. J. Bukovac) The effect of gibberellin on economic crops, in: Econ. Bot. *12* (1958): 213–255. – B: AMWS 1989–90. Höx

Wöhler, Friedrich (1800–1882); aus Eschersheim bei Frankfurt a. M.; stud. Med. Univ. Marburg u. Heidelberg (Dr. med. 1823), 1823–1824 stud. Chemie Univ. Stockholm (bei J. J. Berzelius); 1825–1831 Lehrer für Chemie, ab 1828 Prof. Gewerbe-Sch. Berlin; 1831 Lehrer Staatl. höhere Gewerbe-Sch. Kassel; 1836 Prof. für Chemie Univ. in Göttingen; zugl. bis 1850 Generalinsp. d. Hannoveraner Apotheken; starb in Göttingen. – Lit.: Über künstliche Bildung des Harnstoffs, in: Ann. d. Physik u. Chemie *12* (1828): 253–256; Grundriss der organischen Chemie, Berlin 1840 (Grundriss der Chemie, Bd. 2; 10. Aufl., hrsg. von R. Fittig, Leipzig 1877). – B: FFE (F. Welsch); Poggendorff II, III, VII a; Autobiogr. 1875; Valentin 1949. Ja

Wolff, Caspar Friedrich (1734–1794); aus Berlin; zunächst stud. am *Coll. medico-chirurgicum* Berlin, ab

1755 stud. Med. Univ. Halle/Saale, wo er Beobachtungen über die Jugendentw. von Pflanzen u. Tieren anstellte (Dr. med. 1759); 1761 Militärarzt im Feldlazarett Breslau (Wrocław); nach Ende des 7jähr. Krieges ab 1763 in Berlin öffentl. Vorlesungen über Anat.; 1766 Berufung an d. Petersburger AdW als Prof. u. Dir. d. Anat. Theaters u. anat. Kabinetts der Kunstkammer sowie des Bot. Gartens in St. Petersburg, wo er starb. Untersuchungen über Individualentwicklung d. Tiere sowie über Mißbildungen, die ihn zu Vererbungsproblemen führten. – Lit.: Theoria generationis, Halle 1759; Theorie von der Generation in zwo Abhandlungen erklärt und bewiesen, Berlin 1764 (Nachdr.: Oswald's Klassiker 84/85, Leipzig 1896); De formatione intestinorum praecipus tum et de amnio spurio …, 3 Tle., in: Novi Commentarii Acad. Imp. Sci. Petrop. *12* (1768): 403–507, u. *15* (1769): 478–530; Von der eigenthümlichen und wesentlichen Kraft der vegetabilischen sowohl als auch der animalischen Substanz, in: Zwo Abhandlungen über die Nutritionskraft (Preisschr. AdW St. Petersburg), St. Petersburg 1789: 1–94. – B: Uschmann 1955; Gaissinovitch 1961; Raikov 1965. – P.   Ja

Wolff, Gustav (1865–1941); aus Karlsruhe; stud. Pädagogik Univ. Karlsruhe (Dr. phil. 1889), danach stud. Med. Univ. Würzburg (bei K. Rieger) u. Halle/Saale (Dr. med. 1896 bei E. Hitzig); 1897 Pd. Univ. Würzburg; 1898 Sekundärarzt an d. Heil- u. Pflegeanstalt *Fried Matt* in Basel (bei Ludwig Wille), 1904 Dir.; zugl. 1899 Pd. für Psychiatrie, 1904 Dir. psychiatr. Univ.-Klinik u. ao. Prof., 1907–1925 (em.) o. Prof. für Psychiatrie, ab 1925 Lehrauftrag für Theoret. Biol. u. Biolog. Psychol. Univ. in Basel, wo er starb. – Lit.: Entwicklungsphysiologische Studien I: Die Regeneration der Urodelenlinse, in: A. Entw.mech. *1* (1895): 380; Der gegenwärtige Stand des Darwinismus, Leipzig 1896; Beiträge zur Kritik der Darwinschen Lehre, Leipzig 1898; Die Begründung der Abstammungslehre, München 1907; Ganzheit und Zweckmäßigkeit, in: Festschrift H. Driesch, Bd. 1, Leipzig 1927: 61–76; Leben und Erkennen, München 1933; Harnstoffsynthese und Vitalismusfrage, in: Nova Acta Leopoldina, N.F., *1* (1933): 288–293; s. a. Lit. zu Kap. 14. – B: Ärzte II; H.-R. Haller 1968.   Ja

Wolff, Max (1879–1963); aus Löbejün (bei Halle/Saale); ab 1899 stud. Med., dann Naturwiss. Univ. Jena u. Leipzig, 1902 Stud.aufenth. Zool. Sta. Rovigno, 1902 Ass. bei E. Haeckel Univ. Jena (Dr. phil. 1903); 1903–1904 Ass. Neurobiol. Labor. von O. Vogt Univ. Berlin; 1905 Volontärass. bei E. Stahl Univ. Jena, wo er über Pflanzenkrankheiten arbeitete; 1905–1906 Ass. Zool. Inst. Univ. Halle/Saale; 1906–1914 Ass. Inst. für Pflanzenkrankheiten d. Akad. für Landw. in Bromberg (Bydgoszcz); 1914–1941 o. Prof. für Zool. Forstakad. Eberswalde, wo er bes. über Pflanzenschädlinge, Forstinsekten u. Schädlingsbekämpfung arbeitete; richtete sich dann Priv.labor. in Naumburg/Saale ein, wo er starb. – Lit.: Das Nervensystem der polyploiden *Hydrozoa* und *Scyphozoa*, in: Z. allg. Physiol. *3* (1904): 191–281. – B: Uschmann 1959: 189 f. – P.   Ja

Woltereck, Richard (1877–1944); aus Hannover; stud. Med., bes. Zool., Univ. München u. Leipzig; ab 1898 Ass. bei K. Chun, 1910 ao. Prof. für Zool. Univ. Leipzig u. 1925 Ltr. Biolog. Labor. in Seeon (Chiemgau); zugl. 1925–1935 Prof. für Zool. Univ Ankara; starb in Seem (Oberbay.). Entw.physiolog. u. vergl.-morpholog. Stud. an Wassertieren, untersuchte Prozesse des Formenwandels bei *Daphnia* u. Beispiele v. „Dauermodifikationen" (vgl. Lit. zu Kap. 18: Jollos 1921); 1908 Begr. d. *Int. Rev. der gesamten Hydrobiol. u. Hydrographie*. – B: Degener 1935.   Ja

Woodward, John (1665–1728); aus Derbyshire (Engl.); stud. Med. Univ. Cambridge/Engl. (Dr. med.); ab 1692 Prof. für Naturlehre Gresham Coll. London, ab 1709 ärztl. Praxis; starb in London. – Lit.: Essay toward a natural history of the earth, London 1695; Brief instructions for making observations in all parts of the world: as also for collecting, preserving and sending over natural things, London 1696; Fossils, in: John Harris' Lexicon chemicum, London 1704; Naturalis historia telluris, London 1714; Fossils of all kinds digested into a method, London 1728; An attempt towards a natural history of the fossils of England, London 1729. – B: DSB (V. A. Eyles).   Ja

Worm, Ole [Olaf, Olaus] (1588–1654); aus Aarhus (Dänemark); stud. Med. Univ. Marburg, Montpellier, Straßburg, Padua u. Basel (Dr. phil. 1611); 1611 Prof. für Philos., 1615 für Griech., 1624 für Med. Univ. in Kopenhagen, wo er starb. Begr. eines priv. Naturalienkabinetts, das 1655 in das seit 1650 bestehende Königl.-dänische Kuriositäten-Kab. (*Mus. Regium*) übernommen wurde. – Lit.: (postum) Museum Wormianum, sei Historie rerum rariorum …, Leiden 1655. – B: DSB (G. Daniel); Schepelern 1990.   Ja

Wotton, Edward (1492–1555); aus Oxford (Engl.); 1506–1514 stud. Philos. Magdalen Coll. Oxford, ab 1516 dort Fell.; 1521 am Corpus Christi Coll. bei John Claymond, der ihm Ital.reise ermöglichte; ca. 1523 stud. Med. Univ. Padua (Dr. med. 1526); danach Lehrer für Griech. am Corpus Christi Coll. Oxford, dann prakt. Arzt in London, wo er starb. Seit 1528 Fell., 1541–1543 Präs. *Roy. Coll. of Physicians*; beschäftigte sich viele Jahre systematisch mit Körperbau u. Lebensweise d. Tiere, die er in Anknüpfung an aristotel.

C. F. Wolff nach 1770   M. Wolff 1942

Prinzipien gliederte u. in Großgruppen zus.faßte. – Lit.: De differentiis animalium libri X, Paris 1552. – B: DSB (A. Wheeler); Bäumer 1991: 32–41, 433.   Ja

Wright, Almroth Edward, Sir (1861–1947); aus Middleton Tyas bei Richmond (Yorkshire, Engl.); stud. Moderne Lit. u. Med. Trinity Coll. Dublin (BA in Mod. Lit. 1882, BM 1883), 1884 Stipendiat für Med. Univ. Leipzig; nach Rückkehr kurze Zeit Doz. für Recht in London, dann Sekr. d. Admiralität, gleichz. med. Fo. am *Brown Inst.* in Wandsworth (Univ. London); 1887 Demonstr. für Pathol. Univ. Cambridge (Engl.); danach Fo.stud. für Patholog. Anat. Univ. Marburg u. für Physiolog. Chemie Univ. Strasbourg (Frankr.); 1889–1891 Demonstr. für Physiol. Univ. Sydney (Austral.); 1892 Prof. für Pathol. *Army Med. Sch.* in Netley; 1902–1946 Prof. für Pathol., später auch Dir. des aus d. Labor. gegr. Patholog. Fo.-Inst. am St. Mary's Hosp. London (Engl.); starb in Farnham Common (Bukkinghamshirc, Engl.). Mit Semple ab 1897 Einführung d. Typhusschutzimpfung mit hitzegetöteten Typhusbakterien, die sich während d. Burenkrieges 1899–1902 bewährte; entdeckte mit Douglas 1903 die Opsonine u. ihre Wirkungsweise, schlug damit eine Brücke zw. d. Vertretern der humoralen u. der zellulären Immunität; 1906 geadelt u. als Sir Colenso Ridgeon in George Bernard Shaw's *Der Arzt am Scheideweg* literarisch verewigt. – Lit.: (mit D. Semple) Remarks on vaccination against typhoid fever, in: Brit. Med. J. *1* (1897): 256–259; (mit S. R. Douglas) An experimental investigation of the role of blood fluids in connection with phagocytosis, in: Proc. Roy. Soc. London, Biol., *72* (1903): 357–370; A short treatise on anti-typhoid inoculation, London 1904; Studies in immunization, London 1909 (2. Ser. 1944); s. a. Lit. zu Kap. 21. – B: DSB (F. Parker); Colebrook 1954.   Kö/Sch

Wright, Sewall (1889–1988); aus Melrose (Mass., USA); stud. Naturwiss., bes. Zool., Univ. Illinois (MS 1912) u. Harvard Univ. (bei Castle, DSc 1915); ab 1915–1960 Arb. über Populationsgenetik u. Züchtungsfragen bei Tieren im USDA; zugl. 1926–1954 Prof. für Zool. Univ. of Chicago; 1955–1960 Prof. für Genetik Univ. in Madison (Wisconsin), wo er starb. Entw. d. Theorie über geeignetste Kombinationen von Inzucht, Kreuzbefruchtung u. Selektion; untersuchte spez. die Prozesse d. Vererbung von Farbmerkmalen. – Lit.: An intensive study of the inheritance of color and other coat characters in guinea-pigs, with especial reference to graded variations, Washington 1916 (Carnegie Inst. of Washington Publ., 241); On the nature of size factors, in: Genetics *3* (1917): 367–374; Color inheritance in mammals, 11 parts, in: J. Hered. *8* (1917): 224–235, 521–527 u. *9* (1918): 231–232; Correlation and causatian, in: J. Agric. Res. *20* (1921a): 557–585; Systems of mating, in: Genetics *6* (1921b): 111–178; The effects of inbreeding and crossbreeding on guineapigs, in: Bull. USDA No. 1090 u. 1121 (1922); The genetical theory of natural selection – a review, in: J. Hered. *21* (1930): 349–356; Evolution in Mendelian populations, in: Genetics *16* (1931): 27–159; The roles of mutation, inbreeding, crossbreeding, and selection in evolution, in: Proc. VI. Int. Congr. Gen. *1* (1932): 356–366. – B: LexNW; Provine 1986.   Sch

Wundt, Wilhelm (1832–1920); aus Neckarau bei Mannheim; 1851 stud. Med. Univ. Tübingen, 1852 Heidelberg, hier Ass. an Städt. Klinik (med. Staatsexamen u. Dr. med. 1856); 1856 Stud.aufenth. bei Joh. Müller Univ. Berlin; 1857 Pd. für Psychol. Univ. Heidelberg; danach Ass. bei du Bois-Reymond Univ. Berlin; 1862–1863 Ass. bei H. von Helmholtz, 1863 Doz. für Psychol., 1864 ao. Prof., 1871 Nachf. von von Helmholtz Univ. Heidelberg; 1874 ao. Prof. für Induktive Philos. u. Psychol. Univ. Zürich; 1875–1917 o. Prof. für Philos. u. Experim. Psychol. Univ. Leipzig; starb in Großbothen bei Leipzig. Begr. eines Privatinst. für experim. Psychol., das 1883 als Univ.-Inst. übernommen wurde – erstes psycholog. Inst. d. Welt, nach dessen Vorbild seine Schüler weitere Inst. in Dtl. u. USA errichteten; stellte d. Psychol. auf eine naturwiss. Basis u. wandte math.-quantitative Methoden d. Auswertung an; Begr. d. ersten Z. für experim. Psychol. *Philosophische Studien.* – Lit.: Vorlesungen über die Menschen- und Tierseele, Heidelberg 1862–1863; Philosophische Studien, Bd. 1, Leipzig 1883; Ethik, Leipzig 1886; Zur Psychologie und Ethik, Leipzig 1911; Vorlesungen über die Menschen- und Tierseele, Hamburg–Leipzig 1911. – B: DSB (S. Diamond); Autobiogr. 1920; Florey 1993.   Ja/Sch

Wydler, Heinrich (1800–1883); aus Zürich; 1818 stud. Med. Univ. Zürich u. Göttingen; besuchte auch Forst-Sch. in Unterseen; Lehrer für Naturgesch. in Lenzburg; 1828–1830 Adj. im Bot. Garten St. Petersburg; 1830–1834 Konservator d. Slgn. von de Candolle in Genf; 1835–1853 Prof. für Bot. Akad. in Bern, dazw. 1840–1842 in Straßburg; starb in Gernsbach (bei Rastatt, Baden). Bei seinen Arb. als Systematiker u. Pflanzenmorphologe entdeckte er an Leguminosenwurzeln die „Wurzelknöllchen" als allg. Charakteristikum, ohne jedoch schon ihre Funktion zu erkennen. – B: Möbius 1937; BRL; Autobiogr. 1884.   Hek/Sch

Xenophanes von Kolophon (um 570–480 v. Chr.); aus Kolophon, von wo er um 555 v. Chr. verbannt wurde; dann in Ionien, schloß sich 540 d. Zug d. Phokäer nach Elea (Unterital.) an; von dort aus vermutl. als Rhapsode durch d. Städte d. Magna Graecia; starb nach 480 v. Chr. Griech. Philosoph u. Dichter, Begr. d. eleatischen philosoph. Sch. – Lit.: überlief. Zeugnisse u. Fragm. s. bei Diels-Kranz, Die Fragmente der Vorsokratiker, Bd. 1, 9. Aufl., Berlin 1960: 113 ff. – B: Pauly; LAW.   Ha/Sch

Xenophon (zw. 430/425- nach 355 v. Chr.); aus Athen; Historiker u. Philosoph, Schüler des Sokrates; auch Verf. von Schr. von biol.hist. Interesse. – Lit.: Textausg.: *De re equestri*: K. Widdra, Leipzig 1964; *Oeconomicus*: E. C. Marchant, Bd. II, Oxford 1900; *Cynegeticus, Hipparchicus*: ebda, Bd. V, Oxford 1910; Übers.: A. Zeising [et al.], Stuttgart 1855–1871; K. Widdra, Berlin 1965 (*Über die Reitkunst*). – B: Pauly; LAW; Bodenheimer 1952.   Ha/Sch

Yabuta, Teijiro (1888–1977); aus Shiga (Japan); bis 1911 stud. Agrochemie Univ. Tokio (Dr.agr. 1921); dann Techniker am Agric. Res. Inst. u. Lect. Univ. Tokio, 1921 Prof.; u. a. Patent für Methode zur Herstellung des Vitamin B. – Lit.: Biochemistry of the bakanae fungus of rice, in: Agric. Horticult. *10* (1935): 17–22; (mit Y. Sumiki) Communication to the editor, in: J. Agric. Chem. Soc. Japan *14* (1938): 1526. – B: WWWSc; Nekr. 1977. Sch

Yerkes, Robert Mearns (1876–1956); aus Breadysville (Pennsylvania, USA); 1897 stud. Med. Harvard Univ. (AB 1898, AM 1899, PhD für Psychol. 1902), hier bereits 1901 Instr. für Psychol.; dann Ass. bei E. L. Thorndike in Woods Hole; 1908 Ass. Prof., 1913–1917 als Psychologe bei E. E. Southard am Boston Psychopathic Hosp. Harvard Univ.; dazw. 1915 bei G. V. Hamilton auf d. Primaten-Sta. in Santa Barbara (Calif.); 1917 Prof. für Psychol. u. Dir. Psycholog. Labor. Univ. of Minnesota in Minneapolis; 1919 „Chairman" Res. Information Service N.R.C.; 1924 Prof. für Psychol. u. Ltr. neugegr. Psycholog. Inst., 1929–1944 (em.) Prof. für Psychobiol. Yale Univ., 1929–1941 Begr. u. Dir. einer experim. Primaten-Sta. bei Orange Park/Florida (heute *Yerkes Laboratories of Primate Biology*); starb in New Haven. 1911 Begr. d. *J. of Animal Behavior*. – Lit.: An Institute for the psychological study of anthropoid apes, in: Med. Record. Nov. *23* (1912): 943; The study of human behavior, in: Science, N.S., *39* (1914): 625–633; The mental life of monkeys and apes: a study of ideational behavior, in: Behav. Monographs *3* (1914): 1–145; Yale Laboratory of comparative psychology, in: Comparative Psychol. Monographs *8* (1931): 1–33; Chimpanzes – a laboratory colony, 4th ed., New Haven 1948. – B: DSB (J. C. Burnham); Autobiogr. 1932; Hilgard 1965 (W). Sch

Yersin, John Émile Alexandre (1863–1943); aus Lavaux bei Aubonne (nahe Lausanne, Kt. Waadt, Schweiz; andere Geb.ortangaben: Lausanne, Rougement); stud. Med. Akad. in Lausanne, dann Univ. Marburg u. *Fac. de Méd.* in Paris (Dr. ès sci. 1888); danach kurze Zeit Ass. bei É. Roux u. Pathologe am *Hôtel-Dieu* in Paris, anschl. bei Robert Koch in Berlin; dann Rückkehr nach Paris u. Ass. bei Émile Roux am *Pasteur*-Inst., mit dem er nachwies, daß d. Diphtherie durch ein Toxin hervorgerufen wird u. sich die Immunität gegen dieses richtet; 1889 als Schiffsarzt nach Saigon u. Manila; 1894 Beamter des kolonialen Gesundheitsdienstes, arbeitete in Labor. in Hong Kong, gründete 1895 Zweigstelle d. Saigoner *Pasteur*-Inst. in Nha Trang, später auch Med. Sch. in Hanoi, deren Dir. er zeitw. war; dazw. 1904 am *Pasteur*-Inst. zur Forts. der Untersuchungen zus. mit Albert Calmette u. Amédée Borrel zur Entw. eines Impfserums gegen die Pest; seit 1919 Generalinsp. d. indochinesischen Niederlassungen des *Pasteur*-Inst.; starb in Nha Trang (Annam, Vietnam). Nach Ausbruch einer Pestepidemie in China wurde Yersin nach Hong Kong entsandt u. traf 3 Tage später als Kitasato mit seiner Exped. ein; Entdecker des Pesterregers, *Yersinia pestis*, ist Yersin, Kitasato hat den Erreger möglicherweise gesehen aber nicht angezüchtet; Yersin konnte auch nachweisen, daß die Ratte das Infektionsreservoir ist. – Lit.: (mit É. Roux) Contribution à l'étude de la diphtherie, in: Ann. Inst. Pasteur. *2* (1888): 245–266, 629–661 u. *3* (1888): 273–288; Sur la peste bubonique

à Hong Kong, in: C. R. Acad. Sci. *119* (1894): 356, dsgl. in: Ann. Inst. Pasteur *8* (1894): 662–667; (mit A. Calmette & A. Borrel) La Peste bubonique, in: Ann. Inst. Pasteur *9* (1895): 589–592. – B: DSB (P. E. Pilet). Kö

Young, Thomas (1773–1829); aus Milverton (Somerset, Engl.); 1792–1799 stud. Med. Univ. London, 1794–1795 Edinburgh (Schottl.) u. Göttingen (Dr. med. 1795); 1797–1803 stud. Med. Emmanuel Coll. Cambridge/Engl. (BM 1803, MD 1808); 1800 prakt. Arzt in London; gleichz. 1801–1803 Prof. für Naturphilos. an d. *Roy. Inst.*, 1808 *Croonian*-Lect.; 1809/1810 Lect. in Physiol., Chemie, Nosologie u. Allg.-Med. am Middlesex Hosp.; 1811 Arzt am St. George's Hosp.; 1822–1823 *Croonian*-Lect. *Roy. Coll. of Physicians*; 1824 Planungs-Insp. u. Arzt am *Palladium Insurance Co.*; 1804 bis zu seinem Tod Auslandssekr. d. *Roy. Soc.*; starb in London. – Lit.: On the theory of light and colours, in: Phil. Trans. Roy. Soc. London, *92* (1802): 20–71; s. a. Lit. zu Kap. 15. – B: Ärzte I; Poggendorff II; DSB (E. W. Morse). Sch

Yule, George Udny (1871–1951); aus Morham bei Haddington (Engl.); 1887–1890 stud. Math. Univ. Coll. London mit ursprüngl. Berufsziel Ing., dann 1892 stud. Physik Univ. Bonn; 1893 Demonstr. bei Pearson Univ. Coll. London; 1896 Ass. Prof. für Angew. Math., Ass. bei Ph. Magnus u. statist. Arb., 1902–1909 Lect. für Statistik Univ. Coll. London; 1912 Doz. für Statistik Landw.-Sch. in Cambridge/GB; 1913 Mitarb. St. John's Coll., 1923–1935 Dir. Dep. für Naturwiss. dieses Coll.; 1924–1926 auch Präs. *Roy. Statist. Soc.*; starb in Cambridge. – Lit.: Mendel's laws and their probable relations to intra-racial heredity, in: New Phytologist *1* (1902): 193–207, 222–238; On the theory of inheritance of quantitative compound characters on the basis of Mendel's laws – a preliminary note, in: Report 3d Int. Conf. on Genetics, London 1907: 140–142. – B: DSB (J. D. North). Ja

Zamecnik, Paul Charles (geb. 1912); aus Cleveland (Ohio, USA); stud. Med. Dartmouth Coll. (AB 1933) u. Urvard Univ. (MD 1936); 1936–1937 Ass.arzt am *C. P. Huntington Mem. Hosp.* Boston; 1938–1939 Internist Univ.-Kliniken in Cleveland; 1939–1940 als Stipendiat d. Harvard Univ. im Carlsberg-Labor. Kopenhagen; 1941–1942 Fo.stud. am Rockefeller Inst. New York; 1942 Instr., dann Ass. u. später Assoc. Prof., 1956–1979 (em.) *C.P. Huntington*-Prof. für Onkolog. Med. u. Dir. der *J. C. Warren Labor.* Med. Sch. Harvard Univ., gleichz. Arzt am *Mass. General Hosp.* in Cambridge (Mass.). – Lit.: s. Lit. zu Kap. 22. – B: AMWS 1989–90; IWW 1995–96. Sch

Zaunick, Rudolph (1893–1967); aus Dresden; 1913–1920 stud. Naturwiss. TH Dresden (Dr. phil. 1918 Univ. Königsberg/Kaliningrad, Staatsexamen 1920 Univ. Leipzig); 1921–1945 Oberschullehrer (1923 Studienrat) in Dresden; widmete sich gleichz. spez. biologiehist. Untersuchungen; 1927 Pd. für Gesch. d. biolog. Wiss., 1934 nichtbeamt. ao. Prof., 1940 apl. Prof. für Gesch. d. Naturwiss. TH Dresden; 1945 Verlust aller Arbeitsgrundlagen durch Zerstörung Dresdens; 1947 als literar. Berater an d. *Chem. Fabrik Heyden* in Dresden-Radebeul tätig, widmete sich pharmaziehist. Arb.; 1952–1960 o. Prof. (Lehrstuhl) für Gesch. u. Dokumentation d. Naturwiss. Univ. Halle–Wittenberg; 1956–1962 auch med.hist. Vorlesungen Med. Akad. Dresden; 1954–1968 *Dir. Ephemeridum* d. *Leopoldina* in Halle/Saale; starb in Pirna (Sächs. Schweiz). Begr. d. *Acta historica Leopoldina*, 1957–1966 Hrsg. d. *Lebensdarstellungen dt. Naturforscher* u. *Sudhoff's Klassiker d. Med.* sowie Mithrsg. weiterer wiss.hist. Z.; trug maßgebl. zur Begründung d. Biologie- u. Wiss.-Gesch. als Univ.-Disziplin bei. – B: ZAUNICK 1958, 1968, 1981 (W); MOTHES & USCHMANN 1969; JAHN 1993. – P.   Ja

Zenon von Elea (um 490–ca. 425 v. Chr.); aus Elea (Lucania); griech. Philosoph, Vertr. d. eleatischen Philosophen-Sch. Wahrscheinl. Begr. d. Lehre von den vier Primärqualitäten, aus deren Umwandlung die Natur aller Dinge entstehen solle. – Lit.: überlief. Zeugnisse u. Fragm. s. bei DIELS-KRANZ, Die Fragmente der Vorsokratiker, Bd. 1, 9. Aufl., Berlin 1960: 247 ff. – B: DSB (K. VON FRITZ).   Ha/Sch

Zenon von Kition (um 335–262 v. Chr.); aus Kition (Zypern); ging ca. 312/311 nach Athen, Schüler d. Kynikers KRATES; um 300 v. Chr. Begr. d. stoischen Philosophen-Sch. in Athen, wo er starb. – Lit.: überlief. Zeugnisse u. Fragm. s. bei: J. VON ARNIM, Stoicorum veterum fragmenta I, Leipzig 1905: 15 ff. (Nachdr. Stuttgart 1964). – B: PAULY; DSB (D. J. FURLEY); LAW.   Sch

Ziegenspeck, Hermann (1891–1959); aus Ingolstadt; nach 3jähr. Apothekerlehre beim Vater Hugo Z. (1857–1929) in Augsburg ab 1913 stud. Pharm. Univ. Jena (Dr. phil. 1919, Examen in Nahrungsmittelchemie Univ. Tübingen); zunächst in väterl. *Marien-Apotheke* in Augsburg tätig; 1924–1932 Ass. bei Carl MEZ am Bot. Inst., 1940 Pd. Univ. Königsberg (Kaliningrad); 1944–1949 Apotheker in Kötzting (Bayer. Wald) u. Wiederaufbau d. im Krieg zerstörten Marien-Apotheke in Augsburg, wo er starb. Führte zus. mit Carl MEZ (1866–1944) die serolog. Methode in die bot. Verwandtschaftsfo. ein. – Lit.: (mit Carl MEZ) Zur Theorie der Sero-Diagnostik, in: Schr. d. Königs-

berger Gelehrten Ges., Naturwiss. Kl., *2* (1925) 5: 97–122 (auch als Separat: Berlin 1925); Auf R. Wettstein: die Bedeutung der serodiagnostischen Methode für die phylogenetisch-systematische Forschung, in: Bot. A. *16* (1926): 218–268. – B: DAB 1986; Werk-Verz. 1957; PFEIFFER 1959.   Ja

Ziegler, Heinrich Ernst (1858–1925); aus Freiburg i. Br.; stud. Math. u. Naturwiss. Univ. Freiburg i. Br. u. Lausanne (Dr. phil. 1882 bei WEISMANN Univ. Freiburg); 1882 Ass., 1884 Pd. Zool. Inst. Straßburg bei GEGENBAUR, 1887 bei WEISMANN; 1890 ao. Prof. Univ. Freiburg i. Br.; 1898 ao. (*Ritter*-)Prof. Univ. Jena; 1909 o. Prof. für Zool. u. Hygiene TH Stuttgart; starb im Zug Stuttgart–Jena. – Lit.: Lehrbuch der vergleichenden Entwickelungsgeschichte der niederen Wirbeltiere, Jena 1902; Über den derzeitigen Stand der Deszendenzlehre in der Zoologie, Jena 1902; Einleitung zu dem Sammelwerke Natur und Staat: Beiträge zur naturwissenschaftlichen Gesellschaftslehre, Jena 1903 (Natur u. Staat, 1); Der Begriff des Instinktes einst und jetzt: eine Studie über die Geschichte und die Grundlagen der Tierpsychologie, Jena 1904 (^{2}1910, ^{3}1920); Die Vererbungslehre in der Biologie, Jena 1905 (^{2}1918) (Natur u. Staat, 10); Die Umwälzung in den Grundanschauungen der Naturwissenschaft: acht kritische Betrachtungen, Bern 1914. – B: Ärzte II^3; USCHMANN 1959: 159–162.   Ja

Zimmermann, Eberhard August Wilhelm von (1743–1815); aus Uelzen; ab 1760 stud. Med. Univ. Leiden u. 1765 Med. u. Math. in Göttingen (bei KÄSTNER), evtl. auch bei J. A. VON SEGNER (Halle/Saale) u. L. EULER (Berlin); ab 1766 (1801 Freistellung von d. Lehrverpflichtung) Prof. für Math., Physik u. Naturgesch. am *Coll. Carolinum* in Braunschweig, wo er starb. Reisen durch Livland, Rußl., Schweden u. Dänemark; beschäftigte sich mit d. Wanderung u. Verbreitung d. Tiere, um d. Sintflutlehre zu überprüfen, die ein einziges Entstehungszentrum aller Tierarten postulierte; gilt als Begr. d. Tiergeographie. – Lit.: Specimen zoologiae geographicae, Quadrupedum domicilia et migrationes sistens, Leiden 1777; Geographische Geschichte des Menschen und der allgemein verbreiteten vierfüßigen Thiere, nebst einer hierher gehörigen Weltcharte, Bd. 1–3, Leipzig 1778, 1780, 1783; Almanach der Reisen oder unterhaltende Darstellung der Entdeckungen des 18. Jahrhunderts in Rücksicht der Länder-, Menschen- und Productenkunde, Jg. 1–14, Braunschweig 1802–1819. – B: ADB (P. ZIMMERMANN); CatProfCC 1.   Ja

Zimmermann, Martin Huldrych (1926–1984); aus Bülach (Schweiz); 1946–1951 stud. Bot. ETH Zürich (Dipl. 1951, Dr.sc. 1953); 1951 Ass. für Pflanzenphysiol. ETH Zürich; 1954 Lect. für Forstphysiol. Harvard Univ. Cambridge (Mass., USA); 1970 *Charles-Bullard*-Prof. für Forstwiss. Harvard Univ. in Petersham (Mass.), wo er starb. – Lit.: (mit C. L. BROWN) Trees: Structure and function, New York [u. a.] 1974; (mit A. PIRSON, Eds.) Encyclopedia of plant physiology, N.S., 19 vols., Berlin [u. a.] 1975–1986; s. a. Lit. zu Kap. 16. – B: AMWS 1982.   Höx

R. Zaunick 1962   W. Zimmermann 1960

Zimmermann, Walter (1892–1980); aus Walldürn (Baden); 1910 stud. Naturwiss. TH Karlsruhe, 1911 Univ. Freiburg i. Br, 1912 Berlin u. München (bei R. Hertwig, von Frisch, G. Hegl, Renner), 1913 u. nach Militärdienst 1919 Freiburg (bei Doflein, u. Kühn, Dr. rer. nat. 1921 bei F. Oltmanns); dann Univ. Tübingen, 1925 Pd., 1929 ao. Prof., 1954 Dir. Inst. für Angew. Bot., 1960 (em.) o. Prof. für Bot. Univ. in Tübingen, wo er starb. 1946 Landesbeauftr. für Naturschutz u. Landschaftspflege; Arb. über Stammesgesch. d. Pflanzen; Begr. d. *Telomtheorie.* – Lit.: Phylogenie der Pflanzen, Jena 1930 (^{2}1959); Arbeitsweise der botanischen Phylogenetik und Gruppierungswissenschaft, in: Handbuch der biologischen Arbeitsmethoden, hrsg. von E. Abderhalden, Abt. IX, T. 3, Berlin–Wien 1931: 941–1053; Vererbung „erworbener Eigenschaften" und Auslese, Jena 1938 (^{2}Stuttgart 1969); Grundfragen der Evolution, Frankfurt a. M. 1948 (^{2}Stuttgart 1968); Evolution: die Geschichte ihrer Probleme und Erkenntnisse, Freiburg–München 1953 (Orbis academicus, II/2); Die Telom-Theorie, Stuttgart 1965; Evolution und Naturphilosophie, Berlin (West) 1968. – B: DSB/Suppl. II (K. Mägdefrau); Daber 1982; Donoghue & Kadereit 1992. – P.   Ja/Sch

Zittel, Karl Alfred von (1839–1904); aus Bahlingen (Baden); stud. Geol. u. Med. Univ. Heidelberg (u. a. bei G. H. Bronn); 1860 Fo.reise nach Skandinavien; 1861 Stud.reise zu G. Cuvier u. Lamarck nach Paris; 1862 an d. Geolog. Reichsanstalt Wien, 1863 Pd. Univ. Wien; 1863 Prof. für Mineral. u. Geognosie Karlsruhe; 1866 o. Prof. für Mineral. Univ. u. Ltr. Geolog. Staatsslg. in München, wo er starb. Trug zur Entw. d.

Paläontol. zur selbständigen Hochschuldisziplin bei; 1899 Präs. Bayer. AdW München. – Lit.: Handbuch der Paläontologie, I: Paläozoologie, 4 Bde., München–Leipzig–Berlin 1876–1893, II: Paläophytologie (bearb. von W. P. Schimper & A. Schenk), München–Leipzig–Berlin 1890; Geschichte der Geologie und Paläontologie, Leipzig–München 1899. – B: DSB (H. Hölder); Cleevely 1983.   Ja

Zuccarini, Joseph Gerhard (1797–1848); aus München; 1815 stud. Med. Univ. Erlangen (Naturgesch. bei Christian Nees von Esenbeck); 1819 Rückkehr nach München u. Arb. im Bot. Garten (bei Franz von Paula Schrank [1747–1835]); 1823 Adj. Bayer. AdW u. Lehrer der Bot. am Königl. Lyzeum, zusätzl. 1824 Lehramt an d. med.-chirurg. Lehranstalt in München; 1826 ao. Prof., 1835 o. Prof. für Landw. Bot. u. Forstbot. Univ. München, 1836 zugl. 2. Konservator am Bot. Garten; starb in München. Begann nach 1820 mit d. systemat. Bearb. d. brasilian. Pflanzenslgn. (bes. *Cacteae*) von C. F. Ph. Martius; bearb. außerdem die durch Ph. F. von Siebold 1824–1830 in Japan gesammelten Pflanzen; aufgrund taxonom. Stud. hpts. im Alpen- u. Voralpengebiet Europas Erfo. d. Systematik u. geograph. Verbreitung mitteleurop. Pflanzen. – Lit.: Flora der Gegend um München, Theil 1: Phanerogamen, München 1829; Naturgeschichte des Pflanzenreichs, Kempten 1843. – B: ADB (E. Wunschmann); Martius 1848.   Hpp

Ibn Zuhr s. unter **I**

Zwet, Michail s. Cvet, Michail Semenovič

Literaturverzeichnis
1. Allgemeine biographische Literatur

Hinsichtlich der Kürzel für die verschiedenen *Who's Who* s. a. das Abkürzungsverzeichnis!

Aa, Abraham Jacob van der (Hrsg.): Biographisch Woordenboek der Nederlanden … 21 dl. Haarlem 1852–1876.

ABEPI = Archivo Biográfico de España, Portugal e Iberoamérica [Mikrofiche-Ed.]. Ed. Victor Herrero Mediavilla & L. Rosa Aguayo Nayle. München [u. a.]: K. G. Saur [o. J.]. — dazu: Indice Biográfico de España … (IBEPI). München [u. a.]: K. G. Saur 1990, 2. Aufl. 1995.

ABF = Archives Biographiques Françaises [Mikrofiche-Ed.]. Hrsg. Helen & Barry Dwyer. London [u. a.]: K. G. Saur 1991.

ABI = Archivio Biografico Italiano [Mikrofiche-Ed.]. München [u. a.]: K. G. Saur [o. J.]. – dazu: Indice Biografico Italiano. Ed. Tommaso Nappo. 4 Bde. München [u. a.]: K. G. Saur 1993, 2a ed. 1997.

Ackerl, Isabella, & Friedrich Weissensteiner: Österreichisches Personenlexikon. Wien 1992.

ADB = Allgemeine Deutsche Biographie. 56 Bde. München, Leipzig 1875–1912.

Adelung, Johann Chr.: Fortsetzung und Ergänzungen zu Chr. G. Jöchers allgemeinen Gelehrten-Lexicon … Ab K fortges. von Heinrich W. Rotermund, Bd. 7 aus seinem Nachlaß herausgeg. von Otto Günther. 7 Bde. Leipzig 1784–1897.

Ärzte I = Hirsch, August: Biographisches Lexikon der hervorragenden Ärzte aller Zeiten und Völker … 2. Aufl., durchges. u. erg. von W. Haberling, Franz Hübotter & Hermann Vierordt. 5 Bde. Berlin, Wien: Urban & Schwarzenberg 1929–1934; Ergänzungsband (zur 2. Aufl.). Bearb. von W. Haberling & F. Hübotter. Berlin, Wien: Urban & Schwarzenberg 1935, 3. Aufl. als Nachdr. d. gesamten 2. Aufl. 1962.

Ärzte II = Fischer, Isidor: Biographisches Lexikon der hervorragenden Ärzte der letzten fünfzig Jahre: zugleich Fortsetzung des Biographischen Lexikons der hervorragenden Ärzte aller Zeiten und Völker. 2 Bde. Berlin, Wien: Urban & Schwarzenberg 1932–1933, 2. u. 3. unveränd. Aufl. 1962.

Ärzte III = Eckart, Wolfgang U., & Christoph Grad-

MANN (Hrsg.): Ärztelexikon: von der Antike bis zum 20. Jahrhundert. München: Beck 1995. (Beck'sche Reihe, 1095).

Altertum = PAULYS Real-Encyclopädie der classischen Altertumswissenschaft. Neue Bearb. begonnen von Georg WISSOWA ... Stuttgart, Bde. 1-ff. 1894–1972, Suppl.-Bde. I–XV 1903–1972, Register 1980.

AMA (I, II) = American Biographical Archive [Mikrofiche-Ed.]. Ed. Garance WORTERS. New York [u. a.]: K. G. Saur [o. J.].

AMS = American Men of Science. 10th ed. [u. folg.]. New York 1960 ff.

AMS/PB 11 = American Men of Science, Physical & biological Sciences. Bd. 11. New York 1965/1966, Suppl. 1967.

AMWS ... = American Men & Women of Science. New York. 15th ed. 1982, 17th ed. 1989–1990.

APN = Authors of Plant Names. Hrsg. R. K. BRUMMITT & C. E. POWELL. Kew: Roy. Bot. Gardens 1992.

ARNIM, Max, Gerhard BOCK & Franz HODES: Internationale Personalbibliographie. 2. Aufl., 5 Bde. Stuttgart 1944–1987.

ASIMOV, Isaac: Biographische Enzyklopädie der Naturwissenschaften und der Technik. Freiburg i. Br., Basel, Wien: Herder 1973.

AuBA = Australian Biographical Archive [Mikrofiche-Ed.]. München [u. a.]: K. G. Saur [o. J.] – dazu: Australian Biographical Index. Ed. and compiled by Victor HERRERO MEDIAVILLA. München [u. a.]: K. G. Saur 1996.

BAKER, Daniel B. (Hrsg.): Explorers and Discoverers of the World. Detroit 1993.

BARR, E. S.: An index to biographical fragments in unspecialized scientific journals. Alabama 1973.

BBA = British Biographical Archive [Mikrofiche-Ed.]. Hrsg. Paul SIEVEKING. London [u. a.]: K. G. Saur [o. J.].

BDHT = Biographical Dictionary of the History of Technology. Ed. Lance DAY & Ian McNEIL. London, New York: Routledge 1996.

BDPsych = Biographical Dictionary of Psychology, 2 Bde.. Ed. Leonhard ZUSNE. London 1984.

BES = Biographical Encyclopedia of Scientists. Ed. John DAINTITH [et al.]. Sec. Ed., 2 vol. Bristol, Philadelphia: Inst. Physics Publ. 1994.

BHE = Biographisches Handbuch der deutschsprachigen Emigration nach 1933 = International Biographical Dictionary of Central European Emigrés 1933–1945. (Hrsg.) Werner RÖDER & Herbert A. STRAUSS. 3 Bde. München [u. a.]: K. G. Saur 1980–1983.

Bibliographie zu den Biographischen Archiven. München [u. a.]: K. G. Saur 1994.

BII = Biografia degli italiani illustri nelle scienze, lettere ed arti del secolo XVIII e de'contemporanei. Ed. Emilio DETIPALDO. 10 Bde. Venezia 1834–1845.

Bio-Bibliographisches Verzeichnis von Universitäts- und Hochschuldrucken (Dissertationen) vom Ausgang des 16. bis Ende des 19. Jahrhunderts. Hrsg. Hermann MUNDT. 4 Bde. München 1977.

Biografieen. Stichting Algemeen Nederlands Persbureau 1994.

Biography and Genealogy Master Index. Hrsg. Miranda C. HERBERT & Barbara McNEIL. 2. Aufl., 16 Bde. u. 4 (Jahres)Erg.Bde. Detroit (Michigan): Gale Res. Co. 1980 u. 1991–1994.

Biography Index: a Cumulative Index to Biographical Material in Books and Magazines. Hrsg. Charles R. CORNELL. New York 1946 ff.

BOERNER, Friedrich: Nachrichten von den vornehmsten Lebensumständen und Schriften jetztlebender berühmter Ärzte und Naturforscher ... 3 Bde. Wolfenbüttel 1749–1753.

BROWN, Archie (Hrsg.): The Soviet Union: a biographical Dictionary. London 1990.

BSE³ = Bol'šaja sovetskaja enciklopedija. 3. Aufl., 30 Bde. Moskva 1970–1978.

BU = Biographie universelle: ancienne et moderne. Ed. J. Fr. MICHAUD. Unveränd. Abdruck d. 1854 ff. in Paris ersch. Ausg., 45 Bde. Graz: Akad. Druck- u. Verlagsanst. 1966–1970.

CAPPARONI, P.: Profili bio-bibliografici di medici e naturalisti celebri italiani dal sec. XV al sec. XVIII. Roma 1926.

CARR, D. J., & S. G. M. (Eds.): People and plants in Australia. Sydney 1981.

CatProfCC 1 = Catalogus Professorum der Technischen Universität Carolo-Wilhelmina zu Braunschweig: Teil 1: Lehrkräfte am Collegium Carolinum 1745–1877. Helmuth ALBRECHT. Braunschweig: Univ.bibl. 1986. (Beitr. zur Gesch. d. Carolo-Wilhelmina, VIII).

CBS = Ceskoslovenský Biografický Slovník. Hrsg. Josef TOMES & Alena LÉBLOVÁ. Praha: Encykloped. Inst. CSAV Acad. 1992.

CBY ... = Current biographical Yearbook. Ed. Charles MORITZ. New York: Wilson.

CDAB = Concise Dictionary of American Biography. New York: Scribner's Sons 1964.

CHALMERS, Alexander: The general biographical dictionary. London 1815. (Nachdr. New York 1969).

Chronik KWU = Chronik der Friedrich-Wilhelms-Universität zu Berlin. Bearb. Walter WIENERT. April 1930–März 1931: Goslar 1931. April 1932–März 1935: Berlin 1935.

COHEN, H. (Ed.): Jews in the world of science. New York 1956.

Companion to the History of modern Science. Ed. R. C. OLBY [et al.] – London, New York: Routledge 1990.

CPAM = Catalogus Professorum Academiae Marburgensis: die akademischen Lehrer der Philipps-Universität Marburg. Bd. 2: Von 1911 bis 1971. Bearb. Inge AUERBACH. Marburg: Elwert [in Komm.] 1979 (Veröffentl. d. Hist. Kommission für Hessen, 15).

CROWTHER, J. G.: Founders of British science. London 1960.

DAB = Deutsche Apotheker-Biographie. Hrsg. Wolfgang-Hagen HEIN & Holm-Dietmar SCHWARZ. Stuttgart, Bd. 1: 1975 (= Veröffentl. Internat. Ges. Gesch. Pharm., N.F., 43), Bd. 2: 1978 (= ebda, 46), Erg.Bd.: 1986 (= ebda, 55).

DAmB = Dictionary of American Biography. Bd. 1 ff. New York 1928 ff. (Nachdr. 1943–1945).

DAmMedB = Dictionary of American Medical Biography. Ed. M. KAUFMANN, S. GALISHOFF & T. L. SAVITT. 2 Bde. Westport (Conn.), London 1984.

DARMSTAEDTER, Ludwig: Handbuch zur Geschichte der Naturwissenschaften und Technik. 2. Aufl. Berlin 1908. (Nachdr. 1961).

DBA = Deutsches Biographisches Archiv: eine Kumulation aus 254 der wichtigsten biographischen Nachschlagwerke für den deutschen Bereich bis zum Ausgang des neunzehnten Jahrhunderts [Microfiche-Ed.]. Hrsg. Bernhard FABIAN, bearb. unter Ltg. von Willi GORZNY. München [u. a.]: K. G. Saur [o. J.]. – dazu: Index ... 4 Bde. München: K. G. Saur 1986, 2. erw. Ausg. 1998.

DBE = Deutsche Biographische Enzyklopädie. Hrsg. Walther KILLY. Bd. 1 ff. München [u. a.]: K. G. Saur 1995 ff.

DBF = Dictionnaire de Biographie Française. Dir. J. BALTEAU, puis Michel PRÉVOST [et al.]. z. Z. 18 Bde. Paris 1933[1929]–z. Z. 1995.

DBI = Dizionario Biografico degli Italiani. Roma 1980.

DEGENER, Herrmann A. L. (Hrsg.): Wer ist's: Zeitgenossenlexikon. Bd. I–X. Leipzig: Degener 1905–1936 (Forts.: Wer ist Wer? [s. WerD] ab Bd. XI/1951).

Deutschbalt.Lex = Deutschbaltisches biographisches Lexikon 1710–1960. Begonnen v. Olaf WELDING, Hrsg. Wilhelm LENZ unter Mitarb. von Erik AMBURGER u. Georg VON KRUSENDTJERN. Köln, Wien: Böhlau 1970.

Deutsches Biographisches Jahrbuch. Berlin, Leipzig 1925 ff.

DHBS = Dictionnaire historique et biographique de la Suisse. Bd. 7. Neuchâtel 1932.

DhCmE = Diccionario Histórico de la Ciencia Moderna en España. Dir. José M. LÓPEZ PIÑERO [et al.]. 2 vols. Barcelona: Ed. Península 1983.

DiccGalicia = Diccionario histórico das ciencias e das técnicas de Galicia: Autores, 1868–1936. Coords. X. A. FRAGA VÁZQUEZ & A. DOMÍNGUEZ. Sada (A Coruña): Ed. do Castro 1993.

DICK, Jutta, & Marina SASSENBERG (Hrsg.): Jüdische Frauen im 19. und 20. Jahrhundert: Lexikon. Reinbek bei Hamburg: Rowohlt 1993.

Dictionary of Am. Medical Biography s. DAmMedB.

Dictionary of International Biography. Ed. E. KAY. 2 Bde., 6. Aufl. London, Dartmouth 1969–1970.

DNB = The Dictionary of national Biography: from the Earliest Times to 1900. Found. in 1882 by George SMITH, Ed. Leslie STEPHEN & Sidney LEE. London, Oxford: UP 1885–1959. (3. Repr. London: Cumberledge 1949 ff.).

DSB = Dictionary of Scientific Biography. Hrsg. Charles Coulston GILLISPIE. In 8 Bdn. [Bd. 1–14, Suppl. I = Bde. 15–16] – New York: Simon & Schuster Macmillan 1981. Suppl. II, Bde. 17–18: 1990.

DScandB = Dictionary of Scandinavian Biography. Hrsg. Ernest KAY. London, Dartmouth 1972.

ECKART, Wolfgang U., & Christoph GRADMANN (Hrsg.): Ärztelexikon s. Ärzte III

EncAm = The Encyclopedia Americana. Thirty vols. New York, Chicago: Am. Corp. 1949.

EncIslam = Encyclopedia of Islam. 2nd ed., vol. 3. London, Leiden 1960.

EncJudaica = Encyclopaedia Judaica. 16 Bde. Jerusalem 1971–1972.

EncLA = Encyclopedia of Latin American History and Culture. Ed. Barbara A. TENENBAUM. 5 Bde. New York: Simon & Schuster Macmillan 1996.

EU = Encyclopaedia Universalis. 23 Bde., 4 Index-Bde. Paris 1990.

FFE = Fachlexikon abc Forscher und Erfinder. Hrsg. Hans-Ludwig WUSSING [et al.]. Thun, Frankfurt a. M.: Deutsch 1992.

FISCHER, Isidor: Biographisches Lexikon der hervorragenden Ärzte der letzten fünfzig Jahre ... s. Ärzte II

FRAGA VÁZQUEZ, X. A., & A. DOMÍNGUEZ s. DiccGalicia

GALLING, Kurt [et al.] (Hrsg.): Die Religion in Geschichte und Gegenwart: Handwörterbuch für Theologie und Religionswissenschaft. 3., völlig neu bearb. Aufl., 6 Bde u. Reg. Tübingen: Mohr 1957–1965.

GREWOLLS, Grete: Wer war wer in Mecklenburg-Vorpommern? Ein Personenlexikon. Bremen: Temmen 1995.

GRIMAL, Pierre (Hrsg.): Dictionnaire des Biographies. 2 Bde. Paris 1958.

Großen Deutschen, Die: Deutsche Biographie. Hrsg. Hermann HEIMPEL, Theodor HEUSS & Benno REIFENBERG. 5 Bde. Berlin [West]: Ullstein 1956–1957 (Bd. 1–3: 1956, Bd. 4–5: 1957).

Handwörterbuch der Naturwissenschaften. Hrsg. R. DITTLER [et al.]. 2. Aufl., 10 Bde. u. 1 Reg.bd. Jena: Gustav Fischer 1931–1935.

HARENBERG = Harenberg's Personenlexikon des 20. Jahrhunderts. Dortmund 1992.

HBLS = Historisch-Biographisches Lexikon der Schweiz. 7 Bde. Neuenburg 1921–1934.

HEIBER, Helmut: Universität unterm Hakenkreuz. 2 Bde. (Bd. 2 in 2 Tln.). München [u. a.]: K. G. Saur 1991, 1992, 1994.

HEITZ, Gerhard (Hrsg.): Geschichte der Universität Rostock 1419–1969. 2 Bde. Berlin 1969.

HENNICKE, Karl A.: Beiträge zur Ergänzung und Berichtigung des JÖCHER'schen Allgemeinen Gelehrten-Lexikon's und des MEUSEL'schen Lexikon's der von 1750 bis 1800 verstorbenen teutschen Schriftsteller. 3 Stücke. Leipzig 1811, 1812. (Nachdr.: Hildesheim 1969).

HENZE, Dietmar: Enzyklopädie der Entdecker und Erforscher der Erde. Graz 1975 ff. [Bd. 3: 1993].

HIRSCH, August: Biographisches Lexikon der hervorragenden Ärzte aller Zeiten und Völker ... s. Ärzte I

IBEPI = Indice Biográfico de España, Portugal e Iberoamérica [zur Mikrofiche-Ed., s. ABEPI]. Hrsg. Victor HERRERO MEDIAVILLA & L. Rosa AGUAYO NAYLE. 4 Bde. München [u. a.]: K. G. Saur 1990, 2. Aufl. 1995.

IBN = IBN Index Bio-Bibliographicus Notorum Hominum. Hrsg. Jean-Pierre LOBIES. Pars B u. C. Osnabrück 1974 ff.

IBN KHALLIKAN'S Biographical Dictionary. Transl. from the Arabic by MACGUCKIN DE SLANE. 4 Vols. Paris 1843–1871. (Nachdr.: New York 1961).

IWW ... = The international Who's who. London 1990 ff.

JESSEN, Jens: Bibliographie der Autobiographien, Bd. 3: Selbstzeugnisse, Erinnerungen, Tagebücher und Briefe deutscher Mathematiker, Naturwissenschaftler und Techniker. München [u. a.]: K. G. Saur 1989.

JÖCHER, Christian Gottlieb: Allgemeines Gelehrten-Lexicon ... 4 Tle. Leipzig 1750–1751.

JÖCHER Forts. = s. ADELUNG, Johann Christoph

JWS = Jews in the World of Science: a Biographical Dictionary of Jews Eminent in the Natural and Social Sciences. Hrsg. Harry COHEN & Itzhak J. CRMIN. New York: Monde Publ. Inc. [1956].

KAUFMANN, Isaak M.: Russkie biografičeskie i bibliografičeskie slovari. Moskva 1955.

Kindler's neues Literatur Lexikon. Hrsg. Walter JENS. 20 Bde. München: Kindler 1988–1992.

KNOLL, F. (Hrsg.): Österreichische Naturforscher, Ärzte und Techniker. Wien 1957.

KRÄMER, W.: Die Entdeckung und Erforschung der Erde. 8. Aufl. Leipzig 1976.

KREUTER, Alma: Deutschsprachige Neurologen und Psychiater: ein biographisch-bibliographisches Lexikon von den Vorläufern bis zur Mitte des 20. Jahrhunderts. 3 Bde. München [u. a.]: K. G. Saur 1996.

KÜRSCHNER = KÜRSCHNERS deutscher Gelehrten-Kalender: bio-bibliographisches Verzeichnis deutschsprachiger Wissenschaftler der Gegenwart. Berlin, New York: de Gruyter [bis Ausg. 16 (1992)].

KÜRSCHNER/MNT = KÜRSCHNERS ... Gegenwart, für Medizin, Naturwissenschaft und Technik. Berlin, New York: de Gruyter 1996 ff. [ab Ausg. 17 (1996)]

KÜRSCHNERS Deutscher Literatur Kalender s. LitKal

LAW = Lexikon der Alten Welt, 3 Bde. Zürich, München: Artemis 1990 (Nachdr.: Augsburg: Weltbild 1995).

LexBiol = Herder-Lexikon der Biologie. Hrsg. Rolf SAUERMOST. 9 Bde., 2 Erg.-Bde. Heidelberg, Berlin, Oxford: Spektrum 1994–1995.

LexChem = Lexikon bedeutender Chemiker. (Federführung) Winfried R. PÖTSCH [et al.]. Leipzig: Bibliograph. Inst. 1988. (zugl.: Frankfurt a. M.: Deutsch 1988).

LexMA = Lexikon des Mittelalters. Hrsg. Robert-Henri BAUTIER (Bd. 1: Robert AUTY). München, Zürich: Artemis-Verl. 1980 ff.

LexNW = Lexikon der Naturwissenschaftler: Astronomen, Biologen, Chemiker, Geologen, Mediziner, Physiker. Red. Doris FREUDIG. Heidelberg [u. a.]: Spektrum 1996.

LitKal = KÜRSCHNERS Deutscher Literatur Kalender auf das Jahr ... Hrsg. Joseph KÜRSCHNER. Leipzig: Göschen ...

LÓPEZ PIÑERO, José María [et al.] s. DhCmE

McGraw-Hill Modern Men of Science. Ed. Jay E. GREENE. 2 Bde. New York [u. a.]: McGraw-Hill 1966 u. 1968, 2. Aufl. 1980 u. d. T.: McGraw-Hill modern scientists and engineers.

Macmillan = The Macmillan Dictionary of Woman's Biography. Compiler and Ed. Jennifer UGLOW. Sec. ed. London, Basingstoke: Macmillan Press 1991.

Main Catalog of the Library of Congress: Titles Cataloged through Dec. 1980 (LOC). New York [u. a.]: K. G. Saur [o. J.] (Mikrofiches).

Medical Sciences International Who's Who. Harlow (Essex): Longman 1980, 3. Aufl. 1987.

MEISEL, M. (ed.): A bibliography of American natural history: the pioneer century 1769–1895. 3. Bde. New York 1924–1929. – Nachdr. 1967.

MÉL = Magyar életrajzi lexikon. Budapest 1969.

METZLER-Philosophen-Lexikon: von den Vorsokratikern bis zu den neuen Philosophen. Hrsg. Bernd LUTZ, unter red. Mitarb. von Norbert RETLICH ... 2., aktualis. u. erw. Aufl. Stuttgart, Weimar: Metzler 1995.

MEUSEL, Johann G.: Das gelehrte Teutschland ... Bd. 6–19. Lemgo 1798–1826.

MILLAR, David [et al.]: The Cambridge Dictionary of scientists. Cambridge: UP 1996.

MUNDT, Hermann (Hrsg.): Bio-Bibliographisches Verzeichnis von Universitäts- und Hochschuldrucken (Dissertationen vom Ausgang des 16. bis Ende des 19. Jahrhunderts). 4 Bde. München 1977.

NACHMANSOHN, D., & R. SCHMID: Die große Ära der Wissenschaft in Deutschland 1900 bis 1933: jüdische und nichtjüdische Pioniere in der Atomphysik, Chemie und Biochemie. Stuttgart: Wiss. Verlagsges. 1988.

NDB = Neue Deutsche Biographie. Berlin: Duncker & Humblot 1953 ff.

Neue österreichische Biographie ab 1815: Große Österreicher. 22 Bde., 1 Reg.bd. Wien, München: Amalthea 1923 ff.

NLCh = Nobel Laureates in Chemistry 1901–1992. Hrsg. Laylin K. JAMES. Washington: Am. Chem. Soc. 1993.

NNBW = Niew Nederlandsch Biografisch Woordenboek. Hrsg. P. C. MOLHUYSEN, P. J. BLOK [et al.]. Tl. 1–10. Leiden 1911–1937.

Not20Sc = Notable twentieth century scientists. Ed. Emily J. McMURRAY [et al.]. 4 Bde. New York: Gale Res. 1995

NPW = Nobel prize winners: an H.W.Wilson biographical dictionary. New York 1987.

NPWS = Nobel Prize Winners: Supplement 1987–1991. An H. W. Wilson Biographical Dictionary. Ed. Paula McGUIRE. New York: H. W. Wilson 1992.

NSB = Neue Schweizer Biographie. Basel 1938.

NUC = National Union Catalog: Pre–1956 Imprints. Ed. Am. Library Assoc. & Bemrose UK Ltd. 1983 [Mikrofiche-Ed.]

ÖBL = Österreichisches Biographisches Lexikon 1815–1950. Bd. 1–5: Graz, Köln: Böhlaus Nachf. 1954–1972. Bd. 6 ff.: Wien: Österr. AdW 1975 ff.

Österreichisches Personenlexikon s. ACKERL, Isabella, & Friedrich WEISSENSTEINER

OETTINGER, Edouard M.: Moniteur des Dates: biographisch-genealogisch-historisches Welt-Register ... Tome 1–9, Suppl. Leipzig 1869 u. 1873. (Nachdr. Graz 1964).

Oosthoek = Oosthoeks Encyclopedie. Deel 1–16 (15 Bde., 1 Suppl.). Zesde uitgave [6. Ausg.]. Utrecht: Oosthoek's uitgeversmaatsch. B.V. 1968–1973.

PAB = Polskie Archiwum Biograficzne [Mikrofiche-Ed.]. München: K. G. Saur [o. J.].

PAGEL, Julius L. (Hrsg.): Biographisches Lexikon hervorragender Ärzte des neunzehnten Jahrhunderts ... Berlin, Wien: Urban & Schwarzenberg 1901.

PAULY = Der kleine Pauly: Lexikon der Antike in 5 Bänden. Auf d. Grundlage v. PAULY's Realencyclopädie der classischen Altertumswissenschaft unter Mitwirkung zahlr. Fachgelehrter bearb. u. hrsg. von Konrat ZIEGLER & Walther SONTHEIMER. München: Dt. Taschenbuchverl. 1970–1979.

PAULYS Real-Encyclopädie der classischen Altertumswissenschaft s. Altertum

Philosophen-Lexikon: Handwörterbuch der Philosophie nach Personen. Unter Mitwirk. von Gertrud JUNG hrsg. u. verfaßt von Werner ZIEGENFUSS. 2 Bde. Berlin: De Gruyter 1949–1950.

PLETICHA, Heinrich, & Hermann SCHREIBER: Die Entdeckung der Welt: ein Lexikon. Wien: Ueberreuter 1993.

POGGENDORFF, J. C.: Biographisch-literarisches Handwörterbuch zur Geschichte der exakten Wissenschaften. Leipzig, dann Berlin 1863 ff.

ProfPeterburg = Biografičeskij slovar' professorov i prepodavatelej im. S.-Peterburgskogo universiteta za istekšuju tret'ju četvert' veka ego suščestvovanija 1869–1894. Sankt-Peterburg 1896.

Repertorium fontium historiae medii aevi. Primum ab Augusto POTTHAST digestum, nunc cura collegii historicorum e pluribus nationibus emendatum et auctum. Romae: Istituto storico ital. per il medio evo 1962 ff.

Russkij biografičeskij slovar'. Sankt-Peterburg 1896–1918.

SARTON, G.: Introduction to the History of Science. Baltimore 1927 u. 1931. (Neudr. 1962).

SBA-A, SBA-B = Scandinavian Biographical Archiv, Teil A u. B [Mikrofiche-Ed.]. München [u. a.]: K. G. Saur 1990. – dazu: Scandinavian Biographical Index. Hrsg. Laureen BAILLIE. 4 Bde. London [u. a.]: K. G. Saur 1994.

SBL = Svenskt Biografiskt Lexikon. Red. Erik GRILL. Stockholm 1970 ff.

SchweizLex = Schweizer Lexikon in sechs Bdn. Luzern: Verl. Schweizer Lexikon (Mengis & Ziehr) 1992–1993.

SMIT, Pieter: History of life sciences: an annotated bibliography. Amsterdam 1974.

SMK = Svenska Män och Kvinnor: biografisk uppslagsbok. Bd. 3(G–H). Stockholm: Bonniers 1946.

Staatslexikon: Recht–Wirtschaft–Gesellschaft. Hrsg. Görres-Ges. 5 Bde., 7., völlig neu bearb. Aufl. Freiburg, Basel, Wien: Herder 1985–1989.

Subject Catalogue of the History of Medicine and Related Sciences, biographical Section. Ed. Wellcome Institute for the History of Medicine and Related Sciences, London. München: Kraus Int. Publ. [1980 ff.].

Svenskt Biografiskt Lexikon s. SBL

THIEME-BECKER = Allgemeines Lexikon der bildenden Künstler von der Antike bis zur Gegenwart. Begr. von Ulrich THIEME & Felix BECKER, ab Bd. 16 Hrsg. Hans VOLLMER. 37 Bde., fotomechan. Nachdr. Leipzig: Seemann 1986–1989.

TURKEVICH, J., & L. B.: Prominent scientists of continental Europe. New York 1968.

Väd … = Vem är det: Svensk biografisk handbok. Red. Hans UDDLING & Katrin PAABO. [Stockholm]: Norstedts 1985–1995.

VAN DER AA s. AA, Abraham Jacob VAN DER

VerfasserLex = Verfasserlexikon: die deutsche Literatur des Mittelalters. Begr. von Wolfgang STAMMLER. 2. Aufl. Hrsg. Kurt RUH [et al.]. Bd. 1–8. Berlin, New York 1978–1992.

WerD = Wer ist Wer?: das Deutsche Who's who = XI. ff. Ausg. von DEGENER's Wer ist's. Hrsg. Walter HABEL. Berlin 1951 ff.

Who's Who in Science in Europe: a biographical guide in science, technology, agriculture, and medicine. 7th Ed., 4 Bde. London 1991.

WiW = Wie is Wie in Nederland. Hrsg. Frans VAN EGMOND. Den Haag 1984–1996.

WW = Who's Who: an Annual Biographical Dictionary. London: Adam & Charles Black 1991–1994.

WWA = Who's Who in America. Chicago: Marquis Who's Who Inc. 1976–1994, 1998: New Prov. 1997.

WWAH 2 = Who's Who in American History. Bd. 2 (1943–1950). Chicago: Marquis Who's Who Inc. 1963.

WWNP = The Who's Who of Nobel Prize Winners 1901–1990. Hrsg. Bernhard S. & June H. SCHLESINGER, 2. Aufl. Phoenix (Arizona) 1992.

WWScand = Who's Who in Scandinavia. Ed. Karl STRUTE & Theodor DOELKEN. Zürich 1981. (The int. Red series).

WWSoc = Who's Who in the Socialist Countries. New York, München 1978.

WWW = Who's Who in the World. Chicago: Marquis Who's Who Inc. 1978 ff.

WWWJ = Who's Who in World Jewry: a biographical dictionary of outstanding jews. Hrsg. Judith ROSENBLATT. New York 1955, 1965.

WwW = Who was Who: a companion to Who's Who containing the biographies of those who died … (1897–1990). 8 Bde. London: Adam & Charles Black [1920–1991]. Vol. 9: 1993.

WwWA = Who was Who in America with World Notables …, 10 Bde. (1897–1993). New Providence (N.J.): Marquis Who's Who Inc. 1963 ff.

WwWA-Hist = Who was Who in America, Historical Volume 1607–1896. Chicago 1963.

WwWU = Who was Who in the USSR. Ed. H. E. SCHULZ, P. K. URBAN & A. I. LEBED. Metuchen (N.Y.) 1972.

WwWWE = Who was Who in World Exploration. Ed. C. WALDMANN & A. WEXLER. New York, Oxford 1992.

WWWSc = World Who's Who in Science: a biographical dictionary of notable scientists from antiquity to the present. A component volume of The Marquis Biograph. Library. Ed. Allen G. DEBUS. Chicago 1968 ff.

ZISCHKA, Gerd: Allgemeines Gelehrten-Lexikon: biographisches Handwörterbuch zur Geschichte der Wissenschaften. Stuttgart 1961.

ZVORKIN, A. A.: Biografičeskij slovar' dejatelej estestvoznanija i techniki. 2 Bde. Moskva 1958.

2.   Spezielle biographische Literatur

Bei den Angaben „Obit. Not. Fell. Roy. Soc." und „Biogr. Mem. Fell. Roy. Soc." handelt es sich im folgenden immer um die entsprechenden Periodica der *Royal Society of London.*

ABBE, Elfriede M.: The plants of Virgil's Georgics. Ithaca 1965.

ABBOTT, David S. Biographical dictionary of scientists: biologists

ABDERHALDEN, Emil: Dem Andenken von Julius Bernstein gewidmet. Med. Klinik *13* (1917) 9: 260–261.

ADAMS, A. B.: John James Audubon: a biography. London 1967.

ADAMS, Mark B.: The Soviet Nature-Nurture-Debate. In: Science and the Soviet Social Order. Ed. Loren R. GRAHAM. Cambridge (Mass.), London 1990: 94–138 [spez. 124 ff.].

ADELMANN, Howard B.: Marcello Malpighi and the Evolution of Embryology. Ithaca 1966.

ADLER, Kraig: Contributions to the History of Herpetolgy. No. 5. Laclede (St. Louis, USA) 1989.

A[GARDH], J[acob G.]: Biographische Notiz C. A. AGARDH. Flora *42* (1859): 318–320 (s. a.: [Anonymus] Personalnotizen, ebda, S. 96).

ALLAN, Mea: Darwin and his Flowers: the Key to Natural Selection. New York 1977. (dt. Übers. von Alzbeta LETTOWSKY. Wien, Düsseldorf 1980).

ALLEN, G. E.: Thomas Hunt Morgan: the man and his science. Princeton 1978.

ALMACA, Carlos: Publicacoes do Prof. Dr. Augusto Nobre sobre Oceanografia biológica. In: Boletim da Soc. Portuguesa de Ciéncias Naturais. Lisboa 1966.

– Museu Nacional de História Natural: Bosquejo histórico da Zoología en Portugal. Lisboa 1993.

ALT, Jürgen A.: Karl R. Popper. Frankfurt, New York: Campus 1992. (Campus/Einführungen, 1060).

Ambronn, Hermann – [Schriftenverzeichnis]. Kolloid-Z. *44* (1928): 6–8.

AMLINSKIJ, I. E.: Žoffrua Sent-Iler [Geoffroy Saint-Hilaire] i ego borba protiv Kjuve [Cuvier]. Moskva 1955.

ANDEL, M. A. VAN: Introduction. In: Bontius. Amsterdam 1931: IX–XLII. (Curatores, Nederlandsch Tijdschrift, voor Geneskunde [Ed.], Opuscula Selecta Neerlandicorum de arte medica, 10).

ANDERSOHN, L.: Charles Bonnet and the order of the known. Dordrecht, Boston, London 1982. (Studies in the hist. of mod. sciences, 11).

ANDRADE, E. N. DA C.: William Henry Bragg. Obit. Not. Fell. Roy. Soc. *4* (1943): 277–300.

ANDREWS, Henry N.: The fossil hunters: in search of ancient plants. Ithaca [u. a.]: Cornell UP 1980.

ANKEL, W. E.: Zur Geschichte der wissenschaftlichen Biologie in Gießen. In: Festschr. zur 350-Jahrfeier d. Ludwigs-Univ. Justus-Liebig-HS Gießen. Gießen 1957: 308–340.

– Anton Schneider. Ber. Oberhess. Ges. Natur- u. Heilkunde Gießen, N.F., Nat. Abt., *28* (1957 a): 163–185.

ARBER, Agnes: Tercentenary of Nehemia Grew (1641–1712). Nature *147* (1941): 630–632.

ARNIM, S. VON: Carl Gustav Carus: sein Leben und Wirken. Dresden: Zahn & Jaensch 1930.

ARNOLD, William A.: Experiments [persönl. Erinnerungen]. Photosynthesis Res. *27* (1991): 73–82.

– s. a. Special issue …

ARNON, D. I.: Dennis Robert Hoagland [Nekr.]. Plant and Soil *2* (1950): 129–144.

ASEN, Johannes (Bearb.): Gesamtverzeichnis des Lehrkörpers der Universität Berlin. Bd. 1: 1910–1945. Leipzig 1955.

ASRATJAN, E. A.: Ivan Petrovič Pavlov, 1849–1936. Moskva 1974. (dt. Übers.: L. PICKENHAIN, Leipzig 1978).

ASTAUROV, Boris L.: Pamjati N. K. Kol'cova. Priroda *5* (1941): 198–217.

– (Hrsg.): Nikolaj Konstantinovič Kol'cov: materialy k biobibliografii učenych SSSR. Moskva 1973. (Ser. biol. nauk).

ATKINS, W. R. G.: Henry Horatio Dixon. Biogr. Mem. Fell. Roy. Soc. *9* (1954): 79–97.

AUMÜLLER, Stephan: [Clusius-]Bibliographie. In: Clusius-Festschrift. Eisenstadt 1973 (Burgenländ. Forschungen, Hrsg. Burgenländ. Landesarchiv, SH V)

AUTRUM, Hansjochem: Ross Granville Harrison 13. 1. 1870–30. 9. 1959 [Nekr.]. Jb. Bayer. AdW (1960): 165–169.

– Erich von Holst [Nekr.]. Ebda (1963): 177–181.

AYALA, Francisco J.: Theodosius Dobzhansky: the man and the scientist. Ann. Rev. Genet. *10* (1976): 1–6.

– „Nothing in biology makes sense except in the light of evolution" – Theodosius Dobszansky: 1900–1975. J. Hered. *68* (1977): 3–10.

– Theodosius Dobzhansky. Biogr. Mem. National Acad. Sci. USA 55 (1985): 163–213.

BACHTEEV, F. Ch.: Nikolaj Ivanovič Vavilov. Novosibirsk: Nauka 1987.

BACKES, E.: Carl Georg Lucas Christian Bergmann. Z. für d. ges. Anatomie, 3. Abt., Ergebn. d. Anat. u. Entw.gesch., *24* (1923): 686–744.

BAEGE, Ludwig: Verzeichnis der Schriften über die Ornithologenfamilie Naumann, das Naumann-Museum und die Naumann-Erbepflege. Köthen 1981. (Blätter aus d. Naumann-Mus., 5).

– Katalog der Naumann-Korrespondenz in den Sammlungen des Naumann-Museums nebst Verzeichnung der in Fremdbesitz nachweisbaren und aller im Schrifttum publizierten Korrespondenz. Köthen 1984. (Blätter aus d. Naumann-Mus., 8).

BAER, Karl Ernst VON: Nachrichten über Leben und Schriften des Herrn Geheimraths Dr. Karl Ernst von Baer, mitgetheilt von ihm selbst. St. Petersburg 1864.

BAERENDS, Gerard P.: Two pillars of wisdom [Autobiogr.]. In: DEWSBURY 1989: 13–42.

– Early ethology: growing from Dutch roots. In: The Tinbergen Legacy. Ed. Hallicky & Chapman DAWKINS. Hall 1991.

– C. BEER & A. MANNING (Hrsg.): Function and evolution in behaviour: Essays in honour of Professor Niko Tinbergen. Oxford 1975.

BÄUMER, Änne: Geschichte der Biologie. Bd. 2: Zoologie der Renaissance – Renaissance der Zoologie. Frankfurt a. M. [u. a.]: Lang 1991.

– Bibliography of the History of Biology = Bibliographie zur Geschichte der Biologie. Frankfurt a. M. [u. a.]: Lang 1997.

BAILEY, E.: Charles Lyell. London 1962.

BAKER, J. R.: Abraham Trembley of Genova: scientist and philosopher (1710–1784). London 1952.

– Julian Sorell Huxley. Biogr. Mem. Fell. Roy. Soc. *22* (1976): 207–238.

BALME, D. M.: Aristotle's use of differentiae in zoology. In: Aristote et les problèmes de méthode. Louvain, Paris 1961: 195–212.

– Genos and Eidos in Aristotle's biology. Class. Quart. *12* (1962): 81–98.

– Aristotle and the beginnings of zoology. J. Soc. Bibliogr. nat. Hist. *5* (1970): 272–285.

BALSS, H.: Albertus Magnus als Zoologe. München 1928. (Münchner Beitr. Gesch. Lit., Naturwiss., Med., 11/12).

– Kielmeyer als Biologe. SUDHOFF'S A. *23* (1930): 268–288.

– Albertus Magnus als Biologe: Werk und Ursprung. Stuttgart: Wiss. Verl.ges. 1947. (Große Naturforscher, 1).

BALTZER, Fritz R.: Theodor Boveri: Leben und Werk eines großen Biologen, 1862–1915. Stuttgart: Wiss. Verl.ges. 1962. (Große Naturforscher, 25).

– Leopold von Ubisch [Nekr.]. Verh. Dt. Zool. Ges. *59* (1966): 569–575.

BANGHAM, D. H.: Isidor Traube (1860–1943) [Nekr.]. Nature *152* (1943): 743–744.

BARANZKE, Heike, & Elias PRIETH: Zwei vergessene Meraner Söhne: auf den Spuren des Malers Friedrich Wasmann und seines berühmten Sohnes Erich. Der Schlern *70* (1996): 347–355 [zu Erich Wasmann s. S. 350 ff.].

BARGMANN, W.: Ernst A. Scharrer zum Gedächtnis. Anat. Anz. *119* (1966): 119–127.

BARNHART, J. H.: Biographical notes on botanists. 3 Bde. Boston 1965.

BARONA, José L.: El cultivo de la fisiologia humana en las instituciones españolas del siglo XIX. Asclepio *37* (1985): 183–208.

BARR, M. L., & R. J. ROSSITER: James Bertram Collip [Nekr.]. Biogr. Mem. Fell. Roy. Soc. *19* (1973): 235–267.

BARRETT, J. T.: Thomas Jonathan Burrill [Nekr.]. Phytopathol. *8* (1918): 1–4.

BARRINGTON, E. J. W.: Gavin Rylands de Beer. Biogr. Mem. Fell. Roy. Soc. *19* (1973): 65–93.

BARY, August DE: Hugo von Mohl. Bot. Ztg. *30* (1872): 561–579.

– Wilhelm Philipp Schimper. Ebda *38* (1880): 441–450.

– Johann Christian Senckenberg. Frankfurt a. M. 1947.

BATSCH, August J. G. C. – [Autobiographie]. In: Nachrichten von dem Leben und den Schriften jetztlebender Ärzte ... Hrsg. J. K. Ph. ELWERT. Bd. 1. Hildesheim 1799: 8–22.

BAUER, Aaron M., R. GÜNTHER & Meghan KLIPFEL: The Herpetological Contributions of Wilhelm C. H. Peters (1815–1883). St. Louis (Miss., USA) 1995 [zur Biographie bes. S. 9–38].

BAUER, Erich (Hrsg.): Roesel von Rosenhof: Insektenbelustigungen. Suttgart: Müller & Schindler 1985.

Bauer, Ervin Simonovič – [Biograph. Notiz]. Biol. Rdsch. (1984) 3: 183.

BAUMANN, E. D.: Uit drie eeuwen Nederlandse geneeskunde. Amsterdam: Meulenhoff 1951.

BAYLISS, L. E.: William Maddock Bayliss (1860–1924). Persp. in Biol. and Med. *4* (1961): 460–479.

BB = Biographies for Birdwatchers. Barbara & Richard MEARNS. London [u. a.] 1988.

BDB Hunt = Biographical Dictionary of Botanists Represented in the Hunt Inst. Portrait Collection. Pittsburgh (Pennsylv.), Boston (Mass.) 1972.

BEALE, G. H.: Charlotte Auerbach. Biogr. Mem. Fell. Roy. Soc. *41* (1995): 19–42.

BEARMAN, D.: L. C. Dunn papers. Mendel Newsletter *12* (1976): 1–5.

BEBICH, I. G. s. PILIPČUK, Oleg Ja., & I. G. BEBICH

BECK, H.: Moritz Wagner in der Geschichte der Geographie. Diss.phil. Univ. Marburg 1951 (Maschinenschr.).

– Alexander von Humboldt. 2 Bde. Wiesbaden 1959–1961.

BEDDALL, Bárbara G.: „Un naturalista original": Don Félix de Azara, 1746–1821. J. Hist. of Biol. *8* (1975): 15–66.

BEDOT, M.: Herman Fol: sa vie et ses travaux. A. Sci. phys. et nat. (3) *31* (1894): 1–22.

BEER, Gavin DE: Charles Darwin. London 1963.

BEEVERS, Harry: Forty years in the new world [Persönl. Erinnerungen]. Ann. Rev. Plant Physiol. Plant Mol. Biol. *44* (1993): 1–12.

BEHRENS, J.: Joseph Gottlieb Koelreuter: ein Karlsruher Botaniker des achtzehnten Jahrhunderts. Verh. d. Naturwiss. Vereins Karlsruhe 1888–1895 *11* (1896): 268–320.

BEINERT, H., & Paul K. STUMPF: David Ezra Green [Nekr.]. Trends in Biochem. Sci. *8* (1983): 434–436.

BELL jr., W. J.: L. C. Dunn (1893–1974) [Nekr.]. The Mendel Newsletter *10* (1974): 1–3.

BELLONI, Luigi: Francesco Redi biologo. Pisa 1958.

BENDALL, D. S.: Robert Hill. Biogr. Mem. Fell. Roy. Soc. *40* (1994): 141–170.

– & D. A. WALKER: Robert Hill [Nekr.]. Photosynthesis Res. *30* (1991): 1–5.

BENECKE, Wilhelm: Johannes Reinke. Ber. Dt. Bot. Ges. *50* (1932): (171)–(202).

BENEKE, Rudolf: Johann Friedrich Meckel der Jüngere. Halle 1934.

BENTHAM JUTTING, W. S. S. VAN: Johan Abraham Bierens de Haan. In: Volume Jubilaire ... Leiden 1953: 1–12. (A. neerland. de Zool., T. X, 2. Suppl.).

BERDYŠEV, G. D., & V. N. SIPLIVINSKIJ: Pervyj sibirskij professor botaniki Koržinskij: k 100-letiju so dnja roždenija. Novosibirsk 1961.

BERG, Raissa L.: The Life and Research of Boris L. Astaurov. Quart. Rev. Biol. *54* (1979): 397–416.

BERG, Wieland: Georg Uschmann (18. Okt. 1913–23. Sept. 1986): Schriftenverzeichnis und Bibliographie seiner Vorträge. Jb 1993 d. Dt. Akad. d. Naturforscher Leopoldina = Leopoldina, R. 3, *39* (1994): 427–454.

BERGDOLT, E.: Karl von Goebel: ein deutsches Forscherleben in Briefen. Berlin 1941.

BERNAL, John D.: William Thomas Astbury 1898–1961. Biogr. Mem. Fell. Roy. Soc. *9* (1963): 1–35.

Bernstein-Symposium: anläßlich des 100jährigen Bestehens des Physiologischen Instituts der Martin-Luther-Universität Halle-Wittenberg. Hrsg. L. ZETT & B. NILIUS. Halle 1983. (Beitr. zur Univ.-Gesch., Wiss. Beitr., 32).

BERTHOLD, Arnold Adolph – [Autobiogr.]. Dt. A. Gesch. Med. *3* (1880): 74–100.

BERZELIUS, Jöns Jacob: Autobiographical notes. Hrsg.

H. G. Söderbaum, übers. v. Larsell. Baltimore 1934.

Best, Charles H.: Frederick Grant Banting. Biogr. Not. Fell. Roy. Soc. *4* (1942): 21–26.

Bethge, Heinz: Georg Uschmann † [Nekr.]. Leopoldina, Jb 1986, R. 3, *32* (1988): 81–84.

Bibby, C.: Thomas Henry Huxley: scientist, humanist and educator. London 1959.

Biermann, Kurt-Reinhard: Alexander von Humboldt. 3., erw. Aufl. Leipzig 1983. (Biographien hervorragender Naturwissenschaftler, Techniker u. Mediziner, 47).

Biographical dictionary of scientists: biologists. Ed. David Abbott. Wimbledon, London: Blond Educ. 1983. (Nachdr.: New York: Bedrick 1984).

Biologi: biografičeskij spravočnik. Hrsg. F. H. Serkov. Kiev 1984.

Biologie-Dokumentation: Bibliographie der deutschen biologischen Zeitschriftenliteratur 1796–1965. 24 Bde. München 1981–1982.

Bischoff, Charitas: Amalie Dietrich. Berlin 1909. (Neudr. 1977).

Bischoff, Hans: Friedrich Dahl [Nekr.]. Mitt. Zool. Mus. Berlin *15* (1930) 3/4: 621–632.

Bischoff, Theodor: Gedächtnisrede auf Friedrich Tiedemann. München 1861.

Bljacher, Leonid Ja.: Istorija embriologii v Rossii (s serediny XVIII do serediny XIX veka). Moskva 1955.

– Istorija biologii s načala XX veka do našich dnej. Moskva 1975.

Blum, G.: Alfred Ursprung [Nekr.]. Bull. Soc. Fribourg Sci. Nat. *41* (1951): 195–207.

Boas Hall, M.: Robert Boyle on natural philosophy … [mit 113 S. biogr. Einleitg.]. Bloomington: Indiana UP 1965.

Bochalli, Richard: Robert Koch: der Schöpfer der modernen Bakteriologie 1843–1910. Stuttgart: Wiss. Verl.ges. 1954. (Große Naturforscher, 15).

Bodenheimer, Fritz S.: Xenophon in the History of biology. A. Int. Hist. Sci., N.S. d'Archeion *31* (1952): 56–64.

– A biologist in Israel: a book of reminiscences. Jerusalem: Biol. Stud. Publ. 1959.

– & A. Rabinowitz: Timotheus of Gaza on animals: Fragments of a Byzantine paraphrase of an animal-book of the 5th century. Transl., comm. and introd. … Paris 1949. (Coll. travaux Acad. Int. Hist. Sci., 3).

Böhm, W.: Julius Adolf Stöckhardt (1809–1886): Wegbereiter der landwirtschaftlichen Versuchsstationen. Landw. Fo. *39* (1986): 1–7.

– Carl Sprengel (1787–1859): Brauschweigs bedeutendster Landbauwissenschaftler im 19. Jahrhundert. Mitt. TU Braunschweig *24* (1989): 40–46.

Böhme, H.: Gedanken nach dem Tode von Hans Stubbe. Biol.Zbl. *109* (1990) 1: 1–6.

Boettger, C. R.: Ferdinand Pax (1885–1964) [Nekr.]. Verh. Dt. Zool. Ges. *60* (1967): 613–616.

Bogdanov, P. L.: Žizn' i dejatel'nost' V. N. Sukačeva. In: Problemy geobotaniki i biologii drevesnych rastenij. Leningrad 1969: 7–22.

Bohn, Georges: Alfred Giard et son oeuvre. Paris: Mercure de France 1910. (Collection Les hommes et les idées).

Bolam, Jeanne: The Botanical Works of Nehemiah Grew, F.R.S. (1641–1712). Notes and Records Roy. Soc. London *27* (1973): 219–231.

Bolens, L.: Agronomes andalous du Moyen Age. Genf 1981.

Bonner, T. N.: American Doctors and German Universities. Lincoln, Nebraska 1963.

Bopp, M.: Georg Klebs und die heutige Entwicklungsphysiologie. Naturwiss. Rdsch. *22* (1969): 97–101.

Boring, Edward G., & Richard J. Herrnstein: A Sourcebook in the history of psychology. Cambridge (Mass.) 1965.

Boros, I., & O. G. Dely: Einige Vertreter der ungarischen Zoologie an der Wende des 19.–20. Jahrhunderts und die wissenschaftliche Bedeutung ihrer Tätigkeit. I: Ludwig Méhely (1862–1952). Vertebrata Hungarica Musei historico-naturalis Hungarici *9* (1967): 65–165. II: Géza Gyula Fejérváry (1894–1932). Ebda *10* (1968): 45–142. III: István (Stephan) Bolkay (1887–1930). Ebda *11* (1969): 33–125.

Boruttan, H.: Emil Du Bois-Reymond. München 1922.

Bouvier, R., & E. Maynal: Aimé Bonpland: explorateur de l'Amazonie, botaniste de la Malmaison, planteur en Argentine (1773–1858). Paris 1950.

Bovey, Paul: Otto Schneider-Orelli (1880–1965) [Nekr.]. Vjschr. d. Naturf. Ges. Zürich *110* (1965): 516–518.

Box, I. F.: Ronald Aylmer Fisher. New York 1978.

Brabec, F.: Hans Winkler [Nekr.]. Ber. Dt. Bot. Ges. *68 a* (1955): 27–32.

Bräuning-Oktavio, H.: Oken und Goethe im Lichte neuer Quellen. Weimar 1959.

Bragg, William L.: Reminiscences of fifty years' research. Proc. Roy. Inst. of Great Britain *41* (1967): 93–100.

Brandenburg, Dietrich: Die Ärzte des Propheten: Islam und Medizin. Berlin: Ed. q 1992.

Brandt, Hartmut: Von Thaer bis Tschajanow: Tradition und Wandel in der Wirtschaftslehre des Landbaus. 2., erw. Aufl. Kiel: Vauk 1994.

Braschi, B.: Giorgio Gallesio genetista e pomologo. Ann. di Bot., Turin, *19* (1932): 76–98.

Braun, Lucien: Conrad Gessner. Genève 1990.

Brauner, Leo: Otto Renner 25. 4. 1883–8. 7. 1960 [Nekr.]. Jb. Bayer. AdW München (1960): 181–185.

Braunfels-Esche, Sigrid: Leonardo da Vinci: das anatomische Werk. Stuttgart 1961.

Brednow, Walter: Dietrich Georg Kieser, sein Leben und Werk. Wiesbaden: Steiner 1970 (Sudhoff's A., Beih. 12).

Bridges, Calvin Blackman – [Nekr. u. Werk-Verz.]. Biogr. Mem. National Acad. Sci. USA *22* (1941): 31–48.

Briquet, John: Notice sur la vie et les œuvres de Simon Schwendener 1829–1919. Bull. d l'Inst. Nationale Genevois *45* (1922) 1.

– Biographies des botanistes a Genève de 1500–1931. Ber. Schweiz. Bot. Ges. *50 a* (1940): 1–494.

Britten, J., G. S. Boulger & A. B. Rendle (Hrsg.): A biographical index of deceased British and Irish botanists. 2 ed. London 1931.

BRL = Botanicorum Rossicorum Lexicon biographo-bibliographicum = Russkie botaniki: biografo-bibliografičeskij slovar'. Sost. S. Ju. LIPŠIC. 4 Bde. [unvollst.]. Moskva 1947–1951.

BRÜCKE, E. Th.: Ernst Brücke. Wien 1928.

BRUHNS, C. (Hrsg.): Alexander von Humboldt. 3 Bde. (Bd. 3: Werk-Verz. v. LOEWENBERG). Berlin 1872.

BRUMMITT, R. K., & C. E. POWELL (Hrsg.): Authors of Plant Names s. APN

BUCHDA, G.: Zur Lebensgeschichte und zum wissenschaftlichen Werk des Pfarrers und Ornithologen Christian Ludwig Brehm. Wiss. Z. Univ. Jena, Naturwiss. R., 3 (1953/54): 459–466.

BÜNNING, Erwin: Wilhelm Pfeffer: Apotheker, Chemiker, Botaniker, Physiologe, 1845–1920. Stuttgart: Wiss. Verl.ges. 1975. (Große Naturforscher, 37).

– Fifty years of research in the wake of Wilhelm Pfeffer. Ann. Rev. Plant Physiol. 28 (1977): 1–22.

BÜRGER, Willy: Johann Carl Fuhlrott (1804–1877): der Entdecker des Neandertalmenschen. Wuppertal-Elberfeld: Martini & Grüttefien 1930.

BURDACH, Karl Friedrich: Rückblick auf mein Leben [Autobiogr.]. Leipzig 1848 (Blicke ins Leben, Hrsg. K. F. BURDACH, 4 [postum]). Neuabdr. in: Ärzte-Memoiren aus vier Jahrhunderten. Hrsg. Erich EBSTEIN. Berlin 1923: 158–165.

BURDON-SANDERSON, John S.: Carl Friedrich Wilhelm Ludwig [Nekr.]. Proc. Roy. Soc. London 59 (1895–1896) 2: 1–8.

BURSTRÖM, H. G.: Henrik Gunnar Lundegardh [Nekr.]. Årsbok 1970, Kungl. fysiogr. Sällsk. Lund, (1971): 83–88.

BUTENANDT, Adolf: Adolf Windaus 25. 12. 1876–9. 6. 1959 [Nekr.]. Jb. Bayer. AdW München (1960): 157–164.

– Das Werk eines Lebens. 2 Bde. Göttingen 1981.

CAFFIER, Paul: Rhoda Erdmann † [Nekr.]. A. experim. Zellfo. 18 (1935–1936): 127–141.

CAHN, Théophile: La vie et l'oevre d'Etienne Geoffroy Saint-Hilaire. Paris 1962.

CALVIN, Melvin: Forty years of photosynthesis and related activities [Persönl. Erinnerungen]. Photosynthesis Res. 21 (1989): 3–16.

CAMERON, H. C.: Sir Joseph Banks: the autocrat of the philosophers. London: Batchworth 1952.

CANDOLLE, Augustin P. [DE]: Mémoires et souvenirs. Publ. par son fils. Genève 1844, 2. éd. Paris 1851. (dt. Übers. 1873).

CAPPALLETTI, Vincenzo: Nota sullamedicina umbra del Rinascimento: Pietro Andrea Mattioli. In: Atti del IV Convegno di studi umbri. Perugia 1967: 513–532.

CAPPUYNS, Maieul J.: Jean Scot Erigène: sa vie, son oeuvre, sa pensée (Diss.). Louvain, Paris 1933. (Nachdr.: Bruxelles 1965 u. 1969).

CARLSON, E. A.: Genes, radiation, and society. Ithaca 1981 [enth. Werk-Verz. v. Muller].

CARPENTER, F. M., & P. J. DARLINGTON, Jr.: Nathan Banks: a Biographic Sketch and List of Publications. Psyche 61 (1954): 81–110.

CARPENTER, G. D. Hale: Edward Bagnall Poulton. Obit. Not. Fell. Roy. Soc. 4 (1944): 655–680.

CARPENTER, Mathilde (Ed.): Bibliography of biographies of entomologists. Am. Midl. Nat. 33 (1945): 1–116. Suppl.: ebda 50 (1953): 257–348.

CARUS, Carl Gustav: Lebenserinnerungen und Denkwürdigkeiten. Bd. 1–4: Leipzig 1865–1866. Bd. 5:

aus d. Nachlaß hrsg. von Rudolf ZAUNICK. Dresden 1931.

CATHCART, E. P.: John James Rickard Macleod. Obit. Not. Fell. Roy. Soc. 1 (1935): 585–589.

ČETVERIKOV, Sergej Sergeevič: [Autobiographie]. Nova Acta Leopoldina, N.F., 21 (1959) 143: 308–310.

CHAPPELIER, A.: William Harvay (1578–1657). Paris 1957.

CHARDON, Carlos E.: Los Naturalistas en la America Latina. Trujillo 1949.

CHEVALIER, Auguste: La vie et l'oevre de René Desfontaines, fondateur de l'herbier du Muséum: La carrière d'un savant sous la Révolution. Paris 1939. (Publ. du Muséum national d'hist. nat., 4).

CHIBNALL, Albert Ch.: The road to Cambridge [Persönl. Erinnerungen]. Ann. Rev. Biochem. 35 (1966): 1–22.

CHLOPIN & Knopfe: Petr Pavlovič Ivanov. Usp. sovr. biol. 36 (1953): 367–379.

CHODAT, R.: Philippe van Tieghem [Nekr.]. Ber. Dt. Bot. Ges. 33 (1915): (5)–(24).

CHRISTENSEN, Carl: Den danske Botaniks Historie, II. Copenhagen 1926.

CLAESSON, Stig., & Kai O. PEDERSEN: The Svedberg. Biogr. Mem. Fell. Roy. Soc. 18 (1972): 595–627.

CLARK-KENNEDY, Archibald E.: Stephen Hales. Cambridge (Engl.): UP 1929. Nachdr.: Farnborough-Hants/Ridgewood, N.J.: Gregg 1965.

CLAUDE, Albert: [Autobiographische Notizen]. In: Florilège des sciences en Belgique ... Bd. 2. Bruxelles: Acad. Roy. 1980: 27–34.

CLAUS, Carl F.: Autobiographie. Fragment, abgeschl. von Guido VON ALTH. Marburg 1899.

CLEEVELY, R. J. (Hrsg.): World Palaeontological Collections. London: Brit. Mus. (Nat. Hist.) 1983.

CLELAND, R. E.: Hugo de Vries [Nekr.]. J. Hered. 26 (1935): 289–297.

COHN, Ferdinand: Nathanael Pringsheim [Nekr.]. Ber. Dt. Bot. Ges. 13 (1895): (10)–(33).

COHN, P.: Ferdinand Cohn. 2. Aufl. Breslau 1901.

COLE, F. J.: A history of comparative anatomy from Aristotle to the 18th century. London 1944. Repr.: New York 1975.

COLEBROOK, Leonard: Almroth Wright: Prosocative Doctor and Thinker. London 1954.

COLEMAN, W.: Georges Cuvier – zoologist: a study in the history of evolution theory. Cambridge (Mass.) 1964.

CONDORCET, Jean-Antoine N. de: Éloges des Académiciens de l'Académie Royale des Sciences morts depuis 1666 jusqu'en 1699. Paris 1773.

CRAMER, C.: Leben und Wirken von Carl Wilhelm von Nägeli. Zürich 1896.

CREW, F. A. E.: Reginald Crundall Punnett. Biogr. Mem. Fell. Roy. Soc. 13 (1967): 309–326.

CROFTS, A.: Peter Dennis Mitchell [Nekr.]. Photosynthesis Res. 35 (1993): 1–4.

CROW, J. F.: Sewall Wright: the scientist and the man. Perspectivs in Biol. and Med. 25 (1982): 279–294 (Wint.).

CULLEN, Christopher: Joseph Needham (1900–95) [Nekr.]. Nature 374 (1995): 597 (April 13).

CUVIER, Georges: Éloge historique de Joseph Priestly. Paris 1805.

DABER, Rudolf: Walter Zimmermann. Ber. Geolog. Ges. *6* (1961) 2/3: 345–347.

– Professor Dr. Walter Zimmermann † [Nekr.]. Gleditschia *9* (1982): 321–324.

DAHL, Friedrich: Karl August Möbius. Zool. Jb. (1905) Suppl. 8: 1–22.

– Zur Geschichte der Zoologie: von Aristoteles bis Plinius. Sb. Ges. naturf. Freunde zu Berlin 1924 (1926): 62–104.

DALE, Henry H.: Walter Bradford Cannon. Obit. Not. Fell. Roy. Soc. *5* (1947): 407–423.

– Frederick Gowland Hopkins. Obit. Not. Fell. Roy. Soc. *6* (1948): 115–145.

– [Autobiogr. Notiz]. In: Adventures in Physiology. London: Pergamon Press 1953. Repr.: London: Wellcome Trust 1965.

– Autobiographical Sketch. Persp. in Biol. and Med. *1* (1957–1958): 125–137.

– Thomas Renton Elliott. Biogr. Mem. Fell. Roy. Soc. *7* (1961): 53–74.

– Otto Loewi. Biogr. Mem. Fell. Roy. Soc. *8* (1962): 67–89.

DANE, E., W. FRANKE, F. KLAGES & C. SCHÖPF: Würdigungen zum 65. Geburtstag von Heinrich Otto Wiegand. Naturwiss. *30* (1942): 333–373.

DANIELS, C. E.: Het leven en de verdiensten van P. Camper. Utrecht 1880.

DARWIN, CHARLES: [Autobiographie]. In: The life and letters of Charles Darwin. Hrsg. Francis DARWIN. Bd. 1. London 1887.

– Erinnerungen an die Entwicklung meines Geistes und Charakters [Autobiographie]. Hrsg. K. SENGLAUB. Leipzig, Jena, Berlin 1982.

DAU, Thomas: Jakob von Uexküll: Ikonograph der Natur. Univ. Hamburg *24* (1993) 4: 24–29.

– Die Biologie von Jakob von Uexküll (1864–1944). Biol. Zbl. *113* (1994): 107–114.

– In einem Gelehrtenleben spiegelt sich Universitätsgeschichte: Adolf Meyer-Abich, Leben für die Wissenschaft – Wissenschaft für das Leben. Univ. Hamburg *25* (1994) 2: 52–56.

DAVIDSON, Mark: Uncommon sense: the life and thought of Ludwig von Bertalanffy (1901–1972), father of general systems theory. Los Angeles: J. P. Tarcher, Boston: Houghton Mifflin Co. 1983.

DAWSON, P. M.: The Life and Work of Ernst Heinrich Weber. Phi. Beta. Pi. Quart. *25* (1928): 86–116.

DEBURGH Daly, I., & L. Mary PICKFORD: Ernest Basil Verney … Biogr. Mem. Fell. Roy. Soc. *16* (1970): 523–542.

DECHEN, H. VON: Zum Andenken an J. J. Noeggerath. Bonn: Strauss 1877.

– Zur Erinnerung an Dr. Franz Hermann Troschel. Correspondenzbl. Naturhist. Verein Bonn (1883): 35–54.

DECKERT, Helmut: Leben und Werk der Maria Sibylla Merian. In: Maria Sibylla Merian: Neues Blumenbuch. Nachdr. d. 1680 in Nürnberg erschienen Ausg. nach d. Exemplar d. Sächsischen Landesbibl. in Dresden. Leipzig: Insel 1987: 89–115 u. 125–130 (Zeittafel).

DEHM, Richard: George Gaylord Simpson 16. 6. 1902–6. 10. 1984: Nachruf. Jb. Bayer. AdW (1985): 227–228.

DEICHMANN, Ute: Biologen unter Hitler: Vertreibung, Karrieren, Forschung. Frankfurt a. M., New York: Campus 1992, überarb. u. erw. Ausg.: Frankfurt a. M.: Fischer-Taschenbuch-Verl. 1995.

– Charlotte Auerbach. In: DICK & SASSENBERG (s. d.) 1993: 32–33.

DELAUNAY, P.: Pierre Belon: naturaliste. Le Mans: Monnayer 1923–1926.

DELY, O. G.: Die wissenschaftliche und literarische Tätigkeit von Ludwig Méhely auf dem Gebiete der Zoologie. Vertebrata Hungarica Mus. Hist.-Naturalis Hungarici *9* (1967): 21–64 [s. a. BOROS & DELY].

DEPDOLLA, Ph.: Hermann Müller. SUDHOFF'S A. *34* (1941): 261–334.

DERKSEN, W., & Ursula (GÖLLNER-)SCHEIDING: Index litteraturae entomologicae. Ser. 2: Die Weltliteratur über die gesamte Entomologie von 1864–1900. 5 Bde. Berlin 1963–1975 [vgl. HORN & SCHENKLING].

DESMOND, Adrian, & James MOORE: DARWIN. London 1991.

DESMOND, R.: Dictionary of British and Irish botanists and horticulturists including plant collectors and botanical artists. London 1977.

DETMER, W.: Ernst Stahl. Flora, N.F. 11/12, *111/112* (1918): 1–47.

DEWSBURY, Donald A. (Hrsg.): Studying Animal Behavior: Autobiographies of the Founders. Chicago, London: Chicago UP 1985, 2. Aufl. 1989.

DIBERARDINO, Marie A., & A. Janice BROTHERS: Robert W. Briggs 1911–1983 [Nekr.]. Differentiation *26* (1984) 3: 173–175.

DICKERSON, G. E., & A. B. CHAPMAN: Sewall Wright, 1889–1988: a brief biography. J. Animal Sci. *70* (1992): 3281–3285 (Nov.).

DIELS, L.: Adolf Engler. Ber. Deut. Bot. Ges. *48* (1930): (146)–(163).

– Zum Gedächtnis von Adolf Engler. Bot. Jb. *64* (1931): I–LIV.

DIEPGEN, Paul: Paracelsus. In: Die Großen Deutschen (s. d.), Bd. 1: 460–470.

– Rudolf Virchow. In: Die Großen Deutschen (s. d.), Bd. 4: 28–36.

DILG, Peter: Der „Botanomethodus" des Carolus Figulus. In: Actes du 13e Congrès Int. d'Hist. des Sci., Sect. 9. Moscou 1974: 178–183.

DITTRICH, M.: Friedrich Loeffler (1852–1915) und die Virusforschung: ein Beitrag zur Geschichte der Mikrobiologie. In: Naturwissenschaft, Tradition, Fortschritt. Berlin 1963: 169–189. (Beih. zu NTM).

– Die Bedeutung von K. A. Rudolphi für die Entwicklung der Medizin und Naturwissenschaften im 19. Jahrhundert. Wiss. Z. Univ. Greifswald, Math.-nat. R., *16* (1967): 249–277.

DOBELL, C.: Antony van Leeuwenhoek and his „little animals". London, Amsterdam 1932, 2. Aufl. 1958.

DOBSON, J.: John Hunter. London, Edinburgh 1969.

DOBZHANSKY, Theodosius: Autobiographie. Verzeichnis der Veröffentlichungen. Nova Acta Leopoldina , N.F. 21, *143* (1959): 247–259.

– Leslie Clarence Dunn: 2 Nov 1893–19 March 1974 [Nekr.]. Biogr. Mem. National Acad. Sci. USA *49* (1978): 79–104.

DOELEKE, W.: Alfred Ploetz (1860–1940): Sozialdarwinist und Gesellschaftsbiologe (Med. Diss.). Frankfurt a. M. 1975.

DÖRFLER, J.: Botaniker-Porträts. Wien 1906.

DONOGHUE, M. J., & J. W. KADEREIT: Walter Zimmermann and the Growth of Phylogenetic Theory. Systematic Biol. *41* (1992): 74–85.

DOUGHERTY, Frank W. P.: Commercium epistolicum J. F. Blumenbachii: aus einem Briefwechsel des klassischen Zeitalters der Naturgeschichte … Göttingen: Niedersächs. Staats- u. Univ.bibl. 1984.

– Buffons Bedeutung für die Entwicklung des anthropologischen Denkens im Deutschland der zweiten Hälfte des 18. Jhs. In: Die Natur des Menschen: Probleme der physischen Anthropologie und Rassenkunde (1750–1850). Hrsg. Gunter MANN & Franz DUMONT. Stuttgart 1990: 221–279. (Soemmerring-Forschungen, VI).

DREHER, Ingrid: Das Herbarium des Hieronimus Harder (1574–1576): wissenschaftshistorische Untersuchung eines frühen Herbars als Informationsquelle zur Beurteilung von Autor und Werk. München, Techn. Univ., Diss., 1986.

DRIESCH, Hans: Lebenserinnerungen: Aufzeichnungen eines Forschers und Denkers in entscheidender Zeit. Hrsg. Ingeborg TÉTAZ-DRIESCH. Basel: Reinhardt 1951.

DRISCHEL, Hans: Carl Friedrich Wilhelm Ludwig. In: Bedeutende Gelehrte in Leipzig. Bd. 2 (Hrsg. Gerh. HARIG). Leipzig 1965: 73–94.

DRUDE, Oscar: August Grisebach. Petermann's Geograph. Mitt. *25* (1879): 269–271.

DUBININ, Nikolaj P.: Die Genetik und die Zukunft der Menschheit. In: Forschen – Vorbeugen – Heilen. Hrsg. Rudolf LÖTHER & A. THOM. Berlin 1974.

DUBLER, César E.: Ibn al-Baytar en armenio. Al-Andalus *21* (1956): 125–130.

DUBOS, R. J.: The professor, the institute, and DNA. New York 1976 [zu O. Th. Avery].

DÜRING, I.: Aristotle's method in biology. In: Aristote et les problèmes de méthode. Bd. 2. Louvain, Paris 1961: 213–221.

– Aristoteles: Darstellung und Interpretation seines Denkens. Heidelberg 1966.

DUMAS jr., Jean-Baptiste: La vie de Jean-Baptiste Dumas. Paris 1924.

DUNITZ, Jack D.: Carl Linus Pauling. Biogr. Mem. Fell. Roy. Soc. *42* (1996): 315–338.

DUPREE, A. H.: Asa Gray (1810–1888). Cambridge (Mass.) 1959.

DURING, Arnold: Sigmund Ritter von Exner-Ewarten 1846–1926. In: Neue Österreichische Biographie 1815–1918, Bd. VI. Wien: Amalthea-Verl. 1929: 44–54.

– Max Ruber: ein Nachruf. Wien 1932. (Sonderdr. aus d. Almanach d. Österr. AdW 1932).

DUVE, Christian DE, & George E. PALADE: Albert Claude, 1899–1983 [Nekr.]. Nature *304* (1983): 588.

DUVEEN, D. I., & H. S. KLICKSTEIN: A Bibliography of the Works of Antoine Laurent Lavoisier 1743–1794. London: Dawson 1954.

DUYSENS, Louis N. M.: The discovery of the two photosynthetic systems: a personal account. Photosynthesis Res. *21* (1989): 61–79.

EBERT, Hermann: Hermann von Helmholtz 1821–1894.

Stuttgart: Wiss. Verl.ges. 1949. (Große Naturforscher, 5).

ECCLES, John C.: My scientific odyssey. In: The excitement and fascination of science. Ed. William C. GIBSON. Bd. 2. Palo Alto (Calif.): Ann. Rev. Inc. 1978: 121–138.

– & W. C. GIBSON: Sherrington: his life and thought. Berlin [West] 1979.

ECK, Siegfried: Dem Andenken Otto Kleinschmidts zu seinem 100. Geburtstag am 13. 12. 1970 gewidmet. Halle 1970. (Zool. Abh. Mus. Tierkunde, 31).

ECKER, Alexander A. P.: Lorenz Oken: eine biographische Skizze. Stuttgart 1880.

– Hundert Jahre einer Freiburger Professorenfamilie: biographische Aufzeichnungen. Freiburg i. Br. 1886.

EDLBACHER, S.: Albrecht Kossel zum Gedächtnis [Nekr.]. Z. Physiol. Chemie *177* (1928): 1–14.

EHLERS, E.: Goettinger Zoologen. In: Festschrift zur Feier des hundertfünfzigjährigen Bestehens der Königlichen Gesellschaft der Wissenschaften zu Göttingen. Berlin 1901: 391–494.

– Albert von Koelliker zum Gedächtnis [Nekr.]. Z. wiss. Zool. *84* (1906): I–XXVI.

EIBL-EIBESFELDT, Irenäus: „Fishy, Fishy, Fishy" [Autobiogr.]. In: DEWSBURY 1989: 69–92.

EIBSAUR, A.: Hans Eysenck: The Man and His Work. London 1981.

EICHHORN, Karl: Heinrich Geissler: Leben und Werk eines Pioniers der Vakuumtechnik. Remscheid-Lennep 1984. (Schriftenr. Dt. Röntgen-Mus., 6).

EICHLER, Wolf-Dietrich, & Ilse JAHN: Fritz Peus 1904–1978. Angew. Parasitol. *20* (1979): 164–167.

ELHAIK, Victor: Dionis, chirurgien du XVIIe siècle, sa vie, son œuvre … Alger: Crescenzo 1940. (Thèse de médecine, Alger, 1940, 12).

ELSTER, H.-J.: Valentin Haecker und die Erforschung der Fortpflanzungsbiologie des limnischen Zooplanktons. Zool. Anz. *174* (1965): 22–37.

ENGEL, H.: In Memoriam Johan Abraham Bierens de Haan … Vakblad voor Biologen *38* (1958): 113–114.

ENGELHARDT, Dietrich VON, & Fritz HARTMANN: Klassiker der Medizin. Bd. 1 u. 2. München: Beck 1991.

ENGELMANN, G.: Heinrich Berghaus: der Kartograph von Potsdam. Halle (Saale) 1977. (Acta hist. Leopoldina, 10).

ENGELMANN, Wilhelm (Hrsg.): Bibliotheca historico-naturalis: Verzeichnis der Bücher über Naturgeschichte, welche in Deutschland, Skandinavien, Holland, England, Frankreich, Italien und Spanien in den Jahren 1700–1846 erschienen sind. Leipzig 1846. Forts.: CARUS, J. Victor, & Wilhelm ENGELMANN (Hrsg.): Bibliotheka zoologica. Leipzig 1861. Forts.: TASCHENBERG, Otto (Hrsg.): Bibliotheca zoologica 2: 1861–1880. 8 Bde. Leipzig, 1887–1913.

ENGLER, Adolf: Biographie von Max Wichura. Rübezahl, Schlesische Provinzialblätter *13* (1874) 8.

– Karl Prantl [Nekr.]. Ber. Deut. Bot. Ges. *11* (1893): (34)–(39).

– Sir Joseph Hooker [Nekr.]. Ber. Deut. Bot. Ges. *30* (1912): (87)–(94).

ENIGK, K.: Geschichte der Helminthologie im deutschsprachigen Raum. Stuttgart 1986.

Erich von Holst zum Gedächtnis. Mit Beitr. von Bernhard Hassenstein, Konrad Lorenz, W. Metzger [et al.] = 4. Biolog. Jahresheft 1964 (Werk-Verz.).

Essig, E. O.: A History of Entomology. New York, London 1965.

Eulner, Hans-Heinz: Eduard Hitzig (1838–1907): Wiss. Z. Univ. Halle, Math-nat. R., *VI* (1957) 5: 709–712.

– Johann Christian Senckenberg (1707–1772) und sein Werk. Hessisches Ärztebl. *22* (1961) 3: 135–138, 145–154.

– Die Entwicklung der medizinischen Spezialfächer. Stuttgart 1970.

F. A. S.: C. A. Agardh: Systema algarum. Taxon *15* (1966): 276–277.

Fässler, Peter E.: Hilde Mangold (1898–1924): ihr Beitrag zur Entdeckung des Organisatoreffekts im Molchembryo. Biol. in unserer Zeit *24* (1994) 6: 323–329.

Farmer, J. B.: Robert Brown. In: Makers of British Botany. Hrsg. F. W. Oliver. London 1913: 108–128.

Fedoroff, Nina V.: Barbara McClintock 16 June 1902– 2 September 1992. Biogr. Mem. Fell. Roy. Soc. *40* (1994): 265–280.

Feldberg, W. S.: Sir Henry Hallett Dale. Biogr. Mem. Fell. Roy. Soc. *16* (1970): 77–174.

Felix, K.: Robert Feulgen zum Gedächtnis. Z. physiol. Chemie *307* (1957): 1–13 [Porträt u. Werk-Verz.].

Fellner, St.: Compendium der Naturwissenschaften an der Schule zu Fulda im IX. Jh. Berlin 1879 [zu Hrabanus Maurus].

– Albertus Magnus als Botaniker. In: Jb. d. k. u. k. Ober-Gymn. Schott in Wien. Wien 1881.

Festetics, Antal: Konrad Lorenz: aus der Welt des großen Naturforschers. München, Zürich: Piper 1983.

Fick, Friedrich, & M. von Frey: Adolf Fick, Professor der Physiologie (1829–1901). In: Lebensläufe aus Franken. Würzburg 1902.

Fick, Rudolf: Gedächtnisrede auf Max Rubner. Berlin 1932. (Sonderausg. aus d. Sb. preuß. AdW, öffentl. Sitzung von 30. Juni 1932).

Fiedler, H.: Georg-Forster-Bibliographie 1767 bis 1970. Berlin 1971.

Fildes, Paul: Frederick William Twort. Obit. Not. Fell. Roy. Soc. *7* (1951): 505–517.

Finch, J. S.: Sir Thomas Browne: a doctor's life of science and faith. New York (N. Y.): Schumann 1950.

Fischer, E. Peter: Licht und Leben: ein Bericht über Max Delbrück, den Wegbereiter der Molekularbiologie. Konstanz: Univ.-Verl. 1985.

– Das Atom der Biologen: Max Delbrück und der Ursprung der Molekulargenetik. München, Zürich 1988.

Fischer, H.: Die Heilige Hildegard von Bingen, die erste deutsche Naturforscherin und Ärztin. München 1927. (Münchn. Beitr. z. Gesch. u. Lit. d. Naturwiss. u. Med., 7/8).

Fischer, Jean-Louis: Leben und Werk von Camille Dareste 1822–1899: Schöpfer der experimentellen Teratologie. Aus d. Franz. übers. von Johannes Klapperstück. Halle/Saale: Leopoldina 1994. (Acta Historica Leopoldina, 21).

Fitting, Hans: Hermann Vöchting 1847–1917 [Nekr.]. Ber. Dt. Bot. Ges. *37* (1919): (41)–(77).

Florey, Ernst: Memoria: Geschichte der Konzepte über die Natur des Gedächtnisses. In: Das Gehirn – Organ der Seele? Zur Ideengeschichte der Neurobiologie. Hrsg. Ernst Florey & Olaf Breidbach. Berlin: Akad. Verl. 1993: 151–216 [enthält KB].

Florilège des sciences en Belgique … Bruxelles: Acad. Roy. 1968–1980.

Focke, Wilhelm O.: Gottfried Reinhold Treviranus. Abh. naturwiss. Ver. zu Bremen *6* (1879): 11–48.

Förster, Karl: Carl August Corda und die Frühzeit der Protistenkunde: zur 175. Wiederkehr seines Geburtstages (22. 10. 1809). A. Protistenkunde *130* (1985): 191–200.

Fontaine, J.: Isidoro de Sevilla: padre de la cultura europea. In: La conversión de Roma. 1990: 265–293.

Ford, E. B.: Theodosius Grigorievich Dobzhansky. Biogr. Mem. Fell. Roy. Soc., *23* (1977): 59–89 [Werk-Verz.].

Forel, August: [Autobiographie]. In: Medizin der Gegenwart in Selbstdarstellungen. Hrsg. Grote. Bd. VI. Leipzig 1927: 53 ff.

Forni, G. G.: Marcello Malpighi: sperimentatore, biologo e medico. Studi Mem. Stor. Univ. Bologna, N. S., *1* (1954).

Fraga Vázquez, Xosé A.: Victor Lopez Seoane. La Coruña: Galicia Ed. S. A. 1992.

– The Institutionalization of marine biology in Spain: the myth of González de Linares (1845–1904). Antilia *II* (1996), 21 S. (unpag.).

– s. a. DiccGalicia

Frank, Otto: Carl von Voit [Nekr.]. Z. Biol. *51* (1908): I–XXIV.

Franke, W.: Zu Hans von Eulers 80. Geburtstag. Naturwiss. *40* (1953): 177–180.

Franz, Elli: Adalbert Seitz: *24. 2. 1860 in Mainz – †5. 3. 1938 in Darmstadt [Nekr.]. Natur u. Volk, Senckenberg. Naturf. Ges. *68* (1938): 354–359.

Freeman, R. B.: Charles Darwin: a Companion. Folkstone (Kent): Dawson 1978. (Dawson-Dictionary).

Frey [später Frey-Wyssling], Albert: Hermann Ambronn [Nekr.]. Ber. Dt. Bot. Ges. *45* (1927): (60)– (71).

– Lehre und Forschung. Stuttgart: Wiss. Verl.ges. 1984. (Große Naturforscher, 44).

Freye, Hans-Albrecht: Valentin Haecker (1864–1927) und die Phänogenetik. Zool. Anz. *174* (1965): 401– 410.

– Nekr. auf Albert Frey-Wyssling. Jb. Akad. d. Wiss. u. Lit. Mainz 1989: 94–95.

Frisch, Karl von: Erinnerungen eines Biologen. Berlin, Göttingen, Heidelberg 1957, 2. Aufl. Berlin 1962, 3. Aufl. 1973.

Froehner, R.: Simon von Athen. Beitr. Gesch. Veterinärmed. *1* (1938/39): 193–201.

Frolov, J. P.: Ivan Petrovič Pavlov: ein großer russischer Gelehrter. Berlin 1955.

Fruton, Joseph S.: A Bio-Bibliography for the History of the Biochemical Sciences since 1800. Philadelphia 1982. (Ann. Philos. Soc.).

Fürst, C. M.: [Werk-Verz. zu Gustav Magnus Retzius]. Biolog. Untersuchungen, N. S., Jena *19* (1921): 92–100.

Gabathuler, J.: Emil Abderhalden: sein Leben und Werk. St. Gallen: Ribaux 1991.

GÄRTNER, Robert: Johannes Dzierzon. In: Schlesische Lebensbilder. Hrsg. Friedrich ANDREA [et al.]. Bd. 4. 2., unver. Neuaufl. Sigmaringen: Thorbecke 1990: 396–402.

GAISSINOVITCH (GAJSINOVIČ), Abba E.: K. F. Wolff i učenie o razvitii organizmov (v svjazi s obščei evoljuciei naučnogo mirovozrenia). Moskva 1961.

– N. I. Vavilov: in commemoration of the 25th anniversary of his death. Folia Mendeliana *3* (1968): 55–58.

– In commemoration of Boris L. Astaurov. Folia Mendeliana *10* (1975): 247–252.

– The origins of Soviet Genetics and the Struggle with Lamarckism, 1922–1929. J. Hist. Biol. *13* (1980): 1–51.

GALL, J. M.: Gonkij eksperimentator [über Georgij Francevič Gauze]. In: Vydajuščiesja otečestvennye biologii. Red.–sost. E. I. KOLČINSKIJ. Sankt-Peterburg 1996: 59–68.

GARBOE, A.: Thomas Bartholin. 2 Bde. Copenhagen 1949–1950. (Acta Hist. Sci. Nat. et Med., 5).

GARCÍA GONZÁLEZ, Armando: Antonio Parra en la ciencia hispanoamericana del siglo XVIII. La Habana: Ed. Academia 1989.

GASCOIGNE, Robert M.: A historical catalogue of scientists and scientific books: from the earliest times to the close of the 19 century. New York [u. a.]: Garland 1984.

GAUPP, E.: August Weismann: sein Leben und sein Werk. Jena 1917.

GEANAKOPLOS, D. J.: Theodore Gaza: a Byz. Scholar of the Palaeologan „Renaissance" in the Italian Renaissance. Medievalia et Humanistica (1984) 12: 61–81.

GEBHARDT, Karin: Zum philosophischen Gehalt des biotheoretischen Werkes August Weismanns. Dt. Z. Philos. *13* (1965): 1280–1292.

GEBHARDT, Ludwig: Die Ornithologen Mitteleuropas: ein Nachschlagewerk. Bd. 1–4 (Bd. 2–4 als Sonderh. 111, 115 u. 121 des *J. für Ornithol.*). Gießen: Brühlscher Verl. 1964, u. (Berlin) 1970, 1974 u. 1980.

GEGENBAUR, Carl: Erlebtes und Erstrebtes. Leipzig 1901.

GEISON, Gerald L.: Michael Foster and the Cambridge School of physiology: the scientific enterprise in late Victorian society. Princeton (N. J.): UP 1978.

GENSICHEN, Hans-Peter: Naturwissenschaft und Theologie im Werk von Otto Kleinschmidt. Diss., Theol. Fak., Univ. Halle 1978.

GERCKE, A.: Theodoros Gazes. In: Festschr. d. Univ. Greifswald. Greifswald 1903: 22–46.

GERSCH, M.: Paul Buchner [Nekr.]. Verh. Dt. Zool. Ges. *72* (1979): 319–321.

GERSTENGARBE, Sybille: Die Leopoldina und ihre jüdischen Mitglieder im Dritten Reich. Leopoldina, R. 3, *39* (1994): 363–410.

Geschichte der Mikroskopie. Hrsg. Hugo FREUND & Alexander BERG. Frankfurt a. M.: Umschau-Verl. 1963–1966.

GEUS, Arnim: Johann David Schoepf – Leben und Werk. Jb. Hist. Verein Mittelfranken *84* (1968): 83–161.

– Jacob Theodor Klein und seine Vorstellung von seinem System der Tiere. Jb. Fränk. Landesfo. *30* (1970): 1–13.

– Zoologie. In: Die Naturwissenschaften an der Philipps-Universität Marburg 1527–1977. Rudolf SCHMITZ unter Mitarb. von … Marburg: Elwert 1978: 159–184.

– & Hans QUERNER: Deutsche Zoologische Gesellschaft 1890–1990. Stuttgart 1990.

GIESE, E., & B. VON HAGEN: Geschichte der Medizinischen Fakultät der Friedrich-Schiller-Universität Jena. Jena 1958.

GILBERT, Pamela: A Compendium of the Biographical Literature on Deceased Entomologists. London: Brit. Mus. 1977.

GILLI, Marita: Georg Forster: l'œuvre d'un penseur allemand réaliste et révolutionnaire, 1754–1794. Lille, Paris 1975.

GIMMLER, H. (Hrsg.): Julius Sachs und die Pflanzenphysiologie heute. Würzburg 1984. (Sonderbd. Ber. Physikal.-med. Ges. Würzburg).

GLOEDE, W.: Vom Lesestein zum Elektronenmikroskop. Berlin 1986.

GODDARD, D. R.: Jacob William Robbins [Nekr.]. Am. Philos. Soc. Year Book (1979): 100–102.

GOEBEL, Karl VON: Melchior Treub [Nekr.]. Ber. Dt. Bot. Ges. *28* (1910): (21)–(31).

– Wilhelm Hofmeister. Leipzig 1924. (Große Männer: Studien zur Biol. des Genies, hrsg. von Wilhelm OSTWALD, 8).

GOERKE, Heinz: Carl von Linné: Arzt, Naturforscher Systematiker. Stuttgart: Wiss. Verl.ges. 1966, 2. erw. Aufl. 1989. (Große Naturforscher, 31).

– Hans-Heinz Eulner † [Nekr.]. Nachrichtenbl. DGGMNT *30* (1980) 3: 135–138.

GOEZE, Johann A. E.: D. Friedr. Heinr. Wilh. Martini's Leben. Berlin 1779.

GOLDSCHMIDT, Richard: Portraits from memory. Washington 1958. (dt. u. d. T.: Erlebnisse und Begegnungen. Berlin, Hamburg 1959).

GOTHAN, W.: Henry Potonié 1857–1913 [Nekr.]. Ber. Dt. Bot. Ges. *31* (1913): (127)–(136).

GOTTLIEB, Bernward J.: Bedeutung und Auswirkungen des Hallischen Professors Georg Ernst Stahl auf den Vitalismus des XVIII. Jhs. … Nova Acta Leopoldina, N. F. 12, *89* (1943): 423–502.

GRAEPEL, Peter H.: Carl Friedrich von Gärtner (1772–1850): Familie – Leben – Werk. Pharm. Diss., Univ. Marburg. Marburg/L. 1978.

GRANIN, Daniel: Der Genetiker. Köln 1988.

GRANIT, Ragnar A., & F. RATLIFF: Haldan Keffer Hartline. Biogr. Mem. Fell. Roy. Soc. *31* (1985): 261–292.

GRASSHOFF, Manfred: Wolfgang Friedrich Gutmann † [Nekr.]. Natur u. Mus. *127* (1997) 8: 281–284.

GRAU, Craig R., Donald J. HAGEDORN & Paul H. WILLIAMS: John Charles Walker 1893 to 1994 [Nekr.]. Phytopythology *85* (1995): 636.

GREDILLA Y GAUNA, A. F.: Biografía de José Celestino Mutis: con la relación de su viaje y estudios practicados en el nuevo Reino de Granada … Madrid 1911.

GREEN, J. H. S.: Joachim Jung (1587–1657). Nature *180* (1957): 570–571.

– Marshall Hall (1790–1857): a biographical study. Med. Hist. *2* (1958): 120–133.

GREENE, Edward L.: Landmarks of Botanical History. Hrsg. F. EGERTON. 2 Tle. Stanford 1983.

GRIGOR'JAN, N. A., & E. B. MUZRUKOVA: Professor Leonid Jakovlevič Bljacher. VIET – Vopr. istorii estestvozn. i techniki *1* (1994): 20–26.

GRIMAUX, Edouard: Lavoisier 1743–1795: d'après sa correspondance, ses manuscrits, ses papiers de famille et d'autres documents inédits. Paris 1888, 2. Aufl. 1896, 3. Aufl. 1899.

GRIMSLEY, Ronald: Jean d'Alembert. Oxford 1963.

GROSSER, J.: Georg Harig [Nekr.]. Charité-Ann., N. F., *9* (1989): 57–61.

GRUMANN, Vitus: Biographisch-bibliographisches Handbuch der Lichenologie. Nach d. Tode d. Verf. für d. Herausg. durchges. von Oscar KLEMENT. Hildesheim: Gerstenberg 1974.

GUDGER, E. W.: The 5 great naturalists of the 16th century: Belon, Rondelet, Salviani, Gesner and Aldrovandi. A chapter in the history of ichthyology. Isis *22* (1934): 24–40.

GÜNTHER, Norbert: Ernst Abbe: Schöpfer der Zeiss-Stiftung 1839–1905. 2., verb. Aufl. Stuttgart: Wiss. Verl.ges. 1951. (Große Naturforscher, 2).

GUERLAC, H.: Antoine Laurent Lavoisier: Chemist and Revolutionary. New York: Scribner's Sons 1975.

GUERRA, Francisco: Nicolás Bautista Monardes: su vida y su obra (ca. 1493–1588). México 1961.

GULYGA, Arsenij V.: Schelling: Leben und Werk. A. d. Russ. übertr. von Elke KIRSTEN. Stuttgart: Dt. Verl.-Anst. 1989.

GUSTAFSON, Tryggve: John Runnström in Memoriam 1888–1971. Experim. Cell. Res. *72* (1972) 1: 2–4.

GUTIERREZ BUSTOS, Raul: Schelling: apuntes biográficos. Málaga: Ed. Edinford 1990.

GUTTENBERG, Hermann VON: Gottlieb Haberlandt. Phyton *6* (1955): 1–88.

H. D. W.: Frederick Griffith [Nekr.]. Lancet (1941): 588–589 (3 May).

HABERLANDT, Gottlieb: Erinnerungen, Bekenntnisse und Betrachtungen. Berlin 1933.

HABERLING, W.: Johannes Müller. Leipzig 1924.

HACKETHAL, Sabine: Kurzbiographien und Porträts Berliner Zoologen. Wiss. Z. d. Humboldt-Univ. Berlin, Math.-nat. R., *34* (1985): 385–406.

– Betrachtungen zur Tierdarstellung in der Renaissance anhand der Aquarelle von Lazarus Röting (1549–1614). In NTM-Schriftenr. Gesch. Naturwiss., Technik u. Med. *27* (1990): 49–64.

– Friedrich Sellow (1789–1831): Skizzen einer unvollendeten Reise durch Südamerika. Fauna Flora Rheinland-Pfalz, Landau *17* (1995), Beih., S. 215–228.

HAECKER, Rudolph: Das Leben von Valentin Haecker. Zool. Anz. *174* (1965): 9–14, Werk-Verz. S. 14–19.

HAGEBERG, K.: Carl Linnaeus. Hamburg 1946.

HAGEMANN, R.: Professor Hans Stubbe zum 80. Geburtstag und zur Ehrenpromotion durch die Fakultät für Naturwissenschaften der Martin-Luther-Universität Halle Wittenberg. Wiss. Z. MLU Halle–Wittenberg *33* (1984) 3: 95–145.

HAGNER, Michael & Elisabeth VESPER: Einige Nachrichten über die Bibliothek des Anatomen und Physiologen Karl Asmund Rudolphi. Wolfenbüttler Notizen zur Buchgeschichte *16* (1991) 1: 41–62.

HALBSGUTH, W.: Hans Fitting [Nekr.]. Ber. Dt. Bot. Ges. *86* (1973): 577–586.

HALLER, H.–R.: Gustav Wolff und sein Beitrag zur Lehre vom Vitalismus. Basel 1968. (Baseler Veröffentl. …, 24).

HAMY, E. T.: Pierre Gilles d'Albi: le père de la Zoologie française. Nouv. A. Muséum … Paris, 4e Sér., *II* (1900): 1–24.

HANHART, I.: Conrad Geßner: ein Beitrag zur Geschichte des wissenschaftlichen Strebens. Winterthur 1824.

HANKINS, Thomas: Jean d'Alembert: scientist and philosopher. Diss., Cornell Univ., 1964.

HANSEN, A.: S. N. Winogradsky [Nekr.]. Ber. Dt. Bot. Ges. *68 a* (1955): 288–290.

HANSON, Horst: Der XX. Präsident (1931–1950): Emil Abderhalden (1877–1950). In: Nunquam otiosus. Beiträge zur Geschichte der Präsidenten der Deutschen Akademie der Naturforscher Leopoldina. Hrsg. E. REICHENBACH & Georg USCHMANN. Leipzig: Barth 1970: 257–317. (Nova Acta Leopoldina, 198/N. F. 36).

HANSTEIN, Johannes VON: Christian Gottfried Ehrenberg: ein Tagewerk auf dem Felde der Naturforschung des neunzehnten Jahrhunderts. Bonn 1877.

HARDER, R.: Hans Kniep [Nekr.]. Ber. Dt. Bot. Ges. *48* (1931): (164)–(196).

HARIG, Georg, & Jutta KOLLESCH: Diokles von Karystos und die zoologische Systematik. NTM *11* (1974)1: 24–31.

HARPRECHT, K.: Georg Forster oder Die Liebe zur Welt: Eine Biographie. Reinbek: Rowohlt 1987.

HARRIS, H.: Joachim Hämmerling. Biogr. Mem. Fell. Roy. Soc. *28* (1982): 111–124.

HARTMANN, Alma VON: Chronologische Übersicht der Schriften von Eduard von Hartmann. Kantstud. *17* (1912): 501–520.

HASSEBRAUK, K.: Gustav Gassner [Nekr.]. Ber. Dt. Bot. Ges. *68 a* (1955): 189–192.

HASSENSTEIN, Bernhard: Erich von Holst [Nekr.]. Verh. Dt. Zool. Ges. *57* (1964): 676–682.

– Katharina Heinroth [Nekr.]. Verh. Dt. Zool. Ges. *83* (1990): 663–665.

– Konrad Lorenz 1903–1989: wissenschaftliches Werk und Persönlichkeit. Sb. Ges. naturf. Freunde zu Berlin, N. F., *29/30* (1990): 63–87.

– Der Biologe: erzählte Erfahrung. Freiburger Universitätsblätter *114* (1991): 85–112.

HASSLER, Rolf: Cécile und Oskar Vogt. In: KOLLE (s. d.), Bd. 2. 1959: 45–64.

HATCH, Marshall D.: I can't believe my luck. Photosynthesis Res. *33* (1992): 1–14.

HAUPT, W.: Erwin Bünning [Nekr.]. Botanica Acta *105* (1992) 1: A1–3.

H. D. W.: Frederick Griffith [Nekr.]. Lancet (1941): 588–589 (May 3).

HEER, Justus, Carl SCHRÖTER [et al.]: Oswald Heer: Lebensbild eines schweizerischen Naturforschers. 2 Tle. Zürich 1887.

HEESE, W.: Die Schriften von Valentin Haecker (1864–1927) während seines Wirkens als Ordinarius für Zoologie an der Universität Halle (1909–1927). Hercynia, N. F., *6* (1969): 436–439.

HEIDER, Karl: Gedächtnisrede auf Franz Eilhard Schulze. Sb. Preuß. AdW (1922): 1 ff.

HEINECKE, Horst, & Siegfried JAEGER: Entstehung von Anthropoiden-Stationen zu Beginn des 20. Jhs. Biol. Zbl. *112* (1993): 215–223.

HEINROTH, Katharina: Oskar Heinroth. Stuttgart: Wiss. Verl.ges. 1971. (Große Naturforscher, 35).

– Mit Faltern begann's: mein Leben mit Tieren in Breslau, München und Berlin. München: Kindler 1979.

HEITLER, W.: Erwin Schrödinger 1887–1961. Biogr. Mem. Fell. Roy. Soc. *7* (1961): 221–228.

HELDMANN, Georg: Johann Jakob Kaup: Leben und Wirken des ersten Inspektors am Naturalien-Cabinet des Großherzoglichen Museums 1803–1873. Darmstadt 1955.

– Johann Jakob Kaup ... Richtigstellungen und Ergänzungen. Darmstadt 1958.

HELFRICH, Joseph: Der 1. Präsident J. L. Bausch. Nova Acta Leopoldina, N. F. *36, 198* (1970): 79–95.

HENDRICKS, Gordon: Eadweard Muybridge: the father of the motion picture. London: Secker & Warburg 1975.

HENDRICKS, Sterling B.: The passing scene [Persönl. Erinnerungen]. Ann. Rev. Plant Physiol. *21* (1970): 1–10.

– Harry Alfred Borthwick [Nekr.]. Biogr. Mem. National Acad. Sci. USA *48* (1976): 105–122.

HENINGER, J.: Der wissenschaftliche Nachlaß von Paul Hermann. Wiss. Z. Univ. Halle *18* (1969): 527–560.

HENTSCHEL, Erwin J., & Günther H. WAGNER: Zoologisches Wörterbuch. 6., überarb. u. erw. Aufl. Jena: G. Fischer 1996.

HENTZE, Bernd-Walter: Gottlieb Wilhelm Bischoff (1797–1854): Leben und Werk. Biol. Diss., Univ. Heidelberg, 1975.

HEROLD, Johann M. D.: [Autobiographie]. In: Hessische Gelehrtengeschichte 1806–1830. Hrsg. STRIEDER, fortges. von JUSTI. Marburg 1831: 193.

HERRLINGER, R.: Volcher Coiter. Nürnberg 1952.

HERTWIG, Paula: Nikolaj Petrovič Dubinin. Nova Acta Leopoldina, N. F. 21 *143* (1959): 260–264.

HERZOG, Th.: Ludwig Radlkofer [Nekr.]. Ber. Dt. Bot. Ges. *45* (1928): (79)–(88).

HESSE, Peter G., & Joachim S. HOHMANN: Friedrich Schaudinn (1871–1906): sein Leben und Wirken als Mikrobiologe. Eine Biographie. Frankfurt a. M. [u. a.]: Lang 1995.

HEUSS, Theodor: Anton Dohrn in Neapel. Berlin, Zürich 1940.

HILGARD, Ernest R.: Robert Mearns Yerkes: May 26 1876–February 3 1956. Biogr. Mem. National Acad. Sci. USA *38* (1965): 385–425.

HILL, A. V.: AUGUST SCHACK STEENBERG KROGH. OBIT. NOT. FELL. ROY. SOC. 7 (1950): 221–237.

HILL, Robert s. Special issue

HINTZSCHE, E.: Alfonso Corti. Bern 1944.

HIRSCH, G. Chr. (Hrsg.): Index biologorum. Berlin 1928.

HIRSCHMÜLLER, Albrecht: Paul Kammerer und die Vererbung erworbener Eigenschaften. Med. hist. J. *26* (1991): 26–77.

HIRSZFELD, H. [et al.]: Ludwik Hirszfeld. Wrocław 1956. (dt. von M. JAWORSKI: Ludwig Hirszfeld. Leipzig 1980).

HIS, Wilhelm: Lebenserinnerungen. Leipzig 1903.

HOARE, Michael E.: The tactless Philosopher: Johann Reinhold Forster. Melbourne 1976.

HODGKIN, Alan: Edgar Douglas Adrian, Baron Adrian of Cambridge. Biogr. Mem. Fell. Roy. Soc. *25* (1979): 1–73.

HODGKIN, Dorothy M. C.: John Desmond Bernal 1901–1971. Biogr. Mem. Fell. Roy. Soc. *26* (1980): 17–84.

HÖFLER, Karl: Hans Molisch [Nekr.]. Ber. Dt. Bot. Ges. *56* (1938): (161)–(199).

HÖLDER, Helmut: Geologie und Paläontologie in Texten und ihrer Geschichte. München 1960. (Orbis Academicus, [1], 2, 11)

HÖPFNER, Günther: Nees von Esenbeck: ein deutscher Gelehrter an der Seite der Arbeiter. In: Schriften aus dem Karl-Marx-Haus Trier, Bd. 47. Trier 1994: 9–102.

HÖXTERMANN, Ekkehard: Kurzbiographien und Porträts von Botanikern in der Geschichte der Berliner Universität. In Wiss. Z. Humboldt-Univ. Berlin, Math.-nat. R., *34* (1985): 360–384.

– „Das Wetter wird vermutlich schön ...": eine Erinnerung an Gottlieb Haberlandt (1854–1945) im 50. Todesjahr. Biol. Zbl. *115* (1996): 214–240.

– W. HASS, D. KOWALICK & E.-E. KRÜPER: „Entwicklung ist alles!": Gottlieb Haberlandt, 1854–1954. Gleditschia 6 (1978): 61–84.

HOLDEN, Constance: Biologist Is New Head of Kennedy Institute [Thomas Joseph King]. Science *209* (1980): 665 (8. August).

HOLZMANN, Bruno: Eduard Strasburger: sein Leben, seine Zeit und sein Werk. Diss. nat., Univ. Frankfurt a. M., 1967.

HOPKINS, Frederick G., & Charles J. MARTIN: Arthur Halden 1865–1940. Obit. Not. Fell. Roy. Soc. *4* (1942): 3–14.

HOPPE, Brigitte: Das Kräuterbuch des Hieronymus Bock [mit biogr. Einleitung S. 1–89]. Stuttgart: Hiersemann 1969.

– Die Beziehungen zwischen J. G. Mendel und C. W. Nägeli aufgrund neuer Dokumente. Folia Mendeliana (Brno) *6* (1971): 123–138.

– Die Institutionalisierung der Zellforschung in Deutschland durch Rhoda Erdmann (1870–1935). Biologie heute (1989) 366: 2–4 u. 9 (Beil. zur Naturwiss. Rdsch. 7/1989).

HORN, Walther, & Sigmar SCHENKLING: Index Litteraturae Entomologicae. Serie I: Die Welt-Literatur über die gesamte Entomologie bis inklusive 1863. 4 Bde. Berlin–Dahlem 1928–1929. [Forts. s. DERKSEN & (GÖLLNER-)SCHEIDING].

HORSTMANN, E.: Hermann Bautzmann [Nekr.]. Verh. Dt. Zool. Ges. *57* (1964): 667–669.

HOSSFELD, Uwe: Der Ritter-Professor Victor Franz (1883–1950) aus Jena – Ehrenmitglied der Naturforschenden Gesellschaft des Osterlandes zu Altenburg. Schr. Naturf. Ges. Osterl. zu Altenburg *3* (1993): 33–43.

– Gerhard Heberer. Diss. nat., Univ. Jena, 1995.

HOWALD, E.: Der Dichter Kallimachos von Kyrene. Erlenberg–Zürich 1943.

HUARD, P.: Léonard da Vinci: dessins anatomiques. Paris 1961.

HUBER, B.: Ernst Münch 1876–1946 [Nekr.]. Ber. Dt. Bot. Ges. *68 a* (1955): 135–140.

HÜBNER, H., & B. THALER (Hrsg.): Georg Forster (1754–1794): ein Leben für den wissenschaftlichen und politischen Fortschritt. Halle 1981. (Wiss. Beitr. d. MLU Halle–Wittenberg, 42).

HÜNEMÖRDER, Christian: Jakob von Uexküll (1864–1944) und sein Hamburger Institut für Umweltforschung. Göttingen: Vandenhoeck & Ruprecht 1979 (Disciplinae novae. Hrsg. Christoph J. SCRIBA).

– Probleme der Intension und Quellenerschließung der sogenannten 3. Fassung des „Liber de natura rerum" des Thomas von Cantimpré. In: Arbor amoena comis. Hrsg. Ewald KÖNSGEN. Stuttgart: Steiner 1990: 241–249.

HÜSKEL, W.: Niilo Johannes Toivonen [Nekr.]. Chem. Ber. 99 (1966): I–XXXIII.

HUHLE-KREUTZER, Gabriele: Die Entwicklung arzneilicher Produktionsstätten aus Apothekenlaboratorien: dargestellt an ausgewählten Beispielen. Stuttgart: Dt. Apotheker Verl. 1989 (Quellen u. Stud. zur Gesch. d. Pharmazie, 51). Zugl.: Marburg, Univ., Diss., 1987.

HUMPHREY, H. B.: Makers of North American Botany. New York 1961.

HUNGER, F. W. T.: Charles de l'Ecluse (Carolus Clusius): Nederlandsch Kruidkundige (1526–1609). 's-Gravenhage 1927.

HUS, H.: Jean Marchant: an eighteenth century Mutationist. Am. Natural. 45 (1911): 492–506.

HUSEINI, I. M.: The Life and Works of Ibn Qutayba. Beirut 1950. (Publ. Fac. of Arts and Sci. Am. Univ., Oriental Ser., 21).

HUXLEY, L. (Ed.): Life and letters of Thomas Henry Huxley. 2 vols. London 1900–1902.

– Life and letters of Sir Joseph Dalton Hooker. 2 vols. London 1900–1903, Nachdr. 1969.

IGNATIUS, A.: Robert Koch: Leben und Forschung. Stuttgart 1965.

ILTIS, H.: Gregor Johann Mendel: Leben, Werk und Wirkung. Berlin 1924.

Index des zoologistes. Paris 1953–1959.

IRMISCH, T.: Über einige Botaniker des 16. Jhs., welche sich um die Erforschung der Flora Thüringens, des Harzes und der angrenzenden Gegenden verdient gemacht haben. In: Programm des Fürstl. Schwarzenberg Gymnasiums zu Sondershausen 1862: 3–58.

ISELY, Duane: One Hundred and One Botanists. Ames (Iowa) 1994.

ISLER, Hansruedi: Thomas Willis: ein Wegbereiter der modernen Medizin 1621–1675. Stuttgart: Wiss. Verl.ges. 1965. (Große Naturforscher, 29).

– Thomas Willis (1621–1675): Doctor and Scientist. New York 1968.

ITERSON, G. VAN: Martinus Willem Beijerinck: his life and his work. The Hague: Nijhoff 1940.

JACOB, François: André Lwoff (1902–1994) [Nekr.]. Nature 371 (1994): 653 (20. Okt.).

JACOB, Friedrich: Johannes Buder [Nekr.]. Ber. Dt. Bot. Ges. 81 (1968): 431–434.

– Johannes Buder 16. 1. 1884–13. 7. 1966 [Nekr.]. In: Sächs. AdW zu Leipzig: Jahrbuch 1966–1968. Berlin: Akad.-Verl. 1970: 322–336.

JACOBJ, Walther: Martin Heidenhain (W). Anat. Anz. 99 (1952–1953): 89–94.

JAEGER, Siegfried: Wolfgang Köhler 1887–1967: zum 100. Geburtstag am 21. Januar, biographische Daten und Publikationen. Gesch. d. Psych.: Nachrichtenbl. d. dt.sprachigen Psychol. 4 (1987) 1: 7–30.

– (Hrsg.): Briefe von Wolfgang Köhler an Hans Geitel 1907–1920. In: Passauer Schr. zur Psychol.gesch. 9 (1988).

JAEGER, W.: Nemesios von Emesa: Quellenforschungen zum Neuplatonismus und seinen Anfängen bei Poseidonius. Berlin 1914.

– Diokles von Karystos: die griechische Medizin und die Schule des Aristoteles. 2. Aufl. Berlin 1963.

JAGODNIČEVA, L. I.: Nikolaj Ivanovič Vavilov: Bibliographie. Leningrad: Vaschnil 1978.

JAHN, Ilse: Geschichte der Botanik in Jena von der Gründung der Universität bis zur Berufung Pringsheims (1558–1864). Math.-nat. Diss., Univ. Jena 1963 (Maschinenschr.).

– Carl Ludwig Willdenow und die Biologie seiner Zeit. Wiss. Z. Univ. Berlin, Math.-nat. R., 15 (1966): 803–812.

– Bibliographie der Publikationen von Erwin Stresemann. Mitt. Zool. Mus. Berlin 46 (1970): 7–29.

– Georg Uschmann zum 60. Geburtstag. NTM-Schriftenreihe Gesch. Naturwiss., Techn. u. Med. Leipzig 10 (1973) 2: 84–86.

– Charles Darwin. Leipzig, Jena, Berlin 1982.

– Zum Gedenken an jüdische Biologen der Berliner Universität. In: Die Humboldt-Universität und ihre Geschichte. Aus der Arbeit der universitätshistorischen Kolloquien 1987–1989. Berlin 1989: 86–90 [zu Arthur Nicolaier]. (Beitr. zur Gesch. d. Humboldt–Univ. zu Berlin, 23).

– Grundzüge der Biologiegeschichte. Jena: G. Fischer 1990. (UTB für Wiss., 1534).

– Amalie Dietrich (1821–1891): Botanikerin und Forschungsreisende. In: Können, Mut und Phantasie: Portraits schöpferischer Frauen aus Mitteldeutschland. Hrsg. Annemarie HAASE & Harro KIESER. Weimar, Köln, Wien, 1993: 113–123.

– Laudatio auf Rudolph Zaunick (1893–1967). Nachrichtenbl. DGGMNT 43 (1993) 3: 127–133.

– & Isolde SCHMIDT: Ferdinand Jacob Heinrich von Müller (1825–1896): ein Australienforscher aus Rostock und die Universität Rostock … Rostock: Univ.bibl. 1996. (Veröffentl. d. Univ.bibl. Rostock, 122).

JANCHEN, E.: Richard von Wettstein: sein Leben und Wirken. Österr. Bot. Z. 82 (1933): 5–195.

JANKO, Jan: The czech cytologists F. Vejdovský, B. Němec and V. Růžička and Mendelism in the Czech Republic. Folia Mendeliana 28–29 (1993/1994): 49–62.

JANSEN, B. C. P.: Het Levenswerk van Christiaan Eijkman 1858–1930. Haarlem 1959.

JAROŠEVSKIJ, M. G.: Ivan Sečenov. Moskva: Mir 1986. Engl. Übers. von Michael BUROV, Moscow: Mir Publ. 1986.

JORPES, J. Erik: Jac. Berzelius: his life and work. transl. from the swedish manuscript by Barbara STEELE. Berkeley: UP 1970.

JOST, Ludwig: Zum hundertsten Geburtstag Anton de Barys. Z. für Bot. 24 (1930): 1–74.

JUNKER, Thomas: Julius Schuster und das Berliner Institut für Geschichte der Medizin und der Naturwissenschaften (1930–1945): eine vergessene Episode der Pharmaziegeschichtsschreibung. Gesch. d. Pharm. (DAZ-Beilage) *48* (1996) 1/2: 9–17.

– & Hannelore LANDSBERG: Die zwei Tode eines Naturforschers: der Weg Julius Schusters (1886–1949) von der Botanik zur Biologiegeschichte. Med.histor. J. *29* (1994): 149–170.

KAASCH, Michael & Joachim: Wissenschaftler und Leopoldina-Präsident im Dritten Reich: Emil Abderhalden und die Auseinandersetzung mit dem Nationalsozialismus. In: Die Elite der Nation im Dritten Reich. Hrsg. Eduard SEIDLER, Christoph SCRIBA & Wieland BERG. Halle/Saale 1995: 213–250. (Acta Historica Leopoldina, 22).

KÄSTNER, I.: Kein Nobelpreis für Maria Manasseina: Ein Beitrag zur Geschichte der Biochemie. In: Dilettanten und Wissenschaft: Zur Geschichte und Aktualität eines wechselvollen Verhältnisses. Hrsg. Elisabeth STRAUSS. Amsterdam: Rodopi 1995.

KALLMORGEN, Wilhelm: Siebenhundert Jahre Heilkunde in Frankfurt am Main. Frankfurt a. M.: Diesterweg 1936.

KANAEV, I. I.: Francis Galton [russ.]. Leningrad 1972.

KANTOROWICZ, Ernst: Kaiser Friedrich II. 2 Bde. Berlin 1928, 1931.

KANZ, Kai T.: Carl Friedrich Kielmeyer (1765–1844): Leben, Werk, Wirkung. In: Philosophie des Organischen in der Goethezeit: Studien zu Werk und Wirkung des Naturforschers Carl Friedrich Kielmeyer. Hrsg. Kai T. KANZ. Stuttgart 1994: 13–23.

KARLSON, Peter: Adolf Butenandt: Biochemiker, Hormonforscher, Wissenschaftspolitiker. Stuttgart: Wiss. Verl.ges. 1990.

KARRER, Christine: Marcus Elieser Bloch (1723–1799): sein Leben und die Geschichte seiner Fischsammlung. Sb. Ges. Naturf. Freunde zu Berlin (N. F.) *18* (1978): 129–149.

– Peter J. P. WHITEHEAD (†) & Hans-Joachim PAEPKE: Bloch & Schneider's *Systema Ichthyologiae* 1801: History and Autorship of Fish Names. Mitt. Zool. Mus. Berlin *70* (1994) 1: 99–111.

KARSTEN, George: Eduard Strasburger. Ber. Deut. Bot. Ges. *30* (1912): (61)–(86).

KATHE, J.: Robert Koch und sein Werk. Berlin 1961.

KATZ, Bernard: Stephen William Kuffler. Biogr. Mem. Fell. Roy. Soc. *28* (1982): 225–260.

KEKWICK, R. A., & Kai O. PEDERSEN: Arne Tiselius. Biogr. Mem. Fell. Roy. Soc. *20* (1974): 401–428.

KERN, H.: Ernst Gäumann [Nekr.]. Ber. Dt. Bot. Ges. *77* (1964): (238)–(248).

KERVELLA, E. J.: La vie et l'œuvre de Bichat 1771–1802. Paris 1931.

KEYNES, Geoffroy L.: John Ray 1627–1705: a bibliography. London 1951, 2. Aufl. Amsterdam 1976.

– The Life of William Harvey. Oxford: Clarendon Press 1966.

– Bacon, Harvey and the originators of the Royal Society ... (The Wilkins Lecture 1967). In: Proc. Roy. Soc. London 1967.

– & J. F. FULTON: The Honourable Robert Boyle: A handlist of his works. 1932.

KILLERMANN, S.: Albrecht Dürers Werk: eine natur- und kulturgeschichtliche Untersuchung. Regensburg 1953.

KING-HELE, D.: Erasmus Darwin. London 1963.

– Doctor of revolution: the life and genius of Erasmus Darwin. London 1977.

Klassiki sovetskoj genetiki: 1920–1940. Leningrad 1968.

KLATT, Bertolt: Hans Lohmann [Nekr.]. Mitt. Zool. Staatsinst. u. Mus. Hamburg *45* (1935): I–X.

KLAUSEWITZ, Wolfgang: Eduard Rüppell zum 100. Todestag. Natur u. Museum *114* (1984) 12: 337–356.

– Eduard Rüppell 1794–1884. In: 175 Jahre Senckenbergische Naturforschende Gesellschaft. Bd. 1. Frankfurt a. M. 1992: 265–270.

KLEMM, V.: Albrecht Daniel Thaer und die Entstehung einer eigenständigen Landwirtschaftswissenschaft in Deutschland. In: Was sagt uns Thaer heute? Möglin 1991.

– & G. MEYER: Albrecht Daniel Thaer. Halle 1968.

KLÖCKER, A.: Emil Christian Hansen. Ber. Deut. Bot. Ges. *27* (1909): (73)–(84).

KLOPFER, Peter H., & Jack P. HAILMAN: An introduction to animal behavior: Ethology's first Century. Englewood Cliffs (New Jersey) 1967.

KLUG, Johann Chr. Fr.: Erichsons Nekrolog. Stettiner Entomol. Z. (1850) 11: 33–36.

KLUNZINGER, C. B.: Theodor Eimer: ein Lebensabriss mit Darstellung der Eimer'schen Lehren nach ihrer Entwickelung. In: Jahresh. d. Vereins vaterländ. Naturkunde Württemberg (1899): 1–22 [Werk-Verz. S. 9–12].

KNIEP, Hans: Ernst Stahl [Nekr.]. Ber. Dt. Bot. Ges. *37* (1919): (85)–(104).

KNOLL, F.: Karl Höfler [Nekr.]. Almanach Österr. AdW *124* (1974): 387–408.

KNOLLE, Friedel: J. A. E. Goeze als Ornithologe. Naturkundl. Jber Mus. Heineanum *10* (1975): 43–46.

KNORRE, Heinrich VON: Boris Raikov: Lebensbild eines sowjetischen Historikers der Biologie (1880–1966) [Nekr.]. Z. für ärztl. Fortbild. *61* (1967) 2: 105–106.

– 17 Briefe von Christian Heinrich Pander (1794–1865) an Karl Ernst von Baer (1792–1876). In: Archivalische Fundstücke zu den russisch-deutschen Beziehungen – Erik Amburger zum 65. Geburtstag. Hrsg. Hans-Jürgen KRÜGER. Berlin: Duncker & Humblot 1973: 89 ff.

– Die Entstehungsgeschichte von K. E. von Baers „Sendschreiben": De ovi mammalium et hominis genesi 1827, und vier Briefe Karl Ernst von Baers an Carl Asmund Rudolphi. Leopoldina, R. 3, 1971 *17* (1973): 237–286 [auch zu Adolph Bernhardt].

KOCH, J.: Nikolaus von Kues. In: Die Großen Deutschen (s. d.). Bd. 1: 275–287.

KOEHLER, Otto: Alfred Kühn zum 80. Geburtstag. Mitt. Verb. Dt. Biologen, Beil. zur Naturwiss. Rdsch. 1965, H. 5.

KÖHLER, Werner: Shibasaburo Kitasato und Sahachiro Hata. Leopoldina, R. 3 1982, *28* (1983): 99–122.

KOELBING, Huldrych H.: Georg Harig [Nekr.]. Gesnerus *47* (1990): 185–186.

– Joseph Lister (1827–1912). In: Klassiker der Medizin. Hrsg. D. VON ENGELHARDT & F. HARTMANN. Bd. 2. München 1991: 234–246.

KOELLIKER, Albert: Erinnerungen aus meinem Leben. Leipzig 1899.

KOENIGSBERGER, L.: Hermann von Helmholtz. 3 Bde. Braunschweig 1902–1903.

KÖRNER, H.: Die Würzburger Siebold. Leipzig 1967. (Lebensdarstellungen dt. Naturforscher, 13).

KOESTLER, Arthur: Der Krötenküsser: der Fall des Biologen Paul Kammerer. Wien, München, Zürich 1972.

KOLBE, R. W.: Sergei Kostytschew 1877–1931 [Nekr.]. Ber. Dt. Bot. Ges. 51 (1933): (208)–(219).

– & G. HAUG: Rückblick auf 65 Jahre Bayer-Pflanzenschutz-Abteilung (1914–1979) und 50 Jahrgänge Pflanzenschutz-Nachrichten (1922–1979). Pflanzenschutz-Nachrichten Bayer 32 (1979) 3: 205–556 [Kurzbiographien von Erich Titschak s. S. 473, Bruno Wehnelt S. 474–475].

KOLČINSKIJ, E. I., & D. V. LEBEDEV: Dzordano Bruno XX veka. In: Vydajuščiesja otečestvennye biologii. Lief. 1. Sankt-Peterburg 1996: 29–44.

KOLKWITZ, Richard: Einar Naumann [Nekr.]. Ber. Dt. Bot. Ges. 53 (1935): (39)–(51).

KOLLE, Kurt (Hrsg.): Grosse Nervenärzte. 3 Bde. Stuttgart: Thieme 1956, 1959, 1963.

KOLLER, Gottfried: Das Leben des Biologen Johannes Müller 1801–1858. Stuttgart: Wiss. Verl.ges. 1958. (Große Naturforscher, 23).

KOLLMANN, J.: † Wilhelm His: Worte zur Erinnerung, gesprochen am Begräbnistage den 4. Mai 1904 in der Sitzung der Naturforschenden Gesellschaft in Basel. Basel 1904. [Separatabdruck aus: Verh. d. Naturf. Ges. in Basel XV (1904) 3].

KOLLMANN, R., & J. WILLENBRINK: Walter Schumacher [Nekr.]. Ber. Dt. Bot. Ges. 93 (1980): 539–548.

KORNBERG, Arthur: For the love of enzymes: the odyssey of a biochemist [Autobiogr.]. Cambridge (Mass.): Harvard UP 1989.

– Severo Ochoa (1905–93) [Nekr.]. Nature 366 (1993): 408 (2. Dez.).

KORNBERG, Hans, & D. H. WILLIAMSON: Hans Adolf Krebs. Biogr. Mem. Fell. Roy. Soc. 30 (1984): 349–386.

KORSCHELT, Eugen: [Werk-Verz.]. Z. wiss. Zool. 132 (1928): 583–587.

– Das Haus der Minne: Erinnerungen aus einem langen Leben [Autobiogr.]. Marburg 1939.

– Carl Friedrich Claus (1835–1899). In: Lebensbilder aus Kurhessen und Waldeck 1830–1930. Hrsg. Ingeborg SCHNACK. Bd. 1. Marburg 1939: 61–66.

KOSSEL, Albrecht (Hrsg.): Das Lebenswerk Otto Bütschlis. Heidelberg 1920.

Kostojanc, Ch. S.: Sečenov. Moskva, Leningrad 1945.

KOTTJE, R., & H. ZIMMERMANN: Hrabanus Maurus: Lehrer, Abt und Bischof. Mainz 1982. (Abh. Lit. Mainz, 4).

KRAMER, Paul J.: Some reflections after 40 years in plant physiology [Persönl. Erinnerungen]. Ann. Rev. Plant Physiol. 24 (1973): 1–24.

KRAUSE, Ernst: Hermann Müller von Lippstadt. Lippstadt 1884.

KRAUSSE, Erika: Ernst Haeckel. Leipzig 1984. (Biographien hervorragender Naturwissenschaftler, Techniker u. Mediziner, 70).

KREBS, Hans: Otto Warburg. Stuttgart: Wiss. Verl.ges. 1979. (Große Naturforscher, 41).

– & K. DECKER: Feodor Lynen. Biogr. Mem. Fell. Roy. Soc. 28 (1982): 261–318.

KRESSE, H.: Hermann Müllers Briefwechsel mit Charles Darwin. Lippstadt 1985.

KRIEGK, Georg L.: Die Brüder Senckenberg: eine biographische Darstellung. Frankfurt a. M. 1869.

KRONFELD, E. M.: Anton Kerner von Marilaun. Leipzig 1908.

KRÜCKE, W.: Ludwig Edinger (1855–1918). In: Kolle (s. d.), Bd. 3. 1963: 9–20.

KRUTA, Vladislav: Anders Retzius und Johannes Ev. Purkyně: Briefwechsel zweier Biologen des neunzehnten Jahrhunderts. Lychnos (1956): 96–131.

– J. E. Purkyně (1787–1869): Physiologist. Prag 1969.

– (Hrsg.): Jan Evangelista Purkyně 1787–1869: Centenary Symposium … Prague … 1969. Brno 1971. (Acta Facultatis medicae Univ. Brunensis, 40).

– & M. TEICH: Jan Evangelista Purkyně. Prag 1962.

KUCKUCK, H.: Elisabeth Schiemann [Nekr.]. Ber. Dt. Bot. Ges. 93 (1980): 517–537.

KUDLIEN, Fridolf: Herophiles und der Beginn der medizinischen Skepsis. Gesnerus 21 (1964): 1–13. Nachdr. in: Antike Medizin. Hrsg. H. FLASHAR. Darmstadt 1971: 281–295.

KUECHENMEISTER, Gottlob Fr. H.: [Autobiographie]. In: KÜCHENMEISTER, Gottlob F. H.: Todtenbestattungen der Bibel und die Feuerbestattung. Stuttgart 1893: V–X.

KÜHN, Alfred: Anton Dohrn und die Zoologie seiner Zeit. In: Pubb. Staz. Zool. Napoli, Suppl. 1950.

– [Autobiogr. bis 1937]. Nova Acta Leopoldina 21 (1959): 274–280.

KÜMMEL, W. F.: Gunter Mann [Nekr.]. Nachrichtenbl. DGGMNT 42 (1992): 20–25.

KÜPPERS, Bernd-Olaf: Natur als Organismus: Schellings frühe Naturphilosophie und ihre Bedeutung für die moderne Biologie. Frankfurt a. M.: Klostermann 1992.

KÜSTER, Ernst: Friedrich August Ferdinand Christian Went 1863–1935 [Nekr.]. Ber. Dt. Bot. Ges. 53 (1935): (97)–(120).

– Erinnerungen eines Botanikers. Hrsg. Gertrud KÜSTER-WINKELMANN. Gießen 1956.

KÜTZING, Friedrich Traugott s. MÜLLER, W., & R. ZAUNICK

KUHN, Otto: Friedrich Alverdes [Nekr.]. Verh. Dt. Zool. Ges. 47 (1953): 579–581.

LACK, E.: Die Abenteuer des Sir Joseph Banks. Wien, Köln, Graz 1985.

LACK, H. W.: August Wilhelm Eichler. Willdenowia 18 (1988): 5–18.

LAISSUS, Joseph: Wilhelm Philippe Schimper (1808–1880). In: C.R. du 92ème Congrès National des Soc. Savant, Strasbourg et Colmar 1967. T. 1: Histoire des Sciences. Paris 1969.

LANDRIEU, M.: Lamarck, le fondateur du transformisme: sa vie, son œuvre. Mém. Soc. Zool. France 21 (1909).

LANG, Anton: Some recollections and reflections [Persönl. Erinnerungen]. Ann. Rev. Plant Physiol. 31 (1980): 1–28.

– Life and career of a woman Scientist in Berlin. Englera 7 (1987): 17–28 [Elisabeth Schiemann]

LANG, Arnold: Elisabeth Schiemann: Leben und Laufbahn einer Wissenschaftlerin in Berlin. In: Geschichte der Botanik in Berlin. Hrsg. Claus SCHNARRENBERG & Hildemar SCHOLZ. Berlin 1990: 179–189.

LANGDON-BROWN, Walter: W. H. Gaskell and the Cambridge Medical School. Proc. Roy. Soc. of Med. *33* (1939), sect. of the Hist. of Med., S. 1–12.

LANGER, Wolfhart: Georg August Goldfuß: ein biographischer Beitrag. Bonner Geschichtsblätter *23* (1969): 229–243.

– Der Naturhistoriker Georg August Goldfuß (1782–1848): Kurzbiographie und Verzeichnis seiner wissenschaftlichen Schriften. Decheniana *122* (1970) 2: 177–180.

– Ernst Friedrich von Schlotheim (1764–1832): zur Erinnerung an seinen 150. Todestag. Natur u. Mus. *112* (1982) 3: 77–80.

LANGLEY, John N.: Walter Holbrook Gaskell 1847–1914. Proc. Roy. Soc. London *88 B* (1915): XXVII–XXXVI.

LARCHER, W.: Arthur Pisek 1894–1975 [Nekr.]. Ber. Dt. Bot. Ges. *88* (1975): 497–502.

LASKOWSKI, W., M. SCHMITT & W. SUDHAUS: [Vorträge auf dem Symposium zum 20. Todestag von Klaus Günther]. Sb. Ges. Naturf. Freunde zu Berlin (N. F.) *35* (1966): 2–55.

LAUE, Max VON: Christian Gottfried Ehrenberg: ein Vertreter deutscher Naturforschung im neunzehnten Jahrhundert. Berlin 1895.

LAUNAY, Louis DE: Une grande famille de savants: les Brogniart. Paris 1940.

Lawrence, G. H. M. (Hrsg.): Adanson: the bicentennial of Michel Adanson's „Familles des plantes". 2 vols. Pittsburgh (Pa.) 1963, 1964. (Hunt Monograph Series, 1 u. 2).

LECOMTE, G.: Ibn Qutayba: l'homme, son œuvre, ses idées. Damascus 1965.

LEGRÉ, L.: La botanique en Provence au XVIe siècle: Les deux Bauhin. Marseilles: Aubertin & Rolle 1904.

LEHMANN, B.: Wilhelm Albert Wigand (1821–1886): Professor der Botanik und Pharmakognosie zu Marburg. Marburg 1973.

LEITGEB, H.: Franz Unger. Bot. Ztg. *28* (1870): 241–264.

LEMBECK, Fred, & Wolfgang GIERE: Otto Loewi – ein Lebensbild in Dokumenten. Berlin, Heidelberg, New York 1968.

LENDORF, Gertrud: Maria Sibylla Merian. Basel 1955.

LENNIG, Petra: Gustav Theodor Fechner: Biographisch-ideengeschichtliche Studie zur Rolle der Philosophie Fechners bei der Entstehung der Psychophysik. Phil. Diss., Humboldt-Univ., Berlin, 1992.

– Von der Metaphysik zur Psychophysik: Gustav Theodor Fechner (1801–1887), eine ergobiographische Studie. Frankfurt a. M. [u. a.]: Lang 1994. (Beitr. zur Gesch. der Psychol., 8).

LEPS, G., & K.-J. BURMEISTER: Richard Kolkwitz (1873–1956) zum Gedenken. Biol. Rdsch. *25* (1987): 145–153.

LESKY, Erna: Purkynes Weg: Wissenschaft, Bildung und Nation. Wien, Köln, Graz 1970.

LESTER, Joseph, & Peter J. BOWLER: E. Ray Lankester and the Making of Modern Biology. Stanford in the Vale: Brit. Soc. Hist. Sci. 1995.

LEWIS, E. B. (Ed.): Genetics and Evolution: selected papers of A. H. Sturtevant. San Francisco 1961.

LEWITSKY, G. A.: S. G. Nawaschin [Nekr.]. Ber. Dt. Bot. Ges. *49* (1931): (149)–(163).

LEY, W.: Konrad Gesner: Leben und Werke. München 1929. (Münchener Beitr. zur Gesch. u. Lit. d. Naturwiss. u. Med., 15/16).

LIDELL, E. G. T.: Charles Scott Sherrington. Obit. Not. Fell. Roy. Soc. *8* (1952): 241–270.

LINDEBOOM, Gerrit A.: Herman Boerhaave: The man and his work. London: Methuen 1968.

– Boerhave and his time. Leiden 1970.

– Reinier de Graaf: leven en werken, 30-7-1641/17-8-1673. Delft: Elmar 1973.

– A classified bibliography of the history of Dutch medicine 1900–1974. 's-Gravenhage 1975.

LINDROTH, Sten: Linnaeus in his european context. Svenska Linné-sällskapets årsskrift (1978): 9–17.

LINNÉ, Carl VON: Eigenhändige Aufzeichnungen über sich selbst. Dt. Übers. von K. LAPPE. Berlin 1826.

LINSKENS, H. F.: Johanna Westerdijk [Nekr.]. Ber. Dt. Bot. Ges. *77* (1964): (255)–(256).

– Karl Otto Müller 1897–1978 [Nekr.]. Ber. Dt. Bot. Ges. *91* (1978): 399–405.

LIPŠIC, S. Ju.: Botanicorum Rossicorum Lexicon biographo-bibliographicum = Russkie botaniki: biografo-bibliografičeskij slovar' s. BRL

LOCKE, Michael: Nekrolog: Professor Sir Vincent B. Wigglesworth … J. Insect Physiol. *40* (1994) 10: 823–826.

Loeb, Jacques – [Biobibliographie]. Biogr. Mem. National Acad. Sci. USA *13* (1930): 318–401.

LOEB, Leo: Autobiographical Notes. Persp. in Biol. and Med. *2* (1958) 1: 1–23.

– [Werk-Verz.]. Biogr. Mem. National Acad. Sci. USA *35* (1961): 222–251.

LÖHNIS, M. P.: Johanna Westerdijk: een markante persoonlijkheid. Baarn [1963] (mit Schriftenverz.).

LÖNNBERG, E.: Petrus Artedi: a Bicentenary Memoir. In: Yearbook Swed. Acad. Sci. Uppsala 1905.

– Linné och Artedi. Svenska Linné-sällskapets årsskrift *2* (1919): 30–43.

LOEWE, Hans: Paul Ehrlich: Schöpfer der Chemotherapie 1854–1914. Stuttgart: Wiss. Verl.ges. 1950. (Große Naturforscher, 8).

LOMMATZSCH, H.: Die Persinalbibliographien der Professoren und Dozenten der Anatomie, Histologie und Pathologie, Pharmakologie und Physiologie der medizinischen Fakultät der deutschen Karl-Ferdinand-Universität in Prag. Diss., Univ. Erlangen–Nürnberg, 1968 [zu C. Rabl s. S. 12–17].

LÓPEZ PIÑERO, José María: Crisóstomo Martínez: el hombre y la obra. In: El atlas anatómico de Crisóstomo Martínez. 2. Aufl. Valencia: Ayuntamiento 1982: 19–68.

LORENZ, Konrad: My family and other animals [Autobiogr.]. In: DEWSBURY 1989: 259–288.

LOVEJOY, A. O.: Buffon and the problem of species. In: Forerunners of Darwin: 1745–1859. Eds. B. GLASS, O. TEMKIN & L. STRAUSS (jr.). Baltimore 1959: 84–113.

Lubbock, John – Lord Avebury [Nekr.]. Entomol. monthly Magazine (2) *24* (1913): 162–163.

LÜTJEHARMS, W. J.: Zur Geschichte der Mykologie: das XVIII. Jahrhundert. Meded. Nederl. Mycol. Vereen *23* (1936): 1–262.

LUKINA, T. A.: Boris Evgen'evič Rajkov (1880–1966) [russ.]. Leningrad 1970.

LUNDSGAARD-HANSEN-VON FISCHER, S.: Verzeichnis der gedruckten Schriften Albrecht von Hallers. Bern: Haupt 1959. (Berner Beitr. zur Gesch. d. Med. u. Naturwiss., 18).

LURIA, Salvador E.: A Slot Machine, a Broken Test Tube [Autobiogr.]. New York: Harper & Row 1984.

LURIE, E.: Louis Agassiz: a life in science. Chicago (Ill.): UP 1960.

LUTZHÖFT, Hans-Jürgen: Der nordische Gedanke in Deutschland 1920–1940. Stuttgart 1971 (Kieler hist. Studien, 14) – zugl.: Kiel, Univ., Diss. 1970.

LYELL, F. (Ed.): Life, letters and journals of Charles Lyell. 2 Bde. London 1881.

M. M. Manaseina – [Nekr.]. Niva *13* (1903), 257–258.

McKIE, D.: Antoine Lavoisier: Scientist, Economist, Social Reformer. London: Constable 1952.

MADARIAGA DE LA CAMPA, B.: Augusto González Linares y el estudio del mar. Santander: Martínez 1972.

– De la estación de Biología marina al Laboratorio oceanográfico de Santander. Santander: Artes Gráficas resma 1986.

MÄGDEFRAU, Karl: Otto Renner [Nekr.]. Ber. Bayer. Bot. Ges. *34* (1961): 103–113.

– Karl Friedrich Schimper. Beitr. zur naturkundl. Fo. in Südwestdtl. *27* (1968): 3–20.

– Geschichte der Botanik. Stuttgart 1973, 2. Aufl. 1992.

– Kurzbiographien aller anderen Autoren des Lehrbuchs der Botanik für Hochschulen. In: 100 Jahre Strasburgers Lehrbuch der Botanik für Hochschulen 1894–1994. Red. Ulrich G. MOLTMANN. Stuttgart, Jena, New York: G. Fischer 1994: 57–76.

MAGNER, Lois N.: A History of the Life Sciences. 2nd. ed. New York, Basel, Hong Kong: Dekker 1994.

MAGNUS, Paul W.: L. R. Tulasne [Nekr.]. Ber. Dt. Bot. Ges. *4* (1886): IX–XII.

MAHDI, Muhsin· Alfarabi. In: History of Political Philosophy. Hrsg. Leo STRAUSS & Joseph CROPSEY. Chicago 1963: 160–180.

MAKSIMOV, Nikolaj A.: Nikolaj Aleksandrovič Maksimov: materialy k biobibliografii učenych SSSR. Hrsg. P. A. GENKEL. Moskva, Leningrad 1949. (Ser. biol. nauk, fiziol. rast., 2).

– [Über das Leben von Dimitrij Nikolaevič Prjanišnikov]. In: D. N. PRJANIŠNIKOV: Izbrannye socinenija. Bd. 1. Moskva 1951: 5–46.

– Žizn' i naučnaja dejatel'nost' D. I. Ivanovskogo. In: Pamjati Dmitrija Iosifoviča Ivanovskogo: materialy obedinennogo obščego sobranija otdelenija biologičeskich nauk akademii nauk SSSR ... Hrsg. N. A. MAKSIMOV. Moskva 1952: 7–21.

MALKIN, R.: D. I. Arnon [Nekr.]. Photosynthesis Res. *43* (1995): 77–80.

MALLIS, Arnold: American Entomologists. New Brunswick, New Jersey: Rutgers UP 1971.

Manaseina [Nekr.] s. M. M. Manaseina

MANGOLD, Otto: Hans Spemann: ein Meister der Entwicklungsphysiologie 1869–1941, sein Leben und sein Werk. Stuttgart: Wiss. Verl.ges. 1953, 2. Aufl. 1982. (Große Naturforscher, 11).

MANN, T.: David Keilin. Biogr. Mem. Fell. Roy. Soc. *10* (1964): 198–205.

MANOJLENKO, K. B.: [zu Ivan Nikolaevič Gorozankin]. In: Istorija biologii s drevnejšich vremen do načala XX. veka. Hrsg. S. R. MIKULINSKIJ, Bd. 1: Kap. 17 u. 32. Moskva 1972.

MARCHANT, James (Hrsg.): Alfred Russell Wallace: letters and reminiscences. London 1916.

MARQUARDT, H.: Friedrich Oehlkers 1890–1971 [Nekr.]. Ber. Dt. Bot. Ges. *87* (1974): 185–192.

MARTIN, G. P. R., & Georg USCHMANN: Friedrich Rolle 1827–1887: ein Vorkämpfer neuen biologischen Denkens in Deutschland. Leipzig 1969. (Lebensdarstellungen dt. Naturforscher, 14).

MARTINI, Friedrich H. W.: Auszug aus der Lebensbeschreibung des seel. Herrn D. Martini. Beschäftigungen d. Berlinischen Ges. Naturf. Freunde *4* (1779): 642–647.

MARTIUS, Carl F. Ph. VON: Denkrede auf J. G. Zuccarini. München 1848.

MATILE, Philippe: Albert Frey-Wyssling 8 November 1900–30 August 1988: Elected For. Mem. R.S. 1957. Biogr. Mem. Fell. Roy. Soc. *35* (1990): 115–126.

MATTICK, F.: Johannes Milbraed 1879–1954 [Nekr.]. Ber. Dt. Bot. Ges. *74* (1961): (80)–(81).

MAUERSBERGER, G.: Erwin Stresemann zum Gedächtnis [Nekr.]. Mitt. Zool. Mus. Berlin *49* (1973): 261–266.

MAYER, Paul: Nikolaus Kleinenberg [Nekr.]. Anat. Anz. *14* (1898): 267–271.

MAZZOLINI, Renato: Luigi Belloni [Nekr.]. Gesnerus *47/2* (1990): 187–190.

– Frank W. P. Dougherty (1952–1994) [Nekr., ital.]. Nuncius – Ann. di storia della scienza *11* (1996): 315–318.

MEARNS, Barbara & Richard: Biographies for Birdwatchers s. BB

MEINEL, Christoph: In physicis futurum saeculum respicio: Joachim Jungius und die naturwissenschaftliche Revolution des 17. Jahrhunderts. Göttingen: Vandenhoek & Ruprecht 1984. (Veröffentlg. d. Joachim Jungius-Ges, d. Wiss. Hamburg, 52).

MELCHERS, Georg: Theodor Schmucker 1894–1970 [Nekr.]. Ber. Dt. Bot. Ges. *88* (1975): 473–484.

– Ein Botaniker auf dem Wege in die Allgemeine Biologie auch in Zeiten moralischer und materieller Zerstörung und Fritz von Wettstein 1895–1945. Ber. Dt. Bot. Ges. *100* (1987): 373–405.

MERXMÜLLER, Hermann: Carl Friedrich Philipp von Martius. Sb. Bayer. AdW, Math.-naturwiss. Kl., (1968): 79–96.

MESTRE, Aristides: Homenaje a Poey: datos biográficos. Mem. Soc. cubana hist. nat. „Felipe Poey" *1* (1915): 3–8.

METTENIUS, C.: Alexander Braun's Leben nach seinem handschriftlichen Nachlaß. Berlin: Reimer 1882.

MEVIUS, Walter: Wilhelm Benecke [Nekr.]. Ber. Dt. Bot. Ges. *68 a* (1955): 125–131.

MEYER-ABICH, Adolf: Atlantische Existenz [Autobiogr.]. In: Wege zur Wissenschaftsgeschichte. Hrsg. B. STICKER. Wiesbaden 1969.

MEYERHOF, Max: Esquisse d'histoire de la pharmacologie et botanique chez les musulmans d'Espagne. Al-Andalus *3* (1935): 31–33.

MIALL, L. C.: The early naturalists: their lives and work (1530–1789). London 1912.

MICHAELIS, Leonor: An autobiography. Biogr. Mem. National Acad. Sci. USA *31* (1958): 282–321.

MIDDEL, W.: Hrabanus Maurus, der erste deutsche Naturwissenschaftler (Diss.). Berlin 1943.

MIÈGE, J.: Augustin-Pyramus de Candolle: sa vie, son œuvre, son action a travers la Société de Physique et d'Histoire naturelle de Genève. Genève 1979. (Mém. Soc. Phys. Hist. nat., 43/1).

MIKULINSKIJ, S. R.: K. F. Rul'je. Moskva 1979.

– L. A. MARKOVA & B. A. STAROSTON: Alfons Dekandol 1806–1893. Moskva 1973. (dt.: Jena 1980).

MILLÁS VALLICROSA, José M.: Sobre la obra de Agricultura de Ibn Bassal. In: MILLÁS VALLICROSA: Nuevos estudios sobre la historia de la ciencia española. Barcelona 1960: 131–152.

MILLHAUSER, M.: Just before Darwin: Robert Chambers and Vestiges. Middletown (Conn.): Wesleyan UP 1959.

Mitscherlich, Eilhard Alfred – [Nekr.]. Leopoldina, R. 3, *2* (1956): 23 f.

Mitt.MPGes = Mitt. d. Max-Planck-Ges. zur Förderung der Wiss., Suppl. 1968. (darin: Werk-Verz. v. Richard Kuhn).

MOČALOV, I. I.: V. I. Vernadskij. Moskva 1970.

MOCEK, Reinhard: Wilhelm Roux, Hans Driesch: zur Geschichte der Entwicklungsphysiologie der Tiere („Entwicklungsmechanik"). Jena: G. Fischer 1974. (Biographien bedeutender Biologen, 1).

– Johann Christian Reil (1759–1813). Frankfurt a. M. [u. a.]: Lang 1995. (Philos. u. Gesch. der Wiss./Studien u. Quellen, 28).

– Die werdende Form. Marburg 1998. (Acta biohistorica, 3).

MOCHMANN, Hans-Peter, & Werner KÖHLER: Meilensteine der Bakteriologie: von Entdeckungen und Entdeckern aus den Gründerjahren der medizinischen Mikrobiologie. Jena: G. Fischer 1984.

MÖBIUS, Martin: Eugen Askenasy [Nekr.]. Ber. Dt. Bot. Ges. *21* (1903): (47)–(66).

– Matthias Jacob Schleiden: zu seinem 100. Geburtstage. Leipzig 1904.

– Heinrich Schenck [Nekr.]. Ber. Dt. Bot. Ges. *45* (1927): (89)–(101).

– Geschichte der Botanik von den ersten Anfängen bis zur Gegenwart. Jena 1937, 2. Aufl./Nachdr.: Stuttgart 1968.

MÖLLER, Alfred (Hrsg.): Fritz Müller: Werke, Briefe und Leben. 3 Bde. Jena 1915, 1920, 1921.

MÖLLER, Rudolf: Hermann Schlegel: Altes und Neues aus seiner Biographie. Der Falke, Ausg. A *15* (1968): 152–157, 203–205.

– C. W. L. Gloger, der Gegner Brehms. Der Falke, Ausg. A *19* (1972): 50–58, 82–84.

– Friedrich Heinrich Wilhelm Martinis Stellung in der Biologie des 18. Jahrhunderts. Rudolstädter naturhist. Schr. *1* (1988): 41–47.

MOHL, Hugo VON: Giambattista Amici. Bot. Ztg. *21* (1863), Beil., S. 1–8.

MOLISCH, Hans: Julius von Wiesner [Nekr.]. Ber. Dt. Bot. Ges. *34* (1916): (71)–(99).

MOLTMANN, Ulrich G. (Red.): 100 Jahre Strasburgers Lehrbuch der Botanik für Hochschulen 1894–1994. Stuttgart, Jena, New York: G. Fischer 1994.

MONCADA, C. C.: Sul taglio della vita di'Ibn al-'Awwam. In: Actes du VIIIe Congrès des orientalistes, Sec. I. Stockholm 1889: 215 ff.

MOODY, E. A.: Galileo and Avempace. J. History of Ideas *12* (1951): 163–193.

MORITZ, K. B.: Theodor Boveri (1862–1915): Pionier der modernen Zell- und Entwicklungsbiologie. Stuttgart: G. Fischer 1993.

– & H. SAUER: Friedrich Seidel [Nekr.]. Biol. in unserer Zeit *23* (1993), Beil.: Biologen in unserer Zeit, S. 78–79.

MORREN, C. F. A.: Mathias de l'Obel: sa vie et ses œuvres. Liège 1875.

MORRÉN, Édouard: Charles de l'Écluse: sa vie et ses œuvres 1526–1609. Liège: Boverie 1875. (Bull. Fédération des Soc. d'Horticulture de Belgique 1875).

MOTHES, Kurt, & Georg USCHMANN: In memoriam Rudolph Zaunick. Jb. 1968 Leopoldina (R. 3) *14* (1969): 143–153.

– & Joachim-Hermann SCHARF (Hrsg.): Festschrift für Georg Uschmann … zum 60. Geburtstag. Halle/Saale 1975. (Acta historica Leopoldina, 9).

MÜLLER, Detlev: Peter Boysen-Jensen 18. Januar 1883–21. November 1959 [Nekr.]. Ber. Dt. Bot. Ges. *74* (1961): (76)–(79).

MÜLLER, Fritz: Werke, Briefe, Leben. s. MÖLLER, A.

MÜLLER, Irmgard: Hildegard von Bingen (1098–1179). In: Klassiker der Medizin. Hrsg. D. VON ENGELHARDT & F. HARTMANN. Bd. 1. München: Beck 1991: 44–56.

MÜLLER, Klaus J., & Wolfhart LANGER: Georg August Goldfuss 1782–1848. In: 150 Jahre Rheinische Friedrich-Wilhelms-Universität zu Bonn 1818–1968: Bonner Gelehrte, Mathematik und Naturwissenschaften. Beitr. Gesch. d. Wiss. in Bonn (1970): 163–167.

MÜLLER, Klaus-Dieter: F. J. Schelver 1778–1832: romantischer Naturphilosph, Botaniker und Magnetiseur im Zeitalter Goethes. Stuttgart: Wiss. Verl.-Ges. 1992. (Heidelberger Schr. zur Pharmazie- u. Naturwiss.gesch., 7).

MÜLLER, Klaus-P.: Der Beitrag Hugo von Mohls zur Entwicklung der Zellenlehre. Diss., Med. Fak., Univ. München, 1984.

MÜLLER, R. H. Walther, & Rudolph ZAUNICK (Hrsg.): Friedrich Traugott Kützing: Aufzeichnungen und Erinnerungen. Leipzig 1960.

MUGGELBERG, Heidi: Leben und Wirken Karl Wilhelm Illigers (1775–1813) als Entomologe, Wirbeltierforscher und Gründer des Zoologischen Museums der Humboldt-Universität zu Berlin. T. 1–2. Mitt. Zool. Mus. Berlin *51* (1975) 257–303, *52* (1976): 137–174.

MULLER, Hermann J.: Autobiographie. Nova Acta Leopoldina, N.F. 21, *143* (1959): 284–286.

MUZRUKOVA, E. B.: Abba Evseevič Gajsinovič (29. X. 1906–29. VII. 1989) [Nekr.]. Ontogenez *21* (1990): 111–112.

MYLECHREEST, Murray: Thomas Andrew Knight and the Founding of the Royal Horticultural Society. Garden Hist. *12* (1984): 132–137.

– Questions and Answers: the Correspondence between Sir John Le Couteur and Thomas Andrew Knight. Ann. Bull. Soc. Jersiaise *24* (1986): 237–244.

– Thomas Andrew Knight (1759–1838) and the Altenburg Connection in the Otigins of Mendelism. Folia Mendeliana 23 = Suppl. ad Acta Musei Moraviae, Scientiae naturales *73* (1988): 27–32.

NAWASCHIN (NAVAŠIN), Sergej G.: Michael Woronin [Nekr.]. Ber. Dt. Bot. Ges. *21* (1903): (35)–(47).

NCT = [Biographisches zu Walter Schoeller, anonym u. ohne Titel]. Nachr. aus Chem. u. Techn. *8* (1960): 368, u. *13* (1965): 337.

NECKER, Walter L.: G. K. Noble 1894–1940: a Herpetological Bibliography. Herpetologica *2* (1940) 2: 47–55.

NEEDHAM, Joseph: A history of embryology. Cambridge (Engl.) 1934, 2. Aufl. 1959.

– & E. BALDWIN: Hopkins and biochemistry. Cambridge (Engl.) 1949.

NEEL, James V.: Curt Stern [Nekr.]. Ann. Rev. of Genetics *17* (1983): 1–10.

NEIGEBAUR, Johann D. F.: Geschichte der Kaiserlichen Leopoldino-Carolinischen deutschen Akademie der Naturforscher während des zweiten Jahrhunderts ihres Bestehens. Jena: Frommann 1860.

NĚMEC, Bohumil: L. J. Čelakovský, 1834–1902 [Nekr.]. Ber. Dt. Bot. Ges. *21* (1903): (9)–(23).

NEUBERG, Carl: [Nekr. auf Vladimir Ivanovič Palladin]. Biochem. Z. *130* (1922).

– [Todesanzeige]. Leopoldina, R. 3, *2* (1956): 26–27.

NEUMANN, R.: Leben und Werk des Physiologen William Thierry Preyer. Med. Diss., Univ. Jena, 1980.

NEWHALL, A. G.: Herbert Hice Whetzel: Pioneer American plant pathologist. Ann. Rev. Phytopathol. *18* (1980): 27–36.

NICKEL, Gisela: Wilhelm Troll (1897–1978): eine Biographie. Halle/Saale 1996. (Acta hist. Leopoldina, 25).

NICKELL, L. G.: A tribute to Hugo P. Kortschak: The man, the scientist and the discoverer of C_4 photosynthesis. Photosynthesis Res. *35* (1993): 201–204.

NICOLL, Roger A.: John Eccles [Nekr.]. Science *277* (1997): 194 (11. 0?. 1997).

NIEL, Cornelis B. VAN: The present status of the comparative study of photosynthesis [Persönl. Erinnerungen]. Ann. Rev. Plant Physiol. *13* (1962): 1–26.

NITZSCHE, Jörg: Leben und Werk des Bremer Arztes und Naturforschers Gottfried Reinhold Treviranus (1776–1837): ein Beitrag zur Sozial- und Ideengeschichte der Medizin des frühen 19. Jahrhunderts. Diss. med., Univ. Lübeck, 1990.

NOACK, Ludwig: Johannes Scotus Erigena: sein Leben und seine Schriften. Leipzig 1877. (Philosoph. Bibl., 66/233).

O'BRIAN, Patrick: Joseph Banks: A life. London: C. Harvill 1987.

OCHOA, Severo: Carl Ferdinand Cori [Nekr.]. Trends in Biochem. Sci. *10* (1985): 147–150.

O'CONNOR, W. J.: British physiologists 1885–1914. Manchester, New York 1991.

OESTERREICHER-MOLLWO, Marianne: Was uns bewegt: Naturwissenschaftler sprechen über sich und ihre Welt. Weinheim, Basel: Beltz 1991.

OLBY, Robert: Joseph Koelreuter (1733–1806). In: Late Eighteenth Century European Scientists. Oxford 1966: 33–65.

OLMI, Giuseppe: Ulisse Aldrovandi: scienza e natura nel secondo cinquecento. Trient 1976.

OLMSTED, J. M. D.: Claude Bernard: physiologist. New York (N.Y.): Harper 1938.

– & E. H.: Claude Bernard and the experimental method in medicine. New York (N.Y.): Schumann 1952.

OLSON, E. C.: George Gaylord Simpson: June 16 1902–October 6 1984. Biogr. Mem. National Acad. Sci. USA *60* (1991): 331–353.

OMAN, Giovanni: Notizie bibliografiche sul geografo arabo al-Idrisi (XII secolo) e sulle sue opere. Ann. dell'Istituto Orientale di Napoli, N. Ser., *11* (1961): 25–61.

– Osservazioni sulle notizie biografiche comunemente diffuse sullo scrittore arabo al-Sarif al-Idrisi (VI/XII sec.). Ebda *20* (1970): 209–238.

O'NEAR, A.: Karl Popper. [o. O.] 1980.

OPPENHEIMER, Carl [et al.]: Paul Ehrlich. Naturwiss. *2* (1914): 243–284.

OREL, Vítězslav: Mendel. Oxford, New York 1984. (Past Masters Series).

– Jaroslav Kříženecky (1896–1964): tragic Victim of Lysenkoism in Czechoslovaki. Quart. Rev. Biol. *67* (1992): 487–494.

– Gregor Mendel: The First Geneticist. Oxford, New York 1995.

– & A. MATALOVÁ (Hrsg.): Gregor Mendel and the foundation of genetics. In: Proc. Symp., part I. Brno 1983.

OSCHMANN, M.: Ernst Friedrich von Schlotheim: das Lebensbild eines großen Paläontologen. Bergakademie (Freiberg) *16* (1964): 444–448.

OSTERHOUT, Winthrop J. V.: The use of aquatic plants in the study of some fundamental problems [Persönl. Erinnerungen]. Ann. Rev. Plant Physiol. *8* (1957): 1–10.

OVERBECK, Fritz Th.: Peter Stark 1888–1932 [Nekr.]. Ber. Dt. Bot. Ges. *50* (1932): (203)–(219).

OWEN, Richard [Enkel]: The Life of Sir Richard Owen. London 1894.

PALM, L. C., & A. II. M. SNELDERS (Eds.): Antoni van Leeuwenhoek 1632–1723: Studies in the life and Work of the Delft Scientist, commemorating the 350th Anniversary of his birthday. Amsterdam: Rodopi 1982. (Nieuwe Nederl. bijdr. geschied. geneesk. natuurwetensch., 8).

PALMA RODRÍGUEZ, Fermín: Vida y obra del Doctor Martínez Molina. Salamanca 1968.

PANIAGUA, Juan A.: El maestro Arnau de Vilanova, médico. Valencia: Cátedra e Inst. de Hist. de la medicina 1969. (Cuad. Valencianos de hist. med. y ciencia, ser. A: Monografías, 8).

PAOLONI, C.: Justus von Liebig. Heidelberg 1968.

PARACELSUS: Leben und Lebensweisheit in Selbstzeugnissen. Ausgew. u. eingeleitet v. K. BITTEL. Leipzig 1953.

PARKER, George H.: William Morton Wheeler 1865–1937. Biogr. Mem. National Acad. Sci. USA *19* (1938): 201–247.

PARSONS, John: Conwy Lloyd Morgan. Obit. Not. Fell. Roy. Soc. *2* (1936): 25–27.

PARTHIER, Benno: Kurt Mothes (1900–1983): Leben und Werk. Biochemie Physiol. Pflanzen *178* (1983) 9: 695–768.

– Wilhelm Pfeffer (1845–1920) und Kurt Mothes (1900–1983) in ihrer Bedeutung für die deutsche Pflanzenphysiologie. Berlin: Akad.-Verl. 1996. (Sb. Sächs. AdW zu Leipzig, Math.-nat. Kl., 125/7).

PAS, Peter W. VAN DER: The Correspondence of Hugo de Vried and Charles Darwin. Janus *57* (1970): 173–213.

PAX, Ferdinand: Walther Arndt. Hydrobiologica *4* (1952): 316–331.

PEARSON, Karl: Walter Frank Raphael Weldon … [Nekr.]. Biometrica *5* (1906): 1–50.

– The life, letters and labours of Francis Galton. 2 Bde. Cambridge 1924.

PENZLIN, Heinz: Nobelpreis für Physiologie und Medizin 1986 an Rita Levi-Montalcini und Stanley Cohen: der Nervenwachstumsfaktor – seine Entdeckung und Charakterisierung. Biol. Rdsch. *25* (1987): 343–353.

– (Hrsg.): Geschichte der Zoologie in Jena nach Haeckel (1909–1974). Jena 1994.

PÉREZ, C.: N. F. Bernard [Nekr.]. Rev. du Mois *11* (1911), 641–657.

PÉREZ DE URBEL [i.e. PÉREZ SANTIAGO], Justo: San Isidero de Sevilla: su vida, su obra y su tiempo … 2 ed. Barcelona 1945.

PETERS, Günther: Über Willi Hennig als Forscherpersönlichkeit. Sb. Ges. Naturf. Freunde Berlin, N.F., *34* (1995): 3–10.

PETERSEN, A.: Albrecht Thaer: eine kritische Würdigung zu seinem 200. Geburtstag. Leipzig 1952.

PETIT, G., & J. THÉODORIDÈS: Histoire de la zoologie des origines à Linné. Paris 1962.

PFANNENSTIEL, R., & Rudolf ZAUNICK: Lorenz Oken und J. W. von Goethe: aus Leben und Werk von Lorenz Oken, dem Begründer der deutschen Naturforscherversammlungen. Eine Quellensammlung … 2. SUDHOFFS A. *33* (1941): 113–173.

PFAUCH, Wolfgang: J. M. Bechstein – Mitgestalter des mitteldeutschen Aufklärungszentrums Schnepfenthal sowie Gründer der „Societät …" 1795: mit einem Anhang über die Lebensdaten des Forstmannes, zur Würdigung der wissenschaftlichen Leistungen von Johann Matthäus Bechstein. Tagungsbericht zum wiss. Kolloquium am 19. November 1988 in Dreißigacker bei Meiningen. Suhl 1990: 13–23.

PFEIFFER, H.: Hermann Ziegenspeck [Nekr.]. Ber. Dt. Bot. Ges. *72* (1959): 48–54.

PFITZER, Ernst: Robert Caspary [Nekr.]. Ber. Dt. Bot. Ges. 6 (1888): XXVII–XXXI.

– Wilhelm Hofmeister. In: Heidelberger Professoren aus dem 19. Jahrhundert. Bd. 2. Heidelberg 1903: 265–358.

Pflanzenschutz-Nachrichten Bayer s. KOLBE, W., & G. HAUG

Pharmakologische Institute und Biographien ihrer Leiter: Zeittafeln zur Geschichte der Pharmakologie im Deutschen Sprachraum von Anbeginn bis 1995. Begr. v. Jürgen LINDNER, fortges. v. Heinz LÜHMANN. 2. Aufl. Aulendorf: ECV 1996.

PHILLIPS, David: William Lawrence Bragg. Biogr. Mem. Fell. Roy. Soc. *25* (1979): 75–143.

PIECHOCKI, Rudolf: Johannes Gundlach (1810–1896): ein deutscher Naturforscher auf Kuba und das Zoologische Museum in Berlin. Der Falke (1992) 4: 133–140.

– Johannes Gundlach (1810–1896) als Malakologe in Kuba: zur Erinnerung an seinen 100. Todestag. Philippia Kassel *8* (1997) 1: 13–34.

PIETSCH, E.: Johann Rudolph Glauber: der Mensch, sein Werk und seine Zeit. Dt. Mus. München, Abh. u. Ber. *24* (1956) 1: 2–64.

PILIPČUK, Oleg J.: Aleksandr Onufrievič Kovalevskij. Kiev: Naukova dumka 1990.

– & I. M. MEDVEDEVA: Ivan Ivanovič Šmal'gauzen. Kiev: Naukova dumka 1984. (Biobibliogr. učenych ukrainskoj SSR).

– & I. G. BEBICH: Aleksej Nikolaevič Severcov 1866–1936. Moskva: Nauka 1994. (Materialy k biobibliogr. učenych. Biol. nauki/Zoologija, 2).

PINES, Salomon: La dynamique d'Ibn Bajja. In: Mélanges Alexandre Koyré, I: L'aventure de la science. Paris 1964: 442–468.

PIRIE, N. W.: Jean Brachet. Biogr. Mem. Fell. Roy. Soc. *36* (1990): 83–99.

PIRSON, André: Kurt Noack 1888–1963 [Nekr.]. Ber. Dt. Bot. Ges. *78* (1965): (182)–(190).

– Ernst Georg Pringsheim 1881–1970 [Nekr.]. Ber. Dt. Bot. Ges. *85* (1972): 651–659.

– Sixty years in algal physiology and photosynthesis [Persönl. Erinnerungen]. Photosynthesis Res. *40* (1994): 207–221.

PLATTER, Felix: Tagebuch. Hrsg. Valentin LÖTSCHER. Basel 1976. (Basler Chroniken, 10).

PLAUT, Menko: Otto Warburg [100. Geburtstag]. Ber. Dt. Bot. Ges. *72* (1959): 43–47.

PLESSE, Werner: Erwin Bünning: Pflanzenphysiologe, Chronobiologe und Vater der Physiologischen Uhr. Stuttgart: Wiss. Verl.ges. 1996.

– & D. RUX: Biographien bedeutender Biologen. Berlin 1977.

POHLENZ, M.: Herodot, der erste Geschichtsschreiber des Abendlandes. Leipzig 1937, Nachdr. 1961 (Neue Wege zur Antike. Reihe 2, 7/8).

POPPER, Karl R.: [Autobiography]. In: The Philosophy of Karl Popper. Hrsg. P. A. SCHILPP. La Salle 1974: 1–181.

POPOWSKI, A.: I. P. Pawlow: aus dem Leben und Wirken des großen russischen Gelehrten. Berlin 1948.

POREP, R.: Der Physiologe und Planktonforscher Victor Hensen (1835–1924). Neumünster 1970. (Kieler Beitr. zur Gesch. d. Med. u. Pharmazie, 9).

PORSCH, Otto: Richard Wettstein [Nekr.]. Ber. Dt. Bot. Ges. *49* (1931): (180)–(199).

POUND, G. S.: John Charles Walker: pioneer in phytopathology. Ann. Rev. of Phytopathol. *25* (1987): 51–58.

PRELOG, Vladimir, & O. JEGER: Leopold Ruzicka. Biogr. Mem. Fell. Roy. Soc. *26* (1980): 411–502.

PRINGSHEIM, Ernst G.: Eine autobiographische Skizze. Med. hist. J. *5* (1970): 125–137.

PRITZEL, Georg A.: Thesaurus literaturae botanicae … Lipsiae 1861, 2. Aufl. 1872. Nachdr.: Milano 1950, Koenigstein 1972.

PROVINE, William B.: Sewall Wright and evolutionary biology. Chicago 1986.

PRZIBRAM, Hans: Paul Kammerer als Biologe. Monistische Monatsh. *11* (1926): 401–405.

QUERNER, Hans: Heidelberger Zoologen des 19. Jahrhunderts. Ruperto-Carola Heidelberg, *19* (1967) 41: 317–328.

– Thomas Henry Huxley. In: Die Großen der Weltgeschichte. Hrsg. K. FASSMANN. Bd. 8. Zürich 1978: 450–463.

– Die Zoologie in der Aera von Eugen Korschelt. SUDHOFFS A. *64* (1980): 313–329.

– Georg Uschmann 1913–1986 [Nekr.]. Ber. Wiss.gesch. *10* (1987): 67–68.

RAALTE, M. H. VAN: Willem Hendrik Arisz [Nekr.]. Jb. Kon. Ned. Akad. Wet. (1975): 188–192.

RABINOWITCH, E.: Robert Emerson [Nekr.]. Plant Physiol. *34* (1959): 179–184.

RADLKOFER, Ludwig: Hans Solereder. Ber. Dt. Bot. Ges. *38* (1920): (92)–(102).

RAIKOV (RAJKOV), Boris E.: Caspar Friedrich Wolff. Zool. Jb. Syst. *91* (1965): 555–626.

– Karl Ernst von Baer 1792–1876: sein Leben und sein Werk. Leipzig 1968. (Acta hist. Leopoldina, 5) [auch zu Jean Victor Coste u. Carl Wilhelm Eysenhardt].

– [Christian Pander: vydajuščijsja biolog-evoljucionist, dt.] Christian Heinrich Pander: ein bedeutender Biologe u. Evolutionist = an important biologist and evolutionist, 1794–1865. Dt. Übers. mit Komm. u. engl. Kurzfassungen v. W. E. VON HERTZBERG & P. H. VON BITTER. Frankfurt a. M.: Kramer 1984. (Senckenberg-Buch, 62).

RAMÓN Y CAJAL, Santiago: Recuerdos de mi vida. 2 tom. Madrid 1901–1907, 3 ed. 1923.

– Charlas de café: pensiamentos anécdotas y confidecias. Madrid 1920, 7 ed. 1956.

– El mundo visto a las ochenta años: impresiones de un arteriosclerótico. 2 ed. Madrid 1934.

RATH, Gernot: Andreas Vesal im Lichte neuer Forschungen. Wiesbaden 1963. (Beitr. zur Gesch. d. Wiss. u. d. Technik, 6).

– Bibliographie Prof. Dr. med. Gernoth Rath (1919–1967). Nachrichtenbl. DGGMNT *22* (1972) 2.

RATZEBURG, Julius Th. Chr.: Meyen's Lebenslauf. Nova Acta Acad. Caes. Leop.-Carol. Nat. Cur. *19* (1843), Suppl. I: XIII–XXXII.

– (Hrsg.) Forstwissenschaftliches Schriftsteller-Lexikon. Berlin 1872.

RAVEN, Charles E.: John Ray – naturalist: his life and works. Cambridge (Engl.): UP 1942, 2. Aufl. 1950. Nachdr. 1986.

– English Naturalists from Neckam to Ray: a study of the making of modern world. Cambridge (Engl.): UP 1947. Repr. 1968.

REED, H. S.: Jan Ingenhousz: plant physiologist. Chronica botanica *11* (1949): 285–396.

REES, M.: A. de Bary [Nekr.]. Ber. Dt. Bot. Ges. *6* (1888): (VIII)–(XXVI).

REGEL, Robert VON: J. Th. Schmalhausen [Nekr.]. Ber. Dt. Bot. Ges. *12* (1894): (34)–(39).

REICHENSPERGER, August: Erich Wasmann S. J. 1859–1929 [zum 70. Geburtstag]. Zool. Anz. *82* (1929): 1–10.

– [Nekr. zu Erich Wasmann]. Ebda *93* (1931): 336.

REIN, Siegfried: Friedrich Christian Lesser (1692–1754): Pastor, Physicotheologe und Polyhistor. München 1992. Neufassung in: Acta historica Leopoldina, in Vorbereitе.

REINHARDT, Otto: Georg Volkens [Nekr.]. Ber. Dt. Bot. Ges. *35* (1917): (65)–(82).

REINKE, Johannes: Mein Tagewerk. Freiburg i. Br. 1925.

REISKE, Thomas: Zur Geschichte der Botanik an der Rostocker Universität von 1792 bis 1885. Diss., Univ. Rostock, 1990.

RENNER, Otto: Karl von Goebel: der Mann und das Werk. Ber. Dt. Bot. Ges. *68* (1955): 147–162.

– Nils Heribert Nilsson [Nekr.]. Z. Bot. *43* (1955).

RENSCH, Bernhard: Lebensweg eines Biologen in einem turbulenten Jahrhundert [Autobiogr.]. Stuttgart, New York 1979.

RESCHER, Nicolas: Al-Fārābī: an annotated Bibliography. Pittsburgh 1962.

REZNIK, S. E.: Nikolaj Ivanovič Vavilov. Moskva 1973.

REVENKOVA, A. I.: Nikolaj Ivanovič Vavilov, 1887–1943. Moskva 1962.

REY, Roselyne (†), & Jean-Louis FISCHER: Jacques Roger, historien des sciences (1920–1990) [Nekr.]. Rev. d'hist. des sci. *44* (1991): 468–478.

REYER, A.: Leben und Wirken des Naturhistorikers Franz Unger. Graz 1871.

RICH, Alexander: Robert W. Holley (1922–1993) [Nekr.]. Nature *362* (1993): 16 (4 March).

RICHTER, E.: Simon Schwendener (1829–1919): Begründer der physiologischen Pflanzenanatomie. Gleditschia *9* (1982): 329–351.

RICHTER, Jochen: Oskar Vogt: der Begründer des Moskauer Staatsinstituts für Hirnforschung, ein Beitrag zur Geschichte der deutsch-sowjetischen Wissenschaftsbeziehungen im Bereich der Neurowissenschaften. Psychiatrie, Neurol. u. med. Psychol. *28* (1976) 7: 385–395.

RIEDL, Rupert J., & Franz KREUZER (HRSG.): Evolution und Menschenbild. Hamburg: Hoffmann & Campe 1983.

RILEY, N. D.: Heinrich Ernst Karl Jordan. Biogr. Mem. Fell. Roy. Soc. *6* (1960): 107–133.

RINGLEBEN, Herbert: Lebensskizzen von Ornithologen im Lande Bremen. Abh. Naturwiss. Verein Bremen *43* (1995)1: 5–28.

RIS, F.: Professor Dr. Max Standfuss [Nekr.]. Verh. Schweizer. Naturf. Ges. (1918): 136–142.

RITCHIE, Benbow F.: Edward Chace Tolman. Biogr. Mem. National Acad. Sci. USA *37* (1964): 293–324 [teilw. autobiogr.].

RIVE, August A. DE LA: Augustin-Pyrame de Candolle: sa vie et ses traveaux. Paris 1851.

ROBERTSON, Alan: Conrad Hal Waddington. Biogr. Mem. Fell. Roy. Soc. *23* (1977): 575–622 [Werk-Verz. ab S. 614].

RÖHRER, Heinz: Victor Goerttler zum 70. Geburtstag. A. für Experim. Veterinärmed. *21* (1967) SH.

ROGER, Jacques (Hrsg.): La vie et l'œuvre de Réaumur (1683–1757). Paris 1962.

– Buffon, un philosphe au Jardin du Roi. Paris 1989.

ROHLFS, Heinrich: Kurt Sprengel: der Pragmatiker. In: H. ROHLFS: Geschichte der deutschen Medicin. II. Stuttgart 1880: 212–279.

ROKITSKY, P. F.: S. S. Chetverikov and the development

of evolutionary Genetics [russ.]. Istorija biologii *5* (1975): 63–75.

Ron Álvarez, Eugenia: Aportación al conocimiento de la historiografía del botánico D. José Antonio Pavón y Jiménez. An. Real Acad. de Farmacia *36* (1970): 599–631.

Roos, Maie: Toomas Sutt [Zum 50. Geburtstag]. Tartu: Eesti NSV Teaduste Akad. 1988.

Rooseboom, Maria: Bijdrage tot de Geschiedenis der instrumentmakerskunst in de noordelijke Nederlanden tot omstreeks 1840. Leiden 1950. (Mededeling Rijksmus. Gesch. Natuurwet, 74).

– Microscopium. Leiden 1956. (Mededeling Rijksmus. Gesch. Natuurwet, 95).

Rosen, Felix: Ferdinand Cohn. Ber. Dt. Bot. Ges. *17* (1899): (172)–(201).

Rosenvinge, K. [et al.]: E. Warming [Nekr.]. Bot. Tidskrift *39* (1927): 1–56.

Ross, Hermann: Otto Sendtner. Ber. Bayer. Bot. Ges. *12* (1910): 73–89.

Ross, Ian S.: The Life of Adam Smith. Oxford: UP 1995.

Rostand, J.: Les origines de la biologie expérimentale et l'Abbé Spallanzani. Paris 1951.

Roth, F. W. E.: Hieronymus Brunschwyg und Walther Ryff: zwei deutsche Botaniker des 16. Jahrhunderts. Z. Naturwiss. *75* (1902): 102–123.

Rothschuh, Karl E.: Geschichte der Physiologie. Berlin, Göttingen, Heidelberg 1953. 2. Aufl. 1973 in engl. u. d. T.: History of physiology.

– Physiologie: der Wandel ihrer Konzepte, Probleme und Methoden vom 16.–19. Jahrhundert. Freiburg i. Br., München: Alber 1968. (Orbis academicus, 2/15).

– & Elisabeth Tutte: Emil Du Bois-Reymond (1818–1896): Bibliographie. In: Beitr. zur Gesch. d. Naturwiss. u. d. Med.: Festschrift für Georg Uschmann. Halle/Saale 1975: 113–136. (Acta Historica Leopoldina, 9).

Rous, Francis P.: Karl Landsteiner. Obit. Not. Fell. Roy. Soc. *5* (1947): 295–324.

Rozenfel'd, Boris A., Mariam M. Rožanskaja & Z. K. Skolovskaja: Abu-r-Rajchan al-Biruni. Moskva 1973.

Rozental, Stefan: Niels Bohr. New York 1967.

Ruben, Samuel – [Nekr.]. Chem. Eng. News *21n* (1943): 1766–1767.

Rudolphi, Karl A.: Peter Simon Pallas: ein biographischer Versuch. In: K. A. Rudolphi: Beiträge zur Anthropologie und allgemeinen Naturgeschichte. Berlin 1812: 1–78.

Ruff, P. W.: Emil du Bois-Reymond. Leipzig 1981.

Ruhland, Wilhelm: Sergej Pawlowitsch Kostytschew [Nekr.]. Planta *15* (1931): I–II.

Rupke, Nikolaas A.: Richard Owen: victorian naturalist. New Haven: Yale UP 1994.

Russell, E. John: Mr. H. H. Cousins [Nekr.]. Nature *165* (1950): 97–98 (21 Jan.).

Russell, E. S.: Sewall Wright's contributions to physiological genetics and to inbreeding theory and practice. Ann. Rev. of Genetics *23* (1989): 1–18.

Russell-Gebbett, Jean: Henslow of Hitcham: botanist, educationalist and clergyman. Lavenham: Dalton 1977.

Ruttner, Franz – [Nekr.]. Almanach Österr. AdW *111* (1961): 420, u. *112* (1962): 222.

Sabalitschka, Th.: Alexander Tschirch [Nekr.]. Ber. Dt. Bot. Ges. *59* (1941): (67)–(108).

Sageret, Augustin – [Nekr.]. Mém. d'agriculture *2* (1852): 443–464.

– [Nekr.]. In: Biographies mêmbres Soc. d'agric. de France 1848–1853. 1865: 280 ff.

Sackmann, W.: Biographische und bibliographische Materialien zur Geschichte der Mikrobiologie. Frankfurt a. M. 1985. (Marburger Schr. zur Med.gesch., 16).

Salf, Eric: Un anatomist et philosophe français: Ét. Geoffroy St. Hilaire (1772–1844), Père de la Tératologie morphologique et de l'embryologie expérimental … 2 Bde. Lyon 1986.

Salzmann, C.: Conrad Geßners Persönlichkeit 26. 3. 1516–13. 12. 1565. Gesnerus *22* (1965): 115–132.

Samoggia, L.: Ulisse Aldrovandi: medico e igienista. Bologna 1972.

Sander, K. (Hrsg.): August Weismann (1834–1914) und die theoretische Biologie des 19. Jahrhunderts: Urkunden, Berichte und Analysen. Freiburger Univ.bl. *87/88* (1985): 21–203.

Savioz, R.: Mémoires autobiographiques de Charles Bonnet de Genève. Paris: Vrin 1948.

Sayre, Anne: Rosalind Franklin and DNA. New York: Norton 1975.

Schadewaldt, Wolfgang: Von Homers Welt und Werk. Leipzig 1945, 3. Aufl. Stuttgart 1959.

Schaller, F.: Wolfgang Freiherr von Buddenbrock-Hettersdorf [Nekr.]. Verh. Dt. Zool. Ges. *59* (1966): 562–566.

Scheele, Irmtraud: von Lüben bis Schmeil: die Entwicklung von der Schulnaturgeschichte zum Biologieunterricht zwischen 1830 und 1933. Berlin 1981. (Wiss.hist. Stud., Hrsg. Chr. Hünemörder, 1).

Schepelern, Henrik D.: The museum Wormianum reconstructed. J. Hist. of Collections *2* (1990): 81–85.

Scherz, Gustav: Niels Stensen: Denker und Forscher im Barock 1638–1686. Stuttgart: Wiss. Verl.ges. 1964. (Große Naturforscher, 28).

Scherzer, K. von: Moritz Wagner: biographische Skizze. In: Moritz Wagner, Die Entstehung der Arten durch räumliche Sonderung: gesammelte Aufsätze. Basel: Schwabe 1889: 9–32.

Schiemann, Elisabeth: Erwin Baur [Nekr.]. Ber. Dt. Bot. Ges. *52* (1934): 4–114.

Schierbeck, A.: Antoni van Leeuwenhoek: zijn Leven en zijn Werken. 2 vols. Lochem 1950–1951.

Schierhorn, H.: Johann Friedrich Meckel d. J. als Begründer der wissenschaftlichen Teratologie. Gegenbaur's Morpholog. Jb. *130* (1984): 399 ff.

Schievenhövel, Wulf (Hrsg.): Eibl-Eibesfeld: sein Schlüssel zur Verhaltensforschung. München: Langen-Müller 1993.

Schilpp, P. A.: The Philosophy of Karl Popper. La Salle 1974.

Schimper, Wilhelm Philipp – [Nekr.]. Bull. de la Soc. d'hist. nat. de Colmar *20/21* (1880): 351–392.

Schlechtendal, Diederich F. L. von: Carl Ludwig Willdenow [Nekr.]. Magazin f. d. neuesten Entdeckungen in d. gesamten Naturkunde *6* (1814): V–XVI.

SCHLEE, Dieter: In memoriam W. Hennig 1913–1976: eine biographische Skizze. Entomologica Germanica *4* (1978): 377–391.

SCHLENKER, Rolf: Johannes Matthäus Bechstein (1757–1822): ein Beitrag zu einer Bibliographie seiner Schriften. Anz. Verein Thüring. Ornithol. *2* (1994): 125–133.

SCHMALHAUSEN, Ivan I.: Autobiographie. Nova Acta Leopoldina, N.F. 21, *143* (1959): 293–294.

SCHMEIDLER, Felix: Nikolaus Kopernikus. Stuttgart: Wiss. Verl.ges. 1970. (Große Naturforscher, 34).

SCHMEIL, Otto: Leben und Werk eines Biologen: Lebenserinnerungen. Hrsg. A. SEYBOLD. Heidelberg: Quelle & Meyer 1954.

SCHMID, Günther: Eine unbekannte mykologische Arbeit Persoons (1793): zugleich ein Beitrag zur Lebensgeschichte des Verfassers. Z. Pilzkunde *17* (1933): 54–60.

– Goethe und die Naturwissenschaften. Halle/Saale 1940.

– Chamisso als Naturforscher: eine Bibliographie. Leipzig: Koehler 1942.

SCHMIDT, G.: [Laudatio zum 85. Geburtstag von Karl Friederichs]. Mitt. Dt. Entomol. Ges. *22* (1963) 2: 22.

SCHMIDT, Günther: Gustav Fischer und sein Verlag. Jena 1995. (Jenaische Blätter, 7).

SCHMIDT, Jutta: Die Umweltlehre Jakob von Uexkülls in ihrer Bedeutung für die Entwicklung der vergleichenden Verhaltensforschung. Diss., Univ. Marburg/Lahn, 1980.

SCHMITZ, Siegfried: Tiervater Brehm: seine Reisen, sein Leben, sein Werk. München: Harnack 1984.

SCHMORL, Karl: Adolf von Baeyer: Entwickler der Indigosynthese 1835–1917. Stuttgart: Wiss. Verl.ges. 1952. (Große Naturforscher, 10).

SCHNEEBELI-GRAF, Ruth (Hrsg.): „Und lassen gelten, was ich beobachtet habe": naturwissenschaftliche Schriften von A. von Chamisso [mit biogr. Zeittafel]. Berlin: Reimer 1983.

SCHÖNWETTER, H. P.: Zur Vorgeschichte der Endokrinologie. Zürich: Juris 1968. (Zürcher Med.geschichtl. Abh., N.R., 61).

SCHRADER, G. W., & E. HERING (Hrsg.): Biographisch-literarisches Lexicon der Thierärzte aller Zeiten und Länder, sowie der Naturforscher, Aerzte, Landwirte, Stallmeister usw., welche sich um die Thierheilkunde verdient gemacht haben. Stuttgart 1863. Nachdr.: Leipzig 1967.

SCHROER, Heinz: Leben und Werk des deutschen Physiologen Carl Ludwig. Diss., Med. Fak., Univ. Münster, 1949.

– Carl Ludwig: Begründer der messenden Experimentalphysiologie 1816–1895. Stuttgart: Wiss. Verl.ges. 1967. (Große Naturforscher, 33).

SCHUBRING, Gert: The Rise and Decline of the Bonn Natural Sciences Seminar. Osiris, 2nd Ser., *5* (1989): 57–93.

SCHÜTZ, Ernst: Samuel Gottlieb Gmelin: Erforscher der Küstenländer des Kaspischen Meeres, 1744–1774. In: Lebensbilder aus Schwaben und Franken. Stuttgart 1959: 182–189. (Schwäbische Lebensbilder, 7).

SCHUIJF, Arie, & A. D. HAWKIN (Hrsg.): Sound reception in fish: proceedings of a symposium held in honour of Professor Dr. Sven Dijkgraaf, Utrecht 16–18 April 1975. Amsterdam, New York 1976.

SCHULZ, Fr. N.: Wilhelm Biedermann. Ergebnisse d. Physiol. *30* (1930): XI–XXVIII.

SCHUMACHER, Ingrid: Die Entwicklungstheorie des Heidelberger Paläontologen und Zoologen Heinrich Georg Bronn (1800–1862). Diss. rer. nat., Univ. Heidelberg, 1975.

SCHUNKE, I.: Der Nachlaß von Gottfried Reinhold Treviranus in der Staatsbibliothek Bremen. SUDHOFF'S A. *30* (1937): 115–132.

SCHUSTER, Julius: Oken: der Mann und sein Werk. Berlin 1922.

– Oken: Welt und Wesen, Werk und Wirkung. A. Gesch. Math. Naturwiss. Techn. *12* (1929): 54–69.

SCHWALBE, Gustav: Max Schultze: geb. 25. März 1825, gest. 16. Jan. 1874 [Nekr.]. A. mikroskop. Anat. *10* (1874) 1: I–XXIII.

SCHWARTZ, Viktor: A. Kühn 22. IV. 1885–22. XI. 1968. Z. Naturfo. *248* (1969): 1–4.

SCHWARZ, Franz: [Auszug eines an d. *Blätter* eingereichten Nekr.: zu Paul Kammerer]. Blätter Aquarien- u. Terrarienkunde ... *37* (1926) 20: 478–479 (30. Okt. 1926).

SCHWENDENER, Simon: Carl W. von Nägeli [Nekr.]. Ber. Dt. Bot. Ges. *9* (1891): (26)–(42).

SEILER, Jakob: Richard Goldschmidt 12. 4. 1878–24. 4. 1958 [Nekr.]. Jb. Bayer. AdW (1960): 153–157.

Semenov-Tjan-Šanskij, Andrej Petrovič – [Werk-Verz.]. Foliá zool. hydrobiol. *9* (1936): 397–410.

SENČENKOVA, E. M.: K. A. Timirjazev i učenie o fotosinteze. Moskva 1961.

SIEGRIST, C.: Albrecht von Haller. Stuttgart 1967.

SIMPSON, George G.: Concession to the improbable: an unconventional autobiography. Yale: UP 1978.

SKINNER, Burrhus F.: Particulars of my life. Cambridge (Mass.) 1976.

SKOTTSBERG, Carl: Pehr Kalm. Kungliga Svenska vetenskapsakad. levnadsteckningar (Stockholm, Uppsala) *139* (1951): 221–503.

SMIT, Pieter: Paul Hermann (1646–1695): ein Vertreter der niederländischen Botanik des 17. Jahrhunderts. Wiss. Beitr. MLU Halle *18* (1969) 2: 69–88.

– Hendrik Engel's Alphabetical List of Dutch Zoological Cabinets and Menageries. Amsterdam 1986.

SOMOLINOS D'ARDOIS, Germán: Vida y obra de Francisco Hernández. In: Obras Completas de Francisco Hernández, vol. 1. Mexico City 1959–1960: 95–482.

SORENSEN, W. Conner: Brethren of the Net: American Entomology, 1840–1880. Tuscaloosa: Alabama UP 1995.

SOUPAULT, Robert: Carrel, Alexis, 1873–1944. In: Geschichte der Mikroskopie: Leben und Werk großer Forscher. Hrsg. Hugo FREUND & Alexander BERG, Bd. II (Medizin). Frankfurt a. M.: Umschau-Verl. 1964: 31–35.

SOYFER, V. N.: Lysenko and the tragedy of Soviet Science. New Brunswick, New Jersey: Rutgers 1992.

Special issue on W. A. Arnold = Photosynthesis Res. *48* (1996) 1/2.

Special issue on Robert Hill = Photosynthesis Res. *34* (1992) 3.

Special issue on Ernst Mayr at Ninety = Biology and Philosophy 9 (1994) 3/Juli.

SPEISER, P.: Karl Landsteiner – Entdecker der Blutgruppen. Wien 1961, 2. Aufl. 1975.

SPERLICH, Adolf: Emil Heinricher 1856–1934 [Nekr.]. Ber. Dt. Bot. Ges. 52 (1934): (188)–(205).

SPRENGEL, J. W.: Bericht des Geschäftsführers. Verh. Dt. Zool. Ges. (1898): 7–13 [auf S. 8 Nachricht v. Tod von J. J. S. Steenstrup mit biogr. Angaben].

STAFLEU, Frans A., & Richard S. COWAN: Taxonomic literature: a selective guide to botanical publications … 2. Aufl., 7 Bde. Utrecht: Bohn [u. a.] 1976–1988.

STANG, Valentin, Otto KOEHLER & J. EFFERTZ: Professor emer. Dr. Dr. h. c. Dr. agr. h. c. Carl Kronacher † [Nekr.]. Z. für Tierpsychol. 1 (1937): I–IV [hic! = VI].

STANNARD, Jerry: P. A. Mattioli: Sixteenth-Century Commentator of Dioscorides. In: Univ. of Kansas Libraries, Bibliographical Contributions I. Lawrence (Kans.) 1969: 59–81.

STANSFIELD, H.: The missionary botanist of Tranquebar. Liverpool Bull. VI (1957) 3: 19–42.

STAUDINGER, Hermann: Arbeitserinnerungen. Heidelberg 1961.

STEARN, W. T.: Magnols Botanicum Monspeliense and Linnaeu's Flora Monspeliensis. In: Festschrift für Claus NISSEN zum siebzigsten Geburtstag, 2. September 1971. Hrsg. E. GECK & G. PRESSLER. Wiesbaden: Pressler 1973: 612–650.

STEENIS-KRUSEMAN, Maria J. VAN: Malaysian plant collectors and collections. Groningen, Djarkarta 1950, Suppl. 1957. (Flora malesiana, ser. 1, 1).

STEFFENS, Henrik: Was ich erlebte – aus der Erinnerung niedergeschrieben. 10 Bde. Breslau 1840–1844, 2. Aufl. 1841–1845.

STEINBRÜCK, P., & A. THOM: Robert Koch (1843–1910). Leipzig 1982 (SUDHOFF's Klassiker d. Med., N.F., 2).

STEINER, Gerhard: Georg Forster. Stuttgart: Metzler 1977. (Slg. Metzler, M 156, Abt. D).

STEINSCHNEIDER, Moritz: Al-Fārābī (Alfarabius). St. Petersburg 1869. Repr.: Amsterdam 1966.

STEVENS, Peter F.: The Development of Biological Systematics: Antoine-Laurent de Jussieu, Nature and the Natural System. New York: Columbia UP 1994.

STEVENSON, L.: Sir Frederick Banting. Toronto, Springfield (Ill.) 1946.

STEWARD, Frederick C.: Plant physiology: The changing problems, the continuing quest [Persönl. Erinnerungen]. Ann. Rev. Plant Physiol. 22 (1971): 1–22.

STEYER, Brigitte, & K. SCHIEBOL: Karl v. Goebel und die Gründung des Botanischen Instituts der Universität Rostock. A. Freunde Naturgesch. Mecklenburg XXXII (1993): 213–224.

STIEDA, Wilhelm: Hermann Stannius und die Universität Rostock 1837–1854. Mecklenburger Jber. (Schwerin) 93 (1929): 1–36.

STIER, Friedrich: Das Verlagshaus Gustav Fischer in Jena: Festschrift zum 75jährigen Jubiläum. Jena: G. Fischer 1953.

STOMPS, Th. J.: Aus dem Leben und Wirken von Hugo de Vries. In: Hugo de Vries: 6 Vorträge zur Feier seines 80. Geburtstages. Stuttgart 1929. (Württemberg. Ges. zur Förderung der Wiss., Abt. Tübingen, Naturwiss.-med. Kl., 12).

– Hugo de Vries [Nekr.]. Ber. Dt. Bot. Ges. 53 (1935): (85)–(96).

STORCH, Otto: Berthold Hatschek [Nekr.]. Almanach Österr. AdW 99 (1949): 284–296.

STRESEMANN, Erwin: Der Naturforscher Friedrich Sellow (*1831) und sein Beitrag zur Kenntnis Brasiliens. Zool. Jb. Syst. 77 (1948): 401–425.

– Die Entwicklung der Ornithologie von Aristoteles bis zur Gegenwart. Aachen 1951.

– Hinrich Lichtenstein: Lebensbild des ersten Zoologen der Berliner Universität. In: in Forschen und Wirken: Festschrift zur 150-Jahrfeier der Humboldt-Universität Berlin, Bd. 1. Berlin 1960: 73–96.

STRICKLAND, Hugh E.: Memoirs of H. E. Strickland: with a selection from his scientific writings. Hrsg. William (Bart.) JARDINE. London 1858.

STUBBE, Hans: Kurze Geschichte der Genetik bis zur Wiederentdeckung der Vererbungsregeln Gregor Mendels. 2. Aufl. Jena: G. Fischer 1965.

STUDNITZ, G. VON: von Buddenbrock zum 60. Geburtstag. Naturwiss. 32 (1944).

STÜBLER, E.: Leonhart Fuchs. München 1928. (Münchener Beitr. zur Gesch. Lit. Naturwiss. Med., 13/14).

STUTZER: Heinrich Ritthausen [Nekr.]. Ber. Dt. Chem. Ges. 47 (1914): 591–593.

SUDHAUS, W. S. LASKOWSKI, W. [et al.]

SUDHOFF, Karl: Theodor Ludwig Wilhelm von Bischoff. Hessische Lebensbilder 3 (1928).

– Aus meiner Arbeit [Autobiogr.]. SUDHOFF'S A. 21 (1929): 333–387.

SUKAČEV, Vladimir N.: Vladimir Nikolaevič Sukačev. Moskva, Leningrad 1947. (Materialy k biobibliogr. učenych SSSR, ser. biol. nauk/Botanika, 3).

SUTT, Toomas (Hrsg.): Baer and Modern Biology. Tartu 1993. (Folia Baeriana, VI).

– Karl Ernst von Baer. Bonn 1994. (Arbeitshilfe, 63/1994).

SWAMMERDAM, Jan: Jan Swammerdam (12. Febr. 1637–17 Febr 1680): his Life and Works. Amsterdam 1967.

SYTNIK, K. M.: Nikolaj Grigor'evič Cholodnyj. Ukazatel' literatury sost. A. P. BRAJON. Kiev 1982 (Akad. Nauk USSR, Biobibliogr. učenych ukrainskoj SSR).

SZABADVÁRY, Ferenc: [Lavoisier és kora, dt.] Antoine Laurent Lavoisier. Stuttgart: Wiss. Verl.ges. 1973. (Große Naturforscher, 36).

TALALAY, P., & M. D. LANE: Albert Lester Lehninger [Nekr.]. Trends in Biochem. Sci. 11 (1986): 356–358.

TARDENT, P.: Ernst Hadorn [Nekr.]. Verh. Dt. Zool. Ges. 69 (1976): 299–300.

TASCHENBERG, Otto: Geschichte der Zoologie und der zoologischen Sammlungen an der Universität Halle 1694–1894. Halle/Saale: Niemeyer 1894.

– Das Leben und die Schriften Karl Vogts. Leopoldina 1–3, N.F., 1 (1920).

TAYLOR, George G., & E. W. WALLS: Sir Charles Bell: his life and times. London, Edinburgh: Livingstone 1958.

TEMBROCK, Günter: Erwin Stresemann und die Verhaltensforschung. Mitt. Zool. Mus. Berlin 67 (1991), Suppl.: Ann. Ornithol. 15: 15–19.

TEMKIN, O: Byzantine medicine, tradition and empiricism. Washington 1962. (Dumbarton Oaks Papers, 16).

THAUER, Rudolf: Albrecht Bethe. PFLÜGER'S A. ges. Physiol. *261* (1955): I–XIV.

THÉODORIDÈS, Jean: Sur le 13e livre du traité d'Aetios d'Amida, médecin byzantin du VIe siècle. Janus *47* (1958): 221–237.

THIELE, Julia V.: Wilhelm Olbers Focke und die Entstehung der Arten durch Bastardierung. Dipl.-Arbeit, Biol. Fak., Univ. Tübingen, 1996.

THIENEMANN, August: Einar Naumann (13. August 1891 bis 22. September 1934): ein Forscherleben im Dienste der Limnologie. Verh. Int. Verein. Limnol. *8* (1938) II: 1–41.

– Erinnerungen und Tagebuchblätter eines Biologen. Stuttgart 1959.

THOMPSON, Sir D'Arcy: Max Wilhelm Carl Weber. Obit. Not. Fell. Roy. Soc. *2* (1938): 347–355.

THOMPSON, Sir Harold: Cyril Norman Hinshelwood. Biogr. Mem. Fell. Roy. Soc. *19* (1973): 375–431.

THOMSON, Peter: Johann Friedrich Naumann: der Altmeister der deutschen Vogelkunde, sein Leben und seine Werke. Bearb., ergänzt u. hrsg. v. E. STRESEMANN. Leipzig 1957. (Lebensdarstellungen dt. Naturforscher, 6).

TINBERGEN, NIKOLAAS: Watching and Wondering [Autobiographie]. In: DEWSBURY 1989: 431–463.

TOBLER, Friedrich: Oscar Drude. Ber. Deut. Bot. Ges. *51* (1933): (96)–(127).

TOELLNER, Richard: Albrecht von Haller: über die Einheit im Denken des letzten Universalgelehrten. Wiesbaden 1971.

– Karl Eduard Rothschuh [Nekr.]. Ber. zur Wiss.gesch. *8* (1985): 1–6.

– Hermann Boerhave. In: Klassiker der Medizin. Hrsg. D. VON ENGELHARDT & F. HARTMANN (s. d.). Bd. 1. 1991: 215–230.

TOKIN, B. P.: Teoretičeskaja biologija i tvorčestvo E. S. Bauera. 2. Aufl. Leningrad 1965.

TREMBLEY, M.: La découverte des polypes d'eau douce d'apres la correspondance inédite de Réaumur et d'Abraham Trembley. Genève 1902.

TRIPP, G. Matthias: Marie-François Xavier Bichat. In: Klassiker der Medizin. Hrsg. D. VON ENGELHARDT & F. HARTMANN (s. d.). Bd. 1. 1991: 328–338.

TRÖHLER, Ulrich (Hrsg.): Felix Platter (1536–1614) in seiner Zeit. Basel 1990. (Baseler Veröffentl. zur Gesch. d. Med. u. d. Biol., N.F., 3).

TSCHERMAK, Armin VON: Julius Berstein's Lebensarbeit: zugleich ein Beitrag zur Geschichte der neueren Biophysik. PFLÜGER'S A. *174* (1919): 1–89.

TSCHERMAK-SEYSENEGG, Erich VON: Leben und Wirken eines österreichischen Pflanzenzüchters [Autobiogr.]. Berlin, Hamburg 1958.

TSCHIRCH, Alexander: Julius W. A. Wigand [Nekr.]. Ber. Dt. Bot. Ges. *5* (1887): (XLI)–(IL).

– Erlebtes und Erstrebtes: Lebenserinnerungen [Autobiogr.]. Bonn: Cohen 1921.

TSCHULOK, S.: Lamarck. Zürich, Leipzig 1937.

TURILL, W. B.: Joseph Dalton Hooker. London 1963.

UEXKÜLL, Jakob VON: Niegeschaute Welten [Autobiogr.]. München: Paul List 1957. (List-Bücher, 97).

UHLIG, Manfred, & Bernd JAEGER: Zur Erforschung der Käferfauna der afrotropischen Region durch das Museum für Naturkunde Berlin mit einem Überblick über die coleopterologischen Ergebnisse der ersten gemeinsamen Expedition des Museums für Naturkunde Berlin und des State Museum Winhoek in Namibia. Mtt. Zool. Mus. Berlin *71* (1995) 2: 213–245.

ULLRICH, H.: [Nekr. auf Wilhelm Ruhland]. In: Handbuch der Pflanzenphysiologie. Bd. 12/1. Berlin [u. a.] 1960: V–XXXII.

ULRICH, Werner: Richard Heymons (1867–1943). Sb. Ges. naturf. Freunde zu Berlin, N.F., *1* (1961) 1/3: 38–47.

– Karl Heider 1856–1935: ein biographischer Beitrag zur Geschichte der Zoologie und Allgemeinen Biologie. Sb. Ges. naturf. Freunde Berlin, N.F., *9* (1969) 1/2: 34–137.

URBAN, Ignaz: Der Königliche Botanische Garten und das Botanische Museum zu Berlin. Bot. Jb. *14* (1891), Beibl. 32: 9–68.

– (Hrsg.): Symbolae Antillanae seu Fundamenta Florae Indiae occidentalis. Vo. III, Fasc. I. Lipsiae [u. a.] 1902 [enthält u. a.: I. URBAN, Notae biographicae peregrinatorum Indiae occidentalis botanicorum, S. 14–158].

USCHMANN, Georg: Caspar Friedrich Wolff: ein Pionier der modernen Embryologie. Jena 1955.

– Geschichte der Zoologie und der zoologischen Anstalten in Jena 1779–1919. Jena 1959.

– Julius Schaxel und seine Auseinandersetzung mit dem Neovitalismus. Naturwiss., Tradition, Fortschritt, Beih. zur NTM, (1963): 228–233.

– Christian Gottfried Nees von Esenbeck (1776–1858): XI. Präsident (1818–1858) der Akademie. Leopoldina (3), 1976, *22* (1979): 173–189.

– Ein „Fürst der Beobachter": zur Erinnerung an den Naturforscher Fritz Müller (1822–1897). Beitr. zur Hochschul- u. Wiss.gesch. Erfurts *21* (1987/88): 175–182.

UTEVSKIJ, A. M.: Aleksandr Vladimirovič Palladin. Kiev 1956, 2. Aufl. 1960. Neudr. 1961. (Akad. nauk Ukrainskoj SSR, ser. učenye Ukrainskoj SSR).

VALENTIN, Johannes: Friedrich Wöhler: Entwickler der Harnstoffsynthese 1800–1882. Stuttgart: Wiss. Verl.ges. 1949 (Große Naturforscher, 7).

VELLUZ, Léon: Vie de Lavoisier. Paris 1966.

VISSER, R. P. W.: The zoological work of Petrus Camper (Diss. Univ. Utrecht 1984). Amsterdam 1984.

– Hugo de Vries (1848–1935): het begin van de experimentele botanie in Nederland. In: Een brandpunt van geleerdheid in de hoofstad: de Universiteit van Amsterdam rond 1900 in vijftien portretten. Hrsg. J. C. H. BLOM [et al.]. Hilversum 1992: 159–178.

VIVANCO, J.: Don Felipe Poey: su vida y su obra. La Habana 1951.

VIVIANI, U.: Vita ed opere di Andrea Cesalpinos. Arezzo 1922.

VOB = Vydajuščiesja otečestvennye botaniki. Moskva 1957.

VOGELSANG, T. M.: Armauer Hansen og Spedalskhetens historie i Norge. Bergen 1962. (Univ. i Bergeny Småskrifter, 12).

– Gerhard Henrik Armauer Hansen 1841–1912. Oslo 1968.

VOGT, Annette: Vom Hintereingang zum Hauptportal: Wissenschaftlerinnen in der Kaiser-Wilhelm-Gesellschaft. Hrsg. Max-Planck-Inst. für Wiss.gesch. Berlin 1997. (Preprint 67).

VOGT, Karl Chr.: Aus meinem Leben. Stuttgart 1845.

VOGT, L.: Der Liber fiduciae de simplicibus medicinis des Ibn al-Ǧazzār in der Übers. des Stephanus v. Saragossa (Diss.). Berlin 1941.

VOIGT, Johannes H., & Doris M. SINKORA: Ferdinand (von) Müller in Schleswig-Holstein, or: The Making of a Scientist and of a Migrant. Hist. Records of Australian Sci. *11(1)* (1996): 13–33.

VOLGER, G. H. Otto: Leben und Leistungen des Naturforschers Karl Schimper. Frankfurt a. M. 1889.

VOLKENS, Georg: [Autobiographie]. Verh. Bot. Verein Provinz Brandenburg *59* (1917): 1–23.

WAARD, CORNELIS DE, jr.: De uitvinding der verrekijkers. 's-Gravenhage 1906 [zu Jansen s. Kap. 13].

WAGENITZ, Gerhard: Göttinger Biologen 1737–1945: eine biographisch-bibliographische Liste. Göttingen 1988. (Göttinger Univ.schr., Ser. C/Kataloge, 2).

WAGNER, Günther: Carl Gegenbaur (1826–1903) – Anatom, Zoologe, Begründer einer Schule der vergleichenden Anatomie. Med. Ausbild. *14* (1997): 65–81.

WALDEYER-HARTZ, Heinrich W. G. VON: Lebenserinnerungen. Bonn 1920, 2. Aufl. 1921.

WALKER, John Ch.: Some highlights in plant pathology in the Unites States [Persönl. Erinnerungen]. Ann. Rev. Phytopathol. *13* (1975): 15–29.

– Benjamin Minge Duggar. Ann. Rev. Phytopathol. *20* (1982): 33–39.

WALLACE, Alfred R.: My life. London, New York 1905.

WALTER, Heinrich: Bekenntnisse eines Ökologen: Erlebnisse in 8 Jahrzehnten und auf Forschungsreisen in allen Erdteilen mit Schlußfolgerungen. Stuttgart, New York: G. Fischer 1980, 5. erg. Aufl. 1987.

WARBURG, Otto: Ferdinand von Müller [Nekr.]. Ber. Dt. Bot. Ges. *15* (1897): (56)–(70).

WAREING, Philip F.: A plant physiological odyssey [Persönl. Erinnerungen]. Ann. Rev. Plant Physiol. *33* (1982): 1–26.

WARMING, J. Eugenius B.: Den Danske botaniske literatur fra de aeldste tider til 1880. Bot. Tidsskrift *12* (1880–1881): 42–131, 158–247.

WASMANN S. J., Erich: Jugenderinnerungen. Stimmen d. Zeit *123* (1932): 110–119, 191–199, 258–268, 327–334 u. 407–413.

WATERMANN, R.: Theodor Schwann: Leben und Werk. Düsseldorf 1960.

WEBER, Hans H., & Hans H. LOESCHKE: Hans Winterstein [Nekr.]. Ergebn. d. Physiol. *55* (1964): 1–27.

WEBER, M.: Konrad von Megenberg: Leben und Werk. Beitr. zur Gesch. ... Regensburg *20* (1986): 213–324.

WEBERLING, F.: Wilhelm Troll. Ber. Dt. Bot. Ges. *94* (1981): 311–324.

WEEVERS, Theodorus: Fifty Years of Plant Physiology. Amsterdam 1949.

WEHNELT, Bruno: Lebenslauf. In: Untersuchungen über das Wundhormon der Pflanzen (Diss., Phil. Fak., Univ. Erlangen). Leipzig 1927: Anhang.

WEIDNER, H.: Geschichte der Entomologie in Hamburg. Verh. Naturwiss. Verein Hamburg (N.F.) *9* (1967), Suppl.

– Erich Titschak zum Gedächtnis [Nekr.]. Mitt. Hamb. zool. Mus. Inst. *75* (1978): 7–17.

– & O. KRAUS: Aus der Geschichte des Naturwissenschaftlichen Vereins in Hamburg. Verh. Naturwiss. Verein Hamburg (N.F.) *30* (1988): 5–150.

WEIKARD, M. A.: Biographie des Herrn Wilhelm Friedrich v. Gleichen genannt Rußworm Herrn auf Greifenstein, Bonnland ... Frankfurt a. M. 1783.

WEISMANN, August Friedrich Leopold – [Werk-Verz.]. Dt. Biogr. Jb. für 1914–16, (1925): 97–103.

WEISSENBERG, R.: Oscar Hertwig 1849–1922: Leben und Werk eines deutschen Biologen. Leipzig 1959. (Lebensdarstellungen dt. Naturforscher, 7).

WELLMANN, M.: Krateuas. Abh. K. Ges. Wiss. Göttingen, Phil.-hist. Kl., N.F., *2* (1897) 1: 1–33.

WELTNER, W.: Franz Hilgendorf: 5. Dezember 1839–5. Juli 1904 [Nekr.]. A. Naturgesch. *72* (1906)1: I–XII.

WENDLAND, Folkward: Peter Simon Pallas (1741–1811): Materialien einer Biographie. 2 Bde. Berlin, New York 1992.

WENT, Frits W.: Reflections and speculations [Persönl. Erinnerungen]. Ann. Rev. Plant Physiol. *25* (1974): 1–26.

WESSEL, Karl-Friedrich, & Frank NAUMANN (Hrsg.): Verhalten, Informationswechsel und organismische Evolution – Zu Person und Wirken Günter Tembrocks. Bielefeld 1994. (Berliner Stud. zur Wiss.philos. & Humangenetik, 7).

WETTLEY, Annemarie: August Forel: ein Arztleben im Zwiespalt seiner Zeit. Salzburg: Müller 1953.

WETTSTEIN, Fritz VON: Carl E. Correns [Nekr.]. Ber. Dt. Bot. Ges. *56* (1938): (140)–(160).

WETTSTEIN, Richard VON: Anton Kerner von Marilaun [Nekr.]. Ber. Dt. Bot. Ges. *16* (1898): (43)–(58).

WEYLAND, Hermann: Bruno Wehnelt † [Nekr.]. Z. Naturfo. *2 b* (1947) 1/2.

WHITTINGTON, H. B.: George Gaylord Simpson: 16 June 1902–6 October 1984. Biogr. Mem. Fell. Roy. Soc. *32* (1986): 525–539.

WICHLER, G.: Alfred Russell Wallace: sein Leben, seine Arbeiten, sein Wesen. SUDHOFF'S A. *30* (1938): 264–400.

WIEDERKEHR, Karl H.: Wilhelm Eduard Weber: Erforscher der Wellenbewegung und der Elektrizität 1804–1891. Stuttgart: Wiss. Verl.ges. 1967. (Große Naturforscher, 32).

WIELAND, Heinrich O.: Hans Fischer [Nekr.]. Jb. Bayer. AdW (1944/48): 210–214.

WIESNER, Julius VON: Jan Ingen-Housz: sein Leben und Wirken als Naturforscher und Arzt. Wien 1905.

WIKIE, J. S.: Nägeli's Work on the Fine Structure of Living Matter I, II, III a, III b. Ann. of Sci. *16* (1960): 11–40, 171–207, 209–239, u. *17* (1961): 27–62.

WILBRAND, Johann B.: Selbstbiographie. Gießen 1831.

WILHELM, K.: Josef Boehm [Nekr.]. Ber. Dt. Bot. Ges. *12* (1894): (14)–(28).

WILHELM, Stephen, & Helga TIETZ: Julius Kuehn – his concept of plant pathology. Ann. Rev. Phytopathol. *16* (1978): 343–358.

WILLER, Wilfried: Otto Bütschli. Ruperto-Carola Heidelberg *19* (1967) 41: 329–333.

WILLIS, Margaret: By their Fruits: a life of Ferdinand von Mueller, Botanist and Explorer. Sydney, London: Angus & Robertson [1949].

WILLSTÄTTER, Richard: Aus meinem Leben. Hrsg. A. STOLL. Weinheim 1949.

WILSDORF, H.: Georg Agricola und seine Zeit. 2 Bde. Berlin: Dt. Verl. Wiss. 1955–56.

WILSON, Edmund B.: Walter Stanborough Sutton, Sept. 5 1877–Nov. 10 1916. Kansas City 1917.

WILSON, Perry W.: Training a microbiologist [Persönl. Erinnerungen]. Ann. Rev. Microbiol. 26 (1972): 1–22.

WINKELMANN, Heike, & Sabine MILDNER: Schriftenverzeichnis Hans-Heinz Eulner (19. 4. 1925– 17. 10. 1980). Med. hist. J. 17 (1982) 1/2: 149–155.

WINSLOW, Jacob B.: L'Autobiographie ... Publié par V. MAAR. Paris, Copenhague 1912.

WINTERSTEIN, E.: Ernst Schulze [Nekr.]. Z. physiol. Chem. 79 (1912): 353–358.

WINTERSTEIN, Hans: [Autobiogr.]. Hippokrates 33 (1962): 79–83.

WITT, Horst T.: Functional mechanism of water splitting photosynthesis [Persönl. Erinnerungen]. Photosynthesis Res. 29 (1991): 55–77.

WITTIG, Joachim: Ernst Abbe. Leipzig 1989.

WITTMACK, Ludwig: Paul Sorauer 1839–1916 [Nekr.]. Ber. Dt. Bot. Ges. 34 (1916): (50)–(57).

WÖHLER, Friedrich: Jugenderinnerungen eines Chemikers. Ber. Dt. Chem. Ges. 8 (1875): 838–852.

WOELLWARTH, Carl VON: Otto Mangold: zu seinem 70. Geb. 1961. Separat, veröffentlicht vom Heiligenberg-Inst.

WOHLWILLL, E.: Joachim Jungius. Hamburg 1888.

WOLTERSTORFF, Willy: Professor Dr. Paul Kammerer [Nekr.]. Blätter Aquarien- u. Terrarienkunde ... 37 (1926) 20: 477–478 (30. Okt. 1926).

WOODCOCK, G.: Henry Walter Bates: naturalist of the Amazonas. London: Faber 1969.

WOOL, Ira G.: Heinz-Günther Wittmann [Nekr.]. Trends in Biochem. Sci. 15 (1990): 332.

WUKETITS, Franz M.: Konrad Lorenz: Leben und Werk eines großen Naturforschers. München, Zürich: Piper 1990.

WUNDERLICH, Klaus: Rudolf Leuckart: Weg und Werk. Jena 1978. (Biographien bedeut. Biologen, 2).

– Erwin Stresemann: ein Leben für die Wissenschaft. Mitt. Zool. Mus. Berlin 67 (1991), Suppl. Ann. Orn. 15, S. 7–14.

WUNDT, Wilhelm: Erlebtes und Erkanntes [Autobiographie]. Stuttgart, Leipzig: Kröner 1920.

WYDLER, Heinrich: [Autobiographie]. Bot. Ztg. 42 (1884): 282–287.

Yabuta, Teijiro – [Nekr.]. Japanese J. of Antibiotics 30 (1977) 875–876.

YAROSHEVSKY S. JAROŠEVSKIJ

YERKES, Robert M.: Robert Mearns Yerkes: Psychobiologist [Autobiogr.]. In: A History of Psychology in Autobiography. Bd. II. Worcester (Mass.) 1932: 381–407.

YOUNG, Frank, & C. N. HALES: Charles Herbert Best. Biogr. Mem. Fell. Roy. Soc. 28 (1982): 1–26.

ZAUNICK, Rudolph: Bibliographie der Veröffentlichungen. Teil I u. II, bearb. v. Hilde ZAUNICK: Halle/ Saale 1958 u. 1968. Teil III, bearb. v. Hans-Theodor KOCH: Merseburg 1981.

– s. a. MÜLLER & ZAUNICK

– s. a. PFANNENSTIEL & ZAUNICK

ZEISS, Heinz: Elias Metschnikow: Leben und Werk. Jena 1932.

ZEKERT, O.: Carl Wilhelm Scheele: Apotheker, Chemiker, Entdecker 1742–1786. Stuttgart: Wiss. Verl.ges. 1963. (Große Naturforscher, 27).

Ziegenspeck, Hermann – [Werk-Verz.]. Abh. Naturwiss. Verein Schwaben 12 (1957): 149–174.

ZIEGLER, Hubert, Walter KAUSCH, Otto L. LANGE & Ulrich LÜTTGE: Otto Stocker 1888–1979 [Nekr.]. Ber. Dt. Bot. Ges. 95 (1982): 375–386.

ZIMMERMANN, Albrecht: Simon Schwendener. Ber. Dt. Bot. Ges. 40 (1922): (53)–(76).

ZINSSER, Hans: Biographical Memoir of Theobald Smith 1859–1934. Biogr. Mem. National Acad. Sci. USA 17 (1936) 12: 261–303.

Zoologi Sovetskogo Sojuza: spravočnik. Hrsg. E. N. PAVLOVSKIJ. Leningrad: Izd.-vo Akad. nauk 1961.

Nachtrag

ALLAN, D. G. C., & Robert E. SCHOFIELD: Stephen Hales: Scientist and Philanthropist. London: Scolar P. 1980.

BALMER, Heinz: Albrecht von Haller. Bern: Haupt 1977. (Berner Heimatbü., 119).

BOCK, Walter J.: Ernst Mayr, naturalist: his contributions to systematcs and evolution. Biol. Phil. 9 (1994): 267–327.

DALE, Henry H.: Sir Michael Foster ..., a Secretary of the Royal Society. Notes a. Rec. Roy. Soc. London 19 (1964): 10–32 (Bibliogr.).

DELEUZE, J. P.: Über das Leben und die Werke Gärtner's und Hedwig's. Stuttgart 1805.

DNP = Der neue Pauly: Enzyklopädie der Antike.

Hrsg. Hubert CANCIK & Helmuth SCHNEIDER. Stuttgart, Weimar: Metzler 1996 ff.

DÖRFELT, Heinrich, & Heike HEKLAU: Die Geschichte der Mykologie. Schwäbisch Gmünd: Einhorn 1998.

ENGELHARDT, Dietrich VON: Einleitung. In: Heinrich Steffens: Was ich erlebte. Stuttgart, Bad Cannstatt 1995: 9–79 [bes. S. 38–71].

ESPINASSE, M.: Robert Hooke. London 1956.

HAFFER, Jürgen: Ernst Mayr als Ornithologe, Systematiker und Zoogeograph. Biol. Zentr.bl. 114 (1995): 133–142.

HOPPE, Brigitte: Karl Mägdefrau 85 Jahre. Nachrichtenbl. d. DGGMNT 42 (1992): 13–16.

KRAFFT, Fritz, & Werner Friedrich KÜMMEL: Gunter

Mann – Rückblicke … Ber. zur Wiss.gesch. *15* (1992): 1–25.

Kuntze, Johannes E.: Gustav Theodor Fechner – ein deutsches Gelehrtenleben. Leipzig 1982.

Lemoine, Michel: L'œvre encyclopédique de Vincent de Beauvais. Cahiers d'hist. mondiale *IX* (1966): 483–518, 571–579.

Ploeg, Willem: Constantijn Huygens en de natuurwetenschappen [Diss.]. Rotterdam 1934.

Prokofev, A. A. [et al.]: Michail Ch. Cajlachjan. Moskva 1980. (Mat. k biobibl. ucenych SSSR, ser. fiziol. rastenij, 4).

Seymour, Michael C. [et al.]: Bartholomaeus Anglicus and his encyclopedia. Aldershot [u. a.]: Variorum 1992.

Stamm, Roger A., & Pio Fioroni: Adolf Portmann: ein Rückblick auf seine Forschungen. Verhandl. Naturf. Ges. Basel *94* (1984): 87–120.

Vachmistrov, D., & N. Aksenova: Michail Christoforovic Cajlachjan (1902–1991). Fiziol. rastenii (Moskva) *39* (1992)2: 213–215.

Waele, Henri de: J. B. van Helmont. Brüssel 1947. (Coll. National, 78).

Nachtrag zur Sonderausgabe

Castro, F. de: Santiago Ramón y Cajal (1852–1934). In: Cajal y la Escuela Neurológica Española. Madrid 1981, S. 14–45.

Daber, Rudolf: Walter Gothan zum 100jährigen Geburtsjubiläum. In: Schriftenreihe für Geolog. Wiss. *16* (1980): 7–13.

García-Bellido, A.: La biología en la España del siglo XX. Un siglo de ciencia en España. Madrid 1999, S. 188–195.

González López, Rosa María (Hrsg.): Philippe Poey y Aloy. Obras. La Habana: Imagen Contemporánea, 1999.

Hoppe, Brigitte: Deutscher Idealismus und Naturforschung. Werdegang und Werk von Alexander Braun (1805–1877). Technikgeschichte *36* (1969): 111–132.

– Le Concept de Biologie chez G. R. Treviranus. Colleque International "Lamarck" au Muséum National d'Histoire Naturelle, Paris 1971 (éd. par le Cercle d'Etudes Historiques des Sciences de la Vie). Paris 1971, S. 199–237.

Zamudio, Graciela: El Jardín Botánico de la Nueva España y la Institucionalización de la Botánica en México. In: Los orígenes de la ciencia nacional. Ed. Juan José Saldaña. México 1992: 55–98 (Cuardernos de Quipu; 4).

Sachregister

Personenregister

Halbfette Seitenzahlen verweisen auf eine Kurzbiographie.